U0250758

消防技术标准规范汇编

（2015年版）

下　册

本社　编

中国计划出版社

北　京

目　录

中华人民共和国国家标准

电子信息系统机房设计规范

Code for design of electronic information
system room

GB 50174 - 2008

主编部门：中华人民共和国工业和信息化部
批准部门：中华人民共和国住房和城乡建设部
施行日期：2 0 0 9 年 6 月 1 日

中华人民共和国住房和城乡建设部公告

第 161 号

关于发布国家标准
《电子信息系统机房设计规范》的公告

　　现批准《电子信息系统机房设计规范》为国家标准，编号为
GB 50174—2008，自 2009 年 6 月 1 日起实施。其中，第 6.3.2、
6.3.3、8.3.4、13.2.1、13.3.1 条为强制性条文，必须严格执行。
原《电子计算机机房设计规范》GB 50174—93 同时废止。
　　本规范由我部标准定额研究所组织中国计划出版社出版发
行。

中华人民共和国住房和城乡建设部
二○○八年十一月十二日

前　言

本规范是根据建设部《关于印发"2005 年工程建设标准规范制订、修订计划(第二批)"的通知》(建标函〔2005〕124 号)的要求,由中国电子工程设计院会同有关单位对原国家标准《电子计算机机房设计规范》GB 50174—93 进行修订的基础上编制完成的。

本规范共分 13 章和 1 个附录,主要内容有:总则、术语、机房分级与性能要求、机房位置及设备布置、环境要求、建筑与结构、空气调节、电气、电磁屏蔽、机房布线、机房监控与安全防范、给水排水、消防。

本规范修订的主要内容有:1. 根据各行业对电子信息系统机房的要求和规模差别较大的现状,本规范将电子信息系统机房分为 A、B、C 三级,以满足不同的设计要求。2. 比原规范增加了术语、机房分级与性能要求、电磁屏蔽、机房布线、机房监控与安全防范等章节。

本规范中以黑体字标志的条文为强制性条文,必须严格执行。

本规范由住房和城乡建设部负责管理和对强制性条文的解释,由工业和信息化部负责日常管理,由中国电子工程设计院负责具体技术内容的解释。本规范在执行过程中,请各单位结合工程实践,认真总结经验,如发现需要修改或补充之处,请将意见和建议寄至中国电子工程设计院《电子信息系统机房设计规范》管理组(地址:北京市海淀区万寿路 27 号;邮政编码:100840;传真:010—68217842;E-mail:ceedi@ceedi.com.cn),以供今后修订时参考。

本规范主编单位、参编单位和主要起草人:

主 编 单 位:中国电子工程设计院

参 编 单 位:中国航空工业规划设计研究院

中国建筑设计研究院
上海电子工程设计研究院有限公司
信息产业电子第十一设计研究院有限公司
中国机房设施工程有限公司
北京长城电子工程技术有限公司
北京科计通电子工程有限公司
梅兰日兰电子(中国)有限公司
艾默生网络能源有限公司
常州市长城屏蔽机房设备有限公司
上海华宇电子工程有限公司
太极计算机股份有限公司
华为技术有限公司

主要起草人:娄 宇　钟景华　薛长立　姬倡文　张文才
丁 杰　朱利伟　黄群骥　晃 阳　张 旭
徐宗弘　王元光　余 雷　周乐乐　韩 林
高大鹏　白桂华　王 鹏　朱浩南　宋彦哲
姚一波　谭 玲　余小辉

目　次

1 总 则

1.0.1 为规范电子信息系统机房设计,确保电子信息系统安全、稳定、可靠地运行,做到技术先进、经济合理、安全适用、节能环保,制定本规范。

1.0.2 本规范适用于建筑中新建、改建和扩建的电子信息系统机房的设计。

1.0.3 电子信息系统机房的设计应遵循近期建设规模与远期发展规划协调一致的原则。

1.0.4 电子信息系统机房设计除应符合本规范外,尚应符合国家现行有关标准、规范的规定。

2 术 语

2.0.1 电子信息系统 electronic information system
　　由计算机、通信设备、处理设备、控制设备及其相关的配套设施构成,按照一定的应用目的和规则,对信息进行采集、加工、存储、传输、检索等处理的人机系统。

2.0.2 电子信息系统机房 electronic information system room
　　主要为电子信息设备提供运行环境的场所,可以是一幢建筑物或建筑物的一部分,包括主机房、辅助区、支持区和行政管理区等。

2.0.3 主机房 computer room
　　主要用于电子信息处理、存储、交换和传输设备的安装和运行的建筑空间,包括服务器机房、网络机房、存储机房等功能区域。

2.0.4 辅助区 auxiliary area
　　用于电子信息设备和软件的安装、调试、维护、运行监控和管理的场所,包括进线间、测试机房、监控中心、备件库、打印室、维修室等。

2.0.5 支持区 support area
　　支持并保障完成信息处理过程和必要的技术作业的场所,包括变配电室、柴油发电机房、不间断电源系统室、电池室、空调机房、动力站房、消防设施用房、消防和安防控制室等。

2.0.6 行政管理区 administrative area
　　用于日常行政管理及客户对托管设备进行管理的场所,包括工作人员办公室、门厅、值班室、盥洗室、更衣间和用户工作室等。

2.0.7 场地设施 infrastructure
　　电子信息系统机房内,为电子信息系统提供运行保障的设施。

2.0.8 电磁干扰(EMI) electromagnetic interference
　　经辐射或传导的电磁能量对设备或信号传输造成的不良影响。

2.0.9 电磁屏蔽 electromagnetic shielding
　　用导电材料减少交变电磁场向指定区域的穿透。

2.0.10 电磁屏蔽室 electromagnetic shielding enclosure
　　专门用于衰减、隔离来自内部或外部电场、磁场能量的建筑空间体。

2.0.11 截止波导通风窗 cut-off waveguide vent
　　截止波导与通风口结合为一体的装置,该装置既允许空气流通,又能够衰减一定频率范围内的电磁波。

2.0.12 可拆卸式电磁屏蔽室 modular electromagnetic shielding enclosure
　　按照设计要求,由预先加工成型的屏蔽壳体模块板、结构件、屏蔽部件等,经过施工现场装配,组建成具有可拆卸结构的电磁屏蔽室。

2.0.13 焊接式电磁屏蔽室 welded electromagnetic shielding enclosure
　　主体结构采用现场焊接方式建造的具有固定结构的电磁屏蔽室。

2.0.14 冗余 redundancy
　　重复配置系统的一些或全部部件,当系统发生故障时,冗余配置的部件介入并承担故障部件的工作,由此减少系统的故障时间。

2.0.15 N——基本需求 base requirement
　　系统满足基本需求,没有冗余。

2.0.16 N+X冗余 N+X redundancy
　　系统满足基本需求外,增加了X个单元、X个模块或X个路径。任何X个单元、模块或路径的故障或维护不会导致系统运行中断。(X=1～N)

2.0.17 容错 fault tolerant
　　具有两套或两套以上相同配置的系统,在同一时刻,至少有两套系统在工作。按容错系统配置的场地设备,至少经受住一次严重的突发设备故障或人为操作失误事件而不影响系统的运行。

2.0.18 列头柜 array cabinet
　　为成行排列或按功能区划分的机柜提供网络布线传输服务或配电管理的设备,一般位于一列机柜的端头。

2.0.19 实时智能管理系统 real-time intelligent patch cord management system
　　采用计算机技术及电子配线设备对机房布线中的接插软线进行实时管理的系统。

2.0.20 信息点(TO) telecommunications outlet
　　各类电缆或光缆终接的信息插座模块。

2.0.21 集合点(CP) consolidation point
　　配线设备与工作区信息点之间缆线路由中的连接点。

2.0.22 水平配线设备(HD) horizontal distributor
　　终接水平电缆、水平光缆和其他布线子系统缆线的配线设备。

2.0.23 CP链路 CP link
　　配线设备与CP之间,包括各端的连接器件在内的永久性的链路。

2.0.24 永久链路 permanent link
　　信息点与配线设备之间的传输线路。它不包括工作区缆线和连接配线设备的设备缆线、跳线,但可以包括一个CP链路。

2.0.25 静态条件 static state condition
　　主机房的空调系统处于正常运行状态,电子信息设备已安装,室内没有人员的情况。

2.0.26 停机条件 stop condition
　　主机房的空调系统和不间断供电电源系统处于正常运行状态,电子信息设备处于不工作状态。

2.0.27 静电泄放 electrostatic leakage

带电体上的静电电荷通过带电体内部或其表面等途径,部分或全部消失的现象。

2.0.28 体积电阻 volume resistance

在材料相对的两个表面上放置的两个电极间所加直流电压与流过两个电极间的稳态电流(不包括沿材料表面的电流)之商。

2.0.29 保护性接地 protective earthing

以保护人身和设备安全为目的的接地。

2.0.30 功能性接地 functional earthing

用于保证设备(系统)正常运行,正确地实现设备(系统)功能的接地。

2.0.31 接地线 earthing conductor

从接地端子或接地汇集排至接地极的连接导体。

2.0.32 等电位联结带 bonding bar

将等电位联结网格、设备的金属外壳、金属管道、金属线槽、建筑物金属结构等连接其上形成等电位联结的金属带。

2.0.33 等电位联结导体 bonding conductor

将分开的诸导电性物体连接到接地汇集排、等电位联结带或等电位联结网格的导体。

3 机房分级与性能要求

3.1 机房分级

3.1.1 电子信息系统机房应划分为 A、B、C 三级。设计时应根据机房的使用性质、管理要求及其在经济和社会中的重要性确定所属级别。

3.1.2 符合下列情况之一的电子信息系统机房应为 A 级:

1 电子信息系统运行中断将造成重大的经济损失;

2 电子信息系统运行中断将造成公共场所秩序严重混乱。

3.1.3 符合下列情况之一的电子信息系统机房应为 B 级:

1 电子信息系统运行中断将造成较大的经济损失;

2 电子信息系统运行中断将造成公共场所秩序混乱。

3.1.4 不属于 A 级或 B 级的电子信息系统机房应为 C 级。

3.1.5 在异地建立的备份机房,设计时应与主用机房等级相同。

3.1.6 同一个机房内的不同部分可根据实际情况,按不同的标准进行设计。

3.2 性能要求

3.2.1 A 级电子信息系统机房内的场地设施应按容错系统配置,在电子信息系统运行期间,场地设施不应因操作失误、设备故障、外电源中断、维护和检修而导致电子信息系统运行中断。

3.2.2 B 级电子信息系统机房内的场地设施应按冗余要求配置,在系统运行期间,场地设施在冗余能力范围内,不应因设备故障而导致电子信息系统运行中断。

3.2.3 C 级电子信息系统机房内的场地设施应按基本需求配置,在场地设施正常运行情况下,应保证电子信息系统运行不中断。

4 机房位置及设备布置

4.1 机房位置选择

4.1.1 电子信息系统机房位置选择应符合下列要求:

1 电力供给应稳定可靠,交通、通信应便捷,自然环境应清洁;

2 应远离产生粉尘、油烟、有害气体以及生产或贮存具有腐蚀性、易燃、易爆物品的场所;

3 应远离水灾和火灾隐患区域;

4 应远离强振源和强噪声源;

5 应避开强电磁场干扰。

4.1.2 对于多层或高层建筑物内的电子信息系统机房,在确定主机房的位置时,应对设备运输、管线敷设、雷电感应和结构荷载等问题进行综合分析和经济比较;采用机房专用空调的主机房,应具备安装空调室外机的建筑条件。

4.2 机房组成

4.2.1 电子信息系统机房的组成应根据系统运行特点及设备具体要求确定,宜由主机房、辅助区、支持区、行政管理区等功能区组成。

4.2.2 主机房的使用面积应根据电子信息设备的数量、外形尺寸和布置方式确定,并应预留今后业务发展需要的使用面积。在对电子信息设备外形尺寸不完全掌握的情况下,主机房的使用面积可按下式确定:

1 当电子信息设备已确定规格时,可按下式计算:

$$A = K \sum S \tag{4.2.2-1}$$

式中 A——主机房使用面积(m^2);

K——系数,可取 5~7;

S——电子信息设备的投影面积(m^2)。

2 当电子信息设备尚未确定规格时,可按下式计算:

$$A = FN \tag{4.2.2-2}$$

式中 F——单台设备占用面积,可取 3.5~5.5(m^2/台);

N——主机房内所有设备(机柜)的总台数。

4.2.3 辅助区的面积宜为主机房面积的 0.2~1 倍。

4.2.4 用户工作室的面积可按 3.5~4m^2/人计算;硬件及软件人员办公室等有人长期工作的房间面积,可按 5~7m^2/人计算。

4.3 设备布置

4.3.1 电子信息系统机房的设备布置应满足机房管理、人员操作和安全、设备和物料运输、设备散热、安装和维护的要求。

4.3.2 产生尘埃及废物的设备应远离对尘埃敏感的设备,并宜布置在有隔断的单独区域内。

4.3.3 当机柜内或机架上的设备为前进风/后出风方式冷却时,机柜或机架的布置宜采用面对面、背对背方式。

4.3.4 主机房内通道与设备间的距离应符合下列规定:

1 用于搬运设备的通道净宽不应小于 1.5m;

2 面对面布置的机柜或机架正面之间的距离不宜小于 1.2m;

3 背对背布置的机柜或机架背面之间的距离不宜小于 1m;

4 当需要在机柜侧面维修测试时,机柜与机柜、机柜与墙之间的距离不宜小于 1.2m;

5 成行排列的机柜,其长度超过 6m 时,两端应设有出口通道;当两个出口通道之间的距离超过 15m 时,在两个出口通道之间还应增加出口通道。出口通道的宽度不宜小于 1m,局部可为 0.8m。

5 环 境 要 求

5.1 温度、相对湿度及空气含尘浓度

5.1.1 主机房和辅助区内的温度、相对湿度应满足电子信息设备的使用要求;无特殊要求时,应根据电子信息系统机房的等级,按本规范附录 A 的要求执行。

5.1.2 A 级和 B 级主机房的空气含尘浓度,在静态条件下测试,每升空气中大于或等于 $0.5\mu m$ 的尘粒数应少于 18000 粒。

5.2 噪声、电磁干扰、振动及静电

5.2.1 有人值守的主机房和辅助区,在电子信息设备停机时,在主操作员位置测量的噪声值应小于 65dB(A)。

5.2.2 当无线电干扰频率为 $0.15\sim1000MHz$ 时,主机房和辅助区内的无线电干扰场强不应大于 126dB。

5.2.3 主机房和辅助区内磁场干扰环境场强不应大于 800A/m。

5.2.4 在电子信息设备停机条件下,主机房地板表面垂直及水平向的振动加速度不应大于 $500mm/s^2$。

5.2.5 主机房和辅助区内绝缘体的静电电位不应大于 1kV。

6 建筑与结构

6.1 一般规定

6.1.1 建筑和结构设计应根据电子信息系统机房的等级,按本规范附录 A 的要求执行。

6.1.2 建筑平面和空间布局应具有灵活性,并应满足电子信息系统机房的工艺要求。

6.1.3 主机房净高应根据机柜高度及通风要求确定,且不宜小于 2.6m。

6.1.4 变形缝不应穿过主机房。

6.1.5 主机房和辅助区不应布置在用水区域的垂直下方,不应与振动和电磁干扰源为邻。围护结构的材料选型应满足保温、隔热、防火、防潮、少产尘等要求。

6.1.6 设有技术夹层和技术夹道的电子信息系统机房,建筑设计应满足各种设备和管线的安装和维护要求。当管线需穿越楼层时,宜设置技术竖井。

6.1.7 改建的电子信息系统机房应根据荷载要求采取加固措施,并应符合国家现行标准《混凝土结构加固设计规范》GB 50367、《建筑抗震加固技术规程》JGJ 116 和《混凝土结构后锚固技术规程》JGJ 145 的有关规定。

6.2 人流、物流及出入口

6.2.1 主机房宜设置单独入口,当与其他功能用房共用出入口时,应避免人流和物流的交叉。

6.2.2 有人操作区域和无人操作区域宜分开布置。

6.2.3 电子信息系统机房内通道的宽度及门的尺寸应满足设备和材料的运输要求,建筑入口至主机房的通道净宽不应小于 1.5m。

6.2.4 电子信息系统机房可设置门厅、休息室、值班室和更衣间。更衣间使用面积可按最大班人数的 $1\sim3m^2$/人计算。

6.3 防火和疏散

6.3.1 电子信息系统机房的建筑防火设计,除应符合本规范的规定外,尚应符合现行国家标准《建筑设计防火规范》GB 50016 的有关规定。

6.3.2 电子信息系统机房的耐火等级不应低于二级。

6.3.3 当 A 级或 B 级电子信息系统机房位于其他建筑物内时,在主机房与其他部位之间应设置耐火极限不低于 2h 的隔墙,隔墙上的门应采用甲级防火门。

6.3.4 面积大于 $100m^2$ 的主机房,安全出口不应少于两个,且应分散布置。面积不大于 $100m^2$ 的主机房,可设置一个安全出口,并可通过其他相邻房间的门进行疏散。门应向疏散方向开启,且应自动关闭,并应保证在任何情况下均能从机房内开启。走廊、楼梯间应畅通,并应有明显的疏散指示标志。

6.3.5 主机房的顶棚、壁板(包括夹芯材料)和隔断应为不燃烧体。

6.4 室内装修

6.4.1 室内装修设计选用材料的燃烧性能除应符合本规范的规定外,尚应符合现行国家标准《建筑内部装修设计防火规范》GB 50222 的有关规定。

6.4.2 主机房室内装修,应选用气密性好、不起尘、易清洁、符合环保要求、在温度和湿度变化作用下变形小、具有表面静电耗散性能的材料,不得使用强吸湿性材料及未经表面改性处理的高分子绝缘材料作为面层。

6.4.3 主机房内墙壁和顶棚的装修应满足使用功能要求,表面应平整、光滑、不起尘、避免眩光,并应减少凹凸面。

6.4.4 主机房地面设计应满足使用功能要求,当铺设防静电活动地板时,活动地板的高度应根据电缆布线和空调送风要求确定,并应符合下列规定:

　　1 活动地板下的空间只作为电缆布线使用时,地板高度不宜小于 250mm;活动地板下的地面和四壁装饰,可采用水泥砂浆抹灰;地面材料应平整、耐磨;

　　2 活动地板下的空间既作为电缆布线,又作为空调静压箱时,地板高度不宜小于 400mm;活动地板下的地面和四壁装饰应采用不起尘、不易积灰、易于清洁的材料;楼板或地面应采取保温、防潮措施,地面垫层宜配筋,维护结构宜采取防结露措施。

6.4.5 技术夹层的墙壁和顶棚表面应平整、光滑。当采用轻质构造顶棚做技术夹层时,宜设置检修通道或检修口。

6.4.6 A 级和 B 级电子信息系统机房的主机房不宜设置外窗。当主机房设有外窗时,应采用双层固定窗,并应有良好的气密性。不间断电源系统的电池室设有外窗时,应避免阳光直射。

6.4.7 当主机房内设有用水设备时,应采取防止水漫溢和渗漏措施。

6.4.8 门窗、墙壁、地(楼)面的构造和施工缝隙,均应采取密闭措施。

7 空气调节

7.1 一般规定

7.1.1 主机房和辅助区的空气调节系统应根据电子信息系统机房的等级，按本规范附录 A 的要求执行。

7.1.2 与其他功能用房共建于同一建筑内的电子信息系统机房，宜设置独立的空调系统。

7.1.3 主机房与其他房间的空调参数不同时，宜分别设置空调系统。

7.1.4 电子信息系统机房的空调设计，除应符合本规范的规定外，尚应符合现行国家标准《采暖通风与空气调节设计规范》GB 50019 和《建筑设计防火规范》GB 50016 的有关规定。

7.2 负 荷 计 算

7.2.1 电子信息设备和其他设备的散热量应按产品的技术数据进行计算。

7.2.2 空调系统夏季冷负荷应包括下列内容：

1 机房内设备的散热；
2 建筑围护结构得热；
3 通过外窗进入的太阳辐射热；
4 人体散热；
5 照明装置散热；
6 新风负荷；
7 伴随各种散湿过程产生的潜热。

7.2.3 空调系统湿负荷应包括下列内容：

1 人体散湿；
2 新风负荷。

7.3 气 流 组 织

7.3.1 主机房空调系统的气流组织形式，应根据电子信息设备本身的冷却方式、设备布置方式、布置密度、设备散热量、室内风速、防尘、噪声等要求，并结合建筑条件综合确定。当电子信息设备对气流组织形式未提出要求时，主机房气流组织形式、风口及送回风温差可按表 7.3.1 选用。

表 7.3.1 主机房气流组织形式、风口及送回风温差

气流组织形式	下送上回	上送上回（或侧回）	侧送侧回
送风口	1. 带可调多叶阀的格栅风口 2. 条形风口（带有条形风口的活动地板） 3. 孔板	1. 散流器 2. 带扩散板风口 3. 孔板 4. 百叶风口 5. 格栅风口	1. 百叶风口 2. 格栅风口
回风口	1. 格栅风口 2. 百叶风口 3. 网板风口 4. 其他风口		
送回风温差	4～6℃送风温度应高于室内空气露点温度	4～6℃	6～8℃

7.3.2 对机柜或机架高度大于 1.8m、设备热密度大、设备发热量大或热负荷大的主机房，宜采用活动地板下送风、上回风的方式。

7.3.3 在有人操作的机房内，送风气流不宜直对工作人员。

7.4 系 统 设 计

7.4.1 要求有空调的房间宜集中布置；室内温、湿度参数相同或相近的房间，宜相邻布置。

7.4.2 主机房采暖散热器的设置应根据电子信息系统机房的等级，按本规范附录 A 的要求执行。设置采暖散热器时，应设有漏水检测报警装置，并应在管道入口处设切断阀，漏水时应自动切

断给水，且宜装设温度调节装置。

7.4.3 电子信息系统机房的风管及管道的保温、消声材料和黏结剂，应选用不燃烧材料或难燃 B1 级材料。冷表面应作隔气、保温处理。

7.4.4 采用活动地板下送风时，断面风速应按地板下的有效断面积计算。

7.4.5 风管不宜穿过防火墙和变形缝。必需穿过时，应在穿过防火墙和变形缝处设置防火阀。防火阀应具有手动和自动功能。

7.4.6 空调系统的噪声值超过本规范第 5.2.1 条的规定时，应采取降噪措施。

7.4.7 主机房应维持正压。主机房与其他房间、走廊的压差不宜小于 5Pa，与室外静压差不宜小于 10Pa。

7.4.8 空调系统的新风量应取下列两项中的最大值：

1 按工作人员计算，每人 40m³/h；
2 维持室内正压所需风量。

7.4.9 主机房内空调系统用循环机组宜设置初效过滤器或中效过滤器。新风系统或全空气系统应设置初效和中效空气过滤器，也可设置亚高效空气过滤器。末级过滤装置宜设置在正压端。

7.4.10 设有新风系统的主机房，在保证室内外一定压差的情况下，送排风应保持平衡。

7.4.11 打印室等易对空气造成二次污染的房间，对空调系统应采取防止污染物随气流进入其他房间的措施。

7.4.12 分体式空调机的室内机组宜安装在靠近主机房的专用空调机房内，也可安装在主机房内。

7.4.13 空调设计应根据当地气候条件采取下列节能措施：

1 大型机房宜采用水冷冷水机组空调系统；
2 北方地区采用水冷冷水机组的机房，冬季可利用室外冷却塔作为冷源，并应通过热交换器对空调冷冻水进行降温；
3 空调系统可采用电制冷与自然冷却相结合的方式。

7.5 设 备 选 择

7.5.1 空调和制冷设备的选用应符合运行可靠、经济适用、节能和环保的要求。

7.5.2 空调系统和设备应根据电子信息系统机房的等级、机房的建筑条件、设备的发热量等进行选择，并应按本规范附录 A 的要求执行。

7.5.3 空调系统无备份设备时，单台空调制冷设备的制冷能力应留有 15%～20% 的余量。

7.5.4 选用机房专用空调时，空调机应带有通信接口，通信协议应满足机房监控系统的要求，显示屏宜有汉字显示。

7.5.5 空调设备的空气过滤器和加湿器应便于清洗和更换，设备安装应留有相应的维修空间。

8 电 气

8.1 供配电

8.1.1 电子信息系统机房用电负荷等级及供电要求应根据机房的等级，按现行国家标准《供配电系统设计规范》GB 50052及本规范附录A的要求执行。

8.1.2 电子信息设备供电电源质量应根据电子信息系统机房的等级，按本规范附录A的要求执行。

8.1.3 供配电系统应为电子信息系统的可扩展性预留备用容量。

8.1.4 户外供电线路不宜采用架空方式敷设。当户外供电线路采用具有金属外护套的电缆时，在电缆进出建筑物处应将金属外护套接地。

8.1.5 电子信息系统机房应由专用配电变压器或专用回路供电，变压器宜采用干式变压器。

8.1.6 电子信息系统机房内的低压配电系统不应采用TN-C系统。电子信息设备的配电应按设备要求确定。

8.1.7 电子信息设备应由不间断电源系统供电。不间断电源系统应有自动和手动旁路装置。确定不间断电源系统的基本容量时应留有余量。不间断电源系统的基本容量可按下式计算：

$$E \geqslant 1.2P \qquad (8.1.7)$$

式中 E——不间断电源系统的基本容量(不包含备份不间断电源系统设备)[(kW/kV·A)]；

P——电子信息设备的计算负荷[(kW/kV·A)]。

8.1.8 用于电子信息系统机房内的动力设备与电子信息设备的不间断电源系统应由不同回路配电。

8.1.9 电子信息设备的配电应采用专用配电箱(柜)，专用配电箱(柜)应靠近用电设备安装。

8.1.10 电子信息设备专用配电箱(柜)宜配备浪涌保护器、电源监测和报警装置，并应提供远程通信接口。当输出端中性线与PE线之间的电位差不能满足电子信息设备使用要求时，宜配备隔离变压器。

8.1.11 电子信息设备的电源连接点应与其他设备的电源连接点严格区别，并应有明显标识。

8.1.12 A级电子信息系统机房应配置后备柴油发电机系统，当市电发生故障时，后备柴油发电机能承担全部负荷的需要。

8.1.13 后备柴油发电机的容量应包括不间断电源系统、空调和制冷设备的基本容量及应急照明和关系到生命安全等需要的负荷容量。

8.1.14 并列运行的柴油发电机，应具备自动和手动并网功能。

8.1.15 柴油发电机周围应设置检修用照明和维修电源，电源宜由不间断电源系统供电。

8.1.16 市电与柴油发电机的切换应采用具有旁路功能的自动转换开关。自动转换开关检修时，不应影响电源的切换。

8.1.17 敷设在隐蔽通风空间的低压配电线路应采用阻燃铜芯电缆，电缆应沿线槽、桥架或局部穿管敷设；当配电电缆线槽(桥架)与通信缆线线槽(桥架)并列或交叉敷设时，配电电缆线槽(桥架)应敷设在通信缆线线槽(桥架)的下方。活动地板下作为空调静压箱时，电缆线槽(桥架)的布置不应阻断气流通路。

8.1.18 配电线路的中性线截面积不小于相线截面积；单相负荷应均匀地分配在三相线路上。

8.2 照 明

8.2.1 主机房和辅助区一般照明的照度标准值宜符合表8.2.1的规定。

表8.2.1 主机房和辅助区一般照明照度标准值

	房间名称	照度标准值 lx	统一眩光值 UGR	一般显色指数 Ra
主机房	服务器设备区	500	22	
	网络设备区	500	22	
	存储设备区	500	22	
辅助区	进线间	300	25	80
	监控中心	500	19	
	测试区	500	19	
	打印室	500	19	
	备件库	300	22	

8.2.2 支持区和行政管理区的照度标准值应按现行国家标准《建筑照明设计标准》GB 50034的有关规定执行。

8.2.3 主机房和辅助区内的主要照明光源应采用高效节能荧光灯，荧光灯镇流器的谐波限值应符合现行国家标准《电磁兼容 限值 谐波电流发射限值》GB 17625.1的有关规定，灯具应采取分区、分组的控制措施。

8.2.4 辅助区的视觉作业宜采取下列保护措施：

1 视觉作业不宜处在照明光源与眼睛形成的镜面反射角上；

2 辅助区宜采用发光表面积大、亮度低、光扩散性能好的灯具；

3 视觉作业环境内宜采用低光泽的表面材料。

8.2.5 工作区域内一般照明的照明均匀度不应小于0.7，非工作区域内的一般照明照度值不宜低于工作区域内一般照明照度值的1/3。

8.2.6 主机房和辅助区应设置备用照明，备用照明的照度值不应低于一般照明照度值的10%；有人值守的房间，备用照明的照度值不应低于一般照明照度值的50%；备用照明可为一般照明的一部分。

8.2.7 电子信息系统机房应设置通道疏散照明及疏散指示标志灯，主机房通道疏散照明的照度值不应低于5 lx，其他区域通道疏散照明的照度值不应低于0.5 lx。

8.2.8 电子信息系统机房内不应采用0类灯具；当采用Ⅰ类灯具时，灯具的供电线路应有保护线，保护线应与金属灯具外壳做电气连接。

8.2.9 电子信息系统机房内的照明线路宜穿钢管暗敷或在吊顶内穿钢管明敷。

8.2.10 技术夹层内宜设置照明，并应采用单独支路或专用配电箱(柜)供电。

8.3 静电防护

8.3.1 主机房和辅助区的地板或地面应有静电泄放措施和接地构造，防静电地板、地面的表面电阻或体积电阻值应为2.5×10^4～$1.0 \times 10^9 \Omega$，且应具有防火、环保、耐污耐磨性能。

8.3.2 主机房和辅助区中不使用防静电活动地板的房间，可铺设防静电地面，其静电耗散性能应长期稳定，且不应起尘。

8.3.3 主机房和辅助区内的工作台面宜采用导电或静电耗散材料，其静电性能指标应符合本规范第8.3.1条的规定。

8.3.4 电子信息系统机房内所有设备的金属外壳、各类金属管道、金属线槽、建筑物金属结构等必须进行等电位联结并接地。

8.3.5 静电接地的连接线应有足够的机械强度和化学稳定性，宜采用焊接或压接。当采用导电胶与接地导体粘接时，其接触面积不宜小于20cm²。

8.4 防雷与接地

8.4.1 电子信息系统机房的防雷和接地设计，应满足人身安全及电子信息系统正常运行的要求，并应符合现行国家标准《建筑物防雷设计规范》GB 50057和《建筑物电子信息系统防雷技术规范》

GB 50343 的有关规定。

8.4.2 保护性接地和功能性接地宜共用一组接地装置,其接地电阻应按其中最小值确定。

8.4.3 对功能性接地有特殊要求需单独设置接地线的电子信息设备,接地线应与其他接地线绝缘;供电线路与接地线宜同路径敷设。

8.4.4 电子信息系统机房内的电子信息设备应进行等电位联结,等电位联结方式应根据电子信息设备易受干扰的频率及电子信息系统机房的等级和规模确定,可采用 S 型、M 型或 SM 混合型。

8.4.5 采用 M 型或 SM 混合型等电位联结方式时,主机房应设置等电位联结网格,网格四周应设置等电位联结带,并应通过等电位联结导体将等电位联结带就近与接地汇流排、各类金属管道、金属线槽、建筑物金属结构等进行连接。每台电子信息设备(机柜)应采用两根不同长度的等电位联结导体就近与等电位联结网格连接。

8.4.6 等电位联结网格应采用截面积不小于 25mm² 的铜带或裸铜线,并应在防静电活动地板下构成边长为 0.6~3m 的矩形网格。

8.4.7 等电位联结带、接地线和等电位联结导体的材料和最小截面积,应符合表 8.4.7 的要求。

表 8.4.7 等电位联结带、接地线和等电位联结导体的
材料和最小截面积

名 称	材 料	最小截面积(mm²)
等电位联结带	铜	50
利用建筑内的钢筋做接地线	铁	50
单独设置的接地线	铜	25
等电位联结导体 (从等电位联结带至接地汇集排或至其他等电位联结带;各接地汇集排之间)	铜	16
等电位联结导体 (从机房内各金属装置至等电位联结带或接地汇集排;从机柜至等电位联结网格)	铜	6

9 电磁屏蔽

9.1 一般规定

9.1.1 对涉及国家秘密或企业对商业信息有保密要求的电子信息系统机房,应设置电磁屏蔽室或采取其他电磁泄漏防护措施,电磁屏蔽室的性能指标应按国家现行有关标准执行。

9.1.2 对于环境要求达不到本规范第 5.2.2 条和第 5.2.3 条要求的电子信息系统机房,应采取电磁屏蔽措施。

9.1.3 电磁屏蔽室的结构形式和相关的屏蔽件应根据电磁屏蔽室的性能指标和规模选择。

9.1.4 设有电磁屏蔽室的电子信息系统机房,建筑结构应满足屏蔽结构对荷载的要求。

9.1.5 电磁屏蔽室与建筑(结构)墙之间宜预留维修通道或维修口。

9.1.6 电磁屏蔽室的接地宜采用共用接地装置和单独接地线的型式。

9.2 结构型式

9.2.1 用于保密目的的电磁屏蔽室,其结构型式可分为可拆卸式和焊接式。焊接式可分为自撑式和直贴式。

9.2.2 建筑面积小于 50m²、日后需搬迁的电磁屏蔽室,结构型式宜采用可拆卸式。

9.2.3 电场屏蔽衰减指标大于 120dB、建筑面积大于 50m² 的屏蔽室,结构型式宜采用自撑式。

9.2.4 电场屏蔽衰减指标大于 60dB 的屏蔽室,结构型式宜采用直贴式,屏蔽材料可选择镀锌钢板,钢板的厚度应根据屏蔽性能指

9.2.5 电场屏蔽衰减指标大于 25dB 的屏蔽室,结构型式宜采用直贴式,屏蔽材料可选择金属丝网,金属丝网的目数应根据被屏蔽信号的波长确定。

9.3 屏蔽件

9.3.1 屏蔽门、滤波器、波导管、截止波导通风窗等屏蔽件,其性能指标不应低于电磁屏蔽室的性能要求,安装位置应便于检修。

9.3.2 屏蔽门可分为旋转式和移动式。一般情况下,宜采用旋转式屏蔽门。当场地条件受到限制时,可采用移动式屏蔽门。

9.3.3 所有进入电磁屏蔽室的电源线缆通过电源滤波器进行处理。电源滤波器的规格、供电方式和数量应根据电磁屏蔽室内设备的用电情况确定。

9.3.4 所有进入电磁屏蔽室的信号电缆应通过信号滤波器或进行其他屏蔽处理。

9.3.5 进出电磁屏蔽室的网络线宜采用光缆或屏蔽缆线,光缆不应带有金属加强芯。

9.3.6 截止波导通风窗内的波导管宜采用等边六角形,通风窗的截面积应根据室内换气次数进行计算。

9.3.7 非金属材料穿过屏蔽层时应采用波导管,波导管的截面尺寸和长度应满足电磁屏蔽的性能要求。

10 机房布线

10.0.1 主机房、辅助区、支持区和行政管理区应根据功能要求划分成若干工作区,工作区内信息点的数量应根据机房等级和用户需求进行配置。

10.0.2 承担信息业务的传输介质应采用光缆或六类及以上等级的对绞电缆,传输介质各组成部分的等级应保持一致,并应采用冗余配置。

10.0.3 当主机房内的机柜或机架成行排列或按功能区域划分时,宜在主配线架和机柜或机架之间设置配线列头柜。

10.0.4 A 级电子信息系统机房宜采用电子配线设备对布线系统进行实时智能管理。

10.0.5 电子信息系统机房存在下列情况之一时,应采用屏蔽布线系统、光缆布线系统或采取其他相应的防护措施:

　　1 环境要求未达到本规范第 5.2.2 条和第 5.2.3 条的要求时;

　　2 网络有安全保密要求时;

　　3 安装场地不能满足非屏蔽布线系统与其他系统管线或设备的间距要求时。

10.0.6 敷设在隐蔽通风空间的缆线应根据电子信息系统机房的等级,按本规范附录 A 的要求执行。

10.0.7 机房布线系统与公用电信业务网络互联时,接口配线设备的端口数量和缆线的敷设路由应根据电子信息系统机房的等级,并在保证网络出口安全的前提下确定。

10.0.8 缆线采用线槽或桥架敷设时,线槽或桥架的高度不宜大于 150mm,线槽或桥架的安装位置应与建筑装饰、电气、空调、消

防等协调一致。

10.0.9 电子信息系统机房的网络布线系统设计,除应符合本规范的规定外,尚应符合现行国家标准《综合布线系统工程设计规范》GB 50311 的有关规定。

宜采用 KVM 切换系统。

11.3 安全防范系统

11.3.1 安全防范系统宜由视频安防监控系统、入侵报警系统和出入口控制系统组成,各系统之间应具备联动控制功能。

11.3.2 紧急情况时,出入口控制系统应能接受相关系统的联动控制而自动释放电子锁。

11.3.3 室外安装的安全防范系统设备应采取防雷电保护措施,电源线、信号线应采用屏蔽电缆,避雷装置和电缆屏蔽层应接地,且接地电阻不应大于 10Ω。

11 机房监控与安全防范

11.1 一般规定

11.1.1 电子信息系统机房应设置环境和设备监控系统及安全防范系统,各系统的设计应根据机房的等级,按现行国家标准《安全防范工程技术规范》GB 50348 和《智能建筑设计标准》GB/T 50314 以及本规范附录 A 的要求执行。

11.1.2 环境和设备监控系统宜采用集散或分布式网络结构。系统应易于扩展和维护,并应具备显示、记录、控制、报警、分析和提示功能。

11.1.3 环境和设备监控系统、安全防范系统可设置在同一个监控中心内,各系统供电电源应可靠,宜采用独立不间断电源系统电源供电,当采用集中不间断电源系统电源供电时,应单独回路配电。

11.2 环境和设备监控系统

11.2.1 环境和设备监控系统宜符合下列要求:

　　1 监测和控制主机房和辅助区的空气质量,应确保环境满足电子信息设备的运行要求;

　　2 主机房和辅助区内有可能发生水患的部位应设置漏水检测和报警装置;强制排水设备的运行状态应纳入监控系统;进入主机房的水管应分别加装电动和手动阀门。

11.2.2 机房专用空调、柴油发电机、不间断电源系统等设备自身应配带监控系统,监控的主要参数宜纳入设备监控系统,通信协议应满足设备监控系统的要求。

11.2.3 A 级和 B 级电子信息系统机房主机的集中控制和管理

12 给 水 排 水

12.1 一般规定

12.1.1 给水排水系统应根据电子信息系统机房的等级,按本规范附录 A 的要求执行。

12.1.2 电子信息系统机房内安装有自动喷水灭火系统、空调机和加湿器的房间,地面应设置挡水和排水设施。

12.2 管道敷设

12.2.1 电子信息系统机房内的给水排水管道应采取防渗漏和防结露措施。

12.2.2 穿越主机房的给水排水管道应暗敷或采取防漏保护的套管。管道穿过主机房墙壁和楼板处应设置套管,管道与套管之间应采取密封措施。

12.2.3 主机房和辅助区设有地漏时,应采用洁净室专用地漏或自闭式地漏,地漏下应加设水封装置,并应采取防止水封损坏和反溢措施。

12.2.4 电子信息机房内的给排水管道及其保温材料均应采用难燃材料。

13 消　防

13.1 一般规定

13.1.1 电子信息系统机房应根据机房的等级设置相应的灭火系统,并应按现行国家标准《建筑设计防火规范》GB 50016、《高层民用建筑设计防火规范》GB 50045 和《气体灭火系统设计规范》GB 50370,以及本规范附录 A 的要求执行。

13.1.2 A 级电子信息系统机房的主机房应设置洁净气体灭火系统。B 级电子信息系统机房的主机房,以及 A 级和 B 级机房中的变配电、不间断电源系统和电池室,宜设置洁净气体灭火系统,也可设置高压细水雾灭火系统。

13.1.3 C 级电子信息系统机房以及本规范第 13.1.2 条和第 13.1.3 条中规定区域以外的其他区域,可设置高压细水雾灭火系统或自动喷水灭火系统。自动喷水灭火系统宜采用预作用系统。

13.1.4 电子信息系统机房应设置火灾自动报警系统,并应符合现行国家标准《火灾自动报警系统设计规范》GB 50116 的有关规定。

13.2 消防设施

13.2.1 采用管网式洁净气体灭火系统或高压细水雾灭火系统的主机房,应同时设置两种火灾探测器,且火灾报警系统应与灭火系统联动。

13.2.2 灭火系统控制器应在灭火设备动作之前,联动控制关闭机房内的风门、风阀,并应停止空调机和排风机、切断非消防电源等。

13.2.3 机房内应设置警笛,机房门口上方应设置灭火显示灯。灭火系统的控制箱(柜)应设置在机房外便于操作的地方,且应有防止误操作的保护装置。

13.2.4 气体灭火系统的灭火剂及设施应采用经消防检测部门检测合格的产品。

13.2.5 自动喷水灭火系统的喷水强度、作用面积等设计参数,应按现行国家标准《自动喷水灭火系统设计规范》GB 50084 的有关规定执行。

13.2.6 电子信息系统机房内的自动喷水灭火系统,应设置单独的报警阀组。

13.2.7 电子信息系统机房内,手提灭火器的设置应符合现行国家标准《建筑灭火器配置设计规范》GB 50140 的有关规定。灭火剂不应对电子信息设备造成污渍损害。

13.3 安全措施

13.3.1 凡设置洁净气体灭火系统的主机房,应配置专用空气呼吸器或氧气呼吸器。

13.3.2 电子信息系统机房应采取防鼠害和防虫害措施。

附录 A　各级电子信息系统机房技术要求

表 A　各级电子信息系统机房技术要求

项　目	技术要求			备注
	A 级	B 级	C 级	
机房位置选择				
距离停车场	不宜小于 20m	不宜小于 10m	—	
距离铁路或高速公路的距离	不宜小于 800m	不宜小于 100m	—	不包括各场所自身使用的机房
距离飞机场	不宜小于 8000m	不宜小于 1600m	—	不包括机场自身使用的机房
距离化学工厂中的危险区域、垃圾填埋场	不应小于 400m			不包括化学工厂自身使用的机房
距离军火库	不应小于 1600m		不宜小于 1600m	不包括军火库自身使用的机房
距离核电站的危险区域	不应小于 1600m		不宜小于 1600m	不包括核电站自身使用的机房
有可能发生洪水的地区	不应设置机房	不宜设置机房	—	
地震断层附近或有滑坡危险区域	不应设置机房	不宜设置机房	—	
高犯罪率的地区	不应设置机房	不宜设置机房	—	
环境要求				
主机房温度(开机时)	23℃±1℃		18~28℃	不得结露
主机房相对湿度(开机时)	40%~55%		35%~75%	
主机房温度(停机时)	5~35℃			

续表 A

项　目	技术要求			备注
	A 级	B 级	C 级	
主机房相对湿度(停机时)	40%~70%		20%~80%	
主机房和辅助区温度变化率(开、停机时)	<5℃/h		<10℃/h	不得结露
辅助区温度、相对湿度(开机时)	18~28℃,35%~75%			
辅助区温度、相对湿度(停机时)	5~35℃,20%~80%			
不间断电源系统电池室温度	15~25℃			
建筑与结构				
抗震设防分类	不应低于乙类	不应低于丙类	不宜低于丙类	—
主机房活荷载标准值(kN/m²)	8~10	组合值系数 Ψ_c=0.9 频遇值系数 Ψ_f=0.9 准永久值系数 Ψ_q=0.8		根据机柜的摆放密度确定荷载值
主机房吊挂荷载(kN/m²)	1.2			
不间断电源系统室活荷载标准值(kN/m²)	8~10			
电池室活荷载标准值(kN/m²)	16			蓄电池组双列 4 层摆放
监控中心活荷载标准值(kN/m²)	6			—
钢瓶间活荷载标准值(kN/m²)	8			
电磁屏蔽室活荷载标准值(kN/m²)	8~10			
主机房外墙设采光窗	不宜		—	
防静电活动地板的高度	不宜小于 400mm			作为空调静压箱时

续表A

项目	技术要求			备注
	A级	B级	C级	
防静电活动地板的高度	不宜小于250mm			仅作为电缆布线使用时
屋面的防水等级	I	I	II	—
空气调节				
主机房和辅助区设置空气调节系统	应		可	
不间断电源系统电池室设置空调降温系统	宜		可	
主机房保持正压	应		可	
冷冻机组、冷冻和冷却水泵	N+X冗余(X=1~N)	N+1冗余	N	
机房专用空调	N+X冗余(X=1~N) 主机房中每个区域冗余X台	N+1冗余 主机房中每个区域冗余一台	N	
主机房设置采暖散热器	不应	不宜	允许,但不建议	—
电气技术				
供电电源	两个电源供电 两个电源不应同时受到损坏		两回线路供电	
变压器	M(1+1)冗余(M=1、2、3……)	N		用电容量较大时设置专用电力变压器供电
后备柴油发电机系统	N或(N+X)冗余(X=1~N)	N 供电电源不能满足要求时	不间断电源系统的供电时间满足信息存储要求时,可不设置柴油发电机	—
后备柴油发电机的基本容量	应包括不间断电源系统的基本容量、空调和制冷设备的基本容量、应急照明和消防等涉及生命安全的负荷容量			—

续表A

项目	技术要求			备注
	A级	B级	C级	
支持区信息点配置	不少于4个信息点		不少于2个信息点	表中所列为一个工作区的信息点
采用实时智能管理系统	宜	可	—	
线缆标识系统	应在线缆两端打上标签			配电电缆也应采用线缆标识系统
通信缆线防火等级	应采用CMP级电缆、OFNP或OFCP级光缆	宜采用CMP级电缆、OFNP或OFCP级光缆	—	也可采用同等级的其他电缆或光缆
公用电信配线网络接口	2个以上	2个	1个	
环境和设备监控系统				
空气质量	含尘浓度			离线定期检测
空气质量	温度、相对湿度、压差		温度、相对湿度	
漏水检测报警	装设漏水感应器			
强制排水设备	设备的运行状态			
集中空调和新风系统、动力系统	设备运行状态、滤网压差			
机房专用空调	状态参数:开关、制冷、加热、加湿、除湿 报警参数:温度、相对湿度、传感器故障、压缩机压力、加湿器水位、风量			—
供配电系统(电能质量)	开关状态、电流、电压、有功功率、功率因数、谐波含量			根据需要选择
不间断电源系统	输入和输出功率、电压、频率、电流、功率因数、负载率;电池输入电压、电流、容量;同步/不同步状态、不间断电源系统/旁路供电状态、市电故障、不间断电源系统故障			根据需要选择
电池	监控每一个蓄电池的电压、阻抗和故障	监控每一组蓄电池的电压、阻抗和故障	—	
柴油发电机系统	油箱(罐)油位、柴油机转速、输出功率、频率、电压、功率因数			在线检测或通过数据接口将参数接入机房环境和设备监控系统中

续表A

项目	技术要求			备注
	A级	B级	C级	
柴油发电机燃料存储量	72h	24h	—	—
不间断电源系统配置	2N或M(N+1)冗余(M=2、3、4……)	N+X冗余(X=1~N)	N	
不间断电源系统电池备用时间	15min 柴油发电机作为后备电源时		根据实际需要确定	
空调系统配电	双路电源(其中至少一路为应急电源),末端切换。采用放射式配电系统	双路电源,末端切换。采用放射式配电系统	采用放射式配电系统	
电子信息设备供电电源质量要求				
稳态电压偏移范围(%)	±3	±5		
稳态频率偏移范围(Hz)	±0.5			电池逆变工作方式
输入电压波形失真度(%)	≤5			电子信息设备正常工作时
零地电压(V)	<2			应满足设备使用要求
允许断电持续时间(ms)	0~4	0~10	—	
不间断电源系统输入端THDI含量(%)	<15		3~39次谐波	
机房布线				
承担信息业务的传输介质	光缆或六类或以上绞电缆采用1+1冗余	光缆或六类或以上绞电缆采用3+1冗余		
主机房信息点配置	不少于12个信息点,其中冗余信息点不少于总信息点的1/2	不少于8个信息点,其中冗余信息点不少于总信息点的1/4	不少于6个信息点	表中所列为一个工作区的信息点

续表A

项目	技术要求			备注
	A级	B级	C级	
主机集中控制和管理	采用KVM切换系统			—
安全防范系统				
发电机房,变配电室、不间断电源系统室、动力站房	出入控制(识读设备采用读卡器)、视频监视		机械锁	—
紧急出口	推杆锁、视频监视 监控中心连锁报警		推杆锁	
监控中心	出入控制(识读设备采用读卡器)、视频监视		机械锁	
安防设备间	出入控制(识读设备采用读卡器)	入侵探测器	机械锁	
主机房出入口	出入控制(识读设备采用读卡器)或人体生物特征识别、视频监视	出入控制(识读设备采用读卡器)、视频监视	机械锁 入侵探测器	
主机房内	视频监视			
建筑物周围和停车场	视频监视		—	适用于独立建筑的机房
给水排水				
与主机房无关的给排水管道穿越主机房	不应		不宜	
主机房地面设置排水系统	应			用于冷凝水排水、空调加湿器排水、消防喷洒排水、管道漏水
消防				
主机房设置洁净气体灭火系统	应	宜	—	采用洁净灭火剂
变配电、不间断电源系统和电池室设置洁净气体灭火系统	宜	宜		

续表 A

项　目	技术要求			备注
	A 级	B 级	C 级	
主机房设置高压细水雾灭火系统	—	可	可	—
变配电、不间断电源系统和电池室设置高压细水雾灭火系统	可	可	可	—
主机房、变配电、不间断电源系统和电池室设置自动喷水灭火系统	—	—	可	采用预作用系统
采用吸气式烟雾探测火灾报警系统	宜		—	作为早期报警

中华人民共和国国家标准

电子信息系统机房设计规范

GB 50174 - 2008

条 文 说 明

1　总　　则

1.0.1　电子信息系统机房工程属于多学科技术,涉及到机房工艺、建筑结构、空气调节、电气技术、电磁屏蔽、网络布线、机房监控与安全防范、给水排水、消防等多种专业。近年来,随着电子信息技术的快速发展,机房建设日新月异,为了规范电子信息系统机房的工程设计,确保电子信息设备稳定可靠地运行,保证设计和工程质量,特制定本规范。

1.0.3　为了适应机房用户对电子信息业务发展和机房节能的需要,电子信息系统机房的设计可以采用标准化、模块化的设计方法,使机房的近期建设规模与远期发展规划协调一致。

2　术　　语

2.0.3　主机房除可按服务器机房、网络机房、存储机房等划分外,对于面积较大的机房,还可按不同功能或不同用户的设备进行区域划分。如服务器设备区、网络设备区、存储设备区、甲用户设备区、乙用户设备区等。

2.0.18　用于网络布线传输服务的列头柜称为配线列头柜,用于配电管理的列头柜称为配电列头柜。

2.0.21　在主机房内,当布线采用列头柜(内装无源设备)时,该列头柜就具有 CP 点的功能。

2.0.22　在主机房内,当布线采用列头柜(内装有源设备,如网络交换机、网络存储交换机、KVM 等)时,该列头柜就具有 HD 的功能。HD 与综合布线系统中楼层配线设备的功能相近。

3 机房分级与性能要求

3.1 机房分级

3.1.1 随着电子信息技术的发展,各行各业对机房的建设提出了不同的要求,根据调研、归纳和总结,并参考国外相关标准,本规范从机房的使用性质、管理要求及重要数据丢失或网络中断在经济或社会上造成的损失或影响程度,将电子信息系统机房划分为 A、B、C 三级。

机房的使用性质主要是指机房所处行业或领域的重要性;管理要求是指机房使用单位对机房各系统的保障和维护能力。最主要的衡量标准是由于场地设施故障造成网络信息中断或重要数据丢失在经济和社会上造成的损失或影响程度。各单位的机房按照哪个等级标准进行建设,应由建设单位根据数据丢失或网络中断在经济或社会上造成的损失或影响程度确定,同时还应综合考虑建设投资。等级高的机房可靠性提高,但投资也相应增加。

3.1.2 A 级电子信息系统机房举例:国家气象台;国家级信息中心、计算中心;重要的军事指挥部门;大中城市的机场、广播电台、电视台、应急指挥中心;银行总行;国家和区域电力调度中心等的电子信息系统机房和重要的控制室。

3.1.3 B 级电子信息系统机房举例:科研院所;高等院校;三级医院;大中城市的气象台、信息中心、疾病预防与控制中心、电力调度中心、交通(铁路、公路、水运)指挥调度中心;国际会议中心;大型博物馆、档案馆、会展中心、国际体育比赛场馆;省部级以上政府办公楼;大型工矿企业等的电子信息系统机房和重要的控制室。

以上为 A 级和 B 级电子信息系统机房举例,在中国境内的其他企事业单位、国际公司、国内公司应按照机房分级与性能要求,结合自身需求与投资能力确定本单位电子信息系统机房的建设等级和技术要求。

3.1.6 本条是指当机房的某项外部或内部条件较好或较差时,此项的设计标准可以降低或提高。例如某个 B 级机房,其两路供电电源分别来自两个不同的变电站,两路电源不会同时中断,则此机房就可以考虑不配置柴油发电机。再如,另一个 B 级机房,其所处气候环境非常恶劣,常有沙尘天气,则此机房的空调循环机组不仅需要初效和中效过滤器,还应该增加亚高效或高效过滤器。总之,机房应在满足电子信息系统运行要求的前提下,根据具体条件进行设计。

4 机房位置及设备布置

4.1 机房位置选择

4.1.1 电子信息系统受粉尘、有害气体、振动冲击、电磁场干扰等因素影响时,将导致运算差错、误动作、机械部件磨损、缩短使用寿命等。机房位置选择应尽可能远离产生粉尘、有害气体、强振源、强噪声源等场所,避开强电磁场干扰。

水灾隐患区域主要是指江、河、湖、海岸边,A 级机房的选址应考虑百年一遇的洪水,不应受百年一遇洪水的影响;B 级机房的选址应考虑 50 年一遇的洪水,不应受 50 年一遇洪水的影响。其次,机房不宜设置在地下室的最底层。当设置在地下室的最底层时,应采取措施,防止管道泄漏、消防排水等水渍损失。

对机房选址地区的电磁场干扰强度不能确定时,需作实地测量,测量值超过本规范第 5 章规定的电磁场干扰强度时,应采取屏蔽措施。

选择机房位置时,如不能满足本条和附录 A 的要求,应采取相应防护措施,保证机房安全。

4.1.2 在多层或高层建筑物内设电子信息系统机房时,有以下因素影响主机房位置的确定:

1 设备运输:主要是考虑为机房服务的冷冻、空调、UPS 等大型设备的运输,运输线路应尽量短;

2 管线敷设:管线主要有电缆和冷媒管,敷设线路应尽量短;

3 雷电感应:为减少雷击造成的电磁感应侵害,主机房宜选择在建筑物低层中心部位,并尽量远离建筑物外墙结构柱子(其柱内钢筋作为防雷引下线);

4 结构荷载:由于主机房的活荷载标准值远远大于建筑的其他部分,从经济角度考虑,主机房宜选择在建筑物的低层部位;

5 机房专用空调的主机与室外机在高差和距离上均有使用要求,因此在确定主机房位置时,应考虑机房专用空调室外机的安装位置。

4.2 机房组成

4.2.1 电子信息系统机房的组成应根据具体情况确定,可在各类房间中选择组合。对于受到条件限制,且为一般使用的普通机房时,也可以一室多用。

4.2.2~4.2.4 机房各组成部分的使用面积应根据工艺布置确定,在对电子信息设备的具体情况不完全掌握时,可按此方法计算面积。

4.3 设备布置

4.3.2 产生尘埃及废物的设备主要是指各类以纸为记录介质的设备,如静电喷墨打印机、复印机等设备。对尘埃敏感的设备主要是指磁记录设备。

4.3.3 对于前进风/后出风方式冷却的设备,要求设备的前面为冷区,后面为热区,这样有利于设备散热和节能。当机柜或机架成行布置时,要求机柜或机架采用面对面、背对背的方式。机柜或机架面对面布置形成冷风通道,背对背布置形成热风通道。如果采用其他的布置方式,有可能造成气流短路,不利于设备散热。

4.3.4 本条规定的各种间距,主要是从人员安全、设备运输、检修、通风散热等方面考虑的。对于成行排列的机柜,考虑到实际中会遇到柱子等的影响,出口通道的宽度局部可为 0.8m。

5 环境要求

5.1 温度、相对湿度及空气含尘浓度

5.1.1 本条按照不同级别的电子信息系统机房,对主机房和辅助区的温湿度控制值做了规定。由于电子信息设备在停机检修或作为备件存储时,对环境的温湿度也有要求,故在附录A中关于环境要求部分,分别提出了电子信息系统"开机时"和"停机时"的两个温湿度控制值。

支持区(除UPS电池室外)和办公区的温湿度控制值,应按现行国家标准《采暖通风与空气调节设计规范》GB 50019的有关规定执行。

5.1.2 由于电子信息设备的制造精度越来越高,导致其对环境的要求也越来越严格,空气中的灰尘粒子有可能导致电子信息设备内部发生短路等故障。为了保障重要的电子信息系统运行安全,本规范对A、B级机房在静态条件下的空气含尘浓度做出了规定。

5.2 噪声、电磁干扰、振动及静电

5.2.1 噪声测量方法应符合现行国家标准《工业企业噪声测量规范》GBJ 122的有关规定。

5.2.2、5.2.3 指外界的无线电干扰场强和磁场对主机房的辐射干扰。即在主机房内,电子信息设备不工作条件下所测得的外界的无线电干扰场强(0.15~1000MHz时)和干扰磁场的上限值。

5.2.4 本条采纳了原规范第3.2.4条的振动加速度值。

5.2.5 据有关资料记载,静电电压达到2kV时,人会有电击感觉,容易引起恐慌,严重时能造成事故及设备故障。故本规范规定主机房和辅助区内绝缘体的静电电位不应大于1kV。

6 建筑与结构

6.1 一般规定

6.1.1 A级电子信息系统机房的抗震设计分类一般按乙类考虑;B级电子信息系统机房除有特殊要求外,一般按丙级考虑;C级电子信息系统机房按丙类考虑。

电子信息系统机房的荷载应根据机柜的重量和机柜的布置,按照现行国家标准《建筑结构荷载规范》GB 50009—2001附录B计算确定,但不宜小于本规范附录A中所列的标准值。

6.1.2 为满足电子信息系统机房摆放工艺设备的要求,主机房的结构宜采用大空间及大跨度柱网。

6.1.3 常用的机柜高度一般为1.8~2.2m,气流组织所需机柜顶面至吊顶的距离一般为400~800mm,故机房净高不宜小于2.6m。在满足电子信息设备使用要求的前提下,还应综合考虑室内建筑空间比例的合理性以及对建设投资和日常运行费用的影响。

6.1.4 规定变形缝不应穿过主机房的目的是为了避免因主体结构的不均匀沉降破坏电子信息系统的运行安全。当由于主机房面积太大而无法保证变形缝不穿过主机房时,则必须控制变形缝两边主体结构的沉降差。

6.1.5 本条是为保证电子信息设备安全运行制定的。用水和振动区域主要有卫生间、厨房、实验室、动力站等。电磁干扰源有电动机、电焊机、整流器、变频器、电梯等。当主机房在建筑布局上无法避免上述环境时,建筑设计应采取相应的保护措施。

6.1.6 技术夹层包括吊顶上和活动地板下,当主机房中各类管线暗敷于技术夹层内时,建筑设计应为各类管线的安装和日常维护

留有出入口。技术夹道主要用于安装设备(如精密空调)及各种管线,建筑设计应为设备的安装和维护留有空间。

6.2 人流、物流及出入口

6.2.1 空气污染和尘埃积聚可能造成电子部件的漏电和机械部件的磨损,因此主机房的防尘处理应引起足够重视。主机房设单独出入口的目的是为了避免与其他人流物流的交叉,减少灰尘被带入主机房的几率。

6.2.2 主机房一般属于无人操作区,辅助区一般含有测试机房、监控中心、备件库、打印室、维修室、工作室等,属于有人操作区。设计规划时宜将有人操作区和无人操作区分开布置,以减少人员将灰尘带入无人操作区的机会。但从操作便利角度考虑,主机房和辅助区宜相邻布置。

6.2.3 主机房门的尺寸不宜小于1.2m(宽)×2.2m(高)。当电子信息系统机房内通道的宽度及门的尺寸不能满足设备和材料的运输要求时,应设置设备搬入口。

6.2.4 在主机房入口处设置换鞋更衣间,其目的是为了减少人员将灰尘带入主机房。是否设置换鞋更衣间,应根据项目的具体情况确定。条件不允许时,可将换鞋改为穿鞋套,将更衣间改为更衣柜。换鞋更衣间的面积应根据最大班时操作人员的数量确定。

6.3 防火和疏散

6.3.2 电子信息系统机房内的设备和系统属于贵重和重要物品,一旦发生火灾,将给国家和企业造成重大的经济损失和社会影响。因此,严格控制建筑物耐火等级十分必要。

6.3.3 考虑A级或B级电子信息系统机房的重要性,当与其他功能用房合建时,应提高机房与其他部位相隔隔墙的耐火时间,以防止火灾蔓延。当测试机房、监控中心等辅助区与主机房相邻时,隔墙应将这些部分包括在内。

6.3.4 本条以100m²为界规定主机房安全出口数量的原因如下:

1 进入主机房内的人员很少(一般没有人员),且为固定的内部工作人员,他们熟知周边环境和疏散路线,因此对于100m²及以下的主机房,即使只有一个安全出口,内部工作人员也可以安全疏散;

2 从建筑布局考虑,当主机房面积小于100m²时,设置两个安全出口有一定困难;

3 机房内设置有火灾自动报警系统,可及时通知机房内的工作人员疏散。

基于以上原因,本条对主机房的安全出口做出了规定。分散布置的安全出口宜设于机房的两端。

6.3.5 顶棚和壁板选用可燃烧材料易使火势增强,增加扑救困难,故本规范规定主机房的顶棚、壁板、隔断(包括壁板和隔断的夹芯材料)应采用不燃烧体。

6.4 室内装修

6.4.2 高分子绝缘材料是现代工程中广泛使用的材料,常用的工程塑料、聚酯包装材料、高分子聚合物涂料都是这类物质。其电气特性是典型的绝缘材料,有很高的阻抗,易聚集静电,因此在未经表面改性处理时,不得用于机房的表面装饰工程。但如果表面经过改性处理,如掺入碳粉等手段,使其表面电阻减小,从而不容易积聚静电,则可用于机房的表面装饰工程。

6.4.4 防静电活动地板的铺设高度,应根据实际需要确定(在有条件的情况下,应尽量提高活动地板的铺设高度),当仅敷设电缆时,其高度一般为250mm左右;当既作为电缆布线,又作为空调静压箱时,可根据风量计算其高度,并应考虑布线所占空间,一般不宜小于400mm。当机房面积较大、线缆较多时,应适当提高活动地板的高度。

当电缆敷设在活动地板下时，为避免电缆移动导致地面起尘或划破电缆，地面和四壁应平整而耐磨；当同时兼作空调静压箱时，为减少空气的含尘浓度，地面和四壁应选用不易起尘和积灰、易于清洁、且具有表面静电耗散性能的饰面涂料。

6.4.6 本条是从安全、节能和防尘的角度考虑。A级或B级电子信息系统机房中的服务器机房、网络机房、存储机房等日常无人工作区域不宜设置外窗；监控中心、打印室等有人工作区域以及C级电子信息系统机房可以设置外窗，但应保证外窗有安全措施，有良好的气密性，防止空气渗漏和结露，满足热工要求。

7 空气调节

7.1 一般规定

7.1.1 支持区和办公区是否设置空调系统，应根据设备要求和当地的气候条件确定。

7.1.2 电子信息系统机房与其他功能用房共建于同一建筑内时，设置独立空调系统的原因如下：

1 机房环境要求与其他功能用房的环境要求不同；

2 空调运行时间不同；

3 避免建筑物内其他部分发生事故（如火灾）时影响机房安全。

7.1.3 通常情况下，主机房的空调参数较高，而支持区和辅助区的空调参数较低，根据不同的空调参数，可分别设置不同的空调系统。但是否将主机房、支持区和辅助区的空调系统分开设置，还应根据机房规模大小、各房间所处位置、气流组织形式等综合考虑。

7.1.4 本规范只对电子信息系统机房空调设计的特殊性作出规定。因此，电子信息系统机房的空调设计除应符合本规范外，还应执行现行国家标准《采暖通风与空气调节设计规范》GB 50019的有关规定。

7.2 负荷计算

7.2.1 电子信息系统机房内设备的散热量，应以产品说明书或设备手册提供的设备散热量为准。对主机房内的电子信息设备的散热量不能完全掌握时，可参考所选UPS电源的容量和冗余量来计算设备的散热量。

7.2.2 空调系统的冷负荷主要是服务器等电子信息设备的散热。电子信息设备发热量大（耗电量中的97%都转化为热量），热密度高，因此电子信息系统机房的空调设计主要考虑夏季冷负荷。对于寒冷地区，还应考虑冬季热负荷，可按照《采暖通风与空气调节设计规范》GB 50019的有关规定进行计算。

7.3 气流组织

7.3.1 气流组织形式选用的原则是：有利于电子信息设备的散热、建筑条件能够满足设备安装要求。电子信息设备的冷却方式有风冷、水冷等，风冷有上部进风、下部进风、前进风后排风等。影响气流组织形式的因素还有建筑条件，包括层高、面积、室外机的安装条件等。因此，气流组织形式应根据设备对空调系统的要求，结合建筑条件综合考虑。

本条推荐了主机房常用的气流组织形式、送回风口的形式以及相应的送回风温差。由于机房空调主要是为电子信息设备散热服务的，适当减小温差的目的是为了适当加大风量，这样有利于机柜散热。

7.3.2 本条推荐了几种活动地板下送风、上回风的情况：

1 热密度大：单台机柜的发热量大于3kW；

2 热负荷大：单位面积的设备发热量大于300W/m²；

3 机柜过高：单台机柜的高度大于1.8m。

对于热密度大、热负荷大的机房，采用下送风，上回风的方式，有利于设备的散热；对于高度超过1.8m的机柜，采用下送风，上回风的方式，可以减少机柜对气流的影响。

随着电子信息技术的发展，机柜的容量不断提高，设备的发热量将随容量的增加而加大，为了保证电子信息系统的正常运行，对设备的降温也将出现多种方式，各种方式之间可以相互补充。

7.3.3 本条是为了保证机房内操作人员身体健康规定的。

7.4 系统设计

7.4.1 有空调的房间集中布置，有利于空调系统的设计；室内温、湿度参数相同或相近的房间相邻，有利于风管和风口的布置。

7.4.2 主机房设置采暖散热器的要求在附录A中有规定，A级机房不应设置采暖散热器，B级机房不宜设置采暖散热器，C级机房可以设置采暖散热器，但不建议设置。如果设置了采暖散热器，应采取措施，防止管道或采暖散热器漏水。装设温度调节装置的目的是可以调节房间内的温度，以利于节能。

7.4.4 主机房内的线缆数量很多，一般采用线槽或桥架敷设，当线槽或桥架敷设在高架活动地板下时，线槽占据了活动地板下的部分空间。当活动地板下作为空调静压箱时，应考虑线槽及消防管线等所占用的空间，空调断面风速应按地板下的有效断面积进行计算。

7.4.5 风管穿过防火墙时，应在防火墙的一侧设置防火阀。风管穿过变形缝时，有下列三种情况：

1 变形缝两侧有隔墙时，应在两侧设置防火阀；

2 变形缝一侧有隔墙时，应在一侧设置防火阀；

3 变形缝处无隔墙时，可不设置防火阀。

7.4.7 本规范对A、B级电子信息系统机房的主机房有含尘浓度的要求，对C级电子信息系统机房没有含尘浓度的要求，因此，A、B级电子信息系统机房的主机房应维持正压，C级电子信息系统机房应根据具体情况而定。

7.4.9 本条将空调系统的空气过滤要求分成两部分，主机房内空调系统的循环机组（或专用空调的室内机）宜设置初效过滤器，有条件时可以增加中效过滤器，而新风系统应设初、中效过滤器，环境条件不好时，可以增加亚高效过滤器。

7.4.10 设有新风系统的主机房，应进行风量平衡计算，以保证室内外的差压要求，当差压过大时，应设置排风口，避免造成新风无法正常进入主机房的情况。

7.4.11 打印室内的喷墨打印机、静电复印机等设备以及纸张等物品易产生尘埃粒子,对除尘后的空气将造成二次污染,因此应对含有污染源的房间(如打印室)采取措施,防止污染物随气流进入其他房间。如对含有污染源的房间不设置回风口,直接排放;与相邻房间形成负压,减少污染物向其他房间扩散;对于大型的电子信息系统机房,还可考虑为含有污染源的房间单独设置空调系统。

7.4.12 分体式空调机的室内机组可以安装在靠近主机房的专用空调机房内,也可以直接安装在主机房内,不单独建空调机房。这两种空调室内机的布置方式,从空调效果来讲,没有明显区别,但将室内机组安装在专用空调机房内,可以降低主机房内的噪声。

7.4.13 调查资料表明,电子信息系统机房内空调系统的用电量约占机房总用电量的20%~50%,因此空调系统的节能措施是机房节能设计中的重要环节。

大型机房通常是指面积数千至数万平方米的机房。在这类机房中,安装的设备多、发热量大、空调负荷大,而水冷冷水机组的能效比高,可节约能源,提高空调制冷效果。

中国地域辽阔,各地自然条件各不相同,在执行本条规范时,应根据当地的气候条件和机房的负荷情况综合考虑,选择合理的空调方案,达到节约能源,降低运行费用的目的。

7.5 设备选择

7.5.1 空调对于电子信息设备的安全运行至关重要,因此机房空调设备的选用原则首先是高可靠性,其次是运行费用低、高效节能、低噪声和低振动。

7.5.2 不同等级的电子信息系统机房,对空调系统和设备的可靠性要求也不同,应根据机房的热湿负荷、气流组织型式、空调制冷方式、风量、系统阻力等参数及附录A的相关技术要求执行。建筑条件主要是指空调机房的位置、层高、楼板荷载等,如果选用风冷式空调机,还应考虑室外机的安装位置。

7.5.3 空调系统无备份设备时,为了提高空调制冷设备的运行可靠性及满足将来电子信息设备的少量扩充,要求单台空调制冷设备的制冷能力预留15%~20%的余量。

7.5.4 要求机房专用空调机带有通信接口,通信协议满足机房监控系统要求的目的是为了便于空调设备与机房监控系统联网,实现集中管理。

7.5.5 空调设备常需更换的部件是空气过滤器和加湿器,设计时应考虑为空调设备留有一定的维修空间。

8 电 气

8.1 供 配 电

8.1.1 A级电子信息系统机房的供电电源应按一级负荷中特别重要的负荷考虑,除应由两个电源供电(一个电源发生故障时,另一个电源不应同时受到损坏)外,还应配置柴油发电机作为备用电源。B级电子信息系统机房的供电电源按一级负荷考虑,当不能满足两个电源供电时,应配置备用柴油发电机系统。C级电子信息系统机房的供电电源应按二级负荷考虑。

8.1.2 本规范第8.1.7条规定"电子信息设备应由不间断电源系统供电",因此UPS电源的输出质量决定了电子信息设备的供电电源质量,本规范采纳了现行行业标准《通信用不间断电源—UPS》YD/T 1095—2000中有关电源质量的指标。

8.1.4 规定引入机房的户外供电线路不宜采用架空方式敷设的目的是为了保证户外供电线路的安全,保证机房供电的可靠性。户外架空线路宜受到自然因素(如台风、雷电、洪水等)和人为因素(如交通事故)的破坏,导致供电中断,故户外供电线路宜采用直接埋地、排管埋地或电缆沟敷设的方式。当采用具有金属外护套的电缆时,在进出建筑物处应将电缆的金属外护套与接地装置连接。当户外供电线路采用埋地敷设有困难,只能采用架空敷设时,应采取措施,保证线路安全。

8.1.5 由于电子信息系统机房供电可靠性要求较高,为防止其他负荷的干扰,当机房用电容量较大时,应设置专用配电变压器供电;机房用电容量较小时,可由专用低压馈电线路供电。

采用干式变压器是从防火安全角度考虑的。美国NFPA 75(信息设备的保护)要求为信息设备供电的变压器应采用干式或不含可燃物的变压器。

8.1.6 低压配电不应采用TN-C系统的主要原因有两个,一是干扰问题,二是安全问题。

8.1.7 为保证电源质量,电子信息设备应由UPS供电。辅助区宜单独设置UPS系统,以避免辅助区的人员误操作而影响主机房电子信息设备的正常运行。

采用具有自动和手动旁路装置的UPS,其目的是为了避免在UPS设备发生故障或进行维修时中断电源。

确定UPS容量时需要留有余量,其目的有两个:一是使UPS不超负荷工作,保证供电的可靠性;二是为了以后少量增加电子信息设备时,UPS的容量仍然可以满足使用要求。按照公式$E \geqslant 1.2P$计算出的UPS容量只能满足电子信息设备的基本需求,未包含冗余或容错系统中备份UPS的容量。

8.1.8 电子信息系统机房内的空调、水泵、冷冻机等动力设备及照明等其他用电设备应与电子信息设备用的UPS分开不同回路配电,以减少对电子信息设备的干扰。

8.1.9 专用配电箱(柜)的主要作用是对使用UPS电源的电子信息设备进行配电、保护和监测。要求专用配电单元靠近用电设备安装的主要目的是使配电线路尽量短,从而降低中性线与PE线之间的电位差。

8.1.10 中性线与PE线之间的电位差称为"零地电压",当"零地电压"高于电子信息设备的允许值时,将引起硬件故障、烧毁设备;引发控制信号的误动作;影响通信质量,延误或阻止通信的正常进行。因此,当"零地电压"不满足负载的使用要求时(一般"零地电压"应小于2V),应采取措施,降低"零地电压"。对于TN系统,在UPS的输出端配备隔离变压器是降低"零地电压"的有效方法。选择隔离变压器的保护开关时,应考虑隔离变压器投入时的励磁涌流。

专用配电箱(柜)配置远程通信接口的目的是为了将配电箱

（柜）内各路电源的运行状况反映到机房设备监控系统中，便于工作人员掌握设备运行状况。

8.1.11 电源连接点主要是指插座、接线柱、工业连接器等，电子信息设备的电源连接点应在颜色或外观上明显区别于其他设备的电源连接点，以防止其他设备误连接后，导致电子信息设备供电中断。

8.1.12 由于柴油发电机系统是作为 A 级电子信息系统机房两个供电电源的后备电源，其作用是实现"容错"功能，故 A 级电子信息系统机房后备柴油发电机系统的结构型式为 N 或 N+X（X=1～N）。

8.1.13 由于 A 级和 B 级电子信息系统机房的 UPS、空调和制冷设备除满足基本需求外，均含有冗余量或冗余设备，从经济角度考虑，后备柴油发电机的容量不应包括这些设备的冗余量（但应考虑负荷率），故柴油发电机的容量只包括 UPS、空调和制冷设备的基本容量及应急照明和消防等关系到生命安全需要的负荷容量。由于 UPS 是柴油发电机的主要负载，故在选择柴油发电机时，应考虑 UPS 输出的谐波电流对柴油发电机输出电压的影响。

8.1.14 本条主要是从供电可靠性考虑的，从目前的技术发展来讲，"并机"设备可以实现自动同步控制出现故障时，手动控制同步的功能。

8.1.15 本条主要考虑当市电和柴油发电机都出现故障时，检修柴油发电机需要电源，故只能采用 UPS 或 EPS。为了不影响电子信息设备的安全运行，检修用 UPS 电源不应由电子信息设备用 UPS 电源引来。

8.1.16 本条主要是从供电可靠性考虑的，市电与柴油发电机之间的自动转换开关应具有手动旁路功能，检修自动转换开关时，不会影响市电与柴油发电机的切换。

8.1.17 机房内的隐蔽通风空间主要是指作为空调静压箱的活动地板下空间及用于空调回风的吊顶上空间。从安全的角度出发，在活动地板下及吊顶上敷设的低压配电线路应采用阻燃铜芯电缆；从方便安装和维护的角度考虑，配电电缆线槽（桥架）应敷设在通信缆线线槽（桥架）的下方。当活动地板下作为空调静压箱或吊顶上作为回风通道时，电缆线槽的布置应留出适当的空间，保证气流通畅。

8.1.18 电子信息设备属于单相非线性负荷，易产生谐波电流及三相负荷不平衡现象，根据实测，UPS 输出的谐波电流一般不大于基波电流的 10%，故不必加大相线截面积，而中性线含三相谐波电流的叠加及三相负荷不平衡电流，实测往往等于或大于相线电流，故中性线截面积不应小于相线截面积。此外，将单相负荷均匀地分配在三相线路上，可以减小中性线电流，减小由三相负荷不平衡引起的电压不平衡度。

8.2 照　明

8.2.1 照度标准值的参考平面为 0.75m 水平面。

8.2.3 本条主要是从照明节能角度考虑，高效节能荧光灯主要是指光效大于 80 lm/W 的荧光灯。对于大面积照明场所及平时无人职守的房间，照明光源应采用分区、分组的控制措施。

8.2.4 本条针对视觉作业所采取的措施是为了减少作业面上的光幕反射和反射眩光。现行国家标准《建筑照明设计标准》GB 50034 等同采用 CIE 标准《室内工作场所照明》S008/E—2001 中有关限制视觉显示终端眩光的规定，本规范参照执行。

8.2.5 根据对机房现场的重点调查，机房内的照明均匀度一般都大于 0.7，特别是对有视觉显示终端的工作场所，人的眼睛对照明均匀度要求更高，只有当照明均匀度大于 0.7 时，人的眼睛才不容易疲劳。

　　由于人的眼睛对亮度差别较大的环境有一个适应期，因此相邻的不同环境照度差别不宜太大，非工作区域内的一般照明照度值不宜低于工作区域内一般照明照度的 1/3 的规定是参照 CIE

标准《室内照明指南》（1986）制订的。

8.2.6 主机房和辅助区是电子信息交流和控制的重要场所，照明熄灭将造成机房内的人员停止工作，设备运转出现异常，从而造成很大影响或经济损失。因此，主机房和辅助区内应设置保证人员正常工作的备用照明。备用照明与一般照明的电源应由不同回路引来，火灾时切除。通过普查和重点调查，以及对电子信息系统机房重要性的普遍认同，规定备用照明的照度值不低于一般照明照度值的 10%；有人值守的房间（主要是辅助区），备用照明的照度值不应低于一般照明照度值的 50%。

8.2.7 主机房一般为密闭空间（A 级及 B 级主机房一般不设外窗），从安全角度出发，规定通道疏散照明的照度值（地面）不低于 5 lx。

8.2.8 0 类灯具的防触电保护主要依靠其自身的基本绝缘，而 I 类灯具的防触电保护除依靠其自身的基本绝缘外，还包括附加的安全措施，即把易触及的导电部件与线路中的保护线连接，使易触及的导电部件在基本绝缘失效时不致带电。电子信息系统机房内应采用 I 类灯具，其供电线路无论是明敷还是暗敷，灯具的金属外壳均应与保护线（PE 线）做电气连接。

8.2.10 技术夹层包括吊顶上和活动地板下，需要设置照明的地方主要是人员可以进入的夹层。

8.3 静电防护

8.3.1 "地板"是指铺设了高架防静电活动地板的区域，"地面"是指未铺设防静电活动地板的区域。地板或地面是室内环境静电控制的重点部位，其防静电的功能主要取决于静电泄放措施和接地构造，即地板或地面应选择导电或静电耗散材料，并应做好接地。

　　本规范采用静电工程中通常使用的"表面电阻"和"体积电阻"来表征地板或地面的静电泄放性能，其阻值是依据国内行业规范并参考国外相关标准确定的，涵盖了导静电型和静电耗散型两大地面类型。

8.3.2 采用涂料敷设方式的防静电地面，涂料多为现场配置或采用复合材料铺设，静电性能不容易达到一致或存在时效衰减，因此要求长期稳定。该项指标可以由供方承诺，也可经具有相应资质的测试部门，通过加速老化试验，进行功能性评定和寿命预测。

8.3.3 主机房内的工作台面是人员操作的主要工作面，从保证电子信息系统的可靠性角度考虑，推荐采用与地面同级别的防静电措施。

8.3.4 等电位联结是静电防护的必要措施，是接地构造的重要环节，对于机房环境的静电净化和人员设备的防护至关重要，在电子信息系统机房内不应存在对地绝缘的孤立导体。

8.4 防雷与接地

8.4.1 本规范仅对电子信息系统机房接地的特殊性作出规定，在进行机房防雷和接地设计时，除应符合本规范的相关规定外，尚应符合现行国家标准《建筑物防雷设计规范》GB 50057 和《建筑物电子信息系统防雷技术规范》GB 50343 的有关规定。如电子信息系统机房内各级配电系统浪涌保护器的设计应按现行国家标准《建筑物电子信息系统防雷技术规范》GB 50343 的有关规定执行。

8.4.2 保护性接地包括：防雷接地、防电击接地、防静电接地、屏蔽接地等；功能性接地包括：交流工作接地、直流工作接地、信号接地等。

　　关于电子信息设备信号接地的电阻值，IEC 有关标准及等同或等效采用 IEC 标准的国家标准均未规定接地电阻值的要求，只要实现了高频条件下的低阻抗接地（不一定是接大地）和等电位联结即可。当与其他接地系统联合接地时，按其他接地系统接地电阻的最小值确定。

　　若防雷接地单独设置接地装置时，其余几种接地宜共用一组接地装置,其接地电阻不应大于其中最小值,并应按现行国家标准《建筑物防雷设计规范》GB 50057要求采取防止反击措施。

8.4.3 为了减小环路中的感应电压,单独设置接地线的电子信息设备的供电线路与接地线应尽可能地同路径敷设;同时为了防止干扰,接地线应与其他接地线绝缘。

8.4.4 对电子信息设备进行等电位联结是保障人身安全、保证电子信息系统正常运行、避免电磁干扰的基本要求。

电子信息设备有两个接地:一个是为电气安全而设置的保护接地,另一个是为实现其功能性而设置的信号接地。按IEC标准规定,除个别特殊情况外,一个建筑物电气装置内只允许存在一个共用的接地装置,并应实施等电位联结,这样才能消除或减少电位差。对电子信息设备也不例外,其保护接地和信号接地只能共用一个接地装置,不能分接不同的接地装置。在TN-S系统中,设备外壳的保护接地和信号接地是通过连接PE线实现接地的。

S型(星形结构、单点接地)等电位联结方式适用于易受干扰的频率在0~30kHz(也可高至300kHz)的电子信息设备的信号接地。从配电箱PE母排放射引出的PE线兼做设备的信号接地线,同时实现保护接地和信号接地。对于C级电子信息系统机房中规模较小(建筑面积100m² 以下)的机房,电子信息设备可以采用S型等电位联结方式。

M型(网形结构、多点接地)等电位联结方式适用于易受干扰的频率大于300kHz(也可低至30kHz)的电子信息设备的信号接地。电子信息设备除连接PE线作为保护接地外,还采用两条(或多条)不同长度的导线尽量短直地与设备下方的等电位联结网格连接,大多数电子信息设备应采用此方案实现保护接地和信号接地。

SM混合型等电位联结方式是单点接地和多点接地的组合,可以同时满足高频和低频信号接地的要求。具体做法为设置一个等电位联结网格,以满足高频信号接地的要求;再以单点接地方式连接到同一接地装置,以满足低频信号接地要求。

8.4.5 要求每台电子信息设备有两根不同长度的连接导体与等电位联结网格连接的原因是:当连接导体的长度为干扰频率波长的1/4或其奇数倍时,其阻抗为无穷大,相当于一根天线,可接收或辐射干扰信号,而采用两根不同长度的连接导体,可以避免其长度为干扰频率波长的1/4或其奇数倍,为高频干扰信号提供一个低阻抗的泄放通道。

8.4.6 等电位联结网格的尺寸取决于电子信息设备的摆放密度,机柜等设备布置密集时(成行布置,且行与行之间的距离为规范规定的最小值时),网格尺寸宜取小值(600 mm×600mm);设备布置宽松时,网格尺寸可视具体情况加大,目的是节省铜材(参见图1)。

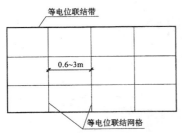

图1 等电位联结带与等电位联结网格

9 电磁屏蔽

9.1 一般规定

9.1.1 其他电磁泄漏防护措施主要是指采用信号干扰仪、电磁泄漏防护插座、屏蔽缆线和屏蔽接线模块等。

9.1.4 设有电磁屏蔽室的电子信息系统机房,结构荷载除应满足电子信息设备的要求外,还应考虑金属屏蔽结构需要增加的荷载值。根据调研,需要增加的结构荷载与屏蔽结构形式及屏蔽室的面积有关,一般在1.2~2.5kN/m²范围内。

9.1.5 滤波器、波导管等屏蔽件一般安装在电磁屏蔽室金属壳体的外侧,考虑到以后的维修,需要在安装有屏蔽件的金属壳体侧与建筑(结构)墙之间预留维修通道或维修口,通道宽度不宜小于600mm。

9.1.6 电磁屏蔽室的接地采用单独引下线的目的是为了防止屏蔽信号干扰电子信息设备,引下线一般采用截面积不小于25mm²的多股铜芯电缆,并采取屏蔽措施。

9.3 屏蔽件

9.3.1 屏蔽件的性能指标主要是指衰减参数和截止频率等。选择屏蔽件时,其性能指标不应低于电磁屏蔽室的屏蔽要求。根据调研,屏蔽件的性能指标适当提高一些,屏蔽效果会更好。

9.3.3 滤波器分为电源滤波器和信号滤波器,电源滤波器主要对供电电源进行滤波。电源滤波器的规格主要是指电源频率(50Hz、400Hz等)和额定电流值;电源滤波器的供电方式有单相和三相。

9.3.4 当信号频率太高(如射频信号),无法采用滤波器进行滤波时,应对进入电磁屏蔽室的信号电缆采取其他的屏蔽措施,如使用屏蔽暗箱或信号传输板等。

9.3.5 采用光缆的目的是为了减少电磁泄漏,保证信息安全。光缆中的加强芯一般采用钢丝,在光缆进入波导管之前应去掉钢丝,以保证电磁屏蔽效果。对于电场屏蔽衰减指标低于60dB的屏蔽室,网络线可以采用屏蔽缆线,缆线的屏蔽层应与屏蔽壳体可靠连接。

9.3.6 根据调研,截止波导通风窗内的波导管采用等边六角形时,电磁屏蔽和通风效果最好。

9.3.7 非金属材料主要是指光纤、气体和液体(如空调制冷剂、消防用水或气体灭火剂等)。波导管的截面尺寸和长度应根据截止频率和衰减参数,通过计算确定。

10 机房布线

本章适用于电子信息系统机房内及同一建筑物内数个机房之间连接的网络布线系统设计,不包括建筑物其他部分的综合布线,具体如图2所示:

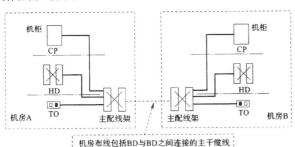

图 2 机房及机房之间布线范围

10.0.1 主机房以一个机柜为一个工作区,暂时无法确定机柜数量的,以 3~5 m² 为一个工作区;辅助区以 3~9 m² 为一个工作区;支持区以不同的功能用房为一个工作区,如 UPS 室、空调机房等。工作区信息点数量配置见附录A的技术要求。行政管理区按现行国家标准《综合布线系统工程设计规范》GB 50311 的有关规定执行。

10.0.2 此条规定是为保证网络系统运行稳定可靠。传输介质主要是指设备缆线、跳线和配线设备。冗余配置的要求主要针对A级和B级电子信息系统机房的布线,对于C级电子信息系统机房的布线,可根据具体情况确定。

10.0.3 当主机房内机柜或机架成行排列超过 5 个或按照不同功能区域布置时,为便于施工、管理和维护,可以在主配线设备(BD)和成行排列的机柜(或按照功能区域布置的机柜)或机架之间增加一个列头柜,同一功能区域或同一排机柜或机架的对绞电缆、光缆均汇聚到列头柜。当列头柜内不安装有源网络设备时,它就是一个线缆集合点(CP);而当列头柜内安装有源网络设备时,它就是一个水平配线设备(HD)。列头柜一般设置在成行排列的机柜端头。

在网络布线设计中,应根据工程造价、管理要求、场地条件等因素,决定列头柜是采用(CP)方式,还是(HD)方式。采用(CP)方式时,管理方便、维护简单,但线路施工量大,造价高;而采用(HD)方式时,由于有源网络设备分布在各个列头柜内,因此与主配线柜的连接可以使用一根多芯光缆或几根铜缆,减少了光缆或铜缆的数量,减少了线路施工和维护工作量,但由于网络设备分散,给管理造成了不便。图3是列头柜安装位置示意图。

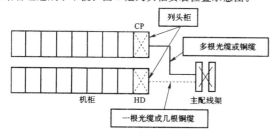

图 3 列头柜安装位置示意

10.0.4 机房布线采用电子配线设备,可以对机房布线进行实时智能管理,随时记录配线的变化,在发生配线故障时,可以在很短的时间内确定故障点,是保证布线系统可靠性和可用性的重要措施之一。但是否采用,应根据机房的重要性及工程投资综合考虑。各级电子信息系统机房的布线要求见附录A。

10.0.5 为防止电磁场对布线系统的干扰,避免通过布线系统对外泄露重要信息,应采用屏蔽布线系统、光缆布线系统或采取其他电磁干扰防护措施(如建筑屏蔽)。当采用屏蔽布线系统时,应保证链路或信道的全程屏蔽和屏蔽层可靠接地。

10.0.6 当缆线敷设在隐蔽通风空间(如吊顶内或地板下)时,缆线易受到火灾的威胁或成为火灾的助燃物,且不易察觉,故在此情况下,应对缆线采取防火措施。采用具有阻燃性能的缆线是防止缆线火灾的有效方法之一。各级电子信息系统机房的布线要求见附录A,北美通信缆线防火分级见表1,也可以按照现行国家标准《综合布线系统工程设计规范》GB 50311 的相关规定,按照欧洲缆线防火分级标准设计。

表 1 北美通信缆线防火分级

线缆的防火等级	北美通信电缆分级	北美通信光缆分级
阻燃级	CMP	OFNP 或 OFCP
主干级	CMR	OFNR 或 OFCR
通用级	CM、CMG	OFN(G) 或 OFC(G)

10.0.7 在设计机房布线系统与本地公用电信网络互联互通时,主要考虑对不同电信运营商的选择和系统出口的安全。对于重要的电子信息系统机房,设置的网络与配线端口数量应至少满足两家以上电信运营商互联的需要,使得用户可以根据业务需求自由选择电信运营商。各家电信运营商的通信线路宜采取不同的敷设路径,以保证线路的安全。

10.0.8 限制线槽高度的主要原因是:

1 当机房空调采用下送风方式时,活动地板下敷设的线槽如果太高,将会产生较大的风阻,影响气流流通;

2 如果线槽太高,维修时将造成查线不便。

当活动地板架设高度较高,采用高度大于 150mm 的线槽不会对空调送风产生太大影响时,可以适当增加线槽的高度,也可以采用多层线槽,尤其采用上走线方式时,线槽可安装 2~3 层,最下层用于配电线路,上层用于网络布线。

布置线槽时需要综合考虑相关专业对空间的要求。活动地板下敷设线槽时,应考虑与配电线路的间距及是否阻碍了空调气流的流通;采用上走线方式时,线槽的位置应与灯具、风口和消防喷头的位置相协调。

为了减少采用线槽带来的以上问题,近年来,在欧洲和北美地区已普遍采用网格式桥架。网格式桥架在活动地板下敷设或采用上走线方式敷设时,可以减少对气流的阻碍,便于维修、查线和及时发现隐患。

11 机房监控与安全防范

11.1 一般规定

11.1.2 环境和设备监控系统采用集散或分布式网络结构,能够体现集中管理,分散控制的原则,可以实现本地或远程监视和操作。

11.1.3 环境和设备监控系统、安全防范系统的主机和人机界面一般设置在同一个监控中心内(安全防范系统也可设置在消防控制室),为了提高供电电源的可靠性,各系统宜采用独立的 UPS 电源。当采用集中 UPS 电源供电时,应采用单独回路为各系统配电。A 级和 B 级电子信息系统机房,应为 UPS 提供双路供电电源。

11.2 环境和设备监控系统

11.2.1 当主机房使用恒温恒湿的机房专用空调时,空调的给排水管将穿越主机房,管道的连接处有可能漏水,空调机本身也会产生少量的冷凝水,这些都是有可能发生水患的部位,应设置漏水检测、报警装置。强制排水设备的运行、停止和故障状态应反馈到监控系统。为机房专用空调提供冷冻水的水管,在进入主机房时应分别加装电动和手动阀门,以便在紧急情况下切断水源,保证电子信息设备安全。

11.2.3 KVM(keyboard 键盘、video 显示器、mouse 鼠标的缩写)切换系统是利用一套或多套终端设备在多个不同操作系统的多平台主机之间进行切换,实现一个或多个用户使用一套或多套终端去访问和操作一台或多台主机。

11.3 安全防范系统

11.3.2 门禁系统正常工作时,室内人员出门一般需要采用 IC 卡或按动释放按钮,而在紧急情况时,上述操作不符合人员逃生的要求,需自动释放,保证人员直接推门而出,及时离开火灾现场。

11.3.3 室外安装的安全防范系统设备主要指室外摄影机及配件、周界防护探测器等,防雷措施包括安装避雷装置、采取隔离等。

12 给 水 排 水

12.1 一般规定

12.1.2 挡水和排水设施用于自动喷水灭火系统动作后的排水、空调冷凝水及加湿器的排水,防止积水。

12.2 管道敷设

12.2.1、12.2.2 这两条都是为了保证机房的给水排水管道不影响机房的正常使用而制定的,主要是三个方面:

   1 保证管道不渗不漏,主要是选择优质耐高压、连接可靠的管道及配件。例如,焊接连接的不锈钢阀件;

   2 管道结露滴水会破坏机房工作环境,因此要求有可靠的防结露措施,应根据管内水温及室内环境温度计算确定。

   3 减小管道敷设对环境的影响,给排水干管一般敷设在管道竖井(或地沟)内,引入主机房的支管采用暗敷或采用防漏保护套管敷设;管道穿墙或穿楼板处应设置套管,以防室内环境受到外界干扰。

12.2.3 地漏易集污、返臭,破坏室内环境,因此当主机房和辅助区设置地漏时规定了两项措施:

   1 使用洁净室专用地漏或自闭式地漏。洁净室专用地漏的特点是用不锈钢制造,易清污,深水封,带密封盖,有效地保障了不让下水道的臭气、细菌通过地漏进入室内;自闭式地漏的特点是存水腔内设置自动启闭阀,下水时启闭阀自动打开,使水直接排向管道;下水停止时,启闭阀自动关闭,达到防溢、防虫、防臭的功能;

   2 加强地漏的水封保护。由于地漏自带水封能力有限,地漏箅子上又不可能经常有水补充,因此当必须设置地漏时,为防室外污水管道臭气倒灌,应在地漏下加设可靠的防止水封破坏的措施。

12.2.4 为防止给排水管道结露,管道应采取保温措施,保温材料应选择难燃烧的、非窒息性的材料。

13 消　防

13.1　一般规定

13.1.1　电子信息系统机房的规模和重要性差异较大,有几万平方米的机房,也有几十平方米的机房;有人值守的机房,也有无人值守的机房;有设备数量很多的机房,也有设备数量很少的机房;有火灾造成的损失和影响很严重的机房,也有损失和影响较轻的机房;因此应根据机房的等级确定设置相应的灭火系统。

13.1.2、13.1.3　目前用于电子信息系统机房的洁净气体灭火系统主要有七氟丙烷(HFC-227ea,FM-200® 为 HFC-227ea 的进口产品)、烟烙尽(IG-541,Inergen® 为 IG-541 的进口产品)、二氧化碳。气体灭火系统自动化程度高、灭火速度快,对于局部火灾有非常强的抑制作用,但由于造价高,因此应选择火灾对机房影响最大的部分设置气体灭火系统。

对于空间较大,且只有部分设备需要重点保护的房间(如变配电室),为进一步降低工程造价,可仅对设备(如配电柜)采取局部保护措施,如可采用"火探"自动灭火装置。

细水雾灭火系统可实现灭火和控制火情的效果,具有冷却与窒息的双重作用。对于水渍和导电性敏感的电子信息设备,应选用平均体积直径($DV_{0.5}$)50～100μm 的细水雾,这种细水雾具有气体的特性。

实践证明,自动喷水灭火系统是非常有效的灭火手段,特别是在抑制早期火灾方面,且造价相对较低。考虑到湿式自动喷水灭火系统存在水渍损失及误动作的可能,因而要求采用相对安全的预作用系统。

13.1.4　任何电子信息系统机房发生火灾,其后果都很严重,因此必须设置火灾探测报警系统,便于早期发现火灾,及时扑救,使损失减到最小。现行国家标准《火灾自动报警系统设计规范》GB 50116对火灾探测和联动控制有详细的要求。

13.2　消防设施

13.2.1　主机房是电子信息系统的核心,在确定消防措施时,应同时保证人员和设备的安全,避免灭火系统误动作造成损失。只有当两种火灾探测器同时发出报警后,才能确认为真正的灭火信号。两种火灾探测器可采用感烟和感温、感烟和离子或感烟和光电探测器的组合,也可采用两种不同灵敏度的感烟探测器。对于含有可燃物的技术夹层(吊顶内和活动地板下),也应同时设置两种火灾探测器。

对于空气高速流动的主机房,由于烟雾被气流稀释,致使一般感烟探测器的灵敏度降低;此外,烟雾可导致电子信息设备损坏,如能及早发现火灾,可减少设备损失,因此主机房宜采用吸气式烟雾探测火灾报警系统作为感烟探测器。

13.2.2　气体灭火需要保证在所灭火的场所形成一个封闭的空间,以达到灭火的效果。而大量的机房均独立设置空调、排风系统,在灭火时,这些系统应停止运行。此外,为了保证消防人员的安全,根据现行国家标准《火灾自动报警系统设计规范》GB 50116的要求,火灾时应切断有关部位的非消防电源。

13.2.3　这是在实施灭火过程中,提示机房内的人员尽快离开火灾现场以及提醒外部人员不要进入火灾现场而设置的,主要是从保证人员人身安全出发考虑的。

13.2.4　由于1991年通过了《蒙特利尔议定书(修正案)》,故不再使用卤代烷(1211、1301)作为灭火剂。二氧化碳灭火系统以现行国家标准《二氧化碳灭火系统设计规范》GB 50193 作为设计依据;烟烙尽和七氟丙烷灭火系统以现行国家标准《气体灭火系统设计规范》GB 50370 作为设计依据。随着科学技术的进步,将会有更

多的新产品应用于电子信息系统机房。由于生产厂家众多,产品质量参差不齐,为保障电子信息系统运行和人员生命安全,故增加"经消防检测部门检测合格的产品"的条款。

13.2.6　采用单独的报警阀组可以避免因为其他区域动作而给机房带来的影响。

13.2.7　电子信息设备属于重要和精密设备,使用手提灭火器对局部火灾进行灭火后,不应使电子信息设备受到污渍损害。而干粉灭火器、泡沫灭火器灭火后,其残留物对电子信息设备有腐蚀作用,且不易清洁,将造成电子信息设备损坏,故应采用气体灭火器灭火。

13.3　安全措施

13.3.1　气体灭火的机理是降低火灾现场的氧气含量,这对人员不利,本条是为了防止在灭火剂释放时有人来不及疏散以及防止营救人员窒息而规定的。

中华人民共和国国家标准

氢 气 站 设 计 规 范

Design code for hydrogen station

GB 50177 - 2005

主编部门：中华人民共和国信息产业部
批准部门：中华人民共和国建设部
施行日期：2 0 0 5 年 1 0 月 1 日

中华人民共和国建设部公告

第 330 号

建设部关于发布国家标准
《氢气站设计规范》的公告

现批准《氢气站设计规范》为国家标准，编号为 GB 50177—
2005，自 2005 年 10 月 1 日起实施。其中，第 1.0.3、3.0.2、
3.0.3、3.0.4、4.0.3(1)、4.0.8、4.0.10、4.0.11、4.0.13、
4.0.15、6.0.2、6.0.3、6.0.5、6.0.10、7.0.3、7.0.6、
7.0.10、8.0.2、8.0.3、8.0.5、8.0.6、8.0.7(4)、9.0.2、
9.0.4、9.0.5、9.0.6、9.0.7、11.0.1、11.0.5、11.0.7、
12.0.9、12.0.10(2)(5)、12.0.12(4)(5)、12.0.13 为强制性条
文，必须严格执行。原《氢氧站设计规范》GB 50177—93 及其强制
性条文同时废止。

本标准由建设部标准定额研究所组织中国计划出版社出版发
行。

中华人民共和国建设部
二○○五年四月十五日

前　言

本规范是根据建设部建标〔2002〕85 号文的要求,具体由中国电子工程设计院会同有关单位共同对《氢氧站设计规范》GB 50177—93 修订编制而成。

在修订编制过程中,修订组结合我国氢气站、供氢站设计、建造和运行的实际情况,进行了大量的调查研究,并广泛向全国有关单位或个人征求意见,最后由我部会同有关部门审查定稿。

本规范共 12 章和 5 个附录。其主要内容有:总则、术语、总平面布置、工艺系统、设备选择、工艺布置、建筑结构、电气及仪表控制、防雷及接地、给水排水及消防、采暖通风、氢气管道等。

本规范中以黑体字标志的条文为强制性条文,必须严格执行。本规范由建设部负责管理和对强制性条文的解释,中国电子工程设计院《氢气站设计规范》管理组负责具体技术内容的解释。在执行过程中,请各单位结合工程实践,认真总结经验,如发现需要修改或补充之处,请将意见和建议寄至中国电子工程设计院《氢气站设计规范》管理组(地址:北京市海淀区万寿路 27 号,邮编:100840,传真:010－68217842,E-mail:ceedi@ceedi.com.cn),以供今后修订时参考。

本规范主编单位、参编单位和主要起草人:

主 编 单 位:中国电子工程设计院

参 编 单 位:西南化工研究设计院

武汉钢铁设计研究总院

西南电力设计院

主要起草人:陈霖新　章光护　姚震生　邰豫川　李承蓉

袁柏燕　孟培勤　吴炳成　牛光宏　孙美君

目　次

1 总 则

1.0.1 为在氢气站、供氢站的设计中正确贯彻国家基本建设的方针政策,确保安全生产,节约能源,保护环境,满足生产要求,做到技术先进,经济合理,制定本规范。

1.0.2 本规范适用于新建、改建、扩建的氢气站、供氢站及厂区和车间的氢气管道设计。

1.0.3 氢气站、供氢站的生产火灾危险性类别,应为"甲"类。

氢气站、供氢站内有爆炸危险房间或区域的爆炸危险等级应划分为1区或2区,并应符合本规范附录A的规定。

1.0.4 氢气站、供氢站和氢气管道的设计,除执行本规范外,尚应符合国家现行有关标准的规定。

2 术 语

2.0.1 氢气站 hydrogen station

采用相关的工艺(如水电解,天然气转化气、甲醇转化气、焦炉煤气、水煤气等为原料气的变压吸附等)制取氢气所需的工艺设施、灌充设施、压缩和储存设施、辅助设施及其建筑物、构筑物或场所的统称。

2.0.2 供氢站 hydrogen supply station

不含氢气发生设备,以瓶装或/和管道供应氢气的建筑物、构筑物、氢气罐或场所的统称。

2.0.3 氢气罐 hydrogen gas receiver

用于储存氢气的定压变容积(湿式储气柜)及变压定容积的容器的统称。

2.0.4 明火地点 open flame site

室内外有外露的火焰或赤热表面的固定地点。

2.0.5 散发火花地点 sparking site

有飞火的烟囱或室外的砂轮、电焊、气焊(割)等固定地点。

2.0.6 氢气灌装站 filling hydrogen gas station

设有灌充氢气用氢气压缩、灌充设施及其必要的辅助设施的建筑物、构筑物或场所的统称。

2.0.7 水电解制氢装置 the installation of hydrogen gas produced by electrolysising water

以水为原料,由水电解槽、氢(氧)气液分离器、氢(氧)气冷却器、氢(氧)气洗涤器等设备组合的统称。

2.0.8 水电解制氢系统 the system of hydrogen gas produced by electrolysising water

以水电解工艺制取氢气,由水电解制氢装置及氢气加压、储存、纯化、灌充等操作单元组成的工艺系统的统称。

2.0.9 变压吸附提纯氢装置 the installation of hydrogen purification by pressure swing adsorption

以各类含氢气体为原料,经多个吸附塔,采用变压吸附法,从原料气中提取氢气的工艺设备组合的统称。

2.0.10 变压吸附提纯氢系统 hydrogen purification system by pressure swing adsorption

以变压吸附法从各类含氢气体中提纯制取氢气,由变压吸附装置及氢气加压、储存、纯化、灌充等操作单元组成的工艺系统的统称。

2.0.11 甲醇蒸气转化制氢装置 the installation of hydrogen gas produced by the methanol transforming

以甲醇和水为原料,采用催化转化工艺,在一定温度下将甲醇裂解转化制取氢气的生产设备组合的统称。

2.0.12 低压氢气压缩机 the low pressure compressor for the hydrogen gas

输出压力小于1.6 MPa的氢气压缩机。

2.0.13 中压氢气压缩机 the middle pressure compressor for the hydrogen gas

输出压力大于或等于1.6 MPa,小于10.0 MPa的氢气压缩机。

2.0.14 高压氢气压缩机 the high pressure compressor for the hydrogen gas

输出压力大于或等于10.0 MPa的氢气压缩机。

2.0.15 钢瓶集装格 the bundle of hydrogen gas cylinders

由专用框架固定,采用集气管将多只气体钢瓶接口并连组合的气体钢瓶组单元。

2.0.16 氢气汇流排间 the hydrogen gas manifolds room

设有采用氢气钢瓶供应氢气用的汇流排组等设施的房间。

2.0.17 氢气灌装间 the hydrogen gas filling room

设有供灌充氢气钢瓶用的氢气灌充台或钢瓶集装格等设施的房间。

2.0.18 实瓶 solid cylinder

存有气体灌充压力气体的气瓶,一般水容积为40L、设计压力为12.0~20.0 MPa的气体钢瓶。

2.0.19 空瓶 empty cylinder

无内压或留有残余压力的气体钢瓶。

2.0.20 湿氢 wet hydrogen

在所处温度、压力下,水含量达饱和或过饱和状态的氢气。

2.0.21 倒气用氢气压缩机 the hydrogen gas compressor for turning system over

在制氢或供氢系统中,氢气增压、储存或灌充用的氢气压缩机。

3 总平面布置

3.0.1 氢气站、供氢站、氢气罐的布置,应按下列要求经综合比较确定:

1 宜布置在工厂常年最小频率风向的下风侧,并应远离有明火或散发火花的地点;

2 宜布置为独立建筑物、构筑物;

3 不得布置在人员密集地段和主要交通要道路邻近处;

4 氢气站、供氢站、氢气罐区,宜设置不燃烧体的实体围墙,其高度不应小于2.5m;

5 宜留有扩建的余地。

3.0.2 氢气站、供氢站、氢气罐与建筑物、构筑物的防火间距,不应小于表3.0.2的规定。

表3.0.2 氢气站、供氢站、氢气罐与建筑物、构筑物的防火间距(m)

建筑物、构筑物		氢气站或供氢站	氢气罐总容积(m³)			
			≤1000	1001~10000	10001~50000	>50000
其他建筑物耐火等级	一、二级	12	12	15	20	25
	三级	14	15	20	25	30
	四级	16	20	25	30	35
民用建筑		25	25	30	35	40
重要公共建筑		50	50			
35~500kV且每台变压器为10000kV·A以上室外变配电站以及总油量超过5t的总降压站		25	25	30	35	40

续表3.0.2

建筑物、构筑物	氢气站或供氢站	氢气罐总容积(m³)			
		≤1000	1001~10000	10001~50000	>50000
明火或散发火花的地点	30	25	30	35	40
架空电力线	≥1.5倍电杆高度	≥1.5倍 电杆高度			

注:1 防火间距应按相邻建筑物、构筑物的外墙、凸出部分外缘、储罐外壁的最近距离计算。

2 固定容积的氢气罐,总容积按其水容量(m³)和工作压力(绝对压力)的乘积计算。

3 总容积不超过20m³的氢气罐与所属厂房的防火间距不限。

4 与高层厂房之间的防火间距,应按本表相应增加3m。

5 氢气罐与氢气罐之间的防火间距,不应小于相邻较大罐直径。

3.0.3 氢气站、供氢站、氢气罐与铁路、道路的防火间距,不应小于表3.0.3的规定。

表3.0.3 氢气站、供氢站、氢气罐与铁路、道路的防火间距(m)

铁路、道路		氢气站、供氢站	氢气罐
厂外铁路线(中心线)	非电力牵引机车	30	25
	电力牵引机车	20	20
厂内铁路线(中心线)	非电力牵引机车	20	20
	电力牵引机车		15
厂外道路(相邻侧路边)		15	15
厂内道路(相邻侧路边)	主要道路	10	10
	次要道路	5	5
围墙		5	5

注:防火间距应从氢气站、供氢站建筑物、构筑物的外墙、凸出部分外缘及氢气罐外壁计算。

3.0.4 氢气罐或罐区之间的防火间距,应符合下列规定:

1 湿式氢气罐之间的防火间距,不应小于相邻较大罐(罐径较大者,下同)的半径;

2 卧式氢气罐之间的防火间距,不应小于相邻较大罐直径的2/3;立式罐之间、球形罐之间的防火间距,不应小于相邻较大罐的直径;

3 卧式、立式、球形氢气罐与湿式氢气罐之间的防火间距,应按其中较大者确定;

4 一组卧式或立式或球形氢气罐的总容积,不应超过30000m³。组与组的防火间距,卧式氢气罐不应小于相邻较大罐长度的一半;立式、球形罐不应小于相邻较大罐的直径,并不应小于10m。

3.0.5 氢气站需与其他车间呈L形、Ⅱ形或Ⅲ形毗连布置时,应符合下列规定:

1 站房面积不得超过1000m²;

2 毗连的墙应为无门、窗、洞的防火墙;

3 不得同热处理、锻压、焊接等有明火作业的车间相连;

4 宜布置在厂房的端部,与之相连的建筑物耐火等级不应低于二级。

3.0.6 供氢站内氢气实瓶数不超过60瓶或占地面积不超过500m²时,可与耐火等级不低于二级的用氢车间或其他非明火作业的丁、戊类车间毗连,其毗连的墙应为无门、窗、洞的防爆防护墙,并宜布置在靠厂房的外墙或端部。

3.0.7 氢气站内的氢气灌瓶间、实瓶间、空瓶间,宜布置在厂房的边缘部分。

4 工艺系统

4.0.1 氢气站制氢系统的类型应按下列因素确定:

1 氢气站的规模;

2 当地氢源状况,制氢用原料及电力的供应状况;

3 用户对氢气纯度及其杂质含量、压力的要求;

4 用户使用氢气的特性,如负荷变化情况、连续性要求等;

5 制氢系统的技术经济参数、特性。

4.0.2 水电解制氢系统应设有下列装置:

1 设置压力调节装置,以维持水电解槽出口氢气与氧气之间一定的压力差值,宜小于0.5kPa;

2 每套水电解制氢装置的氢出气管与氢气总管之间、氧出气管与氧气总管之间,应设放空管、切断阀和取样分析阀;

3 设有原料水制备装置,包括原料水箱、原料水泵等。原料水泵出口压力应与制氢系统工作压力相适应;

4 设有碱液配制、回收装置。水电解槽入口应设碱液过滤器。

4.0.3 水电解制氢系统制取的氧气,可根据需要进行回收或直接排入大气,并应符合下列规定:

1 当回收电解氧气时,必须设置氧中氢自动分析仪和手工分析装置,并设有氧中氢超浓度报警装置;

2 电解氧气回收或直接排入大气时,均应采取措施保持氧气与氢气压力的平衡。

4.0.4 变压吸附提纯氢系统的设置,应根据下列因素确定:

1 拟用的原料气的压力、组成和杂质含量;

2 产品氢气的压力、纯度和杂质含量;

3 氢气使用的连续性、负荷变化状况；

4 技术经济参数。

4.0.5 变压吸附提纯氢系统，应设有下列装置：

1 原料气的预处理设施（视原料气中的杂质含量确定）；

2 吸附器组及程序控制阀；

3 氢的精制（视用户对氢气纯度及杂质含量等要求确定）；

4 氢气和解吸气的缓冲设施；

5 解吸气回收利用设施；

6 根据需要设置原料气、产品氢气、解吸气的增压设施。

4.0.6 甲醇转化制氢系统，应设有下列装置：

1 原料甲醇及脱盐水的储存、输送装置；

2 甲醇转化反应器及其辅助装置，如加热炉或加热器、热回收设备等；

3 变压吸附提纯氢装置。

4.0.7 氢气压缩机前应设氢气缓冲罐。数台氢气压缩机可并联从同一氢气管道吸气，但应采取措施确保吸气侧氢气为正压。

输送氢气用压缩机后应设氢气罐，并应在氢气压缩机的进气管与排气管之间设置旁通管。

4.0.8 氢气压缩机安全保护装置的设置，应符合下列规定：

1 压缩机出口与第 1 个切断阀之间应设安全阀；

2 压缩机进、出口应设高低压报警和超限停机装置；

3 润滑油系统应设油压过低或油温过高的报警装置；

4 压缩机的冷却水系统应设温度或压力报警和停机装置；

5 压缩机进、出口管路应有置换吹扫口。

4.0.9 氢气站、供氢站一般采用气态储存氢气，主要有高、中、低压氢气罐，金属氢化物储氢装置等，通常应符合下列要求：

1 储氢量应满足制氢或供氢系统的供氢能力与用户用氢压力、流量均衡连续的要求；

2 采用金属氢化物储氢装置时，应设有氢气纯化装置、换热装置及相应的控制阀门等；

3 供氢站采用高压氢气罐储存时，应设有倒气用氢气压缩机。

4.0.10 氢气站、供氢站的氢气罐安全设施设置，应符合下列规定：

1 应设有安全泄压装置，如安全阀等；

2 氢气罐顶部最高点，应设氢气放空管；

3 应设压力测量仪表；

4 应设氮气吹扫置换接口。

4.0.11 各类制氢系统中，设备及其管道内的冷凝水，均应经各自的专用疏水装置或排水水封排至室外。水封上的气体放空管，应分别接至室外安全处。

4.0.12 各类制氢系统中的氢气纯化设备，应根据纯化前后的氢气压力、纯度及杂质含量和纯化用材料的品种、活化与再生方法等确定。

4.0.13 氢气站应按外销氢气量选择氢气灌装方式。氢气灌装系统的设置应符合下列规定：

1 应设有超压泄放用安全阀；

2 应设有氢气回流阀，氢气回流至氢气压缩机前管路或氢气缓冲罐；

3 应设有分组切断阀、压力显示仪表；

4 应设有吹扫放空阀，放空管应接至室外安全处；

5 应设有气瓶内余气及含氧量测试仪表。

4.0.14 当氢气用气设备对氢气含尘量有要求时，应在送氢管道上设置相应精度的气体过滤器。

4.0.15 各类制氢系统、供氢系统，均应设有含氧小于 0.5% 的氮气置换吹扫设施。

5 设备选择

5.0.1 氢气站的设计容量，应根据氢气的用途、使用特点，宜按下列因素确定：

1 各类用氢设备的昼夜平均小时耗量或班平均小时耗量；

2 连续用氢设备的最大小时耗量与其余用氢设备的昼夜平均小时耗量或班平均小时耗量之和；

3 外销氢气的氢气站，应根据外供氢气量或市场需求状况和商业的经济规模确定。

5.0.2 水电解制氢装置的型号、容量和台数，应根据下列因素经技术经济比较后确定：

1 根据氢气耗量、使用特点等合理选用电耗小、电解小室电压低、价格合理、性能可靠的水电解制氢装置；

2 新建氢气站设置 2 台及以上水电解制氢装置时，其型号宜相同；

3 水电解制氢装置宜设备用，当采取储气等措施确保不中断供气或与用气设备同步检修时，可不设备用。

5.0.3 水电解制氢装置所需的原料水制备、碱液制备等辅助设备，宜按下列要求选用：

1 原料水制取装置的容量，不应小于 4h 原料水耗量；原料水储水箱容积不应小于 8h 原料水耗量；原料水泵供水压力，应大于制氢装置工作压力。

2 原料水制取装置、储水箱及其水泵的材质，应采用不污染原料水水质和耐腐蚀的材料制作。

3 碱液箱容积，应大于每套水电解制氢装置及碱液管道的全部体积之和；碱液泵的流量，可按每套水电解制氢装置所需碱液量和灌注时间确定。

5.0.4 变压吸附提纯氢系统的吸附器组的容量和吸附器数量，应根据下列因素经技术经济比较后确定：

1 原料气的压力、组成和产品氢气的纯度、杂质含量、压力；

2 产品氢气的耗量和用氢特点；

3 氢气回收率。

5.0.5 甲醇转化制氢系统的容量，应按下列因素确定：

1 产品氢气的耗量和用氢特点；

2 产品氢气的纯度、杂质含量和压力；

3 氢气回收率；

4 甲醇的储存、输送应符合相关国家标准的规定；

5 现场工作条件。

5.0.6 氢气储存方式，应根据下列因素经技术经济比较后确定：

1 氢气站规模、用氢设备耗量和使用特性；

2 储氢系统输入压力、供氢压力；

3 现场工作条件。

5.0.7 氢气罐的形式，应根据所需储存的氢气容量、压力状况确定。当氢气压力小于 6kPa 时，应选用湿式储气罐；当氢气压力为中、低压，单罐容量大于或等于 5000Nm³ 时，宜采用球形储罐；当氢气压力为中、低压，单罐容量小于 5000Nm³ 时，宜采用筒形储罐；氢气压力为高压时，宜采用长管钢瓶储罐等。

5.0.8 氢气压缩机的选型、台数，应根据进气压力、排气压力、氢气纯度和用户最大小时氢气耗量或用户使用特性等确定。氢气压缩机台数不宜少于 2 台。连续运行的往复式氢气压缩机应设备用。

5.0.9 氢气灌装用压缩机的型号、排气量，应根据充灌台或充装容器的规格、数量，充装时间和进气压力、排气压力等确定。灌装用氢气压缩机，可不设备用。

5.0.10 当纯化后的氢气灌瓶时，应采用膜式压缩机，并宜设置空钢瓶处理系统,包括钢瓶抽真空设备和钢瓶加热装置。

5.0.11 氢气灌装用充灌台应设两组或两组以上,一组灌装、一组倒换钢瓶。每组钢瓶的数量,应以外销氢气量或灌装用氢气压缩机的排气量、氢气充装时间确定。

氢气灌装用钢瓶集装格通常设两组以上,钢瓶集装格的数量和每格的钢瓶数量,应根据外销氢气量和方便运输或吊装等因素确定。

氢气长管钢瓶拖车的钢瓶规格、数量,应按用户的氢气用量、供应周期等确定。

5.0.12 氢气汇流排应设两组或两组以上,一组供气、一组倒换钢瓶。每组钢瓶的数量,应按用户最大小时耗量和供气时间确定。

5.0.13 氢气站、供氢站内具有下列情况之一时,宜设起吊设施:

1 站内设备需要吊装时;

2 氢气的灌装、储运采用钢瓶集装格。

起吊设施的起吊重量,应按吊装件的最大荷重确定。

6 工艺布置

6.0.1 当氢气站内的制氢装置、储氢装置等设备为室外布置时,可将氢气站内的建筑物、构筑物和室外设备视为一套工艺装置。在装置内部,根据氢气生产工艺需要将其分隔为设备区、建筑物区等。

6.0.2 氢气站工艺装置内的设备、建筑物平面布置的防火间距,不应小于表6.0.2的规定。

表6.0.2 设备、建筑物平面布置的防火间距(m)

项 目	控制室、变配电室、生活辅助间	氢气压缩机或氢气压缩机间	装置内氢气罐	氢灌瓶间、氢实(空)瓶间
控制室、变配电室、生活辅助间	—	15	15	15
氢气压缩机或氢气压缩机间	15	—	9	9
装置内氢气罐	15	9	—	9
氢灌瓶间、氢实(空)瓶间	15	9	9	—

注:氢气站内的氢气罐总容积小于5000m³时,可按上表装置内氢气罐的规定进行布置。

6.0.3 氢气站工艺装置内兼作消防车道的道路,应符合下列规定:

1 道路应相互贯通。当装置宽度小于或等于60m,且装置外两侧设有消防车道时,可不设贯通式道路;

2 道路的宽度不应小于4m,路面上的净空高度不应小于4.5m。

6.0.4 当同一建筑物内,布置有不同火灾危险性类别的房间时,其间的隔墙应为防火墙。

同一建筑物内,宜将人员集中的房间布置在火灾危险性较小的一端。

6.0.5 氢气站内应将有爆炸危险的房间集中布置。有爆炸危险房间不应与无爆炸危险房间直接相通。必须相通时,应以走廊相连或设置双门斗。

6.0.6 制氢间、氢气纯化间、氢气压缩机间的电气控制盘、仪表控制盘的布置,应符合下列规定:

1 宜布置在相邻的控制室内;

2 控制室应以防火墙与上述房间隔开。

6.0.7 当氢气站内同时灌充氢气和氧气时,灌瓶间等的布置应符合下列规定:

1 应分别设置氢气灌瓶间、实瓶间、空瓶间及氧气灌瓶间、实瓶间、空瓶间;

2 灌瓶间可通过门洞与空瓶间和实瓶间相通,并均应设独立的出入口。

6.0.8 当氢气实瓶数量不超过60瓶时,实瓶、空瓶和氢气灌充器或氢气汇流排,可布置在同一房间内,但实瓶、空瓶必须分开存放。

6.0.9 在同一房间内,可设置制氢装置、氢气纯化装置或各种型号的氢气压缩机。

6.0.10 当氢气站内同时设有氢气压缩机和氧气压缩机时,不得将氧气压缩机与氢气压缩机设置在同一房间内。

6.0.11 水电解制氢间内的主要通道不宜小于2.5m;水电解槽之间的净距不宜小于2.0m;水电解槽与墙之间的净距不宜小于1.5m。水电解槽与其辅助设备及辅助设备之间的净距,应按技术功能确定。

常压型水电解制氢装置的平面布置间距,应视规格、尺寸和检修要求确定。

6.0.12 氢气压缩机之间的净距不宜小于1.5m,与墙之间的净距不宜小于1.0m。当规定的净距不能满足零部件抽出时,则净距应比抽出零部件的长度大0.5m。

氢气压缩机与其附属设备之间的净距,可按工艺要求确定。

6.0.13 氢气纯化间主要通道净宽度不宜小于1.5m。纯化设备之间及其与墙之间的净距均不宜小于1.0m。

6.0.14 氢气灌瓶间、实瓶间、空瓶间和汇流排间的通道净宽度,应根据气瓶运输方式确定,但不宜小于1.5m,并应有防止瓶倒的措施。

6.0.15 氢气压缩机和电动机之间联轴器或皮带传动部位,应采取安全防护措施。当采用皮带传动时,应采取导除静电的措施。

6.0.16 氢气罐不应设在厂房内。在寒冷地区,湿式氢气罐和固定容积含湿氢气罐底部,应采取防冻措施。

7 建筑结构

7.0.1 氢气站、供氢站的耐火等级不应低于二级,并宜为单层建筑。

7.0.2 有爆炸危险房间,宜采用钢筋混凝土柱承重的框架或排架结构。当采用钢柱承重时,钢柱应做防火保护,其耐火极限不得低于 2.0h。

7.0.3 氢气站、供氢站内有爆炸危险房间应按现行国家标准《建筑设计防火规范》GBJ 16 的规定,设置泄压设施。

7.0.4 氢气站、供氢站有爆炸危险房间的泄压设施的设置,应符合下列规定:

　　1 泄压设施宜采用非燃烧体轻质屋盖作为泄压面积,易于泄压的门、窗、轻质墙体也可作为泄压面积;

　　2 泄压面积的计算应符合现行国家标准《建筑设计防火规范》GBJ 16 的要求;

　　3 泄压设施的设置应避开人员密集场所和主要交通道路,并宜靠近有爆炸危险的部位;

　　4 氢气压缩机间宜采用半敞开或敞开式的建筑物。

7.0.5 有爆炸危险房间的安全出入口,不应少于 2 个,其中 1 个应直通室外。但面积不超过 100m² 的房间,可只设 1 个直通室外出入口。

7.0.6 有爆炸危险房间与无爆炸危险房间之间,应采用耐火极限不低于 3.0h 的不燃烧体防爆防护墙隔开。当设置双门斗相通时,门的耐火极限不应低于 1.2h。

　　有爆炸危险房间与无爆炸危险房间之间,当必须穿过管线时,应采用不燃烧体材料填塞空隙。

7.0.7 有爆炸危险房间的门窗均应向外开启,并宜采用撞击时不产生火花的材料制作。

7.0.8 氢气灌瓶间、空瓶间、实瓶间和氢气汇流排间,应设置气瓶装卸平台,其宽度不宜小于 2m,高度应按气瓶运输工具高度确定,宜高出室外地坪 0.6～1.2m,气瓶装卸平台,应设置大于平台宽度的雨篷,雨篷及其支撑材料应为不燃烧体。

7.0.9 氢气灌瓶间内,应设置高度不低于 2m 的防护墙。

　　氢气灌瓶间、氢气汇流排间和实瓶间,应采取防止阳光直射气瓶的措施。

7.0.10 有爆炸危险房间的上部空间,应通风良好。顶棚内表面应平整,避免死角。

7.0.11 制氢间、氢气压缩机间、氢气纯化间、氢气灌瓶间等的厂房跨度大于 9.0m 时,宜设天窗。天窗、排气孔均应设在最高处。

7.0.12 制氢间的屋架下弦的高度,应满足设备安装和排热的要求,并不得低于 5.0m。

　　氢气压缩机间、氢气纯化间屋架下弦的高度,应满足设备安装和维修的要求,并不得低于 4.5m。

　　氢气灌瓶间、氢气汇流排间屋架下弦的高度,不宜低于 4.5m。氢气集装瓶间屋架下弦的高度,应按起吊设备确定,并不宜低于 6m。

8 电气及仪表控制

8.0.1 氢气站、供氢站的供电,按现行国家标准《供配电系统设计规范》GB 50052 规定的负荷分级,除中断供氢将造成较大损失者外,宜为三级负荷。

8.0.2 有爆炸危险房间或区域内的电气设施,应符合现行国家标准《爆炸和火灾危险环境电力装置设计规范》GB 50058 的规定。

8.0.3 有爆炸危险环境的电气设施选型,不应低于氢气爆炸混合物的级别、组别(ⅡCT1)。有爆炸危险环境的电气设计和电气设备、线路接地,应按现行国家标准《爆炸和火灾危险环境电力装置设计规范》GB 50058 的规定执行。

8.0.4 有爆炸危险房间的照明应采用防爆灯具,其光源宜采用荧光灯等高效光源。灯具宜装在较低处,并不得装在氢气释放源的正上方。

　　氢气站内宜设置应急照明。

8.0.5 在有爆炸危险环境内的电缆及导线敷设,应符合现行国家标准《电力工程电缆设计规范》GB 50217 的规定。敷设导线或电缆用的保护钢管,必须在下列各处做隔离密封:

　　1 导线或电缆引向电气设备接头部件前;

　　2 相邻的环境之间。

8.0.6 有爆炸危险房间内,应设氢气检漏报警装置,并应与相应的事故排风机联锁。当空气中氢气浓度达到 0.4%(体积比)时,事故排风机应能自动开启。

8.0.7 氢气站应根据氢气生产系统的需要设置下列分析仪器:

　　1 氢气纯度分析仪(连续);

　　2 纯氢、高纯氢气中杂质含量分析;

　　3 原料气纯度或组分分析;

　　4 对水电解制氢装置,应设置氧中氢含量和氢中氧含量在线分析仪;当回收氧气时,应设氧中氢含量超量报警装置。

　　5 根据需要设制氢过程分段气体浓度分析仪。

8.0.8 氢气站、供氢站应根据需要设置下列计量仪器:

　　1 原料气体流量计;

　　2 产品氢气或对外供氢的氢气流量计。

8.0.9 氢气站采用水电解制氢装置时,水电解槽的直流电源的配置,应符合下列规定:

　　1 每台水电解槽,应采用单独的晶闸管整流器或硅整流器供电。整流器应有调压功能,并宜具备自动稳流功能。

　　2 整流器应配有专用整流变压器。三相整流变压器绕组的一侧,应按三角形(△)接线;

　　3 整流装置对电网的谐波干扰,应按国家限制谐波的有关规定执行。

8.0.10 水电解制氢系统的直流电源的设置,应符合下列规定:

　　1 高压整流变压器和饱和电抗器,应设在单独的变压器室内。变压器室的设计,应符合现行国家标准《10kV 及以下变电所设计规范》GB 50053 的规定;

　　2 整流变压器室远离高压配电室时,高压进线侧宜设负荷开关或隔离开关;

　　3 整流器或成套低压整流装置,应设在与电解间相邻的电源室内。电源室的设计,应符合现行国家标准《低压配电设计规范》GB 50054 的规定;

　　4 直流线路应采用铜导体,宜敷设在较低处或地沟内。当必须采用裸母线时,应有防止产生火花的措施;

　　5 电解间应设置直流电源的紧急断电按钮,按钮宜设在便于操作处。

8.0.11 氢气灌瓶间与氢气压缩机间之间,应设联系信号。

8.0.12 氢气站、供氢站,应设下列主要压力检测项目:

　　1　站房出口氢气压力;

　　2　氢气罐压力;

　　3　制氢装置出口压力显示、调节;

　　4　水电解制氢装置的氢侧、氧侧压力和压差控制、调节;

　　5　变压吸附提纯氢系统的每个吸附器的压力显示、吸附压力调节;

　　6　氢气压缩机进气、排气压力。

　　根据氢气生产工艺要求,尚需设置压力调节装置。

8.0.13 氢气站、供氢站,应设下列主要温度检测项目:

　　1　制氢装置出口气体温度显示;

　　2　水电解槽(分离器)温度显示、调节;

　　3　变压吸附器入口气体温度显示;

　　4　氢气压缩机出口氢气温度显示。

8.0.14 氢气站、供氢站应设自动控制系统;需要时可按无人值守要求配置。

9　防雷及接地

9.0.1 氢气站、供氢站的防雷,应按现行国家标准《建筑物防雷设计规范》GB 50057、《爆炸和火灾危险环境电力装置设计规范》GB 50058 的要求设置防雷、接地设施。

9.0.2 氢气站、供氢站的防雷分类不应低于第二类防雷建筑。其防雷设施应防直击雷、防雷电感应和防雷电波侵入。防直击雷的防雷接闪器,应使被保护的氢气站建筑物、构筑物、通风风帽、氢气放空管等突出屋面的物体均处于保护范围内。

9.0.3 氢气站、供氢站内按用途分有电气设备工作(系统)接地、保护接地、雷电保护接地、防静电接地。不同用途接地共用一个总的接地装置时,其接地电阻应符合其中最小值。

9.0.4 氢气站、供氢站内的设备、管道、构架、电缆金属外皮、钢屋架和突出屋面的放空管、风管等应接到防雷电感应接地装置上。管道法兰、阀门等连接处,应采用金属线跨接。

9.0.5 室外架空敷设氢气管道应与防雷电感应的接地装置相连。距建筑100m 内管道,每隔25m 左右接地一次,其冲击接地电阻不应大于20Ω。埋地氢气管道,在进出建筑物处亦应与防雷电感应的接地装置相连。

9.0.6 有爆炸危险环境内可能产生静电危险的物体应采取防静电措施。在进出氢气站和供氢站处、不同爆炸危险环境边界、管道分岔处及长距离无分支管道每隔50~80m 处均应设防静电接地,其接地电阻不应大于10Ω。

9.0.7 氢气罐等有爆炸危险的露天钢质封闭容器,当其壁厚大于4mm 时可不装设接闪器,但应有可靠接地,接地点不小于2处;两接地点间距不宜大于30m,冲击接地电阻不应大于10Ω。氢气

放散管的保护应符合现行国家标准《建筑物防雷设计规范》GB 50057 的要求。

9.0.8 要求接地的设备、管道等均应设接地端子。接地端子与接地线之间,可采用螺栓紧固连接;对有振动、位移的设备和管道,其连接处应加挠性连接线过渡。

10　给水排水及消防

10.0.1 氢气站、供氢站内的生产用水,除中断供氢将造成较大损失者外,可采用一路供水。

10.0.2 氢气站、供氢站内的冷却水系统,应符合下列规定:

　　1　冷却水系统,宜采用闭式循环水;

　　2　冷却水供水压力宜为0.15~0.35 MPa。水质及排水温度,应符合现行国家标准《压缩空气站设计规范》GB 50029 的要求;

　　3　应装设断水保护装置。

10.0.3 氢气站的冷却水排水,应设水流观察装置或排水漏斗。

10.0.4 氢气站排出的废液,应符合现行国家标准《污水综合排放标准》GB 8978 的规定。

10.0.5 有爆炸危险房间、电器设备间,可根据建筑物大小和具体情况配备二氧化碳、"干粉"等灭火器材。

10.0.6 氢气站、供氢站的室内外消防设计,应符合现行国家标准《建筑设计防火规范》GBJ 16 的规定。

11 采暖通风

11.0.1 氢气站、供氢站严禁使用明火取暖。当设集中采暖时,应采用易于消除灰尘的散热器。

11.0.2 集中采暖时,室内计算温度应符合下列规定:

    1 生产房间不应低于15℃;

    2 空瓶、实瓶间不应低于10℃;

    3 氢气罐阀门室不应低于5℃;

    4 值班室、生活间等应按现行国家标准《工业企业设计卫生标准》GBZ 1的规定执行。

11.0.3 在计算采暖、通风热量时,应计入制氢装置散发的热量。

11.0.4 氢气灌瓶间、氢气汇流排间和空瓶、实瓶间内的散热器,应采取隔热措施。

11.0.5 有爆炸危险房间的自然通风换气次数,每小时不得少于3次;事故排风装置换气次数每小时不得少于12次,并与氢气检漏装置联锁。

11.0.6 自然通风帽应设有风量调节装置和防止凝结水滴落的措施。

11.0.7 有爆炸危险房间,事故排风机的选型,应符合现行国家标准《爆炸和火灾危险环境电力装置设计规范》GB 50058的规定,并不应低于氢气爆炸混合物的级别、组别(ⅡCT1)。

12 氢气管道

12.0.1 碳素钢管中氢气最大流速,应符合表12.0.1的规定。

表12.0.1 碳素钢管中氢气最大流速

设计压力(MPa)	最大流速(m/s)
>3.0	10
0.1～3.0	15
<0.1	按允许压力降确定

注:氢气设计压力为0.1～3.0 MPa,在不锈钢管中最大流速可为25m/s。

12.0.2 氢气管道的管材应采用无缝钢管。对氢气纯度有严格要求时,其管材、阀门、附件和敷设,应按现行国家标准《洁净厂房设计规范》GB 50073中有关规定执行。

12.0.3 氢气管道阀门的采用,应符合下列规定:

    1 氢气管道的阀门,宜采用球阀、截止阀;

    2 阀门的材料,应符合表12.0.3的规定。

表12.0.3 氢气阀门材料

设计压力(MPa)	材料
<0.1	阀体采用铸钢 密封面采用合金钢或与阀体一致
0.1～2.5	阀杆采用碳钢 阀体采用铸钢 密封面采用合金或与阀体一致
>2.5	阀体、阀杆、密封面均采用不锈钢

注:1 当密封面与阀体直接连接时,密封材料可以与阀体一致。

    2 阀门的密封填料,应采用聚四氟乙烯等材料。

12.0.4 氢气管道法兰、垫片的选择,宜符合表12.0.4的规定。

表12.0.4 氢气管道法兰、垫片

设计压力(MPa)	法兰密封面型式	垫片
<2.5	突面式	聚四氟乙烯板
2.5～10.0	凹凸式或榫槽式	金属缠绕式垫片
>10.0	凹凸式或梯形槽	二号硬钢纸板、退火紫铜板

12.0.5 氢气管道的连接,应采用焊接。但与设备、阀门的连接,可采用法兰或锥管螺纹连接。螺纹连接处,应采用聚四氟乙烯薄膜作为填料。

12.0.6 氢气管道穿过墙壁或楼板时,应敷设在套管内,套管内的管段不应有焊缝。管道与套管间,应采用不燃材料填塞。

12.0.7 氢气管道与其他管道共架敷设或分层布置时,氢气管道宜布置在外侧并在上层。

12.0.8 输送湿氢或需做水压试验的管道,应有不小于3‰的坡度,在管道最低点处应设排水装置。

12.0.9 氢气放空管,应设阻火器。阻火器应设在管口处。放空管的设置,应符合下列规定:

    1 应引至室外,放空管管口应高出屋脊1m;

    2 应有防雨雪侵入和杂物堵塞的措施;

    3 压力大于0.1 MPa时,阻火器后的管材,应采用不锈钢管。

12.0.10 氢气站、供氢站和车间内氢气管道敷设时,应符合下列规定:

    1 宜沿墙、柱架空敷设,其高度不应防碍交通并便于检修。与其他管道共架敷设时,应符合本规范附录B的要求;

    2 严禁穿过生活间、办公室,并不得穿过不使用氢气的房间;

    3 车间入口处应设切断阀,并宜设流量记录累计仪表;

    4 车间内管道末端宜设放空管;

    5 接至用氢设备的支管,应设切断阀,有明火的用氢设备还应设阻火器。

12.0.11 厂区内氢气管道架空敷设时,应符合下列规定:

    1 应敷设在不燃烧体的支架上;

    2 寒冷地区,湿氢管道应采取防冻措施;

    3 与其他架空管线之间的最小净距,宜按本规范附录B的规定执行;与建筑物、构筑物、铁路和道路等之间的最小净距,宜按本规范附录C的规定执行。

12.0.12 厂区内氢气管道直接埋地敷设时,应符合下列规定:

    1 埋地敷设深度,应根据地面荷载、土壤冻结深度等条件确定,管顶距地面不宜小于0.7m。湿氢管道应敷设在冻土层以下;当敷设在冻土层内时,应采取防冻措施;

    2 应根据埋设地带的土壤腐蚀性等级,采取相应的防腐蚀措施;

    3 与建筑物、构筑物、道路及其他埋地敷设管线之间的最小净距,宜按本规范附录D、附录E的规定执行;

    4 不得敷设在露天堆场下面或穿过热力沟。当必须穿过热力沟时,应设套管。套管和套管内的管段不应有焊缝;

    5 敷设在铁路或不便开挖的道路下面时,应加设套管。套管的两端伸出铁路路基、道路路肩或延伸至排水沟沟边均为1m。套管内的管段不应有焊缝;套管的端部应设检漏管;

    6 回填土前,应从沟底起至管顶以上300mm范围内,用松散的土填平夯实或用砂填满再回填土。

12.0.13 厂区内氢气管道明沟敷设时,应符合下列规定:

    1 管道支架应采用不燃烧体;

    2 在寒冷地区,湿氢管道应采取防冻措施;

    3 不应与其他管道共沟敷设。

12.0.14 氢气管道设计对施工及验收的要求,应符合下列规定:

    1 接触氢气的表面,应彻底除去毛刺、焊渣、铁锈和污垢等,管道内壁的除锈应达到出现本色为止;

    2 碳钢管的焊接,宜采用氩弧焊作底焊;不锈钢管应采用氩

弧焊;

3 管道、阀门、管件等在安装过程中及安装后,应采用严格措施防止焊渣、铁锈及可燃物等进入或遗留在管内;

4 管道的试验介质和试验压力,应符合表 12.0.14 的规定;

5 泄漏量试验合格后,必须用不含油的空气或氮气,以不小于 20m/s 的流速进行吹扫,直至出口无铁锈、无尘土及其他脏物为合格。

表 12.0.14　氢气管道的试验介质和试验压力

管道设计压力（MPa）	强度试验		气密性试验		泄漏量试验	
	试验介质	试验压力（MPa）	试验介质	试验压力（MPa）	试验介质	试验压力（MPa）
<0.1	空气或氮气	0.1	空气或氮气	1.05P	空气或氮气	1.0P
0.1~3.0		1.15P		1.05P		1.0P
>3.0	水	1.5P		1.05P		1.0P

注:1　表中 P 指氢气管道设计压力。

2　试验介质不应含油。

3　以空气或氮气做强度试验时,应制定安全措施。

4　以空气或氮气做强度试验时,应在达到试验压力后保压 5 min,以无变形、无泄漏为合格。以水做强度试验时,应在试验压力下保持 10 min,以无变形、无泄漏为合格。

5　气密性试验达到规定试验压力后,保压 10 min,然后降至设计压力,对焊缝及连接部位进行泄漏检查,以无泄漏为合格。

6　泄漏量试验时间为 24h,泄漏率以平均每小时小于 0.5%为合格。

附录 A　氢气站爆炸危险区域的等级范围划分

A.0.1　爆炸危险区域的等级定义应符合现行国家标准《爆炸和火灾危险环境电力装置设计规范》GB 50058 的规定。

A.0.2　氢气站厂房内爆炸危险区域的划分,应符合下列规定(图 A.0.2):

1　制氢间、氢气纯化间、氢气压缩机间、氢气灌瓶间等爆炸危险房间为 1 区;

2　从上述各类房间的门窗边沿计算,半径为 4.5m 的地面、空间区域为 2 区;

3　从氢气排放口计算,半径为 4.5m 的空间和顶部距离为 7.5m 的区域为 2 区。

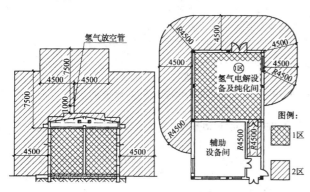

图 A.0.2　氢气站厂房内爆炸危险区域划分

A.0.3　氢气站内的室外制氢设备、氢气罐爆炸危险区域划分,应符合下列规定(图 A.0.3):

1　从室外制氢设备、氢气罐的边沿计算,距离为 4.5m,顶部距离为 7.5m 的空间区域为 2 区;

2　从氢气排放口计算,半径为 4.5m 的空间和顶部距离为 7.5m 的区域为 2 区。

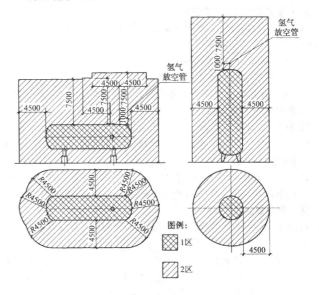

图 A.0.3　氢气站内的室外制氢设备、氢气罐爆炸危险区域划分

附录 B　厂区、氢气站及车间架空氢气管道与其他架空管线之间的最小净距

表 B　厂区、氢气站及车间架空氢气管道与其他架空管线之间的最小净距(m)

名　称	平行净距	交叉净距
给水管、排水管	0.25	0.25
热力管(蒸气压力不超过 1.3 MPa)	0.25	0.25
不燃气体管	0.25	0.25
燃气管、燃油管和氧气管	0.50	0.25
滑触线	3.00	0.50
裸导线	2.00	0.50
绝缘导线和电气线路	1.00	0.50
穿有导线的电线管	1.00	0.25
插接式母线,悬挂干线	3.00	1.00

注:1　氢气管道与氧气管道上的阀门、法兰及其他机械接头(如焊接点等),在错开一定距离的条件下,其最小平行净距可减少到 0.25m。

2　同一使用目的的氢气管道与氧气管道并行敷设时,最小并行净距可减少到 0.25m。

附录C 厂区架空氢气管道与建筑物、构筑物之间的最小净距

表C 厂区架空氢气管道与建筑物、构筑物之间的最小净距(m)

名　称	平行净距	交叉净距
建筑物有门窗的墙壁外边或突出部分外边	3.0	—
建筑物无门窗的墙壁外边或突出部分外边	1.5	—
非电气化铁路钢轨	3.0(距轨外侧)	6.0(距轨面)
电气化铁路钢轨	3.0(距轨外侧)	6.55(距轨面)
道路	1.0	4.5(距轨面)
人行道	1.5(距相邻侧路边)	2.5(距轨面)
厂区围墙(中心线)	1.0	—
照明、电信杆、柱中心	1.0	—
散发火花及明火地点	10.0	—

注:1 氢气管道沿氢气站、供氢站或使用氢气的建筑物外墙敷设时,平行净距不受本表限制。但氢气管道不得采用法兰、螺纹连接。

2 与架空电力线路的距离,应符合现行国家标准《66kV及以下架空电力线路设计规范》GBJ 61的规定。

3 有大件运输要求或在检修期间有大型起吊设施通过的道路,其交叉净距应根据需要确定。

4 当氢气管道在管架上敷设时,平行净距应从管架最近外侧算起。

附录D 厂区直接埋地氢气管道与其他埋地管线之间的最小净距

表D 厂区直接埋地氢气管道与其他埋地管线之间的最小净距(m)

名　称	平行净距	交叉净距
给水管直径:		
<75mm	0.8	0.25
75~150mm	1.0	0.25
200~400mm	1.2	0.25
>400mm	1.5	0.25
排水管直径:		
<800mm	0.8	0.25
800~1500mm	1.0	0.25
>1500mm	1.2	0.25
热力管(沟)	1.5	0.25
氧气管	1.5	0.25
煤气管煤气压力:		
<0.15MPa	1.0	0.25
0.15~0.3MPa	1.2	0.25
>0.3MPa	1.5	0.25
压缩空气等不燃气体管道	1.5	0.15
电力电缆	1.0	0.50
直埋电信电缆	0.8	0.50
电缆管	1.0	0.25
电线沟	1.5	0.25
排水暗渠	0.8	0.50

附录E 厂区直接埋地氢气管道与建筑物、构筑物之间的最小净距

表E 厂区直接埋地氢气管道与建筑物、构筑物之间的最小净距(m)

名　称	平行净距	交叉净距
有地下室的建筑物基础和通行沟道的边缘	3.0	—
无地下室的建筑物基础边缘	2.0	—
铁路	2.5(距轨外侧)	1.2
排水沟边缘	0.8	—
道路	0.8(距路或路肩边缘)	0.5
照明电线杆中心	0.8	—
电力(220V、380V)电线杆中心	1.5	—
高压电杆中心	2.0	—
架空管架基础外缘	0.8	—
围墙、篱栅基础外缘	1.0	—
乔木中心	1.5	—
灌木中心	1.0	—

注:1 本表中前两项平行净距是指埋地管道与同标高或其以上的基础最外侧的最小净距。

2 氢气管道与铁路或道路交叉净距,是指管顶距轨底或路面,并且交叉角不宜小于45°。

中华人民共和国国家标准

氢 气 站 设 计 规 范

GB 50177-2005

条 文 说 明

1 总 则

1.0.1 本条是本规范的宗旨。鉴于氢气是可燃气体,且着火、爆炸范围宽,下限低,氢气站的安全生产十分重要。各种制氢方法均需消耗一定数量的能量,有的制氢方法需消耗比较多的一次能源或二次能源,如水电解制氢需消耗较多的电能,因此,应十分注意降低能量消耗,节约能源。氢目前主要广泛应用于冶金、电子、化工、电力、轻工、玻璃等行业,用作保护气体、还原气体、原料气体等,由于在生产过程中的作用不同,对氢气的质量要求也各不相同,应充分满足生产对氢气质量的要求。氢能被誉为21世纪的"清洁能源",随着科学技术的发展,氢能的应用将会逐步得到推广。因此,氢气站、供氢站设计,必须认真贯彻各项方针政策,切实采取防火、防爆安全技术措施;认真分析比较,采用先进、合理的氢气生产流程和设备;认真执行本规范的各项规定,使设计做到安全可靠,节约能源,保护环境,满足生产要求,达到技术先进,经济上合理。

1 近年来,国内工业氢气制取方法主要有:水电解制氢、含氢气体为原料的变压吸附法提纯氢气、甲醇蒸气转化制氢以及各种副产氢气的回收利用等。各种制氢方法因工作原理、工艺流程、单体设备的不同,各具特色和不同的优势,各地区、行业和企业应根据自身的实际情况和具体条件,经技术经济比较后合理选择氢气制取方法。如上海××钢铁公司,在一期工程时,采用水电解制氢方法,装设2台氢气产量为200Nm³/h的水电解制氢装置,由于生产发展的需要,氢气需求量大幅度增加,该公司在扩建工程中采用了利用公司内焦化厂的副产焦炉煤气(含氢气50%～60%)为原料气的变压吸附提纯氢气系统,氢气产量为2000Nm³/h,氢气纯度大于99.99%。变压吸附提纯氢气技术及装置已在我国石化、冶金、电子等行业推广应用,取得了良好的能源效益、经济效益。甲醇蒸气转化制氢也在国内外得到积极应用,据了解国内有多家制造单位已商品化生产,仅北京、天津就有多套500Nm³/h左右的甲醇蒸气转化制氢系统正在运行中。

各种制氢方法以不同的规模在各行业设计、建造、运行,积累了丰富的经验,制氢以及氢气纯化、压缩、灌装技术日臻完善。据了解,国内设计、制造、运行中的产氢量15万Nm³/h的变压吸附提纯氢气系统、产氢量350Nm³/h的水电解制氢系统等正在良好地运转中。实践证明,采用各种制氢方法的氢气站在我国已有成熟的设计、建造和运营经验,为此本规范应该适应这种实际情况和需求,从只适用于水电解制氢的氢气站扩大为适用于各种制氢方法的氢气站,并按此要求将各章、节和条文作相应的修改和补充。

2 本条所指的供氢站是不含氢气发生设备,以氢气钢瓶或氢气长管钢瓶拖车或管道输送供应氢气的建筑物、构筑物的统称。本条所指的氢气,应符合现行国家标准《工业氢》、《纯氢、高纯氢和超纯氢》中规定的各项技术指标及要求。据调查,目前国内电子、冶金、石化、电力、机械、轻工等行业使用的氢气,除了工厂自建氢气站外,瓶装或邻近工厂用管道输送供应的氢气,均符合现行国家标准的规定。国家标准的主要技术指标如表1。

表1 工业氢、超纯氢、高纯氢、纯氢

项目	GB/T 3634—1995	GB/T 7445—1995		
	工业氢	超纯氢	高纯氢	纯氢
氢纯度(10⁻²)≥	99.0～99.9	99.9999	99.999	99.99
氧含量(10⁻⁶)≤	4000～100	0.2	1	5
氮含量(10⁻⁶)≤	6000～400	0.4	5	60
CO含量(10⁻⁶)≤	无规定	0.1	1	5
CO₂含量(10⁻⁶)≤	无规定	0.1	1	5
CH₄含量(10⁻⁶)≤	—	0.2	2	10
水分(10⁻⁶)≤	游离水100mL/瓶(合格品)	1	3	30

供氢站根据氢气来源、规模、技术参数的不同,可包括:氢气汇

流排间、实瓶间、空瓶间、氢气纯化间、氢气加压间等。

1.0.3 本条规定的依据为:

1 氢气的主要特性。

(1)主要特征数据:

比重:20℃时(空气=1)为0.06953;

燃烧温度:在空气中为574℃,在氧气中为560℃;

燃烧界限:在空气中为4%～75%(体积),在氧气中为4.5%～94%(体积);

爆轰界限:在空气中为18.3%～59%(体积),在氧气中为15%～90%(体积);

不燃范围:空气-氢-二氧化碳中O₂<8%,空气-氢-氧中O₂<5%;

最大点火能量(大气压力):在空气中为0.000019J,在氧气中为0.000007J;

最高燃烧温度(氢气与空气的体积比为0.462)为2129℃。

(2)氢气无色无嗅,人们不能凭感觉发现。

(3)氢气比空气轻,呈上升趋势。

(4)当氢气与空气或氧气混合时,形成一种混合比范围很宽的易燃易爆混合物。

(5)点燃爆炸混合物所需能量低,仅为汽油-空气混合物点火能的1/10。一个看不见的小火花就能引燃。

(6)氢气易扩散,约比空气扩散快3.8倍。

(7)氢气易泄漏,由于分子量小和粘度低,氢气的泄漏约为空气的2倍。

2 按现行国家标准《建筑设计防火规范》的规定,氢气站、供氢站属于甲类生产。

3 按照《爆炸和火灾危险环境电力装置设计规范》中的有关条款规定,确定氢气站、供氢站内有爆炸危险区域为1区或2区的主要依据是:

(1)有爆炸危险的制氢间、氢气纯化间、氢气压缩机间等的空间都不大,设备布置间距最大仅4m,因此本规范规定,建筑物内部的爆炸危险区域范围,一般以房间为单位。

(2)规范规定,"1区:在正常运行时可能出现爆炸性气体混合物的环境;"并在注中明确:"正常运行是指正常的开车、运转、停车,易燃物质产品的装卸,密闭容器盖的开闭,安全阀、排放阀以及所有工厂设备都在其设计参数范围内工作的状态。"氢气站内有爆炸危险的房间内的生产设备在开车、停车时,均有可能出现爆炸性混合气体环境。

(3)对"第一级释放源"的规定是:"预计正常运行时周期或偶尔释放的释放源……在正常运行时会释放易燃物质的泵、压缩机和阀门等的密封处……"鉴于目前阀门等附件的密封性能难以保证易于泄漏的氢气不外泄,所以,氢气站有爆炸危险房间内,在正常运行时,存在着周期或偶尔释放的释放源,即属于第一级释放源。

(4)根据规定,释放源级别和通风方式与爆炸危险区域划分和范围之间的关系是:在自然通风和一般机械通风的情况下,第一级释放源可划为1区;当通风良好时,应降低爆炸危险区域等级;局部机械通风,在降低爆炸性气体混合物浓度方面比自然通风和一般机械通风更为有效时,可采用局部机械通风使等级降低。根据对各种类型氢气站的调查了解,有爆炸危险房间内均设置自然通风和一般的机械通风,未设局部通风。因此,在氢气站的制氢间、氢气纯化间、氢气压缩机间、氢气灌装间等房间内爆炸危险物质的释放属于第一级释放源,其爆炸危险区域的划分应定为1区。

(5)按照《爆炸和火灾危险环境电力装置设计规范》中的有关条款的规定和对现有氢气站的调查了解,本次规范修订中,将有爆炸危险为1区的各类房间的相邻区域、空间和氢气排气口周围空间等规定为2区有爆炸危险场所。氢气站室外制氢设备、氢气罐的周围空间和氢气放空管周围空间规定为2区有爆炸危险场所。

(6)本规范附录A是根据前面的叙述和现行国家标准《爆炸和火灾危险环境电力装置设计规范》中的有关规定,对氢气站爆炸

危险区域的等级范围围划分作了规定,并附图说明。

1.0.4 与本规范有关的标准、规范主要有:《建筑设计防火规范》、《爆炸和火灾危险环境电力装置设计规范》、《供配电系统设计规范》、《电力工程电缆设计规范》、《建筑物防雷设计规范》、《气瓶安全监察规程》、《10kV 及以下变电所设计规范》、《低压配电设计规范》、《工矿企业总平面设计规范》、《氧气站设计规范》、《氢气使用安全技术规程》、《压缩空气站设计规范》、《工业企业设计卫生标准》等。

3 总平面布置

3.0.1 本条规定是在工厂总平面布置时,确定氢气站、供氢站、氢气罐及其附属构筑物等的位置的基本原则。确定这些原则的目的,是为了确保安全生产,保障国家财产和人身安全。

1 根据现行国家标准《工矿企业总平面设计规范》规定:"煤气站和天然气配气站宜布置在主要用户的常年最小风向频率的下风侧,并应远离有明火或散发火花的地点","乙炔站应位于明火或散发火花地点常年最小风向频率的下风侧"。

氢气与煤气、天然气、乙炔均属可燃气体。为确保工厂的生产安全,所以作本条规定。

2 按现行国家标准《建筑设计防火规范》规定:"有爆炸危险的甲、乙类厂房宜独立设置"。

对运行中的各类制氢方法的氢气站的调查了解,基本上为独立建筑;另对电力部门作为发电机氢冷用氢,装设的水电解槽的小型氢氧站的调查,也都采用独立建筑,因此,本条的规定是必要的,也是基本符合实际情况的。

3 《工矿企业总平面设计规范》中规定:"易燃、易爆、危险品生产设施,应布置在企业的偏僻地带"。

《火力发电厂总图布置及交通运输设计规定》中规定:"生产过程中有爆炸危险的建筑物、构筑物……一般布置在厂区的边缘地段"。

氢气站、供氢站、氢气罐可能发生燃烧和爆炸,为了尽量减少事故的发生以及避免发生爆炸等事故造成较大的人身伤亡及经济损失,因此规定不宜布置在人员密集地段和主要交通要道邻近处。

4 氢气站属于有爆炸和火灾危险的场所,是企业的重要能源供应站之一。有的单位若中断供氢将会造成较大的经济损失或工厂停产。因此,应作为工厂的重要安全保卫场所。据调查,设有围墙者占有较大比例,有的单位在建设过程中未设围墙,投产运行后,为防止事故的发生,确保安全生产,后增设了围墙。为此,制定本条规定。

3.0.2～3.0.4 为明确氢气站、供氢站、氢气罐与建筑物、构筑物的防火间距,将现行国家标准《建筑设计防火规范》中的有关规定具体化。

表3.0.2的注2规定:固定容积的氢气罐,总容积按其水容量(m³)和工作压力(绝对压力)的乘积计算。氢气罐总容积计算时,工作压力的单位为(kg/cm²),如某氢气罐的水容量为 4m³、工作压力为 1.5 MPa(绝对压力),则氢气罐总容积 ≈4×15≈60m³。

3.0.5 在氢气站设计中,有时受占地面积和具体用地条件的限制,使氢气站的站区布置较为困难;有时为了氢气供应方便,与用氢车间毗连布置。为此,在遵守现行国家标准《建筑设计防火规范》的前提下,且符合本条各款的规定时,允许氢气站与其他车间呈 L 形、Ⅱ 形、Ⅲ 形毗连布置。

1 按现行国家标准《建筑设计防火规范》的规定,甲类生产类别、单层厂房、二级耐火等级时,防火分区的最大允许占地面积为 3000m²。考虑到氢气的爆炸着火范围宽,点火能低,爆炸威力大,为了保证氢气生产的安全和一旦发生事故后减少损失,本条规定毗连的氢气站站房面积不应超过 1000m²,为防火分区最大允许占地面积的1/3。

2 氢气生产过程中,有氢气泄漏的可能,为确保安全生产,氢气站不得同明火或散发火花的生产车间、场所布置在同一建筑物内,如:热处理车间、焊接车间、锻压车间、汽车库、锅炉房等。

与氢气站毗连的其他车间的建筑耐火等级,应与氢气站一致,不应低于二级。

3 据对国内已经建成投产的氢气站的调查,一些单位为了减少占地面积,方便运行和管理,降低基本建设投资,在符合现行国家标准《建筑设计防火规范》的规定的前提下,经有关部门的审查批准,将氢气站与冷冻站、压缩空气站、氮氧站等动力站或其他车间以 L 形、Ⅱ 形、Ⅲ 形毗连布置。

3.0.6 制定本条的依据是:

1 按现行国家标准《氢气使用安全技术规程》中规定:当氢气实瓶数量不超过 60 瓶时,可与耐火等级不低于二级的用氢厂房毗连;

2 美国防火标准 NFPA51 中规定:在建筑物内储存的燃气气瓶,除正在使用或连接着准备使用者外,乙炔及非液化气体的储存量不应超过 2500 立方英尺(约 70m³);

3 根据对一些用氢量较小的用氢单位的调查,许多单位在用氢车间设有氢气汇流排和储存少量氢气钢瓶,其布置方式是设在厂房端部或靠外墙或与用氢车间毗连的专用房间内。

当使用氢气的工厂采用邻近工厂管道输送氢气供应时,是按供应氢气和使用氢气的技术参数,在供氢站内设置必要的增压、储存、纯化装置。若供氢站的占地面积不超过 500m² 时,为了方便管理,减少占地面积,可与耐火等级不低于二级的用氢车间或其他非明火作业的丁、戊类车间毗连。

由于此类供氢站内设备布置较紧凑,厂房不高,一般通风条件较制氢间差,为从严控制,本条规定毗连布置的站房面积不得超过 500m²,比本规范第 3.0.5 条减少 1/2。据调查,国内此类供氢站运行中采取如下做法:南京某厂使用邻近的某化肥厂用管道输送的氢气,在厂内的用氢车间内设有稳压装置和氢气压缩机;自贡某厂从邻近氯碱厂用管道输送氢气,在厂内用氢车间设有增压、净化装置的供氢站;北京某厂从邻近工厂用管道输送的氢气,在厂内设有氢气纯化装置等的供氢站。这些供氢站的占地面积均未超过 500m²。

4 工艺系统

4.0.1 本条规定了确定氢气站制氢系统类型的主要因素。

1 氢气广泛用于电子、冶金、电力、建材、石油化工等行业,由于用途不同,要求供应的氢气纯度、压力等技术参数均不相同,表2是各行业使用氢气的主要技术参数。

表2 各行业所需氢气主要技术参数

行业	用途	技术参数	用氢特点
电子	电真空器件生产	纯度:>99.99% 含氧量:<5×10^{-6} D.P.-60℃ 压力:≥0.02MPa	昼夜连续或班连续使用
	半导体器件	纯度:>99.99% 含氧量:<1×10^{-6} D.P.$-60\sim-80$℃ 压力:≥0.2MPa	
	大规模、超大规模集成电路	纯度:>99.99999% 含氧量:5×10^{-9} D.P.-80℃或更严 压力:≥0.2MPa	
	电子材料	纯度:>99.99% 含氧量:<5×10^{-6} D.P.$-40\sim-60$℃ 压力:≥0.02MPa	

续表2

行业	用途	技术参数	用氢特点
冶金	有色金属生产	纯度:>99.99% 含氧量:<5×10^{-6} D.P.$-50\sim-70$℃ 压力:≥0.02MPa	昼夜连续使用
	钢材加工(薄板、特殊钢管生产等)	纯度:>99.99% 含氧量:<5×10^{-6} D.P.$-50\sim-70$℃ 压力:≥0.02MPa	
石油化工	催化重整加氢 渣油脱硫加氢 石脑油加氢精制等	纯度:>99.9% 压力:1.0～2.0MPa	连续使用
电力	发电机氢气冷却	纯度:>99.5% 压力:0.03～0.5MPa	一次充氢和经常补充氢
建材	浮法玻璃生产	纯度:>99.995% 含氧量:<5×10^{-6} D.P.-60℃ 压力:≥0.02MPa	昼夜连续使用
轻化工	油脂化学、醇类加氢	纯度:>99.95% 压力:1.0～7.0MPa	昼夜连续或班连续使用
	人造宝石	纯度:>99.5% 压力:≥0.02MPa	

2 各行各业使用氢气的企业,由于产品品种、产能规模的不同和电力供应、含氢原料气供应的差异,需要经过比较选择合适的制氢方法和适用的制氢工艺系统,所以本条提供了确定制氢工艺系统类型的基本因素,供氢气站设计人员参照执行。如:某用氢企业地处水力发电十分丰富的地区或者当地电网谷段电价低廉,而该单位的氢气用量不大,若自建氢气站时,可选用比小时用氢量大

的压力型水电解制氢系统,在电网谷段生产氢气储存在压力氢气罐内,利用水电价廉或峰谷电价差,降低氢气成本,经技术经济比较可在较短时间回收所增加的建设投资时,宜选用工作压力大于1.6MPa的压力型水电解制氢装置。同上一例,若该用氢企业邻近处有丰富、低廉的副产氢气(焦炉煤气、氯碱厂副产氢等)时,经技术经济比较,也可采用变压吸附法提纯氢获得所需的氢气。

目前国内商业化的制氢系统主要有两大类,一是水电解制氢系统,这是采用水电解法制取氢气、氧气。此类系统按操作压力划分为常压型、压力型,按产品氢气纯度划分为普气型、纯气型。目前水电解制氢系统氢产量最大为350Nm³/h,但制气能力可达500Nm³/h。水电解制氢系统具有氢气纯度高、维护操作方便,但电能消耗较大;二是变压吸附法(简称PSA法)提纯氢系统,这类系统因原料气的不同,其提纯氢系统有不同的设备配置。PSA提纯氢系统有普气型、纯气型,国产PSA提纯氢系统的最大处理能力达20万～30万Nm³/h。只要需用氢气的企业、地区有合适的原料气,如煤制合成气、天然气、煤层气、焦炉煤气、氯碱厂副产氢气、石油炼厂含氢气体和甲醇转化气等,且氢气用量较大,均以采用PSA提纯氢系统为宜。

鉴于上述两大类制氢系统的特点,本条规定:氢气站的制氢系统类型的选择,应按氢气站的规模;当地的资源或含氢原料气状况;产品氢的纯度、杂质含量和压力等要求。经技术经济比较后确定。

4.0.2 本条是水电解制氢系统应设有的装置要求。

1 水电解制氢过程中,目前还主要采用石棉隔膜布将氢电解小室和氧电解小室分别制取的氢气、氧气分隔,使水电解制氢装置不会发生氢气、氧气相互掺混形成爆鸣气。但石棉布必须浸泡在电解液中,呈现湿润状态方能起到分隔氢气、氧气的作用。因此,在水电解制氢装置运行中,必须确保氢、氧侧(阴极、阳极侧)的压力差不能过大,若超过某一设定值后,就会造成某一电解小室或多个电解小室的"干槽"现象,从而使氢气、氧气互相掺混,降低氢气或氧气的纯度,严重时形成爆炸混合气。这是十分危险的,极易引起事故的发生。所以本款规定:应设置压力调节装置,以确保氢气、氧气之间的压差设定值。

氢、氧气之间的压差值的规定,与水电解制氢装置的气道与隔膜框的结构尺寸有关。我们在调查统计国内外商品化生产的水电解槽有关结构尺寸的基础上,在本款中规定水电解槽出口氢气、氧气之间的压差值宜小于0.5kPa。此值均小于现有水电解槽气道至隔膜框上石棉布的距离,并有一定的富裕度。

2 鉴于水电解制氢装置在开车、停车或发生事故时,都应将纯度不合格的气体或置换气体排入大气,只有在经过取样分析,气体纯度符合规定后,才能把气体送入气体总管。为此,本款规定:每套水电解制氢装置的氢气、氧气出气管与氢气、氧气总管之间,应设置放空管、切断阀和取样分析阀。

3 本款规定:在水电解制氢系统中,应设有原料水制备装置,包括原料水箱、原料水泵等。水电解制氢的原料水系统与其工作压力有关,常压水电解制氢系统的原料水都是定期用原料水泵注入高位水箱,再由高位水箱定期或连续地流入水电解槽,补充原料水;压力型水电解制氢系统的原料水是定期或连续(手动或自动)地用原料水泵直接注入或注入平衡水箱,在平衡水箱内接有气体平衡管,使平衡水箱内的压力与制氢系统内气体压力一致,确保原料水顺利流入水电解槽。致于原料水箱中的原料水从何处引入,则与各企业的具体条件有关,各行各业的用氢企业差异较大,所以本规范对原料水来源不作规定。但是无论是何种情况、何种水电解制氢装置,均需设有原料水箱、原料水泵,而原料水泵出口压力只与水电解制氢系统的工作压力有关,为此本条对原料水供应只作基本内容的规定。

4 水电解制氢系统所需碱液(电解液)都是在氢气站内进行配制;在水电解槽检修时,为减少消耗和改善环境,都是将水电解槽中的碱液回收后重复使用,因此,本款规定:水电解制氢系统应

设有碱液配制、回收装置。

水电解槽运行时，电解液（碱液）在水电解槽、分离器、冷却器之间不断循环，带走水电解过程产生的热量。为避免电解液中过多的杂质堵塞进液孔或出气孔或在电解小室内沉积机械杂质，为提高水电解槽使用寿命和电能效率，在水电解制氢系统的碱液循环管路上，均设有碱液过滤器。为确保水电解槽的正常运行，本款规定："水电解槽入口应设碱液过滤器"。在一些企业的水电解制氢系统的碱液制备、循环管路上，不仅在水电解槽入口设有碱液过滤器，还在碱液配制箱出口管路等处设有碱液过滤器。

4.0.3 制定本条的依据是：

1 水电解制氢系统在制取氢气的同时也产生氧气，产量为氢气量的一半。氧气若回收使用，可提高氢气站的经济效益，节约电能，相应降低氢气的单位能耗。当氢气站所在单位使用氧气时，可采用中压或低压氧气管道输送；当所在单位不使用或少量使用氧气时，则需要氧气加压灌瓶外销。据调查了解，近年来许多采用水电解制氢的氢气站都在回收氧气使用或灌瓶外销。如：上海某厂氢气站，氢气生产能力为 150m³/h，氧气生产能力为 75m³/h，在进行氢气站技术改造时，增加了氧气回收灌瓶系统，增加建筑面积 300m² 和 600m³ 氧气罐 1 只，氧气压缩机 2 台，每天可提供 360 瓶氧气，既增加了收入，每年又可节约电能 75 万 kW·h。江苏××化工厂氢气站副产氧气回收灌瓶多年，氧气灌瓶可达 1500 瓶/d，取得了较好的社会效益和经济效益。为此本条规定，可根据工厂的具体情况，采用不同方式回收利用。

2 目前许多工厂已将氧气灌瓶外销，并积累了许多有益的经验。但严格控制水电解氧气的纯度至关重要，若纯度降低或不稳定，将使瓶装氧气质量下降。严重时，还可能造成氧气纯度较大幅度降低，以至形成爆炸混合气，将会发生爆炸事故。据了解，与电解氧回收利用相关的爆炸事故时有发生。为防止电解氧气灌瓶及使用中爆炸事故的发生，本条规定：当回收电解氧气时，必须设置氧中氢自动分析和手工分析仪装置。之所以还须设手工分析装置，是为了更为严格地、可靠地确保安全；定期采用手工分析，既能校核自动仪表可靠性，又可提高操作人员的安全生产意识。同时，还应设氧中氢含量报警装置。

3 若氧气不回收直接排入大气时，对常压型水电解制氢系统需设置氧气调节水封；利用水封高度，保持氢侧、氧侧的压力平衡；压力型水电解制氢系统可设氧气排空水封，以便压力调节装置的正常运行，保持氢侧、氧侧压力平衡。水封高度约为 1500mm。如：在电力系统用于氢冷火力发电机组供应氢气的氢气站，通常装设产氢量 5~10Nm³/h 水电解制氢装置制取氢气；氧气产量较小，各发电厂氢气站都不回收电解氧气，均设有氧气排空水封，其水封高度约 1500mm。

4.0.4 变压吸附提纯氢系统设置通常应根据下列因素确定：

1 变压吸附的原理是基于不同的气体组分在相同的压力下在吸附剂上的吸附能力有差异，同一气体组分在不同的压力下在吸附剂上的吸附能力亦有差异的特性。通常周期性的压力变化，实现气体的分离提纯和被吸附气体的解吸。原料气组成的差异直接影响系统的配置，组成复杂的原料气，根据其杂质的成分及含量应增设预处理设施，且杂质组成将直接影响产品氢的收率。原料气的压力、组成决定选用吸附剂的类型、配比及用量。

2 产品氢的压力取决于吸附压力的选择，若超出吸附压力，需增设产品增压系统。氢气的纯度决定系统设置，一般氢气纯度要求可通过变压吸附分离直接得到满足，对杂质含量有特殊要求者还应增设产品氢纯化系统。如焦炉煤气变压吸附制氢装置的脱氧及干燥系统。

3 氢气使用的连续性决定设备的配置，连续性较强的变压吸附提纯氢气系统中配置的活塞式压缩机、真空泵等配套设备均应设备用，吸附器及阀门的配置应实现程序控制阀及仪表等的在线维修。氢气负荷变化可通过多床吸附器的切换及调整吸附时间来实现。

4 变压吸附提纯氢系统的配置和压力的选择，在一定的范围内吸附压力高有利于吸附过程向正方向进行，可减少吸附剂的用量，但是增加了设备的成本及能耗。采用抽真空解吸的变压吸附提氢工艺与常压解吸工艺比较，前者可增加氢气的回收率，但同时又增加设备的投资及能耗。所以，变压吸附提纯氢工艺的设置在满足工艺要求的同时应考虑技术经济因素。

4.0.5 变压吸附提纯氢系统，通常应设有下列装置：

1 原料气中一些在变压吸附系统吸附剂上通过常规降压手段难于解吸或可使吸附剂中毒失效的杂质组分，必须在变压吸附前增设预处理系统。如通过在变压吸附前设变温吸附预处理装置可脱除高碳烃类的杂质；增加脱硫工序可脱除原料气中的硫化物等。

2 变压吸附提纯氢气的吸附压力通常为 0.7~3.0 MPa，若低于 0.7 MPa，吸附剂吸附杂质的能力降低，不能保证提纯氢气的纯度及装置的处理能力，对提高氢气收率也不利。需增加原料气增压设施，以保证吸附压力，或满足用户对氢气压力的需求。

3 变压吸附提纯氢气装置包括吸附器组、吸附剂、程序控制阀及控制系统。吸附器组及程序控制阀是变压吸附提纯氢装置的主要组成部分。

4 变压吸附提纯氢装置氢气的输出虽然是连续的，但随着时序的变化，每个周期输出的氢气气量和压力均有一定的波动，故增设氢气缓冲罐可使输出氢气的压力波动减少、流量稳定。每个周期内输出的解吸气是不连续的，如果对解吸气有连续性和稳定性的要求，则应增设解吸气缓冲罐。

5 视原料气的组成情况，通常提纯氢气后的解吸气热值增高，可通过增压返回到厂区燃料气管网作气体燃料，回收能量。

4.0.6 甲醇制氢系统，通常应设有下列装置：

1 原料甲醇及脱盐水的储存、输送装置。甲醇裂解制氢的原料是甲醇和脱盐水，甲醇储罐是必不可少的设备。甲醇裂解反应在 1.0 MPa、220~280℃ 下，在专用催化剂上进行，所以甲醇或脱盐水均需通过泵输送到反应器中；

2 甲醇裂解装置的主要设备是甲醇转化反应器，甲醇转化反应在此进行。根据反应温度的要求，外部供热一般采用加热导热油为反应器提供热量；通过增设换热器回收转化器的热量，以达到热量的合理利用。因此，甲醇转化制氢系统应设有甲醇转化反应器及其辅助装置，如加热炉或加热器、热回收设备等；

3 甲醇转化反应的转化气组成：H_2 为 73%~74%，CO_2 为 23%~24.5%，CO 为 0~1.0%，其余为甲醇及饱和水。为获得纯氢产品应设置变压吸附装置，经分离可获得 99%~99.999% 纯度的氢气。

4.0.7 为防止氢气压缩机的吸气管道产生负压和制氢装置出口氢气压力波动，并由此引起制氢装置不能正常运行或发生空气渗入氢气系统形成爆炸混合气。为此，本条规定氢气压缩机前应设氢气缓冲罐。

据调查了解，氢气站内设有多台氢气压缩机时，许多单位都是采用从同一氢气管道吸气，所以本条作了"数台氢气压缩机可并联从同一氢气管道吸气"的规定。同时为确保安全生产，本条还规定凡数台氢气压缩机经同一根吸气管吸气时，应装设确保氢气保持正压的措施，如设氢气压力报警、回流调节装置、氢气压缩机的进气管与排气管之间设旁通管等措施。

为了使中、低压氢气压缩机在开车、调节负荷时，不会发生大量氢气排入大气，提高运行安全度，减少氢气排放量，节约电能。本条规定在中、低压氢气压缩机的进气、排气管之间，应设回流旁通管。回流旁通管上的调节阀在氢气压缩机正常运转时，一般适当开启，氢气回流以减少氢气压缩机的开停次数，有利于氢气站的安全运行。回流旁通管上的调节阀一般采用手动、气动、自力式等。

4.0.8 氢气压缩机的安全保护装置的设置，是确保其安全、稳定、可靠运行的重要保证，也是确保氢气站安全运行的重要条件，因此本条为强制性条文。

本条第 1 款的规定，是对氢气压缩机进行超压保护，确保安全、可靠运行的必须具备措施之一。第 2 款至第 5 款都是氢气压缩机的安全保护措施。这里特别要强调说明的是：氢气压缩机的进气氢气管应设低压报警和超限停机装置，由于氢气为可燃气体，不允许在氢气压缩机进口氢气压力的不正常降低，若因操作不慎进口压力降低以致吸入空气，形成爆炸混合气，将可能造成严重人身伤亡、设备损坏的事故，所以本条作为强制性条文的规定，设计时必须遵守。第 5 款规定的进口、出口氢气管路应设有置换吹扫口，这是确保初次投产或氢气压缩机检修前、后的安全保护措施。

本条的第 2 款至第 4 款的安全保护装置一般是由氢气压缩机制造厂配套提供。

4.0.9 本条是对氢气站、供氢站的储气设施提出的要求。

1 氢气站、供氢站一般设有一定储量的储气设施，目前氢气储气设施主要有两类：一是高、中、低压氢气罐，氢气罐的储氢压力、储氢能力应按制氢设备（或供氢装置）的压力、氢气用户的用氢压力、用氢量及其负荷变化状况等因素确定。高压氢气罐（压力大于 15 MPa），具有储氢能力大、能满足各类用户的需求；中压（压力大于 1.6 MPa）、低压（压力小于或等于 1.6 MPa）氢气罐的储氢能力主要根据制氢或供氢压力、用氢压力和均衡连续供氢要求确定。二是金属氢化物储氢材料，它是依据金属氢化物在不同压力、不同温度下的吸氢、放氢特性储存氢气。目前一些科研单位正研制储氢性能优良的储氢材料和装置，但由于储氢能力尚不理想，还不能满足实际应用的要求，但是这种储氢方法将是未来氢能应用中具有巨大竞争力的储氢方法。

2 在供氢站或燃料电池汽车用加氢站中，为了满足灌充高压氢气或汽车加氢的需要，一般应设置高压（如压力大于 40 MPa）氢气罐。对这种高压氢气罐升压充氢或接收外部供应的氢气进行升压，需设置增压用氢气压缩机；这种增压氢气压缩机可采用膜式压缩机或气动/液动增压机。

4.0.10 本条第 1 款是氢气罐的超压保护装置，是确保氢气罐安全、可靠运行必须具备的基本技术措施。第 2 款的规定是氢气站设计、运行的经验教训总结，由于氢气比重仅为 0.069（空气为 1.0时），在使用氮气吹扫置换时，若系统的最高点或氢气罐的最高点未设放空管，则很难将系统内的氢气吹扫置换干净，有时甚至吹扫数天也不能达到规定值。如某研究所的一座湿式氢气罐，为检修动火，打开氢气罐放空管排放氢气达 7d，因未用氮气吹扫置换，仍发生了氢气罐爆炸事故，造成设备损坏，3 人死亡。为此，本条规定，在氢气罐顶部最高点必须装设放空管。

4.0.11 各种制氢系统的氢气中冷凝水排放过程中将不可避免地有少量氢气同时排出，若操作不当或操作人员未及时关好冷凝水排放阀，使氢气排入房间内或在排水管（沟）中形成爆炸混合物，将会造成爆炸事故等严重后果。据调查，曾在一些工厂多次发生此类事故。如：上海某厂氢气管道积水，在气水分离器处向房间内直接排水，曾在一次排放冷凝水过程中，操作人员违章离开现场，致使氢气排入房间内，氢气浓度达到了爆炸极限，当操作人员开灯时，发生爆炸，塌房 2 间，烧伤 2 人；另一工厂，在排放氢气管道积水时，用胶管接至室外，因胶管脱落，氢气泄漏到房间内，形成了爆炸混合气，在操作人员下班关灯时，发生爆炸，炸坏房屋，2 人轻伤。鉴于上述情况，为杜绝此类事故的发生，本条规定冷凝水应经疏水装置或排水水封排至室外。这样的装置已在许多工厂使用，做到了在氢气设备及管道内的冷凝水排放过程中，没有氢气泄漏到房间内。

水电解制氢系统中的氧气中冷凝水排出时，与氢气一样也有氧气泄漏到房间内的情况，氧气比空气重，又为助燃气体，为了确保安全生产，防止因氧气泄漏、积存引起的着火事故的发生，氧气设备及管道内的冷凝水排放也应经单独设置的疏水装置或氧气排水水封排至室外。这里要强调的是氢气、氧气中冷凝水疏水装置或排水水封应各自设置，不得合用一个疏水装置或排水水封，这是为了避免形成氢气、氧气爆炸混合气。所以，本条规定："应经各自的专用疏水装置或排水水封排至室外"。

4.0.12 按表 2 所列，各行业对氢气纯度和杂质含量的要求是不相同的。为了采用技术先进、经济合理、操作管理方便、建设投资少的氢气纯化方法和装置，应根据具体工程原料氢气的条件、技术参数和用氢设备对产品氢气所需的纯度和杂质含量，进行技术经济比较后选用合适的氢气纯化系统。如：常压型水电解制氢装置制取的氢气经加压后，可采用加热再生或无热再生的氢气纯化系统；压力型水电解制氢装置制取的氢气，可采用自身工作气再生或两级氢气纯化系统。对半导体集成电路工厂为制取高纯氢气，可采用催化吸附净化装置作为初级纯化，而以低温吸附或吸气剂型纯化装置为末端氢气纯化。

4.0.13 为确保氢气灌装系统安全、可靠的运行，应设置相应的安全装置，这是因为：一是氢气为易燃、易爆和易泄漏的气体；二是灌装系统为高压运行，一般氢气灌装压力大于 15 MPa；三是氢气灌装容器均为高压气瓶。本条规定，氢气灌装系统应设有超压泄放用安全阀、分组切断阀、压力显示仪表，避免发生超压事故和分组管理灌装瓶；应设有氢气回流阀、吹扫放空阀；氢气放空管接至室外安全处，正常情况下，氢气回流利用，减少排放大气的氢气量，既有利安全也减少浪费，但在不正常情况或开车、停车时，则应对系统进行放空和吹扫置换。

4.0.14 氢气系统中的含尘量与制氢系统的设备选型、设备和管道的材质、氢气纯度等因素有关。据调查测定，未经过滤的氢气系统中粒径大于 0.5μm 的尘粒含量达每升数千到数万粒，因此当用户对氢气中的尘粒粒径和尘粒浓度有要求时，应设置不同过滤精度的过滤器。

4.0.15 各类制氢系统在检修、开车、停车时，都应进行吹扫置换，将系统中的残留氢气或空气吹除干净，尤要注意死角末端残留气，并分析系统内氢中氧的含量，达到规定值，方可进行检修动火、开车、停车。按现行国家标准《氢气使用安全技术规程》规定，置换氮气中含氧量不得超过 0.5%。

5 设 备 选 择

5.0.1 氢气站设计容量通常是根据用户氢气耗量和使用氢气的特点确定，当氢气用户为三班均匀使用氢气时，设计容量按班平均小时耗量计算。若氢气用户为三班使用氢气，且各班用氢负荷差异较大，或者一班（二班）用氢，可按昼夜平均小时耗量计算。在用氢量高于或低于昼夜平均小时耗量时，以用氢气罐储气进行调节。但是电力部门计算设计容量是按全部氢冷发电机的正常消耗量，以及能在大约 7d 的时间内积累起相当于最大一台氢冷发电机的一次启动充氢量之和考虑。本条第 3 款是对外销的商用型氢气站的设计容量的规定，应十分重视对市场需求的调查分析，否则将会因设计容量过大，设备得不到发挥，造成亏损。

5.0.2 水电解制氢过程要消耗较多的电能，所以人们都以水电解制氢装置的单位氢气电能消耗（kW·h/Nm³·H₂）作为此类设备的性能参数、产品质量的主要体现，也是评价这类装置先进性的主要标志。近年来各国的科技工作者、制造厂家经过研究开发，改进制造工艺或槽体结构，使水电解制氢装置的单位氢气电能消耗得到了降低。日本研制的离子膜水电解制氢装置（实验型），单位氢气电能消耗仅 3.8kW·h/Nm³·H₂；国内研制的新型压力水电解制氢装置可达 4.2～4.5kW·h/Nm³·H₂。表3 列出文献报道的国内外一些水电解制氢装置的主要性能参数。

表3 国内外一些制造厂家的碱性水电解槽的性能参数

特性	制造公司								
	Electrolyser Corp	Brown Boveri & Cie	Norsk Hydro	De Nora	Lurgi	Sunshine project	Hydrotechnik	Krebs kosmo	国内某公司
电解池结构	单极箱式	双极压滤机式	双极压滤机式	双极压滤机式	双极压滤机式	双极压滤机式	双极压滤机式	双极压滤机式	双极压滤机式
压力(MPa)	常压	常压	常压	常压	3	2	常压	常压	3
温度(℃)	70	80	80	80	90	90~120	80	80	80~90
电解液	KOH	KOH	KOH	KOH	KOH	KOH	KOH	KOH	KOH
电解液的浓度(wt%)	28	25	25	29	25	30	25	28	28~30
电流密度(A/m²)	1340	2000	1750	1500	2000	4000	1500~2500	1000~3000	3000
电解小室电压(V)	1.90	2.04	1.75	1.85~1.95	1.86	1.65	1.9	1.65~1.9	1.85~1.92
电流效率(%)	99.9	99.9	98	98.5	98.75	98	99	98.5	99
能量效率(%)	78	73	83	75~85	80	89	77	77~89	78~85
耗电量(kW·h/Nm³·H₂)	4.9	4.9	4.1	4.6	4.3	4.2	4.9	3.9~4.6	4.2~4.5

鉴于以上情况,在本条中规定:"选用电耗小、电解小室电压低、价格合理、性能可靠的水电解制氢装置。"

新建氢气站设置2台及以上水电解制氢装置时,宜选用同一型号、同一规格的水电解制氢装置,以便于操作管理及备品、备件的统一。

水电解制氢装置是否设备用,根据用户的用气情况而定。因为水电解槽槽体不易损坏,根据生产实践,常压型一般4年以上才需对槽体进行大修,检修时间根据设备的复杂程度、用户的检修水平和能力确定;压力型水电解制氢装置使用年限20~30年。又因各厂在停产后对全厂的经济效益影响也不一样,因此本条规定宜设备用。但当水电解制氢装置检修能与用户检修同步进行,或利用节、假日进行检修,不中断供气,或用户有其他临时氢气源能满足用氢设备的用气,或氢气站内设置有足够大容量的氢气罐储存氢气而不影响用户使用氢气时,则可不设备用。如电力部门采用氢气罐储存氢气,可以满足水电解制氢装置检修时用氢,一般都不设备用。

5.0.3 制定本条的依据是:

1 水电解制氢所需的原料水实际耗量一般按850~1000 g/Nm³·H₂计,即0.85~1.00L/Nm³·H₂。规定原料水制备能力不宜小于4h原料水耗量是能满足生产需要的。规定储水箱容积不宜小于8h原料水消耗量,是考虑制水装置一班或两班生产,供全天使用。

2 原料水制取装置、储水箱及其水泵的材质,应采用不污染原料水质和耐腐蚀的材料制作;目前国内采用如下几种:不锈钢、钢板内衬聚乙烯、钢板内涂耐腐蚀漆或全部为聚氯乙烯塑料板。

设计时可根据水箱容积、制作条件和经济条件等因素确定。

3 据调查,水电解制氢装置是根据水电解槽槽体寿命和实际使用状况,逐台进行检修。检修时都是将水电解槽及其附属设备内的电解液全部返回至碱液收集箱内,待设备检修任务完成后重复使用,所以碱液收集箱的容积应大于每套水电解制氢装置及碱液管道的全部体积之和。目前国内各种水电解制氢装置电解液充装量差别较大,表4为部分水电解槽电解液充装量。

表4 部分水电解槽电解液充装量

电解液体积(m³)	水电解槽型号						
	DQ-4	DQ-10	DDQ-10/40	THE 100	THE 150	THE 200	DY-125
水电解槽电解液体积	0.30	0.50	0.80	1.25	1.82	2.46	9.50

续表4

电解液体积(m³)	水电解槽型号						
	DQ-4	DQ-10	DDQ-10/40	THE 100	THE 150	THE 200	DY-125
氢、氧分离器等电解液体积	0.10	0.10	0.70	1.25	1.63	1.64	5.50
合计	0.40	0.60	1.50	2.60	3.45	4.10	15.00

5.0.4 吸附器组是变压吸附提纯氢系统的主体设备,吸附器的性能参数将决定PSA系统的技术性能——处理能力、产品氢气纯度和杂质含量、产品氢气产量等。我国在PSA制氢技术的研究开发和设计、制造、实际运行方面的经验表明:吸附器组的规格尺寸、内部构件应以提高氢回收率、减少制造成本为基本原则。吸附器组的吸附器数量,应根据变压吸附提纯氢系统的原料气组成、压力(即吸附压力)、吸附剂的吸附容量、产品氢气的产量和纯度、氢回收率等因素确定。在一定的范围内吸附压力高对吸附有利,吸附剂用量减少;原料气组成不同,吸附剂类型及用量亦不相同;吸附塔数量与工艺时序和氢回收率有关,为满足较高的氢回收率,应增加工艺过程的均压次数,多次均压需要通过数台吸附器来完成;对用氢要求连续供应的装置,应设多床吸附,以实现在线切换。所以,本条规定:变压吸附提纯氢系统的吸附器组的容量和吸附器数量,应按条文列出的各种因素,经技术经济比较后确定。

5.0.5 甲醇转化制氢系统的容量和配置与氢气的纯度及消耗量有关,根据用户用氢量的要求,甲醇转化制氢系统的容量可以从几十标方到几千标方。氢气的纯度越高,同样产氢量装置的容量就越小。

甲醇转化制氢反应的压力通常为1.0 MPa,若用氢压力超出1.0 MPa,则必须设置氢气增压系统。如氢气用于灌充钢瓶,则需在变压吸附装置后面设氢气压缩机。

甲醇转化制氢系统所需热量与现场工作条件有关,如现场有中压蒸气供应可直接用于加热。对没有热源的场合可通过设置加热炉进行加热,视现场条件选择油、煤、天然气作为燃料来加热热载体导热油。

甲醇转化制氢系统的容量确定时,还应根据现场工作条件,拟建中的甲醇转化制氢系统及其甲醇的储存、输送应符合相关的国家标准,如《建筑设计防火规范》、《石油化工设计防火规范》等。

5.0.7 氢气罐的形式有湿式和固定容积两种,根据所储存氢气压力和所需储存容量选择。常压水电解制氢装置供氢压力都小于6 kPa,一般采用湿式氢气罐。固定容积氢气罐有筒形、球形和长管钢瓶三类,由于球形储罐最小结构容积为300m³,储存压力为1.6 MPa,储存容量为5000Nm³,所以氢压力为中、低压,容量大于或等于5000Nm³,宜采用球形储罐。氢气压力为高压(压力大于20 MPa)时,一般可采用长管钢瓶等储存高压氢气。

5.0.8 中、低压氢气压缩机的选择是根据进气压力、工艺用氢压力、氢气纯度要求和最大小时耗量确定的。若对要求不中断供氢设保安气者,则根据储压力、吸气压力选择压缩机。纯化后的氢气压缩要考虑压缩后气体不受油的污染和避免纯度降低等因素,应采用无油润滑压缩机或膜式压缩机。如某厂纯化后氢气需设保安储气,氢气压缩机采用无油润滑氢气压缩机,吸气压力0.15 MPa,储气压力1.2 MPa。

由于活塞式压缩机运动部件易出故障,设置备用是目前常用的习惯做法,以保证不中断供气。

5.0.9 高压氢气压缩机作为氢气灌瓶,因瓶装氢主要是外供,因此,一般不设备用。据调查,各单位亦是这样配置。但专业气体厂,为保证连续对外供气,均设备用机组。

5.0.10 纯化氢灌瓶,为防止压缩过程中对氢气的污染,规定采用膜式压缩机。据调查,各单位亦是这样配置的。

设置空钢瓶抽真空设备和钢瓶加热装置,在灌充纯化氢气时是对钢瓶灌充前的预处理,以确保纯化氢气在钢瓶中纯度不会降低;对普氢钢瓶的空钢瓶进行抽真空,则是从安全生产出发,避免空钢瓶余气压力过低或余气不纯时的一种安全措施,并应认真进行余气纯度的分析。

5.0.11 氢气灌装用充灌台的氢气充装过程包括钢瓶倒换(卸下、装上空瓶)、充装氢气,由于钢瓶倒换时间因具体条件、操作人员的熟练程度不同而不同,一般氢气钢瓶充装时间为5～15min(仅为充装氢气的时间,不包括钢瓶倒换时间)。长管钢瓶拖车的充装时间与此类似,一般长管钢瓶拖车的充装时间不少于30min,也没有包括更换拖车充装用卡具和吹扫置换时间。

5.0.13 氢气站设置起吊设施是为了便于站内需要吊装重量重或外形尺寸大的设备安装、维修时使用。另据调查,采用钢瓶集装格进行氢气灌充、储运的氢气站、供氢站内均设有起吊设施。为此本条规定,具有两种情况之一的宜设起吊设施。

6 工艺布置

6.0.1、6.0.2 这两条制定的依据是:

1 设有各类制氢装置的氢气站的生产过程、化工单元设备与各种化工产品生产过程相似,因此参照国家标准《石油化工企业设计防火规范》的规定,当氢气站内的制氢装置、储氢装置等设备室外布置时,可将氢气站内的建筑物、构筑物和室外布置的单元设备视为一套工艺装置。

2 在氢气站工艺装置内的设备、建筑物平面布置的防火间距,是参照国家标准《石油化工企业设计防火规范》GB 50160 中表4.2.1 的有关规定,并结合氢气站的特点制定的。现将该标准的表4.2.1摘录于表5。

表5 设备、建筑物平面布置的防火间距(m)

项目	控制室、变配电室、化验室、办公室、生活间	明火设备	介质温度低于自燃点的工艺设备			介质温度等于或高于自燃点的工艺设备	
			可燃气体压缩机或压缩机房	装置储罐	其他工艺设备或其房间	内隔村里热村反应设备	其他工艺设备或其房间
			甲 / 乙	甲A / 乙A、丙A	甲A / 乙A、丙A	—	甲乙 / 乙B、丙A
控制室、变配电室、化验室、办公室、生活间	—	—	— / —	— / —	— / —	—	— / —
明火设备	—	—	15				

续表5

项目	控制室、变配电室、化验室、办公室、生活间	明火设备	介质温度低于自燃点的工艺设备			介质温度等于或高于自燃点的工艺设备	
			可燃气体压缩机或压缩机房 甲 / 乙	装置储罐 甲A / 乙A、丙A	其他工艺设备或其房间 甲A / 乙A、丙A	内隔村里热村反应设备 甲乙	其他工艺设备或其房间 甲乙 / 乙B、丙A
可燃气体压缩机或压缩机房 甲	—	15	22.5				
可燃气体压缩机或压缩机房 乙	—	9					
装置储罐 甲A	22.5	22.5	15	9			
装置储罐 甲	15	15	9	7.5			
装置储罐 乙B、丙A	9	9	7.5	7.5			
其他工艺设备或其房间 甲	15	15		9	7.5		
其他工艺设备或其房间 甲	15	15		9	7.5		
其他工艺设备或其房间 乙B、丙A	9	9		7.5	7.5	7.5	

6.0.5 制定本条的依据是:

1 在现行国家标准《建筑设计防火规范》中规定有爆炸危险的甲、乙类生产部位,宜设在单层厂房靠外墙或多层厂房的最上一层靠外墙处。若必须在甲、乙类厂房内贴邻设置办公、休息室、控制室时,应采用耐火极限不低于3h的非燃烧体防护墙隔开。为此,本条规定,有爆炸危险房间不应与无爆炸危险房间直接相通。

根据既要确保安全,又要适应生产要求的原则,若工艺布置确实需要时,有爆炸危险房间与无爆炸危险房间之间,应以走廊相连或设置双门斗隔开。实际使用中,经常保持一樘门处于关闭状态,避免氢气窜入无爆炸危险房间。

2 据调查,现正运行的各种规模的氢气站中,有爆炸危险房间——水电解制氢间、氢气纯化间、氢气压缩机间等,与无爆炸危险房间——碱液间、储存间、配电间、控制室、直流电源室及其变电站等均布置在同一建筑物内,有爆炸危险房间与无爆炸危险房间之间不直接相通,以防护墙相隔或经走廊或以双门斗相通。经多年的实际生产运行,证明这是可行的。

6.0.7 制定本条的依据是:

1 氢气灌瓶间、实瓶间、空瓶间与氧气灌瓶间、实瓶间、空瓶间鉴于下列因素应分别设置:

(1)氢气灌瓶间、实瓶间、空瓶间属于有爆炸危险房间;

(2)采用水电解制氢的氢气站灌充的电解氢气钢瓶或电解氧气钢瓶在使用中,时有事故发生。为确保安全生产,严格管理,避免氢气钢瓶、氧气钢瓶的错灌和实瓶、空瓶的混杂,防止事故的发生;

(3)氢气、氧气灌充过程中,时有事故发生。例如,北京某厂高压高纯氢气管破裂,发生着火事故,将铝板地面烧毁;宝鸡某厂,氢气灌瓶时,瓶阀漏气、着火,将其铜管烧毁,灌瓶间的窗玻璃震碎。

2 灌瓶间与实瓶间、空瓶间之间的气瓶运输频繁,为方便操作、运输,运行中的氢气灌瓶间与实瓶、空瓶间之间大部分是以门洞相通。所以规定灌瓶间可通过门洞与实瓶间、空瓶间相通。

6.0.8 按美国 NFPA50A(1999 年版)中表 3.2.1 规定,氢系统总容量不超过 15000ft³(425m³)可设在专用房内,相当于压力为 15 MPa 的气瓶 71 瓶。

按现行国家标准《氢气使用安全技术规程》的规定,氢气实瓶数量不超过 60 瓶的可与耐火等级不低于二级的用氢厂房毗连。

现行国家标准《乙炔站设计规范》中规定,当实瓶数量不超过

60 瓶时,空、实瓶和灌充架(汇流排)可布置在同一房间内。

鉴于上述各标准、规范的规定,特作本条规定。

6.0.10 本条制定的依据是:

1 氢气压缩机间为有爆炸危险房间,电气设施均按 1 区爆炸危险环境进行设防;

2 据调查,氢气压缩机、高压氢气管道及氧气压缩机都是氢气站易发生事故的部位。如:某厂氢气压缩机,因高压压力表堵塞,清理不当,发生高压氢气着火事故;北京某厂氢气站,氢气压缩机三级排气安全阀动作,氢气外溢,室内发生燃烧着火;某厂氢气站,氧气压缩机的润滑用水中断,汽缸发生燃烧,引起着火事故。

鉴于上述情况,本条规定:不得将氧气压缩机与氢气压缩机设置在同一房间内。

6.0.11 本条是在对正在运行中部分采用水电解制氢的氢气站进行调查分析的基础上制定的。近年来,国内已有多种压力型水电解槽投入生产运行,由于此类水电解槽体积较小,目前容量最大的压力型水电解槽直径小于 2.0m,并在制造厂出厂前已将各电解小室组装为整体,在现场进行整体安装。水电解槽检修时,可将槽体运送至检修场所进行检修。为此,本条规定:水电解制氢间的主要通道不宜小于 2.5m;水电解槽之间的净距不宜小于 2.0m,已能满足需要。

由于常压水电解制氢装置仍有使用,对此本条建议"视规格、尺寸和检修要求确定"。

6.0.14 氢气钢瓶在储存、运输过程中发生瓶倒事故。不仅会造成操作人员受伤,而且还会诱发着火、爆炸,损坏房屋等严重后果。如:北京某厂曾发生一个氢气实瓶倒下,瓶阀被打断并飞出 3m 左右把墙打坏,钢瓶冲出 1m 多远;上海某厂曾发生氢气钢瓶瓶倒事故,瓶阀损坏漏出氢气,发生氢气着火;咸阳某厂在氢气灌充时,未将钢瓶固定,引起瓶倒,发生氢气着火事故;宝鸡某厂也因氢气钢瓶倒下,瓶嘴漏气,发生着火爆炸,玻璃窗被震碎。为此,为确保氢气钢瓶灌充、储存、运输中的安全,本条规定应有防止瓶倒的措施。

6.0.15 制定本条的依据是:

1 国家标准《石油化工企业设计防火规范》中规定:输送可燃气体、易燃和可燃液体的压缩机和泵,不得使用平皮带或三角皮带传动,若在特殊情况下需要使用皮带传动,应采取防止静电火花的安全措施。

2 据调查,国内氢气站中氢气灌瓶用的高压氢气压缩大部分采用 3JY-0.75/150 型压缩机,该设备为皮带传动,均采取了防静电接地措施。例如,北京某厂 3JY-0.75/150 型氢压机采取了压缩机与压缩机用电机分别接地,在压缩机旁打入 2.5m 长的 3 根相连的钢管与压缩机连接;另一工厂则采用室外埋设接地板和厂房内铝板相连,铝板与氢压机相连接的措施。

为此,制定本条规定是必要的,也是可以做到的。

6.0.16 制定本条的目的是为了确保氢气站的安全生产。

1 氢气罐,不论是湿式或固定容积式都用作制氢系统的负荷调节和储存,一旦发生事故,将会造成严重后果。如北京某研究所 150m³ 湿式氢气罐,检修时发生爆炸事故,其钟罩整体冲上空中然后落到离原地数米处,部分金属、混凝土配重飞至数百米处。又如天津某电厂设有 6 台容积为 10m³、压力为小于等于 0.8 MPa 的固定容积氢气罐,1989 年 9 月在倒罐操作过程中因氢气纯度不合格,1 号罐发生爆炸事故,罐体炸成 3 块,底部一块重约 1000kg,飞到 29m 处,上半部就地倒下,另一块重约 260kg,爆炸后击破邻近水塔,落入 150m 远的燃油车间罐区,当场炸死值班人员 1 名。再如某厂 8m³ 氢气罐,检修时发生爆炸事故,大碎片飞出 20m,小碎片飞出 40m 以外。

鉴于以上实例,为了确保氢气站的安全生产,本条规定:"氢气罐不应设在厂房内。

2 为防止湿式氢气罐的水槽内水结冻,引起钟罩升降不畅,以至卡死,造成氢气罐损坏,应设有防冻措施。据调查,在我国采

暖计算温度低于 0℃ 的地区,湿式氢气罐均设有防冻措施,通常是采用蒸汽通入水槽进行保温防冻。

3 《火力发电厂建筑设计技术规定》中规定:"制氢站的储气罐应设在室外,在寒冷地区为防止阀门冻结,可将储气罐的下半部做成封闭式,室内净高不低于 2.6m,其防爆要求同电解间"。如吉林某厂,设有 12 只 10m³ 氢气罐,罐下部 2.8m 以下全封闭,做成阀门室。

7 建筑结构

7.0.1 氢气站、供氢站有爆炸危险房间,在生产过程中散发、泄漏氢气,易形成爆炸混合气,发生火灾和爆炸事故。爆炸混合气的燃烧、爆炸扩散速度快,发生事故时疏散和抢救较困难,将会造成较大的伤亡和损失。据调查大部分的氢气站均为单层建筑。为减少发生事故时的损失和伤亡,故本条规定氢气站宜为单层建筑。

7.0.2~7.0.4 这三条是按现行国家标准《建筑设计防火规范》中有关甲类生产和厂房防爆的规定制定的。

1 国家标准《建筑设计防火规范》正在修订中,据了解该规范的修订"报批稿"已完成,在该修订稿中对甲类生产建筑防爆泄压面积的规定和计算方法作了修改,因此本规范规定:氢气站、供氢站有爆炸危险房间泄压面积的计算应符合现行国家标准《建筑设计防火规范》的规定。

2 我国南方地区,冬季最低室外气温也在 0℃ 以上,对采用变压吸附提纯氢的氢气站中的氢气压缩机间,由于面积不大,推荐采用半敞开式或敞开式的建筑物。

7.0.6 按现行国家标准《建筑设计防火规范》的规定,若必须贴邻设置车间办公室、休息室等,应以耐火极限不低于 3.0h 的非燃烧体墙隔开。按此要求,本条规定有爆炸危险房间与无爆炸危险房间之间采用耐火极限不低于 3.0h 的非燃烧体墙分隔。若当设置双门斗相通时,应采用甲级防火门窗。为此本条规定门的耐火极限不低于 1.2h。

7.0.7 为防止爆炸着火事故的发生,本条规定在有爆炸危险房间的门窗宜采用撞击时不起火花的材料制作。撞击时不起火花的门窗材料有木材、铝、橡胶、塑料等。亦可以仅在门窗经常开启部分

采用不起火花材料制作，以防止铁制窗框直接撞击。

7.0.8 为方便氢气钢瓶的装卸，减少劳动强度，应设气瓶装卸平台。因平台上来往操作和气瓶运输频繁，应设置大于平台宽度的雨篷，用以遮阳和遮雨雪。由于氢气属甲类生产，雨篷及其支撑材料应为不燃材料。

7.0.9 氢气灌瓶间设置防护墙，是为减少灌瓶过程中由于管理不严和操作失误造成的爆炸事故所带来的损失和影响，保护操作人员人身安全。一些工厂氢气站在操作规程中规定，当气瓶灌充支管、夹子连接后，操作人员走到防护墙外面打开充气总阀进行灌充。为此，本条规定应设 2m 高的防护墙，其墙体材料宜采用钢筋混凝土。

气瓶受日光强烈直射后，瓶内气体压力随温度升高而升高，会引起超压的不安全性，为此规定应采取防止阳光直射气瓶的措施，一般采用窗玻璃涂白、磨砂玻璃以及遮阳板等方法。

7.0.10 氢气轻，易聚积在房屋上方。屋盖下表面的构造要有利于氢气的排出，屋盖顶部一般设自然通风帽、通风屋脊、天窗或老虎窗等，以保持通风良好，使氢气能从最高通风装置导出。为此，本条规定有爆炸危险房间上部空间应自然通风良好，顶棚平整，避免死角。

7.0.11 氢气站的水电解制氢间室温较高，设置天窗不但通风好且利于排热，当跨度大于 9m 时，宜设天窗。为排净氢气，天窗、排气孔应设在最高处。

7.0.12 据调查，即使在我国北方，氢气站的水电解制氢间内如果自然通风不好，室温也可达 40～50℃。为改善通风，加强排热，对水电解制氢的屋架下弦高度作了不低于 5.0m 的规定。此规定与目前各行业正运行中的氢气站的水电解制氢间的屋架下弦高度基本一致；氢气站采用变压吸附提纯氢装置设在室内的制氢间，一般均为小型的 PSA 装置，此类制氢间的屋架下弦高度不得低于 5.0m，可满足要求。

对氢气压缩机间、氢气纯化间、氢气灌瓶间、氢气集装瓶间等的屋架下弦高度均规定了下限值，具体执行中应视设备外形尺寸和设备检修需要确定。

8 电气及仪表控制

8.0.1 氢气站、供氢站的各类设备，停电后自身不致损坏，按现行国家标准《供配电系统设计规范》规定的负荷分级，为三级负荷。

发电厂氢气站生产的氢气是供冷却发电机使用，如停止供应氢气将使发电机不能正常运行，但其氢气罐储量大，设计储存期达 7～10d，制氢设备短时中断供电，对发电机运行不致产生较大影响。当氢气站、供氢站作为工业产品生产的动力供应源时，其负荷等级与中断供氢所造成的损失直接有关。如浮法玻璃生产线，用氢量大，而氢气罐储量小，有的工厂甚至未设氢气罐，一旦停止供气，将造成玻璃和锡槽上层锡液报废，经济损失较大。而熔炼玻璃的窑炉又属一级负荷，此类氢气站供电负荷等级要相应提高。所以本条规定，除中断供氢将造成较大损失者外，宜为三级负荷。

8.0.4 氢气是易燃易爆气体，爆炸范围宽、点火能低，比重又小，极易向上扩散。为了安全，规定灯具宜在低处安装，不得在氢气释放源正上方布灯。

在相同照度下，采用荧光灯等高效光源，可以减少灯数，降低造价。此外，荧光灯等高效光源使用寿命长，灯具表面温度低，受电压波动影响小，维修工作量少。

制氢间等是有爆炸危险的生产过程，多为三班制运行，一旦中断照明，影响较大。因此，氢气站内一般宜设应急照明。

8.0.5 氢气站内有爆炸危险环境内的电缆及电缆敷设应符合现行国家标准。敷设的导线和电缆用钢管保护时，应按本条规定进行隔离密封。

8.0.6 为保证在有爆炸危险房间内的生产设备及人身安全，应设氢气检漏报警装置。目前国内生产的氢气检漏报警装置，按检测原理划分有接触燃烧式、热化学式、气敏半导体式和钯栅场效应晶体式 4 种。这 4 种各有优缺点，其中，钯栅场效应晶体式应用的较多。据调查，使用该产品的用户均表示满意。其优点是灵敏度和选择性好，只对氢气报警，探头使用寿命约 10000h。

将超限报警触点接入事故排风机控制回路进行联锁后，当氢气超量形成隐患或事故发生时，能及时自动开启风机进行排除。

8.0.7 制定本条的依据：

1 为确保氢气站生产的氢气质量和纯度以及生产安全，在运行中应按规定进行纯度分析，因此要配置氢气纯度分析仪、高纯氢气中杂质含量分析仪。据调查，现在运行中的氢气站一般采用人工分析和自动分析。人工分析所用仪器简单，价格低。自动分析仪器，国内已有定型产品生产。已在一些制氢装置中成套供应，提供自动分析仪表。对变压吸附提纯氢系统，为使系统稳定运行，还应对原料气纯度或组分进行分析。

2 在水电解制氢系统生产氢气的同时，有副产品氧。氧气回收利用，相应降低氢气的单位能耗，以取得较好的社会效益和经济效益。为确保安全，此类水电解制氢装置，应设置本条规定的分析仪器和报警装置，可参见本规范第 4.0.3 条的说明。

8.0.9 制定本条的依据是：

1 水电解槽是以电阻为主的非线性负荷，水电解槽常温状态开车时，需要调节电压，使电流逐步升高，直至达到额定电流，历时数小时。正常生产时，为控制产量，也要调节电解电压。停车时有一定的反电势，停车电压高，反电势也高，停车电压低，反电势也低。因此，停车时要适时调节电压，缓慢降低电流到额定电流的 20%～30% 时，再切断电源。由于每台水电解槽的参数不同，开、停车和正常生产时需要调压的高低有差异，因此每台水电解槽应配置单独整流设备供电，以便按照需要进行调节。更重要的是，采用单独整流设备供电，可以防止多台水电解槽共用同一直流电源可能产生的环流现象，有利于保证水电解制氢系统安全运行和延长水电解槽使用寿命。

目前，可供水电解槽使用的性能优良的直流电源是晶闸管整流器和硅整流器。

晶闸管整流器具有体积小、效率高、调节方便和易于实现自动稳流、稳压等优点。随着晶闸管质量和容量的提高，触发线路抗干扰性能和保护环节的不断改善，使用范围正逐步扩大。不足之处是选用或运行不当时，回路中出现高次谐波，引起损耗加大，甚至使网络波形畸变。

硅整流器具有输出波形好、工作可靠和维修方便、可自动稳定电流等优点，使用比较广泛，但采用饱和电抗器调压和自动稳流噪声大，整流效率低。

2　整流器配置专用整流变压器后，可防止环流和整流器输出的偏流现象，起到电气隔离作用，有利于保证生产安全、节能和延长水电解槽使用寿命。

将三相整流变压器绕组中的一侧按三角形(△)接线，可消除三次谐波电流对电网的干扰。

3　晶闸管和硅整流设备是谐波发生源，能向电网注入谐波电流，造成电网电压正弦波畸变，电能质量下降。按原电力部颁发的《电力系统谐波管理暂行规定》，整流装置对电网的谐波干扰应限制在允许的范围内，方能接电运行。

8.0.10　本条制定的依据是：

1　高压整流变压器室的设计要求与配电变压器室相同。因此设计时，应按《10kV 及以下变电所设计规范》执行。

2　当整流变压器室远离高压配电室时，为了保证维修人员的安全，在高压侧要有直观的断电点。为此，规定在高压进线侧宜设负荷开关或隔离开关。

3　采用水电解制氢的氢气站电解间应为有爆炸危险房间，但由于设备特点，当采用裸母线时，应防止因金属导体短接、撞击或母线连接不良而产生火花，一般应采用以下措施：

(1)母线在地沟内敷设，且地沟设盖板；

(2)母线明敷时要有保护网罩，如金属网罩等；

(3)母线连接采用焊接；

(4)螺栓连接(母线与设备间)时，母线连接处应蘸锡，连接要可靠，并防止自动松脱。

8.0.11　氢气压缩和灌瓶操作的关系十分密切，两处又都是有爆炸危险环境，为便于协调生产，规定应设置联系信号。

8.0.12、8.0.13　这两条是规定氢气站、供氢站在通常情况下为了安全、稳定的运行和方便进行管理，应设置的压力检测、温度检测项目。

8.0.14　氢气站、供氢站通常情况下均应设自动控制系统，近年来建设的站房都是这样做的，只不过自控范围、内容有所不同。氢气站无人值守的全自动控制系统，国内已有实例，但因造价较高，应按业主需要确定。

9　防雷及接地

9.0.2　根据现行国家标准《爆炸和火灾危险环境电力装置设计规范》及本规范第1.0.3条的规定，氢气站、供氢站内部分房间以及氢气罐为1区爆炸危险环境。按现行国家标准《建筑物防雷设计规范》规定，凡属于1区爆炸危险环境为第一或第二类防雷建筑，因此本条规定："氢气站、供氢站的防雷分类不应低于第二类防雷建筑。"应设有防直击雷、防雷电感应和防雷电波侵入的措施。通风风帽、氢气放散管等突出屋面的物体均应按现行国家标准《建筑物防雷设计规范》的有关规定执行。

9.0.3　Ⅰ类防雷建筑物应设独立避雷针、架空避雷线或架空避雷网，并应有独立的接地装置。除此类建筑外的不同用途接地可共用一个总的接地装置，其接地电阻应符合其中最小值。因此，作了本条的规定。

9.0.4　有爆炸危险房间内的较大型金属物(如设备、管道、构架等)应进行良好的接地处理，是防雷电感应的主要措施。在正常环境无锈的情况下，管道接头、阀门、法兰盘等接触电阻一般均在0.03Ω以下。但若管道接头生锈，会使接触电阻增大。根据试验，螺栓连接的法兰盘之间如生锈腐蚀，在雷电流幅值相当低(10.7kA)的情况下，法兰盘间也能发生火花。氢气站如不注意经常检查并测试管道接头等的过渡电阻，一旦接头处生锈，则十分危险。为此，规定所有管道，包括暖气管及水管法兰盘、阀门接头等均应采用金属线跨接。

9.0.5　本条是参照现行国家标准《建筑物防雷设计规范》中有关第一类防雷建筑物防止雷电波侵入措施"架空金属管道，在进出建筑物处应与防雷感应的接地装置相连。距离建筑物100m内的管道，应每隔25m左右接地一次，其冲击接地电阻不应大于20Ω"等规定制定。

9.0.6　为加速管道上静电荷释放而制定，并参考《化工企业静电接地设计规程》中的有关规定和要求制定本条。

9.0.7　本条的制定根据是：多年来大部分室外氢气罐等封闭式容器的防雷均采用容器外壁作为"接闪器"保护方式，已有多年的运行实践经验。

9.0.8　凡需接地的设备、管道设接地端子，接地端子与接地线之间采用螺栓紧固连接以便于平时检修。为了接地连接可靠，对有振动、位移的设备和管道采用挠性过渡连接是必要的。

10 给水排水及消防

10.0.1 电子、冶金、电力、石油化工等行业的氢气站均设有一定容积的氢气罐,当暂时中断供水,各类制氢装置停止运行,也不会影响供氢及制氢设备的安全,氢气站用水采用一路供水。但玻璃等行业部分氢气站无氢气罐,若制氢设备停止运行,中断供氢,使浮法玻璃生产用锡槽的锡液氧化,将会造成较大损失,该类工厂冷却水均为两路供水。

10.0.2 制定本条的依据是:

1 根据国家节约用水政策及供水日趋紧张的状况,应对直流供水进行限制,所以规定冷却水宜为循环水。

氢气站、供氢站冷却水宜与全厂循环冷却水统一考虑,有的站自行设置时,宜采用闭式循环系统。

2 据调查,现有氢气站冷却水水压一般在 0.15~0.35 MPa 范围,已满足需要。冷却水水质及排水温度按《压缩空气站设计规范》的有关要求确定。对冷却水的热稳定性的要求是防止结垢,部分工厂采用软水复用或循环。

3 氢气站、供氢站装设断水保护装置是十分必要的,否则水压不够,造成制氢设备、氢气压缩机等运行不正常,甚至发生事故。冷却水中断后还会使气体温度升高,影响制氢、供氢系统正常运行。因此,本条规定应设断水保护装置。

10.0.5 已调查的氢气站、供氢站有爆炸危险房间及电气设备房间,如变压器间、直流电源室、配电间、控制室,均设有二氧化碳、"干粉"等灭火装置;电气设备房间不得采用水消防。

11 采暖通风

11.0.1 可燃气体燃烧、爆炸的条件:一是达到一定的浓度范围,二是有明火。所以"严禁明火"是氢气站、供氢站至关重要的安全措施之一,而且,不得采用电炉、火炉等明火取暖。

要求选用易于清除灰尘的散热器,如柱型、光管、钢制板式换热器等,是为了保持清洁,防止因积灰扬尘而引起爆炸,以确保安全。

11.0.2 生产房间采暖计算温度不低于15℃是按照《工业企业设计卫生标准》的规定。空、实瓶间内不是经常有人值班、作业,所以将采暖计算温度降为10℃。

氢气罐阀门室温度要求不低于5℃,是为了防止室内结冰,冻裂管道、阀门而泄漏氢气。

11.0.3、11.0.4 由于氢气钢瓶是灌充氢气(压力大于或等于15 MPa)的高压容器,为防止氢气钢瓶受热超压,所以制定本条规定。对条文中规定的房间内的散热器,应采取隔热措施。

11.0.5 制定本条的依据是:

1 如果室内通风不良,外泄的氢气积累到爆炸极限范围时,一旦遇火花,就会立即引起爆燃事故。氢气比重仅为空气的1/14,极易扩散,所以只要厂房高处设风帽或天窗,靠自然风力或温差的作用,新鲜空气置换氢空气,氢气浓度就会大大低于爆炸极限。自然通风,无疑是安全防爆的有效措施之一。

现行国家标准《爆炸和火灾危险环境电力装置设计规范》中规定:"当通风良好时,应降低爆炸危险区域等级;当通风不良时,应提高爆炸危险区域等级。"

事故排风装置,是针对制氢系统一旦发生大量氢气泄漏事故

时,自然通风的换气次数不能适应紧急置换、氢气扩散的要求而设置并即时启动。

2 据调查,现运行中的氢气站内有爆炸危险房间每小时自然换气次数和事故排风换气次数,均分别按 3 次和小于 12 次设计,已安全运行几十年,未曾发现因换气次数选用不当而酿成事故。

12 氢气管道

12.0.1 气体的流速有经济流速和安全流速之分,对可燃性气体主要应着眼于安全流速。氢气具有着火能量低,与空气、氧混合燃烧和爆炸极限宽,燃烧速度快等特点,所以在生产和使用过程中的燃烧、爆炸问题应特别注意。氢与空气或与氧混合形成处于爆炸极限范围内的可燃性混合物和着火源同时存在,是燃烧和爆炸的两个基本条件。为此,应管理好可燃烧性物质,防止氢气泄漏、逸出和积累,注意系统的密封、抑制和监视爆炸性混合物的形成。同时要管理好着火源。着火源分自燃和外因点燃两大类。火源的形成和性质见表6。

表6 火源的形成和性质

着火源分类	内 容
机械着火源	冲击和摩擦、绝热压缩
热着火源	高温表面、热辐射
电着火源	电火花、静电火花
化学着火源	明火、自然发热

氢气在管道内流动,当流速大,与管壁摩擦增强,特别是管道内含有铁锈杂质时,形成静电火花。据美国宇航局统计的96次氢气事故中,氢气释放到大气与空气混合后着火事故占62%,静电引起的着火事故占17.2%。多年以来,氢气管道设计中控制流速为8m/s,本规范修订前,规定碳钢管中氢气最大流速:当压力大于1.6 MPa时为8m/s,0.1~1.6 MPa 为12m/s;不锈钢管为15m/s。原规范执行中一些单位询问和提供超过规定最大流速的有关问题和情况,如扬子石化—巴斯夫公司提供,该公司相关石化装置的氢气流速采用小于20m/s。近年来,随着我国引进技术、设备和技术

交往,许多单位实际又突破原规范的规定流速。国内已建部分氢气管道流速见表7。

表7 国内部分单位氢气管道流速

单位	技术参数			流速 (m/s)	备注
	流量 (m³/h)	压力 (MPa)	管径 (mm)		
上海某厂	60	0.3	D27.2×2.1	10.0	碳钢管
某 所	40	0.3	D27.2×2.1	11.5	
武汉某厂	750	0.2	D89.1×4.2	13.6	
无锡某厂	140	0.4	D34×2.8	15.8	
上海某钢厂	160	0.5	D32×3	13.9	不锈钢管

从表7可见,氢气流速比修订前规定流速有所提高是可行的。为确保安全生产,应在接地、防泄漏方面加强技术措施。随着技术、材料及施工管理水平的提高,这是完全可以做到的,如:管道内壁除锈至本色;碳钢管氩弧焊作底焊,防焊渣落入管道中;安装过程中和安装后防止焊渣、铁锈遗留在管内并进行吹扫;泄漏量试验要求泄漏率以小于0.5%为合格;室外管道接地,阀门、法兰金属线跨接,设备、管道设接地端头等。

在国家标准《氧气及相关气体安全技术规程》GB 16912—1997中规定管道中氧气的最高允许流速为:工作压力大于0.1小于或等于3.0 MPa时,碳钢15m/s,不锈钢25m/s;工作压力大于3.0小于10 MPa时,不锈钢10m/s。本次修订参考此规定对氢气最大流速作了适当修改。

12.0.2 为避免因氢气泄漏造成燃烧和爆炸事故的发生,规定氢气管道的管材应采用无缝钢管,不采用具有焊缝的焊接钢管、电焊钢管等。

12.0.4 法兰和垫片的选用按工作介质的压力、温度和需要密封程度确定。由于氢气易泄漏,密封程度要求高,规定压力大于2.5 MPa采用凹凸式或榫槽式或梯形槽法兰。

根据实际使用情况和保证氢气管道连接部位的密封,规定工作压力小于10 MPa,氢气管道垫片采用聚四氟乙烯或金属缠绕式垫片;压力大于等于10 MPa,垫片采用硬钢纸板或退火紫铜板。

12.0.5 氢气是易燃易爆气体,管道应采用焊接,以防止产生泄漏。与设备、阀门连接处允许采用法兰或丝扣连接,是因受阀门、设备本身连接方式的限制,从国内外氢气管道敷设情况看,几乎全是采用这种方法。

丝扣连接处采用聚四氟乙烯薄膜作填料,具有清洁、施工方便,安全性、密封性好的优点,目前国内外应用较为普遍,可以替代以往常用的涂铅油的麻或棉丝。

12.0.6 管道穿过墙壁或楼板时,为使管道不承受外力作用并能自由膨胀及施工检修方便,故要求敷设在套管内;套管内的管段不得有焊缝,是为了避免因有焊缝不便检查而无法发现泄漏氢气所带来的不安全性。此外,为防止氢气漏入到其他房间引起意外事故,故要求在管道与套管的间隙应用不燃材料填堵。

12.0.7 为防止检修其他管道时,焊渣火花落在氢气管道上发生危险,也为了防止氢气管道发生事故时影响其他管道;又因氢气轻,极易向上扩散,所以规定氢气管道布置在其他管道外侧和上层。

12.0.8 输送湿氢或需做水压试验的管道,因有积水、排水问题,规定管道坡度不小于3‰,并在最低点处设排水装置排水,防止排水时氢气泄漏。

12.0.9 氢气放空管设阻火器,是为了在氢气放空时,一旦雷击引起燃烧爆炸事故时起阻止事故蔓延作用。阻火器位置以往有的设在室内,以便于维修;也有的设在室外,利于防雷击。本条规定,应设在管口处。氢气放空管高出屋脊1m是为使氢气排空时,不倒灌入室内。

压力大于0.1 MPa氢气放空管,为防止氢气放空时流速过大,并考虑放空管设在室外被雨水、湿空气腐蚀产生铁锈引起放空时氢气的燃烧、爆炸事故,本条规定放空管在阻火器后的管材应采用不锈钢管。

12.0.10 本条制定的依据是:

1 氢气站、供氢站和车间内氢气管道,为便于施工和操作维修,避免或减少泄漏时的不安全性,规定宜沿墙、柱架空敷设。

2 为避免因氢气泄漏造成不必要的人身和国家财产的损失,规定氢气管道不准穿过生活间、办公室和穿过不使用氢气的房间。

3 进入用户车间设切断阀,是为便于车间管理,安全生产。一旦事故发生时,切断气源。设流量记录累计仪表,便于车间独立经济核算。

4 氢气系统在投入使用前或者需要动火检修时,均需以氢气或其他惰性气体进行系统的吹扫置换,因此规定管道末端设放空管。

5 氢气的火焰传播速度快,一旦回火便迅速传至整个系统,后果严重。接至有明火的用氢设备的支管上装设阻火器,是为了在一台用氢设备出事故产生回火时不影响或尽量减少影响其他使用点的一项安全措施,以达到安全生产。

12.0.11 本条制定的依据是:

1 氢气为易燃易爆气体,为防止氢气管道火灾事故扩大,故规定支架采用不燃材料制作;

2 为防止湿氢管道在寒冷地区结冻堵塞,规定采取防冻措施。一般采取管道保温或采用不超过70℃的热水管伴随保温。

12.0.12 本条制定的依据是:

1 埋地敷设深度,按现行国家标准《工矿企业总平面设计规范》规定。

2 土壤腐蚀性等级分为低、中、高三级,防腐层分别采用普通、加强及特加强三个等级。各级防腐层结构见表8。

表8 防腐层结构

防腐层 等级	防腐层结构层次									总厚度 (mm)	适用土 壤腐蚀 等级
	1	2	3	4	5	6	7	8	9		
普通	底漆 一层	沥青 2mm	玻璃布 一层	沥青 2mm	外包层	—	—	—	—	4	低
加强	底漆 一层	沥青 2mm	玻璃布 一层	沥青 2mm	玻璃布 一层	沥青 2mm	外包层	—	—	6	中
特加强	底漆 一层	沥青 2mm	玻璃布 一层	沥青 2mm	玻璃布 一层	沥青 2mm	玻璃布 一层	沥青 2mm	外包层	8	高

一般情况下埋地氢气管道采用加强级防腐层。

3 按现行国家标准《工矿企业总平面设计规范》中有关管线综合和绿化布置的规定。当必须穿过热力地沟时,加设套管。规定套管和套管内的管段不应有焊缝,是为了防止氢气泄漏进入地沟甚至窜入建筑物、构筑物内,形成氢气爆炸混合物,引起事故的发生。

4 敷设在铁路和不便开挖的道路下面的管道设套管,主要考虑到便于氢气管检修,同时避免使氢气管道承受外力作用。套管内的管段应是无焊缝的。

5 为防止从管底到管子上部以上300mm范围内回填土块、石头等杂物形成空洞,一旦氢气泄漏,积聚形成爆炸性气体,故回填土前应在管子上部300mm范围内,用松散土填平夯实或填满砂子后才可再回填土。

12.0.13 明沟敷设在电力部门应用较多,实质上是一种低架空敷设,其要求与架空敷设相同。为确保安全,本条作了较严格的规定。

12.0.14 氢气管道能否安全运行,施工条件和施工质量起着很重要的作用,必须引起重视。目前国内现行国家标准对所有各种工业管道作出的规定具有通用性、普遍性。对氢气管道来说,因它是易燃易爆气体,具有危险性,从安全角度需要作补充规定。本条就是根据国内经验提出的氢气管道设计对施工及验收的要求。

1 氢气管道引起燃烧爆炸的条件有两个:一是形成氢气与空气或氧气的爆炸混合气;二是有火源。为防止氢气事故的发生,必须要千方百计地消除或防止产生上述两个条件。根据这一基本点,氢气管道中如有铁锈、焊渣等杂物时,被高速氢气流带动与管壁摩擦容易产生火源,特别是管道内壁有毛刺、焊渣突出物时更加增加碰撞起火的危险,所以应比其他管道要求严格。

2 碳钢管焊接采用氩弧焊作底焊,是防止焊渣进入管道内的一项安全技术措施,但施工费用增加,以往氢气管道并未这样做,为此,本条规定宜采用氩弧焊作底焊。

3 为确保氢气管道系统安全运行,在安装过程中每个环节每个步骤均要采取措施防止焊渣、铁屑、可燃物等进入,否则在管道安装完毕再来检查和消除是十分麻烦、十分困难的,不易彻底清除干净。为此,规定应采取措施,防止焊渣等进入管内。

4 氢气管道强度试验、气密性试验和泄漏量试验是检验施工安装最终质量的重要手段,为统一标准制定本条。

一般管道强度试验以液压进行,考虑到液压试验后,水分除去很困难,易使管道内壁产生锈蚀,影响安全运行。为此,规定对压力小于 3.0MPa 的氢气管道做气压强度试验;对压力大于等于 3.0MPa 的管道,为了安全,采用水压强度试验。以气压做强度试验时,应制定严密的安全措施,防止意外事故的发生。

气密性试验一般管道按工作压力进行,考虑到氢气渗透性强,为防止泄漏,按照现行国家标准《钢制压力容器》规定的气密性试验压力,规定为 1.05P。

对泄漏量试验合格的泄漏率规定,是根据氢气渗透性强的特性,经国内多年实践证明可行,并符合安全要求。泄漏率可按下列计算方法进行:

当氢气管道公称直径小于或等于 300mm 时:

$$A=\left[1-\frac{(273+t_1)P_2}{(273+t_2)P_1}\right]\times\frac{100}{24}$$

当氢气管道公称直径大于 300mm 时:

$$A=\left[1-\frac{(273+t_1)P_2}{(273+t_2)P_1}\right]\times\frac{100}{24}\times\frac{D_N}{0.3}$$

式中　A——泄漏率(%/h);

P_1、P_2——试验开始、终了时的绝对压力(MPa);

t_1、t_2——试验开始、终了时的温度(℃);

D_N——氢气管道公称直径(m)。

附录 A　氢气站爆炸危险区域的等级范围划分

A.0.1 氢气站爆炸危险区域的等级范围划分,是以现行国家标准《爆炸和火灾危险环境电力装置设计规范》GB 50058 中的有关规定和氢气站设计的特点制定。

A.0.2 氢气密度小、易扩散,参照 GB 50058 中对比空气轻的可燃气体的生产、储存、使用场所的有关规定,本标准规定:氢气站内制氢间等有爆炸危险房间为 1 区;从这类房间的门窗边沿计算的房间外,半径为 4.5mm 的地面、空间区域为 2 区;氢气站的室外制氢设备、氢气罐等,从设备边沿计算,距离为 4.5m、顶部距离为 7.5m 的区域为 2 区;对氢气排放口,从排放口计算,半径为 4.5m 的空间和顶部距离为 7.5m 的区域为 2 区。

中华人民共和国国家标准

石油天然气工程设计防火规范

Code for fire protection design of petroleum and natural gas engineering

GB 50183 - 2004

主编部门：中国石油天然气集团公司
　　　　　中华人民共和国公安部
批准部门：中华人民共和国建设部
施行日期：2 0 0 5 年 3 月 1 日

中华人民共和国建设部公告

第 281 号

建设部关于发布国家标准
《石油天然气工程设计防火规范》的公告

　　现批准《石油天然气工程设计防火规范》为国家标准，编号为
GB 50183—2004，自 2005 年 3 月 1 日起实施。其中，第 3.1.1(1)
(2)(3)、3.2.2、3.2.3、4.0.4、5.1.8(4)、5.2.1、5.2.2、
5.2.3、5.2.4、5.3.1、6.1.1、6.4.1、6.4.8、6.5.7、6.5.8、
6.7.1、6.8.7、7.3.2、7.3.3、8.3.1、8.4.2、8.4.3、8.4.5、
8.4.6、8.4.7、8.4.8、8.5.4、8.5.6、8.6.1、9.1.1、9.2.2、
9.2.3、10.2.2 条(款)为强制性条文，必须严格执行。原《原油和
天然气工程设计防火规范》GB 50183—93 及其强制性条文同时废
止。

　　本规范由建设部标准定额研究所组织中国计划出版社出版发
行。

　　　　　　　　　中华人民共和国建设部
　　　　　　　　　二〇〇四年十一月四日

前　言

本规范是根据建设部建标[2001]87 号《关于印发"二〇〇〇至二〇〇一年度工程建设国家标准制订、修订计划"的通知》要求，在对《原油和天然气工程设计防火规范》GB 50183—93 进行修订基础上编制而成。

在编制过程中，规范编制组对全国的油气田、油气管道和海上油气田陆上终端开展了调研，总结了我国石油天然气工程建设的防火设计经验，并积极吸收了国内外有关规范的成果，开展了必要的专题研究和技术研讨，广泛征求有关设计、生产、消防监督等部门和单位的意见，对主要问题进行了反复修改，最后经审查定稿。

本规范共分 10 章和 3 个附录，其主要内容有：总则、术语、基本规定、区域布置、石油天然气站场总平面布置、石油天然气站场生产设施、油气田内部集输管道、消防设施、电气、液化天然气站场等。

与原国家标准《原油和天然气工程设计防火规范》GB 50183—93 相比，本规范主要有下列变化：

1. 增加了成品油和液化石油气管道工程、液化天然气和液化石油气低温储存工程、油田采出水处理设施以及电气方面的规定。

2. 提高了油气站场消防设计标准。

3. 内容更为全面、合理。

本规范以黑体字标志的条文为强制性条文，必须严格执行。

本规范由建设部负责管理和对强制性条文的解释，由油气田及管道建设设计专业标准化委员会负责日常管理工作，由中国石油天然气股份有限公司规划总院负责具体技术内容的解释。在本规范执行过程中，希望各单位结合工程实践认真总结经验，注意积累资料，如发现需要修改和补充之处，请将意见和资料寄往中国石油天然气股份有限公司规划总院节能与标准研究中心（地址：北京市海淀区志新西路 3 号；邮政编码：100083），以便今后修订时参考。

本规范主编单位、参编单位和主要起草人：

主 编 单 位：中国石油天然气股份有限公司规划总院

参 编 单 位：大庆油田工程设计技术开发有限公司

中国石油集团工程设计有限责任公司西南分公司

中油辽河工程有限公司

公安部天津消防研究所

胜利油田胜利工程设计咨询有限责任公司

中国石油天然气管道工程有限公司

大庆石油管理局消防支队

中国石油集团工程设计有限责任公司北京分公司

西安长庆科技工程有限责任公司

主要起草人：云成生　韩景宽　章申远　陈辉璧　朱　铃　秘义行　裴　红　董增强　刘玉身　鞠士武　余德广　段　伟　严　明　杨春明　张建杰　黄素兰　李正才　曾亮泉　刘兴国　卜祥军　邢立新　刘利群　郭桂芬

目　次

26

1 总　则

1.0.1 为了在石油天然气工程设计中贯彻"预防为主,防消结合"的方针,规范设计要求,防止和减少火灾损失,保障人身和财产安全,制定本规范。

1.0.2 本规范适用于新建、扩建、改建的陆上油气田工程、管道站场工程和海洋油气田陆上终端工程的防火设计。

1.0.3 石油天然气工程防火设计,必须遵守国家有关方针政策,结合实际,正确处理生产和安全的关系,积极采用先进的防火和灭火技术,做到保障安全生产,经济实用。

1.0.4 石油天然气工程防火设计除执行本规范外,尚应符合国家现行的有关强制性标准的规定。

2 术　语

2.1 石油天然气及火灾危险性术语

2.1.1 油品　oil

系指原油、石油产品(汽油、煤油、柴油、石脑油等)、稳定轻烃和稳定凝析油。

2.1.2 原油　crude oil

油井采出的以烃类为主的液态混合物。

2.1.3 天然气凝液　natural gas liquids(NGL)

从天然气中回收的且未经稳定处理的液体烃类混合物的总称,一般包括乙烷、液化石油气和稳定轻烃成分。也称混合轻烃。

2.1.4 液化石油气　liquefied petroleum gas(LPG)

常温常压下为气态,经压缩或冷却后为液态的丙烷、丁烷及其混合物。

2.1.5 稳定轻烃　natural gasoline

从天然气凝液中提取的,以戊烷及更重的烃类为主要成分的油品,其终沸点不高于 190℃,在规定的蒸气压下,允许含有少量丁烷。也称天然汽油。

2.1.6 未稳定凝析油　gas condensate

从凝析气中分离出的未经稳定的烃类液体。

2.1.7 稳定凝析油　stabilized gas condensate

从未稳定凝析油中提取的,以戊烷及更重的烃类为主要成分的油品。

2.1.8 液化天然气　liquefied natural gas(LNG)

主要由甲烷组成的液态流体,并且包含少量的乙烷、丙烷、氮和其他成分。

2.1.9 沸溢性油品　boil over

含水并在燃烧时具有热波特性的油品,如原油、渣油、重油等。

2.2 消防冷却水和灭火系统术语

2.2.1 固定式消防冷却水系统　fixed water cooling fire systems

由固定消防水池(罐)、消防水泵、消防给水管网及储罐上设置的固定冷却水喷淋装置组成的消防冷却水系统。

2.2.2 半固定式消防冷却水系统　semi-fixed water cooling fire systems

站场设置固定消防给水管网和消火栓,火灾时由消防车或消防泵加压,通过水带和水枪喷水冷却的消防冷却水系统。

2.2.3 移动式消防冷却水系统　mobile water cooling fire systems

站场不设消防水源,火灾时消防车由其他水源取水,通过车载水龙带和水枪喷水冷却的消防冷却水系统。

2.2.4 低倍数泡沫灭火系统　low-expansion foam fire extinguishing systems

发泡倍数不大于 20 的泡沫灭火系统。

2.2.5 固定式低倍数泡沫灭火系统　fixed low-expansion foam fire extinguishing systems

由固定泡沫消防泵、泡沫比例混合器、泡沫混合液管道以及储罐上设置的固定空气泡沫产生器组成的低倍数泡沫灭火系统。

2.2.6 半固定式低倍数泡沫灭火系统　semi-fixed low-expansion foam fire extinguishing systems

储罐上设置固定的空气泡沫产生器,灭火时由泡沫消防车或机动泵通过水龙带供给泡沫混合液的低倍数泡沫灭火系统。

2.2.7 移动式低倍数泡沫灭火系统　mobile low-expansion foam fire extinguishing systems

灭火时由泡沫消防车通过车载水龙带和泡沫产生装置供应泡沫的低倍数泡沫灭火系统。

2.2.8 烟雾灭火系统　smoke fire extinguishing systems

由烟雾产生器、探测引燃装置、喷射装置等组成,在发生火灾后,能自动向储罐内喷射灭火烟雾的灭火系统。

2.2.9 干粉灭火系统　dry-powder fire extinguishing systems

由干粉储存装置、驱动装置、管道、喷射装置、火灾报警及联动控制装置等组成,能自动或手动向被保护对象喷射干粉灭火剂的灭火系统。

2.3 油气生产设施术语

2.3.1 石油天然气站场　petroleum and gas station

具有石油天然气收集、净化处理、储运功能的站、库、厂、场、油气井的统称,简称油气站场或站场。

2.3.2 油品站场　oil station

具有原油收集、净化处理和储运功能的站场或天然汽油、稳定凝析油储运功能以及具有成品油管输功能的站场。

2.3.3 天然气站场　natural gas station

具有天然气收集、输送、净化处理功能的站场。

2.3.4 液化石油气和天然气凝液站场　LPG and NGL station

具有液化石油气、天然气凝液和凝析油生产与储运功能的站场。

2.3.5 液化天然气站场　liquefied natural gas(LNG)station

用于储存液化天然气,并能处理、液化或气化天然气的站场。

2.3.6 油罐组　a group of tanks

由一条闭合防火堤围成的一个或几个油罐组成的储罐单元。

2.3.7 油罐区　tank farm

由一个或若干个油罐组组成的储油罐区域。

2.3.8 浅盘式内浮顶油罐　internal floating roof tank with

shallow plate

钢制浮盘不设浮舱且边缘板高度不大于 0.5m 的内浮顶油罐。

2.3.9 常压储罐 atmospheric tank

设计压力从大气压力到 6.9kPa(表压,在罐顶计)的储罐。

2.3.10 低压储罐 low-pressure tank

设计承受内压力大于 6.9kPa 到 103.4kPa(表压,在罐顶计)的储罐。

2.3.11 压力储罐 pressure tank

设计承受内压力大于等于 0.1MPa(表压,在罐顶计)的储罐。

2.3.12 防火堤 dike

油罐组在油罐发生泄漏事故时防止油品外流的构筑物。

2.3.13 隔堤 dividing dike

为减少油罐发生少量泄漏(如冒顶)事故时的污染范围,而将一个油罐组的多个油罐分成若干分区的构筑物。

2.3.14 集中控制室 control centre

站场中集中安装显示、打印、测控设备的房间。

2.3.15 仪表控制间 instrument control room

站场中各单元装置安装测控设备的房间。

2.3.16 油罐容量 nominal volume of tank

经计算并圆整后的油罐公称容量。

2.3.17 天然气处理厂 natural gas treating plant

对天然气进行脱水、凝液回收和产品分馏的工厂。

2.3.18 天然气净化厂 natural gas conditioning plant

对天然气进行脱硫、脱水、硫磺回收、尾气处理的工厂。

2.3.19 天然气脱硫站 natural gas sulphur removal station

在油气田分散设置对天然气进行脱硫的站场。

2.3.20 天然气脱水站 natural gas dehydration station

在油气田分散设置对天然气进行脱水的站场。

3 基本规定

3.1 石油天然气火灾危险性分类

3.1.1 石油天然气火灾危险性分类应符合下列规定:

1 石油天然气火灾危险性应按表 3.1.1 分类。

表 3.1.1 石油天然气火灾危险性分类

类别		特征
甲	A	37.8℃时蒸气压力>200kPa 的液态烃
	B	1.闪点<28℃的液体(甲A类和液化天然气除外) 2.爆炸下限<10%(体积百分比)的气体
乙	A	1.闪点≥28℃至<45℃的液体 2.爆炸下限≥10%的气体
	B	闪点≥45℃至<60℃的液体
丙	A	闪点≥60℃至≤120℃的液体
	B	闪点>120℃的液体

2 操作温度超过其闪点的乙类液体应视为甲$_B$类液体。

3 操作温度超过其闪点的丙类液体应视为乙$_A$类液体。

4 在原油储运系统中,闪点等于或大于 60℃,且初馏点等于或大于 180℃的原油,宜划为丙类。

注:石油天然气火灾危险性分类举例见附录 A。

3.2 石油天然气站场等级划分

3.2.1 石油天然气站场内同时储存或生产油品、液化石油气和天然气凝液、天然气等两类以上石油天然气产品时,应按其中等级较高者确定。

3.2.2 油品、液化石油气、天然气凝液站场按储罐总容量划分等级时,应符合表 3.2.2 的规定。

表 3.2.2 油品、液化石油气、天然气凝液站场分级

等级	油品储存总容量 V_p(m³)	液化石油气、天然气凝液储存总容量 V_1(m³)
一级	$V_p \geq 100000$	$V_1 > 5000$
二级	$30000 \leq V_p < 100000$	$2500 < V_1 \leq 5000$
三级	$4000 < V_p < 30000$	$1000 < V_1 \leq 2500$
四级	$500 < V_p \leq 4000$	$200 < V_1 \leq 1000$
五级	$V_p \leq 500$	$V_1 \leq 200$

注:油品储存总容量包括油品储罐、不稳定原油作业罐和原油事故罐的容量,不包括零位罐、污油罐、自用油罐以及污水沉降罐的容量。

3.2.3 天然气站场按生产规模划分等级时,应符合下列规定:

1 生产规模大于或等于 $100×10^4 m^3/d$ 的天然气净化厂、天然气处理厂和生产规模大于或等于 $400×10^4 m^3/d$ 的天然气脱硫站、脱水站定为三级站场。

2 生产规模小于 $100×10^4 m^3/d$,大于或等于 $50×10^4 m^3/d$ 的天然气净化厂、天然气处理厂和生产规模小于 $400×10^4 m^3/d$,大于或等于 $200×10^4 m^3/d$ 的天然气脱硫站、脱水站及生产规模大于 $50×10^4 m^3/d$ 的天然气压气站、注气站定为四级站场。

3 生产规模小于 $50×10^4 m^3/d$ 的天然气净化厂、天然气处理厂和生产规模小于 $200×10^4 m^3/d$ 的天然气脱硫站、脱水站及生产规模小于或等于 $50×10^4 m^3/d$ 的天然气压气站、注气站定为五级站场。

集气、输气工程中任何生产规模的集气站、计量站、输气站(压气站除外)、清管站、配气站等定为五级站场。

4 区域布置

4.0.1 区域布置应根据石油天然气站场、相邻企业和设施的特点及火灾危险性,结合地形与风向等因素,合理布置。

4.0.2 石油天然气站场宜布置在城镇和居住区的全年最小频率风向的上风侧。在山区、丘陵地区建设站场,宜避开窝风地段。

4.0.3 油品、液化石油气、天然气凝液站场的生产区沿江河岸布置时,宜位于邻近江河的城镇、重要桥梁、大型锚地、船厂等重要建筑物或构筑物的下游。

4.0.4 石油天然气站场与周围居住区、相邻厂矿企业、交通线等的防火间距,不应小于表4.0.4的规定。

火炬的防火间距应经辐射热计算确定,对可能携带可燃液体的火炬的防火间距,尚不应小于表4.0.4的规定。

4.0.5 石油天然气站场与相邻厂矿企业的石油天然气站场毗邻建设时,其防火间距可按本规范表5.2.1、表5.2.3的规定执行。

4.0.6 为钻井和采输服务的机修厂、管子站、供应站、运输站、仓库等辅助生产厂、站应按相邻厂矿企业确定防火间距。

4.0.7 油气井与周围建(构)物、设施的防火间距应按表4.0.7的规定执行,自喷油井应在一、二、三、四级石油天然气站场围墙以外。

4.0.8 火炬和放空管宜位于石油天然气站场生产区最小频率风向的上风侧,且宜布置在站场外地势较高处。火炬和放空管与石油天然气站场的间距:火炬由本规范第5.2.1条确定;放空管放空量等于或小于 $1.2 \times 10^4 m^3/h$ 时,不应小于10m;放空量大于 $1.2 \times 10^4 m^3/h$ 且等于或小于 $4 \times 10^4 m^3/h$ 时,不应小于40m。

表4.0.4 石油天然气站场区域布置防火间距(m)

序号		1	2	3	4	5	6	7	8	9	10	11	12	13
名称		100人以上的居住区、村镇、公共福利设施	100人以下的散居房屋	相邻厂矿企业	铁路 国家铁路线	铁路 工业企业铁路线	公路 高速公路	公路 其他公路	35kV及以上独立变电所	架空电力线路 35kV及以上	架空电力线路 35kV以下	架空通信线路 国家Ⅰ、Ⅱ级通信线路	架空通信线路 其他通信线路	爆炸作业场地(如采石场)
油品站场、天然气站场	一级	100	75	70	50	40	35	25	60	1.5倍杆高且不小于30m		40	1.5倍杆高	300
	二级	80	60	60	45	35	30	20	50					
	三级	60	45	50	40	30	25	15	40					
	四级	40	35	40	35	25	20	15	40		1.5倍杆高	1.5倍杆高		
	五级	30	30	30	30	20	20	10	30	1.5倍杆高				
液化石油气和天然气凝液站场	一级	120	90	120	60	55	40	30	80				1.5倍杆高	300
	二级	100	75	100	60	50	40	30	80	40		40		
	三级	80	60	80	50	45	35	25	70	1.5倍杆高	1.5倍杆高			
	四级	60	50	60	50	40	35	25	60	1.5倍杆高且不小于30m		40	1.5倍杆高	
	五级	50	45	50	40	35	30	20	50	1.5倍杆高				
可能携带可燃液体的火炬		120	120	120	80	80	80	60	120	80	80	80	60	300

注:1 表中数值系指石油天然气站场内甲、乙类储罐外壁与周围居住区、相邻厂矿企业、交通线等的防火间距,油气处理设备、装卸区、容器、厂房与序号1~8的防火间距可按本表减少25%。单罐容量小于或等于50m³的直埋卧式油罐与序号1~12的防火间距可减少50%,但不得小于15m(五级油品站场与其他公路的距离除外)。

2 油品站场当仅储存丙A或丙A和丙B类油品时,序号1、2、3的距离可减少25%,当仅储存丙B类油品时,可不受本限制。

3 表中35kV及以上独立变电所系指变电所内单台变压器容量在10000kV·A及以上的变电所,小于10000kV·A的35kV变电所防火间距可按本表减少25%。

4 注1~注3所述折减不得叠加。

5 放空管可按本表中可能携带可燃液体的火炬间距减少50%。

6 当油品区按本规范8.4.10规定采用烟雾灭火时,四级油品站场的油罐区与100人以上的居住区、村镇、公共福利设施的防火间距不应小于50m。

7 防火间距的起算点应按本规范附录B执行。

表4.0.7 油气井与周围建(构)筑物、设施的防火间距(m)

名称		自喷油井、气井、注气井	机械采油井
一、二、三、四级石油天然气站场储罐及甲、乙类容器		40	20
100人以上的居住区、村镇、公共福利设施		45	25
相邻厂矿企业		40	20
铁路	国家铁路线	40	20
	工业企业铁路线	30	15
公路	高速公路	30	20
	其他公路	15	10
架空通信线	国家一、二级	40	20
	其他通信线	15	10
35kV及以上独立变电所		40	20

续表4.0.7

名　称		自喷油井、气井、注气井	机械采油井
架空电力线	35kV以下		1.5倍杆高
	35kV及以上		

注：1　当气井关井压力或注气井注气压力超过25MPa时，与100人以上的居住区、村镇、公共福利设施及相邻厂矿企业的防火间距，应按本表规定增加50%。

　　2　无自喷能力且井场没有储罐和工艺容器的油井按本表执行有困难时，防火间距可适当缩小，但应满足修井作业要求。

5　石油天然气站场总平面布置

5.1　一般规定

5.1.1　石油天然气站场总平面布置，应根据其生产工艺特点、火灾危险性等级、功能要求，结合地形、风向等条件，经技术经济比较确定。

5.1.2　石油天然气站场总平面布置应符合下列规定：

　　1　可能散发可燃气体的场所和设施，宜布置在人员集中场所及明火或散发火花地点的全年最小频率风向的上风侧。

　　2　甲、乙类液体储罐，宜布置在站场地势较低处。当受条件限制或有特殊工艺要求时，可布置在地势较高处，但应采取有效的防止液体流散的措施。

　　3　当站场采用阶梯式竖向设计时，阶梯间应有防止泄漏可燃液体漫流的措施。

　　4　天然气凝液，甲、乙类油品储罐组，不宜紧靠排洪沟布置。

5.1.3　石油天然气站场内的锅炉房、35kV及以上的变(配)电所、加热炉、水套炉等有明火或散发火花的地点，宜布置在站场或油气生产区边缘。

5.1.4　空气分离装置，应布置在空气清洁地段并位于散发油气、粉尘等场所全年最小频率风向的下风侧。

5.1.5　汽车运输油品、天然气凝液、液化石油气和硫磺的装卸车场及硫磺仓库等，应布置在站场的边缘，独立成区，并宜设置单独的出入口。

5.1.6　石油天然气站场内的油气管道，宜地上敷设。

5.1.7　一、二、三、四级石油天然气站场四周宜设不低于2.2m的非燃烧材料围墙或围栏。站场内变配电站(大于或等于35kV)应设不低于1.5m的围栏。

　　道路与围墙(栏)的间距不应小于1.5m；一、二、三级油气站场内甲、乙类设备、容器及生产建(构)筑物至围墙(栏)的间距不应小于5m。

5.1.8　石油天然气站场内的绿化，应符合下列规定：

　　1　生产区不应种植含油脂多的树木，宜选择含水分较多的树种。

　　2　工艺装置区或甲、乙类油品储罐组与其周围的消防车道之间，不应种植树木。

　　3　在油品储罐组内地面及土筑防火堤坡面可植生长高度不超过0.15m，四季常绿的草皮。

　　4　液化石油气罐组防火堤或防护墙内严禁绿化。

　　5　站场内的绿化不应妨碍消防操作。

5.2　站场内部防火间距

5.2.1　一、二、三、四级石油天然气站场内总平面布置的防火间距除另有规定外，应不小于表5.2.1的规定。火炬的防火间距应经辐射热计算确定，对可能携带可燃液体的高架火炬还应满足表5.2.1的规定。

5.2.2　石油天然气站场内的甲、乙类工艺装置、联合工艺装置的防火间距，应符合下列规定：

　　1　装置与其外部的防火间距应按本规范表5.2.1中甲、乙类厂房和密闭工艺设备的规定执行。

　　2　装置间的防火间距应符合表5.2.2-1的规定。

　　3　装置内部的设备、建(构)筑物间的防火间距，应符合表5.2.2-2的规定。

表5.2.1　一、二、三、四级油气站场总

名　称		地上油罐 单罐容量(m³)								
		甲B、乙类固定顶				浮顶或丙类固定顶				
		>10000	≤10000	≤1000	≤500或卧式罐	>50000	≤50000	≤10000	≤1000	≤500或卧式罐
全压力式天然气凝液、液化石油气储罐单罐容量(m³)	>1000	60	50	40	30		45	37	30	22
	≤1000	55	45	35	25		41	34	26	19
	≤400	50	40	30	25	*	37	30	22	19
	≤100	40	30	25	20		30	22	19	15
	≤50	35	25	20	20		26	19	15	15
全冷冻式液化石油气储罐		30	30	30	30	*	30	30	30	30
天然气储罐总容量(m³)	≤10000	30	25	20	15		35	30	25	20
	≤50000	35	30	25	20		35	30	25	20
甲、乙类厂房和密闭工艺装置(设备)		25	20	15	15/12		25	20	15	15/12
有明火的密闭工艺设备及加热炉		40	35	30	25		35	30	26	22
有明火或散发火花地点(含锅炉房)		45	40	35	30		35	30	26	22
敞口容器和除油池	≤30	30	28	24	16		24	20	18	16
	>30	35	30	26	20		35	30	26	22
全厂性重要设施		40	35	30	25		35	30	26	22
液化石油气灌装站		35	30	25	20		35	30	26	22
火车装卸鹤管		30	25	20	15		30	25	20	15
汽车装卸鹤管		30	25	20	15		30	25	20	15
码头装卸油臂及泊位		50	45	35	30		45	40	35	30
辅助生产厂房及辅助生产设施		30	25	20	15		30	25	20	15
10kV及以下户外变压器		30	25	20	15		22	20	15	15
仓库	硫磺及其他甲、乙类物品	35	30	25	20		35	30	25	20
	丙类物品	—	—	—	—		—	—	—	—
可能携带可燃液体的高架火炬		90	90	90	90		90	90	90	90

注：1　两个丙类液体生产设施之间的防火间距，可按甲、乙类生产设备的防火间距减少。

　　2　油田采出水处理设施系除油设施(沉降罐)、污油罐可按小于或等于500m³的甲B和密闭工艺装置(设备)减少25%。

　　3　缓冲罐与泵，零位罐与泵，除油池与污油提升泵，塔与塔底泵、回流泵，压缩机。

　　4　全厂性重要设施系指总控制室、马达控制中心、消防泵房和消防器材间、35kV。

　　5　辅助生产厂房及辅助生产设施系指维修间、车间办公室、工具间、换热站、供注水处理等使用非防爆电气设备的厂房或建筑物。

　　6　天然气储罐总容量按标准体积计算。大于50000m³时，防火间距按本表。

　　7　可能携带可燃液体的高架火炬与相关设施的防火间距应。

　　8　表中数字分子表示甲B、乙类厂房和密闭工艺装置(设备)防火。

　　9　液化石油气灌装站系指进行液化石油气灌装、加压及其有关的附属生产设施，容器、设备。

　　10　事故存液池的防火间距，可按敞口容器和除油池的规定执行。

　　11　表中"—"表示设施之间的防火间距应符合现行国家标准《建筑设计防火规范》。

平面布置防火间距(m)

全压力式天然气凝液、液化石油气储罐单罐容量(m³)					天然气储罐总容量(m³)		甲、乙类厂房和密闭工艺装置(设备)	有明火或散发火花地点(含锅炉房)	散口容器及除油池(m³)		全厂性重要设施	液化石油气灌装站	火车装卸油栈桥	汽车装卸油鹤管	码头装卸油臂及泊位	辅助生产厂房及辅助生产设施	10kV及以下户外变压器
>1000	≤1000	≤400	≤100	≤50	≤1000000	≤50000			≤30	>30							
见6.6节																	
30	30	30	30	30													
55	50	45	40	40	40												
65	60	55	45	45	50												
60	50	45	40	35	60	25	30										
85	75	65	55	60	30	35	20										
100	80	70	60	60	30	35	25/20	20									
44	40	36	32	60	25	30	—	25									
55	50	45	40	30	25	30	35										
85	75	65	45	30	25	—	25	30									
50	45	40	35	30	25	30	50										
40	35	30	25	30	25/15	35	30	30									
55	45	40	35	55	25	35	30	40	40	25	20						
60	50	45	40	35	25	—	35	30	15	30							
65	55	45	40	35	25	35	30	—	25								
50	40	35	30	50	25	20	15	25									
50	40	35	30	50	25	20	15	20									
90	90	90	90	90	90	90	90	90	90	90	90						

少25%.

乙类固定顶罐上油泵的防火间距减少25%,污油泵(或泵房)的防火间距可按甲、乙类厂房

其直接相关的附属设备,泵与密封漏油回收容器的防火间距。

及以上的变所、自备电站、化验室、总机房和全厂办公室,空压站和空分装置。

水泵房、深井泵房、排涝泵房、仪表控制间、应急发电设施、阴极保护间、循环水泵房、给水处

加25%。

间距。

灌装站内部防火间距应按本规范6.7节执行;灌装防火间距起算点,按灌装站内相邻面

的规定或设施间距只需满足安装、操作和维修要求;表中"*"表示本规范未涉及的内容。

表5.2.2-1 装置间的防火间距(m)

火灾危险类别	甲A类	甲B、乙A类	乙B、丙类
甲A类	25		
甲B、乙A类	20	20	
乙B、丙类	15	15	10

注:表中数字为装置相邻面工艺设备或建(构)筑物的净距,工艺装置与工艺装置的明火加热炉相邻布置时,其防火间距应按与明火的防火间距确定。

表5.2.2-2 装置内部的防火间距(m)

名称		明火或散发火花的设备或场所	仪表控制间、10kV及以下的变配电室、化验室、办公室	可燃气体压缩机或其厂房	中间储罐		
					甲A类	甲B、乙A类	乙B、丙类
仪表控制间、10kV及以下的变配电室、化验室、办公室		15					
可燃气体压缩机或其厂房		15	15				
其他工艺设备及厂房	甲A类	22.5	15	9	9	9	7.5
	甲B、乙A类	15	15	9			7.5
	乙B、丙类	9	9	7.5	7.5	7.5	7.5

续表5.2.2-2

名称		明火或散发火花的设备或场所	仪表控制间、10kV及以下的变配电室、化验室、办公室	可燃气体压缩机或其厂房	中间储罐		
					甲A类	甲B、乙A类	乙B、丙类
中间储罐	甲A类	22.5	22.5	15			
	甲B、乙A类	15	15	9			
	乙B、丙类	9	9	7.5			

注:1 由燃气轮机或天然气发动机直接拖动的天然气压缩机对明火或散发火花的设备或场所、仪表控制间等的防火间距按本表可燃气体压缩机或其厂房确定;对其他工艺设备及厂房、中间储罐的防火间距按本表明火或散发火花的设备或场所确定。

2 加热炉与分离器组成的合一设备、三甘醇火焰加热再生釜、溶液脱硫的直接火焰加热重沸器等带有直接火焰加热的设备,应按明火或散发火花的设备或场所确定防火间距。

3 克劳斯硫磺回收工艺的燃烧炉、再热炉、在线燃烧器等正压燃烧炉,其防火间距按其他工艺设备和厂房确定。

4 表中的中间储罐的总容量:全压力式天然气凝液、液化石油气储罐应小于或等于100m³;甲B、乙A类液体储罐应小于或等于1000m³。当单个全压力式天然气凝液、液化石油气储罐小于50m³、甲B、乙A类液体储罐小于100m³时,可按其他工艺设备对待。

5 含可燃液体的水池、隔油池等,可按本表其他工艺设备对待。

6 缓冲罐与泵,零位罐与泵,除油池与污油提升泵,塔与塔底泵、回流泵,压缩机与其直接相关的附属设备,泵与密封漏油回收容器的防火间距可不受本表限制。

5.2.3 五级石油天然气站场总平面布置的防火间距,不应小于表5.2.3的规定。

表5.2.3 五级油气站场

名称		油气井	露天油气密闭设备及阀组	可燃气体压缩机及压缩机房	天然气凝液泵、油泵及其泵房、阀组间	水套炉	加热炉、锅炉房
油气井							
露天油气密闭设备及阀组		5					
可燃气体压缩机及压缩机房		20					
天然气凝液泵、油泵及其泵房、阀组间		20					
水套炉		9	5	15	15/10		
加热炉、锅炉房		20	10	15	22.5/15		
10kV及以下户外变压器、配电间		15	10	12	22.5/15	—	—
隔油池、事故污油池(罐)、卸油池(m³)	≤30	20	—	9	—	15	15
	>30		12	15	15	22.5	22.5
≤500m³油罐(除甲A类外)及装车鹤管		15	10	15	15	15	20
天然气凝液、液化石油气储罐(m³)	单罐且罐容量<50时	*		9		22.5	22.5
	总容量≤100		10	15	10	30	30
	100<总容量≤200,单罐容量≤100		30	30	30	40	40
计量仪表间、值班室或配水间		9	5	10	10	10	10
辅助生产厂房及辅助生产设施		20	12	15	15/10	—	—
硫磺仓库		15	10	15	15	15	15
污水池		5	5	5	5	5	5

注:1 油罐与装车鹤管之间的防火间距,当采用自流装车时不受本表的限制,当

2 加热炉与分离器组成的合一设备、三甘醇火焰加热再生釜、溶液脱硫的直

3 克劳斯硫磺回收工艺的燃烧炉、再热炉、在线燃烧器等正压燃烧炉,其防火间

4 35kV及以上的变配电所应按本规范表5.2.1的规定执行。

5 辅助生产厂房系指发电机房及使用非防爆电气的厂房和设施,如:站内的房及掺水计量间、注汽设备、库房、空压机房、循环水泵房、空冷装置、污水

6 计量仪表间系指油气井分井计量用计量仪表间。

7 缓冲罐与泵,零位罐与泵,除油池与污油提升泵,压缩机与直接相关的附属

8 表中数字分子表示甲A类,分母表示甲B、乙A类设施的防火间距。

9 油田采出水处理设施内除油罐(沉降罐)、污油罐的防火间距(油气井除外)泵及油泵房间距减少25%,但不应小于9m。

10 表中"一"表示设施之间的防火间距应符合现行国家标准《建筑设计防火规的内容。

防火间距(m)

10kV及以下户外变压器、配电间	隔油池、事故污油池(罐)、卸油池(m³)		≤500m³油罐(除甲A类外)及装卸车鹤管	天然气凝液、液化石油气储罐(m³)			计量仪表间、值班室配水间	辅助生产厂房及辅助生产设施	硫磺仓库
	≤30	>30		单罐且单罐容量<50时	总容量≤100	100<总容量≤200,单罐容量≤100			
15									
15									
15	15	15							
15	15	30	25						
22.5	15	30	25						
40	30	30	30						
—	10	15	15	22.5	22.5	40			
—	15	22.5	15	22.5	30	40			
10	15	15	15					10	15
5	5	5	5	*			10	10	5

采用压力装车时不应小于15m。

接火焰加热重沸器等带有直接火焰加热的设备,应按水套炉确定防火间距。

距可按露天油气密闭设备确定。

维修间、化验间、工具间、供注水泵房、办公室、会议室、仪表控制间、药剂泵房、掺水泵泵房、卸药台等。

设备、泵与密封漏油回收容器的防火间距不限。

可按≤500m³油罐及装卸车鹤管的间距减少25%,污油泵(或泵房)的防火间距可按油范》的规定或者设施间距仅需满足安装、操作及维修要求;表中"*"表示本规范未涉及

5.2.4 五级油品站场和天然气站场值班休息室(宿舍、厨房、餐厅)距甲、乙类油品储罐不应小于30m,距甲、乙类工艺设备、容器、厂房、汽车装卸设施不应小于22.5m;当值班休息室朝向甲、乙类工艺设备、容器、厂房、汽车装卸设施的墙壁为耐火等级不低于二级的防火墙时,防火间距可减小(储罐除外),但不应小于15m,并应方便人员在紧急情况下安全疏散。

5.2.5 天然气密闭隔氧水罐和天然气放空管排放口与明火或散发火花地点的防火间距不应小于25m,与非防爆厂房之间的防火间距不应小于12m。

5.2.6 加热炉附属的燃料气分液包、燃料气加热器等与加热炉的防火距离不限;燃料气分液包采用开式排放时,排放口距加热炉的防火间距应不小于15m。

5.3 站场内部道路

5.3.1 一、二、三级油气站场,至少应有两个通向外部道路的出入口。

5.3.2 油气站场内消防车道布置应符合下列要求:

1 油气站场储罐组宜设环形消防车道。四、五级油气站场或受地形等条件限制的一、二、三级油气站场内的油罐组,可设有回车场的尽头式消防车道,回车场的面积应按当地所配消防车辆车型确定,但不宜小于15m×15m。

2 储罐组消防车道与防火堤的坡脚线之间的距离不应小于3m。储罐中心与最近的消防车道之间的距离不应大于80m。

3 铁路装卸设施应设消防车道,消防车道应与站场内道路构成环形,受条件限制的,可设有回车场的尽头车道,消防车道与装卸栈桥的距离不应大于80m且不应小于15m。

4 甲、乙类液体厂房及油气密闭工艺设备距消防车道的间距不宜小于5m。

5 消防车道的净空高度不应小于5m;一、二、三级油气站场

消防车道转弯半径不应小于12m,纵向坡度不宜大于8%。

6 消防车道与站场内铁路平面相交时,交叉点应在铁路机车停车限界之外;平交的角度宜为90°,困难时,不应小于45°。

5.3.3 一级站场内消防车道的路面宽度不宜小于6m,若为单车道时,应有往返车辆错车通行的措施。

5.3.4 当道路高出附近地面2.5m以上,且在距道路边缘15m范围内有工艺装置或可燃气体、可燃液体储罐及管道时,应在该段道路的边缘设护墩、矮墙等防护设施。

6 石油天然气站场生产设施

6.1 一般规定

6.1.1 进出天然气站场的天然气管道应设截断阀,并应能在事故状况下易于接近且便于操作。三、四级站场的截断阀应有自动切断功能。当站场内有两套及两套以上天然气处理装置时,每套装置的天然气进出口管道均应设置截断阀。进站场天然气管道上的截断阀前应设泄压放空阀。

6.1.2 集中控制室设置非防爆仪表及电气设备时,应符合下列要求:

1 应位于爆炸危险范围以外。

2 含有甲、乙类油品、可燃气体的仪表引线不得直接引入室内。

6.1.3 仪表控制间设置非防爆仪表及电气设备时,应符合下列要求:

1 在使用或生产天然气凝液和液化石油气的场所,仪表控制间室内地坪宜比室外地坪高0.6m。

2 含有甲、乙类油品和可燃气体的仪表引线不宜直接引入室内。

3 当与甲、乙类生产厂房毗邻时,应采用无门窗洞口的防火墙隔开。当必须在防火墙上开窗时,应设固定甲级防火窗。

6.1.4 石油天然气的人工采样管道不得引入中心化验室。

6.1.5 石油天然气管道不得穿过与其无关的建筑物。

6.1.6 天然气凝液和液化石油气厂房、可燃气体压缩机厂房和其他建筑面积大于或等于150m²的甲类火灾危险性厂房内,应设可燃气体检测报警装置。天然气凝液和液化石油气罐区、天然气凝液和凝析油回收装置的工艺设备区应设可燃气体检测报警装置。其他露天或棚式布置的甲类生产设施可不设可燃气体检测报警装置。

6.1.7 甲、乙类油品储罐、容器、工艺设备和甲、乙类地面管道当需要保温时,应采用非燃烧保温材料;低温保冷可采用泡沫塑料,但其保护层外壳应采用不燃烧材料。

6.1.8 甲、乙类油品储罐、容器、工艺设备的基础;甲、乙类地面管道的支、吊架和基础应采用非燃烧材料,但储罐底板垫层可采用沥青砂。

6.1.9 站场生产设备宜露天或棚式布置,受生产工艺或自然条件限制的设备可布置在建筑物内。

6.1.10 油品储罐应设液位计和高液位报警装置,必要时可设自动联锁切断进液装置。油品储罐宜设自动截油排水器。

6.1.11 含油污水应排入含油污水管道或工业下水道,其连接处应设水封井,并应采取防冻措施。含油污水管道在通过油气站场围墙处应设置水封井,水封井与围墙之间的排水管道应采用暗渠或暗管。

6.1.12 油品储罐进液管宜从罐体下部接入,若必须从上部接入,应延伸至距罐底 200mm 处。

6.1.13 总变(配)电所,变(配)电间的室内地坪应比室外地坪高 0.6m。

6.1.14 站场内的电缆沟,应有防止可燃气体积聚及防止含可燃液体的污水进入沟内的措施。电缆沟通入变(配)电室、控制室的墙洞处,应填实、密封。

6.1.15 加热炉以天然气为燃料时,供气系统应符合下列要求:

1 宜烧干气,配气管网的设计压力不宜大于 0.5MPa(表压)。

2 当使用有凝液析出的天然气作燃料时,管道上宜设置分液包。

3 加热炉炉膛内宜设常明灯,其气源可从燃料气调节阀前的管道上引向炉膛。

6.2 油气处理及增压设施

6.2.1 加热炉或锅炉燃料油的供油系统应符合下列要求:

1 燃料油泵和被加热的油气进、出口阀不应布置在烧火间内;当燃料油泵与烧火间毗邻布置时,应设防火墙。

2 当燃料油储罐总容积不大于 20m³ 时,与加热炉的防火间距不应小于 8m;当大于 20m³ 至 30m³ 时,不应小于 15m。燃料油储罐与燃料油泵的间距不限。

加热炉烧火口或防爆门不应直接朝向燃料油储罐。

6.2.2 输送甲、乙类液体的泵,可燃气体压缩机不得与空气压缩机同室布置。空气管道不得与可燃气体,甲、乙类液体管道固定相联。

6.2.3 甲、乙类液体泵房与变配电室或控制室相毗邻时,变配电室或控制室的门、窗应位于爆炸危险区范围之外。

6.2.4 甲、乙类油品泵宜露天或棚式布置。若在室内布置时,应符合下列要求:

1 液化石油气泵和天然气凝液泵超过 2 台时,与甲、乙类油品泵分别布置在不同的房间内,各房间之间的隔墙应为防火墙。

2 甲、乙类油品泵房的地面不宜设地坑或地沟。泵房内应有防止可燃气体积聚的措施。

6.2.5 电动往复泵、齿轮泵或螺杆泵的出口管道上应设安全阀;安全阀放空管应接至泵入口管道上,并宜设事故停车联锁装置。

6.2.6 甲、乙类油品离心泵,天然气压缩机在停电、停气或操作不正常工作情况下,介质倒流有可能造成事故时,应在出口管道上安装止回阀。

6.2.7 负压原油稳定装置的负压系统应有防止空气进入系统的措施。

6.3 天然气处理及增压设施

6.3.1 可燃气体压缩机的布置及其厂房设计应符合下列规定:

1 可燃气体压缩机宜露天或棚式布置。

2 单机驱动功率等于或大于 150kW 的甲类气体压缩机厂房,不宜与其他甲、乙、丙类房间共用一幢建筑物;该压缩机的上方不得

布置含甲、乙、丙类介质的设备,但自用的高位润滑油箱不受此限。

3 比空气轻的可燃气体压缩机棚或封闭式厂房的顶部应采取通风措施。

4 比空气轻的可燃气体压缩机厂房的楼板,宜部分采用箅子板。

5 比空气重的可燃气体压缩机厂房内,不宜设地坑或地沟,厂房内应有防止气体积聚的措施。

6.3.2 油气站场内,当使用内燃机驱动泵和天然气压缩机时,应符合下列要求:

1 内燃机排气管应有隔热层,出口处应设防火罩。当排气管穿过屋顶时,其管口应高出屋顶 2m;当穿过侧墙时,排气方向应避开散发油气或有爆炸危险的场所。

2 内燃机的燃料油储罐宜露天设置。内燃机供油管道不应架空引至内燃机油箱。在靠近燃料油储罐出口和内燃机油箱进口处应分别设切断阀。

6.3.3 明火设备(不包括硫磺回收装置的主燃烧炉、再热炉等正压燃烧设备)应尽量靠近装置边缘集中布置,并应位于散发可燃气体的容器、机泵和其他设备的年最小频率风向的下风侧。

6.3.4 石油天然气在线分析一次仪表间与工艺设备的防火间距不限。

6.3.5 布置在爆炸危险区内的非防爆型在线分析一次仪表间(箱),应正压通风。

6.3.6 与反应炉等高温燃烧设备连接的非工艺用燃料气管道,应在进炉前设两个截断阀,两阀间应设检查阀。

6.3.7 进出装置的可燃气体、液化石油气、可燃液体的管道,在装置边界处应设截断阀和 8 字盲板或其他截断设施,确保装置检修安全。

6.3.8 可燃气体压缩机的吸入管道,应有防止产生负压的措施。多级压缩的可燃气体压缩机各段间,应设冷却和气液分离设备,防止气体带液进入气缸。

6.3.9 正压通风设施的取风口,宜位于含甲、乙类介质设备的全年最小频率风向的下风侧。取风口应高出爆炸危险区 1.5m 以上,并应高出地面 9m。

6.3.10 硫磺成型装置的除尘设施严禁使用电除尘器,宜采用袋滤器。

6.3.11 液体硫磺储罐四周应设闭合的不燃烧材料防护墙,墙高应为 1m。墙内容积不应小于一个最大液体硫磺储罐的容量;墙内侧至罐的净距不宜小于 2m。

6.3.12 液体硫磺储罐与硫磺成型厂房之间应设有消防通道。

6.3.13 固体硫磺仓库的设计应符合下列要求:

1 宜为单层建筑。

2 每座仓库的总面积不应超过 2000m²,且仓库内应设防火墙隔开,防火墙间的面积不应超过 500m²。

3 仓库可与硫磺成型厂房毗邻布置,但必须设置防火隔墙。

6.4 油田采出水处理设施

6.4.1 **沉降罐顶部积油厚度不应超过 0.8m。**

6.4.2 采用天然气密封工艺的采出水处理设施,区域布置应按四级站场确定防火间距。其他采出水处理设施区域布置应按五级站场确定防火间距。

6.4.3 采用天然气密封工艺的采出水处理设施,平面布置应符合本规范第 5.2.1 条的规定。其他采出水处理设施平面布置应符合本规范第 5.2.3 条的规定。

6.4.4 污油及污水沉降罐顶部应设呼吸阀、阻火器及液压安全阀。

6.4.5 采用收油槽自动回收污油,顶部积油厚度不超过 0.8m 的沉降罐可不设防火堤。

6.4.6 容积小于或等于 200m³,并且单独布置的污油罐,可不设防火堤。

6.4.7 半地下式污油污水泵房应配置机械通风设施。

6.4.8 采用天然气密封的罐应满足下列规定：

    1 罐顶必须设置液压安全阀,同时配备阻火器。

    2 罐顶部透光孔不得采用活动盖板,气体置换孔必须加设阀门。

    3 储罐应设高、低液位报警和液位显示装置,并将报警及液位显示信号传至值班室。

    4 罐上经常与大气相通的管道应设阻火器及水封装置,水封高度应根据密闭系统工作压力确定,不得小于250mm。水封装置应有补水设施。

    5 多座水罐共用一条干管调压时,每座罐的支管上应设截断阀和阻火器。

6.5 油罐区

6.5.1 油品储罐应为地上式钢罐。

6.5.2 油品储罐应分组布置并符合下列规定：

    1 在同一罐组内,宜布置火灾危险性类别相同或相近的储罐。

    2 常压油品储罐不应与液化石油气、天然气凝液储罐同组布置。

    3 沸溢性的油品储罐,不应与非沸溢性油品储罐同组布置。

    4 地上立式油罐同高位罐、卧式罐不宜布置在同一罐组内。

6.5.3 稳定原油、甲_B、乙_A类油品储罐宜采用浮顶油罐。不稳定原油用的作业罐采用固定顶油罐。稳定轻烃可根据相关标准的要求,选用内浮顶罐或压力储罐。钢油罐建造应符合国家现行油罐设计规范的要求。

6.5.4 油罐组内的油罐总容量应符合下列规定：

    1 固定顶油罐不应大于120000m³。

    2 浮顶油罐组不应大于600000m³。

6.5.5 油罐组内的油罐数量应符合下列要求：

    1 当单罐容量不小于1000m³时,不应多于12座。

    2 当单罐容量小于1000m³或者仅储存丙_B类油品时,数量不限。

6.5.6 地上油罐组内的布置应符合下列规定：

    1 油罐不应超过两排,但单罐容量小于1000m³的储存丙_B类油品的储罐不应超过4排。

    2 立式油罐排与排之间的防火距离,不小于5m,卧式油罐的排与排之间的防火距离,不小于3m。

6.5.7 油罐之间的防火距离不应小于表6.5.7的规定。

表6.5.7 油罐之间的防火距离

油品类别		固定顶油罐	浮顶油罐	卧式油罐
甲、乙类		1000m³以上的:0.6D	0.4D	0.8m
		1000m³以下的罐,当采用固定式消防冷却时:0.6D,采用移动式消防冷却时:0.75D		
丙类	A	0.4D	—	0.8m
	B	>1000m³的罐:5m	—	
		≤1000m³的罐:2m		

    注:1 浅盘式和浮舱用易熔材料制作的内浮顶油罐按固定顶油罐确定罐间距。

    2 表中D为相邻较大罐的直径,单罐容积大于1000m³的油罐取直径或高度的较大值。

    3 储存不同油品、不同型式的油罐之间的防火间距,应采用较大值。

    4 高架(位)罐的防火间距,不应小于0.6m。

    5 单罐容量不大于300m³,组总容量不大于1500m³的立式油罐间距,可按施工和操作要求确定。

    6 丙_A类油品固定顶油罐之间的防火距离按0.4D计算大于15m时,最小可取15m。

6.5.8 地上立式油罐组应设防火堤,位于丘陵地区的油罐组,当有可利用地形条件设置导油沟和事故存油池时可不设防火堤。卧式油罐组应设防护墙。

6.5.9 油罐组防火堤应符合下列规定：

    1 防火堤应是闭合的,能够承受所容纳油品的静压力和地震引起的破坏力,保证其坚固和稳定。

    2 防火堤应使用不燃烧材料建造,首选土堤,当土源有困难时,可用砖石、钢筋混凝土等不燃烧材料砌筑,但内侧应培土或涂抹有效的防火涂料。土筑防火堤的堤顶宽度不小于0.5m。

    3 立式油罐组防火堤的计算高度应保证堤内的有效容积需要。防火堤实际高度应比计算高度高出0.2m。防火堤实际高度不应低于1.0m,且不应高于2.2m(均以防火堤外侧路面或地坪算起)。卧式油罐组围堰高度不应低于0.5m。

    4 管道穿越防火堤处,应采用非燃烧材料封实。严禁在防火堤上开孔留洞。

    5 防火堤内场地可不做铺砌,但湿陷性黄土、盐渍土、膨胀土等地区的罐组内场地应有防止雨水和喷淋水浸害罐基础的措施。

    6 油罐组内场地应有不小于0.5%的地面设计坡度,排雨水管应从防火堤设计地面以下通向堤外,并应采取排水阻油措施。年降雨量不大于200mm或降雨在24h内可以渗完时,油罐组内可不设雨水排除系统。

    7 油罐组防火堤上的人行踏步不应少于两处,且应处于不同方位。隔堤均应设置人行踏步。

6.5.10 地上立式油罐的罐壁至防火堤内坡脚线的距离,不应小于罐壁高度的一半。卧式油罐的罐壁至围堰内坡脚线的距离,不应小于3m。建在山边的油罐,靠山的一面,罐壁至挖坡坡脚线距离不得小于3m。

6.5.11 防火堤内有效容量,应符合下列规定：

    1 对固定顶油罐组,不应小于储罐组内最大一个储罐有效容量。

    2 对浮顶油罐组,不应小于储罐组内一个最大罐有效容量的一半。

    3 当固定顶和浮顶油罐布置在同一油罐组内,防火堤内有效容量应取上两款规定的较大者。

6.5.12 立式油罐罐组内隔堤的设置,应符合国家现行防火堤设计规范的规定。

6.5.13 事故存液池的设置,应符合下列规定：

    1 设有事故存液池的油罐或罐组四周应导设油沟,使溢漏油品能顺利地流出罐组并自流入事故存液池内。

    2 事故存液池距离储罐不应小于30m。

    3 事故存液池和导油沟距离明火地点不应小于30m。

    4 事故存液池应有排水设施。

    5 事故存液池的容量应符合6.5.11条的规定。

6.5.14 五级站内,小于等于500m³的丙类罐,可不设防火堤,但应设高度不低于1.0m的防护墙。

6.5.15 油罐组之间应设置宽度不小于4m的消防车道。受地形条件限制时,两个罐组防火堤外侧坡脚线之间应留有不小于7m的空地。

6.6 天然气凝液及液化石油气罐区

6.6.1 天然气凝液和液化石油气罐区宜布置在站场常年最小频率风向的上风侧,并应避开不良通风或窝风地段。天然气凝液储罐和全压力式液化石油气储罐周围宜设置高度不低于0.6m的不燃烧体防护墙。在地广人稀地区,当条件允许时,可不设防护墙,但应有必要的导流设施,将泄漏的液化石油气集中引导到站外安全处。全冷冻式液化石油气储罐周围应设置防火堤。

6.6.2 天然气凝液和液化石油气储罐成组布置时,天然气凝液和全压力式液化石油气储罐或全冷冻式液化石油气储罐组内的储罐不应超过两排,罐组周围应设环行消防车道。

6.6.3 天然气凝液和全压力式液化石油气储罐组内的储罐个数不应超过12个,总容积不应超过20000m³;全冷冻式液化石油气储罐组内的储罐个数不应超过2个。

6.6.4 天然气凝液和全压力式液化石油气储罐组内的储罐总容

量大于 6000m³ 时,罐组内应设隔墙,单罐容量等于或大于 5000m³ 时应每个罐一隔,隔墙高度应低于防护墙 0.2m。全冷冻式液化石油气储罐组内储罐应设隔堤,且每个罐一隔,隔堤高度应低于防火堤 0.2m。

6.6.5 不同储存方式的液化石油气储罐不得布置在同一个储罐组内。

6.6.6 成组布置的天然气凝液和液化石油气储罐到防火堤(或防护墙)的距离应满足如下要求:

    1 全压力式球罐到防护墙的距离应为储罐直径的一半,卧式储罐到防护墙的距离不应小于 3m。

    2 全冷冻式液化石油气储罐至防火堤内堤脚线的距离,应为储罐高度与防火堤高度之差,防火堤内有效容积应为一个最大储罐的容量。

6.6.7 防护墙、防火堤及隔堤应采用不燃烧实体结构,并应能承受所容纳液体的静压及温度的影响。在防火堤或防护墙的不同方位上应设置不少于两处的人行踏步或台阶。

6.6.8 成组布置的天然气凝液和液化石油气罐区,相邻组与组之间的防火距离(罐壁至罐壁)不应小于 20m。

6.6.9 天然气凝液和液化石油气储罐组内储罐之间的防火距离应不小于表 6.6.9 的规定。

表 6.6.9 储罐组内储罐之间的防火间距

储罐型式 防火间距 介质类别	全压力式储罐		全冷冻式储罐
	球罐	卧罐	
天然气凝液或液化石油气	1.0D	1.0D 且不宜大于 1.5m。两排卧罐的间距,不应小于 3m	
液化石油气			0.5D

注:1 D 为相邻较大罐直径。
    2 不同型式储罐之间的防火距离,应采用较大值。

6.6.10 防火堤或防护墙内地面应有由储罐基脚线向防火堤或防护墙方向的不小于 1% 的排水坡度,排水出口应设有可控制开启的设施。

6.6.11 天然气凝液及液化石油气罐区内应设可燃气体检测报警装置,并在四周设置手动报警按钮,探测和报警信号引入值班室。

6.6.12 天然气凝液储罐及液化石油气储罐的进料管管口宜从储罐底部接入,当从顶部接入时,应将管口接至罐底处。全压力式储罐罐底应安装为储罐注水用的管道、阀门及管道接头。天然气凝液储罐及液化石油气储罐宜采用有防冻措施的二次脱水系统。

6.6.13 天然气凝液储罐及液化石油气储罐应设液位计、温度计、压力表、安全阀,以及高液位报警装置或高液位自动联锁切断进料装置。对于全冷冻式液化石油气储罐还应设真空泄放设施。天然气凝液储罐及液化石油气储罐容积大于或等于 50m³ 时,其液相出口管线上宜设远程操纵阀和自动关闭阀,液相进口应设单向阀。

6.6.14 全压力式天然气凝液储罐及液化石油气储罐进、出口阀门及管件的压力等级不应低于 2.5MPa,且不应选用铸铁阀门。

6.6.15 全冷冻式储罐的地基应考虑温差影响,并采取必要措施。

6.6.16 天然气凝液储罐及液化石油气储罐的安全阀出管应接至火炬系统。确有困难时,单罐容积等于或小于 100m³ 的天然气凝液储罐及液化石油气储罐安全阀可接入放散管,其安装高度应高出储罐操作平台 2m 以上,且应高出所在地面 5m 以上。

6.6.17 天然气凝液储罐及液化石油气储罐区内的管道宜地上布置,不应地沟敷设。

6.6.18 露天布置的泵或泵棚与天然气凝液储罐和全压力式液化石油气储罐之间的距离不限,但宜布置在防护墙外。

6.6.19 压力储存的稳定轻烃储罐与全压力式液化石油气储罐同组布置时,其防火间距不应小于本规范第 6.6.9 条的规定。

6.7 装卸设施

6.7.1 油品的铁路装卸设施应符合下列要求:

    1 装卸栈桥两端和沿栈桥每隔 60~80m,应设安全斜梯。

    2 顶部敞口装车的甲B、乙类油品,应采用液下装车鹤管。

    3 装卸泵房至铁路装卸线的距离,不应小于 8m。

    4 在距装车栈桥边缘 10m 以外的油品输入管道上,应设便于操作的紧急切断阀。

    5 零位油罐不应采用敞口容器,零位罐至铁路装卸线距离,不应小于 6m。

6.7.2 油品铁路装卸栈桥至站场内其他铁路、道路间距应符合下列要求:

    1 至其他铁路线不应小于 20m。

    2 至主要道路不应小于 15m。

6.7.3 油品的汽车装卸站,应符合下列要求:

    1 装卸站的进出口,宜分开设置;当进、出口合用时,站内应设回车场。

    2 装卸车场宜采用现浇混凝土地面。

    3 装卸车鹤管之间的距离,不应小于 4m;装卸车鹤管与缓冲罐之间的距离,不应小于 5m。

    4 甲B、乙类液体的装卸车,严禁采用明沟(槽)卸车系统。

    5 在距装卸鹤管 10m 以外的装卸管道上,应设便于操作的紧急切断阀。

    6 甲B、乙类油品装卸鹤管(受油口)与相邻生产设施的防火间距,应符合表 6.7.3 的规定。

表 6.7.3 鹤管与相邻生产设施之间的防火距离(m)

生产设施	装卸油泵房	生产厂房及密闭工艺设备		
		液化石油气	甲B、乙类	丙类
甲B、乙类油品装卸鹤管	8	25	15	10

6.7.4 液化石油气铁路和汽车的装卸设施,应符合下列要求:

    1 铁路装卸栈台宜单独设置;若不同时作业,也可与油品装卸鹤管共台设置。

    2 罐车装车过程中,排气管宜采用气相平衡式,也可接至低压燃料气或火炬放空系统,不得就地排放。

    3 汽车装卸鹤管之间的距离不应小于 4m。

    4 汽车装卸车场应采用现浇混凝土地面。

    5 铁路装卸设施尚应符合本规范第 6.7.1 条第 1、4 款和第 6.7.2 条的规定。

6.7.5 液化石油气灌装站的灌瓶间和瓶库,应符合下列要求:

    1 液化石油气的灌瓶间和瓶库,宜为敞开式或半敞开式建筑物;当为封闭式或半敞开式建筑物时,应采取通风措施。

    2 灌瓶间、倒瓶间、泵房的地沟不应与其他房间连通;其通风管道应单独设置。

    3 灌瓶间和储瓶库的地面,应采用不发生火花的表层。

    4 实瓶不得露天存放。

    5 液化石油气缓冲罐与灌瓶间的距离,不应小于 10m。

    6 残液必须密闭回收,严禁就地排放。

    7 气瓶库的液化石油气瓶总容量不宜超过 10m³。

    8 灌瓶间与储瓶库的室内地面,应比室外地坪高 0.6m。

    9 灌装站应设非燃烧材料建造的,高度不低于 2.5m 的实体围墙。

6.7.6 灌瓶间与储瓶库可设在同一建筑物内,但宜用实体墙隔开,并各设出入口。

6.7.7 液化石油气灌装站的厂房与其所属的配电间、仪表控制间的防火间距不宜小于 15m。若毗邻布置时,应采用无门窗洞口防火墙隔开;当必须在防火墙上开窗时,应设甲级耐火材料的密封固定窗。

6.7.8 液化石油气、天然气凝液储罐和汽车装卸台,宜布置在油气站场的边缘部位。

6.7.9 液化石油气灌装站内储罐与有关设施的防火间距,不应小于表6.7.9的规定。

表6.7.9 灌装站内储罐与有关设施的防火间距(m)

设施名称 \ 单罐容量(m³)	≤50	≤100	≤400	≤1000	>1000
压缩机房、灌瓶间、倒残液间	20	25	30	40	50
汽车槽车装卸接头	20	25	30	30	50
仪表控制间、10kV及以下变配电间	20	25	30	40	50

注:液化石油气储罐与其泵房的防火间距不应小于15m,露天及棚式布置的泵不受此限制,但宜布置在防护墙外。

6.8 泄压和放空设施

6.8.1 可能超压的下列设备及管道应设安全阀:

　　1 顶部操作压力大于0.07MPa的压力容器;

　　2 顶部操作压力大于0.03MPa的蒸馏塔、蒸发塔和汽提塔(汽提塔顶蒸汽直接通入另一蒸馏塔者除外);

　　3 与鼓风机、离心式压缩机、离心泵或蒸汽往复泵出口连接的设备不能承受其最高压力时,上述机泵的出口;

　　4 可燃气体或液体受热膨胀时,可能超过设计压力的设备及管道。

6.8.2 在同一压力系统中,压力来源处已有安全阀,则其余设备可不设安全阀。扫线蒸汽不宜作为压力来源。

6.8.3 安全阀、爆破片的选择和安装,应符合国家现行标准《压力容器安全监察规程》的规定。

6.8.4 单罐容量等于或大于100m³的液化石油气和天然气凝液储罐应设置2个或2个以上安全阀,每个安全阀担负经计算确定的全部放空量。

6.8.5 克劳斯硫回收装置反应炉、再热炉等,宜采用提高设备设计压力的方法防止超压破坏。

6.8.6 放空管道必须保持畅通,并应符合下列要求:

　　1 高压、低压放空管宜分别设置,并应直接与火炬或放空总管连接;

　　2 不同排放压力的可燃气体放空管接入同一排放系统时,应确保不同压力的放空点能同时安全排放。

6.8.7 火炬设置应符合下列要求:

　　1 火炬的高度,应经辐射热计算确定,确保火炬下部及周围人员和设备的安全。

　　2 进入火炬的可燃气体应经凝液分离罐分离出气体中直径大于300μm的液滴;分离出的凝液应密闭回收或送至焚烧坑焚烧。

　　3 应有防止回火的措施。

　　4 火炬应有可靠的点火设施。

　　5 距火炬筒30m范围内,严禁可燃气体放空。

　　6 液体、低热值可燃气体、空气和惰性气体,不得排入火炬系统。

6.8.8 可燃气体放空应符合下列要求:

　　1 可能存在点火源的区域内不应形成爆炸性气体混合物。

　　2 有害物质的浓度及排放量应符合有关污染物排放标准的规定。

　　3 放空时形成的噪声应符合有关卫生标准。

　　4 连续排放的可燃气体排气筒顶或放空管口,应高出20m范围内的平台或建筑物顶2.0m以上。对位于20m以外的平台或建筑物顶,应满足图6.8.8的要求,并应高出所在地面5m。

　　5 间歇排放的可燃气体排气筒顶或放空管口,应高出10m范围内的平台或建筑物顶2.0m以上。对位于10m以外的平台或建筑物顶,应满足图6.8.8的要求,并应高出所在地面5m。

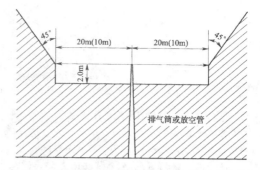

图6.8.8 可燃气体排气筒顶或放空管允许最低高度示意图
注:阴影部分为平台或建筑物的设置范围

6.8.9 甲、乙类液体排放符合下列要求:

　　1 排放时可能释放出大量气体或蒸汽的液体,不得直接排入大气,应引入分离设备,分出的气体引入可燃气体放空系统,液体引入有关储罐或污油系统。

　　2 设备或容器内残存的甲、乙类液体,不得排入边沟或下水道,可集中排入有关储罐或污油系统。

6.8.10 对存在硫化铁的设备、管道,排污口应设喷水冷却设施。

6.8.11 原油管道清管器收发筒的污油排放,应符合下列要求:

　　1 清管器收发应设清扫系统和污油接收系统;

　　2 污油池中的污油应引入污油系统。

6.8.12 天然气管道清管作业排出的液态污物若不含甲、乙类可燃液体,可排入就近设置的排污池;若含有甲、乙类可燃液体,应密闭回收可燃液体或在安全位置设置凝液焚烧坑。

6.9 建(构)筑物

6.9.1 生产和储存甲、乙类物品的建(构)筑物耐火等级不宜低于二级;生产和储存丙类物品的建(构)筑物耐火等级不宜低于三级。当甲、乙类火灾危险性的厂房采用轻质钢结构时,应符合下列要求:

　　1 所有的建筑构件必须采用非燃烧材料。

　　2 除天然气压缩机厂房外,宜为单层建筑。

　　3 与其他厂房的防火间距按现行国家标准《建筑设计防火规范》GBJ 16中的三级耐火等级的建筑物确定。

6.9.2 散发油气的生产设备,宜为露天布置或棚式建筑内布置。甲、乙类火灾危险性生产厂房泄压面积、泄压措施应按现行国家标准《建筑设计防火规范》GBJ 16的有关规定执行。

6.9.3 当不同火灾危险性类别的房间布置在同一栋建筑物内时,其隔墙应采用非燃烧材料的实体墙。天然气压缩机房或油泵房宜布置在建筑物的一端,将人员集中的房间布置在火灾危险性较小的一端。

6.9.4 甲、乙类火灾危险性生产厂房应设向外开启的门,且不宜少于两个,其中一个应能满足最大设备(或拆开最大部件)的进出要求,建筑面积小于或等于100m²时,可设一个向外开启的门。

6.9.5 变、配电所不应与有爆炸危险的甲、乙类厂房毗邻布置。但供上述甲、乙类生产厂房专用的10kV及以下的变、配电间,当采用无门窗洞口防火墙隔开时,可毗邻布置。当必须在防火墙上开窗时,应设非燃烧材料的固定甲级防火窗。变压器与配电间之间应设防火墙。

6.9.6 甲、乙类工艺设备平台、操作平台,宜设2个通向地面的梯子。长度小于8m的甲类设备平台和长度小于15m的乙类设备平台,可设1个梯子。

　　相邻的平台和框架可根据疏散要求设走桥连通。

6.9.7 火车、汽车装卸油栈台、操作平台均采用非燃烧材料建造。

6.9.8 立式圆筒油品加热炉、液化石油气和天然气凝液储罐的钢柱、梁、支撑、塔的框架钢支柱,罐组砖、石、钢筋混凝土防火堤无培土的内侧和顶部,均应涂抹保护层,其耐火极限不应小于2h。

7 油气田内部集输管道

7.1 一般规定

7.1.1 油气田内部集输管道宜埋地敷设。

7.1.2 管线穿跨越铁路、公路、河流时,其设计应符合《原油和天然气输送管道穿跨越工程设计规范 穿越工程》SY/T 0015.1、《原油和天然气输送管道穿跨越工程设计规范 跨越工程》SY/T 0015.2及油气集输设计等国家现行标准的有关规定。

7.1.3 当管道沿线有重要水工建筑、重要物资仓库、军事设施、易燃易爆仓库、机场、海(河)港码头、国家重点文物保护单位时,管道设计除应遵守本规定外,尚应服从相关设施的设计要求。

7.1.4 埋地集输管道与其他地下管道、通信电缆、电力系统的各种接地装置等平行或交叉敷设时,其间距应符合国家现行标准《钢质管道及储罐腐蚀控制工程设计规范》SY 0007的有关规定。

7.1.5 集输管道与架空输电线路平行敷设时,安全距离应符合下列要求:

1 管道埋地敷设时,安全距离不应小于表7.1.5的规定。

表7.1.5 埋地集输管道与架空输电线路安全距离

名 称	3kV以下	3~10kV	35~66kV	110kV	220kV
开阔地区	最高杆(塔)高				
路径受限制地区(m)	1.5	2.0	4.0	4.0	5.0

注:1 表中距离为边导线至管道任何部分的水平距离。
　　2 对路径受限制地区的最小水平距离的要求,应计及架空电力线路导线的最大风偏。

2 当管道地面敷设时,其间距不应小于本段最高杆(塔)高度。

7.1.6 原油和天然气埋地集输管道同铁路平行敷设时,应距铁路用地范围边界3m以外。当必须通过铁路用地范围内时,应征得相关铁路部门的同意,并采取加强措施。对相邻电气化铁路的管道还应增加交流电干扰防护措施。

管道同公路平行敷设时,宜敷设在公路用地范围外。对于油田公路,集输管道可敷设在其路肩下。

7.2 原油、天然气凝液集输管道

7.2.1 油田内部埋地敷设的原油、稳定轻烃、20℃时饱和蒸气压力小于0.1MPa的天然气凝液、压力小于或等于0.6MPa的油田气集输管道与居民区、村镇、公共福利设施、工矿企业等的距离不宜小于10m。当管道局部管段不能满足上述距离要求时,可降低设计系数,提高局部管道的设计强度,将距离缩短到5m;地面敷设的上述管道与相应建(构)筑物的距离应增加50%。

7.2.2 20℃时饱和蒸气压力大于或等于0.1MPa、管径小于或等于DN200的埋地天然气凝液管道,应按现行国家标准《输油管道工程设计规范》GB 50253中的液态液化石油气管道确定强度设计系数。管道同地面建(构)筑物的最小间距应符合下列规定:

1 与居民区、村镇、重要公共建筑物不应小于30m;一般建(构)筑物不应小于10m。

2 与高速公路和一、二级公路平行敷设时,其管道中心线距公路用地范围边界不应小于10m,三级及以下公路不宜小于5m。

3 与铁路平行敷设时,管道中心线距铁路中心线的距离不应小于10m,并应满足本规范第7.1.6条的要求。

7.3 天然气集输管道

7.3.1 埋地天然气集输管道的线路设计应根据管道沿线居民户数及建(构)筑物密集程度采用相应的强度设计系数进行设计。管道地区等级划分及强度设计系数取值应按现行国家标准《输气管道工程设计规范》GB 50251中有关规定执行。当输送含硫化氢天然气时,应采取安全防护措施。

7.3.2 天然气集输管道输送湿天然气,天然气中的硫化氢分压等于或大于0.0003MPa(绝压)或输送其他酸性天然气时,集输管道及相应的系统设施必须采取防腐蚀措施。

7.3.3 天然气集输管道输送酸性干天然气时,集输管道建成投产前的干燥及管输气质的脱水深度必须达到现行国家标准《输气管道工程设计规范》GB 50251中的相关规定。

7.3.4 天然气集输管道应根据输送介质的腐蚀程度,增加管道计算壁厚的腐蚀余量。腐蚀余量取值应按油气集输设计国家现行标准的有关规定执行。

7.3.5 集气管道应设线路截断阀,线路截断阀的设置应按现行国家标准《输气管道工程设计规范》GB 50251的有关规定执行。当输送含硫化氢天然气时,截断阀设置宜适当加密,符合油气集输设计国家现行标准的规定,截断阀应配置自动关闭装置。

7.3.6 集输管道宜设清管设施。清管设施设计应按现行国家标准《输气管道工程设计规范》GB 50251的有关规定执行。

8 消防设施

8.1 一般规定

8.1.1 石油天然气站场消防设施的设置,应根据其规模、油品性质、存储方式、储存容量、储存温度、火灾危险性及所在区域消防站布局、消防站装备情况及外部协作条件等综合因素确定。

8.1.2 集输油工程中的井场、计量站等五级站,集输气工程中的集气站、配气站、输气站、清管站、计量站及五级压气站、注气站,采出水处理站可不设消防给水设施。

8.1.3 火灾自动报警系统的设计,应按现行国家标准《火灾自动报警系统设计规范》GB 50116执行。当选用带闭式喷头的传动管传递火灾信号时,传动管的长度不应大于300m,公称直径宜为15~25mm,传动管上闭式喷头的布置间距不宜大于2.5m。

8.1.4 单罐容量大于或等于500m³的油田采出水立式沉降罐宜采用移动式灭火设备。

8.1.5 固定和半固定消防系统中的设备及材料应符合下列规定:

1 应选用消防专用设备。

2 油罐防火堤内冷却水和泡沫混合液管道宜采用热镀锌钢管。油罐上泡沫混合液管道设计应采取防爆炸破坏的措施。

8.1.6 钢制单盘式和双盘式内浮顶油罐的消防设施应按浮顶油罐确定,浅盘式内浮顶和浮盘用易熔材料制作的内浮顶油罐消防设施应按固定顶油罐确定。

8.2 消防站

8.2.1 消防站及消防车的设置应符合下列规定:

1 油气田消防站应根据区域规划设置，并应结合油气站场火灾危险性大小、邻近的消防协作条件和所处地理环境划分责任区。一、二、三级油气站场集中地区应设置等级不低于二级的消防站。

2 油气田三级及以上油气站场内设置固定消防系统时，可不设消防站，如果邻近消防协作力量不能在 30min 内到达(在人烟稀少、条件困难地区，邻近消防协作力量的到达时间可酌情延长，但不得超过消防冷却水连续供给时间)，可按下列要求设置消防车：

　1)油田三级及以上的油气站场应配 2 台单车泡沫罐容量不小于 3000L 的消防车。

　2)气田三级天然气净化厂配 2 台重型消防车。

3 输油管道及油田储运工程的站场设置固定消防系统时，可不设消防站，如果邻近消防协作力量不能在 30min 内到达，可按下列要求设置消防车或消防站：

　1)油品储罐总容量等于或大于 50000m³ 的二级站场中，固定顶罐单罐容量不小于 5000m³ 或浮顶罐单罐容量不小于 20000m³ 时，应配备 1 辆泡沫消防车。

　2)油品储罐总容量大于或等于 100000m³ 的一级站场中，固定顶罐单罐容量不小于 5000m³ 或浮顶油罐单罐容量不小于 20000m³ 时，应配备 2 台泡沫消防车。

　3)油品储罐总容量大于 600000m³ 的站场应设消防站。

4 输气管道的四级压气站设置固定消防系统时，可不设消防站和消防车。

5 油田三级油气站场未设置固定消防系统时，如果邻近消防协作力量不能在 30min 内到达，应设三级消防站或配备 1 台单车泡沫罐容量不小于 3000L 的消防车及 2 台重型水罐消防车。

6 消防站的设计应符合本规范第 8.2.2 条～第 8.2.6 条的要求。站内消防车可由生产岗位人员兼管，并参照消防泵房确定站内消防车库与油气生产设施的距离。

8.2.2 消防站的选址应符合下列要求：

1 消防站的选址应位于重点保护对象全年最小频率风向的下风侧，交通方便、靠近公路。与油气站场甲、乙类储罐区的距离不应小于 200m。与甲、乙类生产厂房、库房的距离不应小于 100m。

2 主体建筑距医院、学校、幼儿园、托儿所、影剧院、商场、娱乐活动中心等容纳人员较多的公共建筑的主要疏散口应大于 50m，且便于车辆迅速出动的地段。

3 消防车库大门应朝向道路。从车库大门墙基至城镇道路规划红线的距离：二、三级消防站不应小于 15m；一级消防站不应小于 25m；加强消防站、特勤消防站不应小于 30m。

8.2.3 消防站建筑设计应符合下列要求：

1 消防站的建筑面积，应根据所设站的类别、级别、使用功能和有利于执勤战备、方便生活、安全使用等原则合理确定。消防站建筑物的耐火等级应不小于 2 级。

2 消防车库应设置备用车位及修理间、检车地沟。修理间与其他房间应用防火墙隔开，且不应与火警调度室毗邻。

3 消防车库应有排除发动机废气的设施。滑杆室通向车库的出口处应有废气阻隔装置。

4 消防车库应设有供消防车补水用的室内消火栓或室外水鹤。

5 消防车库大门开启后，应有自动锁定装置。

6 消防站的供电负荷等级不宜低于二级，并应设配电室。有人员活动的场所应设紧急事故照明。

7 消防站车库门前公共道路两侧 50m，应安装提醒过往车辆注意，避让消防车辆出动的警灯和警铃。

8.2.4 消防站的装备应符合下列要求：

1 消防车辆的配备，应根据被保护对象的实际需要计算确定，并按表 8.2.4 选配。

表 8.2.4　消防站的消防车辆配置

种类	普通消防站			加强消防站	特勤消防站
	一级站	二级站	三级站		
车辆配备数(台)	6～8	4～6	3～6	8～10	10～12
通讯指挥车	√	√		√	√
中型泡沫消防车	√	√	√	√	√
重型水罐消防车	√	√	√	√	√
重型泡沫消防车	√	√	√	√	√
泡沫运输车				√	√
干粉消防车	√	√	√	√	√
举高云梯消防车				√	√
高喷消防车				√	√
抢险救援工具车				√	√
照明车	√			√	√

注：1　表中"√"表示可选的设备。
　　2　北方高寒地区，可根据实际需要配备解冻锅炉消防车。
　　3　为气田服务的消防站必须配备干粉消防车。

2 消防站主要消防车的技术性能应符合下列要求：

　1)重型消防车应为大功率、远射程炮车。

　2)消防车应采用双动式取力器，重型消防车带有自保系统。

　3)泡沫比例混合器应为 3%、6% 两档，或无级可调。

　4)泡沫罐应有防止泡沫液沉降装置。

　5)根据东、西部和南、北方油气田自然条件的不同及消防保卫的特殊需要，可在现行标准基础上增减功能。

3 支队、大队级消防指挥中心的装备配备，可根据实际需要选配。

4 油气田地形复杂，地面交通工具难以跨越或难以作出快速反应时，可配备消防专用直升机及与之配套的地面指挥设施。

5 消防站兼有水上责任区的，应加配消防艇或轻便实用的小型消防船、卸载式消防舟，并有供其停泊、装卸的专用码头。

6 消防站灭火器材、抢险救援器材、人员防护器材等的配备应符合国家现行有关标准的规定。

8.2.5 灭火剂配备应符合下列要求：

1 消防站一次车载灭火剂最低总量应符合表 8.2.5 的规定。

表 8.2.5　消防站一次车载灭火剂最低总量(t)

灭火剂	普通消防站			加强消防站	特勤消防站
	一级站	二级站	三级站		
水	32	30	26	32	36
泡沫灭火剂	7	5	2	12	18
干粉灭火剂	2	2	2	4	6

2 应按照一次车载灭火剂总量 1:1 的比例保持储备量，若邻近消防协作力量不能在 30min 内到达，储备量应增加 1 倍。

8.2.6 消防站通信装备的配置，应符合现行国家标准《消防通信指挥系统设计规范》GB 50313 的规定。支队级消防指挥中心，可按 I 类标准配置；大队级消防指挥中心，可按 II 类标准配置；其他消防站，可参照 III 类标准，根据实际需要增、减配置。

8.3　消防给水

8.3.1 消防用水可由给水管道、消防水池或天然水源供给，应满足水质、水量、水压、水温要求。当利用天然水源时，应确保枯水期最低水位时消防用水量的要求，并设置可靠的取水设施。处理达标的油田采出水能满足消防水质、水温的要求时，可用于消防给水。

8.3.2 消防用水可与生产、生活给水合用一个给水系统，系统供水量应为 100% 消防用水量与 70% 生产、生活用水量之和。

8.3.3 储罐区和天然气处理厂装置区的消防给水管网应布置成环状，并应采用易识别启闭状态的阀将管网分成若干独立段，每段内消火栓的数量不宜超过 5 个。从消防泵房至环状管网的供水干管不应少于两条。其他部位可设支状管道。寒冷地区的消火栓井、阀井和管道等应有可靠的防冻措施。采用半固定低压制消防供水的站场，如条件允许宜设 2 条站外消防供水管道。

8.3.4 消防水池（罐）的设置应符合下列规定：

1 水池（罐）的容量应同时满足最大一次火灾灭火和冷却用水要求。在火灾情况下能保证连续补水时，消防水池（罐）的容量可减去火灾延续时间内补充的水量。

2 当消防水池（罐）和生产、生活用水水池（罐）合并设置时，应采取确保消防用水不作它用的技术措施，在寒冷地区专用的消防水池（罐）应采取防冻措施。

3 当水池（罐）的容量超过 1000m³ 时应分设成两座，水池（罐）的补水时间，不应超过 96h。

4 供消防车取水的消防水池（罐）的保护半径不应大于 150m。

8.3.5 消火栓的设置应符合下列规定：

1 采用高压消防供水时，消火栓的出口水压应满足最不利点消防供水要求；采用低压消防供水时，消火栓的出口压力不应小于 0.1MPa。

2 消火栓应沿道路布置，油罐区的消火栓应设在防火堤与消防道路之间，距路边宜为 1~5m，并应有明显标志。

3 消火栓的设置数量应根据消防方式和消防用水量计算确定。每个消火栓的出水量按 10~15L/s 计算。当油罐采用固定式冷却系统时，在罐区四周应设置备用消火栓，其数量不应少于 4 个，间距不应大于 60m。当采用半固定冷却系统时，消火栓的使用数量应由计算确定，但距罐壁 15m 以内的消火栓不应计算在该储罐可使用的数量内，2 个消火栓的间距不宜小于 10m。

4 消火栓的栓口应符合下列要求：

1）给水枪供水时，室外地上式消火栓应有 3 个出口，其中 1 个直径为 150mm 或 100mm，其他 2 个直径为 65mm；室外地下式消火栓应有 2 个直径为 65mm 的栓口。

2）给消防车供水时，室外地上式消火栓的栓口与给水枪供水时相同，室外地下式消火栓应有直径为 100mm 和 65mm 的栓口各 1 个。

5 给水枪供水时，消火栓旁应设水带箱，箱内应配备 2~6 盘直径 65mm、每盘长度 20m 的带快速接口的水带和 2 支入口直径 65mm、喷嘴直径 19mm 水枪及一把消火栓钥匙。水带箱距消火栓不宜大于 5m。

6 采用固定式灭火时，泡沫栓旁应设水带箱，箱内应配备 2~5 盘直径 65mm、每盘长度 20m 的带快速接口的水带和 PQ8 或 PQ4 型泡沫管枪 1 支及泡沫栓钥匙。水带箱距泡沫栓不宜大于 5m。

8.4 油罐区消防设施

8.4.1 除本规范另有规定外，油罐区应设置灭火系统和消防冷却水系统，且灭火系统宜为低倍数泡沫灭火系统。

8.4.2 油罐区低倍数泡沫灭火系统的设置，应符合下列规定：

1 单罐容量不小于 10000m³ 的固定顶罐、单罐容量不小于 50000m³ 的浮顶罐、机动消防设施不能进行保护或地形复杂消防车扑救困难的储罐区，应设置固定式低倍数泡沫灭火系统。

2 罐壁高度小于 7m 或容积不大于 200m³ 的立式油罐、卧式油罐可采用移动式泡沫灭火系统。

3 除 1 与 2 款规定外的油罐区宜采用半固定式泡沫灭火系统。

8.4.3 单罐容量不小于 20000m³ 的固定顶油罐，其泡沫灭火系

统与消防冷却水系统应具备连锁程序操纵功能。单罐容量不小于 50000m³ 的浮顶油罐应设置火灾自动报警系统。单罐容量不小于 100000m³ 的浮顶油罐，其泡沫灭火系统与消防冷却水系统应具备自动操纵功能。

8.4.4 储罐区低倍数泡沫灭火系统的设计，应按现行国家标准《低倍数泡沫灭火系统设计规范》GB 50151 的规定执行。

8.4.5 油罐区消防冷却水系统设置形式应符合下列规定：

1 单罐容量不小于 10000m³ 的固定顶油罐、单罐容量不小于 50000m³ 的浮顶油罐，应设置固定式消防冷却水系统。

2 单罐容量小于 10000m³、大于 500m³ 的固定顶油罐与单罐容量小于 50000m³ 的浮顶油罐，可设置半固定式消防冷却水系统。

3 单罐容量不大于 500m³ 的固定顶油罐、卧式油罐，可设置移动式消防冷却水系统。

8.4.6 油罐区消防水冷却范围应符合下列规定：

1 着火的地上固定顶油罐及距着火油罐罐壁 1.5 倍直径范围内的相邻地上油罐，应同时冷却；当相邻地上油罐超过 3 座时，可按 3 座较大的相邻油罐计算消防冷却水用量。

2 着火的浮顶罐应冷却，其相邻油罐可不冷却。

3 着火的地上卧式油罐及距着火油罐直径与长度之和的一半范围内的相邻油罐应冷却。

8.4.7 油罐的消防冷却水供给范围和供给强度应符合下列规定：

1 地上立式油罐消防冷却水供给范围和供给强度不应小于表 8.4.7 的规定。

2 着火的地上卧式油罐冷却水供给强度不应小于 6.0L/min·m²，相邻油罐冷却水供给强度不应小于 3.0L/min·m²。冷却面积应按油罐投影面积计算。总消防水量不应小于 50m³/h。

3 设置固定式消防冷却水系统时，相邻罐的冷却面积可按实际需要冷却部位的面积计算，但不得小于罐壁表面积的 1/2。油罐消防冷却水供给强度应根据设计所选的设备进行校核。

表 8.4.7 消防冷却水供给范围和供给强度

油罐形式			供给范围	供给强度	
				φ16mm 水枪	φ19mm 水枪
移动、半固定式冷却	着火罐	固定顶罐	罐周全长	0.6L/s·m	0.8L/s·m
		浮顶罐	罐周全长	0.45L/s·m	0.6L/s·m
	相邻罐	不保温罐	罐周半长	0.35L/s·m	0.5L/s·m
		保温罐	罐周半长	0.2L/s·m	
固定式冷却	着火罐	固定顶罐	罐壁表面	2.5L/min·m²	
		浮顶罐	罐壁表面	2.0L/min·m²	
	相邻罐		罐壁表面积的 1/2	2.0L/min·m²	

注：φ16mm 水枪保护范围为 8~10m，φ19mm 水枪保护范围为 9~11m。

8.4.8 直径大于 20m 的地上固定顶油罐的消防冷却水连续供给时间，不应小于 6h；其他立式油罐的消防冷却水连续供给时间，不应小于 4h；地上卧式油罐的消防冷却水连续供给时间不应小于 1h。

8.4.9 油罐固定式消防冷却水系统的设置，应符合下列规定：

1 应设置冷却喷头，喷头的喷水方向与罐壁的夹角应在 30°~60°。

2 油罐抗风圈或加强圈无导流设施时，其下面应设冷却喷水圈管。

3 当储罐上的环形冷却水管分割成两个或两个以上弧形管段时，各弧形管段间不应连通，并应分别从防火堤外连接水管；且应分别在防火堤外的进水管道上设置能识别启闭状态的控制阀。

4 冷却水立管应用管卡固定在罐壁上，其间距不宜大于 3m。立管下端应设锈渣清扫口，锈渣清扫口距罐基础顶面应大于 300mm，且集锈渣的管段长度不宜小于 300mm。

5 在防火堤外消防冷却水管道的最低处应设置放空阀。

6 当消防冷却水水源为地面水时，宜设置过滤器。

8.4.10 偏远缺水处总容量不大于 4000m³、且储罐直径不大于

12m的原油罐区(凝析油罐区除外),可设置烟雾灭火系统,且可不设消防冷却水系统。

8.4.11 总容量不大于 200m³、且单罐容量不大于 100m³ 的立式油罐区或总容量不大于 500m³、且单罐容量不大于 100m³ 的井场卧式油罐区,可不设灭火系统和消防冷却水系统。

8.5 天然气凝液、液化石油气罐区消防设施

8.5.1 天然气凝液、液化石油气罐区应设置消防冷却水系统,并应配置移动式干粉等灭火设施。

8.5.2 天然气凝液、液化石油气罐区总容量大于 50m³ 或单罐容量大于 20m³ 时,应设置固定式水喷雾或水喷淋系统和辅助水枪(水炮);总容量不大于 50m³ 或单罐容量不大于 20m³ 时,可设半固定式消防冷却水系统。

8.5.3 天然气凝液、液化石油气罐区设置固定式消防冷却水系统时,其消防用水量应按储罐固定式消防冷却用水量与移动式水枪用水量之和计算;设置半固定式消防冷却水系统时,消防用水量不应小于 20 L/s。

8.5.4 固定式消防冷却水系统的用水量计算,应符合下列规定:

1 着火罐冷却水供给强度不应小于 $0.15L/s \cdot m^2$,保护面积按其表面积计算。

2 距着火罐直径(卧式罐按罐直径和长度之和的一半)1.5倍范围内的邻近罐冷却水供给强度不应小于 $0.15L/s \cdot m^2$,保护面积按其表面积的一半计算。

8.5.5 全冷冻式液化石油气储罐固定式消防冷却水系统的冷却水供给强度与冷却面积,应满足下列规定:

1 着火罐及邻罐罐顶的冷却水供给强度不宜小于 $4L/min \cdot m^2$,冷却面积按罐顶全表面积计算。

2 着火罐及邻罐罐壁的冷却水供给强度不宜小于 $2L/min \cdot m^2$,着火罐冷却面积按罐全表面积计算,邻罐冷却面积按罐表面积的一半计算。

8.5.6 辅助水枪或水炮用水量应按罐区内最大一个储罐用水量确定,且不应小于表 8.5.6 的规定。

表 8.5.6 水枪用水量

罐区总容量(m³)	<500	500~2500	>2500
单罐容量(m³)	≤100	<400	≥400
水量(L/s)	20	30	45

注:水枪用水量应按本表罐区总容量和单罐容量较大者确定。

8.5.7 总容量小于 220 m³ 或单罐容量不大于 50m³ 的储罐或储罐区,连续供水时间可为 3h;其他储罐或储罐区应为 6h。

8.5.8 储罐采用水喷雾固定式消防冷却水系统时,喷头应按储罐的全表面积布置,储罐的支撑、阀门、液位计等,均宜设喷头保护。

8.5.9 固定式消防冷却水管道的设置,应符合下列规定:

1 储罐容量大于 400m³ 时,供水竖管不宜少于两条,均匀布置。

2 消防冷却水系统的控制阀应设于防火堤外且距罐壁不小于 15m 的地点。

3 控制阀至储罐间的冷却水管道应设过滤器。

8.6 装置区及厂房消防设施

8.6.1 石油天然气生产装置区的消防用水量应根据油气、站场设计规模、火灾危险类别及固定消防设施的设置情况等综合考虑确定,但不应小于表 8.6.1 的规定。火灾延续供水时间按 3h 计算。

表 8.6.1 装置区的消防用水量

场 站 等 级	消防用水量(L/s)
三级	45
四级	30
五级	20

注:五级站场专指生产规模小于 $50 \times 10^4 m³/d$ 的天然气净化厂和五级天然气处理厂。

8.6.2 三级天然气净化厂生产装置区的高大塔架及其设备群宜设置固定水炮;三级天然气凝液装置区,有条件时可设固定泡沫炮保护;其设置位置距离保护对象不宜小于 15m,水炮的水量不宜小于 30L/s。

8.6.3 液体硫磺储罐应设置固定式蒸汽灭火系统;灭火蒸汽应从饱和蒸汽主管顶部引出,蒸汽压力宜为 0.4~1.0MPa,灭火蒸汽用量按储罐容量和灭火蒸汽供给强度计算确定,供给强度为 $0.0015kg/m³ \cdot s$,灭火蒸汽控制阀应设在围堰外。

8.6.4 油气站场建筑物消防给水应符合下列规定:

1 本规范第 8.1.2 条规定范围之外的站场宜设置消防给水设施。

2 建筑物室内消防给水设施应符合本规范第 8.6.5 条的规定。

3 建筑物室内外消防用水量应符合现行国家标准《建筑设计防火规范》GBJ 16 的规定。

8.6.5 石油天然气生产厂房、库房内消防设施的设置应根据物料性质、操作条件、火灾危险性、建筑物体积及外部消防设施的设置情况等综合考虑确定。室外设有消防给水系统且建筑物体积不超过 5000m³ 的建筑物,可不设室内消防给水。

8.6.6 天然气四级压气站和注气站的压缩机厂房内宜设置气体、干粉等灭火设施,其设置数量应符合现行国家标准规范的有关规定。站内宜设置消防给水系统,其水量按本规范第 8.6.1 条确定。

8.6.7 石油天然气生产装置采用计算机控制的集中控制室和仪表控制间,应设置火灾报警系统和手提式、推车式气体灭火器。

8.6.8 天然气、液化石油气和天然气凝液生产装置区及厂房内宜设置火灾自动报警设施,并宜在装置区和巡检通道及厂房出入口设置手动报警按钮。

8.7 装卸栈台消防设施

8.7.1 火车和一、二、三、四级站场的汽车油品装卸栈台,附近有消防车的,宜设置半固定消防给水系统,供水压力不应小于 0.15MPa,消火栓间距不应大于 60m。

8.7.2 火车和一、二、三、四级站场的汽车油品装卸栈台,附近有固定消防设施可利用的,宜设置消防给水和泡沫灭火设施,并应符合下列规定:

1 有顶盖的火车装卸油品栈台消防冷却水量不应小于 45L/s。

2 无顶盖的火车装卸油品栈台消防冷却水量不应小于 30 L/s。

3 火车装卸油品栈台的泡沫混合液量不应小于 30L/s。

4 有顶盖的汽车装卸油品栈台消防冷却水量不应小于 20L/s。

5 无顶盖的汽车装卸油品栈台消防冷却水量不应小于 16L/s。

6 汽车装卸油品栈台泡沫混合液量不应小于 8L/s。

7 消防栓及泡沫栓间距不应大于 60m,消防冷却水连续供给时间不应小于 1h,泡沫混合液连续供给时间不应小于 30min。

8.7.3 火车、汽车装卸液化石油气栈台宜设置消防给水系统和干粉灭火设施,并应符合下列规定:

1 火车装卸液化石油气栈台消防冷却水量不应小于 45L/s,冷却水连续供给时间不应小于 3h。

2 汽车装卸液化石油气栈台冷却水量不应小于 15L/s,冷却水连续供给时间不应小于 3h。

8.8 消防泵房

8.8.1 消防冷却供水泵房和泡沫供水泵房宜合建,其规模应满足所在站场一次最大火灾的需要。一、二、三级站场消防冷却供水泵和泡沫供水泵均应设备用泵,消防冷却供水泵和泡沫供水泵的备

用泵性能应与各自最大一台操作泵相同。

8.8.2 消防泵房的位置应保证启泵后 5min 内,将泡沫混合液和冷却水送到任何一个着火点。

8.8.3 消防泵房的位置宜设在油罐区全年最小频率风向的下风侧,其地坪宜高于油罐区地坪标高,并应避开油罐破裂可能波及到的部位。

8.8.4 消防泵房应采用耐火等级不低于二级的建筑,并应设直通室外的出口。

8.8.5 消防泵组的安装应符合下列要求:

  1 一组水泵的吸水管不宜少于 2 条,当其中一条发生故障时,其余的应能通过全部水量。

  2 一组水泵宜采用自灌式引水,当采用负压上水时,每台消防泵应有单独的吸水管。

  3 消防泵应设置自动回流管。

  4 公称直径大于 300mm 经常启闭的阀门,宜采用电动阀或气动阀,并能手动操作。

8.8.6 消防泵值班室应设置对外联络的通信设施。

8.9 灭火器配置

8.9.1 油气站场内建(构)筑物应配置灭火器,其配置类型和数量按现行国家标准《建筑灭火器配置设计规范》GBJ 140 的规定确定。

8.9.2 甲、乙、丙类液体储罐区及露天生产装置区灭火器配置,应符合下列规定:

  1 油气站场的甲、乙、丙类液体储罐区当设有固定式或半固定式消防系统时,固定顶罐配置灭火器可按应配置数量的 10% 设置,浮顶罐按应配置数量的 5% 设置。当储罐组内储罐数量超过 2 座时,灭火器配置数量应按其中 2 个较大储罐计算确定;但每个储罐配置的数量不宜多于 3 个,少于 1 个手提式灭火器,所配灭火器应分组布置;

  2 露天生产装置当设有固定式或半固定式消防系统时,按应配置数量的 30% 设置。手提灭火器的保护距离不宜大于 9m。

8.9.3 同一场所选用灭火剂相容的灭火器,选用灭火器时还应考虑灭火剂与当地消防车采用的灭火剂相容。

8.9.4 天然气压缩机厂房应配置推车式灭火器。

9 电 气

9.1 消防电源及配电

9.1.1 石油天然气工程一、二、三级站场消防泵房用电设备的电源,宜满足现行国家标准《供配电系统设计规范》GB 50052 所规定的一级负荷供电要求。当只能采用二级负荷供电时,应设柴油机或其他内燃机直接驱动的备用消防泵,并应设蓄电池满足自控通讯要求。当条件受限制或技术、经济合理时,也可全部采用柴油机或其他内燃机直接驱动消防泵。

9.1.2 消防泵房及其配电室应设应急照明,其连续供电时间不应少于 20min。

9.1.3 重要消防用电设备当采用一级负荷或二级负荷双回路供电时,应在最末一级配电装置或配电箱处实现自动切换。其配电线路宜采用耐火电缆。

9.2 防 雷

9.2.1 站场内建筑物、构筑物的防雷分类及防雷措施,应按现行国家标准《建筑物防雷设计规范》GB 50057 的有关规定执行。

9.2.2 工艺装置内露天布置的塔、容器等,当顶板厚度等于或大于 4mm 时,可不设避雷针保护,但必须设防雷接地。

9.2.3 可燃气体、油品、液化石油气、天然气凝液的钢罐,必须设防雷接地,并应符合下列规定:

  1 避雷针(线)的保护范围,应包括整个储罐。

  2 装有阻火器的甲$_B$、乙类油品地上固定顶罐,当顶板厚度等于或大于 4mm 时,不应装设避雷针(线),但必须设防雷接地。

  3 压力储罐、丙类油品钢制储罐不应装设避雷针(线),但必须设防感应雷接地。

  4 浮顶罐、内浮顶罐不应装设避雷针(线),但应将浮顶与罐体用 2 根导线作电气连接。浮顶罐连接导线应选用截面积不小于 25mm² 的软铜复绞线。对于内浮顶罐,钢质浮盘的连接导线应选用截面积不小于 16mm² 的软铜复绞线;铝质浮盘的连接导线应选用直径不小于 1.8mm 的不锈钢钢丝绳。

9.2.4 钢储罐防雷接地引下线不应少于 2 根,并应沿罐周均匀或对称布置,其间距不宜大于 30m。

9.2.5 防雷接地装置冲击接地电阻不应大于 10Ω,当钢罐仅做防感应雷接地时,冲击接地电阻不应大于 30Ω。

9.2.6 装于钢储罐上的信息系统装置,其金属外壳应与罐体做电气连接,配线电缆宜采用铠装屏蔽电缆,电缆外皮及所穿钢管应与罐体做电气连接。

9.2.7 甲、乙类厂房(棚)的防雷,应符合下列规定:

  1 厂房(棚)应采用避雷带(网)。其引下线不应少于 2 根,并应沿建筑物四周均匀或对称布置,间距不应大于 18m。网格不应大于 10m×10m 或 12m×8m。

  2 进出厂房(棚)的金属管道、电缆的金属外皮、所穿钢管或架空电缆金属槽,在厂房(棚)外侧应做一处接地,接地装置应与保护接地装置及避雷带(网)接地装置合用。

9.2.8 丙类厂房(棚)的防雷,应符合下列规定:

  1 在平均雷暴日大于 40d/a 的地区,厂房(棚)宜装设避雷带(网)。其引下线不应少于 2 根,间距不应大于 18m。

  2 进出厂房(棚)的金属管道、电缆的金属外皮、所穿钢管或架空电缆金属槽,在厂房(棚)外侧应做一处接地,接地装置应与保护接地装置及避雷带(网)接地装置合用。

9.2.9 装卸甲$_B$、乙类油品、液化石油气、天然气凝液的鹤管和装卸栈桥的防雷,应符合下列规定:

1 露天装卸作业的,可不装设避雷针(带)。

2 在棚内进行装卸作业的,应装设避雷针(带)。避雷针(带)的保护范围应为爆炸危险1区。

3 进入装卸区的油品、液化石油气、天然气凝液输送管道在进入点应接地,冲击接地电阻不应大于10Ω。

9.3 防 静 电

9.3.1 对爆炸、火灾危险场所内可能产生静电危险的设备和管道,均应采取防静电措施。

9.3.2 地上或管沟内敷设的石油天然气管道,在下列部位应设防静电接地装置:

1 进出装置或设施处。

2 爆炸危险场所的边界。

3 管道泵及其过滤器、缓冲器等。

4 管道分支处以及直线段每隔200~300m处。

9.3.3 油品、液化石油气、天然气凝液的装卸栈台和码头的管道、设备、建筑物与构筑物的金属构件和铁路钢轨等(做阴极保护者除外),均应做电气连接并接地。

9.3.4 汽车罐车、铁路罐车和装卸场所,应设防静电专用接地线。

9.3.5 油品装卸码头,应设置与油船跨接的防静电接地装置。此接地装置应与码头上油品装卸设备的防静电接地装置合用。

9.3.6 下列甲、乙、丙A类油品(原油除外)、液化石油气、天然气凝液作业场所,应设消除人体静电装置:

1 泵房的门外。

2 储罐的上罐扶梯入口处。

3 装卸作业区内操作平台的扶梯入口处。

4 码头上下船的出入口处。

9.3.7 每组专设的防静电接地装置的接地电阻不宜大于100Ω。

9.3.8 当金属导体与防雷接地(不包括独立避雷针防雷接地系统)、电气保护接地(零)、信息系统接地等接地系统相连接时,可不设专用的防静电接地装置。

10 液化天然气站场

10.1 一 般 规 定

10.1.1 本章适用于下列液化天然气站场的工程设计:

1 液化天然气供气站;

2 小型天然气液化站。

10.1.2 液化天然气站场内的液化天然气、制冷剂的火灾危险性应划为甲A类。

10.1.3 液化天然气站场爆炸危险区域等级范围,应根据释放物质的相态、温度、密度变化、释放量和障碍等条件按国家现行标准的有关规定确定。

10.1.4 所有组件应按现行相关标准设计和建造,物理、化学、热力学性能应满足在相应设计温度下最高允许工作压力的要求,其结构应在事故极端温度条件下保持安全、可靠。

10.2 区 域 布 置

10.2.1 站址应选在人口密度较低且受自然灾害影响小的地区。

10.2.2 站址应远离下列设施:

1 大型危险设施(例如,化学品、炸药生产厂及仓库等);

2 大型机场(包括军用机场、空中实弹靶场等);

3 与本工程无关的输送易燃气体或其他危险流体的管线;

4 运载危险物品的运输线路(水路、陆路和空路)。

10.2.3 液化天然气罐区邻近江河、海岸布置时,应采取措施防止泄漏液体流入水域。

10.2.4 建站地区及与站场间应有全天候的陆上通道,以确保消防车辆和人员随时进入和站内人员在必要时安全撤离。

10.2.5 液化天然气站场的区域布置应按以下原则确定:

1 液化天然气储存总容量不大于3000m³时,可按本规范表3.2.2和表4.0.4中的液化石油气站场确定。

2 液化天然气储存总容量大于或等于30000m³时,与居住区、公共福利设施的距离应大于0.5km。

3 液化天然气储存总容量介于第1款和第2款之间时,应根据对现场条件、设施安全防护程度的评价确定,且不应小于本条第1款确定的距离。

4 本条1~3款确定的防火间距,尚应本规范第10.3.4条和第10.3.5条规定进行校核。

10.3 站场内部布置

10.3.1 站场总平面,应根据站的生产流程及各组成部分的生产特点和火灾危险性,结合地形、风向等条件,按功能分区集中布置。

10.3.2 单罐容量等于或小于265m³的液化天然气罐成组布置时,罐组内的储罐不应超过两排,每组个数不宜多于12个,罐组总容量不应超过3000m³。易燃液体储罐不得布置在液化天然气罐组内。

10.3.3 液化天然气设施应设围堰,并应符合下列规定:

1 操作压力小于或等于100kPa的储罐,当围堰与储罐分开设置时,储罐至围堰最近边沿的距离,应为储罐最高液位高度加上储罐气相空间压力的当量压头之和与围堰高度之差;当罐组内的储罐已采取了防低温或火灾的影响措施时,围堰区内的有效容积应不小于罐组内一个最大储罐的容积;当储罐未采取防低温和火灾的影响措施时,围堰区内的有效容积应为罐组内储罐的总容积。

2 操作压力小于或等于100kPa的储罐,当混凝土外罐围堰与储罐布置在一起,组成带预应力混凝土外罐的双层罐时,从储罐罐壁至混凝土外罐围堰的距离由设计确定。

3 在低温设备和易泄漏部位应设置液化天然气液体收集系

统;其容积对于装车设施不应小于最大罐车的罐容量,其他为某单一事故泄漏源在10min内最大可能的泄漏量。

4 除第2款之外,围堰区均应配有集液池。

5 围堰必须能够承受所包容液化天然气的全部静压头,所圈闭液体引起的快速冷却、火灾的影响、自然力(如地震、风雨等)的影响,且不渗漏。

6 储罐与工艺设备的支架必须耐火和耐低温。

10.3.4 围堰和集液池至室外活动场所、建(构)筑物的隔热距离(作业者的设施除外),应按下列要求确定:

1 围堰区至室外活动场所、建(构)筑物的距离,可按国际公认的液化天然气燃烧的热辐射计算模型确定,也可使用管理部门认可的其他方法计算确定。

2 室外活动场所、建(构)筑物允许接受的热辐射量,在风速为0级、温度21℃及相对湿度为50%条件下,不应大于下述规定值:

1)热辐射量达4000W/m² 界线以内,不得有50人以上的室外活动场所;

2)热辐射量达9000W/m² 界线以内,不得有活动场所、学校、医院、监狱、拘留所和居民区等在用建筑物;

3)热辐射量达30000W/m² 界线以内,不得有即使是能耐火且提供热辐射保护的在用构筑物。

3 燃烧面积应分别按下列要求确定:

1)储罐围堰内全部容积(不包括储罐)的表面着火;

2)集液池内全部容积(不包括设备)的表面着火。

10.3.5 本规范第10.3.4条2款1)、2)项中的室外活动场所、建筑物,以及站内重要设施不得设置在天然气蒸气云扩散隔离区内。扩散隔离区的边界应按下列要求确定:

1 扩散隔离区的边界应按国际公认的高浓度气体扩散模型进行计算,也可使用管理部门认可的其他方法计算确定。

2 扩散隔离区边界的空气中甲烷气体平均浓度不应超过2.5%;

3 设计泄漏量应按下列要求确定:

1)液化天然气储罐围堰区内,储罐液位以下有未装内置关闭阀的接管情况,其设计泄漏量应按照假设敞开流动及流通面积等于液位以下接管管口面积,产生以储罐充满时流出的最大流量,并连续流动到0压差时为止。储罐成组布置时,按可能产生最大流量的储罐计算;

2)管道从罐顶进出的储罐围堰区,设计泄漏量按一条管道连续输送10min的最大流量考虑;

3)储罐液位以下配有内置关闭阀的围堰区,设计泄漏量应按照假设敞开流动及流通面积等于液位以下接管管口面积,储罐充满时持续流出1h的最大量考虑。

10.3.6 地上液化天然气储罐间距应符合下列要求:

1 储存总容量小于或等于265m³ 时,储罐间距可按表10.3.6确定。储存总容量大于265m³ 时,储罐间距可按表10.3.6确定,并应满足本规范第10.3.4条和第10.3.5条的规定。

表10.3.6 储罐间距

储罐单罐容量 (m³)	围堰区边沿或储罐排放系统至建筑物 或建筑界线的最小距离(m)	储罐之间的最小距离 (m)
0.5	0	0
0.5~1.9	3	1
1.9~7.6	4.6	1.5
7.6~56.8	7.6	1.5
56.8~114	15	1.5
114~265	23	相邻储罐直径之和的 1/4(最小为1.5)
大于265	容器直径的0.7倍,但不小于30	1/4(最小为1.5)

2 多台储罐并联安装时,为便于接近所有隔断阀,必须留有至少0.9m的净距。

3 容量超过0.5m³ 的储罐不应设置在建筑物内。

10.3.7 气化器距建筑界线应大于30m,整体式加热气化器距围堰区、导液沟、工艺设备应大于15m;间接加热气化器和环境式气化器可设在按规定容量设计的围堰区内。其他设备间距可参照本规范表5.2.1的有关规定。

10.3.8 液化天然气放空系统的汇集总管,应经过带电热器的气液分离罐,将排放物加热成比空气轻的气体后方可排入放空系统。

禁止将液化天然气排入封闭的排水沟内。

10.4 消防及安全

10.4.1 液化天然气设施应配置防火设施。其防护程度应根据防火工程原理、现场条件、设施内的危险性,结合站界内外相邻设施综合考虑确定。

10.4.2 液化天然气储罐,应设双套带高液位报警和记录的液位计、显示和记录罐内不同液相高度的温度计、带高低压力报警和记录的压力计、安全阀和真空泄放设施。储罐必须配备一套与高液位报警联锁的进罐流体切断装置。液位计应能在储罐运行情况下进行维修或更换,选型时必须考虑密度变化因素,必要时增加密度计,监视罐内液体分层,避免罐内"翻混"现象发生。

10.4.3 火灾和气体泄漏检测装置,应按以下原则配置:

1 装置区、罐区以及其他存在潜在危险需要经常观测处,应设火焰探测报警装置。相应配置适量的现场手动报警按钮。

2 装置区、罐区以及其他存在潜在危险需要经常观测处,应设连续检测可燃气体浓度的探测报警装置。

3 装置区、罐区、集液池以及其他存在潜在危险需要经常观测处,应设连续检测液化天然气泄漏的低温检测报警装置。

4 探测器和报警器的信号盘应设置在其保护区的控制室或操作室内。

10.4.4 容量大于或等于30000m³ 的站场应配有遥控摄像、录像系统,并将关键部位的图像传送给控制室的监视器上。

10.4.5 液化天然气站场的消防水系统,应按如下原则配置:

1 储存总容量大于或等于265m³ 的液化天然气罐组应设固定供水系统。

2 采用混凝土外罐的双层壳罐,当管道进出口在罐顶时,应在罐顶泵平台处设置固定水喷雾系统,供水强度不小于20.4L/min·m²。

3 固定消防水系统的消防水量应以最大可能出现单一事故设计水量,并考虑200m³/h余量后确定。移动式消防冷却水系统应能满足消防冷却水总量的要求。

4 罐区以外的其他设施的消防水和消火栓设置见本规范消防部分。

10.4.6 液化天然气站场应配有移动式高倍数泡沫灭火系统。液化天然气储罐总容量大于或等于3000m³ 的站场,集液池应配固定式全淹没高倍数泡沫灭火系统,并应与低温探测报警装置联锁。系统的设计应符合现行国家标准《高倍数、中倍数泡沫灭火系统设计规范》GB 50196的有关规定。

10.4.7 扑救液化天然气储罐区和工艺装置内可燃气体、可燃液体的泄漏火灾,宜采用干粉灭火。需要重点保护的液化天然气储罐通向大气的安全阀出口管应设置固定干粉灭火系统。

10.4.8 液化天然气设施应配有紧急停机系统。通过该系统可切断液化天然气、可燃液体、可燃冷却剂或可燃气体源,能停止导致事故扩大的运行设备。该系统应能手动或自动操作,当设自动操作系统时应同时具有手动操作功能。

10.4.9 站内必须有书面的应急程序,明确在不同事故情况下操作人员应采取的措施和如何应对,而且必须备有一定数量的防护服和至少2个手持可燃气体探测器。

附录 A 石油天然气火灾危险性分类举例

表 A 石油天然气火灾危险性分类举例

火灾危险性类别		石油天然气举例
甲	A	液化石油气、天然气凝液、未稳定凝析油、液化天然气
	B	原油、稳定轻烃、汽油、天然气、稳定凝析油、甲醇、硫化氢
乙	A	原油、氨气、煤油
	B	原油、轻柴油、硫磺
丙	A	原油、重柴油、乙醇胺、乙二醇
	B	原油、二甘醇、三甘醇

注：石油产品的火灾危险性分类应以产品标准中确定的闪点指标为依据。经过技术经济论证，有些炼厂生产的轻柴油闪点若大于或等于60℃，这种轻柴油在储运过程中的火灾危险性可视为丙类。闪点小于60℃并且大于或等于55℃的轻柴油，如果储运设施的操作温度不超过40℃，其火灾危险性可视为丙类。

附录 B 防火间距起算点的规定

1 公路从路边算起。
2 铁路从中心算起。
3 建（构）筑物从外墙壁算起。
4 油罐及各种容器从外壁算起。
5 管道从管壁外缘算起。
6 各种机泵、变压器等设备从外缘算起。
7 火车、汽车装卸油鹤管从中心线算起。
8 火炬、放空管从中心算起。
9 架空电力线、架空通信线从杆、塔的中心线算起。
10 加热炉、水套炉、锅炉从烧火口或烟囱算起。
11 油气井从井口中心算起。
12 居住区、村镇、公共福利设施和散居房屋从邻近建筑物的外壁算起。
13 相邻厂矿企业从围墙算起。

中华人民共和国国家标准

石油天然气工程设计防火规范

GB 50183—2004

条 文 说 明

1 总 则

1.0.1 油气田生产和管道输送的原油、天然气、石油产品、液化石油气、天然气凝液、稳定轻烃等，都是易燃易爆产品，生产、储运过程中处理不当，就会造成灾害。因此，在工程设计时，首先要分析各种不安全的因素，对其采取经济、可靠的预防和灭火技术措施，以防止火灾的发生和蔓延扩大，减少火灾发生时造成的损失。

1.0.2 本条中"陆上油气田工程、管道站场工程"包括两大类工程，其一是陆上油气田为满足原油及天然气生产而建设的油气收集、净化处理、计量、储运设施及相关辅助设施；其二是原油、石油产品、天然气、液化石油气等输送管道中的各种站场及相关辅助设施，包括与天然气管道配套的液化天然气设施和地下储气库的地面设施等。油气输送管道线路部分的防火设计应执行国家标准《输油管道工程设计规范》GB 50253 和《输气管道工程设计规范》GB 50251。

本条中"海洋油气田陆上终端工程"系指来自海洋（包括滩海）生产平台的油气管道登陆后设置的站场。原标准《原油和天然气工程设计防火规范》GB 50183—93 第 1.0.2 条说明中，明确指出海洋石油工程的陆上部分可以参考使用。多年来，我国的海洋石油工程陆上终端一直按照 GB 50183—93 进行防火设计，实践证明是切实可行的，故本规范这次修订时将其纳入适用范围。本规范不适用于海洋（包括滩海）石油工程，但在滩海潮间带地区采用陆上开发方式的石油工程可按照本规范执行。

本规范适用于油气田和管道建设的新建工程，对于已建工程仅适用于扩建和改建的那一部分的设计。若由于扩建和改建使原有设施增加不安全因素，则应做相应改动。例如，扩建储罐后，原有消防设施已不能满足扩建后的要求或能力不够时,则相应消防设计需要做必要的改建,增加消防能力。考虑到地下站场,地下和半地下非金属储罐和隐蔽储罐等地下建筑物,一方面目前油田已不再建设,原有的已逐渐被淘汰,另一方面实践证明地下储罐防感应雷技术尚不成熟,而且一旦着火很难扑救,故本规范不适用于地下站场工程,也不适用地下、半地下和隐蔽非金属储油罐,但石油天然气站场可设置工艺需要的小型地下金属油罐。

1.0.3 我国于 1998 年 4 月 29 日颁布了《消防法》,又于 2002 年 6 月 29 日颁布了《安全生产法》。这两部法律的颁布实施,对于依法加强安全生产监督管理,防止和减少生产安全事故,保障人民群众生命和财产安全,促进经济发展有重要意义。石油天然气工程的防火设计,必须遵循这两部法律确定的方针政策。

我国石油天然气工程的防火设计又具有自己的特点。油气站场由于主要为油气田开发服务,必须设置在油气田上或附近,站址可选择性较小。站场的类型繁多,规模和复杂程度相差悬殊,且布局分散。站场周围的自然环境和人文环境复杂多变,许多油气站场地处沙漠、戈壁和荒原,自然条件恶劣,交通不便,人烟稀少,缺乏水源。所以石油天然气站场的防火设计必须结合实际,针对不同地区和不同种类的站场,根据具体情况合理确定防火标准,选择适用的防火技术,做到保证生产安全,经济实用。

1.0.4 本规范编制过程中,先后调查了多个油气田和管道站场的现状,总结了工程设计和生产管理方面的经验教训;对主要技术问题开展了试验研究;调查吸收了美国、英国、原苏联、加拿大等国家油气站场设计规范中先进的技术和成果;与国内有关建筑、石油库、石油化工、燃气等设计规范进行了协调。由于本规范是在以上基础上编制成的,体现了油气田、管道工程的防火设计实践和生产特点,符合油气田和管道工程的具体情况,故本规范已做了规定的,应按本规范执行。但防火安全问题涉及面广,包括的专业较多,随着油气田、管道工程设计和生产技术的发展,也会带来一些新问题,因此,对于其他本规范未做规定的部分和问题,如油气田内民用建筑、机械厂、汽修厂等辅助生产企业和生活福利设施的工程防火设计,仍应执行国家现行的有关标准、规范。

现行国家标准《爆炸和火灾危险环境电力装置设计规范》GB 50058—92 第 2.3.2 条规定了确定爆炸危险区域等级和范围的原则,但同时指出油气田及其管道工程、石油库的爆炸危险区域范围的确定除外。原中国石油天然气总公司于 1995 年颁布了石油天然气行业标准《石油设施电气装置场所分类》SY 0025—95(第二版,代替 SYJ 25—87)。考虑到上述情况,本规范第 9 章(电气)不再编写关于场所分类及电气防爆的内容。

石油天然气站场含油污水排放系统的防火设计,除执行 6.1.11条外,可参照国家标准《石油化工企业设计防火规范》GB 50160 和《石油库设计规范》GB 50074 的相关要求。

2 术　　语

本章所列术语,仅适用于本规范。

3 基 本 规 定

3.1 石油天然气火灾危险性分类

3.1.1 目前,国际上对易燃物资的火灾危险性尚无统一的分类方法。国家标准《建筑设计防火规范》GBJ 16—87 中的火灾危险性分类,主要是按当时我国石油产品的性能指标和产量构成确定的。我国其他工程建设标准中的火灾危险性分类与《建筑设计防火规范》GBJ 16—87 基本一致,只是视需要适当细化。本标准的火灾危险性分类是在现行国家标准《建筑设计防火规范》易燃物质火灾危险性分类的基础上,根据我国石油天然气的特性以及生产和储运的特点确定的。

1 甲$_A$ 类液体的分类标准。

在原规范《原油和天然气工程设计防火规范》GB 50183—93 中没有将甲类液体再细分为甲$_A$ 和甲$_B$,但在储存物品的火灾危险性分类举例中将 37.8℃时蒸气压＞200kPa 的液体单列,并举例液化石油气和天然气凝液属于这种液体。在该规范条文说明中阐述了液化石油气和天然气凝液的火灾特点,并列举了以蒸气压(38℃)200kPa 划分的理由。本规范将甲类液体细分为甲$_A$ 和甲$_B$,并仍然延用 37.8℃蒸气压＞200kPa 作为甲$_A$ 类液体的分类标准,主要理由是:

1)国家标准《稳定轻烃》(又称天然气油)GB 9053—1998 规定,1 号稳定轻烃的饱和蒸气压为 74～200kPa,对 2 号稳定轻烃为 ＜74kPa(夏)或＜88kPa(冬)。饱和蒸气压按国家标准《石油产品蒸气压测定(雷德法)》确定,测试温度 37.8℃。

2)国家标准《油气田液化石油气》GB 9052.1—1998 规定,商业丁烷 37.8℃时饱和蒸气压(表压)为不大于 485kPa。蒸气压按国家标准《液化石油蒸气压测定法(LPG 法)》GB/T 6602—89 确定。

3)在 40℃时 C_5 和 C_4 组分的蒸气压:正戊烷为 115.66kPa,异戊烷为 151.3kPa,正丁烷为 377kPa,异丁烷为 528kPa。按本规范的分类标准,液化石油气、天然气凝液、凝析油(稳定前)属于甲A类,稳定轻烃(天然气油)、稳定凝析油属于甲B类。

4)美国防火协会标准《易燃与可燃液体规程》NFPA 30 和美国石油学会标准《石油设施电气装置物所分类推荐作法》API RP 500 将液体分为易燃液体、可燃液体和高挥发性液体。高挥发性液体指 37.8℃温度下,蒸气压大于 276kPa(绝压)的液体,如丁烷、丙烷、天然气凝液。易燃液体指闪点<37.8℃,而且雷德蒸气压≤276kPa 的液体,如汽油、稳定轻烃(天然汽油),稳定凝析油。

2 原油火灾危险性分类

GB 50183—93 将原油划为甲、乙类。1993 年以后,随着国内稠油油田的不断开发,辽河油田年产稠油 800 多万吨,胜利油田年产稠油 200 多万吨,新疆克拉玛依油田稠油产量也达到 200 多万吨,同时认识到稠油火灾危险性与正常的原油有着明显的区别。具体表现为闪点高、燃点高、初馏点高、沥青胶质含量高。

从稠油的成因可以清楚地知道,稠油(重油)是烃类物质从微生物发展成原油过程中的未成熟期的产物,其轻组分远比常规原油少得多。因此,引起火灾事故的程度同正常原油相比相对小,燃烧速度慢。中油辽河工程有限公司、新疆时代石油工程有限公司、胜利油田设计院针对稠油的这些特点做了大量的现场取样化验分析工作。辽河油田的超稠油取样(以井口样为主)分析结果,闭口闪点大于 120℃的占 97%,初馏点大于 180℃的大于 97%;胜利油田的稠油闭口闪点大于 120℃的占 42%,初馏点大于 180℃的占 33%;新疆油田的稠油初馏点大于 180℃的有 1 个样品即 180℃,占 17%。以上这类油品的闭口闪点处在火灾危险性丙类范围内,其中大多数超稠油的闭口闪点在火灾危险性分类中处于丙B类范围内。

因此,通过试验研究和技术研讨确定,当稠油或超稠油的闪点大于 120℃、初馏点大于 180℃时,可以按丙类油品进行设计。对于其他范围内的油品,要针对不同的操作条件,如掺稀油情况、气体含量情况以及操作温度条件加以区别对待。同时,对于按丙类油品建成的设施,其随后的操作条件要进行严格限制。

美国防火协会标准《易燃与可燃液体规程》NFPA 30,把原油定义为闪点低于 65.6℃且没有经过炼厂处理的烃类混合物。美国石油学会标准《石油设施电气装置场所分类推荐作法》API RP 500,在谈到原油火灾危险性时指出,由于原油是多种烃的混合物,其组分变化范围广,因而不能对原油做具体分类。由上述资料可以看出,稠油的火灾危险性分类问题比较复杂。我国近几年开展稠油火灾危险性研究,做了大量的测试和技术研讨,为稠油火灾危险性分类提供了技术依据,但由于研究时间还较短,有些问题,例如,稠油掺稀油后的火灾危险性,还需加深认识和积累实践经验。所以对于稠油的火灾危险性分类,除闭口闪点作为主要指标外,增加初馏点作为辅助指标,具体指标是参照柴油的初馏点确定的。按本规范的火灾危险性分类法,部分稠油的火灾危险性可划为丙类。

3 操作温度对火灾危险性分类的影响。

在原油脱水、原油稳定和原油储运过程中,有可能出现操作温度高于原油闪点的情况。本规范修订时考虑了操作温度对火灾危险性分类的影响。这方面的要求主要依据下列资料:

1)美国防火协会标准《易燃与可燃液体规程》NFPA 30 总则中指出,液体挥发性随着加热而增强,当Ⅱ级(闪点≥37.8℃至<60℃)或Ⅲ级(闪点≥60℃)液体受自然或人工加热,储存、使用或加工的操作温度达到或超过其闪点时,必须有补充要求。这些要求包括对于诸如通风、离开火源的距离、筑堤和电气场所等级的考虑。

2)美国石油学会标准《石油设施电气装置场所分类推荐作法》API RP 500,考虑操作温度对液体火灾危险性的影响,并将温度高于其闪点的易燃液体或Ⅱ类液体单独划分为挥发性易燃液体。

3)英国石油学会《石油工业典型操作安全规程》亦考虑操作温度对液体火灾危险性的影响,Ⅱ级液体(闪点 21~55℃)和Ⅲ级液体(闪点大于 55~100℃)按照处理温度可以再细分为Ⅱ(1)、Ⅱ(2)、Ⅲ(1)、Ⅲ(2)级。Ⅱ(1)级或Ⅲ(1)级液体指处理温度低于其闪点的液体。Ⅱ(2)级或Ⅲ(2)级液体指处理温度等于或高于其闪点的液体。

4)国家标准《石油化工企业设计防火规范》GB 50160—92(1999 年版)明确规定,操作温度超过其闪点的乙类液体,应视为甲B类液体,操作温度超过其闪点的丙类液体,应视为乙A类液体。

4 轻柴油火灾危险性分类

附录 A 提供了石油天然气火灾危险性分类示例,并针对轻柴油火灾危险性分类加了一段注,下面说明有关情况:从 2002 年 1 月 1 日起,我国实施了新的轻柴油产品质量国家标准,即《轻柴油》GB 252—2000。该标准规定 10 号、5 号、0 号、−10 号、−20 号等五种牌号轻柴油的闪点指标为大于或等于 55℃,比旧标准 GB 252—1994 的闪点指标降低 5~10℃,火灾危险性由丙A类上升到乙B类。在用轻柴油储运设施若完全按乙B类进行防火技术改造,不仅耗资巨大,而且有些要求(例如,增加油罐间距)很难满足。根据近几年我国石油、石化和公安消防部门合作开展的研究,闪点小于 60℃并且大于或等于 55℃的轻柴油,如果储运设施的操作温度不超过 40℃,正常条件挥发的烃蒸气浓度在爆炸下限的 50%以下,火灾危险性较小,火灾危害性(例如,热辐射强度)亦较低,所以其火灾危险性分类可视为丙类。

3.2 石油天然气站场等级划分

3.2.1 本条规定了确定石油天然气站场等级的原则,仍采用原规范第 3.0.3 条第 1 款的内容。有些石油天然气站场,如油气输送管道的各种站场和气田天然气处理的各种站场,一般仅储存或输送油品或天然气、液化石油气一种物质。还有一些站场,如油气集中处理站可能同时生产和储存原油、天然气、天然气凝液、液化石油气、稳定轻烃等多种物质。但是这些生产和储存设施一般是处在不同的区段,相互保持较大的距离,可以避免火灾情况下不同种类的装置、不同罐区之间的相互干扰。从原规范多年执行情况看,生产和储存不同物质的设施分别计算规模和储罐总容量,并按其中等级较高者确定站场等级是切实可行的。

3.2.2 石油天然气站场的分级,根据原油、天然气生产规模和储存油品、液化石油气、天然气凝液的储罐容量大小而定。因为储罐容量大小不同,发生火灾后,爆炸威力、热辐射强度、波及的范围、动用的消防力量、造成的经济损失大小差别很大。因此,油气站场的分级,从宏观上说,根据油品储罐、液化石油气和天然气凝液储罐总容量来确定等级是合适的。

1 油品站场依其储罐总容量仍分为五级,但各级站场的储罐总容量作了较大调整,这是参照现行的国家有关规范,并根据对油田和输送管道现状的调查确定的。目前,油田和管道工程的站场中已建造许多 100000m³ 油罐,有些站、库的总库容达到几十万立方米,所以将一级站场由原来的大于 50000m³ 增加到大于或等于 100000m³。我国一些丛式井场和输油管道中间站上的防水击缓冲罐容积已达到 500m³,所以将五级站场储罐总容量由不大于 200m³ 增加到不大于 500m³。二、三、四级站场的总容量也相应调整。

成品油管道的站场一般不进行油品灌桶作业,所以油品储存总容量中未考虑桶装油品的存放量。在大中型站场中,储油罐、不稳定原油作业罐和原油事故罐是确定站场等级的重要因素,所以应计为油品储罐总容量,而零位罐、污油罐、自用油罐的容量较小,其存在不应改变大中型油品站场的等级,故不计入储存总容量。

高架罐的设置有两种情况,第一种是大中型站场自流装车采用的高架罐,这种高架罐是作业罐,且容量较小,不计为站场的储存总容量;第二种是拉油井场上的高架罐,其作用是为保证油井连续生产和自流装车,这种高架罐是决定井场划为五级或四级的重要依据,其容量应计为站场油品储罐容量。同样道理,输油管道中间站上的混油罐和防水击缓冲罐也是决定站场划为五级或四级的重要依据,其容量应计为站场油品储罐容量。另外,油气站场上为了接收集气或输气管道清管时排出的少量天然气凝液、水和防冻剂混合物设置的小型卧式容器,如果总容量不大于 $30m^3$,可视为甲$_B$类工艺容器。

2 天然气凝液和液化石油气储罐总容量级别的划分,参照现行国家标准《建筑设计防火规范》GBJ 16 中有关规定,并通过对6个油田18座气体处理站、轻烃储存站的统计资料分析确定的。6个油田液化石油气和天然气凝液储罐统计结果如下:

储罐总容量在 $5000m^3$ 以上,3座,占 16.7%;使用单罐容量有 150、200、700、$1000m^3$。

$2501\sim5000m^3$,5座,占 27.8%;使用单罐容量有 200、400、$1000m^3$。

$201\sim2500m^3$,1座,占 5.6%;使用单罐容量有 50、$200m^3$。

$200m^3$ 以下,1座,占 5.6%;使用单罐容量有 $30m^3$。

以上数字说明,按五个档次确定罐容量和站场等级,可满足要求。所以本次修订仍采用原规范液化石油气和天然气凝液站场的分级标准。

3.2.3 天然气站场的生产过程都是带压生产,天然气站场火灾危险性大小除天然气站场的生产规模外,还同天然气站场生产工艺过程的繁简程度有很大关系。相同规模和压力的天然气站场,生产工艺过程的繁简程度不同时,天然气站场的工艺装置数量、储存的可燃物质、占地面积、火灾危险性等差别很大。生产规模为 $50\times10^4 m^3/d$ 含有脱硫、脱水、硫磺回收等净化装置的天然气净化厂和生产规模为 $400\times10^4 m^3/d$ 的脱硫站、脱水站的工艺装置数量、储存的可燃物质、占地面积都基本相当。因此,天然气站场的等级应以天然气净化厂的规模为基础,并考虑天然气脱硫、脱水站生产工艺的繁简程度。

天然气处理厂主要是对天然气进行脱水、轻油回收、脱二氧化碳、脱硫,生产工艺比较复杂。天然气处理厂的级别划分应与天然气净化厂一致。

4 区域布置

4.0.1 区域布置系指石油天然气站场与所处地段其他企业、建(构)筑物、居民区、线路等之间的相互关系。处理好这方面的关系,是确保石油天然气站场安全的一个重要因素。因为石油天然气散发的易燃、易爆物质,对周围环境存在着发生火灾的威胁,而其周围环境的其他企业、居民区等火源种类杂而多,对其带来不安全的因素。因此,在确定区域布置时,应根据其周围相邻的外部关系,合理进行石油天然气站场选址,满足安全距离的要求,防止和减少火灾的发生和相互影响。

合理利用地形、风向等自然条件,是消除和减少火灾危险的重要一环。当一旦发生火灾事故时,可免于大幅度地蔓延以及便于消防人员作业。

4.0.2 石油天然气站场在生产运行和检修过程中,常有油气散发随风向下风向扩散,居民区或城镇常有明火存在,遇到明火可引燃油气逆向回火,引起火灾或爆炸。因此,石油天然气站场宜布置在居民区及城镇的最小频率风向上风侧。其他产生明火的地方也应按此原则布置。

关于风向的提法,建国后一直沿用前苏联"主导风向"的原则,进行工业企业布置。即把某地常年最大风向频率的风向定为"主导风向",然后在其上风安排居民区和忌烟污的建筑物,下风安排工业区和有火灾、爆炸危险的建(构)筑物。实践证明,按"主导风向"的概念进行区域布置不符合我国的实际,在某些情况下它不但未消除火灾影响,还加大了火灾危险。

我国位于低中纬度的欧亚大陆东岸,特别是行星系的西风带被西部高原和山地阻隔,因而季风环流十分典型,成为我国东南大半壁的主要风系。我国气象工作者认为东亚季风主要由海陆热力差异形成,行星风带的季节位移也对其有影响,加之我国幅员广大,地形复杂,在不同地理位置气象不同、地形不同,因而各地季风现象亦各有地区特征,各地区表现的风向玫瑰图亦不相同。一般同时存在偏南和偏北两个盛行风向,往往两风向风频相近,方向相反。一个在暖季起控制作用,一个在冷季起控制作用,但均不可能在全年各季起主导作用。在此场合,冬季盛行风的上风侧正是夏季盛行风的下风侧,反之亦然。如果笼统用主导风向原则规划布局,不可避免地产生严重污染和火灾危险。鉴于此,在规划设计中以盛行风向或最小风频的概念代替主导风向,更切合我国实际。

盛行风向是指当地风向频率最多的风向,如出现两个或两个以上方向不同,但风频均较大的风向,都可视为盛行风向(前苏联和西方国家采用的主导风向,是只有单一优势风向的盛行风向,是盛行风向的特例)。在此情况下,需找出两个盛行风向(对应风向)的轴线。在总体布局中,应将厂区和居民区分别设在轴线两侧,这样,工业区对居民区的污染和干扰才较小。

最小风频是指盛行风向对应轴的两侧,风向频率最小的方向。因而,可将散发有害气体以及有火灾、爆炸危险的建筑物布置在最小风频的上风侧,这样对其他建筑的不利影响可减少到最小程度。

对于四面环山、封闭的盆地等窝风地带,全年静风频率超过30%的地区,在总体规划设计中,可将工业用地尽量集中布置,以减少污染范围;适当加大厂区和居民区的距离,并用净化地带隔开,同时要考虑到除静风外的相对盛行风向或相对最小风频。

另外,对于其他更复杂的情况,在总体规划设计中,则需对当地风玫瑰图做具体的分析。

根据上述理论,在考虑风向时本规范摒弃了"主导风向"的提法,采用最小频率风向原则决定石油天然气站场与居民点、城镇的位置关系。

4.0.3 江河内通航的船只大小不一,尤其是民用船、水上人家,经常在船上使用明火,生产区泄漏的可燃液体一旦流入水域,很可能与上述明火接触而发生火灾爆炸事故,从而对下游的重要设施或建筑物、构筑物带来威胁。因此,当生产区靠近江河岸时,宜布置在重要建、构筑物的下游。

4.0.4 为了减少石油天然气站场与周围居住区、相邻厂矿企业、交通线等在火灾事故中的相互影响,规定了其安全防火距离。表4.0.4中的防火距离与原规范(1993年版)的相关规定基本相同。对表4.0.4说明如下:

1 本次修订,油品、天然站场等级仍划分为五个档次,虽然各级油品、天然气站场的库容和生产规模作了调整,但考虑到工艺技术进步和消防标准的提高,所以表4.0.4基本保留了原规范(1993年版)原油厂、站、库的防火距离。经与美国、英国和原苏联相关标准对比,表4.0.4规定的防火距离在世界上属中等水平。

2 石油天然气站场内火灾危险性最大的是油品、天然气凝液储罐,油气处理设备、容器、装卸设施、厂房的火灾危险性相对较小,因此,其区域布置防火间距可以减少25%。

3 火炬的防火间距一般根据人或设备允许的最大辐射热强度计算确定,但火炬排放的可燃气体中如果携带可燃液体时,可能因不完全燃烧而产生火雨。据调查,火炬火雨洒落范围为60m至90m,而经辐射热计算确定的防火间距有可能比此范围小。为了确保安全,对此类火炬的防火间距同时还作了特别规定。

据调查,火炬高度30～40m,风力1～2级时,在火炬下风方向"火雨"波及范围为100m,上风方向为30m,宽度为30m。

据炼油厂调查资料:火炬高度30～40m,"火雨"影响半径一般为50m。

据化工厂调查资料:当火炬高度在45m左右时,在下风侧,"火雨"的涉及范围为火炬高的1.5～3.5倍。

"火雨"的影响范围与火炬气体的排放量、气液分离状况、火炬竖管高度、气压和风速有关。根据调查资料和石油天然气站场火炬排放系统的实际情况,表4.0.4中规定可能携带可燃液体的火炬与居住区、相邻厂矿企业、35kV及以上独立变电所的防火间距为120m,与其他建筑的间距相应缩小。

4 油品、天然气站场与100人以上的居住区、村镇、公共福利设施、相邻厂矿企业的防火距离仍按照原规范(1993年版)的要求。石油天然气站场选址时经常遇到散居房屋,根据许多单位的建议,修订时补充了站场与100人以下散居房屋的防火距离,对一、二、三级站场比居住区减少25%,四级站场减少5m,五级站场仍保持30m。调查中发现不少站场在初建时与周围建筑物的防火间距符合要求,但由于后来相邻企业或居民区向外逐步扩展,致使防火间距不符合要求。为了保障石油天然气站场长期生产的安全,选址时必须与相邻企业或当地政府签订协议,不得在防火间距范围内设置建(构)筑物。

5 根据我国公路的发展,本规范修订时补充了石油天然气站场与高速公路的防火间距,比一般公路增加10m(或5m)距离。

6 变电所系重要动力设施,一旦发生火灾影响面大,油气在生产过程中,特别是在发生事故时,大量散发油气,若这些油气扩散到变电所是很危险的。参照有关规范的规定,确定一级油品站场至35kV及以上的独立变电所最小防火间距为60m;二级油品站场至独立变电所为50m。其他三、四、五级站场相应缩小。独立变电所是指110kV及以上的区域变电所或不与站场合建的35kV变电所。

7 与通信线的距离主要根据通信线的重要性来确定。考虑到石油天然气站场发生火灾事故时,不致影响通信业务的正常进行。参照国内现行的有关规范,确定一、二、三级油品站场、天然气站场与国家一、二级通信线路防火间距为40m,与其他通信线为1.5倍杆高。

8 根据架空送电线路设计技术标准的有关规定,送电线路与甲类火灾危险性的生产厂房、甲类物品库房、易燃、易爆材料堆场

以及可燃或易燃、易爆液(气)体储罐的防火间距,不应小于杆塔高度的1.5倍。要求1.5倍杆高的距离,主要考虑到倒杆、断线时电线偏移的距离及其危害的范围而定。有关资料介绍,据15次倒杆、断线事故统计,起因主要刮大风时倒杆、断线,倒杆后电线偏移距离在1m以内的6起,2～3m的4起,半杆高的2起,一杆高的2起,一倍半杆高的1起。为保证安全生产,确定油气集输处理站(油气井)与电力架空线防火间距为杆塔高度的1.5倍。参照《城镇燃气设计规范》GB 50028,确定一、二、三级液化石油气、天然气凝液站场距35kV及以上架空电力线路不小于40m。

另外,杆上变压器亦按架空电力线对待。

9 石油天然气站场与爆炸作业场所的安全距离,主要考虑到爆炸石块飞行的距离。

10 本规范这次修订对液化石油气和天然气凝液站场的等级和区域布置防火间距未作调整,仅补充了站场与100人以下散居房屋、高速公路、爆炸业场所(例如采石场)的安全防火距离,并将工艺设备、厂房与储罐区别对待。

4.0.5 石油天然气站场与相邻厂矿企业的石油天然气站场生产、储存、输送的可燃物质性质相同或相近,而且各自均有独立的消防系统。因此,当石油天然气站场与相邻厂矿企业的石油天然气站场毗邻布置时,其防火间距按本规范表5.2.1、表5.2.3执行。

4.0.7 自喷油井、气井至各级石油天然气站场的防火间距,根据生产操作、道路通行及一旦火灾事故发生时的消防操作等因素,本规范确定其对一、二、三、四级站场内储罐、容器的防火距离均为40m,并要求设计时,将油井置于站场的围墙以外,避免互相干扰和产生火灾危险。

油气井防火间距的调查:

(1)油气井在一般事故状况下,泄漏出的气体,沿地面扩散到40m以外浓度低于爆炸下限。

(2)消防队在进行救火时,由于辐射热的影响,一般距井口40m以内消防人员无法进入。

(3)油气井在修井过程中容易发生井喷,一旦着火,火势不易控制。如某油井,在修井时发生井喷,油柱高度达30m,喷油半径35m,消防人员站在上风向灭火,由于辐射热的影响,40m以内无法进入。某油田职工医院附近一口油井,因距医院楼房防火距离不够,修井发生井喷,原油喷射到医院楼房上。

根据上述情况,考虑到居民区、村镇、公共福利设施人员集中,经常有明火,火灾危险性大,其防火间距定为45m;相邻企业的火灾危险性小于居民区,防火间距定为40m。压力超过25MPa的气井,由于一旦失火危害很大,所以与100人以上居住、村镇、公共福利设施及相邻厂矿企业的防火间距增加50%。

机械采油井压力较低,火灾危险性比自喷井小,故其与周围设施的防火距离相应调小。

无自喷能力且井场没有储罐和工艺容器的油井火灾危险性较小,其区域布置防火间距可按修井作业所需间距确定。

5 石油天然气站场
总平面布置

5.1 一般规定

5.1.1 为了安全生产,石油天然气站场内部平面布置应结合地形、风向等条件,对各类设施和工艺装置进行功能分区,防止或减少火灾的发生及相互间的影响。

5.1.2 为防止事故情况下,大量泄漏的可燃气体扩散至明火地点或火源不易控制的人员集中场所引起爆燃,故规定可能散发可燃气体的场所和设施,宜布置在人员集中场所及明火或散发火花地点的全年最小频率风向的上风侧。

甲、乙类液体储罐布置在地势较高处,有利于泵的吸入,有条件时还可以自流作业。但从安全角度考虑,若毗邻油罐区的低处布置有工艺装置、明火设施,或是人员集中的场所,将会酿成大的事故,所以宜将油罐布置在站场较低处。

在山区或在丘陵地区建设油气站场,由于地形起伏较大,为了减少土石方工程量,场区一般采用阶梯式竖向布置,为防止可燃液体流到下一个台阶上,本规范这次修订明确规定"阶梯间应有防止泄漏可燃液体漫流的措施"。

为防止泄漏的可燃液体进入排洪沟而引起火灾,规定甲、乙类可燃液体储罐不宜紧靠排洪沟布置,但允许在储罐与排洪沟之间布置其他设施。

5.1.3 油气站场内锅炉房、35kV 及以上的变(配)电所、加热炉及水套炉是站场的动力中心,又是有明火和散发火花的地点,遇有泄漏的可燃气体会引起爆炸和火灾事故,为减少事故的可能性,宜将其布置在油气生产区的边部。

5.1.4 空分装置要求吸入的空气应洁净,若空气中含有可燃气体,一旦被吸入空分装置,则有可能引起设备爆炸等事故,因此应将空分装置布置在不受可燃气体污染的地段,若确有困难,亦可将吸风口用管道延伸到空气较清洁的地段。

5.1.5 汽车运输油品、天然气凝液、液化石油气和硫磺的装卸车场及硫磺仓库等布置在场区边缘部位,独立成区,并宜设单独的出入口的原因是:

(1)车辆来往频繁,行车过程中又可能因摩擦而产生静电或因排烟管可能喷出火花,穿行生产区是不安全的。

(2)装卸车场及硫磺仓库是外来人员和车辆来往较多的区域,为有利于安全管理,限制外来人员活动的范围,独立成区,设单独的出入口是必要的。

5.1.6 为安全生产,石油天然气站场内输送油品、天然气、液化石油气及天然气凝液的管道,宜在地面以上敷设,一旦泄漏,便于及时发现和检修。

5.1.7 设置围墙或围栏系从安全防护考虑;规定一、二、三级油气站场内甲、乙类设备、容器及生产建(构)筑物至围墙(栏)的距离,是考虑到围墙以外的明火无法控制,需要有一定的间距,以保证生产的安全。

规定道路与围墙的间距是为满足消防车辆的通道要求;站场的最小通道宽度应能满足移动式消防器材的通过。在小型站场,应考虑在发生事故时,生产人员能迅速离开危险区。

5.1.8 站场绿化,可以美化环境,改善小气候,又可减少环境污染。但绿化设计必须结合站场生产的特点,在油气生产区应选择含水分较多的树种,且不宜种植绿篱或灌木丛,以免引起油气积聚和影响消防。

可燃液体罐组内地面及土筑防火堤坡面种植草皮可减少地面的辐射热,有利于减少油气损耗,有利于防火。但生长高度必须小于 15cm,且能保持一年四季常绿。

液化烃罐区在液化烃切水时,可能会有少量泄漏,为避免泄漏的气体就地积聚,液化烃罐组内严禁绿化。

5.2 站场内部防火间距

5.2.1 本条是在总结原规范的基础上,参照国内外有关防火安全规范制定的。制定本条的依据是:

1 参考《石油设施电气装置场所分类》SY 0025,将爆炸危险场所范围定为 15m,由于甲A 类液体,即液化烃,其蒸汽压高于甲B、乙A 类,危险性较甲B、乙A 类大,所以,其与明火的防火间距定为 22.5m。

2 据资料介绍,设备在正常运行时,可燃气体扩散,能形成危险场所的范围为 8～15m;在正常进油和检修清罐时,油罐油气扩散距离为 21～24m。据资料介绍,英国石油学会《销售安全规范》规定,油罐与明火和散发火花的建(构)筑物距离为 15m。日本丸善石油公司的油库管理手册,按油罐内油面的状态规定油罐区内动火的最大距离为 20m。

3 按火灾危险性归类,如维修间、车间办公室、工具间、供注水泵房、深井泵房、排涝泵房、仪表控制间、应急发电设施、阴极保护间、循环水泵房、给水处理、污水处理等使用非防爆电气的厂房和设施,均有产生火花的可能,在表 5.2.1 中将其归为辅助生产厂房及辅助设施;而将中心控制室、消防泵房和消防器材间、35kV 及以上的变电所、自备电站、中心化验室、总机房和厂部办公室,空压站和空分装置归为全厂性重要设施。

4 为了减少占地,在将装置、设备、设施分类的基础上,采用了区别对待的原则,火灾危险性相同的尽量减小防火间距,甚至不设间距,如这次修改中,取消了全厂性重要设施和辅助生产厂房及辅助设施的间距;取消了全厂性重要设施、辅助生产厂房及辅助设施和有明火或散发火花地点(含锅炉房)的间距;取消了容量小于或等于 30m³ 的敞口容器和除油池与甲、乙类厂房和密闭工艺装置(设备)的距离。

5 按油品危险性、油罐型式及油罐容量规定不同的防火间距。对于储存甲B、乙类液体的浮顶油罐和储存丙类液体的固定顶油罐的防火间距均在甲、乙类固定顶油罐间距的基础上减少了 25％。考虑到丙类油品的闪点高,着火的危险性小,所以规定两个丙类液体的生产设备(厂房和密闭工艺装置、敞口容器和除油池、火车装车鹤管、汽车装车鹤管、码头装卸油臂及泊位等)之间的防火间距可按甲B、乙类液体的生产设备减少 25％。

6 对于采出水处理设施内的除油罐(沉降罐),由于规定了顶部积油厚度不超过 0.8m,所以采出水处理设施内的除油罐(沉降罐)均按小于或等于 500m³ 的甲B、乙类固定顶地上油罐的防火间距考虑,且由于采出水处理设施回收的污油均是乳化程度高的老化油,所以在甲B、乙类固定顶地上油罐的防火间距基础上减少了 25％。

7 油气站场内部各建(构)筑物防火间距的确定,主要是考虑到发生火灾时,他们之间的相互影响。站场内散发油气的油罐,尤其是天然气凝液和液化石油气储罐,由于危险性较大,所以和其他建(构)筑物的防火间距就比较大。而其他油气生产设备,由于油气扩散范围小,所以防火间距就比较小。

5.2.2 根据石油工业和石油炼厂的事故统计,工艺生产装置或加工过程中的火灾发生几率,远远大于油品储存设施的火灾几率。装置火灾一般影响范围约 10m,因工艺生产装置发生的火灾,而波及全装置的不多见,多因及时扑救而消灭于火灾初起时。其所以如此,一是因为装置内有较为完备的消防设备,另外,也因为在明火和散发火花的设备、场所与油气工艺设备之间有较大的、而且是必要的防火间距。

装置内部工艺设备和建(构)筑物的防火间距是参照现行国家标准《石油化工企业设计防火规范》GB 50160 的防火间距标准而制定的,《石油化工企业设计防火规范》考虑到液化烃泄漏后,可燃气体的扩散范围为 10～30m,其蒸气压高于甲B、乙类液体,其危险性较甲B、乙类液体大，将甲A类密闭工艺设备、泵或泵房、中间储罐离明火或散发火花的设备或场所的防火间距定为22.5m。所以本次修订石油天然气工程设计防火规范，也将甲A类密闭工艺设备、油泵或油泵房、中间储罐离明火或散发火花的设备或场所的防火间距定为22.5m。

5.2.3 由于石油天然气站场分级的变化，五级站储罐总容量由200m³增加到500m³，所以本条的适用范围是油罐总容量小于或等于500m³的采油井场、分井计量站、接转站、沉降分水站、气井井场装置、集气站、输油管道工程中油罐总容量小于或等于500m³的各类站场，输气管道的其他小型站场以及未采取天然气密闭的采出水处理设施。这类站场在油气田、管道工程中数量多、规模小、工艺流程简单，火灾危险性小；从统计资料看，火灾次数较少，损失也较少。由于这类站场遍布油气田，防火间距扩大，将增加占地。规范中表5.2.3的间距是按原规范《原油和天然气工程设计防火规范》GB 50183—93和储存油品的性质、油罐的大小，参考了装置内部工艺设备和建（构）筑物的防火间距结合石油天然气工程设计特点确定的。

对于生产规模小于50×10⁴m³/d的天然气净化厂和天然气处理厂，考虑到天然气处理厂有设置高挥发性液体泵的可能，参考《石油设施电气装置场所分类》SY 0025，增加了其对加热炉及锅炉房、10kV及以下户外变压器、配电间与油泵及油泵房、阀组间的防火间距为22.5m。本规范还参考原《原油和天然气工程设计防火规范》GB 50183和《石油化工企业设计防火规范》装置内部防火间距的要求，增加了天然气凝液罐对各生产装置（设备）、设施的防火间距要求。参照《石油化工企业设计防火规范》，确定装置只有一座液化烃储罐且其容量小于50m³时，按装置内其他工艺设备确定防火间距；当总容量等于或小于100m³时，按装置储罐对待；当储罐总容量大于100m³且小于或等于200m³时，由于储罐容量增加，危险性加大，防火间距随之加大。

对于增加的硫磺仓库、污水池和其他设施的距离，是参考四川石油管理局的实践经验确定的，但必须说明这里指的污水池，应是盛装不含污油和不含其他可燃烧物的污水池。

5.2.4 为了解决边远地区小站的人员值班问题，本次规范修订规定了除液化石油气和天然气凝液站场外的五级石油天然气站场可以在站内设值班休息室（宿舍、厨房、餐厅）。为了减少值班休息室与甲、乙类工艺设备和装置在火灾时的相互影响，采用站场外部区域布置中五级站场甲、乙类储油罐、工艺设备、容器、厂房、火车和汽车装卸设施与100人以下的散居房屋的防火间距；不能满足按站场外部区域布置的防火间距要求时，可采用将朝向甲、乙类工艺设备、容器（油罐除外）、厂房、火车和汽车装卸设施的墙壁设为耐火等级不低于二级的防火墙，采用不小于15m的防火间距，可使值班休息室（宿舍、厨房、餐厅）位于爆炸危险场所范围以外。但应方便人员在紧急情况下安全疏散。

5.2.5 油田注水储水罐天然气密闭隔氧是目前注水罐隔氧、防止管道与设备腐蚀的有效措施。按照原规范《原油和天然气工程设计防火规范》GB 50183—93确定的防火间距已使用了多年，本条保留了原规范的内容。

5.2.6 加热炉附属的燃料气分液包、燃料气加热器是加热炉的一部分，所以规定燃料气分液包、燃料气加热器与加热炉防火间距不限；但考虑到部分边远小站的燃料气分液包有可能就地排放凝液，故规定其排放口距加热炉的防火间距应不小于15m。

5.3 站场内部道路

5.3.1 从安全出发，站场内铺设管道、装置检修、车辆及人员来往，或因事故切断等阻碍了入口通道，当另设有出入口及通道时，消防车辆、生产用车及工作人员就可以通过另一出入口进出。

5.3.2 本条对油气站场内消防道路布置提出了要求。

1 一、二、三级站场内油罐组的容量较大，是火灾危险性最

大的场所，其周围设置环形道路，便于消防车辆及人员从不同的方向迅速接近火场，并有利于现场车辆调度。

四级以下站场及山区罐组如因地形或用地面积的限制等，建设环形道路确有困难者，可设计有回车场的尽头式道路。

尽头式道路回车场的面积应根据消防车辆的外形尺寸，以及该种型号车辆的回转轨迹的各项半径要求来确定。15m×15m的回车场面积，是目前消防车型中最起码的要求。

2 消防车道边到防火堤外基脚线之间的最小间距按3m确定是考虑道路肩、排水沟所需要的尺寸之后，尚能有1m左右的距离。其间若需敷设管线、消火栓等，可按实际需要适当放大。

3 铁路装卸作业区着火几率虽小，但着火后仍需扑救，故规定应有消防车道，并与站场内道路构成环形，以利于消防车辆的现场调度与通行。在受地形或用地面积限制的地区，也可设置有回车场的尽头消防车道。

消防车道与装卸栈桥的距离，规定为不大于80m，是考虑到沿消防道要设消火栓，在一般情况下，消火栓的保护半径可取120m，但在仅有一条消防车道的情况下，栈台附近敷设水带障碍较多，水带敷设系数较小，着火时很可能将受到火灾威胁的槽车拉离火场，扑救条件差，适当缩小这一距离是必要的。不小于15m的要求是考虑到消防作业的需要。

4 消防车道的净空距离、转弯半径、纵向坡度、平交角度的要求等都与有关国家现行规范规定相符合。

5 当扑救油罐火灾时，利用水龙带对着火罐进行喷水冷却保护，水龙带连接的最大长度一般为180m，水枪需有10m的机动水龙带，水龙带的敷设系数为0.9，故消火栓至灭火地点不宜超过（180-10）×0.9＝153m。根据消防人员的反映，以不超过120m为宜。只有一侧有消防道路时，为了满足消防用水量的要求，需较多的消火栓，此时规定任何储罐中心至道路的距离不应大于80m。

5.3.3 一级站场内油罐组及生产区发生火灾时，往往动用消防车辆数量较多，为了便于调度、避免交通阻塞，消防车道宜采用双车道，路面宽度不小于6m。若采用单车道时，郊区型路基宽度不小于6m，城市型单车道则应设错车设施或改变道缘石的铺砌方式，满足错车要求。

5.3.4 当石油天然气站场采用阶堤式布置并且阶堤高差大于2.5m时，为避免车辆从上阶的道路冲出，砸坏安装在下阶的生产设施，规定上阶道路边缘应设护墩、矮墙等设施，加以保护。

6 石油天然气站场生产设施

6.1 一般规定

6.1.1 对于天然气处理站场由可燃气体引起的火灾,扑救或灭火的最重要、最基本的措施是迅速切断气源。在进出站场(或装置)的天然气总管上设置紧急截断阀,是确保事故时能迅速切断气源的重要措施。为确保原料天然气系统的安全和超压泄放,在进站场的天然气总管上的紧急截断阀前,应设置安全阀和泄压放空阀。

截断阀应设在安全、操作方便的地方,以便事故发生时能及时关闭而不受火灾等事故的影响。紧急切断阀可根据工程情况设置远程操作、自动控制系统,以便事故时能迅速关闭。三、四级天然气站场一旦发生事故,影响较大,故规定进出三、四级天然气站场的天然气管道截断阀应有自动切断功能。

6.1.2、6.1.3 集中控制室是指站场内的集中控制中心,仪表控制间是指站场中单元装置配套的仪表操作间。两者既有相同之处,也有其规模大小、重要程度不同之别,故分两条提出要求。

集中控制室要求独立设置在爆炸危险区以外,主要原因它是站场中枢,加之仪表设备数量大,又是非防爆仪表,操作人员比较集中,属于重点保护建筑。在爆炸危险区以外可减少不必要的灾害和损失,又有利于安全生产。

油气生产的站场经常散发油气,尤其油气中所含液化石油气成分危险性更大,它的相对密度大,爆炸危险范围宽,当其泄漏时,蒸气可在很大范围接近地面之处积聚成一层雾状物,为防止或减少这类蒸气侵入仪表间,参照现行国家标准《爆炸和火灾危险场所电力装置设计规范》GB 50058 的要求,故规定了仪表间室内地坪高于室外地坪 0.6m。

为保证集中控制室和仪表间是一个安全可靠的非爆炸危险场所,非防爆仪表设备又能正常运行,本条中又规定了含有甲、乙类液体,可燃气体的仪表引线严禁直接引入集中控制室和不得引入仪表间的内容。但在特殊情况下,小型站场的小型仪表控制间,仅有少量的仪表,且又符合防爆场所的要求时,方可引入。

6.1.4 化验室是非防爆场所,室内有非防爆电气设备和明火设备,所以不应将石油天然气的人工采样管引入化验室内,以防止因泄漏而发生火灾爆炸事故。

6.1.5 站内石油天然气管道不穿过与其无关的建筑物,对于施工、日常检查、检修各方面都比较方便,减少火灾和爆炸事故的隐患,规定了本条要求。

6.1.6 天然气凝液和液化石油气厂房、可燃气体压缩机厂房,例如,液化石油气泵房、灌瓶间、天然气压缩机房等,以及建筑面积大于和等于 $150m^2$ 的甲类生产厂房等在生产或维修过程中,泄漏的气体聚集危险性大,通风设备也可能失灵。如某油田压气站曾因检修时漏气,又无检测和报警装置,参观人员抽烟引起爆炸着火事故,故提出在这些生产厂房内设置报警装置的要求。

天然气凝液和液化石油气罐区、天然气凝液和凝析油回收装置的工艺设备区,在储罐和工艺设备出现泄漏时,天然气凝液、未稳定凝析油和液化石油气快速气化,形成相对密度接近或大于1的蒸气,沿地面扩散和积聚。安装在地面附近的气体浓度检测报警装置可以及时检测气体浓度,按规定程序发出报警。故规定在这些场所应设可燃气体浓度检测报警装置。

其他露天或棚式安装的甲类生产设施,如露天或棚式安装的油泵和天然气压缩机、露天安装的油气阀组和油气处理设备等,可不设气体浓度检测报警装置,这主要是考虑两方面的情况:

一是天然气比空气轻,从压缩机和处理容器中漏出的气体不会积聚在地面,而是快速上升并随风扩散。对于挥发性不高的油品,例如原油,出现一般的油品泄漏时仅挥发出少量油蒸气,也会

快速随风扩散。所以在露天场地上安装气体浓度检测装置,并不能及时、准确地测定天然气和油品(高挥发性油品除外)的泄漏。

另一方面,在露天或棚式安装的甲类生产设施场地上,如果大量设置气体浓度检测报警装置,不仅需要增加投资,而且日常维护、检验工作量很大,会给长期生产管理造成困难。结合我国石油天然气站场目前还需要有人值守的情况,建议给值班人员配备少量的便携式气体浓度检测仪表,加强巡回检查,及时发现安全隐患。

高含硫气田集输和净化装置从工业卫生角度可能需要安装可燃气体报警装置,其配置应按其他有关法规和规范要求确定。

6.1.7 目前设备、管道保冷层材料尚无合适的非燃烧材料可选用,故允许用阻燃型泡沫塑料制品,但其氧指数不应低于30。

6.1.8 本条是为保证设备和管道的工艺安全而提出的要求。

6.1.9 站场的生产设备宜露天和棚式布置,不仅是为了节省投资,更重要的是为了安全。采用露天或棚式布置,可燃气体便于扩散。

"工艺特点"系指生产过程的需要。

"受自然条件限制"系指属于严寒地区或风沙大、雨雪多的地区。

6.1.10 自动截油排水器(自动脱水器)是近年来经生产实践证明比较成熟的新产品,能防止和减少油罐脱水时的油品损失和油气散发,有利于安全防火、节能、环保,减少操作人员的劳动强度。

6.1.11 含油污水是要挥发可燃气的。明沟或有盖板而无覆土的沟槽(无覆土时盖板经常被搬走,且易被破坏,密封性也不好),易受外来因素的影响,容易与火源接触,起火的机会多,着火后火势大,蔓延快,火灾的破坏性大,扑救也困难。所以本条规定应排入含油污水管道或工业下水道,连接处应设置有效的水封井,并采取防冻措施。本条的含油污水排出系统指常压自流排放系统。

调研中了解到,一些村民在石油天然气站场围墙外用火,引燃外排污水中挥发的可燃气体,并将火源引到站场内,造成火险。为防止事故时油气外逸或站场外火源蔓延到围墙内,规定在围墙处应增设水封和暗管。

6.1.12 储罐进油管要求从储罐下部接入,主要是为了安全和减少损耗。可燃液体从上部进入储罐,如不采取有效措施,会使油品喷溅,这样除增加油品损耗外,同时增加了液流和空气摩擦,产生大量静电,达到一定的电位,便会放电而发生爆炸起火。所以要求进油管从储罐下部接入。当工艺要求需从上部接入时,应将其延伸到储罐下部。

6.1.14 为防止可燃气体通过电缆沟串进配电室遇电火花引起爆炸,规定本条要求。

6.1.15 使用没有净化处理过的天然气作为锅炉燃料时,往往有凝液析出,容易使燃料气管线堵塞或冻结,使燃料气供给中断,炉火熄灭。有时由于管线暂时堵塞,使管线压力增高,将堵塞物排除,供气又开始,向炉堂内充气,甚至蔓延到炉外,容易引起火灾,故作了本规定。还应指出,安装了分液包还需加强管理,定期排放凝液才能真正起到作用。以原油、天然气为燃料的加热炉,由于油、气压力不稳,时有断油、断气后,又重新点火,极易引起爆炸着火。在炉膛内设立"常明灯"和光敏电阻,就可防止这类事故发生。气源从调节阀前接管引出是为避免调节阀关闭时断气。

6.2 油气处理及增压设施

6.2.1 油气集输过程中所用的加热炉、锅炉与其附属设备、燃料油罐应属于同一单元,同类性质的防火间距其内部应有别于外部。站场内不同单元的明火与油罐,由于储油罐容量比加热炉的燃料油罐容量大,作用也不相同,所以应有防火距离。而加热炉、锅炉与其燃料油罐之间防火间距如按明火与原油储罐对待,就要加大距离,使工艺流程不合理。

6.2.4 液化石油气泵泄漏的可能性及泄漏后挥发的可燃气体量

都大于甲、乙类油品泵,故规定应分别布置在不同房间内。

6.2.5 电动往复泵、齿轮泵、螺杆泵等容积式泵出口设置安全阀是保护性措施,因为出口管道可能被堵塞,或出口阀门可能因误操作被关闭。

6.2.6 机泵出口管道上由于未装止回阀或止回阀失灵,曾发生过一些火灾、爆炸事故。

6.3 天然气处理及增压设施

6.3.1 可燃气体压缩机是容易泄漏的设备,采用露天或棚式布置,有利于可燃气体扩散。

单机驱动功率等于或大于150kW的甲类气体压缩机是重要设备,其压缩机房是危险性较大的厂房,为便于重点保护,也为了避免相互影响,减少损失,故推荐单独布置,并规定在其上方不得布置含甲、乙、丙类介质的设备。

6.3.2 内燃机和燃气轮机排出烟气的温度可达几百摄氏度,甚至可能排出火星或灼热积炭,成为火源。如某油田注水站,因柴油机排烟管出口水封破漏不能存水,风吹火星落在泵房屋顶(木板泵房,屋面用油毡纸挂瓦)引起火灾;又如某输油管线加压泵站,采用柴油机直接带输油泵,发生刺漏,油气溅到排烟管上引起着火。由这些事故可以看出本条规定是必要的。

6.3.3 燃气和燃油加热炉等明火设备,在正常情况下火焰不外露,烟囱不冒火,火焰不可能被风吹走。但是,如果可燃气体或可燃液体大量泄漏,可燃气体可能扩散至加热炉而引起火灾或爆炸,因此,明火加热炉应布置在散发可燃气体的设备的全年最小频率风向的下风侧。

6.3.6 本条是防止燃料气漏入设备引发爆炸的措施。

6.3.7 本条是装置停工检修时,保证可燃气体、可燃液体不会串入装置的安全措施。

6.3.8 可燃气体压缩机,要特别注意防止吸入管道产生负压,以避免渗进空气形成爆炸性混合气体。多级压缩的可燃气体压缩机各段间应设冷却和气液分离设备,防止气体带液体进入缸内而发生超压爆炸事故。当由高压段的气液分离器减压排液至低压段的分离器内或排油水到低压油水槽时,应有防止串压、超压爆破的安全措施。

6.3.9 本条系参照国家标准《石油化工企业设计防火规范》GB 50160—92(1999年版)第4.6.17条规定的。

6.3.10 硫磺成型装置的除尘器所分离的硫磺粉尘,是爆炸性粉尘,而电除尘器是火源。

6.3.11 本条的闭合防护墙,其作用与可燃液体储罐周围的防火堤相近。目的是当液硫储罐发生火灾或其他原因造成储罐破裂时,防止液体硫磺漫流,以便于火灾扑救和防止烫伤。

6.3.13 固体硫磺仓库宜为单层建筑。如采用多层建筑,一旦发生火灾,固体硫磺熔化、流淌会增加火灾扑救的难度。同时,单层建筑的固体硫磺库也符合液体硫磺成型的工艺需要且便于固体硫磺装车外运。目前,国内各天然气净化厂的固体硫磺仓库均为单层建筑。

每座固体硫磺仓库的面积限制和仓库内防火墙的设置要求,是根据现行国家标准《建筑设计防火规范》的有关规定确定的。

6.4 油田采出水处理设施

6.4.1 经调研发现,沉降罐顶部气相空间烃类气体的浓度与油品性质、进罐污水含油率、顶部积油厚度等多种因素有关,有些沉降罐气体空间烃浓度能达到爆炸极限范围,具有一定的火灾危险性。为了保证生产安全,降低沉降罐的火灾危险性,规定沉降罐顶部积油厚度不得超过0.8m。

6.4.2、6.4.3 采用天然气密封工艺的采出水处理站,主要工艺容器顶部经常通入天然气,与普通采出水处理站相比火灾危险性较大,故规定按四级站场确定防火间距。其他采出水处理站,如污油

量不超过500m³,沉降罐顶部积油厚度不超过0.8m时,可按五级站场确定防火间距。

6.4.4 规定污油罐及污水沉降罐顶部应设呼吸阀、液压安全阀及阻火器的目的是防止罐体因超压或形成真空导致破裂,造成罐内介质外泄。同时防止外部火源引爆引燃罐内介质。每个呼吸阀及液压安全阀均应配置阻火器,它们的性能应分别满足《石油储罐呼吸阀》SY/T 0511、《石油储罐液压安全阀》SY/T 0525.1、《石油储罐阻火器》SY/T 0512的要求。

6.4.5 调研中发现,油田采出水处理工艺中的沉降罐是否设防火堤做法不一致,但多数沉降罐没设防火堤。如果沉降罐不设防火堤,为了保证安全应限制沉降罐顶部积油厚度不超过0.8m。

6.4.7 油田采出水处理工艺中的污油污水泵房室内地坪如果低于室外地坪,容易集聚可燃气体,故规定配机械通风设施。风机入口应设在底部。

6.4.8 本条主要从防止采出水容器液位超高冒顶、超压破坏及防止火灾蔓延等方面做出了具体规定。

6.5 油罐区

6.5.1 油罐建成地上式具有施工速度快、施工方便、土方工程量小,因而可以降低工程造价。另外,与之相配套的管线、泵站等也可建成地上式,从而也降低了配套工程建设费,维修管理也方便。但由于地上油罐目标暴露,防护能力差,受温度影响大,油气呼吸损耗大,在军事油库和战略储备油罐等有特殊要求时,可采用覆土式或人工洞式。根据工艺要求可设置小型地下钢油罐,如零位油罐。

钢油罐与非金属油罐比,具有造价低、施工快、防渗防漏性能好、检修容易、占地面积小、便于电视观测及自动化控制,故油罐要求采用钢油罐。

6.5.2 本条是对油品储罐分组布置的要求。

1 火灾危险性相同或相近的油品储罐,具有相同或相近的火灾特点和防护要求,布置在同一个罐组内有利于油罐之间相互调配和采取统一的消防设施,可节省输油管道和消防管道,提高土地利用率,也方便了管理。

2 液化石油气、天然气凝液储罐是在外界物理条件作用下,由气态变成液态的储存方式,这样的储罐往往是在常温情况下压力增大,储罐处在内压力较大的状态下,储存物质的闪点低、爆炸下限低。一旦出现事故,就是瞬间的爆炸,而且,除了切断气源外还没有有效的扑救手段,事故危害的距离和范围都非常大,产生的次生灾害严重,而无论何种油品储罐,均为常温常压液态储存,事故分跑、冒、滴、漏和裂罐起火燃烧,可以有有效的扑救措施,事故的可控制性也较大。在火灾危险性质不一样,事故性质和波及范围不一样,消防和扑救措施不相同的这两种储罐,是不能同组布置在一起的。

3 沸溢性油品消防时,油品容易从油罐中溢出来,导致火油流散,扩大火灾范围,影响非沸溢油品储罐的安全,故不宜布置在同一罐组内。

4 地上立式油罐同高位油罐、卧式油罐的罐底标高、管线标高均不相同,消防要求也不尽相同,放在一个罐组内对操作、管理、设计和施工等都不方便。

6.5.3 稳定原油、甲$_B$和乙$_A$类油品采用浮顶油罐储存。主要是这些油品易挥发,采用浮顶油罐储存可以减少油品蒸发损耗85%以上,从而减少了油气对空气的污染,也相对减少了空气对油品的氧化,既保证了油品的质量,又提高了防火安全性。尽管其建设投资较大些,但很快即可收回。不稳定原油的作业罐油液进出频繁、数量变化也大,进罐油品的含气量较高,影响浮盘平稳运行,还有许多作业操作的需要,往往都用固定顶油罐作为操作设施。

6.5.4 随着石油工业的发展,油罐的单罐容量越来越大,浮顶油罐单罐容量已经达到$10 \times 10^4 m^3$及以上,固定顶油罐也达到了

$2×10^4 m^3$,面对日益增大的罐容量和库容量,参照国内外的大容量油库设计规定和经验,为节约土地面积,适当加大油罐组内的总容量,既是必要的,也是可行的。

6.5.5 一个油罐组内,油罐座数越多发生火灾的机会就越多,单罐容量越大,火灾损失及危害也越大,为了控制一定的火灾范围和灾后的损失,故根据油罐容量大小规定了罐组内油罐最多座数。由于丙B类油品油罐不易发生火灾,而罐容小于$1000m^3$时,发生火灾容易扑救,因此,对应这两种情况下,油罐组内油罐数量不加限制。

6.5.6 油罐在油罐组内的布置不允许超过两排,主要是考虑油罐火灾时便于消防人员进行扑救操作,因四周都为油罐包围,给扑救工作带来较大的困难,同时,火灾范围也容易扩大,次生灾害损失也大。

储存丙B类油品的油罐,除某炼油厂外,其他油库站场均未发生过火灾事故,单罐容量小于$1000m^3$的油罐火灾易扑救,影响面也小,故这种情况的油罐可以布置成不越过4排,以节省投资和用地。为了火灾时扑救操作需要和平时维修检修的要求,立式油罐排与排之间的距离不应小于5m,卧式油罐排与排之间的距离不应小于3m。

6.5.7 油罐与油罐之间的间距,主要是根据下列因素确定:

1 油罐组(区)用地约占油库总面积的3/5～1/2。缩小间距,减少油罐区占地面积,是缩小站场用地面积的一个重要途径。节约用地是基本国策,是制定规范应首要考虑的主题。按照尽可能节约用地的原则,在保证安全和生产操作要求前提下,合理确定油罐之间间距是非常必要的。

2 确定油罐间距的几个技术要素:

1)油罐着火几率:根据调查材料统计,油罐着火几率很低,年平均着火几率为0.448‰,而多数火灾事故是因操作时不遵守安全防火规定或违反操作规程而造成的。绝大多数站场安全生产几十年,没有发生火灾事故。因此,只要遵守各项安全防火制度和操作规程,提高管理水平,油罐火灾事故是可以避免的。不能因为以前曾发生过若干次油罐火灾事故而增大油罐间距。

2)着火油罐能否引起相邻油罐爆炸起火,主要决定于油罐周围的情况,如某炼油厂添加剂车间的20号罐起火、罐底破裂、油品大量流出,周围又没有设防火堤,油流到处,一片火海。同时,对火灾的扑救又不能短时间奏效,火焰长时间烧烤邻近油罐,而邻罐又多为敞口,故被引燃。而与着火罐相距仅7m的酒精罐,因处在高程较高处,油流不能到达罐前,该罐就没有引燃起火。再如,上海某厂油罐起火后烧了20min,与其相邻距离2.3m的油罐也没有起火。我们认为,着火罐起火后,就对着火罐和邻近罐进行喷水冷却,油罐上又装有阻火器,相邻油罐是很难引燃的。根据油罐着火实际情况的调查,可以看出真正由于着火罐烘烤而引燃相邻油罐的事故很少。因此,相邻油罐引燃与否是油罐间距考虑的主要问题,但不能因此而无限加大相邻油罐的间距。

3)油罐消防操作要求:油罐间距要满足消防操作的要求。即油罐着火后,必须有一个扑救和冷却的操作场地,其含义有二:一是消防人员用水枪冷却油罐,水枪喷射仰角一般为50°～60°,故需考虑水枪操作人员与被冷却油罐的距离;二是要考虑泡沫产生器破坏时,消防人员要有一个往着火罐上挂泡沫钩管的场地。对于油罐组内常出现的$1000～5000m^3$钢油罐,按$0.6D$的间距是可以满足上述两项要求的。小于$1000m^3$的钢油罐,当采用移动式消防冷却时,油罐间距增加到$0.75D$。

4)我国当前有许多站场在布置罐组内油罐时,大都采用$0.5～0.7D$的间距,经过几十年的时间考验没有出现过问题,足以证明本条规定间距是有事实根据的。

5)浮顶油罐几乎没有气体空间,散发油气很少,发生火灾的可能性很小,即使发生火灾,也只在浮盘的周围小范围内燃烧,比较易于扑灭,也不需要冷却相邻油罐,其间距更可缩小,故为

$0.4D$。

3 国外标准规范对油罐防火间距的要求:

1)美国防火协会标准《易燃与可燃液体规范》NFPA 30(2000版)的要求见表1。

表1 最小罐间距

项 目		浮顶罐	固定顶储罐	
			Ⅰ类或Ⅱ类液体	ⅢA类液体
直径≤45m的储罐		相邻罐直径之和的1/6且不小于0.9	相邻罐直径总和的1/6且不小于0.9m	相邻罐直径总和的1/6且不小于0.9
直径>45m的储罐	设置拦蓄区	相邻罐直径之和的1/6	相邻罐直径总和的1/4	相邻罐直径总和的1/6
	设置防火堤	相邻罐直径之和的1/4	相邻罐直径总和的1/3	相邻罐直径总和的1/6

注:以下有两种情况例外:

1 单个容量不超过$477m^3$的原油,如位于孤立地区的采油设施中,其间距不需要大于0.9m。

2 仅储存Ⅲ级液体的储罐,假如它们不位于储存Ⅰ级或Ⅱ级液体储罐的同一防火堤或排液通道中,其间距不需要大于0.9m。

美国 NFPA 30 规范按闪点划分液体的火灾危险性等级,Ⅰ级——闪点<37.8℃,Ⅱ级——闪点≥37.8℃到<60℃,ⅢA级——闪点≥60℃至<93℃,ⅢB级——闪点≥93℃。

2)原苏联标准《石油和石油制品仓库设计标准》1970年版规定,浮顶罐或浮船罐组总容积不应超过$120000m^3$,浮顶罐间距为$0.5D$,但不大于20m;浮船罐的间距为$0.65D$,但不大于30m。固定顶罐组总容量在储存易燃液体(闪点≤45℃)时不应超过$80000m^3$,罐距为$0.75D$,但不大于30m;在储存可燃液体(闪点>45℃)时不应超过$120000m^3$,罐间距为$0.5D$,但不大于20m。

原苏联标准《石油和石油产品仓库防火规范》СНИП 2.11.03—93对油罐组总容量、单罐容量和罐间距的规定见表2。

表2 地上罐组的总容积和同一罐组罐之间的距离

罐类型	罐组内单罐公称容积(m^3)	储存石油和石油产品的类型	许可的罐组公称容量(m^3)	同一罐组罐之间的最小距离
浮顶罐	≥50000	各种油品	200000	30m
	<50000	各种油品	120000	0.5D,但不大于30m
浮船罐	50000	各种油品	200000	30m
	<50000	各种油品	120000	0.65D,但不大于30m
固定顶罐	≤50000	闪点大于45℃的石油和石油产品	120000	0.75D,但不大于30m
	≤50000	闪点45℃和以下的石油和石油产品	80000	0.75D,但不大于30m

罐组总容量不超过$4000m^3$,单罐容量不大于$400m^3$的一组小罐,罐间距不做规定。

3)英国石油学会(IP)石油安全规范第2部分《分配油库的设计、建造和操作》(1998版)规定:

a 固定顶罐罐组总容量不应超过$60000m^3$,罐距为$0.5D$,但不小于10m,不需要超过15m;浮顶油罐罐组总容量不超过$120000m^3$,罐径等于或小于45m时罐间距10m,罐径大于45m时罐间距15m。

b 罐组总容量不超过$8000m^3$,罐直径不大于10m和高度不大于14m的一组小罐,罐间距只需按建造和操作方便确定。

6.5.8 地上油罐组内油罐一旦发生破裂、爆炸事故,油品会流出油罐以外,如果没有防火堤油品就到处淌,必须筑堤以限制油品的流淌范围。但位于山丘地区的油罐组,当有地形条件的地方,可设导油沟加存油池的设施来代替防火堤的作用。卧式油罐组,因单罐容量小,只设围堰,保证安全即可。

6.5.9 本条是对油罐组防火堤设置的要求。

1 防火堤的闭合密封要求,是对防火堤的功能提出的最基本要求,必须满足,否则就失去了防火堤的作用。防火堤的建造除了密封以外,还应是坚固和稳定的,能经得住油品静压力和地震作用力的破坏,应经过受力计算,提出构造要求,保证坚固稳定。

2 油罐发生火灾时,火场温度能达到 1000℃ 以上。防火堤和隔堤只有采用非燃烧材料建造并满足耐火极限 4h 的要求,才能抵抗这种高温的烧烤,给消防扑救赢得时间。能满足上述要求的材料中,土筑堤是最好的,应为首选。但往往有许多地方土源困难,土堤占地多且维护工作量大,故可采用砖、石、钢筋混凝土等材料筑造防火堤,为保证耐火极限 4h,这些材料筑成堤的内表面应培土或涂抹有效的耐火涂料。

3 立式油罐组的防火堤堤高上限规定为 2.20m,比原规范增加了 0.2m,主要是考虑当前单罐容积越来越大,罐区占地面积急剧增加。为此,在基本满足消防人员操作视野要求的前提下,适当提高防火堤高度,在同样占地面积情况下,增大了防火堤的有效容积,对节约用地是大有意义。防火堤的下限高度规定为 1m,是为了掩护消防人员操作受不到热辐射的伤害,另一方面也限制罐组占地过大的现象发生。

4 管道穿越防火堤堤身一般是不允许的,必须穿越时,需事先预埋套管,套管与堤身是严密结合的构造,穿越管道从套管内伸入需设托架,其与套管之间,应采用非燃烧材料柔性密封。

5 防火堤内场地地面设计,是一个比较复杂的问题,难以用一个统一的标准来要求,应分别以下情况采取相应措施:

1)除少数雨量很少的地区(年降雨量不大于 200mm),或防火堤内降水能很快渗入地下因而不需要设计地面排水坡度外,对于大部分地区,为了排除雨水或消防运行水,堤内均应有不小于 0.3% 的设计地面坡度;一般地区堤内地面不做铺砌,这是为了节省投资,同时降低场地地面温度。

2)调研发现,湿陷性比较严重的黄土、膨胀土、盐渍土地区,在降雨或喷淋试水后地面产生沉降或膨胀,可能危害油罐和防火堤基础的稳定。故这样的地区应采取措施,防治水害。

3)南方地区雨水充足,四季常青,堤内种植四季常绿,不高于 15cm 的草皮,既可降低地面温度又可增加绿化面积,美化环境。

6 防火堤上应有方便工人进出罐组的踏步,一个罐组踏步数不应少于 2 个,且应在不同周边位置上,是防止火灾在风向作用下,便于罐组人员安全脱离火场。隔堤是同一罐组内的间隔,操作人员经常需翻越往来操作,故必须每隔堤均设人行踏步。

6.5.10 油罐罐壁与防火堤内基脚线的间距为罐壁高度的一半是原规范的规定,本处不作变动。在山边的油罐罐壁距挖坡坡脚间距为 3m,一是防止油品从这个方向射流出罐组,安全可以保证。二是 3m 间距是可以满足抢修要求。为节约用地作此规定。

6.5.11 本条是对防火堤内有效容积的规定。

1 固定顶油罐,油品装满半罐的油罐如果发生爆炸,大部分是炸开罐顶,因为罐顶强度相对较小,且油气聚集在液面以上,一旦起火爆炸,掀开罐顶的很多,而罐底壁则能保持完好。根据有关资料介绍,在 19 起油罐火灾导致油罐破坏事故中,有 18 起是破坏罐顶的,只有一次是爆炸后撕裂罐底的(原因是罐的中心柱与罐底板焊死)。另外在一个罐组内,同时发生一个以上的油罐破裂事故的几率极小。因此,规定油罐组防火堤内的有效容积不小于罐组内一个最大油罐的容积是合适的。

2 浮顶(内浮顶)油罐,因浮船下面基本没有气体空间,发生爆炸的可能性极小,即使爆炸,也只能将浮顶盘掀掉,不会破坏油罐罐体。所以油品流出油罐的可能性也极小,即使有些油品流出,其量也不大。故防火堤内的有效容积,对于浮顶油罐来说,规定不小于最大罐容积的一半是安全合理的。

6.6 天然气凝液及液化石油气罐区

6.6.1 将液化石油气和天然气凝液罐区布置在站场全年最小风频风向的上风侧,并选择在通风良好的地区单独布置。主要是考虑储罐及其附属设备漏气时容易扩散,发生事故时避免和减少对其他建筑物的危害。

目前,国际上对于液化石油气的罐区周围是否设置防护墙有两种意见。一是设置防护墙,当有液化石油气泄漏时,可以使泄漏的气体聚积,以达到可燃气体探头报警的浓度,防止泄漏的液化石油气扩散。根据现行国家标准《爆炸危险场所电力装置设计规范》有关规定,液化石油气泄漏时 0.6m 以上高度为安全区,因此将防护墙高度定为不低于 0.6m。另外一种说法,不设置防护墙,以防止储罐泄漏时使液化石油气窝存,发生爆炸事故。因此,本条款规定了如果不设防护墙,应采取一定的疏导措施,将泄漏的液化石油气引至安全地带。考虑到实际需要,在边远人烟稀少地区可以采取该方法。

全冷冻式液化石油气储罐周围设置防火堤是根据美国石油学会标准《液化石油气设施的设计和建造》API Std 2510(2001 版)第 11.3.5.3 条规定"低温常压储罐应设单独的围堤,围堤内的容积应至少为储罐容积的 100%。"

现行国家标准《城镇燃气设计规范》GB 50028 中将低温常压液化石油气储罐命名为"全冷冻式储罐",压力液化石油气储罐命名为"全压力式储罐"。本规范液化石油气的不同储存方式采用以上命名。

6.6.2 不超过两排的规定主要是方便消防操作,如果超过两排储罐,对中间储罐的灭火非常不利,而且目前所有防火规范对储罐排数的规定均为两排,所以规定了该条款。为了方便灭火,满足火灾条件下消防车通行,规定罐组周围应设环行消防路。

6.6.3、6.6.4 对于储罐个数的限制主要根据国家标准《石油化工企业设计防火规范》GB 50160—92(1999 年版)和石油天然气站场的实际情况确定的。储罐数量越多,泄漏的可能性越大,所以限制罐组内储罐数量。API Std 2510(2001 版)第 5.1.3.3 条规定"单罐容积等于或大于 12000 加仑的液化石油气卧式储罐,每组不超过 6 座。"但考虑到与我国相关标准的协调,本规范规定了压力储罐个数不超过 12 座。对于低温液化石油储罐的数量 API Std 2510(2001 版)第11.3.5.3条规定"两个具有相同基本结构的储罐可置于同一围堤内。在两个储罐间设隔堤,隔堤的高度应比周围的围堤低 1ft(0.3m)。"

6.6.6 规定球罐到防护墙的距离为储罐直径的一半、卧式储罐到防护墙的距离不小于 3m,主要考虑夏季降温冷却和消防冷却时防止喷淋水外溅,同时兼顾一旦储罐有泄漏时不至于喷向防护墙外扩大影响范围。API Std 2510(2001 版)第 11.3.5.3 条规定"围堤内的容积应考虑该围堤内扣除其他容器或储罐占有的容积后,至少为最大储罐容积的 100%。"

6.6.9 全压力式液化石油气储罐之间的距离要求,主要考虑火灾事故时对邻罐的热辐射影响,并满足设备检修和管线安装要求。国家标准《建筑设计防火规范》GBJ 16—87(2001 年版)和《城镇燃气设计规范》GB 50028—93(2002 年版)对全压力式储罐的间距均规定为储罐的直径。国家标准《石油化工企业设计防火规范》GB 50160—92(1999 年版)规定"有事故排放至火炬的措施的全压力式液化石油气储罐间距为储罐直径的一半"。考虑到液化石油气储罐的火灾危害大、频率高,并且一般石油站场的消防力量不如石化厂强大,有些站场的排放系统不如石化厂完善,所以罐间距仍保持原规范的要求,规定为 1 倍罐径。

全冷冻式储罐防火间距参照美国防火协会标准《液化石油气的储存和处置》NFPA 58(1998 版)第 9.3.6 条"若容积大于或等于 265m³,其储罐间的间距至少为大罐直径的一半";API Std 2510(2001 版)第 11.3.1.2 条规定"低温储罐间距取较大罐直径的一半。"

6.6.10 API 2510 第 3.5.2 条规定"容器下面和周围区域的斜坡应将泄漏或溢出物引向围堤区域的边缘。斜坡最小坡度应为

1％"。API 2510第3.5.7条规定"若用于液化石油气溢流封拦的堤或墙组成的圈围区域内的地面不能在24小时内耗尽雨水,应设排水系统。设置的任何排水系统应包括一个阀或截断闸板,并位于圈围区域外部易于接近的位置。阀或截断闸板应保持常闭状态。"

6.6.12 为了防止进料时,进料物流与储罐上部存在的气体发生相对运动,产生静电可能引起的火灾。规定进料为储罐底部进入。

储罐长期使用后,储罐底板、焊缝因腐蚀穿孔或法兰垫片处泄漏时,为防止液化石油气泄漏出来,向储罐注水使液化石油气液面升高,将漏点置于水面下,减少液化石油气泄漏。

为防止储罐脱水时跑气的发生,根据目前国内情况采用二次脱水系统,另设一个脱水容器或称自动切水器,将储罐内底部的水先放至自动切水器内,自动切水器根据天然气凝液及液化石油气与水的密度差,将天然气凝液及液化石油气由自动切水器顶部返回储罐内,水由自动切水器底部排出。是否采用二次脱水设施,应根据产品质量情况确定。

6.6.13 安装远程操纵阀和自动关闭阀可防止管路发生破裂事故时泄漏大量液化石油气。全冷冻式液化石油气储罐设真空泄放装置是根据《石油化工企业设计防火规范》GB 50160—92(1999年版)第5.3.11条、API Std 2510(2001版)第11.5.1.2条确定的。

6.6.14 《石油化工企业设计防火规范》GB 50160—92(1999年版)第5.3.16条规定液化烃储罐开口接管的阀门及管件的压力等级不应低于2.0MPa。考虑石油企业系统常用设计压力为1.6MPa、2.5MPa、4.0MPa等管道等级,因此,压力等级为等于或大于2.5MPa。

6.6.16 天然气凝液和液化石油气安全排放至火炬,主要为了在储罐发生火灾时,可以泄压放空到安全处理系统,不致因高温烘烤使储罐超压破裂而造成更大灾害。若有条件,也将受火灾威胁的储罐倒空,以减少损失和防止事故扩大。

6.7 装卸设施

6.7.1 我国目前装车鹤管有三种:喷溅式、液下式(浸没式)和密闭式。对于轻质油品或原油,应采用液下式(浸没式)装车鹤管。这是为了降低液面静电位,减少油气损耗,以达到避免静电引燃油气事故和节约能源,减少大气污染。

为了防止和控制油罐车火灾的蔓延与扩大,当油罐车起火时,立即切断油源是非常重要的。紧急切断阀设在地上较好,如放在阀井中,井内易积存油水,不利于紧急操作。

6.7.2 考虑到在栈桥附近,除消防车道外还有可能布置别的道路,故提出本条要求,其距离的要求是从避免汽车排气管偶尔排出的火星,引燃装油场的油气为出发点提出来的。

6.7.3 本条第6款的防火间距是参照国家标准《建筑设计防火规范》GBJ 16—87(2001年版)第4.4.10条制定的。因本规范规定甲、乙类厂房耐火等级不宜低于二级;汽车装油鹤管与其装油泵房属同一操作单元,其间距可缩小,故参照《建筑设计防火规范》GBJ 16—87(2001年版)第4.4.9条注④将其间距定为8m;汽车装油鹤管与液化石油气生产厂房及密闭工艺设备之间的防火间距是参照美国防火协会标准《煤气厂液化石油气的储存和处理》NFPA 59有关条文编写的。

6.7.4 液化石油气装车作业已有成熟操作管理经验,若与可燃液体装卸共台布置而不同时作业,对安全防火无影响。

液化石油气罐装车过程中,其排气管应采用气相平衡式或接至低压燃料气或火炬放空系统,若就地排放极不安全。曾有类似爆炸、火灾事故就是就地排放造成的。

6.7.5 本条是对灌瓶间和瓶库的要求。

1 液化石油气灌装站的生产操作间主要指灌瓶、倒瓶升压操作间,在这些地方不管是人工操作或自动控制操作都不可避免液

化石油气泄漏。由于敞开式和半敞开式建筑自然通风良好,产生的可燃气体扩散快,不易聚集,故推荐采用敞开式或半敞开式的建筑物。在集中采暖地区的非敞开式建筑内,若通风条件不好可能达到爆炸极限。如某站灌瓶间,在冬季测定时曾达到过爆炸极限。可见在封闭式灌瓶间,必须设置效果较好的通风设施。

2 液化石油气灌装间、倒瓶间、泵房的暖气地沟和电缆沟是一种潜在的危险场所和火灾爆炸事故的传布通道。类似的火灾事故曾经发生过,为消除事故隐患,特提出这些建筑物不应与其他房间连通。

根据某市某液化石油气灌瓶站火灾情况,是工业灌瓶间发生火灾,因通风系统串通,故火焰由通风管道窜至民用灌瓶间,致使4000多个小瓶爆炸着火,进而蔓延至储罐区,造成了上百万元损失的严重教训。又根据"供热通风空调制冷设计技术措施"的规定,空气中含有容易起火或有爆炸危险物质的房间,空气不应循环使用,并应设置独立的通风系统,通风设备也应符合防火防爆的要求。从防止火灾蔓延角度出发,本款规定了关于通风管道的要求。

3 在经常泄漏液化石油气的灌瓶间,应铺设不发生火花的地面,以避免因工具掉落、搬运气瓶与地面摩擦、撞击,产生火花引起火灾的危险。

4 装有液化石油气的气瓶不得在露天存放的主要原因是:液化石油气饱和蒸气压力随温度上升而急剧增大,在阳光下暴晒很容易使气瓶内液体气化,压力超过一般气瓶工作压力,引起爆炸事故。

5 目前各炼厂生产的液化石油气,残液含量较少的为5％～7％,较多的达15％～20％,平均残液量在8％～10％左右。油田生产的液化石油气残液量也是不少的,残液随便就地排放所造成的火灾时有发生,在油田也曾引起火灾事故。因此,规定了残液必须密闭回收。

6 瓶库的总容量不宜超过10m³,是根据现行国家标准《城镇燃气设计规范》而定。同时也是为了减小危害程度。

6.7.9 本条主要规定了液化石油气灌装站内储罐与有关设施的防火间距。灌装站内储罐与泵房、压缩机房、灌瓶间等有直接关系。储罐容量大,发生火灾造成的损失也大。为尽量减少损失,按罐容量大小分别规定防火间距。

1 储罐与压缩机房、灌装间、倒残液间的防火间距与国家标准《建筑设计防火规范》GBJ 16—87(2001年版)表4.6.2中一、二级耐火的其他建筑一致,且与现行国家标准《城镇燃气设计规范》GB 50028一致。

2 汽车槽车装卸接头与储罐的防火间距,美国标准API Std 2510、NFPA59均规定为15m,现行国家标准《城镇燃气设计规范》与本规范表6.7.9均按储罐容量大小分别提出要求。以实际生产管理和设备质量来看,我国的管道接头、汽车排气管上的防火帽,仍不十分安全可靠。但带上防火帽进站,行车途中防火帽丢失的现象仍然存在。从安全考虑,本表按储罐容量大小确定间距,其数值与燃气规范一致。

3 仪表控制间、变配电间与储罐的间距,是参照现行国家标准《城镇燃气设计规范》的规定确定的。

6.8 泄压和放空设施

6.8.1 本条是设置安全阀的要求。

1 顶部操作压力大于0.07MPa(表压)的设备,即为压力容器,应设置安全阀。

2 蒸馏塔、蒸发塔等气液传质设备,由于停电、停水、停回流、气提量过大、原料带水(或轻组分)过多诸多原因,均可能引起气相负荷突增,导致设备超压。所以,塔顶操作压力大于0.03MPa(表压)者,均应设安全阀。

6.8.4 本条是参照国家标准《城镇燃气设计规范》GB 50028—93

(2002年版)的有关规定制定的。

6.8.5 国内早期设计的克劳斯硫回收装置反应炉采用爆破片防止设备超压破坏。但在爆破片爆破时，设备内的高温有毒气体排入装置区大气中，污染了操作环境，甚至危及操作人员的人身安全。

由于克劳斯硫磺回收反应炉、再热炉等设备的操作压力低，可能产生的爆炸压力亦低，采用提高设备设计压力的方法防止超压破坏不会过分增加设备壁厚。有时这种低压设备为满足刚度要求而增加的厚度就足以满足提高设计压力的要求。因此，采用提高设备设计压力的方法防止超压破坏，不会增加投资或只需增加很小的投资。化学当量的烃-空气混合物可能产生的最大爆炸压力约为爆炸前压力(绝压)的7~8倍。必要时可用下式计算爆炸压力：

$$P_e = P_f \cdot T_e/T_f \cdot (m_e/m_f) \quad (1)$$

式中　P_e——爆炸压力(kPa)(绝压)；
　　　P_f——混合气体爆炸前压力(kPa)(绝压)；
　　　T_e、T_f——爆炸时达到温度及爆炸前温度(K)；
　　　m_e/m_f——爆炸后及爆炸前气体标准体积比(包括不参加反应的气体如 N_2 等)。

6.8.6 为确保放空管道畅通，不得在放空管道上设切断阀或其他截断设施；对放空管道系统中可能存在的积液，及由于高压气体放空时压力骤降或环境温度变化而形成的冰堵，应采取防止或消除措施。

1 高、低压放空管压差大时，分别设置通常是必要的。高、低压放空同时排入同一管道，若处置不当，可能发生事故。例如，四川气田开发初期，某厂酸性气体紧急放空管与 DN100 原料气放空管相连并接入 40m 高的放空火炬，发生过原料气与酸气同时放空时，由于原料气放空量大、压力高(4MPa)，使紧急放空管压力上升，造成酸性气体系统压力升高，致使酸性气体水封罐防爆孔憋爆的事故。

高、低压放空管分别设置往往还可降低放空系统的建设费用，故大型站场宜优先选择这样的放空系统。

2 当高压放空气量较小或高、低压放空的压差不大(例如其压差为 0.5~1.0MPa)时，可只设一个放空系统，以简化流程。这时，必须对可能同时排放的各放空点背压进行计算，使放空系统的压降减少到不会影响各排放点安全排放的程度。根据美国石油学会标准《泄压和减压系统导则》API RP521 规定，在确定放空管系尺寸时，应使可能同时泄放的各安全阀后的累积回压限制在该安全阀定压的 10% 左右。

6.8.7 本条是对火炬设置的要求。

1 火炬高度与火炬筒中心至油气站场各部位的距离有密切关系，热辐射计算的目的是保证火炬周围不同区域所受辐射热均在允许范围内。现将美国石油学会标准《泄压和减压系统导则》API RP 521 的有关计算部分摘录如下，供参考。

1)本计算包括确定火炬筒直径、高度，并根据辐射热计算，确定火炬筒中心至必须限制辐射热强度(或称热流密度)的受热点之间的安全距离。火炬对环境的影响，如噪声、烟雾、光度及可燃气体焚烧后对大气的污染，不包括在本计算方法内。

2)计算条件：
①视排放气体为理想气体；
②火炬出口处的排放气体允许线速度与声波在该气体中的传播速度的比值——马赫数，按下述原则取值：
对站场发生事故，原料或产品气体需要全部排放时，按最大排放量计算，马赫数可取 0.5；单个装置开、停工或事故泄放，按需要的最大气体排放量计算，马赫数可取0.2。
③计算火炬高度时，按表3确定允许的辐射热强度。太阳的辐射热强度约为 0.79~1.04kW/m²，对允许暴露时间的影响很小。

④火焰中心在火焰长度的1/2处。

表3　火炬设计允许辐射热强度(未计太阳辐射热)

允许辐射热强度 q(kW/m²)	条　件
1.58	操作人员需要长期暴露的任何区域
3.16	原油、液化石油气、天然气凝液储罐或其他挥发性物料储罐
4.73	没有遮蔽物，但操作人员穿着合适的工作服，在紧急关头需要停留几分钟的区域
6.31	没有遮蔽物，但操作人员穿着合适的工作服，在紧要关头需要停留1min的区域
9.46	有人通行，但暴露时间必须限制在几秒钟之内能安全撤离的任何场所，如火炬下面或附近热塔、设备的操作平台。除挥发性物料储罐以外的设备和设施

注：当 q 值大于 6.3kW/m² 时，操作人员不能迅速撤离的塔上或其他高架结构平台、梯子应设在背离火炬的一侧。

3)计算方法：
①火炬筒出口直径：

$$d = \left[\frac{0.1161W}{m \cdot P}\left(\frac{T}{K \cdot M}\right)^{0.5}\right]^{0.5} \quad (2)$$

式中　d——火炬筒出口直径(m)；
　　　W——排放气质量流率(kg/s)；
　　　m——马赫数；
　　　T——排放气体温度(K)；
　　　K——排放气绝热系数；
　　　M——排放气体平均分子量；
　　　P——火炬筒出口内侧压力(kPa)(绝压)。

火炬筒出口内侧压力比出口处的大气压略高。简化计算时，可近似为等于该处的大气压。必要时可按下式计算：

$$P = P_0/(1 - 60.15 \times 10^{-6}MV^2/T) \quad (3)$$

式中　P_0——当地大气压(kPa)(绝压)；
　　　V——气体流速(m/s)。

②火焰长度及火焰中心位置：

火焰长度随火炬释放的总热量变化而变化。火焰长度 L 可按图1确定。

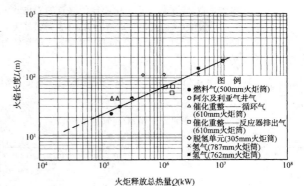

图1　火焰长度与释放总热量的关系

火炬释放的总热量按下式计算：

$$Q = H_L \cdot W \quad (4)$$

式中　Q——火炬释放的总热量(kW)；
　　　H_L——排放气的低发热值(kJ/kg)。

风会使火焰倾斜，并使火焰中心位置改变。风对火焰在水平和垂直方向上的偏移影响，可根据火炬筒顶部风速与火炬筒出口气速之比，按图2确定。

火焰中心与火炬筒顶的垂直距离 Y_C 及水平距离 X_C 按下列公式计算：

$$Y_C = 0.5[\sum(\Delta Y/L) \cdot L] \quad (5)$$
$$X_C = 0.5[\sum(\Delta X/L) \cdot L] \quad (6)$$

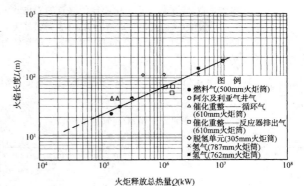

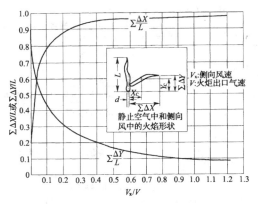

图2 由侧向风引起的火焰大致变形

③火炬筒高度:火炬筒高度按下列公式计算(参见图3)。

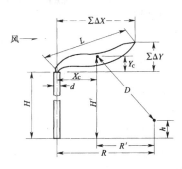

图3 火炬示意图

$$H=\left[\frac{\tau FQ}{4\pi q}-(R-X_C)^2\right]^{0.5}-Y_C+h \quad (7)$$

式中　　H——火炬筒高度(m);

　　　　Q——火炬释放总热量(kW);

　　　　F——辐射率,可根据排放气体的主要成分,按表4取值;

　　　　q——允许热辐射强度(kW/m²),按表3规定取值;

　　　　Y_C、X_C——火焰中心至火炬筒顶的垂直距离及水平距离(m);

　　　　R——受热点至火炬筒的水平距离(m);

　　　　h——受热点至火炬筒下地面的垂直高差(m);

　　　　τ——辐射系数,该系数与火焰中心至受热点的距离及大气相对湿度、火焰亮度等因素有关,对明亮的烃类火焰,当上述距离为30~150m时,可按下式计算辐射系数:

$$\tau=0.79\left(\frac{100}{r}\right)^{1/16}\cdot\left(\frac{30.5}{D}\right)^{1/16} \quad (8)$$

式中　　r——大气相对湿度(%);

　　　　D——火焰中心至受热点的距离(m)(见图3)。

表4 气体扩散焰辐射率 F

燃烧器直径(mm)		5.1	9.1	19.0	41.0	84.0	203.0	406.0
辐射率 F (F=辐射热/总热量)	H_2	0.095	0.091	0.097	0.111	0.156	0.154	0.169
	C_4H_{10}	0.215	0.253	0.286	0.285	0.291	0.280	0.299
	CH_4	0.103	0.116	0.160	0.161	0.147		
	天然气(CH₄ 95%)						0.192	0.232

2　液体、低热值气体、空气和惰性气体进入火炬系统,将影响火炬系统的正常操作。有资料介绍,热值低于8.37MJ/m³的气体不应排入可燃气体排放系统。

6.8.8 从保护环境及安全上考虑,可燃气体应尽量通过火炬系统排放,含硫化氢等有毒气体的可燃气更是如此。

美国石油学会标准《泄压和减压系统导则》API RP521认为:可燃气体直接排入大气,当排放口速度大于150m/s时,可燃气体与空气迅速混合并稀释至可燃气体爆炸下限以下是安全的。

6.8.9 甲、乙类液体排放时,由于状态条件变化,可能释放出大量可燃气体。这些气体如不经分离,会从污油系统扩散出来,成为火灾隐患。故在这类液体放空时应先进入分离器,使气液分离后再分别引入各自的放空系统。

设备、容器内残存的少量可燃液体,不得就地排放或排入边沟、下水道,也是为了减少火灾事故隐患,并有利于保护环境。

6.8.10 积存于管线和分离设备中的硫化铁粉末,在排入大气时易自燃,成为火源。四川某输气管道末站分离器放空管管口曾发生过这种情况。故应在这种排污口设喷水冷却设施。

6.8.12 天然气管道清管器收发筒排污已实现低压排放。经分离后排放,可在保证安全的前提下减少占地。

6.9　建(构)筑物

6.9.1 根据不同生产火灾危险性类别,正确选择建(构)筑物的耐火等级,是防止火灾发生和曼延扩大的有效措施之一。火灾实例中可以看出,由于建筑物的耐火等级与生产火灾危险性类别不相适应而造成的火灾事故,是比较多的。

当甲、乙类火灾危险性的厂房采用轻型钢结构时,对其提出了要求。从火灾实例说明,钢结构着火之后,钢材虽不燃烧,但其耐火极限较低,一烧就垮,500℃时应力折减一半,相当于三级耐火等级的建筑。采用单层建筑主要从安全出发,加强防护,当一旦发生火灾事故时,可及时扑救初期的火灾,防止蔓延。

6.9.2 有油气散发的生产设备,为便于扩散油气,不使聚集成灾,故应为敞开式的建筑形式。若必须采用封闭式厂房,则应按现行国家标准《建筑设计防火规范》的规定,设置强制通风和必保的泄压面积及措施,保证防火防爆的安全。

事实说明,具有爆炸危险的厂房,设有足够的泄压面积,一旦发生爆炸事故时,易于通过泄压屋顶、门窗、墙壁等进行泄压,减少人员伤亡和设备破坏。

6.9.3 对隔墙的耐火要求,主要是为了防止甲、乙类危险性生产厂房的可燃气体通过孔洞、沟道侵入不同火灾危险性的房间内,引起火灾事故。

天然气压缩机房和油泵房,均属甲、乙类生产厂房,在综合厂房布置时,应根据风频风向、防火要求等条件,尽量布置在厂房的某一端部,并用防护隔墙与其他用房隔开,其目的在于一旦发生火灾、爆炸事故,能减少其对其他生产厂房的影响。

6.9.4 门向外开启和甲、乙类生产厂房的门不得少于两个的规定,是为了确保发生火灾事故时,生产操作人员能迅速撤离火场或火灾危险区,确保人身安全。建筑面积小于或等于100m²时,可设一个向外开启的门,这是原规范的规定,并且符合现行国家标准《建筑设计防火规范》的要求。

6.9.5 供甲、乙类生产厂房专用的10kV及以下的变、配电间,须采用无门窗洞口的防火墙隔开方能毗邻布置,为的是防止甲、乙类厂房内的可燃气体通过孔洞、沟道流入变配电室(所),以减少事故的发生。

配电室(所)在防火墙上所开的窗,要求采用固定甲级防火窗加以密封,同样是为了防止可燃气体侵入的措施之一。

6.9.6 甲、乙类工艺设备平台、操作平台,设两个梯子及平台间用走桥连通,是为了防止当一个梯子被火焰封住或烧毁时,可通过连桥或另一个梯子进行疏散操作人员。

6.9.8 一般钢立柱耐火极限只有0.25h左右,容易被火烧毁坍塌。为了使承重钢立柱能在一定时间内保持完好,以便扑救火灾,故规定钢立柱上宜涂敷耐火极限不小于2h的保护层。

7 油气田内部集输管道

7.1 一般规定

7.1.1 站外管道的敷设方式可分为埋地敷设、地面架设及管堤敷设几种。一般情况下,埋地敷设较其他敷设方式经济安全,占地少,不影响交通和农业耕作,维护管道方便,故应优先采用。但在地质条件不良的地区或其他特殊自然条件下,经过经济对比,如果采用埋地敷设投资大、工程量大、对管道安全及寿命有影响,可考虑采用其他敷设方式。

7.1.2 管线穿跨越铁路、公路、河流等的设计还可参照《输油管道工程设计规范》GB 50253、《输气管道工程设计规范》GB 50251以及《油气集输工程设计规范》等国家现行标准的有关规定执行。

7.1.3 当管道沿线有重要水工建筑、重要物资仓库、军事设施、易燃易爆仓库、机场、海(河)港码头、国家重点文物保护单位时,管道与相关设施的距离还应同有关部门协商解决。

7.1.4 阴极保护通常有强制电流保护和牺牲阳极保护两种。行业标准《钢质管道及储罐腐蚀控制工程设计规范》SY 0007—1999规定了"外加电流阴极保护的管道"与其他管道、埋地通信电缆相遇时的要求。

交流电干扰主要来自高压交流电力线路及其设施、交流电气化铁路及其设施,对管线的影响比较复杂。交流电力系统的各种接地装置是交流输电线路放电的集中点,危害性最大,《钢质管道及储罐腐蚀控制工程设计规范》SY 0007—1999根据国内外研究成果,提出了管线与交流电力系统的各种接地装置之间的最小安全距离。

7.1.5 集输管道与架空送电线路平行敷设时的安全距离,是参照国家标准《66kV 及以下架空电力线路设计规范》GB 50061—97和行业标准《110 ~ 500kV 架空送电线路设计技术规程》DL/T 5092—1999确定的。

7.1.6 本条是参照石油和铁路方面的相关标准和文件确定的。

　　1 铁道部、石油部1987年关于铁路与输油、输气管道平行敷设相互距离的要求。

　　2 行业标准《铁路工程设计防火规范》TB 10063—99第2.0.8条要求输油、输气管道与铁路平行敷设时防火间距不小于30m,并距铁路界线外3m。上述规范中30m 的规定依据是《原油长输管道线路设计规范》SYJ 14第3.0.5条的规定,此规范已作废。新规范《输油管道工程设计规范》GB 50253—2003第4.1.5条规定:管道与铁路平行敷设时应在铁路用地范围边线3m 以外。管道与铁路平行敷时防火间距不小于30m 的规定已取消。

　　3 电气化铁路的交流电干扰受外部条件影响较大,如对敷设较好的管道与50Hz 电气化铁路平行敷设,当干扰电源较小时铁路与管道的间距可小于30m。因此,本规范不宜规定具体距离要求。

　　4 行业标准《公路工程技术标准》JTG B01—2003规定"公路用地范围为公路路堤两侧排水沟外边缘(无排水沟时为路堤或护坡道坡脚)以外,或路堑坡顶截水沟外边缘(无截水沟为坡顶)以外不少于1m 范围内的土地;在有条件的地段,高速公路、一级公路不少于3m,二级公路不少于2m 范围内的土地为公路用地范围。"因此,有条件的地区,油田内部原油集输管道应敷设在公路用地范围以外;执行起来有困难而需要敷设在路肩下时,应与当地有关部门协商解决。而油田公路是为油田服务的,集输管道可敷设在其路肩下。

7.2 原油、天然气凝液集输管道

7.2.1 多年来油田内部集输管道设计一直采用"防火距离"来保护其自身以及周围建(构)筑物的安全。但是,一方面,当管道发生火灾、爆炸事故时,规定的距离难以保证周围设施的安全;另一方面,随着油田的开发和城市的建设,目前按原规范规定的距离进行设计和建设已很困难。而国际上通常的做法是加强管道自身的安全。因此,本次修订对此章节作了重大修改,由"距离安全"改为"强度安全",向国际标准接轨。

美国国家标准《输气和配气管道系统》ASME B31.8及国际标准《石油及天然气行业　管道输送系统》ISO 13623—2000,将天然气、凝析油、液化石油气管道的沿线地区按其特点进行分类,不同的地区采用不同的设计系数,提高管道的设计强度。美国标准《石油、无水氨和醇类液体管道输送系统》ASME B31.4既没有规定管道与周围建(构)筑物的距离,又没有将沿线地区分类,规范了管道及其附件的设计、施工及检验要求。前苏联标准《大型管线》СНИП—2.05.06—85将管道按压力、管径、介质等进行分级,不同级别采用不同的距离。

国家标准《输气管道工程设计规范》GB 50251—2003是根据ASME B31.8,将管道沿线地区分成4个等级,不同等级的地区采用不同的设计系数。《输油管道工程设计规范》GB 50253—2003规定了管道与周围建(构)筑物的距离,其中对于液态液化石油气还按不同地区规定了设计系数。

油田内部原油、稳定轻烃、压力小于或等于0.6MPa 的油田气集输管道,因其管径一般较小、压力较低、长度较短,周围建(构)筑物相对长输管道密集,若将管道沿线地区分类,按不同地区等级选用相应的设计系数,一是无可靠的科学依据,二是从区域的界定、可操作性及经济性来看,不是很合适。因此,此次修订取消了原油管道与建(构)筑物的防火间距表,但仍规定了原油管道与周围建(构)筑物的距离,该距离主要是从保护管道,以及方便管道施工及维修考虑的。管道的强度设计应执行有关油气集输设计的国家现行标准。当管道局部管段不能满足上述距离要求时,可将强度设计系数由0.72调整为0.6,缩短安全距离,但不能小于5m。若仍然不能满足要求,必须采取有效的保护措施,如局部加套管、此段管道焊口做100%探伤检验以及提高探伤等级、加强管道的防腐及保温、此段管道两端加截断阀、设置标志桩并加强巡检等。

7.2.2 天然气凝液是液体烃类混合物,前苏联标准《大型管线》СНИП—2.05.06—85将20℃温度条件下,其饱和蒸气压力小于0.1MPa 的烃及其混合物,视为稳定凝析油或天然汽油,故本规范中将其划在稳定轻烃一类中。

20℃温度条件下,其饱和蒸气压力大于或等于0.1MPa 的天然气凝液管道,目前各油田所建管道均在DN200以下,故本规范限定在小于或等于DN200。管道沿线按地区划分等级,选用不同的设计系数是国际标准《石油及天然气行业管道输送系统》ISO 13623—2000所要求的。《油田气集输设计规范》SY/T 0004—98规定野外地区设计系数为0.6,通过其他地区时的设计系数可参照国家标准《输油管道工程设计规范》GB 50253—2003选取。天然气凝液管道与建(构)筑物、公路的距离是参考《城镇燃气设计规范》GB 50028—93(1998年版),在考虑了按地区等级选取设计系数后取其中最小值得出的。

7.3 天然气集输管道

7.3.1 在原规范《原油和天然气工程设计防火规范》GB 50183—93中规定:气田集输管道设计除按设计压力选取设计系数 F 外(如 $PN < 1.6MPa$ 时,F 取0.6;$PN \geq 1.6MPa$ 时,F 取0.5),埋地天然气集输管道与建(构)筑物还应保持一定的距离(如 $PN \leq 1.6MPa$、$DN > 400$ 集输管道距居民住宅、重要工矿的防火间距要求大于40m;$PN = 1.6 \sim 4.0MPa$、$DN > 400$ 防火距离大于60m;

$PN>4.0MPa$，$DN>400$防火距离大于 75m）。实践证明，我国人口众多，地面建筑物稠密，特别是近几年国民经济迅速发展，按原规范要求的安全距离建设集输管道已很困难，已建成的管道随着工业建设的发展也很难保持规范规定的距离。

气田集输管道与长距离输气管道的区别主要是管输天然气中往往含有水、H_2S、CO_2。气田集输管道输送含水天然气时，天然气中 H_2S 分压等于或大于 0.0003MPa（绝压）或含有 CO_2 酸性气体的气田集输管道，在内壁及相应系统应采取防腐蚀措施，管道壁厚增加腐蚀余量后，集气管道线路工程设计所考虑的安全因素与输气管道工程基本一致。因此，采用输气管道工程线路设计的强度安全原则，就能较简单的处理好与周围民用建筑物之间的关系。可由控制集输管道与周围建（构）筑物的距离改成参照输气管道线路设计采用的按地区等级确定设计系数。根据周围人口活动密度，用提高集输管道强度、降低管道运行应力达到安全的目的。

当管道输送含硫化氢的酸性气体时，为防止天然气放空和管道破裂造成的危害，一般采取以下防护措施：

1）点火放空；

2）输送含 H_2S 酸性气体管道避开人口稠密区的四级地区；

3）适当加密线路截断阀的设置；

4）截断阀配置感测压降速率的控制装置。

7.3.2 我国气田产天然气部分携带有 H_2S、CO_2。干天然气中 H_2S、CO_2 不产生腐蚀。湿天然气中 H_2S、CO_2 的酸性按《天然气地面设施抗硫化物应力开裂金属材料要求》SY/T 0599—1997 界定。该规范中对酸性天然气系统的定义是：含有水和硫化氢的天然气，当气体总压大于或等于 0.4MPa（绝压），气体中硫化氢分压大于或等于 0.0003 MPa（绝压）时称酸性天然气。

天然气中二氧化碳含量的酸性界定值目前尚无标准。行业标准《井口装置和采油树规范》SY/T 5127—2002 的附录 A 表 A.2 对 CO_2 腐蚀性界定可供参考，见表 5。

表 5　CO_2 分压相对应的封存流体腐蚀性

封存流体	相对腐蚀性	二氧化碳分压（MPa）
一般使用	无腐蚀	<0.05
一般使用	轻度腐蚀	0.05～0.21
一般使用	中度至高度腐蚀	>0.21
酸性环境	无腐蚀	<0.05
酸性环境	轻度腐蚀	0.05～0.21
酸性环境	中度至高度腐蚀	>0.21

从表中可以看到，当 CO_2 分压≥0.21MPa 时不论是酸性环境（天然气中含有 H_2S）还是非酸性环境中都将有腐蚀发生，应采取防腐措施。表中所列数值为非流动流体的腐蚀性，含水天然气中影响 CO_2 腐蚀的因素除 CO_2 分压外，还有气体流速、流态、管道内表面特征（粗糙度、清洁度）、温度、H_2S 含量等，在设计中应予考虑。

7.3.3 输送脱水后含 H_2S、CO_2 的干天然气不会发生酸性腐蚀。但实际运行中由于各种因素如脱水深度及控制管理水平等影响往往达不到预期的干燥效果，污物清除不干净特别是有积水。当酸性天然气进入管道后，H_2S 及 CO_2 的水溶液将对管线产生腐蚀，甚至出现硫化物应力腐蚀的爆管或生成大量硫化铁粉末在管道中形成潜在的危害。投产前干燥未达到预期效果造成危害事故已发生多次，因此，投产前的干燥是十分重要的。

管道干燥结束后，如果没有立即投入运行，还应当充入干燥气，保持内压大于 0.2MPa 的干燥状态下密封，防止外界湿气重新进入管道。

7.3.4 气田集输管道输送酸性天然气时，管道的腐蚀余量取值按国家现行油气集输设计标准规范执行。

集气管道输送含有水和 H_2S、CO_2 等酸性介质时，管壁厚度按下式计算：

$$\delta=\frac{PD}{2\sigma_s F\varphi t}+C \tag{9}$$

式中　C——腐蚀裕量附加值（cm）（根据腐蚀程度及采取的防腐措施，C 值取 0.1～0.6cm）；

其他符号意义及取值按现行国家标准《输气管道工程设计规范》GB 50251 执行，但输送酸性天然气时，F 值不得大于 0.6。

7.3.5 气田集输管道上间隔一定距离设置截断阀，其主要目的是方便维修和当管道破坏时减少损失，防止事故扩大。长距离输气管道是按地区等级以不等间距设置截断阀，集输管道原则上可参照输气管道设置。但对输送含硫化氢的天然气管道为减少事故的危害程度和环境污染的范围，特别是通过人口稠密区时截断阀适当加密，配置感测压降速率控制装置，以便事故发生时能及时切断气源，最大限度地减少含硫天然气对周围环境的危害。

7.3.6 气田集输系统设置清管设施主要清除气田天然气中的积液和污物以减少管道阻力及腐蚀。清管设计应按现行国家标准《输气管道工程设计规范》GB 50251 中有关规定执行。

8　消防设施

8.1　一般规定

8.1.1 石油天然气站场的消防设施，应根据其规模、重要程度、油品性质、储存容量、存储方式、储存温度、火灾危险性及所在区域消防站布局、消防站装备情况及外部协作条件等综合因素，通过技术经济比较确定。对容量大、火灾危险性大、站场性质和所处地理位置重要、地形复杂的站场，应适当提高消防设施的标准。反之，应从降低基建投资出发，适当降低消防设施的标准。但这一切，必须因地制宜，结合国情，通过技术经济比较来确定，使节省投资和安全生产这一对应的矛盾得到有机的统一。

8.1.2 采油、采气井场、计量站、小型接转站、集气站、配气站等小型站场，其特点是数量多、分布广、单罐容量小。若都建一套消防给水设施，总投资甚大；这类站功能单一布局分散，火灾的影响面较小，不易造成重大火灾损失，故可不设消防给水设施，这类站场应按规范要求设置一定数量的小型移动式灭火器材，扑救火灾应以消防车为主。

8.1.3 防火系统的火灾探测与报警应符合现行国家标准《火灾自动报警系统设计规范》的有关规定，由于某些场所适宜选用带闭式喷头的传动管传递火灾信号，许多工程也是这样做的，为了保证其安全可靠制订了该条文。

8.1.4 因为本规范 6.4.1 条规定"沉降罐顶部积油厚度不应超过 0.8m"，并且沉降罐顶部存油少、油品含水率较高，消防设施标准应低于油罐。

8.1.5 目前，消防水泵、消防雨淋阀、冷却水喷淋喷雾等消防专用产品已成系列，为保证消防系统可靠性，应优先采用消防专用产品。防火堤内过滤器至冷却喷头和泡沫产生器的消防管道、采出水沉降罐上设置的泡沫液管道容易锈蚀，若用普通钢管，管内锈蚀碎片将堵塞管道和喷头，故规定采用热镀锌钢管。为保证管道使用寿命应先套扣或焊接法兰、环状管道焊完喷头短接后，再热镀锌。

8.1.6 内浮顶储罐的浮顶又称浮盘，有多种结构形式。对于浅盘或铝浮盘及由其他不抗烧非金属材料制作浮盘的内浮顶储罐，发生火灾时，沉盘、熔盘的可能性大，所以应按固定顶储罐对待。对于钢制单盘或双盘式内浮顶储罐，浮盘失效的可能性极小，所以按外浮顶储罐对待。

8.2 消防站

8.2.1 油气田及油气管道消防站的设置，不同于其他工业区和城镇消防站。突出特点是点多、线长、面广、布局分散、人口密度小。由于油气田生产的特殊性，不可能完全按照《城市消防站建设标准》套搬。譬如，规划布局不可能按城市规划区的要求，在接到报警后5min内到达责任区边缘。而且，责任区面积不可能也没有必要按"标准型普通消防站不应大于7km²，小型普通消防站不应大于4km²"的规定建站。历史上也从未达到过上述时空要求。调研中通过征求设计部门、消防监督部门，以及生产单位等各方面的意见，一致认为：鉴于油气田是矿区，域内人口密度小、人员高度分散、消防保卫对象不集中的现状，不应仅以所占地理面积大小和居住人口数量的多少来决定是否建站。而应从实际出发，按站场生产规模的大小、火灾种类、危险性等级、所处地理环境等因素综合考虑划分责任区。

设有固定灭火和消防冷却水设施的三级及其以上油气站场，根据《低倍数泡沫灭火系统设计规范》GB 50151—92(2000年版)的规定："非水溶性的甲、乙、丙类液体罐上固定灭火系统，泡沫混合液供给强度为6.0L/min·m²时，连续供给时间为40min"，如果实际供给强度大于此规定，混合液连续供给时间可缩短20%，即32min。如果按最大供给量和最短连续供给时间计算，邻近消防协作力量在30min内到达现场是可行的。

输油管道及油田储运系统站库设置消防站和消防车的规定，主要参考原苏联石油库防火规范和我国国家标准《石油库设计规范》GB 50074—2003。原苏联标准《石油和石油制品仓库防火规范》(1993年版)规定，设置固定消防系统的石油库，当油罐总容量100000m³及以下时，设置面积不小于20m²存放消防器材的场地；油罐总容量100000~500000m³时，设1台消防车，油罐总容量大于500000m³时，设2台消防车。

消防站和消防车的设置体现重要站场与一般站场区别对待，东部地区与西部地区区别对待的原则。重要油气站场，例如塔里木轮南油气处理站和管输首站等，站内设固定消防系统，同时按区域规划要求在其附近设置等级不低于二级的消防站，消防车5min之内到达现场，确保其安全。一般油气站场站内设固定消防系统，并考虑适当的外部消防协作力量。一些小型的三级油气站场，站内油罐主要是事故罐或高含水原油沉降罐，火灾危险性较小，可适当放宽消防站和消防车设置标准。我国西部地区的油气田，由于自然条件恶劣，且人烟稀少，油气站场的防火以提高站内工艺安全可靠性和站内消防技术水平为重点，消防站和消防车的配置要求适当放宽。随着西部更多油气田的开发建设，及时调整消防责任区，这些油气站场外部消防协作力量会逐步加强。

站内消防车是站内义务消防力量的组成部分，可以由生产岗位人员兼管，并可参照消防泵房确定站内消防车库与油气生产设施的距离。

本条是在原规范第7.2.1条基础上修订的，与原规范比较，适当提高了消防站和站内消防车的设置标准，增加了可操作性。

8.2.2 本条对消防站设置的位置提出了要求。首先要保证消防救援力量的安全，以便在发生火灾时或紧急情况下能迅速出动。1989年黄岛油库特大火灾事故，爆炸起火后最先烧毁了岛上仅有的一个消防站并死伤多人。1997年北京东方红炼油厂特大火灾事故，爆炸冲击波将消防站玻璃全部震碎，多人受伤，钢混结构的建筑物被震裂，消防车库的门扭曲变形打不开，以致消防车出不了库。这些火灾事故的经验教训引起人们对消防站设置位置的认真思考。

目前，还没有收集到美国和欧洲标准关于消防站及消防车与油气生产设施安全距离的规定。原苏联标准《石油和石油制品仓库防火规范》(1993年版)规定消防大楼(无人居住)、办公楼和生活大楼距地面储罐40m，距装卸油装置40m。我国国家标准《石油化工企业设计防火规范》GB 50160—92(1999年版)规定消防站距油品储罐50m，距液化烃储罐70m，距其他石油设施40m。我国国家标准《石油库设计规范》GB 50074—2002规定消防车库距油罐、厂房的最大距离为40m。炼油厂和油库的消防站主要为本单位服务，一般布置在工厂围墙之内，距油罐和生产厂房较近。油气田的多数消防站是为责任区内的多个油气站场服务，在主要服务对象的油气站场围墙外单独设置，所以与储油罐、厂房之间有较大距离。综合考虑上述情况，消防站与甲、乙类储油罐的距离仍保持原规范的规定，与甲、乙类生产厂房的距离由原规范的50m增加到100m。对于新建的特大型石油天然气站场，如果经过分析储罐或厂房一旦发生火灾会对消防站构成严重威胁，可酌情增加油气站场与消防站的距离。

8.2.3 消防站是战备执勤，待机出动的专业场所，其建筑必须功能齐全，既满足快速反应的需要，又符合环保标准。本条除按传统做法提出一般要求外，还特别规定了："消防车库应有排除发动机废气设施。滑竿室通向车库的出口处应有废气阻隔装置"。由于消防站的设计必须满足人员快速出动的要求。因此，传统的房屋功能组合，总是把执勤待机室和消防车库连在一起。火警出动时，人员从二楼的待机室通过滑竿直接进入消防车库。过去由于消防车库未有排除废气设施，室内通风又不好，加之滑竿出口处不密封，发动车时的汽车尾气，通过滑竿口的抽吸作用，将烟抽到二楼以上人员活动的场所，常常造成人员集体中毒。这样的事故在我国西部和北方地区的冬季经常发生。为保证人身健康，创造良好的、无污染的工作和生活环境，本条对此作出明确规定，以解决多年来基层反映最强烈的问题。

8.2.4 油气田和管道系统发生的火灾，具有热值高、辐射热强、扑救难度大的特点。实践证明，扑救这类火灾需要载重量大、供给强度大、射程远的大功率消防车。经调查发现，有些站的技术装备标准很不统一且十分落后，没有按照火灾特点配备消防车辆和器材。考虑到油气田和管道系统所在地区多数水源不足，消防站布局高度分散，增援力量要在2~3h乃至更长的时间才能到达火场的现实。在本条中给出了消防车技术性能要求。为了使有关部门有据可依，参照国内外有关标准规定，制成表8.2.4，供选配消防车辆用。

泡沫液在消防车罐内如果长期不用会自然沉降，粘液难除，影响灭火，所以要求泡沫罐设置防止泡沫液沉降装置。

"油气田地形复杂"主要是考虑我国西北各油气田的地理条件，例如，黄土高原、沙漠、戈壁，地面普通交通工具难以跨越和迅速到达，有条件的地区或经济承受能力允许，可配消防专用直升飞机。有水上责任区的，应配消防艇或轻便实用的小型消防船、卸载式消防舟。配消防艇的消防站应有供消防艇靠泊的专用码头。

北方高寒地区冬季灭火经常因泵的出水阀冻死而打不开，出不了水。过去曾用气焊或汽油喷灯烘烤，虽然能很快解冻，但对车辆破坏太大。所以规定可根据实际需要配冻锅炉消防车。解冻锅炉消防车既可以解冻，又可用于蒸汽灭火。因不是统配设备，故把这条要求写在了"注"里。

考虑我国东部和西部的具体情况,从实际出发,实事求是,统配设备中可根据实际需要调整车型。

8.2.5 本条是按独立消防站所配车辆的最大总荷载,规定一次出动应带到火场的灭火剂总量,也是扑救重点保卫对象一处火灾的最低需要量。

"按灭火剂总量1:1的比例保持储备量"是指除水以外的其他灭火剂。目前在我国常用的,主要是各种泡沫灭火剂和各类干粉灭火剂,如表8.2.5所列。

8.2.6 加强消防通信建设,是实现消防现代化、推进消防改革与发展的重要环节。现行国家标准《消防通信指挥系统设计规范》GB 50313是国家强制性技术法规,油气田和管道系统消防站应严格按照该规范要求,建设消防通信线路,保证"119"火灾报警专线和调度专线;实现有线通信数字化;实现有线、无线、计算机通信的联动响应;达到45s完成接受和处理火警过程的法规要求。依托社会公用网或公安专用网,建设消防虚拟的信息传输网络。

8.3 消防给水

8.3.1 根据石油天然气站场的实际情况,本条对消防用水水源作了较具体的规定和要求。若天然水源较充足,可以就地取用;配制泡沫混合液对水的水温的要求详见现行国家标准《低倍数泡沫灭火系统设计规范》GB 50151。处理达标的油田采出水能满足消防的水质、水温要求时,可用于消防给水。当油田采出水用作消防水源时,采出水的物理化学性质应与采用的泡沫灭火剂相容,不能因为水质、水温不符合要求而降低泡沫灭火剂的性能。

8.3.2 目前,石油天然气站场内的消防供水管道有两种类型,一种是敷设专用的消防供水管,另一种是消防供水管道与生产、生活给水管道合并。经过调查,专用消防供水管道由于长期不使用,管道内的水质易变质;另外,由于管理工作制度不健全,特别是寒冷地区,有的专用消防供水管道被冻裂,如采用合并式管道时,上述问题即可得到解决又可节省建设资金。为了减轻火灾对生产、生活用水的干扰,规定系统水量应为消防用水量与70%生产、生活用水量之和。生产用水量不包括油田注水用水量。

8.3.3 环状管网彼此相通,双向供水安全可靠。储罐区是油气站场火灾危险性最大、可燃物最多的区域;天然气处理厂的生产装置区是全厂生产的关键部位,根据多年生产经验应采用环状供水管网,可保证供水安全可靠。其他区域可根据具体情况采用环网或枝状给水管道。

为了保证火场用水,避免因个别管段损坏而导致管网中断供水,环状管网应用阀门分割成若干独立段,两阀门之间的消火栓数量不宜超过5个。

对寒冷地区的消火栓井、阀池和管道应有可靠的防渗、保温措施,如大庆油田由于地下水位较高,消火栓井、阀池内进水,每到冬季常有消火栓、阀门、管道被冻裂,不能正常使用。

8.3.4 当没有消防给水管道或消防给水管道不能满足消防水量和水压等要求时,应设置消防水池储存消防用水。消防水池的容量应为灭火连续供给时间和消防用水量的乘积。若能确保连续供水时,其容量可以减去灭火延续时间内补充的水量。

当消防水池(罐)和给水或注水池(罐)合用时,为了保证消防用水不被给水或注水使用,应在池(罐)内采取技术措施。如将给水、注水泵的吸水管入口置于消防用水高水位以上;或将给水、注水泵的吸水管在消防用水高水位处打孔等,以确保消防用水的可靠性。

消防用水量较大时应设2座水池(罐)以便在检修、清池(罐)时能保证有一座水池(罐)正常供水。补水时间不超过96h是从油田的具体情况、从安全和经济相结合考虑的。设有火灾自动报警装置,灭火及冷却系统操作采取自动化程序控制的站场,消防水罐的补水时间不应超过48h。设有小型消防系统的站场,消防水罐

的补水时间限制可放宽,但不应超过96h。

消防车从消防水池取水,距消防保护对象的距离是根据消防车供水最大距离确定的。

8.3.5 对消火栓的设置提出了要求:

1 油气站场当采用高压消防供水时,其水源无论是由油气田给水干管供给,还是由站场内部消防泵房供给,消防供水管网最不利点消火栓出口水压和水量,应满足各种消防设备扑救最高储罐或最高建(构)筑物火灾时的要求。采用低压制消防供水时,由消防车或其他移动式消防水泵提升灭火所需的压力。为保证管道内的水能进入消防车储水罐,低压制消防供水管道最不利点消火栓出口水压应保证不小于0.1MPa(10m水柱)。

2 储罐区的消火栓应设在防火堤和消防道路之间,是考虑消防实际操作的需要及水带敷设不会阻碍消防车在消防道路上的行驶。消火栓距路边1~5m,是为使用方便和安全。

3 通常一个消火栓供一辆消防车或2支口径19mm水枪用水,其用水量为10~13L/s,加上漏损,故消火栓出水量按10~15L/s计算。当罐区采用固定式冷却给水系统时,在罐区四周应设消火栓,是为了罐上固定冷却水管被破坏时,给移动式灭火设备供水。2支消火栓的间距不应小于10m是考虑满足停靠消防车等操作要求。

4 对消火栓的栓口做了具体规定。低压制消火栓主要是为消防车供水应有直径100mm出口,高压制消火栓主要是通过水龙带为消防设备直接供水,应有两个直径65mm出口。

5 设置水龙带箱是参照国外规范制定的,该箱用途很大,特别是对高压制消防供水系统,自救工具必须设在取水地点,箱内的水带及水枪数量是根据消火栓的布置要求配置的。

8.4 油罐区消防设施

8.4.1 石油是最重要的能源和化工原料,并已成为关系国计民生的重要战略物资,其火灾安全举世关注。据1982年2月我国有关单位调查统计,油罐年平均着火几率约为0.448‰,其中石油化工行业最高,为0.69‰。调查材料同时表明,油罐火灾比例随储存油品的不同而异,以汽油等低闪点油罐及操作温度较高的重油储罐火灾为主。由于油品本身的易燃、火灾易蔓延及扑救难等特性,如果发生火灾不能及时有效扑救,特别是大储量油罐区往往后果惨重。这方面的案例很多,如1989年黄岛油库大火,除造成重大财产损失和生态灾难外,还因油罐沸溢导致了灭火人员的重大伤亡。

油罐火的火焰温度通常在1000℃以上。油罐、尤其是地上钢罐着火后,受火焰直接作用,着火罐的罐壁温升很快,一般5min内可使油面以上的罐壁温度达到500℃,8~10min后,达到甚至超过700℃。若不对罐壁及时进行水冷却,油面以上的罐壁钢板将失去支撑能力;并且泡沫灭火时,因泡沫不易贴近灼热的罐壁而导致长时间的边缘火,影响灭火效果,甚至不能灭火。再者,发生或发展为全液面火灾的油罐,其一定距离内的相邻油罐受强烈热辐射、对流等的影响,罐内油品温度会明显升高。距着火油罐越近,风速越大,温升速度越快、温度越高,且非常明显。为防止相邻油罐被引燃,一定距离内的相邻油罐也需要冷却。

综上所述,为防止油罐火灾进一步失控与及时灭火,除一些危险性较小的特定场所(详见第8.4.10条、第8.4.11条的规定)外,油罐区应设置灭火系统和消防冷却水系统。国内外的相关标准、规范也作了类似的规定。有关冷却范围及消防冷却水强度,本节另有规定。

低倍数泡沫灭火系统用于扑救石油及其产品火灾,可追溯到20世纪初。1925年,厄克特发明干法化学泡沫后,出现了化学泡沫灭火装置,并逐步得到了广泛应用。1937年,萨莫研制出蛋白泡沫灭火剂后,空气泡沫灭火系统逐步取代化学泡沫灭火装置,且应用范围不断扩展。随着泡沫灭火剂和泡沫灭火设备及工艺不断

发展完善,低倍数泡沫灭火系统作为成熟的灭火技术,在世界范围内,被广泛用于生产、加工、储存、运输和使用甲、乙、丙类液体的场所,并早已成为甲、乙、丙类液体储罐区及石油化工装置区等场所的消防主力军。世界各国的相关工程标准、规范普遍推荐石油及其产品储罐设置低倍数泡沫灭火系统。

8.4.2 本条规定是在原规范1993年版的基础上,对设置固定式系统的条件进行了补充和细化,与现行国家标准《石油化工企业设计防火规范》、《石油库设计规范》的规定相类似。本条各款规定的依据或含义如下:

1 单罐容量10000m³及以上的固定顶罐与单罐容量不小于50000m³及以上的浮顶罐发生火灾后,扑救其火灾所需的泡沫混合液流量较大,灭火难度也较大。而且其储罐区通常总容量较大,可接受的火灾风险相对较小,火灾一旦失控,造成的损失巨大。另外,这类储罐若设置半固定式系统,所需的泡沫消防车较多,协调、操作复杂,可靠性低,也不经济。

机动消防设施不能进行有效保护系指消防站距油罐区远或消防车配备不足等。地形复杂指建于山坡区,消防道路环行设置有困难的油罐区。

2 容量小于200m³、罐壁高小于7m的储罐着火时,燃烧面积不大,7m罐壁高可以将泡沫勾管与消防拉梯二者配合使用进行扑救,操作亦比较简单,故可以采用移动式灭火系统。

3 目前,在油田站场单罐容量大于200m³、小于10000m³范围内的固定顶罐中,5000~10000m³储罐较少,多为5000m³及以下的储罐;单罐容量小于50000m³的浮顶罐,多为20000m³、10000m³、5000m³的储罐。正常条件下,这些储罐采用半固定式系统是可行的。当然,这也不是绝对的。当储罐区总容量较大、人员和机动消防设施保障性差时,最好设置固定式系统。另外,对于原油储罐,尚需考虑其火灾特性。一般认为,原油储罐火灾持续30min后,可能形成了一定厚度的高温层。若待到此时才喷射泡沫,则可能发生溅溢事故,且火灾持续时间越长,这种可能性越大。为此,泡沫消防车等机动设施30min内不能供给泡沫的,最好设置固定式系统。再者,本规定含单罐容量大于或等于200m³的污油罐。

8.4.3 本条规定的依据和出发点如下:

1 单罐容量不小于20000m³的固定顶油罐发生火灾后,如果错过初期最佳灭火时机,其火灾难度会大大增加,并且一般消防队可能难以扑灭其火灾。所以,为了尽快启动其泡沫灭火系统和消防冷却水系统灭火于初期,参照了国家标准《低倍数泡沫灭火系统设计规范》GB 50151-92(2000年版)"当储罐区固定式泡沫灭火系统的泡沫混合液流量大于或等于100L/s时,系统的泵、比例混合装置及其管道上的控制阀、干管控制阀宜具备遥控操纵功能"的规定,作了如此规定。

2 外浮顶油罐初期火灾多为密封处的局部火灾,尤其低液面时难于及时发现。对于单罐容量等于或大于50000m³的储罐,若火灾蔓延则损失巨大。所以需要设自动报警系统,能尽快准确探知火情。为与现行国家标准《石油化工企业设计防火规范》、《石油库设计规范》的相关规定一致,对原规范1993年版的规定作了修改。

3 单罐容量等于或大于100000m³的油罐区,其泡沫灭火系统和消防冷却水系统的管道一般较长。《低倍数泡沫灭火系统设计规范》规定了泡沫进入储罐的时间不应超过5min。若消防系统手动操作,泡沫和水到达被保护储罐的时间较长,不利于灭火于初期,也难满足相关规范的规定。另外,此类油罐区不但单罐容量大,通常总容量巨大,可接受的火灾风险相对较小。本规范和《石油化工企业设计防火规范》、《石油库设计规范》一样,对浮顶油罐的防御标准为环形密封处的局部火灾,并可不冷却相邻储罐。若油罐高位着火并持续较长时间,相邻油罐将受到威胁,火灾一旦蔓延,后果难以估量。所以,在着火初期灭火非常重要。

为此,参考上述两部规范作了如此规定,以在一定程度上降低火灾风险。

8.4.5 本条的规定并未改变原规范1993年版规定的实质内容,仅在编写格式和表述方式上作了变动。本条规定的出发点与8.4.2相同,需要补充说明如下:

在对保温油罐的消防冷却水系统设置上,《石油库设计规范》及《石油化工企业设计防火规范》与本规范的规定有所不同。如《石油库设计规范》规定:"单罐容量不小于5000m³或罐壁高度不小于17m的油罐,应设置固定式消防冷却水系统;相邻保温油罐,可采用带架喷雾水枪或水炮的移动式消防冷却水系统"。又如《石油化工企业设计防火规范》规定:"罐壁高于17m或储罐容量大于等于10000m³的非保温罐应设置固定式消防冷却水系统"。根据实际火灾案例,油罐保温层的作用是有限的。如1989年8月12日发生在黄岛油库火灾,上午9时55分,5号20000m³的地下钢筋混凝土储罐遭雷击爆炸起火。12时零5分,顺风而来的大火不但将4号20000m³的地下钢筋混凝土储罐引爆,而且1号、2号、3号10000m³的地上钢制油罐也相继爆炸,几万吨原油横溢,形成了近两平方公里的火海,造成了重大人员伤亡和财产损失及环境污染,留下深刻的教训。为此,本规定将保温罐与非保温罐同等对待,这不但能最大限度地保障灭火人员的人身安全,防止相邻储罐被引燃,且经济合理,适合油气田的实际情况。

另外,本规范规定了半固定式系统,与《石油库设计规范》、《石油化工企业设计防火规范》是有别的,这体现了油气田的特点。不过,若油罐区设置了固定式泡沫灭火系统,还是设置固定式消防冷却水系统为宜。

8.4.6 对原规范1993年版第7.3.3条第二款第1项规定地上油罐的冷却范围作了补充。根据调研,某些油气田中设有卧式油罐。所以,本次修订,补充了对地上卧式油罐冷却要求,并对编写格式和表述方式进行了修改。另外,本规定与现行国家标准《石油库设计规范》、《石油化工企业设计防火规范》及《建筑设计防火规范》的规定基本相同。

1 本款规定是在综合试验和辐射热强度与距离(L/D)平方成反比的热力学理论及现实工程中油罐的布置情况的基础上做出的。

为给相关规范的制订提供依据,有关单位分别于1974年、1976年、1987年,在公安部天津消防科学研究所试验场进行了全敞口汽油储罐泡沫灭火及其热工测试试验。现将有关辐射热测试数据摘要汇总,见表6。不过,由于试验时对储罐进行了水冷却,且燃烧时间仅有2~3min左右,测得的数据可能偏小。即使这样,1974年的试验显示,距离5000m³低液面着火油罐1.5倍直径、测点高度等于着火储罐罐壁高度处的辐射热强度,平均值为2.17kW/m²,四个方向平均最大值为2.39kW/m²,最大值为4.45kW/m²;1976年的5000m³汽油储罐试验显示,液面高度为11.3m,测点高度等于着火储罐罐壁高度时,距离着火储罐罐壁1.5倍直径处四个方向辐射热强度平均值为3.07kW/m²,平均最大值为4.94kW/m²,最大值为5.82kW/m²。尽管目前国内外标准、规范并未明确将辐射热强度的大小作为消防冷却的条件,但根据试验测试,热辐射强度达到4kW/m²时,人员只能停留20s;12.5kW/m²时,木材燃烧、塑料熔化;37.5kW/m²时,设备完全损坏。可见辐射热强度达到4kW/m²时,必须进行水冷却,否则,相邻储罐被引燃的可能性较大。

试验证明,热辐射强度与油品种类有关,油品的轻组分愈多,其热辐射强度愈大。现将相关文献给出的汽油、煤油、柴油和原油的主要火灾特征参数摘录汇总成表7,供参考。由该表可见,主要火灾特征参数值,汽油最高、原油最低。汽油的质量燃烧速度约为原油的1.33倍;火焰高度约为原油的2.14倍;火焰表面的热辐射强度约为原油的1.62倍。所以,只要满足汽油储罐的安全要求,就能满足其他油品储罐的安全要求。

表6　国内油罐灭火试验辐射热测试数据摘要汇总表

试验年份	试验油罐参数(m)			测定位置		辐射热量(kW/m²)		
	直径	高度	液面	L/D	h	平均值	平均最大值	最大值
1974	5.4	5.4	高液面	1.5	1.0H	6.88	7.76	8.26
			低液面	1.5	0.5H	1.62		2.44
				1.5	1.0H	3.88	4.77	11.62
				1.5	1.5H	8.58	9.98	17.32
	22.3	11.3	低液面	1.0		6.30	6.80	13.41
				1.5		2.52	2.83	4.91
				2.0		2.17	2.39	4.45
1976	22.3	11.3	高液面	1.0		8.84	13.57	23.84
				1.5		4.42	5.93	9.25
				2.0		3.07	4.94	5.82
1987	5.4	5.4	中液面	1.0		17.10	30.70	35.90
				1.5	1.0H	9.50	17.40	18.00
				1.5	1.8m	3.95	7.20	7.80
				2.0	1.8m	2.95	4.95	6.10
	22.3	11.3	低液面	1.0	1.0H	10.53	14.30	17.90
				1.5	1.0H	4.45	5.65	6.10
				1.5	1.8m	3.15	4.30	5.20

注：L——测点至试验油罐中心的距离；D——试验油罐直径；H——试验油罐高度。

表7　汽油、煤油、柴油和原油的主要火灾特征参数

油品	燃烧速度(kg/m²·s)	火焰高度(D)	燃烧热值(MJ/kg)	火焰表面热辐射强度(kW/m²)
汽油	0.056	1.5	44	97.2
煤油	0.053		41	
柴油	0.0425~0.047	0.9	41	73.0
原油	0.033~0.042	0.7	41	60.0

注：1　当风速达到8~10m/s时，油品的燃烧速度可增加30%~50%。

2　D为储罐直径。火焰高度与油品直径有关。国内试验：直径5.4m、22.3m 敞口汽油储罐的平均火焰高度分别为2.12D、1.56D；日本试验：储罐越大，火焰高度接近1.5D；德国试验：小罐3.0D、大罐1.7D。

2　对于浮顶罐，发生全液面火灾的几率极小，更多的火灾表现为密封处的局部火灾，所以本规范与《石油库设计规范》及《石油化工企业设计防火规范》一样，设防基点均为浮顶罐环形密封处的局部火灾。环形密封处的局部火灾的火势较小，如某石化总厂发生的两起浮顶罐火灾，其中10000m³ 轻柴油浮顶罐着火，15min后扑灭，而密封圈只着了3处，最大处仅为7m长，相邻油罐无需冷却。

3　卧式油罐的容量相对较小，并且不乏长径比超过2倍的，为尽可能做到安全、合理，故将冷却范围与其直径和长度一并考虑。

8.4.7　本条规定了油罐消防冷却水供给范围和供给强度，其依据如下：

1　地上立式油罐消防冷却水最小供给强度的依据。

（1）半固定、移动式冷却水供给强度。

半固定、移动式冷却方式多是采用直流水枪进行冷却的。受风向、消防队员操作水平的影响，冷却水不可能完全喷到罐壁上，故比固定式冷却水供给强度要大。1962年公安、石油、商业三部在公安部天津消防研究所进行泡沫灭火试验时，对400m³ 固定顶油罐进行的冷却水量进行测定，当冷却水量为0.635L/s·m时，未发现罐壁有冷却不到的空白点；当冷却水量为0.478L/s·m时，发现罐壁有冷却不到的空白点，水量不足。可见，着火固定顶油罐的冷却水量不应小于0.6L/s·m。根据水枪移动速度经验，φ16mm水枪能满足这一最小冷却水量的要求；若达到同一射高，φ19mm水枪耗水量在0.8L/s·m以上。为此，根据试验数据及水枪的耗水量，按水枪口径的不同分别规定了最小冷却水供给强度。

浮顶、内浮顶储罐着火时，通常火势不大，且不是罐壁四周都着火，故冷却水供给强度小些。

相邻不保温、保温油罐的冷却水供给强度是根据测定的热辐射强度进行推算确定的。

单纯从被保护油罐冷却水用量的角度，按单位罐壁表面积表示冷却水供给强度较为合理。但由于在操作上水枪移动范围是有限度的，即水枪保护的罐壁周长有一定限度，所以将原规范1993年版规定的冷却水供给强度单位，由L/min·m² 变为L/s·m。当然，对于小储罐，按此冷却水供给强度单位，冷却水流到下部罐壁处的水量会多些。

（2）固定式冷却水供给强度。

1966年公安、石油、商业三部在公安部天津消防研究所进行泡沫灭火试验时，对100m³ 敞口汽油储罐采用固定式冷却，测得冷却水强度最低为0.49L/s·m，最高为0.82L/s·m。1000m³ 油罐采用固定式冷却，测得冷却水强度为1.2~1.5L/s·m。上述试验，冷却效果较好，试验油罐温度控制在200~325℃之间，仅发现罐壁部分出现焦黑，罐体未发生变形。当时认为：固定式冷却水供给强度可采用0.5L/s·m，并且由于设计时不能确定哪是着火罐、哪是相邻罐，国家标准《建筑设计防火规范》GBJ 16与《石油库设计规范》GBJ 74最先规定着火罐和相邻罐固定式冷却水最小供给强度同为0.5L/s·m。此后，国内石油库工程项目基本都采用了这一参数。并且《建筑设计防火规范》至今仍未对这一参数进行修改。

随着储罐容量、高度的不断增大，以单位周长表示的0.5L/s·m冷却水供给强度对于高度大的储罐偏小；为使消防冷却水在罐壁上分布均匀，罐壁设加强圈、抗风圈的储罐需要分几圈设消防冷却水环管供水；国际上已通行采用"单位面积法"来表示冷却水供给强度。所以，现行国家标准《石油库设计规范》和《石油化工企业设计防火规范》将以单位周长表示的冷却水供给强度，按罐壁高13m的5000m³ 固定顶储罐换算成单位罐壁表面积表示的冷却水供给强度，即0.5L/s·m×60÷13m≈2.3L/min·m²，适当调整取2.5L/min·m²。故规定固定顶储罐、浅盘式或浮盘由易熔材料制作的内浮顶储罐的着火罐冷却水供给强度为2.5L/min·m²。浮顶、内浮顶储罐着火时，通常火势不大，且不是罐壁四周都着火，故冷却水供给强度小些。本规范也是这种思路。

相邻储罐的冷却水供给强度至今国内未开展过试验，国家标准《石油库设计规范》和《石油化工企业设计防火规范》对此参数的修改是根据测定的热辐射强度进行推算确定的。思路是：甲、乙类固定顶储罐的间距为0.6D，接近0.5D。假设消防冷却水系统的水温为20℃，冷却过程中一半冷却水达到100℃并汽化吸收的热量为1465kJ/L，要带走表8.4.1所示距着火油罐罐壁0.5D处绝对最大值为23.84kW/m² 辐射热，所需的冷却水供给强度约为1.0L/min·m²。《石油库设计规范》和《石油化工企业设计防火规范》曾一度规定相邻储罐固定式冷却水供给强度为1.0L/min·m²。后因要满足这一参数，喷头的工作压力需降至着火罐冷却水喷头工作压力的1/6.25，在操作上难以实现。于是，《石油化工企业设计防火规范》1999年修订版率先修改，不管是固定顶储罐还是浮顶储罐，其冷却强度均调整为2.0L/min·m²。全面修订的《石油库设计规范》GB 50074—2002予以修改。由于是相同问题，所以本规范也采纳了这一做法。

冷却水强度的调节设施在设计中应予考虑。比较简易的方法是在罐的供水总管的防火堤外控制阀后装设压力表，系统调试标定时辅以超声波流量计，调节阀门开启度，分别标出着火罐及邻罐冷却时压力表的刻度，做出永久标记，以确保火灾时调节阀门达到设计的冷却水供水强度。

值得说明的是，100m³ 试验罐高5.4m，若将1966年国内试验时测得的最低冷却水强度0.49L/s·m一值进行换算，结果应大致为6.0L/min·m²；相邻储罐消防冷却水供给强度的推算思路也不一定成立；与国外相关标准规范的规定相比（见表8），我国规范规定的消防冷却水供给强度偏低。然而，设置消防冷却水系统的储罐区大都设置了泡沫灭火系统，及时供给泡沫可快速灭火，并且着火储罐不一定为辐射热强度大的汽油、不一定处于中低液位、不一定形成全敞口。所以,本规范规定的冷却水供给强度是能发挥一定作用的。

表8　部分国外标准、规范规定的可燃液体储罐消防冷却水供给强度

序号	标准、规范名称	冷却水供给强度	
		着火罐	相邻罐
1	美国消防协会 NFPA 15 固定水喷雾消防系统标准	10.2L/min·m²	最小 2L/min·m²、通常 6L/min·m²、最大 10.2L/min·m²
2	俄罗斯 СНиП2.11.03—93 石油和石油制品仓库设计标准	罐高 12m 及以上:0.75L/s·m;罐高 12m 以下:0.50L/s·m	罐高 12m 及以上:0.30L/s·m;罐高 12m 以下:0.20L/s·m
3	英国石油学会石油工业安全规范第 19 部分炼油厂与大容量储存装置的防火措施	10L/min·m²	大于 2L/min·m²

2　地上卧式罐。

地上卧式罐的火灾多发生在顶部人孔处。考虑到卧式罐爆炸着火时,部分油品溅出形成小范围地面火,故冷却范围最初是按储罐表面积计算的。但由于人孔处的燃烧面积较小,地面局部火焰主要作用在储罐底部,只要消防冷却水供给强度足够,水从储罐上部喷洒后基本能流到罐底部,从而冷却整个储罐,所以将冷却范围调整为储罐的投影面积。

参考国内相关试验,冷却水供给强度,着火罐不小于 6.0 L/min·m²、相邻罐不小于 3.0L/min·m²,应能保证着火罐不变形、不破裂。

3　对于相邻储罐。

靠近着火罐的一侧接收的辐射热最大,且越靠近罐顶,辐射热越大。所以冷却的重点是靠近着火罐一侧的罐壁,冷却面积可按实际需要冷却部位的面积计算。但现实中冷却面积很难准确计算,并且相邻关系需考虑罐组内所有储罐。为了安全,规定设置固定式消防冷却水系统时,冷却面积不得小于罐壁表面积的 1/2。为实现相邻罐的半壁冷却,设计时,可将固定冷却环管等分成 2 段或 4 段,着火时由阀门控制冷却范围,着火油罐开启整圈喷淋管,而相邻油罐仅开启靠近着火油罐的半圈。这样虽然增加了阀门,但水量可减少。

工程设计时,通常是根据设计参数选择设备等,但所选设备的参数不一定与设计参数吻合,为了稳妥,需要根据所选设备校核冷却水供给强度。

8.4.8　从收集的油罐火灾案例来看,燃烧时间最长的是发生在1954 年 10 月东北某炼油厂一座 300m³(直径 7m)轻柴油固定顶储罐火灾,燃烧了 6h。另外是 20 世纪 70 年代发生在东北另一家炼油厂 5000m³(直径 23m)轻柴油固定顶储罐火灾,因三个泡沫产生器立管连接在一起,罐顶局部炸开时拉断了其中一个泡沫产生器立管,使泡沫系统不能工作。又因罐顶未全部掀开,车载泡沫炮也无法将泡沫打进,泡沫钩管又无法挂,历时 4.5h,罐内油品全部烧光。其他火灾的持续时间均小于 4h。地上卧式油罐火灾的火势较小,扑救较容易。本着安全又经济的原则,规定直径大于 20m 的地上固定顶油罐和浅盘式或浮盘为易熔材料制作的内浮顶油罐消防冷却水供给时间不应小于 6h,其他立式油罐消防冷却水供给时间不应小于 4h,地上卧式油罐消防冷却水供给时间不应小于 1h。

另外,油罐消防冷却水供给时间应从开始对油罐喷水算起,直至不会发生复燃为止,其与灭火时间有直接关系。为此,在保障消防冷却水供给强度与供给时间的同时,保障灭火系统的合理可靠尤为重要。

8.4.9　本条规定了油罐固定式消防冷却水系统的设置,其依据如下:

1　最初,是通过在消防冷却水环管上钻孔的方式向被保护储罐罐壁喷放冷却水的。实践证明,因现场加工误差较大,消防冷却水供给强度难以控制,并且冷却效果也不理想,所以不推荐这种方式。设置冷却喷头,冷却水供给强度便于控制,冷却效果也较理想。

喷头的喷水方向与罐壁保持 30°~60° 的夹角,是为了减小水流对罐壁的冲击力,减少反弹水量,以便有效冷却罐壁。

2　消防冷却水环管通常设在靠近储罐上沿处。若油罐设有抗风圈或加强圈,并且没有设置导流设施时,上部喷放的冷却水难以有效冷却油罐抗风圈或加强圈下面的罐壁。所以需在其抗风圈或加强圈下面设冷却喷水圈管。设置多圈冷却水环管时,需按各环管实际保护的储罐罐壁面积分配冷却水量。

3　本规定是为了保证各管段间相互独立,及安全、方便地操作。

4　本规定是参照现行国家标准《低倍数泡沫灭火系统设计规范》相关规定做出的。旨在保障冷却水立管牢固地固定在罐壁上;冷却水管道便于清除锈渣。

5　便于系统运行后排出积水。

6　防止水中杂物损坏水泵及堵塞喷头等系统部件。

8.4.10　烟雾灭火系统是我国自主研究开发的一项主要用于甲、乙、丙类液体固定顶和内浮顶储罐的自动灭火技术。在其 30 多年的使用过程中,有多起成功灭火的案例,也有失败的教训。业内普遍认为它不如低倍数泡沫灭火系统可靠。另外,至今所进行的 7 次原油固定顶储罐灭火试验所用原油为密度 0.9129g/cm³、初馏点 84℃、190℃ 以下馏出体积量 5% 的大港油田原油;2002 年 4 月在大庆油田进行的 3000m³ 原油罐低压烟雾灭火试验,其原油190℃ 以下组分也不超过 12%。为此,将烟雾灭火系统应用场所限定在偏远缺水处的四、五级站场,并且将凝析原油储罐排除。本规定与原规范 1993 年版规定的不同处,就是增加了油罐区总容量和凝析油限制。

对于偏远缺水处的四、五级站场,考虑到其规模较小、取水困难、交通闭塞、供电质量差、且油田产量低等,若设置泡沫灭火系统和防冷却水系统或消防站,不少油田难以承受其高昂的开发成本。然而,多数站场远离居民区、且转油站的储罐只有事故时才储油,即使发生火灾不能及时扑灭,造成的危害和损失也较小。所以从全局的角度,设置烟雾灭火系统是可行的。

8.4.11　目前,在石油天然气站场中,总容量不大于 200m³、且单罐容量不大于 100m³ 的立式油罐区很少,主要分布在长庆油田,且为转油站的事故油罐。这类站场规模较小,且储罐事故时才储油,即使发生火灾也基本不会造成大的危害和损失,所以规定可不设灭火系统和消防冷却水系统。

目前,我国油气田单井拉油的井场卧式油罐区中,多数总容量不超过 200m³,少数总容量达到 500m³,但单罐容量不超过100m³。这类站场的卧式油罐区多为临时性的,且火灾案例极少,设灭火系统和消防冷却水系统往往难以操作。所以,规定可不设灭火系统和消防冷却水系统。

8.5　天然气凝液、液化石油气罐区消防设施

8.5.1　LPG 储罐,尤其是压力储罐,火灾事故较多,其主要原因是泄漏。LPG 泄漏后迅速气化形成 LPG 蒸气云,遇火源爆炸(称作蒸气云爆炸),并回火点燃泄漏源。泄漏源着火将使储罐暴露于火焰中,若不能对储罐进行有效的消防水冷却,液态 LPG 将迅速气化,火灾进一步失控。

压力储罐暴露于火焰中,罐内压力上升,液面以上的罐壁(干壁)温度快速升高,强度下降,一定时间后干壁将会发生热塑性裂口而导致灾难性的沸腾液体蒸气爆炸火灾(一般称为沸液蒸气爆炸),造成储罐的整体破裂,同时伴随的冲击波、强大的热辐射及储罐碎片等还会导致重大人员伤亡和财产损失。某些发达国家的试

 験研究表明，在开阔区域的大气中，LPG泄漏量超过450kg就有可能发生蒸气云爆炸，并随泄漏量的增加发生蒸气云爆炸可能性会显著增加。

通常全冷冻式LPG罐区总容量与单罐容量都较大，着火后如不进行有效消防水冷却，后果难以设想。美国《石油化工厂防火手册》曾介绍一例储罐火灾：A罐、B罐分别装丙烷8000m³、8900m³，C罐装丁烷4400m³，A罐超压，顶壁结合处开裂了180°，大量蒸气外溢，5s后遇火爆燃。在消防车供水冷却控制火灾的情况下，A罐燃烧了35.5h后损坏，B、C罐顶阀件被烧坏，造成气体泄漏燃烧。B罐切断阀无法关闭，结果烧了6d；C罐充N₂并抽料，3d后关闭切断阀灭火。B、C罐壁损坏较小，隔热层损坏大。

综上所述，LPG储罐发生火灾后，破坏力较大，许多国家都发生过此类储罐爆炸火灾，尤其是压力储罐火灾，且都造成了重大财产损失和人员伤亡，各国都非常重视LPG储罐的消防问题。LPG储罐发生泄漏后，最好的消防措施是喷射水雾稀释惰化LPG蒸气云，防止蒸气云爆炸；发生火灾后，应及时对着火罐及相邻罐喷水保护，防止暴露于火焰中的储罐发生沸液蒸气爆炸。另因天然气凝液与液化石油气性质相近，为此，一并规定天然气凝液与液化石油气罐区应设置消防冷却水系统。

另外，本条规定移动式干粉灭火设施系指干粉枪、炮或车。

8.5.2 单罐容量较大和(或)储罐数量较多的储罐区，所需的消防冷却水量较大，只靠移动式系统难以胜任，所以应设置固定式消防水冷却系统。但具体如何规定，目前，国家标准《建筑设计防火规范》、《石油化工企业设计防火规范》、《城镇燃气设计规范》等其他主要现行防火规范的规定不尽相同。由于石油天然气站场与石油化工企业不同，消防站大都在站场外，有的相距甚远，且消防车配备较少，往往短时间内难以组织起所需灭火救援力量。所以采纳了《建筑设计防火规范》与《城镇燃气设计规范》的规定。

另外，同时设置辅助水枪或水炮的作用是：当高速扩散火焰直接喷射到局部罐壁时，该局部需要较大的供水强度，此时应采用移动式水枪、水炮的集中水流加强冷却局部罐壁；用于因固定系统局部遭破坏而冷却不到地方；燃烧区周围亦需用水枪加强保护，稀释惰化及搅拌蒸气云，使之安全扩散，防止泄漏的LPG爆炸着火。这需要在罐区四周设置消火栓，并且消火栓的设置数量和工作压力要满足规定的水枪用水量。

对于总容量不大于50m³或单罐容量不大于20m³的储罐区，着火的可能性相对较小，特别是发生沸液蒸气爆炸的可能性小，并且着火后需冷却的储罐数量少、面积小，所以，规定可设置半固定式消防冷却水系统。

8.5.3 天然气凝液、液化石油气罐区发生火灾后，其固定系统与辅助水枪(水炮)大都同时使用，所以固定系统的消防用水量应按储罐固定式消防冷却用水量与移动式水枪用水量之和计算。

设置半固定式消防冷却水系统的罐区，着火后需冷却的面积基本不会超过120m²，所以规定消防用水量不应小于20L/s。这与现行国家标准《建筑设计防火规范》、《城镇燃气设计规范》的规定是相同的。

8.5.4 本条规定了固定冷却水供给强度与冷却面积，依据或解释如下：

1 消防冷却水供给强度。

1)国内外试验研究数据：

①英国消防研究所的皮·内斯在其"水喷雾扑救易燃液体火灾的特性参数"一文中，介绍的液化石油气储罐喷雾强度试验数据为9.6L/min·m²。

②英国消防协会G·布雷在其"液化石油气储罐的水喷雾保护"的论文中指出："只有以10L/min·m²的喷雾强度向罐壁喷射水雾才能为火焰包围的储罐提供安全保护。"

③美国石油学会(API)和日本工业技术院资源技术试验所分别在20世纪50年代和60年代进行了液化石油气储罐水喷雾保护

的试验，结果表明：液化石油气储罐的喷雾强度大于6L/min·m²，罐壁温度可维持在100℃左右，即是安全的，采用10L/min·m²是可靠的。

④公安部天津消防研究所1982～1984年进行的"液化石油气储罐火灾受热时喷水冷却试验"获得了与美国、日本基本相同的结果，即喷雾强度大于6L/min·m²时，储罐可得到良好的冷却。

⑤美国J·J·Duggan、C·H·Gilmour、P·F·Fisher等人研究认为：未经隔离设计的容器一旦陷入火中，罐壁表面吸热量最小约为63100W/m²(见1944年1月A·S·M·E学报"暴露于火中容器的超压释放要求"、1943年10月NFPA季刊"暴露于火中的储罐放散"、橡胶设备用品公司备忘录89"容器的热量输入"等论文或文献)。当向被火包围的容器表面以8.2L/min·m²供给强度喷水时，罐壁表面吸热量将减小到18930W/m²(见橡胶设备用品公司备忘录123即"暴露火中容器的防护"一文)。

2)国外标准规范的规定。从搜集到的欧美、日本等国家的协会、学会标准来看，大都规定液化石油气储罐的最小消防水雾喷射强度为10L/min·m²。

3)国内相关规范的规定。《建筑设计防火规范》是第一部规定液化石油气储罐冷却水供给强度的国家规范。其主要依据就是上述美国石油学会(API)和日本工业技术院资源技术试验所的试验数据以及美国消防协会标准《固定式水喷雾灭火系统》NFPA 15的规定，并为了便于计算规定最小冷却水供给强度为0.15L/s·m²。以后颁布的国家标准《石油化工企业设计防火规范》、《水喷雾灭火系统设计规范》、《城镇燃气设计规范》等均采用了该规定。

综上所述，尽管我国规范规定的冷却水供给强度稍小于国外标准的规定，但还是可靠的，且得到了一些火灾案例的检验。

2 冷却范围。

目前，我国现行各规范的实质规定是一致的，本规定采纳了《建筑设计防火规范》的规定。所谓邻近储罐是指与着火储罐贴邻的储罐。

8.5.5 本条主要依据是现行国家标准《石油化工企业设计防火规范》的规定。

全冷冻式液化烃储罐一般为立式双壁罐，有较厚的隔热层，安全设施齐全。有关资料介绍，在某些方面比汽油罐安全，即使发生泄漏，泄漏后初始闪蒸气化，可能在20～30s的短时间会产生大量蒸气形成膜式沸腾状态，扩散比较远的距离，其后蒸发速度降低达到稳定状态，可燃性混合气体被限制在泄漏点附近。稳定状态时的燃烧速度和辐射热与相同燃烧面积的汽油相似。因此，此类罐的消防冷却水供给强度按一般立式油罐考虑。根据美国API 2510A标准，当受到暴露辐射而无火焰接触时，冷却水强度为0～4.07L/min·m²。本条按较大值考虑。

关于消防冷却水系统设置形式，可参照现行国家标准《石油化工企业设计防火规范》的规定。对于罐壁的冷却，设置固定水炮或在罐壁顶部设置带喷头的环形冷却水管都是可行的，具体采用哪一种，应结合实际工程确定。从美国《石油化工厂防火手册》介绍的该类火灾案例来看，水炮能起到冷却作用。

8.5.6 现行国家标准《建筑设计防火规范》、《城镇燃气设计规范》与本规范一样，均按储罐区总容量和单罐容量分为三个级别，分别规定了水枪用水量。由于石油化工企业单罐容量100m³以下的储罐极少，所以《石油化工企业设计防火规范》以储罐容积400m³为界分了两个级别，分别规定了与上述规范相同的水枪用水量。而石油天然气站场中单罐容量100m³以下的储罐为数不少，故采纳了《建筑设计防火规范》与《城镇燃气设计规范》的规定。不过上述各规范的规定并不矛盾。

8.5.7 关于消防冷却水连续供给时间，我国现行各规范的规定大同小异。《建筑设计防火规范》与《城镇燃气设计规范》规定：总容积小于220m³或单罐容积小于或等于50m³的储罐或储罐区，连续供水时间可为3h；其他储罐或储罐区应为6h。《石油化工企业设计防火规范》规定:消防用水的延续时间应按火灾时储罐安全放空所需时间确定,当其安全放空时间超过6h时,按6h计算。

国外相关标准因各自情况或体制不同,其规定消防冷却水连续供给时间差异较大,尚难借鉴。

据统计,LPG储罐火灾延续时间大都较长,有些长达数昼夜。显然,按这样长的时间设计消防用水量在经济上是不能接受的。规范所规定的连续供给时间主要考虑在灭火组织过程中需要立即投入的冷却用水量,是综合火灾统计资料与国民经济水平以及消防力量等情况确定的。

LPG储罐泄漏后,不一定立即着火,需要喷射一定时间的水雾稀释、惰化、驱散蒸气云。另外,石油天然气站场与石油化工企业不同,特别是小站,大都无放空火炬系统,并且天然气凝液储罐中的油品组分不能放空。所以本条采纳了《建筑设计防火规范》与《城镇燃气设计规范》的规定。

再者,对于单罐容量400m³以上的储区,如有条件,尽可能回收利用冷却水。

8.5.8 本条为水喷雾固定式消防冷却水系统设置的基本要求,现行国家标准《石油化工企业设计防火规范》也做了类似的规定,与之相比,本规定只是增加了对储罐支撑的冷却要求。

8.5.9 本条主要依据是现行国家标准《石油化工企业设计防火规范》的规定。主要目的是保证系统各喷头的工作压力基本一致,发生火灾时便于及时开启系统控制阀,以及防止因管道锈蚀等堵塞喷头。

8.6 装置区及厂房消防设施

8.6.1 天然气净化处理站场的消防用水量与生产装置的规模、火灾危险性、占地面积等有关。四川某气田由日本设计的卧龙河引进"天然气处理装置成套设备",天然气处理量为$400×10^4$m³/d,消防用水量为70L/s,连续供给时间按30min计算。通过多年生产考察,消防用水供水强度可减少。根据我国国情和多座天然气净化厂(站)的设计经验、生产运行考核,将消防用水量依据其生产规模类型、火灾危险类别及固定消防设施情况等因素计算确定,而将原第7.3.8条"不宜少于30L/s"具体划分为三档。各级厂站的最小消防用水量可按表8.6.1选用,而将生产规模大于$50×10^4$m³/d的压气站纳入第二档并定为30L/s,是根据德国PLE公司设计并已建成投运的陕京输气管道工程,压气站设置一次消防用水量200~300m³和压缩机房设置气体灭火系统等设施,同时考虑到油气田压气站、注气站的消防供水现状等因素确定的。当压缩机房设有气体灭火系统时,可不设或减少消防用水量。第三档是生产过程较复杂而规模又小于$50×10^4$m³/d的天然气净化厂,因占地面积、着火几率、经济损失等较单一站大,需要一定量的消防用水。但常常处于气田内部生产规模小于$200×10^4$m³/d的天然气脱水站、脱硫站和生产规模小于或等于$50×10^4$m³/d的压气站则可不设消防给水设施。

8.6.2 由于扑救火灾常用ϕ19mm手持水枪,其枪口压力一般控制在0.35MPa以内,可由一人操作,若水压再高则操作困难。当水压为0.35MPa时,其水枪充实水柱射高约为17m,而ϕ19mm的水枪每支控制面积一般为50m²左右,当三级站场装置区的高大塔架和设备群发生火灾时,难以用手持水枪有效灭火。而固定消防炮亦属岗位应急消防设施,一人可以操作,并能及时向火场提供较大的消防水(泡沫、干粉等)量和足够射程的充实水柱,达到对初期火灾的控火、灭火及保护设备的目的。

水炮的喷嘴宜为直流-水雾两用喷嘴,以便于分别保护高大危险设备和地面上的危险设备群。炮的设置距离和出水量是参考国内外有关企业资料和国内此类产品确定的。

8.6.3 本条是在原规范7.1.11条的基础上参照国家标准《气田天然气净化厂设计规范》SY/T 0011—96第6.1.5.6款和《石油化

工企业设计防火规范》GB 50160—92(1999年版)第7.6.5条有关规定编制的。

8.6.4、8.6.5 这两条是参照《建筑设计防火规范》有关条款并结合油气站场的厂房、库房、调度办公楼等的特点,提出了建筑物消防给水设施的范围和原则。

8.6.6 干粉灭火剂用于扑灭天然气初期火灾是一种灭火效果好、速度快的有效灭火剂,而碳酸氢钠是BC类干粉中较成熟、较经济并广泛应用的灭火剂。二氧化碳等气体的灭火性能好、灭火后对保护对象不产生二次损害,是扑救站内重点保护对象压缩机组及电器控制设备火灾的良好灭火剂,故在本规范作了这一规定。扑救天然气火灾最根本的措施是截断气源,但是,当火灾蔓延,对设备(可用水降温,不致于造成损害)的冷却、建筑物的灭火和消防人员的保护等,水具有不可替代的重要作用,因此,凡水源充足、有条件的场站设置消防给水系统是十分必要的。有的压气站位于边远山区、沙漠腹地、人迹罕至、水资源匮乏、规模较小等诸多因素的存在,则不作硬性规定,适当留有余地,这与国外敞开式压缩机组不设水消防一致。

8.6.7 无论是装置区域还是全厂,凡采用计算机监控的控制室都有人值守,一旦出现火警,值班人员都能立即发现,若是机柜、线路发生火灾事故,计算机亦会显示故障报警,而发生初期火灾值班人员可用手提式灭火器及时扑灭。目前,国内天然气生产装置的中央控制室大多设置有火灾自动报警系统,同时配备了一定数量的手提式气体(干粉)灭火器,经生产运行考核是可行的。据考察国外类似工业生产的计算机控制室,除火灾报警系统外,多采用手提式灭火器。所以,控制室内不要求设置固定式气体自动灭火系统。若使用气体自动灭火系统,一旦发生火灾,气体即自动释放,值班人员必须撤离,但控制室值班人员需要坚守岗位,甚至需采取一系列手动切换措施的操作,否则可能造成更大事故。因此,在有人值守的控制室内设置固定自动气体消防,不利于及时排除故障,确保安全生产。

8.7 装卸栈台消防设施

8.7.1 目前我国相关现行国家标准,如《石油化工企业设计防火规范》、《石油库设计规范》等,均未规定火车与汽车油品装卸区设置消防给水系统,并且《汽车加油加气站设计与施工规范》GB 50156—2002规定加油站可不设消防给水系统。尽管火车和汽车油罐车装卸油时发生过火灾,但烧毁多节或多辆油罐车的案例比较罕见。油罐车火灾多发生在罐口部位,用灭火器大都能扑灭。少数因底阀漏油引发的火灾一般也是局部的,基本不会形成大面积火灾。为此,在充分考虑安全与经济的前提下,做出了本规定。

关于消防车到达时间,应按本规范第8.2节的规定执行。按照上述认识,提出了火车和汽车装卸油品栈台的消防要求。

8.7.2 本条规定的依据与思路同第8.7.1条。

一、二、三级油品站场以及除偏僻缺水处的四级油品站场,按本规范规定应设置消防冷却水系统与泡沫灭火系统。为此,从经济、安全的角度规定这些站场的装卸站台宜设置消防冷却水系统与泡沫灭火系统。

对其消防冷却水与泡沫混合液用量的规定,一方面考虑不超过油罐区的流量;另一方面火车装卸站台的用量要能供给一台水炮和泡沫炮,汽车装卸站台的用量要能供给2支以上水枪和1支泡沫枪;再者考虑到冷却顶盖的需要,规定带顶盖的消防水用量要大些。

8.7.3 尽管国内外火车、汽车液化石油气装卸站台装卸过程的火灾案例不多,但其运行中的火灾案例并不少,有的还造成了重大人员伤亡。所以,LPG列车或汽车槽车一旦在装卸过程中发生泄漏,如不能及时保护,可能发生灾难性爆炸事故。为了降低风险,规定火车、汽车液化石油气装卸站台宜设置消防给水系统和干粉灭火设施。另外,设有装卸站台的石油天然气站场都有 LPG 储罐,并且都设有消防给水系统,本规定执行起来并不困难。此外,现行国家标准《汽车加油加气站设计与施工规范》规定液化石油气加气站应设消防给水系统。

关于消防冷却水量,火车站台是参照本规范第 8.5.6 条水枪用水量的规定,并取了最大值,主要考虑能供给一台水炮冷却着火罐及出两支以上水枪冷却邻罐;汽车站台参照了《汽车加油加气站设计与施工规范》对采用埋地储罐的一级加气站消防用水量的规定。

8.8 消防泵房

8.8.1 消防泵房分消防供水泵房和消防泡沫供水泵房两种。中小型站场一般只设消防供水泵房不设消防泡沫供水泵房,大型站场通常设消防供水泵房和消防泡沫供水泵房两种,这时宜将两种消防泵房合建,以便统一管理。

确定消防泵房规模时,凡泡沫供水泵和冷却供水泵均应满足扑救站场可能的最大火灾时的流量和压力要求。当采用环泵式比例混合器时,泡沫供水泵的流量还应增加动力水的回流损耗,消耗水量可根据有关公式计算。当采用压力比例混合器时,进口压力应满足产品使用说明书的要求。

为确保泡沫供水泵和冷却供水泵能连续供水,一、二、三级站场的消防供水泵和泡沫供水泵均应设备用泵,如果主工作泵规格不一致,备用泵的性能应与最大一台泵相等。

8.8.2 本条提出了选择消防泵房位置的要求。距储罐区太近,罐区火灾将威胁消防泵房;离储罐区太远则会延迟冷却水和泡沫液抵达着火点的时间,增加占地面积。

据资料介绍,油罐一旦发生火灾,其辐射热对罐的影响很大,如钢罐在火烧的情况下,5min 内就可使罐壁温度升高到 500℃,致使油罐钢板的强度降低 50%;10min 内可使油罐罐壁温度升到 700℃,油罐钢板的强度降低 90% 以上,此时油罐将发生变形或破裂,所以应在最短时间内进行冷却或灭火。一般认为钢罐的抗烧能力约为 8min 左右,故消防灭火,贵在神速,将火灾扑灭在初期。本条规定启泵后 5min 内将泡沫混合液和冷却水送到任何一个着火点。根据这一要求,采取可能的技术措施,优化消防泵房的布局。

对于大型站场,为了满足 5min 上罐要求,在优化消防泵房布局的同时,还应考虑节省启动消防水泵和开启泵出口阀门的时间。消防系统宜采用稳高压方式供水,水泵出口宜设置多功能水泵控制阀。如采用临时高压供水方式,水泵出口宜采用改良型多功能水泵控制阀。启泵时,多功能水泵控制阀能使水泵出口压力自动满足启泵要求,自动完成离心泵闭阀启泵操作过程,节省人力和时间。多功能水泵控制阀还能有效防止消防系统的水击危害。

8.8.3 油罐一旦起火爆炸、储油外溢,将会向低洼处流淌,尤其在山区,若消防泵房地势比储罐区低,流淌火焰将会直接威胁消防泵房。另外,消防泵房位于油罐区全年最小频率风向的下风侧,受火灾的威胁最小。从消防泵房的安全考虑,本条规定消防泵房的地势不应低于储罐区,且在储罐区全年最小风频风向的下风侧。

8.8.4 本条是为确保消防设备和人员安全而规定。

8.8.5 本条是对消防泵组安装的要求。

1 消防管道长时间不用会被腐蚀破裂,如吸水和出水均为双管道时,就能保证消防时有一条可正常工作。

2 为了争取灭火时间,消防泵一般采用自灌式启泵,若没有特殊原因,消防泵不宜采用负压上水。

3 消防泵设自动回流管,主要考虑当消防系统只用 1 支消火栓,供水量低时,防止消防水泵超压引起故障。同时便于定期对消防泵做试车检查。自动回流系统采用安全泄压阀(持压/泄压阀)自动调节回流水量,实际应用效果较好。

4 对于经常启闭、口径大于 300mm 的阀门,为了便于操作,

宜采用电动或气动。为防止停电、断气时也能启闭,故提出要同时能快速手动操作。

8.8.6 通信设施首先能进行 119 火灾专线报警,同时满足向上级主管部门进行火灾报警的要求。

8.9 灭火器配置

8.9.1 灭火器轻便灵活机动,易于掌握使用,适于扑救初起火灾,防止火灾蔓延,因此,油气站场的建(构)筑物内应配置灭火器。建筑物内灭火器的配置标准可按现行国家标准《建筑灭火器配置设计规范》执行,本规范不再单独做出规定。

8.9.2 现行国家标准《建筑灭火器配置设计规范》GBJ 140—1990(1997 年版),第 4.0.6 条规定:甲、乙、丙类液体储罐,可燃气体储罐的灭火器配置场所,灭火器的配置数量可相应减少 70%。但从调查了解,油罐很少发生火灾,以往油气站场油罐区都没有配置过灭火器;并且灭火器只能用来扑救零星的初起火灾,一旦酿成大火,就不起作用了,而需依靠固定式、半固定式或移动式泡沫灭火设施来扑灭火灾。灭火器的配置经认真计算,并与公安部消防局进行协商后,确定了一个符合大型油罐防火实际的数值,同时根据固定顶油罐和浮顶油罐火灾时,由于燃烧面积的大小不同,分别做出了 10% 和 5% 的规定,减少了配置数量。考虑到阀组滴漏、油罐冒顶。在罐区内、浮盘上可能发生零星火灾。因此,可根据储罐大小不同,每个罐可配置 1～3 个灭火器,用于扑救初起火灾。

随着油、气田开发及深加工处理能力的扩大,油气生产厂、站内出现了露天生产装置区,如原油稳定和天然气深冷、浅冷装置等,而这些装置占地面积也较大,而且设有消防给水,结合这种情况,根据国家标准对配置数量也做了适当的调整。

8.9.3 现行国家标准《建筑灭火器配置设计规范》做出了具体规定,详见该规范第 3.0.4 条及附录四。

8.9.4 天然气压缩机厂房相对比较重要,灭火器的配置应高于现行国家标准《建筑灭火器配置设计规范》的规定。配置大型推车式灭火器是合理的。

9 电 气

9.1 消防电源及配电

9.1.1 本条规定是为了确保一、二、三级石油天然气站场在发生火灾事故时,消防泵有两个动力源,能可靠工作。

很多一、二、三级石油天然气站场(如油气田的集中处理站、长输管道的首、末站)都要求采用一级负荷供电。在有双电源的情况下,首先应该考虑消防泵全部用电作为动力源,可以节省投资,方便维护管理。

但是有些一、二、三级石油天然气站场地处边远,或达不到一级负荷供电的要求,只能采用二级负荷供电。现在柴油机或其他内燃机驱动消防泵快速启动技术已经成熟,因此将其作为电动泵的备用泵,是可以保证消防泵可靠工作的。

有的一、二、三级石油天然气站场除消防泵功率较大外,其余设备负荷都较小,如果经过技术、经济比较,当全部采用柴油或其他内燃机直接驱动消防泵更合理时,也可以采用这种方案。

9.1.2 石油天然气站场的消防泵房及其配电室是比较重要的场所,应保证其有可靠照明,需设以直流电源连续供电不少于20min的应急照明灯。

9.1.3 本条规定是为了以电作为动力源时备用消防泵能自动投入,并提高消防设备电缆抵御火灾的能力。

9.2 防 雷

9.2.2 本条与现行国家标准《石油化工企业设计防火规范》一致。当露天布置的塔、容器顶板厚度等于或大于4mm时,对雷电有自身保护能力,不需要装设避雷针保护。当顶板厚度小于4mm时,为防止直击雷击穿顶板引起事故,需要装设避雷针保护工艺装置的塔和容器。

9.2.3 储存可燃气体、油品、液化石油气、天然气凝液的钢罐的防雷规定说明如下:

1 铝顶油罐应装设避雷针(线),保护整个储罐。

2 甲B、乙类油品虽为易燃油品,但装有阻火器的固定顶钢油罐在导电性能上是连续的,当顶板厚度等于或大于4mm时,直击雷无法击穿,做好接地后,雷电流可以顺利导入大地,不会引起火灾。

按照现行国家标准《立式圆筒型钢制焊接油罐设计规范》,地上固定顶钢油罐的顶板厚度最小为4.5mm。所以新建的这种油罐和改扩建石油天然气站场的顶板厚度等于或大于4mm的老油罐,都完全可以不装设避雷针、线保护。但对经检测顶板厚度小于4mm的老油罐,储存甲、乙类油品时,应装设避雷针(线),保护整个储罐。

3 丙类油品属可燃油品,闪点高,同样条件下火灾的危险性小于易燃油品。雷电火花不能点燃钢罐中的丙类油品,所以储存可燃油品的钢油罐也不需要装设避雷针(线),而且接地装置只需按防感应雷装设。

4 浮顶罐由于浮顶上的密封严密,浮顶上面的油气浓度一般都达不到爆炸下限,故不需要装设避雷针(线)。

浮顶罐采用两根截面不小于25mm²的软铜复绞线将浮顶与罐体进行电气连接,是为了导走浮盘上的感应雷电荷和油品传到浮盘上的静电荷。

对于内浮顶油罐,浮盘上没有感应雷电荷,只需导走油品传到浮盘上的静电荷。因此,钢制浮盘的连接导线用截面不小于16mm²的软铜复绞线、铝制浮盘的连接导线用直径不小于1.8mm的不锈钢钢丝绳就可以了。铝质浮盘用不锈钢钢丝绳,主要是为了防止接触点铜铝之间发生电化学腐蚀,接触不良造成火花隐患。

5 压力储罐是密闭的,罐壁钢板厚度都大于4mm,雷电流无法击穿,也不需要装设避雷针(线),但应做好防雷接地,冲击接地电阻不应大于30Ω。

9.2.4 钢储罐防雷主要靠做好接地,以降低雷击点的电位、反击电位和跨步电压,所以防雷接地引下线不得少于2根。其间距是指沿罐周长的距离。

9.2.5 规定防雷接地装置冲击接地电阻值的要求,是根据现行国家标准《建筑物防雷设计规范》的规定。因为现场实测只能得到工频接地电阻值与土壤电阻率,而钢储罐防雷接地引下线接地点至接地最远端一般都不大于20m,所以,可用表9进行接地装置冲击接地电阻与工频接地电阻的换算。如土壤电阻率在表列两个数值之间时,用插入法求得相应的工频接地电阻值。

表9 接地装置冲击接地电阻与工频接地电阻换算表(Ω)

本规范要求的冲击接地电阻值	在以下土壤电阻率($\Omega \cdot m$)下的工频接地电阻允许极限值ρ			
	≤100	100~500	500~1000	>1000
10	10	10~15	15~20	30
30	30	30~45	45~60	90

9.2.6 本条规定是采用等电位连接的方法,防止信息系统被雷电过电压损坏,避免雷电波沿配线电缆传输到控制室。

9.2.7 甲、乙类厂房(棚)的防雷:

1 该厂房(棚)属爆炸和火灾危险场所,应采取现行国家标准《建筑物防雷设计规范》中第二类防雷建筑物的防雷措施,装设避雷带(网)防直击雷。

2 当金属管道、电缆的金属外皮、所穿钢管或架空电缆金属槽被雷直击,或在附近发生雷击时,都会在其上产生雷电过电压。将其在厂房(棚)外侧接地,接地装置与保护接地装置及避雷带(网)接地装置合用,可以使雷电流在甲、乙类厂房(棚)外侧就泄入地下,避免过电压进入厂房(棚)内。

9.2.8 丙类厂房(棚)的防雷:

1 丙类厂房(棚)属火灾危险场所,防雷要求要比甲、乙类厂房(棚)宽一些。在雷暴日大于40d/a的地区才装设避雷带(网)防直击雷。

2 本款条文说明与9.2.7条第2款相同。

9.2.9 装卸甲B、乙类油品、液化石油气、天然气凝液的鹤管和装卸栈桥的防雷:

1 雷雨天不应也不能进行露天装卸作业,此时不存在爆炸危险区域,所以不必装设防直击雷的避雷针(带)。

2 在棚内进行装卸作业时,雷雨天可能也要工作,此时就存在爆炸危险区域,所以要装设避雷针(带)防直击雷。1区存在爆炸危险混合物的概率高于2区,在正常情况下就可能产生,而2区只有在事故情况下才有可能产生,所以避雷针(带)只保护1区。

3 装卸区属爆炸危险场所,进入该区的输油(液化石油气、天然气凝液)管道在进入点接地,可将沿管道传输过来的雷电流泄入地下,避免在装卸区出现雷电火花。接地装置冲击接地电阻按防直击雷要求。

9.3 防 静 电

9.3.1 石油天然气站场内有很多爆炸和火灾危险场所,在加工或储存油品、液化石油气、天然气凝液时,设备和管道会因摩擦产生大量静电荷,如不通过接地装置导入地下,就会聚集形成高电位,可能产生放电火花,引起爆炸着火事故。因此,对其应采取防静电措施。

9.3.2 石油天然气管道只有在地上或管沟内敷设时,才会产生静电。本条规定可以防止静电在管道上的聚集。

9.3.3 本条规定是为了使铁路、汽车的装卸站台和码头的管道、设备、建筑物与构筑物的金属构件、铁路钢轨等(做阴极保护者除外)形成等电位,避免鹤管与运输工具之间产生电火花。

9.3.4 本条规定是为了导走汽车罐车和铁路罐车上的静电。

9.3.5 为消除油船在装卸油品过程中产生的大量静电荷,需在油品装卸码头上设置跨接油船的防静电接地装置。此接地装置与码头上油品装卸设备的防静电接地装置合用,可避免装卸设备连接时产生火花。

9.3.6 由于人们普遍穿着的人造织物服装极易产生静电,往往聚积在人体上。为防止静电可能产生的火花,需在甲、乙、丙_A类油品(原油除外)、液化石油气、天然气凝液作业场所的入口处设置消除人体静电的装置。此消除静电装置是指用金属管做成的扶手,在进入这些场所前应抚摸此扶手以消除人体静电。扶手应与防静电接地装置相连。

9.3.7 静电的电位虽高,电流却较小,所以每组专设的防静电接地装置的接地电阻值一般不大于100Ω即可。

9.3.8 因防静电接地装置要求的接地电阻值较大,当金属导体与其他接地系统(不包括独立避雷针防雷接地系统)相连接时,其接地电阻值完全可以满足防静电要求,故不需要再设专用的防静电接地装置。

10 液化天然气站场

10.1 一般规定

10.1.1 规定了本章适用范围。

1 从20世纪90年代起,我国陆续建设液化天然气设施,积累了设计、建造和运行经验,还广泛收集和深入研究了国外有关的标准和规范,为我国制订液化天然气设施的防火规范创造了条件。本章是在参考国外标准和总结我国液化天然气设施建设经验的基础上编制的。考虑到液化天然气防火设计的特点,独立成章,但本章与前面各章有着密切联系,例如,储存总容量小于或等于3000m³的液化天然气站场区域布置的安全距离、工艺容器(不包括储罐)和设备的消防要求,电气、站场围墙、道路、灭火器设置等都参照本规范其他各章的内容。

2 这里指的液化天然气供气站包括调峰站和卫星站。

调峰站主要由液化天然气储罐、小型天然气液化设备、蒸沸气压缩机、输出设备(液化天然气泵、气化器、计量、加臭等)组成。其液化天然气储罐容量一般在30000~100000m³。上海浦东事故气源备用调峰站的储罐容量为20000m³。

卫星站又称液化天然气接收和气化站。这种站本身无天然气液化设备,所需液化天然气通过专用汽车罐车或火车专用集装箱罐运来。站内设有液化天然气储罐和输出设备。

3 小型天然气液化站是指设在油气田和输气管道站场上的小型天然气液化装置。该站仅有天然气液化和储存设施,生产的液化天然气用汽车罐车运到卫星站。例如,中原油田天然气净化液化处理设施就是一座小型天然气液化站。

10.1.2 制冷剂的主要成分是乙烯、乙烷或丙烷,所以火灾危险性属于甲_A类。

10.1.3 在大气压力下,将天然气(指甲烷)温度降到约-162℃即可被液化。液化天然气从储存容器内释放到大气中时,将气化并在大气温度下成为气体。其气体体积约为被液化液体体积的600倍。通常,温度低于-112℃时,该气体比15.6℃下的空气重,但随着温度的升高,该气体变得比空气轻。

由于液化天然气的上述特性,其站场电气装置场所分类比较复杂,需要分析释放物质的相态、温度、密度变化,考虑释放量和障碍条件,按国家现行有关标准确定,详见本规范第1.0.2条说明的相关内容。

10.1.4 这是液化天然气设施设计和建造的通行做法,如美国防火协会的《液化天然气(LNG)生产、储存及输送标准》NFPA 59A,以及美国联邦政府规章《液化天然气设施:联邦安全标准》49CFR193部分等,世界各国普遍采用。我国也正在参照国外标准制定相应的国家标准,规范所有组件的设计和建造要求。

10.2 区域布置

10.2.1~10.2.3 一旦液化天然气泄漏,将快速蒸沸成为气体,使大气中的水蒸汽冷凝形成蒸气云,并迅速向远处扩散,与空气形成可燃气体混合物,遇明火则着火;泄漏到水中会产生有噪声的冷爆炸。为防止本工程对周围环境的影响提出相关要求。

液化天然气设施是采用高科技设计建造的高度安全的设施,其关键设施的设计潜在的事故年概率为10^{-6}。在NFPA 59A中对厂址选择只提到对潜在外部事件应加以考虑,但未具体化。参考法国索菲公司资料以及国家标准《核电厂总平面及运输设计规范》GB/T 50294—1999,将其具体化。条文中未提出的内容可参照国内现行标准执行。

10.2.4 本条参照NFPA 59A2.1工厂现场准备中的要求编制。

10.2.5 液化天然气设施外部区域布置安全间距,美国NFPA 59A只规定将可能产生的危害降至最低,未给出距离。法国索菲公司资料提出距附近居住区几百米远,按照可能的液化天然气泄漏量形成的蒸气云扩散至浓度低于爆炸混合物下限的最大距离考虑。比利斯泽布勒赫液化天然气接收终端位于旅游区,有3座87000m³储罐,为自支撑式,外罐为预应力混凝土,建于地下15m深的沉箱基础上。比利斯政府和管理单位要求,其设施与海岸线最近居民区之间有一个最小的限定距离,即距LNG船卸载臂及储罐1500m,距气化器1300m。

参考以上资料,结合国内已建液化天然气站场的经验,确定原则如下:

1 按储罐总容量划分。美国NFPA 59A分为小于或等于265m³与大于265m³两种情况。本条划分为三种情况:不大于3000m³系按《城镇燃气设计规范》GB 50028—93(2002年版)划分,罐是由工厂预制成品罐或由工厂预制成品内罐和由现场组装外罐构成的子母罐组成;大于或等于30000m³情况是参考法国索菲公司资料,该资料介绍液化天然气调峰站储罐通常在30000m³以上。

2 液化天然气储存总容量不大于3000m³时,可按本规范表3.2.2中液化石油气、天然气凝液储存总容量确定站场等级,然后可按照本规范第4.0.4条中相应等级的液化石油气、天然气凝液站场确定区域布置防火间距。这样做主要是考虑到液化石油气站场的工艺和设备已比较成熟,并且有丰富的管理经验,制定标准依据的储罐总容积和单罐容积基本匹配。但是,液化天然气站场在国内才刚刚起步,储罐总容积和单罐容积还不能最合理匹配,并且,液化天然气储罐等级划分与液化石油气也不完全相同。实际使用中如果储罐总容积和单罐容积基本符合表4.0.4的等级划分要求,并且围堰尺寸较小,即可初步采用此表中的相关间距。

3 液化天然气储存总容量大于或等于30000m³时与居住区、公共福利设施安全距离应大于0.5km,是采用了广东深圳液化天然气接收终端大鹏半岛西岸称头角场址选择数据,该终端最终储存总容量48×10⁴m³。

4 考虑工程设计中储罐个数、单罐容积、储罐操作压力、布置、围堰和安全防火设计以及自然气象条件不同,为将液化天然气泄漏引起的对站外财产和人员的危害降至可接受的程度,条文中提出还要按本规范10.3.4和10.3.5条的规定进行校核。

10.3 站场内部布置

10.3.2 本条是针对小型储罐提出的要求。这是参照《石油化工企业设计防火规范》GB 50160—92(1999年版)全压力式储罐布置要求和山东淄博市煤气公司液化天然气供气站储罐区内建有12台106m³立式储罐建设经验而定。总容量3000m³是根据本章的划分等级确定的。易燃液体储罐不得布置在液化天然气罐组内,在NFPA 59A中也有明确规定。

10.3.3 本条参照美国标准NFPA 59A和49CFR193编制。NFPA 59A规定围堰区内最小盛装容积应考虑扣除其他容器占有容积以及雪水积集后,至少为最大储罐容积100%。子母罐应看作单容罐而设围堰。

10.3.4 本条参照美国标准NFPA 59A和49CFR193编制。关于隔离距离的确定,上述标准均规定采用美国天然气研究协会GRI 0176报告中有关"LNG火灾"所描述的模型:"LNG火灾辐射模型"进行计算。本条改为"国际公认",实际指此模型。

目标物中"辐射量达4000W/m²界线以内"的条款,在NFPA59A中为5000W/m²。考虑到在4000W/m²辐射量处对人的损害是20s以上感觉痛,未必起泡的界限,5000W/m²人更难于接受,故改为4000W/m²。

另外,NFPA 59A中规定,围堰为矩形且长宽比不大于2时,可用如下公式决定隔离距离:

$$d = F\sqrt{A} \tag{10}$$

式中 d——到围堰边沿的距离(m);

A——围堰的面积(m²);

F——热通量校正系数,即:对于5000W/m²为3;对于9000W/m²为2;对于30000W/m²为0.8。

由于本章将5000W/m²改为4000W/m²,如采用此公式时其值应大于3,经测算约为3.5,但有待实践后修正。

10.3.5 本条参照美国标准NFPA 59A和49CFR193编制。关于扩散隔离距离确定,上述标准均规定采用美国天然气研究协会GRI0242报告中的有关"利用DEGADIS高浓度气体扩散模型所做的LNG蒸气扩散预测"所描述的模型进行计算。本条改为"国际公认",实际指此模型。在NFPA 59A(2001年版)中还给出一种计算模型,这里就不再列举。

10.3.6 本条参照美国标准NFPA 59A(2001年版)的2.2.3.6、2.2.4.1、2.2.4.2和2.2.4.3条编制。

10.3.7 气化器是液化天然气供气站中将液态天然气变成气态的专有设备。气化器可分为加热式、环境式和工艺蒸发式等类型。加热又可分为整体式,如浸没燃烧式和间接加热式。环境式其热取自自然界,如大气、海水或地热等。在本章中常用的气化器为浸没燃烧式和大气式。气化器布置要求参照NFPA 59A编制。

10.3.8 液化天然气的蒸沸气体可能温度很低,达到-150℃,比空气重。为此气液分离罐内必须配电热器。当放空阀打开时,电加热自动接通,加热排出的气体,使其变得比空气轻并迅速上升,到达排放系统顶部。

"禁止将液化天然气排入封闭的排水沟内"是NFPA 59A第2.2.2.3条的要求。

10.4 消防及安全

10.4.1 本条为美国标准NFPA 59A第9.1.2条的前半部分。其后半部分是规定评估要求的内容,现摘录供参考。

这种评估所要求的最低因素如下:

(1)LNG、易燃冷却剂或易燃液体的着火、泄漏及渗漏的检测及控制所需设备的类型、数量及安装位置。

(2)非工艺及电气的潜在着火的检测及控制所需设备类型、数量及安装位置。

(3)暴露于火灾环境中的设备及建筑物的防护方法。

(4)消防水系统。

(5)灭火及其他火灾控制设备。

(6)包括在紧急停机(ESD)系统内的设备与工艺,包括对子系统的分析,如果存在该系统的话,在火灾发生的紧急情况下必须设置专门的泄压容器或设备。

(7)启动ESD系统或其子系统自动操作所需探测器的类型及设置位置。

(8)在紧急情况下,每个装置坚守岗位人员及职责和外部人员调配。

(9)根据人员在紧急事故情况下的责任,对操作装置的每个人员提供防护设备及进行专门的培训。

通常,气体着火(包括LNG着火),只有在燃料源被切断后方可灭火。

10.4.2 本条参照美国标准NFPA 59A和49CFR193编制。

10.4.3 本条参照美国标准NFPA 59A(2001年版),第9.3节"火灾及泄漏控制"进行编制。

10.4.4 较大型液化天然气站,设施多、占地大,配遥控摄像录像系统在控制室对现场出现的情况进行监视,有助于提高站的安全程度。上海浦东事故气源备用调峰站设有此系统。

10.4.5 消防冷却水设置。

1 关于总储存容量大于或等于265m³之划分及设置固定供水系统的要求来于49CFR的§193.2817。

2 采用混凝土外罐与储罐布置在一起组成双层壳罐,储罐液面以下无开口也不会泄漏。此类储罐根据法国索菲公司为国内某工程提供的概念设计以及上海浦东事故气源备用调峰站的设计,仅在罐顶泵平台处设固定水喷雾系统。其供水强度来自美国防火协会标准《固定式水喷雾灭火系统》NFPA 15。

3 一个站的设计消防水量确定是根据NFPA 59A(2001年版)第9.4节内容,但在摘编时将余量63L/s,即226.8m³/h改为200m³/h。移动式消防冷却水用水量参照《石油化工企业设计防火规范》GB 50160—92(1999年版)第7.9.2条规定。

10.4.6 液化天然气泄漏或着火,采用高倍数泡沫可以减少和防止蒸气云形成;着火时高倍数泡沫不能扑灭火,但可以降低热辐射量。这种类型泡沫会快速烧毁以及需维持1m以上厚度,限制了其应用,但仍在液化天然气设施上广泛采用。目前采取的措施是如何减少泄漏的蒸发面积,减少泡沫用量。国外做过比较,一座57250m³储罐,采用防火堤蒸发表面积为21000m²,采用与罐间隔6m设围墙蒸发表面积降至1060m²,泄漏时蒸发率降低95%,这不仅降低了泡沫用量,同时还不受大风天气等因素影响。更进一步是采用混凝土外罐,泄漏时根本不向外漏,罐也不用配泡沫系统了。但这种罐在罐顶泵出口以及起下沉没泵时会有液化天然气泄漏,为此需建有集液池。此时集液池应配有高倍数泡沫灭火系统。经国外试验,用于液化天然气的泡沫控制发泡倍为1:500效果最好。

10.4.7 液化天然气储罐通向大气的安全阀出口管应设固定干粉灭火系统,这是从上海浦东事故气源备用调峰站20000m³储罐安装实例得出的。

10.4.8 本条是依据NFPA 59A编制的。

10.4.9 本条在NFPA 59A中有详细的要求,这是根据实践总结出来的最基本要求。

中华人民共和国国家标准

二氧化碳灭火系统设计规范

Code of design for carbon
dioxide fire extinguishing systems

GB 50193 - 93

（2010 年版）

主编部门：中 华 人 民 共 和 国 公 安 部
批准部门：中华人民共和国住房和城乡建设部
施行日期：1 9 9 4 年 8 月 1 日

中华人民共和国住房和城乡建设部公告

第 559 号

关于发布国家标准《二氧化碳灭火系统
设计规范》局部修订的公告

现批准《二氧化碳灭火系统设计规范》GB 50193—93（1999 年
版）局部修订的条文，自 2010 年 8 月 1 日起实施，经此次修改的原
条文同时废止。

局部修订的条文及具体内容，将在近期出版的《工程建设标准
化》刊物上刊登。

中华人民共和国住房和城乡建设部
二〇一〇年四月十七日

修 订 说 明

本次局部修订是根据住房和城乡建设部《关于印发〈2008年工程建设标准规范制定、修订计划(第一批)〉的通知》(建标〔2008〕102号)的要求,由公安部天津消防研究所会同有关单位共同对《二氧化碳灭火系统设计规范》GB 50193—93(1999年版)进行修订而成。

现行《二氧化碳灭火系统设计规范》自实施以来,对规范二氧化碳灭火系统的设计、指导二氧化碳灭火系统在我国的应用和发展,起到了重要的作用。然而,随着二氧化碳灭火系统应用和研究的不断深入以及二氧化碳灭火系统产品的不断发展,该规范已不能适应目前二氧化碳灭火系统的应用现状和发展趋势,有必要对其进行局部修订。

现行《二氧化碳灭火系统设计规范》自2000年3月1日实施以来,二氧化碳灭火系统在国内工程上应用一直处于一个平稳的发展阶段,但也出现了几次不同程度的二氧化碳灭火系统误喷及储瓶间二氧化碳泄漏事故,使得近几年二氧化碳灭火系统在工程应用上出现了一定程度的萎缩,尤其是在民用建筑工程中。目前的主要应用场所集中在涂装线、水泥生产线、钢铁行业、电厂等工业建筑工程中。本次修订根据调查总结的二氧化碳灭火系统在实际工程应用中遇到的问题,主要体现在以下几个方面:

1.因二氧化碳喷放或泄漏对人员造成伤害的事故有所发生,有必要调整二氧化碳灭火系统在经常有人工作场所应用时的安全措施和相关限制要求;

2.因不同制造商生产的产品及其附件的水力当量损失长度各不相同,均按本规范附件B确定管道附件的当量长度与实际情况存在较大差异;

3.规范目前未要求在储存容器间设置机械排风装置,一旦发生泄漏很可能会威胁到该房间及相邻房间内人员的生命安全;

4.为了利于管网压力均衡,对二氧化碳气体输送管路的分流设计提出了具体要求。

本规范中下划线为修改的内容。

本次局部修订的主编单位、参编单位、主要起草人和主要审查人员:

主 编 单 位:公安部天津消防研究所

参 编 单 位:国家消防工程技术研究中心

国家固定灭火系统和耐火构件质量监督检测中心

南京消防器材股份有限公司

四川威龙消防设备有限公司

中核集团西安核设备有限公司

泰科消防设备有限公司

主要起草人:倪照鹏　路世昌　宋旭东　李春强　刘连喜

骆明宏　杜增虎　徐洪勋　赵　雷　杨晓群

主要审查人:李引擎　马　恒　宋晓勇　伍建许　杨　琦

黄振兴　王宝伟　田　亮

工程建设标准局部修订公告

第 23 号

国家标准《二氧化碳灭火系统设计规范》GB 50193—93,由公安部天津消防科学研究所会同有关单位进行了局部修订,已经有关部门会审,现批准局部修订的条文,自二〇〇〇年三月一日起施行,该规范中相应条文的规定同时废止。

中华人民共和国建设部

1999 年 11 月 17 日

关于发布国家标准《二氧化碳灭火系统设计规范》的通知

建标〔1993〕899号

根据国家计委计综〔1987〕2390号文的要求,由公安部会同有关部门共同制订的《二氧化碳灭火系统设计规范》,已经有关部门会审。现批准《二氧化碳灭火系统设计规范》GB 50193—93为强制性国家标准,自一九九四年八月一日起施行。

本规范由公安部负责管理,其具体解释等工作由公安部天津消防科学研究所负责。出版发行由建设部标准定额研究所负责组织。

中华人民共和国建设部
一九九三年十二月二十一日

目　次

1 总　　则

1.0.1 为了合理地设计二氧化碳灭火系统,减少火灾危害,保护人身和财产安全,制定本规范。

1.0.2 本规范适用于新建、改建、扩建工程及生产和储存装置中设置的二氧化碳灭火系统的设计。

1.0.3 二氧化碳灭火系统的设计,应积极采用新技术、新工艺、新设备,做到安全适用,技术先进,经济合理。

1.0.4 二氧化碳灭火系统可用于扑救下列火灾:

　　1.0.4.1 灭火前可切断气源的气体火灾。

　　1.0.4.2 液体火灾或石蜡、沥青等可熔化的固体火灾。

　　1.0.4.3 固体表面火灾及棉毛、织物、纸张等部分固体深位火灾。

　　1.0.4.4 电气火灾。

1.0.5 二氧化碳灭火系统不得用于扑救下列火灾:

　　1.0.5.1 硝化纤维、火药等含氧化剂的化学制品火灾。

　　1.0.5.2 钾、钠、镁、钛、锆等活泼金属火灾。

　　1.0.5.3 氰化钾、氰化钠等金属氰化物火灾。

1.0.5A 二氧化碳全淹没灭火系统不应用于经常有人停留的场所。

1.0.6 二氧化碳灭火系统的设计,除执行本规范的规定外,尚应符合现行的有关国家标准的规定。

2　术语和符号

2.1　术　语

2.1.1 全淹没灭火系统　total flooding extinguishing system

　　在规定的时间内,向防护区喷射一定浓度的二氧化碳,并使其均匀地充满整个防护区的灭火系统。

2.1.2 局部应用灭火系统　local application extinguishing system

　　向保护对象以设计喷射率直接喷射二氧化碳,并持续一定时间的灭火系统。

2.1.3 防护区　protected area

　　能满足二氧化碳全淹没灭火系统应用条件,并被其保护的封闭空间。

2.1.4 组合分配系统　combined distribution systems

　　用一套二氧化碳储存装置保护两个或两个以上防护区或保护对象的灭火系统。

2.1.5 灭火浓度　flame extinguishing concentration

　　在101kPa大气压和规定的温度条件下,扑灭某种火灾所需二氧化碳在空气与二氧化碳的混合物中的最小体积百分比。

2.1.5A 设计浓度　design concentration

　　由灭火浓度乘以1.7得到的用于工程设计的浓度。

2.1.6 抑制时间　inhibition time

　　维持设计规定的二氧化碳浓度使固体深位火灾完全熄灭所需的时间。

2.1.7 泄压口　pressure relief opening

　　设在防护区外墙或顶部用以泄放防护区内部超压的开口。

2.1.8 等效孔口面积　equivalent orifice area

　　与水流量系数为0.98的标准喷头孔口面积进行换算后的喷头孔口面积。

2.1.9 充装系数　filling factor

　　高压系统储存容器中二氧化碳的质量与该容器容积之比。

2.1.9A 装量系数　loading factor

　　低压系统储存容器中液态二氧化碳的体积与该容器容积之比。

2.1.10 物质系数　material factor

　　可燃物的二氧化碳设计浓度对34%的二氧化碳浓度的折算系数。

2.1.11 高压系数　high-pressure system

　　灭火剂在常温下储存的二氧化碳灭火系统。

2.1.12 低压系数　low-pressure system

　　灭火剂在$-18℃ \sim -20℃$低温下储存的二氧化碳灭火系统。

2.1.13 均相流　equilibrium flow

　　气相与液相均匀混合的二相流。

2.2　符　号

2.2.1 几何参数

A——折算面积;

A_0——开口总面积;

A_p——在假定的封闭罩中存在的实体墙等实际围封面的面积;

A_t——假定的封闭罩侧面围封面面积;

A_v——防护区的内侧面、底面、顶面(包括其中的开口)的总内表面积;

A_x——泄压口面积;

D——管道内径;

F——喷头等效孔口面积;

L——管道计算长度;

L_b——单个喷头正方形保护面积的边长;

L_p——瞄准点偏离喷头保护面积中心的距离;

N——喷头数量;

N_g——安装在计算支管流程下游的喷头数量;

N_p——高压系统储存容器数量;

V——防护区的净容积;

V_0——单个储存容器的容积;

V_d——管道容积;

V_g——防护区内不燃烧体和难燃烧体的总体积;

V_i——管网内第i段管道的容积;

V_l——保护对象的计算体积;

V_v——防护区容积;

φ——喷头安装角。

2.2.2 物理参数

C_p——管组金属材料的比热;

H——二氧化碳蒸发潜热;

K_1——面积系数;

K_2——体积系数;

K_b——物质系数;

K_d——管径系数;

K_h——高程校正系数;

K_m——裕度系数;

M——二氧化碳设计用量;

M_c——二氧化碳储存量;

M_g——管道质量;

M_r——管道内的二氧化碳剩余量;

M_s——储存容器内的二氧化碳剩余量;

M_v——二氧化碳在管道中的蒸发量；

P_i——第 i 段管道内的平均压力；

P_j——节点压力；

P_t——围护结构的允许压强；

Q——管道的设计流量；

Q_i——单个喷头的设计流量；

Q_t——二氧化碳喷射率；

q_o——单位等效孔口面积的喷射率；

q_v——单位体积的喷射率；

T_1——二氧化碳喷射前管道的平均温度；

T_2——二氧化碳平均温度；

t——喷射时间；

t_d——延迟时间；

Y——压力系数；

Z——密度系数；

a——充装系数；

ρ_i——第 i 段管道内二氧化碳平均密度。

3 系统设计

3.1 一般规定

3.1.1 二氧化碳灭火系统按应用方式可分为全淹没灭火系统和局部应用灭火系统。全淹没灭火系统应用于扑救封闭空间内的火灾；局部应用灭火系统应用于扑救不需封闭空间条件的具体保护对象的非深位火灾。

3.1.2 采用全淹没灭火系统的防护区，应符合下列规定：

3.1.2.1 对气体、液体、电气火灾和固体表面火灾，在喷放二氧化碳前不能自动关闭的开口，其面积不应大于防护区总内表面积的 3%，且开口不应设在底面。

3.1.2.2 对固体深位火灾，除泄压口以外的开口，在喷放二氧化碳前应自动关闭。

3.1.2.3 防护区的围护结构及门、窗的耐火极限不应低于 0.50h，吊顶的耐火极限不应低于 0.25h；围护结构及门窗的允许压强不宜小于 1200Pa。

3.1.2.4 防护区用的通风机和通风管道中的防火阀，在喷放二氧化碳前应自动关闭。

3.1.3 采用局部应用灭火系统的保护对象，应符合下列规定：

3.1.3.1 保护对象周围的空气流动速度不宜大于 3m/s。必要时，应采取挡风措施。

3.1.3.2 在喷头与保护对象之间，喷头喷射角范围内不应有遮挡物。

3.1.3.3 当保护对象为可燃液体时，液面至容器缘口的距离不得小于 150mm。

3.1.4 启动释放二氧化碳之前或同时，必须切断可燃、助燃气体的气源。

3.1.4A 组合分配系统的二氧化碳储存量，不应小于所需储存量最大的一个防护区或保护对象的储存量。

3.1.5 当组合分配系统保护 5 个及以上的防护区或保护对象时，或者在 48h 内不能恢复时，二氧化碳应有备用量，备用量不应小于系统设计的储存量。

对于高压系统和单独设置备用量储存容器的低压系统，备用量的储存容器应与系统管网相连，应能与主储存容器切换使用。

3.2 全淹没灭火系统

3.2.1 二氧化碳设计浓度不应小于灭火浓度的 1.7 倍，并不得低于 34%。可燃物的二氧化碳设计浓度可按本规范附录 A 的规定采用。

3.2.2 当防护区内存有两种及两种以上可燃物时，防护区的二氧化碳设计浓度应采用可燃物中最大的二氧化碳设计浓度。

3.2.3 二氧化碳的设计用量应按下式计算：

$$M = K_b(K_1 A + K_2 V) \quad (3.2.3-1)$$
$$A = A_v + 30 A_o \quad (3.2.3-2)$$
$$V = V_v - V_g \quad (3.2.3-3)$$

式中 M——二氧化碳设计用量(kg)；

K_b——物质系数；

K_1——面积系数(kg/m²)，取 0.2kg/m²；

K_2——体积系数(kg/m³)，取 0.7kg/m³；

A——折算面积(m²)；

A_v——防护区的内侧面、底面、顶面(包括其中的开口)的总面积(m²)；

A_o——开口总面积(m²)；

V——防护区的净容积(m³)；

V_v——防护区容积(m³)；

V_g——防护区内不燃烧体和难燃烧体的总体积(m³)。

3.2.4 当防护区的环境温度超过 100℃时，二氧化碳的设计用量应在本规范第 3.2.3 条计算值的基础上每超过 5℃增加 2%。

3.2.5 当防护区的环境温度低于 −20℃时，二氧化碳的设计用量应在本规范第 3.2.3 条计算值的基础上每降低 1℃增加 2%。

3.2.6 防护区应设置泄压口，并宜设在外墙上，其高度应大于防护区净高的 2/3。当防护区设有防爆泄压孔时，可不单独设置泄压口。

3.2.7 泄压口的面积可按下式计算：

$$A_x = 0.0076 \frac{Q_t}{\sqrt{P_t}} \quad (3.2.7)$$

式中 A_x——泄压口面积(m²)；

Q_t——二氧化碳喷射率(kg/min)；

P_t——围护结构的允许压强(Pa)。

3.2.8 全淹没灭火系统二氧化碳的喷放时间不应大于 1min。当扑救固体深位火灾时，喷放时间不应大于 7min，并应在前 2min 内使二氧化碳的浓度达到 30%。

3.2.9 二氧化碳扑救固体深位火灾的抑制时间应按本规范附录 A 的规定采用。

3.2.10 (此条删除)。

3.3 局部应用灭火系统

3.3.1 局部应用灭火系统的设计可采用面积法或体积法。当保护对象的着火部位是比较平直的表面时，宜采用面积法；当着火对象为不规则物体时，应采用体积法。

3.3.2 局部应用灭火系统的二氧化碳喷射时间不应小于 0.5min。对于燃点温度低于沸点温度的液体和可熔化固体的火灾，二氧化碳的喷射时间不应小于 1.5min。

3.3.3 当采用面积法设计时，应符合下列规定：

3.3.3.1 保护对象计算面积应取被保护表面整体的垂直投影面积。

3.3.3.2 架空型喷头应以喷头的出口至保护对象表面的距离确定设计流量和相应的正方形保护面积;槽边型喷头保护面积应由设计选定的喷头设计流量确定。

3.3.3.3 架空型喷头的布置宜垂直于保护对象的表面,其瞄准点应是喷头保护面积的中心。当确需非垂直布置时,喷头的安装角不应小于45°。其瞄准点应偏向喷头安装位置的一方(图3.3.3),喷头偏离保护面积中心的距离可按表3.3.3确定。

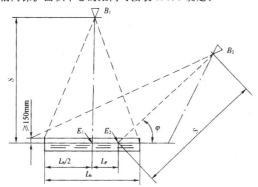

图 3.3.3 架空型喷头布置方法

B_1、B_2—喷头布置位置;E_1、E_2—喷头瞄准点;
S—喷头出口至瞄准点的距离(m);L_b—单个喷头正方形保护面积的边长(m);
L_p—瞄准点偏离喷头保护面积中心的距离(m);φ—喷头安装角(°)

表 3.3.3 喷头偏离保护面积中心的距离

喷头安装角	喷头偏离保护面积中心的距离(m)
45°~60°	$0.25L_b$
60°~75°	$0.25L_b \sim 0.125L_b$
75°~90°	$0.125L_b \sim 0$

注:L_b 为单个喷头正方形保护面积的边长。

3.3.3.4 喷头非垂直布置时的设计流量和保护面积应与垂直布置的相同。

3.3.3.5 喷头宜等距布置,以喷头正方形保护面积组合排列,并应完全覆盖保护对象。

3.3.3.6 二氧化碳的设计用量应按下式计算:

$$M = N \cdot Q_i \cdot t \quad (3.3.3)$$

式中 M——二氧化碳设计用量(kg);

N——喷头数量;

Q_i——单个喷头的设计流量(kg/min);

t——喷射时间(min)。

3.3.4 当采用体积法设计时,应符合下列规定:

3.3.4.1 保护对象的计算体积应采用假定的封闭罩的体积。封闭罩的底应是保护对象的实际底面;封闭罩的侧面及顶部当无实际围封结构时,它们至保护对象外缘的距离不应小于0.6m。

3.3.4.2 二氧化碳的单位体积的喷射率应按下式计算:

$$q_v = K_b \left(16 - \frac{12A_p}{A_t} \right) \quad (3.3.4-1)$$

式中 q_v——单位体积的喷射率[kg/(min·m³)];

A_t——假定的封闭罩侧面围封面面积(m²);

A_p——在假定的封闭罩中存在的实体墙等实际围封面的面积(m²)。

3.3.4.3 二氧化碳设计用量应按下式计算:

$$M = V_1 \cdot q_v \cdot t \quad (3.3.4-2)$$

式中 V_1——保护对象的计算体积(m³)。

3.3.4.4 喷头的布置与数量应使喷射的二氧化碳分布均匀,并满足单位体积的喷射率和设计用量的要求。

3.3.5 (此条删除)。

3.3.6 (此条删除)。

4 管 网 计 算

4.0.1 二氧化碳灭火系统按灭火剂储存方式可分为高压系统和低压系统。管网起点计算压力(绝对压力);高压系统应取5.17MPa,低压系统应取2.07MPa。

4.0.2 管网中干管的设计流量应按下式计算:

$$Q = M/t \quad (4.0.2)$$

式中 Q——管道的设计流量(kg/min)。

4.0.3 管网中支管的设计流量应按下式计算:

$$Q = \sum_1^{N_g} Q_i \quad (4.0.3)$$

式中 N_g——安装在计算支管流程下游的喷头数量;

Q_i——单个喷头的设计流量(kg/min)。

4.0.3A 管道内径可按下式计算:

$$D = K_d \cdot \sqrt{Q} \quad (4.0.3A)$$

式中 D——管道内径(mm);

K_d——管径系数,取值范围1.41~3.78。

4.0.4 管段的计算长度应为管道的实际长度与管道附件当量长度之和。管道附件的当量长度应采用经国家相关检测机构认可的数据;当无相关认证数据时,可按本规范附录B采用。

4.0.5 管道压力降可按下式换算或按本规范附录C采用。

$$Q^2 = \frac{0.8725 \cdot 10^{-4} \cdot D^{5.25} \cdot Y}{L + (0.04319 \cdot D^{1.25} \cdot Z)} \quad (4.0.5)$$

式中 D——管道内径(mm);

L——管段计算长度(m);

Y——压力系数(MPa·kg/m³),应按本规范附录D采用;

Z——密度系数,应按本规范附录D采用。

4.0.6 管道内流程高度所引起的压力校正值,可按本规范附录E采用,并应计入该管段的终点压力。终点高度低于起点的取正值,终点高度高于起点的取负值。

4.0.7 喷头入口压力(绝对压力)计算值:高压系统不应小于1.4MPa;低压系统不应小于1.0MPa。

4.0.7A 低压系统获得均相流的延迟时间,对全淹灭火系统和局部应用灭火系统分别不应大于60s和30s。其延迟时间可按下式计算:

$$t_d = \frac{M_g C_p (T_1 - T_2)}{0.507Q} + \frac{16850V_d}{Q} \quad (4.0.7A)$$

式中 t_d——延迟时间(s);

M_g——管道质量(kg);

C_p——管道金属材料的比热[kJ/(kg·℃)];钢管可取0.46kJ/(kg·℃);

T_1——二氧化碳喷射前管道的平均温度(℃);可取环境平均温度;

T_2——二氧化碳平均温度(℃);取−20.6℃;

V_d——管道容积(m³)。

4.0.8 喷头等效孔口面积应按下式计算:

$$F = Q_i/q_0 \quad (4.0.8)$$

式中 F——喷头等效孔口面积(mm²);

q_0——单位等效孔口面积的喷射率[kg/(min·mm²)],按本规范附录F选取。

4.0.9 喷头规格应根据等效孔口面积确定,可按本规范附录H的规定取值。

4.0.9A 二氧化碳储存量可按下式计算:

$$M_c = K_m M + M_v + M_s + M_r \quad (4.0.9A-1)$$

$$M_v = \frac{M_g C_p (T_1 - T_2)}{H} \quad (4.0.9A-2)$$

$$M_r = \sum V_i \rho_i \text{（低压系统）} \quad (4.0.9A-3)$$

$$\rho_i = -261.6718 + 545.9939 P_i - 114740 P_i^2 \\ -230.9276 P_i^3 + 122.4873 P_i^4 \quad (4.0.9A-4)$$

$$P_i = \frac{P_{j-1} + P_j}{2} \quad (4.0.9A-5)$$

式中 M_c——二氧化碳储存量（kg）；

K_m——裕度系数；对全淹没系统取 1；对局部应用系数；高压系统取 1.4，低压系统取 1.1；

M_v——二氧化碳在管道中的蒸发量（kg）；高压全淹没系统取 0 值；

T_2——二氧化碳平均温度（℃）；高压系统取 15.6℃，低压系统取 −20.6℃；

H——二氧化碳蒸发潜热（kJ/kg）；高压系统取 150.7 kJ/kg，低压系统取 276.3kJ/kg；

M_s——储存容器内的二氧化碳剩余量（kg）；

M_r——管道内的二氧化碳剩余量（kg）；高压系统取 0 值；

V_i——管网内第 i 段管道的容积（m³）；

ρ_i——第 i 段管道内二氧化碳平均密度（kg/m³）；

P_i——第 i 段管道内的平均压力（MPa）；

P_{j-1}——第 i 段管道首端的节点压力（MPa）；

P_j——第 i 段管道末端的节点压力（MPa）。

4.0.10 高压系统储存容器数量可按下式计算：

$$N_p = \frac{M_c}{a V_0} \quad (4.0.10-1)$$

式中 N_p——高压系统储存容量数量；

a——充装系数（kg/L）；

V_0——单个储存容器的容积（L）。

4.0.11 低压系统储存容器的规格可依据二氧化碳储存量确定。

5 系统组件

5.1 储存装置

5.1.1 高压系统的储存装置应由储存容器、容器阀、单向阀、灭火剂泄漏检测装置和集流管等组成，并应符合下列规定：

5.1.1.1 储存容器的工作压力不应小于 15MPa，储存容器或容器阀上应设泄压装置，其泄压动作压力应为 19MPa ±0.95MPa。

5.1.1.2 储存容器中二氧化碳的充装系数应按国家现行《气瓶安全监察规程》执行。

5.1.1.3 储存装置的环境温度应为 0℃～49℃。

5.1.1A 低压系统的储存装置应由储存容器、容器阀、安全泄压装置、压力表、压力报警装置和制冷装置等组成，并应符合下列规定：

5.1.1A.1 储存容器的设计压力不应小于 2.5MPa，并应采取良好的绝热措施。储存容器上至少应设置两套安全泄压装置，其泄压动作压力应为 2.38MPa±0.12MPa。

5.1.1A.2 储存装置的高压报警压力设定值应为 2.2MPa，低压报警压力设定值应为 1.8MPa。

5.1.1A.3 储存容器中二氧化碳的装量系数应按国家现行《固定式压力容器安全技术监察规程》执行。

5.1.1A.4 容器阀应能在喷出要求的二氧化碳量后自动关闭。

5.1.1A.5 储存装置应远离热源，其位置应便于再充装，其环境温度宜为 −23℃～49℃。

5.1.2 储存容器中充装的二氧化碳应符合现行国家标准《二氧化碳灭火剂》的规定。

5.1.3 （此条删除）。

5.1.4 储存装置应具有灭火剂泄漏检测功能，当储存容器中充装的二氧化碳损失量达到其初始充装量的 10% 时，应能发出声光报警信号并及时补充。

5.1.5 （此条删除）。

5.1.6 储存装置的布置应方便检查和维护，并应避免阳光直射。

5.1.7 储存装置宜设在专用的储存容器间内。局部应用灭火系统的储存装置可设置在固定的安全围栏内。专用的储存容器间的设置应符合下列规定：

5.1.7.1 应靠近防护区，出口应直接通向室外或疏散走道。

5.1.7.2 耐火等级不应低于二级。

5.1.7.3 室内应保持干燥和良好通风。

5.1.7.4 不具备自然通风条件的储存容器间，应设置机械排风装置，排风口距储存容器间地面高度不宜大于 0.5m，排出口应直接通向室外，正常排风量宜按换气次数不小于 4 次/h 确定，事故排风量应按换气次数不小于 8 次/h 确定。

5.2 选择阀与喷头

5.2.1 在组合分配系统中，每个防护区或保护对象应设一个选择阀。选择阀应设置在储存容器间内，并应便于手动操作，方便检查维护。选择阀上应设有标明防护区的铭牌。

5.2.2 选择阀可采用电动、气动或机械操作方式。选择阀的工作压力：高压系统不应小于 12MPa，低压系统不应小于 2.5MPa。

5.2.3 系统在启动时，选择阀应在二氧化碳储存容器的容器阀动作之前或同时打开；采用灭火剂自身作为启动气源打开的选择阀，可不受此限。

5.2.3A 全淹没灭火系统的喷头布置应使防护区内二氧化碳分布均匀，喷头应接近天花板或屋顶安装。

5.2.4 设置在有粉尘或喷漆作业等场所的喷头，应增设不影响喷射效果的防尘罩。

5.3 管道及其附件

5.3.1 高压系统管道及其附件应能承受最高环境温度下二氧化碳的储存压力；低压系统管道及其附件应能承受 4.0MPa 的压力。并应符合下列规定：

5.3.1.1 管道应采用符合现行国家标准 GB 8163《输送流体用无缝钢管》的规定，并应进行内外表面镀锌防腐处理。管道规格可按附录 J 取值。

5.3.1.2 对镀锌层有腐蚀的环境，管道可采用不锈钢管、铜管或其他抗腐蚀的材料。

5.3.1.3 挠性连接的软管应能承受系统的工作压力和温度，并宜采用不锈钢软管。

5.3.1A 低压系统的管网中应采取防膨胀收缩措施。

5.3.1B 在可能产生爆炸的场所，管网应吊挂安装并采用防晃措施。

5.3.2 管道可采用螺纹连接、法兰连接或焊接。公称直径等于或小于 80mm 的管道，宜采用螺纹连接；公称直径大于 80mm 的管道，宜采用法兰连接。

5.3.2A 二氧化碳灭火剂输送管网不应采用四通管件分流。

5.3.3 管网中阀门之间的封闭管段应设置泄压装置，其泄压动作压力：高压系统应为 15MPa±0.75MPa，低压系统应为 2.38MPa ±0.12MPa。

6 控制与操作

6.0.1 二氧化碳灭火系统应设有自动控制、手动控制和机械应急操作三种启动方式；当局部应用灭火系统用于经常有人的保护场所时可不设自动控制。

6.0.2 当采用火灾探测器时，灭火系统的自动控制应在接收到两个独立的火灾信号后才能启动。根据人员疏散要求，宜延迟启动，但延迟时间不应大于30s。

6.0.3 手动操作装置应设在防护区外便于操作的地方，并应能在一处完成系统启动的全部操作。局部应用灭火系统手动操作装置应设在保护对象附近。

6.0.3A 对于采用全淹没灭火系统保护的防护区，应在其入口处设置手动、自动转换控制装置；有人工作时，应置于手动控制状态。

6.0.4 二氧化碳灭火系统的供电与自动控制应符合现行国家标准《火灾自动报警系统设计规范》的有关规定。当采用气动动力源时，应保证系统操作与控制所需要的压力和用气量。

6.0.5 低压系统制冷装置的供电应采用消防电源，制冷装置应采用自动控制，且应设手动操作装置。

6.0.5A 设有火灾自动报警系统的场所，二氧化碳灭火系统的动作信号及相关警报信号、工作状态和控制状态均应能在火灾报警控制器上显示。

7 安全要求

7.0.1 防护区内应设火灾声报警器，必要时，可增设光报警器。防护区的入口处应设置火灾声、光报警器。报警时间不宜小于灭火过程所需的时间，并应能手动切除警报信号。

7.0.2 防护区应有能在30s内使该区人员疏散完毕的走道与出口。在疏散走道与出口处，应设火灾事故照明和疏散指示标志。

7.0.3 防护区入口处应设灭火系统防护标志和二氧化碳喷放指示灯。

7.0.4 当系统管道设置在可燃气体、蒸气或有爆炸危险粉尘的场所时，应设防静电接地。

7.0.5 地下防护区和无窗或固定窗扇的地上防护区，应设机械排风装置。

7.0.6 防护区的门应向疏散方向开启，并能自动关闭；在任何情况下均应能从防护区内打开。

7.0.7 设置灭火系统的防护区的入口处明显位置应配备专用的空气呼吸器或氧气呼吸器。

附录 A 物质系数、设计浓度和抑制时间

附表 A 物质系数、设计浓度和抑制时间

可 燃 物	物质系数 K_b	设计浓度 $C(\%)$	抑制时间 (min)
丙酮	1.00	34	—
乙炔	2.57	66	—
航空燃料 115#/145#	1.06	36	—
粗苯（安息油、偏苏油）、苯	1.10	37	—
丁二烯	1.26	41	—
丁烷	1.00	34	—
丁烯-1	1.10	37	—
二硫化碳	3.03	72	—
一氧化碳	2.43	64	—
煤气或天然气	1.10	37	—
环丙烷	1.10	37	—
柴油	1.00	34	—
二甲醚	1.22	40	—
二苯与其氧化物的混合物	1.47	46	—
乙烷	1.22	40	—
乙醇（酒精）	1.34	43	—
乙醚	1.47	46	—
乙烯	1.60	49	—
二氯乙烯	1.00	34	—
环氧乙烷	1.80	53	—
汽油	1.00	34	—
己烷	1.03	35	—
正庚烷	1.03	35	—
氢	3.30	75	—
硫化氢	1.06	36	—
异丁烷	1.06	36	—
异丁烯	1.00	34	—

续附表 A

可 燃 物	物质系数 K_b	设计浓度 $C(\%)$	抑制时间 (min)
甲酸异丁酯	1.00	34	—
航空煤油 JP-4	1.06	36	—
煤油	1.00	34	—
甲烷	1.00	34	—
醋酸甲酯	1.03	35	—
甲醇	1.22	40	—
甲基丁烯-1	1.06	36	—
甲基乙基酮（丁酮）	1.22	40	—
甲酸甲酯	1.18	39	—
戊烷	1.03	35	—
正辛烷	1.03	35	—
丙烷	1.06	36	—
丙烯	1.06	36	—
淬火油（灭弧油）、润滑油	1.00	34	—
纤维材料	2.25	62	20
棉花	2.00	58	20
纸	2.25	62	20
塑料（颗粒）	2.00	58	20
聚苯乙烯	1.00	34	—
聚氨基甲酸甲酯（硬）	1.00	34	—
电缆间和电缆沟	1.50	47	10
数据储存间	2.25	62	20
电子计算机房	1.50	47	10
电器开关和配电室	1.20	40	10
带冷却系统的发电机	2.00	58	至停转止
油浸变压器	2.00	58	—
数据打印设备间	2.25	62	20
油漆间和干燥设备	1.20	40	—
纺织机	2.00	58	—

注：表A中未列出的可燃物，其灭火浓度应通过试验确定。

附录 B 管道附件的当量长度

附表 B 管道附件的当量长度

管道公称直径 (mm)	螺 纹 连 接			焊 接		
	90°弯头 (m)	三通的直通部分 (m)	三通的侧通部分 (m)	90°弯头 (m)	三通的直通部分 (m)	三通的侧通部分 (m)
15	0.52	0.30	1.04	0.24	0.21	0.64
20	0.67	0.43	1.37	0.33	0.27	0.85
25	0.85	0.55	1.74	0.43	0.34	1.07
32	1.13	0.70	2.29	0.55	0.46	1.40
40	1.31	0.82	2.65	0.64	0.52	1.65
50	1.68	1.07	3.42	0.85	0.67	2.10
65	2.01	1.25	4.09	1.01	0.82	2.50
80	2.50	1.56	5.06	1.25	1.01	3.11
100	—	—	—	1.65	1.34	4.09
125	—	—	—	2.04	1.68	5.12
150	—	—	—	2.47	2.01	6.16

附录 C 管道压力降

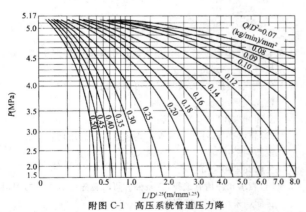

附图 C-1 高压系统管道压力降

注：管网起点计算压力取 5.17MPa，后段管道的起点压力取前段管道的终点压力。

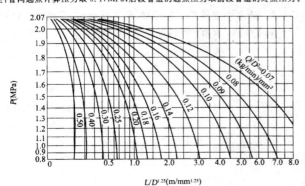

附图 C-2 低压系统管道压力降

注：管网起点计算压力取 2.07MPa，后段管道的起点压力取前段管道的终点压力。

附录 D 二氧化碳的 Y 值和 Z 值

附表 D-1 高压系统的 Y 值和 Z 值

压力(MPa)	$Y(MPa \cdot kg/m^3)$	Z
5.17	0	0
5.10	55.4	0.0035
5.05	97.2	0.0600
5.00	132.5	0.0825
4.75	303.7	0.210
4.50	461.6	0.330
4.25	612.9	0.427
4.00	725.6	0.570
3.75	828.3	0.700
3.50	927.7	0.830
3.25	1005.0	0.950
3.00	1082.3	1.086
2.75	1150.7	1.240
2.50	1219.3	1.430
2.25	1250.2	1.620
2.00	1285.5	1.840
1.75	1318.7	2.140
1.40	1340.8	2.590

附表 D-2 低压系统的 Y 值和 Z 值

压力(MPa)	$Y(MPa \cdot kg/m^3)$	Z
2.07	0	0
2.0	66.5	0.12
1.9	150.0	0.295
1.8	220.1	0.470
1.7	279.0	0.645
1.6	328.5	0.820
1.5	369.6	0.994
1.4	404.5	1.169
1.3	433.8	1.344
1.2	458.4	1.519
1.1	478.9	1.693
1.0	496.2	1.868

附录 E 高程校正系数

附表 E-1 高压系统的高程校正系数

管道平均压力（MPa）	高程校正系数 K_h（MPa/m）
5.17	0.0080
4.83	0.0068
4.48	0.0058
4.14	0.0049
3.79	0.0040
3.45	0.0034
3.10	0.0028
2.76	0.0024
2.41	0.0019
2.07	0.0016
1.72	0.0012
1.40	0.0010

附表 E-2 低压系统的高程校正系数

管道平均压力（MPa）	高程校正系数 K_h（MPa/m）
2.07	0.010
1.93	0.0078
1.79	0.0060
1.65	0.0047
1.52	0.0038
1.38	0.0030
1.24	0.0024
1.10	0.0019
1.00	0.0016

附录 F 喷头入口压力与单位面积的喷射率

附表 F-1 高压系统单位等效孔口面积的喷射率

喷头入口压力（MPa）	喷射率 q_0（kg/min·mm²）
5.17	3.255
5.00	2.703
4.83	2.401
4.65	2.172
4.48	1.993
4.31	1.839
4.14	1.705
3.96	1.589
3.79	1.487
3.62	1.396
3.45	1.308
3.28	1.223
3.10	1.139
2.93	1.062
2.76	0.9843
2.59	0.9070
2.41	0.8296
2.24	0.7593
2.07	0.6890
1.72	0.5484
1.40	0.4833

附表 F-2 低压系统单位等效孔口面积的喷射率

喷头入口压力（MPa）	喷射率 q_0（kg/min·mm²）
2.07	2.967
2.00	2.039
1.93	1.670
1.86	1.441
1.79	1.283
1.72	1.164
1.65	1.072
1.59	0.9913
1.52	0.9175
1.45	0.8507
1.38	0.7910
1.31	0.7368
1.24	0.6869
1.17	0.6412
1.10	0.5990
1.00	0.5400

附录 G 本规范用词说明

G.0.1 执行本规范条文时，对要求严格程度的用词作如下规定，以便执行时区别对待。

（1）表示很严格，非这样做不可的用词：

正面词采用"必须"；

反面词采用"严禁"。

（2）表示严格，在正常情况下均应这样做的用词：

正面词采用"应"；

反面词采用"不应"或"不得"。

（3）表示允许稍有选择，在条件许可时首先应这样做的用词：

正面词采用"宜"或"可"；

反面词采用"不宜"。

G.0.2 条文中应按指定的标准、规范执行时，写法为"应符合……的规定"或"应按……执行"。

附录 H 喷头等效孔口尺寸

附表 H 喷头等效孔口尺寸

喷头规格代号 No	等效单孔直径 d (mm)	等效孔口面积 F (mm²)
1	0.79	0.49
1.5	1.19	1.11
2	1.59	1.98
2.5	1.98	3.09
3	2.38	4.45
3.5	2.78	6.06
4	3.18	7.94
4.5	3.57	10.00
5	3.97	12.39
5.5	4.37	14.97
6	4.76	17.81
6.5	5.16	20.90
7	5.56	24.26
7.5	5.95	27.81
8	6.35	31.68
8.5	6.75	35.74
9	7.14	40.06
9.5	7.54	44.65
10	7.94	49.48
11	8.73	59.87
12	9.53	71.29
13	10.32	83.61
14	11.11	96.97
15	11.91	111.29
16	12.70	126.71
18	14.29	160.32
20	15.88	197.94
22	17.46	239.48
24	19.05	285.03
32	25.40	506.45
48	38.40	1138.71
64	50.80	2025.80

注：喷头规格代号系表示具有 0.98 流量系数的等效单孔直径与 0.79375mm 的比。

附录 J 二氧化碳灭火系统管道规格

附表 J 二氧化碳灭火系统管道规格

公称直径		高压系统		低压系统	
		封闭段管道	开口端管道	封闭段管道	开口端管道
(mm)	(in)	外径×壁厚(mm×mm)		外径×壁厚(mm×mm)	
15	1/2	22×4	22×4	22×4	22×3
20	3/4	27×4	27×4	27×4	27×3
25	1	34×4.5	34×4.5	34×4.5	34×3.5
32	1¼	42×5	42×5	42×5	42×3.5
40	1½	48×5	48×5	48×5	48×3.5
50	2	60×5.5	60×5.5	60×5.5	60×4
65	2½	76×7	76×7	76×7	76×5
80	3	89×7.5	89×7.5	89×7.5	89×5.5
90	3½	102×8	102×8	102×8	102×6
100	4	114×8.5	114×8.5	114×8.5	114×6
125	5	140×9.5	140×9.5	140×9.5	140×6.5
150	6	168×11	168×11	168×11	168×7

附加说明

本规范主编单位、参加单位和主要起草人名单

主 编 单 位：公安部天津消防科学研究所

参 加 单 位：机械工业部设计研究院
上海船舶设计研究院
江苏省公安厅

主要起草人：徐炳耀　谢德隆　宋旭东　刘俐娜　冯修远
刘天牧　钱国泰　罗德安　马少奎　马　恒

附加说明

本规范局部修订主编单位、参编单位和主要起草人名单

主 编 单 位：公安部天津消防科学研究所

参 编 单 位：辽宁省公安消防总队
原机械工业部设计研究院
原核工业部五二四厂

主要起草人：马桐臣　宋旭东　王世荣　杨维泉
庄炳华　薛思强　方亦兰

中华人民共和国国家标准

二氧化碳灭火系统设计规范

GB 50193—93

条 文 说 明

1 总 则

1.0.1 本条阐明了编制本规范的目的,即为了合理地设计二氧化碳灭火系统,使之有效地保护人身和财产的安全。

二氧化碳是一种能够用于扑救多种类型火灾的灭火剂。它的灭火作用主要是相对地减少空气中的氧气含量,降低燃烧物的温度,使火焰熄灭。

二氧化碳是一种惰性气体,对绝大多数物质没有破坏作用,灭火后能很快散逸,不留痕迹,又没有毒害。它适用于扑救各种可燃、易燃液体和那些受到水、泡沫、干粉灭火剂的沾污而容易损坏的固体物质的火灾。另外,二氧化碳是一种不导电的物质,可用于扑救带电设备的火灾。目前,在国际上已广泛地应用于许多具有火灾危险的重要场所。国际标准化组织和美国、英国、日本、前苏联等工业发达国家都已制定了有关二氧化碳灭火系统的设计规范或标准。使用二氧化碳灭火系统可保护图书、档案、美术、文物等珍贵资料库房,散装液体库房,电子计算机房,通讯机房,变配电室等场所。也可用于保护贵重仪器、设备。

我国从50年代即开始应用二氧化碳灭火系统。80年代以来,根据我国社会主义建设发展的需要,在现行国家标准《建筑设计防火规范》和《高层民用建筑设计防火规范》中对于应设置二氧化碳灭火系统的场所作出了明确规定,这对我国二氧化碳灭火系统的推广应用起到了积极的促进作用。

近年来,随着国际上对卤代烷的使用限制越来越严,二氧化碳灭火系统的应用将会不断增加。二氧化碳灭火系统能否有效地保护防护区内人员生命和财产的安全,首要条件是系统的设计是否合理。因此,建立一个统一的设计标准是至关重要的。

本规范的编制,是在对国外先进标准和国内研究成果进行综合分析并广泛征求专家意见的基础上完成的。它为二氧化碳灭火系统的设计提供了一个统一的技术要求,使系统的设计做到正确、合理、有效地达到预期的保护目的。本规范也可以作为消防管理部门对二氧化碳灭火系统工程设计进行监督审查的依据。

1.0.2 本条规定了本规范的适用范围。

本规范所涉及的二氧化碳灭火系统,既包括全淹没灭火系统,也包括局部应用灭火系统,主要适用于新建、改建、扩建工程及生产和储存装置的火灾防护。

本规范的主要任务是解决工程建设中的消防问题。国家标准《高层民用建筑设计防火规范》和《建筑设计防火规范》及其他有关标准规范对设置二氧化碳灭火系统的场所都作出了相应规定。

1.0.3 本条系根据我国的具体情况规定了二氧化碳灭火系统工程设计所应遵守的基本原则和应达到的要求。

二氧化碳灭火系统的工程设计,必须根据防护区或保护对象的具体情况,选择合理的设计方案。首先,应根据工程的防火要求和二氧化碳灭火系统的应用特点,合理地划分防护区,制定合理的总体设计方案。在制定总体方案时,要把防护区及其所处的同一建筑物或建筑物的消防问题作为一个整体考虑,要考虑到其他各种消防力量和辅助消防设施的配置情况,正确处理局部和全局的关系。第二,应根据防护区或保护对象的具体情况,如防护区或保护对象的位置、大小、几何形状,防护区内可燃物质的种类、性质、数量和分布等情况,可能发生火灾的类型、起火源和起火部位以及防护区内人员的分布,针对上述情况合理地选择采用不同结构形式的灭火系统,进而确定设计灭火剂用量、系统组件的型号和布置以及系统的操作控制形式。

二氧化碳灭火系统设计上应达到的总要求是"安全适用、技术先进、经济合理"。"安全适用"是要求所设计的灭火系统在平时应处于良好的运行状态,无火灾时不得发生误动作,且不得妨碍防护区内人员的正常活动与生产的进行;在需要灭火时,系统应能立即启动并施放出必需量的灭火剂,把火灾扑灭在初期。灭火系统本身做到便于维护、保养和操作。"技术先进"则要求系统设计时尽可能采用新的成熟的先进设备和科学的设计、计算方法。"经济合理"则要求在保证安全可靠、技术先进的前提下,尽可能考虑到节省工程的投资费用。

1.0.4 本条规定了二氧化碳灭火系统可用来扑救的火灾种类:气体火灾,液体或可熔化的固体火灾,固体表面火灾及部分固体深位火灾,电气火灾。

制定本条的依据:

(1)二氧化碳灭火系统在我国已应用一段时间并做过一些专项试验。其结果表明,二氧化碳灭火系统扑救上述几类火灾是有效的。

(2)参照或沿用了国际和国外先进标准。

①国际标准 ISO 6183 规定:"二氧化碳适合扑救以下类型的火灾:液体或可熔化的固体火灾;气体火灾,但如灭火后由于继续逸出气体而可能引起爆炸情况的除外;某些条件下的固体物质火灾,它们通常可能是正常燃烧产生炽热余烬的有机物质;带电设备的火灾。"

②英国标准 BS 5306 规定:"二氧化碳可扑救 BS 4547 标准中所定义的 A 类火灾和 B 类火灾;并且也可扑救 C 类火灾,但灭火后存在爆炸危险的应慎重考虑。此外,二氧化碳还适用于扑救包含日常电器在内的电气火灾。"

③美国标准 NFPA 12 规定:"适用于二氧化碳保护的火灾危险和设备有:可燃液体(因为用二氧化碳扑救室内气体火灾有产生爆炸的危险,故不予推荐。如果用来扑救气体火灾时,要注意使用方法,通常应切断气源……);电气火灾,如变压器、油开关与断路器、旋转设备、电子设备;使用汽油或其他液体燃料的内燃机;普通易燃物,如纸张、木材、纤维制品;易燃固体。"

需要说明的两点是：

(1)对扑救气体火灾的限制。本条文规定：二氧化碳灭火系统可用于扑救灭火之前能切断气源的气体火灾。这一规定同样见于ISO、BS及NFPA标准。这样规定的原因是：尽管二氧化碳灭气体火灾是有效的，但由于二氧化碳的冷却作用较小，火虽然能扑灭，但难于在短时间内使火场环境温度包括其中设置物的温度降至燃气的燃点以下。如果气源不能关闭，则气体会继续逸出，当逸出量在空间里达到或高过燃烧下限浓度，即有产生爆炸的危险。故强调灭火前必须能切断气源，否则不能采用。

(2)对扑救固体深位火灾的限制。条文规定：可用于扑救棉毛、织物、纸张等部分固体深位火灾。其中所指"部分"的含义，即是本规范附录A中可燃物项所列举的有关内容。换言之，凡未列出者，未经试验认定之前不应作为"部分"之内。如遇有"部分"之外的情况，则需要做专项试验，明确它的可行性以及可供应用的设计数据。

1.0.5 本条规定了不可用二氧化碳灭火系统扑救的物质对象，概括为三大类：含氧化剂的化学制品，活泼金属，金属氰化物。

制定本条内容的依据，主要是参照了国际和国外先进标准。

(1)国际标准ISO 6183规定："二氧化碳不适合扑救下列物质的火灾：自身供氧的化学制品，如硝化纤维，活泼金属和它们的氰化物(如钠、钾、镁、钛、锆等)。"

(2)英国标准BS 5306规定："二氧化碳对金属氰化物，钾、钠、镁、钛、锆之类的活泼金属，以及化学制品含氧能助燃的纤维素等物质的灭火无效。"

(3)美国标准NFPA 12规定："在燃烧过程中，有下列物质的则不能用二氧化碳灭火：
①自身含氧的化学制品，如硝化纤维；
②活泼金属，如钠、钾、镁、钛、锆；
③金属氰化物。"

1.0.5A 考虑到二氧化碳灭火系统一旦发生误喷或泄漏，很可能对人员造成伤害。在我国曾先后发生过几次不同程度的二氧化碳灭火系统误喷及储瓶间二氧化碳泄漏事故，造成了人身安全事故。为避免因系统误动作或泄漏引起的人身伤害，规定经常有人停留的场所不应采用二氧化碳全淹没灭火系统。

1.0.6 本条规定中所指的"现行的国家有关标准"，除在本规范中已指明的以外，还包括以下几个方面的标准：
(1)防火基础标准与有关的安全基础标准；
(2)有关的工业与民用建筑防火标准、规范；
(3)有关的火灾自动报警系统标准、规范；
(4)有关的二氧化碳灭火剂标准；
(5)其他有关的标准。

3 系 统 设 计

3.1 一 般 规 定

3.1.1 本条包含两部分内容，其一是规定二氧化碳灭火系统按应用方式分两种类型，即全淹没灭火系统和局部应用灭火系统；其二是规定两种系统的不同应用条件(范围)，全淹没灭火系统只能应用在封闭的空间里，而局部应用灭火系统可以应用在开敞的空间。

关于全淹没灭火系统、局部应用灭火系统的应用条件，BS 5306：pt4指出："全淹没灭火系统有一个固定的二氧化碳供给源永久地连向装有喷头的管道，用喷头将二氧化碳喷放到封闭的空间里，使得封闭空间内产生足以灭火的二氧化碳浓度"；"局部应用灭火系统……喷头的布置应是直接向指定区域内发生的火灾喷射二氧化碳，这指定区域是无封闭物围着的，或仅有部分被包围着，无需在整个存放被保护物的容积内形成灭火浓度"。此外，ISO 6183和NFPA 12中都有与上述内容大致相同的规定。

3.1.2 本条规定了全淹没灭火系统的应用条件。

3.1.2.1 本款参照ISO 6183、BS 5306和NFPA 12等标准，规定了全淹没系统防护区的封闭条件。

条文中规定对于表面火灾在灭火过程中不能自行关闭的开口面积不应大于防护区总表面积的3%，而且3%的开口不能开在底面。

开口面积的大小，等效采用ISO 6183规定："当比值A_o/A_v大于0.03时，系统应设计成局部应用灭火系统；但并不是说，比值小于0.03时就不能应用局部应用灭火系统。"提出开口不能开在底部的原因是：二氧化碳的密度比空气的密度约大50%，即二氧化碳比空气重，最容易在底面扩散流失，影响灭火效果。

3.1.2.2 在本款中规定，对深位火灾，除泄压口外，在灭火过程中不能存在不能自动关闭的开口，是根据以下情况确定的。

采用全淹没方式灭深位火灾时，必须是封闭的空间才能建立起规定的设计浓度，并能保持住一定的抑制时间，使燃烧彻底熄灭，不再复燃。否则，就无法达到这一目的。

关于深位火灾防护区开口的规定，参考了下述国际和国外先进标准：

ISO 6183规定："当需要一定抑制时间时，不允许存在开口，除非在规定的抑制时间内，另行增加二氧化碳供给量，以维持所要求的浓度"。NFPA 12规定："对于深位火灾要求二氧化碳放空间是封闭的。在设计浓度达到之后，其浓度必须维持不小于20min的时间"。BS 5306规定："深位火灾的系统设计以适度的不透气的封闭物为基础，就是说应安装能自行关闭的挡板和门，这些挡板和门平时可以开着，但发生火灾时应自行关闭。这种系统和围护物应设计成使二氧化碳设计浓度保持时间不小于20min。"

3.1.2.3 本款规定的全淹没灭火系统防护区的建筑构件最低耐火极限，是参照国家标准《建筑设计防火规范》对非燃烧体及吊顶的耐火极限要求，并考虑下述情况提出的：

(1)为了保证采用二氧化碳全淹没灭火系统能完全将建筑物内的火灾扑灭，防护区的建筑构件应该有足够的耐火极限，以保证完全灭火所需时间。完全灭火所需要的时间一般包括火灾探测时间、探测出火灾后到施放二氧化碳之前的延时时间、施放二氧化碳时间和二氧化碳的抑制时间。这几段时间中二氧化碳的抑制时间是最长的一段，固体深位火灾的抑制时间一般需20min左右。若防护区的建筑构件的耐火极限低于上述时间要求，则有可能在火灾尚未完全熄灭之前就被烧坏，使防护区的封闭性受到破坏，造成二氧化碳大量流失而导致复燃。

(2)二氧化碳全淹没灭火系统适用于封闭空间的防护区，也就是只能扑救围护结构内部的可燃物火灾。对围护结构本身的火灾是难以起到保护作用的。为了防止防护区外发生的火灾蔓延到防护区内,因此要求防护区的围护构件、门、窗、吊顶等,应有一定的耐火极限。

关于防护区围护结构耐火极限的规定,同时也参考了国际和国外先进标准的有关规定,如:ISO 6183 规定:"利用全淹没二氧化碳灭火系统保护的建筑结构应使二氧化碳不易流散出去。房屋的墙和门窗应该有足够的耐火时间,使得在抑制时间内,二氧化碳能维持在预定的浓度。"BS 5306 规定:"被保护容积应该用耐火构件封闭,该耐火构件按 BS 476 第八部分进行试验,耐火时间不小于 30min。"

3.1.2.4 本款规定防护区的通风系统在喷放二氧化碳之前应自动关闭,是根据下述情况提出的:

向一个正在通风的防护区施放二氧化碳,二氧化碳随着排出的空气很快流出室外,使防护区内达不到二氧化碳设计浓度,影响灭火;另外,火灾有可能通过风道蔓延。

本款的提出参考了国际和国外先进标准规定:

ISO 6183 规定:"开口和通风系统,在喷放二氧化碳之前,至少在喷放的同时,能够自动断电并关闭"。BS 5306 规定:"在有强制通风系统的地方,在开始喷放二氧化碳之前或喷射的同时,应该把通风系统的电源断掉,或把通风孔关闭"。NFPA 12 规定:"在装有空调系统的地方,在喷放二氧化碳之前或同时,把空调系统切断或关闭,或既切断又关闭,或提供附加的补偿气体。"

3.1.3 本条规定了局部应用灭火系统的应用条件。

3.1.3.1 二氧化碳灭火剂属于气体灭火剂,易受风的影响,为了保证灭火效果,必须把风的因素考虑进去。为此,曾经在室外做过喷射试验,发现在风速小于 3m/s 时,喷射效果较好,风对灭火效果影响不大,仍然满足设计要求。依此,规定了保护对象周围的空气流动速度不宜大于 3m/s 的要求。为了对环境风速条件不宜限制过死,有利于设计和应用,故又规定了当风速大于 3m/s 时,可考虑采取挡风措施的做法。

国外有关标准也提到了风的影响,但对风速规定不具体。如 BS 5306 规定:"喷射二氧化碳一定不能让强风或空气流吹跑。"

3.1.3.2 局部应用系统是将二氧化碳直接喷射到被保护对象表面而灭火的,所以在射流的沿程上是不允许有障碍物的,否则会影响灭火效果。

3.1.3.3 当被保护对象为可燃液体时,流速很高的液态二氧化碳具有很大的功能,当二氧化碳射流喷到可燃液体表面时,可能引起可燃液体的飞溅,造成流淌火或更大的火灾危险。为了避免这种飞溅的出现,可以在射流速度方面作出限制,同时对容器缘口到液面的距离作出规定。为了和局部应用喷头设计数据的试验条件相一致,故作出液面到容器缘口的距离不得小于 150mm 的规定。

国际标准和国外先进标准也都是这样规定的。如 ISO 6183 规定:对于深层可燃液体火灾,其容器缘口至少应高于液面 150mm;NFPA 12 中规定:当保护深层可燃液体灭火时,必须保证油盘缘口要高出液面至少 6in(150mm)。

3.1.4 喷射二氧化碳前切断可燃、助燃气体气源的目的是防止引起爆炸。同时,也为防止淡化二氧化碳浓度,影响灭火。

3.1.4A 组合分配系统是用一套二氧化碳储存装置同时保护多个防护区或保护对象的灭火系统。各防护区或保护对象同时着火的概率很小,不需考虑同时向各个防护区或保护对象释放二氧化碳灭火剂。但应考虑满足任何二氧化碳用量的防护区或保护对象灭火需要,组合分配系统的二氧化碳储存量,不小于所需储存量最大的一个防护区或保护对象的储存量,能够满足这种需要。

3.1.5 本条规定了备用量的设置条件、数量和方法。

1 备用量的设置条件。这里指出两点,一是组合分配系统防护区或保护对象确定为 5 个及以上时应有备用量,这是等效采用 VdS 2093 制定的;其二是 48h 内不能恢复时应设备用量。这是参照 BS 5306:pt4 并结合我国国情制定的。应该指出,设置备用量

不限于这两点,当防护区或保护对象火灾危险性大或非常重要时,为了不间断保护,也可设置备用量。

2 备用量的数量。备用量是为了保证系统保护的连续性,同时也包含了扑救二次火灾的考虑。因此备用量不应小于系统设计的储存量。

3 备用量的设置方法。对高压系统只能是另设一套备用量储存容器;对低压系统,可以另设一套备用量储存容器,也可以加大主储存容器的容量,本条第二段是针对另设一套储存容器而言的。备用量的储存容器与系统管网相连,与主储存容器切换使用的目的,是为了起到连续保护作用。当主储存容器不能使用时,备用储存容器可立即投入使用。

3.2 全淹没灭火系统

3.2.1 本条中"二氧化碳设计浓度不应小于灭火浓度的 1.7 倍"的规定是等效采用国际和国外先进标准。ISO 6183 规定:"设计浓度取 1.7 倍的灭火浓度值"。其他一些国家标准也有相同的规定。

本条还规定了设计浓度不得低于 34%,这是说,实验得出的灭火浓度乘以 1.7 以后的值,若小于 34% 时,也应取 34% 为设计浓度。这与国内外先进标准规定相同。ISO 6183、NFPA 12、BS 5306 标准都有此规定。

在本规范附录 A 中已经给出多种可燃物的二氧化碳设计浓度。附录 A 中没有给出的可燃物的设计浓度,应通过试验确定。

3.2.2 本条规定了在一个防护区内,如果同时存放着几种不同物质,在选取该防护区二氧化碳设计浓度时,应选各种物质当中设计浓度最大的作为该防护区的设计浓度。只有这样,才能保证灭火条件。在国际标准和国外先进标准中也有同样的规定。

3.2.3 本条给出了设计用量的计算公式。该公式等效采用 ISO 6183 中的二氧化碳设计用量公式。其中常数 30 是考虑到开口流失的补偿系数。

该式计算示例:

侧墙上有 2m×1m 开口(不关闭)的散装乙醇储存库(查附录 A,K_b=1.3),实际尺寸:长=16m,宽=10m,高=3.5m。

防护区容积:$V_v = 16 \times 10 \times 3.5 = 560m^3$

可扣除体积:$V_g = 0m^3$

防护区的净容积:$V = V_v - V_g = 560 - 0 = 560m^3$

总表面积:

$$A_v = (16 \times 10 \times 2) + (16 \times 3.5 \times 2) + (10 \times 3.5 \times 2)$$
$$= 502m^2$$

所有开口的总面积:

$$A_o = 2 \times 1 = 2m^2$$

折算面积:

$$A = A_v + 30A_o = 502 + 60 = 562m^2$$

设计用量:

$$M = K_b(0.2A + 0.7V)$$
$$= 1.3(0.2 \times 562 + 0.7 \times 560)$$
$$= 655.7kg$$

3.2.4、3.2.5 这两条规定了当防护区环境温度超出所规定温度时,二氧化碳设计用量的补偿方法。

当防护区的环境温度在 -20℃~100℃ 时,无须进行二氧化碳用量的补偿。当上限超过 100℃ 时,如 105℃ 时,对超出的 5℃ 就需要增加 2% 的二氧化碳设计用量。一般能超出 100℃ 以上的异常环境温度的防护区,如烘漆间。当环境温度低于 -20℃ 时,对其低于的部分,每 1℃ 需增加 2% 的二氧化碳设计用量。如 -22℃ 时,对低于 2℃ 需增加 4% 的二氧化碳设计用量。

本条等效采用了国外先进标准的 BS 5306 规定:"(1)围护物常态温度在 100℃ 以上的地方,对 100℃ 以上的部分,每 5℃ 增加 2% 的二氧化碳设计用量;(2)围护物常态温度低于 -20℃ 的地方,

对−20℃以下的部分，每1℃增加2%的二氧化碳设计用量"。NFPA 12也有相同的规定。

3.2.6 本条规定泄压口宜设在外墙上，其位置应距室内地面2/3以上的净高处。因为二氧化碳比空气重，容易在空气下面扩散。所以为了防止防护区因设置泄压口而造成过多的二氧化碳流失，泄压口的位置应开在防护区的上部。

国际和国外先进标准对防护区内的泄压口也作了类似规定。例如，ISO 6183规定："对封闭的房屋，必须在其最高点设置自动泄压口，否则当放进二氧化碳时将会导致增加压力的危险"。BS 5306规定："封闭空间可燃蒸气的泄放和由于喷射二氧化碳引起的超压的泄放，应该予以考虑，在必要的地方，应作泄放口。"

在执行本条规定时应注意：采用全淹没灭火系统保护的大多数防护区，都不是完全封闭的，有门、窗的防护区一般都有缝隙存在；通过门窗四周缝隙所泄漏的二氧化碳，可防止空间内压力过量升高，这种防护区一般不需要再开泄压口。此外，已设有防爆泄压口的防护区，也不需要再设泄压口。

3.2.7 本条规定的计算泄压口面积公式由ISO 6183中的公式经单位变换得到。公式中最低允许压强值的确定，可参照美国NFPA 12标准给出的数据（见表1）：

表1 建筑物的最低允许压强

类 型	最低允许压强（Pa）
高层建筑	1200
一般建筑	2400
地下建筑	4800

3.2.8 本条对二氧化碳设计用量的喷射时间作了具体规定。该规定等效采用了国际和国外先进标准。ISO 6183规定："二氧化碳设计用量的喷射时间应在1min以内。对于要求抑制时间的固体物质火灾，其设计用量的喷射时间应在7min以内。但是，其喷放速率要求不得小于在2min内达到30%的体积浓度"。BS 5306也作了同样规定。

3.2.9 本条规定的扑救固体深位火灾的抑制时间，等效采用了ISO 6183的规定。

3.2.10 并入3.1.4A和4.0.9A。

3.3 局部应用灭火系统

3.3.1 局部应用灭火系统的设计方法分为面积法和体积法，这是国际标准和国外先进标准比较一致的分类法。前者适用于着火部位为比较平直的表面情况，后者适用于着火对象是不规则物体情况。凡当着火对象形状不规则，用面积法不能做到所有表面被完全覆盖时，都可采用体积法进行设计。当着火部位比较平直，用面积法容易做到所有表面被完全覆盖时，则首先可考虑用面积法进行设计。为使设计人员有所选择，故对面积法采用了"宜"这一要求程度的用词。

3.3.2 本条是根据试验数据和参考国际标准和国外先进标准制定的。BS 5306规定："二氧化碳总用量的有效液体喷射时间应为30s"。ISO 6183、NFPA 12、日本和前苏联有关标准也都规定喷射时间为30s。为了与上述标准一致起来，故本规范规定喷射时间为0.5min。

燃点温度低于沸点温度的可燃液体和可熔化的固体的喷射时间，BS 5306规定为1.5min，国际标准未规定具体数据，故取英国标准BS 5306的数据。

3.3.3 本条说明设计局部应用灭火系统的面积法。

3.3.3.1 由于单个喷头的保护面积是按被保护面的垂直投影方向确定的，所以计算保护面积时也需取整体保护表面垂直投影的面积。

3.3.3.2 架空型喷头设计流量和相应保护面积的试验方法是参照美国标准NFPA 12确定的。该试验方法是：把喷头安装在盛有70#汽油的正方形油盘上方，使其轴线与液面垂直。液面到油盘缘口的距离为150mm，喷射二氧化碳使其产生临界飞溅的流量，该流量称为临界飞溅流量（也称最大允许流量）。以75%临界飞溅流量在20s内灭火的油盘面积定义为喷头的保护面积，以90%临界飞溅流量定义为对应保护面积的喷头设计流量。试验表明：保护面积和设计流量都是安装高度（即喷头到油盘液面的距离）的函数，所以在工程设计时也需根据喷头到保护对象表面的距离确定喷头的保护面积和相应的设计流量。只有这样，才能使预定的流量不产生飞溅，预定的保护面积内能可靠地灭火。

槽边型喷头的保护面积是其喷射宽度与射程的函数，喷射宽度和射程是喷头设计流量的函数，所以槽边型喷头的保护面积需根据选定的喷头设计流量确定。

3.3.3.3、3.3.3.4 这两款等效采用了国际标准和国外先进标准。ISO 6183、NFPA 12和BS 5306都作了同样规定。

图3.3.3表示了喷头轴线与液面垂直和喷头轴线与液面成45°锐角两种安装方式。其中油盘缘口至液面距离为150mm，喷头出口至瞄准点的距离为S。喷头轴线与液面垂直安装时（B_1喷头），瞄准点E_1在喷头正方形保护面积的中心。喷头轴线与液面成45°锐角安装时（B_2喷头），瞄准点E_2偏离喷头正方形保护面积中心，其距离为$0.25L_b$（L_b是正方形面积的边长）；并且，喷头的设计流量和保护面积与垂直布置的相等。

3.3.3.5 喷头的保护面积，对架空型喷头为正方形面积，对槽边型喷头为矩形（或正方形）面积。为了保证可靠灭火，喷头的布置必须使保护面积被完全覆盖，即按不留空白原则布置喷头。至于等距布置原则，这是从安全可靠、经济合理的观点提出的。

3.3.3.6 二氧化碳设计用量等于把全部被保护表面完全覆盖所用喷头的设计流量数之和与喷射时间的乘积，即：

$$M = t\sum Q_i \tag{1}$$

当所用喷头设计流量相同时，则：

$$\sum Q_i = N \cdot Q_i \tag{2}$$

把公式（2）代入公式（1）即得出公式（3.3.3）。

上述确定喷头数量和设计用量的方法，也是ISO 6183、NFPA 12和BS 5306等规定的方法。

除此之外，还有以灭火强度为依据确定灭火剂设计用量的计算方法。

$$M = A_1 \cdot q \tag{3}$$

式中 q——灭火强度（kg/m^2）。

这时，喷头数量按下式计算：

$$N = M/(t \cdot Q_i) \tag{4}$$

日本采用了这种方法，规定灭火强度取13kg/m²。

我们的试验表明：喷头安装高度不同，灭火强度不同，灭火强度随喷头安装高度的增加而增加。为了安全可靠、经济合理起见，本规范不采用这种方法。

3.3.4 本条说明设计局部应用系统的体积法。

（1）本条等效采用国际标准和国外先进标准。

ISO 6183规定："系统的总喷放速率以假想的围绕火灾危险区的完全封闭罩的容积为基础。这种假想的封闭罩的墙和天花板距火灾至少0.6m远，除非采用了实际的隔墙，而且这墙能封闭一切可能的泄漏、飞溅或外溢。该容积内的物体所占体积不能被扣除。"

ISO 6183又规定："一个基本系统的总喷放强度不应小于16kg/min·m³；如果假想封闭罩有一个封闭的底，并且已分别为高出火险物至少0.6m的永久连续的墙所限定（这种墙通常不是火险物的一部分），那么，对于存在这种为实际墙完全包围的封闭罩，其喷放速率可以成比例地减少，但不得低于4kg/min·m³。"

NFPA 12和BS 5306也作了类似规定。

（2）本条经过了试验验证。

①用火灾模型进行试验验证。火灾模型为 0.8m×0.8m×1.4m 的钢架，用 $\varnothing$18 圆钢焊制，钢架分为三层，距底分别为 0.4m、0.9m 和 1.4m。各层分别放 5 个油盘，油盘里放入 K_b 等于 1 的 70# 汽油。火灾模型放在外部尺寸为 2.08m×2.08m×0.3m 的水槽中间，水槽外围竖放高为 2.08m，宽为 1.04m 的钢制屏风。把水槽四周全部围起来共需 8 块屏风，试验时根据预定 A_p/A_t 值决定放置屏风块数。二氧化碳喷头布置在模型上方，灭火时间控制在 20s 以内，求出不同 A_p/A_t 值下的二氧化碳流量，计算出不同 A_p/A_t 值时的二氧化碳单位体积的喷射率 q_v 值。

首先作了同一 A_p/A_t 值下，不同开口方位的试验。试验表明：单位体积的喷射率与开口方位无关。

接着作了 7 种不同 A_p/A_t 值的灭火实验，每种重复 3 次，经数据处理得：

$$q_v = 15.95 - 11.92 \times (A_p/A_t) \qquad (5)$$

该结果与公式（3.3.4-1）非常接近。

②用中间试验进行工程实际验证。中间试验的灭火对象为 3150kVA 油浸变压器，其外部尺寸为 2.5m×2.3m×2.6m，灭火系统设计采用体积法，计算保护体积为：

$$V_1 = (2.5 + 0.6 \times 2)(2.3 + 0.6 \times 2)(2.6 + 0.6) = 41.44 m^3$$

环境变压器四周，沿假想封闭罩分两层设置环状支管。支管上布置喷头，封闭罩无真实墙，A_p/A_t 值等于零，单位体积喷射率 q_v 取 16kg/min·m³，设计喷射时间取 0.5min，计算灭火剂设计用量。试验用汽油引燃变压器油，预燃时间 30s，试验结果，实际灭火时间为 15s。由此可见，按本条规定的体积法进行局部应用灭火系统设计是安全可靠的。

（3）需要进一步说明的问题。一般设备的布置，从方便维护讲，都会留出离真实墙 0.5m 以上的距离，就是说实体墙距火险危险物的距离都会接近 0.6m 或大于 0.6m，这时到底利用实体墙与否应通过计算决定。利用了真实墙，体积喷射率 q_v 值变小了，但计算保护体积 V_1 值增大了，如果最终灭火剂设计用量增加了许多，那么就没必要利用真实墙。

3.3.5 并入 3.1.4A 和 4.0.9A。

3.3.6 并入 4.0.9A。

4 管网计算

4.0.1 原条文规定的管网计算的总原则，已通过后续条文体现，所以删除。本条文新增内容规定指出了二氧化碳灭火系统按灭火剂储存方式的分类，及管网起点计算压力的取值。这和 ISO 6183 的观点是一致的。国际标准采用了平均储存压力的概念，经征求意见，这里改称为管网起点计算压力。

应该注意：这里所说管网起点是指引升管的下端。

4.0.2、4.0.3 这两条规定了计算管道流量的方法，为管网计算提供管道流量的数据。

仍需指出：计算流量的方法应灵活使用，如对局部应用的面积法，也可先求出支管流量，然后由支管流量相加得干管流量。又如全淹没系统的管网，可按总流量的比例分配支管流量，如对称分配的支管流量即为总流量的 1/2。

4.0.3A 本条规定了管道内径的确定方法。所给公式依据附录 C 得出：设 $Q/D^2 = X_1$ 则 $D = \dfrac{1}{\sqrt{X_1}} \cdot \sqrt{Q}$

因为 $X_1 = 0.07 \sim 0.50$ 所以 $K_d = 1/\sqrt{X_1} = 1.41 \sim 3.78$

4.0.4 不同制造商生产的产品及其附件的水力当量长度不尽相同，均按本规范附件 B 确定管道附件的当量长度与实际情况略有差异。故首先应采用制造商提供的经国家相关检测机构检测认可的数据。

4.0.5 本条等效采用了国际标准和国外先进标准。ISO 6183、NFPA 12 和 BS 5306 都作了同样规定。

我国通过灭油浸变压器火中间试验验证了这种方法，故等效采用。

4.0.6 正常敷管坡度引起的管段两端的水头差是可以忽略的，但对管段两端显著高程差所引起的水头是不能忽略的，应计入管段终点压力。水头是高度和密度的函数，二氧化碳的密度是随压力变化的，在计算水头时，应取管段两端压力的平均值。水头是重力作用的结果，方向永远向下，所以当二氧化碳向上流动时应减去该水头，当向下流动时应加上该水头。

本条规定是参照国际标准和国外先进标准制定，其中附录 E 系等效采用了 ISO 6183 中的表 B6。

执行这一条时应注意两点：管段平均压力是管段两端压力的平均值；高程是管段两端的高度差（位差），不是管段的长度。

4.0.7 本规定等效采用 ISO 6183，并经试验验证。

ISO 6183 指出：对高压系统，喷嘴入口最低压力应为 1.4 MPa；对低压系统，喷嘴入口最低压力。

4.0.7A 本条规定等效采用 ISO 6183 规定。

4.0.9 本条规定等效采用 ISO 6183 和 NFPA 12 制定。附录 F 中的单位等效孔口面积的喷射率是标准喷头（流量系数为 0.98）的参数，为进一步强调标准喷头不同于一般喷头，故列出标准喷头的规格。本条新增加的附录 H 取自 NFPA 12。

4.0.9A 本条依据 ISO 6183 和 BS 5306:pt4 给出了二氧化碳储存量计算通用公式。综合了以下四种情况：

1 高压全淹没灭火系统

因为 $K_m = 1$ $M_v = 0$ $M_r = 0$

所以 $M_c = M + M_s$

即高压全淹没灭火系统的储存量等于设计用量与储存容器内的二氧化碳剩余量之和。其中储存容器内的二氧化碳剩余量按储存容器生产厂家产品数据取值。

2 高压局部应用灭火系统

因为 $K_m = 1.4$ $M_r = 0$

所以 $M_c = 1.4M + M_v + M_s$

即高压局部应用灭火系统的储存量等于1.4倍设计用量、二氧化碳在管道中的蒸发量、储存容器内的二氧化碳剩余量之和。其中1.4倍是为保证液相喷射的裕度系数值,是等效采用ISO 6183规定,并经试验验证。

　　3 低压全淹没灭火系统
　　　因为　$K_m = 1$
　　　所以　$M_c = M + M_v + M_s + M_r$

即低压全淹没灭火系统储存量等于设计用量、二氧化碳在管道中的蒸发量、储存容器内的二氧化碳剩余量、管道内的二氧化碳剩余量之和。

　　4 低压局部应用灭火系统
　　　因为　$K_m = 1.1$
　　　所以　$M_c = 1.1M + M_v + M_s + M_r$

即低压局部应用灭火系统的储存量等于1.1倍设计用量、二氧化碳在管道中的蒸发量、储存容器内的二氧化碳剩余量、管道内的二氧化碳剩余量之和。其中1.1倍是为保证液相喷射的裕度系数值。

　　应该指出:对低压系统,在储存量中计及管道内的二氧化碳剩余量是依据ISO 6183和BS 5306:pt4制定。BS 5306:pt4指出:对低压装置,在完成喷射之后,残存在储存容器与喷嘴管网之间的管道内的液态二氧化碳也应予以计算,并加入所要求的二氧化碳总量之中。但是,ISO 6183和国外标准均没给出管道内的二氧化碳剩余量M_r的计算式。这里给出的M_r计算式是基于以下认识:假定是低压灭火系统,喷放时间t后关闭容器阀,这时储存容器内的二氧化碳剩余量大于或等于M_s,那么残存在储存容器与喷头之间管道内的二氧化碳剩余量M_r的计算式就应该是公式4.0.9A-3。而公式4.0.9A-4和4.0.9A-5是依据附表E-2导出:因为$K_h = \rho_i \cdot g \cdot 10^{-6}$,所以$\rho_i = 10^6 \cdot K_h / 9.81$,而$K_h = f(P_i)$解析式由附表E-2回归求得,其最大相对误差为$\max(\delta) = f(P_i = 1.10) = 0.66\%$。

4.0.10　这里考虑到不同规格储存容器和不同充装系数,给出了确定高压系统储存容器数量的通用公式,其中充装系数应按本规范5.1.1条规定取值。

4.0.11　储存液化气体的压力容器的容积可以根据饱和液体密度、设计储存量和装量系数通过计算确定。就低压系统二氧化碳储存容器而言,计算工作已由生产厂家完成。在各生产厂家的产品样本中,直接给出了不同规格储存容器的最大充装量。

5　系统组件

5.1　储存装置

5.1.1　本条要求高压系统储存装置应具有灭火剂泄漏检测装置,用于检测置于储存容器内灭火剂的泄漏量,以便能及时了解其泄漏程度,故作此修改。

5.1.1A　原国家质量技术监督局颁发的《压力容器安全技术监察规程》(99版)经修订已变更为《固定式压力容器安全技术监察规程》TSGR 0004—2009,于2009年12月1日实施。其中,对储存液化气体的压力容器的装量系数作出了规定,要求装量系数不大于0.95。

5.1.2　本条规定了灭火剂的质量应符合国家标准的规定。

5.1.3　并入5.1.1。

5.1.4　为了能实时监测灭火剂泄漏损失量,故要求储存装置应具有灭火剂泄漏检测功能。传统的定期称重法检漏达不到实时监测的要求,也做不到在泄漏后及时发出声光报警信号。因此,在储存装置上增加灭火剂泄露检测报警功能,可在现场报警或将信号反馈到控制中心以提醒维护管理人员及时补充灭火剂,保证系统可靠运行。

5.1.5　并入5.1.1。

5.1.6　储存容器避免阳光直射,是为了防止容器温度过高,以确保容器安全。

5.1.7　不具备自然通风条件的储存容器间,当因储存装置维修不当或储瓶质量存在问题时可能会泄漏二氧化碳,二氧化碳的相对密度大于1,并积聚在低凹处,难以排出室外。要求储存容器间设置机械排风装置,且排风口设置在储存容器间下方靠近地面的位置可有效保证人员安全。另参照《二氧化碳灭火系统标准》NFPA 12—2008中的要求,确定正常排风量宜按容器间容积的4次换气量,事故排风量为正常排风量的2倍。

5.2　选择阀与喷头

5.2.1　在组合分配系统中,如选择阀设置在储存容器间外或防护区,则可能导致集流管道过长,容易引起气、液分离或出现干冰堵塞的情况。而不能有效灭火,甚至导致灭火失败。因此,对选择阀的设置位置提出了限制要求。

5.2.2　高压系统选择阀的工作压力不应小于12MPa与集流管的工作压力一致。
　　用于低压系统的阀门,由于系统会出现2.5MPa的压力,故确定低压系统选择阀的工作压力为2.5MPa这里也参照了VdS 2093的规定,VdS 2093给出低压系统阀门工作压力为2.5MPa。

5.2.3　为避免二氧化碳灭火系统动作时,选择阀滞后打开而出现选择阀和集流管承受水锤作用而出现超压,或者因集流管压力过大导致电动式选择阀(利用电磁铁通电时产生的吸力或推力打开阀门)无法打开等情况,故要求选择阀的动作应在容器阀动作前或同时能够打开。而对于采用自身气体打开选择阀的低压系统,不会出现上述情况,因此采用灭火剂自身作为启动气源打开的选择阀,可以不需要提前打开或同时打开。

5.2.3A　本条规定了全淹没灭火系统喷头布置原则和方法,等效采用ISO 6183。ISO 6183指出:全淹没灭火系统的设计与安装,应使封闭空间的任何部分都获得同样的二氧化碳浓度,喷嘴应接近天花板安装。

5.2.4　ISO 6183规定:"必要时针对影响喷头功能的外部污染,对喷头加以保护"。本条款较原来增加了"喷漆作业等场所",我们认为喷漆作业场所有必要强调指出。其中"等"字表示不仅仅限于有粉尘和喷漆作业场所,还包括了影响喷头功能的其他外部污染场所。

5.3 管道及其附件

5.3.1 储存容器内压力随温度升高而升高。高压系统中,储存容器内灭火剂的温度即环境温度,故本条规定了高压系统管道及其附件应能承受最高环境温度下的储存压力。低压系统中,灭火剂的温度由制冷装置和绝热层加以控制,低压系统管道及附件应承受的压力值系等效采用 ISO 6183。ISO 6183 规定:"低压系统的管道及其连接件应耐 40bar(4MPa)表压的试验压力"。

1 符合国家标准 GB 8163《输送流体用无缝钢管》规定的管道,其规格按附录 J 取值,可承受所要求的压力,附录 J 中管道规格是参照 BS 5306:pt4 中表 8 和表 9 换算而得的。为了减缓管道的锈蚀,要求内外表面镀锌。

原条款是采用《冷拔或冷轧精密无缝钢管》标准,由于其中有的管材材质不能采用焊接方式,管道规格也不能和法兰等连接件对接,故现条款改为采用《输送流体用无缝钢管》。

2 当防护区内有对镀锌层腐蚀的气体、蒸气或粉尘时,应采取抗腐蚀的材料,如不锈钢管或铜管。

3 采用不锈钢软管可保证软管安全承受所要求的压力和温度,同时又免于锈蚀。

5.3.1A 低压系统的管网应采取防膨胀收缩措施的要求是参照国外同类标准的有关规定制定的。ISO 6183 规定:"管网系统应该有膨胀和收缩的预定间隙。"BS 5306:pt4 提出:"为膨胀和收缩留出适当的裕量,在低压系统中,在喷射期间,由于温度降低而产生的收缩,近似为每 30m 管长收缩 20mm"。

5.3.1B 在可能产生爆炸的场所,管网吊挂安装和采取防晃措施是为了减缓冲击,以免造成管网损伤。ISO 6183 规定:在可能有爆炸的地方,管网应吊挂安装,所用支撑应能吸收可能的冲击效应。

5.3.2 本条规定了管道的连接方式,对于公称直径不大于 80mm 的管道,可采用螺纹连接;对于公称直径超过 80mm 的管道可采用法兰连接,这主要是考虑强度要求和安装与维修的方便。

对于法兰连接,其法兰可按《对焊钢法兰》的标准执行。

采用不锈钢管或铜管并用焊接连接时,可按国家标准《现场设备工业管道焊接工程施工及验收规范》的要求施工。

5.3.2A 二氧化碳灭火剂在管网内主要呈气液两相流动状态,考虑到气、液两相流的分流特点,设计二氧化碳灭火系统时,在管网上不能采用四通管件进行分流,以防止因分流出口多而引起出口处各支管流体密度差异,难以准确地控制流量分配,造成实际分流流量与设计计算流量差异较大,影响灭火效果。

5.3.3 本条系参照 ISO 6183 和 BS 5306:pt4 制定的。ISO 6183 规定:"在系统中,在阀的布置导致封闭管段的地方,应设置压力泄放装置"。BS 5306:pt4 规定:"在管道中在可能积聚二氧化碳液体的地方,如阀门之间,应加装适宜的超压泄放装置。对低压系统,这种装置应设计成 2.4MPa±0.12MPa 时动作。对高压系统,这样的装置应设计成 15MPa±0.75MPa 时动作"。由于本规范确定低压系统中选择阀的工作压力为 2.5MPa,同时考虑到泄放动作压力整定值有±5% 的误差,故低压系统中超压泄放装置的动作压力为 2.38MPa±0.12MPa。

6 控制与操作

6.0.1、6.0.3 二氧化碳灭火系统的防护区或保护对象大多是消防保卫的重点要害部位或是有可能无人在场的部位。即使经常有人,但不易发现大型密闭空间深位处的火灾。所以一般应有自动控制,以保证一旦失火便能迅速将其扑灭。但自动控制有可能失灵,故要求系统同时应有手动控制。手动控制应不受火灾影响,一般在防护区外面或远离保护对象的地方进行。为了能迅速启动灭火系统,要求以一个控制动作就能使整个系统动作。考虑到自动控制和手动控制万一同时失灵(包括停电),系统应有应急手动启动方式。应急操作装置通常是机械的,如储存容器瓶头阀上的按钮或操作杆等。应急操作可以是直接手动操作,也可以利用系统压力或钢索装置等进行操作。手动操作的推、拉力不应大于 178N。

考虑到二氧化碳对人体可能产生的危害。在设有自动控制的全淹没防护区外面,必须设有自动/手动转换开关。有人进入防护区时,转换开关处于手动位置,防止灭火剂自动喷放,只有当所有人都离开防护区时,转换开关才转换到自动位置,系统恢复自动控制状态。局部应用灭火系统保护场所情况多种多样。所谓"经常有人",系指人员不间断的情况,这种情况不宜也不需要设置自动控制。对于"不常有人"的场所,可视火灾危险情况来决定是否需要设自动控制。

6.0.2 本条规定了二氧化碳灭火系统采用火灾探测器进行自动控制时的具体要求。

不论哪种类型的探测器,由于本身的质量和环境的影响,在长期工作中不可避免地将出现误报动作的可能。系统的误动作不仅会损失灭火剂,而且会造成停工、停产,带来不必要的经济损失。为了尽可能减少甚至避免探测器误报引起系统的误动作,通常设置两种类型或两组同一类型的探测器进行复合探测。本条规定的"应接收两个独立的火灾信号后才能启动",是指只有当两种不同类型或两组同一类型的火灾探测器均检测出保护场所存在火灾时,才能发出施放灭火剂的指令。

6.0.3A 考虑到灭火系统的自动控制有偶然失灵的情况,故应在全淹没灭火系统保护的防护区入口处设置手动、自动转换控制装置,且有人在防护区工作时,置于手动控制状态,防止灭火系统向防护区误喷射造成人员伤亡事故。

6.0.4 二氧化碳灭火系统的施放机构可以是电动、气动、机械或它们的复合形式,要保证系统在正常时处于良好的工作状态,在火灾时能迅速可靠地启动,首先必须保证可靠的动力源。电源应符合《火灾自动报警系统设计规范》中的有关规定。当采用气动动力源时,气源除了保证足够的设计压力以外,还必须保证用气量,必要时,控制气瓶的数量不少于 2 只。

6.0.5 制冷装置是保证低压系统储存装置和整个系统正常安全运行的关键部件。它的动力源就是电源,所以要求它的电源采用消防电源。它的控制应采用自动控制的原因是由于环境温度不同,制冷装置的启动次数、工作间歇时间都有所变化,不可能有人员随时来手启动和关闭制冷装置。当进行电路检修或停电之前,制冷装置未达到自动启动压力或温度时,可手动启动,使储存装置内压力降低,保证储存装置在停电或检修期间内安全运行。

6.0.5A 此条规定是为了更好地对二氧化碳灭火系统进行有效、全面地监控,故要求向火灾报警控制器传送系统的有关信息。

7 安全要求

7.0.1 本条是为保证人员的安全。在防护区的入口处设置火灾声、光报警器,目的在于提醒防护区外的人员,以免其误入防护区,受到火灾或灭火剂的危害。

根据现行国家标准《火灾自动报警系统设计规范》GB 50116 中相关规定,声光报警器的信号为警报信号,火灾探测器发出的信号为报警信号。故手动消除的应为警报信号,而非报警信号。

7.0.2 本条是从保证人员的安全角度出发而制定的。规定了人员撤离防护区的时间和迅速撤离的安全措施。

实际上,全淹没灭火系统所使用的二氧化碳设计浓度应为34%或更高一些,在局部灭火系统喷嘴处也可能遇到这样高的浓度。这种浓度对人是非常危险的。

一般来讲,采用二氧化碳灭火系统的防护区一旦发生火灾报警讯号,人员应立即开始撤离,到发出施放灭火剂的报警时,人员应全部撤出。这一段预报警时间也就是人员疏散时间,与防护区面积大小、人员疏散距离有关。防护区面积大,人员疏散距离远,则预报警时间应长。反之则预报警时间可短。这一时间是人为规定的,可根据防护区的具体情况确定,但不应大于30s。当防护区内经常无人时,应取消预报警时间。

疏散通道与出入口处设置事故照明及疏散路线标志是为了给疏散人员指示疏散方向,所用照明电源应为火灾时专用电源。

7.0.3 防护区入口设置二氧化碳喷射指示灯,目的在于提醒人们注意防护区内已施放灭火剂,不要进入里面去,以免受到火灾或灭火剂的危害。也有提醒防护区的人员迅速撤离防护区的作用。

7.0.4 本条规定是为了防止由于静电而引起爆炸事故。

《工业安全技术手册》中对气态物料的静电有如下的论述:纯净的气体是几乎不带静电的,这主要是因为气体分子的间距比液体或固体大得多。但如在气体中含有少量液滴或固体颗粒就会明显带电,这是在管道和喷嘴上摩擦而产生的。通常的高压气体、水蒸气、液化气以及气流输送和滤尘系统都能产生静电。

接地是消除导体上静电的最简单有效的方法,但不能消除绝缘体上的静电。在原理上即使1MΩ的接地电阻,静电仍容易很快泄漏,在实用上接地导线和接地极的总电阻在100Ω以下即可,接地线必须连接可靠,并有足够的强度。因而,设置在有爆炸危险的可燃气体、蒸气或粉尘场所内的管道系统应设防静电接地装置。

《灭火剂》(前东德 H. M. 施莱别尔、P. 鲍尔斯特著)一书,对静电荷也有如下论述:如果二氧化碳以很高的速度通过管道,就会发生静电放电现象。可以确定,1kg 二氧化碳的电荷可达$0.01\mu V \sim 30\mu V$就有形成着火甚至爆炸的危险。作为安全措施,建议把所有喷头的金属部件互相连接起来并接地。这时要特别注意不能让连接处断开。

7.0.5 一旦发生火灾,防护区内施放了二氧化碳灭火剂,这时人员是不能进入防护区的。为了尽快排出防护区内的有害气体,使人员能进入里面清扫和整理火灾现场,恢复正常工作条件,本条规定防护区应进行通风换气。

由于二氧化碳比空气重,往往聚集在防护区低处,无窗和固定窗扇的地上防护区以及地下防护区难以采用自然通风的方法将二氧化碳排走。因此,应采用机械排风装置,并且排风扇的入口应设在防护区的下部。建议参照 NFPA 12 标准要求排风扇入口设在离地面高度46cm 以内。排风量应使防护区每小时换气4次以上。

7.0.6 防护区出口处应设置向疏散方向开启,且能自动关闭的门。其目的是防止门打不开,影响人员疏散。人员疏散后要求门自动关闭,以利于防护区二氧化碳灭火剂保持设计浓度,并防止二氧化碳流向防护区以外地区,污染其他环境。自动关闭门应设计成关闭后在任何情况下都能从防护区内打开,以防因某种原因,有个别人员未能脱离防护区,而门从内部打不开,造成人身伤亡事故发生。

7.0.7 为便于人员发现并取用呼吸器,进入防护区抢救被困在里面人员或去看灭火情况,要求配备专用呼吸器,且设置位置合适。

中华人民共和国国家标准

发生炉煤气站设计规范

Design code for producer gas station

GB 50195 - 2013

主编部门：中 国 机 械 工 业 联 合 会
批准部门：中华人民共和国住房和城乡建设部
施行日期：2 0 1 3 年 5 月 1 日

中华人民共和国住房和城乡建设部公告

第 1602 号

住房城乡建设部关于发布国家标准
《发生炉煤气站设计规范》的公告

现批准《发生炉煤气站设计规范》为国家标准，编号为GB 50195—2013，自 2013 年 5 月 1 日起实施。其中，第 7.0.1、7.0.3、7.0.4、7.0.6、7.0.9、7.0.12、7.0.13、9.0.1、13.0.2、15.0.7、15.0.8、17.0.3、17.0.4、17.0.5 条为强制性条文，必须严格执行。原《发生炉煤气站设计规范》GB 50195—94 同时废止。

本规范由我部标准定额研究所组织中国计划出版社出版发行。

中华人民共和国住房和城乡建设部
2012 年 12 月 25 日

前　言

根据原建设部《关于印发"2002 至 2003 年度工程建设国家标准制定、修订计划"的通知》(建标〔2003〕102 号)要求,中国中元国际工程公司会同有关单位共同对《发生炉煤气站设计规范》GB 50195—94进行了修订。

在修订过程中,编制组在研究了原规范内容的基础上,根据国家有关政策,进行了广泛的调查研究,开展了有关的专题研究和技术研讨,广泛征求全国相关发生炉煤气设计、制造、使用等单位的意见,最后经有关部门审查定稿。

本规范共分 17 章和 4 个附录,其主要内容包括:总则,术语,煤种选择,设计产量和质量,站区布置,设备选择,设备的安全,工艺布置,空气管道,辅助设施,煤和灰渣的贮运,给水、排水和循环水,热工测量和控制,采暖、通风和除尘,电气,建筑和结构,煤气管道。

本次修订的主要内容是:

1. "术语"章的内容作了调整和补充;

2. 根据现行国家标准《常压固定床气化用煤技术条件》GB/T 9143 的规定,对两段式煤气发生炉气化用煤技术指标进行了调整;

3. 增补了"煤气脱硫技术"的相关内容;

4. 明确承压大于 0.1MPa 的发生炉水夹套的设计要求,以及两段炉煤气站气化工艺;

5. 室内消防设施的设置;

6. 调整"热工测量的控制"章的内容;

本规范以黑体字标志的条文为强制性条文,必须严格执行。

本规范由住房和城乡建设部负责管理和对强制性条文的解释,由中国机械工业联合会负责日常管理,由中国中元国际工程公司负责具体技术内容的解释。

本规范执行过程中如有意见或建议请寄送中国中元国际工程公司《发生炉煤气站设计规范》管理组(地址:北京市西三环北路 5 号,邮编:100089,传真:010—68458351,email:powergas2906@qq.com),以便今后修订时参考。

本规范组织单位、主编单位、参编单位、主要起草人和主要审查人:

主要起草人:江绍辉　傅永明　王昌道　马洪敬　徐　辉
　　　　　　王洪跃　黄培林　霍锡臣　李　军　朱大钧
　　　　　　戴　颖　胡黔生　卞建国　孙玉娟　胡全喜

主要审查人:盛传红　傅鑫泉　陈家仁　佟胜华　姚　波
　　　　　　毛文中

组 织 单 位:中国机械工业勘察设计协会

主 编 单 位:中国中元国际工程公司

参 编 单 位:中国市政工程华北设计研究总院
　　　　　　中冶焦耐工程技术有限公司
　　　　　　济南黄台煤气炉有限公司
　　　　　　中国铝业股份有限公司广西分公司

目　次

1 总　则

1.0.1 为使发生炉煤气站(以下简称煤气站)设计能保证安全生产、节约能源、保护环境、改善劳动条件,做到技术先进和经济合理,制定本规范。

1.0.2 本规范适用于工业企业新建、扩建和改建的常压固定床发生炉的煤气站及其煤气管道的设计。本规范不适用于水煤气站及其水煤气管道的设计。

1.0.3 煤气站扩建和改建的工程,应合理地充分利用原有的设备、管道、建筑物和构筑物。

1.0.4 煤气站的环境保护设施,必须与主体工程同时设计、同时施工、同时投产使用。

1.0.5 煤气站有害物质的排放和噪声的控制,应符合国家现行有关标准的规定。

1.0.6 煤气站及其煤气管道的设计,除应符合本规范外,尚应符合国家现行有关标准的规定。

2 术　语

2.0.1 发生炉煤气站　producer gas station
　　以煤、焦炭为原料,饱和空气为气化剂,采用常压固定床煤气发生炉连续制取工业用煤气所设置的生产和辅助生产设施的总称。

2.0.2 运煤(渣)栈桥　overhead bridge for coal(slag)conveyer
　　运输煤、焦炭或灰渣的带式输送机走廊。

2.0.3 破碎筛分间　crasher and screen room
　　装有煤或焦炭的破碎设备或筛分设备的房间。

2.0.4 受煤斗　coal receiving hopper
　　在煤场内或机械化运煤设备前的贮煤斗。

2.0.5 末煤　fine coal
　　粒度为小于 6mm 的煤。

2.0.6 机械化运输　transport by conveyer
　　带式输送机、多斗提升机、刮板机和水力除灰渣等运输方式。

2.0.7 半机械化运输　transport by simple machine
　　单轨电葫芦、单斗提升机、电动牵引小车、有轨手推矿车和简易运煤机械等运输方式。

2.0.8 磁选分离设施　magnetic separator
　　装在运煤系统上的磁选设备、悬吊式磁铁分离器、电磁胶带轮等。

2.0.9 小型煤气站　small type gas station
　　煤气设计产量小于或等于 6000m³/h 的煤气站。

2.0.10 中型煤气站　medium type gas station
　　煤气设计产量大于 6000m³/h,且小于 50000m³/h 的煤气站。

2.0.11 大型煤气站　large type gas station
　　煤气设计产量大于或等于 50000m³/h 的煤气站。

2.0.12 一般通道　common passage
　　室内操作和检查经常来往通过的地方。

2.0.13 主要通道　main passage
　　设备安装和检修运输用的干道。

2.0.14 两段式煤气发生炉　two stage gasifier
　　带有干馏段的煤气发生炉,简称"两段炉"。

2.0.15 煤气净化设备　equipment for gas purification
　　竖管、旋风除尘器、电气滤清器、洗涤塔、间接冷却器、除滴器等的总称。

2.0.16 电气滤清器　electrostatic precipitator
　　湿式电气除尘器、电除焦油器、静电除尘器的总称。

2.0.17 除滴器　water knockout
　　去除煤气中的水滴的设备。

2.0.18 钟罩阀　bell type valve
　　煤气发生炉出口放散煤气或烟气的装置。

2.0.19 止逆阀　non-return valve
　　防止煤气发生炉内煤气向空气管内倒流的装置。

2.0.20 爆破阀　anti-explosion valve
　　煤气爆炸时阀内膜片破裂泄压后,阀盖由于重锤的作用,自动闭上,能起安全作用的阀。

2.0.21 爆破膜　bursting disc
　　装于空气管、煤气管末端的泄压膜片。

2.0.22 自然吸风装置　draft ventilation equipment
　　供煤气发生炉压火时自然通风的设备。

2.0.23 排水器　water seal equipment
　　排除煤气管道内冷凝水的设备。

2.0.24 盘形阀　diskvalve
　　用于切断热煤气的盘型阀。

2.0.25 煤气管补偿器　flexible section of gas pipe
　　煤气管道上温度变化补偿用的装置。

2.0.26 盲板　blanking plate
　　煤气设备或管道的法兰间用于临时隔断或扩建延伸的部位的堵板。

2.0.27 撑铁　side shoring
　　设在煤气设备或管道的法兰前后,用于装卸盲板、盲板垫圈的支撑。

2.0.28 眼镜阀　revolving gate valve
　　煤气管道上的旋转式闸阀。

3 煤 种 选 择

3.0.1 气化煤种的选用,应做到合理利用能源和节约能源,满足用户对煤气质量的要求,并应与安全生产、经济效益和环境保护相协调。

3.0.2 选用的气化煤种,应有其产地、元素成分分析等技术指标资料和相应的气化煤种供应协议。

3.0.3 一段式煤气发生炉气化用煤的技术指标,应符合现行国家标准《常压固定床气化用煤技术条件》GB/T 9143 的有关规定。

3.0.4 两段式煤气发生炉气化用煤的技术指标,除应符合现行国家标准《常压固定床气化用煤技术条件》GB/T 9143 的有关规定外,尚应符合表 3.0.4 的规定。

表 3.0.4 两段式煤气发生炉气化用煤技术指标

项 目	技术指标
粒度(mm)	$20\sim40;25\sim50;30\sim60$
最大粒度与最小粒度之比	≤2
块煤限下率(%)	≤10
挥发分 V_d(%)	≥20
灰分 A_d(%)	≤18
黏结指数 G	≤20
坩埚膨胀序数 C.S.N	≤2

3.0.5 初步设计前,应取得采用煤种的气化试验报告。煤的主要气化指标的采用,应根据选用的煤气发生炉型式、煤种、粒度等因素综合确定。对用于气化的煤种,应采用其平均气化强度指标;对未用于气化的煤种,应根据其气化试验报告和用于煤气发生炉气化的类似煤种的气化指标确定。

4 设计产量和质量

4.0.1 煤气站的设计产量,应根据各煤气用户的车间小时最大煤气消耗量之和及车间之间的同时使用系数确定。煤气用户的车间小时最大煤气消耗量,应根据各使用煤气设备的小时最大煤气消耗量之和及各设备之间的同时使用系数确定。

4.0.2 煤气用户车间之间的同时使用系数和各设备之间的同时使用系数,应根据同类型企业的实际工况进行核算后确定。

4.0.3 一段发生炉煤气低位发热量宜符合下列规定:
  1 无烟煤系统或焦炭系统不宜小于 $5000kJ/m^3$;
  2 烟煤系统不宜小于 $5650kJ/m^3$。

4.0.4 两段发生炉煤气低位发热量宜符合下列规定:
  1 上段煤气不宜小于 $6700kJ/m^3$;
  2 下段煤气不宜大于 $5440kJ/m^3$。

4.0.5 冷煤气站的煤气温度,在洗涤塔或间接冷却器后,不宜高于 35℃,且夏季不应高于 45℃。

4.0.6 在使用煤气设备前,热煤气站以烟煤气化的煤气温度,不宜低于 350℃。

4.0.7 冷煤气站出口煤气中的灰尘和焦油含量,应根据用户要求确定。当用户无要求时,宜符合下列规定:
  1 无烟煤系统或焦炭系统煤气中的灰尘和焦油含量之和,不宜大于 $50mg/m^3$;
  2 烟煤系统煤气中的灰尘和焦油含量之和,不宜大于 $100mg/m^3$;
  3 两段炉系统煤气中的灰尘和焦油含量之和,不宜大于 $50mg/m^3$。

4.0.8 发生炉煤气脱硫工艺的选择,应根据发生炉煤气的用途、处理量和煤气中的硫化氢含量,并结合当地环境保护要求和煤气燃烧反应后所产生的硫氧化物所允许的排放标准等因素,经技术经济方案比较后确定。

4.0.9 发生炉煤气脱硫设备的能力,应按需处理的煤气量和其相应的硫化氢含量确定。

4.0.10 发生炉煤气脱硫设备台数的设置,应能使煤气中硫化氢含量符合设计要求。

5 站 区 布 置

5.0.1 煤气站区的布置应符合现行国家标准《工业企业总平面设计规范》GB 50187 的有关规定,并应符合下列要求:
  1 煤气站区应位于厂区主要建筑物和构筑物全年最小频率风向的上风侧;
  2 煤气站应靠近煤气负荷比较集中的地点;
  3 应便于煤、灰渣、末煤、焦油、焦油渣的运输和贮存以及循环水的处理;
  4 在旁侧设有锅炉房时应便于与锅炉房共用煤和灰渣的贮运设施以及末煤的利用;
  5 应合理规划预留扩建场地;
  6 应设绿化场地。

5.0.2 煤气站区的厂房布置,其防火间距应符合现行国家标准《建筑设计防火规范》GB 50016 的有关规定。

5.0.3 煤气站主厂房的正面,宜垂直于夏季最大频率风向;室外煤气净化设备,宜布置在煤气站主厂房夏季最大频率风向的下风侧。

5.0.4 煤气排送机间、空气鼓风机间宜与煤气站主厂房分开布置。小型煤气站的煤气排送机间、空气鼓风机间可与煤气站主厂房毗连布置。

5.0.5 循环水系统、焦油系统和煤场等的建筑物和构筑物,宜布置在煤气站主厂房、煤气排送机间、空气鼓风机间等的夏季最大频率风向的下风侧,并应防止冷水塔散发的水雾对周围环境的影响。

5.0.6 煤气站区内的消防车道,应符合现行国家标准《建筑设计防火规范》GB 50016 的有关规定。

6 设 备 选 择

6.0.1 煤气发生炉的备用台数设置宜符合下列规定：

1 煤气发生炉的工作台数每 5 台及以下应另设 1 台备用；

2 当用户终年连续高负荷生产时，每 4 台及以下宜另设 1 台备用；

3 当煤气发生炉检修时，煤气用户允许减少或停止供应煤气的情况下，可不设备用。

6.0.2 煤气发生炉设备选型，应根据煤种确定。当冷煤气站气化不黏结烟煤、弱黏结烟煤及年老褐煤时，宜采用两段炉。

6.0.3 竖管、旋风除尘器、风冷器应分别与煤气发生炉一对一配置。

6.0.4 竖管底部的灰和焦油渣宜采用水力排除。

6.0.5 余热锅炉的设置应满足工艺系统压力降的要求，并应经技术经济比较后确定。

6.0.6 余热锅炉应采用火管式锅炉。

6.0.7 压力大于等于 0.1MPa 的煤气发生炉水夹套或汽包，应符合现行国家标准《钢制压力容器》GB 150 的有关规定。

6.0.8 电气滤清器型式的选择应根据煤气中焦油和杂质的性质确定；当其流动性差、不能自流排除时，应采用带有冲洗装置的电气滤清器。

6.0.9 电气滤清器的数量和容量应根据煤气站的设计产量确定，且不宜少于 2 台，且不应设备用。管式电气滤清器内，煤气的实际流速不宜大于 0.8m/s；当其中 1 台清理或检修时，煤气的实际流速不宜大于 1.2m/s。

6.0.10 当洗涤塔集中设置或与电气滤清器一对一布置时，可不设备用；但当其中一台设备清理或检修而煤气站产气量不变时，其他运行设备应能保证正常工作，满足煤气净化和冷却的要求。

6.0.11 空气鼓风机的空气流量应根据煤气站的设计空气需要量确定。空气压力应根据煤气发生炉在达到设计产量时的炉出口煤气压力、炉内的压力损失、空气管道系统压力损失的总和确定。

6.0.12 煤气排送机的煤气流量应根据煤气站设计产量确定；煤气压力应根据煤气用户对煤气压力的要求和煤气管道系统压力损失的总和确定。

6.0.13 空气鼓风机、煤气排送机，宜采用变频调节。

6.0.14 采用离心式煤气排送机和空气鼓风机时，应符合下列规定：

1 单机工作时，其流量的富裕量，不宜小于计算流量的 10%；其压力的富裕量，不宜小于计算压力的 20%；并联工作时均应适当加大；

2 压力应根据工作条件下介质的密度进行修正，流量应根据工作条件下介质的温度、湿度、煤气站所在地区的大气压力进行修正；

3 空气鼓风机和煤气排送机其并联工作台数不宜超过 3 台，并应另设 1 台备用；当需要低负荷调节确认经济合理时，可增设 1 台较小容量的设备。

6.0.15 除滴器宜与煤气排送机一对一布置。

6.0.16 两段炉冷煤气站中，上段煤气电滤器后及下段煤气急冷塔后宜采用间接冷却。

6.0.17 两段炉冷煤气站采用高温焚烧法处理煤气冷凝水时，其焚烧炉的操作温度应大于 1100℃。焚烧炉后应设废热锅炉或其他热能回收装置。

7 设 备 的 安 全

7.0.1 煤气净化设备和煤气余热锅炉，应设放散管和吹扫管接头；其装设的位置应能使设备内的介质吹净；当煤气净化设备相连处无隔断装置时，应在较高的设备上或设备之间的煤气管道上装设放散管。

7.0.2 设备和煤气管道放散管的接管上，应设取样嘴。

7.0.3 容积大于或等于 1m³ 的煤气设备上的放散管直径，不应小于 100mm；容积小于 1m³ 的煤气设备上的放散管直径，不应小于 50mm。

7.0.4 在电气滤清器上必须设爆破阀。

7.0.5 在洗涤塔上宜设爆破阀。

7.0.6 装设爆破阀应符合下列规定：

1 应装在设备薄弱处或易受爆破气浪直接冲击的部位；

2 离地面的净空高度小于 2m 时，应设防护措施；

3 爆破阀的泄压口不应正对建筑物的门窗、站区道路等有人员经过的地方。

7.0.7 爆破阀薄膜的材料，宜采用退火状态的工业纯铝板。

7.0.8 竖管、旋风除尘器，应设泄压水封。

7.0.9 煤气设备水封的有效高度不应小于表 7.0.9 的规定。

表 7.0.9 煤气设备水封的有效高度

最大工作压力(Pa)	有效高度(mm)
<1000	250
1000~3000 以下	0.1P+150
3000~10000	0.1P×1.5
>10000	0.1P+500

注：P 为最大工作压力。

7.0.10 煤气排送机后的设备最大工作压力应为煤气排送机前的最大工作压力与煤气排送机的最大升压之和。

7.0.11 钟罩阀内放散水封的有效高度应高出煤气发生炉出口最大工作压力的水柱高度 50mm。

7.0.12 煤气设备的水封应采取保持其固定水位的措施。

7.0.13 煤气发生炉、煤气净化设备和煤气排送机与煤气管道之间，应设置可隔断煤气的装置；当设置盲板时，应设便于装卸盲板的撑铁。

7.0.14 在煤气设备和管道上装设的爆破阀、人孔、阀门、盲板等，其距操作层或地面的高度大于 2m 时，应设置操作平台。

28

8 工艺布置

8.0.1 煤气发生炉宜采用单排布置。

8.0.2 主厂房的层数和层高,应根据煤气发生炉的型式、煤斗贮量、运煤和排灰渣的方式、操作和安装维修的需要确定。

8.0.3 主厂房内设备之间、设备与墙之间的净距,应根据设备操作、检修和运输的需要确定;当用作一般通道时,净距不宜小于1.5m。

8.0.4 主厂房为封闭建筑时,底层外墙应按设备的最大件尺寸设置门洞或预留安装孔洞;二层及以上的楼层,应根据所在层的设备最大部件设置吊装孔,并应根据所在层检修部件的最大重量,设置起重设施和预留安装拆卸设备的场地。

8.0.5 在以烟煤煤种气化的煤气发生炉与竖管或旋风除尘器之间的接管上,应设消除管内积灰的设施。

8.0.6 煤气净化设备除竖管和旋风除尘器可布置在室内之外,其他设备均应布置在室外。

8.0.7 大型、中型煤气站的煤气排送机和空气鼓风机,宜分开布置在各自的房间内;小型煤气站的煤气排送机和空气鼓风机,可布置在同一房间内。

8.0.8 煤气排送机和空气鼓风机应各自单排布置。

8.0.9 煤气排送机间、空气鼓风机间内,设备之间、设备与墙之间的净距,宜为0.8m~1.2m;当用作主要通道时,不宜小于2m;当用作一般通道时,宜符合本规范第8.0.3条的规定。

8.0.10 煤气排送机间的层数和层高,应根据设备的结构型式、排水器布置和设备吊装等要求确定。当采用单层厂房时,操作层的层高不应小于3.5m;采用双层厂房时,底层的层高不应小于3m。

8.0.11 煤气排送机间、空气鼓风机间的操作层,应在外墙按设备的最大部件设置门洞或预留安装孔洞,并应设检修最重部件的起重设施和预留有安装拆卸部件的场地。

8.0.12 空气鼓风机的吸风口应布置在室外,并应设置防护网和防雨、防尘、降低噪声的设施。

9 空气管道

9.0.1 在煤气发生炉的进口空气管道,应设明杆式或指示式阀门、自然吸风装置和止逆阀;空气总管的末端,应设爆破膜和放散管,放散管应接至室外。

9.0.2 饱和空气管道应设保温层,并应在其最低点装设排水装置。

9.0.3 空气管道宜架空敷设。

10 辅助设施

10.0.1 煤气站应设化验室,其化验设备应能满足经常化验项目的需要。

10.0.2 煤气站应设机修间和电修间,其维修设备应按站内机电设备及管道的经常维护和小修的需要设置。小型煤气站可不设机修间和电修间。

10.0.3 大型煤气站应设仪表维修间。

10.0.4 煤气安全防护设施应符合现行国家标准《工业企业煤气安全规程》GB 6222的有关规定。

11 煤和灰渣的贮运

11.0.1 大、中型煤气站的煤、灰渣和末煤应采用机械化装卸和运输,小型煤气站宜采用机械化或半机械化装卸和运输。

11.0.2 煤气站的煤场,应根据煤源远近、供应的均衡性和交通运输方式等条件确定,并应符合下列规定:

　　1 火车和船舶运输,煤场贮煤量宜为 10d～30d 的煤气站入炉煤量;

　　2 汽车运输,煤场贮煤量宜为 5d～10d 的煤气站入炉煤量;

　　3 当工厂有集中煤场时,煤气站煤场贮煤量宜为 1d～3d 的煤气站入炉煤量;

　　4 煤场除设置入炉煤的贮存场地外,尚应根据需要预留末煤的堆放场地。

11.0.3 露天煤场应夯实和设排水设施,并宜铺设块石地坪或混凝土地坪;在有经常性的连续降雨、降雪地区,煤场宜设防雨、防雪设施,其覆盖面积应根据当地的气象条件及满足煤气站正常运行需煤量确定。

11.0.4 运煤系统设备的每班设计运转时间不宜大于 6h。

11.0.5 机械加煤的煤气发生炉贮煤斗的有效贮量,应根据运煤的工作班制确定,当煤气发生炉为连续运行时,贮煤斗的有效贮量宜按表 11.0.5 的规定。

表 11.0.5 煤气发生炉贮煤斗的有效贮量

运煤工作班制	有效贮量
一班制	煤气发生炉 18h～20h 的入炉煤量
二班制	煤气发生炉 12h～14h 的入炉煤量
三班制	煤气发生炉 6h 的入炉煤量

11.0.6 煤气发生炉的直径大于 2m 时,其贮煤斗内供排放泄漏煤气用的放散管直径不应小于 300mm;当煤气发生炉直径等于或小于 2m 时,贮煤斗放散管直径不应小于 150mm。放散管的设置应便于清理。

11.0.7 煤气发生炉的贮煤斗及溜管的侧壁倾角不应小于 55°。

11.0.8 运煤系统应设筛分和磁选分离和设施。当供煤的粒度大于设计要求时,应设置破碎机。磁选分离设施应设在破碎机前。

11.0.9 煤气站的贮运系统应设置煤的计量设施。

11.0.10 末煤斗的总贮量不应小于煤气站的一昼夜末煤产生量。末煤斗及其溜管的侧壁倾角不应小于 60°。在严寒地区的末煤斗应设防冻设施。

11.0.11 灰渣斗的总贮量不宜小于煤气站的一昼夜灰渣排除量。灰渣斗及其溜管的侧壁倾角不应小于 60°。在严寒地区的灰渣斗应设防冻设施。

11.0.12 运煤和排渣系统中设备传动装置的外露转动部分,应设安全防护罩;当装设在运煤栈桥内的带式输送机无安全防护罩时,应设越过带式输送机的过桥,并应在操作人员行走的一侧设置栏杆。

11.0.13 主厂房贮煤层应设防止操作人员落入贮煤斗的设施,并应设防止楼板上的积水流入贮煤斗的设施。

11.0.14 当采用带式输送机给煤时,煤气发生炉贮煤斗上方,应采取防止末煤集中进入最后一个贮煤斗的措施。

11.0.15 带式输送机的倾斜角应符合下列规定:

　　1 当运送块煤时,不应大于 18°;

　　2 当运送末煤及灰渣时,不应大于 20°。

11.0.16 运煤栈桥宜采用半封闭式或封闭式。

11.0.17 运煤栈桥的通道应符合下列规定:

　　1 运行通道的净宽不应大于 1m,检修通道的净宽不应小于 0.7m;

　　2 运煤栈桥的垂直净高不应小于 2.2m。

11.0.18 运煤筛分破碎设备间应设起吊设施和检修场地。

11.0.19 运煤系统的破碎机、振动筛和产生粉尘的转卸点应设封闭设施。

12 给水、排水和循环水

12.0.1 煤气发生炉水套的给水水质应符合现行国家标准《工业锅炉水质》GB/T 1576 的有关规定。

12.0.2 煤气发生炉搅棒、入孔、炉顶、散煤锥、煤气排送机轴承及油冷却器等冷却水水质,应符合下列规定:

　　1 悬浮物不宜大于 100mg/L;

　　2 水温 25℃时,pH 值宜为 6.5～9.5;

　　3 应根据冷却水的碳酸盐硬度控制排水温度,且不宜大于表 12.0.2 的规定。

表 12.0.2 碳酸盐硬度与排水温度的关系

碳酸盐硬度 (mg/L 以 CaCO₃ 表示)	排水温度 (℃)
≤175	50
250	45
300	40
350	35
500	30

12.0.3 煤气站室外消火栓用水量应按现行国家标准《建筑设计防火规范》GB 50016 的有关规定确定。

12.0.4 主厂房、运煤栈桥、转运站、碎煤机室处,宜设置室内消防给水点,且其相连接处宜设置水幕防火隔离设施。

12.0.5 烟煤系统洗涤冷却煤气的循环水,应分设冷、热两个系统。

12.0.6 煤气净化设备采用接触煤气的循环水时,应进行水处理。水处理后的水质、水压、水温应符合下列规定:

1 无烟煤系统和焦炭系统的冷煤气循环水的灰尘与焦油含量之和,不应大于 200mg/L;

2 烟煤系统的冷煤气冷循环水的灰尘与焦油含量之和,不宜大于 200mg/L;热循环水的灰尘与焦油含量之和,不应大于 500mg/L;

3 水温 25℃时 pH 值不应小于 6.5;

4 供水点压力应根据煤气净化设备的高度、管网阻力及所采用喷嘴的性能确定,并应符合下列要求:

　1)无填料煤气净化设备喷嘴前的压力宜为 0.1MPa～0.15MPa;

　2)有填料煤气净化设备喷嘴前的压力宜为 0.05MPa～0.1MPa;

5 无烟煤系统和焦炭系统的冷煤气循环水的给水温度不宜大于 28℃,夏季最高水温不宜大于 35℃;

6 烟煤系统的冷煤气冷循环水的给水温度不宜大于 28℃,夏季最高水温不宜大于 35℃。烟煤系统的冷煤气热循环水的给水温度不应小于 55℃。

12.0.7 接触煤气的循环水,应与不接触煤气的水封用水和设备冷却水、蒸汽冷凝水、生活用水等的排水分流。

12.0.8 冷煤气站站区内接触煤气的洗涤冷却水、水封用水和煤气排水器用水,必须设封闭循环水系统。

12.0.9 热煤气站的湿式盘阀、旋风除尘器、热煤气管道灰斗底部以及其他煤气设备的水封用水,不应直接排入室外排水管道。

12.0.10 厂区和车间煤气管道排水器的排水应集中处理。

12.0.11 接触煤气的循环水冷却塔宜采用风筒自然通风。

12.0.12 接触煤气的循环水系统宜设调节池。

12.0.13 接触煤气的循环水沉淀池、水沟等构筑物,应采取防止循环水渗入土壤污染地下水的措施,并应设清理污泥的设施;水沟之间必须有排除地面水的管渠。

12.0.14 循环水系统的冷却塔可不设备用。当冷却塔检修时,应采取不影响生产的措施。

12.0.15 循环水水沟应设盖板。

12.0.16 煤焦油应采用封闭式输送系统,且宜采用蒸汽保温的管道输送。

12.0.17 循环水泵房的吸水井应设水位标尺。

12.0.18 煤气站的循环水系统应设置贮运煤焦油、循环水沉渣的设施。

12.0.19 循环水沉淀池的周围应设置栏杆。

12.0.20 运煤系统建筑物内宜设置用水冲洗地面的设施。

13 热工测量和控制

13.0.1 煤气站应根据安全、经济运行和核算的要求,装设测量仪表和自动控制调节装置。测量仪表的装设,应符合表 13.0.1 的规定。

表 13.0.1 煤气站测量仪表的装设

场所	测量项目		现场显示	控制室显示	控制室记录或累计
煤气炉间	进炉空气	流量	—	√	√
	空气总管空气	压力	√	√	—
	饱和空气	温度	√	√	—
		压力	√	√	—
	炉出口煤气	温度	√	√	—
		压力	√	√	—
	发生炉汽包或发生炉炉套蒸汽	水位	√	—	√
		压力	√	√	—
空气鼓风机间	鼓风机出口及空气汇总管空气	压力	√	√	—
煤气排送机间	排送机入口煤气	压力	√	√	—
		温度	√	√	—
	排送机出口煤气	压力	√	√	—
		温度	√	√	—
室外管道	低压煤气总管	压力	—	√	—
	净化设备之间管道煤气	压力	—	√	—
	外部进站蒸汽	压力	√	√	—
		流量	√	—	—

续表 13.0.1

场所	测量项目		现场显示	控制室显示	控制室记录或累计
室外管道	外部进站软水	压力	—	√	—
		流量	—	√	—
	外部进站给水	压力	—	√	—
		流量	—	√	—
	出站煤气	压力	—	√	—
		温度	—	√	—
		流量	—	√	—
		热值	—	√	—
净化设备	电除尘器绝缘子箱内	温度	√	√	—
	入竖管循环水	流量	—	√	—
	入洗涤塔循环水	流量	—	√	—
	入湿式电除尘器循环水	流量	—	√	—

注:表中"√"表示应装设,"—"为可不装设。

13.0.2 煤气站的报警信号应符合下列要求:

1 当空气总管的空气压力下降到设计值时,应发出声、光报警信号;当压力继续下降到设定值或空气鼓风机停机时,应自动停止煤气排送机,并发出声、光报警信号

2 当煤气排送机前低压煤气总管的煤气压力下降到设计值时,应发出声、光报警信号;当继续下降到设定值时应自动停止煤气排送机,并发出声、光报警信号;

3 当电气滤清器出口煤气压力下降到设计值时,应发出声、光报警信号;

4 当电气滤清器绝缘子箱内的温度下降到设计值时,应发出声、光报警信号;

5 电气滤清器内含氧量大于 0.8% 时,应发出声、光报警信号;当达到 1% 时,应自动切断高压电源,并发出声、光报警信号;

6 当大型煤气站的煤气排送机、空气鼓风机轴承温度大于65℃或油冷却系统的油压小于50kPa时，应发出声、光报警信号。

13.0.3 煤气发生炉应设空气饱和温度自动调节装置，并应设汽包水位自动调节装置、汽包高低液位声光报警装置。

13.0.4 煤气站宜设置生产负荷自动调节装置。

13.0.5 煤气站的检测控制系统宜采用电子计算机系统。

2 煤气排送机轴承处不设局部排风罩时，正常换气次数应每小时8次；

3 事故排风换气次数应每小时12次，其开关应与可燃气体检测器报警信号连锁，排风装置的手动开关应在室内外分别设置，并应便于操作。

14.0.5 煤气排送机间内送风口的布置，应采取避免使送出的空气经过煤气排送机到达工人经常工作地点的措施。

14.0.6 机械化运煤系统的破碎机、振动筛和产生粉尘的转卸点，应设机械通风除尘设施。

14.0.7 通风系统的室外进风口不应靠近煤气净化设备区。

14 采暖、通风和除尘

14.0.1 煤气站各主要生产房间的采暖室内计算温度，除应符合国家现行标准《工业企业设计卫生标准》GBZ 1 的有关规定外，尚应符合表14.0.1的规定。

表14.0.1 采暖室内计算温度（℃）

名　　称	温　　度
主厂房发生炉炉面操作层	16
主厂房其余各层	5~10
煤气排送机间、空气鼓风间	10
循环水泵房	16
运煤栈桥、破碎筛分间、焦油泵房等经常无人操作的房间	5
工人值班室、控制室、整流间、化验室	16~18

14.0.2 主厂房宜设机械通风设施。主厂房操作层的换气次数每小时不宜少于5次，并宜设夏季用的局部送风设施；主厂房底层及贮煤层的换气次数每小时不宜少于3次；夏热冬暖地区和夏热冬冷地区，主厂房宜设有天窗或自然排风设施。

14.0.3 当煤气发生炉的加煤机与贮煤斗连接且主厂房贮煤层为封闭建筑时，在贮煤斗内除设置供放泄漏煤气用的放散管外，尚应在贮煤斗内的上部设机械排风装置；当煤气发生炉的加煤机与贮煤斗不相连接时，在加煤机的上方，宜设机械排风装置。

14.0.4 煤气排送机间应设正常和事故排风装置，并应符合下列要求：

1 煤气排送机轴承处设局部排风罩时，正常换气次数应每小时6次；

15 电　气

15.0.1 煤气站的供电负荷级别和供电方式，应符合现行国家标准《供配电系统设计规范》GB 50052 的有关规定。

15.0.2 煤气站的爆炸和火灾危险环境的电力设计，应符合现行国家标准《爆炸和火灾危险环境电力装置设计规范》GB 50058 的有关规定，其爆炸和火灾危险环境的划分应符合下列规定：

1 主厂房的贮煤层为封闭建筑，且煤气发生炉的加煤机与贮煤斗连接时，应属2区爆炸危险环境；当符合下列情况之一时，应属22区火灾危险环境：

　　1）贮煤斗内不会有煤气漏入时；

　　2）贮煤层为敞开或半敞开建筑时；

2 主厂房底层及操作层应属非爆炸危险环境；

3 煤气排送机间及煤气净化设备区应属2区爆炸危险环境；

4 焦油泵房、焦油库应属21区火灾危险环境；

5 煤场应属23区火灾危险环境；

6 受煤斗室、破碎筛分间、运煤栈桥应属22区火灾危险环境；

7 煤气管道的排水器室应属2区爆炸危险环境。

15.0.3 煤气站的建筑物、构筑物、室外煤气设备和煤气管道的防雷设计，应符合现行国家标准《建筑物防雷设计规范》GB 50057 的有关规定。

15.0.4 煤气站的照明设计，应符合现行国家标准《建筑照明设计标准》GB 50034 的有关规定。主厂房、煤气排送机间、空气鼓风机间、煤气净化设备和运煤系统等处，应设置检修照明。主厂房、煤气排送机间内各设备的操作岗位处和控制室，应设置应急照明。主厂房的通道处，应设置灯光疏散指示标志。

15.0.5 煤气站内各操作室应设有通信设施。

15.0.6 煤气站的加煤间、排送机间等危险场所的可燃气体和有毒气体检测报警装置的设置，应符合现行国家标准《石油化工可燃气体和有毒气体检测报警设计规范》GB 50493 的有关规定。

15.0.7 煤气排送机的电动机必须与空气鼓风机的电动机或空气总管空气压力传感装置联锁，并应符合下列规定：

　　1 在空气鼓风机启动后，煤气排送机才能启动；当空气鼓风机停止时，应自动停止煤气排送机；联锁装置应能使所有空气鼓风机互相交替工作；

　　2 当空气总管的空气压力升到大于等于设定值时，应能自动启动煤气排送机，当降到设定值时，应自动停止煤气排送机。

15.0.8 煤气排送机的电动机必须与煤气排送机前低压煤气总管的煤气压力传感装置进行联锁。当压力下降到设定值时，应自动停止煤气排送机。

15.0.9 连续式机械化运煤和排渣系统，其各机械之间应设电气联锁。

15.0.10 当煤气排送机、空气鼓风机的电动机采用管道通风时，其电动机与通风机的电动机之间应设电气联锁。

16 建筑和结构

16.0.1 煤气站生产的火灾危险性分类和厂房耐火等级，按现行国家标准《建筑设计防火规范》GB 50016 的有关规定，主厂房、煤气排送机间、煤气管道排水器室应属于乙类火灾危险性生产厂房，其建筑耐火等级不应低于二级。

16.0.2 加煤机与贮煤斗相连且为封闭建筑的主厂房贮煤层、煤气排送机间、煤气管道排水器室等有爆炸危险的厂房，应设置泄压设施，且应符合现行国家标准《建筑设计防火规范》GB 50016 的有关规定。

16.0.3 主厂房操作层宜采用封闭建筑，并应设通往煤气净化设备平台或热煤气用户的通道。

16.0.4 主厂房各层的安全出口数目不应少于 2 个。当每层建筑面积小于等于 150m² ，且同一时间生产人数不超过 10 人时，可设置一个安全出口。

16.0.5 主厂房的底层宜采用混凝土地面层，楼层宜采用防滑地砖面层。

16.0.6 煤气站排送机间应符合下列规定：

　　1 应采用通风良好的封闭建筑，并应设有隔声的观察值班室；

　　2 应设 2 个安全出口，当每层面积不大于 150m² 时可设一个。

16.0.7 煤气排送机间、鼓风机间应设有综合的噪声控制措施，设备基础应设有防振设施。

16.0.8 煤气站内的化验室、整流间、控制室和办公室，应采取防振动、防潮湿、防尘、噪声控制和降高温等措施。

16.0.9 室外煤气净化设备区宜铺设混凝土地坪。

16.0.10 室外煤气净化设备平台，宽度不应小于 0.8m，平台面应

有防滑措施；平台周围应设置栏杆，栏杆高度应为 1.2m，栏杆底应设 150mm 高挡板；平台扶梯宜有斜度，竖直梯 2m 以上部分应设护笼。

16.0.11 室外净化设备联合平台的安全出口不应少于 2 个，当长度不超过 15m 的平台可设 1 个安全出口。平台通往地面的扶梯、相邻平台和厂房的走道，均可视为安全出口。平台最远处至安全出口的距离不应超过 25m。

16.0.12 水沟、沉淀池、调节池和焦油池应采用钢筋混凝土结构。水沟和焦油沟应设盖板，其顶面标高在室内部分应与室内地坪相同，在室外部分应高出附近地面并不小于 150mm。

16.0.13 煤气站主厂房设计时应预留能通过煤气发生炉最大搬运件的安装洞，安装洞可结合门窗洞或在非承重墙处设置。

16.0.14 煤气站的柱距、跨度、层高，在满足工艺设计的前提下，宜符合现行国家标准《厂房建筑模数协调标准》GB/T 50006 的规定。

16.0.15 需扩建的煤气站，应合理规划预留扩建场所。

16.0.16 煤气站的辅助用房基本卫生要求应符合国家现行标准《工业企业设计卫生标准》GBZ 1 的有关规定。

16.0.17 煤气站的楼层地面和屋面的荷载，应按现行国家标准《建筑结构荷载规范》GB 50009 的有关规定确定。

17 煤气管道

17.0.1 厂区煤气管道应架空敷设，并应符合下列规定：

　　1 应敷设在非燃烧体的支柱或栈桥上；

　　2 沿建筑物的外墙或屋面上敷设时，该建筑物应为一、二级耐火等级的丁、戊类生产厂房；

　　3 不应穿过存放易燃易爆物品的堆场和仓储区以及不使用煤气的建筑物；

　　4 与建筑物、构筑物和管线的最小水平净距，应符合本规范附录 A 的规定；

　　5 与铁路、道路、架空电力线路和其他管道之间的最小交叉净距，应符合本规范附录 B 的规定。

17.0.2 架空煤气管道与水管、热力管、不燃气体管、燃油管和氧气管伴随敷设时，应符合下列规定：

　　1 厂区架空煤气管道与水管、热力管、不燃气体管和燃油管在同一支柱或栈桥上敷设时，其上下平行敷设的垂直净距不应小于 250mm；

　　2 厂区架空煤气管道与氧气管道共架敷设时，应符合现行国家标准《氧气站设计规范》GB 50030 的有关规定；

　　3 厂区架空煤气管道与在同一支架上平行敷设的其他管道，最小水平净距，应符合本规范附录 C 的规定；

　　4 车间架空冷煤气管道与其他管线平行、垂直和交叉敷设的最小净距应符合本规范附录 D 的规定；

　　5 利用煤气管道及其支架设置其他管道的托架、吊架时，管道之间的最小净距，应符合本规范附录 D 的规定，并应采取措施消除管道不同热胀冷缩的相互影响。

6 煤气管道与输送腐蚀性介质管道共架敷设时,煤气管道应架设在上方;对于易漏气、漏油、漏腐蚀性液体的部位,应在煤气管道上采取保护措施。

17.0.3 煤气管道支架上不应敷设电缆,但采用桥架铺装或钢管布线的电缆可敷设在支架上,其间距应符合本规范附录 D 的规定。

17.0.4 厂区架空煤气管道与架空电力线路交叉时,煤气管道应敷设在电力线路的下面,并应在煤气管道上电力线路两侧设有标明电线危险、禁止通行的栏杆;栏杆与电力线路外侧边缘的最小净距,应符合本规范附录 A 的规定;交叉点两侧的煤气管道及其支架必须可靠接地,其电阻值不应大于 10Ω。

17.0.5 煤气管道应设导除静电的接地设施。

17.0.6 煤气管道与铁路、道路的交叉角不宜小于 45°。

17.0.7 敷设在建筑物上的煤气管道,在与建筑物沉降缝的相交处,不应设固定支架。

17.0.8 冷煤气管道在用户的进口处,应设阀门、流量检测装置、压力表、取样嘴和放散管,其位置宜设在用户的墙外,并应设操作平台。

17.0.9 车间煤气管道应架空敷设,当与设备连接的支管架空敷设有困难时,可敷设在空气流通但人不能通行的地沟内。除供同一用户用的空气管道外,不应与其他管线敷设在同一地沟内。

17.0.10 厂区冷煤气管道的坡度不宜小于 0.005,车间冷煤气管道的坡度不宜小于 0.003,且管道最低点应设有排水器。

17.0.11 煤气管道支架间的跨度,应根据管道、冷凝水和保温层的重量、风和雪的荷载、内压力及其他作用力等因素,经强度计算后确定,并应验算煤气管道的最大允许挠度。湿陷性黄土地区的厂区架空煤气管道的强度及支架的荷载均应按其中任一支架下沉失去支撑作用后的条件进行设计。

17.0.12 在室外采暖计算温度低于 −5℃ 的地区,厂区冷煤气管道的排水器应采取防冻设施。

17.0.13 在严寒和寒冷地区,冷煤气管道和阀门应根据当地气温条件、煤气管道长度、负荷高低等因素进行保温的设计。

17.0.14 煤气管道应采取热胀冷缩的补偿措施。当自然补偿不能满足要求时,可采用补偿器进行补偿。

17.0.15 煤气管道的连接,应采用焊接。但热煤气管道的连接,可采用法兰。煤气管道与阀门或设备的连接应采用法兰,但在与管道直径小于 50mm 的附件连接处,可采用螺纹连接。

17.0.16 冷煤气管道的隔断装置选择,应符合现行国家标准《工业企业煤气安全规程》GB 6222 的有关规定。管道直径小于 50mm 的支管,可采用旋塞。管道检修需要隔断部位,应增设带垫圈及撑铁的盲板或眼镜阀。

17.0.17 热煤气管道的隔断装置应采用盘形阀或水封;当阀门安装高度大于 2m 时,宜设置平台。

17.0.18 吹扫用的放散管应设在下列部位:

1 煤气管道最高处;

2 煤气管道的末端;

3 煤气管道进入车间和设备的进口阀门前,但阀门紧靠干管的可不设放散管。

17.0.19 煤气管道和设备上的放散管管口高度应符合下列规定:

1 应高出煤气管道和设备及其平台 4m,与地面距离不应小于 10m;

2 厂房内或距厂房 10m 以内的煤气管道和设备上的放散管管口高度,应高出厂房顶部 4m。

17.0.20 厂区煤气管道上的阀门、计量装置、调节阀等处以及经常检查处,宜设置人孔或手孔。在独立检修的管段上,人孔不应少于 2 个,且人孔的直径不应小于 600mm;直径小于 600mm 的煤气管道上,宜设手孔,其直径应与管道直径相同。

17.0.21 热煤气管道应设保温层。热煤气站至最远用户之间热

煤气管道的长度,应根据煤气在管道内的温度降和压力降确定,但不宜大于 80m。两段煤气发生炉的热煤气管道,当压力降允许时,其长度可大于 80m。

17.0.22 热煤气管道应设灰斗,灰斗的间距应根据有利于清灰的原则确定,灰斗下部应设排灰装置。

17.0.23 热煤气管道上应设吹扫孔或机械清灰装置。

17.0.24 煤气排送机前的低压煤气总管上宜设爆破阀或泄压水封。

附录 A 厂区架空煤气管道与建筑物、构筑物和管线的最小水平净距

表 A 厂区架空煤气管道与建筑物、构筑物和管线的最小水平净距(m)

建筑物、构筑物和管线名称	水平净距(m)
一、二级耐火等级建筑物,丁、戊类生产厂房	0.6
一、二级耐火等级建筑物(不包括丁、戊类生产厂房和有爆炸危险的厂房)	2
三、四级耐火等级建筑物	3
有爆炸危险的厂房	5
铁路(中心线)	3.75
道路(距路肩)	1.5
煤气管道	0.6
其他地下管道或地沟	1.5
熔化金属、熔渣出口或其他火源	10
电缆管或沟	1
小于等于 110kV 的架空电力线路外侧边缘	最高(杆)塔高
人行道外缘	0.5
厂区围墙(中心线)	1
电力机车	6.6

注:1 当煤气管道与其他建筑物或管道有标高差时,其水平净距应指投影至地面的净距。

2 安装在煤气管道上的栏杆、平台等任何凸出结构,均作为煤气管道的一部分。

3 架空电力线路与煤气管道的水平距离,应考虑导线的最大风偏情况。

4 厂区架空煤气管道与地下管、沟的水平净距,系指煤气管道支架基础与地下管道或地沟的外壁之间的距离。

5 当煤气管道的支架或凸出地面的基础边缘距离路面更近于煤气管道外沿时,其与道路净距应以支架或基础边缘计算。

附录 B 厂区架空煤气管道与铁路、道路、架空电力线路和其他管道的最小交叉净距

表 B 厂区架空煤气管道与铁路、道路、架空电力线路和其他管道的最小交叉净距(m)

铁路、道路、导线和管道名称		最小交叉净距(m)	
		管道下	管道上
铁路轨面		5.5(6.6)	—
道路路面		5	—
人行道路面		2.2	—
架空电力线路	1kV 以下	1.5	3
	1kV～30kV	3	3.5
	35kV～110kV	不允许架设	4
架空索道(至小车底最低部分)电车道的架空线		1.5	3
其他管道	管径<300m	同管道直径，但不小于 0.1	同管道直径，但不小于 0.1
	管径≥300m	0.3	0.3

注:1 括号内数字为距电力机车铁路轨面的最小交叉净距。

2 架空电力线路敷设在煤气管道上方时,其最小交叉净距,应考虑导线的最大垂度。

附录 C 厂区架空煤气管道与在同一支架上平行敷设的其他管道的最小水平净距

表 C 厂区架空煤气管道与在同一支架上平行敷设的其他管道的最小水平净距(mm)

其他管道直径	煤气管道直径		
	<300	300～600	>600
<300	100	150	150
300～600	150	150	200
>600	150	200	300

注:其他小管道利用小型支架架设在大煤气管道侧面时,其最小水平净距也应符合本表的规定。

附录 D 车间架空冷煤气管道与其他管线平行、垂直和交叉敷设的最小净距

表 D 车间架空冷煤气管道与其他管线平行、垂直和交叉敷设的最小净距(m)

车间管线名称		平行	垂直	交叉
氧气管、乙炔管、燃油管		0.5	0.5	0.25
水管、热力管、不燃气体管		符合附录 C 的规定	0.25	0.1
电线	滑触线	3	3	0.5
	裸导线	2	2	0.5
绝缘导线和电缆		1	1	0.5
穿有导线的电线管		1	1	0.25
插接式母线、悬挂式干线		3	3	1
非防爆型开关、插座、配电箱等		3	3	1

注:煤气的引出口与电气设备不能满足上述距离时,允许二者安装在同一柱子的相对侧面。当为空腹柱子时,应在柱子上装设非燃烧体隔板,局部隔开。

中华人民共和国国家标准

发生炉煤气站设计规范

GB 50195 - 2013

条 文 说 明

1 总　则

1.0.1　本条说明本规范的制订目的和重要性,明确设计时必须认真贯彻国家有关各项方针政策;设计中要对安全设施周密考虑,保证安全生产,做到安全可靠;要认真合理的节约能源,提高设计质量,使其能在日常生产中发挥经济效益和社会效益;同时要重视对周围环境的保护,以保障人民身体的健康。

1.0.2　本条说明本规范适用于工业企业新建、扩建和改建的以煤为气化原料、在常压下鼓风的固定床气化的发生炉煤气站和煤气管道的设计。

　　水煤气站也是采用固定床的煤气发生炉,也有一段水煤气发生炉和两段水煤气发生炉之分,但生产的均是水煤气,其工艺生产方法及煤气的性质均与发生炉煤气有所不同,故本条作出"不适用"的规定。

1.0.4　根据《中华人民共和国环境保护法》的规定:"建设项目中防治污染的设施,必须与主体工程同时设计、同时施工、同时投产使用。防治污染的设施必须经原审批环境影响报告书的环境保护行政主管部门验收合格后,该建设项目方可投入生产或者使用。"故作出本条的规定。

3 煤种选择

3.0.4　为了保证燃料在两段煤气炉内正常干馏和气化,现根据国内外两段煤气发生炉操作数据和经验,其用煤条件的规定较为严格,故对原规范规定作了调整。

3.0.5　煤的气化指标对煤气站设计时确定煤种、炉型和炉子台数、工艺流程均有密切关系,故规定:初步设计前,应取得采用煤种的气化试验报告。

　　煤的气化指标和选用煤气发生炉炉型有关。如采用无烟煤气化的煤气发生炉,同样是 3m 直径,W-G 型炉的产气量比 D 型炉的产气量要高,甚至高 50% 以上。煤的质量与气化强度也有密切的关系。如大同煤比其他烟煤的气化强度要高;鹤岗煤的气化率要比大同煤低。煤的粒度大小与均匀性也直接影响煤气发生炉的产气量,所以,本条文写明要把各种因素综合加以考虑。

　　对已用于煤气站气化的煤种,应采用平均指标。平均指标是指煤气站在正常操作情况下能稳定生产所达到的指标,如灰渣含碳量、煤气的成分等。由于各工厂的操作水平不同,或用户负荷不同,就是使用同一煤种和同一炉型,气化强度也有高低之分。因此,本条文中所指的平均指标是在上述条件下较先进的平均指标。

4 设计产量和质量

4.0.1　煤气站的设计产量决定煤气站的建设规模,应根据用气资料认真核算,力求均衡生产。

4.0.3　本条所规定的指标是蒸汽空气混合煤气一般可能达到的指标。如用户有较高的要求时,可采取富氧空气等方法提高煤气发热量。

4.0.4　本条所规定的指标是根据大同煤与阜新煤的干基挥发分推算,当干基挥发分接近 20% 时,上段煤气发热量约 6780kJ/m³,本条是依此作规定。

4.0.6　为了充分利用烟煤热煤气的显热和焦油的潜热,在煤气输送过程中应进行保温。根据资料,当煤气温度低于 350℃ 时,则有煤焦油析出,不仅损失热能,而且污染输送管道及阀门。对融化玻璃的熔窑、炼钢平炉来说,热煤气的温度更为重要,低了满足不了生产要求,故规定不宜低于 350℃。

　　小型煤气站的热煤气温度,考虑焦油析出问题,也不宜低于350℃,可是当煤气生产量较低时,在煤气生产和输送过程中,热损失相对较大,要控制在 350℃ 以上,即使保温也难达到,故可适当降低。

4.0.8~4.0.10　制定的条文主要是满足发生炉煤气脱硫要求而对发生炉煤气脱硫工艺选择、工艺装置能力、脱硫工艺过程中产生的"三废"处置等作出的一般规定。

5 站区布置

5.0.1　煤气站区位置的确定,涉及现行国家标准《工业企业总平面设计规范》GB 50187 的规定较多,所以本条仅对与煤气站有关的几项主要因素作了规定。

　　1　将站区布置在工厂主要建筑物和构筑物全年最小频率风向的上风侧,有利于减少煤气站煤气散发到大气中的有害气体经风的传播对主要生产厂房的影响,故作此规定。

　　2　煤气站设立在煤气负荷比较集中的地区,可节省供应煤气管道的投资。

　　3　煤气站的煤、灰渣、末煤、焦油和焦油渣等的贮运数量较大。站区位置的确定,应考虑火车运输厂内外铁路接轨铺设的方便,汽车运输的厂内外主要公路连接的方便。站区内应考虑有足够的场地便于煤、末煤、灰渣贮斗的布置;冷、热循环水系统的建筑物和构筑物,如水泵房、水沟、沉淀池、冷却塔、焦油池等的布置以及循环水质处理设施的布置。

　　4　煤气站的位置宜尽量靠近锅炉房,便于与锅炉房共同采用煤及灰渣的贮运设施,同时可减少末煤在沿途运输的损失,并节约投资。

　　6　过去在煤气站设计中不重视区域内环境的绿化,故作本条的规定。

5.0.3　煤气站主厂房是散发焦油蒸汽、煤气、煤尘、灰尘的地方,而煤气发生炉、汽包、旋风除尘器、竖管等又是散热的设备,因此,主厂房室内的环境较差,操作层温度很高。根据调查,夏季一般在40℃~43℃之间,中南地区甚至高达 45℃ 以上。

　　为了充分利用自然通风的穿堂风,排除室内的余热,改善工人操作环境,故煤气站主厂房的正面宜垂直于夏季最大频率风向。考虑到室外煤气净化设备如竖管、电气滤清器、洗涤塔等的冷、热循环水和焦油系统都是污染源,为减少水沟、焦油沟散发的有害气体对主厂房操作工人的影响,故条文作此规定。

5.0.4 煤气排送机、空气鼓风机的振动和噪声,对附设在主厂房的生产辅助间内有防振要求的化验室、仪表室、仪表维修室的设备有影响,且噪声对主厂房及生产辅助间内工作人员不利。故作本条规定。

5.0.5 循环水系统、焦油系统和煤场等的建筑物和构筑物如沉淀池、调节池、水沟、焦油池、焦油沟、焦油库、冷却塔、水泵房等会散发出有害气体,煤场会散发出煤粉尘。为了保护煤气站主厂房、煤气排送机间、空气鼓风机间等的室内环境卫生,故作本条的规定。

煤气站的冷却塔散发的水雾中含有酚和氰化物等有害物质,故本条规定应防止冷却塔散发的水雾对周围环境的影响。要求设计人员在布置冷却塔时,应结合冷却塔型式的大小及水质等具体情况,确定冷却塔的防护间距。

5.0.6 煤气站生产的火灾危险性属于乙类,对消防有较高的要求。因此,规定站区内的消防车道要符合现行国家标准《建筑设计防火规范》GB 50016 的有关规定。

6 设 备 选 择

6.0.1 煤气发生炉的备用台数,是考虑在正常工作制度的情况下,设备检修时煤气站仍能正常运行达到设计产量,满足用户的需要。根据国内不同行业企业煤气站生产开炉率的情况作此规定。

6.0.2 几十年的实践证明,当冷煤气站气化烟煤、年老褐煤时,焦油处理问题和循环水处理问题都没有很好的解决之道,只有两段炉才能较好地解决这些问题,故当冷煤气站气化烟煤,年老褐煤时宜采用两段炉。

6.0.4 竖管底部的灰和焦油渣宜采用水力排除,不宜用人工清理,因为人工清理劳动条件差,劳动强度大。实践经验证明,竖管的煤气冷却水排水量大时流速高,水流可以带走焦油渣。有的在竖管底部安装高压水冲洗装置,定期用高压水冲洗排除,效果也好。

6.0.9 电气滤清器不应设备用指的是不应在设备状况良好的条件下闲置备用,因为设备闲置时腐蚀较快,切断不严密易发生事故。

6.0.13 变频调节装置已广泛应用,而且实践证明空气鼓风机、煤气排送机采用变频调节,节能效果非常显著。一般情况下,变频器的投资一两年即可回收,应大力推广。

6.0.16 干馏较好的两段炉中,上段煤中的焦油为低温焦油,有很好的流动性,在一级电滤器中可以除去 90%~95%以上。下段煤气中几乎检测不到焦油,故上段煤气一级电滤器后及下段煤气急冷塔后宜采用间接冷却,以减少与煤气接触的循环水,既可节省水处理的投资,又有利于保护环境。

6.0.17 在两段炉冷煤气站中,上段煤气一级电滤器后及下段煤

气急冷塔后采用间接冷却,煤气冷凝水的量较少,其中酚的含量很高,适宜采用高温焚烧法处理。焚烧炉的操作温度应大于1100℃,是为了避免焚烧温度不够时,酚、焦油等物质裂解不完全产生二次污染。焚烧炉后设废热锅炉或其他热能回收装置,是为了更有效地利用能源。

7 设 备 的 安 全

7.0.1 本条为强制性条文。煤气净化设备或余热锅炉在开始送煤气时,应将设备内的空气吹扫干净,当设备停用后进入检修时,必须将设备内的煤气吹扫干净,以确保安全运行或检修。因此,应设有放散管以便进行上述工作。放散管装设的位置,要避免在设备内气流有死角。当净化设备相连处无隔断装置时,可仅在较高的设备上装设放散管。例如电气滤清器与洗涤塔之间无隔断装置时,一般洗涤塔高于电气滤清器,可以只在洗涤塔上装设放散管。又如联结两设备的煤气管段高于设备时,则可在此管道的较高处装设放散管。

7.0.2 为便于取样化验设备和煤气管道内的介质成分,以保证安全检修或安全运行,故作本条规定。

7.0.3 本条为强制性条文。放散管的直径太小会使吹扫时间太长,且易被煤气中含有的水分及杂质堵塞。当设备检修时,还须开启放散管作自然通风用。因此规定放散管的直径不应小于100mm。

设备容积小,放散煤气量少,可以适当缩小放散管管径,故规定在容积小于 1m³ 的煤气设备上装设的放散管直径应不小于50mm。

7.0.4 本条为强制性条文。电气滤清器内易发生火花,操作上稍有不慎即有爆炸的危险。电气滤清器均设有爆破阀,生产工厂也确认电气滤清器的爆破阀在爆炸时起到了保护设备的作用,所以本条文规定电气滤清器必须装设爆破阀。

7.0.5 经调查,除二级或三级洗涤塔外,多数工厂单级洗涤塔没有爆破阀,个别工厂由于误操作或动火时不遵守规定也发生过严重

爆炸事故,但大多数工厂有严格管理制度且遵守安全操作规程,未发生过事故,所以在条文中不作硬性规定,规定为"宜设爆破阀"。

7.0.6 装设爆破阀的目的是保护设备,装设的位置很重要,同时还要避免造成二次伤害。

7.0.7 爆破阀薄膜的材料,我国煤气站长期以来习惯于使用铝板。设计计算按现行国家标准《爆破片与爆破片装置》GB 567—1999 的规定执行。

7.0.8 竖管、旋风除尘器的安装位置紧靠煤气发生炉,而且一般均装设有最大阀和下部出灰的水封,根据调查,绝大部分不设爆破阀,当发生爆炸时,可在最大阀和下部出灰水封处泄压力。

7.0.9 本条为强制性条文。煤气设备水封的有效高度,不应小于本规范表 7.0.9 的规定,说明如下:

(1)最大工作压力小于 3000Pa 的煤气设备或煤气管道的水封有效高度为其最大工作压力(Pa)乘 0.1 系数后,加 150mm,但不小于 250mm。此规定适用于煤气排送机前或热煤气系统的煤气设备与煤气管道的水封。例如:煤气发生炉出口煤气最大工作压力为 1000Pa,则该系统中设备与管道的水封高度应为 1000×0.1+150=250mm。发生炉煤气未经净化以前的脏煤气中含有数量较多的杂质,其中一部分沉淀于水封槽内必须经常进行清理。如果水封高度太高,将给清理工作带来困难,因此在确保安全的前提下,尚须满足清理工作的顺利进行,该规定在我国发生炉煤气站 50 多年的生产实践中证明是可行的。

(2)一般发生炉煤气站使用高压煤气排送机后至用户的煤气压力往往均超过 10000Pa,当计算其水封有效高度时,应按煤气排送机后的最大工作压力(Pa)乘 0.1 系数后加 500mm 才是其水封的有效高度,但必须注意煤气排送机后的煤气最大工作压力,应等于煤气排送机前可能达到的最大工作压力与煤气排送机的最大升压之总和,以此计算才能确保其有效水封高度不会突破。

(3)对最大工作压力 3000Pa~10000Pa 的煤气设备或煤气管道的水封有效高度的规定乘以 1.5 系数,其结果介于上述两种情况之间,在低限时与第一项吻合,在高限时与第二项吻合。

7.0.11 钟罩阀的结构特点是当煤气发生炉出口煤气压力达到设计最大工作压力时,阀体内的钟罩质量与悬挂在阀体外的砝码质量应平衡,当阀出口煤气压力大于设计最大工作压力时,钟罩被自动顶起使煤气得以放散,但当机械机构发生故障时,由于阀体内的放散水封被煤气压力冲破得以放散而保持其安全的作用。所以,放散水封的高度,应等于煤气发生炉出口设计最大工作压力的水柱高度加 50mm。

7.0.12 本条为强制性条文。煤气设备的水封应保持其固定水位以确保水封的安全有效高度,一般使水封液面处于溢流状态,也可以采用其他措施保持其水位,故作出本条的规定。

7.0.13 本条为强制性条文。为煤气发生炉煤气净化设备和煤气排送机检修的需要,其与煤气管道之间应设有可靠隔断煤气的装置,以防止煤气漏入检修的设备而发生中毒事故,所以在条文中作出了这方面规定。但在具体方法上各有不同,如设置盲板、眼镜阀均可达到隔断煤气的目的。

7.0.14 安装在离操作层或地面 2m 以上的爆破阀、人孔、阀门等处均需要有一个平台,以便工人在平台上进行检修或操作。

8 工艺布置

8.0.1 煤气发生炉单排布置有以下优点:

(1)煤气发生炉单排布置操作环境好。在同一地区相同气候的条件下,室内温度单排比双排布置要低 2℃~5℃,因为单排布置室内有良好的自然通风,"热空气"易于排除,而双排布置在两排煤气发生炉的中间地带聚积的"热空气"受到两侧设备(煤气发生炉、双竖管或旋风除尘管)的阻挡,难以排除,故室内温度较高。

(2)设备检修方面。单排布置比双排布置便于设备检修,以更换发生炉水套为例,单排布置时,水套可从煤气发生炉的出灰一侧墙上预留的门洞进出;而双排布置时,必须从两排炉的中间通道运输,颇不方便。

(3)设备布置方面。单排布置比双排布置简单。净化设备可集中布置在主厂房的一侧,管道短;而双排布置时,设备及管道需布置在主厂房的两侧,比较复杂。

(4)根据调查,国内煤气站煤气发生炉不超过 12 台的,多数是单排布置,超过 12 台的多数是双排布置。

综合上述分析,单排布置具有操作环境好、设备检修方便、布置简单、便于操作等优点。即使个别工厂需要装设的煤气发生炉台数较多,在站区布置面积允许的情况下,还以单排布置为宜。

8.0.2 确定主厂房的层数和层高的因素很多,据调查目前国内发生炉煤气站主厂房的层数和层高大致情况如下所述:

(1)层数。

1)装设 ϕ2.4m、ϕ3.0m、ϕ3.6m 的 D 型煤气发生炉的主厂房一般为三层,即底层、操作层、贮煤层;

2)装设 ϕ3.0m、ϕ2.4m 的 W-G 型煤气发生炉的主厂房一般为五层,即底层(出灰层)、二层(炉箅机构层)、三层(操作层)、四层(中间煤仓层)、五层(贮煤层)。

3)装设小于 ϕ2m 煤气发生炉的主厂房一般为二层,个别情况采用单层建筑,仅在煤气发生炉炉身周围操作面另加一个简易操作平台。

(2)D 型炉的主厂房层高。

1)底层高度:安装 ϕ2.4m 煤气发生炉的为 6m,ϕ3.0m 的为 6.5m,ϕ3.6m 的为 6.8m;

2)操作层的高度:根据发生炉打钎的需要及加煤机贮煤斗的高度来确定;

3)贮煤层的高度与采用的运煤方式有关。胶带运煤用犁式铲卸料时,一般为 3m;采用多斗或斜桥单斗运煤时运煤的一端可局部略微提高。

(3)W-G 型炉的主厂房层高。

1)底层高度与出灰渣方式、炉体渣斗高度有关,不同出渣方式的渣斗下净空高度为:

翻斗汽车出渣:2.0m~2.4m;

三轮汽车出渣、人工小车出渣:1.8m~2.0m;

胶带出渣是根据胶带及给料机尺寸决定的。

2)二层(炉箅机构层)高度,主要决定于炉体的尺寸,ϕ3.0mW-G 型煤气发生炉,二层高度约为 4.5m。

3)三层(操作层)高度,是根据发生炉打钎的需要,及中间煤仓下煤柱的高度确定的。

4)四层(中间煤仓层)高度,决定于中间煤仓与贮煤斗(即大煤仓)的高度以及二者之间的净距(即百叶窗高度),其净距一般为 600mm~700mm。适当加大百叶窗的高度,有利于中间煤仓进煤扇形阀的检修,便于排除下煤时的阻塞。

5)五层(即贮煤层)高度与运煤方式有关。

8.0.3 主厂房内设备之间、设备与墙之间的净距,与主厂房建筑设计采用封闭、半敞开或全敞开有关,而且由于发生炉型号及其他设备的布置情况变化较大,本规范不宜作具体规定。设计时根据具体情况确定,但应满足设备日常操作和安装检修时零部件拆装及运输的需要。现行国家标准《建筑设计防火规范》GB 50016规定,疏散走道宽度不宜小于1.4m,因此,本条规定用作一般通道不宜小于1.5m。

8.0.4 主厂房为封闭建筑时,底层应考虑设备的最大部件(如发生炉水套)在安装或检修时能进出主厂房,因此,应留有安装孔或门洞。对二层以上的各楼层,也要根据所在楼层的设备最大部件尺寸留有安装孔或吊装孔,并为这些最大件装置必要的起重设施,留有检修的场地。

8.0.5 烟煤煤种气化的煤气发生炉出口管道易积灰,故作了应设清除管内积灰设施的规定。

8.0.6 鉴于环境卫生的要求,煤气净化设备应设置在室外。根据调查,即使在采暖计算温度为-25℃的严寒地区,如齐齐哈尔、哈尔滨等地的煤气站,其净化设备采取保温措施后均设在室外,已正常运行50多年,在南方地区气候暖和更应设在室外。如将洗涤塔、间接冷却器等净化设备设在全封闭的厂房内,这些散热设备会使室内温度过高,恶化了工人的操作环境,并且易发生设备上防爆膜开裂,引发重大事故。但是对竖管和旋风除尘器,为了缩短与发生炉出口接管的距离,允许其设在厂房内。

8.0.7 煤气站的离心式煤气排送机和空气鼓风机在运转时发出较大噪声,经过14个工厂的煤气站在机组旁半米距离处的测定表明,各种类型煤气排送机的噪声A声级一般在83dB~99dB,平均在93dB;而空气鼓风机的噪声大于煤气排送机的噪声,一般在90dB~104.5dB,多数超过100dB。

煤气排送机间属防爆危险场所,必须考虑防爆,而空气鼓风机间不必防爆,两者分开可减少防爆设备及其他防爆措施和投资费用。

依据上述因素,本条规定了分开布置的原则,目的是为了减少噪声的影响,小型煤气站的煤气排送机和空气鼓风机容量小,结构简单,机组台数少,布置容易处理,故规定小型煤气站的煤气排送机和空气鼓风机可布置在同一房间内。

8.0.8 煤气排送机和空气鼓风机各自单排布置,宏观上整齐,又便于管线的布置,在正常情况下均应这样做。

8.0.9 设备之间的净距系指相邻设备凸出部分(如电动机的基础)之间的水平距离;设备与墙之间的净距系指设备靠墙一侧的凸出部分与墙、柱之间的水平距离。

主要通道的宽度,应满足机组拆装时最大零部件的运输与同时通过行人的需要,并适当留有余量。故规定用作主要通道不宜小于2m。

8.0.10 煤气排送机间的层数层高的确定,要考虑下列因素:

(1)机组结构形式。如煤气排送机出口向下,为使气流直顺,减小压力损失,必须将机组抬高以利管道敷设时,采用二层建筑较好。反之,当机组结构上无特殊要求时,一般采用单层建筑,可节约建筑投资。

(2)排水器布置方式。经调查,煤气排送机间在冶金工厂采用二层建筑较多,排水器布置在室内底层地面上,一般底层的层高不低于3m。在机械工厂,仅有个别采用二层建筑,大多数采用单层建筑,排水器布置在室外地下深坑内。

(3)操作层的层高与机组外形尺寸(高度)、选用的起重设备形式、机组设备安装检修最小起吊高度以及管道的布置方式等有关。根据一般要求,采用单层厂房层高不应小于3.5m。

8.0.11 起重设施要根据设备最重部件考虑,大致有三种方式:

(1)单梁或桥式手动(或电动)起重机;

(2)单轨手动葫芦或电动葫芦;

(3)房顶上留有起吊钩子以便临时悬挂葫芦。

8.0.12 空气鼓风机吸风口处的噪声,一般有95dB,个别的高达

108dB,为了避免空气鼓风机吸风口噪声对室内环境的影响,规定应设降低噪声的设施。

为了防止室内煤气排送机运转时,万一煤气外泄将爆炸性混合气吸入空气系统中,所以规定空气鼓风机吸风口应布置在室外。空气鼓风机的吸风口布置在室外时,亦应减少受室外环境的影响和确保空气鼓风机的安全运行,故规定吸风口应设有防护网和防雨设施,以防止杂物、鸟类和雨水被吸入空气系统。

9 空 气 管 道

9.0.1 本条为强制性条文。在煤气发生炉的进口空气管道上,装设明杆式或指示式阀门,以便操作工人能判断阀门开闭及调节控制风量的程度;止逆阀的作用是在停电或鼓风突然终止时,防止发生炉内煤气从炉底倒流进入空气管道;当煤气发生炉在停炉压火时,炉内仍需少量空气以保持其不熄火,这就需有自然吸风装置。

爆破膜作为空气管道爆炸时泄压之用,材料可用铝板或橡胶膜,其安装位置应在空气流动方向的管道末端,因管道末端是薄弱环节,爆破时所受冲击力较大。

空气流动方向的总管末端应设有放散管,其作用是当停电或停空气时,再启动发生炉之前,为防止煤气已渗漏至空气总管内形成爆炸性混合气体,需进行吹扫,以确保安全,防止爆炸事故的发生。放散管接至室外的目的是将吹扫的混合气体导向室外排放。

9.0.2 饱和空气管道输送的空气中含有饱和水蒸气,因此在管道外缘应设保温层以防止温度降低,减少蒸汽冷凝的损失,为了使凝结水能顺利排出,故规定在管道最低点要设排水装置。

10 辅 助 设 施

10.0.1 煤气站经常化验的项目如下:
    (1)煤气成分的全分析和单项分析;
    (2)煤的工业分析和筛分分析;
    (3)灰渣中含碳量的分析;
    (4)煤气中主要成分的测定;
    (5)循环水中悬浮物、pH值的测定。
    煤气站不经常化验的项目如下:
    (1)煤的元素分析和发热量的测定;
    (2)循环水中的酚、氰化物含量等的测定;
    (3)其他测定。

10.0.3 大型煤气站的仪表及自控装置较复杂,需要设仪表维修间,加强仪表装置的维护管理。

11 煤和灰渣的贮运

11.0.1 煤和灰渣采用机械化或半机械化装卸和运输,是减轻繁重的体力劳动、改善劳动条件、保护环境卫生和工人健康、提高劳动生产率的重要技术政策。根据生产上的需要和设备供应的可能性,结合当地的条件和经验,应积极采用机械化或半机械化装卸和运输。
    机械化运输是指带式输送机、多斗提升机、刮板机、水力除灰渣等。半机械化运输是指单轨电葫芦、单斗提升机、电动牵引小车、简易运煤机械等。小型煤气站灰渣排送量一般小于 1t/h,运煤量一般小于 3t/h,因此,本条规定小型煤气站宜采用机械化或半机械化装卸和运输。

11.0.2 确定煤气站煤场贮煤量的因素较多,主要与煤源远近、供应的均衡性和交通运输方式等条件有关,有些地区要考虑冰雪封路、航道冻结、大风停航等气候条件对交通运输的影响,还与煤气站的规模大小、用地紧张程度等因素的关。设计时应根据具体情况确定,以满足生产的要求。
    烟煤露天贮存期过长,因温度上升会引起自燃,露天贮存煤1个月,煤温上升到 90℃,3~4 个月上升到约 500℃,会引起自燃,从安全生产考虑,煤场贮存煤的天数不宜过多。
    末煤占进厂煤 30% 以上,原则上应及时处理,尽量减少在厂内堆放末煤量,应根据实际情况适当考虑末煤堆放场地。
    综上所述,参照有关规定,从节约用地的原则出发,并考虑到生产上的要求,作本条规定。

11.0.3 煤场露天堆煤,如经雨、雪淋湿,将造成筛选的困难,湿末煤过筛不净,附在煤块表面,一并进入煤气发生炉中,使煤气带出

物增加。而且由于煤含水分过大,在气化过程中,势必影响干馏层以至还原层的温度,使煤气质量变坏甚至无法生产。因此规定,在经常性的连续降雨、雪地区,煤场的一部分宜设防雨、防雪设施,以尽量减少雨季入炉煤的表面水分。
    煤气站煤场防雨、防雪设施可采用简而易行的方式,达到防雨、防雪的目的即可。
    确定防雨、防雪设施的覆盖面积,其牵涉的因素较多,作具体规定有困难,故仅在本条文中提出要根据当地的气象条件及满足煤气站正常运行需煤量确定。

11.0.4 运煤机械在运行前工人需要有一定的准备工作时间,且在发生事故时紧急检修的时间也需 1h~2h,故对设备每班设计运转时间作了不宜大于 6h 的规定。

11.0.5 本条文是按煤气发生炉为三班连续运行规定的,否则贮煤斗中的有效贮量可相应减小。
    运煤设备事故紧急检修时间,对于电动葫芦、单斗提升机等简易运煤机械如更换钢丝绳、行走传动齿轮等,在有备件的情况下,一般只需 1h~2h;对于带式运输机、多斗提升机、刮板机等运煤机械,接皮带、换链板及传动齿轮,一般需 2h~4h。

11.0.6 烟煤煤气中的焦油灰尘往往会堵塞管道,因此贮煤斗供排放泄漏煤气用的放散管直径不宜过小,且设置时要考虑清理方便。

11.0.8 为使气化用煤的粒度符合设计要求,应设筛分设施。当供煤的煤种块度过大未能满足设计入炉的粒度时,应设破碎设施。为确保煤气发生炉给煤机械正常运行和防止设备的磨损,应设有铁件分离设施,如悬吊式磁铁分离器,电磁胶带轮、电磁滚筒等。

11.0.9 煤是煤气生产的主要原料,关系着能耗指标。煤的计量是煤气站经济核算的一个重要手段,设计中应予考虑。

11.0.10 根据调查,国内煤气站末煤斗的总贮量一般都能贮存一昼夜的末煤产生量,通常末煤用火车或汽车运出厂外时,采用一班工作制,故本条文规定,末煤斗的总贮量不宜小于煤气站的一昼夜末煤产生量。
    当末煤供厂内锅炉房或其他末煤用户使用时,因是短距离运输,其总贮量可以酌情减少。末煤斗和溜管的侧壁倾角,系按钢筋混凝土制作,斗内壁按较光滑考虑,故规定内侧倾角不应小于 60°。
    为防止末煤冻结,规定在严寒地区的末煤斗应设防冻设施。齐齐哈尔、沈阳、内蒙等地区的工厂,在末煤斗内加装蒸汽管道,防冻效果较好,在未采取该措施前,遇到严寒季节,如室外温度在 -20℃ 左右时末煤受冻结。

11.0.11 根据调查,煤气站的灰渣采用汽车运输时,一般设置灰渣斗的总贮量均超过一昼夜灰渣排除量。灰渣斗与溜管的侧壁倾角,采取与末煤斗和溜管的侧壁倾角相同的数值,定为不应小于 60°。

11.0.12 为保障操作人员行走的安全,特作本条规定。

11.0.13 煤气站主厂房贮煤层因煤灰飞扬,经常需要冲水清扫,故要设置防止水侵入贮煤斗的设施。在正常生产时,贮煤斗内有从煤气炉加煤机漏入的煤气。为防止意外,应设有防止操作人员落入贮煤斗的设施,如盖板、栏杆等。

11.0.14 煤气发生炉内末煤过多,气化不能正常运行,带式输送机送煤用胶带小车,可以避免末煤集中到胶带的端头,如果用刮板,由于刮板与胶带之间留有间隙,致使末煤集中到胶带端头落下。设计应使端头落下的末煤集中到一个专门设置的溜管排出。

11.0.15 国家标准《小型火力发电厂设计规范》GB 50049—94 第5.3.2条规定:"采用普通胶带输送机的倾斜角,运送碎煤机前的原煤时,不应大于 16°;运送碎煤机后的细煤时,不应大于 18°"。本条文根据煤气站的实际情况,参照上述规定确定。

11.0.16、11.0.17 条文根据煤气站的实际情况,并参照国家标准《小型火力发电厂设计规范》GB 50049—94 第 5.3.3、5.3.4 条的

规定确定。上述规范第5.3.3条规定如下:"运煤栈桥宜采用半封闭式或封闭式。气候适宜时,可采用露天布置。但输送机胶带应设防护罩。在寒冷与多风沙地区,应采用封闭式,并应有采暖设施。"第5.3.4条规定如下:"运煤栈桥及地下隧道的通道尺寸,应符合下列要求:5.3.4.1 运行通道的净宽不应小于1m,检修通道的净宽不应小于0.7m。5.3.4.2 运煤栈桥的净高不应小于2.2m。"

11.0.19 根据现行国家标准《采暖通风与空气调节设计规范》GB 50019有关规定制定。

12 给水、排水和循环水

12.0.4 由于防火的要求,对主厂房、运煤栈桥、转运站、碎煤机室相连接处,设置水幕防火隔离设施,这对防止火焰蔓延是很重要的。

12.0.5 如果烟煤系统的冷、热循环水相混合,则煤气最终冷却用水的温度升高,水质变差,同时竖管用水的温度降低,水中焦油黏度大,不符合工艺要求,故作此条规定。

12.0.6 本条对煤气净化设备与接触煤气的循环水,经处理后要求达到的水质、水压、水温作出规定:

　　1 无烟煤系统煤气冷却用的循环水水质,是总结了国内现有煤气站的生产情况,灰尘和焦油的含量低于200mg/L时,可以满足生产的要求。

　　2 冷循环水供煤气的最终冷却用,其水质的好坏对生产过程的影响尤为重要。由于水质恶化将引起洗涤塔的填料、冷却塔的配水系统和煤气净化冷却系统不能正常运行,煤气净化冷却效果差,故对烟煤系统循环水水质亦有要求,但目前水处理的方法很多且均未定型,需进一步总结经验,寻求经济合理的方案,此次修订仍按无烟煤系统煤气冷却用循环水要求制定,定为不宜大于200mg/L。

　　热循环水是供给竖管、三级洗涤塔热段初步冷却净化煤气用。热循环水的水温较冷循环水高,焦油在较高温度下黏度较小,故规定水的灰尘和液态焦油的含量的指标较大。因为洗涤塔热段或空气饱和塔(利用热循环水增湿气化用空气的设备)也有木格填料,为了防止填料的堵塞和输送水的管道及喷头堵塞,指标也不宜过大。根据各厂水处理的试验资料,规定烟煤系统热循环水灰尘和液态焦油的含量不应大于500mg/L。

　　3 pH值低于6.5时,水泵、水管易于腐蚀。

　　4 供水点压力过高浪费能源,过低则喷洒性能差,满足不了工艺要求。有填料的清洗设备,填料有布水的作用,常采用阻损较小、结构简单的喷头,故供水点压力比无填料清洗设备为低。

　　供水点压力应考虑喷嘴前的压力、供水点至喷嘴的几何高度、供水管路的摩擦阻力与局部阻力。确定喷嘴前压力时,应根据设备的喷嘴数量及单个喷嘴的出水量核算总水量是否合乎设计要求。

　　5、6 考虑到夏季气温较高,对烟煤系统的冷循环水或无烟煤系统的循环水水温的要求过低时,不经济。全国南北各地夏季气温差异也很大。根据全国主要城市平均每年最高温度超过5d~20d的干、湿球温度统计资料,以南昌、杭州的气温最高,每年最高温度超过10d的日平均干球温度分别为33.8℃、32.8℃,日平均湿球温度均为28.3℃。按一般冷却塔的设计要求,水温不超过35℃是可行的。其余季节气温较低,多数情况下,应不超过28℃。

　　烟煤系统的热循环水主要是供竖管中净化冷却煤气用,水温高时,水的蒸发系数大,水中焦油黏度小,水系统堵塞的机会少,故规定热循环水温度不应低于55℃。热循环水系统除了由冷循环水补充的部分冷水及自然冷却降温外,没有冷却的设备,故在正常情况下,热平衡的温度均不应小于55℃。

12.0.7 接触煤气的循环水中的有害物质如酚、氰化物、硫化物、油的浓度及化学需氧量等均较高,一般都不符合国家或地方规定的排放标准。设计要使循环水系统做到亏水不排放,故不应把本条文所指的其他基本上不含有害物质的用水排入循环水系统。但可以作为循环水系统的补充水。

12.0.8 煤气排水器、隔离水封等用水都接触煤气,其中有不少有害物质不能排放,如果其他排水排入循环水系统,势必增加了循环水系统的水量,使系统难以达到亏水,故规定必须封闭循环使用。

12.0.9 热煤气站一般均以烟煤为气化原料,煤中含有焦油和酚,当煤气温度降低时,将会有部分焦油、酚等有害物质混入水封用水。因此这部分用水不应直接排放,如果能够控制水封给水量,保持稳定的水位,可以做到不排放。

12.0.10 厂区和车间煤气管道排水器的排水含有不少有害物质,应集中处理。目前,不少工厂都是集中到煤气站的循环水系统。集中方式有的用汽车运回,也有的用管道送回。

12.0.11 接触煤气的循环水中含有焦油、酚等有害物质,根据多年的实践,采用风筒自然通风式冷却塔可提高风筒对排出气进行大气扩散,与开放点滴式、鼓风逆流式相比,可减少对环境的污染。

　　采用风筒自然通风式冷却塔与鼓风式冷却塔相比可以节省能源,而且也不存在风机被腐蚀的问题,但风筒自然通风式冷却塔的基建费用较高。

12.0.12 沉淀池的沉渣应定期清理,以保持沉淀池的有效容积,调节池是作临时蓄水或清理沉淀池周转之用。

12.0.13 接触煤气的循环水沉淀池、水沟等构筑物,一般均采用钢筋混凝土结构并要求结构设计有较好的防渗漏措施。为保持亏水循环、不使地面水渗入循环水系统,故规定水沟之间必需有排除地面水的管渠。

12.0.14 按现行国家标准《工业循环水冷却设计规范》GB/T 50102—2003规定:"冷却塔一般可不设备用。冷却塔检修时,应有不影响生产的措施。"本条文规定与之一致,为了能定期清理检修冷却塔,而且清理检修时仍可正常生产,可设计成分隔的冷却塔,且可与其系统分开。

12.0.15 循环水水沟设盖板主要是防止或减少水中有害物质挥发污染煤气站环境。

12.0.16 煤焦油在高温时有焦油蒸汽产生,为防止污染煤气站环境,应采用封闭式输送系统。焦油沟与蒸汽保温管道相比,后者更严密一些,故规定宜采用蒸汽保温管道。

12.0.17 循环水泵房的吸水井设有水位标尺,可以定期观测水位,控制循环水水量的增长,控制补水量,保持循环水系统处于亏水状态。

12.0.18 煤焦油和沉渣为煤气站的废物,不及时处理将泛滥成灾,污染环境。用作燃料是一个较好的方法,既消除污染又节约能源。

12.0.20 运煤系统建筑物的地面与楼面粉尘较多,用水冲洗可防止粉尘飞扬,便于清洗地面,但冲洗的污水中含有煤粉,如何排除,在排水设计中应同时考虑。

（3）为了防止在电气滤清器内形成负压时从外面吸入空气,引起爆炸事故,故当电气滤清器出口的煤气压力下降到设计值时,应发出声、光报警信号,操作人员可根据情况切断该电气滤清器的高压电源。此设计值根据工艺系统具体要求来定。

（4）电气滤清器绝缘子箱内的温度过低,煤气温度达到露点时,会析出水分而在瓷瓶表面凝结,致使瓷瓶耐压性能降低,易发生击穿事故。一般煤气露点温度为63℃～67℃。

（5）为保证煤气站及其煤气管道的安全运行,需对煤气含氧量监控。

（6）煤气排送机、空气鼓风机的轴承温度与油冷却系统的油压控制是保证设备安全运行的需要,一般除了用人工定期检查外,还应将设备的运行参数集中到控制室实现遥控。

13.0.3 饱和空气温度是发生炉气化的重要参数,采用自动调节可以保证饱和温度的稳定,使其控制在±0.5℃范围内,从而保证了煤气的质量。用自动调节可减轻工人操作,有利于煤气发生炉的正常运行。特别是在煤气发生炉负荷变化较大时,效果更为显著。采用手动调节汽包水位,一有疏忽便会发生缺水或满水。缺水易造成水套烧坏变形事故;满水易造成水倒流风管事故。故汽包应设水位自动调节装置。

13.0.4 煤气站生产负荷自动调节能准确地根据用户用煤气量变化情况调节煤气站的生产能力,使煤气压力稳定,而采用手动调节很难达到压力稳定。手动调节时出现负压的可能性比自动调节时大,自动调节在一定程度上能防止煤气站内低压煤气总管出现负压。从而,提高了煤气站生产的安全性。

13 热工测量和控制

13.0.1 本条规定了煤气站内设置的测量仪表与控制调节装置。一些关键参数除设置就地仪表显示外,应在控制室内设置二次仪表和自动操作控制开关装置。采用计算机程序控制,可防止人为操作失误,预防事故发生。

煤气炉间:进炉空气流量、压力,饱和空气温度、压力,炉出口煤气温度、压力,发生炉汽包或发生炉水套水位、蒸汽压力,这几个数据对于司炉工操作非常重要。所以,现场及操作室都要显示。

室外管道:外部进站的蒸汽、给水、软水等安装流量表,以便于经济核算。净化设备循环水安装流量表及出站煤气的热值测定记录仪,可以检测煤气质量,有利于管理。大型煤气站可采用在线连续自动分析。但因其价格问题,一般小煤气站可采用定时取样分析。

各设备之间装设压力表、温度表,便于检查设备的运行情况。

13.0.2 本条为强制性条文。煤气站的报警信号,其设置理由分述如下:

（1）当煤气站排送机在运行时遇到空气鼓风机或空气系统突然故障不能送风时,如果煤气排送机不立即停止运行,会导致排送机前系统内产生严重负压而使大量空气被吸入,形成爆炸性混合气体,易发生爆炸事故。

（2）本条规定煤气压力降低到设计值时,应发出声、光报警信号,目的是使操作人员注意控制调节,不使压力继续下降,造成停车。当压力继续下降到设定值时,则应停止煤气排送机的运行,并发出声、光报警信号,通知操作人员进行紧急处理,以确保安全生产。设计值和设定值应根据工艺系统的具体要求确定。

14 采暖、通风和除尘

14.0.1 本条根据煤气站各个生产区的实际情况,对主要房间的冬季室内计算温度作了规定,对于经常无人操作的地方为节能并防冻规定为+5℃。

14.0.2 根据原规范组调研及测定数据表明,现在煤气站的生产环境接近或者超过许可的卫生标准。除了局部通风外,厂房应有良好的通风,规定操作层的换气次数每小时不宜少于5次,除在炉面探火时,一般情况下操作环境会有较好的改善。

主厂房底层及贮煤层煤的污染情况较操作层为好。底层如果竖管、旋风除尘器排水沟能布置在室外,则基本上没有污染源,贮煤层贮煤斗内已设有排风装置,故规定主厂房底层及贮煤层的换气次数每小时不宜低于3次。

在主厂房操作层内,由于煤气发生炉顶部大量辐射热的散发,虽然采取水冷套等措施,夏季室内平均温度往往仍在40℃以上,某些通风较差的场所最高达45℃。所以本条规定在夏热冬暖地区和夏热冬冷地区宜设有天窗或自然排风设施。

14.0.3 由于煤气发生炉的加煤机密封性能不良,可能有逸出的煤气进入贮煤斗内,因而影响主厂房贮煤层操作工人的安全和身体健康。根据调查,有些工厂在贮煤斗内安设钟形排气罩将泄漏的煤气导出厂房外,这是行之有效的安全措施。

贮煤斗与加煤机不相连接时,在加煤机的上方宜设有机械排风装置,以清除加煤时从炉内逸出的煤气和煤块下落时产生的煤粉,以符合主厂房操作层的室内卫生要求。

14.0.4 煤气排送机场所易于泄漏煤气,且煤气排送机间为防爆环境,为创造良好的通风条件,改善操作环境,防止发生事故,故作了设正常和事故排风装置的规定。

14.0.7 因为净化设备的区域内焦油、挥发酚等有害气体的浓度较大。为了使煤气站通风机室吸入的空气尽量少受其他有害气体的污染，所以本条规定："通风系统的室外进风口不应靠近煤气净化设备区。"

15 电 气

15.0.4 现行国家标准《建筑照明设计标准》GB 50034—2004 对于照明方式、种类、标准、照明质量以及照明配电、控制都有详细规定。

15.0.6 煤气站内是有煤气泄露的危险场所，应设置可燃气体检测器、有毒气体检测器，防止爆炸或中毒事故发生，并宜采用集中检测、报警设施。

15.0.7 本条为强制性条文。当煤气排送机在运行时遇到空气鼓风机和空气系统的突然故障不能送风时，如果煤气排送机不立即停止运行，会导致排送机前系统内产生严重负压而使大量空气吸入，形成混合性爆炸气体，因此，在设计时要考虑确保安全的措施。在本条中规定的两种联锁方式，就能达到安全的目的。

本条文第 2 款是以空气总管的压力为信息点，当空气鼓风机发生故障停止运转、空气总管内的压力迅速下降不能保证设定值时，压力传感装置立即动作，停止煤气排送机的运转。

15.0.8 本条为强制性条文。为了防止煤气排送机前、低压煤气系统出现负压而使空气吸入，产生不安全的因素，必须设有煤气压力传感装置。当煤气排送机前低压煤气总管的煤气压力下降到设计值时，仪表系统发出声光报警信号，以警告值班人员注意，在值班人员来不及排除煤气压力下降引起的故障，而煤气压力继续下降到设定值时，立即停止煤气排送机的运行。

15.0.10 煤气排送机、空气鼓风机的电动机采用管道通风时，为了安全、必须在通风机运行以后，煤气排送机、空气鼓风机的电动机才能启动；当通风机停止运行时，煤气排送机、空气鼓风机必须停止运转。

16 建筑和结构

16.0.3 主厂房操作层为工人操作频繁的场所，敞开式建筑的工作条件差，宜采用封闭建筑。

16.0.5 主厂房底层为除渣间，采用混凝土地面，楼层采用防滑地砖地面，是便于清扫，改善工作条件。

16.0.6 煤气站排送机间采用封闭建筑是为了避免设备被日晒雨淋和防止设备运转噪声对环境的污染。为了便于观察设备的运行，需设隔声值班室，且安装视野良好的观察窗。

16.0.7 为防止噪声对劳动及周围环境的影响，在厂房设计时要按照现行国家标准《工业企业噪声控制设计规范》GBJ 87—85 及《声环境质量标准》GB 3096—2008 考虑噪声综合控制措施，在设备基础设计时，应根据设备的性能，按照现行国家标准《隔振设计规范》GB 50463 的有关规定设计。

16.0.8 化验室、整流间内有精密仪器仪表，要采取防振、防潮、防尘、噪声控制等措施，确保设备正常使用。办公室要求安静、舒适的良好工作环境，在房间的布置上要根据使用要求合理安排。

16.0.9 室外净化设备区有焦油、污水等，易对地面污染，铺设混凝土地坪，有利于清洁卫生，保护环境，方便操作。

16.0.10 本条规定的数值是参考现行国家标准《固定式钢梯及平台安全要求》GB 4053.3 的规定制定的。

16.0.11 本条是参照现行国家标准《建筑设计防火规范》GB 50016"乙类生产多层厂房的安全疏散距离为50m"的规定，但考虑到煤气净化设备的平台扶梯大多数为钢结构，其耐火极限比钢筋混凝土结构低，且平台扶梯系敞开式，没有楼梯间，为了工作人员安全疏散到地面，故规定由平台上最远工作地点至平台安全出口的距离不应大于25m。并参照现行国家标准《石油化工企业设计防火规范》GB 50160 的有关规定，规定甲、乙、丙类塔区联合平台以及其他工艺设备和大型容器或容器组的平台，均应设置不少于 2 个通往地面的梯子作为安全出口，与相邻平台连通的走桥也可作为安全出口，但长度不大于15m的乙、丙类平台，可只设 1 个梯子。故本条据此亦规定长度不大于15m的平台，可只设 1 个安全出口。

16.0.12 采用钢筋混凝土结构，主要是防渗漏，防止污染地下水，如果采用砖砌体达不到此要求。水沟、焦油沟设盖板，防止外界杂物混入水和焦油中，同时防止水及焦油的蒸汽向外界散发以保护环境。沟顶标高高出附近地面的目的是防止地面水侵入循环水、焦油中。

16.0.13 煤气站设计，设备安装孔洞的尺寸由设备提出，土建专业可结合门窗洞口统一考虑设置。

17 煤气管道

17.0.1 厂区煤气管道应采用架空敷设,其理由如下:

(1)发生炉煤气一氧化碳含量高达 23%～27%,毒性很大,地下敷设漏气时不易察觉,容易引起中毒事故。

(2)发生炉煤气杂质含量较高,冷煤气的凝结水量又大,地下敷设不便于清理、试压和维护检修,甚至会堵塞管道影响生产。

(3)地下敷设不但基建费用较高,而且维护检修的费用更高。
关于对厂区煤气管道架空敷设的要求,说明如下:

1 煤气管道非燃烧材料的支架或栈桥,可采用钢筋混凝土或钢材制成的支柱或桁架,高出地面 0.5m 的低支架可采用混凝土块支座。

2 煤气管道沿建筑物的外墙或屋面上敷设时,该建筑物应为一、二级耐火等级的丁、戊类生产厂房,按现行国家标准《建筑设计防火规范》GB 50016 有关规定;一、二级耐火等级建筑物的所有构件都应由不燃烧体组成;丁、戊类生产厂房是没有爆炸危险和不产生可燃物质的车间;制订本条目的是为了防止发生爆炸和火灾事故的发生。

3 不使用煤气的建筑物,由于它不是煤气用户,缺乏煤气专门人员进行经常的管理,如果有煤气泄露容易酿成事故,为此作了这一规定。

17.0.2 本条是参照现行国家标准《工业企业煤气安全规程》GB 6222 的有关规定制定的。

本条第 2 款规定与现行国家标准《氧气站设计规范》GB 50030 的规定保持一致。

17.0.3 从安全的角度考虑,对煤气管道支架上的电缆敷设提出了具体要求。

17.0.4 本规范确定了煤气管道应敷设在架空电力线路的下面。为了人身安全起见,规定在煤气管道上应设有阻止通行的横向栏杆,不允许通行。本规范对接地电阻值作了具体规定,以确保有良好的接地。

17.0.5 煤气在管道内流动容易产生静电,煤气有泄漏或取样化验时容易造成静电起火或爆炸。

17.0.6 煤气管道与铁路,道路的交叉角如小于 45℃,则铁路、道路两旁的管道支架跨度增加较大,甚至超过煤气管道的允许跨度值。对于由此引起的大跨度敷设,必须采取特殊措施,例如采用组合式支架,增加管道壁厚或采用拱形管道等方法,这不但增加了投资,且使维护不便,所以规定不宜小于 45℃。

17.0.7 考虑在建筑物产生不均匀沉降时,煤气管道不会受此影响,仍可进行自然补偿,故作此规定。

17.0.9 车间煤气管道和厂区煤气管道一样,均应架空敷设,这是为了便于检修管理,保证使用上的安全。但车间内情况比较复杂,设备及结构纵横交错,对架空敷设煤气管道存在着一定的困难。例如,从煤气干管接向使用煤气设备的支管,采用架空敷设时就有可能影响车间内的运输。因此,本条规定当支管架空敷设有困难时,可敷设在空气流通但人不能通过的地沟内。

17.0.10 为了防止架空管道因挠曲存在低洼点而积存水及其他沉淀物。一方面会因积水而增加管道的挠度,严重的会导致断裂;另一方面煤气冷凝水中的腐蚀性成分和管材将发生化学反应致使管道腐蚀。因此,本规范规定厂区煤气管道的坡度不宜小于 0.005。

车间冷煤气管道一般沿墙或柱子敷设,或者放在房顶上,支架间的跨度较小,对管道允许挠度的要求可以严格些,相应的坡度也可以略小一些,故规定坡度仍不宜小于 0.003。

为了及时排除煤气冷凝水,除了要求煤气管道设有坡度以外,还应在管道的最低点设有排水器。

17.0.11 管道支架间的最大允许跨度,在多数的文献中把管道作为多跨的连续梁进行计算,管道截面的最大弯曲应力,不应超过管

材的许用弯曲应力,以保证管道强度的安全。煤气管道首先应按强度条件来计算跨度。

但管道在一定跨度下总有一定的挠度,本条规定按强度条件计算最大跨度后,还要进行挠度的验算。条文中所指的最大允许挠度是支架间的管道下垂时,允许低于较低一端支架处管道的底面挠度。即图 1 中的 Δ_{max}。

图 1 最大允许挠度示意图

h—管道支点垂直高度差;x—较低支点与最大允许挠度时管道最低点的水平间距;i—管道坡度;l—管道两支点间的水平间距

17.0.12 根据华东及中南地区的调查情况,在冬季采暖计算温度为 -1℃～-3℃的上海、武汉等长江流域,厂区冷煤气管道的排水器没有进行保温,仅在每年冬季采暖一些用草绳包扎等临时措施,即可避免冻结。而在冬季采暖计算温度为 -5℃～-10℃的洛阳、徐州等黄河、淮河流域,则在冬季就必须采取防冻措施,因而将是否采取防冻措施的界限定在 -5℃。

采取何种防冻措施,可以根据不同的气温及其他条件分别选用:

(1)冬季采暖计算温度为 -5℃～-10℃的地区,可以对室外的排水器及排水管包扎保温材料;

(2)冬季采暖计算温度为 -11℃～-20℃的地区,对于室外的排水装置,除了包扎保温材料以外,还要在排水管上加蒸汽伴随管,并将蒸汽管插入排水器内;

(3)冬季采暖计算温度低于 -20℃的地区,要将排水器设置在有采暖设备的排水器室内。

17.0.13 冷煤气管需要保温的管径界限和保温方式,与当地的气温条件、管道长度及煤气负荷高低都有很大关系,对东北地区的调查说明了这一点。辽宁某厂管道直径在 400mm 以下不保温,抚顺某厂管道直径从 500mm 开始不保温,附近的抚顺某厂管道直径也是 500mm,由于流量小,冬季就冻结了。沈阳某厂一条直径 800mm 的管道,由于流量在 5500m³/h～6000m³/h 很小,流速亦低,约 3.5m/s,管道挂霜。吉林某厂一根直径 700mm 的煤气管道没有保温,每年冬季都冻结了。哈尔滨某厂规定直径等于或小于 800mm 的管道就保温;但哈尔滨也有从直径 600mm 开始保温的管道;齐齐哈尔某厂管道直径 1200mm 以下都需要保温。

因此,需要保温的管径界限要根据上述的各种条件综合考虑,不能只看气温一个条件,所以本规范中没有作具体管径界限的规定。

17.0.15 煤气管道的连接,应采用焊接,一般直径小于或等于 800mm 的煤气管道采用单面焊,直径大于 800mm 的煤气管道采用双面焊。螺纹连接主要用于管道直径小于 50mm 的附件,例如旋塞或仪表装置的连接。热煤气管道的连接,一般也应采用焊接。但因发生炉煤气的热煤气管道输送压力较低,一般不超过 1kPa,不易泄漏煤气,即使有泄漏也易于察觉,为此,本规范规定热煤气管道可根据需要采用法兰。

17.0.16 可靠切断的目的是防止泄露煤气,以保证检修人员进入煤气设备或煤气管道内的安全,因此,隔断装置的选择和使用,按现行国家标准《工业企业煤气安全规程》GB 6222 有关规定执行。

17.0.18 放散管的作用是在停炉或送气时,将残留在管道内的煤气或空气吹扫干净,以保证安全,本条文所规定的放散管安装部位是符合此要求的。

根据现行国家标准《工业企业煤气安全规程》GB 6222 的有关规定:"管道网隔断装置前后支管闸阀在煤气总管旁 0.5m 内,可不设放散管"。这是因为在关闭紧靠干管的阀门时,不致形成死端,积聚过多煤气,产生不安全的因素。故本规范制订了"阀门紧靠干管的可不设放散管"的规定。

17.0.19 放散管管口的高度,应考虑在放散时排出的煤气对放散

操作的工作及其周围环境的影响,防止中毒事故的发生。因此,规定应高出煤气管道和设备及其平台4m,与地面距离不应小于10m。

本条规定厂房内或距厂房10m以内的煤气管道和设备上的放散管,管口应高出厂房顶部4m,这也是考虑在煤气放散时,在屋面上的人员不致因排出的煤气而中毒,并不使煤气从建筑物天窗、侧窗侵入室内。

17.0.20 人孔或手孔设置的目的主要是为了管道内部检查、清理、检修和停气时管道自然通风时用。其位置可设在按煤气流动方向在煤气隔断装置的后面、煤气管道的最低点以及补偿器、调节阀或其他需要经常检查的地方。

煤气管道独立检修的管段是指厂区煤气管道在采取可靠切断措施后,能够独立检修的管段。所设人孔不应少于2个,主要是考虑在检修或清理该段管道时,管道需要通风以及工人进出管道的方便,以确保人身安全。

17.0.21 两段煤气发生炉的煤气中含重质焦油较少,在温度较低的情况下,不会冷凝在热煤气管道内,故规定两段煤气发生炉的热煤气管道,当压力降允许时,其长度可大于80m。

17.0.22 热煤气管道的灰斗下部的排灰装置目前主要有两种形式:干式排灰阀与湿式水封排灰装置。两者各有优缺点,干式排灰简单、操作方便,但出灰时容易扬灰及泄漏少量煤气;湿式水封排灰装置安全可靠,环境清洁,不会泄漏煤气,但排水有毒性,不能直排,故需要作水处理。因此,条文中仅规定设排灰装置,用干式或湿式可由设计者根据工厂的情况确定。

17.0.24 在煤气排送机前的低压煤气总管上是否需要设置爆破阀或泄压水封的问题,进行过调查。曾有操作不当发生低压总管爆炸,将半净总管的水封及除焦油机前的水封冲开。多数人认为装了比不装更为安全,也有少数人认为只要严格操作制度,加强管理,不装爆破阀也不会发生事故,因此,本规范在条文中作了"宜设有爆破阀或泄压水封"的规定。

中华人民共和国国家标准

水喷雾灭火系统技术规范

Technical code for water spray fire protection systems

GB 50219-2014

主编部门：中华人民共和国公安部
批准部门：中华人民共和国住房和城乡建设部
施行日期：2 0 1 5 年 8 月 1 日

中华人民共和国住房和城乡建设部公告

第 582 号

住房城乡建设部关于发布国家标准
《水喷雾灭火系统技术规范》的公告

现批准《水喷雾灭火系统技术规范》为国家标准，编号为
GB 50219—2014，自 2015 年 8 月 1 日起实施。其中，第 3.1.2、
3.1.3、3.2.3、4.0.2（1）、8.4.11、9.0.1 条（款）为强制性
条文，必须严格执行。原国家标准《水喷雾灭火系统设计规范》
GB 50219—1995 同时废止。

本规范由我部标准定额研究所组织中国计划出版社出版发行。

中华人民共和国住房和城乡建设部
2014 年 10 月 9 日

前　言

本规范是根据原建设部《关于印发〈二〇〇二～二〇〇三年度工程建设国家标准制定、修订计划〉的通知》(建标〔2003〕102号)的要求,由公安部天津消防研究所会同有关单位共同编制而成。

本规范编制过程中,编制组经广泛调查研究,认真总结实践经验,参考有关国外先进标准,并在广泛征求意见的基础上,修订了本规范。

本规范共分10章和7个附录,主要内容包括:总则,术语和符号,基本设计参数和喷头布置,系统组件,给水,操作与控制,水力计算,施工,验收,维护管理等。

本规范修订的主要技术内容是:

(1)增加了水喷雾灭火系统施工、验收和维护管理的相关内容;

(2)补充了输送机皮带、液化烃或类似液体储罐、陶坛或桶装酒库等场所水喷雾灭火系统的设置要求;

(3)修改了变压器水雾喷头的布置、水喷雾灭火系统供水控制阀的选用等工程设计要求;

(4)增加了水喷雾灭火系统管道连接件干烧试验方法。

本规范中以黑体字标志的条文为强制性条文,必须严格执行。

本规范由住房和城乡建设部负责管理和对强制性条文的解释,由公安部负责日常管理,由公安部天津消防研究所负责具体技术内容的解释。执行过程中如有意见或建议,请寄送公安部天津消防研究所(地址:天津市南开区卫津南路110号,邮政编码:300381)。

本规范主编单位、参编单位、主要起草人和主要审查人:

主 编 单 位:公安部天津消防研究所
参 编 单 位:中国石化工程建设有限公司
　　　　　　大连市公安消防支队
　　　　　　中国电力工程顾问集团东北电力设计院
　　　　　　北京电力行业协会
　　　　　　中石化洛阳工程有限公司
　　　　　　天津市公安消防总队
　　　　　　浙江省公安消防总队
　　　　　　中国石油塔里木油田公司消防支队
　　　　　　四川森田消防装备制造有限公司
　　　　　　上海威逊机械连接件有限公司
　　　　　　浙江快达消防设备有限公司
　　　　　　杭州安士城消防器材有限公司
主要起草人:张清林　智会强　秘义行　李国生　白殿涛
　　　　　　张兴权　李向东　于梦华　吴文革　张晋武
　　　　　　王建刚　朱　昆　熊慧明　王德凤　房路军
　　　　　　陈方明　高志成　涂建新
主要审查人:阎鸿鑫　宋晓勇　陈雪文　董增强　黄晓家
　　　　　　魏海臣　邹喜权　郝　伟　卜祥军　朱　青
　　　　　　王振国　石　军　黄云松　杜啸晓　王明春
　　　　　　张兆宪　徐康辉　陈键明

目　次

1 总 则

1.0.1 为了合理地设计水喷雾灭火系统(或简称系统),保障其施工质量和使用功能,减少火灾危害,保护人身和财产安全,制定本规范。

1.0.2 本规范适用于新建、扩建和改建工程中设置的水喷雾灭火系统的设计、施工、验收及维护管理。

本规范不适用于移动式水喷雾灭火装置或交通运输工具中设置的水喷雾灭火系统。

1.0.3 水喷雾灭火系统可用于扑救固体物质火灾、丙类液体火灾、饮料酒火灾和电气火灾,并可用于可燃气体和甲、乙、丙类液体的生产、储存装置或装卸设施的防护冷却。

1.0.4 水喷雾灭火系统不得用于扑救遇水能发生化学反应造成燃烧、爆炸的火灾,以及水雾会对保护对象造成明显损害的火灾。

1.0.5 水喷雾灭火系统的设计、施工、验收及维护管理除应符合本规范规定外,尚应符合国家现行有关标准的规定。

2 术语和符号

2.1 术 语

2.1.1 水喷雾灭火系统 water spray fire protection system

由水源、供水设备、管道、雨淋报警阀(或电动控制阀、气动控制阀)、过滤器和水雾喷头等组成,向保护对象喷射水雾进行灭火或防护冷却的系统。

2.1.2 传动管 transfer pipe

利用闭式喷头探测火灾,并利用气压或水压的变化传输信号的管道。

2.1.3 供给强度 application density

系统在单位时间内向单位保护面积喷洒的水量。

2.1.4 响应时间 response time

自启动系统供水设施起,至系统中最不利点水雾喷头喷出水雾的时间。

2.1.5 水雾喷头 spray nozzle

在一定压力作用下,在设定区域内能将水流分解为直径1mm以下的水滴,并按设计的洒水形状喷出的喷头。

2.1.6 有效射程 effective range

喷头水平喷洒时,水雾达到的最高点与喷口所在垂直于喷头轴心线的平面的水平距离。

2.1.7 水雾锥 water spray cone

在水雾喷头有效射程内水雾形成的圆锥体。

2.1.8 雨淋报警阀组 deluge alarm valves unit

由雨淋报警阀、电磁阀、压力开关、水力警铃、压力表以及配套的通用阀门组成的装置。

2.2 符 号

B——水雾喷头的喷口与保护对象之间的距离;

C_h——海澄-威廉系数;

d_i——管道的计算内径;

d_g——节流管的计算内径;

g——重力加速度;

H——消防水泵的扬程或系统入口的供给压力;

H_k——减压孔板的水头损失;

H_g——节流管的水头损失;

h_z——最不利点水雾喷头与系统管道入口或消防水池最低水位之间的高程差;

$\sum h$——系统管道沿程水头损失与局部水头损失之和;

i——管道的单位长度水头损失;

K——水雾喷头的流量系数;

k——安全系数;

L——节流管的长度;

N——保护对象所需水雾喷头的计算数量;

n——系统启动后同时喷雾的水雾喷头的数量;

P——水雾喷头的工作压力;

P_0——最不利点水雾喷头的工作压力;

Q——雨淋报警阀的流量;

q——水雾喷头的流量;

q_i——水雾喷头的实际流量;

q_g——管道内水的流量;

Q_j——系统的计算流量;

Q_s——系统的设计流量;

R——水雾锥底圆半径;

S——保护对象的保护面积;

V——管道内水的流速;

V_k——减压孔板后管道内水的平均流速;

V_g——节流管内水的平均流速;

W——保护对象的设计供给强度;

θ——水雾喷头的雾化角;

ξ——减压孔板的局部阻力系数;

ζ——节流管中渐缩管与渐扩管的局部阻力系数之和。

3 基本设计参数和喷头布置

3.1 基本设计参数

3.1.1 系统的基本设计参数应根据防护目的和保护对象确定。

3.1.2 系统的供给强度和持续供给时间不应小于表3.1.2的规定,响应时间不应大于表3.1.2的规定。

表3.1.2 系统的供给强度、持续供给时间和响应时间

防护目的	保护对象			供给强度[L/(min·m²)]	持续供给时间(h)	响应时间(s)
灭火	固体物质火灾			15	1	60
	输送机皮带			10	1	60
	液体火灾	闪点60℃~120℃的液体		20	0.5	60
		闪点高于120℃的液体		13		
		饮料酒		20		
	电气火灾	油浸式电力变压器、油断路器		20	0.4	60
		油浸式电力变压器的集油坑		6		
		电缆		13		
防护冷却	甲B、乙、丙类液体储罐	固定顶罐		2.5	直径大于20m的固定顶罐为6h,其他为4h	300
		浮顶罐		2.0		
		相邻罐		2.0		

续表3.1.2

防护目的	保护对象			供给强度[L/(min·m²)]	持续供给时间(h)	响应时间(s)
防护冷却	液化烃或类似液体储罐	全压力、半冷冻式储罐		9	6	120
		全冷冻式储罐	单、双容罐 罐壁	2.5		
			单、双容罐 罐顶	4		
			全容罐 罐顶泵平台、管道进出口等局部危险部位	20		
			管带	10		
		液氨储罐		6		
	甲、乙类液体及可燃气体生产、输送、装卸设施			9	6	120
	液化石油气灌瓶间、瓶库			9	6	60

注:1 添加水系灭火剂的系统,其供给强度应由试验确定。

2 钢制单盘式、双盘式、敞口隔舱式内浮顶罐应按浮顶罐对待,其他内浮顶罐应按固定顶罐对待。

3.1.3 水雾喷头的工作压力,当用于灭火时不应小于0.35MPa;当用于防护冷却时不应小于0.2MPa,但对于甲B、乙、丙类液体储罐不应小于0.15MPa。

3.1.4 保护对象的保护面积除本规范另有规定外,按其外表面面积确定,并应符合下列要求:

1 当保护对象外形不规则时,应按包容保护对象的最小规则形体的外表面面积确定。

2 变压器的保护面积除应按扣除底面面积以外的变压器油箱外表面面积确定外,尚应包括散热器的外表面面积和油枕及集油坑的投影面积。

3 分层敷设的电缆的保护面积应按整体包容电缆的最小规则形体的外表面面积确定。

3.1.5 液化石油气灌瓶间的保护面积应按其使用面积确定,液化石油气瓶库、陶坛或桶装酒库的保护面积应按防火分区的建筑面积确定。

3.1.6 输送机皮带的保护面积应按上行皮带的上表面面积确定;长距离的皮带宜实施分段保护,但每段长度不宜小于100m。

3.1.7 开口容器的保护面积应按其液面面积确定。

3.1.8 甲、乙类液体泵,可燃气体压缩机及其他相关设备,其保护面积应按相应设备的投影面积确定,且水雾应包络密封面和其他关键部位。

3.1.9 系统用于冷却甲B、乙、丙类液体储罐时,其冷却范围及保护面积应符合下列规定:

1 着火的地上固定顶储罐及距着火罐罐壁1.5倍着火罐直径范围内的相邻地上储罐应同时冷却,当相邻地上储罐超过3座时,可按3座较大的相邻储罐计算消防冷却水用量。

2 着火的浮顶罐应冷却,其相邻储罐可不冷却。

3 着火罐的保护面积应按罐壁外表面面积计算,相邻罐的保护面积可按实际需要冷却部位的外表面面积计算,但不得小于罐壁外表面面积的1/2。

3.1.10 系统用于冷却全压力式及半冷冻式液化烃或类似液体储罐时,其冷却范围及保护面积应符合下列规定:

1 着火罐及距着火罐罐壁1.5倍着火罐直径范围内的相邻罐应同时冷却;当相邻罐超过3座时,可按3座较大的相邻罐计算消防冷却水用量。

2 着火罐保护面积应按其罐体外表面面积计算,相邻罐保护面积应按其罐体外表面面积的1/2计算。

3.1.11 系统用于冷却全冷冻式液化烃或类似液体储罐时,其冷却范围及保护面积应符合下列规定:

1 采用钢制外壁的单容罐,着火罐及距着火罐罐壁1.5倍着火罐直径范围内的相邻罐应同时冷却。着火罐保护面积应按其罐体外表面面积计算,相邻罐保护面积应按罐壁外表面面积的1/2及罐顶外表面面积之和计算。

2 混凝土外壁与储罐间无填充材料的双容罐,着火罐的罐壁与罐顶及距着火罐罐壁1.5倍着火罐直径范围内的相邻罐罐顶应同时冷却。

3 混凝土外壁与储罐间有保温材料填充的双容罐,着火罐的罐顶及距着火罐罐壁1.5倍着火罐直径范围内的相邻罐罐顶应同时冷却。

4 采用混凝土外壁的全容罐,当管道进出口在罐顶时,冷却范围应包括罐顶泵平台,且宜包括管带和钢梯。

3.2 喷头与管道布置

3.2.1 保护对象所需水雾喷头数量应根据设计供给强度、保护面积和水雾喷头特性,按本规范第7.1.1条和第7.1.2条计算确定。除本规范另有规定外,喷头的布置应使水雾直接喷向并覆盖保护对象,当不能满足要求时,应增设水雾喷头。

3.2.2 水雾喷头、管道与电气设备带电(裸露)部分的安全净距宜符合现行行业标准《高压配电装置设计技术规程》DL/T 5352的规定。

3.2.3 水雾喷头与保护对象之间的距离不得大于水雾喷头的有效射程。

3.2.4 水雾喷头的平面布置方式可为矩形或菱形。当按矩形布置时,水雾喷头之间的距离不应大于1.4倍水雾喷头的水雾锥底圆半径;当按菱形布置时,水雾喷头之间的距离不应大于1.7倍水雾喷头的水雾锥底圆半径。水雾锥底圆半径应按下式计算:

$$R = B\tan\frac{\theta}{2} \qquad (3.2.4)$$

式中:R——水雾锥底圆半径(m);

B——水雾喷头的喷口与保护对象之间的距离(m);

θ——水雾喷头的雾化角(°)。

3.2.5 当保护对象为油浸式电力变压器时,水雾喷头的布置应符合下列要求:

　　1 变压器绝缘子升高座孔口、油枕、散热器、集油坑应设水雾喷头保护;

　　2 水雾喷头之间的水平距离与垂直距离应满足水雾锥相交的要求。

3.2.6 当保护对象为甲、乙、丙类液体和可燃气体储罐时,水雾喷头与保护储罐外壁之间的距离不应大于0.7m。

3.2.7 当保护对象为球罐时,水雾喷头的布置尚应符合下列规定:

　　1 水雾喷头的喷口应朝向球心;

　　2 水雾锥沿纬线方向应相交,沿经线方向应相接;

　　3 当球罐的容积不小于1000m³时,水雾锥沿纬线方向应相交,沿经线方向宜相接,但赤道以上环管之间的距离不应大于3.6m;

　　4 无防护层的球罐钢支柱和罐体液位计、阀门等处应设水雾喷头保护。

3.2.8 当保护对象为卧式储罐时,水雾喷头的布置应使水雾完全覆盖裸露表面,罐体液位计、阀门等处也应设水雾喷头保护。

3.2.9 当保护对象为电缆时,水雾喷头的布置应使水雾完全包围电缆。

3.2.10 当保护对象为输送机皮带时,水雾喷头的布置应使水雾完全包络着火输送机的机头、机尾和上行皮带上表面。

3.2.11 当保护对象为室内燃油锅炉、电液装置、氢密封油装置、发电机、油断路器、汽轮机油箱、磨煤机润滑油箱时,水雾喷头宜布置在保护对象的顶部周围,并应使水雾直接喷向并完全覆盖保护对象。

3.2.12 用于保护甲B、乙、丙类液体储罐的系统,其设置应符合下列规定:

　　1 固定顶储罐和按固定顶储罐对待的内浮顶储罐的冷却水环管宜沿罐壁顶部单环布置,当采用多环布置时,着火罐顶层环管保护范围内的冷却水供给强度应按本规范表3.1.2规定的2倍计算。

　　2 储罐抗风圈或加强圈无导流设施时,其下面应设置冷却水环管。

　　3 当储罐上的冷却水环管分割成两个或两个以上弧形管段时,各弧形管段间不应连通,并应分别从防火堤外连接水管,且应分别在防火堤外的进水管道上设置能识别启闭状态的控制阀。

　　4 冷却水立管应用管卡固定在罐壁上,其间距不宜大于3m。立管下端应设置锈渣清扫口,锈渣清扫口距罐基础顶面应大于300mm,且集锈渣的管段长度不宜小于300mm。

3.2.13 用于保护液化烃或类似液体储罐和甲B、乙、丙类液体储罐的系统,其立管与管组内的水平管道之间的连接应能消除储罐沉降引起的应力。

3.2.14 液化烃储罐上环管支架之间的距离宜为3m~3.5m。

4 系 统 组 件

4.0.1 系统所采用的产品及组件应符合国家现行相关标准的规定。依法实行强制认证的产品及组件应具有符合市场准入制度要求的有效证明文件。

4.0.2 水雾喷头的选型应符合下列要求:

　　1 扑救电气火灾,应选用离心雾化型水雾喷头;

　　2 室内粉尘场所设置的水雾喷头应带防尘帽,室外设置的水雾喷头宜带防尘帽;

　　3 离心雾化型水雾喷头应带柱状过滤网。

4.0.3 按本规范表3.1.2的规定,响应时间不大于120s的系统,应设置雨淋报警阀组,雨淋报警阀组的功能及配置应符合下列要求:

　　1 接收电控信号的雨淋报警阀组应能电动开启,接收传动管信号的雨淋报警阀组应能液动或气动开启;

　　2 应具有远程手动控制和现场应急机械启动功能;

　　3 在控制盘上应能显示雨淋报警阀开、闭状态;

　　4 宜驱动水力警铃报警;

　　5 雨淋报警阀进出口应设置压力表;

　　6 电磁阀前应设置可冲洗的过滤器。

4.0.4 当系统供水控制阀采用电动控制阀或气动控制阀时,应符合下列规定:

　　1 应能显示阀门的开、闭状态;

　　2 应具备接收控制信号开、闭阀门的功能;

　　3 阀门的开启时间不宜大于45s;

　　4 应能在阀门故障时报警,并显示故障原因;

　　5 应具备现场应急机械启动功能;

　　6 当阀门安装在阀门井内时,宜将阀门的阀杆加长,并宜使电动执行器高于井顶;

　　7 气动阀宜设置储备气罐,气罐的容积可按与气罐连接的所有气动阀启闭3次所需气量计算。

4.0.5 雨淋报警阀前的管道应设置可冲洗的过滤器,过滤器滤网应采用耐腐蚀金属材料,其网孔基本尺寸应为0.600mm~0.710mm。

4.0.6 给水管道应符合下列规定:

　　1 过滤器与雨淋报警阀之间及雨淋报警阀后的管道,应采用内外热浸镀锌钢管、不锈钢管或铜管;需要进行弯管加工的管道应采用无缝钢管;

　　2 管道工作压力不应大于1.6MPa;

　　3 系统管道采用镀锌钢管时,公称直径不应小于25mm;采用不锈钢管或铜管时,公称直径不应小于20mm;

　　4 系统管道应采用沟槽式管接件(卡箍)、法兰或丝扣连接,普通钢管可采用焊接;

　　5 沟槽式管接件(卡箍),其外壳的材料应采用牌号不低于QT 450—12的球墨铸铁;

　　6 防护区内的沟槽式管接件(卡箍)密封圈、非金属法兰垫片应通过本规范附录A规定的干烧试验;

　　7 应在管道的低处设置放水阀或排污口。

5 给 水

5.1 一般规定

5.1.1 系统用水可由消防水池(罐)、消防水箱或天然水源供给,也可由企业独立设置的稳高压消防给水系统供给;系统水源的水量应满足系统最大设计流量和供给时间的要求。

5.1.2 系统的消防泵房宜与其他水泵房合建,并应符合国家现行相关标准对消防泵房的规定。

5.1.3 在严寒与寒冷地区,系统中可能产生冰冻的部分应采取防冻措施。

5.1.4 当系统设置两个及以上雨淋报警阀时,雨淋报警阀前宜设置环状供水管道。

5.1.5 钢筋混凝土消防水池的进、出水管应增设防水套管,对有振动的管道应增设柔性接头;组合式消防水池的进、出水管接头宜采用法兰连接。

5.1.6 消防气压给水设备的设置应符合下列规定:

　　1 出水管上应设置止回阀;

　　2 四周应设置检修通道,宽度不宜小于 0.7m;

　　3 顶部至楼板或梁底的距离不应小于 0.6m。

5.1.7 设置水喷雾灭火系统的场所应设有排水设施。

5.1.8 消防水池的溢流管、泄水管不得与生产或生活用水的排水系统直接相连,应采用间接排水方式。

5.2 水 泵

5.2.1 系统的供水泵宜自灌引水。采用天然水源供水时,水泵的吸水口应采取防止杂物堵塞的措施。系统供水压力应满足在相应设计流量范围内系统各组件的工作压力要求,且应采取防止系统超压的措施。

5.2.2 系统应设置备用泵,其工作能力不应小于最大一台泵的供水能力。

5.2.3 一组消防水泵的吸水管不应少于两条,当其中一条损坏时,其余的吸水管应能通过全部用水量;供水泵的吸水管应设置控制阀。

5.2.4 雨淋报警阀入口前设置环状管道的系统,一组供水泵的出水管不应少于两条;出水管应设置控制阀、止回阀、压力表。

5.2.5 消防水泵应设置试泵回流管道和超压回流管道,条件许可时,两者可共用一条回流管道。

5.2.6 柴油机驱动的消防水泵,柴油机排气管应通向室外。

5.3 供水控制阀

5.3.1 雨淋报警阀组宜设置在温度不低于 4℃并有排水设施的室内。设置在室内的雨淋报警阀宜距地面 1.2m,两侧与墙的距离不应小于 0.5m,正面与墙的距离不应小于 1.2m,雨淋报警阀凸出部位之间的距离不应小于 0.5m。

5.3.2 雨淋报警阀、电动控制阀、气动控制阀宜布置在靠近保护对象并便于人员安全操作的位置。

5.3.3 在严寒与寒冷地区室外设置的雨淋报警阀、电动控制阀、气动控制阀及其管道,应采取伴热保温措施。

5.3.4 不能进行喷水试验的场所,雨淋报警阀之后的供水干管上应设置排放试验检测装置,且其过水能力应与系统过水能力一致。

5.3.5 水力警铃应设置在公共通道或值班室附近的外墙上,且应设置检修、测试用的阀门。雨淋报警阀和水力警铃应采用热镀锌钢管进行连接,其公称直径不宜小于 20mm,当公称直径为 20mm 时,其长度不宜大于 20m。

5.4 水泵接合器

5.4.1 室内设置的系统宜设置水泵接合器。

5.4.2 水泵接合器的数量应按系统的设计流量确定,单台水泵接合器的流量宜按 10L/s～15L/s 计算。

5.4.3 水泵接合器应设置在便于消防车接近的人行道或非机动车行驶地段,与室外消火栓或消防水池的距离宜为 15m～40m。

5.4.4 墙壁式消防水泵接合器宜距离地面 0.7m,与墙面上的门、窗、洞口的净距不应小于 2.0m,且不应设置在玻璃幕墙下方。

5.4.5 地下式消防水泵接合器进水口与井盖底面的距离不应大于 0.4m,并不应小于井盖的半径,且地下式消防水泵接合器井内应有防水和排水措施。

6 操作与控制

6.0.1 系统应具有自动控制、手动控制和应急机械启动三种控制方式;但当响应时间大于 120s 时,可采用手动控制和应急机械启动两种控制方式。

6.0.2 与系统联动的火灾自动报警系统的设计应符合现行国家标准《火灾自动报警系统设计规范》GB 50116 的规定。

6.0.3 当系统使用传动管探测火灾时,应符合下列规定:

　　1 传动管宜采用钢管,长度不宜大于 300m,公称直径宜为 15mm～25mm,传动管上闭式喷头之间的距离不宜大于 2.5m;

　　2 电气火灾不应采用液动传动管;

　　3 在严寒与寒冷地区,不应采用液动传动管;采用压缩空气传动管时,应采取防止冷凝水积存的措施。

6.0.4 用于保护液化烃储罐的系统,在启动着火罐雨淋报警阀的同时,应能启动需要冷却的相邻储罐的雨淋报警阀。

6.0.5 用于保护甲B、乙、丙类液体储罐的系统,在启动着火罐雨淋报警阀(或电动控制阀、气动控制阀)的同时,应能启动需要冷却的相邻储罐的雨淋报警阀(或电动控制阀、气动控制阀)。

6.0.6 分段保护输送机皮带的系统,在启动起火区段的雨淋报警阀的同时,应能启动起火区段下游相邻区段的雨淋报警阀,并应能同时切断皮带输送机的电源。

6.0.7 当自动水喷雾灭火系统误动作会对保护对象造成不利影响时,应采用两个独立火灾探测器的报警信号进行联锁控制;当保护油浸电力变压器的水喷雾灭火系统采用两路相同的火灾探测器时,系统宜采用火灾探测器的报警信号和变压器的断路器信号进行联锁控制。

6.0.8 水喷雾灭火系统的控制设备应具有下列功能：

　　1 监控消防水泵的启、停状态；

　　2 监控雨淋报警阀的开启状态，监视雨淋报警阀的关闭状态；

　　3 监控电动或气动控制阀的开、闭状态；

　　4 监控主、备用电源的自动切换。

6.0.9 水喷雾灭火系统供水泵的动力源应具备下列条件之一：

　　1 一级电力负荷的电源；

　　2 二级电力负荷的电源，同时设置作备用动力的柴油机；

　　3 主、备动力源全部采用柴油机。

7 水 力 计 算

7.1 系统设计流量

7.1.1 水雾喷头的流量应按下式计算：

$$q = K\sqrt{10P} \qquad (7.1.1)$$

式中：q——水雾喷头的流量（L/min）；

　　　　P——水雾喷头的工作压力（MPa）；

　　　　K——水雾喷头的流量系数，取值由喷头制造商提供。

7.1.2 保护对象所需水雾喷头的计算数量应按下式计算：

$$N = \frac{SW}{q} \qquad (7.1.2)$$

式中：N——保护对象所需水雾喷头的计算数量（只）；

　　　　S——保护对象的保护面积（m²）；

　　　　W——保护对象的设计供给强度[L/(min·m²)]。

7.1.3 系统的计算流量应按下式计算：

$$Q_j = \frac{1}{60}\sum_{i=1}^{n} q_i \qquad (7.1.3)$$

式中：Q_j——系统的计算流量（L/s）；

　　　　n——系统启动后同时喷雾的水雾喷头的数量（只）；

　　　　q_i——水雾喷头的实际流量（L/min），应按水雾喷头的实际工作压力计算。

7.1.4 系统的设计流量应按下式计算：

$$Q_s = kQ_j \qquad (7.1.4)$$

式中：Q_s——系统的设计流量（L/s）；

　　　　k——安全系数，应不小于1.05。

7.2 管道水力计算

7.2.1 当系统管道采用普通钢管或镀锌钢管时，其沿程水头损失应按公式（7.2.1-1）计算；当采用不锈钢管或铜管时，可按公式（7.2.1-2）计算。管道内水的平均流速不宜大于5m/s。

$$i = 0.0000107 \frac{V^2}{d_j^{1.3}} \qquad (7.2.1-1)$$

式中：i——管道的单位长度水头损失（MPa/m）；

　　　　V——管道内水的平均流速（m/s）；

　　　　d_j——管道的计算内径（m）。

$$i = 105C_h^{-1.85} d_j^{-4.87} q_g^{1.85} \qquad (7.2.1-2)$$

式中：i——管道的单位长度水头损失（kPa/m）；

　　　　q_g——管道内的水流量（m³/s）；

　　　　C_h——海澄-威廉系数，铜管、不锈钢管取130。

7.2.2 管道的局部水头损失宜采用当量长度法计算。

7.2.3 雨淋报警阀的局部水头损失应按0.08MPa计算。

7.2.4 消防水泵的扬程或系统入口的供给压力按下式计算：

$$H = \sum h + P_0 + h_z \qquad (7.2.4)$$

式中：H——消防水泵的扬程或系统入口的供给压力（MPa）；

　　　　$\sum h$——管道沿程和局部水头损失的累计值（MPa）；

　　　　P_0——最不利点水雾喷头的工作压力（MPa）；

　　　　h_z——最不利点处水雾喷头与消防水池的最低水位或系统水平供水引入管中心线之间的静压差（MPa）。

7.3 管道减压措施

7.3.1 圆缺型孔板的孔应位于管道底部，孔板前水平直管段的长度不应小于该段管道公称直径的2倍。

7.3.2 管道采用节流管时，节流管内水的流速不应大于20m/s，节流管长度不宜小于1.0m，公称直径宜根据管道的公称直径按表7.3.2确定。

表7.3.2　节流管的公称直径（mm）

管道的公称直径	50	65	80	100	125	150	200	250
节流管的公称直径	40	50	65	80	100	125	150	200
	32	40	50	65	80	100	125	150
	25	32	40	50	65	80	100	125

7.3.3 圆形减压孔板应符合下列规定：

　　1 应设置在公称直径不小于50mm的直管段上，前后管段的长度均不宜小于该管段直径的5倍；

　　2 孔口面积不应小于设置管段截面积的30%，且孔板的孔径不应小于20mm；

　　3 应采用不锈钢板材制作。

7.3.4 减压孔板的水头损失应按下式计算：

$$H_k = \xi \frac{V_k^2}{2g} \qquad (7.3.4)$$

式中：H_k——减压孔板的水头损失（10⁻² MPa）；

　　　　V_k——减压孔板后管道内水的平均流速（m/s）；

　　　　ξ——减压孔板的局部阻力系数。

7.3.5 节流管的水头损失应按下式计算：

$$H_g = \zeta \frac{V_g^2}{2g} + 0.00107L\frac{V_g^2}{d_g^{1.3}} \qquad (7.3.5)$$

式中：H_g——节流管的水头损失（10⁻² MPa）；

　　　　ζ——节流管中渐缩管与渐扩管的局部阻力系数之和；

　　　　V_g——节流管内水的平均流速（m/s）；

　　　　d_g——节流管的计算内径（m）；

　　　　L——节流管的长度（m）。

7.3.6 减压阀应符合下列要求：

　　1 减压阀的额定工作压力应满足系统工作压力要求；

2 入口前应设置过滤器;

3 当连接两个及两个以上报警阀组时,应设置备用减压阀;

4 垂直安装的减压阀,水流方向宜向下。

8 施 工

8.1 一般规定

8.1.1 系统分部工程、子分部工程、分项工程应按本规范附录 B 划分。

8.1.2 施工现场应具有相应的施工技术标准、健全的质量管理体系和施工质量检验制度,并应进行施工全过程质量控制。施工现场质量管理应按本规范附录 C 的要求填写记录,检查结果应合格。

8.1.3 系统的施工应按经审核批准的设计施工图、技术文件和相关技术标准的规定进行。

8.1.4 系统施工前应具备下列技术资料:

1 经审核批准的设计施工图、设计说明书;

2 主要组件的安装及使用说明书;

3 消防泵、雨淋报警阀(或电动控制阀、气动控制阀)、沟槽式管接件、水雾喷头等系统组件应具备符合相关准入制度要求的有效证明文件和产品出厂合格证;

4 阀门、压力表、管道过滤器、管材及管件等部件和材料应具备产品出厂合格证。

8.1.5 系统施工前应具备下列条件:

1 设计单位已向施工单位进行设计交底,并有记录;

2 系统组件、管材及管件的规格、型号符合设计要求;

3 与施工有关的基础、预埋件和预留孔经检查符合设计要求;

4 场地、道路、水、电等临时设施满足施工要求。

8.1.6 系统应按下列规定进行施工过程质量控制:

1 应按本规范第 8.2 节的规定对系统组件、材料等进行进场

检验,检验合格并经监理工程师签证后方可使用或安装;

2 各工序应按施工技术标准进行质量控制,每道工序完成后,应进行检查,合格后方可进行下道工序施工;

3 相关各专业工种之间应进行交接认可,并经监理工程师签证后,方可进行下道工序施工;

4 应由监理工程师组织施工单位有关人员对施工过程质量进行检查,并应按本规范附录 D 的规定进行记录,检查结果应全部合格;

5 隐蔽工程在隐蔽前,施工单位应通知有关单位进行验收并按本规范表 D.0.7 记录。

8.1.7 系统安装完毕,施工单位应进行系统调试。当系统需与有关的火灾自动报警系统及联动控制设备联动时,应联合进行调试。调试合格后,施工单位应向建设单位提供质量控制资料和施工过程检查记录。

8.2 进场检验

8.2.1 系统组件、材料进场抽样检验应按本规范表 D.0.1 填写施工过程检查记录。

8.2.2 管材及管件的材质、规格、型号、质量等应符合国家现行有关产品标准和设计要求。

检查数量:全数检查。

检查方法:检查出厂检验报告与合格证。

8.2.3 管材及管件的外观质量除应符合其产品标准的规定外,尚应符合下列要求:

1 表面应无裂纹、缩孔、夹渣、折叠、重皮,且不应有超过壁厚负偏差的锈蚀或凹陷等缺陷;

2 螺纹表面应完整无损伤,法兰密封面应平整光洁,无毛刺及径向沟槽;

3 垫片应无老化变质或分层现象,表面应无折皱等缺陷。

检查数量:全数检查。

检查方法:直观检查。

8.2.4 管材及管件的规格尺寸、壁厚及允许偏差应符合其产品标准和设计要求。

检查数量:每一规格、型号的产品按件数抽查 20%,且不得少于 1 件。

检查方法:用钢尺和游标卡尺测量。

8.2.5 消防泵组、雨淋报警阀、气动控制阀、电动控制阀、沟槽式管接件、阀门、水力警铃、压力开关、压力表、管道过滤器、水雾喷头、水泵接合器等系统组件的外观质量应符合下列要求:

1 应无变形及其他机械性损伤;

2 外露非机械加工表面保护涂层应完好;

3 无保护涂层的机械加工面应无锈蚀;

4 所有外露接口应无损伤,堵、盖等保护物包封应良好;

5 铭牌标记应清晰、牢固。

检查数量:全数检查。

检查方法:直观检查。

8.2.6 消防泵组、雨淋报警阀、气动控制阀、电动控制阀、沟槽式管接件、阀门、水力警铃、压力开关、压力表、管道过滤器、水雾喷头、水泵接合器等系统组件的规格、型号、性能参数应符合国家现行产品标准和设计要求。

检查数量:全数检查。

检查方法:核查组件的规格、型号、性能参数等是否与相关准入制度要求的有效证明文件、产品出厂合格证及设计要求相符。

8.2.7 消防泵盘车应灵活,无阻滞和异常声音。

检查数量:全数检查。

检查方法:手动检查。

8.2.8 阀门的进场检验应符合下列要求:

1 各阀门及其附件应配备齐全;

2 控制阀的明显部位应有标明水流方向的永久性标志；

3 控制阀的阀瓣及操作机构应动作灵活、无卡涩现象，阀体内应清洁、无异物堵塞；

4 强度和严密性试验应合格。

检查数量：全数检查。

检查方法：直观检查，在专用试验装置上测试。

8.2.9 阀门的强度和严密性试验应符合下列规定：

1 强度和严密性试验采用清水进行，强度试验压力应为公称压力的1.5倍；严密性试验压力应为公称压力的1.1倍；

2 试验压力在试验持续时间内应保持不变，且壳体填料和阀瓣密封面应无渗漏；

3 阀门试压的试验持续时间不应少于表8.2.9的规定；

表8.2.9 阀门试验持续时间

公称直径 （mm）	试验持续时间（s）		
	严密性试验		强度试验
	止回阀	其他类型阀门	
≤50	15	60	15
65～150	60	60	60
200～300	120	60	120
≥350	120	120	300

4 试验合格的阀门应排尽内部积水，并吹干。密封面应涂防锈油，同时应关闭阀门，封闭出入口，作出明显的标记，并应按本规范表D.0.2记录。

检查数量：每批（同牌号、同型号、同规格）按数量抽查10%，且不得少于1个；主管道上的隔断阀门应全部试验。

检查方法：采用阀门试压装置进行试验。

8.2.10 系统组件和材料在设计上有复验要求或对质量有疑义时，应由监理工程师抽样，并应由具有相应资质的检测单位进行检测复验，其复验结果应符合设计要求和国家现行有关标准的规定。

检查数量：按设计要求数量或送检需要量。

检查方法：检查复验报告。

8.2.11 进场抽样检查中有一件不合格，应加倍抽样；若仍不合格，则应判定该批产品不合格。

8.3 安 装

8.3.1 系统的下列施工，除应符合本规范的规定外，尚应符合现行国家标准《工业金属管道工程施工规范》GB 50235、《现场设备、工业管道焊接工程施工规范》GB 50236 的规定。

1 管道的加工、焊接、安装；

2 管道的检验、试压、冲洗、防腐；

3 支、吊架的焊接、安装；

4 阀门的安装。

8.3.2 系统与火灾自动报警系统联动部分的施工应符合现行国家标准《火灾自动报警系统施工及验收规范》GB 50166 的规定。

8.3.3 系统的施工应按本规范表D.0.3～表D.0.7记录。

8.3.4 消防泵组的安装应符合下列要求：

1 消防泵组的安装应符合现行国家标准《机械设备安装工程施工及验收通用规范》GB 50231 和《风机、压缩机、泵安装工程施工及验收规范》GB 50275 的规定。

2 消防泵应整体安装在基础上。

检查数量：全数检查。

检查方法：直观检查。

3 消防泵与相关管道连接时，应以消防泵的法兰端面为基准进行测量和安装。

检查数量：全数检查。

检查方法：尺量和直观检查。

4 消防泵进水管吸水口处设置滤网时，滤网架应安装牢固，滤网应便于清洗。

检查数量：全数检查。

检查方法：直观检查。

5 当消防泵采用柴油机驱动时，柴油机冷却器的泄水管应通向排水设施。

检查数量：全数检查。

检查方法：直观检查。

8.3.5 消防水池（罐）、消防水箱的施工和安装应符合下列要求：

1 应符合现行国家标准《给水排水构筑物工程施工及验收规范》GB 50141、《建筑给水排水及采暖工程施工质量验收规范》GB 50242 的规定。

检查数量：全数检查。

检查方法：对照规范及图纸核查是否符合要求。

2 消防水池（罐）、消防水箱的容积、安装位置应符合设计要求。安装时，消防水池（罐）、消防水箱外壁与建筑本体结构墙面或其他池壁之间的净距应满足施工或装配的需要。

检查数量：全数检查。

检查方法：对照图纸，尺量检查。

8.3.6 消防气压给水设备和稳压泵的安装应符合下列要求：

1 消防气压给水设备的气压罐，其容积、气压、水位及工作压力应符合设计要求。

检查数量：全数检查。

检查方法：对照图纸，直观检查。

2 消防气压给水设备的安装位置、进水管及出水管方向应符合设计要求。

检查数量：全数检查。

检查方法：对照图纸，尺量检查和直观检查。

3 消防气压给水设备上的安全阀、压力表、泄水管、水位指示器、压力控制仪表等的安装应符合产品使用说明书的要求。

检查数量：全数检查。

检查方法：对照图纸核查。

4 稳压泵的安装应符合现行国家标准《机械设备安装工程施工及验收通用规范》GB 50231、《风机、压缩机、泵安装工程施工及验收规范》GB 50275 的规定。

检查数量：全数检查。

检查方法：对照规范及图纸核查是否符合要求。

8.3.7 消防水泵接合器的安装应符合下列要求：

1 系统的消防水泵接合器应设置与其他消防系统的消防水泵接合器区别的永久性固定标志，并有分区标志。

检查数量：全数检查。

检查方法：直观检查。

2 地下式消防水泵接合器应采用铸有"消防水泵接合器"标志的铸铁井盖，并应在附近设置指示其位置的永久性固定标志。

检查数量：全数检查。

检查方法：直观检查。

3 组合式消防水泵接合器的安装应按接口、本体、联接管、止回阀、安全阀、放空管、控制阀的顺序进行，止回阀的安装方向应使消防用水能从消防水泵接合器进入系统；整体式消防水泵接合器的安装应按其使用安装说明书进行。

检查数量：全数检查。

检查方法：直观检查。

8.3.8 雨淋报警阀组的安装应符合下列要求：

1 雨淋报警阀组的安装应在供水管网试压、冲洗合格后进行。安装时应先安装水源控制阀、雨淋报警阀，再进行雨淋报警阀辅助管道的连接。水源控制阀、雨淋报警阀与配水干管的连接应使水流方向一致。雨淋报警阀组的安装位置应符合设计要求。

检查数量：全数检查。

检查方法：检查系统试压、冲洗记录表，直观检查和尺量检查。

2 水源控制阀的安装应便于操作，且应有明显开闭标志和可靠的锁定设施;压力表应安装在报警阀上便于观测的位置;排水管和试验阀应安装在便于操作的位置。

检查数量:全数检查。

检查方法:直观检查。

3 雨淋报警阀手动开启装置的安装位置应符合设计要求,且在发生火灾时应能安全开启和便于操作。

检查数量:全数检查。

检查方法:对照图纸核查和开启阀门检查。

4 在雨淋报警阀的水源一侧应安装压力表。

检查数量:全数检查。

检查方法:直观检查。

8.3.9 控制阀的规格、型号和安装位置均应符合设计要求;安装方向应正确,控制阀内应清洁、无堵塞、无渗漏;主要控制阀应加设启闭标志;隐蔽处的控制阀应在明显处设有指示其位置的标志。

检查数量:全数检查。

检查方法:直观检查。

8.3.10 压力开关应竖直安装在通往水力警铃的管道上,且不应在安装中拆装改动。压力开关的引出线应用防水套管锁定。

检查数量:全数检查。

检查方法:直观检查。

8.3.11 水力警铃的安装应符合设计要求,安装后的水力警铃启动时,警铃响度应不小于70dB(A)。

检查数量:全数检查。

检查方法:直观检查;开启阀门放水,水力警铃启动后用声级计测量声强。

8.3.12 节流管和减压孔板的安装应符合设计要求。

检查数量:全数检查。

检查方法:对照图纸核查和尺量检查。

8.3.13 减压阀的安装应符合下列要求:

1 减压阀的安装应在供水管网试压、冲洗合格后进行。

检查数量:全数检查。

检查方法:检查管道试压和冲洗记录。

2 减压阀的规格、型号应与设计相符,阀外控制管路及导向阀各连接件不应有松动,减压阀的外观应无机械损伤,阀内应无异物。

检查数量:全数检查。

检查方法:对照图纸核查和手扳检查。

3 减压阀水流方向应与供水管网水流方向一致。

检查数量:全数检查。

检查方法:直观检查。

4 应在减压阀进水侧安装过滤器,并宜在其前后安装控制阀。

检查数量:全数检查。

检查方法:直观检查。

5 可调式减压阀宜水平安装,阀盖应向上。

检查数量:全数检查。

检查方法:直观检查。

6 比例式减压阀宜垂直安装;当水平安装时,单呼吸孔减压阀的孔口应向下,双呼吸孔减压阀的孔口应呈水平。

检查数量:全数检查。

检查方法:直观检查。

7 安装自身不带压力表的减压阀时,应在其前后相邻部位安装压力表。

检查数量:全数检查。

检查方法:直观检查。

8.3.14 管道的安装应符合下列规定:

1 水平管道安装时,其坡度、坡向应符合设计要求。

检查数量:干管抽查1条;支管抽查2条;分支管抽查5%,且不得少于1条。

检查方法:用水平仪检查。

2 立管应用管卡固定在支架上,其间距不应大于设计值。

检查数量:全数检查。

检查方法:尺量检查和直观检查。

3 埋地管道安装应符合下列要求:

1)埋地管道的基础应符合设计要求;

2)埋地管道安装前应做好防腐,安装时不应损坏防腐层;

3)埋地管道采用焊接时,焊缝部位应在试压合格后进行防腐处理;

4)埋地管道在回填前应进行隐蔽工程验收,合格后应及时回填,分层夯实,并应按本规范表D.0.7进行记录。

检查数量:全数检查。

检查方法:直观检查。

4 管道支、吊架应安装平整牢固,管墩的砌筑应规整,其间距应符合设计要求。

检查数量:按安装总数的20%抽查,且不得少于5个。

检查方法:直观检查和尺量检查。

5 管道支、吊架与水雾喷头之间的距离不应小于0.3m,与末端水雾喷头之间的距离不宜大于0.5m。

检查数量:按安装总数的10%抽查,且不得少于5个。

检查方法:尺量检查。

6 管道安装前应分段进行清洗。施工过程中,应保证管道内部清洁,不得留有焊渣、焊瘤、氧化皮、杂质或其他异物。

7 同排管道法兰的间距应方便拆装,且不宜小于100mm。

8 管道穿过墙体、楼板处应使用套管;穿过墙体的套管长度不应小于该墙体的厚度,穿过楼板的套管长度应高出楼地面50mm,底部应与楼板底面相平;管道与套管间的空隙应采用防火封堵材料填塞密实;管道穿过建筑物的变形缝时,应采取保护措施。

检查数量:全数检查。

检查方法:直观检查和尺量检查。

9 管道焊接的坡口形式、加工方法和尺寸等均应符合现行国家标准《气焊、焊条电弧焊、气体保护焊和高能束焊的推荐坡口》GB/T 985.1、《埋弧焊的推荐坡口》GB/T 985.2的规定,管道之间或与管接头之间的焊接应采用对口焊接。

10 管道采用沟槽式连接时,管道末端的沟槽尺寸应满足现行国家标准《自动喷水灭火系统 第11部分 沟槽式管接件》GB 5135.11的规定。

11 对于镀锌钢管,应在焊接后再镀锌,且不得对镀锌后的管道进行气割作业。

8.3.15 管道安装完毕应进行水压试验,并应符合下列规定:

1 试验宜采用清水进行,试验时,环境温度不宜低于5℃,当环境温度低于5℃时,应采取防冻措施;

2 试验压力应为设计压力的1.5倍;

3 试验的测试点宜设在系统管网的最低点,对不能参与试压的设备、阀门及附件,应加以隔离或拆除;

4 试验合格后,应按本规范表D.0.4记录。

检查数量:全数检查。

检查方法:管道充满水,排净空气,用试压装置缓慢升压,当压力升至试验压力后,稳压10min,管道无损坏、变形,再将试验压力降至设计压力,稳压30min,以压力不降、无渗漏为合格。

8.3.16 管道试压合格后,宜用清水冲洗,冲洗合格后,不得再进行影响管内清洁的其他施工,并应按本规范表D.0.5记录。

检查数量:全数检查。

检查方法:宜采用最大设计流量,流速不低于1.5m/s,以排出水色和透明度与入口水目测一致为合格。

8.3.17 地上管道应在试压、冲洗合格后进行涂漆防腐。

检查数量:全数检查。

检查方法:直观检查。

8.3.18 喷头的安装应符合下列规定:

1 喷头的规格、型号应符合设计要求,并应在系统试压、冲洗、吹扫合格后进行安装。

检查数量:全数检查。

检查方法:直观检查和检查系统试压、冲洗记录。

2 喷头应安装牢固、规整,安装时不得拆卸或损坏喷头上的附件。

检查数量:全数检查。

检查方法:直观检查。

3 顶部设置的喷头应安装在被保护物的上部,室外安装坐标偏差不应大于 20mm,室内安装坐标偏差不应大于 10mm;标高的允许偏差,室外安装为±20mm,室内安装为±10mm。

检查数量:按安装总数的 10%抽查,且不得少于 4 只,即支管两侧的分支管的始端及末端各 1 只。

检查方法:尺量检查。

4 侧向安装的喷头应安装在被保护物体的侧面并应对准被保护物体,其距离偏差不应大于 20mm。

检查数量:按安装总数的 10%抽查,且不得少于 4 只。

检查方法:尺量检查。

5 喷头与吊顶、门、窗、洞口或障碍物的距离应符合设计要求。

检查数量:全数检查。

检查方法:尺量检查。

8.4 调 试

8.4.1 系统调试应在系统施工结束和与系统有关的火灾自动报警装置及联动控制设备调试合格后进行。

8.4.2 系统调试应具备下列条件:

1 调试前应具备本规范第 8.1.4 条所列技术资料和本规范表 B、表 C、表 D.0.1～表 D.0.5,表 D.0.7 等施工记录及调试必需的其他资料;

2 调试前应制订调试方案;

3 调试前应对系统进行检查,并应及时处理发现的问题;

4 调试前应将需要临时安装在系统上并经校验合格的仪器、仪表安装完毕,调试时所需的检查设备应准备齐全;

5 水源、动力源应满足系统调试要求,电气设备应具备与系统联动调试的条件。

8.4.3 系统调试应包括下列内容:

1 水源测试;

2 动力源和备用动力源切换试验;

3 消防水泵调试;

4 稳压泵调试;

5 雨淋报警阀、电动控制阀、气动控制阀的调试;

6 排水设施调试;

7 联动试验。

8.4.4 水源测试应符合下列要求:

1 消防水池(罐)、消防水箱的容积及储水量、消防水箱设置高度应符合设计要求,消防储水应有不作他用的技术措施。

检查数量:全数检查。

检查方法:对照图纸核查和尺量检查。

2 消防水泵接合器的数量和供水能力应符合设计要求。

检查数量:全数检查。

检查方法:直观检查并应通过移动式消防水泵做供水试验进行验证。

8.4.5 系统的主动力源和备用动力源进行切换试验时,主动力源和备用动力源及电气设备运行应正常。

检查数量:全数检查。

检查方法:以自动和手动方式各进行 1 次～2 次试验。

8.4.6 消防水泵的调试应符合下列要求:

1 消防水泵的启动时间应符合设计规定。

检查数量:全数检查。

检查方法:使用秒表检查。

2 控制柜应进行空载和加载控制调试,控制柜应能按其设计功能正常动作和显示。

检查数量:全数检查。

检查方法:使用电压表、电流表和兆欧表等仪表通电检查。

8.4.7 稳压泵、消防气压给水设备应按设计要求进行调试。当达到设计启动条件时,稳压泵应立即启动;当达到系统设计压力时,稳压泵应自动停止运行。

检查数量:全数检查。

检查方法:直观检查。

8.4.8 雨淋报警阀调试宜利用检测、试验管道进行。自动和手动方式启动的雨淋报警阀应在 15s 之内启动;公称直径大于 200mm 的雨淋报警阀调试时,应在 60s 之内启动;雨淋报警阀调试时,当报警水压为 0.05MPa 时,水力警铃应发出报警铃声。

检查数量:全数检查。

检查方法:使用压力表、流量计、秒表、声强计测量检查,直观检查。

8.4.9 电动控制阀和气动控制阀自动开启时,开启时间应满足设计要求;手动开启或关闭应灵活、无卡涩。

检查数量:全数检查。

检查方法:使用秒表测量,手动启闭试验。

8.4.10 调试过程中,系统排出的水应能通过排水设施全部排走。

检查数量:全数检查。

检查方法:直观检查。

8.4.11 联动试验应符合下列规定:

1 采用模拟火灾信号启动系统,相应的分区雨淋报警阀(或电动控制阀、气动控制阀)、压力开关和消防水泵及其他联动设备均应能及时动作并发出相应的信号。

检查数量:全数检查。

检查方法:直观检查。

2 采用传动管启动的系统,启动 1 只喷头,相应的分区雨淋报警阀、压力开关和消防水泵及其他联动设备均应能及时动作并发出相应的信号。

检查数量:全数检查。

检查方法:直观检查。

3 系统的响应时间、工作压力和流量应符合设计要求。

检查数量:全数检查。

检查方法:当为手动控制时,以手动方式进行 1 次～2 次试验;当为自动控制时,以自动和手动方式各进行 1 次～2 次试验,并用压力表、流量计、秒表计量。

8.4.12 系统调试合格后,应按本规范表 D.0.6 填写调试检查记录,并应用清水冲洗后放空,复原系统。

9 验 收

9.0.1 系统竣工后,必须进行工程验收,验收不合格不得投入使用。

9.0.2 系统的验收应由建设单位组织监理、设计、供货、施工等单位共同进行。

9.0.3 系统验收时,应提供下列资料,并应按本规范表 E 填写质量控制资料核查记录:

    1 经审核批准的设计施工图、设计说明书、设计变更通知书;

    2 主要系统组件和材料的符合市场准入制度要求的有效证明文件和产品出厂合格证,材料和系统组件进场检验的复验报告;

    3 系统及其主要组件的安装使用和维护说明书;

    4 施工单位的有效资质文件和施工现场质量管理检查记录;

    5 系统施工过程质量检查记录;

    6 系统试压记录、管网冲洗记录和隐蔽工程验收记录;

    7 系统施工过程调试记录;

    8 系统验收申请报告。

9.0.4 系统的验收应符合下列规定:

    1 隐蔽工程在隐蔽前的验收应合格,并应按本规范表 D.0.7 记录;

    2 质量控制资料核查应全部合格,并应按本规范表 E 记录;

    3 系统施工质量验收和系统功能验收应合格,并应按本规范表 F 记录。

9.0.5 系统验收合格后,施工单位应向建设单位提供下列文件资料:

    1 系统竣工图;

    2 系统施工过程检查记录;

    3 隐蔽工程验收记录;

    4 系统质量控制资料核查记录;

    5 系统验收记录;

    6 其他相关文件、记录、资料清单等。

9.0.6 系统的管道、阀门及支、吊架的验收,除应符合本规范的规定外,尚应符合现行国家标准《工业金属管道工程施工质量验收规范》GB 50184 和《现场设备、工业管道焊接工程施工质量验收规范》GB 50683 中的有关规定。

9.0.7 系统水源的验收应符合下列要求:

    1 室外给水管网的进水管管径及供水能力、消防水池(罐)和消防水箱容量均应符合设计要求;

    2 当采用天然水源作为系统水源时,其水量应符合设计要求,并应检查枯水期最低水位时确保消防用水的技术措施;

    3 过滤器的设置应符合设计要求。

    检查数量:全数检查。

    检查方法:对照设计资料采用流速计、尺等测量和直观检查。

9.0.8 动力源、备用动力源及电气设备应符合设计要求。

    检查数量:全数检查。

    检查方法:试验检查。

9.0.9 消防水泵的验收应符合下列要求:

    1 工作泵、备用泵、吸水管、出水管及出水管上的泄压阀、止回阀、信号阀等的规格、型号、数量应符合设计要求;吸水管、出水管上的控制阀应锁定在常开位置,并有明显标记。

    检查数量:全数检查。

    检查方法:对照设计资料和产品说明书核查。

    2 消防水泵的引水方式应符合设计要求。

    检查数量:全数检查。

    检查方法:直观检查。

    3 消防水泵在主电源下应能在规定时间内正常启动。

    检查数量:全数检查。

    检查方法:打开消防水泵出水管上的手动测试阀,利用主电源向泵组供电;关掉主电源,检查主、备电源的切换情况,用秒表等检查。

    4 当自动系统管网中的水压下降到设计最低压力时,稳压泵应能自动启动。

    检查数量:全数检查。

    检查方法:使用压力表检查。

    5 自动系统的消防水泵启动控制应处于自动启动位置。

    检查数量:全数检查。

    检查方法:降低系统管网中的压力,直观检查。

9.0.10 雨淋报警阀组的验收应符合下列要求:

    1 雨淋报警阀组的各组件应符合国家现行相关产品标准的要求。

    检查数量:全数检查。

    检查方法:直观检查。

    2 打开手动试水阀或电磁阀时,相应雨淋报警阀动作应可靠。

    3 打开系统流量压力检测装置放水阀,测试的流量、压力应符合设计要求。

    检查数量:全数检查。

    检查方法:使用流量计、压力表检查。

    4 水力警铃的安装位置应正确。测试时,水力警铃喷嘴处压力不应小于 0.05MPa,且距水力警铃 3m 远处警铃的响度不应小于 70dB(A)。

    检查数量:全数检查。

    检查方法:打开阀门放水,使用压力表、声级计和尺量检查。

    5 控制阀均应锁定在常开位置。

    检查数量:全数检查。

    检查方法:直观检查。

    6 与火灾自动报警系统和手动启动装置的联动控制应符合设计要求。

9.0.11 管网验收应符合下列规定:

    1 管道的材质与规格、管径、连接方式、安装位置及采取的防冻措施应符合设计要求和本规范第 8.3.14 条的相关规定。

    检查数量:全数检查。

    检查方法:直观检查和核查相关证明材料。

    2 管网放空坡度及辅助排水设施应符合设计要求。

    检查数量:全数检查。

    检查方法:水平尺和尺量检查。

    3 管网上的控制阀、压力信号反馈装置、止回阀、试水阀、泄压阀等,其规格和安装位置均应符合设计要求。

    检查数量:全数检查。

    检查方法:直观检查。

    4 管墩、管道支、吊架的固定方式、间距应符合设计要求。

    检查数量:按总数抽查 20%,且不得少于 5 处。

    检查方法:尺量检查和直观检查。

9.0.12 喷头的验收应符合下列规定:

    1 喷头的数量、规格、型号应符合设计要求。

    检查数量:全数检查。

    检查方法:直观检查。

    2 喷头的安装位置、安装高度、间距及与梁等障碍物的距离偏差均应符合设计要求和本规范第 8.3.18 条的相关规定。

    检查数量:抽查设计喷头数量的 5%,总数不少于 20 个,合格率不小于 95% 时为合格。

    检查方法:对照图纸尺量检查。

    3 不同型号、规格的喷头的备用量不应小于其实际安装总数的 1%,且每种备用喷头数不应少于 5 只。

　　检查数量:全数检查。

　　检查方法:计数检查。

9.0.13　水泵接合器的数量及进水管位置应符合设计要求,水泵接合器应进行充水试验,且系统最不利点的压力、流量应符合设计要求。

　　检查数量:全数检查。

　　检查方法:使用流量计、压力表检查。

9.0.14　每个系统应进行模拟灭火功能试验,并应符合下列要求:

　　1　压力信号反馈装置应能正常动作,并应能在动作后启动消防水泵及与其联动的相关设备,可正确发出反馈信号。

　　检查数量:全数检查。

　　检查方法:利用模拟信号试验检查。

　　2　系统的分区控制阀应能正常开启,并可正确发出反馈信号。

　　检查数量:全数检查。

　　检查方法:利用模拟信号试验检查。

　　3　系统的流量、压力均应符合设计要求。

　　检查数量:全数检查。

　　检查方法:利用系统流量、压力检测装置通过泄放试验检查。

　　4　消防水泵及其他消防联动控制设备应能正常启动,并应有反馈信号显示。

　　检查数量:全数检查。

　　检查方法:直观检查。

　　5　主、备电源应能在规定时间内正常切换。

　　检查数量:全数检查。

　　检查方法:模拟主、备电源切换,采用秒表计时检查。

9.0.15　系统应进行冷喷试验,除应符合本规范第 9.0.14 条的规定外,其响应时间应符合设计要求,并应检查水雾覆盖保护对象的情况。

　　检查数量:至少 1 个系统、1 个防火区或 1 个保护对象。

　　检查方法:自动启动系统,采用秒表等检查。

9.0.16　系统验收应按本规范表 F 记录,系统工程质量验收判定条件应符合下列要求:

　　1　系统工程质量缺陷应按表 9.0.16 的规定划分为严重缺陷项、重要缺陷项和轻微缺陷项;

表 9.0.16　水喷雾灭火系统验收缺陷项目划分

项目	对应本规范的条款要求
严重缺陷项	第 9.0.7 条,第 9.0.9 条第 3 款、第 4 款,第 9.0.11 条第 1 款,第 9.0.12 第 1 款,第 9.0.14 条,第 9.0.15 条
重要缺陷项	第 9.0.8 条,第 9.0.9 条第 1 款、第 2 款、第 5 款,第 9.0.10 条第 1 款、第 2 款、第 3 款、第 4 款、第 6 款,第 9.0.11 条第 3 款,第 9.0.12 第 2 款,第 9.0.13 条
轻微缺陷项	第 9.0.10 条第 5 款,第 9.0.11 条第 2 款、第 4 款,第 9.0.12 条第 3 款

　　2　当无严重缺陷项、重要缺陷项不多于 2 项,且重要缺陷项与轻微缺陷项之和不多于 6 项时,可判定系统验收为合格;其他情况,应判定为不合格。

9.0.17　系统验收合格后,应用清水冲洗放空,复原系统,并应向建设单位移交本规范第 9.0.5 条列出的文件资料。

10　维　护　管　理

10.0.1　水喷雾灭火系统应具有管理、检测、操作与维护规程,并应保证系统处于准工作状态。维护管理工作应按本规范附录 G 的规定进行记录。

10.0.2　维护管理人员应经过消防专业培训,应熟悉水喷雾灭火系统的原理、性能和操作与维护规程。

10.0.3　系统应按本规范要求进行日检、周检、月检、季检和年检,检查中发现的问题应及时按规定要求处理。

10.0.4　每日应对系统的下列项目进行一次检查:

　　1　应对水源控制阀、雨淋报警阀进行外观检查,阀门外观应完好,启闭状态应符合设计要求;

　　2　寒冷季节,应检查消防储水设施是否有结冰现象,储水设施的任何部位均不得结冰。

10.0.5　每周应对消防水泵和备用动力进行一次启动试验。当消防水泵为自动控制启动时,应每周模拟自动控制的条件启动运转一次。

10.0.6　每月应对系统的下列项目进行一次检查:

　　1　应检查电磁阀并进行启动试验,动作失常时应及时更换;

　　2　应检查手动控制阀门的铅封、锁链,当有破坏或损坏时应及时修理更换。系统上所有手动控制阀门均应采用铅封或锁链固定在开启或规定的状态;

　　3　应检查消防水池(罐)、消防水箱及消防气压给水设备,应确保消防储备水位及消防气压给水设备的气体压力符合设计要求;

　　4　应检查保证消防用水不作他用的技术措施,发现故障应及时进行处理;

　　5　应检查消防水泵接合器的接口及附件,应保证接口完好、无渗漏、闷盖齐全;

　　6　应检查喷头,当喷头上有异物时应及时清除。

10.0.7　每季度应对系统的下列项目进行一次检查:

　　1　应对系统进行一次放水试验,检查系统启动、报警功能以及出水情况是否正常;

　　2　应检查室外阀门井中进水管上的控制阀门,核实其处于全开启状态。

10.0.8　每年应对系统的下列项目进行一次检查:

　　1　应对消防储水设备进行检查,修补缺损和重新油漆;

　　2　应对水源的供水能力进行一次测定。

10.0.9　消防水池(罐)、消防水箱、消防气压给水设备内的水,应根据当地环境、气候条件及时更换。

10.0.10　钢板消防水箱和消防气压给水设备的玻璃水位计两端的角阀在不进行水位观察时应关闭。

10.0.11　系统发生故障,需停水进行修理前,应向主管值班人员报告,取得维护负责人的同意,且应临场监督,加强防范措施后方能动工。

附录 A 管道连接件干烧试验方法

A.0.1 管道连接件干烧试验应符合下列规定：

1 试验应在无风的环境下进行；

2 试验装置(图 A.0.1)组件应包括 2 段约 500mm 长的配套管道、3 套管道连接件、1 个带嘴盲板、1 个普通盲板、3 个阀门及 1 个压力表；

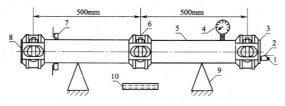

图 A.0.1 试验装置

1—打压接头；2—阀门；3—带嘴盲板；4—压力表；
5—钢管；6—试验样品；7—进水口及排气阀；
8—盲板；9—支架；10—燃烧盘

3 干烧前应对试验组件进行严密性试验，保证各连接部位无泄漏，试验完成后，应将水排净；

4 水喷雾灭火系统用于液化烃储罐时，干烧试验应采用汽油火源；用于其他场所时，可采用甲醇火源；

5 试验燃烧盘面积不应小于 0.08m²，燃烧盘上沿距连接件宜为 200mm，干烧时间不应小于 5min。

A.0.2 干烧结束后，应将组件上的被火烧连接件处浇水冷却，冷却时间不应少于 3min；冷却结束后，向组件内充水并加压至工作压力，管道连接部位不应出现射流状泄漏。

附录 B 水喷雾灭火系统工程划分

表 B 水喷雾灭火系统工程划分

分部工程	序号	子分部工程	分项工程
水喷雾灭火系统	1	进场检验	材料进场检验
			系统组件进场检验
	2	系统施工	消防水泵的安装
			消防水池、消防水箱、消防气压给水设备、水泵接合器的安装
			雨淋报警阀、气动控制阀、电动控制阀的安装
			节流管、减压孔板及减压阀的安装
			管道、阀门的安装和防腐、保温、伴热的施工
			管道试压、冲洗
			水雾喷头的安装
	3	系统调试	水源测试
			动力源和备用动力源切换试验
			消防水泵调试
			稳压泵调试
			雨淋报警阀、气动控制阀、电动控制阀的调试
			排水设施调试
			联动试验
	4	系统验收	水喷雾灭火系统施工质量验收
			水喷雾灭火系统功能验收

附录 C 水喷雾灭火系统施工现场质量管理检查记录

表 C 水喷雾灭火系统施工现场质量管理检查记录

工程名称			
建设单位		项目负责人	
设计单位		项目负责人	
监理单位		监理工程师	
施工单位		项目负责人	
施工许可证		开工日期	

序号	项　目	内　容	
1	现场质量管理制度		
2	质量责任制		
3	操作上岗证书		
4	施工图审查情况		
5	施工组织设计、施工方案及审核		
6	施工技术标准		
7	工程质量检验制度		
8	现场材料、系统组件存放与管理		
9	其他		
结论			

参加单位及人员	施工单位项目负责人： （签章） 　年　月　日	监理工程师： （签章） 　年　月　日	建设单位项目负责人： （签章） 　年　月　日

附录 D 水喷雾灭火系统施工过程质量检查记录

D.0.1 系统施工过程进场检验应由施工单位按表 D.0.1 填写，监理工程师进行检查，并作出检查结论。

表 D.0.1 系统施工过程进场检验记录

工程名称			
施工单位		监理单位	
子分部工程名称	进场检验	执行规范名称及编号	
分项工程名称	质量规定（规范条款）	施工单位检查记录	监理单位检查记录
材料进场检验	8.2.2		
	8.2.3		
	8.2.4		
	8.2.10		
系统组件进场检验	8.2.5		
	8.2.6		
	8.2.7		
	8.2.8		
	8.2.10		
结论			
参加单位及人员	施工单位项目负责人： （签章） 　年　月　日	监理工程师： （签章） 　年　月　日	

D.0.2 阀门的强度和严密性试验应由施工单位按表 D.0.2 填写,监理工程师进行检查,并作出检查结论。

表 D.0.2 阀门的强度和严密性试验记录

工程名称										
施工单位			监理单位							
规格型号	数量	公称压力(MPa)	强度试验				严密性试验			
			介质	压力(MPa)	时间(min)	结果	介质	压力(MPa)	时间(min)	结果
结论										
参加单位及人员	施工单位项目负责人: (签章)				监理工程师: (签章)					
			年 月 日					年 月 日		

D.0.3 系统施工过程中的安装质量检查应由施工单位按表 D.0.3 填写,监理工程师进行检查,并作出检查结论。

表 D.0.3 系统施工过程中的安装质量检查记录

工程名称			
施工单位		监理单位	
子分部工程名称	系统施工	执行规范名称及编号	
分项工程名称	质量规定(规范条款)	施工单位检查记录	监理单位检查记录
消防泵组的安装	8.3.4		
消防水池、消防水箱、消防气压给水设备、水泵接合器的安装	8.3.5 8.3.6 8.3.7		
雨淋报警阀组、气动控制阀门及电动控制阀门等阀门、压力开关、水力警铃的安装	8.3.8 8.3.9 8.3.10 8.3.11		
节流管、减压孔板及减压阀的安装	8.3.12 8.3.13		
管道的安装和防腐	8.3.14 8.3.17		
管道试压、冲洗	8.3.15 8.3.16		
水雾喷头的安装	8.3.18		
结论			
参加单位及人员	施工单位项目负责人: (签章) 年 月 日		监理工程师: (签章) 年 月 日

D.0.4 系统施工过程中的管道试压应由施工单位按表 D.0.4 填写,监理工程师进行检查,并作出检查结论。

表 D.0.4 系统施工过程中的管道试压记录

工程名称											
施工单位			监理单位								
管道编号	设计参数		强度试验				严密性试验				
	管径(mm)	材质	压力(MPa)	介质	压力(MPa)	时间(min)	结果	介质	压力(MPa)	时间(min)	结果
结论											
参加单位及人员	施工单位项目负责人: (签章) 年 月 日					监理工程师: (签章) 年 月 日					

D.0.5 系统施工过程中的管道冲洗应由施工单位按表 D.0.5 填写,监理工程师进行检查,并作出检查结论。

表 D.0.5 系统施工过程中的管道冲洗记录

工程名称								
施工单位			监理单位					
管道编号	设计参数				冲洗			
	管径(mm)	材质	介质	压力(MPa)	介质	压力(MPa)	流量(L/s)	流速(m/s)	冲洗时间或次数	结果
结论								
参加单位及人员	施工单位项目负责人: (签章)				监理工程师: (签章)			
			年 月 日			年 月 日		

D.0.6 系统施工过程中的调试检查应由施工单位按表 D.0.6 填写,监理工程师进行检查,并作出检查结论。

表 D.0.6 系统施工过程中的调试检查记录

工程名称			
施工单位		监理单位	
子分部工程名称	系统调试	执行规范名称及编号	
分项工程名称	质量规定(规范条款)	施工单位检查记录	监理单位检查记录
水源测试	8.4.4		
主动力源和备用动力源切换试验	8.4.5		
消防水泵调试	8.4.6		
稳压泵、消防气压给水设备调试	8.4.7		
雨淋报警阀、气动控制阀门、电动控制阀门的调试	8.4.8、8.4.9		
排水设施调试	8.4.10		
联动试验	8.4.11		
结论			
参加单位及人员	施工单位项目负责人: (签章) 年 月 日	监理工程师: (签章) 年 月 日	

D.0.7 系统施工过程中的隐蔽工程验收应由施工单位按表D.0.7填写,隐蔽前应由施工单位通知建设、监理等单位进行验收,并作出验收结论,由监理工程师填写。

表 D.0.7 系统施工过程中的隐蔽工程验收记录

工程名称												
建设单位					设计单位							
监理单位					施工单位							
管道编号	设计参数			强度试验				严密性试验				防腐
	管径(mm)	材料	介质	压力(MPa)	介质	压力(MPa)	时间(min)	结果	介质	压力(MPa)	时间(min)	结果	等级	结果
隐蔽前的检查												
隐蔽方法												
简图或说明												
验收结论												
验收单位	施工单位 项目负责人: (签章) 年 月 日			监理单位 监理工程师: (签章) 年 月 日				建设单位 项目负责人: (签章) 年 月 日				

附录 E 水喷雾灭火系统质量控制资料核查记录

表 E 水喷雾灭火系统质量控制资料核查记录

工程名称				
建设单位		设计单位		
监理单位		施工单位		
序号	资料名称	资料数量	核查结果	核查人
1	经批准的设计施工图、设计说明书			
2	设计变更通知书、竣工图			
3	系统组件的市场准入制度要求的有效证明文件和产品出厂合格证,材料的出厂检验报告与合格证,材料和系统组件进场检验的复验报告			
4	系统组件的安装使用说明书			
5	施工许可证(开工证)和施工现场质量管理检查记录			
6	水喷雾灭火系统施工过程检查记录及阀门的强度和严密性试验记录、管道试压和管道冲洗记录、隐蔽工程验收记录			
7	系统验收申请报告			
8	系统施工过程调试记录			
核查结论				
核查单位	建设单位 项目负责人: (签章) 年 月 日	施工单位 项目负责人: (签章) 年 月 日	监理单位 监理工程师: (签章) 年 月 日	

附录 F 水喷雾灭火系统验收记录

表 F 水喷雾灭火系统验收记录

工程名称				
建设单位		设计单位		
监理单位		施工单位		
子分部工程名称	系统验收	执行规范名称及编号		
分项工程名称	质量规定(规范条款)	验收内容记录	验收评定结果	
系统施工质量验收	9.0.7			
	9.0.8			
	9.0.9			
	9.0.10			
	9.0.11			
	9.0.12			
	9.0.13			
系统功能验收	9.0.14			
	9.0.15			
验收结论				
验收单位	建设单位 (公章) 项目负责人: (签章) 年 月 日	施工单位 (公章) 项目负责人: (签章) 年 月 日	监理单位 (公章) 总监理工程师: (签章) 年 月 日	设计单位 (公章) 项目负责人: (签章) 年 月 日

29

附录 G 水喷雾灭火系统维护管理工作检查项目及记录

G.0.1 系统的维护管理工作检查项目宜按表 G.0.1 的要求进行。

表 G.0.1 系统的维护管理工作检查项目

部 位	工作内容	周 期
水源控制阀、雨淋报警阀	外观检查	每日一次
储水设施	检查是否冰冻	寒冷季节每日一次
消防水泵和备用动力	进行启动试验	每周一次
电磁阀	外观检查并进行启动试验	
手动控制阀门	检查铅封、锁链	
消防水池(罐)、消防水箱及消防气压给水设备	检查水位、气压及消防用水不作他用的技术措施	每月一次
消防水泵接合器	检查接口及附件	
喷头	外观检查	
放水试验	检查系统启动、报警功能以及出水情况	每季度一次
室外阀门井中进水管上的控制阀门	检查开启状况	
消防储水设备	修补缺损,重新油漆	每年一次
水源	测试供水能力	

G.0.2 系统在定期检查和试验后宜按表 G.0.2 的要求填写维护管理记录。

表 G.0.2 系统维护管理记录

使用单位						
防护区/保护对象						
检查类别(日检/周检/月检/季检/年检)						
检查日期	检查项目	检查、试验内容	结果	存在问题及处理情况	检查人(签字)	负责人(签字)
备注						

注:1 检查项目栏内应根据系统选择的具体设备进行填写;
 2 结果栏内填写合格、部分合格、不合格。

中华人民共和国国家标准

水喷雾灭火系统技术规范

GB 50219-2014

条 文 说 明

1 总 则

1.0.1 水喷雾灭火系统是在自动喷水灭火系统的基础上发展起来的,主要用于火灾蔓延快且适合用水但自动喷水灭火系统又难以保护的场所。该系统是利用水雾喷头在一定水压下将水流分解成细小水雾滴进行灭火或防护冷却的一种固定式灭火系统。水喷雾灭火系统不仅可扑救固体、液体和电气火灾,还可为液化烃储罐等火灾危险性大、扑救难度大的设施或设备提供防护冷却。其广泛用于石油化工、电力、冶金等行业。近年来,水喷雾灭火系统在酿酒行业得到了推广应用。本次修订增加了酒厂水喷雾灭火系统的相关设计内容。

另外,水喷雾灭火系统的保护对象涵盖了电力、石油化工等工业设施、设备,有别于自动喷水灭火系统,为此,本次修订补充了相关施工、验收的内容。

1.0.2 本规范属于固定灭火系统工程建设国家规范,其主要任务是提出解决工程建设中设计水喷雾灭火系统的技术要求。我国现行国家标准《建筑设计防火规范》GB 50016、《石油天然气工程设计防火规范》GB 50183、《石油化工企业设计防火规范》GB 50160、《火力发电厂与变电站设计防火规范》GB 50229、《钢铁冶金企业设计防火规范》GB 50414、《酒厂设计防火规范》GB 50694 等有关规范均对应设置水喷雾灭火系统的场所作了明确规定,为水喷雾灭火系统的应用提供了依据。本规范与上述国家标准配套并衔接,适用于各类新建、扩建、改建工程中设置的水喷雾灭火系统。

由于在车、船等运输工具中设置的水喷雾装置及移动式水喷雾装置均执行其本行业规范或一些相关规定,而且这些水喷雾装置通常不属于一个完整的系统。因此,对于本规范是不适用的。

1.0.3 本条是在综合国外有关规范的内容和国内多年来开展水喷雾灭火系统试验研究成果的基础上制订的。

美国、日本和欧洲的规范将水喷雾灭火系统的防护目的划分为：灭火、控制燃烧、暴露防护和预防火灾四类，其后三类的概念均可由防护冷却来表达。本规范综合国外和国内应用的具体情况将水喷雾灭火系统的防护目的划分灭火和防护冷却。另外，美国和日本等国基本是以具体的保护对象来规定适用范围的，而本规范基本采用我国消防规范标准对火灾类型的划分方式规定了水喷雾灭火系统的适用范围。

我国从 1982 年开始，由公安部天津消防研究所对水喷雾灭火系统的应用和适用范围进行了深入研究，不仅对各种固体火灾（如木材、纸张等）及液体火灾进行了各种灭火试验，取得了较好的灭火效果，而且对水喷雾的电绝缘性能进行了一系列试验。现主要对水喷雾电绝缘试验介绍如下。

（1）试验 1。公安部天津消防研究所委托天津电力试验所对该所研制的水雾喷头进行了电绝缘性能试验。试验布置如图 1 所示。

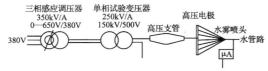

图 1　电绝缘性能试验布置图

试验条件：试验在高压雾室内进行，室温 28℃～30℃，湿度 85%，大气压 0.1MPa，试验所用水的电导率为 400μs/cm。

试验布置：高压电极为 2m×2m 的镀锌钢板，水雾喷头、管路、水泵、水箱全部用 10mm 厚的环氧布板与地面绝缘。试验时高压电极上施加交流工频电压 146kV，水雾喷头距离高压电极 1m，在不同水压下向高压电极喷射水雾，此时通过微安表测得的电流数值如表 1 所示。

试验结果：水雾喷头工作压力越高，水雾滴直径越小，泄漏电流也越小；在工作压力相同的条件下，流量规格小的水雾喷头的泄漏电流小，同时也说明研制的水雾喷头用于电气火灾的扑救是安全的。

表 1　微安表测得的电流数值

喷头种类	水压（MPa）								不喷水时分布电容感应的电流（μA）
	0.2		0.35		0.35		0.35		
	电流（μA）								
	总电流	泄漏电流	总电流	泄露电流	总电流	泄漏电流	总电流	泄漏电流	
ZSTWA-80	227	80	208	61	197	50	190	43	147
ZSTWA-50	183	59	176	52	173	49	173	49	124
ZSTWA-30	133	18	125	10	120	5	117	2	115
ZSTWA-80	173	53	164	44	148	28	146	26	120
ZSTWA-50	193	47	174	28	176	30	178	32	146
ZSTWA-30	190	34	173	17	175	19	168	12	156

（2）试验 2。1991 年 4 月，公安部天津消防研究所会同有关单位，在大港电厂利用大港地区深井消防用水进行了水喷雾带电喷淋时的绝缘程度试验，试验情况如下：

试验条件：试验在室外进行，东南风三级，环境温度 18℃，试验用水属盐碱性水，电导率为 1700μs/cm。

试验布置：两个报废的 110kV 绝缘子直立相连，上部顶端放置高压电极，下部底座放置接地极，瓷瓶侧面放置直立方向接地极。根据实际需要可以改变高压电极与直立方向接地极的距离。两只喷头同时向喷水，喷头距电极 2.3m，喷雾直接喷向高压电极，喷头和绝缘瓷瓶夹角为 45°及 90°，喷头处水压为 0.4MPa。喷头型号为 ZSTWB-80-120。

试验结果：试验结果见表 2。试验时雾滴直径基本为 0.2mm，供给强度为 25L/(min·m²)，带电喷淋 1min。

表 2　试验数据

喷头角度（°）	两电极水平距离（m）	试验电压（相电压）（10⁴V）	空载漏电电流（mA）	漏电电流（mA）	对底座地极闪络	对水平地极闪络
45	3	240	50	50	无	无
45	2.8	240	50	50	无	无
45	2.6	240	50	50	无	无
90	2.6	240	50	50	无	无

上述两项试验表明，水喷雾具有良好的电绝缘性，直接喷向带电的高压电极时，漏电电流十分微小，且不会产生闪络现象。因此，水喷雾灭火系统用于电气火灾的扑救是安全的。

近年来，我国有关单位用水喷雾灭火系统对饮料酒火灾进行了灭火试验研究，取得了较好效果，并将水喷雾灭火系统在国内部分酒厂进行了推广应用。因此，本次修订在适用范围内增加了饮料酒火灾。

1.0.4 水喷雾灭火系统的不适用范围包括两部分内容：

第一部分是不适宜用水扑救的物质，可划分为两类。第一类为过氧化物，如：过氧化钾、过氧化钠、过氧化钡、过氧化镁，这些物质遇水后会发生剧烈分解反应。第二类为遇水燃烧物质，这类物质遇水能使水分解，夺取水中的氧与之化合，并放出热量和产生可燃气体造成燃烧或爆炸。这类物质主要有：金属钾、金属钠、碳化钙（电石）、碳化铝、碳化钠、碳化钾等。

第二部分为使用水雾会造成爆炸或破坏的场所，主要指以下几种情况：一是高温密闭的容器内或空间内，当水雾喷入时，由于水雾的急剧汽化使容器或空间内的压力急剧升高，容易造成破坏或爆炸。二是对于表面温度经常处于高温状态的可燃液体，当水雾喷射至其表面时会造成可燃液体的飞溅，致使火灾蔓延。

3 基本设计参数和喷头布置

3.1 基本设计参数

3.1.1 基本设计参数包括设计供给强度、持续喷雾时间、保护面积、水雾喷头的工作压力和系统响应时间。基本设计参数需要根据水喷雾灭火系统的防护目的与保护对象的类别来选取。

3.1.2 水喷雾灭火系统的供给强度、响应时间和持续喷雾时间是保证灭火或防护冷却效果的基本设计参数。本条按防护目的，针对不同保护对象规定了各自的供给强度、持续喷雾时间和响应时间。

（1）关于保护对象的防护目的

1）油浸变压器的水喷雾防护

变压器油是从原油中提炼出的以环烃为主的烃类液体混合物，初馏点大于 300℃，闪点一般在 140℃以上，变压器油经过较长时间工作后，因高压电解、局部高温裂解，会产生少量的氢和轻烃，这些气态可燃物质很容易发生爆炸。

本规范编制组针对油浸变压器火灾进行了专门研究，搜集了国内若干变压器火灾案例，由案例分析得知，变压器的火灾模式主要有三种：初期绝缘子根部爆裂火灾、油箱局部爆裂火灾、油箱整体爆裂火灾。其中初期绝缘子根部爆裂火灾为主，油箱局部爆裂火灾多由绝缘子根部爆裂火灾发展而成。从三种火灾模式来看，固定灭火系统能够扑救的火灾为绝缘子根部爆裂火灾与变压器油沿油箱外壁流向集油池的变压器油箱局部爆裂火灾，油箱整体爆裂火灾是各种固定灭火系统无法保护的。所以，水喷雾灭火系统设计参数的确定立足于扑救绝缘子根部爆裂火灾与变压器油沿油箱外壁流向集油池的变压器油箱局部爆裂火灾。

对此，公安部天津消防研究所会同有关单位，在 2009 年 5 月～6 月进行了多次变压器火灾模拟试验，变压器模型用钢板焊制而成，长 2500mm、宽 1600mm、高 1500mm，在变压器模型的两个斜面上各开有 3 个 φ460 的圆孔，用来模拟变压器发生火灾时沿绝缘子开裂的情形，圆孔均匀布置。每次试验变压器模型的开孔情况如下：试验 1 和试验 2 所有孔全开；试验 3 为 3 个开孔，开孔位于变压器模型的同一侧；试验 4 为 4 个开孔，变压器一侧开 3 孔，另一侧中间开孔；试验 5 为 2 个开孔，一侧中间开孔，一侧边上开孔；试验 6 为 3 个开孔，一侧两边开孔，一侧中间开孔。主要试验结果见表 3。

表3 试验结果

试验编号	1	2	3	4	5	6
喷头数量(个)	14	8	8	8	8	8
喷头雾化角(°)	60	90	90	90	90	90
喷头安装高度(m)	1.8	1.8	1.6	1.6	1.6	1.6
变压器开口数量(个)	6	6	3	4	2	3
变压器开口直径(mm)	460	460	460	460	460	460
油层厚度(mm)	50	50	50	50	50	50
预燃时间(min:s)	3:00	2:03	2:06	2:27	1:41	2:34
供给强度[L/(min·m²)]	18.92	27	16.22	16.22	16.22	16.22
灭火时间(min:s)	未灭火	未灭火	2:05	未灭火	1:05	1:08

试验结果表明，水喷雾变压器火灾时，水雾蒸发形成的水蒸气的窒息作用明显，可以较快控制火灾，在变压器开孔较少时，变压器内部和外部未形成良好通风条件，火灾规模小，水喷雾可以成功灭火；而在变压器开孔较多时，内、外部易形成良好通风条件，火灾规模大，较大的喷雾强度也难以灭火。一般情况下，变压器初期火灾规模较小，可能会只有个别绝缘套管爆裂，此时若水喷雾灭火系统及时启动，则可有效扑灭火灾，但若火灾发展到一定规模时，如多个绝缘套管同时爆裂或油箱炸裂时，则水喷雾难以灭火，但此时靠水雾的冷却、窒息作用可以有效控制火灾，可为采取其他消防措施赢得时间。

2)液化烃储罐或类似液体储罐的水喷雾防护

常温下为气态的烃类气体(C1～C4)经过加压或(和)降温呈液态后即称为液化烃，其他类似液体是指理化性能和液化烃相似的液体，如环氧乙烷、二甲醚、液氨等。对于液化烃储罐或类似液体储罐，设置水喷雾灭火系统的目的主要是对储罐进行冷却降温，防止发生沸溢蒸汽爆炸。如 LPG 储罐发生泄漏后，过热液体会迅速汽化，形成 LPG 蒸汽云，蒸汽云遇火源发生爆炸后，会回火点燃泄漏源，形成喷射火，使储罐暴露于火焰中，若此时不能对储罐进行有效的冷却，罐内液体会急速膨胀、沸腾，液面以上的罐壁(干壁)温度将迅速升高，强度下降。同时，蒸汽压会出现异常的升高，一定时间后，干壁将产生热塑性破口，罐内压力急剧下降，液体处于深过热状态，迅速膨胀气化产生大量蒸汽，从而引发沸溢蒸汽爆炸。发生沸溢蒸汽爆炸将会导致重大人员伤亡和财产损失，其后果是灾难性的。据火灾案例及相关研究，一个 9000kg 的 LPG 储罐发生沸溢蒸汽爆炸，其冲击波将会使半径 115m 范围内露天人员死亡或整幢建筑破坏的概率可能高达 100%，影响半径达 235m，如若考虑高速容器碎块抛射物造成的伤害，影响范围可达 300m ～ 600m，甚至到达 800m 以上。因此，这类储罐设置水喷雾灭火系统的主要目的就是对储罐进行冷却降温，防止形成沸溢蒸汽爆炸。

(2)供给强度和持续喷雾时间

1)国外相关规范对喷雾强度的规定

按防护目的规定见表 4。

表4 国外规范对水喷雾灭火系统喷雾强度的规定

防护目的	供给强度[L/(min·m²)]			
	NFPA15	API2030		日本
灭火	6.1～20.4	固体	6.1～12.2	30
		液体	14.6～20.4	
控制燃烧	20.4	8.2～20.4		20
暴露防护	4.1～12.2	4.1～10.2		10

按保护对象的规定见表 5。

表5 国外规范对水喷雾灭火系统喷雾强度的规定

防护对象	供给强度[L/(min·m²)]			
	NFPA15	API2030	日本	prEN14816
输送机皮带	10.2	—	30	7.5
变压器	10.2	10.2	10	灭火:15～30 控火:10
电缆托架	12.2	—	—	12.5
压力容器	10.2	10.2	7	10
泵、压缩机和相关设备	20.4	20.4	—	10

2)国外相关规范对持续喷雾时间的规定

美国 NFPA15 和 API 2030 对水喷雾灭火系统的持续喷雾时间作为一个工程判断问题处理，对防护冷却系统要求能持续喷雾数小时不中断。

日本保险协会规定水喷雾灭火系统的持续喷雾时间不应小于 90min。日本消防法、日本《液化石油气保安规则》对具体保护对象的持续喷雾时间规定如下：通信机房和储存可燃物的场所，汽车库和停车场要求水源保证不小于持续喷雾 20min 的水量。

prEN14816 对水喷雾的各类保护对象规定了喷雾时间，最短的 30min，最长的 120min。

3)国内规范的规定

现行国家标准《自动喷水灭火系统设计规范》GB 50084 中规定严重危险级建构筑物的设计浇水强度为 12L/(min·m²)～16L/(min·m²)，消防用水量按火灾延续时间不小于 1h 计算。

现行国家标准《石油化工企业设计防火规范》GB 50160 中规定全压力式液化烃储罐的消防冷却水供给强度为 9L/(min·m²)，火灾延续时间按 6h 计算；对于甲B、乙、丙类液体储罐，固定顶储罐的消防冷却水供给强度为 2.5L/(min·m²)，浮顶罐和相邻罐为 2.0L/(min·m²)，冷却水延续时间，直径不超过 20m 的按 4h 计算，直径超过 20m 的按 6h 计算。现行国家标准《石油天然气工程设计防火规范》GB 50183 的规定和现行国家标准《石油化工企业设计防火规范》GB 50160 类似。

4)国内外有关试验数据

①英国消防研究所皮·内斯发表的论文《水喷雾应用于易燃液体火灾时的性能》中的有关试验数据如下：

高闪点油火灾：灭火要求的供给强度为 9.6L/(min·m²)～60L/(min·m²)；

水溶性易燃液体火灾：灭火要求的供给强度为 9.6L/(min·m²)～18L/(min·m²)；

变压器火灾：灭火要求的供给强度为 9.6L/(min·m²)～60L/(min·m²)；

液化石油气储罐火灾：防护冷却要求的供给强度为 9.6L/(min·m²)。

②英国消防协会 G·布雷发表的论文《液化气储罐的水喷雾保护》中指出：只有以 10L/(min·m²) 的供给强度向储罐喷射水雾才能为被火焰包围的储罐提供安全保护。

③美国石油协会(API)和日本工业技术院资源技术试验所分

别在20世纪50年代和60年代进行了液化气储罐水喷雾保护的试验,结果均表明对液化石油气储罐的供给强度大于6L/(min·m²)即是安全的,采用10L/(min·m²)的供给强度是可靠的。

④20世纪80年代,公安部天津消防研究所对柴油、煤油、变压器油等液体进行了灭火试验,试验数据见表6,可以看到在12.8 L/(m²·min)的供给强度下,水喷雾可较快灭火。

表6 试验数据表

试验油品	闪点(℃)	油盘面积(m²)	油层厚度(mm)	预燃时间(s)	喷头数量(个)	喷头间距(m)	安装高度(m)	供给强度[L/(m²·min)]	灭火时间(s)
0#柴油	>38	1.5	10	60	4	2.5	3.5	12.8	5~34
煤油	>38	1.5	10	60	4	2.5	3.5	12.8	80~105
变压器油	140	1.5	10	60	4	2.5	3.5	12.8	3~8

⑤公安部天津消防研究所于1982年至1984年进行了液化石油气储罐受火灾加热时喷雾冷却试验,对一个被火焰包围的球面罐壁进行喷雾冷却,获得了与美、英、日等国同类试验基本一致的结论,即6L/(min·m²)供给强度是接近控制壁温、防止储罐干壁强度下降的临界值,10L/(min·m²)供给强度可获得露天有风条件下保护储罐干壁的满意效果。

⑥公安部、石油部、商业部,1966年在公安部天津消防研究所进行泡沫灭火试验时,对100m³散口汽油储罐采用固定式冷却,测得冷却水强度最低为0.49 L/(s·m),最高为0.82 L/(s·m)。1000m³油罐采用固定式冷却,测得冷却水强度为1.2 L/(s·m)~1.5(L/s·m)。上述试验,冷却效果较好,试验油罐温度控制在200℃~325℃之间,仅发现罐壁部分出现焦黑,罐体未发生变形。当时认为:固定式冷却水供给强度可采用0.5 L/(s·m),并且由于设计时不能确定哪是着火罐、哪是相邻罐,《建筑设计防火规范》TJ 16—74与《石油库设计规范》GBJ 74—84最先规定着火罐和相邻罐固定式冷却水最小供给强度同为0.5 L/(s·m)。此后,国内石油库工程项目基本都采用了这一参数。

随着储罐容量、高度的不断增大,以单位周长表示的0.5L/(s·m)冷却水供给强度对于高度大的储罐偏小;为使消防冷却水在罐壁上分布均匀,罐壁设加强圈、抗风圈的储罐需要分几圈设消防冷却水环管供水;国际上已通行采用"单位面积法"来表示冷却水供给强度。所以,现行国家标准《石油库设计规范》GB 50074和《石油化工企业设计防火规范》GB 50160将以单位周长表示的冷却水供给强度,按罐壁高13m的5000m³固定顶储罐换算成单位罐壁表面积表示的冷却水供给强度,即0.5L/(s·m)×60÷13m≈2.3L/(min·m²),适当调整取2.5L/(min·m²)。故规定固定顶储罐、浅盘式或浮盘由易熔材料制作的内浮顶储罐的着火罐冷却水供给强度为2.5L/(min·m²)。浮顶、内浮顶储罐着火时,通常火势不大,且不是罐壁四周都着火,故冷却水供给强度小些。现行国家标准《石油天然气工程设计防火规范》GB 50183也是这种思路。

相邻储罐的冷却水供给强度至今国内未开展过试验,现行国家标准《石油库设计规范》GB 50074和《石油化工企业设计防火规范》GB 50160对此参数是根据测定的热辐射强度进行推算确定的。思路是:甲B、乙类固定顶储罐的间距为0.6D(D为储罐直径),接近0.5D。假定消防冷却水系统的水温为20℃,冷却过程中一半冷却水达到100℃并汽化吸收的热量为1465kJ/L,要带走距着火油罐罐壁0.5D处最大值为23.84 kW/m²(相关试验测量值)辐射热,所需的冷却水供给强度约为1.0L/(min·m²)。《石油库设计规范》GBJ 74—84(1995年版)和《石油化工企业设计防火规范》GB 50160—92曾一度规定相邻储罐固定式冷却水供给强度为1.0L/(min·m²)。后因要满足这一参数,喷头的工作压力需降至着火罐冷却水喷头工作压力的1/6.25,在操作上难以实现。于是,《石油化工企业设计防火规范》GB 50160—92(1999年版)率先

修改,不管是固定顶储罐还是浮顶储罐,其冷却强度均调整为2.0L/(min·m²)。《石油库设计规范》GB 50074—2002也采纳了这一参数。

值得说明的是,100 m³试验罐高5.4m,若将1966年国内试验时测得的最低冷却水强度0.49 L/(s·m)一值进行换算,结果应大致为6.0L/(min·m²);相邻储罐消防冷却水供给强度的推算思路也不一定成立。与国外相关标准规范的规定相比(见表7),我国规范规定的消防冷却水供给强度偏低。然而,设置消防冷却水系统的储罐区大都设置了泡沫灭火系统,及时供给泡沫可快速灭火;并且着火储罐不一定为辐射热强度大的汽油、不一定处于中低液位、不一定形成全敞口。所以,规范规定的冷却水供给强度是能发挥一定作用的。

表7 部分国外标准、规范规定的可燃液体储罐消防冷却水供给强度

序号	标准、规范名称	冷却水供给强度	
		着火罐	相邻罐
1	美国消防协会NFPA15固定水喷雾消防系统标准	10.2L/(min·m²)	最小2L/(min·m²),通常2L/(min·m²),最大10.22L/(min·m²)
2	俄罗斯 СИНП2.11.03—93石油和石油制品仓库设计标准	罐高12m及以上:0.75L/(s·m);罐高12m以下:0.50L/(s·m)	罐高12m及以上:0.30L/(s·m);罐高12m以下:0.20L/(s·m)
3	英国石油学会石油工业安全规范第19部分	10 L/(min·m²)	大于2L/(min·m²)

(3)有关响应时间的主要依据

水喷雾灭火系统一般用于火灾危险性大、火灾蔓延速度快、灭火难度大的保护对象。当发生火灾时如不及时灭火或进行防护冷却,将造成较大的损失。因此,水喷雾灭火系统不仅要保证足够的供给强度和持续喷雾时间,而且要保证系统能迅速启动。响应时间是评价水喷雾灭火系统启动快慢的性能指标,也是系统设计必须考虑的基本参数之一。本条根据根据保护对象的防护目的及防火特性,规定了各类对象的响应时间。

国外规范有关响应时间的规定如下:

NFPA15规定系统应能使水进入管道并从所有开式喷头有效喷洒水雾,期间不应有延迟。对此在附录中解释为水喷雾灭火系统的即时启动需要满足设计目标,在大多数装置中,所有开式喷头应在探测系统探测到火灾后30s内有效喷水。另外规定探测系统应在没有延迟的情况下启动系统启动阀。对此在附录中解释为探测系统的响应时间从暴露于火灾到系统启动阀启动一般为40s。

prEN14816规定系统设计应满足在探测系统动作之后的60s内,所有喷头应能有效喷雾。此外,某些国外规范推荐水喷雾灭火系统采用与火灾自动报警系统联网自动控制,系统组成中采用雨淋报警阀控制水流,并使其能自动或手动开启的做法均是为了保证系统的响应时间。

综上所述,当水喷雾灭火系统用于灭火时,要求系统能够快速启动,以将火灾扑灭于初期阶段,因此,规定系统响应时间不大于60s。当系统用于防护冷却时,根据保护场所的危险程度及系统的可操作性,分别规定了不同的响应时间。如对于危险性较大的液化烃储罐,发生火灾时,需要尽快冷却,以免发生沸液蒸汽爆炸,因此,规定其响应时间不大于120s;对于危险程度相对较低的甲B、乙、丙类液体储罐,发生火灾后,短时间内火灾不会对储罐造成较大危害,因此,规定响应时间不大于300s。

(4)其他说明

当水喷雾灭火系统用于灭火时,具体设计参数基本是按照

火灾类别来规定的,这样可以涵盖更多的保护对象。如对于加工和使用可燃液体的设备,其可燃物主要为液体,可根据所用液体的闪点来确定具体设计参数。举例说明,对于电厂中的汽轮机油箱、磨煤机油箱、电液装置、氢密封油装置、汽轮发电机组轴承、给水泵油箱等,这些设备所使用油品的闪点一般在120℃以上,适用闪点高于120℃液体的设计参数;对于锅炉燃烧器、柴油发电机室、柴油机消防泵及油箱等,适用闪点60℃~120℃的液体的设计参数。对于钢铁冶金企业中的热连轧高速轧机机架(未设油雾抑制系统)、液压站、润滑油站(库)、地下油管廊、储油间、柴油发电机房等,适用闪点60℃~120℃的液体的设计参数;对于配电室、油浸电抗器室、电容器室,适用闪点高于120℃液体的设计参数。

表3.1.2中甲、乙类液体及可燃气体生产、输送、装卸设施包括泵、压缩机等相关设备。

本条规定的参数为水喷雾灭火系统的关键设计参数,设计时必须做到,否则灭火和冷却效果难以保证。因此,将本条确定为强制性条文。

3.1.3 本条规定的主要依据如下:

(1)防护目的

水雾喷头须在一定工作压力下才能使出水形成喷雾状态。一般来说,对一种水雾喷头而言,工作压力越高,其出水的雾化效果越好。此外,相同供给强度下,雾化效果好有助于提高灭火效率。灭火时,要求喷雾的动量较大,雾滴粒径较小,因此,需要向水雾喷头提供较高的水压,防护冷却时,要求喷雾的动量较小,雾滴粒径较大,需要提供给喷头的水压不宜太高。

(2)国外同类规范的规定

NFPA15规定保护室外危险场所的喷头,其最低工作压力应为0.14MPa,保护室内危险场所的喷头,其最低工作压力应按其注册情况确定。

API 2030规定室外喷头的喷洒压力不应低于0.21MPa。

日本《水喷雾灭火设备》按照不同的防护目的给出的喷头工作压力如下:

灭火:0.25MPa~0.7MPa;

防护冷却:0.15MPa~0.5MPa。

(3)国产水雾喷头的性能

目前我国生产的水雾喷头,多数在压力大于或等于0.2MPa时,能获得良好的水量分布和雾化要求,满足防护冷却的要求;压力大于或等于0.35MPa时,能获得良好的雾化效果,满足灭火的要求。另外,公安部天津消防研究所曾对B型和C型水雾喷头在不同压力下的喷雾状态进行过试验,测试最低压力为0.15MPa,在该压力下喷头的雾化角和雾滴直径也满足其产品标准的要求。

综上所述,尤其是根据我国水雾喷头产品现状和水平,确定了喷头最低工作压力。

水雾喷头的工作压力必须满足本条规定,否则,影响灭火和冷却效果。因此,将本条确定为强制性条文。

3.1.4 不论是平面的还是立体的保护对象,在设计水喷雾灭火系统时,按设计供给强度向保护对象表面直接喷雾,并使水雾覆盖或包围保护对象是保证灭火或防护冷却效果的关键。保护对象的保护面积是直接影响水雾喷头布置、确定系统流量和系统操作的重要因素。

1 将保护对象的外表面面积确定为保护面积是本款规定的基本原则。对于外形不规则的保护对象,则规定为首先将其调整成能够包容保护对象的规则体或规则体的组合体,然后按规则体或组合体的外表面面积确定保护面积。

2 本款规定了变压器保护面积的确定方法,对此各国均有类似规定。

对变压器的防护需要考虑它的整个外表面,包括变压器和附属设备的外壳、贮油箱和散热器等。

美国NFPA15和欧洲标准prEN14816均规定:保护变压器时,需要对其所有暴露的外表面提供完全的水喷雾保护,包括特殊构造、油枕、泵等设备。

日本消防法中对变压器保护面积的确定方法(图2)如下:

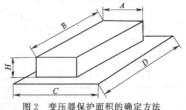

图2 变压器保护面积的确定方法
A—变压器宽度;B—变压器长度;C—集油坑宽度;
D—集油坑长度;H—变压器高度

保护面积 $S=(CD-AB)+2(A+B)H+AB$

3 本款根据第1款的规定,要求分层敷设的多层电缆,在计算保护面积时按包容多层电缆及其托架总体的最小规则体的外表面面积确定。

3.1.5 液化石油气灌瓶间的保护面积为整个使用面积。对于陶坛或桶装酒库,盛酒容器破裂后,火灾可能会在整个防火分区蔓延,因此保护面积按防火分区的建筑面积确定。

3.1.6 输送煤等可燃物料的皮带一般采用阻燃皮带,确定其保护面积时可按载有可燃物的上行皮带的上表面积确定,水雾对着火的输送皮带喷洒时,在向可燃物料喷水的同时,对下行皮带也有一定的淋湿作用。当输送栈桥内有多条皮带时,系统设计可考虑仅对着火皮带喷水。

对于长距离输送皮带,为使系统能够快速喷水并达到设计强度,需对其进行分段保护。参考电厂输煤栈桥的设置情况,确定了每段皮带的最小保护长度。一般电厂的输煤皮带长度不超过400m,电厂的水量一般按照主厂房确定,经测算,全厂水量为600m³/h的电厂,在输送皮带着火时,其水量可同时满足400m左右长皮带的喷水需要。在综合考虑系统用水量、响应时间、皮带运行速度的情况下,确定每段皮带的保护长度不小于100m。对于煤化工等其他场所,其用水量一般比电厂大,能够满足本条要求。

3.1.7 开口容器的着火面为整个液面,因此要求喷雾覆盖整个液面。

3.1.8 本条参照NFPA15《固定水喷雾系统标准》制订。

3.1.9 本条规定了甲B、乙、丙类液体储罐的冷却范围和保护面积。

1 本款规定是在综合试验和辐射热强度与距离平方成反比的热力学理论及现实工程中油罐的布置情况的基础上作出的。

为给相关规范的制订提供依据,有关单位分别于1974年、1976年、1987年,在公安部天津消防研究所试验场进行了全敞口汽油储罐泡沫灭火及其热工测试试验。现将有关辐射热测试数据摘要汇总,见表8(表中 L 为测点至试验油罐中心的距离,D 为试验油罐直径,H 为试验油罐高度)。不过,由于试验时对储罐进行了水冷却,且燃烧时间仅有2min~3min左右,测得的数据可能偏小。即使这样,1974年的试验显示,距离5000m³低液面着火油罐1.5倍直径、测点高度等于着火储罐罐壁高度处的辐射热强度,平均值为2.17kW/m²,四个方向平均最大值为2.39kW/m²,最大值为4.45kW/m²;1976年的5000 m³汽油储罐试验显示,液面高度为11.3m,测点高度等于着火储罐罐壁高度时,距离着火储罐罐壁1.5倍直径处四个方向辐射热强度平均值为3.07kW/m²,平均最大值为4.94 kW/m²,最大值为5.82kW/m²。尽管目前国内外标准、规范并未明确将辐射热强度的大小作为消防冷却的条件,但根据试验测试,热辐射强度达到4kW/m²时,人员只能停留20s;12.5kW/m²时,木材燃烧、塑料熔化;37.5kW/m²时,设备完全损坏。可见辐射热强度达到

4kW/m²时,必须进行水冷却,否则,相邻储罐被引燃的可能性较大。

表8 国内油罐灭火试验辐射热测试数据摘要汇总表

试验年份	试验油罐参数(m)			测定位置		辐射热量(kW/m²)		
	直径	高度	液面	L/D	H	平均值	平均最大值	最大值
1974	5.4	5.4	高液面	1.5	1.0H	6.88	7.76	8.26
			低液面	1.5	0.5H	1.62	—	2.44
				1.5	1.0H	3.88	4.77	11.62
				1.5	1.5H	8.58	9.98	17.32
	22.3	11.3	低液面	1.0	1.0H	6.30	6.80	13.41
				1.5	1.0H	2.52	2.83	4.91
				2.0	1.0H	2.17	2.39	4.45
1976	22.3	11.3	高液面	1.0	1.0H	8.84	13.57	23.84
				1.5	1.0H	4.42	5.93	9.25
				2.0	1.0H	3.07	4.94	5.82
1987	5.4	5.4	中液面	1.0	1.0H	17.10	30.70	35.90
				1.5	1.0H	9.50	17.40	18.00
				1.5	1.8m	3.95	7.20	7.80
				2.0	1.8m	2.95	4.95	6.10
	22.3	11.3	低液面	1.0	1.0H	10.53	14.30	17.90
				1.5	1.0H	4.45	5.65	6.10
				1.5	1.8m	3.15	4.30	5.20

试验证明,热辐射强度与油品种类有关,油品的轻组分越多,其热辐射强度越大。现将相关文献给出的汽油、煤油、柴油和原油的主要火灾特征参数摘录汇总成表9,供参考。由表9可见,主要火灾特征参数值,汽油最高,原油最低,汽油的质量燃烧速度约为原油的1.33倍,火焰高度约为原油的2.14倍,火焰表面的热辐射强度约为原油的1.62倍。所以,只要满足汽油储罐的安全要求,就能满足其他油品储罐的安全要求。

表9 汽油、煤油、柴油和原油的主要火灾特征参数

油品	燃烧速度[kg/(m²·s)]	火焰高度D	燃烧热值(MJ/kg)	火焰表面热辐射强度(kW/m²)
汽油	0.056	1.5	44	97.2
煤油	0.053	—	41	—
柴油	0.0425~0.047	0.9	41	73.0
原油	0.033~0.042	0.7	—	60.0

2 对于浮顶罐,发生全液面火灾的几率极小,更多的火灾表现为密封处的局部火灾,设防基准为浮顶罐环形密封处的局部火灾。环形密封处的局部火灾的火势较小,如某石化总厂发生的两起浮顶罐火灾,其中10000m³轻柴油浮顶罐着火,15min后扑灭,而密封圈只着了3处,最大处仅为7m长,相邻油罐无需冷却。

3 对于相邻储罐,靠近着火罐的一侧接收的辐射热最大,且越靠近罐顶,辐射热越大。所以冷却的重点是靠近着火罐一侧的罐壁,保护面积可按实际需要冷却部位的面积计算。但现实中保护面积很难准确计算,并且相邻关系须考虑罐组内所有储罐。为了安全,规定设置固定式消防冷却水系统时,保护面积不得小于罐壁表面积的1/2。为实现相邻罐的半壁冷却,设计时,可将固定冷却环管等分成2段或4段,着火时由阀门控制冷却范围,着火油罐开启整圈喷淋管,而相邻油罐仅开启靠近着火油罐的半圈。这样虽然增加了阀门,但水量可减少。

3.1.10 火灾时,着火罐直接受火作用,相邻罐受着火罐火焰热辐射作用,为防止罐体温度过高而失效,需要及时对着火罐和相邻罐进行冷却。

3.1.11 全冷冻式液化烃储罐罐顶部的安全阀及进出罐管道易泄漏发生火灾,同时考虑罐顶受到的辐射热较大,不论着火罐还是相邻罐,都需对罐顶进行冷却。为使罐内的介质稳定气化,不至于引起更大的破坏,对于钢制单容罐,还需对着火罐和相邻罐的罐壁外壁进行冷却。

对于无保温绝热层的双容罐,需对着火罐的外壁进行冷却,有保温绝热层的双容罐及全容罐则不需对着火罐的外壁进行冷却。

3.2 喷头和管道布置

3.2.1 本条规定了确定喷头的布置数量和布置喷头的原则性要求。水雾喷头的布置数量按保护对象的保护面积、设计供给强度和喷头的流量特性经计算确定;水雾喷头的位置根据喷头的雾化角、有效射程,按满足喷雾直接喷射并完全覆盖保护对象表面布置。当计算确定的布置数量不能满足上述要求时,适当增设喷头直至喷雾能够满足直接喷射并完全覆盖保护对象表面的要求。对于应用于甲B类、乙、丙类液体储罐的水喷雾系统,不需要靠直接喷射来完全覆盖保护对象。

3.2.2 由于水雾喷头喷射的雾状水滴是不连续的间断水滴,所以具有良好的电绝缘性能。因此,水喷雾灭火系统可用于扑灭电气设备火灾。但是,水雾喷头和管道均要与带电的电器部件保持一定的距离。

鉴于上述原因,水雾喷头、管道与高压电气设备带电(裸露)部分的最小安全净距是设计中不可忽略的问题,各国相应的规范、标准均作了具体规定。

美国NFPA15对水喷雾灭火系统的设备与非绝缘带电电气元件的间距规定见表10。

表10 水喷雾设备和非绝缘带电电气元件的间距

额定系统电压(kV)	最高系统电压(kV)	设计BIL(kV)	最小间距	
			in	mm
<13.8	14.5	110	7	178
23	24.3	150	10	254
34.5	36.5	200	13	330
46	48.5	250	17	432
69	72.5	350	25	635

续表10

额定系统电压(kV)	最高系统电压(kV)	设计BIL(kV)	最小间距	
			in	mm
115	121	550	42	1067
138	145	650	50	1270
161	169	750	58	1473
230	242	900	76	1930
		1050	84	2134
345	362	1050	84	2134
		1300	104	2642
500	550	1500	124	3150
		1800	144	3658
765	800	2050	167	4242

表10中的BIL值以kV表示,该值为电气设备设计所能承受的全脉冲试验的峰值,表中未列出的BIL值,其对应的电气间距可通过插值得到。对于最大到161kV的电压,电气间距引自NFPA 70《国家电气规范》。对于大于230kV的电压,电气间距引自ANSI C2《国家电气安全规范》。

日本对水雾喷头与不同电压的带电部件的最小间距的有关规定见表11。

表11 水雾喷头和不同电压的带电部件的最小间距

公称电压(kV)	损保规则(mm)	东京电力标准(mm)
3	—	150
6	150	150
10	300	200
20	430	300

续表11

公称电压(kV)	损保规则(mm)	东京电力标准(mm)
30	610	400
40	810	—
60	1120	700
70	—	800
80	1320	—
100	1630	1100
120	1960	—
140	2260	1500
170	2700	—
200	3150	—
250	—	2600

　　结合我国实际情况,喷头、管道与高压电气设备带电(裸露)部分的最小安全净距,本规范采用国家现行标准《高压配电装置设计技术规程》DL/T 5352 的有关规定。

3.2.3 本条根据水雾喷头的水力特性规定了喷头与保护对象之间的距离。在水雾喷头的有效射程内,喷雾粒径小且均匀,灭火和防护冷却的效率高,超出有效射程后喷雾性能明显下降,且可能出现漂移现象。因此,限制水雾喷头与保护对象之间的距离是十分必要的。为保证灭火和防护冷却的有效性,将该条确定为强制性条文。

3.2.4 本条依据日本《液化石油气保安规则》制订。当保护面积按平面处理时,水雾喷头的布置方式通常为矩形或菱形。为使水雾完全覆盖,不出现空白,应保证矩形布置时的喷头间距不大于1.4R,菱形布置时的喷头间距不大于1.7R,如图3所示。

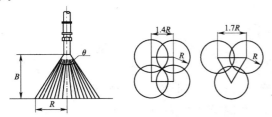

(a) 水雾喷头的喷雾半径　　(b) 水雾喷头间距及布置形式

图3　水雾喷头的平面布置方式

R—水雾锥底圆半径(m);B—喷头与保护对象的间距(mm);θ—喷头雾化角

　　对立体保护对象,其表面为平面的部分亦可按上述方法布置水雾喷头。

3.2.5 本条规定了油浸式电力变压器水雾喷头的布置要求。

　　1 通过对国内变压器火灾案例进行调研,发现变压器起火后,最易从绝缘套管部位开裂。因此,进出线绝缘套管升高座孔口设置单独的喷头保护有利于灭火。关于水雾能否直接喷向高压绝缘套管的问题,美国NFPA15规定:仅在制造商或制造商文件批准的情况下,才允许水雾直接喷向高压绝缘套管。欧洲标准prEN 14816规定:为了防止对带电的绝缘套管或避雷针造成破坏,水雾不能直接喷洒至这些设备,除非得到制造商或相关文件及业主的许可。从国外标准看,得到许可时,水雾可直接喷洒至高压绝缘套管。从天津消防研究所所做的水喷雾绝缘试验来看,水喷雾直接喷向高压电极时仅存在微小漏电电流,是安全可靠的。因此,水雾直接向高压绝缘套管喷洒是安全的。另外,油枕、冷却器、集油坑均有可能发生火灾,需要设喷头保护。

　　2 为有利于灭火,设计要使水雾能够覆盖整个变压器被保护表面。

3.2.6 水雾对罐壁的冲击能使罐壁迅速降温,并可去除罐壁表面的含油积炭,有利于水膜的形成。在保证水雾在罐壁表面成膜效果的前提下,尽量使喷头靠近被保护表面,以减少火焰的热气流与风对水雾的影响,减少水雾在穿越被火焰加热的空间时的汽化损失。根据国内进行的喷水成膜性能试验并参照国外的有关规定,本规范要求喷头与储罐外壁之间的距离不大于0.7m。

3.2.7 本条规定了喷头喷口的方向和水雾锥之间的相对位置,目的是使水雾在罐壁均匀分布形成完整连续的水膜。容积不小于1000m³的球罐的喷头布置要求放宽,主要考虑了水在罐壁沿经线方向的流淌作用。

　　喷头布置除考虑罐体外,对附件,尤其是液位计、阀门等容易发生泄漏的部位需要同时设置喷头保护,对有防护层的钢结构支柱不用设置喷头。

3.2.9 电缆的外形虽然是规则的,但细长比很大,由于多层布置的电缆对喷雾的阻挡作用,规定水雾喷头按完全包围电缆的要求布置。

3.2.10 输送机皮带安装喷头后,可以自动喷湿上部皮带和其输送物及下部返回皮带。喷头的排列和喷雾方式是包围式的。

3.2.11 燃油锅炉、电液装置、充油开关、汽轮机和磨煤机的油箱等装置内的可燃液体发生火灾,喷雾需要完全覆盖整个保护对象才能有利于灭火。

3.2.12 本条规定了甲B、乙、丙类液体储罐水喷雾灭火系统的设置要求:

　　1 对于固定顶储罐,发生火灾时一般为全液面火灾,液面以上的干壁升温很快,若得不到及时有效的冷却,容易失效,造成更大火灾。冷却水环管单环布置时,喷洒到顶层干壁的冷却水量大,有利于保证干壁得到较多冷却;当设置多圈冷却水环管时,顶层环管的喷洒强度必然会减小,为保证顶层干壁的冷却用水量,顶层环管冷却水供给强度需要增大。和国外有关规范相比(见表7),我国规定的冷却水强度是偏小的。如英国石油学会《石油工业安全规范》规定储罐的的冷却水供给强度为10L/(min·m²),但同时规定按半个罐高进行计算,即整个罐高计算时,冷却水供给强度为5L/(min·m²)。因此,结合现有规定并参照国外相关规范,本规范规定顶层环管冷却水供给强度加倍计算,即供给强度取5L/(min·m²)。

　　2 油罐设有抗风圈或加强圈,并且没有设置导流设施时,上部喷放的冷却水难以有效冷却油罐抗风圈或加强圈下面的罐壁。所以应在其抗风圈或加强圈下面设冷却喷水环管。

　　3 本款规定是为了保证各管段间相互独立,能够安全、方便地操作。

　　4 本款规定旨在保障冷却水立管牢固固定在罐壁上,锈渣清扫口的设置便于冷却水管道清除锈渣。

3.2.13 储罐沉降易使立管和水平管间产生附加应力,为避免损坏管道,需要采取措施消除应力。

3.2.14 本条参照NFPA15《固定水喷雾灭火系统标准》制订。

4 系统组件

4.0.1 水喷雾灭火系统属于消防专用给水系统,与生产、生活给水系统相比,对其组件有很多特殊的要求,例如对产品的耐压等级、工作的可靠性、自动控制操作时的动作时间等,都有更为严格的规定。因此,水喷雾灭火系统中所采用的产品和组件应为满足国家现行相关标准的合格产品。对于按相关要求,需要进行强制性认证的产品和组件,应符合准入制度的要求。应保证产品及组件的质量,避免因产品质量不过关而影响系统性能。

4.0.2 离心雾化型喷头喷射出的雾状水滴是不连续的间断水滴,具有良好的电绝缘性能,可有效地扑救电气火灾,适合在保护电气设施的水喷雾灭火系统中使用。撞击型水雾喷头是利用撞击原理分解水流的,水的雾化程度较差,不能保证雾状水的电绝缘性能,因此不适用于扑救电气火灾。

大多数水雾喷头内部装有雾化芯,其内部有效水流通道的截面积较小,如长期暴露在粉尘场所内,其内部水流通道很容易被堵塞,所以规定要配带防尘帽。平时防尘帽在水雾喷头的喷口上,发生火灾时防尘帽在水压作用下打开或脱落,不影响水雾喷头的正常工作。

为防止喷头堵塞,离心雾化型水雾喷头需要设置柱状过滤网。

对于电气火灾,为保证水雾的电绝缘性,需要选用离心雾化喷头,否则,可能会造成更严重的事故。为此,将第1款确定为强制性条款。

4.0.3 和电动阀、气动阀相比,雨淋报警阀具有操作方便、开启迅速、可靠性高等特点,对于要求快速响应的系统,特别是希望采用水喷雾进行灭火时,要采用雨淋报警阀。但对于大型立式常压储罐区等场所,采用雨淋报警阀有一定难度,该类场所一般允许系统具有较长的响应时间,采用电动阀或气动阀也能满足系统要求。因此,综合考虑水喷雾灭火系统各类应用场所的具体情况,规定系统的响应时间不大于120s时,应采用雨淋报警阀。当响应时间大于120s时,可根据保护场所具体情况选择雨淋报警阀、电动阀或气动阀。

雨淋报警阀是一种消防专用的水力快开阀,具有既可远程遥控、又可就地人为操作两种开启阀门的操作方式,因此,能够满足水喷雾灭火系统的自动控制、手动控制和应急操作三种控制方式的要求。此外,雨淋报警阀一旦开启,可使水流在瞬间达到额定流量。当水喷雾灭火系统远程遥控开启雨淋报警阀时,除电控开阀外,也可利用传动管液动或气动开阀。

除雨淋报警阀外,雨淋报警阀组尚要求配套设置压力表、水力警铃和压力开关、水流控制阀和检查阀等,以满足监测水喷雾灭火系统的供水压力,显示雨淋报警阀启闭状态和便于维护检查等要求。另外,为防止系统堵塞,需在电磁阀前设冲洗的过滤器。

4.0.4 根据系统的功能要求,当系统供水控制阀采用电动阀或气动阀时,满足本条规定是最基本的要求。

4.0.5 在系统供水管道上选择适当位置设置过滤器是为了保障水流的畅通和防止杂物破坏雨淋报警阀的严密性,以及堵塞电磁阀、水雾喷头内部的水流通道。规定的滤网孔径是结合目前国产水雾喷头内部水流通道的口径确定的。网孔基本尺寸为0.600mm~0.710mm(4.0目/cm²~4.7目/cm²)的过滤网不仅可以保证水雾喷头不被堵塞,而且过滤网的局部水头损失较小。

4.0.6 水喷雾灭火系统具有工作压力高、流量大、灭火与防护冷却供给强度高、水雾喷头易堵塞等特点,因此,要合理地选择管道材料。为了保证过滤器后的管道不再有影响雨淋报警阀、水雾喷头正常工作的锈渣生成,本条规定过滤器与雨淋报警阀之间及雨淋报警阀后的管道采用内外热浸镀锌钢管、不锈钢管或铜管。甲、乙、丙类液体储罐和液化烃储罐上设置的冷却水环管需要进行弯管加工,对于焊接钢管,其焊缝一般比较粗糙,且存在应力,经弯管加工后,容易出现漏水,因此,需要弯管加工的管道要采用无缝钢管。

规定管道的最小直径主要是为了防止管道直径过小导致阻力损失加大,另外,直径太小,经长时间使用后可能会产生堵塞现象。

水喷雾灭火系统在喷水前,火灾可能对系统的干式管道造成干烧,连接件的密封若不能承受干烧,会造成大量漏水,势必影响系统的冷却效果。因此,对水喷雾管道连接件提出了抗干烧的要求。抗干烧要求参照了德国VdS 2100－6en:2004－01《管道连接件》及《自动喷水灭火系统 第11部分:沟槽式管接件》GB 5135.11—2006的相关规定。当系统用于液化烃储罐时,使用液化烃喷射火做试验有较大危险,因此,建议采用热值基本相近的汽油火进行干烧试验。对于其他场所设置的水喷雾灭火系统,管件干烧时的受热程度要小于液化烃场所,因此,可采用甲醇火进行试验。VdS 2100－6en:2004－01《管道连接件》中的火源即采用甲醇。干烧试验方法参见附录A。

为了防止管道内因积水结冰而造成管道的损伤,在管道的最低点和容易形成积水的部位设置放水阀,使可能结冰的积水排尽。设置管道排污口的目的是为了便于清除管道内的杂物,其位置设在使杂物易于聚积且便于排出的部位。

5 给　水

5.1　一般规定

5.1.1 水喷雾灭火系统属于水消防系统范畴,其用水可由消防水池(罐)、消防水箱或天然水源供给,也可由企业独立设置的稳高压消防给水系统供给,无论采用哪种水源,均要求能够确保水喷雾灭火系统持续喷雾时间内所需的用水量。

5.1.2 水喷雾灭火系统的水泵房和其他消防水泵房合建,既便于管理又节约投资。消防泵房需要满足现行国家标准《建筑设计防火规范》GB 50016和《石油天然气工程设计防火规范》GB 50183等相关规范的要求。

5.1.3 我国南北地区的温差很大,在东北、华北和西北的严寒和寒冷地区,设置水喷雾灭火系统时,要求对给水设施和管道采取防冻措施,如保温、伴热、采暖和泄水等,具体方式要根据当地的条件确定。

5.1.4 对于设置了2个及以上雨淋报警阀的水喷雾灭火系统,为了提高系统供水的可靠性,提出了设置环状供水管道的要求。

5.1.5 本条规定是为了增加消防水池进出水管的可靠性。

5.1.6 为检修方便,作此规定。消防气压给水设备主要是为雨淋报警阀保压。

5.1.7 水喷雾灭火系统流量较大,考虑排水设施是必要的,排水设施可以和其他系统共用。

5.1.8 为确保储水不被污染,消防水池的溢流管、泄水管排出的水需间接流入排水系统。

5.2　水　泵

5.2.1 为缩短系统启动时间,规定供水泵宜采用自灌式吸水方式。由于天然水源易含杂物，因此应采取防堵塞措施。

5.2.2 设置备用泵，且其工作能力不应低于最大一台泵的能力，是国内外通行的规定。其目的是保证在其中一台泵发生故障后，系统仍可满足设计要求。

5.2.3 设置不少于两条吸水管是为了提高系统的可靠性。

5.2.4 本规定是为了提高系统的可靠性。

5.2.5 设置回流管是为了测试水泵和避免超压。

5.3　供水控制阀

5.3.1 为防止冬季充水管道被冻坏，保护雨淋报警阀组免受日晒雨淋的损伤，以及非专业人员的误操作，要求其宜设在温度不低于4℃的室内；系统功能检查、检修需大量放水，因此，本条规定还强调了在安装设置报警阀组的室内要采取相应的排水措施，及时排水，既便于工作，也可避免报警阀组的电器或其他组件因环境潮湿而造成不必要的损害。为了便于操作和检修，规定了雨淋报警阀的安装位置。

5.3.2 雨淋报警阀、电动控制阀、气动控制阀靠近保护对象安装，可以缩短管道充水时间，有利于系统快速启动，但同时要保证火灾时人员能够方便、安全地进行操作。

5.3.3 寒冷地区设置在室外的雨淋报警阀、电动控制阀、气动控制阀及管道，需要采取伴热保温措施，以防止产生冰冻。

5.3.4 为检测系统性能，在不能喷水试验的场所需设置排放试验检测装置。

5.3.5 水力警铃的设置要便于其发出的警报能及时被人员发现。为了保证平时能够测试和检修，需要设置相应的阀门。

5.4　水泵接合器

5.4.1 水泵接合器是用于外部增援供水的设施，当系统供水泵不能正常供水时，可由消防车连接水泵接合器向系统管道供水。从实际应用考虑，设置在偏远地区、消防部门不易支援的系统和超出消防部门水泵供给能力的大容量系统可不考虑安装水泵接合器。

5.4.2 水泵接合器的设置数量，要求按照系统的流量与水泵接合器的选型确定。

5.4.3 本条规定主要是为了使消防车在火灾发生后能够方便、迅速连接至消防水泵接合器，以免延误灭火，造成不必要的损失。

5.4.4 墙壁式消防水泵接合器的位置不宜低于0.7m，是考虑消防队员将水龙带对接消防水泵接合器口时便于操作提出的，位置过低，不利于紧急情况下的对接。消防水泵接合器与门、窗、洞口保持不小于2.0m的距离，主要从两点考虑：一是火灾发生时消防队员能靠近对接，避免火舌从洞孔处燎伤队员；二是避免消防水龙带被烧坏而失去作用。

5.4.5 地下式消防水泵接合器接口在井下，太低不利于对接，太高不利于防冻。0.4m的距离适合1.65m身高的队员俯身后单臂操作对接。太低了则要到井下对接，不利于火场抢时间的要求。冰冻线低于0.4m的地区可选用双层防冻室外阀门井井盖。规定阀门井要有防水和排水设施是为了防止井内长期灌满水，致使阀体锈蚀严重，无法使用。

6　操作与控制

6.0.1 本条规定的控制要求，是根据系统应具备快速启动功能并针对凡是自动灭火系统应同时具备应急操作功能的要求规定的。

自动控制方式须设有火灾探测报警系统。由火灾报警器发出火灾信号，并将信号输入控制盘，由控制盘再将信号分别送给自动阀、加压送水设备，并自动喷洒水雾。

水喷雾灭火设备控制阀门的开闭，除自动外，还必须能手动操作。这里所说的手动操作，不是用人力，而是用机械、空气压力、水压力或电气等。

对三种控制方式解释如下：

自动控制：指水喷雾灭火系统的火灾探测、报警部分与供水设备、雨淋报警阀等部件自动联锁操作的控制方式；

手动控制：指人为远距离操纵供水设备、雨淋报警阀等系统组件的控制方式；

应急机械启动：指人为现场操纵供水设备、雨淋报警阀等系统组件的控制方式。

对第3.1.2条规定响应时间大于120s的水喷雾灭火系统，由于响应时间相对较长，可以仅采用手动控制和应急机械控制两种方式。

6.0.2 自动控制的水喷雾灭火系统，其配套设置的火灾自动报警系统按现行国家标准《火灾自动报警系统设计规范》GB 50116的规定执行。

6.0.3 本条对传动管的设置作了要求：

1　本款规定主要是为了使火灾信号能够迅速传递给控制设备，保证系统的响应时间；

2　对于电气设备，若采用液动传动管，火灾时，传动管喷头喷出的水流不具备电绝缘性，易引发其他事故，在平时发生滴漏等情况时，也可能会导致电气短路引发事故。因此，规定电气火灾不应采用液动传动管；

3　为防止寒冷地区传动管结冻，作此规定。

6.0.4、6.0.5 液化烃储罐，甲B、乙、丙类液体固定顶储罐着火时，除对着火罐进行冷却外，还需对相邻罐进行冷却，需要同时冷却的相邻罐在本规范第3.1节中有详细规定。

6.0.6 水喷雾灭火系统分段保护输送距离较长的皮带输送机，将有利于控制系统用水量和降低水渍损失。皮带输送机发生火灾时，起火区域的火灾自动探测装置应动作。在输送机构停电前，引燃的皮带或输送物将继续前移并可能移至起火区域下游防护区，因此，用于保护皮带输送机的水喷雾灭火系统，其控制装置要在启动系统切断输送机电源的同时，开启起火点及其下游相邻区域的雨淋报警阀，同时向两个区域喷水。

6.0.7 为了增加系统的可靠性，防止系统发生误喷，规定系统报警应采用两路独立的火灾信号进行联锁。但对于误喷不会对保护对象造成不利影响的系统，如有油罐的冷却系统，采用单独一路报警信号进行联动也是可行的。

本次修订，增加了变压器绝缘子升高座孔口设置水雾喷头的要求，水雾喷向升高座孔口时，会有部分水雾喷向高压套管，因此，为提高系统的安全性和可靠性，防止系统发生误喷，规定对于采用两路相同火灾信号系统，宜与变压器的断路器进行联锁，当系统收到火灾报警信号和断路器的信号后再开始喷雾。

6.0.8 本条规定了水喷雾灭火系统控制设备的功能要求。监控消防水泵、雨淋报警阀状态将便于操作人员判断系统工作的可靠性及系统的备用状态是否正常。

6.0.9 本条实际上是规定了系统的供水泵采用双动力源，并给出了双动力源的组配形式。在电力供应可靠的情况下，电动泵可靠性高、启动速度快,而柴油机泵启动时间较长,当系统响应时间要求较短时,全部采用柴油机不能满足响应时间的要求,因此,本条第3款主要是针对一些甲$_B$、乙、丙类液体储罐设置的水喷雾灭火系统而言的。关于供电系统的负荷分级与相应要求请参见现行国家标准《供配电系统设计规范》GB 50052。设置柴油机比设置柴油发电机经济、可靠。

7 水 力 计 算

7.1 系统设计流量

7.1.1 本条所提供的计算公式为通用算式。不同型号的水雾喷头具有不同K值。设计时按喷头制造商给出的K值计算水雾喷头的流量。

7.1.2 本条规定了确定水雾喷头用量的计算公式,水雾喷头的流量q按公式(7.1.1)计算,水雾喷头工作压力取值按防护目的和水雾喷头特性确定。

7.1.3 本条规定了水喷雾灭火系统计算流量的要求。

当保护对象发生火灾时,水喷雾灭火系统通过水雾喷头实施喷雾灭火或防护冷却。因此,本规范规定系统的计算流量按系统启动后同时喷雾的水雾喷头流量之和确定,而不是按保护对象的保护面积和设计给水强度的乘积确定。

水喷雾灭火系统的计算流量,要从最不利点水雾喷头开始,沿程按同时喷雾的每个水雾喷头实际工作压力逐个计算其流量,然后累计同时喷雾的水雾喷头总流量,将其确定为系统流量。

7.1.4 为保证系统喷洒强度及喷洒时间,设计流量需考虑一定的安全裕量。

7.2 管道水力计算

7.2.1 本条规定了管道沿程损失的计算公式。其中式(7.2.1-1)为舍维列夫公式,该公式主要适用于旧铸铁管和旧钢管。式(7.2.1-2)为海澄-威廉公式。欧、美、日等国家或地区一般采用海澄-威廉公式,如英国BS5036《自动喷水灭火系统安装规则》、美国NFPA13《自动喷水灭火系统安装标准》、日本的《自动消防灭火

设备规则》。我国现行国家标准《建筑给水排水设计规范》GB 50015和《室外给水设计规范》GB 50013也采用该公式。

为便于比较两计算式计算结果之差异,将式(7.2.1-1)除以式(7.2.1-2)得:

$$k = 0.0001593 \frac{C^{1.85} V^{0.15}}{d^{0.13}}$$

对于普通钢管和镀锌钢管,取$C=100$,此时:

$$k_1 = 0.7984 \frac{V^{0.15}}{d^{0.13}}$$

对于铜管和不锈钢管,取$C=130$,此时:

$$k_2 = 1.2972 \frac{V^{0.15}}{d^{0.13}}$$

结合本规范规定,对管径为0.025m～0.2m,流速为2.5m/s～10m/s的情况,计算得:对于普通钢管,k_1介于1.1292～1.8217之间;对于铜管和不锈钢管,k_2介于1.8347～2.9600之间。

对于普通钢管和镀锌钢管,两个公式的计算结果相差不是很大,考虑到水喷雾灭火系统的管道为干式管道,且一般设置在室外,易受环境影响,普通钢管和镀锌钢管在使用过程中容易发生锈蚀和破坏,进而会增大沿程水头损失。因此,宜采用计算结果比较保守的式(7.2.1-1)计算。对于铜管和不锈钢管,式(7.2.1-1)的计算结果要远大于式(7.2.1-2),若此时还用式(7.2.1-1)进行计算,势必会造成浪费。而且,对于不锈钢管和铜管,在使用过程中,内壁粗糙度增大的情况并不十分明显。因此,宜用式(7.2.1-2)进行计算。

7.2.2 本条规定了水喷雾灭火系统管道局部水头损失的确定要求。本规范要求系统计算流量按同时喷雾水雾喷头的工作压力和流量计算,因此管道局部水头损失采用当量长度法较为合理。美、英、日等国规范均采用当量长度法计算。

当采用当量长度法计算时,各管件的当量长度可参考表12。

表12 局部水头损失当量长度表(钢管管材系数$C=120$)(m)

管件名称	管件直径(mm)											
	25	32	40	50	70	80	100	125	150	200	250	300
45°弯头	0.3	0.3	0.6	0.6	0.9	0.9	1.2	1.5	2.1	2.7	3.3	4.0
90°弯头	0.6	0.9	1.2	1.5	1.8	2.1	3.1	3.7	4.3	5.5	6.7	8.2
90°长弯头	0.6	0.6	0.6	0.9	1.2	1.4	1.8	2.4	2.7	4.0	4.9	5.5
三通、四通	1.5	1.8	2.4	3.1	3.7	4.3	6.1	7.6	9.2	10.7	15.3	18.3
蝶阀				1.8	2.1	3.1	3.7	2.7	3.1	3.7	5.9	6.4
闸阀				0.3	0.3	0.3	0.6	0.6	0.9	1.2	1.5	1.8
旋启逆止阀	1.5	2.1	2.7	3.4	4.3	4.9	6.7	8.3	9.8	13.7	16.8	19.8
U型过滤器	12.3	15.4	18.5	24.5	30.8	36.8	49	61.2	73.5	98	122.5	—
Y型过滤器	11.2	14	16.8	22.4	28	33.6	46.2	57.4	68.6	91	113.4	—

7.2.4 本条规定了设计水喷雾灭火系统时确定消防水泵扬程的要求和确定市政给水管网、工厂消防给水管网给水压力的要求。当按式(7.2.4)计算时,P_0的选取要符合第3.1.3条的规定。

7.3 管道减压措施

7.3.1 圆缺型减压孔板按下式计算:

$$X = \frac{G}{0.01 D_0 \sqrt{\Delta Pr}}$$

式中:G——质量流量(kg/h);

D_0——管道内径(mm);

ΔP——压差(mmH$_2$O);

r——操作状态下密度(kg/m^3)。

计算步骤为:先按上式算出X值,由X值查表13得n;根据$n=h/D_0$求出h(圆缺高度),由n在表13中查出α,在表14中查出m,代入下式进行验算:

$$G = 0.0125\alpha\varepsilon m D_0 \sqrt{\Delta Pr}$$

式中:ε按1考虑。

表13 流量系数及函数X与圆缺孔板相对高度的关系

n	α	X	n	α	X
0.00	0.6100	0.00000	0.22	0.6182	0.1261
0.01	0.6100	0.00130	0.23	0.6191	0.1349
0.02	0.6101	0.00359	0.24	0.6200	0.1435
0.03	0.6101	0.00657	0.25	0.6209	0.1522
0.04	0.6102	0.01016	0.26	0.6220	0.1610
0.05	0.6104	0.01422	0.27	0.6231	0.1701
0.06	0.6106	0.01866	0.28	0.6242	0.1792
0.07	0.6108	0.02348	0.29	0.6254	0.1883
0.08	0.6110	0.02861	0.30	0.6267	0.1981
0.09	0.6113	0.03406	0.31	0.6281	0.2077
0.10	0.6116	0.03982	0.32	0.6996	0.2175
0.11	0.6119	0.04575	0.33	0.6313	0.2275
0.12	0.6122	0.05206	0.34	0.6331	0.2377
0.13	0.6127	0.05853	0.35	0.6339	0.2480
0.14	0.6131	0.06526	0.36	0.6370	0.2585
0.15	0.6136	0.07222	0.37	0.6390	0.2671
0.16	0.6140	0.07944	0.38	0.6413	0.2800
0.17	0.6147	0.08682	0.39	0.6437	0.2911
0.18	0.6153	0.09438	0.40	0.6462	0.3023
0.19	0.6159	0.10212	0.41	0.6488	0.3136
0.20	0.6166	0.11003	0.42	0.6516	0.3552
0.21	0.6174	0.1181	0.43	0.6546	0.3369

续表13

n	α	X	n	α	X
0.44	0.6577	0.3496	0.70	0.7841	0.7340
0.45	0.6609	0.3613	0.71	0.7905	0.7515
0.46	0.6643	0.3737	0.72	0.7977	0.7698
0.47	0.6678	0.3863	0.73	0.8052	0.7886
0.48	0.6714	0.3990	0.74	0.8131	0.8075
0.49	0.6752	0.4120	0.75	0.8214	0.8273
0.50	0.6790	0.4251	0.76	0.8300	0.8473
0.51	0.6830	0.4385	0.77	0.8391	0.8679
0.52	0.6870	0.4520	0.78	0.8486	0.8891
0.53	0.6912	0.4651	0.79	0.8584	0.9106
0.54	0.6944	0.4789	0.80	0.8635	0.9325
0.55	0.7000	0.4939	0.81	0.8789	0.9549
0.56	0.7046	0.5084	0.82	0.8897	0.9776
0.57	0.7093	0.5231	0.83	0.9009	1.0009
0.58	0.7142	0.5379	0.84	0.9119	1.0239
0.59	0.7192	0.5529	0.85	0.9244	1.0488
0.60	0.7243	0.5681	0.86	0.9360	1.0725
0.61	0.7296	0.5838	0.87	0.9496	1.0983
0.62	0.7350	0.5994	0.88	0.9628	1.1237
0.63	0.7405	0.6153	0.89	0.9764	1.1495
0.64	0.7463	0.6317	0.90	0.9904	1.176
0.65	0.7522	0.6481	0.91	1.0051	1.023
0.66	0.7583	0.6648	0.92	1.0198	1.299
0.67	0.7645	0.6818	0.93	1.0357	1.257
0.68	0.7709	0.6990	0.94	1.0511	1.284
0.69	0.7774	0.7164	0.95	1.0675	1.312

表14 圆缺相对高度与圆缺截面比的关系

n	m	n	m	n	m	n	m
0.00	0.0000	0.23	0.1740	0.46	0.4492	0.69	0.7359
0.01	0.0011	0.24	0.1848	0.47	0.4619	0.70	0.7476
0.02	0.0047	0.25	0.1957	0.48	0.4746	0.71	0.7592
0.03	0.0086	0.26	0.2067	0.49	0.4873	0.72	0.7707
0.04	0.0133	0.27	0.2179	0.50	0.5000	0.73	0.7821
0.05	0.0186	0.28	0.2293	0.51	0.5127	0.74	0.7933
0.06	0.0244	0.29	0.2408	0.52	0.5254	0.75	0.8043
0.07	0.0307	0.30	0.2524	0.53	0.5381	0.76	0.8152
0.08	0.0379	0.31	0.2641	0.54	0.5508	0.77	0.8260
0.09	0.0445	0.32	0.2751	0.55	0.5635	0.78	0.8367
0.10	0.0520	0.33	0.2818	0.56	0.5762	0.79	0.8472
0.11	0.0598	0.34	0.2998	0.57	0.5889	0.80	0.8575
0.12	0.0679	0.35	0.3119	0.58	0.6015	0.81	0.8676
0.13	0.0763	0.36	0.3241	0.59	0.6160	0.82	0.8775
0.14	0.0850	0.37	0.3364	0.60	0.6264	0.83	0.8872
0.15	0.0940	0.38	0.3488	0.61	0.6388	0.84	0.8967
0.16	0.1033	0.39	0.3612	0.62	0.6512	0.85	0.9060
0.17	0.1128	0.40	0.3736	0.63	0.6636	0.86	0.9150
0.18	0.1225	0.41	0.3860	0.64	0.6759	0.87	0.9237
0.19	0.1324	0.42	0.3985	0.65	0.6881	0.88	0.9321
0.20	0.1425	0.43	0.4111	0.66	0.7002	0.89	0.9402
0.21	0.1528	0.44	0.4238	0.67	0.7122		
0.22	0.1633	0.45	0.4365	0.68	0.7241		

7.3.2 节流管如图4所示,设置在水平管段上,节流管管径可比干管管径缩小1号~3号规格。图4中要求$L_1=D_1$,$L_3=D_3$。

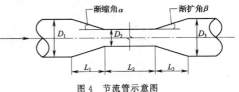

图4 节流管示意图

7.3.3 本条参照现行国家标准《自动喷水灭火系统设计规范》GB 50084的相关规定制订。

7.3.4 本条参照现行国家标准《自动喷水灭火系统设计规范》GB 50084的相关规定制订。对于减压孔板的局部阻力系数,可按以下公式进行计算:

$$\xi = \left(1.75\frac{d_j^2}{d_k^2} \cdot \frac{1.1 - \frac{d_k^2}{d_j^2}}{1.175 - \frac{d_k^2}{d_j^2}} - 1\right)^2$$

式中:ξ——减压孔板的局部阻力系数,见表15;

d_k——减压孔板的孔口直径(m);

d_j——管道的计算内径(m)。

表15 减压孔板的局部阻力系数

d_k/d_j	0.3	0.4	0.5	0.6	0.7	0.8
ξ	292	83.3	29.5	11.7	4.75	1.83

7.3.5 式(7.3.5)中的ζ为节流管渐缩管和渐扩管的局部阻力系数之和,渐缩管和渐扩管的局部阻力系数分别见表16和表17,两个表均摘自《给水排水设计手册 第1册 基础数据》(第2版,2002年)。局部阻力系数ζ可由渐缩角α、渐扩角β及管径比D_3/D_2(见图4),通过查表16和表17得到。当当节流管直径为上、下游管直径的1/2时,通过计算可得渐缩角和渐扩角为27°,取30°,管径比为2,查表得渐缩管和渐扩管的局部阻力系数分别为0.24和0.46,因此ζ为0.7。

表16　渐缩管局部阻力系数表

渐缩角 $\alpha(°)$	10	15	20	25	30	35	40	45	60
ζ_1	0.16	0.18	0.20	0.22	0.24	0.26	0.28	0.30	0.32

表17　渐扩管局部阻力系数表

渐扩角 $\beta(°)$	D_3/D_2							
	1.1	1.2	1.4	1.6	1.8	2.0	2.5	3.0
	ζ_2							
2	0.01	0.02	0.02	0.03	0.03	0.03	0.03	0.03
4	0.01	0.02	0.03	0.03	0.04	0.04	0.04	0.04
6	0.01	0.02	0.03	0.04	0.04	0.04	0.04	0.04
8	0.02	0.03	0.04	0.05	0.05	0.05	0.05	0.05
10	0.03	0.04	0.06	0.07	0.07	0.07	0.08	0.08
15	0.05	0.09	0.12	0.14	0.15	0.16	0.16	0.16
20	0.10	0.16	0.23	0.26	0.28	0.29	0.30	0.31
25	0.13	0.21	0.30	0.35	0.37	0.38	0.39	0.40
30	0.16	0.25	0.36	0.42	0.44	0.46	0.48	0.48
35	0.18	0.29	0.41	0.47	0.50	0.52	0.54	0.55
40	0.19	0.31	0.44	0.51	0.54	0.56	0.58	0.59
45	0.20	0.33	0.47	0.54	0.58	0.60	0.62	0.63
50	0.21	0.35	0.50	0.57	0.61	0.63	0.65	0.66
60	0.23	0.37	0.53	0.61	0.65	0.68	0.70	0.71

7.3.6 本条提出了系统中设置减压阀的规定。

为了防止堵塞,要求减压阀入口前设过滤器,由于水喷雾灭火系统中在雨淋报警阀前的入口管道上要求安装过滤器,因此,当减压阀和雨淋报警阀距离较近时,两者可合用一个过滤器。

与并联安装的报警阀连接的减压阀,为检修时不关停系统,要求设有备用的减压阀(见图5)。

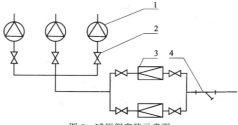

图5　减压阀安装示意图
1—报警阀;2—闸阀;3—减压阀;4—过滤器

为有利于减压阀稳定正常工作,当垂直安装时,宜按水流方向向下安装。

8　施　工

8.1　一　般　规　定

8.1.1 本条规定了水喷雾灭火系统是建筑工程消防设施中的一个分部工程,并划分了子分部工程和分项工程,这为施工过程检查和验收提供了方便。

8.1.2 水喷雾灭火系统施工单位要建立必要的质量责任制度,本条对系统施工的质量管理体系提出了较全面的要求,系统的质量控制应为全过程控制。

系统施工单位要有健全的质量管理体系,这里不仅包括材料和系统组件的控制、工艺流程控制、施工操作控制,每道工序质量检查、各道工序间的交接检验以及专业工种之间等中间交接环节的质量管理和控制要求,还包括满足施工图设计和功能要求的抽样检验制度。

8.1.3 经批准的施工图和技术文件已经过政府职能部门和监督部门的审查批准,它是施工的基本技术依据,要坚持按图施工的原则,不得随意更改。如确需改动,要由原设计单位修改,并出具变更文件。另外,施工需要按照相关技术标准的规定进行,这样才能保证系统的施工质量。

8.1.4 本条规定了系统施工前需要具备的技术资料。

要保证水喷雾灭火系统的施工质量,使系统能正确安装、可靠运行,正确的设计、合理的施工、合格的产品是必要的条件。设计施工图、设计说明书是正确设计的体现,是施工单位的施工依据,它规定了灭火系统的基本设计参数、设计依据和材料组件以及对施工的要求和施工中应注意的事项等,因此,它是必备的首要条件。

主要组件的使用说明书是制造厂据其产品的特点、型号、技术性能参数编制的供设计、安装和维护人员使用的技术说明,主要包括产品的结构、技术参数、安装要求、维护方法与要求。因此,这些资料不仅可以帮助设计单位正确选型,也便于监理单位监督检查,而且是施工单位把握设备特点,正确安装所必需的。

准入制度要求的有效证明文件和产品出厂合格证是保证系统所采用的组件和材料质量符合要求的可靠技术证明文件。对于实行3C认证的产品,需要提供3C认证证明;对于未实行3C认证的产品,需要提供制造厂家出具的检验报告与合格证;对于沟槽式管接件,还需要有相关单位出具的干烧试验报告。另外,对于系统供水控制阀采用的电动阀和气动阀,需要提供省一级检测机构出具的检验报告。

8.1.5 本条对水喷雾灭火系统的施工所具备的基本条件作了规定,以保证系统的施工质量和进度。

设计单位向施工单位进行技术交底,使施工单位更深刻地了解设计意图,尤其是关键部位,施工难度比较大的部位,隐蔽工程以及施工程序、技术要求、做法、检查标准等都要向施工单位交代清楚,这样才能保证施工质量。

施工前对系统组件、管材及管件的规格、型号、数量进行查验,看其是否符合设计要求,这样才能满足施工及施工进度的要求。

水喷雾灭火系统的施工与土建密切相关,有些组件要求打基础,管道的支、吊架需要下预埋件,管道若穿过防火堤、楼板、防火墙,需要预留孔,这些部位施工质量的好坏直接影响系统的施工质量。因此,在系统的组件、管道安装前,应检查基础、预埋件和预留孔是否符合设计要求。

场地、道路、水、电也是施工的前提保证,它直接影响施工进度。因此,施工队伍进场前要满足施工要求。

8.1.6 本条规定了水喷雾灭火系统施工过程质量控制的主要方面。

一是用于系统的组件和材料的进场检验和重要材料的复验;二是控制每道工序的质量,按照施工标准进行控制;三是施工单位每道工序完成后除了自检、专职质量检查员检查外，强调了工序交接检查，上道工序要满足下道工序的施工条件和要求；同样，相关专业工序之间也要进行中间交接检验，使各工序间和各相关专业工程之间形成一个有机的整体；四是施工单位和监理单位对施工过程质量进行检查；五是施工单位、监理单位、建设单位对隐蔽工程在隐蔽前进行验收。

8.1.7 系统安装完毕，施工单位和监理单位应按照相关标准、规范的规定进行系统调试。调试合格后，施工单位向建设单位申请验收。

8.2 进场检验

8.2.1 材料和系统组件进场检验是施工过程检查的一部分，也是质量控制的内容，检验结果应按本规范表 D.0.1 记录。水喷雾灭火系统验收时，表 D.0.1 作为质量控制核查资料之一提供给验收单位审查，也是存档资料之一，为日后查对提供了方便。

8.2.2 本条规定了管材及管件进场时要具备的有效证明文件。管材需提供相应规格的质量合格证、性能及材质检验报告。管件则需提供相应制造单位出具的合格证、检验报告，其中包括材质和水压强度试验等内容。

8.2.3 本条规定了管材及管件进场时外观检查的要求。因为管材及管件（即弯头、三通、异径接头、法兰、盲板、补偿器、紧固件、垫片等）也是系统的组成部分，它的质量好坏直接影响系统的施工质量。目前制造厂家很多，质量不尽相同，为避免劣质产品应用到系统上，所以进场时要进行外观检查，以保证材料质量。其检查内容和要求要符合本条各款的规定。

8.2.4 本条规定了管材及管件进场检验时检测内容及要求，并给出了检测时的抽查数量，其目的是保证材料的质量。

8.2.5 在水喷雾灭火系统上应用的这些组件，在从制造厂搬运到施工现场过程中，要经过装车、运输、卸车和搬运、储存等环节，有的露天存放，受环境的影响，在这期间，就有可能会因意外原因对这些组件造成损伤或锈蚀。为了保证施工质量，需要对这些组件进行外观检查，并要符合本条各款的要求。

8.2.6 消防泵、雨淋报警阀、气动阀、电动阀、阀门、水力警铃等都是系统的关键组件。它们的合格与否，直接影响系统的功能和使用效果。因此，进场时对系统组件一定要检查市场准入制度要求的有效证明文件和产品出厂合格证，看其规格、型号、性能是否符合国家现行产品标准和设计要求。对于电动控制阀和气动控制阀，其有效证明文件为省一级质量监督部门出具的检验报告和出厂合格证。

8.2.7 此条规定的目的是对消防泵进行盘车检查，看其是否转动灵活。

8.2.8 本条对控制阀及其附件的现场检验作了要求。为保证阀门及配件的安装质量，使用前必须按照标准逐一检查，除检查其配套齐全和合格证明材料外，还要进行渗漏试验，以保证安装后的基本性能。

8.2.9 本条对阀门的强度和严密性试验提出了具体要求。

水喷雾灭火系统对阀门的质量要求较高，如阀门渗漏将影响系统的压力，使系统不能正常运行。为保证系统的施工质量，需要对阀门进行强度和严密性试验。其内容和要求按本条各款执行，并按本规范表 D.0.2 记录，且作为资料移交存档。

8.2.10 本条规定了系统组件需要复验的条件及要求。复验时，具体检测内容按设计要求和疑点而定。

8.2.11 本条规定了材料和系统组件进场抽样检查合格与不合格的判定条件。即有一件不合格时，加倍抽查；若仍有不合格的，则判定此批产品不合格，这是产品抽样的例行做法。

8.3 安 装

8.3.1 管道的加工、焊接、安装，管道的检验、试压、冲洗、防腐，支吊架的焊接、安装，阀门的安装等，在现行国家标准《工业金属管道工程施工规范》GB 50235、《现场设备、工业管道焊接工程施工规范》GB 50236 中都作了具体规定，而本节仅对特殊安装要求作规

定，其余的本规范不再规定。

8.3.2 水喷雾灭火系统与火灾自动报警系统及联动部分的施工，在现行国家标准《火灾自动报警系统施工及验收规范》GB 50166 中已有规定，本规范不再作规定。

8.3.3 本条强调了在施工过程中要做好检查记录。

8.3.4 本条规定了消防泵组的安装要求：

1 泵的安装在现行国家标准《机械设备安装工程施工及验收通用规范》GB 50231、《风机、压缩机、泵安装工程施工及验收规范》GB 50275 中都作了具体规定，而本规范仅对消防泵的安装作原则性规定，其余的本规范不再规定。

2 本款规定了消防泵要整体安装在基础上。消防泵的基础尺寸、位置、标高等均要符合设计规定，以保证合理安装及满足系统的工艺要求。

3 由于消防泵与动力源是以整体或分体的形式固定在底座上，且以底座水平面找平，那么与消防泵相关的管道安装，则要以消防泵的法兰端面为基准进行安装，这样才能保证安装质量。

4 当水喷雾灭火系统的供水设施不是封闭的或采用天然水源时，为避免固体杂质吸入进水管，堵塞底阀或进入泵体，吸水口处需设置滤网。滤网架要坚固可靠，并且滤网要便于清洗。

5 柴油机驱动的消防泵，冷却器的泄水管要通向排水管、排水沟、地漏等设施。其目的是将废水排到室外的排水设施，而不能直接排至泵房室内地面。

8.3.5 本条规定了消防水池（罐）、消防水箱的安装要求：

1 消防水池、消防水箱的施工和安装，现行国家标准《给水排水构筑物工程施工及验收规范》GB 50141、《建筑给水排水及采暖工程施工质量验收规范》GB 50242 给出了比较详细的规定。

2 水池（箱）间的主要通道、四周的检修通道是保证维护管理工作顺利进行的基本要求，通道的宽度要符合设计要求。

8.3.6 本条对消防气压给水设备和稳压泵的安装要求作了规定。消防气压给水设备作为一种提供压力水的设备在我国经历了数十年的发展和使用，特别是近十年来经过研究和改进，日趋成熟和完善。一般生产该类设备的厂家都是整体装配完毕，调试合格后再出厂。因此，在设备的安装过程中，只要不发生碰撞且进水管、出水管、充气管的标高、管径等符合设计要求，其安装质量是能够保证的。

稳压泵安装直接采用现行国家标准《机械设备安装工程施工及验收通用规范》GB 50231、《风机、压缩机、泵安装工程施工及验收规范》GB 50275 的有关规定。

8.3.7 消防水泵接合器主要是消防队在火灾发生时向系统补充水用的。设置固定标志及分区标志是为了在火灾时快速找到水泵接合器，及时准确补水，以免造成不必要的损失。

本条规定强调了消防水泵接合器的安装顺序，尤其重要的是止回阀的安装方向一定要保证水通过接合器进入系统。

8.3.8 雨淋报警阀是水喷雾灭火系统的关键组件之一，它在系统中起着启动系统、确保灭火用水畅通、发出报警信号的关键作用。过去不少工程在施工时出现报警阀与水源控制阀位置随意调换、报警阀方向与水源水流方向装反、辅助管道紊乱等情况，其结果使报警阀组不能工作、系统调试困难，使系统不能发挥作用。

在使用场所发生火灾后，雨淋报警阀需操作方便、开启顺利并保障操作者安全。过去有些场所安装手动装置时，对安装位置的问题未引起重视，随意安装。当使用场所发生火灾后，由于操作不便或人员无法接近而不能及时顺利开启雨淋报警阀，结果造成不必要的财产损失和人员伤亡。因此，本规范规定雨淋报警阀手动装置安装要达到操作方便和火灾时操作人员能安全操作的要求。

8.3.9 控制阀要设置启闭标志，便于随时检查控制阀是否处于要求的启闭位置，以防意外。对安装在隐蔽处的控制阀，需在外部做指示其位置的标志，以便需要开、关此阀时，能及时准确地找出其位置，做应急操作。

8.3.10 压力开关安装时除应严格按使用说明书要求外，需防止

随意拆装,以免影响其性能。其安装形式无论现场情况如何都要竖直安装在水力警铃水流通路的管道上,尽量靠近报警阀,以利于启动。为了防止压力开关的引出线进水,影响其性能,规定其引出线应用防水套管锁定。

8.3.11 水力警铃是多种灭火系统均需配备的通用组件。其安装总要求是:保证系统启动后能及时发出设计要求的声强强度的声响报警,其报警能及时被值班人员或保护场所内其他人员发现,平时能够检测水力报警装置功能是否正常。

8.3.12 减压孔板和节流装置是使水喷雾灭火系统某一局部水压符合规范要求而常采用的压力调节设施,其安装要符合设计要求。

8.3.13 本条对减压阀的安装提出了要求:

1 减压阀的安装在系统供水管网试压、冲洗合格后进行,主要是为了防止冲洗时对减压阀内部结构造成损伤,同时避免管道中杂物堵塞阀门,影响其功能。

2 本款对减压阀在安装前需要做的主要技术准备工作提出了要求,其目的是防止把不符合设计要求和自身存在质量隐患的阀门安装在系统中,避免工程返工,消除隐患。

3 减压阀的性能要求水流方向是不能变的。比例式减压阀,如果水流方向改变了,则把减压变成了升压;可调式减压阀,如果水流方向反了,则不能工作,减压阀变成了止回阀。因此,安装时要严格按减压阀指示的方向安装。

4 要求在减压阀进水侧安装过滤器,主要是防止管网中杂物流进减压阀内,堵塞减压阀先导阀通路,或者沉积于减压阀内的活动件上,影响其动作,造成减压阀失灵。减压阀前后安装控制阀,主要是便于维修和更换减压阀,在维修、更换减压阀时,减少系统排水时间和停水影响范围。

5 可调式减压阀的导阀、阀门前后压力表均在阀门阀盖一侧,为便于调试、检修和观察压力情况,安装时阀盖要朝上。

6 比例式减压阀的阀芯为柱体活塞式结构,工作时定位密封是靠阀芯外套的橡胶密封圈与阀体密封的。垂直安装时,阀芯与阀体密封接触面和受力较均匀,有利于确保其工作性能的可靠性和延长使用寿命。如水平安装,其阀芯与阀体由于重力的原因,易造成下部接触较紧,增加摩擦阻力,影响其减压效果和使用寿命。当水平安装时,单呼吸孔向下,双呼吸孔呈水平,主要是防止外界杂物堵塞呼吸孔,影响其性能。

7 安装压力表,主要是为了调试时能检查减压阀的减压效果,使用中可随时检查供水压力、减压阀减压后的压力是否符合设计要求,即减压阀工作状态是否正常。

8.3.14 本条规定了管道的安装要求。

1 为了使管道放空,防止积水,避免在冬季冻裂阀门及管道,管道要有一定坡度,坡度、坡向要符合设计要求。

2 本款规定的目的是为了确保立管的牢固性,使其在受外力作用和自身水流冲击时不至于损坏。

3 埋地管道不能铺设在冻土、瓦砾、松软的土质上,因此基础要进行处理,方法按设计要求。管道安装前按照设计的规定事先做好防腐,安装时不要损坏防腐层,以保证安装质量。埋地管道采用焊接时,一般在钢管的两端留出焊缝部位,入沟后进行焊接,焊缝部位要在试压合格后,按设计要求进行防腐处理,并严格检查,防止遗漏,避免因焊缝腐蚀造成管道的损坏。埋地管道在回填前需要进行工程验收,这是施工过程质量控制的重要部分,可避免不必要的返工。合格后及时回填可使已验收合格的管道免遭不必要的返工,分层夯实则是为了保证运行后管道的施工质量。

4 管道支、吊架平整牢固才能保证立管的牢固性,本款的目的是为了确保管道的牢固性,使其在受外力和自身水力冲击时也不至于损伤。

5 本款规定主要是使管道支、吊架的安装位置不妨碍喷头喷射效果。

6 本款规定是为了使管道内部清洁,以防发生堵塞等现象。

7 本款规定是为了施工和维护方便。

8 本款指出的防火材料可采用防火堵料或防火包带等;管道穿过变形缝时可以采用下列保护措施,且空隙用防火材料封堵:

(1)在墙体两侧采用柔性连接。

(2)在管道上、下部留有不小于150mm的净空。

(3)在穿墙处做成方形补偿器,水平安装。

9 管道焊接需要符合相关焊接标准的规定。

10 沟槽管接件要符合相关国家标准的规定。

11 本款规定是为了避免施工操作破坏镀锌层。

8.3.15 本条对管道的试压作了规定。管道安装完毕应按本条的规定进行试压。试压合格后,按本规范表D.0.4记录,且作为资料移交存档。

8.3.16 为保持管内清洁,管道试压合格后要按照冲洗的方法、步骤用清水进行冲洗,冲洗合格后,不能再进行影响管内清洁的其他施工,且按本规范表D.0.5记录,并移交存档。

8.3.17 地上管道要在试压、冲洗合格后进行涂漆防腐,要求按现行国家标准《工业金属管道工程施工规范》GB 50235中的有关规定执行。

8.3.18 本条规定了喷头的安装要求。

1 喷头的规格、型号应符合设计要求,切不可误装,而且喷头的安装要在系统试压、冲洗合格后进行。因为喷头的孔径较小,若系统管道冲洗不干净,异物容易堵塞喷头,影响灭火效果。

2 喷头在安装时要牢固、规整,不能拆卸或损坏喷头上的附件,否则会影响使用。

3 顶部安装的喷头要安装在保护对象上部,其安装高度要严格按设计要求进行。本款给出了坐标及标高的允许偏差。

4 侧向安装的喷头要安装在被保护物的侧面对准保护物体。本款给出了距离允许偏差,因为侧向喷洒要考虑水雾的射程,尤其是正偏差不要太大。

5 本款规定的目的是确保喷头能正常喷洒,满足其设计要求。

8.4 调 试

8.4.1 水喷雾灭火系统的调试只有在整个系统已按照设计要求全部施工结束后,才可能全面、有效地进行各项目调试工作。与系统有关的火灾自动报警装置及联动控制设备是否合格,是水喷雾灭火系统能否正常运行的重要条件。由于系统绝大部分是采用自动报警、自动灭火的形式,因此,必须先把火灾自动报警和联动控制设备调试合格,才能与水喷雾灭火系统进行连锁试验,以验证系统的可靠程度和系统各部分是否协调。另外,水喷雾灭火系统与火灾自动报警装置的施工、调试单位有可能不是同一个单位,即使是同一个单位也可能是不同专业的人员,明确调试前后顺序有利于协调工作,也有利于调试工作的顺利进行,因此作了本条规定。与系统有关的火灾自动报警装置和联动控制设备的调试要按现行国家标准《火灾自动报警系统施工及验收规范》GB 50166的有关规定执行。

8.4.2 本条规定了系统调试的前提条件。

1 水喷雾灭火系统的调试是保证系统能正常工作的重要步骤,完成该项工作的重要条件是调试所必需的技术资料要完整,方能使调试人员确认所采用的设备、材料是否符合国家有关标准,是否按设计施工图和设计要求施工,安装质量如何,便于及时发现存在的问题,以保证调试工作的顺利进行。

2 系统调试是一项专业技术非常强的工作,因此,要求调试前需要制订调试方案,并经监理单位批准。另外,要做好调试人员的组织工作,做到职责明确,并按照预先制订的调试方案和调试程序进行,这是保证系统调试成功的关键条件之一。

3 本款的目的是为了确保系统调试工作的顺利进行。

4 调试前安装好经检验合格的仪器、仪表是调试的基本要求。

5 水源、动力源是调试的基本保证。水源由水池、水罐或天然水源提供,无论哪种方式供水,其容量都要符合设计要求,调试时可先满足调试需要的用量。动力源主要是电源和备用动力,它们都需要满足设计要求,并运转正常。

8.4.3 系统调试内容是根据系统正常工作条件、关键组件性能、系统性能等来确定的。本条规定系统调试的内容:水源的充足可靠与否,直接影响系统灭火功能;动力源和备用动力源能否可靠切换,关系到系统运行的可靠性;消防水泵对临时高压管网来讲,是扑灭火灾时的主要供水设施;稳压泵的功能是使系统能保持准工作状态时的正常水压;报警阀、电动阀、气动阀为系统的关键组成部件,其动作的准确、灵敏与否,直接关系到灭火的成功率;排水装置是保证系统运行和进行试验时不致产生水害的设施;联动试验实为系统与火灾自动报警系统的联锁动作试验,它可反映出系统各组成部件之间是否协调和配套。

8.4.4 本条对水源测试作了规定。

1 消防水池(罐)、消防水箱为系统常用储水设施,其容积、储水量及不作他用的技术措施需做全面核实。

2 消防水泵接合器是系统在火灾时供水设备发生故障,不能保证供给消防用水时的临时供水设施。特别是在室内消防水泵的电源遭到破坏或被保护建筑物已形成大面积火灾,灭火用水不足时,其作用更显得突出,故需要通过试验来验证消防水泵接合器的供水能力。

8.4.5 本条规定的目的就是保证系统动力源的可靠性和稳定性。动力源是系统的重要组成部分之一,没有可靠的动力源,灭火系统就不能正常工作。当动力源停止或发生故障时,备用动力要能立即启用。

8.4.6 本条参照现行国家标准《消防泵》GB 6245 中有关消防泵组的性能要求制订。消防泵启动时间是指从发出启动指令到泵达到额定工作状态的时间,本规范未明确规定消防泵的启动时间,一是考虑到消防泵启动方式不同,启动时间也不同,如对于电动机驱动的消防泵,电机启动时有全压直接启动、自耦降压启动、星三角启动等,不同启动方式的启动时间不相同,另外其启动时间和电机功率也有较大关系。消防泵的启动时间要满足水喷雾灭火系统的响应时间的要求,当响应时间较小时,需要选择较快的启动方式。二是对于消防泵的启动时间,其他规范有相关规定。

8.4.7 稳压泵的功能是使系统能保持准工作状态时的正常水压。美国标准 NFPA20 相关条文规定:稳压泵的额定流量需要大于系统正常的漏水率,泵的出口压力应当是维护系统所需的压力,故它要能随着系统压力变化而自动开启和停止。本条规定是根据稳压泵的基本功能提出的要求。

8.4.8 雨淋报警阀的调试要求是参照现行国家标准《自动喷水灭火系统 第5部分:雨淋报警阀》GB 5135.5 的规定制订的。

8.4.9 系统控制阀采用电动阀或气动阀阀时,调试需要检查其开启时间;手动开、闭要灵活,开启或关闭过程中不能出现卡涩现象。

8.4.10 系统有完备的排水设施才能保证正常开展系统试验,防止试验或灭火时产生水害。要保证系统排出的水能通过排水设施全部排走。

8.4.11 本条是对水喷雾灭火系统联动试验的要求。

1 采用模拟火灾信号启动系统时,当火灾探测系统探测到火灾信号后,能控制雨淋报警阀(或电动控制阀、气动控制阀)打开,水力警铃发出报警铃声,压力开关动作,启动消防水泵。

2 当灭火系统采用传动管启动时,开启 1 只喷头后,雨淋报警阀开启,水力警铃发出报警铃声,压力开关动作,启动消防水泵。

3 记录系统的响应时间、工作压力和流量,保证其符合设计要求。

本条是为了检查系统是否满足设计要求,所有规定必须做到,否则,系统可能难以灭火或达不到冷却要求。因此,将本条确定为强制性条文。

8.4.12 水喷雾灭火系统的调试属于施工过程检查的一部分,也是质量控制的内容,调试合格后需要按本规范表 D.0.6 记录,然后用清水冲洗放空,防止设备和管道的腐蚀,最后将系统复原,申请验收。

9 验　收

9.0.1 系统竣工后要进行验收,以检验系统是否合格,能否正常发挥其功能。若系统验收不合格,则不能投入使用,否则发生火灾后,灭火系统可能不能正常发挥作用,导致火灾损失增大。因此,从降低人员伤亡和财产损失的角度考虑,将本条定为强制性条文。

9.0.2 本条规定了验收的组织单位及应到现场参加验收的相关单位,便于全面核查、客观评价。

9.0.3 本条规定了验收时应提供的全部技术资料,这些资料是从工程开始到系统调试,施工全过程质量控制等各个重要环节的文字记录,同时也是验收时质量控制资料核查的内容,这是验收时需要做的两项工作之一,即软件验收。

9.0.4 本条规定了水喷雾灭火系统验收要求,隐蔽工程要在隐蔽前验收合格,所有质量控制资料要合格。另外,规范了编制本规范表格的基本格式、内容和方式。

9.0.5 本条规定了验收合格后需要提供的文件资料,以便建立建设项目档案,向建设行政主管部门或其他有关部门移交。

9.0.6 现行国家标准《工业金属管道工程施工质量验收规范》GB 50184 和《现场设备、工业管道焊接工程施工质量验收规范》GB 50683 中对管道、阀门及支、吊架的验收作了普适性规定,因此,这些组件的验收还要符合这两个规范的有关规定。

9.0.7 系统灭火不成功的因素中,供水中断是主要因素之一。利用天然水源作为系统水源时,除水量要符合设计要求外,水源要无杂质,以防堵塞管道、喷头。对于个别地方,用露天水池或河水作临时水源时,为防止杂质进入消防水泵和管网,需在水源进入消防水泵前的吸水口处设有自动除渣功能的固液分离装置,而不能用格栅除渣,因格栅被杂质堵塞后,易造成水源中断。

9.0.8 动力源、备用动力源和电气设备的可靠性关系到系统能否正常运行,符合设计要求是必须的。

9.0.9 本条的目的是检验消防水泵的实际操作性能。

9.0.10 雨淋报警阀是水喷雾灭火系统的关键组件,验收中常见的问题是控制阀安装位置不符合设计要求,不便操作,有些控制阀无试水口和试水排水措施,无法检测报警阀处压力、流量及警铃动作情况。

警铃的设置位置要靠近报警阀,使人们容易听到铃声。距警铃 3m 处,水力警铃喷嘴处压力不小于 0.05MPa 时,其警铃声强度不应小于 70dB(A)。

9.0.11 本条规定的验收内容是根据已安装的水喷雾灭火系统通常存在的问题而提出的。

9.0.12 喷头的验收要保证喷头的规格、型号、空间布置等满足设计要求,并需要根据喷头的实际安装总数核查其备用量。

9.0.13 凡设有消防水泵接合器的地方均需进行充水试验,以防止回阀方向装错。另外,通过试验,检验通过水泵接合器供水的具体技术参数,使试水装置测出的流量、压力达到设计要求,以确保系统在发生火灾,需利用消防水泵接合器供水时,能达到控火、灭火目的。验收时,还需要检验消防水泵接合器数量及位置是否正确,使用是否方便。

9.0.14 本条规定旨在检验系统的整体性能。

9.0.15 本条规定主要是检验喷头的喷水性能。

9.0.16 本条和现行国家标准《自动喷水灭火系统施工及验收规范》GB 50261 的判定标准相同,是根据公安机关消防机构、消防工程公司、建设方在实践中总结出的经验,为满足消防监督、消防工程质量验收的需要而制订的。参照建筑工程质量验收标准、产品标准,把工程中不符合相关标准规定的项目,依据对水喷雾灭火系统的主要功能影响程度划分为严重缺陷项、重要缺陷项、轻微缺陷项三类;根据各类缺陷项统计数量,对系统主要功能影响程度,以及国内水喷雾灭火系统施工过程中的实际情况等,综合考虑几方面因素来确定工程合格判定条件。

9.0.17 水喷雾灭火系统验收合格后,施工单位需要用清水把系统冲洗干净并放空,将系统复原,以便投入使用。同时向建设单位移交全部的技术资料,以便建立、健全建设项目档案,并向建设行政主管部门或其他有关部门移交。

可用状态。水雾喷头是系统喷水灭火的功能部件,要使每个喷头随时都处于正常状态,所以需要每月检查,更换发现问题的喷头。

10.0.7 消防给水管路需要保持畅通,系统中所配置的阀门都需要处于规定状态。对阀门编号和用标牌标注可以方便检查管理。

10.0.8 为了保证消防储水设备经常处于正常完好状态,需要每年进行检查,修补缺损,并重新油漆。水源的水量、水压有无保证,是水喷雾灭火系统能否起到应有作用的关键。由于市政建设的发展,建筑的增加,用水量变化等,水源的供水能力也会有变化。因此,每年需要对水源的供水能力测定一次,以便在其不能达到要求时,及时采取必要的补救措施。

10.0.9 消防专用蓄水池或水箱中的水,由于未发生火灾或不进行消防演习试验而长期不动用,成为"死水",特别是在南方气温高、湿度大的地区,微生物和细菌容易繁殖,需要不定期换水。换水时要通知当地公安机关消防机构,做好此期间万一发生火灾的灭火准备。

10.0.10 消防水箱、消防气压给水设备所配置的玻璃水位计,由于受外力易于碰碎,造成消防储水流失或形成水害,因此在观察过水位后,应将水位计两端的角阀关闭。

10.0.11 水喷雾灭火系统的供水不应间断。停水修理时,必须向主管人员报告,并有应急措施和有人临场监督,修理完毕要立即恢复供水。在修理过程中,万一发生火灾,也能及时采取紧急措施。

10 维 护 管 理

10.0.1 维护管理是水喷雾灭火系统能否正常发挥作用的关键环节。灭火设施在平时的精心维护管理下才能发挥良好的作用。否则,发生火灾时,系统可能不会正常运行,导致不必要的财产损失和人员伤亡。

10.0.2 水喷雾灭火系统每个部件的作用和应处的状态及如何检验、测试,都需要由具有对系统作用原理了解和熟悉的专业人员来操作、管理。因此,承担维护管理工作的人员要经过专业培训,持证上岗。

10.0.3 系统各部件都有检查周期,需要按规定进行检查,发现问题要及时处理。

10.0.4 发生火灾时,水喷雾灭火系统能否及时发挥应有的作用和它的每个部件是否处于正确状态有关,需要每天对水源控制阀、雨淋报警阀等进行巡视。第2款规定的目的是要确保消防储水设备的任何部位在寒冷季节均不结冰,以保证灭火时用水,维护管理人员每天要进行检查。

10.0.5 消防水泵和备用动力是供给消防用水的关键设备,需要定期进行试运转,保证发生火灾时启动灵活、不卡壳,电源或柴油机驱动正常,自动启动或电源切换及时、无故障。

10.0.6 电磁阀是启动系统的执行元件,所以每月应对电磁阀进行检查、试验,必要时及时更换。阀门是否处于规定的状态,对系统供水是至关重要的,经常对阀门的铅封等进行检查,有助于保证阀门一直处于完好状态。

消防储水要保证充足、可靠,需要有平时不作他用的措施,每月要进行检查。每月检查水泵接合器是为了保证其处于正常、

中华人民共和国国家标准

建筑内部装修设计防火规范

Code for fire prevention in
design of interior decoration of buildings

GB 50222 - 2017

主编部门：中 华 人 民 共 和 国 公 安 部
批准部门：中华人民共和国住房和城乡建设部
施行日期：2 0 1 8 年 4 月 1 日

中华人民共和国住房和城乡建设部公告

第 1632 号

住房城乡建设部关于发布国家标准
《建筑内部装修设计防火规范》的公告

现批准《建筑内部装修设计防火规范》为国家标准，编号为
GB 50222—2017，自 2018 年 4 月 1 日起实施。其中，第 4.0.1、
4.0.2、4.0.3、4.0.4、4.0.5、4.0.6、4.0.8、4.0.9、4.0.10、4.0.11、
4.0.12、4.0.13、4.0.14、5.1.1、5.2.1、5.3.1、6.0.1、6.0.5 条为
强制性条文，必须严格执行。原国家标准《建筑内部装修设计防火
规范》GB 50222—95(2001 版)同时废止。

本规范在住房城乡建设部门户网站(www.mohurd.gov.cn)
公开，并由我部标准定额研究所组织中国计划出版社出版发行。

中华人民共和国住房和城乡建设部
2017 年 7 月 31 日

前　言

本规范是根据原建设部《关于印发〈2007年工程建设标准规范制订、修订计划(第一批)〉的通知》(建标〔2007〕125号)的要求,由中国建筑科学研究院会同公安部四川消防研究所等单位对国家标准《建筑内部装修设计防火规范》GB 50222—95进行修订而成。

本规范在修订过程中,规范编制组遵循国家有关消防工作方针,深刻吸取火灾事故教训,深入调研工程建设发展中出现的新情况、新问题和规范执行过程中遇到的疑难问题,认真总结工程实践经验,吸收借鉴国外相关技术标准和消防科研成果,广泛征求意见,最终经审查定稿。

本规范共分6章,主要内容包括总则、术语、装修材料的分类和分级、特别场所、民用建筑、厂房仓库。

本规范修订的主要内容是:

1. 增加了术语;

2. 将民用建筑及工业建筑中的特别场所进行合并,单列一章;

3. 对民用建筑及场所的名称进行调整和完善,补充、调整了民用建筑及场所的装修防火要求,新增了展览性场所装修防火要求;

4. 补充了住宅的装修防火要求;

5. 细化了工业厂房的装修防火要求;

6. 新增了仓库装修防火要求。

本规范中以黑体字标志的条文为强制性条文,必须严格执行。

本规范由住房城乡建设部负责管理和对强制性条文的解释,由公安部负责日常管理,由中国建筑科学研究院负责具体技术内容的解释。执行过程中如有意见或建议,请寄送中国建筑科学研究院(地址:北京市北三环东路30号,邮政编码:100013),以便修订时参考。

本规范主编单位、参编单位、主要起草人和主要审查人:

主 编 单 位:中国建筑科学研究院
参 编 单 位:公安部四川消防研究所
　　　　　　中国建筑装饰协会
　　　　　　北京市公安消防总队
　　　　　　上海市公安消防总队
　　　　　　中国建筑设计研究院
　　　　　　苏州金螳螂建筑装饰股份有限公司
　　　　　　上海阿姆斯壮建筑制品有限公司
主要起草人:李引擎　王金平　刘激扬　沈　纹　张　磊
　　　　　　马道贞　张新立　卢国建　王本明　周敏莉
　　　　　　李　风　谈星火　王卫东　杨安明　张　健
主要审查人:倪照鹏　程志军　朱　江　刘正勤　饶良修
　　　　　　郑　实　晁海鸥　衣学群　张耀泽　钱力航
　　　　　　沈奕辉　李　悦　赵仲毅

目　次

1 总 则

1.0.1 为规范建筑内部装修设计,减少火灾危害,保护人身和财产安全,制定本规范。

1.0.2 本规范适用于工业和民用建筑的内部装修防火设计,不适用于古建筑和木结构建筑的内部装修防火设计。

1.0.3 建筑内部装修设计应积极采用不燃性材料和难燃性材料,避免采用燃烧时产生大量浓烟或有毒气体的材料,做到安全适用,技术先进,经济合理。

1.0.4 建筑内部装修防火设计除执行本规范的规定外,尚应符合国家现行有关标准的规定。

2 术 语

2.0.1 建筑内部装修 interior decoration of buildings

为满足功能需求,对建筑内部空间所进行的修饰、保护及固定设施安装等活动。

2.0.2 装饰织物 decorative fabric

满足建筑内部功能需求,由棉、麻、丝、毛等天然纤维及其他合成纤维制作的纺织品,如窗帘、帷幕等。

2.0.3 隔断 partition

建筑内部固定的、不到顶的垂直分隔物。

2.0.4 固定家具 fixed furniture

与建筑结构固定在一起或不易改变位置的家具。如建筑内部的壁橱、壁柜、陈列台、大型货架等。

3 装修材料的分类和分级

3.0.1 装修材料按其使用部位和功能,可划分为顶棚装修材料、墙面装修材料、地面装修材料、隔断装修材料、固定家具、装饰织物、其他装修装饰材料七类。

注:其他装修装饰材料系指楼梯扶手、挂镜线、踢脚板、窗帘盒、暖气罩等。

3.0.2 装修材料按其燃烧性能应划分为四级,并应符合本规范表3.0.2 的规定。

表 3.0.2 装修材料燃烧性能等级

等 级	装修材料燃烧性能
A	不燃性
B₁	难燃性
B₂	可燃性
B₃	易燃性

3.0.3 装修材料的燃烧性能等级应按现行国家标准《建筑材料及制品燃烧性能分级》GB 8624 的有关规定,经检测确定。

3.0.4 安装在金属龙骨上燃烧性能达到 B₁级的纸面石膏板、矿棉吸声板,可作为 A 级装修材料使用。

3.0.5 单位面积质量小于 300g/m² 的纸质、布质壁纸,当直接粘贴在 A 级基材上时,可作为 B₁级装修材料使用。

3.0.6 施涂于 A 级基材上的无机装修涂料,可作为 A 级装修材料使用;施涂于 A 级基材上,湿涂覆比小于 1.5kg/m²,且涂层干膜厚度不大于 1.0mm 的有机装修涂料,可作为 B₁级装修材料使用。

3.0.7 当使用多层装修材料时,各层装修材料的燃烧性能等级均应符合本规范的规定。复合型装修材料的燃烧性能等级应进行整体检测确定。

4 特别场所

4.0.1 建筑内部装修不应擅自减少、改动、拆除、遮挡消防设施、疏散指示标志、安全出口、疏散出口、疏散走道和防火分区、防烟分区等。

4.0.2 建筑内部消火栓箱门不应被装饰物遮掩,消火栓箱门四周的装修材料颜色应与消火栓箱门的颜色有明显区别或在消火栓箱门表面设置发光标志。

4.0.3 疏散走道和安全出口的顶棚、墙面不应采用影响人员安全疏散的镜面反光材料。

4.0.4 地上建筑的水平疏散走道和安全出口的门厅,其顶棚应采用 A 级装修材料,其他部位应采用不低于 B₁级的装修材料;地下民用建筑的疏散走道和安全出口的门厅,其顶棚、墙面和地面均应采用 A 级装修材料。

4.0.5 疏散楼梯间和前室的顶棚、墙面和地面均应采用 A 级装修材料。

4.0.6 建筑物内设有上下层相连通的中庭、走马廊、开敞楼梯、自动扶梯时,其连通部位的顶棚、墙面应采用 A 级装修材料,其他部位应采用不低于 B₁级的装修材料。

4.0.7 建筑内部变形缝(包括沉降缝、伸缩缝、抗震缝等)两侧基层的表面装修应采用不低于 B₁级的装修材料。

4.0.8 无窗房间内部装修材料的燃烧性能等级除 A 级外,应在表 5.1.1、表 5.2.1、表 5.3.1、表 6.0.1、表 6.0.5 规定的基础上提高一级。

4.0.9 消防水泵房、机械加压送风排烟机房、固定灭火系统钢瓶间、配电室、变压器室、发电机房、储油间、通风和空调机房等,其内部所有装修均应采用 A 级装修材料。

4.0.10 消防控制室等重要房间,其顶棚和墙面应采用 A 级装修材料,地面及其他装修应采用不低于 B₁ 级的装修材料。

4.0.11 建筑物内的厨房,其顶棚、墙面、地面均应采用 A 级装修材料。

4.0.12 经常使用明火器具的餐厅、科研试验室,其装修材料的燃烧性能等级除 A 级外,应在表 5.1.1、表 5.2.1、表 5.3.1、表 6.0.1、表 6.0.5 规定的基础上提高一级。

4.0.13 民用建筑内的库房或贮藏间,其内部所有装修除应符合相应场所规定外,且应采用不低于 B₁ 级的装修材料。

4.0.14 展览性场所装修设计应符合下列规定:

1 展台材料应采用不低于 B₁ 级的装修材料。

2 在展厅设置电加热设备的餐饮操作区内,与电加热设备贴邻的墙面、操作台均应采用 A 级装修材料。

3 展台与卤钨灯等高温照明灯具贴邻部位的材料应采用 A 级装修材料。

4.0.15 住宅建筑装修设计尚应符合下列规定:

1 不应改动住宅内部烟道、风道。

2 厨房内的固定橱柜宜采用不低于 B₁ 级的装修材料。

3 卫生间顶棚宜采用 A 级装修材料。

4 阳台装修宜采用不低于 B₁ 级的装修材料。

4.0.16 照明灯具及电气设备、线路的高温部位,当靠近非 A 级装修材料或构件时,应采取隔热、散热等防火保护措施,与窗帘、帷幕、幕布、软包等装修材料的距离不应小于 500mm;灯饰应采用不低于 B₁ 级的材料。

4.0.17 建筑内部的配电箱、控制面板、接线盒、开关、插座等不应直接安装在低于 B₁ 级的装修材料上;用于顶棚和墙面装修的木质类板材,当内部含有电器、电线等物体时,应采用不低于 B₁ 级的材料。

4.0.18 当室内顶棚、墙面、地面和隔断装修材料内部安装电加热供暖系统时,室内采用的装修材料和绝热材料的燃烧性能等级应为 A 级。当室内顶棚、墙面、地面和隔断装修材料内部安装水暖(或蒸汽)供暖系统时,其顶棚采用的装修材料和绝热材料的燃烧性能应为 A 级,其他部位的装修材料和绝热材料的燃烧性能不应低于 B₁ 级,且尚应符合本规范有关公共场所的规定。

4.0.19 建筑内部不宜设置采用 B₃ 级装饰材料制成的壁挂、布艺等,当需要设置时,不应靠近电气线路、火源或热源,或采取隔离措施。

4.0.20 本规范未明确规定的场所,其内部装修应按本规范有关规定类比执行。

5 民用建筑

5.1 单层、多层民用建筑

5.1.1 单层、多层民用建筑内部各部位装修材料的燃烧性能等级,不应低于本规范表 5.1.1 的规定。

表 5.1.1 单层、多层民用建筑内部各部位装修材料的燃烧性能等级

序号	建筑物及场所	建筑规模、性质	顶棚	墙面	地面	隔断	固定家具	窗帘	帷幕	其他装修装饰材料
1	候机楼的候机大厅、贵宾候机室、售票厅、商店、餐饮场所等	—	A	A	B₁	B₁	B₁	B₁	—	B₁
2	汽车站、火车站、轮船客运站的候车(船)室、商店、餐饮场所等	建筑面积>10000m²	A	A	B₁	B₁	B₁	B₁	—	B₂
		建筑面积≤10000m²	A	B₁	B₁	B₂	B₂	B₂	—	B₂
3	观众厅、会议厅、多功能厅、等候厅等	每个厅建筑面积>400m²	A	A	B₁	B₁	B₁	B₁	B₁	B₁
		每个厅建筑面积≤400m²	A	B₁	B₁	B₂	B₂	B₂	B₁	B₂
4	体育馆	>3000座位	A	A	B₁	B₁	B₁	B₁	B₁	B₂
		≤3000座位	A	B₁	B₁	B₂	B₂	B₂	B₁	B₂
5	商店的营业厅	每层建筑面积>1500m²或总建筑面积>3000m²	A	B₁	B₁	B₁	B₁	B₁	—	B₂
		每层建筑面积≤1500m²或总建筑面积≤3000m²	B₁	B₁	B₁	B₂	B₂	B₂	—	B₂

续表 5.1.1

序号	建筑物及场所	建筑规模、性质	顶棚	墙面	地面	隔断	固定家具	窗帘	帷幕	其他装修装饰材料
6	宾馆、饭店的客房及公共活动用房等	设置送回风道(管)的集中空气调节系统	A	B₁	B₁	B₁	B₂	B₂	—	B₂
		其他	B₁	B₁	B₂	B₂	B₂	B₂	—	—
7	养老院、托儿所、幼儿园的居住及活动场所	—	A	A	B₁	B₁	B₂	B₁	—	B₂
8	医院的病房区、诊疗区、手术区	—	A	A	B₁	B₁	B₂	B₁	—	B₂
9	教学场所、教学实验场所	—	A	B₁	B₂	B₂	B₂	B₂	B₂	B₂
10	纪念馆、展览馆、博物馆、图书馆、档案馆、资料馆等的公众活动场所	—	A	B₁	B₁	B₁	B₂	B₁	—	B₂
11	存放文物、纪念展览物品、重要图书、档案、资料的场所	—	A	A	B₁	B₁	B₂	B₁	—	B₂
12	歌舞娱乐游艺场所	—	A	B₁	B₁	B₁	B₁	B₁	—	B₁
13	A、B级电子信息系统机房及装有重要机器、仪器的房间	—	A	A	B₁	B₁	B₁	B₁	—	B₁
14	餐饮场所	营业面积>100m²	A	B₁	B₁	B₁	B₂	B₁	—	B₂
		营业面积≤100m²	B₁	B₁	B₁	B₂	B₂	B₂	—	B₂
15	办公场所	设置送回风道(管)的集中空气调节系统	A	B₁	B₁	B₁	B₂	B₂	—	B₂
		其他	B₁	B₁	B₂	B₂	B₂	—	—	—
16	其他公共场所	—	B₁	B₁	B₂	B₂	B₂	B₂	—	—
17	住宅	—	B₁	B₁	B₁	B₁	B₂	B₂	—	B₂

5.1.2 除本规范第 4 章规定的场所和本规范表 5.1.1 中序号为 11～13 规定的部位外,单层、多层民用建筑内面积小于 100m² 的房间,当采用耐火极限不低于 2.00h 的防火隔墙和甲级防火门、窗与其他部位分隔时,其装修材料的燃烧性能等级可在本规范表 5.1.1 的基础上降低一级。

5.1.3 除本规范第 4 章规定的场所和本规范表 5.1.1 中序号为 11～13 规定的部位外,当单层、多层民用建筑需做内部装修的空间内装有自动灭火系统时,除顶棚外,其内部装修材料的燃烧性能等级可在本规范表 5.1.1 规定的基础上降低一级;当同时装有火灾自动报警装置和自动灭火系统时,其装修材料的燃烧性能等级可在本规范表 5.1.1 规定的基础上降低一级。

5.2 高层民用建筑

5.2.1 高层民用建筑内部各部位装修材料的燃烧性能等级,不应低于本规范表 5.2.1 的规定。

表 5.2.1 高层民用建筑内部各部位装修材料的燃烧性能等级

序号	建筑物及场所	建筑规模、性质	顶棚	墙面	地面	隔断	固定家具	窗帘	帷幕	床罩	家具包布	其他装饰材料
1	候机楼的候机大厅、贵宾候机室、售票厅、商店、餐饮场所等	—	A	A	B₁	B₁	B₁					B₁
2	汽车站、火车站、轮船客运站的候车(船)室、商店、餐饮场所等	建筑面积>10000m²	A	A	B₁	B₁	B₁					B₂
		建筑面积≤10000m²	B₁	B₁	B₁	B₁	B₂					B₂
3	观众厅、会议厅、多功能厅、等候厅等	每个厅建筑面积>400m²	A	A	B₁	B₁	B₁	B₁	B₁			B₁
		每个厅建筑面积≤400m²	B₁	B₁	B₁	B₂	B₁	B₁	B₁			B₁

续表 5.2.1

序号	建筑物及场所	建筑规模、性质	顶棚	墙面	地面	隔断	固定家具	窗帘	帷幕	床罩	家具包布	其他装饰材料
4	商店的营业厅	每层建筑面积>1500m²或总建筑面积>3000m²	A	B₁	B₁	B₁	B₁	B₁		—	B₂	B₁
		每层建筑面积≤1500m²或总建筑面积≤3000m²	B₁	B₁	B₁	B₁	B₂	B₁		B₂	B₂	B₂
5	宾馆、饭店的客房及公共活动用房等	一类建筑	A	B₁	B₁	B₁	B₂	B₁		—	B₁	B₁
		二类建筑	B₁	B₁	B₁	B₁	B₂	B₂		—	B₂	B₂
6	养老院、托儿所、幼儿园的居住及活动场所	—	A	A	B₁	B₁	B₂	B₁		—	B₂	B₁
7	医院的病房区、诊疗区、手术区	—	A	A	B₁	B₁	B₂	B₁		—	B₂	B₁
8	教学场所、教学实验场所	—	A	B₁	B₂	B₂	B₂	B₁		—	B₂	B₂
9	纪念馆、展览馆、博物馆、图书馆、档案馆、资料馆等的公众活动场所	一类建筑	A	B₁	B₁	B₁	B₂	B₁		—	B₂	B₁
		二类建筑	B₁	B₁	B₁	B₁	B₂	B₂		—	B₂	B₂
10	存放文物、纪念展览物品、重要图书、档案、资料的场所	—	A	A	B₁	B₁	B₂	B₁		—	B₂	B₁
11	歌舞娱乐游艺场所	—	A	B₁	B₁	B₁	B₁	B₁		—	B₁	B₁
12	A、B级电子信息系统机房及装有重要机器、仪器的房间	—	A	A	B₁	B₁	B₁	B₁		—	B₁	B₁
13	餐饮场所	—	A	B₁	B₁	B₁	B₁	B₁			B₂	B₂

续表 5.2.1

序号	建筑物及场所	建筑规模、性质	顶棚	墙面	地面	隔断	固定家具	窗帘	帷幕	床罩	家具包布	其他装饰材料
14	办公场所	一类建筑	A	B₁	B₁	B₁	B₂	B₁			—	B₁
		二类建筑	A	B₁	B₁	B₁	B₂	B₂			—	B₂
15	电信楼、财贸金融楼、邮政楼、广播电视楼、电力调度楼、防灾指挥调度楼	一类建筑	A	A	B₁	B₁	B₁	B₁			—	B₁
		二类建筑	A	B₁	B₁	B₁	B₂	B₁			—	B₂
16	其他公共场所	—	A	B₁	B₁	B₁	B₂	B₂			—	B₂
17	住宅	—	A	B₁	B₁	B₁	B₂	B₁		—	B₂	B₂

5.2.2 除本规范第 4 章规定的场所和本规范表 5.2.1 中序号为 10～12 规定的部位外,高层民用建筑的裙房内面积小于 500m² 的房间,当设有自动灭火系统,并且采用耐火极限不低于 2.00h 的防火隔墙和甲级防火门、窗与其他部位分隔时,顶棚、墙面、地面装修材料的燃烧性能等级可在本规范表 5.2.1 规定的基础上降低一级。

5.2.3 除本规范第 4 章规定的场所和本规范表 5.2.1 中序号为 10～12 规定的部位外,以及大于 400m² 的观众厅、会议厅和 100m 以上的高层民用建筑外,当设有火灾自动报警装置和自动灭火系统时,除顶棚外,其内部装修材料的燃烧性能等级可在本规范表 5.2.1 规定的基础上降低一级。

5.2.4 电视塔等特殊高层建筑的内部装修,装饰织物采用不低于 B₁ 级的材料,其他均应采用 A 级装修材料。

5.3 地下民用建筑

5.3.1 地下民用建筑内部各部位装修材料的燃烧性能等级,不应低于本规范表 5.3.1 的规定。

表 5.3.1 地下民用建筑内部各部位装修材料的燃烧性能等级

序号	建筑物及场所	顶棚	墙面	地面	隔断	固定家具	装饰织物	其他装饰材料
1	观众厅、会议厅、多功能厅、等候厅等,商店的营业厅	A	A	A	B₁	B₁	B₁	B₂
2	宾馆、饭店的客房及公共活动用房等	A	B₁	B₁	B₁	B₂	B₁	B₂
3	医院的诊疗区、手术区	A	A	B₁	B₁	B₂	B₁	B₂
4	教学场所、教学实验场所	A	A	B₁	B₁	B₂	B₁	B₂
5	纪念馆、展览馆、博物馆、图书馆、档案馆、资料馆等的公众活动场所	A	B₁	B₁	B₁	B₂	B₁	B₂
6	存放文物、纪念展览物品、重要图书、档案、资料的场所	A	A	A	A	B₁	B₁	B₂
7	歌舞娱乐游艺场所	A	A	B₁	B₁	B₁	B₁	B₁
8	A、B级电子信息系统机房及装有重要机器、仪器的房间	A	A	B₁	B₁	B₁	B₁	B₁
9	餐饮场所	A	A	A	B₁	B₁	B₁	B₂
10	办公场所	A	A	B₁	B₁	B₂	B₁	B₂
11	其他公共场所	A	A	B₁	B₂	B₂	B₂	—
12	汽车库、修车库	A	A	B₁	A	A	—	—

注:地下民用建筑系指单层、多层、高层民用建筑的地下部分,单独建造在地下的民用建筑以及平战结合的地下人防工程。

5.3.2 除本规范第 4 章规定的场所和本规范表 5.3.1 中序号为 6～8 规定的部位外,单独建造的地下民用建筑的地上部分,其门厅、休息室、办公室等内部装修材料的燃烧性能等级可在本规范表 5.3.1 的基础上降低一级。

6 厂房仓库

6.0.1 厂房内部各部位装修材料的燃烧性能等级,不应低于本规范表 6.0.1 的规定。

表 6.0.1 厂房内部各部位装修材料的燃烧性能等级

序号	厂房及车间的火灾危险性和性质	建筑规模	装修材料燃烧性能等级						
			顶棚	墙面	地面	隔断	固定家具	装饰织物	其他装修装饰材料
1	甲、乙类厂房 丙类厂房中的甲、乙类生产车间 有明火的丁类厂房、高温车间	—	A	A	A	A	A	B_1	B_1
2	劳动密集型丙类生产车间或厂房 火灾荷载较高的丙类生产车间或厂房 洁净车间	单、多层	A	A	B_1	B_1	B_1	B_2	B_2
		高层	A	A	A	B_1	B_1	B_1	B_2
3	其他丙类生产车间或厂房	单、多层	A	B_1	B_2	B_1	B_2	B_2	B_2
		高层	A	B_1	B_1	B_1	B_1	B_2	B_2
4	丙类厂房	地下	A	A	A	A	B_1	B_1	B_1
5	无明火的丁类厂房、戊类厂房	单、多层	B_1	B_2	B_2	B_2	B_2	B_2	B_2
		高层	B_1	B_1	B_2	B_1	B_2	B_2	B_2
		地下	A	B_1	B_1	B_1	B_1	B_1	B_1

6.0.2 除本规范第 4 章规定的场所和部位外,当单层、多层丙、丁、戊类厂房内同时设有火灾自动报警和自动灭火系统时,除顶棚外,其装修材料的燃烧性能等级可在本规范表 6.0.1 规定的基础上降低一级。

6.0.3 当厂房的地面为架空地板时,其地面应采用不低于 B_1 级的装修材料。

6.0.4 附设在工业建筑内的办公、研发、餐厅等辅助用房,当采用现行国家标准《建筑设计防火规范》GB 50016 规定的防火分隔和疏散设施时,其内部装修材料的燃烧性能等级可按民用建筑的规定执行。

6.0.5 仓库内部各部位装修材料的燃烧性能等级,不应低于本规范表 6.0.5 的规定。

表 6.0.5 仓库内部各部位装修材料的燃烧性能等级

序号	仓库类别	建筑规模	装修材料燃烧性能等级			
			顶棚	墙面	地面	隔断
1	甲、乙类仓库	—	A	A	A	A
2	丙类仓库	单层及多层仓库	A	B_1	B_1	B_1
		高层及地下仓库	A	A	A	B_1
		高架仓库	A	A	A	A
3	丁、戊类仓库	单层及多层仓库	B_1	B_2	B_2	B_1
		高层及地下仓库	A	A	A	B_1

中华人民共和国国家标准

建筑内部装修设计防火规范

GB 50222 - 2017

条 文 说 明

1 总 则

1.0.1 本条规定了制定本规范的目的和依据。本规范的制定是为了保障建筑内部装修的消防安全,防止和减少建筑物火灾的危害。要求设计、建设和消防监督部门的人员密切配合,在装修设计中,认真、合理地使用各种装修材料,并积极采用先进的防火技术,做到"防患于未然",从积极的方面预防火灾的发生和蔓延。这对减少火灾损失,保障人民生命财产安全,保证经济建设的顺利进行具有极其重要的意义。

本规范是依照现行国家标准《建筑设计防火规范》GB 50016、《人民防空工程设计防火规范》GB 50098 等的有关规定和对近年来我国新建的中、高档饭店,宾馆,影剧院,体育馆,综合性大楼等实际情况进行调查总结,结合建筑内部装修设计的特点和要求,并参考了一些先进国家有关建筑物设计防火规范中对内部装修防火要求的内容,结合国情而编制的。

1.0.2 本条规定了本规范的适用范围和不适用范围。

本规范适用于工业和民用建筑的内部装修设计。

随着人民生活水平的提高,室内装修发展很快,其中住宅量大面广,装修水平相差甚远。其中一部分住宅的装修是由建设单位负责统一设计和施工完成的。为了保障居民的生命安全,凡由建设单位负责统一设计和施工的室内装修均应执行本规范。

1.0.3 根据中国消防协会编辑出版的《火灾案例分析》,许多火灾都是起因于装修材料的燃烧,有的是烟头点燃了床上织物;有的是窗帘、帷幕着火后引起了火灾;还有的是由于吊顶、隔断采用木制品,着火后很快就被烧穿。因此要求正确处理装修效果和使用安全的矛盾,积极选用不燃材料和难燃材料,对于达不到难燃材料的可燃或易燃材料,可以通过阻燃处理的方式提高燃烧性能等级,选用上述材料可参照现行国家标准《公共场所阻燃制品及组件燃烧性能要求和标识》GB 20286等规范。

本条文中所指不燃性材料和难燃性材料对应于现行国家标准《建筑材料及制品燃烧性能分级》GB 8624中的相关级别材料。

近年来,建筑火灾中由于烟雾和毒气致死的人数迅速增加。如英国在1956年死于烟毒窒息的人数占火灾死亡总数的20%,1966年上升为40%,至1976年则高达50%;日本"千日"百货大楼火灾死亡118人,其中因烟毒致死的为93人,占死亡人数的78.8%;1986年4月天津市某居民楼火灾中,有4户13人全部遇难。其实大火并没有烧到他们的家,甚至其中一户门外2m处放置的一只满装的石油气瓶,事后仍安然无恙。夺去这13条生命的不是火,而是烟雾和毒气;2000年河南省洛阳市某商场发生特大火灾,死亡309人都是因有毒气体窒息而死;2015年武汉某住宅小区电缆井起火,死亡的7人皆为逃生途中烟雾窒息而死。

人们逐渐认识到火灾中烟雾和毒气的危害性,有关部门已进行了一些模拟试验的研究,在火灾中产生烟雾和毒气的室内装修材料主要是有机高分子材料和木材。常见的有毒有害气体包括一氧化碳、二氧化碳、二氧化硫、硫化氢、氯化氢、氰化氢、光气等。由于内部装修材料品种繁多,它们燃烧时产生的烟雾毒气数量种类各不相同,目前要对烟密度、能见度和毒性进行定量控制还有一定的困难,但随着社会各方面工作的进一步开展,此问题会得到很好地解决。为了引起设计人员和消防监督部门对烟雾毒气的重视,在本条中对产生大量浓烟或有毒气体的内部装修材料提出"避免采用"这一基本原则。

1.0.4 建筑内部装修设计是建筑设计工作中的一部分,各类建筑物首先应符合有关设计防火规范规定的防火要求,内部装修设计防火要求应与之相配合。同时,由于建筑内部装修设计涉及的范围较广,本规范不能全部包括进来。故规定除执行本规范的规定外,尚应符合现行的有关国家设计标准、规范的要求。

2 术 语

本规范在此次修订中新增加了术语一章,对规范里的特定名词进行了解释,以使规范条文的含义更为明确。

3 装修材料的分类和分级

3.0.1 建筑用途、场所、部位不同,所使用装修材料的火灾危险性不同,对装修材料的燃烧性能要求也不同。为了便于对材料的燃烧性能进行测试和分级,安全合理地根据建筑的规模、用途、场所、部位等规定去选用装修材料,按照装修材料在内部装修中的部位和功能将装修材料分为七类。

3.0.2 按现行国家标准《建筑材料及制品燃烧性能分级》GB 8624,将内部装修材料的燃烧性能分为四级,以利于装修材料的检测和本规范的实施。

为方便设计单位借鉴采纳,本规范对常用建筑内部装修材料燃烧性能等级划分进行了举例。表1中列举的材料大致分为两类,一类是天然材料,一类是人造材料或制品。天然材料的燃烧性能等级划分是建立在大量试验数据积累的基础上形成的结果;人造材料或制品是在常规生产工艺和常规原材料配比下生产出的产品,其燃烧性能的等级划分同样是在大量试验数据积累的基础上形成的,划分结果具有普遍性。

表1 常用建筑内部装修材料燃烧性能等级划分举例

材料类别	级别	材料举例
各部位材料	A	花岗石、大理石、水磨石、水泥制品、混凝土制品、石膏板、石灰制品、黏土制品、玻璃、瓷砖、马赛克、钢铁、铝、铜合金、天然石材、金属复合板、纤维石膏板、玻镁板、硅酸钙板等
顶棚材料	B₁	纸面石膏板、纤维石膏板、水泥刨花板、矿棉板、玻璃棉装饰吸声板、珍珠岩装饰吸声板、难燃胶合板、难燃中密度纤维板、岩棉装饰板、难燃木材、铝箔复合材料、难燃酚醛胶合板、铝箔玻璃钢复合材料、复合铝箔玻璃棉板等

续表1

材料类别	级别	材料举例
墙面材料	B₁	纸面石膏板、纤维石膏板、水泥刨花板、矿棉板、玻璃棉板、珍珠岩板、难燃胶合板、难燃中密度纤维板、防火塑料装饰板、难燃双面刨花板、多彩涂料、难燃墙纸、难燃墙布、难燃仿花岗岩装饰板、氯氧镁水泥装配式墙板、难燃玻璃钢平板、难燃PVC塑料护墙板、阻燃模压木质复合板材、彩色难燃人造板、难燃玻璃钢、复合铝箔玻璃棉板等
	B₂	各类天然木材、木制人造板、竹材、纸制装饰板、装饰微薄木贴面板、印刷木纹人造板、塑料贴面装饰板、聚酯装饰板、复塑装饰板、塑纤板、胶合板、塑料壁纸、无纺贴墙布、墙布、复合壁纸、天然材料壁纸、人造革、实木饰面装饰板、胶合竹夹板等
地面材料	B₁	硬PVC塑料地板、水泥刨花板、水泥木丝板、氯丁橡胶地板、难燃羊毛地毯等
	B₂	半硬质PVC塑料地板、PVC卷材地板等
装饰织物	B₁	经阻燃处理的各类难燃织物等
	B₂	纯毛装饰布、经阻燃处理的其他织物等
其他装修装饰材料	B₁	难燃聚氯乙烯塑料、难燃酚醛塑料、聚四氟乙烯塑料、难燃脲醛塑料、硅树脂塑料装饰型材、经难燃处理的各类织物等
	B₂	经阻燃处理的聚乙烯、聚丙烯、聚氨酯、聚苯乙烯、玻璃钢、化纤织物、木制品等

有些材料或制品,虽然用途广、用量大,但因材质特点和生产过程中工艺、原材料配比的变化,会导致材料或制品的燃烧性能发生较大变化,这些材料的燃烧性能必须通过试验确认,因此大多数的阻燃制品、高分子材料、高分子复合材料未列入表1。

3.0.3 选定材料的燃烧性能测试方法和建立材料燃烧性能分级标准,是编制有关设计防火规范性能指数的依据和基础。建筑内部装修材料种类繁多,各类材料的测试方法和标准也不尽相同,依据现行国家标准《建筑材料及制品燃烧性能分级》GB 8624,分别根据各类材料测试的结果,将材料划分为相应的燃烧性能等级。

任何两种测试方法之间获得的结果很难取得完全一致的对应

关系。本规范划分的材料燃烧性能等级虽然代号相同,但测试方法是按材料类别分别规定的,不同的测试方法获得的燃烧性能等级之间不存在完全对应的关系,因此应按材料分类规定的测试方法确认燃烧性能等级。

3.0.4 纸面石膏板、矿棉吸声板按我国现行建材防火检测方法检测,大部分不能列入A级材料。但是如果认定它们只能作为B₁级材料,则又有些不尽合理,尚且目前还没有更好的材料可替代它们。

考虑到纸面石膏板、矿棉吸声板用量极大这一客观实际,以及建筑设计防火规范中,认定贴在金属龙骨上的纸面石膏板为不燃材料这一事实,特规定如纸面石膏板、矿棉吸声板安装在金属龙骨上,可将其作为A级材料使用。但矿棉装饰吸声板的燃烧性能与黏结剂有关,只有达到B₁级时才可执行本条。

3.0.5 单位面积质量小于300g/m²的纸质、布质壁纸热分解产生的可燃气体少、发烟小,被直接粘贴在A级基材上时,在试验过程中,几乎不出现火焰蔓延的现象,为此确定直接贴在A级基材上的这类壁纸可作为B₁级装修材料来使用。

3.0.6 涂料在室内装修中量大面广,一般室内涂料涂覆比小,涂料中的颜料、填料多,火灾危险性不大。法国规范中规定,油漆或有机涂料的湿涂覆比为0.5kg/m²～1.5kg/m²,施涂于不燃性基材上时可划为难燃性材料。一般室内涂料湿涂覆比不会超过1.5kg/m²,但是当涂料中含有较多轻质填料时,即使湿涂覆比小于1.5kg/m²,其涂层厚度也会比较大,此时复合体的燃烧性能会发生很大的变化,不宜作为B₁级装修材料使用。

3.0.7 当使用不同装修材料分几层装修同一部位时,各层的装修材料只有贴在等于或高于其耐燃等级的材料上,这些装修材料燃烧性能等级的确认才是有效的。但有时会出现一些特殊的情况,如一些隔音、保温材料与其他不燃、难燃材料复合形成一个整体的复合材料时,对此不宜简单地认定这种组合做法的耐燃等级,应进行整体试验,合理验证。

4 特别场所

4.0.1 在原规范的基础上,遵循了由重要到次要的原则,对其中的条文进行了重新编排。

建筑物内部消防设施是根据国家现行有关规范的要求设计安装的,平时应加强维修管理,以便一旦需要使用时,操作起来迅速、安全、可靠。但是有些单位为了追求装修效果,随意减少安全出口、疏散出口和疏散走道的宽度和数量,擅自改变消防设施的位置。还有的任意增加隔墙,影响了消防设施的有效保护范围。为保证消防设施和疏散指示标志的使用功能,特将本条作为强制性条文。确需变更的建筑防火设计,除执行国家有关标准的规定外,尚应遵循法律法规,按规定程序执行。

4.0.2 建筑内部设置的消火栓箱门一般都设在比较显眼的位置,颜色也比较醒目。通过对大量装修工程的调研,发现许多高档酒店、办公楼的公共区域等场所为了体现装修效果,把消火栓箱门罩在木柜里面;还有的单位把消火栓箱门装修得几乎与墙面一样,仅仅在其表面设置红色的汉字标示,且跟随不同装修风格,其字体、大小、位置也各不相同,不到近处看不出来。这些做法造成消火栓的及时取用造成了障碍,也不利于规范化管理。为了充分发挥消火栓在火灾扑救中的作用,特修订本条规定,并将其列为强制性条文。

4.0.3 本条为强制性条文。进行建筑装修设计时要保证疏散指示标志和安全出口易于辨认,以免人员在紧急情况下发生疑问和误解,因此不能在疏散走道和安全出口附近采用镜面、玻璃等反光材料进行装饰。同时考虑到普通镜面反光材料在高温烟气作用下容易炸裂,而热烟气一般悬浮于建筑上空,故顶棚也限制使用此

类材料。

4.0.4 本条为强制性条文。建筑物各层的水平疏散通道和安全出口门厅是火灾中人员逃生的主要通道,因而对装修材料的燃烧性能做出规定。由于地下民用建筑的火灾特点及疏散走道部位在火灾疏散时的重要性,因此燃烧性能等级要求还要高。

4.0.5 本条为强制性条文。本条主要考虑建筑物内纵向疏散通道在火灾中的安全。火灾发生时,各楼层人员都需要经过纵向疏散通道。尤其是高层建筑,如果纵向通道被火封住,对受灾人员的逃生和消防人员的救援都极为不利。另外,对高层建筑的楼梯间一般无装修美观的要求。

4.0.6 本条为强制性条文。本条主要考虑建筑物内上下层相连通部位的装修。这些部位空间高度很大,有的上下贯通几层甚至十几层。一旦发生火灾,能起到烟囱一样的作用,使火势无阻挡地向上蔓延,很快充满整幢建筑物,给人员疏散造成很大困难。

4.0.7 规定本条的基本理由与第4.0.6条相同。变形缝上下贯通整个建筑物,嵌缝材料也具有一定的燃烧性,为防止火势纵向蔓延,要求变形缝表面使用B₁级以上装修材料,同时可以满足墙面装修的整体效果。

4.0.8 本条为强制性条文。无窗房间发生火灾时有几个特点:火灾初起阶段不易被发觉,发现起火时,火势往往已经较大;室内的烟雾和毒气不能及时排出;消防人员进行火情侦察和施救比较困难。因此,将无窗房间室内装修的要求强制性提高一级。

4.0.9 本条为强制性条文。本条主要考虑建筑物内各类动力设备用房。这些设备的正常运转对火灾的监控和扑救是非常重要的,故强制要求全部使用A级材料装修。

4.0.10 本条为强制性条文。本条所指设备为管理中枢,设备失火后影响面大,会造成重大损失,其内装修材料防火等级须作强制要求。

4.0.11 本条为强制性条文。厨房内火源较多,对装修材料的燃烧性能应严格要求。一般来说,厨房的装修以易于清洗为主要目的,多采用瓷砖、石材、涂料等材料,对本条的要求是可以做到的。

4.0.12 本条为强制性条文。随着我国旅游业的发展,各地兴建了许多高档宾馆和风味餐馆。有的餐馆经营各式火锅,有的风味餐馆使用带有燃气灶的流动餐车。宾馆、餐馆人员流动大,管理不便,使用明火增加了引发火灾的危险性,因而在室内装修材料上比同类建筑物的要求高一级。

4.0.13 本条为强制性条文。民用建筑如酒店、商场、办公楼等均设有库房或贮藏间,存有各类可燃物,由于平时无专人看管,存在较大的火灾危险性,所以本条对装修材料的防火等级做出强制要求。

4.0.14 本条是针对展览性场所新增条款。近年来,展览经济发展很快,展览性场所具有临时性、多变性的独特之处,所以对其装修防火专门列出强制性条文。

1 展示区域的布展设计,包括搭建、布景等,采用大量的装修、装饰材料,为减少火灾荷载,对用以展示展品的展台做了要求。

2 展厅内设置电加热设备的餐饮操作区可与展厅不做防火分隔,其电加热设备贴邻的墙面及操作台面应采用A级材料,目的是为了防止引发火灾和火灾的蔓延扩大。

3 展厅具有人员密集、布展可燃物较多、用电量大、电气火灾风险大等特点,一旦引发火灾将会造成很大损失。为防止卤钨灯等高温照明灯具产生的火花、电弧或高温引燃周围的可燃物,故规定与其贴邻的材料应采用A级材料。

4.0.15 住宅建筑作为民用建筑的重要一类,本规范此次添加了一条对其装修防火的规定。

1 户内装修是住宅装饰装修的重点,也是突出个性化的场所。住宅楼内的烟道、风道是重要的功能设施,并关系到整栋建筑的消防安全,在装修设计时不得拆改。

2 厨房内常用明火,也是容易发生火灾的重点部位,故应使

用燃烧性能优良的材料,顶棚、地面、墙面都应参照本规范规定采用 A 级材料。其固定橱柜火灾危险性大,应注意其材料燃烧等级。

3 卫生间室内湿度大,顶棚上如安装浴霸等取暖、排风设备时,容易产生电火花,同时这类取暖设备使用时会产生很高热量,易引燃周围可燃材料,故顶棚建议采用 A 级材料装修。若顶棚装修使用非 A 级材料时,应在浴霸、通风设备周边进行隔热绝缘处理,以提高防火安全性。

4 阳台往往兼具观景、存放杂物、晾晒衣物等功能,火灾发生时,阳台可防止其竖向蔓延,另有特殊危急情况下,阳台外可设置云梯等消防疏散设备连接外界,临时用作人员纵向疏散通道,对其装修材料做出要求,增强阳台的使用安全性。

4.0.16 由照明灯具、电加热器具等引发火灾的案例很多。如1985 年 5 月某研究所微波暗室发生火灾。该暗室的内墙和顶棚均贴有一层可燃的吸波材料,由于长期与照明用的白炽灯泡相接触,引起吸波材料过热,阴燃起火;又如 1986 年 10 月某市塑料工业公司经营部发生火灾。其主要原因是日光灯的镇流器长时间通电过热,引燃四周紧靠的可燃物,并延烧到胶合板木龙骨的顶棚。根据实践经验,对卤钨灯、白炽灯等高温照明灯具和电加热设备产生的高温辐射热采取一定的隔热措施,远离易燃物品,即可以大大减少火灾危害。

由于室内装修逐渐向高档化发展,各种类型的灯具应运而生,灯饰更是花样繁多。制作灯饰的材料包括金属、玻璃等不燃材料,但更多的是硬质塑料、塑料薄膜、棉织品、丝织品、竹木、纸类等可燃材料。灯饰往往靠近热源,故对 B₂ 级和 B₃ 级材料加以限制。如果由于装饰效果的要求必须使用 B₂、B₃ 材料,应进行阻燃处理使其达到 B₁ 级。

4.0.17 自 20 世纪 80 年代以来,由电气设备引发的火灾占各类火灾的比例日趋上升。1976 年电气火灾仅占全国火灾总次数的4.9%,1980 年为 7.3%,1985 年为 14.9%,到 1988 年上升到38.6%,近年来我国电气火灾更是占据火灾起因的首位。但是日本等发达国家人均用电量是我国的 5 倍以上,而电气火灾仅占火灾总数的 2%~3%。我国电气火灾日益严重的原因是多方面的:电线陈旧老化,违反用电安全规定,电器设计或安装不当,家用电器设备大幅度增加。另外,由于室内装修采用的可燃材料越来越多,增加了电气设备引发火灾的危险性,必须对此做出防范。

配电箱、控制面板、接线盒、开关、插座等产生的火花、电弧或高温熔珠容易引燃周围的可燃物,电气装置也会产热引燃装修材料,在装修防火设计上可采取一定隔离措施,防止危险发生。

4.0.18 近年来,采用电加热供暖系统的室内场所,如汗蒸房等已发生多起火灾,这些场所中的电加热供暖系统一般沿顶棚、墙面或地面安装,该系统的绝热层、填充层和饰面层往往采用可燃材料,当电加热设备因故障异常发热或起火后,极易引燃周围的可燃物,导致人员伤亡。2017 年 2 月 5 日浙江省台州市天台县一家足浴中心的汗蒸房发生火灾,造成 18 人死亡、18 人受伤的惨痛事故。为吸取这类火灾事故教训,本条对此类场所加热设备周围材料的燃烧性能提出严格要求。

4.0.19 在建筑中,经常将壁挂、布艺等作为内装修设计的内容之一,为了避免这些饰物引发的火灾,特制定本条规定。

5 民用建筑

5.1 单层、多层民用建筑

5.1.1 本条为强制性条文。表 5.1.1 中给出的装修材料燃烧性能等级是允许使用材料的基准级制,按此等级规范装修材料的选用,能减少火灾危害。

候机楼的主要防火部位是候机大厅、售票厅、商店、餐饮场所、贵宾候机室等,人员密集,危险性较大,对其装修材料防火等级做出要求。

汽车站、火车站和轮船码头这类建筑数量较多,本规范根据其规模大小分为两类。由于汽车站、火车站和轮船码头有相同的功能,所以把它们列为同一类别。

建筑面积大于 10000m² 的,一般指大城市的车站、码头,如北京站、上海站、上海码头等。

建筑面积等于或小于 10000m² 的,一般指中、小城市及县城的车站、码头。

上述两类建筑物基本上按装修材料燃烧性能两个等级要求做出规定。

观众厅、会议厅、多功能厅、等候厅等人员密集场所,内装修要求相对较高,随着人民生活水平不断提高,影剧院的功能也逐步增加,如深圳大剧院功能多样,舞台面积近 3000m²。影剧院火灾危险性大,如新疆克拉玛依某剧院在演出时因光柱灯距纱幕太近,引燃成灾;另有电影院因吊顶内电线短路打出火花,引燃可燃吊顶起火。

根据这些建筑物的每个厅建筑面积将它们分为两类。考虑到这类建筑物的窗帘和幕布火灾危险性较大,均要求采用 B₁ 级材料的窗帘和幕布,比其他建筑物要求略高一些。

体育馆亦属人员密集场所,根据规模将其划分为两类,此处体育馆装修材料限制针对馆内所有场所。

商店的主要部位是营业厅,本规范仅指其买卖互动区,该部位货物集中,人员密集,且人员流动性大。全国各类商店数不胜数,商店两个类别的划分参照现行国家标准《建筑设计防火规范》GB 50016。此处商店指候机楼、汽车站、火车站、轮船客运站以外的商店。

上海 1990 年曾发生某百货商场火灾事故,该商场建筑面积为14000m²,电器火灾引燃了大量商品,损失达数百万元;2004 年吉林市中百商厦发生特大火灾,造成 53 人死亡。顶棚是个重要部位,故要求选用 A 级。

国内多层饭店、宾馆数量大,情况比较复杂,这里将其划为两类。设置有送回风道(管)的集中空气调节系统的一般装修要求高、危险性大。宾馆部位较多,这里主要指两个部分,即客房、公共场所。

养老院、托儿所、幼儿园的居住及活动场所,其使用人员大多缺乏独立疏散能力;医院的病房区、诊疗区、手术区一般为病人、老年人居住,疏散能力亦很差,因此须提高装修材料的燃烧性能等级。考虑到这些场所高档装修少,一般顶棚、墙面和地面都能达到规范要求,故特别着重提高窗帘等织物的燃烧性能等级。对窗帘等织物有较高的要求,这是此类建筑的重点所在。

在各类建筑中用于存放图书、资料和文物的房间,图书、资料、档案等本身为易燃物,一旦发生火灾,火势发展迅速。有些图书、资料、档案文物的保存价值很高,一旦被焚,不可重得,损失更大。

近年来,歌舞娱乐游艺场所屡屡发生一次死亡数十人或数百人的火灾事故,其中一个重要的原因是这类场所使用大量可燃装修材料,发生火灾时,这些材料产生大量有毒烟气,导致人员在很短的时间内窒息死亡。因此对这类场所的室内装修材料做出相应规定。

电子信息系统机房的划分,按照现行国家标准《电子信息系统机房设计规范》GB 50174的规定确定。

餐饮场所一般处于繁华的市区临街地段,且人员的密度较大,情况比较复杂,加之设有明火操作间和很强的灯光设备,因此引发火灾的危险概率高,火灾造成的后果严重,故对它们提出了较高的要求。此处餐饮场所指候机楼、汽车站、火车站、轮船客运站以外的餐饮场所。

5.1.2 本条主要考虑到一些建筑物大部分房间的装修材料均可满足规范的要求,而在某一局部或某一房间因特殊要求,要采用的可燃装修不能满足规定,并且该部位又无法设立自动报警和自动灭火系统时所做的适当放宽要求。但必须控制面积不得超过 100m²,并采用耐火极限在 2.00h 以上的防火隔墙、甲级防火门、窗与其他部位隔开,即使发生火灾,也不至于波及其他部位。

但是本规范第 4 章规定中的场所,由于其重要性和特殊性,其室内装修材料燃烧性能等级仍不降级。

5.1.3 考虑到一些建筑物装修标准要求较高,需要采用可燃材料进行装修,为了满足现实需要,又不降低整体安全性能,故规定设置消防设施以弥补装修材料燃烧等级不够的问题。美国标准《人身安全规范》NFPA 101 中规定,如采取自动灭火措施,所用装修材料的燃烧性能等级可降低一级。本条是参照上述规定制定的。

5.2 高层民用建筑

5.2.1 本条为强制性条文。表 5.2.1 中建筑物类别、场所及建筑规模是根据现行国家标准《建筑设计防火规范》GB 50016 有关内容结合室内设计情况划分的。其内部装修材料防火等级强制执行,以规范高层民用建筑的材料使用,减少火灾发生。

高层民用建筑中内含的观众厅、会议厅等按照每个厅建筑面积划分成两类。

宾馆、饭店的划分,参照现行国家标准《建筑设计防火规范》GB 50016 的规定,将其分为两类。

餐饮场所设在高层建筑内时,其自身引发火灾危险性较大,高层建筑上风速较大,疏散及火灾扑救困难,对其装修材料燃烧性能等级要求较高。

电信、财贸、金融等建筑均为国家和地方政府政治经济要害部门,以其重要特性划为一类。

5.2.2 高层建筑裙房的使用功能比较复杂,其内装修与整栋高层取同为一个水平,在实际操作中有一定的困难。考虑到裙房与主体高层之间有防火分隔并且裙房的层数有限,所以特规定了本条。

5.2.3 100m 以上的高层建筑与高层建筑内大于 400m² 的会议厅、观众厅均属特殊范围。观众厅等不仅人员密集,采光条件也较差,万一发生火灾,人员伤亡会比较严重,对人的心理影响也要超过物质因素,所以在任何条件下都不应降低内装修材料的燃烧性能等级。

5.2.4 电视塔等特殊高耸建筑物,其建筑高度越来越大,且允许公众在高空中观赏和进餐。因为建筑形式所限,人员在危险情况下的疏散十分困难,所以特对此类建筑做出十分严格的要求。现正在使用中的电视塔内均不同程度地存在一些装饰织物,要求它们全部达到 A 级显然不可能,但应不低于 B_1 级,其他装修材料均应达到 A 级。

5.3 地下民用建筑

5.3.1 本条为强制性条文。本条结合地下民用建筑的特点,按建筑类别、场所和装修部位分别规定了装修材料的燃烧性能等级。

人员比较密集的观众厅、商店营业厅、餐饮场所以及火灾荷载较高的各类库房,选用装修材料燃烧性能等级应严格。

宾馆、饭店客房以及各类建筑的办公场所等房间使用面积较小且经常有管理人员值班,场所内人员一般具有一定的活动能力,选用装修材料燃烧性能等级可稍宽。

本条的注解说明了地下民用建筑的范围。地下民用建筑也包括半地下民用建筑,半地下民用建筑的定义按有关防火规范执行。

5.3.2 本条是指单独建造的地下民用建筑的地上部分。单层、多层民用建筑地上部分的装修材料燃烧性能等级在本规范第 5.1 节中已有明确规定。单独建造的地下民用建筑的地上部分,相对使用面积小且建在地上,火灾危险性和疏散扑救比地下建筑部分容易,故本条可按相关规定降低一级。

6 厂房仓库

6.0.1 本条为强制性条文。在对工业厂房进行分类时,主要参考了现行国家标准《建筑设计防火规范》GB 50016 的规定,根据生产的火灾危险性,将厂房分为甲、乙、丙、丁、戊五类。

根据现行国家标准《建筑设计防火规范》GB 50016 的有关要求,当符合下述条件之一时,可按不同工段分别确定内部装修材料:

(1)不同工段之间采用了有效的防火分隔措施可确保发生火灾事故时不足以蔓延到相邻部位,且各工段内均有一独立的安全出口或各工段均设有两个及以上直通公共疏散走道的出口;

(2)符合现行国家标准《建筑设计防火规范》GB 50016 中相关规定可按较小火灾危险性部分确定其生产火灾危险性的车间。

工业建筑装修对本身美观的要求一般并不是很高,但现代化的工业厂房,特别是一些劳动密集型的生产加工厂房,如制衣、制鞋、玩具及电子产品装配等轻工行业,在不同程度上考虑到工人劳动的舒适度问题,且有些厂房内的生产材料本身已是易燃或可燃材料,因此在进行装修时,应尽量减少或避免使用易燃、可燃材料,按本规范表 6.0.1 的要求强制性执行选用装修材料。

本条中劳动密集型的生产车间主要指:生产车间员工总数超过 1000 人或者同一工作时段员工人数超过 200 人的服装、鞋帽、玩具、木制品、家具、塑料、食品加工和纺织、印染、印刷等劳动密集型企业。

火灾荷载较高的丙类生产车间或厂房是指卷烟、木器加工、泡沫塑料、棉纺、麻纺等行业中可燃物量大的车间,如卷烟车间内可燃物多、产品价值大,且一般不设自动灭火设施,故应提高装修材料燃烧性能的标准;家具等木器生产及泡沫塑料的预发、成型、切片、压花车间,棉纺厂的开包、清花及麻纺厂的分级、梳麻车间等,都应按照表 6.0.1 的规定严格注意装修材料的选用。

参考现行国家标准《洁净厂房设计规范》GB 50073,微电子产业、航天航空和医药产业等行业对环境要求较高,许多产品的制造过程都要求在洁净厂房中进行。洁净厂房吊顶空间内管道密布,检修困难,火灾隐情不易发现。洁净区面积大、结构密闭、室内迂回曲折、生产中危险源较多并且部分工艺特殊,导致火灾发生概率高,火灾排烟、消防通信、人员疏散、灭火救援困难,所以对洁净厂房的装修材料燃烧性能严格控制。

6.0.2 现行国家标准《建筑设计防火规范》GB 50016 针对工业建筑设置了自动灭火系统和火灾自动报警系统的条款,实际工程案例中,这些自动消防设施发挥了很好的作用,故在工业建筑中也强调自动设施的设置,可降低装修材料的选用等级。顶棚的火灾危险性要大于墙面和地面,因此不能降低。

6.0.3 从火灾的发展过程考虑,一般来说,对顶棚的防火性能要求最高,其次是墙面,地面要求最低。但如果地面为架空地板时,情况有所不同,万一失火,沿架空地板蔓延较快,受到的损失也大。故对其地面装修材料的燃烧性能做出了要求。

6.0.4 该类建筑用途与民用建筑相同,进行了规定的防火分隔后,火势不易蔓延,很难引发大型火灾,因此可视为民用建筑。

6.0.5 仓库装修一般较为简单,装修部位为顶棚、墙面、地面和隔断。仓库虽非人员聚集场所,但由于其储存物品,可燃物较多,火灾荷载大,物资昂贵,一旦发生火灾,燃烧时间较长,造成物质损失较大,因而对其装修材料应严格控制,作为强制性条文执行。

高架仓库货架高度一般超过 7m,仓库内排架之间距离近,内部通道窄,火灾荷载大,并且使用现代化计算机技术控制搬运、装卸操作,线路复杂,火灾因素通常较多,极易引起电气火灾。起火后容易迅速蔓延扩大,排烟、疏散、扑救非常困难。故对其内部装修材料从严要求。

中华人民共和国国家标准

火力发电厂与变电站设计防火规范

Code for design of fire protection for fossil fuel
power plants and substations

GB 50229 - 2006

主编部门：中华人民共和国公安部
　　　　　中国电力企业联合会
批准部门：中华人民共和国建设部
施行日期：２００７年４月１日

中华人民共和国建设部公告

第 486 号

建设部关于发布国家标准
《火力发电厂与变电站设计防火规范》的公告

　　现批准《火力发电厂与变电站设计防火规范》为国家标准，编号为 GB 50229—2006，自 2007 年 4 月 1 日起实施。其中，第 3.0.1、3.0.9、3.0.11、4.0.8、4.0.11、5.1.1、5.1.2、5.2.1、5.2.6、5.3.5、5.3.12、6.2.3、6.3.5、6.3.13、6.4.2、6.6.2、6.6.5、6.7.2、6.7.3、6.7.4、6.7.5、6.7.8、6.7.9、6.7.10、6.7.12、6.7.13、7.1.1、7.1.3、7.1.4、7.1.7、7.1.8、7.1.9、7.1.10、7.1.11、7.2.2、7.3.1、7.3.3、7.5.3、7.6.2、7.6.4、7.6.5、7.6.6、7.10.1、7.12.4、7.12.8、8.1.2、8.1.5、8.5.4、9.1.1、9.1.2、9.1.4、9.1.5、9.2.1、9.2.2、10.1.1、10.2.1、10.2.2、10.3.1、10.6.1、10.6.3、10.6.4、11.1.1、11.1.3、11.1.4、11.1.7、11.2.2、11.4.4、11.5.1、11.5.3、11.5.8、11.5.9、11.5.11、11.5.14、11.5.17、11.5.20、11.5.21、11.6.1、11.7.1 条为强制性条文，必须严格执行。原《火力发电厂与变电所设计防火规范》GB 50229—96 同时废止。

　　本规范由建设部标准定额研究所组织中国计划出版社出版发行。

中华人民共和国建设部
二〇〇六年九月二十六日

前　　言

本规范是根据建设部《关于印发"2001～2002 年度工程建设国家标准制定、修订计划"的通知》(建标[2002]85 号)要求，由东北电力设计院会同有关单位对原国家标准《火力发电厂与变电所设计防火规范》GB 50229—96 进行修订基础上编制完成的。

在编制过程中，规范编制组遵照国家有关基本建设的方针和"预防为主，防消结合"的消防工作方针，在总结我国电力工业防火设计实践经验，吸收消防科研成果，借鉴国内外有关规范的基础上，广泛征求了有关设计、科研、生产、消防产品制造、消防监督及高等院校等单位的意见，最后经专家审查由有关部门定稿。

本规范共分 11 章，主要内容：总则，术语，燃煤电厂建(构)筑物的火灾危险性分类、耐火等级及防火分区，燃煤电厂厂区总平面布置，燃煤电厂建(构)筑物的安全疏散和建筑构造，燃煤电厂工艺系统，燃煤电厂消防给水、灭火设施及火灾自动报警，燃煤电厂采暖、通风和空气调节，燃煤电厂消防供电及照明，燃机电厂，变电站。

本次修订的主要内容如下：

1.调整了规范的适用范围，增加了术语一章，协调了本规范与其他相关国家标准和有关行业标准的关系。

2.对建(构)筑物的火灾危险性及其耐火等级、主厂房内重点部位的防火措施、运煤系统建筑构件的防火性能、脱硫系统的消防措施、建筑物的安全疏散、管道和电缆穿越防火墙的防火要求、煤粉仓的爆炸内压、消防电缆和动力电缆的选型和敷设，各类建筑灭火、探测报警、防排烟、疏散指示标志和应急照明系统的选型、技术参数和选用范围等内容进行了修订完善。

3.增加了燃机电厂一章。

4.对变电站建筑物的种类作了调整与补充，增加了地下变电站、无人值守变电站的防火要求和建筑物内消防水量及火灾自动报警系统的设置要求。

本规范以黑体字标志的条文为强制性条文，必须严格执行。

本规范由建设部负责管理和对强制性条文的解释，由公安部消防局和中国电力企业联合会负责日常管理工作，由东北电力设计院负责具体技术内容的解释。在本规范执行中，希望各有关单位结合工程实践和科学技术研究，认真总结经验，注意积累资料，如发现需要修改和补充之处，请将意见、建议和有关资料寄送东北电力设计院(地址：长春市人民大街 4368 号，邮编：130021)，以便今后修订时参考。

本规范主编单位、参编单位及主要起草人：

主 编 单 位：中国电力工程顾问集团东北电力设计院

参 编 单 位：华东电力设计院

　　　　　　　天津消防科学研究所

　　　　　　　中国电力规划设计总院

　　　　　　　浙江省消防局

　　　　　　　广东省消防局

　　　　　　　首安工业消防股份有限公司

　　　　　　　Hilti 有限(中国)公司

　　　　　　　弘安泰消防工程有限公司

主要起草人：李向东　徐文明　龙　建　李　标　郑培钢

　　　　　　　张焕荣　龙　辉　王立民　孙相军　马　恒

　　　　　　　沈　纹　倪照鹏　李岩山　王爱东　徐海云

　　　　　　　余　威　肖裔平　李佩举　丁国锋　徐凯讯

　　　　　　　王东方

31

目　　次

31

1 总　则

1.0.1　为确保火力发电厂和变电站的消防安全,预防火灾或减少火灾危害,保障人身和财产安全,制定本规范。

1.0.2　本规范适用于下列新建、改建和扩建的电厂和变电站:

　　1　3～600MW 级机组的燃煤火力发电厂(以下简称"燃煤电厂");

　　2　燃气轮机标准额定出力 25～250MW 级的简单循环或燃气—蒸汽联合循环电厂(以下简称为"燃机电厂");

　　3　电压为 35～500kV、单台变压器容量为 5000kV·A 及以上的变电站。

　　600MW 级机组以上的燃煤电厂、燃气轮机标准额定出力 25MW 级以下及 250MW 级以上的燃机电厂、500kV 以上变电站可参照使用。

1.0.3　火力发电厂和变电站的消防设计应结合工程具体情况,积极采用新技术、新工艺、新材料和新设备,做到安全适用、技术先进、经济合理。

1.0.4　本规范未作规定者,应符合国家现行的有关标准的规定。

2 术　语

2.0.1　主厂房　main power house

　　燃煤电厂的主厂房系由汽机房、集中控制楼(机炉控制室)、除氧间、煤仓间、锅炉房等组成的综合性建筑。

　　燃机电厂的主厂房系由燃气轮机房、汽机房、集中控制室及余热锅炉等组成的综合性建筑。

2.0.2　集中控制楼　central control building

　　由集中控制室、电子设备间、电缆夹层、蓄电池室、交接班室及辅助用房等组成的综合性建筑。

2.0.3　主控制楼　main control building

　　由主控制室、电子设备间、电缆夹层、蓄电池室、交接班室及辅助用房等组成的综合性建筑。

2.0.4　网络控制楼　net control building

　　由网络控制室、电子设备间、电缆夹层、蓄电池室、交接班室及辅助用房等组成的综合性建筑。

2.0.5　特种材料库　special warehouse

　　存放润滑油和氢、氧、乙炔等气瓶的库房。

2.0.6　一般材料库　general warehouse

　　存放精密仪器、钢材、一般器材的库房。

3 燃煤电厂建(构)筑物的火灾危险性分类、耐火等级及防火分区

3.0.1　建(构)筑物的火灾危险性分类及其耐火等级不应低于表 3.0.1 的规定。

表 3.0.1　建(构)筑物的火灾危险性分类及其耐火等级

建(构)筑物名称	火灾危险性分类	耐火等级
主厂房(汽机房、除氧间、集中控制楼、煤仓间、锅炉房)	丁	二级
吸风机室	丁	二级
除尘构筑物	丁	二级
烟囱	丁	二级
脱硫工艺楼	戊	二级
脱硫控制楼	丁	二级
吸收塔	戊	三级
增压风机室	戊	二级
屋内卸煤装置	丙	二级
碎煤机室、转运站及配煤楼	丙	二级
封闭式运煤栈桥、运煤隧道	丙	二级
筒仓、干煤棚、解冻室、室内贮煤场	丙	二级
供、卸油泵房及栈台(柴油、重油、渣油)	丙	二级
油处理室	丙	二级
主控制楼、网络控制楼、微波楼、继电器室	丁	二级
屋内配电装置楼(内有每台充油量>60kg 的设备)	丙	二级
屋内配电装置楼(内有每台充油量≤60kg 的设备)	丁	二级

续表 3.0.1

建(构)筑物名称	火灾危险性分类	耐火等级
屋外配电装置(内有含油电气设备)	丙	二级
油浸变压器室	丙	一级
岸边水泵房、中央水泵房	戊	二级
灰浆、灰渣泵房	戊	二级
生活、消防水泵房、综合水泵房	戊	二级
稳定剂室、加药设备室	戊	二级
进水建筑物	戊	二级
冷却塔	戊	三级
化学水处理室、循环水处理室	戊	二级
供氢站	甲	二级
启动锅炉房	丁	二级
空气压缩机室(无润滑油或不喷油螺杆式)	戊	二级
空气压缩机室(有润滑油)	丁	二级
热工、电气、金属试验室	丁	二级
天桥	戊	二级
天桥(下面设置电缆夹层时)	丙	二级
变压器检修间	丙	二级
雨水、污(废)水泵房	戊	二级
检修车间	戊	二级
污水处理构筑物	戊	二级
给水处理构筑物	戊	二级
电缆隧道	丙	二级
柴油发电机房	丙	二级
特种材料库	乙	二级
一般材料库	戊	二级
材料棚库	戊	二级

续表 3.0.1

建(构)筑物名称	火灾危险性分类	耐火等级
机车库	丁	二级
推煤机库	丁	二级
消防车库	丁	二级

注:1 除本表规定的建(构)筑物外,其他建(构)筑物的火灾危险性及耐火等级应符合国家现行的有关标准的规定。

2 主控制楼、网络控制楼、微波楼、天桥、继电器室,当未采取防止电缆着火延燃的措施时,火灾危险性应为丙类。

3.0.2 建(构)筑物构件的燃烧性能和耐火极限,应符合现行国家标准《建筑设计防火规范》GB 50016 的有关规定。

3.0.3 主厂房的地上部分,防火分区的允许建筑面积不宜大于 6 台机组的建筑面积;其地下部分不应大于 1 台机组的建筑面积。

3.0.4 当屋内卸煤装置的地下部分与地下转运站或运煤隧道连通时,其防火分区的允许建筑面积不应大于 3000m²。

3.0.5 承重构件为不燃烧体的主厂房及运煤栈桥,其非承重外墙为不燃烧体时,其耐火极限不应小于 0.25h;为难燃烧体时,其耐火极限不应小于 0.5h。

3.0.6 除氧间与煤仓间或锅炉房之间的隔墙应采用不燃烧体。汽机房与合并的除氧煤仓间或锅炉房之间的隔墙应采用不燃烧体。隔墙的耐火极限不应小于 1h。

3.0.7 汽轮机头部主油箱及油管道阀门外缘水平 5m 范围内的钢梁、钢柱应采取防火隔热措施进行全保护,其耐火极限不应小于 1h。

汽轮发电机为岛式布置或主油箱对应的运转层楼板开孔时,应采取防火隔热措施保护其对应的屋面钢结构;采用防火涂料防护屋面钢结构时,主油箱上方楼面开孔水平外缘 5m 范围所对应的屋面钢结构承重构件的耐火极限不应小于 0.5h。

3.0.8 集中控制室、主控制室、网络控制室、汽机控制室、锅炉控制室和计算机房的室内装修应采用不燃烧材料。

3.0.9 主厂房电缆夹层的内墙应采用耐火极限不小于 1h 的不燃烧体。电缆夹层的承重构件,其耐火极限不应小于 1h。

3.0.10 当栈桥、转运站等运煤建筑设置自动喷水灭火系统或水喷雾灭火系统时,其钢结构可不采取防火保护措施。

3.0.11 当干煤棚或室内贮煤场采用钢结构时,堆煤高度范围内的钢结构应采取有效的防火保护措施,其耐火极限不应小于 1h。

3.0.12 其他厂房的层数和防火分区的最大允许建筑面积应符合现行国家标准《建筑设计防火规范》GB 50016 的有关规定。

4 燃煤电厂厂区总平面布置

4.0.1 厂区应划分重点防火区域。重点防火区域的划分及区域内的主要建(构)筑物宜符合表 4.0.1 的规定。

表 4.0.1 重点防火区域及区域内的主要建(构)筑物

重点防火区域	区域内主要建(构)筑物
主厂房区	主厂房、除尘器、吸风机室、烟囱、靠近汽机房的各类油浸变压器及脱硫建筑物(干法)
配电装置区	配电装置的带油电气设备、网络控制楼或继电器室
点火油罐区	卸油铁路、栈台或卸油码头、供卸油泵房、贮油罐、含油污水处理站
贮煤场区	贮煤场、转运站、卸煤装置、运煤隧道、运煤栈桥、筒仓
供氢站区	供氢站、贮氢罐
贮氧罐区	贮氧罐
消防水泵区	消防水泵房、蓄水池
材料库区	一般材料库、特种材料库、材料棚库

4.0.2 重点防火区域之间的电缆沟(电缆隧道)、运煤栈桥、运煤隧道及油管沟应采取防火分隔措施。

4.0.3 主厂房区、点火油罐区及贮煤场区周围应设置环形消防车道,其他重点防火区域周围宜设置消防车道。消防车道可利用交通道路。当山区燃煤电厂的主厂房区、点火油罐区及贮煤场区周围设置环形消防车道有困难时,可沿长边设置尽端式消防车道,并应设回车道或回车场。回车场的面积不应小于 12m×12m;供大型消防车使用时,不应小于 15m×15m。

4.0.4 消防车道的宽度不应小于 4.0m。道路上空遇有管架、栈桥等障碍物时,其净高不应小于 4.0m。

4.0.5 厂区的出入口不应少于 2 个,其位置应便于消防车出入。

4.0.6 厂区围墙内的建(构)筑物与围墙外其他工业或民用建(构)筑物的间距,应符合现行国家标准《建筑设计防火规范》GB 50016 的有关规定。

4.0.7 消防车库的布置应符合下列规定:

1 消防车库宜单独布置;当与汽车库毗连布置时,消防车库的出入口与汽车库的出入口应分设。

2 消防车库的出入口的布置应使消防车驶出时不与主要车流、人流交叉,并便于进入厂区主要干道;消防车库的出入口距道路边沿线不宜小于 10.0m。

4.0.8 油浸变压器与汽机房、屋内配电装置楼、主控楼、集中控制楼及网控楼的间距不应小于 10m;当符合本规范第 5.3.8 条的规定时,其间距可适当减小。

4.0.9 点火油罐区的布置应符合下列规定:

1 应单独布置。

2 点火油罐区四周,应设置 1.8m 高的围栅;当利用厂区围墙作为点火油罐区的围墙时,该段厂区围墙应为 2.5m 高的实体围墙。

3 点火油罐区的设计,应符合现行国家标准《石油库设计规范》GB 50074 的有关规定。

4.0.10 供氢站、贮氧罐的布置,应分别符合现行国家标准《氢氧站设计规范》GB 50177 及《氧气站设计规范》GB 50030 的有关规定。

4.0.11 厂区内建(构)筑物之间的防火间距不应小于表 4.0.11 的规定。

表 4.0.11 各建(构)筑物之间的防火间距(m)

建(构)筑物名称		丙、丁、戊类建筑 耐火等级		屋外配电装置	露天卸煤装置或贮煤场	供氢站	贮氢罐	点火油罐区贮油罐	露天油库	办公、生活建筑 耐火等级		铁路中心线		厂外道路(路边)	厂内道路(路边)	
		一、二级	三级							一、二级	三级	厂内	厂外		主要	次要
丙、丁、戊类生产建筑	一、二级	10	12	10	8	12	12	20	12	10	12	—	—	—	—	—
	三级	12	14	12	10	14	15	25	15	12	14	—	—	—	—	—
屋外配电装置 主变压器及屋外厂用变压器 油量(t/台)	<10	10	12	—	—	—	25	25	30	10	15	—	—	15	10	5
	10~50	12	15	—	—	—	25	25	40	15	20	—	—	15	10	5
	>50	15	20	—	—	—	25	25	—	20	25	—	—	15	10	5
露天卸煤装置或贮煤场		8	10	15	—	—	—	15	25(褐煤)	8	10	—	—	15	—	5
供氢站		12	14	25	25	—	注3	25	25	12	15	25	25	15	—	5
贮氢罐		12	15	25	25	注3	注4	25	—	25	25	25	25	15	—	5
点火油罐区贮油罐		20	25	25	25	25	注3	—	注6	25	32	20	30	10	10	5
露天油库		12	14	25	25(褐煤)	25	25	注6	注4	20	20	20	30	15	10	5
办公、生活建筑	一、二级	10	12	10	8	12	12	25	15	6	7	8				
	三级	12	14	12	10	14	14	32	20	7	8					

注:
1. 防火间距应按相邻两建(构)筑物外墙的最近距离计算,当外墙有凸出的燃烧构件时,应从其凸出部分外缘算起;屋外配电装置的间距应从架空母线的最外边算起,不包括汽机房、除氧间屋面、主控制楼及网络控制楼。
2. 丙类中油浸变压器外轮廓线与丙、丁、戊类建(构)筑物的防火间距同丙、丁、戊类建筑。
3. 一组露天卸煤装置或贮煤场的总贮煤量不宜大于1000m³,且可按数个贮煤分成两行成组布置,其贮煤组之间的间距不宜小于1.5m。
4. 贮氢罐的防火间距应为相邻较大贮氢罐的直径。
5. 贮氢罐与建筑物的防火间距按贮氢罐的总贮氢量不大于1000m³考虑,当贮氢罐的总贮氢量大于1000m³时,贮氢罐与建筑物的防火间距按现行国家标准《建筑设计防火规范》GB 50016和《氢氧站设计规范》GB 50177中的有关规定执行。
6. 点火油罐区贮油罐应符合现行国家标准《石油库设计规范》GB 50074的规定。

4.0.12 高层厂房之间及与其他厂房之间的防火间距,应在表4.0.11规定的基础上增加3m。

4.0.13 甲、乙类厂房与重要公共建筑的防火间距不宜小于50m。

4.0.14 当主厂房呈匚形或凵形布置时,相邻两翼之间的防火间距,应符合现行国家标准《建筑设计防火规范》GB 50016的有关规定。

5 燃煤电厂建(构)筑物的安全疏散和建筑构造

5.1 主厂房的安全疏散

5.1.1 主厂房各车间(汽机房、除氧间、煤仓间、锅炉房、集中控制楼)的安全出口均不应少于2个。上述安全出口可利用通向相邻车间的门作为第二安全出口,但每个车间地面层至少必须有1个直通室外的出口。主厂房内最远工作地点到外部出口或楼梯的距离不应超过50m。

5.1.2 主厂房的疏散楼梯可为敞开式楼梯间;至少应有1个楼梯通至各层和屋面且能直接通向室外。集中控制楼至少设置1个通至各层的封闭楼梯间。

5.1.3 主厂房室外疏散楼梯的净宽不应小于0.8m,楼梯坡度不应大于45°,楼梯栏杆高度不应低于1.1m。主厂房室内疏散楼梯净宽不宜小于1.1m,疏散走道的净宽不宜小于1.4m,疏散门的净宽不宜小于0.9m。

5.1.4 集中控制楼内控制室的疏散出口不应少于2个,当建筑面积小于60m²时可设1个。

5.1.5 主厂房的带式输送机层应设置通向汽机房、除氧间屋面或锅炉平台的疏散出口。

5.2 其他建(构)筑物的安全疏散

5.2.1 碎煤机室、转运站及筒仓带式输送机层至少应设置1个安全出口。安全出口可采用敞开式钢楼梯,其净宽不应小于0.8m,坡度不应大于45°。与其相连的运煤栈桥不应作为安全出口,当运煤栈桥长度超过200m时,应加设中间安全出口。

5.2.2 主控制楼、屋内配电装置楼各层及电缆夹层的安全出口不应少于2个,其中1个安全出口可通往室外楼梯。当屋内配电装置楼长度超过60m时,应加设中间安全出口。

5.2.3 电缆隧道两端均应设通往地面的安全出口;当其长度超过100m时,安全出口的间距不应超过75m。

5.2.4 卸煤装置的地下室两端及运煤系统的地下建筑物尽端,应设置通至地面的安全出口。当地下室的长度超过200m时,安全出口的间距不应超过100m。

5.2.5 控制室的疏散出口不应少于2个,当建筑面积小于60m²时可设1个。

5.2.6 配电装置室内最远点到疏散出口的直线距离不应大于15m。

5.3 建筑构造

5.3.1 主厂房的电梯应能供消防使用,须符合下列要求:
    1 在首层的电梯井外壁上应设置供消防队员专用的操作按钮。电梯轿厢的内装修应采用不燃烧材料,且其内部应设置专用消防对讲电话。
    2 电梯的载重量不应小于800kg。
    3 电梯的动力与控制电缆、电线应采取防水措施。
    4 电梯井和电梯机房的墙应采用不燃烧体。
    5 电梯的供电应符合本规范第9.1节的有关规定。
    6 电梯的行驶速度,应按从首层到顶层的运行时间不超过60s计算确定。
    7 电梯的井底应设置排水设施,排水井的容量不应小于2m³,排水泵的排水量不应小于10L/s。

5.3.2 主厂房及辅助厂房的室外疏散楼梯和每层出口平台,均应采用不燃烧材料制作,其耐火极限不应小于0.25h,在楼梯周围2m范围内的墙面上,除疏散门外,不应开设其他门窗洞口。

5.3.3 变压器室、配电装置室、发电机出线小室、电缆夹层、电缆竖井等室内疏散门应为乙级防火门,但上述房间中间隔墙上的门可为不燃烧材料制作的双向弹簧门。

5.3.4 主厂房各车间隔墙上的门均应采用乙级防火门。

5.3.5 主厂房疏散楼梯间内部不应穿越可燃气体管道、蒸汽管道和甲、乙、丙类液体的管道。

5.3.6 主厂房与天桥连接处的门应采用不燃烧材料制作。

5.3.7 蓄电池室、通风机室、充电机室以及蓄电池室前套间通向走廊的门,均应采用向外开启的乙级防火门。

5.3.8 当汽机房侧墙外5m以内布置有变压器时,在变压器外轮廓投影范围外侧各3m内的汽机房外墙上不应设置门、窗和通风孔;当汽机房侧墙外5~10m范围内布置有变压器时,在上述外墙上可设甲级防火门。变压器高度以上可设防火窗,其耐火极限不应小于0.90h。

5.3.9 电缆沟及电缆隧道在进出主厂房、主控制楼、配电装置室时,在建筑物外墙处应设置防火墙。电缆隧道的防火墙上应采用甲级防火门。

5.3.10 当管道穿过防火墙时,管道与防火墙之间的缝隙应采用防火材料填塞。当直径大于或等于32mm的可燃或难燃管道穿过防火墙时,除填塞防火材料外,还应采取阻火措施。

5.3.11 当柴油发电机布置在其他建筑物内时,应采用防火墙与其他房间隔开,并应设置单独出口。

5.3.12 特种材料库与一般材料库合并设置时,二者之间应设置防火墙。

5.3.13 发电厂建筑中二级耐火等级的丁、戊类厂(库)房的柱、梁均可采用无保护层的金属结构,但使用甲、乙、丙类液体或可燃气体的部位,应采用防火保护措施。

5.3.14 火力发电厂内各类建筑物的室内装修应按现行国家标准《建筑内部装修设计防火规范》GB 50222执行。

6 燃煤电厂工艺系统

6.1 运煤系统

6.1.1 褐煤、高挥发分烟煤及低质烟煤应分类堆放。相邻煤堆底边之间应留有不小于10m的距离。

6.1.2 贮存褐煤或易自燃的高挥发分煤种的煤场,应符合下列规定:
    1 煤场机械在选型或布置上宜提高堆取料机的回取率。
    2 当采用斗轮机时,煤场的布置及煤场机械的选型应为燃煤先进先出提供条件。
    3 贮煤场应定期翻烧,翻烧周期应根据燃煤的种类及其挥发分来确定,一般为2~3个月,在炎热季节翻烧周期宜为15d。
    4 按不同煤种的特性,应采取分层压实、喷水或洒石灰水等方式堆放。
    5 对于易自燃的煤种,当露天煤堆较高时,可设置高度为1~1.5m的挡煤墙,但不应妨碍堆取料设备及煤场辅助设备的正常工作。

6.1.3 贮存褐煤或易自燃的高挥发分煤种的筒仓宜采用通过式布置,并应采取下列措施:
    1 设置防爆装置。
    2 监测温度。
    3 监测烟气、可燃气体浓度。
    4 设置喷水装置或降低煤粉及可燃气体浓度。

6.1.4 室内贮煤场应采取下列防火、防爆措施:
    1 喷水设施。
    2 通风设施。
    3 贮存褐煤或易自燃的高挥发分煤种时,应设置烟气及可燃气体浓度监测设施,电气设备应采用防爆型。

6.1.5 卸煤装置以及筒仓煤斗形的设计,应符合下列规定:
    1 斗壁光滑耐磨,交角呈圆角状,避免有凸出或凹陷。
    2 壁面与水平面的交角不应小于60°,料口部位为等截面收缩或双曲线斗型。
    3 按煤的流动性确定卸料口直径。必要时设置助流设施。

6.1.6 金属煤斗及落煤管的转运部位,应采取防撒和防积措施。

6.1.7 运煤系统的带式输送机应设置速度信号、输送带跑偏信号、落煤斗堵煤信号和紧急拉绳开关安全防护设施。

6.1.8 燃用褐煤或易自燃的高挥发分煤种的燃煤电厂应采用难燃胶带。导料槽的防尘密封条应采用难燃型。卸煤装置、筒仓、混凝土或金属煤斗、落煤管的内衬应采用不燃烧材料。

6.1.9 燃用褐煤或易自燃的高挥发分煤种时,从贮煤设施取煤的第一条胶带机上应设置明火煤监测装置。

6.1.10 运煤系统的消防通信设备宜与运煤系统配置的通信设备共用。

6.2 锅炉煤粉系统

6.2.1 原煤仓和煤粉仓的设计应符合下列规定:
    1 原煤仓和煤粉仓内表面应平整、光滑、耐磨和不积煤、不堵粉,仓的几何形状和结构应使煤及煤粉能够顺畅自流。
    2 圆筒形原煤斗出口段截面收缩率不应小于0.7,下口直径不宜小于600mm,原煤斗出口段壁面与水平面的交角不应小于60°。非圆筒形结构的原煤斗,其相邻两壁交线与水平面交角不应小于55°,壁面与水平面的交角不应小于60°;对于黏性大、高挥发分或易燃的烟煤和褐煤,相邻两壁交线与水平面交角不应小于65°,壁面与水平面的交角不应小于70°。相邻两壁交角的内侧应成圆弧形,圆弧的半径不应小于200mm。

　　3 金属煤粉仓的壁面与水平面的交角不应小于65°，相邻两壁间交线与水平面交角不应小于60°，相邻两壁交角的内侧应成圆弧形，圆弧的半径不应小于200mm。

　　4 煤粉仓应防止受热和受潮，对金属煤粉仓外壁应采取保温措施，在严寒地区靠近厂房外墙或外露的原煤仓和煤粉仓，应采取防冻保温措施。

　　5 煤粉仓及其顶盖应具有整体坚固性和严密性，煤粉仓上应设置防爆门，除无烟煤外的其他设计煤种，煤粉仓应按承受40kPa以上的爆炸内压设计。

　　6 煤粉仓应设置测量煤粉温度、粉位和吸潮、放粉及防爆设施。

6.2.2 在任何锅炉负荷下，送粉系统管道的布置应符合以下规定：

　　1 送粉管道满足下列流速条件时允许水平布置，否则与水平面的夹角不应小于45°：

　　　　1) 热风送粉系统：从一次风箱到燃烧器和从排粉机到乏气燃烧器之间的送粉管道，流速不小于25m/s；

　　　　2) 干燥剂送粉系统：从排粉机到燃烧器的送粉管道，流速不小于18m/s；

　　　　3) 直吹式制粉系统：从磨煤机到燃烧器的送粉管道，流速不小于18m/s。

　　2 除必须用法兰与设备和部件连接外，煤粉系统的管道应采用焊接连接。

6.2.3 煤粉系统的设备保温材料、管道保温材料及在煤仓间穿过的汽、水、油管道保温材料均应采用不燃烧材料。

6.2.4 磨制高挥发分煤种的制粉系统不宜设置系统之间的输送煤粉机械；必须设置系统之间的输粉机械时应布置输粉机械的温度测点、吸潮装置。

6.2.5 锅炉及制粉系统的维护平台和扶梯踏步应采用格栅板平台。位于煤粉系统、炉膛及烟道处的防爆排出口之上及油喷嘴之下的维护平台应采用花纹钢板制作。

6.2.6 煤粉系统的防爆门设置应符合下列规定：

　　1 煤粉系统设备和其他部件按小于最大爆炸压力设计时，应设置防爆门。

　　2 磨制无烟煤的煤粉系统以及在惰性气氛下运行的风扇磨煤机煤粉系统，可不设置防爆门。

　　3 防爆门动作时喷出的气流，不应危及附近的电缆、油气管道和经常有人通行的部位。

6.2.7 磨煤机出口的气粉混合物温度，不应大于表6.2.7的规定。

表6.2.7 磨煤机出口的气粉混合物温度（℃）

类 别	空气干燥		烟气空气混合干燥	
	煤种	温度	煤种	温度
风扇磨煤机 直吹式系统（分离器后）	贫煤	150		180
	烟煤	130		
	褐煤、页岩	100		
钢球磨煤机 储仓式系统（磨煤机后）	无烟煤	不受限制	褐煤	90
	贫煤	130	烟煤	120
	烟煤、褐煤	70		
双进双出钢球磨煤机 直吹式系统（分离器后）	烟煤	70～75		
	褐煤	70		
	V_{daf}≤15％的煤	100		
中速磨煤机直吹式系统 （分离器后）	当 V_{daf}<40％时，t_{M2}=[(82−V_{daf})5/3±5]； 当 V_{daf}≥40％时，t_{M2}=70			
RP、HP中速磨煤机 直吹式系统（分离器后）	高热值烟煤<82，低热值烟煤<77， 次烟煤、褐煤<66			

注：t_{M2}指磨煤机出口气粉混合物温度。

6.2.8 磨制混合品种燃料时，磨煤机出口的气粉混合物的温度，应按其中最易爆的煤种确定。

6.2.9 采用热风送粉时，对干燥无灰基挥发分15％及以上的烟煤及贫煤，热风温度的确定，应使燃烧器前的气粉混合物的温度不超过160℃；对无烟煤和干燥无灰基挥发分15％以下的烟煤及贫煤，其热风温度可不受限制。

6.2.10 当制粉系统设置有中间煤粉储仓时，宜设置该系统停止运行后的放粉系统。

6.3 点火及助燃油系统

6.3.1 锅炉点火及助燃用油品火灾危险性分类应符合现行国家标准《石油库设计规范》GB 50074的有关规定。

6.3.2 从下部接卸铁路油罐车的卸油系统，应采用密闭式管道系统。

6.3.3 加热燃油的蒸气温度，应低于油品的自燃点，且不应超过250℃。

6.3.4 储存丙类液体的固定顶油罐应设置通气管。

6.3.5 油罐的进、出口管道，在靠近油罐处和防火堤外面应分别设置隔离阀。油罐区的排水管在防火堤外应设置隔离阀。

丙类液体和可燃、助燃气体管道穿越防火墙时，应在防火墙两侧设置隔离阀。

6.3.6 油罐的进油管宜从油罐的下部进入，当工艺布置需要从油罐的顶部接入时，进油管宜延伸到油罐的下部。

6.3.7 管道不宜穿过防火堤。当需要穿过时，管道与防火堤间的缝隙应采用防火堵料紧密填塞，当管道周边有可燃物时，还应在堤体两侧1m范围内的管道上采取绝热措施；当直径大于或等于32mm的可燃或难燃管道穿过防火墙时，除填塞防火堵料外，还应设置阻火圈或阻火带。

6.3.8 容积式油泵安全阀的排出管，应接至油罐与油泵之间的回油管上，回油管道不应装设阀门。

6.3.9 油管道宜架空敷设。当油管道与热力管道敷设在同一地沟时，油管道应布置在热力管道的下方。

6.3.10 油管道及阀门应采用钢质材料。除必须用法兰与设备和其他部件相连接外，油管道管段采用焊接连接。严禁采用填函式补偿器。

6.3.11 燃烧器油枪接口与固定油管道之间，宜采用带金属编织网套的波纹管连接。

6.3.12 在每台锅炉的供油总管上，应设置快速关断阀和手动关断阀。

6.3.13 油系统的设备及管道的保温材料，应采用不燃烧材料。

6.3.14 油系统的卸油、贮油及输油的防雷、防静电设施，应符合现行国家标准《石油库设计规范》GB 50074的有关规定。

6.3.15 在装设波纹管补偿器的燃油管道上宜采取防超压的措施。

6.4 汽轮发电机

6.4.1 汽轮机油系统的设计应符合下列规定：

　　1 汽轮机主油箱应设置排油烟机，排油烟管道应引至厂房外无火源处且避开高压电气设施。

　　2 汽轮机的主油箱、油泵及冷油器设备，宜集中布置在汽机房零米层机头靠A列柱侧处并远离高温管道。

　　3 在汽机房外，应设密封的事故排油箱（坑），其布置标高和排油管道的设计，应满足事故发生时排油畅通的需要；事故排油箱（坑）的容积，不应小于1台最大机组油系统的油量。

　　4 压力油管道应采用无缝钢管及钢制阀门，并应按高一级压力选用。除必须用法兰与设备和部件连接外，应采用焊接连接。

　　5 200MW及以上容量的机组宜采用组合油箱及套装油管，并宜设单元组装式油净化装置。

　　6 油管道应避开高温蒸汽管道，不能避开时，应将其布置在蒸汽管道的下方。

7 在油管道与汽轮机前轴封箱的法兰连接处,应设置防护槽和将漏油引至安全处的排油管道。

8 油系统管道的阀门、法兰及其他可能漏油处敷设有热管道或其他载热体时,载热体管道外面应包敷严密的保温层,保温层外面应采用镀锌铁皮或铝皮做保护层。

9 油管道法兰接合面应采用质密、耐油和耐热的垫料,不应采用塑料垫、橡皮垫和石棉垫。

10 在油箱的事故排油管上,应设置两个钢制阀门,其操作手轮应设在距油箱外缘 5m 以外的地方,并应有两个以上的通道。操作手轮不得加锁,并应设置明显的"禁止操作"标志。

11 油管道及其附件的水压试验压力应符合下列规定:

1)调节油系统试验压力为工作压力的 1.5～2 倍;

2)润滑油系统的试验压力不应低于 0.5MPa;

3)回油系统的试验压力不应低于 0.2MPa。

12 300MW 及以上容量的汽轮机调节油系统,宜采用抗燃油。

6.4.2 发电厂氢系统的设计应符合下列规定:

1 汽机房内的氢管道,应布置在通风良好的区域。

2 发电机的排氢阀和气体控制站(氢置换设施),应布置在能使氢气直接排往厂房外部的安全处。

排氢管必须接至厂房外安全处。排氢管的排氢能力应与汽轮机破坏真空停机的惰走时间相配合。

3 与发电机相接的氢管道,应采用带法兰的短管连接。

4 氢管道应有防静电的接地措施。

6.5 辅 助 设 备

6.5.1 在电气除尘器的进、出口烟道上,应设置烟温测量和超温报警装置。

6.5.2 柴油发电机系统的设计应符合下列规定:

1 柴油发电机的油箱,应设置快速切断阀,油箱不应布置在柴油机的上方。

2 柴油机排气管的室内部分,应采用不燃烧材料保温。

3 柴油机曲轴箱宜采用正压排气或离心排气;当采用负压排气时,连接通风管的导管应设置钢丝网阻火器。

6.6 变压器及其他带油电气设备

6.6.1 屋外油浸变压器及屋外配电装置与各建(构)筑物的防火间距应符合本规范第 4.0.8 条及第 4.0.11 条的规定。

6.6.2 油量为 2500kg 及以上的屋外油浸变压器之间的最小间距应符合表 6.6.2 的规定。

表 6.6.2　屋外油浸变压器之间的最小间距(m)

电压等级	最小间距
35kV 及以下	5
66kV	6
110kV	8
220kV 及以上	10

6.6.3 当油量为 2500kg 及以上的屋外油浸变压器之间的防火间距不能满足表 6.6.2 的要求时,应设置防火墙。

防火墙的高度应高于变压器油枕,其长度不应小于变压器的贮油池两侧各 1m。

6.6.4 油量为 2500kg 及以上的屋外油浸变压器或电抗器与本回路油量为 600kg 以上且 2500kg 以下的带油电气设备之间的防火间距不应小于 5m。

6.6.5 35kV 及以下屋内配电装置当未采用金属封闭开关设备时,其油断路器、油浸电流互感器和电压互感器,应安置在两侧有不燃烧实体墙的间隔内;35kV 以上屋内配电装置应安装在有不燃烧实体墙的间隔内,不燃烧实体墙的高度不应低于配电装置中带油设备的高度。

总油量超过 100kg 的屋内油浸变压器,应设置单独的变压器室。

6.6.6 屋内单台总油量为 100kg 以上的电气设备,应设置贮油或挡油设施。挡油设施的容积宜按油量的 20% 设计,并应设置能将事故油排至安全处的设施。当不能满足上述要求时,应设置能容纳全部油量的贮油设施。

6.6.7 屋外单台油量为 1000kg 以上的电气设备,应设置贮油或挡油设施。挡油设施的容积宜按油量的 20% 设计,并应设置将事故油排至安全处的设施;当不能满足上述要求且变压器未设置水喷雾灭火系统时,应设置能容纳全部油量的贮油设施。

当设置有油水分离措施的总事故贮油池时,其容量宜按最大一个油箱容量的 60% 确定。

贮油或挡油设施应大于变压器外廓每边各 1m。

6.6.8 贮油设施内应铺设卵石层,其厚度不应小于 250mm,卵石直径宜为 50～80mm。

6.7 电缆及电缆敷设

6.7.1 容量为 300MW 及以上机组的主厂房、运煤、燃油及其他易燃易爆场所宜选用 C 类阻燃电缆。

6.7.2 建(构)筑物中电缆引至电气柜、盘或控制屏、台的开孔部位,电缆贯穿隔墙、楼板的空洞应采用电缆防火封堵材料进行封堵,其防火封堵组件的耐火极限不应低于被贯穿物的耐火极限,且不应低于 1h。

6.7.3 在电缆竖井中,每间隔约 7m 宜设置防火封堵。在电缆隧道或电缆沟中的下列部位,应设置防火墙:

1 单机容量为 100MW 及以上的发电厂,对应于厂用母线分段处。

2 单机容量为 100MW 以下的发电厂,对应于全厂一半容量的厂用配电装置划分处。

3 公用主隧道或沟内引接的分支处。

4 电缆沟内每间距 100m 处。

5 通向建筑物的入口处。

6 厂区围墙处。

6.7.4 当电缆采用架空敷设时,应在下列部位设置阻火措施:

1 穿越汽机房、锅炉房和集中控制楼之间的隔墙处。

2 穿越汽机房、锅炉房和集中控制楼外墙处。

3 架空敷设每间距 100m 处。

4 两台机组连接处。

5 电缆桥架分支处。

6.7.5 防火墙上的电缆孔洞应采用电缆防火封堵材料进行封堵,并应采取防止火焰延燃的措施。其防火封堵组件的耐火极限应为 3h。

6.7.6 主厂房到网络控制楼或主控制楼的每条电缆隧道或沟道所容纳的电缆回路,应满足下列规定:

1 单机容量为 200MW 及以上时,不应超过 1 台机组的电缆。

2 单机容量为 100MW 及以上且 200MW 以下时,不宜超过 2 台机组的电缆。

3 单机容量为 100MW 以下时,不宜超过 3 台机组的电缆。

当不能满足上述要求时,应采取防火分隔措施。

6.7.7 对直流电源、应急照明、双重化保护装置、水泵房、化学水处理及运煤系统公用重要回路的双回路电缆,宜将双回路分别布置在两个相互独立或有防火分隔的通道中。当不能满足上述要求时,应对其中一回路采取防火措施。

6.7.8 对主厂房内易受外部火灾影响的汽轮机头部、汽轮机油系统、锅炉防爆门、排渣孔朝向的邻近部位的电缆区段,应采取防火措施。

6.7.9 当电缆明敷时,在电缆中间接头两侧各 2～3m 长的区段以及沿该电缆并行敷设的其他电缆同一长度范围内,应采取防火措施。

6.7.10 靠近带油设备的电缆沟盖板应密封。

6.7.11 对明敷的 35kV 以上的高压电缆,应采取防止着火延燃的措施,并应符合下列规定:

　　1 单机容量大于 200MW 时,全部主电源回路的电缆不宜明敷在同一条电缆通道中。当不能满足上述要求时,应对部分主电源回路的电缆采取防火措施。

　　2 充油电缆的供油系统,宜设置火灾自动报警和闭锁装置。

6.7.12 在电缆隧道和电缆沟道中,严禁有可燃气、油管路穿越。

6.7.13 在密集敷设电缆的电缆夹层内,不得布置热力管道、油气管以及其他可能引起着火的管道和设备。

6.7.14 架空敷设的电缆与热力管路应保持足够的距离,控制电缆、动力电缆与热力管道平行时,两者距离分别不应小于 0.5m 及 1m;控制电缆、动力电缆与热力管道交叉时,两者距离分别不应小于 0.25m 及 0.5m。当不能满足要求时,应采取有效的防火隔热措施。

7 燃煤电厂消防给水、灭火设施及火灾自动报警

7.1 一般规定

7.1.1 消防给水系统必须与燃煤电厂的设计同时进行。消防用水应与全厂用水统一规划,水源应有可靠的保证。

7.1.2 100MW 机组及以下的燃煤电厂消防给水宜采用与生活用水或生产用水合用的给水系统。125MW 机组及以上的燃煤电厂消防给水应采用独立的消防给水系统。

7.1.3 消防给水系统的设计压力应保证消防用水总量达到最大时,在任何建筑物内最不利点处,水枪的充实水柱不应小于 13m。

　　注:1　在计算水压时,应采用喷嘴口径 19mm 的水枪和直径 65mm、长度 25m 的有衬里消防水带,每支水枪的计算流量不应小于 5L/s。

　　　　2　消火栓给水管道设计流速不宜大于 2.5m/s。

7.1.4 厂区内消防给水水量应按同一时间内发生火灾的次数及一次最大灭火用水量计算。建筑物一次灭火用水量应为室外和室内消防用水量之和。

7.1.5 厂区内应设置室内、外消火栓系统。消火栓系统、自动喷水灭火系统、水喷雾灭火系统等消防给水系统可合并设置。

7.1.6 机组容量为 50～135MW 的燃煤电厂,在电缆夹层、控制室、电缆隧道、电缆竖井及屋内配电装置处应设置火灾自动报警系统。

7.1.7 机组容量为 200MW 及以上但小于 300MW 的燃煤电厂应按表 7.1.7 的规定设置火灾自动报警系统。

表 7.1.7　主要建(构)筑物和设备火灾自动报警系统

建(构)筑物和设备	火灾探测器类型
集中控制楼(单元控制室)、网络控制楼	
1.电缆夹层	感烟或缆式线型感温

续表 7.1.7

建(构)筑物和设备	火灾探测器类型
2.电子设备间	吸气感烟或点型感烟
3.控制室	吸气感烟或点型感烟
4.计算机房	吸气感烟或点型感烟
5.继电器室	吸气感烟或点型感烟
6.配电装置室	感烟
微波楼和通信楼	感烟
脱硫控制楼	
1.控制室	感烟
2.配电装置室	感烟
3.电缆夹层	感烟或缆式线型感温
汽机房	
1.汽轮机油箱	缆式线型感温或火焰
2.电液装置	缆式线型感温或火焰
3.氢密封油装置	缆式线型感温或火焰
4.汽机轴承	感温或火焰
5.汽机运转层下及中间层油管道	缆式线型感温
6.给水泵油箱	缆式线型感温
7.配电装置室	感烟
锅炉房及煤仓间	
1.锅炉本体燃烧器区	缆式线型感温
2.磨煤机润滑油箱	缆式线型感温
运煤系统	
1.控制室与配电间	感烟
2.转运站	缆式线型感温
3.碎煤机室	缆式线型感温
4.运煤栈桥	缆式线型感温

续表 7.1.7

建(构)筑物和设备	火灾探测器类型
5.煤仓及煤仓层	缆式线型感温
其他	
1.柴油发电机室	感烟
2.点火油罐	缆式线型感温
3.汽机房架空电缆处	缆式线型感温
4.锅炉房零米以上架空电缆处	缆式线型感温
5.汽机房至主控制楼电缆通道	缆式线型感温
6.电缆交叉、密集及中间接头部位	缆式线型感温
7.电缆竖井	缆式线型感温或感烟
8.主厂房内主蒸汽管道与油管道交叉处	缆式线型感温

7.1.8 机组容量为 300MW 及以上的燃煤电厂应按表 7.1.8 的规定设置火灾自动报警系统、固定灭火系统。

表 7.1.8　主要建(构)筑物和设备火灾自动报警系统与固定灭火系统

建(构)筑物和设备	火灾探测器类型	灭火介质及系统型式
集中控制楼、网络控制楼		
1.电缆夹层	吸气感烟或缆式线型感温和点型感烟组合	水喷雾、细水雾或气体
2.电子设备间	吸气感烟或点型感烟和点型感烟组合	固定式气体或其他介质
3.控制室	吸气感烟或点型感烟	—
4.计算机房	吸气感烟或点型感烟和点型感烟组合	固定式气体或其他介质
5.继电器室	吸气感烟或点型感烟和点型感烟组合	固定式气体或其他介质
6.DCS 工程师室	吸气感烟或点型感烟和点型感烟组合	固定式气体或其他介质
7.配电装置室	吸气感烟或点型感烟和点型感烟组合	固定式气体或其他介质

建(构)筑物和设备	火灾探测器类型	灭火介质及系统型式
微波楼和通信楼	感烟或感温	
汽机房		
1.汽轮机油箱	缆式线型感温或火焰	水喷雾
2.电液装置(抗燃油除外)	缆式线型感温或火焰	水喷雾或细水雾
3.氢密封油装置	缆式线型感温或火焰	水喷雾或细水雾
4.汽机轴承	感温或火焰	—
5.汽机运转层下及中间层油管道	缆式线型感温	水喷雾或雨淋
6.给水泵油箱(抗燃油除外)	缆式线型感温	水喷雾、雨淋或细水雾
7.配电装置室	感烟	—
8.电缆夹层	吸气式感烟或缆式线型感温和点型感烟组合	水喷雾、细水雾或气体
9.汽机贮油箱(主厂房内)	缆式线型感温或火焰	水喷雾或细水雾
10.电子设备间	吸气式感烟或点型感烟和点型感温组合	固定式气体或其他介质
11.汽机房架空电缆处	缆式线型感温	
锅炉房及煤仓间		
1.锅炉本体燃烧器	缆式线型感温	雨淋或水喷雾
2.磨煤机润滑油箱	缆式线型感温	水喷雾或细水雾
3.回转式空气预热器	感温(设备温度自检)	提供设备内消防水源
4.原煤仓、煤粉仓(无烟煤除外)	缆式线型感温	惰性气体
5.锅炉房零米以上架空电缆处	缆式线型感温	—
脱硫系统		
1.脱硫控制楼控制室	感烟	—

建(构)筑物和设备	火灾探测器类型	灭火介质及系统型式
2.脱硫控制楼配电装置室	感烟	
3.脱硫控制楼电缆夹层	感烟或缆式线型感温	
变压器		
1.主变压器	感温	水喷雾或其他介质
2.启动/备用变压器	感温	水喷雾或其他介质
3.联络变压器	感温	水喷雾或其他介质
4.高压厂用变压器	感温	水喷雾或其他介质
运煤系统		
1.控制室	感烟或感温	—
2.配电装置室	感烟或感温	—
3.电缆夹层	缆式线型感温或吸气式感烟	—
4.转运站及筒仓	缆式线型感温	水幕
5.碎煤机室	缆式线型感温	水幕
6.封闭式运煤栈桥或运煤隧道(燃用褐煤或易自燃高挥发分煤种)	缆式线型感温	水喷雾或自动喷水
7.煤仓间带式输送机层	缆式线型感温	水幕及水喷雾或自动喷水
8.室内贮煤场	可燃气体	—
其他		
1.柴油发电机室及油箱	感烟和感温组合	水喷雾、细水雾及其他介质
2.油浸变压器室	缆式线型感温	
3.屋内高压配电装置	感烟	

建(构)筑物和设备	火灾探测器类型	灭火介质及系统型式
4.汽机房至主控制楼电缆通道	缆式线型感温	—
5.电缆竖井、电缆交叉、密集及中间接头部位	缆式线型感温	灭火装置
6.主厂房内主蒸汽管道与油管道(在蒸汽管道上方)交叉处	感温	灭火装置
7.电除尘控制室	感烟	—
8.供氢站	可燃气体	—
9.办公楼[设置有风道(管)的集中空气调节系统且建筑面积大于3000m²]	感烟	自动喷水
10.点火油罐	缆式线型感温	泡沫灭火或其他介质
11.油处理室	感温	—
12.电缆隧道	缆式线型感温	水喷雾、细水雾或其他介质
13.消防水泵房的柴油机驱动消防泵泵间	感温	水喷雾、细水雾或自动喷水

注:对于设置固定灭火系统的场所,宜采用两种同类或不同类的探测器组合探测方式。

7.1.9 50MW 机组容量以上的燃煤电厂,其运煤栈桥及运煤隧道与转运站、筒仓、碎煤机室、主厂房连接处应设水幕。

7.1.10 封闭式运煤系统建筑为钢结构时,应设置自动喷水灭火系统或水喷雾灭火系统。

7.1.11 机组容量为 300MW 以下的燃煤电厂,当油浸变压器容量为 $9×10^4 kV·A$ 及以上时,应设置火灾探测报警系统、水喷雾灭火系统或其他灭火系统。

7.2 室外消防给水

7.2.1 厂区内同一时间内的火灾次数,应符合现行国家标准《建筑设计防火规范》GB 50016 的有关规定。

7.2.2 室外消防用水量的计算应符合下列规定:

1 建(构)筑物室外消防一次用水量不应小于表 7.2.2 的规定。

表 7.2.2 建(构)筑物室外消防一次用水量

耐火等级	建筑物名称	一次火灾用水量(L/s) / 建筑物体积(m³)				
		1501~3000	3001~5000	5001~20000	20000~50000	>50000
二级	主厂房	15	20	25	30	35
	特种材料库	15	25	25	35	—
	其他建筑	15	15	20	25	30
三级	其他厂房或一般材料库	10	15	20	25	35
	其他建筑	15	20	25	30	—

注:1 消防用水量应按消防需水量最大的一座建筑物或防火墙间最大的一段计算,成组布置的建筑物应按消防需水量较大的相邻两座计算。

2 甲、乙类建(构)筑物的消防用水量应符合现行国家标准《建筑设计防火规范》GB 50016 的有关规定。

3 变压器室外消火栓用水量不应小于10L/s。

4 当建筑物内有自动喷水、水喷雾、消火栓及其他消防用水设备时,一次灭火用水量应为上述室内需要同时使用设备的全部消防水量加上室外消火栓用水量的50%计算确定,但不得小于本表的规定。

2 点火油罐区的消防用水量应符合现行国家标准《低倍数泡沫灭火系统设计规范》GB 50151、《高倍数、中倍数泡沫灭火系统设计规范》GB 50196 和《石油库设计规范》GB 50074 的有关规定。

3 贮煤场的消防用水量不应少于20L/s。

4 消防用水与生活用水合并的给水系统,在生活用水达到最大小时用水时,应确保消防用水量(消防时淋浴用水可按计算淋浴用水量的15%计算)。

5 主厂房、贮煤场(室内贮煤场)、点火油罐区周围的消防给水管网应为环状。

6 点火油罐宜设移动式冷却水系统。

7 室外消防给水管道和消火栓的布置应符合现行国家标准《建筑设计防火规范》GB 50016 的有关规定。

8 在道路交叉或转弯处的地上式消火栓附近,宜设置防撞设施。

7.3 室内消火栓与室内消防给水量

7.3.1 下列建筑物或场所应设置室内消火栓:

1 主厂房(包括汽机房和锅炉房的底层、运转层;煤仓间各层,除氧器层;锅炉燃烧器各层平台)。

2 集中控制楼、主控制楼、网络控制楼、微波楼、继电器室、屋内高压配电装置(有充油设备)、脱硫控制楼。

3 屋内卸煤装置,碎煤机室,转运站,筒仓皮带层,室内贮煤场。

4 解冻室、柴油发电机房。

5 生产、行政办公楼,一般材料库,特殊材料库。

6 汽车库。

7.3.2 下列建筑物或场所可不设置室内消火栓:

脱硫工艺楼,增压风机室,吸收塔,吸风机室,屋内高压配电装置(无油),除尘构筑物,运煤栈桥,运煤隧道,油浸变压器检修间,油浸变压器室,供、卸油泵房,油处理室,岸边水泵房,中央水泵房,灰浆、灰渣泵房,生活消防水泵房,稳定剂室、加药设备室,进水、净水构筑物,冷却塔,化学水处理室,循环水处理室,启动锅炉房,供氢站,推煤机库,消防车库,贮罐场,空气压缩机室(有润滑油),热工、电气、金属实验室,天桥,排水、污水泵房,各分场维护间,污水处理构筑物,电缆隧道,材料库棚,机车库,警卫传达室。

7.3.3 室内消火栓的用水量应根据同时使用水枪数量和充实水柱长度由计算确定,但不应小于表 7.3.3 的规定。

表 7.3.3 室内消火栓系统用水量

建筑物名称	高度、层数、体积	消火栓用水量(L/s)	同时使用水枪同时使用水枪数量(支)	每根竖管最小流量(L/s)
主厂房	高度≤24m、体积≤10000m³	5	2	5
	高度≤24m、体积>10000m³	10	2	10
	24m<高度≤50m	15	3	15
	高度>50m	20	4	15
集中控制楼、网络控制楼、微波楼、电气控制楼、脱硫控制楼、配煤楼	高度≤24m、体积≤10000m³	10	2	10
	高度≤24m、体积>10000m³	15	3	10
办公楼、其他建筑	层数≥5 或体积>10000m³	15	3	10
一般材料库、特殊材料库	高度≤24m、体积≤5000m³	5	1	5
	高度≤24m、体积>5000m³	10	2	10

注:消防软管卷盘的消防用水量可不计入室内消防用水量。

7.4 室内消防给水管道、消火栓和消防水箱

7.4.1 室内消防给水管道设计应符合下列要求:

1 室内消火栓超过 10 个且室外消防用水量大于15L/s时,室内消防给水管道至少应有 2 条进水管与室外管网连接,并应将室内管道连接成环状管网,与室外管网连接的进水管道,每条应按满足全部用水量设计。

2 主厂房内应设置水平环状管网;消防竖管应引自水平环状管网成枝状布置。

3 室内消防给水管道应采用阀门分段,对于单层厂房、库房,当某段损坏时,停止使用的消火栓不应超过 5 个;对于办公楼、其

他厂房、库房,消防给水管道上阀门的布置,当超过 3 条竖管时,可按关闭 2 条设计。

4 消防用水与其他用水合并的室内管道,当其他用水达到最大流量时,应仍能供给全部消防用水量。洗刷用水量可不计算在内。合并的管网上应设置水泵接合器,水泵接合器的数量应通过室内消防用水量计算确定。主厂房内独立的消防给水系统可不设水泵接合器。

5 室内消火栓给水管网与自动喷水灭火系统、水喷雾灭火系统的管网应在报警阀或雨淋阀前分开设置。

7.4.2 室内消火栓布置应符合下列要求:

1 消火栓的布置应保证有 2 支水枪的充实水柱同时到达室内任何部位;建筑高度小于等于 24m 且体积小于等于 5000m³ 的材料库,可采用 1 支水枪充实水柱到达室内任何部位。

2 水枪的充实水柱长度应由计算确定。对于主厂房及二层或二层以上建筑高度超过24m的建筑,充实水柱长度不应小于13m;对于超过4层且建筑高度≤24m的建筑,水枪的充实水柱长度不应小于10m;对于其他建筑,水枪的充实水柱长度不宜小于7m。

3 消防给水系统的静水压力不应超过1.2MPa,当超过1.2MPa 时,应采用分区给水系统。当消火栓栓口处的出水压力超过0.5MPa时,应设置减压设施。

4 室内消火栓应设在明显易于取用的地点,栓口距地面高度宜为1.1m,其出水方向宜向下或与设置消火栓的墙面呈90°角。

5 室内消火栓的间距应由计算确定。主厂房内消火栓的间距不应超过30m。

6 应采用同一型号的配有自救式消防水喉的消火栓箱,消火栓水带直径宜为65mm,长度不应超过25m,水枪喷嘴口径不应小于19mm。

7 主厂房的煤仓间最高处应设检验用的压力显示装置。

8 当室内消火栓设在寒冷地区非采暖的建筑物内时,可采用干式消火栓给水系统,但在进水管上应安装快速启闭阀,在室内消防给水管路最高处应设自动排气阀。

9 带电设施附近的消火栓应配备喷雾水枪。

7.4.3 主厂房宜设置消防水箱。消防水箱的设置应符合下列要求:

1 设在主厂房煤仓间最高处,且为重力自流水箱。

2 消防水箱应储存 10min 的消防用水量。当室内消防用水量不超过 25L/s 时,经计算消防储水量超过 12m³ 时,可采用12m³;当室内消防用水量超过25L/s,经计算水箱消防储水量超过18m³ 时,可采用18m³。

3 消防用水与其他用水合并的水箱,应采取消防用水不作他用的技术措施。

4 火灾发生时由消防水泵供给的消防用水,不应进入消防水箱。

当设置高位消防水箱确有困难时,可设置符合下列要求的临时高压给水系统:

1 系统由消防水泵、稳压装置、压力监测及控制装置等构成。

2 由稳压装置维持系统压力,着火时,压力控制装置自动启动消防泵。

3 稳压泵应设备用泵。稳压泵的工作压力应高于消防泵工作压力,其流量不宜少于5L/s。

7.5 水喷雾与自动喷水灭火系统

7.5.1 水喷雾灭火设施与高压电气设备带电(裸露)部分的最小安全净距应符合国家现行标准的有关规定。

7.5.2 当在寒冷地区设置室外变压器水喷雾灭火系统、油罐固定冷却水系统时,应设置管路放空设施。

7.5.3 设有自动喷水灭火系统的建筑物与设备的火灾危险等级

不应低于表 7.5.3 的规定。

表 7.5.3 建筑物与设备的火灾危险等级

建(构)筑物与设备		火灾危险等级
电缆夹层		中Ⅱ级
汽机运转层下及中间层油管道		中Ⅰ级
锅炉本体燃烧区		中Ⅰ级
运煤栈桥(燃用褐煤或易自燃高挥发分煤)		中Ⅱ级
煤仓间、筒仓带式输送机层		中Ⅱ级
柴油发电机房		中Ⅱ级
生产、行政办公楼 (当设置有风道集中空调系统时)	建筑高度小于 24m	轻
	建筑高度大于等于 24m	中Ⅰ级

7.5.4 运煤系统建筑物设闭式自动喷水灭火系统时,宜采用快速响应喷头。

7.5.5 自动喷水灭火系统、水喷雾灭火系统的设计应符合现行国家标准《自动喷水灭火系统设计规范》GB 50084 或《水喷雾灭火系统设计规范》GB 50219 的有关规定。细水雾灭火系统的喷水强度、响应时间和供水持续时间宜符合现行国家标准《水喷雾灭火系统设计规范》GB 50219 的有关规定。

7.6 消防水泵房与消防水池

7.6.1 消防水泵房应设直通室外的安全出口。

7.6.2 一组消防水泵的吸水管不应少于 2 条;当其中 1 条损坏时,其余的吸水管应能满足全部用水量。吸水管上应装设检修用阀门。

7.6.3 消防水泵应采用自灌式引水。

7.6.4 消防水泵房应有不少于 2 条出水管与环状管网连接,当其中 1 条出水管检修时,其余的出水管应能满足全部用水量。试验回水管上应设检查用的放水阀门、水锤消除、安全泄压及压力、流量测量装置。

7.6.5 消防水泵应设置备用泵。机组容量为 125MW 以下燃煤电厂的备用泵的流量和扬程不应小于最大一台消防泵的流量和扬程。

机组容量为 125MW 及以上燃煤电厂,宜设置柴油驱动消防泵作为消防水泵的备用泵,其性能参数及泵的数量应满足最大消防水量、水压的需要。

7.6.6 燃煤电厂应设消防水池。容积大于 500m³ 的消防水池应分格并设公用吸水设施。消防水池的设计应符合现行国家标准《建筑设计防火规范》GB 50016 的有关规定。

7.6.7 当冷却塔数量多于 1 座且供水有保证时,冷却塔水池可兼作消防水源。

7.6.8 消防水泵房应设置与消防控制室直接联络的通信设备。

7.6.9 消防水泵房的建筑设计应符合现行国家标准《建筑设计防火规范》GB 50016 的有关规定。

7.7 消防排水

7.7.1 消防排水、电梯井排水可与生产、生活排水统一设计。

7.7.2 变压器、油系统等设施的消防排水,除应按消防流量设计外,在排水设施上应采取油水分隔措施。

7.8 泡沫灭火系统

7.8.1 点火油罐区宜采用低倍数或中倍数泡沫灭火系统。

7.8.2 点火油罐的泡沫灭火系统的型式,应符合下列规定:

   1 单罐容量大于 200m³ 的油罐应采用固定式泡沫灭火系统。

   2 单罐容量小于或等于 200m³ 的油罐可采用移动式泡沫灭火系统。

7.8.3 泡沫灭火系统的设计应符合现行国家标准《低倍数泡沫灭火系统设计规范》GB 50151 或《高倍数、中倍数泡沫灭火系统设计

规范》GB 50196 的有关规定。

7.9 气体灭火系统

7.9.1 气体灭火剂的类型、气体灭火系统型式的选择,应根据被保护对象的特点、重要性、环境要求并结合防护区的布置,经技术经济比较后确定。宜采用组合分配系统。

7.9.2 灭火剂的设计用量应按需要提供保护的最大防护区的体积计算确定。灭火剂宜设 100% 备用。

7.9.3 采用低压二氧化碳灭火系统时,其贮罐宜布置在零米层。

7.9.4 固定式气体灭火系统的设计应符合国家现行标准的规定。

7.10 灭 火 器

7.10.1 各建(构)筑物及设备应按表 7.10.1 确定火灾类别及危险等级并配置灭火器。

表 7.10.1 建(构)筑物与设备火灾类别及危险等级

配置场所	火灾类别	危险等级
电缆夹层	E(A)	中
高、低压配电装置室	E(A)	中
电子设备间	E(A)	中
控制室	E(A)	严重
计算机室、DCS 工程师室、SIS 机房、远动工程师室	E(A)	中
继电器室	E(A)	中
蓄电池室	C(A)	中
汽轮机油箱	B	严重
电液装置	B	中
氢密封油装置	B	中
汽机轴承	B	中
汽机运转层下及中间层油管道	B	严重

续表 7.10.1

配置场所	火灾类别	危险等级
给水泵油箱	B	严重
汽机贮油箱	B	严重
主厂房内主蒸汽管道与油管道交叉处	B	严重
汽机房架空电缆处	E(A)	中
电缆交叉、密集及中间接头部位	E(A)	中
汽机发电机运转层	混合(A)	中
锅炉本体燃烧器区	B	中
润滑油箱	B	中
磨煤机	A	严重
回转式空气预热器	A	中
煤仓间带式输送机层	A	中
锅炉房零米以上架空电缆处	E(A)	中
微波楼和通信楼	E(A)	中
屋内配电装置楼(内有充油设备)	E(A)	中
室外变压器	B	中
脱硫工艺楼	A	轻
脱硫控制楼	E(A)	中
增压风机室	A	轻
吸风机室	A	轻
除尘构筑物	A	轻
转运站及筒仓皮带层	A	中
碎煤机室	A	中
运煤隧道	A	中
屋内卸煤装置	A	中
解冻室	A	中
堆取料机、装卸桥	A	轻

续表 7.10.1

配置场所	火灾类别	危险等级
贮煤场、干煤棚	A	中
室内贮煤场	A	中
柴油发电机室及油箱	B	中
点火油罐	B	严重
油处理室	B	中
供(卸)油泵房、栈台	B	中
油浸变压器室	B	中
化学水处理室、循环水处理室	A	轻
启动锅炉房	B	中
供氢站	C(A)	严重
空气压缩机室(有润滑油)	B	中
热工、电气、金属实验室	A	中
油浸变压器检修间	B	中
各分场维护间	A、B	轻
生活、消防水泵房(有柴油发动机)	B	中
生活、消防水泵房(无柴油发动机)及其他水泵房	A	轻
生产、行政办公楼(各层)	A	中
一般材料库	混合(A)	中
特种材料库	混合(A)	严重
机车库	B	中
汽车库、推煤机库	B	中
消防车库	A(B)	中
警卫传达室	A	轻

注：1 柴油发电机房如采用了闪点低于 60℃ 的柴油，则应按严重危险级考虑。

2 严重危险级的场所，宜设手推车式灭火器。

7.10.2 点火油罐区防火堤内面积每 400m² 应配置 1 具 8kg 手提式干粉灭火器，当计算数量超过 6 具时，可采用 6 具。

7.10.3 露天设置的灭火器应设置遮阳棚。

7.10.4 控制室、电子设备间、继电器室及高、低压配电装置室可采用卤代烷灭火器。

7.10.5 灭火器的配置设计，应符合现行国家标准《建筑灭火器配置设计规范》GB 50140 的规定。

7.11 消 防 车

7.11.1 消防车的配置应符合下列规定：

1 单机容量为 50MW 及以上机组：

1)总容量大于 1200MW 时不少于 2 辆；

2)总容量为 600～1200MW 时为 2 辆；

3)总容量小于 600MW 时为 1 辆。

2 机组容量为 25MW 及以下的机组，当地消防部门的消防车在 5min 内不能到达火场时为 1 辆。

7.11.2 设有消防车的燃煤电厂，应设置消防车库。

7.12 火灾自动报警与消防设备控制

7.12.1 单机容量为 50～135MW 的燃煤电厂，应设置区域报警系统。

7.12.2 单机容量为 200MW 及以上的燃煤电厂，应设置控制中心报警系统。系统应配有火灾部位显示装置、打印机、火灾警报装置、电话插孔及应急广播系统。

7.12.3 200MW 级机组及以上容量的燃煤电厂，宜按以下原则划分火灾报警区域：

1 每台机组为 1 个火灾报警区域(包括单元控制室、汽机房、锅炉房、煤仓间以及主变压器、启动变压器、联络变压器、厂用变压器、机组柴油发电机、脱硫系统的电控楼、空冷控制楼)。

2 办公楼、网络控制楼、微波楼和通信楼火灾报警区域(包括控制室、计算机房及电缆夹层)。

3 运煤系统火灾报警区域(包括控制室与配电间、转运站、碎煤机室、运煤栈桥及隧道、室内贮煤场或筒仓)。

4 点火油罐火灾报警区域。

7.12.4 消防控制室应与单元控制室或主控制室合并设置。

7.12.5 集中火灾报警控制器应设置在运行值班负责人所在的单元控制室或主控制室内；区域报警控制器应设置在对应的火灾报警区域内。报警控制器的安装位置应便于操作人员监控。

7.12.6 火灾探测器的选择，应符合本规范第 7.1.7 条、第 7.1.8 条的规定。

7.12.7 主厂房内的缆式线型感温探测器宜选用金属层结构型。

7.12.8 点火油罐区的火灾探测器及相关连接件应为防爆型。

7.12.9 运煤系统内的火灾探测器及相关连接件应为防水型。

7.12.10 火灾自动报警系统的警报音响应区别于其他系统的音响。

7.12.11 当火灾确认后，火灾自动报警系统应能将生产广播切换到火灾应急广播。

7.12.12 消防设施的就地启动、停止控制设备应具有明显标志，并应有防误操作保护措施。消防水泵的停运，应为手动控制。

7.12.13 可燃气体探测器的信号应接入火灾自动报警系统。

7.12.14 火灾自动报警系统的设计，应符合现行国家标准《火灾自动报警系统设计规范》GB 50116 的有关规定。

8 燃煤电厂采暖、通风和空气调节

8.1 采 暖

8.1.1 运煤建筑采暖，应选用表面光洁易清扫的散热器；运煤建筑采暖散热器入口处的热媒温度不应超过 160℃。

8.1.2 蓄电池室、供氢站、供(卸)油泵房、油处理室、汽车库及运煤(煤粉)系统建(构)筑物严禁采用明火取暖。

8.1.3 蓄电池室的采暖散热器应采用钢制散热器，管道应采用焊接，室内不应设置法兰、丝扣接头和阀门。采暖管道不宜穿过蓄电池室楼板。

8.1.4 采暖管道不应穿过变压器室、配电装置室等电气设备间。

8.1.5 室内采暖系统的管道、管件及保温材料应采用不燃烧材料。

8.2 空 气 调 节

8.2.1 计算机室、控制室、电子设备间，应设置排烟设施；机械排烟系统的排烟量可按房间换气次数每小时不少于 6 次计算。其他空调房间，应按现行国家标准《建筑设计防火规范》GB 50016 的有关规定设置排烟设施。

8.2.2 空气调节系统的送、回风道，在穿越重要房间或火灾危险性大的房间时应设置防火阀。

8.2.3 空气调节风道不宜穿过防火墙和楼板，当必须穿过时，应在穿过处风道内设置防火阀。穿过防火墙两侧各 2m 范围内的风道应采用不燃烧材料保温，穿过处的空隙应采用防火材料封堵。

8.2.4 空气调节系统的送风机、回风机应与消防系统连锁，当出现火警时，应立即停运。

31

8.2.5 空气调节系统的新风口应远离废气口和其他火灾危险区的烟气排气口。

8.2.6 空气调节系统的电加热器应与送风机连锁,并应设置超温断电保护信号。

8.2.7 空气调节系统的风道及其附件应采用不燃材料制作。

8.2.8 空气调节系统风道的保温材料、冷水管道的保温材料、消声材料及其黏结剂,应采用不燃烧材料或者难燃烧材料。

8.3 电气设备间通风

8.3.1 配电装置室、油断路器室应设置事故排风机,其电源开关应设在发生火灾时能安全方便切断的位置。

8.3.2 当几个屋内配电装置室共设一个通风系统时,应在每个房间的送风支风道上设置防火阀。

8.3.3 变压器室的通风系统应与其他通风系统分开,变压器室之间的通风系统不应合并。凡具有火灾探测器的变压器室,当发生火灾时,应能自动切断通风机的电源。

8.3.4 当蓄电池室采用机械通风时,室内空气不应再循环,室内应保持负压。通风机及其电机应为防爆型,并应直接连接。

8.3.5 蓄电池室送风设备和排风设备不应布置在同一风机室内;当采用新风机组,送风设备在密闭箱体内时,可与排风设备布置在同一个房间。

8.3.6 采用机械通风系统的电缆隧道和电缆夹层,当发生火灾时应立即切断通风机电源。通风系统的风机应与火灾自动报警系统连锁。

8.4 油系统通风

8.4.1 当油系统采用机械通风时,室内空气不应再循环,通风设备应采用防爆型,风机应与电机直接连接。当在送风管道上设置逆止阀时,送风机可采用普通型。

8.4.2 油泵房应设置机械通风系统,其排风道不应设在墙体内,并不宜穿过防火墙;当必须穿过防火墙时,应在穿墙处设置防火阀。

8.4.3 通行和半通行的油管沟应设置通风设施。

8.4.4 含油污水处理站应设置通风设施。

8.4.5 油系统的通风管道及其部件均应采用不燃材料。

8.5 运煤系统通风除尘

8.5.1 运煤建筑采用机械通风时,通风设备的电机应采用防爆型。

8.5.2 运煤系统采用电除尘器时,煤尘的性质应符合相关规程的要求,与电除尘器配套的电机应选用防爆电机。

8.5.3 运煤系统的各转运站、碎煤机室、翻车机室、卸煤装置和煤仓间应设通风、除尘装置。当煤质干燥无灰基挥发分等于或大于46%时,不应采用高压静电除尘器。

8.5.4 运煤系统中除尘系统的风道及部件均应采用不燃烧材料制作。

8.5.5 室内除尘设备配套电气设施的外壳防护应达到 IP54 级。

8.6 其他建筑通风

8.6.1 氢冷式发电机组的汽机房应设置排氢装置;当排氢装置为电动或有电动执行器时,应具有防爆和连联措施。

8.6.2 联氨间、制氢间的电解间及贮氢罐间应设置排风装置。当采用机械排风时,通风设备应采用防爆型,风机应与电机直接连接。

8.6.3 柴油发电机房通风系统的通风机及电机应为防爆型,并应直接连接。

9 燃煤电厂消防供电及照明

9.1 消防供电

9.1.1 自动灭火系统、与消防有关的电动阀门及交流控制负荷,当单台发电机容量为 200MW 及以上时应按保安负荷供电;当单机容量为 200MW 以下时应按 I 类负荷供电。

9.1.2 单机容量为 25MW 以上的发电厂,消防水泵及主厂房电梯应按 I 类负荷供电。单机容量为 25MW 及以下的发电厂,消防水泵及主厂房电梯应按不低于 II 类负荷供电。

9.1.3 发电厂内的火灾自动报警系统,当本身带有不停电源装置时,应由厂用电源供电。当本身不带有不停电源装置时,应由厂内不停电电源装置供电。

9.1.4 单机容量为 200MW 及以上燃煤电厂的单元控制室、网络控制室及柴油发电机房的应急照明,应采用蓄电池直流系统供电。主厂房出入口、通道、楼梯间及远离主厂房的重要工作场所的应急照明,宜采用自带电源的应急灯。

其他场所的应急照明,应按保安负荷供电。

9.1.5 单机容量为 200MW 以下燃煤电厂的应急照明,应采用蓄电池直流系统供电。应急照明与正常照明可同时运行,正常时由厂用电源供电,事故时应能自动切换到蓄电池直流母线供电;主控制室的应急照明,正常时可不运行。远离主厂房的重要工作场所的应急照明,可采用应急灯。

9.1.6 当消防用电设备采用双电源供电时,应在最末一级配电装置或配电箱处切换。

9.2 照 明

9.2.1 当正常照明因故障熄灭时,应按表 9.2.1 中所列的工作场所,装设继续工作或人员疏散用的应急照明。

表 9.2.1 发电厂装设应急照明的工作场所

工作场所		应急照明	
		继续工作	人员疏散
锅炉房及其辅助车间	锅炉房运转层	√	—
	锅炉房底层的磨煤机、送风机处	√	—
	除灰间	—	√
	引风机室	√	—
	燃油泵房	√	—
	给粉机平台	√	—
	锅炉本体楼梯	√	—
	司水平台	—	√
	回转式空气预热器处	√	—
	燃油控制台	√	—
	给煤机处	√	—
	运煤胶带机层	—	√
	除灰控制室	√	—
汽机房及其辅助车间	汽机房运转层	√	—
	汽机房底层的凝汽器、凝结水泵、给水泵、循环水泵、备用励磁机等处	√	—
	加热器平台	√	—
	发电机出线小室	√	—
	除氧间除氧层	√	—
	除氧间管道层	√	—
	供氢站	√	—

工作场所		应急照明	
		继续工作	人员疏散
运煤系统	碎煤机室	√	—
	转运站	—	√
	运煤栈桥	—	√
	运煤隧道	—	√
	运煤控制室	√	—
	筒仓	√	—
	室内贮煤场	√	—
	翻车机室	√	—
供水系统	岸边和水泵房、中央水泵房	√	—
	生活、消防水泵房	√	—
化学水处理室	化学水处理控制室	√	—
电气车间	主控制室	√	—
	网络控制室	√	—
	集中控制室	√	—
	单元控制室	√	—
	继电器室及电子设备间	√	—
	屋内配电装置	√	—
	主厂房厂用配电装置(动力中心)	√	—
	蓄电池室	√	—
	计算机主机室	√	—
	通信转接室、交换机室、载波机室、特高频室、电源室	√	—
	保安电源、不停电电源、柴油发电机房及其配电室	√	—
	直流配电室	√	—

工作场所		应急照明	
		继续工作	人员疏散
脱硫系统	脱硫控制室	√	—
通道楼梯及其他	控制楼至主厂房天桥	—	√
	生产办公楼至主厂房天桥	—	√
	运行总负责人值班室	√	—
	汽车库、消防车库	√	—
	主要楼梯间	—	√

9.2.2 表9.2.1中所列工作场所的通道出入口应装设应急照明。

9.2.3 锅炉汽包水位计、就地热力控制屏、测量仪表屏及除氧器水位计处应装设局部应急照明。

9.2.4 继续工作用的应急照明,其工作面上的最低照度值,不应低于正常照明照度值的10%。

人员疏散用的应急照明,在主要通道地面上的最低照度值,不应低于1lx。

9.2.5 当照明灯具表面的高温部位靠近可燃物时,应采取隔热、散热等防火保护措施。

配有卤钨灯和额定功率为100W及以上的白炽灯光源的灯具(如吸顶灯、槽灯、嵌入式灯),其引入线应采用瓷管、矿物棉等不燃材料作隔热保护。

9.2.6 超过60W的白炽灯、卤钨灯、高压钠灯、金属卤化物灯和荧光高压汞灯(包括电感镇流器)不应直接设置在可燃装修材料或可燃构件上。

可燃物品库房不应设置卤钨灯等高温照明灯具。

9.2.7 建筑内设置的安全出口标志灯和火灾应急照明灯具,除应符合本规范的规定外,还应符合现行国家标准《消防安全标志》GB 13495和《消防应急灯具》GB 17945的有关规定。

10 燃机电厂

10.1 建(构)筑物的火灾危险性分类及其耐火等级

10.1.1 建(构)筑物的火灾危险性分类及其耐火等级应符合表10.1.1的规定。

表10.1.1 建(构)筑物的火灾危险性分类及其耐火等级

建(构)筑物名称	火灾危险性分类	耐火等级
主厂房(汽机房、燃机厂房、余热锅炉、集中控制室)	丁	二级
网络控制楼、微波楼、继电器室	丁	二级
屋内配电装置楼(内有每台充油量>60kg的设备)	丙	二级
屋内配电装置楼(内有每台充油量≤60kg的设备)	丁	二级
屋内配电装置楼(无油)	丁	二级
屋外配电装置(内有含油设备)	丙	二级
油浸变压器室	丙	二级
柴油发电机房	丙	二级
岸边水泵房、中央水泵房	戊	二级
生活、消防水泵房	戊	二级
冷却塔	戊	三级
稳定剂室、加药设备室	戊	二级
油处理室	丙	二级
化学水处理室、循环水处理室	戊	二级
供氢站	甲	二级
天然气调压站	甲	二级

续表10.1.1

建(构)筑物名称	火灾危险性分类	耐火等级
空气压缩机室(无润滑油或不喷油螺杆式)	戊	二级
空气压缩机室(有润滑油)	丁	二级
天桥	戊	二级
天桥(下面设置电缆夹层时)	丙	二级
变压器检修间	丙	二级
排水、污水泵房	戊	二级
检修间	戊	二级
进水建筑物	戊	二级
给水处理构筑物	戊	二级
污水处理构筑物	戊	二级
电缆隧道	丙	二级
特种材料库	丙	二级
一般材料库	戊	二级
材料棚库	戊	三级
消防车库	丁	二级

注:1 除本表规定的建(构)筑物外,其他建(构)筑物的火灾危险性及耐火等级应符合现行国家标准《建筑设计防火规范》GB 50016的有关规定。

2 油处理室,处理重油及柴油时,为丙类;处理原油时,为甲类。

10.1.2 其他厂房的层数和防火分区的允许建筑面积应符合现行国家标准《建筑设计防火规范》GB 50016的有关规定。

10.2 厂区总平面布置

10.2.1 天然气调压站、燃油处理室及供氢站应与其他辅助建筑分开布置。

10.2.2 燃气轮机或主厂房、余热锅炉、天然气调压站及燃油处理室与其他建(构)筑物之间的防火间距,应符合表10.2.2的规定。

表10.2.2 建(构)筑物之间的防火间距(m)

建(构)筑物名称		燃气轮机或主厂房	天然气调压站	原油	重油
序号		1	2	3	
丙、丁、戊类建筑 耐火等级	一、二级	10	12	12	10
	三级	12	14	14	12
燃气轮机或主厂房		—	30	30	—
天然气调压站		30	—	12	12
燃油处理室	原油	30	12		
	重油	10	12	12	
主变压器或屋外厂用变压器 油量(t/台)	<10	12			12
	>10≤50	15	25	25	15
	>50	20			20
屋外配电装置		10	25	25	10
供氢站		12	12	12	12
氢罐		12	12	12	12
行政生活福利建筑 耐火等级 一、二级三级		12	10	25	25	10
铁路中心线	厂外	5	30	30	5
	厂内	5	5	20	20	5
厂外道路(路边)		—	15	15	—
厂内道路(路边)	主要	—	10	10	—
	次要	—	5	5	—

注:燃油燃机电厂的油罐的防火间距应执行现行国家标准《石油库设计规范》GB 50074 的有关规定。

10.3 主厂房的安全疏散

10.3.1 主厂房的疏散楼梯,不应少于2个,其中应有一个楼梯直接通向室外出入口,另一个可为室外楼梯。

10.4 燃料系统

10.4.1 天然气气质应分别符合现行国家标准《输气管道工程设计规范》GB 50251 及燃气轮机制造厂对天然气气质各项指标(包括温度)的规定和要求。

10.4.2 天然气管道设计应符合下列要求:

1 厂内天然气管道宜高支架敷设、低支架沿地面敷设或直埋敷设,在跨越道路时应采用套管。

2 除必须用法兰与设备和阀门连接外,天然气管道管段应采用焊接连接。

3 进厂天然气总管应设置紧急切断阀和手动关断阀,并且在厂内天然气管道上应设置放空管、放空阀及取样管。在两个阀门之间应提供自动放空阀,其设置和布置原则应按现行国家标准《输气管道工程设计规范》GB 50251 的有关规定执行。

4 天然气管道试压前需进行吹扫,吹扫介质宜采用不助燃气体。

5 天然气管道应以水为介质进行强度试验,强度试验压力应为设计压力的1.5倍;强度试验合格后,应以水和空气为介质进行严密性试验,试验压力应为设计压力的1.05倍;再以空气为介质进行气密性试验,试验压力为0.6MPa。

6 天然气管道的低点应设排液管及两道排液阀,排出的液体应排至密闭系统。

10.4.3 燃油系统采用柴油或重油时,应符合本规范第6.3节的规定;采用原油时应采取特殊措施。

10.4.4 燃机供油管道应串联两只关断阀或其他类似关断阀门,并应在两阀之间采取泄放这些阀门之间过剩压力的措施。

10.5 燃气轮机的防火要求

10.5.1 燃气轮机采用的燃料为天然气或其他类型气体燃料时,外壳应装设可燃气体探测器。

10.5.2 当发生熄火时,燃机入口燃料快速关断阀宜在1s内关闭。

10.6 消防给水、固定灭火设施及火灾自动报警

10.6.1 消防给水系统必须与燃机电厂的设计同时进行。消防用水应与全厂用水统一规划,水源应有可靠的保证。

10.6.2 本规范第7.1.2条～第7.1.4条及第7.1.6条适用于燃机电厂。

10.6.3 燃机电厂同一时间的火灾次数为一次。厂区内消防给水水量应按发生火灾时一次最大灭火用水量计算。建筑物一次灭火用水量应为室外和室内消防用水量之和。

10.6.4 多轴配置的联合循环燃机电厂,除燃气轮发电机组外,燃机电厂的火灾自动报警装置、固定灭火系统的设置,应按汽轮发电机组容量对应执行本规范第7.1节的规定;单轴配置的联合循环燃煤电厂,应按单套机组容量对应执行本规范第7.1节的规定。

10.6.5 燃气轮发电机组(包括燃气轮机、齿轮箱、发电机和控制间),宜采用全淹没气体灭火系统,并应设置火灾自动报警系统。

10.6.6 当燃气轮机整体采用全淹没气体灭火系统时,应遵循以下规定:

1 喷放灭火剂前应使燃气轮机停机,关闭箱体门、孔口及自动停止通风机。

2 应有保持气体浓度的足够时间。

10.6.7 燃气轮发电机组及其附属设备的灭火及火灾自动报警系统宜随主机设备成套供货,其火灾报警控制器可布置在燃机控制间并应将火灾报警信号上传至集中报警控制器。

10.6.8 室内天然气调压站,燃气轮机与联合循环发电机组厂房应设可燃气体泄漏探测装置,其报警信号应引至集中火灾报警控制器。

10.6.9 燃机电厂的油罐区设计应符合现行国家标准《石油库设计规范》GB 50074 的有关规定。

10.6.10 燃气轮机标准额定出力50MW及以上的燃气燃机电厂,消防车的配置应符合以下规定:

1 总容量大于1200MW时不少于2辆。

2 总容量为600～1200MW时为2辆。

3 总容量小于600MW时为1辆。

燃气轮机标准额定出力25MW及以下的机组,当地消防部门的消防车在5min内不能到达火场时为1辆。

燃油燃机电厂消防车的配备应符合现行国家标准《石油库设计规范》GB 50074 的有关规定。

10.7 其他

10.7.1 燃机厂房及天然气调压站,应采取通风、防爆措施。

10.7.2 燃机电厂的电缆及电缆敷设设计,应符合下列规定:

1 主厂房及输气、输油和其他易燃易爆场所宜选用C类阻燃电缆。

2 燃机附近的电缆沟盖板应密封。

10.7.3 燃机电厂与燃煤电厂相同部分的设计,应符合本规范燃煤电厂的相关规定。

建(构)筑物名称		丙、丁、戊类生产建筑 耐火等级		屋外配电装置 每组断路器油量(t)		可燃介质电容器(室、棚)	总事故贮油池	生活建筑 耐火等级	
		一、二级	三级	<1	≥1			一、二级	三级
可燃介质电容器(室、棚)		10		10		—	5	15	20
总事故贮油池		5		5		5	—	10	12
生活建筑	耐火等级 一、二级	10	12	10		15	10	6	7
生活建筑	耐火等级 三级	12	14	12		20	12	7	8

注：1 建(构)筑物防火间距应按相邻两建(构)筑物外墙的最近距离计算，如外墙有凸出的燃烧构件时，则应从其凸出部分外缘算起。

2 相邻两座建筑两面的外墙为非燃烧体且无门窗洞口、无外露的燃烧屋檐，其防火间距可按本表减少25%。

3 相邻两座建筑较高一面的外墙如为防火墙时，其防火间距不限，但两座建筑物门窗之间的净距不应小于5m。

4 生产建(构)筑物侧墙外5m以内布置油浸变压器或可燃介质电容器等电气设备时，该墙在设备总高度加3m的水平线以下及设备外廓两侧各3m的范围内，不应设有门窗、洞口；建筑物外墙距设备外廓5～10m时，在上述范围内的外墙可设甲级防火门，设备高度以上可设防火窗，其耐火极限不应小于0.90h。

11.1.5 控制室室内装修应采用不燃材料。

11.1.6 屋外油浸变压器之间的防火间距及变压器与本回路带油电气设备之间的防火间距应符合本规范第6.6节的有关规定。

11.1.7 设置带油电气设备的建(构)筑物与贴邻或靠近该建(构)筑物的其他建(构)筑物之间应设置防火墙。

11.1.8 当变电站内建筑的火灾危险性为丙类且建筑的占地面积超过3000m² 时，变电站内的消防车道宜布置成环形；当为尽端式车道时，应设回车场地或回车道。消防车道宽度及回车场的面积应符合现行国家标准《建筑设计防火规范》GB 50016的有关规定。

11 变 电 站

11.1 建(构)筑物火灾危险性分类、耐火等级、防火间距及消防道路

11.1.1 建(构)筑物的火灾危险性分类及其耐火等级应符合表11.1.1的规定。

表11.1.1 建(构)筑物的火灾危险性分类及其耐火等级

建(构)筑物名称		火灾危险性分类	耐火等级
主控通信楼		戊	二级
继电器室		戊	二级
电缆夹层		丙	二级
配电装置楼(室)	单台设备油量60kg以上	丙	二级
	单台设备油量60kg及以下	丁	二级
	无含油电气设备	戊	二级
屋外配电装置	单台设备油量60kg以上	丙	二级
	单台设备油量60kg及以下	丁	二级
	无含油电气设备	戊	二级
油浸变压器室		丙	二级
气体或干式变压器室		丁	二级
电容器室(有可燃介质)		丙	二级
干式电容器室		丁	二级
油浸电抗器室		丙	二级
干式铁芯电抗器室		丁	二级
总事故贮油池		丙	—
生活、消防水泵房		戊	二级

续表11.1.1

建(构)筑物名称	火灾危险性分类	耐火等级
雨淋阀室、泡沫设备室	戊	二级
污水、雨水泵房	戊	二级

注：1 主控通信楼当未采取防止电缆着火后延燃的措施时，火灾危险性应为丙类。

2 当地下变电站、城市户内变电站将不同使用用途的变配电部分布置在一幢建筑或联合建筑物内时，则其建筑物的火灾危险性分类及其耐火等级除另有防火隔离措施外，需按火灾危险性类别高者选用。

3 当电缆夹层采用A类阻燃电缆时，其火灾危险性可为丁类。

11.1.2 建(构)筑物构件的燃烧性能和耐火极限，应符合现行国家标准《建筑设计防火规范》GB 50016的有关规定。

11.1.3 变电站内的建(构)筑物与变电站外的民用建(构)筑物及各类厂房、库房、堆场、贮罐之间的防火间距应符合现行国家标准《建筑设计防火规范》GB 50016的有关规定。

11.1.4 变电站内各建(构)筑物及设备的防火间距不应小于表11.1.4的规定。

表11.1.4 变电站内建(构)筑物及设备的防火间距(m)

建(构)筑物名称		丙、丁、戊类生产建筑 耐火等级		屋外配电装置 每组断路器油量(t)		可燃介质电容器(室、棚)	总事故贮油池	生活建筑 耐火等级	
		一、二级	三级	<1	≥1			一、二级	三级
丙、丁、戊类生产建筑	耐火等级 一、二级	10	12	10		10	5	10	12
	耐火等级 三级	12	14					12	14
屋外配电装置	每组断路器油量(t) <1				10	10	5	10	12
	每组断路器油量(t) ≥1			10					
油浸变压器	单台设备油量(t) 5～10			见第11.1.6条		10	5	15	20
	单台设备油量(t) 10～50	10						20	25
	单台设备油量(t) >50							25	30

11.2 变压器及其他带油电气设备

11.2.1 带油电气设备的防火、防爆、挡油、排油设计，应符合本规范第6.6节的有关规定。

11.2.2 地下变电站的变压器应设置能贮存最大一台变压器油量的事故贮油池。

11.3 电缆及电缆敷设

11.3.1 电缆从室外进入室内的入口处、电缆竖井的出入口处、电缆接头处、主控制室与电缆夹层之间以及长度超过100m的电缆沟或电缆隧道，均应采取防止电缆火灾蔓延的阻燃或分隔措施，并应根据变电站的规模及重要性采取下列一种或数种措施：

1 采用防火隔墙或隔板，并用防火材料封堵电缆通过的孔洞。

2 电缆局部涂防火涂料或局部采用防火带、防火槽盒。

11.3.2 220kV及以上变电站，当电力电缆与控制电缆或通信电缆敷设在同一电缆沟或电缆隧道内时，宜采用防火槽盒或防火隔板进行分隔。

11.3.3 地下变电站电缆夹层宜采用C类或C类以上的阻燃电缆。

11.4 建(构)筑物的安全疏散和建筑构造

11.4.1 变压器室、电容器室、蓄电池室、电缆夹层、配电装置室的门应向疏散方向开启；当门外为公共走道或其他房间时，该门应采用乙级防火门。配电装置室的中间隔墙上的门应采用由不燃材料制作的双向弹簧门。

11.4.2 建筑面积超过250m² 的主控通信室、配电装置室、电容器室、电缆夹层，其疏散出口不宜少于2个，楼层的第二个出口可设在固定楼梯的室外平台处。当配电装置室的长度超过60m时，

应增设1个中间疏散出口。

11.4.3 地下变电站每个防火分区的建筑面积不应大于1000m²。设置自动灭火系统的防火分区，其防火分区面积可增大1.0倍；当局部设置自动灭火系统时，增加面积可按该局部面积的1.0倍计算。

11.4.4 地下变电站安全出口数量不应少于2个。地下室与地上层不应共用楼梯间，当必须共用楼梯间时，应在地上首层采用耐火极限不低于2h的不燃烧体隔墙和乙级防火门将地下或半地下部分与地上部分的连通部分完全隔开，并应有明显标志。

11.4.5 地下变电站楼梯间应设乙级防火门，并向疏散方向开启。

11.5 消防给水、灭火设施及火灾自动报警

11.5.1 变电站的规划和设计，应同时设计消防给水系统。消防水源应有可靠的保证。

> 注：变电站内建筑物满足耐火等级不低于二级，体积不超过3000m³，且火灾危险性为戊类时，可不设消防给水。

11.5.2 变电站同一时间内的火灾次数应按一次确定。

11.5.3 变电站建筑室外消防用水量不应小于表11.5.3的规定。

表11.5.3 室外消火栓用水量(L/s)

建筑物耐火等级	建筑物火灾危险性类别	建筑物体积(m³)				
		≤1500	1501~3000	3001~5000	5001~20000	20001~50000
一、二级	丙类	10	15	20	25	30
	丁、戊类	10	10	10	15	15

> 注：当变压器采用水喷雾灭火系统时，变压器室外消火栓用水量不应小于10L/s。

11.5.4 单台容量为125MV·A及以上的主变压器应设置水喷雾灭火系统、合成型泡沫喷雾系统或其他固定式灭火装置。其他带油电气设备，宜采用干粉灭火器。地下变电站的油浸变压器，宜采用固定式灭火系统。

11.5.5 变电站户外配电装置区域(采用水喷雾的主变压器消火栓除外)可不设消火栓。

11.5.6 变电站建筑室内消防用水量不应小于表11.5.6的规定。

表11.5.6 室内消火栓用水量

建筑物名称	高度、层数、体积	消火栓用水量(L/s)	同时使用水枪数量(支)	每支水枪最小流量(L/s)	每根竖管最小流量(L/s)
主控通信楼、配电装置楼、继电器室、变压器室、电容器室、电抗器室	高度≤24m 体积≤10000m³	5	2	2.5	5
	高度≤24m 体积>10000m³	10	2	5	10
	高度24~50m	25	5	5	15
其他建筑	高度≥6层或体积≥10000m³	15	3	5	10

11.5.7 变电站内建筑物满足下列条件时可不设室内消火栓：

1 耐火等级为一、二级且可燃物较少的丁、戊类建筑物。

2 耐火等级为三、四级且建筑体积不超过3000m³的丁类厂房和建筑体积不超过5000m³的戊类厂房。

3 室内没有生产、生活给水管道，室外消防用水取自贮水池且建筑体积不超过5000m³的建筑物。

11.5.8 当室内消防用水总量大于10L/s时，地下变电站外应设置水泵接合器及室外消火栓。水泵接合器和室外消火栓应有永久性的明显标志。

11.5.9 变电站消防给水量应按火灾时一次最大室内和室外消防用水量之和计算。

11.5.10 消防水泵房应设直通室外的安全出口，当消防水泵设置在地下时，其疏散出口应靠近安全出口。

11.5.11 一组消防水泵的吸水管不应少于2条；当其中1条损坏时，其余的吸水管应能满足全部用水量。吸水管上应装设检修用阀门。

11.5.12 消防水泵宜采用自灌式引水。

11.5.13 消防水泵房应有不少于2条出水管与环状管网连接，当其中1条出水管检修时，其余的出水管应能满足全部用水量。出

水管上宜设检查用的放水阀门、安全卸压及压力测量装置。

11.5.14 消防水泵应设置备用泵，备用泵的流量和扬程不应小于最大1台消防泵的流量和扬程。

11.5.15 消防管道、消防水池的设计应符合现行国家标准《建筑设计防火规范》GB 50016的有关规定。

11.5.16 水喷雾灭火系统的设计，应符合现行国家标准《水喷雾灭火系统设计规范》GB 50219的有关规定。

11.5.17 变电站应按表11.5.17的要求设置灭火器。

表11.5.17 建筑物火灾危险类别及危险等级

建筑物名称	火灾危险类别	危险等级
主控制通信楼(室)	E(A)	严重
屋内配电装置楼(室)	E(A)	中
继电器室	E(A)	中
油浸变压器(室)	混合	中
电抗器(室)	混合	中
电容器(室)	混合	中
蓄电池室	C	中
电缆夹层	E	中
生活、消防水泵房	A	轻

11.5.18 灭火器的设计应符合现行国家标准《建筑灭火器配置设计规范》GB 50140的有关规定。

11.5.19 设有消防给水的地下变电站，必须设置消防排水设施，并应符合本规范第7.7节的有关规定。

11.5.20 下列场所和设备应采用火灾自动报警系统：

1 主控通信室、配电装置室、可燃介质电容器室、继电器室。

2 地下变电站、无人值班的变电站，其主控通信室、配电装置室、可燃介质电容器室、继电器室应设置火灾自动报警系统，无人值班变电站应将火警信号传至上级有关单位。

3 采用固定灭火系统的油浸变压器。

4 地下变电站的油浸变压器。

5 220kV及以上变电站的电缆夹层及电缆竖井。

6 地下变电站、户内无人值班的变电站的电缆夹层及电缆竖井。

11.5.21 变电站主要设备用房和设备火灾自动报警系统应符合表11.5.21的规定。

表11.5.21 主要建(构)筑物和设备火灾探测报警系统

建筑物和设备	火灾探测器类型	备注
主控通信室	感烟或吸气式感烟	
电缆层和电缆竖井	线型感温、感烟或吸气式感烟	
继电器室	感烟或吸气式感烟	
电抗器室	感烟	如选用含油设备时，采用感温
可燃介质电容器室	感烟	
配电装置室	感烟、线型感烟	
主变压器	线型感温或吸气式感烟(室内变压器)	

11.5.22 火灾自动报警系统的设计，应符合现行国家标准《火灾自动报警系统设计规范》GB 50116的有关规定。

11.5.23 户内、外变电站的消防控制室应与主控制室合并设置，地下变电站的消防控制室宜与主控制室合并设置。

11.6 采暖、通风和空气调节

11.6.1 地下变电站采暖、通风和空气调节设计应符合下列规定：

1 所有采暖区域严禁采用明火取暖。

2 电气配电装置室应设置机械排烟装置，其他房间的排烟设计应符合现行国家标准《建筑设计防火规范》GB 50016的规定。

3 当火灾发生时，送、排风系统、空调系统应能自动停止运行。当采用气体灭火系统时，穿过防护区的通风或空调风道上的防火阀应能立即自动关闭。

11.6.2 地下变电站的空气调节，地上变电站的采暖、通风和空气调节，应符合本规范第8章的有关规定。

11.7 消防供电及应急照明

11.7.1 变电站的消防供电应符合下列规定:

1 消防水泵、电动阀门、火灾探测报警与灭火系统、火灾应急照明应按Ⅱ类负荷供电。

2 消防用电设备采用双电源或双回路供电时,应在最末一级配电箱处自动切换。

3 应急照明可采用蓄电池作备用电源,其连续供电时间不应少于20min。

4 消防用电设备应采用单独的供电回路,当发生火灾切断生产、生活用电时,仍应保证消防用电,其配电设备应设置明显标志。

5 消防用电设备的配电线路应满足火灾时连续供电的需要,当暗敷时,应穿管并敷设在不燃烧体结构内,其保护层厚度不应小于30mm;当明敷时(包括附设在吊顶内),应穿金属管或封闭式金属线槽,并采取防火保护措施。当采用阻燃或耐火电缆时,敷设在电缆井、电缆沟内可不采取防火保护措施;当采用矿物绝缘类等具有耐火、抗过载和抗机械破坏性能的不燃性电缆时,可直接明敷。宜与其他配电线路分开敷设,当敷设在同一井、沟内时,宜分别布置在井、沟的两侧。

11.7.2 火灾应急照明和疏散标志应符合下列规定:

1 户内变电站、户外变电站主控通信室、配电装置室、消防水泵房和建筑疏散通道应设置应急照明。

2 地下变电站的主控通信室、配电装置室、变压器室、继电器室、消防水泵房、建筑疏散通道和楼梯间应设置应急照明。

3 地下变电站的疏散通道和安全出口应设发光疏散指示标志。

4 人员疏散用的应急照明的照度不应低于0.5lx,继续工作应急照明不应低于正常照明照度值的10%。

5 应急照明灯宜设置在墙面或顶棚上。

中华人民共和国国家标准

火力发电厂与变电站设计防火规范

GB 50229-2006

条 文 说 明

1 总 则

1.0.1 系原规范第1.0.1条的修改。

我国的发电厂与变电站火灾事故自1969年11月至1985年6月的15年间,在比较大的多起火灾中,发电厂的火灾占87.9%,变电站的火灾占12.1%。发电厂的火灾事故率在整个电力系统中占主要地位。发电厂和变电站发生火灾后,直接损失和间接损失都很大,直接影响了工农业生产和人民生活。因此,为了确保发电厂和变电站的建设和安全运行,防止或减少火灾危害,保障人民生命财产的安全,做好发电厂和变电站的防火设计是十分必要的。在发电厂和变电站的防火设计中,必须贯彻"预防为主,防消结合"的消防工作方针,从全局出发,针对不同机组、不同类型发电厂和不同电压等级及变压器容量的特点,结合实际情况,做好发电厂和变电站的防火设计。

1.0.2 系原规范第1.0.2条的修改。

本条规定了规范的适用范围。发电厂从3MW至600MW机组的范围较大,变电站从35kV至500kV的电压范围也较大,发电厂发生火灾的主要部位是在电气设备、电缆、运煤系统、油系统,变电站发生火灾的主要部位是在变压器等地方,因此,做好以上部位的防火设计对保障发电厂和变电站的安全生产至关重要。对于不同发电机组的发电厂和不同电压等级的变电站需根据其容量大小、所处环境的重要程度和一旦发生火灾所造成的损失等情况综合分析,制定适当的防火设施设计标准。既要做到技术先进,又要经济合理。

近十几年来,燃气-蒸汽联合循环电厂数量与日俱增,相应消防设计也已经积累了丰富的经验。为适应这一形势的发展,本次修订增设独立一章。

随着城市建设规模的扩大,地下变电站的建设呈现了上升的趋势,在总结地下变电站消防设计经验的基础上,本着成熟一条编写一条的原则,本次修订充实了有关地下变电站设计的规定。

目前,600MW机组的燃煤电厂是火力发电的主流,但也有更大型机组在设计、建设、运行中,如800MW机组、900MW机组甚至1000MW机组等。鉴于600MW级机组以上容量的电厂在国内业绩尚少,本着规范的成熟可靠编制原则,现阶段超过600MW机组的,可参照本规范执行。

根据《建筑设计防火规范》的适用范围制定的原则,本规范也作出适用于改建项目的规定。

1.0.3 系原规范第1.0.3条。

本条规定了发电厂和变电站有关消防方面新技术、新工艺、新材料和新设备的采用原则。防火设计涉及法律,在采用新技术、新工艺、新材料和新设备时一定要慎重而积极,必须具备实践总结和科学试验的基础。在发电厂和变电站的防火设计中,要求设计、建设和消防监督部门的人员密切配合,在工程设计中采用先进的防火技术,做到防患于未然,从积极的方面预防火灾的发生和蔓延,这对减少火灾损失、保障人民生命财产的安全具有重大意义。发电厂的防火设计标准应从技术、经济两方面出发,要正确处理好生产和安全、重点和一般的关系,积极采用行之有效的先进防火技术,切实做到既促进生产、保障安全,又方便使用、经济合理。

1.0.4 系原规范第1.0.4条的修改。

本规范属专业标准,针对性很强,本规范在制定和修订中已经与相关国家标准进行了协调,因而在使用中一旦发现同样问题本规范有规定但与其他标准有不一致处时,必须遵循本规范的规定。

考虑到消防技术的飞速发展,工程项目的多变因素,本规范还不能将各类建筑、设备的防火防爆等技术全部内容包括进来,在执行中难免会遇到本规范没有规定的问题,因此,凡本规范未作规定者,应该执行国家现行的有关强制性消防标准的规定(如《建筑设计防火规范》、《城市煤气设计规范》、《氧气站设计规范》、《汽车库、修车库、停车场设计防火规范》等),必要时还应进行深入严密的论证、试验等工作,并经有关部门按照规定程序审批。

2 术 语

2.0.1～2.0.6 新增条文。

3 燃煤电厂建(构)筑物的火灾危险性分类、耐火等级及防火分区

3.0.1 系原规范第2.0.1条的修改。

厂区内各车间的火灾危险性基本上按现行国家标准《建筑设计防火规范》分类。建(构)筑物的最低耐火等级按国内外火力发电厂设计和运行的经验确定。现将发电厂有关车间的火灾危险性说明如下:

主厂房内各车间(汽机房、除氧间、煤仓间、锅炉房或集中控制楼、集中控制室)为一整体,其火灾危险性绝大部分属丁类,仅煤仓间所属运煤带式输送机层的火灾危险性属丙类。带式输送机层均布置在煤仓间的顶层,其宽度与煤仓间宽度相同,一般为13.50m左右,长度与煤仓间相同。带式输送机层的面积不超过主厂房总面积的5%,故将主厂房的火灾危险性定为丁类。

集中控制楼内一般都布置有蓄电池室。近年来,电厂都采用不产生氢气的免维护的蓄电池,且在蓄电池室中都有良好的通风设备,蓄电池室与其他房间之间有防火墙分隔。故不影响集中控制楼的火灾危险性。

脱硫建筑物一般由脱硫工艺楼、脱硫电控楼、吸收塔、增压风机室等组成,根据工艺性质,火灾危险性很小,故确定为戊类。吸收塔没有维护结构,可按设备考虑。

屋内卸煤装置室一般指缝隙式卸煤装置室、卸煤沟、桥抓等运煤建筑。

一般材料库中主要存放钢材、水泥、大型阀门等,故属戊类。

特种材料库中可能存放少量的氢、氧、乙炔气瓶、部分润滑油,故属乙类。

3.0.2 系原规范第2.0.2条。

厂区内建(构)筑物构件的燃烧性能和耐火极限与一般建筑物的性质一样,《建筑设计防火规范》已对这些性能作了明确规定,故按《建筑设计防火规范》执行。

3.0.3 系原规范第2.0.8条。

主厂房面积较大,根据生产工艺要求,常常是将主厂房综合建筑看作一个防火分区,目前大型电厂一期工程机组容量即达4×300MW或2×600MW,其占地面积多达10000m²以上,由于工艺要求不能再分隔。主厂房高度虽然较高,但一般汽机房只有3层,除氧间、煤仓间也只有5～6层,在正常运行情况下,有些层没有人,运转层也只有十多个人。况且汽机房、锅炉房里各处都有工作梯可供疏散用。建国50多年还没有因主厂房未设防火隔墙而造成火灾蔓延的案例。根据电厂建设的实践经验,全厂一般不超过6台机组。

汽机房往往设地下室,根据工艺要求,一般每台机之间可设置一个防火隔墙。在地下室中有各种管道、电缆和废油箱(闪点大于60℃)等,正常运行情况下地下室无人值班,因此地下室占地面积有所放宽。

3.0.4 系原规范第2.0.9条。

屋内卸煤装置的地下室常常与地下转运站或运煤隧道相连,地下室面积较大,已无法做防火墙分隔,考虑生产工艺的实际情况,地下室正常情况下只有一两个人在工作,所以地下室最大允许占地面积有所放宽。

对东北地区建设的几个发电厂的卸煤装置地上、地下建筑面积的统计见表1。

表1 部分发电厂卸煤装置地上、地下建筑面积(m²)

序号	建筑物	地下建筑面积	地上建筑面积
1	双鸭山电厂卸煤装置	1743	2823
2	双鸭山电厂1号地道	292	

续表1

序号	建筑物	地下建筑面积	地上建筑面积
3	哈尔滨第三发电厂卸煤装置	2223	3127
4	铁岭电厂卸煤装置	1899	3167
5	铁岭电厂1号地道	234	
6	铁岭电厂2号地道	510	
7	大庆自备电站卸煤装置	2142	3659
8	大庆自备电站地下转运站	242	

从表1中可以看出,卸煤装置本身,地下部分面积只有2000m²左右,但电厂的卸煤装置往往与1号转运站、1号隧道连接,两者之间又不能设隔墙,为满足生产需要,故提出丙类厂房地下室面积为3000m²。

3.0.5 系原规范第2.0.3条。

近几年来,随着大机组的出现,厂房体积也随之增大,采用金属墙板围护结构日益增多,故提出本条。

3.0.6 系原规范第2.0.11条的修改。

根据发电厂生产工艺要求,一般汽机房与除氧间管道联系较多,看作一个生产区域;锅炉房和煤仓间工艺联系密切,二者又都有较多的灰尘,划为一个生产区域。

考虑近几年的工程实际情况,对于电厂钢结构厂房,除氧间与煤仓间之间的隔墙,汽机房与锅炉房或合并的除氧煤仓间之间的墙无法满足防火墙的要求,故要求除氧间与煤仓间或锅炉房之间的隔墙应采用不燃烧体,汽机房与合并的除氧煤仓间或锅炉房之间的隔墙也应采用不燃烧体,该隔墙的耐火极限不应小于1h,墙内承重柱子的耐火极限不作要求。

3.0.7 系原规范第2.0.4条的修改。

主厂房跨度较大,施工工期紧,钢结构应用越来越普遍,从过去发电厂火灾情况调查中可以看出,汽轮机头部主油箱、油管路火灾较多,但除西北某电厂外,其他电厂火灾直接影响面较小,没有烧到屋架。某电厂汽轮机头部油系统着火,影响半径为5m左右。目前由于主油箱及油管路布置位置不同,考虑火灾对周边钢结构可能有影响,因此在主油箱及油管道附近的钢结构构件应采取外包敷不燃材料、涂刷防火涂料等防火隔热措施,保护其对应的钢结构屋面的承重构件和外缘5m范围内的钢结构构件,以提高其耐火极限,提供充足时间灭火,减少火灾造成的损失。

在主厂房的夹层往往采用钢柱、钢梁现浇板,为了安全,在上述范围内的钢梁、钢柱应采取保护措施,多年的生产实践证明,没有因火灾造成钢梁、钢柱的破坏,故其耐火极限有所放宽。

与主油箱对应的屋面钢结构,可在主油箱上部采用防火隔断防止火焰蔓延等措施保护对应的钢结构屋面的承重构件。如只对屋面钢结构采取防火保护措施(例如涂刷防火涂料),主油箱对应的楼面开孔水平外缘5m范围内的屋面钢结构承重构件耐火极限可考虑不小于0.5h。

3.0.8 系原规范第2.0.5条。

集中控制室、主控制室、网络控制室、汽机控制室、锅炉控制室及计算机房等是发电厂的核心,是人员比较集中的地方,应限制上述房间的可燃物放烟量,以减少火灾损失。

3.0.9 系原规范第2.0.7条的修改。

调查资料表明,发电厂的火灾事故中,电缆火灾占的比例较大。电缆夹层又是电缆比较集中的地方,因此适当提高了隔墙的耐火极限。

发电厂电缆夹层可能位于控制室下面,又常常采用钢结构,如发生火灾将直接影响控制室地面或钢结构构件。某电厂电缆夹层发生火灾,因钢梁刷了防火涂料,因此钢梁没有破坏,只发生一些变形,修复很快。因此要求对电缆夹层的承重构件进行防火处理,以减少火灾造成的损失。

3.0.10 新增条文。

调查结果表明,钢结构输煤栈桥涂刷的防火涂料由于涂料的老化、脱落、涂刷不均等,问题较多,难以满足防火规范的要求;建国以来,发电厂运煤系统火灾案例很少,自动喷水灭火系统能较好地扑灭运煤系统的火灾;运煤系统普遍采用钢结构形式又是必然的趋势,所以采用主动灭火措施——自动喷水灭火系统,既能提高运煤系统建筑的消防标准,又能解决复杂结构构件的防火保护问题。

3.0.11 新增条文。

干煤棚、室内储煤场多为钢结构形式,考虑其面积大,钢结构构件多,结合多年的工程实践经验,煤场的自燃现象虽然普遍存在,但自燃的火焰高度一般仅为0.5~1.0m,不足以威胁到上部钢结构构件,并且煤场的堆放往往是支座以下200mm作为煤堆的起点。因此,钢结构根部以上5m范围内的承重构件应有可靠的防火保护措施以确保结构本身的安全性。

3.0.12 系原规范第2.0.10条。

4 燃煤电厂厂区总平面布置

4.0.1 系原规范第3.0.1条的修改。

电厂厂区的用地面积较大,建(构)筑物的数量较多,而且建(构)筑物的重要程度、生产操作方式、火灾危险性等方面的差别也较大,因此根据上述几方面划分厂区内的重点防火区域。这样就突出了防火重点,做到火灾时能有效控制火灾范围,有效控制易燃、易爆建筑物,保证电厂正常发电的关键部位的建(构)筑物及设备和工作人员的安全,相应减少电厂的综合性损坏。所谓"重点防火区域"是指在设计、建设、生产过程中应特别注意防火问题的区域。提出"重点防火区域"概念的另一目的,也是为了增强总图专业设计人员从厂区整体着眼的防火设计观念,便于厂区防火区域的划分。

美国消防协会标准NFPA850(1990年版)第3章"电厂防火设计"中也对防火区域的划分作了若干规定。

按重要程度划分,主厂房是电厂生产的核心,围绕主厂房划分为一个重点防火区域,鉴于干法脱硫系统靠近主厂房,本次修订将脱硫建筑物纳入此分区。

屋外配电装置区内多为带油电器设备,母线与隔离开关处时常闪火花。其安全运行是电厂及电网安全运行的重要保证,应划分为一个重点防火区域。

点火油罐区一般贮存可燃油品,包括卸油、贮油、输油和含油污水处理设施,火灾几率较大,应划分为一个重点防火区域。

按生产过程中的火灾危险性划分,供氢站为甲类,其应划分为一个重点防火区域。

据调查,电厂的贮煤场常有自燃现象,尤其是褐煤,自燃现象严重,应划分为一个重点防火区域。

消防水泵房是全厂的消防中枢,其重要性不容忽视,应划分为一个重点防火区域。据调查,由于工艺要求,有些电厂将消防水泵房同生活水泵房或循环水泵房布置在一个泵房内,这也是可行的。

电厂的材料库及棚库是贮存物品的场所,同生产车间有所区别,应将其划分为一个重点防火区域。

重点防火区域的区分是由我国现阶段的技术经济政策、设备及工艺的发展水平、生产的管理水平及火灾扑救能力等因素决定的,它不是一成不变的,随着上述各方面的发展,也将产生相应变化。

4.0.2 系原规范第 3.0.3 条的修改。本次修订强调规定重点防火区域之间的电缆沟(隧道)、运煤栈桥、运煤隧道及油管沟应采取防火分隔措施。

4.0.3 系原规范第 3.0.2 条与第 3.0.5 条的修改合并。根据现行《建筑设计防火规范》的规定,细化了回车场面积要求。重点防火区之间设置消防车道或消防通道,便于消防车通过或停靠,且发生火灾时能够有效地控制火灾区域。

火力发电厂多年的设计实践是在主厂房、贮煤场和点火油罐区周围设置环形道路或消防车道。当山区发电厂的主厂房、点火油罐和贮煤场设环形道路确有困难时,其四周应设置尽端式道路或通道,并应增加设回车道或回车场。

现行国家标准《建筑设计防火规范》及《石油库设计规范》中对环形消防车道设置也作了规定,综合上述情况,作此条规定。

4.0.4 新增条文。根据现行国家标准《建筑设计防火规范》编制。

4.0.5 系原规范第 3.0.4 条。

厂区内一旦着火,则邻近城镇、企业的消防车必前来支援、营救。那时出入厂的车辆、人员较多,如厂区只有 1 个出入口,则显紧张,可能延长营救时间,增加损失。

当厂区的 2 个出入口均与铁路平交时,可执行《建筑设计防火规范》中的规定:"消防车道应尽量短捷,并宜避免与铁路平交。如必须平交,应设备用车道,两车道之间的间距不应小于一列火车的长度。"

4.0.6 系原规范第 3.0.7 条。

4.0.7 系原规范第 3.0.8 条。

本条是根据火力发电厂多年的设计实践编制的。企业所属的消防车库与为城市服务的公共消防站是有区别的。因此不能照搬消防站的有关规定。

4.0.8 系原规范第 3.0.9 条的修改。

汽机房、屋内配电装置楼、集中控制楼及网络控制楼同油浸变压器有着紧密的工艺联系,这是发电厂的特点。如果拉大上述建筑同油浸变压器的间距,势必增加投资,增加用地及电能损失。根据发电行业多年的设计实践经验,将油浸变压器与汽机房、屋内配电装置楼、集中控制楼及网络控制楼的间距,同油浸变压器与其他的火灾危险性为丙、丁、戊类建筑的间距要求(条文中表 4.0.11)区别对待。因此,作此条规定。

4.0.9 系原规范第 3.0.10 条。本条规定基于以下原因:

1 点火油罐区贮存的油品多为渣油和重油,属可燃油品,该油品有流动性,着火后容易扩大蔓延。

2 围在油罐区围栅(或围墙)内的建(构)筑物应设卸油铁路、栈台、供卸油泵房、贮油罐;含油污水处理站可在其内,也可在其外。围栅及围墙同建(构)筑物的间距,一般为 5m 左右。

3 《石油库设计规范》术语一章中对"石油库"的定义为"收发和储存原油、汽油、煤油、柴油、喷气燃料、溶剂油、润滑油和重油等整装、散装油品的独立或企业附属的仓库或设施"。

4 《建筑设计防火规范》第 4.4.9 条、第 4.4.5 条及第 4.4.2 条的注中都写有"……防火间距,可按《石油库设计规范》有关规定执行"。

因此发电厂点火油罐区的设计,应执行现行国家标准《石油库设计规范》的有关规定。

4.0.10 系原规范第 3.0.11 条。文字略有调整。

4.0.11 系原规范第 3.0.12 条的修改。本条是根据《建筑设计防火规范》的原则规定,结合发电厂设计的实践经验,依照发电行业设计人员已应用多年的表格形式编制的。

条文中的发电厂各建(构)筑物之间的防火间距表是基本防火间距,现行的国家标准《建筑设计防火规范》中关于在某些特定条件下防火间距可以减小的规定对本表同样有效。本表中未规定的有关防火间距,应符合现行国家标准《建筑设计防火规范》的有关规定。现行的行业标准《火力发电厂设计技术规程》规定了发电厂各建(构)筑物之间的最小间距,为防火间距、安全、卫生间距之综合。最小间距包容防火间距,防火间距不包容最小间距。

4.0.12 系原规范第 3.0.13 条。

4.0.13 系原规范第 3.0.14 条。

4.0.14 新增条文。依据现行国家标准《建筑设计防火规范》制定。

集控楼通常布置在两台锅炉之间,除非集控楼的两侧外墙与锅炉房外墙紧靠,否则,两者的间距应该符合规范的要求。

5 燃煤电厂建(构)筑物的安全疏散和建筑构造

5.1 主厂房的安全疏散

5.1.1 系原规范第 4.1.1 条与第 4.1.3 条的合并。

主厂房按汽机房、除氧间、集中控制楼、锅炉房、煤仓间分,每个车间面积都很大,为保证人员的安全疏散,要求每个车间不应少于 2 个安全出口。在某些情况下,特别是地下室可能有一定困难,所以提出 2 个出口可有 1 个通至相邻车间。从运行人员工作地点到安全出口的距离,其长短将直接影响疏散所需时间,为了满足允许疏散时间的要求,所以应计算求得由工作地点到安全出口允许的最大距离。

根据资料统计,在人员不太密集的情况下,人员的行动速度按 60m/min,下楼的速度按 15m/min 计。300MW 和 600MW 机组的司水平台标高约为 60m,在正常运行情况下,运行人员到这里巡视,从司水平台下到底层,梯段长度约为 60m,所需时间大约为 4min。如果允许疏散时间按 6min 计,则在平面上的允许疏散时间还有 2min,考虑从工作地点到楼梯口以及从底层楼梯口到室外出口两段距离,每段按一半计算,则从工作地点到楼梯的距离应为 60m 左右。为此,我们认为从工作地点到楼梯口的距离定为 50m 比较合理。在正常运行情况下,主厂房内的运行人员多数都在运转层的集中控制室内,从运转层到底层最多需要 1min,集中控制室的人员疏散到室外,共需 2.5min 左右,完全能满足安全疏散要求。

5.1.2 系原规范第 4.1.5 条与第 4.1.6 条的合并。

主厂房虽然较高,但一般也只有 5~6 层。在正常运行情况下人员很少,厂房内可燃的装修材料很少,厂房内除疏散楼梯外,还有很多工作梯,多年来都习惯做敞开式楼梯。在扩建端都布置有室外钢梯。为保证人员的安全疏散和消防人员扑救火灾,要求至少应有1个楼梯间通至各层和屋面。

5.1.3 系原规范第4.1.4条与第4.3.3条的合并。

主厂房中人员较少,如按人流计算,门和走道都很窄。根据门窗标准图规定的模数,规定门和走道的净宽分别不宜小于0.9m和1.4m。主厂房室外楼梯是供疏散和消防人员从室外直接到达建筑物起火层扑救火灾而设置的。为防止楼梯坡度过大、楼梯宽度过窄或栏杆高度不够而影响安全,作此规定。

5.1.4 系原规范第4.1.2条的修改。

主厂房单元控制室是电厂的生产运行指挥中心,又是人员比较集中的地方,为保证人员安全疏散,故要求有2个疏散出口;但考虑近几年一些项目控制室建筑面积小于60m²,如果强调2个出口,对设备布置和生产运行都将带来不便,故对此类控制室的出口数量作了适当放宽。

5.1.5 系原规范第4.1.7条。

主厂房的带式输送机层较长,一般在固定端和扩建端都有楼梯,中间楼梯往往不易通至带式输送机层,因此要求有通至锅炉房或除氧间、汽机房屋面的出口,以保证人员安全疏散。

5.2 其他建(构)筑物的安全疏散

5.2.1 系原规范第4.2.1条的修改。

碎煤机室和转运站每层面积都不大,过去工程中均设置0.8m宽敞开式钢梯。在正常运行情况下,也只有一两个人值班,况且还有运煤栈桥也可以作为安全出口利用。所以设一个净宽不小于0.8m的钢梯是可以的。

5.2.2 系原规范第4.2.2条的修改。文字稍作调整。

当配电装置楼室内装有每台充油量大于60kg的设备时,其火灾危险性属于丙类,按《建筑设计防火规范》的要求,对一、二级建筑安全疏散距离应为60m,故提出安全出口的间距不应大于60m。

5.2.3 系原规范第4.2.3条。

电缆隧道火灾危险性属于丙类,安全疏散距离应为80m,但考虑隧道中疏散不便,因此提出间距不超过75m。

5.2.4 系原规范第4.2.5条与第4.2.6条的合并。

卸煤装置和翻车机室地下室的火灾危险性属丙类,在正常运行情况下只有一两个人,为安全起见,提出2个安全出口通至地面。运煤系统中地下构筑物有一端与地道相通,为保证人员安全疏散,所以要求在尽端设一通至地面的安全出口。

5.2.5 系新增条文。关于集控室除外的各类控制室疏散出口的规定。

5.2.6 系原规范第4.2.4条的修改。根据配电装置室安全疏散的需要,作此规定,增强条文的可操作性。

5.3 建筑构造

5.3.1 系原规范第4.3.1条的修改。

考虑到发电厂厂房的特殊性,由于主厂房内人员较少,大量采用钢结构所带来的困难,如完全按消防电梯考虑,前室布置和电梯围护墙体耐火要求等难以满足消防要求,故提出当发生火灾时,电梯的消防控制系统、消防专用电话、基坑排水设施应满足消防电梯的设计要求。

5.3.2 系原规范第4.3.2条的修改。

因主厂房比较高大,锅炉房很高,上部有天窗排热气,还有室内吸风口在吸风,因此主厂房总是处于负压状态,即使发生火灾,火焰也不会从门内窜出。所以对休息平台未作特殊要求。根据燃煤电厂的运行经验,辅助厂房火灾危险性很小,故对休息平台亦未作特殊要求。

5.3.3 系原规范第4.3.4条与第4.3.5条的合并修改。

变压器室、屋内配电装置室、发电机出线小室的火灾危险性属丙类,火灾危险性较大,因此要求用乙级防火门。为避免发生火灾时,由于人员惊慌拥挤而使内开门无法开启而造成不应有的伤亡,因此要求门向疏散方向开启。考虑采用双向开启的防火门有困难,故作了放宽。电缆夹层、电缆竖井火灾危险性属丙类,且火灾危险性较大,里面又经常无人,为防止火灾蔓延,也要求用乙级防火门。

5.3.4 系原规范第4.3.4条的修改。

主厂房各车间的隔墙不完全是防火墙,为安全起见,要求用乙级防火门。

5.3.5 新增条文。

近几年工程中常有可燃气体管道或甲、乙、丙类液体的管道穿越楼梯间,为保证疏散楼梯的作用,作此规定。

5.3.6 系原规范第4.3.6条。

主厂房与控制楼、生产办公楼间常常有天桥联结,为防止火灾蔓延,需要设门,可以为钢门或铝合金门。

5.3.7 系原规范第4.3.7条。

蓄电池室、通风机室及蓄电池室前套间均有残存氢气的可能,火灾危险性较大,应采用向外开启的防火门。

5.3.8 系原规范第4.3.8条。

厂区中主变压器火灾较多,变压器本身又装有大量可燃油,有爆炸的可能,一旦发生火灾,火势又很大,所以,当变压器与主厂房较近时,汽机房外墙上不应设门窗,以免火灾蔓延到主厂房内。当变压器距主厂房较远时,火灾影响的可能性小些,可以设置防火门、防火窗,以减少火灾对主厂房的影响。

5.3.9 系原规范第4.3.9条。

主厂房、控制楼等主要建筑物内的电缆隧道或电缆沟与厂区电缆沟相通。为防止火灾蔓延,在与外墙交叉处设防火墙及相应的防火门。实践证明这是防止火灾蔓延的有效措施。

5.3.10 系原规范第4.3.10条的修改。

厂房内隔墙为防火墙且可能有管道穿越,管道安装后孔洞往往不封或封堵不好,易使火灾通过孔洞蔓延,造成不应有的损失。因此规定当管道穿过防火墙时,管道与防火墙之间的缝隙应采用不燃烧材料将缝隙填塞,当可燃或难燃管道公称直径大于32mm时,应采用阻火圈或阻火带并辅以如防火泥或防火密封胶的有机堵料等封堵。

5.3.11 系原规范第4.3.11条。

柴油发电机房火灾危险性属丙类,且往往有油箱与其放在一个房间内,火灾危险性较大,为防止火灾蔓延,要求做防火墙与其他车间隔开。

5.3.12 系原规范第4.3.13条的修改。

材料库中的特种材料主要指润滑油、易燃易爆气体等,其存放量较少,若与一般材料同置一库中,为保证材料库的安全,应用防火墙分隔开。

5.3.13、5.3.14 新增条文。

6 燃煤电厂工艺系统

6.1 运 煤 系 统

6.1.1 系原规范第5.1.2条的修改。

根据《电力网和火力发电厂省煤节电工作条例》总结的经验，化学性质不同的煤种应分别堆放，在贮煤场容量计算上，应按分堆堆放的条件确定贮煤场的面积。

6.1.2 系原规范第5.1.2条的修改。

由于电厂燃用煤种不同，本条重点列出了对于燃用褐煤或高挥发分煤种堆所应采取的措施，对于燃用其他非自燃性的煤种可参照进行。

高挥发分易自燃煤种，按国家煤炭分类，干燥无灰基挥发分大于37%的长烟煤属高挥发分易自燃煤种。对于干燥无灰基挥发分为28%~37%的烟煤，在实际使用中因其具有自燃性亦应视作高挥发分易自燃煤种。

贮煤场在设计上应采取下列措施，以降低火灾发生的概率：

1　对于燃用褐煤或高挥发分易自燃的煤种，由于其总贮量水平低（通常为10~15d的锅炉耗煤量），翻烧的频率较高，为利于自燃煤的处理，推荐采用较高的回取率，以不低于70%为宜。

2　根据燃用褐煤或高挥发分煤的部分电厂的实际运行经验，煤场的煤难以先进先出，往往是先进后出，导致煤堆自燃严重，在贮煤场容量计算上，应按先进先出的条件确定贮煤场的面积。

3　为尽可能防止煤的自燃，大型贮煤场应定期翻烧，翻烧周期应根据燃煤的种类及其挥发分来确定，根据电厂的实际运行经验，一般为2~3个月，在炎热的夏秋季一般为15d。在煤场设备的选择上，应考虑定期翻烧的条件。

4　为减缓煤堆的氧化速度，可视不同的煤种采用最有效的延迟氧化速度的建堆方式，可采用分层压实、喷水、洒石灰水等方式。

5　由于煤堆底部一般为块煤，通风条件较好，当贮存易自燃煤种且煤堆高于10m时，为减少或抑制煤堆的烟囱现象，减少自燃的概率，可设置挡煤墙，挡煤墙的高度可根据煤场底部大块煤的厚度确定。

6.1.3 系原规范第5.1.13条的修改。

由于环境保护条件的提高，近年来筒仓贮煤的方案在发电厂建设中已占有相当的比重。单仓贮量由初期的500t发展成30000t级的大型筒仓。对于贮存褐煤或高挥发分易自燃煤种的筒仓，应对仓内温度、可燃气体、烟气进行必要的监测并采取相应的措施，以利安全运行。国内已有筒仓爆燃的先例，充分说明制定相关安全措施是十分必要的。防爆装置是防止筒仓遭到爆炸破坏的最后防线，其防爆总面积应以不低于筒仓实际体积数值的1‰为宜。喷水设施的主要目的是为了降低煤的温度，应以手动喷水为宜；降低煤粉尘、可燃气体浓度可采用向仓内或煤层内喷注惰性气体（如氮气、二氧化碳气体及烟气）的方法，二者可视具体情况选取其一。

6.1.4 新增条文。

由于环境保护条件的提高，近年来大型室内贮煤场已有较多应用，比如：封闭式干煤棚和封闭式圆形贮煤场等。封闭式室内贮煤场除应满足露天煤场的相关要求外，还应设置强制通风和手动喷水设施。当贮易自燃煤种时，其内的电气设施应能防爆。

6.1.5 系原规范第5.1.3条的修改。本次修订将主厂房原煤斗的规定移出至第6.2节。

本条是对运煤系统承担煤流转运功能的各种型式煤斗的设计要求，为使其活化率达到100%，避免煤的长期积存引起自燃而作出的规定。

6.1.6 系原规范第5.1.4条。

运煤系统运输机落煤管转运部位，为减少燃煤撒落和积存，可采取的措施有：

1　增大头部漏斗的包容范围。

2　采用双级高效清扫器。

3　落煤管底部加装料流调节器或导流挡板，增加物料的对中性。

4　与导煤槽连接的落煤管采用矩形断面。

5　采用拱形导料槽增大其内空间，利于粉尘的沉降。

6　承载托辊间距加密并可采用45°槽角。

7　设置适当的助流设施。

在转运点的设计时，尤其对于燃用易自燃煤种，应避免撒料、积料现象。若煤粉沉积在运输机尾部，而且长时间得不到清理，就会形成自燃，这是造成发电厂多起烧毁输送带重大火灾事故的主要原因。为杜绝此类事故的发生，制定重点反事故措施非常必要。

6.1.7 系原规范第5.1.9条的修改。

自身摩擦升温的设备是导致运煤系统发生火灾的隐患。近年来发电厂运煤系统的火灾事故中，不少是由于输送带改向滚筒被拉断，输送带与栈桥钢结构直接摩擦发热而升温，引起堆积煤粉的燃烧，酿成烧毁输送带及栈桥塌落的重大事故。鉴于此，对带式输送机安全防护设施作了规定。

6.1.8 系原规范第5.1.10条的修改。易自燃煤种的界定见第6.1.2条说明。

6.1.9 新增条文。

由于易自燃煤经过一段时间的堆放会产生自燃，从贮煤设施取煤的带式输送机上应设置明火监测装置，发现明火后应紧急停机并采取措施灭火，以防止着火的煤进入运煤系统。

6.1.10 系原规范第5.1.12条。

目前运煤系统配置的通信设备具有呼叫、对讲、传呼及会议功能。当发生火灾警报时，可用本系统报警及时下达处置命令，因此可不必单独设置消防通信系统。

6.2 锅炉煤粉系统

6.2.1 系原规范第5.2.1条的修改。

本次修改主要根据《火力发电厂设计技术规程》第6.4.5节第1条，对原煤仓及煤粉仓的形状及结构提出要求。向磨煤机内不间断而可控制地供煤，是减少煤粉系统着火和爆炸的重要措施。本条对原煤仓和煤粉仓设计提出要求主要目的是为避免由于设计的不合理致使运行中发生积煤、积粉而引起爆炸起火。电力行业标准《火力发电厂采暖通风与空气调节设计技术规程》DL/T 5035—2004附录L名词解释对严寒地区进行了定义，严寒地区是指累年最冷月平均温度（即冬季通风室外计算温度）不高于−10℃的地区。

当煤粉仓设置防爆门时，防爆门上方还应注意避开电缆，以免出现着火现象。

本次修订煤粉仓按承受40kPa以上的爆炸内压设计，主要依据：

1　前苏联在1990年版防爆规程已经将防爆设计压力提高到40kPa。

2　如果按照美国、德国等标准计算防爆门，防爆门面积将很大，并且仍会出现局部爆炸问题。

3　东北电力设计院主编的《火力发电厂煤和制粉系统防爆设计技术规程》DL/T 5203—2005明确规定"煤粉仓装设防爆门时，煤粉仓按减压后的最大爆炸压力不小于40kPa设计，防爆门额定动作压力按1~10kPa设计，对煤粉云爆炸烈度指数高的煤种，减低后的最大爆炸压力和防爆门额定动作压力应通过计算确定。

6.2.2 系原规范第5.2.2条的修改。

前苏联1990年版《防爆规程》规定：对于直吹式制粉系统，送粉管道水平布置时防沉积的极限流速在锅炉任何负荷下均不应小于18m/s。对于热风送粉系统，该规程规定，在锅炉任何负荷下要求不小于25m/s。对于干燥剂送粉系统，其气粉混合物的温度与直吹式制粉系统取相同的下限流速，即不小于18m/s。

因此此次修改要求煤粉管道的流速应不小于输送煤粉所要求的最低流速，以防止由于沉积煤粉的自燃而引起煤粉系统内的爆炸而酿成的火灾。

6.2.3 系原规范第5.2.3条的修改。将原条文细化，以便理解。原文中煤粉间称谓不够准确，故本次将其改为煤仓间。

6.2.4 系原规范第5.2.4条的修改。原条文不够完整，本次增加了"必须设置系统之间的输粉机械时应布置输粉机械的温度测点、吸潮装置"的要求。

6.2.5 系原规范第5.2.5条的修改。原规范中网眼平台现已不采用。设置花纹钢板平台的目的是为防止防爆门爆破时排出物伤人或烧坏设备及抽出燃油枪时，油滴到其下方的人员或设备上造成损害。

6.2.6 系原规范第5.2.6条。文字略加修整。

煤粉系统爆炸而引起的火灾是燃煤电厂运行中常发生且具有很大危害的事故。为防止或限制爆炸性破坏可以从如下方面采取措施：

1 煤粉系统设备、元件的强度按小于最大爆炸压力进行设计的煤粉系统设置防爆门。

2 煤粉系统按惰性气体设计，使其含氧量降到爆炸浓度之下。

3 煤粉系统设备、元件的强度按承受最大爆炸压力设计，系统不设置防爆门。关于防爆门的装设要求及煤粉系统抗爆设计强度计算的标准各国有所差异。前苏联较多利用防爆门来降低爆炸对设备和系统的破坏，1990年出版的《燃料输送、粉状燃料制备和燃烧设备的防爆规程》中，对防爆门装设的位置、数量以及面积选择原则等都有详细的规定。而美国、德国则多采用提高设备和部件的设计强度来防止爆炸产生的设备损坏，仅在个别系统的某些设备上才允许装设防爆门。国内电力系统正准备颁布有关制煤粉系统防爆方面的设计规程。

6.2.7 系原规范第5.2.8条的修改。对于表中内容予以充实。

煤中的挥发分含量是区分煤的类别的主要指标。挥发分对制粉系统爆炸又起着决定因素。当干燥无灰基挥发分$V_{daf}>19\%$时，就有可能引起煤粉系统的爆炸。而挥发分的析出与温度有关，温度愈高挥发分愈容易被析出，煤粉着火时间越短，越能引起煤粉混合物的爆炸。为此，本条根据磨煤机所磨制的不同煤种，参考了行业标准《火力发电厂制粉系统设计计算技术规定》DL/T 5145—2002等有关资料，根据电厂实践，规定了磨煤机出口气粉混合物的温度值，并且增加了双进双出钢球磨煤机直吹式制粉系统、中速磨煤机直吹式制粉系统分离后气粉混合物的温度要求。

6.2.8 系原规范第5.2.9条的保留条文。

6.2.9 系原规范第5.2.10条的保留条文。

6.2.10 新增条文。

为防止制粉系统停用时煤粉仓爆炸，宜设置放粉系统。

6.3 点火及助燃油系统

6.3.1 系原规范第5.3.1条。

6.3.2 系原规范第5.3.2条。

6.3.3 系原规范第5.3.3条。

该条所指的加热燃油系统，主要指重油加热系统，为铁路油罐车（或水运油船）的卸油加热，储油罐的保温加热以及锅炉油烧器的供油加热等三部分用的加热蒸气。重油在空气中的自燃着火点为250℃。而含硫石油与铁接触生成硫化铁，黏附在油罐壁或其他管壁上，在高温作用下会加速其氧化以致发生自燃。此外，加热燃油的加热器，一旦由于超压爆管，或者焊（胀）口渗漏，油品喷至

遇有保温破损处的温度较高的蒸气管上容易引发火灾。

6.3.4 系原规范第5.3.5条的保留条文。

油罐运行中罐内的气体空间压力是变化的，若罐顶不设置通向大气的通气管，当供油泵向罐内注油或从油罐内抽油时，罐内的气体空间会被压缩或扩展，罐内压力也就随之变大或变小。如果罐内压力急剧下降，罐内形成真空，油罐壁就会被压瘪变形；若罐内压力急剧增大超过油罐结构所能承受的压力时，油罐就会破裂，油品外泄引发火灾。如果油罐的顶部设有与大气相通的通气管，来平衡罐内外的压力，就会避免上述事故的发生。

6.3.5 系原规范第5.3.6条的修改。

油罐区排水有时带油，为彻底隔离可能出现的着火外延，故设置隔离阀门。

6.3.6 系原规范第5.3.7条。

为了供给电厂锅炉点火和助燃油品的安全和减少油品损耗，参照《石油库设计规范》的有关规定制定本条。这样，除会增加油品的呼吸损耗外，由于油流与空气的摩擦，会产生大量静电，当达到一定电位时就会放电而引起爆炸着火。根据《石油库设计规范》的条文说明介绍。1977年和1978年上海和大连某厂从上部进油的柴油罐，都因油罐在低油位、高落差的情况下进油而先后发生爆炸起火事故，故制定本条规定。

6.3.7 系原规范第5.3.8条的修改。

国家标准《建筑防火设计规范》和协会标准《建筑防火封堵应用技术规程》、《建筑聚氯乙烯排水管道阻火圈》等相关标准中，都对管道贯穿物进行了分类，分为钢管、铁管等（熔点大于1000℃的）不燃烧材质管道和PE、PVC等难燃烧或可燃烧材质管道。这两类管道在遇火后的性能完全不同，可燃或难燃在遇火后会软化甚至燃烧，普通防火堵料无法将墙体上的孔洞完全密闭，需要加设阻火圈或阻火带。加设绝热材料主要是满足耐火极限中的绝热性要求，防止引起背火面可燃物的自燃。对于可燃烧或难燃烧材质管道中管径32mm的划分是国际通用的。

6.3.8 系原规范第5.3.9条的修改。

根据美国ASMEB31.1动力管道中第122.6.2条，要求溢流回油管不应带阀门，以防误操作。

6.3.9 系原规范第5.3.10条。

沿着地面敷设的油管道，容易被碰撞而损坏发生爆管，造成油品外泄事故，不但影响机组的安全运行，而且通明火还易发生火灾。为此，要求厂区燃油管道宜架空敷设。对采用地沟内敷设油管道提出了附加条件。

6.3.10 系原规范第5.3.11条。

本条规定的"油管道及阀门应采用钢质材料……"，其中包括储油罐的进、出口油管上工作压力较低的阀门。主要从两方面考虑，一是考虑地处北方严寒地区的电厂储油罐的进出口阀门，在周围空气温度较低时，如发生保温结构不合理或保温层脱落破损，阀门体外露，会使阀门冻坏。此外，当油管停运需要蒸汽吹扫时，一般吹扫用蒸汽温度都在200℃以上。在此吹扫温度下，一般铸铁阀门难以承受。在高温蒸汽的作用下，铸铁阀门很容易被损坏。特别是在紧靠油罐外壁处的阀门，当其罐内油位较高时，阀门一旦发生破损漏油，难以对其进行修复。为此，油罐出入管上的阀门也应是钢质的。

6.3.11 系原规范第5.3.12条。

6.3.12 系原规范第5.3.13条。

在每台锅炉的进油总管上装设快速关断阀的主要目的是，当该炉发生火灾事故时，可以迅速地切断油源，防止炉内发生爆炸事故。手动关断阀的作用是，当速断阀失灵出现故障时，以手动关断阀来切断油源。

6.3.13 系原规范第5.3.14条。

6.3.14 系原规范第5.3.15条。

6.3.15 新增条文。

在南方夏季烈日曝晒的情况下，管道中的油品有可能产生油气，使管道中的压力升高，导致波纹管补偿器破坏，造成事故。

6.4 汽轮发电机

6.4.1 系原规范第5.4.1条的修改。

1 增加了汽轮机主油箱排油烟管道应避开高压电气设施的要求。

2 与《火力发电厂设计技术规程》DL 5000—2000中第6.6.4条强制性条款要求相对应。对大容量汽轮机纵向布置的汽机房而言，因为在纵向布置的汽机房要米靠A列柱旁，油系统的主油箱、油泵及冷油器等设备距汽轮机本体高温管道区较远，对防止火灾有利。

3 原规范中"布置高程"不准确，本次修改改成"布置标高"，并与《火力发电厂设计技术规程》DL 5000—2000中第6.6.4条强制性条款要求相对应。

4 汽轮机机头的前轴封处，是高温蒸汽管道与汽机油管道布置较为集中的区域，也是最容易发生因漏油而引起火灾的地方。因此应设置防护槽，并应设置排油管道，将漏油引至安全处。

5 原条文只提到镀锌铁皮做保温，此次增加镀锌铁皮、铝皮，二者均可做保温的保护层。

6 根据国家有关标准要求，垫料已不允许使用石棉垫。管道的法兰结合面若采用塑料或橡胶垫料，遇火垫料会迅速烧毁，造成喷油酿成大火。同时，塑料或橡胶垫长期使用后还会发生老化碎裂、收缩，亦会发生上述事故。

7 事故排油阀的安装位置，直接关系到汽轮机油系统火灾处理的速度，据发生过汽轮机油系统火灾事故的电厂反映，如果排油阀的位置设置不当，一旦油系统发生火灾，排油阀被火焰包围，运行人员无法靠近操作，致使火灾蔓延。根据原国家电力公司制定的"防止电力生产重大事故的二十五项重点要求"(国电发[2000] 589号)的第1.2.8条及《电力建设施工及验收技术规范(汽轮机机组篇)》第4.6.21条要求，本次修订对油箱事故排油管道阀门设置作进一步明确。

8 本次修改根据反馈意见，将润滑油系统的试验压力改为不应低于0.5MPa，回油系统的试验压力改为不应低于0.2MPa，明确了可按汽机厂设计的润滑及回油系统实际压力要求进行水压试验，但不应低于0.2MPa。

9 为防止汽轮机油系统火灾发生，提高机组运行的安全性，早在很多年前，国外大型汽轮机的调节油系统就广泛使用了抗燃油品，并积累了丰富的运行实践经验。从20世纪70年代开始，我国陆续投产以及正在设计和施工的(包括国产和引进)300MW及以上容量的汽轮机调速系统，大部分也都采用了抗燃油。

抗燃油品与以往使用的普通矿物质透平油相比，其最突出的优点是：油的闪点和自燃点较高，闪点一般大于235℃，自燃点大于530℃(热板试验大于700℃)，而透平油的自燃点只有300℃左右。同时，抗燃油的挥发性低，仅为同黏度透平油的1/10~1/5，所以抗燃油的防火性能大大优于透平油，成为今后发展方向。为此，本条规定，300MW及以上容量的汽轮机调节油系统，宜采用抗燃油品。

6.4.2 系原规范第5.4.2条。

对发电机的氢系统提出了有关要求：

1 室内不准排放氢气是防止形成爆炸性气体混合物的重要措施之一。同时为了防止氢气爆炸，排氢管应远离明火作业点并高出附近地面、设备以及距屋顶有一定的距离。

2 与发电机氢气管接口处加装法兰短管，以备发电机进行检修或进行电火焊时，用来隔绝氢气源，以防止发生氢气爆炸事故。

6.5 辅 助 设 备

6.5.1 系原规范第5.5.1条。

锅炉在启动、低负荷、变负荷或从燃油转到燃煤的过渡燃烧过程中，以及在正常运行中的不稳定燃烧时，均会有固态和液态的未燃尽的可燃物，这些未燃烧产物会随烟气被带入电气除尘器并聚积在极板表面上而被静电除尘器内电弧引燃起火损坏设备。为及时发现和扑灭火灾防止事态扩大，规定在电气除尘器的进、出口烟道上装设烟温测量和超温报警装置。

6.5.2 系原规范第5.5.2条的保留条文。对柴油发电机系统提出了有关要求：

1 设置快速切断阀是为防止油系统漏油或柴油机发生火灾事故时能快速切断油源。

日用油箱不应设置在柴油机上方，以防止油品漏到机体或排气管上而发生火灾。

2 柴油机排气管的表面温度高达500~800℃，燃油、润滑油若喷滴在排气管上或其他可燃物贴在排气管上，就会引起火灾，因此排气管上应用不燃烧材料进行保温。

3 四冲程柴油机曲轴箱内的油受热蒸发，易形成爆炸性气体，为了避免发生爆炸危险，一般采用正压排气或离心排气。但也有用负压排气的，即用一根金属导管，一头接曲轴箱，另一头接在进气管的头部，利用进风的抽力将曲轴箱里的油气抽出，但连接风管一头的导管应装置铜丝网阻火器，以防止回火发生爆燃。

6.6 变压器及其他带油电气设备

6.6.1 系原规范第5.6.1条。

6.6.2 系原规范第5.6.2条。

油浸变压器内部贮有大量绝缘油，其闪点在135~150℃，与丙类液体贮罐相似，按照《建筑设计防火规范》的规定，丙类液体贮罐之间的防火间距不应小于0.4D(D为两相邻贮罐中较大罐的直径)。可设想变压器的长度为丙类液体罐的直径，通过对不同电压、不同容量的变压器之间的防火间距按0.4D计算得出：电压等级为220kV，容量为90~400MV·A的变压器之间的防火间距在6.0~7.8m范围内；电压为110kV，容量为31.5~150MV·A的变压器之间的防火间距在4.00~5.80m范围内；电压为35kV及以下，容量为5.6~31.5MV·A的变压器之间的防火间距在2.00~3.80m范围内。

因为油浸变压器的火灾危险性比丙类液体贮罐大，而且是发电厂的核心设备，其重要性大于丙类液体贮罐，所以变压器之间的防火间距大于0.4D的计算数值。

根据变压器着火后，其四周对人的影响情况来看，当其着火后对地面最大辐射强度是在与地面大致成45°的夹角范围内，要避开最大辐射温度，变压器之间的水平间距必须大于变压器的高度。

因此，将变压器之间的防火间距按电压等级分为10m、8m、6m及5m是适宜的。

日本"变电站防火措施导则"规定油浸设备间的防火间距标准如表2所示。

表2 油浸设备间的防火间距

标称电压(kV)	防火距离(m)	
	小型油浸设备	大型油浸设备
187	3.5	10.5
220、275	5.0	12.5
500	6.0	15.0

表中所列防火距离是指从受灾设备的中心到保护设备外侧的水平距离。经计算，间距与本条所规定的距离是比较接近的。

至于单相变压器之间的防火间距，因目前一般只有330~759kV变压器采用单相，虽然有些国家对单相与三相变压器之间防火间距采取不同数值，如加拿大某些水电局规定，单相之间的防火间距可较三相之间的防火间距减少1/3，但单相之间不得小于12.1m，考虑到变压器的重要性，为防止事故蔓延，单相之间的防火间距仍宜与三相之间距离一致。

高压并联电抗器亦属大型油浸设备,所以也应采用本条规定的防火间距。

6.6.3 系原规范第5.6.3条的修改。

变压器之间当防火间距不够时,要设置防火墙,防火墙除有足够的高度及长度外,还应有一定的耐火极限。根据几次变压器火灾事故的情况,防火墙的耐火极限不宜低于3h(与《建筑设计防火规范》中防火墙的耐火极限取得一致)。

由于变压器事故中,不少是高压套管爆炸喷油燃烧,一般火焰都是垂直上升,故防火墙不宜太低。日本"变电站防火措施导则"规定,在单相变压器组之间及变压器之间设置的防火墙,以变压器的最高部分的高度为准,对没有引出套管的变压器,比变压器的高度再加0.5m;德国则规定防火墙的上缘需要超过变压器蓄油容器。考虑到目前500kV变压器高压套管离地高约10m左右,而国内500kV工程的变压器防火墙高度一般均低于高压套管顶部,但略高于油枕高度,所以规定防火墙高度不应低于油枕顶端高度。对电压较低、容量较小的变压器,套管离地高度不太高时,防火墙高度宜尽量与套管顶部取齐。

考虑到贮油池比变压器两侧各长1m,为了防止贮油池中的热气流影响,防火墙长度应大于贮油池两侧各1m,也就是比变压器外廓每侧大2m。日本的防火规程也是这样规定的。

设置防火墙将影响变压器的通风及散热,考虑到变压器散热、运行维修方便及事故时灭火的需要,防火墙离变压器外廓距离以不小于2m为宜。

6.6.4 系原规范第5.6.4条的修改。

为了保证变压器的安全运行,对油量超过600kg的消弧线圈及其他带油电气设备的布置间距,作了本条的规定。当电厂接入330kV和500kV电力系统时,主变压器中性点有时设置电抗器,在这种情况下,主变压器和电抗器之间的布置间距和防火墙的设置应符合本规范第6.6.2条和第6.6.3条的规定。

6.6.5 系原规范第5.6.6条的修改。

对于油断路器、油浸电流互感器和电压互感器等带油电气设备,按电压等级来划分设防标准,既在一定程度上考虑了油量的多少,又比较直观,使用方便,能满足运行安全的要求。例如20kV及以下的少油断路器油量均在60kg以下,绝大部分只有5~10kg,虽然火灾爆炸事故较多,爆炸时的破坏力也不小(能使房屋建筑受到一定损伤,两侧间隔隔板炸碎或变形,门窗炸出,危及操作人员安全等),但爆炸时向上扩展的较多,事故损失基本局限在间隔范围内。因此,两侧的隔板只要采用不燃烧材料的实体隔板或墙,从结构上进行加强处理(通常采用厚度2~3mm钢板,砖墙、混凝土墙均可,但不宜采用石棉水泥板等易碎材料),是可以防止此类事故的。

根据调查,35kV油断路器,目前国内生产的屋内型,油量只有15kg,一般工程安于有不燃烧实体墙(板)的间隔内,运行情况良好。至于35kV手车式成套开关柜,则因其两侧均有钢板隔离,不必再采取其他措施。

目前110kV屋内配电装置一般装SF6断路器,但有少量工程装设少油断路器,其总油量均在600kg以下,根据对全国40多个110kV屋内配电装置的调查,装在有不燃烧实体墙的间隔内的油断路器未发生过火灾爆炸事故。

220kV屋内配电装置投入运行的较少,且一般装SF6断路器,但有少量工程装设少油断路器,其油量约800kg,已投运的工程,其断路器均装在有不燃烧实体墙的间隔内,运行巡视较方便,能满足安全运行要求。至于油浸电流互感器和电压互感器,应与相同电压等级的断路器一样,安装于同等设防标准的间隔内。

发电厂的低压厂用变压器当采用油浸变压器时多数设置在厂房或配电装置室内,根据国内近年来几次变压器火灾事故教训及变压器的重要性,安装在单独的防火小间内是合适的。这样,配电装置的火灾事故不会影响变压器,变压器的火灾也不会影响其他设备。所以,本条规定油量超过100kg的变压器一般安装在单独的防火小间内(35kV变压器和10kV、80kV·A及以上的变压器油量均超过100kg)。

6.6.6 系原规范第5.6.7条。

目前投运及设计的屋内35kV少油断路器及电压互感器,其油量分别为100kg及95kg,均未设置贮油或挡油设施,事故油外流的现象很少。所以将贮、挡油设施的界限提高到100kg以上(油断路器、互感器为三相总油量,变压器为单台含油量)。同时提出,设置挡油设施时,不论门是向建筑物内开或外开,都应将事故油排到安全处,以限制事故范围的扩大。

6.6.7 系原规范第5.6.8条的修改。

当变压器不需要设置水喷雾灭火系统时,变压器事故排油如果设置就地贮油池,则贮油池只需考虑贮存变压器的全部油量即可。然而,通常变压器的事故排油是集中排到总事故贮油池。根据调查,主变压器发生火灾爆炸等事故后,真正流到总事故贮油池内的油量一般只为变压器总油量的10%~30%,只有某一电厂曾发生31.5MV·A变压器事故后,流入总事故贮油池的油量超过50%一个例外。根据上述的调查总结,并参考国外的有关规定(如日本规定总事故贮油池容量按最大一个油罐的50%油量考虑),本规范按最大一个油箱的60%油量确定。

6.6.8 系原规范第5.6.9条。

贮油池内铺设卵石,可起隔火降温作用,防止绝缘油燃烧扩散。卵石直径,根据国内的实践及参考国外规程可为50~80mm,若当地无卵石,也可采用无孔碎石。

6.7 电缆及电缆敷设

6.7.1 新增条文。

据调查,近年新建电厂,特别是容量为300MW及以上机组的主厂房、输煤、燃油及其他易燃易爆场所均选用C类阻燃电缆。

6.7.2 系原规范第5.7.1条的修改。

采用电缆防火封堵材料对通向控制室、继电保护室和配电装置室墙洞及楼板开孔进行严密封堵,可以隔离或限制燃烧的范围,防止火势蔓延。否则,会使事故范围扩大造成严重后果。例如某发电厂1台125MW的汽轮发电机组,因油系统漏油着火,大火沿着汽轮机平台下面的电缆,迅速向集中控制室蔓延,不到半小时,控制室内已烟雾弥漫,对面不见人,整个控制室被大火烧毁。

电缆防火封堵材料分为有机堵料、无机堵料、防火板材、阻火包等,有机堵料一般具有遇火膨胀、防火、防烟和隔热性能。无机堵料一般具有防火、防烟、防水、隔热和抗机械冲击的性能。

6.7.3 系原规范第5.7.2条的修改。本条是防止火灾蔓延,缩小事故损失的基本措施。

6.7.4 新增条文。据调查,近年新建电厂,特别是容量为300MW及以上机组电缆采用架空敷设较多,故增加此条款。

6.7.5 系原规范第5.7.3条的修改。

在电厂中,防火分隔构件包括防火区域划分的防火墙及电缆通道中的防火墙等,其防火封堵组件的耐火极限应不低于相应的防火墙耐火极限。

通道中的防火墙可用砖砌成,也可采用防火封堵材料(如阻火包等)构成,电缆穿墙孔采用防火封堵材料(如有机堵料等)进行封堵,如果存在小的孔隙,电缆着火时,火就会透过封堵层,破坏了封堵作用。采用防火封堵材料构成的防火墙,不致损伤电缆,还具有方便可拆性,其中某些材料如选用、施工得当,在满足有效阻火前提下,还不致引起穿墙孔内电缆局部温升过高。

6.7.6 系原规范第5.7.4条。

6.7.7 系原规范第5.7.5条。

公用重要回路或有保安要求回路的电缆着火后,不再维持通电,所造成极大的事故及损失已屡见不鲜,本条是基于事故教训所制定的对策。防火措施可以是耐火防护或选用耐火电缆等。

6.7.8 系原规范第 5.7.6 条的修改。

按自 1960 年以来全国电力系统统计到的发生电缆火灾事故分析,由于外界火源引起电缆着火延燃的占总数 70% 以上。外界因素大致可分为以下几个方面:

1 汽轮机油系统漏油,喷到高温热管道上起火,而将其附近的电缆引燃。

2 制粉系统防爆门爆破,喷出火焰,冲到附近电缆层上,而使电缆着火。

3 电缆上积煤粉,靠近高温管道引起煤粉自燃而使电缆着火。

4 油浸电气设备故障喷油起火,油流入电缆隧道内而引起电缆着火。

5 电缆沟盖板不严,电焊渣火花落入沟道内而使电缆着火。

6 锅炉的热灰渣喷出,遇到附近电缆引燃着火。

因此,在发电厂主厂房内易受外部着火影响的区段,应重点防护,对电缆实施防火或阻止延燃的措施。防火措施可采取在电缆上施加防火涂料、防火包袋或防火槽盒等措施。

系原规范第 5.7.7 条的修改。

6.7.9 电缆本身故障引起火灾主要有绝缘老化、受潮以及接头爆炸等原因,其中电缆中间接头由于制作不良、接触不良等原因故障率较高。本条规定是针对性措施,以尽量少的投资来防范火灾几率高的关键部位,以避免大多数情况的电缆火灾事故。为了预防电缆中间接头爆破和防止电缆火灾事故扩大,电缆中间接头也可用耐火防爆槽盒将其封闭,加装电缆中间接头温度在线监测系统,对电缆中间接头温度实施在线监测。防火措施可采用防火涂料或防火包带等。

6.7.10 系原规范第 5.7.8 条。

含油设备因受潮等原因发生爆炸溢油,流入电缆沟引起火灾事故扩大的例子,已有多起,因此作本条规定。

6.7.11 系原规范第 5.7.9 条。

本条对高压电缆敷设的要求与本规范第 6.7.6 条是一致的,其目的也是为了限制电缆着火延燃范围,减少事故损失。

充油电缆的漏油故障,国内外都曾发生过,有些属于外部原因难以避免,另一方面由于运行水平等因素,油压整定实际上可能与设计有较大出入,故对油压过低或过高的越限报警应实施监察。明敷充油电缆的火灾事故扩大,主要在于电缆内的油,在压力油箱作用下会喷涌出,不断提供燃烧质。为此,宜设置能反映喷油状态的火灾自动报警和闭锁装置。

6.7.12 系原规范第 5.7.10 条的修改。本条是基于事故教训所制定的对策。

6.7.13、6.7.14 新增条文。是基于事故教训所制定的对策。

7 燃煤电厂消防给水、灭火设施及火灾自动报警

7.1 一般规定

7.1.1 系原规范第 6.1.1 条的规定。

灭火剂有水、泡沫、气体和干粉等。用水灭火,使用方便,器材简单,价格便宜,灭火效果好。因此,水是目前国内外主要的灭火剂。

为了保障发电厂的安全生产和保护发电厂工作人员的人身安全及财产免受损失或少受损失,在进行发电厂规划和设计时,必须同时设计消防给水。

消防用水的水源可由给水管道或其他水源供给(如发电厂的冷却塔集水池或循环水管沟)。

发电厂的天然水源其枯水期保证率一般都在 97% 以上。

7.1.2 系原规范第 6.1.2 条的修改。

我国 20 世纪 60 年代以前建成的发电厂的消防系统大多数是生活、消防给水合并系统。由于那时的单机容量较小,主厂房的最高处在 40m 以下,因此,生活、消防给水合并系统既能满足生活用水又能保证消防用水。20 世纪 70 年代之后,大容量机组相继出现,消防水压逐渐升高,如元宝山电厂一期锅炉房高达 90m,消防水压达 $117.6×10^4$ Pa(120mH$_2$O)。另一方面,我国所生产的卫生器具部件承压能力在 $58.8×10^4$ Pa(60mH$_2$O) 静水压力时就会遭受不同程度的损坏或漏水,如某发电厂,水泵压力达到 $70.56×10^4$ Pa(72mH$_2$O) 左右时,给水龙头因压力过高而脱落。因此,根据我国国情,当消防给水计算压力超过 $68.6×10^4$ Pa(70mH$_2$O) 时,宜设独立的消防给水系统。在设计发电厂消防系统时可参考表 3 的主厂房各层高度,确定是生活、消防合并给水系统还是独立的高压消防给水系统。

表 3 主厂房各层高度(参考数值)

机组 (MW)	汽机房屋顶 (m)	锅炉房屋顶 (m)	煤仓间屋顶 (m)	运行层 (m)	除氧层 (m)	运煤皮带层 (m)
50	19	37	<30	8	20	23
100	22~24	45	30	8	20~23	32
200	30~34	55~64	43	10	20~23	32
300	33~39	57~80	56	12	23	40
600	36~39	80~89	58	14	36	45

7.1.3 系原规范第 6.1.3 条的修改。

根据建规,高层工业建筑的高压及临时高压给水系统的压力,应满足室内最不利危险点消火栓设备的压力要求,本次修订规定了消防水量达到最大,在电厂内的任何建筑物内的最不利点处,水枪的充实水柱不应小于 13m。在计算消防给水压力时,消火栓的水带长度应为 25m。通常,主厂房为电厂的最高建筑,系统设计压力的确定应该尤其关注主厂房内的消火栓的布置,合理选取最不利点。

7.1.4 系原规范第 6.1.4 条的修改。

从目前情况看,燃煤电厂的机组数量、机组容量及占地面积在不远的将来超过一次火灾所限定的条件。因此,电厂消防用水量应该按火灾的次数加上一次火灾最大用水量综合考虑。一次灭火水量应为建筑物室外和室内用水量之和,系指建筑物而言,不适用于露天布置的设备。

7.1.5 系原规范第 5.8.1 条的修改。

消火栓灭火系统是工业企业中最基本的灭火系统,也是一种常规的、传统型的系统。无论机组容量大小,消火栓系统应该作为火力发电厂的基础性首选消防设施配备。

根据我国 50 年来小机组发电厂的运行经验、对小型机组火力发电厂消防设计技术的设计总结及对火灾案例的分析,50MW 机

组及以下的小机组电厂,可以消火栓灭火系统为主要灭火手段,不必配置固定自动灭火系统。而大型火力发电厂,既要设置消火栓给水系统,又要配备其他固定灭火系统。

针对火力发电厂,消火栓系统与自动喷水系统分开设置,将给厂区管路布置,厂房内布置带来很大困难,投资也将大幅增加,按600MW级机组计算,大约要增加近200万元投资。国内电厂多年来是按照二者合并设置设计的,至今没有出现过由此引发的消防事故,考虑到火力发电厂自身的特点,水源、动力有可靠保证,消火栓系统与自动喷水灭火系统、水喷雾灭火系统管网合并设置并共用消防泵,符合我国国情,技术上是可行的,经济上也是合理的。因此允许两个消防管网合并设置。

需要说明的是,本条如此规定,并不排斥二者分开设置,如果电厂条件允许,也可以将二者分开设置。

7.1.6 系原规范第5.8.2条的修改。

所谓的机组容量,系指单台机组容量。原规定50～125MW机组的若干场所宜设置火灾自动报警系统。近些年,135MW机组电厂上马不少,其与125MW机组容量接近,属于一个档次。故将原范围略加扩大,避免了125MW与200MW机组之间规定的空白。除此之外,随着我国国力的上升,小机组电厂的消防水平有了明显的提高,主要表现在自动报警系统的普遍设置及标准的提高。强制要求这个范围的电厂设置自动报警系统,符合国情及消防方针,增加投资不多,在当前经济发展的形势下,已经具备了提高标准的条件,也是电厂自身安全所需要的。

7.1.7 系原规范第5.8.5条的修改。

总结我国电力系统多年来的设计经验,根据我国的技术、经济状况,作了本条的规定。随着国民经济的发展,国家综合实力的提高,在200MW机组级的电厂,适当提高报警系统的水平,符合消防方针的要求。为此,在控制室等重要场所增加了极早期报警系统。高灵敏型吸气式感烟探测器相对于传统的点式探测器具有更灵敏、发现火情早的优点。我国已在制定针对吸气式感烟探测器的国家标准(GB 4717.5)。

根据运煤系统建筑的环境特点,本规范规定了采用缆式感温探测器。根据近年来的火灾实例、消防实践及试验,缆式模拟量感温探测器在反应速度上要优于缆式开关量感温探测器,有条件时,应尽量选用缆式模拟量感温探测器,并采取悬挂式布设,以及早发现火灾并方便电缆的安装维护。

7.1.8 系原规范第5.8.6条的修改。

表7.1.8中,给出了一种或多种固定灭火系统的形式,可从中任选一种。鉴于发电厂单机容量的不断增大,火灾危险因素增加,1985年开始,电力系统便积极探索我国大机组发电厂的主要建筑物和设备的火灾探测报警与灭火系统的模式。我国发电厂的消防技术在1985年之前同发达国家相比,差距很大。其原因,一是我国是发展中国家,在设计现代化消防设施时不能不考虑经济因素,二是电力系统的设计人员对现代消防还不太熟悉,三是我国的火灾探测报警产品还满足不了大型发电厂特殊环境的需要。因此,从1986年开始,电力系统的设计部门进行了较长时间标准制定的准备工作,包括编制有关技术规定。东北电力设计院结合东北某电厂、华北电力设计院结合华北某电厂进行了2×200MW机组主厂房及电力变压器水消防通用设计工作。该通用设计总结了我国大机组发电厂的消防设计经验,对我国引进的美国、日本、英国及前苏联等国家的发电厂消防设计技术进行了消化。结合我国国情,使我国发电厂的消防设计上了一个新台阶。进入21世纪后,国内外消防产业的发展有了长足的进步,新技术、新产品层出不穷。已经有很多国内外的产品、技术在我国火电厂中得以应用。在近十年的实践中,电力行业消防应用技术已经积累了大量成熟丰富的经验。

1 原条文中规定电子设备间等处采用卤代烷灭火设施,主要是指"1211"、"1301"灭火设施。众所周知,1971年美国科学家提

出氯氟烃类释放后进入大气层,由于它的化学稳定性,会从对流层浮升进入平流层(距地球表面25～50km区),并在平流层中破坏对地球起屏蔽紫外线辐射作用的臭氧层。1987年9月联合国环境规划署在蒙特利尔会议上制定了限制对环境有害的五种氯氟烃类物质和三种卤代烷生产的《蒙特利尔议定书》。根据《蒙特利尔议定书》修正案,技术发达国家到公元2000年将完全停止生产和使用氟利昂、卤代烷和氯氟烃类,人均消耗量低于0.3kg的发展中国家,这一限期可延迟到2010年。我国的人均消耗低于0.3kg。因此,卤代烷灭火系统可以使用至2010年。出现这一情况后,国内设计人员不失时机地进行了替代气体的应用探索与设计实践,目前,卤代烷已经基本停止应用。鉴于目前工程实际应用的情况并依据公安部《关于进一步加强哈龙替代品及其替代技术管理的通知》,本条文规定,在电子设备间等场所,使用固定式气体灭火系统。这些气体的种类较多,如IG541、七氟丙烷、二氧化碳(高、低压)、三氟甲烷及氮气等。可以根据工程的具体情况,酌情选择。目前,在国内应用比较普遍的是IG541、七氟丙烷及二氧化碳。

2 近年来,控制室的设置,已经随着科学技术的发展,发生了很大的变化。在控制室内,基本上已经淘汰了传统的盘柜,取而代之的是大屏幕监视装置以及计算机终端,可燃物大为减少。考虑到控制室是24小时有人值班,所以,在控制室有条件取消也没有必要设置固定气体灭火系统。配备灭火器即能应对极少可能发生的零星火灾。

3 多年的实践表明,水喷淋在电缆夹层的应用存在较多问题,如排水、系统布置困难等。面临当前诸多灭火手段,不能局限于自动喷水的方式。细水雾是近几年国际上以及国内备受关注的技术,其突出特点是用水量少,便于布置,灭火效率较高。在国内冶金行业的电缆夹层、电缆隧道已经取得多项业绩。本次修订针对电缆夹层增加了水喷雾、细水雾等灭火形式。其他灭火方式,如气溶胶(SDE)、超细干粉灭火装置亦有应用实例。

4 汽机贮油箱的布置有室内和室外两种形式。当其布置在室内时,其火灾危险性与汽轮机油箱类同,因此,应为其配备相应的消防设施。

5 据了解,国内相当多的电厂的原煤仓设有消防设施,形式多样,以二氧化碳居多。美国NFPA850,建议采用泡沫和惰性气体(如二氧化碳及氮气),而不推荐采用水蒸气。考虑到布置的方便及操作的安全,本规范规定采用惰性气体。

6 目前,随着生活水平的提高,一些电厂(尤其是南方)办公楼的内部设施相当完善,具有集中空调的屡见不鲜。按照《建筑设计防火规范》,规定了设置有风道的集中空调系统且建筑面积大于3000m²的办公楼,应设自动喷水系统。

7 就电厂整体而言,消防的重点在主厂房,而主厂房的要害部位为电子设备间、继电器室等。大机组电厂的这些场所应配置固定灭火系统,根据我国国情,以组合分配气体灭火系统为宜。对于主厂房比较分散的场所,如高低压配电间、电缆桥架交叉密集处、主厂房以外的运煤系统电缆夹层及配电间等,可以采用灵活多样的灭火手段,如悬挂式超细干粉灭火装置、火探管式自动探火灭火装置及气溶胶灭火装置等。

火探管式自动探火灭火装置是一种新型的灭火设备,可由传统的气体灭火系统对较大封闭空间的房间保护改为直接对各种较小封闭空间的保护,特别适宜于扑救相对密闭、体积较小的空间或设备火灾,在这类场所,火探管式自动探火灭火装置与传统固定式组合分配式气体灭火系统相比,有如下优点:

1)灭火的针对性、有效性强。火探管式自动探火灭火装置是将火探管直接设置在易发生火灾的电子、电气设备内,并将其直接作为火灾探测元件,特别是直接式火探管式自动探火灭火装置还将火探管作为灭火剂喷放元件,利用火探管对温度的敏感性,在160℃的温度环境下几秒至十几秒钟内,靠管内压力的作用,火探

管自动爆破形成喷射孔洞，将灭火剂直接喷射到火源部位灭火。它反应快速、准确，灭火剂释放更及时，灭火的针对性和有效性更强，将火灾控制在很小的范围内，是一种早期灭火系统。而传统的固定式气体灭火系统需要等到火势已经很大才能对整个房间或大空间进行灭火。

2）系统简单、成本低。火探管式自动探火灭火装置不需要设置专门的储瓶间，占地面积小。系统只依靠一条火探管及一套灭火剂瓶、阀，利用自身储压就能将火灾扑灭在最初期阶段。无需电源和复杂的电控设备及管线。系统大大简化，施工简单，节约了建筑面积，可降低工程造价。

3）灭火剂用量小。传统固定式气体灭火系统把较大封闭空间的房间作为防护区，而火探管式自动探火灭火装置只将较大封闭空间的房间里体积较小的变配电柜、通信机柜、电缆槽盒等被保护的电子、电器设备作为防护区。灭火剂的用量大为减少，降低了一次灭火的费用。

4）安全、环保。由于这种灭火装置是将灭火剂释放在有封闭外壳的机柜里，无论选用规范允许的哪一种灭火剂，即使稍有毒性，对现场人员的影响较小，危害减至最低，无需人员紧急疏散；同时，由于灭火剂用量大大减少，减小了对环境的污染。

目前，这种装置在山西的一些大机组电厂的电子设备间、配电间、电缆竖井等场所已经有应用。山西省已经为此编制了有关地方标准。

8 吸气式感烟探测器虽然具有早期报警的优点，但对于环境具有湿度的要求，具体工程中应结合产品要求及场所的实际情况决定如何采用。

9 据统计，各个行业电缆火灾均占较大比重，发电厂厂房内外电缆密布，火灾频发，损失较大。电缆的结构型式多为塑料外层，火灾具有发展迅速、扑救困难的特点，具有相当大的火灾危险性。针对电缆火灾危险区域应当选择适应性强的消防报警设施。火灾初期，有大量烟雾发生。因此，规定在电缆夹层应该优先选用感烟探测器。根据现行国家标准《火灾自动报警系统设计规范》的相关规定和以往的使用经验，缆式线型感温探测器是电缆架设场所一种适宜、可靠的探测报警系统，该规范规定"缆式线型定温探测器在电缆桥架或支架上设置时，宜采用接触式敷设"。目前随着消防技术的发展，缆式线型感温探测器已发展出模拟量型差温、差定温等特性，由于这些产品具有反映温升速率、早期发现火灾等特点，用于非接触式敷设的场所，有效性更高，可突破传统的接触式布设的局限，架空布置，为电缆的维护提供了方便条件。另外，由于缆式线型差定温探测器属复合型探测器，用于设置自动灭火系统的场所，可直接提供灭火设施启动联动信号。

根据国内一些单位的模拟试验，固体火灾采用开关量缆式线型感温电缆在悬挂安装时响应时间很长，反之模拟量缆式线型感温探测器（定温或差温）则具有灵敏的响应，尤其适用于运动中的运煤皮带火灾监测。

10 原规范运煤栈桥的灭火设施规定，燃烧褐煤或高挥发分煤且栈桥长度超过200m者，需要设置自动喷水灭火系统。近年来的工程实践表明，大机组的燃煤电厂多超出原规范的限制，即无论栈桥长度多少，只要符合煤种条件便配置自动喷水或水喷雾灭火系统，考虑到我国目前的经济实力，运煤系统的重要性，本次修订取消了栈桥长度方面的限制。

11 据调查，我国火电厂1965年到1979年间的1000多台变压器（大部分容量在31.5MV·A以上），变压器的线圈短路事故率为0.117次/（年·台），其中发展成火灾事故的仅占总数的4.45%，即火灾事故率约为0.0005次/（年·台）。又根据水电部的资料，从20世纪50年代初到1986年底，水电部所属的35kV及以上的变电站在此期间调查到的变压器火灾事故几十起，按这些数据来计算，火灾事故率为0.0002～0.0004次/（年·台）。这说明，我国电力部门的主变压器火灾事故率低于

0.005次/（年·台）。另据调查，20世纪末，我国220kV及以上变压器，每年投产在200～300台。发生火灾的台数5年间为8台，火灾事故率较低。若今后按每5年全国投运变压器1500台计算，则这期间至多有8台变压器发生火灾，设备的损失费（按修复费用每台30万元计）将为240万元。至于间接损失，实际上当变压器发生火灾之后变压器遭到损坏，其不能继续运行，采用消防保护和不保护其损失是一样的，采用消防保护的最终结果是防止火灾蔓延。基于此，考虑到火电厂水消防系统的常规设置，火电厂变压器的灭火设施应以水喷雾灭火系统为主。近年来，国内在引进消化国外产品的基础上，有多家企业研制了变压器排油注氮灭火装置，深圳的华香龙公司则推出了具有防爆防火、快速灭火多项功能于一体的新一代产品，获得了许多用户的青睐，我国大型变压器已开始使用（经国家固定灭火系统和耐火构件质量监督检验测试中心检测，其灭火时间小于2min，注氮时间为30min）。变压器防爆防火灭火装置的突出特点是可以有效防止火灾的发生，避免重大损失。这种装置在国际上已经广泛采用，单是法国的瑟吉公司就已在20个国家安装了"排油注氮"灭火设备5000多台。目前，这项技术已经趋于成熟，相应的标准也在制定中。当业主需要或因其他特殊原因需要时，可以采用这种装置，但要经当地消防部门认可。据调查，需要注意的是，变压器火灾后大部分有箱体开裂现象，一旦火灾发生油从箱体开裂处喷出，在变压器外部燃烧，该装置将不能对其发挥作用，需要采取其他手段防止火灾的蔓延。应用时要注意把握产品的质量，必须使用经国家检测通过且有良好应用业绩的产品。变压器的灭火系统采用水喷雾灭火系统还是其他灭火系统，应经过技术经济比较后确定。

12 回转式空气预热器往往由设备生产厂自行配套温度检测和内部水灭火设施，因此，在设计时要注意设计与制造的联系配合，根据制造厂的水量要求提供消防水管路的接口。

13 为将传统的烟感探测器区别于吸气式感烟探测装置，在表中将各种点型烟感探测器统称为"点型烟感"；此外表中不加限制条件的"感烟"和"感温"是广义的探测形式，可自行选择。

14 针对电缆竖井等处采用的"灭火装置"，系指各种可用的小型灭火装置，其中包括悬挂式超细干粉灭火装置。

7.1.9 新增条文。

《火力发电厂设计规程》规定，与运煤栈桥连接的建筑物应设水幕，为此，本条文作了相应的规定。

7.1.10 新增条文。

运煤系统是燃煤电厂中相对重要的系统。其建筑物为钢结构者愈来愈多。针对钢结构的传统做法是涂刷防火涂料，这样的结果是造价甚高，大机组电厂将达数百万，而且使用效果并不理想。从电厂全局出发，为降低防火措施的造价，采取主动灭火措施（如自动喷水或水喷雾的系统）是必要的，因此根据火电厂消防设计的实践，取消了原规范第4.3.12条，提高了灭火设施的标准。本条规定适用于各种容量的电厂，凡采用钢结构的运煤系统各类建筑，如栈桥、转运站、碎煤机室等消防设计均应执行本条规定。

7.1.11 系原规范第5.8.7条的修改。

机组容量小于300MW的火电厂，其变压器容量可能超过90MV·A，因此这些变压器也要设置火灾自动报警系统、水喷雾或其他灭火系统。

7.2 室外消防给水

7.2.1 系原规范第6.2.1条的修改。

我国发电厂的厂区面积一般都小于1.0km²，电厂所属居民区的人口都在1.5万人以下，而且电厂以燃煤为主。建国以来电厂的火灾案例表明，一般在同一时间内的火灾次数为一次。然而，近年来，国内大容量电厂逐渐增多，黑龙江鹤岗电厂三期建成后全厂总占地面积可达127ha，将超出《建筑设计防火规范》限定的100ha。这种情况下，同一时间的火灾次数如果仍限定在1次，显

然是不合理的。一旦全厂同一时间火灾次数达到2次,室外消防用水量将增大,为避免投资过大,消防设施的规模与系统的布置型式,消防给水系统按机组台数分开设置还是合并设置,应该经技术经济比较确定。

电厂的建设一般分期进行,厂区占地面积也是逐渐扩大的,新厂建设时同时考虑远期规划并配置消防给水系统是不现实的,电厂初建时占地面积小,同一时间火灾次数可为1次,随着电厂规模的逐渐扩大,达到一定程度时同一时间火灾次数极可能升为2次,于是,扩建厂的消防给水系统往往需要在老厂已有消防设施的基础上增容新建消防给水系统。最终全厂的总消防供水能力应能满足电厂两座最大建筑(包括设备)同时着火需要的室内外用水量之和。为充分利用电厂已有设施,新老厂的消防系统间宜设置联结。

7.2.2 系原规范第6.2.2条的修改。

电厂的主厂房体积较大,一般都超过50000m³,其火灾的危险性基本属于丁、戊类。

据公安部对我国百余次火灾灭火用水统计,有效扑灭火灾的室外消防用水量的起点流量为10L/s,平均流量为39.15L/s。为了保证安全和节省投资,以10L/s为基数,45L/s为上限,每支水枪平均用水量5L/s为递增单位,来确定电厂各类建筑物室外消火栓用水量是符合国情的。汽机房外露天布置的变压器,周围通常布置有防火墙,达到一定容量者,将设有固定灭火设施,为其考虑消火栓水量,旨在用于扑救流淌火焰,按照两支水枪计算,一般在10L/s。

火电厂中,主厂房、煤场、点火油罐区的火灾危险性较大,灭火的主要介质也是水,因此,有必要在这些区域周围布置环状管网,增加供水的可靠性。

根据《石油库设计规范》GB 50074,单罐容量小于5000m³且罐壁高度小于17m的油罐,可设移动式消防冷却水系统。火力发电厂点火油罐最大不超过2000m³,所以作此规定。

据了解,燃煤电厂煤场的总贮量基本都在5000t以上,所以以统一规定贮煤场的消防水量为20L/s。

7.3 室内消火栓与室内消防给水量

7.3.1 系原规范第6.3.1条的修改。

火力发电厂为工业建筑,为了便于操作,根据各建筑的内部情况和火灾危险性,明确了设置室内消火栓的建筑物和场所。见表4。在电气控制楼等带电设备区,应配置喷雾水枪,增强消防人员的安全性。

集中控制楼内,消火栓布置往往受到建筑物平面布置的限制,为了保证两股水柱同时到达着火点,允许在封闭楼梯间同一楼层设置两个消火栓或双阀双出口消火栓。

主厂房电梯一般设于锅炉房,因而规定在燃烧器以下各层平台(包括燃烧器各层)应设置室内消火栓。

表4 建(构)筑物室内消火栓设置

建(构)筑物名称	耐火等级	可燃物数量	火灾危险性	室内消火栓	备注
主厂房(包括汽机房和锅炉房的底层、运转层;煤仓间各层;除氧层;燃烧器及以下各层平台和集中控制楼楼梯间)	二级	多	丁	设置	
脱硫控制楼	二级	多	戊	设置	
脱硫工艺楼	二级	少	戊	不设置	
吸收塔	二级	少	戊	不设置	
增压风机室	二级	少	戊	不设置	
吸风机室	二级	少	丁	不设置	
除尘构筑物	二级	少	丁	不设置	
烟囱	二级	少	丁	不设置	
屋内卸煤装置、翻车机室	二级	多	丙	设置	
碎煤机室、转运站及配煤楼	二级	多	丙	设置	

续表4

建(构)筑物名称	耐火等级	可燃物数量	火灾危险性	室内消火栓	备注
筒仓式皮带层、室内贮煤场	二级	多	丙	设置	
封闭式运煤栈桥、运煤隧道	二级	多	丙	不设置	特殊环境,无法操作
解冻室	二级	多	丙	设置	
卸油泵房	二级	多	丙	设置	
集中控制楼(主控制楼、网络控制楼)、微波室、继电器室	二级	多	戊	设置(配雾状水枪)	
屋内高压配电装置(内有充油设备)	二级	多	丙	设置(配雾状水枪)	
油浸变压器室	一级	多	丙	不设置	无法操作,设置在油浸变压器室外
岸边水泵房、中央水泵房	二级	少	戊	不设置	
灰浆、灰渣泵房	二级	少	戊	不设置	
生活消防水泵房	二级	少	戊	设置	
稳定剂室、加药设备室	二级	少	戊	不设置	
进水、净水建(构)筑物	二级	少	戊	不设置	
自然通风冷却塔	三级	少	戊	不设置	
化学水处理室、循环水处理室	二级	少	戊	不设置	
启动锅炉房	二级	少	丁	不设置	
油处理室	二级	多	丙	设置	
供氢站、贮氢罐	二级	多	甲	设置	不适合用水
空气压缩机室(有润滑油)	二级	少	戊	不设置	
柴油发电机房	二级	多	丙	设置	
热工、电气、金属实验室	二级	少	丁	不设置	
天桥	二级	无	戊	不设置	
油浸变压器检修间	二级	多	丙	设置	
排水、污水泵房	二级	少	戊	不设置	

续表4

建(构)筑物名称	耐火等级	可燃物数量	火灾危险性	室内消火栓	备注
各分场维护间	二级	少	戊	不设置	
污水处理构筑物	二级	少	戊	不设置	
生产、行政办公楼(各层)	二级	少	戊	设置	
一般材料库	二级	少	戊	不设置	
特殊材料库	二级	多	乙	设置	
材料库棚	二级	少	戊	不设置	
机车库	二级	少	丁	不设置	
汽车库、推煤机库	二级	少	丁	设置	
消防车库	二级	少	丁	设置	
电缆隧道	二级	多	丙	不设置	无法使用
警卫传达室	二级	少	戊	不设置	
自行车棚	二级	无	戊	不设置	

7.3.2 新增条文。规定了不设室内消火栓的建筑物和场所。

7.3.3 系原规范第6.3.2条的修改。根据现行国家标准《建筑设计防火规范》,控制楼等建筑比照科研楼考虑,当控制楼与其他行政、生产建筑合建时,亦应按控制楼设计消防水量。

7.4 室内消防给水管道、消火栓和消防水箱

7.4.1 系原规范第6.4.1条的修改。

火电厂主厂房属高层工业厂房,其建筑高度参差不齐,布置竖向环管很困难。为了保证消防供水的安全可靠,规定在厂房内应形成水平环状管网,各消防竖管可以从该环状管网上引接成枝状。

消防水与生活水合并的管网,消防水量可能受生活水的影响,为此,二者合并的,应设水泵结合器。一般而言,水泵结合器的作用是当室内消防水泵出现故障时,通过水泵结合器由室外向室内

供水,另一个主要作用,当室内消防水量不足时,由其向室内增加消防水量,前提是消防车从附近的室外消火栓或消防水池吸水(建规对于水泵结合器与室外消火栓的距离有要求)。火电厂的消防,基本上立足于自救,消防水泵房独立于主厂房之外,双电源或双动力,泵有100%的备用,因此,几乎不存在因建筑物室内火灾导致消防泵瘫痪的可能。其次,室外消火栓的消防水,来自于电厂厂区独立的消防给水管网,消防泵的压力按最不利条件设置,系统流量按最大要求计算,只要消防水泵不出故障,系统压力与流量就有保证,不需要采用消防车加压补水,即便消防车从室外消火栓上吸水加压,仍然是从系统上取水再打回系统,没有必要。一旦消防水泵全部故障,室外消火栓也将无水可取,水泵结合器将为虚设。因此,根据火力发电厂的实际情况,主厂房的消防水系统若为独立系统,可不设水泵结合器。

本条第5款,系针对消火栓管网与自动喷水系统合并设置而作出的规定。

7.4.2 系原规范第6.4.2条的修改。

消火栓是我国当前基本的室内灭火设备。因此,应考虑在任何情况下均可使用室内消火栓进行灭火。当相邻一个消火栓受到火灾威胁不能使用时,另一个消火栓仍能保护任何部位,故每个消火栓应按一支水枪计算。为保证建筑物的安全,要求在布置消火栓时,保证相邻消火栓的水枪充实水柱同时到达室内任何部位。600MW机组,主厂房最危险点的高度,大约在50~60m。考虑消防设备的压力及各种损失,消防泵的出口压力可近1.0MPa。如果竖向分区,那么将使系统复杂化,实施难度大。美国NFPA14规定,当每个消火栓出口安装了控制水枪的压力装置时,分区高度可以达到122m,根据我国消防器材、管件、阀门的额定压力情况,自喷报警阀、雨淋阀的工作压力一般为1.2MPa,而普通闸阀、蝶阀、球阀及室内消火栓均能承受1.6MPa的压力。国内的减压阀,也能承受1.6MPa的入口压力。《自动喷水灭火系统设计规范》规定,配水管路的工作压力不超过1.2MPa。国内其他行业也有消防给水管网压力为1.2MPa的标准规定。综上,将压力分区提高到1.2MPa是可行的。这样既可简化系统,减少不安全因素,又可合理降低工程造价。当然,在消防管网上的适当位置需要采取减压措施,使得消火栓入口的动压小于0.5MPa。在低区的一定标高处设置减压阀,是国内一些工程普遍采取的手段。原规范限定的0.8MPa与0.5MPa是两个概念,前者目的是预防消防设施因水压过大造成损坏,后者是防止水压过大,消防队员操作困难。消火栓静水压力提高到1.2MPa后,系统设计的关键是防止消火栓栓口压力过高,可采用减压孔板、减压阀或减压稳压消火栓。当采用减压阀减压时,应设备用阀,以备检修用。

主厂房内带电设备很多,直流水枪灭火将给消防人员人身安全带来威胁。美国NFPA850规定,在带电设备附近的水龙带上应装设可关闭的且已注册用于电气设备上的水喷雾水枪。我们国内已有经国家权威部门检测过的喷雾水枪,这种水枪多为直流、喷雾两用,可自由切换,机械原理可分为离心式、机械撞击式、簧片式,其工作压力在0.5MPa左右。

本条还根据建规增加了水枪充实水柱的规定。

考虑到火电厂多远离城市,运行人员对于消火栓的使用能力有限,而消防软管易于操作,故本次修订强调消火栓箱应配备消防软管卷盘,这对于控制初期火灾将具有积极而重要的意义。

7.4.3 系原规范第6.4.3条的修改。

消防水箱设置的目的,源于火灾初期由于某种原因消防管网不能正常供水。根据《建筑设计防火规范》,为安全起见,有条件情况下,宜设消防水箱。

管网能否供水,除管路能正常通流外,主要取决于消防水泵能否正常运行。火电厂在动力的提供保障上相对其他行业具有得天独厚的优势。它既能提供双回路电源,又能配备柴油发动机。按照国际上的通行做法,设置了电动泵及柴油发动机驱动泵的,再有

双格蓄水池者,可视为双水源;设置了双水源,即可不设置高位水箱。国内近十几年绝大多数电厂设置了俗称为稳高压的消防给水系统(不设高位水箱),运行实践表明该系统在火电厂是适用的。事实上,在火电厂设置高位水箱由于各种原因存在很大难度。鉴于此,当设置高位水箱确有困难时,可以取消,但是,消防给水系统必须符合规范规定的各项要求。这些要求归结起来,很重要的一点是配备有稳压泵。考虑到安全贮备,稳压泵应设备用泵。正常情况下,稳压泵用于弥补管网的漏失水量,因此,稳压泵的出力应通过漏失水量计算确定。但是,对于新建厂,影响漏失量的因素很多,很难计算确定,至少应按不低于满足1支消防水枪的能力选择泵。国内已经投运的部分电厂的经验表明,消防管路漏失量较大,配备更大流量的稳压泵也是可能的,设计时可酌情确定。根据国内消防业的大量实践,稳压泵的额定压力往往高于消防泵的额定压力,约为1.05倍。

煤仓间的运煤皮带头部,通常设有水幕。这里将是主厂房消防设施的最高点。因此,如果设置了高位消防水箱就必须保证该处的消防水压,因此需要设置在煤仓间转运站的上方,才能满足各消防设施的水压要求。

7.5 水喷雾与自动喷水灭火系统

7.5.1 新增条文。

变压器的水喷雾安装,要特别注意灭火系统的喷头、管道与变压器带电部分(包括防雷设施)的安全距离。

7.5.2 新增条文。

寒冷地区,为了防止变压器灭火后水喷雾管管内水结冰,必须迅速放空管路,确保水喷雾系统保持空管状态。其放空阀设置在室内、外可根据管路的敷设形式确定。此外,系统还可利用放空管进行排污。

7.5.3 新增条文。

自动喷水设置场所的火灾危险等级的确定,涉及因素较多,如火灾荷载、空间条件、人员密集程度、灭火的难易以及疏散及增援条件等。

火电厂建筑物内,具有火灾危险性的物质以电缆、润滑油及煤为主。对应于主厂房内自动喷水灭火系统的设置,主要是柴油、润滑油、煤粉、煤及电缆等。

根据近年原国家电力公司的统计,比较大的火灾多属电缆火灾。据统计,1台600MW机组的电缆总长度可达1000km,可见电缆防火的重要性。电厂电缆的防火,历来为电厂运行部门所重视。原国家电力公司曾经专门制定过《防止电力生产重大事故的二十五项重点要求》,其中电缆防火列于首位。目前,普遍采用阻燃电缆,个别地方可能采用耐火电缆,因此电缆的火灾危险性已经有所降低。

在主厂房中,主要的生产用油为汽轮机油(透平油),属润滑油。其闪点(开口)不低于105℃,折合闭杯闪点也在70℃以上,高于国家规定的61℃,属高闪点油品,不易燃烧,不属于易燃液体。对照国家标准《自动喷水灭火系统设计规范》,它既不属于可燃液体制品,也不属于易燃液体喷雾区。锅炉燃烧器处,虽然可能采用较低闪点的油品,但是往往是少量漏油,构不成严重危险。

运煤系统建筑的火灾危险性为丙类,煤可界定为可燃固体。其中无烟煤的自燃点达280℃以上,褐煤的自燃点为250~450℃。

日本将发电厂定为中危险级。

美国消防协会标准NFPA850建议的自动喷水系统设置场所与喷水强度见表5。

表5　自动喷水系统设置场所与喷水强度[L/(min·m²)]

自喷设置场所	喷水强度值
电缆夹层	12
汽机房油管道	12
锅炉燃烧器	10.2

自喷设置场所	喷水强度值
运煤栈桥	10.2
运煤皮带层	10.2
柴油发电机	10.2

从表5所列数值可看出,美国标准NFPA850略高于我国《自动喷水灭火系统设计规范》。

如何确定自喷设置场所的危险等级,国内没有针对性很强的标准,量化很困难。据调查,国内火电厂的自动喷水设计,绝大部分按照中危险级计算喷水强度。参照《自动喷水灭火系统设计规范》的规定,综合以上因素,确定主厂房内自喷最高危险等级为中Ⅱ级。

7.5.4 新增条文。

运煤栈桥的皮带,行进速度达2m/s以上。一旦发生火灾,在烟囱效应的作用下,蔓延的速度将很快。所以,闭式喷头能否及早动作喷水,对于栈桥的灭火举足轻重。快速响应喷头可以早期探测到火灾并及早动作,有利于火灾的快速扑灭,避免更大损失。国内外均有性能先进的快速响应喷头产品可供选用。

7.5.5 系原规范第6.5.2条的修改。

细水雾灭火系统,具有很好的应用空间。然而,截至目前,尚无细水雾灭火系统设计的国家标准。已经正式颁布执行的地方标准,对于系统的关键性能参数规定不一,多强调要结合工程实际确定具体的性能设计参数。为安全起见,要求细水雾灭火系统的灭火强度和持续时间宜符合现行国家标准《水喷雾灭火系统设计规范》的有关规定。

7.6 消防水泵房与消防水池

7.6.1 系原规范第6.6.1条。

消防水泵房是消防给水系统的核心,在火灾情况下应能保证正常工作。为了在火灾情况下操作人员能坚持工作并利于安全疏散,消防水泵房应设直通室外的出口。

7.6.2 系原规范第6.6.2条的修改。

为了保证消防水泵不间断供水,一组消防工作水泵(两台或两台以上,通常为一台工作泵,一台备用泵)至少应有两条吸水管。当其中一条吸水管发生破坏或检修时,另一条吸水管应仍能通过100%的用水总量。

独立消防给水系统的消防水泵、生活消防合并的给水系统的消防水泵均应有独立的吸水管从消防水池直接取水,保证火场用水。当消防蓄水池分格设置时,如一格水池需要清洗时,应能保证消防水泵的正常引水,可设公用吸水井、大口径公用吸水管等。

7.6.3 系原规范第6.6.3条。

为使消防水泵能及时启动,消防水泵泵腔内应经常充满水,因此消防水泵应设计成自灌式引水方式。如果采用自灌式引水方式有困难而改用高位布置时,必须具有迅速可靠的引水装置,但要特别注意水泵的快速出水。国内沈阳耐蚀合金泵厂的同步排吸泵能保证1s内出水,这样既可节约占地又能节省投资,重要的是,还能做到水池任意水位均能启动出水。

7.6.4 系原规范第6.6.4条的修改。

本条规定了消防水泵房应有两条以上的出水管与环状管网直接连接,旨在使环状管网有可靠的水源保证。当采用两条出水管时,每条出水管均应能供应全部用水量。泵房出水管与环状管网连接时,应与环状管网的不同管段连接,以确保安全供水。

为了方便消防泵的检查维护,规定了在出水管上设置放水阀门、压力及流量测量装置。为防水锤对系统的破坏,在出水管上,推荐设置水锤消除装置。近年来国内很多工程(包括市政系统)在泵站设置了多功能控制阀。为了防止系统的超压,本条还规定系统应设置安全泄压装置(如安全阀、卸压阀等)。

7.6.5 系原规范第6.6.5条的修改。

为了保证不间断地向火场供水,消防泵应设有备用泵。当备用泵为电力电源且工作泵为多台时,备用泵的流量和扬程不应小于最大一台消防泵的流量和扬程。

根据电力行业有关规定及火电厂的实际情况,火电厂能够满足双电源或双回路向消防水泵供电的要求。但是,客观上,无论火电厂的机组容量多大,机组数量多少,均存在全厂停电的可能性。火电厂多远离市区,借助城市消防能力极为困难。为了在全厂停电并发生火灾时消防供水不致中断,考虑我国小于125MW机组的电厂严格限制建设的实际,规定125MW机组以上的火电厂宜配备柴油机驱动消防泵,而且其能力应为最大消防供水能力。通常柴油机消防泵的数量为1台。

7.6.6 系原规范第6.2.5条的修改。

《建筑设计防火规范》规定消防水池大于500m³应分格。燃煤电厂消防水池的容积至少为500m³。目前,600MW机组消防水池容量可达1000m³。考虑电厂消防给水供水的重要性,规定容量大于500m³的消防水池应分格,便于水池的清洗维护,增强水池的供水可靠性。为在任何情况下能保证水池的供水,规定两格水池宜设公用吸水设施,使得水池清洗时不间断供水。

7.6.7 新增条文。

据了解,利用冷却塔作为消防水源已有实例。冷却塔内水池容量很大,水质也较好,有条件作为消防蓄水池。但必须保证冷却塔检修放空不间断消防水。因此,强调当利用冷却塔作为水源时,其数量应至少为两座,并均有管(沟)引向消防水泵吸水井。

7.6.8 系原规范第6.6.6条的修改。文字略有调整。

7.6.9 新增条文。对于消防水泵房的建筑设计要求。

7.7 消防排水

7.7.1 系原规范第6.8.1条。消防排水、电梯井排水与生产、生活排水应统一设计。

消防排水是指消火栓灭火时的排水,可进入生产或生活排水管网。

7.7.2 系原规范第6.8.2条。

关于变压器、油系统等设施消防排水的规定。变压器、油系统的消防给水流量很大,而且消防排水中含有油污,造成污染;此外变压器、油系统发生火灾时有燃油溢(喷)出,油火在水面上燃烧,因此,这种消防排水应单独排放。为了不使火灾蔓延,排水设施上还要加设水封分隔装置。

7.8 泡沫灭火系统

7.8.1 新增条文。

燃煤火电厂点火油均为非水溶性油。按《低倍数泡沫灭火系统设计规范》及《高倍数、中倍数泡沫灭火系统设计规范》,低倍数泡沫、中倍数泡沫灭火系统均适用于点火油罐的灭火。目前,国内电厂的油罐灭火以低倍数泡沫灭火系统居多。其他灭火方式,如烟雾灭火,也适用于油罐,但在电力系统中应用较少,使用时需慎重考虑。

7.8.2 新增条文。根据《石油库设计规范》的要求,结合燃煤电厂的工程实践规定了泡沫灭火系统的型式及适用条件。

7.8.3 新增条文。规定了泡沫灭火系统的计算、布置原则。

7.9 气体灭火系统

7.9.1 新增条文。

虽然火电厂原设置1301系统的场所未被列为非必要性场所,但是,近年来,1301气体灭火系统在电厂的应用已经趋于终止。随着卤代烷在中国停止生产的日期的临近,其替代产品及技术不断涌现,国内电力工程建设也有了大量的实践。公安部2001年"关于进一步加强哈龙替代品及其替代技术管理的通知"列出的哈龙替代品的介质很多,如IG-541、七氟丙烷、二氧化碳、细水雾、气溶胶、三氟甲烷及其他惰性气体等。国内电力行业使用 IG-541、七氟丙烷及二氧化碳为最多。这些替代品，各有千秋。七氟丙烷不导电，不破坏臭氧层，灭火后无残留物，可以扑救 A（表面火）、B、C 类和电气火灾，可用于保护经常有人的场所，但其系统管路长度不宜太长。IG-541 为氩气、氮气、二氧化碳三种气体的混合物，不破坏臭氧层，不导电，灭火后不留痕迹，可以扑救 A（表面火）、B、C 类和电气火灾，可以用于保护经常有人的场所，为很多用户青睐，但该系统为高压系统，对制造、安装要求非常严格。二氧化碳分为高压、低压两种系统，近年来，低压系统应用相对普遍。二氧化碳灭火系统，可以扑救 A（表面火）、B、C 类和电气火灾，不能用于经常有人的场所。低压系统的制冷及安全阀是关键部件，对其可靠性的要求极高。在二氧化碳的释放中，由于干冰的存在，会使防护区的温度急剧下降，可能对设备产生影响。对释放管路的计算和布置、喷嘴的选型也有严格要求，一旦出现设计施工不合理，会因干冰阻塞管道或喷嘴，造成事故。

气溶胶灭火后有残留物，属于非洁净灭火剂。可用于扑救 A（表面火）、部分 B 类、电气火灾。不能用于经常有人、易燃易爆的场所。使用中要特别注意残留物对于设备的影响。火电厂的电子设备间、继电器室等，属于电气火灾，设备也是昂贵的，因此，灭火介质以气体为首选。各种哈龙替代物系统的灭火性能不同，造价也有较大差别，设计单位、使用单位应该结合工程的实际，经技术经济比较综合确定气体灭火系统的型式。

7.9.2 新增条文。

目前，针对哈龙替代气体的国家标准已经颁布（如《气体灭火系统设计规范》）。过去，气体的备用量如何考虑，各个使用单位很多是参照已有的国家标准比照设定。针对 IG-541、七氟丙烷，广东省的地方标准规定，用于需不间断保护的，超过 8 个防护区的组合分配系统，应设置 100%备用量。针对三氟甲烷，北京地方标准（报批稿）规定，用于需不间断保护防护区灭火系统和超过 8 个防护区组成的组合分系统，应设 100%备用量。陕西省地方标准，《洁净气体 IG-541 灭火系统设计、施工、验收规范》，原则与前述一样。上海市《惰性气体 IG-541 灭火系统技术规程》规定，当防护区为不间断保护的重要场所，或者在 48 小时内补充灭火剂有困难者，应设置备用量，备用量应为 100%灭火剂设计用量。上述地方标准一致处，均要求有不间断保护需要的，应设备用，多数标准，当保护区数量超过 8 小时，需设备用。《气体灭火系统设计规范》规定，灭火系统的灭火剂储存装置 72 小时内不能重新充装恢复工作的，应按原储存量的 100%设置备用量。电厂往往远离市区，交通不便，电厂设置气体灭火系统的场所多为电厂控制中枢，在电厂生产安全运行中占有极为重要的位置，没有理由中断保护，考虑灭火气体的备用量具有重要意义，根据我国目前经济实力及一些工程的实践（国内有电厂如定州电厂、沁北电厂采用烟络气体，设置了百分之百的备用量），本规范作出了灭火介质宜考虑 100%备用的规定，工程中可根据有关国家和地方消防法规、标准和建设单位的要求综合论证确定。

7.9.3 新增条文。

气体灭火系统多为高压系统，为了在尽可能短的时间内将药剂输送到保护区内，以保证喷头的出口压力和流量，要求瓶组尽量靠近防护区。

低压二氧化碳贮罐罐体较大，高位布置可能给安装、充灌带来不便，实践中，曾有过贮罐设于二层运行平台发生事故的先例，因此推荐将整套贮存装置设置在靠近保护区的零米层以利于安装、维护及灌装。另一方面，该系统允许管路长度范围较大，也为低位安装创造了条件。

7.9.4 新增条文。目前，二氧化碳灭火系统具有国家标准，其他如 IG-541、七氟丙烷等常用气体的国家标准也已颁布执行。

7.10 灭火器

7.10.1 新增条文。

按《建筑设计防火规范》的要求，建筑物应配置灭火器。本条结合火电厂的建筑物的特点，规定了需要配置灭火器的场所，火灾类别和危险程度。

国家标准《建筑灭火器配置设计规范》对于使用灭火器的场所，划分为 6 类，火灾危险程度划分为三种，分别为严重、中、轻。

根据《建筑灭火器配置设计规范》，工业建筑灭火器配置的场所的危险等级，应根据其生产、使用、贮存物品的火灾危险性、可燃物数量、火灾蔓延速度以及扑救难易程度，划分为三类，即严重危险级、中危险级、轻危险级。就火电厂总体而言，根据上述原则，将大部分建筑及设备归为中危险级，是适宜的。参照该规范的火灾种类的定义，结合国内电厂消防设计实际，火电厂的大多数场所，定为中危险级。但是，由于火电厂各建筑设备种类繁多，仍有一些场所，不能简单地定为中危险级。

各类控制室，是生产指挥的中心，地位重要，一旦发生火灾，将严重影响电厂的生产运行，将其定为严重危险级，符合《建筑灭火器配置设计规范》的要求。此外，《建筑灭火器配置设计规范》中明确定为严重危险级的还有供氢站。考虑到主厂房内的一些贮存油的装置，一旦发生火灾，后果的严重性，将其定为严重危险级。磨煤机为煤粉碾磨设备，列为严重危险级。消防水泵房内的柴油发动机消防泵组，配有柴油油箱，又是水消防系统的关键，所以应予特别重视，故将其定为严重危险级。

7.10.2 新增条文。本条基于《石油库设计规范》中的有关规定制定。

7.10.3 新增条文。

鉴于灭火器有环境温度的限制条件，考虑地域差异，南方地区室外气温可能很高，煤场、油区等处的灭火器将考虑设置遮阳设施，保证灭火剂有效使用。

7.10.4 新增条文。

现行国家标准《建筑灭火器配置设计规范》仍将哈龙灭火器作为有条件使用的灭火器。电厂的控制室、电子设备间、继电器室等不属于非必要场所。事实上，二氧化碳灭火器对于 A 类火不能发挥效用，所以，在这些场所，哈龙灭火器仍然是可以采用的最佳灭火设施。

7.10.5 新增条文。关于灭火器配置的具体要求。

7.11 消防车

7.11.1 系原规范第 6.7.1 条。

关于电厂设置消防车的原则规定。20 世纪 90 年代以来，我国许多大型电厂由于水源、环境、交通运输以及占地等因素而建在远离城镇的地区，并且形成一个居民点及福利设施区域，这样，消防问题便较为突出。由于各地公安部门对电厂区域的消防提出要求，所以有些大厂设置了消防车和消防站。应当指出，我国火力发电厂的消防设计原则一直是以发生火灾时立足自救为基点的。发电厂均有完善的消防供水系统，实践也证明只有依靠发电厂本身的消防系统才可控制和扑灭火灾。我国的消防车绝大多数是解放牌汽车的动力，其水泵流量和扬程很难满足发电厂主厂房发生火灾时的需要，加上没有相应的登高设备，所以，在发电厂主厂房发生火灾时，消防车不起作用。但考虑到发电厂厂区的其他建筑物和电厂区域内居民建筑的火灾防范，制定了本条的规定。本条文解释与电力工业部、公安部联合文件电电规(1994)486 号文中"消防站设置方式与管理"的说明和本条文中设置消防车库是一致的。

7.11.2 系原规范第 6.7.2 条。

7.12 火灾自动报警与消防设备控制

7.12.1 新增条文。

规定了 50～135MW 机组火电厂的火灾探测报警系统的型式。根据《火灾自动报警系统设计规范》，火灾自动报警系统可以划分为三种，最为简单的是区域报警系统。对于小机组，侧重于预防,可以将其界定为区域报警系统。该系统最为显著的特征,是以火灾探测报警为主要功能,没有火灾联动设备。

7.12.2 新增条文。

按照消防工作"以防为主,防消结合"方针,200MW 机组电厂规模较大,其火灾探测报警系统的重要性不容忽视。在工程实践中,随着消防科学技术的进步,200MW 机组级别的火电厂的火灾自动报警系统的水平已经有了很大提高。一些辅助监测、报告手段,得以普遍应用,而且投资增加甚微,功能增强。本条规定了报警系统应配有打印机、火灾警报装置、电话插孔等辅助装置。根据当前报警系统技术与产品的应用情况,推荐采用总线制,减少布线提高系统的可靠性。

7.12.3 系原规范第5.8.3条的修改。

从近年的工程实践看,火灾报警区域的划分具有一定灵活性。由于电厂建筑布置的不确定性(如脱硫区域可能距主厂房稍远),不宜对火灾报警区域的划分作硬性规定。

7.12.4 新增条文。

火电厂的单元控制室或主控制室,24小时有人值班,是全厂生产调度的中心。100MW 以下机组,一般设主控室(电气为主),另设机炉控制室;125MW 以上机组,设单元控制室,机、炉、电按单元集中控制;若为两机一控,两个单元控制室集中设置为集中控制室,中间可能设玻璃墙分隔。一旦电厂发生火灾,不单纯是投入力量实施灭火,还要有一系列的生产运行方面的控制,只有消防控制与生产调度指挥有机结合,值班人员有条件及时了解掌握火灾情况,才能有效灭火并使损失降到最小。要求消防控制与生产控制合为一体,符合火电厂的实际,也是国际上的普遍做法。

7.12.5 系原规范第8.3.1条与第8.3.2条的合并。

当发电厂采用单元控制室控制方式时,火灾自动报警及灭火设备的监控也将按单元制设置。为了及时正确地处理火灾引发的问题,要求各种报警信号、消防设备状态等要在运行值长所在的控制室反映,使得运行值长能及时了解火灾发生情况,调度指挥各类人员进行相关处理。

7.12.6 系原规范第5.8.4条的修改。

对于火灾探测器的选型,在本规范表7.1.7和表7.1.8中有具体规定,应该按其执行。

7.12.7 新增条文。

具有金属结构层的感温电缆具有一定抗机械损伤能力,可有效防止误报。

7.2.8 新增条文。

点火油罐区是易燃易爆区,设置在油区内的探测器,尤应注意选择防爆类型的探测器,以避免引起意外损失。

7.12.9

运煤栈桥及转运站等建筑经常采用水力冲洗室内地面。在运行中,探测器的分线盒等进水导致故障的现象时有发生。在设计时,应注意提出防水保护要求。

7.12.10 系原规范第8.3.3条。

由于火灾事故在发电厂中具有危害性大、不易控制且必须及时正确处理的特殊性,要求运行人员能正确判断火灾事故,消除麻痹思想,特规定消防报警的音响应区别于所在处的其他音响。

7.12.11 系原规范第8.3.4条。

7.12.12 系原规范第8.3.5条的修改。

消防供水灭火过程中,管网的压力可能比较稳定地维持在工作压力状态,甚至更高。灭火过程中,管网压力升高到额定值不一定代表已经完全灭掉火灾,应该由现场人员根据实际情况判断。所以,消防水泵应该由人工停运。美国规范 NFPA850 也这样规定。

7.12.13 新增条文。

可燃气体在电厂中大量存在,一旦发生爆炸,后果严重。因此,应该将其危险信号纳入火灾报警系统。

7.12.14 系原规范第8.3.6条。

8 燃煤电厂采暖、通风和空气调节

8.1 采 暖

8.1.1 系原规范第7.1.1条的修改。

火力发电厂的运煤系统在原煤的输送、转运、破碎过程中会产生不同程度的煤粉粉尘,这些粉尘在沉降过程中会逐渐积落在地面、设备和管道外表面上。煤尘聚积到一定程度会引起火灾,所以,运煤系统建(构)筑物地面、设备、管道外表面都要经常进行清扫,采暖系统的散热器更应保持清洁,因此应选用表面光洁易清扫的散热器。限定运煤建筑采暖散热器入口处的热媒温度不应超过160℃的理由如下:

1 受系统形式的制约,运煤系统的建筑围护结构必须采用轻型结构,其传热系数大,冷风渗透严重,围护结构的保温性能差。对于严寒地区来说,如果热媒温度太低,不仅满足不了采暖热负荷的要求,而且容易发生采暖系统冻结的重大事故。从我国几十年来积累的运行经验来看,运煤系统采暖热媒采用压力为0.4~0.5 MPa,温度在160℃以下的饱和蒸汽是适宜的。

2 在《建筑设计防火规范》中,输煤廊的采暖系统热媒温度被限定在130℃以下,依据是运行的安全性。但从我国和其他寒带国家(如俄罗斯)的运行实践看,采用160℃以下采暖热媒,没有发生过由采暖散热器表面温度过高而引起的火灾或爆炸事故,这也是编写该条文的重要依据。

3 与其他发达国家的相关防火规范对比,该条文也是适宜的,比如,美国防火规范中规定运煤系统散热器表面温度不超过165℃。

4 界定散热器入口处热媒最高温度主要是考虑使用该规范时的可操作性。

8.1.2 系原规范第7.1.2条的修改。

8.1.3 系原规范第7.1.3条的修改。

蓄电池室如果采用散热器采暖系统,从散热器的选型到系统安装,都必须考虑防漏水措施,不能采用承压能力差的铸铁散热器,管道与散热器的连接以及管道、管件间的连接必须采用焊接。

8.1.4 系原规范第7.1.4条的修改。

采暖管道不应穿过变压器室、配电装置等电气设备间。这些电气设备间装有各种电气设备、仪器、仪表和高压带电的各种电缆,所以在这些房间不允许管道漏水,也不允许采暖管道加热这些设备和电缆,因此,作了本条规定。

8.1.5 系原规范第7.1.5条的修改。

8.2 空气调节

8.2.1 系原规范第7.2.1条的修改。

电子计算机室、电子设备间、集中控制室(包括机炉控制室、单元控制室)等,是电厂正常运行的指挥中心,其建筑物耐火等级属二级,室内都安装有贵重的仪器、仪表,因此当发生火灾时必须尽快扑灭,并彻底排除火灾后的烟气和毒气,让运行人员及时进入室内处理事故,以便尽早恢复生产,因此本节将上述房间的排烟设计界定为以恢复生产为目的。其他空调房间则系指以舒适性为目的的空调房间,应按国家标准《建筑设计防火规范》的有关规定设置排烟设施。

8.2.2 系原规范第7.2.2条的修改。

简化了与《建筑设计防火规范》重复的内容,执行过程中可参照《建筑设计防火规范》执行。对于火力发电厂而言,重要房间和火灾危险性大的房间主要指集中控制室(单元控制室、机炉控制室)、电子设备间、计算机室等。

8.2.3 系原规范第7.2.4条的修改。

通风管道是火灾蔓延的通道,不应穿过防火墙和非燃烧体等防火分隔物,以免火灾蔓延和扩大。

在某些情况下，通风管道需要穿过防火墙和非燃烧体楼板时，则应在穿过防火分隔物处设置防火阀，当火灾烟雾穿过防火分隔物处时，该防火阀能立即关闭。

8.2.4 系原规范第7.2.5条的修改。

当发生火灾时，空气调节系统应立即停运，以免火灾蔓延，因此，空气调节的自动控制应与消防系统连锁。

8.2.5 系原规范第7.2.7条。

8.2.6 系原规范第7.2.8条。

要求电加热器与送风机连锁，是一种保护控制措施。为了防止通风机已停而电加热器继续加热引起过热而着火，必须做到欠风、超温时的断电保护，即风机一旦停止，电加热器的电源即应自动切断。近年来发生多次空调设备因电加热器过热而失火，主要原因是未设置保护控制。

设置工作状态信号是从安全角度提出来的，如果由于控制失灵，风机未启动，先开了电加热器，会造成火灾危险。设显示信号，可以协助管理人员进行监督，以便采取必要的措施。

8.2.7 系原规范第7.2.9条。

8.2.8 系原规范第7.2.10条的修改。

空调系统的风管是连接空调机和空调房间的媒介，因此也是火灾的传播媒介。为了防止火灾通过风管在不同区域间的传播，要求风管的保温材料、空调设备的保温材料、消声材料和黏结剂均采用不燃烧材料，只有通过综合技术经济比较后认为采用难燃保温材料更经济合理时，才允许使用B1级的难燃保温材料。

8.3 电气设备间通风

8.3.1 系原规范第7.3.1条的修改。

当屋内配电装置发生火灾时，通风系统应立即停运，以免火灾蔓延，因此应考虑切断电源的安全性和可操作性。

8.3.2 系原规范第7.3.2条。

当几个屋内配电装置室共设一个送风系统时，为了防止一个房间发生火灾时，火灾蔓延到另外一个房间，应在每个房间的送风支道上设置防火阀。

8.3.3 系原规范第7.3.3条的修改。

变压器室的耐火等级为一级，因此变压器室通风系统不能与其他通风系统合并，各变压器室的通风系统也不应合并。考虑到实际应用中的可操作性，本条规定了具有火灾自动报警系统的油浸变压器室发生火灾时，通风系统应立即停运，以免火灾蔓延。

8.3.4 系原规范第7.3.4条的修改，使该条文具有更强的可操作性。

8.3.5 系原规范第7.3.5条。

《建筑设计防火规范》规定：甲、乙类厂房用的送风设备和排风设备不应布置在同一通风机房内，且排风设备不应和其他房间的送、排风设备布置在同一通风机房内。蓄电池室的火灾危险性属于甲级，所以送、排风设备不应布置在同一通风机房内，但送风设备采用新风机组并设置在密闭箱体内时，可以看作另外一个房间，其可与排风设备布置在同一个房间内。

8.3.6 系原规范第7.3.7条的修改。

电缆隧道采用机械通风时，火灾时应能立即切断通风机的电源，通风系统应立即停运，以免火灾蔓延，因此，通风系统的风机应与火灾自动报警系统连锁。

8.4 油系统通风

8.4.1 系原规范第7.4.1条。

油泵房属于甲、乙类厂房，根据《建筑设计防火规范》的规定，室内空气不应循环使用，通风设备应采用防爆式。

8.4.2 系原规范第7.4.2条。

8.4.3 系原规范第7.4.3条。

8.4.4 系原规范第7.4.4条。

8.4.5 系原规范第7.4.5条。

8.5 运煤系统通风除尘

8.5.1 新增条文。

运煤建筑设置机械通风系统的目的是排除含有煤尘的污浊空气，保持室内一定的空气环境。由于排除的空气中含有遇火花可爆炸的煤尘，因此通风设备应采用防爆电机。

8.5.2 新增条文。

运煤系统采用电除尘方式已经很普遍，最近又有大量应用的趋势。从电除尘的机理分析，并非所有运煤系统都适合采用电除尘方式，而是应当根据煤尘的性质来确定，目前可参照《火力发电厂运煤系统煤尘防治设计规程》执行。

8.5.3 系原规范第5.1.7条。

8.5.4 系原规范第5.1.8条。

8.5.5 系原规范第5.1.6条的修改。

在转运站和碎煤机室设置的除尘设备，其电气设备主要指配电盘和操作箱，其外壳防护等级应符合现行的国家标准。本次修订进一步明确了室内除尘配套电机外壳所应达到的防护等级。

8.6 其他建筑通风

8.6.1 系原规范第7.5.1条的修改。

氢冷式发电机组的汽机房，发电机组上方应设置排氢风帽，以免泄漏的氢气聚集在汽机房房顶，发生爆炸事故，因此制定本条文。当排氢装置用通风装置替代，比如双坡屋面的汽机房设计了屋顶自然通风器时，就不再设计专门的排氢装置，而屋顶通风器常常采用电动驱动装置。如果氢冷发电机出现大量泄漏或汽机房屋面下积聚一定浓度的氢气时，遇火花便可能发生爆炸，所以要求电动装置采用直联方式和防爆措施。

8.6.2 系原规范第7.5.2条。

8.6.3 系原规范第7.5.3条的修改。

9 燃煤电厂消防供电及照明

9.1 消防供电

9.1.1 系原规范第8.1.1条的修改。

电厂内部发生火灾时，必须靠电厂自身的消防设施指示人员安全疏散、扑救火灾和排烟等。据调查，多数火灾造成机组停机甚至厂用电消失，而消防控制装置、阀门及电梯等消防设备都离不开用电。火灾案例表明，如无可靠的电源，发生火灾时，上述消防设施由于断电将不能发挥作用，即不能及时报警、有效地排除烟气和扑救火灾，进而造成重大设备损失或人身伤亡。本条所指自动灭火系统系指除消防水泵以外的其他用电负荷，消防水泵的供电见第9.1.2条。保安负荷供电是为保证电厂安全运行和不发生重大人身伤亡事故的供电。

9.1.2 系原规范第8.1.2条的修改。

消防水泵是全厂消防水系统的核心，如果消防水泵因供电中断不能启动，对火灾扑救十分不利。因此本条提出了消防水泵、主厂房电梯的供电要求。电力系统供电负荷等级用罗马字母表述，如Ⅰ、Ⅱ类负荷，基本等同于《建筑设计防火规范》中一、二级负荷。消防水泵泵组的设置见第7.6.5条。

9.1.3 系原规范第8.1.3条。

因消防自动报警系统内有微机，对供电质量要求较高，且报警控制器等火灾自动报警设备，一般都布置在单元控制室内可与热工控制装置联合供电，故作此规定。辅助车间的自动报警装置本身宜带有不停电电源装置。

9.1.4 系原规范第8.1.4条。

造成许多火灾重大伤亡事故的原因虽然是多方面的，但与有无应急照明有着密切关系,这是因为火灾时为防止电气线路和设备损失扩大,并为扑救火灾创造安全条件,常常需要立即切断电源,如果未设置应急照明或者由于断电使应急照明不能发挥作用,在夜间发生火灾时往往是一片漆黑,加上大量烟气充塞,很容易引起混乱造成重大损失。因此,应急照明供电应绝对安全可靠。国外许多规程规范强调采用蓄电池作火灾应急照明的电源。考虑到目前我国电厂的实际情况,一律要求采用蓄电池供电有一定困难,而且也不尽经济合理。单机容量为200MW及以上的发电厂,由于有交流事故保安电源,因此当发生交流厂用电停电事故时,除有蓄电池组对照明负荷供电外,还有条件利用交流事故保安电源供电。为了尽量减少事故照明回路对直流系统的影响,保证大机组的控制、保护、自动装置等回路安全可靠的运行,因此,对200MW及以上机组的应急照明,根据生产场所的重要性和供电的经济合理性,规定了不同的供电方式。

因蓄电池组一般都设置在主厂房或网控楼内,远离主厂房重要场所的应急照明若由主厂房的蓄电池组供电,不仅供电电压质量得不到保证而且增加了电缆费用,同时也增加了直流系统的故障几率。因此,规定其他场所的应急照明由保安段供电。

9.1.5 系原规范第8.1.5条。

单机容量为200MW以下的发电厂,一般不设保安电源,当发生全厂停电事故时,只有蓄电池组可继续对照明负荷供电。因此,规定应急照明宜由蓄电池组供电。

应急灯是一种自带蓄电池的照明灯具,平时蓄电池处于长期浮充状态,当正常照明电源消失时,由蓄电池继续供电保持一段时间的照明。因此,推荐远离主厂房重要车间的应急照明采用应急灯方式。

9.1.6 系原规范第8.1.6条的修改。

由于电厂厂用电系统供电可靠性较高,因此,当消防用电设备采用双电源供电时,可以在厂用配电装置或末级配电箱处进行切换。

9.2 照 明

9.2.1 系原规范第8.2.1条的修改。

在正常照明因故障熄灭后,供事故情况下暂时继续工作或消防安全疏散用的照明装置为应急照明,本条规定了发电厂应装设应急照明的场所。

9.2.2 系原规范第8.2.2条。

9.2.3 系原规范第8.2.3条。

事故发生时,锅炉汽包水位计、就地热力控制屏、测量仪表屏、(如发电机氢冷装置、给水、热力网、循环水系统等)及除氧器水位计等处仍需监视或操作。因此,需装设局部应急照明。

9.2.4 系原规范第8.2.4条的修改。

火灾发生时,由于控制室、配电间、消防泵房、自备发电机房等场所不能停电也不能离人,还必须坚持工作,因此,应急照明的照度应能满足运行人员操作要求。

消防安全疏散应急照明是为了使人员能够较清楚地看出疏散路线,避免相互碰撞,在主要通道上的照度值应尽量大一些,一般不低于1lx。

9.2.5 系原规范第8.2.5条的修改。

本条规定了照明器表面的高温部位,靠近可燃物时,应采取防火保护措施,其原因是:

1 由于照明器设计、安装位置不当而引起许多事故。

2 卤灯的石英玻璃表面温度很高部位,如1000W的灯管温度高达500~800℃,当纸、布、干木构件靠近时,很容易被烤燃引起火灾。鉴于配有功率在100W及以上的白炽灯光源的灯具(如:吸顶灯、槽灯、嵌入式灯)使用时间较长时,温度也会上升到100℃甚至更高的温度,规定上述两类灯具的引入线应采用瓷管、矿物棉等不燃烧材料进行隔热保护。

9.2.6 系原规范第8.2.6条的修改。

因为超过60W的白炽灯、卤钨灯、荧光高压汞灯等灯具表面温度高,如安装在木吊顶龙骨、木吊顶板、木墙裙以及其他木构件上,会造成这些可燃装修物起火。一些电气火灾实例说明,由于安装不符合要求,火灾事故多有发生,为防止和减少这类事故,作了本条规定。

9.2.7 新增条文。本条强调了建筑物内设置的安全出口标志灯和火灾应急照明灯具应遵循有关标准设计。

10 燃机电厂

10.1 建(构)筑物的火灾危险性分类及其耐火等级

10.1.1 新增条文。

厂区内各车间的火灾危险性基本上按现行的国家标准《建筑设计防火规范》第3.1.1条分类。建(构)筑物的最低耐火等级按国内外火力发电厂设计和运行的经验确定。汽机房、燃机厂房、余热锅炉房和集中控制室基本布置在主厂房构成一个整体,其火灾危险性绝大部分属丁类。

10.1.2 新增条文。

10.2 厂区总平面布置

10.2.1 新增条文。与电力行业标准《燃气-蒸汽联合循环电厂设计规定》有关条文协调确定。

10.2.2 新增条文。与电力行业标准《燃气-蒸汽联合循环电厂设计规定》有关条文协调确定。

10.3 主厂房的安全疏散

10.3.1 新增条文。

燃机厂房高度一般不超过24m,也只有2~3层。在正常运行情况下人员很少,厂房内可燃的装修材料很少,厂房内除疏散楼梯外,还有很多工作梯,多年来都习惯作敞开式楼梯。在扩建端都布置有室外钢梯。为保证人员的安全疏散和消防人员扑救,要求至少应有一个楼梯间通至各层。

10.4 燃料系统

10.4.1 新增条文。

国家标准《输气管道工程设计规范》GB 50251中第3.1.2条规定："进入输气管道的气体必须清除机械杂质；水露点应比输送条件下最低环境温度低5℃；烃露点应低于或等于最低环境温度；气体中硫化氢含量不应大于20mg/m³。当被输送的气体不符合上述要求时，必须采取相应的保护措施。"该标准的规定主要考虑了管输气体的防止电化学腐蚀、其他形式的腐蚀以及防止气体中凝析出液态烃，以保证天然气管道的安全。同时还增加了燃气轮机制造厂对天然气气质的要求。

10.4.2 新增条文。

1 厂内天然气管道敷设方式常根据工程具体情况而定，国内、外运行电厂有架空、地面布置和地下敷设三种形式。但不应采用管沟敷设，避免气体泄漏在管沟中聚集引起火灾。

2 除需检修拆卸的部位外，天然气管道应采用焊接连接，以防止泄漏。

3 参照国家标准《输气管道工程设计规范》GB 50251第3.4.2条和美国国家标准 ANSI B31.8《输气和配气管线系统》846.21条(c)的规定。设置放空管是为了输送系统停运时排除管道内剩余气体。

4 规定了厂内天然气管道吹扫的具体要求。

5 规定了天然气管道应以水作强度试验的具体要求和对天然气管道严密性试验的具体要求，并在严密性试验合格之后进行气密性试验，还规定气密性试验压力为0.6MPa。

6 规定了天然气管道的低点设两道排液阀，第一道（靠近管道侧）阀门为常开阀，第二道阀门为经常操作阀，当发现第二道阀门泄漏时，关闭第一道阀门，更换第二道阀门。

10.4.3 新增条文。

联合循环机组燃油系统采用0#柴油、重油时建（构）筑物（如油处理室等）及油罐火灾危险性按丙类防火要求是和火电厂燃油系统的防火要求一致的。但采用原油时，原油中含有大量的可燃气体和**挥发性气体**，其闪点小于280℃，故对其所涉及的建（构）筑物（如油处理室等）及油罐等应特殊考虑防火要求，火灾危险性按甲类考虑。《火力发电厂劳动安全和工业卫生设计规程》DL 5053第4.0.9.4条强制性条文要求：贮存闪点低于600℃燃油的油罐，必须设置安全阀、呼吸阀及阻火器，故对原油罐设计时可参照该标准执行。

10.4.4 新增条文。

本条根据美国国家防火协会标准NFPA8506《余热锅炉标准》(1998年版)第5.2.1.1节要求制定，以防在停机时燃油泄漏燃机。

10.5 燃气轮机的防火要求

10.5.1 新增条文。

本条根据美国国家防火协会标准850《电厂及高压直流变流站消防推荐标准》(2000版)的6.5.2.1节要求制定。安装火焰探测器，旨在探测火焰熄灭或启动时点火失败，如果火焰熄灭，需要迅速切断燃料，以防止气体的快速聚集。

10.5.2 新增条文。

本条根据美国国家标准850《电厂及高压直流交流站消防推荐标准》的6.5.2.1节要求制定。该标准指出，当燃料未能在3s内被隔离时，系统中曾发生过火灾及爆炸。

10.6 消防给水、固定灭火设施及火灾自动报警

10.6.1 新增条文。

燃机电厂与燃煤电厂有很多相似之处。因此，燃气电厂的一些规定尤其是系统方面的要求适用于燃机电厂。据调查，国内很多燃气-蒸汽联合循环电站的消防给水系统是独立的。燃气-蒸汽联合循环电站多燃烧油品，消防给水量很大，在条件合适的情况下，应尽可能采用独立的消防给水系统。

10.6.2 新增条文。

10.6.3 新增条文。

我国燃气-蒸汽联合循环电站厂区占地面积一般小于1km²，而且其燃料与燃煤电厂不同，占地更加紧凑。因而规定为同一时间火灾次数为一次。这里的燃气-蒸汽联合循环电站，也包含单循环燃机电站。

10.6.4 新增条文。基于国内的燃机电厂工程实践制定。

燃煤电厂与燃机电厂的区别主要在于燃料不同，前者工艺系统复杂，建筑物多且庞大，危险点不集中；后者占地少，系统简单，建（构）筑物相对较少，危险集中于燃机及油罐，主厂房往往不是消防的关注重点。燃气轮机组的布置有两种形式，其一为独立布置，与汽轮发电机组脱开，常为露天布置，往往对应于多轴配置；其二为联合布置，燃机与汽轮发电机组同轴，置于一个厂房内，也称之为单轴布置。由此，燃机电厂的消防设施便因总体布置的不同而有差别，宜根据对象更为合理地配置消防系统。对于多轴配置，以燃机发电为主，燃机电厂的消防重在油库、燃机本体；主厂房内是汽轮发电机组，与燃煤电厂主厂房内的布置类似，可以以汽轮发电机组容量为基准，对应执行燃煤电厂等同机组容量的消防配置要求，例如，汽轮发电机组容量为200MW，那么就执行本规范第7.1.8条的规定。当燃机电厂为单轴布置时，应以整套机组容量与燃煤电厂机组容量比对执行。例如，单套机组容量（燃机容量与汽轮发电机组容量之和）为350MW，那么就应该执行本规范第7.1.9条的规定。

10.6.5 新增条文。

燃气轮机是广义的称谓，它通常包括燃气轮机、发电机、控制小室等。燃气轮机整体是燃机电厂的核心，也是消防的重点保护对象。根据国内外的实际做法，燃气轮机无论机组容量的大小，基本上都采用气体灭火系统。据调查，近年来多应用二氧化碳灭火系统。

10.6.6 新增条文。

燃气轮机通常具有金属外罩，因而具备了应用全淹没气体灭火系统的可能性。着火时应注意在喷放气体灭火剂之前，关闭燃气轮机内部的门、通风挡板、风机及其他孔口，以使外罩泄漏量最少。关于气体保持时间的原则性规定乃基于美国NFPA850的有关规定。

10.6.7 新增条文。

根据调查，国内燃机电厂之燃气轮机的报警系统与固定灭火系统，均为设备制造厂的成套配备。这样有利于外壳内的消防设施的布置。在技术谈判中尤应注意。燃气轮机通常有独立的控制小间，其内配备了报警装置。燃机配备的火灾自动报警系统及灭火联动信号宜传送至集中控制室，以便全厂的调度指挥。

全厂火灾自动报警系统的消防报警控制器应布置在集中控制室。

10.6.8 新增条文。

对于气体为燃料的燃机电厂，露天布置的燃机本体内及布置有燃机的主厂房内的气体浓度的测定，是消防安全中的重要一环，有必要强调设置气体泄漏报警装置。

10.6.9 新增条文。

10.6.10 新增条文。

对于以可燃气体为燃料的电厂，其消防车的配备和消防车库设置参照燃煤电厂是适宜的。但是对于以燃油为燃料的电厂，油区消防是突出重要的，消防车的配备应该遵循石油库设计的有关规定。

10.7 其 他

10.7.1 新增条文。关于燃机电厂厂房和天然气调压站通风防爆的规定。

10.7.2 新增条文。关于燃机电厂电缆设计的规定。

10.7.3 新增条文。燃机电厂与燃煤电厂有很多相同之处。本章仅对二者不同之处，即具有自身特点者作出规定。相同处应对应执行本规范燃煤电厂各章的有关规定。

11 变 电 站

11.1 建(构)筑物火灾危险性分类、耐火等级、防火间距及消防道路

11.1.1 系原规范第 9.1.1 条的修改。

表 11.1.1 是根据现行的国家标准《建筑设计防火规范》的规定,结合变电站内建筑物的特性确定的,根据当前变电站工程的实际布置,对原规范的部分建筑进行增减,删除了一些不常用的建筑,增加了气体式或干式变压器室、干式电容器室、干式电抗器室等建筑。气体式或干式变压器、干式电容器、干式电抗器等电气设备属无油设备,可燃物大大减少,火灾危险性降低,因此建筑火灾危险性分类确定为丁类。主控通信楼的火灾危险性为戊类,是按照电缆采取了防止火灾蔓延的措施确定的,可以采用下列措施:用防火堵料封堵电缆孔洞,采用防火隔板分隔,电缆局部涂防火涂料,局部防火带包扎等。如果未采取电缆防止火灾蔓延的措施,主控通信楼的火灾危险性为丙类。

按国家标准《电缆在火焰条件下的燃烧试验第三部分:成束电线和电缆的燃烧试验方法》GB/T 18380.3,A 类阻燃电缆的燃烧特性为,成束电缆每米长度非金属材料含量 7L,供火时间 40min,自熄时间小于等于 60min。因此当电缆夹层采用 A 类阻燃电缆时,火灾危险性降低,火灾危险性分类可为丁类。

11.1.2 系原规范第 9.1.2 条。

11.1.3 系原规范第 9.1.3 条。

11.1.4 系原规范第 9.1.4 条的修改。

对于表 11.1.4 注 3,两座建筑相邻较高一面的外墙如为防火墙时,其防火间距不限。但是当建筑物侧面设置有门窗时,如果门窗之间距离太近,火灾时浓烟和火焰可能通过门窗洞口蔓延扩散,因此规定距离要求。

11.1.5 新增条文。

主控制室是变电站的核心,是人员比较集中的地方,有必要限制其可燃物放置量,以减少火灾损失。

11.1.6 系原规范第 9.1.5 条。

11.1.7 系原规范第 9.1.10 条的修改。

11.1.8 系原规范第 9.1.11 条的修改。参照《建筑设计防火规范》GB 50016 有关消防车道的规定确定。

11.2 变压器及其他带油电气设备

11.2.1 系原规范第 9.2.3 条。

11.2.2 新增条文。

地下变电站有其自身特点,因其常位于城市市区,相对于地上变电站其危险性更大。变压器事故贮油池的容量系参照燃煤发电厂部分制定,考虑到地下变电站的特殊性,容量要求从严,要求为 100% 的最大一台变压器的容量。鉴于该油池应该具有排水设施,兼有油水分离功能,所以不另考虑消防水的容积。

11.3 电缆及电缆敷设

11.3.1 系原规范第 9.3.1 条。

电缆的火灾事故率在变电站较低,考虑到电缆分布较广,如在变电站内设置固定的灭火装置,则投资太高不现实,又鉴于电缆火灾的蔓延速度很快,仅仅靠灭火器不一定能及时防止火灾蔓延,为了尽量缩小事故范围,缩短修复时间并节约投资,本规范规定在变电站应采用分隔和阻燃作为应对电缆火灾的主要措施。

11.3.2 系原规范第 9.3.2 条的修改。

11.3.3 新增条文。

地下变电站电缆夹层内敷设的电缆数量多,发生火灾时人员

进入开展灭火比较困难,火灾蔓延造成的损失大,阻燃电缆能够减少火灾扩大可能性,降低电缆夹层的火灾危险性,且阻燃电缆应用逐渐增多,比普通电缆费用增加量不大,对地下变电站宜采用阻燃电缆。

11.4 建(构)筑物的安全疏散和建筑构造

11.4.1 系原规范第 9.4.3 条的修改。

11.4.2 系原规范第 9.4.4 条的修改。

11.4.3 新增条文。

《建筑设计防火规范》GB 50016 对厂房地下室的火灾危险性为丙类的防火分区面积为 500m²,丁、戊类的防火分区面积为 1000m²。地下变电站内一些房间,如变压器室、蓄电池室、电缆夹层等房间,在本规范中已经要求设置防火墙,使得地下变电站的危险房间对于其他房间的威胁减小,从而提高了整体建筑的安全性。如果将防火分区面积设置较小,那么为了满足疏散的要求,势必为此设置很多通向地面的竖直通道,这在实际工程中难以实现,况且,地下变电站内值班人员很少,且通常工作在控制室内,设置大量通向地面的出口也无必要。所以,防火分区的大小,既要考虑限制火灾的蔓延,又要结合变电站生产工艺布置的特点和要求。考虑近年来国内地下变电站实践,加之地下变电站的火灾探测报警和灭火设施比较完善,规定防火分区的最大面积为 1000m²。

11.4.4 新增条文。

地下变电站因为不能直接采光、通风,火灾时排烟困难,为保证人员安全,要求至少应设置 2 个出口。地下变电站出口一般应直通地面室外,如果变电站出口上部有多层建筑,地下层和地上层没有有效分隔,容易造成火灾蔓延到地上层,因此规定分隔要求。

11.4.5 新增条文。

地下变电站疏散楼梯是人员逃生的唯一通道,为了保证楼梯间抵御火灾的能力,保障人员疏散的安全,规定楼梯间采用乙级防火门。

11.5 消防给水、灭火设施及火灾自动报警

11.5.1 系原规范第 9.5.1 条的修改。

根据现行国家标准《建筑设计防火规范》GB 50016,确定变电站消防给水、灭火设施及火灾自动报警系统设计的基本原则。

11.5.2 新增条文。

变电站人员少、占地面积小,根据现行国家标准《建筑设计防火规范》GB 50016,确定其同一时间内的火灾次数为一次。

11.5.3 新增条文。

当变压器采用户外布置时,变压器不属于一般的建筑物,因此不能按建筑物体积确定室外消防水量。对不设固定灭火系统的中、小型变压器,可以采用灭火器灭火。对于按规定设置水喷雾灭火系统的变压器,为了防止火灾扩大,作为一种辅助灭火和保护的措施,考虑不小于 10L/s 的消火栓水量。

11.5.4 系原规范第 9.2.1 条的修改。

变压器是变电站内最重要的设备,油浸变压器的油具有良好的绝缘性和导热性,变压器油的闪点一般为 130℃,是可燃液体。当变压器内部故障发生电弧闪络,油受热分解产生蒸气形成火灾。变压器灭火试验和应用实践证明水喷雾灭火系统是有效的。但是我国幅员辽阔,各地气候条件差异很大,变压器一般安装在室外,经过几十年的运行实践,在缺水、寒冷、风沙大、运行条件恶劣的地区,水喷雾灭火的使用效果可能不佳。对于中、小型变电站,水喷雾灭火系统费用相对较高,因此中小型变电站的变压器宜采用费用较低的化学灭火器。对于容量 125MV·A 以上的大型变压器,考虑其重要性,应设置火灾探测报警系统和固定灭火系统。对于地下变电站,火灾的危险性较大,人工灭火比较困难,也应设置火灾探测报警系统和固定灭火系统。固定灭火系统除了可采用水喷雾灭火系统外,排油注氮灭火装置和合成泡沫喷淋系统在变

电站中的应用也逐渐增加,这两种灭火方式各有千秋,且均通过了消防检测机构的检测,因此也可作为变压器的消防灭火措施。对于地下和户内等封闭空间内的变压器也可采用气体灭火系统。

11.5.5 新增条文。

11.5.6 新增条文。根据《建筑设计防火规范》GB 50016确定。

11.5.7 新增条文。

11.5.8 新增条文。

地下变电站一般采用水消防。当需要采用消防车向室内消防供水时,为了缩短敷设消防水带的时间,应设置水泵接合器。

11.5.9 系原规范第9.5.4条。

11.5.10 系原规范第9.5.2条的修改。

消防水泵房是消防给水系统的核心,在火灾情况下应能保证正常工作。为了在火灾情况下操作人员能坚持工作并利于安全疏散,消防水泵房应直通室外的出口,地下变电站的消防水泵房如果需要与变电站合并布置时,其疏散出口应靠近安全出口。

11.5.11 系原规范第9.5.2条的修改。

为了保证消防水泵不间断供水,一组消防工作水泵(两台或两台以上,通常为一台工作泵,一台备用泵)至少应有两条吸水管。当其中一条吸水管发生破坏或检修时,另一条吸水管应仍能通过100%的用水总量。

11.5.12 系原规范第9.5.2条的修改。

消防水泵应能及时启动,确保火场消防用水。因此消防水泵应经常充满水,以保证消防水泵及时启动供水。消防水泵应设计成自灌式引水方式,如果采用自灌式引水方式有困难,应设有可靠迅速的充水设备,也可考虑采用强自吸消防水泵,但要特别注意水泵的快速出水。

11.5.13 系原规范第9.5.2条的修改。

本条规定了消防水泵房应有2条以上的出水管与环状管网直接连接,旨在使环状管网有可靠的水源保证。

为了方便消防泵的检查维护,规定了在出水管上设置放水阀门、压力测量装置。为了防止系统的超压,还规定了设置安全泄压装置,如安全阀、卸压阀等。

11.5.14 新增条文。

为了保证不间断地向火场供水,消防泵应设有备用泵。当备用泵为电力电源且工作泵为多台时,备用泵的流量和扬程不应小于最大一台消防泵的流量和扬程。

11.5.15 系原规范第9.5.2条的修改。

11.5.16 系原规范第9.5.3条。

根据现行国家标准《建筑灭火器配置设计规范》,结合变电站的实际情况,规定了主要建筑物火灾危险类别和危险等级。

11.5.17

11.5.18 新增条文。

11.5.19 新增条文。

地下变电站采用水消防时,大量的消防水进入变电站,排水系统如果不能满足消防排水的要求,将造成水淹、电气设备故障使损失扩大。因此地下变电站应设置消防排水系统。

11.5.20 新增条文。

根据《建筑设计防火规范》GB 50016和变电站的实际情况,规定火灾探测报警系统设置范围。根据变电站的火灾危险性、人员疏散和扑救难度,地下变电站、户内无人值班变电站对火灾探测报警系统设置要求应高于一般变电站。

变压器布置在室内时,具有更大火灾危险性,必须为所设置的固定灭火系统配备自动报警系统,以及早发现火灾,适时启动灭火系统。

根据近年来的工程实践,提出了220kV及以上变电站的电缆夹层及电缆竖井应设置火灾自动报警装置的要求。

变电站中,除变压器外,电缆夹层与电缆竖井相对火灾危险性

更大。显而易见,处于地下变电站或无人值班的变电站中的上述场所,其防护等级较地上或有人值班变电站应该提高。

11.5.21 新增条文。根据多年来变电站的实践总结制定。

11.5.22 新增条文。

11.5.23 新增条文。

变电站运行值班人员很少,但在主控室有值班人员24小时值班,因此消防报警盘设置在主控室,能够保证火灾报警信号的监控并方便变电站的调度指挥。

11.6 采暖、通风和空气调节

11.6.1 新增条文。地下变电站是一个比较特殊的场所,设计中要充分考虑安全、卫生和维护检修方面的要求。

1 地下变电站很多是无人值守的变电站,同时存在疏散困难等问题,因此所有采暖区域严禁采用明火取暖,防止火灾事故发生。

2 地下变电站的电气配电装置室一般都设计消防系统,一旦发生火灾事故,灭火后需尽快进行排烟,因此应设置机械排烟装置。其他房间可根据其使用功能及房间布置格局而设计自然或机械排烟设施。

3 地下变电站的消防系统设计要比地上变电站严格,因此,送、排风系统、空调系统应具有与消防报警系统连锁的功能。当消防系统采用气体灭火系统时,通风或空调风道上应设置与消防系统相配套的防火阀和隔离阀,以保证灭火系统运行。

11.6.2 新增条文。

常规的地上变电站,其采暖、通风和空气调节系统的设计有多种方式,不同地区都不尽相同。但由于缺少相关规范规定作支持,因此本次修订中可参照本规范第8章的有关规定执行。

11.7 消防供电及应急照明

11.7.1 系原规范第9.6.1条的修改。

消防电源采用双电源或双回路供电,为了避免一路电源或一路母线故障造成消防电源失去,延误消防灭火的时机,保证消防供电的安全性和消防系统的正常运行,规定两路电源供电至末级配电箱进行自动切换。但是在设置自动切换设备时,要有防止由于消防设备本身故障且开关拒动时造成的全站站用电停电的保护措施,因此应配置必要的控制回路和备用设备,保证可靠的切换。

11.7.2 系原规范第9.6.2条的修改。

变电站主控通信室、配电装置室、消防水泵房在发生火灾时应能维持正常工作,疏散通道是人员逃生的途径,应设置火灾事故照明。地下变电站全部靠人工照明,对事故照明的要求更高,因此规定主要的电气设备间、消防水泵房、疏散通道和楼梯间应设置事故照明,同时规定地下变电站的疏散通道和安全出口应设疏散指示标志。

中华人民共和国国家标准

自动喷水灭火系统施工及验收规范

Code for installation and commissioning
of sprinkler systems

GB 50261 - 2017

主编部门：中 华 人 民 共 和 国 公 安 部
批准部门：中华人民共和国住房和城乡建设部
施行日期：2 0 1 8 年 1 月 1 日

中华人民共和国住房和城乡建设部公告

第 1577 号

住房城乡建设部关于发布国家标准
《自动喷水灭火系统施工及验收规范》的公告

现批准《自动喷水灭火系统施工及验收规范》为国家标准，编
号为 GB 50261—2017，自 2018 年 1 月 1 日起实施。其中，第
3.2.7、5.2.1、5.2.2、5.2.3、6.1.1、8.0.1 条为强制性条文，必须
严格执行。原国家标准《自动喷水灭火系统施工用验收规范》
GB 50261—2005 同时废止。

本规范由我部标准定额研究所组织中国计划出版社出版
发行。

中华人民共和国住房和城乡建设部
2017 年 5 月 27 日

前　　言

根据住房和城乡建设部《关于印发〈2008 年工程建设标准规范制订、修订计划（第一批）〉的通知》（建标〔2008〕102 号）的要求，本规范编制组经广泛调查研究，认真总结实践经验，并在广泛征求意见的基础上，对《自动喷水灭火系统施工及验收规范》GB 50261—2005 进行了修订。

本规范的主要技术内容包括：总则、术语、基本规定、供水设施安装与施工、管网及系统组件安装、系统试压和冲洗、系统调试、系统验收、维护管理以及相关附录。

本次修订主要内容有：

1. 增加了英文目录；

2. 增加了早期抑制快速响应喷头（ESFR）的安装要求；

3. 增加了铜管、不锈钢管、涂覆钢管、氯化聚氯乙烯（PVC-C）管、消防洒水软管的安装要求；

4. 对流量压力检测装置的设置要求进行了修订；

5. 修订了干式和预作用系统管道充水时间的要求；

6. 对规范附录的表格进行修订，使其可操作性更强；

7. 增加了维护管理的检查方法的内容；

8. 修改规范中不便操作的一些条款；

9. 取消了原第 3.1.2 条，把原第 8.0.13 条的强制性条文改为非强制性条文；

10. 协调了与其他规范、标准的关系。

本规范中以黑体字标志的条文为强制性条文，必须严格执行。

本规范由住房和城乡建设部负责管理和对强制性条文的解释，由公安部负责日常管理，由公安部四川消防研究所负责具体技术内容的解释。执行过程中如有意见或建议，请寄送公安部四川消防研究所《自动喷水灭火系统施工及验收规范》管理组（地址：四川省成都市金牛区金科南路 69 号；邮政编码：610036），以供今后修订时参考。

本规范主编单位、参编单位、主要起草人和主要审查人：

主 编 单 位：公安部四川消防研究所

参 编 单 位：公安部天津消防研究所
　　　　　　华东建筑设计研究院有限公司
　　　　　　四川省公安消防总队
　　　　　　山东省公安消防总队
　　　　　　大连市消防局
　　　　　　中国中元国际工程公司
　　　　　　深圳捷星工程实业有限公司
　　　　　　北京利华消防工程公司
　　　　　　安泛工程咨询（上海）有限公司
　　　　　　中国中安消防安全工程有限公司

主要起草人：卢国建　宋波　张文华　马恒　冯小军
　　　　　　杨琦　杨丙杰　杨庆　陈兵　张兴权
　　　　　　姜冯辉　黄琦　王炯　刘国祝　黄晓家
　　　　　　刘方

主要审查人：方汝清　谢树俊　姜文源　赵力军　刘志
　　　　　　崔长起　赵锂　姜宁　张兆宪　钟尔俊
　　　　　　孔祥徵

目　　次

1 总　则

1.0.1 为保障自动喷水灭火系统(简称系统)的施工质量和使用功能,减少火灾危害,保护人身和财产安全,制定本规范。

1.0.2 本规范适用于工业与民用建筑中设置的自动喷水灭火系统的施工、验收及维护管理。

1.0.3 自动喷水灭火系统的施工、验收及维护管理,除执行本规范的规定外,尚应符合国家现行的有关标准、规范的规定。

2 术　语

2.0.1 准工作状态　condition of standing by

自动喷水灭火系统性能及使用条件符合有关技术要求,处于发生火灾时能立即动作、喷水灭火的状态。

2.0.2 系统组件　system components

组成自动喷水灭火系统的喷头、报警阀组、压力开关、水流指示器、消防水泵、稳压装置等专用产品的统称。

2.0.3 监测及报警控制装置　equipments for superviesry and alarm control services

对自动喷水灭火系统的压力、水位、水流、阀门开闭状态进行监控,并能发出控制信号和报警信号的装置。

2.0.4 稳压泵　pressure maintenance pumps

能使自动喷水灭火系统在准工作状态的压力保持在设计工作压力范围内的一种专用水泵。

2.0.5 喷头防护罩　sprinkler guards and shields

保护喷头在使用中免遭机械性损伤,但不影响喷头动作、喷水灭火性能的一种专用罩。

2.0.6 末端试水装置　inspector's test connection

安装在系统管网或分区管网的末端,检验系统启动、报警及联动等功能的装置。

2.0.7 消防水泵　fire pump

符合现行国家标准《消防泵》GB 6245 要求的水泵。

3 基本规定

3.1 质量管理

3.1.1 自动喷水灭火系统的分部、分项工程应按本规范附录 A 划分。

3.1.2 系统施工应按设计要求编写施工方案。施工现场应具有必要的施工技术标准、健全的施工质量管理体系和工程质量检验制度,并应按本规范附录 B 的要求填写有关记录。

3.1.3 自动喷水灭火系统施工前应具备以下条件:

1 施工图应经审查批准或备案后方可施工。平面图、系统图(轴测图、展开系统原理图)、施工详图等图纸及说明书、设备表、材料器材表等技术文件应齐全。

2 设计单位应向施工、建设、监理单位进行技术交底。

3 系统组件、管件及其他设备、材料,应能保证正常施工。

4 施工现场及施工中使用的水、电、气应满足施工要求,并应保证连续施工。

3.1.4 自动喷水灭火系统工程的施工,应按照批准的工程设计文件和施工技术标准进行施工。

3.1.5 自动喷水灭火系统工程的施工过程质量控制,应按以下规定进行:

1 各工序应按施工技术标准进行质量控制,每道工序完成后,应进行检查,检查合格后方可进行下道工序。

2 相关各专业工种之间应进行交接检验,并经监理工程师签证后方可进行下道工序。

3 安装工程完工后,施工单位应按相关专业调试规定进行调试。

4 调试完工后,施工单位应向建设单位提供质量控制资料和各类施工过程质量检查记录。

5 施工过程质量检查组织应由监理工程师组织施工单位人员组成。

6 施工过程质量检查记录按本规范附录 C 的要求填写。

3.1.6 自动喷水灭火系统质量控制资料应按本规范附录 D 的要求填写。

3.1.7 自动喷水灭火系统施工前,应对系统组件、管件及其他设备、材料进行现场检查,检查不合格者不得使用。

3.1.8 分部工程质量验收应由建设单位项目负责人组织施工单位项目负责人、监理工程师和设计单位项目负责人等进行,并应按本规范附录 E 的要求填写自动喷水灭火系统工程验收记录。

3.2 材料、设备管理

3.2.1 自动喷水灭火系统施工前应对采用的系统组件、管件及其他设备、材料进行现场检查,并应符合下列要求:

1 系统组件、管件及其他设备、材料,应符合设计要求和国家现行有关标准的规定,并应具有出厂合格证或质量认证书。

检查数量:全数检查。

检查方法:检查相关资料。

2 喷头、报警阀组、压力开关、水流指示器、消防水泵、水泵接合器等系统主要组件,应经国家消防产品质量监督检验中心检测合格;稳压泵、自动排气阀、信号阀、多功能水泵控制阀、止回阀、泄压阀、减压阀、蝶阀、闸阀、压力表等,应经相应国家产品质量监督检验中心检测合格。

检查数量:全数检查。

检查方法:检查相关资料。

3.2.2 镀锌钢管管材、管件应进行现场外观检查,并应符合下列要求:

1 镀锌钢管应为内外壁热镀锌钢管,钢管内外表面的镀锌层不得有脱落、锈蚀等现象;钢管的内、外径应符合现行国家标准《低压流体输送用焊接钢管》GB/T 3091 或现行国家标准《输送流体用无缝钢管》GB/T 8163 的规定。

2 表面应无裂纹、缩孔、夹渣、折叠和重皮。

3 螺纹密封面应完整、无损伤、无毛刺。

4 非金属密封垫片应质地柔韧、无老化变质或分层现象,表面应无折损、皱纹等缺陷。

5 法兰密封面应完整光洁,不得有毛刺及径向沟槽;螺纹法兰的螺纹应完整、无损伤。

检查数量:全数检查。

检查方法:观察和尺量检查。

3.2.3 不锈钢管管材、管件应进行现场外观检查,并应符合下列要求:

1 不锈钢管的内、外径应符合现行国家标准《流体输送用不锈钢焊接钢管》GB/T 12771 或《不锈钢卡压式管件组件 第 2 部分:连接用薄壁不锈钢管》GB/T 19228.2 的规定。

2 表面应无裂纹、无损伤。

检查数量:全数检查。

检查方法:观察和尺量检查。

3.2.4 铜管管材、管件应进行现场外观检查,并应符合下列要求:

1 铜管管材、管件的质量应符合现行国家标准《无缝铜水管和铜气管》GB/T 18033、《铜管接头 第 1 部分:钎焊式管件》GB/T 11618.1、《铜管接头 第 2 部分:卡压式管件》GB/T 11618.2 等有关标准的规定。

2 表面应无裂纹、无损伤。

检查数量:全数检查。

检查方法:观察和尺量检查。

3.2.5 涂覆钢管管材、管件应进行现场外观检查,并应符合下列要求:

1 涂覆钢管、管件的质量应符合现行国家标准《自动喷水灭火系统 第 20 部分:涂覆钢管》GB 5135.20 的规定。

2 表面应无裂纹、无损伤。

检查数量:全数检查。

检查方法:观察和尺量检查。

3.2.6 氯化聚氯乙烯(PVC-C)管材、管件应进行现场外观检查,并应符合下列要求:

1 氯化聚氯乙烯应符合现行国家标准《自动喷水灭火系统 第 19 部分:塑料管道及管件》GB 5135.19 等有关标准的规定。

2 管材的内外表面应光滑、平整、无凹陷、无分解变色线,不应有颜色不均和其他影响性能的表面缺陷,不应含有可见杂质。

3 管端应切割平整,并与轴线垂直。

4 管件内外表面不得有裂纹、气泡、脱皮、严重的冷斑和明显的杂质。

5 管材、管件应不透光。

检查数量:全数检查。

检查方法:观察和尺量检查。

3.2.7 喷头的现场检验必须符合下列要求:

1 喷头的商标、型号、公称动作温度、响应时间指数(RTI)、制造厂及生产日期等标志应齐全。

2 喷头的型号、规格等应符合设计要求。

3 喷头外观应无加工缺陷和机械损伤。

4 喷头螺纹密封面应无伤痕、毛刺、缺丝或断丝现象。

5 闭式喷头应进行密封性能试验,以无渗漏、无损伤为合格。

试验数量应从每批中抽查 1%,并不得少于 5 只,试验压力应为 3.0MPa,保压时间不得少于 3min。当两只及两只以上不合格时,不得使用该批喷头。当仅有一只不合格时,应再抽查 2%,并不得少于 10 只,并重新进行密封性能试验;当仍有一只不合格时,亦不

得使用该批喷头。

检查数量:符合本条第 5 款的规定。

检查方法:观察检查及在专用试验装置上测试,主要测试设备有试压泵、压力表、秒表。

3.2.8 阀门及其附件的现场检验应符合下列要求:

1 阀门的商标、型号、规格等标志应齐全,阀门的型号、规格应符合设计要求。

2 阀门及其附件应配备齐全,不得有加工缺陷和机械损伤。

3 报警阀除应有商标、型号、规格等标志外,尚应有水流方向的永久性标志。

4 报警阀和控制阀的阀瓣及操作机构应动作灵活、无卡涩现象,阀体内应清洁、无异物堵塞。

5 水力警铃的铃锤应转动灵活、无阻滞现象;传动轴密封性能好,不得有渗漏水现象。

6 报警阀应进行渗漏试验。试验压力应为额定工作压力的 2 倍,保压时间不应小于 5min,阀瓣处应无渗漏。

检查数量:全数检查。

检查方法:观察检查及在专用试验装置上测试,主要测试设备有试压泵、压力表、秒表。

3.2.9 压力开关、水流指示器、自动排气阀、减压阀、泄压阀、多功能水泵控制阀、止回阀、信号阀、水泵接器及水位、气压、阀门限位等自动监测装置应有清晰的铭牌、安全操作指示标志和产品说明书;水流指示器、水泵接器、减压阀、止回阀、过滤器、泄压阀、多功能水泵控制阀应有水流方向的永久性标志;安装前应进行主要功能检查。

检查数量:全数检查。

检查方法:观察检查及在专用试验装置上测试,主要测试设备有试压泵、压力表、秒表。

4 供水设施安装与施工

4.1 一般规定

4.1.1 消防水泵、消防水箱、消防水池、消防气压给水设备、消防水泵接器等供水设施及其附属管道的安装,应清除其内部污垢和杂物。安装中断时,其敞口处应封闭。

4.1.2 消防供水设施应采取安全可靠的防护措施,其安装位置应便于日常操作和维护管理。

4.1.3 消防供水管直接与市政供水管、生活供水管连接时,连接处应安装倒流防止器。

4.1.4 供水设施安装时,环境温度不应低于 5℃;当环境温度低于 5℃时,应采取防冻措施。

4.2 消防水泵安装

主控项目

4.2.1 消防水泵的规格、型号应符合设计要求,并应有产品合格证和安装使用说明书。

检查数量:全数检查。

检查方法:对照图纸观察检查。

4.2.2 消防水泵的安装,应符合现行国家标准《机械设备安装工程施工及验收通用规范》GB 50231、《压缩机、风机、泵安装工程施工及验收规范》GB 50275 的有关规定。

检查数量:全数检查。

检查方法:尺量和观察检查。

4.2.3 吸水管及其附件的安装应符合下列要求:

1 吸水管上宜设过滤器,并应安装在控制阀后。

2 吸水管上的控制阀应在消防水泵固定于基础上之后再进行安装,其直径不应小于消防水泵吸水口直径,且不应采用没有可靠锁定装置的蝶阀,蝶阀应采用沟槽式或法兰式蝶阀。

检查数量:全数检查。

检查方法:观察检查。

3 当消防水泵和消防水池位于独立的两个基础上且相互为刚性连接时,吸水管上应加设柔性连接管。

检查数量:全数检查。

检查方法:观察检查。

4 吸水管水平管段上不应有气囊和漏气现象。变径连接时,应采用偏心异径管件并应采用管顶平接。

检查数量:全数检查。

检查方法:观察检查。

4.2.4 消防水泵的出水管上应安装止回阀、控制阀和压力表,或安装控制阀、多功能水泵控制阀和压力表;系统的总出水管上还应安装压力表;安装压力表时应加设缓冲装置。缓冲装置的前面应安装旋塞;压力表量程应为工作压力的 2.0 倍~2.5 倍。止回阀或多功能水泵控制阀的安装方向应与水流方向一致。

检查数量:全数检查。

检查方法:观察检查。

4.2.5 在水泵出水管上,应安装由控制阀、检测供水压力、流量用的仪表及排水管道组成的系统流量压力检测装置或预留可供连接流量压力检测装置的接口,其通水能力应与系统供水能力一致。

检查数量:全数检查。

检查方法:观察检查。

4.3 消防水箱安装和消防水池施工

Ⅰ 主控项目

4.3.1 消防水池、高位消防水箱的施工和安装,应符合现行国家标准《给水排水构筑物工程施工及验收规范》GB 50141、《建筑给水排水及采暖工程施工质量验收规范》GB 50242 的有关规定。消防水池、高位消防水箱的水位显示装置设置方式及设置位置应符合设计文件要求。

检查数量:全数检查。

检查方法:尺量和观察检查。

4.3.2 钢筋混凝土消防水池或消防水箱的进水管、出水管应加设防水套管,对有振动的管道应加设柔性接头。组合式消防水池或消防水箱的进水管、出水管接头宜采用法兰连接,采用其他连接时应做防锈处理。

检查数量:全数检查。

检查方法:观察检查。

Ⅱ 一般项目

4.3.3 高位消防水箱、消防水池的容积、安装位置应符合设计要求。安装时,池(箱)外壁与建筑本体结构墙面或其他池壁之间的净距,应满足施工或装配的需要。无管道的侧面,净距不宜小于 0.7m;安装有管道的侧面,净距不宜小于 1.0m,且管道外壁与建筑本体墙面之间的通道宽度不宜小于 0.6m;设有人孔的池顶,顶板面与上面建筑本体板底的净空不应小于 0.8m,拼装形式的高位消防水箱底与所在地坪的距离不宜小于 0.5m。

检查数量:全数检查。

检查方法:对照图纸,尺量检查。

4.3.4 消防水池、高位消防水箱的溢流管、泄水管不得与生产或生活用水的排水系统直接相连,应采用间接排水方式。

检查数量:全数检查。

检查方法:观察检查。

4.3.5 高位消防水箱、消防水池的人孔宜密闭。通气管、溢流管应有防止昆虫及小动物爬入水池(箱)的措施。

检查方法:对照图纸,观察检查。

4.3.6 当高位消防水箱、消防水池与其他用途的水箱、水池合用时,应复核有效的消防水量,满足设计要求,并应设有防止消防用水被他用的措施。

检查数量:全数检查。

检查方法:对照图纸,尺量检查。

4.3.7 高位消防水箱、消防水池的进水管、出水管上应设置带有指示启闭装置的阀门。

检查数量:全数检查。

检查方法:对照图纸,观察检查。

4.3.8 高位消防水箱的出水管上应设置防止消防用水倒流进入高位消防水箱的止回阀。

检查数量:全数检查。

检查方法:对照图纸,核对产品的性能检验报告和观察检查。

4.4 消防气压给水设备和稳压泵安装

Ⅰ 主控项目

4.4.1 消防气压给水设备的气压罐,其容积(总容积、最大有效水容积)、气压、水位及工作压力应符合设计要求。

检查数量:全数检查。

检查方法:对照图纸,观察检查。

4.4.2 消防气压给水设备安装位置、进水管及出水管方向应符合设计要求;出水管上应设止回阀,安装时其四周应设检修通道,其宽度不宜小于 0.7m,消防气压给水设备顶部至楼板或梁底的距离不宜小于 0.6m。

检查数量:全数检查。

检查方法:对照图纸,尺量和观察检查。

Ⅱ 一般项目

4.4.3 消防气压给水设备上的安全阀、压力表、泄水管、水位指示器、压力控制仪表等的安装应符合产品使用说明书的要求。

检查数量:全数检查。

检查方法:对照图纸,观察检查。

4.4.4 稳压泵的规格、型号应符合设计要求,并应有产品合格证和安装使用说明书。

检查数量:全数检查。

检查方法:对照图纸,观察检查。

4.4.5 稳压泵的安装应符合现行国家标准《机械设备安装工程施工及验收通用规范》GB 50231 和《压缩机、风机、泵安装工程施工及验收规范》GB 50275 的有关规定。

检查数量:全数检查。

检查方法:尺量和观察检查。

4.5 消防水泵接合器安装

Ⅰ 主控项目

4.5.1 组装式消防水泵接合器的安装,应按接口、本体、联接管、止回阀、安全阀、放空管、控制阀的顺序进行,止回阀的安装方向应使消防用水能从消防水泵接合器进入系统;整体式消防水泵接合器的安装,按其使用安装说明书进行。

检查数量:全数检查。

检查方法:观察检查。

4.5.2 消防水泵接合器的安装应符合下列规定:

1 应安装在便于消防车接近的人行道或非机动车行驶地段,距室外消火栓或消防水池的距离宜为 15m~40m。

检查数量:全数检查。

检查方法:观察检查、尺量检查。

2 自动喷水灭火系统的消防水泵接合器应设置与消火栓系统的消防水泵接合器区别的永久性固定标志,并有分区标志。

检查数量:全数检查。

检查方法:观察检查。

3 地下消防水泵接合器应采用铸有"消防水泵接合器"标志的铸铁井盖,并应在附近设置指示其位置的永久性固定标志。

检查数量:全数检查。

检查方法:观察检查。

4 墙壁消防水泵接合器的安装应符合设计要求。设计无要求时,其安装高度距地面宜为0.7m;与墙面上的门、窗、孔、洞的净距离不应小于2.0m,且不应安装在玻璃幕墙下方。

检查数量:全数检查。

检查方法:观察检查和尺量检查。

4.5.3 地下消防水泵接合器的安装,应使进水口与井盖底面的距离不大于0.4m,且不应小于井盖的半径。

检查数量:全数检查。

检查方法:尺量检查。

Ⅱ 一 般 项 目

4.5.4 地下消防水泵接合器井的砌筑应有防水和排水措施。

检查数量:全数检查。

检查方法:观察检查。

5 管网及系统组件安装

5.1 管 网 安 装

Ⅰ 主 控 项 目

5.1.1 管网采用钢管时,其材质应符合现行国家标准《输送流体用无缝钢管》GB/T 8163和《低压流体输送用焊接钢管》GB/T 3091的要求。

检查数量:全数检查。

检查方法:查验材料质量合格证明文件、性能检测报告,尺量、观察检查。

5.1.2 管网采用不锈钢管时,其材质应符合现行国家标准《流体输送用不锈钢焊接钢管》GB/T 12771和《不锈钢卡压式管件连接用薄壁不锈钢管》GB/T 19228.2的要求。

检查数量:全数检查。

检查方法:查验材料质量合格证明文件、性能检测报告,尺量、观察检查。

5.1.3 管网采用铜管道时,其材质应符合现行国家标准《无缝铜水管和铜气管》GB/T 18033、《铜管接头 第1部分:钎焊式管件》GB/T 11618.1和《铜管接头 第2部分:卡压式管件》GB/T 11618.2的要求。

检查数量:全数检查。

检查方法:查验材料质量合格证明文件、性能检测报告,尺量、观察检查。

5.1.4 管网采用涂覆钢管时,其材质应符合现行国家标准《自动喷水灭火系统 第20部分 涂覆钢管》GB 5135.20的要求。

检查数量:全数检查。

检查方法:查验材料质量合格证明文件、性能检测报告,尺量、观察检查。

5.1.5 管网采用氯化聚氯乙烯(PVC-C)管道时,其材质应符合现行国家标准《自动喷水灭火系统 第19部分 塑料管道及管件》GB 5135.19的要求。

检查数量:全数检查。

检查方法:查验材料质量合格证明文件、性能检测报告,尺量、观察检查。

5.1.6 管道连接后不应减小过水横断面面积。热镀锌钢管、涂覆钢管安装应采用螺纹、沟槽式管件或法兰连接。

5.1.7 薄壁不锈钢管安装应采用环压、卡凸式、卡压、沟槽式、法兰等连接。

5.1.8 铜管安装应采用钎焊、卡套、卡压、沟槽式等连接。

5.1.9 氯化聚氯乙烯(PVC-C)管材与氯化聚氯乙烯(PVC-C)管件的连接应采用承插式粘接连接;氯化聚氯乙烯(PVC-C)管材与法兰式管道、阀门及管件的连接,应采用氯化聚氯乙烯(PVC-C)法兰与其他材质法兰对接连接;氯化聚氯乙烯(PVC-C)管材与螺纹式管道、阀门及管件的连接应采用内丝接头的注塑管件螺纹连接;氯化聚氯乙烯(PVC-C)管材与沟槽式(卡箍)管道、阀门及管件的连接,应采用沟槽(卡箍)注塑管件连接。

检查数量:抽查20%,且不得少于5处。

检查方法:观察检查,强度试验。

5.1.10 管网安装前应校直管道,并清除管道内部的杂物;在具有腐蚀性的场所,安装前应按设计要求对管道、管件等进行防腐处理;安装时应随时清除管道内部的杂物。

检查数量:抽查20%,且不得少于5处。

检查方法:观察检查和用水平尺检查。

5.1.11 沟槽式管件连接应符合下列规定:

1 选用的沟槽式管件应符合现行国家标准《自动喷水灭火系统 第11部分:沟槽式管接件》GB 5135.11的要求,其材质应为球墨铸铁,并应符合现行国家标准《球墨铸铁件》GB/T 1348的要求;橡胶密封圈的材质应为EPDM(三元乙丙橡胶),并应符合《金属管道系统快速管接头的性能要求和试验方法》ISO 6182-12的要求。

2 沟槽式管件连接时,其管道连接沟槽和开孔应用专用滚槽机和开孔机加工,并应做防腐处理;连接前应检查沟槽和孔洞尺寸,加工质量应符合技术要求;沟槽、孔洞处不得有毛刺、破损性裂纹和脏物。

检查数量:抽查20%,且不得少于5处。

检查方法:观察和尺量检查。

3 橡胶密封圈应无破损和变形。

检查数量:抽查20%,且不得少于5处。

检查方法:观察检查。

4 沟槽式管件的凸边应卡进沟槽后再紧固螺栓,两边应同时紧固,紧固时发现橡胶圈起皱应更换新橡胶圈。

检查数量:抽查20%,且不得少于5处。

检查方法:观察检查。

5 机械三通连接时,应检查机械三通与孔洞的间隙,各部位应均匀,然后予紧固到位;机械三通开孔间距不应小于500mm,机械四通开孔间距不应小于1000mm;机械三通、机械四通连接时支管的口径应满足表5.1.11的规定。

表5.1.11 采用支管接头(机械三通、机械四通)时支管的最大允许管径(mm)

主管直径DN		50	65	80	100	125	150	200	250	300
支管直径DN	机械三通	25	40	40	65	80	100	100	100	100
	机械四通	—	32	40	50	65	80	100	100	100

检查数量:抽查20%,且不得少于5处。

检查方法:观察检查和尺量检查。

6 配水干管(立管)与配水管(水平管)连接,应采用沟槽式管件,不应采用机械三通。

检查数量:抽查20%,且不得少于5处。

检查方法:观察检查。

7 埋地的沟槽式管件的螺栓、螺帽应做防腐处理。水泵房内的埋地管道连接应采用挠性接头。

检查数量:全数检查。

检查方法:观察检查或局部解剖检查。

5.1.12 螺纹连接应符合下列要求:

1 管道宜采用机械切割,切割面不得有飞边、毛刺;管道螺纹密封面应符合现行国家标准《普通螺纹 基本尺寸》GB/T 196、《普通螺纹 公差》GB/T 197和《普通螺纹 管路系列》GB/T 1414的有关规定。

检查数量:全数检查。

检查方法:观察检查。

2 当管道变径时,宜采用异径接头;在管道弯头处不宜采用补芯,当需要采用补芯时,三通上可用1个,四通上不应超过2个;公称直径大于50mm的管道不宜采用活接头。

检查数量:全数检查。

检查方法:观察检查。

3 螺纹连接的密封填料应均匀附着在管道的螺纹部分;拧紧螺纹时,不得将填料挤入管道内;连接后,应将连接处外部清理干净。

检查数量:抽查20%,且不得少于5处。

检查方法:观察检查。

5.1.13 法兰连接可采用焊接法兰或螺纹法兰。焊接法兰焊接处应做防腐处理,并宜重新镀锌后再连接。焊接应符合现行国家标准《工业金属管道工程施工及验收规范》GB 50235、《现场设备、工业管道焊接工程施工及验收规范》GB 50236的有关规定。螺纹法兰连接应预测对接位置,清除外露密封填料后再紧固、连接。

检查数量:抽查20%,且不得少于5处。

检查方法:观察检查。

Ⅱ 一 般 项 目

5.1.14 管道的安装位置应符合设计要求。当设计无要求时,管道的中心线与梁、柱、楼板等的最小距离应符合表5.1.14的规定。公称直径大于或等于100mm的管道其距离顶板、墙面的安装距离不宜小于200mm。

表5.1.14 管道的中心线与梁、柱、楼板的最小距离(mm)

公称直径	25	32	40	50	70	80	100	125	150	200	250	300
距离	40	40	50	60	70	80	100	125	150	200	250	300

检查数量:抽查20%,且不得少于5处。

检查方法:尺量检查。

5.1.15 管道支架、吊架、防晃支架的安装应符合下列要求:

1 管道应固定牢固;管道支架或吊架之间的距离不应大于表5.1.15-1~表5.1.15-5的规定。

表5.1.15-1 镀锌钢管道、涂覆钢管道支架或吊架之间的距离

公称直径(mm)	25	32	40	50	70	80	100	125	150	200	250	300
距离(m)	3.5	4.0	4.5	5.0	6.0	6.0	6.5	7.0	8.0	9.5	11.0	12.0

表5.1.15-2 不锈钢管道的支架或吊架之间的距离

公称直径 DN (mm)	25	32	40	50~100	150~300
水平管(m)	1.8	2.0	2.2	2.5	3.5
立管(m)	2.2	2.5	2.8	3.0	4.0

注:1 在距离各管件或阀门100mm以内应采用管卡牢固固定,特别在干管变支管变处。

2 阀门等组件应加设承重支架。

表5.1.15-3 铜管道的支架或吊架之间的距离

公称直径 DN (mm)	25	32	40	50	65	80	100	125	150	200	250	300
水平管(m)	1.8	2.4	2.4	2.4	3.0	3.0	3.0	3.0	3.5	3.5	4.0	4.0
立管(m)	2.4	3.0	3.0	3.0	3.5	3.5	3.5	4.0	4.0	4.0	4.5	4.5

表5.1.15-4 氯化聚氯乙烯(PVC-C)管道支架或吊架之间的距离

公称外径(mm)	25	32	40	50	65	80
最大间距(m)	1.8	2.0	2.1	2.4	2.7	3.0

表5.1.15-5 沟槽连接管道最大支承间距

公称直径(mm)	最大支承间距(m)
65~100	3.5
125~200	4.2
250~315	5.0

注:1 横管的任何两个接头之间应有支承;

2 不得支承在接头上。

检查数量:抽查20%,且不得少于5处。

检查方法:尺量检查。

2 管道支架、吊架、防晃支架的型式、材质、加工尺寸及焊接质量等,应符合设计要求和国家现行有关标准的规定。

3 管道支架、吊架的安装位置不应妨碍喷头的喷水效果;管道支架、吊架与喷头之间的距离不宜小于300mm;与末端喷头之间的距离不宜大于750mm。

检查数量:抽查20%,且不得少于5处。

检查方法:尺量检查。

4 配水支管上每一直管段,相邻两喷头之间的管段设置的吊架均不宜少于1个,吊架的间距不宜大于3.6m。

检查数量:抽查20%,且不得少于5处。

检查方法:观察检查和尺量检查。

5 当管道的公称直径等于或大于50mm时,每段配水干管或配水管设置防晃支架不应少于1个,且防晃支架的间距不宜大于15m;当管道改变方向时,应增设防晃支架。

检查数量:全数检查。

检查方法:观察检查和尺量检查。

6 竖直安装的配水干管除中间用管卡固定外,还应在其始端和终端设防晃支架或采用管卡固定,其安装位置距地面或楼面的距离宜为1.5m~1.8m。

检查数量:全数检查。

检查方法:观察检查和尺量检查。

5.1.16 管道穿过建筑物的变形缝时,应采取抗变形措施。穿过墙体或楼板时应加设套管,套管长度不得小于墙体厚度,穿过楼板的套管其顶部应高出装饰地面20mm;穿过卫生间或厨房楼板的套管,其顶部应高出装饰地面50mm,且套管底部应与楼板底面相平。套管与管道的间隙应采用不燃材料填塞密实。

检查数量:抽查20%,且不得少于5处。

检查方法:观察检查和尺量检查。

5.1.17 管道横向安装宜设2‰~5‰的坡度,且应坡向排水管;当局部区域难以利用排水管将水排净时,应采取相应的排水措施。当喷头数量小于或等于5只时,可在管道低凹处加设堵头;当喷头数量大于5只时,宜装设带阀门的排水管。

检查数量:全数检查。

检查方法:观察检查,水平尺和尺量检查。

5.1.18 配水干管、配水管应做红色或红色环圈标志。红色环圈标志,宽度不应小于20mm,间隔不宜大于4m,在一个独立的单元内环圈不宜少于2处。

检查数量:抽查20%,且不得少于5处。

检查方法:观察检查和尺量检查。

5.1.19 管网在安装中断时,应将管道的敞口封闭。

检查数量:全数检查。

检查方法:观察检查。

5.1.20 涂覆钢管的安装应符合下列有关规定:

1 涂覆钢管严禁剧烈撞击或与尖锐物品碰触,不得抛、摔、滚、拖;

2 不得在现场进行焊接操作;

3 涂覆钢管与铜管、氯化聚氯乙烯(PVC-C)管连接时应采用专用过渡接头。

5.1.21 不锈钢管的安装应符合下列有关规定:

1 薄壁不锈钢管与其他材料的管材、管件和附件相连接时,应有防止电化学腐蚀的措施。

2 公称直径为DN25~50的薄壁不锈钢管道与其他材料的管道连接时,应采用专用螺纹转换连接件(如环压或卡压式不锈钢管的螺纹转换接头)连接。

3 公称直径为DN65~100的薄壁不锈钢管道与其他材料的管道连接时,宜采用专用法兰转换连接件连接。

4 公称直径DN≥125的薄壁不锈钢管道与其他材料的管道连接时,宜采用沟槽式管件连接或法兰连接。

5.1.22 铜管的安装应符合下列有关规定:

1 硬钎焊可用于各种规格铜管与管件的连接;对管径不大于DN50、需拆卸的铜管可采用卡套连接;管径不大于DN50的铜管可采用卡压连接;管径不小于DN50的铜管可采用沟槽连接。

2 管道支承件宜采用铜合金制品。当采用钢件支架时,管道与支架之间应设软性隔垫,隔垫不得对管道产生腐蚀。

3 当沟槽连接件为非铜材质时,其接触面应采取必要的防腐措施。

5.1.23 氯化聚氯乙烯(PVC-C)管道的安装应符合下列有关规定:

1 氯化聚氯乙烯(PVC-C)管材与氯化聚氯乙烯(PVC-C)管件的连接应采用承插式粘接连接;氯化聚氯乙烯(PVC-C)管材与法兰式管道、阀门及管件的连接,应采用氯化聚氯乙烯(PVC-C)法兰与其他材质法兰对接连接;氯化聚氯乙烯(PVC-C)管材与螺纹式管道、阀门及管件的连接应采用内丝接头的注塑管件螺纹连接;氯化聚氯乙烯(PVC-C)管材与沟槽式(卡箍)管道、阀门及管件的连接,应采用沟槽(卡箍)注塑管件连接。

2 粘接连接应选用与管材、管件相兼容的粘接剂,粘接连接宜在4℃~38℃的环境温度下操作,接头粘接不得在雨中或水中施工,并应远离火源,避免阳光直射。

5.1.24 消防洒水软管的安装应符合下列有关规定:

1 消防洒水软管出水口的螺纹应和喷头的螺纹标准一致。

2 消防洒水软管安装弯曲时应大于软管标记的最小弯曲半径。

3 消防洒水软管安装相应的支架系统进行固定,确保连接喷头处锁紧。

4 消防洒水软管波纹段与接头处60mm之内不得弯曲。

5 应用在洁净室区域的消防洒水软管应采用全不锈钢材料制作的编织网型式焊接软管,不得采用橡胶圈密封的组装型式的软管。

6 应用在风烟管道处的消防洒水软管应采用全不锈钢材料制作的编织网型式焊接型软管,且应安装配套防火底座和与喷头响应温度对应的自熔密封塑料袋。

5.2 喷头安装

Ⅰ 主控项目

5.2.1 喷头安装必须在系统试压、冲洗合格后进行。

检查数量:全数检查。

检查方法:检查系统试压、冲洗记录表。

5.2.2 喷头安装时,不应对喷头进行拆装、改动,并严禁给喷头、隐蔽式喷头的装饰盖板附加任何装饰性涂层。

检查数量:全数检查。

检查方法:观察检查。

5.2.3 喷头安装应使用专用扳手,严禁利用喷头的框架施拧;喷头的框架、溅水盘产生变形或释放原件损伤时,应采用规格、型号相同的喷头更换。

检查数量:全数检查。

检查方法:观察检查。

5.2.4 安装在易受机械损伤处的喷头,应加设喷头防护罩。

检查数量:全数检查。

检查方法:观察检查。

5.2.5 喷头安装时,溅水盘与吊顶、门、窗、洞口或障碍物的距离应符合设计要求。

检查数量:抽查20%,且不得少于5处。

检查方法:对照图纸,尺量检查。

5.2.6 安装前检查喷头的型号、规格、使用场所应符合设计要求。系统采用隐蔽式喷头时,配水支管的标高和吊顶的开口尺寸应准确控制。

检查数量:全数检查。

检查方法:对照图纸,观察检查。

Ⅱ 一般项目

5.2.7 当喷头的公称直径小于10mm时,应在配水干管或配水管上安装过滤器。

检查数量:全数检查。

检查方法:观察检查。

5.2.8 当喷头溅水盘高于附近梁底或高于宽度小于1.2m的通风管道、排管、桥架腹面时,喷头溅水盘高于梁底、通风管道、排管、桥架腹面的最大垂直距离应符合表5.2.8-1~表5.2.8-9的规定(见图5.2.8)。

检查数量:全数检查。

检查方法:尺量检查。

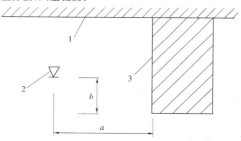

图 5.2.8 喷头与梁等障碍物的距离
1—天花板或屋顶;2—喷头;3—障碍物

表 5.2.8-1 喷头溅水盘高于梁底、通风管道腹面的最大垂直距离
(标准直立与下垂喷头)

喷头与梁、通风管道、排管、桥架的水平距离a(mm)	喷头溅水盘高于梁底、通风管道、排管、桥架腹面的最大垂直距离b(mm)
a<300	0
300≤a<600	60
600≤a<900	140
900≤a<1200	240
1200≤a<1500	350
1500≤a<1800	450
1800≤a<2100	600
a≥2100	880

表 5.2.8-2 喷头溅水盘高于梁底、通风管道腹面的最大垂直距离
（边墙型喷头，与障碍物平行）

喷头与梁、通风管道、排管、桥架的水平距离a(mm)	喷头溅水盘高于梁底、通风管道、排管、桥架腹面的最大垂直距离b(mm)
a<300	30
300≤a<600	80
600≤a<900	140
900≤a<1200	200
1200≤a<1500	250
1500≤a<1800	320
1800≤a<2100	380
2100≤a<2250	440

表 5.2.8-3 喷头溅水盘高于梁底、通风管道腹面的最大垂直距离
（边墙型喷头，与障碍物垂直）

喷头与梁、通风管道、排管、桥架的水平距离a(mm)	喷头溅水盘高于梁底、通风管道、排管、桥架腹面的最大垂直距离b(mm)
a<1200	不允许
1200≤a<1500	30
1500≤a<1800	50
1800≤a<2100	100
2100≤a<2400	180
a≥2400	280

表 5.2.8-4 喷头溅水盘高于梁底、通风管道腹面的最大垂直距离
（扩大覆盖面直立与下垂喷头）

喷头与梁、通风管道、排管、桥架的水平距离a(mm)	喷头溅水盘高于梁底、通风管道、排管、桥架腹面的最大垂直距离b(mm)
a<300	0
300≤a<600	0
600≤a<900	30

续表 5.2.8-4

喷头与梁、通风管道、排管、桥架的水平距离a(mm)	喷头溅水盘高于梁底、通风管道、排管、桥架腹面的最大垂直距离b(mm)
900≤a<1200	80
1200≤a<1500	130
1500≤a<1800	180
1800≤a<2100	230
2100≤a<2400	350
2400≤a<2700	380
2700≤a<3000	480

表 5.2.8-5 喷头溅水盘高于梁底、通风管道腹面的最大垂直距离
（扩大覆盖面边墙型喷头，与障碍物平行）

喷头与梁、通风管道、排管、桥架的水平距离a(mm)	喷头溅水盘高于梁底、通风管道、排管、桥架腹面的最大垂直距离b(mm)
a<450	0
450≤a<900	30
900≤a<1200	80
1200≤a<1350	130
1350≤a<1800	180
1800≤a<1950	230
1950≤a<2100	280
2100≤a<2250	350

表 5.2.8-6 喷头溅水盘高于梁底、通风管道腹面的最大垂直距离
（扩大覆盖面边墙型喷头，与障碍物垂直）

喷头与梁、通风管道、排管、桥架的水平距离a(mm)	喷头溅水盘高于梁底、通风管道、排管、桥架腹面的最大垂直距离b(mm)
a<2400	不允许

续表 5.2.8-6

喷头与梁、通风管道、排管、桥架的水平距离a(mm)	喷头溅水盘高于梁底、通风管道、排管、桥架腹面的最大垂直距离b(mm)
2400≤a<3000	30
3000≤a<3300	50
3300≤a<3600	80
3600≤a<3900	100
3900≤a<4200	150
4200≤a<4500	180
4500≤a<4800	230
4800≤a<5100	280
a≥5100	350

表 5.2.8-7 喷头溅水盘高于梁底、通风管道腹面的
最大垂直距离（特殊应用喷头）

喷头与梁、通风管道、排管、桥架的水平距离a(mm)	喷头溅水盘高于梁底、通风管道、排管、桥架腹面的最大垂直距离b(mm)
a<300	0
300≤a<600	40
600≤a<900	140
900≤a<1200	250
1200≤a<1500	380
1500≤a<1800	550
a≥1800	780

表 5.2.8-8 喷头溅水盘高于梁底、通风管道腹面的
最大垂直距离（ESFR 喷头）

喷头与梁、通风管道、排管、桥架的水平距离a(mm)	喷头溅水盘高于梁底、通风管道、排管、桥架腹面的最大垂直距离b(mm)
a<300	0

续表 5.2.8-8

喷头与梁、通风管道、排管、桥架的水平距离a(mm)	喷头溅水盘高于梁底、通风管道、排管、桥架腹面的最大垂直距离b(mm)
300≤a<600	40
600≤a<900	140
900≤a<1200	250
1200≤a<1500	380
1500≤a<1800	550
a≥1800	780

表 5.2.8-9 喷头溅水盘高于梁底、通风管道腹面的最大垂直距离
（直立和下垂型家用喷头）

喷头与梁、通风管道、排管、桥架的水平距离a(mm)	喷头溅水盘高于梁底、通风管道、排管、桥架腹面的最大垂直距离b(mm)
a<450	0
450≤a<900	30
900≤a<1200	80
1200≤a<1350	130
1350≤a<1800	180
1350≤a<1950	230
1950≤a<2100	280
a≥2100	350

5.2.9 当梁、通风管道、排管、桥架宽度大于 1.2m 时，增设的喷头应安装在其腹面以下部位。

检查数量：全数检查。

检查方法：观察检查。

5.2.10 当喷头安装在不到顶的隔断附近时，喷头与隔断的水平距离和最小垂直距离应符合表 5.2.10 的规定（见图 5.2.10）。

检查数量：全数检查。

检查方法:尺量检查。

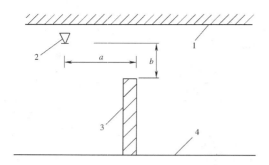

图 5.2.10 喷头与隔断障碍物的距离
1—天花板或屋顶;2—喷头;3—障碍物;4—地板

表 5.2.10 喷头与隔断的水平距离和最小垂直距离(mm)

喷头与隔断的水平距离 a	喷头与隔断的最小垂直距离 b
$a<150$	80
$150\leqslant a<300$	150
$300\leqslant a<450$	240
$450\leqslant a<600$	310
$600\leqslant a<750$	390
$a\geqslant750$	450

5.2.11 下垂式早期抑制快速响应(ESFR)喷头溅水盘与顶板的距离应为150mm~360mm。直立式早期抑制快速响应(ESFR)喷头溅水盘与顶板的距离应为100mm~150mm。

5.2.12 顶板处的障碍物与任何喷头的相对位置,应使喷头到障碍物底部的垂直距离(H)以及到障碍物边缘的水平距离(L)满足图5.2.12所示的要求。当无法满足要求时,应满足下列要求之一。

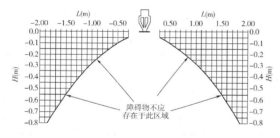

图 5.2.12 喷头与障碍物的相对位置

1 当顶板处实体障碍物宽度不大于0.6m时,应在障碍物的两侧都安装喷头,且两侧喷头到该障碍物的水平距离不应大于所要求喷头间距的一半。

2 对顶板处非实体的建筑构件,喷头与构件侧缘应保持不小于0.3m的水平距离。

5.2.13 早期抑制快速响应(ESFR)喷头与喷头下障碍物的距离应满足本规范图5.2.12所示的要求。当无法满足要求时,喷头下障碍物的宽度与位置应满足本规范表5.2.13的规定。

表 5.2.13 喷头下障碍物的宽度与位置

喷头下障碍物宽度 W（cm）	障碍物位置或其他要求	
	障碍物边缘距喷头溅水盘最小允许水平距离 L（m）	障碍物顶端距喷头溅水盘最小允许垂直距离 H（m）
$W\leqslant2$	任意	0.1
$2<W\leqslant5$	任意	0.6
	0.3	任意
$5<W\leqslant30$	0.3	任意
$30<W\leqslant60$	0.6	任意

续表 5.2.13

喷头下障碍物宽度 W（cm）	障碍物位置或其他要求	
	障碍物边缘距喷头溅水盘最小允许水平距离 L（m）	障碍物顶端距喷头溅水盘最小允许垂直距离 H（m）
$W\geqslant60$	障碍物位置任意。障碍物以下加装同类喷头,喷头最大间距应为2.4m。若障碍物底面不是平面(例如圆形风管)或不是实体(例如一组电缆),应在障碍物下安装一层宽度相同或稍宽的不燃平板,再按要求在这层平板下安装喷头	

5.2.14 直立式早期抑制快速响应(ESFR)喷头下的障碍物,满足下列任一要求时,可以忽略不计。

1 腹部通透的屋面托架或桁架,其下弦宽度或直径不大于10cm。

2 其他单独的建筑构件,其宽度或直径不大于10cm。

3 单独的管道或线槽等,其宽度或直径不大于10cm,或者多根管道或线槽,总宽度不大于10cm。

5.3 报警阀组安装

主控项目

5.3.1 报警阀组的安装应在供水管网试压、冲洗合格后进行。安装时应先安装水源控制阀、报警阀,然后进行报警阀辅助管道的连接。水源控制阀、报警阀与配水干管的连接,应使水流方向一致。报警阀组安装的位置应符合设计要求;当设计无要求时,报警阀组应安装在便于操作的明显位置,距室内地面高度宜为1.2m;两侧与墙的距离不应小于0.5m;正面与墙的距离不应小于1.2m;报警阀组凸出部位之间的距离不应小于0.5m。安装报警阀组的室内地面应有排水设施,排水能力应满足报警阀调试、验收和利用试水阀门泄空系统管道的要求。

检查数量:全数检查。

检查方法:检查系统试压、冲洗记录表,观察检查和尺量检查。

5.3.2 报警阀组附件的安装应符合下列要求:

1 压力表应安装在报警阀上便于观测的位置。

检查数量:全数检查。

检查方法:观察检查。

2 排水管和试验阀应安装在便于操作的位置。

检查数量:全数检查。

检查方法:观察检查。

3 水源控制阀安装应便于操作,且应有明显开闭标志和可靠的锁定设施。

检查数量:全数检查。

检查方法:观察检查。

5.3.3 湿式报警阀组的安装应符合下列要求:

1 应使报警阀前后的管道中能顺利充满水;压力波动时,水力警铃不应发生误报警。

检查数量:全数检查。

检查方法:观察检查和开启阀门以小于一个喷头的流量放水。

2 报警水流通路上的过滤器应安装在延迟器前,且便于排渣操作的位置。

检查数量:全数检查。

检查方法:观察检查。

5.3.4 干式报警阀组的安装应符合下列要求:

1 应安装在不发生冰冻的场所。

2 安装完成后,应向报警阀气室注入高度为50mm~100mm的清水。

3 充气连接管接口应在报警阀气室充注水位以上部位,且充气连接管的直径不应小于15mm;止回阀、截止阀应安装在充气连接管上。

检查数量:全数检查。

检查方法:观察检查和尺量检查。

4 气源设备的安装应符合设计要求和国家现行有关标准的规定。

5 安全排气阀应安装在气源与报警阀之间,且应靠近报警阀。

检查数量:全数检查。

检查方法:观察检查。

6 加速器应安装在靠近报警阀的位置,且应有防止水进入加速器的措施。

检查数量:全数检查。

检查方法:观察检查。

7 低气压预报警装置应安装在配水干管一侧。

检查数量:全数检查。

检查方法:观察检查。

8 下列部位应安装压力表:

(1)报警阀充水一侧和充气一侧;

(2)空气压缩机的气泵和储气罐上;

(3)加速器上。

检查数量:全数检查。

检查方法:观察检查。

9 管网充气压力应符合设计要求。

5.3.5 雨淋阀组的安装应符合下列要求:

1 雨淋阀组可采用电动开启、传动管开启或手动开启,开启控制装置的安装应安全可靠。水传动管的安装应符合湿式系统有关要求。

2 预作用系统雨淋阀组后的管道若需充气,其安装应按干式报警阀组有关要求进行。

3 雨淋阀组的观测仪表和操作阀门的安装位置应符合设计要求,并应便于观测和操作。

检查数量:全数检查。

检查方法:观察检查。

4 雨淋阀组手动开启装置的安装位置应符合设计要求,且在发生火灾时应能安全开启和便于操作。

检查数量:全数检查。

检查方法:对照图纸观察检查和开启阀门检查。

5 压力表应安装在雨淋阀的水源一侧。

检查数量:全数检查。

检查方法:观察检查。

5.4 其他组件安装

Ⅰ 主控项目

5.4.1 水流指示器的安装应符合下列要求:

1 水流指示器的安装应在管道试压和冲洗合格后进行,水流指示器的规格、型号应符合设计要求。

检查数量:全数检查。

检查方法:对照图纸观察检查和检查管道试压和冲洗记录。

2 水流指示器应使电器元件部位竖直安装在水平管道上侧,其动作方向应和水流方向一致;安装后的水流指示器桨片、膜片应动作灵活,不应与管壁发生碰擦。

检查数量:全数检查。

检查方法:观察检查和开启阀门放水检查。

5.4.2 控制阀的规格、型号和安装位置均应符合设计要求;安装方向应正确,控制阀内应清洁、无堵塞、无渗漏;主要控制阀应加设启闭标志;隐蔽处的控制阀在明显处应设有指示其位置的标志。

检查数量:全数检查。

检查方法:观察检查。

5.4.3 压力开关应竖直安装在通往水力警铃的管道上,且不应在安装中拆装改动。管网上的压力控制装置的安装应符合设计要求。

检查数量:全数检查。

检查方法:观察检查。

5.4.4 水力警铃应安装在公共通道或值班室附近的外墙上,且应安装检修、测试用的阀门。水力警铃和报警阀的连接应采用热镀锌钢管,当镀锌钢管的公称直径为20mm时,其长度不宜大于20m;安装后的水力警铃启动时,警铃声强度应不小于70dB。

检查数量:全数检查。

检查方法:观察检查、尺量检查和开启阀门放水,水力警铃启动后检查压力表的数值。

5.4.5 末端试水装置和试水阀的安装位置应便于检查、试验,并应有相应排水能力的排水设施。

检查数量:全数检查。

检查方法:观察检查

Ⅱ 一般项目

5.4.6 信号阀应安装在水流指示器前的管道上,与水流指示器之间的距离不宜小于300mm。

检查数量:全数检查。

检查方法:观察检查和尺量检查。

5.4.7 排气阀的安装应在系统管网试压和冲洗合格后进行;排气阀应安装在配水干管顶部、配水管的末端,且应确保无渗漏。

检查数量:全数检查。

检查方法:观察检查和检查管道试压和冲洗记录。

5.4.8 节流管和减压孔板的安装应符合设计要求。

检查数量:全数检查。

检查方法:对照图纸观察检查和尺量检查。

5.4.9 压力开关、信号阀、水流指示器的引出线应用防水套管锁定。

检查数量:全数检查。

检查方法:观察检查。

5.4.10 减压阀的安装应符合下列要求:

1 减压阀安装应在供水管网试压、冲洗合格后进行。

检查数量:全数检查。

检查方法:检查管道试压和冲洗记录。

2 减压阀安装前应进行检查:其规格型号应与设计相符;阀外控制管路及导向阀各连接件不应有松动;外观应无机械损伤,并应清除阀内异物。

检查数量:全数检查。

检查方法:对照图纸观察检查和手扳检查。

3 减压阀水流方向应与供水管网水流方向一致。

检查数量:全数检查。

检查方法:观察检查。

4 应在进水侧安装过滤器,并宜在其前后安装控制阀。

检查数量:全数检查。

检查方法:观察检查。

5 可调式减压阀宜水平安装,阀盖应向上。

检查数量:全数检查。

检查方法:观察检查。

6 比例式减压阀宜垂直安装;当水平安装时,单呼吸孔减压阀其孔口应向下,双呼吸孔减压阀其孔口应呈水平位置。

检查数量:全数检查。

检查方法:观察检查。

7 安装自身不带压力表的减压阀时,应在其前后相邻部位安装压力表。

检查数量:全数检查。

检查方法:观察检查。

5.4.11 多功能水泵控制阀的安装应符合下列要求:

1 安装应在供水管网试压、冲洗合格后进行。

检查数量:全数检查。

检查方法:检查管道试压和冲洗记录。

2 安装前应进行检查;其规格型号应与设计相符;主阀各部件应完好;紧固件应齐全,无松动;各连接管路应完好,接头紧固;外观应无机械损伤,并应清除阀内异物。

检查数量:全数检查。

检查方法:对照图纸观察检查和手扳检查。

3 水流方向应与供水管网水流方向一致。

检查数量:全数检查。

检查方法:观察检查。

4 出口安装其他控制阀时应保持一定间距,以便于维修和管理。

检查数量:全数检查。

检查方法:观察检查。

5 宜水平安装,且阀盖应向上。

检查数量:全数检查。

检查方法:观察检查。

6 安装自身不带压力表的多功能水泵控制阀时,应在其前后相邻部位安装压力表。

检查数量:全数检查。

检查方法:观察检查。

7 进口端不宜安装柔性接头。

检查数量:全数检查。

检查方法:观察检查。

5.4.12 倒流防止器的安装应符合下列要求:

1 应在管道冲洗合格以后进行。

检查数量:全数检查。

检查方法:检查管道试压和冲洗记录。

2 不应在倒流防止器的进口前安装过滤器或者使用带过滤器的倒流防止器。

检查数量:全数检查。

检查方法:观察检查。

3 宜安装在水平位置,当竖直安装时,排水口应配备专用弯头。倒流防止器宜安装在便于调试和维护的位置。

检查数量:全数检查。

检查方法:观察检查。

4 倒流防止器两端应分别安装闸阀,而且至少有一端应安装挠性接头。

检查数量:全数检查。

检查方法:观察检查。

5 倒流防止器上的泄水阀不宜反向安装,泄水阀应采取间接排水方式,其排水管不应直接与排水管(沟)连接。

检查数量:全数检查。

检查方法:观察检查。

6 安装完毕后首次启动使用时,应关闭出水闸阀,缓慢打开进水闸阀。待阀腔充满水后,缓慢打开出水闸阀。

检查数量:全数检查。

检查方法:观察检查。

6 系统试压和冲洗

6.1 一般规定

6.1.1 管网安装完毕后,必须对其进行强度试验、严密性试验和冲洗。

检查数量:全数检查。

检查方法:检查强度试验、严密性试验、冲洗记录表。

6.1.2 强度试验和严密性试验宜用水进行。干式喷水灭火系统、预作用喷水灭火系统应做水压试验和气压试验。

检查数量:全数检查。

检查方法:检查水压试验和气压试验记录表。

6.1.3 系统试压完成后,应及时拆除所有临时盲板及试验用的管道,并应与记录核对无误,且应按本规范附录 C 表 C.0.2 的格式填写记录。

检查数量:全数检查。

检查方法:观察检查。

6.1.4 管网冲洗应在试压合格后分段进行。冲洗顺序应先室外,后室内;先地下,后地上;室内部分的冲洗应按配水干管、配水管、配水支管的顺序进行。

检查数量:全数检查。

检查方法:观察检查。

6.1.5 系统试压前应具备下列条件:

1 埋地管道的位置及管道基础、支墩等经复查应符合设计要求。

检查数量:全数检查。

检查方法:对照图纸观察、尺量检查。

2 试压用的压力表不应少于 2 只;精度不应低于 1.5 级,量程应为试验压力值的 1.5 倍~2.0 倍。

检查数量:全数检查。

检查方法:观察检查。

3 试压冲洗方案已经批准。

4 对不能参与试压的设备、仪表、阀门及附件应加以隔离或拆除;加设的临时盲板应具有突出于法兰的边耳,且应做明显标志,并记录临时盲板的数量。

检查数量:全数检查。

检查方法:观察检查。

6.1.6 系统试压过程中,当出现泄漏时,应停止试压,并应放空管网中的试验介质,消除缺陷后重新再试。

6.1.7 管网冲洗宜用水进行。冲洗前,应对系统的仪表采取保护措施。

检查数量:全数检查。

检查方法:观察检查。

6.1.8 管网冲洗前,应对管道支架、吊架进行检查,必要时应采取加固措施。

检查数量:全数检查。

检查方法:观察、手扳检查。

6.1.9 对不能经受冲洗的设备和冲洗后可能存留脏物、杂物的管段,应进行清理。

检查数量:全数检查。

检查方法:观察检查。

6.1.10 冲洗直径大于 100mm 的管道时,应对其死角和底部进行敲打,但不得损伤管道。

6.1.11 管网冲洗合格后,应按本规范附录 C 表 C.0.3 的要求填写记录。

6.1.12 水压试验和水冲洗宜采用生活用水进行,不得使用海水或含有腐蚀性化学物质的水。

检查数量：全数检查。

检查方法：观察检查。

6.2 水压试验

Ⅰ 主控项目

6.2.1 当系统设计工作压力等于或小于1.0MPa时，水压强度试验压力应为设计工作压力的1.5倍，并不应低于1.4MPa；当系统设计工作压力大于1.0MPa时，水压强度试验压力应为该工作压力加0.4MPa。

检查数量：全数检查。

检查方法：观察检查。

6.2.2 水压强度试验的测试点应设在系统管网的最低点。对管网注水时应将管网内的空气排净，并应缓慢升压，达到试验压力后稳压30min后，管网应无泄漏、无变形，且压力降不应大于0.05MPa。

检查数量：全数检查。

检查方法：观察检查。

6.2.3 水压严密性试验应在水压强度试验和管网冲洗合格后进行。试验压力应为设计工作压力，稳压24h，应无泄漏。

检查数量：全数检查。

检查方法：观察检查。

Ⅱ 一般项目

6.2.4 水压试验时环境温度不宜低于5℃，当低于5℃时，水压试验应采取防冻措施。

检查数量：全数检查。

检查方法：用温度计检查。

6.2.5 自动喷水灭火系统的水源干管、进户管和室内埋地管道，应在回填前单独或与系统一起进行水压强度试验和水压严密性试验。

检查数量：全数检查。

检查方法：观察和检查水压强度试验和水压严密性试验记录。

6.3 气压试验

Ⅰ 主控项目

6.3.1 气压严密性试验压力应为0.28MPa，且稳压24h，压力降不应大于0.01MPa。

检查数量：全数检查。

检查方法：观察检查。

Ⅱ 一般项目

6.3.2 气压试验的介质宜采用空气或氮气。

检查数量：全数检查。

检查方法：观察检查。

6.4 冲 洗

Ⅰ 主控项目

6.4.1 管网冲洗的水流流速、流量不应小于系统设计的水流流速、流量；管网冲洗宜分区、分段进行；水平管网冲洗时，其排水管位置应低于配水支管。

检查数量：全数检查。

检查方法：使用流量计和观察检查。

6.4.2 管网冲洗的水流方向应与灭火时管网的水流方向一致。

检查数量：全数检查。

检查方法：观察检查。

6.4.3 管网冲洗应连续进行。当出口处水的颜色、透明度与入口处水的颜色、透明度基本一致时冲洗方可结束。

检查数量：全数检查。

检查方法：观察检查。

Ⅱ 一般项目

6.4.4 管网冲洗宜设置临时专用排水管道，其排放应畅通和安全。排水管道的截面面积不得小于被冲洗管道截面面积的60%。

检查数量：全数检查。

检查方法：观察和尺量、试水检查。

6.4.5 管网的地上管道与地下管道连接前，应在配水干管底部加设堵头后对地下管道进行冲洗。

检查数量：全数检查。

检查方法：观察检查。

6.4.6 管网冲洗结束后，应将管网内的水排除干净，必要时可采用压缩空气吹干。

检查数量：全数检查。

检查方法：观察检查。

7 系统调试

7.1 一般规定

7.1.1 系统调试应在系统施工完成后进行。

7.1.2 系统调试应具备下列条件：

1 消防水池、消防水箱已储存设计要求的水量。

2 系统供电正常。

3 消防气压给水设备的水位、气压符合设计要求。

4 湿式喷水灭火系统管网内已充满水；干式、预作用喷水灭火系统管网内的气压符合设计要求；阀门均无泄漏。

5 与系统配套的火灾自动报警系统处于工作状态。

7.2 调试内容和要求

Ⅰ 主控项目

7.2.1 系统调试应包括下列内容：

1 水源测试。

2 消防水泵调试。

3 稳压泵调试。

4 报警阀调试。

5 排水设施调试。

6 联动试验。

7.2.2 水源测试应符合下列要求：

1 按设计要求核实高位消防水箱、消防水池的容积，高位消防水箱设置高度、消防水池(箱)水位显示等应符合设计要求；合用水池、水箱的消防储水应有不做他用的技术措施。

检查数量：全数检查。

检查方法:对照图纸观察和尺量检查。

2 应按设计要求核实消防水泵接合器的数量和供水能力,并应通过移动式消防水泵做供水试验进行验证。

检查数量:全数检查。

检查方法:观察检查和进行通水试验。

7.2.3 消防水泵调试应符合下列要求:

1 以自动或手动方式启动消防水泵时,消防水泵应在 55s 内投入正常运行。

检查数量:全数检查。

检查方法:用秒表检查。

2 以备用电源切换方式或备用泵切换启动消防水泵时,消防水泵应在 1min 或 2min 内投入正常运行。

检查数量:全数检查。

检查方法:用秒表检查。

7.2.4 稳压泵应按设计要求进行调试。当达到设计启动条件时,稳压泵应立即启动;当达到系统设计压力时,稳压泵应自动停止运行;当消防主泵启动时,稳压泵应停止运行。

检查数量:全数检查。

检查方法:观察检查。

7.2.5 报警阀调试应符合下列要求:

1 湿式报警阀调试时,在末端装置处放水,当湿式报警阀进口水压大于 0.14MPa、放水流量大于 1L/s 时,报警阀应及时启动;带延迟器的水力警铃应在 5s~90s 内发出报警铃声,不带延迟器的水力警铃应在 15s 内发出报警铃声;压力开关应及时动作,启动消防泵并反馈信号。

检查数量:全数检查。

检查方法:使用压力表、流量计、秒表和观察检查。

2 干式报警阀调试时,开启系统试验阀,报警阀的启动时间、启动点压力、水流到试验装置出口所需时间,均应符合设计要求。

检查数量:全数检查。

检查方法:使用压力表、流量计、秒表、声强计和观察检查。

3 雨淋阀调试宜利用检测、试验管道进行。自动和手动方式启动的雨淋阀,应在 15s 之内启动;公称直径大于 200mm 的雨淋阀调试时,应在 60s 之内启动。雨淋阀调试时,当报警水压为 0.05MPa 时,水力警铃应发出报警铃声。

检查数量:全数检查。

检查方法:使用压力表、流量计、秒表、声强计和观察检查。

Ⅱ 一般项目

7.2.6 调试过程中,系统排出的水应通过排水设施全部排走。

检查数量:全数检查。

检查方法:观察检查。

7.2.7 联动试验应符合下列要求,并应按本规范附录 C 表 C.0.4 的要求进行记录:

1 湿式系统的联动试验,启动一只喷头或以 0.94L/s~1.5L/s 的流量从末端试水装置处放水时,水流指示器、报警阀、压力开关、水力警铃和消防水泵等应及时动作,并发出相应的信号。

检查数量:全数检查。

检查方法:打开阀门放水,使用流量计和观察检查。

2 预作用系统、雨淋系统、水幕系统的联动试验,可采用专用测试仪表或其他方式,对火灾自动报警系统的各种探测器输入模拟火灾信号,火灾自动报警控制器应发出声光报警信号,并启动自动喷水灭火系统;采用传动管启动的雨淋系统、水幕系统联动试验时,启动 1 只喷头,雨淋阀打开,压力开关动作,水泵启动。

检查数量:全数检查。

检查方法:观察检查。

3 干式系统的联动试验,启动 1 只喷头或模拟 1 只喷头的排气量排气,报警阀应及时启动,压力开关、水力警铃动作并发出相

应信号。

检查数量:全数检查。

检查方法:观察检查。

8 系统验收

8.0.1 系统竣工后,必须进行工程验收,验收不合格不得投入使用。

8.0.2 自动喷水灭火系统工程验收应按本规范附录 E 的要求填写。

8.0.3 系统验收时,施工单位应提供下列资料:

1 竣工验收申请报告、设计变更通知书、竣工图。

2 工程质量事故处理报告。

3 施工现场质量管理检查记录。

4 自动喷水灭火系统施工过程质量管理检查记录。

5 自动喷水灭火系统质量控制检查资料。

6 系统试压、冲洗记录。

7 系统调试记录。

8.0.4 系统供水水源的检查验收应符合下列要求:

1 应检查室外给水管网的进水管管径及供水能力,并应检查高位消防水箱和消防水池容量,均应符合设计要求。

2 当采用天然水源作系统的供水水源时,其水量、水质应符合设计要求,并应检查枯水期最低水位时确保消防用水的技术措施。

3 消防水池水位显示装置,最低水位装置应符合设计要求。

检查数量:全数检查。

检查方法:对照设计资料观察检查。

4 高位消防水箱、消防水池的有效消防容积,应按出水管或吸水管喇叭口(或防止旋流器淹没深度)的最低标高确定。

检查数量:全数检查。

检查方法:对照图纸,尺量检查。

8.0.5 消防泵房的验收应符合下列要求:

1 消防泵房的建筑防火要求应符合相应的建筑设计防火规范的规定。

2 消防泵房设置的应急照明、安全出口应符合设计要求。

3 备用电源、自动切换装置的设置应符合设计要求。

检查数量:全数检查。

检查方法:对照图纸观察检查。

8.0.6 消防水泵验收应符合下列要求:

1 工作泵、备用泵、吸水管、出水管及出水管上的阀门、仪表的规格、型号、数量,应符合设计要求;吸水管、出水管上的控制阀应锁定在常开位置,并有明显标记。

检查数量:全数检查。

检查方法:对照图纸观察检查。

2 消防水泵应采用自灌式引水或其他可靠的引水措施。

检查数量:全数检查。

检查方法:观察和尺量检查。

3 分别开启系统中的每一个末端试水装置和试水阀,水流指示器、压力开关等信号装置的功能应均符合设计要求。湿式自动喷水灭火系统的最不利点做末端放水试验时,自放水开始至水泵启动时间不应超过 5min。

4 打开消防水泵出水管上试水阀,当采用主电源启动消防水泵时,消防水泵应启动正常;关掉主电源,主、备电源应能正常切换。备用电源切换时,消防水泵应在 1min 或 2min 内投入正常运行。自动或手动启动消防泵时应在 55s 内投入正常运行。

检查数量:全数检查。

检查方法:观察检查。

5 消防水泵停泵时,水锤消除设施后的压力不应超过水泵出口额定压力的 1.3 倍～1.5 倍。

检查数量:全数检查。

检查方法:在阀门出口用压力表检查。

6 对消防气压给水设备,当系统气压下降到设计最低压力时,通过压力变化信号应能启动稳压泵。

检查数量:全数检查。

检查方法:使用压力表,观察检查。

7 消防水泵启动控制应置于自动启动档,消防水泵应互为备用。

检查数量:全数检查。

检查方法:观察检查。

8.0.7 报警阀组的验收应符合下列要求:

1 报警阀组的各组件应符合产品标准要求。

检查数量:全数检查。

检查方法:观察检查。

2 打开系统流量压力检测装置放水阀,测试的流量、压力应符合设计要求。

检查数量:全数检查。

检查方法:使用流量计、压力表观察检查。

3 水力警铃的设置位置应正确。测试时,水力警铃喷嘴处压力不应小于 0.05MPa,且距水力警铃 3m 远处警铃声声强不应小于 70dB。

检查方法:打开阀门放水,使用压力表、声级计和尺量检查。

4 打开手动试水阀或电磁阀时,雨淋阀组动作应可靠。

5 控制阀均应锁定在常开位置。

检查数量:全数检查。

检查方法:观察检查。

6 空气压缩机或火灾自动报警系统的联动控制,应符合设计要求。

7 打开末端试(放)水装置,当流量达到报警阀动作流量时,湿式报警阀和压力开关应及时动作,带延迟器的报警阀在 90s 内压力开关动作,不带延迟器的报警阀在 15s 内压力开关动作。雨淋报警阀动作后 15s 内压力开关动作。

8.0.8 管网验收应符合下列要求:

1 管道的材质、管径、接头、连接方式及采取的防腐、防冻措施,应符合设计规范及设计要求。

2 管网排水坡度及辅助排水设施,应符合本规范第 5.1.17 条的规定。

检查方法:水平尺和尺量检查。

3 系统中的末端试水装置、试水阀、排气阀应符合设计要求。

4 管网不同部位安装的报警阀组、闸阀、止回阀、电磁阀、信号阀、水流指示器、减压孔板、节流管、减压阀、柔性接头、排水管、排气阀、泄压阀等,均应符合设计要求。

检查数量:报警阀组、压力开关、止回阀、减压阀、泄压阀、电磁阀全数检查,合格率应为 100%;闸阀、信号阀、水流指示器、减压孔板、节流管、柔性接头、排气阀等抽查设计数量的 30%,数量均不少于 5 个,合格率应为 100%。

检查方法:对照图纸观察检查。

5 干式系统、由火灾自动报警系统和充气管道上设置的压力开关开启预作用装置的预作用系统,其配水管道充水时间不宜大于 1min;雨淋系统和仅由火灾自动报警系统联动开启预作用装置的预作用系统,其配水管道充水时间不宜大于 2min。

检查数量:全数检查。

检查方法:通水试验,用秒表检查。

8.0.9 喷头验收应符合下列要求:

1 喷头设置场所、规格、型号、公称动作温度、响应时间指数(RTI)应符合设计要求。

检查数量:抽查设计喷头数量 10%,总数不少于 40 个,合格率应为 100%。

检查方法:对照图纸尺量检查。

2 喷头安装间距,喷头与楼板、墙、梁等障碍物的距离应符合设计要求。

检查数量:抽查设计喷头数量 5%,总数不少于 20 个,距离偏差±15mm,合格率不小于 95% 时为合格。

检验方法:对照图纸尺量检查。

3 有腐蚀性气体的环境和有冰冻危险场所安装的喷头,应采取防护措施。

检查数量:全数检查。

检查方法:观察检查。

4 有碰撞危险场所安装的喷头应加设防护罩。

检查数量:全数检查。

检查方法:观察检查。

5 各种不同规格的喷头均应有一定数量的备用品,其数量不应小于安装总数的 1%,且每种备用喷头不应少于 10 个。

8.0.10 水泵接合器数量及进水管位置应符合设计要求,消防水泵接合器应进行充水试验,且系统最不利点的压力、流量应符合设计要求。

检查数量:全数检查。

检查方法:使用流量计、压力表和观察检查。

8.0.11 系统流量、压力的验收,应通过系统流量压力检测装置进行放水试验,系统流量、压力应符合设计要求。

检查数量:全数检查。

检查方法:观察检查。

8.0.12 系统应进行系统模拟灭火功能试验,且应符合下列要求:

1 报警阀动作,水力警铃应鸣响。

检查数量:全数检查。

检查方法:观察检查。

2 水流指示器动作,应有反馈信号显示。

检查数量:全数检查。

检查方法:观察检查。

3 压力开关动作,应启动消防水泵及与其联动的相关设备,并应有反馈信号显示。

检查数量:全数检查。

检查方法:观察检查。

4 电磁阀打开,雨淋阀应开启,并应有反馈信号显示。

检查数量:全数检查。

检查方法:观察检查。

5 消防水泵启动后,应有反馈信号显示。

检查数量:全数检查。

检查方法:观察检查。

6 加速器动作后,应有反馈信号显示。

检查数量:全数检查。

检查方法:观察检查。

7 其他消防联动控制设备启动后,应有反馈信号显示。

检查数量:全数检查。

检查方法:观察检查。

8.0.13 系统工程质量验收判定应符合下列规定:

1 系统工程质量缺陷应按本规范附录 F 要求划分:严重缺陷项(A),重缺陷项(B),轻缺陷项(C)。

2 系统验收合格判定的条件为:A=0,且 B≤2,且 B+C≤6 为合格,否则为不合格。

9 维护管理

9.0.1 自动喷水灭火系统应具有管理、检测、维护规程,并应保证系统处于准工作状态。维护管理工作,应按本规范附录 G 的要求进行。

9.0.2 维护管理人员应经过消防专业培训,应熟悉自动喷水灭火系统的原理、性能和操作维护规程。

9.0.3 每年应对水源的供水能力进行一次测定,每日应对电源进行检查。检查内容见表 9.0.3。

表 9.0.3　水源及电源检查表

项目名称	检查内容	周期
水源	进户管锈蚀状况,控制阀全开启,过滤网保证过水能力,水池(或水箱)的控制阀(液位控制阀或浮球控制阀等)关、开正常,水池(或水箱)水位显示或报警装置完好,水质符合设计要求,水池(或水箱)无变形、无裂纹、无渗漏等现象	每年
电源	进户两路电源正常,高低压配电柜元器件、仪表、开关正常,泵房内双电源互投柜和控制柜元器件、仪表、开关正常,控制柜和电机的电源线压接牢固,控制柜内熔丝完好,电动机接地装置可靠,电机绝缘性良好(大于 0.5MΩ),电源切换时间不大于 2s,主泵故障备用泵切换时间不大于 60s,电源、电压值符合设计要求并稳定	每日

9.0.4 消防水泵或内燃机驱动的消防水泵应每月启动运转一次。当消防水泵为自动控制启动时,应每月模拟自动控制的条件启动运转一次。检查内容见表 9.0.4。

表 9.0.4　消防水泵检查表

名称	检查内容	周期
内燃机驱动消防泵	曲轴箱内机油油位不于于最高油位的 1/2,燃油箱内燃油油位不于于最高油位的 3/4,蓄电池的电解液液位不于于最高液位的 1/2,蓄电池充电器充电正常,各类仪表正常,传送带的外观及松紧度正常,冷却系统温升正常,冷却系统滤网清洁度符合要求,水泵转速、出水流量、压力符合设计要求	每月
电动消防泵	泵启动前用手盘动电机转轴灵活无卡阻现象,泵腔内无汽蚀,轴封处无渗漏(小于 3 滴/min 或 5ml/h),水泵达到正常时水泵转速、出水流量、压力符合设计要求,轴泵温升正常(<70℃),水泵振动不超限,电机功率、电压、电流均正常	每月

9.0.5 电磁阀应每月检查并应做启动试验,动作失常时应及时更换。

9.0.6 每个季度应对系统所有的末端试水阀和报警阀旁的放水试验阀进行一次放水试验,检查系统启动、报警功能以及出水情况是否正常。检查内容见表 9.0.6。

表 9.0.6　报警阀检查表

阀类名称	检查内容	周期
湿式报警阀	主阀锈蚀状况,各个部件连接处无渗漏现象,主阀前后压力表读数准确及两表压差符合要求(<0.01MPa),延时装置排水畅通,压力开关动作灵活并迅速反馈信号,主阀复位到位,警铃动作灵活、铃声洪亮,排水系统排水畅通	每月
预作用报警阀和干式报警阀	检查符合湿式报警阀内容外,另应检查充气装置启停准确,充气压力值符合设计要求,加速排气压装置排气速度正常,电磁阀动作灵敏,主阀瓣复位严密,主阀侧腔(控制腔)锁定到位,阀前稳压值符合设计要求(不得小于 0.25MPa)	每月
雨淋报警阀	检查符合湿式报警阀内容外,另应检查电磁阀动作灵敏,主阀瓣复位严密,主阀侧腔(控制腔)锁定到位,阀前稳压值符合设计要求(不得小于 0.25MPa)	每月

9.0.7 系统上所有的控制阀门均应采用铅封或锁链固定在开启或规定的状态。每月应对铅封、锁链进行一次检查,当有破坏或损坏时应及时修理更换。检查内容见表 9.0.7。

表 9.0.7　阀类检查表

阀类名称	检查内容	周期
带锁定的闸阀、蝶阀等阀类	锁定装置位置正确,开启灵活,阀门处于全开启状态,阀类开关后不得有泄漏现象	每月
不带锁定的明杆闸阀、方位蝶阀等阀类	阀门处于全开状态,阀类开关后不得有泄漏现象	每周

9.0.8 室外阀门井中,进水管上的控制阀门应每个季度检查一次,核实其处于全开启状态。

9.0.9 自动喷水灭火系统发生故障需停水进行修理前,应向主管值班人员报告,取得维护负责人的同意,并临场监督,加强防范措施后方能动工。

9.0.10 维护管理人员每天应对水源控制阀、报警阀组进行外观检查,并应保证系统处于无故障状态。

9.0.11 消防水池、消防水箱及消防气压给水设备应每月检查一次,并应检查其消防储备水位及消防气压给水设备的气体压力。同时,应采取措施保证消防用水不作他用,并应每月对该措施进行检查,发现故障应及时进行处理。

9.0.12 消防水池、消防水箱、消防气压给水设备内的水,应根据当地环境、气候条件不定期更换。

9.0.13 寒冷季节,消防储水设备的任何部位均不得结冰。每天应检查设置储水设备的房间,保持室温不低于 5℃。

9.0.14 每年应对消防储水设备进行检查,修补缺损和重新油漆。

9.0.15 钢板消防水箱和消防气压给水设备的玻璃水位计两端的角阀,在不进行水位观察时应关闭。

9.0.16 消防水泵接合器的接口及附件应每月检查一次,并应保证接口完好、无渗漏、闷盖齐全。

9.0.17 每月应利用末端试水装置对水流指示器进行试验。

9.0.18 每月应对喷头进行一次外观及备用数量检查,发现有不正常的喷头应及时更换;当喷头上有异物时应及时清除。更换或安装喷头均应使用专用扳手。检查内容见表9.0.18。

表9.0.18 喷头类检查表

名称	检查内容	周期
喷头类	喷头的型号正确,布置正确,安装方式正确,溅水盘、框架、感温元件、隐蔽式喷头的装饰盖板等无变形、无喷涂层,喷头不得有渗漏现象。	每月

9.0.19 建筑物、构筑物的使用性质或贮存物安放位置、堆存高度的改变,影响到系统功能而需要进行修改时,应重新进行设计。

附录A 自动喷水灭火系统分部、分项工程划分

表A 自动喷水灭火系统分部、分项工程划分

分部工程	序号	子分部工程	分项工程
自动喷水灭火系统	1	供水设施安装与施工	消防水泵和稳压泵安装、消防水箱安装和消防水池施工、消防气压给水设备安装、消防水泵接合器安装
	2	管网及系统组件安装	管网安装、喷头安装、报警阀组安装、其他组件安装
	3	系统试压和冲洗	水压试验、气压试验、冲洗
	4	系统调试	水源测试、消防水泵调试、稳压泵调试、报警阀组调试、排水装置调试、联动试验

附录B 施工现场质量管理检查记录

表B 施工现场质量管理检查记录

工程名称			
建设单位		监理单位	
设计单位		项目负责人	
施工单位		施工许可证	

序号	项 目	内 容
1	现场质量管理制度	
2	质量责任制	
3	主要专业工种人员操作上岗证书	
4	施工图审查情况	
5	施工组织设计、施工方案及审批	
6	施工技术标准	
7	工程质量检验制度	
8	现场材料、设备管理	
9	其他	
10		

结论	施工单位项目负责人: (签章) 年 月 日	监理工程师: (签章) 年 月 日	建设单位项目负责人: (签章) 年 月 日

注:施工现场质量管理检查记录应由施工单位质量检查员填写,监理工程师进行检查,并作出检查结论。

附录C 自动喷水灭火系统施工过程质量检查记录

C.0.1 自动喷水灭火系统施工过程质量检查记录应由施工单位质量检查员按表C.0.1填写,监理工程师进行检查,并作出检查结论。

表C.0.1 自动喷水灭火系统施工过程质量检查记录

工程名称		施工单位	
施工执行规范名称及编号		监理单位	
子分部工程名称		分项工程名称	
项 目	《规范》章节条款	施工单位检查评定记录	监理单位验收记录
结论	施工单位项目负责人: (签章) 年 月 日	监理工程师(建设单位项目负责人): (签章) 年 月 日	

C.0.2 自动喷水灭火系统试压记录应由施工单位质量检查员填写,监理工程师(建设单位项目负责人)组织施工单位项目负责人等进行验收,并按表C.0.2填写。

表C.0.2 自动喷水灭火系统试压记录

工程名称			建设单位						
施工单位			监理单位						
管段号	材质	设计工作压力(MPa)	温度(℃)	强度试验				严密性试验	

管段号	材质	设计工作压力(MPa)	温度(℃)	介质	压力(MPa)	时间(min)	结论意见	介质	压力(MPa)	时间(min)	结论意见

参加单位	施工单位项目负责人: (签章) 年 月 日	监理工程师: (签章) 年 月 日	建设单位项目负责人: (签章) 年 月 日

C.0.3 自动喷水灭火系统管网冲洗记录应由施工单位质量检查员填写,监理工程师(建设单位项目负责人)组织施工单位项目负责人等进行验收,并按表C.0.3填写。

表C.0.3 自动喷水灭火系统管网冲洗记录

工程名称			建设单位			
施工单位			监理单位			
管段号	材质	冲洗				结论意见

管段号	材质	介质	压力(MPa)	流速(m/s)	流量(L/s)	冲洗次数	结论意见

参加单位	施工单位(项目)负责人: (签章) 年 月 日	监理工程师: (签章) 年 月 日	建设单位(项目)负责人: (签章) 年 月 日

C.0.4 自动喷水灭火系统联动试验记录应由施工单位质量检查员填写,监理工程师(建设单位项目负责人)组织施工单位项目负责人等进行验收,并按表C.0.4填写。

表C.0.4 自动喷水灭火系统联动试验记录

工程名称		建设单位			
施工单位		监理单位			
系统类型	启动信号(部位)	联动组件动作			

系统类型	启动信号(部位)	名称	是否开启	要求动作时间	实际动作时间
湿式系统	末端试水装置	水流指示器		—	—
		湿式报警阀			
		水力警铃			
		压力开关			
		水泵			
水幕、雨淋系统	温与烟信号	雨淋阀			
		水泵			
	传动管启动	雨淋阀			
		压力开关			
		水泵			
干式系统	模拟喷头动作	干式阀			
		水力警铃			
		压力开关			
		充水时间			
		水泵			
预作用系统	模拟喷头动作	预作用阀		—	—
		水力警铃			
		压力开关		—	—
		充水时间			
		水泵			

参加单位	施工单位项目负责人: (签章) 年 月 日	监理工程师: (签章) 年 月 日	建设单位项目负责人: (签章) 年 月 日

附录D 自动喷水灭火系统工程质量控制资料检查记录

表D 自动喷水灭火系统工程质量控制资料检查记录

工程名称		施工单位		
分部工程名称	资料名称	数量	核查意见	核查人
自动喷水灭火系统	1.施工图、设计说明书、设计变更通知书和设计审核意见书、竣工图			
	2.主要设备、组件的国家质量监督检验测试中心的检测报告和产品出厂合格证			
	3.与系统相关的电源、备用动力、电气设备以及联动控制设备等验收合格证明			
	4.施工记录表,系统试压记录表,系统管道冲洗记录表,隐蔽工程验收记录表,系统联动控制试验记录表,系统调试记录表			
	5.系统及设备使用说明书			
结论	施工单位项目负责人: (签章) 年 月 日	监理工程师: (签章)	建设单位项目负责人: (签章) 年 月 日	

注:自动喷水灭火系统工程质量控制资料检查记录应由监理工程师(建设单位项目负责人)组织施工单位项目负责人进行验收,并按表D填写。

附录 E 自动喷水灭火系统工程验收记录

表 E 自动喷水灭火系统工程验收记录

工程名称				分部工程名称			
施工单位				项目负责人			
监理单位				项目总监			

序号	检查项目名称	验收内容记录	验收标准	检查部位	检查数量	验收情况
1	天然水源	查看水质、水量、消防车取水高度				
		查看取水设施(码头、消防车道等)				
2	消防水池	查看设置位置				
		核对容量				
3	消防水箱	查看设置位置	符合消防技术标准和消防设计文件要求			
		核对容量				
		查看补水措施				
		水位显示				
4	消防水泵	查看规格、型号和数量				
		吸水方式				
		吸水、出水管及泄压阀、信号阀等的规格、型号				
		主、备电源切换				
		主、备泵启动				

续表 E

序号	检查项目名称	验收内容记录	验收标准	检查部位	检查数量	验收情况
5	管网	查看管道的材质、管径、接头、连接方式及防腐、防冻措施	符合消防技术标准和消防设计文件要求			
		管网排水坡度及设施				
		末端试水装置、试水阀、排气阀设置				
		水流指示器、减压孔板、节流管等设置				
		测试干式系统充水时间				
		测试预作用系统充水时间				
		查看报警阀后管网	不得设其他用途支管和水龙头				
		查看管网支、吊架和防晃支架	符合消防技术标准和消防设计文件要求				

续表 E

序号	检查项目名称	验收内容记录	验收标准	检查部位	检查数量	验收情况
6	水泵接合器	查看设置位置、标记,测试供水情况	明显且便于消防车停靠;供水情况正常			
		核对设计数量	符合消防技术标准和消防设计文件要求			
7	报警阀组	查看设置位置及组件	位置正确,组件齐全			
		打开放水阀,实测流量和压力	符合消防技术标准和消防设计文件要求			
		实测水力警铃喷嘴压力及警铃声强	分别不小于0.05MPa、70dB			
		打开手动阀或电磁阀,雨淋阀动作	动作应可靠			
		控制阀状态	应锁定在常开位置			
		压力开关动作后,查看消防水泵及联动设备是否启动,有无信号反馈	符合消防技术标准和消防设计文件要求			

续表 E

序号	检查项目名称	验收内容记录	验收标准	检查部位	检查数量	验收情况
8	喷头	查验设置场所、规格、型号、公称动作温度、响应指数	符合消防技术标准和消防设计文件要求			
		查看防腐、防冻和防撞措施				
		查验备用数	每种不少于10个			

综合验收结论			
验收单位	施工单位:(单位印章)	项目负责人:(签章) 年 月 日	
	监理单位:(单位印章)	监理工程师:(签章) 年 月 日	
	设计单位:(单位印章)	项目负责人:(签章) 年 月 日	
	建设单位:(单位印章)	项目负责人:(签章) 年 月 日	

注:自动喷水灭火系统工程验收记录应由建设单位填写,综合验收结论由参加验收的各方共同商定并签章。

附录 F 自动喷水灭火系统验收缺陷项目划分

表 F 自动喷水灭火系统验收缺陷项目划分

缺陷分类	严重缺陷（A）	重缺陷（B）	轻缺陷（C）
包含条款	—	—	第 8.0.3 条第 1～5 款
	第 8.0.4 条第 1、2 款	—	—
	—	第 8.0.5 条第 1～3 款	—
	第 8.0.6 条第 4 款	第 8.0.6 条第 1、2、3、5、6 款	第 8.0.6 条第 7 款
		第 8.0.7 条第 1、2、3、4、6 款	第 8.0.7 条第 5 款
	第 8.0.8 条第 1 款	第 8.0.8 条第 4、5 款	第 8.0.8 条第 2、3、6、7 款
	第 8.0.9 条第 1 款	第 8.0.9 条第 2 款	第 8.0.9 条第 3、4、5 款
	—	第 8.0.10 条	—
	第 8.0.11 条	—	—
	第 8.0.12 条第 3、4 款	第 8.0.12 条第 5～7 款	第 8.0.12 条第 1、2 款

附录 G 自动喷水灭火系统维护管理工作检查项目

表 G 自动喷水灭火系统维护管理工作检查项目

部 位	工 作 内 容	周期
水源控制阀、报警控制装置	目测巡检完好状况及开闭状态	每日
电源	接通状态，电压	每日
内燃机驱动消防水泵	启动试运转	每月
喷头	检查完好状况、清除异物、备用量	每月
系统所有控制阀门	检查铅封、锁链完好状况	每月
电动消防水泵	启动试运转	每月
稳压泵	启动试运转	每月
消防气压给水设备	检测气压、水位	每月
蓄水池、高位水箱	检测水位及消防储备水不被他用的措施	每月
电磁阀	启动试验	每季
信号阀	启闭状态	每月
水泵接合器	检查完好状况	每月
水流指示器	试验报警	每季
室外阀门井中控制阀门	检查开启状况	每季
报警阀、试水阀	放水试验，启动性能	每月
泵流量检测	启动、放水试验	每年
水源	测试供水能力	每年
水泵接合器	通水试验	每年

续表 G

部 位	工 作 内 容	周期
过滤器	排渣、完好状态	每月
储水设备	检查完好状态	每年
系统联动试验	系统运行功能	每年
内燃机	油箱油位，驱动泵运行	每月
设置储水设备的房间	检查室温	每天（寒冷季节）

中华人民共和国国家标准

自动喷水灭火系统施工及验收规范

GB 50261 - 2017

条 文 说 明

1 总 则

1.0.1 本条为制定本规范的目的。

自动喷水灭火系统是目前人们在生产、生活和社会活动的各个主要场所中最普遍采用的一种固定灭火设备。国内外应用实践证明，自动喷水灭火系统具有灭火效率高、不污染环境、寿命长、经济适用、维护简便等优点。尤其是当今世界，环境污染日趋严重，自动喷水灭火系统就更加突出了它的优点。所以自动喷水灭火系统问世近200年来，至今仍处于兴盛发展状态，是人们同火灾作斗争的主要手段之一。近200年来，世界各国尤其是一些经济发达的国家，在自动喷水灭火系统产品开发、标准制定、应用技术及规范方面做了大量的研究试验工作，积累了丰富的技术资料和成功的经验，为该项技术的发展和应用提供了有利的条件；目前许多国家仍把该项技术研究作为消防技术方面重要的研究项目，集中了较大的财力和技术力量从事研究工作，为使该项技术尽快达到"高效、经济、可靠、智能化"的目标而努力。不少国家如美、英、日、德等，制定了设计安装规范，对系统的设计、安装、维护管理等方面的技术要求和工作程序作了较详细的规定，并根据研究成果和应用中的经验及提出的问题随时进行修订，一般一两年就修订一次，不少宝贵经验值得我们借鉴。

近20余年来，我国自动喷水灭火技术发展很快，尤其是国家标准《自动喷水灭火系统》GB 5135和《自动喷水灭火系统设计规范》GB 50084发布实施以后，技术研究和推广应用出现了突飞猛进的新局面。在自动喷水灭火系统产品开发、制定技术标准、应用技术研究诸方面，取得了不少适合国情、具有应用价值的成果；生产厂家已近百家，仅洒水喷头年产量就达1000万只以上，且系统产品已形成配套，产品结构及质量接近国际先进水平，基本上可满足国内市场需要。应用方面，从初期主要集中在一些新建高层涉外宾馆中使用，到如今在一些火灾危险性较大的生产厂房、仓库、汽车库、商场、文化娱乐场所、医院、办公楼等地上、地下场所都较普遍选用自动喷水灭火系统，应用日趋广泛。

已安装的自动喷水灭火系统在人们同火灾作斗争中已发挥了重要作用，及时扑灭了火灾，有效地保护了人民生命和财产安全。像辽宁科技中心、深圳国贸大厦等多处发生在高层建筑物内的火灾，如果没有自动喷水灭火系统及时启动扑灭，其后果是不堪设想的。人们永远不会忘记天鹅饭店、大连饭店、唐山林西商场、阜新艺苑歌舞厅、克拉玛依友谊宾馆、珠海前山纺织城等火灾造成的惨剧。可以说，在凡是能用水进行灭火的场所都普遍地采用自动喷水灭火系统，一些群死群伤的惨剧是完全可以避免的。

在自动喷水灭火系统的推广应用中，还存在一些急待解决的问题，如工程施工、竣工验收、维护管理等影响自动喷水灭火系统功能的关键环节，目前还无章可循，致使一些已安装的系统不能处于正常的准工作状态，个别系统发生误动，火灾发生后灭火效果不佳，有的系统甚至未起作用，造成一些不必要的损失。从首次调查收集的国内1985年以来安装的自动喷水灭火系统建筑火灾案例看，23起中，成功的14起，占61%；不成功的9起，其中水源阀被关的3起、维护管理不善的3起、未设专用水源的1起、设计不符合规范要求和安装错误的2起。从灭火效果来看，与它本身应达到的目标距离还很大。国内已安装的自动喷水灭火系统的现状更令人担忧，从调查情况看，存在问题还是相当严重的。某省对394幢高层建筑消防设施检查结果：23幢合格，占7.6%，42幢基本合格，占13.8%，水消防系统合格率约为20%；某市对83幢高层建筑消防设施检查结果：全面符合消防要求的占20%；其中消火栓系统合格率为31.75%，自动喷水灭火系统合格率为27.78%。此种状态，其他地区也较普遍存在，只是程度不同而已。

火灾案例和调查发现的问题，究其原因，除一些属于产品质量和设计不符合规范要求外，大多数属于系统工程施工质量不佳、竣工验收不严、维护管理差所致。主要表现在：

一是施工队伍素质差，工程质量难以确保系统功能，在施工中造成系统关键部件损伤的现象也时有发生；

二是竣工验收无统一的、科学的程序和标准，大多数工程验收是采用参观、听汇报、评议等一般做法，缺乏技术依据，故难以把好验收关；

三是维护管理差，大多数工程交付使用后，无维护管理制度，更谈不上日常维护管理，有的虽有管理人员，但大多数不懂专业，既发现不了隐患，更谈不上排除隐患和故障。

本规范的编制，为施工、使用单位和消防机构提供了一本科学的、统一的技术标准；为解决自动喷水灭火系统应用中存在的问题，以确保系统功能，使其在保护人身和财产安全中发挥更大作用具有重要的意义。

1.0.2 本条规定了本规范的适用范围。

本规范适用范围与国家标准《自动喷水灭火系统设计规范》GB 50084规定基本一致，不同的是，本规范未强调不适用范围，主要考虑如下：

本规范主要对自动喷水灭火系统工程施工、竣工验收、维护管理三个主要环节中的技术要求和工作程序作了规定，不涉及使用场所等问题。

自动喷水灭火系统是一门较成熟的技术，用于不同场所的主要系统类型，其结构、性能特点、使用要求已经定型，短期内不会有大的变化；规范编制中根据目前应用的系统类型的结构特点、工作原理归纳分类，既掌握了其共同点又突出了个性，就工程施工、竣工验收、维护管理中对系统功能影响较大的主要技术问题都作了明确规定，实施时，对同一类型系统来讲，不同应用场所对其效果没有多大影响，只要按本规范执行，就能确保系统功能，达到预期目的。就目前掌握的资料，尚无必要和依据对其不适用范围作明确规定。

1.0.3 本条阐明本规范是与国家标准《自动喷水灭火系统设计规范》GB 50084配套的一本专业技术法规，在建筑物或构筑物设置自动喷水灭火系统，其系统工程施工、竣工验收、维护管理应按本规范执行。至于系统设计应按国家标准《自动喷水灭火系统设计规范》GB 50084执行；相关问题还应按国家标准《建筑设计防火规范》GB 50016、《汽车库、修车库、停车场设计防火规范》GB 50067、《人民防空工程设计防火规范》GB 50098等有关规范执行。另外，由于自动喷水灭火系统组件中应用其他定型产品较多，如消防水泵、报警控制装置等，在本规范修订中是针对整个系统的功能而统一考虑的，与专业规范相比，只是原则性要求，因而在执行中若遇到问题，还应按国家现行标准及规范如国家标准《工业金属管道工程施工及验收规范》GB 50235、《火灾自动报警系统施工验收规范》GB 50166、《机械设备安装工程施工及验收通用规范》GB 50231及《压缩机、风机、泵安装工程施工及验收规范》GB 50275等专业规范执行。

2 术 语

本章内容是根据1991年国家技术监督局、建设部关于《工程建设国家标准发布程序问题的商谈纪要》的精神和《工程建设技术标准编写暂定办法》中的有关规定编写的。

主要拟定原则是：列入本标准的术语是本规范专用的，在其他规范标准中未出现过的；对于在本规范中出现较多，其定义不统一或不全面，执行中容易造成误解，有必要列出的，也选择了重点予以列出。在具体定义中，根据"确定术语的一般原则与方法"、"标准化基本术语"的有关规定，全面分析、抓住实质、突出特性，尽量做到定义准确、简明、易懂，同时考虑国内长期以来工程技术人员的习惯性和术语的通用性，避免重复与矛盾。

3 基 本 规 定

3.1 质 量 管 理

3.1.1 按自动喷水灭火系统的特点，对分部、分项工程进行划分。

3.1.2 施工方案对指导工程施工和提高施工质量，明确质量验收标准很有效，同时有利于监理单位和建设单位共同遵守。

按照《建设工程质量管理条例》精神，结合《建筑工程施工质量验收统一标准》GB 50300，抓好施工企业对项目质量的管理，所以施工单位应有技术标准和工程质量检测仪器、设备，实现过程控制。

3.1.3 本条规定了系统施工前应具备的技术、物质条件。

拟定本条时，参考了国家标准《建筑给水排水及采暖工程施工质量验收规范》GB 50242和《工业金属管道工程施工及验收规范》GB 50235的相关内容，总结了国内近年来一些消防工程公司在施工过程中的一些实际做法和经验教训，进行了全面的综合分析。这些规定是施工前应具备的基本条件。本条规定了施工图及其他技术文件应齐全，这是施工前必备的首要条件。条文中其他有关技术文件没有列出相关名称，主要考虑到目前各地做法和要求尚难以统一，这些文件包括：产品明细表、施工程序、施工技术要求、工程质量检验制度等，现在作原则性的规定有利于执行。技术交底工作过去未引起足够的重视，有的做了也不太严格、仔细，施工质量得不到保证，本条规定向监理（建设）单位技术交底，便于对施工过程进行监督，保证施工质量。施工的物质准备充分、场地条件具备，与其他工程协调得好，可以避免一些影响工程质量的问题发生。

2009年5月1日起施行的《消防法》第十条规定："按照国家

工程建设消防技术标准需要进行消防设计的建设工程，除本法第十一条另有规定的外，建设单位应当自依法取得施工许可之日起七个工作日内，将消防设计文件报公安机关消防机构备案，公安机关消防机构应当进行抽查。"第十一条规定："国务院公安部门规定的大型的人员密集场所和其他特殊建设工程，建设单位应当将消防设计文件报送公安机关消防机构审核。公安机关消防机构依法对审核的结果负责。"

中华人民共和国公安部令第106号《建设工程消防监督管理规定》第三条规定："公安机关消防机构依法实施建设工程消防设计审核、消防验收和备案、抽查。"故本条增加审查批准或备案内容。

3.1.4 为保证工程质量，强调施工单位无权任意修改设计图纸，应按批准的工程设计文件和施工技术标准施工。

3.1.5 本条较具体规定了系统施工过程质量控制的主要方面。

一是按施工技术标准控制每道工序的质量，二是施工单位每道工序完成后除了自检、专职质量检查员检查外，还强调了工序交接检查，上道工序还应满足下道工序的施工条件和要求；同样相关专业工序之间也应进行中间交接检验，使各工序和各相关专业之间形成一个有机的整体；三是工程完后应进行调试，调试应按自动喷水灭火系统的调试规定进行。

3.1.7 对系统组件、管件及其他设备、材料进行现场检查，对提高工程质量是非常必要的，检查不合格者不得使用是确保工程质量的重要环节，故在此加以要求。

3.1.8 对分部工程质量验收的人员加以明确，便于操作。同时提出了填写工程验收记录要求。

3.2 材料、设备管理

3.2.1 本条规定了施工前应对自动喷水灭火系统采用的喷头、阀门、管材、供水设施及监测报警设备等进行现场检查。

从近10年系统应用的实际情况看，有些自动喷水灭火系统产品生产厂家送检取证与实际生产销售的产品质量不一致，劣质产品流行，个别厂家甚至买合格产品去送检，个别用户因考虑经济或其他原因而随意更换设计选用产品等现象屡有发生，因产品质量问题而造成系统误喷、误动作，影响到系统的可靠性和灭火效果。因此，系统选用的各种组件和材料到达施工现场后，施工单位和建设单位还应主动认真地进行检查验收，把隐患消灭在安装前，这样做对确保系统功能是至关重要的。

对系统选用的一般组件和材料，如各种阀门、压力表、加速器、空气压缩机、管材管件及稳压泵、消防气压给水设备等供水设施提出了一般性的质量保证要求和规定，现场应检查其产品是否与设计选用的规格、型号及生产厂家相符，各种技术资料、出厂合格证等是否齐全。

把消防水泵、稳压泵、水泵接合器列入系统组件；并把近年来在不少系统工程中设计采用的自动排气阀、信号阀、多功能水泵控制阀、止回阀、减压阀、泄压阀等配件也列入了质量监督的内容。主要是根据应用中的自动喷水灭火系统的总体、合理的结构；并根据这些产品在系统中的作用两方面因素来确定的。

消防水泵、水泵接合器是给自动喷水灭火系统提供灭火剂—水的设备，稳压泵是保持系统在准工作状态下符合设计水压要求的专用设备，把它们列为系统组件并规定相应要求是合理的。这里应特别强调的是，消防水泵一是指专用消防水泵，二是指达到国家标准《消防泵》GB 6245要求的普通清水泵。过去没有引起消防界的重视，一贯的认为和做法是普通清水泵就可以作消防水泵，这种错误认识必须纠正。消防水泵在性能上特别强调的是它的可靠性和稳定性及启动的灵敏性。消防水泵一般是平时备而不用，一旦使用场所发生火灾，它就应灵敏启动，并应快速达到额定工作压力和流量要求的工作状态。国内外的自动喷水灭火系统工程，因为供水不能达到要求而致使系统在火灾时不起作用或灭火效果不佳的教训很多。

3.2.2～3.2.6 这几条对自动喷水灭火系统采用的管材、管件安装前应进行现场外观检查进行了规定,系参考国家标准《工业金属管道工程施工及验收规范》GB 50235有关条文改写。该规范中的管材及管件的检验一章,涉及的是高、中、低压及各种材质的管材管件的检验,而自动喷水灭火系统涉及的只是低压,且大多数是镀锌钢管,故根据自动喷水灭火系统的基本要求,结合国家标准《工业金属管道工程施工及验收规范》GB 50235的有关规定,对系统选用的管材、管件提出了一般性的现场检查要求。本条规定镀锌钢管要使用热镀锌钢管是为了与设计规范一致;同时也提醒有关单位的工程技术人员,系统中采用冷镀锌管是不允许的。目前市场上销售的一些管材,尺寸不能满足要求,因此对钢管的内外径提出了要求。

本次修订增加了用于自动喷水灭火系统的不锈钢管、铜管、涂覆钢管、氯化聚氯乙烯(PVC-C)管在安装前应进行现场外观检查的规定。

3.2.7 本条对喷头在施工现场的检查提出了要求。总的原则是既能保证系统采用喷头的质量,又便于施工单位实施的基本检查项目。国家标准《自动喷水灭火系统　第1部分:洒水喷头》GB 5135.1,对喷头的检验提出了19条性能要求,23项性能试验,包括喷头的外观检查、密封性能、布水性能、流量特性系数、功能试验、水冲击试验、振动试验、高低温试验、静态动作温度试验、SO_2腐蚀、应力腐蚀、盐雾腐蚀、工作荷载、框架强度、热敏感元件强度、溅水盘强度、疲劳强度、热稳定性能、机械冲击、环境温度试验以及灭火试验等。尽管本规范第3.2.1条中对喷头提出了严格的质量要求,要求采用经国家消防产品质量监督检验中心检测合格的喷头,但这仅仅是对生产厂家按国家标准《自动喷水灭火系统　第1部分:洒水喷头》GB 5135.1的规定所做的型式试验的送检产品而言,多年来喷头的实际生产、应用表明,由于生产厂家在喷头出厂前未严格进行密封性能等基本项目的检测试验或因运输过程的振动碰撞等原因造成的隐患,致使喷头安装后漏水或系统充水后热敏元件破裂造成误喷等不良后果,为避免这类现象发生,本条要求施工单位除对喷头进行外观检查外,还应对喷头做一项最重要最基本的密封性能试验。这条规定是必要而且可行的。其试验方法按国家标准《自动喷水灭火系统　第1部分:洒水喷头》GB 5135.1的规定,喷头在一定的升压速率条件下,能承受3.0MPa静水压3min,无渗漏。为便于施工单位执行,本条未对升压速率作规定,仅要求喷头能承受3.0MPa静水压3min,在喷头密封件处无渗漏即为合格。条文中"每批"是指同制造厂、同规格、同型号、同时到货的同批产品。本条为强制性条文,必须严格执行。

3.2.8 本条主要是与相应的产品国家标准《自动喷水灭火系统　第1部分:洒水喷头》GB 5135.1,《自动喷水灭火系统　第2部分:湿式报警阀、延迟器、水力警铃》GB 5135.2 和《自动喷水灭火系统　第5部分:雨淋报警阀》GB 5135.5保持一致,更便于执行。本条对阀门及其附件,尤其是报警阀门及其附件在施工现场的检验作出了规定。阀门及其附件系指报警阀、水源控制阀、止回阀、信号阀、排气阀、闸阀、电磁阀、泄压阀以及水力警铃、延迟器、水流指示器、压力开关、压力表等,为了保证这些零配件的安装质量,施工前必须按标准逐一检查,对其中的重要组件报警阀及其附件,因为由厂家配套供应,且零配件很多,施工单位安装前除检查其配套齐全和合格证明材料外,还应逐个进行渗漏试验,以保证报警阀安装后的基本性能。试验方法按照国家标准《自动喷水灭火系统　第2部分:湿式报警阀、延迟器、水力警铃》GB 5135.2的规定,除阀门进、出水口外,堵住阀门其余各开口,阀瓣关闭,充水排除空气后,在阀瓣系统侧加2倍额定工作压力的静水压,保持5min,根据置于阀下面的纸是否有湿痕来判断是否渗漏,无渗漏为合格。

3.2.9 本条是根据近年来在系统工程中进一步完善了系统的结构,采用了不少有利于确保系统功能的新产品、新技术;认真分析

了收集到的技术资料和各地公安消防部门、工程设计和工程建设应用单位的意见,对系统使用的自动监测装置和电动报警装置提出了现场的检查要求。这些装置包括自动监测水池水箱的水位,干式喷水灭火系统的最高、最低气压,预作用喷水灭火系统的最低气压,水源控制阀门的开闭状况以及系统动作后压力开关、水流指示器、自动排气阀、减压阀、多功能水泵控制阀、止回阀、信号阀、水泵接合器的动作信号等,所有监测及报警信号均汇集在建筑物的消防控制室内,为了安装后不致发生故障或者发生故障时便于查找,施工前应检查水流指示器、水泵接合器、多功能水泵控制阀、减压阀、止回阀这些装置的各种标志,并进行主要功能检查,不合格者不得安装使用。

4 供水设施安装与施工

此次修订依据国家标准《建筑工程施工质量验收统一标准》GB 50300,对施工项目划分为主控项目和一般项目。主控项目指建筑工程中对安全、卫生、环境保护和公众利益起决定性作用的检验项目,本规范的主控项目是指对自动喷水灭火系统功能起决定性作用的项目。一般项目指除主控项目以外的检验项目。

4.1 一般规定

4.1.1 本条主要对消防水泵、水箱、水池、气压给水设备、水泵接合器等几类供水设施的安装作出了具体的要求和规定,目前自动喷水灭火系统主要采用这几类供水方式。

由于施工现场的复杂性,浮土、麻绳、水泥块、铁块等杂物非常容易进入管道和设备中。因此自动喷水灭火系统的施工要求更高,更应注意清洁施工,杜绝杂物进入系统。例如1985年,某设计研究院曾在某厂做雨淋系统灭火强度试验,试验现场管道发生严重堵塞,使用了150t水冲洗都未冲洗干净。最后只好重新拆装,发现石块、焊渣等物卡在管道拐弯处、变径处,造成水流明显不畅。因此本条强调安装中断时敞口处应做临时封闭,以防杂物进入未安装完毕的管道与设备中。

4.1.2 本条对消防供水设施的防护措施和安装位置提出了要求。在实际工程中存在消防泵泵轴未加防护罩等不安全因素;水泵房没有排水设施或排水设施排水能力有限、通风条件不好等因素,这些因素对于供水设施的操作和维护都有影响。

4.1.3 本条规定消防用水直接与市政或生活供水连接时,为了防止消防用水污染生活用水,应安装倒流防止器。

倒流防止器分为不带过滤器的倒流防止器和带过滤器的倒流防止器,前者由进水止回阀、出水止回阀和泄水阀三部分组成,后者由带过滤装置的进水止回阀、出水止回阀和泄水阀三部分组成。倒流防止器上有特定的弹簧锁定机构,泄水阀的"进气—排水"结构可以预防背压倒流和虹吸倒流污染。

4.1.4 本条对供水设施安装时的环境温度作了规定,其目的是为了确保安装质量、防止意外损伤。供水设施安装一般要进行焊接和试水,若环境温度低于5℃,又未采取保护措施,由于温度剧变、物质体态变化而产生的应力极易造成设备损伤。

4.2 消防水泵安装

4.2.1 本条对消防水泵安装前的要求作出了规定。为确保施工单位和建设单位正确选用设计中选用的产品,避免不合格产品进入自动喷水灭火系统,设备安装和验收时注意检验产品合格证和安装使用说明书及其产品质量是非常必要的。

4.2.2 本条规定的消防水泵安装要求,是直接采用现行国家标准《机械设备安装工程施工及验收通用规范》GB 50231、《压缩机、风机、泵安装工程施工及验收规范》GB 50275的有关规定。

4.2.3 本条对吸水管及其附件安装提出了要求,不应采用没有可靠锁定装置的蝶阀,其理由是一般蝶阀的结构,阀瓣开、关是用蜗杆传动,在使用中受震动时,阀瓣容易变位,改变其规定位置,带来不良后果。美国NFPA13也有相关规定。本次修订,考虑到蝶阀在国内工程中应用较多且有诸如体积小、占用空间位置小、美观等特点,只要克服其原结构不能锁定的问题,有可靠锁定装置的蝶阀,用于自动喷水灭火系统应允许。本条修订是符合国情的。关于蝶阀的选用,从目前已做好的工程反馈回来的情况看,对夹式蝶阀在管道充满水后存在很难开闭甚至无法开闭的情况,这与对夹式蝶阀的构造有关,可能给系统造成隐患,故不允许使用对夹式蝶阀。

消防水泵吸水管的正确安装是消防水泵正常运行的根本保证。吸水管上宜安装过滤器,可避免杂物进入水泵,影响系统的供水。同时该过滤器应便于清洗,确保消防水泵的正常供水。由于安装在吸水管的过滤器网孔较小,需要经常清洗,在工程实际应用过程中执行较差,容易造成堵塞或者管道通水能力明显减少。工程应用中水泵吸水口上安装有滤网,一般的杂物不会进入吸水管,因此对吸水管上安装过滤器不强制要求,但安装有过滤器的系统,应定期对过滤器进行清洗,确保管路系统的通水能力。

吸水管上安装控制阀是便于消防水泵的维修。先固定消防水泵,然后再安装控制阀门,以避免消防水泵承受应力。

当消防水泵和消防水池位于独立基础上时,由于沉降不均匀,可能造成消防水泵吸水管受内应力,最终应力加在消防水泵上,将会造成消防水泵损坏。最简单的解决方法是加一段柔性连接管(见图1)。

消防水泵吸水管安装若有倒坡现象则会产生气囊,采用大小头与消防水泵吸水口连接,如果是同心大小头,则在吸水管上部有倒坡现象存在。异径管的大小头上部会存留从水中析出的气体,因此应采用偏心异径管,且要求吸水管的上部保持平接(见图2)。

美国NFPA 20也明确规定:吸水管应当精心敷设,以免出现漏气和气囊现象,其中任何一种现象均可严重影响消防水泵的运转。

4.2.4 本条对消防水泵出水管的安装要求作了规定。本次修订没有要求消防水泵组的总出水管上都安装泄压阀,主要是因为泄

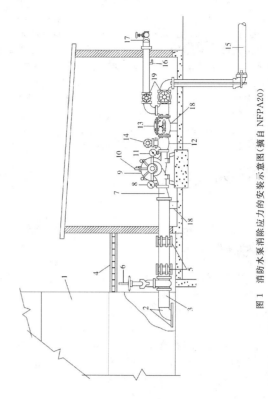

图1 消防水泵消除应力的安装示意图(摘自NFPA20)

1—消防水池;2—进水弯头;3—吸水管;4—防冻盖板;5—消除应力的柔性连接管;6—闸阀;7—偏心异径接头;8—吸水压力表;9—卧式离心分式消防泵;10—自动排气装置;11—出水压力表;12—渐缩的出水三通;13—多功能水泵控制阀或止回阀;14—泄压阀;15—出水管;16—泄水阀或球形滴水器;17—管道支架;18—指示性闸阀或指示性蝶阀;19—指示性闸阀或指示性蝶阀

高出水池底部距离为吸水管径的1.5倍,但最小为152mm;

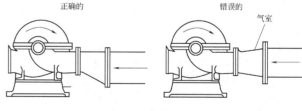

图2 正确和错误的水泵吸水管安装示意图

压阀开启泄压的同时,也泄掉一部分流量,造成系统的流量不够,影响系统的灭火。只有存在超压的情况下,且超过了系统管网压力的情况下,才需要设置泄压阀。

压力表的缓冲装置可以是缓冲弯管,或者是微孔缓冲水囊等方式,既可保护压力表,也可使压力表指针稳定。

多功能水泵控制阀由阀体、阀盖、膜片座、膜片、主阀板、缓闭阀板、衬套、阀杆、主阀板座、缓闭阀板座和控制管系统等零部件组成。具有水力自动控制、启泵时缓开、停泵时先快闭后缓闭的特点,兼有水泵出口处水锤消除器、闸(蝶)阀、止回阀三种产品的功能,有利于消防水泵自动启动和供水系统安全;多功能水泵控制阀结构性能应符合《多功能水泵控制阀》CJ/T 167的规定,它是一种新型两阶段关闭的阀门,现实际工程中应用很多,故增加该阀的安装要求。

在实际工程应用中多次出现止回阀或多功能水泵控制阀安装出现错误的情况,故增加对止回阀或多功能水泵控制阀的安装方向进行规定。

4.2.5 本条为新增条文。为使系统调试、检测、消防水泵启动运行试验能按规范要求顺利进行,要求在系统中安装检测试验装置,本条是对安装在报警阀上的系统调试、检测消防水泵启动运行试验装置进行合理修改。前一版中条文规定的系统调试、检测消防

水泵启动运行试验装置在实际工程应用中出现执行比较困难的情况,特别是系统安装有多台报警阀组或报警阀组安装在不同楼层的时候执行难度较大,因此本次修订结合实际工程情况要求把系统流量压力检测装置安装在水泵出水管路上。

4.3 消防水箱安装和消防水池施工

Ⅰ 主控项目

4.3.1 本条规定的消防水池、高位消防水箱的施工和安装,是直接采用现行国家标准《给水排水构筑物施工及验收规范》GB 50141、《建筑给水排水及采暖工程施工质量验收规范》GB 50242的有关规定。同时增加对消防水池、高位消防水箱的水位显示装置设置方式以及设置位置应满足设计的要求。

4.3.2 消防水备而不用,尤其是消防专用水箱,水存的时间长了,水质会慢慢变坏,增加杂质。除锈、防腐做得不好,会加速水中的电化学反应,最终造成水箱锈损,因此本条作了相应的规定。

Ⅱ 一般项目

4.3.3 消防水池、高位消防水箱安装完毕后应有供检修用的通道,通道的宽度与现行国家标准《建筑给水排水设计规范》GB 50015一致。日常的维护管理需要有良好的工作环境。本条提出的水池(箱)间的主要通道、四周的检修通道是保证维护管理工作顺利进行的基本要求。本次修订增加对拼装形式的高位消防水箱进行规定。

4.3.4 本条规定的目的要确保储水不被污染。消防水池、高位消防水箱的溢流管、泄水管排出的水应间接流入排水系统。规范组调研时曾发现有的施工单位将溢流管、泄水管汇集后,没有采取任何隔离措施直接与排水管连接。正确施工是将溢流管、泄水管排出的水先直接排至水箱间地面,再通过地面的地漏将水排走。而使用单位为使地面不湿,用软管一端连接溢流管、泄水管,另一端直接插入地漏,这种不正确的使用现象屡见不鲜。所以本条单独列出,以引起施工单位及使用单位的重视。

4.3.5~4.3.8 这几条为新增条文。要求高位消防水箱、消防水池的人孔宜密闭,通气管、溢流管应有防止昆虫爬入水池(箱)的措施;合用水箱或水池应对其有效的消防水量进行复核;要求高位消防水箱、消防水池的进水管、出水管上应设置带有指示启闭装置的阀门,该阀门带有的指示启闭装置仅要求在现场指示就可以。

同时对于补水来自给水管的高位消防水箱、消防水池,其进水管径应满足消防水池首次充满水时间不大于24h,满足高位消防水箱8h充满水的要求,管径不宜小于DN32。进水管应在溢流水位以上接入,不得产生虹吸回流污染生活给水管道,具体要求应符合《建筑给水排水设计规范》GB 50015的有关规定。

4.4 消防气压给水设备和稳压泵安装

本节对消防气压给水设备和稳压泵的安装要求作了规定。消防气压给水设备作为一种提供压力水的设备在我国经历了数十年的发展和使用,特别是近10年来经过研究和改进,日趋成熟和完善。产品标准已制订、发布、实施,一般生产该类设备的厂家都是整体装配完毕,调试合格后再出厂,因此在设备的安装过程中,只要不发生碰撞且进水管、出水管、充气管的标高、管径等符合设计要求,其安装质量是能够保证的。

对稳压泵安装前的要求作出了规定,主要为确保施工单位和建设单位正确选用设计中选用的产品,避免不合格产品进入自动喷水灭火系统,设备安装和验收时注意检验产品合格证和安装使用说明书及其产品质量是非常必要的。而且要求稳压泵安装直接采用现行国家标准《机械设备安装工程施工及验收通用规范》GB 50231、《压缩机、风机、泵安装工程施工及验收规范》GB 50275的有关规定。

4.5 消防水泵接合器安装

Ⅰ 主控项目

4.5.1 本条规定主要强调消防水泵接合器的安装顺序,尤其重要的是止回阀的安装方向一定要保证水通过接合器进入系统。

规范编制组曾在北京地区调研,据北京市消防局火调处、战训处介绍,发现数例将消防水泵接合器中的止回阀安装反,造成无法向系统内补水的事例。主要原因是安装人员和基层的管理人员不清楚消防水泵接合器的作用造成的。因此强调安装顺序和方向是很有必要的。

随着消防水泵接合器新产品的不断涌现且被纳纳,此条文不完全适用于现阶段各种产品的使用,增加"整体式消防水泵接合器"的安装要求。

4.5.2 消防水泵接合器主要是消防队在火灾发生时向系统补充水用的。火灾发生后,十万火急,由于没有明显的类别和区域标志,关键时刻找不到或消防车无法靠近消防水泵接合器,不能及时准确补水,失去了设置消防水泵接合器的作用,造成不必要的损失,这种实际教训是很多的。

墙壁式消防水泵接合器安装位置不宜低于0.7m是考虑消防队员将水龙带对接消防水泵接合器口时便于操作提出的,位置过低,不利于紧急情况下的对接。国家标准图集《消防水泵接合器安装》99S203中,墙壁式消防水泵接合器离地距离为0.7m,设计中多按此预留孔洞,本次修订将原来规定的1.1m改为0.7m是为了协调统一。

为与国家标准《建筑设计防火规范》GB 50016相关条文适应,消防水泵接合器与门、窗、孔、洞保持不小于2.0m的距离。主要从两点考虑:一是火灾发生时消防队员能靠近对接,避免火舌从洞孔处燎伤队员;二是避免消防水龙带被烧坏而失去作用。

4.5.3 地下消防水泵接合器接口在井下,太低不利于对接,太高不利于防冻。0.4m的距离适合1.65m身高的队员俯身后单臂操作对接。太低了则要到井下对接,不利于火场抢时间的要求。冰冻线低于0.4m的地区可由设计人员选用双层防冻室外阀门井井盖。

Ⅱ 一般项目

4.5.4 本条规定阀门井应有防水和排水设施是为了防止井内长期灌满水,阀体锈蚀严重,无法使用。

5 管网及系统组件安装

5.1 管网安装

Ⅰ 主控项目

5.1.1 本条对系统管网选用的钢管材质作了明确的规定,是为防止国内在工程施工时因管材随意选用,造成质量问题而提出的。

随着人民生活水平的提高,有的自动喷水灭火系统工程中使用了铜管、不锈钢管等其他管材,它们的性能指标、安装使用要求应符合相应技术标准的要求。

5.1.2～5.1.5 这几条为新增条文,对系统采用不锈钢管、铜管、涂覆钢管、氯化聚氯乙烯(PVC-C)管时的技术要求进行规定。

5.1.6 本条规定主要研究了国内外自动喷水灭火系统管网连接技术的现状及发展趋势;规范实施后各地反映出的系统施工管网安装中出现的问题;国内新管件开发应用情况等,同时考虑了与设计规范内容保持一致。管网安装是自动喷水灭火系统工程施工中,工作量最大,也是工程质量最容易出现问题和存在隐患的环节。管网安装质量的好坏,将直接影响系统功能和系统使用寿命。对管道连接方法的规定,是从确保管网安装质量、延长使用寿命出发,在充分考虑国内施工队伍素质、国内管件质量、货源状况的基础上,尽量提高要求。

取消焊接,不仅因为焊接直接破坏了镀锌管的镀锌层,加速了管道锈蚀,而且不少工程采用焊接后不能保证安装质量要求,隐患不少,为确保系统施工质量必须取消焊接连接方法。本规定增加了沟槽式管件连接方法,沟槽式管件是我国1998年开发成功并及时投放市场的新型管件,它具有强度高、安装维护方便等特点,适合用于自动喷水灭火系统管道连接。

5.1.7～5.1.9 这几条为新增条文,对系统采用不锈钢管、铜管、氯化聚氯乙烯(PVC-C)管时,其管路的连接方式进行了规定。主要是推广新技术、新产品,对不锈钢管、铜管等在工程应用过程中比较成熟可靠的新连接技术进行了规定。

5.1.10 本条对管网安装前应对其主要材料管道进行校直和净化处理作了规定。

管网是自动喷火灭火系统的重要组成部分,同时管网安装也是整个系统安装工程中工作量最大、较容易出问题的环节,返修也是较繁杂的部分。因而在安装时应采取行之有效的技术措施,确保安装质量,这是施工中非常重要的环节。本条规定的目的是要确保管网安装质量。未经校直的管道,既不能保证加工质量和连接强度,同时连成管网后也会影响其他组件的安装质量,管网造型布局既困难也不美观,所以管道在安装前应校直。在自动喷水灭火系统安装工程中未做净化处理而致使管网堵塞的事例是很多的,因此规定在管网安装前应清除管材、管件内的杂物。

管道的防腐工作,一般工程是在管网安装完毕且试压冲洗合格后进行,但在具有腐蚀性物质的场所,对管道的抗腐蚀能力要求较高,安装前应按设计要求对管材、管件进行防腐处理,增强管网的防腐蚀能力,确保系统寿命。

5.1.11 沟槽式管件连接是管道连接的一种新型连接技术,过去在外资企业的自动喷水灭火工程中引进国外产品已开始应用。我国1998年开发成功沟槽式管件,很快在工程中被采用。把该种连接技术写入规范,是因为该种连接方式具有施工、维修方便、强度密封性能好、美观等优点;工程造价与法兰连接相当。

沟槽式管件连接施工时的技术要求,主要是参考生产厂家提供的技术资料和总结工程施工操作中的经验教训的基础上提出的。沟槽式管件连接施工时,管道的沟槽和开孔应用专用的滚槽机、开孔机进行加工,应按生产厂家提供的数据,检查沟槽和孔口尺寸是否符合要求,并清除加工部位的毛刺和异物,以免影响连接后的密封性能,或造成密封圈损伤等隐患。若加工部位出现破损性裂纹、应切掉重新加工沟槽,以确保管道连接质量。加工沟槽发现管内外镀锌层损伤,如开裂、掉皮等现象,这与管道材质、镀锌质量和滚槽速度有关,发现此类现象可采用冷喷锌罐进行喷锌处理。

机械三通、机械四通连接时,干管和支管的口径应有限制的规定,如不限制开孔尺寸,会影响干管强度,导致管道弯曲变形或离位。

5.1.12 本条对系统管网连接的要求中首先强调为确保其连接强度和管网密封性能,在管道切割和螺纹加工时应符合的技术要求。施工时必须按程序严格要求、检验,达到有关标准后,方可进行连接,以保证连接质量和减少返工。其次是对采用变径管件和使用密封填料时提出的技术要求,其目的是要确保管网连接后不至于增大系统管网阻力和造成堵塞。

5.1.13 本条修订特别强调的是焊接法兰连接。焊接法兰连接,焊接后要求必须重新镀锌或采用其他有效防锈蚀的措施,法兰连接推荐采用螺纹法兰;焊接后应重新镀锌再连接,因焊接时破坏了镀锌钢管的镀锌层,如不再镀锌或采取其他有效防腐措施进行处理,必然会造成加速焊接处的腐蚀进程,影响连接强度和寿命。螺纹法兰连接要求预测对接位置是因为工程施工经验证明,螺纹紧固后一旦改变其紧固状态,其密封处密封性将受到影响,大多数在连接后因密封性能达不到要求而返工。

Ⅱ 一般项目

5.1.14 本条规定是为了便于系统管道安装、维修方便而提出的基本要求,其具体数据与国家标准《自喷水灭火系统设计规范》GB 50084相关条文说明中列举的相同。本次修订增加了公称直径大于或等于100mm的管道距离顶板、墙面的安装距离,是为了保证安装和日常检修时需要的操作空间。

5.1.15 对管道的支架、吊架、防晃支架安装有关要求的规定,主要目的是为了确保管网的强度,使其在受外界机械冲撞和自身水力冲击时也不至于损伤;同时强调了其安装位置不得妨碍喷头布水而影响灭火效果。本规定中的技术数据与国家标准《自动喷水灭火系统设计规范》GB 50084条文说明中推荐的数据要求相同,其他的一些规定参考了NFPA13等有关技术资料。

第5款管道设置防晃支架的距离是参考现行国家标准《通风与空调工程施工质量验收规范》GB 50243的有关规定。

用于自动喷水灭火系统的各种管道材质不同,强度相差很大,对支撑的要求各有不同,本次修订对不锈钢管道、涂覆钢管道、铜管道、氯化聚氯乙烯(PVC-C)管支架或吊架之间的设置进行了规定。

因沟槽连接管道的刚性较其他连接方式差,在试压、冲洗等压力波动较大时,易产生变形或断开,故对其管道支架的要求更高。本次修订参考《建筑给水钢塑复合管管道工程技术规程》CECS 125:2001的相关要求。

5.1.16 本条规定主要是为了防止在使用中管网不至于因建筑物结构的正常变化而遭到破坏,同时为了检修方便,参考了国家标准《工业金属管道工程施工及验收规范》GB 50235相关条文的规定。

5.1.17 本条规定考虑了干式、雨淋等系统动作后应尽量排净管中的余水,以防冰冻致使管网遭到破坏。对其他系统来说,日久需检修或更换组件时,也需排净管网中余水,以利于工作。

5.1.18 本条规定的目的是为了便于识别自动喷水灭火系统的供水管道,着红色与消防器材色标规定相一致。在安装自动喷水灭火系统的场所,往往是各种用途的管道排在一起,且多而复杂,为便于检查、维护,做出易于辨识的规定是必要的。规定红圈的最小间距和环圈宽度是防止个别工地仅做极少的红圈,达不到标识效果。

5.1.19 本条规定主要目的是为了防止安装时异物进入管道、堵塞管网的情况发生。

5.1.20～5.1.23 不锈钢管道、铜管道等与其他金属材料的电位不一样，和其他管道连接时，如不采取措施，接触部位可能会发生电化学腐蚀，对系统造成危害。同时这些管道与其他材料的管道连接时，应采取何种方法、连接形式的选择等，参考《建筑给水铜管管道工程技术规程》CECS 171、《建筑给水钢塑复合管管道工程技术规程》CECS 125、《自动水灭火系统薄壁不锈钢管管道工程技术规程》CECS 229、《建筑给水铜管管道工程技术规程》CECS 171、《自动喷水灭火系统CPVC管管道工程技术规程》CECS 234 标准作了这些规定。

5.1.24 本条为新增条文。消防洒水软管的使用在国外是非常普遍的，近年来在国内一些外资或者高端项目中得到了应用。最近几年随着人工费的不断上涨，由于消防洒水软管具有安装的便捷性，施工的快速性等特点，已有越来越多的项目选择使用消防洒水软管。

消防洒水软管的安装固定是非常重要的，必须用各种固定支架将连接喷头的接头做固定。若副龙骨太软，也可将固定支架系统安装于主龙骨。消防洒水软管本身有一定的刚度，若龙骨软的话则宜选用不太软的消防洒水软管，避免消防洒水软管试压回弹过大。

至于不能小于弯曲半径以及波纹段与接头处60mm之内不能弯曲的要求，都是为了避免过度弯曲导致波纹受压变尖，应力集中造成波纹破裂导致泄漏。

洁净室内的设备都比较昂贵，建议使用焊接型全不锈钢的软管，全不锈钢软管和配件符合洁净的要求，焊接型软管泄漏点较组装型少。

消防洒水软管使用在风烟管道处时，这里的温度较高，焊接型全不锈钢带编织网的软管可以满足此类环境的要求。

5.2 喷头安装

I 主控项目

5.2.1 本条为强制性条文，对喷头安装的前提条件作了规定，必须严格执行。其目的一是为了保护喷头，二是为防止异物堵塞喷头，影响喷头喷水灭火效果。根据国外资料和国内调研情况，自动喷水灭火系统失败的原因中，管网输水不畅和喷头被堵塞占有一定比例，主要是由于施工中管网冲洗不净或是冲洗管网时杂物进入已安装喷头的管件部位造成的。为防止上述情况发生，喷头的安装应在管网试压、冲洗合格后进行。

5.2.2、5.2.3 这两条为强制性条文，必须严格执行。这两条对喷头安装时应注意的几个问题提出了要求，目的是为了防止在安装过程中对喷头造成损伤，影响其性能。喷头是自动喷水灭火系统的关键组件，生产厂家按照国家要求经过严格的检验合格后方可出厂供用户使用，因此安装时不得随意拆装、改动。编制组在调研中发现，不少使用单位为了装修方便，给喷头刷漆和喷涂料，这是绝对不允许的。这样做一方面是被覆物将影响喷头的感温动作性能，使其灵敏度降低，另一方面如被覆物属油漆之类，干后牢固地附在释放机构部位还将影响喷头的开启，其后果是相当严重的。上海某饭店曾对被覆后的喷头进行过动作温度试验，结果喷头的动作温度比额定的高20℃左右，个别喷头还不能启动。同时发现有的喷头易熔元件熔掉后，喷头却不能开启，因此严禁给喷头附加任何涂层。

安装喷头应使用厂家提供的专用扳手，可避免喷头安装时遭受损伤，既方便又可靠。国内工程中曾多次发现安装喷头利用其框架拧紧和把喷头框架做支撑架，悬挂其他物品，造成喷头损伤，发生误喷，本规范严禁这样做是非常必要的。安装中发现框架或溅水盘变形、释放元件损伤的，必须更换同规格、型号的新喷头，因为这些元件是喷头的关键性支撑件和功能件，变形、损伤后，尽管

其表面检查发现不了大问题，但实际上喷头总体结构已造成了损伤，留下了隐患。

5.2.4 本条规定是为了防止在某些使用场所因正常的运行操作而造成喷头的机械性损伤，在这些场所安装的喷头应加设防护罩。喷头防护罩是由厂家生产的专用产品，而不是施工单位或用户随意制作的。喷头防护罩应符合既保护喷头不遭受机械损伤，又不能影响喷头感温动作和喷水灭火效果的技术要求。

5.2.5 本条规定目的是安装喷头要确保其设计要求的保护功能。

5.2.6 本条规定目的是要保证喷头的型号、规格、安装场所满足设计要求。隐蔽式喷头平面位置的准确性主要受水平配水支管标高的影响；吊顶开孔的位置要准确，中心误差不宜过大，开孔大小应合适，过大影响外观，过小则影响施工操作和喷头的动作灵敏度。故增加这两项要求。

II 一般项目

5.2.7 本条规定目的是为了防止水中的杂物堵塞喷头，影响喷头喷水灭火效果。目前小口径喷头在我国还用得很少，小口径低水压的产品很有开发和推广应用价值，有关方面将积极开展这方面的研究工作。

5.2.8～5.2.10 这几条表中数据采用了NFPA13（2013年版）相关条文的规定，分别适用于不同类型的喷头。当喷头靠近梁、通风管道、排管、桥架、不到顶的隔断安装时，应尽量减小这些障碍物对其喷水灭火效果的影响。这些情况是近年来工程上经常遇到的较普遍的问题，过去解决这些问题的方式也是五花八门，实际上是施工单位各行其便，其后果是不好的，影响喷水灭火效果，造成不必要的损失。

5.2.11～5.2.14 这几条为新增条文。早期抑制快速响应喷头（ESFR）在实际工程中应用较多，对其的安装要求，很多工程技术人员不清楚，本次修订增加了这些安装规定。

早期抑制快速响应喷头的设置场所仅用于保护高堆垛与高货架仓库，仓储货物的顶部和喷头溅水盘的距离不小于0.9m。早期抑制快速响应喷头不得用于干式系统或预作用系统以及任何有可能会延迟喷头动作或喷水的其他系统，仅用于湿式系统，因为即便是几秒钟的延迟时间也会导致压制作用失败。

早期抑制快速响应喷头不得安装于坡度大于167 mm/m(9.5°)的屋面/天花板下；不得用在环境温度超过66℃的场所。

早期抑制快速响应喷头的流量系数K的范围是200到360，分为直立型和下垂型。K系数及不同形式的喷头都有自己特定的设计标准和允许使用条件，其安装要求也不一样，应分别进行规定。

喷头与顶板的相对位置是影响喷头动作速度的主要因素，顶板处的障碍物是指与喷头基本处于相同高度的混凝土梁、钢梁、挡烟垂壁、桁架、檩条及其他支撑等；顶板处非实体的建筑构件是指通透面积70%以上，如屋面托架或桁架等；喷头下的障碍物是指各类风管、喷淋系统自身管道和其他管道、管线桥架、灯具等。最理想的位置是喷头的感温元件位于顶板下150 mm至255 mm之间。如果感温元件太靠近顶板，起火初始阶段形成的热气流会位于喷头下方，从而延误喷头的动作。如果感温元件离顶板太远，起火初始阶段形成的热气流则会位于喷头上方，同样会延误喷头在火灾初期及时动作。

早期抑制快速响应喷头能够有效灭火，要求大流量和高动量的喷射水流直接到达火区。障碍物有可能干扰喷头的布水形状并很大程度上降低向下的水流动量及穿透火羽流的能力，从而导致无法压制火势。对于采用早期抑制快速响应喷头保护的仓库，意味着一场完全失控的火灾。FM Global的试验表明，即使是相对很小的障碍物，如果其处于关键位置，并且起火点恰处于其下方，也会导致火灾失控。

障碍物的影响是早期抑制快速响应喷头能起到压制作用的关键。有些情况下,在一个孤立的区域内,只要少许扩大喷头的间距和覆盖面积就可以消除障碍物的影响。如果增加同一支管上的相邻两个喷头的间距或者增加相邻两根支管的间距,可以消除障碍物的不利影响。

5.3 报警阀组安装

主控项目

5.3.1 本条对报警阀组的安装程序、安装条件和安装位置提出了要求,作了明确规定。

报警阀组是自动喷水灭火系统的关键组件之一,它在系统中起着启动系统、确保灭火用水畅通、发出报警信号的关键作用。过去不少工程在施工时出现报警阀与水源控制阀位置随意调换、报警阀方向与水源水流方向装反、辅助管道紊乱等情况,其结果使报警阀组不能工作、系统调试困难,使系统不能发挥作用。对安装位置的要求,主要是根据报警阀组的工作特点,便于操作和便于维修的原则而作出的规定。因为常用的自动喷水灭火系统在启动喷水灭火后,一般要由保卫人员在确认火灾被扑灭后关闭水源控制阀,以防止后继水害发生。有的工程为了施工方便而不择位置,将报警阀组安装在不易寻找和操作不便的位置,发生火灾后既不易及时得到报警信号,灭火后又不利于断水和维修检查,其教训是深刻的。

本条规定还强调了在安装报警阀组的室内应采取相应的排水措施,主要是因为系统功能检查、检修需较大量放水而提出的。放水能及时排走既便于工作,也可保护报警阀组的电器或其他组件因环境潮湿而造成不必要的损害。工程检查中发现由于排水能力不足,造成水害,故对排水能力提出要求。

5.3.2 本条对报警阀的附件安装要求作了规定,这里所指的附件是各种报警阀均需的通用附件。压力表是报警阀组必须安装的测试仪表,它的作用是监测水源和系统水压,安装时除要确保密封外,主要要求其安装位置应便于观测,系统管理维护人员能随时方便地观测水源和系统的工作压力是否符合要求。排水管和试验阀是自动喷水灭火系统检修、检测系统主要报警装置功能是否正常的两种常用附件,其安装位置必须便于操作,以保证日常检修、试验工作的正常进行。

水源控制阀是控制喷水灭火系统供水的开、关阀,安装时既要确保操作方便,又要有开、闭位置的明显标志,它的开启位置是决定系统在喷水灭火时消防用水能否畅通,从而满足要求的关键。在系统调试合格后,系统处于准工作状态时,水源控制阀应处于全开的常开状态,为防止意外和人为关闭控制阀的情况发生,水源控制阀必须设置可靠的锁定装置将其锁定在常开位置;同时还宜设置指示信号设施与消防控制中心或保卫值班室连通,一旦水源控制阀被关闭应及时发出报警信号,值班人员应及时检查原因并使其处于正常状态。在实际应用中,各地曾多次发生因水源控制阀被关闭,当火灾发生时,系统的喷头和控制设备全部正常启动,但管网无水,系统不能发挥灭火功能而造成较大损失,此类事故是应当杜绝的。

本规范实施几年来,各地反映较多的问题是,不少工程由于没有设计和安装调试、检测用的阀门和管路,系统调试和检测无法进行。遇到此类工程,一般都是利用末端试水装置进行试验,利用试验结果进行推理式判断,无法测得科学实际的技术数据。这里应指出的是,消防界人士十余年来对末端试水装置存在着夸大其功能的认识误区,普遍认为通过末端试水装置可以检测系统动作功能、系统供水能力、最不利点喷头的压力等,这是造成一般不设计调试、检测试验管道及阀门的一个主要原因。末端试水装置,至今没有统一的标准结构和设计技术要求,设计、安装单位的习惯经验做法是其结构由阀门,压力表,流量测试仪表(标准放水口或流量计)和管道组成(见图3),管道一般是用管径为25mm、32mm、

40mm的镀锌钢管。开启末端试水装置进行试验时,测试得到的压力和流量数据,只是在测试位置处的流量和压力数据,并没有经验公式能利用此数据科学推算出系统供水能力(压力、流量),更不能判断系统的最不利点压力是否符合设计要求。末端试水装置的真正功能是检验系统启动、报警和利用系统启动后的特性参数组成联动控制装置等的功能是否正常。

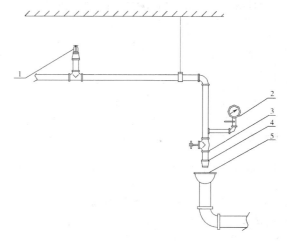

图 3 末端试水装置图
1—最不利点处喷头;2—压力表;3—球阀;4—试水接头;5—排水漏斗

5.3.3 本条对湿式报警阀组的安装要求作了规定。

湿式报警阀组是自动喷水湿式灭火系统两大关键组件之一。湿式灭火系统因为结构简单、灭火成功率高、成本低、维护简便等优点,是应用最广泛的一种。国外资料报道,湿式系统的应用约占所有自动喷水灭火系统的85%以上;据调查,我国近年来湿式系统的应用约在95%以上。湿式系统应用如此广泛,确保其安装质量就更加重要。湿式系统在准工作状态时,其报警阀前后管道中均应充满设计要求的压力水,能否顺利充满水,而且在水源压力波动时不发生误报警,是湿式报警阀安装的最基本的要求。湿式报警阀的内部结构特点可以说是一个止回阀和一个在阀瓣开启时能报警的两种作用合为一体的阀门。工程中曾多次发现把报警阀方向装反,辅助功能管件乱装,安装位置及安装时操作不当,致使阀瓣在工作条件下不能正常开启和严密关闭等情况,调试时既不能顺利充满水,使用中压力波动时又经常发生误报警。遇到这类情况,必须经过重装、调整,使其达到要求。报警水流通路上的过滤器是为防止水源中的杂质流入水力警铃堵塞报警进水口,其位置应装在延迟器前,且便于排渣操作。其目的是为了使用中能随时方便地排出沉积渣子,以减小水流阻力,有利于水力警铃报警达到迅速、准确和规定的声响要求。

5.3.4 本条对干式报警阀组的安装要求作了规定。这些规定主要参考了NFPA13自动喷水灭火系统的相关要求,并结合国内实际情况制定的。

对干式报警阀组安装场所的要求。干式报警阀组是自动喷水干式灭火系统的主要组件,干式灭火系统适用环境温度低于4℃和高于70℃的场所,低温时系统使用场所可能发生冰冻,因此干式报警阀组应安装在不发生冰冻的场所。主要是因为干式报警阀组处于伺服状态时,水源侧的管网内是充满水的,另外干式阀系统侧即气室,为确保其气密性一般也充有设计要求的密封用水。如干式阀的安装场所发生冰冻,干式阀充水部位就可能发生冰冻,尤其是干式阀气室一侧的密封用水较易发生冰冻,轻者影响阀门的开启,严重的则可能使干式阀遭到破坏。

为了确保干式阀的密封性,也为防止因水压波动,水源一侧的压力水进入气室。规定最低高度,主要是确保密封性的下限,其最高水位线不得影响干式阀(差压式)的动作灵敏度。

本条还对干式系统管网内充气的气源、气源设备、充气连接管道等的安装提出了要求。充气管应在充注水位以上部位接入，其目的是要尽量减少充入管网中气体的湿度，另外也是为了防止充入管网中的气体所含水分凝聚后，堵住充气口。充气管道直径和止回阀、截止阀安装位置要求的目的是在尽量减小充气阻力、满足充气速度要求的前提下，尽可能采用较小管径以便于安装。阀门位置要求，主要是为便于调节控制充气速度和充气压力，防止意外。安装止回阀的目的是稳定、保持管网内的气压，减小充气冲击。

加速器的作用，是火灾发生时干式系统喷头动作后，应尽快排出管网中的气体，使干式阀尽快动作，水源水快速顺利地进入供水管网喷水灭火。其安装位置应靠近干式阀，可加快干式阀的启动速度，并应注意防止水进入加速器，以免影响其功能。

低气压预报警装置的作用是在充气管网内气压接近最低压力值时发出报警信号，提醒管理人员及时给管网充气，否则管网空气气压再下降将可能使干式阀开启，水源的压力水进入管网，这种情况在干式系统处于准工作状态时，保护场所未发生火灾的情况下是绝不允许发生的，如发生此种情况必须采取有效的排水措施，将管网内水排出至干式阀气室侧预充密封水位，否则将可能发生冰冻和不能给管网充气，使干式系统不能处于正常的准工作状态，发生火灾时不能及时动作喷水灭火，造成不必要的损失。

本条对干式报警阀组上安装压力表的部位作了规定。这些规定是根据干式报警阀组的结构特点、工作条件要求，应对其水源水压、管网内气压、气源气压等进行观测而提出的。各部位压力值符合设计要求与否，是检查判定干式报警阀组是否处于准工作状态和正常的工作状态的主要技术参数。

5.3.5 本条对雨淋阀组的安装要求作了规定。雨淋阀组是雨淋系统、喷雾系统、水幕系统、预作用系统的重要组件。雨淋阀组的安装质量，是这些系统在发生火灾时能否正常启动发挥作用的关键，施工中应极其重视。

本条规定主要是针对组成预作用系统的雨淋报警阀组。预作用系统平时在雨淋阀以后的系统管网中可以充一定压力的压缩空气或其他惰性气体，也可以是空管，这主要由设计和使用部门根据使用现场条件来确定。对要求要充气的，雨淋阀组的准工作状态条件和启动原理与干式报警阀组基本相同，其安装要求按干式报警阀组要求即可保证质量。

雨淋阀组成的雨淋系统、喷雾系统等一般都是用在火灾危险较大、发生火灾后蔓延速度快及其他有特殊要求的场所。一旦使用场所发生火灾则要求启动速度越快越好，因此传导管网的安装质量是确保雨淋阀安全可靠开启的关键。雨淋阀的开启方式一般采用电动、传导管启动、手动几种。电动启动一般是用电磁阀或电动阀作启动执行元件，由火灾报警控制器控制自动启动或手动直接控制启动；传导管启动是用闭式喷头或其他可探测火警的简易结构装置作执行元件启动阀门；手动控制可用电磁阀、电动阀和快开阀作启动执行元件，由操作者控制启动。利用何种执行元件，根据保护场所情况由设计决定。上述几种启动方式的执行元件与雨淋阀门启动室连接，均是用内充设计要求压力水的传导管，尤其是传导管启动方式和机械式的手动启动，其传导管一般较长，布置也较复杂，其准工作状态近似于湿式系统管网状态，安装要求按湿式系统要求是可行的。

本条规定还考虑在使用场所发生火灾后，雨淋阀应操作方便、开启顺利并保障操作者安全。过去有些场所安装手动装置时，对安装位置的问题未引起重视，随意安装。当使用场所发生火灾后，由于操作不便或人员无法接近而不能及时顺利开启雨淋阀启动系统扑灭火灾，结果造成不必要的财产损失和人员伤亡。因此本规范规定雨淋阀组手动装置安装应达到操作方便和火灾时操作人员能安全操作的要求。

5.4 其他组件安装

Ⅰ 主 控 项 目

5.4.1 本条对水流指示器的安装程序、安装位置、安装技术要求等作了明确规定。

水流指示器是一种由管网内水流作用启动、能发出电讯号的组件，常用于湿式灭火系统中，作电报警设施和区域报警用。

本条规定水流指示器安装应在管道试压、冲洗合格后进行，是为避免试压和冲洗对水流指示器动作机构造成损伤，影响功能。其规格应与安装管道匹配，因为水流指示器安装在系统的供水管网内的管道上，避免水流管道出现通水面积突变而增大阻力和出现气囊等不利现象发生。

水流指示器的作用原理目前主要是采用桨片或膜片感知水流的作用力而带动传动轴动作，开启信号机构发出讯号。为提高灵敏度，其动作机构的传动部位设计制作要求较高。所以在安装时要求电器元件部位水平向上安装在水平管段上，防止管道凝结水滴入电器部位，造成损坏。

5.4.2 本条对自动喷水灭火系统中所使用的各种控制阀门的安装要求作了规定。

控制阀门的规格、型号和安装位置应严格按设计要求，安装方向正确，安装后的阀门应处于要求的正常工作位置状态。特别强调了主控制阀应设置启闭标志，便于随时检查控制阀是否处于要求的启闭位置，以防意外。对安装在隐蔽处的控制阀，应在外部做指示其位置的标志，以便需要开、关此阀时，能及时准确地找出其位置，作应急操作。在以往的工程中，忽视了这个问题，尤其是有些要求较高和系统控制面积又较大的场所，为了美观，系统安装后，装修时将阀门封闭在隐蔽处，发生火灾或其他事故后，需及时关闭阀门，因未做标志，花多时间也找不到阀门位置，结果造成不必要的损失。今后在施工中，必须对此引起高度重视。

5.4.3 本条对压力开关和压力控制装置的安装位置作了规定。

压力开关是自动喷水灭火系统中常采用的一种较简便的能发出电信号的组件。常与水力警铃配合使用，互为补充，在感知喷水灭火系统启动后，水力报警的水流压力启动发出报警信号。系统除利用它发出电讯号报警外，也可利用它与时间继电器组成消防泵自动启动装置。安装时除严格按使用说明书要求外，应防止随意拆装，以免影响其性能。其安装形式无论现场情况如何都应竖直安装在水力报警水流通路的管道上，应尽量靠近报警阀，以利于启动。同时，压力开关控制稳压泵，电接点压力表控制消防气压给水设备时，这些压力控制装置的安装应符合设计的要求。

5.4.4 本条对水力警铃的安装位置、辅助设施的设置、传导管道的材质、公称直径、长度等作了规定。

水力警铃是各种类型的自动喷水灭火系统均需配备的通用组件。它是一种在使用中不受外界条件限制和影响，当使用场所发生火灾、自动喷水灭火系统启动后，能及时发出声响报警的安全可靠的报警装置。水力警铃安装总的要求是：保证系统启动后能及时发出设计要求的声强强度的声响报警，其报警能及时被值班人员或保护场所内其他其他人员发现，平时能够检测水力报警装置功能是否正常。本条规定内容和要求与设计规范是一致的，考虑到水力警铃的重要作用和通用性，本规范再作明确规定，利于执行和保证安装质量。

5.4.5 末端试水装置是自动喷水灭火系统使用中可检测系统总体功能的一种简易可行的检测试验装置。在湿式、预作用系统中均要求设置。末端试水装置一般由连接管、压力表、控制阀及排水管组成，有条件的也可采用远传压力、流量测试装置和电磁阀组成。总的安装要求是便于检查、试验，检测结果可靠。

关于末端试水装置处应安装排水装置的规定，是根据目前国内相当部分工程施工时，因没安装排水装置，使用时无法操作，有的甚至连位置都找不到，形同虚设。因此作出此规定。

5.4.6 本条规定主要是针对自动喷水灭火系统区域控制中同时使用信号阀和水流指示器而言的,这些要求是为了便于检查两种组件的工作情况和便于维修与更换。

5.4.7 本条对自动排气阀的安装要求作了规定。

自动排气阀是湿式系统上设置的能自动排出管网内气体的专用产品。在湿式系统调试充水过程中,管网内的气体将被自然驱压到最高点,自动排气阀能自动将这些气体排出,当充满水后,该阀会自动关闭。因其排气孔较小、阀塞等零件较精密,为防止损坏和堵塞,自动排气阀应在系统管网冲洗、试压合格后安装,其安装位置应是管网内气体最后集聚处。

5.4.8 减压孔板和节流装置是使自动喷水灭火系统某一局部水压符合规范要求而常采用的压力调节设施。目前国内外已开发了应用方便、性能可靠的自动减压阀,其作用与减压孔板和节流装置相同,安装设置要求与设计规范规定是一致的。

5.4.9 本条规定是为了防止压力开关、信号阀、水流指示器的引出线进水,影响其性能。

5.4.10 本条对可调式减压阀、比例式减压阀的安装程序和安装技术要求作了具体规定。改革开放以来,我国基本建设发展很快,近年来,各种高层、多功能式的建筑越来越多,为满足这些建筑对给排水系统的需求,给排水领域的新产品开发速度很快,尤其是专用阀门,如减压阀,新型泄压阀和止回阀等。这些新产品开发成功后,很快在工程中得到推广应用。在自动喷水灭火系统工程中也已采用,纳入规范是适应国内技术发展和工程需要的。

1 减压阀安装应在系统供水管网试压、冲洗合格后进行,主要是为防止冲洗时对减压阀内部结构造成损伤,同时避免管道中杂物堵塞阀门,影响其功能。

2 对减压阀在安装前应作的主要技术准备工作提出了要求。其目的是防止把不符合设计要求和自身存在质量隐患的阀门安装在系统中,避免工程返工,消除隐患。

3 减压阀的性能要求水流方向是不能变的。比例式减压阀,如果水流方向改变了,则把减压变成了升压;可调式减压阀如果水流方向反了,则不能工作,减压阀变成了止回阀,因此安装时必须严格按减压阀指示的方向安装。

4 要求在减压阀进水侧安装过滤网,防止管网中杂物流进减压阀内,堵塞减压阀先导阀通路,或者沉积于减压阀内活动件上,影响其动作,造成减压阀失灵。减压阀前后安装控制阀,主要是便于维修和更换减压阀,在维修、更换减压阀时,减少系统排水时间和停水影响范围。

5 可调式减压阀的导阀,阀门前后压力表均在阀门阀盖一侧,为便于调试、检修和观察压力情况,安装时阀盖应向上。

6 比例式减压阀的阀芯为柱体活塞式结构,工作时定位密封是靠阀芯外套的橡胶密封圈与阀体密封的。垂直安装时,阀芯与阀体密封接触面和受力较均匀,有利于确保其工作性能的可靠性和延长使用寿命。如水平安装时其阀芯与阀体中由于重力的原因,易造成下部接触较紧,增加摩擦阻力,影响其减压效果和使用寿命。如水平安装时,单呼吸孔应向下,双呼吸孔应成水平、主要是防止外界杂物堵塞呼吸孔,影响其性能。

7 安装压力表,主要为了调试时能检查减压阀的减压效果,使用中可随时检查供水压力,减压阀减压后的压力是否符合设计要求,即减压阀工作状态是否正常。

5.4.11 本条对多功能水泵控制阀的安装程序和安装技术要求作了具体规定。

1 多功能水泵控制阀安装应在系统供水管网试压、冲洗合格后进行,主要是为防止冲洗时对多功能水泵控制阀内部结构造成损伤,同时避免管道中杂物堵塞阀门,影响其功能。

2 对多功能水泵控制阀在安装前应作的主要技术准备工作提出了要求。其目的是防止把不符合设计要求和自身存在质量隐患的阀门安装在系统中,避免工程返工,消除隐患。

3 多功能水泵控制阀的性能要求水流方向是不能变的,因此安装时,应严格按多功能水泵控制阀指示的方向安装。

4 为便于调试、检修和观察压力情况,多功能水泵控制阀在安装时阀盖宜向上。

5.4.12 本条对倒流防止器的安装作了规定。

管道冲洗以后安装可以减少不必要的麻烦。用在消防管网上的倒流防止器进口前不允许使用过滤器或者使用带过滤器的倒流防止器,是因为过滤器的网眼可能被水中的杂质堵塞而引起紧急情况下的供水中断。安装在水平位置,以便于泄放水顺利排干,必要时也允许竖直安装,但要求排水口配备专用弯头。倒流防止器上的泄水阀一般不允许反向安装,如果需要,应由有资质的技术工人完成,而且还应该保证合适的调试、维修的空间。安装完毕初步启动使用时,为了防止剧烈动作时的O形圈移位和内部组件的损伤,应按一定的步骤进行。

6 系统试压和冲洗

6.1 一般规定

6.1.1 强度试验实际是对系统管网的整体结构、所有接口、承载管架等进行的一种超负荷考验。而严密性试验则是对系统管网渗漏程度的测试。实践表明,这两种试验都是必不可少的,也是评定其工程质量和系统功能的重要依据。管网冲洗,是防止系统投入使用后发生堵塞的重要技术措施之一。

6.1.2 水压试验简单易行,效果稳定可信。对于干式、干湿式和预作用系统来讲,投入实施运行后,既要长期承受带压气体的作用,火灾期间又要转换成临时高压水系统,由于水与空气或氮气的特性差异很大,所以只做一种介质的试验不能代表另一种试验的结果。

在冰冻季节期间,对水压试验应慎重处理,这是为了防止水在管网内结冰而引起爆管事故。

6.1.3 无遗漏地拆除所有临时盲板,是确保系统能正常投入使用必须做到的。但当前不少施工单位往往忽视这项工作,结果带来严重后患,故强调必须与原来记录的盲板数量核对无误。按附录C.0.2填写自动喷水灭火系统试压记录表,这是必须具备的交工验收资料内容之一。

6.1.4 系统管网的冲洗工作如能按照合理的程序进行,即可保证已被冲洗合格的管段,不致因为后面管段的冲洗而再次被弄脏或堵塞。室内部分的冲洗顺序,实际上是使冲洗水流方向与系统灭火时水流方向一致,可确保其冲洗的可靠性。

6.1.5 如果在试压合格后又发现埋地管道的坐标、标高、坡度及管道基础、支墩不符合设计要求而需要返工,势必造成返修完成后的再次试验,这是应该避免也是可以避免的。在整个试压过程中,管道的改变方向、分出支管部位和末端处所承受的推力约为其正常工作状况时的1.5倍,故必须达到设计要求。

对试压用压力表的精度、量程和数量的要求,系根据国家标准《工业金属管道工程施工及验收规范》GB 50235的有关规定而定。

先编制出考虑周到、切实可行的试压冲洗方案,并经施工单位技术负责人审批,可以避免试压过程中的盲目性和随意性。试压应包括分段试验和系统试验,后者应在系统冲洗合格后进行。系统的冲洗应分段进行,事前的准备工作和事后的收尾工作,都必须有条不紊地进行,以防止任何疏忽大意而留下隐患。对不能参与试压的设备、仪表、阀门及附件应加以隔离或拆除,使其免遭损伤。要求在试压前记录下所加设的临时盲板数量,是为了避免在系统复位时,因遗忘而留下少数临时盲板,从而给系统的冲洗带来麻烦,一旦投入使用,其灭火效果更是无法保证。

6.1.6 带压进行修理,既无法保证返修质量,又可能造成部件损坏或发生人身安全事故及造成水害,这在任何管道工程的施工中都是绝对禁止的。

6.1.7 水冲洗简单易行,费用低、效果好。系统的仪表若参与冲洗,往往会使其密封性遭到破坏或杂物沉积影响其性能。

6.1.8 水冲洗时,冲洗水流速度可高达3m/s,对管网改变方向、引出分支管部位、管道末端等处,将会产生较大的推力,若支架、吊架的牢固性欠佳,即会使管道产生较大的位移、变形,甚至断裂。

6.1.9 若不对这些设备和管段采取有效的方法清洗,系统复位后,该部分所残存的污物便会污染整个管网,并可能在局部造成堵塞,使系统部分或完全丧失灭火功能。

6.1.10 冲洗大直径管道时,对死角和底部应进行敲打,目的是震松死角处和管道底部的杂质及沉淀物,使它们在高速水流的冲刷下呈漂浮状态而被带出管道。

6.1.11 这是对系统管网的冲洗质量进行复查,检验评定其工程质量,也是工程交工验收所必须具备资料之一,同时避免冲洗合格后的管道再造成污染。

6.1.12 规定采用符合生活用水标准的水进行冲洗,可以保证被冲洗管道的内壁不致遭受污染和腐蚀。

6.2 水压试验

Ⅰ 主控项目

6.2.1 参照美国 ANSI/NFPA 13 相关条文,并结合现行国家规范的有关条文,本条规定出对系统水压强度试验压力值和试验时间的要求,以保证系统在实际灭火过程中能承受国家标准《自动喷水灭火系统设计规范》GB 50084 中规定的 10m/s 最大流速和 1.20MPa 最大工作压力。

6.2.2 测试点选在系统管网的低点,可客观地验证其承压能力;若设在系统高点,则无形中提高了试验压力值,这样往往会使系统管网局部受损,造成试压失败。检查判定方法采用目测,简单易行,也是其他国家现行规范常用的方法。

6.2.3 参照国家标准《工业金属管道工程施工及验收规范》GB 50235有关条文和美国标准 NFPA 13 中的有关条文。已投入工作的一些系统表明,绝对无泄漏的系统是不存在的,但只要室内安装喷头的管网不出现任何明显渗漏,其他部位不超过正常漏水率,即可保证其正常的运行功能。

Ⅱ 一 般 项 目

6.2.4 环境温度低于5℃时,试压效果不好,如果没有防冻措施,便有可能在试压过程中发生冰冻,试验介质就会因体积膨胀而造成爆管事故。

6.2.5 参照美国标准 NFPA 13 相关条文改写而成。系统的水源干管、进户管和室内地下管道,均为系统的重要组成部分,其承压能力、严密性均应与系统的地上管网等同,而此项工作常被忽视或遗忘,故需作出明确规定。

6.3 气 压 试 验

Ⅰ 主控项目

6.3.1 本条参照美国标准 NFPA 13 的相关规定。要求系统经历 24h 的气压考验,因漏气而出现的压力下降不超过 0.01MPa,这样才能使系统为保持正常气压而不需要频繁地启动空气压缩机组。

Ⅱ 一 般 项 目

6.3.2 空气或氮气作试验介质,既经济、方便,又安全可靠,且不会产生不良后果。实际施工现场大都采用压缩空气作试验介质。因氮气价格便宜,对金属管道内壁可起到保护作用,故对湿度较大的地区来说,采用氮气作试验介质,也是防止管道内壁锈蚀的有效措施。

6.4 冲 洗

Ⅰ 主控项目

6.4.1 水冲洗是自动喷水灭火系统工程施工中一个重要工序,是防止系统堵塞、确保系统灭火效率的措施之一。本规范制定和实施过程对水冲洗的方法和技术条件曾多次组织专题研讨、论证。原条文参照美国 NFPA 13 标准规定的水冲洗的水流流速不宜小于3m/s 及相应流量。据调查,在规范实施中,实际工程基本上没有按此要求操作,其主要原因是现场条件不允许,安装专门的冲洗供水系统难度较大;一般工程均按系统设计流量进行冲洗,按此条件冲洗清出杂物合格后的系统,是能确保系统在应用中供水管网畅通、不发生堵塞。水压气动冲洗法因专用设备未上市,也未采用。本次修订该条规定应按系统的设计流量进行冲洗是科学的,符合国内实际且便于实施。

6.4.2 明确水冲洗的水流方向,有利于确保整个系统的冲洗效果和质量,同时对安排被冲洗管段的顺序也较为方便。

6.4.3 本条与现行国家标准《工业金属管道工程施工及验收规范》GB 50235 中对管道水冲洗的结果要求和检验方法完全相同。

Ⅱ 一 般 项 目

6.4.4 从系统中排出的冲洗用水,应该及时而顺畅地进入临时专用排水管道,而不应造成任何水害。临时专用排水管道可以现场临时安装,也可采用消火栓水龙带作为临时专用排水管道。本条还对排放管道的截面面积有一定要求,这种要求与目前我国工业管道冲洗的相应要求是一致的。

6.4.6 系统冲洗合格后,及时将存水排净,有利于保护冲洗成果。如系统需经长时间才能投入使用,则应用压缩空气将其管壁吹干,并加以封闭,这样可以避免管内生锈或再次遭受污染。

7 系统调试

7.1 一般规定

7.1.1 只有在系统已按照设计要求全部安装完毕、工序检验合格后，才可能全面、有效地进行各项调试工作。

7.1.2 系统调试的基本条件，要求系统的水源、电源、气源均按设计要求投入运行，这样才能使系统真正进入准工作状态，在此条件下，对系统进行调试所取得的结果，才是真正有代表性和可信的。

7.2 调试内容和要求

Ⅰ 主控项目

7.2.1 系统调试内容是根据系统正常工作条件、关键组件性能、系统性能等来确定的。本条规定系统调试的内容：水源的充足可靠与否，直接影响系统灭火功能；消防水泵对临时高压管网来讲，是扑灭火灾时的主要供水设施；报警阀为系统的关键组成部件，其动作的准确、灵敏与否，直接关系到灭火的成功率；排水装置是保证系统运行和进行试验时不致产生水害的设施；联动试验实为系统与火灾自动报警系统的联锁动作试验，它可反映出系统各组成部件之间是否协调和配套。

7.2.2 本条对水源测试要求作了规定。

1 高位消防水箱、消防水池为系统常备供水设施，高位消防水箱始终保持系统投入灭火初期 10min 的用水量，消防水池储存系统总的用水量，二者都是十分关键和重要的。对高位消防水箱还应考虑到它的容积、高度和保证消防储水量的技术措施等，故应做全面核实。

2 消防水泵接合器是系统在火灾时供水设备发生故障，不能保证供给消防用水时的临时供水设施。特别是在室内消防水泵的电源遭到破坏或被保护建筑物已形成大面积火灾，灭火用水不足时，其作用更显得突出，故必须通过试验来验证消防水泵接合器的供水能力。

7.2.3 本条是参照国家标准《消防给水及消火栓系统技术规范》GB 50974—2014 的相关规定进行了修订。

7.2.4 稳压泵的功能是使系统能保持准工作状态时的正常水压。美国标准 NFPA20 相关条文规定：稳压泵的额定流量，应当大于系统正常的漏水率，泵的出口压力应当是维护系统所需的压力，故它应随着系统压力变化而自动开启和停车。本条规定是根据稳压泵的基本功能提出的要求。

7.2.5 本条是对报警阀调试提出的要求。

第 1、2 款报警阀的功能是接通水源、启动水力警铃报警、防止系统管网的水倒流。按照本条具体规定进行试验，即可分别有效地验证湿式、干式报警阀及其附件的功能是否符合设计和施工规范要求。

第 3 款主要对雨淋阀作出规定，雨淋阀的调试要求是参照产品标准《自动喷水灭火系统 第 5 部分：雨淋报警阀》GB 5135 的规定拟定的。本规范制订时，用雨淋阀组成的雨淋系统、预作用系统、水喷雾和水幕系统应用还较少，加之没有产品标准，雨淋阀产品也比较单一，拟定要求依据不足。规范发布实施几年来，雨淋阀的发展和应用迅速增加，在工程中也积累了不少经验和教训。

Ⅱ 一般项目

7.2.6 对西南地区成渝两地及全国其他地区的调查结果表明，在设计、安装和维护管理上，忽视系统排水装置的情况较为普遍。已投入使用的系统，有的试水装置被封闭在天棚内，根本未与排水装置接通，有的报警阀处的放水阀也未与排水系统相接，因而根本无法开展对系统的常规试验或放空。现作出明确规定，以引起有关部门充分重视。

7.2.7 本条是对自动喷水灭火系统联动试验的要求。

第 1 款是对湿式自动喷水灭火系统联动试验时，各相关部分动作情况的基本要求。当一只喷头启动或从末端试水装置处放水时，水流指示器应有信号返回消防控制中心，湿式报警阀应打开，水力警铃发出报警铃声，压力开关动作，启动消防水泵并向消防控制中心发出火警信号。

第 2 款是对预作用、雨淋、水幕自动喷水灭火系统联动试验时，各相关部分动作情况的基本要求。当采用专用测试仪表或其他方式，对火灾探测器输入模拟信号，火灾报警控制器应能发出信号，并打开雨淋阀，水力警铃发出报警铃声，压力开关动作，启动消防水泵。

当雨淋、水幕自动喷水灭火系统采用传动管启动时，打开末端试水装置（湿式控制）或开启一只喷头（干式控制）后，雨淋阀开启，水力警铃发出报警铃声，压力开关动作，启动消防水泵。

第 3 款是对干式自动喷水灭火系统联动试验时，各相关部分动作情况的基本要求。当一只喷头启动或从末端试水装置处排气时，干式报警阀应打开，水力警铃发出报警铃声，压力开关动作，启动消防水泵并向消防控制中心发出火警信号。

通过上述试验，可验证火灾自动报警系统与本系统投入灭火时的联锁功能，并可较直观地显示两个系统的部件和整体的灵敏度与可靠性是否达到设计要求。

8 系统验收

8.0.1 本条对自动喷水灭火系统工程验收及要求作了明确规定。本条为强制性条文，必须严格执行。

竣工验收是自动喷水灭火系统工程交付使用前的一项重要技术工作。近年来不少地区已制定了工程竣工验收暂行办法或规定，但各自做法不一，标准更不统一，验收的具体要求不明确，验收工作应如何进行、依据什么评定工程质量等问题较为突出，对验收的工程是否达到了设计功能要求，能否投入正常使用等重大问题心中无数，失去了验收的作用。鉴于上述情况，为确保系统功能，把好竣工验收关，强调工程竣工后必须进行竣工验收，验收不合格不得投入使用。切实做到投资建设的系统能充分起到扑救火灾、保护人身和财产安全的作用。自动喷水灭火系统施工安装完毕后，应对系统的供水、水源、管网、喷头布置及功能等进行检查和试验，以保证喷水灭火系统正式投入使用后安全可靠，达到减少火灾危害、保护人身和财产安全的目的。我国已安装的自动喷水灭火系统中，或多或少地存在问题，如：有些系统水源不可靠，电源只有一个，管网管径不合理，无末端试水装置，向下安装的喷头带短管很长，备用电源切换不可靠等。这些问题的存在，如不及时采取措施，一旦发生火灾，灭火系统又不能起到及时控火、灭火的作用，反而贻误战机，造成损失，而且将使人们对这一灭火系统产生疑问。所以，自动喷水灭火系统施工安装后，必须进行检查试验，验收合格后才能投入使用。

8.0.2 本条对自动喷水灭火系统工程施工及验收所需要的各种表格及其使用作了基本规定。

8.0.3 本条规定的系统竣工验收应提供的文件也是系统投入使

用后的存档材料,以便今后对系统进行检修、改造等用,并要求有专人负责维护管理。

系统试压、冲洗记录、系统调试记录是施工单位移交给建设单位的重要资料,验收时也应提供。

8.0.4 本条对系统供水水源进行检查验收的要求作了规定。因为自动喷水灭火系统灭火不成功的因素中,供水中断是主要因素之一,所以这一条对三种水源情况既提出了要求,又要实际检查是否符合设计和施工验收规范中关于水源的规定,特别是利用天然水源作为系统水源时,除水量应符合设计要求外,水质必须无杂质、无腐蚀性,以防堵塞管道、喷头,腐蚀管道,即水质应符合工业用水的要求。对于个别地方,用露天水池或河水作临时水源时,为防止杂质进入消防水泵和管网,影响喷头布水,需在水源进入消防水泵前的吸水口处,设有自动除渣功能的固液分离装置,而不能用格栅除渣,因格栅被杂质堵塞后,易造成水源中断。如成都某宾馆的消防水池是露天水池,池中有水草等杂质,消防水泵启动后,因水泵吸水量大,杂质很快将格栅堵死,消防水泵因进水口无水,达不到灭火目的。

验收内容增加了消防水池水位显示装置、溢水位和最低水位装置,明确了高位消防水箱、消防水池有效容积如何确定的问题。

8.0.5 在自动喷水灭火系统工程竣工验收时,有不少系统消防泵房设在地下室,且出口不便,又未设放水阀和排水措施,一旦安全阀损坏,泵房有被水淹没的危险。另外,对泵进行启动试验时,有些系统未设放水阀,不好进行试验,有些将试水阀和出水口均放在地下泵房内,无法进行试验,所以本条规定的主要目的是防止以上情况出现。

8.0.6 本条验收的目的是检验消防水泵的动力可靠程度。即通过系统动作信号装置,如压力开关按键等能否启动消防泵,主、备电源切换及启动是否安全可靠。

对设有气压给水设备稳压的系统,要设定一个压力下限,即在下限压力下,喷水灭火系统最不利点的压力、流量能达到设计要求,当气压给水设备压力下降到设计最低压力时,应能及时启动消防水泵。

参考《建筑消防设施检测技术规程》GA 503—2004 的规定,对打开末端试水装置放水,水泵的启动时间进行了规定。同时增加了主、备电源切换时,消防水泵的启动要求。

消防水泵大多按照一用一备进行设置,部分按两用一备设置。在实际工程中对于水泵的控制存在一些问题:水泵在进行联动试验时,只能一个主水泵运行,另外一个备用水泵无法正常试运行,除非主水泵有故障不能运行时,备用水泵才能运行。水泵的这种控制方式不管是系统施工过程中的调试,竣工时的验收,以及平时维护管理过程中都无法真正检验备用水泵是否能达到设计要求,故增加规定消防水泵要互为备用的要求,这样就可以通过联动试验检验水泵是否都能正常运行。

8.0.7 报警阀组是自动喷水灭火系统的关键组件,验收中常见的问题是控制阀安装位置不符合设计要求,不便操作,有些控制阀无试水口和试水排水措施,无法检测报警阀处压力、流量及警铃动作情况。使用闸阀又无锁定装置,有些闸阀处于半关闭状态,这是很危险的。所以要求使用闸阀时需有锁定装置,否则应使用信号阀代替闸阀。另外,干式系统和预作用系统等还需检验空气压缩机与控制阀、报警系统与控制阀的联动是否可靠。

警铃设置位置,应靠近报警阀,使人们容易听到铃声。距警铃3m处,水力警铃喷嘴处压力不小于0.05MPa时,其警铃声强度应不小于70dB。

本次修订增加了压力开关动作的要求,是确保压力开关及时动作,启动消防泵。

8.0.8 系统管网检查验收内容,是针对已安装的喷水灭火系统通常存在的问题而提出的。如有些系统用的管径、接头不合规定,甚至管网未支撑固定等;有的系统处于有腐蚀气体环境中而无防腐措施;有的系统冬天最低气温低于4℃也无保温防冻措施,致使喷头爆裂;有的系统没有排水坡度,或有坡度而坡向不合理;有的系统末端排水管用Φ15的管子;比较多的系统每层末端没有设试水装置;有的系统分区配水干管上没有设信号阀,而用的闸阀处于关闭或半关闭状态;有些系统最末端最上部没有设排气阀,往往在试水时产生强烈晃动甚至拉坏管网支架,充水调试难以达到要求;有些系统的支架、吊架、防晃支架设置不合理、不牢固,试水时易被损坏;有的系统上接消火栓或接洗手水龙头等。这些问题,表面上不是什么严重问题,但会影响系统控火、灭火功能,严重的可能造成系统在关键时不能发挥作用,形同虚设。本条作出的5款验收内容,主要是防止以上问题发生,而特别强调要进行逐项验收。

本条参考美国《自动喷水灭火系统安装标准》NFPA 13(2013年版)标准的有关规定,对干式、预作用系统报警阀出口后配水管道的充水时间提出了新的要求:干式系统不宜超过1min,预作用不宜超过2min。其目的是为了达到系统启动后立即喷水的要求。

8.0.9 自动喷水灭火系统最常见的违规问题是喷头布水被挡,特别是进行施工设计时,没有考虑喷头布置和装修的协调,致使不少喷头在装修施工后被遮挡或影响喷头布水,所以验收时必须检查喷头布置情况。对有吊顶的房间,因配水支管在闷顶内,三通以下接喷头时中间要加短管,如短管不超过15cm,则系统试验和换水时,短管中水也不能更换。但当短管太长时,不仅会使杂质在短管中沉积,而且形成较多死水,所以三通以下接短管时要求不宜大于15cm,最好三通以下直接接喷头。实在不能满足要求时,支管靠近顶棚布置,三通下接15cm短管,喷头可安装在顶棚贴近处。有些支管布置离顶棚较远,短管超过15cm,可采用带短管的专用喷头,即干式喷头,使水不能进入短管,喷头动作后,短管才充水,这样,就不会形成死水和杂质沉积。有腐蚀介质的场所应用经防腐处理的喷头或玻璃球喷头,有装饰要求的地方,可选用半隐蔽或隐蔽型装饰效果好的喷头,有碰撞危险场所的喷头,加设防护罩。

喷头的动作温度以喷头公称动作温度来表示,该温度一般高于喷头使用环境的最高温度30℃左右,这是多年实际使用和试验研究得出的经验数据。

本规定采用与国家标准《自动喷水灭火系统设计规范》GB 50084相同的备品数量。再强调要求,是要突出此点的重要性,系统投入运行后一定要这样做。

本条强调了喷头验收时的检验数量,是参考了现行国家标准《计数抽样检验程序》GB/T 2828的相关规定。

8.0.10 凡设有消防水泵接合器的地方均应进行充水试验,以防止回阀方向接错。另外,通过试验,检验通过水泵接合器供水的具体技术参数,使末端试水装置测出的流量、压力达到设计要求,以确保系统在发生火灾时,需利用消防水泵接合器供水时,能达到控火、灭火目的。验收时,还应检验消防水泵接合器数量及位置是否正确,使用是否方便。

8.0.11 本条对系统的检测试验装置进行了规定。从末端试水装置的结构和功能来分析,通过末端试水装置进行放水试验,只能检验系统启动功能、报警功能及相应联动装置是否处于正常状态,而不能测试和判断系统的流量、压力是否符合要求,此目的只有通过检测试验装置才能达到。

8.0.12 本条是对全系统进行实测,以验证系统各部分功能。

8.0.13 本条是根据规范实施多年来消防监督部门、消防工程公司、建设方在实践中总结出的经验,为满足消防监督、消防工程质量验收的需要而制定的。参照建筑工程质量验收标准、产品标准,把工程中不符合相关标准规定的项目,依据对自动喷水灭火系统的主要功能"喷水灭火"影响程度划分为严重缺陷项、重缺陷项、轻缺陷项三类;根据各类缺陷项统计数量,对系统主要功能影响程度,以及国内自动喷水灭火系统施工过程中的实际情况等,综合考虑几方面因素来确定工程合格判定条件。

合格判定条件的确定是根据《钢结构防火涂料》GB 14907,

《电缆防火涂料通用技术条件》GA181等产品标准的判定原则而确定的。严重缺陷不合格项不允许出现,重缺陷不合格项允许出现10%,轻缺陷不合格项允许出现20%,据此得到自动喷水灭火系统合格判定条件。

9 维护管理

9.0.1 维护管理是自动喷水灭火系统能否正常发挥作用的关键环节。灭火设施必须在平时的精心维护管理下才能发挥良好的作用。我国已有多起特大火灾事故发生在安装有自动喷水灭火系统的建筑物内,由于系统不符合要求或施工安装完毕投入使用后,没有进行日常维护管理和试验,以致发生火灾时,事故扩大,人员伤亡,损失严重。

9.0.2 自动喷水灭火系统组成的部件较多,系统比较复杂,每个部件的作用和应处于的状态及如何检验、测试都需要具有对系统作用原理了解和熟悉的专业人员来操作、管理。因此为提高维护管理人员的素质,承担这项工作的维护管理人员应当经专业培训,持证上岗。

9.0.3 水源的水量、水压有无保证,是自动喷水灭火系统能否起到应有作用的关键。由于市政建设的发展,单位建筑的增加,用水量变化等等,水源的供水能力也会有变化。因此,每年应对水源的供水能力测定一次,以便不能达到要求时,及时采取必要的补救措施。增加了水源、电源的检查方法。

9.0.4 消防水泵是供给消防用水的关键设备,必须定期进行试运转,保证发生火灾时启动灵活、不卡壳,电源或内燃机驱动正常,自动启动或电源切换及时无故障。本条试运转间隔时间系参考英、美规范和喜来登集团旅馆系统消防管理指南规定的。增加了消防泵的检查方法。

9.0.5 本条是为保证系统启动的可靠性。电磁阀是启动系统的执行元件,所以每月对电磁阀进行检查、试验,必要时及时更换。增加了报警阀的检查方法。

9.0.6～9.0.8 消防给水管路必须保持畅通,报警控制阀在发生火灾时必须及时打开,系统中所配置的阀门都必须处于规定状态。对阀门编号和用标牌标注可以方便检查管理。增加了阀门的检查方法。

9.0.9 自动喷水灭火系统的水源供水不应间断。关闭总阀断水后忘记再打开,以致发生火灾时无水,而造成重大损失,在国内外火灾事故中均已发生过。因此,停水修理时,必须向主管人员报告,并应有应急措施和有人临场监督,修理完毕应立即恢复供水。在修理过程中,万一发生火灾,也能及时采取紧急措施。

9.0.10 在发生火灾时,自动喷水灭火系统能否及时发挥应有的作用和它的每个部件是否处于正确状态有关,任何应处于开启状态的阀门被关闭,给水水源的压力达不到所需压力等等,都会使系统失效,造成重大损失,由于这种情况在自动喷水灭火系统失效的事故中最多,因此应当每天进行巡视。

9.0.11 对消防储备水应保证充足、可靠,应有平时不被他用的措施,应每月进行检查。

9.0.12 消防专用蓄水池或水箱中的水,由于未发生火灾或不进行消防演习试验而长期不动用,成为"死水",特别在南方气温高、湿度大的地区,微生物和细菌容易繁殖,需要不定期换水。换水时应通知当地消防监督部门,做好此期间万一发生火灾而水箱、水池无水,需要采用其他灭火措施的准备。

9.0.13 本条规定的目的,是要确保消防储水设备的任何部位在寒冷季节均不得结冰,以保证灭火时用水,维护管理人员每天应进行检查。

9.0.14 本条规定是为了保证消防储水设备经常处于正常完好状态。

9.0.15 消防水箱、消防气压给水设备所配置的玻璃水位计,由于受外力易于碰碎,造成消防储水流失或形成水害,因此在观察过水位后,应将水位计两端的角阀关闭。

9.0.18 洒水喷头是系统喷水灭火的功能件,应使每个喷头随时都处于正常状态,所以应当每月检查,更换发现问题的喷头。由于喷头的轭臂宽于底座,在安装、拆卸、拧紧或拧下喷头时,利用轭臂的力矩大于利用底座,安装维修人员会误认为这样省力,但喷头设计是不允许利用底座、轭臂来作扭拧支点的,应当利用方形底座作为拆卸的支点,生产喷头的厂家应提供专用配套的扳手,不至于拧坏喷头轭臂。本条增加了喷头的检查方法。

9.0.19 建筑物、构筑物使用性质的改变是常有的事,而且多层、高层综合性大楼的修建,也为各租赁使用单位提供方便。因此,必须强调因建、构筑物使用性质改变而影响到自动喷水灭火系统功能时,如需要提高等级或修改,应重新进行设计。

中华人民共和国国家标准

气体灭火系统施工及验收规范

Code for installation and acceptance of gas extinguishing systems

GB 50263 - 2007

主编部门：中华人民共和国公安部
批准部门：中华人民共和国建设部
施行日期：2 0 0 7 年 7 月 1 日

中华人民共和国建设部公告

第 565 号

建设部关于发布国家标准
《气体灭火系统施工及验收规范》的公告

现批准《气体灭火系统施工及验收规范》为国家标准，编号为
GB 50263—2007，自 2007 年 7 月 1 日起实施。其中，第 3.0.8
（3）、4.2.1、4.2.4、4.3.2、5.2.2、5.2.7、5.4.6、5.5.4、
6.1.5、7.1.2、8.0.3 条（款）为强制性条文，必须严格执行。原
《气体灭火系统施工及验收规范》GB 50263—97 同时废止。
本规范由建设部标准定额研究所组织中国计划出版社出版发
行。

中华人民共和国建设部
二〇〇七年一月二十四日

33

前　言

本规范是根据建设部建标〔2003〕102 号文的要求,由公安部消防局组织公安部天津消防研究所会同有关参编单位,共同对《气体灭火系统施工及验收规范》GB 50263—97 进行全面修订而成。

在修订过程中,修订组遵照国家有关基本建设的方针政策,以及"预防为主、防消结合"的消防工作方针,对我国气体灭火系统施工及验收的现状,进行了广泛的调查研究,在总结国内实践经验的基础上,参考了 ISO 和美国、英国、德国、日本等国外相关标准,对GB 50263—97 做了补充和修改。增加了 IG 541 混合气体灭火系统、七氟丙烷灭火系统、热气溶胶灭火装置等内容,补充了低压二氧化碳灭火系统,删除了卤代烷 1211 灭火系统。本规范的修订以多种方式广泛征求了有关单位和专家的意见,对主要问题,进行了反复论证研究、多次修改,最后经专家审查,由有关部门定稿。

本规范共分 8 章和 6 个附录,内容包括:总则、术语、基本规定、进场检验、系统安装、系统调试、系统验收、维护管理及附录等。

本规范中以黑体字标志的条文为强制性条文,必须严格执行。

本规范由建设部负责管理和对强制性条文的解释,公安部负责日常管理,公安部天津消防研究所负责具体技术内容的解释。请有关单位在执行本规范过程中,注意总结经验、积累资料,并及时把意见和有关资料寄公安部天津消防研究所《气体灭火系统施工及验收规范》管理组(地址:天津市南开区卫津南路 110 号,邮编:300381),以供今后修订时参考。

本规范主编单位、参编单位和主要起草人:

主 编 单 位:公安部天津消防研究所

参 编 单 位:广东胜捷消防企业集团

云南天宵消防安全技术有限公司
四川威龙消防设备有限公司
昆明市公安消防支队
广东卫保消防工程有限公司
西安坚瑞化工有限责任公司

主要起草人:东靖飞　宋旭东　马　恒　沈　纹　石守文
田　野　伍建许　汪映标　林凯前　陈雪峰
高振锡　岳大可　陆　曦　刘庭全

33

目　次

1 总　则

1.0.1 为统一气体灭火系统(或简称系统)工程施工及验收要求，保障气体灭火系统工程质量，制定本规范。

1.0.2 本规范适用于新建、扩建、改建工程中设置的气体灭火系统工程施工及验收、维护管理。

1.0.3 气体灭火系统工程施工中采用的工程技术文件、承包合同文件对施工及质量验收的要求不得低于本规范的规定。

1.0.4 气体灭火系统工程施工及验收、维护管理，除应符合本规范的规定外，尚应符合国家现行的有关标准的规定。

2 术　语

2.0.1 气体灭火系统　gas extinguishing systems
以气体为主要灭火介质的灭火系统。

2.0.2 惰性气体灭火系统　inert gas extinguishing systems
灭火剂为惰性气体的气体灭火系统。

2.0.3 卤代烷灭火系统　halocarbon extinguishing systems
灭火剂为卤代烷的气体灭火系统。

2.0.4 高压二氧化碳灭火系统　high-pressure carbon dioxide extinguishing systems
灭火剂在常温下储存的二氧化碳灭火系统。

2.0.5 低压二氧化碳灭火系统　low-pressure carbon dioxide extinguishing systems
灭火剂在 $-18 \sim -20$℃低温下储存的二氧化碳灭火系统。

2.0.6 组合分配系统　combined distribution systems
用一套灭火剂储存装置，保护两个及以上防护区或保护对象的灭火系统。

2.0.7 单元独立系统　unit independent system
用一套灭火剂储存装置，保护一个防护区或保护对象的灭火系统。

2.0.8 预制灭火系统　pre-engineered systems
按一定的应用条件，将灭火剂储存装置和喷放组件等预先设计、组装成套且具有联动控制功能的灭火系统。

2.0.9 柜式气体灭火装置　cabinet gas extinguishing equipment
由气体灭火剂瓶组、管路、喷嘴、信号反馈部件、检漏部件、驱动部件、减压部件、火灾探测部件、控制器组成的能自动探测并实施灭火的柜式灭火装置。

2.0.10 热气溶胶灭火装置　condensed aerosol fire extinguishing device
使气溶胶发生剂通过燃烧反应产生气溶胶灭火剂的装置。通常由引发器、气溶胶发生剂和发生器、冷却装置(剂)、反馈元件、外壳及与之配套的火灾探测装置和控制装置组成。

2.0.11 全淹没灭火系统　total flooding extinguishing systems
在规定时间内，向防护区喷放设计规定用量的灭火剂，并使其均匀地充满整个防护区的灭火系统。

2.0.12 局部应用灭火系统　local application extinguishing systems
向保护对象以设计喷射率直接喷射灭火剂，并持续一定时间的灭火系统。

2.0.13 防护区　protected area
满足全淹没灭火系统要求的有限封闭空间。

2.0.14 保护对象　protected object
被局部应用灭火系统保护的目的物。

3 基本规定

3.0.1 气体灭火系统工程的施工单位应符合下列规定：

  1 承担气体灭火系统工程的施工单位必须具有相应等级的资质。

  2 施工现场管理应有相应的施工技术标准、工艺规程及实施方案、健全的质量管理体系、施工质量控制及检验制度。施工现场质量管理应按本规范附录 A 的要求进行检查记录。

3.0.2 气体灭火系统工程施工前应具备下列条件：

  1 经批准的施工图、设计说明书及其设计变更通知单等设计文件应齐全。

  2 成套装置与灭火剂储存容器及容器阀、单向阀、连接管、集流管、安全泄放装置、选择阀、阀驱动装置、喷嘴、信号反馈装置、检漏装置、减压装置等系统组件，灭火剂输送管道及管道连接件的产品出厂合格证和市场准入制度要求的有效证明文件应符合规定。

  3 系统中采用的不能复验的产品，应具有生产厂出具的同批产品检验报告与合格证。

  4 系统及其主要组件的使用、维护说明书应齐全。

  5 给水、供电、供气等条件满足连续施工作业要求。

  6 设计单位已向施工单位进行了技术交底。

  7 系统组件与主要材料齐全，其品种、规格、型号符合设计要求。

  8 防护区、保护对象及灭火剂储存容器间的设置条件与设计相符。

  9 系统所需的预埋件及预留孔洞等工程建设条件符合设计要求。

3.0.3 气体灭火系统的分部工程、子分部工程、分项工程划分可按本规范附录 B 执行。

3.0.4 气体灭火系统工程应按下列规定进行施工过程质量控制：

　　1 采用的材料及组件应进行进场检验，并应经监理工程师签证；进场检验合格后方可安装使用；涉及抽样复验时，应由监理工程师抽样，送市场准入制度要求的法定机构复验。

　　2 施工应按批准的施工图、设计说明书及其设计变更通知单等设计文件的要求进行。

　　3 各工序应按施工技术标准进行质量控制，每道工序完成后，应进行检查；检查合格后方可进行下道工序。

　　4 相关各专业工种之间，应进行交接认可，并经监理工程师签证后方可进行下道工序。

　　5 施工过程检查应由监理工程师组织施工单位人员进行。

　　6 施工过程检查记录应按本规范附录 C 的要求填写。

　　7 安装工程完工后，施工单位应进行调试，并应合格。

3.0.5 气体灭火系统工程验收应符合下列规定：

　　1 系统工程验收应在施工单位自行检查评定合格的基础上，由建设单位组织施工、设计、监理等单位人员共同进行。

　　2 验收检测采用的计量器具应精度适宜，经法定机构计量检定、校准合格并在有效期内。

　　3 工程外观质量应由验收人员通过现场检查，并应共同确认。

　　4 隐蔽工程在隐蔽前应由施工单位通知有关单位进行验收，并按本规范附录 C 进行验收记录。

　　5 资料核查记录和工程质量验收记录应按本规范附录 D 的要求填写。

　　6 系统工程验收合格后，建设单位应在规定时间内将系统工程验收报告和有关文件，报有关行政管理部门备案。

3.0.6 检查、验收合格应符合下列规定：

　　1 施工现场质量管理检查结果应全部合格。

　　2 施工过程检查结果应全部合格。

　　3 隐蔽工程验收结果应全部合格。

　　4 资料核查结果应全部合格。

　　5 工程质量验收结果应全部合格。

3.0.7 系统工程验收合格后，应提供下列文件、资料：

　　1 施工现场质量管理检查记录。

　　2 气体灭火系统工程施工过程检查记录。

　　3 隐蔽工程验收记录。

　　4 气体灭火系统工程质量控制资料核查记录。

　　5 气体灭火系统工程质量验收记录。

　　6 相关文件、记录、资料清单等。

3.0.8 气体灭火系统工程施工质量不符合要求时，应按下列规定处理：

　　1 返工或更换设备，并应重新进行验收。

　　2 经返修处理改变了组件外形但能满足相关标准规定和使用要求，可按经批准的处理技术方案和协议文件进行验收。

　　3 经返工或更换系统组件、成套装置的工程，仍不符合要求时，严禁验收。

3.0.9 未经验收或验收不合格的气体灭火系统工程不得投入使用，投入使用的气体灭火系统应进行维护管理。

4 进场检验

4.1 一般规定

4.1.1 进场检验应按本规范表 C-1 填写施工过程检查记录。

4.1.2 进场检验抽样检查有 1 处不合格时，应加倍抽样；加倍抽样仍有 1 处不合格，判定该批为不合格。

4.2 材料

4.2.1 管材、管道连接件的品种、规格、性能等应符合相应产品标准和设计要求。

　　检查数量：全数检查。

　　检查方法：核查出厂合格证与质量检验报告。

4.2.2 管材、管道连接件的外观质量除应符合设计规定外，尚应符合下列规定：

　　1 镀锌层不得有脱落、破损等缺陷。

　　2 螺纹连接管道连接件不得有缺纹、断纹等现象。

　　3 法兰盘密封面不得有缺损、裂痕。

　　4 密封垫片应完好无划痕。

　　检查数量：全数检查。

　　检查方法：观察检查。

4.2.3 管材、管道连接件的规格尺寸、厚度及允许偏差应符合其产品标准和设计要求。

　　检查数量：每一品种、规格产品按 20％计算。

　　检查方法：用钢尺和游标卡尺测量。

4.2.4 对属于下列情况之一的灭火剂、管材及管道连接件，应抽样复验，其复验结果应符合国家现行产品标准和设计要求。

　　1 设计有复验要求的。

　　2 对质量有疑义的。

　　检查数量：按送检需要量。

　　检查方法：核查复验报告。

4.3 系统组件

4.3.1 灭火剂储存容器及容器阀、单向阀、连接管、集流管、安全泄放装置、选择阀、阀驱动装置、喷嘴、信号反馈装置、检漏装置、减压装置等系统组件的外观质量应符合下列规定：

　　1 系统组件无碰撞变形及其他机械性损伤。

　　2 组件外露非机械加工表面保护涂层完好。

　　3 组件所有外露接口均设有防护堵、盖，且封闭良好，接口螺纹和法兰密封面无损伤。

　　4 铭牌清晰、牢固、方向正确。

　　5 同一规格的灭火剂储存容器，其高度差不宜超过 20mm。

　　6 同一规格的驱动气体储存容器，其高度差不宜超过 10mm。

　　检查数量：全数检查。

　　检查方法：观察检查或用尺测量。

4.3.2 灭火剂储存容器及容器阀、单向阀、连接管、集流管、安全泄放装置、选择阀、阀驱动装置、喷嘴、信号反馈装置、检漏装置、减压装置等系统组件应符合下列规定：

　　1 品种、规格、性能等应符合国家现行产品标准和设计要求。

　　检查数量：全数检查。

　　检查方法：核查产品出厂合格证和市场准入制度要求的法定机构出具的有效证明文件。

　　2 设计有复验要求或对质量有疑义时，应抽样复验，复验结果应符合国家现行产品标准和设计要求。

　　检查数量：按送检需要量。

检查方法：核查复验报告。

4.3.3 灭火剂储存容器内的充装量、充装压力及充装系数、装量系数，应符合下列规定：

1 灭火剂储存容器的充装量、充装压力应符合设计要求，充装系数或装量系数应符合设计规范规定。

2 不同温度下灭火剂的储存压力应按相应标准确定。

检查数量：全数检查。

检查方法：称重、液位计或压力计测量。

4.3.4 阀驱动装置应符合下列规定：

1 电磁驱动器的电源电压应符合系统设计要求。通电检查电磁铁芯，其行程应能满足系统启动要求，且动作灵活，无卡阻现象。

2 气动驱动装置储存容器内气体压力不应低于设计压力，且不得超过设计压力的5%。气体驱动管道上的单向阀应启闭灵活，无卡阻现象。

3 机械驱动装置应传动灵活，无卡阻现象。

检查数量：全数检查。

检查方法：观察检查和用压力计测量。

4.3.5 低压二氧化碳灭火系统储存装置、柜式气体灭火装置、热气溶胶灭火装置等预制灭火系统产品应进行检查。

检查数量：全数检查。

检查方法：观察外观、核查出厂合格证。

5 系统安装

5.1 一般规定

5.1.1 气体灭火系统的安装应按本规范表C-2填写施工过程检查记录。防护区地板下、吊顶上或其他隐蔽区域内管网应按本规范表C-3填写隐蔽工程验收记录。

5.1.2 阀门、管道及支、吊架的安装除应符合本规范的规定外，尚应符合现行国家标准《工业金属管道工程施工及验收规范》GB 50235中的有关规定。

5.2 灭火剂储存装置的安装

5.2.1 储存装置的安装位置应符合设计文件的要求。

检查数量：全数检查。

检查方法：观察检查、用尺测量。

5.2.2 灭火剂储存装置安装后，泄压装置的泄压方向不应朝向操作面。低压二氧化碳灭火系统的安全阀应通过专用的泄压管接到室外。

检查数量：全数检查。

检查方法：观察检查。

5.2.3 储存装置上压力计、液位计、称重显示装置的安装位置应便于人员观察和操作。

检查数量：全数检查。

检查方法：观察检查。

5.2.4 储存容器的支、框架应固定牢靠，并应做防腐处理。

检查数量：全数检查。

检查方法：观察检查。

5.2.5 储存容器宜涂红色油漆，正面应标明设计规定的灭火剂名称和储存容器的编号。

检查数量：全数检查。

检查方法：观察检查。

5.2.6 安装集流管前应检查内腔，确保清洁。

检查数量：全数检查。

检查方法：观察检查。

5.2.7 集流管上的泄压装置的泄压方向不应朝向操作面。

检查数量：全数检查。

检查方法：观察检查。

5.2.8 连接储存容器与集流管间的单向阀的流向指示箭头应指向介质流动方向。

检查数量：全数检查。

检查方法：观察检查。

5.2.9 集流管应固定在支、框架上。支、框架应固定牢靠，并做防腐处理。

检查数量：全数检查。

检查方法：观察检查。

5.2.10 集流管外表面宜涂红色油漆。

检查数量：全数检查。

检查方法：观察检查。

5.3 选择阀及信号反馈装置的安装

5.3.1 选择阀操作手柄应安装在操作面一侧，当安装高度超过1.7m时应采取便于操作的措施。

检查数量：全数检查。

检查方法：观察检查。

5.3.2 采用螺纹连接的选择阀，其与管网连接处宜采用活接。

检查数量：全数检查。

检查方法：观察检查。

5.3.3 选择阀的流向指示箭头应指向介质流动方向。

检查数量：全数检查。

检查方法：观察检查。

5.3.4 选择阀上应设置标明防护区或保护对象名称或编号的永久性标志牌，并应便于观察。

检查数量：全数检查。

检查方法：观察检查。

5.3.5 信号反馈装置的安装应符合设计要求。

检查数量：全数检查。

检查方法：观察检查。

5.4 阀驱动装置的安装

5.4.1 拉索式机械驱动装置的安装应符合下列规定：

1 拉索除必要外露部分外，应采用经内外防腐处理的钢管防护。

2 拉索转弯处应采用专用导向滑轮。

3 拉索末端拉手应设在专用的保护盒内。

4 拉索套管和保护盒应固定牢靠。

检查数量：全数检查。

检查方法：观察检查。

5.4.2 安装以重力式机械驱动装置时，应保证重物在下落行程中无阻挡，其下落行程应保证驱动所需距离，且不得小于25mm。

检查数量：全数检查。

检查方法：观察检查和用尺测量。

5.4.3 电磁驱动装置驱动器的电气连接线应沿固定灭火剂储存容器的支、框架或墙面固定。

检查数量：全数检查。

检查方法：观察检查。

5.4.4 气动驱动装置的安装应符合下列规定：

　　1　驱动气瓶的支、框架或箱体应固定牢靠，并做防腐处理。

　　2　驱动气瓶上应有标明驱动介质名称、对应防护区或保护对象名称或编号的永久性标志，并应便于观察。

　　检查数量：全数检查。

　　检查方法：观察检查。

5.4.5 气动驱动装置的管道安装应符合下列规定：

　　1　管道布置应符合设计要求。

　　2　竖直管道应在其始端和终端设防晃支架或采用管卡固定。

　　3　水平管道应采用管卡固定。管卡的间距不宜大于0.6m。转弯处应增设1个管卡。

　　检查数量：全数检查。

　　检查方法：观察检查和用尺测量。

5.4.6 气动驱动装置的管道安装后应做气压严密性试验，并合格。

　　检查数量：全数检查。

　　检查方法：按本规范第E.1节的规定执行。

5.5　灭火剂输送管道的安装

5.5.1 灭火剂输送管道连接应符合下列规定：

　　1　采用螺纹连接时，管材宜采用机械切割；螺纹不得有缺纹、断纹等现象；螺纹连接的密封材料应均匀附着在管道的螺纹部分，拧紧螺纹时，不得将填料挤入管道内；安装后的螺纹根部应有2～3条外露螺纹；连接后，应将连接处外部清理干净并做防腐处理。

　　2　采用法兰连接时，衬垫不得凸入管内，其外边缘宜接近螺栓，不得放双垫或偏垫。连接法兰的螺栓，直径和长度应符合标准，拧紧后，凸出螺母的长度不应大于螺杆直径的1/2且保证有不少于2条外露螺纹。

　　3　已经防腐处理的无缝钢管不宜采用焊接连接，与选择阀等个别连接部位需采用法兰焊接连接时，应对被焊接损坏的防腐层进行二次防腐处理。

　　检查数量：外观全数检查，隐蔽处抽查。

　　检查方法：观察检查。

5.5.2 管道穿过墙壁、楼板处安装套管。套管公称直径比管道公称直径至少应大2级，穿墙套管长度应与墙厚相等，穿楼板套管长度应高出地板50mm。管道与套管间的空隙应采用防火封堵材料填塞密实。当管道穿越建筑物的变形缝时，应设置柔性管段。

　　检查数量：全数检查。

　　检查方法：观察检查和用尺测量。

5.5.3 管道支、吊架的安装应符合下列规定：

　　1　管道应固定牢靠，管道支、吊架的最大间距应符合表5.5.3的规定。

表5.5.3　支、吊架之间最大间距

DN(mm)	15	20	25	32	40	50	65	80	100	150
最大间距(m)	1.5	1.8	2.1	2.4	2.7	3.0	3.4	3.7	4.3	5.2

　　2　管道末端应采用防晃支架固定，支架与末端喷嘴间的距离不应大于500mm。

　　3　公称直径大于或等于50mm的主干管道，垂直方向和水平方向至少应各安装1个防晃支架，当穿过建筑物楼层时，每层应设1个防晃支架。当水平管道改变方向时，应增设防晃支架。

　　检查数量：全数检查。

　　检查方法：观察检查和用尺测量。

5.5.4 灭火剂输送管道安装完毕后，应进行强度试验和气压严密性试验，并合格。

　　检查数量：全数检查。

　　检查方法：按本规范第E.1节的规定执行。

5.5.5 灭火剂输送管道的外表面宜涂红色油漆。

　　在吊顶内、活动地板下等隐蔽场所内的管道，可涂红色油漆色

环，色环宽度不应小于50mm。每个防护区或保护对象的色环宽度应一致，间距应均匀。

　　检查数量：全数检查。

　　检查方法：观察检查。

5.6　喷嘴的安装

5.6.1 安装喷嘴时，应按设计要求逐个核对其型号、规格及喷孔方向。

　　检查数量：全数检查。

　　检查方法：观察检查。

5.6.2 安装在吊顶下的不带装饰罩的喷嘴，其连接管管端螺纹不应露出吊顶；安装在吊顶下的带装饰罩的喷嘴，其装饰罩应紧贴吊顶。

　　检查数量：全数检查。

　　检查方法：观察检查。

5.7　预制灭火系统的安装

5.7.1 柜式气体灭火装置、热气溶胶灭火装置等预制灭火系统及其控制器、声光报警器的安装位置应符合设计要求，并固定牢靠。

　　检查数量：全数检查。

　　检查方法：观察检查。

5.7.2 柜式气体灭火装置、热气溶胶灭火装置等预制灭火系统装置周围空间环境应符合设计要求。

　　检查数量：全数检查。

　　检查方法：观察检查。

5.8　控制组件的安装

5.8.1 灭火控制装置的安装应符合设计要求，防护区内火灾探测器的安装应符合现行国家标准《火灾自动报警系统施工及验收规范》GB 50166的规定。

　　检查数量：全数检查。

　　检查方法：观察检查。

5.8.2 设置在防护区处的手动、自动转换开关应安装在防护区入口便于操作的部位，安装高度为中心点距地(楼)面1.5m。

　　检查数量：全数检查。

　　检查方法：观察检查。

5.8.3 手动启动、停止按钮应安装在防护区入口便于操作的部位，安装高度为中心点距地(楼)面1.5m；防护区的声光报警装置安装应符合设计要求，并应安装牢固，不得倾斜。

　　检查数量：全数检查。

　　检查方法：观察检查。

5.8.4 气体喷放指示灯宜安装在防护区入口的正上方。

　　检查数量：全数检查。

　　检查方法：观察检查。

6 系统调试

6.1 一般规定

6.1.1 气体灭火系统的调试应在系统安装完毕,并宜在相关的火灾报警系统和开口自动关闭装置、通风机械和防火阀等联动设备的调试完成后进行。

6.1.2 气体灭火系统调试前应具备完整的技术资料,并应符合本规范第3.0.2条和第5.1.2条的规定。

6.1.3 调试前应按本规范第4章和第5章的规定检查系统组件和材料的型号、规格、数量以及系统安装质量,并应及时处理所发现的问题。

6.1.4 进行调试试验时,应采取可靠措施,确保人员和财产安全。

6.1.5 调试项目应包括模拟启动试验、模拟喷气试验和模拟切换操作试验,并应按本规范表C-4填写施工过程检查记录。

6.1.6 调试完成后应将系统各部件及联动设备恢复正常状态。

6.2 调 试

6.2.1 调试时,应对所有防护区或保护对象按本规范第E.2节的规定进行系统手动、自动模拟启动试验,并应合格。

6.2.2 调试时,应对所有防护区或保护对象按本规范第E.3节的规定进行模拟喷气试验,并应合格。

柜式气体灭火装置、热气溶胶灭火装置等预制灭火系统的模拟喷气试验,宜各取1套分别按产品标准中有关联动试验的规定进行试验。

6.2.3 设有灭火剂备用量且储存容器连接在同一集流管上的系统应按本规范第E.4节的规定进行模拟切换操作试验,并应合格。

7 系统验收

7.1 一般规定

7.1.1 系统验收时,应具备下列文件:

1 系统验收申请报告。
2 本规范第3.0.1条列出的施工现场质量管理检查记录。
3 本规范第3.0.2条列出的技术资料。
4 竣工文件。
5 施工过程检查记录。
6 隐蔽工程验收记录。

7.1.2 系统工程验收应按本规范表D-1进行资料核查;并按本规范表D-2进行工程质量验收,验收项目有1项为不合格时判定系统为不合格。

7.1.3 系统验收合格后,应将系统恢复到正常工作状态。

7.1.4 验收合格后,应向建设单位移交本规范第3.0.7条列出的资料。

7.2 防护区或保护对象与储存装置间验收

7.2.1 防护区或保护对象的位置、用途、划分、几何尺寸、开口、通风、环境温度、可燃物的种类、防护区围护结构的耐压、耐火极限及门、窗可自行关闭装置应符合设计要求。

检查数量:全数检查。

检查方法:观察检查、测量检查。

7.2.2 防护区下列安全设施的设置应符合设计要求。

1 防护区的疏散通道、疏散指示标志和应急照明装置。
2 防护区内和入口处的声光报警装置、气体喷放指示灯、入

口处的安全标志。

3 无窗或固定窗扇的地上防护区和地下防护区的排气装置。
4 门窗设有密封条的防护区的泄压装置。
5 专用的空气呼吸器或氧气呼吸器。

检查数量:全数检查。

检查方法:观察检查。

7.2.3 储存装置间的位置、通道、耐火等级、应急照明装置、火灾报警控制装置及地下储存装置间机械排风装置应符合设计要求。

检查数量:全数检查。

检查方法:观察检查、功能检查。

7.2.4 火灾报警控制装置及联动设备应符合设计要求。

检查数量:全数检查。

检查方法:观察检查、功能检查。

7.3 设备和灭火剂输送管道验收

7.3.1 灭火剂储存容器的数量、型号和规格,位置与固定方式,油漆和标志,以及灭火剂储存容器的安装质量应符合设计要求。

检查数量:全数检查。

检查方法:观察检查、测量检查。

7.3.2 储存容器内的灭火剂充装量和储存压力应符合设计要求。

检查数量:称重检查按储存容器全数(不足5个的按5个计)的20%检查;储存压力检查按储存容器全数检查;低压二氧化碳储存容器按全数检查。

检查方法:称重、液位计或压力计测量。

7.3.3 集流管的材料、规格、连接方式、布置及其泄压装置的泄压方向应符合设计要求和本规范第5.2节的有关规定。

检查数量:全数检查。

检查方法:观察检查、测量检查。

7.3.4 选择阀及信号反馈装置的数量、型号、规格、位置、标志及其安装质量,应符合设计要求和本规范第5.3节的有关规定。

检查数量:全数检查。

检查方法:观察检查、测量检查。

7.3.5 阀驱动装置的数量、型号、规格和标志,安装位置,气动驱动装置中驱动气瓶的介质名称和充装压力,以及气动驱动装置管道的规格、布置和连接方式,应符合设计要求和本规范第5.4节的有关规定。

检查数量:全数检查。

检查方法:观察检查、测量检查。

7.3.6 驱动气瓶和选择阀的机械应急手动操作处,均应有标明对应防护区或保护对象名称的永久标志。

驱动气瓶的机械应急操作装置均应设安全销并加铅封,现场手动启动按钮应有防护罩。

检查数量:全数检查。

检查方法:观察检查、测量检查。

7.3.7 灭火剂输送管道的布置与连接方式、支架和吊架的位置及间距、穿过建筑构件及其变形缝的处理、各管段和附件的型号规格以及防腐处理和涂刷油漆颜色,应符合设计要求和本规范第5.5节的有关规定。

检查数量:全数检查。

检查方法:观察检查、测量检查。

7.3.8 喷嘴的数量、型号、规格、安装位置和方向,应符合设计要求和本规范第5.6节的有关规定。

检查数量:全数检查。

检查方法:观察检查、测量检查。

7.4 系统功能验收

7.4.1 系统功能验收时,应进行模拟启动试验,并合格。

检查数量:按防护区或保护对象总数(不足5个按5个计)的

20%检查。

检查方法:按本规范第 E.2 节的规定执行。

7.4.2 系统功能验收时,应进行模拟喷气试验,并合格。

检查数量:组合分配系统不应少于 1 个防护区或保护对象,柜式气体灭火装置、热气溶胶灭火装置等预制灭火系统应各取 1 套。

检查方法:按本规范第 E.3 节或按产品标准中有关联动试验的规定执行。

7.4.3 系统功能验收时,应对设有灭火剂备用量的系统进行模拟切换操作试验,并合格。

检查数量:全数检查。

检查方法:按本规范第 E.4 节的规定执行。

7.4.4 系统功能验收时,应对主用、备用电源进行切换试验,并合格。

检查方法:将系统切换到备用电源,按本规范第 E.2 节的规定执行。

8 维护管理

8.0.1 气体灭火系统投入使用时,应具备下列文件,并应有电子备份档案,永久储存。

1 系统及其主要组件的使用、维护说明书。

2 系统工作流程图和操作规程。

3 系统维护检查记录表。

4 值班员守则和运行日志。

8.0.2 气体灭火系统应由经过专门培训,并经考试合格的专职人员负责定期检查和维护。

8.0.3 应按检查类别规定对气体灭火系统进行检查,并按本规范表 F 做好检查记录。检查中发现的问题应及时处理。

8.0.4 与气体灭火系统配套的火灾自动报警系统的维护管理应按现行国家标准《火灾自动报警系统施工及验收规范》GB 50116 执行。

8.0.5 每日应对低压二氧化碳储存装置的运行情况、储存装置间的设备状态进行检查并记录。

8.0.6 每月检查应符合下列要求:

1 低压二氧化碳灭火系统储存装置的液位计检查,灭火剂损失 10%时应及时补充。

2 高压二氧化碳灭火系统、七氟丙烷管网灭火系统及 IG 541 灭火系统等系统的检查内容及要求应符合下列规定:

　　1)灭火剂储存容器及容器阀、单向阀、连接管、集流管、安全泄放装置、选择阀、阀驱动装置、喷嘴、信号反馈装置、检漏装置、减压装置等全部系统组件应无碰撞变形及其他机械性损伤,表面应无锈蚀,保护涂层应完好,铭牌和标

志牌应清晰,手动操作装置的防护罩、铅封和安全标志应完整。

　　2)灭火剂和驱动气体储存容器内的压力,不得小于设计储存压力的 90%。

3 预制灭火系统的设备状态和运行状况应正常。

8.0.7 每季度应对气体灭火系统进行 1 次全面检查,并应符合下列规定:

1 可燃物的种类、分布情况,防护区的开口情况,应符合设计规定。

2 储存装置间的设备、灭火剂输送管道和支、吊架的固定,应无松动。

3 连接管应无变形、裂纹及老化。必要时,送法定质量检验机构进行检测或更换。

4 各喷嘴孔口应无堵塞。

5 对高压二氧化碳储存容器逐个进行称重检查,灭火剂净重不得小于设计储存量的 90%。

6 灭火剂输送管道有损伤与堵塞现象时,应按本规范第 E.1 节的规定进行严密性试验和吹扫。

8.0.8 每年应按本规范第 E.2 节的规定,对每个防护区进行 1 次模拟启动试验,并应按本规范第 7.4.2 条规定进行 1 次模拟喷气试验。

8.0.9 低压二氧化碳灭火剂储存容器的维护管理应按《压力容器安全技术监察规程》执行;钢瓶的维护管理应按《气瓶安全监察规程》执行。灭火剂输送管道耐压试验周期应按《压力管道安全管理与监察规定》执行。

附录 A 施工现场质量管理检查记录

施工现场质量管理检查记录应由施工单位质量检查员按表 A 填写,监理工程师进行检查,并做出检查结论。

表 A 施工现场质量管理检查记录

工程名称			施工许可证	
建设单位			项目负责人	
设计单位			项目负责人	
监理单位			项目负责人	
施工单位			项目负责人	
序号	项 目		内 容	
1	现场质量管理制度			
2	质量责任制			
3	主要专业工种人员操作上岗证书			
4	施工图审查情况			
5	施工组织设计、施工方案及审批			
6	施工技术标准			
7	工程质量检验制度			
8	现场材料、设备管理			
9	其他			
⋮				

施工单位项目负责人:(签章)	监理工程师:(签章)	建设单位项目负责人:(签章)
年 月 日	年 月 日	年 月 日

附录 B 气体灭火系统工程划分

表 B 气体灭火系统子分部工程、分项工程划分

分部工程	子分部工程	分项工程
系统工程	进场检验	材料进场检验
		系统组件进场检验
	系统安装	灭火剂储存装置的安装
		选择阀及信号反馈装置的安装
		阀驱动装置的安装
		灭火剂输送管道的安装
		喷嘴的安装
		预制灭火系统的安装
		控制组件的安装
	系统调试	模拟启动试验
		模拟喷气试验
		模拟切换操作试验
	系统验收	防护区或保护对象与储存装置间验收
		设备和灭火剂输送管道验收
		系统功能验收

附录 C 气体灭火系统施工记录

施工过程检查记录应由施工单位质量检查员按表 C-1～表 C-4 填写,监理工程师进行检查,并做出检查结论。

表 C-1 气体灭火系统工程施工过程检查记录

工程名称			
施工单位		监理单位	
施工执行规范名称及编号		子分部工程名称	进场检验
分项工程名称	质量规定(规范条款)	施工单位检查记录	监理单位检查记录
管材、管道连接件	4.2.1		
	4.2.2		
	4.2.3		
	4.2.4		
灭火剂储存容器及容器阀、单向阀、连接管、集流营、安全泄放装置、选择阀、阀驱动装置、喷嘴、信号反馈装置、检漏装置、减压装置等系统组件	4.3.1		
	4.3.2		
	4.3.4		
灭火剂储存容器内的充装量与充装压力	4.3.3		
低压二氧化碳灭火系统储存装置,柜式气体灭火装置,热气溶胶灭火装置等预制灭火系统	4.3.5		
施工单位项目负责人:(签章)		监理工程师:(签章)	
年 月 日		年 月 日	

注:施工过程若用到其他表格,则应作为附件一并归档。

表 C-2 气体灭火系统工程施工过程检查记录

工程名称			
施工单位		监理单位	
施工执行规范名称及编号		子分部工程名称	系统安装
分项工程名称	质量规定(规范条款)	施工单位检查记录	监理单位检查记录
灭火剂储存装置	5.2.1		
	5.2.2		
	5.2.3		
	5.2.4		
	5.2.5		
	5.2.6		
	5.2.7		
	5.2.8		
	5.2.9		
	5.2.10		
选择阀及信号反馈装置	5.3.1		
	5.3.2		
	5.3.3		
	5.3.4		
	5.3.5		
阀驱动装置	5.4.1		
	5.4.2		
	5.4.3		
	5.4.4		
	5.4.5		
	5.4.6		
灭火剂输送管道	5.5.1		
	5.5.2		
	5.5.3		
	5.5.4		
	5.5.5		
喷嘴	5.6.1		
	5.6.2		
预制灭火系统	5.7.1		
	5.7.2		
控制组件	5.8.1		
	5.8.2		
	5.8.3		
	5.8.4		
施工单位项目负责人:(签章)		监理工程师:(签章)	
年 月 日		年 月 日	

注:施工过程若用到其他表格,则应作为附件一并归档。

表 C-3 隐蔽工程验收记录

工程名称		建设单位	
设计单位		施工单位	
防护区/保护对象名称		隐蔽区域	
验收项目		验收结果	
管道、管道连接件品种、规格、尺寸及偏差、性能和质量			
管道的安装质量和涂漆			
支、吊架规格、数量和安装质量			
喷嘴的型号、规格、数量和安装质量			
施工过程检查记录			

验收结论:

验收单位	设计单位:(公章)	项目负责人:(签章)
		年 月 日
	施工单位:(公章)	项目负责人:(签章)
		年 月 日
	监理单位:(公章)	监理工程师:(签章)
		年 月 日

表 C-4　气体灭火系统工程施工过程检查记录

工程名称			
施工单位		监理单位	
施工执行规范名称及编号		子分部工程名称	系统调试
分项工程名称	质量规定(规范条款)	施工单位检查记录	监理单位检查记录
模拟启动试验	6.2.1		
模拟喷气试验	6.2.2		
备用灭火剂储存容器模拟切换操作试验	6.2.3		
调试人员:(签字)			年 月 日
施工单位项目负责人:(签章)		监理工程师:(签章)	
	年 月 日		年 月 日

注:施工过程若用到其他表格,则应作为附件一并归档。

表 D-2　气体灭火系统工程质量验收记录

工程名称			
施工单位		监理单位	
施工执行规范名称及编号		子分部工程名称	系统验收
分项工程名称	质量规定(规范条款)	验收内容记录	验收评定结果
防护区或保护对象与储存装置间验收	7.2.1		
	7.2.2		
	7.2.3		
	7.2.4		
设备和灭火剂输送管道验收	7.3.1		
	7.3.2		
	7.3.3		
	7.3.4		
	7.3.5		
	7.3.6		
	7.3.7		
	7.3.8		
系统功能验收	7.4.1		
	7.4.2		
	7.4.3		
	7.4.4		

验收结论:

验收单位	设计单位	施工单位	监理单位	建设单位
	(公章)	(公章)	(公章)	(公章)
	项目负责人:(签章)	项目负责人:(签章)	监理工程师:(签章)	项目负责人:(签章)
	年 月 日	年 月 日	年 月 日	年 月 日

附录 D　气体灭火系统验收记录

气体灭火系统验收应由建设单位项目负责人组织监理工程师、施工单位项目负责人和设计单位项目负责人等进行,并按表 D-1、表 D-2 记录。

表 D-1　气体灭火系统工程质量控制资料核查记录

工程名称		施工单位		
序号	资料名称	资料数量	核查结果	核查人
1	经批准的施工图、设计说明书及设计变更通知书			
	竣工图等其他文件			
2	成套装置与灭火剂储存容器及容器阀、单向阀、连接管、集流管、安全泄放装置、选择阀、阀驱动装置、喷嘴、信号反馈装置、检漏装置、减压装置等系统组件,灭火剂输送管道及管道连接件的产品出厂合格证和市场准入制度要求的有效证明文件			
	系统及其主要组件的使用、维护说明书			
3	施工过程检查记录,隐蔽工程验收记录			

核查结论:

验收单位	设计单位	施工单位	监理单位	建设单位
	(公章)	(公章)	(公章)	(公章)
	项目负责人:(签章)	项目负责人:(签章)	监理工程师:(签章)	项目负责人:(签章)
	年 月 日	年 月 日	年 月 日	年 月 日

附录 E　试 验 方 法

E.1　管道强度试验和气密性试验方法

E.1.1　水压强度试验压力应按下列规定取值:

1　对高压二氧化碳灭火系统,应取 15.0MPa;对低压二氧化碳灭火系统,应取 4.0 MPa。

2　对 IG 541 混合气体灭火系统,应取 13.0MPa。

3　对卤代烷 1301 灭火系统和七氟丙烷灭火系统,应取 1.5 倍系统最大工作压力,系统最大工作压力可按表 E 取值。

E.1.2　进行水压强度试验时,以不大于 0.5 MPa/s 的升压速率缓慢升压至试验压力,保压 5min,检查管道各处无渗漏、无变形为合格。

E.1.3　当水压强度试验条件不具备时,可采用气压强度试验代替。气压强度试验压力取值:二氧化碳灭火系统取 80% 水压强度试验压力,IG 541 混合气体灭火系统取 10.5 MPa,卤代烷 1301 灭火系统和七氟丙烷灭火系统取 1.15 倍最大工作压力。

E.1.4　气压强度试验应遵守下列规定:

试验前,必须用加压介质进行预试验,预试验压力宜为 0.2 MPa。

试验时,应逐步缓慢增加压力,当压力升至试验压力的 50% 时,如未发现异状或泄漏,继续按试验压力的 10% 逐级升压,每级稳压 3min,直至试验压力。保压检查管道各处无变形、无泄漏为合格。

E.1.5　灭火剂输送管道经水压强度试验合格后还应进行气密性试验,经气压强度试验合格且在试验后未拆卸过的管道可不进行气密性试验。

E.1.6　灭火剂输送管道在水压强度试验合格后,或气密性试验前,应进行吹扫。吹扫管道可采用压缩空气或氮气,吹扫时,管道末端的气体流速不应小于20m/s,采用白布检查,直至无铁锈、尘土、水渍及其他异物出现。

E.1.7 气密性试验压力应按下列规定取值:

 1 对灭火剂输送管道,应取水压强度试验压力的2/3。

 2 对气动管道,应取驱动气体储存压力。

E.1.8 进行气密性试验时,应以不大于0.5 MPa/s的升压速率缓慢升压至试验压力,关断试验气源3min内压力降不超过试验压力的10%为合格。

E.1.9 气压强度试验和气密性试验必须采取有效的安全措施。加压介质可采用空气或氮气。气动管道试验时应采取防止误喷射的措施。

表 E　系统储存压力、最大工作压力

系统类别	最大充装密度(kg/m³)	储存压力(MPa)	最大工作压力(MPa)(50℃时)
混合气体(IG 541)灭火系统	—	15.0	17.2
	—	20.0	23.2
卤代烷1301灭火系统	1125	2.50	3.93
		4.20	5.80
七氟丙烷灭火系统	1150	2.5	4.2
	1120	4.2	6.7
	1000	5.6	7.2

E.2　模拟启动试验方法

E.2.1 手动模拟启动试验可按下述方法进行:

 按下手动启动按钮,观察相关动作信号及联动设备动作是否正常(如发出声、光报警,启动输出端的负载响应,关闭通风空调、防火阀等)。

 人工使压力信号反馈装置动作,观察相关防护区门外的气体喷放指示灯是否正常。

E.2.2 自动模拟启动试验可按下述方法进行:

 1 将灭火控制器的启动输出端与灭火系统相应防护区驱动装置连接。驱动装置应与阀门的动作机构脱离。也可以用一个启动电压、电流与驱动装置的启动电压、电流相同的负载代替。

 2 人工模拟火警使防护区内任意一个火灾探测器动作,观察单一火警信号输出后,相关报警设备动作是否正常(如警铃、蜂鸣器发出报警声等)。

 3 人工模拟火警使该防护区内另一个火灾探测器动作,观察复合火警信号输出后,相关动作信号及联动设备动作是否正常(如发出声、光报警,启动输出端的负载,关闭通风空调、防火阀等)。

E.2.3 模拟启动试验结果应符合下列规定:

 1 延迟时间与设定时间相符,响应时间满足要求。

 2 有关声、光报警信号正确。

 3 联动设备动作正确。

 4 驱动装置动作可靠。

E.3　模拟喷气试验方法

E.3.1 模拟喷气试验的条件应符合下列规定:

 1 IG 541混合气体灭火系统及高压二氧化碳灭火系统应采用其充装的灭火剂进行模拟喷气试验。试验采用的储存容器数应为选定试验的防护区或保护对象设计用量所需容器总数的5%,且不得少于1个。

 2 低压二氧化碳灭火系统应采用二氧化碳灭火剂进行模拟喷气试验。
试验应选定输送管道最长的防护区或保护对象进行,喷放量不应小于设计用量的10%。

 3 卤代烷灭火系统模拟喷气试验不应采用卤代烷灭火剂,宜采用氮气,也可采用压缩空气。氮气或压缩空气储存容器与被试的防护区或保护对象用的灭火剂储存容器的结构、型号、规格应相同,连接与控制方式应一致,氮气或压缩空气的充装压力按设计要求执行。氮气或压缩空气储存容器数不应少于灭火剂储存容器数的20%,且不得少于1个。

 4 模拟喷气试验宜采用自动启动方式。

E.3.2 模拟喷气试验结果应符合下列规定:

 1 延迟时间与设定时间相符,响应时间满足要求。

 2 有关声、光报警信号正确。

 3 有关控制阀门工作正常。

 4 信号反馈装置动作后,气体防护区门外的气体喷放指示灯应工作正常。

 5 储存容器间内的设备和对应防护区或保护对象的灭火剂输送管道无明显晃动和机械性损坏。

 6 试验气体能喷入被试防护区内或保护对象上,且应能从每个喷嘴喷出。

E.4　模拟切换操作试验方法

E.4.1 按使用说明书的操作方法,将系统使用状态从主用量灭火剂储存容器切换为备用量灭火剂储存容器的使用状态。

E.4.2 按本规范第E.3.1条的方法进行模拟喷气试验。

E.4.3 试验结果应符合本规范第E.3.2条的规定。

附录F　气体灭火系统维护检查记录

表F　气体灭火系统维护检查记录

使用单位				
防护区/保护对象				
维护检查执行的规范名称及编号				
检查类别(日检、季检、年检)				
检查日期	检查项目	检查情况	故障原因及处理情况	检查人员签字
备注				

中华人民共和国国家标准

气体灭火系统施工及验收规范

GB 50263 - 2007

条 文 说 明

3 基 本 规 定

3.0.1 新增条文。为贯彻《建设工程质量管理条例》和实施"市场准入制度",故规定了从事气体灭火系统工程施工及验收应具备的条件和质量管理应具备的标准、规章制度。

3.0.2 是对原规范第2.1.1条、第2.1.2条的进一步完善,并增加了新内容。本条符合《消防法》和《建设工程质量管理条例》精神,多年实践证明可行。

其中,成套装置指低压二氧化碳灭火系统储存装置及柜式气体灭火装置、热气溶胶灭火装置等预制灭火系统,不能复验的产品指安全膜片等。

给水、供电、供气条件是施工作业的起码条件;技术交底是保证正确施工的关键;系统组件和材料是系统的组成;防护区等设置条件是设计的依据;基建条件还包括基础、泄压孔、防护区严密性,等等。

3.0.4 新增条文。本条规定了气体灭火系统工程施工质量控制的基本要求,其中施工过程检查包括材料及系统组件进场检验、包括隐蔽工程验收在内的设备安装各工序检查、系统调试试验,特别强调了工序检查和工种交接认可。这些要求是保证工程质量所必需的。

3.0.5 新增条文。本条规定了系统工程验收程序、组织及合格评定,验收检测采用的计量器具要求,以及验收合格后应做的工作。

3.0.6 新增条文。本条规定了气体灭火系统工程施工质量合格的标准,其中包括施工过程各工序质量、质量控制资料、工程质量、系统工程验收,这些涵盖了施工全过程。

3.0.7 新增条文。本条规定了系统工程验收合格后应提供的文

件、资料,这是确保工程质量和建立工程档案所必需的。为日后查对提供方便。

3.0.8 新增条文。本条规定了气体灭火系统工程施工质量不符合要求时的处理办法,这是施工过程中会遇到的问题。其中返工针对工序工艺,更换系统组件、成套装置针对系统组成硬件,从这两方面着手能把问题解决、通过验收;否则不予验收,以保证工程质量。

4 进 场 检 验

4.1 一 般 规 定

4.1.1 新增条文。此条明确规定了气体灭火系统安装施工过程中需要填写的施工质量检查记录,以便建立统一格式的完整档案。

4.1.2 新增条文。加倍抽样是产品抽样的例行做法。

4.2 材 料

4.2.1 新增条文。本条规定了材料进入市场时应具备的质量有效证明文件,灭火剂输送管道应提供相应规格的质量合格证、力学性能及材质检验报告。管道连接件则应提供相应制造单位出具的检验合格报告,其中应包括水压强度试验、气压严密性试验等内容。

4.2.2 新增条文。本条规定了材料进场时的外观质量检查要求。气体灭火系统喷放时,管道及管道连接件承受的压力较高,这些要求是保证管网的耐压强度、严密性能和耐腐蚀性能所必需的。

4.2.3 新增条文。本条规定了材料进场时的验收检测要求。条文中给出了检测时的抽查数量,使条文具有可操作性,且通过实践证明能达到检测的需要和目的。

4.2.4 新增条文。本条规定了材料需要复检的具体情况,并给出处理办法。具体检测内容视设计要求和质疑点而定。

4.3 系 统 组 件

4.3.1 对原规范第2.2.1条的进一步完善。本条规定了系统组件进场时的外观质量检查要求及方法。

铭牌及其内容是由生产厂封贴标注的,它真实地反映了产品的规格、型号、生产日期、主要物理参数等,是施工单位和消防监督

机构进行核查、用户进行日常维护检查的依据,应清晰明白。

对规格相同的灭火剂储存容器和驱动气体储存容器的高度偏差规定,除考虑到安装美观外,更重要的是选用高度一致的容器可以减小容器容积和灭火剂充装率的误差。

4.3.2 新增条文。本条第1款规定了系统组件进场时应核查其产品的出厂合格证和由相应市场准入制度要求的法定机构——目前是国家质量监督检验中心——出具的有效证明文件。鉴于目前施工单位很少做试验检验,现场做组件水压试验确实也有一定困难,这里不要求试验检验,只要求核查书面证明。本条第2款是第1款的补充。

4.3.3 对原规范第2.2.2条的进一步完善。本条规定了对灭火剂储存容器的充装量、充装压力、充装系数或装量系数的要求。气体灭火剂的充装量和充装压力是通过管道流体计算后确定的。这两者的变化将直接影响到管道的计算结果,如喷嘴的孔径和管道的管径。通常充装压力和充装量小于设计值则会影响灭火效果,会降低喷嘴入口的工作压力,延长喷射时间;反之,也会因扩容压力损失太快,影响喷射强度和时间。另外,灭火剂充装压力、充装系数或装量系数还涉及安全问题。

IG 541和七氟丙烷系统储存压力随温度变化参考值见表1。二氧化碳灭火剂的泄漏从储存压力上反映不出来,故没在表中给出。高压二氧化碳系统可借助称重检查泄漏,低压二氧化碳系统可借助液位计或称重检查泄漏。

表1 IG 541和七氟丙烷系统储存压力随温度变化参考值

储存温度(℃)		0	10	20	30	40	50
储存压力(MPa)	IG 541	15.0	13.5	14.3	15.0	15.7	16.5	17.2
	七氟丙烷	2.5	1.88	1.93	2.16	2.45	3.02	4.2
		4.2	3.74	3.86	4.30	4.93	5.94	6.7
		5.6	4.73	4.81	5.33	6.04	7.06	8.25

注:1 IG 541为计算值。
　　2 七氟丙烷为实测值,由国家固定灭火系统和耐火构件质量监督检验中心提供。

测试方法为:在23℃环境温度下,取容积为4L的储瓶。首先,对2.5、4.2和5.6MPa储存压力分别以1150、1120kg/m³和1040kg/m³充装密度充装灭火剂,充压到预定压力。然后,使储瓶温度降到0℃,再逐步升温,每升10℃测一次压力值,分别得出表中数值。这里,由于增压气体溶解于灭火剂,储存压力值有变化。

4.3.4 原规范第2.2.4条。本条规定了对阀驱动装置的要求,根据设计规范,气体灭火系统灭火剂储存容器的容器阀可采用气动型驱动装置、电磁型驱动装置和机械型驱动装置控制。

鉴于引爆型驱动装置以火药作驱动力,其瞬间压力大,不易计算,易发生事故,固定式灭火系统用得不多,故本规范不予考虑。

4.3.5 新增条文。目前的产品标准有《低压二氧化碳灭火系统及部件》GB 19572、《柜式气体灭火装置》GB 16670、《气溶胶灭火系统 第1部分:热气溶胶灭火装置》GA 499.1等。外观质量可参照本规范第4.3.1条进行检查。

5 系统安装

5.1 一般规定

5.1.1 新增条文。施工过程中的各种检查记录,特别是隐蔽工程的质量检查记录,是保证施工质量的重要环节,是工程质量档案的重要组成部分。此条明确规定了气体灭火系统安装施工过程中需要填写的施工质量检查记录。

5.1.2 对原规范第3.1.3条的修改。删除集流管制作,因其是组件,不能现场制作,连带也删除了原规范第3.3.2条和原规范第3.3.3条。删除了高压软管安装、支架制作、管道吹扫和试验,因本规范对此有规定。对《工业金属管道工程施工及验收规范》GB 50235的引用包括不同材料的加工方法、切口质量、垫片质量、涂漆工艺等。

5.2 灭火剂储存装置的安装

5.2.2 新增条文。气体灭火系统由于储存高压气体,特别是IG 541混合气体灭火系统等,为人员安全,故作此规定。

5.2.3 对原规范第3.2.3条的进一步完善。此条规定是为了方便灭火系统的日常检查和维护保养。

5.2.4 原规范第3.2.4条。储存容器在释放时会受到高速流体冲击而发生振动、摇晃等,因此,在安装时应将储存容器固定牢靠。

5.2.5 原规范第3.2.5条。储存容器的表面涂层习惯为红色。此条规定为检查、复位、维修记录提供方便。

5.2.6 原规范第3.3.4条。保持内腔清洁是为防止异物进入管网堵塞喷嘴。

5.2.7 原规范第3.3.7条。防止泄压时气流冲向操作人员或现场工作人员,保证操作人员或现场工作人员的安全。

5.2.9 原规范第3.3.5条。集流管在灭火剂喷放时会发生冲击、振动、摇晃等,因此,在安装时应将集流管固定牢靠。

5.2.10 原规范第3.3.6条。气体灭火系统管道的表面涂层习惯为红色。

5.3 选择阀及信号反馈装置的安装

5.3.1 原规范第3.4.1条。气体灭火系统的选择阀都带有机械应急操作手柄。将操作手柄安装在操作面一侧,且安装高度不超过1.7m,是为了保证在系统采用机械应急操作启动时,方便快捷。

5.3.2 原规范第3.4.2条。本条规定是为了方便选择阀的安装以及以后的维护检修。

5.3.4 原规范第3.4.3条。每个选择阀对应一个防护区或保护对象,灭火操作时,将打开发生火灾的防护区或保护对象对应的选择阀实施灭火,为防止机械应急操作时误操作,故作此规定。

5.4 阀驱动装置的安装

5.4.1 原规范第3.5.2条。拉索式机械驱动装置是通过拉索控制灭火剂释放的远程手动装置。拉索式机械驱动装置通常安装在防护区外,一般是在防护区门口,与电气启动/停止按钮设于同一处。此条规定是为了提高灭火系统的可靠性,防止误动作。

5.4.2 原规范第3.5.3条。本条规定与产品标准《气体灭火系统及零部件性能要求和试验方法》GA 400—2002第5.11.4.2条要求相同,以保证其动作的可靠性。

5.4.3 原规范第3.5.1条。本条的要求可使布线整齐美观,不易损坏。

5.4.4 原规范第3.5.4条。驱动气瓶在释放时会受到高速气流的冲击而发生振动、摇晃等,因此,在安装时应将驱动气瓶固定牢靠。通常每个驱动气瓶对应启动一个防护区的选择阀及容器阀，正确、清晰的标志可避免操作人员误操作。

5.4.6 原规范第3.5.6条。通常气动驱动装置的出口与灭火剂储存容器的容器阀及防护区或保护对象的选择阀直接相连，若有泄漏，驱动气体的压力有可能低于打开选择阀和容器阀所需的压力，导致打不开选择阀和容器阀。故需要在安装后做气压严密性试验。

5.5 灭火剂输送管道的安装

5.5.1 对原规范第3.6.1条的扩充。本条要求依据征求意见结果并参照《建筑给水排水及采暖工程施工质量验收规范》GB 50242—2002第3.3.15条制定。在实际工程中，经常需要在现场进行焊接，特别是带法兰的弯头，如不对其进行防腐处理，则以后焊接处将最先被腐蚀，故本条要求安装前应对焊接部位进行防腐处理。

5.5.2 对原规范第3.6.2条的进一步完善。气体灭火系统的管道直接与墙面或楼板接触，容易发生腐蚀，影响气体灭火系统的安全，同时也不便于维修。故本条要求管道穿过墙壁、楼板处应安装套管。本条参照《工业金属管道工程施工及验收规范》GB 50235—97第6.3.19条制定。并依据征求意见结果取套管公称直径比管道公称直径至少应大2级。

5.5.3 对原规范第3.6.3条的修改。表5.5.3参照英国标准《室内灭火装置和设备·pt4·二氧化碳灭火系统规范》BS 5306:pt4:1986第41.3条制定。由于气体灭火系统在喷放时有冲击、振动和摇晃，加上自身的重量较大，故管道应该用支吊架进行固定。

5.5.4 原规范第3.7.1条。对试验方法第E.1节说明如下：

第E.1.1条，第1款依据《二氧化碳灭火系统设计规范》GB 50193—93(1999年版)第5.3.1条；第2款依据水压强度试验压力取气压强度试验压力的1.25倍得出；第3款依据产品标准《气体灭火系统及零部件性能要求和试验方法》GA 400—2002第5.15.3条。

第E.1.2条依据《气体灭火系统及零部件性能要求和试验方法》GA 400—2002第6.2条。

第E.1.3条，用气压强度试验代替水压强度试验依据原规范第3.7.3条。二氧化碳灭火系统试验压力取值依据原规范第3.7.3条；IG 541混合气体灭火系统气压试验压力取值依据目前对储存压力为15MPa的系统取10.5 MPa的实践；卤代烷1301灭火系统和七氟丙烷灭火系统气压强度试验压力取值系数依据《工业金属管道工程施工及验收规范》GB 50235—97第7.5.4条。

第E.1.4条依据《工业金属管道工程施工及验收规范》GB 50235—97第7.5.4条和原规范第3.7.4条。

第E.1.5条依据《工业金属管道工程施工及验收规范》GB 50235—97第7.5.5条。

第E.1.6条依据原规范第3.7.6条。

第E.1.7条，第1款依据原规范第3.7.5条；第2款依据原规范第3.5.6条。

第E.1.8条依据《气体灭火系统及零部件性能要求和试验方法》GA 400—2002第6.3条和原规范第3.7.5条。

第E.1.9条依据原规范第3.7.3条、第3.7.5条和《气体灭火系统及零部件性能要求和试验方法》GA 400—2002第6.3条。

气压强度试验或气密性试验时，选择阀上、下游可同时试验，从而可查出选择阀连接处泄漏问题。

5.5.5 对原规范第3.7.7条的进一步完善，依据征求意见结果增加色环规定。气体灭火系统管道的表面涂层习惯为红色，以区别于其他管道。

5.6 喷嘴的安装

5.6.1 原规范第3.8.2条。喷嘴是气体灭火系统中控制灭火剂流速并保证灭火剂均匀分布的重要部件，由于喷头的结构形式相似，规格较多，安装时应核对清楚。

5.7 预制灭火系统的安装

5.7.1 新增条文。预制灭火系统在喷放时，要产生冲击和震动，所以应将其固定牢靠；另外，为防止这些灭火装置被任意移动也应固定牢靠。

5.7.2 新增条文。满足设备周围空间环境要求是保证系统性能和可靠灭火的条件，同时也方便维护工作。

5.8 控制组件的安装

5.8.2～5.8.4 新增条文。由于《火灾自动报警系统施工及验收规范》GB 50166—92对手动与自动转换开关、手动启动与停止按钮、防护区的声光报警装置、气体喷放指示灯等安装技术要求未作出规定，为便于这些组件的安装，故本规范提出安装技术要求。

6 系统调试

6.1 一般规定

6.1.1 原规范第4.1.1条。本条明确了调试程序，有利于调试工作顺利进行。

6.1.2 原规范第4.1.2条。气体灭火系统调试是保证系统能正常工作的重要步骤。技术资料的完整、准确是完成该项工作的必要条件。

6.1.3 原规范第4.1.4条。为了确保气体灭火系统调试工作顺利进行，本条规定调试前应再一次对系统组件、材料以及安装质量进行检查，并应及时处理发现的问题。

6.1.5 新增条文。本条规定了调试内容和记录格式。

6.2 调 试

6.2.1 新增条文。模拟启动试验的目的在于检测控制系统的动作正确性和可靠性，从而保证控制系统能起到预期作用。

第E.2节是对原规范第5.4.2条的完善，是控制系统应满足的功能。

6.2.2 对原规范第4.2.1条的扩充。模拟喷气试验的目的在于检测灭火系统的动作可靠性和管道连接正确性，也是一次实战演习，从而保证灭火系统能起到预期作用。

第E.3节是对原规范第4.2.3条和第4.2.4条的完善，规定的试验容器数量是根据目前工程实践确定的。

柜式气体灭火装置、热气溶胶灭火装置等预制灭火系统有合格证，没做现场组装，可不做检查；但从灭火可靠性考虑，建议做联动试验。

6.2.3 原规范第4.2.1条。第E.4节是对原规范第4.2.5条的改写。进行模拟切换操作试验的目的在于检查备用量灭火剂储存容器管道连接和系统操作装置的正确性、可靠性,从而保证该系统能起到预期作用。

7 系 统 验 收

7.1 一 般 规 定

7.1.1 对原规范第5.1.2条的进一步完善。本条规定了工程竣工后验收前所应具备的全部技术资料。

7.1.2 对原规范第5.1.3条的改写,增加了资料核查内容。资料核查是实施《建设工程质量管理条例》第17条,建立完善的技术档案的基本条件;工程质量验收是对施工质量的全面考核。

7.2 防护区或保护对象与储存装置间验收

7.2.1 原规范第5.2.1条,根据征求意见结果,补充对防护区维护结构的耐压、耐火极限及门窗可自行关闭装置的检查。

本条规定了对防护区或保护对象验收的内容、方法及数量。

7.2.2 原规范第5.2.2条。本条规定了防护区安全设施验收的内容、方法及数量;关系到人员安全。

7.2.3 原规范第5.2.3条。本条规定了对储存装置间验收的内容、方法及数量,是根据我国现行的气体灭火系统设计规范制定的。储存装置间的位置将影响系统的结构,我国目前一些工程设计中已确定好储存装置间的位置,但施工时往往变动,使得灭火剂输送管道也随之变化,因此在系统工程验收时,应进行检查。

通道、耐火等级、应急照明及地下储存装置间机械排风装置等要求,关系到人员安全,应予重视,故列入系统工程验收内容。需要指出,火灾报警控制装置包括设在防护区门口的手动控制器、设在储存装置间的灭火控制盘和设在消防中心的显示控制器等。

7.2.4 新增条文。本条规定了与灭火系统配套的火灾报警、灭火控制装置、其他联动设备的验收要求、方法和数量。火灾报警控制

装置能否正常工作关系到系统能否启动,空调、送风、防排烟系统等联动设备直接影响灭火效能。

7.3 设备和灭火剂输送管道验收

7.3.1 原规范第5.3.1条。本条规定了对灭火剂储存容器的相关技术参数及安装质量进行验收的方法、数量。

7.3.2 对原规范第5.3.2条的补充。本条规定了对灭火剂充装量和储存压力检查的方法、数量;储存容器内灭火剂充装量及误差应符合设计要求。

高压二氧化碳灭火系统的泄漏反映为失重,可称重检查;低压二氧化碳灭火系统的泄漏反映为液位下降,可液位检查;IG 541等惰性气体灭火系统泄漏反映为压力下降,可压力计检查;七氟丙烷等卤代烷灭火系统泄漏反映为压力下降和失重,可压力计检查和称重检查。

7.3.3 原规范第5.3.3条。本条规定了对集流管验收检查的有关项目。

7.3.4 原规范第5.3.5条。本条规定了检查与选择阀及信号反馈装置有关的技术参数的方法;需特别注意选择阀的安装位置不宜过高,其手动操作点距地面的高度不宜超过1.7m。

7.3.5 原规范第5.3.4条。本条规定了检查与驱动装置有关的技术参数的方法。在执行本条规定时注意的事项有:一是阀驱动装置包括系统中选择阀和容器阀的驱动装置;二是阀驱动装置有机械驱动、电磁驱动和气动驱动,其检查和安装要求在本规范第4、5章中已作出规定。

7.3.7 原规范第5.3.7条。本条规定了对管道安装质量检查的方法及数量。确定以上项目是否合格,是确定管道施工质量是否合格的重要内容。管道施工质量将影响气体灭火系统使用效果和使用寿命。

7.3.8 原规范第5.3.8条。本条规定了检查与喷嘴有关的技术参数的方法。气体灭火系统的喷嘴是系统中较为重要和技术要求较高的组件,其主要功能是控制灭火剂的喷射速率及分布状况。因此,喷嘴的数量、型号、规格、安装位置和方向等均对灭火剂的喷射性能甚至能否扑灭火灾有重要作用,在系统工程验收时,应对这些项目重新检查确认,以防产生差错。

7.4 系统功能验收

7.4.1 原规范第5.4.1条第1款。本规范第6.2.1条已按防护区或保护对象全数进行了模拟启动试验,这里采取抽样方法检查。

7.4.2 对原规范第5.4.1条第2款的扩充。本规范第6.2.2条已按防护区或保护对象全数进行了模拟喷气试验,这里采取抽样方法检查。

8 维护管理

8.0.1 对原规范第5.5.2条的改写。本条规定了系统维护管理应具备的文件资料;为了搞好检查、维护工作,管理人员应熟悉系统的性能、构造和检查维护方法,才能完成所承担的工作。

为了保持系统的正常工作状态,在需要灭火时能合理、有效地进行各种操作,应预先制定系统的操作规程。

8.0.2 原规范第5.5.1条。本条规定了专职消防人员上岗制度;检查、维护是气体灭火系统能否发挥正常作用的关键,因此,应不断维护。气体灭火系统结构较为复杂,又属中、高压系统,其检查维护人员应具有一定的基本技术和专业知识,并经专门培训才能胜任。

8.0.3 原规范第5.5.3条。本条规定是根据气体灭火系统的结构特点、产品维护使用要求确定的;该项检查宜由专业厂商进行。

8.0.5 新增条文。本条参照美国标准《二氧化碳灭火系统标准》NFPA 12-2000§1-11.3.3制定。

8.0.6 对原规范第5.5.4条的进一步完善。本条规定了月检应进行的内容及达到的标准,主要是用目测法对系统外观进行检查。

8.0.7 对原规范第5.5.5条的进一步完善。本条规定了季度检应对系统进行除模拟喷气试验外的全面检查,参照国外标准并结合工程实践制定。

8.0.8 新增条文。本条参照美国标准《二氧化碳灭火系统标准》NFPA 12-2000§1-11.3.2制定。规定了年检时应进行的工作。

8.0.9 新增条文。依据征求意见结果增加。

33

中华人民共和国国家标准

泡沫灭火系统施工及验收规范

Code for installation and acceptance of
foam extinguishing systems

GB 50281 - 2006

主编部门：中华人民共和国公安部
批准部门：中华人民共和国建设部
施行日期：2 0 0 6 年 1 1 月 1 日

中华人民共和国建设部公告

第 439 号

建设部关于发布国家标准
《泡沫灭火系统施工及验收规范》的公告

现批准《泡沫灭火系统施工及验收规范》为国家标准，编号为
GB 50281—2006，自 2006 年 11 月 1 日起施行。其中，第 4.2.1、
4.2.6、4.3.3、5.2.6、5.3.4、5.5.1(3、7 款)、5.5.6(2 款)、
6.2.6、7.1.3、8.1.4 条(款)为强制性条文，必须严格执行。原
《泡沫灭火系统施工及验收规范》GB 50281—98 同时废止。

本规范由建设部标准定额研究所组织中国计划出版社出版发
行。

中华人民共和国建设部
2006 年 6 月 19 日

前　言

根据建设部《关于印发"二〇〇二～二〇〇三年度工程建设国家标准制定、修订计划"的通知》(建标[2003]102号文)的要求,本规范由公安部负责主编,具体由公安部天津消防研究所会同深圳捷星工程实业有限公司、杭州新纪元消防科技有限公司、广东平安消防设备有限公司、西安核设备有限公司卫士消防设备分公司、广东胜捷消防企业集团等单位共同修订而成。

在修订过程中,编制组遵照国家有关基本建设的方针、政策,以及"预防为主、防消结合"的消防工作方针,对我国泡沫灭火系统施工、验收和维护管理的现状进行了调查研究,在总结多年来我国泡沫灭火系统施工及验收实践经验的基础上,参考了美国、英国等发达国家和国内相关标准、规范,对《泡沫灭火系统施工及验收规范》GB 50281—98进行了全面修订,同时广泛征求了有关科研、设计、施工、院校、制造、消防监督、应用等单位的意见,最后经专家审查,由有关部门定稿。

本规范共分8章和4个附录,内容包括:总则、术语、基本规定、进场检验、系统施工、系统调试、系统验收、维护管理及附录等。

本规范以黑体字标志的条文为强制性条文,必须严格执行。

本规范由建设部负责管理和强制性条文的解释,公安部负责日常管理,公安部天津消防研究所负责具体技术内容的解释。请各单位在执行本规范过程中,注意总结经验、积累资料,如发现需要修改和补充之处,请及时将意见和有关资料寄规范管理组(公安部天津消防研究所,地址:天津市南开区卫津南路110号,邮编300381),以供今后修订时参考。

本规范主编单位、参编单位和主要起草人:

主 编 单 位:公安部天津消防研究所
参 编 单 位:深圳捷星工程实业有限公司
　　　　　　杭州新纪元消防科技有限公司
　　　　　　广东平安消防设备有限公司
　　　　　　西安核设备有限公司卫士消防设备分公司
　　　　　　广东胜捷消防企业集团
主要起草人:东靖飞　石守文　沈 纹　宋旭东　刘国祝
　　　　　　李深梁　冯 松　杜增虎　伍建许　杨丙杰

目　次

1 总　则

1.0.1 为保障泡沫灭火系统（或简称系统）的施工质量，规范验收和维护管理，制定本规范。

1.0.2 本规范适用于新建、扩建、改建工程中设置的低倍数、中倍数和高倍数泡沫灭火系统的施工及验收、维护管理。

1.0.3 泡沫灭火系统施工中采用的工程技术文件、承包合同文件对施工及验收的要求不得低于本规范的规定。

1.0.4 泡沫灭火系统的施工及验收、维护管理，除执行本规范的规定外，尚应符合国家现行有关标准的规定。

2 术　语

2.0.1 泡沫比例混合器（装置） foam proportioner(device)

使水与泡沫液按比例形成泡沫混合液的设备（相关设备和附件组成）。

2.0.2 泡沫产生装置 foam generating device

使泡沫混合液产生泡沫的设备的统称。

2.0.3 泡沫液储罐 foam concentrate storage tank

能为泡沫灭火系统提供泡沫液的容器设备。

2.0.4 泡沫导流罩 foam guiding cover

安装在外浮顶储罐罐壁顶部，能使泡沫沿罐壁向下流动和防止泡沫流失的装置。

2.0.5 泡沫降落槽 foam descending groove

安装在固定顶储罐内，使抗溶性泡沫顺其向下流动的阶梯形装置。

2.0.6 泡沫溜槽 foam flowing groove

安装在固定顶储罐内壁上，使抗溶性泡沫沿其向下流动的槽型装置。

3 基本规定

3.0.1 泡沫灭火系统分部工程、子分部工程、分项工程应按本规范附录 A 划分。

3.0.2 泡沫灭火系统的施工必须由具有相应资质等级的施工单位承担。

3.0.3 泡沫灭火系统的施工现场应具有相应的施工技术标准，健全的质量管理体系和施工质量检验制度，实现施工全过程质量控制。

施工现场质量管理应按本规范表 B.0.1 的要求检查记录。

3.0.4 泡沫灭火系统的施工应按批准的设计施工图、技术文件和相关技术标准的规定进行，不得随意更改，确需改动时，应由原设计单位修改。

3.0.5 泡沫灭火系统施工前应具备下列技术资料：

1 经批准的设计施工图、设计说明书。

2 主要组件的安装使用说明书。

3 泡沫产生装置、泡沫比例混合器（装置）、泡沫液压力储罐、消防泵、泡沫消火栓、阀门、压力表、管道过滤器、金属软管、泡沫液、管材及管件等系统组件和材料应具备符合市场准入制度要求的有效证明文件和产品出厂合格证。

3.0.6 泡沫灭火系统的施工应具备下列条件：

1 设计单位向施工单位进行技术交底，并有记录；

2 系统组件、管材及管件的规格、型号符合设计要求，并保证连续施工；

3 与施工有关的基础、预埋件和预留孔，经检查符合设计要求；

4 场地、道路、水、电等临时设施满足施工要求。

3.0.7 泡沫灭火系统应按下列规定进行施工过程质量控制：

1 采用的系统组件和材料应按本规范的规定进行进场检验，合格后经监理工程师签证方可安装使用。

2 各工序应按施工技术标准进行质量控制，每道工序完成后，应进行检查，合格后方可进行下道工序施工。

3 相关各专业工种之间，应进行交接认可，并经监理工程师签证后，方可进行下道工序施工。

4 应对施工过程进行检查，并由监理工程师组织施工单位人员进行。

5 隐蔽工程在隐蔽前应由施工单位通知有关单位进行验收。

6 安装完毕，施工单位应按本规范的规定进行系统调试；调试合格后，施工单位应向建设单位提交验收申请报告申请验收。

3.0.8 泡沫灭火系统的检查、验收应符合下列规定：

1 施工现场质量管理按本规范表 B.0.1 检查，结果应合格。

2 施工过程检查应全部合格，并按本规范表 B.0.2-1～B.0.2-6 记录。

3 隐蔽工程在隐蔽前的验收应合格，并按本规范表 B.0.3 记录。

4 质量控制资料核查应全部合格，并按本规范表 B.0.4 记录。

5 系统施工质量验收和系统功能验收应合格，并按本规范表 B.0.5 记录。

3.0.9 泡沫灭火系统验收合格后，应提供下列文件资料：

1 施工现场质量管理检查记录。

2 泡沫灭火系统施工过程检查记录。

3 隐蔽工程验收记录。

4 泡沫灭火系统质量控制资料核查记录。

5 泡沫灭火系统验收记录。

6 相关文件、记录、资料清单等。

3.0.10 泡沫灭火系统施工质量不符合本规范要求时,应按下列规定进行处理:

1 经返工重做或更换系统组件和材料的工程,应重新进行验收。

2 经返工重做或更换系统组件和材料的工程,仍不符合本规范的要求时,严禁验收。

4 进场检验

4.1 一般规定

4.1.1 材料和系统组件进场检验应按本规范表 B.0.2-1 填写施工过程检查记录。

4.1.2 材料和系统组件的进场抽样检查时有一件不合格,应加倍抽查;若仍有不合格,则判定此批产品不合格。

4.2 材料进场检验

4.2.1 泡沫液进场应由监理工程师组织,现场取样留存。

检查数量:按全项检测需要量。

检查方法:观察检查和检查市场准入制度要求的有效证明文件及产品出厂合格证。

4.2.2 对属于下列情况之一的泡沫液,应由监理工程师组织现场取样,送至具备相应资质的检测单位进行检测,其结果应符合国家现行有关产品标准和设计要求。

1 6%型低倍数泡沫液设计用量大于或等于 7.0t;

2 3%型低倍数泡沫液设计用量大于或等于 3.5t;

3 6%蛋白型中倍数泡沫液最小储备量大于或等于 2.5t;

4 6%合成型中倍数泡沫液最小储备量大于或等于 2.0t;

5 高倍数泡沫液最小储备量大于或等于 1.0t;

6 合同文件规定现场取样送检的泡沫液。

检查数量:按送检需要量。

检查方法:检查现场取样按现行国家标准《泡沫灭火剂通用技术条件》GB 15308 的规定对发泡性能(发泡倍数、析液时间)和灭火性能(灭火时间、抗烧时间)的检验报告。

4.2.3 管材及管件的材质、规格、型号、质量等应符合国家现行有关产品标准和设计要求。

检查数量:全数检查。

检查方法:检查出厂检验报告与合格证。

4.2.4 管材及管件的外观质量除应符合其产品标准的规定外,尚应符合下列规定:

1 表面无裂纹、缩孔、夹渣、折叠、重皮和不超过壁厚负偏差的锈蚀或凹陷等缺陷;

2 螺纹表面完整无损伤,法兰密封面平整、光洁、无毛刺及径向沟槽;

3 垫片无老化变质或分层现象,表面无折皱等缺陷。

检查数量:全数检查。

检查方法:观察检查。

4.2.5 管材及管件的规格尺寸和壁厚及允许偏差应符合其产品标准和设计的要求。

检查数量:每一规格、型号的产品按件数抽查 20%,且不得少于 1 件。

检查方法:用钢尺和游标卡尺测量。

4.2.6 对属于下列情况之一的管材及管件,应由监理工程师抽样,并由具备相应资质的检测单位进行检测复验,其复验结果应符合国家现行有关产品标准和设计要求。

1 设计上有复验要求的。

2 对质量有疑义的。

检查数量:按设计要求数量或送检需要量。

检查方法:检查复验报告。

4.3 系统组件进场检验

4.3.1 泡沫产生装置、泡沫比例混合器(装置)、泡沫液储罐、消防泵、泡沫消火栓、阀门、压力表、管道过滤器、金属软管等系统组件的外观质量,应符合下列规定:

1 无变形及其他机械性损伤;

2 外露非机械加工表面保护涂层完好;

3 无保护涂层的机械加工面无锈蚀;

4 所有外露接口无损伤,堵、盖等保护物包封良好;

5 铭牌标记清晰、牢固。

检查数量:全数检查。

检查方法:观察检查。

4.3.2 消防泵盘车应灵活,无阻滞,无异常声音;高倍数泡沫产生器用手转动叶轮应灵活;固定式泡沫炮的手动机构应无卡阻现象。

检查数量:全数检查。

检查方法:手动检查。

4.3.3 泡沫产生装置、泡沫比例混合器(装置)、泡沫液压力储罐、消防泵、泡沫消火栓、阀门、压力表、管道过滤器、金属软管等系统组件应符合下列规定:

1 其规格、型号、性能应符合国家现行产品标准和设计要求。

检查数量:全数检查。

检查方法:检查市场准入制度要求的有效证明文件和产品出厂合格证。

2 设计上有复验要求或对质量有疑义时,应由监理工程师抽样,并由具有相应资质的检测单位进行检测复验,其复验结果应符合国家现行产品标准和设计要求。

检查数量:按设计要求数量或送检需要量。

检查方法:检查复验报告。

4.3.4 阀门的强度和严密性试验应符合下列规定:

1 强度和严密性试验应采用清水进行,强度试验压力为公称压力的 1.5 倍;严密性试验压力为公称压力的 1.1 倍;

2 试验压力在试验持续时间内应保持不变,且壳体填料和阀瓣密封面无渗漏;

3 阀门试压的试验持续时间不应少于表4.3.4的规定;

4 试验合格的阀门,应排尽内部积水,并吹干。密封面涂防锈油,关闭阀门,封闭出入口,作出明显的标记,并应按本规范表B.0.2-2记录。

检查数量:每批(同牌号、同型号、同规格)按数量抽查10%,且不得少于1个;主管道上的隔断阀门,应全部试验。

检查方法:将阀门安装在试验管道上,有液流方向要求的阀门试验管道应安装在阀门的进口,然后管道充满水,排净空气,用试压装置缓慢升压,待达到严密性试验压力后,在最短试验持续时间内,阀瓣密封面不渗漏为合格;最后将压力升至强度试验压力,在最短试验持续时间内,壳体填料无渗漏为合格。

表4.3.4 阀门试验持续时间

公称直径 DN (mm)	最短试验持续时间(s)		
	严密性试验		强度试验
	金属密封	非金属密封	
≤50	15	15	15
65～200	30	15	60
200～450	60	30	180

5 系统施工

5.1 一般规定

5.1.1 消防泵的安装除应符合本规范的规定外,尚应符合现行国家标准《压缩机、风机、泵安装工程施工及验收规范》GB 50275中的有关规定。

5.1.2 泡沫灭火系统的下列施工,除应符合本规范的规定外,尚应符合现行国家标准《工业金属管道工程施工及验收规范》GB 50235、《现场设备、工业管道焊接工程施工及验收规范》GB 50236和《钢制焊接常压容器》JB/T 4735标准中的有关规定。

1 常压钢质泡沫液储罐现场制作、焊接、防腐。

2 管道的加工、焊接、安装。

3 管道的检验、试压、冲洗、防腐。

4 支、吊架的焊接、安装。

5 阀门的安装。

5.1.3 泡沫喷淋系统的安装,除应符合本规范的规定外,尚应符合现行国家标准《自动喷水灭火系统施工及验收规范》GB 50261中的有关规定。

5.1.4 火灾自动报警系统与泡沫灭火系统联动部分的施工,应按现行国家标准《火灾自动报警系统施工及验收规范》GB 50166执行。

5.1.5 泡沫灭火系统的施工应按本规范表B.0.2-3～表B.0.2-6及表B.0.3记录。

5.2 消防泵的安装

5.2.1 消防泵应整体安装在基础上,安装时对组件不得随意拆卸,确需拆卸时,应由制造厂进行。

检查数量:全数检查。

检查方法:观察检查。

5.2.2 消防泵应以底座水平面为基准进行找平、找正。

检查数量:全数检查。

检查方法:用水平尺和塞尺检查。

5.2.3 消防泵与相关管道连接时,应以消防泵的法兰端面为基准进行测量和安装。

检查数量:全数检查。

检查方法:尺量和观察检查。

5.2.4 消防泵进水管吸水口处设置滤网时,滤网架的安装应牢固;滤网应便于清洗。

检查数量:全数检查。

检查方法:观察检查。

5.2.5 当消防泵采用内燃机驱动时,内燃机冷却器的泄水管应通向排水设施。

检查数量:全数检查。

检查方法:观察检查。

5.2.6 内燃机驱动的消防泵,其内燃机排气管的安装应符合设计要求,当设计无规定时,应采用直径相同的钢管连接后通向室外。

检查数量:全数检查。

检查方法:观察检查。

5.3 泡沫液储罐的安装

5.3.1 泡沫液储罐的安装位置和高度应符合设计要求。当设计无要求时,泡沫液储罐周围应留有满足检修需要的通道,其宽度不宜小于0.7m,且操作面不宜小于1.5m;当泡沫液储罐上的控制阀距地面高度大于1.8m时,应在操作面处设置操作平台或操作凳。

检查数量:全数检查。

检查方法:用尺测量。

5.3.2 常压泡沫液储罐的现场制作、安装和防腐应符合下列规定:

1 现场制作的常压钢质泡沫液储罐,泡沫液管道出液口不应高于泡沫液储罐最低液面1m,泡沫液管道吸液口距泡沫液储罐底面不应小于0.15m,且宜做成喇叭口形。

检查数量:全数检查。

检查方法:用尺测量。

2 现场制作的常压钢质泡沫液储罐应进行严密性试验,试验压力应为储罐装满水后的静压力,试验时间不应小于30min,目测应无渗漏。

检查数量:全数检查。

检查方法:观察检查,检查全部焊缝、焊接接头和连接部位,以无渗漏为合格。

3 现场制作的常压钢质泡沫液储罐内、外表面应按设计要求防腐,并应在严密性试验合格后进行。

检查数量:全数检查。

检查方法:观察检查;当对泡沫液储罐内表面防腐涂料有疑义时,可取样送至具有相应资质的检测单位进行检验。

4 常压泡沫液储罐的安装方式应符合设计要求,当设计无要求时,应根据其形状按立式或卧式安装在支架或支座上,支架与基础固定,安装时不得损坏其储罐上的配管和附件。

检查数量:全数检查。

检查方法:观察检查。

5 常压钢质泡沫液储罐罐体与支座接触部位的防腐,应符合设计要求,当设计无规定时,应按加强防腐层的做法施工。

检查数量:全数检查。

检查方法:观察检查,必要时可切开防腐层检查。

5.3.3 泡沫液压力储罐安装时,支架应与基础牢固固定,且不应拆卸和损坏配管、附件;储罐的安全阀出口不应朝向操作面。

检查数量:全数检查。

检查方法:观察检查。

5.3.4 设在泡沫泵站外的泡沫液压力储罐的安装应符合设计要求,并应根据环境条件采取防晒、防冻和防腐等措施。

检查数量:全数检查。

检查方法:观察检查。

5.4 泡沫比例混合器(装置)的安装

5.4.1 泡沫比例混合器(装置)的安装应符合下列规定:

1 泡沫比例混合器(装置)的标注方向应与液流方向一致。

检查数量:全数检查。

检查方法:观察检查。

2 泡沫比例混合器(装置)与管道连接处的安装应严密。

检查数量:全数检查。

检查方法:调试时观察检查。

5.4.2 环泵式比例混合器的安装应符合下列规定:

1 环泵式比例混合器安装标高的允许偏差为±10mm。

检查数量:全数检查。

检查方法:用拉线、尺量检查。

2 备用的环泵式比例混合器应并联安装在系统上,并应有明显的标志。

检查数量:全数检查。

检查方法:观察检查。

5.4.3 压力式比例混合装置应整体安装,并应与基础牢固固定。

检查数量:全数检查。

检查方法:观察检查。

5.4.4 平衡式比例混合装置的安装应符合下列规定:

1 整体平衡式比例混合装置应竖直安装在压力水的水平管道上,并应在水和泡沫液进口的水平管道上分别安装压力表,且与平衡式比例混合装置进口处的距离不宜大于0.3m。

检查数量:全数检查。

检查方法:尺量和观察检查。

2 分体平衡式比例混合装置的平衡压力流量控制阀应竖直安装。

检查数量:全数检查。

检查方法:观察检查。

3 水力驱动平衡式比例混合装置的泡沫液泵应水平安装,安装尺寸和管道的连接方式应符合设计要求。

检查数量:全数检查。

检查方法:尺量和观察检查。

5.4.5 管线式比例混合器应安装在压力水的水平管道上或串接在消防水带上,并应靠近储罐或防护区,其吸液口与泡沫液储罐或泡沫液桶最低液面的高度不得大于1.0m。

检查数量:全数检查。

检查方法:尺量和观察检查。

5.5 管道、阀门和泡沫消火栓的安装

5.5.1 管道的安装应符合下列规定:

1 水平管道安装时,其坡度坡向应符合设计要求,且坡度不应小于设计值,当出现U形管时应有放空措施。

检查数量:干管抽查1条;支管抽查2条;分支管抽查10%,且不得少于1条;泡沫喷淋分支管抽查5%,且不得少于1条。

检查方法:用水平仪检查。

2 立管应用管卡固定在支架上,其间距不大于设计值。

检查数量:全数检查。

检查方法:尺量和观察检查。

3 埋地管道安装应符合下列规定:

1)埋地管道的基础应符合设计要求;

2)埋地管道安装前应做好防腐,安装时不应损坏防腐层;

3)埋地管道采用焊接时,焊缝部位应在试压合格后进行防腐处理;

4)埋地管道在回填前应进行隐蔽工程验收,合格后及时回填,分层夯实,并应按本规范表B.0.3进行记录。

检查数量:全数检查。

检查方法:观察检查。

4 管道安装的允许偏差应符合表5.5.1的要求。

表5.5.1 管道安装的允许偏差

项 目			允许偏差(mm)
坐标	地上、架空及地沟	室外	25
		室内	15
	泡沫喷淋	室外	15
		室内	10
	埋地		60
标高	地上、架空及地沟	室外	±20
		室内	±15
	泡沫喷淋	室外	±15
		室内	±10
	埋地		±25
水平管道平直度	DN≤100		2L‰,最大50
	DN>100		3L‰,最大80
立管垂直度			5L‰,最大30
与其他管道成排布置间距			15
与其他管道交叉时外壁或绝热层间距			20

注:L——管段有效长度;DN——管子公称直径。

检查数量:干管抽查1条;支管抽查2条;分支管抽查10%,且不得少于1条;泡沫喷淋分支管抽查5%,且不得少于1条。

检查方法:坐标用经纬仪或拉线和尺量检查;标高用水准仪或拉线和尺量检查;水平管道平直度用水平仪、直尺、拉线和尺量检查;立管垂直度用吊线和尺量检查;与其他管道成排布置间距及与其他管道交叉时外壁或绝热层间距用尺量检查。

5 管道支、吊架安装应平整牢固,管墩的砌筑应规整,其间距应符合设计要求。

检查数量:按安装总数的5%抽查,且不得少于5个。

检查方法:观察和尺量检查。

6 当管道穿过防火堤、防火墙、楼板时,应安装套管。穿防火堤和防火墙套管的长度不应小于防火堤和防火墙的厚度,穿楼板套管长度应高出楼板50mm,底部应与楼板底面相平;管道与套管间的空隙应采用防火材料封堵;管道穿过建筑物的变形缝时,应采取保护措施。

检查数量:全数检查。

检查方法:观察和尺量检查。

7 管道安装完毕应进行水压试验,并应符合下列规定:

1)试验应采用清水进行,试验时,环境温度不应低于5℃;当环境温度低于5℃时,应采取防冻措施;

2)试验压力应为设计压力的1.5倍;

3)试验前应将泡沫产生装置、泡沫比例混合器(装置)隔离;

4)试验合格后,应按本规范表B.0.2-4记录。

检查数量:全数检查。

检查方法:管道充满水,排净空气,用试压装置缓慢升压,当压力升至试验压力后,稳压10min,管道无损坏、变形,再将试验压力降至设计压力,稳压30min,以压力不降、无渗漏为合格。

8 管道试压合格后,应用清水冲洗,冲洗合格后,不得再进行影响管内清洁的其他施工,并应按本规范表B.0.2-5记录。

检查数量:全数检查。

检查方法:宜采用最大设计流量,流速不低于1.5m/s,以排出

水色和透明度与入口水目测一致为合格。

9 地上管道应在试压、冲洗合格后进行涂漆防腐。

检查数量:全数检查。

检查方法:观察检查。

5.5.2 泡沫混合液管道的安装除应符合本规范第5.5.1条的规定外,尚应符合下列规定:

1 当储罐上的泡沫混合液立管与防火堤内地上水平管道或埋地管道用金属软管连接时,不得损坏其编织网,并应在金属软管与地上水平管道的连接处设置管道支架或管墩。

检查数量:全数检查。

检查方法:观察检查。

2 储罐上泡沫混合液立管下端设置的锈渣清扫口与储罐基础或地面的距离宜为0.3~0.5m;锈渣清扫口可采用闸阀或盲板封堵;当采用闸阀时,应竖直安装。

检查数量:全数检查。

检查方法:观察和尺量检查。

3 当外浮顶储罐的泡沫喷射口设置在浮顶上,且泡沫混合液管道采用的耐压软管从储罐内通过时,耐压软管安装后的运动轨迹不得与浮顶的支撑结构相碰,且与储罐底部伴热管的距离应大于0.5m。

检查数量:全数检查。

检查方法:观察和尺量检查。

4 外浮顶储罐梯子平台上设置的带闷盖的管牙接口,应靠近平台栏杆安装,并宜高出平台1.0m,其接口应朝向储罐;引至防火堤外设置的相应管牙接口,应面向道路或朝下。

检查数量:全数检查。

检查方法:观察和尺量检查。

5 连接泡沫产生装置的泡沫混合液管道上设置的压力表接口宜靠近防火堤外侧,并应竖直安装。

检查数量:全数检查。

检查方法:观察检查。

6 泡沫产生装置入口处的管道应用管卡固定在支架上,其出口管道在储罐上的开口位置和尺寸应符合设计及产品要求。

检查数量:按安装总数的10%抽查,且不得少于1处。

检查方法:观察和尺量检查。

7 泡沫混合液主管道上留出的流量检测仪器安装位置应符合设计要求。

检查数量:全数检查。

检查方法:观察检查。

8 泡沫混合液管道上试验检测口的设置位置和数量应符合设计要求。

检查数量:全数检查。

检查方法:观察检查。

5.5.3 液下喷射和半液下喷射泡沫管道的安装除应符合本规范第5.5.1条的规定外,尚应符合下列规定:

1 液下喷射泡沫喷射管的长度和泡沫喷射口的安装高度,应符合设计要求。当液下喷射1个喷射口设在储罐中心时,其泡沫喷射管应固定在支架上;当液下喷射和半液下喷射设有2个及以上喷射口,并沿储罐周均匀设置时,其间距偏差不宜大于100mm。

检查数量:按安装总数的10%抽查,且不得少于1个储罐的安装数量。

检查方法:观察和尺量检查。

2 半固定式系统的泡沫管道,在防火堤外设置的高背压泡沫产生器快装接口应水平安装。

检查数量:全数检查。

检查方法:观察检查。

3 液下喷射泡沫管道上的防油品渗漏设施宜安装在止回阀出口或泡沫喷射口处;半液下喷射泡沫管道上防油品渗漏的密封

膜应安装在泡沫喷射装置的出口;安装应按设计要求进行,且不应损坏密封膜。

检查数量:全数检查。

检查方法:观察检查。

5.5.4 泡沫液管道的安装除应符合本规范第5.5.1条的规定外,其冲洗及放空管道的设置尚应符合设计要求,当设计无要求时,应设置在泡沫液管道的最低处。

检查数量:全数检查。

检查方法:观察检查。

5.5.5 泡沫喷淋管道的安装除应符合本规范第5.5.1条的规定外,尚应符合下列规定:

1 泡沫喷淋管道支、吊架与泡沫喷头之间的距离不应小于0.3m;与末端泡沫喷头之间的距离不宜大于0.5m。

检查数量:按安装总数的10%抽查,且不得少于5个。

检查方法:尺量检查。

2 泡沫喷淋分管上每一直管段、相邻两泡沫喷头之间的管段设置的支、吊架均不宜少于1个,且支、吊架的间距不宜大于3.6m;当泡沫喷头的设置高度大于10m时,支、吊架的间距不宜大于3.2m。

检查数量:按安装总数的10%抽查,且不得少于5个。

检查方法:尺量检查。

5.5.6 阀门的安装应符合下列规定:

1 泡沫混合液管道采用的阀门应按相关标准进行安装,并应有明显的启闭标志。

检查数量:全数检查。

检查方法:按相关标准的要求检查。

2 具有遥控、自动控制功能的阀门安装,应符合设计要求;当设置在有爆炸和火灾危险的环境时,应按相关标准安装。

检查数量:全数检查。

检查方法:按相关标准的要求观察检查。

3 液下喷射和半液下喷射泡沫灭火系统泡沫管道进储罐处设置的钢质明杆闸阀和止回阀应水平安装,其止回阀上标注的方向应与泡沫的流动方向一致。

检查数量:全数检查。

检查方法:观察检查。

4 高倍数泡沫产生器进口端泡沫混合液管道上设置的压力表、管道过滤器、控制阀宜安装在水平支管上。

检查数量:全数检查。

检查方法:观察检查。

5 泡沫混合液管道上设置的自动排气阀应在系统试压、冲洗合格后立式安装。

检查数量:全数检查。

检查方法:观察检查。

6 连接泡沫产生装置的泡沫混合液管道上控制阀的安装应符合下列规定:

1)控制阀应安装在防火堤外压力表接口的外侧,并应有明显的启闭标志;

2)泡沫混合液管道设置在地上时,控制阀的安装高度宜为1.1~1.5m;

3)当环境温度为0℃及以下的地区采用铸铁控制阀时,若管道设置在地上,铸铁控制阀应安装在立管上;若管道埋地或地沟内设置,铸铁控制阀应安装在阀门井内或地沟内,并应采取防冻措施。

检查数量:全数检查。

检查方法:观察和尺量检查。

7 当储罐区固定式泡沫灭火系统同时又具备半固定系统功能时,应在防火堤外泡沫混合液管道上安装带控制阀和带闷盖的管牙接口,并应符合本条第6款的有关规定。

检查数量:全数检查。

检查方法:观察检查。

8 泡沫混合液立管上设置的控制阀,其安装高度宜为 1.1~1.5m,并应有明显的启闭标志;当控制阀的安装高度大于 1.8m 时,应设置操作平台或操作凳。

检查数量:全数检查。

检查方法:观察和尺量检查。

9 消防泵的出液管上设置的带控制阀的回流管,应符合设计要求,控制阀的安装高度距地面宜为 0.6~1.2m。

检查数量:全数检查。

检查方法:尺量检查。

10 管道上的放空阀应安装在最低处。

检查数量:全数检查。

检查方法:观察检查。

5.5.7 泡沫消火栓的安装应符合下列规定:

1 泡沫混合液管道上设置泡沫消火栓的规格、型号、数量、位置、安装方式、间距应符合设计要求。

检查数量:按安装总数的 10% 抽查,且不得少于 1 个储罐区的数量。

检查方法:观察和尺量检查。

2 地上式泡沫消火栓应垂直安装,地下式泡沫消火栓应安装在消火栓井内泡沫混合液管道上。

检查数量:按安装总数的 10% 抽查,且不得少于 1 个。

检查方法:吊线和尺量检查。

3 地上式泡沫消火栓的大口径出液口应朝向消防车道。

检查数量:按安装总数的 10% 抽查,且不得少于 1 个。

检查方法:观察检查。

4 地下式泡沫消火栓应有永久性明显标志,其顶部与井盖底面的距离不得大于 0.4m,且不小于井盖半径。

检查数量:按安装总数的 10% 抽查,且不得少于 1 个。

检查方法:观察和尺量检查。

5 室内泡沫消火栓的栓口方向宜向下或与设置泡沫消火栓的墙面成 90°,栓口离地面或操作基面的高度宜为 1.1m,允许偏差为 ±20mm,坐标的允许偏差为 20mm。

检查数量:按安装总数的 10% 抽查,且不得少于 1 个。

检查方法:观察和尺量检查。

6 泡沫泵站内或站外附近泡沫混合液管道上设置的泡沫消火栓,应符合设计要求,其安装按本条相关规定执行。

检查数量:全数检查。

检查方法:观察和尺量检查。

5.6 泡沫产生装置的安装

5.6.1 低倍数泡沫产生器的安装应符合下列规定:

1 液上喷射的泡沫产生器应根据产生器类型安装,并应符合设计要求。

检查数量:全数检查。

检查方法:观察检查。

2 水溶性液体储罐内泡沫溜槽的安装应沿罐壁内侧螺旋下降到距罐底 1.0~1.5m 处,溜槽与罐壁平面夹角宜为 30°~45°;泡沫降落槽应垂直安装,其垂直度允许偏差为降落槽高度的 5‰,且不得超过 30mm,坐标允许偏差为 25mm,标高允许偏差为 ±20mm。

检查数量:按安装总数的 10% 抽查,且不得少于 1 个。

检查方法:用拉线、吊线、量角器和尺量检查。

3 液下及半液下喷射的高背压泡沫产生器应水平安装在防火堤外的泡沫混合液管道上。

检查数量:全数检查。

检查方法:观察检查。

4 在高背压泡沫产生器进口侧设置的压力表接口应竖直安装;其出口侧设置的压力表、背压调节阀和泡沫取样口的安装尺寸应符合设计要求,环境温度为 0℃ 及以下的地区,背压调节阀和泡沫取样口上的控制阀应选用钢质阀门。

检查数量:按安装总数的 10% 抽查,且不得少于 1 个储罐的安装数量。

检查方法:尺量和观察检查。

5 液上喷射泡沫产生器或泡沫导流罩沿罐周均匀布置时,其间距偏差不宜大于 100mm。

检查数量:按间距总数的 10% 抽查,且不得少于 1 个储罐的数量。

检查方法:用拉线和尺量检查。

6 外浮顶储罐泡沫喷射口设置在浮顶上时,泡沫混合液支管应固定在支架上,泡沫喷射口 T 型管的横管应水平安装,伸入泡沫堰板后向下倾斜角度应符合设计要求。

检查数量:按安装总数的 10% 抽查,且不得少于 1 个储罐的安装数量。

检查方法:用水平尺、量角器和尺量检查。

7 外浮顶储罐泡沫喷射口设置在罐壁顶部、密封或挡雨板上方或金属挡雨板的下部时,泡沫堰板的高度及与罐壁的间距应符合设计要求。

检查数量:按储罐总数的 10% 抽查,且不得少于 1 个储罐。

检查方法:尺量检查。

8 泡沫堰板的最低部位设置排水孔的数量和尺寸应符合设计要求,并应沿泡沫堰板周长均布,其间距偏差不宜大于 20mm。

检查数量:按排水孔总数的 5% 抽查,且不得少于 4 个孔。

检查方法:尺量检查。

9 单、双盘式内浮顶储罐泡沫堰板的高度及与罐壁的间距应符合设计要求。

检查数量:按储罐总数的 10% 抽查,且不得少于 1 个储罐。

检查方法:尺量检查。

10 当一个储罐所需的高背压泡沫产生器并联安装时,应将其并列固定在支架上,且应符合本条第 3 款和第 4 款的有关规定。

检查数量:按储罐总数的 10% 抽查,且不得少于 1 个储罐。

检查方法:观察和尺量检查。

11 半液下泡沫喷射装置应整体安装在泡沫管道进入储罐处设置的钢质明杆闸阀与止回阀之间的水平管道上,并应采用扩张器(伸缩器)或金属软管与止回阀连接,安装时不应拆卸和损坏密封膜及其附件。

检查数量:全数检查。

检查方法:观察检查。

5.6.2 中倍数泡沫产生器的安装应符合设计要求,安装时不得损坏或随意拆卸附件。

检查数量:按安装总数的 10% 抽查,且不得少于 1 个储罐或保护区的安装数量。

检查方法:用拉线和尺量、观察检查。

5.6.3 高倍数泡沫产生器的安装应符合下列规定:

1 高倍数泡沫产生器的安装应符合设计要求。

检查数量:全数检查。

检查方法:用拉线和尺量检查。

2 距高倍数泡沫产生器的进气端小于或等于 0.3m 处不应有遮挡物。

检查数量:全数检查。

检查方法:尺量和观察检查。

3 在高倍数泡沫产生器的发泡网前小于或等于 1.0m 处,不应有影响泡沫喷放的障碍物。

检查数量:全数检查。

检查方法:尺量和观察检查。

4 高倍数泡沫产生器应整体安装,不得拆卸,并应牢固固定。

检查数量:全数检查。

检查方法:观察检查。

5.6.4 泡沫喷头的安装应符合下列规定:

1 泡沫喷头的规格、型号应符合设计要求,并应在系统试压、冲洗合格后安装。

检查数量:全数检查。

检查方法:观察和检查系统试压、冲洗记录。

2 泡沫喷头的安装应牢固、规整,安装时不得拆卸或损坏其喷头上的附件。

检查数量:全数检查。

检查方法:观察检查。

3 顶部安装的泡沫喷头应安装在被保护物的上部,其坐标的允许偏差,室外安装为15mm,室内安装为10mm;标高的允许偏差,室外安装为±15mm,室内安装为±10mm。

检查数量:按安装总数的10%抽查,且不得少于4只,即支管两侧的分支管的始端及末端各1只。

检查方法:尺量检查。

4 侧向安装的泡沫喷头应安装在被保护物的侧面并应对准被保护物体,其距离允许偏差为20mm。

检查数量:按安装总数的10%抽查,且不得少于4只。

检查方法:尺量检查。

5 地下安装的泡沫喷头应安装在被保护物的下方,并应在地面以下;在未喷射泡沫时,其顶部应低于地面10~15mm。

检查数量:按安装总数的10%抽查,且不得少于4只。

检查方法:尺量检查。

5.6.5 固定式泡沫炮的安装应符合下列规定:

1 固定式泡沫炮的立管应垂直安装,炮口应朝向防护区,并不应有影响泡沫喷射的障碍物。

检查数量:全数检查。

检查方法:观察检查。

2 安装在炮塔或支架上的泡沫炮应牢固固定。

检查数量:全数检查。

检查方法:观察检查。

3 电动泡沫炮的控制设备、电源线、控制线的规格、型号及设置位置、敷设方式、接线等应符合设计要求。

检查数量:按安装总数10%抽查,且不得少于1个。

检查方法:观察检查。

6 系 统 调 试

6.1 一 般 规 定

6.1.1 泡沫灭火系统调试应在系统施工结束和与系统有关的火灾自动报警装置及联动控制设备调试合格后进行。

6.1.2 调试前应具备本规范第3.0.5条所列技术资料和表A.0.1、表B.0.1和表B.0.2-1~表B.0.2-5、表B.0.3等施工记录及调试必须的其他资料。

6.1.3 调试前施工单位应制订调试方案,并经监理单位批准。调试人员应根据批准的方案,按程序进行。

6.1.4 调试前应对系统进行检查,并应及时处理发现的问题。

6.1.5 调试前应将需要临时安装在系统上经校验合格的仪器、仪表安装完毕,调试时所需的检查设备应准备齐全。

6.1.6 水源、动力源和泡沫液应满足系统调试要求,电气设备应具备与系统联动调试的条件。

6.1.7 系统调试合格后,应按本规范表B.0.2-6填写施工过程检查记录,并应用清水冲洗后放空,复原系统。

6.2 系 统 调 试

6.2.1 泡沫灭火系统的动力源和备用动力应进行切换试验,动力源和备用动力及电气设备运行应正常。

检查数量:全数检查。

检查方法:当为手动控制时,以手动的方式进行1~2次试验;当为自动控制时,以自动和手动的方式各进行1~2次试验。

6.2.2 消防泵应进行试验,并应符合下列规定:

1 消防泵应进行运行试验,其性能应符合设计和产品标准的要求。

检查数量:全数检查。

检查方法:按现行国家标准《压缩机、风机、泵安装工程施工及验收规范》GB 50275中的有关规定执行,并用压力表、流量计、秒表、温度计、量杯进行计量。

2 消防泵与备用泵应在设计负荷下进行转换运行试验,其主要性能应符合设计要求。

检查数量:全数检查。

检查方法:当为手动启动时,以手动的方式进行1~2次试验;当为自动启动时,以自动和手动的方式各进行1~2次试验,并用压力表、流量计、秒表计量。

6.2.3 泡沫比例混合器(装置)调试时,应与系统喷泡沫试验同时进行,其混合比应符合设计要求。

检查数量:全数检查。

检查方法:用流量计测量;蛋白、氟蛋白等折射指数高的泡沫液可用手持折射仪测量,水成膜、抗溶水成膜等折射指数低的泡沫液可用手持导电度测量仪测量。

6.2.4 泡沫产生装置的调试应符合下列规定:

1 低倍数(含高背压)泡沫产生器、中倍数泡沫产生器应进行喷水试验,其进口压力应符合设计要求。

检查数量:全数检查。

检查方法:用压力表检查。对储罐或不允许进行喷水试验的防护区,喷水口可设在靠近储罐或防护区的水平管道上。关闭非试验储罐或防护区的阀门,调节压力使之符合设计要求。

2 泡沫喷头应进行喷水试验,其防护区内任意四个相邻喷头组成的四边形保护面积内的平均供给强度不应小于设计值。

检查数量:全数检查。

检查方法:选择最不利防护区的最不利点4个相邻喷头,用压力表测量后进行计算。

3 固定式泡沫炮应进行喷水试验,其进口压力、射程、射高、仰俯角度、水平回转角度等指标应符合设计要求。

检查数量:全数检查。

检查方法:用手动或电动实际操作,并用压力表、尺量和观察检查。

4 泡沫枪应进行喷水试验,其进口压力和射程应符合设计要求。

检查数量:全数检查。

检查方法:用压力表、尺量检查。

5 高倍数泡沫产生器应进行喷水试验,其进口压力的平均值不应小于设计值,每台高倍数泡沫产生器发泡网的喷水状态应正常。

检查数量:全数检查。

检查方法:关闭非试验防护区的阀门,用压力表测量后进行计算和观察检查。

6.2.5 泡沫消火栓应进行喷水试验,其出口压力应符合设计要求。

检查数量:全数检查。

检查方法:用压力表测量。

6.2.6 泡沫灭火系统的调试应符合下列规定:

1 当为手动灭火系统时,应以手动控制的方式进行一次喷水试验;当为自动灭火系统时,应以手动和自动控制的方式各进行一次喷水试验,其各项性能指标均应达到设计要求。

检查数量:当为手动灭火系统时,选择最远的防护区或储罐;当为自动灭火系统时,选择最大和最远两个防护区或储罐分别以手动和自动的方式进行试验。

检查方法:用压力表、流量计、秒表测量。

2 低、中倍数泡沫灭火系统按本条第1款的规定喷水试验完毕,将水放空后,进行喷泡沫试验;当为自动灭火系统时,应以自动控制的方式进行;喷射泡沫的时间不应小于1min;实测泡沫混合液的混合比和泡沫混合液的发泡倍数及到达最不利点防护区或储罐的时间和湿式联用系统自喷水至喷泡沫的转换时间应符合设计要求。

检查数量:选择最不利点的防护区或储罐,进行一次试验。

检查方法:泡沫混合液的混合比按本规范第6.2.3条的检查方法测量;泡沫混合液的发泡倍数按本规范附录C的方法测量;喷射泡沫的时间和泡沫混合液或泡沫到达最不利点防护区或储罐的时间及湿式联用系统自喷水至喷泡沫的转换时间,用秒表测量。

3 高倍数泡沫灭火系统按本条第1款的规定喷水试验完毕,将水放空后,应以手动或自动控制的方式对防护区进行喷泡沫试验,喷射泡沫的时间不应小于30s,实测泡沫混合液的混合比和泡沫供给速率及自接到火灾模拟信号至开始喷泡沫的时间应符合设计要求。

检查数量:全数检查。

检查方法:泡沫混合液的混合比按本规范第6.2.3条的检查方法测量;泡沫供给速率的检查方法,应记录各高倍数泡沫产生器进口端压力表读数,用秒表测量喷射泡沫的时间,然后按制造厂给出的曲线查出对应的发泡量,经计算得出的泡沫供给速率,不应小于设计要求的最小供给速率;喷射泡沫的时间和自接到火灾模拟信号至开始喷泡沫的时间,用秒表测量。

7 系 统 验 收

7.1 一 般 规 定

7.1.1 泡沫灭火系统验收应由建设单位组织监理、设计、施工等单位共同进行。

7.1.2 泡沫灭火系统验收时,应提供下列文件资料,并按本规范表B.0.4填写质量控制资料核查记录。

1 经批准的设计施工图、设计说明书。

2 设计变更通知书、竣工图。

3 系统组件和泡沫液的市场准入制度要求的有效证明文件和产品出厂合格证;泡沫液现场取样由具有资质的单位出具检验报告;材料的出厂检验报告与合格证;材料和系统组件进场检验的复验报告。

4 系统组件的安装使用说明书。

5 施工许可证(开工证)和施工现场质量管理检查记录。

6 泡沫灭火系统施工过程检查记录及阀门的强度和严密性试验记录、管道试压和管道冲洗记录、隐蔽工程验收记录。

7 系统验收申请报告。

7.1.3 泡沫灭火系统验收应按本规范表B.0.5记录;系统功能验收不合格则判定为系统不合格,不得通过验收。

7.1.4 泡沫灭火系统验收合格后,应用清水冲洗放空,复原系统,并应向建设单位移交本规范第3.0.9条列出的文件资料。

7.2 系 统 验 收

7.2.1 泡沫灭火系统应对施工质量进行验收,并应包括下列内容:

1 泡沫液储罐、泡沫比例混合器(装置)、泡沫产生装置、消防泵、泡沫消火栓、阀门、压力表、管道过滤器、金属软管等系统组件的规格、型号、数量、安装位置及安装质量;

2 管道及管件的规格、型号、位置、坡向、坡度、连接方式及安装质量;

3 固定管道的支、吊架,管墩的位置、间距及牢固程度;

4 管道穿防火堤、楼板、防火墙及变形缝的处理;

5 管道和系统组件的防腐;

6 消防泵房、水源及水位指示装置;

7 动力源、备用动力及电气设备。

检查数量:全数检查。

检查方法:观察和量测及试验检查。

7.2.2 泡沫灭火系统应对系统功能进行验收,并应符合下列规定:

1 低、中倍数泡沫灭火系统喷泡沫试验应合格。

检查数量:任选一个防护区或储罐,进行一次试验。

检查方法:按本规范第6.2.6条第2款的相关规定执行。

2 高倍数泡沫灭火系统喷泡沫试验应合格。

检查数量:任选一个防护区,进行一次试验。

检查方法:按本规范第6.2.6条第3款的相关规定执行。

8 维护管理

8.1 一般规定

8.1.1 泡沫灭火系统验收合格方可投入运行。

8.1.2 泡沫灭火系统投入运行前,应符合下列规定:

1 建设单位应配齐经过专门培训,并通过考试合格的人员负责系统的维护、管理、操作和定期检查。

2 已建立泡沫灭火系统的技术档案,并应具备本规范第3.0.9条所规定的文件资料和第8.1.3条有关资料。

8.1.3 泡沫灭火系统投入运行时,维护、管理应具备下列资料:

1 系统组件的安装使用说明书。

2 操作规程和系统流程图。

3 值班员职责。

4 本规范附录 D 泡沫灭火系统维护管理记录。

8.1.4 对检查和试验中发现的问题应及时解决,对损坏或不合格者应立即更换,并应复原系统。

8.2 系统的定期检查和试验

8.2.1 每周应对消防泵和备用动力进行一次启动试验,并应按本规范表 D.0.1 记录。

8.2.2 每月应对系统进行检查,并应按本规范表 D.0.2 记录,检查内容及要求应符合下列规定:

1 对低、中、高倍数泡沫产生器,泡沫喷头,固定式泡沫炮,泡沫比例混合器(装置),泡沫液储罐进行外观检查,应完好无损。

2 对固定式泡沫炮的回转机构、仰俯机构或电动操作机构进行检查,性能应达到标准的要求。

3 泡沫消火栓和阀门的开启与关闭应自如,不应锈蚀。

4 压力表、管道过滤器、金属软管、管道及管件不应有损伤。

5 对遥控功能或自动控制设施及操纵机构进行检查,性能应符合设计要求。

6 对储罐上的低、中倍数泡沫混合液立管应清除锈渣。

7 动力源和电气设备工作状况应良好。

8 水源及水位指示装置应正常。

8.2.3 每半年除储罐上泡沫混合液立管及液下喷射防火堤内泡沫管道及高倍数泡沫产生器进口端控制阀后的管道外,其余管道应全部冲洗,清除锈渣,并应按本规范表 D.0.2 记录。

8.2.4 每两年应对系统进行检查和试验,并应按本规范表 D.0.2 记录;检查和试验的内容及要求应符合下列规定:

1 对于低倍数泡沫灭火系统中的液上、液下及半液下喷射、泡沫喷淋、固定式泡沫炮和中倍数泡沫灭火系统进行喷泡沫试验,并对系统所有组件、设施、管道及管件进行全面检查。

2 对于高倍数泡沫灭火系统,可在防护区内进行喷泡沫试验,并对系统所有组件、设施、管道及管件进行全面检查。

3 系统检查和试验完毕,应对泡沫液泵或泡沫混合液泵、泡沫液管道、泡沫混合液管道、泡沫管道、泡沫比例混合器(装置)、泡沫消火栓、管道过滤器或喷过泡沫的泡沫产生装置等用清水冲洗后放空,复原系统。

附录 A 泡沫灭火系统分部工程、子分部工程、分项工程划分

A.0.1 泡沫灭火系统分部工程、子分部工程、分项工程应按表 A.0.1 划分。

表 A.0.1 泡沫灭火系统分部工程、子分部工程、分项工程划分

分部工程	序号	子分部工程	分项工程
泡沫灭火系统	1	进场检验	材料进场检验
			系统组件进场检验
	2	系统施工	消防泵的安装
			泡沫液储罐的安装
			泡沫比例混合器(装置)的安装
			管道、阀门和泡沫消火栓的安装
			泡沫产生装置的安装
	3	系统调试	动力源和备用动力源切换试验
			消防泵试验
			泡沫比例混合器(装置)调试
			泡沫产生装置的调试
			泡沫消火栓喷水试验
			泡沫灭火系统的调试
	4	系统验收	泡沫灭火系统施工质量验收
			泡沫灭火系统功能验收

附录 B 泡沫灭火系统施工、验收记录

B.0.1 施工现场质量管理检查记录应由施工单位按表 B.0.1 填写,监理工程师和建设单位项目负责人进行检查,并作出检查结论。

表 B.0.1 施工现场质量管理检查记录

工程名称			
建设单位		项目负责人	
设计单位		项目负责人	
监理单位		监理工程师	
施工单位		项目负责人	
施工许可证		开工日期	
序号	项 目		内 容
1	现场质量管理制度		
2	质量责任制		
3	操作上岗证书		
4	施工图审查情况		
5	施工组织设计、施工方案及审批		
6	施工技术标准		
7	工程质量检验制度		
8	现场材料、系统组件存放与管理		
9	其他		
检查结论	施工单位项目负责人: (签章) 年 月 日	监理工程师: (签章) 年 月 日	建设单位项目负责人: (签章) 年 月 日

B.0.2 泡沫灭火系统施工过程检查记录、阀门的强度和严密性试验、管道试压、冲洗等记录,应由施工单位填写,监理工程师进行检查,并作出检查结论。

表 B.0.2-1 泡沫灭火系统施工过程检查记录

工程名称			
施工单位		监理单位	
子分部工程名称	进场检验(第4章)	施工执行规范名称及编号	
分项工程名称	质量规定《规范》章节条款	施工单位检查记录	监理单位检查记录
材料进场检验	4.2.1		
	4.2.2		
	4.2.3		
	4.2.4		
	4.2.5		
	4.2.6		
系统组件进场检验	4.3.1		
	4.3.2		
	4.3.3		
	4.3.4		
结论	施工单位项目负责人:(签章)年 月 日	监理工程师:(签章)年 月 日	

表 B.0.2-3 泡沫灭火系统施工过程检查记录

工程名称			
施工单位		监理单位	
子分部工程名称	系统施工(第5章)	施工执行规范名称及编号	
分项工程名称	质量规定《规范》章节条款	施工单位检查记录	监理单位检查记录
消防泵的安装	5.2.1		
	5.2.2		
	5.2.3		
	5.2.4		
	5.2.5		
	5.2.6		
泡沫液储罐的安装	5.3.1		
	5.3.2		
	5.3.3		
	5.3.4		
泡沫比例混合器(装置)的安装	5.4.1		
	5.4.2		
	5.4.3		
	5.4.4		
	5.4.5		
管道、阀门和泡沫消火栓的安装	5.5.1		
	5.5.2		
	5.5.3		
	5.5.4		
	5.5.5		
	5.5.6		
	5.5.7		
泡沫产生装置的安装	5.6.1		
	5.6.2		
	5.6.3		
	5.6.4		
	5.6.5		
结论	施工单位项目负责人:(签章)年 月 日	监理工程师:(签章)年 月 日	

表 B.0.2-2 阀门的强度和严密性试验记录

工程名称										
施工单位				监理单位						
规格型号	数量	公称压力(MPa)	强度试验				严密性试验			
			介质	压力(MPa)	时间(min)	结果	介质	压力(MPa)	时间(min)	结果
结论										
参加单位及人员										
	施工单位项目负责人:(签章)年 月 日				监理工程师:(签章)年 月 日					

表 B.0.2-4 管道试压记录

工程名称												
施工单位				监理单位								
管道编号	设计参数			强度试验				严密性试验				
	管径	材质	介质	压力(MPa)	介质	压力(MPa)	时间(min)	结果	介质	压力(MPa)	时间(min)	结果
结论												
参加单位及人员												
	施工单位项目负责人:(签章)年 月 日					监理工程师:(签章)年 月 日						

表 B.0.2-5 管道冲洗记录

工程名称									
施工单位				监理单位					
管道编号	设计参数				冲洗				
	管径	材质	介质	压力(MPa)	介质	压力(MPa)	流量(L/s)	流速(m/s)	冲洗时间或次数	结果
结论									
参加单位及人员									
	施工单位项目负责人: （签章） 年 月 日				监理工程师: （签章） 年 月 日					

表 B.0.2-6 泡沫灭火系统施工过程检查记录

工程名称			
施工单位		监理单位	
子分部工程名称	系统调试(第6章)	施工执行规范名称及编号	
分项工程名称	质量规定《规范》章节条款	施工单位检查记录	监理单位检查记录
动力源和备用动力切换试验	6.2.1		
消防泵试验	6.2.2		
	1		
	2		
泡沫比例混合器(装置)调试	6.2.3		
泡沫产生装置调试	6.2.4		
	1		
	2		
	3		
	4		
	5		
泡沫消火栓喷水试验	6.2.5		
泡沫灭火系统调试	6.2.6		
	1		
	2		
	3		
结论	施工单位项目负责人: （签章） 年 月 日		监理工程师: （签章） 年 月 日

B.0.3 隐蔽工程验收应由施工单位按表 B.0.3 填写,隐蔽前应由施工单位通知建设、监理等单位进行验收,并作出验收结论,由监理工程师填写。

表 B.0.3 隐蔽工程验收记录

工程名称														
建设单位							设计单位							
监理单位							施工单位							
管道编号	设计参数				强度试验				严密性试验				防腐	
	管径	材料	介质	压力(MPa)	介质	压力(MPa)	时间(min)	结果	介质	压力(MPa)	时间(min)	结果	等级	结果
隐蔽前的检查														
隐蔽方法														
简图或说明														
验收结论														
验收单位	施工单位			监理单位			建设单位							
	（公章） 项目负责人: （签章） 年 月 日			（公章） 监理工程师: （签章） 年 月 日			（公章） 项目负责人: （签章） 年 月 日							

B.0.4 泡沫灭火系统质量控制资料核查记录应由施工单位按表 B.0.4 填写,建设单位项目负责人组织监理工程师、施工单位项目负责人等进行核查,并作出核查结论,由监理单位填写。

表 B.0.4 泡沫灭火系统质量控制资料核查记录

工程名称				
建设单位			设计单位	
监理单位			施工单位	
序号	资料名称	资料数量	核查结果	核查人
1	经批准的设计施工图、设计说明书			
2	设计变更通知书、竣工图			
3	系统组件和泡沫液的市场准入制度要求的有效证明文件和产品出厂合格证;泡沫液现场取样由具有资质的单位出具的检验报告;材料的出厂检验报告与合格证;材料和系统组件进场检验的复验报告			
4	系统组件的安装使用说明书			
5	施工许可证(开工证)和施工现场质量管理检查记录			
6	泡沫灭火系统施工过程检查记录及阀门的强度和严密性试验记录、管道试压和管道冲洗记录、隐蔽工程验收记录			
7	系统验收申请报告			
核查结论				
核查单位	建设单位		施工单位	监理单位
	（公章） 项目负责人: （签章） 年 月 日		（公章） 项目负责人: （签章） 年 月 日	（公章） 监理工程师: （签章） 年 月 日

B.0.5 泡沫灭火系统验收应由施工单位按表 B.0.5 填写,建设单位项目负责人组织监理工程师、设计单位项目负责人、施工单位项目负责人进行验收,并作出验收结论,由监理单位填写。

表 B.0.5 泡沫灭火系统验收记录

工程名称					
建设单位			设计单位		
监理单位			施工单位		
子分部工程名称		系统验收(第 7 章)	施工执行规范名称及编号		
分项工程名称	条款	验收项目名称	验收内容记录		验收评定结果
系统施工质量验收	7.2.1	泡沫液储罐	规格、型号、数量、安装位置及安装质量		
	1	泡沫比例混合器(装置)			
		泡沫产生装置			
		消防泵			
		泡沫消火栓			
		阀门、压力表、管道过滤器			
		金属软管			
	2	管道及管件	规格、型号、位置、坡向、坡度、连接方式及安装质量		
	3	管道支、吊架;管墩	位置、间距及牢固程度		
	4	管道穿防火堤、楼板、防火墙、变形缝的处理	套管尺寸和空隙的填充材料及穿变形缝时采取的保护措施		
	5	管道和设备的防腐	涂料种类、颜色、涂层质量及防腐层的层数、厚度		

续表 B.0.5

系统施工质量验收	7.2.1	6	消防泵房、水源及水位指示装置	消防泵房的位置和耐火等级;水池或水罐的容量及补水设施;天然水源水质和枯水期最低水位时确保用水量的措施;水位指示标志应明显
		7	动力源、备用动力及电气设备	电源负荷级别;备用动力的容量;电气设备的规格、型号、数量及安装质量;动力源和备用动力的切换试验
系统功能验收	7.2.2	1	低、中倍数泡沫灭火系统喷泡沫试验	混合比、发泡倍数、到最远防护区或储罐的时间和湿式联用系统水与泡沫的转换时间
		2	高倍数泡沫灭火系统喷泡沫试验	混合比、泡沫供给速率和自接到火灾模拟信号至开始喷泡沫的时间
验收结论				

	建设单位	施工单位	监理单位	设计单位
验收单位	(公章) 项目负责人: (签章) 年 月 日	(公章) 项目负责人: (签章) 年 月 日	(公章) 监理工程师: (签章) 年 月 日	(公章) 项目负责人: (签章) 年 月 日

附录 C 发泡倍数的测量方法

C.0.1 测量设备:

1 台秤 1 台(或电子秤):量程 50kg,精度 20g。

2 泡沫产生装置:

1)PQ4 或 PQ8 型泡沫枪 1 支。

2)中倍数泡沫枪(手提式中倍数泡沫产生器)1 支。

3 量桶 1 个:容积大于或等于 20L(dm³)。

4 刮板 1 个(由量筒尺寸确定)。

C.0.2 测量步骤:

1 用台秤测空桶的重量 W_1(kg)。

2 将量桶注满水后称得重量 W_2(kg)。

3 计算量桶的容积 $V = W_2 - W_1$。

注:水的密度按 1kg/dm³ 考虑,即 1kg/dm³;1dm³=1L。

4 从泡沫混合液管道上的泡沫消火栓接出水带和 PQ4 或 PQ8 型或中倍数泡沫枪,系统喷泡沫试验时打开泡沫消火栓,待泡沫枪的进口压力达到额定值,喷出泡沫 10s 后,用量桶接满立即用刮板刮平,擦干外壁,此时称得重量为 W(kg)(有条件可从低、中倍数泡沫产生器处接取泡沫)。

5 液下喷射泡沫,从高背压泡沫产生器出口侧的泡沫取样口处,用量桶接满泡沫后,用刮板刮平,擦干外壁,称得重量为 W(kg)。

6 泡沫喷淋系统可从最不利防护区的最不利点喷头处接取泡沫;固定式泡沫炮可从最不利点处的泡沫炮接取泡沫,操作方法按本条第 4 款执行。

C.0.3 计算公式:

$$N = \frac{V}{W - W_1} \times \rho$$

式中 N——发泡倍数;

W_1——空桶的重量(kg);

W——接满泡沫后量桶的重量(kg);

V——量桶的容积(L 或 dm³);

ρ——泡沫混合液的密度,按 1kg/L 或 1kg/dm³。

C.0.4 重复一次测量,取两次测量的平均值作为测量结果。

C.0.5 测量结果应符合下列要求:

1 低倍数泡沫混合液的发泡倍数宜大于或等于 5 倍,对于液下喷射泡沫灭火系统的发泡倍数不应小于 2 倍,且不应大于 4 倍。

2 中倍数泡沫混合液的发泡倍数宜大于或等于 21 倍。

注:高倍数泡沫灭火系统测量泡沫供给速率,不应小于设计要求的最小供给速率。

附录D 泡沫灭火系统维护管理记录

表 D.0.1 系统周检记录

工程名称						
时间 ＼ 检查项目	消防泵启动试验	备用动力启动试验	存在问题及处理情况	检查人(签字)	负责人(签字)	备注

注:1 检查项目栏内应根据系统选择的具体设备进行填写。

 2 检查项目若正常划√。

表 D.0.2 系统月(年)检记录

工程名称							
日期	检查项目	检查、试验内容	结果	存在问题及处理情况	检查人(签字)	负责人(签字)	备注

注:1 检查项目栏内应根据系统选择的具体设备进行填写。

 2 表格不够可加页。

 3 结果栏内填写合格、部分合格、不合格。

中华人民共和国国家标准

泡沫灭火系统施工及验收规范

GB 50281-2006

条 文 说 明

1 总 则

1.0.1 是对原规范第1.0.1条的修改与补充。本条主要说明制定本规范的意义和目的,即为了保障泡沫灭火系统的施工质量,规范验收和维护管理。

泡沫灭火系统是目前世界上应用于石油化工、地下工程、矿井、仓库、飞机库、码头、电缆通道等场所的火灾防护。这些场所一旦发生火灾,如果设置的灭火系统不能起到预期的防护作用,将会造成重大的经济损失乃至人员的伤亡。要使建成的泡沫灭火系统能够正常运行,并能在发生火灾时发挥预期的灭火效果,正确、合理的设计是前提条件;而符合设计要求的高质量施工、精心调试、严格验收以及平时的维护管理,则是最后的决定条件。

世界上工业发达的国家,应用泡沫灭火系统已将近一个世纪,在设计、施工和应用等方面积累了丰富的经验,应用技术也相当成熟。在国际标准化组织(ISO)和美国、英国、日本、德国等国家有关泡沫灭火系统的标准、规范中,都不同程度地对系统的设计、施工、验收及维护管理作出了具体的规定。我国泡沫灭火系统的应用也较早,目前已达到或接近世界上工业发达国家的先进水平。20世纪90年代初我国已颁布了泡沫灭火系统的设计规范,但未涉及到施工、验收及维护管理的内容。当时在泡沫灭火系统工程建设中,施工队伍复杂,技术水平参差不齐,对材料和系统组件进场检验,系统的施工、调试、验收及运行后的维护管理等关键环节都没有统一的要求,出现了无章可循的局面。因此,制定泡沫灭火系统施工及验收规范是非常必要的。

本规范的编制,是在吸收国外标准、规范的先进经验和国内工程施工、调试、验收及维护管理实践经验的基础上,广泛征求了国内有关单位的意见完成的。它对泡沫灭火系统的施工、调试、验收及维护管理提出了统一的技术标准，为施工单位提供了安装依据，也为监理单位、消防监督机构和工程建设单位提供了对系统施工质量的监督审查依据。这对保证系统正常运行，更好地发挥泡沫灭火系统的作用，减少火灾危害，保护人身和财产安全，具有十分重要的意义。

随着科学技术的发展，新产品、新技术不断涌现，世界上比较发达的国家对标准、规范不断地修改。我国也不例外，国家现行标准也不断地修改，这样才能适应新的发展，与世界同步。

本规范的修订，是经过调查研究，在总结近年来我国泡沫灭火系统施工及验收和维护管理方面实践经验的基础上，参考了国际标准化组织（ISO）、美国、英国等发达国家和国内相关标准、规范的修改内容，补充了《低倍数泡沫灭火系统设计规范》《高倍数、中倍数泡沫灭火系统设计规范》修改后增加的内容，在征得有关单位和专家的意见后修订而成，更加地充实和完善。

1.0.2 原规范第1.0.2条。本条规定了本规范的使用范围。

本规范是现行国家标准《低倍数泡沫灭火系统设计规范》GB 50151—92（2000年版）和《高倍数、中倍数泡沫灭火系统设计规范》GB 50196—93（2002年版）的配套规范，适用范围与两个规范是一致的。

1.0.3 新增条文。随着我国建设市场中法律、法规的不断完善，目前在建设工程中，包括设计、施工和设备材料的供应，无论国际还是国内都采取招标、投标的方式来决定中标单位。标书一般由建设单位或中介机构撰写，其内容大致分为两部分，即技术标书和商务标书，由投标单位根据技术文件和商务方面的要求，提出技术和质量保证，并作出使用年限、服务等承诺，最后由建设单位与中标单位签订承包合同文件。本规范提出无论是工程技术文件还是承包合同文件对施工及验收的要求，均不得低于本规范的规定，其目的是为了保证泡沫灭火系统的施工质量和系统的使用功能。

1.0.4 原规范第1.0.3条。本条规定了本规范与其他有关标准的关系。

本规范是一本专业技术规范，其内容涉及范围较广。在制定中主要把本系统的组件、管材及管件的施工、验收及维护管理等特殊性的要求作了规定，而国家现行的有关标准已经作了规定的，在修订时没有写入，这是符合标准编写原则的。但这些相关规定在本规范中没有反映出来，因此本条规定："……除执行本规范的规定外，尚应符合国家现行有关标准的规定"。这样既保证了本规范的完整性，又保证了与其他标准的协调一致，避免矛盾、重复。

本条所指的"国家现行有关标准"除本规范中已指明的以外，还包括以下几个方面的标准，如泡沫灭火系统及部件通用技术条件、泡沫灭火剂通用技术条件、消防泵性能要求和试验方法、电气装置安装施工及验收规范等。

2 术　语

2.0.1 泡沫比例混合器（装置）。

新增条文。这里指的是能够使水与泡沫液按比例形成泡沫混合液的设备，称为泡沫比例混合器，而由泡沫比例混合器及相关设备和附件组成的称之为泡沫比例混合装置。种类有环泵式比例混合器、管线式比例混合器、压力式比例混合装置（由压力式比例混合器和泡沫液压力储罐及附件组成，其中分无胶囊和有胶囊两种，无胶囊式又分有隔板和无隔板两种）、平衡式比例混合装置（分整体式和分体式两种，其中泡沫液泵又分电动和水力驱动式两种）。每种泡沫比例混合器（装置）都有型号，设计者根据系统的具体情况进行选择。

2.0.2 泡沫产生装置。

原规范第2.0.1条。这里指的是能够产生低倍数、中倍数、高倍数泡沫的设备，统称泡沫产生装置。低倍数泡沫灭火系统有横式、立式泡沫产生器、高背压泡沫产生器、泡沫喷头、固定式泡沫炮（包括手动、电动），还有泡沫枪、泡沫钩枪，这两种是用在移动系统上，本规范未作规定。中倍数泡沫灭火系统有中倍数泡沫产生器。还有用在移动系统上的中倍数泡沫枪（也称手提式中倍数泡沫产生器），本规范也未作规定。高倍数泡沫灭火系统有高倍数泡沫产生器。每种泡沫产生器、泡沫喷头、固定式泡沫炮都有型号，设计者根据系统的具体情况进行选择。

2.0.3 泡沫液储罐。

新增条文。它是泡沫液的储存设备，分常压储罐和压力储罐两种。常压储罐用钢质或耐腐蚀材料制作；压力储罐为钢质，由具备资质的制造厂家制作。容量大小和储罐的形式由设计者设计或根据产品的系列选定。

2.0.4 泡沫导流罩。

原规范第2.0.3条。泡沫导流罩是应用在外浮顶储罐上的一种装置，因为外浮顶储罐的浮顶是随储存介质液位的高低浮动，为了不减少介质的储存数量，泡沫产生器出口的泡沫管道，应安装在外浮顶储罐罐壁的顶部，因此，必须设置专用装置，既能使泡沫沿罐壁向下流动，又能防止泡沫被风吹走而流失，这个装置就是泡沫导流罩。以前，因为没有封闭称作泡沫防护板。目前我国没有泡沫导流罩的定型产品，都是由设计单位出图加工，形状和尺寸都不统一。而国外某些公司都有定型图纸和系列产品，如英国的安格斯公司，称为泡沫倾注器，见图1；日本干化学消防公司的浮顶油罐抗震J型泡沫出口安装图，见图2。它们都与泡沫产生器配套使用，参考时要注意型号。

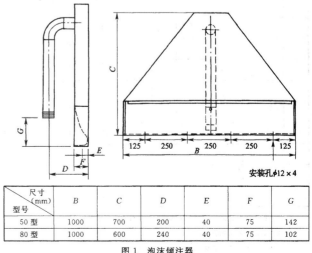

尺寸(mm) 型号	B	C	D	E	F	G
50型	1000	700	200	40	75	142
80型	1000	600	240	40	75	102

图1　泡沫倾注器

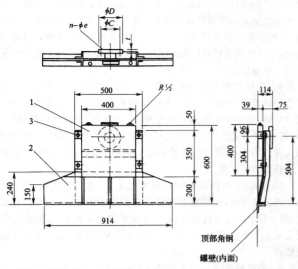

型式	法兰尺寸(JIS 10k)				重量(kg)
	D	C	t	$n-\phi e$	
J-65A	175	140	18	4—19	约 36
J-80A	185	150	18	8—19	约 37
J-100A	210	175	18	8—19	约 39

图 2 浮顶油罐抗震 J 型泡沫出口安装图

注：1 泡沫出口，材料 SS41；
　　2 泡沫出口固定板，材料 SS41；
　　3 固定螺栓螺母，材料 SS41，4 组 M10×30；
　　4 适用泡沫产生器容量 200L/min、350L/min。

2.0.5 泡沫降落槽。

原规范第 2.0.4 条。泡沫降落槽是水溶性液体储罐内安装的泡沫缓冲装置中的一种。因为水溶性液体都是极性溶剂，如：醇、酯、醚、酮类等，它们的分子排列有序，能夺取泡沫中的 OH^-、H^+ 离子，而使泡沫破坏，故必须用抗溶性泡沫液才能灭火，同时又要求泡沫平缓地布满整个液面，并具有一定的厚度，所以要求设置缓冲装置以避免泡沫自高处跌入溶剂内，由于重力和冲击力造成的泡沫破裂，影响灭火。常用的泡沫降落槽，其尺寸是与泡沫产生器配套设计的。我国常用的如图 3～图 5 所示。在设计未规定时可参照此图。图中没有的 PC24 型(或更大型号)泡沫产生器降落槽可按比例放大。

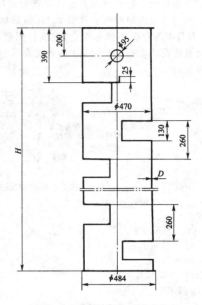

图 4　PC8 型泡沫产生器降落槽

注：图中的 H 和 D 是根据储罐的高度和储存介质的具体情况决定的。

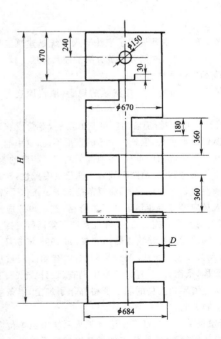

图 5　PC16 型泡沫产生器降落槽

注：图中的 H 和 D 是根据储罐的高度和储存介质的具体情况决定的。

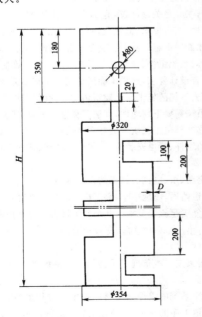

图 3　PC4 型泡沫产生器降落槽

注：图中的 H 和 D 是根据储罐的高度和储存介质的具体情况决定的。

2.0.6 泡沫溜槽。

原规范第2.0.5条。泡沫溜槽是在泡沫降落槽之后发展起来的,它的作用与泡沫降落槽相同,这两种形式的泡沫缓冲装置,在设计时可任选一种。它的尺寸是通过计算决定的,泡沫溜槽的横截面积等于或略大于泡沫产生器出口管横截面积与发泡倍数的乘积。在设计未规定时可参照图6。而国际标准ISO、美国NFPA11和日本等标准中都有规定,在现行国家标准《低倍数泡沫灭火系统设计规范》GB 50151的条文说明中已有说明,本规范不再叙述。

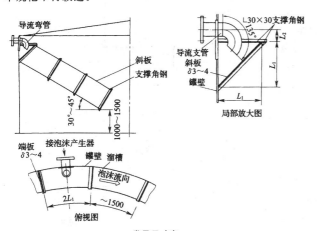

储罐容积(m³)	L_1(mm)	L_2(mm)
200	280	65
500	350	100
1000	460	150

图6　泡沫溜槽

3　基 本 规 定

3.0.1 新增条文。本条规定了泡沫灭火系统是建筑工程消防设施中的一个分部工程,并划分了子分部工程和分项工程,这样为施工过程检查和验收提供了方便。

3.0.2 本条是依照我国法律法规的规定,取代原规范第3.1.1条。

20世纪90年代初,随着消防事业的发展,专营或兼营的消防工程施工队伍发展很快,但施工队伍的素质不高,这引起了消防监督机构和建设主管部门的重视,各地区都制定了相应的管理办法。根据消防工作的特殊性,消防工程施工队伍的专业性,对系统施工队伍的资质要求及其管理问题,原规范第3.1.1条作了统一规定。要求施工人员应经过专业培训并考核合格;施工单位应经过审核批准,这对确保系统的施工质量,保证系统正常运行发挥了积极良好的作用。随着我国法律法规陆续颁布,如1998年3月1日施行的《中华人民共和国建筑法》和以后颁布的《建筑工程质量管理条例》(以下简称《条例》),对建设工程中勘查、设计、施工、工程监理等单位的从业资质和人员的职业资格都作了规定,本条就是在这样的基础上制定的。

3.0.3 新增条文。本条规定了泡沫灭火系统施工单位应建立必要的质量责任制度,对系统施工的质量管理体系提出了较全面的要求,系统的质量控制应为全过程的控制,这是符合《条例》第26条、第30条规定的。

系统施工单位应有健全的生产控制和合格控制的质量管理体系,这里不仅包括材料和系统组件的控制、工艺流程控制、施工操作控制,每道工序质量检查、各道工序间的交接检验以及专业工种

之间等中间交接环节的质量管理和控制要求,还包括满足施工图设计和功能要求的抽样检验制度。系统施工单位还应不断总结经验,找出质量管理体系中存在的问题和薄弱环节,并制定改进措施,使单位的质量管理体系不断地健全和完善,是施工单位不断提高施工质量的保证。

3.0.4 原规范第4.1.1条的补充。经批准的施工图和技术文件都已经过政府职能部门和监督部门的审查批准,它是施工的基本技术依据,应坚持按图施工的原则,不得随意更改,这是符合《条例》第11条规定的。如确需改动,应由原设计单位修改,并出具变更文件。另外,施工应按照相关技术标准的规定进行,这样才能保证系统的施工质量。

20世纪90年代调研发现,有的泡沫灭火系统的安装、没有按设计施工图进行,而是按方案图或初步设计图进行,甚至随意更改,并未经消防监督机构同意,造成系统不能正常运行,因此对原规范4.1.1条作了规定。目前,虽然此类情况很少发生,但本条还要强调。

3.0.5 原规范第3.1.2条的修改。本条规定了系统施工前应具备的技术资料。

要保证泡沫灭火系统的施工质量,使系统能正确安装、可靠运行,正确的设计、合理的施工、合格的产品是必要的技术条件。设计施工图、设计说明书是正确设计的体现,是施工单位的施工依据,它规定了灭火系统的基本设计参数、设计依据和材料组件以及对施工的要求和施工中应注意的事项等,因此,它是必备的首要条件。

主要组件的使用说明书是制造厂根据其产品的特点和规格、型号、技术性能参数编制的供设计、安装和维护人员使用的技术说明,主要包括产品的结构、技术参数、安装要求、维护方法与要求。因此,这些资料不仅可以帮助设计单位正确选型,也便于监理单位监督检查,而且是施工单位把握设备特点,正确安装所必需的。

市场准入制度要求的有效证明文件和产品出厂合格证是保证系统所采用的组件和材料质量符合要求的可靠技术证明文件。对主要组件和泡沫液应具备上述文件,对不具备上述文件的组件和材料应提供制造厂家出具的检验报告与合格证。管材还应提供相应规格的材质证明。

3.0.6 原规范第3.1.3条。本条对泡沫灭火系统的施工所具备的基本条件作了规定,以保证系统的施工质量和进度。

设计单位向施工单位进行技术交底,使施工单位更深刻地了解设计意图,尤其是关键部位,施工难度比较大的部位,隐蔽工程以及施工程序、技术要求、做法、检查标准等都应向施工单位交代清楚,这样才能保证施工质量。这是符合《条例》第23条规定的。

施工前对系统组件、管材及管件的规格、型号数量进行查验,看其是否符合设计要求,这样才能满足施工及施工进度的要求。

泡沫灭火系统的施工与土建密切相关,有些组件要求打基础,管道的支、吊架需要下预埋件,管道若穿过防火堤、楼板、防火墙要预留孔,这些部位施工质量的好坏直接影响系统的施工质量,因此,在系统的组件、管道安装前,必须检查基础、预埋件和预留孔是否符合设计要求。

场地、道路、水、电也是施工的前提保证,以前称三通一平,即水通、电通、道路通,场地平整,它直接影响施工进度,因此,施工队伍进场前应能满足施工要求。此项任务过去一般由建设单位完成,目前也有由施工单位实施,建设单位协助。总之,不管由谁做,应满足此条件。

3.0.7 新增条文。本条规定了泡沫灭火系统施工过程中质量控制的主要方面。

一是用于系统的组件和材料的进场检验和重要材料的复验;二是控制每道工序的质量,按照施工标准进行控制;三是施工单位每道工序完成后除了自检、专职质量检查员检查外,还强调了工序交接检查,上道工序应满足下道工序的施工条件和要求;同样,相

关专业工序之间也应进行中间交接检验,使各工序间和各相关专业工程之间形成一个有机的整体;四是施工单位和监理单位对施工过程质量进行检查;五是施工单位、监理单位、建设单位对隐蔽工程在隐蔽前进行验收;六是安装完毕,施工单位和监理单位按照相关标准、规范的规定进行系统调试。调试合格后,施工单位向建设单位申请验收。这是泡沫灭火系统进行施工质量控制的全过程。

3.0.8 新增条文。本条规定了泡沫灭火系统检查、验收合格标准,其中包括施工过程各工种、工序的质量、隐蔽工程施工质量、质量控制资料、工程验收,这些涵盖了施工全过程。另外,规范了编制本规范表格的基本格式、内容和方式。

3.0.9 新增条文。本条规定了验收合格后应提供的文件资料,以便建立建设项目档案向建设行政主管部门或其他有关部门移交,这是符合《条例》第17条规定的。

3.0.10 新增条文。本条规定了当系统施工质量不符合要求时的处理办法。一般情况下,不合格现象在施工过程当中就应发现并及时处理,否则将影响下道工序的施工。因此,所有质量隐患必须尽快消灭在萌芽状态,这也是本规范强调施工过程质量控制原则的体现。非正常情况的处理分以下两种情况:

一是指缺陷不太严重,经过返工重做进行处理的项目或有严重缺陷经推倒重来或更换系统组件和材料的工程,应允许验收。如能够符合本规范的规定,则认为合格。

二是存在严重缺陷的工程,经返工重做或更换系统组件和材料仍不符合本规范的要求,严禁验收。

4 进场检验

4.1 一般规定

4.1.1 新增条文。材料和系统组件进场检验是施工过程检查的一部分,也是质量控制的内容,检验结果应按本规范表 B.0.2-1 记录。泡沫灭火系统验收时,作为质量控制核查资料之一提供给验收单位审查,也是存档资料之一,为日后查对提供了方便。

4.1.2 新增条文。本条规定了材料和系统组件进场抽样检查合格与不合格的判定条件。即有一件不合格时,应加倍抽查;若仍有不合格时,则判定此批产品不合格。这是产品抽样的例行做法。

4.2 材料进场检验

4.2.1 新增条文。本条作了泡沫液进场应现场取样留存的规定,而且作为强制性条文执行,其目的待以后需要时送检,从而促使生产企业提供合格产品。留存泡沫液的储存条件应符合《泡沫灭火剂通用技术条件》GB 15308 的相关规定。

4.2.2 原规范第 6.1.4 条第 8 款的修改。泡沫液虽然在进场时已经检查了市场准入制度要求的有效证明文件和产品出厂合格证,也进行了取样留存,但是还应按本条的规定由监理工程师现场取样,送至具备相应资质的检测单位进行检测。其原因就是因为泡沫液是泡沫灭火系统的关键材料,直接影响系统的灭火效果,所以把好泡沫液的质量关是至关重要的环节。

从市场调查的情况看,泡沫液的质量不太理想,个别泡沫液生产企业为了降低成本,提高市场竞争力,改变配方选用代用材料;有的配方中少加某种原料;甚至缺少某种原料,在系统调试和验收

时检查不出来,只有通过理化性能和泡沫性能试验才能发现问题。实质上这是偷工减料,属于假冒伪劣产品。另据了解,企业送检产品质量与销售产品质量不同,送检产品一般都合格,销售产品就不尽如人意了,这给使用单位造成最大隐患,同时也搅乱了销售市场的正常秩序,也影响了好企业的声誉。为了公平、公正,本条根据较大型储罐或防护区对不同品种的泡沫液按设计用量或最小储备量测算后,进一步作出了现场取样送检的规定,以确保泡沫液的质量。检测按现行国家标准《泡沫灭火剂通用技术条件》GB 15308 的规定进行。主要检测泡沫性能:

1 发泡性能:
1)发泡倍数;
2)析液时间。
2 灭火性能:
1)灭火时间;
2)抗烧时间。
其余项目不检测。

4.2.3 新增条文。本条规定了管材及管件进场时应具备的有效证明文件。管材应提供相应规格的质量合格证、性能及材质检验报告。管件则应提供相应制造单位出具的合格证、检验报告,其中包括材质和水压强度试验等内容。

4.2.4 原规范第 3.2.2 条。本条规定了管材及管件进场时外观检查的要求。因为管材及管件(即弯头、三通、异径接头、法兰、盲板、补偿器、紧固件、垫片等)也是系统的组成部分,它的质量好坏直接影响系统的施工质量。目前制造厂家很多,质量不尽相同,为避免劣质产品应用到系统上,所以进场时要进行外观检查,以保证材料质量。其检查内容和要求,应符合本条各款的规定。

4.2.5 新增条文。本条规定了管材及管件进场检验时检测内容及要求,并给出了检测时的抽查数量,其目的是保证材料的质量。

4.2.6 新增条文。本条规定了管材及管件需要复验的条件及要求,并作为强制性条文执行。复验时,具体检测内容按设计要求和疑点而定。

4.3 系统组件进场检验

4.3.1 原规范第 3.2.1 条第 1~5 款。在泡沫灭火系统上应用的这些组件,在从制造厂搬运到施工现场过程中,要经过装车、运输、卸车和搬运、储存等环节,有的露天存放,受环境的影响,在这期间,就有可能会因意外原因对这些组件造成损伤或锈蚀。为了保证施工质量,需要对这些组件进行外观检查,并应符合本条各款的要求。

4.3.2 原规范第 3.2.1 条第 6 款。规定此条的目的是对这些组件的活动部件,用手动的方法进行检查,看其是否灵活。检查的原因同第 4.3.1 条。

4.3.3 新增条文。本条规定了对泡沫灭火系统的组件进场检验和复验的要求,并作为强制性条文执行。

1 在泡沫灭火系统上应用这些组件,如泡沫产生装置、泡沫比例混合器(装置)、泡沫液压力储罐、消防泵、泡沫消火栓、阀门、压力表、管道过滤器、金属软管等都是系统的关键组件。它们的合格与否,直接影响系统的功能和使用效果,因此,进场时对系统组件一定要检查市场准入制度要求的有效证明文件和产品出厂合格证,看其规格、型号、性能是否符合国家现行产品标准和设计要求。

2 本款规定了系统组件需要复验的条件及要求。复验时,具体检测内容按设计要求和疑点而定。

4.3.4 原规范第 3.3.2 条的修改。本条对阀门的强度和严密性试验提出了具体要求。

泡沫灭火系统对阀门的质量要求较高,如阀门渗漏影响系统的压力,使系统不能正常运行。从目前情况看,由于种种原因,阀门渗漏现象较为普遍,为保证系统的施工质量,需要对阀门进行进场检验。其内容和要求按本条各款执行,并应本规范表 B.0.2-2 记录,且作为资料移交存档。

34

5 系统施工

5.1 一般规定

5.1.1 原规范第4.1.3条。泡沫灭火系统应用的消防泵一般都是采用离心泵,特殊的地方也有采用深井泵或潜水泵。它的安装在现行国家标准《压缩机、风机、泵安装工程施工及验收规范》GB 50275中都作了具体规定,而本章5.2节只对消防泵的安装作了原则性的规定,其余本规范不再规定。

5.1.2 原规范第4.1.4条的修订和补充。常压钢质泡沫液储罐现场制作、焊接、防腐,管道的加工、焊接、安装和管道的检验、试压、冲洗、防腐及支吊架的焊接、安装,阀门的安装等,在现行国家标准《工业金属管道工程施工及验收规范》GB 50235、《现场设备、工业管道焊接工程施工及验收规范》GB 50236和《钢制焊接常压容器》JB/T 4735标准中都作了具体规定,而本章5.3节和5.5节只对常压泡沫液储罐现场制作及泡沫混合液管道、泡沫液管道和泡沫管道及阀门等安装的特殊要求作了规定,其余本规范不再规定。

5.1.3 原规范第4.6.1条第5款的修订和补充。原款只提到泡沫喷淋管道,其余未涉及,修订后的《低倍数泡沫灭火系统设计规范》GB 50151—92(2000年版)增加了与自动喷水联用系统,这样就涉及到雨淋阀、湿式阀等阀组,水力警铃、压力开关、水流指示器等组件,本规范就没有必要再重复编写,因此作了本条规定。

5.1.4 原规范第4.1.6条。泡沫灭火系统与火灾自动报警系统及联动部分的施工,在现行国家标准《火灾自动报警系统施工及验收规范》GB 50166中已有规定,本规范不再作规定。

5.1.5 新增条文。本条强调在施工过程中要做好检查记录,其目的在本规范第4.1.1条的条文说明中已有叙述,本条不再重复。

5.2 消防泵的安装

5.2.1 原规范第4.5.1、4.5.2条。本条规定了消防泵应整体安装在基础上。消防泵的基础尺寸、位置、标高等均应符合设计规定,以保证合理安装及满足系统的工艺要求。

消防泵都是整机出厂,产品出厂前均已按标准的要求进行组装和试验,并且该产品已经过具有相应资质的检测单位检测合格。随意拆卸整机将会使泵组难以达到原产品设计要求,确需拆卸时应由制造厂家进行,拆卸和复装应按设备技术文件的规定进行。

5.2.2 原规范第4.5.3条的修订。由于消防泵与电动机或小型内燃机驱动的消防泵都是以整体形式固定在底座上,因此找平、找正应以底座水平面为基准。较大型内燃机或其他动力驱动的消防泵,一般都是分体安装,找平、找正也应以消防泵底座水平面为基准。

5.2.3 原规范第4.5.4条。本条规定了消防泵与相关管道的安装要求。由于消防泵与动力源是以整体或分体的形式固定在底座上,且以底座水平面找平,那么与消防泵相关的管道安装,则应以消防泵的法兰端面为基准进行安装,这样才能保证安装质量。

5.2.4 原规范第4.5.5条的修订。本条规定了消防泵进水管吸水口处设置滤网时的要求。当泡沫灭火系统的供水设施(水池或水罐)不是封闭的或采用天然水源时,为避免固体杂质吸入进水管,堵塞底阀或进入泵体,吸水口处应设置滤网。滤网架应坚固可靠,并且滤网应便于清洗。这与国外的有关标准,如日本的消防法规的规定是一致的。

5.2.5 原规范第4.5.6条。本条规定了内燃机驱动的消防泵附加冷却器的泄水管应通向排水管、排水沟、地漏等设施。其目的是将废水排到室外的排水设施,而不能直接排至泵房室内地面。

5.2.6 原规范第4.5.7条。本条规定了内燃机驱动的消防泵排

气管应通向室外,其目的是将烟气排出室外,以免污染泵房造成人员中毒事故,并作为强制性条文执行。当设计无规定时,应采用和排气管直径相同的钢管连接后通向室外,排气口应朝天设置,让烟气向上流动,为了防雨,应加伞形罩,必要时应加防火帽。

5.3 泡沫液储罐的安装

5.3.1 原规范第4.2.1条的完善。本条规定了泡沫液储罐的安装位置和高度应符合设计要求。

泡沫液储罐是泡沫灭火系统的主要组件之一,它的安装质量好坏直接影响系统的正常运行。尤其是采用环泵式比例混合器时显得更为重要,因此,施工时必须严格按照设计要求进行。环泵式比例混合器的吸液率是根据文丘里管原理,依靠泵出口压力的大小,造成真空度的高低来吸泡沫液,如果泡沫液储罐位置过高,吸液率高,泡沫液与水的混合比就大,浪费泡沫液,不符合设计要求。

泡沫液储罐的最低液面也不能低于环泵式比例混合器吸液口中心线1.0m,因为泡沫液有一定的粘度,环泵式比例混合器吸液口的真空度有限,再低泡沫液就吸不上来或吸泡沫液少,泡沫液与水的混合比就小,这样也不符合设计要求。美国标准NFPA11规定,环泵式比例混合器的吸液口不应高出泡沫液储罐最低液位6ft(1.83m),我们规定严格一些。

此外,泡沫液储罐的安装位置与周围建筑物、构筑物及其楼板或梁底的距离及对储罐上控制阀的高度都有一定的要求,其目的是为了安装、操作、更换和维修泡沫液储罐以及罐装泡沫液提供方便条件。

5.3.2 本条是对常压泡沫液储罐的现场制作、安装和防腐作了规定。

1 新增条文。本款主要规定了现场制作的常压钢质泡沫液储罐关键部位的制作要求。泡沫液出口管道不应高于储罐最低液面1m,在本规范第5.3.1条已有说明,不再叙述。泡沫液管道吸液口距储罐底面不应小于0.15m,其目的是防止将储罐内的锈渣和沉淀物吸入管内堵塞管道,做成喇叭口形是为了减小吸液阻力。

2 原规范第3.3.1条第4、5款的修改。本款规定了现场制作的泡沫液储罐严密性试验压力、时间和判定合格的条件。

3 原规范第4.7.3条第1、2款的合并。本款是对现场制作的常压钢质泡沫液储罐内外表面提出应按设计要求防腐的规定。

常压钢质泡沫液储罐的容量,是根据灭火系统泡沫液用量决定的,不是定型产品,一般都在现场制作,因此,防腐也在现场进行。泡沫液储罐内外表面防腐的种类、层数、颜色等应按设计进行,尤其是内表面防腐的种类是根据泡沫液的性质决定的,一定要符合设计要求,否则不但起不到防腐的作用,而且对泡沫液的质量有影响。目前,我国泡沫液储罐内表面防腐采用的方法和涂料的种类很多,有的不断改进,新产品也在出现,有待于进一步做防腐试验,因此,本条没有作具体规定,由设计者选用,这样更有利于执行。

常压钢质泡沫液储罐的防腐应在严密性试验合格后进行,否则影响对焊缝的检查,影响试漏。若渗漏,必须补焊,试验合格后再防腐,这样浪费涂料,因此作了本款规定。

4 原规范第4.2.2条的补充。本款对泡沫液储罐的安装方式作了规定。常压泡沫液储罐的形式很多,安装方式也不尽相同,按照设计要求进行即可。无论哪种安装方式,支架应与基础固定,或者直接安装在混凝土或砖砌的支座上,并不得损坏配管和附件。

5 原规范第4.7.3条第3款。常压钢质泡沫液储罐的安装,在本条第4款的条文说明中已经叙述,但不管哪种安装方式储罐罐体与支座的接触部分,均应按设计要求进行防腐处理,当设计无要求时,应按加强防腐层的做法施工,这样才能防止腐蚀,增加使用年限。

5.3.3 原规范第4.2.3条的补充。本条对泡沫液压力储罐的安装方式和安装时不应拆卸和损坏其储罐上的配管、附件及安全阀

出口朝向都作了规定。

泡沫液压力储罐上设有槽钢或角钢焊接的固定支架,而地面上设有混凝土浇筑的基础,采用地脚螺栓将支架与基础固定。因为压力泡沫液储罐进水管有 0.6～1.2MPa 的压力,而且通过压力式比例混合装置的流量也较大,有一定的冲击力,所以,固定支架必须牢固可靠。另外,泡沫液压力储罐是制造厂家的定型设备,其上设有安全阀、进料孔、排气孔、排渣孔、人孔和取样孔等附件,出厂时都已安装好,并进行了试验,因此,在安装时不得随意拆卸或损坏,尤其是安全阀更不能随便拆动,安装时出口不应朝向操作面,否则影响安全使用。

5.3.4 原规范第 4.2.4 条的修改和补充。本条是对设在泡沫泵站外的泡沫液压力储罐作了规定,并作为强制性条文执行。一般泡沫泵站与消防水泵房合建,但为了满足 5min 内将泡沫混合液或泡沫输送到最远的保护对象,现行国家标准《低倍数泡沫灭火系统设计规范》GB 50151 允许将泡沫泵站设置在防火堤或防护区外,并与保护对象的间距大于 20m,且具备遥控功能。调研中发现,南方许多单位都将泡沫液压力储罐露天安装在保护对象外,因此,必然受环境、温度和气候的影响,所以应采取防晒设施,当环境温度低于 0℃时,应采取防冻设施,当环境温度高于 40℃时,应有降温措施,当安装在有腐蚀性的地区,如海边等还应采取防腐措施。因为温度过低,妨碍泡沫液的流动,温度过高各种泡沫液的发泡倍数均下降,析液时间短,灭火性能降低,为此作了本条规定。

5.4 泡沫比例混合器(装置)的安装

5.4.1 本条对泡沫比例混合器(装置)的安装方向及与管道的连接作了规定。

1 原规范第 4.3.1 条。各种泡沫比例混合器(装置)都有安装方向,在其上有标注,因此安装时不能装反,否则吸不进泡沫液或泵打不进去泡沫液,使系统不能灭火,所以安装时要特别注意标注方向与液流方向必须一致。其原因是每种泡沫比例混合器(装置)都有它的工作原理:环泵式比例混合器是根据文丘里原理;压力式比例混合装置上的比例混合器与管线式比例混合器,一般都是由喷嘴、扩散管、孔板等关键零件组成,是根据伯努力方程进行设计的;平衡式比例混合装置比压力式比例混合装置只加了一个平衡压力流量控制阀,比例混合器部分的原理与其他比例混合器基本一致,因为关键零件安装时是有方向的,所以不能反装。

2 原规范第 4.3.2 条第 2 款的补充。对于环泵式比例混合器若不严密,影响真空度,达不到设计所需要的泡沫液与水的混合比,形不成良好的泡沫,影响灭火效果,严重者甚至不能灭火。对于压力式和平衡式比例混合器(装置)若不严密,容易渗漏,浪费泡沫液,影响灭火。

5.4.2 原规范第 4.3.2 条第 1、3 款。本条规定了环泵式比例混合器的安装要求。

环泵式比例混合器的安装标高是很重要的,本条给出了允许偏差范围,安装时应看施工图和产品使用说明书,不得接错。正确的安装应该是环泵式比例混合器的进口应与水泵的出口管段连接;环泵式比例混合器的出口应与水泵的进口管段连接;环泵式比例混合器的进泡沫液口应与泡沫液储罐上的出液口管段连接。

备用的环泵式比例混合器应并联安装在系统上,并且有明显的标志。调研时发现有的备用环泵式比例混合器放在仓库里,若发生火灾时,安装在系统上的环泵式比例混合器出现堵塞或腐蚀损坏时再来更换,时间来不及,且延误灭火时机,造成更大的损失。

5.4.3 原规范第 4.3.3 条的补充,原规范第 4.3.4 条删除。本条规定了压力式比例混合装置的安装要求。

压力式比例混合装置的压力储罐和比例混合器出厂前已经安装固定在一起,因此必须整体安装,储罐应与基础牢固固定,其理由在本规范第 5.3.3 条的条文说明中已有叙述。

5.4.4 原规范第 4.3.5 条的补充。本条规定了平衡式比例混合

装置的安装要求。原规范第 4.3.5 条只规定整体平衡式比例混合装置的安装,本条又补充了分体平衡式和水力驱动平衡式两种比例混合装置的安装要求。

整体平衡式比例混合装置是由平衡压力流量控制阀和比例混合器两大部分装在一起,产品出厂前已进行了强度试验和混合比的标定,故安装时应整体竖直安装在压力水的水平管道上。为了便于观察和准确测量压力值,所以压力表与平衡式比例混合装置的进口处的距离不宜大于 0.3m。

分体平衡式比例混合装置,它的平衡压力流量控制阀和比例混合器是分开设置的,流量调节范围相对要大一些,控制阀的结构要求竖直安装。

水力驱动平衡式比例混合装置,在国外应用较多,目前我国也开始开发水力驱动泵,但应用不多。它是由水力驱动泡沫液泵和平衡式比例混合装置组成,水力驱动泡沫液泵要求水平安装是由它的结构决定的,安装尺寸和管道的连接方式应符合设计要求。

5.4.5 原规范第 4.3.6 条的修改和补充。本条规定了管线式比例混合器的安装要求。

管线式比例混合器(又称负压式比例混合器),应安装在压力水的水平管道上,目前作为移动式和消防水带连接使用的较多。因压力损失较大,所以在串接水带时尽量靠近储罐或防护区。压力水通过该比例混合器的孔板,造成负压吸入泡沫液,与水混合形成泡沫混合液,输送到泡沫产生装置。因其孔板后形成真空度有限,所以,吸液口与泡沫液储罐或泡沫液桶最低液面的距离不得大于 1.0m,以保证正常的混合比。

5.5 管道、阀门和泡沫消火栓的安装

5.5.1 本条对管道的安装要求作了规定。

1 原规范第 4.6.1 条第 3 款的修改和补充。设计规范规定,水平管道在防火堤内应以 3‰ 的坡度坡向防火堤,在防火堤外应以 2‰ 的坡度坡向放空阀,其目的是为了使管道放空,防止积水,避免在冬季冻裂阀门及管道。所以本条规定了坡度、坡向应符合设计要求,且坡度不应小于设计值。在实际工程中消防管道经常给工艺管道让路,或隐蔽工程不可预见,因此出现 U 形管,所以应有放空措施。

2 新增条文。立管的安装应用管卡固定在与储罐或防护区预埋件焊接的支架上,其间距不应大于设计值。其目的是为了确保立管的牢固性,使其在受外力作用和自身泡沫混合液冲击时不至于损坏。实践表明,油罐发生着火爆炸或基础下沉,往往由于立管固定不牢或立管与水平管道之间未采用柔性连接,导致立管发生拉裂破坏,不能正常灭火。

3 原规范第 4.6.4 条的补充。本款对埋地管道安装的要求作了规定,并作为强制性条文执行。

埋地管道不应铺设在冻土、瓦砾、松软的土质上,因此基础应进行处理,方法按设计要求。管道安装前按照设计的规定事先做好防腐,安装时不要损坏防腐层,以保证安装质量。

埋地管道采用焊接时,一般在钢管的两端留出焊缝部位,入沟后进行焊接,焊缝部位在试压合格后,按照设计要求进行防腐处理,并严格检查,防止遗漏,避免管道因焊缝腐蚀造成管道的损坏。

埋地管道在回填前应进行工程验收,这是施工过程质量控制的重要部分,可避免不必要的返工。合格后及时回填可使已验收合格的管道免遭不必要的损坏,分层夯实则为了保证运行后管道的施工质量,并按本规范表 B.0.3 记录,且作为质量核查资料提供验收,后移交存档,为以后检查维修提供便利条件。

4 原规范第 4.6.1 条的全面修改。本款对管道安装的允许偏差作了规定,见表 5.5.1。

5 新增条文。本款对管道支、吊架安装和管墩的砌筑作了规定。

管道支、吊架应平整牢固,管墩的砌筑应规整,其间距不应大

于设计值。其目的是为了确保管道的牢固性,使其在外力和自身水力冲击时也不至于损伤。

6 新增条文。本款对管道当穿过防火堤、防火墙、楼板和建筑物的变形缝时的处理作了规定,以保证工程质量。但管道尽量不要穿过以上结构,否则要加以保护。本款指出的防火材料可采用防火堵料或防火包带等;管道穿变形缝采取下列保护措施,且空隙用防火材料封堵:

1)在墙体两侧采用柔性连接。

2)在管道上、下部留有不小于150mm的净空。

3)在穿墙处做成方形补偿器,水平安装。

7 原规范第4.7.1条的补充。本款对管道的试压作了规定,并作为强制性条文执行。

管道安装完毕按本款的规定和试验的方法步骤进行。

试验合格后,按本规范表 B.0.2-4 记录,且作为资料移交存档。

8 原规范第4.7.2条。本款对管道的冲洗作了规定。

管道试压合格后应用清水进行冲洗,并按照冲洗的方法步骤进行。

冲洗合格后,将隔离的泡沫产生装置、泡沫比例混合器(装置)与管道连接处安装好,不得再进行影响管内清洁的其他施工,且按本规范表 B.0.2-5 记录,后移交存档。

9 新增条文。本款对地上管道的涂漆防腐作了规定。地上管道应在试压、冲洗合格后进行涂漆防腐,要求按现行国家标准《工业金属管道工程施工及验收规范》GB 50235 中的有关规定执行。

5.5.2 原规范第4.6.1条的修改补充。本条对泡沫混合液管道的安装要求作了规定。

1 原规范第4.6.1条第2款的补充。本款规定了金属软管在安装时不得损坏其不锈钢编织网,因为编网是保护金属软管的,一旦损坏,金属软管将有可能也受到损坏,导致渗漏,致使送到泡沫产生装置的泡沫混合液达不到设计压力,影响发泡倍数和泡沫混合液的供给强度,对灭火不利。另外,在软管与地上水平管道的连接处设支架或管墩(见图7),避免软管受拉伸损坏。

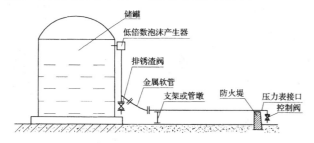

图7 支架或管墩安装示意图

2 新增条文。本款对锈渣清扫口及与基础或地面的距离作了规定,泡沫混合液立管下端设置的锈渣清扫口,可采用闸阀或盲板,闸阀应竖直安装。其目的是在满足功能用途前提下,清扫方便。

3 新增条文。本款对外浮顶储罐泡沫喷射口设置在浮顶上,且泡沫混合液管道采用的耐压软管从储罐内通过时作了规定。其目的是确保泡沫混合液耐压软管活动不受阻碍和损伤。且与储罐底部伴热管的距离应大于 0.5m,是为了防止耐压软管受热老化。

4 新增条文。本款对外浮顶储罐梯子平台上设置的带闷盖的管牙接口作了规定。

外浮顶储罐着火时,火势小,人可以站在梯子平台上,用泡沫管枪扑救火灾。此外,还会由于罐体保温不好或密封不好,罐储存含蜡较多的原油,罐壁会出现残油。当温度升高时,残油融化,流淌至罐顶,偶尔也会发生火灾,这时,也需要从梯子顶部平台接出泡沫管枪进行扑救。所以管牙接口要考虑在使用时操作方便。

5 新增条文。本款是对在防火堤外侧处的水平管道上,设置

压力表接口的规定。设置压力表接口的目的在于泡沫灭火系统安装完毕后,调节泡沫产生装置进口的压力,使之符合规范和设计要求。

6 新增条文。本款对泡沫产生装置即横式或立式泡沫产生器和中倍数泡沫产生器入口处管道的安装作了规定,其出口管道在储罐上开口位置和尺寸,应符合设计及产品规格、型号的要求。

7、8 新增条文。这二款规定是为验证安装后的泡沫灭火系统是否满足规范和设计要求,要对安装的系统按有关规范的要求进行检测,为此对检测仪器安装的预留位置和试验检测口的设置位置和数量都作了规定。

5.5.3 原规范第4.6.2条的修改和补充。本条对液下喷射和半液下喷射泡沫管道的安装作了规定。

1 原规范第4.6.2条第3款的补充。本款对液下喷射泡沫喷射口与喷射管的安装与固定作了规定,并给出了偏差值。

2 新增条文。本款对半固定式系统的泡沫管道在防火堤外设置的高背压泡沫产生器快装接口的安装作了规定,要求水平安装。其目的是为了高背压泡沫产生器与快装接口连接操作时方便快捷。

3 新增条文。本款对液下喷射和半液下喷射泡沫管道上采用防油品渗漏设施的安装作了规定。一般防渗漏设施采用铝膜制作,既能承受储罐介质的静压,又能在供泡沫时冲破薄膜,不影响泡沫喷射。该产品已有制造厂家。半液下喷射泡沫管道上防油品渗漏的密封膜和泡沫喷射装置,目前我国还没有开发此产品。

5.5.4 新增条文。本条对泡沫液管上的冲洗及放空管道的设置要求作了规定。

该管道设置应符合设计要求,当设计无要求时,应设置在泡沫液泵进口和出口管道的最低处,主要是为了泡沫灭火系统工作后,排净管道内的泡沫液及冲洗管道后的污水,以免腐蚀,使阀门和管道免遭损坏。

5.5.5 原规范第4.6.1条第5款的修改补充。本条对泡沫喷淋管道的支架、吊架安装的有关要求作了规定。主要目的是为了确保管道安装的牢固性,使其在受外力和自身水力冲击时不至于损伤;另外,其安装位置不得妨碍喷头喷射泡沫的效果。

5.5.6 原规范第4.6.1条第4款、第4.6.2条第2款的修改和补充。本条对阀门的安装要求作了规定。

1 新增条文。本款对泡沫混合液管道采用的阀门的安装要求作了规定。因为泡沫混合液管道采用的阀门有手动,还有电动、气动和液动阀门,后三种多用在大口径管道,或遥控和自动控制上,它们各自都有标准,所以作了本款规定。

2 新增条文,并作为强制性条文执行。本款是对具有遥控、自动控制功能阀门的安装要求和设置在有爆炸和火灾危险环境时的安装要求,应按现行国家标准《电气装置安装工程爆炸和火灾危险环境电气装置施工及验收规范》GB 50257 执行。

3 原规范第4.6.2条第2款的补充。本款规定泡沫管道进储罐处设置的钢质明杆闸阀和止回阀应水平安装,其原因是由半液下喷射装置和止回阀产品结构决定的,另外,受泡沫管道进储罐处标高的限制,所以只能水平安装。再有止回阀不能装反,泡沫的流动方向应与止回阀标注的箭头方向一致,否则泡沫不能进入储罐内,反而储罐内的介质倒流入管道内,造成更大事故。调研中发现,有的单位将泡沫管道从罐壁顶部进入储罐内,这种安装方式是错误的,没有发挥液下喷射的优点。这样做的目的是防止泄漏,其实目前研究出很多防止泄漏的方法,技术已经成熟,可以采用。

4 原规范第4.6.1条第6款的修改。本款规定了高倍数泡沫产生器进口端泡沫混合液管道上设置的压力表、管道过滤器、控制阀宜安装在水平支管上。这主要是由管道过滤器的结构决定的,目前已研究出可立式安装的管道过滤器,因此,原规范的"应"改为"宜"。但压力表仍需竖直安装在管道上。

5 原规范第4.6.1条第4款。本款规定了自动排气阀的安

装要求。

泡沫混合液管道上设置的自动排气阀，是一种能自动排出管道内气体的专用产品。管道在充泡沫混合液（或调试时充水）的过程中，管道内的气体将被自然驱压到最高点或管道内气体最后集聚处，自动排气阀能自动将这些气体排出，当管道充满液体后该阀会自动关闭。排气阀立式安装是产品结构的要求，在系统试压、冲洗合格后进行安装，是为了防止堵塞，影响排气。

6、8、9 新增条文。这三款是对常用的控制阀门的安装作了规定。主要考虑对安装高度的要求，应便于操作。另外，提出了在环境温度为0℃及以下的地区在阀门的安装和选择上应注意的问题。

7 新增条文。本款对储罐区固定式泡沫灭火系统同时又具备半固定系统功能时管牙接口的安装作了规定。目的是便于消防车或其他移动式的消防设备与储罐区固定式泡沫灭火系统相连。

10 原规范第4.6.1条第4款。本款规定放空阀安装在低处。主要是为了泡沫灭火系统工作后，排净管道内的泡沫混合液或泡沫液及冲洗管道后的污水。其目的是避免腐蚀，北方地区还为防止冰冻，使阀门和管道免遭损坏。另外，对于管道的维修或更换组件也需排净管道内的液体，以便工作。

5.5.7 原规范第4.6.5条的补充。本条对泡沫消火栓（以下简称消火栓）的安装作了规定。

泡沫消火栓和消火栓实质上就是一种设备，本质上没有区别。安装在泡沫混合液管道上，出流泡沫混合液就是泡沫消火栓；安装在水管管道上，出流的是水就是消火栓，它们必须符合国家标准《室外消火栓通用技术条件》GB 4452、《室内消火栓》GB 3445和《消火栓箱》GB 14561的要求。

1 原规范第4.6.5条第1款的补充。泡沫混合液管道上设置的消火栓是根据防护区或储罐的具体情况，按照规范的要求和总体布置等综合因素选择消火栓的规格、型号、数量、位置、安装方式、间距等，有的还要根据泡沫混合液的用量、保护半径、压力等综合计算确定。泡沫混合液管道按安装位置可分为室外管道和室内管道，按安装方式可分为地上安装（包括架空）、埋地安装或地沟安装。一般情况室外管道选用地上式消火栓或地下式消火栓；室内管道选用室内消火栓或消火栓箱。从调研情况看，目前国内室外管道（干管）大部分采用埋地安装，多数选择地上式或地下式消火栓，部分南方地区采用地上安装，选用地上消火栓（去掉弯管）、消火栓箱或带闷盖的室内消火栓，而室内管道（干管）采用架空安装或地沟安装，消火栓选用室内消火栓或消火栓箱。综上所述，泡沫混合液管道上消火栓的选型、安装方式、数量、安装位置和间距等都是由设计者确定的，所以本条规定应符合设计要求。

2 原规范第4.6.5条第2款的补充。本款规定了地上式消火栓应垂直安装，补充了地下式消火栓应安装在消火栓井内泡沫混合液管道上。

3 原规范第4.6.5条第3款。当采用地上式消火栓时，其大口径出液口应朝向消防车道，这是便于消防车或其他移动式的消防设备吸液口的安装。地上式消火栓上的大口径出液口，在一般情况下不用，而是利用其小口径出液口即KWS65型接口，接上消防水带和泡沫枪进行灭火，当需要利用消防车或其他移动式消防设备灭火，而且需要从泡沫混合液管道上设置的消火栓上取用泡沫混合液时，才使用大口径出液口。

4 原规范第4.6.5条第4款的补充。当采用地下式消火栓时，应有明显的标志。一般在井盖上都有标志，但由于锈蚀或被灰尘覆盖，甚至违反规定堆放物资，这是不允许的，为了安全宜在明显处设置标志，如墙上。另外，还规定了顶部出口与井盖底面的距离要求，这是为了消防人员操作快捷方便，以免下井操作，也避免井盖轧坏损坏消火栓。

5 原规范第4.6.5条第5款。当采用室内消火栓或消火栓箱时，规定了栓口的安装方向和高度，其目的是避免消防水带折叠

影响压力和流量，另外，使消防人员操作方便，同时也规定了安装时坐标及标高允许偏差的范围。

6 新增条文。本款对泡沫泵站内或站外附近泡沫混合液管道上设置消火栓作了规定，设置数量和位置按设计要求。其目的是为了检测系统的性能和扑救泡沫泵站附近的火灾。

5.6 泡沫产生装置的安装

5.6.1 原规范第4.4.1条的修改和补充。本条对低倍数泡沫产生器的安装作了规定。

1 原规范第4.4.1条第1、2款的合并。液上喷射泡沫产生器，有横式和立式两种类型。横式泡沫产生器应水平安装在固定顶储罐罐壁的顶部或外浮顶储罐罐壁顶部的泡沫导流罩上。立式泡沫产生器应垂直安装在固定顶储罐罐壁顶部或外浮顶储罐罐壁顶部的泡沫导流罩上。因为水平或垂直安装是由泡沫产生器的结构决定的，泡沫导流罩的作用在本规范第2.0.4条的条文说明中已有叙述。

2 原规范第4.4.1条第3款的补充。本款规定了泡沫溜槽或泡沫降落槽在水溶性液体储罐内安装时的要求。为了使泡沫溜槽接近液面和泡沫平缓向下流动，本款规定了泡沫溜槽距罐底1.0~1.5m和溜槽与罐底平面夹角为30°~45°。泡沫降落槽应垂直安装，并给出了垂直度的允许偏差和坐标及标高允许偏差，其目的是要求严格一些，与有关标准的要求也是一致的。安装缓冲装置的意义，在本规范第2.0.5、2.0.6条的条文说明中已分别作了叙述。

3 原规范第4.4.1条第4款的补充。本款规定液下和半液下的高背压泡沫产生器应设在防火堤外，并应水平安装在泡沫混合液管道上，这是由产品的结构决定的，其安装位置和高度及与其他阀门的前后顺序，应按设计要求进行。半液下泡沫喷射装置在我国还没有产品，国外已有采用。

4 新增条文。本款对高背压泡沫产生器进、出口压力表接口，背压调节阀和泡沫取样口的安装要求及对阀门的要求作了规定。

5 新增条文。本款规定了液上喷射泡沫产生器或泡沫导流、罩沿罐周均匀布置时，其间距偏差不宜大于100mm。目的是让泡沫产生器等距离喷射，使泡沫均匀分布在液面上，并以最短的时间合拢，缩短灭火时间。

6 新增条文。本款对外浮顶储罐泡沫喷射口设在浮顶上时的安装要求，目的是使泡沫分布均匀、封闭液面快、泡沫流失少、灭火速度快。

7~9 新增条文。此三款是对外浮顶储罐和单、双盘内浮顶储罐泡沫堰板的高度及与罐壁的间距、排水孔的数量和尺寸要求作了规定。因为它直接影响泡沫液的需要量和灭火速度。

10 新增条文。本款对高背压泡沫产生器并联安装作了规定。

11 新增条文。本款对半液下泡沫喷射装置的安装作了规定。

5.6.2 原规范第4.4.2条。本条对中倍数泡沫产生器的安装作了规定。

中倍数泡沫产生器也是安装在固定顶储罐罐壁的顶部，其安装位置及尺寸正确与否直接影响系统的施工质量，所以应按设计要求进行。另外，它的体积和重量也较大，安装时容易损坏附件，如百叶窗式的盖，这样会影响进空气，所以本条作了规定。

5.6.3 原规范第4.4.3条的补充。本条对高倍数泡沫产生器的安装作了规定。

1 新增条文。本款对高倍数泡沫产生器的安装作了应符合设计要求的规定。实际上主要体现在安装位置和高度上，因为安装位置影响泡沫分布，安装高度影响泡沫的推进速度，直接影响灭火。

2~4 原规范第4.4.3条第1~3款。高倍数泡沫产生器是

由动力驱动风叶转动鼓风,使大量的气流由进气端进入产生器,故在距进气端的一定范围内不应有影响气流进入的遮挡物。进入喷嘴的泡沫混合液以雾状形式喷向发泡网,在其内表面形成一层液膜,被大量气流吹胀的泡沫群从发泡网喷出,故要求在发泡网前的一定范围内不应有影响泡沫喷放的障碍物。由于风叶由动力源驱动高速旋转,高倍数泡沫产生器固定不牢会产生振动和移位,故要求牢固地安装在建筑物、构筑物上。

另外,高倍数产生器体积和重量较大,安装时往往被拆开,易损坏零部件,所以本条要求不得拆卸。

5.6.4 原规范第4.4.4条第1~6款的修改。本条对泡沫喷头的安装要求作了规定。

1 原规范第4.4.4条第1、2款的合并。泡沫喷头的规格、型号与选用的泡沫液的种类、泡沫混合液的供给强度和保护面积息息相关,切不可误装,一定要符合设计要求,而且泡沫喷头的安装应在系统试压、冲洗合格后进行,因为泡沫喷头的孔径较小,系统管道冲洗不干净,异物容易堵塞喷头,影响泡沫灭火效果。

2 原规范第4.4.4条第3款。泡沫喷头在安装时应牢固、规整,不得拆卸或损坏喷头上的附件,否则影响使用。

3 原规范第4.4.4条第4款。顶部安装的泡沫喷头一定安装在被保护的上部垂直向下,其安装高度应严格按设计要求进行。国际标准化组织(ISO)和美国标准NFPA11中,均对泡沫喷头的安装高度及泡沫混合液的供给强度作了规定。本款给出了坐标及标高的允许偏差。

4 原规范第4.4.4条第5款。侧向安装的泡沫喷头应安装在被保护物的侧面对准保护物体,水平喷洒泡沫,并给出了距离允许偏差的范围,因为水平喷洒泡沫要考虑泡沫的射程,尤其是正偏差不要太大。

5 原规范第4.4.4条第6款。地下安装的泡沫喷头应安装在被保护物的下方,地面以下,水平或垂直喷洒泡沫,如飞机库或汽车库。在未喷射泡沫时,其顶部应低于地面10~15mm,若顶部高出地面,影响作业;若顶部低于地面很多,易积藏一些尘土和杂物,影响泡沫喷头喷洒泡沫。

5.6.5 原规范第4.4.5条。本条对固定式泡沫炮的安装作了规定。

1 原规范第4.4.5条第1款。规定此款的目的是避免泡沫无法到达防护区。安装位置和高度一定按设计要求进行。当设计无规定时,一般考虑到人的身高,便于操作和维护。

2 原规范第4.4.5条第2款。固定式泡沫炮的进口压力一般在1.0MPa以上,流量也较大,其反作用力很大,所以安装在炮塔或支架上的固定式泡沫炮应牢固固定。

3 原规范第4.4.5条第3款。电动泡沫炮可远距离操作,所以必须有控制设备,电源线和控制线,它们的规格、型号及设置位置、敷设方式、接线等应严格按设计要求进行,否则影响电动泡沫炮的正常操作。

6 系统调试

6.1 一般规定

6.1.1 原规范第5.1.1条。本条规定了泡沫灭火系统调试的前提条件和与系统有关的火灾自动报警装置及联动控制设备调试的前后顺序。

泡沫灭火系统的调试只有在整个系统已按照设计要求全部施工结束后,才可能全面、有效地进行各项调试工作。与系统有关的火灾自动报警装置及联动控制设备是否合格,是泡沫灭火系统能否正常运行的重要条件。对于泡沫喷淋系统、高倍数泡沫灭火系统绝大部分是采用自动报警、自动灭火的形式,因此,必须先把火灾自动报警和联动控制设备调试合格,才能与泡沫灭火系统进行连锁试验,以验证系统的可靠程度和系统各部分是否协调。另外,泡沫灭火系统与火灾自动报警装置的施工、调试单位有可能不是同一个单位,即使是同一个单位也是不同专业的人员,明确调试前后顺序有利于协调工作,也有利于调试工作的顺利进行,因此作了本条规定。

执行本条规定应注意的是:与系统有关的火灾自动报警装置和联动控制设备的调试应按现行国家标准《火灾自动报警系统施工及验收规范》的有关规定执行。

6.1.2 原规范第5.1.2条。本条规定了调试前应具备的技术资料。

泡沫灭火系统的调试是保证系统能正常工作的重要步骤,完成该项工作的重要条件是调试所必需的技术资料应完整,方能使调试人员确认所采用的设备、材料是否符合国家有关标准的合格产品;是否按设计施工图和设计要求施工;安装质量如何,便于及时发现存在的问题,以保证调试工作的顺利进行。

6.1.3 原规范第5.1.3条的补充。本条规定了调试工作应具有经批准的方案和调试应遵守的原则。

系统的调试工作,是一项专业技术非常强的工作,因此,要求调试前应制订调试方案,并经监理单位批准。另外,要做好调试人员的组织工作,做到职责明确,并应按照预先制订的调试方案和调试程序进行,这是保证系统调试成功的关键条件之一,因此本条作了规定。

6.1.4 原规范第5.1.4条的修改和补充。本条规定了调试前应对系统施工质量进行检查,并应及时处理所发现的问题,其目的是为了确保系统调试工作的顺利进行。

6.1.5 原规范第5.1.5条。由于本章规定了调试时需要测定介质的工作压力,实测泡沫混合液的混合比及发泡倍数,因此,本条规定了调试前应将需要临时安装在系统上经校验合格的仪器、仪表安装完毕,如压力表、流量计;调试时所需的检验设备应准备齐全,如手持折射仪;手持导电度测量仪;台秤(或天平、电子秤)、秒表、量杯和量桶等设备。

6.1.6 新增条文。水源、动力源和泡沫液是调试的基本保证,三者缺一不可。水源由水池、水罐或天然水源提供,无论哪种方式供水,其容量都应符合设计要求,调试时可先满足调试需要的用量。动力源主要是电源和备用动力,备用动力一般由内燃机泵和内燃发电机,它们都应满足设计要求,并应运转正常。与之配套的电气设备已具备联动条件。泡沫液的调试用量是根据最不利点的储罐或保护区和调试方法,经计算得出,调试时应先满足,因此作了本条规定。

6.1.7 原规范第5.3.3条的修改。泡沫灭火系统的调试是属于施工过程检查的一部分,也是质量控制的内容,调试合格后应按本规范表B.0.2-6记录,其目的在本规范第4.1.1条的条文说明中已有叙述。然后用清水冲洗放空,防止设备和管道的腐蚀,最后将系统复原,申请验收。

6.2 系统调试

6.2.1 原规范第6.2.1条第1款的修改。本条对泡沫灭火系统的动力源和备用动力的切换试验作了规定,因为动力源是泡沫灭火系统的重要组成部分之一,没有可靠的动力源,灭火系统就不能正常工作。当动力源停止或故障,备用动力应能启用。为此,本条规定的目的就是保证系统动力源的可靠性和稳定性。

6.2.2 本条规定了消防泵应进行运行试验和转换运行试验。

1 原规范第5.2.2条。消防泵是泡沫灭火系统的主要设备之一,它运行的正常与否,直接影响系统的效能,因此,本条作了运行试验的规定,以保证泡沫灭火系统的正常运行。试验结果应符合设计要求和产品标准的要求。

2 原规范第6.2.1条第2款的修改。本款对消防泵的转换运行试验作了规定。消防泵按本条第1款进行运行试验,合格后还应进行转换运行试验,以保证在任何不利情况下都能有泵工作,使系统正常运行。

6.2.3 原规范第5.2.3条的修改。本条对泡沫比例混合器(装置)的调试作了规定。

泡沫比例混合器(装置)是保证泡沫混合液按预定比例混合的重要设备,是泡沫灭火系统的核心设备之一,所以本条规定了对泡沫比例混合器(装置)应进行调试,并与系统喷泡沫试验同时进行,这样才能实测混合比,且应符合设计要求。

测量方法有三种:

第一种,流量计测量:《低倍数泡沫灭火系统设计规范》GB 50151(2000年版)第3.1.6条中规定:"在固定式泡沫灭火系统的泡沫混合液主管道上应留出泡沫混合液流量检测仪器安装位置"。但在泡沫液管道上没有规定,要想测量精确,在出泡沫液的管道上也应安装流量计。对于平衡式比例混合装置、环泵式比例混合器,由施工单位在现场就可以完成,但对压力式比例混合装置应由制造厂家预留安装位置(加可拆卸短管)。这样测出的流量经计算就可得出混合比。另外,有一种超声波流量计使用简单,但价格较高,测量流量时有误差(产品说明书上称误差为1%),目前还没有普遍使用。

第二种,折射指数法测量:对于折射指数比例高的泡沫液,如蛋白泡沫液、氟蛋白泡沫液等,可用手持折射仪进行测量。依据的原理是折射指数与泡沫液的浓度成正比,折射指数越大,浓度越大,以此可绘制出标准浓度曲线,然后再测量系统喷泡沫时取出的混合液试样的折射指数,并与之比较,就可以确定实际混合比。详细测量方法见产品使用说明书。

第三种,导电度法测量:对于折射指数比较小的泡沫液,如水成膜泡沫液、抗溶水成膜泡沫液等,就得采用手持导电度测量仪进行测量。其原理是泡沫液加入水中后,水的导电度发生变化,且导电度的大小与所加的泡沫液量有关,以此可绘制出标准浓度曲线。一般取三点连接,最好接近直线,然后再测量系统喷泡沫时取出的混合液试样的导电度,并与之比较,就可以确定实际混合比。但当水源为咸水时,导电度非常大,加入泡沫液后导电度变化较小,这时此方法要慎用。详细测量方法见产品使用说明书。

实测泡沫混合液的混合比不小于额定值,也不得大于额定值的30%,且6%型泡沫液应在6%~7%范围内,3%型泡沫液应在3%~4%范围内。

6.2.4 原规范第5.2.4条的修改和补充,并把原规范第5.2.1条、第5.3.2条第1款和第2款的内容纳入检查方法之中,增加了泡沫枪内容。本条对泡沫产生装置的调试作了规定。

1 原规范第5.2.4条第1款。低倍数泡沫产生器分液上、液下两种形式,中倍数泡沫产生器只能液上喷射,他们都是泡沫混合液吸入空气生成泡沫的设备。不同型号的产生器,在一定的进口工作压力下,通过一定量的泡沫混合液,生成泡沫。只有泡沫产生

器实测进口压力满足标准的要求,才能保证产生的泡沫量符合设计要求。所以本款规定,低、中倍数泡沫产生器的调试应进行喷水试验,其进口压力应符合设计要求,这样才能保证整个泡沫灭火系统的正常运行。检查方法按本款执行。

2 原规范第5.2.4条第2款。本款要求对泡沫喷头应全部进行喷水试验,但检查是选择最不利防护区的最不利点4个相邻喷头用压力表测量后,经计算保护面积内平均供给强度符合设计要求。

3 原规范第5.2.4条第3款。

4 新增条文。

第3、4两款规定了固定式泡沫炮和泡沫枪应全部进行喷水试验,其进口压力和射程选择最不利点测量,固定式泡沫炮的射高、仰俯角度、水平回转角度应全部符合设计要求。

5 原规范第5.2.4条第4款。高倍数泡沫产生器的调试是分别对每个防护区内的全部产生器同时进行喷水试验,记录每台产生器进口端压力表的读数,计算其平均值不应小于系统的设计值,调试中还需观察每台产生器发泡网的喷水状态应正常,如出现异常现象应由专业人员处理,一般不应拆卸产生器。

6.2.5 原规范第5.2.5条。本条对泡沫消火栓的调试作了规定。

在泡沫灭火系统中,泡沫消火栓是安装在泡沫混合液的管道上,接上水带和泡沫枪,用于扑救流散火灾。而泡沫枪额定工作压力是有要求的,这样才能保证流量和射程,因此,本条规定泡沫消火栓全部进行喷水试验。测压时可选择最不利点,其出口压力应符合设计要求。

6.2.6 原规范第5.3.2条第3~5款。本条对泡沫灭火系统的调试作了规定,并作为强制性条文执行。

1 原规范第5.3.2条第3款。用手动控制或自动控制的方式进行喷水试验,其目的是检查泵能否及时准确启动,阀门的启闭是否灵活、准确,管道是否通畅无阻,到达泡沫产生装置处的管道压力是否满足设计要求,泡沫比例混合器(装置)的进、出口压力是否符合设计要求。

2 原规范第5.3.2条第4款。本款规定的目的是验证低、中倍数泡沫灭火系统运行是否正常。不管是哪种控制方式只进行一次喷泡沫试验,是为了节省泡沫液,当为自动灭火系统时,应以自动控制的方式进行,并要求喷射泡沫的时间不应小于1min,是为了真实地测出泡沫混合液中的泡沫液与水的混合比和泡沫混合液的发泡倍数,并应符合设计要求。

这里应该说明的是,本款所指的最不利点为设计混合液量最大或地处最远、最高、所需泵的扬程最大的防护区或储罐,该点需经计算比较后确定。

泡沫混合液的混合比的测量方法及合格标准,在本规范第6.2.3条的条文说明中已有叙述。其余项目检查方法在本款中已有规定,其检查结果应符合设计要求。

3 原规范第5.3.2条第5款。高倍数泡沫灭火系统喷泡沫时,应将水放空,然后分别对每个防护区以自动或手动控制的方式进行一次喷泡沫试验,喷射泡沫的时间不应小于30s。如防护区内已安装设备不宜长时间喷泡沫时,可缩短时间,但每台产生器必须都已喷泡沫,方可停止试验,喷泡沫时应由专业人员观察每台产生器的喷泡沫情况且都应正常。

根据选用的高倍数泡沫产生器的规格、型号,查出厂时给出的压力与发泡量、压力与混合液流量的关系曲线,可由产生器的进口压力查出对应的发泡量及混合液流量,计算出防护区系统的混合液流量和泡沫供给速率,其值应达到设计要求的最小供给速率。其余项目检查方法在本款及有关条款中已有规定和叙述,其检查结果应符合设计要求。

7 系统验收

7.1 一般规定

7.1.1 原规范第6.1.1条的修改。本条规定了验收的组织单位及应到现场参加验收的相关单位,便于全面核查、客观评价。这是符合《条例》第16条规定的。

7.1.2 原规范第6.1.3条的修改。本条规定了验收时所必须提供的全部技术资料,这些资料是从工程开始到系统调试,施工全过程质量控制等各个重要环节的文字记录。同时也是验收时质量控制资料核查的内容,这是验收时应做的两项工作之一,软件验收。这是实施《条例》第17条,建立完善的技术档案的基本条件。

7.1.3 原规范第6.2.2条的改写。本条规定了泡沫灭火系统验收合格与否的判定标准,并作为强制性条文执行。系统功能是泡沫灭火系统能否成功灭火的关键项目,因此应该全部合格,验收时不合格,不得通过验收。验收后应按本规范表B.0.5记录,并作为资料移交存档。

7.1.4 原规范第6.2.3条的补充。本条规定了泡沫灭火系统验收合格后,施工单位应用清水把系统冲洗干净并放空,将系统复原,以便投入使用。同时按照《条例》第17条的规定,应向建设单位移交全部的技术资料,以便建立、健全建设项目档案,并向建设行政主管部门或其他有关部门移交。

7.2 系统验收

7.2.1 原规范第6.1.2条第1、2款和第6.1.4条的修改和补充。本条规定了泡沫灭火系统验收时,应按本条的内容对系统施工质量进行验收,这是验收时应做的两项工作之一,硬件验收第1项内容,是对施工质量的全面考核。

为了使泡沫灭火系统的验收能够顺利进行,尽管监理和施工单位已对系统的组件、材料进行了进场检验和复验,对施工过程进行了全面检查并进行了调试,但验收时还应按照本条规定的内容对系统的各个组成部分进行验收,以保证系统的施工质量和系统功能验收时能正常运行,符合设计要求。

7.2.2 原规范第6.1.2条第3款和第6.2.1条第3、4款的缩写。本条规定了对泡沫灭火系统功能验收试验的项目及要求,这是硬件验收第2项内容。

泡沫灭火系统功能验收是整个系统验收的核心,以前所做的一切都是为系统功能的验收服务的,按照本条规定的项目进行试验,来验证泡沫灭火系统技术性能指标是否达到了设计要求,为以后的正常运行提供了可靠的保障。

8 维护管理

8.1 一般规定

8.1.1 原规范第7.1.1条。本条规定了泡沫灭火系统验收合格后方可投入运行。这是根据《中华人民共和国消防法》的规定,必须执行。其目的是保障系统可靠运行。

8.1.2 原规范第7.1.2条和第7.1.3条第5款的修改和补充。本条规定了泡沫灭火系统投入运行前,建设单位应配齐经过专门培训,并通过考试合格的人员负责系统的维护、管理、操作和定期检查。

严格的管理、正确的操作、精心的维护和仔细认真的检查是泡沫灭火系统能否发挥正常作用的关键之一,实践证明没有任何一种灭火系统在没有平时的精心维护下,就能发挥良好作用的。泡沫灭火系统使用的时间较长(泡沫液除外),有的设备和绝大部分管道在室外,有的管道埋地,这样长期受环境的影响极易生锈、腐蚀,有的部件可能老化。因此,加强日常的检查和维护管理,对系统保持正常运行至关重要。为此,要求检查、维护、管理和操作的人员必须具备一定的消防专业知识和基本技能才能胜任此项工作。从目前国内现状来看,大型石化企业都设专职消防队即企业消防队,他们训练有素,但一般企业没有专职消防队,也不设专职操作人员,而是由工艺岗位上的操作人员兼职。他们对泡沫灭火系统不是十分了解,所以上岗前必须对他们进行专门培训,掌握系统的专业知识和操作规程,并通过考试合格才能承担此项任务,否则会影响泡沫灭火系统的正常运行,达不到灭火的目的,给国家造成重大损失。

建设单位应建立系统的技术档案,并将所有的文件、技术资料整理存档,以便系统的检查和维护,为日后查阅提供方便。

8.1.3 原规范第7.1.3条的修改和补充。本条规定了泡沫灭火系统投入运行时,维护、管理应具备的资料。

系统投入运行时,应具备本条所规定的资料,这是保证系统正常运行和检查维护所必需的。管理人员要搞好检查、维护工作,必须对系统有全面的了解,熟悉系统的性能、构造及设备的安装使用说明和检查维护方法,才能完成所承担的工作。

为了保持系统的正常状态,在需要灭火时能合理、有效地进行各种操作,必须预先制订系统的操作规程和系统流程图。另外,值班员的职责要明确,分工要明确,这样在系统灭火时才不至于慌乱,平时的检查维护也要有分工。

泡沫灭火系统的检查维护是一项长期延续的工作,做好系统的检查、维护记录便于判断系统运行是否正常,检查、维护工作是否按要求进行,为今后的维护管理积累必要的档案资料。

8.1.4 原规范第7.2.5条。本条对检查和试验的结果作了规定,并作为强制性条文执行。

对检查和试验中发现的问题,应及时处理或修复,对损坏或不合格者应立即更换,使系统复原,这样才能保证系统的正常运行。

这里还应指出:各建设单位在未经消防监督机构批准的情况下,不得擅自关停系统,如有需要报停或废止要拆除的系统,要征求消防监督机构的意见,同意后按规定程序,由专门施工单位负责拆除。

8.2 系统的定期检查和试验

8.2.1 原规范第7.2.1条。本条规定了每周对消防泵和备用动力进行一次启动试验。

消防泵是指水泵、泡沫液泵和泡沫混合液泵。泡沫液泵只能输送泡沫液,目前只有在选择平衡式比例混合装置时采用;泡沫混合液泵只有在采用环泵式比例混合器时,才输送泡沫混合液。备用动力是指内燃发电机组和内燃机拖动的泵,统称为备用动力。它们是泡沫灭火系统关键设备之一,直接影响系统的运行。因此,本条规定每周应对消防泵和备用动力以手动或自动控制的方式进行一次启动试验,看其是否运转正常,试验时泵可以打回流,也可空转,但空转时运转时间不应大于5s。试验后应将泵和备用动力及有关设备恢复原状。试验应由经过专门培训合格的人员操作,试验结果应按本规范表D.0.1填写系统周检记录。

8.2.2 原规范第7.2.2条的修改。本条规定了泡沫灭火系统每月检查的内容和要求。

每月应按本条所规定的内容和要求进行外观检查,应完好无损,无锈蚀,一切均应正常,若发现问题应及时处理,以保证系统能正常运行。并应按本规范表D.0.2填写系统月(年)检记录。

8.2.3 原规范第7.2.3条第1款的修改。将每年对系统的检查改为半年。本条规定了泡沫灭火系统每半年检查的内容和要求。

每半年应按本条所规定的内容和要求进行检查。对系统的外观检查按月检的规定进行。半年检时,系统的管道应全部冲洗,清除锈渣,防止管道堵塞,但考虑到储罐上泡沫混合液立管冲洗时,容易损坏密封玻璃,甚至把水打入罐内,影响介质的质量,若拆卸,较困难,易损坏附件,因此可不冲洗,但要清除锈渣,在本规范第8.2.2条月检时已规定。清渣时,用木锤敲打,从锈渣清扫口排出。对液下喷射防火堤内泡沫管道冲洗时,必然把水打入罐内,影响介质的质量,若拆卸止回阀或密封膜也较困难,因此可不冲洗,也可不清除锈渣,因为泡沫喷射管的截面积比泡沫混合液管道的截面积大,不易堵塞。对高倍数泡沫产生器进口端控制阀后的管道不用冲洗和清除锈渣,因为这段管道设计时一般都是不锈钢的。检查完毕应按本规范表D.0.2填写系统月(年)检记录。

8.2.4 原规范第7.2.4条的补充。本条规定了每两年对系统进行检查和试验的内容及要求。

系统运行2年泡沫液就应该更换,利用这个机会对泡沫灭火系统进行喷射泡沫试验,并对系统所有的组件、设施(包括配电和供水设施)、管道及管件进行全面检查是个绝好的时机。与系统有关的火灾自动报警系统及联动设备的检验,应按有关规定执行,这里不再说明。

泡沫灭火系统喷射泡沫试验,原则上应按本规范第7.2.2条第1、2款的要求进行。但考虑到低、中倍数泡沫灭火系统喷射泡沫试验涉及的问题较多,又不能直接向防护区或储罐内喷射泡沫,为了避免拆卸有关管道和泡沫产生器,建设单位可结合本单位的实际情况进行试验。例如,利用泡沫混合液管道上的泡沫消火栓,接上水带、泡沫枪(中倍数也称手提式中倍数泡沫产生器)进行试验。利用防护区或储罐检修的机会,经批准可选择某个防护区或储罐进行试验。

对于高倍数泡沫灭火系统可在防护区内进行喷泡沫试验,在系统试验的过程中,检查组件、设施、管道及管件和喷射泡沫的情况,看其各项性能指标是否还符合设计要求。检查和试验应由经过专门培训合格人员担任,并按预定的方案进行。

系统检查和试验完毕,应对试验时所用过的组件、管道及管件,用清水冲洗放空,系统复原,并应按本规范表D.0.2填写系统月(年)检记录。

中华人民共和国国家标准

飞机库设计防火规范

Code for fire protection design of aircraft hangar

GB 50284-2008

主编部门：中 国 航 空 工 业 集 团 公 司
中 华 人 民 共 和 国 公 安 部
中 国 民 用 航 空 局
批准部门：中华人民共和国住房和城乡建设部
施行日期：2 0 0 9 年 7 月 1 日

中华人民共和国住房和城乡建设部公告

第 158 号

关于发布国家标准《飞机库设计防火规范》的公告

现批准《飞机库设计防火规范》为国家标准，编号为 GB 50284—2008，自 2009 年 7 月 1 日起实施。其中，第 3.0.2、3.0.3、4.1.4、4.2.2、4.3.1、5.0.1、5.0.2、5.0.5、5.0.8、9.1.1、9.1.2、9.2.1、9.2.2、9.2.3、9.3.1、9.3.4(1、2)、9.3.6、9.4.2、9.4.3、9.5.4 条(款)为强制性条文，必须严格执行。原《飞机库设计防火规范》GB 50284—98 同时废止。

本规范由我部标准定额研究所组织中国计划出版社出版发行。

中华人民共和国住房和城乡建设部
二○○八年十一月十二日

35

前　言

根据建设部"关于印发《2006年工程建设标准规范制定、修订计划(第二批)》的通知"(建标〔2006〕136号)的要求,本规范由中国航空工业规划设计研究院会同公安部消防局、中国民用航空局公安局及首都机场公安分局、公安部天津消防研究所、公安部上海消防研究所以及准信投资控股有限公司、海湾集团、科大立安公司、美国安素公司、上海普东特种消防装备有限公司等单位共同修订而成。

本规范的修订,遵照国家有关基本建设的方针政策以及"预防为主,防消结合"的消防工作方针,对飞机库设计防火进行了调查、研究和测试工作,在总结了多年来我国飞机库设计防火实践经验的基础上,广泛征求了有关科研、设计、消防监督和飞机维修安全管理等部门和单位的意见,同时研究、消化和吸收了国外有关标准、规范的技术内容,最后经有关部门共同审查定稿。

本规范共9章,主要内容包括总则、术语、防火分区和耐火等级、总平面布局和平面布置、建筑构造、安全疏散、采暖和通风、电气、消防给水和灭火设施等。根据飞机库的火灾是烃类火和飞机贵重的特点,按飞机库停放和维修区的面积将飞机库划分为三类,有区别地采取不同的灭火措施。

本次修订的主要内容有:
1. 对Ⅰ类飞机库的防火分区面积限制进行了修改。
2. 增加了Ⅰ类飞机库灭火系统的种类。
3. 补充了自动喷水灭火系统对飞机库及机库屋架保护的内容。
4. 增加了飞机库采用燃气辐射采暖系统的规定。

5. 明确了飞机库屋架做了防火涂料保护后,与其他灭火措施的关系等内容。

本规范中以黑体字标志的条文为强制性条文,必须严格执行。

本规范由住房和城乡建设部负责管理和对强制性条文的解释,公安部消防局负责日常管理,中国航空工业规划设计研究院负责具体内容的解释。在执行过程中如有需要修改和补充的建议,请将相关资料和建议寄送中国航空工业规划设计研究院(地址:北京市西城区德外大街12号,邮政编码:100120),以供再修订时参考。

本规范主编单位、参编单位和主要起草人:

主编单位:中国航空工业规划设计研究院
参编单位:公安部消防局
中国民用航空局公安局
首都机场公安分局
公安部天津消防研究所
公安部上海消防研究所
准信投资控股有限公司
海湾集团
科大立安公司
美国安素公司
上海普东特种消防装备有限公司
主要起草人:沈顺高　马恒　李学良　彭吉兴　戚小专
杨妹　刘芳　谢哲明　魏旗　付建勋
张立峰　裴从忠　王宝伟　顾南平　倪照鹏
闫永林　郝爱玲　张晓明　刘卫华　吴龙标
云虹　徐敏　蔡民章　王丽晶　孙瑛
崔忠余　王瑞林

目　次

1 总 则

1.0.1 为了防止和减少火灾对飞机库的危害,保护人身和财产的安全,制定本规范。

1.0.2 本规范适用于新建、扩建和改建飞机库的防火设计。

1.0.3 飞机库的防火设计,必须遵循"预防为主,防消结合"的消防工作方针,针对飞机库火灾的特点,采取可靠的消防措施,做到安全适用、技术先进、经济合理。

1.0.4 飞机库的防火设计除应符合本规范外,尚应符合现行的国家有关标准的规定。

2 术 语

2.0.1 飞机库 aircraft hangar
    用于停放和维修飞机的建筑物。

2.0.2 飞机库大门 aircraft access door
    为飞机进出飞机库专门设置的门。

2.0.3 飞机停放和维修区 aircraft storage and servicing area
    飞机库内用于停放和维修飞机的区域。不包括与其相连的生产辅助用房和其他建筑。

2.0.4 翼下泡沫灭火系统 foam extinguishing system for area under wing
    用于飞机机翼下的泡沫灭火系统。

3 防火分区和耐火等级

3.0.1 飞机库可分为Ⅰ、Ⅱ、Ⅲ类,各类飞机库内飞机停放和维修区的防火分区允许最大建筑面积应符合表3.0.1的规定。

表3.0.1 飞机库分类及其停放和维修区的防火分区允许最大建筑面积

类 别	防火分区允许最大建筑面积(m²)
Ⅰ	50000
Ⅱ	5000
Ⅲ	3000

注:与飞机停放和维修区贴邻建造的生产辅助用房,其允许最多层数和防火分区允许最大建筑面积应符合现行国家标准《建筑设计防火规范》GB 50016的有关规定。

3.0.2 Ⅰ类飞机库的耐火等级应为一级。Ⅱ、Ⅲ类飞机库的耐火等级不应低于二级。飞机库地下室的耐火等级应为一级。

3.0.3 建筑构件均应为不燃烧体材料,其耐火极限不应低于表3.0.3的规定。

表3.0.3 建筑构件的耐火极限

构件名称		耐火极限(h) 耐火等级 一级	二级
墙	防火墙	3.00	3.00
	承重墙	3.00	2.50
	楼梯间、电梯井的墙	2.00	2.00
	非承重墙、疏散走道两侧的隔墙	1.00	1.00
	房间隔墙	0.75	0.50

续表3.0.3

构件名称		耐火极限(h) 耐火等级 一级	二级
柱	支承多层的柱	3.00	2.50
	支承单层的柱	2.50	2.00
	柱间支撑	1.50	1.00
梁		2.00	1.50
楼板、疏散楼梯、屋顶承重构件		1.50	1.00
吊顶		0.25	0.25

3.0.4 在飞机停放和维修区内,支承屋顶承重构件的钢柱和柱间钢支撑应采取防火隔热保护措施,并应达到相应耐火等级建筑要求的耐火极限。

3.0.5 飞机库飞机停放和维修区屋顶金属承重构件应采取外包敷防火隔热板或喷涂防火隔热涂料等措施进行防火保护,当采用泡沫-水雨淋灭火系统或采用自动喷水灭火系统后,屋顶可采用无防火保护的金属构件。

4 总平面布局和平面布置

4.1 一般规定

4.1.1 飞机库的总图位置、消防车道、消防水源及与其他建筑物的防火间距等应符合航空港总体规划要求。

4.1.2 飞机库与其贴邻建造的生产辅助用房之间的防火分隔措施，应根据生产辅助用房的使用性质和火灾危险性确定，并应符合下列规定：

  1 飞机库应采用防火墙与办公楼、飞机部件喷漆间、飞机座椅维修间、航材库、配电室和动力站等生产辅助用房隔开，防火墙上的门窗应采用甲级防火门窗，或耐火极限不低于 3.00h 的防火卷帘。

  2 飞机库与单层维修工作间、办公室、资料室和库房等应采用耐火极限不低于 2.00h 的不燃烧体墙隔开，隔墙上的门窗应采用乙级防火门窗，或耐火极限不低于 2.00h 的防火卷帘。

4.1.3 在飞机库内不宜设置办公室、资料室、休息室等用房，若确需设置少量这些用房时，宜靠外墙设置，并应有直通安全出口或疏散走道的措施，与飞机停放和维修区之间应采用耐火极限不低于 2.00h 的不燃烧体墙和耐火极限不低于 1.50h 的顶板隔开，墙体上的门窗应为甲级防火门窗。

4.1.4 飞机库内的防火分区之间应采用防火墙分隔。确有困难的局部开口可采用耐火极限不低于 3.00h 的防火卷帘。防火墙上的门应采用在火灾时能自行关闭的甲级防火门。门或卷帘应与其两侧的火灾探测系统联锁关闭，但应同时具有手动和机械操作的功能。

4.1.5 甲、乙、丙类物品暂存间不应设置在飞机库内。当设置在贴邻飞机库的生产辅助用房区内时，应靠外墙设置并应设置直接通向室外的安全出口，与其他部位之间必须用防火隔墙和耐火极限不低于 1.50h 的不燃烧体楼板隔开。

  甲、乙类物品暂存量应按不超过一昼夜的生产用量设计，并应采取防止可燃液体流淌扩散的措施。

4.1.6 甲、乙类火灾危险性的使用场所和库房不得设在地下或半地下室。

4.1.7 附设在飞机库内的消防控制室、消防泵房应采用耐火极限不低于 2.00h 的隔墙和耐火极限不低于 1.50h 的楼板与其他部位隔开。隔墙上的门应采用甲级防火门，其疏散门应直接通向安全出口或疏散楼梯、疏散走道。观察窗应采用甲级防火窗。

4.1.8 危险品库房、装有油浸电力变压器的变电所不应设置在飞机库内或与飞机库贴邻建造。

4.1.9 飞机库应设置从室外地面或附属建筑屋顶通向飞机停放和维修区屋面的室外消防梯，且数量不应少于 2 部。当飞机库长边长度大于 250.0m 时，应增设 1 部。

4.2 防火间距

4.2.1 除下列情况外，两座相邻飞机库之间的防火间距不应小于 13.0m。

  1 两座飞机库，其相邻的较高一面的外墙为防火墙时，其防火间距不限。

  2 两座飞机库，其相邻的较低一面外墙为防火墙，且较低一座飞机库屋顶结构的耐火极限不低于 1.00h 时，其防火间距不应小于 7.5m。

4.2.2 飞机库与其他建筑物之间的防火间距不应小于表 4.2.2 的规定。

表 4.2.2 飞机库与其他建筑物之间的防火间距(m)

建筑物名称	喷漆机库	高层航材库	一、二级耐火等级的丙、丁、戊类厂房	甲类物品库房	乙、丙类物品库房	机场油库	其他民用建筑	重要的公共建筑
飞机库	15.0	13.0	10.0	20.0	14.0	100.0	25.0	50.0

注：1 当飞机库与喷漆机库贴邻建造时，应采用防火墙隔开。
    2 表中未规定的防火间距，应根据现行国家标准《建筑设计防火规范》GB 50016 的有关规定确定。

4.3 消防车道

4.3.1 飞机库周围应设环形消防车道，Ⅲ类飞机库可沿飞机库的两个长边设置消防车道。当设置尽头式消防车道时，尚应设置回车场。

4.3.2 飞机库的长边长度大于 220.0m 时，应设置进出飞机停放和维修区的消防车出入口，消防车道出入飞机库的门净宽度不应小于车宽加 1.0m，门净高度不应低于车高加 0.5m，且门的净宽度和净高度均不应小于 4.5m。

4.3.3 消防车道的净宽度不应小于 6.0m，消防车道边线距飞机库外墙不宜小于 5.0m，消防车道上空 4.5m 以下范围内不应有障碍物。消防车道与飞机库之间不应设置妨碍消防车操作的树木、架空管线等。消防车道下的管道和暗沟应能承受大型消防车满载时的压力。

4.3.4 供消防车取水的天然水源或消防水池处，应设置消防车道或回车场。

5 建筑构造

5.0.1 防火墙应直接设置在基础上或相同耐火极限的承重构件上。

5.0.2 飞机库的外围护结构、内部隔墙和屋面保温隔热层均应采用不燃烧材料。飞机库大门及采光材料应采用不燃烧或难燃烧材料。

5.0.3 飞机库大门轨道处应采取排水措施，寒冷及易结冰地区其轨道处尚应采取融冰措施。

5.0.4 飞机停放和维修区的地面标高应高于室外地坪、停机坪和道路路面 0.05m 以上，并应低于与其相通房间地面 0.02m 以下。

5.0.5 输送可燃气体和甲、乙、丙类液体的管道严禁穿过防火墙。其他管道不宜穿过防火墙，当确需穿过时，应采用防火封堵材料将空隙紧密填实。

5.0.6 飞机停放和维修区的地面应有不小于 5‰ 的坡度坡向排水口。设计地面坡度时应符合飞机牵引、称重、平衡检查等操作要求。

5.0.7 飞机停放和维修区的工作间壁、工作台和物品柜等均应采用不燃烧材料制作。

5.0.8 飞机停放和维修区的地面应采用不燃烧体材料。飞机库地面下的沟、坑均应采用不渗透液体的不燃烧材料建造。

6 安全疏散

6.0.1 飞机停放和维修区的每个防火分区至少应有 2 个直通室外的安全出口,其最远工作地点到安全出口的距离不应大于 75.0m。当飞机库大门上设有供人员疏散用的小门时,小门的最小净宽不应小于 0.9m。

6.0.2 在飞机停放和维修区的地面上应设置标示疏散方向和疏散通道宽度的永久性标线,并应在安全出口处设置明显指示标志。

6.0.3 飞机停放和维修区内的地下通行地沟应设有不少于 2 个通向室外的安全出口。

6.0.4 当飞机库内供疏散用的门和供消防车辆进出的门为自控启闭时,均应有可靠的手动开启装置。飞机库大门应设置使用拖车、卷扬机等辅助动力设备开启的装置。

6.0.5 在防火分隔墙上设置的防火卷帘门应设逃生门,当同时用于人员通行时,应设疏散用的平开防火门。

7 采暖和通风

7.0.1 飞机停放和维修区及其贴邻建造的建筑物,其采暖用的热媒宜为高压蒸汽或热水。飞机停放和维修区内严禁使用明火采暖。

7.0.2 当飞机停放和维修区采用吊装式燃气辐射采暖时,应符合以下规定:

  1 燃料可采用天然气、液化石油气、煤气等。

  2 燃气辐射采暖设备必须经过安全认证。燃气辐射采暖系统应有安全保护自检功能,并应有防泄漏、监测、自动关闭等功能。

  3 用于燃烧器燃烧的空气宜直接从室外引入,且燃烧后的尾气应直接排至室外。

  4 在飞机停放和维修区内,加热器应安装在距飞机机翼或最高飞机发动机外壳的上表面以上至少 3.0m 的位置,并应按二者中距地面较高者确定安装高度。

  5 燃烧器及辐射管的外表面温度宜为 300~500℃,且辐射管上的反射罩外表面温度不宜高于 60℃。

  6 在醒目便于操作的位置应设置能直接切断采暖系统及燃气供应系统的控制开关。

  7 燃气输配系统及安全技术要求应符合现行国家标准《城镇燃气设计规范》GB 50028 的有关规定。

7.0.3 当飞机停放和维修区内发出火灾报警信号时,在消防控制室应能控制关闭空气再循环采暖系统的风机。在飞机停放和维修区内应设置便于工作人员关闭风机的手动按钮。

7.0.4 飞机停放和维修区内为综合管线设置的通行或半通行地沟,应设置机械通风系统,且换气次数不应少于 5 次/h。当地沟

内存在可燃蒸气时,应设计每小时不少于 15 次换气的事故通风系统,可燃气体探测器报警时,火灾报警控制器联动启动排风机。

8 电 气

8.1 供 配 电

8.1.1 飞机库消防用电设备的供电电源应符合现行国家标准《供配电系统设计规范》GB 50052 的规定。Ⅰ、Ⅱ类飞机库的消防电源负荷等级应为一级,Ⅲ类飞机库消防电源等级不应低于二级。

8.1.2 当飞机库设有变电所时,消防用电的正常电源宜单独引自变电所;当飞机库远离变电所或难以取得单独的电源线路时,应接自飞机库低压电源总开关的电源侧。

8.1.3 消防用电设备的双路电源线路应分开敷设。

8.1.4 采用 TT 接地系统、TN 接地系统装设剩余电流保护器时,或上一级装设电气火灾监控系统时,低压双电源转换开关应能同时断开相线和中性线。

8.1.5 飞机库低压线路应按下列规定设置接地故障保护:

  1 变电所低压出线处,或第二级低压配电箱内应设置能延时发出信号的电气火灾监控系统,其报警信号应引至消防控制室,对不设消防控制室的Ⅲ类飞机库,应引至值班室。

  2 插座回路上应设置额定动作电流不大于 30mA、瞬时切断电路的漏电保护器。

8.1.6 当电线、电缆成束集中敷设时,应采用阻燃型铜芯电线、电缆。

8.1.7 飞机停放和维修区内电源插座距离地面的安装高度不应小于 1.0m。

8.1.8 飞机库内爆炸危险区域的划分应符合本规范附录 A 的规定。在爆炸危险区域内的电气设备和电气线路的选用、安装应符合现行国家标准《爆炸和火灾危险环境电力装置设计规范》

GB 50058 的有关规定。

8.1.9 消防配电设备应有明显标志。

8.2 电气照明

8.2.1 飞机停放和维修区内疏散用应急照明的地面照度不应低于 1.0 lx。

8.2.2 当应急照明采用蓄电池作电源时,其连续供电时间不应少于 30min。

8.2.3 安全照明用电源应采用特低电压,应由降压隔离变压器供电。特低电压回路导线和所接灯具金属外壳不得接保护地线。

8.3 防雷和接地

8.3.1 在飞机停放和维修区应设置泄放飞机静电电荷的接地端子。连接接地端子的接地导线宜就近连接至机库接地系统。

8.3.2 飞机库低压电气装置应采用 TN-S 接地系统。自备发电机组当既用于应急电源又用于备用电源时,可采用 TN-S 系统;当仅用于应急电源时宜采用 IT 系统。

8.3.3 飞机库内电气装置应实施等电位联结。

8.3.4 飞机库的防雷设计尚应符合现行国家标准《建筑物防雷设计规范》GB 50057 的有关规定。

8.4 火灾自动报警系统与控制

8.4.1 飞机库内应设火灾自动报警系统,在飞机停放和维修区内设置的火灾探测器应符合下列要求:

1 屋顶承重构件区宜选用感温探测器。

2 在地上空间宜选用火焰探测器和感烟探测器。

3 在地面以下的地下室和地面以下的通风地沟内有可燃气体聚集的空间、燃气进气间和燃气管道阀门附近应选用可燃气体探测器。

8.4.2 飞机停放和维修区内的火灾报警按钮、声光报警器及通讯装置距地面安装高度不应小于 1.0m。

8.4.3 消防泵的电气控制设备,应具有手动和自动启动方式,并应采取措施使消防泵逐台启动。

8.4.4 稳压泵应按灭火设备的稳压要求自动启/停。当灭火系统的压力达不到稳压要求时,控制设备应发出声、光信号。

8.4.5 泡沫-水雨淋灭火系统、翼下泡沫灭火系统、远控消防泡沫炮灭火系统和高倍数泡沫灭火系统宜用 2 个独立且不同类型的火灾信号组合控制启动,并应具有手动功能。

8.4.6 泡沫-水雨淋灭火系统启动时,应能同时联动开启相关的翼下泡沫灭火系统。

8.4.7 泡沫枪、移动式高倍数泡沫发生器和消火栓附近应设置手动启动消防泵的按钮,并应将反馈信号引至消防控制室。

8.4.8 在Ⅰ、Ⅱ类飞机库的飞机停放和维修区内,应设置手动启动泡沫灭火装置,并应将反馈信号引至消防控制室。

8.4.9 Ⅰ、Ⅱ类飞机库应设置消防控制室,消防控制室宜靠近飞机停放和维修区,并宜设观察窗。

8.4.10 除本节规定外,尚应符合现行国家标准《火灾自动报警系统设计规范》GB 50116 的有关规定。

9 消防给水和灭火设施

9.1 消防给水和排水

9.1.1 消防水源及消防供水系统必须满足本规范规定的连续供给时间内室内外消火栓和各类灭火设备同时使用的最大用水量。

9.1.2 消防给水必须采取可靠措施防止泡沫液回流污染公共水源和消防水池。

9.1.3 供给泡沫灭火设施的水质应符合设计采用的泡沫液产品标准的技术要求。

9.1.4 在飞机库的停放和维修区内应设排水系统,排水系统宜采用大口径地漏、排水沟等,地漏或排水沟的设置应采取防止外泄燃油流淌扩散的措施。

9.1.5 排水系统采用地下管道时,进水口的连接管处应设水封。排水管宜采用不燃材料。

9.1.6 排水系统的油水分离器应设置在飞机库室外,并应采取灭火时跨越油水分离器的旁通排水措施。

9.2 灭火设备的选择

9.2.1 Ⅰ类飞机库飞机停放和维修区内灭火系统的设置应符合下列规定之一:

1 应设置泡沫-水雨淋灭火系统和泡沫枪;当飞机机翼面积大于 280m² 时,尚应设置翼下泡沫灭火系统。

2 应设置屋架内自动喷水灭火系统,远控消防泡沫炮灭火系统或其他低倍数泡沫自动灭火系统,泡沫枪;当符合本规范第 3.0.5条的规定时,可不设屋架内自动喷水灭火系统。

9.2.2 Ⅱ类飞机库飞机停放和维修区内灭火系统的设置应符合下列规定之一:

1 应设置远控消防泡沫炮灭火系统或其他低倍数泡沫自动灭火系统,泡沫枪。

2 应设置高倍数泡沫灭火系统和泡沫枪。

9.2.3 Ⅲ类飞机库飞机停放和维修区内应设置泡沫枪灭火系统。

9.2.4 在飞机停放和维修区内设置的消火栓宜与泡沫枪合用给水系统。消火栓的用水量应按同时使用两支水枪和充实水柱不小于 13m 的要求,经计算确定。消火栓箱内应设置统一规格的消火栓、水枪和水带,可设置 2 条长度不超过 25m 的消防水带。

9.2.5 飞机停放和维修区贴邻建造的建筑物,其室内消防给水和灭火器的配置以及飞机库室外消火栓的设计应符合现行国家标准《建筑设计防火规范》GB 50016 和《建筑灭火器配置设计规范》GB 50140 的有关规定。

9.3 泡沫-水雨淋灭火系统

9.3.1 在飞机停放和维修区内的泡沫-水雨淋灭火系统应分区设置,一个分区的最大保护地面面积不应大于 1400m²,每个分区应由一套雨淋阀组控制。

9.3.2 泡沫-水雨淋灭火系统的喷头宜采用带溅水盘的开式喷头或吸气式泡沫喷头,开式喷头宜选用流量系数 $K=80$ 或 $K=115$ 的喷头。

9.3.3 喷头应设置在靠近屋面处,每只喷头的保护面积不应大于 12.1m²,喷头的间距不应大于 3.7m,喷头距墙及机库大门内侧不应大于 1.8m。

9.3.4 系统的泡沫混合液的设计供给强度应符合下列规定:

1 当采用氟蛋白泡沫液和吸气式泡沫喷头时,不应小于 8.0L/(min·m²)。

2 当采用水成膜泡沫液和开式喷头时,不应小于 6.5L/(min·m²)。

3 经水力计算后的任意四个喷头的实际保护面积内的平均供给强度不应小于设计供给强度。

9.3.5 泡沫-水雨淋灭火系统的用水量应满足以火源点为中心，30m半径水平范围内所有分区系统的雨淋阀组同时启动时的最大用水量。

注：当屋面板最大高度小于23m时，半径可减为22m。

9.3.6 泡沫-水雨淋灭火系统的连续供水时间不应小于45min。不设翼下泡沫灭火系统时，连续供水时间不应小于60min。泡沫液的连续供给时间不应小于10min。

9.3.7 泡沫-水雨淋灭火系统的设计除执行本规范的规定外，尚应符合现行国家标准《自动喷水灭火系统设计规范》GB 50084和《低倍数泡沫灭火系统设计规范》GB 50151的有关规定。

9.4 翼下泡沫灭火系统

9.4.1 翼下泡沫灭火系统宜采用低位消防泡沫炮、地面弹射泡沫喷头或其他类型的泡沫释放装置。低位消防泡沫炮应具有自动或远控功能，并应具有手动及机械应急操作功能。

9.4.2 系统的泡沫混合液的设计供给强度应符合下列规定：

1 当采用氟蛋白泡沫液时，不应小于6.5L/(min·m²)。

2 当采用水成膜泡沫液时，不应小于4.1L/(min·m²)。

9.4.3 泡沫混合液的连续供给时间不应小于10min，连续供水时间不应小于45min。

9.4.4 翼下泡沫灭火系统的泡沫释放装置，其数量和规格应根据飞机停放位置和飞机机翼下的地面面积经计算确定。

9.5 远控消防泡沫炮灭火系统

9.5.1 远控消防泡沫炮灭火系统应具有自动或远控功能，并应具有手动及机械应急操作功能。

9.5.2 泡沫混合液的设计供给强度应符合本规范第9.4.2条的规定。

9.5.3 泡沫混合液的最小供给速率为：Ⅰ类飞机库应为泡沫混合液的设计供给强度乘以5000m²；Ⅱ类飞机库应为泡沫混合液的设计供给强度乘以2800m²。

9.5.4 泡沫液的连续供给时间不应小于10min，连续供水时间Ⅰ类飞机库不应小于45min、Ⅱ类飞机库不应小于20min。

9.5.5 消防泡沫炮的配置应使不少于两股泡沫射流同时到达飞机停放和维修区内飞机机位的任一部位。

9.6 泡沫枪

9.6.1 一支泡沫枪的泡沫混合液流量应符合下列规定：

1 当采用氟蛋白泡沫液时，不应小于8.0L/s。

2 当采用水成膜泡沫液时，不应小于4.0L/s。

9.6.2 飞机停放和维修区内任一点应能同时得到两支泡沫枪保护，泡沫液连续供给时间不应小于20min。

9.6.3 泡沫枪宜采用室内消火栓接口，公称直径应为65mm，消防水带的总长度不宜小于40m。

9.7 高倍数泡沫灭火系统

9.7.1 高倍数泡沫灭火系统的设置应符合下列规定：

1 泡沫的最小供给速率(m³/min)应为泡沫增高速率(m/min)乘以最大一个防火分区的全部地面面积(m²)，泡沫增高速率应大于0.9m/min。

2 泡沫液和水的连续供给时间大于15min。

3 高倍数泡沫发生器的数量和设置地点应满足均匀覆盖飞机停放和维修区地面的要求。

9.7.2 移动式高倍数泡沫灭火系统的设置应符合下列规定：

1 泡沫的最小供给速率应为泡沫增高速率乘以最大一架飞机的机翼面积，泡沫增高速率应大于0.9m/min。

2 泡沫液和水的连续供给时间应大于12min。

3 为每架飞机设置的移动式泡沫发生器不应少于2台。

9.7.3 高倍数泡沫灭火系统的设计除执行本节的规定外，尚应符合现行国家标准《高倍数、中倍数泡沫灭火系统设计规范》GB 50196的有关规定。

9.8 自动喷水灭火系统

9.8.1 飞机停放和维修区内的自动喷水灭火系统宜采用湿式或预作用灭火系统。

9.8.2 飞机停放和维修区设置的自动喷水灭火系统，其设计喷水强度不应小于7.0L/(min·m²)，Ⅰ类飞机库作用面积不应小于1400m²，Ⅱ类飞机库作用面积不应小于480m²，一个报警阀控制的面积不应超过5000m²。喷头宜采用快速响应喷头，公称动作温度宜采用79℃，周围环境温度较高区域宜采用93℃。Ⅱ类飞机库也可采用标准喷头，喷头公称动作温度宜为162~190℃。

9.8.3 自动喷水灭火系统的连续供水时间不应小于45min。

9.8.4 自动喷水灭火系统的喷头布置要求应符合本规范第9.3.3条的规定。

9.8.5 自动喷水灭火系统的设计除执行本规范的规定外，尚应符合现行国家标准《自动喷水灭火系统设计规范》GB 50084的有关规定。

9.9 泡沫液泵、比例混合器、泡沫液储罐、管道和阀门

9.9.1 泡沫液泵必须设置备用泵，其性能应与工作泵相同。

9.9.2 泡沫液泵应符合现行国家标准《消防泵》GB 6245的有关规定，泵的轴承和密封件应符合泡沫液性能要求。

9.9.3 泡沫系统应采用平衡式比例混合装置、计量注入式比例混合装置或压力式比例混合装置，以正压注入方式将泡沫液注入灭火系统与水混合。

9.9.4 泡沫灭火设备的泡沫液均应有备用量，备用量应与一次连续供给量相等，且必须为性能相同的泡沫液。

9.9.5 泡沫液备用储罐应与泡沫液供给系统的管道相接。

9.9.6 泡沫液储罐必须设在为泡沫液泵提供正压的位置上，泡沫液储罐应符合现行国家标准《低倍数泡沫灭火系统设计规范》GB 50151的有关规定。

9.9.7 泡沫液管宜采用不锈钢管、钢衬不锈钢或钢塑复合管。安装在泡沫液管道上的控制阀宜采用衬胶蝶阀、不锈钢球阀或不锈钢截止阀。

9.9.8 泡沫液储罐、泡沫液泵等宜设在靠近飞机停放和维修区的附属建筑内，其环境条件应符合所用泡沫液的技术要求。

9.9.9 控制阀、雨淋阀宜接近保护区，当设在飞机停放和维修区内时，应采取防火隔热措施。

9.9.10 常开或常闭的阀门应设锁定装置。控制阀和需要启闭的阀门均应设启闭指示器。

9.9.11 在泡沫液管和泡沫混合液管的适当位置宜设冲洗接头和排空阀。泡沫液供给管道应充满泡沫液，当长度大于50m时，泡沫液供给系统应设循环管路，定期对泡沫液进行循环，以防止其在管内结块，堵塞管路。

9.9.12 在泡沫枪、泡沫炮供水总管的末端或最低点宜设置用于日常检修维护的放水阀门。

9.10 消防泵和消防泵房

9.10.1 消防水泵应采用自灌式吸水方式，泵体最高处宜设自动排气阀，并应符合现行国家标准《消防泵》GB 6245的有关规定。

9.10.2 消防水泵的吸水口处宜设置过滤网，并应采用防止吸入空气的措施。水泵吸水管上应设置明杆式闸阀。

9.10.3 消防泵出水管上的阀门应为明杆式闸阀或带启闭指示标志的蝶阀。

9.10.4 消防泵的出水管上应设泄压阀和试验、检查用的放水阀及回流管。

9.10.5 消防水泵及泡沫液泵的出水管上应安装流量计及压力表装置。

9.10.6 泡沫炮及泡沫-水雨淋系统等功率较大的消防泵宜由内燃机直接驱动,当消防泵功率较小时,宜由电动机驱动。

9.10.7 消防泵房宜采用自带油箱的内燃机,其燃油料储备量不宜小于内燃机 4h 的用量,并不大于 8h 的用量。当内燃机采用集中的油箱(罐)供油时,应设置储油间,储油间应采用防火墙与水泵间隔开,当必须在防火墙上开门时应采用甲级防火门,供油管、油箱(罐)的安全措施应符合现行国家标准《建筑设计防火规范》GB 50016 的有关规定。

消防泵房可设置自动喷水灭火系统或其他灭火设施。内燃机的排气管应引至室外,并应远离可燃物。

9.10.8 消防泵房应设置消防通讯设施。

附录 A 飞机库内爆炸危险区域的划分

A.0.1 飞机库内爆炸危险区域的划分应符合下列规定:
    1 1 区:飞机停放和维修区地面以下与地面相通的地沟、地坑及与其相通的地下区域。
    2 2 区:
    1)飞机停放和维修区及与其相通而无隔断的地面区域,其空间高度到地面上 0.5m 处。
    2)飞机停放和维修区内距飞机发动机或飞机油箱水平距离 1.5m,并从地面向上延伸到机翼和发动机外壳表面上方 1.5m 处。

中华人民共和国国家标准

飞机库设计防火规范

GB 50284 - 2008

条 文 说 明

1 总 则

1.0.1 本条说明制定本规范的目的。随着我国改革开放的深入,经济建设规模的扩大,人民生活水平的提高,航空运输业也保持持续、快速的发展。当前我国空中交通运输网络已基本形成,航线近 1300 条,其中国际航线近 250 条,通航城市 140 余个,国际机场 40 多个,现役大、中型客机 780 多架,机队总规模居世界第三,预计 2010 年大、中型飞机将增加到 1600 架,2020 年各类民航飞机达 6000 架。目前,全国民航执管大型客机的航空公司已近 30 家,都需要建设航线维修飞机库,以便完成特检和定检工作。

飞机库的火灾危险性:

1 燃油火灾:飞机进库维修时,飞机油箱和系统内带有航空煤油,载油量从几吨到上百吨不等,在维修过程中有可能发生燃油泄漏事故,出现易燃液体流散火灾。火灾面积和燃油泄漏量虽难以估计,但从美国工厂相互保险组织进行的相关实验说明,当流散火的面积为 85～120m²,泄漏量 2～3m³,平均油层厚度 20～30mm 时,将产生巨大的火舌卷流,上升气浪流速达到 22m/s,位于建筑物 18.5m 高处的屋顶温度在 3min 内达到 425～650℃以上。在易燃液体火灾的飞机受热面,飞机机身蒙皮在短时间内发生破坏。另一种火灾危险是发生燃油箱爆炸。据国外报道,一架正在维修的 DC-8 型飞机与其他 8 架飞机同时停放在一座大型钢屋架飞机库里,机械师正在拆换一台燃油箱的燃油增压泵,机翼油箱中的部分燃油已被抽出,但在油箱内仍留有约 11.3m³ 的燃油。当机械师接通电路,跨过增压泵的电火花点燃了油箱中的易燃气体,引起爆炸,摧毁了这架 DC-8 飞机,并在屋顶上炸开一个约 100m² 的洞,爆炸和大火破坏了另外两架 DC-8 飞机,燃烧持续

30min 以上。

目前国内大量使用的航空煤油 RP-1 和 RP-2 的闪点温度为 28℃，RP-3 的闪点温度为 38℃。为减少火灾的危险已逐步改用 RP-3 的航空煤油。

2 氧气系统火灾：1968 年 9 月 7 日在里约热内卢国际机场飞机库内，当机械师为一架波音 707 氧气系统充氧时，误用液压油软管进行充氧操作引发大火，整架飞机报废，飞机库也受到破坏。

3 清洗飞机座舱火灾：飞机舱内部装修多采用塑料制品、化纤织物等易燃材料，虽经阻燃处理后可达到难燃材料的标准，但在清洗和维修机舱时，常使用溶剂、粘接剂和油漆等。1965 年 11 月 25 日，美国迈阿密国际机场的飞机库内正维修一架 DC-8 飞机，当清洗座舱时因使用可燃溶剂发生火灾，造成一人死亡。飞机库装有雨淋灭火系统，火被控制在飞机内部，而飞机油箱内的 30t 燃油安然无恙，灭火历时 3h，启用 168 个喷头，耗水 2293m³。

4 电气系统火灾：1996 年 3 月 12 日在美国堪萨斯州的一个国际机场飞机库内，当一架波音 707 飞机大修时，由于厨房的电气设备短路引发火灾。

5 人为的火灾：违反维修安全规程等。

现代飞机是高科技的产物，价值昂贵，表 1 列出了各种机型的近似价格。

飞机库需要高大的空间，其屋顶承重构件除承受屋面荷载外，还要求承受吊车和悬挂维修机坞等附加荷载。因此，飞机库的建筑造价也很高。一座两机位波音 747 的飞机库及其配套设施的工程造价约 4 亿元人民币；一座四机位波音 747 的飞机库及其配套设施的工程造价约 6 亿元人民币。

首都机场四机位维修库可同时维修波音 747 四架、波音 767 两架、波音 737 四架，飞机总价值约 75 亿元人民币。飞机库一旦发生火灾，就可能引发易燃液体火灾，如不采取有效、快速的灭火措施，造成的人员伤亡和财产损失是难以估计的。

表 1　各种机型的近似价格

机　型	基本价格 (亿美元/架)	机　型	基本价格 (亿美元/架)
B737-300	0.41	B767-400ER	1.15~1.27
B737-400	0.465	B777-200	1.37~1.54
B737-500	0.37	B777-200ER	1.44~1.64
B737-600	0.385	B777-300	1.6~1.84
B737-700	0.45	A300-66R	0.95
B737-800	0.55	A310-300	0.85
B737-900	0.58	A318	0.39~0.45
B747-400	1.58~1.75	A320-200	0.505~0.78
B757-200	0.65~0.72	A321-100	0.565
B757-300	0.74~0.8	A330-300	1.17
B767-200ER	0.89~1.1	A340	1.2
B767-300ER	1.05~1.17	A380	2.6~2.9

1.0.2 进入飞机库的飞机，其油箱内载有燃油，在维修过程中可能发生燃油火灾，本规范的内容是针对飞机库的火灾特点制定的。执行时需要注意，喷漆机库是从事整架飞机喷漆作业的车间或厂房，与本规范所指的飞机库是两种不同性质的建筑物。喷漆机库已制定有行业标准，本规范不适用于喷漆机库。

1.0.3 本条是飞机库防火设计的指导思想。在设计中正确处理好生产与安全的关系，设计合理与经济的关系是落实本条内容的关键。设计部门、建设部门和消防建审部门应密切配合，使防火设计做到安全适用、技术先进、经济合理。

2　术　语

2.0.1 飞机库是我国习惯用语。用飞机库的功能定义，它应是从事飞机维修工艺的车间或厂房。日本称"格纳"库，有"储存"的意思，美国称"hangar"，有"库"或"棚"的含义。本规范仍沿用飞机库这一习惯名称。与飞机库配套建设的独立建筑物或与飞机停放和维修区贴邻建造的建筑物，凡不具有飞机维修功能的，如公司办公楼、发动机维修车间、附件维修车间、特设维修车间、航材中心库等均不属本规范的范围。

2.0.3 一座飞机库可包括若干个飞机停放和维修区，一个飞机停放和维修区可以停放和维修一架或多架飞机。区和区之间必须用防火墙隔开，否则应被视为一个飞机停放和维修区，与飞机停放和维修区直接相通又无防火隔断的维修工作间也应视为飞机停放和维修区。

2.0.4 翼下泡沫灭火系统是泡沫-水雨淋灭火系统的辅助灭火系统。当飞机机翼面积大于或等于 280m² 时，泡沫-水雨淋灭火系统释放的泡沫被机翼遮挡，影响灭火效果，故设置翼下泡沫灭火系统。当飞机机翼面积小于 280m² 时，可不设翼下泡沫灭火系统。系统的功能是将泡沫直接喷射到机翼和中央翼下部的地面，控制和扑灭泄漏燃油发生的流散火，同时对机身下部有冷却作用。系统的释放装置可采用自动摆动的泡沫炮或泡沫喷嘴。当条件允许时也可采用设在地面下的弹射泡沫喷头。机翼面积 280m² 的界线是等效采用美国《飞机库防火标准》NFPA-409(2004 年版)的有关规定。

3　防火分区和耐火等级

3.0.1 飞机库的分类是按飞机停放和维修每个防火分区建筑面积的大小进行区别对待的原则制定的。在确保飞机库消防安全的前提下，适当减少消防设施投资是必要的。

本规范将飞机库按照上述原则分为三类：Ⅰ类：凡在飞机停放和维修区内一个防火分区的建筑面积 5001~50000m² 的飞机库为Ⅰ类飞机库。美国《飞机库防火标准》NFPA-409(2004 年版)规定飞机停放和维修区占地面积大于 3716m² 的飞机库均为Ⅰ类飞机库。

本规范对Ⅰ类飞机库设置了完善的自动报警和自动灭火系统，能有效地实施监控和扑灭初期火灾，确保飞机与飞机库建筑免受火灾损害。在此前提下，从飞机库的建设和飞机维修实际需要出发，对Ⅰ类飞机库一个防火分区允许最大建筑面积确定为 50000m²。

Ⅱ类飞机库一个防火分区建筑面积为 3001~5000m²。该类飞机库仅能停放和维修 1~2 架中型飞机，火灾面积和火灾损失相对要小。

Ⅲ类飞机库一个防火分区建筑面积等于或小于 3000m²。它只能停放和维修小型飞机，火灾面积和火灾损失相对更小。

以上规定含飞机停放和维修区内附设的不经常有人员停留的少量生产辅助用房。

3.0.2 几十年以来所有设计和建设的飞机库其耐火等级均为一、二级，考虑到飞机库的防火要求和建筑的特点，本规范不规定采用三、四级耐火等级的建筑。Ⅰ类飞机库价值贵重，规定耐火等级为一级。Ⅱ、Ⅲ类飞机库可适当降低，但不应低于二级。与飞机停放和维修区贴邻建造的生产辅助用房的耐火等级应符合现行国家标准《建筑设计防火规范》GB 50016—2006的有关规定,但也不应低于二级。

3.0.3 本条是以现行国家标准《建筑设计防火规范》GB 50016—2006和《高层民用建筑设计防火规范》GB 50045—95(2005年版)为依据,参考国外标准,结合飞机库防火设计的特点制定的。

3.0.4、3.0.5 根据现行国家标准《建筑设计防火规范》GB 50016—2006第3.2.4条的规定,并结合飞机库屋顶承重构件多为钢构件的特点而制定。支承屋顶承重构件的钢柱和柱间钢支撑可采用防火隔热涂料保护。本规范规定飞机库钢屋顶承重构件的保护可采用多种措施,如泡沫-水雨淋灭火系统、自动喷水灭火系统、外包防火隔热板或喷涂防火隔热涂料等措施供选择采用,这样可在不降低飞机库钢屋顶承重构件防火安全的前提下,防止重复设置造成资源浪费。

4 总平面布局和平面布置

4.1 一般规定

4.1.1 飞机库的总图位置通常远离航站楼,靠近滑行道或停机坪。飞机库的高度受到飞机进场净空需要的限制,又不能遮挡指挥塔台至整条跑道的视线,所以要符合航空港总体规划要求。飞机库一般设在飞机维修基地内,有时由几座飞机库组成机库群。飞机库之间,飞机库与其他建筑物之间应有一定的防火间距。消防车道等应按消防要求合理布局。此外,用于飞机库的消防水池容量较大,是分建还是合建也需要统筹安排。

4.1.2 为了节约用地和方便生产管理,有可能将生产管理办公大楼、各种维修车间(包括发动机、附件、特设等)、航材库、变配电室和动力站等生产辅助用房与飞机维修大厅贴建,按防火分区的要求,要用防火墙将其隔开。采用防火卷帘代替防火门时,防火卷帘的耐火极限应按现行国家标准《门和卷帘的耐火试验方法》GB 7633中背火面升温的判定条件进行。

飞机部件喷漆间和座椅维修间的火灾危险性较大,国外的飞机库将其视为飞机停放和维修区的一部分,一般不采取防火分隔,按照我国相关规范要求,本条采取了较为严格的防火分隔措施。

4.1.3 根据飞机维修具体情况,确需在飞机停放和维修区内设置少量办公室、休息室等用房的,本条对其防火分隔和安全疏散采取了较为严格的措施。

4.1.4 飞机库用防火墙分隔为两个或两个以上飞机停放和维修区时,为了生产的需要往往在此防火墙上需开设尺寸较大的门,为此,本规范规定采用甲级防火门或耐火极限大于3.00h的防火卷帘门。要求该门两侧均设火灾探测器联动关闭装置,并具有手动

和机械操作的功能。

4.1.5、4.1.6 根据现行国家标准《建筑设计防火规范》GB 50016—2006的有关规定,结合飞机库的特点制定。

4.1.7 飞机库消防控制室能俯视整个飞机停放和维修区为最佳。消防泵房设在地下室或一层,应能通向疏散走道、疏散楼梯或直通安全出入口。

4.1.8 由于飞机库价值高,为避免火源,应将火灾危险性大或与飞机维修工作无直接关系的附属建筑分开建造。

4.1.9 消防梯是方便消防人员准确快捷到达屋面作业的固定设施。为此,至少应有2部消防梯由室外地坪直达飞机停放和维修区屋面。

4.2 防火间距

4.2.1 根据现行国家标准《建筑设计防火规范》GB 50016—2006对厂房的防火间距的规定,在防火间距10.0m的基础上,由于生产火灾危险性大,飞机库比较高大等特点,同时参考了国外对飞机库防火间距的规定,防火间距增加为13.0m。

4.2.2 本条是根据现行国家标准《建筑设计防火规范》GB 50016—2006,并参考行业标准《民用机场供油工程建设技术规范》MH 5008—2005制定的。但当实际需要飞机库与喷漆机库贴邻建造时,应将其用防火墙与飞机停放和维修区隔开,防火墙上的门应为甲级防火门或耐火极限大于3.00h的防火卷帘门,喷漆机库设计执行《喷漆机库设计规定》HBJ 12—95。表中未规定的防火间距,应根据现行国家标准《建筑设计防火规范》GB 50016—2006的有关规定参考乙类厂房确定。

4.3 消防车道

本节是根据现行国家标准《建筑设计防火规范》GB 50016—2006第6章的有关规定并结合飞机库的特点制定的。当飞机库的长边长度大于220.0m时,应在长边适当位置设消防车出入口。飞机停放和维修区(含整机喷漆工位)的每个防火分区应有消防车出入口。

机场消防车一般尺度大、质量大,如尺寸为3.2m×11.7m×3.87m,质量达38t。《民用航空运输机场安全保卫设施建设标准》MH 7003规定门宽为车宽加1.00m,门高不低于车高加0.30m。

5 建 筑 构 造

5.0.1 强调防火墙的荷载落在承重构件上,则该承重构件应有与防火墙相等的耐火极限。

5.0.2 飞机库的价值高,建设周期长,是重要的工业建筑,飞机库的外围护结构、内部隔墙等不应使用燃烧材料或难燃烧材料,但随着技术的发展国内外已有一些机库采用了难燃烧材料的大门,美国《飞机库防火标准》NFPA-409(2004年版)第5.7节规定,门可采用阻燃材料,故本条规定作此修改。

5.0.3 飞机库大门地轨处应设置排水系统,寒冷及严寒地区还应设融冰措施,以保证大门正常启闭。

5.0.4 本条是根据现行国家标准《建筑设计防火规范》GB 50016—2006第3.6.11条的规定制定的。与飞机停放和维修区相通房间地面高、飞机停放和维修区的燃油流散火不易波及这些房间。室外地面低,有利于飞机停放和维修区的燃油流向室外,同时消防用水也可排向室外。

5.0.5 强调用防火堵料将空隙填塞密实。

5.0.6 在飞机库内飞机停放和维修区的地面设计应满足多种使用功能。因此,只在设计有排水沟或排水口周围局部设坡度,以统筹解决多种要求。

5.0.7、5.0.8 目的是减少可燃物或难燃物并消除引发火灾的条件。

6 安 全 疏 散

本章是根据现行国家标准《建筑设计防火规范》GB 50016—2006第3.7节"厂房的安全疏散"的要求,结合飞机库特点制定的。大型飞机库(含附楼)深度约80~150m,最远工作点到安全出口的距离不大于75.0m的规定是可行的。在设计时要尽可能地将疏散距离缩短,从而保证人员的安全。

飞机库大门应有手动启闭装置和使用拖车、卷扬机等辅助动力设备启闭的装置。

飞机库内的消防车道边设有人行道时,应在它们之间设防护栏,以保证人、车各行其道。

7 采暖和通风

7.0.1 飞机停放和维修区内一旦发生易燃液体泄漏,其蒸气达到一定浓度遇火会发生爆炸,故禁止使用明火采暖。

7.0.2 飞机停放和维修区为高大空间的建筑物,采用吊装式燃气辐射采暖是一种较为合适的方式,在欧美等国已有许多机库采用这种采暖系统,我国近年也有近10座机库采用了这种采暖系统。根据中国航空工业规划设计研究院和清华大学合作在新疆乌鲁木齐地窝铺机库现场的实测及模拟仿真研究,这种采暖方式用于机库效果良好,该机库自使用燃气辐射采暖后,其运行费用节省了30%左右。

1 我国幅员辽阔,气源有天然气、液化石油气、煤气等可供使用,但在使用时应注意燃气成分、杂质和供气压力等应满足燃气辐射采暖设备的用气要求。

2 燃气辐射采暖设备的质量应有保证,产品必须具有防泄漏、监测、自动关闭等功能,以确保安全运行。当发生意外时,导致辐射管断裂或连接点脱开,燃烧器及风机应立即关闭,同时产品应有故障自动报警功能,当设备运行遇到问题和故障时,应自动显示,如燃气压力不够,电路故障,设备损坏,管道温度过高等,故而能迅速判断,快速恢复。目前国内用于机库的燃气辐射采暖产品均为欧美等国的原装产品,并均具有欧美等国的相关质量及安全认证,同时燃烧器均经过国家燃气用具监督检验中心严格测试。当设备具有上述的安全认证或检测报告之一时方可采用。

3 由于燃气燃烧后的尾气为二氧化碳和水,当燃烧不完全时,还会产生少量一氧化碳,所以应将燃烧后的尾气直接排至室外。

4 根据美国《飞机库防火标准》NFPA-409(2004年版)第5.12节加热与通风中第5.12.5.2款的规定,在飞机存放与服务区内,加热器应安装在至少距机翼或机库可能存放的最高飞机发动机外壳的上表面3m的位置。在测量机翼或发动机外壳到加热器底距离时,应选择机翼或发动机外壳二者中距地板较高者进行测量。本款的参数等效采用了美国《飞机库防火标准》NFPA-409(2004年版)第5.12节中有关的规定。

5 我国已建成飞机库中所采用的燃气辐射采暖系统,均是低强度燃气红外线辐射采暖系统,其辐射加热器的表面温度在300~500℃之间,经多年使用安全可靠,为保证辐射器周围钢结构的安全并减少无效散热量,对燃烧器及辐射管的外表面和辐射管上反射罩外表面温度作了限定。

6 本款规定主要是考虑飞机库的重要性,这是为了飞机库万一发生事故时,能在室外比较安全的地带迅速切断燃气,有利于保证飞机库的安全。

7.0.3 考虑到飞机停放和维修区内有可能发生燃油泄漏,其蒸气比空气重,主要分布在机库停放和维修区的下部,因此回风口应尽量抬高布置。当火灾发生时,不允许使用空气再循环采暖系统,应就地手动按钮关闭风机,也可经消防控制室自动关闭风机。

7.0.4 飞机停放和维修区内的动力系统(压缩空气、电气、给水、排水和通风管等)接口地坑有可能不够严密,泄漏在地面的燃油会流入综合地沟内。为防止易燃气体的聚集,故设置机械通风换气,并将其排至飞机库外。当地沟内可燃气体探测器发出报警时,要求进行事故排风。

35

8 电　气

8.1　供配电

8.1.1　本条为飞机库消防用电负荷分级的具体划分。消防用电设备包括机库大门传动机构、人员疏散应急照明、火灾报警和控制系统、防排烟设备、消防泵等。关于电源的设置，现行国家标准《供配电系统设计规范》GB 50052—95 中已有较具体的说明。

8.1.2　这里强调的是电源及线路的可靠性，消防用电的正常电源单独引自变电所或接自低压电源总开关的电源侧时，可在飞机库断开电源进行电气检修时仍能保证由正常电源供给消防用电。

8.1.3　两条电源线的路径分开敷设，可减少被同时损坏的几率。

8.1.4　电源线路发生接地故障或其他某些故障可导致中性线对地电位带危险电位，当在飞机库内进行电气检修时，此电位可引起电击事故，也可因对地打火引起爆炸或火灾事故。因此两个电源倒换处的开关应能断开相线和中性线，以实施电气隔离，消除电气检修时的电击和爆炸火灾事故。

8.1.5　接地故障可引起人身电击事故，也可因电弧、电火花和高温引起电气火灾。由于其故障电流较小，熔断器、断路器等过流保护电器往往不能有效及时地将其切断。剩余电流报警器，以其高灵敏度的动作性能，可靠和及时地发现接地故障。插座回路上 30mA 瞬时剩余电流保护器用作防人身电击兼防电气火灾。

8.1.6　铝导体极易氧化，氧化层具有高电阻率使连接处电阻增大，通过电流时易发热。铜、铝接头处容易形成局部电池而使铝表面腐蚀，增大接触电阻。加上其他一些原因，铝线连接如处理不当很易起火，而铜线的连接接头起火的危险小得多。电缆的绝缘材料阻燃，可减少火势蔓延危险。

8.1.7　燃油蒸气相对密度较空气大，易积聚在低处，而插座在接用电源时易产生火花，因此即便在 1 区和 2 区外的区域内，插座的安装高度也不宜小于 1.0m，以策安全。

8.2　电气照明

8.2.1、8.2.2　疏散用应急照明的地面照度和蓄电池供电时间按照现行国家标准《建筑设计防火规范》GB 50016—2006 作了相应修改。

8.2.3　本条是按国际电工标准《建筑物电气装置　第 4～41 部分：安全防护　电击防护》IEC 60364-4-41 第 411.1 节编写。按此条要求进行设计后，当 220/380V 线路 PE 线带故障电压和特低电压回路绝缘损坏时，都不会发生包括电气火灾在内的电气事故。在本条中安全照明指手提照明灯具、在特定环境中进行检修工作的照明，如采用市电直接供电，应采用特低电压。

8.3　防雷和接地

8.3.1　泄放飞机机身所带静电电荷的接地极接地电阻不大于 1000Ω 即可，一般情况下接地端子均设置在多功能供应地井内，近些年来国内外维修机库中越来越多地采用可升降式地井，还装有丰富的数据接口，地井内设有公共接地排，已不单单具有防静电接地功能，应遵照有关共用接地的要求。

8.3.2、8.3.3　TN-S 系统的 PE 线不通过工作电流，不产生电位差；等电位联结能使电气装置内的电位差减少或消除，它对一般环境内的电气装置也是基本的电气安全要求，它们都能在爆炸和火灾危险电气装置中有效地避免电火花的发生。对于低压供电的建筑，总等电位联结可消除电源线路中 PEN 线电压降在建筑内引起的电位差，PE 线和 N 线必须在总配电箱内即开始分开。

关于飞机库应急发电机电源装置采用 IT 系统的规定是引用国际电工标准《应急供电》IEC 364-5-56：2002 的第 561.1 及 561.2 节，在短路故障中绝大多数为接地短路故障，而 IT 系统在发生第一次接地短路故障后仍能安全地继续供电，提高了消防应急电源持续供电的可靠性。由于我国一般工业与民用电气装置采用 IT 系统尚缺乏经验，因此条文采用了"宜"这一用词。

8.3.4　飞机库的防雷设计应符合现行国家标准《建筑物防雷设计规范》GB 50057—94(2000 年版)的有关规定。防雷等级的确定，应根据机库的规模、当地雷暴气象条件计算数据来确定。

8.4　火灾自动报警系统与控制

8.4.1　针对飞机载油进库维修和飞机价值昂贵的特点，本条规定Ⅰ、Ⅱ、Ⅲ类飞机库均应设置火灾自动报警系统。

　　1　屋顶承重构件设感温探测器的目的主要是保护钢屋架，鉴于飞机维修库内空间高大，宜采用缆式感温探测器以便于安装、维护。当屋顶承重构件区不设置泡沫-水雨淋灭火系统时可不设置感温探测器。

　　2　早期探测火灾可以极大地减少人员、财产损失，飞机维修工作区设置火焰探测器的作用是快速发现燃油火，火焰探测器可采用红外-紫外复合式、多频段式火焰探测器或双波段图像式火焰探测器以减少误报。随着飞机体积和尺寸的增大，在建筑高度大于 20.0m 的飞机库，可采用吸气式感烟探测器。

　　3　可燃气管道阀门是可燃气体易泄漏的场所，为此需要设置相应可燃气体探测器。设置规定参见《石油化工企业可燃气体和有毒气体检测报警设计规范》SH 3063—1999。

8.4.2　燃油蒸气相对密度较空气大，易积聚在低处，而火警及通讯装置工作时可能产生火花，因此安装高度不应小于 1.0m，以策安全。

8.4.3　同时启动多台电动消防泵会使供电电压过低导致消防泵电动机无法启动，或使消防水管道超压而损坏，故规定逐台启动消防泵。明确提出在消防水泵间就地启停消防水泵，在消防值班室或控制室自动和手动控制。

8.4.4　灭火系统达不到稳定的压力，说明系统发生漏水事故，控制设备应发出信号通报值班人员进行检查找出原因及时维修，恢复灭火系统的正常工作压力。

8.4.5　Ⅰ类飞机库包括若干套泡沫-水雨淋灭火系统，其保护区应与感温探测器的位置相对应，从而实现分区控制。为保障自动启动泡沫-水雨淋灭火系统的可靠性，宜采用感温探测器与火焰探测器或感烟探测器组合控制。

　　对飞机库的灭火设计要求是快速反应，快速灭火。美国《飞机库防火标准》NFPA-409(2004 年版)第 6.2.3 条要求翼下泡沫灭火系统 30s 内控制火灾，60s 内扑灭火灾。所以要求自动灭火。

8.4.6　泡沫-水雨淋灭火系统喷出的泡沫被飞机机翼遮挡，所以要同时启动翼下泡沫灭火系统。单独启动翼下泡沫灭火系统时，不要求同时启动泡沫-水雨淋灭火系统。

8.4.8　为及时启动泡沫灭火系统，在机库内应设置手动启动泡沫灭火装置。

8.4.9　Ⅰ、Ⅱ类飞机库需要在消防控制室内手动操纵远控消防泡沫炮，观察窗的位置要使消防值班人员能看到整个飞机停放和维修区，尽量避免飞机遮挡视线使值班人员无法看到泡沫炮转动的情况。当条件所限不能观察到飞机停放和维修区的全貌时，宜在飞机库内设置电视监控系统，辅助观察飞机停放和维修区。

9 消防给水和灭火设施

9.1 消防给水和排水

9.1.1 飞机库的消防水源及供水系统要满足火灾延续时间内所有泡沫灭火系统、自动喷水灭火系统和室内外消火栓系统同时供水的要求。为保证安全,通常要设专用消防水池。

9.1.2 飞机库消防所用的泡沫液为动、植物蛋白与添加剂混合的有机物和氟碳表面活性剂,如果设计不合理,维修使用不适当,泡沫液会回流入水源或消防水池造成环境污染。

9.1.3 氟蛋白泡沫液、水成膜泡沫液可使用淡水。某些型号也可使用海水或咸水。含有破乳剂、防腐剂和油类的水不适合配制泡沫混合液,因而要对消防用水的水质进行调查、化验,并向泡沫液生产厂商咨询。

9.1.4 飞机维修需要清洗飞机和地面,通常情况下飞机停放和维修区内设有地漏或排水沟。地漏或排水沟的排水能力宜按最大消防用水量设计。合理地布置地漏或排水沟可使外泄燃油限制在最小的区域内,以防止火灾蔓延。

9.1.5 当飞机停放和维修区排水系统采用管道时,冲洗飞机及地面的水带油进入管道。故管道内积油及产生油蒸气是难以避免的。在地面进水口处设置水封和排水管采用不燃材料等措施,有助于防止地面火沿管道传播。

9.1.6 设置油水分离器是为了减少油对环境的污染。为防止发生火灾事故,油水分离器应设置在飞机库的室外。油水分离器不能承受消防水量,故设跨越管。

9.2 灭火设备的选择

9.2.1 根据欧美等国及国内已建飞机库所设灭火系统状况,参考美国《飞机库防火标准》NFPA-409(2004年版),结合我国国情对Ⅰ类飞机库的灭火系统给出两种选择,以便设计时可根据具体情况进行综合经济技术比较后确定。

1 Ⅰ类飞机库采用泡沫-水雨淋灭火系统。将飞机停放和维修区内的灭火系统分成若干个分区,每个分区设置一个由雨淋阀组控制的灭火系统,通过火灾自动报警系统控制雨淋阀动作,使安装在屋面板下的开式喷头喷出泡沫灭火。该系统既可灭飞机库地面油火,冷却屋顶承重钢构件,又可保护工作人员疏散和消防救援人员的安全。作为辅助功能的翼下泡沫灭火系统和泡沫枪用于扑灭机翼下和机身内的火,共同组成完整的灭火系统。

飞机机翼面积大于280m²是等效采用了美国《飞机库防火标准》NFPA-409(2004年版)的数据。翼下泡沫灭火系统和泡沫枪还可以灭初期火灾。常见飞机机翼面积见表2。

表2 常见飞机的总翼面积

飞机型号	总翼面积(m²)	飞机型号	总翼面积(m²)
Airbus A-380*	830.0	DC-10-10*	358.7
Antonov An-124*	628.0	Concord*	358.2
Lockheed L-500-Galacy*	576.0	Boeing MD-11*	339.9
Boeing 747*	541.1	Boeing MD-17*	353.0
Airbus A-340-500,-600*	437.0	L-1011*	321.1
Boeing 777*	427.8	Ilyushin Ⅱ-76*	300.0
Ilyushin Ⅱ-96*	391.6	Boeing 767*	283.4
DC-10-20,30*	367.7	Ilyushin Ⅱ-62*	281.5
Airbus A-340-200,-300, A-330-200, -300*	361.6	DC-10 MD-10	272.4

续表2

飞机型号	总翼面积(m²)	飞机型号	总翼面积(m²)
DC-8-63,-73	271.9	Boeing 727-200	157.9
DC-8-62,-72	271.8	Lockheed L-100J Hercules	162.1
DC-8-62,71	267.8	Yakovlev Yak-42	150.0
Airbus A-300	260.0	Boeing 737-600, -700, -800, -900	125.0
Airbus A-310	218.9	Airbus A-318,A-319, A-320,A-321	122.6
Tupolev TU-154	201.5	Boeing MD 80	112.3
Boeing 757	185.2	Gulfstream V	105.6
Tupolev TU-204	182.4	Boeing 737-300, -400, -500	105.4

注:* 机翼面积超过279m²(3000ft²)的飞机。
本表数据来源于美国《飞机库防火标准》NFPA-409(2004年版)。

2 在飞机库屋架内设闭式自动喷水灭火系统用于灭火、降温以保护屋架,飞机库内较低位置设置的远控消防泡沫炮等低倍数泡沫自动灭火系统和泡沫枪用于扑灭飞机库地面油火。当屋架内金属承重构件采取外包防火隔热板或喷涂防火隔热涂料等措施使其达到规定的耐火极限后,可不设屋架内自动喷水灭火系统。

9.2.2 本条为Ⅱ类飞机库的灭火系统提供了两种选择,设计时可以进行综合技术经济比较后确定。

美国《飞机库防火标准》NFPA-409(2004年版)第7.1.1条Ⅱ类飞机库采用的是低倍数或高倍数泡沫灭火系统与自动喷水灭火系统联用。考虑到我国用防火隔热涂料保护屋顶承重构件的技术措施已使用多年,也得到消防部门的认可,故本条不要求一定设自动喷水灭火系统,但可在防火隔热涂料和自动喷水二者中选其一。

9.2.3 Ⅲ类飞机库面积小,一般停放小型飞机,火灾损失相对比较小,故采用泡沫枪为主要灭火设施。但应注意在Ⅲ类飞机库内不应从事输油、焊接、切割和喷漆等作业,否则宜按Ⅱ类飞机库选择灭火系统。Ⅲ类飞机库内如停放和维修特殊用途和价值昂贵的飞机,也可按Ⅱ类飞机库选用灭火系统。

9.2.4 在飞机停放和维修区内已经设置了泡沫枪,故相应减少消火栓的同时使用数量。但消防水带的长度应加长以适应飞机停放和维修区面积较大的特点。

9.2.5 由于飞机库飞机停放和维修面积很大,对建筑灭火器配置做具体规定比较困难,可根据各航空公司飞机维修规程对灭火器配置的要求并参照现行国家标准《建筑灭火器配置设计规范》GB 50140的有关规定配置灭火器,计算灭火器数量时,其计算单元面积可采用飞机维修或停放工位面积,计算单元的灭火器级别计算按B类火灾、严重危险等级、修正系数采用0.15~0.2。灭火器可按飞机维修和停放具体情况临时布置在飞机附近。

9.3 泡沫-水雨淋灭火系统

9.3.1 泡沫-水雨淋灭火系统由水源、泡沫液储罐、消防泵、稳压泵、比例混合器、雨淋阀、开式喷头、管道及其配件、火灾自动报警和控制装置等组成。本条参数等效采用了美国《飞机库防火标准》NFPA-409(2004年版)第6.2.2条的规定。

9.3.2 泡沫-水雨淋灭火系统的释放装置有两种:标准喷头和专用泡沫喷头。

标准喷头是非吸气的开式喷头,适用于水成膜(AFFF),如图1所示。

专用泡沫喷头是开式空气吸入型喷头,在开式桶体泡沫发生

35

器下端装有溅水盘,适用于各类泡沫液,如图2所示。

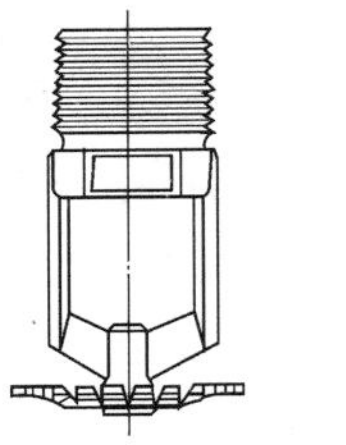

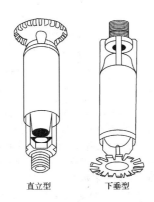

图1 标准喷头

直立型　　　　下垂型

图2 专用泡沫喷头

9.3.3～9.3.5 设计参数均等效采用了美国《飞机库防火标准》NFPA-409(2004年版)第6.2.2.3、6.2.2.12、6.2.2.13款的内容,同时参考现行国家标准《低倍数泡沫灭火系统设计规范》GB 50151的有关规定。

国际标准《低倍数和高倍数泡沫灭火系统标准》ISO/DIS 7076—1990中对泡沫-水雨淋灭火系统的供给强度规定见表3:

表3 泡沫-水雨淋灭火系统的供给强度

喷头型式	泡沫液	喷头在保护区的安装高度(m)	
		≤10	>10
		供给强度[L/(min·m²)]	
空气吸入型	蛋白泡沫(P) 合成泡沫(S)	6.5	8
	氟蛋白泡沫(FP) 水成膜泡沫(AFFF)	6.5	8
非空气吸入型	水成膜泡沫(AFFF)	4	6.5

水力计算应按现行国家标准《自动喷水灭火系统设计规范》GB 50084的规定和消防部门认可的电算程序进行优化后确定。标准喷头和空气吸入型喷头的出口压力可按泡沫混合液的设计供给强度由计算确定,并用生产厂商提供的喷头特性曲线校核。

9.3.6 泡沫-水雨淋灭火系统的用水量、泡沫液和消防用水的连续供给时间均等效采用了美国《飞机库防火标准》NFPA-409(2004年版)第6.2.10、6.2.2、6.2.6条中的有关规定。

9.4 翼下泡沫灭火系统

9.4.1 翼下泡沫灭火系统是泡沫-水雨淋灭火系统的辅助灭火系统。其作用有三:

1 对飞机机翼和机身下部喷洒泡沫,弥补泡沫-水雨淋灭火系统被大面积机翼遮挡之不足。

2 控制和扑灭飞机初期火灾和地面燃油流散火。

3 当飞机在停放和维修时发生燃油泄漏,可及时用泡沫覆

盖,防止起火。

翼下泡沫灭火系统常用的释放装置为固定式低位消防泡沫炮,可由电机或水力摇摆驱动,并具有机械应急操作功能。

9.4.2 现行国家标准《低倍数泡沫灭火系统设计规范》GB 50151—92(2000年版)第3.2.1条规定,泡沫混合液的供给强度为6.0L/(min·m²);国际标准《低倍数和高倍数泡沫灭火系统标准》ISO/DIS 7076—1990中规定的泡沫混合液供给强度为6.5L/(min·m²);美国《飞机库防火标准》NFPA-409(2004年版)第6.2.3条规定为6.5L/(min·m²)。

我国目前没有用水成膜泡沫液进行大型灭油类火的试验研究,因此本规范等效采用了美国《飞机库防火标准》NFPA-409(2004年版)第6.2.3条中有关的规定。

9.4.3 本条等效采用了美国《飞机库防火标准》NFPA-409(2004年版)第6.2.3、6.2.6条中有关的规定。

9.5 远控消防泡沫炮灭火系统

9.5.1 本条总结了我国现有飞机库的消防设备使用经验,将人工操作的泡沫炮发展为远控、自动消防泡沫炮,随着我国消防科学技术的进步,我国自行研制和生产的远控、自动消防泡沫炮已开始在码头上和飞机库中使用。此外,还吸收了德国飞机库的消防技术。消防泡沫炮具有结构简单、射程远、喷射流量大、可直达火源、操作灵活等特点。

9.5.2 本条规定的泡沫混合液供给强度是等效采用了美国《飞机库防火标准》NFPA-409(2004年版)第6.2.5条中有关的规定,也参考了国际标准《低倍数和高倍数泡沫灭火系统标准》ISO/DIS 7076—1990的相关规定。

9.5.3 泡沫混合液供给速率的确定,美国《飞机库防火标准》NFPA-409(2004年版)第6.2.5.4.2项中为泡沫混合液供给强度乘以飞机停放和维修区的地面面积计算,我国已设计建成的首都机场四机位机库、天津张贵庄机库、乌鲁木齐地窝铺等机库均按泡沫混合液供给强度乘以2倍的飞机在地面的投影面积计算,西欧某消防工程公司按泡沫混合液供给强度乘以1.4倍的飞机在地面的投影面积加0.5倍泡沫混合液供给强度乘以1.4倍的飞机停放和维修区的地面面积计算。

由于近年来随着科学技术的发展和管理水平的不断提高,飞机库火灾案例趋于减少,国内飞机库还未发生过较大火灾事故,因此暂时无法验证各种计算方法确定的泡沫混合液供给量的合理性和可靠性。

在分析各种确定泡沫混合液供给量计算方法后,考虑到飞机库停放和维修区的面积有不断增大的趋势,结合我国的具体国情提出Ⅰ、Ⅱ类飞机库泡沫混合液供给速率的计算方法。

5000m²约为以着火点为中心、以40m为半径水平区域的全部地面面积,是考虑了能完全覆盖目前最大飞机A380的翼展79.8m的要求,另外,这个地面面积也相当于或大于一般Ⅰ类飞机库采用泡沫-水雨淋灭火系统时,同时启动的所有雨淋阀组分区系统所覆盖的地面面积,因此是比较适当的。

2800m²约为以着火点为中心、以30m为半径水平区域的全部地面面积,是考虑了能覆盖A340、波音777等飞机翼展的要求。

9.5.4 泡沫液连续供给时间和连续供水时间等设计参数是等效采用了美国《飞机库防火标准》NFPA-409(2004年版)第6.2.6、7.8.2条中有关的规定,并参考了现行国家标准《低倍数泡沫灭火系统设计规范》GB 50151—92(2000年版)中第3.6.2、3.6.4条的有关规定。连续供水时间Ⅰ类飞机库45min、Ⅱ类飞机库20min是既要保证泡沫混合液用水,又要供给冷却用水。泡沫炮有吸气型和非吸气型的,要根据所用的泡沫液来选用。

9.5.5 泡沫炮的固定位置应保证两股泡沫射流同时到达被保护的飞机停放和维修机位的任一部位。泡沫炮可设置在高位也可设置在低位,一般是高、低位配合使用。

9.6 泡沫枪

9.6.1

1 本款是根据现行国家标准《低倍数泡沫灭火系统设计规范》GB 50151—92(2000 年版)中第 3.1.4 条扑救甲、乙、丙类液体流散火时,采用氟蛋白泡沫液,配置 PQ8 型泡沫枪的规定制定的。

2 本款是根据国际标准《低倍数和高倍数泡沫灭火系统标准》ISO/DIS 7076—1990 第 2.3.4 条和美国《飞机库防火标准》NFPA-409(2004 年版)第 6.2.9 条中有关的规定制定的。

9.6.2 根据现行国家标准《低倍数泡沫灭火系统设计规范》GB 50151-92(2000 年版)中第 3.1.4 条和美国《飞机库防火标准》NFPA-409(2004 年版)第 6.2.9 条中有关规定制定。

9.6.3 接口与消火栓一致,有利于与消火栓系统合并使用。因为飞机停放和维修区面积大,故需要较长的水带。

9.7 高倍数泡沫灭火系统

9.7.1 本条是根据现行国家标准《高倍数、中倍数泡沫灭火系统设计规范》GB 50196 的有关条文制定的。泡沫增高速率是参照美国《飞机库防火标准》NFPA-409(2004 年版)第 6.2.5.5 款的有关规定制定的。

9.7.2 移动式泡沫发生器适用于初期火灾,用来扑灭地面流散火或覆盖泄漏的燃油。

9.8 自动喷水灭火系统

9.8.1 在飞机库停放和维修区设闭式自动喷水灭火系统主要用于屋架内灭火、降温以保护屋架,以采用湿式或预作用灭火系统为宜。

9.8.2 本条是根据美国《飞机库防火标准》NFPA-409(2004 年版)第 6.2.4、7.2.5、7.2.6、7.2.7 条的有关规定制定的。

9.8.3 本条是根据美国《飞机库防火标准》NFPA-409(2004 年版)第 6.2.10.4 款的规定制定的。

9.9 泡沫液泵、比例混合器、泡沫液储罐、管道和阀门

9.9.1 泡沫液泵的流量小,只需一台工作泵。备用泵的型号一般与工作泵的型号相同。可选用一台电动泵和一台内燃机直接驱动的泵。

9.9.2 泡沫液具有一定的腐蚀性,美国 3M 公司提供的《水成膜 AFFF 泡沫液技术参考指南》,对泡沫液泵制造材料的选择为:壳体和叶轮可采用铸铁或青铜,传动轴用不锈钢,密封装置用乙丙橡胶或天然橡胶,填料用石棉。3M 公司的试验资料证明,不锈钢对泡沫液的抗腐蚀性较好。

9.9.3 用正压注入的方法将泡沫液经供给管道引入系统是较好的方法,它是利用动量平衡原理调节泡沫液供给量并按比例与水混合。正压型混合器使用安全可靠,能将泡沫液压入水系统的任何主管路中形成泡沫混合液,注入点能够靠近泡沫释放装置,减少了泡沫混合液在管路中的流动时间,有利于实现快速灭火的目的。正压型混合器连接管布置示意图见图 3。

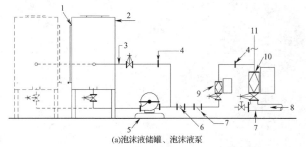

(a)泡沫液储罐、泡沫液泵

1—液位计;2—泡沫液罐;3—试验管;4—孔板;5—泡沫液泵;
6—止回阀;7—过滤器;8—水;9、10—雨淋阀;11—系统

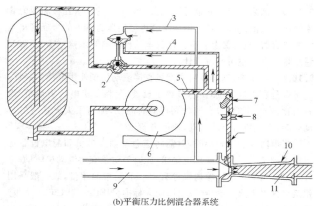

(b)平衡压力比例混合器系统

1—泡沫液;2—压力比例控制阀;3—水导管;4—泡沫液导管;5—回流管;
6—泡沫液泵;7—过滤器;8—计量孔板;9—水;10—比例混合器;11—混合液

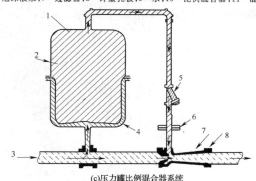

(c)压力罐比例混合器系统

1—泡沫液罐;2—泡沫液;3—水;4—柔性隔膜;5—过滤器;
6—计量孔板;7—比例混合器;8—混合液

图 3 计量孔板注入式混合器和连接管布置

9.9.6 泡沫液泵为离心泵,正压位置可保证自吸。

9.9.7 泡沫液有一定的腐蚀性,选用管材和配件时应慎重。蝶阀的内部衬胶有防腐作用,用乙丙橡胶或天然橡胶防腐效果好。

9.9.8～9.9.10 为了尽快将泡沫混合液送至防护区,国外的飞机库也有将泡沫液储罐、泡沫液泵设在防护区内的,采取了水喷淋保护或用防火隔热板封闭等措施。

9.9.11 本条是为保证泡沫液和泡沫混合液管道系统使用或试验后用淡水冲洗干净不留残液,同时对长期充有泡沫液且供应管较长的管道为保证泡沫液不因长期停滞而结块,要求设循环管路定期运行。

9.10 消防泵和消防泵房

9.10.1 当消防水泵工作一段时间后发生停泵,此时消防水池的水位已下降,不能自灌,消防水泵无法再启动,为了安全可将水泵位置尽量降低。设排气阀可防止水泵产生气蚀,吸水管直径小于 200mm 的水泵可不装排气阀。

9.10.2 水泵吸水管上宜设过滤器,当从天然水源或开敞式水源取水时,为防止杂质堵塞水泵,在吸水口处要设过滤网,滤网要采用黄铜、紫铜或不锈钢等耐腐蚀材料。蝶阀增加吸水管的阻力,产生紊流,影响水泵性能,故不应使用。

9.10.3 消防泵包括水泵和泡沫液泵。闸阀和蝶阀的启闭状态要方便观察,防止误操作。

9.10.4 泄压阀是防止水泵超压的有效措施。泄压阀的回流管和试泵用的回流管可接至蓄水池,试泵用的回流管上的控制阀是常闭状态。

参考美国《固定消防泵安装标准》NFPA-20,泄压阀的公称直径可按水泵流量选定,见表 4:

表 4 消防泵泄压阀最小直径

水泵流量(L/s)	10～18	19～25	26～45	46～80	81～185	186～315
泄压阀直径(mm)	50	65	75	100	150	200

9.10.5 水泵及泡沫液泵可用装在回流管上的计量孔板和压力表来测试水及泡沫液流量。消防水泵也可用压力管上的旁通管接至室外集合管，集合管上装有一定数量的标准消防水枪喷嘴，用来测量水量。此外也可装流量计。

9.10.6 经调查，消防泵由内燃机直接驱动受到使用部门的好评。其优点是省去电气设备费，节约了投资，免除了机电转换环节，设备简化、安全可靠，数台消防泵可同时启动，缩短了灭火系统的启动时间，内燃机可自动启动，使用方便。

当消防泵功率较小时，只需将应急柴油发电机和配电设备适当增大即可满足消防泵用电要求，此时消防泵宜由电动机驱动。

9.10.7 内燃机的油箱内仅存有 4～8h 的柴油用量，故一般采用建筑灭火器灭火。美国《飞机库防火标准》NFPA-409（2004 年版）第 6.2.10.2.8 项规定设自动喷水灭火系统，因此，当消防泵房与飞机库停放和维修区贴邻建造时，可设置自动喷水灭火系统。

供油管、油箱（罐）的安全措施应符合现行国家标准《建筑设计防火规范》GB 50016—2006 中第 5.4.4 条的有关规定。

附录 A　飞机库内爆炸危险区域的划分

A.0.1 飞机库内的爆炸和火灾危险的性质见本规范总则的说明。由于现行国家标准《爆炸和火灾危险环境电力装置设计规范》GB 50058 内无飞机库类型的等级和范围划分的典型示例，故本规范等效采用《美国国家电气法规》NFPA 70 第 513 节对飞机库的规定进行划分。

中华人民共和国国家标准

消防通信指挥系统设计规范

Code for design of fire communication and command system

GB 50313 - 2013

主编部门：中 华 人 民 共 和 国 公 安 部
批准部门：中华人民共和国住房和城乡建设部
施行日期：２０１３年１０月１日

中华人民共和国住房和城乡建设部公告

第 6 号

住房城乡建设部关于发布国家标准
《消防通信指挥系统设计规范》的公告

现批准《消防通信指挥系统设计规范》为国家标准，编号为
GB 50313—2013，自 2013 年 10 月 1 日起实施。其中，第 4.1.1
(1、2、3、5)、4.2.1(1、2、3)、4.2.2(1)、4.3.1(1、5、6、7)、4.4.3(1、
2、4、5)、5.11.1(1)、5.11.2(3、4)条(款)为强制性条文，必须严格
执行。原《消防通信指挥系统设计规范》GB 50313—2000 同时
废止。

本规范由我部标准定额研究所组织中国计划出版社出版
发行。

中华人民共和国住房和城乡建设部
2013 年 3 月 14 日

36

前　言

本规范是根据原建设部《关于印发〈二○○六年工程建设标准制订、修订计划(第一批)〉的通知》(建标〔2006〕77号)的要求,由公安部沈阳消防研究所会同有关单位在原《消防通信指挥系统设计规范》GB 50313—2000的基础上修订而成的。

本规范在编制过程中,总结了我国消防通信指挥系统建设方面的实践经验,参考了国内外有关标准规范,吸取了先进的科研成果,采纳了在消防实战中证明先进、有效的新技术、新装备,广泛征求了全国有关单位的意见,经专家和有关部门审查定稿。

本规范的修订是为了适应重特大火灾、灾害事故及突发事件不断增加的形势,提高公安消防部队快速反应、跨区域救援、统一指挥、有效处置的能力;按照国家应急指挥体系的要求,紧跟科学技术的发展而进行的。本规范修订后,增加了消防通信指挥系统技术构成的子系统,完善了火警受理和调度指挥流程,规定了消防指挥决策支持等灭火救援实战应用的功能,明确了便于实施和操作的系统设备配备表。

本规范共分8章,主要技术内容包括:总则、术语、系统技术构成、系统功能与主要性能要求、子系统功能及其设计要求、系统的基础环境要求、系统通用设备和软件要求、系统设备配置要求等。

本规范中以黑体字标志的条文为强制性条文,必须严格执行。

本规范由住房和城乡建设部负责管理和对强制性条文的解释,由公安部负责日常管理,公安部沈阳消防研究所负责具体技术内容的解释。请各单位在执行本规范过程中,注意总结经验、积累资料,并及时把修改意见和相关资料寄至公安部沈阳消防研究所(地址:沈阳市皇姑区文大路218-20号甲,邮政编码:110034),以

供今后修订时参考。

本规范主编单位、参编单位、主要起草人和主要审查人:

主 编 单 位:公安部沈阳消防研究所

参 编 单 位:北京市公安消防总队
辽宁省公安消防总队
上海市公安消防总队
中国人民武装警察部队学院
江苏省公安消防总队
广东省公安消防总队
河南省公安消防总队
新疆自治区公安消防总队
电信科学技术第一研究所
中国建筑科学研究院防火研究所
东北建筑设计研究院

主要起草人:吕欣驰　陈　剑　张春华　马　恒　朱春玲
程绍伟　盛建国　马青波　周　炜　何　华
丰国炳　楼　兰　陈　昕　乔雅平　陈春东
李宏文　成　彦

主要审查人:金京涛　武冰梅　张　昊　潘　刚　张小萍
张文才　马玉发　冉　平　刘传军　席永涛
吴　君　李　栗　王湘新

目　次

1 总　　则

1.0.1 为了规范消防通信指挥系统设计,构建完整的消防通信指挥技术支撑体系,提高消防部队灭火救援能力,满足各级消防责任辖区和跨区域作战指挥通信需要,保护公民生命、财产和社会公共安全,制定本规范。

1.0.2 本规范适用于新建、改建、扩建的消防通信指挥系统设计。

1.0.3 消防通信指挥系统的设计应遵循国家有关方针、政策和法律、法规,适应扑救火灾和处置其他灾害事故的需要,并与通信、网络等公共基础设施建设发展相协调,做到安全实用、技术先进、经济合理。

1.0.4 消防通信指挥系统的设计除应符合本规范外,尚应符合国家现行有关标准的规定。

2 术　　语

2.0.1 消防通信指挥中心　fire communication and command center

设在消防指挥机构,能与公安机关指挥中心、政府相关部门互联互通,具有受理火灾及其他灾害事故报警、灭火救援调度指挥、情报信息支持等功能的部分。

2.0.2 移动消防指挥中心　mobile fire communication and command center

设在消防通信指挥车等移动载体上,具有在火场及其他灾害事故现场或消防勤务现场进行通信组网、指挥通信、情报信息支持等功能的部分,是消防通信指挥中心的延伸。

2.0.3 火警受理子系统　fire alarm acceptance sub-system

消防通信指挥系统中,通过通信网络,接收、处理火灾及其他灾害事故报警和相关信息的部分。主要设备有火警受理终端、消防站火警终端等。

2.0.4 跨区域调度指挥子系统　cross-zone command and dispatch sub-system

消防通信指挥系统中,通过通信网络,进行跨区域灭火救援调度指挥的部分。主要设备有调度指挥终端等。

2.0.5 现场指挥子系统　fireground command sub-system

消防通信指挥系统中,通过通信网络,在火灾及其他灾害事故现场进行灭火救援指挥、情报信息支持的部分。主要设备有现场指挥终端、便携式消防作战指挥平台等。

2.0.6 指挥模拟训练子系统　command simulation drill sub-system

消防通信指挥系统中,利用系统资源对消防指挥人员进行灭火救援模拟指挥训练的部分。

2.0.7 消防图像管理子系统　graphical fire information sub-system

消防通信指挥系统中,综合应用与灭火救援有关的图像信息资源,实施可视指挥的部分。

2.0.8 消防车辆管理子系统　fire vehicle management sub-system

消防通信指挥系统中,对消防车辆的位置、运行及作战状态、上装、车载器材等信息进行动态管理的部分。主要设备有车载终端等。

2.0.9 消防指挥决策支持子系统　fire command and decision-making supporting sub-system

消防通信指挥系统中,综合集成数据、模型、知识等信息,通过预案、辅助决策专家系统,为灭火救援指挥提供决策支持的部分。

2.0.10 指挥信息管理子系统　command information management sub-system

消防通信指挥系统中,对灭火救援信息进行采集、存储、处理,提供信息查询、分析、共享的部分。

2.0.11 消防地理信息子系统　geographical fire information sub-system

消防通信指挥系统中,利用地理信息技术的空间分析和可视化平台,将灭火救援指挥数据信息与空间信息关联,并对地图数据、属性数据等进行统一管理及维护的部分。

2.0.12 消防信息显示子系统　fire information display sub-system

消防通信指挥系统中,对汇集到消防通信指挥中心的图像、数据及文字等进行组合选取和显示的部分。

2.0.13 消防有线通信子系统　fire wire communication sub-system

消防通信指挥系统中,利用有线通信网络和设备,传输消防语音、数据和图像等信息的部分。主要设备有接警调度程控交换机等。

2.0.14 消防无线通信子系统　fire wireless communication sub-system

消防通信指挥系统中,利用无线通信网络和设备,传输消防语音、数据和图像等信息的部分。

2.0.15 消防卫星通信子系统　fire satellite communication sub-system

消防通信指挥系统中,利用卫星通信网络和设备,传输消防语音、数据和图像等信息的部分。

3 系统技术构成

3.0.1 消防通信指挥系统可分为国家、省(自治区)、地区(州、盟)消防通信指挥系统和城市消防通信指挥系统等类型。

3.0.2 消防通信指挥系统的技术构成可由通信指挥业务、信息支撑、基础通信网络等三部分组成(图3.0.2),应符合下列要求:

   1 通信指挥业务部分主要包括火警受理子系统、跨区域调度指挥子系统、现场指挥子系统、指挥模拟训练子系统等,分别实现接收和处理火灾及其他灾害事故报警、消防力量调度、灭火救援指挥以及训练培训等通信指挥业务功能;

   2 信息支撑部分主要包括消防图像管理子系统、消防车辆管理子系统、消防指挥决策支持子系统、指挥信息管理子系统、消防地理信息子系统、消防信息显示子系统等,为通信指挥业务提供信息支持;

   3 基础通信网络部分主要包括消防有线通信子系统、消防无线通信子系统、消防卫星通信子系统等,以计算机通信网络为基础,构成集语音、数据和图像等为一体的消防综合信息传输网络。

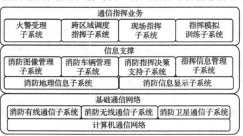

图3.0.2 消防通信指挥系统的技术构成

4 系统功能与主要性能要求

4.1 系统功能

4.1.1 消防通信指挥系统应具有下列基本功能:

   1 责任辖区和跨区域灭火救援调度指挥;

   2 火场及其他灾害事故现场指挥通信;

   3 通信指挥信息管理;

   4 通信指挥业务模拟训练;

   5 城市消防通信指挥系统应能集中接收和处理责任辖区火灾及以抢救人员生命为主的危险化学品泄漏、道路交通事故、地震及其次生灾害、建筑坍塌、重大安全生产事故、空难、爆炸及恐怖事件和群众遇险事件等灾害事故报警。

4.2 系统接口

4.2.1 消防通信指挥系统应具有下列通信接口:

   1 公安机关指挥中心的系统通信接口;

   2 政府相关部门的系统通信接口;

   3 灭火救援有关单位通信接口;

   4 公网移动无线数据通信接口。

4.2.2 城市消防通信指挥系统应具有下列接收报警通信接口:

   1 公网报警电话通信接口;

   2 城市消防远程监控系统等专网报警通信接口;

   3 固定报警电话装机地址和移动报警电话定位地址数据传输接口。

4.3 系统主要性能

4.3.1 消防通信指挥系统的主要性能应符合下列要求:

   1 能同时对2起以上火灾及以抢救人员生命为主的危险化学品泄漏、道路交通事故、地震及其次生灾害、建筑坍塌、重大安全生产事故、空难、爆炸及恐怖事件和群众遇险事件等灾害事故进行灭火救援调度指挥;

   2 能实时接收所辖下级消防通信指挥中心或消防站发送的信息,并保持数据同步;

   3 工作界面设计合理,操作简单、方便;

   4 具有良好的共享性和可扩展性;

   5 采用北京时间计时,计时最小量度为秒,系统内保持时钟同步;

   6 城市消防通信指挥系统应能同时受理2起以上火灾及以抢救人员生命为主的危险化学品泄漏、道路交通事故、地震及其次生灾害、建筑坍塌、重大安全生产事故、空难、爆炸及恐怖事件和群众遇险事件等灾害事故报警;

   7 城市消防通信指挥系统从接警到消防站收到第一出动指令的时间不应超过45s。

4.4 系统安全

4.4.1 消防通信指挥系统的物理安全应符合下列要求:

   1 系统设备运行环境具有防雷、防火、防静电、防尘、防腐蚀等措施;

   2 能提供稳定的供电环境;

   3 符合国家现行有关电磁兼容技术标准。

4.4.2 消防通信指挥系统的信息安全应符合下列要求:

   1 分级设置操作权限;

   2 设置防火墙等安全隔离系统;

   3 安装防病毒软件,并能定期升级;

   4 具有计算机终端漏洞扫描、修补和系统补丁升级、分发功能;

   5 对信息数据进行备份和恢复。

4.4.3 消防通信指挥系统的运行安全应符合下列要求:

   1 重要设备或重要设备的核心部件应有备份;

   2 指挥通信网络应相对独立、常年畅通;

   3 能实时监控系统运行情况,并能故障告警;

   4 系统软件不能正常运行时,能保证电话接警和调度指挥畅通;

   5 火警电话呼入线路或设备出现故障时,能切换到火警应急接警电话线路或设备接警;

   6 火警调度电话专用线路或设备出现故障时,能利用其他有线、无线通信方式进行调度指挥。

5 子系统功能及其设计要求

5.1 火警受理子系统

5.1.1 火警受理子系统的基本工作流程(图 5.1.1)应符合下列要求:

图 5.1.1 火警受理子系统基本工作流程

1 通过公用或专用报警通信网,接收火灾及其他灾害事故报警;

2 辨别火警真伪,定位火灾及其他灾害事故地点,确定火灾及其他灾害事故类型和等级;

3 自动或人工编制灭火救援力量出动方案;

4 将第一出动力量的出动指令下达到消防站,向灭火救援有关单位发出灾情通报和联合作战要求;

5 建立火灾及其他灾害事故档案,生成报表。

5.1.2 火警受理子系统的接收报警功能应符合下列要求:

1 能接收公网固定或移动电话报警;

2 能接收城市消防远程监控系统等设备的报警;

3 能接收其他专网电话报警;

4 可接收公网发送的短信或彩信报警。

5.1.3 火警受理子系统的警情辨识功能应符合下列要求:

1 能接收并显示固定报警电话的主叫号码、用户名称、装机地址;

2 能接收并显示移动报警电话的主叫号码、定位地址;

3 通过报警电话装机地址或定位地址能进行火场及其他灾害事故现场的快速定位;

4 通过输入单位名称、地址、街道、目标物、电话号码等能进行火场及其他灾害事故现场的快速定位;

5 能判除误报警或假报警;

6 重复报警能给出提示信息,确认后可合并到同一个事件处理;

7 能确定火灾及其他灾害事故类型;

8 能确定火灾及其他灾害事故等级。

5.1.4 火警受理子系统的编制出动方案功能应符合下列要求:

1 能检索相应的火灾及其他灾害事故出动方案,并可进行编辑调整;

2 能根据消防实力及各种加权因素、升级要素等编制等级出动方案;

3 能人工编制随机出动方案。

5.1.5 火警受理子系统应能提供辖区消防站和消防车辆位置信息,能显示消防车辆的待命、出动、到场、执勤、检修等状态,能按消防站序号、距现场地点的距离、车辆类型等对相关消防车辆进行排序,供编制出动方案时快速选择。

5.1.6 火警受理子系统的下达出动指令功能应符合下列要求:

1 能以语音、数据形式将出动指令下达到消防站;

2 能对消防站警灯、警铃、火警广播、车库门等的联动控制装置发出控制指令;

3 能向供水、供电、供气、医疗、救护、交通、环卫等灭火救援有关单位发送灾情通报和联合作战要求。

5.1.7 火警受理子系统应能建立每起火灾及其他灾害事故档案,实时记录火警受理全过程的文字、语音、图像等信息,生成有关的统计报表。

5.1.8 火警受理全过程的录音录时功能应符合下列要求:

1 应能自动识别有线电话、无线电台的通话状态,启动录音和结束录音;

2 录音录时路数不应少于同时并行的通话路数;

3 录音记录应与接处警记录相关联;

4 可在授权终端上选择回放录音,并应能进行数据转储和备份;

5 录音文件的保存不应少于 6 个月,记录的原始信息不能被修改;

6 应能显示录音通道的状态和存储介质的剩余容量。当记录信息超过设定的存储容量的阈值时,应能给出提示信息。

5.1.9 火警受理终端应符合下列要求:

1 火警受理终端可设置在城市消防通信指挥中心或公安机关指挥中心。设置在公安机关指挥中心的火警受理终端应与设置在城市消防通信指挥中心的跨区域调度指挥终端互联,保持接处警数据同步并能信息共享;

2 火警受理终端设置数量不应少于 2 套;

3 日接警量大的城市,可将火警受理终端分为接警和处警终端,同时进行接警和处理;

4 每套火警受理终端坐席可设置多个显示屏,能分别显示本规范第 5.1.10 条规定的工作界面;

5 火警受理终端坐席之间能进行警情转移,多个终端可协同处警;

6 具有明显的火警电话呼入信号提示。

5.1.10 火警受理终端应具有下列工作界面:

1 接警和调度电话、无线电台操作窗口;

2 录音和回放操作窗口;

3 火灾及其他灾害事故编号、报警时间、报警主叫号码、报警人姓名、报警地址录入窗口;

4 火场及其他灾害事故现场的单位名称、地址及责任消防站录入窗口;

5 火灾及其他灾害事故具体情况录入窗口;

6 火灾及其他灾害事故类型选择录入窗口;

7 火灾及其他灾害事故等级选择录入窗口;

8 编制出动方案和下达出动指令操作窗口;

9 消防车辆属地、类型、状态显示窗口;

10 火灾及其他灾害事故事件列表和处理状态显示窗口;

11 日期、时钟和气象信息显示窗口;

12 本规范第 5.9.1 条规定的消防地理信息显示窗口;

13 本规范第 5.7 节规定的消防指挥决策支持功能操作窗口;

14 火警受理信息记录管理操作窗口;

15 上岗、离岗等值班管理操作窗口。

5.1.11 消防站火警终端应符合下列要求:

1 每个消防站应设置消防站火警终端;

2 应能以语音和图文形式接收出动指令,并应打印出车单;

3 应能自动或手动启动警灯、警铃、火警广播、车库门等的联动控制装置;

4 应能录入或更新本站的消防实力、灭火救援装备器材、灭火剂等消防资源信息数据;

5 应能检索查询本规范第5.8.3条～第5.8.7条规定的信息;

6 录音录时功能应符合本规范第5.1.8条的规定。

5.2 跨区域调度指挥子系统

5.2.1 跨区域调度指挥子系统的基本工作流程(图5.2.1)应符合下列要求:

1 接收下级消防通信指挥中心和现场报告的灾情信息,接收上级消防通信指挥中心、公安机关指挥中心和政府相关部门发送的灾情通报和力量调度指令;

2 对火灾及其他灾害事故类型、等级、发展趋势进行判断;

3 按预案、等级调度方案、随机调度方案进行消防力量调度;

4 依据决策支持信息,综合分析制订灭火救援方案,并实施指挥;

5 对调度指挥全过程的文字、语音、图像等信息进行实时记录。

图5.2.1 跨区域调度指挥子系统基本工作流程

5.2.2 跨区域调度指挥子系统的灾情接收功能应符合下列要求:

1 能接收下级通信指挥中心和本级现场指挥子系统报送的火灾及其他灾害事故信息、出动力量和处置情况等相关信息;

2 能接收上级消防通信指挥中心、公安机关指挥中心和政府相关部门发送的灾情通报和力量调度指令。

5.2.3 跨区域调度指挥子系统的灾情判断功能应符合下列要求:

1 能检索火灾及其他灾害事故类型和等级数据库;

2 能对接收的灾情作出类型、等级及发展趋势判断。

5.2.4 跨区域调度指挥子系统的力量调度功能应符合下列要求:

1 能依据消防安全重点单位的预案、火灾及其他灾害事故等级、消防实力数据库,随机编制消防力量调度方案;

2 能以语音、数据及指挥视频形式下达跨区域调度命令;

3 能向医疗、救护、交通、安监等灭火救援有关单位发出灾情通报和联合作战要求。

5.2.5 跨区域调度指挥子系统的决策指挥功能应符合下列要求:

1 能依据消防安全重点单位的预案、决策支持数据库,随机编制灭火救援作战方案;

2 能以语音、数据及指挥视频形式下达跨区域作战指挥命令。

5.2.6 跨区域调度指挥子系统应能实时记录调度指挥全过程的文字、语音、图像等信息,并应自动存入相应的火灾及其他灾害事故档案中,生成有关的统计报表。

5.2.7 跨区域调度指挥终端应具有下列工作界面:

1 力量调度电话、无线电台操作窗口;

2 录音和回放操作窗口;

3 火灾及其他灾害事故信息、出动力量和处置情况信息显示窗口;

4 灾情判断信息显示窗口;

5 上级消防通信指挥中心、公安机关指挥中心和政府相关部门传输的灾情通报和力量调度指令显示窗口;

6 编制和下达力量调度方案操作窗口;

7 指挥决策支持信息显示窗口;

8 编制灭火救援作战方案和下达跨区域作战指挥命令操作窗口;

9 调度指挥信息记录管理显示窗口。

5.3 现场指挥子系统

5.3.1 现场指挥子系统的基本工作流程(图5.3.1)应符合下列要求:

1 接收有关火灾及灾害事故情况通报和现场灭火救援行动指令;

2 采集火灾及灾害事故数据、现场环境信息、现场灭火救援力量装备等信息;

3 制订现场灭火救援行动方案,下达灭火救援行动命令;

4 将火灾及灾害事故态势、现场环境、现场灭火救援行动等信息报送消防通信指挥中心;

5 将现场灭火救援全过程的文字、语音、图像等信息进行实时记录。

图5.3.1 现场指挥子系统基本工作流程

5.3.2 现场指挥子系统的接收指令功能应符合下列要求:

1 能接收消防通信指挥中心的灾情通报和灭火救援行动指令;

2 能接收公安机关指挥中心、政府相关部门的灾情通报和灭火救援行动指令。

5.3.3 现场指挥子系统采集的现场信息应包括下列内容:

1 火灾及其他灾害事故态势信息;

2 到达现场的消防车辆、人员、灭火救援装备器材、灭火剂等信息;

3 现场气象、道路、消防水源、建(构)筑物等环境信息;

4 现场实况图像信息。

5.3.4 现场指挥子系统的作战指挥功能应符合下列要求:

1 能对灾情作出类型、等级及发展趋势判断;

2 能依据消防安全重点单位的预案、决策支持数据库,随机编制灭火救援作战方案;

3 能以语音、数据及指挥视频形式下达灭火救援行动命令。

5.3.5 现场指挥子系统报送的现场信息应包括下列内容:

1 火场及其他灾害事故现场态势信息;

2 现场气象、道路、消防水源、建(构)筑物等环境信息;

3 现场灭火救援行动信息;

4 现场实况图像信息。

5.3.6 现场指挥子系统应能实时记录现场指挥通信全过程的文字、语音、图像等信息,并应存入相应的火灾及其他灾害事故档案中,生成有关的统计报表。

5.3.7 现场指挥全过程的录音录时功能应符合本规范第5.1.8条的规定。

5.3.8 现场指挥子系统的现场通信组网功能应符合下列要求:

1 能通过外接电话接口或卫星通信链路,在现场开通市话等有线电话;

2 可通过车载电话交换机和有线电话通信线路,开通现场有线电话指挥通信网络;

3 能接入多种通信系统或设备,进行不同通信网络的语音、数据通信交换;

4 能通过图像传输设备传输现场实况图像;

5 具有现场指挥广播扩音功能;

6 现场无线通信组网功能应符合本规范第5.12节的规定;

7 卫星通信组网功能应符合本规范第5.13节的规定。

5.3.9 现场指挥子系统的图像信息应用功能应符合下列要求:

1 能接入消防通信指挥中心传输的消防图像监控信息、公安图像监控信息;

2 能召开现场视音频指挥会议,并能参加公安机关、政府相关部门召开的视音频会议;

3 具有现场图像预显、存储、检索、回放等功能。

5.3.10 现场指挥子系统的现场通信控制功能应符合下列要求:

1 能显示呼入电话号码;

2 能进行电话呼叫、应答、转接;

3 能显示无线通信信道的收发状态及使用单位、工作频率等属性,能显示无线电台用户的通话状态及身份码,具有无线通信信道保护及多种控发方式功能;

4 能进行无线电台用户的呼叫、应答、转接,重点用户的呼叫应有明显的声光指示;

5 能进行有线、无线会议式指挥通话,具有指挥预案编辑及频率配置等功能;

6 能进行卫星通信链路的建立和撤收;

7 能进行现场图文信息的切换显示;

8 能进行交互式多媒体作战会议操作;

9 具有撤退、遇险等紧急呼叫信号的发送功能;

10 能进行现场指挥广播扩音操作;

11 可对各种电气设备进行集中控制和监测。

5.3.11 现场指挥终端等设备应具有下列工作界面:

1 本规范第5.3.2条~第5.3.10条规定的信息显示和功能操作窗口;

2 消防地理信息显示窗口;

3 各种电气设备控制操作和状态监测显示窗口。

5.3.12 便携式消防作战指挥平台应符合下列要求:

1 具有位置定位、导航功能;

2 具有现场消防地理信息显示窗口;

3 具有本规范第5.7.3条规定的消防指挥决策支持功能操作窗口;

4 具有现场作战指挥信息录入窗口,录入的信息不可更改;

5 具有一键快速进入火灾扑救、抢险救援、信息查询功能窗口;

6 能基于现场消防地理信息、消防水源和灭火救援预案等进行灭火救援作战部署标绘、临机灾害处置方案编制;

7 具有灭火救援数据关联、信息查询、语音提示功能;

8 能与移动消防指挥中心进行实时数据传输;

9 具有测风、测温度、测距离、望远、夜视、扩音、警示等功能。

5.3.13 现场指挥子系统的消防信息显示应符合本规范第5.10节的规定。

5.3.14 现场指挥设备的装载体及必要的保障设施应符合国家现行有关标准的规定。

5.4 指挥模拟训练子系统

5.4.1 指挥模拟训练子系统的模拟训练功能应符合下列要求:

1 能根据灭火救援预案进行三维动态仿真演练;

2 能对重特大火灾及灾害事故跨区域作战、多层次现场指挥进行模拟训练;

3 能依据灭火救援指挥评价体系,对指挥效果进行三维动态仿真评估。

5.4.2 指挥模拟训练子系统的虚拟仿真功能应符合下列要求:

1 能建立火灾及灾害事故、灭火救援车辆、人员、装备器材、场景等三维动态模型;

2 能将灭火救援二维文字预案转换为三维动态的数字化预案;

3 能依据灭火救援指挥方案,编辑设计灭火救援指挥三维动态的数字化预案。

5.5 消防图像管理子系统

5.5.1 消防图像管理子系统应能接入现场指挥子系统采集、传输的火场及其他灾害事故现场实况图像信息。

5.5.2 消防图像管理子系统应能接收在城市消防重点区域、消防重点建(构)筑物、消防重点部位设置的消防监控图像信息采集点采集、传输的实况图像信息。

5.5.3 消防图像管理子系统应能与公安图像监控系统联网,获取重点区域、重点部位、重点道路图像信息。

5.5.4 消防图像管理子系统应能接收在辖区消防站设置的远程监控图像信息采集点采集、传输的执勤备战、接警和火警出动等实况图像信息。

5.5.5 消防图像管理子系统应能接收消防车辆实时上传的实况图像信息。

5.5.6 消防图像管理子系统应能接入消防指挥视音频会议,并应能参加公安机关、政府相关部门召开的视音频会议。

5.5.7 消防图像管理子系统应能集中管理和按权限调配控制各类图像信息资源。

5.5.8 消防图像管理子系统应能对各类图像信息进行存储和检索回放。

5.6 消防车辆管理子系统

5.6.1 消防车辆管理子系统的车辆监控功能应符合下列要求:

1 能接收并显示车载终端发送的消防车辆位置、运行(速度、行驶方向)、底盘、上装、车载器材、视音频、大气环境等实时状态信息;

2 能显示消防车辆动态轨迹,并具有历史轨迹回放功能;

3 具有分级、分区域和特定消防车辆监控管理功能。

5.6.2 消防车辆管理子系统的灭火救援信息传输功能应符合下列要求:

1 能接收并显示车载终端发送的待命、出动、途中、到场、出水、运水、停水、返队、执勤、检修等作战状态;

2 能向车载终端发送出动指令、行进目的地、行车路线;

3 能向车载终端发送与灭火救援有关的简要文字信息,并能实现群发;

4 能接收并显示车载终端发送的与灭火救援有关的简要文字信息。

5.6.3 消防车辆管理子系统的车载终端应符合下列要求:

1 能定位本车的位置;

2 能将本车位置、运行、底盘、上装、车载器材、视音频、大气环境等信息实时发送给消防通信指挥中心;

3 能将本车待命、出动、途中、到场、出水、运水、停水、返队、执勤、检修等作战状态等信息实时发送给消防通信指挥中心;

4 能接收、显示或语音报消防通信指挥中心发送的出动指令、行进目的地、行车路线;

5 能接收、显示或语音报消防通信指挥中心发送的与灭火救援有关的简要信息;

6 能向消防通信指挥中心发送与灭火救援有关的简要文字信息;

7 能查询显示常用目的地、重点目标以及水源分布等地理信息;

8 能人工设定或接收消防通信指挥中心发送的行车目的地;

9 能自动生成行车路线,显示行车距离和时间;

10 具有语音提示引导车辆行进功能;

11 偏离导航路线时能自动重新计算行进路线。

5.6.4 消防车辆管理子系统的性能应符合下列要求:

1 消防车辆定位允许水平偏差应为±15m;

2 车载终端系统启动时间不应大于90s;

3 车载终端定位功能启动时间不应大于180s;

4 应能同时监控不少于2个灭火救援现场的消防车辆位置、状态。

5.7 消防指挥决策支持子系统

5.7.1 消防指挥决策支持子系统应能检索查询本规范第5.8.3条～第5.8.7条规定的信息。

5.7.2 消防指挥决策支持子系统的预案管理功能应符合下列要求:

1 能提供制作模板,编制辖区或跨区域各类灭火救援预案,建立预案库;

2 能根据灾害事故类型、等级等输入条件,进行比对匹配,查找相应的预案;

3 能在一个预案的基础上做编辑修改,形成新的预案;

4 能按预案制作归属或访问控制权限,提供预案的增加、修改、删除等功能;

5 具有预案下载、打印等输出功能。

5.7.3 消防指挥决策支持子系统的辅助决策功能应符合下列要求:

1 能采集录入火灾及其他灾害事故数据和现场环境信息;

2 能应用灭火救援模型、专家知识、典型案例等对火灾及其他灾害事故的发展趋势和后果进行评估;

3 能提供相应的火灾及其他灾害事故处置对策;

4 能计算现场需要的消防车辆、灭火救援装备器材、灭火剂;

5 能提供现场消防车辆、灭火救援装备器材、灭火剂差额增补方案;

6 能编制火灾及其他灾害事故处置方案,方案内容包括文字、态势图、表格等要素;

7 能标绘火灾及其他灾害事故影响范围及趋势、灭火救援态势、临机灾害处置方案、灭火救援作战部署等;

8 具有灾害处置方案的推演和编辑修订功能。

5.8 指挥信息管理子系统

5.8.1 指挥信息管理子系统的信息管理功能应符合下列要求:

1 能对本规范第5.8.3条～第5.8.7条规定的信息进行录入、编辑、更新;

2 能对各类信息进行分类汇总、归档存储;

3 能与公安机关指挥中心、政府相关部门等相关业务信息交互、共享;

4 能在消防基础数据平台层面上与消防监督、部队管理、社会公众服务等业务信息系统相关信息交互、共享;

5 能实现不同数据库管理系统之间的数据移植、转换、关联、整合;

6 能根据应用需求对各类信息进行检索查询、统计分析,并能以图表方式展现;

7 能根据应用需求对重要、敏感的信息实行关联、跟踪和预警;

8 能通过信息网络发布各类信息及其统计分析结果;

9 能对数据进行备份和恢复;

10 具有用户管理、权限管理、版本管理功能。

5.8.2 指挥信息管理子系统的信息分类与编码、数据结构、信息交换标准等应符合国家现行有关标准的规定。

5.8.3 火灾及其他灾害事故类信息应包括接收报警情况、火灾及其他灾害事故类型、火灾及其他灾害事故等级等。

5.8.4 消防资源类信息应包括消防实力、消防车辆状态、灭火救援装备器材、消防水源、灭火剂、灭火救援有关单位、灭火救援专家、战勤保障等信息。

5.8.5 消防指挥决策支持类信息应包括消防安全重点单位、危险化学品、各类火灾与灾害事故特性、灭火救援技战术以及气象等信息。

5.8.6 灭火救援行动类信息应包括各类灭火救援预案信息、力量调度和灭火救援行动情况等。

5.8.7 灭火救援记录和统计类信息内容应包括接处警录音录时信息、灭火救援作战记录信息、灭火救援统计信息等。

5.9 消防地理信息子系统

5.9.1 消防地理信息子系统应能与火警受理子系统关联应用,并应显示下列内容:

1 定位显示固定报警电话和移动报警电话的地理位置;

2 定位显示火灾及其他灾害事故现场的地理位置;

3 显示火灾及其他灾害事故现场的道路、消防水源、建(构)筑物等信息;

4 检索显示消防实力、灭火救援装备器材、灭火剂、公安警力、灭火救援有关单位等分布信息;

5 显示消防车辆到达现场的最佳行车路线、行车距离和时间。

5.9.2 消防地理信息子系统应能与跨区域调度指挥子系统和现场指挥子系统关联应用,并应显示下列内容:

1 定位显示火灾及其他灾害事故现场的地理位置;

2 显示火灾及其他灾害事故现场的道路、消防水源、建(构)筑物、力量部署等信息;

3 检索显示消防实力、灭火救援装备器材、灭火剂、公安警力、灭火救援有关单位等分布信息;

4 显示消防车辆到达现场的最佳行车路线、行车距离和时间。

5.9.3 消防地理信息子系统应能与消防车辆管理子系统关联应用,并应显示出动消防车辆的实时位置和动态轨迹。

5.9.4 消防地理信息子系统应能与消防指挥决策支持子系统关联应用,标绘火灾及其他灾害事故影响范围及趋势、灭火救援态势、临机灾害处置方案、灭火救援作战部署等。

5.9.5 消防地理信息子系统应能与消防图像管理子系统关联应用,定位显示各类信息采集点分布信息。

5.9.6 地理信息的采集和使用应符合国家现行有关标准的规定。

5.9.7 消防地理信息子系统的地图数据应符合下列要求:

1 基础信息包括行政区、建(构)筑物、道路、水系、地形、植被等;

2 警用信息包括人员、案(事)件、公共场所、城市交通、门牌号码、单位、公安机关、公共基础设施等;

3 消防专业信息包括消防水源、消防站、消防企业、消防安全重点单位、重大危险源、灭火救援有关单位等。

5.9.8 消防地理信息系统在全国范围宜采用不低于1∶250000地形图数据,省(自治区)范围内宜采用不低于1∶50000地图数据,市区范围宜采用不低于1∶2000地图数据,郊区、农村范围宜采用不低于1∶10000地图数据。

5.9.9 消防地理信息子系统的地图数据显示控制功能应符合下列要求:

1 地图数据的显示应包括街路名称、起点、终点、街路级别、长度、宽度、交叉路口、路面情况等；

 2 广域消防地图能显示行政区及道路、消防水源、消防站分布等；

 3 接警消防地图能显示消防站辖区及道路、消防水源、消防安全重点单位等；

 4 灭火战区地图能显示以火灾及其他灾害事故地点为中心的作战区域及道路、消防水源、建(构)筑物、力量部署等相关信息；

 5 具有地图的放大、缩小、平移、漫游功能；

 6 能注记设置地图要素显示的符号、文字；

 7 能按显示范围和比例尺，自动切换图层或区域；

 8 能支持影像图叠加显示。

5.9.10 消防地理信息子系统的地址匹配分析与定位功能应符合下列要求：

 1 能设定组合条件进行模糊查询；

 2 能根据道路、小区、单位、水源、消火栓、消防站的名称或地址等，在地图上进行精确或模糊定位。

5.9.11 消防地理信息子系统的量测分析功能应符合下列要求：

 1 能对道路、消防水源、建(构)筑物等目标进行距离测量；

 2 能对道路、消防水源、建(构)筑物等目标进行面积测量；

 3 能对指定的目标集合中的地理目标进行周边分析；

 4 具有最佳行车路径分析功能。

5.9.12 消防地理信息子系统的制图输出功能应符合下列要求：

 1 能制作地图输出模板并予以存储；

 2 能设置地图的图廓、标题、图例、指北针、比例尺等各种地图要素整饰；

 3 能提供点、线、面和文字等地图标注工具；

 4 能打印输出地图；

 5 能将地图以网络方式发布。

5.10 消防信息显示子系统

5.10.1 消防信息显示子系统应能接入和集中控制管理本规范第5.10.3条规定的信息。

5.10.2 消防信息显示子系统的切换控制功能应符合下列要求：

 1 能对视频信息进行显示控制，对音频信息进行播放控制；

 2 具有多种组合显示模式，能实现不同模式的切换；

 3 具有多个视频图像和计算机画面的同屏混合显示功能；

 4 能通过网络进行远程切换控制；

 5 具有交互式电子白板功能。

5.10.3 消防信息显示子系统应能显示下列内容：

 1 辖区消防队站、值班信息；

 2 辖区消防车辆类型、数量和待命、出动、到场、执勤、检修等状态；

 3 日期、时钟；

 4 当前天气、温度、湿度、风向、风力；

 5 当前火灾及其他灾害事故信息；

 6 灭火救援统计数据；

 7 本规范第5.5.1条～第5.5.7条规定的图像信息；

 8 火警受理、调度指挥、现场指挥等业务应用系统的信息。

5.10.4 消防信息显示子系统的软硬件设备应符合国家现行有关标准的规定。

5.10.5 消防信息显示子系统的技术性能应符合下列要求：

 1 应能支持从640×480到1600×1200的各种分辨率信号；

 2 屏幕亮度能适应高照度环境，亮度均匀性应大于90%；

 3 屏幕水平视角180°，垂直视角不应小于80°；

 4 能支持控制协议/因特网互联协议(TCP/IP)等协议，网络接口应为10M/100M以太网；

 5 应具有模块式结构，易于检修；

 6 大屏幕投影组合墙的拼缝间隙不应大于1mm；

 7 应采用全中文图形界面，操作控制简单。

5.11 消防有线通信子系统

5.11.1 消防有线通信子系统应具有下列火警电话呼入线路：

 1 与城市公用电话网相连的语音通信线路；

 2 与专用电话网相连的语音通信线路；

 3 与城市消防远程监控系统报警终端相连的语音、数据通信线路；

 4 查询固定报警电话装机地址和移动报警电话定位信息的数据通信线路。

5.11.2 消防有线通信子系统应具有下列火警调度专用通信线路：

 1 连通上级消防通信指挥中心的语音、数据、图像通信线路；

 2 连通辖区消防站的语音、数据、图像通信线路；

 3 连通公安机关指挥中心和政府相关部门的语音、数据通信线路；

 4 连通供水、供电、供气、医疗、救护、交通、环卫等灭火救援有关单位的语音通信线路。

5.11.3 消防有线通信子系统应具有下列日常联络通信线路：

 1 内部电话通信线路；

 2 对外联络电话通信线路；

 3 公安专网电话通信线路。

5.11.4 与城市公用电话网相连的火警电话中继应符合下列要求：

 1 中等以上城市宜采用数字中继方式接入本地电话网，小城市可根据本地电话网情况采用数字中继方式或模拟中继方式接入本地电话网；

 2 火警电话中继线路应采用双路由方式与城市公用电话网相连；

 3 采用数字中继方式入网时，应具有火警应急接警电话线路；

 4 火警电话呼入应设置为被叫控制方式；

 5 本地电话网应在火警电话呼叫接续过程中提供主叫电话号码；

 6 本地电话网应提供主叫电话用户信息(用户名称和装机地址等)，通过专用数据传输线路在火警应答后5s内送达火警受理终端。

5.11.5 各类火警电话中继线路数量应符合表5.11.5的规定。

表5.11.5 城市火警电话中继线路数量

中继数量 / 类别 \ 入网方式	数字中继	模拟中继	火警应急接警电话线路
特大城市	不少于8个PCM基群	—	不少于8路
大城市	不少于4个PCM基群	—	不少于4路
中等城市	不少于2个PCM基群	每个电话端(支)局不少于2路	不少于2路
小城市	不少于1个PCM基群	每个电话端(支)局不少于2路	不少于2路
独立接警的县级城市消防站	—	每个电话端(支)局不少于2路	—

注："类别"栏内的城市规模根据国家有关城市规划分级标准和城市的规划情况确定。

5.11.6 火警调度语音专线和数据专线宜采用直达专线的形式，数据专线带宽不应小于2M。

5.11.7 接警调度程控交换机应符合下列要求：

 1 提供计算机与电话集成(CTI)接口；

 2 具有基本呼叫接续功能，能对公网、专网电话进行呼叫接续和转接；

　　3 具有双向通话的组呼功能，组呼用户数不应少于 8 方，能实现任一方的加入和拆除；

　　4 具有实现广播会议电话功能，会议方不应少于 16 方，能实现任一方的加入和拆除；

　　5 能对预先设置的多个电话进行轮询呼叫；

　　6 具有监听、强插、强拆和挂机回叫功能；

　　7 能在坐席间相互转接，完成呼叫转接、代接功能，在此过程中呼叫数据同步转移；

　　8 具有话务统计功能，能统计呼入次数、接通次数、排队次数、早释次数和平均通话时长等数据；

　　9 电话报警接续中具有第四位拦截功能；

　　10 接收通信网局间信令中送来的报警电话号码。

5.11.8 火警电话呼入排队方式应符合下列要求：

　　1 坐席全忙时应能将火警电话呼入进行排队，并应向排队用户发送语音提示或回铃音；

　　2 重点单位报警可优先分配；

　　3 不同局向的报警呼入可优先分配；

　　4 坐席离席时可不分配火警电话呼入。

5.11.9 火警电话呼入时坐席分配可采用下列方式：

　　1 按顺序依次循环向各坐席分配；

　　2 按设定的固定顺序依次分配；

　　3 对空闲时间最长的坐席优先分配；

　　4 向一组坐席同时分配报警呼叫，先应答者接听；

　　5 根据坐席业务类型和技能等级分配。

5.12 消防无线通信子系统

5.12.1 消防无线通信网络应符合下列要求：

　　1 应能设置独立的消防专用无线通信网，或加入公安集群无线通信系统，并在系统中设置消防分调度台和一定数量的独立编队（通话组），建立灭火救援调度指挥网；

　　2 省（自治区）消防无线通信子系统应有跨区域联合作战指挥通信的能力，地区（州、盟）消防无线通信子系统应有全地区（州、盟）灭火救援指挥通信的能力；

　　3 城市消防无线通信子系统应能保障城市消防辖区覆盖通信、现场指挥通信、灭火救援战斗通信；

　　4 应能在发生自然灾害或突发技术故障造成大范围通信中断时，通过卫星电话、短波电台等设备，提供应急通信保障；

　　5 与地方专职消防队等其他灭火救援力量在灾害事故现场的协同通信时，应临时配发参战指挥员无线电台，加入现场指挥网内通信，参战队数量很多时，应另行组建现场协同通信网；

　　6 参与灭火救援联合作战时，应能保持独立的消防通信体系，消防指挥员（联络员）加入负责现场全面指挥单位的通信网；

　　7 在无线电信盲区，可通过移动通信基站，采用通信中继等方式，保证无线通信不间断；

　　8 在地铁、隧道、地下室等地下空间内，可采用地下无线中继等方式，实现无线通信。

5.12.2 城市消防无线通信网应由以下三级网组成：

　　1 消防一级网（城市消防辖区覆盖网），适用于保障城市消防通信指挥中心与移动消防指挥中心和辖区消防站固定电台、车载电台之间的通信联络，在使用车载电台的条件下，可靠通信覆盖区不应小于城市辖区地理面积的 80%；

　　2 消防二级网（现场指挥网），适用于保障火场及其他灾害事故现场范围内各级消防指挥人员之间的通信联络；

　　3 消防三级网（灭火救援战斗网），适用于火场及其他灾害事故现场范围内各参战消防队内部的指挥员、战斗班班长、驾驶员、特勤抢险班战斗员之间的通信联络。

5.12.3 消防无线通信子系统的数据通信功能应符合下列要求：

　　1 应能建立火场及其他灾害事故现场与消防通信指挥中心的移动数据通信链路；

　　2 在火场及其他灾害事故现场应能实现情报信息、火灾及其他灾害事故处置方案、现场灭火救援行动方案、指挥决策数据等信息的查询、传输；

　　3 通过公网进行数据通信时应具有移动接入安全措施；

　　4 数据通信的传输速率、误码率等应能满足灭火救援作战指挥的需求。

5.12.4 消防无线通信子系统的工作频率应符合下列要求：

　　1 应能充分利用消防专用频率组网；

　　2 应能根据需求和当地情况申请背景噪声小、传输特性好、不与民用大功率发射设备同频段的民用频率；

　　3 消防跨区域联合作战通信专用频点不得设任何控制信令；

　　4 每个消防站应有一个专用信道，或通过无支援关系消防站的频率复用，达到每个消防站能有一个专用信道；

　　5 无线电台的预置信道数量不应小于 16。

5.12.5 消防无线通信子系统设备的工作环境应符合下列要求：

　　1 发射机的最大输出功率、固定天线的架设高度应符合当地无线电管理部门规定的要求；

　　2 城市消防通信指挥中心建筑物周边 200m 范围内，不宜有大功率无线发射设备和能够产生强电磁场的电气设备；

　　3 通信基站应有防雷与接地设施。

5.12.6 消防无线通信子系统的通信天线杆塔的架设应符合下列要求：

　　1 城市消防通信指挥中心应设置永久性无线通信天线杆塔，距离城市消防通信指挥中心较远的消防站也应设永久性天线杆塔；

　　2 通信天线杆塔的天线平台应设高度不低于 1.20m 的栏杆，塔身应设检修爬梯和安全护栏，塔身较高时应加设休息平台；

　　3 通信天线杆塔设计应按照永久荷载、可变荷载和偶然荷载最不利的组合考虑。

5.13 消防卫星通信子系统

5.13.1 消防卫星通信系统的基本功能应符合下列要求：

　　1 应根据需求设置固定卫星站、移动（车载、便携）卫星站，建立与消防通信指挥中心之间点对点通信；

　　2 应能与地面有线和无线通信网络相结合，互为补充；

　　3 应具有双向通信能力，能以透明方式实现语音、数据、图像等传输；

　　4 应提供以太网接口（IP），能与各种通信终端设备连接，传输符合控制协议/因特网互联协议（TCP/IP）的信息；

　　5 数据通信速率应能满足业务需求，并具有动态的按需分配带宽功能；

　　6 卫星站应具备电动捕星或快速自动捕星（程序引导）功能；

　　7 移动卫星站架设和开通时间不应大于 15min。

5.13.2 消防卫星通信子系统的传输质量应符合下列要求：

　　1 语音传输速率不应小于 8Kbit/s；

　　2 数据传输速率不应小于 64Kbit/s；

　　3 图像传输速率不应小于 384Kbit/s。

5.13.3 消防卫星通信子系统应采用 Ku 频段卫星转发器。

5.13.4 消防卫星通信子系统的建站和使用应符合国家有关法律、法规的规定，卫星通信设备应具有国家主管部门颁发的产品许可证。

6 系统的基础环境要求

6.1 计算机通信网络

6.1.1 计算机通信网络构成应符合下列要求：

1 网络宜为交换式快速以太网；

2 宜采用星型拓扑结构；

3 局域网主干网络线路速率不应低于 1000Mbit/s，到各终端计算机网络接口不应低于 100Mbit/s；

4 应能根据系统内各不同组成部分功能及数据处理流向适当划分虚拟局域网（VLAN）。

6.1.2 计算机通信网络性能应符合下列要求：

1 能满足语音、数据和图像的多业务应用需求；

2 具有全网统一的安全策略、服务质量（QoS）策略、流量管理策略和系统管理策略；

3 能保证各类业务数据流的高效传输，时效性强，延时小；

4 具有良好的扩展性能，能支持未来扩容需求。

6.2 系统的供电

6.2.1 系统的供电应符合下列要求：

1 消防通信指挥中心的供电应按一级负荷设计；

2 省（自治区）、大中型城市消防通信指挥中心的主电源应由两个稳定可靠的独立电源供电，并应设置应急电源，其他城市消防通信指挥中心的主电源不应低于两回路供电；

3 系统配电线路应与其他配电线路分开，并应在最末一级配电箱处设自动切换装置；

4 系统由市电直接供电时，电源电压变动、频率变化及波形失真率应符合计算机电源电能质量参数表的规定（表 6.2.1-1），超出此规定时，应加调压设备；

表 6.2.1-1　计算机电源电能质量参数表

级别 参数 项目	A 级	B 级	C 级
稳态电压偏移范围（%）	±5	±10	−13～7
稳态频率偏移范围（Hz）	±0.2	±0.5	±1.0
电压波形畸变率（%）	5	7	10
允许断电持续时间（ms）	0～4	4～200	200～1500

5 通信设备的直流供电系统应由整流配电设备和蓄电池组组成，可采用分散或集中供电方式供电，其中整流设备应采用开关电源，蓄电池应采用阀控式密封铅酸蓄电池；

6 通信设备的直流供电应采用在线充电方式以全浮充制运行，直流基础电源电压应为 −48V。基础电源电压变动范围和杂音电压要求应符合表 6.2.1-2 的规定；

表 6.2.1-2　基础电源电压变动范围和杂音电压要求

电压（V）	电信设备受电端子上电压变动范围（V）	电源杂音电压		
		衡重杂音（mV）	峰—峰值杂音	
			频段（kHz）	指标（mV）
−48	−40～−57	≤2	0～20	≤200

7 系统供电线路导线应采用经阻燃处理的铜芯电缆，交流中性线应采用与相线截面相等的同类型的电缆；

8 系统配备的发电机组应具有自动投入功能；

9 消防站应设置通信专用交流配电箱，其电源容量不应小于 5kV·A。

6.2.2 不间断电源应符合下列要求：

1 具有不间断和无瞬变要求的交流供电设备宜采用不间断

电源；

2 接警、调度系统采用在线式不间断电源供电时，在外部市电断电后应能保证所有设备正常供电时间不小于 12h；有后备发电系统时，不间断电源应能保证正常供电时间不小于 2h。

6.3 系统的防雷与接地

6.3.1 系统的雷电防护应符合现行国家标准《建筑物电子信息系统防雷技术规范》GB 50343 的有关规定。

6.3.2 系统的接地应符合下列要求：

1 机房交流功能接地、保护接地、直流功能接地、防雷接地等各种接地宜共用接地网，接地电阻应按其中最小值确定；

2 当接地采用分设方式时，各接地系统的接地电阻应按设备要求的最小值确定；

3 建筑防雷接地电阻不应大于 10Ω；

4 机房内应做等电位联结，并设置等电位联结端子箱。工作频率小于 30kHz 且设备数量较少的机房，可采用单点接地方式；工作频率大于 300kHz 且设备台数较多的机房，可采用多点接地方式；

5 机房内应设接地干线和接地端子箱；

6 当各系统共用接地网时，宜将各系统分别采用接地导体与接地网连接。

6.3.3 共用接地系统中接地体、接地引入线、接地总汇集线和接地线应符合下列要求：

1 接地系统中的垂直接地体宜采用长度不小于 2.5m 的镀锌钢材，其接地体上端距地面不宜小于 0.7m；

2 接地引入线宜采用 40mm×4mm 或 50mm×5mm 的镀锌扁钢，长度不宜超过 30m；

3 接地总汇集线宜采用截面积不小于 160mm² 的铜排或相同电阻值的镀锌扁钢；

4 接地线不得使用铝材。一般设备（机架）的接地线应使用截面积不小于 16mm² 的多股铜线。

6.4 系统的综合布线

6.4.1 系统的综合布线应符合现行国家标准《综合布线系统工程设计规范》GB 50311 的有关规定。

6.4.2 控制线路及通信线路采用暗敷设时，宜采用金属管或经阻燃处理的硬质塑料管保护，并应敷设在不燃烧体的结构层内，其保护层厚度不宜小于 30mm。当采用明敷设时，应采用金属管或金属线槽保护，并应在金属管或金属线槽上采取防火保护措施。

6.4.3 控制及通信线路垂直干线宜通过电缆竖井敷设，并应与强电线路的电缆竖井分别设置。

6.5 系统的设备用房

6.5.1 系统的设备用房应符合现行国家标准《计算机场地通用规范》GB/T 2887 和《电子信息系统机房设计规范》GB 50174 的有关规定。

6.5.2 系统的设备用房面积应符合下列要求：

1 消防通信指挥中心通信室和指挥室的总建筑面积不宜小于 150m²；

2 消防站通信室的建筑面积，普通消防站不宜小于 30m²；特种消防站不宜小于 40m²。

6.5.3 消防通信指挥中心和消防站的设备用房的净高要求应符合表 6.5.3 的规定。

表 6.5.3　设备用房的净高要求

设备用房			房屋净高（m）
消防通信指挥中心	接警调度大厅	标准结构	≥3.0
		2 层通高结构	≥7.0
	指挥室		≥3.0
消防站	通信室		≥3.0

6.5.4 设备用房的荷载要求应符合表 6.5.4 的规定。

表 6.5.4 设备用房的荷载要求

房 间 名 称	楼、地面等效均布活荷载(kN/m²)
电力、电池室	4.5(电池容量<200Ah时)
	6.0(电池容量 200Ah~400Ah 时)
	10.0(电池容量≥400Ah 时)
普通设备机房	≥4.5
电话、电视会议室	≥3.0

6.5.5 消防通信指挥中心的室内温度、相对湿度要求应符合表 6.5.5 的规定。

表 6.5.5 消防通信指挥中心的室内温度、相对湿度要求

名 称	温度(℃)		相对湿度(%)	
	长期工作条件	短期工作条件	长期工作条件	短期工作条件
指挥中心通信机房	18~25	15~30	45~65	40~70
指挥中心指挥室	15~30	10~35	40~70	30~80
消防站通信室	15~30	10~35	30~80	20~90

6.5.6 机房防静电应符合下列要求:

1 机房地面及工作面的静电泄漏电阻应符合现行国家标准《计算机场地通用规范》GB/T 2887 的规定;

2 机房内绝缘体的静电电位不应大于 1kV;

3 机房不用活动地板时,可铺设导静电地面;导静电地面可采用导电胶与建筑地面粘î,导静电地面电阻率均应为 $1.0 \times 10^7 \Omega \cdot cm \sim 1.0 \times 10^{10} \Omega \cdot cm$,其导电性能应长期稳定且材料不易起尘;

4 机房内采用的活动地板可由钢、铝或其他有足够机械强度的难燃材料制成,活动地板表面应采用导静电材料,不得暴露金属部分。

6.5.7 消防通信指挥中心和消防站的设备用房照度应符合下列要求:

1 距地板面 0.75m 的水平工作面为 200lx~500lx;

2 距地板面 1.40m 的垂直工作面为 50lx~200lx。

6.5.8 系统机房设备布置应符合下列要求:

1 机房设备应根据系统配置及管理需要分区布置,当几个系统合用机房时,应按功能分区布置;

2 地震基本烈度为 7 度及以上地区,机房设备的安装应采取抗震措施;

3 墙挂式设备中心距地面高度宜为 1.5m,侧面距墙不应大于 0.5m;

6.5.9 机房内设备的间距和通道应符合下列要求:

1 机柜正面相对排列时,其净距离不应小于 1.5m;

2 背后开门的设备,背面距墙面不应小于 0.8m;

3 机柜侧面距墙不应小于 0.5m,机柜侧面距其他设备净距不应小于 0.8m,当需要维修测试时,距墙不应小于 1.2m;

4 并排布置的设备总长度大于 4m 时,两侧均应设置通道;

5 机房内通道净宽不应小于 1.2m。

6.5.10 消防通信指挥中心和消防站的设备用房应避开强电磁场干扰,或采取有效的电磁屏蔽措施。室内电磁干扰场强在频率范围为 1MHz~1GHz 时,不应大于 10V/m。

7 系统通用设备和软件要求

7.1 系统通用设备

7.1.1 消防通信指挥系统使用的计算机、输入设备、输出设备、数据存储与数据备份设备以及不间断电源等硬件设备应为通过中国强制性产品质量认证的产品。

7.1.2 消防通信指挥系统使用的电信终端设备、无线通信设备、卫星通信设备和涉及网间互联的网络设备等产品应具有国家主管部门颁发的进网许可证。

7.1.3 消防通信指挥系统使用的开关插座、接线端子(盒)、电线电缆、线槽桥架等电器材料应采用符合国家现行有关标准的产品,实行生产许可证或安全认证制度的产品应具有许可证编号或安全认证标志。

7.2 系统软件

7.2.1 操作系统软件、平台软件应具有软件使用(授权)许可证。

7.2.2 应用软件应提供安装程序和程序结构说明、使用维护手册等技术文件。

7.2.3 应用软件应由国家相关产品质量监督检验或软件评测机构按照有关标准的技术要求检测。

7.2.4 应用软件人机界面应采用中文显示,并应界面清晰、风格统一、操作方便。

8 系统设备配置要求

8.1 消防通信指挥中心系统设备配置

8.1.1 国家、省(自治区)、地区(州、盟)消防通信指挥中心系统设备配置应符合表 8.1.1 的规定。

表 8.1.1 国家、省(自治区)、地区(州、盟)消防通信指挥中心系统设备

序号	设备名称	描 述	配置	
			国家、省(自治区)	地区(州、盟)
1	调度指挥终端	一机多屏,通信控制、调度指挥、地理信息支持等操作显示	≥2 套	≥2 套
2	指挥信息管理终端	指挥信息管理、图像显示等集中控制、消防车辆管理等操作显示	3 台	2 台
3	电话机	调度指挥语音通信	≥3 部	≥3 部
4	打印、传真机	图文打印输出、收发传真	1 台	1 台
5	无线一级网固定电台	调度指挥语音通信	≥2 台	≥2 台
6	大屏幕显示设备	可选择 DLP、投影、液晶、LED 等组合	1 套	1 套
7	指挥大厅音响设备	调音台、功放机、音箱	1 套	1 套
8	火警广播设备	话筒、功放机、各楼层(房间)扬声器	1 套	1 套
9	指挥会议设备	视频会议终端、数字会议设备(控制主机、主席机、代表机)、音响设备、交互电子白板等	1 套	1 套

序号	设备名称	描 述	配置 国家、省(自治区)	配置 地区(州、盟)
10	视频设备	视频解码器、分配器、切换矩阵、硬盘录像机等	1套	1套
11	集中控制设备	控制主机、无线触摸屏等	1套	选配
12	应用服务器	调度指挥业务服务,双工配置工作	2台	2台
13	数据库服务器	数据库服务,双工配置工作	2台	选配
14	综合业务服务器	视频服务、安全管理、系统管理等	2台	2台
15	数据存储设备	磁盘阵列、虚拟磁带库等	1套	1套
16	录音录时设备	记录调度指挥语音信息	1台	1台
17	接警调度程控交换机	调度指挥通信	1台	1台
18	无线一级网通信基站	保证辖区无线通信网80%覆盖	选配	选配
19	卫星固定站	Ku频段天线、室外单元、室内单元	1套	—
20	网络设备	汇聚交换机	1台	1台
21	网络安全设备	防火墙和入侵检测等	1套	1套
22	消防移动接入平台	外网信息安全接入	1套	—
23	UPS电源	不间断供电	1台	1台
24	短波电台	应急语音通信,车载或便携	选配	选配

注:1 "配置"栏内标"选配"的表示可根据有关规定或实际需求选择配置;
　2 数据库服务器、数据存储设备、程控交换机、网络安全设备、移动接入平台设备是消防业务信息系统共用设备;
　3 外网交换机、服务器、数据存储设备可根据有关规定或实际需求选择配置。

8.1.2 城市消防通信指挥中心系统设备配置应符合表8.1.2的规定。

表8.1.2 城市消防通信指挥中心系统设备

序号	设备名称	描 述	配置 Ⅰ类	Ⅱ类	Ⅲ类
1	火警受理终端(或接警终端和调度终端)	一机多屏,通信控制、接警与调度、地理信息支持等操作显示	≥4套	≥2套	2套
2	指挥信息管理终端	指挥信息管理、图像显示等集中控制、消防车辆管理等操作显示	3台	2台	1台
3	电话机	调度指挥语音通信	≥5部	≥3部	≥2部
4	打印、传真机	图文打印输出、收发传真	1台	1台	1台
5	无线一级网固定电台	调度指挥语音通信	≥2台	≥2台	1台
6	大屏幕显示设备	可选择DLP、投影、液晶、LED等组合	1套	1套	1套
7	指挥大厅音响设备	调音台、功放机、音箱	1套	1套	选配
8	火警广播设备	话筒、功放机、各楼层(房间)扬声器	1套	1套	1套
9	指挥会议设备	视频会议终端、数字会议设备(控制主机、主席机、代表机)、音响设备、交互电子白板等	1套	1套	选配
10	视频设备	视频解码器、分配器、切换矩阵、录像机等	1套	选配	选配
11	集中控制设备	控制主机、无线触摸屏等	1套	选配	—

序号	设备名称	描 述	配置 Ⅰ类	Ⅱ类	Ⅲ类
12	应用服务器	调度指挥业务服务	2台	2台	1台
13	数据库服务器	数据库服务,双工配置工作	2台	选配	选配
14	综合业务服务器	视频服务、安全管理、系统管理等	2台	2台	选配
15	数据存储设备	磁盘阵列、虚拟磁带库等	1套	1套	选配
16	录音录时设备	记录调度指挥语音信息	1台	1台	1台
17	接警调度程控交换机	调度指挥通信	1台	1台	选配
18	无线一级网通信基站	保证辖区无线通信网80%覆盖	选配	选配	选配
19	卫星固定站	Ku频段天线、室外单元、室内单元	直辖市 1套	—	—
20	网络设备	汇聚交换机	1台	1台	1台
21	网络安全设备	防火墙和入侵检测等	1套	1套	选配
22	通信组网管理设备	语音通信交换、管理、集中控制	选配	选配	选配
23	不间断电源	不间断供电	1台	1台	1台
24	短波电台	应急语音通信,车载或便携	选配	选配	—

注:1 直辖市、省会市及国家计划单列市应按Ⅰ类标准配置;地级市应按Ⅱ类标准配置;县级市应按Ⅲ类标准配置;
　2 "配置"栏内标"选配"的表示可根据有关规定或实际需求选择配置;
　3 数据库服务器、数据存储设备、程控交换机、网络安全设备是消防业务信息系统共用设备。

8.2 移动消防指挥中心系统设备配置

8.2.1 以车辆为载体的移动消防指挥中心系统设备配置应符合表8.2.1的规定。

表8.2.1 以车辆为载体的移动消防指挥中心系统设备

项目	设备名称	描 述	配置 Ⅰ类	Ⅱ类	Ⅲ类
通信组网	电话交换设备	电话交换机(集团电话)、语音网关等	1套	选配	—
	电话机	总机和作战指挥室、通信控制室、火场其他分指挥部语音通信	≥5部	选配	—
	车外广播扩音设备	麦克、功放、高音喇叭等	1套	1套	选配
	无线一级网移动通信基站	无线盲区通信覆盖	选配	选配	—
	无线一级网车载电台	调度指挥语音通信	≥1部	≥1部	≥1部
	无线二级网手持电台	现场指挥语音通信	≥5部	≥5部	≥2部
	无线地下中继设备	地下空间通信	选配	选配	—
	无线数据网设备	数据终端、无线网络等设备	选配	选配	—
	无线图像传输设备	接收机、发射机、便携式摄像机等	≥1套	1套	1套
	短波电台	应急语音通信,车载或便携	1套	选配	—
	移动卫星站	车载或便携	1套	选配	—
	卫星电话终端	车载或便携,语音及数据通信	≥2部	≥1部	—
	网络交换机	根据需要选定技术参数	1套	1套	—
	紧急信号发送设备	撤退、遇险等紧急呼叫信号的发送通信	1套	1套	1套
	通信组网管理设备	语音通信接入、交换、管理、集中控制	1套	选配	—

36

续表 8.2.1

项目	设备名称	描述	配置 I类	II类	III类
指挥通信与情报信息	现场指挥终端	含显示屏、通信卡等	≥1套	≥1套	—
	便携式计算机	含通信卡等	≥1台	≥1台	—
	便携式消防作战指挥平台	集成多种功能的灭火救援指挥箱	1套	1套	1套
	视音频编解码器	视音频编解码	选配	选配	
	视音频会议系统终端	含会议摄像头等	1套	选配	
	车内音响系统	麦克、调音台、功放、音箱等	1套	选配	
	打印、复印、传真机	多功能一体机	1台	选配	
	现场图像采集设备	车顶(外)摄像机等	≥1台	≥1台	
	气象采集设备	小型气象站	选配	选配	
	标准时钟	全球定位系统(GPS)时钟、显示屏	1套	1套	
	综合显示屏及附件	LED或LCD或投影机等	1套	1套	
	显示控制设备	视音频矩阵切换器、视音频分配器、图像分割器	1套	1套	
	视音频存储设备	硬盘录像机、录音录时设备	1套	1套	
装载体	定制车厢	作战指挥室、通信控制室、附属设备仓、附属卫生间、车顶平台、车梯等	选配	选配	
	会议桌、椅	会议桌可电动或手动折叠	选配	选配	

续表 8.2.1

项目	设备名称	描述	配置 I类	II类	III类
装载体	现场指挥终端、通信机柜等	含操作坐席、工作椅	1套	1套	—
	储物柜	根据实际需要配置	选配	选配	—
	外接口面板仓和接口	电源、网络、光纤、电话、视音频	1套	1套	—
	升降杆	电(气)动折叠(伸缩)式，可安装云台、摄像机、强光灯等	选配	选配	—
	电缆盘、盘架、线缆	电源、网络、电话、视音频等	选配	选配	—
	综合布线	电源、网络、电话、视音频、照明、防雷接地等布线、多功能插座组	1套	1套	—
	行车设备	车辆导航终端、倒车后视器等	选配	选配	选配
	警示设备	警灯、警报器等	1套	1套	1套
保障设备	供电设备	车载发电机或取力发电机，20%裕量，发电机静音及减震处理	1套	1套	—
	配电盘柜	配电控制，内外电源切换	1套	1套	—
	隔离变压器	根据需要选定技术参数	1台	1台	—
	不间断电源	支持30min	1台	1台	—
	驻车空调	驻车制冷、制热专用空调	1台	选配	
	车内照明	各仓室、台面照明	1套	选配	
	车外照明	车外环境照明、强光照明	选配	选配	
	卫生间设备	洗手池、坐(蹲)便器、淋浴器、清/污水箱	选配	选配	

续表 8.2.1

项目	设备名称	描述	配置 I类	II类	III类
保障设备	饮用水设备	车载饮水机	选配	选配	—
	食品加热设备	车载微波炉	选配	选配	—
	食品冷藏设备	车载专用冰箱	选配	选配	—

注：1 省(自治区)、直辖市、省会市及国家计划单列市应按Ⅰ类标准配置；地区、地级市应按Ⅱ类标准配置；县级市应按Ⅲ类标准配置；

2 "配置"栏内标"选配"的表示可根据有关规定或实际需求选择配置。

8.3 消防站系统设备配置

8.3.1 消防站系统设备配置应符合表8.3.1的规定。

表 8.3.1 消防站系统设备

序号	设备名称	描述	配置
1	消防站火警终端	接收火警信息和调度指挥指令、情报信息管理	1台
2	电话机	接收火警和调度指挥指令语音通信	≥1部
3	打印、传真机	打印出动指令，收发传真	1台
4	无线一级网固定电台	调度指挥语音通信	1台
5	无线一级网车载台	现场消防车与指挥中心语音通信	1部/车
6	无线二级网手持台	现场消防指挥员语音通信	≥2部
7	无线三级网手持台	现场指挥(通信)员、班长、特勤抢险战斗员、驾驶员灭火救援行动语音通信	1部/人
8	紧急信号接收机	现场战斗员紧急呼叫信号接收通信	1部/人
9	火警广播设备	话筒、功放机、各楼层(房间)扬声器	1套

续表 8.3.1

序号	设备名称	描述	配置
10	录音录时设备	记录接收火警语音信息	1台
11	联动控制设备	警灯、警铃、火警广播、车库门等控制	1台
12	视频监控设备	防护罩、摄像机、镜头、支架、编码器等	选配
13	指挥会议设备	视频会议终端、音响、投影机等	1套
14	网络设备	路由器、网络交换机等	1套
15	UPS电源	不间断供电	1台
16	车载终端	信息通信	1套

注：1 "配置"栏内标"选配"的表示可根据有关规定或实际需求选择配置；

2 网络设备、指挥视频设备、视频监控设备是消防业务信息系统共用设备。

中华人民共和国国家标准

消防通信指挥系统设计规范

GB 50313-2013

条文说明

1 总 则

1.0.1 本条说明了制定本规范的目的。消防通信指挥系统是公共安全应急机构指挥系统、公安机关指挥系统的重要组成部分。根据《中华人民共和国消防法》要求,包含消防通信等内容的消防规划已纳入城市总体规划。为了适应形势发展和现实工作需要,规范消防通信指挥系统的设计,构建完整的消防通信指挥技术支撑体系,对消防通信指挥系统技术构成、系统功能及主要性能要求、子系统功能及其设计要求、系统的基础环境要求、系统通用设备和软件要求、系统设备配置要求等方面进行科学规范,为消防通信指挥系统设计提供统一的指导原则和技术依据,是十分必要的。

1.0.2 本条规定了本规范的适用范围,即适用于新建、改建和扩建的消防通信指挥系统设计。随着城市公共安全保障体系建设的发展,考虑到不同形式的应急指挥接警处理技术,消防通信指挥系统作为公共安全应急机构指挥系统、公安机关指挥系统等的消防专业分系统建设时,也应执行本规范的规定和要求。

1.0.3 本条规定了消防通信指挥系统的设计原则。一是应遵循国家有关方针、政策和法律、法规,不得与之抵触;二是系统的技术构成、实现功能和主要性能指标要适应扑救火灾和处置其他灾害事故的需要;三是应同通信、网络等公共基础设施建设发展相协调,避免与公共基础设施不配套;四是要安全实用,技术先进,经济合理。

1.0.4 消防通信指挥系统是集成了各类现代信息通信技术的综合性应用系统,在系统设计、施工中必然涉及各个专业的技术标准。本条说明了按本规范进行消防通信指挥系统设计时,应与国家现行标准协调一致,不得与之矛盾。

2 术 语

本章对规范中使用的专用术语作出必要的定义和解释,便于对条文的理解和使用。在现行的国家标准、行业标准中已有定义或解释的有关消防通信的基本术语,本规范不再重复定义和解释。

2.0.1、2.0.2 这两条从应具有的功能方面对消防通信指挥中心、移动消防指挥中心给出了定义。

2.0.3~2.0.15 这些条从应具有的功能方面对消防通信指挥系统技术构成中的13个子系统给出了定义。

3 系统技术构成

3.0.1 本条规定了消防通信指挥系统的类型。消防通信指挥系统按实现的主要功能划分,可分为公安部消防局消防通信指挥系统、省(自治区)消防通信指挥系统、地区(州、盟)消防通信指挥系统和城市消防通信指挥系统。

公安部消防局消防通信指挥系统覆盖全国消防责任辖区,联通公安部消防局通信指挥中心、省(自治区、直辖市)消防通信指挥中心、公安部消防局移动消防指挥中心及灭火救援有关单位,能与公安部指挥中心、公共安全应急机构的系统互联互通,具有全国调度指挥、现场指挥、指挥信息支持等功能。

省(自治区)消防通信指挥系统覆盖全省消防责任辖区,联通省(自治区)消防通信指挥中心、辖区(地区、市、县)消防通信指挥中心、省(自治区)移动消防指挥中心及灭火救援有关单位,能与省(自治区)公安机关指挥中心、公共安全应急机构的系统互联互通,具有全省(自治区)调度指挥、现场指挥、指挥信息支持等功能。

地区(州、盟)消防通信指挥系统覆盖全地区(州、盟)消防责任辖区,联通地区(州、盟)消防通信指挥中心、辖区(市、县)消防通信指挥中心、地区(州、盟)移动消防指挥中心及灭火救援有关单位,能与地区(州、盟)公安机关指挥中心、公共安全应急机构的系统互联互通,具有全地区(州、盟)调度指挥、现场指挥、指挥信息支持等功能。

城市消防通信指挥系统覆盖全市,联通城市消防通信指挥中心、消防站、城市移动消防指挥中心及灭火救援有关单位,能与城市公安机关指挥中心、公共安全应急机构的系统互联互通,具有受理责任辖区火灾及其他灾害事故报警、调度指挥、现场指挥、指挥信息支持等功能。

3.0.2 本条规定了消防通信指挥系统的整体架构,便于清晰理解和总体把握消防通信指挥系统的结构层次、子系统的功能定位和相互关系。消防通信指挥系统可由通信指挥业务、信息支撑、基础通信网络等三部分组成,共13个子系统。其中,对通信指挥业务提供信息支持的消防车辆管理子系统、消防指挥决策支持子系统、指挥信息管理子系统、消防图像管理子系统、消防地理信息子系统、消防信息显示子系统和传输通信指挥业务信息的消防有线通信子系统、消防无线通信子系统、消防卫星通信子系统与其他消防业务应用系统共用。

为了适应灭火救援指挥的现实工作需要,公安部消防局、省(自治区)、地区(州、盟)消防通信指挥中心应设置跨区域灭火救援调度指挥子系统,负责重、特大火灾及灾害事故跨区域灭火救援调度指挥。

4 系统功能与主要性能要求

4.1 系统功能

4.1.1 本条规定了消防通信指挥系统应具有的基本功能。消防通信指挥系统是全国各级消防指挥中心实施减少火灾危害,应急抢险救援,保护人身、财产安全,维护公共安全的业务信息系统。

第1款~第3款规定了系统应具有本级辖区和跨区域灭火救援指挥调度、火场及其他灾害事故现场指挥通信、语音、数据、图像等各种信息的综合管理等功能,是消防指挥中心的主要业务职能,为强制性条款,必须严格执行。

第5款规定城市消防通信指挥系统应能够依据国家法规受理本行政区域内的火灾以及以抢救人员生命为主的危险化学品泄漏、道路交通事故、地震及其次生灾害、建筑坍塌、重大安全生产事故、空难、爆炸及恐怖事件和群众遇险事件等灾害事故报警,为强制性条款,必须严格执行。

4.2 系统接口

4.2.1 本条规定了消防通信指挥系统应具有的通信接口。第1款~第3款规定了系统应通过接口实现消防指挥中心与公安机关指挥中心、政府相关部门以及供水、供电、供气、医疗、救护、交通、环卫等灭火救援有关单位的业务信息系统互联互通、信息共享,完成灭火救援指挥调度、火场及其他灾害事故现场指挥通信以及语音、数据、图像等各种信息的综合管理主要业务职能,为强制性条款,必须严格执行。

4.2.2 本条规定了城市消防通信指挥系统应具有的接收报警通信接口。系统通过这些接口实现城市消防指挥中心依据国家法规受理本行政区域内的火灾及其他灾害事故报警。由于公网119报

警电话是火灾及其他灾害事故报警不可替代的重要手段。因此,第1款规定了系统应具有公网报警电话通信接口,为强制性条款,必须严格执行。

4.3 系统主要性能

4.3.1 本条规定了消防通信指挥系统的主要性能要求。

1 本款规定了系统能同时对2起以上火灾及其他灾害事故进行灭火救援调度指挥,避免因系统处理能力的限制延误火灾扑救及其他灾害事故应急抢险救援,造成人身、财产的更大损失,为强制性条款,必须严格执行。各级消防通信指挥系统应按此要求合理配置调度指挥终端和通信线路,并留有余量。

2 本款规定了系统能实时接收所辖消防通信指挥中心或消防站发送的信息,当下级单位数据(如消防实力信息、灾害事故信息等)发生变化时,能随时自动更新,保持两者数据同步。

3 本款规定了系统的操作应简单、方便,符合实战要求。

4 本款规定了系统应具备与其他相关系统的信息共享功能,并根据需求或发展能进行一定的扩展、升级。

5 本款规定了系统内外时钟同步要求,为强制性条款,必须严格执行。火警受理、灭火救援指挥调度、火场及其他灾害事故现场指挥是时实性极强的消防业务工作,系统记录的报警时间、出动时间、到场时间、出水时间、控制时间、结束时间等将作为火灾及其他灾害事故调查、认定的证据。

6、7 这两款规定了城市消防通信指挥系统在接收和处理责任辖区火灾及其他灾害事故报警时的有关性能要求,为强制性条款,必须严格执行。第6款规定了城市消防通信指挥系统能够受理同时并发的多个火灾及其他灾害事故报警,避免因系统接警能力的限制延误火灾扑救及其他灾害事故应急抢险救援,造成人身、财产的更大损失。各城市消防通信指挥系统的接处警席位和接处警通信线路的配置数量,应根据城市的规模、最大火警日呼入数量、最大火警呼入峰值等参数合理配置,并留有余量。第7款规定了在一般情况下,城市消防通信指挥系统完成火警受理流程的时间要求。发生火灾及其他灾害事故时,城市消防通信中心快速反应,在第一时间调派消防力量到灾害现场处置,是最大限度减少人身、财产损失的关键环节。

4.4 系统安全

4.4.1 本条规定了消防通信指挥系统的物理安全基本要求。有防雷、防火、防静电、防尘、防腐蚀等措施,提供稳定的供电和电磁兼容是保证消防通信指挥系统正常运行的必要条件。

4.4.2 本条规定了消防通信指挥系统的信息安全基本要求。这些要求是保证消防通信指挥系统正常运行的必要条件。

4.4.3 本条规定了消防通信指挥系统的运行安全要求。其中第1款、第2款、第4款、第5款为强制性条款,必须严格执行,否则将使消防通信指挥系统丧失其基本功能,延误火灾扑救及其他灾害事故应急抢险救援,造成人身、财产的更大损失。

1 本款规定了出现故障将丧失消防通信指挥系统的基本功能、不能达到其主要性能要求、造成某个子系统瘫痪的设备或设备的核心部件必须备份。

2 本款规定了用于支持火警受理、调度指挥、现场指挥的计算机通信网、有线通信网、无线通信网、卫星通信网等消防指挥通信网络应相对独立,与非消防通信指挥网络之间连接应有边界安全措施,与非公安网络之间连接应做物理隔离。消防通信指挥系统与其他应用系统共用通信网络时,应保证必需的通信线路(信道)和信息传输速率。指挥通信网络必须保证常年畅通。

3 本款规定了系统能实时监控通信线路、软件和硬件设备运行情况,并有故障告警。

4~6 这三款规定了应具有必要的故障应急措施,保证火警受理、调度指挥通信不间断。

5 子系统功能及其设计要求

5.1 火警受理子系统

5.1.1 本条规定了火警受理子系统的基本工作流程,便于清晰理解和总体把握火警受理子系统接收报警、警情辨识、编制出动方案、下达出动指令、信息记录的方法和过程。

5.1.2 本条规定了火警受理子系统的接收报警功能要求。我国消防报警的来源主要有119火警电话报警、110电话报警、城市消防远程监控系统报警以及军队、铁路、大型企业的专网电话报警等。随着技术发展,报警形式呈现多样化,因此系统也可接收短信或彩信报警。

5.1.3 本条规定了火警受理子系统的警情辨识功能要求。警情辨识包括获得报警电话信息、显示报警地点、定位火灾及其他灾害事故地点、确定火灾及其他灾害事故类型和等级、判除误报警或假报警、合并重复报警等。目前使用移动电话报警已占所有报警类型的大部分,因此本条第2款专门提出:"能接收并显示移动报警电话的主叫号码、定位地址"。

1、2 这两款规定了火警受理子系统应能获得报警电话信息,并定位报警地点。火警受理子系统通过与公用电话网的通信接口接收119报警电话并取得报警电话号码。固定电话报警时,火警受理子系统访问电话网有关信息数据库,查询火警呼入电话的用户名称、装机地址等信息。移动电话报警时,火警受理子系统访问移动电话运营公司的移动电话定位服务平台,查询火警呼入电话的位置信息。火警呼入电话号码、电话用户名称、电话报警地址信息自动显示在火警受理终端警情信息屏幕上,同时在电子地图屏幕上定位显示电话报警地点。

3、4 这两款规定了火警受理子系统应能快速定位火灾及其他灾害事故地点。火警受理子系统应具有两种快速定位的方法:一是火警受理人员根据报警人的描述,参考在火警受理终端警情信息屏幕和电子地图屏幕上定位显示的电话报警地点,通过在电子地图上直接点击,完成火灾及其他灾害事故地点的定位;二是火警受理人员根据报警人的描述,输入单位名称、地址、街道、目标物、电话号码等,完成火灾及其他灾害事故地点的定位。

5 本款规定了火警受理子系统应能判断误报警、假报警情况。火警受理人员根据报警人的描述,参考电话报警地点、单位等信息判断火警真伪,属于误报即挂断,属于假火警即挂起或进入追查处理程序。

6 本款规定了火警受理子系统应能归并重复报警或相关事件警情。对新发警情,建立新事件档案,进入编制灭火救援出动方案、调度灭火救援力量等程序。对重复报警或与以前的某一个事件关联的报警,要把这个事件与相关事件链接、合并到同一个事件处理。若当时不能判断是否重复报警,也可以暂列为新事件,在处警过程中做后续处理。

7、8 这两款规定了火警受理子系统应能确定火灾及其他灾害事故类型和等级。

5.1.4 本条规定了火警受理子系统的出动方案编制功能要求。一是能够检索相应的火灾及其他灾害事故出动预案;二是能够编制等级出动方案;三是在没有符合该灾情的处置预案,又不宜按等级出动时,可人工编制随机处置出动方案。

5.1.5 本条规定火警受理子系统应能提供辖区消防车辆的有关信息,供编制出动方案时快速选择。

5.1.6 本条规定了火警受理子系统的指令下达功能要求。

1 本款规定了火警受理子系统应能下达语音、数据指令。火警受理子系统编制完成出动方案后,由火警受理人员确认并启动下达出动指令流程。一是通过数据调度专用通信线路将出动指令(出车单)传输到消防站火警终端,二是通过语音电话调度专用通信线路将出动指令通知到消防站通信值班员。

2 本款规定了火警受理子系统应能在传输数据调度指令时,向消防站联动控制装置发出控制指令,启动消防站警灯、警铃、火警广播、车库门等。

3 本款规定了火警受理子系统应能按照应急联动机制程序,视警情调动供水、供电、供气、医疗、救护、交通、环卫等相关部门协助处置火灾及其他灾害事故。

5.1.7 本条规定了火警受理子系统的接处警信息记录功能要求。火警受理子系统在接收到火灾及灾害事故报警时,以火警编号排序,建立新事件档案,实时记录火警受理全过程的信息,生成统计报表。

消防通信指挥系统应建立统一的灭火救援记录信息库,在不同的阶段分别记录火警受理、调度指挥、现场指挥等信息,形成从接受报警到灭火救援结束整个过程的信息档案。

5.1.8 本条规定了火警受理子系统的录音录时功能要求。录音录时是记录接警和调度语音信息的必要手段,是提供法律证据的重要保障。录音内容包括火警受理过程中有线电话、无线电台的通话时间和语音信息。

5.1.9 本条规定了火警受理终端的设置要求。

1 本款规定了火警受理终端是城市接收、处理火灾及其他灾害事故报警的消防专业系统设备(模块),根据当地接处警体制,可设置在城市消防通信指挥中心或公安机关指挥中心。设置在公安机关指挥中心的火警受理终端应与设置在城市消防通信指挥中心的调度指挥终端互联,保持接处警数据同步并能信息共享。

2 本款针对系统应能同时接收和处理并发的2个以上火灾及其他灾害事故报警的要求,规定了火警受理终端设置数量不得少于2套且是最低的下限要求。各地应根据城市的规模、最大火警日呼入数量、最大火警呼入峰值等参数合理配置,并留有余量。

3 本款规定了报警呼入数量很大的城市可将火警受理终端分为接警终端和处警终端。在接警终端集中接收报警,排除误报警或假报警,合并重复报警后由处警终端完成编制出动方案、下达出动指令等处警流程,有利于提高接警速度,避免报警线路拥堵。

4 本款规定了每个火警受理终端坐席可设置多个显示屏,能同时显示相关文字、数据、地理、图像等信息,为接警员提供丰富的接处警资料。

5 本款为有效提高接处警效率,规定火警受理终端坐席之间能进行警情转移,多个终端可协同处置。例如:可用一套火警受理终端集中接收报警,同时用另一套火警受理终端完成编制出动方案、下达出动指令等处警流程。值班长坐席可监督其他接处警坐席工作,必要时直接完成接处警操作。

6 本款规定了火警信号应有明显提示,防止延误或漏接。

5.1.10 本条规定了火警受理终端应具有的工作界面。在火警受理终端上应完成通信控制、火警受理和显示对应的消防地理信息等的全部操作。

13 本款是要求能够在火警受理终端上调用消防指挥决策支持子系统实现的信息查询、预案管理、辅助决策功能。

5.1.11 本条规定了消防站火警终端要求。

1 本款规定了消防站火警终端的设置要求。

2 本款规定了消防站火警终端应具有接收出动指令,并打印出车单功能。在系统设计中,应保证消防站火警终端接收和打印出车单的速度满足消防站接警出动实战要求。

3 本款规定了消防站火警终端台应设置联动控制装置。可在本地手动或由指挥中心火警受理终端控制警灯、警铃、火警广播、车库门等的启动。

4 本款规定了消防站火警终端能够录入、更新本消防站的消防实力、灭火救援装备器材、灭火剂等消防资源信息数据。消防资源信息内容见本规范第5.8.4条的要求。

5 本款规定了消防站火警终端能检索查询有关火灾及其他灾害事故、消防资源、消防指挥决策支持、灭火救援预案、灭火救援记录和统计等消防情报信息。

6 本款规定了消防站火警终端的录音录时功能应符合本规范第5.1.8条的要求,即与火警受理录音录时功能相同。

5.2 跨区域调度指挥子系统

5.2.1 本条规定了跨区域调度指挥子系统的基本工作流程,便于清晰理解和总体把握跨区域调度指挥子系统灾情报告接收、灾情判断、消防力量调度、灭火救援决策指挥、信息记录的方法和过程。

5.2.2 本条规定了跨区域调度指挥子系统的灾情报告接收功能要求。

5.2.3 本条规定了跨区域调度指挥子系统的灾情判断功能要求。一是能够检索火灾及灾害事故类型和等级;二是能够对接收的灾情作出类型、等级及发展趋势的判断。

5.2.4 本条规定了跨区域调度指挥子系统的消防实力调度功能要求。公安部消防局、省(自治区)、地区(州、盟)消防通信指挥系统应能进行重特大火灾及灾害事故跨区域联合作战的调度指挥。

5.2.5 本条规定了跨区域调度指挥子系统的灭火救援决策指挥功能要求。

5.2.6 本条规定了跨区域调度指挥子系统应能实时记录调度指挥全过程的文字、语音、图像信息,并录入档案、生成报表。

5.2.7 本条规定了调度指挥终端应具有的工作界面。在调度指挥终端上应能完成通信控制、消防力量调度、灭火救援决策指相关信息等全部操作。

5.3 现场指挥子系统

5.3.1 本条规定了现场指挥子系统的基本工作流程,便于清晰理解和总体把握现场指挥子系统的接收指令、采集现场信息、作战指挥、信息报送、信息记录的方法和过程。

5.3.2 本条规定了现场指挥子系统的接收指令功能要求。现场指挥子系统在火场及灾害事故现场应能实时接收消防通信指挥中心、公安机关指挥中心、政府相关部门的灾情通报和灭火救援行动指令。

5.3.3 本条规定了现场指挥子系统采集的现场信息内容,要求现场指挥子系统能够通过各种渠道采集火灾及灾害事故态势信息,到达现场的消防车辆、人员、灭火救援装备器材、灭火剂等信息,现场气象、道路、消防水源、建(构)筑物等环境信息,现场实况图像,为灭火救援作战指挥提供信息支持。

5.3.4 本条规定了现场指挥子系统的作战指挥功能要求。现场指挥子系统应能对灾情作出类型、等级及发展趋势判断,能依据消防安全重点单位的预案、决策支持数据库,随机编制灭火救援作战方案,通过有线通信、无线通信、卫星通信和计算机通信网络,以语音、数据及指挥视频形式进行现场指挥通信。

5.3.5 本条规定了现场指挥子系统报送的现场信息内容。现场指挥子系统通过有线通信、无线通信、卫星通信和计算机通信网络,将火场及其他灾害事故现场态势信息,现场气象、消防水源、建(构)筑物等环境信息,现场灭火救援行动方案和力量部署信息,现场实况图像信息等报送消防通信指挥中心。

5.3.6 本条规定了现场指挥子系统的信息记录功能要求。现场指挥子系统应能将文字、语音、图像等信息全部同期记录,存储到相应的火灾及其他灾害事故档案中,生成有关的统计报表。

5.3.7 本条规定了现场指挥子系统的录音录时功能要求。录音内容包括现场指挥通信过程中有线电话、无线电台的通话时间和语音信息。录音录时具体功能应符合本规范第5.1.8条的要求。

5.3.8 本条规定了现场指挥子系统的现场通信组网功能要求。

1、2 这两款规定了现场指挥子系统应能开通现场有线电话指挥通信网络。

3 本款规定了现场指挥子系统应能进行不同通信网络的语音、数据通信交换。

4 本款规定了现场指挥子系统应能通过移动图像传输设备将火场及灾害事故现场图像传输到消防通信指挥中心。

5 本款规定了现场通信指挥子系统应具有现场扩音广播功能,能够在火场及灾害事故现场进行指挥扩音广播。

6、7 这两款规定了现场指挥子系统能进行无线和卫星通信组网,组网具体功能应符合本规范第5.12节、第5.13节的要求。

5.3.9 本条规定了现场指挥子系统的图像信息应用功能要求。现场指挥子系统应能接入消防通信指挥中心传输的消防图像监控信息、公安图像监控信息;能召开各种形式的视音频指挥会议,以便全面、直观、迅速了解灾害情况,可实现异地会商和实施可视调度指挥。

5.3.10 本条规定了现场指挥子系统的现场通信控制功能要求。现场指挥子系统应能实现有线、无线、卫星等通信设备的集中控制。

5.3.11 本条规定了现场指挥子系统的现场指挥终端等设备应具有的工作界面。在现场指挥终端等设备上应能完成现场指挥通信的全部操作,并能显示相对应的消防地理信息以及设备状态监测。

5.3.12 本条规定了现场指挥子系统的便携式消防作战指挥平台功能要求。便携式消防作战指挥平台是现场指挥子系统的移动指挥通信终端设备,该终端设备一般是将多种功能集成于携带方便的指挥箱中。

5.3.13 本条规定了现场指挥子系统的消防信息显示功能要求。在以车辆等为载体的移动消防指挥中心的LED或LCD或投影机等综合显示屏上应能显示有关现场指挥通信的消防图文信息。

5.3.14 本条规定了与现场指挥子系统配套的装载体及必要的保障设施应符合国家有关标准。装载体可以是现场通信指挥车,也可以是船等其他交通工具。必要的保障设施包括作战指挥和通信控制室、供电、防雷与接地、空调、照明、生活保障等。

5.4 指挥模拟训练子系统

5.4.1 本条参照美国、法国、日本等国家同类系统及标准,规定了指挥模拟训练子系统的模拟训练功能要求。指挥模拟训练子系统应能够利用系统资源进行重特大火灾灭火救援预案的三维动态仿真演练、跨区域作战、多层次现场指挥进行模拟训练和效果评估。

5.4.2 本条参考国际上比较成熟的三维建模软件、驱动软件规定了指挥模拟训练子系统的虚拟仿真功能的要求。

5.5 消防图像管理子系统

5.5.1 本条规定了消防图像管理子系统应能接入现场指挥子系统采集、传输的现场实况图像信息,供调度指挥人员直观了解现场情况。

5.5.2 本条规定了消防图像管理子系统应能接收在城市消防重点区域、消防重点建(构)筑物、消防重点部位设置的消防监控图像信息采集点采集、传输的实况图像信息,供接警调度人员直观了解城市消防安全情况。

5.5.3 本条规定了消防图像管理子系统应能与公安图像监控系统联网,获取重点区域、重点部位、重点道路图像信息,与本规范第5.5.2条规定的图像信息互为补充,供接警调度人员直观了解城市消防安全和交通道路情况。

5.5.4 本条规定了消防图像管理子系统应能接收辖区消防站远程监控图像信息,实时掌握消防站执勤备战、火警出动等情况。辖区消防站远程监控图像信息是指城市消防机构在本辖区消防站内设置图像监控点接收的显示通信室、车库门、训练场等图像信息。

5.5.5 本条规定了消防图像管理子系统应能接收消防车辆实时上传的图像信息,实时掌握消防车辆本身及其周围现场的有关情况,实现灭火救援战斗行动可视指挥。

5.5.6 本条规定了消防图像管理子系统应能依托视音频会议系统进行可视指挥,并能参加公安机关、政府相关部门等的视音频指挥会议。

5.5.7 本条规定了消防图像管理子系统的管理和控制功能要求。一是应能整合火场灾害事故现场图像信息、城市消防图像监控信息、消防站远程监控图像信息、视频会议图像信息等资源,实现集中管理;二是能按权限进行图像信息的调用和对前端设备进行操作控制。

5.5.8 本条规定了消防图像管理子系统应能对各类图像信息进行存储和检索回放。

5.6 消防车辆管理子系统

5.6.1 本条规定了消防车辆管理子系统的车辆监控功能要求。其中第3款是要求消防车辆管理子系统能根据实际需要按省、地、市等指挥层级实现消防车辆动态管理,能检索显示指定火场区域内的全部消防车辆实时状态信息,能检索显示指定消防车辆的位置等实时状态信息。

5.6.2 本条规定了消防车辆管理子系统的灭火救援信息传输功能要求。消防车辆管理子系统除实现消防车辆监控功能外,可根据实际需要实现接收车载终端发送的待命、出动、到场、执勤、检修等车辆状态,传输有关灭火救援信息。

5.6.3 本条规定了消防车辆管理子系统的车载终端功能要求。车载终端应能实现定位本车的位置,并将本车位置、运行(速度、行驶方向)等信息实时发送给消防通信指挥中心;应能传送本车待命、出动、到场、执勤、检修等状态信息和底盘、上装等车辆参数信息以及视频监控信息等,接收、发送、语音播报有关灭火救援信息,查询显示常用目的地、重点目标以及水源分布等;应能利用地理信息等技术,实现消防车辆自主导航。

5.6.4 本条规定了消防车辆管理子系统的基本性能要求。消防车辆管理子系统的系统数据精度、响应时间应符合灭火救援调度指挥需要。

5.7 消防指挥决策支持子系统

5.7.1 本条规定了消防指挥决策支持子系统的灭火救援信息查询功能要求。消防指挥决策支持子系统应以地理信息为应用界面,实现灾害信息、消防资源信息、辅助决策信息、灭火救援行动信息、记录和统计信息等消防信息的随机查询。

5.7.2 本条规定了消防指挥决策支持子系统的预案管理功能要求。消防指挥决策支持子系统的预案管理功能包括预案制作、预案查询、预案编辑修改等,为消防指挥决策、实力调度提供支持。

5.7.3 本条规定了消防指挥决策支持子系统的辅助决策功能要求。消防指挥决策支持子系统应能依据火灾及其他灾害事故数据和现场环境信息,综合分析评估灾害发展趋势和后果,提供相应的火灾及其他灾害事故处置对策、灭火救援行动战术原则、技术方法及典型方案等建议,并根据灾害的发展变化情况动态调整,为科学制订最佳作战方案、缩短决策时间提供技术支持。

5.8 指挥信息管理子系统

5.8.1 本条规定了指挥信息管理子系统的信息管理功能要求。包括信息的录入、编辑、更新、存储、交换、检索、统计、发布等。

5.8.2 本条规定了指挥信息管理子系统的信息分类与编码、数据结构、信息交换标准等应符合国家现行有关标准的规定。国家有关信息分类与编码、数据结构、信息交换等标准是指挥信息管理子系统设计的基本依据,也是系统建设和维护管理规范化的重要保证。

5.8.3 本条规定了火灾及灾害事故类信息内容。包括报警信息、火灾及灾害事故类别、火灾及灾害事故等级等。

5.8.4 本条规定了消防资源类信息内容。包括消防实力、消防车辆状态、灭火救援装备器材、消防水源、灭火剂、灭火救援有关单位、灭火救援专家、战勤保障等信息。

5.8.5 本条规定了消防指挥决策支持类信息内容。包括消防安全重点单位、危险化学品、各类火灾与灾害事故特性、灭火救援技战术以及气象等信息。

5.8.6 本条规定了灭火救援行动类信息内容。包括各类灭火救援预案、力量调度和灭火救援行动等。

5.8.7 本条规定了灭火救援记录和统计类情报信息内容。包括接处警录音录时信息、灭火救援作战记录信息、灭火救援统计信息等。

5.9 消防地理信息子系统

5.9.1 本条规定了消防地理信息子系统与火警受理子系统关联应用要求。在火警受理终端的地理信息窗口应能操作显示本条要求的全部内容。

5.9.2 本条规定了消防地理信息子系统与跨区域调度指挥子系统和现场指挥子系统关联应用要求。在调度指挥终端和现场指挥终端的地理信息窗口应能操作显示本条要求的全部内容。

5.9.3 本条规定了消防地理信息子系统应能与消防车辆管理子系统关联应用,显示现场消防车辆的实时位置和动态轨迹。可根据应用需要整合到火警受理终端、调度指挥终端和现场指挥终端的地理信息窗口显示。

5.9.4 本条规定了消防地理信息子系统应能与消防指挥决策支持子系统关联应用,标绘火灾及其他灾害事故影响范围及趋势、灭火救援态势、临机灾害处置方案、灭火救援作战部署等。

5.9.5 本条规定了消防地理信息子系统应能与消防图像管理子系统关联应用,定位显示火场及灾害事故现场实况图像、城市消防监控图像、消防站远程监控图像、消防车辆监控图像等的信息采集点分布信息。可根据应用需要整合到火警受理终端、调度指挥终端和现场指挥终端的地理信息窗口显示,实现图像信息与警情联动。

5.9.6 本条规定了地理信息的采集和使用应符合国家现行有关标准。消防地理信息是建立在基础地理信息系统之上的消防专业应用系统,国家有关地理信息技术标准是消防地理信息子系统设计的基本依据,也是建设和维护管理规范化的重要保证。

5.9.7 本条规定了消防地理信息子系统的组成结构要求。消防地理信息子系统的地图及其属性数据由各行业通用的基础地理信息、警用公共地理信息和消防专业地理信息构成。

5.9.8 本条规定了消防地理信息子系统使用的地图数据比例要求。在全国范围统一地图数据比例,有利于建设全国统一的消防地理信息平台,并基于该平台实现全国消防情报信息管理、跨区域调度指挥等应用。

5.9.9 本条规定了消防地理信息子系统的地图数据显示控制功能要求。

1～4 这4款规定了消防地理信息子系统应能按不同的使用需求选择显示有关的消防地理信息地图数据。

5～8 这4款规定了消防地理信息子系统应具有的放大、缩小、平移、漫游、注记符号和文字、自动切换图层、支持影像图叠加等显示控制功能。

5.9.10 本条规定了消防地理信息子系统的地址匹配分析与定位功能要求。消防地理信息子系统应能根据不同查询条件在电子地图上进行精确或模糊定位。

5.9.11 本条规定了消防地理信息子系统的量测分析功能要求。消防地理信息子系统应具有距离或面积测量、地理目标周边分析、行车路径分析等功能。

5.9.12 本条规定了消防地理信息子系统的制图输出功能要求。消防地理信息子系统应能对多种数据格式地图数据文件进行导入以及导出,根据需要完成各种专题图的制作和输出、Web发布、电子数据拷贝等。

5.10 消防信息显示子系统

5.10.1 本条规定了消防信息显示子系统的信息接入和集中控制管理功能要求。消防信息显示子系统由大屏幕显示设备、信号选择切换设备、音响设备、集中控制设备以及显示控制应用软件组成。通过图形化的界面,对汇聚到消防通信指挥中心、移动消防指挥中心的所有视频、音频信息及文字图形进行组合选取、集中显示、控制和管理,使指挥人员能够快速了解和掌握现场情况、火情动态、交通状况等信息,为指挥人员作出迅速、准确的分析判断,进行有效的调度指挥提供实时、直观的信息支持。

5.10.2 本条规定了消防信息显示子系统的切换控制功能要求。消防信息显示子系统应能设置多种显示模式,能实现不同演示模式的切换,切换控制操作简单、方便。

5.10.3 本条规定了消防信息显示子系统的信息显示要求。

5.10.4 本条规定了消防信息显示子系统的各种设备应符合国家现行的有关标准的规定。国家有关图文信息显示设备的技术标准是消防信息显示子系统设计的基本依据,也是消防信息显示子系统的建设和维护管理规范化的重要保证。

5.10.5 本条规定了消防信息显示子系统设备的技术性能要求。显示设备应能支持各种分辨率的信号,屏幕亮度和视角适应接警调度大厅和移动消防指挥中心环境,易于检修,操作控制简单。

5.11 消防有线通信子系统

5.11.1 本条规定了消防有线通信子系统的火警电话呼入线路要求。火警电话呼入线路是指以数字或模拟中继方式与公用电话网(或其他专用通信网)相连,具有接收火警电话信息的线路。

1 本款规定了城市消防通信指挥系统应具有与城市公用电话网相连的语音通信线路。报警人拨打119号码报警,经公用电话网传输到消防通信指挥中心。本款为强制性条款,必须严格执行,否则将使城市消防通信指挥系统丧失其接收火灾及其他灾害事故报警的重要手段,延误火灾扑救及其他灾害事故应急抢险救援,造成人身、财产的更大损失。

2 本款规定了城市消防通信指挥系统应根据本地实际情况,设置与专用电话网相连的语音通信线路,接入军队、铁路、大型企业、消防安全重点单位等的报警。

3 本款规定了城市消防通信指挥系统应具有与城市消防远程监控系统报警终端相连的语音、数据通信线路,接收经过城市消防远程监控中心确认的火警信息。

4 本款规定了城市消防通信指挥系统应有查询固定报警电话装机地址和移动报警电话定位信息的数据通信线路,使系统能够快速定位报警地点。固定电话报警时,城市消防通信指挥系统能访问公用电话网有关信息数据库,查询火警呼入电话的用户名称、装机地址等信息。移动电话报警时,城市消防通信指挥系统能访问移动电话运营公司的移动电话定位服务平台,查询火警呼入电话的位置信息。

5.11.2 本条规定了消防有线通信子系统的火警调度专用通信线路要求。火警调度专用通信线路是传递灭火救援指令、调度灭火救援力量和实现消防可视指挥的通信线路。消防通信指挥系统应建立连通上级消防通信指挥中心、公安机关指挥中心、政府相关部门、辖区消防站、灭火救援有关单位的专用通信线路,可靠传输火警调度的语音、数据、图像信息。

3 本款规定了消防通信指挥中心应有连通公安机关指挥中心和政府相关部门的语音、数据通信线路。这是实现公安机关和政府相关部门统一指挥、信息共享、部门联动、快速反应的重要技术手段。本款为强制性条款,必须严格执行。

4 本款规定了消防通信指挥中心应有连通供水、供电、供气、

医疗、救护、交通、环卫等灭火救援有关单位的语音通信线路。这是消防通信指挥中心与各灭火救援有关单位建立灭火救援联动机制,统一调度指挥和协同处置的重要技术手段。本款为强制性条款,必须严格执行。

5.11.3 本条规定了消防有线通信子系统的日常联络通信线路要求。消防通信指挥系统应设置能满足日常通信需要的内部电话线路、公安专网电话线路和对外联络电话线路。

5.11.4 本条规定了与城市公用电话网相连的火警电话中继要求。

1 本款规定了火警电话中继的接入方式。中等以上城市宜采用数字中继方式接入本地电话网,小城市、独立接警的县及以下城镇若暂不具备提供数字中继方式的条件,可采用模拟中继方式解决火警电话接入。

2 本款规定了火警电话中继线路应采用双路由方式与城市公用电话网相连,提高火警电话中继线路的可靠性。

3 本款规定了报警呼入线路或设备出现故障时,应能切换到应急接警线路或设备接警。

4 本款规定了火警电话呼入应设置为被叫控制方式,火警呼入后由接警人员控制火警电话的连通或挂断。

6 本款规定了本地电话网应在火警电话呼入接续过程中提供主叫电话号码,提供用户名称和装机地址等主叫电话用户信息,并规定了传输电话用户信息的时间要求。

5.11.5 本条规定了火警电话中继线路数量的下限要求。各地应根据城市规模、最大火警日呼入数量、最大火警呼入峰值等参数合理配置,并留有余量。

5.11.6 本条规定了为保证火警调度专线的全线畅通和能够对火警调度专线状态的自动检测,火警调度语音专线和数据专线宜采用直达专线的方式。数据调度专线带宽不低于2M是最低的下限要求,各地应根据传输灭火救援指令、调度灭火救援力量和实现消防可视指挥的需求合理配置,并留有余量。

5.11.7 本条规定了接警调度程控交换机的呼叫、接续、交换功能要求。这些要求是消防通信指挥系统实现火警受理、灭火救援调度指挥功能的技术前提。

5.11.8 本条规定了火警电话呼入排队方式要求。发生火灾及其他灾害事故时,往往有大量的重复报警使火警受理坐席全忙,应将报警呼入进行排队,并向排队用户发送语音提示或回铃音。报警呼入排队时,出现重点单位报警或不同局向的报警呼入,可能是新的另一起火灾报警,可优先接警。

5.11.9 本条规定了火警电话呼入时坐席分配方式。各地应根据火警受理、调度指挥的实际,合理设置坐席分配方式。

5.12 消防无线通信子系统

5.12.1 本条规定了消防无线通信网络的基本要求。

1 本款规定了应设置独立的消防专用无线通信网。消防无线通信组网技术系统可以采用常规移动通信系统,也可以采用集群移动通信系统。公安消防队加入当地的公安集群移动通信系统时,应设置消防分调度台和一定数量的独立编队(通话组),建立灭火救援调度指挥网。

2、3 这两款规定了消防无线通信子系统应能保证各级消防辖区指挥通信。

4 本款规定了消防无线通信子系统具有应急通信保障能力,能够有效应对自然灾害或突发技术故障等紧急情况。

5、6 这两款规定了现场协同通信的方法和要求,应在不打乱消防部队内部通信体系的前提下,保证与地方专职消防队、应急联动相关单位等灭火救援力量的联合作战协同通信。

7、8 这两款规定了无线通信子系统能在特殊通信环境下,保证现场通信不间断。各地应根据实际情况配备在无线通信盲区、地下空间、易燃易爆现场使用的通信装备器材。

5.12.2 本条规定了城市消防无线通信网的基本结构要求。城市消防无线通信网在结构上分为三个层次，即三级组网，分别应用于城市消防管区覆盖通信(消防一级网)、现场指挥通信(消防二级网)、灭火救援战斗通信(消防三级网)。每个层次可以根据情况采用不同技术系统组网。在现场通信中，还应根据本地情况指定这三个网的网间信息沟通方法。

5.12.3 本条规定了消防无线通信子系统的数据通信功能要求。消防移动数据通信主要传输灭火救援数据和图像信息，支持现场指挥子系统、消防车辆管理子系统、消防指挥决策支持子系统、消防情报管理子系统、消防图像管理子系统在火场及其他灾害事故现场上的应用。消防移动数据通信应符合公安信息通信安全有关要求，有严格的信息安全接入措施。数据通信的传输速率、误码率等技术指标也要满足灭火救援作战指挥的需求。

5.12.4 本条规定了消防无线通信子系统的工作频率要求。应充分利用消防专用频率组网，根据需求积极向无线电管理部门申请背景噪声小、传输特性好、不与民用大功率发射设备同频段的民用频率，合理配置并严格管理有限的消防无线通信频率资源是消防无线通信畅通的前提条件。

5.12.5 本条规定了消防无线通信子系统设备的工作环境要求。消防无线通信子系统的设计应遵守国家无线电管理委员会及相关业务部门的有关规定，周全考虑工作环境，保证无线通信设备的正常工作。

5.12.6 本条规定了消防无线通信子系统的通信天线杆塔的架设要求。通信天线杆塔的设计和架设施工应执行国家现行有关技术标准、规范。

5.13 消防卫星通信子系统

5.13.1 本条规定了消防卫星通信子系统的基本功能要求。消防卫星通信子系统应能够传输火场及灾害事故现场语音、数据、图像信息，移动卫星站应能迅速展开，用较短时间完成开通工作。

5.13.2 本条规定了消防卫星通信子系统的传输速率的下限要求。消防卫星通信子系统的设计应立足于灭火救援实战，根据传输灭火救援指令、调度灭火救援力量和实现消防可视指挥的需求，合理确定业务速率、传输误码率等传输质量参数，并留有余量。

5.13.4 本条规定了国家有关行政和技术管理部门发布的有关卫星站建设和使用法规、卫星通信系统技术标准是消防卫星通信子系统的设计、施工的基本依据，也是使消防卫星通信子系统的建设和维护管理规范化的重要保证。

6 系统的基础环境要求

6.1 计算机通信网络

6.1.1 本条规定了计算机通信网络构成要求。为消防通信指挥系统各项业务的网上应用提供坚实的基础。

6.1.2 本条规定了计算机通信网络性能要求。计算机通信网络是消防通信指挥系统的基础和支撑，网络性能应保证各级消防指挥层次火警受理、调度指挥、现场指挥的语音、数据、图像等多种业务的应用。

6.2 系统的供电

6.2.1 本条规定了系统的供电基本要求。稳定可靠的供电电源是消防通信指挥系统安全可靠运行的重要基础条件。

6.2.2 本条规定了系统的UPS电源要求。UPS供电可采用集中或分散两种供电方式。

6.3 系统的防雷与接地

6.3.2 本条规定了消防通信指挥系统的接地技术要求。消防通信指挥系统接地推荐采用联合接地方式。

6.3.3 本条规定了消防通信指挥系统共用接地系统中接地体、接地引入线、接地总汇集线和接地线的具体要求。

6.4 系统的综合布线

6.4.2 本条规定了消防通信指挥系统的线路敷设要求。地面配线可采用地板线槽或地板配管等敷设方式，吊顶内宜设线槽或穿管敷设。

6.4.3 本条规定了电力干线与强电干线应分别设置独立的电缆敷设竖井及楼层配电间和楼层强电间。

6.5 系统的设备用房

6.5.1 本条规定了消防通信指挥系统的设备用房应执行现行国家标准《计算机场地通用规范》GB/T 2887和《电子信息系统机房设计规范》GB 50174的有关要求。

6.5.2 本条规定了系统的设备用房面积要求。消防站通信室的建筑面积应符合现行行业标准《城市消防站建设标准》建标152—2011的有关规定。

6.5.3 本条规定了消防通信指挥中心和消防站的设备用房的净高要求。

6.5.4 本条规定了电力室、电池室、普通设备机房和指挥会议室的荷载要求。

6.5.5 本条根据消防通信指挥系统使用的信息通信设备、电信终端设备的工作条件，规定了通信机房室内温度、湿度要求。

6.5.6 本条规定了消防通信指挥系统机房防静电要求。防止高电位静电干扰计算机工作，并保障操作人员的安全。

6.5.7 本条规定了消防通信指挥中心和消防站的设备用房照度要求。室内照度应适中，光线柔和。

6.5.8 本条规定了消防通信指挥系统机房设备布置要求。消防通信指挥系统机房设备布置应按功能分区布置，有抗震措施，方便操作。

6.5.9 本条规定了消防通信指挥系统机房内设备的间距和通道要求。消防通信指挥系统机房内应有安装、维修和紧急疏散空间。

6.5.10 本条规定了消防通信指挥中心和消防站的设备用房应避开强电磁场干扰。设备用房包括总配线间和楼层弱电间。

7 系统通用设备和软件要求

7.1 系统通用设备

7.1.1 本条规定了消防通信指挥系统使用的计算机等通用硬件设备属于中国强制性产品质量认证（CCC 认证）的产品，这些设备在采购和使用时应查验有关产品认证标志。

7.1.2 本条规定了消防通信指挥系统使用的并进入公网的电信终端设备、无线电通信设备和涉及网间互联的电信设备等属于《第一批实行进网许可制度电信设备目录的具体名称》规定的设备。根据《中华人民共和国电信条例》和《电信设备进网管理办法》规定："实行进网许可制度的电信设备必须获得工业和信息化部颁发的进网许可证；未获得进网许可证的，不得接入公用电信网使用和在国内销售。"这些设备在采购和使用时应查验有关产品进网许可证。

7.1.3 消防通信指挥系统使用的开关插座、接线端子（盒）、电线电缆、线槽桥架等电器材料的产品质量是否合格，与消防通信指挥系统的正常运行密切相关。所以本条规定了其应为符合国家现行的有关标准的产品。这些产品在采购和使用时应查验生产许可证和安全认证标志，防止使用假冒伪劣产品，造成不必要的损失。

7.2 系 统 软 件

7.2.1 消防通信指挥系统的大部分功能是由软件来完成和体现的。本条规定了系统使用的系统软件、平台软件应具有软件使用（授权）许可证，一是保证消防通信指挥系统与其他系统的互联互通、数据共享，二是保证合理合法地使用知识产权保护的软件。

7.2.2 本条规定了消防通信指挥系统的专业应用软件应具有安装程序和程序结构说明、安装使用维护手册等技术文件，这些技术文件是消防通信系统建设和维护管理的重要保证。

7.2.3 本条规定了消防通信指挥系统的专业应用软件应由国家相关产品质量监督检验或软件评测机构按照有关标准的技术要求检测，能够保证用户应用信息系统、接口等专业应用软件的质量。

7.2.4 本条规定了软件人机界面要求。人机界面的设计应使操作过程简单方便，符合实战要求。

8 系统设备配置要求

8.1 消防通信指挥中心系统设备配置

8.1.1 本条规定了国家、省（自治区）、地区（州、盟）消防通信指挥中心的系统设备配置要求。

8.1.2 本条规定了城市消防通信指挥中心的系统设备配置要求。直辖市、省会城市及国家计划单列城市、地级城市、县级城市的消防通信指挥系统的职能定位、功能需求不同，系统设备配置可分别按Ⅰ、Ⅱ、Ⅲ类标准配置。

8.2 移动消防指挥中心系统设备配置

8.2.1 本条规定了以车辆为载体的移动消防指挥中心的系统设备配置要求。以船舶等为载体的移动消防指挥中心以及独立方舱式移动消防指挥中心的系统设备配置可参照本规范。以车辆为载体的移动消防指挥中心按选用的车辆划分可分为大型、中型、小型。按实现的主要功能划分可分为综合型、作战指挥室型。

综合型移动消防指挥中心系统设备由现场通信组网设备、现场指挥设备、现场情报信息设备、指挥通信室设备、供配电保障设备、空调等环境保障设备、照明保障设备、饮水等生活保障设备、装载车辆等设备单元组合构成。

作战指挥室型移动消防指挥中心由现场通信组网设备（或利用其他通信保障车的现场通信组网设备）、现场指挥设备、现场情报信息设备、作战指挥室设备、通信控制室设备、附属卫生间设备、供配电保障设备、空调等环境保障设备、照明保障设备、饮水和食物冷藏和加热等生活保障设备、装载车辆等设备单元组合构成。

8.3 消防站系统设备配置

8.3.1 本条规定了消防站的系统设备配置要求。

中华人民共和国国家标准

固定消防炮灭火系统设计规范

Code of design for fixed
fire monitor extinguishing systems

GB 50338-2003

主编部门：中华人民共和国公安部
批准部门：中华人民共和国建设部
施行日期：2003 年 8 月 1 日

中华人民共和国建设部公告

第 140 号

建设部关于发布国家标准
《固定消防炮灭火系统设计规范》的公告

现批准《固定消防炮灭火系统设计规范》为国家标准，编号为
GB 50338—2003，自 2003 年 8 月 1 日起实施。其中，第 3.0.1、
4.1.6、4.2.1、4.2.2、4.2.4、4.2.5、4.3.1(1)(2)(4)、
4.3.3、4.3.4、4.3.6、4.4.1(1)(2)(4)、4.4.3、4.4.4(1)(2)
(3)、4.4.6、4.5.1、4.5.4、5.1.1、5.1.3、5.3.1、5.4.1、
5.4.4、5.6.1、5.6.2、5.7.1、5.7.3、6.1.4、6.2.4 条(款)为
强制性条文，必须严格执行。

本规范由建设部标准定额研究所组织中国计划出版社出版发
行。

中华人民共和国建设部
二〇〇三年四月十五日

37

前　言

本规范是根据中华人民共和国建设部建标〔1997〕108 号文《关于印发一九九七年工程建设国家标准制订修订计划的通知》要求,由公安部上海消防研究所、浙江省公安厅消防局、交通部第三航务工程勘察设计院、中石化上海金山石油化工设计院等单位共同编制。

本规范的编制,遵照国家有关基本建设方针和"预防为主、防消结合"的消防工作方针,在总结我国消防炮灭火系统科研、工程应用现状及经验教训的基础上,广泛征求国内有关科研、设计、产品生产、消防监督、工程施工单位等部门的意见,同时参考美国、英国、日本等发达国家的相关标准条文,最后经有关部门共同审查定稿。

固定消防炮灭火系统是用于保护面积较大、火灾危险性较高而且价值较昂贵的重点工程的群组设备等要害场所,能及时、有效地扑灭较大规模的区域性火灾的灭火威力较大的固定灭火设备,在消防工程设计上有其特殊要求。

本规范共分六章,包括总则、术语和符号、系统选择、系统设计、系统组件、电气等。

经授权负责本规范具体解释的单位是公安部上海消防研究所。全国各地区、各行业在执行本规范的过程中若遇到问题,可直接与设在该研究所的《规范》管理组联系。鉴于本规范在我国系首次制订,希望各单位在执行过程中,注意总结经验,积累资料,若发现本规范及条文说明中有需要修改之处,请将修改建议和有关参考资料直接函寄公安部上海消防研究所科技处或《规范》管理组(地址:上海市杨浦区民京路 918 号,邮编:200438,

电话:021-65234584,021-65230430)。

本规范主编单位、参编单位和主要起草人:

主 编 单 位:公安部上海消防研究所

参 编 单 位:浙江省公安厅消防局
　　　　　　　交通部第三航务工程勘察设计院
　　　　　　　中石化上海金山石油化工设计院

主要起草人:闵永林　唐祝华　朱力平　王永福　沈　纹
李建中　陆菊红　朱立强　林南光　邵海龙
潘左阳

目　次

37

1 总　则

1.0.1 为了合理地设计固定消防炮灭火系统,减少火灾损失,保护人身和财产安全,制订本规范。

1.0.2 本规范适用于新建、改建、扩建工程中设置的固定消防炮灭火系统的设计。

1.0.3 固定消防炮灭火系统的设计,必须遵循国家的有关方针、政策,密切结合保护对象的功能和火灾特点,做到安全可靠、技术先进、经济合理、使用方便。

1.0.4 当设置固定消防炮灭火系统的工程改变其使用性质时,应校核原设置系统的适用性。当不适用时,应重新设计。

1.0.5 固定消防炮灭火系统的设计,除执行本规范外,尚应符合国家现行的有关强制性标准、规范的规定。

2　术语和符号

2.1　术　语

2.1.1 固定消防炮灭火系统　fixed fire monitor extinguishing systems

由固定消防炮和相应配置的系统组件组成的固定灭火系统。

消防炮系统按喷射介质可分为水炮系统、泡沫炮系统和干粉炮系统。

2.1.2 水炮系统　water monitor extinguishing systems

喷射水灭火剂的固定消防炮系统,主要由水源、消防泵组、管道、阀门、水炮、动力源和控制装置等组成。

2.1.3 泡沫炮系统　foam monitor extinguishing systems

喷射泡沫灭火剂的固定消防炮系统,主要由水源、泡沫液罐、消防泵组、泡沫比例混合装置、管道、阀门、泡沫炮、动力源和控制装置等组成。

2.1.4 干粉炮系统　powder monitor extinguishing systems

喷射干粉灭火剂的固定消防炮系统,主要由干粉罐、氮气瓶组、管道、阀门、干粉炮、动力源和控制装置等组成。

2.1.5 远控消防炮系统(简称远控炮系统)　remote-controlled fire monitor extinguishing systems（abbreviation：remote-controlled monitor systems）

可远距离控制消防炮的固定消防炮灭火系统。

2.1.6 手动消防炮灭火系统(简称手动炮系统)　manual-controlled fire monitor extinguishing systems（abbreviation：manual-controlled monitor systems）

只能在现场手动操作消防炮的固定消防炮灭火系统。

2.1.7 灭火面积　extinguishing area

一次火灾中用固定消防炮灭火保护的计算面积。

2.1.8 冷却面积　cooling area

一次火灾中用固定消防炮冷却保护的计算面积。

2.1.9 消防炮塔　fire monitor tower

用于高位安装固定消防炮的装置。

2.2　符　号

Q——系统供水设计总流量(L/s);

Q_p——泡沫炮的设计流量(L/s);

Q_s——水炮的设计流量(L/s);

Q_m——保护水幕喷头的设计流量(L/s);

q_{p0}——泡沫炮的额定流量(L/s);

q_{s0}——水炮的额定流量(L/s);

P——消防水泵供水压力(MPa);

P_0——泡沫(水)炮的额定工作压力(MPa);

P_e——泡沫(水)炮的设计工作压力(MPa);

i——单位管长沿程水头损失(MPa/m);

h_1——沿程水头损失(MPa);

h_2——局部水头损失(MPa);

$\sum h$——水泵出口至最不利点消防炮进口供水或供泡沫混合液管道水头总损失(MPa);

D_s——水炮的设计射程(m);

D_{s0}——水炮在额定工作压力时的射程(m);

D_p——泡沫炮的设计射程(m);

D_{p0}——泡沫炮在额定工作压力时的射程(m);

Z——最低引水位至最高位消防炮进口的垂直高度(m);

B——最大油舱的宽度(m);

F——冷却面积(m²);

L——最大油舱的纵向长度(m);

L_1——计算管道长度(m);

d——管道内径(m);

f_{max}——最大油舱的面积(m²);

N_p——系统中需要同时开启的泡沫炮的数量(门);

N_s——系统中需要同时开启的水炮的数量(门);

N_m——系统中需要同时开启的保护水幕喷头的数量(只)

ζ——局部阻力系数;

v——设计流速(m/s)。

3 系统选择

3.0.1 系统选用的灭火剂应和保护对象相适应,并应符合下列规定:

1 泡沫炮系统适用于甲、乙、丙类液体、固体可燃物火灾场所;

2 干粉炮系统适用于液化石油气、天然气等可燃气体火灾场所;

3 水炮系统适用于一般固体可燃物火灾场所;

4 水炮系统和泡沫炮系统不得用于扑救遇水发生化学反应而引起燃烧、爆炸等物质的火灾。

3.0.2 设置在下列场所的固定消防炮灭火系统宜选用远控炮系统:

1 有爆炸危险性的场所;

2 有大量有毒气体产生的场所;

3 燃烧猛烈,产生强烈辐射热的场所;

4 火灾蔓延面积较大,且损失严重的场所;

5 高度超过 8m,且火灾危险性较大的室内场所;

6 发生火灾时,灭火人员难以及时接近或撤离固定消防炮位的场所。

4 系统设计

4.1 一般规定

4.1.1 供水管道应与生产、生活用水管道分开。

4.1.2 供水管道不宜与泡沫混合液的供给管道合用。寒冷地区的湿式供水管道应设防冻保护措施,干式管道应设排除管道内积水和空气的设施。管道设计应满足设计流量、压力和启动至喷射的时间等要求。

4.1.3 消防水源的容量不应小于规定灭火时间和冷却时间内需要同时使用水炮、泡沫炮、保护水幕喷头等用水量及供水管网内充水量之和。该容量可减去规定灭火时间和冷却时间内可补充的水量。

4.1.4 消防水泵的供水压力应能满足系统中水炮、泡沫炮喷射压力的要求。

4.1.5 灭火剂及加压气体的补给时间均不宜大于 48h。

4.1.6 水炮系统和泡沫炮系统从启动至炮口喷射水或泡沫的时间不应大于 5min,干粉炮系统从启动至炮口喷射干粉的时间不应大于 2min。

4.2 消防炮布置

4.2.1 室内消防炮的布置数量不应少于两门,其布置高度应保证消防炮的射流不受上部建筑构件的影响,并应使两门水炮的水射流同时到达被保护区域的任一部位。

室内系统应采用湿式给水系统,消防炮位处应设置消防水泵启动按钮。

设置消防炮平台时,其结构强度应能满足消防炮喷射反力的

要求,结构设计应能满足消防炮正常使用的要求。

4.2.2 室外消防炮的布置应能使消防炮的射流完全覆盖被保护场所及被保护物,且应满足灭火强度及冷却强度的要求。

1 消防炮应设置在被保护场所常年主导风向的上风方向;

2 当灭火对象高度较高、面积较大时,或在消防炮的射流受到较高大障碍物的阻挡时,应设置消防炮塔。

4.2.3 消防炮宜布置在甲、乙、丙类液体储罐区防护堤外,当不能满足 4.2.2 条的规定时,可布置在防护堤内,此时应对远控消防炮和消防炮塔采取有效的防爆和隔热保护措施。

4.2.4 液化石油气、天然气装卸码头和甲、乙、丙类液体、油品装卸码头的消防炮的布置数量不应少于两门,泡沫炮的射程应满足覆盖设计船型的油气舱范围,水炮的射程应满足覆盖设计船型的全船范围。

4.2.5 消防炮塔的布置应符合下列规定:

1 甲、乙、丙类液体储罐区、液化烃储罐区和石化生产装置的消防炮塔高度的确定应使消防炮对被保护对象实施有效保护;

2 甲、乙、丙类液体、油品、液化石油气、天然气装卸码头的消防炮塔高度应使消防炮的俯仰回转中心高度不低于在设计潮位和船舶空载时的甲板高度;消防炮水平回转中心与码头前沿的距离不应小于 2.5m;

3 消防炮塔的周围应留有供设备维修用的通道。

4.3 水炮系统

4.3.1 水炮的设计射程和设计流量应符合下列规定:

1 水炮的设计射程应符合消防炮布置的要求。室内布置的水炮的射程应按产品射程的指标值计算,室外布置的水炮的射程应按产品射程指标值的 90% 计算。

2 当水炮的设计工作压力与产品额定工作压力不同时,应在产品规定的工作压力范围内选用。

3 水炮的设计射程可按下式确定:

$$D_s = D_{s0} \cdot \sqrt{\frac{P_e}{P_0}} \qquad (4.3.1\text{-}1)$$

式中 D_s——水炮的设计射程(m);

D_{s0}——水炮在额定工作压力时的射程(m);

P_e——水炮的设计工作压力(MPa);

P_0——水炮的额定工作压力(MPa)。

4 当上述计算的水炮设计射程不能满足消防炮布置的要求时,应调整原设定的水炮数量、布置位置或规格型号,直至达到要求。

5 水炮的设计流量可按下式确定:

$$Q_s = q_{s0} \cdot \sqrt{\frac{P_e}{P_0}} \qquad (4.3.1\text{-}2)$$

式中 Q_s——水炮的设计流量(L/s);

q_{s0}——水炮的额定流量(L/s)。

4.3.2 室外配置的水炮其额定流量不宜小于 30L/s。

4.3.3 水炮系统灭火及冷却用水的连续供给时间应符合下列规定:

1 扑救室内火灾的灭火用水连续供给时间不应小于 1.0h;

2 扑救室外火灾的灭火用水连续供给时间不应小于 2.0h;

3 甲、乙、丙类液体储罐、液化烃储罐、石化生产装置和甲、乙、丙类液体、油品码头等冷却用水连续供给时间应符合国家有关标准的规定。

4.3.4 水炮系统灭火及冷却用水的供给强度应符合下列规定:

1 扑救室内一般固体物质火灾的供给强度应符合国家有关标准的规定,其用水量应按两门水炮的水射流同时到达防护区任一部位的要求计算。民用建筑的用水量不应小于 40L/s,工业建筑的用水量不应小于 60L/s;

2 扑救室外火灾的灭火及冷却用水的供给强度应符合国家有关

有关标准的规定；

3 甲、乙、丙类液体储罐、液化烃储罐和甲、乙、丙类液体、油品码头等冷却用水的供给强度应符合国家有关标准的规定；

4 石化生产装置的冷却用水的供给强度不应小于16L/min·m²。

4.3.5 水炮系统灭火面积及冷却面积的计算应符合下列规定：

1 甲、乙、丙类液体储罐、液化烃储罐冷却面积的计算应符合国家有关标准的规定；

2 石化生产装置的冷却面积应符合《石油化工企业设计防火规范》的规定；

3 甲、乙、丙类液体、油品码头的冷却面积应按下式计算：

$$F = 3BL - f_{max} \quad (4.3.5)$$

式中 F——冷却面积(m^2)；

B——最大油舱的宽度(m)；

L——最大油舱的纵向长度(m)；

f_{max}——最大油舱的面积(m^2)。

4 其他场所的灭火面积及冷却面积应按照国家有关标准或根据实际情况确定。

4.3.6 水炮系统的计算总流量应为系统中需要同时开启的水炮设计流量的总和，且不得小于灭火用水计算总流量及冷却用水计算总流量之和。

4.4 泡沫炮系统

4.4.1 泡沫炮的设计射程和设计流量应符合下列规定：

1 泡沫炮的设计射程应符合消防炮布置的要求。室内布置的泡沫炮的射程应按产品射程的指标值计算，室外布置的泡沫炮的射程应按产品射程指标值的90%计算。

2 当泡沫炮的设计工作压力与产品额定工作压力不同时，应在产品规定的工作压力范围内选用。

3 泡沫炮的设计射程可按下式确定：

$$D_p = D_{p0} \cdot \sqrt{\frac{P_e}{P_0}} \quad (4.4.1\text{-}1)$$

式中 D_p——泡沫炮的设计射程(m)；

D_{p0}——泡沫炮在额定工作压力时的射程(m)；

P_e——泡沫炮的设计工作压力(MPa)；

P_0——泡沫炮的额定工作压力(MPa)。

4 当上述计算的泡沫炮设计射程不能满足消防炮布置的要求时，应调整原设定的泡沫炮数量、布置位置或规格型号，直至达到要求。

5 泡沫炮的设计流量可按下式确定：

$$Q_p = q_{p0} \cdot \sqrt{\frac{P_e}{P_0}} \quad (4.4.1\text{-}2)$$

式中 Q_p——泡沫炮的设计流量(L/s)；

q_{p0}——泡沫炮的额定流量(L/s)。

4.4.2 室外配置的泡沫炮其额定流量不宜小于48L/s。

4.4.3 扑救甲、乙、丙类液体储罐区火灾及甲、乙、丙类液体、油品码头火灾等的泡沫混合液的连续供给时间和供给强度应符合国家有关标准的规定。

4.4.4 泡沫炮灭火面积的计算应符合下列规定：

1 甲、乙、丙类液体储罐区的灭火面积应按实际保护储罐中最大一个储罐横截面积计算。泡沫混合液的供给量应按两门泡沫炮计算。

2 甲、乙、丙类液体、油品装卸码头的灭火面积应按油轮设计船型中最大油舱的面积计算。

3 飞机库的灭火面积应符合《飞机库设计防火规范》的规定。

4 其他场所的灭火面积应按照国家有关标准或根据实际情况确定。

4.4.5 供给泡沫的水质应符合设计所用泡沫液的要求。

4.4.6 泡沫混合液设计总流量应为系统中需要同时开启的泡沫炮设计流量的总和，且不应小于灭火面积与供给强度的乘积。混合比的范围应符合国家标准《低倍数泡沫灭火系统设计规范》的规定，计算中应取规定范围的平均值。泡沫液设计总量应为其计算总量的1.2倍。

4.5 干粉炮系统

4.5.1 室内布置的干粉炮的射程应按产品射程指标值计算，室外布置的干粉炮的射程应按产品射程指标值的90%计算。

4.5.2 干粉炮系统的单位面积干粉灭火剂供给量可按表4.5.2选取。

表4.5.2 干粉炮系统的单位面积干粉灭火剂供给量

干粉种类	单位面积干粉灭火剂供给量 (kg/m²)
碳酸氢钠干粉	8.8
碳酸氢钾干粉	5.2
氨基干粉 磷酸铵盐干粉	3.6

4.5.3 可燃气体装卸站台等场所的灭火面积可按保护场所中最大一个装置主体结构表面积的50%计算。

4.5.4 干粉炮系统的干粉连续供给时间不应小于60s。

4.5.5 干粉设计用量应符合下列规定：

1 干粉计算总量应满足规定时间内需要同时开启干粉炮所需干粉总量的要求，并不应小于单位面积干粉灭火剂供给量与灭火面积的乘积；干粉设计总量应为计算总量的1.2倍。

2 在停靠大型液化石油气、天然气船的液化气码头装卸臂附近宜设置喷射量不小于2000kg干粉的干粉炮系统。

4.5.6 干粉炮系统应采用标准工业级氮气作为驱动气体，其含水量不应大于0.005%的体积比，其干粉罐的驱动气体工作压力可根据射程要求分别选用1.4MPa、1.6MPa、1.8MPa。

4.5.7 干粉供给管道的总长度不宜大于20m。炮塔上安装的干粉炮与低位安装的干粉罐的高度差不应大于10m。

4.5.8 干粉炮系统的气粉比应符合下列规定：

1 当干粉输送管道总长度大于10m、小于20m时，每千克干粉需配给50L氮气。

2 当干粉输送管道总长度不大于10m时，每千克干粉需配给40L氮气。

4.6 水力计算

4.6.1 系统的供水设计总流量应按下式计算：

$$Q = \sum N_p \cdot Q_p + \sum N_s \cdot Q_s + \sum N_m \cdot Q_m \quad (4.6.1)$$

式中 Q——系统供水设计总流量(L/s)；

N_p——系统中需要同时开启的泡沫炮的数量(门)；

N_s——系统中需要同时开启的水炮的数量(门)；

N_m——系统中需要同时开启的保护水幕喷头的数量(只)；

Q_p——泡沫炮的设计流量(L/s)；

Q_s——水炮的设计流量(L/s)；

Q_m——保护水幕喷头的设计流量(L/s)。

4.6.2 供水或供泡沫混合液管道总水头损失应按下式计算：

$$\sum h = h_1 + h_2 \quad (4.6.2\text{-}1)$$

式中 $\sum h$——水泵出口至最不利点消防炮进口供水或供泡沫混合液管道水头总损失(MPa)；

h_1——沿程水头损失(MPa)；

h_2——局部水头损失(MPa)。

$$h_1 = i \cdot L_1 \quad (4.6.2\text{-}2)$$

式中 i——单位管长沿程水头损失(MPa/m)；

L_1——计算管道长度(m)。

$$i = 0.0000107 \frac{v^2}{d^{1.3}}$$ (4.6.2-3)

式中 v——设计流速(m/s);
d——管道内径(m)。

$$h_2 = 0.01 \sum \zeta \frac{v^2}{2g}$$ (4.6.2-4)

式中 ζ——局部阻力系数;
v——设计流速(m/s)。

4.6.3 系统中的消防水泵供水压力应按下式计算:

$$P = 0.01 \times Z + \sum h + P_c$$ (4.6.3)

式中 P——消防水泵供水压力(MPa);
Z——最低引水位至最高位消防炮进口的垂直高度(m);
$\sum h$——水泵出口至最不利点消防炮进口供水或供泡沫混合液管道水头总损失(MPa);
P_c——泡沫(水)炮的设计工作压力(MPa)。

5 系 统 组 件

5.1 一般规定

5.1.1 消防炮、泡沫比例混合装置、消防泵组等专用系统组件必须采用通过国家消防产品质量监督检验测试机构检测合格的产品。

5.1.2 主要系统组件的外表面涂色宜为红色。

5.1.3 安装在防爆区内的消防炮和其他系统组件应满足该防爆区相应的防爆要求。

5.2 消 防 炮

5.2.1 远控消防炮应同时具有手动功能。

5.2.2 消防炮应满足相应使用环境和介质的防腐蚀要求。

5.2.3 安装在室外消防炮塔和设有护栏的平台上的消防炮的俯角均不宜大于 50°,安装在多平台消防炮塔的低位消防炮的水平回转角不宜大于 220°。

5.2.4 室内配置的消防水炮的俯角和水平回转角应满足使用要求。

5.2.5 室内配置的消防水炮宜具有直流-喷雾的无级转换功能。

5.3 泡沫比例混合装置与泡沫液罐

5.3.1 泡沫比例混合装置应具有在规定流量范围内自动控制混合比的功能。

5.3.2 泡沫液罐宜采用耐腐蚀材料制作;当采用钢质罐时,其内壁应做防腐蚀处理。与泡沫液直接接触的内壁或防腐层对泡沫液的性能不得产生不利影响。

5.3.3 贮罐压力式泡沫比例混合装置的贮罐上应设安全阀、排渣孔、进料孔、人孔和取样孔。

5.3.4 压力比例式泡沫比例混合装置的单罐容积不宜大于 10m³。囊式压力式泡沫比例混合装置的皮囊应满足存贮、使用泡沫液时对其强度、耐腐蚀性和存放时间的要求。

5.4 干粉罐与氮气瓶

5.4.1 干粉罐必须选用压力贮罐,宜采用耐腐蚀材料制作;当采用钢质罐时,其内壁应做防腐蚀处理;干粉罐应按现行压力容器国家标准设计和制造,并应保证其在最高使用温度下的安全强度。

5.4.2 干粉罐的干粉充装系数不应大于 1.0kg/L。

5.4.3 干粉罐上应设安全阀、排放阀、进料孔和人孔。

5.4.4 干粉驱动装置应采用高压氮气瓶组,氮气瓶的额定充装压力不应小于 15MPa。干粉罐和氮气瓶应采用分开设置的型式。

5.4.5 氮气瓶的性能应符合现行国家有关标准的要求。

5.5 消防泵组与消防泵站

5.5.1 消防泵宜选用特性曲线平缓的离心泵。

5.5.2 自吸消防泵吸水管应设真空压力表,消防泵出口应设压力表,其最大指示压力不应小于消防泵额定工作压力的 1.5 倍。消防泵出水管上应设自动泄压阀和回流管。

5.5.3 消防泵吸水口处宜设置过滤器,吸水管的布置应有向水泵方向上升的坡度,吸水管上宜设置闸阀,阀上应有启闭标志。

5.5.4 带有水箱的引水泵,其水箱应具有可靠的贮水封存功能。

5.5.5 用于控制信号的出水压力取出口应设置在水泵的出口与单向阀之间。

5.5.6 消防泵站应设置备用泵组,其工作能力不应小于其中工作能力最大的一台工作泵组。

5.5.7 柴油机消防泵站应设置进气和排气的通风装置,冬季室内最低温度应符合柴油机制造厂提出的温度要求。

5.5.8 消防泵站内的电气设备应采取有效的防潮和防腐蚀措施。

5.6 阀门和管道

5.6.1 当消防泵出口管径大于 300mm 时,不应采用单一手动启闭功能的阀门。阀门应有明显的启闭标志,远控阀门应具有快速启闭功能,且密封可靠。

5.6.2 常开或常闭的阀门应设锁定装置,控制阀和需要启闭的阀门应设启闭指示器。参与远控炮系统联动控制的控制阀,其启闭信号应传至系统控制室。

5.6.3 干粉管道上的阀门应采用球阀,其通径必须和管道内径一致。

5.6.4 管道应选用耐腐蚀材料制作或对管道外壁进行防腐蚀处理。

5.6.5 在使用泡沫液、泡沫混合液或海水的管道的适当位置宜设冲洗接口。在可能滞留空气的管段的顶端应设置自动排气阀。

5.6.6 在泡沫比例混合装置后宜设旁通的试验接口。

5.7 消 防 炮 塔

5.7.1 消防炮塔应具有良好的耐腐蚀性能,其结构强度应能同时承受使用场所最大风力和消防炮喷射反力。消防炮塔的结构设计应能满足消防炮正常操作使用的要求。

5.7.2 消防炮塔应设有与消防炮配套的供灭火剂、供液压油、供气、供电等管路,其管径、强度和密封性应满足系统设计的要求。进水管线应设置便于清除杂物的过滤装置。

5.7.3 室外消防炮塔应设有防止雷击的避雷装置、防护栏杆和保护水幕;保护水幕的总流量不应小于 6L/s。

5.7.4 泡沫炮应安装在多平台消防炮塔的上平台。

5.8 动 力 源

5.8.1 动力源应具有良好的耐腐蚀、防雨和密封性能。

5.8.2 动力源及其管道应采取有效的防火措施。

5.8.3 液压和气压动力源与其控制的消防炮的距离不宜大于30m。

5.8.4 动力源应满足远控炮系统在规定时间内操作控制与联动控制的要求。

6 电 气

6.1 一 般 规 定

6.1.1 系统用电设备的供电电源的设计应符合《建筑设计防火规范》、《供配电系统设计规范》等国家标准的规定。

6.1.2 在有爆炸危险场所的防爆分区,电器设备和线路的选用、安装和管道防静电等措施应符合现行国家标准《爆炸和火灾危险性环境电力装置设计规范》的规定。

6.1.3 系统电器设备的布置,应满足带电设备安全防护距离的要求,并应符合《电业安全规程》、《电器设备安全导则》等国家有关标准、规范的规定。

6.1.4 **系统配电线路应采用经阻燃处理的电线、电缆。**

6.1.5 系统的电缆敷设应符合国家标准《低压配电装置及线路设计规范》和《爆炸和火灾危险性环境电力装置设计规范》的规定。

6.1.6 系统的防雷设计应按《建筑物防雷设计规范》等有关现行国家标准、规范的规定执行。

6.2 控 制

6.2.1 远控炮系统应具有对消防泵组、远控炮及相关设备等进行远程控制的功能。

6.2.2 系统宜采用联动控制方式,各联动控制单元应设有操作指示信号。

6.2.3 系统宜具有接收消防报警的功能。

6.2.4 **工作消防泵组发生故障停机时,备用消防泵组应能自动投入运行。**

6.2.5 远控炮系统采用无线控制操作时,应满足以下要求:

1 应能控制消防炮的俯仰、水平回转和相关阀门的动作;

2 消防控制室应能优先控制无线控制器所操作的设备;

3 无线控制的有效控制半径应大于100m;

4 1km 以内不得有相同频率、30m 以内不得有相同安全码的无线控制器;

5 无线控制器应设置闭锁安全电路。

6.3 消防控制室

6.3.1 消防控制室的设计应符合现行国家标准《建筑设计防火规范》中消防控制室的规定,同时应符合下列要求:

1 消防控制室宜设置在能直接观察各座炮塔的位置,必要时应设置监视器等辅助观察设备;

2 消防控制室应有良好的防火、防尘、防水等措施;

3 系统控制装置的布置应便于操作与维护。

6.3.2 远控炮系统的消防控制室应能对消防泵组、消防炮等系统组件进行单机操作与联动操作或自动操作,并应具有下列控制和显示功能:

1 消防泵组的运行、停止、故障;

2 电动阀门的开启、关闭及故障;

3 消防炮的俯仰、水平回转动作;

4 当接到报警信号后,应能立即向消防泵站等有关部门发出声光报警信号,声响信号可手动解除,但灯光报警信号必须保留至人工确认后方可解除;

5 具有无线控制功能时,显示无线控制器的工作状态;

6 其他需要控制和显示的设备。

中华人民共和国国家标准

固定消防炮灭火系统设计规范

GB 50338—2003

条 文 说 明

1 总　则

1.0.1 本条提出了制订国家标准《固定消防炮灭火系统设计规范》（以下简称《规范》）的目的，即正确、合理地进行固定消防炮灭火系统的工程设计，使其在发生火灾时能够快速、有效地扑灭火灾。

国产固定消防炮灭火系统的推广应用改变了我国重点工程消防炮设备长期依赖进口的局面，但在推广应用中还存在一些亟待解决的工程设计和监督管理等方面的问题。由于至今尚未发布该系统工程设计的国家规范，造成了该系统的工程设计和消防建审均无章可循，致使一些工程设计不尽合理和完善，直接影响了固定消防炮灭火系统的使用效果。建设部和公安部决定制订本规范的目的，也就是为了解决这些问题，旨在为固定消防炮灭火系统的工程设计提供国家技术法规，同时也为消防监督部门的监督和审查工作提供法律依据。

1.0.2 本条规定了《规范》的适用范围。

对于移动式的消防炮灭火装置，因其通常不属于一个完整的、成套的固定式灭火系统，因此可不按《规范》设计，但并不排除其参照《规范》进行工程设计的可能性。

1.0.3 本条主要规定了固定消防炮灭火系统在工程设计时必须遵循国家的有关方针、政策，针对大面积、大空间及群组设备等保护对象的区域性火灾的特点，合理地配置固定消防炮灭火系统，使该系统的工程设计达到安全可靠、技术先进、经济合理、使用方便。

1.0.4 本条是针对我国的某些已配置使用固定消防炮灭火系统的场所有可能改变使用性质的情况而制订的。例如，某些港口、码头等场所有可能在装卸油品、液化气、散装货物、集装箱等几种情况之间改变，亦可能混杂装卸。当改变其用途时，这些场所中的可燃物的种类、数量、危险性等随之改变，原配置的固定消防炮灭火系统的类型、规格、数量以及水、泡沫液、干粉等灭火剂的存贮量和消防泵组的规模等可能满足不了要求，应校核原设计、安装的固定消防炮灭火系统的适用性。

1.0.5 固定消防炮灭火系统工程设计涉及的专业较多，范围较广，《规范》只能规定固定消防炮灭火系统特有的技术要求。对于其他专业性较强而且已在某些相关的国家标准、规范中作出强制性规定的技术要求，《规范》不再作重复规定。相关的国家标准、规范有：固定消防炮灭火系统的供电电源设计应执行国家标准《建筑设计防火规范》和《供配电系统设计规范》；有爆炸危险的场所分区应执行《爆炸和火灾危险性环境电力装置设计规范》；系统的防雷设计应执行《建筑物防雷设计规范》等等。

2 术语和符号

2.1 术　语

2.1.1～2.1.9 本节内容是根据国家建设部关于"工程建设国家标准管理办法"和"工程建设国家标准编写规定"中的有关要求编写的。主要拟定原则是：列入《规范》的术语是《规范》专用的，在其他规范、标准中未出现过的。在具体定义中，根据有关规定，在全面分析的基础上，突出特性，尽量做到定义准确、简易易懂。

本规范现列入九条术语，具体说明详见各术语的定义。

2.2 符　号

本节系根据本规范第 4 章系统设计的需求，本着简化和必要的原则，删去简单的、常规的计算公式与符号，列出了 29 个有关的流量参数、压力参数、射程参数、几何参数等的符号、名称及量纲，其内容可见本节和相关章节条文的定义和说明。

3 系统选择

3.0.1 固定消防炮灭火系统选用的灭火剂应能扑灭被保护场所和被保护物有可能发生的火灾。例如，对 A 类火灾，若配置干粉炮系统，只能选用磷酸铵盐等 A、B、C 类干粉灭火剂，这是因为磷酸铵盐等干粉灭火剂不仅能扑灭 B、C 类火灾，而且能有效地扑灭 A 类火灾；扑救 B、C 类火灾的干粉炮系统可选用碳酸氢钠等 B、C 类干粉灭火剂和磷酸铵盐干粉灭火剂，两者均可使用。碳酸氢钠等干粉灭火剂只能扑灭 B、C 类火灾，不能有效地扑灭 A 类火灾。

1 国内外扑救甲、乙、丙类液体火灾最常用的是泡沫炮系统，其灭火效果较佳，亦较为经济。泡沫炮系统也适用于扑救固体可燃物质火灾。泡沫灭火剂的选择在国家标准《低倍数泡沫灭火系统设计规范》中已有明确的规定。

2 扑救液化石油气和液化天然气的生产、储运、使用装置或场所的火灾，通常选用干粉炮系统，可迅速、有效地扑灭一般的气体火灾。

3 在生产、储运、使用木材、纸张、棉花及其制品等一般固体可燃物质的场所，其可能发生的火灾基本属于 A 类火灾，通常选用水炮系统进行灭火。

4 以水和泡沫作为灭火介质的消防设备，当被误用于扑救某些特种危险品或设备火灾时，有可能发生化学反应从而引起燃烧或爆炸。因此，在消防炮灭火系统选型时应特别地加以注意。

3.0.2 在具有爆炸危险性的场所，可能产生大量有毒气体的场所，燃烧猛烈并产生强辐射热可能威胁人身安全的场所，容易造成火灾蔓延面积大且损失严重的场所，高度超过 8m 且火灾危险性较大的室内场所，发生火灾时消防人员难以及时接近或撤离固定消防炮位的场所等,若选用远控炮系统既能及时、有效地扑灭火灾,又可保障灭火人员的自身安全。当然,在上述场所之外的下列场所,诸如火灾规模较小的场所,无爆炸危险性的场所,热辐射强度较小不易威胁人身安全的场所,高度低于8m且火灾危险性较小的场所,消防人员容易接近且能及时到达或撤离固定消防炮位的场所等,选用手动炮系统则是可行的。

4 系统设计

4.1 一般规定

4.1.1 本条规定了消防供水管道不得受生产、生活用水的影响,其目的是为了在火灾紧急情况下能保证消防炮的正常供水。

4.1.2 本条规定了消防水炮系统和泡沫炮系统不宜采用共用管道,以保证实现两种不同系统各自的设计要求。本条还规定了在寒冷地区对系统管网的防冻要求,以防止因冰冻而影响系统的正常功能。管道的设计,特别是管径的选定,需满足系统的设计流量、压力及时间的要求。

4.1.3 固定消防水炮系统和泡沫炮系统的消防水源不仅包括河水、江水、湖水和海水,而且还包括消防水池或消防水罐、水箱。本条规定了消防水源的容量需满足系统在规定的灭火时间和冷却时间内各种用水量之和的要求,以保证系统能达到设计规定的供给强度和供给时间的要求。

关于在规定灭火时间和冷却时间内需要"同时使用"消防炮数量的说明:在进行固定消防炮灭火系统的工程设计时,应根据《规范》关于消防炮应使被保护场所及被保护物完全得到保护的基本要求,确定需配置消防炮的型号、流量、数量和位置等。一般情况下,按上述要求配置消防炮的总流量大于实际灭火和冷却所需的总流量,灭火时可根据发生火灾的不同部位选择开启固定消防炮灭火系统中的部分消防炮。设计时可根据固定消防炮灭火系统防护区内最大的一个保护对象的灭火和冷却需求来确定需要"同时开启"的消防炮的数量。

4.1.4 本条规定了消防炮系统管网设计对消防水泵供水压力的要求。

4.1.5 本条规定了灭火后系统恢复功能的时间上限,旨在使被保护的重点工程和要害场所在很短的时间内能重新处于系统的安全保护状态之下。

4.1.6 泡沫炮和水炮系统从启动至消防炮喷出泡沫、水的时间包括泵组的电机或柴油机启动时间,真空引水时间,阀门开启时间及灭火剂的管道通过时间等。干粉炮系统从启动至干粉炮喷出干粉的时间主要取决于从贮气瓶向干粉罐内充气的时间和干粉的管道通过时间。

本条规定泡沫炮和水炮系统从启动至消防炮喷出泡沫、水的时间不应大于5min,完全符合我国的消防主规范《建筑设计防火规范》的规定。干式管路和湿式管路的泡沫炮和水炮系统均应满足该要求。

干粉炮系统的驱动气体从高压氮气瓶经减压阀减压后向干粉罐内充气,干粉罐内充满氮气后,氮气驱动干粉罐内的干粉流向干粉管道、阀门,经干粉炮喷出。从系统启动到干粉炮喷出干粉的总的时间间隔大约需要90~110s,完全可在2min内完成喷射。

4.2 消防炮布置

4.2.1 本条规定旨在使消防炮的射流不会受到室内大空间建筑物的上部构件的阻挡,使消防炮的射流能完全覆盖被保护对象。

在人群密集的室内公共场所,需保证至少要有两门水炮的水射流能同时到达室内大空间的任一部位,以达到完全保护该场所的消防实战需求。该布置原则与室内消火栓系统类同。

本条规定室内系统应采用湿式给水系统,且在消防炮位处应设置消防水泵启动按钮是根据《自动喷水灭火系统设计规范》的规定做出的。

设置消防炮平台时,其结构强度需满足承受消防炮喷射反力的要求,其结构设计需满足消防炮正常使用的要求。

4.2.2 作为提供区域性消防保护的室外消防炮系统应具有使其灭火介质的射流完全覆盖整个防区的能力,并满足该区被保护对象的灭火和冷却要求。美国消防协会NFPA11规范3—6.3.1也规定了消防炮系统应根据被保护区域的总体范围进行工程设计的概念。

室外布置的消防炮的射流受环境风向的影响较大,应避免在侧风向,特别是逆风向时的喷射。因此,在工程设计时应将消防炮位设置在被保护场所的主导风向的上风方向。

本条同时规定了设置消防炮塔的具体条件。当诸如可燃液体储罐区、石化装置或大型油轮等灭火对象具有较高的高度和较大的面积时,或在消防炮的射流受到较高大的建筑物、构筑物或设备等障碍物阻挡,致使消防炮的射流不能完全覆盖灭火对象,不能满足要求时,应设置消防炮塔,消防炮塔的高度应满足使用要求。当消防炮的射流没有任何建筑物、构筑物或设备等障碍物阻挡,灭火对象的高度较低和面积较小,在地面布置的消防炮能完全满足要求时,可不设置消防炮塔。

4.2.3 某些大型油罐的直径在50m以上,高度超过20m,其罐壁距防护堤的距离较远,在这种情况下,防护堤外布置的消防炮往往难以满足4.2.2条的要求,若强行按照上述4.2.2条的要求进行工程设计时,消防炮的流量和压力将大幅度提高,整个系统的投资将显著增加,用户往往难以承受。此时若将具有防爆功能并采取隔热保护措施的消防炮布置在防护堤内则是可行的。当发生火灾时,及时有效地灭火是第一位的。

4.2.4 液化石油气、天然气码头,甲、乙、丙类液体、油品码头配置的消防炮的主要灭火对象是停靠码头的液化气船、油轮的主气舱、主油舱,本条规定主要是为了保证消防炮的布置数量至少不应少于两门,泡沫炮的射程应满足覆盖设计船型的油气舱范围,水炮的射程应满足覆盖设计船型的全船范围,以达到完全覆盖该场所规定保护范围的消防实战需求。

37

4.2.5 本条关于消防炮塔的布置要求系为了保证消防炮安装在合适的水平位置和垂直位置。

    1 在甲、乙、丙类液体储罐区，液化烃储罐区和石化生产装置等场所室外布置的消防炮塔应有足够的高度，以保证消防炮能对被保护对象实施有效保护。消防炮塔设置得过低将会使消防炮的射流受风向、风速和火灾区热气流以及障碍物等的影响而降低灭火能力。

    2 大多数甲、乙、丙类液体、油品码头和液化气码头的宽度均相当有限，消防炮大都距离油轮很近，一般不会超过 8m，若消防炮低于油轮甲板的高度，则会形成喷射死角而难以对油轮的整个甲板平面进行消防保护。200L/s 流量的泡沫炮，其炮口伸出水平回转中心的长度一般不超过 2.3m，所以，本条关于 2.5m 间距的规定是为了限制泡沫炮的炮口不得伸出码头前沿，以免被停靠的油轮撞坏。

    3 在消防炮塔的周围设置通道是为了方便设备维修。

4.3 水炮系统

4.3.1 按本规范第 4.2.2 条关于消防炮的布置应使其射流完全覆盖被保护场所及被保护物的要求，可初步设定水炮的数量、布置位置和规格型号，然后再根据系统周围环境和动力配套等条件进行校核与调整。

    在工程设计中，考虑到室外布置的水炮的射程可能会受到风向、风力等因素的影响，因此，应按产品射程指标值的 90% 折算其设计射程。另外，在工程设计中，由于动力配套能力、管路附件、炮塔高度等各种因素的影响，水炮的实际工作压力有可能不同于产品的额定工作压力，此时水炮的设计流量与实际射程都会相应变化。其中流量变化与压力变化的平方根成正比。

    不同规格的水炮在各种工作压力时的射程的试验数据列表如下：

水炮型号	射程(m)				
	0.6MPa	0.8MPa	1.0MPa	1.2MPa	1.4MPa
PS40	53	62	70	—	—
PS50	59	70	79	86	—
PS60	64	75	84	91	—
PS80	70	80	90	98	104
PS100	—	86	96	104	112

    由上表可以看出，水炮工作压力每提高 0.2MPa，相应射程提高 6～11m。而对同一型号的水炮，在规定的工作压力范围内，其射程的变化呈与压力变化的平方成正比的变化规律。

4.3.2 用于保护室外的、火势蔓延迅速的区域性场所的消防水炮，需具备足够的灭火流量和射程。流量过小的消防水炮在室外环境中容易受到风向和风力等因素的影响而降低射程，满足不了灭火和冷却的使用要求。

4.3.3 关于水炮系统的灭火和冷却用水连续供给时间：

    1 参照《自动喷水灭火系统设计规范》的中危险级民用建筑和厂房的持续喷水时间；

    2 参照《建筑设计防火规范》的相关规定；

    3 甲、乙、丙类液体贮罐，液化烃储罐，石化生产装置和甲、乙、丙类液体、油品码头冷却用水的连续供给时间需分别按照《石油化工企业设计防火规范》和《装卸油品码头设计防火规范》等的有关规定。

4.3.4 关于水炮系统的灭火和冷却用水供给强度：

    1 参照《自动喷水灭火系统设计规范》的中危险级民用建筑

和厂房的有关规定，同时规定民用建筑用水量不应小于 40L/s，工业厂房等用水量不应小于 60L/s；

    2 参照《自动喷水灭火系统设计规范》的有关规定；

    3 参照《石油化工企业设计防火规范》第七章相应条文的有关规定；

    4 参照《自动喷水灭火系统设计规范》严重危险级的相应规定。

4.3.5 关于水炮系统的灭火面积和冷却面积：

    1 参照《石油化工企业设计防火规范》第七章相应条文的有关规定；

    2 参照《石油化工企业设计防火规范》的相关规定。相邻的石化生产装置的间距根据《建筑设计防火规范》的相关规定；

    3 参照《装卸油品码头设计防火规范》第六章的有关条文。

    4 对于其他场所，可以按照国内外有关标准、规范或根据实际情况进行工程设计。

4.3.6 本条规定系引用《石油化工企业设计防火规范》的相关规定。

4.4 泡沫炮系统

4.4.1 按本规范第 4.2.2 条关于消防炮的布置应使其射流完全覆盖被保护场所及被保护物的要求，可初步设定泡沫炮的数量、布置位置和规格型号，然后再根据系统周围环境和动力配套等条件进行校核与调整。

    在工程设计中，考虑到室外布置的泡沫炮的射程可能会受到风向、风力等因素的影响，因此，应按产品射程指标值的 90% 折算其设计射程。另外，在工程设计中，由于动力配套能力、管路附件、炮塔高度等各种因素的影响，泡沫炮的实际工作压力有可能不同于产品的额定工作压力，此时泡沫炮的设计流量与实际射程都会相应变化。其中流量变化与压力变化的平方根成正比。

    不同规格的泡沫炮在各种工作压力时的射程的试验数据列表如下：

泡沫炮型号	射程(m)			
	0.6MPa	0.8MPa	1.0MPa	1.2MPa
PP32	39	47	52	59
PP48	55	65	74	81
PP64	58	68	75	83
PP100	—	73	80	88

    由上表可以看出，在泡沫炮规定的工作压力范围内，其射程与压力的平方根呈正比的变化规律。

4.4.2 用于保护室外的、火势蔓延迅速的区域性场所的泡沫炮，需具备足够的灭火流量和射程。流量过小的泡沫炮在室外环境中容易受到风向和风力等因素的影响而降低射程，满足不了灭火和冷却的使用要求。

4.4.3 参照《石油化工企业设计防火规范》第三章和《装卸油品码头设计防火规范》第六章等国家规范相应条文的有关规定。

4.4.4 关于泡沫炮的灭火面积：

    1 甲、乙、丙类液体储罐区的灭火面积应按实际保护储罐中最大一个储罐横截面积计算，但泡沫混合液的供给量按两门泡沫炮计算；

    2 参照《装卸油品码头设计防火规范》的相关规定；

    3 参照《飞机库设计防火规范》的有关规定；

    4 对于生产、使用、储运液化石油气、天然气等其他场所，可以按照国内外有关标准、规范或根据实际情况进行工程设计。

4.4.5 各种泡沫炮对水质都有具体要求，可根据泡沫液的产品质量标准或参阅其产品的使用说明书。

4.4.6 以往在泡沫炮灭火系统的工程设计中，仅根据6%和3%型泡沫液的混合比计算泡沫液的总贮量。6%型泡沫液的实际应用混合比为6%～7%，3%型泡沫液的实际应用混合比为3%～4%。以实际混合比的下限来计算则不能保证泡沫炮系统的灭火连续供给时间，因此，本条规定以实际应用混合比的平均值来计算泡沫液的总贮量则更具有合理性。

本条关于泡沫混合液设计总流量应满足系统中需同时开启的泡沫炮设计流量总和的规定系参照《低倍数泡沫灭火系统设计规范》的有关规定。

考虑到系统中泡沫液贮罐以及混合液输送管线中部分泡沫液不能完全利用，本条规定了泡沫液设计总量应为计算总量的1.2倍，以保证泡沫混合液的连续供给时间。

4.5 干粉炮系统

4.5.1 在工程设计中，考虑到室外布置的干粉炮的射程可能会受到风向、风力等因素的影响，因此应按产品射程指标值的90%折算其设计射程。

4.5.2 本条对固定干粉炮灭火系统的单位面积干粉灭火剂供给量按干粉的种类不同做出了简单的统一规定，具有一定的可行性和可操作性。本条规定系依据我国多年的实践经验，而且该参数系列在国内使用多年，行之有效。

4.5.3 本条规定了干粉炮系统的灭火面积。大部分灭火对象诸如石化生产装置、液化气罐、液化气装卸臂等场所，应以保护对象的迎炮面的外表面积作为灭火面积。干粉炮系统的其他保护对象或场所的灭火面积可按有关的国家标准、规范的规定以及实际情况来确定。

4.5.4 关于干粉的连续供给时间不小于60s的规定系在保证单位面积干粉灭火剂供给量的前提下，为了达到彻底灭火或有效控火的目的，必须保持一定时间的干粉连续喷射。各种规格的干粉炮的喷射时间大体上在20～145s的范围内，为保证固定安装的干粉炮系统能有效扑救其适用的区域性火灾，本条规定不小于60s的干粉连续供给时间较为合理；只要保证干粉的充装量即可行。

4.5.5 关于干粉设计用量：

1 关于干粉计算总量满足规定时间内需要同时开启干粉炮所需干粉总量的要求，且不小于单位面积干粉灭火剂供给量与灭火面积的乘积，干粉设计总量应为计算总量的1.2倍等的规定，是为了保证有足够的干粉灭火剂量和设计裕度，以便快速、有效地灭火，并尽量防止复燃。

2 日本保警安第114号"大型油轮及大型油码头的安全防火对策"第二章"大型液化气船及大型液化气码头的安全防火对策"规定："A.在装油臂附近应设置能喷洒2t以上干粉的灭火设备；B.在液化气船靠近码头前沿进行装卸直到离岸期间，应配备具有能喷洒2t以上干粉的灭火设备的消防船"。目前，我国的大连新港油码头等处已设计、安装了能喷洒2t以上干粉的固定干粉炮灭火系统。

4.5.6 考虑到驱动气体的压力随温度变化的降压幅度以及安全因素，《规范》排除了使用CO_2或燃烧废气作为驱动气体的设计选择，规定仅允许采用N_2。二氧化碳随着温度的变化其压力升降幅度太大，在高温时的高压可能危及设备和人身的安全，在低温的低压则会明显降低干粉的有效喷射率，难以灭火；燃烧废气的产生装置需由干粉炮系统本身携带，而且必须有一个打火、反应、发烟的过程，在有爆炸危险的场所是不合适的。关于N_2质量的规定，是依据《卤代烷1301灭火系统设计规范》GB 50163第4.1.3条的有关规定，美国NFPA17《干粉灭火系统》(2—7.2.3)也有类似规定。

干粉炮的喷射压力主要是为了保证干粉的有效喷射率和射程，最终保证及时灭火。根据国内外干粉炮产品技术参数，干粉炮的喷射压力一般为1.0MPa，只要保证干粉罐的工作压力，并适当限制干粉管道的总长即可满足干粉炮喷射压力的要求。

为保证及时和有效地扑灭较大规模的重点工程和要害场所的区域性火灾，本条推荐采用驱动气体工作压力(常温充N_2)值分别为1.4MPa、1.6MPa和1.8MPa的干粉罐。

4.5.7 鉴于干粉的喷射过程是干粉和氮气混流的气-固两相流动，而且其管道摩擦阻力损失和阀件局部阻力损失的压力降均较大，为了保证干粉炮的炮口处具有足够的喷射压力，应限制干粉炮和干粉罐的间距。根据工程实践经验，在完全涵盖国产干粉炮喷射的范围，并适当留有一定的裕度的基础上，《规范》规定干粉炮的干粉管道总长度不应大于20m，其垂直管段不应大于10m是合理、可行的。

4.5.8 干粉炮系统的气-粉比，亦即干粉的配气量，是依据我国多年的实践经验，考虑到干粉的喷射推进力和清扫管道、干粉筒内残留干粉的需求而确定的。例如，在1000L的干粉罐内充装了1000kg干粉，并配置了8只40L、压力为15MPa的N_2瓶。经计算，其配气量为：

$$\frac{8 \times 40 \times 150}{1000} = 48(L/kg)$$

计算结果接近50L/kg。据此，《规范》关于在短管(<10m)时，配气量为40L/kg；在长管(10～20m)时，配气量为50L/kg的规定，基本合理、可行，符合干粉的喷射要求。

4.6 水力计算

4.6.1 本条规定了固定消防炮灭火系统供水设计总流量(包括泡沫炮、水炮等供水流量)的计算方法，其设计计算的举例如下：

某油品码头可停靠5万t级油轮，油品为甲类，油轮甲板在最高潮位时的高度为20m，油轮的最大宽度为20m，主油舱长×宽为50m×18m，供水管道DN200、长500m；DN150、长70m；泡沫混合液管道DN200、长500m；DN150、长60m。

1 泡沫炮选型计算：
主油舱面积：$50 \times 18 = 900(m^2)$；
选用6%型氟蛋白泡沫灭火剂，灭火强度为8.0(L/min·m²)；
灭火用混合液流量：$900 \times 8/60 = 120(L/s)$；
根据泡沫炮的流量系列，可选120L/s的泡沫炮。

2 炮沫液贮存量计算：
灭火时间为40min，混合比以6.5%计；
灭火用泡沫液量：$40 \times 60 \times 120 \times 6.5\% = 18720(L)$；
管道充满所需泡沫液量：$\pi/4 \times (2^2 \times 5000 + 1.5^2 \times 600) \times 6.5\% = 1089.4(L)$；
泡沫液贮存总量：$(18720 + 1089.4) \times 120\% = 23771.3(L)$。

3 冷却用水量计算：
冷却用水流量：$(3 \times 20 \times 50 - 50 \times 18) \times 2.5/60 = 87.5(L/s)$；
根据水炮的流量系列，应选100L/s的水炮。

4 消防水罐贮水量计算：
设计保护水幕同时开启2组，每组保护水幕喷头5只，每只流量3L/s。
保护水幕流量：$2 \times 5 \times 3 = 30(L/s)$；
泡沫炮系统用水量：$120 \times (100 - 6.5)\% \times 40 \times 60 + \pi/4 \times (2^2 \times 5000 + 1.5^2 \times 600) = 286.04 \times 10^3(L)$。
冷却供水时间以6h计。
水炮和保护水幕用水量：$(100 + 30) \times 6 \times 3600 = 2808 \times 10^3(L)$；
供水管道容积：$\pi/4 \times (2^2 \times 5000 + 1.5^2 \times 700) = 16.93 \times 10^3(L)$；

冷却供水量：$(2808＋16.93)×120\%×10^3＝3389.9×10^3$（L）。

4.6.2 本条给出了系统供水或供泡沫混合液管道总水头损失的计算公式，与我国的其他相关规范一致。

4.6.3 本条给出了系统中消防水泵供水压力的计算公式，与我国的其他相关规范一致。

5 系统组件

5.1 一般规定

5.1.1 固定消防炮灭火系统中采用的消防炮、炮沫比例混合装置、消防泵组等专用系统组件是固定消防炮系统实施区域灭火的主要设备，它们的性能好坏直接关系到灭火的成败。因此，专用系统组件的性能必须通过国家消防装备检测中心检验证明其符合国家产品质量标准。

5.1.2 实践证明，固定消防炮灭火系统的专用系统组件需统一其外表涂色的要求，否则容易和其他工艺设备发生混淆。一旦失火，消防人员的思想和行动都比较紧张，容易造成误操作。根据国内外的消防惯例，本条规定了统一涂色要求。

5.1.3 消防炮等专用系统组件的性能好坏直接关系到灭火的效果和人民生命财产的安全，因此，当其安装在防爆区场所时应满足防爆场所规定的防爆要求。

5.2 消防炮

5.2.1 远控消防炮应能在现场操作，因此需同时具有手动功能。

5.2.2 消防炮的安装多数在室外，受日晒雨淋、有害气体、海水和海风等自然环境的影响，对消防炮的腐蚀非常严重，因此消防炮的制作应采用耐腐蚀材料或进行防腐蚀处理。

5.2.3、5.2.4 根据固定消防炮系统大量的国内外工程应用实践，《规范》对消防炮的俯角和水平回转角做出了适当的合理限制。消防炮的俯角过大有可能使炮塔或平台的护栏过低，甚至无法设置护栏，这种情况就会给安装、操作、维修人员的安全造成威胁。

5.2.5 在人群密集的公共场所一旦发生火灾，直流水射流的冲击

力可能会对人员和设施造成伤害和损失，直流水炮在消防炮位附近也可能形成喷射死角，因此，推荐选用直流、喷雾两用消防水炮。

5.3 泡沫比例混合装置与泡沫液罐

5.3.1 目前国产贮罐压力式泡沫比例混合装置的生产厂家有震旦消防设备总厂、浙江万安达消防器材厂、上海浦东特种消防设备厂等多家，且都通过了国家检测中心检验，在国内大量使用。根据固定消防炮灭火系统的技术特点和控制要求，《规范》推荐采用贮罐压力式泡沫比例混合装置，并根据泡沫比例混合装置生产厂家共同具有的产品性能，规定其应具有在规定的流量范围内自动控制混合比的功能，以便于操作和控制。

5.3.2 泡沫液罐是贮存泡沫液的压力容器，而泡沫液（蛋白、氟蛋白、水成膜、抗溶性泡沫液等）对金属均有不同程度的腐蚀作用，为了延长贮罐的寿命，使泡沫液在短时间内不会变质，故作此条规定。

5.3.3 由于泡沫液罐属压力容器类，所以应设安全阀和检修用的人孔。为了重复使用，还应设排渣孔、进料孔和取样孔。

5.3.4 本条对有、无皮囊的泡沫比例混合装置的单只泡沫液罐的容积均要求不宜大于 $10m^3$，是依据各厂多年生产和各地多项工程的实践经验，为安全、可靠而做出的规定。皮囊的质量直接关系到泡沫液的有效贮时间，对固定泡沫炮灭火系统的各项性能亦有较大的影响，本条对皮囊的强度和耐用性作了规定。对于这些规定，我国的相关产品质量国家标准已有明确规定，而且国内各主要生产厂的产品质量均可达标，并有完善的技术措施予以保证。

5.4 干粉罐与氮气瓶

5.4.1 干粉罐为压力容器，灭火介质为干粉，工作介质是 N_2。当系统工作时，容器会承受较大的气体压力，且各类干粉灭火剂对金属均有一定的腐蚀作用。基于以上原因，作本条规定。干粉罐的设计强度应按现行压力容器国家标准设计、制造，并应保证其在最高使用温度条件下的安全强度。

5.4.2 根据干粉的特点，气粉两相流动规律和现有产品的实际性能参数及我国各厂的实践经验，干粉的松密度通常能保证 1L 干粉罐的容积可充装 1kg 干粉，本条关于干粉充装密度不应大于 1.0 kg/L 的规定是合理、可行的。

5.4.3 因干粉罐属压力容器，需重复使用，加料，检修，故作本条规定。

5.4.4 本条要求使用高压 N_2 瓶组，并要求其与干粉罐分开设置，主要依据如下：

1 可避免干粉长时间受压和结块；

2 可避免干粉罐体长期受压而造成损坏或危害；

3 贮压式干粉罐内可不必留有较大的空间安置 N_2 瓶。

5.4.5 氮气瓶系高压容器，有相应的产品质量国家标准，其制造和使用均应符合国家现行有关标准的规定。

5.5 消防泵组与消防泵站

5.5.1 根据工程实践经验，消防泵宜选用特性曲线平缓的离心泵。因为消防泵的流量在实际工作中有一定的变化，但作为系统的动力要求消防泵的工作压力不能变化太大，所以只有特性曲线平缓的离心泵才能满足要求。若采用特性曲线陡降的离心泵，则其流量变化较大，压力变化亦较大，既不能满足使用要求，又容易损伤其管道及配件。选用特性曲线平缓的离心泵，即使在闷泵的情况下，管路系统的压力也不至于变化过大，亦不会损坏管道及配件。

5.5.2 消防泵出口管上的压力表要指示泵的供水压力，其表盘上的压力显示应留有足够的量程；吸水管上要设真空压力表以指示泵的真空压力。考虑到系统调试的需要，在消防泵出口管上应设置泄压阀和回流管。

5.5.3 为防止杂质堵塞水泵,在吸水口处要设过滤网;为防止水泵汽蚀影响水泵性能,吸水管应有向水泵方向上升的坡度。

5.5.4 带有水箱的引水泵也称水环真空泵,它的作用原理是高速旋转的叶轮将水和气同时排出,排出的水靠自重回流到引水泵继续使用,也就是说水是它的工作介质,因而保证水箱的封存功能并在水箱内充有一定量的水是成功引水的前提条件。

5.5.5 系统联动控制时需要有消防泵出口压力信号,压力信号的取出口直接关系到信号的准确性和是否误操作。实践证明,压力信号取出口设置在水泵出口与单向阀之间是可行、有效的。

5.5.6 为了保证当某一台泵出现故障时系统能正常供水,且供水能力不低于任何单台泵的供水能力,故要求设置备用泵组。

5.5.7 柴油机的工作受温度的影响很大,我国地域辽阔,全国各地一年四季的温差变化很大,为了保证在其使用温度变化范围内柴油机均能正常工作,在设备选型时和工程设计时应满足其温度要求,特别是应满足冬季时最低室温的要求。

5.5.8 在消防泵站内安装的电气设备应采取有效的防潮措施,以防止水和水汽可能对电器设备造成的腐蚀、损坏,避免因电器设备发生故障而影响消防泵等消防动力、控制装置的正常使用。

5.6 阀门和管道

5.6.1 当消防管道上的阀门口径较大,仅靠一个人的力量难以开启或关闭阀门时,不宜选用仅靠手动的阀门。因为一旦发生火灾,消防泵要及时启动,如果消防泵启动起来后,泵出口管道上的阀门不能及时开启,那么,一方面影响出水,拖延扑救时间;另一方面易损坏消防泵,所以在这种情况下宜采用电动或气动或液动且具有手动启闭功能的阀门。阀门应有明显的启闭标志,否则一旦失火,灭火人员的心情必然紧张,容易发生误操作。远控炮系统的阀门应具有远距离控制功能,且启闭快速,密封可靠。

5.6.2 所有的阀门均应保证在任何开度下都能正常工作,因此,设置锁定装置和指示装置是必要的。

5.6.3 干粉管道内是气粉两相流,管道中的阀门要求启闭迅速,球阀是最理想的阀门。阀门通径与管道内径一致是为了减少两相流的阻力损失,防止干粉堵塞。美国标准NFPA17(2—9.1)规定:干粉管道及其管配件应采用钢管或铜管,禁用铸铁管。我国的《灭火手册》介绍:干粉管道上的阀门应采用球阀,并要求阀门的通径与管道内径一致,以防止造成阻粉或堵塞,并保证干粉在管道内的流动畅通无阻。震旦厂的2t干粉罐的出粉管内径为80mm,而其管道上的球阀通径亦为80mm。美国标准NFPA17(2—9.3)规定:干粉管道上的阀门应为快速打开型,以保证干粉无阻力地通过,且规定阀门应避免受到机械、化学或其他损伤。本规范的规定与上述国内外的标准和经验一致。

5.6.4 消防炮系统的管道可采用耐压、耐腐蚀材料制作,也可采用钢管焊接,但应进行防腐蚀处理。

5.6.5 泡沫液和海水对管道具有较强的腐蚀性,使用后应用淡水冲洗;为了保证在供水(液)管路内不滞留空气,故应设自动排气阀。

5.6.6 在泡沫比例混合装置的下游处设置试验接口,主要是方便系统检测和调试,同时也是为了定期校准混合比,以保证其在原设定范围内。

5.7 消防炮塔

5.7.1 消防炮系统的消防炮塔通常设置在室外,易锈蚀,应具有耐腐蚀性能,并能承受自然环境的风力、雨雪等作用,以及消防炮喷射时的反作用力。

消防炮塔是安装消防炮实施高位喷射灭火剂的主要设备之一,其结构设计应满足消防炮的正常操作使用的要求,不得影响消防炮的左右回转或上下俯仰等常规动作。

5.7.2 消防炮塔上所有的供给管道等配套设施均应满足系统设计和使用要求。

5.7.3 室外安装的消防炮塔一般离火场较近,且易受到自然灾害的影响,为了便于操作使用,保证人员安全,应设置避雷装置和防护栏杆,以减少火灾和雷击等对炮塔本身及安装在炮塔上的设备的损害,同时还需设置自身保护的水幕装置。

5.7.4 在通常情况下,消防炮塔为双平台,上平台安装泡沫炮,下平台安装水炮;也有三平台(或多平台)消防炮塔,上平台安装泡沫炮,中平台安装水炮,下平台安装干粉炮。这主要是根据泡沫、水、干粉等不同灭火剂各自的喷射特性以及泡沫炮的炮筒较长等因素决定的。为保证泡沫炮的喷射效果,将其放置在上平台是有利的、必要的。正是由于泡沫炮的炮筒长,其仰角和俯角均较大,安装在层高间隔较小的下层平台有困难,故需安装在最上层平台。

5.8 动 力 源

5.8.1 动力源通常安装在室外现场,受自然环境的影响较大,为了保证消防炮系统的正常使用,要求动力源具有防腐蚀、防雨、密封性能。

5.8.2 因动力源往往离火源较近,其本身及其连接管道(如胶管等)需采取有效防火措施进行防火保护,以保证系统的远控功能。

5.8.3 限制动力源与其控制的消防炮的间距,一方面可保证系统运行的可靠性,另一方面可使动力源的规格不会太大,保证经济合理。

5.8.4 在规定的灭火剂连续供给时间内,动力源应能连续供给动力,满足调试要求和在紧急情况下使用以及远距离联动控制的要求。

6 电 气

6.1 一般规定

6.1.1 可靠的供电是消防炮系统正常工作的重要保证。消防炮系统属消防用电设备,其电负荷等级应按《建筑设计防火规范》、《供配电系统设计规范》等有关标准、规范的规定来划分,并按规定的不同负荷级别要求供电。《建筑设计防火规范》第10.1.3条规定:消防用电设备应采用单独的供电回路,并当发生火灾且已切断生产、生活用电时,应仍能保证消防用电,其配电设备应有明显标志。

6.1.2 消防炮系统不仅应用于火灾危险场所,还大量应用于油码头、气码头、油罐区、飞机库等有爆炸危险性的场所。为了防止电气设备和线路产生电火花而引起燃烧或爆炸事故,系统在该类场所使用时,要求系统的电气设备和安装满足防爆要求,对保证系统的运行安全是十分重要的。本条规定在上述有爆炸危险性的场所设计、使用本系统时,需符合现行国家标准《爆炸和火灾危险性环境电力装置设计规范》的规定。

6.1.3 消防炮系统的电气设备,牵涉的面较广,有低压电机、高压电机、柴油机动力机组等,供电方式有直流供电、交流供电等。为便于系统管理和系统维护,保证系统运行安全,本条规定必须执行国家的有关标准、规范。

6.1.4 系统配电线路的电源线、控制线等,除要求规格合适和连接可靠外,还要考虑发生火灾时系统配电线路的安全,本条规定应采用经阻燃处理的电线、电缆。

6.1.5 本条对消防炮系统的电缆敷设提出了要求,规定其应符合相关的国家标准、规范的要求。

6.1.6 消防炮系统在较多的应用场所需设置消防炮塔,因消防炮塔较高,所以系统需采取有效的防雷措施,以保证系统安全,并避免因雷击而引起人员伤亡和财产损失,这是十分重要的。本条规定系统的防雷设计应执行《建筑物防雷设计规范》。

6.2 控　制

6.2.1、6.2.2 远控炮系统中,消防泵组(包括电动机或柴油机泵组),消防泵进、出水阀门,压力传感器,系统控制阀门,动力源,远控炮等均为被控设备,根据使用要求,被控设备之间存在一定的逻辑关系,若由人工来操作,其操作过程复杂,操作人员的安全会受到一定的威胁,对操作人员的素质要求也较高。发生火灾时,现场操作人员由于心情紧张,容易发生误操作。为使系统具有可靠性高、响应速度快、操作简单、避免发生误操作,采用联动控制方式实行远程控制,既可保证系统开通的可靠性,防止误操作,又可确保操作人员的安全。

联动控制单元操作指示信号的设置,是使操作者能确认其操作的正确与否,同时,还能指示该单元是否被启动。

6.2.3 目前,感温、感烟、火焰探测器、远红外探测器等报警设备已日趋成熟。消防炮系统宜具有与这些设备相容的接口,以便于接收和处理这些设备发出的火警信号,使系统功能得到进一步的增强和完善。

6.2.4 根据《建筑设计防火规范》及国家其他有关标准、规范的规定,消防炮系统应设置备用泵组,备用泵组的设置使系统的可靠性进一步提高。为了使消防炮系统能迅速地喷射灭火剂,扑灭火灾,备用泵组的自投功能是必不可少的,它既能保证系统工作的可靠性,又能缩短启泵时间。

6.2.5 远控炮系统采用无线控制时,应注意以下问题:

1 当火灾产生的大量烟雾遮挡了控制室操作人员的视线时,操作人员可持无线遥控发射器离开控制室,在上风向操作遥控器,上下、左右控制消防炮,使炮口对准火源灭火,根据需要,也可用无线遥控器切换相应的消防炮灭火。

2 当进行无线控制操作时,消防控制室若认为现场操作不准确,有必要纠正消防炮的回转方向或启用其他消防炮时,在消防控制室应能优先对系统进行控制操作。

3 无线遥控的距离太近时,操作人员离火场太近不利于安全;若太远,其发射功率要加大,有可能影响其他通讯设备。根据若干工程的实践经验,操作人员在100m的距离处能清晰瞭望消防炮塔上的消防炮口的移动情况,安全也有保证。目前,小功率的无线遥控器的发射距离,可达到150m的距离。

4 在同一系统中可能使用多台无线遥控器,采用相同频率和安全码的无线遥控器有可能造成设备误动作。

5 闭锁安全电路能判断不合理的动作输出及零部件故障,进而停止内部直流供电及切断外部控制电源,可防止因外部不特定的干扰及内部零部件故障造成设备误动作。

6.3 消防控制室

6.3.1 《建筑设计防火规范》和《人民防空工程设计防火规范》等现行国家标准、规范,对消防控制室的设置范围、建筑结构、耐火等级、设备位置等均已有明确规定。消防控制室应符合上述的国家规范的要求,并能便于直接瞭望各门消防炮的运作情况,使之操作方便。

1 若因地理位置、建筑物遮挡等客观原因,不便瞭望,可采用辅助瞭望设备,如望远镜、摄像系统、监视器等辅助手段,以便观察各门消防炮的动作。

2 消防控制室是消防炮系统扑救火灾时的控制中心和指挥中心,是整个系统能否正常运作的关键部位,因此,应具有良好的自身保护措施,防火、防尘、防水是最基本的要求。

3 控制室不宜过小,否则将影响值班人员的工作和设备维护,过大将造成浪费。本条从合理使用的角度对室内消防控制设备的布置提出了要求,在布置时应合理布置系统设备,并留有必需的维修空间。

6.3.2 消防控制室可对系统的主要设备进行集中控制与联动控制,因此,各种设备的操作信号均需反馈到消防控制室,并在消防控制室的控制盘上显示其动作信号,以方便火灾时的统一指挥,使消防控制室真正起到灭火管理、警卫管理、设备管理、信息管理和灭火控制中心及指挥中心的作用。这样既可方便平时检查设备的运行和系统联动的情况,又能确保发生火灾时在消防控制室内能远程控制操作或自动操作。

中华人民共和国国家标准

干粉灭火系统设计规范

GB 50347—2004

Code of design for powder
extinguishing systems

主编部门：中华人民共和国公安部
批准部门：中华人民共和国建设部
施行日期：2 0 0 4 年 1 1 月 1 日

中华人民共和国建设部公告

第 266 号

建设部关于发布国家标准
《干粉灭火系统设计规范》的公告

　　现批准《干粉灭火系统设计规范》为国家标准，编号为
GB 50347—2004，自 2004 年 11 月 1 日起实施。其中，第 1.0.5、
3.1.2(1)、3.1.3、3.1.4、3.2.3、3.3.2、3.4.3、5.1.1(1)、
5.2.6、5.3.1(7)、7.0.2、7.0.3、7.0.7 条(款)为强制性条文，
必须严格执行。
　　本规范由建设部标准定额研究所组织中国计划出版社出版发
行。

中华人民共和国建设部
二〇〇四年九月二日

前　　言

根据建设部建标[1999]308号文《关于印发"一九九九年工程建设国家标准制定、修订计划"的通知》要求,本规范由公安部负责主编,具体由公安部天津消防研究所会同吉林省公安消防总队、云南省公安消防总队、东北大学、深圳市公安消防支队、广东胜捷消防设备有限公司、杭州新纪元消防科技有限公司、陕西消防工程公司、吉林化学工业公司设计院等单位共同编制完成。

在编制过程中,编制组遵照国家有关基本建设的方针政策,以及"预防为主、防消结合"的消防工作方针,对我国干粉灭火系统的研究、设计、生产和使用情况进行了调查研究,在总结已有科研成果和工程实践经验的基础上,参考了欧洲及英国、德国、日本、美国等发达国家的相关标准,经广泛地征求有关专家、消防监督部门、设计和科研单位、大专院校等的意见,最后经专家审查定稿。

本规范共分七章和两个附录,内容包括:总则、术语和符号、系统设计、管网计算、系统组件、控制与操作、安全要求等。其中黑粗体字为强制性条文。

本规范由建设部负责管理和对强制性条文的解释,公安部负责具体管理,公安部天津消防研究所负责具体技术内容的解释。请各单位在执行本规范过程中,注意总结经验、积累资料,并及时把意见和有关资料寄规范管理组——公安部天津消防研究所(地址:天津市南开区卫津南路110号,邮编300381),以供今后修订时参考。

本规范主编单位、参编单位和主要起草人名单:

主 编 单 位:公安部天津消防研究所

参 编 单 位:吉林省公安消防总队

云南省公安消防总队

东北大学

深圳市公安消防支队

广东胜捷消防设备有限公司

杭州新纪元消防科技有限公司

陕西消防工程公司

吉林化学工业公司设计院

主要起草人:东靖飞　宋旭东　魏德洲　郑　智　罗兴康

刘跃红　李深梁　何文辉　伍建许　丁国臣

戴殿峰　石秀芝　杨丙杰　沈　纹　王宝伟

目　　次

1 总 则

1.0.1 为合理设计干粉灭火系统,减少火灾危害,保护人身和财产安全,制定本规范。

1.0.2 本规范适用于新建、扩建、改建工程中设置的干粉灭火系统的设计。

1.0.3 干粉灭火系统的设计,应积极采用新技术、新工艺、新设备,做到安全适用,技术先进,经济合理。

1.0.4 干粉灭火系统可用于扑救下列火灾:

　　1 灭火前可切断气源的气体火灾。

　　2 易燃、可燃液体和可熔化固体火灾。

　　3 可燃固体表面火灾。

　　4 带电设备火灾。

1.0.5 干粉灭火系统不得用于扑救下列物质的火灾:

　　1 硝化纤维、炸药等无空气仍能迅速氧化的化学物质与强氧化剂。

　　2 钾、钠、镁、钛、锆等活泼金属及其氢化物。

1.0.6 干粉灭火系统的设计,除应符合本规范的规定外,尚应符合国家现行的有关强制性标准的规定。

2 术语和符号

2.1 术 语

2.1.1 干粉灭火系统　powder extinguishing system

　　由干粉供应源通过输送管道连接到固定的喷嘴上,通过喷嘴喷放干粉的灭火系统。

2.1.2 全淹没灭火系统　total flooding extinguishing system

　　在规定的时间内,向防护区喷射一定浓度的干粉,并使其均匀地充满整个防护区的灭火系统。

2.1.3 局部应用灭火系统　local application extinguishing system

　　主要由一个适当的灭火剂供应源组成,它能将灭火剂直接喷放到着火物上或认为危险的区域。

2.1.4 防护区　protected area

　　满足全淹没灭火系统要求的有限封闭空间。

2.1.5 组合分配系统　combined distribution systems

　　用一套灭火剂贮存装置,保护两个及以上防护区或保护对象的灭火系统。

2.1.6 单元独立系统　unit independent system

　　用一套干粉储存装置保护一个防护区或保护对象的灭火系统。

2.1.7 预制灭火装置　prefabricated extinguishing equipment

　　按一定的应用条件,将灭火剂储存装置和喷嘴等部件预先组装起来的成套灭火装置。

2.1.8 均衡系统　balanced system

　　装有两个及以上喷嘴,且管网的每一个节点处灭火剂流量均被等分的灭火系统。

2.1.9 非均衡系统　unbalanced system

装有两个及以上喷嘴,且管网的一个或多个节点处灭火剂流量不等分的灭火系统。

2.1.10 干粉储存容器　powder storage container

　　储存干粉灭火剂的耐压不可燃容器,也称干粉储罐。

2.1.11 驱动气体　expellant gas

　　输送干粉灭火剂的气体,也称载气。

2.1.12 驱动气体储瓶　expellant gas storage cylinder

　　储存驱动气体的高压钢瓶。

2.1.13 驱动压力　expellant pressure

　　输送干粉灭火剂的驱动气体压力。

2.1.14 驱动气体系数　expellant gas factor

　　在干粉-驱动气体二相流中,气体与干粉的质量比,也称气固比。

2.1.15 增压时间　pressurization time

　　干粉储存容器中,从干粉受驱动至干粉储存容器开始释放的时间。

2.1.16 装量系数　loading factor

　　干粉储存容器中干粉的体积(按松密度计算值)与该容器容积之比。

2.2 符 号

2.2.1 几何参数符号

　　A_{oi}——不能自动关闭的防护区开口面积;

　　A_p——在假定封闭罩中存在的实体墙等实际围封面积;

　　A_t——假定封闭罩的侧面围封面面积;

　　A_V——防护区的内侧面、底面、顶面(包括其中开口)的总内表面积;

　　A_X——泄压口面积;

　　d——管道内径;

　　F——喷头孔口面积;

　　L——管段计算长度;

　　L_J——管道附件的当量长度;

　　L_{max}——对称管段计算长度最大值;

　　L_{min}——对称管段计算长度最小值;

　　L_Y——管段几何长度;

　　N——喷头数量;

　　n——安装在计算管段下游的喷头数量;

　　N_P——驱动气体储瓶数量;

　　S——均衡系统的结构对称度;

　　V——防护区净容积;

　　V_0——驱动气体储瓶容积;

　　V_c——干粉储存容器容积;

　　V_D——整个管网系统的管道容积;

　　V_g——防护区内不燃烧体和难燃烧体的总体积;

　　V_1——保护对象的计算体积;

　　V_V——防护区容积;

　　V_z——不能切断的通风系统的附加体积;

　　γ——流体流向与水平面所成的角;

　　Δ——管道内壁绝对粗糙度;

　　κ——泄压口缩流系数。

2.2.2 物理参数符号

　　g——重力加速度;

　　K——干粉储存容器的装量系数;

　　K_1——灭火设计浓度;

　　K_{oi}——开口补偿系数;

　　m——干粉设计用量;

　　m_c——干粉储存量;

　　m_g——驱动气体设计用量;

m_{gc}——驱动气体储存量;

m_{gr}——管网内驱动气体残余量;

m_{gs}——干粉储存容器内驱动气体剩余量;

m_r——管网内干粉残余量;

m_s——干粉储存容器内干粉剩余量;

p_0——管网起点压力;

p_b——高程校正后管段首端压力;

p_b'——高程校正前管段首端压力;

p_c——非液化驱动气体充装压力;

p_e——管段末端压力;

p_P——管段中的平均压力;

p_x——防护区围护结构的允许压力;

Q——管道中的干粉输送速率;

Q_0——干管的干粉输送速率;

Q_b——支管的干粉输送速率;

Q_i——单个喷头的干粉输送速率;

Q_t——通风流量;

q_0——在一定压力下,单位孔口面积的干粉输送速率;

q_V——单位体积的喷射速率;

t——干粉喷射时间;

ν_H——气固二相流比容;

ν_X——泄放混合物比容;

α——液化驱动气体充装系数;

$\Delta p/L$——管段单位长度上的压力损失;

δ——相对误差;

λ_q——驱动气体摩擦阻力系数;

μ——驱动气体系数;

ρ_f——干粉灭火剂松密度;

ρ_H——干粉-驱动气体二相流密度;

ρ_Q——管道内驱动气体密度;

ρ_q——在 p_x 压力下驱动气体密度;

ρ_{q0}——常态下驱动气体密度。

3 系统设计

3.1 一般规定

3.1.1 干粉灭火系统按应用方式可分为全淹没灭火系统和局部应用灭火系统。扑救封闭空间内的火灾应采用全淹没灭火系统;扑救具体保护对象的火灾应采用局部应用灭火系统。

3.1.2 采用全淹没灭火系统的防护区,应符合下列规定:

1 喷放干粉时不能自动关闭的防护区开口,其总面积不应大于该防护区总内表面积的15%,且开口不应设在底面。

2 防护区的围护结构及门、窗的耐火极限不应小于 0.50h,吊顶的耐火极限不应小于 0.25h;围护结构及门、窗的允许压力不宜小于1200Pa。

3.1.3 采用局部应用灭火系统的保护对象,应符合下列规定:

1 保护对象周围的空气流动速度不应大于2m/s。必要时,应采取挡风措施。

2 在喷头和保护对象之间,喷头喷射角范围内不应有遮挡物。

3 当保护对象为可燃液体时,液面至容器缘口的距离不得小于150mm。

3.1.4 当防护区或保护对象有可燃气体、易燃、可燃液体供应源时,启动干粉灭火系统之前或同时,必须切断气体、液体的供应源。

3.1.5 可燃气体、易燃、可燃液体和可熔化固体火灾宜采用碳酸氢钠干粉灭火剂;可燃固体表面火灾应采用磷酸铵盐干粉灭火剂。

3.1.6 组合分配系统的灭火剂储存量不应小于所需储存量最多的一个防护区或保护对象的储存量。

3.1.7 组合分配系统保护的防护区与保护对象之和不得超过8个。当防护区与保护对象之和超过5个时,或者在喷放后48h内不能恢复到正常工作状态时,灭火剂应有备用量。备用量不应小于系统设计的储存量。

备用干粉储存容器应与系统管网相连,并能与主用干粉储存容器切换使用。

3.2 全淹没灭火系统

3.2.1 全淹没灭火系统的灭火剂设计浓度不得小于 0.65kg/m³。

3.2.2 灭火剂设计用量应按下列公式计算:

$$m = K_1 \times V + \sum (K_{oi} \times A_{oi}) \quad (3.2.2\text{-}1)$$

$$V = V_V - V_g + V_z \quad (3.2.2\text{-}2)$$

$$V_z = Q_z \times t \quad (3.2.2\text{-}3)$$

$$K_{oi} = 0 \qquad A_{oi} < 1\% A_V \quad (3.2.2\text{-}4)$$

$$K_{oi} = 2.5 \qquad 1\% A_V \leqslant A_{oi} < 5\% A_V \quad (3.2.2\text{-}5)$$

$$K_{oi} = 5 \qquad 5\% A_V \leqslant A_{oi} < 15\% A_V \quad (3.2.2\text{-}6)$$

式中 m——干粉设计用量(kg);

K_1——灭火剂设计浓度(kg/m³);

V——防护区净容积(m³);

K_{oi}——开口补偿系数(kg/m²);

A_{oi}——不能自动关闭的防护区开口面积(m²);

V_V——防护区容积(m³);

V_g——防护区内不燃烧体和难燃烧体的总体积(m³);

V_z——不能切断的通风系统的附加体积(m³);

Q_z——通风流量(m³/s);

t——干粉喷射时间(s);

A_V——防护区的内侧面、底面、顶面(包括其中开口)的总内表面积(m²)。

3.2.3 全淹没灭火系统的干粉喷射时间不应大于30s。

3.2.4 全淹没灭火系统喷头布置,应使防护区内灭火剂分布均匀。

3.2.5 防护区应设泄压口,并宜设在外墙上,其高度应大于防护区净高的 2/3。泄压口的面积可按下列公式计算：

$$A_X = \frac{Q_0 \times \nu_H}{\kappa \sqrt{2p_X \times \nu_X}} \quad (3.2.5\text{-}1)$$

$$\nu_H = \frac{\rho_q + 2.5\mu \times \rho_f}{2.5\rho_f(1+\mu)\rho_q} \quad (3.2.5\text{-}2)$$

$$\rho_q = (10^{-5}p_X + 1)\rho_{q0} \quad (3.2.5\text{-}3)$$

$$\nu_X = \frac{2.5\rho_f \times \rho_{q0} + K_1(10^{-5}p_X + 1)\rho_{q0} + 2.5K_1 \times \mu \times \rho_f}{2.5\rho_f(10^{-5}p_X + 1)\rho_{q0}(1.205 + K_1 + K_1 \times \mu)} \quad (3.2.5\text{-}4)$$

式中 A_X——泄压口面积（m²）；
Q_0——干管的干粉输送速率（kg/s）；
ν_H——气固二相流比容（m³/kg）；
κ——泄压口缩流系数；取 0.6；
p_X——防护区围护结构的允许压力（Pa）；
ν_X——泄放混合物比容（m³/kg）；
ρ_q——在 p_X 压力下驱动气体密度（kg/m³）；
μ——驱动气体系数；按产品样本取值；
ρ_f——干粉灭火剂松密度（kg/m³）；按产品样本取值；
ρ_{q0}——常态下驱动气体密度（kg/m³）。

3.3 局部应用灭火系统

3.3.1 局部应用灭火系统的设计可采用面积法或体积法。当保护对象的着火部位是平面时，宜采用面积法；当采用面积法不能做到使所有表面被完全覆盖时，应采用体积法。

3.3.2 室内局部应用灭火系统的干粉喷射时间不应小于30s；室外或有复燃危险的室内局部应用灭火系统的干粉喷射时间不应小于60s。

3.3.3 当采用面积法设计时，应符合下列规定：

1 保护对象计算面积应取被保护表面的垂直投影面积。

2 架空型喷头应以喷头的出口至保护对象表面的距离确定其干粉输送速率和相应保护面积；槽边型喷头保护面积应由设计选定的干粉输送速率确定。

3 干粉设计用量应按下列公式计算：

$$m = N \times Q_i \times t \quad (3.3.3)$$

式中 N——喷头数量；
Q_i——单个喷头的干粉输送速率（kg/s）；按产品样本取值。

4 喷头的布置应使喷射的干粉完全覆盖保护对象。

3.3.4 当采用体积法设计时，应符合下列规定：

1 保护对象的计算体积应采用假定的封闭罩的体积。封闭罩的底应是实际底面；封闭罩的侧面及顶部当无实际围护结构时，它们至保护对象外缘的距离不应小于 1.5m。

2 干粉设计用量应按下列公式计算：

$$m = V_1 \times q_v \times t \quad (3.3.4\text{-}1)$$

$$q_v = 0.04 - 0.006 A_p/A_t \quad (3.3.4\text{-}2)$$

式中 V_1——保护对象的计算体积（m³）；
q_v——单位体积的喷射速率（kg/s/m³）；
A_p——在假定封闭罩中存在的实体墙等实际围封面积（m²）；
A_t——假定封闭罩的侧面围封面积（m²）。

3 喷头的布置使喷射的干粉完全覆盖保护对象，并应满足单位体积的喷射速率和设计用量的要求。

3.4 预制灭火装置

3.4.1 预制灭火装置应符合下列规定：

1 灭火剂储存量不得大于 150kg。

2 管道长度不得大于 20m。

3 工作压力不得大于 2.5MPa。

3.4.2 一个防护区或保护对象宜用一套预制灭火装置保护。

3.4.3 一个防护区或保护对象所用预制灭火装置最多不得超过4套，并应同时启动，其动作响应时间差不得大于2s。

4 管网计算

4.0.1 管网起点（干粉储存容器输出容器阀出口）压力不应大于 2.5MPa；管网最不利点喷头工作压力不应小于 0.1MPa。

4.0.2 管网中干管的干粉输送速率应按下列公式计算：

$$Q_0 = m/t \quad (4.0.2)$$

4.0.3 管网中支管的干粉输送速率应按下列公式计算：

$$Q_b = n \times Q_i \quad (4.0.3)$$

式中 Q_b——支管的干粉输送速率（kg/s）；
n——安装在计算管段下游的喷头数量。

4.0.4 管道内径宜按下列公式计算：

$$d \leqslant 22\sqrt{Q} \quad (4.0.4)$$

式中 d——管道内径（mm）；宜按附录 A 表 A-1 取值；
Q——管道中的干粉输送速率（kg/s）。

4.0.5 管段的计算长度应按下列公式计算：

$$L = L_Y + \sum L_J \quad (4.0.5\text{-}1)$$

$$L_J = f(d) \quad (4.0.5\text{-}2)$$

式中 L——管段计算长度（m）；
L_Y——管段几何长度（m）；
L_J——管道附件的当量长度（m）；可按附录 A 表 A-2 取值。

4.0.6 管网宜设计成均衡系统，均衡系统的结构对称度应满足下列公式要求：

$$S = \frac{L_{max} - L_{min}}{L_{min}} \leqslant 5\% \quad (4.0.6)$$

式中 S——均衡系统的结构对称度；
L_{max}——对称管段计算长度最大值（m）；
L_{min}——对称管段计算长度最小值（m）。

4.0.7 管网中各管段单位长度上的压力损失可按下列公式估算：

$$\Delta p/L = \frac{8 \times 10^9}{\rho_{q0}(10p_e + 1)d} \times \left(\frac{\mu \times Q}{\pi \times d^2}\right)^2 \times \left\{\lambda_q + \frac{7 \times 10^{-12.5}g^{0.7} \times d^{3.5}}{\mu^{2.4}} \times \left[\frac{\pi(10p_e + 1)\rho_{q0}}{4Q}\right]^{1.4}\right\} \quad (4.0.7\text{-}1)$$

$$\lambda_q = \left(1.14 - 2\lg\frac{\Delta}{d}\right)^{-2} \quad (4.0.7\text{-}2)$$

式中 $\Delta p/L$——管段单位长度上的压力损失（MPa/m）；
p_e——管段末端压力（MPa）；
λ_q——驱动气体摩擦阻力系数；
g——重力加速度（m/s²）；取 9.81；
Δ——管道内壁绝对粗糙度（mm）。

4.0.8 高程校正前管段首端压力可按下列公式估算：

$$p_b' = p_e + (\Delta p/L)_i \times L_i \quad (4.0.8)$$

式中 p_b'——高程校正前管段首端压力（MPa）。

4.0.9 用管段中的平均压力代替公式 4.0.7-1 中的管段末端压力，再次求取新的高程校正前的管段首端压力，两次计算结果应满足下列公式要求，否则应继续用新的管段平均压力代替公式 4.0.7-1 中的管段末端压力，再次演算，直至满足下列公式要求。

$$p_P = (p_e + p_b')/2 \quad (4.0.9\text{-}1)$$

$$\delta = |p_b'(i) - p_b'(i+1)|/\min\{p_b'(i), p_b'(i+1)\} \leqslant 1\% \quad (4.0.9\text{-}2)$$

式中 p_P——管段中的平均压力（MPa）；
δ——相对误差；
i——计算次序。

4.0.10 高程校正后管段首端压力可按下列公式计算：

$$p_b = p_b' + 9.81 \times 10^{-6}\rho_H \times L_Y \times \sin\gamma \quad (4.0.10\text{-}1)$$

$$\rho_H = \frac{2.5\rho_f(1+\mu)\rho_Q}{2.5\mu \times \rho_f + \rho_Q} \qquad (4.0.10-2)$$

$$\rho_Q = (10p_P+1)\rho_{q0} \qquad (4.0.10-3)$$

式中 p_b——高程校正后管段首端压力(MPa);

ρ_H——干粉-驱动气体二相流密度(kg/m^3);

γ——流体流向与水平面所成的角(°);

ρ_Q——管道内驱动气体的密度(kg/m^3)。

4.0.11 喷头孔口面积应按下列公式计算:

$$F = Q_i/q_0 \qquad (4.0.11)$$

式中 F——喷头孔口面积(mm^2);

q_0——在一定压力下,单位孔口面积的干粉输送速率($kg/s/mm^2$)。

4.0.12 干粉储存量可按下列公式计算:

$$m_c = m + m_s + m_r \qquad (4.0.12-1)$$

$$m_r = V_D(10p_P+1)\rho_{q0}/\mu \qquad (4.0.12-2)$$

式中 m_c——干粉储存量(kg);

m_s——干粉储存容器内干粉剩余量(kg);

m_r——管网内干粉残余量(kg);

V_D——整个管网系统的管道容积(m^3)。

4.0.13 干粉储存容器容积可按下列公式计算:

$$V_c = \frac{m_c}{K \times \rho_f} \qquad (4.0.13)$$

式中 V_c——干粉储存容器容积(m^3),取系列值;

K——干粉储存容器的装量系数。

4.0.14 驱动气体储存量可按下列公式计算:

1 非液化驱动气体

$$m_{gc} = N_P \times V_0(10p_c+1)\rho_{q0} \qquad (4.0.14-1)$$

$$N_P = \frac{m_g + m_{gs} + m_{gr}}{10V_0(p_c-p_0)\rho_{q0}} \qquad (4.0.14-2)$$

2 液化驱动气体

$$m_{gc} = \alpha \times V_0 \times N_P \qquad (4.0.14-3)$$

$$N_P = \frac{m_g + m_{gs} + m_{gr}}{V_0[\alpha - \rho_{q0}(10p_0+1)]} \qquad (4.0.14-4)$$

$$m_g = \mu \times m \qquad (4.0.14-5)$$

$$m_{gs} = V_c(10p_0+1)\rho_{q0} \qquad (4.0.14-6)$$

$$m_{gr} = V_D(10p_P+1)\rho_{q0} \qquad (4.0.14-7)$$

式中 m_{gc}——驱动气体储存量(kg);

N_P——驱动气体储瓶数量;

V_0——驱动气体储瓶容积(m^3);

p_c——非液化驱动气体充装压力(MPa);

p_0——管网起点压力(MPa);

m_g——驱动气体设计用量(kg);

m_{gs}——干粉储存容器内驱动气体剩余量(kg);

m_{gr}——管网内驱动气体残余量(kg);

α——液化驱动气体充装系数(kg/m^3)。

4.0.15 清扫管网内残存干粉所需清扫气体量,可按 10 倍管网内驱动气体残余量选取;瓶装清扫气体应单独储存;清扫工作应在 48h 内完成。

5 系统组件

5.1 储存装置

5.1.1 储存装置宜由干粉储存容器、容器阀、安全泄压装置、驱动气体储瓶、瓶头阀、集箱管、减压阀、压力报警及控制装置等组成。并应符合下列规定:

1 干粉储存容器应符合国家现行标准《压力容器安全技术监察规程》的规定;驱动气体储瓶及其充装系数应符合国家现行标准《气瓶安全监察规程》的规定。

2 干粉储存容器设计压力可取 1.6MPa 或 2.5MPa 压力级;其干粉灭火剂的装量系数不应大于 0.85;其增压时间不应大于 30s。

3 安全泄压装置的动作压力及额定排放量应按现行国家标准《干粉灭火系统部件通用技术条件》GB 16668 执行。

4 干粉储存容器应满足驱动气体系数、干粉储存量、输出容器阀出口干粉输送速率和压力的要求。

5.1.2 驱动气体应选用惰性气体,宜选用氮气;二氧化碳含水率不应大于 0.015%(m/m),其他气体含水率不得大于 0.006%(m/m);驱动压力不得大于干粉储存容器的最高工作压力。

5.1.3 储存装置的布置应方便检查和维护,并宜避免阳光直射。其环境温度应为 -20～50℃。

5.1.4 储存装置宜设在专用的储存装置间内。专用储存装置间的设置应符合下列规定:

1 应靠近防护区,出口应直接通向室外或疏散通道。

2 耐火等级不应低于二级。

3 宜保持干燥和良好通风,并应设应急照明。

5.1.5 当采取防湿、防冻、防火等措施后,局部应用灭火系统的储存装置可设置在固定的安全围栏内。

5.2 选择阀和喷头

5.2.1 在组合分配系统中,每个防护区或保护对象应设一个选择阀。选择阀的位置宜靠近干粉储存容器,并便于手动操作,方便检查和维护。选择阀上应设有标明防护区的永久性铭牌。

5.2.2 选择阀应采用快开型阀门,其公称直径应与连接管道的公称直径相等。

5.2.3 选择阀可采用电动、气动或液动驱动方式,并应有机械应急操作方式。阀的公称压力不应小于干粉储存容器的设计压力。

5.2.4 系统启动时,选择阀应在输出容器阀动作之前打开。

5.2.5 喷头应有防止灰尘或异物堵塞喷孔的防护装置,防护装置在灭火剂喷放时应能被自动吹掉或打开。

5.2.6 喷头的单孔直径不得小于 6mm。

5.3 管道及附件

5.3.1 管道及附件应能承受最高环境温度下工作压力,并应符合下列规定:

1 管道应采用无缝钢管,其质量应符合现行国家标准《输送流体用无缝钢管》GB/T 8163 的规定;管道规格宜按附录 A 表A-1 取值。管道及附件应进行内外表面防腐处理,并宜采用符合环保要求的防腐方式。

2 对防腐层有腐蚀的环境,管道及附件可采用不锈钢、铜管或其他耐腐蚀的不燃材料。

3 输送启动气体的管道,宜采用铜管,其质量应符合现行国家标准《拉制铜管》GB 1527 的规定。

4 管网应留有吹扫口。

5 管道变径时应使用异径管。

6 干管转弯处不应紧接支管；管道转弯处应符合附录 B 的规定。

7 管道分支不应使用四通管件。

8 管道转弯时宜选用弯管。

9 管道附件应通过国家法定检测机构的检验认可。

5.3.2 管道可采用螺纹连接、沟槽(卡箍)连接、法兰连接或焊接。公称直径等于或小于 80mm 的管道，宜采用螺纹连接；公称直径大于 80mm 的管道，宜采用沟槽(卡箍)或法兰连接。

5.3.3 管网中阀门之间的封闭管段应设置泄压装置，其泄压动作压力取工作压力的(115±5)％。

5.3.4 在通向防护区或保护对象的灭火系统主管道上，应设置压力信号器或流量信号器。

5.3.5 管道应设置固定支、吊架，其间距可按附录 A 表 A-3 取值。可能产生爆炸的场所，管网宜吊挂安装并采取防晃措施。

6 控制与操作

6.0.1 干粉灭火系统应设有自动控制、手动控制和机械应急操作三种启动方式。当局部应用灭火系统用于经常有人的保护场所时可不设自动控制启动方式。

6.0.2 设有火灾自动报警系统时，灭火系统的自动控制应在收到两个独立火灾探测信号后才能启动，并应延迟喷放，延迟时间不应大于 30s，且不得小于干粉储存容器的增压时间。

6.0.3 全淹没灭火系统的手动启动装置应设置在防护区外邻近出口或疏散通道便于操作的地方；局部应用灭火系统的手动启动装置应设在保护对象附近的安全位置。手动启动装置的安装高度宜使其中心位置距地面 1.5m。所有手动启动装置都应明显地标示出其对应的防护区或保护对象的名称。

6.0.4 在紧靠手动启动装置的部位应设置手动紧急停止装置，其安装高度应与手动启动装置相同。手动紧急停止装置应确保灭火系统能在启动后和喷放灭火剂前的延迟阶段中止。在使用手动紧急停止装置后，应保证手动启动装置可以再次启动。

6.0.5 干粉灭火系统的电源与自动控制应符合现行国家标准《火灾自动报警系统设计规范》GB 50116 的有关规定。当采用气动动力源时，应保证系统操作与控制所需要的气体压力和用气量。

6.0.6 预制灭火装置可不设机械应急操作启动方式。

7 安全要求

7.0.1 防护区内及入口处应设火灾声光警报器，防护区入口处应设置干粉灭火剂喷放指示门灯及干粉灭火系统永久性标志牌。

7.0.2 防护区的走道和出口，必须保证人员能在 30s 内安全疏散。

7.0.3 防护区的门应向疏散方向开启，并应能自动关闭，在任何情况下均应能在防护区内打开。

7.0.4 防护区入口处应装设自动、手动转换开关。转换开关安装高度宜使中心位置距地面 1.5m。

7.0.5 地下防护区和无窗或设固定窗扇的地上防护区，应设置独立的机械排风装置，排风口应通向室外。

7.0.6 局部应用灭火系统，应设置火灾声光警报器。

7.0.7 当系统管道设置在有爆炸危险的场所时，管网等金属件应设防静电接地，防静电接地设计应符合国家现行有关标准规定。

附录 A 管道规格及支、吊架间距

表 A-1 干粉灭火系统管道规格

公称直径		封闭段管道	开口端管道	
DN (mm)	G (in)	d (mm)	外径×壁厚 (mm×mm)	d (mm)
15	1/2	14	D22×4	D22×3	16
20	3/4	19	D27×4	D27×3	21
25	1	25	D34×4.5	D34×3.5	27
32	1¼	32	D42×5	D42×3.5	35
40	1½	38	D48×5	D48×3.5	41
50	2	49	D60×5.5	D60×4	52
65	2½	69	D76×7	D76×5	66
80	3	74	D89×7.5	D89×5.5	78
100	4	97	D114×8.5	D114×6	102

表 A-2 管道附件当量长度(m)(参考值)

DN (mm)	15	20	25	32	40	50	65	80	100
弯头	7.1	5.3	4.2	3.2	2.8	2.2	1.7	1.4	1.1
三通	21.4	16.0	12.5	9.7	8.3	6.5	5.1	4.3	3.3

表 A-3 管道支、吊架最大间距

公称直径 (mm)	15	20	25	32	40	50	65	80	100
最大间距 (m)	1.5	1.8	2.1	2.4	2.7	3.0	3.4	3.7	4.3

附录 B 管网分支结构

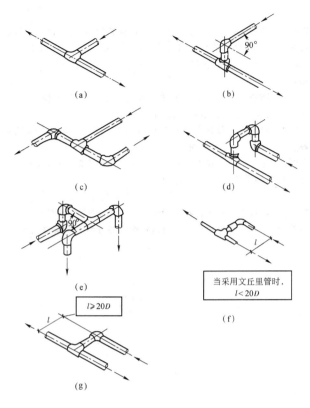

图 B 管网分支结构图

中华人民共和国国家标准

干粉灭火系统设计规范

GB 50347—2004

条文说明

1 总 则

1.0.1 本条提出了编制本规范的目的。

干粉灭火剂的主要灭火机理是阻断燃烧链式反应，即化学抑制作用。同时，干粉灭火剂的基料在火焰的高温作用下将会发生一系列的分解反应，这些反应都是吸热反应，可吸收火焰的部分热量。而这些分解反应产生的一些非活性气体如二氧化碳、水蒸汽等，对燃烧的氧浓度也具稀释作用。干粉灭火剂具有灭火效率高、灭火速度快、绝缘性能好、腐蚀性小，不会对生态环境产生危害等一系列优点。

干粉灭火系统是传统的四大固定式灭火系统（水、气体、泡沫、干粉）之一，应用广泛。受到了各工业发达国家的重视，如美国、日本、德国、英国都相继制定了干粉灭火系统规范。近年来，由于卤代烷对大气臭氧层的破坏作用，消防界正在探索卤代烷灭火系统的替代技术，而干粉灭火系统正是应用较成熟的该类技术之一。《中国消耗臭氧层物质逐步淘汰国家方案》已将干粉灭火系统的应用技术列为卤代烷系统替代技术的重要组成部分。

本规范的制定，为干粉灭火系统的设计提供了技术依据，将对干粉灭火系统的应用起到良好的推动作用。

1.0.2 本条规定了本规范的适用范围，即适用于新建、扩建、改建工程中设置的干粉灭火系统的设计；目前，更多用于生产或储存场所。

1.0.3 本条规定结合我国国情，规定了干粉灭火系统设计中应遵循的一般原则。

目前，由于我国干粉灭火系统主要用于重点要害部位的保护，而干粉灭火系统工程设计涉及面较广，因此，在设计时应推荐采用新技术、新工艺、新设备。同时，干粉灭火系统的设计应正确处理好以下两点：

首先设计人员应根据整个工程特点、防火要求和各种消防设施的配置情况，制定合理的设计方案，正确处理局部与全局的关系。虽然干粉灭火系统是重要的灭火设施，但是，不是采用了这种灭火手段后，就不必考虑其他辅助手段。例如易燃可燃液体储罐发生火灾，在采用干粉灭火系统扑救火灾的同时，消防冷却水也是不可少的。

其次，在防护区的设置上，应正确确定防护区的位置和划分防护区的范围。根据防护区的大小、形状、开口、通风和防护区内可燃物品的性质、数量、分布，以及可能发生的火灾类型、火源、起火部位等情况，合理选择和布置系统部件，合理选择系统操作控制方式。

1.0.4 本条规定了干粉灭火系统可用于扑救的火灾类型，即可用于扑救可燃气体、可燃液体火灾和可燃固体的表面火灾及带电设备的火灾。

灭火试验的结果表明，采用干粉灭火剂扑灭上述物质火灾迅速而有效。在我国相关规范中，如现行国家标准《石油化工企业设计防火规范》GB 50160—92，对干粉灭火系统的应用都作了相应规定。

1.0.5 同其他灭火剂一样，普通干粉灭火剂扑救的火灾类型也有局限性。也就是说普通干粉灭火剂对有些物质的火灾不起灭火作用。

普通干粉灭火剂不能扑救的火灾主要包括两大类。第一类是本身含有氧原子的强氧化剂，这些氧原子可以供燃烧之用，在具备燃烧的条件下与可燃物氧化结合成新的分子，反应激烈，干粉灭火剂的分子不能很快渗入其内起化学反应。这类物质主要包括硝化纤维、炸药等。第二类主要是化学性质活泼的金属和金属氢化物，如钾、钠、镁、钛、锆等。这类物质的火灾不能用普通干粉灭火剂来扑救。对于活泼金属火灾目前采用的灭火剂通常为干砂、石墨、氯化钠等特种干粉灭火剂。而特种干粉灭火剂目前工程设计数据不足。因此，本规范不涉及此类干粉灭火系统。

1.0.6 本条规定中所指的国家现行的有关强制性标准，除本规范中已指明的外，还包括以下几个方面的标准：

1 防火基础标准中与之有关的安全基础标准。

2 有关的工业与民用建筑防火规范。

3 有关的火灾自动报警系统标准、规范。

4 有关干粉灭火系统部件、灭火剂标准。

5 其他有关标准。

3 系统设计

3.1 一般规定

3.1.1 本条包含两部分内容，一是规定了干粉灭火系统按应用方式分两种类型，即全淹没灭火系统和局部应用灭火系统。国外标准也是这样进行分类，如日本消防法施行令第18条§1："干粉灭火设备，分为固定式和移动式两种型式；固定式干粉灭火设备又分为全保护区喷放方式和局部喷放方式两种类型"。二是规定了两种系统的选用原则。

关于全淹没灭火系统、局部应用灭火系统的应用，美国标准《干粉灭火系统标准》NFPA 17—1998§4-1："全淹没灭火系统只有在环绕火灾危险有永久性密封的空间处采用，这样的空间内能足以构成所要求的浓度，其不可关闭的开口总面积不能超过封闭空间的侧面、顶面和底面总内表面积的15%。不可关闭开口面积超过封闭空间的总内表面积的15%时，应采用局部应用系统保护"。英国标准《室内灭火装置和设备·干粉系统规范》BS 5306：pt7—1988§14："能用全淹没系统扑灭的火灾是包括可燃液体和固体的表面火灾"；§18："能用局部应用系统扑灭或控制的火灾是含有可燃液体和固体的表面火灾"。

应该指出，在满足全淹没灭火系统应用条件时也可以采用局部应用灭火系统，具体选型由设计者根据实际情况决定。

3.1.2 本条规定了全淹没灭火系统的应用条件。第1款等效采用国外标准数据（见3.1.1条说明）。第2款等效采用现行国家标准《二氧化碳灭火系统设计规范》GB 50193—93(1999年版)第3.1.2条数据。

规定"不能自动关闭的开口不应设在底面"出于以下考虑：国家标准规定干粉灭火剂的松密度大于或等于0.80 g/mL(kg/L)，

若设计浓度按0.65kg/m³计算，则体积为0.81L。因目前国内厂家没提供驱动气体系数数据，现按日本消防法施行规则§4数据：1kg干粉灭火剂需要40L标准状态下氮气(标准状态下氮气密度为1.251g/L)，那么0.65 kg干粉灭火剂需要26L(32.526g)氮气；如是，粉雾的密度为25.5g/L[(650＋32.526)g/(26＋0.81)L]，显然比空气重(标准状态下空气密度为1.293g/L，常态下空气密度更小)。另外，一般都是从上向下喷射，带有一定动能和势能，很容易在底面扩散流失，影响灭火效果。故作此规定。

干粉灭火系统是依靠驱动气体(惰性气体)驱动干粉的，干粉固体所占体积与驱动气体相比小得多，宏观上类似气体灭火系统，因此，可采用二氧化碳灭火系统设计数据。防护区围护结构具有一定耐火极限和强度是保证灭火的基本条件。

3.1.3 本条规定了局部应用灭火系统的应用条件。参照国内气体灭火系统规范制定。其中空气流动速度不应大于2m/s是引用现行国家标准《干粉灭火系统部件通用技术条件》GB 16668—1996中的数据。

这里容器缘口是指容器的上边沿，它距液面不应小于150mm；150 mm是测定喷头保护面积等参数的试验条件。是为了保证高速喷射的粉体流喷到液体表面时，不引起液体的飞溅，避免产生流淌火，带来更大的火灾危险，所以应遵循该试验条件。

3.1.4 喷射干粉前切断气体、液体的供应源的目的是防止引起爆炸。同时，也可防止淡化干粉浓度，影响灭火。

3.1.5 扑灭BC类火灾的干粉中较成熟和经济的是碳酸氢钠干粉，故予推荐；ABC干粉固然也能扑灭BC类火灾，但不经济，故不推荐用ABC干粉扑灭BC类火灾。扑灭A类火灾只能用ABC干粉，其中较成熟和经济的是磷酸铵盐干粉，所以扑灭A类火灾推荐采用磷酸铵盐干粉。

3.1.6 组合分配系统是用一套干粉储存装置同时保护多个防护区或保护对象的灭火系统。各防护区或保护对象同时着火的概率很小，不需考虑同时向各个防护区或保护对象释放干粉灭火剂；但应考虑满足任何干粉用量的防护区或保护对象灭火需要。组合分配系统的干粉储存量，只有不小于所需储存量最多的一个防护区或保护对象的储存量，才能够满足这种需要。提请注意：防护区体积最大，用量不一定最多。

3.1.7 本条规定了组合分配系统保护的防护区与保护对象最大限度、备用灭火剂的设置条件、数量和方法。

1 防护区与保护对象之和不得大于8个是基于我国现状的暂定数据。防护区与保护对象为5个以上时，灭火剂应有备用量是等效采用《固定式灭火系统·干粉系统·pt2：设计、安装与维护》EN 12416—2：2001§7的数据；48h内不能恢复时应有备用量是参照《二氧化碳灭火系统设计规范》GB 50193—93(1999年版)确定的；防护区与保护对象的数量和系统恢复时间是设置备用灭火剂的两个并列条件，只要满足其一，就应设置备用量。

应该指出，设置备用灭火剂不限于这两个条件，当防护区或保护对象火灾危险性大或为重要场所时，为了不间断保护，也可设置备用灭火剂。

2 灭火剂备用量是为了保证系统保护的连续性，同时也包含扑救二次火灾的考虑，因此备用量不应小于系统设计的储存量。

3 备用干粉储存容器与系统管网相连，与主用干粉储存容器切换使用的目的，是为了起到连续保护作用。当主用干粉储存容器不能使用时，备用干粉储存容器能够立即投入使用。

3.2 全淹没灭火系统

3.2.1 全淹没灭火系统灭火剂设计浓度最小值取值等效采用《室内灭火装置和设备·干粉系统规范》BS 5306：pt7—1988§15.2和《固定式灭火系统·干粉系统·pt2：设计、安装与维护》EN 12416—2：2001§10.2数据，因为我国干粉灭火剂标准规定的灭火效能不低于《非D类干粉灭火剂技术条件》BS EN 615—

1995 规定。另外，我国标准《碳酸氢钠干粉灭火剂》GB 4066 和《磷酸铵盐干粉灭火剂》GB 15060 分别要求碳酸氢钠干粉和磷酸铵盐干粉扑灭 BC 类火灾时，灭火效能相同。综合以上数据并考虑到多种火灾并存情况，本规范确定全淹没灭火系统灭火剂设计浓度不得小于 0.65 kg/m³。

3.2.2 本条系等效采用《室内灭火装置和设备·干粉系统规范》BS 5306：pt7—1988 §15.2 和《固定式灭火系统·干粉系统·pt2：设计、安装与维护》EN 12416—2：2001 §10.2 规定。

3.2.3 本条系等效采用《室内灭火装置和设备·干粉系统规范》BS 5306：pt7—1988 §15.3 和《固定式灭火系统·干粉系统·pt2：设计、安装与维护》EN 12416—2：2001 §10.3 规定。

3.2.4 本条规定可有效利用灭火剂，减少系统响应时间，达到快速灭火目的。

3.2.5 国外标准仅《室内灭火装置和设备·干粉系统规范》BS 5306：pt7—1988 §15.2 提到泄压口，但没给出计算式。为避免防护区内超压导致围护结构破坏，应该设置泄压口；考虑到干粉灭火系统与气体灭火系统存在相似性，本条参照采用《二氧化碳灭火系统设计规范》GB 50193—93（1999 年版）第 3.2.6 条制定。

公式 3.2.5 是参考《二氧化碳灭火系统规范》AS 4214.3—1995 §4 导出。设：防护区内部压力为 p_1，防护区外部压力为 p_2，泄压口面积为 A_x，泄放混合物质量流量为 Q_x，如图 1：

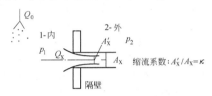

图 1 薄壁孔口

则有薄壁孔口流量公式：

$$Q_X = \kappa A_X \sqrt{2\rho_X(p_1-p_2)} = \kappa A_X \sqrt{2\rho_X \times \Delta p} = \kappa A_X \sqrt{2p_X/\nu_X}$$

式中 Q_X——泄放混合物质量流量（kg/s）；
κ——泄压口缩流系数；窗式开口取 0.5～0.7；
A_X——泄压口面积（m²）；
ρ_X——泄放混合物密度（kg/m³）；
p_X——防护区围护结构的允许压力（Pa）；
ν_X——泄放混合物比容（m³/kg）。

泄压过程中有防护区内气体被置换过程；为使问题简化，根据从泄压口泄放混合物体积流量等于喷入防护区气-固二相流体积流量数量关系，干粉真实密度 $\rho_s = 2.5\rho_f$，防护区内常态空气密度为 1.205（kg/m³），则有：

$$Q_0 \times \nu_H = Q_X \times \nu_X = \kappa A_X \sqrt{2p_X/\nu_X} \times \nu_X$$

$$A_X = \frac{Q_0 \times \nu_H}{\kappa \sqrt{2p_X \times \nu_X}}$$

$$\nu_H = \frac{\rho_q + 2.5\mu \times \rho_f}{2.5\rho_f(1+\mu)\rho_q}$$

$$\rho_q = (10^{-5}p_X + 1)\rho_{q0}$$

$$\nu_X = \frac{\dfrac{1}{10^{-5}p_X+1} + \dfrac{K_1}{2.5\rho_f} + \dfrac{K_1 \times \mu}{(10^{-5}p_X+1)\rho_{q0}}}{1.205 + K_1 + K_1 \times \mu}$$

$$\nu_X = \frac{2.5\rho_f \times \rho_{q0} + K_1(10^{-5}p_X+1)\rho_{q0} + 2.5K_1 \times \mu \times \rho_f}{2.5\rho_f(10^{-5}p_X+1)\rho_{q0}(1.205+K_1+K_1\times\mu)}$$

应该指出：当防护区门窗缝隙、不可关闭开口及防爆泄压口面积总和不小于按公式 3.2.5-1 计算值时，可不再另设置泄压口。

3.3 局部应用灭火系统

3.3.1 局部应用灭火系统的设计方法分为面积法和体积法，这是国外标准比较一致的分类法。面积法仅适用于着火部位为比较平

直表面情况，体积法适用于着火对象是不规则物体情况。

3.3.2 此条系等效采用《室内灭火装置和设备·干粉系统规范》BS 5306：pt7—1988 §3.6 规定。

3.3.3 本条各款规定说明如下：

1 由于单个喷头保护面积是按被保护表面的垂直投影方向确定的，所以计算保护面积也需取整体保护表面垂直投影的面积。

2 国内外对干粉灭火系统的研究都不够深入，定性的资料多，定量的资料少。本条借鉴了二氧化碳局部应用系统研究的成果，因二者存在相似性；同时参考了国外一些厂家的资料。

架空型（也称顶部型）喷头是安装在油盘上空一定高度处的喷头；其保护面积应是：在 20s 内，扑灭液面距油盘缘口为 150mm 距离的着火圆形油盘的内接正方形面积；其对应的干粉输送速率即是 Q_i。实践和理论都证明，架空型喷头保护面积和相应干粉输送速率是喷头的出口至保护对象表面的距离的函数。槽边型喷头是安装在油槽侧面的侧向喷射喷头；其保护面积应是在 20s 时间内，扑灭液面距油盘缘口为 150mm 距离的着火扇形油盘的内接矩形面积；试验表明槽边型喷头灭火面积呈扇形，其大小与喷头的射程有关，喷头射程与干粉输送速率有关。基于此，作了第 2 款规定。

3 确定喷头保护面积时喷射时间为 20s，为安全计，使用喷头时取喷射时间为 30s，当计算保护面积需要 N 个喷头才能完全覆盖时，故其干粉设计用量按公式 3.3.3 计算。

4 为了保证可靠灭火，喷头的布置应按被喷射覆盖面不留空白的原则执行。

3.3.4 本条参照了《干粉灭火装置规范·设计与安装》VdS 2111—1985 §3.2 和《二氧化碳灭火系统设计规范》GB 50193—93（1999 年版）制定。其中 1.5m 直接采用了《干粉灭火装置规范·设计与安装》VdS 2111—1985 §3.2 的数据；0.04kg/(s×m³) 是根据《干粉灭火装置规范·设计与安装》VdS 2111—1985 对无围封保护对象供给量取 1.2kg/m³ 按 30s 喷射时间求得，0.006kg/(s×m³) 是根据《干粉灭火装置规范·设计与安装》VdS 2111—1985 对四面有围封保护对象供给量取 1.0kg/m³ 按 30s 喷射时间求得。假定封闭罩是假想的几何体，其侧面围封面积就是该几何体的侧面面积 A_t，其中包括实体墙面积和无实体墙部分的假想面积。

3.4 预制灭火装置

3.4.1 因为预制灭火装置应按试验条件使用，本条规定的灭火剂储存量和管道长度数据系采用了国内试验数据。本规范不侧重推广应用预制灭火装置，因其只能在试验条件下使用，有局限性。

3.4.2 本条规定出于可靠性考虑。

3.4.3 本条规定基于国内试验数据：用 6 套（本规范规定为 4 套）预制灭火装置作灭火试验，喷射时间为 20s，其动作响应时间差为 3.5s-2s=1.5s，由此得 $\delta = 1.5/20 = 7.5\%$；取 30s 喷射时间得动作响应时间差 $\Delta = 30 \times 7.5\% = 2.25s$（本规范规定为 2s）。

4 管网计算

4.0.1 管网起点是从干粉储存容器输出容器阀出口算起，单元独立系统和组合分配系统均如此计算。管网起点压力是干粉储存容器的输出压力。管网起点压力不应大于2.5MPa是依据干粉储存容器的设计压力确定的。管网最不利点所要求的压力是依据喷头工作压力规定的，这里等效采用了日本标准。日本消防法施行规则第21条§1指出：喷头工作压力不应小于0.1MPa。

注：本规范压力取值，除特别说明外，均指表压。

4.0.4 为使干粉灭火系统管道内干粉与驱动气体不分离，干粉-驱动气体二相流要维持一定流速，即管道内流量不得小于允许最小流量 $Q_{\min}$，依此等效采用了英国标准推荐数据。《室内灭火装置和设备·干粉系统规范》BS 5306：pt7—1988 §7 给出对应 DN25 管子的最小流量 $Q_{\min}$ 为 1.5kg/s。DN25 管子的内径 d 是27mm，由此得管径系数 $K_D=d/\sqrt{Q_{\min}}=27/\sqrt{1.5}=22$。

其他国外标准没提供管径系数 K_D 数据，主张采用生产厂家提供的数据。在搜集到的资料中，有两组数据所得管径系数 K_D 值与本规定接近，具体如表1所示：

表1 管径系数

公称直径		内径 d	美国数据①		日本数据②	
(mm)	(in)	(mm)	$Q_{\min}$(kg/s)	K_D	$Q_{\min}$(kg/s)	K_D
15	1/2	16	0.45360	23.8	0.5	22.6
20	3/4	21	0.86184	22.6	0.9	22.1
25	1	27	1.40616	22.8	1.5	22.0

续表1

公称直径		内径 d	美国数据①		日本数据②	
(mm)	(in)	(mm)	$Q_{\min}$(kg/s)	K_D	$Q_{\min}$(kg/s)	K_D
32	1¼	35	2.44914	22.4	2.5	22.1
40	1½	41	3.31128	22.5	3.2	22.9
50	2	52	5.48856	22.5	5.7	21.8
65	2½	66	7.80192	23.6	9.6	21.3
80	3	78	12.06576	22.5	13.5	21.2
100	4	102	20.77488	22.4	23.5	21.0
125	5	127	—	—	35.0	21.9
平均管径系数 K_D 值			—	22.8	—	21.9

注：① 取自美国 Ansul 公司《干粉灭火系统》，P41，对应气固比 $\mu=0.058$。
② 取自日本《灭火设备概论》，日本工业出版社，1972年版，P270；或见《消防设备全书》，陕西科学技术出版社，1990年版，P1263，对应气固比 $\mu=0.044$。

应该指出：以上计算得到的是最大管径值，根据需要，实际管径值应取比计算值较小的恰当数值。经济流速时管径值随驱动气体系数 μ 而异，当 $\mu=0.044$ 时，经济流速时管径系数 $K_D=10\sim11$，即其最佳管道流量是允许最小流量的4～5倍。另外，当厂家以实测数据给出流量(Q)—管径(d)关系时，应该采用厂家提供的数据。实际管径应取系列值。

4.0.5 关于管道附件的当量长度，应该按厂家给出的实测当量长度值取值，但目前实际还做不到，不给出数据又无法设计计算。按周亨达给出的管道附件的当量长度计算式为：$L_J=k\times d$，其中 k 是当量长度系数(m/mm)：90°弯头取 0.040，三通的直通部取 0.025，三通的侧通部取 0.075。下面一同给出国外管道附件当量长度数据做比较(见表2)：

表2 管道附件当量长度(m)

DN (mm)	15	20	25	32	40	50	65	80	100
日本数据①									
弯头	7.1	5.3	4.2	3.2	2.8	2.2	1.7	1.4	1.1
三通	21.4	16.0	12.5	9.7	8.3	6.5	5.1	4.3	3.3
Ansul 数据②									
弯头	7.34	6.40	5.49	4.57	3.96	3.66	3.35	3.05	2.74
三通	15.24	13.11	11.58	9.75	9.14	7.92	7.32	6.40	5.49
按周亨达计算式计算值③									
弯头	0.64	0.840	1.080	1.400	1.640	2.08	2.64	3.12	4.08
三通直	0.40	0.525	0.675	0.875	1.025	1.30	1.65	1.95	2.55
三通侧	1.20	1.575	2.025	2.625	3.075	3.90	4.95	5.85	7.65

注：① 东京消防厅《预防事务审查·检查基准》，东京防灾指导协会，1984年出版，P436。
② 美国 Ansul 公司《干粉灭火系统》，图表7。
③ 周亨达主编《工程流体力学》，冶金工业出版社，1995年出版，P124～135。

显然，按周亨达计算式计算值误差偏大。而国外数据是在一定驱动气体系数下的测定值，考虑到日本数据比 Ansul 数据通用性更好些，暂时推荐该组日本数据作为参考值。

4.0.6 设计管道时，应尽量设计成结构对称均衡管网，使干粉灭火剂均匀分布于防护区内。但在实践中，不可能做到管网结构绝对精确对称布置，只要对称度在±5%范围内，就可以认为是结构对称均衡管网，可实现喷粉的有效均衡，见图2。在系统中，可以使用不同喷射率的喷头来调整管网的不均衡，见图3。

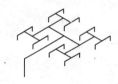 

图2 结构对称均衡系统　　　图3 结构不对称均衡系统
注：所有喷嘴均以同一流量喷射。　　注：喷嘴分别以 R、2R 或 4R 流量喷射。

该计算式系等效采用《室内灭火装置和设备·干粉系统规范》BS 5306：pt7—1988 §7.2 规定。

应该指出：在调研中也见到了非均衡系统，但本规范主张管网应尽量设计成对称分流的均衡系统，所以前半句采用"宜"字；均衡系统可以是对称结构，也可以是不对称结构，结构对称与不对称的分界在对称度，所以后半句采用"应"字。

4.0.7 国外标准没提供压力损失系数 $\Delta p/L$ 数据，主张采用生产厂家提供的数据。本计算式是依据沿程阻力的计算导出的，其推导过程如下：

根据周建刚等人就粉体高浓度气体输送进行的试验研究结果(引自周建刚、沈熙身、马恩祥等著《粉体高浓度气体输送控制与分配技术》，北京：冶金工业出版社，1996年出版，P109～143)，管道中的压力损失计算式为：

$$\Delta p=\Delta p_q+\Delta p_f \qquad\qquad (1)$$
$$\Delta p_q=\lambda_q\times L\times\rho_Q\times v_q^2/(2d) \qquad (2)$$
$$\Delta p_f=\lambda_f\times L\times\rho_Q\times v_q^2/(2\mu\times d) \qquad (3)$$

式中　Δp——管道中的压力损失(Pa)；

Δp_q——气体流动引起的压力损失(Pa)；

Δp_f——气体携带的粉状物料引起的压力损失(Pa)；

λ_q——驱动气体的摩擦阻力系数；

λ_f——干粉的摩擦阻力系数；

μ——驱动气体系数；

ρ_Q——管道内驱动气体密度(kg/m³)；

v_q——管道内驱动气体流动速度(m/s)；

d——管道内径(m)；

L——管段计算长度(m)。

把公式(2)和公式(3)代入公式(1)并移项得：

$$\Delta p/L=(\lambda_q+\lambda_f/\mu)\rho_Q\times v_q^2/(2d)$$

式中 $\Delta p/L$——管段单位长度上的压力损失(Pa/m)。

当$\mu=0.0286\sim0.143$时，有：

$$\lambda_f=0.07(g\times d)^{0.7}/v_q^{1.4}$$

式中 g——重力加速度(m/s²)；取9.81。

在常温下得管道中驱动气体密度ρ_Q的表达式为：

$$\rho_Q=(10p_e+1)\rho_{q0}$$

式中 ρ_{q0}——常态下驱动气体密度(kg/m³)；

p_e——计算管段末端压力(MPa)(表压)。

驱动气体在管道中的流速v_q可由其体积流量Q_{QV}($Q_{QV}=\mu\times Q/\rho_Q$)和管道内径$d$表示，即有：

$$v_q=4\mu\times Q/(\pi\times\rho_Q\times d^2)$$
$$=4\mu\times Q/[\pi(10p_e+1)\rho_{q0}\times d^2]$$

将$(\Delta p/L)$以MPa/m作单位，p_e以MPa作单位，d以mm作单位，整理上述各式并化简得：

$$\Delta p/L=\frac{10^{-3}}{2d}$$
$$\times\left\{\lambda_q+\frac{0.07\times10^{-2.1}g^{0.7}d^{0.7}}{\mu}\times\left[\frac{\pi(10p_e+1)\rho_{q0}\times10^{-6}d^2}{4\mu\times Q}\right]^{1.4}\right\}$$
$$\times(10p_e+1)\rho_{q0}\times\left[\frac{4\mu\times Q}{\pi(10p_e+1)\rho_{q0}\times10^{-6}d^2}\right]^2$$
$$=\frac{10^{-3}}{2d}$$
$$\times\left[\lambda_q+\frac{0.07\times10^{-2.1}g^{0.7}d^{0.7}}{\mu}\right.$$
$$\left.\times\frac{\pi^{1.4}(10p_e+1)^{1.4}\rho_{q0}^{1.4}\times10^{-8.4}d^{2.8}}{4^{1.4}\mu^{1.4}\times Q^{1.4}}\right]$$
$$\times(10p_e+1)\rho_{q0}\times\frac{4^2\mu^2\times Q^2}{\pi^2(10p_e+1)^2\rho_{q0}^2\times10^{-12}d^4}$$
$$=8\times10^9\left[\lambda_q+\frac{7\times10^{-12.5}g^{0.7}d^{3.5}\times\pi^{1.4}(10p_e+1)^{1.4}\rho_{q0}^{1.4}}{4^{1.4}\mu^{2.4}\times Q^{1.4}}\right]$$
$$\times\frac{\mu^2\times Q^2}{\pi^2(10p_e+1)\rho_{q0}^2\times d^5}$$

$$\Delta p/L=\frac{8\times10^9}{\rho_{q0}(10p_e+1)d}\left(\frac{\mu\times Q}{\pi\times d^2}\right)^2$$
$$\times\left\{\lambda_q+\frac{7\times10^{-12.5}g^{0.7}d^{3.5}}{\mu^{2.4}}\left[\frac{\pi(10p_e+1)\rho_{q0}}{4Q}\right]^{1.4}\right\}$$

由于气固二相流体在管道中的流速很大，所以沿程阻力损失系数λ_q按水力粗糙管的情况计算，即：

$$\lambda_q=[1.14-2\lg(\Delta/d)]^{-2}$$

公式来自周亨达主编《工程流体力学》，北京：冶金工业出版社1995年出版，P120。

应该指出：当厂家以实测曲线图给出$\Delta p/L$之值时，应该采用厂家提供的数据。

4.0.8～4.0.10 在公式(4.0.7-1)中，取常温下管道中驱动气体密度ρ_Q的表达式为：$\rho_Q=(10p_e+1)\rho_{q0}$，公式中$p_e$为计算管段末端压力。按理说应该取高程校正前管段平均压力p_P代替公式(4.0.7-1)中p_e计算结果才是$\Delta p/L$的真值，可那时计算管段首端压力p_b还是未知数，无法求得高程校正前管段平均压力p_P。

通过公式(4.0.8)已估算出高程校正前管段首端压力，故可估算出高程校正前管段平均压力p_P。

为求得高程校正前管段首端压力p_b真值，应采用逐步逼近法。逼近误差当然是越小越好，公式(4.0.9-2)已满足工程要求。

管道节点压力计算，有两种计算顺序：一种是从后向前计算顺序——已知管段末端压力p_e求管段首端压力p_b，这种计算顺序的优点是避免能源浪费；另一种是从前向后计算顺序——已知管段首端压力p_b求末端压力p_e，这种计算顺序方便选取干粉储存容器。当采用从前向后计算顺序时，对以上计算式移项处理即可：

$$p_e=p_b-(\Delta p/L)_i\times L_i-9.81\times10^{-6}\rho_H\times L_Y\times\sin\gamma$$

另外注意：当采用上式计算时，求取$(\Delta p/L)_i$时需要用p_b代替公式(4.0.7-1)中的p_e。

为了使设计者掌握该节点压力计算方法，下面举例说明。其中管壁绝对粗糙度Δ按镀锌钢管取0.39mm(见周亨达主编《工程流体力学》，北京：冶金工业出版社1995年出版，P253)。

[例1]已知：末端压力$p_e=0.15$MPa，干粉输送速率$Q=2$kg/s，$d(DN25)=27$mm，管段计算长度$L=1$m，流向与水平面夹角$\gamma=-90°$，常态下驱动气体密度$\rho_{q0}=1.165$kg/m³，干粉松密度$\rho_f=850$kg/m³，气固比$\mu=0.044$(如图4所示管段)。

求：管段首端压力p_b。

解：

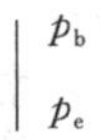

图4 竖直管段

$$\Delta p/L=\frac{8\times10^9}{\rho_{q0}(10p_e+1)d}\left(\frac{\mu\times Q}{\pi\times d^2}\right)^2$$
$$\times\left\{(1.14-2\lg\frac{0.39}{d})^{-2}+\frac{7\times10^{-12.5}g^{0.7}\times d^{3.5}}{\mu^{2.4}}\right.$$
$$\left.\left[\frac{\pi(10p_e+1)\rho_{q0}}{4Q}\right]^{1.4}\right\}$$
$$=\left(\frac{0.044\times2}{\pi\times27^2}\right)^2\times\frac{8\times10^9}{1.165(10p_e+1)27}$$
$$\times\left\{(1.14-2\lg\frac{0.39}{27})^{-2}+\frac{7\times10^{-12.5}\times9.81^{0.7}\times27^{3.5}}{0.044^{2.4}}\right.$$
$$\left.\times\left[\frac{\pi(10p_e+1)1.165}{4\times2}\right]^{1.4}\right\}$$

初次估算得：

$$\Delta p/L(1)=f(p_e=0.15)=6.8292\times10^{-3}(\text{MPa/m})$$
$$p_b'(1)=p_e+\Delta p/L(1)\times L=0.15+1\times6.8292\times10^{-3}=0.1568$$

一次逼近得：

$$p_P(1)=[p_e+p_b'(1)]/2=(0.15+0.1568)/2=0.1534$$
$$\Delta p/L(2)=f[p_P(1)=0.1534]=6.74444\times10^{-3}$$
$$p_b'(2)=p_e+\Delta p/L(2)\times L=0.15+1\times6.74444\times10^{-3}=0.1567$$
$$\delta(1-2)=|\ p_b'(1)-p_b'(2)\ |\ /p_b'(2)$$
$$=(0.1568-0.1567)/0.1567=0.06\%<1\%$$

即：高程校正前管段首端压力$p_b'=0.1567$MPa。

$$p_P(2)=[p_e+p_b'(2)]/2=(0.15+0.1567)/2=0.15335$$
$$\rho_Q(2)=[10p_P(2)+1]\rho_{q0}=(10\times0.15335+1)1.165=2.9515$$
$$\rho_H(2)=2.5\rho_f\times\rho_Q(\mu+1)/(2.5\mu\times\rho_f+\rho_Q)$$
$$=2.5\times850\times2.9515(0.044+1)$$
$$/(2.5\times0.044\times850+2.9515)=67.8880$$

高程校正后 $p_b=p_b'+9.81\times10^{-6}\rho_H\times L\times\sin\gamma$
$$=0.1567+9.81\times10^{-6}\times67.8880\times1\times(-1)$$
$$=0.1560(\text{MPa})$$

即：管段首端压力$p_b=0.1560$MPa。

[例2]已知：首端压力$p_b=0.48$MPa，干粉输送速率$Q=20$kg/s，$d(DN65)=66$mm，管段计算长度$L=60$m，流向与水平面夹角$\gamma=0°$，常态下驱动气体密度$\rho_{q0}=1.165$kg/m³，干粉松密度$\rho_f=850$kg/m³，气固比$\mu=0.044$(如图5所示管段)。

求：管段末端压力p_e。

解：

图5 水平管段

$$\Delta p/L = \frac{8\times10^9}{\rho_{q0}(10p_b+1)d}\left(\frac{\mu\times Q}{\pi\times d^2}\right)^2$$
$$\times\left\{\lambda_q + \frac{7\times10^{-12.5}g^{0.7}\times d^{3.5}}{\mu^{2.4}}\left[\frac{\pi(10p_b+1)\rho_{q0}}{4Q}\right]^{1.4}\right\}$$
$$=\left(\frac{0.044\times20}{\pi\times66^2}\right)^2\frac{8\times10^9}{1.165(10p_b+1)66}$$
$$\times\left\{\left(1.14-2\lg\frac{0.39}{66}\right)^{-2}+\frac{7\times10^{-12.5}\times9.81^{0.7}\times66^{3.5}}{0.044^{2.4}}\right.$$
$$\left.\times\left[\frac{\pi(10p_b+1)1.165}{4\times20}\right]^{1.4}\right\}$$

初次估算得：

$\Delta p/L(1)=f(p_b=0.48)=2.9013\times10^{-3}$(MPa/m)

$p_e'(1)=p_b-\Delta p/L(1)\times L=0.48-60\times2.9013\times10^{-3}=0.3059$

一次逼近得：

$p_P(1)=[p_b+p_e'(1)]/2=(0.48+0.3059)/2=0.39296$

$\Delta p/L(2)=f[p_P(1)=0.39295]=3.2859\times10^{-3}$

$p_e'(2)=p_b-\Delta p/L(2)\times L=0.48-60\times3.2859\times10^{-3}$
$\qquad=0.2828$

$\delta(1-2)=|p_e'(2)-p_e'(1)|/p_e'(2)$
$\qquad=(0.3059-0.2828)/0.2828$
$\qquad=8.17\%>1\%$

二次逼近得：

$p_P(2)=[p_b+p_e'(2)]/2=(0.48+0.2828)/2=0.3814$

$\Delta p/L(3)=f[p_P(2)=0.3814]=3.3480\times10^{-3}$

$p_e'(3)=p_b-\Delta p/L(3)\times L=0.48-60\times3.3480\times10^{-3}=0.2791$

$\delta(2-3)=|p_e'(2)-p_e'(3)|/p_e'(3)$
$\qquad=(0.2828-0.2791)/0.2791=1.3\%>1\%$

三次逼近得：

$p_P(3)=[p_b+p_e'(3)]/2=(0.48+0.2791)/2=0.37955$

$\Delta p/L(4)=f[p_P(3)=0.37955]=3.3583\times10^{-3}$

$p_e'(4)=p_b-\Delta p/L(4)\times L=0.48-60\times3.3583\times10^{-3}=0.2785$

$\delta(3-4)=|p_e'(3)-p_e'(4)|/p_e'(4)$
$\qquad=(0.2791-0.2785)/0.2785=0.22\%<1\%$

因为 $\gamma=0$，所以 $L_Y\times\sin\gamma=0$，即不需要高程校正。

即：管段末端压力 $p_e=p_e'+0=0.2785$(MPa)

4.0.12 管网内干粉的残余量 m_r 的计算式是按管网内残存的驱动气体的质量除以驱动气体系数而推导出来的，管网内残存的驱动气体质量为：$\rho_Q V_D$，当 p_P 以 MPa 作单位时，
$$\rho_Q=(10p_P+1)\rho_{q0}$$
所以有：
$$m_r=V_D(10p_P+1)\rho_{q0}/\mu$$
应该指出：理论上讲，干粉储存容器内干粉剩余量为：
$$m_s=V_c(10p_0+1)\rho_{q0}/\mu$$
式中 V_c——干粉储存容器容积（m³）。

但此时 V_c 是未知数；另外，驱动气体系数 μ 是理论上的平均值，实际上对单元独立系统和组合分配系统中干粉需要量最多的防护区或保护对象来说，到喷射时间终了时，气固二相流中含粉量已很小，按公式（4.0.12-2）计算得到的管网内干粉残余量已含很大裕度。因此，按 $m+m_r$ 之值初选一干粉储存容器，然后加上厂商提供的 m_s 值作为 m_c 值，可以说够安全。

4.0.14 非液化驱动气体在储瓶内遵从理想气体状态方程，所以可按公式（4.0.14-1）和公式（4.0.14-2）计算驱动气体储存量。液化驱动气体在储瓶内不遵从理想气体状态方程，所以应按公式（4.0.14-3）和公式（4.0.14-4）计算驱动气体储存量。

4.0.15 清扫管道内残存干粉所需清扫气体量取 10 倍管网内驱动气体残余量为经验数据。

当清扫气体采用储瓶盛装时，应单独储存；若单位另有清扫气体气源采用管道供气，则不受此限制。

要求清扫工作在 48h 内完成是依据干粉灭火系统应在 48h 内恢复要求规定的。

5 系统组件

5.1 储存装置

5.1.1 干粉储存容器的工作压力，国外一些标准未加明确规定。考虑到国内干粉灭火系统应用不普遍，系统组件不够标准化，为了规范市场，简化系统组件的压力级别，使其生产标准化、通用化和系列化。根据国内一些生产厂家的实际经验规定了两个设计压力级别，即 1.6MPa 或 2.5MPa。此压力基本上能满足不同场合的使用要求并与各类阀门公称压力一致。平时不加压的干粉储存容器，可根据使用场合不同选择 1.6MPa 或 2.5MPa。之所以规定设计压力而不规定工作压力，是因为在国家现行标准《压力容器安全技术监察规程》中，压力容器是按设计压力分级的。

干粉灭火剂的装量系数不大于 0.85。是为了使干粉储存容器内留有一定净空间，以便在加压或释放时干粉储存容器内的气粉能够充分混合，这是试验所证明的。日本消防法施行规则§3 也作了类似的规定。

增压时间对于抓住灭火战机来说自然是越快越好。由于驱动气体储瓶输气通径一般为 φ10mm，对于大型装置来讲，用较多气瓶组合来扩大输气速度应考虑减压阀的输送流量及制造成本。《干粉灭火装置规范·设计与安装》VdS 2111—1985§9.2 规定不应超过 20s，综合《干粉灭火系统部件通用技术条件》GB 16668—1996 规定和国外数据取增压时间为不大于 30s。

安全泄压装置是对干粉储存容器而言，一般设置在干粉储存容器上。虽然驱动气体先经过减压阀后输进干粉储存容器，从安全角度考虑为防止干粉储存容器超压而设置安全阀，并执行 GB 16668 有关规定。

5.1.2 驱动气体应使用惰性气体，国内外生产厂家多采用氮气和二氧化碳气体。氮气和二氧化碳比较，氮气物理性能稳定，故本规范规定驱动气体宜选用氮气。驱动气体含水率指标等效采用《固定式灭火系统·干粉系统·pt2:设计、安装与维护》EN 12416—2:2001§4.2 数据。

驱动压力是输送干粉的压力，此压力不得大于干粉储存容器的最高工作压力，是出于安全考虑的。

这里"最高工作压力"，按国家现行标准《压力容器安全技术监察规程》定义，是指压力容器在正常使用过程中，顶部可能出现的最高压力，它应小于或等于设计压力。

5.1.3 避免阳光直射可防止装置老化和温差积水影响使用功能。环境温度取值等效采用《干粉灭火系统部件通用技术条件》GB 16668—1996 第 10.6.4 条数据。

5.1.4 本条是对储存装置设置的部位提出的要求，是从使用、维护安全角度而考虑的。等效采用《二氧化碳灭火系统设计规范》GB 50193—93(1999 年版)第 5.1.7 条。

5.2 选择阀和喷头

5.2.1 在组合分配系统中，每个防护区或保护对象的管道上应设一个选择阀。在火灾发生时，可以有选择地打开出现火情的防护区或保护对象管道上的选择阀喷放灭火剂灭火。选择阀上应设标明防护区或保护对象的永久性铭牌是防止操作时出现差错。

5.2.2 由于干粉灭火系统本身的特点，要求选择阀使用快开型阀门，如球阀。其通径要求主要考虑干粉系统灭火时，管道内为气固二相流，为使灭火剂与驱动气体无明显分离，避免截留灭火剂。前苏联标准中规定该阀应采用球阀。

5.2.3 这三种驱动方式是目前普遍采用的驱动方式，三种驱动方式可以任选其一；但无论哪种驱动方式，机械应急操作方式是必不可少的，目的是防止电动、气动或液动失灵时可采取有效的应急操

作,确保系统的安全可靠。

选择阀的公称压力不应小于储存容器的设计压力是从安全角度考虑的。

5.2.4 灭火系统动作时,如果选择阀滞后于容器阀打开会引起选择阀至储存容器之间的封闭管段承受水锤作用而出现超压,故作此规定。《干粉灭火装置规范·设计与安装》VdS 2111—1985 §9.4.7也作了相同规定。

5.2.5 喷头装配防护装置的主要目的是防止喷孔堵塞。此外,干粉需在干燥环境中储存,若接触空气会吸收空气中的水分而潮解,失去灭火作用,而且潮解后的干粉会腐蚀储存容器和管道,所以为了保持储存容器及管道不进入潮气,也需在喷嘴上安装防护罩。《干粉灭火系统标准》NFPA 17—1998 §2-3.1.4及其他国外规范也作了类似规定。

5.2.6 此条系等效采用《干粉灭火装置规范·设计与安装》VdS 2111—1985 §9.6.4的规定。

5.3 管道及附件

5.3.1 本条各款规定说明如下:

1 采用符合GB/T 8163规定的无缝钢管是为了使管道能够承受最高环境温度下的压力。表 A-1系等效采用《二氧化碳灭火系统设计规范》GB 50193—93(1999年版)附录 J。为了防止锈蚀和减少阻力损失,要求管道和附件内外表面做防腐处理,热固性镀膜或环氧固化法都是目前能够达到热镀锌性能要求而在环保和使用性能上优之的防腐方式。

2 当防护区或保护对象所在区域内有对防腐层腐蚀的气体、蒸汽或粉尘时,应采取耐腐蚀的材料,如不锈钢管或铜管。

4 灭火后管道中会残留干粉,若不及时吹扫干净会影响下次使用,规定留有吹扫口是为了及时吹出残留于管道内的剩余干粉。

6 由于干粉灭火系统在管道中流动为气固二相流,在弯头处会产生气固分离现象,但在20倍管径的管道长度内即可恢复均匀。附录 B系等效采用《干粉灭火系统标准》NFPA 17—1998 §A-3-9.1。

7 干粉灭火系统管网内是气固二相流,为避免流量分配不均造成气固分离,影响灭火效果,宜对称分流;四通管件的出口不能对称分流,故管道分支时不应使用四通管件。

8 此款等效采用《室内灭火装置和设备·干粉系统规范》BS 5306:pt7—1988 §7.1规定。管道转弯时,如果空间允许,宜选用弯管代替弯头,不宜使用弯头管件;根据现行国家标准《工业金属管道工程施工及验收规范》GB 50235—97中第 4.2.2条规定,弯管的弯曲半径不宜小于管径的 5倍。若受空间限制,可使用长半径弯头,不宜使用短半径弯头。

9 经国家法定检测机构检验认可的项目包括附件的产品质量及其当量长度等。

5.3.2 本条规定了管道的连接方式,对于公称直径不大于80 mm的管道建议采用螺纹连接,也可采用沟槽(卡箍)连接;公称直径大于80mm的管道可采用法兰连接或沟槽(卡箍)连接,主要是考虑强度要求和安装与维修方便。

5.3.3 本条系参照国外相关标准制定,日本消防法施行规则第21条§4规定:"当在储存容器至喷嘴之间设置选择阀时,应该在储存容器与选择阀之间设置符合消防厅长官规定的安全装置或爆破膜片"。泄压动作压力取值参照《干粉灭火系统部件通用技术条件》GB 16668—1996第 6.1.6条制定。

5.3.4 设置压力信号器或流量信号器的目的是为了将灭火剂释放信号及释放区域及时反馈到控制盘上,便于确认灭火剂是否喷放。

5.3.5 管网需要支撑牢固,如果支撑不牢固,会影响喷放效果,如果喷头安装在装饰板外,会破坏装饰板。表 A-3系等效采用《室内灭火装置和设备·干粉系统规范》BS 5306:pt7—1988 表 4。

可能产生爆炸的场所,管网吊挂安装和采取防晃措施是为了减缓冲击,以免造成管网破坏。国外标准也是这样规定的,如BS 5306:pt7—1988 §32.2规定:"如果管网被装置在潜在的爆炸危险区域,管道系统宜吊挂,其支撑是很少移动的"。

6 控制与操作

6.0.1 本条规定了干粉灭火系统的三种启动方式。干粉灭火系统的防护区或保护对象大多是消防保护的重点部位,需要在任何情况下都能够及时地发现火情和扑灭火灾。干粉灭火系统一般与该部位设置的火灾自动报警系统联动,实现自动控制,以保证在无人值守、操作的情况下也能自动将火扑灭。但自动控制装置有失灵的可能,在防护区内或保护对象有人监控的情况下,往往也不需要将系统置于自动控制状态,故要求系统同时应设有手动控制启动方式。手动控制启动方式在这里是指由操作人员在防护区或保护对象附近采用按动电钮等手段通过灭火控制器启动干粉灭火系统,实施灭火。考虑到在自动控制和手动控制全部失灵的特别情况下也能实施喷放灭火,系统还应设有机械应急操作启动方式。应急操作可以是直接手动操作,也可以利用系统压力或机械传动装置等进行操作。

在实际应用中,有些场所是无须设置火灾自动报警系统的,如局部应用灭火系统的保护对象有的能够做到始终处于专职人员的监控之下;有些工业设备只在人员操作运行时存在火灾危险,而在设备停止运行后,能够引起火灾的条件也随之消失。对这样的场所如果确实允许不设置火灾自动探测与报警装置,也就失去了对灭火系统自动控制的条件。因此,规范对这两种特别情况作了弹性处理,允许其不设置自动控制的启动方式。

6.0.2 本条对采用火灾探测器自动控制灭火系统的要求和延迟时间进行了规定。在实际应用中,不论哪种类型的探测器,由于受其自身的质量和环境的影响,在长期运行中不可避免地存在出现误报的可能。为了提高系统的可靠性,最大限度地避免由于探测器误报引起灭火系统误动作,从而带来不必要的经济损失,通常在保护场所设置两种不同类型或两组同一类型的探测器进行复合探测。本条规定的"应在收到两个独立火灾探测信号后才能启动",是指只有当两种不同类型或两组同一类型的火灾探测器均检测出保护场所存在火灾时,才能发出启动灭火系统的指令。

即使在自动控制装置接收到两个独立的火灾信号发出启动灭火系统的指令,或操作人员通过手动控制装置启动灭火系统之后,考虑到给有关人员一定的时间对火情确认以判断是否确有必要喷放灭火剂,以及从防护区内或保护对象附近撤离,亦不希望立即喷放灭火剂。当然,干粉灭火系统在喷放灭火剂之前要先对干粉储存容器进行增压,这也决定了它无法立即喷放灭火剂,因此,规范作了延迟喷放的规定。延迟时间控制在30s之内,是为了避免火灾的扩大,也参照了习惯的做法,用户可以根据实际情况减少延迟时间,但要求这一时间不得小于干粉储存容器的增压时间,增压是在接到启动指令后才开始的。

6.0.3 本条对手动启动装置的安装位置作了规定。手动启动装置是防护区内或保护对象附近的人员在发现火险时启动灭火系统的手段之一,故要求它们安装在靠近防护区或保护对象同时又是能够确保操作人员安全的位置。为了避免操作人员在紧急情况下错按其他按钮,故要求所有手动启动装置都应明显地标示出其对应的防护区或保护对象的名称。

6.0.4 手动紧急停止装置是在系统启动后的延迟时段内发现不需要或不能够实施喷放灭火剂的情况时可采用的一种使系统中止的手段。产生这种情况的原因很多,比如有人错按了启动按钮;火情未到非启动灭火系统不可的地步,可改用其他简易灭火手段;区域内还有人员尚未完全撤离等等。一旦系统开始喷放灭火剂,手动紧急停止装置便失去了作用。启用紧急停止装置后,虽然系统控制装置停止了后继动作,但干粉储存容器增压仍然继续,系统处于蓄势待发的状态,这时仍有可能需要重新启动系统,释放灭火剂。比如有人错按了紧急停止按钮,防护区内被困人员已经撤离等,所以,要求做到在使用手动紧急停止装置后,手动启动装置可以再次启动。强调这一点的另一个理由是,目前在用的一些其他的固定灭火系统的手动启动装置不具有这种功能。

6.0.5 在现行国家标准《火灾自动报警系统设计规范》GB 50116—98中,对电源和自动控制装置的有关内容都有明确的规定。干粉灭火系统的电源与自动控制装置除了满足本规范的功能要求之外,还应符合 GB 50116 的规定。

6.0.6 由于预制灭火装置的启动设施一般是直接安装在储存装置上,对于全淹没灭火系统一般设置在防护区内,不具备手动机械启动操作的基本条件,故本规范对这一类装置做了弹性处理。

7 安全要求

7.0.1 每个防护区内设置火灾声光警报器,目的在于向在防护区内人员发出迅速撤离的警告,以免受到火灾或施放的干粉灭火剂的危害。防护区外入口处设置的火灾声光警报器及干粉灭火剂喷放标志灯,旨在提示防护区内正在喷放灭火剂灭火,人员不能进入,以免受到伤害。

防护区内外设置的警报器声响,通常明显区别于上下班铃声或自动喷水灭火系统水力警铃等声响。警报声响度通常比环境噪声高30dB。设置干粉灭火系统标志牌是提示进入防护区人员,当发生火灾时,应立即撤离。

7.0.2 干粉灭火系统从确认火警至释放灭火剂灭火前有一段延迟时间,该时间不大于30s。因此通道及出口大小应保证防护区内人员能在该时间内安全疏散。

7.0.3 防护区的门向外开启,是为了防止个别人员因某种原因未能及时撤离时,都能在防护区内将门开启,避免对人员造成伤害。门自行关闭是使防护区内释放的干粉灭火剂不外泄,保持灭火剂设计浓度有利于灭火,并防止污染毗邻的环境。

7.0.4 封闭的防护区内释放大量的干粉灭火剂,会使能见度降低,使人员产生恐慌心理及对人员呼吸系统造成障碍或危害。因此,人员进入防护区工作时,通过将自动、手动开关切换至手动位置,使系统处于手动控制状态,即使控制系统受到干扰或误动作,也能避免系统误喷,保证防护区内人员的安全。

7.0.5 当干粉灭火系统施放了灭火剂扑灭防护区火灾后,防护区内还有很多因火灾而产生的有毒气体,而施放的干粉灭火剂微粒大量悬浮在防护区空间,为了尽快排出防护区内的有毒气体及悬浮的灭火剂微粒,以便尽快清理现场,应使防护区通风换气,但对地下防护区及无窗或设固定窗扇的地上防护区,难以用自然通风的方法换气,因此,要求采用机械排风方法。

7.0.6 设置局部应用灭火系统的场所,一般没有围封结构,因此只设置火灾声光警报器,不设门灯等设施。

7.0.7 有爆炸危险的场所,为防止爆炸,应消除金属导体上的静电,消除静电最有效的方法就是接地。有关标准规定,接地线应连接可靠,接地电阻小于100Ω。

中华人民共和国国家标准

储罐区防火堤设计规范

Code for design of fire dike in storage tank farm

GB 50351-2014

主编部门：中 国 石 油 天 然 气 集 团 公 司
批准部门：中华人民共和国住房和城乡建设部
施行日期：2 0 1 4 年 1 2 月 1 日

中华人民共和国住房和城乡建设部公告

第 364 号

住房城乡建设部关于发布国家标准
《储罐区防火堤设计规范》的公告

现批准《储罐区防火堤设计规范》为国家标准，编号为
GB 50351—2014，自 2014 年 12 月 1 日起实施。其中，第 3.1.2、
3.1.7 条为强制性条文，必须严格执行。原国家标准《储罐区防火
堤设计规范》GB 50351—2005 同时废止。

本规范由我部标准定额研究所组织中国计划出版社出版
发行。

中华人民共和国住房和城乡建设部
2014 年 3 月 31 日

前　　言

本规范是根据住房城乡建设部《关于印发 2012 年工程建设标准规范制订修订计划的通知》(建标〔2012〕5 号)的要求,由中国石油天然气管道工程有限公司会同有关单位,对原国家标准《储罐区防火堤设计规范》GB 50351—2005 进行修订而成的。

本规范修订过程中,编制组进行了广泛的调查研究,总结了我国油气储运及化工品储运系统防火堤工程建设的实践经验,通过对已经完成的油气储运及化工品储运系统防火堤的设计进行分析、验证,并在广泛征求意见的基础上,经反复讨论研究、屡次修改,完成报批稿最终报住房城乡建设部审查定稿。

本规范共分 5 章和 2 个附录,主要内容包括:总则,术语,防火堤、防护墙的布置,防火堤的选型与构造,防火堤的强度计算及稳定性验算等。

本规范修订的主要内容是:

1.规定了同一防火堤范围内不同介质的储罐要求,储罐数量要求,储罐布置要求,隔堤设置要求;

2.修订了防火堤内不同介质储罐总容积的相关要求;

3.修订了防火堤内有效容积的要求;

4.修订了防火堤高度的要求;

5.补充修订了防火堤踏步、坡道、逃逸爬梯的设置要求;

6.补充了防火堤内设置排水明沟及格栅盖板的相关要求;

7.补充修订了防火堤的选型、构造等相关要求。

本规范中以黑体字标志的条文为强制性条文,必须严格执行。

本规范由住房城乡建设部负责管理和对强制性条文的解释,由石油工程建设专业标准化委员会负责日常管理工作,中国石油天然气管道工程有限公司负责具体技术内容的解释。在本规范执行过程中,希望各单位结合工程实践,认真总结经验,注意积累资料,如发现需要修改和补充之处,请将意见和有关资料寄送到中国石油天然气管道工程有限公司(地址:河北省廊坊市和平路 146 号,邮政编码:065000),以供今后修订时参考。

本规范主编单位、参编单位、主要起草人及主要审查人:

主 编 单 位: 中国石油天然气管道工程有限公司

参 编 单 位: 中国石化工程建设有限公司

中国石化集团公司总图设计技术中心站

解放军总后勤部建筑工程规划设计研究院

主要起草人: 刘杨龙　岳　忠　郭宝申　叶宏跃　王　宇

闫高峰　许文忠　董　旭　陆　勇　刘长清

杨　峥　高宏义　龚云峰　刘中庆

主要审查人: 王金国　王小林　张广智　张效羽　李正才

刘庆砚　李　慧　吴　勇　崔忠涛　鲁谨薇

穆冬玲　赵红民　沈　红　顾玉梅

目　　次

1 总　则

1.0.1 为了合理设计防火堤、防护墙,保障储罐区安全,制定本规范。

1.0.2 本规范适用于地上液态储罐区的新建和改建、扩建工程中的防火堤、防护墙的设计。

1.0.3 防火堤、防护墙的设计,应在满足各项技术要求的基础上,因地制宜,合理选型,达到安全耐久、经济合理的效果。

1.0.4 储罐区防火堤、防护墙的设计除应执行本规范外,尚应符合国家现行有关标准的规定。

2 术　语

2.0.1 储罐组　tank group
由防火堤或防护墙围成的一个或几个储罐组成的储罐单元。

2.0.2 储罐区　storage tank farm
由一个或若干个储罐组组成的储罐区域。

2.0.3 防火堤　fire dike
用于常压易燃和可燃液体储罐组、常压条件下通过低温使气态变成液态的储罐组或其他液态危险品储罐组发生泄漏事故时,防止液体外流和火灾蔓延的构筑物。

2.0.4 隔堤　dividing dike
用于减少防火堤内储罐发生少量液体泄漏事故时的影响范围,或用于减少常压条件下通过低温使气态变成液态的储罐组发生少量冷冻液体泄漏事故时的影响范围,而将一个储罐组分隔成若干个分区的构筑物。

2.0.5 防护墙　safety wall
用于常温条件下通过加压使气态变成液态的储罐组发生泄漏事故时,防止下沉气体外溢的构筑物。

2.0.6 隔墙　dividing wall
用于减少防护墙内储罐发生少量泄漏事故时液体变成气体前的影响范围,而将一个储罐组分隔成若干个分区的构筑物。

2.0.7 防火堤内有效容积　effective capacity surrounded by dikes
一个储罐组的防火堤内可以有效利用的容积。

2.0.8 设计液面高度　design height of liquid level
计算防火堤有效容积时堤内液面的设计高度。

2.0.9 防火堤内堤脚线　inboard toe line of dike
防火堤内侧或其边坡与防火堤内设计地面的交线。

2.0.10 防火堤外堤脚线　outboard toe line of dike
防火堤外侧或其边坡与防火堤外侧设计地面的交线。

3 防火堤、防护墙的布置

3.1 一般规定

3.1.1 防火堤、防护墙的选用应根据储存液态介质的性质确定。

3.1.2 防火堤、防护墙应采用不燃烧材料建造,且必须密实、闭合、不泄漏。

3.1.3 防火堤的防火性能应符合现行国家标准《石油天然气工程设计防火规范》GB 50183、《石油储备库设计规范》GB 50737、《石油库设计规范》GB 50074、《石油化工企业设计防火规范》GB 50160 的相关规定。

3.1.4 进出储罐组的各类管线、电缆应从防火堤、防护墙顶部跨越或从地面以下穿过。当必须穿过防火堤、防护墙时,应设置套管并应采用不燃烧材料严密封闭,或采用固定短管且两端采用软管密封连接的形式。

3.1.5 防火堤、防护墙内场地宜设置排水明沟。

3.1.6 防火堤、防护墙内场地设置排水明沟时应符合下列要求:
　　1 沿无培土的防火堤内侧修建排水沟时,沟壁的外侧与防火堤内堤脚线的距离不应小于 0.5m;
　　2 沿土堤或内培土的防火堤内侧修建排水沟时,沟壁的外侧与土堤内侧堤脚线或培土堤脚线的距离不应小于 0.8m;
　　3 沿防护墙修建排水沟时,沟壁的外侧与防护墙内堤脚线的距离不应小于 0.5m;
　　4 排水沟应采用防渗漏措施;
　　5 排水明沟宜设置格栅盖板,格栅盖板的材质应具有防火、防腐性能。

3.1.7 每一储罐组的防火堤、防护墙应设置不少于 2 处越堤人行踏步或坡道,并应设置在不同方位上。隔堤、隔墙应设置人行踏步或坡道。

3.1.8 防火堤的相邻踏步、坡道、爬梯之间的距离不宜大于60m,高度大于或等于1.2m的踏步或坡道应设护栏。

3.2 油罐组防火堤的布置

3.2.1 同一防火堤内的地上油罐布置应符合下列规定:

  1 在同一防火堤内,宜布置火灾危险性类别相同或相近的油品储罐(甲$_B$类、乙类和丙$_A$类油品储罐可布置在同一防火堤内,但不宜与丙$_B$类油品储罐布置在同一防火堤内),当单罐容积小于或等于1000m³时,火灾危险性类别不同的常压储罐也可布置在同一防火堤内,但应设置隔堤分开;

  2 沸溢性的油品储罐不应与非沸溢性油品储罐布置在同一防火堤内,单独成组布置的泄压罐除外;

  3 常压油品储罐不应与液化石油气、液化天然气、天然气凝液储罐布置在同一防火堤内;

  4 可燃液体的压力储罐可与液化烃的全压力储罐布置在同一防火堤内;

  5 可燃液体的低压储罐可与常压储罐布置在同一防火堤内;

  6 地上立式油罐、高位罐、卧式罐不宜布置在同一防火堤内;

  7 储存Ⅰ级和Ⅱ级毒性液体的储罐不应与其他易燃和可燃液体储罐布置在同一防火堤内。

3.2.2 同一防火堤内油罐总容量及油罐数量应符合下列规定:

  1 固定顶油罐及固定顶油罐与浮顶、内浮顶油罐混合布置,其总容量不应大于120000m³,其中浮顶、内浮顶油罐的容积可折半计算;

  2 钢浮盘内浮顶油罐总容量不应大于360000m³,易熔材料浮盘内浮顶油罐总容量不应大于240000m³;

  3 外浮顶油罐总容量不应大于600000m³;

  4 单罐容量大于或等于1000m³时油罐数量不应多于12座,单罐容量小于1000m³或仅储存丙$_B$类油品时油罐数量可不限;

  5 油罐不应超过2排,但单罐容量小于1000m³的储存丙$_B$类油品的油罐不应超过4排,润滑油罐的单罐容积和排数可不限。

3.2.3 立式油罐的罐壁至防火堤内堤脚线的距离,不应小于罐壁高度的一半;卧式油罐的罐壁至防火堤内堤脚线的距离不应小于3m;建在山边的油罐,靠山的一面,罐壁至挖坡坡脚线距离不应小于3m。

3.2.4 相邻油罐组防火堤外堤脚线之间应有消防道路或留有宽度不小于7m的消防空地。

3.2.5 油罐组防火堤内有效容积不应小于油罐组内一个最大油罐的公称容量。

3.2.6 油罐组防火堤顶面应比计算液面高出0.2m。立式油罐组的防火堤高于堤内设计地坪不应小于1.0m,高于堤外设计地坪或消防道路路面(按较低者计)不应大于3.2m。卧式油罐组的防火堤高于堤内设计地坪不应小于0.5m。

3.2.7 油罐组防火堤有效容积应按下式计算:

$$V = AH_j - (V_1 + V_2 + V_3 + V_4) \qquad (3.2.7)$$

式中:V——防火堤有效容积(m³);

  A——由防火堤中心线围成的水平投影面积(m²);

  H_j——设计液面高度(m);

  V_1——防火堤内设计液面高度内的一个最大油罐的基础露出地面的体积(m³);

  V_2——防火堤内除一个最大油罐以外的其他油罐在防火堤设计液面高度内的体积和油罐基础露出地面的体积之和(m³);

  V_3——防火堤中心线以内设计液面高度内的防火堤体积和内培土体积之和(m³);

  V_4——防火堤内设计液面高度内的隔堤、配管、设备及其他构筑物体积之和(m³)。

3.2.8 防火堤内的地面设计应符合下列规定:

  1 防火堤内地面应坡向排水沟和排水出口,坡度宜为0.5%;

  2 防火堤内地面宜铺设碎石或种植高度不超过150mm的常绿草皮;

  3 防火堤内地面应设置巡检道;

  4 当油罐泄漏物有可能污染地下水或附近环境时,堤内地面应采取防渗漏措施。

3.2.9 防火堤内排水设施的设置应符合下列规定:

  1 防火堤内应设置集水设施,连接集水设施的雨水排放管道应从防火堤内设计地面以下通出堤外,并应采取安全可靠的截油排水措施;

  2 在年累积降雨量不大于200mm或降雨在24h内可渗完,且不存在环境污染的可能时,可不设雨水排除设施。

3.2.10 油罐组防火堤内设计地面宜低于堤外消防道路路面或地面。

3.2.11 油罐组内的单罐容量大于或等于50000m³时,宜设置进出罐组的越堤车行通道。该道路可为单车道,应从防火堤顶部通过,弯道纵坡不宜大于10%、直道纵坡不宜大于12%。

3.2.12 油罐组内隔堤的布置应符合下列规定:

  1 单罐容量小于5000m³时,隔堤内油罐数量不应多于6座;

  2 单罐容量等于或大于5000m³且小于20000m³时,隔堤内油罐数量不应多于4座;

  3 单罐容量等于或大于20000m³且小于50000m³时,隔堤内油罐数量不应多于2座;

  4 单罐容量等于或大于50000m³时,隔堤内油罐数量不应多于1座;

  5 沸溢性油品油罐,隔堤内储罐数量不应多于2座;

  6 非沸溢性丙$_B$类油品油罐,隔堤内储罐数量可不受以上限制,并可根据具体情况进行设置;

  7 立式油罐组内隔堤高度宜为0.5m~0.8m,卧式油罐组内隔堤高度宜为0.3m。

3.3 液化石油气、天然气凝液、液化天然气及其他储罐组防火堤、防护墙的布置

3.3.1 防火堤、防护墙的设计高度,应符合下列规定:

  1 全冷冻式液化石油气、天然气凝液及液化天然气单防罐储罐组的防火堤高度应符合下列规定:

    1)防火堤内的有效容积应容纳储罐组内一个最大罐的容量;

    2)防火堤高度应比设计液面高度高出0.2m。

  2 全压力式或半冷冻式液化石油气、天然气凝液储罐组的防护墙高度宜为0.6m,隔墙高度宜为0.3m。

3.3.2 全冷冻式液化石油气、天然气凝液及液化天然气单防罐储罐罐壁至防火堤内堤脚线的距离,不应小于储罐最高液位高度与防火堤高度之差加上液面上气相当量压头之和;当防火堤高度大于或等于储罐最高液位高度时距离可不限。全压力式或半冷冻式液化烃储罐罐壁到防护墙的距离不应小于3m。

3.3.3 相邻液化石油气、天然气凝液及液化天然气单防罐储罐组的防火堤之间,应设消防道路。

3.3.4 同一防火堤、防护墙内储罐总容量及储罐数量应符合下列规定:

  1 全压力式或半冷冻式储罐数量不应多于12座且不应超过2排,沸点低于45℃甲$_B$类液体压力储罐总容积不宜大于60000m³;

  2 全冷冻式储罐总容量不应超过200000m³,储罐数量不宜多于2座;

3.3.5 防火堤、防护墙内的地面设计应符合下列规定:

1 防火堤和防护墙内应采用现浇混凝土地面,并宜设置不小于 0.5‰ 的坡度坡向排水沟和排水口。

2 储存酸、碱等腐蚀性介质的储罐组内的地面应做防腐蚀处理。

3.3.6 防火堤、防护墙内场地应设置集水设施,并应设置可控制开闭的排水设施。

3.3.7 储罐组内的隔堤、隔墙的设置应符合下列规定:

1 全压力式储罐组总容积大于 8000m³ 时应设隔墙,隔墙内各储罐容积之和不应大于 8000m³,当单罐容量大于或等于 5000m³ 时应每罐一隔;

2 全冷冻式单防罐组应每罐设置一隔堤;

3 沸点低于 45℃ 的甲$_B$类液体压力储罐隔堤内总容积不宜大于 8000m³,单罐容积大于或等于 5000m³ 时应每罐一隔。

4 防火堤的选型与构造

4.1 选 型

4.1.1 防火堤的选型宜符合下列规定:

1 防火堤宜选用土筑防火堤,也可采用钢筋混凝土防火堤、砌体防火堤、夹芯式防火堤,不宜采用浆砌毛石防火堤;

2 在用地紧张和抗震设防烈度 8 度及以上地区宜选用钢筋混凝土防火堤。

4.1.2 防护墙宜采用砌体结构。

4.2 构 造

4.2.1 防火堤、防护墙的基础埋置深度应根据工程地质、冻土深度和稳定性计算等因素确定,且不宜小于 0.5m。

4.2.2 储存酸、碱等腐蚀性介质的储罐组,防火堤堤身内侧应做防腐蚀处理。全冷冻式储罐组的防火堤,应采取防冷冻的措施。

4.2.3 采用浆砌毛石防火堤时,应内侧培土。

4.2.4 防火堤、防护墙、隔堤及隔墙的伸缩缝应根据建筑材料、气候特点和地质条件变化情况进行设置,并应符合下列规定:

1 伸缩缝的设置应符合现行国家标准《混凝土结构设计规范》GB 50010、《砌体结构设计规范》GB 50003 的规定;

2 伸缩缝不应设在交叉处或转角处;

3 伸缩缝缝宽宜为 30mm~50mm;

4 伸缩缝应采用非燃烧的柔性材料填充或采取其他可靠的构造措施。

4.2.5 防火堤内侧培土应符合下列规定:

1 防火堤内侧培土高度应与堤同高,培土顶面宽度不应小于

300mm。

2 培土应分层压实,坡面应拍实,压实系数不宜小于 0.90。

3 培土表面应做面层,面层应能有效地防止雨水冲刷、杂草生长和小动物破坏。面层可采用砖或预制混凝土块铺砌,砂浆灌缝,在四季常青地区,可用高度不超过 150mm 的人工草皮做面层。

4.2.6 土筑防火堤的构造应符合下列规定:

1 筑堤材料应为黏性土;

2 堤顶宽度不应小于 500mm;

3 筑堤土应分层夯实,坡面应拍实,压实系数不应小于 0.94;

4 土筑防火堤应设面层,并应符合本条第 3 款的规定。

4.2.7 钢筋混凝土防火堤的构造应符合下列规定:

1 堤身及基础底板的厚度应由强度及稳定性计算确定且不应小于 250mm;

2 受力钢筋应由强度计算确定并满足下列要求:

  1)钢筋混凝土防火堤应双向双面配筋;竖向钢筋直径不宜小于 12mm,水平钢筋直径不宜小于 10mm;钢筋间距不宜大于 200mm。

  2)钢筋的保护层厚度应按现行国家标准《混凝土结构设计规范》GB 50010 的规定执行;基础底板受力钢筋的保护层厚度当有垫层时,不应小于 40mm,无垫层时,不应小于 70mm。

  3)堤身的最小配筋和耐久性要求应按现行国家标准《混凝土结构设计规范》GB 50010 的规定执行。

4.2.8 砖、砌块防火堤的构造应符合下列规定:

1 防火堤堤身厚度应根据强度及稳定性计算确定,且不应小于 300mm。

2 普通砖和多孔砖的强度等级不应低于 MU10,其砌筑砂浆强度等级不应低于 M5,混凝土多孔砖的砌筑砂浆强度等级不应低于 Mb5,混凝土小型空心砌块的强度等级不应低于 MU7.5,其砌筑砂浆强度等级不应低于 Mb7.5;基础为毛石砌体时,毛石强度等级不应低于 MU30,浆砌应饱满密实并不得采用空心砖砌体。

3 堤顶应做现浇钢筋混凝土压顶,压顶在变形缝处应断开。

4 抗震设防烈度大于或等于 6 度的地区或地质条件复杂、地基沉降差异较大的地区宜采取加强整体性的结构措施。

5 夹芯式砖砌防火堤应符合下列构造要求:

  1)两侧砖墙厚度不宜小于 240mm;

  2)沿堤长每隔 1.5m~2.0m 宜设不小于 200mm 厚拉结墙与两侧墙咬槎砌筑;

  3)中间应填 300mm~500mm 厚度的黏土,且应分层夯实,压实系数不宜小于 0.90;

  4)堤顶应做现浇钢筋混凝土压顶,压顶在变形缝处应断开。

6 砌体防火堤的耐久性要求应符合现行国家标准《砌体结构设计规范》GB 50003 的有关规定。

4.2.9 浆砌毛石防火堤的构造应符合下列规定:

1 堤身及基础最小厚度应根据强度及稳定性计算确定且不应小于 500mm,基础构造应符合现行国家标准《建筑地基基础设计规范》GB 50007 的有关规定;

2 毛石强度等级不应低于 MU30,砂浆强度等级不宜低于 M10,浆砌应饱满密实;

3 堤顶应做现浇钢筋混凝土压顶,压顶在变形缝处应断开;

4 堤身应做 1:1 水泥砂浆勾缝。

4.2.10 防护墙、隔堤、隔墙的构造应符合下列规定:

1 砌体防护墙、隔堤、隔墙厚度不宜小于 200mm,应双面抹水泥砂浆,顶部宜设钢筋混凝土压顶,压顶在变形缝处应断开;

2 毛石防护墙、隔堤、隔墙厚度不宜小于 400mm,应双面水泥砂浆勾缝,顶部宜设钢筋混凝土压顶,压顶在变形缝处应断开。

5 防火堤的强度计算及稳定性验算

5.1 荷载效应和地震作用效应的组合

5.1.1 防火堤设计应按承载能力极限状态进行堤内满液工况荷载效应的基本组合计算。在 7 度及 7 度以上地区，应进行地震作用效应和其他荷载效应的基本组合计算。

5.1.2 进行堤内满液工况荷载效应基本组合计算时，荷载效应基本组合的设计值应按下式计算：

$$S = \gamma_G S_{Gk} + \gamma_Y S_{Yk} + \gamma_T S_{Tk} \qquad (5.1.2)$$

式中：S——荷载效应组合的设计值；

γ_G、γ_Y、γ_T——分别为堤身自重荷载、静液压力、静土压力荷载分项系数，取值按表 5.1.4 确定；

S_{Gk}——按堤身自重荷载标准值计算的效应值；

S_{Yk}——按静液压力荷载标准值计算的效应值；

S_{Tk}——按静土压力荷载标准值计算的效应值。

5.1.3 地震作用效应和其他荷载效应的基本组合计算时，荷载效应和地震作用效应组合的设计值应按下式计算：

$$S = \gamma_G S_{GE} + \gamma_Y S_{GY} + \gamma_T S_{GT} + \Psi \gamma_{Eh} \sum_{i=1}^{n} (S_{EGk} + S_{EYk} + S_{ETk})$$

$$(5.1.3)$$

式中：γ_G、γ_Y、γ_T——分别为堤身自重荷载、静液压力、静土压力荷载分项系数，取值按表 5.1.4 确定；

γ_{Eh}——水平地震作用分项系数，取值按表 5.1.4 确定；

S_{GE}——按堤身自重荷载代表值计算的效应值；

S_{GY}——按静液压力荷载代表值计算的效应值；

S_{GT}——按静土压力荷载代表值计算的效应值；

S_{EGk}、S_{EYk}、S_{ETk}——分别为按堤身水平地震作用标准值、水平动液压力标准值和水平动土压力标准值计算的效应值；

Ψ——组合值系数，可取 0.6。

5.1.4 荷载效应和地震作用效应基本组合的分项系数应符合下列规定：

1 截面强度计算时，分项系数应按表 5.1.4 采用，当结构自重荷载效应对结构承载力有利时，γ_G 取 1.0；

2 进行稳定性验算时，各分项系数均取 1.0。

表 5.1.4 荷载效应和地震作用效应基本组合的分项系数

所考虑的组合	γ_G	γ_Y	γ_T	γ_{Eh}
堤内满液工况荷载效应基本组合	1.2	1.0	1.2	—
地震作用和其他荷载效应基本组合	1.2	1.0	1.2	1.3

注：表中"—"号表示组合中不考虑该项荷载或作用效应。

5.2 荷载、地震作用及内力计算

5.2.1 自重荷载标准值可按下式计算：

$$G_{1k} = \gamma B_1 H_1 \qquad (5.2.1)$$

式中：G_{1k}——每米堤长计算截面以上堤身自重荷载标准值（kN/m）；

H_1——计算截面至堤顶面的距离（m）；

B_1——计算截面以上堤身的平均厚度（m）；

γ——材质重度（kN/m³）。

5.2.2 防火堤内侧所受的静液压力荷载标准值（图 5.2.2）可按下列公式计算：

$$p_{Yk} = \gamma_y Z \qquad (5.2.2-1)$$

$$P_{Yk} = \frac{1}{2} \gamma_y H_Y^2 \qquad (5.2.2-2)$$

$$M_{Yk} = P_{Yk} H_0 \qquad (5.2.2-3)$$

$$H_0 = \frac{1}{3} H_Y \qquad (5.2.2-4)$$

式中：p_{Yk}——每米堤长静液压力沿液体深度分布的水平荷载标准值（kN/m²）；

γ_y——堤内液体重度，取 10kN/m³；

Z——液体深度（m）；

P_{Yk}——计算截面以上每米堤长静液压力合力标准值（kN/m）；

H_Y——计算截面至液面距离（m）；

M_{Yk}——计算截面以上每米堤长静液压力合力对计算截面的弯矩标准值（kN·m/m）；

H_0——计算截面以上每米堤长静液压力合力位置至计算截面的距离（m）。

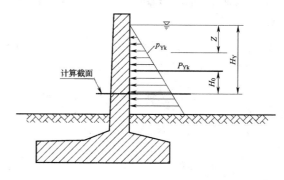

图 5.2.2 静液压力计算示意图

5.2.3 防火堤内培土的静土压力荷载标准值（图 5.2.3）可按下列要求计算：

1 图 5.2.3 中的折线 AFD 为土压力分布曲线，F 为转折点，其压力分布可按下列公式计算：

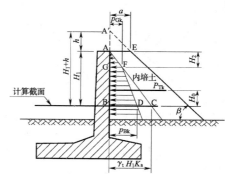

图 5.2.3 内培土压力计算示意图

$$p_{Ak} = 0 \qquad (5.2.3-1)$$

$$p_{Gk} = \gamma_t H_2 K_a \qquad (5.2.3-2)$$

$$H_2 = \frac{K_a' h}{K_a - K_a'} \qquad (5.2.3-3)$$

$$h = a \tan \beta \qquad (5.2.3-4)$$

当 $H_1 < H_2$ 时，

$$p_{Bk} = \gamma_t H_1 K_a \qquad (5.2.3-5)$$

当 $H_1 \geqslant H_2$ 时，

$$p_{Bk} = \gamma_t (H_1 + h) K_a' \qquad (5.2.3-6)$$

$$K_a = \tan^2 \left(45° - \frac{\phi}{2}\right) \qquad (5.2.3-7)$$

$$K_a' = \frac{\cos^2 \phi}{\left(1 + \sqrt{\frac{\sin\phi \sin(\phi+\beta)}{\cos\beta}}\right)^2} \qquad (5.2.3-8)$$

式中：p_{Ak}、p_{Bk}——分别为堤顶和计算截面处每米堤长静土压力分布荷载标准值（kN/m²）；

p_{Gk}——土压力分布曲线转折处的每米堤长静土压力分布荷载标准值（kN/m²）；

h——培土坡线与堤背延长线的交点 A′至堤顶的距离（m）；

a——培土顶面宽度(m);

H_1——计算截面以上培土高度(m);

H_2——压力分布曲线转折点至堤顶的距离(m);

β——培土坡面与水平面的夹角(°);

γ_t——土体重度,可取 $16kN/m^3 \sim 18kN/m^3$;

K_a——以 AB 为光滑堤背而填土面为水平时的主动土压力系数,可按式(5.2.3-7)计算或按本规范附录 A 表 A.0.1 确定;

K'_a——以 A'B 为假想堤背而培土坡面与水平成 β 角时的主动土压力系数可按式(5.2.3-8)计算或按本规范附录 A 表 A.0.2 确定;

ϕ——培土的内摩擦角(°),当无实验资料时,可根据土的性质取 $35° \sim 40°$。

2 当 $H_1 < H_2$ 时,土压力合力及弯矩可按下列公式计算:

$$P_{Tk} = \frac{1}{2} p_{Bk} H_1 \qquad (5.2.3-9)$$

$$M_{Tk} = P_{Tk} H_0 \qquad (5.2.3-10)$$

$$H_0 = \frac{1}{3} H_1 \qquad (5.2.3-11)$$

式中:P_{Tk}——计算截面以上每米堤长静土压力合力标准值(kN/m);

M_{Tk}——计算截面以上每米堤长静土压力合力对计算截面的弯矩标准值(kN·m/m);

H_0——计算截面以上每米堤长静土压力合力作用位置至计算截面的距离(m)。

3 当 $H_1 \geqslant H_2$ 时,土压力合力及弯矩可按下列公式计算:

$$P_{Tk} = \frac{1}{2} p_{Gk} H_1 + \frac{1}{2} p_{Bk} (H_1 - H_2) \qquad (5.2.3-12)$$

$$M_{Tk} = P_{Tk} H_0 \qquad (5.2.3-13)$$

$$H_0 = \frac{p_{Gk} H_1 (2H_1 - H_2) + p_{Bk} (H_1 - H_2)^2}{3[p_{Gk} H_1 + p_{Bk} (H_1 - H_2)]} \qquad (5.2.3-14)$$

5.2.4 防火堤受到的水平地震作用的计算应符合下列规定:

1 钢筋混凝土防火堤的水平地震作用(图 5.2.4-1)标准值可按下列公式计算:

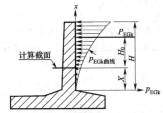

图 5.2.4-1　钢筋混凝土防火堤水平地震作用计算示意图

$$p_{EGk} = \eta_1 \alpha_{max} \gamma B_1 \left(1 - \cos \frac{\pi x}{2H}\right) \qquad (5.2.4-1)$$

$$P_{EGk} = \eta_1 \alpha_{max} \alpha_1 \gamma B_1 H \qquad (5.2.4-2)$$

$$M_{EGk} = P_{EGk} H_0 \qquad (5.2.4-3)$$

$$H_0 = \alpha_2 H \qquad (5.2.4-4)$$

式中:p_{EGk}——每米堤长水平地震作用分布值(kN/m²);

P_{EGk}——计算截面以上每米堤长水平地震作用合力标准值(kN/m);

M_{EGk}——计算截面以上每米堤长水平地震作用合力对计算截面的弯矩标准值(kN·m/m);

α_{max}——水平地震影响系数最大值,当设防烈度为 7 度、8 度和 9 度时分别取 0.08(0.12)、0.16(0.24)和 0.32,括号内数值分别用于设计基本地震加速度为 0.15g 和 0.30g 的地区;

η_1——钢筋混凝土防火堤基本振型参与系数,取 1.6;

X——计算截面至基础顶面的距离(m);

α_1、α_2——根据 X/H 值求得的相应系数,按表 5.2.4 确定;

H_0——计算截面以上每米堤长水平地震作用合力作用点

至计算截面的距离(m);

H——基础顶面至堤顶的高度(m);

B_1——计算截面以上堤身平均厚度(m)。

2 砖、砌块及毛石防火堤的水平地震作用(图 5.2.4-2)可按下列公式计算:

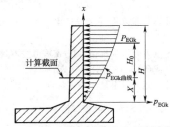

图 5.2.4-2　砖、砌块及毛石防火堤水平地震作用计算示意图

$$p_{EGk} = \eta_2 \alpha_{max} \gamma B_1 \sin \frac{\pi x}{2H} \qquad (5.2.4-5)$$

$$P_{EGk} = \eta_2 \alpha_{max} \alpha_3 \gamma B_1 H \qquad (5.2.4-6)$$

$$M_{EGk} = P_{EGk} H_0 \qquad (5.2.4-7)$$

$$H_0 = \alpha_4 H \qquad (5.2.4-8)$$

式中:η_2——砖、砌块及毛石防火堤基本振型参与系数,取 1.27;

α_3、α_4——根据 X/H 比值求得的相应系数,按表 5.2.4 确定。

表 5.2.4　系数 α_1、α_2、α_3、α_4 数值表

X/H	α_1	α_2	α_3	α_4	X/H	α_1	α_2	α_3	α_4
0.00	0.3634	0.7393	0.6366	0.6878	0.30	0.3524	0.4554	0.5672	0.3902
0.05	0.3633	0.6895	0.6347	0.5885	0.35	0.3460	0.4133	0.5428	0.3566
0.10	0.3630	0.6394	0.6288	0.5437	0.40	0.3376	0.3729	0.5150	0.3245
0.15	0.3620	0.5917	0.6190	0.5019	0.45	0.3268	0.3345	0.4841	0.2935
0.20	0.3601	0.5447	0.6055	0.4625	0.50	0.3135	0.3591	0.4502	0.2636
0.25	0.3570	0.4992	0.5882	0.4253	0.55	0.2975	0.2621	0.4135	0.2348

续表 5.2.4

X/H	α_1	α_2	α_3	α_4	X/H	α_1	α_2	α_3	α_4
0.60	0.2784	0.2284	0.3742	0.2069	0.80	0.1688	0.1063	0.1967	0.1010
0.65	0.2562	0.1959	0.3326	0.1797	0.85	0.1324	0.0784	0.1486	0.0755
0.70	0.2306	0.1649	0.2890	0.1529	0.90	0.0922	0.0510	0.0996	0.0500
0.75	0.2015	0.1351	0.2436	0.1268	0.95	0.0480	0.0261	—	—

5.2.5 地震作用时,防火堤内水平动液压力标准值(图 5.2.5)可按下列公式计算:

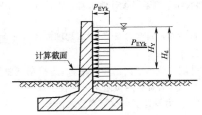

图 5.2.5　水平动液压力计算示意图

$$p_{EYk} = 1.25 \alpha_{max} \gamma_y H_d f_d \qquad (5.2.5-1)$$

$$P_{EYk} = p_{EYk} H_Y \qquad (5.2.5-2)$$

$$M_{EYk} = \frac{1}{2} P_{EYk} H_Y^2 \qquad (5.2.5-3)$$

式中:p_{EYk}——每米堤长水平动液压力标准值(kN/m²);

f_d——水平动液压力系数,取 0.35;

H_d——液体深度(m);

P_{EYk}——计算截面以上每米堤长水平动液压力合力标准值(kN/m);

M_{EYk}——计算截面以上每米堤长水平动液压力合力对计算截面的弯矩标准值(kN·m/m);

H_Y——计算截面至液面的距离(m)。

5.2.6 地震作用时,防火堤培土的水平动土压力标准值可按下列公式计算:

$$P_{ETk} = 1.25\alpha_{max}P_{Tk}\tan\phi \quad (5.2.6\text{-}1)$$

$$M_{ETk} = 0.4H_T P_{ETk} \quad (5.2.6\text{-}2)$$

式中:P_{ETk}——计算截面以上每米堤长水平动土压力合力标准值(kN/m);

M_{ETk}——计算截面以上每米堤长水平动土压力合力对计算截面的弯矩标准值(kN·m/m);

P_{Tk}——土压力合力标准值(kN/m),可按本规范式(5.2.3-9)或(5.2.3-12)计算确定;

H_T——计算截面以上培土高度(m)。

5.3 强度计算

5.3.1 防火堤应进行截面强度计算。

5.3.2 防火堤截面强度计算应符合下列规定:

1 防火堤截面强度应符合下式要求:

$$\gamma_0 S \leqslant R \quad (5.3.2\text{-}1)$$

式中:γ_0——结构重要性系数,取 1.0;

S——荷载效应组合设计值,按本规范式 5.1.2 计算;

R——防火堤抗力设计值,按各现行有关规范确定。

2 防火堤截面抗震强度验算应符合下式要求:

$$S \leqslant R/\gamma_{RE} \quad (5.3.2\text{-}2)$$

式中:γ_{RE}——防火堤承载能力抗震调整系数,对于钢筋混凝土防火堤,取 0.85;对于其他防火堤,取 1.0;

S——荷载效应组合设计值,按本规范式 5.1.3 计算。

5.3.3 基础强度和地基承载力计算应符合现行国家标准《建筑地基基础设计规范》GB 50007 的有关规定。

5.4 稳定性验算

5.4.1 防火堤的稳定性验算应包括抗滑验算和抗倾覆验算。

5.4.2 防火堤抗滑验算应符合下列规定:

1 防火堤抗滑验算应符合按下式要求:

$$(R_H + P_P)/P \geqslant 1.3 \quad (5.4.2\text{-}1)$$

式中:P——防火堤每米堤长所承受的总水平荷载设计值(kN/m),按式 5.1.2 和式 5.1.3 计算确定;

R_H——每米堤长基础底面摩擦阻力设计值(kN/m),按式 5.4.2-2 计算确定;

P_P——每米堤长被动土压力设计值(kN/m),按式 5.4.2-3 计算确定。

2 基础底面摩擦阻力设计值可按下式计算:

$$R_H = \mu G \quad (5.4.2\text{-}2)$$

式中:G——每米堤长自重及覆土传至基础底面的垂直荷载合力设计值(kN/m);

μ——基础与地基之间的摩擦系数,应根据试验资料取值;当无试验资料时按附录 B 取值。

3 被动土压力设计值可按下列公式计算:

$$P_P = \frac{1}{2}\eta\gamma_t d^2 K_P + 2\eta Cd\sqrt{K_P} \quad (5.4.2\text{-}3)$$

$$K_P = \tan^2\left(45° + \frac{\phi}{2}\right) \quad (5.4.2\text{-}4)$$

式中:η——被动土压力折减系数,取 0.3;

d——基础埋置深度(m);

K_P——被动土压力系数,按式(5.4.2-4)计算或按本规范附录 A 表 A.0.3 确定;

C——黏性地基土的黏结力(kN/m²);

ϕ——地基土的内摩擦角(°)。

5.4.3 防火堤抗倾覆验算(图 5.4.3)应符合下列规定:

1 防火堤抗倾覆验算应符合下式要求:

$$M_W/M \geqslant 1.6 \quad (5.4.3\text{-}1)$$

式中:M——各倾覆力矩换算至基础底面并按 5.1.2 条和 5.1.3 条

进行组合后的每米堤长总力矩设计值(kN·m/m);

M_W——每米堤长垂直荷载合力产生的稳定力矩设计值(kN·m/m),按式(5.4.3-2)计算。

2 稳定力矩设计值可按下式计算:

$$M_W = eG \quad (5.4.3\text{-}2)$$

式中:e——垂直荷载合力作用线至基础前端的水平距离(m)。

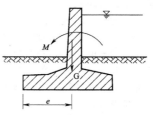

图 5.4.3 防火堤抗倾覆验算简图

附录 A 土压力系数表

A.0.1 主动土压力系数 K_a 可按表 A.0.1 确定。

表 A.0.1 主动土压力系数 K_a($\alpha=0;\delta=0$)

$\phi(°)$	20	22	25	28	30	32	34
K_a	0.490	0.455	0.406	0.147	0.333	0.307	0.283
$\phi(°)$	36	38	40	42	45	48	50
K_a	0.260	0.238	0.217	0.198	0.172	0.147	0.132

A.0.2 主动土压力系数 K_a' 可按表 A.0.2 确定。

表 A.0.2 主动土压力系数 K_a'($\alpha=0;\delta=0$)

内摩擦角 $\phi(°)$	培土坡度 $\beta(°)$			
	30	35	40	45
22	0.343	0.328	0.313	0.298
25	0.308	0.295	0.282	0.268
28	0.276	0.265	0.253	0.241
30	0.257	0.247	0.236	0.225
32	0.239	0.229	0.219	0.209
34	0.221	0.213	0.204	0.194
36	0.205	0.197	0.189	0.180
38	0.189	0.182	0.174	0.167
40	0.174	0.168	0.161	0.154
42	0.160	0.154	0.148	0.151
45	0.140	0.135	0.130	0.125
48	0.122	0.118	0.114	0.109

A.0.3 被动土压力系数 K_P 可按表 A.0.3 确定。

表 A.0.3 被动土压力系数 K_P

$\phi(°)$	22	24	26	28	30	32	34	36	38	40	42
K_P	2.20	2.37	2.56	2.77	3.00	3.25	3.54	3.85	4.20	4.60	5.04

附录 B 防火堤基底的摩擦系数

表 B 土对防火堤基底的摩擦系数 μ

土 的 类 别		摩擦系数 μ
黏性土	可塑	0.25～0.30
	硬塑	0.30～0.35
	坚硬	0.35～0.45
粉土		0.30～0.40
中砂、粗砂、砾砂		0.40～0.50
碎石土		0.40～0.60
软质岩		0.40～0.60
表面粗糙的硬质岩		0.65～0.75

注:1 对易风化的软质岩和塑性指数 $I_p>22$ 黏性土,μ 值应经试验确定;
    2 对碎石土,可根据其密实度、填充物状况、风化程度等确定。

中华人民共和国国家标准

储罐区防火堤设计规范

GB 50351-2014

条 文 说 明

1 总 则

1.0.1 防火堤、防护墙是储罐区的重要防护措施,在事故状态下能对事故液进行有效的防控,极大限度地将事故控制在较小的范围,防止事故蔓延,为消防赢得时间。本条说明了本规范的制定目的。

1.0.2 本条规定了本规范适用的范围。

1.0.4 本规范作为国家标准,应同时符合其他相关现行国家标准的有关规定,如《石油储备库设计规范》GB 50737、《石油库设计规范》GB 50074、《石油天然气工程设计防火规范》GB 50183、《建筑结构荷载规范》GB 50009、《混凝土结构设计规范》GB 50010、《砌体结构设计规范》GB 50003、《建筑抗震设计规范》GB 50011、《建筑地基基础设计规范》GB 50007 等。

39

2 术　语

2.0.3、2.0.4 本规范将隔堤与防火堤的功能严格加以区分：只有防火堤才具有储罐发生泄漏事故时防止液体外流的功能，而隔堤不需要赋予这项功能。如果赋予隔堤与防火堤相同的功能，则由于隔堤可能分别受到两个方向的液体压力，其截面的结构尺寸将比防火堤大得多，显然在经济上并不合理。本规范明确规定，隔堤的作用就是在储罐发生少量泄漏事故（如冒顶）时，把液体污染范围控制在一个较小的区域内，便于收集、清洁与处理。

2.0.9 对于土堤或内培土防火堤，内堤脚线指土堤内侧或培土坡面与设计地面的交线。

2.0.10 对于土堤，外堤脚线指土堤外侧坡面与设计地面的交线。

3 防火堤、防护墙的布置

3.1 一般规定

3.1.1 防火堤主要用于油罐区及全冷冻式储罐区，防护墙主要用于全压力式球罐区。

3.1.2 本条为强制性条文，必须严格执行。储罐区发生泄漏和火灾时，火场温度达到 1000 多摄氏度，防火堤和防护墙只有采用不燃烧材料建造才能抵抗这种高温烧烤，并在耐火时间内能承受事故液压力且不渗漏，便于消防灭火工作；防火堤的密封性要求，是对防火堤的功能提出的最基本要求。现场调研发现，许多储罐区的防火堤的堤身有明显的裂缝，或没有封闭温度缝，或管道穿堤处没有密封。这些现象导致防火堤不严密，一旦发生事故，后果不堪设想。因此，作出该条文规定。

3.1.3 由于各相应规范针对不同的储存介质特性，对防火堤的防火性能作了相应规定，本条规定不同性质的介质采用相应规范的相关条款，不再对防火堤的防火性能作具体规定。提高防火堤的防火性能可以采取如下措施：在堤内侧培土、衬砌、喷涂高温隔热防火涂料等。

3.1.4 本条为保证防火堤、防护墙的严密性，防止渗漏。

3.1.5 防火堤、防护墙内场地宜设置排水明沟，是为了满足罐组内场地排水的要求。

3.1.6 本条 1、2、3、4 款是为防止防火堤、防护墙的基础受到沟内雨水的侵蚀。第 5 款，排水明沟设置格栅盖板是为了满足巡检方便的要求；格栅盖板应为防火、防腐型，是从防火安全的角度作出的规定。

3.1.7 本条为强制性条文，必须严格执行。踏步的设置不仅要满足日常巡检的需要，而且要满足事故状态下人员逃生及消防的需要。防火堤、防护墙上应有方便工人进出罐组的踏步，一个罐组踏步数不应少于 2 个，并应处于不同方位，是为便于罐组人员安全脱离火场。隔堤、隔墙是同一罐组内的间隔，操作人员需经常翻越往来操作，故隔堤、隔墙均需设人行踏步。

3.1.8 相邻踏步、坡道或爬梯之间距离不宜大于 60m 是为便于紧急情况下，相关人员在体能尚且充沛的时间段内就近找到逃生通道迅速撤离。高度大于或等于 1.2m 的踏步或坡道设防护栏是为了保障人员通行的安全。

3.2 油罐组防火堤的布置

3.2.1 本条是对防火堤内油品储罐分组布置的要求：

1 火灾危险性相同或相近的油品储罐，具有相同或相近的火灾特点和防护要求，布置在同一个罐组内有利于油罐之间相互调配和采取统一的消防设施，可节省输油管道和消防管道，提高土地利用率，也方便了管理。考虑到石油化工企业进行改建、扩建的过程中，有些储罐可能改作储存其他物料，从而造成同一罐组内物料的火灾危险性类别不同，但从其危险性来看，由于其容量比较小，不会造成大的危害，因此，规定"当单罐容积小于或等于 1000m³ 时，火灾危险性类别不同的常压储罐也可布置在同一防火堤内，但应设置隔堤将其分开。"

2 沸溢性油品是指含水并在燃烧时具有热波特性的油品，如原油、渣油、重油等。这类油品含水率一般为 0.3%～4.0%。沸溢性油品消防时，油品容易从油罐中溢出来，导致火油流散，扩大火灾范围，影响非沸溢油品储罐的安全，故不宜布置在同一罐组内。但泄压罐一般为空罐，并不储存油品，可以单独成组布置。

3 液化石油气、液化天然气、天然气凝液储罐是在外界物理条件作用下，由气态变为液态的储存方式，这样的储罐往往是在常温情况下压力增大，储罐处在内压力较大的状态下，储存物质的闪点低、爆炸下限低。一旦出现事故，就是瞬间的爆炸，而且，除了切断气源外还没有有效的扑救手段，事故危害的距离和范围都非常大，产生的次生灾害严重。而无论何种油品储罐，均为常温常压液态储存，事故分跑、冒、滴、漏和裂罐起火燃烧，可以采取有效的扑救措施，事故的可控性也较大。火灾危险性质不一样，事故性质和波及范围不一样，消防和扑救措施不相同的这两种储罐，是不能同组布置在一起的。

4 可燃液体的压力储罐的储存形式、发生火灾时的表现形态、采取的消防措施等与液化烃全压力储罐相似，因此，可以与液化烃全压力储罐同组布置。

5 低压储罐是指设计操作的气体或蒸汽压力高于 2.5 磅每平方英寸（表压，0.017MPa）而低于 15 磅每平方英寸（表压，0.1MPa）的储罐。可燃液体的低压储罐的储存形式、采取的消防冷却措施等与可燃液体的常压储罐相似；可燃液体采用低压储罐储存时，减少了油气挥发损耗，比常压储罐储存更安全。因此可燃液体的低压储罐可与可燃液体的常压储罐同组布置。

6 地上立式油罐、高位油罐、卧式油罐的罐底标高、管线标高等均不相同，消防要求也不尽相同，放在一个罐组内对操作、管理、设计和施工等都不方便，故不宜同组布置。

3.2.2 本条对同一防火堤内油罐数量及容量作出限制：

1～3 随着石油工业的发展，油罐的单罐容量越来越大，浮顶油罐单罐容量已经达到 15×10⁴m³ 及以上，固定顶油罐也达到了 5×10⁴m³ 及以上，且自动化控制水平及消防水平也有很大提高，面对日益增大的罐容量和库容量，参照国内外的大容量油库设计规定和经验，在考虑安全的前提下，为节约土地，合理考虑平面布局，故规定固定顶油罐组及固定顶与浮顶、内浮顶组成的混合油罐组不应大于 120000m³；钢制盘内浮顶油罐组不应大于 360000m³；易熔材料浮盘内浮顶油罐组不应大于 240000m³；外浮顶油罐组不应大于 600000m³。混合罐组在设计中经常出现，由于浮顶、内浮油罐发生整个罐内表面火灾事故的频率为 1.2×10⁻⁴/(罐·年),目前还没有着火的浮顶、内浮顶油罐引燃邻近油罐的案例。所以浮顶、内浮顶油罐比固定顶油罐安全性高,故规定浮顶、内浮顶油罐的容积可折半计算。

4 一个油罐组内,油罐座数越多发生火灾的机会就越多,单罐容量越大,火灾损失及危害也越大,为了控制火灾范围和灾后的损失,故根据油罐容量大小规定了罐组内油罐最多座数。由于丙$_B$类油品油罐不易发生火灾,而罐容小于 1000m³ 时,发生火灾容易扑救,因此,对这两种情况下油罐组内油罐数量不加限制。

5 油罐在油罐组内的布置不允许超过 2 排,主要是考虑油罐火灾时便于消防人员进行扑救操作。如超过 2 排,因四周都为油罐包围,将给扑救工作带来较大的困难,同时,火灾范围也容易扩大,次生灾害损失也大。储存丙$_B$类油品、单罐容量小于 1000m³ 的油罐火灾发生概率小,容易扑灭,影响面也小,故这种情况的油罐可以布置成不越过 4 排,以节省投资和用地。丙$_B$类液体储罐不容易起火,且扑救易,尤其是润滑油罐从未发生过火灾,因此润滑油罐的单罐容积和排数不作限制,可集中多排布置。

3.2.3 本条规定了油罐罐壁到防火堤内堤脚线的距离,对于隔堤到油罐罐壁的距离,设计人员可以根据操作要求确定,规范不再作出规定。油罐罐壁与防火堤内堤脚线的间距为罐壁高度的一半,是考虑到油罐罐壁破裂或穿孔的概率较高的部位及最大喷射水平距离等因素规定的,最大喷射水平距离约为罐壁高度的一半。在山边的油罐罐壁距挖方坡脚间距取为 3m,是因为一不存在油流从这个方向射流出罐组的可能,安全可以保证;二是 3m 间距可以满足抢修要求。为节约用地作此规定。

3.2.4 为了满足消防要求,油罐组之间应设置消防车道,当受地形条件限制时,两个罐组防火堤外侧坡脚线之间应留有不小于 7m 的空地,主要是为了满足油罐区发生火灾时,考虑到消防作业时的通行要求,便于对事故油罐的各个侧面进行扑救,同时,也能减小事故油罐对相邻油罐组的影响。

3.2.5 本条是对防火堤内有效容积的规定。

固定顶油罐,油品装满半罐的油罐如果发生爆炸,大部分是炸开罐顶。因为罐顶强度相对较小,且罐气聚集在液面以上,一旦起火爆炸,掀开罐顶的很多,而罐底罐壁则能保持完好。根据有关资料介绍,在 19 起油罐火灾导致油罐破坏事故中,有 18 起是破坏罐顶的,只有一次是爆炸后撕裂罐底的(原因是罐的中心柱与罐底板焊死)。另外在一个罐组内,同时发生一个以上的油罐破裂事故的几率极小。因此,规定油罐组防火堤内的有效容积不小于罐组内一个最大油罐的容积是合适的。

虽然国内外火灾事故实例中,尚未出现过浮顶油罐罐底破裂的事故,但一旦发生此类重大事故,产生的大量泄漏可燃液体不仅会对周围设施产生火灾事故威胁,对周围环境也将产生重大污染及影响。因此,本次修订将原条文浮顶、内浮顶油罐防火堤内有效容积改为油罐组内一个最大油罐的容积,以将可能泄露的大量可燃液体控制在防火堤内。

防火堤内有效容积:日本规范规定为防火堤内最大储罐容积的 110%,美国消防规范 NFPA 30《易燃和可燃液体规范》(Flammable & Combustible Liquids Code)规定为防火堤内最大储罐容积的 100%。油罐破裂,存油全部流出的情况虽然罕见,但一旦发生破裂,其产生的后果是非常严重的。例如:20 世纪 50 年代,英国一台 20000m³ 油罐在上水试压时发生脆性破裂,水在瞬间流出油罐,冲毁防火堤并冲入泵房,造成灾害;1974 年,日本三菱石油水岛炼厂一台 50000m³ 油罐,由于不均匀沉降,在罐体底部角缝处发生破裂,沿罐壁撕开,罐中油品瞬时冲出将防火堤冲毁,油品四处蔓流;1997 年,某石化厂 4# 原油罐由于罐底搭接焊缝开裂 24.5m,造成大量原油泄漏,1500t 原油流入污油池,5500t 原油流入水库;1998 年,该石化厂 1# 原油罐由于罐基础局部下沉,罐底搭接焊缝开裂,造成大量原油泄漏,1000t 原油流入隔油池,400t

原油流入污油池,3000t 原油流入水库。以上事例表明,油罐罐底发生破裂的可能性是存在的。因此,规定防火堤内有效容积不应小于罐组内最大一个储罐有效容量。这包括了浮顶、内浮顶油罐组。

3.2.6 防火堤内有效容积对应的计算液面是液体外溢的临界面,故防火堤顶面应比计算液面高出 0.2m。防火堤的下限高度规定为 1.0m,是为了掩护消防人员操作受不到热辐射的伤害,防止消防水及泡沫液外溢,另一方面也限制罐组占地过大的现象发生。立式油罐组的防火堤高上限规定为 3.20m,主要是考虑在基本满足消防人员操作视野要求的前提下,将防火堤规定为一个较高的高度,在同样占地面积情况下,使防火堤的有效容积能达到一个较大值,对节约用地具有积极意义。

3.2.7 防火堤有效容积的计算,设计人员常常有错误发生。为统一计算方法,本条给出计算公式,公式中各参数的图示见图 1。

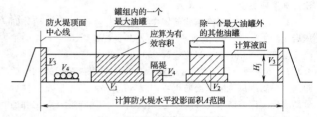

图 1　防火堤有效容积计算示意

3.2.8 本条对防火堤内地面的设计作出要求:

1 对于大部分地区,为了排除雨水或消防水,堤内地面一般要设置 0.5% 的设计地面坡度。调研发现,湿陷性黄土、膨胀土、盐渍土地区,在降雨或喷淋试水后地面产生沉降或膨胀,可能危害到储罐和防火堤的基础安全,所以对于特殊土类应采取预防措施,防止水害。

2 南方地区,四季常青,堤内种植草坪,既可降低地面温度,又可美化环境。

3 堤内设置巡检道是为了便于日常的维护与巡检作业。

4 对土壤渗透性很强的地区,为防止储罐渗漏物对附近地下水源及环境的污染,提出堤内地面应采取防渗漏措施的要求。

3.2.9 储罐组堤内雨水排放的问题是有关安全的一个重要方面,目前许多储罐区场地的雨水排放设备不完善。为彻底解决这个问题,杜绝因此而带来的安全隐患,本条规定储罐区应设置安全可靠的截油排水设备,避免油流的外泄。对不存在环境污染的地段,在年累积降雨量不大于 200mm 或降雨在 24h 内可渗完的,可不设雨水排除设施。

3.2.10 防火堤内设计地坪如果高于堤外消防道路路面或地面,不仅加大防火堤高,使防火堤设计断面加大,而且不安全。利用地形处理成内低外高的布置方式,可大大提高储罐组的安全性(如秦皇岛油库、舟山国家石油储备基地)。所以,当地形条件允许时,宜采用储罐组内地坪下沉、堤外道路高路基的布置方式。

3.2.11 大型储罐在检修时,往往要进出大型起重设备和车辆,如果不设置进出储罐组的道路,势必要在防火堤上扒出缺口,即使再恢复,也难以达到原有的强度和严密性。所以,本条要求设置进出储罐组的坡道,并从防火堤顶越过。

3.2.12 油罐除了可能发生破裂事故外,在使用过程中冒罐、漏油等事故也时有发生。为了把油罐事故控制在最小的范围内,把一定数量的油罐用隔堤分开是非常必要的,使污染及扑救在尽可能小的范围内进行,以减小损失。沸溢性油品储罐在着火时易向罐外沸溢出泡沫状的油品,为了限制其影响范围,不管油罐容量大小,规定其最多两个罐一隔。对于非沸溢性的丙$_B$类油品储罐,由于其事故概率低,且出现事故时易于扑灭、影响范围小,故规定可不设置隔堤。根据隔堤的定义及功能,将隔堤的高度规定为 0.5m～0.8m 是合适的,既满足功能的要求,又简化了结构尺寸。

3.3 液化石油气、天然气凝液、液化天然气及其他储罐组防火堤、防护墙的布置

3.3.1 本条规定防火堤、防护墙及隔堤、隔墙的高度：

1 全冷冻式液化烃储罐，防火堤内有效容积不应小于一个最大储罐的容积，是考虑到一旦罐体发生破裂等事故时，在一定的时间内罐体流出的液体不会马上气化，仍保持液体状态，为把事故液体控制在防火堤的圈闭范围内，所以防火堤的有效容积不应小于一个最大储罐的容积。美国石油协会标准 API Std 2510《液化石油气(LPG)设施的设计和建造》(Design and Construction of LPG Installations)也规定"围堤内的容积应考虑该围堤内扣除其他容器或储罐占有的容积后，至少为最大储罐容积的100％"。全冷冻式储罐组防火堤高度通过计算进行确定，计算时应满足防火堤内有效容积应能容纳储罐组内一个最大储罐的容量、防火堤高度应比计算液面高出 0.2m 等条件。

2 全压力式、半冷冻式储罐组内罐体发生事故以后，液体卸压后变为下沉气，在一定高度范围内对其进行防护，因此规定防护墙高度宜为 0.6m，隔墙高度宜为 0.3m。

3.3.2 本条规定了储罐罐壁与防火堤或防护墙内基脚线之间的距离。单防罐储罐罐壁至防火堤内基脚线的距离，不应小于储罐最高液位高度与防火堤高度之差加上液面上气相当量压头之和的规定是参照美国消防规范 NFPA 59《液化天然气(LNG)的生产、储存和运输》〔A Standard for the Production, Sroeage, and Handling of Liquefied Natural Gas(LNG)〕确定的。

3.3.3 相邻液化石油气、天然气凝液及液化天然气储罐组的储罐之间应设置消防道路，是为了满足消防作业、保障安全的需要。

3.3.4 本条规定储罐组总容量及储罐数量：

1 储罐组罐体泄漏的几率主要取决于储罐数量，数量越多，泄漏的可能性越大，故对储罐组内总容积及储罐的数量进行限制。储罐不应超过 2 排是为了方便消防。

2 全冷冻式储罐组内储罐数量不宜多于 2 座，主要是考虑减少事故概率。美国石油协会标准 API Std 2510《液化石油气(LPG)设施的设计和建造》(Design and Construction of LPG Installations)也规定"两个具有相同基本结构的储罐可置于同一围堤内"。

3.3.5 本条规定防火堤、防护墙内的地面处理方式：

1 防火堤、防护墙内地面予以铺砌，主要是考虑到减少地面粗糙度，减少事故影响程度，便于清洁和管理。铺砌地面设置不小于 0.5％的坡度，主要是考虑到排水方便。

2 储存酸、碱等腐蚀性介质的储罐组内的地面应做防腐蚀处理，主要是考虑到一旦储罐发生渗漏及破裂等事故，会腐蚀地面及影响到防火堤、防护墙的严密性。

3.3.6 防火堤、防护墙内应设置集水设施及安全可靠的排水设施，以保证雨水及喷淋冷却水能顺利快捷地排出储罐组。

3.3.7 本条规定全压力式和全冷冻式储罐组内隔堤的设置，目的是当储罐发生事故时，把这些事故控制在较小的范围内，使污染及扑救在尽可能小的范围内进行，以减小损失。另外，对全冷冻式储罐组考虑每罐一隔，也参照了美国石油协会标准《液化石油气(LPG)设施的设计和建造》API Std 2510(Design and Construction of LPG Installations)的规定："两个具有相同基本结构的储罐可置于同一围堤内。在两个储罐间设隔堤，隔堤的高度应比周围的围堤低 1ft"。

4 防火堤的型式与构造

4.1 选 型

4.1.1 防火堤的选型要考虑技术因素、经济因素、环境保护因素和安全因素，即在满足一定的安全要求的条件下综合考虑技术、经济、环境保护等要求。对各种材料的防火堤的技术、经济、环境保护和安全方面的性能分别简述如下，以供设计人员选型时参考：

从技术角度分析，土堤耐燃烧性能最好，不需要设伸缩缝，也没有管道穿堤时密封不严的难题，但土堤占地多(例如，2m 高的土堤基底宽度 6m～7m)，维护工作量大；砖、砌块防火堤取材方便，施工简单，但不耐盐碱，而且使用过程中难免出现温度裂缝或沉降裂缝；毛石防火堤在山区、半山区取材方便，施工简单，但整体性差，基础抗不均匀沉降能力低，抗震性能差；钢筋混凝土防火堤整体性、密封性好，强度高，抗震性能好。

从经济角度分析，砖、砌块防火堤与毛石防火堤相差不大，而钢筋混凝土防火堤的自身价格较砖堤高；对于土堤，因土的来源不同，土堤本身的造价差别很大。实际上，罐区投资不仅决定于防火堤自身的造价，还包括土地征用费，在山区半山区还有土石方工程费等。对于土地资源紧缺的地区，即使土堤本身的造价较低，如果加上土堤多占土地而提高的其他费用后可能就不占优势了。相反的，在 8 度抗震设防区，2m 高的钢筋混凝土防火堤，堤身厚度只有 0.25m(同样高的砖堤厚度为 0.93m,)，由于占地面积小，在土地资源紧缺的地区钢筋混凝土堤就有经济优势了。所以，考虑防火堤的经济性应根据具体情况综合考虑，降低罐区的总造价。

从环境保护角度分析，土堤占用土地资源多，砖因取土烧砖，破坏土地资源，已经并继续受到限制，砖最终将被淘汰；毛石防火堤因整体性能差只能用于抗震设防烈度小于或等于 6 度的地区。所以从环境保护角度看，钢筋混凝土防火堤将以其少占土地、保护资源而占主导地位。

从安全角度分析，土堤耐燃烧性和密封性都是最好的，只要维护得当则其安全性是最好的；钢筋混凝土堤整体性好，强度高，抗震性能好，安全性能好，特别是当罐区下游地区为重要工业区或生活区时，采用强度和密实性皆佳的钢筋混凝土防火堤堤更具有明显的安全意义；砖、砌块防火堤和毛石防火堤由于均属脆性材料，使用中容易出现裂缝，耐久性、安全性较差，使用上必然受到限制。

4.2 构 造

4.2.1 本规定是考虑到防火堤的抗滑、抗倾覆的要求，也考虑了基础埋深如果过浅，小动物容易从基础下打洞从而破坏防火堤的密封性。

4.2.4 我国国土辽阔，气候各不相同，地质条件各有特点，防火堤和防护墙伸缩缝的设置间距很难给出统一的规定，应由设计人员根据当地材料、气候和地质条件按有关结构设计规范确定。

4.2.6～4.2.9 本条对防火堤的构造作出了详细的规定。规范编制组在调研中发现为数不少的砖砌防火堤，不管多高，截面都是 370mm，虽然满足构造要求，但并不满足强度和稳定性要求，故本规范强调截面设计在满足构造要求的同时，还应对砖、砌块防火堤、钢筋混凝土防火堤和浆砌毛石防火堤进行强度和稳定性计算。

4.2.10 防护墙、隔堤及隔墙由于其使用功能的特点，可不进行强度及稳定性计算，只需满足构造要求。

5 防火堤的强度计算及稳定性验算

5.1 荷载效应和地震作用效应的组合

5.1.1 由于防火堤的构造要求已能满足刚度要求,不需进行防火堤的变形计算,因此不再进行正常使用极限状态的验算;另外,对于数值很大而出现几率又非常小的油罐破裂时油品对防火堤的冲击力,尽管我们曾与天津大学联合进行了专题研究并对其成果完成了技术鉴定,规范也没有考虑这种偶然组合。

5.1.2～5.1.4 根据对各种荷载产生的内力的计算结果表明,静液压力产生的内力一般远大于其他荷载产生的内力,因此,公式5.1.2和5.1.3两种工况的荷载分项系数和组合值系数,是以静液压力为主要活荷载来规定的。堤身的地震作用、动液压力和动土压力三者同时出现且均达到标准值的几率很小而且为瞬时作用,故取组合值 $\Psi=0.6$,能够满足安全要求。

5.2 荷载、地震作用及内力计算

5.2.2 本条至第5.2.6条中的水平力和弯矩的计算公式,只适用于计算截面取在地面线以上或地面线上的情况。至于地面线以下的截面内力,可根据地面线处的截面内力进行换算确定。

5.2.3 防火堤内培土静压力的计算公式是根据库仑主动土压力理论并按培土与水平夹角为 $-\beta$ 推导出来的。根据图5.2.3,延长培土倾斜面交堤面延长线于 A' 点,分别计算堤背为 AB 而填土面为水平时主动土压力强度分布图形 ABC,及以堤背为 $A'B$ 而填土表面倾角为 $-\beta$ 时的主动土压力强度分布图形 $A'BD$,这两个图形交于 F 点,则实际计算截面以上主动土压力强度分布图形可近似取图中的 ABDFA,它的面积就是主动土压力 P_T 的近似值。对于粉土、粉质黏土及黏土,可将其内摩擦角直接代入公式计算,即不考虑它们的黏聚力,仍按无黏性土计算主动土压力,这样使计算简化,并偏于安全。

5.2.4 规范给出的防火堤水平地震作用的计算方法分为下列两种情况。

1 由于钢筋混凝土堤的高厚比一般都大于4,在水平地震作用下,以弯曲变形为主。本规范给出的计算公式(5.2.4-1)～(5.2.4-4)就是以纯弯曲变形理论为基础确定的。为了简化计算,选用了比较简单的振型函数(图2):

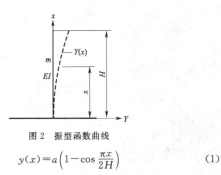

图 2 振型函数曲线

$$y(x)=a\left(1-\cos\frac{\pi x}{2H}\right) \tag{1}$$

该式满足下端的变形条件:

当 $x=0$ 时,挠度 $y(0)=0$,

转角:

$$\frac{\mathrm{d}y}{\mathrm{d}x}\Big|_{x=0}=\frac{a\pi}{2H}\sin\frac{\pi x}{2H}\Big|_{x=0}=0$$

检验上端力的边界条件:当 $x=H$ 时,

弯矩:$EI\dfrac{\mathrm{d}^2 y}{\mathrm{d}x^2}\Big|_{x=H}=EIa\left(\dfrac{\pi}{2H}\right)^2\cos\dfrac{\pi x}{2H}\Big|_{x=H}=0$,满足。

剪力:$EI\dfrac{\mathrm{d}^3 y}{\mathrm{d}x^3}\Big|_{x=H}=-EIa\left(\dfrac{\pi}{2H}\right)^3\sin\dfrac{\pi x}{2H}\Big|_{x=H}=-EIa\left(\dfrac{\pi}{2H}\right)^3\neq 0$,

不满足。

可见式(1)除自由端剪力不满足力的边界条件外,其他边界条件均能满足。

用能量法计算上式所表达的振动的固有频率为:

$$\omega_1^2=\frac{\int_O^H EI\left(\dfrac{\mathrm{d}^2 y}{\mathrm{d}x^2}\right)^2\mathrm{d}x}{\int_O^H m(x)y^2\mathrm{d}x}=\frac{EI\dfrac{\pi^4}{16H^4}\cdot\dfrac{H}{2}}{\overline{m}\left(H-\dfrac{4H}{\pi}+\dfrac{H}{2}\right)}=13.42\frac{EI}{\overline{m}H^4}$$

所以:

$$\omega_1=\frac{3.664}{H^2}\sqrt{\frac{EI}{\overline{m}}} \tag{2}$$

而按纯弯曲悬臂杆理论计算出的精确值为:

$$\omega_1=\frac{3.515}{H^2}\sqrt{\frac{EI}{\overline{m}}}$$

前者仅高出后者4.2%,故以式(1)作为振型函数来计算钢筋混凝土防火堤的水平地震作用,其精确度能够满足工程要求。

规范中式(5.2.4-1)的振型参与系数 η_1 由下式计算得出:

$$\eta_1=\frac{\int_O^H \overline{m}(x)y\mathrm{d}x}{\int_O^H m(x)y^2\mathrm{d}x}=\frac{\int_O^H\left(1-\cos\dfrac{\pi x}{2H}\right)\mathrm{d}x}{\int_O^H\left(1-\cos\dfrac{\pi x}{2H}\right)^2\mathrm{d}x}=\frac{2\pi-4}{3\pi-8}=1.6025 \tag{3}$$

钢筋混凝土防火堤的基本周期一般都小于0.1s,考虑到地震反应曲线在 $T_1=0\sim 0.1s$ 之间的数值离散性较大,虽然现行抗震规范中将此区间加工成一条斜线,但实际上人为因素较大,故为安全起见,本规范仍然取地震影响系数最大值 α_{max},偏于安全。

2 砖石砌体防火堤一般为变截面的悬臂结构。其高厚比一般在2～4之间。经过实算,接近于纯剪切变形。规范中表达水平地震作用的分布值公式(5.2.4-5)就是按等截面纯剪切理论推导出来的,其振型函数为:

$$y(x)=a\sin\frac{\pi x}{2H} \tag{4}$$

基本振型参与系数 η_2 由下式计算得出:

$$\eta_2=\frac{\int_O^H \overline{m}(x)y(x)\mathrm{d}x}{\int_O^H \overline{m}(x)y^2(x)\mathrm{d}x}=\frac{\int_O^H \overline{m}\sin\dfrac{\pi x}{2H}\mathrm{d}x}{\int_O^H \overline{m}\sin^2\dfrac{\pi x}{2H}\mathrm{d}x}=\frac{4}{\pi}=1.27 \tag{5}$$

系数 $\alpha_1\sim\alpha_4$ 都是通过积分推导出来的,其表达式见式(6)～式(9),也可以直接查本规范表5.2.4:

$$\alpha_1=\frac{\pi-2}{\pi}-\frac{X}{H}+\frac{2}{\pi}\sin\frac{\pi X}{2H} \tag{6}$$

$$\alpha_2=\frac{\dfrac{1}{2}-\dfrac{1}{2}\left(\dfrac{X}{H}\right)^2-\dfrac{2}{\pi}+\dfrac{2}{\pi}\left(\dfrac{X}{H}\right)\sin\dfrac{\pi X}{2H}+\dfrac{4}{\pi^2}\cos\dfrac{\pi X}{2H}}{\alpha_1}-\frac{X}{H} \tag{7}$$

$$\alpha_3=\frac{2}{\pi}\cos\frac{\pi X}{2H} \tag{8}$$

$$\alpha_4=\frac{4}{\pi^2\alpha_1}\left(1+\frac{\pi X}{2H}\cos\frac{\pi X}{2H}-\sin\frac{\pi X}{2H}\right)-\frac{X}{H} \tag{9}$$

5.2.5 水平动液压力的计算公式参照了《室外给水排水和燃气热力工程抗震设计规范》GB 50032—2003第6.2.3条。该条公式中的水平地震加速度与重力加速度的比值用1.25α_{max}代替;水平动液压力系数的值取自该条表6.2.3。

5.2.6 水平动土压力的计算公式参照《室外给水排水和燃气热力工程抗震设计规范》GB 50032—2003第6.2.4条制订。由于动土压力的合力与动土压力分布值成正比,为了简化计算,本规范把上述规范动土压力分布值直接换算成动土压力合力值;该条公式中的水平地震加速度与重力加速度的比值用1.25α_{max}代替。

为了简化计算,取动土压力的力矩为 $0.4H_T$,偏于安全。

5.3 强度计算

5.3.2 防火堤截面强度计算应符合现行国家标准的有关规定。具体地讲,对于砖、砌块及毛石防火堤,应根据《砌体结构设计规范》GB 50003—2011第5.4.1条和5.4.2条规定计算截面强度;对于

39

钢筋混凝土防火堤,应根据《混凝土结构设计规范》GB 50010—2010 第 6.2.17 条规定进行正截面偏心受压承载力计算,并根据第 6.3 节的规定进行斜截面抗剪计算。

5.3.3 防火堤地基承载力计算以及地基强度计算应分别符合《建筑地基基础设计规范》50007—2011 第 5 章及第 8 章的有关规定。

5.4 稳定性验算

5.4.2 被动土压力计算公式 5.4.2-3 是根据朗肯被动土压力理论公式,考虑了黏性土和非黏性土两种情况。由于达到被动极限平衡状态所需的防火堤的位移是相当大的,按太沙基的试验为 4% 的墙高,照此推断,当基础埋深 0.8m 时,就需要 32mm,这显然不允许,所以计算出来的被动土压力必须打个折扣,本规范取被动土压力折减系数 $\eta=0.3$。

39

中华人民共和国国家标准

建筑内部装修防火施工及验收规范

Code for fire prevention installation and acceptance in
construction of interior decoration engineering of buildings

GB 50354—2005

主编部门：中华人民共和国公安部
批准部门：中华人民共和国建设部
施行日期：2 0 0 5 年 8 月 1 日

中华人民共和国建设部公告

第 328 号

建设部关于发布国家标准
《建筑内部装修防火施工及验收规范》的公告

现批准《建筑内部装修防火施工及验收规范》为国家标准，
编号为 GB 50354—2005，自 2005 年 8 月 1 日起实施。其中，第
2.0.4、2.0.5、2.0.6、2.0.7、2.0.8、3.0.4、4.0.4、5.0.4、
6.0.4、7.0.4、8.0.2、8.0.6 条为强制性条文，必须严格执行。
本规范由建设部标准定额研究所组织中国计划出版社出版
发行。

中华人民共和国建设部
二〇〇五年四月十五日

40

前　言

《建筑内部装修防火施工及验收规范》是根据建设部建标〔1999〕308 号文件"关于印发 1999 年工程建设国家标准制定、修订计划的通知"要求，由公安部消防局组织中国建筑科学研究院等单位共同编制的。

规范编制过程中，编制组总结了我国建筑内部装修工程防火施工及验收的实践经验，广泛开展了调研和试验论证，吸取了先进的科研成果，参考了国内外有关标准规范，征求了全国有关单位和专家的意见，经过多次修改形成送审稿，并通过审查会审查。根据审查会意见，进一步修改完善后定稿。

本规范共分八章和四个附录，主要内容包括：总则、基本规定、纺织织物子分部装修工程、木质材料子分部装修工程、高分子合成材料子分部装修工程、复合材料子分部装修工程、其他材料子分部装修工程、工程质量验收。

本规范中以黑体字标志的条文为强制性条文，必须严格执行。本规范由建设部负责管理和对强制性条文的解释，中国建筑科学研究院负责具体技术内容的解释。在本规范实施过程中，如发现需要修改或补充之处，请将意见和有关资料寄至中国建筑科学研究院（单位地址：北京市北三环东路 30 号，邮政编码：100013），以便今后修订时参考。

本规范主编单位、参编单位和主要起草人：

主 编 单 位： 中国建筑科学研究院

参 编 单 位： 公安部四川消防研究所
北京市建筑设计研究院
四川省公安消防总队
北京市公安消防总队
河南省公安消防总队
广东省公安消防总队
上海市公安消防总队
北京市华远房地产股份有限公司

主要起草人： 陈景辉　季广其　朱春玲　沈　纹　刘激扬
卢国建　邵韦平　宋晓勇　王春华　邓建华
沈奕辉　周敏莉　刘　康

目　次

40

1 总　则

1.0.1　为防止和减少建筑火灾危害,保证建筑内部装修工程防火施工质量符合防火设计要求,制定本规范。

1.0.2　本规范适用于工业与民用建筑内部装修工程的防火施工与验收。本规范不适用于古建筑和木结构建筑的内部装修工程的防火施工与验收。

1.0.3　建筑内部装修工程的防火施工与验收,应按装修材料种类划分为纺织织物子分部装修工程、木质材料子分部装修工程、高分子合成材料子分部装修工程、复合材料子分部装修工程及其他材料子分部装修工程。

1.0.4　建筑内部装修工程的防火施工与验收,除执行本规范的规定外,尚应符合现行国家有关标准的规定。

2 基本规定

2.0.1　建筑内部装修工程防火施工(简称装修施工)应按照批准的施工图设计文件和本规范的有关规定进行。

2.0.2　装修施工应按设计要求编写施工方案。施工现场管理应具备相应的施工技术标准、健全的施工质量管理体系和工程质量检验制度,并应按本规范附录A的要求填写有关记录。

2.0.3　装修施工前,应对各部位装修材料的燃烧性能进行技术交底。

2.0.4　进入施工现场的装修材料应完好,并应核查其燃烧性能或耐火极限、防火性能型式检验报告、合格证书等技术文件是否符合防火设计要求。核查、检验时,应按本规范附录B的要求填写进场验收记录。

2.0.5　装修材料进入施工现场后,应按本规范的有关规定,在监理单位或建设单位监督下,由施工单位有关人员现场取样,并应由具备相应资质的检验单位进行见证取样检验。

2.0.6　装修施工过程中,装修材料应远离火源,并应指派专人负责施工现场的防火安全。

2.0.7　装修施工过程中,应对各装修部位的施工过程作详细记录。记录表的格式应符合本规范附录C的要求。

2.0.8　建筑工程内部装修不得影响消防设施的使用功能。装修施工过程中,当确需变更防火设计时,应经原设计单位或具有相应资质的设计单位按有关规定进行。

2.0.9　装修施工过程中,应分阶段对所选用的防火装修材料按本规范的规定进行抽样检验。对隐蔽工程的施工,应在施工过程中及完工后进行抽样检验。现场进行阻燃处理、喷涂、安装作业的施工,应在相应的施工作业完成后进行抽样检验。

3 纺织织物子分部装修工程

3.0.1　用于建筑内部装修的纺织织物可分为天然纤维织物和合成纤维织物。

3.0.2　纺织织物施工应检查下列文件和记录:

　　1　纺织织物燃烧性能等级的设计要求;

　　2　纺织织物燃烧性能型式检验报告,进场验收记录和抽样检验报告;

　　3　现场对纺织织物进行阻燃处理的施工记录及隐蔽工程验收记录。

3.0.3　下列材料进场应进行见证取样检验:

　　1　B_1、B_2级纺织织物;

　　2　现场对纺织织物进行阻燃处理所使用的阻燃剂。

3.0.4　下列材料应进行抽样检验:

　　1　现场阻燃处理后的纺织织物,每种取$2m^2$检验燃烧性能;

　　2　施工过程中受湿浸、燃烧性能可能受影响的纺织织物,每种取$2m^2$检验燃烧性能。

Ⅰ 主控项目

3.0.5　纺织织物燃烧性能等级应符合设计要求。

　　检验方法:检查进场验收记录或阻燃处理记录。

3.0.6　现场进行阻燃施工时,应检查阻燃剂的用量、适用范围、操作方法。阻燃施工过程中,应使用计量合格的称量器具,并严格按使用说明书的要求进行施工。阻燃剂必须完全浸透织物纤维,阻燃剂干含量应符合检验报告或说明书的要求。

　　检验方法:检查施工记录。

3.0.7　现场进行阻燃处理的多层纺织织物,应逐层进行阻燃处理。

　　检验方法:检查施工记录。隐蔽层检查隐蔽工程验收记录。

Ⅱ 一般项目

3.0.8　纺织织物进行阻燃处理过程中,应保持施工区段的洁净;现场处理的纺织织物不应受污染。

　　检验方法:检查施工记录。

3.0.9　阻燃处理后的纺织织物外观、颜色、手感等应无明显异常。

检验方法:观察。

4 木质材料子分部装修工程

4.0.1 用于建筑内部装修的木质材料可分为天然木材和人造板材。

4.0.2 木质材料施工应检查下列文件和记录:

    1 木质材料燃烧性能等级的设计要求;

    2 木质材料燃烧性能型式检验报告、进场验收记录和抽样检验报告;

    3 现场对木质材料进行阻燃处理的施工记录及隐蔽工程验收记录。

4.0.3 下列材料进场应进行见证取样检验:

    1 B_1 级木质材料;

    2 现场进行阻燃处理所使用的阻燃剂及防火涂料。

4.0.4 下列材料应进行抽样检验:

    1 现场阻燃处理后的木质材料,每种取 $4m^2$ 检验燃烧性能;

    2 表面进行加工后的 B_1 级木质材料,每种取 $4m^2$ 检验燃烧性能。

Ⅰ 主控项目

4.0.5 木质材料燃烧性能等级应符合设计要求。

    检验方法:检查进场验收记录或阻燃处理施工记录。

4.0.6 木质材料进行阻燃处理前,表面不得涂刷油漆。

    检验方法:检查施工记录。

4.0.7 木质材料在进行阻燃处理时,木质材料含水率不应大于12%。

    检验方法:检查施工记录。

4.0.8 现场进行阻燃施工时,应检查阻燃剂的用量、适用范围、操作方法。阻燃施工过程中,应使用计量合格的称量器具,并严格按使用说明书的要求进行施工。

    检验方法:检查施工记录。

4.0.9 木质材料涂刷或浸渍阻燃剂时,应对木质材料所有表面都进行涂刷或浸渍,涂刷或浸渍后的木材阻燃剂的干含量应符合检验报告或说明书的要求。

    检验方法:检查施工记录及隐蔽工程验收记录。

4.0.10 木质材料表面粘贴装饰表面或阻燃饰面时,应先对木质材料进行阻燃处理。

    检验方法:检查隐蔽工程验收记录。

4.0.11 木质材料表面进行防火涂料处理时,应对木质材料的所有表面进行均匀涂刷,且不应少于2次,第二次涂刷应在第一次涂层表面干后进行;涂刷防火涂料用量不应少于 $500g/m^2$。

    检验方法:观察,检查施工记录。

Ⅱ 一般项目

4.0.12 现场进行阻燃处理时,应保持施工区段的洁净,现场处理的木质材料不应受污染。

    检验方法:检查施工记录。

4.0.13 木质材料在涂刷防火涂料前应清理表面,且表面不应有水、灰尘或油污。

    检验方法:检查施工记录。

4.0.14 阻燃处理后的木质材料表面应无明显返潮及颜色异常变化。

    检验方法:观察。

5 高分子合成材料子分部装修工程

5.0.1 用于建筑内部装修的高分子合成材料可分为塑料、橡胶及橡塑材料。

5.0.2 高分子合成材料施工应检查下列文件和记录:

    1 高分子合成材料燃烧性能等级的设计要求;

    2 高分子合成材料燃烧性能型式检验报告、进场验收记录和抽样检验报告;

    3 现场对泡沫塑料进行阻燃处理的施工记录及隐蔽工程验收记录。

5.0.3 下列材料进场应进行见证取样检验:

    1 B_1、B_2 级高分子合成材料;

    2 现场进行阻燃处理所使用的阻燃剂及防火涂料。

5.0.4 现场阻燃处理后的泡沫塑料应进行抽样检验,每种取 $0.1m^3$ 检验燃烧性能。

Ⅰ 主控项目

5.0.5 高分子合成材料燃烧性能等级应符合设计要求。

    检验方法:检查进场验收记录。

5.0.6 B_1、B_2 级高分子合成材料,应按设计要求进行施工。

    检验方法:观察。

5.0.7 对具有贯穿孔的泡沫塑料进行阻燃处理时,应检查阻燃剂的用量、适用范围、操作方法。阻燃施工过程中,应使用计量合格的称量器具,并按使用说明书的要求进行施工。必须使泡沫塑料被阻燃剂浸透,阻燃剂干含量应符合检验报告或说明书的要求。

    检验方法:检查施工记录及抽样检验报告。

5.0.8 顶棚内采用泡沫塑料时,应涂刷防火涂料。防火涂料宜选用耐火极限大于30min的超薄型钢结构防火涂料或一级饰面型防火涂料,湿涂覆比值应大于 $500g/m^2$。涂刷应均匀,且涂刷不应少于2次。

    检验方法:观察并检查施工记录。

5.0.9 塑料电工套管的施工应满足以下要求:

    1 B_2 级塑料电工套管不得明敷;

    2 B_1 级塑料电工套管明敷时,应明敷在A级材料表面;

    3 塑料电工套管穿过 B_1 级以下(含 B_1 级)的装修材料时,应采用A级材料或防火封堵密封件严密封堵。

    检验方法:观察并检查施工记录。

Ⅱ 一般项目

5.0.10 对具有贯穿孔的泡沫塑料进行阻燃处理时,应保持施工区段的洁净,避免其他工种施工。

    检验方法:观察并检查施工记录。

5.0.11 泡沫塑料经阻燃处理后,不应降低其使用功能,表面不应出现明显的盐析、返潮和变硬等现象。

    检验方法:观察。

5.0.12 泡沫塑料进行阻燃处理过程中,应保持施工区段的洁净;现场处理的泡沫塑料不应受污染。

    检验方法:观察并检查施工记录。

6 复合材料子分部装修工程

6.0.1 用于建筑内部装修的复合材料,可包括不同种类材料按不同方式组合而成的材料组合体。

6.0.2 复合材料施工应检查下列文件和记录:

  1 复合材料燃烧性能等级的设计要求;

  2 复合材料燃烧性能型式检验报告、进场验收记录和抽样检验报告;

  3 现场对复合材料进行阻燃处理的施工记录及隐蔽工程验收记录。

6.0.3 下列材料进场应进行见证取样检验:

  1 B₁、B₂级复合材料;

  2 现场进行阻燃处理所使用的阻燃剂及防火涂料。

6.0.4 现场阻燃处理后的复合材料应进行抽样检验,每种取 4m² 检验燃烧性能。

主 控 项 目

6.0.5 复合材料燃烧性能等级应符合设计要求。

  检验方法:检查进场验收记录。

6.0.6 复合材料应按设计要求进行施工,饰面层内的芯材不得暴露。

  检验方法:观察。

6.0.7 采用复合保温材料制作的通风管道,复合保温材料的芯材不得暴露。当复合保温材料芯材的燃烧性能不能达到 B₁ 级时,应在复合材料表面包覆玻璃纤维布等不燃性材料,并应在其表面涂刷饰面型防火涂料。防火涂料湿涂覆比值应大于 500g/m²,且至少涂刷 2 次。

  检验方法:检查施工记录。

7 其他材料子分部装修工程

7.0.1 其他材料可包括防火封堵材料和涉及电气设备、灯具、防火门窗、钢结构装修的材料。

7.0.2 其他材料施工应检查下列文件和记录:

  1 材料燃烧性能等级的设计要求;

  2 材料燃烧性能型式检验报告、进场验收记录和抽样检验报告;

  3 现场对材料进行阻燃处理的施工记录及隐蔽工程验收记录。

7.0.3 下列材料进场应进行见证取样检验:

  1 B₁、B₂级材料;

  2 现场进行阻燃处理所使用的阻燃剂及防火涂料。

7.0.4 现场阻燃处理后的复合材料应进行抽样检验。

主 控 项 目

7.0.5 材料燃烧性能等级应符合设计要求。

  检验方法:检查进场验收记录。

7.0.6 防火门的表面加装贴面材料或其他装修时,不得减小门框和门的规格尺寸,不可降低防火门的耐火性能,所用贴面材料的燃烧性能等级不应低于B₁级。

  检验方法:检查施工记录。

7.0.7 建筑隔墙或隔板、楼板的孔洞需要封堵时,应采用防火堵料严密封堵。采用防火堵料封堵孔洞、缝隙及管道井和电缆竖井时,应根据孔洞、缝隙及管道井和电缆竖井所在位置的墙板或楼板的耐火极限要求选用防火堵料。

  检验方法:观察并检查施工记录。

7.0.8 用于其他部位的防火堵料应根据施工现场情况选用,其施工方式应与检验时的方式一致。防火堵料施工后必须严密填实孔洞、缝隙。

  检验方法:观察并检查施工记录。

7.0.9 采用阻火圈的部位,不得对阻火圈进行包裹,阻火圈应安装牢固。

  检验方法:观察并检查施工记录。

7.0.10 电气设备及灯具的施工应满足以下要求:

  1 当有配电箱及电控设备的房间内使用了低于 B₁ 级的材料进行装修时,配电箱必须采用不燃材料制作;

  2 配电箱的壳体和底板应采用 A 级材料制作。配电箱不应直接安装在低于 B₁ 级的装修材料上;

  3 动力、照明、电热器等电气设备的高温部位靠近 B₁ 级以下(含 B₁ 级)材料或导线穿越 B₁ 级以下(含 B₁ 级)装修材料时,应采用瓷管或防火封堵密封件分隔,并用岩棉、玻璃棉等 A 级材料隔热;

  4 安装在 B₁ 级以下(含 B₁ 级)装修材料内的配件,如插座、开关等,必须采用防火封堵密封件或具有良好隔热性能的 A 级材料隔绝;

  5 灯具直接安装在 B₁ 级以下(含 B₁ 级)的材料上时,应采取隔热、散热等措施;

  6 灯具的发热表面不得靠近 B₁ 级以下(含 B₁ 级)的材料。

  检验方法:观察并检查施工记录。

8 工程质量验收

8.0.1 建筑内部装修工程防火验收(简称工程验收)应检查下列文件和记录:

  1 建筑内部装修防火设计审核文件、申请报告、设计图纸、装修材料的燃烧性能设计要求、设计变更通知单、施工单位的资质证明等;

  2 进场验收记录,包括所用装修材料的清单、数量、合格证及防火性能型式检验报告;

  3 装修施工过程的施工记录;

  4 隐蔽工程施工防火验收记录和工程质量事故处理报告等;

  5 装修施工过程中所用防火装修材料的见证取样检验报告;

  6 装修施工过程中的抽样检验报告,包括隐蔽工程的施工过程中及完工后的抽样检验报告;

  7 装修施工过程中现场进行涂刷、喷涂等阻燃处理的抽样检验报告。

8.0.2 工程质量验收应符合下列要求:

  1 技术资料应完整;

  2 所用装修材料或产品的见证取样检验结果应满足设计要求;

  3 装修施工过程中的抽样检验结果,包括隐蔽工程的施工过程中及完工后的抽样检验结果应符合设计要求;

  4 现场进行阻燃处理、喷涂、安装作业的抽样检验结果应符合设计要求;

  5 施工过程中的主控项目检验结果应全部合格;

  6 施工过程中的一般项目检验结果合格率应达到 80%。

8.0.3 工程质量验收应由建设单位项目负责人组织施工单位项目负责人、监理工程师和设计单位项目负责人等进行。

8.0.4 工程质量验收时可对主控项目进行抽查。当有不合格项时,应对不合格项进行整改。

8.0.5 工程质量验收时,应按本规范附录 D 的要求填写有关记录。

8.0.6 当装修施工的有关资料经审查全部合格、施工过程全部符合要求、现场检查或抽样检测结果全部合格时,工程验收应为合格。

8.0.7 建设单位应建立建筑内部装修工程防火施工及验收档案。档案应包括防火施工及验收全过程的有关文件和记录。

附录 B 装修材料进场验收记录

表 B 装修材料进场验收记录

材料类别	品种	使用部位及数量	进场材料燃烧性能	设计要求燃烧性能	检验报告	合格证书	核查人员
纺织织物							
木质材料							
高分子合成材料							
复合材料							
其他材料							
验收单位	施工单位:(单位印章)　　　　施工单位项目负责人:(签章)　　　　　　　　　　　　　　　　　年　月　日							
	监理单位:(单位印章)　　　　　监理工程师:(签章)　　　　　　　　　　　　　　　　　　年　月　日							

附录 A 施工现场质量管理检查记录

表 A 施工现场质量管理检查记录

工程名称		分部工程名称	
建设单位		监理单位	
设计单位		施工单位项目负责人	
施工单位		施工许可证	

序号	项　目	内　容
1	现场质量管理制度	
2	质量责任制	
3	主要专业工种施工人员操作上岗证书	
4	施工图审查情况	
5	施工组织设计、施工方案及审批	
6	施工技术标准	
7	工程质量检验制度	
8	现场材料、设备管理	
9	其他	

检查结论:

施工单位项目负责人:(签章)	监理工程师:(签章)	建设单位项目负责人:(签章)
年　月　日	年　月　日	年　月　日

附录 C 建筑内部装修工程防火施工过程检查记录

表 C 建筑内部装修工程防火施工过程检查记录

工程名称		分部工程名称	
子分部工程名称			
施工单位		监理单位	
施工执行规范名称及编号			

项目	《规范》章节条款	施工单位检查评定记录	监理单位验收记录

施工单位项目负责人:(签章)	监理工程师:(签章)
年　月　日	年　月　日

附录 D 建筑内部装修工程防火验收记录

表 D 建筑内部装修工程防火验收记录

工程名称		分部工程名称		
施工单位		项目负责人		
监理单位		监理工程师		
序号	检查项目名称	检查内容记录		检查评定结果
1				
2				
3				
4				
5				
综合质量验收结论				

验收单位	施工单位:(单位印章)	项目负责人:(签章) 年 月 日	
	监理单位:(单位印章)	监理工程师:(签章) 年 月 日	
	设计单位:(单位印章)	项目负责人:(签章) 年 月 日	
	建设单位:(单位印章)	项目负责人:(签章) 年 月 日	

中华人民共和国国家标准

建筑内部装修防火施工及验收规范

GB 50354—2005

条 文 说 明

1 总 则

1.0.1 本条阐明了制定本规范的目的。

建筑内部装修中大量使用的有机材料,是建筑物发生火灾的潜在隐患。通过进行防火阻燃处理,提高其燃烧性能等级,是确保装修材料防火安全性的有效手段。因此,加强对建筑内部装修防火工程施工的技术监督,制定建筑内部装修防火工程施工的质量要求与验收评定标准,对于保证建筑内部装修工程的施工质量满足防火设计规范的要求,十分必要。

1.0.2 本条规定了本规范的适用范围。

1.0.3 在本规范的编制过程中,为了与《建筑工程施工质量验收统一标准》协调一致,考虑到建筑内部装修施工中所涉及的材料种类繁多,本规范按装修材料种类将建筑内部装修的防火施工划分为几个子分部装修工程。

建筑内部装修的防火施工与验收主要包括三方面的内容:一是审查建筑内部装修所选用的材料是否满足防火设计规范要求,并对材料进场、施工、见证取样检验和抽样检验进行了规定;二是对建筑内部装修施工过程中的控制项目和检验方法提出要求;三是建筑内部装修竣工后对总体的防火施工质量给出是否合格的结论。

1.0.4 建筑内部装修防火施工,不应改变装修材料以及装修所涉及的其他内部设施的使用功能,如装修材料的装饰性、保温性、隔声性、防水性和空调管道材料的保温性能等等。

2 基 本 规 定

2.0.1 建筑内部装修防火施工应符合施工图设计文件并满足本规范的要求。

2.0.2 完整的防火施工方案和健全的质量保证体系是保证施工质量符合设计要求的前提。

2.0.3 为确保装修材料的采购、进场、施工等环节符合施工图设计文件的要求,装修施工前应对各部位装修材料的燃烧性能进行技术交底。

2.0.4 所有防火装修材料的燃烧性能等级应按本规范附录 B 的要求填写进场验收记录。对于进入施工现场的装修材料,凡是现行有关国家标准对其燃烧性能等级有明确规定的,可按其规定确定。如天然石材在相关标准中已明确规定其燃烧性能等级为 A 级,因此在装修施工中可按不燃性材料直接使用。凡是现行有关国家标准中没有明确规定其燃烧性能等级的装修材料,如装饰织物、木材、塑料产品等,应将材料送交国家授权的专业检验机构对材料的防火安全性能进行型式检验。

2.0.5 本条规定的依据是《建筑工程施工质量验收统一标准》。见证取样检验是指在监理单位或建设单位监督下,由施工单位有关人员现场取样,并送至具备相应资质的检验单位所进行的检验。具备相应资质的检验单位是指经中国实验室国家认可委员会评定,符合 CNAL/AC01:2002《实验室认可准则》的规定,已被国家质量监督检验检疫总局批准认可为国家级实验室,并颁发了中华人民共和国《计量认证合格证书》,满足计量检定、测试能力和可靠性的要求,并具有授权的检验机构。

2.0.7 本条规定的施工记录是检验施工过程是否满足设计要求

的重要凭证。当施工过程的某一个环节出现问题时，可根据施工记录查找原因。装修施工过程中，应根据本规范的施工技术要求进行施工作业，施工单位应对各装修部位的施工过程作详细记录，并由监理工程师或施工现场技术负责人签字认可。

2.0.8 本条规定是为避免不按设计进行的防火施工对建筑内部装修的总体防火能力或建筑物的总体消防能力产生不利的影响。

2.0.9 本条规定是保证防火工程施工质量的必要手段。对隐蔽工程材料，当装修施工完毕后是无法检验的，如木龙骨架。

3.0.7 如果不对多层组合纺织织物的每一层分别进行阻燃处理，不能保证装修后的整体材料的燃烧性能。

3.0.8 阻燃处理施工过程中其他工种的施工，可能会导致被处理的纺织织物表面受到污染，影响阻燃处理的施工质量。

3.0.9 如阻燃处理后的纺织织物出现了明显盐析、返潮、变硬、褶皱等现象，将影响其使用功能。

3 纺织织物子分部装修工程

3.0.1 规定了本章的适用范围。天然纤维织物是指棉、丝、羊毛等纤维制品。合成纤维织物是指化学合成的纤维制品。在建筑内部装修中广泛使用的产品有壁布、地毯、窗帘、幕布或其他室内纺织产品。

3.0.2 本条规定的技术资料是建筑内部装修子分部工程验收和工程验收的内容。

3.0.3 B₁、B₂级纺织织物是建筑内部装修中普遍采用的材料，其燃烧性能的质量差异与产品种类、用途、生产厂家、进货渠道等多种因素有关。因此，为保证施工质量，应进行见证取样检验。对于现场进行阻燃处理的施工，施工质量与所用的阻燃剂密切相关，也应进行见证取样检验。

3.0.4 规定了抽样检验的范围和取样数量。在施工过程中，纺织织物受湿浸或其他不利因素影响后，其燃烧性能会受到不同程度的影响，因此，为保证施工质量，应进行抽样检验。样品的抽取数量是根据现行国家标准《纺织品 燃烧性能试验 垂直法》GB/T 5455确定的。

3.0.5 首先应检查设计中各部位纺织织物的燃烧性能等级要求，然后通过检查进场验收记录确认各部位纺织织物是否满足设计要求。对于没有达到设计要求的纺织织物，再检查是否有现场阻燃处理施工记录及抽样检验报告。

3.0.6 阻燃剂的浸透过程和浸透时间以及干含量对纺织织物的阻燃效果至关重要。阻燃剂浸透织物纤维，是保证被处理的装饰织物具有阻燃性的前提，阻燃剂的干含量达到检验报告或说明书的要求时，才能保证被处理的纺织织物满足防火设计要求。

4 木质材料子分部装修工程

4.0.1 规定了本章的适用范围。

4.0.2 本条规定的技术资料是建筑内部装修子分部工程验收和工程验收的内容。

4.0.3 对于天然木材，其燃烧性能等级一般可被确认为 B₂级。而在建筑内部装修中广泛使用的是燃烧性能等级为 B₁级的木质材料或产品，其质量差异与产品种类、用途、生产厂家、进货渠道、产品的加工方式和阻燃处理方式等多种因素有关，因此，为保证施工质量，应进行见证取样检验。对于现场进行阻燃处理的施工，施工质量与所用的阻燃剂密切相关，也应进行见证取样检验。对于饰面型防火涂料，考虑到目前我国的实际情况，也应进行见证取样检验。

4.0.4 规定了抽样检验的范围和取样数量。B₁级木质材料表面经过加工后，可能会损坏表面阻燃层，应进行抽样检验。样品的抽取数量是根据现行国家标准《建筑材料难燃性试验方法》GB/T 8625和《建筑材料可燃性试验方法》GB/T 8626确定的。木质材料的难燃性试验的试件尺寸为：190×1000（mm），厚度不超过80mm，每次试验需4个试件，一般需进行3组平行试验；木质材料的可燃性试验的试件尺寸为：90×100（mm），90×230（mm），厚度不超过80mm，表面点火和边缘点火试验均需要5个试件。对于板材，可按尺寸直接制备试件；对于型材，如门框、龙骨等，可拼接后按尺寸制备试件。

4.0.5 首先应检查设计中各部位木质装修材料的燃烧性能等级要求，然后通过检查进场验收记录确认各部位木质装修材料是否满足设计要求。对于没有达到设计要求的木质装修材料，再检查是否有现场阻燃处理施工记录及抽样检验报告。

4.0.6 对木装修材料的阻燃处理，目前主要有两种方法：一种是使用阻燃剂对木材浸刷处理，另一种方法是将防火涂料涂刷在木材表面。使用阻燃剂处理木材，就是使阻燃液渗透到木材内部使其中的阻燃物质留存于木材内部纤维空隙间，一旦受火起到阻燃目的。使用防火涂料处理就是在木材表面涂刷一层防火涂料，通常防火涂料在受火后会产生一发泡层，从而保护木材不受火。显然当木材表面已涂刷油漆后，以上防火处理将达不到目的。

4.0.7 木材含水率对木材的阻燃处理效果尤为重要，对于干燥的木材，阻燃剂易于浸入到木纤维内部，处理后的木材阻燃效果显著；反之，如果木材含水率过高，则阻燃剂难以浸入到木纤维内部，处理后的木材阻燃效果不佳。实践证明，当木材含水率不大于12％时，可以保证在使用阻燃剂处理木材时的效果。

4.0.9 木材不同于其他材料，它的每一个表面都可以是使用面，其中的任何一面都可能为受火面，因此应对木材的所有表面进行阻燃处理。有必要指出的是，目前我国有些地方在对木材进行阻燃施工时，仅在使用面的背面涂刷一层防火涂料，这种做法是不符合防火规范要求的。阻燃剂的干含量是检验木材阻燃处理效果的一个重要指标。阻燃剂应按产品说明书进行施工。

4.0.10 有些木装修如固定家具及墙面等，其表面可能还会粘贴其他装修材料。在粘贴其他装修材料前必须先对木装修进行阻燃处理并检验是否合格。通常在木材表面粘贴时所使用的材料如阻燃防火板、阻燃织物都是一些有机化工材料，这些物质是不足以起到对木材的防火保护作用的。

4.0.11 使用防火涂料对木材进行阻燃处理时，试验时规定的湿涂覆比为 500g/m²。

4.0.13 喷涂前木质材料表面有水或油渍会影响防火施工质量。

4.0.14 木质材料经阻燃处理后的表面如有明显返潮或颜色变化，表明阻燃处理工艺存在问题。

5 高分子合成材料子分部装修工程

5.0.1 规定了本章的适用范围。

5.0.2 本条规定的技术资料是建筑内部装修子分部工程验收和工程验收的内容。

5.0.3 B₁、B₂级高分子合成材料在建筑内部装修中被广泛使用，是建筑火灾中较为危险的材料，其质量差异与产品种类、用途、生产厂家、进货渠道、产品的加工方式和阻燃处理方式等多种因素有关，因此，为保证施工质量，应进行见证取样检验。对于现场进行阻燃处理的施工，施工质量与所用的阻燃剂密切相关，也应进行见证取样检验。对于防火涂料，考虑到目前我国的实际情况，也应进行见证取样检验。

5.0.4 特别强调对现场进行阻燃处理的泡沫材料进行抽样检验，是因为泡沫材料进行现场阻燃处理的复杂性，阻燃剂选择不当，将导致阻燃处理效果不佳。样品的抽取数量是根据泡沫材料的试验方法确定的。

5.0.5 首先应检查设计中各部位高分子合成材料的燃烧性能等级要求，然后通过检查进场验收记录确认各部位高分子合成材料是否满足设计要求。对于没有达到设计要求的高分子合成材料，再检查是否有现场阻燃处理施工记录及抽样检验报告。

5.0.6 高分子合成材料的使用，是与施工方式一并考虑的。如粘接材料选用不当或不按规定进行安装施工等，都可能会导致安装后的材料燃烧性能等级降低。

5.0.7 本条规定是为了确保阻燃处理的效果。

5.0.8 本条规定是为了确保材料的耐燃时间满足设计要求，是根据多次试验的检验数据提出的。

5.0.9 本条规定了电工套管及各种配件应以 A 级材料为基材或采用 A 级材料，使之与其他装修材料隔绝。

5.0.11 本条规定是为了保证不改变材料的使用功能。

5.0.12 本条规定是为了确保阻燃处理效果。

6 复合材料子分部装修工程

6.0.1 规定了本章的适用范围。随着科学技术的进步和人们对工作、居住环境质量要求的提高，复合材料的种类将会越来越多。

6.0.2 本条规定的技术资料是建筑内部装修子分部工程验收和工程验收的内容。

6.0.3 本条规定了见证取样的范围和数量。

6.0.4 首先应检查设计中各部位复合材料的燃烧性能等级要求，然后通过检查进场验收记录确认各部位复合材料是否满足设计要求。对于没有达到设计要求的复合材料，再检查是否有现场阻燃处理施工记录及抽样检验报告。

6.0.5 复合材料的防火安全性体现在其整体的完整性。如饰面层内的芯材外露，则整体使用功能将受到影响，其整体的燃烧性能等级也可能会降低。

6.0.6 外缠玻璃布是为了保证防火涂料的喷涂质量。

7 其他材料子分部装修工程

7.0.1 规定了本章的适用范围。

7.0.2 本条规定的技术资料是建筑内部装修子分部工程验收和工程验收的内容。

7.0.5 首先应检查设计中各部位材料的燃烧性能等级要求，然后通过检查进场验收记录确认各部位材料是否满足设计要求。对于没有达到设计要求的材料，再检查是否有现场阻燃处理施工记录及抽样检验报告。

7.0.6 一般情况下，防火门是不允许改装的。如装修需要，不得不对防火门的外观进行贴面处理时，加装贴面后，不得降低防火门的耐火性能。

7.0.7 本条规定封堵部位防火堵料的耐火极限应达到被封堵部位构件的耐火极限要求。采用的各种防火堵料经封堵施工后，必须牢固填实孔洞、缝隙及管道井，不得留有间隙，以确保封堵质量。

7.0.9 本条规定是为了保证阻火圈的阻火功能。

8 工程质量验收

8.0.1 本条规定了工程质量验收时需提交审查的技术资料清单。

8.0.2 本条规定了工程质量验收包括的内容。

8.0.4 本条规定工程质量验收过程中，对重点部位，或有异议的装修材料，可进行抽样检查，是为了确保施工质量符合防火设计要求。

8.0.6 本条规定是工程质量验收合格判定的标准。

8.0.7 建立和保存好防火施工及验收档案很重要，故作此条规定。归档文件可以是纸质，也可是不可修改的电子文档。

40

中华人民共和国国家标准

气体灭火系统设计规范

Code for design of gas fire extinguishing systems

GB 50370 - 2005

主编部门：中华人民共和国公安部
批准部门：中华人民共和国建设部
施行日期：2 0 0 6 年 5 月 1 日

中华人民共和国建设部公告

第 412 号

建设部关于发布国家标准
《气体灭火系统设计规范》的公告

现批准《气体灭火系统设计规范》为国家标准，编号为
GB 50370—2005，自 2006 年 5 月 1 日起实施。其中，第 3.1.4、
3.1.5、3.1.15、3.1.16、3.2.7、3.2.9、3.3.1、3.3.7、3.3.16、
3.4.1、3.4.3、3.5.1、3.5.5、4.1.3、4.1.4、4.1.8、4.1.10、5.0.2、
5.0.4、5.0.8、6.0.1、6.0.3、6.0.4、6.0.6、6.0.7、6.0.8、6.0.10
条为强制性条文，必须严格执行。

本规范由建设部标准定额研究所组织中国计划出版社出版发
行。

中华人民共和国建设部
二〇〇六年三月二日

41

前　言

本规范是根据建设部建标[2002]26号文《二○○一～二○○二年度工程建设国家标准制定、修订计划》要求，由公安部天津消防研究所会同有关单位共同编制完成的。

在编制过程中，编制组进行了广泛的调查研究，总结了我国气体灭火系统研究、生产、设计和使用的科研成果及工程实践经验，参考了相关国际标准及美、日、德等发达国家的相关标准，进行了有关基础性实验及工程应用实验研究。广泛征求了设计、科研、制造、施工、大专院校、消防监督等部门和单位的意见，最后经专家审查，由有关部门定稿。

本规范共分六章和七个附录，内容包括：总则、术语和符号、设计要求、系统组件、操作与控制、安全要求等。

本规范以黑体字标志的条文为强制性条文，必须严格执行。

本规范由建设部负责管理和对强制性条文的解释，由公安部负责具体管理，公安部天津消防研究所负责具体技术内容的解释。请各单位在执行本规范过程中，注意总结经验、积累资料，并及时把意见和有关资料寄往本规范管理组（公安部天津消防研究所，地址：天津市南开区卫津南路110号，邮编：300381），以供今后修订时参考。

本规范主编单位、参编单位和主要起草人：

主 编 单 位：公安部天津消防研究所

参 编 单 位：国家固定灭火系统及耐火构件质量监督检验中心
北京城建设计研究总院
中国铁道科学研究院
深圳因特安全技术有限公司

中国移动通信集团公司
陕西省公安消防总队
深圳市公安局消防局
广东胜捷消防企业集团
浙江蓝天环保高科技股份有限公司
杭州新纪元消防科技有限公司
西安坚瑞化工有限责任公司

主要起草人：东靖飞　谢德隆　杜兰萍　马　恒　刘连喜
李根敬　宋　波　许春元　刘跃红　伍建许
王宝伟　万　旭　李深梁　常　欣　王元荣
靳玉广　郭鸿宝　陆　曦

目　次

1 总　则

1.0.1 为合理设计气体灭火系统,减少火灾危害,保护人身和财产的安全,制定本规范。

1.0.2 本规范适用于新建、改建、扩建的工业和民用建筑中设置的七氟丙烷、IG541混合气体和热气溶胶全淹没灭火系统的设计。

1.0.3 气体灭火系统的设计,应遵循国家有关方针和政策,做到安全可靠、技术先进、经济合理。

1.0.4 设计采用的系统产品及组件,必须符合国家有关标准和规定的要求。

1.0.5 气体灭火系统设计,除应符合本规范外,还应符合国家现行有关标准的规定。

2 术语和符号

2.1 术　语

2.1.1 防护区　protected area

满足全淹没灭火系统要求的有限封闭空间。

2.1.2 全淹没灭火系统　total flooding extinguishing system

在规定的时间内,向防护区喷放设计规定用量的灭火剂,并使其均匀地充满整个防护区的灭火系统。

2.1.3 管网灭火系统　piping extinguishing system

按一定的应用条件进行设计计算,将灭火剂从储存装置经由干管支管输送至喷头组件实施喷放的灭火系统。

2.1.4 预制灭火系统　pre-engineered systems

按一定的应用条件,将灭火剂储存装置和喷放组件等预先设计、组装成套且具有联动控制功能的灭火系统。

2.1.5 组合分配系统　combined distribution systems

用一套气体灭火剂储存装置通过管网的选择分配,保护两个或两个以上防护区的灭火系统。

2.1.6 灭火浓度　flame extinguishing concentration

在101kPa大气压和规定的温度条件下,扑灭某种火灾所需气体灭火剂在空气中的最小体积百分比。

2.1.7 灭火密度　flame extinguishing density

在101kPa大气压和规定的温度条件下,扑灭单位容积内某种火灾所需固体热气溶胶发生剂的质量。

2.1.8 惰化浓度　inerting concentration

有火源引入时,在101kPa大气压和规定的温度条件下,能抑制空气中任意浓度的易燃可燃气体或易燃可燃液体蒸气的燃烧发生所需的气体灭火剂在空气中的最小体积百分比。

2.1.9 浸渍时间　soaking time

在防护区内维持设计规定的灭火剂浓度,使火灾完全熄灭所需的时间。

2.1.10 泄压口　pressure relief opening

灭火剂喷放时,防止防护区内压超过允许压强,泄放压力的开口。

2.1.11 过程中点　course middle point

喷放过程中,当灭火剂喷出量为设计用量50%时的系统状态。

2.1.12 无毒性反应浓度(NOAEL浓度)　NOAEL concentration

观察不到由灭火剂毒性影响产生生理反应的灭火剂最大浓度。

2.1.13 有毒性反应浓度(LOAEL浓度)　LOAEL concentration

能观察到由灭火剂毒性影响产生生理反应的灭火剂最小浓度。

2.1.14 热气溶胶　condensed fire extinguishing aerosol

由固体化学混合物(热气溶胶发生剂)经化学反应生成的具有灭火性质的气溶胶,包括S型热气溶胶、K型热气溶胶和其他型热气溶胶。

2.2 符　号

C_1——灭火设计浓度或惰化设计浓度;

C_2——灭火设计密度;

D——管道内径;

F_c——喷头等效孔口面积;

F_k——减压孔板孔口面积;

F_x——泄压口面积;

g——重力加速度;

H——过程中点时,喷头高度相对储存容器内液面的位差;

K——海拔高度修正系数;

K_v——容积修正系数;

L——管道计算长度;

n——储存容器的数量;

N_d——流程中计算管段的数量;

N_g——安装在计算支管下游的喷头数量;

P_0——灭火剂储存容器充压(或增压)压力;

P_1——减压孔板前的压力;

P_2——减压孔板后的压力;

P_c——喷头工作压力;

P_f——围护结构承受内压的允许压强;

P_h——高程压头;

P_m——过程中点时储存容器内压力;

Q——管道设计流量;

Q_c——单个喷头的设计流量;

Q_g——支管平均设计流量;

Q_k——减压孔板设计流量;

Q_w——主干管平均设计流量;

Q_x——灭火剂在防护区的平均喷放速率;

q_c——等效孔口单位面积喷射率;

S——灭火剂过热蒸气或灭火剂气体在101kPa大气压和防护区最低环境温度下的质量体积;

T——防护区最低环境温度;

t——灭火剂设计喷放时间;

V——防护区净容积;

V_0——喷放前,全部储存容器内的气相总容积(对IG541系统为全部储存容器的总容积);

V_1——减压孔板前管网管道容积;

41

V_2——减压孔板后管网管道容积；

V_b——储存容器的容量；

V_p——管网的管道内容积；

W——灭火设计用量或惰化设计用量；

W_0——系统灭火剂储存量；

W_s——系统灭火剂剩余量；

Y_1——计算管段始端压力系数；

Y_2——计算管段末端压力系数；

Z_1——计算管段始端密度系数；

Z_2——计算管段末端密度系数；

γ——七氟丙烷液体密度；

δ——落压比；

η——充装量；

μ_k——减压孔板流量系数；

ΔP——计算管段阻力损失；

ΔW_1——储存容器内的灭火剂剩余量；

ΔW_2——管道内的灭火剂剩余量。

3 设计要求

3.1 一般规定

3.1.1 采用气体灭火系统保护的防护区，其灭火设计用量或惰化设计用量，应根据防护区内可燃物相应的灭火设计浓度或惰化设计浓度经计算确定。

3.1.2 有爆炸危险的气体、液体类火灾的防护区，应采用惰化设计浓度；无爆炸危险的气体、液体类火灾和固体类火灾的防护区，应采用灭火设计浓度。

3.1.3 几种可燃物共存或混合时，灭火设计浓度或惰化设计浓度，应按其中最大的灭火设计浓度或惰化设计浓度确定。

3.1.4 两个或两个以上的防护区采用组合分配系统时，一个组合分配系统所保护的防护区不应超过 8 个。

3.1.5 组合分配系统的灭火剂储存量，应按储存量最大的防护区确定。

3.1.6 灭火系统的灭火剂储存量，应为防护区的灭火设计用量、储存容器内的灭火剂剩余量和管网内的灭火剂剩余量之和。

3.1.7 灭火系统的储存装置 72 小时内不能重新充装恢复工作的，应按系统原储存量的 100% 设置备用量。

3.1.8 灭火系统的设计温度，应采用 20℃。

3.1.9 同一集流管上的储存容器，其规格、充压压力和充装量应相同。

3.1.10 同一防护区，当设计两套或三套管网时，集流管可分别设置，系统启动装置必须共用。各管网上喷头流量均应按同一灭火设计浓度、同一喷放时间进行设计。

3.1.11 管网上不应采用四通管件进行分流。

3.1.12 喷头的保护高度和保护半径，应符合下列规定：

1 最大保护高度不宜大于 6.5m；

2 最小保护高度不应小于 0.3m；

3 喷头安装高度小于 1.5m 时，保护半径不宜大于 4.5m；

4 喷头安装高度不小于 1.5m 时，保护半径不应大于 7.5m。

3.1.13 喷头宜贴近防护区顶面安装，距顶面的最大距离不宜大于 0.5m。

3.1.14 一个防护区设置的预制灭火系统，其装置数量不宜超过 10 台。

3.1.15 同一防护区内的预制灭火系统装置多于 1 台时，必须能同时启动，其动作响应时差不得大于 2s。

3.1.16 单台热气溶胶预制灭火系统装置的保护容积不应大于 160m³；设置多台装置时，其相互间的距离不得大于 10m。

3.1.17 采用热气溶胶预制灭火系统的防护区，其高度不宜大于 6.0m。

3.1.18 热气溶胶预制灭火系统装置的喷口宜高于防护区地面 2.0m。

3.2 系统设置

3.2.1 气体灭火系统适用于扑救下列火灾：

1 电气火灾；

2 固体表面火灾；

3 液体火灾；

4 灭火前能切断气源的气体火灾。

注：除电缆隧道（夹层、井）及自备发电机房外，K 型和其他型热气溶胶预制灭火系统不得用于其他电气火灾。

3.2.2 气体灭火系统不适用于扑救下列火灾：

1 硝化纤维、硝酸钠等氧化剂或含氧化剂的化学制品火灾；

2 钾、镁、钠、钛、锆、铀等活泼金属火灾；

3 氢化钾、氢化钠等金属氢化物火灾；

4 过氧化氢、联胺等能自行分解的化学物质火灾；

5 可燃固体物质的深位火灾。

3.2.3 热气溶胶预制灭火系统不应设置在人员密集场所、有爆炸危险性的场所及有超净要求的场所。K 型及其他型热气溶胶预制灭火系统不得用于电子计算机房、通讯机房等场所。

3.2.4 防护区划分应符合下列规定：

1 防护区宜以单个封闭空间划分；同一区间的吊顶层和地板下需同时保护时，可合为一个防护区；

2 采用管网灭火系统时，一个防护区的面积不宜大于 800m²，且容积不宜大于 3600m³；

3 采用预制灭火系统时，一个防护区的面积不宜大于 500m²，且容积不宜大于 1600m³。

3.2.5 防护区围护结构及门窗的耐火极限均不宜低于 0.5h；吊顶的耐火极限不宜低于 0.25h。

3.2.6 防护区围护结构承受内压的允许压强，不宜低于 1200Pa。

3.2.7 防护区应设置泄压口，七氟丙烷灭火系统的泄压口应位于防护区净高的 2/3 以上。

3.2.8 防护区设置的泄压口，宜设在外墙上。泄压口面积按相应气体灭火系统设计规定计算。

3.2.9 喷放灭火剂前，防护区内除泄压口外的开口应能自行关闭。

3.2.10 防护区的最低环境温度不应低于 −10℃。

3.3 七氟丙烷灭火系统

3.3.1 七氟丙烷灭火系统的灭火设计浓度不应小于灭火浓度的 1.3 倍，惰化设计浓度不应小于惰化浓度的 1.1 倍。

3.3.2 固体表面火灾的灭火浓度为 5.8%，其他灭火浓度可按本规范附录 A 中表 A-1 的规定取值，惰化浓度可按本规范附录 A 中表 A-2 的规定取值。本规范附录 A 中未列出的,应经试验确定。

3.3.3 图书、档案、票据和文物资料库等防护区,灭火设计浓度宜采用 10%。

3.3.4 油浸变压器室、带油开关的配电室和自备发电机房等防护区,灭火设计浓度宜采用 9%。

3.3.5 通讯机房和电子计算机房等防护区,灭火设计浓度宜采用 8%。

3.3.6 防护区实际应用的浓度不应大于灭火设计浓度的 1.1 倍。

3.3.7 在通讯机房和电子计算机房等防护区,设计喷放时间不应大于 8s;在其他防护区,设计喷放时间不应大于 10s。

3.3.8 灭火浸渍时间应符合下列规定:

1 木材、纸张、织物等固体表面火灾,宜采用 20min;

2 通讯机房、电子计算机房内的电气设备火灾,应采用 5min;

3 其他固体表面火灾,宜采用 10min;

4 气体和液体火灾,不应小于 1min。

3.3.9 七氟丙烷灭火系统应采用氮气增压输送。氮气的含水量不应大于 0.006%。

储存容器的增压压力宜分为三级,并应符合下列规定:

1 一级 2.5+0.1MPa(表压);

2 二级 4.2+0.1MPa(表压);

3 三级 5.6+0.1MPa(表压)。

3.3.10 七氟丙烷单位容积的充装量应符合下列规定:

1 一级增压储存容器,不应大于 1120kg/m³;

2 二级增压焊接结构储存容器,不应大于 950kg/m³;

3 二级增压无缝结构储存容器,不应大于 1120kg/m³;

4 三级增压储存容器,不应大于 1080kg/m³。

3.3.11 管网的管道内容积,不应大于流经该管网的七氟丙烷储存量体积的 80%。

3.3.12 管网布置宜设计为均衡系统,并应符合下列规定:

1 喷头设计流量应相等;

2 管网的第 1 分流点至各喷头的管道阻力损失,其相互间的最大差值不应大于 20%。

3.3.13 防护区的泄压口面积,宜按下式计算:

$$F_x = 0.15 \frac{Q_x}{\sqrt{P_f}} \qquad (3.3.13)$$

式中 F_x——泄压口面积(m²);

Q_x——灭火剂在防护区的平均喷放率(kg/s);

P_f——围护结构承受内压的允许压强(Pa)。

3.3.14 灭火设计用量或惰化设计用量和系统灭火剂储存量,应符合下列规定:

1 防护区灭火设计用量或惰化设计用量,应按下式计算:

$$W = K \cdot \frac{V}{S} \cdot \frac{C_1}{(100-C_1)} \qquad (3.3.14-1)$$

式中 W——灭火设计用量或惰化设计用量(kg);

C_1——灭火设计浓度或惰化设计浓度(%);

S——灭火剂过热蒸气在 101kPa 大气压和防护区最低环境温度下的质量体积(m³/kg);

V——防护区净容积(m³);

K——海拔高度修正系数,可按本规范附录 B 的规定取值。

2 灭火剂过热蒸气在 101kPa 大气压和防护区最低环境温度下的质量体积,应按下式计算:

$$S = 0.1269 + 0.000513 \cdot T \qquad (3.3.14-2)$$

式中 T——防护区最低环境温度(℃)。

3 系统灭火剂储存量应按下式计算:

$$W_0 = W + \Delta W_1 + \Delta W_2 \qquad (3.3.14-3)$$

式中 W_0——系统灭火剂储存量(kg);

ΔW_1——储存容器内的灭火剂剩余量(kg);

ΔW_2——管道内的灭火剂剩余量(kg)。

4 储存容器内的灭火剂剩余量,可按储存容器内引升管管口以下的容器容积量换算。

5 均衡管网和只含一个封闭空间的非均衡管网,其管网内的灭火剂剩余量均可不计。

防护区中含两个或两个以上封闭空间的非均衡管网,其管网内的灭火剂剩余量,可按各支管与最短支管之间长度差值的容积量计算。

3.3.15 管网计算应符合下列规定:

1 管网计算时,各管道中灭火剂的流量,宜采用平均设计流量。

2 主干管平均设计流量,应按下式计算:

$$Q_w = \frac{W}{t} \qquad (3.3.15-1)$$

式中 Q_w——主干管平均设计流量(kg/s);

t——灭火剂设计喷放时间(s)。

3 支管平均设计流量,应按下式计算:

$$Q_g = \sum_1^{N_g} Q_c \qquad (3.3.15-2)$$

式中 Q_g——支管平均设计流量(kg/s);

N_g——安装在计算支管下游的喷头数量(个);

Q_c——单个喷头的设计流量(kg/s)。

4 管网阻力损失宜采用过程中点时储存容器内压力和平均设计流量进行计算。

5 过程中点时储存容器内压力,宜按下式计算:

$$P_m = \frac{P_0 V_0}{V_0 + \dfrac{W}{2\gamma} + V_p} \qquad (3.3.15-3)$$

$$V_0 = nV_b \left(1 - \frac{\eta}{\gamma}\right) \qquad (3.3.15-4)$$

式中 P_m——过程中点时储存容器内压力(MPa,绝对压力);

P_0——灭火剂储存容器增压压力(MPa,绝对压力);

V_0——喷放前,全部储存容器内的气相总容积(m³);

γ——七氟丙烷液体密度(kg/m³),20℃时为 1407kg/m³;

V_p——管网的管道内容积(m³);

n——储存容器的数量(个);

V_b——储存容器的容量(m³);

η——充装量(kg/m³)。

6 管网的阻力损失应根据管道种类确定。当采用镀锌钢管时,其阻力损失可按下式计算:

$$\frac{\Delta P}{L} = \frac{5.75 \times 10^5 Q^2}{\left(1.74 + 2\lg \dfrac{D}{0.12}\right)^2 D^5} \qquad (3.3.15-5)$$

式中 ΔP——计算管段阻力损失(MPa);

L——管道计算长度(m),为计算管段中沿程长度与局部损失当量长度之和;

Q——管道设计流量(kg/s);

D——管道内径(mm)。

7 初选管径可按管道设计流量,参照下列公式计算:

当 $Q \leqslant 6.0$kg/s 时,

$$D = (12 \sim 20)\sqrt{Q} \qquad (3.3.15-6)$$

当 6.0kg/s < Q < 160.0kg/s 时,

$$D = (8 \sim 16)\sqrt{Q} \qquad (3.3.15-7)$$

8 喷头工作压力应按下式计算:

$$P_c = P_m - \sum_1^{N_d} \Delta P \pm P_h \qquad (3.3.15-8)$$

式中 P_c——喷头工作压力(MPa,绝对压力);

$\sum_1^{N_d} \Delta P$——系统流程阻力总损失(MPa);

N_d——流程中计算管段的数量;

P_h——高程压头(MPa)。

9 高程压头应按下式计算:

$$P_h = 10^{-6} \cdot \gamma H g \qquad (3.3.15-9)$$

式中 H——过程中点时,喷头高度相对储存容器内液面的位差 (m);

g——重力加速度(m/s²)。

3.3.16 七氟丙烷气体灭火系统的喷头工作压力的计算结果,应符合下列规定:

　　1 一级增压储存容器的系统 $P_c \geqslant 0.6$(MPa,绝对压力);

　　　二级增压储存容器的系统 $P_c \geqslant 0.7$(MPa,绝对压力);

　　　三级增压储存容器的系统 $P_c \geqslant 0.8$(MPa,绝对压力)。

　　2 $P_c \geqslant \dfrac{P_m}{2}$(MPa,绝对压力)。

3.3.17 喷头等效孔口面积应按下式计算:

$$F_c = \frac{Q_c}{q_c} \qquad (3.3.17)$$

式中 F_c——喷头等效孔口面积(cm²);

q_c——等效孔口单位面积喷射率[kg/(s·cm²)],可按本规范附录C采用。

3.3.18 喷头的实际孔口面积,应经试验确定,喷头规格应符合本规范附录D的规定。

3.4 IG541 混合气体灭火系统

3.4.1 IG541 混合气体灭火系统的灭火设计浓度不应小于灭火浓度的1.3倍,惰化设计浓度不应小于惰化浓度的1.1倍。

3.4.2 固体表面火灾的灭火浓度为28.1%,其他灭火浓度可按本规范附录A中表A-3的规定取值,惰化浓度可按本规范附录A中表A-4的规定取值。本规范附录A中未列出的,应经试验确定。

3.4.3 当IG541 混合气体灭火剂喷放至设计用量的95%时,其喷放时间不应大于60s,且不应小于48s。

3.4.4 灭火浸渍时间应符合下列规定:

　　1 木材、纸张、织物等固体表面火灾,宜采用20min;

　　2 通讯机房、电子计算机房内的电气设备火灾,宜采用10min;

　　3 其他固体表面火灾,宜采用10min。

3.4.5 储存容器充装量应符合下列规定:

　　1 一级充压(15.0MPa)系统,充装量应为211.15kg/m³;

　　2 二级充压(20.0MPa)系统,充装量应为281.06kg/m³。

3.4.6 防护区的泄压口面积,宜按下式计算:

$$F_x = 1.1 \frac{Q_x}{\sqrt{P_f}} \qquad (3.4.6)$$

式中 F_x——泄压口面积(m²);

Q_x——灭火剂在防护区的平均喷放速率(kg/s);

P_f——围护结构承受内压的允许压强(Pa)。

3.4.7 灭火设计用量或惰化设计用量和系统灭火剂储存量,应符合下列规定:

　　1 防护区灭火设计用量或惰化设计用量应按下式计算:

$$W = K \cdot \frac{V}{S} \cdot \ln\left(\frac{100}{100-C_1}\right) \qquad (3.4.7-1)$$

式中 W——灭火设计用量或惰化设计用量(kg);

C_1——灭火设计浓度或惰化设计浓度(%);

V——防护区净容积(m³);

S——灭火剂气体在101kPa大气压和防护区最低环境温度下的质量体积(m³/kg);

K——海拔高度修正系数,可按本规范附录B的规定取值。

　　2 灭火剂气体在101kPa大气压和防护区最低环境温度下的质量体积,应按下式计算:

$$S = 0.6575 + 0.0024 \cdot T \qquad (3.4.7-2)$$

式中 T——防护区最低环境温度(℃)。

　　3 系统灭火剂储存量,应为防护区灭火设计用量及系统灭火剂剩余量之和,系统灭火剂剩余量应按下式计算:

$$W_s \geqslant 2.7V_0 + 2.0V_p \qquad (3.4.7-3)$$

式中 W_s——系统灭火剂剩余量(kg);

V_0——系统全部储存容器的总容积(m³);

V_p——管网的管道内容积(m³)。

3.4.8 管网计算应符合下列规定:

　　1 管道流量宜采用平均设计流量。

主干管、支管的平均设计流量,应按下列公式计算:

$$Q_w = \frac{0.95W}{t} \qquad (3.4.8-1)$$

$$Q_g = \sum_{1}^{N_g} Q_c \qquad (3.4.8-2)$$

式中 Q_w——主干管平均设计流量(kg/s);

t——灭火剂设计喷放时间(s);

Q_g——支管平均设计流量(kg/s);

N_g——安装在计算支管下游的喷头数量(个);

Q_c——单个喷头的设计流量(kg/s)。

　　2 管道内径宜按下式计算:

$$D = (24 \sim 36)\sqrt{Q} \qquad (3.4.8-3)$$

式中 D——管道内径(mm);

Q——管道设计流量(kg/s)。

　　3 灭火剂释放时,管网应进行减压。减压装置宜采用减压孔板。减压孔板宜设在系统的源头或干管入口处。

　　4 减压孔板前的压力,应按下式计算:

$$P_1 = P_0\left(\frac{0.525V_0}{V_0+V_1+0.4V_2}\right)^{1.45} \qquad (3.4.8-4)$$

式中 P_1——减压孔板前的压力(MPa,绝对压力);

P_0——灭火剂储存容器充压压力(MPa,绝对压力);

V_0——系统全部储存容器的总容积(m³);

V_1——减压孔板前管网管道容积(m³);

V_2——减压孔板后管网管道容积(m³)。

　　5 减压孔板后的压力,应按下式计算:

$$P_2 = \delta \cdot P_1 \qquad (3.4.8-5)$$

式中 P_2——减压孔板后的压力(MPa,绝对压力);

δ——落压比(临界落压比:$\delta = 0.52$)。一级充压(15.0MPa)的系统,可在 $\delta = 0.52 \sim 0.60$ 中选用;二级充压(20.0MPa)的系统,可在 $\delta = 0.52 \sim 0.55$ 中选用。

　　6 减压孔板孔口面积,宜按下式计算:

$$F_k = \frac{Q_k}{0.95\mu_k P_1 \sqrt{\delta^{1.38}-\delta^{1.69}}} \qquad (3.4.8-6)$$

式中 F_k——减压孔板孔口面积(cm²);

Q_k——减压孔板设计流量(kg/s);

μ_k——减压孔板流量系数。

　　7 系统的阻力损失宜从减压孔板后算起,并按下式计算,压力系数和密度系数,可依据计算点压力按本规范附录E确定。

$$Y_2 = Y_1 + \frac{L \cdot Q^2}{0.242 \times 10^{-6} \cdot D^{5.25}} + \frac{1.653 \times 10^7}{D^4} \cdot (Z_2 - Z_1)Q^2 \qquad (3.4.8-7)$$

式中 Q——管道设计流量(kg/s);

L——管道计算长度(m);

D——管道内径(mm);

Y_1——计算管段始端压力系数(10⁻¹MPa·kg/m³);

Y_2——计算管段末端压力系数(10⁻¹MPa·kg/m³);

Z_1——计算管段始端密度系数;

Z_2——计算管段末端密度系数。

3.4.9 IG541混合气体灭火系统的喷头工作压力的计算结果,应符合下列规定:

  1 一级充压(15.0MPa)系统,$P_c \geqslant 2.0$(MPa,绝对压力);

  2 二级充压(20.0MPa)系统,$P_c \geqslant 2.1$(MPa,绝对压力)。

3.4.10 喷头等效孔口面积,应按下式计算:

$$F_c = \frac{Q_c}{q_c} \qquad (3.4.10)$$

式中　F_c——喷头等效孔口面积(cm^2);

      q_c——等效孔口单位面积喷射率[kg/(s·cm^2)],可按本规范附录F采用。

3.4.11 喷头的实际孔口面积,应经试验确定,喷头规格应符合本规范附录D的规定。

3.5 热气溶胶预制灭火系统

3.5.1 热气溶胶预制灭火系统的灭火设计密度不应小于灭火密度的1.3倍。

3.5.2 S型和K型热气溶胶灭固体表面火灾的灭火密度为100g/m³。

3.5.3 通讯机房和电子计算机房等场所的电气设备火灾,S型热气溶胶的灭火设计密度不应小于130g/m³。

3.5.4 电缆隧道(夹层、井)及自备发电机房火灾,S型和K型热气溶胶的灭火设计密度不应小于140g/m³。

3.5.5 在通讯机房、电子计算机房等防护区,灭火剂喷放时间不应大于90s,喷口温度不应大于150℃;在其他防护区,喷放时间不应大于120s,喷口温度不应大于180℃。

3.5.6 S型和K型热气溶胶对其他可燃物的灭火密度应经试验确定。

3.5.7 其他型热气溶胶的灭火密度应经试验确定。

3.5.8 灭火浸渍时间应符合下列规定:

  1 木材、纸张、织物等固体表面火灾,应采用20min;

  2 通讯机房、电子计算机房等防护区火灾及其他固体表面火灾,应采用10min。

3.5.9 灭火设计用量应按下式计算:

$$W = C_2 \cdot K_v \cdot V \qquad (3.5.9)$$

式中　W——灭火设计用量(kg);

      C_2——灭火设计密度(kg/m³);

      V——防护区净容积(m³);

      K_v——容积修正系数。$V < 500m^3$,$K_v = 1.0$;$500m^3 \leqslant V < 1000m^3$,$K_v = 1.1$;$V \geqslant 1000m^3$,$K_v = 1.2$。

4 系统组件

4.1 一般规定

4.1.1 储存装置应符合下列规定:

  1 管网系统的储存装置应由储存容器、容器阀和集流管等组成;七氟丙烷和IG541预制灭火系统的储存装置,应由储存容器、容器阀等组成;热气溶胶预制灭火系统的储存装置应由发生剂罐、引发器和保护箱(壳)体等组成;

  2 容器阀和集流管之间应采用挠性连接。储存容器和集流管应采用支架固定;

  3 储存装置上应设耐久的固定铭牌,并应标明每个容器的编号、容积、皮重、灭火剂名称、充装量、充装日期和充压压力等;

  4 管网灭火系统的储存装置宜设在专用储瓶间内。储瓶间宜靠近防护区,并应符合建筑物耐火等级不低于二级的有关规定及有关压力容器存放的规定,且应有直接通向室外或疏散走道的出口。储瓶间和设置预制灭火系统的防护区的环境温度应为-10~50℃;

  5 储存装置的布置,应便于操作、维修及避免阳光照射。操作面距墙面或两操作面之间的距离,不宜小于1.0m,且不应小于储存容器外径的1.5倍。

4.1.2 储存容器、驱动气体储瓶的设计与使用应符合国家现行《气瓶安全监察规程》及《压力容器安全技术监察规程》的规定。

4.1.3 储存装置的储存容器与其他组件的公称工作压力,不应小于在最高环境温度下所承受的工作压力。

4.1.4 在储存容器或容器阀上,应设安全泄压装置和压力表。组合分配系统的集流管,应设安全泄压装置。安全泄压装置的动作压力,应符合相应气体灭火系统的设计规定。

4.1.5 在通向每个防护区的灭火系统主管道上,应设压力讯号器或流量讯号器。

4.1.6 组合分配系统中的每个防护区应设置控制灭火剂流向的选择阀,其公称直径应与该防护区灭火系统的主管道公称直径相等。

  选择阀的位置应靠近储存容器且便于操作。选择阀应设有标明其工作防护区的永久性铭牌。

4.1.7 喷头应有型号、规格的永久性标识。设置在有粉尘、油雾等防护区的喷头,应有防护装置。

4.1.8 喷头的布置应满足喷放后气体灭火剂在防护区内均匀分布的要求。当保护对象属可燃液体时,喷头射流方向不应朝向液体表面。

4.1.9 管道及管道附件应符合下列规定:

  1 输送气体灭火剂的管道应采用无缝钢管。其质量应符合现行国家标准《输送流体用无缝钢管》GB/T 8163、《高压锅炉用无缝钢管》GB 5310等的规定。无缝钢管内外应进行防腐处理,防腐处理宜采用符合环保要求的方式;

  2 输送气体灭火剂的管道安装在腐蚀性较大的环境里,宜采用不锈钢管。其质量应符合现行国家标准《流体输送用不锈钢无缝钢管》GB/T 14976的规定;

  3 输送启动气体的管道,宜采用铜管,其质量应符合现行国家标准《拉制铜管》GB 1527的规定;

  4 管道的连接,当公称直径小于或等于80mm时,宜采用螺纹连接;大于80mm时,宜采用法兰连接。钢制管道附件应内外防腐处理,防腐处理宜采用符合环保要求的方式。使用在腐蚀性较大的环境里,应采用不锈钢的管道附件。

4.1.10 系统组件与管道的公称工作压力,不应小于在最高环境温度下所承受的工作压力。

4.1.11 系统组件的特性参数应由国家法定检测机构验证或测定。

4.2 七氟丙烷灭火系统组件专用要求

4.2.1 储存容器或容器阀以及组合分配系统集流管上的安全泄压装置的动作压力,应符合下列规定:

1 储存容器增压压力为 2.5MPa 时,应为 5.0±0.25MPa(表压);

2 储存容器增压压力为 4.2MPa,最大充装量为 950kg/m³ 时,应为 7.0±0.35MPa(表压);最大充装量为 1120kg/m³ 时,应为 8.4±0.42MPa(表压);

3 储存容器增压压力为 5.6MPa 时,应为 10.0±0.50MPa(表压)。

4.2.2 增压压力为 2.5MPa 的储存容器宜采用焊接容器;增压压力为 4.2MPa 的储存容器,可采用焊接容器或无缝容器;增压压力为 5.6MPa 的储存容器,应采用无缝容器。

4.2.3 在容器阀和集流管之间的管道上应设单向阀。

4.3 IG541 混合气体灭火系统组件专用要求

4.3.1 储存容器或容器阀以及组合分配系统集流管上的安全泄压装置的动作压力,应符合下列规定:

1 一级充压(15.0MPa)系统,应为 20.7±1.0MPa(表压);

2 二级充压(20.0MPa)系统,应为 27.6±1.4MPa(表压)。

4.3.2 储存容器应采用无缝容器。

4.4 热气溶胶预制灭火系统组件专用要求

4.4.1 一台以上灭火装置之间的电启动线路应采用串联连接。

4.4.2 每台灭火装置均应具备启动反馈功能。

5 操作与控制

5.0.1 采用气体灭火系统的防护区,应设置火灾自动报警系统,其设计应符合现行国家标准《火灾自动报警系统设计规范》GB 50116 的规定,并应选用灵敏度级别高的火灾探测器。

5.0.2 管网灭火系统应设自动控制、手动控制和机械应急操作三种启动方式。预制灭火系统应设自动控制和手动控制两种启动方式。

5.0.3 采用自动控制启动方式时,根据人员安全撤离防护区的需要,应有不大于 30s 的可控延迟喷射;对于平时无人工作的防护区,可设置为无延迟的喷射。

5.0.4 灭火设计浓度或实际使用浓度大于无毒性反应浓度(NOAEL 浓度)的防护区和采用热气溶胶预制灭火系统的防护区,应设手动与自动控制的转换装置。当人员进入防护区时,应能将灭火系统转换为手动控制方式;当人员离开时,应能恢复为自动控制方式。防护区内外应设手动、自动控制状态的显示装置。

5.0.5 自动控制装置应在接到两个独立的火灾信号后才能启动。手动控制装置和手动与自动转换装置应设在防护区疏散出口的门外便于操作的地方,安装高度为中心点距地面 1.5m。机械应急操作装置应设在储瓶间内或防护区疏散出口门外便于操作的地方。

5.0.6 气体灭火系统的操作与控制,应包括对开口封闭装置、通风机械和防火阀等设备的联动操作与控制。

5.0.7 设有消防控制室的场所,各防护区灭火控制系统的有关信息,应传送给消防控制室。

5.0.8 气体灭火系统的电源,应符合国家现行有关消防技术标准的规定;采用气动力源时,应保证系统操作和控制需要的压力和气量。

5.0.9 组合分配系统启动时,选择阀应在容器阀开启前或同时打开。

6 安全要求

6.0.1 防护区应有保证人员在 30s 内疏散完毕的通道和出口。

6.0.2 防护区内的疏散通道及出口,应设应急照明与疏散指示标志。防护区内应设火灾声报警器,必要时,可增设闪光报警器。防护区的入口处应设火灾声、光报警器和灭火剂喷放指示灯,以及防护区采用的相应气体灭火系统的永久性标志牌。灭火剂喷放指示灯信号,应保持到防护区通风换气后,以手动方式解除。

6.0.3 防护区的门应向疏散方向开启,并能自行关闭;用于疏散的门必须能从防护区内打开。

6.0.4 灭火后的防护区应通风换气,地下防护区和无窗或设固定窗扇的地上防护区,应设置机械排风装置,排风口宜设在防护区的下部并应直通室外。通信机房、电子计算机房等场所的通风换气次数应不少于每小时 5 次。

6.0.5 储瓶间的门应向外开启,储瓶间内应设应急照明;储瓶间应有良好的通风条件,地下储瓶间应设机械排风装置,排风口应设在下部,可通过排风管排出室外。

6.0.6 经过有爆炸危险和变电、配电场所的管网,以及布设在以上场所的金属箱体等,应设防静电接地。

6.0.7 有人工作防护区的灭火设计浓度或实际使用浓度,不应大于有毒性反应浓度(LOAEL 浓度),该值应符合本规范附录 G 的规定。

6.0.8 防护区内设置的预制灭火系统的充压压力不应大于 2.5 MPa。

6.0.9 灭火系统的手动控制与应急操作应有防止误操作的警示显示与措施。

6.0.10 热气溶胶灭火系统装置的喷口前 1.0m 内,装置的背面、侧面、顶部 0.2m 内不应设置或存放设备、器具等。

6.0.11 设有气体灭火系统的场所,宜配置空气呼吸器。

附录 A 灭火浓度和惰化浓度

七氟丙烷、IG541 的灭火浓度及惰化浓度见表 A-1～表 A-4。

表 A-1 七氟丙烷灭火浓度

可燃物	灭火浓度(%)	可燃物	灭火浓度(%)
甲烷	6.2	异丙醇	7.3
乙烷	7.5	丁醇	7.1
丙烷	6.3	甲乙酮	6.7
庚烷	5.8	甲基异丁酮	6.6
正庚烷	6.5	丙酮	6.5
硝基甲烷	10.1	环戊酮	6.7
甲苯	5.1	四氢呋喃	7.2
二甲苯	5.3	吗啉	7.3
乙腈	3.7	汽油(无铅,7.8%乙醇)	6.5
乙基醋酸酯	5.6	航空燃料汽油	6.7
丁基醋酸酯	6.6	2号柴油	6.7
甲醇	9.9	喷气式发动机燃料(-4)	6.6
乙醇	7.6	喷气式发动机燃料(-5)	6.6
乙二醇	7.8	变压器油	6.9

表 A-2 七氟丙烷惰化浓度

可燃物	惰化浓度(%)
甲烷	8.0
二氯甲烷	3.5
1.1-二氟乙烷	8.6
1-氯-1.1-二氟乙烷	2.6
丙烷	11.6
1-丁烷	11.3
戊烷	11.6
乙烯氧化物	13.6

表 A-3 IG541 混合气体灭火浓度

可燃物	灭火浓度(%)	可燃物	灭火浓度(%)
甲烷	15.4	丙酮	30.3
乙烷	29.5	丁酮	35.8
丙烷	32.3	甲基异丁酮	32.3
戊烷	37.2	环己酮	42.1
庚烷	31.1	甲醇	44.2
正庚烷	31.0	乙醇	35.0
辛烷	35.8	1-丁醇	37.2
乙烯	42.1	异丁醇	28.3
醋酸乙烯酯	34.4	普通汽油	35.8
醋酸乙酯	32.7	航空汽油100	29.5
二乙醚	34.9	Avtur(Jet A)	36.2
石油醚	35.0	2号柴油	35.8
甲苯	25.0	真空泵油	32.0
乙腈	26.7		

表 A-4 IG541 混合气体惰化浓度

可燃物	惰化浓度(%)
甲烷	43.0
丙烷	49.0

附录 B 海拔高度修正系数

海拔高度修正系数见表 B。

表 B 海拔高度修正系数

海拔高度(m)	修正系数
-1000	1.130
0	1.000
1000	0.885
1500	0.830
2000	0.785
2500	0.735
3000	0.690
3500	0.650
4000	0.610
4500	0.565

附录 C 七氟丙烷灭火系统喷头等效孔口单位面积喷射率

七氟丙烷灭火系统喷头等效孔口单位面积喷射率见表 C-1～表 C-3。

表 C-1 增压压力为 2.5MPa(表压)时七氟丙烷灭火系统喷头等效孔口单位面积喷射率

喷头入口压力 (MPa,绝对压力)	喷射率 [kg/(s·cm²)]	喷头入口压力 (MPa,绝对压力)	喷射率 [kg/(s·cm²)]
2.1	4.67	1.3	2.86
2.0	4.48	1.2	2.58
1.9	4.28	1.1	2.28
1.8	4.07	1.0	1.98
1.7	3.85	0.9	1.66
1.6	3.62	0.8	1.32
1.5	3.38	0.7	0.97
1.4	3.13	0.6	0.62

注:等效孔口流量系数为 0.98。

表 C-2 增压压力为 4.2MPa(表压)时七氟丙烷灭火系统喷头等效孔口单位面积喷射率

喷头入口压力 (MPa,绝对压力)	喷射率 [kg/(s·cm²)]	喷头入口压力 (MPa,绝对压力)	喷射率 [kg/(s·cm²)]
3.4	6.04	1.6	3.50
3.2	5.83	1.4	3.05
3.0	5.61	1.3	2.80
2.8	5.37	1.2	2.50
2.6	5.12	1.1	2.20
2.4	4.85	1.0	1.93
2.2	4.55	0.9	1.62
2.0	4.25	0.8	1.27
1.8	3.90	0.7	0.90

注:等效孔口流量系数为 0.98。

表 C-3 增压压力为 5.6MPa(表压)时七氟丙烷灭火系统喷头
等效孔口单位面积喷射率

喷头入口压力 (MPa,绝对压力)	喷射率 [kg/(s·cm²)]	喷头入口压力 (MPa,绝对压力)	喷射率 [kg/(s·cm²)]
4.5	6.49	2.0	4.16
4.2	6.39	1.8	3.78
3.9	6.25	1.6	3.34
3.6	6.10	1.4	2.81
3.3	5.89	1.3	2.50
3.0	5.59	1.2	2.15
2.8	5.36	1.1	1.78
2.6	5.10	1.0	1.35
2.4	4.81	0.9	0.88
2.2	4.50	0.8	0.40

注:等效孔口流量系数为 0.98。

附录 D 喷头规格和等效孔口面积

喷头规格和等效孔口面积见表 D。

表 D 喷头规格和等效孔口面积

喷头规格代号	等效孔口面积(cm²)
8	0.3168
9	0.4006
10	0.4948
11	0.5987
12	0.7129
14	0.9697
16	1.267
18	1.603
20	1.979
22	2.395
24	2.850
26	3.345
28	3.879

注:扩充喷头规格,应以等效孔口的单孔直径 0.79375mm 的倍数设置。

附录 E IG541 混合气体灭火系统管道压力系数和密度系数

IG541 混合气体灭火系统管道压力系数和密度系数见表 E-1、表 E-2。

表 E-1 一级充压(15.0MPa)IG541 混合气体灭火系统的
管道压力系数和密度系数

压力(MPa,绝对压力)	Y(10⁻¹MPa·kg/m³)	Z
3.7	0	0
3.6	61	0.0366
3.5	120	0.0746
3.4	177	0.114
3.3	232	0.153
3.2	284	0.194
3.1	335	0.237
3.0	383	0.277
2.9	429	0.319
2.8	474	0.363
2.7	516	0.409
2.6	557	0.457
2.5	596	0.505
2.4	633	0.552
2.3	668	0.601
2.2	702	0.653
2.1	734	0.708
2.0	764	0.766

表 E-2 二级充压(20.0MPa)IG541 混合气体灭火系统的
管道压力系数和密度系数

压力(MPa,绝对压力)	Y(10⁻¹MPa·kg/m³)	Z
4.6	0	0
4.5	75	0.0284
4.4	148	0.0561
4.3	219	0.0862
4.2	288	0.114
4.1	355	0.144
4.0	420	0.174
3.9	483	0.206
3.8	544	0.236
3.7	604	0.269
3.6	661	0.301
3.5	717	0.336
3.4	770	0.370
3.3	822	0.405
3.2	872	0.439
3.08	930	0.483
2.94	995	0.539
2.8	1056	0.595
2.66	1114	0.652
2.52	1169	0.713
2.38	1221	0.778
2.24	1269	0.847
2.1	1314	0.918

附录 F IG541 混合气体灭火系统喷头等效孔口单位面积喷射率

IG541 混合气体灭火系统喷头等效孔口单位面积喷射率见表 F-1、表 F-2。

表 F-1 一级充压(15.0MPa)IG541 混合气体灭火系统喷头等效孔口单位面积喷射率

喷头入口压力(MPa,绝对压力)	喷射率[kg/(s·cm²)]
3.7	0.97
3.6	0.94
3.5	0.91
3.4	0.88
3.3	0.85
3.2	0.82
3.1	0.79
3.0	0.76
2.9	0.73
2.8	0.70
2.7	0.67
2.6	0.64
2.5	0.62
2.4	0.59
2.3	0.56
2.2	0.53
2.1	0.51
2.0	0.48

注:等效孔口流量系数为 0.98。

表 F-2 二级充压(20.0MPa)IG541 混合气体灭火系统喷头等效孔口单位面积喷射率

喷头入口压力(MPa,绝对压力)	喷射率[kg/(s·cm²)]
4.6	1.21
4.5	1.18
4.4	1.15
4.3	1.12
4.2	1.09
4.1	1.06
4.0	1.03
3.9	1.00
3.8	0.97
3.7	0.95
3.6	0.92
3.5	0.89
3.4	0.86
3.3	0.83
3.2	0.80
3.08	0.77
2.94	0.73
2.8	0.69
2.66	0.65
2.52	0.62
2.38	0.58
2.24	0.54
2.1	0.50

注:等效孔口流量系数为 0.98。

附录 G 无毒性反应(NOAEL)、有毒性反应(LOAEL)浓度和灭火剂技术性能

无毒性反应(NOAEL)、有毒性反应(LOAEL)浓度和灭火剂技术性能见表 G-1~表 G-3。

表 G-1 七氟丙烷和 IG541 的 NOAEL、LOAEL 浓度

项　目	七氟丙烷	IG541
NOAEL 浓度	9.0%	43%
LOAEL 浓度	10.5%	52%

表 G-2 七氟丙烷灭火剂技术性能

项　目	技术指标
纯度	≥99.6%(质量比)
酸度	≤3ppm(质量比)
水含量	≤10ppm(质量比)
不挥发残留物	≤0.01%(质量比)
悬浮或沉淀物	不可见

表 G-3 IG541 混合气体灭火剂技术性能

灭火剂名称		主要技术指标			
		纯度(体积比)	比例(%)	氧含量	水含量
IG541	Ar	>99.97%	40±4	<3ppm	<4ppm
	N₂	>99.99%	52±4	<3ppm	<5ppm
	CO₂	>99.5%	8⁺¹₋₀.₀	<10ppm	<10ppm

灭火剂名称		其他成分最大含量(ppm)	悬浮物或沉淀物
IG541	Ar		
	N₂	<10	—
	CO₂		

中华人民共和国国家标准

气体灭火系统设计规范

GB 50370－2005

条文说明

41

1 总　　则

1.0.1 本条阐述了编制本规范的目的。

气体灭火系统是传统的四大固定式灭火系统(水、气体、泡沫、干粉)之一,应用广泛。近年来,为保护大气臭氧层,维护人类生态环境,国内外消防界已开发出多种替代卤代烷1201、1301的气体灭火剂及哈龙替代气体灭火系统。本规范的制定,旨在为气体灭火系统的设计工作提供技术依据,推动哈龙替代技术的发展,保护人身和财产安全。

1.0.2 本规范属于工程建设规范标准中的一个组成部分,其任务是解决工业和民用建筑中的新建、改建、扩建工程里有关设置气体全淹没灭火系统的消防设计问题。

气体灭火系统的设置部位,应根据国家标准《建筑设计防火规范》、《高层民用建筑设计防火规范》GB 50045 等其他有关国家标准的规定及消防监督部门针对保护场所的火灾特点、财产价值、重要程度等所做的有关要求来确定。

当今,国际上已开发出化学合成类及惰性气体类等多种替代哈龙的气体灭火剂。其中七氟丙烷及IG541混合气体灭火剂在我国哈龙替代气体灭火系统中应用较广,且已应用多年,有较好的效果,积累了一定经验。七氟丙烷是目前替代物中效果较好的产品。其对臭氧层的耗损潜能值 ODP＝0,温室效应潜能值 GWP＝0.6,大气中存留寿命 ALT＝31 年,灭火剂无毒性反应浓度 NOAEL＝9%,灭火设计基本浓度 $C=8\%$;具有良好的清洁性(在大气中完全汽化不留残渣)、良好的气相电绝缘性及良好的适用于灭火系统使用的物理性能。20 世纪 90 年代初,工业发达国家首先选用其替代哈龙灭火系统并取得成功。IG541 混合气体灭火剂由 N_2、Ar、CO_2 三种惰性气体按一定比例混合而成,其ODP＝0,使用后以其原有成分回归自然,灭火设计浓度一般在 37%～43%之间,在此浓度内人员短时间停留不会造成生理影响。系统压源高,管网可布置较远。1994 年 1 月,美国消防学会率先制定出《洁净气体灭火剂灭火系统设计规范》NFPA 2001,2000 年,国际标准化组织(ISO)发布了国际标准《气体灭火系统——物理性能和系统设计》ISO 14520。应用实践表明,七氟丙烷灭火系统和 IG541 混合气体灭火系统均能有效地达到预期的保护目的。

热气溶胶灭火技术是由我国消防科研人员于 20 世纪 60 年代首先提出的,自 90 年代中期始,热气溶胶产品作为哈龙替代技术的重要组成部分在我国得到了大量使用。基于以下考虑,将热气溶胶预制灭火系统列入本规范:

1 热气溶胶中 60%以上是由 N_2 等气体组成,其中含有的固体微粒的平均粒径极小(小于 $1\mu m$),并具有气体的特性(不易降落、可以绕过障碍物等),故在工程应用上可以把热气溶胶当做气体灭火剂使用。

2 十余年来,热气溶胶技术历经改进已趋成熟。但是,由于国内外各厂家采用的化学配方不同,气溶胶的性质也不尽相同,故一直难以进行规范。2004 年 6 月,公安部发布了公共安全行业标准《气溶胶灭火系统　第 1 部分:热气溶胶灭火装置》GA 499.1—2004,在该标准中,按热气溶胶发生剂的化学配方将热气溶胶分为 K 型、S 型、其他型三类,从而为热气溶胶设计规范的制定提供了基本条件(该标准有关专利的声明见 GA 499.1—2004 第 1 号修改单);同时,大量的研究成果,工程实践实例和一批地方设计标准的颁布实施也为国家标准的制定提供了可靠的技术依据。

3 美国环保局(EPA)哈龙替代物管理署(SNAP)已正式批准热气溶胶为重要的哈龙替代品。国际标准化组织也于 2005 年初将气溶胶灭火系统纳入《气体灭火系统——物理性能和系统设计》ISO 14520 的修订内容中。

本规范目前将上述三种气体灭火系统列入。其他种类的气体灭火系统,如三氟甲烷、六氟丙烷等,若确实需要并待时机成熟,也可考虑分阶段列入。二氧化碳等气体灭火系统仍执行现有的国家标准,由于本规范中只规定了全淹没灭火系统的设计要求和方法,故本规范的规定不适用于局部应用灭火系统的设计,因二者有着完全不同的技术内涵,特别需要指出的是:二氧化碳灭火系统是目前唯一可进行局部应用的气体灭火系统。

1.0.3 本条规定了根据国家政策进行工程建设应遵守的基本原则。"安全可靠",是以安全为本,要求必须保证达到预期目的;"技术先进",则要求火灾报警、灭火控制及灭火系统设计科学,采用设备先进、成熟;"经济合理",则是在保证安全可靠、技术先进的前提下,做到节省工程投资费用。

2　术语和符号

2.1　术　　语

2.1.7 由于热气溶胶在实施灭火喷放前以固体的气溶胶发生剂形式存在,且热气溶胶的灭火浓度确实难以直接准确测量,故以扑灭单位容积内某种火灾所需固体热气溶胶发生剂的质量来间接表述热气溶胶的灭火浓度。

2.1.11 "过程中点"的概念,是参照《卤代烷1211灭火系统设计规范》GBJ 110—87 条文说明中有关"中期状态"的概念提出的,其涵义基本一致。但由于灭火剂喷放 50%的状态仅为一瞬时(时间点),而不是一个时期,故"过程中点"的概念比"中期状态"的概念更为准确。

2.1.14 依据公安部发布的公共安全行业标准《气溶胶灭火系统第 1 部分:热气溶胶灭火装置》GA 499.1—2004,对 S 型热气溶胶、K 型热气溶胶和其他型热气溶胶定义如下:

1 S 型热气溶胶(Type S condensed fire extinguishing aerosol)。

由含有硝酸锶[$Sr(NO_3)_2$]和硝酸钾(KNO_3)复合氧化剂的固体气溶胶发生剂经化学反应所产生的灭火气溶胶。其中复合氧化剂的组成(按质量百分比)硝酸锶为 35%～50%,硝酸钾为 10%～20%。

2 K 型热气溶胶(Type K condensed fire extinguishing aerosol)。

由以硝酸钾为主氧化剂的固体气溶胶发生剂经化学反应所产生的灭火气溶胶。固体气溶胶发生剂中硝酸钾的含量(按质量百分比)不小于 30%。

3 其他型热气溶胶(Other types condensed fire extinguishing aerosol)。

非 K 型和 S 型热气溶胶。

3 设计要求

3.1 一般规定

3.1.4 我国是一个发展中国家,搞经济建设应厉行节约,故按照本规范总则中所规定的"经济合理"的原则,对两个或两个以上的防护区,可采用组合分配系统。对于特别重要的场所,在经济条件允许的情况下,可考虑采用单元独立系统。

组合分配系统能减少设备用量及设备占地面积,节省工程投资费用。但是,一个组合分配系统包含的防护区不能太多、太分散。因为各个被组合进来的防护区的灭火系统设计,都必须分别满足各自系统设计的技术要求,而这些要求必然限制了防护区分散程度和防护区的数量,并且,组合多了还应考虑火灾发生几率的问题。此外,灭火设计用量较小且与组合分配系统的设置用量相差太悬殊的防护区,不宜参加组合。

3.1.5 设置组合分配系统的设计原则:对被组合的防护区只按一次火灾考虑;不存在防护区之间火灾蔓延的条件,即可对它们实行共同防护。

共同防护的涵义,是指被组合的任一防护区里发生火灾,都能实行灭火并达到灭火要求。那么,组合分配系统灭火剂的储存量,按其中所需的系统储存量最大的一个防护区的储存量来确定。但须指出,单纯防护区面积、体积最大,或是采用灭火设计浓度最大,其系统储存量不一定最大。

3.1.7 灭火剂的泄漏以及储存容器的检修,还有喷放灭火后的善后和恢复工作,都将会中断对防护区的保护。由于气体灭火系统的防护区一般都为重要场所,由它保护而意外造成中断的时间不允许太长,故规定 72 小时内不能够恢复工作状态的,就应设备用

储存容器和灭火剂备用量。

本条规定备用量应按系统原储存量的 100% 确定,是按扑救第二次火灾需要来考虑的;同时参照了德国标准《固定式卤代烷灭火剂灭火设备》DIN 14496 的规定。

一般来说,依据我国现有情况,绝大多数地方 3 天内都能够完成重新充装和检修工作。在重新恢复工作状态前,要安排好临时保护措施。

3.1.8 在系统设计和管网计算时,必然会涉及到一些技术参数。例如与灭火剂有关的气相液相密度、蒸气压力等,与系统有关的单位容积充装量、充压压力、流动特性、喷嘴特性、阻力损失等,它们无不与温度有着直接或间接的关系。因此采用同一的温度基准是必要的,国际上大都取 20℃ 为应用计算的基准。本规范中所列公式和数据(除另有指明者外,例如:应按防护区最低环境温度计算灭火设计用量)也是以该基准温度为前提条件的。

3.1.9 必要时,IG541 混合气体灭火系统储存容器的大小(容量)允许有差别,但充装压力应相同。

3.1.10 本条所做的规定,是为了尽量避免使用或少使用管道三通的设计,因其设计计算与实际在流量上存在的误差会带来较大的影响,在某些应用情况下它们可能会酿成不良后果(如在一防护区里包含一个以上封闭空间的情况)。所以,本条规定可设计两至三套管网以减少三通的使用。同时,如一防护区采用两套管网设计,还可使本应不均衡的系统变为均衡系统。对一些大防护区、大设计用量的系统来说,采用两套或三套管网设计,可减小管网管径,有利于管道设备的选用和保证管道设备的安全。

3.1.11 在管网上采用四通管件进行分流会影响分流的准确,造成实际分流与设计计算差异较大,故规定不应采用四通进行分流。

3.1.12 本条主要根据《气体灭火系统——物理性能和系统设计》ISO 14520 标准中的规定,在标准的覆盖面积灭火试验里,在设定的试验条件下,对喷头的安装高度、覆盖面积、遮挡情况等做出了各项规定;同时,也是参考了公安部天津消防研究所的气体喷头性能试验数据,以及国外知名厂家的产品性能来规定的。

在喷头喷射角一定的情况下,降低喷头安装高度,会减小喷头覆盖面积;并且,当喷头安装高度小于 1.5m 时,遮挡物对喷头覆盖面积影响加大,故喷头保护半径应随之减小。

3.1.14 本条规定,一个防护区设置的预制灭火系统装置数量不宜多于 10 台。这是考虑预制灭火系统在技术上和功能上还有不如固定式灭火系统的地方;同时,数量多了会增加失误的几率,故应在数量上对它加以限制。具体考虑到本规范对设置预制灭火系统防护区的规定和对喷头的各项性能要求等,认为限定为"不宜超过 10 台"为宜。

3.1.15 为确保有效地扑灭火灾,防护区内设置的多台预制灭火系统装置必须同时启动,其动作响应时间差也应有严格的要求,本条规定是经过多次相关试验所证实的。

3.1.16 实验证明,用单台灭火装置保护大于 $160m^3$ 的防护区时,较远的区域内均有在规定时间内达不到灭火浓度的情况,所以本规范将单台灭火装置的保护容积限定在 $160m^3$ 以内。也就是说,对一个容积大于 $160m^3$ 的防护区即使设计一台装药量大的灭火装置能满足防护区设计灭火浓度或设计灭火密度要求,也要尽可能设计为两台装药量小一些的灭火装置,并均匀布置在防护区内。

3.2 系统设置

3.2.1、3.2.2 这两条内容等效采用《气体灭火系统——物理性能和系统设计》ISO 14520 和《洁净气体灭火剂灭火系统设计规范》NFPA 2001 标准的技术内涵;沿用了我国气体灭火系统国家标准,如《卤代烷 1301 灭火系统设计规范》GB 50163—92 的表述方式。从广义上明确地规定了各类气体灭火剂可用来扑救的火灾与不能扑救的某些物质的火灾,即是对其应用范围进行了划定。

但是，从实际应用角度方面来说，人们愿意接受另外一种更实际的表述方式——气体灭火系统的典型应用场所或对象：

电器和电子设备；

通讯设备；

易燃、可燃的液体和气体；

其他高价值的财产和重要场所(部位)。

这些的确都是气体灭火系统的应用范围，而且是最适宜的。

凡固体类(含木材、纸张、塑料、电器等)火灾，本规范都是指扑救表面火灾而言，所做的技术规定和给定的技术数据，都是在此前提下给出的；不仅是七氟丙烷和IG541混合气体灭火系统如此，凡卤代烷气体灭火系统，以及除二氧化碳灭火系统以外的其他混合气体灭火系统概无例外。也就是说，本规范的规定不适用于固体深位火灾。

对于IG541混合气体灭火系统，因其灭火效能较低，以及在高压喷放时可能导致可燃易燃液体飞溅及汽化，有造成火势扩大蔓延的危险，一般不提倡用于扑救主燃料为液体的火灾。

3.2.3 对于热气溶胶灭火系统，其灭火剂采用多元烟药剂混合制得，从而有别于传统意义的气体灭火剂，特别是在灭火剂的配方选择上，各生产单位相差很大。制造工艺、配方选择不合理等因素均可导致发生严重的产品责任事故。在我国，曾先后发生过热气溶胶产品因误动作引起火灾、储存装置爆炸、喷放后损坏电器设备等多起严重事故，给人民生命财产造成了重大损失。因此，必须在科学、审慎的基础上对热气溶胶灭火技术的生产和应用进行严格的技术、生产和使用管理。多年的基础研究和应用性实验研究，特别是大量的工程实践例证证明：S型热气溶胶灭火系统用于扑救电气火灾后不会造成对电器及电子设备的二次损坏，故可用于扑救电气火灾；K型热气溶胶灭火系统喷放后的产物会对电器和电子设备造成损坏；对于其他型热气溶胶灭火系统，由于目前国内外既无相应的技术标准要求，也没有应用成熟的产品，本着"成熟一项，纳入一项"的基本原则，本规范提出了对K型和其他型热气溶胶灭火系统产品在电气火灾中应用的限制规定。今后，若确有被理论和实践证明不会对电器和电子设备造成二次损坏的其他型热气溶胶产品出现时，本条款可进行有关内容的修改。当然，对于人员密集场所、有爆炸危险性的场所及有超净要求的场所(如制药、芯片加工等处)，不应使用热气溶胶产品。

3.2.4 防护区的划分，是从有利于保证全淹没灭火系统实现灭火条件的要求方面提出来的。

不宜以两个或两个以上封闭空间划分防护区，即使它们所采用的灭火设计浓度相同，甚至有部分连通，也不宜那样去做。这是因为在极短的灭火剂喷放时间里，两个或两个以上空间难于实现灭火剂浓度的均匀分布，会延误灭火时间，或造成灭火失败。

对于含吊顶层或地板下的防护区，各层面相邻，管网分配方便，在设计计算上比较容易保证灭火剂的管网流量分配，为节省设备投资和工程费用，可考虑按一个防护区来设计，但需保证在设计计算上细致、精确。

对采用管网灭火系统的防护区的面积和容积的划定，是在国家标准《卤代烷1301灭火系统设计规范》GB 50163—92相关规定的基础上，通过有关的工程应用实践验证，根据实际需求而稍有扩大；对预制灭火系统，其防护区面积和容积的确定也是通过大量的工程应用实践而得出的。

3.2.5 当防护区的相邻区域设有水喷淋或其他灭火系统时，其隔墙或外墙上的门窗的耐火极限可低于0.5h，但不应低于0.25h。当吊顶层与工作层划为同一防护区时，吊顶的耐火极限不做要求。

3.2.6 该条等同采用了我国国家标准《卤代烷1301灭火系统设计规范》GB 50163—92的规定。

热气溶胶灭火剂在实施灭火时所产生的气体量比七氟丙烷和IG541要少50%以上，再加上喷放相对缓慢，不会造成防护区内压力急速明显上升，所以，当采用热气溶胶灭火系统时可以放宽对

围护结构承压的要求。

3.2.7 防护区需要开设泄压口，是因为气体灭火剂喷入防护区内，会显著地增加防护区的内压，如果没有适当的泄压口，防护区的围护结构将可能承受不起增长的压力而遭破坏。

有了泄压口，一定有灭火剂从此流失。在灭火设计用量公式中，对于喷放过程阶段内的流失量已经在设计用量中考虑；而灭火浸渍阶段内的流失量却没有包括。对于浸渍时间要求10min以上，而门、窗缝隙比较大，密封较差的防护区，其泄漏的补偿问题，可通过门风扇试验进行确定。

由于七氟丙烷灭火剂比空气重，为了减少灭火剂从泄压口流失，泄压口应开在防护区净高的2/3以上，即泄压口下沿不低于防护区净高的2/3。

3.2.8 条文中泄压口"宜设在外墙上"，可理解为：防护区存在外墙的，就应该设在外墙上；防护区不存在外墙的，可考虑设在与走廊相隔的内墙上。

3.2.9 对防护区的封闭要求是全淹没灭火的必要技术条件，因此不允许除泄压口之外的开口存在；例如自动生产线上的工艺开口，也应做到在灭火时停止生产、自动关闭开口。

3.2.10 由于固体的气溶胶发生剂在启动、产生热气溶胶速率等方面受温度和压力的影响不显著，通常对使用热气溶胶的防护区环境温度可以放宽到不低于−20℃。但温度低于0℃时会使热气溶胶在防护区的扩散速度降低，此时要对热气溶胶的设计灭火密度进行必要的修正。

3.3　七氟丙烷灭火系统

3.3.1 灭火设计浓度不应小于灭火浓度的1.3倍及惰化设计浓度不应小于惰化浓度1.1倍的规定，是等同采用《气体灭火系统——物理性能和系统设计》ISO 14520及《洁净气体灭火剂灭火系统设计规范》NFPA 2001标准的规定。

有关可燃物的灭火浓度数据及惰化浓度数据，也是采用了《气体灭火系统——物理性能和系统设计》ISO 14520及《洁净气体灭火剂灭火系统设计规范》NFPA 2001标准的数据。

采用惰化设计浓度的，只是对有爆炸危险的气体和液体类的防护区火灾而言。即是说，无爆炸危险的气体、液体类的防护区，仍采用灭火设计浓度进行消防设计。

那么，如何认定有无爆炸危险呢？

首先，应从温度方面去检查。以防护区内存放的可燃、易燃液体或气体的闪点(闭口杯法)温度为标准，检查防护区的最高环境温度及这些物料的储存(或工作)温度，不高过闪点温度的，且防护区灭火后不存在永久性火源、而防护区又经常保持通风良好的，则认为无爆炸危险，可按灭火设计浓度进行设计。还需提请注意的是：对于扑救气体火灾，灭火前应做到切断气源。

当防护区最高环境温度或可燃、易燃液体的储存(或工作)温度高过其闪点(闭口杯法)温度时，可进一步再做检查：如果在该温度下，液体挥发形成的最大蒸气浓度小于它的燃烧下限浓度值的50%时，仍可考虑按无爆炸危险的灭火设计浓度进行设计。

如何在设计时确定被保护对象(可燃、易燃液体)的最大蒸气浓度是否会小于其燃烧下限浓度值的50%呢？这可转换为计算防护区内被保护对象的允许最大储存量，并可参考下式进行计算：

$$W_m = 2.38(C_f \cdot M/K)V$$

式中　W_m——允许的最大储存量(kg)；

C_f——该液体(保护对象)蒸气在空气中燃烧的下限浓度(%，体积比)；

M——该液体的分子量；

K——防护区最高环境温度或该液体工作温度(按其中最大值，绝对温度)；

V——防护区净容积(m³)。

3.3.3 本条规定了图书、档案、票据及文物资料等防护区的灭火

设计浓度宜采用10%。首先应该说明，依据本规范第3.2.1条，七氟丙烷只适用于扑救固体表面火灾，因此上述规定的灭火设计浓度，是扑救表面火灾的灭火设计浓度，不可用该设计浓度去扑救这些防护区的深位火灾。

固体类可燃物大都有从表面火灾发展为深位火灾的危险；并且，在燃烧过程中表面火灾与深位火灾之间无明显的界面可以划分，是一个渐变的过程。为此，在灭火设计上，立足于扑救表面火灾，并顾及到浅度的深位火灾的危险；这也是制定卤代烷灭火系统设计标准时国内外一贯的做法。

如果单纯依据《气体灭火系统——物理性能和系统设计》ISO 14520标准所给出的七氟丙烷灭固体表面火灾的灭火浓度为5.8%的数据，而规定上述防护区的最低灭火设计浓度为7.5%，是不恰当的。因为那只是单纯的表面火灾灭火浓度，《气体灭火系统——物理性能和系统设计》ISO 14520标准所给出的这个数据，是以正庚烷为燃料的动态灭火试验为基础的，它当然是单纯的表面火灾，只能在热释放速率等方面某种程度上代表固体表面火灾，而对浅度的深位火灾的危险性，正庚烷火不可能准确体现。

本条规定了纸张类为主要可燃物防护区的灭火设计浓度，它们在固体类火灾中发生浅度深位火灾的危险，比之其他可能性更大。扑灭深位火灾的灭火浓度要远大于扑灭表面火灾的灭火浓度；且对于不同的灭火浸渍时间，它的灭火浓度会发生变化，浸渍时间长，则灭火浓度会低一些。

制定本条标准应以试验数据为基础，但七氟丙烷扑灭实际固体表面火灾的基本试验迄今未见国内外有相关报道，无法借鉴。所以只能借鉴以往国内外制定其他卤代烷灭火系统设计标准的有关数据，它们对上述保护对象，其灭火设计浓度约取灭火浓度的1.7~2.0倍，浸渍时间大都取10min。故本条规定七氟丙烷在上述防护区的灭火设计浓度为10%，是灭火浓度的1.72倍。

3.3.4 本条对油浸变压器室、带油开关的配电室和燃油发电机房的七氟丙烷灭火设计浓度规定宜采用9%，是依据《气体灭火系统——物理性能和系统设计》ISO 14520标准提供的相关灭火浓度数据，取安全系数约为1.3确定的。

3.3.5 通讯机房、计算机房中的陈设、存放物，主要是电子电器设备、电缆导线和磁盘、纸卡之类，以及桌椅办公器具等，它们应属固体表面火灾的保护。依据《气体灭火系统——物理性能和系统设计》ISO 14520标准的数据，固体表面火灾的七氟丙烷灭火浓度为5.8%，最低灭火设计浓度可取7.5%。但是，由于防护区内陈设、存放物多样，不能单纯按电子电器设备可燃物类考虑；即使同是电缆电线，也分塑胶与橡胶电缆电线，它们灭火难易不同。我国国家标准《卤代烷1301灭火系统设计规范》GB 50163—92，对通讯机房、电子计算机房规定的卤代烷1301的灭火设计浓度为5%，而固体表面火灾的卤代烷1301的灭火浓度为3.8%，取的安全系数是1.32；国外的情况，像美国，计算机房用卤代烷1301保护，一般都取5.5%的灭火设计浓度，安全系数为1.45。

从另外一个角度来说，七氟丙烷与卤代烷1301比较，在火场上比卤代烷1301的分解产物多，其中主要成分是HF，HF对人体与精密设备是有伤害和浸蚀影响的，但据美国Fessisa的试验报告指出，提高七氟丙烷的灭火设计浓度，可以抑制分解产物的生成量，提高20%就可减少50%的生成量。

正是考虑上述情况，本规范确定七氟丙烷对通讯机房、电子计算机房的保护，采用灭火设计浓度为8%，安全系数取的是1.38。

3.3.6 本条所做规定，目的是限制随意增加灭火使用浓度，同时也为了保证应用时的人身安全和设备安全。

3.3.7 一般来说，采用卤代烷气体灭火的地方是比较重要的场所，迅速扑灭火灾，减少火灾造成的损失，具有重要意义。因此，卤代烷灭火都规定灭火初期火灾，这也正能发挥卤代烷灭火迅速的特点；否则，就会造成卤代烷灭火的困难。对于固体表面火灾，火灾预燃时间长了才实行灭火，有发展成深位火灾的危险，显然是很不

利于卤代烷灭火的；对于液体、气体火灾，火灾预燃时间长了，有可能酿成爆炸的危险，卤代烷灭火可能要从灭火设计浓度改换为惰化设计浓度。由此可见，采用卤代烷灭初期火灾，缩短灭火剂的喷放时间是非常重要的。故国际标准及国外一些工业发达国家的标准，都将卤代烷的喷放时间规定不应大于10s。

另外，七氟丙烷遇热时比卤代烷1301的分解产物要多出很多，其中主要成分是HF，它对人体是有伤害的；与空气中的水蒸气结合形成氢氟酸，还会造成对精密设备的浸蚀损害。根据美国Fessisa的试验报告，缩短卤代烷在火场的喷放时间，从10s缩短为5s，分解产物减少将近一半。

为有效防止灭火时HF对通讯机房、电子计算机房等防护区的损害，宜将七氟丙烷的喷放时间从一般的10s缩短一些，故本条中规定为8s。这样的喷放时间经试验论证，一般是可以做到的，在一些工业发达国家里也是被提倡的。当然，这会增加系统设计和产品设计上的难度，尤其是对于那些离储瓶间远的防护区和组合分配系统中的个别防护区，它们的难度会大一些。故本规范采用了5.6MPa的增压（等级）条件供选用。

3.3.8 本条是对七氟丙烷灭火时在防护区的浸渍时间所做的规定，针对不同的保护对象提出了不同要求。

对扑救木材、纸张、织物类固体表面火灾，规定灭火浸渍时间宜采用20min。这是借鉴以往卤代烷灭火试验的数据。例如，公安部天津消防研究所以小木楞垛（12mm×12mm×140mm，5排×7层）动态灭火试验，求测固体表面火灾的灭火数据（美国也曾做过这类试验）。他们的灭火数据中，以卤代烷1211为工质，达到3.5%的浓度，灭明火；欲继续将木楞垛中的阴燃火完全灭掉，需要提高到6%~8%的浓度，并保持此浓度6~7min；若以3.5%~4%的浓度完全灭掉阴燃火，保持时间要增至30min以上。

在第3.3.3条中规定本类火灾的灭火设计浓度为10%，安全系数取1.72，按惯例该安全系数取的是偏低点。鉴于七氟丙烷市场价较高，不宜将设计浓度取高，而是可以考虑将浸渍时间稍加长些，这样仍然可以达到安全应用的目的。故本条规定了扑救木材、纸张、织物类灭火的浸渍时间为20min。这样做符合本规范总则中"安全可靠"、"经济合理"的要求；在国外标准中，也有卤代烷灭火浸渍时间采用20min的规定。

至于其他类固体火灾，灭火一般要比木材、纸张类容易些（热固性塑料等除外），故灭火浸渍时间规定为宜采用10min。

通讯机房、电子计算机房的灭火浸渍时间，在本规范里不像其他类固体火灾规定的那么长，是出于以下两方面的考虑：

第一，尽管它们同属固体表面火灾保护，但电子、电器类不像木材、纸张那样容易趋近构成深位火灾，扑救起来容易得多；同时，国内外对电子计算机房这样的典型应用场所，专门做过一些试验，试验表明，卤代烷灭火时间都是在1min内完成的，完成后无复燃现象。

第二，通讯机房、计算机房所采用的是精密设备，通导性和清洁性都要求非常高，应考虑到七氟丙烷在火场所产生的分解物可能会对它们造成危害。所以在保证灭火安全的前提下，尽量缩短浸渍时间是必要的。这有利于灭火之后尽快将七氟丙烷及其分解产物从防护区里清除出去。

但从灭火安全考虑，也不宜将灭火浸渍时间取得过短，故本规范规定，通讯机房、计算机房等防护区的灭火浸渍时间为5min。

气体、液体火灾都是单纯的表面火灾。所有气体、液体灭火试验表明，当气体灭火达到灭火浓度后都能立即灭火。考虑到一般的冷却要求，本规范规定它们的灭火浸渍时间不应小于1min。如果灭火前的燃烧时间较长，冷却不容易，浸渍时间应适当加长。

3.3.9 七氟丙烷20℃时的蒸气压为0.39MPa（绝对压力），七氟丙烷在环境温度下储存，其自身蒸气压不足以将灭火剂从灭火系统中输送喷放到防护区。为此，只有在储存容器中采用其他气体给灭火剂增压。规定采用的增压气体为氮气，并规定了它的允许

含水量，以免影响灭火剂质量和保证露点要求。这都等同采用了《气体灭火系统——物理性能和系统设计》ISO 14520及《洁净气体灭火剂灭火系统设计规范》NFPA 2001标准的规定。

为什么要对增压压力做出规定，而不可随意选取呢？这其中的主要缘故是七氟丙烷储存的初始压力，是影响喷头流量的一个固有因素。喷头的流量曲线是按初始压力为条件预先决定的，这就要求初始充压压力不能随意选取。

为了设计方便，设定了三个级别：系统管网长、流损大的，可选用4.2MPa及5.6MPa增压级；管网短、流损小的，可选2.5MPa增压级。2.5MPa及4.2MPa是等同采用了《气体灭火系统——物理性能和系统设计》ISO 14520及《洁净气体灭火剂灭火系统设计标准》NFPA 2001标准的规定；增加的5.6MPa增压级是为了满足我国通常采用的组合分配系统的设计需要，即在一些距离储瓶间较远防护区也能达到喷射时间不大于8s的设计条件。

3.3.10 对单位容积充装量上限的规定，是从储存容器使用安全考虑的。因充装量过高时，当储存容器工作温度（即环境温度）上升到某一温度之后，其内压随温度的增加会由缓增变为陡增，这会危及储存容器的使用安全，故而应对单位容积充装量上限做出恰当而又明确的规定。充装量上限由实验得出，所对应的最高设计温度为50℃，各级的储存容器的设计压力应分别不小于：一级4.0MPa；二级5.6MPa（焊接容器）和6.7MPa（无缝容器）；三级8.0MPa。

系统计算过程中初选充装量，建议采用800～900kg／m³左右。

3.3.11 本条所做的规定，是为保证七氟丙烷在管网中的流动性能要求及系统管网计算方法上的要求而设定的。我国国家标准《卤代烷1301灭火系统设计规范》GB 50163—92和美国标准《卤代烷1301灭火系统标准》NFPA 12A中都有相同的规定。

3.3.12 管网设计布置为均衡系统有三点好处：一是灭火剂在防护区里容易做到喷放均匀，利于灭火；二是可不考虑灭火剂在管网中的剩余量，做到节省；三是减少设计工作的计算量，可只选用一种规格的喷头，只要计算"最不利点"这一点的阻力损失就可以了。

均衡系统本应是管网中各喷头的实际流量相等，但实际系统大都达不到这一条件。因此，按照惯例，放宽条件，符合一定要求的，仍可按均衡系统设计。这种规定，其实质在于对各喷头间工作压力最大差值容许有多大。过去，对于可液化气体的灭火系统，国内外标准一般都按流程总损失的10%确定允许最大差值。如果本规范也采用这一规定，在按本规范设计的七氟丙烷灭火系统中，按第二级增压的条件计算，可能出现的最大的流程总损失为1.5MPa（4.2MPa/2－0.6MPa），允许的最大差值将是0.15MPa。即当"最不利点"喷头工作压力为0.6MPa时，"最利点"喷头工作压力可达0.75MPa，由此计算得出喷头之间七氟丙烷流量差别接近20%（若按第三级增压条件计算其差别会更大）。差别这么大，对七氟丙烷灭火系统来说，要求喷射时间短、灭火快，仍将其认定是均衡系统，显然是不合理的。

上述制定允许最大差值的方法有值得商榷的地方。管网各喷头工作压力差别，是由系统管网进入防护区后的管网布置所产生的，与储存容器管网、汇流管和系统的主干管没有关系，不应该用它们来规定"允许最大差值"；更何况上述这些管网的损失占流程总损失的大部分，使最终结果误差较大。

本规范从另一个角度——相互间发生的差别用它们自身的长短去比较来考虑，故规定为："管网的第1分流点至各喷头的管道阻力损失，其相互之间的最大差值不应大于20%"。虽然允许差值放大了，但喷头之间的流量差却减小了。经测算，当第1分流点至各喷头的管道阻力损失最大差值为20%时，其喷头之间流量最大差别仅为10%左右。

3.3.14 灭火设计用量或惰化设计用量和系统灭火剂储存量的规定。

1 本款是等同采用了《气体灭火系统——物理性能和系统设计》ISO 14520及《洁净气体灭火剂灭火系统设计规范》NFPA 2001标准的规定。公式中C_1值的取用，取百分数中的实数（不带百分号）。公式中K（海拔高度修正系数）值，对于在海拔高度0～1000m以内的防护区灭火设计，可取$K=1$，即可以不修正。对于采用了空调或冬季取暖设施的防护区，公式中的S值，可按20℃进行计算。

2 本款是等同采用了《气体灭火系统——物理性能和系统设计》ISO 14520及《洁净气体灭火剂灭火系统设计规范》NFPA 2001标准的规定。

3 一套七氟丙烷灭火系统需要储存七氟丙烷的量，就是本条规定系统的储存量。式（3.3.14-1）计算出来的"灭火设计用量"，是必须储存起来的，并且在灭火时要全部喷放到防护区里去，否则就难以实现灭火的目的。但是要把容器中的灭火剂全部从系统中喷放出去是不可能的，总会有一些剩留在容器里及部分非均衡管网的管道中。为了保证"灭火设计用量"能从系统中喷放出去，在系统容器中预先多充装一部分，这多装的量正好等于在喷放时剩留的，即可保证"灭火设计用量"全部喷放到防护区里去。

5 非均衡管网内剩余量的计算，参见图1说明：

从管网第一分支点计算各支管的长度，分别取各长支管与最短支管长度的差值为计算剩余量的长度；各长支管在末段的该长度管道内容积量之和，等于灭火剂在管网内剩余量的体积量。

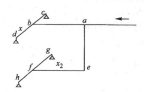

图1 非均衡管网内剩余量的计算

注：其中$bc<bd$，$bx=bc$，$ab+cd=ae+ex_2$。

系统管网里七氟丙烷剩余量（容积量）等于管道xd段、x_2f段、fg段与fh段的管道内容积之和。

3.3.15 管网计算的规定。

4 本款规定了七氟丙烷灭火系统管网的计算方法。由于七氟丙烷灭火系统是采用了氮气增压输送，而氮气增压方法是采用定容积的密封蓄压方式，在七氟丙烷喷放过程中无氮气补充增压。故七氟丙烷灭火系统喷放时，是定容积的蓄压气体在自由膨胀下输送七氟丙烷，形成不定流、不定压的随机流动过程。这样的管流计算是比较复杂的，细致的计算应采用微分的方法，但在工程应用计算上很少采用这种方法。历来的工程应用计算，都是在保证应用精度的条件下才求简单方便。卤代烷灭火系统计算也不例外，以往的卤代烷灭火系统的国际、国外标准都是这样做的（但迄今为止，国际、国外标准尚未提供洁净气体灭火剂灭火系统的管网计算方法）。

对于这类管流的简化计算，常采用的办法是以平均流量取代过程中的不定流量。已知流量还不能进行管流计算，还需知道相对应的压头。寻找简化计算方法，也就是寻找相应于平均流量的压头。在七氟丙烷喷放过程中，必然存在这样的某一瞬时，其流量会正好等于全过程的平均流量，那么该瞬时的压头即是所需寻找的压头。

对于现今工程上通常所建立的卤代烷灭火系统，经过精细计算，卤代烷喷放的流量等于平均流量的那一瞬时，是系统的卤代烷设计用量从喷头喷放出去50%的瞬时（准确地说，是非常接近50%的瞬时）；只要是在规范所设定的条件下进行系统设计，就不会因为系统的某些差异而带来该瞬时点的较大的偏移。将这一瞬时，规定为喷放全过程的"过程中点"。本规范对七氟丙烷灭火系统的管网计算就采用了这个计算方法。它不是独创，也是沿用了以往国际标准和国外标准对卤代烷灭火系统的一贯做法。

5 喷放"过程中点"储存容器内压力的含义，请见上一款的说明。这一压力的计算公式，是按定温过程依据波义耳-马略特定律推导出来的。

6 本款是提供七氟丙烷灭火系统设计进行管流阻力损失计算的方法。该计算公式可以做成图示（图2），更便于计算使用。

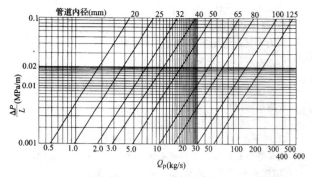

图2 镀锌钢管阻力损失与七氟丙烷流量的关系

七氟丙烷管流阻力损失的计算,现今的《气体灭火系统——物理性能和系统设计》ISO 14520及《洁净气体灭火剂灭火系统设计规范》NFPA 2001都未提供出来。为了建立这一计算方法,首先应该了解七氟丙烷在灭火系统中的管流状态。为此进行了专项实验,对七氟丙烷在20℃条件下,以不同充装率,测得它们在不同压力下七氟丙烷的密度变化,绘成曲线如图3。

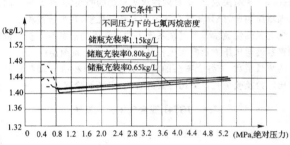

图3 不同压力下七氟丙烷的密度

从测试结果得知,七氟丙烷在管道中的流动,即使在大压力降的条件下,基本上仍是液相流。据此,依据流体力学的管流阻力损失计算基本公式和阻力平方区的尼古拉茨公式,建立了本规范中的七氟丙烷管流的计算方法。

将这一计算方法转换为对卤代烷1211的计算,与美国《卤代烷1211灭火系统标准》NFPA 12B和英国《室内灭火装置与设备实施规范》BS 5306上的计算进行校核,得到基本一致的结果。

本款中所列式(3.3.15-5)和图2用于镀锌钢管七氟丙烷管流的阻力损失计算;当系统管道采用不锈钢管时,其阻力损失计算可参考使用。

有关管件的局部阻力损失当量长度见表1~表3,可供设计参考使用。

表1 螺纹接口弯头局部损失当量长度

规格 (mm)	20	25	32	40	50	65	80	法兰 100	法兰 125
当量长度 (m)	0.67	0.85	1.13	1.31	1.68	2.01	2.50	1.70	2.10

表2 螺纹接口三通局部损失当量长度

规格 (mm)	20		25		32		40		50	
当量长度 (m)	直路	支路	直路	支路	直路	支路	直路	支路	直路	支路
	0.27	0.85	0.34	1.07	0.46	1.4	0.52	1.65	0.67	2.1
规格 (mm)	65		80		法兰 100		法兰 125			
当量长度 (m)	直路	支路	直路	支路	直路	支路	直路	支路		
	0.82	2.5	1.01	3.11	1.40	4.1	1.76	5.1		

表3 螺纹接口缩径接头局部损失当量长度

规格(mm)	25×20	32×25	32×20	40×32	40×25
当量长度(m)	0.2	0.2	0.4	0.3	0.4
规格(mm)	50×40	50×32	65×50	65×40	80×65
当量长度(m)	0.3	0.5	0.4	0.6	0.5
规格(mm)	80×50	法兰 100×80	法兰 100×65	法兰 125×100	法兰 125×80
当量长度(m)	0.7	0.6	0.9	0.8	1.1

3.3.16 本条的规定,是为了保证七氟丙烷灭火系统的设计质量,满足七氟丙烷灭火系统灭火技术要求而设定的。

最小 P_c 值是参照实验结果确定的。

$P_c \geqslant P_m / 2$(MPa,绝对压力),它是对七氟丙烷系统设计通过"简化计算"后精确性的检验;如果不符合,说明设定条件不满足,应该调整重新计算。

下面用一个实例,介绍七氟丙烷灭火系统设计的计算演算:

有一通讯机房,房高3.2m,长14m,宽7m,设七氟丙烷灭火系统进行保护(引人的部件的有关数据是取用某公司的ZYJ-100系列产品)。

1)确定灭火设计浓度。

依据本规范中规定,取 $C_1 = 8\%$。

2)计算保护空间实际容积。

$V = 3.2 \times 14 \times 7 = 313.6 (m^3)$。

3)计算灭火剂设计用量。

依据本规范公式(3.3.14-1):

$W = K \cdot \dfrac{V}{S} \cdot \dfrac{C_1}{(100 - C_1)}$,其中,$K = 1$;

$S = 0.1269 + 0.000513 \cdot T$
$= 0.1269 + 0.000513 \times 20$
$= 0.13716 (m^3 / kg)$;

$W = \dfrac{313.6}{0.13716} \cdot \dfrac{8}{(100 - 8)} = 198.8 (kg)$。

4)设定灭火剂喷放时间。

依据本规范中规定,取 $t = 7s$。

5)设定喷头布置与数量。

选用JP型喷头,其保护半径 $R = 7.5m$。

故设定喷头为2只;按保护区平面均匀布置喷头。

6)选定灭火剂储存容器规格及数量。

根据 $W = 198.8kg$,选用100L的JR-100/54储存容器3只。

7)绘出系统管网计算图(图4)。

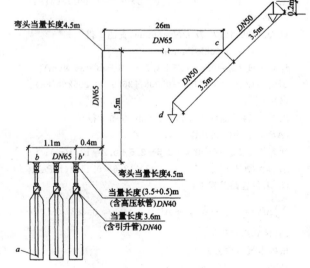

图4 系统管网计算图

8)计算管道平均设计流量。

主干管:$Q_w = \dfrac{W}{t} = \dfrac{198.8}{7} = 28.4 (kg/s)$;

支管:$Q_g = Q_w / 2 = 14.2 (kg/s)$;

储存容器出流管:$Q_p = \dfrac{W}{n \cdot t} = \dfrac{198.8}{3 \times 7} = 9.47 (kg/s)$。

9)选择管网管道通径。

以管道平均设计流量,依据本规范条文说明第3.3.15条第6款中图2选取,其结果,标在管网计算图上。

10)计算充装率。

系统储存量：$W_0 = W + \Delta W_1 + \Delta W_2$；

管网内剩余量：$\Delta W_2 = 0$；

储存容器内剩余量：$\Delta W_1 = n \times 3.5 = 3 \times 3.5 = 10.5$(kg)；

充装率：$\eta = W_0/(n \cdot V_b) = (198.8 + 10.5)/(3 \times 0.1) = 697.7$(kg/m³)。

11）计算管网管道内容积。

先按管道内径求出单位长度的内容积，然后依据管网计算图上管段长度求算：

$$V_p = 29 \times 3.42 + 7.4 \times 1.96 = 113.7 \, (\text{m}^3)。$$

12）选用额定增压压力。

依据本规范中规定，选用 $P_0 = 4.3$MPa（绝对压力）。

13）计算全部储存容器气相总容积。

依据本规范中公式(3.3.15-4)：

$$V_0 = nV_b\left(1 - \frac{\eta}{\gamma}\right) = 3 \times 0.1(1 - 697.7/1407) = 0.1512 \, (\text{m}^3)。$$

14）计算"过程中点"储存容器内压力。

依据本规范中公式(3.3.15-3)：

$$P_m = \frac{P_0 V_0}{V_0 + \dfrac{W}{2\gamma} + V_p}$$

$$= (4.3 \times 0.1512)/[0.1512 + 198.8/(2 \times 1407) + 0.1137]$$

$$= 1.938 \, (\text{MPa，绝对压力})。$$

15）计算管路损失。

(1) ab 段：

以 $Q_p = 9.47$kg/s 及 $DN = 40$mm，查图 2 得：

$(\Delta P/L)_{ab} = 0.0103$MPa/m；

计算长度 $L_{ab} = 3.6 + 3.5 + 0.5 = 7.6$(m)；

$\Delta P_{ab} = (\Delta P/L)_{ab} \times L_{ab} = 0.0103 \times 7.6 = 0.0783$(MPa)。

(2) bb' 段：

以 $0.55Q_w = 15.6$kg/s 及 $DN = 65$mm，查图 2 得

$(\Delta P/L)_{bb'} = 0.0022$MPa/m；

计算长度 $L_{bb'} = 0.8$m；

$\Delta P_{bb'} = (\Delta P/L)_{bb'} \times L_{bb'} = 0.0022 \times 0.8 = 0.00176$(MPa)。

(3) $b'c$ 段：

以 $Q_w = 28.4$kg/s 及 $DN = 65$mm，查图 2 得

$(\Delta P/L)_{b'c} = 0.008$MPa/m；

计算长度 $L_{b'c} = 0.4 + 4.5 + 1.5 + 4.5 + 26 = 36.9$(m)；

$\Delta P_{b'c} = (\Delta P/L)_{b'c} \times L_{b'c} = 0.008 \times 36.9 = 0.2952$(MPa)。

(4) cd 段：

以 $Q_g = 14.2$kg/s 及 $DN = 50$mm，查图 2 得

$(\Delta P/L)_{cd} = 0.009$MPa/m；

计算长度 $L_{cd} = 5 + 0.4 + 3.5 + 3.5 + 0.2 = 12.6$(m)；

$\Delta P_{cd} = (\Delta P/L)_{cd} \times L_{cd} = 0.009 \times 12.6 = 0.1134$(MPa)。

(5) 求得管路总损失：

$$\sum_1^{N_d} \Delta P = \Delta P_{ab} + \Delta P_{bb'} + \Delta P_{b'c} + \Delta P_{cd} = 0.4887 \, (\text{MPa})。$$

16）计算高程压头。

依据本规范中公式(3.3.15-9)：

$$P_h = 10^{-6} \gamma \cdot H \cdot g$$

其中，$H = 2.8$m（"过程中点"时，喷头高度相对储存容器内液面的位差），

则 $P_h = 10^{-6} \gamma \cdot H \cdot g$

$= 10^{-6} \times 1407 \times 2.8 \times 9.81$

$= 0.0386$(MPa)。

17）计算喷头工作压力。

依据本规范中公式(3.3.15-8)：

$$P_c = P_m - \sum_1^{N_d} \Delta P \pm P_h$$

$$= 1.938 - 0.4887 - 0.0386$$

$= 1.411$(MPa，绝对压力)。

18）验算设计计算结果。

依据本规范的规定，应满足下列条件：

$P_c \geq 0.7$（MPa，绝对压力）；

$P_c \geq \dfrac{P_m}{2} = 1.938/2 = 0.969$（MPa，绝对压力）。

皆满足，合格。

19）计算喷头等效孔口面积及确定喷头规格。

以 $P_c = 1.411$MPa 从本规范附录 C 表 C-2 中查得，

喷头等效孔口单位面积喷射率：$q_c = 3.1$[(kg/s)/cm²]；

又，喷头平均设计流量：$Q_c = W/2 = 14.2$kg/s；

由本规范中公式(3.3.17)求得喷头等效孔口面积：

$$F_c = \frac{Q_c}{q_c} = 14.2/3.1 = 4.58 \, (\text{cm}^2)。$$

由此，即可依据求得的 F_c 值，从产品规格中选用与该值相等（偏差 $^{+9\%}_{-3\%}$）、性能跟设计一致的喷头为 JP-30。

3.3.18 一般喷头的流量系数在工质一定的紊流状态下，只由喷头孔口结构所决定，但七氟丙烷灭火系统的喷头，由于系统采用了氮气增压输送，部分氮气会溶解在七氟丙烷里，在喷放过程中它会影响七氟丙烷流量。氮气在系统工作过程中的溶解量与析出量和储存容器增压压力及喷头工作压力有关，故七氟丙烷灭火系统喷头的流量系数，即各个喷头的实际等效孔口面积值与储存容器的增压压力及喷头孔口结构等因素有关，应经试验测定。

3.4 IG541 混合气体灭火系统

3.4.6 泄压口面积是该防护区采用的灭火剂喷放速率及防护区围护结构承受内压的允许压强的函数。喷放速率小，允许压强大，则泄压口面积小；反之，泄压口面积大。泄压口面积可通过计算得出。由于 IG541 灭火系统在喷放过程中，初始喷放压力高于平均流量的喷放压力约 1 倍，故推算结果是，初始喷放的峰值流量约是平均流量的 $\sqrt{2}$ 倍。因此，条文中的计算公式是按平均流量的 $\sqrt{2}$ 倍求出的。

建筑物的内压允许压强，应由建筑结构设计给出。表 4 的数据供参考：

表 4　建筑物的内压允许压强

建筑物类型	允许压强(Pa)
轻型和高层建筑	1200
标准建筑	2400
重型和地下建筑	4800

3.4.7 第 3 款中，式(3.4.7-3)按系统设计用量完全释放时，以当时储瓶内温度和管网管道内平均温度计算 IG541 灭火剂密度而求得。

3.4.8 管网计算。

2 式(3.4.8-3)是根据 1.1 倍平均流量对应喷头容许最小压力下，以及释放近 95% 的设计用量，管网末端压力接近 0.5MPa（表压）时，它们的末端流速皆小于临界流速而求得的。

计算选用时，在选用范围内，下游支管宜偏大选用；喷头接管按喷头接口尺寸选用。

4 式(3.4.8-4)是以释放 95% 的设计用量的一半时的系统状况，按绝热过程求出的。

5 减压孔板后的压力，应首选临界落压比进行计算，当由此计算出的喷头工作压力未能满足第 3.4.9 条的规定时，可改选落压比，但应在本款规定范围内选用。

6 式(3.4.8-6)是根据亚临界压差流量计算公式，即

$$Q = \mu F P_1 \sqrt{2g \frac{k}{k-1} \cdot \frac{1}{RT_1}\left[\left(\frac{P_2}{P_1}\right)^{\frac{2}{k}} - \left(\frac{P_2}{P_1}\right)^{\frac{k+1}{k}}\right]}$$

其中 T_1 以初始温度代入而求得。

Q 式的推导，是设定 IG541 喷放的系统流程为绝热过程，得

$$C_v T + A P \nu + A \frac{\omega^2}{2g} = 常量$$

求取孔口和孔口前两截面的方程式，并以 $i=C_vT+AP\nu$ 代入，得

$$i_1+A\frac{\omega_1^2}{2g}=i+A\frac{\omega_2^2}{2g}$$

$$\Delta i=i_2-i_1=\frac{A}{2g}(\omega_2^2-\omega_1^2)$$

相对于 ω_2，ω_1 相当小，从而忽略 ω_1^2 项，得

$$\omega_2=\sqrt{\frac{2g}{A}\Delta i}$$

又 $\quad\Delta i=C_p(T_2-T_1)$

$$T_2=T_1\left(\frac{P_2}{P_1}\right)^{\frac{k-1}{t}}$$

最终即可求出 Q 式。

以上各式中，符号的含义如下：

Q——减压孔板气体流量；

μ——减压孔板流量系数；

F——减压孔板孔口面积；

P_1——气体在减压孔板前的绝对压力；

P_2——气体在减压孔板孔口处的绝对压力；

g——重力加速度；

k——绝热指数；

R——气体常数；

T_1——气体初始绝对温度；

T_2——孔口处的气体绝对温度；

C_v——比定容热容；

T——气体绝对温度；

A——功的热当量；

P——气体压力；

ν——气体比热容；

ω——气体流速，角速度；

v——气体流速，线速度；

i_1——减压孔板前的气体状态焓；

i_2——孔口处的气体状态焓；

ω_1——气体在减压孔板前的流速；

ω_2——气体在孔口处的流速；

C_p——比定压热容。

减压孔板可按图 5 设计。其中，d 为孔口直径；D 为孔口前管道内径；d/D 为 0.25～0.55。

当 $d/D\leqslant0.35$，$\mu_k=0.6$；

$0.35<d/D\leqslant0.45$，$\mu_k=0.61$；

$0.45<d/D\leqslant0.55$，$\mu_k=0.62$。

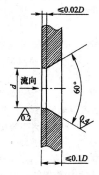

图 5　减压孔板

7 系统流程损失计算，采用了可压缩流体绝热流动计入摩擦损失为计算条件，建立管流的方程式：

$$\frac{\mathrm{d}p}{\rho}+\frac{\alpha v\mathrm{d}v}{g}+\frac{\lambda v^2\mathrm{d}l}{2gD}=0$$

最后推算出：

$$Q^2=\frac{0.242\times10^{-8}D^{5.25}Y}{0.04D^{1.25}Z+L}$$

其中：$Y=-\displaystyle\int_{P_1}^{P_2}\rho\mathrm{d}p$

$$Z=-\int_{\rho_1}^{\rho_2}\frac{\mathrm{d}\rho}{\rho}$$

式中 ρ——气体密度；

α——动能修正系数；

λ——沿程阻力系数；

$\mathrm{d}l$——长度函数的微分；

$\mathrm{d}p$——压力函数的微分；

$\mathrm{d}v$——速度函数的微分；

Y——压力系数；

Z——密度系数；

L——管道计算长度。

由于该式中，压力流量间是隐函数，不便求解，故将计算式改写为条文中形式。

下面用实例介绍 IG541 混合气体灭火系统设计计算：

某机房为 20m×20m×3.5m，最低环境温度 20℃，将管网均衡布置。

图 6 中：减压孔板前管道（$a-b$）长 15m，减压孔板后主管道（$b-c$）长 75m，管道连接件当量长度 9m；一级支管（$c-d$）长 5m，管道连接件当量长度 11.9m；二级支管（$d-e$）长 5m，管道连接件当量长度 6.3m；三级支管（$e-f$）长 2.5m，管道连接件当量长度 5.4m；末端支管（$f-g$）长 2.6m，管道连接件当量长度 7.1m。

1）确定灭火设计浓度。

依据本规范，取 $C_1=37.5\%$。

2）计算保护空间实际容积。

$$V=20\times20\times3.5=1400（\mathrm{m}^3）$$

3）计算灭火设计用量。

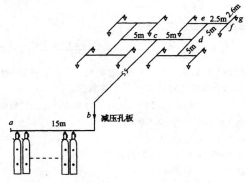

图 6　系统管网计算图

依据本规范公式（3.4.7-1）：$W=K\cdot\dfrac{V}{S}\cdot\ln\left(\dfrac{100}{100-C_1}\right)$，

其中，$K=1$；

$S=0.6575+0.0024\times20（℃）=0.7055（\mathrm{m}^3/\mathrm{kg}）$；

$W=\dfrac{1400}{0.7055}\cdot\ln\left(\dfrac{37.5}{100-37.5}\right)=932.68（\mathrm{kg}）$。

4）设定喷放时间。

依据本规范，取 $t=55\mathrm{s}$。

5）选定灭火剂储存容器规格及储存压力级别。

选用 70L 的 15.0MPa 存储容器，根据 $W=932.68\mathrm{kg}$，充装系数 $\eta=211.15\mathrm{kg/m}^3$，储瓶数 $n=(932.68/211.15)/0.07=63.1$，取整后，$n=64$（只）。

6）计算管道平均设计流量。

主干管：$Q_w=\dfrac{0.95W}{t}=0.95\times932.68/55=16.110（\mathrm{kg/s}）$；

一级支管：$Q_{g1}=Q_w/2=8.055（\mathrm{kg/s}）$；

二级支管：$Q_{g2}=Q_{g1}/2=4.028（\mathrm{kg/s}）$；

三级支管：$Q_{g3}=Q_{g2}/2=2.014（\mathrm{kg/s}）$；

末端支管：$Q_{g4}=Q_{g3}/2=1.007(\mathrm{kg/s})$，即 $Q_c=1.007\mathrm{kg/s}$。

7）选择管网管道通径。

以管道平均设计流量，依据本规范 $D=(24\sim36)\sqrt{Q}$，初选管径为：

主干管：125mm；

一级支管：80mm；

二级支管：65mm；

三级支管：50mm；

末端支管：40mm。

8）计算系统剩余量及其增加的储瓶数量。

$V_1=0.1178\mathrm{m^3}$，$V_2=1.1287\mathrm{m^3}$，$V_p=V_1+V_2=1.2465\mathrm{m^3}$；

$V_0=0.07\times64=4.48\mathrm{m^3}$；

依据本规范，$W_s\geq2.7V_0+2.0V_p\geq14.589(\mathrm{kg})$，

计入剩余量后的储瓶数：

$n_1\geq[(932.68+14.589)/211.15]/0.07\geq64.089$

取整后，$n_1=65$（只）

9）计算减压孔板前压力。

依据本规范公式（3.4.8-4）：

$$P_1=P_0\left(\frac{0.525V_0}{V_0+V_1+0.4V_2}\right)^{1.45}=4.954(\mathrm{MPa})。$$

10）计算减压孔板后压力。

依据本规范，$P_2=\delta\cdot P_1=0.52\times4.954=2.576(\mathrm{MPa})$。

11）计算减压孔板孔口面积

依据本规范公式（3.4.8-6）：$F_k=\dfrac{Q_k}{0.95\mu_k P_1\sqrt{\delta^{1.38}-\delta^{1.69}}}$；并

初选 $\mu_k=0.61$，得出 $F_k=20.570(\mathrm{cm^2})$，$d=51.177(\mathrm{mm})$。$d/D=0.4094$，说明 μ_k 选择正确。

12）计算流程损失。

根据 $P_2=2.576(\mathrm{MPa})$，查本规范附录 E 表 E-1，得出 b 点 $Y=566.6$，$Z=0.5855$；

依据本规范公式（3.4.8-7）：

$$Y_2=Y_1+\frac{L\cdot Q^2}{0.242\times10^{-8}\cdot D^{5.25}}+\frac{1.653\times10^7}{D^4}\cdot(Z_2-Z_1)Q^2，$$

代入各管段平均流量及计算长度（含沿程长度及管道连接件当量长度），并结合本规范附录 E 表 E-1，推算出：

c 点 $Y=656.9$，$Z=0.5855$；该点压力值 $P=2.3317\mathrm{MPa}$；

d 点 $Y=705.0$，$Z=0.6583$；

e 点 $Y=728.6$，$Z=0.6987$；

f 点 $Y=744.8$，$Z=0.7266$；

g 点 $Y=760.8$，$Z=0.7598$。

13）计算喷头等效孔口面积。

因 g 点为喷头入口处，根据其 Y、Z 值，查本规范附录 E 表 E-1，推算出该点压力 $P_c=2.011\mathrm{MPa}$；查本规范附录 F 表 F-1，推算出喷头等效单位面积喷射率 $q_c=0.4832\mathrm{kg/(s\cdot cm^2)}$；

依据本规范，$F_c=\dfrac{Q_c}{q_c}=2.084(\mathrm{cm^2})$。

查本规范附录 D，可选用规格代号为 22 的喷头（16 只）。

3.5 热气溶胶预制灭火系统

3.5.9 热气溶胶灭火系统由于喷放较慢，因此存在灭火剂在防护区内扩散较慢的问题。在较大的空间内，为了使灭火剂以合理的速度进行扩散，除了合理布置灭火装置外，适当增加灭火剂浓度也是比较有效的办法，所以在设计用量计算中引入了容积修正系数 K_v，K_v 的取值是根据试验和计算得出的。

下面举例说明热气溶胶灭火系统的设计计算：

某通讯传输站作为一单独防护区，其长、宽、高分别为 5.6m、5m、3.5m，其中含建筑实体体积为 23m³。

1）计算防护区净容积。

$V=(5.6\times5\times3.5)-23=75(\mathrm{m^3})$。

2）计算灭火剂设计用量。

依据本规范，

$W=C_2\cdot K_v\cdot V$，

C_2 取 0.13kg/m³，K_v 取 1，则：

$W=0.13\times1\times75=9.75$（kg）。

3）产品规格选用。

依据本规范第 3.2.1 条以及产品规格，选用 S 型气溶胶灭火装置 10kg 一台。

4）系统设计图。

依据本规范要求配置控制器、探测器等设备后的灭火系统设计图如下：

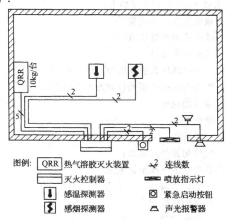

图例：
QRR 热气溶胶灭火装置　灭火控制器　感温探测器　感烟探测器
2 连线数　喷放指示灯　紧急启动按钮　声光报警器

图 7　热气溶胶灭火系统

4 系统组件

4.1 一般规定

4.1.1 第 4 款中，要求气体灭火系统储存装置设在专用的储瓶间内，是考虑它是一套用于安全设施的保护设备，被保护的都是一些存放重要设备物件的场所，所以它自身的安全可靠是做好安全保护的先决条件，故宜将它设在安全的地方，专用的房间里。专用房间，即指不应是走廊或简陋建筑物内，更不应该露天设置；同时，也不宜与消防无关的设备共同设置在同一个房间里。为了防止外部火灾蔓延进来，其耐火等级要求不应低于二级。要求有直通室外或疏散走道的出口，是考虑火灾事故时安全操作的需要。其室内环境温度的规定，是根据气体灭火剂沸点温度和设备正常工作的要求。

对于 IG541 混合气体灭火系统，其储存装置长期处于高压状态，因而其储瓶间要求（如泄爆要求等）更为严格，除满足一般储瓶间要求外，还应符合国家有关高压容器储存的规定。

4.1.5 要求在灭火系统主管道上安装压力讯号器或流量讯号器，有两个用途：一是确认本系统是否真正启动工作和灭火剂是否喷向起火的保护区；二是用其信号操作保护区的警告指示门灯，禁止人员进入已实施灭火的防护区。

4.1.8 防护区的灭火是以全淹没方式灭火。全淹没方式是以灭火浓度为条件的，所以单个喷头的流量是以单个喷头在防护区所保护的容积为核算基础。故喷头应以其喷射流量和保护半径二者兼顾为原则进行合理配置，满足灭火剂在防护区里均匀分布，达到全淹没灭火的要求。

4.1.9 尽管气体灭火剂本身没有什么腐蚀性，其灭火系统管网平

时是干管，但作为安全的保护设备来讲，是"养兵千日，用在一时"。考虑环境条件对管道的腐蚀，应进行防腐处理，防腐处理宜采用符合环保要求的方式。对钢管及钢制管道附件也可考虑采用内外镀锌钝化等防腐方式。镀层应做到完满、均匀、平滑；镀锌层厚度不宜小于 15μm。

本规范没有完全限制管道连接方式，如沟槽式卡箍连接。由于目前还没有通过国家法定检测机构检测并符合要求的耐高压沟槽式卡箍类型，规范不宜列入，如将来出现符合要求的产品，本规范不限制使用。

4.1.11 系统组件的特性参数包括阀门、管件的局部阻力损失，喷嘴流量特性，减压装置减压特性等。

但是，采用哪种火灾探测器组合来提供"两个"独立的火灾信号则必须根据防护区及被保护对象的具体情况来选择。例如，对于通信机房和计算机房，一般用温控系统维持房间温度在一定范围；当发生火灾时，起初防护区温度不会迅速升高，感烟探测器会较快感应。此类防护区在火灾探测器的选择和线路设计上，除考虑采用温-烟的两个独立火灾信号的组合外，可考虑采用烟-烟的两个独立火灾信号的组合，而提早灭火控制的启动时间。

5.0.7 应向消防控制室传送的信息包括：火灾信息、灭火动作、手动与自动转换和系统设备故障信息等。

5 操作与控制

5.0.1 化学合成类灭火剂在火场的分解产物是比较多的，对人员和设备都有危害。例如七氟丙烷，据美国 Robin 的试验报告，七氟丙烷接触的燃烧表面积加大，分解产物会随之增加，表面积增加 1 倍，分解产物会增加 2 倍。为此，从减少分解产物的角度缩短火灾的预燃时间，也是很有必要的。对通讯机房、电子计算机房等防护区来说，要求其设置的探测器在火灾规模不大于 1kW 的水准就应该响应。

另外，从减少火灾损失，限制表面火灾向深位火灾发展，限制易燃液体火灾的爆炸危险等角度来说，也都认定它是非常必要的。

故本规范规定，应配置高灵敏度的火灾探测器，做到及早地探明火灾，及早地灭火。探测器灵敏度等级应依照国家标准《火灾自动报警系统设计规范》GB 50116—1998 的有关技术规定。

感温探测器的灵敏度应为一级；感烟探测器等其他类型的火灾探测器，应根据防护区内的火灾燃烧状况，结合具体产品的特性，选择响应时间最短、最灵敏的火灾探测器。

5.0.3 对于平时无人工作的防护区，延迟喷射的延时设置可为 0s。这里所说的平时无人工作防护区，对于本灭火系统通常的保护对象来说，可包括：变压器室、开关室、泵房、地下金库、发动机试验台、电缆桥架（隧道）、微波中继站、易燃液体库房和封闭的能源系统等。

对于有人工作的防护区，一般采用手动控制方式较为安全。

5.0.5 本条中的"自动控制装置应在接到两个独立的火灾信号后才能启动"，是等同采用了我国国家标准《火灾自动报警系统设计规范》GB 50116—1998 的规定。

6 安全要求

6.0.4 灭火后，防护区应及时进行通风换气，换气次数可根据防护区性质考虑，根据通信机房、计算机机房等场所的特性，本条规定了其每小时最少的换气次数。

6.0.5 排风管不能与通风循环系统相连。

6.0.7 本条规定，在通常有人的防护区所使用的灭火设计浓度限制在安全范围以内，是考虑人身安全。

6.0.8 本条的规定，是防止防护区内发生火灾时，较高充压压力的容器因升温过快而发生危险。同时参考了卤代烷 1211、1301 预制灭火系统的设计应用情况。

6.0.11 空气呼吸器不必按照防护区配置，可按建筑物（栋）或灭火剂储瓶间或楼层酌情配置，宜设两套。

41

中华人民共和国国家标准

煤矿井下消防、洒水设计规范

Code for design of the fire protecting,
sprinkling system in underground coalmine

GB 50383 - 2006

主编部门：中 国 煤 炭 建 设 协 会
批准部门：中华人民共和国建设部
施行日期：2 0 0 6 年 1 1 月 1 日

中华人民共和国建设部公告

第 436 号

建设部关于发布国家标准
《煤矿井下消防、洒水设计规范》的公告

现批准《煤矿井下消防、洒水设计规范》为国家标准，编号为
GB 50383—2006，自 2006 年 11 月 1 日起实施。其中，第 1.0.3、
3.1.1、3.1.2（2、4）、4.2.3、4.2.4、5.1.3、5.2.1、5.2.2、
5.2.3、5.4.1、5.4.3、6.1.1、6.1.8、6.1.9、6.3.1、9.1.1
（3）、9.3.2、10.0.6 条（款）为强制性条文，必须严格执行。

本规范由建设部标准定额研究所组织中国计划出版社出版发
行。

中华人民共和国建设部
二〇〇六年六月十九日

42

前　言

本规范是根据建设部建标函[2005]124 号文件"关于印发《2005 年工程建设标准规范制定、修订计划（第二批）》的通知"的要求，由煤炭工业邯郸设计研究院会同有关单位共同编制的。

编制过程中，编写组进行了调查研究，广泛征求意见，参考国内外有关资料，反复修改，最后由中国煤炭建设协会组织审查定稿。

本规范共分十章和六个附录。内容包括：总则，术语、符号，水量、水压、水质，水源及水处理，给水系统，用水点装置，水力计算，管道，加压泵站，自动控制等。

本规范以黑体字标志的条文为强制性条文，必须严格执行。

本规范由建设部负责管理和对强制性条文的解释，由煤炭工业邯郸设计研究院负责具体内容解释。本规范在执行过程中，请各单位结合工程实践，认真总结经验，注意积累资料。如有需要对规范进行修改和补充之处，请将意见和有关资料寄交煤炭工业邯郸设计研究院《煤矿井下消防、洒水设计规范》管理组（地址：河北省邯郸市滏河北大街 114 号，邮编：056031；传真：0310-7106593），以供今后修订时参考。

本规范的主编单位、参编单位和主要起草人：

主 编 单 位： 煤炭工业邯郸设计研究院
参 编 单 位： 煤炭科学研究总院重庆分院
　　　　　　　北京华宇工程有限公司
主要起草人： 张　泊　刘雷霆　冯冠学　查名扬　桂　宁
　　　　　　　李德文　王长元　万小清　阎建国　刘　俊

目　次

1 总 则

1.0.1 为了统一煤矿井下消防、洒水的设计原则和标准,提高设计质量,制定本规范。

1.0.2 本规范适用于设计生产能力 0.45Mt/a 及以上的新建、改建及扩建煤矿的井下消防、洒水设计。

1.0.3 矿井必须建立完善的井下消防管路系统和防尘供水系统。

1.0.4 井下消防、洒水设计应做到安全可靠、技术先进、经济合理、使用方便。

1.0.5 井下消防、洒水系统的建设必须与矿井建设实现设计、施工、投入生产和使用三同时。

1.0.6 井下消防、洒水系统设计应适应矿井的特点,并与矿井的采煤、掘进、运输、通风、动力等系统的设计相互协调。

1.0.7 井下消防、洒水系统设计除应执行本规范外,尚应符合国家现行的有关标准的规定。

2 术语、符号

2.1 术 语

2.1.1 井下消防、洒水 fire protecting,sprinkling in underground coalmine

特指用于矿井井下灭火、防尘、冲洗巷道、设备冷却及混凝土施工等用途的给水系统及其功能。

2.1.2 喷雾 water spraying

压力水通过雾化喷嘴,形成颗粒直径 $10\sim200\mu m$ 的密集水雾,以一定的速度和雾化角喷出,覆盖一定的区域。常用于各种产尘场合的防尘及某些场合的防火、灭火。

水通过采掘机械截割机构的内部,直接从截齿(附近)喷出水雾称为内喷雾。用于采掘机械截割机构的外部向扬尘区喷出水雾称为外喷雾。

采掘工作面实施爆破后立即用喷雾装置向产尘处喷雾,从而防止粉尘扩散的防尘方法称为放炮喷雾。

2.1.3 湿式凿岩 wet drilling

用凿岩机打眼时,将压力水通过凿岩机送入孔内,以湿润、冲洗并排出产生的岩粉,从而减少粉尘飞扬的施工方法,用于在煤层上打眼的湿式煤电钻起着类似的防尘作用。

2.1.4 煤层注水 water infusion for the coal seam

向煤层中打钻孔并注入压力水,以湿润煤体,减少生产过程中煤尘的产生及飞扬。

2.1.5 水幕 water curtain

由安装在巷道内的一组雾化喷嘴组成、产生充满巷道横断面的密集水雾,起着风流净化作用的防尘设施。

2.1.6 给水栓 water outlet

由安装在供水管道上的三通和带阀门的支管组成的软管接口。用于连接用水设备或引水冲洗巷道。

2.1.7 消火栓 hydrant

用于连接消防水龙带、水枪等消防器材,组成手持软管灭火系统的给水栓。

2.1.8 固定灭火系统 fixed extinguishing systems

自动喷水灭火系统、泡沫灭火系统、水喷雾隔火装置等针对特定设备和特定火灾发生场所的成套灭火装置。

2.1.9 服务半径 serving radius

通过软管从给水栓引水所能达到的最远距离。

消火栓的服务半径又称保护半径。

2.1.10 用水点 water consuming point

需要用水的井下灭火装备、防尘设施、冲洗巷道及混凝土施工的工作地点;或井下消防、洒水系统供水管道上的各种用水设备和器材的接管处。

2.1.11 用水项 water consumer

井下消防、洒水系统的水在某一用水点的某一种用途。

2.1.12 最不利点 the extreme pressure point

在水压随着系统压力变化而变化的各个用水点或局部管段中,水压最先高于允许上限或最先低于允许下限的部分。最不利点一般出现在管网的始端、末端、地形最高或最低处以及某些对水压有特殊要求的地方。

2.1.13 水头 water head

单位重量水的机械能。有压力水头、流速水头和位置水头三种形式。水头以米(水柱高)为单位。

2.1.14 静压供水 gravity water supply

从地势高处的水池或水仓接管,利用几何高差把水送至用水点并提供资用水头的供水方式。

2.1.15 动压供水 water supply by pump

利用加压设备加压送水的供水方式。

2.1.16 静水压力 static water pressure

洒水系统中充满不流动的水时,某管段或用水点的水压力。

2.1.17 动水压力 moving water pressure

洒水系统正常工作时用水点或管道中的压力。

2.1.18 井下水源 water resource located underground in coalmine

在井下巷道或硐室中,通过钻孔取用深部岩层的地下水或收集、取用矿井井下涌水的供水水源。

2.1.19 地面水源 surface water resource

从地面通过管道将水送入井下的水源。

2.2 符 号

A——管道横截面面积;

C——阻力系数;

d——管道内径;

d_i——计算管径;

DN——公称管径;

g——重力加速度;

H——水头;

Δh——水头损失;

h_i——局部阻力水头损失;

i——水力坡度,单位管长的水头损失;

K——常数、系数;

N——荷载;

n——管壁粗糙系数;

P——水压;

Q——流量、用水量;

q——设施的用水量；

R——水力半径；

t——时间；

v——水的计算流速；

Z——几何高度；

γ——水的容重；

δ——管道壁厚；

$[\sigma]$——管材许用应力；

ϕ——管子的焊缝系数。

3 水量、水压、水质

3.1 水 量

3.1.1 煤矿井下消防、洒水系统的最大设计日用水量应为井下消防用水量与井下洒水日用水量之和。

3.1.2 煤矿井下消防用水量计算应符合下列规定：

1 井下同一时间的火灾次数应按一次考虑。一次火灾消防用水量应按下式计算：

$$Q_x = \sum 0.06 q_i t_i \qquad (3.1.2)$$

式中 Q_x——井下一次火灾消防用水量（m³）；

0.06——从 L/min 换算到 m³/h 的常数；

q_i——某消防用水项的流量指标（L/min）；

t_i——某用水项的火灾延续时间（h）。

2 一个矿井井下消火栓总流量应按 7.5L/s 计算。每个消火栓的计算流量应按 2.5L/s 计算。火灾延续时间应按 6h 计算。

3 固定灭火装置的用水量应按下列规定计算：

1）当成套购置定型产品时，其用水量应采用该设备生产厂提供的用水量参数。

2）当井下采用的固定灭火装置为非标准设计时，应根据保护范围的面积、设计喷嘴数量和喷水强度计算。设计参数应根据试验资料选取。

3）上述装置的灭火延续时间应按 2h 计算。

4 消防储备水量应按一次火灾消防用水总量计算。消防储备水池补充水的流量应按补充时间不超过 48h 计算。

3.1.3 井下洒水日用水量，应按下式计算：

$$Q_d = K \sum 0.06 q_i t_i \qquad (3.1.3)$$

式中 Q_d——井下洒水日用水量（m³/d）；

K——富余系数，取 1.25～1.35；

q_i——某用水项的流量指标（L/min）；

t_i——某用水项一天中的使用时间（h）。

3.1.4 需要进行煤层注水的矿井，其煤层注水的用水量计算应符合下列规定：

1 静压注水应根据工作面产量按吨煤注水量计算。吨煤注水量应采用试验结果，无试验数据时可根据煤层特性在 20～35L 范围内取值。

2 动压注水应按本条第 1 款计算的用水量确定注水泵的型号，并以设计选定的注水泵的额定流量纳入总用水量计算。

3 注水时间应采用试验结果。无试验数据时，在注水与采煤平行作业的情况下可按每天 16h 或 18h 计算；在注水与采煤交错作业的情况下可按每天 8h 计算。

4 注水孔施工用水的水量应按本规范 3.1.5 条第 3 款第 1）项的规定计算。

3.1.5 采掘工作面的洒水用水量应根据不同采掘方法按下列要求确定：

1 普采、综采、综放工作面的洒水用水量计算应符合下列规定：

1）采煤机的内、外喷雾及冷却水总流量应按设备的设计流量计算。在缺乏有关资料时可参考附录 A 取值。在配备喷雾泵的情况下应按喷雾泵的额定流量计算。

2）支架喷雾、放顶煤喷雾、装煤机喷雾、溜煤眼喷雾的流量均宜按喷嘴的数量和单个喷嘴的流量计算。各计算参数的确定，应符合本规范第 6.3.2 条的规定。

3）无资料时各项用水的每日工作时间可取下列数值：

普采喷雾泵站 10h；

综采喷雾泵站 12h；

综放喷雾泵站 8h；

移架喷雾 10h（普采工作面无此项）；

放顶煤喷雾 8h（普采及综采无此项）；

装煤机喷雾 12h；

溜煤眼喷雾 12h。

2 机掘工作面的洒水除尘用水量计算应符合下列规定：

1）掘进机喷雾及冷却用水量宜按机组或喷雾泵额定流量取值，但不得低于 80L/min。在缺乏资料时可取 80L/min。日工作时间按 10h 计算。

2）装岩机除尘用水量应按本条第 3 款第 3）项的规定计算。

3 炮采及普掘工作面的洒水除尘用水量计算应符合下列规定：

1）湿式煤电钻或凿岩机，每台用水量应根据技术资料取值，无资料时可取 5L/min，每日工作时间按 8h 计算。

2）放炮喷雾的单位时间用水量宜按喷雾设备的额定流量取值，缺乏资料时可取 20L/min，每日工作时间按 2h 计算。

3）装煤机、装岩机喷雾用水量宜按喷嘴流量及数量计算。各计算参数的确定，应符合本规范第 6.3.2 条的规定。每日工作时间按 10h 计算。

3.1.6 净化风流水幕及转载点、煤仓、溜煤眼等处的喷雾降尘用水量宜按喷嘴用水量计算。各计算参数的确定，应符合本规范第 6.3.2 条的规定。运输大巷中的喷雾设施每日工作时间可按 18～24h 计算，采区内的其他设施每日工作时间可按 16h 计算。

3.1.7 井下混凝土施工用水量应按混凝土搅拌机的数量计算。每台用水量可取 25L/min，每日工作时间按 10h 计算。

3.1.8 冲洗巷道用水量应按下列各部位同一时间使用的给水栓数量计算：

1 采掘工作面附近　　　　　每个工作面使用1个；

2 转载点附近　　　　　　　每2个转载点使用1个；

3 胶带输送机巷道　　　　　每1000m使用1个；

4 各条顺槽,采区上、下山　　每2000m使用1个；

5 轨道大巷及回风大巷　　　每3000 m使用1个。

每个给水栓用水量可按 20 L/min 计算。冲洗巷道每日工作时间可按 3h 计算。

3.1.9 日用水量超过3m³的其他井下设备当从井下消防、洒水系统取水时,其用水量应根据设备的额定用水流量及每天工作时间计入。

3.2 水 压

3.2.1 井下用水设施、设备的供水水压应根据用水设备的要求确定,并应符合下列要求:

1 给水栓处及接入一般用水设备处的水压不应低于 0.3MPa。

2 接入凿岩机及湿式煤电钻的水压不应低于 0.2MPa,且不应高于压缩空气的压力。

3 接入加压泵站水箱或水池的进水口的水压不应低于 0.02 MPa。

4 接入上述设施的水压不宜高于1.6MPa,否则应采取减压措施。

5 采掘工作面采用水压达到 0.4～10MPa 的高压喷雾宜由高压喷雾泵提供。接入高压泵的系统供水水压应符合本条第1款的规定。

6 直接接入喷雾设施的水压不宜低于 1.0MPa。

3.2.2 井下灭火时,消火栓栓口水压不应低于 0.35MPa,也不应超过 1.0MPa,出水压力超过 0.5MPa 时应采取减压措施。

3.2.3 井下消防、洒水管道的静水压力不宜超过 4.0MPa。

3.3 水 质

3.3.1 井下消防、洒水用水的水质应满足各用水项的不同要求。主要用水项的水质标准见附录 B。

4 水源及水处理

4.1 水源选择

4.1.1 煤矿井下消防、洒水的水源应与整个矿井的水源相结合。可采用一个水源或多个水源。水源工程设计应符合国家现行标准《煤炭工业给水排水设计规范》MT/T 5014 的有关规定。

4.1.2 井下消防、洒水的水源应符合下列规定:

1 应有可靠的水量保证。在只有一个单独水源时,水源的枯水期保证率应采用 90%～95%;在开发多个水源时,其主要水源的枯水期保证率应大于 90%。

2 供水水经处理后能达到井下消防、洒水水质标准的要求。宜优先选择处理工艺简单或不经处理其水质就能满足要求的水源。

4.1.3 选择水源应经过技术经济比较确定,并应符合下列规定:

1 选择水源应符合节约天然水资源、有利于环境保护的原则。

2 应优先考虑利用井下排水作为水源的可能性。

3 地面水源工程位置的选择应综合考虑水文、环境、交通、供电及工程地质等因素。

4.1.4 设计中选择井下排水作水源应考虑在井下排水未形成时建立临时水源的可能性;在井下水源可靠性不足时应考虑保留地面水源作为备用水源的可能性。

在矿井设计前期没有本矿井下排水量的实测资料时,可参考邻近矿井或其他有关的资料。采用井田地质报告推算的井下涌水量数据时,应取充分的折减系数。

4.2 水源工程

4.2.1 地面水源工程应保证供水可靠、管理方便,并应使取水、净水、输水各个环节相互协调。

4.2.2 在具备可靠性、安全性且经济合理时可开发井下水源。

4.2.3 在井下就近取用深部含水层所含地下水时,应根据井下的水文地质条件,采用有效的技术措施,确保水源开发不会对矿井的安全构成威胁。井下对承压较大的含水层打钻,应执行现行国家标准《矿山井巷工程施工及验收规范》GBJ 213 的规定。

4.2.4 井下水源工程及设备硐室必须布置在稳定的岩层内,并结合井下巷道及设备布置统一考虑。井下水源井的位置应根据相关的采煤设计资料及水文地质勘察资料确定。前期设计确定的水源井位,施工前必须根据巷道现状及巷道施工中新探明的情况重新核定或调整。

4.2.5 井下取水井所在硐室应有施工及检修的空间,其高度应满足水源井施工及维修时提升钻杆和井管的要求。

4.2.6 当取用原水水质达到用水标准的井下涌水时,应建立与采、掘、运输等生产活动相隔离的保护区及专用的水仓。不需进行处理的水从水源到水池或加压泵站不宜采用明沟输送。

4.3 水 处 理

4.3.1 地面水源的净水工程应根据进水水质和井下消防、洒水水质标准选择合理的工艺流程。各个水处理单元的设计参数及水处理构筑物的布置应符合现行国家标准《室外给水设计规范》GB 50013、《室外排水设计规范》GB 50014 及《工业用水软化除盐设计规范》GB 50050 的有关规定。

4.3.2 利用井下排水作水源时,宜设水处理站集中设置净水设施、酸性水的中和设施、腐蚀性高矿化度水的除盐设施。

井下水处理站的位置可根据矿井的井下条件、地面条件、环境的要求及处理后水的使用分配情况选择设于地面或井下。

4.3.3 设于井下的水处理构筑物应根据井巷工程的特点进行布置,做到紧凑、便于管理和检修,设置人行栈道,并留出设备进、出的通道。

5 给水系统

5.1 系统选择

5.1.1 井下消防、洒水宜采用消防与洒水合一的给水系统。

5.1.2 井下消防、洒水应优先采用静压给水系统。当不具备条件时,可采用动压给水系统或以一种给水方式为主、另一种给水方式为辅的混合给水系统。

5.1.3 在分质供水的不同系统之间建立联络管以调剂水量时,必须有可靠的技术措施保证水质好的系统单向补充水质较差的系统,严禁出现倒流。

5.2 水池、蓄水仓

5.2.1 矿井必须设置地面消防水池与井下消防、洒水系统相连。在特殊情况下采用其他供水设施代替地面水池时,其可靠性及供水能力均必须大于地面水池。

5.2.2 单独设置的地面消防储备水池,其容积应按井下一次火灾的全部用水量计算,且不得小于 200m³。合建水池容积应大于日常洒水的调节容量与消防储备水量之和。

5.2.3 当消防的地面水池与其他水池合建时,应有确保平时井下消防储备水量不作他用的措施。

5.2.4 为提高灭火效率,在有条件时,也可建设辅助性的井下蓄水仓。

5.2.5 在设有井下蓄水仓的井下消防、洒水系统中,蓄水仓可储备 10min 消防水量,但不得因此减少地面水池的消防水储备量。

5.2.6 用于井下洒水的静压供水水池及井下蓄水仓的最小调节容积应按洒水日用水量的 15% 计算。

5.2.7 寒冷地区的地面水池应采取防冻措施。

5.3 加压、减压

5.3.1 供水系统应保证供水管道及每个用水设备和器具均在允许的压力范围内工作,在必要时应设置加压或减压设施,以满足最不利点的水压要求。

5.3.2 加压泵的设置应符合下列规定:

1 在井筒深度浅、地面水源完全不具备静压供水条件时,加压泵宜设于地面。

2 下列条件时宜在井下设置加压泵:

1)利用的井下水源天然压力不足;

2)井下管道系统往前延伸后出现压力不足。

5.3.3 供给整个矿井井下或采区的给水加压设施应按固定加压泵站的要求设计。

单个采掘工作面的给水加压设施应与采掘机组的活动喷雾泵站协调,条件合适时可合成一个泵站。

单个用水点的局部增压措施可采用管道泵。

5.3.4 需减压的井下消防、洒水管道宜采用减压阀降低下游管道的水压。在有可利用的空间且位置合适时,也可采用减压水箱或利用用水点的上水平蓄水仓将上游管道中的水压释放,然后再靠静压送往用水点。

5.3.5 减压水箱应符合下列规定:

1 水箱容积不小于管道计算流量的 10min 水量;

2 进入减压水箱管道的静压不宜超过 2.0MPa;

3 水箱上部应有不小于 1.4m 的检修空间,其周围至少在两个方向上应有不小于 0.6m 的操作空间;

4 水箱宜采用耐腐蚀的材料制造;

5 水箱应装设两个浮球阀。

5.3.6 从静压高于 1.0MPa 的干管直接连接给水栓、消火栓时宜设减压阀。从静压不大于 1.0MPa 的管段接出时,可采用孔板减压。减压后的水压不应大于 0.5MPa。

5.3.7 减压阀的设置应符合下列规定:

1 减压阀的位置及出口压力的确定,应保证对静压和计算流量下的动压均能适应,且满足下游水压的要求。

2 减压阀前的管道应设过滤器。

3 减压阀应按产品的要求方向竖直或水平安装。

4 总干管及采区供水干管的减压阀应采用双阀并联安装。

5 支管减压可采用单阀或带阀门的旁通管。但从高压干管上直接连接的单个给水栓、消火栓,其连接管上的减压阀可不设旁通管。

6 当一个系统有两个及两个以上进水管,或井下干管形成环状且减压阀位置在环上时,可不设并联减压阀或旁通管。

7 减压阀应在上下两端各设同规格检修阀门。只供单个用水点的减压阀下端可不设检修阀门。

8 减压阀进、出管道上应设压力表。

9 减压阀上游管道靠近减压阀处应设承受管道推力的固定支架,下游管道上应设相同口径的管道伸缩器。

10 立井井筒中的减压阀宜设置在具有检修空间的壁龛硐室内。

5.4 管网

5.4.1 井下消防、洒水系统的管道必须延伸到可以对全部用水点进行供水的所有位置。

5.4.2 管道系统可采用枝状管网;有条件时宜设计成环状管网。

5.4.3 管网进水口位置的选择及管网的布置应使管道中水的流向与巷道中的风向一致或在火灾时能够临时改变成一致。

5.4.4 井下消防、洒水管网应在每个支管起点附近位置设控制阀。

在干管及支管的直线管段应每隔一段距离设一个检修阀。两个检修阀中间的支管、给水栓或其他洒水点的总数不宜超过 10 个，且两阀中间的距离不宜超过 500m。

5.4.5 仅在灭火时动用的消防储备水池的出水口应设切换阀。切换阀门应设在便于操作的位置。有条件时应采用可兼用手动开启的电动阀门。

5.4.6 管道的规格应保证在计算流量下各用水点的水压均能满足用水点中各用水项的需要，且在经济上合理。确定管道规格时应按本规范第 7 章规定的管道水力计算方法进行校核。

5.4.7 阀门、管件的规格宜与相关的管道一致，但在需减压的管道上安装的阀门规格可适当缩小。

6 用水点装置

6.1 灭火装置

6.1.1 在井下的下列位置应设消火栓：

　　1 重点保护区域及井下交通枢纽的 15m 以内：

　　　1) 主、副井筒马头门两端；

　　　2) 采区各上下山口；

　　　3) 变电所等机电硐室入口；

　　　4) 爆炸材料库硐室、检修硐室、材料库硐室入口；

　　　5) 掘进巷道迎头；

　　　6) 回采工作面进、回风巷口；

　　　7) 胶带输送机机头。

　　2 有火灾危险的巷道内：

　　　1) 斜井井筒、井底车场、胶带输送机大巷每隔 50m；

　　　2) 采用可燃性材料支护的巷道每隔 50m；

　　　3) 煤层大巷，采区上山、下山、工作面运输及回风顺槽等水平或倾斜巷道每隔 100m；

　　　4) 岩石大巷、石门每隔 300m。

6.1.2 在有火灾危险的巷道中，处于其他巷道已设消火栓保护半径之内的区域，可不设消火栓。在一般巷道中，消火栓的保护半径应按 50m 计；在岩石大巷、石门中可按 150m 计。

6.1.3 井下消火栓的布置应尽量靠近可通行的联络巷。

6.1.4 消火栓的设计应符合下列原则：

　　1 消火栓的规格应为 DN50，由带阀门的三通支管及水龙带接口组成。

　　2 消火栓栓口安装高度可根据巷道情况确定，但宜设置在距巷道底面 0.8~1.6m 的范围之内。

　　3 井下消火栓与水龙带的接口应与矿区救护队或承担井下灭火任务的消防部门配备的器材一致。

　　4 消火栓设置应标志明显、使用方便，不会妨碍井下其他设备的工作，且不易因物体碰撞而受损坏。

　　5 在设有专用消防加压泵或电动消防切换阀且井下条件允许时，应在消火栓附近设启动按钮。

6.1.5 在井下下列部位应存放水龙带、水枪及与消火栓的接口件等器材的存放点：

　　1 入口设有消火栓的机电硐室、仓库硐室附近。如相距不到 150m，可设集中存放点；

　　2 胶带输送机机头上风侧的消火栓附近；

　　3 采区的上下山口；

　　4 以上地点之外的其他设有消火栓的巷道内，每 500m 距离或靠近联络巷的位置。

6.1.6 水龙带存放点的设置及器材的配置应符合下列原则：

　　1 水龙带应采用适合于井下使用及长期存放的材质。

　　2 水龙带接口应与消火栓匹配，或者配备与消火栓连接的专用接管件。

　　3 每个水龙带存放地至少存放 2 卷 25m 长水龙带，并宜同时存放 50m 左右 d25 消防卷盘、同规格的灭火喉及消防卷盘与消火栓连接的专用连接管件等。

　　4 水龙带、水枪及接管件存放在标志明显、取用方便、靠近消火栓的地方，且不得妨碍井下其他设备的工作。当设有专用消防泵或电动消防切换阀且井下条件允许时，应在存放水龙带地点附近设消防按钮。

6.1.7 下列位置宜设相应的固定灭火装置：

　　1 胶带输送机机头处设自动喷水灭火系统；

　　2 马头门内侧 20m 处设水喷雾隔火装置；

　　3 井下变压器、空气压缩机等设备设泡沫灭火系统；

　　4 其他经采矿工艺认定火灾危险较大的井下巷道或硐室。

6.1.8 成套采用的固定灭火装置必须是经过相关部门鉴定的标准设备。

6.1.9 非标准的固定灭火设备设计应符合下列原则：

　　1 必须遵循《煤矿安全规程》的规定；

　　2 其设计参数应采用试验资料；

　　3 其喷头及管道的布置应保证受保护的目标能得到水或其他灭火剂的良好的覆盖，并且平时不得妨碍其他设备的正常运行；

　　4 除自动喷水灭火装置外，其他自动开启的灭火装置必须同时配备手动开启机构。

6.1.10 固定灭火装置应采用钢管在固定的位置与系统干管相接。

6.2 给水栓

6.2.1 下列部位应设置相应规格的给水栓：

　　1 设有供水管道的各条大巷，上下山及顺槽每隔 100m 应设置一个规格为 DN25 的给水栓；

　　2 掘进巷道中岩巷每 100m、煤巷每 50m 设置一个规格为 DN25 的给水栓；

　　3 溜煤眼、翻车机、转载点等需要冲洗巷道的位置。

6.2.2 湿式凿岩及湿式煤电钻的引水管或分水器的引水管，注水泵、喷雾泵吸水桶的进水管，宜通过软管与供水系统的给水栓相接。给水栓的规格必须与用水点的最大流量匹配。

6.3 喷雾装置

6.3.1 在井下采掘工作面的采煤机、掘进机截割部、放顶煤工作面放煤口、液压支架产尘源、破碎机等处以及运输系统中的煤仓、溜煤眼、翻车机、装车机、胶带输送机、刮板输送机、转载机等的转载点上均应设置喷雾防尘装置。

采掘工作面的外喷雾应采用由高压喷嘴构成的高压喷雾装置。

6.3.2 非标准喷雾装置设计时应根据下列原则确定喷嘴的型号和数量：

1 能形成对尘源及粉尘扩散区的良好覆盖。

尘源覆盖面积，当缺乏资料时可取下列参考数值：

1）移架喷雾　　　　　　12～16m²；

2）放顶煤喷雾　　　　　24～36m²；

3）溜煤眼　　　　　　　4～8m²；

4）转载点　　　　　　　4～8m²。

2 喷雾强度可取2～3 L/(min·m²)。

3 喷嘴位置不妨碍其他设备运行和操作。

4 各种类型喷嘴的适用场合见附录C，常用喷嘴的特性见附录D。

6.3.3 喷雾喷嘴可固定安设，必要时也可采用能调整喷嘴方位的方式，但均必须采用刚性结构作为固定喷嘴的构架，工作时必须稳定。

6.3.4 在下列地点应设置风流净化水幕：

1 采煤工作面进回风顺槽靠近上下出口30m内；

2 掘进工作面距迎头50m内；

3 装煤点下风方向15～25m处；

4 胶带输送机巷道、刮板输送机顺槽及巷道；

5 采区回风巷及承担运煤的进风巷；

6 回风大巷、承运运煤的进风大巷及斜井。

6.3.5 水幕喷嘴的位置及喷射方向应满足下列规定：

1 喷射方向宜逆风向；

2 在有效射程内应使巷道整个断面被水雾充满；

3 在2/3有效射程内不同喷嘴喷出的密实雾锥不发生交叉；

4 喷嘴及管道的位置均不得妨碍运输。

6.3.6 工作面水幕应做到移动灵活方便。

7 水 力 计 算

7.1 计 算 流 量

7.1.1 管网水力计算应根据各节点流量、高程及各管段的规格、长度，按管网结构进行计算。

7.1.2 管网的水力计算应按下列原则确定节点流量：

1 纳入计算的消火栓使用数量应按能产生本规范第3.1.2条规定的最大消火栓用水量考虑；

2 固定灭火装置应根据需要分别按各种最不利的情况每次取一项纳入计算；

3 冲洗巷道用水应以本规范第3.1.8条规定的使用强度按沿巷道均匀出流考虑；

4 其他节点流量应按各用水点处发生最大用水组合时的流量计算。

7.2 水头损失计算

7.2.1 管道中的总水头损失应为沿程水头损失与局部水头损失之和。

7.2.2 钢管道的沿程水头损失应按下列公式计算：

当$v<1.2$时：

$$i=0.000912\frac{v^2}{d_{\mathrm{j}}^{1.3}}\left(1+\frac{0.867}{v}\right)^{0.3} \tag{7.2.2-1}$$

当$v\geqslant1.2$时：

$$i=0.00107\frac{v^2}{d_{\mathrm{j}}^{1.3}} \tag{7.2.2-2}$$

式中　i——单位长度的水头损失(m/m)；

v——水的计算流速(m/s)；

d_{j}——计算管径(m)。

在特殊条件下，井下管道的沿程水头损失也可采用工程计算中常用的其他管道水力计算公式计算(见附录E)。

7.2.3 管道的局部水头损失计算应按具体情况分别采用下列两种计算方法：

1 巷道及井筒内的长距离管道应按沿程水头损失的10%计算。

2 水源、水处理站及加压泵站硐室内的管道应按管件逐个计算，然后累加。

7.2.4 软管的水头损失可按下式计算：

$$i=0.00031\frac{v^2}{d_{\mathrm{j}}^{1.33}} \tag{7.2.4}$$

7.3 水 压 计 算

7.3.1 在设计中应按下列原则对洒水系统最不利点的水压进行验算：

1 对水压可能低于用水点所需资用水头的最不利点应计算最大流量时的动压值；

2 对水压可能高于最大允许压力的最不利点应计算静压值。

7.3.2 井下消防、洒水管道系统中某一点的水压值应按下式计算：

$$p=10^{-6}\gamma(\Delta Z-\Delta h)g+P_0 \tag{7.3.2}$$

式中　p——管道系统中某计算点的计算水压值(MPa)；

γ——水的容重(1000kg/m³)；

ΔZ——位置水头差，为计算点至该点管道上游水压已知点(如减压阀、水池计算水面或加压泵出口)之间的几何高差(m)；

Δh——从上游已知点至计算点之间的管道水头损失(m)；

g——重力加速度，9.81m/s²；

P_0——已知点的水压(MPa)，可为系统加压水泵的出口压力或减压阀后的水压。

7.3.3 对于环状管网或有多个进水口的管道系统的动水压力校核，宜进行平差计算。计算结果的闭合差应小于0.005MPa。

8 管 道

8.1 管 材

8.1.1 煤矿井下消防、洒水管道宜采用钢管。最大静水压力大于1.6MPa的管段应采用无缝钢管;计算水压小于或等于1.6MPa的管段可采用焊接钢管。

8.1.2 钢管道的管壁厚度应按下式确定:

$$\delta \geqslant \delta_j + 2.5 \quad (8.1.2\text{-}1)$$

$$\delta_j = \frac{Pd}{2[\sigma]\phi} \quad (8.1.2\text{-}2)$$

式中 δ ——设计采用的钢管壁厚(mm);

δ_j ——按计算水压算出的理论管壁厚度(mm);

2.5——考虑制造壁厚公差及腐蚀裕度的附加值(mm);

P ——最大计算水压(MPa);

d ——管道内径(mm);

$[\sigma]$ ——钢的最大许用应力(MPa);普通钢为113,优质钢为133;

ϕ ——焊缝系数;无缝钢管取1.0,焊接钢管取0.8。

8.1.3 井下受力较大的管段或管件应计算下列各种荷载在其管壁内各个方向产生的应力:

1 水压引起的径向荷载;

2 水锤压力产生的径向荷载;

3 管端堵头处水压、变径管道中流速改变及管道阻力引起的管道轴向荷载;

4 弯曲、分支管道因水流方向改变产生的侧向荷载;

5 管道、管件自重引起的荷载等。

当以上荷载产生的应力较大时,应通过加厚管壁及设置加强钢板构件等措施,使管段或管件有足够的强度。

8.1.4 采掘工作面及其他除尘洒水现场可采用橡胶软管。除设备自带的软管管段外,一个用水项使用软管的长度不宜超过50m。

8.2 管 件

8.2.1 井下管道中采用的阀门及标准管件的公称压力应大于管道所受到的计算水压。在受到较大的管道自重等其他荷载时,应按本规范第8.1.3条的规定校核管件的强度。

8.2.2 井下管道的连接宜采用法兰盘、快速接头及其他满足强度要求又拆装方便的连接方式。采用的标准接头件的公称压力应大于所在管段承受的最大水压。

8.3 管 道 敷 设

8.3.1 立井井筒内管道敷设应符合下列规定:

1 立井井筒中的井下消防、洒水管道宜靠近井壁并保持检修操作所需的距离。其位置应与井筒内的其他设施相互协调。

2 立井中的管道应每隔100~150m设一个承受管道荷载的立管托座。

3 井筒中消防、洒水管道的全部重量及水动力荷载,应通过立管托座传递到固定于井壁的承重梁上。

4 两个管托座之间的管道上应设一个伸缩器。伸缩器的强度应能承受管道的最大水压,其伸缩量必须大于管道在温度及荷载变化下可能发生的长度变化量的2倍,且不应小于20mm。

5 立井井筒管道应设立管支架,用管卡将立管固定在支架上。支架位置应与罐道梁等构件的位置协调。两个立管支架的间距可按表8.3.1确定。立管支架可固定在由井壁支承的梁上,也可采用锚杆直接固定在井壁上。

表 8.3.1 立管支架间距

管径(mm)	<50	≥50	≥100	≥150	≥200
间距(m)	3.0	3.5	4.0	4.5	5.0

8.3.2 水平巷道中管道敷设应符合下列规定:

1 巷道内敷设的管道应采用牢固的构件固定。管道及固定件的位置应不妨碍人员和运输设备的通行。沿巷道底板敷设的管道距道碴面的净高不应小于0.3m,布置在人行道上方的管道距道碴面的净高不应小于1.8m。

2 在巷道的直线管段应设支承管道重量的滑动支架,用管卡固定管道。两支架的间距可按表8.3.2确定。

表 8.3.2 水平管支架间距

管径(mm)	≥32	40	50	70	80	100	125	≥150
间距(m)	3.0	3.5	4.5	5.5	6.5	7.5	8.5	9.5

3 需要时,可采用吊架代替滑动支架。当采用锚杆在巷道顶部固定吊架时,大于DN200管道的两个吊架的间距不应超过5m。

4 水平巷道的直线段宜每隔100m左右设一固定支架,并且应在每两个管道拐弯点之间的直线管段上设一个固定支架。

5 直线管段的每两个固定支架之间宜设一个管道伸缩器。

8.3.3 斜井井筒及倾斜巷道中管道敷设应符合下列规定:

1 斜井井筒及倾斜巷道内的管道敷设除应符合本规范第8.3.2条第1款和第2款的要求外,必须在适当的位置设承受下滑力的斜管托架。在倾斜坡度小于摩擦系数时,可用固定支架代替斜管托架。

每两个托架之间宜设一个管道伸缩器。

2 斜管托架或倾斜巷道的固定支架的强度应能承受管道的下滑力。

8.4 管 道 防 腐

8.4.1 安装在井筒中的井下消防、洒水系统的钢管、钢制管件应按《煤矿立井井筒装备防腐蚀技术规范》MT/T 5017的规定进行防腐蚀处理。

8.4.2 巷道中的井下消防、洒水系统的钢管、钢制管件应根据井下巷道各部位的不同条件,分别选择附录F中推荐的不同等级的预处理工艺和涂料。

9 加压泵站

9.1 加压泵

9.1.1 加压泵的选择应符合下列规定:

1 在根据本规范第5.3.1条和第5.3.2条的规定需要设置固定加压设施的消防、洒水系统中,应分别设置日用泵和专用消防泵,但当消防流量只占用水量的20%及以下时,只可设一组兼用的加压泵。

2 分设的消防给水泵仅在灭火时启动,其流量应按消防时系统中增加的流量考虑。

3 **加压泵站水泵的扬程在平时必须保证最不利的洒水点所需水压,在灭火时必须保证最不利的消防给水点所需水压。**

4 当活动泵站服务范围内的洒水流量大于所需消防流量时,加压泵可按洒水流量选择。

9.1.2 加压泵应选择性能稳定、安全可靠的清水输送电泵。井下加压泵的驱动装置应采用防爆电机。

9.1.3 固定加压泵站应设与最大的工作泵同样型号的备用泵,与工作泵并联安装。

9.2 泵站建筑、硐室

9.2.1 地面泵房的设计应符合现行国家标准《室外给水设计规范》GB 50013 的有关规定。

9.2.2 井下固定加压泵站应由集水池硐室、加压泵硐室及电器硐室组成。

9.2.3 电器硐室可与水泵硐室合并成一个硐室。当采用潜水电泵时,可不设专用的泵房硐室,但电器硐室或附近巷道内应有水泵检修的场地。

9.2.4 集水池硐室应符合下列规定:

1 集水池的蓄水容积应不小于最小调节容量与消防储备水量体积之和。最小调节容量应按最大水泵 10min 的抽水量计算,消防储备水量应按 10min 的消防用水量计算。

2 水池超高不应小于 0.3m。

3 水池检修用的栈桥或其他人行通道宜高于最高水位 0.3m。

9.2.5 水泵及泵站硐室的设计应符合现行国家标准《室外给水设计规范》GB 50013、《建筑给水排水设计规范》GB 50015 及《煤矿安全规程》的有关规定。

9.3 加压泵站配电

9.3.1 固定加压泵站的水泵配电装置宜由两回路电源供电,且宜接于不同的母线段上。当条件受限制时,其中一回可引自其他配电点。

9.3.2 **井下配电设备和配电线材选型必须符合《煤矿安全规程》的有关规定。**

9.3.3 加压泵宜设自动开关装置。

10 自动控制

10.0.1 井下喷雾防尘宜设置自动控制装置。设备选择应综合考虑技术先进、灵敏、可靠和防尘效果满足要求等因素。

10.0.2 采煤工作面和掘进工作面上的放炮喷雾系统宜采用放炮声控自动喷雾装置和爆破冲击波自动喷雾装置。

10.0.3 除采掘工作面外,其他地点的风流净化水幕应实现自动化。控制方式根据巷道条件,可选用光电式、感应式自动控制装置。

10.0.4 井底车场、运输大巷、卸煤口、主要绞车道、装车站和胶带输送机机头等产尘地点宜设置光电式或感应式喷雾洒水控制装置。井下的装卸载点应设自动喷雾洒水控制装置,实现在装煤或卸煤的同时进行喷雾。对于架线机车巷道等定点洒水场所宜选用触式、水银触点式等控制装置,而风速较大的绞车道和机车运输大巷可选用风电控制装置。

10.0.5 对于自动化程度要求不高的场所可选用机械式自动控制装置。

10.0.6 **井下电控装置选型应符合《煤矿安全规程》的有关规定。**

10.0.7 巷道水喷雾隔火设施启动控制装置的装设地点和控制方式应根据压力水传输速度和爆炸火焰传播速度确定,需满足火焰蔓延至水幕区之前能够及时喷雾的要求。

10.0.8 井下消防、洒水系统的下列环节应纳入"井下安全监测系统":

1 消防储备水池的存水量或水位;

2 加压泵的运行状态;

3 井下消防、洒水管道上重要控制阀、切换阀的状态指示;

4 固定灭火装置的运行状态;

5 井下消防给水最不利点的水压值。

附录 A 采煤机耗水量

表 A.0.1 国产采煤机耗水量

参考生产能力(Mt/a)	采煤机组总功率(kW)	耗水量(L/min)
8	>1500	400
6	>1000	320
4	>500	235
2	≤500	150

表 A.0.2 进口采煤机耗水量

参考生产能力(Mt/a)	采煤机组总功率(kW)	耗水量(L/min)
8	>1500	520
6	>1000	375
4	>500	230
2	≤500	120

附录 B 井下消防、洒水水质标准

B.0.1 井下消防、洒水及一般设备用水标准见表 B.0.1。

表 B.0.1 井下消防洒水水质标准

序 号	项 目	标 准
1	悬浮物含量	不超过 30mg/L
2	悬浮物粒度	不大于 0.3mm
3	pH 值	6~9
4	大肠菌群	不超过 3个/L

注:滚筒采煤机、掘进机等喷雾用水的水质除符合表中的规定外,其碳酸盐硬度应不超过 3mmol/L(相当于 16.8 德国度)。

B.0.2 高压喷雾用水同国家生活饮用水标准。

B.0.3 特殊设备用水按设备厂家提供的水质标准。

附录 C 各种类型雾化喷嘴的适用场合

表 C.0.1 各种类型雾化喷嘴的适用场合

喷嘴系列名称及型号	锥型实心S	锥型空心K	切向Q	扇形B	多孔D	压气Y	高压G	备注
特点 / 场合	水雾均匀分布于整个雾区	水雾呈圆环,中央无水。用于风速低耗水少,粉尘垂直上升扩散场合	扁平形的射流	覆盖面宽适用于大尘源	水量小,覆盖面宽适用于大尘源	水压大于10MPa		
采煤机内喷雾	○	—	—	○	—	—	—	为机组自带
采煤机外喷雾	○	○	○	○	○	○	○	机组自带或另配
支架喷雾	○	○	○	○	○	○	○	支架自带或另配
放顶煤喷雾	○	○	○	○	○	○	○	设计中配备
掘进机喷雾	○	○	○	○	○	○	○	机组自带或另配
放炮喷雾	○	○	○	○	○	○	○	成套购置或另配
转载点、装岩点	—	○	○	○	○	○	○	设计中配备
翻车机、溜煤眼	—	○	○	○	○	○	○	设计中配备
水幕	○	○	○	○	○	○	○	设计中配备

注:表中"○"代表适用,"—"代表不适用。

附录 D 水喷雾喷嘴参考资料

可供无产品目录的情况下拟定设计参数时参考。

D.0.1 Y 系列压气喷嘴特性见表 D.0.1。

表 D.0.1 Y 系列压气喷嘴特性

型号	扩散角(°)	水流量(L/min)	气流量(L/min)	射程(m)
YA、YB	45	1.77~7.96	54~74	5.0~6.2
YC	105	1.24~2.14	96~112	2.3
YC、YD	120	3.75~11.64	96~168	3.2~2.4
YD	130	8.56~14.86	160~176	3.0
YE	170	6.79~11.76	160~176	4.7
YF	180	6.05~10.47	154~168	3.7

注:表中流量是在 0.1~0.3MPa 水压及 0.3~0.7MPa 气压下的数值。射程是水压为 0.2MPa 时的数值。YA、YB 型为单孔喷嘴,其余型号为多孔喷嘴。

D.0.2 YG 型压气喷嘴,即 YP-1 型喷雾器,多孔。水压 0.3~3.0MPa,耗水量 16~25L/min;气压 0.3~0.7MPa,耗气量 600~1000L/min。

D.0.3 部分标准喷嘴特性分布见图 D.0.3。图中的流量为水压1.0MPa 时的数值。不同水压下的流量可按流量与水压的平方根成正比的规律推算。图中所示各种喷嘴的射程均为 2~3m。

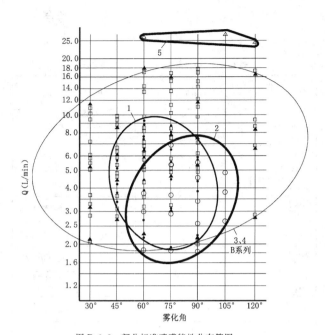

图 D.0.3 部分标准喷嘴特性分布简图

1—K 系列喷嘴(●)分布范围；2—Q 系列喷嘴(○)分布范围；

3—S 系列喷嘴(□)分布范围；4—B 系列喷嘴(▲)分布范围；

5—D 系列喷嘴(△)分布范围

附录F 推荐在井下采用的管道防腐预处理工艺和涂料

表 F.0.1 推荐在井下采用的管道防腐预处理工艺和涂料

条件	工序环节	工艺等级及材料		备注
		最低	最高	
	预处理	St2 级	Sa2 级	
井下水 pH>6	底漆	无机富锌底漆	环氧富锌底漆	1～2 道
	防护涂料	环氧沥青厚浆型防腐涂料		3 道以上
井下水 pH≤6 或 含盐量高	底漆	无机富锌底漆	氯化橡胶富锌底漆	1～2 道
	防护涂料	氯化橡胶系列防腐涂料		3 道以上

注：1 氯化橡胶系列防腐涂料可由其他橡胶类或乙烯类涂料代替。

  2 底漆及涂料除应按表中规定的涂刷道数外还应满足最小厚度的要求。底漆的最小厚度为 30～70μm；漆膜总厚度不应小于 200μm。

附录E 常用管道沿程水头损失计算公式

E.0.1 曼宁公式：

$$i = n^2 \frac{v^2}{R^{4/3}} \tag{E.0.1}$$

式中 i——单位水头损失(m/m)；

  n——管壁粗糙系数，对于钢管可取 0.014，或按表 E.0.1 取值；

  v——水的计算流速(m/s)；

  R——水力半径，水流截面面积除以湿周长(m)；满流圆管为管道计算直径的 1/4。

表 E.0.1 管道粗糙系数及阻力系数

类别 参数	新铸铁管 及焊接钢管	旧铸铁、钢管 全面发生 1～2mm 铁锈	很旧的铸铁管, 发生严重锈蚀	塑料管 或衬塑
n	0.012～0.014	0.014～0.018	0.018	0.009
C	130	100	60～80	140

E.0.2 海森-威廉公式：

$$i = 10.666 \times C^{-1.85} \times d_j^{-4.87} \times Q^{1.85} \tag{E.0.2}$$

式中 C——阻力系数，对于钢管可取 90，或按表 E.0.1 取值；

  d_j——计算管径，按实际内直径计(m)；

  Q——流量(m³/s)。

中华人民共和国国家标准

煤矿井下消防、洒水设计规范

GB 50383-2006

条文说明

1 总　　则

1.0.1　随着煤矿新技术的发展,我国对煤矿井下安全和卫生的要求在不断加强。同时,我国给水工程技术也在不断更新。按新的情况制定一部井下消防、洒水设计规范,对于保证设计质量,促进我国煤矿井下安全、劳动卫生水平的提高是非常有益的。

1.0.2　井下消防、洒水的设计是矿井设计的一部分,其适用的矿井规模范围与现行国家标准《煤炭工业矿井设计规范》GB 50215保持一致。设计规模小于 0.45Mt/a 的矿井或单独设计井下消防、洒水系统时可参照本规范执行。

本规范虽然是一些基本的要求,但毕竟是在新的技术条件下制定的,许多老矿井的井下消防、洒水系统达不到本规范的标准。如果这些矿井的井下消防、洒水系统有条件进行改造,也应按本规范规定的原则进行。

井下消防、洒水指的是用于井下灭火、防尘、冲洗巷道、设备冷却、混凝土施工等用途的供水系统及其功能;黄泥灌浆系统、乳化液系统及水砂充填系统等井下用水设施与上述井下消防、洒水的功能、性质不同,不可能或不宜由一个系统实现,故不包括在井下消防、洒水范围之内。若确实存在着利用井下消防、洒水系统供水比较合适的不常见的功能或用水项,例如,井下降温给水或地层减压注水等,不妨纳入统一系统设计。但这种情况应在工程的名称上加以额外说明。例如"井下消防、洒水及降温给水系统"等。但本规范的内容并不涉及非常规用水项的设计标准问题。设计这部分内容时应依据另外的相关标准。

很明显,井下不用水的防火、灭火和防尘措施均不属于消防、洒水系统的功能和本规范所应涉及的内容。

1.0.3　煤矿井下消防、洒水系统是现代矿井中不可缺少的一部分。国内外资料证明:在井下外因火灾的灭火、工作面和巷道的防尘等工作中,井下消防、洒水系统起着无法取代的作用。《煤矿安全规程》《矿山井巷工程施工及验收规范》GBJ 213 等标准中对煤矿井下防尘、灭火供水设施的要求均有若干强制性的规定。

由于我国煤矿井下机械化、电气化程度的大幅度提高,井下因电器升温、漏油以及机械装置的运动部件与接触到的物体摩擦生热造成起火的几率也大大提高。据统计,全国重点煤矿在一年中较大的外因火灾约 20 次。其中一些煤矿由于及时动用了井下消防、洒水系统,火被迅速扑灭。但也不乏因给水系统不能发挥作用,火灾扩大,造成人员和财产损失惨重的例子。根据美国国家消防协会 NFPA 的资料,1970 年以前,美国全国各煤矿井下延时半小时以上火灾的统计资料平均每年也为 20 次左右。由于技术的改进,20 世纪 70 年代以后这个数字稳定为每年 10 次。在美国国家消防协会为井下防、灭火而制定的《烟煤矿井井下防、灭火标准》NFPA 123 中对井下供水系统设计和管理的规定占了大量的篇幅。

几十年来,我国煤矿井下防尘工作取得了很大的成绩。井下工人从开始接尘到发现尘肺病的"平均患病期"在 20 世纪 50 年代为 16 年,到 20 世纪 90 年代延长到 26～27 年。然而最近 10 多年来,采煤综合机械化发展迅速,大功率机械对煤体的切割和磨削、煤的输送机械相对于气流的高速运行等现象的影响在扩大,这就使井下的产尘量,特别是呼吸性粉尘的产尘量显著增加。这种情况给井下防尘工作提出了新的挑战。如果不加强防尘工作的力度,井下工人尘肺病的患病率就有反弹的危险。

国外资料表明:最近一二十年中,发达国家的长壁采煤工作面在产量突飞猛进的同时,也为产尘量的增加和空气中含尘量的超标问题所困扰。国外研究和实践的结论认为:切实地搞好井下洒水系统仍是诸多技术措施中的最佳选择。

同时,搞好防尘工作对于防止井下煤尘爆炸事故也是至关重要的。

1.0.4　本条强调要按规定标准来设计井下消防、洒水系统。轻视井下消防、洒水系统的意义,降低标准、遗漏某些重要环节或不能提供充分发挥系统功能的条件,都是不符合保证煤矿井下安全生产、改善井下劳动卫生条件的宗旨的。但只有经济合理的设计才能顺利实施,故设计在考虑技术先进的同时也必须考虑在可能的情况下降低建设费用、节约使用成本。

1.0.5　井下消防、洒水系统与矿井设计同时设计才能有效实现设计优化,而且三同时也是矿井实现安全生产和劳动卫生的保障之一。

1.0.6　井下消防、洒水系统是整个矿井生产系统的一个子系统。它与矿井的其他部分密切相关。各专业之间必须互相协调、整体优化,实现安全、文明、卫生地进行煤炭生产的共同目的。

2　术语、符号

2.1　术　　语

2.1.1　"井下消防、洒水"是一个沿用多年的名词,它的含义对于专业人员是明确的。但由于煤矿多年来的发展变化,目前确实存在一些容易混淆的因素。特别是对于"洒水"概念的内涵容易从字面描述的形象上理解,把"洒水"一词理解为水的低压喷淋。目前井下防尘用水主要是水压较高的"喷雾"以及"煤层注水"、"湿式凿岩"等;又如混凝土施工及设备冷却用水等用水项和"洒水"一词也不能从文字上直接联系在一起。可以说除了用水量所占比例较小的冲洗巷道和湿润煤壁外,现在煤矿井下基本上找不到其他形象与文字符合的"洒水"功能。但考虑到在一个系统名称中把所有井下用水的内容依次罗列,无论如何是太繁琐了,不如用"洒水"一词对它们进行概括。

除了洒水概念的内涵外,对是否有必要扩大"洒水"这一概念的外延,把一般矿井设计的洒水系统中不经常出现的功能包括进来,这一点也是有不同的意见,但这方面的意见较分散,难以统一。根据沿袭已有名称和尽量简洁的原则,仍维持其传统的意义。

2.1.8　地面工程中属于固定灭火系统的还有水喷雾灭火系统、卤代烷灭火系统、二氧化碳灭火系统、蒸汽灭火系统等。因目前井下未见使用,故未列入术语的解释中,但并不排斥今后的使用。

2.1.16　由于水在静止时没有管道阻力损失,井下管道水压达到可能出现的最大压力。在井下所有用水设备停止运行或关闭井下管道闸门时就会出现静水压力。

42

2.2 符 号

工程实践中常用的水力计算经验公式多采用水流对横断面面积的平均流速计算，故均称为"平均流速公式"。符号 v 所代表的计算流速即为水在管道内对横断面面积的平均流速。

3 水量、水压、水质

3.1 水 量

3.1.1 考虑到井下发生火灾时，井下洒水的很大一部分用水点来不及关闭，在一段时间内仍然消耗系统的水量。而且初期灭火的一段时间内，井下未发生火灾的工作面很难实现立即停止工作。为保障供水，系统应考虑井下洒水和灭火用水的全部用水量。

3.1.2 本条各款的说明分述于下：

1 《煤炭工业矿井设计规范》GB 50215 第 19.4.7 条规定"井下消防用水量可为 5L/s，每个消火栓的计算流量可为 2.5L/s。当有其他消防用水设备时，应计入相应的用水量"。除了消火栓用水之外，按《煤矿安全规程》规定和国内外实践经验，井下还可能要采用水喷雾隔火装置、胶带输送机自动灭火等固定灭火装置，故井下消防用水总量在消火栓用水之外还有其他用水。

美国国家消防协会《烟煤矿井井下防、灭火标准》NFPA 123 规定："矿井供水系统必须能够供给 24h 的软管水流所需水量和 2h 喷嘴用水量两者中的大者"，并不要求这两项的叠加。但根据该标准条文中各种内容的分量可知：在美国喷嘴是井下防火、灭火的主要装备。如果喷嘴，即固定灭火装置发挥作用，则软管，即消火栓一般就不会动用。而我国煤矿井下的固定灭火装置尚未普及，只能在某些局部重要位置起作用，不能用它完全代替消火栓。消火栓与固定灭火装置同时使用的可能性不能排除。另外，24h 的使用时间远远大于我国规定的火灾延续时间。如果我们在时间上取了小的指标，两种用水又不同时考虑，结果就可能偏于不合理了。故规定总消防用水量为各种消防用水量之和。

2 根据煤炭工业部(88)煤安字第 237 号文颁发的《矿井防灭火规范》第 24 条规定，灭火供水系统"……保证送到用水点时，管中水量不小于 0.6m³/min"。这个水量折合 10L/s，按每个 DN50 消火栓出水 2.5L/s 计，约为 4 个消火栓的水量。

NFPA 123 标准规定："所有矿井的供水系统必须满足同时供给 3 个软管水流，每个水流的流量为最小 3.2 L/s"。合计为 9.6 L/s。与上述《矿井防灭火规范》的规定相差不大。应注意，《矿井防灭火规范》实际并没有规定消火栓的使用个数。

但这两个要求与 1 款中的《煤炭工业矿井设计规范》第 19.4.7 条规定的 5L/s 有些差距。调查表明：井下所设消防给水设施主要对井下外因火灾初期灭火起作用。消火栓具有灵活、方便的优点。对于已扩大的火灾，给水系统提供巷道冷却用水。总之，消火栓给水是极其重要的，但根据目前的经验，使用水枪的两股水柱已满足使用要求。为以防万一，设计中考虑留出富余是应该的，故要求按 3 个消火栓同时工作进行设计。一次灭火需要动用的消火栓数量与矿井规模、火灾危险性的关系复杂，难以定量，且牵涉水量有限。为供水安全和设计操作方便，确定一个固定的数值。

火灾延续时间在设计中主要用于计算消防储备水量。《建筑设计防火规范》GBJ 16 规定的地面消防各种情况的火灾延续时间中最大为 6h。调查中，井下火灾的用水时间有达到 7～8h 的，但到这个时候矿井各工作面均已停止耗用日常洒水水量，单独消防用水量即使没有储备也能由水源及供水系统来保证。故仍按火灾延时 6h 的要求考虑消防储备水量。

3 煤炭科学总院重庆分院研制的 KHJ-1 型火灾监控系统及自动灭火装置，可用于井下瓦斯环境中的胶带输送机及巷道的其他外因火灾进行喷雾灭火，水流量>20m³/h。该院研制的 WPZ-1 型胶带输送机自动防灭火装置供水总流量为 27m³/h，可保护机头前后共 16m 的范围。

固定灭火系统的保护对象是各不相同的。根据试验取得水量参数是唯一的方法。对于已有较完善资料的装置是可以参考的，但目前国内资料还比较缺乏。有关的国外资料可见本规范第 6.1.9 条的条文说明。

关于固定灭火装置每次灭火的使用时间，NFPA 123 标准的规定取 2h，目前仍沿用。

4 由于消防储备水池平时存有足够的用水，消防用水的发生不是经常性的，连续两天各发生一次火灾的几率更小。水池以上供水设施应按要求满足对水池的及时补充就行了，不必满足消防用水量发生时能同步供应最大用水量的能力。按《建筑设计防火规范》GBJ 16 的规定，消防水池的补水时间不超过 48h，目前仍然沿用。

3.1.3 以往和现行的矿井设计规范中都没有严格规定井下洒水用水量的计算方法。但一般理解这些规范制定时的思路是运用国内外一些除尘设计手册中提出的如下计算公式：

$$Q = K_1 K_2 K_3 \sum n_i q_i b_i \qquad (1)$$

式中 K_1、K_2、K_3——考虑到不均衡、漏损、不可预见用水的系数；

n_i、q_i、b_i——某种用水器材或设备的台数、此种器材或设备的额定流量及同时使用系数。

这种方法的实质是考虑了同时使用系数的累加法。可以认为这种方法目前主要存在如下问题：

1）该方法只适用于炮采、普掘的情况。而机采、机掘及机械化运输系统的设备连续工作时间较长，根本不可能错开使用，大多数用水项的同时使用系数等于 1。例如，煤层注水、采掘机组和各处的喷雾除尘每班 8h 的实际工作时间超过 4h，且各采区及工作面上班、开机基本同步，同时工作是不可避免的。

对于普掘、炮采的场合，在一个工作面有两台湿式凿岩机的极普通情况下，80% 的同时使用系数也没有确切的物理意义。对于总数超过 5 台是有意义的，但意义不大。同时使用系数在现在的条件下是否仍为 80% 很难用资料印证。这一同时使用系数值只出现于以前的规范,现行国家标准《煤炭工业矿井设计规范》GB 50215则未推荐这一参数。同时使用系数是一个统计数字。只有在数量相当大的事件中才有稳定的几率。从发展趋势看,井下洒水的用水量越来越集中在井下的几个用水大户上。而单位数量较多的小户在用水量上占的分量很少。从这一特性看,采用统一的不均匀系数是不合适的。

2)一些在同一用水点的接续工序必须在一个工作停下来的时候才能开始另一个工作。例如,湿式凿眼与放炮喷雾,它们是绝对错开的,同时使用系数取多少都不合适。

3)给水系统的设计需要两种不同的关于水量的概念。其一是反映一天中用水总量的"日用水量",用以确定水源工程规模及储备水池以前的输水工程各环节的工程量。另一个是反映在系统中某一部分(也可以是整个系统)某一时刻可能出现的用水强度,即"最大小时水量"或"秒流量",用以确定给水加压水泵及配水系统各个环节的规格。在现行国家标准《室外给水设计规范》GB 50013及《建筑给水排水设计规范》GB 50015中规定用人数或生产规模按用水定额来计算日用水量,而用不均匀系数来建立日平均流量与最大小时流量之间的关系。对于实现这两个不同目的的区别是很清楚的。对于室内配水管道中计算流量的确定,则采用经验公式用卫生器具的当量数来计算,其研究工作则更加深入。而计算井下消防、洒水水量原来的方法中的同时使用系数,并未考虑单位时间用水量在一日中的变化。而矿井井下一日的几个工作班中有生产班和准备班之分,用水强度相差很远。一个班中由于不同工序轮流出场,用水量也是不均匀的。把计算出的用水量当做最大小时流量来推算全日耗水量时按全天或整班计算都与实际有较大差距。在多年的运用中,工作时间取值的问题始终存在着争议,有待统一。

4)以往的设计规范中提供的关于井下洒水水量的参数不够用。例如《煤矿安全规程》规定必须进行的煤层注水等项并没有提及。这些有必要在本规范中加以补充。

根据以上情况,本规范提供的计算方法是一种更简单的累加法。不考虑同时使用系数,但在计算日用水量时考虑了每种用水项使用的时间,先按各用水项的流量和一天中的使用时间计各项自己日用水量;各用水项日用水量的累加即为总日用水量。

掌握了各用水项的用水特点,就不难算出各用水点的最大用水量。把它作为各点的节点流量,就可以按管网的计算规则把整个配水系统总的及各个分支管道的计算流量计算出来。这一部分的规定详见本规范第7.1节。

在考虑范围大,用水点特别多的场合,少数用水量较小的用水项,如湿式凿岩等在不同的用水点之间使用时间是有可能错开的,也就是说存在着同时使用系数的问题。这样按本规范计算的结果就会使计算的结果大于实际流量。但因为:

(1)这些用水项对于大型矿井所占分量极小。

(2)对于小型矿井,由于井下洒水用水量本来就很小,且存在同时用水发生的机会,故相差的量是很有限的,并偏于保险。既然同时使用系数意义不大,又很难确定它的准确值,故不再采用。

由于采用了上述计算方法算出了可能的最大用水量,用水量不均衡系数就没有意义了。本规范把漏损系数和未预见用水系数合并为富余系数 K,以简化公式。1992年煤炭科学总院重庆分院主编的《煤矿安全手册》第三篇"矿井粉尘防治"及1979年苏联斯柯钦斯基矿业研究所编写的《煤尘防尘手册》等资料,推荐 K_2、K_3 均为 $1.1\sim1.2$。理论上两系数上限与下限自乘后应为 $1.21\sim1.44$。考虑到这样算得的上下限是极端的情况,而按极端的情况进行设计是不合理的。规范取 $1.25\sim1.35$,供设计者根据遇到的情况选用。大型矿井或井下条件较好时选小值,反之则取大值。

关于井下用水量与矿井规模的关系,调查中了解到:由于矿井的地质条件、采煤方法、设备及效率的不同,井下洒水的用水量 (m^3/d) 与产量 $(10kt/a)$ 的比值约为 $3\sim10$,相差悬殊,难以给出合适的概算指数。只有做大量的工作对矿井进行分类才能接近实际。故在设计中根据设计细节进行计算是必要的。

3.1.4 《煤矿安全规程》(2004年)第一百五十四条(二)款规定:"采煤工作面应采取煤层注水防尘措施……"。但同时规定了几种情况不在应采用煤层注水措施的范围内。这些情况包括围岩易于吸水膨胀、煤层薄、原有自然水分较高、煤层孔隙率低、煤层松软、分层开采的上分层采空区采取灌水措施煤层的下一分层等。主要考虑的是注水后煤层稳定与否、注水的难易程度、注水的副作用和必要性等问题。本条所提及的水量只涉及按规定应该进行煤层注水的矿井。

煤层注水的用水量与煤的硬度、孔隙率、煤层压力、采煤方法、工作面规模、注水钻孔规格及注水方法等情况都有关,是比较复杂的,只有现场试验才能得到准确的数据。但设计经常要在有条件进行试验之前完成,故本条提出根据需要湿润的煤体量估算水量的方法。根据国内外的有关资料,吨煤注水量在 $10\sim45L$。这虽是实际发生的情况,但范围太大,设计者无从选择。实际上超过35L的情况是不多见的,而小于20L时设计稍大并无大的缺点。取 $20\sim35L$ 与大多数情况吻合。故在本条执行中可能有三种情况:

1)完全无资料,则取35L;

2)有证据说明注水量小,但无确切的数据,则取20L或 $20\sim35L$ 之间的数值;

3)有确切的资料,可按资料取值,不受推荐数字的限制。

有关标准和资料表明煤层含水量4%为能达到防尘目的的最佳含水率,故注水使含水率达到4%为最理想的情况。因此可采用如下公式来估算煤层注水的用水量:

$$Q=KG(W_2-W_1) \qquad (2)$$

式中 Q——煤层注水耗水量 (m^3/d);

K——由于顶、底板及围岩损失、渗漏、润湿以及注水孔流失的水量增加系数,采用 $1.5\sim2.0$;

G——原煤日产量 (t/d);

W_1——原煤含水率 $(\%)$;

W_2——注水后要求煤体的最终含水率,一般取 0.04。

对于动压注水,一般由采矿设计根据条件选定了注水泵,这就限制了水量的大致范围。洒水系统设计时即可按注水泵的额定流量考虑。

调查中,各矿注水时间各不相同。本条按扣除一个班清理检修外的全部时间考虑。这是因为注水速度一般都较慢,不充分利用时间就不可能使注水量达到要求。在调研中没有见到直接在工作面注水的实例,但资料中是有的。考虑到在工作面注水与采煤交错作业的困难,按一个班的时间较合理。

3.1.5 本条根据调查结果和有关资料中的下列事实提出采掘工作面的洒水用水量参数:

1)采煤机组的内外喷雾要求水压较高 $(4\sim7MPa)$,一般均需要对从系统引来的水进行再加压。专为机组内外喷雾及机械冷却供水用的喷雾泵站有现成的系列产品,它们的额定流量分别为80L/min、120L/min。

2)现采用的称为"高压喷雾"的新技术一般仍从喷雾站水泵出水接管,通过机载泵再把水压提高至 $12\sim15MPa$。高压喷嘴开孔很小,雾化好但水量并不大。这项技术的应用取代原机组的外喷雾,机组总用水量略有减少。

3)综采工作面除机组用水外还要进行支架的喷雾,以消除移架产生的粉尘。综放工作面在放煤时还要在放煤口进行喷雾降尘。这些都是靠专门设置的喷嘴进行工作的。在综放工作面机组采煤和放顶煤的关系一般为采二刀放一道,偶有采一刀放一道的。

4)炮采及普掘有湿式打眼、水炮泥填塞、冲洗巷帮、放炮喷雾、装岩或装煤洒水等用水工序。它们都是前后接续,不同时进行。

条文中按每天平均工作16h中打眼工作占1/2时间,装药、放

42

炮、清理工作面占 1/2 的时间考虑。

冲洗巷壁及水炮泥等项用水量很小，按工作面给水栓用水处理可以简化计算。

5）对于国内采煤机，一天中的实际开机率在 30％左右，较大的为 40％。对于引进机组或矿井条件特殊的机组开机率有超过 50％的信息，但不具普遍意义。如遇能够长时期维持这种高开机率的情况，则可根据实际资料采用较长的用水项目工作时间。

6）有的矿区按煤炭生产量计算工作面的洒水用水强度，其指标为 20～30L/min·t。考虑到不同矿井洒水工作的内容出入较大，所需的水量是否接近实际无法简单定论，上述指标的上下限值如何选择比较困难，故暂不列入条文。这个指标可作为参考和比较。

3.1.6 各个洒水降尘的用水点情况各异，安装喷嘴的型号及数量各不相同。例如，同样是巷道水幕，巷道的断面大小不同其用水量可能差一倍。除了有定型的成套除尘设施外，只有以喷嘴为单元计算水量才能接近实际。

3.1.7、3.1.8 井下混凝土施工主要为掘进巷道的砌碹及喷浆等，需要供水系统提供制备混凝土或水泥砂浆的用水。

关于冲洗巷道，中国统配煤矿总公司（90）中煤安字第 171 号文颁发的生产质量标准中规定："……冲洗周期按煤尘的沉积强度决定，在距尘源 30m 范围内沉积强度大的地点应每班或每日冲洗一次；距尘源较远，或沉积强度小的巷道可几天或一周冲洗一次，运输大巷可半月冲洗一次。"根据这个规定，并按正常工作效率每小时冲洗巷道 25～30m 匡算出巷道给水栓使用率如条文。

给水栓的工作时间，混凝土设备按两个班，冲洗巷道按一个班，均扣除必要的间歇时间。两项的工作流量均按 DN25 给水栓的正常出水流量作为指标。冲洗巷道用水一般使用软管较长，阻力较大，且经常压扁软管出口限制流量，故指标取值略低。

考虑到工作面在爆破、装岩、喷浆及装煤前需要洒水或冲洗湿润巷帮，在用水设备之外专门给出在工作面使用给水栓的水量。

3.2 水 压

3.2.1 调查及资料都说明喷嘴的雾化效果与水的压力密切相关。"高压喷雾"（压力 12～20MPa）是正在发展的新技术，要靠专门的加压泵及喷嘴来实现，水压无需系统直接提供。普通标准喷嘴的喷雾必须在水压达到 1.0MPa 以上时才能有较好的除尘效果。有采用 1.5～3MPa 的，则效果更佳。设计应在允许的条件下使系统提供合适的实用水压，其他水压标准采用现行《煤矿安全规程》及《煤炭工业矿井设计规范》GB 50215 的规定值。

3.2.2 以 100m 长、DN50 水龙带的水力损失与产生 10m 密集水柱的孔径 13mm 水枪所需水头之和换算的压力约为 0.3 MPa。美国国家消防协会 NFPA 123 标准规定为"通过预期最长软管后至少为 0.35MPa"，这个要求与上述计算结果相比有些过高。可能是美国要求的密集水柱长度较高。根据我国情况，条文按消火栓处 0.35MPa 水压要求。

在水压超过 0.5 MPa 或更高时，灭火人员可能承受不住水枪的反作用力，操作困难。据此，条文中沿用地面建筑消防设计标准中规定的消火栓水压限值。

3.2.3 矿井经常可以利用地面对井下的高差形成很高的静压。为了充分利用静压，设计总是希望能尽量保持管道中的水压。但对于长距离管道保持高压，人们不得不在减少加压环节的利益与增加管道强度的代价之间作舍。调查中发现压力过高的管道故障率明显增高，维修频繁。高压阀件质量不合格也是造成故障的因素，适当控制压力肯定对减少故障是有益的。条文中提出的限制压力值是根据调查中现场出现的管道承压情况提出的。

3.3 水 质

3.3.1 井下消防、洒水水质标准是个备受争议的问题。其原因一是高压喷雾和采掘机组对水质的要求与消防、冲洗巷道、施工用水等项的水质要求相差太大。二是由于水处理成本的压力。

过去规定的水质标准为：悬浮物含量不超过 150mg/L；悬浮物粒度不大于 0.3mm；pH 值 6～9；大肠菌群不超过 3 个/L。另外考虑到内喷雾水的结垢问题，滚筒采煤机、掘进机等喷雾用水要求水的碳酸盐硬度不超过 3mmol/L（相当于 16.8 德国度）。

原行业标准考虑到了为了满足悬浮物粒度的要求就必须对一般原水进行混凝沉淀，而经过混凝沉淀后悬浮物含量不会仍保持150mg/L 之高，故将悬浮物含量指标修改为 30mg/L。而将高压喷雾的高水质要求留给在设备前安装过滤器来解决，于是产生附录 B 中表 B.0.1 的水质标准。现在对于很多场合仍然适用。

但过滤器清洗频繁对工作不利，一些设计院已将过滤工艺用于井下用水的常规净水工艺，这样就使出水水质实际达到国家生活饮用水水质标准。这样对于井下喷雾十分有利，故对于高压喷雾的用水点较多的场合推荐直接采用国家生活饮用水标准。

最近信息，国外采煤机厂家提出超乎寻常的高水质要求。要求大肠菌和粪大肠菌均为零，对水中电解质含量要求也很严格，超过饮用水的标准，一般净水工艺是做不到的。特殊的情况就应该特殊对待。

4 水源及水处理

4.1 水源选择

4.1.1 本条意在强调打开思路，不拘一格地充分利用现有水源条件。但同时也要坚持水源设计的基本原则。

4.1.2 本规范采用《室外给水设计规范》GB 50013 关于枯水流量保证率的规定。根据概率的规律，在存在多个水源时，全部水量的保证率并不增加，但供水的适应性增加了。也就是说维持一部分水量的保证率可提高很多，对于煤矿生产很有利，其中某个水源自己的保证率要求可适当降低。对于井下消防、洒水，不经处理就能满足水质要求的情况确实存在，有利于节省建设费用并使管理简单化，故条文中提及。

4.1.3 国家各项政策规定的目的是引导各企业努力做好节约水资源和保护环境的工作。煤矿水源开发既要按照经济规律办事，也要符合国家和人民的长远利益。故应全面按照国家的政策规定做工作。在水源方案的经济技术比较中应计入各种水源的取水及水处理全部成本，分质供水增加的供水系统工程量。取水成本应包括水资源费。利用井下排水时应计入因利用了井下水而避免的井下水不经处理排入天然水体需交纳的排放费。

4.1.4 根据有限资料而做的水文地质研究所掌握的地下情况存在一定的偶然性。煤田地质报告的水文地质部分主要从矿井安全出发，计算涌水量取值趋于偏大。对水源取水量来说则非常不利，故在水量值没有实测资料，只有推导得出的数据时，对这个数据多打一些折扣才能可靠。在井下水利用为主要水源的情况下，建议取用煤田地质报告推算量的 30％～50％作为矿井设计前期工作采用的可取水量。

在环境要求矿井的污水处理程度较高时,进一步处理利用就有了条件。与建筑中水利用相似,在水资源缺乏的地方肯定是有意义的。已有的实例:如神华集团公司大柳塔矿井、兖州矿业集团公司东滩矿井正在实施污水处理复用的工程。考虑到污水回用的工作刚刚开始,经验不足,不少人尚存有疑虑,故未纳入条文。

4.2 水源工程

4.2.2 井下水源的可靠性、安全性和经济合理性主要由下列条件提供:

1)可靠性。

①水文地质条件好,水源储量充足;

②不需要动力或动力有保障;

③有可靠的备用水源。

2)安全性。主要指的是对矿井的安全是否造成影响。由水文地质条件、设计合理及施工方法正确来保证。详见第4.2.3条的说明。

3)经济合理性。主要体现在与地面水源相比有如下优点:

①节省动力消耗;

②减少管道工程量;

③对水资源的充分利用。

虽然很多矿井能满足以上大部分条件,另一些矿井却可能完全不具备条件,必须分析具体的情况才能确定开发井下水源是否合理。

4.2.3 井下水源含水层水压较大时,矿井生产和井下设施本身就受到地下水的威胁。矿井因未探明的地质因素或偶然的人为因素造成透水,从而淹没巷道造成巨大损失的事例是很多的。但因井下开发水源造成事故的还未见到。这正是由于人们知道关系重大,因而采取了周密慎重的措施的结果。设计中必须坚持这样做。井下对承压较大的含水层打钻,应执行现行国家标准《矿山井巷工程施工及验收规范》GBJ 213 第 6.5.4 条、第 6.5.6 条的规定,即:"预计水压较大的地区,在正式探水钻进前,必须先安装好孔口管、三通、阀门、水压表等。钻孔内的水压过大时,尚应采用反压和防喷装置钻进,并采取防止孔口管和岩壁、矿石壁突然鼓出的措施。

在探放水钻孔施工前,必须考虑邻近施工巷道的作业安全,应预先布置避灾路线"。

上述规定已列入国家《工程建设标准强制性条文》。

4.2.4 井下水源工程及设备硐室必须布置在稳定的岩层内,并结合井下巷道及设备布置统一考虑。与熟悉井下地质和巷道系统的有关专业结合是很必要的。在井下开拓时一般会发现一些地质勘探中没有掌握的新情况,井下水源工程实施前必须根据情况核对并调整设计。

4.2.6 据调查,一些矿井的井下涌水水质很好,甚至可以达到饮用水标准。这些矿井在取用时采取了保护措施。本条文中规定的就是其中的一些主要保护措施。在这里列出是为了向设计者强调在工程布置和工程量上给予合理安排。

4.3 水 处 理

4.3.1 调查中,井下水处理厂的管理者反映:对于由设计院进行完整设计的水处理构筑物,其运行参数与地表水水处理基本一致;而外购的一元化净水器却有不少达不到标定的出水能力,有的只能出70%的水。故对此类设备应校核其尺寸,并留出一定的富余量。但目前的调查是有限的,井下水的情况毕竟与地面有所不同。故条文中规定对地面水净化参数的使用为"参照",设计者应注意各个具体场合的特殊情况。

矿井地面水源和煤矿地面建筑排水都没有多大的特殊性。水处理主要是去除水中的悬浮固体、降解有机物和消毒杀菌。水处理工程设计的一般原则是共同的,故不重复。

水处理工程的出水可能不完全回用于井下,部分出水可能用

于别处或排放。对于多种要求的处理如何做到经济合理是具体设计考虑的问题。但本规范涉及内容不特殊,故不赘述。

4.3.2 水处理设施设在地面或井下各有利弊,且均有实例,其优劣不能一概而论。一般来说,地面设置工程造价低、管理方便;而井下设置则便于污泥处置、减轻管道磨损、节省占用土地并不会影响地面环境。处理后直接用于井下则在井下处理可节省提升用电。总之,应根据具体情况确定。

利用酸性的井下水,必须对水进行处理以减少酸性水对管道和设备的腐蚀。在缺水的地方,一些矿井对高矿化度的井下水进行除盐,供给矿井的生活用水。虽然还未见到对井下消防、洒水用水进行中和或除盐的例子,但将来出现这种需要的可能性还是存在的,故在条文中列出。

4.3.3 井下水处理站布置在岩石或煤层的硐室中,能利用的空间有限,且井下硐室工程耗资大,在可能的条件下应尽量节省工程量。本条提醒设计时注意井下工程的这些特点,防止出现布置松散或不便操作的两种偏差。

5 给 水 系 统

5.1 系 统 选 择

5.1.1 为节省造价,一般宜采用合一的供水系统。不同功能水压或水质要求相差较大时可采用:高压主系统在必要的分支上减压或低压主系统的支管上再加压;统一优质水系统或普通水质主系统引水再处理等方法。但对于上述方法难以实现或太不经济时可采用分压、分质系统。

5.1.2 静压供水稳定、节能、保证率高。凡有利用静压的条件或可以采取措施创造条件利用静压时就要尽量利用静压,而在确实无条件时用动压系统来满足要求。这是井下消防、洒水系统的一般设计原则。

5.1.3 不同系统间建立联系是为了提高供水的保证率。但保护优良水质不受污染的意义也非常大。本条规定是要求设计者做好全面考虑和周密的安排。防止逆流污染的问题,在发达国家很受重视,有很多立法和专门技术。从我国国情看,由于水资源并不宽裕,也应在给水系统可靠性及防止污染上提出更高的要求,在技术上多做些工作。

5.2 水池、蓄水仓

5.2.1 按《煤矿安全规程》要求,矿井必须有设于地面的储水池。为了系统运行方便、节省电耗以及水压分布合理,设置井下蓄水仓在很多情况下也是需要的。但井下条件复杂,蓄水仓功能的可靠性不如地面水池。故一般井下蓄水仓只起辅助作用,不能完全取代地面水池。

给水工程设计中有三种方法提高供水系统的可靠性:

1)选用高质量的设备和材料,以增加系统每个元素的可靠性;

2)设置备用设备,如备用水源、备用泵、双电源、双管输水及环状管网等;

3)设置储备,以备发生故障时提供水量。

其中第三种方法在大多数场合都是重要的。特别是在火灾发生时动力供应难以保证的情况下,储备水量更显得可靠。因井下条件复杂,一般井下各种设施的可靠性比地面的同类设施差得多,故地面水池确实可以起到以防万一的保险作用。《煤矿安全规程》中关于设置地面水池的规定对于在井下已有供水设施的矿井来说,就应该这样理解。

关于地面水池设置,有关标准的要求明确,一般情况下它的意义也是明显的。特殊情况是:有些矿井井下钻眼取用承压的地下水,水从钻孔中可直接靠含水层原有水压通过管道送到用水点使用。这种水源不易受损,不用电源动力、水量及水压充足而稳定,它的供水可靠性大于地面水池。在这种情况下是否仍必须设置地面水池确有不同的看法。美国消防协会 NFPA 123 标准规定:"配水管线必须延伸到每一个工区。例外的是,在井下火灾时动力供应不受干扰的情况下,从合适的矿井井下供水(水源)引出管道是允许的"。上述承压管井的情况属于用可靠性更大的供水设施代替地面消防水池,不应该算作违反规定。

设立井下蓄水仓的场合有如下几种情况:

1)提供距用水点较近的井下储备水量;

2)提供井下供水系统的调节容量;

3)减压。

以上目的都是为了提高系统运行的稳定、可靠、方便及节能。在采用其他技术或设施也能达到目的的情况下则不必设蓄水仓。但目前显然不能完全排除在某种情况下为井下消防、洒水系统设置井下蓄水仓的必要性。故明确列入条文。

5.2.2 按本规范第 3 章规定的消火栓用水流量 7.5 L/s 及火灾历时 6h 计算的用水量为 162m³;按目前国内已有的设备,一套胶带输送机灭火装置 2h 用水量为 54m³;两项合计为 216m³。《煤矿安全规程》规定的 200m³ 最小消防储备水量与此数十分接近,故本规范也照此规定消防水池最小容积。但 200m³ 的储量在目前已经不能满足全部消防用水量,井下还可能有用水量更大的固定灭火设备。故虽然规范有 200m³ 的消防储备下限,但未规定消防储备的上限,在必要时还是储备能满足一次火灾的全部消防用水量为妥。

美国国家消防协会 NFPA 123 标准中未明确规定矿井的消防储备水量,只是规定了矿井供水系统必须能够供给井下灭火所需的总水量。按该标准计算这个水量为 817.56m³。这个水量是按 24h 消火栓灭火用水量或 2h 的固定灭火设备用水量。这个水量应由消防储备和充足可靠的供水水源共同供给。但已有的储备水比临时取水具有更高的可靠性。为偶然使用的消防需求扩大水源也是不合理的。美国的矿井也肯定需要有相当的储备水量。

本条规定中日常洒水所需的调节容积是参考现行国家标准《室外给水设计规范》GB 50013 中关于泵站调节水池容量的规定以及《建筑设计防火规范》GB 50016 中关于水箱储水容量的规定确定的。

5.2.3 《煤矿安全规程》规定:"地面的消防水池必须经常保持不少于 200m³ 的水量。如果消防用水同生产、生活用水共用同一水池,应有确保消防用水的措施"。在现行国家标准《建筑设计防火规范》GB 50016 中对地面给水系统的消防储备水池也有类似的规定。

在合用的水池中确保消防存储量的技术措施有:

1)水池中设置与消防储备水分开的日用调节水的隔间;

2)将日用出水管的标高设于消防储备水位上限以上;

3)设水位探头和电控装置在水位降到消防储备限时令日用出水阀关闭等。

几种方法各有优缺点。效果如何还是取决于管理人员的实际操作。相比之下,单独设置由切换阀门控制的专用消防储备水池是缺点较少的方法。对于大型矿井更应这样做。

5.2.4 按本规范第 5.2.2 条,为了保证消防储备水量平时不被动用,消防储备水池或合建的水池的消防储备部分的出水口与井下管道系统之间平时一般由阀门截断。这样发生火灾时就需要进行阀门的切换。由于地面水池至井下的距离较远,传递信号和操作阀门需要一定的时间。这种情况下,在蓄水仓中储存部分消防用水对于提高灭火效率的作用是明显的。类似于地面建筑的初期灭火用水的储备。故参考地面规范作出有条件时在井下蓄水仓中储备部分消防用水的规定。

5.3 加压、减压

5.3.3 本条根据加压设备的规模及是否需要进行频繁的移动对其方式作出大致的规定,以便按各自的条件采用完整的或简易的加压系统。

5.3.4、5.3.5 井下使用给水减压阀已经比较成熟,但考虑到在特定的条件下采用水池或水箱减压也有避免复杂阀件的维护及兼有调节功能等可取之处,故在条文中列入,并根据常规做法对水箱设计的一般要求作出规定。

5.3.6 第 3 章作了允许高压管道压力上限的规定。本条对在高压管道上连接给水栓及消火栓时的减压措施按水压高出的程度分简易的和完善的两种选择。因井下需减压的用水点可能很多,全部采用完善的减压阀花费较大。调查中遇到高压干管上接给水栓的情况多以阀门的开启程度进行调节的简易方法。这种方法存在着使用不方便和加快阀门损坏的问题。故把孔板减压作为简易的方法纳入规定,同时限定使用范围。

5.3.7 根据目前煤矿井下消防、洒水系统上采用减压阀的情况和一些设计者的经验提出本条并说明如下:

1 用于井下的比例式减压阀已经研制成功,对于动压和静压的各种场合均能使用。阀的标定工作压力表明阀体的强度能适应上游的最大水压力;而减压比例则说明在上游一定的压力下阀后水压的大小。在较复杂的情况下要实现型号选择和位置正确无误,可能需要按静水时、最大用水时及消防用水时的不同流量作几种水力验算。

2 减压阀前的过滤器用于截留水中的固体颗粒。一般采用便于清洗滤网的 Y 型或 N 型管道过滤器。

3 比例式减压阀竖直安装有利于延长使用寿命,而可调式减压阀则适于水平安装。

4～7 减压阀设并联减压阀及两端的检修阀是为了在减压阀检修时不停止工作,以此提高供水的可靠性。对于环状管道及有两进口的系统,当一处减压阀检修时,可通过环的另一半圈或进口向下游供水,故可省去并联减压阀。

条文中关于减压阀旁通管及检修阀设置的规定可见下面的示意图:

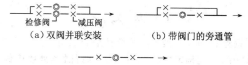

图 1 减压阀旁通管及检修阀设置示意图

图 2 不设并联减压阀及旁通管的情况示意图

8 设压力表的目的是检查减压阀工作情况。

9 减压阀上下游压差将造成管道轴向的受力荷载。固定支架及伸缩器的作用可见本规范第 8.3.1 条的条文说明。

5.4 管 网

5.4.1 虽然根据生产和安全的需要井下的用水点遍及各巷道。但巷道中的消火栓灭火或冲洗巷道等不是在一固定位置长时间使用的用水项,完全可以从别的巷道的给水栓用水龙带或软管引水至需要的地点临时使用。故只要一个巷道在其他巷道给水栓的服务半径以内,就不必在本巷道内再多设一根管道。局部的固定用水点可采用通过联络巷引入短距离的支管的方法。总之,可以通过合理的布置避免过多的工程量。共用主干管道设在哪条巷道内,应按靠近更多用水点及使用、安装和维修方便的原则由设计者具体策划。

5.4.2 根据安全规程的要求及用水点的分布,大中型矿井的大部分井下巷道都设有洒水管道。在这种情况下,利用联络巷道中增加有限的管道工程把管网连成环就有了条件。而环状管网能大大提高对各点供水的可靠性,对减少管道的水力损失也非常有利。

井底车场具备布置成环状管网的条件。

5.4.3 美国国家消防协会 NFPA 123 标准规定"水流及通风气流必须沿着同一方向,除非有辅助设施可在带有供水管线的巷道处火的上风侧确保灭火供水"。其说明的理由是:"如果火灾在一个风流与输水方向相反的区域,火不得不沿着风流的方向蔓延,而使水流穿过火区。在火区内的管道通常由于各段巷道的顶板燃烧而毁坏。当输水管道发生断裂时,消防人员就失去了水的供应,直接灭火就不可能进行了"。调查中也了解到我国也出现过类似的情况。因烟气与供水的方向相逆,人员就无法靠近火区,灭火工作受阻。总之保证水流与气流同向是很重要的。但我国煤炭行业目前尚未强调这个要求。另外井下风流复杂,存在两侧风向改变的中性点以及着火后风向倒转的进风斜井、斜巷等,如何处理尚无经验。全部巷道都做到水风同向可能是困难的。但从采矿专业设计角度采取设自动风门或风机切换转动方向等措施进行人为控制风向也是解决问题的方法。

环状管网有助于解决实现供水方向转换的问题。

5.4.4 管网上关键的部位设检修阀是为了提高各点供水的可靠性。在某管段发生故障进行检修时,要求关闭阀门后影响其他用水点的数量尽量少。同时也希望外泄的水尽量少,泄水时间尽量短。本条文是参考地面给水工程规范的内容作出的类似规定。

美国国家消防协会 NFPA 123 标准规定井下"供水管道每隔 1525m 的间距内必须安装检修阀,每个支管与干管连接的地方必须设控制阀。推荐检修阀的间距为 305m。"本条规定与 NFPA 123 标准的规定说法不同,但是执行结果是基本一致的。

5.4.5 井下发生火灾时,井下动压给水系统可能受影响,应及时动用地面水池中的消防储备水。切换阀门是特别关键的组件,应给予重视。类似的重要阀门还有采区管网进水总管的控制阀等。采用电动阀可使其操作迅速。但应考虑防爆的要求。

5.4.6 以往的国内外有关资料经常给出按管段在井下的位置确定管道规格的选用表。如大巷选 4 寸、采区上山选 3 寸、工作面顺槽选 2 寸等。考虑到:

1)以上推荐性的选用表均不具强制性规定的责任。

2)新建设的矿井规模及延伸距离比以往大得多,新的采矿设备的用水量也比以往大得多。因而采用选用表的形式不能适应新的情况。本规范条文也不推荐新的管道规格选用表。地面给水管网的设计常采用经济流速初步确定管道规格,然后用水力计算的结果对管道规格进行调整。这是较为简便的方法,可在井下管网设计中运用。而在从地面进行静压给水就主要是水力问题了,经济流速方法不再适用。设计者应注意这些情况。

6 用水点装置

6.1 灭火装置

6.1.1、6.1.2 消火栓的设置是为了控制、扑灭井下火灾,也起着火灾中及火灾后冷却巷道的作用,是井下消防洒水系统中的重要装置。本条文中规定的消火栓设置部位是参考《煤矿安全规程》及《矿井防灭火规范》规定的必须设消火栓的井下重要火灾防护地点、交通枢纽及根据火灾危险程度的不同而规定的巷道中消火栓设置的不同密度而确定的。

美国国家消防协会 NFPA 123 标准中规定消火栓之间的距离不超过 150m,并且强调在受固定灭火装置保护区域的上风处必须设置。现行国家标准《建筑设计防火规范》GB 50016 规定的消火栓保护半径也是 150m,即 6 根 25m 水龙带的长度。考虑到我国井下灭火不是以固定灭火装置为主,消火栓仍是最重要的。水龙带在井下长距离铺设和连接非常费时、费力,故密度应大一些。本规范参考以往和现行有关标准的规定,按两根水龙带长度 50m 为保护半径。但对于火灾危险性不大的岩石大巷仍用 150m 的保护半径值。保护半径决定巷道消火栓布置密度,也决定某些巷道是否可以不设置消火栓。对于各部分均位于其他巷道消火栓保护半径以内的巷道可不设消火栓或供水管道。注意在上述无供水管的巷道与有消火栓的巷道之间的联络巷必须设有可供人员使用的通行门。

6.1.3 消火栓靠近联络巷的目的是为了提供良好的通道把水龙带从消火栓所在巷道铺设到与其平行的其他巷道。

6.1.4 根据我国有关标准,井下供水管道上设置带阀门的三通支管向水龙带提供消防用水。调查中看到煤矿井下实际上也都是采用三通支管连接水龙带。美国国家消防协会 NFPA 123 标准中关于消火栓的定义就是"带阀的软管接口"。故不一定非采用地面建筑或室外的标准消火栓不可。对于水龙带或软管相接的接头形式也没有固定为哪一种。但在一个矿井,或一个矿区内采用同种类型的接头形式是必要的。这就需要在设计中予以考虑。现有内扣式、螺纹式、快速接头等可供选择。我国有的矿井采用直管上用铅丝捆扎的接头方法。考虑到这种方法在水压高时不可能牢固及操作麻烦等缺点,不推荐这种方法。

6.1.5 根据调查,现有国内矿井都不在井下设置消火栓箱,其水枪和水龙带另外存放或在火灾时由救援队员自带。据反映,消防器材的这种存放方法有使用灵活、管理方便的优点。根据这种情况若将这些器材存放在井下便于保管和取用的地方肯定是最可取的,《煤矿安全规程》及 NFPA 123 标准有相应的规定,本条沿用。

规定设置消火栓配套器材存放处的位置主要是目标明显的地点。根据火灾危险性,在发生火灾几率较大的地方重点存放。本条各款主要是参考 NFPA 123 标准,并考虑要求缩短距离的意见确定的。

6.1.6 因为棉、麻质的水龙带井下长期存放会发生腐蚀和霉变,故建议采用涂塑及氯丁橡胶衬胶水龙带或装上接头的橡胶软管代替。

消火栓就是一种特殊的给水栓,灭火时可用,平时也可用于冲洗巷道等不长时间占用的其他用途。为此,有一种设计是把每个消火栓做成 $DN50$ 和 $DN25$ 两个接口。这样不仅使用途扩展,而且由于 $DN25$ 软管对于初期火灾的扑救更有效率,提高了消防的功能,值得推荐。但也有采用 $d25$ 软管接头上自带 $DN50 \times 25$ 变径适配管件,直接往 $DN50$ 接口上连接的做法,也是有效和方便的,故不在条文中做统一规定。

6.1.7 根据国内外有关井下固定灭火装置的资料,考虑到固定灭火装置在许多场合灭火效率高以及目前使用者越来越多的发展趋势,把有关的内容纳入条文。

根据美国国家消防协会 NFPA 123 标准的规定,确定是否采用固定灭火装置的依据是矿井的"火灾危险评价"。"火灾危险评价"的工作内容和程序简单地说就是:

1)了解存在的起火源、燃料源、两源的关系、布置和管理现状、火灾历史等,确定火灾发生几率;

2)分析火灾发生后蔓延的可能情况,确定人员可能受到的影响及经济风险;

3)根据分析出的不可接受的人员损失或经济风险,作出合适的消防选择。

消防选择中包括:更换成为起火源的设备、改善井下管理、选用火灾探测和灭火设施。其中灭火设施中从简单到复杂有:轻便灭火器、消火栓、大容量灭火器、固定灭火系统。其中固定灭火系统是最后一项。

在我国矿井设计中可以基本上参考这样的方式,由设计方案比较或讨论来确定是否采用投资较大的灭火设施。因为这个原因,各个矿井是否设置固定灭火装置不能一刀切,在条文中只是推荐采用,未作强制要求。

条文中各款是根据国内有关标准、NFPA 123 标准、调查及一些矿井工作人员反映的意见确定的。

6.1.9 关于井下固定灭火系统的设计国内资料不多。现将可作为固定灭火系统非标准设计参考的有关国外资料摘录如下:

1)美国国家消防协会 NFPA 123 标准关于胶带输送机采用的湿式管道自动喷水系统的说明及规定:

①湿式管道自动喷水系统是已知应用最广的煤矿灭火系统。保护易燃、可燃液体存储区的自动喷水灭火系统必须是泡沫—水型的。湿式管道自动喷水灭火系统不得用于可能冻结的场合。

②在向自动喷水灭火系统供水的管线的接管处必须安装一个带状态指示装置的满流慢开控制阀。在向喷头供水的管道上必须安装水流指示器或报警阀。

③火灾大多数发生在胶带的驱动机及胶带的拉紧装置所在区域,只有保护从出煤尾轮至拉紧端头的区域是必要的。

④喷头位置能充分覆盖可能受损害的地方。应进行流量试验以确定是否使覆盖面积达到合适的湿润。对于胶带输送机,整个胶带上部表面都应该被湿润。在不能实现的情况下要变更设计,例如改变管道角度或设置边墙式喷头。还应该考虑是否要设置非燃烧的隔板以保护喷头不受 1.8m 以内的邻近喷头喷出水流的冲击。

⑤喷头必须是下垂型、直立型或边墙型的自动喷头。一般孔口为 12.7mm,额定温度 79~107℃。美国煤炭局关于自动喷水灭火系统试验中对于胶带输送机采用了额定 100℃ 的喷头,剩余压力维持在 0.096MPa。试验时管道的最小规格为:DN25 2 个喷头;DN32 3 个喷头;DN40 5 个喷头。

⑥对于传送带的驱动区,包括驱动电机、减速器、传送带机头、胶带存储单元、控制装置、转载溜槽(至下一个胶带)、拉紧装置及其动力设备等(装载点的尾轮除外)自动喷水灭火系统喷头布置不得相距 3.05m 以上。其他安装自动喷水灭火系统的地方,如:燃料存储区、维修车间、无人看管的液压设备(未采用阻燃液体)、无人看管的电气设备(置于非可燃材料之上且有耐火材料隔层保护或距煤较远者除外)、空气压缩机等的喷头布置不得相距 3.66m 以上。每个喷头的保护面积不得超过 9.3m²。

⑦喷头安装位置应使出流不受障碍阻挡。喷头反射器的位置距顶板不得小于 25mm,也不得大于 500mm。

⑧必须设置必要时能顺利排干系统所有部分的泄水管件。

⑨要特别注意自动喷水系统所能承受的最大压力。在必要时设置减压阀,并在其出水端设置放水的安全阀。

2)NFPA 123 标准关于干式管道自动喷水系统的说明和规定:

①在存在冻结危险的地方,允许设置干式管道自动喷水系统。

②干式管道系统的阀门应设在免于冻结及机械损伤的隔离区。

③喷头必须是竖直向上的。

④水压必须不能超过管道阀门制造厂规定的最大压力。

⑤干式管道系统的信号必须送到指定的地点,必须用于火灾探测报警系统。

⑥系统的空气必须来自可靠的气源。

3)NFPA 123 标准关于井下自动力设备的固定灭火装置的规定:

①电动的、自驱动设备,如掘进机、连续采煤机、滚筒式采煤机、顶板及煤层钻机、装载机、梭式矿车、铲斗及使用液压流体的机车等必须提供灭火系统进行保护。但在工作时采用软管提供除尘用水的,可用这个水源作为消防用水。

②开式喷头处在 0.069~0.138MPa 的压力下能够提供良好的喷水样式。

③喷水必须直接向上湿润机器上方的顶板,防止火扩散到煤上,这是消防系统的首要目标。同时水也会回落到机器上,冷却或在可能时扑灭火焰。直接喷向机器着火区域的风险是未被水覆盖的火会扩散到煤上。

4)日本《关于用水喷雾防止巷道火灾蔓延的实验研究》报告中有关资料摘要如下:

①雾化角为 120°左右的旋涡型喷嘴(切向喷嘴)为适合于冷却火灾气流的喷雾喷嘴。水压应为 0.8MPa。试验的结论,雾滴的大小对于冷却效果特别重要;直径在 0.4mm 以下时才具有充分的防火效果。

②试验中对于 5.4m² 巷道在巷道两侧高 1.0m 的位置水平设置钢管,以上倾 45°安装喷嘴。置于木堆燃烧带的下风侧。结果:喷雾水量 45L/min 时不能充分防止火灾蔓延;喷雾水量 134L/min 时可以防止火灾蔓延;喷雾水量 263 L/min 时火灾气流几乎完全冷却。必要的喷雾水量 Q_{max} 与巷道断面 $S(m^2)$ 及通风速度 $v(m/s)$ 的关系可由下式表示:

$$Q_{max}=38Sv \qquad (3)$$

③上式必须在喷雾带长度大于风流 4s 内通过的距离时才能成立。

以上资料可供参考。

本规范中的"喷头"即地面建筑自动喷水灭火系统所用的喷头,有各种不同形式和规格。这类喷头所需压力不大,喷出的水流不需要颗粒特别细小,与喷雾所用的喷嘴是两种不同的器材。故在本规范中根据生产厂产品样本上的名称用喷头和喷嘴两个不同的名词进行区别。

6.2 给 水 栓

6.2.1 DN25 给水栓主要用于冲洗、清扫巷道及混凝土施工等用途;按软管长度最长为 50m 考虑,两给水栓相隔 100m 设一个是适宜的。

井下给水栓的使用半径按 50m 考虑必须覆盖所有需要冲洗的巷道或有其他用水项的地方。但对于没有其他用水项,且冲洗巷道不频繁(见本规范第 3.1.8 条),因此未设供水管道的巷道,在冲洗巷道时可通过邻近联络巷从设有供水管道的巷道中的给水栓引水。服务半径可按消火栓保护半径 150m 考虑。

消火栓也是给水栓,完全可以用做冲洗巷道。但为了使用方便,可能需要有变径的管件。DN25 给水栓设置成本不高,给水栓的功能是否由同位置的消火栓兼用,可由设计决定。

6.2.2 本条规定采用软管的理由有如下两条:

1)便于在复杂的工作环境中调整合适的位置;

2)便于跟随采掘工作的推进向前移动。

42

6.3 喷雾装置

6.3.1 煤矿井下的尘源主要有：

1）采煤机，因滚筒截齿与煤壁碰撞、切割产生煤尘；

2）综采工作面支架，移动时引起顶煤应力变化或支架顶面与煤面摩擦产生煤尘；

3）放顶煤，因煤层破裂、垮落及碰撞产生煤尘；

4）凿岩、爆破，因钻头与煤或岩石磨削产生粉尘；因煤、岩炸碎及气浪冲击产生粉尘；

5）转载点、装煤机、装岩机、破碎机、溜煤眼进出口，因煤块下落及碰撞产生粉尘；

6）输送机、矿车，因煤与空气的相对运动将细尘带入空气。

以上尘源的控制方法各不相同，但除了煤层注水和湿式凿岩外，其余均属水喷雾除尘装置。

喷雾装置可为采掘机组自带的内外喷雾装置、普掘工作面喷雾设备等成套购置的标准产品。也可以根据需要采用标准喷雾喷嘴，设计由喷嘴、管道、阀件、管件及构架等组成的自动或手动非标准喷雾防尘装置。

6.3.2 喷雾除尘的原理是利用水的雾滴与尘粒相碰撞，尘粒经过湿润和凝聚而增加了质量，在重力的作用下从空气中沉降下来。它的要领有：一是尽量不让粉尘从水雾中漏掉；二是在达到除尘效果的前提下尽量使耗水量减少，以免增加成本且降低煤质。条文中的喷雾强度推荐值是根据一些喷雾的耗水及覆盖面积情况反算的。在一定的范围内，喷雾除尘的效果与雾化效果有关。高压喷雾的目的是采用特殊的喷嘴，在高达 12～15MPa 的水压下使水实现理想的雾化；其雾粒也带上了电荷，从而增加吸附粉尘的能力。这种技术在我国刚开始使用，尚不普遍，并且：

1）水量由消防、洒水系统供给并较中、低压喷雾有所减少；

2）水压需另设专门的机载加压设备。

从上述情况可以看到，使用高压喷雾装置对给水系统设计无特殊要求，故不在条文中列出。附录 C 和附录 D 列出的仅是工作水压在 1.0MPa 左右的标准喷雾喷嘴的参数。

6.3.3 适合于降尘的喷嘴均承受较高的水压，喷雾时必然有较大的反冲力。在起尘点明确且位置固定的地方，使用固定安设使其牢固、耐久，是理所应当的。对起尘点具体方位不太明确，且可能发生变动的情况，采用可调节安装则有利于现场使用，但调节后仍应保证喷嘴牢固稳定，故必须采用刚性构架。例如把放炮喷雾装置固定在扒装机后面安设的可升降刚性支架上。

6.3.4 本条规定了风流净化水幕的安设位置。多为尘源附近及风流的汇集处，安设在这些地点的目的是控制巷道中的含尘量。

6.3.5 水幕应由多个喷雾喷嘴组成。为使空气净化效果好必须做到水雾颗粒细小、均匀、充满整个巷道断面，没有死角。本条前两款即是为此目的提出的。调查中了解到，喷出的高速雾流交叉碰撞会使雾粒聚合，降低效果，故提出本条第 3 款规定。

6.3.6 井下采煤工作面随采煤过程不断移动，故水幕移动方便才能适应工作。

7 水力计算

7.1 计算流量

7.1.1 在关于井下洒水用水量计算的第 3.1.3 条的说明中已经提到了计算流量问题。以往各种标准及手册关于水力计算中确定计算流量与日用水量的计算方法混合在一起，进行水力计算时如何取值不十分明确，一般的手册中另外提供根据管道在矿井中的位置选择管道规格的表格。但选择表毕竟是一种粗略的方法，对于中小型矿井，且系统简单的场合是适应的。而现在的情况完全不同了。绵延十几公里，甚至几十公里的管线，不进行仔细的核算就不能准确地把握可能出现的情况。结果可能设计满足不了功能的需要，或可能造成管道工程的浪费，这样的事例是很多的。美国国家消防协会 NFPA 123 标准中虽然也对某些情况提出了管道规格选择表，但接着就强调当管道延伸较长距离后必须进行水力校核。由于 NFPA 123 不是专门为设计使用的标准，故未把水力计算要领纳入条文。在本规范的第 3 章中，设计矿井的井下各用水点的用水强度基本上都可以找到取值的方法。这就为有规则地计算管网各管段的流量及水力状况提供了条件。

环状管网的优点除了增加了供水的可靠性之外，由于各管段中的水流量可在用水点状况变化时自动平衡，从而可以充分发挥管网的输水能力。故在增加不多的管道就可以连成环的情况下推荐设计环状管网。由于所需管道规格的减小，管材费用得以降低。

对于枝状管网，各管段的计算流量应为下游全部用水点流量的累加。但对于环状管网，上下游不是十分确定。故采用先确定各个用水点的节点流量的方法。各种类型管网均可按地面给水系统水力计算的同样方法或电算软件来计算。

7.1.2 条文中规定确定节点流量的原则是按本规范第 3.1.2 条、第 3.1.3 条的条文说明中所述的情况，按可能发生的最大流量及可能发生的最不利情况提出的。

1）因为设计要考虑 3 个消火栓同时出水，故要选择 3 个节点位置。每一个节点的计算流量为一个消火栓的用水量。其中一个消火栓的位置位于最不利点，其余两个在最不利点附近分布的消火栓的设置处。这样计算为最保险。

2）固定灭火装置是针对某个具体位置和井下设施的，它的灭火效率高。故同时开启两个或多个装置的几率低，不必考虑这种情况。

3）冲洗巷道取水的给水栓在较长的巷道中有可能同时在多处使用，且它的位置是不固定的，故按均匀出流接近实际。

4）一个用水点的最大用水组应为该点可能同时工作的各用水项的用水量累加值。在每组因工序前后接续而不可能同时使用的各用水项中应取设计流量最大的一项纳入累加，其余则不计入。

7.2 水头损失计算

7.2.2 条文中给出的公式为钢管和铸铁管沿程水头损失计算公式，与附录 E 中列举的两个公式均为国内外工程界常用的按平均流速计算管道沿程水头损失的公式，为现行国家标准《室外给水设计规范》GB 50013、《室外排水设计规范》GB 50014 及《建筑给排水设计规范》GB 50015 中规定使用的公式。各种手册中均有按钢管和铸铁管沿程水头损失计算公式制作的计算图表，查阅方便，故特别推荐使用。考虑到井下不能绝对排除采用其他管材的可能，又考虑到采用电子计算机软件，特别是国外引进的软件，另两个公式也允许使用。单位长度的水头损失即水力坡度 i，有些工具书或标准中用 kPa/m 为单位。但单位重量水的机械能即水头不仅有压力水头一种形式，位置水头和流速水头都是很重要的。几种水头在一起计算时以 m 为单位更方便,故本条的水力坡度 i 以 m/m 为单位。

7.2.3 采用《建筑给水排水设计规范》GB 50015 中的规定。

7.2.4 井下移动设备经常采用软管,常用软管规格限于 $d25$、$d32$ 及 $d38$ 三种。一般软管中流速都较大(2~6m/s),水头损失相当可观,不可忽视。

煤矿防尘手册中提供的有关软管水头损失的资料如下:

不同通过水量下的 i 值(m/m)

水量(L/min)	50	100	150	200	250	300
管径 25mm	0.08	0.4	0.95	1.6	—	—
管径 32mm	0.05	0.12	0.3	0.5	0.8	1.08
管径 38mm	0.02	0.05	0.12	0.2	0.31	0.48

采用曼宁公式,按上面的水头损失资料反求粗糙系数值。得 $n \approx 0.0072$,代入公式并化简即得式(7.2.4)。

7.3 水压计算

7.3.1 在下游用水全部停止时管道中将出现水的静压,即可能的最大水压;而在下游用水量最大时,管道将出现最低动压。两个压力的差大致是管道的水头损失。另外,动压时还应扣掉水的流速水头,但流速水头一般很小。对于较长管道,其水头损失可能相当大,有不能同时满足第1、第2两款的情况。此时应采取相应的技术措施使用水设施的服务水头及输送管道的安全得到保障。

8 管 道

8.1 管 材

8.1.1 安装在井下的管道一般具有以下特点:

1)承受水压较大;
2)安装、拆卸较频繁;
3)井下条件复杂,受到意外碰撞的几率大;
4)需要一定的耐火性能。

故钢管是最适宜的。在以上特点不十分突出的场合,也可采用其他替代管材。

目前有生产出"煤矿井下专用塑料管"的消息,尚不落实。采用之前应证实这些管材是否满足上述特点。

8.1.2 本条推荐的管壁计算公式系根据国内外多种管道工程设计手册中的公式稍加简化所得。采用的附加值为壁厚制造公差与腐蚀裕度之和。其中壁厚制造公差取值 0.5mm。腐蚀裕度取值根据管道敷设的环境一般有如下规定:

明露管道	1.0mm
地沟内管道	2.0mm
直埋管道	3.0mm

根据井下的一般条件取腐蚀裕度值为 2.0mm。

8.1.3 水压是输水管道受到的主要荷载,由这个荷载引起管壁的环向拉应力,这一点设计人员很熟悉。然而井下管道均为明装管道,没有周围覆土的约束,且管道长度相当大;某些管段受到由水的动静压力及管道自重引起的轴向、侧向、弯曲、扭曲荷载有时非常突出。在管道自身强度、管件及支承件的设计中不得不考虑这些荷载。为了使设计人员不忽略这个问题特提出本条。下面列举

几种常见情况的计算方法,以供参考:

1)管端堵头或关闭的阀门承受的水力荷载按下式计算:

$$N = PA \times 10^6 \qquad (4)$$

式中 N——管道轴向水力荷载(N);

P——管内水压(MPa);

A——管道横断面面积(m^2)。

2)弯管受到的指向离心方向的侧向荷载,沿弯管段分布,其合力的作用点在弯管段的中点,其值按下式计算:

$$N_c = 2A\left(P \times 10^6 + \gamma \frac{v^2}{2}\right)\sin\left(\frac{\alpha}{2}\right) \qquad (5)$$

式中 N_c——侧向荷载(N);

γ——水的容重,取 $1000kg/m^3$;

v——支管内水的计算流速(m/s);

α——弯管两端管道轴向偏转角度(夹角的补角)值。

3)管道三通处由支管水流引起的侧向荷载指向与支管相对干管的另一侧,其值按下式计算:

$$N_c = A\left(P \times 10^6 + \gamma \frac{v^2}{2}\right) \qquad (6)$$

4)管道变径处的轴向水力荷载从大管指向小管,其值按下式计算:

$$N = P(A_1 - A_2) \times 10^6 \qquad (7)$$

式中 A_1——大管横断面面积(m^2);

A_2——小管横断面面积(m^2)。

8.1.4 软管适应工作面不断移动的条件。但软管管材易损,常用软管规格小,水力损失大且操作时需要用人力拖拽,故不宜太长。距离不够时应直接延伸系统干支供水管道。采煤机组自带软管一般长于 100m,不在此限制内。

8.2 管 件

8.2.1 调查中了解到井下阀门发生的故障较多,故规定要求设计选型中注意其强度问题。

8.2.2 井下管道随工作面推移要经常调整或延伸,需要进行接管施工。在井下存在较多煤尘、瓦斯的情况下,经常不容许进行焊接操作。故提出宜采用法兰和快速接头的规定。

8.3 管道敷设

8.3.1 立井井筒中的管道是地面与井下联络的关键,因井筒深度可能很大,其敷设中的支承技术问题也更加重要。各款的规定都是参照已有的标准及设计经验确定的。

1)井下消防、洒水管道的敷设位置需要有检修空间。井筒中的各种管道及设备很多,故应由有关专业综合考虑,合理布置。

2)立管支架的作用是防止管道侧向位移。虽然立式支架实际上可通过摩擦力支承管道重量,但影响摩擦力大小的因素不易控制,故在理论上管道的全部重量应由立管托座承受。

3)管道的承重梁可以是两端固定在井壁上的主梁、搭在主梁上的辅助梁或一端固定在井壁上的悬臂梁。为了井筒布置的合理,应与其他井筒设施及构件综合考虑。

4)伸缩器的作用主要是使管道托架所受的荷载简单、清晰,避免荷载分布出现不合理的集中。其间距采用井下排水管道的规定。对于小规格的管道,也可根据具体情况考虑。现有矿井存在超过200m长的整个立管只设一个托座的例子。在这种情况下,按本规范第8.1.3条校核托座的强度及下部管道管壁中应力就很重要了。

8.3.2 水平巷道中的管道在一般的情况下是井下消防、洒水管道中所占数量最多的部分,对它的敷设必须重视。

1)井下消防、洒水管道一般可采用下列三种固定方法:

①固定于巷道侧壁的管支架上;

②固定于巷道一侧地面的支墩上;

③固定在巷道顶部的吊架上。

支架和吊架可直接埋入巷道侧壁,也可通过锚杆固定于巷道侧壁或顶部。

2)只设管卡固定管道,不在轴线方向上限制管道移动的支架称滑动支架。大多数管道固定件都是这种类型。条文中关于间距的规定是参考《建筑给水排水与采暖工程施工及验收规范》GB 50242确定的。根据验算可知在规定的间距下管道的强度和刚度均能满足要求,但对于规格较大的管道必须注意支架及其固定件的强度。

3)在管道上设焊接挡块,承受管道的轴向力的支架称固定支架。其作用是防止管道产生过大的轴向移动。

8.3.3 斜管托架或安装在斜井、斜巷的固定支架的强度应按其所承受的下滑力减去摩擦力来校核。即,应按管道及水的重量、水的动力荷载在管道轴线方向的分力减去各滑动支架因重量引起的摩擦力来计算。管卡夹紧引起的摩擦力的大小影响因素多,其大小不容易准确,为安全起见在计算中不考虑它的影响。

8.4 管道防腐

8.4.1、8.4.2 国家现行标准《煤矿立井井筒装备防腐蚀技术规范》MT/T 5017第2章对包括井筒管道在内的井筒装备防腐蚀设计作了严格和详细的规定。对于井下消防、洒水管道来说,一般都采用钢管,故上述规范中关于选择管道材料的问题与本规范关系不大。实际可采用的防腐蚀方法就是在对管道和管件的外表面进行严格的预处理后涂以适合井下环境的防护涂料。

一般井下巷道与井筒的区别是:

1)延伸面宽广,各部位的干湿条件及井下水 pH 值等条件随部位的不同有可能出现较大的变化;

2)很多管道要经常拆换,巷道中的管道维护也比井筒方便一些。各部位管道对防腐涂料的要求可能有区别。故应从经济适用考虑选择恰当的涂料和工艺。

9 加压泵站

9.1 加 压 泵

9.1.1 本条对加压泵特性的选择作出规定。

1 井下消防、洒水系统存在如下情况:

1)井下消火栓流量 7.5L/s,等于 27m³/h。当矿井规模较大时,其日常洒水的最大流量将超过这个流量的 4 倍以上。

2)当水泵选型合适时,流量增加 20%,水压可能略有降低,其工况点一般仍在高效率范围内或偏离不远。

3)消防用水是暂时性的,效率问题不是主要问题。

4)井下消防用水所需的水压不高于平时所需的水压。

鉴于以上原因,条文中规定在一定条件下可以省掉专用的消防泵。但超出规定范围以外时,不能省掉消防泵。

2 因日常用水的压力不小于消防用水所需的水压,灭火时日用泵可与消防泵一同并联工作。因此,只要在系统中增加消防用水量时保证水压下降幅度不大,就能满足需要了。

3 对于较大采区或全矿来说,日用洒水在灭火时可能不能马上停下来。故系统仍需继续提供它们的用水量。目的是使在合一的系统中保证消防的用水量及水压。此时某些洒水用水点的压力可能下降了一些,以至于不能正常洒水。但只要作为当时最重要工作的灭火不受影响,系统就可认为是完善的。当然压力下降得太多也不好。

4 活动泵站最多服务于一个工作面,局部火灾时可及时停止供应生产、除尘用水,保证消防用水。日常流量往往大于消防用水流量,故直接转用于灭火就可以了。

9.1.2 本条列出井下加压泵类型选择的一般原则。

9.1.3 本条按给水工程各种设计规范的规定作了设置备用泵的规定。备用泵是为了增加泵站工作的可靠性,在工作泵发生故障时由备用泵代替工作。故障是暂时的,原工作泵修复或更换后系统仍恢复原来的保证率;故备用泵可顶替原较小的工作泵而不必过分计较暂时以大代小引起的效率降低。根据这个原则,只要功能能够满足,分设的消防泵与日用泵可共设一台备用泵。

9.2 泵站建筑、硐室

9.2.1、9.2.2 固定加压泵站不同于活动泵站,它的规格、尺寸较大,配套设备多且要求较大空间,一定要有专用的井下硐室来放置。并考虑安装、维修和值班管理的场所,条文中据此列出有关规定。

9.2.3 条文中水池调节容量参考《室外给水设计规范》GB 50013的规定,消防储备水量参考《建筑设计防火规范》GB 50016关于建筑物屋顶水箱储水量的规定。这样规定是基于井下消防储备水主要储存在地面水池中,井下蓄水仓的储量只保证切换前的短时间用水量。

9.3 加压泵站配电

9.3.1 加压泵用于除尘和消防等,属于井下重要设施。为了保证除尘和消防设备供电的可靠,水泵用电应按二级负荷考虑。

9.3.3 为达到节约电耗的目的,地面给水系统常采用按水池水位控制水泵启动、气压罐气压控制启动等自动控制方式及水泵电机变频调速等技术。井下泵站采用上述自动控制方式可获同样的节能效果。

消防水泵的自动控制与井下安全监测系统、消火栓及消防给水栓的信号按钮、固定灭火装置的启动阀件相关联,可更加及时地启动水泵,因而提高灭火的效率。

10 自 动 控 制

10.0.1 井下洒水的自动控制已在许多矿井实施多年。虽然现有的井下洒水自动控制多为通过矿井投产后的技术改造项目而实现的,但实践证明它是洒水系统中有重要意义的一环。目前已有许多厂家生产自动喷雾装置,在设计阶段作出统一安排是必要的。

10.0.2 放炮喷雾有两种:单水喷雾和风水喷雾。从现有的矿井使用情况看,单水喷雾有高压喷雾系统和声控自动喷雾系统。风水喷雾有爆破冲击波自动喷雾装置,为了提高井下喷雾装置的自动控制水平,故规定此条。

10.0.3 风流净化水幕在生产时基本上常开。这为行人和车辆的通过造成不便。在人、车进入喷雾范围时停喷,人、车通过后及时恢复喷雾的功能只有自动控制才能实现。

10.0.4 根据我国煤矿井下电控自动喷雾技术的发展水平,当前常用的电动控制按其动作原理大体可分为光电式、声电式、感应式、触点式和超声波控制等几种。在电控洒水设备中,光电式、感应式适用范围较大。它具有体积小、重量轻、安装使用方便、动作灵敏、性能可靠等特点。其他种类设备的适用范围有一定的局限性。如风电控制喷雾主要由风动传感装置来控制,因而安装地点必须有风流,且风速能满足控制部件的要求。声电喷雾则适用于行车时产生声响的绞车道或其他运输巷道。

10.0.5 考虑到电控洒水在小型煤矿使用不普遍的情况,作此规定。目前常用的机械控制洒水装置有拨杆式、吊挂式、杠杆式、转动式几种。

10.0.7 巷道喷雾隔火装置自动控制的关键检测部件是压力传感器或铁制迎风板。只有及时喷雾才能保证喷雾装置起到隔火的作用。这与检测部件的装设地点、水的流速、火焰传播速度有关。火焰传播速度主要根据实验来计算。据调查,煤炭科学院重庆分院研制出一种新型的控制器;它具有计算机功能,可以测量火焰速度,计算火焰到达水幕喷头的时间,发出开始喷雾的指令。

附录 F　推荐在井下采用的管道防腐预处理工艺和涂料

附录 F 是从国家现行标准《煤矿立井井筒装备防腐蚀技术规范》MT/T 5017 中摘出的中、低等档次的预处理工艺等级及推荐使用的涂料,以供选择。

表中预处理工艺 St2 为手工除锈,要求很低,对此有不同的意见。考虑到煤矿井下条件限制,有时高档次的工艺要求确实难以实现,故不能完全排除。但在一般的情况下,设计尽量选择表中所列高一些的预处理工艺档次为宜。

井筒及特别潮湿的巷道内的管道防腐按"最高"栏的规定;较干燥巷道内的管道可取较低的标准。

注中氯化橡胶可用其他橡胶类或乙烯类涂料代替,目的是增加选择的范围。

附录 D　水喷雾喷嘴参考资料

目前我国有很多家生产厂生产井下使用的喷雾喷嘴,有的已经形成系列。设计中如需要确定具体喷嘴的型号,宜搜集这些生产厂的产品目录。附录 D 的内容是根据煤炭科学院重庆分院目前的部分产品资料简化整理的图表,可以反映这些喷嘴的特性的分布情况。在无产品目录时可作为设计的参考资料。

42

中华人民共和国国家标准

固定消防炮灭火系统施工与验收规范

Code for installation and acceptance of fixed
fire monitor extinguishing systems

GB 50498 - 2009

主编部门：中 华 人 民 共 和 国 公 安 部
批准部门：中华人民共和国住房和城乡建设部
施行日期：2 0 0 9 年 1 0 月 1 日

中华人民共和国住房和城乡建设部公告

第 304 号

关于发布国家标准《固定消防炮
灭火系统施工与验收规范》的公告

现批准《固定消防炮灭火系统施工与验收规范》为国家标准，
编号为 GB 50498—2009，自 2009 年 10 月 1 日起实施。其中，第
3.2.4、3.3.1、3.3.3、3.4.2、4.3.4、4.6.1（3）、4.6.2（2）、
5.2.1、6.1.1、7.2.8、8.1.3、8.2.4 条（款）为强制性条文，必须
严格执行。

本规范由我部标准定额研究所组织中国计划出版社出版发
行。

中华人民共和国住房和城乡建设部
二〇〇九年五月十三日

43

前　言

根据原建设部《关于印发〈二〇〇四年工程建设国家标准制订、修订计划〉的通知》（建标〔2004〕67号）的要求,本规范由公安部上海消防研究所会同有关单位共同编制而成。

在本规范的编制过程中,编制组遵照国家有关基本建设的方针、政策,以及"预防为主、防消结合"的消防工作方针,对我国固定消防炮灭火系统施工、验收和维护管理的现状进行了调查研究,在总结多年来我国固定消防炮灭火系统施工及验收实践经验的基础上,参考了美国、英国等发达国家和国内相关标准、规范,同时广泛征求了有关科研、设计、施工、院校、制造、消防监督、应用等单位的意见,结合我国工程实际,经反复讨论、认真修改,最后经专家和有关部门审查定稿。

本规范共9章和7个附录,内容包括总则、基本规定、进场检验、系统组件安装与施工、电气安装与施工、系统试压与冲洗、系统调试、系统验收、维护管理。

本规范中以黑体字标志的条文为强制性条文,必须严格执行。

本规范由住房和城乡建设部负责管理和对强制性条文的解释,由公安部负责日常管理,由公安部上海消防研究所负责具体技术内容的解释。请各单位在执行本规范过程中,注意总结经验、积累资料,并及时把意见和有关资料寄规范管理组(公安部上海消防研究所,地址:上海市中山南二路601号,邮政编码:200032,邮箱:sfrixuelin@vip.sina.com、minyonglin@online.sh.cn,电话:021-54961200),以供今后修订时参考。

本规范主编单位、参编单位和主要起草人:

主 编 单 位:公安部上海消防研究所

参 编 单 位:上海市消防局
　　　　　　　浙江省消防局
　　　　　　　江苏省消防局
　　　　　　　深圳市消防局
　　　　　　　中交第二航务工程勘察设计院有限公司
　　　　　　　中国石化工程建设公司
　　　　　　　杭州新纪元消防科技有限公司
　　　　　　　上海倍安实业有限公司

主要起草人:闵永林　薛　林　马　恒　李建中　沈　纹
　　　　　　　余　威　孙玉平　高宁宇　陈庆沅　徐康辉
　　　　　　　吴海卫　吴文革　姚　远　唐祝华　王永福
　　　　　　　杨志军　徐国良　杨文滨

43

目　次

43

1 总　则

1.0.1 为保障固定消防炮灭火系统(或简称系统)的施工质量和使用功能,规范工程验收和维护管理,制定本规范。

1.0.2 本规范适用于新建、扩建、改建工程中设置固定消防炮灭火系统的施工、验收及维护管理。

1.0.3 固定消防炮灭火系统施工中采用的工程技术文件、工程承包合同文件与附件对施工及验收的要求不得低于本规范的规定。

1.0.4 固定消防炮灭火系统的施工、验收及维护管理,除执行本规范的规定外,尚应符合现行国家有关标准的规定。

2 基本规定

2.0.1 固定消防炮灭火系统的分部工程、子分部工程及分项工程应按本规范附录 A 划分。

2.0.2 固定消防炮灭火系统的施工必须由具有相应资质等级的施工单位承担。

2.0.3 固定消防炮灭火系统的施工现场应具有相应的施工技术标准,健全的质量管理体系和施工质量检验制度,实现施工全过程质量控制。

2.0.4 固定消防炮灭火系统的施工应按批准的设计施工图、技术文件和相关技术标准的规定进行,不得随意更改,确需改动时,应由原设计单位修改。

2.0.5 固定消防炮灭火系统施工前应具备下列技术资料:

　　1 经批准的设计施工图、设计说明书;

　　2 系统组件(水炮、泡沫炮、干粉炮、消防泵组、泡沫液罐、泡沫比例混合装置、干粉罐、氮气瓶组、阀门、动力源、消防炮塔和控制装置等组件的统称)的安装使用说明书;

　　3 系统组件及配件应具备符合市场准入制度要求的有效证明文件和产品出厂合格证。

2.0.6 固定消防炮灭火系统的施工应具备下列条件:

　　1 设计单位向施工单位进行技术交底,并有记录;

　　2 系统组件、管材及管件的规格、型号符合设计要求;

　　3 与施工有关的基础、预埋件和预留孔,经检查符合设计要求;

　　4 场地、道路、水、电等临时设施满足施工要求。

2.0.7 固定消防炮灭火系统应按下列规定进行施工过程质量控制:

　　1 采用的系统组件和材料应按本规范的规定进行进场检验,合格后经监理工程师签证方可安装使用;

　　2 各工序应按施工技术标准进行质量控制,每道工序完成后,应由监理工程师组织施工单位人员进行检查,合格后方可进行下道工序施工;

　　3 相关各专业工种之间应进行交接认可,并经监理工程师签证后方可进行下道工序施工;

　　4 隐蔽工程在隐蔽前应由施工单位通知有关单位进行验收;

　　5 安装完毕,施工单位应按本规范的规定进行系统调试;调试合格后,施工单位应向建设单位提交验收申请报告申请验收。

2.0.8 固定消防炮灭火系统的系统验收应由建设单位组织监理、设计、施工等单位共同进行。

2.0.9 固定消防炮灭火系统的检查、验收应符合下列规定:

　　1 施工现场质量管理按本规范附录 B 检查,结果应合格;

　　2 施工过程检查应全部合格,并按本规范附录 C 记录;

　　3 隐蔽工程在隐蔽前的验收应合格,并按本规范附录 D 记录;

　　4 质量控制资料核查应全部合格,并按本规范附录 E 记录;

　　5 系统施工质量验收和系统功能验收应合格,并按本规范附录 F 记录;

2.0.10 固定消防炮灭火系统验收合格后,应提供下列文件资料:

　　1 施工现场质量管理检查记录;

　　2 固定消防炮灭火系统施工过程检查记录;

　　3 隐蔽工程验收记录;

　　4 固定消防炮灭火系统质量控制资料核查记录;

　　5 固定消防炮灭火系统验收记录;

　　6 相关文件、记录、资料清单等。

2.0.11 固定消防炮灭火系统施工质量不符合本规范要求时,应按下列规定进行处理:

　　1 经返工重做或更换系统组件和材料的工程,应重新进行验收;

　　2 经返工重做或更换系统组件和材料的工程,仍不符合本规范的要求时,不得通过验收。

3 进场检验

3.1 一般规定

3.1.1 系统组件和材料进场检验应按本规范附录C表C.0.1填写施工过程检查记录。

3.1.2 系统组件和材料进场抽样检查时有一件不合格,应加倍抽查;若仍有不合格,则判定此批产品不合格。

3.2 管材及配件

3.2.1 管材及管件的材质、规格、型号、质量等应符合国家现行有关产品标准和设计要求。

检查数量:全数检查。

检查方法:检查出厂检验报告与合格证。

3.2.2 管材及管件的外观质量除应符合其产品标准的规定外,尚应符合下列规定:

1 表面无裂纹、缩孔、夹渣、折叠、重皮等缺陷;

2 螺纹表面完整无损伤,法兰密封面平整光洁无毛刺及径向沟槽;

3 垫片无老化变质或分层现象,表面无折皱等缺陷。

检查数量:全数检查。

检查方法:观察检查。

3.2.3 管材及管件的规格尺寸和壁厚及允许偏差应符合其产品标准和设计的要求。

检查数量:每一规格、型号的产品按件数抽查20%,且不得少于1件。

检查方法:用钢尺和游标卡尺测量。

3.2.4 对属于下列情况之一的管材及配件,应由监理工程师抽样,并由具备相应资质的检测机构进行检测复验,其复验结果应符合国家现行有关产品标准和设计要求。

1 设计上有复验要求的。

2 对质量有疑义的。

检查数量:按设计要求数量或送检需要量。

检查方法:检查复验报告。

3.3 灭火剂

3.3.1 泡沫液进场时应由建设单位、监理工程师和供货方现场组织检查,并共同取样留存,留存数量按全项检测需要量。泡沫液质量应符合国家现行有关产品标准。

检查数量:全数检查。

检查方法:观察检查和检查市场准入制度要求的有效证明文件及产品出厂合格证。

3.3.2 对属于下列情况之一的泡沫液,应由监理工程师组织现场取样,送至具备相应资质的检测机构进行检测,其结果应符合国家现行有关产品标准和设计要求。

1 6%型低倍数泡沫液设计用量大于或等于7.0t;

2 3%型低倍数泡沫液设计用量大于或等于3.5t;

3 合同文件规定现场取样送检的泡沫液。

检查数量:按送检需要量。

检查方法:检查现场取样按国家现行有关产品标准对发泡性能(发泡倍数、25%析液时间)和灭火性能(灭火时间、抗烧时间)检验的报告。

3.3.3 干粉进场时应由建设单位、监理工程师和供货方现场组织检查,并共同取样留存,留存数量按全项检测需要量。干粉质量应符合国家现行有关产品标准。

检查数量:全数检查。

检查方法:观察检查和检查市场准入制度要求的有效证明文件及产品出厂合格证。

3.3.4 对设计用量大于或等于2.0t的干粉,应由监理工程师组织现场取样,送至具备相应资质的检测机构进行检测,其结果应符合国家现行有关产品标准和设计要求。

检查数量:按送检需要量。

检查方法:检查现场取样按国家现行有关产品标准对抗结块性和灭火效能检验的报告。

3.4 系统组件

3.4.1 水炮、泡沫炮、干粉炮、消防泵组、泡沫液罐、泡沫比例混合装置、干粉罐、氮气瓶组、阀门、动力源、消防炮塔、控制装置等系统组件及压力表、过滤装置和金属软管等系统配件的外观质量,应符合下列规定:

1 无变形及其他机械性损伤;

2 外露非机械加工表面保护涂层完好;

3 无保护涂层的机械加工面无锈蚀;

4 所有外露接口无损伤,堵、盖等保护物包封良好;

5 铭牌标记清晰、牢固。

检查数量:全数检查。

检查方法:观察检查。

3.4.2 水炮、泡沫炮、干粉炮、消防泵组、泡沫液罐、泡沫比例混合装置、干粉罐、氮气瓶组、阀门、动力源、消防炮塔、控制装置等系统组件及压力表、过滤装置和金属软管等系统配件应符合下列规定:

1 其规格、型号、性能应符合国家现行产品标准和设计要求。

检查数量:全数检查。

检查方法:检查市场准入制度要求的有效证明文件和产品出厂合格证。

2 设计上有复验要求或对质量有疑义时,应由监理工程师抽样,并由具有相应资质的检测单位进行检测复验,其复验结果应符合国家现行产品标准和设计要求。

检查数量:按设计要求数量或送检需要量。

检查方法:检查复验报告。

3.4.3 阀门的强度和严密性试验应符合下列规定:

1 强度和严密性试验应采用清水进行,强度试验压力为公称压力的1.5倍;严密性试验压力为公称压力的1.1倍;

2 试验压力在试验持续时间内应保持不变,且壳体填料和阀瓣密封面无渗漏;

3 阀门试压的试验持续时间不应少于表3.4.3的规定;

4 试验合格的阀门,应排尽内部积水,并吹干。密封面涂防锈油,关闭阀门,封闭出入口,做出明显的标记,并应按本规范附录C表C.0.2记录。

检查数量:每批(同牌号、同型号、同规格)按数量抽查10%,且不得少于1个;主管道上的隔断阀门,应全部试验。

检查方法:将阀门安装在试验管道上,有液流方向要求的阀门试验管道应安装在阀门的进口,然后管道充满水,排净空气,用试压装置缓慢升压,待达到严密性试验压力后,在最短试验持续时间内,阀瓣密封面不渗漏为合格;最后将压力升至强度试验压力(强度试验不能以阀瓣代替盲板),在最短试验持续时间内,壳体填料无渗漏为合格。

表3.4.3 阀门试验持续时间

公称直径 DN(mm)	最短试验持续时间(s)		
	严密性试验		强度试验
	金属密封	非金属密封	
≤50	15	15	15
65~200	30	15	60
250~450	60	30	180
≥500	120	60	180

3.4.4 应对干粉炮灭火系统工程管路中安装的选择阀、安全阀、减压阀、单向阀、高压软管等部件进行水压强度试验和气压严密性试验,并应符合下列规定:

1 水压强度试验的试验压力应为部件公称压力的 1.5 倍,气体严密性试验的试验压力为部件的公称压力;

2 进行水压强度试验时,水温不应低于 5℃,达到试验压力后,稳压时间不应少于 1min,在稳压期间目测试件应无变形;

3 气压严密性试验应在水压强度试验后进行。加压介质可为空气或氮气。试验时将部件浸入水中,达到试验压力后,稳压时间不应少于 5min,在稳压期间应无气泡自试件内溢出;

4 部件试验合格后,应及时烘干,并封闭所有外露接口。并应按本规范附录 C 表 C.0.2 记录。

3.4.5 消防泵组转动应灵活,无阻滞,无异常声音。

检查数量:全数检查。

检查方法:观察检查。

3.4.6 消防炮的转动机构和操作装置应灵活、可靠。

检查数量:全数检查。

检查方法:观察检查。

4 系统组件安装与施工

4.1 一般规定

4.1.1 消防泵组的安装除应符合本规范的规定外,尚应符合现行国家标准《机械设备安装工程施工及验收通用规范》GB 50231、《压缩机、风机、泵安装工程施工及验收规范》GB 50275 的有关规定。

4.1.2 系统的下列施工,除应符合本规范的规定外,尚应符合现行国家标准《工业金属管道工程施工及验收规范》GB 50235、《现场设备、工业管道焊接工程施工及验收规范》GB 50236 和行业标准《钢制焊接常压容器》JB/T 4735 的有关规定。

1 常压钢质泡沫液罐现场制作、焊接、防腐;

2 管道的加工、焊接、安装;

3 管道的检验、试压、冲洗、防腐;

4 支、吊架的焊接、安装;

5 阀门的安装。

4.1.3 泡沫液罐、干粉罐的安装除应符合本规范的规定外,尚应符合现行标准《建筑安装工程质量检验评定标准 容器工程》TJ 306 的有关规定。

4.1.4 消防泵组、动力源等系统组件不应随意拆卸,确需拆卸时,应由生产厂家进行。

4.2 消 防 炮

4.2.1 消防炮安装应符合设计要求,且应在供水管线系统试压、冲洗合格后进行。

4.2.2 消防炮安装前应确定基座上供灭火剂的立管固定可靠。

检查数量:全数检查。

检查方法:观察检查。

4.2.3 消防炮回转范围应与防护区相对应。

检查数量:全数检查。

检查方法:观察检查。

4.2.4 消防炮安装后,应检查在其设计规定的水平和俯仰回转范围内不与周围的构件碰撞。

检查数量:全数检查。

检查方法:观察检查。

4.2.5 与消防炮连接的电、液、气管线应安装牢固,且不得干涉回转机构。

检查数量:全数检查。

检查方法:观察检查。

4.2.6 消防炮在向消防炮塔上部起吊安装的过程中,起吊措施应安全可靠。

4.3 泡沫比例混合装置与泡沫液罐

4.3.1 泡沫液罐的安装位置和高度应符合设计要求。当设计无要求时,泡沫液罐周围应留有满足检修需要的通道,其宽度不宜小于 0.7m,操作面处不宜小于 1.5m;当泡沫液罐上的控制阀距地面高度大于 1.8m 时,应在操作面处设置操作平台。

检查数量:全数检查。

检查方法:用尺测量。

4.3.2 常压泡沫液罐的现场制作、安装和防腐应符合下列规定:

1 现场制作的常压钢质泡沫液罐,泡沫液管道吸液口距泡沫液罐底面不应小于 0.15m,且宜做成喇叭口形。

检查数量:全数检查。

检查方法:用尺测量。

2 现场制作的常压钢质泡沫液罐应进行严密性试验,试验压力应为储罐装满水后的静压力,试验时间不应小于 30min,目测应无渗漏。

检查数量:全数检查。

检查方法:观察检查,检查全部焊缝、焊接接头和连接部位,以无渗漏为合格。

3 现场制作的常压钢质泡沫液罐内、外表面应按设计要求防腐,并应在严密性试验合格后进行。

检查数量:全数检查。

检查方法:观察检查,当对泡沫液罐内表面防腐涂料有疑义时,可取样送至具有相应资质的检测单位进行检验。

4 常压钢质泡沫液罐罐体与支座接触部位的防腐,应符合设计要求,当设计无规定时,应按加强防腐层的做法施工。

检查数量:全数检查。

检查方法:观察检查。

5 常压泡沫液罐的安装方式应符合设计要求,当设计无要求时,应根据其形状按立式或卧式安装在支架或支座上,支架应与基础固定,安装时不得损坏其储罐上的配管和附件。

检查数量:全数检查。

检查方法:观察检查,必要时可切开防腐层检查。

4.3.3 压力式泡沫液罐安装时,支架应与基础牢固固定,且不应拆卸和损坏配管、附件;罐的安全阀出口不应朝向操作面。

检查数量:全数检查。

检查方法:观察检查。

4.3.4 设在室外的泡沫液罐的安装应符合设计要求,并应根据环境条件采取防晒、防冻和防腐等措施。

检查数量:全数检查。

检查方法:观察检查。

4.3.5 泡沫比例混合装置的安装应符合下列规定:

1 泡沫比例混合装置的标注方向应与液流方向一致。

43

检查数量：全数检查。

检查方法：观察检查。

2 泡沫比例混合装置与管道连接处的安装应严密。

检查数量：全数检查。

检查方法：调试时观察检查。

4.3.6 压力式比例混合装置应整体安装，并应与基础牢固固定。

检查数量：全数检查。

检查方法：观察检查。

4.3.7 平衡式比例混合装置的安装应符合下列规定：

1 平衡式比例混合装置中平衡阀的安装应符合设计和产品要求，并应在水和泡沫液进口的管道上分别安装压力表，压力表与装置中的比例混合器进口处的距离不宜大于 0.3m。

检查数量：全数检查。

检查方法：尺量和观察检查。

2 水力驱动平衡式比例混合装置的泡沫液泵安装应符合设计和产品要求，安装尺寸和管道的连接方式应符合设计要求。

检查数量：全数检查。

检查方法：尺量和观察检查。

4.4 干粉罐与氮气瓶组

4.4.1 安装在室外时，干粉罐和氮气瓶组应根据环境条件设置防晒、防雨等防护设施。

检查数量：全数检查。

检查方法：观察检查。

4.4.2 干粉罐和氮气瓶组的安装位置和高度应符合设计要求。当设计无要求时，干粉罐和氮气瓶组周围应留有满足检修需要的通道，其宽度不宜小于 0.7m，操作面处不宜小于 1.5m。

检查数量：全数检查。

检查方法：尺量和观察检查。

4.4.3 氮气瓶组安装时应防止氮气误喷射。

4.4.4 干粉罐和氮气瓶组中需现场制作的连接管道应采取防腐处理措施。

检查数量：全数检查。

检查方法：观察检查。

4.4.5 干粉罐和氮气瓶组的支架应固定牢固，且应采取防腐处理措施。

检查数量：全数检查。

检查方法：观察检查。

4.5 消防泵组

4.5.1 消防泵组应整体安装在基础上，并应固定牢固。

4.5.2 吸水管及其附件的安装应符合下列要求：

1 吸水管进口处的过滤装置的安装应符合设计要求。消防泵组直接取海水时，吸水管应设置有效的防海生物附着的装置。

2 吸水管上的控制阀应在消防泵组固定于基础上之后再进行安装，其直径不应小于消防泵组吸水口直径，且不应采用没有可靠锁定装置的蝶阀。

检查数量：全数检查。

检查方法：观察检查。

3 消防泵组吸水管上宜加设柔性连接管。

检查数量：全数检查。

检查方法：观察检查。

4 吸水管管段上不应有气囊和漏气现象。变径连接时，应采用偏心异径管件并应采用管顶平接。

检查数量：全数检查。

检查方法：观察检查。

4.5.3 当消防泵组采用内燃机驱动时，内燃机冷却器的泄水管应通向排水设施。

检查数量：全数检查。

检查方法：观察检查。

4.5.4 内燃机驱动的消防泵组其排气管的安装应符合设计要求，当设计无规定时，应采用直径相同的钢管连接后通向室外。排气管的外部宜采取隔热措施。

检查数量：全数检查。

检查方法：观察检查。

4.5.5 消防泵组在基础固定及进出口管道安装完毕后，对联轴器重新校验同轴度。

检查数量：全数检查。

检查方法：用仪表检查。

4.6 管道与阀门

4.6.1 管道的安装应符合下列规定：

1 水平管道安装时，其坡度、坡向应符合设计要求，且坡度不应小于设计值，当出现 U 型管时应有放空措施。

检查数量：干管抽查 1 条；支管抽查 2 条；分支管抽查 10%，且不得少于 1 条。

检查方法：用水平仪检查。

2 立管应用管卡固定在支架上，其间距不应大于设计值。

检查数量：全数检查。

检查方法：尺量和观察检查。

3 埋地管道安装应符合下列规定：

　1）埋地管道的基础应符合设计要求；

　2）埋地管道安装前应做好防腐，安装时不应损坏防腐层；

　3）埋地管道采用焊接时，焊缝部位应在试压合格后进行防腐处理；

　4）埋地管道在回填前应进行隐蔽工程验收，合格后及时回填，分层夯实，并应按本规范附录 D 进行记录。

检查数量：全数检查。

检查方法：观察检查。

4 管道安装的允许偏差应符合表 4.6.1 的要求。

表 4.6.1 管道安装的允许偏差

项 目			允许偏差(mm)
坐标	地上、架空及地沟	室外	25
		室内	15
	埋地		60
标高	地上、架空及地沟	室外	±20
		室内	±15
	埋地		±25
水平管道平直度	$DN \leq 100$		2L‰最大 50
	$DN > 100$		3L‰最大 80
立管垂直度			5L‰最大 30
与其他管道成排布置间距			15
与其他管道交叉时外壁或绝热层间距			20

注：L——管段有效长度；DN——管道公称直径。

检查数量：干管抽查 1 条；支管抽查 2 条；分支管抽查 10%，且不得少于 1 条。

检查方法：坐标用经纬仪或拉线和尺量检查；标高用水准仪或拉线和尺量检查；水平管道平直度用水平仪、直尺、拉线和尺量检查；立管垂直度用吊线和尺量检查；与其他管道成排布置间距及与其他管道交叉时外壁或绝热层间距用尺量检查。

5 管道支、吊架安装应平整牢固，管墩的砌筑应规整，其间距应符合设计要求。

检查数量：按安装总数的 5% 抽查，且不得少于 5 个。

检查方法：观察和尺量检查。

6 当管道穿过防火堤、防火墙、楼板时，应安装套管。穿防火堤和防火墙套管的长度不应小于防火堤和防火墙的厚度，穿楼板套管长度应高出楼板50mm,底部应与楼板底面相平;管道与套管间的空隙应采用防火材料封堵;管道应避免穿过建筑物的变形缝,必须穿越时,应采取保护措施。

检查数量:全数检查。

检查方法:观察和尺量检查。

7 立管与地上水平管道或埋地管道用金属软管连接时,不得损坏其编织网,并应在金属软管与地上水平管道的连接处设置管道支架或管墩。

检查数量:全数检查。

检查方法:观察检查。

8 立管下端设置的锈渣清扫口与地面的距离宜为0.3~0.5m;锈渣清扫口可采用闸阀或盲板封堵;当采用闸阀时,应竖直安装。

检查数量:全数检查。

检查方法:观察和尺量检查。

9 流量检测仪器安装位置应符合设计要求。

检查数量:全数检查。

检查方法:观察检查。

10 管道上试验检测口的设置位置和数量应符合设计要求。

检查数量:全数检查。

检查方法:观察检查。

11 冲洗及放空管道的设置应符合设计要求,当设计无要求时,应设置在泡沫液管道的最低处。

检查数量:全数检查。

检查方法:观察检查。

4.6.2 阀门的安装应符合下列规定:

1 阀门应按相关标准进行安装,并应有明显的启闭标志。

检查数量:全数检查。

检查方法:按相关标准的要求检查。

2 具有遥控、自动控制功能的阀门安装,应符合设计要求;当设置在有爆炸和火灾危险的环境时,应符合现行国家标准《爆炸和火灾危险环境电气装置施工及验收规范》GB 50257等相关标准的规定。

检查数量:全数检查。

检查方法:观察检查。

3 自动排气阀应在系统试压、冲洗合格后立式安装。

检查数量:全数检查。

检查方法:观察检查。

4 管道上设置的控制阀,其安装高度宜为1.1~1.5m;当控制阀的安装高度大于1.8m时,应设置操作平台。

检查数量:全数检查。

检查方法:观察和尺量检查。

5 消防泵组的出口管道上设置的带控制阀的回流管,应符合设计要求,控制阀的安装高度距地面宜为0.6~1.2m。

检查数量:全数检查。

检查方法:尺量检查。

6 管道上的放空阀应安装在最低处。

检查数量:全数检查。

检查方法:观察检查。

4.7 消防炮塔

4.7.1 安装消防炮塔的地面基座应稳固,钢筋混凝土基座施工后应有足够的养护时间。

4.7.2 消防炮塔与地面基座的连接应固定可靠。

检查数量:全数检查。

检查方法:观察检查。

4.7.3 消防炮塔的起吊定位现场应有足够的空间,起吊过程中消防炮塔不得与周边构筑物碰撞。

4.7.4 消防炮塔安装后应采取相应的防腐措施。

检查数量:全数检查。

检查方法:观察检查。

4.7.5 消防炮塔应做防雷接地,施工应符合现行国家标准《建筑物防雷设计规范》GB 50057的相关规定,施工完毕应及时进行隐蔽工程验收。

检查数量:全数检查。

检查方法:观察检查。

4.8 动 力 源

4.8.1 动力源的安装应符合设计要求。

4.8.2 动力源应整体安装在基础上,并应牢固固定。

检查数量:全数检查。

检查方法:观察检查。

5 电气安装与施工

5.1 一 般 规 定

5.1.1 控制装置的安装除按本规范规定执行外,还应符合现行国家标准《建筑电气工程施工质量验收规范》GB 50303、《电气装置安装工程接地装置施工及验收规范》GB 50169、《爆炸和火灾危险环境电气装置施工及验收规范》GB 50257和《固定消防炮灭火系统设计规范》GB 50338等标准、规范的规定。

5.1.2 控制装置在搬运和安装时应采取防撞击、防潮和防漆面受损等安全措施。

5.1.3 控制装置安装施工前,与控制装置安装工程施工有关的建筑物、构筑物的建筑工程质量,应符合国家现行的建筑工程施工及验收规范中的有关规定。当设备或设计有特殊要求时,尚应满足其要求。

5.2 布 线

5.2.1 布线前,应对导线的种类、电压等级进行检查;强、弱电回路不应使用同一根电缆,应分别成束分开排列;不同电压等级的线路,不应穿在同一管内或线槽的同一槽孔内。

检查数量:全数检查。

检查方法:观察检查。

5.2.2 引入控制装置内的电缆及其芯线应符合下列要求:

1 引入控制装置内的电缆管道应采用支架固定,并按横平竖直配置;备用芯线长度应留有适当余量;

2 引入控制装置的电缆应排列整齐,编号清晰,避免交叉,并应牢固固定,不得使端子排承受机械应力;

3 引入控制装置内的铠装电缆,应将钢带切断,切断处的端部应扎紧,并应将钢带接地;

4 引入控制装置内的使用于传感器等信号采集回路的控制电缆,应采用屏蔽电缆。其屏蔽层应按设计要求的接地方式接地;

5 电缆芯线和所配导线的端部,均应标明与设计图样一致的编号,标记应字迹清晰;

6 控制装置接线端子排的每个接线端子,接线不得超过两根。

检查数量:全数检查。

检查方法:观察检查。

5.2.3 布线施工完毕在测试绝缘时,应有防止弱电设备损坏的安全技术措施。

5.3 控 制 装 置

5.3.1 控制装置与基座之间的螺栓连接应牢固。

检查数量:全数检查。

检查方法:观察检查。

5.3.2 控制装置中的电控盘、柜、屏、箱、台安装垂直度允许偏差为 1.5‰,相互间接缝不应大于 2mm,成列盘面偏差不应大于5mm。

检查数量:全数检查。

检查方法:重锤法检查。

5.3.3 控制装置的端子箱安装应牢固,并应防潮、防尘。安装的位置应便于检查;成列安装时,应排列整齐。

检查数量:全数检查。

检查方法:观察检查。

5.3.4 控制装置的接地应牢固、可靠。对装有电器的可开门,门和框架的接地端子间应用裸编织铜线连接,且有标识。

检查数量:全数检查。

检查方法:观察检查。

5.3.5 装置的漆层应完整,损伤面应及时修补。固定支架等应做防腐处理。

检查数量:全数检查。

检查方法:观察检查。

5.3.6 安装完毕后,建筑物中的预留孔洞及电缆管口,应做好封堵。

检查数量:全数检查。

检查方法:观察检查。

6 系统试压与冲洗

6.1 一 般 规 定

6.1.1 管道安装完毕后,应对其进行强度试验、严密性试验和冲洗。

检查数量:全数检查。

检查方法:检查强度试验、严密性试验、冲洗记录表。

6.1.2 强度试验、严密性试验和冲洗宜采用清水进行,不得使用含有腐蚀性化学物质的水。在缺淡水地区可采用海水冲洗,用海水冲洗后宜用清水冲洗。

检查数量:全数检查。

检查方法:检查水压试验和气压试验记录表。

6.1.3 系统试压前应具备下列条件:

1 埋地管道的位置及管道基础、支墩等经复查应符合设计要求;

检查数量:全数检查。

检查方法:对照图纸观察、尺量检查。

2 试压用的压力表不少于 2 只;精度不应低于 1.5 级,量程应为试验压力值的 1.5～2 倍;

检查数量:全数检查。

检查方法:观察检查。

3 试压冲洗方案已经批准;

4 对不能参与试压的设备、仪表、阀门及附件加以隔离或拆除;加设的临时盲板应具有突出于法兰的边耳,且应做明显标志,并记录临时盲板的数量。

检查数量:全数检查。

检查方法:观察检查。

6.1.4 系统试压完成后,应及时拆除所有临时盲板及试验用的管道,并应与记录核对无误,且应按本规范附录 C 表 C.0.5 的格式填写记录。

检查数量:全数检查。

检查方法:观察检查。

6.1.5 管道冲洗宜在试压合格后进行。

检查数量:全数检查。

检查方法:观察检查。

6.1.6 管道冲洗前,应对系统的仪表采取保护措施;冲洗直径大于 100mm 的管道时,应对其死角和底部进行敲打,但不得损伤管道;冲洗后,应清理可能存留脏物、杂物的管段。

检查数量:全数检查。

检查方法:观察检查。

6.1.7 管道冲洗合格后,应按本规范附录 C 表 C.0.5 的格式填写记录。

6.2 水 压 试 验

6.2.1 当系统设计工作压力等于或小于 1.0MPa 时,水压强度试验压力应为设计工作压力的 1.5 倍,并不应低于 1.4MPa;当系统设计工作压力大于 1.0MPa 时,水压强度试验压力应为该工作压力加 0.4MPa。

检查数量:全数检查。

检查方法:观察检查。

6.2.2 水压强度试验的测试点应设在系统管道的最低点。对管道注水时,应将管道内的空气排净,并应缓慢升压,达到试验压力后,稳压 10min,管道应无损伤、变形。

检查数量:全数检查。

检查方法:观察检查。

6.2.3 水压严密性试验应在水压强度试验和管道冲洗合格后进行。试验压力应为设计工作压力,稳压 30min,应无泄漏。

检查数量:全数检查。

检查方法:观察检查。

6.2.4 水压试验时环境温度不宜低于 5℃,当低于 5℃时,水压试验应采取防冻措施。

检查数量:全数检查。

检查方法:用温度计检查。

6.2.5 系统的埋地管道应在回填前单独或与系统一起进行水压强度试验和水压严密性试验。

检查数量:全数检查。

检查方法:观察和检查水压强度试验和水压严密性试验记录。

6.3 冲 洗

6.3.1 管道冲洗宜分区、分段进行。冲洗的水流方向应与灭火时管道的水流方向一致。

检查数量:全数检查。

检查方法:观察检查。

6.3.2 管道冲洗应连续进行,当出口处水的颜色、透明度与入口处水的颜色、透明度基本一致且无杂物排出时,冲洗方可结束。

检查数量:全数检查。

检查方法:观察检查。

6.3.3 管道冲洗结束后,应将管道内的水排除干净,必要时应采用压缩空气吹干。

检查数量:全数检查。

检查方法:观察检查。

6.3.4 气动、液压和干粉管道,应采用压缩空气吹扫干净。

检查数量:全数检查。

检查方法:观察检查。

7 系统调试

7.1 一般规定

7.1.1 调试应在整个系统施工结束后进行。

7.1.2 调试应具备下列条件:

1 设计施工图、设计说明书、系统组件的使用、维护说明书及其他调试必须的完整技术资料;

2 泡沫液罐和干粉罐中已储备满足调试要求的试验药剂量;

3 系统水源、电源、气源满足调试要求,电气设备应具备与系统联动调试的条件。

7.1.3 调试前施工单位应制定调试方案,并经监理单位批准。

7.1.4 调试负责人应由专业技术人员担任。参加调试的人员应职责明确,并应按照预定的调试程序进行。

7.1.5 调试前应对系统进行检查,并应及时处理发现的问题。

7.1.6 调试前应将需要临时安装在系统上经校验合格的仪器、仪表安装完毕,调试时所需的检查设备应准备齐全。

7.1.7 系统调试后应按本规范附录 C 表 C.0.6 规定的内容提出调试报告。调试报告的内容可根据具体情况进行补充。

7.2 系统调试

7.2.1 系统手动功能的调试结果,应符合下列规定:

1 电控阀门进行启闭功能试验,其启闭角度、反馈信号等指标应符合设计要求。

2 消防炮进行动作功能试验,其仰俯角度、水平回转角度、直流喷雾转换及反馈信号等指标应符合设计要求,消防炮应不与消防炮塔碰撞干涉。

3 消防泵组进行启、停试验,消防泵组的动作及反馈信号应符合设计要求。

4 稳压泵组进行启、停试验,稳压泵组的动作及反馈信号应符合设计要求。

检查数量:全数检查。

检查方法:使系统电源处于接通状态,各控制装置的操作按钮处于手动状态。逐个按下各电控阀门的手动启、停操作按钮,观察阀门的启、闭动作及反馈信号应正常;用手动按钮或手持式无线遥控发射装置逐个操控相对应的消防炮做俯仰和水平回转动作,观察各消防炮的动作及反馈信号是否正常。对带有直流喷雾转换功能的消防炮,还应检验其喷雾动作控制功能;逐个按下各消防泵组的手动启、停操作按钮,观察消防泵组的动作及反馈信号应正常;逐个按下各稳压泵组的手动启、停操作按钮,观察稳压泵组的动作及反馈信号应正常。

7.2.2 固定消防炮灭火系统的主电源和备用电源进行切换试验,调试中主、备电源的切换及电气设备运行应正常。

检查数量:全数检查。

检查方法:系统主、备电源处于接通状态。当系统处于手动控制状态时,以手动的方式进行 1~2 次试验,主、备电源应能切换;当系统处于自动控制状态时,在主电源上设定一个故障,备用电源应能自动投入运行,在备用电源上设定一个故障,主电源应能自动投入运行。

7.2.3 消防泵组功能调试试验,其结果应符合下列规定:

1 消防泵组运行调试试验,其性能应符合设计和产品标准的要求。

检查数量:全数检查。

检查方法:按系统设计要求,启动消防泵组,观察该消防泵组及相关设备动作是否正常,若正常,消防泵组在设计负荷下,连续运转不应少于 2h,采用压力表、流量计、秒表、温度计进行计量。

2 消防泵主、备泵组自动切换功能调试试验,在设计负荷下进行转换运行试验,其主要性能应符合设计要求。

检查数量:全数检查。

检查方法:接通控制装置电源,并使消防泵组控制装置处于自动状态,人工启动一台消防泵组,观察该消防泵组及相关设备动作是否正常,若正常,则在消防泵组控制装置内人为为该消防泵组设定一个故障,使之停泵。此时,备用消防泵组应能自动投入运行。消防泵组在设计负荷下,连续运转不应少于30min,采用压力表、流量计、秒表计量。

7.2.4 稳压泵应按设计要求进行调试。当达到设计启动条件时,稳压泵应立即启动;当达到系统设计压力时,稳压泵应自动停止运行;当消防主泵启动时,稳压泵应停止运行。

检查数量:全数检查。

检查方法:观察检查。

7.2.5 泡沫比例混合装置调试时,应与系统喷射泡沫试验同时进行,其混合比应符合设计要求。

检查数量:全数检查。

检查方法:用流量计测量;蛋白、氟蛋白等折射指数高的泡沫液可用手持折射仪测量,水成膜、抗溶水成膜等折射指数低的泡沫液可用手持导电度测量仪测量。

7.2.6 消防炮的调试应符合下列规定:

1 消防水炮和消防泡沫炮进行喷水试验,其喷射压力、仰俯角度、水平回转角度等指标应符合设计要求。

检查数量:全数检查。

检查方法:用手动或电动实际操作,并用压力表、尺量和观测检查。

2 消防干粉炮应进行喷射试验,其喷射压力、喷射时间、仰俯角度、水平回转角度等指标应符合设计要求。

检查数量:全数检查。

检查方法:用压力表、秒表等观测检查。

7.2.7 系统各联动单元进行联动功能调试时,各联动单元被控设备的动作与信号反馈应符合设计要求。

检查数量:全数检查。

检查方法:按设计的联动控制单元进行逐个检查。接通系统电源,使待检联动控制单元的被控设备均处于自动状态:①按下对应的联动启动按钮,该单元应能按设计要求自动启动消防泵组,打开阀门等相关设备,直至消防炮喷射灭火剂(或水幕保护系统出水)。该单元设备的动作与信号反馈应符合设计要求。②对具有自动启动功能的联动单元,采用对联动单元的相关探测器输入模拟启动信号后,该单元应能按设计要求自动启动消防泵组,打开阀门等相关设备,直至消防炮喷射灭火剂(或水幕保护系统出水)。

7.2.8 固定消防炮灭火系统的喷射功能调试应符合下列规定:

1 水炮灭火系统:当为手动灭火系统时,应以手动控制的方式对该门水炮保护范围进行喷水试验;当为自动灭火系统时,应以手动和自动控制的方式对该门水炮保护范围分别进行喷水试验。系统自接到启动信号至水炮炮口开始喷水的时间不应大于5min,其各项性能指标均应达到设计要求。

检查数量:全数检查。

检查方法:自接到启动信号至开始喷水的时间,用秒表测量。其他性能用压力表、流量计等观测检查。

2 泡沫炮灭火系统:泡沫炮灭火系统按本条第1款的规定喷水试验完毕,将水放空后,应以手动或自动控制的方式对该门泡沫炮保护范围进行喷射泡沫试验。系统自接到启动信号至泡沫炮口开始喷射泡沫的时间不应大于5min,喷射泡沫的时间应大于2min,实测泡沫混合液的混合比应符合设计要求。

检查数量:全数检查。

检查方法:自接到启动信号至开始喷泡沫的时间,用秒表测量。泡沫混合液的混合比按本规范第7.2.5条的检查方法测量。

用秒表测量喷射泡沫的时间,然后按生产厂给出的产品特性曲线查出对应的流量。

3 干粉炮灭火系统:当为手动灭火系统时,应以手动控制的方式对该门干粉炮保护范围进行一次喷射试验;当为自动灭火系统时,应以手动和自动控制的方式对该门干粉炮保护范围各进行一次喷射试验。系统自接到启动信号至干粉炮口开始喷射干粉的时间不应大于2min,干粉喷射时间应大于60s,其各项性能指标均应达到设计要求。

检查数量:全数检查。

检查方法:用氮气代替干粉,自接到启动信号至干粉炮口开始喷射的时间,用秒表测量;其他用压力表等观测。

4 水幕保护系统:当为手动水幕保护系统时,应以手动控制的方式对该道水幕进行一次喷水试验;当为自动水幕保护系统时,应以手动和自动控制的方式分别进行喷水试验。其各项性能指标均应达到设计要求。

检查数量:全数检查。

检查方法:自接到启动信号至开始喷水的时间,用秒表测量。其他性能用压力表、流量计等观测检查。

8 系统验收

8.1 一般规定

8.1.1 系统验收时,应提供下列文件资料,并按本规范附录E填写质量控制资料核查记录。

1 经批准的设计施工图、设计说明书;

2 设计变更通知书、竣工图;

3 系统组件、泡沫液和干粉的市场准入制度要求的有效证明文件和产品出厂合格证;由具有资质的单位出具的泡沫液、干粉现场取样检验报告;材料的出厂检验报告与合格证;材料与系统组件进场检验的复验报告;

4 系统组件的安装使用说明书;

5 施工许可证(开工证)和施工现场质量管理检查记录;

6 系统施工过程检查记录及阀门的强度和严密性试验记录、管道试压和管道冲洗记录,隐蔽工程验收记录;

7 系统验收申请报告。

8.1.2 系统的验收应包括系统施工质量验收和系统功能验收,系统功能验收应包括启动功能验收和喷射功能验收。系统验收合格后,应按本规范附录F填写固定消防炮灭火系统工程质量验收记录。

8.1.3 系统施工质量验收合格但功能验收不合格应判定为系统不合格,不得通过验收。

8.1.4 系统验收合格后,应冲洗放空,复原系统,并向建设单位移交本规范第2.0.5条和第8.1.1条列出资料及各种验收记录、报告。

8.2 系统验收

8.2.1 系统施工质量验收应包括下列内容:

1 系统组件及配件的规格、型号、数量、安装位置及安装质量；

2 管道及附件的规格、型号、位置、坡向、坡度、连接方式及安装质量；

3 固定管道的支、吊架,管墩的位置、间距及牢固程度；

4 管道穿防火堤、楼板、防火墙及变形缝的处理；

5 管道和设备的防腐；

6 消防泵房、水源和水位指示装置；

7 电源、备用动力及电气设备；

检查数量:全数检查。

检查方法:观察和量测及试验检查。

8.2.2 系统启动功能验收应符合下列要求:

1 系统手动启动功能验收试验。

检查数量:全数检查。

检查方法:使系统电源处于接通状态,各控制装置的操作按钮处于手动状态。逐个按下各消防泵组的手动操作启、停按钮,观察消防泵组的动作及反馈信号应正常;逐个按下各电控阀门的手动操作启、停按钮,观察阀门的启、闭动作及反馈信号应正常;用手动按钮或手持式无线遥控发射装置逐个操控相对应的消防炮做俯仰和水平回转动作,观察各消防炮的动作及反馈信号是否正常,观察消防炮在设计规定的回转范围内是否与消防炮塔干涉,消防炮塔的防腐涂层是否完好。对带有直流喷雾转换功能的消防炮,还应检验其喷雾动作控制功能。

2 主、备电源的切换功能验收试验。

检查数量:全数检查。

检查方法:系统主、备电源处于接通状态,在主电源上设定一个故障,备用电源应能自动投入运行;在备用电源上设定一个故障,主电源应能自动投入运行。

3 消防泵组功能验收试验。

1)消防泵组运行验收试验。

检查数量:全数检查。

检查方法:按系统设计要求,启动消防泵组,观察该消防泵组及相关设备动作是否正常,若正常,消防泵组在设计负荷下,连续运转不应少于2h。

2)主、备泵组自动切换功能验收试验。

检查数量:全数检查。

检查方法:接通控制装置电源,并使消防泵组控制装置处于自动状态,人工启动一台消防泵组,观察该消防泵组及相关设备动作是否正常,若正常,则在消防泵组控制装置内人为地为该消防泵组设定一个故障,使之停泵。此时,备用消防泵组应能自动投入运行。消防泵组在设计负荷下,连续运转不应少于30min。

4 联动控制功能验收试验。

检查数量:全数检查。

检查方法:按设计的联动控制单元进行逐个检查。接通系统电源,使待检联动控制单元的被控设备均处于自动状态,按下对应的联动启动按钮,该单元应能按设计要求自动启动消防泵组,打开阀门等相关设备,直至消防炮喷射灭火剂(或水幕保护系统出水)。该单元设备的动作与信号反馈应符合设计要求。

8.2.3 系统喷射功能验收应符合下列要求:

检查数量:全数检查。

验收条件:

1)水炮和水幕保护系统采用消防水进行喷射;

2)泡沫炮系统的比例混合装置及泡沫液的规格应符合设计要求;

3)消防泵组供水达到额定供水压力;

4)干粉炮系统的干粉型号、规格、储量和氮气瓶组的规格、压力应符合系统设计要求;

5)系统手动启动和联动控制功能正常;

6)系统中参与控制的阀门工作正常。

试验结果:

1)水炮、水幕、泡沫炮的实际工作压力不应小于相应的设计工作压力;

2)水炮、泡沫炮、干粉炮的水平、俯仰回转角应符合设计要求,带有直流喷雾转换功能的消防水炮的喷雾角应符合设计要求;

3)保护水幕喷头的喷射高度应符合设计要求;

4)泡沫炮系统的泡沫比例混合装置提供的混合液的混合比应符合设计要求;

5)水炮系统和泡沫炮系统自启动至喷出水或泡沫的时间不应大于5min;干粉炮系统自启动至喷出干粉的时间不应大于2min。

8.2.4 系统功能验收判定条件。系统启动功能与喷射功能验收全部检查内容验收合格,方可判定为系统功能验收合格。

9 维护管理

9.1 一般规定

9.1.1 系统验收合格后方可投入运行。

9.1.2 系统应由经过专门培训,并经考试合格后的专人负责定期检查和维护。

9.1.3 系统投入使用时应具备下列文件资料:

1 施工、验收阶段所出具的文件资料;

2 系统的维护管理规程及记录表。

9.1.4 对检查和试验中发现的问题应及时解决,对损坏或不合格者应立即更换,并应复原系统。

9.1.5 固定消防炮灭火系统发生故障时,应向主管值班人员报告,取得维护负责人的同意并采取防范措施后方能修理。

9.1.6 干粉罐与氮气瓶组的维护应按照《压力容器安全技术监察规程》的规定执行。

9.1.7 应对灭火剂的使用有效期进行定期检查,对超出使用期限的灭火剂应及时更换。

9.2 系统定期检查与试验

9.2.1 系统维护管理检查项目应按附录G进行。

9.2.2 周检应符合下列要求:

1 阀门启闭正常;

2 消防炮的回转机构等动作正常;

3 系统组件及配件外观完好。

9.2.3 月检应符合下列要求:

1 消防泵组启动运转正常;

2 氮气瓶的储压不应小于设计压力的90%；

3 供水水源及水位指示装置应正常；

4 控制装置运行正常；

5 泡沫液罐内泡沫液的液位正常。

9.2.4 半年检泡沫炮、水炮系统喷水应正常。

9.2.5 系统运行每隔两年,应按下列规定对系统进行检查和试验：

1 系统喷射试验,试验完毕应对泡沫管道、干粉管道进行冲洗。对于干粉炮系统,可用氮气进行模拟喷射试验,试验压力取设计压力。并对系统所有的设备、设施、管道及附件进行全面检查,结果应符合设计要求；

2 系统管道冲洗,清除锈渣,并进行涂漆处理。

附录A 固定消防炮灭火系统分部工程、子分部工程、分项工程划分

固定消防炮灭火系统分部工程、子分部工程、分项工程应按表A划分。

表A 固定消防炮灭火系统分部工程、子分部工程、分项工程划分

分部工程	序号	子分部工程	分项工程
固定消防炮灭火系统	1	进场检验	管材及配件
			灭火剂
			系统组件
	2	系统组件安装与施工	消防炮
			泡沫比例混合装置和泡沫液罐
			干粉罐和氮气瓶组
			消防泵组
			管道与阀门
			消防炮塔
			动力源
	3	电气安装与施工	布线
			控制装置
	4	系统试压与冲洗	水压试验
			冲洗
	5	系统调试	手动功能调试
			主电源和备用电源切换调试
			消防泵组功能调试
			稳压泵调试
			泡沫比例混合装置调试
			消防炮调试
			各联动单元联动功能调试
			系统喷射功能调试
	6	系统验收	系统施工质量验收
			系统功能验收

附录B 施工现场质量管理检查记录

施工现场质量管理检查记录应由施工单位按表B填写,监理工程师和建设单位项目负责人进行检查,并作出检查结论。

表B 施工现场质量管理检查记录

工程名称			
建设单位		项目负责人	
设计单位		项目负责人	
监理单位		监理工程师	
施工单位		项目负责人	
施工许可证		开工日期	

序号	项目	内容	
1	现场质量管理制度		
2	质量责任制		
3	主要专业人员操作上岗证书		
4	施工图审查情况		
5	施工组织设计、施工方案及审批		
6	施工技术标准		
7	工程质量检验制度		
8	现场材料、系统组件存放与管理		
9	其他		

检查结论	施工单位项目负责人： （签章） 年 月 日	监理工程师： （签章） 年 月 日	建设单位项目负责人： （签章） 年 月 日

附录C 固定消防炮灭火系统施工过程检查记录

C.0.1 固定消防炮灭火系统施工过程中的进场检验记录应由施工单位质量检查员按表C.0.1填写,监理工程师进行检查,并作出检查结论。

表C.0.1 进场检验记录

工程名称			
施工单位		监理单位	
子分部工程名称	进场检验	施工执行规范名称及编号	
分项工程名称	《规范》章节条款、质量规定	施工单位检查记录	监理单位检查记录
管材及配件	3.2.1		
	3.2.2		
	3.2.3		
	3.2.4		
灭火剂	3.3.1		
	3.3.2		
	3.3.3		
	3.3.4		
系统组件	3.4.1		
	3.4.2		
	3.4.3		
	3.4.5		
	3.4.6		
结论	施工单位项目负责人： （签章） 年 月 日	监理工程师： （签章） 年 月 日	

C.0.2 固定消防炮灭火系统的阀门强度和严密性试验记录应由施工单位质量检查员按表C.0.2填写,监理工程师进行检查,并作出检查结论。

表C.0.2 阀门强度和严密性试验记录

工程名称											
施工单位					监理单位						
规格型号	数量	公称压力(MPa)	强度试验				严密性试验				
			介质	压力(MPa)	时间(min)	结果	介质	压力(MPa)	时间(min)	结果	
结论											
参加单位及人员	施工单位项目负责人:(签章)　　　　　年　月　日					监理工程师:(签章)　　　　　年　月　日					

C.0.3 固定消防炮灭火系统的组件安装与施工记录应由施工单位质量检查员按表C.0.3填写,监理工程师进行检查,并作出检查结论。

表C.0.3 系统组件安装与施工检查记录

工程名称			
施工单位		监理单位	
子分部工程名称	系统组件安装与施工	施工执行规范名称及编号	
分项工程名称	《规范》章节条款、质量规定	施工单位检查记录	监理单位检查记录
消防炮	4.2.2		
	4.2.3		
	4.2.4		
	4.2.5		
泡沫比例混合装置和泡沫液罐	4.3.1		
	4.3.2		
	1		
	2		
	3		
	4		
	5		
	4.3.3		
	4.3.4		
	4.3.5		
	1		
	2		
	4.3.6		
	4.3.7		
	1		
	2		

续表C.0.3

分项工程名称	《规范》章节条款、质量规定	施工单位检查记录	监理单位检查记录
干粉罐和氮气瓶组	4.4.1		
	4.4.2		
	4.4.4		
	4.4.5		
消防泵组	4.5.2		
	1		
	2		
	3		
	4		
	5		
	4.5.3		
	4.5.4		
	4.5.5		
管道与阀门	4.6.1		
	1		
	2		
	3		
	4		
	5		
	6		
	7		
	8		
	9		
	10		
	11		
	4.6.2		

续表C.0.3

分项工程名称	《规范》章节条款、质量规定	施工单位检查记录	监理单位检查记录
管道与阀门	1		
	2		
	3		
	4		
	5		
	6		
消防炮塔	4.7.2		
	4.7.4		
	4.7.5		
动力源	4.8.2		
结论	施工单位项目负责人:(签章)　　　　年　月　日		监理工程师:(签章)　　　　年　月　日

C.0.4 固定消防炮灭火系统的电气安装与施工应由施工单位质量检查员按表 C.0.4 填写,监理工程师进行检查,并作出检查结论。

表 C.0.4 电气安装与施工检查记录

工程名称			
施工单位		监理单位	
子分部工程名称	电气安装与施工	施工执行规范名称及编号	
分项工程名称	《规范》章节条款、质量规定	施工单位检查记录	监理单位检查记录
布线	5.2.1		
	5.2.2		
控制装置	5.3.1		
	5.3.2		
	5.3.3		
	5.3.4		
	5.3.5		
	5.3.6		
结论	施工单位项目负责人:(签章)　　　　年 月 日		监理工程师:(签章)　　　　年 月 日

C.0.5 固定消防炮灭火系统的管道水压试验记录应由施工单位质量检查员按表 C.0.5 填写,监理工程师进行检查,并作出检查结论。

表 C.0.5 管道水压试验记录

工程名称												
施工单位				监理单位								
管道编号	设计参数				强度试验				严密性试验			
	管径	材质	介质	压力(MPa)	介质	压力(MPa)	时间(min)	结果	介质	压力(MPa)	时间(min)	结果
结论												
参加单位及人员	施工单位项目负责人:(签章)　　　　年 月 日					监理工程师:(签章)　　　　年 月 日						

C.0.6 固定消防炮灭火系统的冲洗记录应由施工单位质量检查员按表 C.0.6 填写,监理工程师进行检查,并作出检查结论。

表 C.0.6 冲洗记录

工程名称								
施工单位			监理单位					
管道编号	设计参数				冲洗			
	管径	材质	介质	压力(MPa)	介质	压力(MPa)	流量(L/s)	流速(m/s)	冲洗时间或次数	结果
结论										
参加单位及人员	施工单位项目负责人:(签章)　　　　年 月 日				监理工程师:(签章)　　　　年 月 日					

C.0.7 固定消防炮灭火系统的系统调试记录应由施工单位质量检查员按表 C.0.7 填写,监理工程师进行检查,并作出检查结论。

表 C.0.7 系统调试记录

工程名称			
施工单位		监理单位	
子分部工程名称	系统调试	施工执行规范名称及编号	
分项工程名称	《规范》章节条款、质量规定	施工单位检查记录	监理单位检查记录
手动功能调试	7.2.1		
	1		
	2		
	3		
	4		
主电源和备用电源切换试验	7.2.2		
消防泵组功能调试	7.2.3		
	1		
	2		
稳压泵调试	7.2.4		
泡沫比例混合器装置调试	7.2.5		
消防炮调试	7.2.6		
	1		
	2		
各联动单元联动功能调试	7.2.7		
系统喷射功能调试	7.2.5		
	1		
	2		
	3		
	4		
结论	施工单位项目负责人:(签章)　　　　年 月 日		监理工程师:(签章)　　　　年 月 日

附录 D 隐蔽工程验收记录

隐蔽工程验收应由施工单位按表 D 填写,隐蔽前应由施工单位通知建设、监理等单位进行验收,并作出验收结论,由监理工程师填写。

表 D 隐蔽工程验收记录

工程名称											
建设单位						设计单位					
监理单位						施工单位					
管道编号	设计参数			强度试验				严密性试验			防腐
	管径	材料	介质	压力(MPa)	介质	压力(MPa)	时间(min)	结果	介质	压力(MPa)	时间(min)	结果	等级	结果
隐蔽前的检查											
隐蔽方法											
简图或说明											
验收结论											
验收单位	施工单位				监理单位				建设单位			
	(公章) 项目负责人:(签章) 年 月 日				(公章) 监理工程师:(签章) 年 月 日				(公章) 项目负责人:(签章) 年 月 日			

附录 E 固定消防炮灭火系统质量控制资料核查记录

固定消防炮灭火系统质量控制资料核查记录应由施工单位按表 E 填写,建设单位项目负责人组织监理工程师、施工单位项目负责人等进行核查,并作出核查结论,由监理单位填写。

表 E 固定消防炮灭火系统质量控制资料核查记录

工程名称				
建设单位		设计单位		
监理单位		施工单位		
序号	资料名称	资料数量	核查结果	核查人
1	经批准的设计施工图、设计说明书			
2	设计变更通知书、竣工图			
3	系统组件、泡沫液和干粉的市场准入制度要求的有效证明文件和产品出厂合格证;泡沫液、干粉现场取样由具有资质的单位出具的检验报告;材料的出厂检验报告与合格证;材料与系统组件进场检验的复验报告			
4	系统组件的安装使用说明书			
5	施工许可证(开工证)和施工现场质量管理检查记录			
6	固定消防炮灭火系统施工过程检查记录及阀门的强度和严密性试验记录、管道试压和管道冲洗记录、隐蔽工程验收记录			
7	系统验收申请报告			
核查结论				
核查单位	建设单位	施工单位	监理单位	
	(公章) 项目负责人:(签章) 年 月 日	(公章) 项目负责人:(签章) 年 月 日	(公章) 监理工程师:(签章) 年 月 日	

附录 F 固定消防炮灭火系统验收记录

固定消防炮灭火系统验收应由施工单位按表 F 填写,建设单位项目负责人组织监理工程师、设计单位项目负责人、施工单位项目负责人进行验收,并作出验收结论,由监理单位填写。

表 F 固定消防炮灭火系统验收记录

工程名称				
建设单位		设计单位		
监理单位		施工单位		
子分部工程名称	系统验收		施工执行规范名称及编号	
分项工程名称	条款	验收项目名称	验收内容记录	验收评定结果
系统施工质量验收	8.2.1	1 系统组件及配件	规格、型号、数量、安装位置及安装质量	
		2 管道及管件	规格、型号、位置、坡向、坡度、连接方式及安装质量	
		3 管道支、吊架,管墩	位置、间距及牢固程度	
		4 管道穿防火堤、楼板、防火墙、变形缝等的处理	套管尺寸和空隙的填充材料及穿变形缝时采取的保护措施	
		5 管道和设备的防腐	涂料种类、颜色、涂层质量及防腐层的层数、厚度	
		6 消防泵房、水源及水位指示装置	消防泵房的位置和耐火等级;水池或水罐的容量及补水设施;天然水源水质和枯水期最低水位时确保用水量的措施;水位指示标志	
		7 电源、备用动力及电气设备	电源负荷级别;备用动力的容量;电气设备的规格、型号、数量及安装质量;电源和备用动力的切换试验	

续表 F

子分部工程名称	系统验收		施工执行规范名称及编号	
分项工程名称	条款	验收项目名称	验收内容记录	验收评定结果
系统功能验收	8.2.2	1 系统启动功能	系统手动启动功能	
			主、备电源的切换功能	
			消防泵组的功能	
			联动控制功能	
		2 系统喷射功能	水炮、泡沫炮、干粉炮、水幕的喷射压力、转角、混合比、系统喷射响应时间等	
验收结论				
验收单位	建设单位	施工单位	监理单位	设计单位
	(公章) 项目负责人: (签章) 年 月 日	(公章) 项目负责人: (签章) 年 月 日	(公章) 监理工程师: (签章) 年 月 日	(公章) 项目负责人: (签章) 年 月 日

固定消防炮灭火系统维护管理检查工作应按表 G 进行。

表 G　维护管理检查项目

部　位	工作内容	周　期
阀门	启闭是否正常	每周
消防炮	回转机构动作是否正常	每周
	外观是否良好	每周
消防泵组	启动运转是否正常	每月
氮气瓶组	储压是否正常	每月
供水水源及水位指示装置	是否正常	每月
控制装置	运行是否正常	每月
泡沫液罐	泡沫液液位是否正常	每月
泡沫炮、水炮系统	喷水是否正常	每半年
固定消防炮灭火系统	喷射是否符合设计要求	每两年
管道	冲洗和除锈	每两年

中华人民共和国国家标准

固定消防炮灭火系统施工与验收规范

GB 50498-2009

条文说明

1　总　　则

1.0.1　本条主要说明制定本规范的意义和目的,即为了保障固定消防炮灭火系统施工质量,规范验收和维护管理。

　　固定消防炮灭火系统是现代城镇消防和工业消防不可缺少的重要技术装备,也是快速、成功扑救大面积的区域性、群组(设备或建筑)性的重大、特大火灾的有效消防技术装备。随着国民经济和城镇建设的飞速发展,各种火灾因素也在不断增加,城镇火灾、工业火灾,特别是油码头、液化石油气码头、液体化工码头、集装箱码头及靠港的油轮、货轮,飞机维修机库、航站楼,石油化工生产装置及贮运装置,油气田、油罐区,危险品库房、展览大厅、体育场馆以及古建筑群等重点工程或要害场所发生重大、特大火灾,造成重大财产损失和人员群死群伤等恶性事故的几率增加,给公安消防队伍的灭火作业及固定消防技术装备提出了更高的要求。现代消防中仅仅依靠传统的灭火手段和常规的灭火设施已经远远满足不了消防实战的需要,特别是当油罐发生爆炸时,其固定安装的系统的管线和泡沫发生器就有可能因爆裂而失去作用,这时固定安装在油罐区的远控消防炮灭火系统就能发挥其机动性和可控性强的优势,快速、有效地控火与灭火。

　　近年来,国内外的消防实战均证实:研制大流量、远射程、反应迅速、灭火效能高、保护区域和灭火范围广、防爆隔爆、可远程有线或无线控制的消防炮灭火系统,并配置在重点工程或要害场所已成为有效扑救重大工程火灾的当务之急。

　　我国自 20 世纪 80 年代中期就开始了远控消防炮灭火系统的开发和研制工作,经过科技人员几年的努力,于 1989 年试制成功了我国第一套大流量、远射程的遥控消防泡沫——水炮灭火系统,经过反复试验和不断改进,于 1991 年正式投入生产,并将首套消防炮系统安装、应用于舟山兴中石油储运公司的 20 万吨级成品油码头上,填补了我国在该系统生产及其工程应用上的空白。经过近 10 年来的不断完善和提高,该系统的生产工艺和工程应用技术已日趋成熟,至今国产消防炮灭火系统已成功地应用于国内外的近百个重点工程与要害场所。美国 Stang 公司和德国 Albach 公司等的消防炮系统 80 年代初已在世界各国广泛应用,目前在我国部分地区的重点工程上也有安装、使用。

　　上述关于消防炮系统在国内外重点工程的大量使用,充分说明了固定消防炮灭火系统在现代城镇消防和工业消防中已经发挥了不可替代的至关重要的作用。

　　2003 年我国已颁布了现行国家标准《固定消防炮灭火系统设计规范》GB 50338,但未涉及施工、验收及维护管理的内容。当时在固定消防炮灭火系统工程建设中,施工队伍复杂,技术水平参差不齐,对材料与系统组件进场检验,系统的施工、调试、验收及运行后的维护管理等关键环节都没有统一的要求,出现了无章可循的局面。因此制定《固定消防炮灭火系统施工与验收规范》是非常必要的。

　　本规范的编制,是在吸收国外标准、规范的先进经验和国内工程施工、调试、验收及维护管理实践经验的基础上,广泛征求国内有关单位的意见的基础上完成的。它对固定消防炮灭火系统的施工、调试、验收及维护管理提出了统一的技术标准,为施工单位提供了施工安装依据,也为监理单位、消防监督机构和工程建设单位提供了对系统施工质量的监督、审查依据。这对保证系统正常运行,更好地发挥固定消防炮灭火系统的作用,减少火灾危害,保护人身和财产安全,具有十分重要的意义。

1.0.2　本条规定了本规范的使用范围。其适用范围与现行国家标准《固定消防炮灭火系统设计规范》GB 50338 的规定一致。

1.0.3　随着我国在建设市场中的法律、法规不断完善,目前在建

43

设工程中,包括设计、施工和设备材料供应。无论是国际或者国内都采取招标、投标的方式来决定中标单位。标书一般由建设单位或中介机构撰写,其内容大致分为两个部分,即技术标书和商务标书,由投标单位根据技术文件和商务方面的要求,提出技术和质量保证,并作出使用年限、服务等承诺,最后由建设单位与中标单位签订承包合同文件。本规范提出无论是工程技术文件和承包合同文件对施工及验收的要求,均不得低于本规范的规定,其目的是为了保证固定消防炮灭火系统的施工质量和系统的使用功能。

1.0.4 本条规定了本规范与其他有关标准的关系。本规范是专业技术规范,其内容涉及范围较广。在本规范中主要对本系统的组件、管材及管件的施工、验收及维护管理等特殊性要求作了规定,国家现行的有关标准已经作了规定的,在本规范中没有重复写入相关规定条款。本条规定:"……除执行本规范的规定外,尚应符合现行国家有关标准的规定",这是符合标准编写原则的。这样既保证了本规范的完整性,又保证了与其他标准的协调一致,避免矛盾、重复。

本条所指的"现行国家有关标准"除本规范中已指明的以外,还包括以下几个方面的标准,如固定消防灭火系统及部件通用技术条件、灭火剂通用技术条件、消防泵性能要求和试验方法、电气装置安装施工及验收规范等。

2 基本规定

2.0.1 本条规定了固定消防炮灭火系统是建筑工程消防设施中的一个分部工程,并划分了若干的子分部工程和分项工程,这样为施工过程检查和验收提供了方便。

2.0.2 本条是依照我国法律法规的规定而制定的。20世纪90年代初,随着消防事业的发展,消防工程施工队伍发展很快,但施工队伍的素质不高,这引起了各地消防监督机构和建设主管部门的重视。根据消防工程的特殊性和消防工程施工队伍的专业性,本条针对固定消防炮灭火系统施工队伍的资质要求及其管理问题,作了统一规定。具体要求施工人员应经过专业培训并考核合格,施工单位应经过审核批准,这对确保系统的施工质量,保证系统的正常运行发挥了积极、良好的作用。

随着我国法律法规的陆续颁布,如1998年3月1日施行的《中华人民共和国建筑法》和以后颁布的《建筑工程质量管理条例》,对建设工程中的勘测、设计、施工、监理等单位的从业资质和人员素质都作了具体规定,本条就是在这样的基础上制定的。

2.0.3 本条规定了固定消防炮灭火系统施工单位应建立必要的质量责任制度,对系统施工的质量管理体系提出了较全面的要求,系统的质量控制应为全过程的控制,是符合《建筑工程质量管理条例》第26条、第30条规定的。

系统的施工单位应有健全的生产控制和合格控制的质量管理体系,这里不仅包括材料与系统组件的控制、工艺流程控制、施工操作控制,每道工序质量检查、各道工序间的交接检验以及各专业工种之间交接环节的质量管理和控制要求,还包括满足施工图设计和功能要求的抽样检验制度。系统的施工单位还应不断地总结

经验,找出质量管理体系中存在的问题和薄弱环节,并制定改进措施,使施工单位的质量管理体系不断健全和完善,是施工质量不断提高的可靠保证。

2.0.4 经批准的施工图和技术文件均系经当地政府职能部门和监督部门的审定、批准,它是施工的基本技术依据,应当坚持按图施工的原则,不得随意更改,这是符合《建筑工程质量管理条例》第11条规定的。

如确需改动时,应由原设计单位修改,并出具设计变更文件。另外,施工应按照相关的技术标准的规定进行,这样才能保证施工的施工质量。

2.0.5 要保证固定消防炮灭火系统的施工质量,使系统能正确安装,可靠运行,正确的设计、合理的施工、合格的产品都是必要的技术条件。设计施工图、设计说明书是正确设计的体现,是施工单位的施工依据,规定了系统的基本设计参数、设计依据和组件材料要求,提出了施工要求以及施工中应注意的事项等。

系统组件的使用说明书是制造厂根据其产品的特点和规格、型号、技术性能参数等编制的可供设计、安装和维护人员使用的技术说明,主要包括产品的结构、技术参数、安装要求、维护方法与要求。因此这些资料不仅可以帮助设计单位正确选型,便于监理单位监督检查,而且也是施工单位把握设备特点、正确安装所必需的。

市场准入制度要求的有效证明文件和产品出厂合格证是保证系统所采用的组件和材料质量符合要求的可靠技术证明文件。本条要求系统组件及配件应当具备上述文件,对不具备上述文件的组件和材料则要求提供制造厂家出具的检验报告与合格证。管材还应当提供相应规格的材质证明。

2.0.6 本条对固定消防炮灭火系统的施工应当具备的基本条件作了规定,以保证系统的施工质量和进度。

设计单位向施工单位进行技术交底,使施工单位更深刻地了解设计意图,尤其是施工难度比较大的关键部位、隐蔽工程以及施工程序、技术要求、做法、检查标准等,都应向施工单位交代清楚,这样才能保证施工质量。这是符合《建筑工程质量管理条例》第23条规定的。

施工前对系统组件、管材及管件的规格、型号、数量进行查验,看其是否符合设计要求,这样才能满足施工质量和施工进度的要求。

固定消防炮灭火系统的施工与土建密切相关,有些组件要求打基础,管道的支、吊架需要预埋件,管道若穿过防火堤、楼板、墙需要预留孔,这些部位施工质量的好坏直接影响系统的施工质量。因此,在系统的组件、管道安装前,必须检查基础、预埋件和预留孔是否符合设计要求。

场地、道路、水、电也是施工的前提保证,以前称三通一平,即水通、电通、道路通、场地平整,它直接影响施工进度。此项任务过去一般都由建设单位完成,目前也有由施工单位实施,建设单位协助。总之,不管由谁做,都要满足此条件。

2.0.7 本条规定了固定消防炮灭火系统施工过程当中质量控制的主要方面。

一是要求按本规范的规定进行系统组件和材料的进场检验和重要材料的复验。

二是要求保证每道工序的质量,按照施工技术标准进行控制。并要求施工单位和监理单位对施工过程质量进行检查。

三是要求施工单位每道工序完成后除了自检、专职质量检查员检查外,还强调了工序交接检查,上道工序应满足下道工序的施工条件和要求。同样,相关专业工序之间也应进行中间交接检验,使各工序间和各相关专业工种之间形成一个有机的整体。

四是要求施工单位、监理单位、建设单位对隐蔽工程在隐蔽前进行验收。

五是要求施工单位和监理单位在安装完工之后应当按照相关

标准、规范的规定进行系统调试。调试合格后,施工单位向建设单位申请验收。

这是固定消防炮灭火系统进行施工质量控制的全过程。

2.0.8 本条规定了验收的组织单位及应到现场参加验收的相关单位,便于全面核查、客观评价。

2.0.9 本条规定了固定消防炮灭火系统检查、验收合格标准,其中包括施工过程各工种、工序的质量,隐蔽工程施工质量,质量控制资料,工程验收等,这些涵盖了施工全过程。另外规范了编制本规范表格的基本格式、内容和方式。

2.0.10 本条规定了验收合格后应提供的文件资料,以便建立建设项目档案,并向建设行政主管部门或其他有关部门移交,这是符合《建筑工程质量管理条例》第17条规定的。

2.0.11 本条规定了当系统施工质量不符合要求时的处理办法。

一般情况下,不合格的现象在施工过程当中就应当被发现并及时处理,否则将影响下道工序的施工。因此所有质量隐患必须尽快消灭在萌芽状态,这也是本规范强调施工过程质量控制原则的体现。非正常情况的处理分以下两种情况:

一是指缺陷不太严重,经返工重做可以处理的项目,或有严重缺陷,经推倒重来或更换系统组件和材料的工程,应当允许重新验收。如能够符合本规范的规定,可判为合格。

二是指存在严重缺陷的工程,经返工重做或更换系统组件和材料仍不符合本规范的要求,不得通过验收。

3 进 场 检 验

3.1 一 般 规 定

3.1.1 材料与系统组件进场检验是施工过程检查的一部分,也是质量控制的内容,检验结果应按本规范附录C表C.0.1记录。固定消防炮灭火系统验收时,作为质量控制核查资料之一提供给验收单位审查,也是存档资料之一,为日后查对提供方便。

3.1.2 本条规定了材料与系统组件进场抽样检查合格与不合格的判定条件。即有一件不合格时,应加倍抽查;若仍有不合格时,则判定此批产品不合格。这是产品抽样(检查)的例行做法。

3.2 管 材 及 配 件

3.2.1 本条规定了管材及管件进场时应具备的有效证明文件。管材应提供相应规格、批次的质量合格证、出厂证明、性能及材质检验报告。管件则应提供相应制造单位出具的合格证、出厂证明、检验报告,其中包括材质和水压强度试验等内容。

3.2.2 本条规定了管材及管件进场时外观检查的要求。

管材及管件(即弯头、三通、异径接头、法兰、盲板、补偿器、紧固件、垫片等)也是系统的组成部分,其质量好坏直接影响系统的施工质量。目前制造厂家很多,质量不尽相同,为避免劣质产品应用到系统上,所以进场时要进行外观检查,以保证材料质量。其检查内容和要求,应符合本条各款的规定。

3.2.3 本条规定了管材及管件进场检验时检测内容及要求,并给出了检测时的抽查数量,其目的是保证材料的质量。

3.2.4 本条规定了管材及管件需要复验的条件及要求,并作为强制性条文执行。复验时,具体检测内容按设计要求和疑点而定。

3.3 灭 火 剂

3.3.1 本条作了泡沫液进场应由建设单位、监理工程师和供货方现场组织检查,并共同取样留存的规定,而且作为强制性条文执行,其目的待以后需要时送检,从而促使生产企业提供合格产品。留存泡沫液的贮存条件应符合《泡沫灭火剂通用技术条件》GB 15308的相关规定。

3.3.2 泡沫液虽然在进场时已经检查了市场准入制度要求的有效证明文件和产品出厂合格证等相关文件,也进行了取样留存,但是还应按本条的规定由监理工程师现场取样,送至具备相应资质的检测机构进行检测。其原因就是因为泡沫液是灭火系统的关键材料,直接影响系统的灭火效果,所以把好泡沫液的质量关是至关重要的环节。

从市场调查的情况看,泡沫液的质量不太理想,个别泡沫液生产企业为了降低成本,提高市场竞争力,改变配方选用代用材料;有的配方中少加某种原料;甚至缺少某种原料,在系统调试和验收时检查不出来,只有通过理化性能和泡沫性能试验才能发现问题。实质上这是偷工减料,属于假冒伪劣产品。另据了解,企业送检产品质量与销售产品质量不同,送检产品一般都合格,销售产品就不尽人意了,这给使用单位造成最大隐患,同时也搅乱了产品市场的正常秩序,也影响了好企业的声誉。为了公平、公正,本条根据较大型储罐或防护区对不同品种的泡沫液的设计用量大于一定数量或相关合同要求时,进一步作出了现场取样送检的规定,以确保泡沫液的质量。检测按现行国家标准《泡沫液通用技术条件》GB 15308和相关产品标准的规定进行。主要检测泡沫液性能:

1 发泡性能:

1)发泡倍数;

2)25%析液时间。

2 灭火性能:

1)灭火时间;

2)抗烧时间。

其余项目不检测。

3.3.3 本条作了干粉进场应由建设单位、监理工程师和供货方现场组织检查,并共同取样留存的规定,而且作为强制性条文执行,其目的待以后需要时送检,从而促使生产企业提供合格产品。留存泡沫液的贮存条件应符合《干粉灭火剂通用技术条件》GB 13532的相关规定。

3.3.4 干粉虽然在进场时已经检查了市场准入制度要求的有效证明文件和产品出厂合格证等相关文件,也进行了取样留存,但是还应按本条的规定由监理工程师现场取样,送至具备相应资质的检测机构进行检测。其原因就是因为干粉是干粉固定炮灭火系统的关键材料,直接影响系统的灭火效果,所以把好干粉的质量关是至关重要的环节。

从市场调查的情况看,干粉的质量不太理想,个别干粉生产企业为了降低成本,提高市场竞争力,改变配方选用代用材料;甚至采用黄沙等产品代替干粉。另据了解,企业送检产品质量与销售产品质量不同,送检产品一般都合格,销售产品就不尽人意了,这给使用单位造成最大隐患,同时也搅乱了销售市场的正常秩序,也影响了好企业的声誉。为了公平、公正,本条根据较大型储罐或防护区对干粉按设计用量大于一定数量或相关合同要求时,进一步作出了现场取样送检的规定,以确保干粉的质量。检测按现行国家标准《干粉灭火剂通用技术条件》GB 13532和相关产品标准的规定进行。

3.4 系 统 组 件

3.4.1 在系统中应用的这些组件,在从制造厂搬运到施工现场过程中,要经过装车、运输、卸车和搬运、储存等环节,有的露天存放,受环境及各环节的影响,在这期间,就有可能会因意外原因对这些组件造成锈蚀或损伤。为了保证施工质量,因此对这些组件进行外观检查,并应符合本条各款的要求。

3.4.2 本条规定了对固定消防炮灭火系统的组件进场检验和复验的要求,并作为强制性条文执行。

    1 在系统中应用的这些组件都是系统的关键组件。它们的合格与否,直接影响系统的功能和使用效果,因此进场时对系统组件一定要逐一检查市场准入制度要求的有效证明文件和产品合格证、出厂证明等相关文件,看其规格、型号、性能是否符合国家现行产品标准和设计要求。

    2 本款规定了系统组件需要复验的条件及要求。复验时,具体检测内容按设计要求和疑点而定。

3.4.3 本条对阀门的强度和严密性试验提出了具体要求。固定消防炮灭火系统对阀门的质量要求较高,如阀门渗漏影响系统的压力,使系统不能正常运行。从目前情况看,由于种种原因,阀门渗漏现象较为普遍。为保证系统的施工质量,因此应对阀门进行进场检验。其内容和要求按本条各款执行,并应按本规范附录 C 表 C.0.2 记录,并作为资料移交存档。

3.4.4 本条对消防炮的主件、配件的强度和严密性试验提出了具体要求。干粉炮灭火系统对各种主件、配件的质量要求较高,任何卡阻、泄漏都可能造成系统的瘫痪或影响使用效果。为保证系统的施工质量,因此应对相关主件及配件进行进场检验。其内容和要求按本条各款执行,并应按本规范附录 C 表 C.0.2 记录,且作为资料移交存档。

3.4.5 规定此条的目的是对消防泵组的活动部件,用手动的方法进行检查,看其是否灵活。

3.4.6 规定此条的目的是检查消防炮的转动机构和操作装置,看其是否灵活、可靠。

4 系统组件安装与施工

4.1 一般规定

4.1.1 本条规定的消防泵组安装要求,是直接采用现行国家标准《机械设备安装工程施工及验收通用规范》GB 50231、《压缩机、风机、泵安装工程施工及验收规范》GB 50275 的有关规定。

4.1.2、4.1.3 对系统的施工还应符合的相关规定作了要求。

4.1.4 消防泵都是整机出厂,产品出厂前均已按标准的要求进行组装和试验,并且该产品已经过具有相应资质的检测单位检测合格。随意拆卸整机将会使泵组难以达到原产品设计要求,确需拆卸时应由制造厂家进行,拆卸和复装应按设备技术文件的规定进行。

4.2 消防炮

4.2.1 本条规定消防炮在安装前应对供水管线进行强度和密封试验,并清除管线施工中可能残留的杂物,以避免被安装的消防炮因管线施工问题而造成消防炮的重新安装。

4.2.2 基座上的供灭火剂立管固定可靠,才能保证消防炮安装后可靠抵御喷射反力的作用。

4.2.3 由于基座立管出口法兰和消防炮进口法兰无定位基准,故消防炮安装时应按工程设计中对保护对象的要求确定消防炮进口法兰与立管出口法兰的相对安装位置。

4.2.4 本条规定消防炮的安装应保证消防炮在允许的回转范围内不与周围的构件碰撞,以免损坏或影响消防炮的有效喷射。

4.2.5 本条对消防炮电源线、液压和气管线的安装提出了要求。

4.2.6 工程用消防炮一般体积和质量较大,在向一定高度的炮塔

上部吊装时应采取可靠的安全措施,以免损坏消防炮。

4.3 泡沫比例混合装置与泡沫液罐

4.3.1 本条规定了泡沫液储罐的安装位置和高度应符合设计要求。此外,泡沫液储罐的安装位置与周围建筑物、构筑物及其楼板或梁底的距离及对储罐上控制阀的高度都有一定的要求,其目的是为了安装、操作、更换和维修泡沫液储罐以及罐装泡沫液提供方便条件。

4.3.2 本条对常压泡沫液储罐的现场制作、安装和防腐作了规定。

    1 本款主要规定了现场制作的常压钢质泡沫液储罐关键部位的制作要求。泡沫液管道进液口距储罐底面不应小于 0.15m,其目的是防止将储罐内的锈渣和沉淀物吸入管内堵塞管道,做成喇叭口形是为了减小吸液阻力。

    2 本款规定了现场制作的泡沫液储罐严密性试验压力、时间和判定合格的条件。

    3 本款是对现场制作的常压钢质泡沫液储罐内外表面提出应按设计要求防腐的规定。

    常压钢质泡沫液储罐的容量,是根据灭火系统泡沫液用量决定的,不是定型产品,一般都在现场制作,因此防腐也在现场进行。泡沫液储罐内外表面防腐的种类、层数、颜色等应按设计要求进行,尤其是内表面防腐的种类是根据泡沫液的性质决定的,一定要符合设计要求,否则不但起不到防腐的作用,而且对泡沫液的质量有影响。目前我国泡沫液储罐内表面防腐采用的方法和涂料的种类很多,新产品也在不断出现,还有待于进一步做防腐试验,因此本条没有作具体规定,由设计者选用,这样更有利于执行。

    常压钢质泡沫液储罐的防腐应在严密性试验合格后进行,否则影响对焊缝的检查,影响试漏。若渗漏,必须补焊,试验合格后再防腐,这样浪费涂料,因此作了本款规定。

    4 常压钢质泡沫液储罐的安装,不管哪种安装方式,储罐罐体与支座的接触部分,均应按设计要求进行防腐处理,当设计无要求时,应按加强防腐层的做法施工,这样才能防止腐蚀,增加使用年限。

    5 本款对泡沫液储罐的安装方式作了规定。常压泡沫液储罐的形式很多,安装方式也不尽相同,按照设计要求进行即可。无论哪种安装方式,支架应与基础固定,或者直接安装在混凝土或砖砌的支座上,并不得损坏配管和附件。

4.3.3 本条对泡沫液压力储罐的安装方式和安装时不应拆卸和损坏其储罐上的配管、附件及安全阀出口朝向都作了规定。

    泡沫液压力储罐上设有槽钢或角钢焊接的固定支架,而地面上设有混凝土浇注的基础,采用地脚螺栓将支架与基础固定。因为压力泡沫液储罐进水管压力一般为 0.6~1.6MPa,而且通过压力式比例混合装置的流量也较大,有一定的冲击力,所以固定必须牢固可靠。另外泡沫液压力储罐是制造厂家的定型设备,其上设有安全阀、进料孔、排气孔、排渣孔、人孔和取样孔等附件,出厂时都已安装好,并进行了试验,因此在安装时不得随意拆卸或损坏,尤其是安全阀更不能随意拆动,安装时出口不应朝向操作面,否则影响安全使用。

4.3.4 本条是对设在泡沫泵站外的泡沫液压力储罐作了规定,并作为强制性条文执行。一般泡沫泵站与消防泵房合建,但为了满足 5min 内将泡沫混合液或泡沫输送到最远的保护对象,允许将泡沫泵站设置在防火堤或防护区外,并与保护对象的间距大于 20m,且具备遥控功能。许多单位都将泡沫液压力储罐露天安装在保护对象外,因此必然受环境、温度和气候的影响,所以应采取防晒设施;当环境温度低于 0℃时,应采取防冻设施;当环境温度高于 40℃时,应有降温措施;当安装在有腐蚀性的地区,如海边等还应采取防腐措施。因为温度过低,妨碍泡沫液的流动,温度过高各种泡沫液的发泡倍数均下降,析液时间短,灭火性能降低,为此

作了本条规定。

4.3.5 本条对泡沫比例混合器(装置)的安装方向及与管道的连接作了规定。

1 各种泡沫比例混合器(装置)都有安装方向,在其上有标注,因此安装时不能装反,否则吸不进泡沫液或泵打不进去泡沫液,使系统不能灭火,所以安装时要特别注意标注方向与液流方向必须一致。其原因是每种泡沫比例混合器(装置)都有它的工作原理:环泵式比例混合器是根据文丘里原理;压力式比例混合装置上的比例混合器与管线式比例混合器,一般都是由喷嘴、扩散管、孔板等关键零件组成,是根据伯努力方程进行设计的;平衡式比例混合装置比压力式比例混合装置只加了一个平衡压力流量控制阀,比例混合器部分的原理与其他比例混合器基本一致,因为关键零件安装时是有方向的,所以不能反装。

2 对于压力式和平衡式比例混合器(装置)若不严密,容易渗漏,浪费泡沫液,影响灭火。

4.3.6 本条规定了压力式比例混合装置的安装要求。压力式比例混合装置的压力储罐和比例混合器出厂前已经安装固定在一起,因此必须整体安装,储罐应与基础牢固固定。

4.3.7 本条规定了平衡式比例混合装置的安装要求。平衡式比例混合装置中的平衡阀的安装位置及压力传导管的连接不正确会导致系统无法正常工作。为了便于观察和准确测量压力值,所以压力表与平衡式比例混合装置的进口处的距离不宜大于0.3m。

水力驱动平衡式比例混合装置的泡沫液泵是由水轮机驱动的,安装要求较高,需特别注意。

4.4 干粉罐与氮气瓶组

4.4.1 本条规定了干粉罐和氮气瓶安装在室外时的防护要求。氮气瓶长时间暴晒后压力升高导致不安全,雨水会加速设备腐蚀。

4.4.2 本条规定是为了满足人员维修操作和安装灭火设备的实际需要。

4.4.3 本条对氮气瓶安装提出了要求。为防止氮气误喷伤人,氮气瓶瓶阀要有安全销,氮气瓶要有瓶帽。

4.4.4 本条规定现场焊接的管道及法兰应采取与其他管道相同的防腐措施。

4.4.5 本条是依据系统的喷射试验结果确定的。干粉喷射时会产生较大冲击,且设备一经验收合格投入使用,就需长时间受所处环境的影响,为防止发生意外,要求支架应固定牢固,且应采取防腐处理措施。

4.5 消防泵组

4.5.1 本条规定了消防泵应整体安装在基础上。消防泵的基础尺寸、位置、标高等均应符合设计规定,以保证合理安装及满足系统的工艺要求。

4.5.2 本条对吸水管及其附件安装提出了要求,不应采用没有可靠锁定装置的蝶阀,其理由是一般蝶阀的结构,阀瓣开、关是用蜗杆传动,在使用中受振动时,阀瓣容易变位,改变其规定位置,带来不良后果。美国NFPA 13也有相关规定。考虑到蝶阀在国内工程中应用较多,且有诸如体积小、占用空间位置小、美观等特点,只要克服其原结构不能锁定的问题,有可靠锁定装置的蝶阀,应允许使用。

消防泵组吸水管的正确安装是消防泵组正常运行的根本保证。吸水管上应安装过滤器,避免杂物进入水泵。同时该过滤器应便于清洗,确保消防泵组的正常供水。直接取海水时,贝壳类海生物会在吸水管进口处生长,甚至堵塞进口,常用的防海生物装置有次氯酸钠发生器和电解铜、铝装置等。

吸水管上安装控制阀是便于消防泵组的维修。先固定消防泵组,然后再安装控制阀门,以避免消防泵组承受应力。

当消防泵组和消防水池位于独立基础上时,由于沉降不均匀,可能造成消防泵组吸水管受内应力,最终应力加在消防泵组上,将

会造成消防泵组损坏。最简单的解决方法是加一段柔性连接管。

消防泵组吸水管安装若有倒坡现象则会产生气囊,采用大小头与消防泵组吸水口连接,如果是同心大小头,则在吸水管上部有倒坡现象存在。异径管的大小头上部会存留从水中析出的气体,因此应采用偏心异径管,且要求吸水管的上部保持平接(见图1)。

美国NFPA 20第2.9.6条也明确规定:吸水管应当精心敷设,以免出现漏气和气囊现象,其中任何一种现象均可严重影响消防泵组的运转。

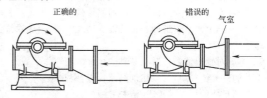

正确的　　　　　错误的　气室

图1 正确和错误的水泵吸水管安装示意图

4.5.3 本条规定了内燃机驱动的消防泵附加冷却器的泄水管应通向排水管、排水沟、地漏等设施。其目的是将废水排到室外的排水设施,而不能直接排至泵房室内地面。

4.5.4 本条规定了内燃机驱动的消防泵排气管应通向室外,其目的是将烟气排出室外,以免污染泵房造成人员中毒事故。当设计无规定时,应采用和排气管直径相同的钢管连接后通向室外,排气口应朝天设置,让烟气向上流动,为了防雨,应加伞形罩,必要时应加防火帽。

4.5.5 消防泵和原动机在运输和安装过程中都有可能发生移位,故要求安装完后对联轴器重新校中。

4.6 管道与阀门

4.6.1 本条对管道的安装要求作了规定。

1 设计规范规定,水平管道在防火堤内应以3‰的坡度坡向防火堤,在防火堤外应以2‰的坡度坡向放空阀,其目的是为了使管道放空,防止积水,避免在冬季冻裂阀门及管道。所以本条规定了坡度、坡向应符合设计要求,且坡度不应小于设计值。在实际工程中消防管道经常给工艺管道让路,或隐蔽工程不可预见,因此出现U形管,所以应有放空措施。

2 立管的安装应用管卡固定在支架上,其间距不应大于设计值。其目的是为了确保立管的牢固性,使其在受外力作用和自身泡沫混合液冲击时不至于损坏。实践表明,油罐发生着火爆炸或基础下沉,往往由于立管固定不牢或立管与水平管道之间未采用柔性连接,导致立管发生拉裂破坏,不能正常灭火。

3 本款对埋地管道安装的要求作了规定,并作为强制性条文执行。埋地管道不应铺设在冻土、瓦砾、松软的土质上,因此基础应进行处理,方法按设计要求。管道安装前按照设计的规定事先做好防腐,安装时不要损坏防腐层,以保证安装质量。

埋地管道采用焊接时,一般在钢管的两端留出焊缝部位,入沟后进行焊接,焊缝部位应在试压合格后,按设计要求进行防腐处理,并严格检查,防止遗漏,避免管道因焊缝腐蚀造成管道的损坏。

埋地管道在回填前进行工程验收,这是施工过程质量控制的重要部分,可避免不必要的返工。合格后及时回填可使已验收合格的管道免遭不必要的损坏,分层夯实则为保证运行后管道的施工质量。并按本规范附录D记录,且作为质量核查资料提供验收,后移交存档,为以后检查维修提供便利条件。

4 本款对管道安装的允许偏差作了规定。

5 本款对管道支、吊架安装和管墩的砌筑作了规定。管道支、吊架应平整牢固,管墩的砌筑应规整,其间距不应大于设计值。其目的是为了确保管道的牢固性,使其在外力和自身水力冲击时也不至于损伤。

6 本款对管道若穿过防火堤、墙壁、楼板和变形缝时的处理作了规定，以保证工程质量。但管道尽量不要穿过以上结构，否则要加以保护。本款指出的防火材料可采用防火堵料或防火包带；穿过变形缝采取下列保护措施：①在墙体两侧采用柔性连接；②在管道外皮上、下部留有不小于 150mm 的净空；③在穿墙处做成方形补偿器，水平安装。

7 本款规定了金属软管在安装时不得损坏其不锈钢编织网，因为编织网是保护金属软管的，一旦损坏，金属软管将有可能也受到损坏，导致渗漏，致使送到泡沫产生装置的泡沫混合液达不到设计压力，影响发泡倍数和泡沫混合液的供给强度，对灭火不利。另外，在软管与地上水平管道的连接处设支架或管墩，避免软管受拉伸损坏。

8 本款对锈渣清扫口及与基础或地面的距离作了规定，立管下端设置的锈渣清扫口，可采用闸阀或盲板，闸阀应竖直安装。其目的是在满足功能用途前提下，清扫方便。

9、10 是为验证安装后的系统是否满足规范和设计要求，要对安装的系统按有关规范的要求进行检测，为此对检测仪器安装的预留位置和试验检测口的设置位置和数量都作了规定。

11 本款对管道上的冲洗及放空管道的设置要求作了规定。该管道设置应符合设计要求，当无要求时，应设置在管道的最低处，主要是为了系统工作后，排净管道内的余液，以免腐蚀和冻坏管道。

4.6.2 本条对阀门的安装要求作了规定。

1 本款对管道采用的阀门的安装要求作了规定。因为管道采用的阀门有手动，还有电动、气动和液动阀门，后三种多用在大口径管道，或遥控和自动控制上，它们各自都有标准，所以作了本款规定。

2 本款是对远控阀门安装要求和设置在有爆炸和火灾危险环境时的安装，应按现行国家标准《电气装置安装工程爆炸和火灾危险环境电气装置施工及验收规范》GB 50257 执行，并作为强制性条文执行。

3 本款规定了自动排气阀的安装要求。管道上设置的自动排气阀，是一种能自动排出管道内气体的专用产品。管道在充泡沫混合液（或调试时充水）的过程中，管道内的气体将被自然驱压到最高点或管道内气体最后集聚处，自动排气阀能自动将这些气体排出，当管道充满液体后该阀会自动关闭。排气阀立式安装系产品结构的要求，在系统试压、冲洗合格后进行安装，是为了防止堵塞，影响排气。

4、5 这二款是对常用的控制阀门的安装作了规定。主要考虑对安装高度的要求，应便于操作。

6 本款规定放空阀安装在低处。主要是为了系统工作后，排净管道内的水或泡沫混合液，以免腐蚀，北方地区若地上安装还要防止冻冰，使阀门和管道免遭损坏。另外对于管道的维修或组件更换也需排净管道内的液体，以便工作。

4.7 消防炮塔

4.7.1 消防炮塔具有较大的高度和质量，要求自身稳固并承受较大喷射反力。因此对地面基座的施工有较高的要求，地面基座一般为深入地下的钢筋混凝土结构，由于混凝土的浇灌量很大，所以本条规定了施工后应有足够的固化时间。

4.7.2 地面基座的预埋螺栓数量大，与消防炮塔联接必须牢固。

4.7.3 消防炮塔具有较大的高度和质量，本条规定了起吊安装时的安全措施要求。

4.7.4 消防炮塔大多安装在海边、石化区等腐蚀性较强的环境中，防腐措施不到位会影响炮塔的使用寿命。

4.7.5 对消防炮塔提出了防雷接地要求。因为消防炮塔高度较高，可达 20～30m，且多处于空旷位置，易受雷击。

4.8 动 力 源

4.8.2 本条规定了动力源应整体安装在基础上。动力源的基础尺寸、位置、标高等均应符合设计规定，以保证合理安装及满足系统的工艺要求。

5 电气安装与施工

5.1 一 般 规 定

5.1.1 本条将电控、液控、气控装置统称为"控制装置"，固定消防炮灭火系统的控制装置有多种形式，包括消防炮控制柜（箱、盘）、电动阀门控制柜（箱、盘）、消防泵控制柜（箱、盘）、联动控制柜（箱、盘）等，控制的设备包括消防炮、电动阀门、各种动力驱动的消防泵组以及系统设备的联动等，控制装置的安装既强调按设计进行施工的基本原则，又必须符合国家有关的标准、规范。

5.1.2 本条规定了控制装置搬运时的基本要求。精密的设备和元件（如计算机、触摸屏等）一般应从控制装置上拆下运输，以免损坏或因装置过重使框架受力变形。尤其应注意在二次搬运及安装过程中，防止损坏。

5.1.3 本条参照现行国家标准《电气装置安装工程盘、柜及二次回路结线施工及验收规范》GB 50171—92 第 1.0.9 条的内容。

1 对固定消防炮灭火系统的建筑工程，强调按国家现行有关规定执行，当控制装置有特殊要求时尚应满足其要求。例如隔爆型控制装置若安装在二楼或以上时，楼板的单位面积承重必须符合要求；另外控制装置基础型钢的安装必须满足上述标准第2.0.1条对基础型钢安装有关规定。由于基础型钢的安装是在建筑工程中进行的。故在建筑工程施工中，电气人员应予以配合，这样才能保证控制装置安装的要求。

2 强调控制装置安装前，屋面、楼板不得有渗漏现象，室内沟道无积水等要求，以防设备受潮。

3 强调有特殊要求的设备，在具备设备所要求的环境时，方可将设备运进现场进行安装调试，以保证设备能安全地进行安装调试及运行。

5.2 布 线

5.2.1 本条规定是为了防止相互干扰,避免发生故障。同一交流回路的电缆要求穿在同一金属管内的目的也是为了防止产生涡流效应,并作为强制性条文执行。

5.2.2 保证在施工中检查和施工后检验及试动作的质量要求,这样才能确保通电运行正常,安全保护可靠,日后操作维护方便。

为保证导线无损伤,配线时宜使用与导线规格相对应的剥线钳剥掉导线的绝缘。螺丝连接时,弯线方向应与螺丝旋紧的方向一致。

根据现行国家标准《工业与民用电力装置的接地设计规范》GBJ 65 及《电气装置安装工程接地装置施工及验收规范》GB 50169,明确要求控制电缆的金属护层应接地。

关于屏蔽层接地的具体做法,全国尚不统一,故应按设计要求而定。双屏蔽层的电缆,为避免形成感应电位差,常采用两层屏蔽层在同一端相连并予接地。

每个接线端子上的电线连接不超过 2 根,是为了连接紧密,不会因通电后冷热交替等因素而过早在检修期内发生松动,同时考虑到方便检修,不因检修而扩大停电范围。

5.2.3 目前,在固定消防炮灭火系统控制装置继保回路、控制回路和信号回路新增加了不少弱电元件,测量二次回路绝缘时,有些弱电元件易被损坏。故提出测试绝缘时,应有防止弱电设备损坏的相应的安全措施,如将强、弱电回路分开,插件拔下等。测完绝缘后应逐个进行恢复,不得遗漏。

5.3 控 制 装 置

5.3.2 本条款引用现行国家标准《建筑电气工程施工质量验收规范》GB 50303—2002。对于并列安装的电控盘、柜、屏、箱、台等应明确外形尺寸,控制好基础型钢的安装尺寸。

5.3.3 本条规定端子箱安装应牢固,封闭应良好,箱门要有密封圈,底部要封堵,以防水、防潮、防尘。有接线排的防爆接线盒出厂时,根据产品标准的规定,也应有铭牌标志。

5.3.4 本条参照现行国家标准《建筑电气工程施工质量验收规范》GB 50303 第 6.1.1 条。

装有电器的可开启的屏、柜门,若无软导线与控制装置的框架连接接地,则当门上的电器绝缘损坏时,将使控制装置门上带有危险的电位,危及运行人员的人身安全,鉴于国内制造厂的产品尚不统一,为确保安全生产,本条做此规定。

5.3.6 本条规定是为了确保运行安全,防止潮气及小动物侵入,对于敞开式建筑物中采用封闭式盘、柜的电缆管口,应做好封堵。

6 系统试压与冲洗

6.1 一般规定

6.1.1 强度试验实际是对系统管道的整体结构、所有接口、承载管架等进行的一种超负荷试验。而严密性试验则是对系统管道渗漏程度的测试。实践表明,这两种试验都是必不可少的,也是评定其工程质量和系统功能的重要依据。管道冲洗,是防止系统投入使用后发生堵塞的重要技术措施之一。

6.1.2 水压试验简单易行,效果稳定可信。

规定采用淡水进行冲洗,可以保证被冲洗管道的内壁不致遭受污染和腐蚀。在缺水地区,例如在大海中的孤岛上,没有淡水来进行管道的冲洗,可用海水冲洗,但最后要用淡水冲洗。

6.1.3 本条规定了系统在试压之前需要具备的条件,包括对埋地管道的位置、基础、试压用的压力表的精度、量程、数量,以及试压冲洗方案等的具体要求。

对试压用压力表的精度、量程和数量的要求,系根据现行国家标准《工业金属管道工程施工及验收规范》GB 50235 的有关规定而定。

试压冲洗方案很重要,应当考虑周到,切实可行,并需经施工单位技术负责人审批,可以避免试压过程中的盲目性和随意性。试压应当包括分段试验和系统试验。系统的冲洗应分段进行,事前的准备工作和事后的收尾工作,都必须有条不紊地进行,以防止任何疏忽大意而留下隐患。

对于那些不能参与试压的设备、仪表、阀门及附件,要求加以隔离或拆除,使其免遭损伤。并且要求在试压前清晰地记录所加设的临时盲板数量,这是为了避免在系统复位时,因遗忘而留下少数临时盲板,从而给系统的冲洗带来麻烦,一旦投入使用,其灭火效果更是无法保证。

6.1.4 系统试压完成后,要求及时地拆除所有临时盲板及试验用的管道,并与记录核对无误。本条还要求按本规范附录 C 表 C.0.5 的格式填写、记录。无遗漏地拆除所有临时盲板,是确保系统能正常投入使用所必须做到的。但目前不少施工单位往往忽视这项工作,结果带来严重后患,因此,本条强调必须与原来记录的盲板数量核对无误。

6.1.5 将管道冲洗安排在试压合格后进行,这是合理的程序,推荐采用。

6.1.6 水冲洗简单易行,费用低、效果好。系统的仪表若参与冲洗,往往使其密封性遭到破坏,或因杂物沉积而影响其性能。

冲洗大直径管道时,对死角和底部都要进行敲打,目的是振松死角处和管道底部的杂质及沉淀物,使它们在高速水流的冲刷下呈漂浮状态而被带出管道。

若不对可能存留脏物、杂物的管段采取有效的方法清洗,系统复位后,该管段所残存的污物便会污染整个管道,并可能在局部造成堵塞,使系统部分或完全丧失灭火功能。

6.1.7 管道冲洗完成后,按照本规范附录 C 表 C.0.5 的格式填写、记录,很有必要,这是对系统管道的冲洗质量进行复查、检验、评定及竣工验收所必须具备的资料之一。

6.2 水 压 试 验

6.2.1 本条参照美国 ANSI/NFPA 13 的相关条文,并结合现行国家规范的有关条文,规定了系统水压强度试验的压力值,以保证系统在实际灭火过程中能承受国家标准《固定消防炮灭火系统设计规范》GB 50338 中规定的最大流量和最大工作压力。

6.2.2 本条规定了水压强度试验的测试点的位置,并要求在向管道注水时需将管道内的空气排净,缓慢升压,达到试验压力后,稳压 10min,这些要求都是保证常规水压强度试验顺利进行的必要条件。试验后,管道应当没有损伤、变形。

6.2.3 本条规定水压严密性试验要在水压强度试验和管道冲洗合格后进行,这是合理的程序,应当采用。并要求在规定试验压力和时间的条件下,管系应当没有泄漏。

6.2.4 当环境温度低于5℃时,水压试验的试压效果不好。如果没有防冻措施,便有可能在试压过程中发生冰冻,就会发生因试验介质的体积膨胀而造成的爆管事故。

6.2.5 本条参照美国标准NFPA 13的相关条文改写而成。系统的埋地管道,是系统的重要组成部分,其承压能力、严密性应当与系统的地上管道等同,而此项工作常被忽视或遗忘,因此需要明确规定。

6.3 冲 洗

6.3.1 用水冲洗管道是固定消防炮灭火系统工程施工过程中的一个重要工序,是防止管道堵塞、确保系统的管道畅通和灭火效果的有效措施之一。

明确水冲洗的水流方向,有利于保证整个系统的冲洗效果和质量,同时对安排被冲洗管段的顺序也较为方便。

6.3.2 本条规定应当连续进行管道冲洗,并对出口处水的颜色和透明度等冲洗效果提出了具体要求,与现行国家标准《工业金属管道工程施工及验收规范》GB 50235中对管道水冲洗的结果要求和检验方法完全相同。

6.3.3 管道冲洗结束后,及时地将存水排净,有利于保护冲洗效果和防止管道锈蚀。如系统需经长时间才能投入使用,则应当使用压缩空气将管道的管壁吹干,并加以封闭,这样可以避免管内生锈或再次遭受污染。

6.3.4 为了防止管道内有杂物留存,应当使用压缩空气吹扫气动、液压和干粉管道。

7 系统调试

7.1 一般规定

7.1.1 固定消防炮灭火系统的调试只有在整个系统已按照设计要求全部施工结束后,才可能全面、有效地进行各项目调试工作。

系统主要设备由生产厂家来进行单机调试,有总承包单位的,系统联动调试由总承包单位来组织调试,无总承包单位,则由业主单位来组织系统联动调试。

7.1.2 固定消防炮灭火系统的调试是保证系统能正常工作的重要步骤,完成该项工作的重要条件是调试所必需的技术资料完整,方能使调试人员确认所采用的设备、材料是否符合国家有关标准的合格产品;是否按设计施工图和设计要求施工;安装质量如何,便于及时发现存在的问题,以保证调试工作顺利进行。

调试可用试验用泡沫液代替泡沫液,氮气代替干粉,其目的是为了节约成本,并可实测泡沫炮或干粉炮系统工况是否符合设计要求。

水源、电源和气源是调试的基本保证,水源由水池、水罐或天然水源提供,无论哪种方式供水,其容量都应符合设计要求,调试时可先满足调试需要的用量。电源主要是主、备电源,消防泵组一般为电动机泵组,备用泵组一般为柴油机泵组,干粉炮系统一般使用氮气瓶组作为气源,它们都应满足设计要求,并应能正常工作。与之配套的电气设备均已具备联动条件,才能进行调试,因此作出本条规定。

7.1.3、7.1.4 系统的调试工作,是一项专业技术非常强的工作,因此要求调试前应制定调试方案,并经监理单位批准。另外要做好调试人员的组织工作,做到职责明确,并应按预先制定的调试

方案和调试程序进行,这是保证系统调试成功的关键条件之一。

7.1.5 本条规定了调试前应对系统施工质量进行检查,并应及时处理所发现的问题,其目的是为了确保系统的调试工作能顺利进行。

7.1.6 由于调试时需要测定介质的工作压力、流量、泡沫混合液的混合比及发泡倍数等参数,因此本条规定了调试前应将需要临时安装在系统上经校验合格的仪器、仪表安装完毕,如压力表、流量计等;调试时所需的检验设备应准备齐全,如台秤(或天平、电子秤)、秒表、量杯或量桶等设备。

7.1.7 固定消防泡灭火系统的调试是属于施工过程检查的一部分,也是质量控制的内容,调试合格后应按本规范要求做好记录。

7.2 系统调试

7.2.1 本条对固定消防炮灭火系统的各被控电气设备规定了手动控制试验要求,这是系统能可靠运行的最基本要求。

本条的规定可避免任意安装而造成消防炮水平回转范围偏离被保护对象的弊端,此外也避免了消防炮在规定的回转范围内与消防炮塔碰撞损坏的可能。

7.2.2 本条对固定消防炮灭火系统的主电源和备用电源的切换试验作了规定。电源是固定消防炮灭火系统的重要组成部分之一,没有可靠的电源,灭火系统就不能正常工作。当主电源故障时,备用电源应立即启用,以保证系统电源的可靠性。

7.2.3 消防泵组是固定消防炮灭火系统的主要设备之一,它运行的正常与否,直接影响系统的效能,因此本条对消防泵组运行试验和消防泵主、备组自动切换运行试验作了规定,以保证在任何不利情况下系统都能正常运行,试验结果应符合设计要求和产品标准的要求。

7.2.4 湿式固定消防炮灭火系统稳压泵组的功能是使系统能保持准工作状态时的正常水压。美国标准NFPA 20相关条文规定:稳压泵的额定流量,应当大于系统正常的漏水率,泵的出口压力应当是维护系统所需的压力,故它应随着系统压力变化而自动开启和停止。本条规定是根据稳压泵的基本功能要求提出的。

7.2.5 本条对泡沫比例混合装置的调试作了规定。

泡沫比例混合装置是保证泡沫混合液按预定比例混合的重要设备,是固定消防炮灭火系统的核心设备之一。本条规定应对泡沫比例混合装置与系统喷射泡沫试验同时进行,这样保证能实测到系统的混合比。

测量方法有三种:

1 流量计测量:《低倍数泡沫灭火系统设计规范》GB 50151(2000年版)第3.1.6条中规定:"在固定式泡沫灭火系统的泡沫混合液主管道上应留出泡沫混合液流量检测仪器安装位置"。但在泡沫液管道上没有规定,要想测量精确在出泡沫液的管道上也应安装流量计。对于平衡式比例混合装置、环袋式比例混合器,由施工单位就在现场可以完成,但对压力式比例混合装置应由制造厂家预留安装位置(加可拆短管)。这样测出的流量经计算就可得出混合比。另外有一种超声波流量计使用简单,但价格较高,测量流量时有误差(产品说明书上称误差为1%),目前还没有普遍使用。

2 折射指数法测量:对于折射指数比例高的泡沫液,如蛋白泡沫液、氟蛋白泡沫液等,可用手持折射仪进行测量。依据的原理是折射指数与泡沫液的浓度成正比,折射指数越大,浓度越大,以此可绘制出标准浓度曲线,然后再测量系统喷射泡沫时取出的混合液试样的折射指数,并与之比较,就可以确定实际混合比。详细测量方法见产品使用说明书。

3 导电度法测量:对于折射指数比较小的泡沫液,如水成膜泡沫液、抗溶水成膜泡沫液等,就得采用手持导电度测量仪进行测量。其原理是泡沫液加入水中后,水的导电度发生变化,且导电度的大小与所加的泡沫液量有关,以此可绘制出标准浓度曲线。一

般取三点连接,最好接近直线,然后再测量系统喷泡沫时取出的混合液试样的导电度,并与之比较,就可以确定实际混合比。但当水源为咸水时,导电度非常大,加入泡沫液后导电度变化较小,这时此方法要慎用。详细测量方法见产品使用说明书。

实测泡沫混合液的混合比不小于额定值,且6%型泡沫液应在6%～7%范围内,3%型泡沫液应在3%～4%范围内。

7.2.6 规定固定式水炮和泡沫炮应全部进行喷水试验,干粉炮应进行喷射试验。消防炮的喷射压力、仰俯角度、水平回转角度及干粉炮的喷射时间等应全部符合设计要求。

7.2.7 固定消防炮灭火系统的各联动单元均由消防泵组(包括电动机或柴油机泵组)、消防泵进出水阀门、各类传感器、系统控制阀门、动力源、远控炮等被控电气设备组成,根据使用要求,被控设备之间存在着一定的逻辑关系,且动作过程较为复杂。因此,必须对设计的所有联动单元逐一进行联动功能调试,检查各联动单元被控设备的动作与信号反馈均应符合设计要求,这样才能保证系统开通的可靠性。

7.2.8 本条对固定消防炮灭火系统的调试作了规定,并作为强制性条文执行。

1 用手动控制或自动控制的方式对消防水炮进行喷水试验,其目的是检查消防泵组能否及时准确启动,电动阀门的启闭是否灵活、准确,管道是否通畅无阻,到达泡沫比例混合装置的进、出口压力,到达消防炮的进口压力是否符合设计要求等。

2 泡沫炮灭火系统不管是哪种控制方式只进行一次喷泡沫试验,是为了节省泡沫液,当为自动灭火系统时,应以自动控制的方式进行。并要求喷射泡沫的时间不宜少于2min,这是因为一般消防泡沫炮的流量都较大,如果喷射时间较短,那么就有可能出现消防泡沫炮系统的额定工作压力尚未满足,泡沫就停止喷射了,这样就不能反映泡沫炮的实际工况。要求泡沫炮喷射泡沫的时间不宜小于2min,是为了真实地测出泡沫混合液中的泡沫液与水的混合比和泡沫混合液的发泡倍数。

泡沫混合液的混合比的测量方法及合格标准,在本规范第7.2.5条的条文说明中已有叙述。其检查结果应符合设计要求。

3 干粉炮进行喷射试验,其目的是检查氮气瓶组能否及时准确启动,电动阀门的启闭是否灵活,准确,干粉管道是否通畅无阻,到达干粉罐的进、出口压力和到达干粉炮的进口压力等指标是否符合设计要求。

4 水幕保护系统试验,其目的是检查在系统处于手动和自动控制状态下,水幕保护系统的各项性能指标是否达到设计要求。

8 系统验收

8.1 一般规定

8.1.1 本条规定了验收时所必须提供的全部技术资料,这些资料是从工程开始到系统调试全过程质量控制等各个重要环节的文字记录,同时也是验收时质量控制资料核查的内容,是建立完善的技术档案的基本条件。

8.1.2 系统功能验收能否实现系统设计所规定的各项功能检验,施工质量验收则是能长期可靠地实现设计功能的保证,两者是系统验收缺一不可的组成部分。验收后应做好记录,并作为资料移交存档。

8.1.3 本条规定了固定消防炮灭火系统验收合格与否的判定标准,并作为强制性条文执行。系统功能是固定消防炮灭火系统能否成功灭火的关键项目,因此应该全部合格,验收不合格,不得通过验收。

8.1.4 本条规定了固定消防炮灭火系统验收合格后,施工单位应用清水把系统冲洗干净并放空,将系统复原,以便投入使用。同时应向建设单位移交全部的技术资料,以便建立、健全建设项目档案,并向建设行政主管部门或其他有关部门移交。

8.2 系统验收

8.2.1 本条规定了固定消防炮灭火系统验收时,应按本条的内容对系统施工质量进行全面考核验收。

为了使固定消防炮灭火系统的验收能够顺利进行,尽管监理和施工单位已对系统的组件、材料进行了进场检验和复验,对施工过程进行了全面检查并进行了调试,但验收时还应按照本条规定的内容对系统的各个组成部分进行验收,以保证系统的施工质量和系统功能验收时能正常运行,符合设计要求。

8.2.2 该系统能否在发生火灾时实现设计所要求的灭火功能,其可靠启动则是关键。本条文规定了系统手动启动功能,主、备电源的切换功能,消防泵组功能,联动控制功能等功能验收的内容、检查数量和检查方法。

8.2.3 本条文规定了系统喷射功能验收的检查数量、验收条件以及验收试验结果的合格判定要求。

8.2.4 系统功能包括启动功能和喷射功能,是系统实现设计灭火能力的前提,本条文作为强制性条文执行,规定了系统功能验收合格的判定条件。

9 维护管理

9.1 一般规定

9.1.1 本条规定了固定消防炮灭火系统验收合格后方可投入运行。这是根据《中华人民共和国消防法》的规定,必须执行。其目的是保障系统可靠运行。

9.1.2 本条规定了固定消防炮灭火系统投入运行前,建设单位应配齐经过专门培训,并通过考试合格的人员负责系统的定期检查和维护。

严格的管理、正确的操作、精心的维护和仔细认真的检查是固定消防炮灭火系统能否发挥正常作用的关键之一,实践证明没有任何一种灭火系统在没有平时的精心维护下,就能发挥良好作用。固定消防炮灭火系统使用的时间较长,有的设备和绝大部分管道在室外,有的管道埋地,这样长期受环境的影响极易生锈、腐蚀,有的部件可能老化。因此加强日常的检查和维护管理,对系统保持正常运行至关重要。为此,要求检查、维护、管理和操作的人员必须具备一定的消防专业知识和基本技能才能胜任此项工作。从目前国内现状来看,大型石化企业都设专职消防队即企业消防队,他们训练有素。但一般企业没有专职消防队,也不设专职操作人员,而是由工艺岗位上的操作人员兼职,他们对固定消防炮灭火系统不十分了解,所以上岗前必须对他们进行专门培训,掌握系统的专业知识和操作规程,并通过考试合格才能承担此项任务,否则会影响固定消防炮灭火系统的正常运行,达不到灭火的目的,给国家造成重大损失。

9.1.3 本条规定了系统投入运行时应具备的技术资料,这是保证系统正常运行和检查维护所必需的。

管理人员要搞好检查、维护工作,必须对系统有全面的了解,熟悉系统的性能、构造及设备的安装使用说明和检查维护方法,才能完成所承担的工作。

系统的检查维护是一项长期延续的工作,制定系统的维护管理规程,做好系统的检查、维护记录,便于判断系统运行是否正常,检查、维护工作是否按要求进行,为今后的维护管理积累必要的档案资料。

9.1.4 本条对检查和试验的结果作了规定。对检查和试验中发现的问题,应及时处理或修复,对损坏或不合格者应立即更换,使系统复原,这样才能保证系统的正常运行。

这里还应指出:各建设部门在未经消防监督机构批准的情况下,不得擅自关停系统,如有需要报停或废止要拆除的系统,要征求消防监督机构的意见,同意后按规定程序,由专门施工单位负责拆除。

9.1.5 固定消防炮灭火系统保护的对象一般为重大工程,比较重要,修理可能影响系统功能的发挥,必须采取相应的措施后才能进行处理。

9.1.6 干粉罐和氮气瓶组属于压力容器。维护需遵循《压力容器安全技术监察规程》的相关规定。

9.1.7 灭火剂包括泡沫液、干粉等,是固定消防炮灭火系统的关键材料,直接影响系统的灭火效果。在系统投入使用后,应定期检查灭火剂是否在使用有效期内,若灭火剂已过有效期,应及时更换新的灭火剂,对于保证系统的灭火效果是十分必要的。

9.2 系统定期检查与试验

为了确保系统投入正常运行后的可靠性,本节规定了系统每周、每月、每半年和每两年应重点检查的内容和要求。

中华人民共和国国家标准

有色金属工程设计防火规范

Code for design on fire prevention
of nonferrous metals engineering

GB 50630 - 2010

主编部门：中 国 有 色 金 属 工 业 协 会
　　　　　中 华 人 民 共 和 国 公 安 部
批准部门：中华人民共和国住房和城乡建设部
施行日期：２０１１年１０月１日

中华人民共和国住房和城乡建设部公告

第 832 号

关于发布国家标准《有色金属工程
设计防火规范》的公告

现批准《有色金属工程设计防火规范》为国家标准，编号为
GB 50630—2010，自 2011 年 10 月 1 日起实施。其中，第
4.2.3(2)、4.5.5(7、9、11)、4.5.6(1、2)、4.6.5(1、2、3)、4.6.6
(3、5)、4.8.7、5.3.1、5.3.4(2)、6.2.2、8.4.2、10.3.6、10.4.3
条(款)为强制性条文，必须严格执行。

本规范由我部标准定额研究所组织中国计划出版社出版发
行。

中华人民共和国住房和城乡建设部
二〇一〇年十一月三日

前　言

根据原建设部《关于印发〈2006年工程建设标准规范制订、修订计划（第二批）〉的通知》（建标〔2006〕136号）的要求，本规范由中国恩菲工程技术有限公司（原中国有色工程设计研究总院）主编，会同相关设计研究院、有色金属企业和公安消防部门、院校等11家参编单位共同编制完成。

在规范编制过程中，遵照国家基本建设的原则要求和"预防为主、防消结合"的消防方针，总结我国有色金属行业工程建设防火设计成熟经验和深刻教训，借鉴钢铁、化工、电力等相关行业的成果，吸纳国际消防标准和先进成果，并在广泛征求意见的基础上，制订本规范。

本规范共分10章和1个附录，内容有：总则，术语，火灾危险性分类、耐火等级及防火分区，生产工艺的基本防火要求，总平面设计，安全疏散和建筑构造，消防给水、排水和灭火设施，采暖、通风、除尘和空气调节，火灾自动报警系统，电气以及附录A。

本规范中以黑体字标志的条文为强制性条文，必须严格执行。

本规范由住房和城乡建设部负责管理和对强制性条文的解释，中国有色金属工业协会和公安部消防局负责日常管理工作，由中国恩菲工程技术有限公司负责具体技术内容的解释。在执行中如有意见或建议，请寄送中国恩菲工程技术有限公司（地址：北京市复兴路12号，邮政编码：100038，电话：010－63936628），以便今后修订时参考。

本标准主编单位、参编单位、主要起草人和主要审查人：

主 编 单 位：中国恩菲工程技术有限公司（原中国有色工程设计研究总院）

参 编 单 位：长沙有色冶金设计研究院
中国瑞林工程技术有限公司（原南昌有色冶金设计研究院）
中色科技股份有限公司
中国人民武装警察部队学院
贵阳铝镁设计研究院
昆明有色冶金设计研究院
金川镍钴研究设计院
内蒙古自治区公安消防总队
广西壮族自治区公安消防总队
河南海力特机电制造有限公司
喜利得（中国）商贸有限公司

主要起草人：盛吉鼎　李绪忠　胡碧兰　宋筱平　罗英
屈立军　崔芄　高宇寰　田耕　徐月和
邓礼英　许智远　赵永代　庞集华　王聪慧
曹立军　杨汉金　张宇　肖爱民　刘红雅
李运龙

主要审查人：倪照鹏　王汝良　邸新宁　冯修远　阚强
梁瑞霞　申立新　范平安　王海港　张晨杰
祁亚东　刘林山　孙先辉　张满友　张明南
李学文　李宏刚　李冬　高运奇　王其
马定超

目　次

1 总　　则

1.0.1 为了防止和减少有色金属工程火灾危害,确保人身和财产安全,制定本规范。

1.0.2 本规范适用于有色金属工业新建、扩建和改建工程的防火设计,不适用于有色金属工程中加工、存贮、使用炸药或爆破器材项目的防火设计。

1.0.3 有色金属工程防火设计应结合工程实际,积极采用先进技术、先进工艺、先进设备和新型材料,做到安全适用、技术先进、经济合理。

1.0.4 有色金属工程的防火设计除应符合本规范的规定外,尚应符合国家现行有关标准的规定。

2 术　　语

2.0.1 工艺类型　process type

按有色金属生产流程或生产方法加以归纳和分类,含采矿、选矿、火法冶金、湿法冶金、熔盐电解、金属及合金的加工等类别,以及焙烧、精炼、萃取等分支。

2.0.2 主厂房　main workshop

在某一工艺类型中用于包容主要生产工艺设备、装置的厂房。

2.0.3 总变(配)电所　general substation

用于全厂或大区域生产供、配电的设施及场所[其中用于某个车间或小区供、配电设施及场所称为车间或小区变(配)电所]。

2.0.4 车间生活间　service room of workshop

为车间生产员工提供更衣、沐浴、管理、如厕等日常服务性用房。

2.0.5 控制室　control room

设有工艺自动调节和生产优化控制装置的专用房间,其中用于工艺类型(含分支)主生产线的调节、控制用房称为主控制室。

2.0.6 腐蚀性区域　corrosiveness area

受腐蚀性介质作用的各类设施、建(构)筑物及其相关范围。

2.0.7 巷道与硐室　roadway and chamber

为地质勘探、采掘、通风和其他用途并按一定规格在矿岩中开凿的通道称为巷道;在矿岩内开凿,用于安置设备或存放材料等专门用途的地下构筑物称为硐室。

2.0.8 开敞式建筑　open building

外墙体(含窗、采光带、防雨板等)面积小于建筑物外围护结构总面积50%的建筑物。

3 火灾危险性分类、耐火等级及防火分区

3.0.1 有色金属工程设计应结合实际使用、存储或产生介质的火灾危险特性及其数量以及环境条件等因素,确定其所在厂房(仓库)或区域(部位)生产(储存)的火灾危险性分类,并应符合现行国家标准《建筑设计防火规范》GB 50016 的有关规定。

3.0.2 有色金属厂房(仓库)的耐火等级不宜低于二级,其构件的燃烧性能和耐火极限应符合现行国家标准《建筑设计防火规范》GB 50016 的有关规定。

3.0.3 丁、戊类二级耐火等级厂房(仓库),其主要承重构件可采用无防火保护的金属结构。但其中可能受到甲、乙、丙类液体或可燃气体火焰直接影响,以及受到热辐射且表面温度高于200℃的金属承重构件,应采取防火隔热保护措施或进行结构耐火性能的验算。

3.0.4 电缆夹层及设在地下或半地下的电气室、液压站、润滑油站,其耐火等级不应低于二级;当电缆夹层采用钢结构时,应对钢构件进行防火保护,且应达到二级耐火等级的要求。

3.0.5 丁、戊类一、二级耐火等级厂房中,设置的开敞式半地下设备间(地坑),可与所属地上厂房划为同一个防火分区。当该地下设备间使用、存储丙类油品时,应采取有效的防火分隔措施,严禁存储甲、乙类可燃物。

3.0.6 连通两个防火分区的带式输送机通廊,对采用防火墙等实体防火分隔物难以封闭的局部开口部位,应设置其他的防火分隔设施。当采用水幕系统时,应符合本规范第 7.5.3 条的相关规定。

3.0.7 厂房(仓库)每个防火分区的最大允许建筑面积应符合现行国家标准《建筑设计防火规范》GB 50016 的有关规定。但对于丁、戊类一、二级耐火等级的熔炼、焙烧及其余热锅炉等整套装置的有色金属高层厂房,当生产工艺有特定要求且厂房无法实施防火分隔时,厂房每个防火分区的最大允许建筑面积,可按现行国家标准《建筑设计防火规范》GB 50016 的相关规定增加 1.0 倍。

3.0.8 地下电气室、液压站、润滑油站每个防火分区的最大允许建筑面积不应大于500m²;电缆夹层每个防火分区的最大允许建筑面积应符合下列要求:

1 地上不应大于 1200m²;

2 地下不应大于 300m²;

3 当设置自动灭火系统时,上述各防火分区最大允许建筑面积可分别增加 1.0 倍。

4 生产工艺的基本防火要求

4.1 一般规定

4.1.1 有色金属工程的防火设计应依据工艺类型和生产介质火灾危险性特征以及环境等条件,按本规范有关规定采取相应的防火措施。对于火灾危险性类别高且防火设计难度大的工艺和装置,宜通过专项防火安全论证。

4.1.2 腐蚀性环境中的有色金属厂房(仓库)的防火设计尚应符合现行国家标准《工业建筑防腐蚀设计规范》GB 50046 的有关规定。

4.1.3 具有爆炸和火灾危险环境区域内的电力装置设计,应符合现行国家标准《爆炸和火灾危险环境电力装置设计规范》GB 50058 的有关规定。

4.1.4 使用、生产及储存易燃、易爆介质等具有较高火灾(爆炸)危险性的厂房(仓库),其建筑工程抗震设防应划为重点设防类(乙类),应符合现行国家标准《建筑工程抗震设防分类标准》GB 50223 的有关规定。

4.2 采 矿

4.2.1 采矿工程的防火设计除应符合现行国家标准《金属非金属矿山安全规程》GB 16423 的有关规定外,尚应符合本规范的相关规定。

4.2.2 露天开采矿山工程的防火设计应符合下列规定:

1 剥离、铲装、运输、排土等生产作业的移动设备,应配置便携式灭火装置;

2 采场作业区应设置防止雷击的安全设施;

3 地处植被茂密的矿区,应有避免山林火灾波及的措施。

4.2.3 地下开采矿山工程的防火设计应符合下列规定:

1 有自燃倾向的高硫等矿床,应对采矿方法、通风系统进行专项的评估、论证,并应采取有效的技术措施;

2 **采用燃油为动力的凿岩、装载、运输机械(含油压装置)等移动设备,应配备车载式灭火装置;工作现场应有良好通风和减少环境中粉尘的技术措施;**

3 不得采用未经有效防火处理的竹、木等燃烧体作为矿井的支护结构;

4 井下各种油品应单独存放于安全地点;储存动力油的硐室应有独立的回风道,当条件不具备时,也可设置于回风巷道的安全区域;储油硐室与通道相连接处应设置甲级防火门;

5 进风巷道(井筒)、扇风机房、井口建筑物、井下电机室、变配电所、设备间、维修间等硐室(建、构筑物),均应采用不燃材料建造,并应在其室内或邻近部位配置灭火器材;当安全防护必要时,井下应设置避险硐室(避险舱);

6 地下变、配电设施及电缆的选择及敷设要求,应符合本规范第 10 章及现行国家标准《矿山电力设计规范》GB 50070、《爆破安全规程》GB 16423 的有关规定。

4.3 选 矿

4.3.1 易燃、易爆药剂(介质)使用、存储的防火设计,应符合现行国家标准《选矿安全规程》GB 18152 的有关规定。

4.3.2 设置在腐蚀性区域中的消防器材,应采取相应有效的防护措施。

4.3.3 选矿生产系统的电力装置设计应符合现行国家标准《矿山电力设计规范》GB 50070 的有关规定。

4.3.4 涉及物料输送、焙烧、收尘及浸出等相关生产工艺的防火设计,应符合本规范第 4.4、4.5、4.6 节的有关规定。

4.4 原 料 场

4.4.1 带式输送机通廊的防火设计应符合下列规定:

1 通廊的净高不应小于 2.2m,通廊内至少在一侧应设置人行通道,其净宽不应小于 0.8m;通廊内当具有两条及以上输送机并列时,相邻两条输送机之间的人行通道,其净宽不宜小于 1.0m,且宜在通廊的出口处设置跨越输送机的通行梯;

2 通廊内的人行通道应依据其坡度设置踏步或防滑条;

3 地下通廊在出地面处,宜设置安全出口;

4 长度超过 120.0m 的架空通廊,宜增设安全出口(含疏散梯);

5 连接甲、乙、丙类厂房(仓库)的通廊,或者输送丙类以上物料的通廊,其耐火等级不应低于二级。

4.4.2 煤、焦堆场设施的防火设计应符合下列规定:

1 煤、焦宜分类、分品种、分堆存放,相邻堆之间的最小净距不应小于 2.0m;其堆存高度及堆存时间,应依煤、焦品种、环境条件等的差异作出相应的限定;

2 煤、焦的卸车、转运等作业场所,宜选用自然通风;在粉尘集中区域应设置机械除尘装置;

3 储槽、漏斗内的衬板应采用难燃或不燃材料制作;

4 用于运送高挥发分易自燃煤种的带式输送机,其胶带、栏板应选用难燃烧体;

5 带式输送机通廊、转运站及相关联的厂房(仓库)的墙面和地坪,应通过材质选用、构造设计等措施避免积灰,并宜设置冲水清扫设施。

4.4.3 当储煤棚或室内贮煤(焦)场采用钢结构时,应对物料设计堆存高度及以上 1.5m 范围内的钢结构构件采取防火保护措施,采取防火保护构件的耐火极限不应低于 1.00h。

4.4.4 用于露天机械设备的电机,其防护等级应选用防水、防尘型(IP 54 级);用于室内煤、焦破碎及筛分设备的电机,其防护等级应选用防爆型。

4.5 火 法 冶 金

4.5.1 冶金生产的各类炉窑(反应装置)当使用煤粉时,其防火设计应符合下列规定:

1 仓式泵、煤粉储罐、喷吹罐等压力容器设计应符合现行国家标准《钢制压力容器》GB 150 的有关规定;

2 当喷吹烟煤及混合煤粉时,应在喷吹系统的关键部位设置温度、压力和一氧化碳浓度、氧浓度等的监控、报警装置;

3 当喷吹烟煤及混合煤粉时,仓式泵、煤粉储罐、喷吹罐等容器的加压和流化介质应采用惰性气体;

4 煤粉输送和喷吹系统中的充压、流化、喷吹等供气管道均应设置逆止阀;

5 当用压缩空气作为煤粉输送和喷吹的载送介质时,在紧急情况下应能立即转化为氮气的惰化措施;

6 煤粉仓的仓体结构应能使煤粉顺畅自流,当喷煤系统停止喷吹且需要排出时,有利于煤粉排空;

7 厂房应作好通风设计,宜采用开敞式建筑。室内装修应简洁,应有避免粉尘积聚的措施;

8 当采用直吹式制粉系统时,尚应符合本规范第 4.11 节的有关规定。

4.5.2 冶金生产的各类炉窑(反应装置),当使用燃气时,其防火设计应符合下列规定:

1 煤气使用装置的防火设计应符合现行国家标准《工业企业煤气安全规程》GB 6222、《城镇燃气设计规范》GB 50028 的有关规定;液化石油气、天然气使用装置的防火设计应符合现行国家标准《石油天然气工程设计防火规范》GB 50183 的有关规定;

2 当炉窑的燃烧装置采用强制送风的烧嘴时,在空气管道上应设置泄爆阀;

3 使用燃气的炉窑点火器,应设置火焰监测装置;

4 在可燃气体使用区域的适当位置,应设置可燃气体浓度监测、报警和相应的机械通风装置;

5 燃气管道进入厂房之前适当位置处,应设置切断总管的阀门;厂房内的燃气管道应架空敷设;

6 连铸工序用于切割的乙炔、煤气、液化石油气以及氧气的管道上,应设置紧急切断阀。

4.5.3 冶金生产的各类炉窑(反应装置),当使用燃油时,其防火设计应符合下列规定:

1 车间供油站宜靠外墙设置,应采用不燃烧体隔墙和不燃烧体楼板(屋顶)与厂房分隔,并应符合本规范第6.2.4条的有关规定;

2 车间供油站的储存油量,应以该车间2d的需求量为限,并应符合下列规定:

　1)甲类油品不应大于0.1m³;

　2)乙类油品不应大于2.0m³;

　3)丙类油品不宜大于10.0m³。

3 油罐内的油品加热宜选用罐底管式加热器,油品的加热温度应控制在油品闪点温度以下不小于10℃;

4 输送燃油的管路应设置快速切断阀门;

5 燃油储存、输送设备及管道应有防雷、防静电设施,设备及管道的保温层应采用不燃烧材料;

6 室内油泵间应设置机械通风装置(防爆型),通风换气量应根据:地上布置不少于7次/h、地下布置不少于10次/h的换气次数,经计算确定。

4.5.4 冶金物料准备(含干燥、煅烧、焙烧、烧结等类型)生产工艺的防火设计应符合下列规定:

1 炉窑及其排烟、收尘系统应设置封闭的隔热层,其密封性能、外表面温度等均应符合现行国家标准《工业炉窑保温技术通则》GB/T 16618的有关规定;

2 输送热物料时,应选用与之温度相匹配且由难燃烧或不燃烧材料制作的装置;

3 烧结机点火器应设置空气、煤气低压报警装置和指示信号以及煤气低压自动切断的装置;

4 烧结机点火器烧嘴的空气支管应采取防爆措施,煤气管道应设置紧急事故快速切断阀;

5 炉窑主抽风系统出口电除尘器,应根据烟气和粉尘性质设置防爆和降温装置;

6 输送可燃介质的管道不宜通过高温、明火作业区的上方,必须通过时应采取安全防护措施;

7 对于具有间歇性操作的炉窑,应有防止发生燃烧爆炸事故的技术措施。

4.5.5 冶炼(含熔炼、吹炼、精炼等类型)生产工艺的防火设计应符合下列规定:

1 冶炼炉及其排烟、热回收系统的外壳及其隔热层,其密封性能、外表面温度等应符合现行国家标准《工业炉窑保温技术通则》GB/T 16618的有关规定;

2 冶炼生产工艺使用氧气时,其防火要求除应符合现行国家标准《氧气及相关气体安全技术规程》GB 16912的有关规定外,尚应符合下列的规定:

　1)炉窑前使用的氧气管道应严格脱脂清理;

　2)氧枪的氧气阀站及由阀站至氧枪软管的氧气管线,应采用不锈钢管;当难以避免而采用碳素钢管时,应在连接软管之前加设阻火铜管;

　3)使用氧气的在线仪表控制室和氧气化验等场所,应设置氧浓度监测和富氧报警装置;

3 当炉窑装置使用氢气时,其防火设计应符合本规范第4.6.1条、第4.8.6条的有关规定;

4 当炉窑装置产生(逸出)一氧化碳、煤气时,应设置相应的收集处理装置;其防火安全设计应符合本规范第4.5.2条的有关规定;

5 使用或产生易燃、易爆金属(非金属)粉料(尘)时,其防火安全设计应符合本规范第4.6.1条的有关规定;

6 冶炼炉及其配套设施的密闭冷却水系统,应设置温度、压力、流量等检测以及事故报警信号和联锁控制装置,并宜独立设置循环水系统和应急供水装置;

7 冶炼(喷吹)炉应在工程设计(含生产操作)中采取防止泡沫渣溢出事故的技术措施;对冶炼(喷吹)炉的控制(操作、值班)室和炉体周围设施,应采取有效的安全防范措施,并应符合本规范第4.5.6条、第6.2.2条的有关规定;

8 根据工艺配置要求,在冶炼炉熔体放出口邻近区位处,当设置容纳漏出熔体的应急事故坑时,事故坑距离厂房结构柱的净距不应小于0.5m,邻近事故坑的厂房钢结构柱应按本规范附录A的有关规定,进行耐火稳定性的验算和耐火防护;

9 用于吊运熔融体或进行浇铸作业的厂房起重机(吊车)应采用冶金专用的铸造桥式起重机;

10 各类冶炼炉(窑)的控制(操作、值班)室应避开加料、排料(渣)等炽热、喷溅区域,控制(操作、值班)室应采取防火安全措施,其出口应设在安全区位内,并应符合本规范第6.2.2条的有关规定;

11 运输熔融体物料(含金属或炉渣)装置出入厂房,应采用专用的铁路运输线;如采用无轨运输时,应设置安全专用通道;

12 在铜锍、镍锍等熔融介质水淬池的两侧,应设置混凝土的防爆(防火)墙;

13 在使用或产生易燃、易爆介质、粉末(尘)的区域内,相关装置及管道应有导除静电的有效措施,楼、地面应采用不发生火花的面层;

14 对部分有色金属冶炼(钛、锂等)生产工艺及其使用介质,遇水会发生燃烧或次生灾害的厂房(场),不应设置消火栓,也不宜设置冲洗用水装置,禁止地面积水。

4.5.6 冶炼生产厂房内具有熔融体作业区的防火设计应符合下列规定:

1 作业区范围内(含地下、上空)严禁设置车间生活间;

2 应采取防止雨雪飘淋室内的措施,严禁地面积水;不应在场地内设置水沟和给、排水管道,当必需设置时,应有避免水沟中积存水和防止渗漏的可靠构造措施;

3 作业区不宜设置各类电缆、可燃介质管线,当必需设置时,应采取可靠的隔热保护措施;

4 厂房的耐火等级不应低于二级,受到热作用的结构构件宜采取有效、合理的隔热防护,钢结构构件可按本规范附录A进行耐火稳定性验算或采取防火保护措施。

4.5.7 冶金炉窑的烟气处理、余热回收工艺的防火设计应符合下列规定:

1 各类工艺装置应选用不燃烧体或难燃烧体,并确保工艺装置的密闭性;

2 应有防止烟气收尘系统中的装置发生燃烧或爆炸的技术措施;

3 余热回收利用中的高压设施及其管线、阀门,应符合现行国家标准《钢制压力容器》GB 150和相关安全监督标准的有关规定。

4.6 湿法冶金

4.6.1 湿法冶金生产中使用或产生易燃(助燃)气体、金属(非金属)粉料(尘)以及腐蚀性介质时,其生产工艺的防火设计应符合下列规定:

1 使用(或产生)氢气的反应装置,应配置氢气与氧气分析仪、氢气自动切断放散装置和相应显示以及事故报警装置,并应符合现行国家标准《氢气使用安全技术规程》GB 4962的有关规定;

2 使用氧气等助燃气体时,防火设计应符合本规范第4.5.5条的有关规定;

3 使用或产生易燃、易爆的金属(非金属)粉料(尘)时,应选用相应的防爆型设备;应设置温度、压力和氧浓度等参数的监测和报警装置,并应符合现行国家标准《铝镁加工粉尘防爆安全规程》GB 17269和《粉尘防爆安全规程》GB 15577的有关规定;

4 使用硫酸、硝酸等强酸或者氢氧化钠强碱等腐蚀性介质时,必须充分满足各类设施、装置腐蚀防护的相关技术要求。

4.6.2 工艺装置的基础、管道的支架(含基础、支座、吊架、支撑)应采用不燃烧体。工艺装置、生产管道及其保温层宜采用不燃材料,当确有困难时,应采用难燃材料制作。

4.6.3 厂房(仓库)的建筑构件应采用不燃烧体。当生产厂房(仓库)内可能散发(落)密度大于同一状态空气密度的可燃气体以及易燃爆的粉料(尘)时,应采用不发火花的楼、地面,且不宜设置地坑及地沟。厂房(仓库)的墙面应平整、光滑,厂房(仓库)内裸露金属构件(含管道)应采取导除静电的可靠措施。

处于腐蚀性区域的厂房(仓库)应做好应对腐蚀的防护设计,应符合现行国家标准《工业建筑防腐蚀设计规范》GB 50046的有关规定。

4.6.4 湿法冶金工艺中采用高温、高压的生产装置(高压釜、闪蒸器、溶出器)应设置温度、压力监测、报警和泄压排放以及应急切换等联锁装置,并应符合现行国家标准《钢制压力容器》GB 150的有关规定。

4.6.5 使用(产生)硫化氢、氨气(液氨)、液氯等介质的厂房(场所),其防火设计应符合下列规定:

1 必须设置气体浓度监测及报警装置;

2 使用的生产设备及电气应选择防爆型;

3 应有良好的通风条件;

4 厂房宜采用开敞式建筑,对封闭环境应设置机械通风装置;

5 控制(操作、值班)室应远离有害介质操作区。

4.6.6 溶剂萃取工艺生产的防火设计应符合下列规定:

1 萃取溶剂(含稀释剂、萃取剂)的储槽(罐)宜设置温度、挥发物浓度的监控装置;萃取有机相的调配宜设置独立用房;

2 主厂房内存储可燃剂液的总量应予控制:乙类不应大于2.0m³;丙类不宜大于10.0m³,储存间与厂房应实施防火分隔;

3 溶剂制备、储存、使用区域不得设置高温、明火的加热装置;

4 电缆宜架空配置;

5 厂房内电缆应采取防潮、防油、防腐蚀的相关措施,防止作业区内电气短路电弧发生;

6 萃取作业(含储存、制备、使用)区的地(楼)面应形坡,其排污和管沟的设置应符合本规范第6.2.8条的有关规定。

4.7 熔盐电解

4.7.1 熔盐电解(含铝、镁电解等类型)生产工艺的防火设计应符合下列规定:

1 供、配电应符合现行国家标准《供配电系统设计规范》GB 50052中的相应负荷等级和相关供电规定,并应符合本规范第10章的有关规定;

2 电解生产工艺必须设置通风与烟气净化装置,并应符合国家现行行业标准《铝电解厂通风与烟气净化设计规范》YS 5025的有关规定;

3 严禁雨水、地表水、地下水进入电解厂房,不得在电解厂房内设置上、下水管道;

4 铸造厂房的起重机应选用工作级别高且具有双抱闸式的

桥式起重机,起重机的容量应按吊运满载的金属液抬包或吊运产品最大件重量确定;

5 厂房(仓库)的耐火等级不应低于二级,位于炽热、熔融体作业区的控制(操作、值班)室的防火设计应符合本规范第6.2.2条的有关规定。

4.7.2 氟化盐生产中使用、存储硫酸时,应具有防腐蚀、防泄漏及防火等技术措施。

4.7.3 炭素制品生产工艺的防火设计应符合现行国家标准《炭素生产安全卫生规程》GB 15600的有关规定,并应符合下列规定:

1 原料存储、转运应符合本规范第4.4节的有关规定,工艺生产及相关装置应符合本规范第4.5节的有关规定;

2 散发易爆粉尘的封闭厂房,其通风、收尘设计应符合本规范第8章的有关规定。

4.8 有色金属及合金的加工

4.8.1 受到金属坯、锭经常性飞溅火星、炽热烘烤作用的控制(值班)室以及架设于轧机辊道上的操作室,其防火安全设计应符合本规范第6.2.2条的有关规定。

4.8.2 厂房内可燃介质管道及电线、电缆,不应通过热坯、热锭上方高温区域。当不可避免时,应采取有效的隔热防护措施。

4.8.3 输送重(柴)油的管道在进入厂房处,应设置快速切断的专用阀门。

4.8.4 油质淬火间和轧机轴承清洗间的电加热油槽(油箱)应设置油温控制、机械通风及报警装置。

4.8.5 用于各类加热、铸造工业炉窑保温(隔热)的防火安全设计,应符合现行国家标准《工业炉窑保温技术通则》GB/T 16618的有关规定。

4.8.6 使用保护性气体的炉窑装置,其防火设计应符合下列规定:

1 使用氢气时,应配置氢气与氧气分析仪、氢气自动切断放散装置以及相关显示和报警装置,并应符合现行国家标准《氢气使用安全技术规程》GB 4962的有关规定;

2 使用各类易燃(爆)气体(介质)时,应设置压力、浓度的监测和机械通风以及报警、紧急切断装置;

3 保护性气体站宜独立设置,并应设置防护(隔离)围栏。

4.8.7 冷轧及冷加工系统的防火设计应符合下列规定:

1 用于涂层、着色的溶剂及黏合剂配制间,应设置机械通风净化装置,并严禁设置明火装置;

2 应对涂着设备设置消除静电聚集的装置。

4.8.8 当制备、使用及储存铝、镁等金属粉料(尘)时,其防火、防爆设计应符合现行国家标准《铝镁粉加工粉尘防爆安全规程》GB 17269和《粉尘防爆安全规程》GB 15577的有关规定。

4.8.9 配置在所属设备(机组)旁的地下、半地下室液压站、润滑油站,不宜与电气地下室、电缆隧道(通廊)等连通。当不可避免时,应设置耐火极限不低于3.00h的不燃烧体和甲级防火门窗加以分隔。

4.9 烟气制酸

4.9.1 工艺装置的基础、管道的支架(含基础、支座、吊架、支撑)均应采用不燃烧体;工艺装置、管道及其保温层宜采用不燃材料,当确有困难时,应采用难燃材料制作。

4.9.2 厂房(仓库)的建筑构件应采用不燃烧体;建筑防腐蚀构造层宜采用难燃材料、不燃材料,当确有困难时,应采取相应的防火保护措施。

4.9.3 硫酸的生产、存储及输送,应采取严格的防腐蚀、防泄漏以及防火等技术防护措施。应符合现行国家标准《工业建筑防腐蚀设计规范》GB 50046等的有关规定。

4.10 燃气、助燃气体设施和燃油设施

4.10.1 天然气、液化石油气储配与供应的防火安全设计应符合现行国家标准《石油天然气工程设计防火规范》GB 50183 的有关规定;乙炔生产、输配的防火安全设计应符合现行国家标准《乙炔站设计规范》GB 50031 的有关规定。

4.10.2 煤气的生产、输配设施的防火设计应符合现行国家标准《发生炉煤气站设计规范》GB 50195、《工业企业煤气安全规程》GB 6222 和《城镇燃气设计规范》GB 50028 的有关规定。

4.10.3 燃气的调压放散作业,应设置燃烧放散装置及防回火设施。在放散管顶部以燃烧器为中心、半径为 30.0m 的球体范围内,严禁其他可燃气体放空。

4.10.4 氧气、氢气生产及输配的防火设计应符合现行国家标准《氧气站设计规范》GB 50030、《氢气站设计规范》GB 50177 以及《氧气及相关气体安全技术规程》GB 16912、《氢气使用安全技术规程》GB 4962 等的有关规定。

4.10.5 在燃气、助燃气生产工艺系统(车间)中,对露天设置且具有相应的检测、监控安全操作系统的生产装置(设备),其相互之间及其与生产厂房之间的距离,应符合下列规定:

 1 露天设备之间净距离不宜小于 2.0m;

 2 露天设备与所属厂房之间的净距离不宜小于 3.0m。

4.10.6 煤气柜应设置低压和高压报警及放散装置。

4.10.7 桶装丙类油品库宜独立建造,并应采用耐火等级不低于二级的单层建筑;门应采用外开门或推拉门,门的净宽度应大于 2.0m。应设置高于室内地坪的斜坡式门槛,采用不燃材料制作。库房内应有良好的通风、防爆、防雷设施。

 燃油储存其他装置的防火设计应符合现行国家标准《建筑设计防火规范》GB 50016、《石油库设计规范》GB 50074 的有关规定。

4.11 煤粉制备

4.11.1 煤粉制备系统的启动、切换、暂停和正常运行等所有工况下均应处于惰性气氛之中。惰性气氛的最高允许氧含量(氧的体积份额%)应根据所选用的煤种、所在的区域环境等条件,按国家现行行业标准《火力发电厂煤和制粉系统防爆技术规程》DL/T 5203 的有关要求加以确定。

4.11.2 按惰性气氛设计的制粉系统,应设置监测和控制氧或惰性介质含量的装置,以及温度、压力、一氧化碳的在线监测、报警和应急切换装置。

4.11.3 磨制煤粉系统的防火设计应符合下列规定:

 1 烘干煤粉的干燥介质宜采用烟气,磨煤机(或系统末端)的最高允许氧含量(氧的体积份额%):烟煤应小于 14%,褐煤应小于 12%;

 2 入磨煤机的烟气应先经过火花捕集器,并应在磨煤机的入口处设置上限温度的监控装置;

 3 对磨煤机出口气粉混合物的上、下限温度应设置监控装置,其上、下限值应按不同煤种、干燥介质以及磨煤机类型等因素加以确定;当磨制混合品种煤粉时,其上限温度值应按其中最易爆的煤种确定;

 4 制粉系统末端介质的最低温度,应保证无水分凝结和煤粉粘附,对于直吹式系统,其最低温度应比其露点高 2℃;对于贮仓式系统,其最低温度应比露点高 5℃。

4.11.4 煤粉制备系统中除压力容器外,所有煤粉容器、与容器连接的管道端部和拐弯处,均应设置泄爆装置(泄爆孔或泄爆阀),泄爆装置的位置及朝向应确保泄爆时不得危及人身和设备安全。泄爆设计尚应符合现行国家标准《粉尘爆炸泄压指南》GB/T 15605 的有关规定。

4.11.5 煤粉制备系统的装置、管道及其连接应平整、光滑,避免

煤粉积聚,宜对煤粉管道等的清理配备吹扫系统。

4.11.6 煤粉输送管道应避免水平方式敷设,水平夹角不应小于 45°,其最小负荷工况设计流速不应小于 15m/s;当管道水平夹角不可避免小于 45°布置时,其额定负荷工况设计流速不应小于 25m/s。

4.11.7 煤粉输送管道及储罐应采用抗静电材料,所有设备和管道均需接地,法兰间应避免出现绝缘,布袋收尘器应采用抗静电滤袋。

4.11.8 煤粉制备厂房宜设为单层结构,屋顶宜采用轻型结构;当采用多层结构时,宜采用框架结构,厂房宜选用开敞式建筑。

4.11.9 煤粉制备各类装置、设备的供配电防火设计,应符合现行国家标准《爆炸和火灾危险环境电力装置设计规范》GB 50058 的有关规定。

4.11.10 煤粉制备系统应设置自动灭火系统,应符合本规范第 7.5 节有关规定。

4.12 锅炉房及热电站

4.12.1 锅炉房及热电站的防火设计应符合现行国家标准《锅炉房设计规范》GB 50041、《小型火力发电厂设计规范》GB 50049 及《火力发电厂与变电站设计防火规范》GB 50229 的有关规定。

4.12.2 燃煤储运的防火设计应符合本规范第 4.4 节的有关规定。

4.12.3 热力管线敷设的防火设计应符合现行国家标准《锅炉房设计规范》GB 50041 等标准的有关规定。

4.13 其他辅助设施

4.13.1 水处理系统的防火设计应符合下列规定:

 1 使用氯气(液氯)的工作间应独立设置,应设置直通室外的门,并应设置氯气浓度监测及报警装置;室内通风设备应为防爆型;设备和照明的开关应设置在室外;

 2 工业废水、污泥的处理、存储,应依据其介质的火灾危险特性,采取防火、防爆措施。

4.13.2 化验(试验)室的防火设计应符合下列规定:

 1 具有易燃、易爆介质的化验(试验)室应设置机械通风装置,并应采用防爆型电器和采用不发火花的地面;

 2 设置于甲、乙类厂房内或与之毗邻设置的化验(试验)室应符合本规范第 6.2.3 条的有关规定。

4.13.3 机械修理、汽车维修保养设施的防火设计应符合现行国家标准《汽车库、修车库、停车场设计防火规范》GB 50067 的有关规定,并应符合下列规定:

 1 柴油动力机械的保养车间,当车位不超过 10 个时,可与机械维修间厂房合建或贴邻建造,但应靠外墙布置;

 2 汽车及柴油机械保养车间内的喷油泵试验间,应靠车间的外墙布置,室内应采取机械通风和防爆措施;

 3 对于建筑面积不大于 60m² 的充电间,可与停车库、维修间等贴邻建造,但应采用防火墙将其隔开,并应设置直通室外的安全出口;充电间应有防爆、防腐蚀和机械通风等措施;

 4 中小型的锻、铆、焊、机加工等各类机械修理厂房宜合建(贴建),其防火安全应符合现行国家标准《建筑设计防火规范》GB 50016 的有关规定。

5 总平面设计

5.1 总平面布置

5.1.1 有色金属工程的总平面设计,应根据企业厂区的总体规划,按照功能明确、流向合理、交通方便、管线简捷、满足消防、确保安全的原则进行,并应符合现行国家标准《工业企业总平面设计规范》GB 50187、《有色金属企业总图运输设计规范》GB 50544 的有关规定。

5.1.2 具有明火、散发火花、产生高温、烟尘的厂房以及使用(贮存)较多量甲、乙、丙类液体、可燃气体的厂房(仓库),在满足生产流程的前提下,宜布置在厂区的边缘处,或者厂区及生活区全年最小频率风向的上风侧;易燃、可燃材料堆场必须远离明火及散发火花的场所,且宜设置在厂区边缘或相对封闭的区域。

5.1.3 带式输送机通廊、管网支架等设施当穿越(或临近)架空高压电力线时,最小净距应符合现行国家标准《城市电力规划规范》GB 50293 的相关规定。

5.1.4 企业的消防队建制及其设施,宜根据工程建设的规模、火灾危险性及所在地区的消防资源等因素确定。当需要设置达标的消防站(含独立或合建)时,应符合现行国家建设标准《城市消防站建设标准》的有关规定。

5.1.5 矿区的总平面布置设计应符合下列规定:

　　1 矿山工业场地与草原、森林接壤时,应设置防火隔离带;

　　2 矿井井口、平硐口必须布置在安全地带,与丙类建(构)筑物的防火间距不应小于80.0m,与锻造、铆焊等有火花车间的防火间距宜大于20.0m,与丁类建(构)筑物(其中井架、井塔、提升机房除外)的防火间距不应小于15.0m,且洞口周围200.0m范围内不应布置甲、乙类设施和易燃、易爆物品仓库;矿井井口、平硐口作为安全出口时,其周围应设置通畅的道路;

　　3 有自燃、发火危险的排土场、炉渣堆场,不应设在矿井进风口常年最大频率风向的上风侧,矿井进风口的距离应大于80.0m;

　　4 浮选药剂库、油脂库到进风井、通风井扩散器的防火间距不应小于表5.1.5的规定。

表 5.1.5 浮选药剂库、油脂库距进风井、通风井扩散器的防火间距

贮药、油脂容量 V(m³)	V<10	10≤V<50	50≤V<100	V>100
间距(m)	20.0	30.0	50.0	80.0

5.1.6 矿山炸药库的布置应充分利用地形,注重与周边环境的协调,并应符合现行国家标准《爆破安全规程》GB 6722 等的有关规定。

5.1.7 厂区的绿化应符合下列规定:

　　1 甲、乙、丙类厂房(仓库)、储罐区及堆场的周围,场地绿化时宜选择水分大、油脂或蜡质少的常绿树种;

　　2 甲、乙、丙类液体储罐的防火堤内不宜做绿化。

5.2 厂区道路和消防车道

5.2.1 厂区道路和消防车道布置应充分满足生产调运、物料输送以及消防安全的要求,通过工艺流程和管线布置的统筹协调,保障消防车道通畅。厂区道路和消防车道的设计应符合现行国家标准《厂矿道路设计规范》GBJ 22 和《建筑设计防火规范》GB 50016 的有关规定。

5.2.2 当消防车道设置(通行)在地下建、构筑物的上部时,地下建、构筑物的结构承载能力应满足厂区最大消防车满载通行时的安全要求。

5.2.3 厂区道路的出入口位置和数量,应根据企业规模、总体规划等综合确定。出入口数量不应少于2个,且应位于厂区的不同方位。

5.2.4 厂区两个主要出入口处的道路,应避免与同一条铁路平交;当难以避免时,两个出入口的间距应大于所通过的最长列车的长度;当仍不能满足要求时,应采取其他有效的技术措施。

5.3 管线布置

5.3.1 甲、乙类液体管道和可燃气体管道,不应穿越(含地上、下)与该管道无关的厂房(仓库)、贮罐区以及可燃材料堆场,并严禁穿越控制室、配电室、车间生活间等场所。

5.3.2 敷设甲、乙、丙类液体管道、可燃气体管道,应避开火灾危险性大或明火作业场所(区域)。并且宜躲避或绕开腐蚀性区域,当确有困难时,管道应采用相应的防腐蚀措施。

5.3.3 管道穿越甲、乙、丙类液体贮罐区的防火堤时,应对缝隙进行防火封堵。禁止无关管线穿越防火堤。

5.3.4 可燃、助燃气体管道、可燃液体管道宜架空敷设,当架空敷设确有困难时,可采用管沟敷设且应符合下列的规定:

　　1 该类管道宜独立敷设,当确有困难时,可与不燃气体、供水等管道(消防供水管道除外)共同敷设在用不燃烧体作盖板的地沟内;也可与使用目的相同的可燃气体管道同沟敷设,但沟内应充填细砂,且不应与其他地沟相通;

　　2 氧气管道不应与电缆、电线和可燃气体管道以及腐蚀性介质管道共沟敷设;

　　3 管道应采取防雷击和导除静电的措施;

　　4 应采取有效措施防止含甲、乙、丙类液体的污水漏入地沟内;

　　5 当其他管道横穿地沟时,其穿过地沟部分应套以不燃烧体的密闭套管,且套管伸出地沟两壁的长度各不少于0.2m。

5.3.5 架空电力(含弱电)线路的设计应符合现行国家标准《66kV及以下架空电力线路设计规范》GB 50061 的有关规定,并应符合下列规定:

　　1 架空电力线路不应跨越具有爆炸危险性的仓库、堆场,不宜跨越建筑群体;

　　2 架空电力线路和架空煤气管道之间的距离应符合表5.3.5的规定。

表 5.3.5 架空电力线路和架空煤气管道之间的距离

架空电力线路电压等级	最小水平净距(m)(导线最大风偏时)	最小垂直净距(m)	
		管道下	管道上
1kV 以下	1.5	1.5	3.0
1kV~20kV	3.0	3.0	3.5
35kV~110kV	4.0	不允许	4.0

注:最小垂直净距是指线路最大弧垂时的净距。

5.3.6 矿山电力线路架(敷)设应符合现行国家标准《矿山电力设计规范》GB 50070 和本规范第10.3节的有关规定。线路架设区位,不得贴近或跨越爆破危险境界线,架设的高度,应满足相关车辆、装置安全通行的最小净空。

5.3.7 铁路电力机车接触网正架线、旁架线支柱与铁路中心线的距离以及接触网的轨面悬挂高度应符合现行国家标准《工业企业标准轨距铁路设计规范》GBJ 12 等标准的有关规定。

6 安全疏散和建筑构造

6.1 安 全 疏 散

6.1.1 厂房(仓库)以及办公、计控等生产辅助建筑的安全疏散,应符合现行国家标准《建筑设计防火规范》GB 50016 等规范的有关规定。

6.1.2 丁、戊类输送机通廊的高层转运站、矿山竖井提升的高层井塔(井架),可采用敞开楼梯或金属梯作为疏散楼梯,金属梯的倾斜角不应大于 60°,净宽度不应小于 0.8m,栏杆高度不应小于 1.1m。

6.1.3 丁、戊类生产厂房操作平台的疏散楼梯,可采用倾斜角小于等于 45°,净宽度不小于 0.8m 的金属梯,栏杆高度不应小于 1.1m;当仅用于生产检修时,金属梯的倾斜角可为 60°,净宽度不小于 0.6m。

6.1.4 建筑面积不超过 250m² 的电缆夹层、无人值守且建筑面积不超过 100m² 的电气地下室、地下液压站、地下设备用房,可设一个安全出口。

6.1.5 长度大于 50.0m 的电缆隧道,应分别在距其两端不大于 5.0m 处设置安全出口;当电缆隧道长度超过 200.0m 时,中间应增设安全出口,其间距不应超过 100.0m。

6.1.6 一、二级耐火等级的丁、戊类厂房内无人值守的液压站、润滑站等设备地下室(设有自动灭火系统),其安全出口直通室外确有困难时,可直通厂房内相对安全的区域,但地下室出口处应设置乙级防火门。疏散梯可采用倾斜角不应大于 45°,净宽度不小于 0.8m 的金属梯;当建筑面积大于 100m² 时,应增设第二安全出口,第二安全出口疏散梯可采用金属垂直梯。

6.2 建 筑 构 造

6.2.1 厂房(仓库)建筑构造的防火设计应符合现行国家标准《建筑设计防火规范》GB 50016 的有关规定。厂房(仓库)建筑内部装饰应符合现行国家标准《建筑内部装修设计防火规范》GB 50222 的有关规定,且装饰材质宜采用不燃材料。

6.2.2 受炽热烘烤、熔体喷溅、明火作用的区域,不应设置控制(操作、值班)室,当确需设置时,其构件应采用不燃烧体,并应对门、窗和结构构件采取防火保护措施;当具有爆炸危险时,尚应设置有效的防爆设施。

控制(操作、值班)室的安全出口(含通道)应便捷通畅,避开炽热、喷溅、明火直接作用的区域;对于疏散难度较大或者建筑面积大于 60m² 的控制(操作、值班)室,其安全出口不应少于 2 个。

6.2.3 甲、乙类生产厂房中的控制(分析、化验)室宜独立设置,当贴邻外墙设置时,控制(分析、化验)室的耐火等级不应低于二级,且应以耐火极限不低于 3.00h 的不燃烧体隔墙和耐火极限不低于 1.50h 的不燃烧体楼板与其他部分隔开,并设置独立的安全出口;当具有爆炸危险时,尚应设置有效的防爆设施。

6.2.4 在丁、戊类厂房内,当设置甲、乙、丙类辅助生产设施时,应采用耐火极限不低于 3.00h 的不燃烧体墙和耐火极限不低于 1.50h 的不燃烧体楼板与其他部分隔开。当具有爆炸危险时,尚应设置必要的防爆设施。

6.2.5 设置在主厂房内的可燃油油浸变压器室,应设置直通厂房外的大门。当门的上方设置宽度不小于 1.0m 的防火挑檐时,直通室外的门可不采用防火门。对油浸变压器室通向厂房内的大门,应采用甲级防火门(常闭);当确有困难时,应采用防火卷帘等防火分隔措施。

6.2.6 电气(配电、电气装置)室、变压器室、电缆夹层等室内疏散门应向疏散方向开启;当连接公共走道或其他房间时,该门应采用乙级防火门。电气室等房间的中间隔墙上的门可采用不燃烧体的双向弹簧门。

6.2.7 电缆隧道在进入主厂房、变(配)电所时,应采用耐火极限不低于 3.00h 的防火分隔体分隔,其出入口应设常闭的甲级防火门并向厂房侧开启;电缆隧道内的防火门应向疏散方向侧开启,并应采用火灾时能自动关闭的常开式防火门。

6.2.8 生产工艺使用(产生)可燃液体介质的作业区内,其地面(或楼面)应设置坡度及排液沟(明沟),且地面坡度不宜小于 2%(楼面不宜小于 1%);作业区范围内不宜设置地下管沟,当必须设置时,应有避免可燃液体污水渗入地下管沟的可靠措施。

6.2.9 厂房(仓库)的防火封堵除应符合现行国家相关标准《建筑防火封堵应用技术规程》CECS 154 的规定外,尚应符合下列规定:

1 生产工艺中可能使用或产生有毒、有害气体的车间(工段)以及采用气体灭火系统的场所,与相邻车间(工段)以及有人值守区域之间的防火封堵组件,应采用密烟效果良好的封堵组件;

2 电缆和无绝热金属管道贯穿的防火封堵组件应采用无卤型防火封堵材料;

3 有洁净要求的生产、储存区域的防火封堵组件宜采用防火发泡砖;

4 防火分隔构件未能密封的缝隙(孔洞),应采用防火封堵材料封堵,所采用防火封堵组件的耐火极限,不应低于防火分隔构件相应的耐火极限;

5 腐蚀性区域内的防火封堵组件,必须满足腐蚀性介质以及高湿度环境条件的使用要求。

6.3 厂房(仓库)防爆

6.3.1 具有熔融状态的粗金属(熔渣)作业区,其厂房屋面防水等级不应低于二级,应有防止天窗、天沟、水落管等雨水飘落、渗漏的可靠措施;作业区地坪标高应高出室外地面标高。

6.3.2 对可能放散爆炸危险介质的厂房(仓库),应采取避免爆炸危险性介质积聚的构造措施,宜具有良好的自然通风环境。当厂房(仓库)使用或产生氢气时,对厂房(仓库)顶部可能聚集氢气的封闭区域,应有可靠的导流、排放措施。

6.3.3 厂房(仓库)的防爆及泄压设计应符合现行国家标准《建筑设计防火规范》GB 50016 的有关规定。

7 消防给水、排水和灭火设施

7.1 一般规定

7.1.1 有色金属工程的消防用水应与厂区生产、生活用水统一规划,水源必须有十分可靠的保证。

7.1.2 当工程项目的设计占地面积小于等于 $100×10^4m^2$（$100hm^2$,下同略）时,应按同一时间内 1 次火灾设计;当大于 $100×10^4m^2$ 时,应按同一时间 2 次火灾设计。

7.1.3 厂区内的消防给水量应按同一时间内的火灾次数和一次灭火的最大消防用水量确定。一次灭火用水量应按需水量最大的一座厂房（仓库）或储罐计算,且厂房（仓库）的消防用水量应是室内全部消防水量与室外消火栓用水量之和;储罐的消防用水量应是消防冷却用水量与灭火用水量之和。

7.1.4 消防给水系统可与生产、生活给水管道系统合并。合并的给水管道系统,当生产、生活用水达到最大小时用水量时,仍应能保证全部消防用水量。

7.1.5 对于可能引起环境污染区域的消防污水,应设置消防排水设施。其他设有消防排水的场所可设置消防排水设施。

7.1.6 敷设于腐蚀性厂区的消防管道,应根据实际条件采用特殊材质的管道或采取可靠的防腐蚀措施。

7.1.7 有色金属工程的自备发电厂、总变电(站)所;氢气站、氧气站、乙炔站等的消防设计除应符合本规范要求外,尚应符合国家现行标准的规定。

7.1.8 对钛、锂类有色金属冶炼生产及镁粉等若干介质的加工贮运作业中,凡遇水会发生燃烧或可导致严重次生灾害的场所,不得设置室内消火栓。

7.1.9 厂房（仓库）、堆场以及厂区内各类建筑应根据生产、使用、储存物品的火灾危险性、可燃物数量等因素选择配置灭火器材,应符合现行国家标准《建筑灭火器配置设计规范》GB 50014 的有关规定。

7.1.10 在寒冷及严寒地区设置的消火栓应有可靠的防冻措施。

7.2 厂区室外消防给水

7.2.1 厂区内的厂房（仓库）、可燃材料堆场、可燃气体储罐(区)等的室外消防用水量（L/s）及火灾延续时间,甲、乙、丙类液体储罐消防用水和冷却水量及火灾延续时间,应符合现行国家标准《建筑设计防火规范》GB 50016 的有关规定。

7.2.2 室外消防管网设计除应符合现行国家标准《建筑设计防火规范》GB 50016 和《室外给水设计规范》GB 50013 的规定外,尚应符合下列规定:

1 向环状管网输水的输水管不应少于两条,当其中一条发生故障时,其余进水管应能满足消防用水总量。管网中设有加压装置时,低压进水管接点处应设止回阀。

2 采用生产循环水作为消防水源时,不应影响冷却设备（装置)的安全使用。

7.2.3 室外消火栓的设置应符合现行国家标准《建筑设计防火规范》GB 50016 的有关规定;当消火栓可能受到外力损伤时,应设置相应的防护设施,且不得影响消火栓的正常使用。

7.3 室内消防给水

7.3.1 下列厂房（仓库）或场所应设置室内消火栓:

1 火法冶金、熔盐电解、金属加工、辅助生产等类型的丁、戊类一、二级耐火等级的厂房（仓库）中,使用、产生或储存甲、乙、丙类可燃物(介质、物料)且较集中的场所;

2 建筑占地面积大于 $300m^2$ 的甲、乙、丙类厂房（仓库）;耐火等级为三、四级且建筑体积超过 $3000m^3$ 的丁类、建筑体积超过 $5000m^3$ 的戊类厂房（仓库）;

3 输送丙类及以上物料且封闭式的通廊及转运站等;

4 五层以上或建筑体积大于 $10000m^3$ 的化验（试验）楼、计控楼、综合办公楼。

7.3.2 下列厂房（仓库）或场所可不设置室内消火栓:

1 丁、戊类一、二级耐火等级且可燃物较少的单层、多层厂房（仓库）;

2 设置有自动灭火设施的电缆隧道(通廊)和电气、设备地下室。

7.3.3 室内消火栓给水管网宜与自动喷水、水喷雾灭火等系统的管网分开设置。

7.3.4 厂房（仓库）及工艺装置区的室内消防给水系统宜采用常高压给水系统。当消防与生产共用给水系统且室内消火栓栓口处的出水压力不能保证要求时,应设置临时高压给水装置。

7.3.5 在加热炉、甲类气体压缩机、介质温度超过自燃点的热油泵及热油换热设备以及长度小于 30m 的油泵房附近,均宜设箱式消火栓,其保护半径不宜超过 30m。

7.3.6 生产、使用甲、乙类介质的工艺装置,当其框架平台高于 15m 时,宜沿平台的梯子敷设半固定式消防给水竖管,并应符合下列规定:

1 按各层需要设置带阀门的快速(管牙)接口;

2 框架平台面积小于等于 $50m^2$ 时,管径不宜小于 DN80;大于 $50m^2$ 时,管径不宜小于 DN100;

3 框架平台长度大于 25m 时,宜在另一侧梯子处增设消防给水竖管,且消防给水竖管的间距不宜大于 50m。

7.3.7 室内消防给水管道及消火栓的布置除应符合现行国家标准《建筑设计防火规范》GB 50016 的相关规定外,尚应符合下列要求:

1 室内消火栓应设置在厂房（仓库）的出入口附近、通行走道邻近处等明显易于取用的地点;

2 带电设备的邻近区域宜配备喷雾水枪、细水雾水枪;

3 具有高档装置(设施)或存放贵重物品的区域,宜选用高压细水雾水枪。

7.3.8 设置室内消火栓给水系统,且层数超过 4 层或高度超过 24m 的厂房（仓库）,其室内消火栓给水系统应设置消防水泵接合器。

7.4 矿山消防给水

7.4.1 矿山工程应结合生活供水系统或生产供水系统设置消防给水系统。

7.4.2 消防给水系统应能满足最不利点处火灾延续时间内全部消防用水量及水压的要求;当给水不能满足要求时,应设置消防水池、消防给水装置。

7.4.3 矿井的出入口邻近处应设置消防水泵接合器和室外消火栓。

7.4.4 地下开采矿山工程中,对采用竹、木等燃烧体支护的矿井、斜坡道、运输巷道、井底车场以及硐室等场所应设置消火栓。地下开采矿山工程的下列场所宜设置消火栓:

1 经常通行以燃油为动力的移动设备的斜坡道、运输巷道、平硐;

2 提升人员、材料的井口,各中段马头门及材料运输的井底车场;

3 带式输送机巷道;

4 排班室、生活间和其他易发生火灾的硐室;

5 机电维修室、材料库等。

7.4.5 地下开采矿山当设置消防给水时,应符合下列规定:

1 消防给水管道宜与生产供水管道合并(含水源供水),合并的给水管道系统除应保证生产用水的需要外,尚应确保全部消防

用水需求;

　　2 消防用水量应按井下同一时间发生1次火灾,火灾延续时间不小于3.00h计算确定;

　　3 消火栓栓口处出水压力不应小于0.35MPa;当出水压力超过0.5MPa时,宜采取减压措施;

　　4 消火栓的用水量应根据水枪充实水柱长度和同时使用水枪数量经计算确定,且不应小于5L/s;最不利点水枪充实水柱不应小于7m;同时使用水枪数量不应少于2支;

　　5 消火栓的间距宜为50m,应保证同层有2支水枪的充实水柱同时达到任何部位;同一项目中应采用统一规格的消火栓、水枪和水带;

　　6 供水管道系统可采用枝状管网,给水管道应沿巷道的一侧敷设,管径不应小于DN80,消火栓宜靠近可通行的联络巷布置;

　　7 消防水池的容积应按井下1次火灾的全部用水量确定,且不应小于200m³。

7.4.6 矿山工程中的各个生产场所均应配置灭火器材,并应符合现行国家标准《建筑灭火器配置设计规范》GB 50140、《金属非金属矿山安全规程》GB 16423 的有关规定。

7.5 自动灭火系统的设置

7.5.1 有色金属工程自动灭火系统的设置,应符合现行国家标准《建筑设计防火规范》GB 50016 的有关规定和本规范表 7.5.1 的规定。

表 7.5.1 主要厂房(仓库)、工艺装置自动灭火系统设置要求

设置场所名称		可选用的系统类型	设置要求
主控制室、中央调度室、通讯中心(含交换机室、总配线室、电力室等的程控电话站)、主操作室		气体、细水雾、自动喷水	宜设①

续表 7.5.1

设置场所名称		可选用的系统类型	设置要求
变配电系统	配电装置室(单台设备油量100kg以上)	气体、干粉、细水雾	宜设
	有可燃介质的电容器室		
	油浸变压器室(单台小于40MV·A且大于8MV·A)		
	油浸电抗器室、油浸电抗器		
	单台容量在40MV·A及以上的油浸电力变压器	水喷雾、细水雾	应设
	单台容量125MV·A及以上的总变电所油浸电力变压器	水喷雾等	应设
计算机(信息)中心、区域管理计算站及各主要生产车间的计算机主机房、硬软件开发维护室、不间断电源室、缓冲室、纸库、光或磁记录材料库		气体等	宜设
柴油发电机房	总装机容量≥400kV·A	水喷雾、细水雾	应设
	总装机容量≤400kV·A		宜设
电缆夹层	大于等于防火分区面积时	水喷雾、干粉、细水雾等	应设
	小于防火分区面积时		宜设
电气地下设备间		水喷雾、细水雾	应设
电缆隧(廊)道	主厂房以外区域且电缆隧道长度>150m时	水喷雾、干粉、细水雾等	应设
	主厂房以及重要的公辅设施区域		应设
主控楼、主电楼等重要且火灾危险性大场所的电缆竖井		气体、干粉、细水雾	应设
冷轧机组、修磨机组(含机舱及烟气排放等系统)		气体或其他自动灭火系统	应设
热连轧高速轧机机架(当未设油雾抑制系统时)		气体、细水雾	宜设
润滑油库、轧制油系统、集中供油机房、油管廊	地下润滑油站、地下液压站(储油总量大于2m³)	气体、泡沫、水喷雾、S型气溶胶	应设②
	地上封闭式液压站、润滑油等(储油总量大于10m³);高层(标高大于24m)封闭润滑油站储油量大于2m³		
建筑面积大于150m²的甲、乙类生产区域和乙炔、氧气瓶、化材料(物品)贮存库房		自动喷水、水喷雾或其他自动灭火系统	应设

续表 7.5.1

设置场所名称	可选用的系统类型	设置要求
燃油泵房、桶装油库、油箱间、油加热装置间、油泵房等丙类油用房	泡沫、细水雾或其他自动灭火系统	宜设
彩涂车间涂料库、涂层室、涂料预混间	气体、泡沫或其他自动灭火系统	应设
特殊贵重的仪器、仪表设备室、重要科研楼的资料室、贵重设备室、可燃物较多或火灾危险性较大的实验室等辅助生产设施	气体、细水雾	应设
办公楼、检验楼、化验楼等[设置有风道(管)的集中空调系统且建筑面积大于4500m²]	自动喷水	应设
激光焊机室等重要或贵重设备的其他房间	气体、细水雾等	宜设
运送易自燃高挥发分煤种的胶带运输机且长度超过200m	细水雾、水喷雾、自动喷水	应设
运煤隧道(易自燃高挥发分煤种)	自动喷水、水喷雾	应设
有色金属生产中的萃取/反萃取工艺及萃取剂配制、储存(以可燃溶剂为介质)、使用	泡沫、细水雾	宜设
在整体防火分隔物无法设置的局部开口部位	水幕、细水雾	应设
表面处理使用甲、乙类液体的工序及储存间	气体、细水雾	应设
粉煤制备系统的煤仓及除尘器	气体等	应设
矿山竖井提升系统机房	气体、细水雾	宜设
火灾危险性大的井下变配电、储油、维修硐室等场所	泡沫、细水雾、自动喷水	应设
经生产工艺认定的具有火灾危险性的工段、场所、硐室、巷道	泡沫、细水雾、自动喷水	宜设
厂房(仓库)距离>30m、高度>8m且无法采用自动喷水,以及需要设置自动灭火系统其他特殊环境	自动消防炮	宜设

注:1 主控制室等长期有人值守的场所可不设自动式灭火系统,按规定配备手提式灭火器;

　　2 气体灭火系统仅用于室内场所;

　　3 在有色金属板带箔材加工的轧机(包括油地下室)等场所当采用细水雾、水喷雾灭火系统时,应避免水液进入油系统中,导致产品质量出现问题。

7.5.2 自动喷水灭火系统、水喷雾灭火系统、气体灭火系统以及泡沫灭火系统的设计应符合各类现行国家标准的有关规定。当泡沫灭火系统用于各类可燃液体储罐(容器)等设施灭火时,尚应符合现行国家标准《石油库设计规范》GB 50074 和《石油化工企业设计防火规范》GB 50160 的有关规定。

7.5.3 细水雾灭火系统设计应符合现行国家相关标准,在有色金属工程中选用细水雾灭火系统时,尚应符合下列规定:

　　1 在工业建筑腐蚀性分级的"中腐蚀"、"强腐蚀"等级环境,或者烟尘较大的场所中,当设置细水雾全淹没系统时,应有可靠的防腐蚀、防堵塞等的技术措施。当确有困难时,应结合实际,选用细水雾局部应用系统,以及细水雾瓶组式系统等灭火装置;在油浸变压器间、电气设备间、柴油发电机房等宜设置高压细水雾开式灭火系统;

　　2 在相邻两个防火分区的分界处,整体防火分隔物难以封闭的局部开口部,以及其他需要阻止火灾蔓延的区位,可采用高压细水雾封堵分隔系统进行阻断与分隔。

7.6 消防水池、消防水箱和消防水泵房

7.6.1 符合下列条件之一者应设置消防水池,消防水池应符合现行国家标准《建筑设计防火规范》GB 50016 的有关规定:

　　1 当生产、生活用水达到最大小时用水量时,水源供水及引入管不能满足室内外消防水量;

　　2 厂区给水干管为枝状或只有一条引入管,且消防用水量之和超过25L/s。

7.6.2 当厂区的生产用水水池符合消防水池的技术要求时,生产用水水池可兼做消防水池使用。

7.6.3 当厂区室内消火栓给水采用临时高压给水系统时,厂房(仓库)应设置高位消防水箱,并应符合现行国家标准《建筑设计防火规范》GB 50016 的有关要求。

7.6.4 工程中当设置高位消防水箱确有困难时,临时高压给水系统的设置应符合下列要求:

1 系统应由消防水泵、稳压装置、压力监测及控制装置等构成;

2 由稳压装置维持系统压力,出现火情时,压力控制装置应能自动启动消防水泵;

3 稳压泵应设置备用泵。稳压泵的工作压力应高于消防泵工作压力,其流量不宜小于 5L/s。

7.6.5 消防水泵房宜与生活或生产水泵房合建。消防水泵、稳压泵应分别设置备用泵。备用泵的流量和扬程不应小于最大一台消防泵(稳压泵)的流量和扬程。

7.7 消防排水

7.7.1 消防排水设计宜与生产、生活、雨水排水系统统一进行。

7.7.2 油浸变压器以及其他用油系统的消防排水应设置油水分隔设施。

8 采暖、通风、除尘和空气调节

8.1 一般规定

8.1.1 采暖、通风、除尘和空气调节防火设计,应依据有色金属各类生产工艺和装置的特点,密切配合主体专业的要求,并应符合现行国家标准《采暖通风与空气调节设计规范》GB 50019、《建筑设计防火规范》GB 50016 等有关规定。

8.1.2 厂房(仓库)的防烟与排烟设计应符合现行国家标准《建筑设计防火规范》GB 50016 的有关规定。

8.1.3 矿山井下工程的通风与除尘设计,应符合现行国家标准《金属非金属矿山安全规程》GB 16432 等规范、法规的有关规定。

8.2 采暖

8.2.1 氧气站、氢气站、天然气站、氢压缩机室、油库、蓄电池室、化学品库及煤粉制备(封闭式)车间等甲、乙类厂房(仓库),严禁采用电散热器或明火采暖。

8.2.2 在散发可燃粉尘、纤维的厂房(仓库)内应采用表面光滑易清扫的散热器,散热器采暖的热媒温度应符合下列规定:

1 热媒为热水时,不应超过 130℃;

2 热媒为蒸汽时,不应超过 110℃;

3 煤焦输送通廊,不应超过 160℃。

8.2.3 变(配)电室采暖管道的设置应符合下列规定:

1 采暖管道不应穿越变压器室,不宜穿过无关的电气设备间,当确需穿过时采暖管道应采用焊接连接,且应采取隔热措施;

2 当配电室、蓄电池室需要采暖时,应采用可焊接的散热器,室内采暖管道应焊接连接,不应设置法兰、丝扣接头和阀门。

8.2.4 采暖管道不得与可燃气体管道及闪点小于或等于 120℃的可燃液体管道在同一条管沟内平行或交叉敷设。

8.2.5 厂房(仓库)内采暖管道、构件及保温材料应采用不燃材料。

8.2.6 采用燃气红外线辐射采暖或电采暖时,应符合现行国家标准《采暖通风与空气调节设计规范》GB 50019 的有关规定。

8.3 通风

8.3.1 可能放散爆炸危险性介质的厂房(仓库)或场所,应设置事故通风装置并应符合下列规定:

1 设计通风量应根据生产工艺要求并通过计算确定,且通风换气次数不应小于 12 次/h;

2 通风机的启停开关应按配置要求设置,并应设置在室内(外)便于操作且安全的位置;

3 应采用防爆型风机。

8.3.2 甲、乙类厂房(仓库)的通风装置设计应符合下列规定:

1 当设置在甲、乙类厂房(仓库)内时,通风机和电动机均应采用防爆型,且应采用直连;

2 当单独设置在风机房内时,通风机和电动机均应采用防爆型,宜采用直连,也可采用三角皮带传动;

3 当单独设置在室外安全场所时,通风机应采用防爆型,电动机可采用封闭型。

8.3.3 通风、空调风管穿越防火分区时,应设置防火阀。主风管的防火阀应与风机联锁,且宜采用带位置反馈的防火阀,其信号应接入消防控制室。

8.3.4 设置机械通风的电缆隧道,通风机应与火灾自动报警系统联锁。当发生火灾时,应能立即切断通风机电源。

8.3.5 通风、空调系统的风管和保温材料应符合下列规定:

1 在甲、乙类厂房(仓库)中,应采用不燃材料;

2 在丙、丁、戊类厂房(仓库)中,宜采用不燃材料;当风管按防火分区设置且不穿越防火分区时,可采用难燃材料。

8.3.6 输送或排除有爆炸危险性气体或粉尘的通风(空调及除尘)设备及管道,应有防静电接地措施,法兰应跨接,且不应采用易产生静电聚集的绝缘材料。

8.3.7 使用或产生氢气的厂房(仓库),对顶部各类死角,应采取避免可能聚集氢气的相关技术措施。

8.4 除尘

8.4.1 处理有爆炸危险粉尘的干式除尘器可露天布置,应符合下列规定:

1 与厂房(仓库)的距离必须大于 2m 且不宜小于 10m,当距离小于 10m 时,毗邻的厂房(仓库)外墙的耐火极限不应低于 3.00h;

2 当布置在厂房(仓库)贴邻建造的建筑内时,应采用耐火极限不低于 3.00h 的隔墙和耐火极限不低于 1.50h 的楼板与厂房(仓库)分隔;

3 布置在厂房(仓库)屋面上时,应采用耐火极限不低于 1.50h 的屋面结构(或楼板)与厂房(仓库)分隔。

8.4.2 处理有爆炸危险性粉尘的干式除尘器应设置在负压段,并应符合下列规定:

1 应采用防爆型布袋除尘器,且应采用抗静电并阻燃滤料;

2 应设置泄压装置;

3 应设置安全联锁装置或遥控装置,当发生爆炸危险时应切断所有电机的电源。

8.4.3 输送有爆炸危险性粉尘的管道应竖向或倾斜敷设,其水平夹角不应小于 45°;当管道确需在小于 45°水平夹角敷设时,额定负荷工况设计流速不应小于 25m/s。

8.4.4 除尘风管及其隔热(保温)构造层应采用不燃材料制作。

8.5 空气调节

8.5.1 空气中含有爆炸危险性介质的厂房应独立设置空调系统，并应采用直流式（全新风）空调系统。

8.5.2 空调系统的新风口应远离爆炸危险环境区域。

8.5.3 用于计算中心、主控制室、电气等室的空调机，宜布置在单独的机房内，并不应与其他无关的电缆布置在一起。

9 火灾自动报警系统

9.0.1 下列场所应设置火灾自动报警系统：

1 生产指挥中心（含调度、信息汇集）、通信中心（含交换机室、配线室）；

2 企业计算（控制、数据）中心、主控制室；

3 单台容量在40MV·A及以上的油浸变压器室、油浸电抗器室、可燃介质的电容器室，单台设备油量100kg及以上或开关柜（盘）的数量大于15台的配电室；

4 高档、精细的仪表及监测、控制设备室；

5 柴油发电机房；

6 室内电缆夹层、电缆竖井和电缆隧道；

7 设于地下的液压站、润滑站、储油间；

8 冷轧及冷加工的着色、涂层、溶剂配制间；

9 封闭式的甲、乙类火灾危险性厂房和甲、乙、丙类火灾危险性的仓库；

10 其他设有自动灭火系统的封闭式场所。

9.0.2 下列场所宜设置火灾自动报警系统：

1 单台容量在8MV·A及以上、40MV·A以下的油浸变压器室，单台设备油量60kg及以上、100kg以下或开关柜（盘）数量大于12台、小于15台的配电室；

2 柜（盘）数量大于5台的一般仪表及监测、控制设备室；

3 汽车维修（保养）间、汽车库、木材加工间；

4 铁路运输信号楼的控制室和信号室；

5 炭素制备工序；

6 分析中心、氧、氢、燃气化验室、油分析室。

9.0.3 封闭式厂房（仓库）内可能散发可燃气体、可燃蒸气的场所，应设置可燃气体检测、报警装置。

9.0.4 火灾探测器应根据被保护场所的环境和可能发生的火灾特征，选择可靠、适用的型号（产品），并应符合现行国家标准《火灾自动报警系统设计规范》GB 50116等标准的有关规定。

9.0.5 可燃气体报警信号和自动灭火系统的报警、控制信号应接入火灾自动报警系统。

9.0.6 厂房的一个报警区域可按一座独立厂房或一个生产工艺类型设置。厂房（仓库）以及相关装置等的火灾报警控制器（区域报警器或火警显示器）可设置在报警区域内的主控制室、调度室或昼夜有人值守的场所。

9.0.7 主厂房内每个防火分区应至少设置一个手动火灾报警按钮。在一个防火分区内的任何位置，到最近的一个手动火灾报警按钮的实际通行距离不应大于50m。

9.0.8 大、中型有色金属工程应设置消防控制中心，消防控制中心宜设于企业总调度室毗邻房间；小型有色金属工程中的消防控制室可与总调度室、主控制室合建。消防控制中心（消防控制室）的设计要求应符合现行国家标准《建筑设计防火规范》GB 50016等规范的有关规定。

9.0.9 火灾自动报警系统的设计除应符合本规范规定外尚应符合现行国家标准《火灾自动报警系统设计规范》GB 50116、国家行业标准《冶金企业火灾自动报警系统设计》YB/T 4125和国家标准《消防联动控制系统》GB 16806的有关规定。

10 电 气

10.1 消防供配电

10.1.1 消防控制室、消防电梯、火灾自动报警系统、自动灭火系统、防烟与排烟设施、应急照明、疏散指示标志和电动防火门（窗、卷帘）、阀门等消防用电设备，其供电电源负荷等级不应低于二级，应符合现行国家标准《供配电系统设计规范》GB 50052的有关规定。

10.1.2 消防水泵的供电应满足现行国家标准《供配电系统设计规范》GB 50052所规定的一级负荷供电要求。当只具备二级负荷供电时，应设置柴油机驱动的备用消防水泵。

10.1.3 消防控制室、消防电梯、防烟与排烟设施、消防水泵房等消防用电设备的供电，应在最末一级配电装置处实现自动切换。其供电线路宜采用耐火电缆或经耐火处理的阻燃电缆。

10.1.4 消防用电设备应采用单独供电回路，其配电设备和线路应有明显标志。消防供电线路的敷设应符合现行国家标准《建筑设计防火规范》GB 50016的有关规定。

10.1.5 爆炸危险场所的电气设备选择和线路设计，应符合现行国家标准《爆炸和火灾危险环境电力装置设计规范》GB 50058的有关规定。

10.2 变（配）电系统

10.2.1 电抗器的磁矩范围内不应有导磁性金属体，无功补偿（含滤波装置FC和静态无功补偿装置SVC）的空心电抗器安装在室内时，应设强迫散热系统。

10.2.2 当油量为2500kg及以上的室外油浸变压器，其外廓之间的防火间距小于表10.2.2中的规定值时，应设置防火隔墙并应符合下列规定：

    1 高度应大于变压器油枕；

    2 当电压为35kV～110kV时，长度应大于贮油坑两侧各0.5m；当电压为220kV时，长度应大于贮油坑两侧各1.0m；

    3 耐火极限不应低于3.00h。

表10.2.2 室外油浸变压器外廓之间的防火间距(m)

电 压 等 级	35kV	110kV	220kV
变压器外廓之间的防火间距	5.0	8.0	10.0

10.2.3 室内配置有单台油量为100kg以上的电气设备时，应设置贮油或挡油设施，其容积宜按油量的20%设计，并应设置将事故油排至安全处的设施。当不能满足上述要求时，应设置能容纳100%油量的贮油设施。

    单台油量为100kg及以上的室内油浸变压器，宜设置单独的变压器室。

10.2.4 室外充油电气设备应符合下列规定：

    1 单个油箱的充油量在1000kg以上时，应设置贮油或挡油设施。当设置容纳油量20%的贮油或挡油设施时，还应设置将油排至安全处的设施。不能满足上述要求时，应设置能容纳全部油量的贮油或挡油设施；

    2 设置油水分离设施的总事故贮油池时，其容量宜按最大一个油箱容量的60%确定；

    3 贮油或挡油设施的平面尺寸，应大于充油电气设备外廓每边各1.0m。

10.2.5 变(配)电所内的控制室、配电室、变压器室、电容器室以及电缆夹层，不应通过与其功能要求无关的管道和线路。当采用集中通风系统时，不宜在配电装置等电气设备的正上方敷设风管。

10.2.6 变(配)电所内通向电缆隧(廊)道或电缆沟的接口处，控制室、配电室与电缆夹层和电缆隧(廊)道等之间的电缆孔洞、电缆夹层、电气地下室和电缆竖井等电缆敷设区，应采用防火分隔及封堵措施，应符合本规范第6.2.9条的要求并应符合以下规定：

    1 电缆竖井宜每隔7.0m或按建(构)筑物楼层设置防火封堵分隔；

    2 电缆、电缆桥架在穿过建(构)筑物或电气盘(柜)的孔洞处，应采用耐火极限不低于1.00h的防火封堵材料进行封堵；

    3 电缆局部涂刷防火涂料或局部采用防火包(带)、防火槽盒进行封堵。

10.2.7 10kV及以下变(配)电所或电气室建(构)筑物的防火间距及电缆防火等要求，应符合现行国家标准《10kV及以下变电所设计规范》GB 50053的有关规定。

10.3 电缆及其敷设

10.3.1 主电缆隧(廊)道内空间尺寸，应满足人员的检修、维护和事故状态下抢救的要求。当电缆隧(廊)道两侧设有支架时，支架间通道的净宽不宜小于0.9m；当一侧设有支架时，通道的净宽不宜小于0.8m；隧(廊)道的净高不宜小于1.9m。

10.3.2 电缆隧(廊)道与其他沟道交叉时，其局部段的净空高度不得小于1.4m。

10.3.3 电缆夹层、电缆隧(廊)道应做好通风设计，宜采取自然通风；当敷设电缆数量较多且有较多电缆缆芯的工作温度达到70℃以上、或因其他因素导致环境温度显著升高时，应设置机械通风设施；长距离的隧(廊)道，宜分区段设置相互独立的通风系统，并应符合本规范第8.3节的有关规定；地面以上建筑物电缆夹层宜在外墙上设置通风设施，并应在火灾发生时能自动关闭。

10.3.4 电缆隧(廊)道每隔70.0m～100.0m应设置一道防火墙和防火门进行防火分隔；当电缆隧(廊)道内设置自动灭火系统时，防火分隔的间隔长度不应大于180.0m。

10.3.5 电缆隧(廊)道内应设排水设施，并应采取防渗水、防渗油

10.3.6 在电缆隧(廊)道或电缆沟内，严禁穿越和敷设可燃、助燃气(液)体管道。

10.3.7 电气室、电缆夹层内，不应敷设和安装可燃液(气)或其他可能引起火灾的管道和设备，且不宜敷设与本室(层)无关的热力管道。

10.3.8 电缆的选择、敷设和电缆隧(廊)道、电缆沟等的设计，应符合现行国家标准《电力工程电缆设计规范》GB 50217的有关规定。

10.3.9 对带有重要负荷的10kV及以上的变(配)电所，其两回路及以上的主电源回路电缆不宜在同一条电缆隧(廊)道内敷设。当难以满足要求时，应分别在隧(廊)道两侧的电缆架上敷设；对于只有单侧电缆架的隧(廊)道，不同回路的主电源电缆应分层敷设，并应采取下列的一种或多种组合：涂防火涂料、加防火隔板、加装防火槽盒或阻燃包带等，对主电源回路电缆实施防护。

10.3.10 电缆明敷且无自动灭火系统保护时，电缆中间接头两侧2.0m～3.0m的区段与其并行敷设的其他电缆在此范围内，均应采取涂防火涂料或包防火包带等防火措施。

10.3.11 架空敷设的电缆与热力管道的间距，应符合表10.3.11的规定；当不能满足要求时，应采取有效的防火隔热措施。

表10.3.11 架空敷设的电缆与热力管道的净间距(m)

敷设方式 \ 电缆类别	控制电缆	动力电缆
平行敷设	≥0.5	≥1.0
交叉敷设	≥0.3	≥0.5

10.3.12 车间的高温特殊区段或部位，其电缆选择和敷设应符合下列规定：

    1 电气管线的敷设应避开炉口、出渣口和热风管等高温部位；

    2 穿越或邻近高温辐射区的电缆，应选用耐高温电缆并应采取隔热措施，必要时，应采取防止金属熔体高温及渣液喷溅的措施；

    3 下列场所或部位不宜敷设电缆，如确需敷设时，应选用耐高温电缆并应有隔热保护措施：

      1)加热炉和冶炼炉本体、包子房、热风炉的地下；

      2)熔炼车间的浇铸区地下；

      3)金属熔液罐和渣罐车运行线的下方；

      4)冶炼炉、余热锅炉炉顶等高温场所；

      5)供热锅炉房的炉体及其炉顶栏杆区段；

      6)高温及热力管线的上方等。

    4 存放热锭、坯极板、浇铸包及铸锭缓冷区的场所附近不宜设置电缆沟；必须设置时，电缆应穿钢管埋设并采取相应的隔热措施；

    5 金属熔液罐车和渣罐车采用软电缆供电时，应装设拉紧装置，并应有防止喷溅及隔热防护措施；

    6 熔炼炉(含电弧炉、矿热炉等)的短网母线在穿越钢筋混凝土墙时，短网周围的墙体和穿墙隔板应采用非导磁性材料；

    7 电炉的水冷母线(电缆)应远离磁性钢梁，或采取水冷母线(电缆)传输路径的断面周围金属构件不构成磁性回路的措施；

    8 热轧车间横穿冲渣沟的电缆管线，应敷设在沟的过梁内或采用穿钢管外加隔热保护层敷设。

10.3.13 矿山井下电缆的选择和敷设除应符合现行国家标准《矿山电力设计规范》GB 50070和《金属非金属矿山安全规程》GB 16423的有关规定外，尚应符合下列规定：

    1 在有竹、木材质支护的进风竖井井筒中必须敷设电缆时，应采用耐火电缆；

    2 禁止在生产运行期内的溜井中敷设电缆；

    3 地面引至井下变电所不同回路的电源电缆线路，其电缆间

距不应小于0.3m,在竖井中不应敷设在同一层电缆架上;

　　4　竖井井筒中的电缆不应有中间接头;

　　5　巷道个别地段的地面必须敷设电缆时,应穿钢管、加扣角(槽)钢或用其他刚性不燃体做固定覆盖保护。

10.4　防雷和防静电

10.4.1　各类厂房(仓库)、构筑物的防雷接地引下线不应少于2根,接地引下线的间距和接地引下线的冲击接地电阻值的设计,应符合现行国家标准《建筑物防雷设计规范》GB 50057的有关规定。

10.4.2　工艺装置区内露天布置贮存非可燃气(液)体的金属塔、罐等容器,当顶板的钢板厚度大于等于4mm时,可不另设避雷针保护,但必须设防雷接地装置。

10.4.3　露天设置的可燃气(液)体的钢质储罐,必须设置防雷接地装置,并应符合下列规定:

　　1　避雷针、线的保护范围应包括整个罐体;

　　2　装有阻火器的甲、乙类液体地上固定顶罐,当顶板厚度小于4mm时,应装设避雷针、线;

　　3　可燃气体储罐、丙类液体储罐可不另设避雷针、线,但必须设防感应雷接地设施;

　　4　罐顶设有放散管的可燃气体储罐应设避雷针。

10.4.4　室外钢质储罐的防雷接地不应少于2处,应沿其四周均匀布置,接地的设置应符合下列规定:

　　1　储罐直径大于等于20.0m时,不应少于3处接地,其相邻间距不应大于30.0m;

　　2　储罐直径大于等于5.0m且小于等于20.0m时,应2~3处接地;

　　3　当储罐直径小于5.0m时,应1~2处接地。

10.4.5　装设于钢质储罐上的信息、消防报警等弱电系统装置,其金属外壳(皮)应与罐体做电气连接,配线(电缆)宜采用金属铠装屏蔽线(缆),线(缆)金属外层及所穿金属管均应与罐体做电气连接。

10.4.6　下列场所应有导除静电的接地措施:

　　1　具有易燃、可燃物的生产装置、设备、储罐、管线及其放散管;

　　2　易燃、可燃油品装卸站及与其相连的管线、鹤管等;

　　3　易燃、可燃油品装卸站处的铁路钢轨;

　　4　易爆的金属粉尘储仓(罐)及其相关设备、管道;

　　5　在爆炸、火灾危险场所内,可能产生静电危险的设备和管道。

10.4.7　管线接地的设置应符合下列规定:

　　1　需要接地的管线,其两端都必须接地;

　　2　接地管线的法兰两侧应用导线可靠跨接;

　　3　轻质油品管线每隔200.0m~300.0m应设1个接地栓,并应与重复接地装置可靠连接。

10.4.8　甲、乙、丙(其中闪点小于等于120℃)类油品(原油除外)、液化石油气、天然气凝液作业场所等的下列部位,应设有消除人体静电的装置:

　　1　泵房的入口处;

　　2　上储罐的金属扶梯入口处;

　　3　装卸作业区内上操作平台的金属扶梯入口处;

　　4　码头上下船的出入口处的金属构件。

10.4.9　专设的每组防静电接地装置的接地电阻值不宜大于100Ω。

10.4.10　输送氧气、乙炔、煤气、燃油等可燃或助燃的气(液)体的管道应设置防静电装置,其接地电阻不应大于10Ω,法兰间的总跨接电阻值应小于0.03Ω。每隔80.0m~100.0m应作重复接地1次,进车间的分支法兰处也应接地,接地电阻值均不应大于10Ω。

10.4.11　当金属导体与防雷(不包括独立避雷针防雷接地系统)、

电气保护接地等接地系统连接时,可不设专用的防静电接地装置。

10.4.12　铁路进出化工品生产区和油品装卸站区的前、后两端,应与外部铁路各设1道绝缘。两道绝缘之间的距离不得小于一列车皮的长度。站区内的铁路应每隔100.0m做1次重复接地。

10.5　消防应急照明和消防疏散指示标志

10.5.1　厂区下列部位应设置消防应急照明:

　　1　疏散楼梯、疏散走道(廊)、楼梯间及其前室、消防电梯及其前室;

　　2　消防控制室、自备电源室(含发电机房、UPS室和蓄电池室等)、配电室、消防水泵房、防烟排烟机房等;

　　3　调度中心、通信机房、大中型电子计算机房、主操作室、中控室等电气控制室和仪表室;

　　4　电气地下室、地下液压、润滑油站(库)等场所。

10.5.2　电气、液压、润滑油等地下室的疏散走道(廊)及其相关的主要疏散线路,应在地面上或靠近地面的墙面上,设置疏散指示标志。

10.5.3　人员疏散用的消防应急照明在主要通道地面上的最低照度值不应低于1lx。同时应保证火灾发生时仍需照明场所的正常照度。

10.5.4　消防应急照明和消防疏散指示标志的设置除应符合本规定外,尚应符合现行国家标准《建筑设计防火规范》GB 50016的有关规定;矿山工程尚应符合现行国家标准《金属非金属矿山安全规程》GB 16423的有关规定。

附录A　有色金属冶炼炉事故坑邻近钢柱的耐火稳定性验算

A.1　判别规定

A.1.1　当满足式(A.1.1)时,被验算的钢柱(简称验算钢柱,下同)可不进行防火保护。

$$T_{smax} \leqslant T_c \qquad (A.1.1)$$

式中:T_{smax}——验算钢柱在炉料热作用下的最高温度,按A.2.1条确定;

　　　　T_c——验算钢柱的临界温度,按A.2.2条确定。

A.1.2　如果不满足式(A.1.1)时,验算钢柱应采取技术措施或进行防火保护。防火保护措施可采用混凝土、轻骨料混凝土、砌块或其他材料进行表面包覆,防火保护高度(从厂房地面起)应不小于表A.1.2数值。包覆材料厚度不宜小于120mm。

表A.1.2　钢柱的保护高度(m)

W	L ≤6	L 9	L ≥12	L ≤6	L 9	L ≥12	L ≤6	L 9	L ≥12	L ≤6	L 9	L ≥12
≤3	1.5	1.5	2.0	2.0	2.0	2.0	2.5	2.5	2.5	2.5	3.0	3.0
4.2	2.0	2.0	2.0	2.0	2.0	2.0	2.5	2.5	2.5	3.0	3.0	3.0
5.4	2.0	2.0	2.0	2.0	2.5	2.5	2.5	2.5	2.5	3.0	3.0	3.0
6.6	2.0	2.0	2.0	2.0	2.5	2.5	2.5	2.5	3.0	3.0	3.0	3.0
7.8	2.0	2.0	2.0	2.0	2.5	2.5	2.5	3.0	3.0	3.0	3.5	3.5
≥9	2.0	2.0	2.0	2.5	2.5	2.5	2.5	3.0	3.0	3.0	3.5	3.5
s		0.5			1.0			1.5			2.0	

注:W为事故坑宽度,L为事故坑长度,s为验算钢柱表面到事故坑边缘的距离。

A.2　温度计算

A.2.1　验算钢柱在炉料热作用下的最高温度T_{smax}按下式确定:

$$T_{smax} = \gamma_1\gamma_2(T_1 + T_2) \quad (A.2.1)$$

式中：T_1——验算钢柱翼缘厚度 $d=25mm$,外表面与事故坑边缘距离为 s 时的最高温度,按表 A.2.1-1 取值;涉及事故坑与验算钢柱方位的有关参数,详见图 A.1;

T_2——验算钢柱最高温度随翼缘厚度 d 变化的温度调整值,按表 A.2.1-2 取值;

γ_1——冶炼炉内冶炼的金属熔点(T_0)的调整系数,取(T_0－30)/1250;

γ_2——冶炼炉所冶炼的金属炉渣的辐射黑度(ε)的调整系数,取 $\varepsilon/0.66$。

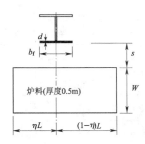

图 A.1 事故坑与验算钢柱相对位置

表 A.2.1-1 验算钢柱最高温度 T_1(℃) $d=25mm$

η \ L(m) \ s(m)	0.5 ≤6	0.5 9	0.5 ≥12	1.0 ≤6	1.0 9	1.0 ≥12	1.5 ≤6	1.5 9	1.5 ≥12	2.0 ≤6	2.0 9	2.0 ≥12	W(m)
0.5	504	518	526	435	459	471	371	405	420	318	356	376	≤3
	527	550	558	465	492	502	405	442	457	352	398	418	4.2
	542	558	579	480	510	524	423	463	483	374	422	446	5.4
	549	579	589	487	524	540	433	477	498	385	438	461	6.6
	557	584	598	495	532	551	442	486	511	396	447	475	7.8
	560	590	602	498	539	557	447	495	518	401	456	484	≥9

续表 A.2.1-1

η \ L(m) \ s(m)	0.5 ≤6	0.5 9	0.5 ≥12	1.0 ≤6	1.0 9	1.0 ≥12	1.5 ≤6	1.5 9	1.5 ≥12	2.0 ≤6	2.0 9	2.0 ≥12	W(m)
0.3	494	513	522	420	450	464	354	393	411	302	343	365	≤3
	516	541	552	449	482	495	388	430	447	335	384	405	4.2
	528	558	569	464	499	517	407	450	472	360	408	433	5.4
	535	569	582	472	512	530	416	464	485	368	424	448	6.6
	542	575	590	479	519	540	425	472	498	378	433	461	7.8
	545	581	594	482	527	546	430	481	505	384	442	469	≥9
0.0	358	365	369	310	318	322	267	278	282	232	245	251	≤3
	390	398	400	340	351	353	301	314	317	267	289	288	4.2
	407	417	421	361	374	380	321	338	345	289	307	316	5.4
	416	429	432	367	389	393	335	355	362	302	326	336	6.6
	425	440	441	383	398	405	346	366	373	314	339	350	7.8
	429	443	446	388	407	412	363	376	384	322	349	359	≥9

注:1 表中数值可线性内插。
2 η为柱一侧事故坑长度较小值与总长度之比,取值为0~0.5。当 $L>12m$ 时,计算 η 时取 $L=12m$。验算钢柱位置在事故坑长度以外3m内时按 η=0 确定其温度。
3 验算钢柱与事故坑距离 2.0m<s≤5m 按 $s=2.0m$ 确定其温度。
4 当验算钢柱翼缘垂直于事故坑边长以及箱形截面钢柱也可参照本表确定其温度。

表 A.2.1-2 验算钢柱温度调整值 T_2(℃)

η \ d(mm)	16	20	25	30	32	36	40	s(m)
0.5	32	18	0	-18	-24	-38	-52	0.5
	33	18	0	-18	-26	-42	-58	1.0
	35	19	0	-20	-29	-46	-63	1.5
	37	21	0	-20	-31	-48	-66	2.0
0.3	33	19	0	-18	-25	-39	-54	0.5
	34	19	0	-18	-26	-43	-59	1.0
	36	20	0	-21	-30	-47	-64	1.5
	38	21	0	-23	-31	-49	-66	2.0
0.0	36	20	0	-23	-32	-49	-65	0.5
	38	22	0	-23	-32	-48	-64	1.0
	40	23	0	-23	-32	-48	-64	1.5
	42	24	0	-23	-31	-48	-61	2.0

注:表中数值可线性内插。

A.2.2 验算钢柱的临界温度 T_c 可查表 A.2.2 确定。表中 k 为验算钢柱柱底截面的最大正应力水平,按 A.3.1 条确定。

表 A.2.2 临界温度 T_c 与验算钢柱应力水平 k 的关系(破坏应变取0.5%)

k	0.3	0.325	0.35	0.375	0.4	0.425	0.45	0.475	0.5	0.525
T_c(℃)	601	589	581	575	570	565	560	554	547	540
k	0.55	0.575	0.6	0.625	0.65	0.675	0.7	0.725	0.75	0.775
T_c(℃)	532	523	515	514	505	493	478	459	436	409
k	0.8	0.825	0.85	0.875	0.9	0.925	—	—	—	—
T_c(℃)	377	341	300	202	158	103	—	—	—	—

注:表中数值可线性内插。

A.3 作 用 效 应

A.3.1 验算钢柱柱底截面的最大正应力水平 k 应按下式确定:

$$k = k_0 k_1 + k_2 \quad (A.3.1)$$

式中：k_0——常温设计下验算钢柱底截面的最大正应力(不计地震作用)设计值与强度设计值 f 之比;

k_1——考虑偶然组合的系数,取 0.8;

k_2——温度应力水平,按 A.3.2、A.3.3 条确定;

f——钢材常温强度设计值,按《钢结构设计规范》GB 50017 取值。

当 $k≤0.3$ 时取 $k=0.3$。

A.3.2 当与验算钢柱在本层及上一层相连的梁均为两端铰接或悬臂时,则取 $k_2=0$。

A.3.3 温度应力水平可按下式计算:

$$k_2 = \sigma_T/f \quad (A.3.3)$$

式中：σ_T——温度应力,按 A.3.4 条确定。

A.3.4 温度应力应按下式计算:

$$\sigma_T = N_T/(A\varphi) \quad (A.3.4)$$

式中：A——验算钢柱的毛截面面积(mm^2);

N_T——验算钢柱在框架梁约束下的温度轴力,按 A.3.5 条确定;

φ——验算钢柱的稳定系数,按现行国家标准《钢结构设计规范》GB 50017 取值,当 k_0 由强度控制时取 $\varphi=1.0$,当 k_0 由强轴稳定控制时取 $\varphi=\varphi_x$,当 k_0 由弱轴稳定控制时取 $\varphi=\varphi_y$。

A.3.5 验算钢柱在框架梁约束下的温度轴力应按下式计算:

$$N_T = N_{T1} + N_{T2} \quad (A.3.5)$$

式中：N_{T1}——验算钢柱在本层框架梁约束下的温度轴力,按 A.3.6、A.3.7 条确定(N);

N_{T2}——验算钢柱在上一层框架梁约束下的温度轴力,按 A.3.6、A.3.9 条确定(N)。

A.3.6 验算钢柱在本层和上一层框架梁约束下的温度轴力不应超过式(A.3.6-1)、(A.3.6-2)计算值。

$$N_{T1max} = \sum_{n_1}\frac{1.75 k_n A_w h k_s f_y}{l_1} - 0.8Q_1 \quad (A.3.6\text{-}1)$$

$$N_{T2max} = \sum_{n_2}\frac{1.75 k_n A_w h f_y}{l_2} - 0.8Q_2 \quad (A.3.6\text{-}2)$$

式中：n_1——与验算钢柱相连的本层两端支承梁数目;

n_2——与验算钢柱相连的上一层两端支承梁数目;

k_n——系数,梁与柱两端刚接取 2;一端铰接,一端刚接取 1,两端铰接取 0;当梁远端支承在梁上时,视为铰接;

l_1——与验算钢柱相连的本层两端支承梁的净跨度,当梁与柱设有斜撑时,取斜撑节点之间的距离(mm);

l_2——与验算钢柱相连的上一层两端支承梁的净跨度,当梁与柱设有斜撑时,取斜撑节点之间的距离(mm);

h——与验算钢柱相连的本层或上一层两端支承梁的截面高度(mm);

A_w——与验算钢柱相连的本层或上一层两端支承梁的腹板

面积(mm^2);

　k_s——与验算钢柱相连的本层两端支承梁钢材的屈服强度降低系数,按 A.3.11 条确定;

　f_y——钢材常温的屈服强度(或屈服点),按现行国家标准《钢结构设计规范》GB 50017 取值;

　Q_1——与验算钢柱相连的本层两端支承梁在常温设计下(不计地震作用),在验算钢柱一侧的梁端剪力(N);

　Q_2——与验算钢柱相连的上一层两端支承梁在常温设计下(不计地震作用),在验算钢柱一侧的梁端剪力(N);

　0.8——考虑偶然组合的系数。

A.3.7 验算钢柱在本层框架梁约束下的温度轴力可按下式计算:

$$N_{T1} = \sum_{n_1} \frac{h_1 \alpha (T_{m1} - T_{m2})}{\frac{h_1}{E_{Tm}A} + \frac{1}{k_{T1}}} \tag{A.3.7}$$

式中:k_{T1}——与验算钢柱相连的本层两端支承梁的抗剪强度,按 A.3.8 条确定(N/mm);

　h_1——验算钢柱底截面到梁顶面的高度,如果柱底进行保护,则为未保护部分高度(mm);

　T_{m1}——验算钢柱的最高平均温度,按 A.3.13 条确定;

　T_{m2}——与验算钢柱相连的本层两端支承梁的远端支承柱的最高平均温度,按 A.3.13 条确定;

　α——钢材的线膨胀系数,取 $1.2 \times 10^{-5}/℃$;

　E_{Tm}——验算钢柱在其最高平均温度时的弹性模量,按 A.3.11 条确定。

A.3.8 与验算钢柱相连的本层两端支承梁的抗剪刚度按下式计算:

$$k_{T1} = k_p \frac{E_{Tb} I}{l_1^3} \tag{A.3.8}$$

式中:k_p——梁的节点约束系数,梁与柱两端刚接取 12,一端铰接,一端刚接取 3,两端铰接取 0;当梁远端支承在梁上时,视为铰接;

　E_{Tb}——本层两端支承梁在温度 T 时的弹性模量,按 A.3.11 条确定;

　I——梁截面对其水平形心轴的惯性矩(mm^4)。

A.3.9 验算钢柱在上一层框架梁约束下的温度轴力可按下式计算:

$$N_{T2} = \sum_{n_2} \frac{h_1}{\frac{h_1}{E_{Tm}A} + \frac{h_2}{EA_2} + \frac{1}{k_{T2}}} \left(\alpha T_{m1} - \alpha T_{m2} - \frac{N_{T1}}{E_{Tm}A} \right) \tag{A.3.9}$$

式中:h_2——验算钢柱上一层层高(mm);

　k_{T2}——与验算钢柱相连的上一层两端支承梁的抗剪刚度,按 A.3.10 条确定;

　A_2——验算钢柱上一层的毛截面面积(mm^4);

A.3.10 与验算钢柱相连的上一层两端支承梁的抗剪刚度可按下式计算:

$$k_{T2} = k_p \frac{E I_2}{l_2^3} \tag{A.3.10}$$

式中:I_2——与验算钢柱相连的上一层两端支梁截面对其水平形心轴的惯性矩(mm^2);

　E——钢材在常温时的弹性模量,按现行国家标准《钢结构设计规范》GB 50017 取值。

A.3.11 钢材在温度 T 时的弹性模量 $E_T = k_E E$,弹性模量降低系数 k_E 和屈服强度降低系数 k_s 可查表 A.3.11 确定。

表 A.3.11 钢材的弹性模量降低系数 k_E、屈服强度降低系数 k_s 与温度 T 的关系

T(℃)	—	—	30	40	50	60	70	80	90	100
k_E	—	—	1.000	0.990	0.988	0.987	0.985	0.984	0.984	0.983
k_s	—	—	1.000	0.990	0.984	0.978	0.972	0.967	0.961	0.956
T(℃)	110	120	130	140	150	160	170	180	190	200

续表 A.3.11

T(℃)	—	—	30	40	50	60	70	80	90	100
k_E	0.982	0.981	0.981	0.980	0.978	0.977	0.975	0.973	0.971	0.968
k_s	0.951	0.946	0.941	0.936	0.931	0.926	0.921	0.916	0.911	0.906
T(℃)	210	220	230	240	250	260	270	280	290	300
k_E	0.965	0.962	0.958	0.954	0.949	0.943	0.937	0.931	0.924	0.917
k_s	0.901	0.895	0.890	0.885	0.879	0.873	0.868	0.861	0.855	0.849
T(℃)	310	320	330	340	350	360	370	380	390	400
k_E	0.909	0.901	0.892	0.882	0.872	0.862	0.851	0.840	0.829	0.817
k_s	0.842	0.835	0.828	0.821	0.813	0.805	0.797	0.788	0.779	0.770
T(℃)	410	420	430	440	450	460	470	480	490	500
k_E	0.804	0.792	0.779	0.766	0.753	0.739	0.726	0.713	0.699	0.686
k_s	0.760	0.750	0.740	0.729	0.717	0.706	0.693	0.680	0.667	0.653
T(℃)	510	520	530	540	550	560	570	580	590	600
k_E	0.672	0.659	0.647	0.634	0.622	0.611	0.600	0.589	0.580	0.571
k_s	0.639	0.624	0.608	0.592	0.576	0.558	0.540	0.522	0.503	0.483

A.3.12 计算梁弹性模量和屈服强度降低系数时其温度取值:当梁在事故坑上方并设置保护时取 400℃,不保护时取 500℃;不在事故坑上方时取 30℃。

A.3.13 钢柱在炉料热作用下的最高平均温度 T_m 可按下式确定:

$$T_m = \gamma_1 \gamma_2 (T_3 + T_4) \tag{A.3.13}$$

式中:T_3——钢柱翼缘厚度 $d = 25mm$,柱与事故坑边缘距离 $s = 1m$ 时的最高平均温度,按表 A.3.13-1 取值;

　T_4——钢柱最高平均温度随翼缘厚度 d 和距离 s 变化的温度调整值,按表 A.3.13-2 取值。

表 A.3.13-1 钢柱最高平均温度 T_3(℃)

柱高(m)	4.5			6.0			7.5			9.0			W(m)
L(m)／η	≤6	9	≥12	≤6	9	≥12	≤6	9	≥12	≤6	9	≥12	
0.5	313	344	360	278	312	330	245	279	298	215	246	264	≤3
	351	387	402	320	360	349	288	329	349	254	292	313	4.2
	374	412	431	347	390	413	316	362	387	281	324	350	5.4
	386	428	447	363	411	433	335	385	411	299	348	373	6.6
	397	438	460	376	423	449	350	401	430	315	364	393	7.8
	402	447	467	384	435	459	360	414	442	325	377	406	≥9
0.3	300	334	351	265	302	320	234	269	288	205	237	255	≤3
	337	376	393	307	349	368	275	318	338	243	283	302	4.2
	359	400	421	333	379	402	303	350	375	269	314	338	5.4
	372	417	436	349	399	421	321	374	399	287	337	361	6.6
	382	427	449	362	412	437	336	389	417	302	353	381	7.8
	388	435	456	370	423	447	346	403	430	312	367	393	≥9
0.0	229	239	244	206	218	223	184	196	202	163	175	180	≤3
	266	278	282	245	260	265	223	239	245	199	214	221	4.2
	288	303	309	271	289	297	250	270	279	225	244	253	5.4
	302	320	326	288	310	317	269	293	302	243	266	275	6.6
	314	331	339	302	324	334	285	309	321	258	282	294	7.8
	320	341	348	311	336	345	295	324	334	268	296	307	≥9

注:1 表中数值可线性内插。

　2 η 为柱一侧事故坑长度较小值与总长度之比,取值为 0～0.5。当 $L > 12m$ 时,计算 η 时取 $L = 12m$。相邻钢柱(框架梁的远端支承柱)位置在事故坑长度以外时温度取 30℃;验算钢柱位置在事故坑长度以外 3m 内时按 $\eta = 0$ 确定其温度。

　3 对相邻钢柱:$s > 2m$ 时温度取 30℃。对验算钢柱 $2m < s ≤ 5m$ 时按 $s = 2m$ 确定其温度。

表 A.3.13-2　钢柱最高平均温度调整值 T_4(℃)

柱高(m)	η	16	20	25	30	32	36	40	s(m)	16	20	25	30	32	36	40	η	柱高(m)
		53	39	23	8	1	-13	-27	0.5	46	32	15	-1	-8	-22	-35		
	0.5	31	17	0	-17	-25	-39	-54	1.0	32	18	0	-18	-25	-40	-54	0.5	
		2	-13	-31	-50	-58	-73	-88	1.5	11	-4	-23	-42	-49	-65	-80		
		54	40	24	7	1	-13	-27	0.5	47	32	16	-1	-6	-21	-35		
4.5	0.3	31	17	0	-18	-25	-40	-55	1.0	32	18	0	-18	-26	-41	-55	0.3	6.0
		1	-13	-32	-51	-59	-74	-88	1.5	11	-4	-23	-43	-51	-66	-80		
		-30	-45	-64	-84	-92	-107	-122	2.0	-13	-29	-49	-67	-77	-92	-106		
		52	38	19	-4	-7	-21	-34	0.5	46	32	13	-6	-13	-27	-39		
	0.0	35	20	0	-20	-27	-42	-55	1.0	35	20	0	-20	-27	-41	-53	0.0	
		12	-4	-25	-44	-51	-65	-78	1.5	19	3	-18	-37	-56	-70	-87		
		-12	-29	-49	-68	-75	-88	-99	2.0	1	-16	-37	-56	-63	-76	-87		
		41	27	10	-6	-13	-26	-39	0.5	36	23	7	-8	-14	-26	-38		
	0.5	32	17	0	-19	-25	-40	-53	1.0	30	16	0	-17	-24	-37	-49	0.5	
		18	2	-17	-37	-44	-59	-74	1.5	8	-4	-14	-32	-39	-52	-64		
		-2	-18	-38	-59	-66	-80	-94	2.0	3	-12	-31	-50	-57	-70	-82		
		41	27	11	-6	-13	-26	-39	0.5	37	24	8	-7	-14	-26	-37		
7.5	0.3	32	17	0	-19	-26	-40	-53	1.0	29	17	0	-17	-24	-36	-48	0.3	9.0
		17	1	-18	-37	-45	-60	-74	1.5	18	4	-12	-32	-39	-52	-64		
		-3	-18	-38	-59	-66	-81	-94	2.0	3	-12	-31	-50	-57	-69	-81		
		42	27	9	-9	-16	-29	-40	0.5	37	24	7	-10	-16	-27	-38		
	0.0	35	20	0	-19	-26	-39	-50	1.0	33	18	0	-17	-23	-35	-45	0.0	
		23	7	-14	-32	-39	-52	-64	1.5	24	9	-10	-28	-33	-45	-56		
		8	-8	-28	-47	-54	-66	-77	2.0	12	-3	-23	-40	-46	-57	-67		

注：表中数值可线性内插。

A.3.14　如果框架梁远端支承在另一根梁上，式(A.3.7)、式(A.3.9)中 $h_1\alpha T_{m2}$ 应为框架梁的支座处因支承梁的支承柱的温度变化产生的膨胀变形，计算时先确定支承梁的柱的膨胀变形，不考虑支承梁的挠曲。

中华人民共和国国家标准

有色金属工程设计防火规范

GB 50630 - 2010

条文说明

1　总　　则

1.0.1　有色金属工业是国家的基础性产业，有色金属是国民经济发展诸多领域中不可或缺的重要原材料，特别对于电子、信息、国防科技、高新产业等发展更为关键。近年来我国有色工业发展极为迅速，总产量已跃居世界第一位，我国已成为有色金属大国，在中央"科学发展观"的指引下，正向有色金属强国迈进！

有色金属工业高速发展(据统计近 20 年来，全国 10 种主要有色金属从 1990 年的 239 万 t，至 2009 年达 2681 万 t，19 年增长达 11.2 倍)，给业内的工程建设提供了巨大的机遇，并大踏步地进入国际市场，为进一步提高技术水平创造了条件。但迅猛发展的同时也带来了一些负面影响，一段时间以来快速、大量地建设(含新建、改扩建)项目，一大批新企业相继建成投产。由于部分企业项目建设中规章制度不健全，人员素质不高，管理水平低，有法不依或不按规章、程序办事，当事人缺乏大局观，责任意识差，加之现行的相关法规尚不够完善等原因，致使有色金属行业内发生了若干重大生产安全事故，其中包括多起严重的火灾事故，给生命和财产造成重大损失，给社会稳定带来消极影响。以史为鉴面向未来，总结并制定出有效预防措施是极为重要的，特别应当在工程建设的龙头——咨询设计中完善相关法规更为必要。

1.0.2　本规范适用于有色金属各类工程(含新建和改、扩建项目)的防火设计，涉及有色金属行业的采矿、选矿、原料场、火法冶金、湿法冶金、熔盐电解、金属及合金加工以及各种辅助生产的各个系统的工程设计。

鉴于矿山生产中使用(储存、运输)的爆破器材属于特殊危险品，国家已制定出专项法规制度和专门的规范。另外，稀有放射性元素的生产项目属于国家专项控制，有其严格的工程管理程序和相关制度，因此这些工程不包括在本规范的范围内。

1.0.3　积极采用先进技术、先进工艺、先进设备和新型材料，不断提高科技水平，是消防事业发展的必然，也是工程设计的基本方向。鉴于防火安全责任重大，不允许有丝毫闪失，因此必须结合实际，实事求是地选用先进技术、先进工艺、先进设备和新型材料，从而不断提升有色金属工程设计防火的技术水平。

2　术　语

2.0.1　工艺类型。

由于有色金属品种多、品位低，且多以共生矿存在，工艺过程长、使用介质多，工艺条件和生产装置复杂多样，因此，工程建设中难以有完全相同的工艺流程（不同金属品种流程不同，即使同种金属流程也不完全相同），也不可能按金属品种逐一分述。为此，从便于概括、界定具有共性的防火设计目的出发，本规范按照有色金属最基本工艺流程及生产方法予以概括性归纳和分类，以若干大的工艺类型（工艺系统）及其分支（工艺子系统）进行归口和梳理，从而编制出适应面较为广泛的规范条文。

2.0.6　腐蚀性区域。

有色金属工程不论是火法冶金、湿法冶金、熔盐电解还是磨浮选别等众多工艺生产中，都不可避免产生或使用具有一定腐蚀性的各类介质，对生产设施、厂房、管线以及环境都会带来潜在的伤害，有时还较为突出和严重。鉴于对受到腐蚀影响的设施、厂房和管线需要采取防护应对措施，因此首先必须确定其影响（作用）的区域、范围，并依据需要和可能，对腐蚀性区域相关设施、厂房、管线采取必要且有效的防护。

3　火灾危险性分类、耐火等级及防火分区

3.0.1　本规范是对现行国家标准《建筑设计防火规范》GB 50016中有关内容的延伸与细化，为了便于对照、使用，将有色金属主要生产的火灾危险性分类，以举例方式力求具体化。有色金属工程主要生产火灾危险性分类举例表（表1），可供工程设计参考使用。

表1　有色金属工程主要生产火灾危险性分类举例表

工艺类型	车间(工段、区域)名称	火灾危险性分类	备注
采矿	油库及加油(闪点<28℃)站	甲	地面、室内
	氧气瓶库、电石库(10kg≤电石总量<100kg)	乙	地面、室内
	木材加工及堆场	丙	地面
	机械保养、维修(含锻、铆、焊)间	丁	地面、室内
	矿区总降压变电所(油浸变压器、设备单台油重60kg以上、有可燃介质的电容器)	丙	地面、室内独立设置
	破碎站、胶带输送机廊、转运站	戊	地面
	货运索道装(卸)载站、转角站、拉紧及锚固站、传动站、支架	戊	地面
	燃油类机车、凿岩机及其修理硐室	丙	井下硐室
	井下变、配电及整流硐室(单台油重60kg以上)	丙	井下硐室
	贮油硐室(桶装、罐装)及井下加油站(闪点≥60℃的油品)	丙	井下硐室
	各类生产硐室:水泵房及水仓、电机车库、凿岩(铲运)机及维修、空压机室、通风机室、破碎设备间、井底车场、消防器材库、通信室等	丁	井下
	各类生产巷道、皮带运输机巷道	丁	井下
	井塔、井架以及卷扬机房、箕斗(台车、串车)提升设施、井口房、扇风机房	丁	地面
	蓄电池充电间(氢气逸出)	甲	地面、室内
	充填系统:料仓、水泥库、破碎车间、磨砂及分级车间、搅拌站及其计量和控制间	戊	地面
	爆破器材库(硐室)爆破材料加工设施(炸药库、拌药、装药等)		遵从专门标准规定 井下或地面

续表 1

工艺类型	车间(工段、区域)名称	火灾危险性分类	备注
选矿	可燃类的选别药剂仓库、药剂制备及添加间	丙	室内
	防腐蚀维修材料(有机、可燃材质)库	丙	室内
	变、配电站及控制室(油浸变压器、设备单台油重60kg以上、有可燃介质的电容器)	丙	室内
	技术检查站、试验室、化验室、地中衡房、管理室、生活服务设施	丁	室内
	破碎(粗、中、细碎)厂房、筛分厂房、胶带通廊及转运站、粉(中间)矿仓、磨矿厂房、选别(浮选、重选、磁选)车间、浓密设施、脱水及干燥厂房、精矿仓	戊	室内、室外
	石灰浆制备车间、水玻璃制备间、试料加工间、生产污水处理设施	戊	室内、室外
	尾矿库、尾矿输送、回水系统、库区排洪设施、砂泵站、水泵站、污水站、供电线路	戊	室外、室内
原料场	矿石输送系统(输送机、转运站)	戊	室内、室外
	煤、焦的存储、筛分、配合(含翻车机室、煤均化库)以及封闭的输送、转运设施	丙	室内及封闭廊道
	精矿解冻室(库)	戊	室内、煤的解冻为丁类
	变、配电站及控制室(油浸变压器、设备单台油重60kg以上、有可燃介质的电容器)	丙	室内
	精矿库、溶剂仓、反料(渣、烟灰)仓库、矿石仓库(堆场)、矿石均化库	戊	室内、室外
火法冶金、熔盐电解、湿法冶金(含烟气制酸)	制粒、压团、配料车间	戊	室内
	炉料干燥、焙烧、烧结、回转窑、煅烧、阳极泥火法工序处理、精矿解冻	丁	室内
	熔炼、熔铸、精炼(火法)、烧铸、熔析、精馏、熔盐电解、铸造等车间、收尘、余热锅炉、水淬渣设施	丁	室内
	电解、电积、净液、配液、阳极泥处理、硫酸盐制备(浆化、浸洗、浓缩工序)	戊	室内
	高压溶出、叶滤、种子分解及过滤、蒸发及苛化车间	丁	密封容器内
	矿浆浓缩加热、高压(常压)酸浸、循环浸出、中和除渣、洗涤过滤、浓密分离、结晶沉淀、尾渣中和处理	丁	室内或密封容器内

续表 1

工艺类型	车间(工段、区域)名称	火灾危险性分类	备注
火法冶金、熔盐电解、湿法冶金(含烟气制酸)	絮凝剂制备、碱液制备、石灰乳制备	戊	室内
	高压鼓风机房、排风机房、空压机房	丁	室内
	SO₂烟气净化、干吸、转化工段、尾气吸收、酸泥处理	丙	室外、容器内
	封闭式粉煤制备车间(站)及喷吹站	乙	敞开式可为丙类
	区域(车间)变电、整流所(站)、电磁站(油浸变压器、设备单台油重60kg以上、有可燃介质的电容器)	丙	独立设置
	工艺生产中产出(或使用)一氧化碳等可燃气体的场所	乙	室内
	铝、镁铝合金等金属粉末的使用存储区域	乙	室内
	煤油、轻柴油(闪点≥28℃且<60℃)储存间	乙	室内
	柴油(闪点≥60℃)泵组机房	丙	室内
	重油及柴油(闪点≥60℃)间	丙	室内
	液压站、润滑油(系统)站、桶装润滑油间	丙	室内
	电炉除尘风机房、转炉二次除尘风机房	丙	室内
	石油焦仓库、石油焦煅烧、煅后料仓及转运、生阳极制造、碳素废渣处理、沥青熔化	乙	室内
	阳极煅烧、烧焙、制糊成型、炭块库、烟气净化车间	丁	室内、外
	阳极组装及残极处理、槽大修车间、抬包清理及铝渣棚	戊	室内、外
	使用氧气的在线控制室	乙	室内
	采用氢气还原、氢气保护的生产工艺区域	甲	室内
	多晶硅的三氯氢硅合成、提纯及还原，四氯化硅氢化等车间	甲	室内
	单晶硅生产中的(以氢气为介质的)拉晶间	甲	室内
	硅烷热分解(合成、分馏)车间	甲	室内
	海绵钛破碎、包装、贮存工序	甲	室内
	硫化氢(H₂S)制备间	甲	独立设置

44

44-20

续表1

工艺类型	车间(工段、区域)名称	火灾危险性分类	备注
火法冶金、熔盐电解、湿法冶金(含烟气制酸)	硫化反应(以硫化氢为介质)工艺及装置区域	甲	室内、外
	羰基镍粉、热离解金属羰基化合物制粉工序	甲	室内
	以锌粉为添加剂的置换沉淀工序	甲	室内
	钽、铌粉的生产中的还原工序	甲	室内
	锂、铷铯生产、加工区域	甲	室内
	氢碎(爆)合金制粉	甲	室内
	氢氧站、氢气站(含水电解等各类制氢)	甲	独立设置
	煤气(发生炉、鼓风炉)的净化、使用车间	乙	室内
	萃取生产(乙类溶剂)储存、调配使用	乙	室内,当丙类溶剂应为丙类
	硫磺的储存、使用场所	乙	当硫磺粒径较大、少粉尘时可为丙类
	硝酸、发烟硫酸的使用、存储区域	乙	室内、外
	氨、液氯的储存、使用	乙	独立设置
	硫酸的生产、使用、存贮区域	丙	室内、外见说明'5'
	封闭的电缆夹层、电缆隧道	丙	室内
	配电室及控制室(油浸变压器、设备单台油重60kg以上、有可燃介质的电容器)	丙	室内
	各类生产泵站(不燃介质输送、常温)	戊	高温介质时为丁类
	耐火材料及加工、成品库、维修(机、电)间、地磅房	戊	室内
有色金属及合金加工	熔铸(含熔炼、铸造、清理)、热轧、热处理、酸洗、淬火时效车间	丁	室内
	板坯、冷轧、挤压(拉伸)精整、成品检查与包装、成品库等车间(库)	戊	室内
	保护性气体(氢气类)站	甲	独立设置
	表面处理使用甲类液体工序的工作间	甲	室内

续表1

工艺类型	车间(工段、区域)名称	火灾危险性分类	备注
有色金属及合金加工	表面处理使用乙类液体工序的工作间	乙	室内
	铝粉、镁粉(含合金铸件打磨)制备、储间	乙	室内
	成品涂油、上胶封线区域	丙	室内
	变配电、整流所(油浸变压器、设备单台油重60kg以上、有可燃介质的电容器)	丙	独立设置
	冷却、润滑油站(地下室)	丙	室内
	锻件生产	戊	热锻生产为丁类
其他	自备热电站、锅炉房燃料(燃煤、重油)配送系统	丙	使用燃气时为甲类
	天然气站(调压、供应)	甲	独立设置
	液化石油气的调压、储瓶、瓶组间	甲	独立设置
	厂区油库及加油站(含汽油等以甲类油为主)	甲	独立设置
	油浸变压器室或室内配电/整流装置(单台设备油重在60kg以上)	丙	室内
	计控中心、信息中心室	丁	室内
	柴(重)油发电机房	丙	室内
	氧气站(含空分和吸附生产、加压系统)	乙	独立设置
	乙炔站	甲	独立设置
	水煤气、焦炉煤气的生产、加压排送系统	甲	独立设置
	发生炉煤气、混合煤气(热值≥3000×4.18kJ/m³)的生产、加压排送系统	乙	独立设置
	燃油(轻柴油)供应泵站(闪点≥28℃且<60℃)	乙	独立设置
	燃油(重、柴油)供应泵站(闪点≥60℃)	丙	独立设置
	综合品库房(橡胶制品、电器材料、纤维织物、油脂类、劳保品等)	丙	室内
	试验、化验系统中的助燃、可燃气体分析室	甲	独立设置
	柴油机械维修的喷油泵实验间	丙	独立设置
	高位水池(水塔)、循环水系统、软化(化学)水制备、水泵站、生产污水处理站	戊	室内、室外

续表1

工艺类型	车间(工段、区域)名称	火灾危险性分类	备注
其他	空气压缩机站(无润滑油或不喷油螺杆式)	戊	备有润滑油时为丁戊
	消防车库	丁	室内
	一般材料仓库	戊	室内(含开敞式)
	自备热电站主厂房(含汽机、锅炉煤仓等)	丁	室内
	燃煤(重油)锅炉房	丁	室内

有色金属工程主要生产火灾危险性分类举例表的说明:

1.有色金属生产工艺和装置复杂多样,其生产的火灾危险性分类很难全部概括,上述表中只对较常遇到的以举例方式示出;

2.鉴于生产工艺装置的复杂性和多样性,介质、环境波动变化的不确定性,加之技术和装备的不断发展创新,常常在同一生产工序中的介质也不尽一致。因此确定有色金属工程生产的火灾危险性分类时应慎重加以较核,对于火灾危险性高的重大项目,应通过专门评估加以认定;

3.需要注意的是:介质(本规范对工艺生产中"物质"的称谓,以下同)的火灾危险特性,并不等同于生产火灾危险性类别。对于任何一座厂房(仓库)或某一场合(部位、区域)的火灾危险性分类,应根据工艺设计中实际采用(产生)的可燃介质的火灾危险特性和范围,以及计算出介质的火灾危险性类别的最大允许量(即危险性类别高的介质与其空间容积的比值和总量),同时考虑温度、压力、扩散等环境条件,按现行国家标准《建筑设计防火规范》GB 50016第3.1.2条及其条文说明加以具体确定;

4.在有色金属冶金工艺生产中,普遍采用可燃(助燃)、易燃介质做燃料或生产原料,当可燃(助燃)、易燃介质在工业炉窑(反应器)内充分燃烧(完全反应),且其使用、储运中设置了可靠的监控、报警、紧急切换装置,并具有相关的耐火极限、防火分隔与有效的灭火设施。从而达到防火的全面受控状态时,有色金属工业生产中大量使用高温或熔化状态生产(产生强烈热辐射、火焰、火花作用)一般都应确定为丁类或戊类火灾危险性类别。当达不到受控要求或生产工艺具有其他特征时,则应具实确定其生产的火灾危险性类别;

5.通常在工艺技术上,将 SO_3 与 H_2O 以任何比例结合的物质称为硫酸,当 SO_3 与 H_2O 的摩尔比≤1时称硫酸;当摩尔比>1时称为发烟硫酸。发烟硫酸是指含有游离三氧化硫的浓硫酸,因为它在常态下就会不断地向空间散放 SO_3,会对环境中的还原性物质直接发生作用,与可燃物质氧化放热且燃烧。因此对贮存及使用发烟硫酸的场所,其火灾危险性类别为乙类。

有色金属工程中,烟气制酸生产的硫酸主要是浓硫酸(百分浓度98%),主要用于外销(含一定量存储自用)。而在湿法冶金工艺中使用的则多为稀硫酸(百分浓度60%以下),通过浓硫酸配制得到。硫酸随其浓度不同,化学特性差异明显。浓硫酸具有较强氧化性,它几乎能与所有金属(金、铂、铁除外)反应,遇到某些有机物时会急剧作用,放热可能引发火灾。而稀硫酸溶液是以离子状态存在,具有与活泼金属发生置换反应的特性。稀硫酸能与金属化合生成盐并逸出氢气(甚至能够与无防护的金属容器接触反应)。一浓一稀性质迥异,硫酸就其介质的火灾危险特性还是不容忽视的。

在有色金属长期生产实践中,硫酸(含浓、稀)是生产工艺重要的介质(或副产品),因具有强酸的优良化学特征,在有色湿法冶金中具有不可替代性。因此,工程设计必须针对性地认真解决好硫酸腐蚀的防护课题,达到扬长避短。多年以来在其生产、储运、使用各个环节中,防腐蚀技术措施在有色金属工程项目中占有突出地位。工程设计按照现行国家标准《工业建筑防腐蚀设计规范》GB 50046的有关规定,采取有针对性且可靠的防腐蚀措施,与此同时做好施工、安装并辅以适时维护、有效管理等手段。数十年的实践证明:有色金属行业硫酸的生产、使用在规模、数量上不断扩大、提升，各类设施的防护措施是安全可靠的，效果是显著的。虽然调查发现：有色金属企业曾经也有过相关的燃爆事故发生（如在某企业的烟气制酸生产中，由于转化器防腐层损坏，酸液渗漏与钢外壳接触反应，溢出氢气遇火燃爆，致转化器顶盖被掀掉）。同时，其他行业也有过类似事故的报导（如某化工厂在改造原浓硫酸贮罐时，对罐内残存的浓酸进行稀释，并使用乙炔焰切割罐体发生了爆炸）。究其根源，显然都是维护失误、管理不力、违章操作所致，具有很大的偶然性。

通过理论和实践分析可以认定：在有色金属工业生产、使用硫酸的车间（场所）中，工艺装置、设备、管线必须符合国家现行行业的有关要求。其厂房、构筑物各类设施，应符合现行国家标准《工业建筑防腐蚀设计规范》GB 50046 的规定。当具备了相应的防腐蚀标准（含有效防护面层、合理构造、避免泄漏、贮罐设置围堰等）时，就基本失去其燃烧（爆炸）的客观条件，故上述举例表中将硫酸生产、使用和存储厂房（场所）的生产火灾危险性类别划为丙类。

同时，鉴于硫酸在防护不良的环境中仍具有火灾危险性，应在硫酸设施的维护、管理制度上力求完善严格，如定期维护、泄漏检查等制度化以及在硫酸贮罐区维护好防火堤，不得随意动火等措施，都是十分必要的。

3.0.3 钢结构以其重量轻强度高适用于工业化生产的优势，近年来已广泛地应用在各类工业建设领域中，在有色金属工程建设扩大了应用领域，超越了某些禁区，发展极为迅速。目前在新建或改扩建工程项目中，大量的多、高层厂房采用钢结构或钢与混凝土组合结构体系取得了良好的效益。

由于钢结构的耐火性能相对较差，解决其火灾的防护问题，是扩大钢结构应用范畴，有利于工程安全的一个重要课题。目前大量的科研、论证获得了明显进展，其成果已经用于工程实践。现行国家标准《建筑设计防火规范》GB 50016 中对丁、戊类二级耐火等级厂房（仓库）钢结构的梁、柱制定了适度的防火保护要求。在钢铁、有色等行业多年工程实践中，通过采取一定防护构造措施或经耐火稳定验算评估，大部分冶金生产厂房中钢结构构件都是可以适用的。在民用建筑领域内，建筑钢结构的防火设计也从单纯地防护转向更为科学全面的分析、评估等方法。国内以同济大学为代表的建筑钢结构相关研究成果，已在中国工程建设标准化协会标准《建筑钢结构防火技术规范》CECS 2000 中有所反映。近年来，中国人民武装警察学院对国产钢的防火性能也作了广泛的研究，提出了一批有价值的成果，这些都将成为提高建筑钢结构防火设计的重要依据和参考。

3.0.4 地下或半地下室的液压站、润滑站多数贴近大型、重要设备配置，其火灾荷载大，如发生火灾难以扑救，危害性较突出，因此适当提高其耐火等级是必要的。此外，因电缆夹层大都紧贴高低压配电室，一旦火灾相互串通会带来较严重的后果，故对它们的要求有所提高，即耐火等级不应低于二级。但如果设置了自动灭火系统，按 GB 50016 中第 3.2.4 条规定，作为丙类生产场所，不做防火保护的钢构件也可满足要求。

3.0.5 在有色金属加工厂房内设置了类似地坑式的半地下设备间，设备室面积不大且无人值守，该类设备地下室无顶盖也无固定的封闭，应视为厂房的一部分。当其使用并存放少量丙类可燃液体（不允许存放甲、乙类油品）时，应采取有效的防火措施。可通过设置自动灭火系统（如细水雾等系统），在地面交界处以水幕达到防火分隔的目的。

3.0.6 工艺生产过程中，若干独立车间通过胶带式通廊连成一个生产系统，由于火灾危险性等级不同，或者总的建筑面积较大，需要以防火分隔进行防火分区。如熔盐电解工艺的阳极生产系统中，胶带式通廊需要与石油焦库——煅烧——煅后仓——生阳极制造——焙烧等多个厂房连接，此时按照火灾危险性等级或建筑面积进行防火分区，既需要在适当位置处设置防火分隔，同时又不允许截断胶带输送机中断正常生产，只能局部留出开口部位。对

此，应在这些开口位置处增加设置水幕或细水雾封堵分隔灭火系统，达到完善的防火分区体系。

3.0.7 有色金属工程高层工业厂房结构，特别是高层钢结构发展极为迅速，为适应新工艺、新装备发展发挥了巨大作用。例如：近十多年，我国有色金属在引进国际先进火法冶金工艺—氧气顶吹浸没式熔炼工艺，采用先进的工艺装备，炉体密闭性强，余热充分利用，节能、降耗，环保好，生产自动化程度高，相关监控系统完善，岗位操作人员较少。生产的火灾危险性分类为丁类，厂房多为开敞式布局（设挑檐、雨篷，不设置封闭围墙）。厂房内部将配电、控制、值班等室以及生产管理人员疏散区域进行封闭分隔。厂房楼层层高为 4m～8m，楼层 8 层～12 层，地面以上总高度在 60m 左右，厂房总的建筑面积在 6000m² 以上。

由于工艺配置及操作的需要，生产使用的喷枪及其附属管道需要经常性地升降穿行。为适应移动装置（管道）通行、机具（材料）的吊装以及热车间通风排气的需要，在楼层中必须开设孔洞或铺设格栅板。导致厂房内多个楼层存在较大洞口，难以形成该类建筑物的竖向分隔和完整封闭。

另外，从生产工艺的配置需要出发、冶金炉物料的配送供应、熔炼炉产出的熔料（渣）的处理、烟气的收尘及余热利用等一连串工序及其装置，与核心主体密不可分，都必须围绕在该冶炼炉的周围配置。这样就使得该类高层厂房防火分区的最大建筑面积，超过了现行标准《建筑设计防火规范》GB 50016 的有关规定。对此设计单位积极配合消防审查部门，认真地进行防火安全论证。至今国内已建成 10 余个同类项目，先后通过了消防安全审查，并已正常投产使用，均已取得了良好的经济和社会效益。

当前在有色金属工程的某些冶炼、熔烧、余热利用等工程项目中，鉴于同样其特殊工艺配置和技术要求，在高层工业厂房防火分区的最大建筑面积上也超过了现行国家标准的有关规定。因此，在确保防火安全的前提下，结合多年工程及生产实践，适应当前工艺装备自动化标准和生产管理水平提高的现实，满足工艺生产和安全的实际需求，本规范经认真调研、论证，特制订本规定。

3.0.8 电缆夹层一般设置于控制室、配电室的下部，电缆数量多，线路较复杂，区位十分重要，是重要的火灾隐患区域。结合有色金属企业生产特点和需要，电缆夹层应提出较严格的规定。对照现行国家标准《建筑设计防火规范》GB 50016 表 3.3.1、表 3.3.2 规定，可将电缆夹层视为地面或地下（半地下）的丙类仓库对待，按一个防火分区最大允许建筑面积规定，并依据工程实际作了一定的调整后确定。

4 生产工艺的基本防火要求

4.1 一般规定

4.1.1 目前在自然界有70种以上已知金属元素中,通常认定除了铁、铬、锰等之外,基本都归属于有色金属类(1958年我国有关部门曾明文规定共计有64种列为有色金属)。又可细分为:轻金属(铝、镁、钠、钾、钙、锶、钡);重金属(铜、铅、锌、镍、钴、锡、锑、汞、镉、铋);贵金属(金、银、铂、钯、锇、钌、铱、铑);稀有金属(锂、铷、铯、铍、钛、锆、铪、钒、铌、钽、钼、钨、镓、铊、硒、碲、铼、铟);稀土金属(钪、钇及镧系15个元素);以及半金属(硅、锗、硒、碲、硼、砷、碇等,部分元素分类有重复);此外还有稀有放射性金属(镭、锕、钍、镁、铀等)。

有色金属种类、产品繁多,冶金工艺流程长,生产方法复杂多样,往往一种金属(或其化合物)需要采取数种冶金方法才能获得,即便同一种金属(或其化合物)也可选用不同的冶金方法和不同的介质参与反应。为防止规范编写得过于庞杂、重复,本规范摒弃了以金属品种分类的传统方法,而采用了概括性较强的冶金生产方法分类(工艺类型)。即将有色金属分类概括为:原料场、火法冶金(含冶金物料准备)、湿法冶金、熔盐电解,有色金属及合金的加工等12类。但是,在现实的工程设计中,却又要面对某一具体金属品种及其冶金生产工艺进行一定的对应、比照。使用本标准时,应在把握防火安全基本原则的前提下,力求认真以工艺类型为框架,以生产过程中使用或者产生可燃、易爆介质危险性特性、数量和环境条件为依据,对应、比照有关条文实施。对于火灾危险性大、工艺、装置复杂、特殊的项目,其防火设计应另外作专题调研、论证。

4.2 采矿

采矿一般可划分为露天开采和地下开采两种方式,也可充分利用两种系统的优点,采用先露天后转为地下或同时进行露天和地下开采的联合开采方式。

近年来露天转为地下开采或露天与地下同时开采工程逐年增加,应当作好专题安全评估、论证。要减少露天与地下爆破相互影响,合理地设计回采顺序、作好地下排送风系统以及人员疏散通道等安全防火设施设计。

在采矿生产作业中存在着储存、加工、使用炸药和雷管等爆破器材,由于该类器材安全防护要求严格,国家已发布相关规定,本规范未覆盖这些场所的工程设计,应遵从《爆破安全规程》GB 6722及《民用爆破物品管理条例》等有关规定。

4.2.2 露天开采:

露天开采是在敞露的地表采场进行采剥、运输作业的采矿方式。主要生产及辅助系统有:开拓和运输系统、穿孔爆破和铲装系统、排土系统、防水和排水系统、复垦系统,以及一整套辅助设施系统。其防火设计重点在于控制易燃、易爆品储运、使用,防雷电、防尘等。

为了避免周围林草地发生山火而殃及附近的矿山安全,通常在总图布置中设置一定的防护、隔离措施,这是经历过类似事故的教训所必须要做的。

4.2.3 地下开采:

地下开采系从地表向地下掘进一系列的井巷工程通达至矿体,进行有价值矿物开采、运输等的采矿方式。主要生产及辅助系统有:提升及运输、回采及掘进、通风及防尘、排水及排泥、供电、破碎、供水、充填等系统以及辅助设施。

1 部分含硫元素等较高的矿体,存在矿石自燃的倾向,应预先作好相关技术论证,正确选择采矿方法,合理划分矿块。当采用分层崩落法、分段崩落法时,由于工作面较小或在连续的长工作面进行回采,其通风条件较差、温度偏高,遇有自燃发火条件时易发生火灾。对此应制定合理有效的技术措施,如:采用后退式回采顺序,主要运输巷道和总回风道应布置在无自燃发火危险的围岩中等。对有严重自燃发火危险的矿井,宜对井下的气体成分、温度、湿度和水的pH值进行环境监测,设置报警控制装置进行长期跟踪监控;

2 井下作业的机械设备避免使用汽油、轻柴油等易燃易爆油料,通常使用重(柴)油等丙类燃料也应有必要的防火措施。2000年7月某有色金属企业矿区工程中,使用燃油动力装载运输机械,在长距离的巷道内(斜坡道)连续长时间作业。由于井下处在密闭状态,通风条件较差,温度升高快,加之燃油泄漏使道路上油污增大,含油的粉尘汽化并达到一定浓度后,遇电器打火引燃橡胶轮胎等可燃物发出浓烟。火势伴着浓烟加之灭火和逃生措施不力,发生了一起严重的火灾事故,致井下多名工人窒息死亡。对此,要汲取血的教训,引以为戒,必须采取有力的灭火、消烟安全技术措施;

3 目前大多数矿山基本都采用不燃烧气体做井下的支护结构,如选用锚索(锚杆)、喷射(浇注)混凝土及型钢支架,这对防火安全是有利的。但是在偏远山区、小型有色矿井仍然存在以竹、木作为支护材料。针对此情况本规范强调指出:应有必要的防火措施予以保障,才允许有条件地采用竹木作为支护材料。具体的防火措施有:竹、木材料应经阻燃处理后使用,应设置消防给水系统,选用阻燃型电缆,增设灭火器材等设施,并加强消防的监控、管理;

4 有色矿山井下作业的燃油动力设备均采用丙类(闪点大于等于60℃)的桶装柴油,耗油量依据所采用的设备类型不同,用量的差异较大,每天约数十公斤至上千公斤。从方便生产又有利安全的原则出发,井下储存量应实施控制,其最多储存量不应超过三昼夜的需求量(现行国家标准《金属非金属矿山安全规程》GB 16423的规定),且总储油量不宜大于3.0m³。不应将动力油放置于材料硐室或车辆维修硐室内,也不应靠近井筒和井底车场。井下油品的储存防火设计除应符合本规范的要求外,尚应符合现行国家标准GB 16423有关规定;

5 井口、平硐口、进风井以及井下变配电所、设备间等建(构)筑物所处位置十分重要,一旦出现火情存在对矿井、巷道蔓延的可能性,故在防火等级要求上应当较高。对井下有直接联系的设施应采用不燃烧材料建造,上述各相关建、构筑物或设施区域内应配置灭火器材,应符合现行国家标准《金属非金属矿山安全规程》GB 16423、《建筑灭火器配置设计规范》GB 50140等有关标准的规定;

此外,总结国内外的灾害教训,应当力求在矿井下设置避险硐室(避险舱)。避免灾害影响,体现对人的保护与关爱。

6 地下开采中的提升、通风、排水、排泥、破碎等作业,基本均以电能为动力,用电负荷很大,主要用户和关键环节不允许供电间断,因此地下的供配电系统极为关键。且其配置空间有限,环境条件普遍较差,极易出现短路、损伤等事故苗头或隐患,故必须做好电气工程设计、施工安装和及时维护。

4.3 选矿

选矿工艺是通过物理、化学、生物等方法,对矿石中有价值的成分与无用的矿物及杂质有效地分离,达到冶金所需要产品的工艺过程。该系统包括破碎、筛分、磨矿、选别(重选、浮选、磁电选、化学选矿、细菌选矿等)和脱水,以及尾矿浓缩、输送、尾矿库、回水等子系统。此外,对于难浸的金、银等矿石,为了使其在化学选矿中的浸出率提高,还需要进行焙烧预处理等工序。

4.3.1 对具有可燃性的选矿药剂应有相应的防火、防爆措施。应符合现行国家标准《选矿安全规程》GB 18152的有关规定。

4.3.2 各类选矿药剂、起泡剂等介质,日久天长对金属类灭火器的腐蚀较为严重,应选用相对密封型的器材(装置),或采取一定的防护手段。据调查,在某些企业有针对性地采用了一些有效的防护措施。如:江西铜业公司对相关车间(场所)内使用的灭火器材,采用塑料薄膜包裹封闭予以保护,效果良好值得借鉴。

4.3.3 磨矿工艺可分为有介质磨矿和自磨矿两大类,不论哪一类磨矿作业都是耗电大户,同时也是用水大户。据统计,磨矿作业的电耗占了选矿厂总电耗的50%~60%,用电量大、线路庞杂、电缆类型多,加之环境潮湿敷设条件较差,应严格做好电缆选用、配置及敷设的设计安装,并注意日常维护。

4.4 原料场

有色金属生产中大量使用矿石、熔剂、燃料、返渣等原、燃材料,其装卸、储存、输送、转运的各类配套设施,项目内容多、占地(建筑)面积大,系统较庞杂。其中用于可燃类物料的储存、转运,特别是翻车机(地下室)、封闭的带式输送机通廊、多粉尘的筛分间(区域)等是防火设计的重点。

4.4.1 带式输送机通廊防火设计说明。

1 在工艺生产中,带式输送机通廊作为相邻车间物料传输的重要链接手段,同时,又是生产人员日常巡视和紧急疏散的安全通道,承前启后举足轻重。一旦发生火情时应有利于撤离和扑救。故对其使用净空、走道宽度、坡度、出口以及疏散梯等,均提出满足疏散安全的基本要求;

2 通常规定为:当走道坡度小于等于12°时,走道上可设置防滑条;当走道坡度大于12°时,应设置踏步。对于仅在皮带机上部设置密封罩(留观察孔)的露天开敞式通廊,由于北方地区冬天雨雪会结冰,走道应有一定防滑措施,否则难以满足紧急疏散的需求;

3、4 从确保安全疏散的原则出发,对地下或架空式的带式输送机通廊,当其水平距离较长时,应在适当的位置设置方便人员进出(或上下)的安全出入口。当地下通廊长度较大时,出地面处宜设安全出口;当架空通廊长度大于120m时,在带式输送机通廊设有中间支架(柱)处,宜设置疏散出口及安全梯(通道);

5 带式输送机通廊的围护结构,宜采用不燃烧材料或经阻燃处理的难燃材料建造。调查发现一些工程中曾经采用以普通透明(半透明)玻璃钢曲线板做丙类物料输送或连接丙类以上厂房(仓库)通廊的围护结构构件,尽管外形美观、轻巧,但属可燃体(未经阻燃处理),其防火性能较差,一旦出现火情时可能殃及一串。因此,对输送丙类介质或连接丙类以上厂房(仓库)的通廊,规定了耐火等级不应低于二级的要求,围护结构不得采用燃烧体。

4.4.2 煤焦堆场各类设施的条文说明:

1 生产操作应分别按烟煤、褐煤、焦炭、等分区堆放并进行上料作业,便于在日常防火安全管理责任制的落实。为了避免燃料的自燃发生,对燃料的堆存高度、堆存时间宜作一定的限制(见表2)。并在各堆之间留出必要的间距,通常一般有色金属企业煤焦堆存量有限,堆高度在3m左右,各堆之间的最小净距取2m以备应急使用。而对于设置自备热电站企业的大型煤堆场,由于煤的堆存量很大,堆存高度及每堆的储量均较大,应参照电力行业标准《火力发电厂设计技术规程》DL 5000—2000的有关规定执行;

表2 煤堆的堆存高度和堆存期限

序号	煤的品种	煤堆允许堆存高度(m)	
		堆存时间≤2个月	堆存时间>2个月
1	褐煤	2~2.5	1.5~2.0
2	烟煤(V_r>20%)	2.5~3.0	2.0~2.5
3	烟煤(V_r≤20%)	3.5	2.5
4	无烟煤	不作限制	不作限制

注:1 V_r为烟煤的挥发分指标;
　　2 上述表格选自《重有色金属冶炼设计手册》通用工程常用数据卷冶金工业出版社,北京 1996.10。

2 对于破碎、转运等作业场地,尤其位于地下、半地下的建(构)筑物应充分做好自然通风,并对大量溢出粉尘的封闭区域(场所),设置专门的机械除尘装置,防止粉尘过多积聚引发火情;

4 所谓"高挥发分易自燃煤种",系按国家煤炭分类:干燥无灰基挥发分大于37%的长烟煤属高挥发分易自燃煤种;对于干燥无灰基挥发分为28%~37%的烟煤,在实际使用中因其具有自燃性亦视为高挥发分易自燃煤种。当带式输送机用于输送高挥发分易自燃煤种时,皮带与栏板宜选用难燃材料。本规定参考现行电力行业标准《火力发电厂设计技术规程》DL 5000—2000的有关规定制定;

5 为防止粉尘积聚避免燃爆事故发生,室内墙面、地面应便于清理、自净。对于严寒地区尚应有避免结冰影响人员疏散采取必要防滑的措施。

此外,鉴于项目建设区域环境保护要求的提高,近年来大量采用储仓来缓解燃煤堆存的污染问题。为确保存贮的安全性,"应严格控制其存储时间和数量,仓壁应光滑、防堵。并应设置温度、可燃气体浓度监检和通风,防爆以及喷水降温设施"。此为现行国家标准《火力发电厂与变电站设计防火规范》GB 50229的有关规定,也是有色金属工程面临的新课题。

4.4.3 当前煤、焦棚(库)类建筑大多采用轻型钢结构刚架型式,经调研获知煤、焦类库房内,当长期堆存未及时进行周转或未采取散热等有效措施时,部分煤(焦)就会出现自燃现象,一旦成片地发生后烟雾会较大,能够及早地被发现。此外,通常其自燃火焰高度大多只发生在其表面有限的范围(1.0m以下)内,难以迅速并扩大燃烧危及到上部的钢结构,且火灾的扑救较为有效。因此,只需对煤(焦)库内紧邻可能受到自燃物料热作用的钢柱部分表面,做必要的防火安全防护,其耐火极限按有关规定要求不低于1.00h。

此外,煤(焦)库房面积(或占地面积),近年来随着工程规模提升不断扩大,尤其新建的大型氧化铝(电解铝)厂,其热电用的燃煤和炭素制品用的石油焦、沥青焦等库房及堆场十分庞大。考虑生产通行吊车(输送机)要求,库房的防火分区面积都很大,难以满足有关规定,是该类工程项目的新课题。为此有关建设单位都在积极寻求解决措施。

鉴于焦炭(石油、冶金焦)较燃煤更具低挥发分材质,同属丙类。当物料周转较快,装卸、配料机械化程度高,库房采用一、二级耐火等级,且符合现行国家标准《建筑设计防火规范》GB 50016中3.3.2表注3、4的要求时,库房面积和每个防火分区最大允许建筑面积可适当扩大,从而适应生产工艺新的发展需要。

4.4.4 露天配置的电气设备应考虑防水、防潮、防尘型的电机和控制电气,一般也宜采用IP54级的防护等级;可燃粉尘较多的密闭环境(如煤焦粉碎、翻车机地下室、煤焦筛分等)存在燃爆的可能性,应选用防爆型电机。上述相关要求,目的是避免降低电气绝缘,以及防止电气打火隐患。

4.5 火法冶金

火法冶金是提取并纯提有色金属的常用方法,其冶金方法有熔炼(造锍熔炼)、吹炼(锍的吹炼)和火法精炼。选用的冶金炉主要有:反射炉、电炉、鼓风炉、闪速炉、艾萨炉、奥斯麦特炉、回转精炼炉等,产出成品为粗金属(为铜、镍等常用的冶金工艺)。此外,还可通过还原熔炼、挥发还原熔炼等方法,生产各类有色金属的半成品或成品(为其他多种金属常采用的冶金工艺);火法精炼则是许多品种粗金属的进一步冶炼提纯。另外,火法冶金工艺系统还应包括冶炼前(后)处理或称做冶金物料准备(炼前准备等),通常包括:精矿解冻、配料、干燥、制粒(压团)以及煅烧、焙烧、烧结等多种冶金工艺类型或分支。

4.5.1 煤粉在各类冶炼生产中,既作为燃料有时还兼做还原剂,在冶金生产中广泛地使用,其防火、防爆设计十分重要。

2 烟煤、混合煤粉喷吹易发生燃爆事故,必须设置监控、报警及联锁安全装置,以及自动充入保护性气体等设施;对于其他类型煤粉依其特性,设置相应的安全监控装置;

3 采用烟煤、混合煤粉喷吹时易发生燃爆事故,故在其加压和流化中,介质应采用惰化气体。此款依据现行国家标准《高炉喷吹烟煤系统防爆安全规程》GB 16543中的有关规定制定的;

4 为了防止出现煤粉倒流,引发燃爆和其他不安全问题,确保生产正常,应在供气管道上设置逆止阀装置;

5 现行国家标准《高炉喷吹烟煤系统防爆安全规程》GB 16543和国家电力行业标准《火力发电厂煤和制粉系统防爆设计技术规程》DL/T 5203—2005以及煤炭部行业标准《煤粉生产防爆安全技术规范》MT/T 714—1997等规程、规范中都明确规定:当采用压缩空气作为喷吹输送介质时,应采用氮气或惰化气体作为保护性气体,且规定对选用惰化气体作保安气源时,应有防止泄漏的安全措施。

本规范从有色行业多年生产实践和确保安全出发,规定当用压缩空气作为煤粉输送及喷吹的载送介质时,紧急情况能立即转化惰化气体保护要求。惰化气体应选用氮气或其他惰性气体,此规定对于多数有色金属工程项目是可以做到的。但据调查,某些有色金属企业具有使用蒸汽作为应急防护的经验,并已经有多年的安全运行实践。对此也可以选用蒸汽应急,但是会给善后清理恢复工作带来较多的麻烦;

6 煤粉仓体内壁应平整光滑,下料锥体壁与水平夹角不小于70°,便于煤粉顺畅自流。当喷吹系统停止工作后,为了避免煤粉长时间在仓内存置引起自燃或爆炸,应以惰性气体有效地保护,减小助燃的条件。当需要在一定的时间内将仓内剩余的煤粉及时排空,仓体结构应有利于煤粉方便地排出;

7 根据现行国家标准《高炉喷吹烟煤系统防爆安全规程》GB 16543、国家电力行业标准《火力发电厂煤和制粉系统防爆设计技术规程》DL/T 5203—2005以及原煤炭工业部行业标准《煤粉生产防爆安全技术规范》MT/T 714—1997中的相关要求制定。

4.5.2 各类燃气是有色金属冶炼生产中重要的工艺条件,是生产过程中不可或缺的燃、原料。随着高效、节能、环保的迫切要求,燃气的应用会更为广泛,必须做好防火设计。

4 在车间内设置可燃气体监测报警和机械排风装置时,其所在的位置,应被检测气体与空气的密度大小不同,或设置在车间的下部(散发的燃气密度较空气大时),或设置在车间的上部(散发的燃气密度较空气小时)相应的敏感区位,才能有效地检测并及时排除火情的隐患。

4.5.3 冶金生产的各类炉窑(反应装置)在使用燃油时强调以下有关要求:

1 有色金属生产中使用的液体燃料多为重油或渣油,特殊情况可能使用原油或柴油,主要用于工业炉、窑等的点火、加热、还原使用。由于我国多为石蜡基石油,含蜡高黏度大、凝固点较低,重油(或渣油)在室温下一般流动性较差,多数呈凝固状态,故在卸油、输送及使用中均需加热,提高其流动性和雾化性。为保证车间供油的顺畅,满足生产的急需,通常在主要用油车间附近或主厂房内建立车间供油站。该站目的是生产的应急供油,不需要也不允许设置较多的贮、卸燃油装置及设施。另按防火分隔设计要求,车间供油间应与其他区域以实体墙及楼板隔开;

2 车间供油站系保证重要炉、窑日常生产用油的需求而设置的,由于环境和安全等原因,在保证生产基本需要的前提下,应限制储存的油量不能过多,尤其易燃易爆的甲、乙类油品危险大,限制更是十分必要的。通常以满足24h用量较符合生产调配的安排,但其储存量绝对值也不允许过大。参照现行国家标准《石油库设计规范》GB 50074中第10.0.1条车间供油站的规定,并结合有色金属生产的特点和管理经验,一般限制为:以该车间2d用油量为限,且:甲类油品应小于0.1m³,乙类油品应小于等于2.0m³。对于丙类油品基于相对较安全(使用重油、渣油闪点>60℃),且生产的需求量相对较大,经行业内多年使用经验证实,采用严格管理制度并加强监控力度,丙类油品的存储量10m³是合理且安全的。

根据统计,目前有色工业炉、窑2d内最大用油量多数在10m³上下,基本满足正常生产的需要。故本规范规定车间供油站丙类存油量限定为:重油、柴油(闪点≥60℃)不宜大于10m³;

3 为了便于输送并提高油品的燃烧效率,油罐内的油需要加热,达到一定的温度。但温度不能过高,不允许高于或接近油品闪点温度。如果罐内重油(原油)需要脱水,其加热温度也不能超过水的沸点温度,不然会发生"冒罐"事故。此外,考虑我国重油的质量特性,一般在使用前还需要通过加热器进行二次加热,故储油罐内一般加热到适当的温度即可。

4.5.4 冶金物料准备包括:干燥、煅烧、焙烧、烧结等工艺类型分支(子系统),它是火法冶金系统中的重要分支。与冶炼工艺的区别在于炉体内物料尚未达到完全熔化的状态,炉体内尚不会形成熔融体。冶金物料准备又以其不同的目标,细分为:干燥,即原、辅材料的物理脱水过程。一般采用燃烧重油(煤粉、煤气、天然气)加热,使物料在400℃以下温度的环境下,脱水后达到干燥要求;煅烧,比干燥需要更高的温度,不仅脱去介质的附着水,而且要去除其化学结合水。工作温度一般在600℃以上(有的则高达1000℃左右),加热分解氢氧化物、硫酸盐、碳酸盐等;焙烧,是为了提供适应下道冶炼工序需求的化学组分,进行的加热处理工艺过程。以煤气、天然气或重油为热源,以较严格温度控制(低于介质的熔化温度),或使物料实现部分或全部脱硫,或确保生成硫酸盐,或满足还原剂的需要等,一般工作温度在600℃~1000℃;烧结,系对硫化精矿既达到脱硫,又获得一定机械强度、孔隙度的块状物料的工艺过程。以煤气或焦粉为燃料,一般工作温度800℃~1000℃。

冶金物料准备的防火要求主要是:

1 炉窑、燃烧室的隔热、密封性能、外表面温度等设计标准,均应符合现行国家标准《工业炉窑保温技术通则》GB/T 16618的有关规定,避免高温散发、烟气泄漏存有隐患;

2 干燥、煅烧及烧结生产中有时会因操作不正常,出现部分高温、异常的炉料或烧结块,可能会导致输送设施毁坏、燃烧或加剧设施老化等事故,设计应有可靠措施加以防止;

3、4、5 三款的规定依据现行国家标准《钢铁冶金企业设计防火规范》GB 50414"烧结和球团"中的有关要求制定,烧结机需要24h不间断地使用燃气,是火灾的高危区,防火设计较严格。烧结工艺在钢铁领域内成熟且先进,使用经验和技术标准都值得肯定,故参考其标准的要求制定出本规范的规定,对于有色金属烧结工艺以及相关炉窑的点火装置、除尘等设施防火设计会具有一定的借鉴意义;

7 在干燥、煅烧、焙烧、烧结窑等炉窑生产中,间断作业时会发生燃烧室一氧化碳的聚集,从而引发燃爆事故,在工程设计和运行中应有预防的技术措施。

4.5.5 冶炼生产工艺包括造锍熔炼、吹炼、还原熔炼、还原挥发熔炼以及火法精炼等,是属于具有熔池类工业炉(窑)的冶炼系统。其中造锍熔炼是重金属(铜、镍、钴等)的主要熔炼方法,系对硫化精矿进行氧化反应,将炉料中的主要金属以硫化物形式富集成锍,使部分铁氧化造渣的工艺过程。采用传统冶炼手段以及新型的富氧强化冶炼工艺,以煤粉、油类、煤气、天然气、氧气作为主要或辅助燃料,工作温度均在1150℃以上;锍的吹炼系对锍(铜锍、镍锍)进行氧化脱硫、除铁等杂质,而对主金属继续富集的工艺过程,以空气或富氧鼓入熔体,发生强烈氧化反应,工作温度1150℃~1250℃;还原熔炼利用相关类金属—铅、锡、锑、铋等对氧或硫的亲和力不同,在一定温度作用下,将主金属与杂质和脉石分离的工艺过程,通常以煤粉、焦炭、重油作还原剂和燃料,而钨、钼、钛、锆等高熔点金属矿还以H_2、CO、Cl_2或金属Mg作还原剂;还原挥发熔炼是利用主金属及其化合物的蒸汽压比较大的特性,通过金属蒸汽的逐步冷凝收集,使主金属与杂质和脉石分离或者提纯的工艺过程,如锌、汞、镉、镁等金属的提取和硅、锗、钛等氧化物的获得,均可采用还原挥发熔炼工艺。工作温度一般在1100℃~

1700℃,使用的还原剂有焦炭、氯气、硅等,其挥发产物呈各种状态有熔融金属、结晶状固体、微细粉末等;火法精炼即是通过改变温度、压力、或添加新成分,从而形成新相(液、固、气等相),使主金属或杂质转移到新相中,从而实现分离提纯的工艺过程,火法精炼手段多种,如析出、蒸馏、添加新金属、添加碱金属类,以及区域熔炼、定向结晶等方法,使用介质有压缩空气、氧气、重油、天然气、煤粉以及氢气、氯气等,工作温度依不同品种而异。火法冶炼工艺系统的基本特征是冶金炉具有一定的熔池空间(熔融体区),物料进入炉后迅速熔化,呈熔融态并构成一定的液面;

2 近年来,冶炼过程中反应风的富氧浓度趋向不断增高,以氧气为代表的强化熔炼冶金技术,在节能、降耗、提高产能具有明显的优势。使用氧气(含富氧)等助燃气体时,防火安全不可忽视诸如氧气管道在安装就绪和使用前,必须彻底清除掉管道内的油脂、油渍等污物,否则会发生燃爆危险;氧枪的氧气阀站及由阀站至氧枪软管的氧气管线,宜选用不锈钢等避免出现火情隐患;

按现行国家标准《氧气及相关气体安全技术规程》GB 16912规定,对于工作场所氧浓度(体积比)报警的界限:缺氧为<18%,富氧为>23%,当某工作场所氧浓度>23%时,会成为浓郁的助燃空间环境,偶遇星火即可能酿成火海。在使用氧气的有关场所,必须防止局部的氧气积聚,应在相关区位设置监测及报警装置,有关要求应符合氧气安全标准的规定;

6 炉(窑)及其喷枪等相关设施的密闭冷却水系统,宜独立设置自成一体,应对冷却水温和水量差值等进行监测,并应设置事故报警信号及联锁控制装置。冷却水系统独立设置,有利于及时检查发现隐患,也便于快速应急处理,这对保证冶金炉的生产安全十分重要。通常在冶炼生产过程中,炉体会出现一些不利的因素,炉体、氧枪的水套及水冷管路可能出现渗漏。如果渗漏严重,就会发生重大火灾或爆炸事故。20世纪90年代中期,某有色金属企业由于冶金炉循环冷却水系统渗漏,引起炉内耐火砌体损坏,导致大量熔融体烧穿炉壳急剧外泄,引发一起重大火灾安全事故,造成严重的经济损失;

7 本款针对国内近年来浸没式喷吹熔炼炉连续出现数起泡沫渣溢出炉体,引发火灾伤害事故而加以总结制定的。在工艺生产中应通过科学配料选择合理的渣型,并对炉内的压力、液面等参数的变化设置监测、报警和联锁控制装置,就可能避免发生泡沫渣过量以至于溢出炉体的灾害。2007年9月9日,我国某有色冶炼厂富氧顶吹冶金炉,在试生产过程中发生了泡沫渣喷出炉体的重大火灾事故。在短暂的时间里,1100℃熔融体从炉体向外剧烈喷射。热浪方向性强冲击力极大,9.50m仪表室的装备及建筑全部被摧毁,甚至波及到47m以外的门窗。导致8人死亡10人受伤惨痛悲剧瞬间发生。

在"9·9"事故的调查中发现喷出的渣含Fe_3O_4占到27%之多(通常Fe_3O_4应限制在12%以下),此系泡沫渣发生的重要内因。而当炉内出现泡沫渣后,炉体的压力、液位发生变化,应当立即提升喷枪停止送风,迅速加入还原介质,是能够避免事态恶化的。但原有的联锁控制失效,又未能适时采取紧急措施,引发重大火灾伤害事故。为此,总结经验吸收教训,强调在工程中应设置可靠的监控、报警和连锁切换装置,同时应做好控制室及炉体周围的管线、设施和人员的安全防护设计;

8 依据多年生产和工程的经验,在某些类型有色冶金熔炼炉旁,工艺专业提出预先设置相关的事故坑(安全坑)技术要求。其目的在于:炉体自身操作意外或其他不测的应急之需,当冶炼炉生产中遇到难以控制的内、外部因素时,可使得大量熔融体(含锍、渣)从放出口外泄,并导入具有缓冲、接纳的设施——"事故坑"(安全坑)。以人为可控的措施与手段,避免引发火灾、爆炸事故的灾害发生。

同时为了防止泄漏炉料时高温对周围的厂房结构(柱等)的不利影响,应按本规范附录A进行耐火稳定性的验算,并根据评估、

验算和实际需要对钢结构构件设置防火保护;

9 吊运及浇铸熔融体生产作业危险性大,是涉及安全生产的关键工序。在我国冶金(含钢铁、有色)行为内已先后出现过多起火灾安全事故,仅2007年一年中,即发生多起吊运钢包引发的重大火灾事故,死伤达数十人。其中某特殊钢公司,起重机在钢包吊运中发生滑落倾覆,致使熔体外溢,酿成一起死伤38人的重大火灾恶性事故(见本规范第4.5.6条说明)。众多钢包吊运的严重事故,究其原因一是选用吊运设备简陋或安全不达标,二是操作严重违规。因此,本规范强调起重机应采用可靠性高的冶金专用铸造或加料桥式起重机,在现行国家标准《起重机设计规范》GB 3811中对于用在吊运液态金属和危险品的起重机,规定了增设制动器、限制升降速度等特别要求。工程设计人员必须清楚认识:起重机是保证生产的基础性设施,严禁降低安全标准;

10 冶炼炉的控制(操作、值班)室应远离炉口喷溅和吊运熔体等作业区域,且宜少设或不设窗户。当难以避免时,应设置安全防护隔板;采用双层安全(加丝、钢化)玻璃;设置防喷溅的保护装置等。控制室的出入口应设在安全区位内,对于疏散难度大或建筑面积较大的控制室,应增加控制室的安全出口;

11 熔融体(金属或热渣)的输送(运输)是涉及安全、环境极为重要的生产工序,用于无轨输送(运输)的通道必须专门设置,且应避免与其他运输和人员交叉;线路设计应平缓、通畅确保安全,应符合相关标准规定;

12 在铜锍、镍硫水淬时,熔融的锍体与水发生剧烈反应,操作稍有不慎即会出现巨大地爆炸、喷溅,在某企业内已经出现过火灾等事故,应做好必要的防护;

13 采取各种措施减少静电、打火等火灾诱发因素;

14 有色金属部分稀有品种生产,其采用介质及工艺环节具有较高的火灾危险性,例如钛的冶炼生产需经氯化还原,加镁粉还原蒸馏,以及真空蒸馏等一系列化工冶金过程,最终获得海绵钛产品。其生产工艺过程具有较高的火灾危险性,成品海绵钛则属于易燃、易爆品。当海绵钛发生燃烧并遇到适量的水时,立即产生氢气发生剧烈燃烧甚至发生爆炸。因此,在该类厂房中,不得使用水灭火并避免大量冲洗水。本条根据现行行业标准《钛冶炼厂工艺设计规范》YS 5033—2000第8.4节的有关规定制定。

4.5.6 位于冶炼炉及其出渣、加料、浇铸等作业区周边及上方,具有高温熔融体强烈烘烤和大量火星剧烈喷溅,若遇水或易燃气体泄漏还将产生严重的爆炸。

1 在冶金生产实践中,熔融体作业区是火灾事故的高发区之一。因此,本区域严禁设置车间生活间,也不应设置主要的人行通道,无关的设施和人员应远离该区域。2007年4月18日发生某特殊钢公司钢水包倾覆事故,30t重1000℃以上炽热的钢水顷刻涌入交接班室,造成了32人死亡、6人受伤的特重大事故。"4·18"惨案经深入调查认定原因是多方面的,其中深刻教训之一是:交接班室设置在距铸锭点仅5m的炉体下方的小屋内,疏散、扑救十分困难,致使正在交接开会的工人难以幸免,伤亡十分惨重!鉴于此,本规范以强制性条款明确规定:此区域严禁设置车间生活间;

2 做好冶炼厂房的防雨、排水等设计,尽可能不在熔融体作业区域设置管沟。如果设置了管沟,需要特别作好防止熔融体渗漏进管沟的措施;也要防止地下管沟可能积水,避免在高温的烘烤下积水快速汽化,体积急剧膨胀引起爆炸。类似的事故都曾经在有色企业发生过,应当汲取教训;

4 熔融体作业区域内各类生产操作喷溅严重,辐射热很高,对周边厂房结构产生的热作用较强,宜对梁、柱设置隔热防护层。另外,鉴于发生过钢包磕碰厂房构件的事故,设计应留有足够的操作间隙和采取必要防护措施,防止碰撞避免引发火灾事故。

4.5.7 将冶炼工艺产出的高温粉尘、烟气等予以回收,既净化了环境,又利用了资源。一般烟尘采用沉尘室、旋风器、滤袋、电收尘

等干法以及水膜式、冲击式洗涤器、文秋里管等湿式收尘设施予以回收。对于产量大、温度高的烟气，通过设置余热锅炉系统，回收余热实现节能。之后并将含SO_2的烟气送制酸工序生产硫酸，或经净化治理达标后的尾气排放。

1 以往某些冶炼炉收尘器的材料、构造上设计欠妥当，引起浓烟泄漏、火星飞溅等发生。甚至还出现过收尘器中的滤袋被点燃、烧毁等的事故，应当加以防止；

2 在鼓风炉等大、中型炉窑烘炉期间或间断运行时，因不完全燃烧会有多量的一氧化碳进入收尘器，从而引发起燃烧、爆炸事故，应采取技术措施加以防止；

3 余热回收利用装置(含余热锅炉、汽化冷却装置等)均系高温、高压体系，安全防护要求格外严格。90年代中期，西部某有色公司在冶炼余热锅炉试生产阶段，因系统中使用了压力、温度不匹配的配件，致使高温、高压蒸汽发生严重外泄，巨大且灼热气流击碎相邻的窗玻璃，直接袭击控制室，导致一死三伤和众多装备损坏的重大事故发生。

正文中提及的相关标准，还有《锅炉房设计规范》GB 50041、《压力容器安全技术监察规程》(质技监局锅发1999 154号)等有关规定。

4.6 湿法冶金

有色湿法冶金是以适度的酸、碱等作溶剂，从原料中溶出主金属成分，并从溶液中以化学或电化学方式，还原金属离子提取金属；或者使被提取金属以纯化合物形态结晶、沉淀或析出的工艺过程。湿法冶金主要包括：浸出(溶出)(将有价金属利用各类液态溶剂进行溶解，获得浸出液的工艺过程，分为酸浸、碱浸、化学浸出、生物浸出，常压浸出、加压浸出等类型)、溶剂萃取(利用不同种类的溶质在互不相溶的两种溶剂中分配不同的原理进行分离的方法，通过控制萃取与反萃取两个过程，达到富集和分离的目的。溶剂萃取使用的大多为有机溶剂，能挥发、可燃)、离子交换(使用固体或液体的离子交换剂，进行可逆地交换离子的方法，一般用于微量元素的回收或高纯产品的提取。离子交换通常使用有机合成的离子交换树脂)、净液(对溶液中的杂质进行清理、去除的净化过程)、电解沉积(以浸出液做为电解液，采用不溶阳极进行电解，使得主金属在阴极上析出的工艺过程，用于铜、镉、锰、铬等生产)、水解沉淀(利用水解使杂质生成氢氧化物易于沉淀，而予以分离的工艺过程，常用于净液生产)、置换沉淀(利用离子化倾向的差别，向溶液中添加电位较负的金属，如锌粉、铁粉和镍粉(部分金属粉尘具有燃爆性)，置换正电位的金属离子，使其还原成金属状态，从溶液中沉淀出来，从而提取有价金属)、气体还原(将溶液中的金属化合物，还原成金属粉末，或形成金属硫化物等沉淀。采用氢气、硫化氢、一氧化碳、蒸汽等气体和添加相关化合物，通常在高温、高压的压煮器内反应，达到还原金属获得高纯度产品—金属粉体或者化合物的工艺过程，具有易燃、易爆的火灾危险性，常用于镍、铜等生产)、分步结晶(种子分解)(通过物理或化学结晶方式，在特定温度、压力的密闭容器内，从浸出液中析出金属化合物的工艺过程，如氧化铝、硫酸氧钛、氯化镁等)、电解精炼(将拟精炼的金属先铸成极板作为系统的阳极，而以同种纯金属薄片或不锈钢作系统的阴极，在易于导电的适当溶液内，通过直流电形成回路，使主金属离子从阳极逐步转移到阴极表面上，从而获得高纯度金属产品(铜、铅、镍)工艺过程。同时，金属电位更负的杂质离子—锑、砷、铋等进入电解液，而比主金属电位更正的杂质—金、银、铂族等成为阳极泥，再经过富集处理即可获得多种有色金属产品)以及溶液回收配套工序等众多个工艺分支系统。其生产特点和要求，具有冶金工艺和化工工艺双重特性，且金属产品类别多、应用(产生)介质广、工艺装置不一、规模差异很大。因此，防火设计需要以工艺类别和易燃、易爆介质火灾危险性的特征以及环境特点，对应、比照本规范采用。

4.6.1 湿法冶金中使用或产生各类易燃、易爆介质时，应作好相关的防火设计。

4 有色湿法冶金工艺大量使用各类酸、碱、盐等化学介质，其中普遍采用硫酸(还有硝酸、盐酸、氢氟酸)等强酸类，它们具有较强的氧化性能，遇到有机物质可能引发燃烧。稀硫酸还能与多种金属作用生成氢气，对于防火安全都构成一定的威胁。以氢氧化钠为代表的强碱，也具有较强的腐蚀性，遇水会大量放热，能与某些轻金属反应，逸出氢气等可燃易爆气体，处置不当也会发生危险事故。鉴于这些酸碱介质都是湿法冶金生产必不可少的重要原料，针对其较强的腐蚀性，在使用过程中都必须做好各类设备及装置的腐蚀防护，防止操作中"跑、冒、滴、漏"，认真做好维护管理，从而实现防腐蚀和防火灾双重目标，这是有色金属湿法冶金安全生产密不可分的统一体。

4.6.2 当今国内外有色金属湿法冶金工程，仍较普遍地选用高分子有机化工材料制作的工艺装置(设备)或管道，还有用来为生产厂房、各类设施作为抵御腐蚀作用的防护层。鉴于多种有机材质能有效抵御腐蚀作用的侵袭，具有良好的耐酸、耐碱的特性，可靠性高，材料来源广，经济性较好，业内具有多年应用的实践经验。但它们耐火性能一般较差，防火安全存在明显的缺欠，在实际的应用中利弊十分鲜明，成为当前工程中需要正视的课题。面对这一对矛盾体，在现阶段工程设计中必须认真协调，力求扬长避短，否则可能会影响到生产的正常运行，不是大大提高成本就是存在火灾隐患，会出现不应有的经济损失。为此，本规范在涉及设备、装置、衬里、管道等生产设施的材质要求(构件的燃烧性能和耐火极限)上，尽可能照顾现实，不提过高的防火要求。但在建筑结构(构件、支架、基础)设计选用要求则从严掌握，厂房(仓库)结构构件应采用不燃烧体且具有足够的耐火极限，部分建筑防腐蚀配件采用难燃材料制作，并应努力做好其选型和构造。从而，使得工程设计在保证防火安全和生产正常进的双重目标要求下，解决好"防火"与"防腐"之间的现实矛盾。

难燃材料应按现行国家标准《建筑材料燃烧性能分级方法》GB 8624—2006的有关标准加以确定，鉴于原规范GB 8624—1997尚处于交替阶段(部分规范仍在引用)，为此，国家公安部消防局2007年以公消〔2007〕18号文"关于实施国家标准《建筑材料燃烧性能分级方法》GB 8624若干问题的通知"其中有关规定摘录为下：

"二、目前，现行国家标准《建筑内部装修设计防火规范》GB 50222、《高层民用建筑设计防火规范》GB 50045、《建筑设计防火规范》GB 50016等关于材料燃烧性能的规定与GB 8624—1997的分级方法相对应，在目前这些规范尚未完成相关修订的情况下，为保证现行规范和GB 8624—2006的顺利实施，各地可暂参照以下分级对比关系，规范修订后，按规范的相关规定执行：

1、按GB 8624—2006检验判断为A1级和A2级的，对应于相关规范和GB 8624—1997的A级；

2、按GB 8624—2006检验判断为B级和C级的，对应于相关规范和GB 8624—1997的B1级；

3、按GB 8624—2006检验判断为D级和E级的，对应于相关规范和GB 8624—1997的B2级。"

4.6.3 厂房(仓库)结构构件应采用不燃烧体，是与前条要求相对应的(上述已作说明)。另外，当厂房内散发(落)密度大于同一状态下空气密度的可燃气体(气体密度是个波动的值，例如标准状态下干燥空气的平均密度为0.001293g/cm^3。即处在同一标准状态下可燃气体的密度应较上述空气的密度值大)或易燃易爆粉尘，为避免该类介质大量聚集在厂房底部或地坑内，难以排除并可能引发事故，本条规定应采用不发火花地面，不宜设置地坑、地沟。当难以避免，必需设置地沟、地坑时，应采用有效的防火、防爆技术措施。

此外，厂房建筑结构及构件的防腐蚀设计是极其关键的，它既涉及生产的安全,又确保工程的使用寿命,应特别加以重视。建筑防腐蚀的有关要求,应符合现行国家标准《工业建筑防腐蚀设计规范》GB 50046的有关规定。

4.6.4 工艺生产中选用具有高温、高压功能的关键装置——高压釜、溶出器、闪蒸器等,在生产过程中经常会因物料反应、分解、爆聚,致使反应装置瞬间会出现超温、超压,甚至可能导致釜体、装置爆裂的危险,引起火灾爆炸重大恶性事故。必须采取泄压排放、报警、紧急切换等安全措施。此外,采用钛材类制作的高温、高压容器,当使用氧气时,为防止发生燃爆的可能性,还应当增设氧气分析、监测及报警装置。

4.6.5 在有色金属的冶金生产中有时需要使用(或产生)硫化氢、氨气(液氨)、氯(液氯)等类介质,它们易燃、易爆,且多数对人体具有剧毒危害。其生产(存储)的火灾危险性类别较高,如硫化氢的爆炸下限在10%以下(属于甲类);氨气的爆炸下限为15.7%~27.4%(属于乙类);液氯会在日光下挥发生成易燃爆的混合气体(属于乙类)。因此,必须对其使用场所制定严格的防火措施,应设置必要的监测、报警以及防(泄)爆等装置,应使生产场所具有良好的通风条件,宜采用开敞式建筑,对封闭的场所应设置机械通风。还应在操作场所设置新鲜风供应系统、空气呼吸器等装置,确保操作人员的安全。否则恶性事故就会发生:2007年10月某公司在净出系统生产中,由于操作失当,物料中的硫化物与净出槽中过量的盐酸反应生成硫化氢气体,同时相关的应对设施不完善,导致发生5人中毒死亡的重大事故,所幸及时进行处置,未出现爆炸、燃烧等更大的恶性灾害发生。

鉴于硫化氢、氨气等类介质的火灾危险性等级较高,故在其工艺管道、储运设施、事故排放以及安全防护等,都有严格的技术要求。在具体工程实施中,应符合现行国家标准《氧气安全规程》GB 11984、《冷库设计规范》GB 50072(用于氨冷冻站设计)以及《石油化工企业设计防火规范》GB 50160的有关规定。

4.6.6 有色金属生产中,对部分液态混合物的分离,经常采用萃取的方法。即在液体混合物(原料液)中加入一个与其基本不相容的液体作为溶剂,造成第二相,利用原料液中各组分在两个液相中的溶解度不同而使原料液混合物得以分离。萃取工艺所采用的萃取剂具有化学稳定性、热稳定性和重复利用等特点。溶剂萃取生产工艺所用的萃取剂,通常要选用稀释剂溶解并组成有机相的惰性溶剂。目前普遍使用煤油或溶剂油等乙、丙类介质,且在有机相中占较大的比例。鉴于其存在一定的火灾危险性,在车间内存储量应做必要控制,油品的存储量,不应大于车间二昼夜生产的总需求量,乙类也不应超过2m³,丙类不宜超过10m³。

萃取生产是在相对密闭的生产环境中,通过原料液与溶剂的搅拌混合—沉降分离—脱除溶剂等一系列工序,完成混合物的分离目标。作业中使用一定数量的乙(丙)类溶剂,当其遇到高温及明火(包括电加热、电取暖、以及其他引起的高温)时,会加速溶剂挥发形成混合气体或液体雾滴,一旦出现明火即引发燃烧,且火势发展很猛烈,采用普通消火栓难以扑救。如无有效的防火分隔,大面积车间短时间就会被全面危及甚至整体被毁。

2007年6月7日晨某公司萃取车间发生火灾,大火烧了数个小时难以扑灭,"6·7"事故又使约7000m²厂房和大量设备、装置几乎全部焚毁,一个现代化的厂房遭到灭顶之灾,造成的经济损失达数千万元。

通过有关部门对"6·7"事故的调查鉴定,结论是:事故的原因是电缆敷设的保护措施不到位,电缆等设施长期处于潮湿和受腐蚀的环境中,导致电缆绝缘性能下降,发生放电产生火花,引燃附近可燃物并殃及整个萃取车间。为此,火灾事故调查专家组建议:应对该类厂房的防火分区(以防火墙或防火卷帘等分隔)、电缆敷设、槽盒封堵等措施加强落实。此外,经相关专家分析研究后提出:通风(空调)系统应按规定设置防火阀,并具有事故状态下的连锁控制;作业区地面应设置坡度及排污明沟,有利于生产操作泄漏

液的及时排除;不宜在作业区地面下设置管沟,当必须设置时管沟的盖板应严密封堵,防止渗漏液进入管沟,引发窜烟、窜火;另外,鉴于普通灭火系统不完全适用有机溶剂的火灾,宜设置相应的自动灭火系统。

4.7 熔盐电解

熔盐电解也称作电化学冶金,系将由离子晶体构成的金属盐加热熔化,以相应的阴电极和阳电极,施加电压产生电流,在阴极上析出金属(多为熔融状态),而在阳极上析出气体的工艺过程。适用于铝、镁和钛(海绵钛)等金属的精炼以及稀土金属(铈、镧、镨等)、稀有金属(钽、铌、锂等)和钨、钼、钛等金属的生产。熔盐电解是在高温下进行,需长时间供给电阻焦耳热,要求不间断供电。应做好电介质挥发、燃烧的污染治理。熔盐电解的配套系统主要有氟化盐生产和炭素制品供应。

4.7.1 熔盐电解系统防火设计说明如下:

1 铝、镁的熔盐电解系耗电大户,1t金属耗电约为11000kW·h以上,而且保证不间断供电,且需提供大容量直流电。鉴于设置了大型的整流系统,对电网增加一定的谐波治理及负荷协调难度,应做好供配电系统的工程设计,避免引起安全事故;

2 熔盐电解属高温、烟尘、腐蚀性的生产环境,具有易于导致火灾事故的环境因素。电解车间的电解槽体烟尘较为严重,既污染环境又影响生产,会给电气绝缘带来不利,必须配备完善且高效的除尘系统和通风装置,应符合有色金属行业标准《铝电解厂通风与烟气净化设计规范》YS 5025的有关规定;

3 具有熔融体作业区域严禁雨水、地表水、地下水进入;不得在该类厂房内设置上、下水管道。依据有色金属行业标准《铝电解厂工艺设计规范》YSJ 010的有关规定和近年发生恶性事故的教训制定出本规定。其中2007年8月19日某铝铸造厂发生一起炽热铝液外溢,大量的高温熔融体渗漏到地下水沟,在相对密闭空间内骤然产生大量蒸气,能量聚集而引发大爆炸。致厂房塌落、设备被毁,共造成20人死亡,59人受伤的特大恶性事故,血与火的教训尤为深刻;

4 铸造车间的起重机是属于运行较为频繁的吊车,以往设计按吊车工作制等级选用重级工作制,按照现行国家标准《起重机设计规范》GB 3811的标准,则应选用工作级别较高的A6、A7级,且吊车应选用双抱闸式桥式起重机,并应具有足够的起重机容量,从而确保起吊、铸锭作业平稳、安全。

4.7.2 氟化盐为氟化物(氟化铝、冰晶石、氟化钠、氟化镁等)的统称,是电解铝镁不可缺少的主要辅助材料。其生产属于高污染、强腐蚀类型,生产方法主要为湿法,也有采用干法生产,选用加热反应炉和干燥炉等。

通常使用浓度98%的浓硫酸,浓硫酸具有较强的氧化性,遇到一些有机物质可能引发燃烧,应有相关的严格防护措施,详见本条文说明第3.0.1条5款。

氟化盐生产中需大量使用发生炉煤气,约耗煤气:2000m³/t氟化盐。发生炉煤气的爆炸下限为20.7%~73.7%,属于乙类危险性气体,当环境中的含量达到一定浓度时,易燃爆,危及生命,危险性较大,因此必须作好防泄漏的相关措施。

4.7.3 炭素制品系指选用石墨或者无定型炭作为主要原料,辅以其他材料,经过特定的煅烧、混捏、焙烧等工艺过程而制成导电、抗热的非金属材料。在冶金行业中,作为导电电极和内衬材料,广泛地应用于各种电弧炉、电阻炉和电解槽,是铝等金属生产的必不可少配套材料。炭素制品生产的原料有:石油焦、沥青焦、冶金焦、无烟煤以及黏结剂等易燃材料,其防火设计上,应具有丙类火灾危险性必要的防火安全防护和应急措施。

4.8 有色金属及合金的加工

有色金属及合金的加工是指:将熔铸炉提供的各种规格铝、铜

等金属及其合金铸锭、坯料(含连铸卷坯),经轧制、挤压、拉伸、精整、热处理,制成各种规格、不同金属及合金的板、带、箔、棒、管、型、线材的工艺过程。依据加工件的加热需求,可分为热轧和冷轧两大类。有色金属加工的防火安全重点在可燃介质管道、电缆及其通廊(隧道);液压、油冷却、油润滑及涂层着色系统;炙热金属坯的烘烤及渣皮飞溅高温明火等的应对与防护。

4.8.2 本规定是防止过高的辐射热对可燃介质管道或电缆造成危害,以至引发火情。

4.8.3 设置快速切断阀门的目的,在于特殊、紧急情况下便于快捷地截止重(柴)油输送。

4.8.6 使用保护性气体的炉窑,特别是以氢气作为保护性气体的退火炉(还原炉等),以及氢焰拉丝、氢爆制粉等操作区域,是火灾危险性较高的场所,其防火设计规定应设置防泄漏及监测、报警等装置。也可根据实际环境,只对关键区域实施局部性封闭(设独立的防火分区),并设置气体浓度监测、局部排风及事故报警等装置。

鉴于有色金属及合金加工工艺中使用氢(氮)等气体作加工材料退火工艺的保护性气体,保护性气体大多具有易燃、易爆或其他危险性,故要求将其远离车间独立设置,并设置防护围栏。保护性气体站应根据气体的类别和特性确定其设防要求,并应符合现行国家(行业)标准的相关规定。

4.8.7 冷轧及冷加工系指金属在常温下实施轧制或其他形式加工的工艺过程。主要设备是各类型轧机、冷弯机、冷拔机等和涂镀工艺相关的装置。其中生产选用的液压润滑设施;大量涂层、着色熔剂;以及电缆隧道(廊道)、地下电气等场所及用房,都是易发火灾的重点区域,应采取有针对性的防范措施。如对涂层、着色工序由于使用多为易挥发的可燃介质,要避免蔓延从源头实施防火分隔,并应加强通风换气;对于器件加工工序,由于使用某些易挥发的介质,环境中有较多的悬浮物,遇高温、明火易燃易爆,必须加强收尘净化和强制通风等应对措施。

4.8.9 液压站、润滑油站与电缆隧道(通廊)均系防火设计重点,两者应独自设置;当邻近设置时,需要有防止窜审、窜烟的技术措施。应选用耐火极限不低于 3.00h 的不燃烧体隔墙,隔墙上如需设置门窗时,应为甲级防火门窗的防护标准。

4.9 烟气制酸

烟气制备硫酸是冶炼生产中的下游副产品,烟气料改系统在有色金属企业中既保护了环境,又实现了资源的综合利用。由于有色金属品种、成分、规模差异大,烟气成分、浓度、气量波动显著,其工艺、设备等系统较化工制改系统更为复杂。防火安全重点在于:大量使用高分子耐腐蚀材料或装置,遇明火会燃烧,硫酸的生产储运具有一定的火灾危险性。

4.9.1、4.9.2 制酸系统大量使用耐腐蚀的材料及装置,其中以高分子材质在各类装置、管道、设备的制作,以及建筑防腐蚀材料中广泛使用,占据了相当大的比例。该类材料耐腐蚀性能良好,但属于可燃体,因此防火安全较为严峻。2007 年 7 月份,某有色企业制酸工程项目维修中,由于管理、操作失误,发生了缓冲塔的玻璃钢构件大面积燃烧的火灾事故。

4.9.3 有色金属烟气制酸生产的硫酸主要为 98% 的浓硫酸,浓硫酸属于强酸,一方面具有较强的氧化性能,遇到可燃物时会发生氧化反应,急剧放热引发火灾。浓硫酸可使钢铁钝化,在铁表面生成的致密氧化膜可阻止浓硫酸继续与铁的作用,因此浓硫酸可直接贮存在钢铁容器中。在有色金属废气制酸工艺各个环节中,工程设计均采取了严密的防腐蚀措施,确保密封避免泄露,具有严格的维护管理制度。数十年来在存储、运输等各个环节都十分安全可靠。为此,在总结有色金属行业多年生产、贮运硫酸的效果和经验,按现行国家标准《工业建筑防腐蚀设计规范》GB 50046、《建筑设计防火规范》GB 50016 的有关规定,做好工程设计中达到防

腐蚀设计与防火设计双重目标是可能的(相关说明还可见本规范条文说明第 3.0.1 条第 5 款)。

4.10 燃气、助燃气体设施和燃油设施

有色金属生产中,大量使用易燃、可燃(助燃)气体、可燃液体,它们是冶金生产中主要或辅助的燃料或者原料(还原剂)。常用的主要有:煤气、天然气、液化石油气及氧气、氢气,还有柴油、重油、轻油等,其贮存、输送、使用是防火设计的重点内容。燃气、助燃气和燃油设施的防火设计是结合有色金属工程的实际,以现行国家相关标准为主要依据加以制定的。

4.10.3 燃气的调压放散,应设置燃烧放散装置及防回火设施。根据现行国家标准《工业企业煤气安全规程》GB 6222、《石油天然气工程设计防火规范》GB 50183 的有关规定加以确定,在放散管顶部的燃烧器为中心半径 30m 的球体范围内,严禁有其他可燃气体放空,防止相波及引起危害。

4.10.4 氧气生产、存储及输送的防火安全要求,除条文规定外,尚可参考部委行业标准《氧气安全规程》1988.12 冶金部标准(冶安环字第 856 号文)。

4.10.5 燃气、助燃气的生产车间或系统中,其各类生产装置(设备)主要有冷却塔、洗涤塔、吸附装置、除尘器、反应槽、中间储罐等,通常这些生产设备都各自设置了相应的检测、监控等自动化操作装置,并且经常有巡视(操作)人员,防火安全是可以得到充分保证的。因此,该类生产装置(设备)可以不比照仓库或储罐区的可燃、易燃的露天装置来决定相互间的防火间距,而根据工艺生产配置和必要的检修场地需求,较紧凑地确定系统内部各类生产装置(设备)的合理间距,既确保生产(检修)的消防安全,又节约了场地的面积,也是对相关规定的补充与完善。

本条规定只涉及到可燃、助燃气体生产装置(设备)露天布置的防火间距要求,对于可燃、助燃气体生产装置(设备)的平、剖面配置及管道的敷设等技术要求,仍应符合现行国家标准《发生炉煤气站设计规范》GB 50195、《工业企业煤气安全规程》GB 6222、《氧气站设计规范》GB 50030 及《氢气站设计规范》GB 50177 等有关规定。

4.10.7 从有利于桶装油的装卸和防护安全,采用独立建造的单层建筑。从安全疏散方便出发,应设外开门或推拉门。为防止油品泄露,应设置斜坡式门槛,门槛高度不宜小于 0.25m,且选用不燃烧体制作,此外,库房应设置防爆、防雷等设施。

燃油的其他贮存设施,如采用立式或卧式金属油罐进行贮存,其安全防火要求应符合现行国家标准《石油库设计规范》GB 50074 的有关规定。

4.11 煤粉制备

4.11.1 煤粉制备是将原煤加工成粉状物,并按设计的流量,在稀相或浓相条件下连续将其输送至用户。煤粉制备中会出现诸多火灾危险性因素,诸如:某些原煤磨碎时释放出可燃气体,可能聚集并形成易爆炸杂混物;某些可燃气形成游离基能促进煤粉自燃;煤粉容器、管道内存在死角极易聚集粉尘;经空气加压的煤粉设备发生自燃的周期更短等,因此必须在煤粉制备工序各个环节上采取有效措施,防止潜在的火情危险。

当前尚无煤粉制备防火、防爆安全的通用标准,仅在相关的标准中有所触及,诸如相关的《火力发电厂与变电站设计防火规范》GB 50229、《高炉喷吹烟煤系统防爆安全规程》GB 16543 和电力行业标准《火力发电厂煤和制粉系统防爆技术规程》DL/T 5203—2005 以及煤炭行业标准《煤粉生产防爆安全技术规范》MT/T 714—1997 等标准,可以作为煤粉制备的防火、防爆设计的主要采用(参考)标准。为方便对本规范的理解、执行,现将标准《火力发电厂煤和制粉系统防爆技术规程》DL/T 5203—2005 中相关规定引出:

"3.3.4 惰性气氛（inert atmosphere）就爆炸而言，当最高允许氧含量达到煤粉云不能点燃时，即处于惰性气氛。在大气压力下，以湿气容积百分数计的最高允许氧含量：对于褐煤，为12%；对于烟煤，为14%。"

"4.1.5 防爆设计应根据媒质、系统和设备情况，采用下列方式之一：1 使系统的启动、切换、停运和正常运行等所有工况下均处于惰性气氛。2 设备和其他部件按抗爆炸压力或抗爆炸压力冲击设计。3 装设爆炸泄压装置，设备和其他部件按减压后的最大爆炸压力设计。"

"4.1.6 按惰性气氛设计的系统应满足下列要求：1 在设备内或设备末端湿气混合物中的最高允许氧含量（氧的体积份额%）不应大于表4.1.6的规定。2 在系统的启动、切换、停运和正常运行等所有工况下最高允许氧含量应满足表4.1.6的规定。3 按惰性气氛设计的系统应有监测和控制氧（或惰性介质）含量的装置。"

表3 惰性气氛的最高允许氧含量（体积份额%）
（DL/T 5203—2005 标准中表4.1.6）

所在区域	烟 煤	褐 煤
煤粉仓内	12	10
磨煤机（或系统末段）	14	12

"4.1.10 制粉系统的介质应设计成只能单向流动，即从燃料和干燥剂入口向排出点（炉膛或输送收集系统）流动。"

（以上摘录供理解煤粉制备防火、防爆有关条文时参考）

4.11.3 磨制煤粉系统防火防爆的主要规定：

1 选用烟气或热风做烘干介质，都应对介质的含氧量进行控制，实践表明在O_2含量小于16%的气体中，煤粉一般不会引起爆炸（系统处于惰化气氛）。但从操作管理的角度上，有效要求O_2含量应小于12%。该安全措施依据煤炭行业标准《煤粉生产防爆安全技术规范》MT/T 714—1997的有关规定并参考《冶金工程设计》和《钢铁厂工业炉设计手册》的有关论述制定；

2 应防止烟气中有火星带入，且应控制入口烟气过高的温度；

3 磨煤机出口的气粉混合物温度应作控制，有关磨煤机出口的气粉混合物温度最大值的控制，需要根据煤的品种、制粉系统类别及干燥介质等不同条件以确定，相关要求可依据国家现行标准《火力发电厂与变电站设计防火规范》GB 50229中第6.2节锅炉煤粉系统的有关规定执行；

4 控制制粉系统末端介质的最低温度，应能保证该区域不出现冷凝、粘结等煤粉聚集发生。

4.11.4 煤粉生产中各类装置设施的设计要求，应符合现行国家标准《粉尘防爆安全规程》GB 15577及《粉尘爆炸泄压指南》GB/T 15605和《高炉喷吹烟煤系统防爆安全规程》GB 16543的有关规定，并参照我国煤炭行业标准《煤粉生产防爆安全技术规范》MT/T 714—1997的有关规定执行。煤粉制备工艺系统一般设置泄爆孔（阀）位置为：磨煤机出口、选粉机、煤粉收集器、除尘器、煤粉仓、输送装置（含管道）等处，并应避免危及人身安全。

由于无烟煤发生爆炸的可能性极小，因而在现行行业标准《火力发电厂煤和制粉系统防爆技术规程》DL/T 5203—2005中第4.1.4条规定："无烟煤制粉系统内的设备和部件可不采取防爆措施"，此可供设计参考执行。

4.11.5 对煤粉管道及时进行清扫，是避免系统在停运时煤粉聚集而引起自燃爆炸，防止事故发生。清扫风可以是原来的输送风，也可以设置其他的气源，根据系统特点确定。以上依据电力行业标准《火力发电厂煤和制粉系统防爆设计技术规程》DL/T 5203—2005第4.6.5条及条文说明加以制定。

4.11.6 有关煤粉制备管道布置及相关要求是依据煤炭行业标准《煤粉生产防爆安全技术规范》MT/T 714—1997等相关规范的有关规定加以制定。

4.11.7 布袋收尘器要求采用抗静电材质，可避免静电打火发生

燃爆事故。此外，常规情况下煤粉制备系统还需要在原煤仓进口处设置除铁装置，防止铁器撞击出现火花引起燃爆事故。上述安全防护等措施除依据有关规范规定外，并参考《冶金工程设计》（冶金工业出版社，2006.6）的有关论述加以制定的。

4.12 锅炉房及热电站

4.12.1～4.12.3 许多有色金属工程是用热的大户，在充分利用余热的同时，还需要建设锅炉房、热力站、自备热电站等设施。有关装置、设施以及管道敷设等防火设计应符合现行国家标准《锅炉房设计规范》GB 50041、《火力发电厂与变电所设计防火规范》GB 50229以及电力行业标准《火力发电厂设计规程》DL 5000—2000等的有关规定，并参考实际工程经验加以实施。

4.13 其他辅助设施

有色金属工程的其他辅助设施包括：空压机站、鼓风机站，全厂供、排水、循环水、消防水、污水处理、中水及其泵房等，通风除尘系统，机、电、汽维修间；试验、化验、检测站，成品库、备品备件库、材料库，变配电站等各类辅助生产的设施。要求注意可燃介质的使用，处理好环境和生产维护中的消防不利因素，防止可能发生火灾危险。

4.13.1 有色金属企业的污水来源广泛，成分复杂。有酸性、碱性、含重金属离子、含氰化物、含氟、含油、含有害成份等类的各种废水，需要解决诸如：固体悬浮物污染、有机耗氧物质污染、热污染、油类污染等的治理以及水的净化、消毒。针对水的处理类型、方法、工序各不相同，应防止各类介质聚集或混合后，可能发生的燃烧、爆炸危险。

氯气具有助燃性，一般可燃物在氯气中可燃烧，与可燃性气体混合可发生爆燃。同时氯气对金属、非金属具有腐蚀性，对人体还具有较强的毒性。液氯的火灾危险性更高，其储存危险性属于乙类。因此氯气的使用、储运中的安全要求必不可少。当一般用于水处理时，氯气的用量有限，设备多为小型容器，并集中在加药间内使用。当大量储存或用于工艺生产时，尚应符合现行国家标准《氯气安全规程》GB 11984以及本规范第4.6.5条的有关规定。

4.13.3 机、汽修理的防火设计强调以下内容：

1 矿山运输车辆一般都采用重型柴油车辆，其保养车间一般适宜单独建造，但车位小于等于10个也可以合建或贴建，按现行国家标准《建筑设计防火规范》GB 50016和本规范第6.2节的有关要求执行；

2 由于电瓶充电时易散出氢气，如积聚量多会发生事故，应设置通风装置；

3 由于有色金属企业中，机械修理的锻、铆、焊等作业厂房都较小，且随着市场化发育，大都只做小型的维护工作，故可不需独立建造而与其他厂房合建或贴建，应符合本规范第6.2节的有关规定。

5 总平面设计

5.1 总平面布置

5.1.1 厂区的总体规划应结合企业所在区域的技术经济、自然条件，在充分满足工艺生产、环境保护、节约能源的同时，应根据厂房（仓库）生产火灾危险性等级、防火间距、消防通道、消防设施等的标准要求，经比选、择优后确定。鉴于许多工程采取一次规划分期实施，必需统筹兼顾着眼未来，确保消防安全的长期有效，防止后期场地过于拥堵、通道被挤占等消防隐患发生。

5.1.2 对一些火灾危险性类别高的厂房（仓库）在总平面具体布置中，还应符合现行国家标准《氢气站设计规范》GB 50177、《乙炔站设计规范》GB 50031、《压缩空气站设计规范》GB 50029、《锅炉房设计规范》GB 50041、《石油库设计规范》GB 50074 以及《汽车加油加气站设计与施工规范》GB 50156 等专项工程设计的有关规定。

总平面布置除对风向提出要求外，还需考虑场地的标高等因素。布局上需有利于防止可燃液体槽罐出现大规模流淌、扩散、蔓延。

5.1.4 有色金属大、中型企业中，一般都需要设置企业消防队，其有关设施（含装备、车库等）的规模、布局、选址的标准与要求，可参见《城市消防站建设标准》（修订）中普通消防站的规定进行建设。当按所在地区有关建设文件规定，需要设置正规的消防站（含城镇小区合建的城市消防站和要求企业自建的消防站）时，有关设计标准和要求应符合《城市消防站建设标准》（修订）建标〔2006〕42 号的有关规定。

5.1.5 矿区的总平面防火设计条文说明：

1 有色矿山企业多数位于偏远的山区，或植被茂密的林区，发生森林山火现象较多，如雷电起火、人为失火等（川西南曾有少数民族放焰火引发矿山周围山火）。另外，矿区平面布局还受开拓运输方式及管理操作以及爆破方法、药量控制等因素左右。不论何种因素的影响，实践证明采用防火隔离带是预防森林火灾的有效方法之一。它能同时达到如下效果：一是起到隔离火势的作用，二是便于人行、车行与灭火工作，三是有利于落实责任制的管理。防火隔离带宽度一般不小于 10m，兼有消防通道的功能时，设计根据实际情况，并应符合相关规范的规定；

2、3 巷道、硐室，井口出入区位是矿山生产重要的部位，井口防火对地下矿山安全是极为关键的。井口配置时应注意风频风向，避开火源，避开塌方、泥石流、洪水等地质灾害，并应尽可能避开各类火源最大风频的下风侧；不得在井口周边乱放易燃易爆物堆场及其加工设施；具有火源火花生产工序应距井口 20m 以外才允许设置等。条文中对丁类、丙类等各类建筑、设施与井口的位置、距离和风向的要求，系根据现行国家标准《金属非金属矿山安全规程》GB 16423 的有关规定制定；

4 本条依据《冶金企业安全卫生设计规定》中对有关药剂、油脂等安全间距的相关要求而制定的。

5.1.6 炸药库周边环境设计十分重要，应着重从安全隐蔽、装卸运输、库区管理三个方面，做好总平面、道路、防护堤、出入口的设计。必须满足炸药库库区外部安全距离，对林草茂密地区应设置防火隔离带，隔离带宽度一般不小于 20m。据调查，东北某矿山工程炸药库在围墙内设置防火隔离带（20m 左右），成为隔断窜火防止火灾波及的一个有效经验举措。炸药库相关的安全防护要求，应符合现行国家标准《爆破安全规程》GB 6722 的有关规定。

5.1.7 在有色金属企业在可燃液体储罐的防火堤内一般不采用绿化，即使采用草地绿化，也会因泄漏的可燃液体污染草皮而导致死亡枯竭，以致成为可燃物。

5.2 厂区道路和消防车道

5.2.2 消防车道的净宽、净高均不应小于 4.0m，最大坡度宜小于 3%。在某些有色金属企业内，由于场地较为狭窄，有可能利用地下构筑物顶部或其邻侧设置消防车道（符合净空、坡度要求）。此时应对地下结构进行验算，从而确保消防车应有足够的通行能力。此外，对于防火要求严格的区域，按相关标准规定不宜在消防车道上设置沥青路面。

5.2.3 依据现行国家标准《有色金属企业总图运输设计规范》GB 50544 第 5.12.7 条的规定：占地面积在 $5 \times 10^4 m^2$ 以上的企业应设两个以上的出入口。现行国家标准《工业企业总平面设计规范》GB 50187 也有相关规定。因此不论从满足人流、物流需求，还是从防火安全的角度出发，厂区设置不少于两个出入口都是十分必要的。一般有色金属企业大都在规定的范围之内，应按标准要求严格执行。对于少数占地面积在 $5 \times 10^4 m^2$ 以下的企业，鉴于地形、环境等条件限制，设置两个出入口难以实现时，应经专门评估认定，并采取积极可靠的安全技术措施处理。

5.2.4 为了确保消防车道的出入安全，避免因火车车体影响消防车通行，必须保证厂区两个出入口不能同时被阻断。应当在厂区的总平面设计中，使两个安全出口分散布置，或者使其间距大于一列火车的总长度。

5.3 管线布置

有色金属工程中，可燃类管线布置所涉及的相关现行国家标准主要有：《发生炉煤气站设计规范》GB 50195、《氢气站设计规范》GB 50177、《氧气站设计规范》GB 50030、《乙炔站设计规范》GB 50031、《压缩空气站设计规范》GB 50029 和《锅炉房设计规范》GB 50041 以及《石油天然气工程设计防火规范》GB 50183 等。

5.3.1 甲、乙类管道的危险性等级高，如出现泄露或意外事故，不仅会引发灾害，更可能危及人身的安全，对周围环境造成不良影响。因此该类管线不允许贴近火源，不能穿过无关的厂房，更不得穿越有人常待的房间。若干火与血的教训给我们敲响了警钟，应制定严格的规定。

5.3.4 有关燃气管道敷设的要求依据现行国家相关标准并参考《冶金工程设计》第一册第三篇有关规定（冶金工业出版社，2006）加以制定。特别是氧气管道不允许接触油品，一旦油品泄露到氧气管道上易引发燃爆；电缆线路也是火灾的潜在危险源，应远离助燃的气体，因此规定了氧气等管道的严格敷设要求。

此外，根据某些有色金属企业多年的实践经验，当燃气管道与蒸汽管道共架敷设时，可在管道系统上适当放置蒸汽旁通阀，一旦出现火情可用蒸汽来阻断燃气火灾的蔓延，对于消除事故具有一定效果，可作为燃气管线防护措施借鉴。

5.3.5 架空电力（电信）线路的设计除应符合现行国家标准《建筑设计防火规范》GB 50016 外，还应符合现行国家标准《工业企业通信设计规范》GBJ 42 等有关规定。当燃气管道遇到架空电力线路交叉且不可避免时，应按照有关规定在燃气管道上方设置安全防护网。

5.3.7 电力机车架线的防护要求，还可参照《黑色冶金露天矿电力机车牵引准轨铁路设计规范》YB 9068—1995、《冶金矿山地面窄轨铁路设计规范》试本等相关标准的有关要求执行。

6 安全疏散和建筑构造

6.1 安全疏散

6.1.1 当厂区内建设有计控综合大楼、办公大楼等高层（民用）建筑时,有关人员的安全疏散和防护要求,尚应按照国家现行标准《高层民用建筑设计防火规范》GB 50045 的有关规定执行。

6.1.2 有色金属工程项目中,生产工艺使用的大量物料(原料、燃料),其输送、配给通常均需通过带式输送机通廊及转运站得以实现。工程中不论在选矿厂还是冶炼厂,以及生产辅助设施区都建有大规模的通廊及转运站设施。鉴于丁、戊类通廊及高层转运站内只有少数巡视人员,对设施和环境熟悉,相邻的通廊也可辅助疏散。为确保疏散的安全快速方便,故在其楼梯的设置和要求上作了一定的规定。

矿山生产使用的高层井塔(井架),高度一般在 40m 及以上,属于高层建(构)筑物,鉴于只设有少数操作楼层,且每层建筑面积以及总的建筑面积都不大;楼层中无可燃物品,工作人员数量少(楼层只有巡视人员,顶层或地面的提升机控制室只有少数控制、操作人员);且大多为开敞式(控制、操作室设围护结构)或通透式楼层。因此,采用敞开式楼梯或室外金属楼梯能够满足消防疏散的要求。但是,如果兼作其他用途的高层井塔、井架(如在顶层设置观景平台或其他附加设施)则不适用本条规定,而应符合高层建筑安全疏散的有关规定。

此外,该类高层建(构)筑物当设置电梯,且电梯可供消防使用(兼作消防电梯)时,应符合现行国家标准《建筑设计防火规范》GB 50016 中第 7.4.10 条的有关规定。但鉴于楼层上工作人员较少,且多数楼层为开敞式,故对电梯前室的设置标准可不作限制。

6.1.3 厂房内的操作平台由于操作人员少(多为巡视、检查),可燃、易燃物品极少,且工作人员对周围环境又十分熟悉,多年来,在生产厂房内的操作平台以及丁、戊类辅助用房(二层以内且层高在 3.50m 以下)的楼梯设计中基本上都是选用普通钢梯。在交通组织、紧急疏散已形成有效且安全的惯常做法,遇有险情疏散便利,多年的工程实践已证明是安全且可靠的。

6.1.5 电缆隧道平时无人值守,只有定期巡视。从确保意外事故时安全疏散考虑,应在端部及直段一定距离的适当位置设置安全出口。

6.1.6 有色金属加工企业的设备地下室,主要用于设置泵组、管道以及生产油的存放。通常有以下几种类型:①轧制油地下室,布置有油箱、冷却器、加热器、电动机和油泵及油管路等。工作时,除巡检巡查人员定时查检进入外,其他无关人员禁止入内。地下室设计配备 CO_2 等自动灭火系统和强迫通风系统(通风管上设有防火阀),正常工作时对地下室进行强行送排风,在自动检测发现火情时,报警并延时 7s～15s,停通风、自动喷射 CO_2 进行全淹没灭火(或者泡沫、水喷雾等灭火设施启动)。②稀油润滑和液压地下室,布置为大型轧机服务润滑和液压装置。液压系统依据压力可分为高、中、低压,一般设置自动报警装置。③乳液地下室,布置为轧机服务的泵组、乳液箱(乳液 95% 为水),根据目前国内外资料,该类地下室尚无发生火灾的情况。

有色金属加工企业的设备地下室,工作时,除巡检巡查人员定时查检进入外,其他无关人员禁止入内。设备地下室往往位于联合厂房的中部,直接疏散到室外很困难,故可允许疏散至车间内。由于设备地下室工艺布置很紧凑,楼梯设置较困难,通常均采用钢梯。地下室内的工作一般属于巡检、巡查,只有巡检人员使用钢梯定时入内查检。由于巡检、巡查人员为专业工作人员,经过专门上岗培训,对路线及疏散口均很熟悉,因此通行、疏散安全可靠。当只有一个直接出口时,采用金属竖向梯安全性较差因此不得采用,

增设的第二出口可采用金属竖向梯。

6.2 建筑构造

6.2.2 有色金属冶炼炉的控制(操作、值班)室,应远离炉口喷溅和熔体吊运等作业区域,控制(操作、值班)室宜少设或不设窗户,当难以避免时,应设置安全防护挡板,采用双层安全(加丝、钢化)玻璃或设置防喷溅的保护装置。控制(操作、值班)室的出入口应设在安全区位内,当控制(操作、值班)室的疏散难度较大或建筑面积较大时,应增加控制(操作、值班)室的疏散出口及相应的安全通道。如环境存在爆炸的危险时,还应有防爆的可靠措施。对位于冶炼炉前的控制(操作、值班)室,当不能进行自然排烟时,还需采用机械加压送风,满足事故状态的防排烟要求。

条文中的这些规定都是"血与火"的惨痛教训总结概括得到,既是确保生产安全的必要措施,也体现了工程设计"以人为本"的基本理念。

6.2.3 结合有色工程实际,对甲、乙类生产厂房贴邻设置控制(分析、化验、值班)室,规定其耐火等级不应低于二级,且应以耐火极限不低于 3.00h 的防火墙及耐火极限不低于 1.50h 的不燃烧体楼板与生产区隔开,并设置独立安全的出口。此外,对具有爆炸危险的区域,应当在潜在的爆炸源方向,设置钢筋混凝土或加筋砌体结构的防爆隔墙。该规定符合有色金属工程的具体情况,又对现行国家标准《建筑设计防火规范》GB 50016 中第 3.6.9 条规定作了补充与细化。

6.2.4 有色金属工程中,设置在丁、戊类主厂房内的甲、乙、丙类辅助生产用房,是较为常见的。当其面积符合现行国家标准《建筑设计防火规范》GB 50016 第 3.1.2 条规定时,即表明该类局部辅助用房通过有效的防火分隔后,不会改变主厂房原来丁、戊类的生产类别,是行之有效的举措。规定要求采用耐火极限不低于 3.00h 的不燃烧体墙和 1.50h 的不燃烧体楼板,将局部辅助用房与主厂房其他部分隔开。对于具有爆炸危险的区域,尚应设置必要的防爆设施,从而确保厂房总体的防火安全。

6.2.5 油浸变压器是各类生产中易发生火灾的场所,当变压器产生电弧时将使变压器油热解,有可能燃爆而引起火灾,殃及四邻。同时生产厂房内也可能具有某些火源,窜入变压器室招致灾害。为防止火灾危险的相互影响,变压器室开向主厂房内的门,设置防火分隔是有效且必要的。结合有色金属工程的实际情况,在主厂房内配置油浸变压器间,诸如磨浮车间、电炉车间、金属加工车间等必不可少,且有多年的工程实践,并在供配电设计已形成惯用模式。对此,从预防的角度出发,采用常闭甲级防火门,虽然从防火角度应是最可靠的,但是,变压器在使用中的设备发热问题突出,必须设置专门的机械排、送风系统,还需要设置事故排油等装置,往往这些措施既花费物力、财力,在实际场合下又很难实现,故大多数仍采用普通钢百叶门。另据调查,有色金属企业主厂房内设置油浸变压器间,出现火灾的几率很小,尚未见到典型的火情实例。为此,本规范从提升防火标准并适当兼顾现实出发,规定为:应采用常闭甲级防火门,当确有困难时,应在普通变压器门的一侧,增加设置防火卷帘一道,一旦有火情立即下落封闭,达到减小火灾蔓延的可能性。

对于开向厂房外的门,为防止变压器室的火势通过上部窗洞窜入车间,要求在门的上方设置挑檐。如果门的上方为实体墙(无窗洞口),则可不用设置挑檐。

6.2.6 电气室、配电装置室均属易于发生火灾的场所,其通向公共场所的疏散门要求为乙级防火门。为防止发生火灾时惊慌失措,最好采用双向开启的防火门,鉴于实现较为困难,因此规定门的开启方向应向疏散方向,采用常闭型。另外,电缆夹层和电缆竖井的门要求为乙级防火门。由于电气室在火灾危险性方面要比其他装置室相对安全,因此规定其相通的防火门应向电气室方向开启,以便安全疏散。另外,直通厂房的门,应符合有关规定。

6.2.7 电缆沟及电缆隧道均属火患重地,一旦失火,其火势将沿沟道迅速扩散。为防止灾情蔓延至主厂房及主电楼,造成更大损失,本条规定电缆沟及电缆隧道在进出主厂房和主电楼等处设置防火隔断,以隔阻火灾的继续蔓延。并且与其他部位的防火墙要求一样,墙上开设的门应为甲级防火门,防火门应能自动关闭。

6.2.8 湿法冶金生产工艺中,在使用可燃液体的生产作业区内,应根据不同情况,在楼、地面设置必要的坡度(地面坡度宜大,楼板坡度适度,最小坡度应≥1%)及相应的排液沟,便于及时排除从槽、罐中的跑、冒、滴、漏的可燃液体;且不宜设置沟盖板,避免清理不到位反致可燃液体浓度聚积;此外,不宜在该场区设置地下管沟,当确有必要设置时,必须使盖板封堵严密,不允许可燃的渗漏液进入管沟内。2007年6月7日某稀土公司萃取车间"6·7"重大火灾事故,据事故调查发现:火灾迅速蔓延的原因之一就是地下管沟内长期积聚油污,火势通过管沟快速流窜扩散,酿成整个车间的巨大灾难。

6.2.9 防火封堵是避免火灾(含烟气)流窜、蔓延的有效措施,本规范仅对有色金属工程防火封堵作了概括性要求。厂房(仓库)中防火封堵,应结合有色金属生产的环境条件选用适合的材质,应避免封堵材料在腐蚀性介质和高湿度环境下变质失效,确保实施严格且有效地封堵。防火封堵设计应符合现行相关的标准《建筑防火封堵应用技术规程》CECS 154:2003 的相关规定。

6.3 厂房(仓库)防爆

6.3.1 有色金属生产中,位于熔融体金属(熔渣)的作业区域内,一旦水与液态镍(熔渣)相遇,水被突然汽化膨胀,在某些封闭条件下,将产生极为猛烈的爆炸,引起重大火灾事故。2007年8月19日某企业发生"8·19"事故,铝液外溢进入地下水坑而发生爆炸,致厂房倒塌伤亡达79人的惨痛悲剧发生。为防止这类爆炸事故的发生,该类生产车间或场所必须消除潜在的水患,条文中对室内地坪标高限定,通常应高出室外地面0.25m以上,防止暴雨时厂房被倒灌。还要求严防厂房屋面漏雨和天窗飘雨。值得注意的是当前不少热加工厂房的开敞式通风天窗,在暴风骤雨的情况下多会进雨水。设计中应采取更为严密、可靠的防排水措施,如选用防飘雨性能的天窗,压型板屋面良好的坡度及构造,屋面水落管不宜进入厂房等。

另外,还应当确保厂房熔融体作业区域内不得设有积水坑、沟槽等设施,防止留下隐患。

6.3.2 使用、产生可燃气体、助燃气体、易挥发的液体、金属粉末、煤粉等介质场所,工程设计应尽可能采用开敞式,充分利用自然通风。依据可燃气体与空气的不同密度合理地设置排风口。在使用或产生氢气的场所,可利用氢气的特性,在厂房的顶部设导流、排放孔。此外对可能泄漏、易聚集且封闭的场所,应设置检测、报警、切断、连锁以及通风等装置。

6.3.3 厂房(仓库)的防爆、泄压以及紧急疏散出口等的设计,应符合现行国家标准《建筑设计防火规范》GB 50016 的有关规定。

在具有爆炸危险性的区域,对工作人员经常值守的房间(含安全出口)应设置防爆设施——防爆墙(本规范第6.2.3条、第6.2.4条中有规定)。应采用钢筋混凝土墙或加筋砌体结构,作为抵御爆炸危险的防护设施,确保生命及财产的安全。

7 消防给水、排水和灭火设施

7.1 一般规定

7.1.3 有色金属企业内的各矿区(分厂、车间)、储罐区等,如设置各自独立的消防给水系统,其消防用水量应分别进行计算,采用同一水源的消防给水系统应选取最大组合作为消防总用水量。

7.1.4 在确保安全生产的前提下,仍能够保证全部消防用水量时,生产用水可与消防用水合并,但生产用水转换为消防用水的阀门不应超过2个。该阀门应设置在易于操作的场所,并应有明显标志。共用管道作为生活用水时还必须满足生活饮用水水质标准规定。

7.1.5 灭火中出现的有污染的排水,如不经处理必将污染环境,不符合环境保护的要求。根据调研发现:有色企业的选矿使用药剂、冶炼厂使用的工业油类、酸、碱、盐性介质、加工厂使用的着色剂,这些场所的生产排水都应当进入污水处理系统。同样,这些场所的消防排水也必须进入污水处理系统。此外,现在很多工程都设计了初期雨水处理系统,厂区其他场所消防污水也宜进入初期雨水处理系统。

7.1.7 相关的现行国家标准有:《火力发电厂及变电站设计防火规范》GB 50229、《氢气站设计规范》GB 50177、《氧气及相关气体安全技术规范》GB 16912、《乙炔站设计规范》GB 50031、《汽车库、修车库、停车场设计防火规范》GB 50067、《小型火力发电厂设计规范》GB 50049、《汽车加油加气站设计与施工规范》GB 50156、《城镇燃气设计规范》GB 50028 等专项工程标准。

此外,采矿场地的爆破器材加工及炸药库的消防设计按现行国家标准《爆破安全规程》GB 6722 的相关规定执行。其中涉及消防给水设施的主要内容有:

爆破器材库区的消防设施,应遵守下列规定:根据爆破器材库容量,在库区修建高位消防水池,库容量小于100t者,贮水池容量为50m³(小型库为15m³);库容量100t～500t者,贮水池容量为100m³;库容量超过500t者,应设消防水管;消防水池距库房不大于100m。消防管路距库房不大于50m。

7.1.8 有色金属工程中部分介质有特殊的火灾危险性,如:遇水会剧烈燃烧的金属钠、镁粉;燃烧并遇水立即爆炸的海绵钛;以及遇水会剧烈反应的三氯氢硅,此外还有遇水会更剧烈燃烧的若干油类溶剂等。工程经验证明:当上述各类介质火灾发生,不允许采用消火栓灭火,对可能引发严重次生灾害的场所,严禁使用水灭火。上述各类火灾危险性厂房(仓库)的消防灭火设施,应当设置自动灭火系统或其他有效的灭火防护措施,如采用干砂、干粉等灭火手段。

7.2 厂区室外消防给水

7.2.1 消防用水量依火灾次数及火灾延续时间而定。厂房、仓库、储罐、堆场等在同一时间内的火灾次数,不应小于表4的规定;对于采、选等分散区域的计算见表4注说明。厂房、仓库等一次灭火的室外用水量见表5;储罐、堆场一次灭火的室外用水量见表6。

表4 同一时间内火灾次数

名称	基地面积(hm²)	附有居住区人数(万人)	同一时间内的火灾次数(次)	备 注
工厂	≤100	≤1.5	1	按需水量最大的一座建筑物(或堆场、储罐)计算
		>1.5	2	工厂、居住区各一次
	>100	不限	2	按需水量最大的两座建筑物(或堆场、储罐)之和计算
仓库、民用建筑	不限	不限	1	按需水量最大的一座建筑物(或堆场、储罐)计算

注:采矿、选矿等工业企业当各分散基地有单独的消防给水系统时,可分别计算。

表5 工厂、仓库和民用建筑室外消火栓用水量(L/s)

耐火等级	建筑物类别		火灾延续时间(h)	建筑物体积 V(m³)					
				V≤1500	1500<V≤3000	3000<V≤5000	5000<V≤20000	20000<V≤50000	V>50000
一、二级	工厂	甲、乙类	3	10	15	20	25	30	35
		丙类	3	15	20	25	30	40	
		丁、戊类	2	10	10	10	15	15	20
	仓库	甲、乙类	3	15	15	25	25	—	
		丙类	3	15	15	25	25	35	45
		丁、戊类	2	10	10	10	15	15	20
	民用建筑		2	10	15	25	30		
三级	厂房(仓库)	乙、丙类	3	15	20	30	40	45	
		丁、戊类	2	10	10	15	20	25	35
	民用建筑		2	10	15	25	30		
四级	丁、戊类厂房(仓库)		2	10	15	20	25		
	民用建筑		2	10	15	20	25		

注:室外消火栓用水量应按消防用水量最大的一座建筑物计算。成组布置的建筑物应按消防用水量较大的相邻两座计算。

表6 可燃料堆场、可燃气体储罐(区)室外消火栓用水量(L/s)

名 称	火灾延续时间(h)	总储量或总容量	消防用水量
木材等可燃材料 V(m³)	6	50<V≤1000	20
	6	1000<V≤5000	30
	6	5000<V≤10000	45
	6	V>10000	55
煤和焦炭 W(t)	3	100<W≤5000	15
	3	W>5000	20
可燃气体储罐(区) V(m³)	3	500<V≤10000	15
	3	10000<V≤50000	20
	3	50000<V≤100000	25
	3	100000<V≤200000	30
	3	V>200000	35

注:固定容积的可燃气体储罐的总容积按其几何容积(m³)和设计工作压力(绝对压力,10^5Pa)的乘积计算。

7.2.2 向环状管网输水的输水管不应少于两条,当其中一条发生故障时,其余进水管仍能满足消防用水总量。在同一条道路上,从同一厂区环状给水管网接入两根引入管,应在两根引入管中间的厂区给水管上加设阀门。

7.2.3 工矿厂区的消火栓应当防止车辆、机具和堆载以及生产、维修操作可能导致的损伤,按实际需要设置必要的防护。但周围不得有妨碍开启、运行的树木、景观及其他障碍物体。

7.3 室内消防给水

7.3.1 按现行国家标准《建筑设计防火规范》GB 50016 第8.3.1条注:"耐火等级为一、二级且可燃物较少的单层、多层丁、戊类厂房(仓库),可不设置室内消火栓"。但是,当同一座厂房内有不同火灾危险性生产,且该类厂房(仓库)的生产火灾危险性分类是按危险性较小的部分确定时,尚需要对可燃物较多、危险性较大的场所(区域),采取设置室内消防给水系统的安全措施。

有色金属工程中丁、戊类一、二级厂房,建筑面积超过300m²的车间较为普遍,如:矿石破碎、脱水干燥、精矿解冻、干燥、煅烧、焙烧、烧结、熔炼、吹炼、火法精炼、铝、镁电解、氟化盐、熔铸、热轧、热处理、冷轧、热电站等厂房,从厂房的火灾危险性分类和建筑耐火等级上对照现行国家标准,大多数车间可不设置室内消防给水系统。但是,该类车间中一些场所(区域)使用、产生或存储甲、乙、丙类可燃介质,当这些可燃物较多且较集中时,在此场所(区域)内应设置室内消火栓(不宜用水扑救的场所除外)。

7.3.2 有色金属工程中,一、二级耐火等级且可燃物较少的丁、戊类单层、多层厂房(库房),发生火灾的可能性小,火灾蔓延的危险性更小,对人员、建筑物及设备的威胁极小,现实中这类厂房和库房也未设室内消火栓。如:井塔、磨浮厂房、粉矿库、筛分、溶出、过滤车间,以及原矿仓库、均化库等一般不设置室内消火栓。

此外,胶带输送通廊及转运站等,运送矿石无可燃性,室内不设固定操作人员,且设置有灭火器、洒水栓。其火灾危险性极小,

可以靠室内的灭火器和室外消火栓保证消防安全,可不设置室内消火栓。

7.3.4 当采用常高压给水系统且消防与生产共用给水系统时,大部分厂房(仓库)消火栓可满足水压要求,也有局部厂房(仓库)满足不了水压要求,此种情况下可在现场设置临时高压给水设施,即设置保证初起火灾水量、水压的设施。根据现行国家标准《建筑设计防火规范》GB 50016要求,设置临时高压给水系统的建筑物,应设消防水箱或气压水罐、水塔以保证火灾发生时10min的消防水量和水压。而设置常高压给水系统的建筑物,如能保证最不利点的消火栓和自动灭火设备等的水量和水压时,可不设消防水箱。

7.3.5 为确保对设备进行适时冷却保护,有必要在可燃气体压缩机、介质温度高于自燃点的可燃液体泵等设备(泵房)附近设置箱式消火栓,并要求配以雾化(水喷雾、细水雾)水枪,使用时可水雾也可水柱,十分方便,且避免骤冷导致设备发生破裂。

7.3.6 对于煤粉喷吹系统等类使用甲、乙类火灾危险性介质的工艺装置,由于其设施有的较为庞大,装置也很高,有必要增加消防给水管道及相应的接口,从而满足消火栓操作的需要。

7.3.7 室内消防给水管道和室内消火栓的布置应按现行国家标准《建筑设计防火规范》GB 50016 第8章和本规范加以补充的要求执行。主要内容有:

当室内消火栓数量超过10个且室内消防用水量大于15L/s时,室内消防给水管道至少应有两条进水管与室外环状管网连接,并应将室内管道连成环状或将进水管与室外管道连成环状。当其中一条进水管发生事故时,其余进水管应仍能供应全部用水量。

超过5层或体积超过10000m³的建筑,超过4层的厂房和库房,如室内消防竖管为两条或以上时,应至少每两根连成环状管道,且管径不应小于100mm。

超过4层的厂房、库房,其室内消防管网应设有消防水泵接合器,水泵接合器的数量应通过室内消防用水量计算确定。距接合器15m~40m内应设有室外消火栓或消防水池,每个接合器的流量按10L/s~15L/s计算。

室内消防给水管道应用阀门分成若干独立段,如某段损坏时,停止使用的消火栓在一层中不应超过5个。对于办公楼、其他厂房、库房,消防给水管道上阀门的布置,当超过3条竖管时,可按关闭两条设计。

室内消火栓的布置应保证每一个防火分区同层有两只水枪的充实水柱同时到达任何部位。建筑高度小于等于24m且体积小于等于5000m³的多层仓库,可采用1支水枪充实水柱到达室内任何部位,水枪充实水柱不应小于10m。

室内消火栓栓口处的静水压力不应超过1.0MPa,如超过1.0MPa时应采用分区给水系统。栓口处的出水压力超过0.5MPa时,应有减压设施。

栓口高度距地面或楼板面高度为1.1m,出水方向宜向下或与设置消火栓的墙面垂直,室内消火栓应布置在车间的出入口、走道等显眼处,周围不得有妨碍消火栓取用的障碍物;

室内消火栓的间距应计算确定。高层厂房、高架库房、甲、乙类厂房,室内消火栓的间距不应超过30m,其他建筑物室内消火栓的间距不应超过50m。

当场所中具有可能带电装置灭火时,直流水枪灭火会给消防人员带来触电威胁。美国消防协会标准《发电及其变电防火规范》NFPA 850规定,在带电设备附近作业的消火栓应配备水喷雾水枪。近年来,我国国内也已开发出并经权威部门检测认证的同类产品(水喷雾水枪、细水雾水枪),可使用在带电设施以及高档装置附近。此外,由于高压细水雾水枪具有水渍损害小、灭火能力强和作用半径大等特点,所以,当场所内具有贵重装置及物品时,为避免灭火过程中带来水渍污损,采用高压细水雾水枪效果会好。

室内消火栓的用水量应经计算确定并应不小于表7的规定值。

44

表7 室内消火栓用水量(用于甲、乙、丙类厂、库)

建筑物名称	高度h(m)、层数、体积V(m³)		火灾延续时间(h)	消火栓用水量(L/s)	同时使用水枪(支)	每根竖管最小流量(L/s)
厂房	h≤24	V≤10000	3	5	2	5
		V>10000		10	2	10
	24<h≤50		3	25	5	15
	h>50			30	6	15
仓库	h≤24	V≤5000	3	5	1	5
		V>5000		10	2	10
	24<h≤50		3	30	6	15
	h>50			40	8	15
科研楼、试验楼	h≤24,V≤10000		3	10	2	10
	h≤24,V>10000			15	3	10

注:喷雾水枪、细水雾水枪的用水量应依据相关标准和产品规格予以确定。

7.4 矿山消防给水

7.4.1、7.4.2 露天开采矿山消防给水系统的要求是根据现行国家标准《金属非金属矿山安全规程》GB 16423 的标准制定的。

7.4.3、7.4.4 矿井消火栓设置位置及要求,系依据现行国家标准《金属非金属矿山安全规程》GB 16423 的原则和有色矿山的具体实际加以制定,同时借鉴了现行国家标准《煤矿井下消防、洒水设计规范》GB 50383 的经验与成果。鉴于有色金属矿山工程在品种、规模、危险性以及具体条件上差异极大,难以强求一致。因此,除对矿井或巷道中采用易燃烧材料作为支护材料的场所,规定应设消火栓外,井下其他场所是否设置消火栓,可依据实际情况加以确定。

7.4.5 地下开采矿山井下设置消防给水系统时的相关说明:

1 按现行国家标准《金属非金属矿山安全规程》GB 16423 第6.7条规定,井下消防供水系统尽可能与生产系统合并,避免重复建设。并指出:一般来说当井下发生火灾时,井下生产会减少或停产,生产用水的大部分可供消防使用;

3 从静压大于1.0MPa的干管直接连接消火栓时宜设减压阀,从静压小于等于1.0MPa的管道接出时,可采用孔板减压,这样可以减少阀门损坏并方便使用。同时,为便于人员能平稳操作消火栓,栓口压力不宜大于0.5MPa。此外,从减少故障,便于维修的角度出发,设计井下消防管道的静水压力一般不超过4.0MPa。这些要求依据现行国家标准《煤矿井下消防、洒水设计规范》GB 50383 中的有关规定,并结合有色金属企业矿井的实际情况加以制定;

5 按现行国家标准《建筑设计防火规范》GB 50016 规定消火栓保护半径为150m(据悉,国外的标准要求也大体相近),一般采用6根水龙带(25m/根)连接。但长距离的铺设与连接很费事,有条件时尽可能缩小设置的间距。本规范参考相关标准和有色矿山的实际,提出消火栓间距一般宜为50m。同时考虑到有色矿山巷道规模庞大(长度上千米),部分巷道又位于极少可燃物的围岩区,在现行国家标准《金属非金属矿山安全规程》GB 16423 第6.7.1.3规定:"当生产供水管道兼做消防水管时,应每隔50m～100m设支管和供水接头"。因此,可依据实际情况对设置间距予以调整、扩大,但最大间距宜控制在100m;

6 消防给水管道系统有条件时宜设计成环状管网,一般在井下结合生产供水管道布置时,可采用枝状管网布置。此外,按5L/s流量两只水枪同时工作,可选用大于或等于DN80的钢管供水,由于井下水压较高,水头损失较小,水的流速大,完全可满足消防供水的需求,同时DN80的钢管是有色金属矿山井下较为常用的规格,有利于兼顾资源的合理使用;

7 本款依据现行国家标准《金属非金属矿山安全规程》GB 16423 的有关规定制定。

7.5 自动灭火系统的设置

7.5.1 自动灭火系统设置说明:

1 当前在控制室等工作场所中,已基本淘汰了以盘柜为主的传统布局,取而代之的是计算机终端、大屏幕显示装置等,布局开阔、可燃物减少。考虑到这些场所24小时有人值守,所以对控制室也无必要一定要设置自动灭火系统。可配置灭火器对极少可能发生的零星火灾及时扑灭;

2 根据国家标准"核安全法规"HAF0202 附录Ⅷ"电缆绝缘层"的内容说明,电缆火灾危险场所往往是成组电缆的深位燃烧火灾,这种火灾往往不能很快地用气体灭火剂扑灭,而多数电缆火灾的经验表明水可很快扑灭这种火灾。因此,电缆火灾区域应首选水基灭火系统作为主要的固定灭火手段,当然确因使用水会造成不可接受的二次损失的情况,也可以考虑其他适用的自动灭火系统;

3 水介质有着对灭火十分有利的物理特性。它有高的热容(4.2J/g·K)和高的汽化潜能(2442J/g),可以从火焰或可燃物上吸收大量的热量;水汽化时体积膨胀1700倍,可以稀释火灾周边的氧气和可燃蒸汽。对于微细雾滴形式的水,灭火效率会更高,因为水的表面积大大增加,有利于吸热和汽化;

细水雾是指体积累积分布粒径 Dv0.99 小于400μm的水雾。细水雾系统用水省,水源更容易获取。通常,常规水喷淋用水量是水喷雾的70%～90%,而细水雾灭火系统的用水量通常为常规水喷雾的20%以下;降低了火灾损失和水渍损失;鉴于细水雾的辐射热阻隔作用,可以有效阻隔热量的传播,减少了火灾区域热量的传播;高压细水雾灭火系统雾滴粒径更小,电气绝缘性能较好,可以更有效扑救带电设备;细水雾灭火与气体灭火系统比较具有如下优点:气体灭火系统在半敞开通风情况下将变得效率低下或失效,所以对保护场所提出了密闭和承压的要求。而细水雾系统能够承受一定限度的自然(或主动)通风,在喷放时,保护区内为常压,因此并不要求环境密闭;细水雾对环境影响小,细水雾对保护空间内的设备冷却作用明显,可以有效避免高温造成的结构件变形或损坏,并很大程度上避免复燃;细水雾对人体无害,可用于有人的场所,因此细水雾灭火系统在适用范围内的使用是优势明显的;

在过去的十多年时间里,细水雾系统已经或正在被发展用于船舶发动机舱、马达室、工业企业油库、大型客轮客舱、文化遗产(如木质教堂、图书档案馆等)、电缆隧道、电气地下室、计算机房、通讯机房以及电气设备室和电子设备场所的分区保护系统、发动机房的全淹没与局部应用结合的系统等。我国20世纪90年代末开始进行细水雾灭火系统的研究开发和试验工作,并列为国家"九五"科技攻关项目,参照美国消防协会标准《细水雾灭火系统标准》NFPA 750,并结合我国实际开展各项研发工作,至此已经相继开发出完整的细水雾灭火系统,且有系列化产品问世及应用。目前北京、浙江、湖北、河南、湖南等省市的主管部门已制定或正在制定相应的细水雾系统设计、施工及验收规范。为此,本规范对有色金属工程中适用细水雾的场所推荐选用细水雾灭火系统。随着国家标准《细水雾灭火系统技术规范》的制定与实施,细水雾灭火系统技术必将在工程建设领域进一步推广;

4 根据现行国家标准《建筑设计防火规范》GB 50016—2006 第8.5.1-5条规定:设置有送回风道(管)的集中空气调节系统的办公楼、检验楼、化验楼应设置自动喷水灭火设施,在本规范中面积限定为4500m²,原因如下:①工厂办公楼的可燃物(纸张)种类单一,数量较少,一般有人职守且人员熟悉办公环境,便于早期发现火警,及时疏散和有效扑救;②大多数独立设置的小型办公楼,其单层面积一般在1000m²左右,且层数不超过5层,设有室内消火栓灭火系统。面积较大的建筑一般都是将多个功能汇集于一体,而且会以防火分区予以分隔,因此出现火灾窜通的可能很小。③在我国有色金属行业多年的实践中,没有发生过因办公楼等火灾造成人员伤亡和影响生产的案例。综合以上原因,将原标准

3000m² 面积予以适当扩大 50%，即面积不大于 4500m² 的此类建筑可不设置自动喷水灭火系统；

5 根据有色金属企业的特点，主控制室、主配电室、中大型计算机房等场所很少发生火灾，另外随着自动化程度的提高，屋内的设备越来越小巧精致。因此本规范不再按面积大小要求是否设置固定灭火系统，一方面提出 24 小时有人值守的场所可不设固定灭火系统，另一方面只要是对安全生产有至关重要的作用而又可能会出现无人值守的情况，则规定宜设置固定灭火系统；

6 用于燃油类的灭火可在水基灭火系统中添加其他类型的灭火剂或使水呈雾化状，从而实现更高的灭火效率减少灭火中的缺欠与不足；

7 在生产中许多环节必须是连续贯通的，如胶带输送机把物料从一个车间输送到另一个车间，在防火分区处不可能用实体分隔物封死，而此时只能以水幕对实体防火分隔无法封闭的局部开口部位予以隔断；

8 储油量 <2m³ 的地下封闭液压站、润滑站；储存闪点大于等于 60℃ 的柴油 ≤10m³、重油 ≤20m³ 的储油间的自动灭火系统设置，可参考现行国家标准《石油库设计规范》GB 50074 的有关规定；

9 在有色金属板带箔材加工厂的轧机（包括油地下室）的自动灭火系统上，当采用水喷雾、细水雾等灭火系统时，应避免水液进入油系统，避免影响产品表面质量。

7.5.2 各类自动灭火系统设计应满足国家现行标准要求，主要有自动喷水灭火系统（水幕系统）的设计应符合现行国家标准《自动喷水灭火系统设计规范》GB 50086 的有关规定。水喷雾灭火系统的设计应符合现行国家标准《水喷雾灭火系统设计规范》GB 50219 的有关规定，气体灭火系统的设计应符合现行国家标准《气体灭火系统设计规范》GB 50370 和《二氧化碳灭火系统设计规范》GB 50193 等标准。

目前现行国家标准《低倍数泡沫灭火系统设计规范》GB 50151 和《高、中倍数泡沫灭火系统设计规范》GB 50196，两个标准均在修订中，拟合并统一为《泡沫灭火系统设计规范》，待新标准正式发布实施后，应符合新标准的相关规定。

7.5.3 目前细水雾灭火系统的国家标准《细水雾灭火系统规范》正在编制中，有关细水雾系统的设计、控制等要求，应符合该标准的有关规定。并应结合有色金属工程的自身特点，综合加以考虑选用：

1 有色金属工业生产环境中普遍具有较强的酸性、碱性腐蚀性的介质，对于各类管件、器材的危害很大，甚至使其丧失功能，或引发安全事故。另外，有色金属冶金物料准备、火法冶炼等厂房的局部区域，常有较浓烈的烟尘散发，会使管道、喷头造成封堵，凡此种种不利条件，必将影响到细水雾灭火系统的应用效果。鉴于上述特点在有色金属工程中较为突出，因此强调应采取相应可靠的防护技术措施。条文中关于中腐蚀、强腐蚀的腐蚀性分类定性，应符合现行国家标准《工业建筑防腐蚀设计规范》GB 50046 的有关规定；

受生产工艺需求或场地条件影响，有色金属工程当厂房（仓库、设施）配置较为零散，有些项目占地面积大，发生火灾的部位有时难以确定，人员难以接近火灾现场。为此从合理配置资源，有利于日常管理原则出发，可配置瓶组式细水雾水枪、细水雾消防车、各类移动式细水雾灭火装置。应可依据相关审批管理规定，参照具有资质的生产厂家提供的产品或参数进行设计。

对主控制室、变配电系统、电气设备间、柴油发电机室等火灾危险场所（大多属于电气设备、使用可燃油空间），配置密集紧凑，如遇火灾要求既快速灭火，又应尽量减小水渍损失。若干研究表明，细水雾对弱电路板的影响小，采用工作压力较大（不小于 5MPa）的细水雾灭火用水量小，雾动速度快、穿透能力强，特别适用于以上场所及电缆夹层等深位火灾；另外，由于雾的粒径小，雾

动速度快，在扑灭油类时，水雾能够使液面乳化形成不燃的乳化液可有效阻止液体复燃，所以在电气设备间、柴油发电机房、油库等场所适宜采用高压细水雾开式灭火系统；

2 通过对有色金属工程防火分区设置特点的研究，在一些单、多层工业厂房、带式输送机通廊、地下通廊等工艺生产中的特定空间内，当无法设置实体防火墙满足防火分隔时，可采取高压细水雾封堵分隔来达到有效阻隔火源的目的。鉴于有关单位实验研究证明，细水雾灭火系统遇到火情时能够有效隔离火源，且在平时也不会影响设备的正常工作及人员的通行，并明确提出了细水雾封堵分隔系统可以取代或改善防火卷帘等的防火分隔效果。该成果可参见"细水雾灭火系统设计、施工及验收规范"DBJ 41/T074（河南省工程建设标准）中提出的"细水雾封堵分隔"技术〔water mist compartmentation〕以及相关试验研究成果。

7.6 消防水池、消防水箱和消防水泵房

7.6.1 本条规定了应设置消防水池的条件。

当厂区给水干管的管道直径小，不能满足消防用水量，即在生产、生活用水量达到最大时，不能保证消防用水量；或引入管的直径太小，不能保证消防用水量要求时，均应设置消防水池以便储存消防用水。

厂区给水管道为枝状或只有一条进水管，在检修时可能停水，影响消防用水的安全，因此，当室外消防用水量超过 25L/s，且由枝状管道供水或仅有一条进水管供水，虽能满足流量要求，但考虑枝状管道或一条供水管的可靠性不强仍应设置消防水池。

7.6.3 按照现行国家标准《建筑设计防火规范》GB 50016 第 8.4.4 条要求不能满足时，应设置高位消防水箱，其目的是为了满足临时高压系统初起火灾的水量、水压要求。具体要求有：

1 水箱设置高度宜满足最不利消火栓处静压不低于 70kPa；

2 消防水箱应储存 10min 的消防用水量。当室内消防用水量不超过 25L/s 时，经计算消防储水量超过 12m³ 时，可采用 12m³；当室内消防用水量超过 25L/s 时，经计算水箱消防储水量超过 18m³ 时，可采用 18m³；

3 消防用水与其他用水合用的水箱，应采用消防水不作他用的技术措施；

4 火灾发生时由消防水泵供给的消防用水，不应进入消防水箱。

7.6.4 在无法设置高位消防水箱的临时高压给水系统中，选用稳压泵是用于满足厂区集中（或区域）的临时高压给水系统的需要，考虑管网漏失水量存在，按工程经验，规定稳压泵的工作压力和流量。本条规定是参考钢铁、火电等系统的工程经验，加以制订的。

7.6.5 为保证不间断地供应火场用水，消防水泵应设有备用泵。备用泵的流量和扬程不应小于消防泵站内的最大一台消防泵的流量和扬程。

生活或生产给水泵与消防水泵共用泵组时，此时泵组的电力负荷应满足消防泵的电力负荷等级。

7.7 消防排水

7.7.1 在以往的化工类工厂排水系统设计中，曾因未设置消防排水而出现过重大环境污染事故，导致次生灾害的发生。为此，对于可能引起环境污染区位的消防污水，必须设置消防排水设施，且应使消防排水进入污水处理系统，经无害化处理后才能排放。其他设有消防给水的场所，可设置消防排水设施。考虑到大多数消防排水无污染，可进入生产、生活排水管网。总之，当有消防排水时排水管网的流量应考虑消防的排水量。

当高层厂房（仓库）设置消防电梯时，电梯的井底应设置排水设施，应符合现行国家标准《建筑设计防火规范》GB 50016 的有关规定。

7.7.2 变压器、油系统的消防水量往往较大，排水中含有油污，易

造成污染。另外如果变压器或油系统在燃烧时还有油溢（喷）出，水面上会有油火燃烧，因此消防排水应单独设置排放。同时还须在排水设施中设油、水分隔装置，以避免火灾蔓延。

8 采暖、通风、除尘和空气调节

8.1 一般规定

8.1.1 本规范是在国家相关标准的基础上结合有色金属工程的特点，对采暖、通风、空气调节、除尘等防火设计，做了补充与延伸。凡本规范未明确提及的范围和规定，尚应执行现行国家标准《建筑设计防火规范》GB 50016 的有关规定。

8.1.2 在有色金属工程某些厂房（仓库）的设计中，应当设置火灾的防烟与排烟系统，其防烟与排烟设施的设计应符合现行国家标准《建筑防火设计规范》GB 50016 中的有关规定。

8.1.3 井下巷道、硐室需要设置通风除尘和空调时，除应符合现行国家标准《金属非金属矿山安全规程》GB 16423 外，尚应满足《冶金企业安全卫生设计规定》、《爆破安全规程》GB 6722 等标准有关的规定。

8.2 采 暖

8.2.1 有色金属工程品种繁多、工艺复杂，存在易燃、易爆性气体（氢气、氧气、天然气、液化石油气、乙炔等）、金属粉尘（铝粉、镁粉、锌粉、羟基镍粉等）、各类燃油（煤油、重油等）、各类化学物品（氨、氯、硝酸）以及煤粉等，这些易燃、易爆物品遇高温、明火就可能发生火灾爆炸事故，为此特制本条规定。

8.2.2 为防止可燃粉尘、纤维聚集于散热器而自燃起火，应严格限制散热器的温度。热水采暖温度比较稳定，蒸汽采暖温度变化比较大，因此，本条规定采暖热媒为热水时，不应超过130℃；而采暖热媒为蒸汽时，不应超过110℃。运煤通廊采暖耗热量很大，有时采暖散热器布置困难，需要提高采暖热媒温度。现行国家标准

《火力发电厂与变电站设计防火规范》GB 50229 规定，运煤建筑的蒸汽采暖散热器表面温度不应超过160℃，此与现行国家标准《建筑设计防火规范》GB 50016 第10.2条规定不一致，但更加符合有色金属行业具体情况，因此为本款采用。但煤粉制备生产厂房的采暖热媒温度应符合国家标准《建筑设计防火规范》GB 50016 的有关规定。

8.2.3 变压器室不允许采暖管道穿过，是基于采暖管道一旦漏水、漏气，或烘烤电器设备，容易造成电器短路或火灾事故；其他配电装置等设备间有各种电器设备、仪器、仪表和高压电缆，同样需要对采暖管道的接口提出较严格要求。在严寒和寒冷地区，为保证工作条件，配电室、蓄电池室冬季设采暖设施，要求这些房间的散热器及管道全部为焊接连接，避免漏水、漏气，防止引起电器短路等事故。铸铁散热器不能焊接，且容易漏水，因此规定应采用可焊接的散热器（如钢制排管散热器）等。且管道的保温隔热材料宜采用不燃烧材料。

8.2.4 依据国家现行标准《采暖通风与空气调节设计规范》GB 50019 的有关规定制定。

8.2.5 本条是对生产厂房内的采暖管道、构件和保温材料作出防火的规定，在一般情况下都能做到。本规定不包括辅助设施及民用建筑的采暖管道、构件和保温材料。

8.3 通 风

8.3.1 在可能放散爆炸性气体或可燃液体挥发的房间（位置），如气体站的氢气瓶间、挥发性液体储槽间等，由工艺专业提出条件，应设置防爆型的事故通风装置。应在室内、外便于操作且具有防爆安全性的地点安装控制开关，以便发生紧急事故时，事故排风系统能够立即投入运行。当排除含有氯气、氢气、一氧化碳、硫化氢等气体时，风机的开关一般设在室外。

8.3.2 在有色金属企业的生产过程中，常使用或产生一些有爆炸性危险介质，如在提纯工艺过程中，使用氢气等易燃性气体，萃取则是易燃液体存在的生产环境；镉工段镉置换工序也属易燃易爆的场所；净液工段净液工序在酸液中加入锌粉等置换时产生出氢气；富集置换岗位在酸液中加入锌粉也置换产生氢气。以上场所当易燃介质达到一定浓度遇火会发生燃烧或爆炸。此外，电解工段刷板机的毛刷摩擦阳极板时会产生大量固体颗粒状金属，干燥的粉尘聚集在一起，遇火则将发生燃爆。

从安全角度出发，凡在有爆炸性危险物质的场所的通风装置应采用防爆型设备。

1 直接布置在甲、乙类生产厂房的排风系统，由于系统内外的空气中均含有燃烧或爆炸危险性介质，遇到火花即可能引起燃烧或爆炸事故，为此，规定其通风机和电动机及其调节装置应采用防爆型的；同时通风机与电动机应采用直联，不允许采用可能产生静电而发生爆炸危险的三角皮带传动；

2 当通风机和电动机单独布置在风机房时，与爆炸性危险物质分开，虽然安全一些，但系统中所排除的空气混合物，其爆炸危险性并没有降低，故规定通风机和电动机应采用防爆型的。而通风机的室内环境条件好一些，因此允许通风机和电动机采用三角皮带传动；

3 当通风机和电动机在室外布置时，通风机应采用防爆型的，而电动机则区别对待。根据现行国家标准《电气装置安装工程施工及验收规范》GB 50254～50259—96 的有关条文规定，在爆炸或火灾危险场所，电动机应采用防爆型的；在非爆炸或火灾危险场所，通常是指远离有爆炸性危险物质的场所，其电动机是可以采用封闭型的。

8.3.3 防火阀的设置应符合现行国家标准《建筑设计防火规范》GB 50016 的有关规定。规范中对通风（或空调）作出了较明确规定，在有色金属工程中，通风空调设计均应执行国家现行标准，并优先采用防火阀与通风空调的风机连锁，火灾时及时关闭防火阀，

并立即使系统风机停止运行。另外,通风空调系统主干管上的防火阀如处于关闭状态,对通风系统影响很大,为此推荐在大中型工程的风管上,设置带有位置反馈信号的防火阀,通过 DCS 系统可以用来监视防火阀的工作状态,防火阀非正常关闭时,及时准确地复位。在支管上的防火阀如对通风系统影响不大时,防火阀的工作状态是否需要监视,可以根据车间或工段的重要性以及是否设置 DCS 系统等因素加以确定。

8.3.4 此处的通风机是作为隧道内通风而设置的,是普通型的通风机。因此为防止火灾烟气蔓延,电缆隧道的通风系统在火灾发生时,应迅速切断电源停止工作。

8.3.5 本条是对风管和保温材料的规定。甲、乙类生产厂房或甲、乙类仓库的生产或储存可燃气体、可燃液体等物质,火灾或爆炸危险性大,火灾发展迅速,国内外有不少火灾因通风、空调系统风管蔓延烟火,造成重大人员伤亡和财产损失的实例。本条规定风管和保温材料应采用不燃材料制作。

在丙、丁、戊类厂房中,规定通风、空调风管和保温材料应首先采用不燃材料制作,当风管按防火分区布置,不穿越防火分区时,可采用难燃材料(经阻燃处理的材料)制作。基于在有色金属工程中,湿法冶炼(浸出、净液、电解)等车间一般都散发大量热、蒸汽和有害气体,建筑防腐蚀要求高。考虑到排除有酸碱腐蚀性气体或蒸汽时,风管等材料的防腐性能,因此规定在不穿越防火分区时,可采用难燃材料(经阻燃处理的材料)制作,如采用玻璃钢的风管,这些高分子材料一般是可燃材料,需要在风管材料中加入阻燃剂或外表面用防火涂料等措施。满足防火要求。以上难燃材料或经阻燃处理的材料,其材料的燃烧性能,应符合现行国家标准《建筑材料燃烧性能分级方法》GB 8624 中测定的难燃材料标准。

8.3.6 本条为防止粉尘聚集静电,设置导出静电的接地,直接静电接地电阻不大于 100Ω。输粉管道的接头之间应用导体跨接。

8.3.7 在结构受力及构造允许的情况下,可在室内顶部梁的腹(中)部设置导流管(孔)有利于氢气的排出,避免形成死角聚集氢气,发生燃爆。

8.4 除 尘

8.4.1 本条是从安全角度出发考虑的,目的是一旦发生爆炸事故时,尽量缩小其波及的范围。据有关资料介绍,因通风除尘设备发生爆炸危害人身安全的事故,在国内外均有案例。例如:某厂的铝镁粉加工制作生产线,检修时因火花窜入除尘器和通风机内发生爆炸,爆炸的冲击波将玻璃窗全部冲毁,屋盖被掀开,造成了生命财产的严重损失。又如某厂电炉的炉内排烟系统发生爆炸时,除尘设备被炸开,对周边造成了危害。为此应有预防的相应措施,参照国家有关标准结合工程实际作了相应的规定。

现行国家标准《建筑防火设计规范》GB 50016 规定,净化有爆炸危险粉尘,具有连续清灰设备的干式除尘器,或风量小于 15000m³/h 具有定期清灰设备且集灰斗的重量小于 60kg 干式除尘器,可布置在厂房内单独的房间内,但应采用耐火极限分别不低于 3.00h 的隔墙和 1.50h 的楼板与其他部位分隔。

在有色金属工程中,处理可燃或有爆炸危险的气体或粉尘的除尘器,有些需要露天或独立布置,为此,在现行国家标准《建筑防火设计规范》GB 50016 有关规定基础上予以细化。

  1 除尘器露天布置时:与厂房的间距不宜小于 10m,可不增加防护,如图 1(a);若间距小于 10m 时,应采用防火隔断措施,即厂房相邻外墙采用防火墙,其长度应大于除尘设备本体长度,并应保证与除尘设备的距离大于 10m,同时考虑到防火安全,规定除尘器与主厂房的间距必须大于 2m,如图 1(b);

  2 除尘器布置在厂外的单体建筑(与主厂房贴临建造)内时,该除尘室是具有火灾,爆炸危险的厂房,因此应设置防火墙与主厂房予以分隔,如图 1(c);

  3 除尘器设在屋面上(如非采暖地区煤粉制备车间),根据现

行国家标准《建筑设计防火规范》GB 50016 的有关条文和工程实际,规定为:其与所属厂房之间应采用耐火极限不低于 1.50h 的楼板分隔。

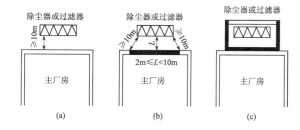

图 1 除尘器或过滤器的平面布置示意图

8.4.2 处理有爆炸危险性粉尘的干式除尘器说明:

  1 本条规定是为了最大限度地减少粉尘爆炸发生,要求在处理有爆炸危险性粉尘时应采用防爆除尘器。防爆型除尘器采用抗静电滤袋和分离型电磁屏蔽结构,用气动脉冲方式抖落粉尘,通过防爆电机、封闭型外设防爆电控箱等来防止除尘器内部产生电火花。并应设有防尘电控箱、密封垫、防逆火阀门、泄爆口等。利用密封垫等进行密封,以防火星溅出。万一除尘器内部发生粉尘爆炸时,防逆火阀门防止火焰向管道内传播,以防作业者受伤。如果除尘器内部发生爆炸时,由于其爆炸力致除尘器箱体破裂,可能会造成人身事故。为防止这种情况发生,泄爆口把爆炸能量引导至除尘器后上部排除掉,控制并减少损失。同时,采用抗静电滤料是防止产生静电引起爆炸;

  2 用于排除有爆炸危险的粉尘的除尘器及管道上,设置泄压(爆)装置对减轻爆炸破坏较为有效。泄压(爆)面积的大小应根据爆炸性粉尘的危害程度,经计算确定。在布袋除尘器、风管的拐弯处均应设置泄压(爆)装置。所设置的泄压(爆)装置应符合现行国家标准《粉尘爆炸泄压指南》GB/T 15605 的要求;

  3 本款参照煤炭行业标准《煤粉生产防爆安全技术规范》MT/T 714—1997 有关规定制定。

8.4.3 有色金属工程中,某些排除有爆炸危险性粉尘的除尘管道水平敷设,管道积灰严重,成为火灾和爆炸的重要原因。如某企业烟化炉煤粉系统,因除尘系统管道设计有缺陷,其管道有水平段,布袋除尘器灰斗存在夹层,以致遇到火星发生爆炸。因此,本条对处理有爆炸危险性粉尘的除尘管道、灰斗的角度等采用无积尘设计,保证粉尘及时排除。采用管道水平夹角不应小于 45°等相关规定,本条规定依据原煤炭部行业标准《煤粉生产防爆安全技术规范》MT/T 714—1997 的有关标准制定。

8.5 空气调节

8.5.2 空调系统新风是为满足人的最小新风量,以及补偿排风和保持室内正压的需求确定的,规定空调系统新风口应远离爆炸和其他火灾危险区的烟气排气口,是为了人身安全和生产场所安全。工程设计中根据具体情况,应合理设计新风口的位置。

8.5.3 根据调研材料,有色金属现有企业的消防安全装备和设施水平,总体上与电力、化工、制药、钢铁等行业有一定的差距,设计中执行的标准不一,为此,参照现行国家标准《火力发电厂与变电站设计防火规范》GB 50229 提出此要求。

这里的计算中心、主控制室、电气室是包括了全厂性的生产指挥中心、主控制室、变配电控制室、配电装置室、变压器室、电容器室等重要的设备间或重要部位。推荐将空调机布置在独立的机房内,主要是便于安全运行和管理。本条不包括分体壁挂空调机和分体立柜式空调机。

9 火灾自动报警系统

9.0.1、9.0.2、9.0.3 与条文中原则上列出有色金属企业生产设施设置火灾自动报警系统的场所。除已明确指出的场所外,其他场所的设置应综合考虑如下因素加以确定:

1 设置火灾自动报警系统的场所是处在封闭式建筑内的;

2 配合主要生产、辅助设施的火灾危险性分类(参见本规范条文说明第3.0.1条表1)设置;

3 配合自动灭火系统的设置场所(参见本规范表7.5.1)设置;

4 配合其他火灾危险性场所(上述3.0.1条表1、表7.5.1未做确定的)设置,按现行国家有关标准执行。

有色金属企业火灾自动报警系统设计主要内容应包括:厂房内可能散发可燃气体(蒸汽)场所,应设置可燃气体监测、指示、事故报警及自动连锁装置;在各类炉窑、设备等装置中,对涉及防火、防爆安全生产的重要参数(压力、流量、温差、速度、浓度等)应设置监测、显示、事故报警及自动连锁保护等相关装置;对防护空间内的点火源(局部),应进行针对性火灾探测,以及其他自动报警需求。

9.0.4 火灾探测器的选择应依据周边环境和火灾的特征加以确定,并应符合现行国家标准《火灾自动报警系统设计规范》GB 50116的有关规定。爆炸性环境火灾探测器选型及配线应符合现行国家标准《爆炸和火灾危险环境电力装置设计规范》GB 50058的有关规定。

9.0.7 主厂房建筑面积较大,配置的设备较多,而适宜安装手动报警按钮的位置相对较少,加之生产人员对工作场所相对熟悉。故本条规定手动报警按钮的安装间距可适当增大,但可供操作的通行距离不应大于50m。

9.0.9 目前火灾自动报警系统设计,除现行国家标准《火灾自动报警系统设计规范》GB 50116等之外,还有现行的国家行业标准《冶金企业火灾自动报警系统设计》YB/T 4125,该标准结合冶金企业的生产特点,总体较适用于有色金属工程的实际,在有色工程火灾自动报警系统设计中,应做为设计的依据且符合其有关规定。

10 电 气

10.1 消防供配电

10.1.1 本条是对消防设备用电负荷等级的原则规定。消防用电负荷分级,应符合现行国家标准《供配电系统设计规范》GB 50052的规定。二级负荷供电系统原则上要求由两回相互独立的电源线路供电。但在负荷较小或地区供电条件困难时,也可由一回10(6)kV及以上电压级的专用架空线路或电缆线路供电,另由企业自备应急电源,解决事故条件下少量关键负荷的供电。

从保障消防用电设备的供电和节约投资出发,本条所列用电负荷应按不低于二级负荷的要求供电。当用户所在地区电网系统具备提供一级负荷的供电条件时,本条所列用电负荷宜按一级负荷供电。这是符合我国有色企业现状的。

注:《供配电系统设计规范》GB 50052修订稿已将"二级"的称谓改为"重要",将"一级"的称谓改为"关键"。待新版正式公布实施后,按照对应称谓执行。

10.1.2 消防水泵是消防系统中的重要用电负荷,保证其供电的可靠性对于及时灭火减少火灾的损失是非常重要的。有色企业一般均有两回路供电电源,传统上是由电源系统开始到各级变(配)电所均采取分列运行方式,变压器、母线分段,并在不同母线段之间设置(自动或手动)母联开关。对于各级线路的敷设也作出了相应的安全规定,以确保一回线路故障时一般不会影响另一条线路的正常运行,且在线路末级配电装置处,设有两路电源自动切换装置。如此看来,这样的两回路电源是可以保证消防水泵的供电要求的。当然,如有条件企业可以根据需要,再采取独立于本供电系统的同一电压级的另一路电源(如自备电厂、自备柴油发电机站、余热发电机组以及邻近企业或车间等),或采用柴油机驱动的消防水泵也是可行的。

10.1.3 本条所列的消防用电场所和用电设备,是消防系统中的重要环节,在火灾发生之后其供电是不允许中断的。双电源供电电源切换在最末一级配电装置中进行,有利于克服供电线路的中间环节在火灾发生时可能出现的故障隐患,提高供电可靠性。

根据现行国家标准《建筑防火设计规范》GB 50016"当发生火灾切断生产、生活用电时,应仍能保证消防用电"之规定,除保证消防供电系统的可靠供电外,消防配电线路采用耐火、或经耐火保护处理的阻燃电缆是非常必要的。

10.1.4 鉴于有色企业用电设备及其供电线路庞杂,运行环境大多较为恶劣,故障率也较高,对消防系统采用单独的供电回路,并对其回路和独立设置的消防配电设备做明显标志,有利于日常运行、维护和安全检查,提高系统的可靠性。

10.2 变(配)电系统

10.2.1 运行中的电抗器在一定空间(即:"磁矩")内均有较强电磁场效应,当其安装在室内如不采取电磁防护措施时,因邻近效应和产生涡流,将对室内混凝土结构中的钢筋或钢结构构件等产生影响,导致结构件温度升高,随着时间的累积容易引发火灾。故本条规定安装在室内时,应设置强迫散热系统。"电抗器的磁矩"应根据生产厂家提供的数据确定,并确定电抗器所安装的室内空间的合理尺寸。

10.2.2 本条是依据现行国家标准《火力发电厂与变电站设计防火规范》GB 50229第6.6.2条、第6.6.3条及国家标准《10kV及以下变电所设计规范》GB 50053有关规定制定的。结合有色企业变电所的特点和重要性,对防火隔墙的耐火极限作出了不低于3.00h的规定。

10.2.3、10.2.4 这两条是依据现行国家标准《火力发电厂与变电站设计防火规范》GB 50229第6.6.6条、第6.6.7条的有关规定制定,其目的是保证在事故状态下,绝缘油能排到安全处,限制因事故范围扩大而引发火灾的可能。

10.2.5 本条规定是基于电气控制和装置室或电缆夹层的安全运行考虑而制定的,因为气、水、油类压力管线的敷设不可避免会有管接头或阀门,一旦产生气(液)体泄漏,将对电气系统的安全运行造成威胁,易产生火灾隐患。一般情况下,本条所涉及的电气室或电缆夹层,当需要蒸汽或热水采暖时,暖气(水)管线应采用焊接管且中间不得有接头和阀门。

"当采用集中通风系统时,不宜在配电装置等电设备的正上方敷设风管"的规定,有利于确保运行维护时的人身和设备安全。

10.2.6 电缆火灾的发生概率在有色企业中相对较高,往往从一个发火点处沿着孔洞、沟(廊)道、夹层等蔓延,殃及电气盘(柜)及设备并造成重大损失。因此防火封堵十分必要,应严格按照要求做好设计施工。2001年10月某铜业公司就是因电缆引发火灾把整个中控室设备及系统全部烧毁,酿成重大停产事故和经济损失。依据现行国家标准《电力工程电缆设计规范》GB 50217 第5.1.10.3条有关规定,制定本条规定。具体实施方法见国家建筑标准设计图集《电缆防火阻燃设计与施工》06D 105 和本规范第6.2节的有关要求。

10.3 电缆及其敷设

10.3.1～10.3.3 有色冶金工程的电缆敷设方式种类繁多,主要有直埋、明设、暗敷(墙内与埋地)、电缆沟内敷设、电缆隧(廊)道内敷设、沿电缆桥架敷设、架空敷设、在电缆夹层或电缆室内敷设等,本节规定了与防火设计有关的电缆敷设要求。

主电缆隧(廊)道是指由「总变(配)电所」[或区域变(配)电所]至各主要车间的主干(廊)道,一般它有多条分支引至有关车间。主电缆隧(廊)道一般较长,有的可达数百米以上。由于廊道内电缆数量较多,电缆运行中会产生热量,例行检查和运行维护人员也要经常进出,特别是在事故状态下,会有多人进入处理事故,因此对廊道内人员的最小活动空间和通风均有要求,以便于电缆隧(廊)道适时降温,延长电缆的使用寿命,也便于常规检查和事故处理。

10.3.4 本条规定了电缆隧(廊)道防火分区的划分方法。分区长度可根据电缆隧(廊)道的重要程度、复杂程度、敷设电缆的特性和数量等确定,一般在70.0m～100.0m之间。各防火分区之间采用防火墙加常开式防火门分隔,防火门在发生火灾时可自行关闭。防火墙上的电缆孔洞口,宜采用软质防火封堵材料,便于更换或增添电缆时不致损伤电缆。具体实施方法见本规范第6.2节和国家建筑标准图集《电缆防火阻燃设计与施工》06D 105 的有关要求。对于设置自动灭火系统的电缆隧(廊)道,其防火分区的长度可增大一倍,但不应超过180.0m。

10.3.5 电缆隧(廊)道、电缆夹层、电气地下室等电气空间,如果其墙面和地面出现渗水、漏水的现象,并形成积水,不仅会给经常性的维护工作带来诸多麻烦和不安全,而且在雨季,电缆长时间受到水的浸泡,其绝缘会遭到破坏,尤其当遇有含侵蚀性的地下水时,其遭受的破坏更为严重。因此,对于这类电气防护空间,均应根据地下水位情况对其墙面和地面做必要的防水处理,并设置排水坑,一旦出现局部渗漏时,也可设法及时将水排除,以避免事故的发生。

10.3.6 从企业现状调查中发现,个别企业为了节省工程量,确有在电缆沟内同时敷设可燃油(气)管道的案例,这是非常危险的!一旦可燃油(气)管道发生泄漏并在沟(道)内聚集,电缆再发生绝缘损坏短路打火,极易引起火灾和爆炸,后果不堪设想,故工程设计必须明确禁止!

10.3.7 电气室、地下电缆室、电缆夹层内,一般均敷设有大量电力和控制、信号和信息电缆,它们在运行中将产生热量。如果热力管道敷设其中温度更加升高,不利于电缆的安全运行,甚至会加速

电缆绝缘老化,容易引起火灾。故不宜在上述空间内敷设热力管道,更不应将可燃液(气)或其他可燃管道和非电气设备布置在上述空间内。

10.3.9 工业企业中的系统控制电源、消防电源等,需两路电源供电的属重要负荷回路,它们对于工艺系统的安全运行与自动控制、消防系统的可靠运行至关重要。本条之规定意在保证两路供电电源在火灾等恶劣事故状态下,至少保证一路供电回路能继续工作。

10.3.10 本条依据现行国家标准《电力工程电缆设计规范》GB 50217 的有关规定制定。

10.3.12 由电缆故障引起的火灾在有色企业中时有发生,有时可能导致重大损失。电气专业应严格执行防火设计相关专业规范,同时又必须结合冶金企业的特点和工况实际,对高温、热辐射、高压、腐蚀、粉尘、潮湿等环境场所,其电气设备选择、安装和线路敷设等,应采取避让或必要的保护措施,以免电气管线遭受外机械或高温、腐蚀等损伤而导致电气绝缘破坏,引发火灾,因此给予规定是非常必要的。

6、7 款的规定是为防止短网、水冷电缆周围的金属墙体、隔板和结构件因电磁场效应而产生涡流,使金属导磁体或构件累计发热,成为火灾隐患。

此外,应防止明火、焊渣、高温金属及废渣溶液的喷溅窜入电缆沟(槽)内。

10.3.13 矿井电缆选择和敷设时按以下要求:

2 款是为确保电缆线路的安全运行、避免其被矿石砸坏绝缘层引起短路而引发火灾,故作出"禁止在生产运行期内的溜井中敷设电缆"之规定。当该溜井已经完成其"生产运行期"的任务,采矿工艺已将其作为废弃溜井处理、且其地质岩石条件比较稳定,电气线路在该废弃的溜井中敷设电缆的方案合理时,则不受此款限制。

10.4 防雷和防静电

10.4.2 本条是依据现行国家标准《石油化工企业设计防火规范》GB 50160 的有关规定制定。当露天设置的金属塔、罐容器等其顶板厚度等于或大于4mm时,对雷电有自身保护能力,不需另设避雷针保护。当顶板厚度小于4mm时,则需装设避雷针保护。

条文中的金属塔、罐容器是泛指贮存可燃与不可燃介质的容器设备;塔式(如空气分馏塔、煤气脱硫塔)设备,氢气、氧气、氮气、氩气、空气压力球罐和立式储罐,燃油储罐等。露天设置的贮存不可燃介质的塔罐容器并非不设防雷设施,而是根据现行国家标准《建筑物防雷设计规范》GB 50057 的规定,其防雷级别可以适当降低。钢质的塔、罐等容器,其钢板厚度大于等于4mm时,对雷电已有其自身保护能力,不需再另设避雷针(线),但必须装设符合规定的防雷接地设施。

10.4.3 鉴于可燃性气(液)体容器的火灾防护等级要求较高,一旦发生火灾将严重威胁人们的生命和财产安全,因此,露天设置的相应钢质储罐的雷电防护设施必须严格有效,特别是接地设施必须做好。故把本条定位为强制性条文。

2 储罐中的甲、乙类液体虽为可燃性液体,但装有阻火器的固定顶罐在导电性上是连续的,当顶板厚度大于等于4mm时,可以抵御直击雷的闪击而不致损坏,因此,只要做好接地,雷电流即可以顺利导入大地,不会引起火灾;

现行国家标准《立式圆筒形钢质焊接油罐设计规范》GB 50341 规定:地上固定顶罐的顶板厚度最小为4.5mm。因此,新建或改扩建的这种油罐顶板厚度大于或等于4mm时,都可以不另装设避雷针(线)保护。但对于经检测顶板厚度小于4mm的老旧油罐,则应装设避雷针(线),并应能保护整个储罐;

3 丙类液体属高闪点可燃油品,同样条件下,其火灾危险性小于低闪点的易燃油品。因此,储存此类油品的钢质油罐也不需

另装设避雷针(线),其接地装置只需按防感应雷标准设置。由于压力储罐是密封的,罐壁钢板厚度都大于或等于 4mm,罐体本身对直击雷有一定防护能力和接闪功能,因此,此类罐体上也不需另装设避雷针(线),但应做好防雷接地设施,一般其冲击接地电阻值不大于 30Ω;

4 可燃性气(液)体塔、罐容器的顶部设有放散管(一般高出顶板 2m~3m)时,该管在雷电发生时有引雷效应,故此时应装设避雷针,并应使放散管在避雷针的有效保护范围之内,以免发生雷击火灾。

10.4.4 钢质储罐的防雷主要靠做好接地装置,以降低雷击点的电位、反击电位和跨步电压,因此接地引下线不得少于 2 根,且其沿罐周边的距离不应大于 30m,一般可以均匀的距离布置。

10.4.5 弱电系统的装置和线(缆)的金属外壳(皮)与罐体做电气连接,等同于与罐体做了等电电位连接,在罐体周围遭受雷击时雷电过电压可直接快速导入大地,可以防止弱电系统发生过电压损坏,并防止雷电波沿配线电缆传输到控制室。

10.4.6 在易燃、易爆场所中,加工和储运油品、可燃气体时,设备和管道难免会引起摩擦而产生静电,如不及时通过接地装置导入大地,就会集聚形成高电位,可能产生放电火花,引起爆炸和火灾事故。因此,必须采取防静电措施。

1、2 将油品装卸站的设备及与其相连接的管线、铁轨等形成等电位连接,并导除其中的静电,可避免鹤管与运输工具之间产生电火花;

3 有利于导除生产装置、设备、贮罐、管线及其放散管的静电;

4 是针对有色金属工程大量采用易燃易爆粉状物介质,或在生产过程中会产生一定数量的易燃易爆粉尘,因此,对于此类生产装置、设备、贮罐、管线(如:煤粉制备与其喷吹系统、煤粉储仓及其输送管道等),均应设置静电导除装置。

10.4.8 由于人们的着装衣物质地为人造纤维类织物占据相当大的比例,随着人们的走行、活动,此类服装极易产生静电且往往集聚在人体上。为防止静电可能产生的火花,须在甲、乙、丙(闪点在120℃以下燃油)类油品(原油除外)、液化石油气、天然气凝液作业场所的入口处等,设置消除人体静电的装置。此类消除静电的装置是指:用金属管做成的扶手,在进入这些场所前,人们应抚摸此扶手以消除人体静电。扶手应与防静电接地装置相连。

10.4.9 通常的静电位较高,但其总电荷量不大,因此,其放电电流较小,每组专设的防静电接地装置的接地电阻值一般不大于100Ω 即可。

10.4.11 鉴于防静电接地装置的接地电阻值要求相对较大,当金属导体与防雷(不含独立避雷针防雷接地系统)等其他接地系统相连接时,其接地电阻值完全可以满足防静电要求,故不需要再另设专用的防静电接地装置。

10.4.12 本条规定是为了防止铁路远端的感应过电压传输到本站区,危及站区的安全。

10.5 消防应急照明和消防疏散指示标志

10.5.1 有色金属工程的厂区环境、工艺配置、建筑结构均较为复杂,既有地上又有地下设施,加之金属品种多工艺系统较为复杂,火灾危险等级也不尽相同,一旦发生火灾时,会造成扑救困难而导致更大损失。为确保在火灾事故大量烟雾的状态下及时疏散人员、抢救伤员及重要财物,以及进行火灾扑救,本条对相应部位应急照明的设置作了明确规定。

10.5.2 电气地下室、设置于地下的液压和润滑油站等,属火灾危险性较大且疏散较为困难的场所,在其疏散通道,特别是主要疏散通道的地面上或靠近地面的墙壁上设置疏散指示标志,有利于地下建筑物内发生火灾时的人员逃生撤离,也有利于消防人员的灭火和开展营救工作。

附录A 有色金属冶炼炉事故坑邻近钢柱的耐火稳定性验算

A.1 判别规定

A.1.1、A.1.2 钢柱构件的临界温度是构件在高温时有效重力荷载和温度共同作用下达到承载能力极限状态时的温度。理论分析和试验结果表明,当钢构件的实际温度不超过其临界温度时,钢构件可保证其耐火稳定性。

钢柱的防火保护高度(从厂房地面起)是按柱最高温度位置上延 0.5m 确定。

A.2 温度计算

A.2.1、A.2.2 炉料以液态泄漏出来,其温度约在金属熔点以下30℃~50℃,按1250℃取(对不同金属熔点以系数修正)。由于辐射作用,在空气中逐渐冷却。但因其从液态转变为固态时,要放出熔化热,维持其温度不变。当熔化热释放完后,炉料由液态变为固态,温度开始降低。取炉料的熔化热为 251kJ/kg,炉料比热 $c=$ 1100J/kg,炉料容重 $\rho=3350kg/m^3$,炉料黑度为 0.66。炉料比热、容重、熔化热等随其成分不同而变化,在此取平均值。

把所研究的钢柱沿轴线方向按 $\Delta z=0.5m$ 划分为若干单元,柱受热范围最大取 9m。每一单元在 Δt 时间间隔内,在柱翼缘正面和两个侧面接受炉料上表面的辐射,同时其外露表面向外辐射热量,考虑每一单元在轴向的热传导后可建立柱单元体的热平衡方程。取时间间隔 $\Delta t=60s$,以差分法计算出炉料、柱单元随时间而变化的温度。

钢柱温度与炉料温度、炉料尺寸和形状、柱的截面尺寸和形状、柱与炉料相对位置、柱的计算截面的位置等众多因素有关。设炉料与柱相对位置如图 2 所示。

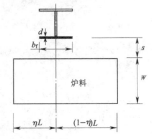

图 2　炉料与柱相对位置

数值计算中按可能的实际情况,取 $\eta=0,0.3,0.5$ 共 3 个值,$z=0.25m,0.75m,1.25m,\cdots 8.75m$ 共 18 个值,炉料尺寸 $L=6m$,9m,12m 共 3 个值,$w=3m,4m,2m,\cdots 9m$ 共 6 个值,$s=0.5m$,1.0m,1.5m,2.0m 共 4 个值,$d=16mm,20mm,25mm,30mm$,32mm,36mm,40mm 共 7 个值,共计考虑了 6 个影响因素,计算了 $3\times3\times6\times4\times7=1512$ 种情况下柱子 18 个单元的温度变化情况。

表 A.2.1-1 所列最高温度是柱高 9m 内 18 个单元的最高温度,其位置与 s 有关,按 η,s 可能的取值和翼缘厚度 $d=25mm$ 列出,对其他翼缘厚度用表 A.2.1-2 进行修正。平均修正误差约为0.6%。

表 A.3.13-1 所列柱最高平均温度是柱高 9m,7.5m,6m,4.5m内各个单元的最高平均温度,按 $d=25mm$,$s=1m$ 情况列出,用表 A.3.13-2 对其 s,d 的变化进行修正。平均修正误差约为 1.37%。

炉料表面长度 L 和宽度 w 对柱温度影响敏感,需按不同尺寸列出。当 $w>9m$,$L>12m$ 时,温度变化不大,取 $w=9m$,$L=12m$。炉料厚度 h 主要影响其表面温度,本应按不同厚度列出。为减少列表数量,按可能较大值 $h=0.5m$ 列出。

柱翼缘宽度 b_f 对柱温度影响不敏感,当 b_f 由 0.5m~0.9m

时,柱温度仅变化3℃,所以不考虑柱翼缘宽度的影响。因靠近炉料一侧柱翼缘温度高于其全截面温度,所以把柱翼缘作为研究对象,同时可排除翼缘厚度以外的柱截面尺寸对其温度的影响。

炉料熔点和黑度对钢柱温度影响较大,但基本是线性关系,所以柱最高温度和平均温度计算中考虑了温度调整系数 γ_1,γ_2。

钢材高温材料模型采用中国人民武装警察部队学院完成的公安部科研项目"钢结构用钢高温力学性能试验研究"成果。该项目采用恒温加载和恒载升温两种试验方法,以我国10个钢厂生产的 Q345(8家)和 Q235(2家)结构钢所制作的619根试件(其中常温试验40次,恒温加载试验152次,恒载加温试验427次)在600℃范围内9个温度水平、17个应力水平下的高温力学性能试验数据为基础,以数理统计理论建立钢材弹性模量、屈服强度、线膨胀系数、应变-温度-应力关系、临界温度等钢材材料计算模型。

表 A.3.11 钢材的弹性模量计算数值按均值给出,其最大离散度为7.7%,平均离散度为3.8%。表 A.3.11 钢材的屈服强度降低系数按均值给出,其最大相对离散度为9.3%,平均相对离散度为5.8%。表 A.3.11 是恒温加载试验方法所得结果。以恒载升温试验方法建立了钢材应变-温度-应力材料模型(以应变均值给出),实测应变是一个随机变量,其平均相对离散度为8.97%。在该模型中,令荷载应变(总应变扣除自由膨胀应变)=0.5%,得到温度与应力水平的关系,即表 A.2.2。

取破坏(屈服)应变为0.5%参考了 Eurocode 3:Design of steel structures 和 BS5950:Structural use of steelwork in building,Part8:1990:Code of practice for fire resistant design 以及 CECS 标准的研究成果。以上研究机构所给应变是恒温加载试验所得。0.5%取值已达到常温下屈服应变的3.3倍,所以推荐0.5%为钢材的破坏(屈服)应变。如果钢材温度为500℃,加上自由膨胀应变值0.6%,已达到1.1%,相当于常温下屈服应变的7.3倍。

试验钢材中8家钢厂为 Q345 钢,2家为 Q235 钢。给出的材料模型是总体结果。Eurocode 3 中并没有区分钢材的类别。我国的 Q345 钢和 Q235 钢的材料性能是否存在显著差别,尚待进一步研究。

A.3 作 用 效 应

验算钢柱的耐火稳定性时,本应按实际情况进行荷载组合以确定柱子的应力水平 k。考虑到炉料泄漏的热作用是一种偶然作用,可靠度可适当降低。假定柱受热时,其永久作用和可变作用比例为1:1,则标准作用/设计作用=1/1.3=0.77。为简化计算,直接取常温设计的应力水平的0.8倍。按0.8倍设计作用估计柱子的应力,大致相当于标准作用下的应力水平,一般偏于安全。

温度应力计算按弹性方法,只考虑相邻柱子温度不同所引起的轴力。当验算钢柱与相邻钢柱温差过大可能使框架梁端产生塑性铰,温度内力将不再增加,所以限制温度内力不超过梁产生塑性铰时的梁端剪力。最大温度轴力估计中,梁的塑性弯矩按其翼缘与腹板面积之比为1.5计算。当梁与柱刚接时梁的抗剪刚度近似按固定考虑。由于柱截面通常较大,暂未考虑温度弯矩作用,也忽略了三层以上框架梁的约束作用。

中华人民共和国国家标准

酒厂设计防火规范

Code for design of fire protection and prevention
of alcoholic beverages factory

GB 50694 - 2011

主编部门：中 华 人 民 共 和 国 公 安 部
批准部门：中华人民共和国住房和城乡建设部
施行日期：2 0 1 2 年 6 月 1 日

中华人民共和国住房和城乡建设部公告

第 1098 号

关于发布国家标准
《酒厂设计防火规范》的公告

现批准《酒厂设计防火规范》为国家标准，编号为 GB 50694—
2011，自 2012 年 6 月 1 日起实施。其中，第 3.0.1、4.1.4、4.1.5、
4.1.6、4.1.9、4.1.11、4.2.1、4.2.2、4.3.3、5.0.1、5.0.11、
6.1.1、6.1.2、6.1.3、6.1.4、6.1.6、6.1.8、6.1.11、6.2.1、
6.2.2、6.2.3、7.1.1、7.3.3、8.0.1、8.0.2、8.0.5、8.0.6、
8.0.7、9.1.3、9.1.5、9.1.7、9.1.8 条为强制性条文，必须严格
执行。

本规范由我部标准定额研究所组织中国计划出版社出版发
行。

中华人民共和国住房和城乡建设部
二〇一一年七月二十六日

45

前　言

本规范是根据住房和城乡建设部《关于印发〈2008 年工程建设标准规范制订、修订计划（第二批）〉的通知》（建标〔2008〕105 号）的要求，由四川省公安消防总队会同有关单位编制而成。

本规范在编制过程中，编制组进行了广泛的调查研究，总结了酒厂的防火设计实践经验和火灾教训，吸取了先进的科研成果，开展了必要的专题研究和试验论证，广泛征求了有关科研、设计、生产、消防监督等部门和单位的意见，对主要问题进行了反复修改，最后经审查定稿。

本规范共分 9 章，其主要内容有：总则，术语，火灾危险性分类、耐火等级和防火分区，总平面布局和平面布置，生产工艺防火防爆，储存，消防给水、灭火设施和排水，采暖、通风、空气调节和排烟，电气等。

本规范中以黑体字标志的条文为强制性条文，必须严格执行。

本规范由住房和城乡建设部负责管理和对强制性条文的解释，公安部负责日常管理，四川省公安消防总队负责具体技术内容的解释。本规范在执行过程中，如发现需要修改和补充之处，请将意见和资料寄往四川省公安消防总队（地址：成都市金牛区迎宾大道 518 号；邮政编码：610036），以便今后修订时参考。

本规范主编单位、参编单位、主要起草人和主要审查人：

主 编 单 位：四川省公安消防总队
参 编 单 位：公安部天津消防研究所
　　　　　　　山西省公安消防总队
　　　　　　　贵州省公安消防总队
　　　　　　　四川省宜宾五粮液集团有限公司
　　　　　　　泸州老窖股份有限公司
　　　　　　　四川剑南春（集团）有限责任公司
　　　　　　　中国贵州茅台酒厂有限责任公司
　　　　　　　四川省商业建筑设计院有限公司
　　　　　　　中国轻工业广州设计工程有限公司
　　　　　　　贵州省建筑设计研究院
　　　　　　　四川威特龙消防设备有限公司
　　　　　　　首安工业消防有限公司
主要起草人：宋晓勇　倪熙鹏　潘　京　杨　庆　祁晓霞
　　　　　　　朱渝生　刘海燕　黄　勇　刘　沙　李彦军
　　　　　　　郭　捷　郭小明　唐　奎　党　纪　李修建
　　　　　　　王　宁　李孝权　董　辉　汪映标　刘　敏
主要审查人：刘宝珺　林祥棣　方汝清　刘家铎　杨　光
　　　　　　　王祥文　亓延军　赵庆平

45

目　次

1 总　　则

1.0.1 为了防范酒厂火灾,减少火灾危害,保护人身和财产安全,制定本规范。

1.0.2 本规范适用于白酒、葡萄酒、白兰地、黄酒、啤酒等酒厂和食用酒精厂的新建、改建和扩建工程的防火设计,不适用于酒厂自然洞酒库的防火设计。

1.0.3 酒厂的防火设计应遵循国家的有关方针政策,做到安全可靠、技术先进、经济合理。

1.0.4 酒厂的防火设计除应执行本规范的规定外,尚应符合国家现行有关标准的规定。

2 术　　语

2.0.1 酒厂 alcoholic beverages factory

生产饮料酒的工厂。包括生产白酒、葡萄酒、白兰地酒、黄酒和啤酒等各类饮料酒的工厂,主要有原料库、原料粉碎车间、酿酒车间、酒库、勾兑车间、灌装包装车间、成品库等生产、储存设施。

2.0.2 酒精度 alcohol percentage

乙醇在饮料酒中的体积百分比。

2.0.3 酒库 alcoholic beverages warehouse

采用陶坛、橡木桶或金属储罐等容器存放饮料酒的室内场所。

2.0.4 人工洞白酒库 man-made cave Chinese spirits depot

在人工开挖洞内采用陶坛等陶制容器储存白酒的场所。

2.0.5 半敞开式酒库 semi-enclosed alcoholic beverages warehouse

设有屋顶,外围护封闭式墙体面积不超过该建筑外围护墙体外表面面积1/2的酒库。

2.0.6 储罐区 tank farm

由一个或多个储罐组成的露天储存场所。

2.0.7 常储量 steady reserves

酒厂保持相对稳定的储酒量,一般为酒库、储罐区和成品库的储存容量之和。

3 火灾危险性分类、耐火等级和防火分区

3.0.1 酒厂生产、储存的火灾危险性分类及建(构)筑物的最低耐火等级应符合表3.0.1的规定。本规范未作规定者,应符合现行国家标准《建筑设计防火规范》GB 50016 的有关规定。

表 3.0.1　生产、储存的火灾危险性分类及建(构)筑物的最低耐火等级

火灾危险性分类	最低耐火等级	白酒厂、食用酒精厂	葡萄酒厂、白兰地酒厂	黄酒厂	啤酒厂	其他建(构)筑物
甲	二级	液态法酿酒车间、酒精蒸馏塔、勾兑车间、灌装车间、酒泵房;酒精度大于或等于38度的白酒车间、人工洞白酒库、食用酒精库、白酒储罐区、食用酒精储罐区	白兰地蒸馏车间、白兰地勾兑车间、白兰地酒泵房、白兰地陈酿库	采用糟烧白酒、高粱酒等代替酿造用水的发酵车间	—	燃气调压站、乙炔间
乙	二级	粮食筒仓的工作塔、制酒原料粉碎车间、制曲原料粉碎车间	白兰地灌装车间、葡萄酒灌装车间、葡萄酒泵房;葡萄酒陈酿库、葡萄酒储罐区	粮食筒仓的工作塔、制曲原料粉碎车间、压榨车间、煎酒车间、灌装车间;储罐区	粮食筒仓的工作塔、大麦清选车间、麦芽粉碎车间	氨压缩机房

续表 3.0.1

火灾危险性分类	最低耐火等级	白酒厂、食用酒精厂	葡萄酒厂、白兰地酒厂	黄酒厂	啤酒厂	其他建(构)筑物
丙	二级	固态制曲车间、包装车间、成品库、粮食仓库	白兰地包装车间;白兰地成品库	原料筛选车间、制曲车间;粮食仓库	粮食仓库	自备发电机房;包装材料库、塑料瓶库
丁	三级	蒸煮、糖化、发酵车间,固态法、半固态法酿酒母车间,制酒母车间,液态制曲车间,酒糟利用车间	原料分选、破碎除梗、浸提压榨车间、浸渍、SO₂储瓶间、原料库房、葡萄酒成品库	制酒母车间,原料浸渍、蒸煮车间,发酵车间,包装车间,酒糟利用车间;原料库房;陶坛等陶制容器库;成品库	大麦浸渍车间、发芽车间、麦芽干燥车间,原料糊化、糖化、过滤、煮沸、冷却车间,灌装、包装车间;成品库	排水、污水泵房,空气压缩机房;洗瓶车间,仪表、电修车间,玻璃瓶库、陶瓷瓶库

注:1　采用增湿粉碎、湿法粉碎的原料粉碎车间,其火灾危险性可划分为丁类;采用密闭型粉碎设备的原料粉碎车间,其火灾危险性可划分为丙类。

　　2　黄酒厂采用黄酒精生产白酒时,其生产、储存的火灾危险性分类及建(构)筑物的耐火等级应按白酒厂的要求确定。

3.0.2 同一座厂房、仓库或厂房、仓库的任一防火分区内有不同火灾危险性生产、物品储存时,其生产、储存的火灾危险性分类应按现行国家标准《建筑设计防火规范》GB 50016 的有关规定执行。

3.0.3 除本规范另有规定者外,厂房、仓库的耐火等级、允许层数和每个防火分区的最大允许建筑面积应符合现行国家标准《建筑设计防火规范》GB 50016 的有关规定。

3.0.4 白酒、白兰地生产联合厂房内的勾兑、灌装、包装、成品暂存等生产用房应采取防火分隔措施与其他部位进行防火分隔,当工艺条件许可时,应采用防火墙进行分隔。当生产联合厂房内设

置有自动灭火系统和火灾自动报警系统时,其每个防火分区的最大允许建筑面积可按现行国家标准《建筑设计防火规范》GB 50016规定的面积增加至2.5倍。

4 总平面布局和平面布置

4.1 一般规定

4.1.1 酒厂选址应符合城乡规划要求,并宜设置在规划区的边缘或相对独立的安全地带。酒厂应根据其生产工艺、火灾危险性和功能要求,结合地形、气象等条件,合理确定不同功能区的布局,设置消防车道和消防水源。

4.1.2 白酒储罐区、食用酒精储罐区宜设置在厂区相对独立的安全地带,并宜设置在厂区全年最小频率风向的上风侧。人工洞白酒库的库址应具备良好的地质条件,不得选择在有地质灾害隐患的地区。

4.1.3 白酒库、人工洞白酒库、食用酒精库、白酒储罐区、食用酒精储罐区、白兰地陈酿库应与其他生产区及办公、科研、生活区分开布置。

4.1.4 除人工洞白酒库、葡萄酒陈酿库外,酒厂的其他甲、乙类生产、储存场所不应设置在地下或半地下。

4.1.5 厂房内严禁设置员工宿舍,并应符合下列规定:

1 甲、乙类厂房内不应设置办公室、休息室等用房。当必须与厂房贴邻建造时,其耐火等级不应低于二级,应采用耐火极限不低于3.00h的不燃烧体防爆墙隔开,并应设置独立的安全出口。

2 丙类厂房内设置的办公室、休息室,应采用耐火极限不低于2.50h的不燃烧体隔墙和不低于1.00h的楼板与厂房隔开,并应至少设置1个独立的安全出口。当隔墙上需要开设门窗时,应采用乙级防火门窗。

4.1.6 仓库内严禁设置员工宿舍,并应符合下列规定:

1 甲、乙类仓库内严禁设置办公室、休息室等用房,并不应贴邻建造。

2 丙、丁类仓库内设置的办公室、休息室以及贴邻建造的管理用房,应采用耐火极限不低于2.50h的不燃烧体隔墙和不低于1.00h的楼板与库房隔开,并应设置独立的安全出口。如隔墙上需要开设门窗时,应采用乙级防火门窗。

4.1.7 白酒、白兰地灌装车间应符合下列规定:

1 应采用耐火极限不低于3.00h的不燃烧体隔墙与勾兑车间、洗瓶车间、包装车间隔开。

2 每条生产线之间应留有宽度不小于3m的通道。

3 每条生产线设置的成品酒灌装罐,其容量不应大于3m³。

4 当每条生产线的成品酒灌装罐的单罐容量大于3m³但小于或等于20m³,且总容量小于或等于100m³时,其灌装罐可设置在建筑物的首层或二层靠外墙部位,并应采用耐火极限不低于3.00h的不燃烧体隔墙和不低于1.50h的楼板与灌装车间、勾兑车间、包装车间、洗瓶车间等隔开,且设置灌装罐的部位应设置独立的安全出口。

5 当每条生产线的成品酒灌装罐的单罐容量大于20m³或者总容量大于100m³时,其灌装罐应在建筑物外独立设置。

4.1.8 当白酒勾兑车间与其酒库、白兰地勾兑车间与其陈酿库设置在同一建筑物内时,勾兑车间应设置在建筑物的首层靠外墙部位,并应划分为独立的防火分区和设置独立的安全出口,防火墙上不得开设任何门窗洞口。

4.1.9 消防控制室、消防水泵房、自备发电机房和变、配电房等不应设置在白酒储罐区、食用酒精储罐区、白酒库、人工洞白酒库、食用酒精库、葡萄酒陈酿库、白兰地陈酿库内或贴邻建造。设置在其他建筑物内时,应采用耐火极限不低于2.00h的不燃烧体隔墙和不低于1.50h的楼板与其他部位隔开,隔墙上的门应采用甲级防火门。消防控制室应设置直通室外的安全出口,门上应有明显标识。消防水泵房的疏散门应直通室外或靠近安全出口。

4.1.10 供白酒库、食用酒精库、白兰地陈酿库、酒泵房专用的10kV及以下的变、配电房,当采用无门窗洞口的防火墙隔开并符合下列条件时,可一面贴邻建造:

1 仅有与变、配电房直接相关的管线穿过隔墙,且所有穿墙的孔洞均应采用防火封堵材料紧密填实。

2 室内地坪高于白酒库、食用酒精库、白兰地陈酿库、酒泵房室外地坪0.6m。

3 门、窗设置在白酒库、食用酒精库、白兰地陈酿库、酒泵房的爆炸危险区域外。

4 屋面板的耐火极限不低于1.50h。

4.1.11 供白酒库、人工洞白酒库、白兰地陈酿库专用的酒泵房和空气压缩机房贴邻仓库建造时,应设置独立的安全出口,与仓库间应采用无门窗洞口且耐火极限不低于3.00h的不燃烧体隔墙分隔。

4.1.12 氨压缩机房的自动控制室或操作人员值班室应与设备间隔开,观察窗应采用固定的密封窗。供其专用的10kV及以下的变、配电房与氨压缩机房贴邻时,应采用防火墙分隔,该墙不得穿过与变、配电房无关的管线,所有穿墙的孔洞均应采用防火封堵材料紧密填实。当需在防火墙上开窗时,应设置固定的甲级防火窗。氨压缩机房和变、配电房的门应向外开启。

4.1.13 厂房、仓库的安全疏散应符合现行国家标准《建筑设计防火规范》GB 50016的有关规定。

4.1.14 白酒储罐区、食用酒精储罐区的防火堤内严禁植树。

4.1.15 厂区的其他绿化应符合下列规定:

1 不应妨碍灭火救援。

2 生产区不应种植含油脂较多的树木。

3 白酒储罐区、食用酒精储罐区与其周围的消防车道之间不宜种植绿篱或茂盛的灌木。

4.2 防火间距

4.2.1 白酒库、食用酒精库、白兰地陈酿库之间及其与其他建筑、明火或散发火花地点、道路等之间的防火间距不应小于表 4.2.1 的规定。

表 4.2.1 白酒库、食用酒精库、白兰地陈酿库之间及其与其他建筑物、明火或散发火花地点、道路等之间的防火间距(m)

名　称		白酒库、食用酒精库、白兰地陈酿库
重要公共建筑		50
白酒库、食用酒精库、白兰地陈酿库及其他甲类仓库		20
高层仓库		13
民用建筑、明火或散发火花地点		30
其他建筑	一、二级耐火等级	15
	三级耐火等级	20
	四级耐火等级	25
室外变、配电站以及工业企业的变压器总油量大于 5t 的室外变电站		30
厂外道路路边		20
厂内道路	主要道路路边	10
	次要道路路边	5

注:设置在山地的白酒库、白兰地陈酿库,当相邻较高一面外墙为防火墙时,防火间距可按本表的规定减少 25%。

4.2.2 白酒储罐区、食用酒精储罐区与建筑物、变配电站之间的防火间距不应小于表 4.2.2 的规定。

表 4.2.2 白酒储罐、食用酒精储罐区与建筑物、变配电站之间的防火间距(m)

项　目		建筑物的耐火等级			室外变配电站以及工业企业的变压器总油量大于 5t 的室外变电站
		一、二级	三级	四级	
一个储罐区的总储量 V(m³)	50≤V<200	15	20	25	35
	200≤V<1000	20	25	30	40
	1000≤V<5000	25	30	40	50
	5000≤V≤10000	30	35	50	60

注:1 防火间距应从距建筑物最近的储罐外壁算起,但储罐防火堤外侧基脚线至建筑物的距离不应小于 10m。
　　2 固定顶储罐区与甲类厂房(仓库)、民用建筑的防火间距,应按本表的规定增加 25%,且不应小于 25m。
　　3 储罐区与明火或散发火花地点的防火间距,应按本表四级耐火等级建筑的规定增加 25%。
　　4 浮顶储罐区与建筑物的防火间距,可按本表的规定减少 25%。
　　5 数个储罐区布置在同一区内时,储罐之间的防火间距不应小于本表相应储量之浮顶储罐区与四级耐火等级建筑之间防火间距的较大值。
　　6 设置在山地的储罐区,当设置事故存液池和自动灭火系统时,防火间距可按本表的规定减少 25%。

4.2.3 白酒储罐区、食用酒精储罐区储罐与厂外道路路边之间的防火间距不应小于 20m,与厂内主要道路路边之间的防火间距不应小于 15m,与厂内次要道路路边之间的防火间距不应小于 10m。

4.2.4 供白酒储罐区、食用酒精储罐区专用的酒泵房或酒泵区应布置在防火堤外。白酒储罐、食用酒精储罐与其酒泵房或酒泵区之间的防火间距不应小于表 4.2.4 的规定。

表 4.2.4 白酒储罐、食用酒精储罐与其酒泵房或酒泵区之间的防火间距(m)

储罐形式	酒泵房或酒泵区
固定顶储罐	15
浮顶储罐	12

注:总储量小于或等于 1000m³ 时,其防火间距可减少 25%。

4.2.5 事故存液池与相邻建筑、储罐区、明火或散发火花地点、道路等之间的防火间距按其有效容积对应白酒储罐区、食用酒精储罐区固定顶储罐的要求执行。

4.2.6 厂区围墙与厂区内建(构)筑之间的间距不宜小于 5m,围墙两侧的建(构)筑物之间应满足相应的防火间距要求。

4.2.7 除本规范另有规定者外,酒厂内不同厂房、仓库之间的防火间距应符合现行国家标准《建筑设计防火规范》GB 50016 的有关规定。

4.3　厂内道路

4.3.1 常储量大于或等于 1000m³ 的白酒厂、年产量大于或等于

5000m³ 的葡萄酒厂、年产量大于或等于 10000m³ 的黄酒厂、年产量大于或等于 100000m³ 的啤酒厂,其通向厂外的消防车出入口不应少于 2 个,并宜位于不同方位。

4.3.2 厂区的道路宜采用双车道,单车道应满足消防车错车要求。

4.3.3 生产区、仓库区和白酒储罐区、食用酒精储罐区应设置环形消防车道。当受地形条件限制时,应设置有回车场的尽头式消防车道。白酒储罐区、食用酒精储罐区相邻防火堤的外堤脚线之间,应留有净宽不小于 7m 的消防通道。

4.3.4 消防车道净宽不应小于 4m,净空高度不应小于 5m,坡度不宜大于 8%,路面内缘转弯半径不宜小于 12m。消防车道距建筑物的外墙宜大于 5m。供消防车停留的作业场地,其坡度不宜大于 3%。消防车道与厂房、仓库、储罐区之间不应设置妨碍消防车作业的障碍物。

4.4　消　防　站

4.4.1 下列白酒厂应建消防站:
　　1 常储量大于或等于 10000m³ 的白酒厂。
　　2 城市消防站接到火警后 5min 内不能抵达火灾现场且常储量大于或等于 1000m³ 的白酒厂。

4.4.2 白酒厂消防站的设置要求及消防车、泡沫液的配备标准应符合表 4.4.2 的规定。

表 4.4.2 消防站的设置要求及消防车、泡沫液的配备标准

常储量 V(m³)	消防站设置要求	消防车配备标准	泡沫液配备标准
V≥50000m³	应设置一级普通消防站或特勤消防站	不应少于 5 辆,其中泡沫消防车不应少于 2 辆	≥30m³
10000m³≤V<50000m³	应设置二级普通消防站	不应少于 3 辆,其中泡沫消防车不应少于 1 辆	≥20m³

续表 4.4.2

常储量 V(m³)	消防站设置要求	消防车配备标准	泡沫液配备标准
5000m³≤V<10000m³	宜设置二级普通消防站	不应少于 2 辆,其中泡沫消防车不应少于 1 辆	≥10m³
1000m³≤V<5000m³	—	不宜少于 2 辆,至少应配备泡沫消防车 1 辆	≥5m³

4.4.3 冷却白酒储罐、食用酒精储罐用水罐消防车的数量和技术性能,应按冷却白酒储罐、食用酒精储罐最大需水量配备;扑救白酒储罐、食用酒精储罐火灾用泡沫消防车的数量和技术性能,应按着火白酒储罐、食用酒精储罐最大需泡沫液量配备。

4.4.4 消防站的分级应符合国家现行有关标准的规定,消防站的设计、其他装备和人员配备可按照有关标准和现行国家标准《消防通信指挥系统设计规范》GB 50313 的有关规定执行。

5 生产工艺防火防爆

5.0.1 酒厂具有爆炸危险性的甲、乙类生产、储存场所应进行防爆设计。

5.0.2 泄压面积的计算应符合现行国家标准《建筑设计防火规范》GB 50016 的有关规定。爆炸危险物质为乙醇时，其泄压比 C 值不应小于 $0.110m^2/m^3$；爆炸危险物质为氨以及 $K_{\pm}<10MPa \cdot m \cdot s^{-1}$ 的粮食粉尘时，其泄压比 C 值不应小于 $0.030m^2/m^3$。

5.0.3 厂房、仓库内不应使用敞开式粮食溜管(槽)等设备。具有粉尘爆炸危险性的机械设备，宜设置在单层建筑靠近外墙或多层建筑顶层靠近外墙部位。

5.0.4 输送具有粉尘爆炸危险性的原料时，其机械输送设备应符合下列规定：

1　带式输送机、螺旋输送机、斗式提升机等输送设备，应在适当的位置设置磁选装置及其他清理装置，应在输送设备运转进入筒仓前的适当位置设置防火、防爆阀门。

2　斗式提升机应设置在单独的工作塔内或筒仓外。提升机入口处应单独设置负压抽风除尘系统。提升机的外壳、机头、机座和连接溜管应具有良好的密封性能，机壳的垂直段上应设置泄爆口，机座处应设置清料口，机头处应设置检查口。提升机应设置速度监控、故障报警停机等装置。

3　螺旋输送机全部机体应由金属材料包封，并应具有良好的密封性能。卸料口应采取措施防止堵塞，并应设置堵塞停机装置。

4　带式输送机应设置拉绳保护、输送带打滑检测和防跑偏装置，必须采用阻燃输送带且不得采用金属扣连接，设备的进料口和卸料口处应设置吸风口。

5　输送栈桥应采用不燃材料制作。

5.0.5 输送具有粉尘爆炸危险性的原料时，其气流输送设备应符合下列规定：

1　从多个不同的进料方向向一个卸料点输送原料时，应采用真空输送系统，卸料器应具有良好的密封性能。

2　从一个进料点向多个不同的卸料点输送原料时，可采用压力输送系统，加料器应具有良好的密封性能。

3　多个气流输送系统并联时，每个系统应设置截止阀。各粮仓间的气流输送系统不应相互连通，如确需连通时，应设置截止阀。

5.0.6 原料清选、粉碎和制曲设备应具有良好的密封性能，内部构件应连接牢固。原料粉碎设备应设置便于操作的检修孔、清理孔。原料粉碎车间不宜设置非生产性电气设备。

5.0.7 原料蒸煮设备宜采用不燃烧材料制作，蒸煮宜采用蒸汽加热。采用木质甑桶时，不宜采用明火加热。

5.0.8 蒸馏应符合下列规定：

1　蒸馏设备宜采用不燃材料制作。

2　蒸馏宜采用蒸汽加热，采用明火加热时应有安全防护措施。采用地锅蒸酒的车间，地锅火门及储煤场地必须设于车间外。

3　蒸馏设备及其管道、附件等应具有良好的密封性能。

4　采用塔式蒸馏设备生产酒精，各塔的排醛系统中应设置酒精捕集器，并应有足够的容积。排醛管出口宜接至室外，且不宜安装阀门。

5　酿酒车间的中转储罐容量不得超过车间日产量的 2 倍且储存时间不宜超过 24h。

5.0.9 白酒储罐、食用酒精储罐、白兰地陈酿储罐应符合下列规定：

1　进、出输酒管道必须固定并应采用柔性连接。输酒管入口距储罐底部的高度不宜大于 0.15m；确有困难时，输酒管出口标高

应大于入口标高，高差不应小于 0.1m。

2　每根输酒管道至少应设置两个阀门，阀门应采用密封性良好的快开阀，快速接口处应设置防漏装置。

3　储罐应设置液位计和高液位报警装置，必要时可设自动联锁启闭进液装置或远距离遥控启闭装置。储罐不宜采用玻璃管(板)等易碎材料液位计。

4　应急储罐的容量不应小于库内单个最大储罐容量。

5　酒取样器、罐盖及现场工具等严禁使用碰撞易产生火花的材料制作。

5.0.10 白酒、白兰地的加浆、勾兑、灌装生产过程应符合下列规定：

1　加浆、勾兑作业时，严禁采用纯氧搅拌工艺，可采用压缩空气作搅拌介质，但加浆、勾兑作业场所应有良好的通风，必要时宜采用负压抽风系统。

2　真空灌装机灌装口排出的酒蒸气应采用负压抽风系统回收，并应直接排至室外。

3　封盖机应采用缓冲柔性封盖机构。

5.0.11 甲、乙类生产、储存场所应采用不发火花地面。采用绝缘材料作整体面层时，应采取防静电措施。粮食仓库、原料粉碎车间的内表面应平整、光滑，并易于清扫。

5.0.12 采用糟烧白酒、高粱酒等代替酿造用水发酵时，发酵罐的输酒管入口距罐内搭窝原料底部的高度不应大于 0.15m。黄酒煎酒设备采用薄板式热交换器时，灌酒桶上方的酒蒸气应回流入薄板式热交换器预热段，酒汗出口应设置回收装置，其管道应具有良好的密封性能。

5.0.13 氨制冷系统应设置安全保护装置，且应符合下列规定：

1　氨压缩机应在机组控制台上设事故紧急停机按钮。

2　氨泵应设断液自动停泵装置，排液管上应设压力表和止逆阀，排液总管上应设旁通泄压阀。

3　低压循环储液器、氨液分离器和中间冷却器应设超高液位报警装置及正常液位自控装置；低压储液器应设超高液位报警装置。

4　压力容器(设备)应按产品标准要求设安全阀；安全阀应设置泄压管，泄压管出口应高于周围 50m 内最高建筑物的屋脊 5m。

5　应设置紧急泄氨装置。

6　管道应采用无缝钢管，其质量应符合现行国家标准《流体输送用无缝钢管》GB 8163 的要求，应根据管内的最低工作温度选用材质，设计压力应采用 2.5MPa(表压)。

7　应采用氨专用阀门和配件，其公称压力不应小于 2.5MPa(表压)，并不得有铜质和镀锌的零配件。

5.0.14 储罐、容器和工艺设备需要保温隔热时，其绝热材料应选用不燃材料。低温保冷可采用阻燃型泡沫，但其保护层外壳应采用不燃材料。

5.0.15 输酒管道的设计应符合现行国家标准《工业金属管道设计规范》GB 50316 的有关规定。输送白酒、食用酒精、葡萄酒、白兰地、黄酒的管道设置应符合下列规定：

1　输酒管道宜架空或沿地敷设。必须采用管沟敷设时，应采取防止酒液在管沟内积聚的措施，并应在进出厂房、仓库、酒泵房、储罐区防火堤处密封断开。输酒管道严禁与热力管道敷设在同一管沟内，不应与电力电缆敷设在同一管沟内。

2　输酒管道不得穿过与其无关的建筑物。跨越道路的输酒管道上不应设置阀门及易发生泄漏的管道附件。输酒管道穿越道路时，应敷设在管涵或套管内。

3　输酒管道严禁穿过防火墙和不同防火分区的楼板。

4　输酒管道除需要采用螺纹、法兰连接外，均应采用焊接连接。

5.0.16 输酒管道应采用食品用不锈钢管，输酒软管宜采用不锈钢软管。各种物料管线应有明显区别标识，阀门应有明显启闭标

识。处置紧急事故的阀门，应设于安全和方便操作的地方，并应有保证其可靠启闭的措施。

5.0.17 其他管道必须穿过防火墙和楼板时，应采用防火封堵材料紧密填实空隙。受高温或火焰作用易变形的管道，在其穿越墙体和楼板的两侧应采取阻火措施。严禁在防火墙和不同防火分区的楼板上留置孔洞。采样管道不应引入化验室。

6 储 存

6.1 酒 库

6.1.1 白酒库、食用酒精库的耐火等级、层数和面积应符合表6.1.1的规定。

表6.1.1 白酒库、食用酒精库的耐火等级、层数和面积（m²）

储存类别	耐火等级	允许层数（层）	每座仓库的最大允许占地面积和每个防火分区的最大允许建筑面积				地下、半地下
			单层		多层		
			每座仓库	防火分区	每座仓库	防火分区	防火分区
酒精度大于或等于60度的白酒库、食用酒精库	一、二级	1	750	250	—	—	—
酒精度大于或等于38度，小于60度的白酒库		3	2000	250	900	150	—

注：半敞开式的白酒库、食用酒精库的最大允许占地面积和每个防火分区的最大允许建筑面积可增加至本表规定的1.5倍。

6.1.2 全部采用陶坛等陶制容器存放白酒的白酒库，其耐火等级、层数和面积应符合表6.1.2的规定。

表6.1.2 陶坛等陶制容器白酒库的耐火等级、层数和面积（m²）

储存类别	耐火等级	允许层数（层）	每座仓库的最大允许占地面积和每个防火分区的最大允许建筑面积				地下、半地下
			单层		多层		
			每座仓库	防火分区	每座仓库	防火分区	防火分区
酒精度大于或等于60度	一、二级	3	4000	250	1800	150	—
酒精度大于或等于52度，小于60度		5	4000	350	1800	200	—

6.1.3 白兰地陈酿库、葡萄酒陈酿库的耐火等级、层数和面积应符合表6.1.3的规定。

表6.1.3 白兰地陈酿库、葡萄酒陈酿库的耐火等级、层数和面积（m²）

储存类别	耐火等级	允许层数（层）	每座仓库的最大允许占地面积和每个防火分区的最大允许建筑面积				地下、半地下
			单层		多层		
			每座仓库	防火分区	每座仓库	防火分区	防火分区
白兰地	一、二级	3	2000	250	900	150	—
葡萄酒		3	4000	250	1800	150	250

6.1.4 白酒库、食用酒精库、白兰地陈酿库、葡萄酒陈酿库及白酒、白兰地的成品库严禁设置在高层建筑内。

6.1.5 白酒库、食用酒精库、白兰地陈酿库、葡萄酒陈酿库内设置自动灭火系统时，每座仓库最大允许占地面积可分别按表6.1.1、表6.1.2、表6.1.3的规定增加至3.0倍，每个防火分区最大允许建筑面积可分别按表6.1.1、表6.1.2、表6.1.3的规定增加至2.0倍。

6.1.6 白酒库、食用酒精库内的储罐，单罐容量不应大于1000m³，储罐之间的防火间距不应小于相邻较大立式储罐直径的50%；单罐容量小于或等于100m³、一组罐容量小于或等于500m³时，储罐可成组布置，储罐之间的防火间距不应小于0.5m，储罐组之间的防火间距不应小于2m。当白酒库、食用酒精库内的储罐总容量大于5000m³时，应采用不开设门窗洞口的防火墙分隔。

6.1.7 当采用陶坛、酒海、酒篓、酒箱、储酒池等容器储存白酒时，白酒库内的储酒容器应分组存放，每组总储量不宜大于250m³，组与组之间应设置不燃烧体隔堤。若防火分区之间采用防火门分隔时，门前应采取加设挡坎等挡液措施。地震烈度大于6度以上的地区，陶坛等陶制容器应采取防震防撞措施。

6.1.8 人工洞白酒库的设置应符合下列规定：

1 人工洞白酒库应由巷道和洞室构成。

2 一个人工洞白酒库总储量不应大于5000m³，每个洞室的净面积不应大于500m²。

3 巷道直通洞外的安全出口不应少于两个。每个洞室通向巷道的出口不应少于两个，相邻出口最近边缘之间的水平距离不应小于5m。洞室内最远点距出口的距离不超过30m时可只设一个出口。

4 巷道的净宽不应小于3m，净高不应小于2.2m。相邻洞室通向巷道的出口最近边缘之间的水平距离不应小于10m。

5 当两个洞室相通时，洞室之间应设置防火隔间。隔间的墙应为防火墙，隔间的净面积不应小于6m²，其短边长度不应小于2m。

6 巷道与洞室之间、洞室与防火隔间之间应设置不燃烧体隔堤和甲级防火门。防火门应满足防锈、防腐的要求，且应具有火灾时能自动关闭和洞外控制关闭的功能。

7 巷道地面坡向洞口和边沟的坡度均不应小于0.5%。

6.1.9 人工洞白酒库陶坛等陶制容器的存放应符合下列规定：

1 陶坛等陶制容器应分区存放，每区总储量不宜大于200m³，区与区之间应设置不燃烧体隔堤或利用地形设置事故存液池。

2 每个分区内的陶坛等陶制容器应分组存放，每组的总储量不宜大于50m³，组与组之间的防火间距不应小于1.2m。

6.1.10 白酒库、食用酒精库、白兰地陈酿库的承重结构不应采用钢结构、预应力钢筋混凝土结构。

6.1.11 白酒库、人工洞白酒库、食用酒精库、白兰地陈酿库应设置防止液体流散的设施。

6.1.12 多层白酒库、食用酒精库、白兰地陈酿库外墙窗户上方应设置宽度不小于0.5m的不燃烧体防火挑檐。

6.1.13 事故排酒设施应符合下列规定：

1 多层白酒库、食用酒精库、白兰地陈酿库的每个防火分区宜设置事故排酒口及阀门，库外应设置垂直导液管（道），并应用混凝土管道连接排酒口和导液管（道）至室外事故存液池。

2 人工洞白酒库的每个分区应设置事故排酒口及阀门，洞内应设置导液管（暗沟）至室外事故液池，导液管（暗沟）通过分区的隔断处应设置阀门或防火挡板。

3 多层白酒库、食用酒精库、白兰地陈酿库、人工洞白酒库地面向事故排酒口方向的坡度不应小于0.5%。

6.1.14 白酒库、人工洞白酒库不燃烧体隔堤的设置应符合下列规定：

1 隔堤的高度、厚度均不应小于0.2m。

2 隔堤应能承受所容纳液体的静压，且不应渗漏。

3 管道穿堤处应采用不燃材料密封。

6.2 储 罐 区

6.2.1 白酒储罐区、食用酒精储罐区内储罐之间的防火间距不应小于表6.2.1的规定。

表6.2.1 白酒储罐区、食用酒精储罐区储罐之间的防火间距

类　别		储罐形式			
		固定顶罐		浮顶罐	卧式罐
		地上式	半地下式		
单罐容量 V(m³)	V≤1000	0.75D	0.5D	0.4D	≥0.8m
	V>1000	0.6D			

注：1 *D*为相邻较大立式储罐的直径(m)。

2 不同形式储罐之间的防火间距不应小于本表规定的较大值。

3 两排卧式储罐之间的防火间距不应小于3m。

4 单罐容量小于或等于1000m³且采用固定式消防冷却水系统时，地上式固定顶罐之间的防火间距不应小于0.6D。

6.2.2 白酒储罐区、食用酒精储罐区单罐容量小于或等于200m³、一组罐容量小于或等于1000m³时，储罐可成组布置。但组内储罐的布置不应超过两排，立式储罐之间的防火间距不应小于2m，卧式储罐之间的防火间距不应小于0.8m。储罐组之间的防火间距应根据组内储罐的形式和总储量折算为相同类别的标准单罐，并应按本规范第6.2.1条的规定确定。

6.2.3 白酒储罐区、食用酒精储罐区的四周应设置不燃烧体防火堤等防止液体流散的设施。

6.2.4 白酒储罐区、食用酒精储罐区防火堤的设置应符合下列规定：

1 防火堤内白酒、食用酒精总储量不应大于10000m³。防火堤内的有效容积不应小于其中最大储罐的容量；对于浮顶罐，防火堤内的有效容积可为其中最大储罐容量的一半。

2 防火堤高度应比计算高度高出0.2m。立式储罐的防火堤内侧距堤内地面高度不应小于1.0m，且外侧距堤外地面高度不应大于2.2m；卧式储罐的防火堤内、外侧高度均不应小于0.5m。防火堤应在不同方位设置两个及以上进出防火堤的人行台阶或坡道。

3 立式储罐的罐壁至防火堤内堤脚线的距离，不应小于罐壁高度的一半。卧式储罐的罐壁至防火堤内堤脚线的距离不应小于3m。依山建设的储罐，可利用山体兼作防火堤，储罐的罐壁至山体的距离不应小于1.5m。

4 雨水排水管（渠）应在防火堤出口处设置水封装置，水封高度不应小于0.25m，水封装置应采用金属管道排出堤外，并在管道出口处设置易于开关的隔断阀门。

5 防火堤应能承受所容纳液体的静压，且不应渗漏。

6 进出储罐区的各类管线、电缆宜从防火堤顶部跨越或从地面以下穿过。当必须穿过防火堤时，应设置套管并应采取有效的密封措施，也可采用固定短管且两端采用软管密封连接。

7 防火堤内的储罐布置、防火堤的选型与构造应符合现行国家标准《建筑设计防火规范》GB 50016和《储罐区防火堤设计规范》GB 50351的有关规定。

7 消防给水、灭火设施和排水

7.1 消防给水和灭火器

7.1.1 酒厂应设计消防给水系统。厂房、仓库、储罐区应设置室外消火栓系统。

7.1.2 酒厂消防用水应和生产、生活用水统一规划，水源应有可靠保证。消防用水由酒厂自备水源给水管网供给时，其给水工程和给水管网应符合现行国家标准《室外给水设计规范》GB 50013和《建筑设计防火规范》GB 50016等标准的有关规定。

7.1.3 除下列耐火等级不低于二级的建筑可不设置室内消火栓外，酒厂的其他厂房、仓库均应设置室内消火栓系统：

1 白酒厂的蒸煮、糖化、发酵车间，固态、半固态法酿酒车间，制酒母车间，液态制曲车间，酒精利用车间。

2 葡萄酒厂的原料库房，原料分选、破碎除梗、浸提压榨车间，发酵车间，SO₂储瓶间。

3 黄酒厂的原料浸渍、蒸煮车间，制酒母车间，酒糟利用车间。

4 啤酒厂的大麦浸渍、发芽车间，麦芽干燥车间，原料糊化、糖化、过滤、煮沸、冷却车间，发酵车间。

5 粮食仓库、玻璃瓶库、陶瓷瓶库，洗瓶车间、机修车间，仪表、电修车间，空气压缩机房。

7.1.4 白酒库、人工洞白酒库、食用酒精库、白兰地陈酿库的室内消火栓箱内应配备喷雾水枪。人工洞白酒库的消防用水量不应小于20L/s，室内消火栓宜布置在巷道靠近洞室出口处。

7.1.5 消防给水必须采取可靠措施防止泡沫液等灭火剂回流污染生活、生产水源和消防水池。供给泡沫灭火设备的水质应符合有关泡沫液的产品标准及技术要求。

7.1.6 厂房、仓库、白酒储罐区、食用酒精储罐区、酒精蒸馏塔、办公及生活建筑应按现行国家标准《建筑灭火器配置设计规范》GB 50140的有关规定配置灭火器，其中白酒库、人工洞白酒库、食用酒精库、白酒储罐区、食用酒精储罐区、液态法酿酒车间、酒精蒸馏塔、白兰地蒸馏车间、陈酿库，白酒、白兰地勾兑、灌装车间的灭火器配置场所危险等级应为严重危险级。

7.1.7 除本规范另有规定者外，其他室内外消防给水设计应符合现行国家标准《建筑设计防火规范》GB 50016的有关规定。

7.2 灭火系统和消防冷却水系统

7.2.1 下列场所应设置自动喷水灭火系统：

1 高层原料筛选车间、原料制曲车间。

2 白酒、白兰地灌装、包装车间。

3 白酒、白兰地成品库。

4 建筑面积大于500m²的地下白酒、白兰地成品库。

7.2.2 下列场所应设置水喷雾灭火系统或泡沫灭火系统：

1 白酒勾兑车间、白兰地勾兑车间。

2 液态法酿酒车间、酒精蒸馏塔。

3 人工洞白酒库。

4 占地面积大于750m²的白酒库、食用酒精库、白兰地陈酿库。

5 地下、半地下葡萄酒陈酿库。

6 白酒储罐区、食用酒精储罐区。

7.2.3 白酒库、食用酒精库、白酒储罐区、食用酒精储罐区的泡沫灭火系统设置应符合下列规定：

1 单罐容量大于或等于500m³的储罐，移动式消防设施不能进行保护或地形复杂、消防车扑救困难的储罐区，应采用固定式泡沫灭火系统。

2 单罐容量小于 500m³ 的储罐,可采用半固定式泡沫灭火系统。

7.2.4 白酒、食用酒精金属储罐应设置消防冷却水系统,并应符合下列规定:

1 白酒库、食用酒精库的储罐应采用固定式消防冷却水系统。当储罐设有水喷雾灭火系统时,水喷雾灭火系统可兼作消防冷却水系统,但该储罐的消防用水量应按水喷雾灭火系统灭火和防护冷却的最大者确定。

2 白酒储罐区、食用酒精储罐区的储罐多排布置或储罐高度大于 15m 或单罐容量大于 1000m³ 时,应采用固定式消防冷却水系统。

3 白酒储罐区、食用酒精储罐区的储罐高度小于或等于 15m 且单罐容量小于或等于 1000m³ 时,可采用移动式消防冷却水系统或固定式水枪与移动式水枪相结合的消防冷却系统。

7.2.5 自动喷水灭火系统的设计,应符合现行国家标准《自动喷水灭火系统设计规范》GB 50084 的有关规定。

7.2.6 水喷雾灭火系统的设计除应符合现行国家标准《水喷雾灭火系统设计规范》GB 50219 的有关规定外,尚应符合下列规定:

1 设计喷雾强度和持续喷雾时间不应小于表 7.2.6 的规定。

表 7.2.6 设计喷雾强度和持续喷雾时间

防护目的	设计喷雾强度(L/min·m²)	持续喷雾时间(h)
灭火	20	0.5
防护冷却	6	4

2 水雾喷头的工作压力,当用于灭火时,不应小于 0.4MPa;当用于防护冷却时,不应小于 0.2MPa。

3 系统的响应时间,当用于灭火时,不应大于 45s;当用于防护冷却时,不应大于 180s。

4 保护面积应按每个独立防火分区的建筑面积确定。

7.2.7 泡沫灭火系统必须选用抗溶性泡沫液,固定顶、浮顶白酒储罐、食用酒精储罐应选用液上喷射泡沫灭火系统,系统设计应符合现行国家标准《泡沫灭火系统设计规范》GB 50151 的有关规定。

7.2.8 白酒库、食用酒精库或白酒储罐区、食用酒精储罐区的固定式泡沫灭火系统采用手动操作不能保证 5min 内将泡沫送入着火罐时,泡沫混合液管道控制阀应能远程控制开启。

7.2.9 消防系统的启动、停止控制设备应具有明显的标识,并应有防误操作保护措施。供水装置停止运行应为手动控制方式。

7.3 排 水

7.3.1 酒厂应采取防止泄漏的酒液和消防废水排出厂外的措施,并不得排向库区。

7.3.2 事故存液池的设置应符合下列规定:

1 设有事故存液池的储罐区四周应设导液管(沟),使溢漏酒液能顺利地流出罐区并自流入存液池内。

2 导液管(沟、道)距明火或散发火花地点不应小于 30m。

3 事故存液池的有效容积不应小于其中最大储罐的容量。对于浮顶罐,事故存液池的有效容积可为其中最大储罐容量的一半。人工洞白酒库和多层白酒库、食用酒精库、白兰地陈酿库设置的事故存液池的有效容积不宜小于 50 m³。

4 事故存液池应有符合防火要求的排水措施。

7.3.3 含酒液的污水排放应符合下列规定:

1 含酒液的污水应采用管道单独排放,不得与其他污水混排。

2 排放出口应设置水封装置,水封装置与围墙之间的排水通道必须采用暗渠或暗管。水封井的水封高度不应小于 0.25m。水封井应设沉泥段,沉泥段自最低的管底算起,其深度不应小于 0.25m。水封装置出口应设易于开关的隔断阀门。

8 采暖、通风、空气调节和排烟

8.0.1 甲、乙类生产、储存场所不应采用循环热风采暖,严禁采用明火采暖和电热散热器采暖。原料粉碎车间采暖散热器表面温度不应超过 82℃。

8.0.2 甲、乙类生产、储存场所应有良好的自然通风或独立的负压机械通风设施。机械通风的空气不应循环使用。

8.0.3 白酒库、人工洞白酒库、食用酒精库、白兰地陈酿库、氨压缩机房及白酒、白兰地酒泵房应设置事故排风设施,其事故排风量宜根据计算确定,但换气次数不应小于 12 次/h。人工洞白酒库事故排风量应根据最大一个洞室的净空间进行计算确定。事故排风系统宜与机械通风系统合用,应分别在室内、外便于操作的地点设置开关。

8.0.4 甲、乙类生产、储存场所的通风管道及设备宜采用气动执行器与调节水阀、风阀配套使用。

8.0.5 甲、乙类生产、储存场所的通风管道及设备应符合下列规定:

1 排风管道严禁穿越防火墙和有爆炸危险场所的隔墙。

2 排风管道应采用金属管道,并应直接通往室外或洞外的安全处,不应暗设。

3 通风管道及设备均应采取防静电接地措施。

4 送风机及排风机应选用防爆型。

5 送风机及排风机不应布置在地下、半地下,且不应布置在同一通风机房内。

8.0.6 输送白酒、食用酒精、葡萄酒、白兰地、黄酒的管道,不应穿过通风机房和通风管道,且不应沿通风管道的外壁敷设。

8.0.7 下列情况之一的通风、空气调节系统的风管上应设置防火阀:

1 穿越防火分区处。

2 穿越通风、空气调节机房的房间隔墙和楼板处。

3 穿越防火分隔处的变形缝两侧。

8.0.8 机械排烟系统与机械通风、空气调节系统宜分开设置。当合用时必须采取可靠的防火措施,并应符合机械排烟系统的有关要求。

8.0.9 厂房、仓库采用自然排烟设施时,排烟口宜设置在外墙上方或屋面上,并应有方便开启的装置或火灾时自动开启的装置。

8.0.10 需要排烟的厂房、仓库不具备自然排烟条件时,应设置机械排烟设施。当排烟风管竖向穿越防火分区时,垂直排烟风管宜设置在管井内。

8.0.11 采暖、通风、空气调节系统的防火、防爆设计和建筑排烟设计的其他防火要求应符合现行国家标准《采暖通风与空气调节设计规范》GB 50019 和《建筑设计防火规范》GB 50016 等标准的有关规定。

9 电 气

9.1 供配电及电器装置

9.1.1 酒厂的消防用电负荷等级不应低于现行国家标准《供配电系统设计规范》GB 50052 规定的二级负荷。

9.1.2 甲、乙类生产、储存场所设置的机械通风设施应按二级负荷供电,其事故排风机的过载保护不应直接停排风机。

9.1.3 消防用电设备应采用专用供电回路,其配电设备应有明显标识。当生产、生活用电被切断时,仍应保证消防用电。

9.1.4 消防控制室、消防水泵房、消防电梯等重要消防用电设备的供电应在最末一级配电装置或配电箱处实现自动切换,其配电线路宜采用铜芯耐火电缆。

9.1.5 甲、乙类生产、储存场所与架空电力线的最近水平距离不应小于电杆(塔)高度的 1.5 倍。

9.1.6 白酒储罐区、食用酒精储罐区、酒精蒸馏塔的供配电电缆宜直接埋地敷设。直埋深度不应小于 0.7m,在岩石地段不应小于 0.5m。

9.1.7 厂房和仓库的下列部位,应设置消防应急照明,且疏散应急照明的地面水平照度不应小于 5.0 lx:

 1 封闭楼梯间、防烟楼梯间及其前室、消防电梯间的前室或合用前室。

 2 消防控制室、消防水泵房、自备发电机房、变、配电房以及发生火灾时仍需正常工作的其他房间。

 3 人工洞白酒库内的巷道。

 4 参观走道、疏散走道。

9.1.8 液态法酿酒车间、酒精蒸馏塔、白兰地蒸馏车间、酒精度大于或等于 38 度的白酒库、人工洞白酒库、食用酒精库、白兰地陈酿库、白酒、白兰地勾兑车间、灌装车间、酒泵房,采用糟烧白酒、高粱酒等代替酿造用水的黄酒发酵车间的电气设计应符合爆炸性气体环境 2 区的有关规定;机械化程度高、年周转量较大的散装粮房式仓,粮食筒仓及工作塔,原料粉碎车间的电气设计应符合可燃性非导电粉尘 11 区的有关规定。

9.1.9 甲、乙类生产、储存场所的其他电气设计应符合现行国家标准《爆炸和火灾危险环境电力装置设计规范》GB 50058 的有关规定。

9.2 防雷及防静电接地

9.2.1 酒厂应按现行国家标准《建筑物防雷设计规范》GB 50057 和《建筑物电子信息系统防雷技术规范》GB 50343 的有关规定进行防雷设计。

9.2.2 甲、乙类生产、储存场所和生产工艺的中心控制室应按第二类防雷建筑物进行防雷设计。

9.2.3 金属储罐必须设防雷接地,其接地点不应少于两处,接地点沿储罐周长的间距不宜大于 30m。当储罐顶装有避雷针或利用罐体作接闪器时,防雷接地装置冲击接地电阻不宜大于 10Ω。

9.2.4 金属储罐的防雷设计应符合下列规定:

 1 装阻火器的地上固定顶储罐应设避雷针(线),避雷针(线)的保护范围,应包括整个储罐。当储罐顶板厚度大于或等于 4mm 时,可利用罐体作接闪器。

 2 浮顶储罐可不装设避雷针(线),但应将浮顶与罐体用两根截面不小于 25mm² 的软铜复绞线做电气连接。

9.2.5 金属储罐上的信息装置,其金属外壳与罐体做电气连接,配线电缆宜采用铠装屏蔽电缆,电缆外皮及所穿钢管应与罐体做电气连接。铠装电缆的埋地长度不应小于 15m。

9.2.6 防静电接地应符合下列规定:

 1 金属储罐、酒泵、过滤机、输酒管道、真空灌装机和本规范第 8.0.5 条规定的通风管道及设备等应作防静电接地。

 2 白酒库、人工洞白酒库、食用酒精库、白酒储罐区、食用酒精储罐区、白兰地陈酿库的收酒区,应设置与酒罐车和酒桶跨接的防静电接地装置,其出入口处宜设置防静电接地装置。

 3 每组专设的防静电接地装置的接地电阻不宜大于 100Ω。

9.2.7 地上和管沟敷设的输酒管道的下列部位应设置防静电和防感应雷的接地装置:

 1 始端、末端、分支处以及直线段每隔 200m～300m 处。

 2 爆炸危险场所的边界。

 3 管道泵、过滤器、缓冲器等。

9.2.8 金属储罐的防雷接地装置可兼作防静电接地装置。地上和管沟敷设的输酒管道的防静电接地装置可与防感应雷的接地装置合用,接地电阻不宜大于 30Ω,接地点宜设在固定管墩(架)处。

9.2.9 酒库、储罐区的防雷接地、防静电接地、电气设备的工作接地、保护接地及信息系统的接地等,宜共用接地装置,其接地电阻应按接入设备中要求的最小值确定。

9.3 火灾自动报警系统

9.3.1 下列场所应设置火灾自动报警系统:

 1 白酒、白兰地成品库。

 2 有消防联动控制的厂房、仓库和其他场所。

9.3.2 甲、乙类生产、储存场所的火灾探测器宜采用感温、感光、图像型探测器或其组合,火灾自动报警系统设计应符合现行国家标准《爆炸和火灾危险环境电力装置设计规范》GB 50058 的有关规定。

9.3.3 生产区、仓库区和储罐区的值班室应设火灾报警电话。白酒储罐区、食用酒精储罐区应设置室外手动报警设施。

9.3.4 下列场所应设置乙醇蒸气浓度检测报警装置:

 1 液态法酿酒车间、酒精蒸馏塔,白酒勾兑车间、灌装车间、酒泵房,酒精度大于或等于 38 度的白酒库、人工洞白酒库、食用酒精库。

 2 白兰地蒸馏车间、勾兑车间、灌装车间、酒泵房、陈酿库。

 3 葡萄酒灌装车间、酒泵房、陈酿库。

 4 采用糟烧白酒、高粱酒等代替酿造用水的黄酒发酵车间、黄酒压榨车间、煎酒车间、灌装车间。

9.3.5 乙醇蒸气浓度检测报警装置的报警设定值不应大于乙醇蒸气爆炸下限浓度值的 25%。乙醇蒸气浓度检测器宜设置在检测场所的低洼处,距楼(地)面高度宜为 0.3m～0.6m。

9.3.6 氨压缩机房应设置氨气浓度检测报警装置。

9.3.7 当氨压缩机房内空气中的氨气浓度达到 100ppm～150ppm 时,氨气浓度检测报警装置应能自动发出声光报警信号,并自动联动开启事故排风机。氨气浓度检测器应设置在氨制冷机组、氨泵及液氨储罐上方的机房顶板上。

9.3.8 乙醇蒸气浓度检测报警装置应与机械通风设施或事故排风设施联动,且机械通风设施或事故排风设施应设手动开启装置。

9.3.9 设有火灾自动报警系统和自动灭火系统的酒厂应设消防控制室。消防控制室宜独立设置或与其他控制室、值班室组合设置。消防控制室的设置应符合现行国家标准《建筑设计防火规范》GB 50016 的有关规定。

中华人民共和国国家标准

酒厂设计防火规范

GB 50694 - 2011

条 文 说 明

以上企业 100 余家,实现年产量 106.29 万吨,主营业务收入 75 亿元,利税总额 12 亿元。这四类酒的工业总产值、利税总额分别占全国饮料酒厂的 97.3%、98.0%。

本规范编制过程中,编制组先后对我国主要酒类品种白酒、啤酒、葡萄酒、黄酒的部分生产企业进行了调研,针对我国主要酒类品种确定了规范的适用范围。其他饮料酒(如果酒、中药泡酒等)产量较小,生产、储存与上述主要酒类相似,可参照本规范执行。本规范适用于食用酒精厂的防火设计,主要是考虑一些新型白酒以食用酒精为基础酒进行调配,在其酿造过程中会涉及食用酒精的生产、储存、勾兑等环节。

自然洞酒库是利用天然洞穴储存酒,受地形和环境影响较大,出口少、洞身长、面积容积大,且多数情况下不能进行改造,目前没有可供借鉴的防火防爆技术和成熟的经验,一旦发生火灾,很难扑救。这类自然洞酒库应针对具体情况进行专家论证,采取相应的防火防爆措施。

1 总 则

1.0.1 本条规定了制定本规范的目的。

我国是酒类生产、消费大国,有着悠久的酿酒历史和源远流长的酒文化,酒类行业对经济社会、人民生活的影响广泛而深远。

近年来,酒厂生产规模迅速扩大,昔日小作坊式的手工生产为机械化、半机械化的大规模工业化生产所取代,但目前国内外尚无专门的酒厂防火技术规范,酒厂的防火防爆技术仍然停滞在小作坊式的手工生产阶段,加之管理不严或操作不当等原因,导致酒厂火灾尤其是白酒厂火灾时有发生,且后果十分严重,成为影响酒类行业可持续发展的突出问题。据不完全统计,仅 1985 年到 1990年的 6 年间,在我国最重要的白酒产区川黔两省就发生白酒火灾27 起,死伤 48 人。2005 年 8 月 4 日四川某酒厂在向酒罐注酒作业过程中因静电放电引发白酒蒸气爆炸,死亡 6 人,重伤 1 人(送医后不治死亡)。泄漏的白酒和扑救火灾的泡沫液及消防用水在一定地域范围内造成了严重的环境污染。因此,保障酒厂的消防安全是酒类行业可持续发展的需要,防止酒厂火灾和减少火灾危害,保护人身和财产安全是制定本规范的目的。

1.0.2 本条规定了本规范的适用范围。

截至 2009 年,全国有白酒生产企业 18000 余家,其中规模以上企业 1200 余家,实现年产量 706.93 万吨,主营业务收入 1858亿元,利税总额 457 亿元;有规模以上啤酒生产企业 510 余家,实现年产量 4236.38 万吨(居世界第一),主营业务收入 1143 亿元,利税总额 232 亿元;有葡萄酒(含白兰地)生产企业 600 余家,其中规模以上企业 140 余家,实现年产量 96.96 万吨,主营业务收入222 亿元,利税总额 48 亿元;有黄酒生产企业 700 余家,其中规模

2 术 语

2.0.1 根据现行国家标准《饮料酒分类》GB/T 17204,本规范定义的饮料酒是指酒精度在 0.5%vol 以上的酒精饮料,包括各种发酵酒、蒸馏酒及配制酒。白酒是指以粮谷为主要原料,用大曲、小曲或麸曲及酒母等为糖化发酵剂,经蒸煮、糖化、发酵、蒸馏而制成的蒸馏酒。葡萄酒是指以鲜葡萄或葡萄汁为原料,经全部或部分发酵酿制而成的、含有一定酒精度的发酵酒。黄酒是指以稻米、黍米等为主要原料,加曲、酵母等糖化发酵剂酿制而成的发酵酒。啤酒是指以麦芽、水为主要原料,加啤酒花(包括酒花制品),经酵母发酵酿制而成的、含有二氧化碳的、起泡的、低酒精度的发酵酒。本规范定义的白兰地为葡萄白兰地,简称白兰地,是指以鲜葡萄或葡萄汁为原料,经发酵、蒸馏、陈酿、调配而成的葡萄蒸馏酒。

2.0.2~2.0.7 针对酒厂防火防爆设计所涉及的部分专用名词给出定义。

3 火灾危险性分类、耐火等级和防火分区

3.0.1 本条按照白酒厂、葡萄酒厂、白兰地酒厂、黄酒厂、啤酒厂分类对酒厂生产、储存的火灾危险性及建(构)筑物的最低耐火等级作了规定。

国外对液体的火灾危险性一般以液体的闪点和沸点为基础进行分类。按照化学品的分类与标注的全球协调系统所列分类指标,白酒危险性分类属于"非常易燃的液体或蒸气"和"易燃液体或蒸气"之间;按美国交通部门(DOT)所列分类指标,白酒危险性应属Ⅱ～Ⅲ;按美国国家标准研究院(ANSI)分类指标,白酒危险性水平为"易燃的";按美国消防协会(NFPA)的分类指标,白酒危险性属ⅠB～ⅠC,危险性评价为3,仅低于最高危险级4。上述分类标准见表1。

表1 液体危险性和分类[1]

化学品的分类与标注的全球协调系统			NFPA 型 30/704			DOT 分类		ANSI 型 Z129.1 分类	
危险性分类	指标(℃)	分类	分级	危险性评价	指标(℃)[2]	分级	指标(℃)	危险性水平	指标(℃)[3]
1	IBP≤35	极易燃的液体或蒸气	ⅠA	4	$T_b<38$;$T_f<23$	Ⅰ	IBP≤35	极易燃的	$T_f≤-7$ 或 $T_b≤35$;$T_f≤61$
			ⅠB	3	$T_b≥38$;$T_f<23$				
			ⅠC	3	$23≤T_f<38$				
2	IBP>35;$T_f<23$	非常易燃的液体或蒸气	Ⅱ	2	$38≤T_f<60$	Ⅱ	IBP>35;$T_f<23$	易燃的	$T_b≥35$;$T_f≤61$

续表1

化学品的分类与标注的全球协调系统			NFPA 型 30/704			DOT 分类		ANSI 型 Z129.1 分类	
危险性分类	指标(℃)	分类	分级	危险性评价	指标(℃)[2]	分级	指标(℃)	危险性水平	指标(℃)[3]
3	IBP>35;$23≤T_f<60$	易燃的液体或蒸气	ⅢA	2	$60≤T_f<93$	Ⅲ	IBP>35;$23≤T_f<61$	燃烧的	$61≤T_f<93$
			ⅢB	2	$93≤T_f$				
4	$60<T_f≤93$	可燃液体	0		5min后$T_{ig}>816$				

注：1 IBP:起始沸点;T_b:沸点;T_f:闭杯闪点;T_{ig}:着火温度。

　　2 对于单组分液体,蒸气压力等于101.33kPa(1个标准大气压)时的温度。对于没有固定沸点的混合物,根据ASTME 86,蒸馏20%时作为沸点。

　　3 假定沸点为IBP。

我国现行国家标准《建筑设计防火规范》GB 50016对液体生产和储存的火灾危险性则只根据其闪点进行分类,不考虑沸点的影响,将"闪点小于28℃的液体"和"闪点大于或等于60℃的液体"分别划归为甲类第1项、丙类第1项;在条文说明"储存物品的火灾危险性分类举例"中将"60度及以上的白酒"和"大于50度小于60度的白酒"分别划归为甲类第1项和丙类第1项,但并未给出白酒的闪点值,而只是比照乙醇水溶液的闪点作了粗略的对比确定,使得甲、丙类之间缺失了乙类的合理连续性过渡,并产生了极为严重的问题:60度以下白酒所适用的防火防爆措施偏不安全,导致爆炸和火灾时有发生。

按照我国根据闪点(闭杯法)划分液体火灾危险性的原则,为科学地确定白酒的火灾危险性,编制组测定了17种白酒的闪点(表2)。经回归分析,建立了白酒闪点—度回归方程 $y=36.6619-0.2430x$(式中:x—白酒度数;y—闪点),并对此方程进行了相关性检验,表明在99.9%的置信度下,x与y线性相关显著,在工程中具有实用价值。由此可知,38度及以上白酒的闪点小于28℃。

表2 17种白酒度数与闪点的关系

白酒种类	五粮液曲酒		泸州老窖曲酒		剑南春曲酒		珍酒		茅台		鸭溪大曲	鸭溪窖酒	董窖	董酒
白酒度数(%vol)	52	45	39	42	45	38	52	46	39	51	59	53	58	53	55	58	59
实测闪点(℃)	25	26	27	25	26	27	24	26	28	24	22	22	23	24	24	22

据此确定38度及以上白酒的火灾危险性为甲类,将酒精度为38度及以上的白酒库、人工洞白酒库、白酒储罐区、勾兑车间、灌装车间、酒泵房等的火灾危险性确定为甲类。

液态法白酒采用酒精生产的方式,即液态配料、液态糖化发酵和蒸馏,因此将液态法酿酒车间、酒精蒸馏塔、食用酒精库、食用酒精储罐区等火灾危险性确定为甲类。

经测试,酒精度12度的张裕葡萄酒闪点为47℃～48℃,酒精度40度的张裕白兰地闪点为28℃;酒精度16度的绍兴黄酒闪点为39℃。因此,葡萄酒、白兰地、黄酒的火灾危险性均属乙类。但白兰地蒸馏车间所用原料酒的酒精度一般为8度～12度,经蒸馏得到的原白兰地酒精度为70度左右,白兰地勾兑车间和陈酿库内酒液的酒精度一般为65度～70度,因此将其火灾危险性确定为甲类。

黄酒生产的副产品酒糟中尚有10%左右的酒精及20%～25%的可溶性无氮物,多利用其蒸馏白酒,工艺称为"糟烧",生产的白酒称为糟烧白酒,其生产、储存火灾危险性与白酒厂相同。

3.0.4 据调查,白酒、白兰地勾兑、灌装、包装、成品暂存等生产联合厂房多为单层建筑,生产规模大,生产自动化程度较高,生产工段连续,按甲类生产厂房设置防火分区面积难以满足生产需求。由于此类厂房的火灾危险部位主要集中在每条生产线上,因此本条规定当设有自动灭火系统和火灾自动报警系统,并将危险工段和空间采取防火分隔措施与其他部位进行防火分隔时,此类厂房防火分区的最大允许建筑面积可增加至2.5倍。

4 总平面布局和平面布置

4.1 一般规定

4.1.1 本条规定了酒厂的规划选址要求,有利于保障城市、镇和村庄建成区的安全。

酒厂内各建(构)筑物的火灾危险性类别不同,各厂的生产工艺和储存方式亦不完全相同,因此本条规定酒厂不同功能区的布局应根据其生产工艺、火灾危险性和功能要求,结合地形、气象条件,合理布置,做到既相对集中又相对隔离,防止或减少发生火灾时相互间的不利影响,并为火灾扑救创造有利条件。

4.1.2 白酒储罐区、食用酒精储罐区在露天集中设置有利于统一管理,但发生火灾时,容易形成连锁反应,尤其是储罐破裂或发生爆炸将导致酒液流淌,若毗邻低处有工艺装置、明火设施或人员集中场所,将会导致严重后果。因此,白酒储罐区、食用酒精储罐区应布置在相对独立的安全地带并宜布置在厂区全年最小频率风向的上风侧,以免火灾危及毗邻低处和下风侧的建(构)筑物及人员的安全。

人工洞白酒库主要用陶坛等陶制容器储酒。洞库窖藏利于白酒的催化老熟,极大地避免了酒体的挥发损失,是精华酒积淀留存、生产优质白酒的重要手段。人工洞白酒库多建于山地丘陵地带,库址应选择在地质构造简单、岩性均一、石质坚硬且不宜风化的地区,不得选择在有断层、密集的破碎带等地质灾害隐患地区。

4.1.4 本条规定的目的在于减少爆炸的危害。地下、半地下室采光差,其出入口既是疏散出口又是排烟口和泄压口,同时还是消防救援人员的入口,一旦发生火灾或爆炸事故,疏散和扑救都非常困难。

45

本规范第 3.0.1 条确定的酒厂的甲、乙类生产、储存场所,在生产、储存过程中难免跑、冒、滴、漏,瓶、坛破碎的情况也时有发生。当自然通风不良或机械通风系统故障时,可能形成爆炸性混合物引发爆炸,因此该类场所不应设置在地下或半地下。本条规定与现行国家标准《建筑设计防火规范》GB 50016 规定甲、乙类生产场所和甲、乙类仓库不应设置在地下或半地下规定一致。人工洞白酒库、葡萄酒陈酿库确因生产工艺需要设置在地下、半地下时,本规范对其消防技术措施另有规定。

4.1.5、4.1.6 火灾案例证明,在厂房、仓库内设置员工宿舍,或在有爆炸危险的场所内设置办公室、休息室,一旦发生火灾,可能导致严重的人员伤亡。因此,厂房、仓库内严禁设置员工宿舍,在具有爆炸危险性的车间、仓库内严禁设置休息室、办公室。必须与厂房贴邻设置休息室、办公室时,应采用防爆墙分隔并设置独立的安全出口;贴邻丙、丁类仓库建造的管理用房和在丙、丁类仓库内设置的办公室、休息室应采取相应的防火分隔措施避免用火用电不慎引发火灾。

4.1.7 由于工艺的需要,白酒、白兰地灌装车间与勾兑车间、洗瓶车间、包装车间通常设在同一建筑内,而白酒、白兰地灌装车间火灾危险性为甲类,有必要采用耐火极限不低于 3.00h 的不燃烧体隔墙与勾兑车间、洗瓶车间、包装车间分隔开。当每条生产线成品酒灌装罐容量不大于 3m³ 时,其容量相对较小,发生火灾时容易控制,可设置在灌装车间内;当容量增加,特别是达到 100m³ 时,已经相当一个小型储罐容量,这时火灾的危险性大大增加,因此有必要对总容量和单罐的容量加以限制且不能设置在灌装车间内,但可设置在建筑物的首层或二层靠外墙部位,并与灌装车间、勾兑车间、包装车间、洗瓶车间等隔开。

4.1.8 白酒库、白兰地陈酿库火灾危险性属甲类,但白酒、白兰地陈酿一般都装在密闭的容器里,相对于勾兑车间而言,安全性较高。而勾兑车间因为品尝、理化指标检测以及加浆、勾兑等工序,使火灾危险性相对增大。因此,当工艺需要白酒勾兑车间与其酒库、白兰地勾兑车间与其陈酿库设置在同一建筑物内时,勾兑车间应自成独立的防火分区并设置独立的安全出口。

4.1.9 消防控制室、消防水泵房,自备发电机房和变、配电房等是灭火救援的重要设备用房,必须保证自身的相对安全,才能持续提供灭火救援保障,因此不应设在白酒库、人工洞白酒库、食用酒精库、白酒储罐区、食用酒精储罐区、葡萄酒陈酿库、白兰地陈酿库等火灾危险性大的区域内或贴邻建造。

4.1.10 由于 10kV 及以下的变、配电房的电气设备是非防爆型的,操作时容易产生电弧或电火花,而白酒库、食用酒精库、白兰地陈酿库、酒泵房又属于爆炸和火灾危险性场所,因此贴邻建造时应符合一定的构造要求。

采用防火墙是为防止可燃气体爆炸混合物通过隔墙孔洞、沟道窜入变、配电房发生事故,也可以防止变、配电房发生火灾时蔓延到白酒库、食用酒精库、白兰地陈酿库、酒泵房。

白酒、白兰地和酒精的主要成分是乙醇,乙醇蒸气密度为 1.59,易向低洼处流动和积聚,因此规定变、配电房的室内地坪应高出白酒库、食用酒精库、白兰地陈酿库、酒泵房的室外地坪 0.6m。规定变、配电房的门窗应设在爆炸危险区域以外,是为了防止乙醇蒸气通过门窗进入变、配电房。

4.1.11 经调研,供白酒库、人工洞白酒库、白兰地陈酿库专用的酒泵房和空气压缩机房因工艺的需要,多贴邻仓库建造,其中多数并未严格与仓库进行分隔,且采用半敞开式建筑。酒厂火灾案例分析表明,约 73% 的火灾因电气引发,酒泵房和空气压缩机房用电频繁,其火灾危险性较仓库相对较大,因此本条规定应采用无门窗洞口的耐火极限不低于 3.00h 的不燃烧体隔墙与仓库隔开,并应设置独立的安全出口。

4.1.12 氨压缩机房的火灾危险性为乙类。酒厂的氨压缩机房作用与冷库类似,本条规定与现行国家标准《冷库设计规范》GB

50072 相关要求一致。

4.1.13 厂房、仓库的安全疏散在现行国家标准《建筑设计防火规范》GB 50016 中已有明确规定,且酒厂厂房、仓库操作人员相对较少,出入管理严格,因此酒厂设计涉及安全疏散的问题可按《建筑设计防火规范》GB 50016 执行。

4.1.14、4.1.15 在不妨碍消防操作的前提下,合理的绿化既可美化环境,又可防止火灾蔓延。防火堤内严禁植树,但可种植生长高度不超过 0.15m、含水分多的四季常青草皮。

4.2 防火间距

4.2.1、4.2.2 白酒库、食用酒精库、白兰地陈酿库之间及其与其他建筑、明火或散发火花地点、道路等之间的防火间距,白酒储罐区、食用酒精储罐区与建筑物、变配电站之间的防火间距,主要考虑白酒、食用酒精、白兰地陈酿储存的火灾危险性,结合酒厂火灾案例,参照现行国家标准《建筑设计防火规范》GB 50016 中的相关条文确定。

4.2.3 白酒储罐区、食用酒精储罐区与厂内其他厂房、仓库没有生产上的直接联系和工作上的往来,与收酒房、灌装包装车间一般是通过酒泵、管道输送,大多数白酒厂的储罐区通常集中布置,自成一区,禁止机动车辆和无关人员进入。因此,白酒厂储罐区、食用酒精储罐区与厂内道路路边之间的防火间距可适当小一些,与厂内主要道路路边不小于 15m,与次要道路路边不小于 10m 即可满足要求。厂外道路行驶的车辆车速不受厂内监约束,车辆排气筒的飞火距离相对较大。据有关资料显示:大车排气筒飞火一般可达 8m~10m,小车排气筒飞火可达 3m~4m,因此白酒储罐区、食用酒精储罐区与厂外道路路边之间的防火间距应适当加大。考虑到酒厂通常设有不低于 2.2m 高的实体围墙和围墙两侧绿化等原因,规定防火间距不应小于 20m 可满足防火要求。

4.2.4 本条规定了白酒储罐、食用酒精储罐与酒泵房(区)的防火间距。白酒储罐、食用酒精储罐发生火灾时,酒泵房(区)需实施白酒、食用酒精倒罐操作,因此要求酒泵房(区)在火灾时不受储罐火势威胁,确保酒泵房(区)内的泵和人员在火灾延续时间内坚持正常工作。

4.2.5 白酒库、人工洞白酒库、白兰地陈酿库等建(构)筑物为减少酒液泄漏或火灾时的危害,通常设有事故存液池。事故存液池的火灾风险相对易于控制。因此,本条规定事故存液池与相邻建筑、储罐区、明火或散发火花地点、道路等之间的防火间距按其有效容积对应白酒储罐区、食用酒精储罐区固定顶储罐的要求执行。

4.2.6 酒厂设计时一般将交通运输道路兼作消防车道,四通八达,形成环状。火灾发生时,消防车和消防人员均可抵达厂区任一角落施救。厂区与围墙之间的距离主要考虑消防队员能够在水枪的保护下操作和通过的可能性,因此提出不宜小于 5m 的规定,按此标准两个不同单位围墙两侧将有 10m 距离,基本能满足一般生产厂房和仓库的防火间距要求。对于火灾危险性大的建筑或场所,则应按修建先后关系退让,直至满足相应的防火间距要求或采用有效的保护措施。

4.3 厂内道路

4.3.1 常储量大于或等于 1000m³ 的白酒厂规模较大、人员较多,所投入的原料、辅料也很多。以年产 3000m³ 白酒规模计,所投入的原料、辅料约在 20000t 以上,而成品及附产物也在 10000t 以上,员工一般在 400 人左右。如此规模的白酒厂,如果仅有 1 个出入口,一旦发生火灾,外面的消防车、救护车、消防器材及救援、救护人员进不来,而内部疏散物资、疏散人员又出不去。年产量大于或等于 5000m³ 的葡萄酒厂、年产量大于或等于 10000m³ 的黄酒厂、年产量大于或等于 100000m³ 的啤酒厂,其厂区规模也较大。因此,规定这些酒厂通向厂外的消防车出入口不应少于 2 个。

4.3.2 酒厂生产区发生火灾时,动用消防车数量较多,为了便于调度、避免交通堵塞,生产区的道路宜采用双车道。若采用单车道,应选用路基宽度大于 6m 的公路型单车道;若采用城市型单车道,应设错车道或改变道牙铺设方式满足消防车错车要求。在白酒储罐区、食用酒精储罐区周围宜采用公路型道路,既可减少路面宽度,又可起到第二道防火堤作用。

4.3.3、4.3.4 参照现行国家标准《石油化工企业设计防火规范》GB 50160、《石油库设计规范》GB 50074 和《建筑设计防火规范》GB 50016 作此规定。环形消防车道便于消防车从不同方向迅速接近火场,并有利于消防车的调度。但对于布置在山地的白酒储罐区、食用酒精储罐区,因受地形条件限制,全部设置环形消防车道需开挖大量土石方,很不经济。因此,在局部地段应设置能满足厂内最大消防车辆回车的尽头式消防车道。

规定白酒储罐区、食用酒精储罐区相邻防火堤的外堤脚线之间留有净宽不小于 7m 的消防通道,有利于消防车辆的通行和调度,及时转移占据有利的扑救地点。

消防车取水或操作扑救火灾时,地面往往积水流淌,车辆容易溜滑,因此提出供消防车停留的作业场地的坡度不宜大于 3%,这一数据是针对山地平地较少、坡地较多,按消防车停留作业场地的坡度限制要求。若按停车场的有关坡度分析,在平缓的地方,以不大于 1% 的坡度为宜。

4.4 消 防 站

4.4.1 根据对全国部分白酒厂的调研,结合白酒厂的生产经营条件、经济实力和对消防力量的实际需要,规定常储量大于或等于 10000m³ 的白酒厂应建消防站。当常储量大于或等于 1000m³、小于 10000m³ 的白酒厂位于城市消防站接到火警后 5min 内能够抵达火灾现场的区域时,可不建消防站。

本规范所称的城市消防站,是指建在城市规划区内、由政府统一投资和管理的各类消防站,或由民间集资兴建、政府统一管理的多种形式的消防站。

4.4.2 参照住房和城乡建设部、国家发展和改革委员会批准的《城市消防站建设标准》(建标〔2011〕118 号)和扑救白酒火灾的需要,本条规定了白酒厂消防站的设置要求及消防车、泡沫液的配备标准。由于白酒属水溶性液体,抗溶性泡沫对于扑救白酒火灾特别是流淌火灾效果显著,因此,规定白酒厂消防站应配备一定数量的泡沫消防车。

4.4.3 当白酒储罐、食用酒精罐的高度和容量小于本规范规定必须设置固定式消防冷却水系统或固定式泡沫灭火系统的标准时,可以采用水罐消防车和泡沫消防车进行冷却、灭火时,水罐消防车、泡沫消防车的数量和技术性能应满足最不利条件下的冷却、灭火需求。

4.4.4 消防站的分级应符合《城市消防站建设标准》(建标 152—2011)的有关规定。

5 生产工艺防火防爆

5.0.1 本条对酒厂具有粉尘、可燃气体爆炸危险性的场所应进行防爆设计作了原则规定。酒厂应进行防爆设计的场所主要包括本规范第 3.0.1 条确定的甲、乙类厂房、仓库。

5.0.2 本条规定了酒厂有爆炸危险性的厂房、仓库泄压面积的计算方法。根据酒厂的特点,规定了乙醇、氨以及 $K_尘 < 10MPa \cdot m \cdot s^{-1}$ 的粮食粉尘的泄压比 C 值。在设计中应尽量采用轻质屋盖、轻质墙体和易于泄压的门窗加大泄压比,并采取措施尽量减少泄压面积的单位质量和连接强度。

5.0.3 本条规定目的是防止粮食粉尘自由散失。为避免具有粉尘爆炸危险性的机械设备设置在多层建筑底层及其中间各层爆炸时因结构破坏而危及上层,降低爆炸事故的破坏程度,减少人员伤亡,因此,本条要求其宜设置在单层建筑靠近外墙或多层建筑顶层靠近外墙的部位。

5.0.4 酒厂原料的出入仓及粉碎、供料过程,均需进行物料输送,通常采用机械输送或气流输送。本条主要依据现行国家标准《粮食加工、储运系统粉尘防爆安全规程》GB 17440、《带式输送机工程设计规范》GB 50431 对具有粉尘爆炸危险性的原料输送机械设备的设置要求作出规定。

1 带式输送机、螺旋输送机、斗式提升机等输送设备,工艺设计中应在适当的位置设置磁选装置及其他清理装置,以除去粮食中所含金属、泥沙、石块、纤维质等杂质,避免杂质与机械输送设备撞击产生火花,引起粉尘爆炸,也避免原料中混入的草秆、麻绳、布屑等进入机械输送设备,造成缠绕或堵塞,摩擦发热引起火灾。为防止火灾通过转运设备蔓延至粮食筒仓,因此输送设备与筒仓连接处应设置防火、防爆阀门。

2 原料在输送过程中,产生大量浮游状态粉尘,极易形成爆炸性混合物。设置负压抽风除尘系统,主要在于减少室内粉尘悬浮。斗式提升机在运行时易释放大量的粮食粉尘,为防止粉尘泄漏,其外壳、机头、机座和连接溜管应具有良好的密封性能,且在机壳的垂直段上应设置泄爆口,在机头处应尽可能增大泄爆面积。机座处设适当的清料口,可用于检查机座、传动轮、畚斗和皮带。机头处设检查口,可对机头挡板、畚斗皮带和提升机卸料口进行全面检查。提升机设置速度监控等装置,便于发生故障时能立即自动切断电动机电源,及时停止进料并进行声光故障报警。

3 规定螺旋输送机全部机体应由金属材料包封并具有良好的密封性能,是为了避免粉尘泄漏。在卸料口发生堵塞时,应立即停车,停止进料。对于立筒仓的进料设备,其卸料口应足够大,以便筒仓内的含尘空气顺利排出仓外。

4 规定带式输送机设置拉线保护、输送带打滑检测和防跑偏装置,目的是提高带式输送机运行的安全性和可靠性;在设备的进料口和卸料口处设吸风口,以防止粉尘外逸。

5 规定输送栈桥应采用不燃材料制作、带式输送机必须采用阻燃输送带,目的是保证安全,避免或减少可能出现的事故。

5.0.5 本条规定了具有粉尘爆炸危险性的原料气流输送设备的设置要求。

气流输送的设备主要包括旋风分离器、旋转加料器、除尘设备和风机等,常采用的气流输送类型有真空输送和压力输送两种。真空输送是将空气和物料吸入输料管中,在负压下进行输送,然后将物料分离出来,从旋风分离器出来的空气,经除尘后由风机排出。这种输送方式的特点是能从多个不同的地点向一指定地点送料,不需要加料器,卸料器对密封性要求较高。由于物料在负压状态下工作,因此能消除输送系统粉尘飞扬的现象。压力输送是靠鼓风机输出的气体将物料送到规定的地方,整个系统处于正压状态。在原料进料处应采用密封性能较好的加料器,防止物料反吹。如将真空输送与压力输送结合起来使用,就组成了真空压力输送系统。

如需从多个不同的进料点向一个卸料点输送原料时,采用真空输送系统较为合适;如需从一个进料点向多个不同的卸料点输送原料时,可采用压力输送系统。

5.0.6 本条规定原料清选、粉碎和制曲设备应具有良好的密封性能是为了减少粉尘飞扬逸出。原料粉碎车间产生大量粉尘,易形成爆炸性混合物,应尽量减少不必要的电气设备。

5.0.7、5.0.8 规定了蒸煮、蒸馏设备的材质、加热方式等内容。

1 据调查,绝大多数酒厂蒸煮、蒸馏采用蒸汽加热,少数采用明火加热。对于采用可燃材料制作的甑桶、甑盖,若甑锅内水分不慎蒸干容易引起甑桶、甑盖甚至原料燃烧,因此本条规定蒸煮、蒸馏设备宜采用不燃材料制作,并宜采用蒸汽加热。

2 规定蒸馏设备及其管道、附件等应具有良好的密封性能,目的是杜绝跑、冒、滴、漏现象。

3 塔式蒸馏设备各塔的排醛系统中应设置酒精捕集器,并应有足够的容积,以免当冷凝系统温度偏高时,导致大量的酒精从排醛管喷出,不仅造成酒精的过多损失,而且极易发生火灾爆炸事故。排醛管上不宜安装阀门,当大量酒精从排醛管喷射而出时,更不宜将此阀关死,以免整个系统压力偏高,导致渗漏及损坏。

4 为满足生产过程需要和便于安全管理,对中转储罐的储量作了控制规定,避免在车间内设置小酒库。

5.0.9 本条规定了白酒储罐、食用酒精储罐、白兰地陈酿储罐的安全要求。

1 固定储罐进、出输酒管道,并采用柔性连接,可以有效预防拉裂弯管或焊接点,防止原酒跑、冒、滴、漏造成事故。火灾案例及相关实验表明,白酒在管道输送和喷溅过程中有可能发生静电积累和放电事故,因此规定储罐的输酒管入口应贴近罐底,或出口标高大于入口标高构成液封,避免输酒管入口酒液喷溅产生静电放电引发爆炸事故。

2 输酒管道连接处阀门腐蚀会产生泄漏,为便于安全管理,规定每根输酒管道应设置两个阀门,并明确了阀门的形式和防漏装置的设置要求。

3 为随时掌握罐内液位,便于生产控制和防止储罐溢酒引发事故,要求储罐设置液位计和高液位报警装置,必要时自动联锁或远距离遥控启闭进酒装置。规定不宜采用玻璃管(板)等易碎材料液位计,主要是防止因玻璃等易碎材料破裂引起酒液泄漏。

4 据调查,酒库常常会发生储罐泄漏或渗漏事故,为便于安全管理,需要及时将有泄漏或渗漏的储罐的酒转移至另一个完好的储罐内,因此在酒库内需要设置应急储罐。

5 储罐周围一定空间范围内属气体爆炸危险场所。为避免罐盖、取样器等工具与储罐碰撞产生火花,要求采用不易产生火花的材料制作这些器具。

5.0.10 本条规定了白酒、白兰地的加浆、勾兑、灌装生产过程的安全要求。

1 可燃蒸气的爆炸极限与空气中的含氧量有关,含氧量多,爆炸浓度范围扩大,含氧量少,爆炸浓度范围缩小。部分酒厂已采用压缩空气作搅拌介质,实践证明是安全可行的。

2 酒液灌装时常有大量酒蒸气逸出。实践证明,采用负压抽风系统可有效降低室内酒蒸气浓度,减少燃爆危险。

3 实践证明,缓冲柔性封盖机构不易产生碰撞火花。

5.0.11 为防止具有粉尘、气体爆炸危险性场所的地面因摩擦或撞击发火,避免粉尘积聚,因此对地面、墙面的设计等提出了一般要求。不发火花地面其面层一般分为不发火屑料类、木质类、橡皮类、菱苦土类和塑料类等五大类,在爆炸危险场所一般应采用不发火屑料类面层。不发火花地面面层的施工应在所有设备管线敷设完毕及设备基础浇捣完毕或预留后进行,其技术要求应符合现行

国家标准《建筑地面工程施工质量验收规范》GB 50209 的规定。

粮食筒仓工作塔和筒仓内壁、原料粉碎车间内壁表面平整光滑,是为了减少积尘并便于清扫。工程实践中,内壁表面与楼、地面、天棚交接处一般做成圆角处理。

5.0.12 本条规定黄酒生产采用糟烧白酒、高粱酒等代替酿造用水发酵时,发酵罐的输酒管入口距罐内搭窝原料底部的高度不应大于 0.15m,目的是为了避免白酒喷溅产生静电火花引发爆炸事故。

5.0.13 根据酒厂调研并结合实际情况,参照现行国家标准《冷库设计规范》GB 50072 对氨制冷系统的安全保护装置和自动控制作出规定。

5.0.14 酒厂的多次火灾案例表明,由于储罐、容器和工艺设备采用易燃可燃保温材料,在施工、检修中因操作不当极易引发火灾。因此,本条规定储罐、容器和工艺设备保温隔热材料应选用不燃材料,避免或减少可能出现的事故。目前储罐、容器、工艺设备保冷层材料可供选择的不燃材料很少,因此允许采用阻燃型泡沫,但其氧指数不应小于 30。

5.0.15 本条规定了输送白酒、食用酒精、葡萄酒、白兰地、黄酒的管道设置要求。

1 架空或沿地敷设的管道,施工、日常检查、维修等都比较方便,而管沟和埋地敷设的管道破损不易被及时发现,尤其是管沟敷设管道,沟内容易积存可燃酒液和蒸气,成为火灾和爆炸事故的隐患,新建的工艺装置采用管沟和埋地敷设管道已越来越少。因此,必须采用管沟敷设时应按规定采取安全措施。

2 易发生泄漏的管道附件是指金属波纹管或套筒补偿器、法兰和螺纹连接等。

3 在布置白酒、食用酒精、葡萄酒、白兰地、黄酒输送管道时,要充分考虑管道破损逸漏对防火墙功能以及防火墙两侧空间的不利影响。因此,禁止输送白酒、食用酒精、葡萄酒、白兰地、黄酒的管道穿过防火墙和不同防火分区的楼板。

4 需要采用法兰连接的地方主要是与设备管嘴法兰的连接、与法兰阀门的连接、停工检修需拆卸的管道等。管道采用焊接连接,强度、密封性能较好。但是,公称直径小于或等于 25mm 的管道和阀门连接,其焊接强度不佳且易将焊渣落入管内,因此多采用承插焊管件连接,也可采用锥管螺纹连接。

5.0.17 其他管道如因条件限制必须穿过防火墙和楼板时,应用水泥砂浆等不燃材料或防火材料将管道周围的空隙紧密填实。如采用塑料等遇高温、火焰易收缩变形或烧蚀材质的管道,应采取设置热膨胀型阻火圈、在管道的贯穿部位采用防火套箍和防火封堵等措施使该类管道在受火时能被封闭。为防止高温气流向上蔓延或燃烧的酒向下流淌,严禁在防火墙和楼板上留置孔洞。

化验室内有非防爆电气设备和一些明火设备,因此不应将可燃酒液的采样管引入化验室内,防止因泄漏而发生火灾事故。

6 储存

6.1 酒库

6.1.1、6.1.2 根据白酒库、食用酒精库的火灾危险性类别,确定其耐火等级不应低于二级,并分别对其允许层数、最大允许占地面积和每个防火分区的最大允许建筑面积作出了规定。

白酒库、食用酒精库内多采用金属储罐和陶坛为容器,储存物品的火灾危险性为甲类,如果完全按现行国家标准《建筑设计防火规范》GB 50016 规定的甲类仓库的层数、防火分区的最大建筑面积要求,在实际执行中有困难,也和酒厂现状有较大差异。因此本规范在调研基础上,广泛征求了设计单位、生产企业和消防部门的意见,研究了白酒库火灾案例,进行了水喷雾自动灭火试验,结合酒厂的实际情况作了适当调整。

白酒库火灾案例证明,白酒库的层数以 1 层、2 层建筑较妥,3 层建筑次之,层数越多,火灾危害相对越大。据此,本规范对层数作了适当放宽。

对全部采用陶坛等陶制容器存放白酒的白酒库,经调研,储存的白酒大都在 70 度左右,最低也在 52 度以上,但一般储存周期较长,酒的进出作业相对较少。其建筑有单层和多层两种,建筑规模较大,占地面积可达 6000m² 左右,酒库内设有水喷雾等自动灭火设施,防火分区面积约为 200m²~700m²(表 3)。调研中看到,某名酒厂地处山地,又处于滑坡地带,坡度大于 26°,用地极度紧张,加之酒储存期一般在 3 年以上,造成生产量与库容量的尖锐矛盾。考虑到企业用地紧张,发展受限等实际情况,经请示公安部消防局,原则同意该厂 52 度~60 度的白酒库房可以建到 5 层,但不能超过 5 层,且应设置水喷雾灭火系统等自动灭火设施。现该酒厂的陶坛酒库均按 5 层设计,40 栋酒库建筑总面积为 326288m²,可储存原酒 54380 m³,库内的白酒均为 53 度左右,耐火等级一级,防火分区小于 700 m²。因此在条文中对 52 度~60 度的陶坛等陶制容器白酒库的层数放宽至 5 层。

规定的仓库面积为仓库的占地面积,非仓库的总建筑面积,而仓库内的防火分区是强调防火墙之间的建筑面积,即仓库内的防火分区必须采用防火墙分隔。

表 3 白酒厂已建陶坛酒库建筑规模(m²)

酒厂名称	陶坛酒库层数(层)	总建筑面积	防火分区面积
五粮液酒厂	5	17000	720
剑南春酒厂	3	5856.7	233
绵阳丰谷酒厂	4	6507.5	303
	1	1793	562

6.1.3 本条根据白兰地陈酿库、葡萄酒陈酿库的火灾危险性类别,确定其耐火等级,并结合现状分别对允许层数、最大允许占地面积和每个防火分区的最大允许建筑面积作出了规定。

6.1.4 根据现行国家标准《建筑设计防火规范》GB 50016 的有关规定,结合本规范第 6.1.1 条、第 6.1.2 条有关层数、面积的调整,为降低可能的火灾危害,本条强调严禁在高层建筑内设置白酒库、食用酒精库、白兰地陈酿库、葡萄酒陈酿库和白酒、白兰地的成品库以及严禁设置高层白酒库、食用酒精库、白兰地陈酿库、葡萄酒陈酿库和白酒、白兰地的成品库。

本规范所称成品库,是指存放完成全部生产过程、可供销售的饮料酒仓库。

6.1.6 金属储罐布置在白酒库、食用酒精库内时,如按照储罐区的要求确定储罐之间的防火间距难以实现,也不符合酒厂实际情况。因此,综合考虑室内储罐的扑救难度,在限制储罐容量、采取成组布置以及按照本规范的要求设置水喷雾灭火系统或泡沫灭火系统和设置消防冷却水系统时,本条对白酒库、食用酒精库内的储

罐之间的防火间距要求作了适当放宽。

6.1.7 本条规定了白酒库内分组存放、设置不燃烧体隔堤的要求。1987 年 5 月 8 日,贵州某酒厂酒库因酒泵电机不防爆引发火灾,452 个陶坛在高温和直流水枪的冲击下四分五裂,189t 白酒四处流淌,构成一个失控的立体火场。1989 年 8 月 18 日,贵州某酒厂因酒泵电机不防爆引发火灾,1241 个陶坛在高温下相继爆裂,350t 白酒汇成一条燃烧的酒溪,烧毁流域内的农作物,流入 100m 以外的玉溪河,在河面上构成约 40m² 的火场。因此白酒库内因工艺需要采用陶坛、酒海、酒篓、酒箱、储酒池等作为白酒储存容器时,要分组存放,组与组之间设置不燃烧体隔堤,以控制流淌火灾。

为防止地震时陶坛等陶制容器相互碰撞破裂、导致酒液外溢事故,本条规定陶坛等陶制容器应采取防震防撞措施。如某酒厂将陶坛放在竹筐内,起到了一定的减震保护作用。地震时,单个酒坛摇晃剧烈,如将多个酒坛相互连接固定,可以大大提高稳定性。

6.1.8 本条规定了人工洞白酒库的设置要求。泸州老窖酒厂、郎酒厂等名酒厂都有规模不小的洞库,用陶坛等陶制容器储存优质原酒。陶坛等陶制容器洞库的防火设计,需要结合传统工艺和安全生产综合考虑。

1 将具备疏散救援功能的巷道与储存白酒的洞室分隔开,形成相对独立的区域,可以有效控制火灾蔓延,有利于人员逃生和扑救工作的开展。但巷道不应用于储存、加工、分装等生产作业。

2 洞室的面积在 500m² 以下,一个洞室内陶坛等陶制容器储存的总储量在 400m³ 左右,控制洞室的面积可以有效控制酒储量,进而控制火灾风险。

3 规定了巷道和洞室安全疏散的设置要求。人工洞常常设置在山体内,距山体地表的垂直距离数十米以上,设置楼梯间较为困难,疏散条件较地下室更差。但洞室内平时极少有人员停留,考虑将巷道作为疏散主通道,使洞室内的人到达巷道基本就能安全地疏散到洞外,因此对巷道的净宽净高、相邻洞室通向巷道的出口之间的最小水平距离等作出规定。

4 本条对洞室相通时提出了比较严格的防火分隔规定,以利火灾控制和人员疏散。

5 由于酒窖内空气含酯、含酸成分重,微生物繁多,特别对洞库内设置的防火门提出防锈、防腐的要求。人工洞内防火门起着重要的防火分隔作用,因此强调其关闭功能。在无火警时,防火门应开启,以利洞内通风;若库内一旦发生火情,则需迅速关闭防火门。

6 规定了巷道地面的坡度要求,使消防废水能够及时排出洞外。

6.1.9 本条规定了人工洞白酒库陶坛等陶制容器的存放要求,明确规定了分区、分组的储量、分区间的隔堤和分组间的防火间距。

6.1.10 本条规定了白酒库、食用酒精库、白兰地陈酿库建筑结构要求。钢结构和预应力钢筋混凝土结构的耐火性能相对较差,而酒液燃烧温度高,对无保护的金属柱、梁和预应力钢筋混凝土结构威胁较大。因此本条规定白酒库、食用酒精库、白兰地陈酿库不应选用钢结构、预应力钢筋混凝土结构。

6.1.11 酒库火灾案例表明,酒库如未设置防止液体流散的设施,发生火灾时,陶坛等陶制容器在高温下炸裂后,流淌的酒很快就使整座酒库陷入火海,甚至还会流散到酒库外,造成火势扩大蔓延。因此在白酒库、人工洞白酒库、食用酒精库、白兰地陈酿库设计中楼层地面标高应低于楼梯平台及货运电梯前室标高,底层地面标高应低于室外地坪标高。通常做法是在酒库门口修筑高度为 15cm~30cm 斜坡或门槛,设置门槛时可在门槛两边填沙土构成斜坡。

6.1.12 由于酒库火灾荷载大,火灾温度高,火灾持续时间长,多层白酒库、食用酒精库、白兰地陈酿库外墙上的窗户上方设置防火挑檐,能阻隔火焰及高温气流侵入上层库内,防止火灾竖向蔓延构成立体火灾。

6.1.13 设置事故排酒口及阀门可及时排出泄漏酒液,降低火灾

风险。

6.1.14 本条对白酒库、人工洞白酒库不燃烧隔堤的设置提出基本要求,规定隔堤的高度、厚度均不应小于0.2m,既能将泄漏酒液限制在最小范围内,又方便操作人员通行。

6.2 储罐区

6.2.1、6.2.2 本规范对白酒储罐区、食用酒精储罐区内储罐之间防火间距的要求与现行国家标准《建筑设计防火规范》GB 50016和《石油库设计规范》GB 50074规定基本一致。与现行国家标准《石油化工企业设计防火规范》GB 50160规定的地上可燃液体储罐之间的防火间距也相当。

本规范综合考虑节约用地、酒厂现状和消防扑救的需要,规定了储罐成组布置的要求。储罐组之间的防火间距可按储罐的形式和总储量相同的标准单罐确定。如一组地上式固定顶白酒储罐储量为950m³,其中100m³单罐5个,150m³单罐3个,则组与组的防火间距按小于或等于1000m³的单罐0.75D确定。

6.2.3 在白酒储罐区、食用酒精储罐区周围设置防火堤,是防止液体外溢流散、阻止火灾蔓延、减少损失的有效措施。位于山地的白酒储罐区、食用酒精储罐区,有地形条件可利用时,可设导液沟加存液池的措施来代替防火堤的作用。当白酒储罐区、食用酒精储罐区布置在地势较高的地带时,应采取加强防火堤或另外增设防护墙等可靠的防护措施。

6.2.4 本条对白酒储罐区、食用酒精储罐区防火堤的设置提出基本要求,主要依据是现行国家标准《建筑设计防火规范》GB 50016和《储罐区防火堤设计规范》GB 50351的有关规定。

7 消防给水、灭火设施和排水

7.1 消防给水和灭火器

7.1.1 酒厂消防给水系统完善与否,直接影响火灾扑救的效果。本条规定了酒厂消防给水设计的基本要求。以水作为灭火剂使用方便、器材简单、经济可靠。

7.1.2 消防给水系统的规划设计应与酒厂的规划设计统一考虑,尤其是消防用水、给水管网等应与酒厂生产生活用水统一规划设计,从而降低投资,提高消防安全保障水平。

7.1.3 本条依据现行国家标准《建筑设计防火规范》GB 50016规定了酒厂一些可燃物较少、耐火等级不低于二级的丁类、戊类厂房、仓库可不设置室内消火栓。

7.1.5 从生活、生产给水管道直接接驳消防用水管道时,应在用水管道上设置倒流防止器。供给泡沫灭火设备的水质不应对泡沫液的性能产生不利影响。

7.1.6 现行国家标准《建筑灭火器配置设计规范》GB 50140附录规定酒精度为60度以上的白酒库房为严重危险级,酒精度小于60度的白酒库房为中危险级。火灾案例和闪点实验数据表明,白酒库、人工洞白酒库、食用酒精库、白酒储罐区、食用酒精储罐区、液态法酿酒车间、酒精蒸馏塔,白兰地蒸馏车间,陈酿库,白酒、白兰地勾兑、灌装车间应按严重危险等级配置灭火器。

7.2 灭火系统和消防冷却水系统

7.2.1 本条依据现行国家标准《建筑设计防火规范》GB 50016和酒厂的火灾危险性规定了酒厂应设置自动喷水灭火系统的场所。

7.2.2 扑救酒类火灾,必须在满足食品安全要求的前提下,寻求环保、高效、可靠的灭火剂和灭火系统。由于泡沫灭火剂不符合食品安全要求且灭火后会造成严重的环境污染,泡沫管枪射流会导致陶坛等陶制容器破损、形成流淌火。因此,不到万不得已不宜选用泡沫灭火剂灭火,更不应采用固定泡沫灭火系统保护每坛价值高达百万元的名酒库。

规范编制组通过研究和实验,确认水喷雾灭火系统适用于扑救白酒火灾。白酒库采用陶坛等陶制容器储存白酒时,本规范推荐采用水喷雾灭火系统。据调研,四川省获国家名酒称号的白酒厂和常储量较大的白酒厂的陶坛酒库都根据规范编制组的相关实验数据设置了水喷雾灭火系统。

目前白酒厂的金属储罐大都采用泡沫灭火系统,因此酒厂采用金属储罐储存白酒、食用酒精时,可采用泡沫灭火系统,储罐的保护面积根据储罐形式确定。

7.2.3 本条规定了白酒库、食用酒精库、白酒储罐区、食用酒精储罐区泡沫灭火系统的设置方式。

1 单罐容量大于或等于500m³的储罐,火灾扑救难度较大,采用固定式泡沫灭火系统,启动迅速、操作简单可靠。

2 单罐容量小于500m³的储罐,采用半固定式泡沫灭火系统,可节省消防投资。

7.2.4 本条规定了白酒、食用酒精金属储罐消防冷却水系统的设置要求。

1 白酒库、食用酒精库内金属储罐一般多排布置,储量较大,库墙可能阻挡移动式水枪的射流,充实水柱不易抵达需要保护的储罐,应采用固定式消防冷却水系统。

2 白酒储罐区、食用酒精储罐区单罐容量大于1000m³储罐若采用移动式消防冷却水系统,所需水枪和操作人员较多。对于罐壁高度大于15m的储罐,移动水枪要满足充实水柱要求,水枪后坐力很大,操作人员不易控制,因此应采用固定式消防冷却水系统。

7.2.6 现行国家标准《水喷雾灭火系统设计规范》GB 50219规定水雾喷头的工作压力当用于灭火时不应小于0.35MPa。但经规范编制组一系列模拟试验和在酒厂的工程实践运用表明,当工作压力为0.4MPa及以上时,灭火效果极佳。经技术经济比对,提高这一参数,几乎不增加系统工程造价,设备也能完全满足要求,因此将工作压力标准适当提高。此外,本条规定水喷雾灭火系统用于防护冷却时的响应时间不应大于180s,目的是迅速启动系统避免造成较大损失或严重后果。

7.2.7 白酒、食用酒精属水溶性液体,主要成分是乙醇,对普通泡沫有较强的脱水作用。抗溶性泡沫中含有抗醇性物质,在水溶性液体表面能形成一层高分子胶膜,保护液表泡沫免受脱水破坏,从而达到灭火目的。

以液下喷射的方式将泡沫注入水溶性液体后,由于水溶性液体分子的极性和脱水作用,泡沫会遭到破坏,大部分泡沫无法浮升到液面。因此液下、半液下喷射泡沫灭火方式不适用于白酒、食用酒精储罐。

7.2.8 白酒库、食用酒精库、白酒储罐区、食用酒精储罐区发生火灾后扑救难度大,快速启动灭火系统使抗溶泡沫覆盖燃烧液面至关重要。但目前运用于该类场所的泡沫灭火系统,对其控制功能的设计要求一般低于其他灭火系统,为了提高泡沫灭火系统的灭火效能提出此规定。

7.3 排 水

7.3.1 本条是吸取国内扑救火灾爆炸事故引发重大环境污染事故的教训而制定。泄漏的可燃酒液一旦流出厂区或排向库区,有可能引发次生事故;泄漏的酒液和消防废水未经处理直接排放,会造成环境污染。因此,本条规定应采取有效措施如设置事故存液池、消防废水储水池等设施,确保泄漏的酒液和消防废水不直接排至厂外和库区。

本条所要求采用的措施不含应设的防火堤和不燃烧体隔堤。

7.3.2 本条规定了事故存液池的设置要求。在储罐区、酒库外设事故存液池，可把流出的液体引至罐区、库区以外集存或燃烧，较滞留在防火堤、库内更利于处置。但应注意设置存液池需具备一定的地形条件，导液沟应能重力自流。事故存液池的排水设施应在排放出口处设置水封装置，水封高度不应小于 0.25m，水封装置应采用金属管道排出池外，不应排入雨水管和自然水体中，并应在管道出口处设置易于开关的隔断阀门。

7.3.3 本条规定了排水设计应考虑泄漏酒液、燃烧酒液和消防废水的排放。曾有观点认为燃烧的酒淌入密闭管道或地沟可能发生爆炸。事实上，当密闭管道(地沟)处于满排放状态时，由于缺氧，燃烧将被窒息，不可能发生爆炸。在排放出口设置水封设施，问题则完全得以解决。

8 采暖、通风、空气调节和排烟

8.0.1 酒厂的甲、乙类生产、储存场所，若遇明火可能发生火灾爆炸事故。因此规定这类场所严禁采用明火和电热散热器采暖，不应采用循环热风采暖。

为防止原料粉碎车间散发的可燃粉尘与采暖设备接触引发燃烧爆炸事故，应限制采暖散热器的表面温度。

8.0.2 本条规定酒厂甲、乙类生产、储存场所应有良好的通风换气，目的是使这些场所内的可燃液体蒸气或气体与空气的混合物浓度始终低于其爆炸下限的 25%。设置负压机械通风设施是为了防止可燃蒸气或气体外溢至建筑的其他部分。许多火灾案例表明，含甲、乙类物质的空气再循环使用，不仅卫生上不许可，而且火灾危险性增大，因此酒厂的甲、乙类生产、储存场所不应采用循环空气。

8.0.3 白酒库、人工洞白酒库、食用酒精库、白兰地陈酿库、氨压缩机房及白酒、白兰地酒泵房在生产、储存过程中有可能发生管道或者容器泄漏事故，造成可燃液体蒸气大量放散，因此，在设计中应设置事故排风设施。

事故排风机应分别在室内、外便于操作的地点设置开关，以便一旦发生紧急事故时，使其立即投入运行。

8.0.5 本条规定了酒厂甲、乙类生产、储存场所的通风管道及设备的设置要求。

　　1 具有爆炸危险性的场所发生事故后，火灾容易通过通风管道蔓延扩大到其他部位。因此，排风管道严禁穿过防火墙和有爆炸危险的隔墙。

　　2 采用金属管道有利于导除静电。排气口应设在室外安全地点，且远离明火和人员通过或停留的地方。为便于检查维修，本条规定排风管应明装，不应暗设。

　　3 防止静电引起灾害的最有效办法是防止其积聚，采用导电性能良好(电阻率小于 $10^6\Omega\cdot cm$)的材料接地。风管连接时，两法兰之间须用金属线搭接。

　　4 风机停机时易使空气从风管倒流到风机，当空气中含有可燃液体蒸气、气体、粉尘且风机不防爆时，这些物质被带到风机内可能因风机产生火花而引起燃烧爆炸。因此，为防止此类火灾爆炸事故，风机应采用防爆型风机。一般可采用有色金属制造的风机叶片和防爆的电动机。

　　5 地下、半地下场所的通风条件较差，易积聚有燃烧或爆炸危险的可燃液体蒸气、气体、粉尘等物质。因此，送、排风机不应布置在地下、半地下。排风机在通风机房内存在泄漏可燃液体蒸气、气体的可能，为防止空气中的可燃液体蒸气、气体被再次送入厂房、仓库内，要求送、排风机分别布置在不同的通风机房内。

8.0.6 输送白酒、食用酒精、葡萄酒、白兰地、黄酒的管道发生事故或火灾，易造成较严重后果。火灾案例表明，风管极易成为火灾蔓延的通道。为避免输酒管道和风管互相影响，防止火灾沿通风管道蔓延，作出此规定。

8.0.7 本条依据现行国家标准《建筑设计防火规范》GB 50016 作出规定。通风和空气调节系统的风管是火灾蔓延途径之一，应采取措施防止火灾穿过防火墙和不燃烧体防火分隔物等位置蔓延。

8.0.8 机械排烟系统与机械通风、空气调节系统分开设置，能够更好地保障机械排烟系统及机械通风、空气调节系统的正常运行，防止误操作。但在某些工程中，受空间条件限制，机械通风、空气调节系统和排烟系统需合用一套风管时，必须采取可靠的防火措施，使系统既满足排烟时着火部位所在防烟分区排烟量的要求，也满足平时通风、空气调节的要求。电气控制系统必须安全可靠，保证切换功能准确无误，安全可靠。

8.0.9 本条规定了自然排烟设施的设置要求。

排烟口可采用侧窗和天窗，或者采用易熔材料制作的天窗采光带，也可混合采用。采用侧窗和天窗进行排烟设计时，由于排烟口平时常处于关闭状态，因此，本条规定排烟口应有方便开启的装置(距地面高度宜为 1.2m～1.5m)或者火灾时自动开启的装置，便于及时排出烟气。

采用易熔材料制作的天窗采光带，材料熔点不应大于 70℃，且在高温条件下自行熔化时不应产生熔滴。易熔材料制作的天窗采光带的面积不宜小于可开启排烟口面积的 2.5 倍。

8.0.10 本条规定了机械排烟系统的设置要求。机械排烟设施可采用排烟管道连接排烟风机进行排烟，也可在屋顶或者靠近屋顶的墙面设置多个消防轴流风机直接排烟。

9 电 气

9.1 供配电及电器装置

9.1.1 对于常储量大于或等于 1000m³ 的白酒厂、年产量大于或等于 5000m³ 的葡萄酒厂、年产量大于或等于 10000m³ 的黄酒厂、年产量大于或等于 100000m³ 的啤酒厂,当有条件时,消防用电负荷等级尽可能采用一级负荷。

9.1.2 本条是根据爆炸和火灾危险场所供电可靠性要求所做的规定。

事故状态下,若因过载停止事故排风机运行,会使事故进一步扩大,因此当排风机过载时,应仅发出报警信号提醒值班人员注意,过载保护不应直接停排风机。

9.1.3 本条规定的供电回路,是指从低压总配电室或分配电室至消防设备或消防设备室(如消防水泵房、消防控制室、消防电梯机房等)最末级配电箱的配电线路。

根据实战需要,消防人员到达火场进行灭火时,要切断电源,避免触电事故、防止火势沿配电线路蔓延扩大。如果混合敷设配电线路,不易分清哪些是消防用电设备的配电线路,消防人员不得不全部切断电源,致使消防用电设备不能正常运行。因此,应将消防用电设备的配电线路与其他动力、照明配电线路分开敷设。同时,为避免误操作、便于灭火战斗,应设置方便在紧急情况下操作的明显标识,如清晰、简捷易读的说明、指示等。

9.1.5 本条根据现行国家标准《建筑设计防火规范》GB 50016 及其他相关规范而制定,主要是考虑架空电力线倒杆断线时的危害性。

9.1.7 为保障生产操作人员和参观人员的安全疏散,本条规定了应设置消防应急照明的部位和疏散应急照明的地面水平照度要求。

9.1.8 规定了酒厂内属于爆炸性气体环境 2 区、可燃性非导电粉尘 11 区的场所,界定标准和现行国家标准《爆炸和火灾危险环境电力装置设计规范》GB 50058 的有关规定基本一致。

9.2 防雷及防静电接地

9.2.1、9.2.2 规定了酒厂的防雷设计原则。界定了应按第二类防雷建筑物进行防雷设计的场所。防护标准和现行国家标准《建筑物防雷设计规范》GB 50057 基本一致。

9.2.3 在金属储罐的防雷措施中,储罐的良好接地非常重要,它可以降低雷击点的电位、反击电位和跨步电压。规定接地点不少于 2 处,是为了提高其接地的可靠性。规定防雷接地装置冲击接地电阻值的要求,是根据现行国家标准《建筑物防雷设计规范》GB 50057 的规定。据调查,20 多年来这样的接地电阻在石油化工企业中运行情况良好。

9.2.4 本条根据现行国家标准《建筑物防雷设计规范》GB 50057 及其他相关规范而制定。

1 装有阻火器的固定顶金属储罐,当罐顶钢板厚度大于或等于 4mm 时,对雷电有自身保护能力,不需要装设避雷针(线)保护;当钢板厚度小于 4mm 时,其闪击通道接触处有可能由于熔化而烧穿,因此需要装设避雷针(线)保护整个储罐。

2 浮顶储罐由于浮顶上的密封严密,浮顶上面的酒蒸气较少,一般不易达到爆炸下限,即使雷击起火,也只发生在密封圈不严处,容易扑灭,因此不需要装设避雷针(线)保护。

9.2.5 本条规定是采用等电位连接的方法,防止信息系统被雷电过电压损坏,避免雷电波沿配线电缆传输到控制室。

9.2.6 输送白酒、食用酒精、葡萄酒、白兰地、黄酒等酒类时,液体与输酒管道、过滤器等的摩擦会产生大量静电荷,若不通过接地装

置把电荷导走,就可能聚集形成高电位放电引起爆炸火灾事故。静电的电位虽高,但电流却较小,因此其接地电阻一般不大于 100Ω 即可。

9.2.7 本条规定可防止静电积聚,并保证防静电接地装置的接地电阻不超过安全值。

9.2.8 因防静电接地装置允许的接地电阻值较大,当金属储罐的防雷接地装置兼作防静电接地装置时,其接地电阻值完全可以满足防静电要求,因此不需要再设专用的防静电接地装置。当输酒管道的防静电接地装置与防感应雷接地装置合用时,其接地电阻值是根据防感应雷接地装置的要求确定,确定接地点主要是为了防止机械或外力对接地装置的损害。

9.2.9 共用接地系统是由接地装置和等电位连接网络组成。采用共用接地系统的目的是达到均压、等电位以减小各种设备间、不同系统之间的电位差。其接地电阻因采取了等电位连接措施,因此按接入设备中要求的最小值确定。为防止防雷装置与邻近的金属物体之间出现高电位反击,除了将金属物体做好等电位连接外,应将各种接地共用一组接地装置,各种接地的接地线可与环形接地体相连形成等电位连接,但防雷接地在环形接地体上的接地点与其他几种接地的接地点之间的距离不宜小于 10m。

9.3 火灾自动报警系统

9.3.1、9.3.2 条文规定的设置范围和火灾探测器选型,总结了酒厂安装火灾自动报警系统的实践经验,适当考虑了今后的发展和实际使用情况,根据保护对象的火灾特性和联动控制功能要求确定。对于其他厂房、仓库可根据实际情况确定是否设置火灾自动报警系统。试验表明,紫红外复合感光探测器、分布式光纤温度探测器、图像型火灾探测器或其组合对酒类火灾的探测及时有效,而且误报率较低。

9.3.3 本条规定目的在于当发现异常情况时,可以通过电话联络报警,也可作为巡检、维护工作的联络工具。设置室外手动报警设施可迅速报警,减少火灾损失。

9.3.4、9.3.5 在总结酒类行业以往成功做法的基础上,参照现行国家标准《石油化工企业可燃气体和有毒气体检测报警设计规范》GB 50493 和《火灾自动报警系统设计规范》GB 50116 的有关要求对乙醇蒸气浓度检测报警装置的设置作了规定。乙醇蒸气密度为 1.59,易向低洼处流动和积聚,本条据此规定了乙醇蒸气浓度检测器的安装位置。

9.3.6、9.3.7 氨气是一种有刺激臭味的无色有毒气体,爆炸极限为 15.7%~27.4%,在储存、使用等环节,应当采取必要的措施,防止发生泄漏爆炸事故。氨气比空气轻,泄漏后易停滞在机房的顶部空间,条文据此规定了氨气浓度检测器的安装位置。

9.3.9 考虑到许多新建、改建、扩建工程不能设专人管理的消防控制室,根据近年来企业的成功做法,消防控制室可与生产主控制室或中央控制室等合并建设。但要求消防控制室应满足现行国家标准《建筑设计防火规范》GB 50016 的有关规定。

中华人民共和国国家标准

医用气体工程技术规范

Technical code for medical gases engineering

GB 50751 - 2012

主编部门：中 华 人 民 共 和 国 卫 生 部
批准部门：中华人民共和国住房和城乡建设部
施行日期：2 0 1 2 年 8 月 1 日

中华人民共和国住房和城乡建设部公告

第 1357 号

关于发布国家标准
《医用气体工程技术规范》的公告

现批准《医用气体工程技术规范》为国家标准，编号为
GB 50751—2012，自 2012 年 8 月 1 日起实施。其中，第 4.1.1
（1）、4.1.2（1）、4.1.4（3）、4.1.7、4.1.8、4.1.9（1）、
4.2.8、4.3.5、4.4.1（1、4）、4.4.7、4.5.2、4.6.4（3）、
4.6.7、5.2.1、5.2.5（1）、5.2.9、10.1.4（3）、10.1.5、
10.2.17 条（款）为强制性条文，必须严格执行。

本规范由我部标准定额研究所组织中国计划出版社出版
发行。

中华人民共和国住房和城乡建设部
二〇一二年三月三十日

前　言

本规范是根据住房和城乡建设部《关于印发〈2008 年工程建设标准规范制订、修订计划（第一批）〉的通知》（建标〔2008〕102号）的要求，由上海市建筑学会会同有关设计、研究、管理、使用单位共同编制完成的。

本规范在编制过程中，编制组对国内外医用气体工程的建设情况进行了广泛的调查研究，总结了国内医用气体工程建设中的设计、施工、验收和运行管理的先进经验，引用了设备与产品制造、质量检测单位的领先成果，吸纳了国际上通用的理论和流程，并充分考虑了国内工程的现状与水平，参考了国内外相关标准，并在广泛征求意见的基础上，通过反复讨论、修改和完善，最后经审查定稿。

本规范共分 11 章及 4 个附录，主要内容包括：总则、术语、基本规定、医用气体源与汇、医用气体管道与附件、医用气体供应末端设施、医用气体系统监测报警、医用氧舱气体供应、医用气体系统设计、医用气体工程施工、医用气体系统检验与验收等。

本规范中以黑体字标志的条文为强制性条文，必须严格执行。

本规范由住房和城乡建设部负责管理和对强制性条文的解释，上海市建筑学会负责具体技术内容的解释。为进一步完善本规范，请各单位和个人在执行本规范过程中，认真总结经验，积累资料，如发现需要修改或补充之处，请将意见和有关资料寄至上海市建筑学会《医用气体工程技术规范》编制工作组（地址：上海市静安区新闸路 831 号丽都新贵 24 楼 E），以供今后修订时参考。

本规范主编单位、参编单位、参加单位、主要起草人和主要审查人名单：

主 编 单 位：上海市建筑学会
参 编 单 位：中国医院协会医院建筑系统研究分会
　　　　　　重庆大学城市建设与环境工程学院
　　　　　　上海现代建筑设计（集团）有限公司
　　　　　　中国人民解放军总医院
　　　　　　上海德尔格医疗器械有限公司
　　　　　　上海必康美得医用气体工程咨询有限公司
　　　　　　上海申康医院发展中心
　　　　　　上海市卫生基建管理中心
　　　　　　国际铜业协会（中国）
　　　　　　上海捷锐净化工程有限公司
　　　　　　浙江华健医用工程有限公司
　　　　　　中国中元国际工程公司
　　　　　　公安部天津消防研究所
参 加 单 位：浙江海亮股份有限公司
　　　　　　林德集团上海金山石化比欧西气体有限公司
　　　　　　上海康普压缩机有限公司
　　　　　　上海普旭真空设备技术有限公司
　　　　　　上虞市金来铜业有限公司
　　　　　　北京航天雷特新技术实业公司
　　　　　　上海邦鑫实业有限公司
主要起草人：王宇虹　马琪伟　丁德平　卢　军　钱俏鹏
　　　　　　楼东堡　刘　强　谢思桃
主要审查人：于　冬　诸葛立荣　张建忠　陈霖新　倪照鹏
　　　　　　施振球　何晓平　黄　磊　王祥瑞　贾来全
　　　　　　明汝新　董益波　曹德森　刘光荣　何哈娜
　　　　　　岳相辉

目　次

46

1 总 则

1.0.1 为规范我国医用气体工程建设,保证建设质量,实现安全可靠、技术先进、经济合理、运行与管理维护方便的目标,制定本规范。

1.0.2 本规范适用于医疗卫生机构中新建、改建或扩建的集中供应医用气体工程的设计、施工及验收。

1.0.3 医疗卫生机构应按医疗科目和流程选择所需的医用气体系统,系统的建设应统一完整。

1.0.4 医用气体工程所使用的设备、材料,应有生产许可证明并通过相关的检验或检测。

1.0.5 医用气体工程的设计、施工及验收,除应执行本规范外,尚应符合国家现行有关标准的规定。

2 术 语

2.0.1 医用气体 medical gas

由医用管道系统集中供应,用于病人治疗、诊断、预防,或驱动外科手术工具的单一或混合成分气体。在应用中也包括医用真空。

2.0.2 医用气体管道系统 medical gas pipeline system

包含气源系统、监测和报警系统,设置有阀门和终端组件等末端设施的完整管道系统,用于供应医用气体。

2.0.3 医用空气 medical purpose air

在医疗卫生机构中用于医疗用途的空气,包括医疗空气、器械空气、医用合成空气、牙科空气等。

2.0.4 医疗空气 medical air

经压缩、净化、限定了污染物浓度的空气,由医用管道系统供应作用于病人。

2.0.5 器械空气 instrument air

经压缩、净化、限定了污染物浓度的空气,由医用管道系统供应为外科工具提供动力。

2.0.6 医用合成空气 synthetic air

由医用氧气、医用氮气按氧含量为21%的比例混合而成。由医用管道系统集中供应,作为医用空气的一种使用。

2.0.7 牙科空气 dental air

经压缩、净化、限定了污染物浓度的空气,由医用管道系统供应为牙科工具提供动力。

2.0.8 医用真空 medical vacuum

为排除病人体液、污物和治疗用液体而设置的使用于医疗用

途的真空,由管道系统集中提供。

2.0.9 医用氮气 medical nitrogen

主要成分是氮,作为外科工具的动力载体或与其他气体混合用于医疗用途的气体。

2.0.10 医用混合气体 medical mixture gases

由不少于两种医用气体按医疗卫生需求的比例混合而成,作用于病人或医疗器械的混合成分气体。

2.0.11 麻醉废气排放系统 waste anaesthetic gas disposal system(WAGD)

将麻醉废气接收系统呼出的多余麻醉废气排放到建筑物外安全处的系统,由动力提供、管道系统、终端组件和监测报警装置等部分组成。

2.0.12 单一故障状态 single-fault condition

设备内只有一个安全防护措施发生故障,或只出现一种外部异常情况的状态。

2.0.13 生命支持区域 life support area

病人进行创伤性手术或需要通过在线监测治疗的特定区域,该区域内的病人需要一定时间的病情稳定后才能离开。如手术室、复苏室、抢救室、重症监护室、产房等。

2.0.14 区域阀门 zone valve

将指定区域内的医用气体终端或医用气体使用设备与管路的其他部分隔离的阀门,主要用于紧急情况下的隔断、维护等。

2.0.15 终端组件 terminal unit

医用气体供应系统中的输出口或真空吸入口组件,需由操作者连接或断开,并具有特定气体的唯一专用性。

2.0.16 低压软管组件 low-pressure hose assembly

适用于压力为1.4MPa以下的医用气体系统,带有永久性输入和输出专用气体接头的软管组合体。

2.0.17 直径限位的安全制式接头(DISS接头) diameter-index safety system connector

具有气体专用特性,直径各不相同的、分别与各种气体设施匹配的专用内、外接头组件。

2.0.18 专用螺纹制式接头(NIST接头) non-interchangeable screw-threaded connector

具有气体专用特性,直径与旋向各不相同的、分别与各种气体设施匹配的专用内、外螺纹接头组件。

2.0.19 管接头限位的制式接头(SIS接头) sleeve-index system connector

具有气体专用特性,插孔各不相同的、分别与各种气体设施匹配的专用内、外管接头组件。

2.0.20 医用供应装置 medical supply unit

配备在医疗服务区域内,可提供医用气体、液体、麻醉或呼吸废气排放、电源、通信等的不可移动装置。

2.0.21 焊接绝热气瓶 welded insulated cylinder

在内胆与外壳之间置有绝热材料,并使其处于真空状态的气瓶。用于储存临界温度小于等于-50℃的低温液化气体。

2.0.22 医用氧舱 medical hyperbaric chamber

在高于环境大气压力下利用医用氧进行治疗的一种载人压力容器设备。

2.0.23 气体汇流排 gas manifold

将数个气体钢瓶分组汇合并减压,通过管道输送气体至使用末端的装置。

2.0.24 真空压力 effective vacuum pressure

指相对真空压力,当地绝对大气压与真空绝对压力的差值。

3 基 本 规 定

3.0.1 部分医用气体的品质应符合下列规定：

1 部分医用空气的品质要求应符合表3.0.1的规定；

表 3.0.1　部分医用空气的品质要求

气体种类	油 mg/Nm³	水 mg/Nm³	CO10⁻⁶ (v/v)	CO₂10⁻⁶ (v/v)	NO和NO₂10⁻⁶(v/v)	SO₂10⁻⁶ (v/v)	颗粒物(GB 13277.1)*	气味
医疗空气	≤0.1	≤575	≤5	≤500	≤2	≤1	2级	无
器械空气	≤0.1	≤50	—	—	—	—	2级	无
牙科空气	≤0.1	≤780	≤5	≤500	≤2	≤1	3级	无

注：*《压缩空气　第1部分：污染物净化等级》GB 13277.1—2008。

2 用于外科工具驱动的医用氮气应符合现行国家标准《纯氮、高纯氮和超纯氮》GB/T 8979中有关纯氮的品质要求。

3.0.2 医用气体终端组件处的参数应符合表3.0.2的规定。

表 3.0.2　医用气体终端组件处的参数

医用气体种类	使用场所	额定压力(kPa)	典型使用流量(L/min)	设计流量(L/min)
医疗空气	手术室	400	20	40
	重症病房、新生儿、高护病房	400	60	80
	其他病房床位	400	10	20
器械空气、医用氮气	骨科、神经外科手术室	800	350	350

续表 3.0.2

医用气体种类	使用场所	额定压力(kPa)	典型使用流量(L/min)	设计流量(L/min)
医用真空	大手术	40(真空压力)	15～80	80
	小手术、所有病房床位	40(真空压力)	15～40	40
医用氧气	手术室和用氧化亚氮进行麻醉的用点	400	6～10	100
	所有其他病房用点	400	6	10
医用氧化亚氮	手术、产科、所有病房用点	400	6～10	15
医用氧化亚氮/氧气混合气	待产、分娩、恢复、产后、家庭化产房(LDRP)用点	400(350)	10～20	275
	所有其他需要的病房床位	400(350)	6～15	20
医用二氧化碳	手术室、造影室、腹腔检查用点	400	6	20
医用二氧化碳/氧气混合气	重症病房、所有其他需要的床位	400(350)	6～15	20
医用氮/氧混合气	重症病房	400(350)	40	100
麻醉或呼吸废气排放	手术室、麻醉室、重症监护室(ICU)用点	15(真空压力)	50～80	50～80

注：1　350kPa气体的压力允许最大偏差为350kPa$^{+50}_{-40}$kPa，400kPa气体的压力允许最大偏差为400kPa$^{+100}_{-80}$kPa，800kPa气体的压力最大偏差为800kPa$^{+200}_{-160}$kPa。

　　2　在医用气体使用处与医用氧气混合形成医用混合气体时，配比的医用气体压力低于该处医用氧气压力50kPa～80kPa，相应的额定压力也应减小为350kPa。

3.0.3 在牙椅处的牙科气体参数应符合表3.0.3的规定。

表 3.0.3　在牙椅处的牙科气体参数

医用气体种类	额定压力(kPa)	典型使用流量(L/min)	设计流量(L/min)	备注
牙科空气	550	50	50	气体流量需求视牙椅具体型号的不同有差别
牙科专用真空	15(真空压力)	300	300	
医用氧化亚氮/氧气混合气	400(350)	6～15	20	在使用处混合提供气体时额定压力为350kPa
医用氧气	400	5～10	10	

3.0.4 医用气体终端组件的设置数量和方式应根据医疗工艺需求确定，宜符合本规范附录A的规定。

4 医用气体源与汇

4.1 医用空气供应源

Ⅰ 医疗空气供应源

4.1.1 医疗空气的供应应符合下列规定：

1 医疗空气严禁用于非医用途；

2 医疗空气可由气瓶或空气压缩机组供应；

3 医疗空气与器械空气共用压缩机组时，其空气含水量应符合本规范表3.0.1有关器械空气的规定。

4.1.2 医疗空气供应源应由进气消音装置、压缩机、后冷却器、储气罐、空气干燥机、空气过滤系统、减压装置、止回阀等组成，并应符合下列规定：

1 医疗空气供应源在单一故障状态时，应能连续供气；

2 供应源应设置备用压缩机，当最大流量的单台压缩机故障时，其余压缩机应仍能满足设计流量；

3 供应源宜采用同一机型的空气压缩机，并宜选用无油润滑的类型；

4 供应源应设置防倒流装置；

5 供应源的后冷却器作为独立部件时应至少配置两台，当最大流量的单台后冷却器故障时，其余后冷却器应仍能满足设计流量；

6 供应源应设置备用空气干燥机，备用空气干燥机应能满足系统设计流量；

7 供应源的储气罐组应使用耐腐蚀材料或进行耐腐蚀处理。

4.1.3 空气压缩机进气装置应符合下列规定：

1 进气口应设置在远离医疗空气限定的污染物散发处的场所；

2 进气口设于室外时,进气口应高于地面 5m,且与建筑物的门、窗、进排气口或其他开口的距离不应小于 3m,进气口应使用耐腐蚀材料,并应采取进气防护措施；

3 进气口设于室内时,医疗空气供应源不得与医用真空汇、牙科专用真空汇,以及麻醉废气排放系统设置在同一房间内。压缩机进气口不应设置在电机风扇或传送皮带的附近,且室内空气质量应等同或优于室外,并应能连续供应；

4 进气管采用耐腐蚀材料,并应配备进气过滤器；

5 多台压缩机合用进气管时,每台压缩机进气端应采取隔离措施。

4.1.4 医疗空气过滤系统应符合下列规定：

1 医疗空气过滤器应安装在减压装置的进气侧；

2 应设置不少于两级的空气过滤器,每级过滤器均应设置备用。系统的过滤精度不应低于 $1\mu m$,且过滤效率应大于 99.9%；

3 医疗空气压缩机不是全无油压缩机系统时,应设置活性炭过滤器；

4 过滤系统的末级可设置细菌过滤器,并应符合本规范第 5.2 节的有关规定；

5 医疗空气过滤器处应设置滤芯性能监视措施。

4.1.5 医疗空气的设备、管道、阀门及附件的设置与连接,应符合下列规定：

1 压缩机、后冷却器、储气罐、干燥机、过滤器等设备之间宜设置阀门。储气罐应设备用或安装旁通管；

2 压缩机进、排气管的连接宜采用柔性连接；

3 储气罐等设备的冷凝水排放应设置自动和手动排水阀门；

4 减压装置应符合本规范第 5.2.14 条的规定；

5 气源出口应设置气体取样口。

4.1.6 医疗空气供应源控制系统、监测与报警,应符合下列规定：

1 每台压缩机应设置独立的电源开关及控制回路；

2 机组中的每台压缩机应能自动逐台投入运行,断电恢复后压缩机应能自动启动；

3 机组的自动切换控制应使得每台压缩机均匀分配运行时间；

4 机组的控制面板应显示每台压缩机的运行状态,机组内应有每台压缩机运行时间指示；

5 监测与报警的要求应符合本规范第 7.1 节的规定。

4.1.7 医疗空气供应源应设置应急备用电源。

4.1.8 非独立设置的器械空气系统,器械空气不得用于各类工具的维修或吹扫,以及非医疗气动工具或密封门等的驱动用途。

4.1.9 器械空气由空气压缩机系统供应时,应符合下列规定：

1 器械空气供应源在单一故障状态时,应能连续供气；

2 器械空气供应源的设置要求应符合本规范第 4.1.2 条第 2~7 款的规定；

3 器械空气同时用于牙科时,不得与医疗空气共用空气压缩机组。

4.1.10 器械空气的过滤系统应符合下列规定：

1 机组使用减压装置时,器械空气过滤系统应安装在减压装置的进气侧；

2 应设有不少于两级的过滤器,每级过滤均应设置备用。系统的过滤精度不应低于 $0.01\mu m$,且效率应大于 98%；

3 器械空气压缩机组不是全无油压缩机系统时,应设置末级活性炭过滤器；

4 器械空气过滤器处应设置滤芯性能监视措施。

4.1.11 器械空气供应源的设备、管道、阀门及附件的设置与连接,应符合本规范第 4.1.5 条的规定。

4.1.12 器械空气供应源的控制系统、监测与报警,应符合本规范第 4.1.6 条的规定。

4.1.13 独立设置的器械空气源应设置应急备用电源。

4.1.14 牙科空气供应源宜设置为独立的系统,且不得与医疗空气供应源共用空气压缩机。

4.1.15 牙科空气供应源应由进气消音装置、压缩机、后冷却器、储气罐、空气干燥机、空气过滤系统、减压装置、止回阀等组成。

4.1.16 牙科空气压缩机的排气压力不得小于 0.6MPa。

4.1.17 当牙椅超过 5 台时,压缩机不宜少于 2 台,其控制系统、监测与报警应符合本规范第 4.1.6 条的规定。

4.1.18 牙科空气与器械空气共用系统时,牙科供气总管处应安装止回阀。

4.1.19 压缩机进气装置应符合本规范第 4.1.3 条第 4 和 5 款的规定。

4.1.20 储气罐应符合本规范第 4.1.2 条第 7 款的规定。

4.2 氧气供应源

4.2.1 医疗卫生机构应根据医疗需求及医用氧气供应情况,选择、设置医用的氧气供应源,并应供应满足国家规定的用于医疗用途的氧气。

4.2.2 医用氧气供应源应由医用氧气气源、止回阀、过滤器、减压装置,以及高、低压力监视报警装置组成。

4.2.3 医用氧气气源应由主气源、备用气源和应急备用气源组成。备用气源应能自动投入使用,应急备用气源应设置自动或手动切换装置。

4.2.4 医用氧气主气源宜设置或储备能满足一周及以上用氧量,应至少不低于 3d 用氧量；备用气源应设置或储备 24h 以上用氧量；应急备用气源应保证生命支持区域 4h 以上的用氧量。

4.2.5 应急备用气源的医用氧气不应由医用分子筛制氧系统或医用液氧系统供应。

4.2.6 医用氧气供应源的减压装置、阀门等附件,应符合本规范第 5.2 节的规定,医用氧气供应源过滤器的精度应为 $100\mu m$。

4.2.7 医用氧气汇流排应采用工厂制成品,并应符合下列规定：

1 医用气体汇流排高、中压段应使用铜或铜合金材料；

2 医用气体汇流排的高、中压段阀门不应采用快开阀门；

3 医用气体汇流排应使用安全低压电源。

4.2.8 医用氧气供应源、医用分子筛制氧机组供应源,必须设置应急备用电源。

4.2.9 医用氧气的排气放散管均应接至室外安全处。

4.2.10 医用液氧贮罐供应源应由医用液氧贮罐、汽化器、减压装置等组成。医用液氧贮罐供应源的贮罐不宜少于两个,并应能切换使用。

4.2.11 医用液氧贮罐应同时设置安全阀和防爆膜等安全措施；医用液氧贮罐气源的供应支路应设置防回流措施；当医用液氧输送和供应的管路上两个阀门之间的管段有可能积存液氧时,必须设置超压泄放装置。

4.2.12 汽化器应设置为两组且应能相互切换,每组均应能满足最大供氧流量。

4.2.13 医用液氧贮罐的充灌接口应设置防错接和保护设施,并应设置在安全、方便位置。

4.2.14 医用液氧贮罐、汽化器及减压装置应设置在空气流通场所。

4.2.15 医用氧焊接绝热气瓶汇流排供应源的单个气瓶输氧量超过 $5m^3/h$ 时,每组气瓶均应设置汽化器。

4.2.16 医用氧焊接绝热气瓶汇流排供应源的气瓶宜设置为数量相同的两组,并应能自动切换使用。每组医用氧焊接绝热气瓶应满足最大用氧流量,且不得少于 2 只。

4.2.17 汇流排与医用氧焊接绝热气瓶的连接应采取防错接措施。

Ⅳ 医用氧气钢瓶汇流排供应源

4.2.18 医用氧气钢瓶汇流排气源的汇流排容量,应根据医疗卫生机构最大需氧量及操作人员班次确定。

4.2.19 医用氧气钢瓶汇流排供应源作为主气源时,医用氧气钢瓶宜设置为数量相同的两组,并应能自动切换使用。

4.2.20 汇流排与医用氧气钢瓶的连接应采取防错接措施。

Ⅴ 医用分子筛制氧机供应源

4.2.21 医用分子筛制氧机供应源及其产品气体的品质应满足国家有关管理部门的规定。

4.2.22 医用分子筛制氧机供应源应由医用分子筛制氧机机组、过滤器和调压器等组成,必要时应包括增压机组。医用分子筛制氧机机组宜由空气压缩机、空气储罐、干燥设备、分子筛吸附器、缓冲罐等组成,增压机组应由氧气压缩机、氧气储罐组成。

4.2.23 空气压缩机进气装置应符合本规范第 4.1.3 条的规定。分子筛吸附器的排气口应安装消声器。

4.2.24 医用分子筛制氧机供应源应设置氧浓度及水分、一氧化碳杂质含量实时在线检测设施,检测分析仪的最大测量误差为±0.1%。

4.2.25 医用分子筛制氧机机组应设置设备运行监控和氧浓度及水分、一氧化碳杂质含量监控和报警系统,并应符合本规范第 7 章的规定。

4.2.26 医用分子筛制氧机供应源的各供应支路应采取防回流措施,供应源出口应设置气体取样口。

4.2.27 医用分子筛制氧机供应源应设置备用机组或采用符合本规范第 4.2.10 条～第 4.2.20 条规定的备用气源。医用分子筛制氧机的主供应源、备用或备用组合气源均应能满足医疗卫生机构的用氧峰值量。

4.2.28 医用分子筛制氧机供应源应设置应急备用气源,并应符合本规范第 4.2.18 条～第 4.2.20 条的规定。

4.2.29 当机组氧浓度低于规定值或杂质含量超标,以及实时检测设施故障时,应能自动将医用分子筛制氧机隔离并切换到备用或应急备用氧气源。

4.2.30 医疗卫生机构不应设置将医用分子筛制氧机产出气体充入高压气瓶的系统。

4.3 医用氮气、医用二氧化碳、医用氧化亚氮、医用混合气体供应源

4.3.1 医疗卫生机构应根据医疗需求及医用氮气、医用二氧化碳、医用氧化亚氮、医用混合气体的供应情况设置气体的供应源,并宜设置满足一周及以上,且至少不低于 3d 的用气或储备量。

4.3.2 医用氮气、医用二氧化碳、医用氧化亚氮、医用混合气体的汇流排容量,应根据医疗卫生机构的最大用气量及操作人员班次确定。

4.3.3 医用氮气、医用二氧化碳、医用氧化亚氮、医用混合气体的供应源,应符合下列规定:

　　1 气体汇流排供应源的医用气瓶宜设置为数量相同的两组,并应能自动切换使用。每组气瓶均应满足最大用气流量;

　　2 气体供应源的减压装置、阀门和管道附件等,应符合本规范第 5.2 节的规定;

　　3 气体供应源过滤器应安装在减压装置之前,过滤精度应为 $100\mu m$;

　　4 汇流排与医用气体钢瓶的连接应采取防错接措施。

4.3.4 医用气体汇流排应采用工厂制成品。输送氧气含量超过

23.5%的汇流排,还应符合本规范第 4.2.7 条的规定。

4.3.5 各种医用气体汇流排在电力中断或控制电路故障时,应能持续供气。医用二氧化碳、医用氧化亚氮气体供应源汇流排,不得出现气体供应结冰情况。

4.3.6 医用氮气、医用二氧化碳、医用氧化亚氮、医用混合气体供应源,均应设置排气放散管,且应引出至室外安全处。

4.3.7 医用氮气、医用二氧化碳、医用氧化亚氮、医用混合气体供应源,应设置监测报警系统,并应符合本规范第 7 章的规定。

4.4 真空汇

Ⅰ 医用真空汇

4.4.1 医用真空汇应符合下列规定:

　　1 医用真空不得用于三级、四级生物安全实验室及放射性沾染场所;

　　2 独立传染病科医疗建筑物的医用真空系统宜独立设置;

　　3 实验室用真空汇与医用真空汇共用时,真空罐与实验室总汇集管之间应设置独立的阀门及真空除污罐;

　　4 医用真空汇在单一故障状态时,应能连续工作。

4.4.2 医用真空机组宜由真空泵、真空罐、止回阀等组成,并应符合下列规定:

　　1 真空泵宜为同一种类型;

　　2 医用真空汇应设置备用真空泵,当最大流量的单台真空泵故障时,其余真空泵仍能满足设计流量;

　　3 真空机组应设置防倒流装置。

4.4.3 医用真空汇宜设置细菌过滤器或采取其他灭菌消毒措施。当采用细菌过滤器时,应符合本规范第 5.2 节的有关规定。

4.4.4 医用真空机组排气应符合下列规定:

　　1 多台真空泵合用排气管时,每台真空泵排气应采取隔离措施;

　　2 排气管口应使用耐腐蚀材料,并应采取排气防护措施,排气管道的最低部位应设置排污阀;

　　3 真空泵的排气应符合医院环境卫生标准要求。排气口应设置有害气体警示标识;

　　4 排气口应位于室外,不应与医用空气进气口位于同一高度,且与建筑物的门窗、其他开口的距离不应小于 3m;

　　5 排气口气体的发散不应受季风、附近建筑、地形及其他因素的影响,排出的气体不应转移至其他人员工作或生活区域。

4.4.5 医用真空汇的设备、管道连接、阀门及附件的设置,应符合下列规定:

　　1 每台真空泵、真空罐、过滤器间均应设置阀门或止回阀。真空罐应设置备用或安装旁通管;

　　2 真空罐应设置排污阀,其进气口之前宜设置真空除污罐,并应符合本规范第 5.2 节的有关规定;

　　3 真空泵与进气、排气管的连接宜采用柔性连接。

4.4.6 医用真空汇的控制系统、监测与报警应符合下列规定:

　　1 每台真空泵应设置独立的电源开关及控制回路;

　　2 每台真空泵应能自动逐台投入运行,断电恢复后真空泵应能自动启动;

　　3 自动切换控制应使得每台真空泵均匀分配运行时间;

　　4 医用真空汇控制面板应设置每台真空泵运行状态指示及运行时间显示;

　　5 监测与报警的要求应符合本规范第 7.1 节的规定。

4.4.7 医用真空汇应设置应急备用电源。

4.4.8 液环式真空泵的排水应经污水处理合格后排放,且应符合现行国家标准《医疗机构水污染物排放标准》GB 18466 的有关规定。

Ⅱ 牙科专用真空汇

4.4.9 牙科专用真空汇应独立设置,并应设置汞合金分离装置。

4.4.10 牙科专用真空汇应符合下列规定:
　　1 牙科专用真空汇应由真空泵、真空罐、止回阀等组成,也可采用粗真空风机机组型式;
　　2 牙科专用真空汇使用液环真空泵时,应设置水循环系统;
　　3 牙科专用真空系统不得对牙科设备的供水造成交叉污染。

4.4.11 牙科过滤系统应符合下列规定:
　　1 进气口应设置过滤网,应能滤除粒径大于1mm的颗粒;
　　2 系统设置细菌过滤器时,应符合本规范第5.2节的有关规定。湿式牙科专用真空系统的细菌过滤器应设置在真空泵的排气口;

4.4.12 牙科专用真空汇排气应符合本规范第4.4.4条的规定。

4.4.13 牙科专用真空汇控制系统应符合本规范第4.4.6条的规定。

4.5 麻醉或呼吸废气排放系统

4.5.1 麻醉或呼吸废气排放系统应保证每个末端的设计流量,以及终端组件应用端允许的真空压力损失符合表4.5.1的规定。

表4.5.1 麻醉或呼吸废气排放系统每个末端设计流量与应用端允许真空压力损失

麻醉或呼吸废气排放系统	设计流量(L/min)	允许真空压力损失(kPa)
高流量排放系统	≤80	1
	≥50	2
低流量排放系统	≤50	1
	≥25	2

4.5.2 麻醉废气排放系统及使用的润滑剂、密封剂,应采用与氧气、氧化亚氮、卤化麻醉剂不发生化学反应的材料。

4.5.3 麻醉或呼吸废气排放机组应符合下列规定:
　　1 机组在单一故障状态时,系统应能连续工作;
　　2 机组的真空泵或风机宜为同一种类型;
　　3 机组应设置备用真空泵或风机,当最大流量的单台真空泵或风机故障时,机组其余部分仍能满足设计流量;
　　4 机组应设置防倒流装置。

4.5.4 麻醉或呼吸废气排放机组中设备、管道连接、阀门及附件的设置,应符合下列规定:
　　1 每台麻醉或呼吸废气排放真空泵应设置阀门或止回阀;
　　2 麻醉或呼吸废气排放机组的进气管及排气管宜采用柔性连接;
　　3 麻醉或呼吸废气排放机组进气口应设置阀门。

4.5.5 粗真空风机排放机组中风机的设计运行真空压力宜高于17.3kPa,且机组不应再用作其他用途。

4.5.6 麻醉或呼吸废气真空机组排气应符合本规范第4.4.4条的规定。

4.5.7 大于0.75kW的麻醉或呼吸废气真空泵与风机,宜设置在独立的机房内。

4.5.8 引射式排放系统采用医疗空气驱动引射器时,其流量不得对本区域的其余设备正常使用医疗空气产生干扰。

4.5.9 用于引射式排放的独立压缩空气系统,应设置备用压缩机,当最大流量的单台压缩机故障时,其余压缩机应仍能满足设计流量。

4.5.10 用于引射式排放的独立压缩空气系统,在单一故障状态时应能连续工作。

4.6 建筑及构筑物

4.6.1 医用气体气源站房的布置应在医疗卫生机构总体设计中统一规划,其噪声和排放的废气、废水不应对医疗卫生机构及周边环境造成污染。

4.6.2 医用空气供应源站房、医用真空汇泵房、牙科专用真空汇泵房、麻醉废气排放泵房设计,应符合下列规定:

　　1 机组四周应留有不小于1m的维修通道;
　　2 每台压缩机、干燥机、真空泵、真空风机应根据设备或安装位置的要求采取隔震措施,机房及外部噪声应符合现行国家标准《声环境质量标准》GB 3096以及医疗工艺对噪声与震动的规定;
　　3 站房内应采取通风或空调措施,站房内环境温度不应超过相关设备的允许温度。

4.6.3 医用液氧贮罐站的设计应符合下列规定:
　　1 贮罐站应设置防火围堰,围堰的有效容积不应小于围堰最大液氧贮罐的容积,且高度不应低于0.9m;
　　2 医用液氧贮罐和输送设备的液体接口下方周围5m范围内地面应为不燃材料,在机动输送设备下方的不燃材料地面不应小于车辆的全长;
　　3 氧气储罐及医用液氧贮罐本体应设置标识和警示标志,周围应设置安全标识。

4.6.4 医用液氧贮罐与建筑物、构筑物的防火间距,应符合下列规定:
　　1 医用液氧贮罐与医疗卫生机构外建筑之间的防火间距,应符合现行国家标准《建筑设计防火规范》GB 50016的有关规定;
　　2 医疗卫生机构液氧贮罐处的实体围墙高度不应低于2.5m;当围墙外为道路或开阔地时,贮罐与实体围墙的间距不应小于1m;围墙外为建筑物、构筑物时,贮罐与实体围墙的间距不应小于5m;
　　3 医用液氧贮罐与医疗卫生机构内部建筑物、构筑物之间的防火间距,不应小于表4.6.4的规定。

表4.6.4 医用液氧贮罐与医疗卫生机构内部建筑物、构筑物之间的防火间距(m)

建筑物、构筑物	防火间距
医院内道路	3.0
一、二级建筑物墙壁或突出部分	10.0

续表4.6.4

建筑物、构筑物	防火间距
三、四级建筑物墙壁或突出部分	15.0
医院变电站	12.0
独立车库、地下车库出入口、排水沟	15.0
公共集会场所、生命支持区域	15.0
燃煤锅炉房	30.0
一般架空电力线	≥1.5倍电杆高度

注:当面向液氧贮罐的建筑外墙为防火墙时,液氧贮罐与一、二级建筑物墙壁或突出部分的防火间距不应小于5.0m,与三、四级建筑物墙壁或突出部分的防火间距不应小于7.5m。

4.6.5 医用分子筛制氧站、医用气体储存库除本规范的规定外,尚应符合现行国家标准《建筑设计防火规范》GB 50016的有关规定,应布置为独立单层建筑物,其耐火等级不应低于二级,建筑围护结构上的门窗应向外开启,并不得采用木质、塑钢等可燃材料制作。与其他建筑毗连时,其毗连的墙应为耐火极限不低于3.0h且无门、窗、洞的防火墙,站房应至少设置一个直通室外的门。

4.6.6 医用气体汇流排间不应与医用空气压缩机、真空汇或医用分子筛制氧机设置在同一房间内。输送氧气含量超过23.5%的医用气体汇流排间,当供气量不超过60m³/h时,可设置在耐火等级不低于三级的建筑内,但应靠外墙布置,并应采用耐火极限不低于2.0h的墙和甲级防火门与建筑物的其他部分隔开。

4.6.7 除医用空气供应源、医用真空汇外,医用气体供应源均不应设置在地下空间或半地下空间。

4.6.8 医用气体的储存应设置专用库房,并应符合下列规定:
　　1 医用气体储存库不应布置在地下空间或半地下空间,储存库内不得有地沟、暗道,库房内应设置良好的通风、干燥措施;
　　2 库内气瓶应按品种各自分实瓶区、空瓶区布置,并应设置明显的区域标记和防倾倒措施;

3 瓶库内应防止阳光直射,严禁明火。

4.6.9 医用空气供应源、医用真空汇、医用分子筛制氧源,应设置独立的配电柜与电网连接。

4.6.10 氧化性医用气体储存间的电气设计,应符合现行国家标准《爆炸和火灾危险环境电力装置设计规范》GB 50058 的有关规定。

4.6.11 医用气源站内管道应按现行行业标准《民用建筑电气设计规范》JGJ 16 的有关规定进行接地,接地电阻应小于 10Ω。

4.6.12 医用气源站、医用气体储存库的防雷,应符合现行国家标准《建筑物防雷设计规范》GB 50057 的有关规定。医用液氧贮罐站应设置防雷接地,冲击接地电阻值不应大于 30Ω。

4.6.13 输送氧气含量超过 23.5% 的医用气体供应源的给排水、采暖通风、照明、电气的要求,均应符合现行国家标准《氧气站设计规范》GB 50030 的有关规定,并应符合下列规定:

    1 汇流排间内气体贮量不宜超过 24h 用气量;

    2 汇流排间应防止阳光直射,地坪应平整、耐磨、防滑、受撞击不产生火花,并应有防止瓶倒的设施。

4.6.14 医用气体气源站、医用气体储存库的房间内宜设置相应气体浓度报警装置。房间换气次数不应少于 8 次/h,或平时换气次数不应少于 3 次/h,事故状况时不应少于 12 次/h。

5 医用气体管道与附件

5.1 一般规定

5.1.1 敷设压缩医用气体管道的场所,其环境温度应始终高于管道内气体的露点温度 5℃ 以上,因寒冷气候可能使医用气体析出凝结水的管道部分应采取保温措施。医用真空管道坡度不得小于 0.002。

5.1.2 医用氧气、氮气、二氧化碳、氧化亚氮及其混合气体管道的敷设处应通风良好,且管道不宜穿过医护人员的生活、办公区,必须穿越的部位,管道上不应设置法兰或阀门。

5.1.3 生命支持区域的医用气体管道宜从医用气源处单独接出。

5.1.4 建筑物内的医用气体管道宜敷设在专用管井内,且不应与可燃、腐蚀性的气体或液体、蒸汽、电气、空调风管等共用管井。

5.1.5 室内医用气体管道宜明敷,表面应有保护措施。局部需要暗敷时应设置在专用槽板或沟槽内,沟槽的底部应与医用供应装置或大气相通。

5.1.6 医用气体管道穿墙、楼板以及建筑物基础时,应设套管,穿楼板的套管应高出地板面至少 50mm。且套管内医用气体管道不得有焊缝,套管与医用气体管道之间应采用不燃材料填实。

5.1.7 医疗房间内的医用气体管道应作等电位接地;医用气体的汇流排、切换装置、各减压出口、安全放散口和输送管道,均应作防静电接地;医用气体管道接地间距不应超过 80m,且不应少于一处,室外埋地医用气体管道两端应有接地点;除采用等电位接地外宜为独立接地,其接地电阻不应大于 10Ω。

5.1.8 医用气体输送管道的安装支架应采用不燃烧材料制作并经防腐处理,管道与支吊架的接触处应作绝缘处理。

5.1.9 架空敷设的医用气体管道,水平直管道支吊架的最大间距应符合表 5.1.9 的规定;垂直管道限位移支架的间距应为表 5.1.9 中数据的 1.2 倍～1.5 倍,每层楼板处应设置一处。

表 5.1.9 医用气体水平直管道支吊架最大间距

公称直径 DN(mm)	10	15	20	25	32	40	50	65	80	100	125	≥150
铜管最大间距(m)	1.5	1.5	2.0	2.0	2.5	2.5	3.0	3.0	3.0	3.0	3.0	3.0
不锈钢管最大间距(m)	1.7	2.2	2.8	3.3	3.7	4.2	5.0	6.0	6.7	7.7	8.9	10.0

注:表中不锈钢管间距按表 5.2.3 的壁厚规定;DN8 管道水平支架间距小于等于 1.0m。

5.1.10 架空敷设的医用气体管道之间的距离应符合下列规定:

    1 医用气体管道之间、管道与附件外缘之间的距离,不应小于 25mm,且应满足维护要求;

    2 医用气体管道与其他管道之间的最小间距应符合表 5.1.10 规定。无法满足时应采取适当隔离措施。

表 5.1.10 架空医用气体管道与其他管道之间的最小间距(m)

名 称	与氧气管道净距		与其他医用气体管道净距	
	并行	交叉	并行	交叉
给水、排水管,不燃气体管	0.15	0.10	0.15	0.10
保温热力管	0.25	0.10	0.15	0.10
燃气管、燃油管	0.50	0.25	0.15	0.10
裸导线	1.50	1.00	1.50	1.00
绝缘导线或电缆	0.50	0.30	0.50	0.30
穿有导线的电缆管	0.50	0.10	0.50	0.10

5.1.11 埋地敷设的医用气体管道与建筑物、构筑物等及其地下管线之间的最小间距,均应符合现行国家标准《氧气站设计规范》GB 50030 有关地下敷设氧气管道的间距规定。

5.1.12 埋地或沟内的医用气体管道不得采用法兰或螺纹连接,并应作加强绝缘防腐处理。

5.1.13 埋地敷设的医用气体管道深度不应小于当地冻土层厚度,且管顶距地面不宜小于 0.7m。当埋地管道穿越道路或其他情况时,应加设防护套管。

5.1.14 医用气体阀门的设置应符合下列规定:

    1 生命支持区域的每间手术室、麻醉诱导和复苏室,以及每个重症监护区域外的每种医用气体管道上,应设置区域阀门;

    2 医用气体主干管道上不得采用电动或气动阀门,大于 DN25 的医用氧气管道阀门不得采用快开阀门;除区域阀门外的所有阀门,应设置在专门管理区域或采用带锁柄的阀门;

    3 医用气体管道系统预留端应设置阀门并封堵管道末端。

5.1.15 医用气体区域阀门的设置应符合下列规定:

    1 区域阀门与其控制的医用气体末端设施应在同一楼层,并应有防火墙或防火隔断隔离;

    2 区域阀门使用侧宜设置压力表且安装在带保护的阀门箱内,并应能满足紧急情况下操作阀门需要。

5.1.16 医用氧气管道不应使用折皱弯头。

5.1.17 医用真空除污罐应设置在医用真空管段的最低点或缓冲罐入口侧,并应有旁路或备用。

5.1.18 除牙科的湿式系统外,医用气体细菌过滤器不应设置在真空泵排气端。

5.1.19 医用气体管道的设计使用年限不应小于 30 年。

5.2 管材与附件

5.2.1 除设计真空压力低于 **27kPa** 的真空管道外,医用气体的管材均应采用无缝铜管或无缝不锈钢管。

5.2.2 输送医用气体用无缝铜管材料与规格,应符合现行行业标准《医用气体和真空用无缝铜管》YS/T 650 的有关规定。

5.2.3 输送医用气体用无缝不锈钢管除应符合现行国家标准《流

体输送用不锈钢无缝钢管》GB/T 14976 的有关规定,并应符合下列规定:

1 材质性能不应低于 0Cr18Ni9 奥氏体,管材规格应符合现行国家标准《无缝钢管尺寸、外形、重量及允许偏差》GB/T 17395 的有关规定;

2 无缝不锈钢管壁厚应经强度与寿命计算确定,且最小壁厚宜符合表 5.2.3 的规定。

表 5.2.3 医用气体用无缝不锈钢管的最小壁厚(mm)

公称直径 DN	8~10	15~25	32~50	65~125	150~200
管材最小壁厚	1.5	2.0	2.5	3.0	3.5

5.2.4 医用气体系统用铜管件应符合现行国家标准《铜管接头 第1部分:钎焊式管件》GB/T 11618.1 的有关规定;不锈钢管件应符合现行国家标准《钢制对焊无缝管件》GB/T 12459 的有关规定。

5.2.5 医用气体管材及附件的脱脂应符合下列规定:

1 所有压缩医用气体管材及附件均应严格进行脱脂;

2 无缝铜管、铜管件脱脂标准与方法,应符合现行行业标准《医用气体和真空用无缝铜管》YS/T 650 的有关规定;

3 无缝不锈钢管、管件和医用气体低压软管洁净度应达到内表面碳的残留量不超过 20mg/m² ,并应无毒性残留;

4 管材应在交货前完成脱脂清洗及惰性气体吹扫后封堵的工序;

5 医用真空管材及附件宜进行脱脂处理。

5.2.6 医用气体管材应具有明确的标记,标记应至少包含制造商名称或注册商标、产品类型、规格,以及可溯源的批次号或生产日期。

5.2.7 医用气体管道成品弯头的半径不应小于管道外径,机械弯管或煨弯弯头的半径不应小于管道外径的 3 倍~5 倍。

5.2.8 医用气体管道阀门应使用铜或不锈钢材质的等通径阀门,需要焊接连接的阀门两端应带有预制的连接用短管。

5.2.9 与医用气体接触的阀门、密封元件、过滤器等管道或附件,其材料与相应的气体不得产生有火灾危险、毒性或腐蚀性危害的物质。

5.2.10 医用气体管道法兰应与管道为同类材料。管道法兰垫片宜采用金属材质。

5.2.11 医用气体减压阀应采用经过脱脂处理的铜或不锈钢材质减压阀,并应符合现行国家标准《减压阀 一般要求》GB/T 12244 的有关规定。

5.2.12 医用气体安全阀应采用经过脱脂处理的铜或不锈钢材质的密闭型全启式安全阀,并应符合现行行业标准《安全阀安全技术监察规程》TSG ZF001 的有关规定。

5.2.13 医用气体压力表精度不宜低于 1.5 级,其最大量程宜为最高工作压力的 1.5 倍~2.0 倍。

5.2.14 医用气体减压装置应为包含安全阀的双路型式,每一路均应满足最大流量及安全泄放需要。

5.2.15 医用真空除污罐的设计压力应取 100kPa。除污罐应有液位指示,并应能通过简单操作排除内部积液。

5.2.16 医用气体细菌过滤器应符合下列规定:

1 过滤精度应为 0.01μm~0.2μm ,效率应达到 99.995% ;

2 应设置备用细菌过滤器,每组细菌过滤器均应能满足设计流量要求;

3 医用气体细菌过滤器处应采取滤芯性能监视措施。

5.2.17 压缩医用气体阀门、终端组件等管道附件应经过脱脂处理,医用气体通过的有效内表面洁净度应符合下列规定:

1 颗粒物的大小不应超过 50μm ;

2 工作压力不高于 3MPa 的管道附件碳氢化合物含量不应超过 550mg/m² ,工作压力高于 3MPa 的管道附件碳氢化合物含量不应超过 220mg/m² 。

5.3 颜色和标识

Ⅰ 一般规定

5.3.1 医用气体管道、终端组件、软管组件、压力指示仪表等附件,均应有耐久、清晰、易识别的标识。

5.3.2 医用气体管道及附件标识的方法应为金属标记、模版印刷、盖印或黏着性标志。

5.3.3 医用气体管道及附件的颜色和标识代号应符合表 5.3.3 的规定。

表 5.3.3 医用气体管道及附件的颜色和标识代号

医用气体名称	代号		颜色规定	颜色编号
	中文	英文		
医疗空气	医疗空气	Med Air	黑色—白色	—
器械空气	器械空气	Air 800	黑色—白色	—
牙科空气	牙科空气	Dent Air	黑色—白色	—
医用合成空气	合成空气	Syn Air	黑色—白色	—
医用真空	医用真空	Vac	黄色	Y07
牙科专用真空	牙科真空	Dent Vac	黄色	Y07
医用氧气	医用氧气	O₂	白色	—
医用氮气	氮气	N₂	黑色	PB11
医用二氧化碳	二氧化碳	CO₂	灰色	B03
医用氧化亚氮	氧化亚氮	N₂O	蓝色	PB06
医用氧气/氧化亚氮混合气体	氧/氧化亚氮	O₂/N₂O	白色—蓝色	—PB06
医用氧气/二氧化碳混合气体	氧/二氧化碳	O₂/CO₂	白色—灰色	—B03
医用氦气/氧气混合气体	氦气/氧气	He/O₂	棕色—白色	YR05
麻醉废气排放	麻醉废气	AGSS	朱紫色	R02
呼吸废气排放	呼吸废气	AGSS	朱紫色	R02

注:表中规定为两种颜色时,系在标识范围内以中部为分隔左右分布。

5.3.4 任何采用颜色标识的圈套、色带圈或夹箍,颜色均应覆盖到其全周长。

Ⅱ 颜色和标识的设置规定

5.3.5 医用气体管道标识应至少包含气体的中文名称或代号、气体的颜色标记、指示气流方向的箭头。压缩医用气体管道的运行压力不符合本规范表 3.0.2 和表 3.0.3 的规定时,管道上的标识还应包含气体的运行压力。

5.3.6 医用气体管道标识长度不应小于 40mm,标识的设置应符合下列规定:

1 标识应沿管道的纵向轴以间距不超过 10m 的间隔连续设置;

2 任一房间内的管道应至少设置一个标识,管道穿越的隔墙或隔断的两侧均应有标识,立管穿越的每一层应至少设置一个标识。

5.3.7 医用气体管道外表面除本规范规定的标识外,不应有其他涂覆层。

5.3.8 医用气体的输入、输出口处标识,应包含气体代号、压力及气流方向的箭头。

5.3.9 阀门的标识应符合下列规定:

1 应有气体的中文名称或代号、阀门所服务的区域或房间的名称,压缩医用气体管道的运行压力不符合本规范表 3.0.2 和表 3.0.3 的规定时,阀门上的标识还应包含气体运行压力;

2 应有明确的当前开、闭状态指示以及开关旋向指示;

3 应标明注意事项及警示语。

5.3.10 医用气体终端组件及气体插头的外表面,应按表 5.3.3 的规定设置耐久和清晰的颜色及中文名称或代号,终端组件上无中文名称或代号时,应在其安装位置附近另行设置中文名称或代号。

5.3.11 除医疗器械内的软管组件外,其他低压软管组件的标识应符合下列规定：

  1 所有管接头/套管和夹箍上应至少标识气体的中文名称或代号；

  2 软管的两端应贴有带颜色标记的条带，使用色带条时，色带应设置在靠近软管的连接处，且色带宽度不应小于 25mm；

  3 软管的端口应盖有带颜色标记的封闭端盖。

5.3.12 医用气体报警装置应有明确的监测内容及监测区域的中文标识。

5.3.13 医用气体计量表应有明确的计量区域的中文标识。

5.3.14 医用气体终端组件外部有遮盖物时，应设置明确的文字指示标识。

5.3.15 医用气体标识的中文字高不应小于 3.5mm，英文字高不应小于 2.5mm。其中管道上的标识文字高度不应小于 6mm。

5.3.16 埋地医用气体管道上方 0.3m 处宜设置开挖警示色带。

6 医用气体供应末端设施

6.0.1 医用气体的终端组件、低压软管组件和供应装置的安全性能，应符合现行行业标准《医用气体管道系统终端 第 1 部分：用于压缩医用气体和真空的终端》YY 0801.1、《医用气体管道系统终端 第 2 部分：用于麻醉气体净化系统的终端》YY 0801.2、《医用气体低压软管组件》YY/T 0799，以及本规范附录 D 的规定，与医用气体接触或可能接触的部分应经脱脂处理，并应符合本规范第 5.2 节的有关规定。

6.0.2 医用气体的终端组件、低压软管组件和供应装置的颜色与标识，应符合本规范第 5.3 节的有关规定。

6.0.3 医疗建筑内宜采用同一制式规格的医用气体终端组件。

6.0.4 医用气体终端组件的安装高度距地面应为 900mm～1600mm，终端组件中心与侧墙或隔断的距离不应小于 200mm。横排布置的终端组件，宜按相邻的中心距为 80mm～150mm 等距离布置。

6.0.5 医用供应装置的安装应符合下列规定：

  1 装置内不可活动的气体供应部件与医用气体管道的连接宜采用无缝铜管，且不得使用软管及低压软管组件；

  2 装置的外部电气部件不应采用带开关的电源插座，也不应安装能触及的主控开关或熔断器；

  3 装置上的等电位接地端子应通过导线单独连接到病房的辅助等电位接地端子上；

  4 装置安装后不得存在可能造成人员伤害或设备损伤的粗糙表面、尖角或锐边；

  5 条带式的医用供应装置中心线的安装高度距地面宜为

1350mm～1450mm，悬梁型式的医用供应装置底面的安装高度距地面宜为 1600mm～2000mm；

  6 医用供应装置或其中的移动部件距地面高度最小时，安装在其中的终端组件高度应符合本规范第 6.0.4 条的规定；

  7 医用供应装置安装后，应能在环境温度为 10℃～40℃、相对湿度为 30％～75％、大气压力为 70kPa～106kPa、额定电压为 220V±10％的条件中正常运行。

6.0.6 横排布置真空终端组件邻近处的真空瓶支架，宜设置在真空终端组件离病人较远一侧。

7 医用气体系统监测报警

7.1 医用气体系统报警

7.1.1 医用气体系统报警应符合下列规定：

  1 除设置在医用气源设备上的就地报警外，每一个监测采样点均应有独立的报警显示，并应持续直至故障解除；

  2 声响报警应无条件启动，1m 处的声压级不应低于 55dBA，并应有暂时静音功能；

  3 视觉报警应能在距离 4m、视角小于 30°和 100 lx 的照度下清楚辨别；

  4 报警器具有报警指示灯故障测试功能及断电恢复自动功能。报警传感器回路断路时应能报警；

  5 每个报警器均应有标识，并应符合本规范第 5.3.12 条的规定；

  6 气源报警及区域报警的供电电源应设置应急备用电源。

7.1.2 气源报警应具备下列功能：

  1 医用液体储罐中气体供应量低时应启动报警；

  2 汇流排钢瓶切换时应启动报警；

  3 医用气体供应源或汇切换至应急备用气源时应启动报警；

  4 应急备用气源储备量低时应启动报警；

  5 压缩医用气体供气源压力超出允许压力上限和额定压力欠压 15％时，应启动超、欠压报警；真空汇压力低于 48kPa 时，应启动欠压报警；

  6 气源报警器应对每一个气源设备至少设置一个故障报警显示，任何一个就地报警启动时，气源报警器上应同时显示相应设备的故障指示。

7.1.3 气源报警的设置应符合下列规定：

1 应设置在可24h监控的区域，位于不同区域的气源设备应设置各自独立的气源报警器；

2 同一气源报警的多个报警器均应各自单独连接到监测采样点，其报警信号需要通过继电器连接时，继电器的控制电源不应与气源报警装置共用电源；

3 气源报警采用计算机系统时，系统应有信号接口部件的故障显示功能，计算机应能连续不间断工作，且不得用于其他用途。所有传感器信号均应直接连接至计算机系统。

7.1.4 区域报警用于监测某病人区域医用气体管路系统的压力，应符合下列规定：

1 应设置压缩医用气体工作压力超出额定压力±20%时的超压、欠压报警以及真空系统压力低于37kPa时的欠压报警；

2 区域报警器宜设置医用气体压力显示，每间手术室宜设置视觉报警；

3 区域报警器应设置在护士站或其他人员监视的区域。

7.1.5 就地报警应具备下列功能：

1 当医用空气供应源、医用真空汇、麻醉废气排放真空机组中的主供应压缩机、真空泵故障停机时，应启动故障报警；当备用压缩机、真空泵投入运行时，应启动备用运行报警；

2 医疗空气供应源应设置一氧化碳浓度报警，当一氧化碳浓度超标时应启动报警；

3 液环压缩机应具有内部水分离器高水位报警功能。采用液环式或水冷式压缩机的空气系统中，储气罐应设置内部液位高位置报警；

4 当医疗空气常压露点达到-20℃，器械空气常压露点超过-30℃，且牙科空气常压露点超过-18.2℃时，应启动报警；

5 医用分子筛制氧机的空气压缩机、分子筛吸附塔，应分别设置故障停机报警；

6 医用分子筛制氧机应设置一氧化碳浓度超限报警，氧浓度低于规定值时，应启动氧气浓度低限报警及应急备用气源运行报警。

7.2 医用气体计量

7.2.1 医疗卫生机构应根据自身的需求，在必要时设置医用气体系统计量仪表。

7.2.2 医用气体计量仪表应根据医用气体的种类、工作压力、温度、流量和允许压力降等条件进行选择。

7.2.3 医用气体计量仪表应设置在不燃或难燃结构上，且便于巡视、检修的场所，严禁安装在易燃易爆、易腐蚀的位置，或有放射性危险、潮湿和环境温度高于45℃以及可能泄漏并滞留医用气体的隐蔽部位。

7.2.4 医用氧气源计量仪表应具有实时、累计计量功能，并宜具有数据传输功能。

7.3 医用气体系统集中监测与报警

7.3.1 医用气体系统宜设置集中监测与报警系统。

7.3.2 医用气体系统集中监测与报警的内容，应包括并符合本规范第7.1.2条~第7.1.4条的规定。

7.3.3 监测系统的电路和接口设计应具有高可靠性、通用性、兼容性和可扩展性。关键部件或设备应有冗余。

7.3.4 监测系统软件应设置系统自身诊断及数据冗余功能。

7.3.5 中央监测管理系统应能与现场测量仪表以相同的精度同步记录各子系统连续运行的参数、设备状态等。

7.3.6 监测系统的应用软件宜配备实时瞬态模拟软件，可进行存量分析和用气量预测等。

7.3.7 集中监测管理系统应有参数超限报警、事故报警及报警记录功能，宜有系统或设备故障诊断功能。

7.3.8 集中监测管理系统应能以不同方式显示各子系统运行参数和设备状态的当前值与历史值，并应能连续记录储存不少于一年的运行参数。中央监测管理系统宜兼有信息管理(MIS)功能。

7.3.9 监测及数据采集系统的主机应设置不间断电源。

7.4 医用气体传感器

7.4.1 医用气体传感器的测量范围和精度应与二次仪表匹配，并应高于工艺要求的控制和测量精度。

7.4.2 医用气体露点传感器精度漂移应小于1℃/年。一氧化碳传感器在浓度为$10×10^{-6}$时，误差不应超过$2×10^{-6}$。

7.4.3 压力或压差传感器的工作范围应大于监测采样点可能出现的最大压力或压差的1.5倍，量程宜为该点正常值变化范围的1.2倍~1.3倍。流量传感器的工作范围宜为系统最大工作流量的1.2倍~1.3倍。

7.4.4 气源报警压力传感器应安装在管路总阀门的使用侧。

7.4.5 区域报警传感器应设置维修阀门，区域报警传感器不宜使用电接点压力表。除手术室、麻醉室外，区域报警传感器应设置在区域阀门使用侧的管道上。

7.4.6 独立供电的传感器应设置应急备用电源。

8 医用氧舱气体供应

8.1 一般规定

8.1.1 医用氧舱舱内气体供应参数，应符合现行国家标准《医用氧气加压舱》GB/T 19284和《医用空气加压氧舱》GB/T 12130的有关规定。

8.1.2 医用氧舱气体供应系统的管道及其附件均应符合本规范第5章的有关规定。

8.2 医用空气供应

8.2.1 医用空气加压氧舱的医用空气品质应符合本规范表3.0.1有关医疗空气的规定。

8.2.2 医用空气加压氧舱的医用空气气源与管道系统，均应独立于医疗卫生机构集中供应的医用气体系统。

8.2.3 医用空气加压氧舱的医用空气气源应符合本规范第4.1.1条~第4.1.7条的规定，但可不设备用压缩机与备用后处理系统。

8.2.4 多人医用空气加压氧舱的空压机配置不应少于2台。

8.3 医用氧气供应

8.3.1 供应医用氧舱的氧应符合医用氧气的品质要求。

8.3.2 医用氧舱与其他医疗用氧共用氧源时，氧气源应能同时保证医疗用氧的供应参数。

8.3.3 除液氧供应方式外，医用氧气加压舱的医用氧气应为独立气源，医用空气加压氧舱氧气宜为独立气源。

8.3.4 医用氧舱氧气源减压装置、供应管道，均应独立于医疗卫生机构集中供应的医用气体系统;医用氧气加压舱与其他医疗用氧共用液氧气源时,应设置专用的汽化器。

8.3.5 医用空气加压氧舱的供氧压力应高于工作舱压力 0.4MPa～0.7MPa,当舱内满员且同时吸氧时,供氧压降不应大于 0.1MPa。

8.3.6 医用氧舱供氧主管道的医用氧气阀门不应使用快开式阀门。

8.3.7 医用氧舱排氧管道应接至室外,排氧口应高于地面 3m 以上并远离明火或火花散发处。

9 医用气体系统设计

9.1 一 般 规 定

9.1.1 医用气体系统的设计,包括末端设施的设置方案,应根据当地气源供应状况、医疗建筑的建设与规划以及医疗需求,经充分调研、论证后确定。

9.1.2 医用气体管道的设计压力,应符合现行国家标准《压力管道规范 工业管道 第3部分:设计和计算》GB/T 20801.3 的有关规定。医用真空管道设计压力应为 0.1MPa。

9.1.3 医用气体管道的压力分级应符合表 9.1.3 的规定。

表 9.1.3 医用气体管道的压力分级

级别名称	压力 p(MPa)	使用场所
真空管道	$0<p<0.1$ (绝对压力)	医用真空、麻醉或呼吸废气排放管道等
低压管道	$0≤p≤1.6$	压缩医用气体管道、医用焊接绝热气瓶汇流排管道等
中压管道	$1.6<p<10$	医用氧化亚氮汇流排、医用氧化亚氮/氧汇流排、医用二氧化碳汇流排管道等
高压管道	$p≥10$	医用氧气汇流排、医用氮气汇流排、医用氮/氧汇流排管道等

9.1.4 医用气体系统末端的设计流量应符合本规范第 3.0.2 条的规定,并应满足特殊部门及用气设备的峰值用气量需求。

9.1.5 医用气体管路系统在末端设计压力、流量下的压力损失,应符合表 9.1.5 的规定。

表 9.1.5 医用气体管路系统在末端设计压力、流量下的压力损失(kPa)

气体种类	设计流量下的末端压力	气源或中间压力控制装置出口压力	设计允许压力损失
医用氧气、医疗空气、氧化亚氮、二氧化碳	400～500	400～500	50
与医用氧在使用处混合的医用气体	310～390	360～450	50
器械空气、氮气	700～1000	750～1000	50～200
医用真空	40～87 (真空压力)	60～87 (真空压力)	13～20 (真空压力)

注:医用真空汇内真空压力允许超过 87kPa。

9.1.6 麻醉或呼吸废气排放系统每个末端的设计流量,以及终端组件应用端允许的真空压力损失,应符合表 9.1.6 的规定。

表 9.1.6 麻醉或呼吸废气排放系统每个末端设计流量与应用端允许真空压力损失

麻醉或呼吸废气排放系统	设计流量(L/min)	允许真空压力损失(kPa)
高流量排放系统	≤80	1
	≥50	2
低流量排放系统	≤50	1
	≥25	2

9.2 气体流量计算与规定

9.2.1 医用气体系统气源的计算流量可按下式计算:

$$Q = \sum [Q_a + Q_b(n-1)\eta] \qquad (9.2.1)$$

式中:Q——气源计算流量(L/min);

Q_a——终端处额定流量(L/min),按本规范附录 B 取值;

Q_b——终端处计算平均流量(L/min),按本规范附录 B 取值;

n——床位或计算单元的数量;

η——同时使用系数,按本规范附录 B 取值。

9.2.2 医用空气气源设备、医用真空、麻醉废气排放系统设备选型时,应进行进气及海拔高度修正。

9.2.3 医用氧舱的耗氧量可按表 9.2.3 的规定计算。

表 9.2.3 医用氧舱的耗氧量

含氧空气与循环	完整治疗所需最长时间(h)	完整治疗时间耗氧量(L)	治疗时间外耗氧量(L/min)
开环系统	2	30000	250
循环系统	2	7250	40
通过呼吸面罩供氧	2	1200	10
通过内置呼吸罩供氧	2	7250	60

9.2.4 医用氧加压舱的氧气供应系统,应能以 30kPa/min 的升压速率加压氧舱至最高工作压力连续至少两次。

9.2.5 医用空气加压氧舱的医疗空气供应系统,应满足氧舱各舱室 10kPa/min 的升压速率需求。

10 医用气体工程施工

10.1 一般规定

10.1.1 医用气体安装工程开工前应具备下列条件:

1 施工企业、施工人员应具备相关资质证明与执业证书;

2 已批准的施工图设计文件;

3 压力管道与设备已按有关要求报建;

4 施工材料及现场水、电、土建设施配合准备齐全。

10.1.2 医用气体器材设备安装前应开箱检查,产品合格证应与设备编号一致,配套附件文件应与装箱清单一致,设备应完整,应无机械损伤、碰伤,表面处理层应完好无锈蚀,保护盖应齐全。

10.1.3 医用气体管材及附件在使用前应按产品标准进行外观检查,并应符合下列规定:

1 所有管材端口密封包装应完好,阀门、附件包装应无破损;

2 管材应无外观制造缺陷,应保持圆滑、平直,不得有局部凹陷、碰伤、压扁等缺陷;高压气体、低温液体管材不应有划伤压痕;

3 阀门密封面应完整,无伤痕、毛刺等缺陷;法兰密封面应平整光洁,不得有毛刺及径向沟槽;

4 非金属垫片应保持质地柔韧,应无老化及分层现象,表面应无折损及皱纹;

5 管材及附件应无锈蚀现象。

10.1.4 焊接医用气体铜管及不锈钢管材时,均应在管材内部使用惰性气体保护,并应符合下列规定:

1 焊接保护气体可使用氮气或氩气,不应使用二氧化碳气体;

2 应在未焊接的管道端口内部供应惰性气体,未焊接的邻近管道不应被加热而氧化;

3 焊接施工现场应保持空气流通或单独供应呼吸气体;

4 现场应记录气瓶数量,并应采取防止与医用气体气瓶混淆的措施。

10.1.5 **输送氧气含量超过 23.5% 的管道与设备施工时,严禁使用油膏。**

10.1.6 医用气体报警装置在接入前应先进行报警自测试。

10.2 医用气体管道安装

10.2.1 所有压缩医用气体管材、组成件进入工地前均应已脱脂,不锈钢管材、组成件应经酸洗钝化、清洗干净并封装完毕,并应达到本规范第 5.2 节的规定。未脱脂的管材、附件及组成件应作明确的区分标记,并应采取防止与已脱脂管材混淆的措施。

10.2.2 医用气体管材切割加工应符合下列规定:

1 管材应使用机械方法或等离子切割下料,不应使用冲模扩孔,也不应使用高温火焰切割或打孔;

2 管材的切口应与管轴线垂直,端面倾斜偏差不得大于管道外径的 1%,且不应超过 1mm;切口表面应处理平整,并应无裂纹、毛刺、凸凹、缩口等缺陷;

3 管材的坡口加工宜采用机械方法。坡口及其内外表面应进行清理;

4 管材下料时严禁使用油脂或润滑剂。

10.2.3 医用气体管材现场弯曲加工应符合下列规定:

1 应在冷状态下采用机械方法加工,不应采用加热方式制作;

2 弯管不得有裂纹、折皱、分层等缺陷;弯管任一截面上的最大外径与最小外径差与管材名义外径相比较时,用于高压的弯管不应超过 5%,用于中低压的弯管不应超过 8%;

3 高压管材弯曲半径不应小于管外径 5 倍,其余管材弯曲半

径不应小于管外径 3 倍。

10.2.4 管道组成件的预制应符合现行国家标准《工业金属管道工程施工规范》GB 50235 的有关规定。

10.2.5 医用气体铜管道之间、管道与附件之间的焊接连接均应为硬钎焊,并应符合下列规定:

1 铜钎焊施工前应经过焊接质量工艺评定及人员培训;

2 直管段、分支管道焊接均应使用管件承插焊接;承插深度与间隙应符合现行国家标准《铜管接头 第 1 部分:钎焊式管件》GB 11618.1 的有关规定;

3 铜管焊接使用的钎料应符合现行国家标准《铜基钎料》GB/T 6418 和《银钎料》GB/T 10046 的有关规定,并宜使用含银钎料;

4 现场焊接的铜阀门,其两端应已包含预制连接短管;

5 铜波纹膨胀节安装时,其直管长度不得小于 100mm,允许偏差为 ±10mm。

10.2.6 不锈钢管道及附件的现场焊接应采用氩弧焊或等离子焊,并应符合下列规定:

1 不锈钢管道分支连接时应使用管件焊接。承插焊接时承插深度不应小于管壁厚的 4 倍;

2 管道对接焊口的组对内壁应齐平,错边量不得超过壁厚的 20%。除设计要求的管道预拉伸或压缩焊口外不得强行组对;

3 焊接后的不锈钢管焊缝外表面应进行酸洗钝化。

10.2.7 不锈钢管道焊缝质量应符合下列规定:

1 不锈钢管焊缝不应有气孔、钨极杂质、夹渣、缩孔、咬边;凹陷不应超过 0.2mm,凸出不应超过 1mm;焊缝反面应允许有少量焊漏,但应保证管道流通面积;

2 不锈钢管对接焊缝加强高度不应小于 0.1mm,角焊焊缝的焊角尺寸应为 3mm～6mm;承插焊接焊缝高度应与外管表面齐平或高出外管 1mm;

3 直径大于 20mm 的管道对接焊缝应焊透,直径不超过 20mm 的管道对接焊缝和角焊缝未焊透深度不得大于材料厚度的 40%。

10.2.8 医用气体管道焊缝位置应符合下列规定:

1 直管段上两条焊缝的中心距离不应小于管材外径的 1.5 倍;

2 焊缝与弯管起点的距离不得小于管材外径,且不宜小于 100mm;

3 环焊缝距支、吊架净距不应小于 50mm;

4 不应在管道焊缝及其边缘上开孔。

10.2.9 医用气体管道与经过防火或缓燃处理的木材接触时,应防止管道腐蚀;当采用非金属材料隔离时,应防止隔离物收缩时脱落。

10.2.10 医用气体管道支吊架的材料应有足够的强度与刚度,现场制作的支架应除锈并涂二道以上防锈漆。医用气体管道与支架间应有绝缘隔离措施。

10.2.11 医用气体阀门安装时应核对型号及介质流向标记。公称直径大于 80mm 的医用气体管道阀门宜设置专用支架。

10.2.12 医用气体管道的接地或跨接导线应有与管道相同材料的金属板与管道进行连接过渡。

10.2.13 医用气体管道焊接完成后应采取保护措施,防止脏物污染,并应保持到全系统调试完成。

10.2.14 医用气体管道现场焊接的洁净度检查应符合下列规定:

1 现场焊缝接头抽检率应为 0.5%,各系统焊缝抽检数量不应少于 10 条;

2 抽样焊缝应沿纵向切开检查,管道及焊缝内部应清洁,无氧化物、特殊化合物和其他杂质残留。

10.2.15 医用气体管道焊缝的无损检测应符合下列规定:

1 熔化焊焊缝射线照相的质量评定标准,应符合现行国家标准《金属熔化焊焊接接头射线照相》GB/T 3323 的有关规定;

2 高压医用气体管道、中压不锈钢材质氧气、氧化亚氮气体管道和-29℃以下低温管道的焊缝,应进行100%的射线照相检测,其质量不得低于Ⅱ级,角焊缝应为Ⅲ级;

3 中压医用气体管道和低压不锈钢材质医用氧气、医用氧化亚氮、医用二氧化碳、医用氮气管道,以及壁厚不超过2.0mm的不锈钢材质低压医用气体管道,应进行10%的射线照相检测,其质量不得低于Ⅲ级;

4 焊缝射线照相合格率应为100%,每条焊缝补焊不应超过2次。当射线照相合格率低于80%时,除返修不合格焊缝外,还应按原射线照相比例增加检测。

10.2.16 医用气体减压装置应进行减压性能检查,应将减压装置出口压力设定为额定压力,在终端使用流量为零的状态下,应分别检查减压装置每一减压支路的静压特性24h,其出口压力均不得超出设定压力15%,且不得高于额定压力上限。

10.2.17 医用气体管道应分段、分区以及全系统作压力试验及泄漏性试验。

10.2.18 医用气体管道压力试验应符合下列规定:

1 高压、中压医用气体管道应做液压试验,试验压力应为管道设计压力的1.5倍,试验结束应立即吹除管道残余液体;

2 液压试验介质可采用洁净水,不锈钢管道或设备试验用水的氯离子含量不得超过25×10⁻⁶;

3 低压医用气体管道、医用真空管道应做气压试验,试验介质应采用洁净的空气或干燥、无油的氮气;

4 低压医用气体管道试验压力应为管道设计压力的1.15倍,医用真空管道试验压力应为0.2MPa;

5 医用气体管道压力试验应维持试验压力至少10min,管道应无泄漏、外观无变形为合格。

10.2.19 医用气体管道应进行24h泄漏性试验,并应符合下列规定:

1 压缩医用气体管道试验压力应为管道的设计压力,真空管道试验压力应为真空压力70kPa;

2 小时泄漏率应按下式计算:

$$A = \left[1 - \frac{(273 + t_1)P_2}{(273 + t_2)P_1}\right] \times \frac{100}{24} \qquad (10.2.19)$$

式中:A——小时泄漏率(真空为增压率)(%);

P_1——试验开始时的绝对压力(MPa);

P_2——试验终了时的绝对压力(MPa);

t_1——试验开始时的温度(℃);

t_2——试验终了时的温度(℃)。

3 医用气体管道在未接入终端组件时的泄漏性试验,小时泄漏率不应超过0.05%;

4 压缩医用气体管道接入供应末端设施后的泄漏性试验,小时泄漏率应符合下列规定:

1)不超过200床位的系统应小于0.5%;

2)800床位以上的系统应小于0.2%;

3)200床位~800床位的系统不应超过按内插法计算得出的数值;

5 医用真空管道接入供应末端设施后的泄漏性试验,小时泄漏率应符合下列规定:

1)不超过200床位的系统应小于1.8%;

2)800床位以上的系统应小于0.5%;

3)200床位~800床位的系统不应超过按内插法计算得出的数值。

10.2.20 医用气体管道在安装终端组件之前应使用干燥、无油的空气或氮气吹扫,在安装终端组件之后除真空管道外应进行颗粒物检测,并应符合下列规定:

1 吹扫或检测的压力不得超过设备和管道的设计压力,应从距离区域阀最近的终端插座开始直至该区域内最远的终端;

2 吹扫效果验证或颗粒物检测时,应在150L/min流量下至少进行15s,并应使用含50μm孔径滤布、直径50mm的开口容器进行检测,不应有残余物。

10.2.21 管道吹扫合格后应由施工单位会同监理、建设单位共同检查,并应进行"管道系统吹扫记录"和"隐蔽工程(封闭)记录"。

10.2.22 医用气体供应末端设施的安装应符合本规范第6章和附录D的规定。医用气体悬吊式供应装置应固定于预埋件上,当装置采用医用空气动力时,应确认空气参数符合装置要求及本规范的规定。

10.2.23 医用气体供应装置内现场施工的管道,应按本规范第10.2.18条和第10.2.19条规定进行压力试验和泄漏性试验。

10.3 医用气源站安装及调试

10.3.1 空气压缩机、真空泵、氧气压缩机及其附属设备的安装、检验,应按设备说明书要求进行,并应符合现行国家标准《风机、压缩机、泵安装工程施工及验收规范》GB 50275的有关规定。

10.3.2 压缩空气站、医用液氧贮罐站、医用分子筛制氧站、医用气体汇流排间内所有气体连接管道,应符合医用气体管材洁净度要求,各管段应分别吹扫干净后再接入各附属设备。

10.3.3 医用气源站内管道应按本规范第10.2.18条和第10.2.19条的规定分段进行压力试验和泄漏性试验。

10.3.4 空气压缩机、真空泵、氧气压缩机及附属设备,应按设备要求进行调试及联合试运转。

10.3.5 医用真空泵站的安装及调试应符合下列规定:

1 真空泵安装的纵向水平偏差不应大于0.1/1000,横向水平偏差不应大于0.2/1000。有联轴器的真空泵应进行手工盘车检查,电机和泵的转动应轻便灵活,无异常声音;

2 应检查真空管道及阀门等附件,并应保证管等通径。真空泵排气管道宜短直,管道口径应无局部减小。

10.3.6 医用液氧贮罐站安装及调试应符合下列规定:

1 医用液氧贮罐应使用地脚螺栓固定在基础上,不得采用焊接固定;立式医用液氧贮罐罐体倾斜度应小于1/1000;

2 医用液氧贮罐、汽化器与医用液氧管道的法兰联接,应采用低温密封垫、铜或奥氏体不锈钢连接螺栓,应在常温预紧后在低温下再拧紧;

3 在医用液氧贮罐周围7m范围内的所有导线、电缆应设置金属套管,不应裸露;

4 首次加注医用液氧前,应确认已经过氮气吹扫并使用医用液氧进行置换和预冷。初次加注完毕应缓慢增压并在48h内监视贮罐压力的变化。

10.3.7 医用气体汇流排间应按设备说明书安装,并应进行汇流排减压、切换、报警等装置的调试。焊接绝热气瓶汇流排气源还应进行配套的汽化器性能测试。

11 医用气体系统检验与验收

11.1 一般规定

11.1.1 新建医用气体系统应进行各系统的全面检验与验收,系统改建、扩建或维修后应对相应部分进行检验与验收。

11.1.2 施工单位质检人员应按本规范的规定进行检验并记录,隐蔽工程应由相关方共同检验合格后再进行后续工作。

11.1.3 所有验收发现问题和处理结果均应详细记录并归档。验收方确认系统均符合本规范的规定后应签署验收合格证书。

11.1.4 检验与验收用气体应为干燥、无油的氮气或符合本规范规定的医疗空气。

11.2 施工方的检验

11.2.1 医用气体系统中的各个部分应分别检验合格后再接入系统,并应进行系统的整体检验。

11.2.2 医用气体管道施工中应按本规范的有关规定进行管道焊缝洁净度检验、封闭或暗装部分管道的外观和标识检验、管道系统初步吹扫、压力试验和泄漏性试验、管道颗粒物检验、医用气体减压装置性能检验、防止管道交叉错接的检验及标识检查、阀门标识与其控制区域正确性检验。

11.2.3 医用气体各系统应分别进行防止管道交叉错接的检验及标识检查,并应符合下列规定:

1 压缩医用气体管道检验压力应为 0.4MPa,真空应为 0.2MPa。除被检验的气体管道外,其余管道压力应为常压;

2 用各专用气体插头逐一检验终端组件,应是仅被检验的气体终端组件内有气体供应,同时应确认终端组件的标识与所检验气体管道介质一致。

11.2.4 医用气体终端组件在安装前应进行下列检验:

1 连接性能检验应符合现行行业标准《医用气体管道系统终端 第 1 部分:用于压缩医用气体和真空的终端》YY 0801.1 和《医用气体管道系统终端 第 2 部分:用于麻醉气体净化系统的终端》YY 0801.2 的有关规定;

2 气体终端底座与终端插座、终端插座与气体插头之间的专用性检验;

3 终端组件的标识检查,结果应符合本规范第 5.3 节的有关规定。

11.3 医用气体系统的验收

11.3.1 医用气体系统应进行独立验收。验收时应确认设计图纸与修改核定文件、竣工图、施工单位文件与检验记录、监理报告、气源设备与末端设施原理图、使用说明与维护手册、材料证明报告等记录,且所有压力容器、压力管道应已获准使用,压力表、安全阀等应已按要求进行检验并取得合格证。

11.3.2 医用气体系统验收应进行泄漏性试验、防止管道交叉错接的检验及标识检查、所有设备及管道和附件标识的正确性检查、所有阀门标识与控制区域标识正确性检查、减压装置静态特性检查、气体专用性检查。

11.3.3 医用气体系统验收应进行监测与报警系统检验,并应符合下列规定:

1 每个医用气体子系统的气源报警、就地报警、区域报警,应按本规范第 7.1 节的规定对所有报警功能逐一进行检验,计算机系统作为气源报警时应进行相同的报警内容检验;

2 应确认不同医用气体的报警装置之间不存在交叉或错接。报警装置的标识应与检验气体、检验区域一致;

3 医用气体系统已设置集中监测与报警装置时,应确认其功

能完好,报警标识应与检验气体、检验区域一致。

11.3.4 医用气体系统验收应按本规范第 10.2.20 条的规定进行气体管道颗粒物检验。压缩医用气体系统的每一主要管道支路,均应分别进行 25% 的终端处抽检,任何一个终端处检验不合格时应检修,并应检验该区域中的所有终端。

11.3.5 医用气体系统验收应对压缩医用气体系统的每一主要管道支路距气源最远的一个末端设施处进行管道洁净度检验。该处被测气体的含水量应达到本规范表 3.0.1 有关医疗空气的含水量规定;与气源处相比较的碳氢化合物、卤代烃含量差值不得超过 5×10^{-6}。

11.3.6 医用气源应进行检验,并应符合下列规定:

1 压缩机以 1/4 额定流量连续运行满 24h 后,检验气源取样口的医疗空气、器械空气质量符合本规范的规定;

2 应进行压缩机、真空泵、自动切换及自动投入运行功能检验;

3 应进行医用液氧贮罐切换、汇流排切换、备用气源、应急备用气源投入运行功能及报警检验;

4 应进行备用气源、应急备用气源储量或压力低于规定值的有关功能与报警检验;

5 应进行本规范与设备或系统集成商要求的其他功能及报警检验。

11.3.7 医用气体系统验收应在子系统功能连接完整、除医用氧气源外使用各气源设备供应气体时,进行气体管道运行压力与流量的检测,并应符合下列规定:

1 所有气体终端组件处输出气体流量为零时的压力应在额定压力允许范围内;

2 所有额定压力为 350kPa～400kPa 的气体终端组件处,在输出气体流量为 100L/min 时,压力损失不得超过 35kPa;

3 器械空气或氮气终端组件处的流量为 140L/min 时,压力损失不得超过 35kPa;

4 医用真空终端组件处的真空流量为 85L/min 时,相邻真空终端组件处的真空压力不得降至 40kPa 以下;

5 生命支持区域的医用氧气、医疗空气终端组件处的 3s 内短暂流量,应能达到 170L/min;

6 医疗空气、医用氧气系统的每一主要管道支路中,实现途泄流量为 20% 的终端组件处平均典型使用流量时,系统的压力应符合本规范第 9.1.5 条的规定。

11.3.8 每个医用气体系统的管道应进行专用气体置换,并应进行医用气体系统品质检验,同时应符合下列规定:

1 对于每一种压缩气体,应在气源及主要支路最远末端设施处分别对气体品质进行分析;

2 除器械空气或氮气、牙科空气外,终端组件处气体主要组分的浓度与气源出口处的差值不应超过 1%。

附录 A 医用气体终端组件的设置要求

A.0.1 医用气体终端组件的设置应根据各类医疗卫生机构用途的不同经论证后确定,可按表 A.0.1 的规定设置。

表 A.0.1 医用气体终端组件的设置要求

部门	单元	氧气	真空	医疗空气	氧化亚氮/氧气混合气	氧化亚氮	麻醉或呼吸废气	氮气/器械空气	二氧化碳	氮/氧混合气
手术部	内窥镜/膀胱镜	1	3	1	—		1	1	1	1a
	主手术室	2	3	2	—		2	1	1	1a
	副手术室	2	2	1	—		1	1	—	1a
	骨科/神经科手术室	2	4	2	—		1	1	2	1a
	麻醉室	1	1	1	—		1	1		
	恢复室	2	2	1						
	门诊手术室	2	2	1						
妇产科	待产室	1	1	1	1					
	分娩室	2	2	1	1					
	产后恢复	1	2	1	1					
	婴儿室	1	1	1						
儿科	新生儿重症监护	2	2	2						
	儿科重症监护	2	2	2						
	育婴室	1	1	1						
	儿科病房	1	1	1						

续表 A.0.1

部门	单元	氧气	真空	医疗空气	氧化亚氮/氧气混合气	氧化亚氮	麻醉或呼吸废气	氮气/器械空气	二氧化碳	氮/氧混合气
诊断学	脑电图、心电图、肌电图	1	1							
	数字减影血管造影室(DSA)	2	2	2			1a			
	MRI	1	1	1						
	CAT 室	1	1	1		1				
	眼耳鼻喉科 EENT	—	1	1						
	超声波	1	1							
	内窥镜检查	1	1	1						
	尿路造影	1	1							
	直线加速器	1	1							
病房及其他	病房	1	1a	1a						
	精神病房	—	—	—						
	烧伤病房	2	2				1a	1a		
	ICU	2	2	2	1a			1a		1a
	CCU	2	2	2			1a			
	抢救室	2	2	2						
	透析	1	1	1						
	外伤治疗室	2	2	2						
	检查/治疗/处置	1	1	1						
	石膏室	1	1	1a					1a	
	动物研究	1	1	1			1a	1a		
	尸体解剖	1	1							
	心导管检查	2	2	2						
	消毒室	1	1	×						
	普通门诊	1	1							

注:本表为常规的最少设置方案。其中 a 表示可能需要的设置,× 为禁止使用。

A.0.2 牙科、口腔外科的医用气体供应可按表 A.0.2 的规定设置。

表 A.0.2 牙科、口腔外科医用气体的设置要求

气体种类	牙科空气	牙科专用真空	医用氧气	医用氧化亚氮/氧气混合气
接口或终端组件的数量	1	1	1(视需求)	1(视需求)

附录 B 医用气体气源流量计算

B.0.1 医疗空气、医用真空、医用氧气系统气源的计算流量中的有关参数,可按表 B.0.1 取值。

表 B.0.1 医疗空气、医用真空与医用氧气流量计算参数

使用科室		医疗空气(L/min)			医用真空(L/min)			医用氧气(L/min)		
		Q_a	Q_b	η	Q_a	Q_b	η	Q_a	Q_b	η
手术室	麻醉诱导	40	40	10%	40	30	25%	100	6	25%
	重大手术室、整形、神经外科	40	20	100%	80	40	100%	100	10	75%
	小手术室	60	20	75%	80	40	50%	100	10	50%
	术后恢复、苏醒	60	25	50%	40	30	25%	10	6	100%
重症监护	ICU、CCU	60	30	75%	40	40	75%	10	6	100%
	新生儿 NICU	40	40	75%	40	40	75%	10	4	100%
妇产科	分娩	20	15	100%	40	40	50%	10	10	25%
	待产或（家化）产房	40	25	50%	40	40	50%	10	6	25%
	产后恢复	20	15	25%	40	40	25%	10	6	25%
	新生儿	20	15	50%	40	40	25%	10	3	50%
其他	急诊、抢救室	60	20	20%	40	40	50%	100	6	15%
	普通病房	60	15	5%	40	10	10%	10	6	15%
	呼吸治疗室	40	25	50%	40	40	25%	—	—	—
	创伤室	20	15	25%	60	60	100%	—	—	—
	实验室	40	40	25%	40	40	25%	—	—	—
	增加的呼吸机	80	40	75%						
	CPAP 呼吸机							75	75	75%
	门诊	20	15	10%				10	6	15%

注:1 本表按综合性医院应用资料编制。
    2 表中普通病房、创伤科病房的医疗空气流量系按病人所吸氧气需与医疗空气按比例混合并安装医疗空气终端时的流量。
    3 氧气不作呼吸机动力气体。
    4 增加的呼吸机医疗空气流量应以实际数据为准。

B.0.2 氮气或器械空气系统气源的计算流量中的有关参数，可按表B.0.2取值。

表 B.0.2　氮气或器械空气流量计算参数

使用科室	Q_a(L/min)	Q_b(L/min)	η
手术室	350	350	50%（<4间的部分）
			25%（≥4间的部分）
石膏室、其他科室	350	—	—
引射式麻醉废气排放（共用）	20	20	见表B.0.7
气动门等非医用场所	按实际用量另计		

B.0.3 牙科空气与真空系统气源的计算流量中的有关参数，可按表B.0.3取值。

表 B.0.3　牙科空气与真空计算参数

气体种类	Q_a(L/min)	Q_b(L/min)	η	η
牙科空气	50	50	80%（<10张牙椅的部分）	60%（≥10张牙椅的部分）
牙科专用真空	300	300		

注：Q_a、Q_b的数值与牙椅具体型号有关，数值有差别。

B.0.4 医用氧化亚氮系统气源的计算流量中的有关参数，可按表B.0.4取值。

表 B.0.4　医用氧化亚氮流量计算参数

使用科室	Q_a(L/min)	Q_b(L/min)	η
抢救室	10	6	25%
手术室	15	6	100%
妇产科	15	6	100%
放射诊断（麻醉室）	10	6	25%
重症监护	10	6	25%
口腔、骨科诊疗室	10	6	25%
其他部门	10	—	—

B.0.5 医用氧化亚氮与医用氧混合气体系统气源的计算流量中的有关参数，可按表B.0.5取值。

表 B.0.5　医用氧化亚氮与医用氧混合气体流量计算参数

使用科室	Q_a(L/min)	Q_b(L/min)	η
待产/分娩/恢复/产后（<12间）	275	6	50%
待产/分娩/恢复/产后（≥12间）	550	6	50%
其他区域	10	6	25%

B.0.6 医用二氧化碳气体系统气源的计算流量中的有关参数，可按表B.0.6取值。

表 B.0.6　医用二氧化碳气体计算参数

使用科室	Q_a(L/min)	Q_b(L/min)	η
终端使用设备	20	6	100%
其他专用设备	另计		

B.0.7 麻醉或呼吸废气排放系统真空汇的计算流量中的有关参数，可按表B.0.7取值。

表 B.0.7　麻醉或呼吸废气排放流量计算参数

使用科室	η	Q_a与Q_b(L/min)
抢救室	25%	
手术室	100%	
妇产科	100%	80（高流量排放方式）
放射诊断（麻醉室）	25%	50（低流量排放方式）
口腔、骨科诊疗室	25%	
其他麻醉科室	15%	

附录 C　医用气体工程施工主要记录

C.0.1 医用气体施工中的隐蔽工程（封闭）记录可按表C.0.1的格式进行。

表 C.0.1　隐蔽工程（封闭）记录

项目：		区域：		工号：	记录编号：
隐蔽	部位：	图纸编号			记录日期：
封闭					
隐蔽	前的检查				
封闭					
隐蔽	方法：				
封闭					
简图说明：					
结论：					
建设单位：	监理单位：		设计单位：		施工单位：
年 月 日	年 月 日		年 月 日		年 月 日

C.0.2 医用气体施工中管道系统压力试验记录可按表C.0.2的格式进行。

C.0.3 医用气体施工中管道系统吹扫/颗粒物检验记录可按表C.0.3的格式进行。

表 C.0.2　管道系统压力试验记录

表 C.0.3 管道系统吹扫/颗粒物检验记录

项目：									工号	日期：			记录编号：
管段号	长度(m)	材质	区域	介质	吹扫/检验压力(MPa)	介质	吹扫时间 收集时间			鉴定结果		管线复位与检查(含垫片,盲板等)	
建设单位		监理单位		设计单位		施工单位		验收单位					
年 月 日		年 月 日		年 月 日		年 月 日		年 月 日					

附录 D 医用供应装置安全性要求

D.1 医用供应装置

D.1.1 医用供应装置所使用的医用气体终端组件、低压软管组件,应符合现行行业标准《医用气体管道系统终端 第1部分:用于压缩医用气体和真空的终端》YY 0801.1 和《医用气体管道系统终端 第2部分:用于麻醉气体净化系统的终端》YY 0801.2 和《医用气体低压软管组件》YY/T 0799 的有关规定,医用气体管道应符合本规范第5.1节和第5.2节的规定。

D.1.2 医用供应装置所使用液体终端应符合下列规定:

1 快速连接的插座和插头均应设置止回阀;

2 用于透析浓缩和透析通透的插头应安装在医用供应装置上;

3 终端所用材料应在按制造商规定的操作下与所使用液体相兼容;

4 透析浓缩的快速连接插头和插座的内径应为 4mm,透析通透的快速连接插头和插座的内径应为 6mm,用于透析浓缩排放的快速插头和插座尺寸应与其他用途的液体不同。

D.1.3 医用供应装置的通用实验要求应符合现行国家标准《医用电气设备 第1部分:安全通用要求》GB 9706.1—2007 第4章的规定。

D.1.4 医用供应装置及其部件的外部标记除应符合本规范和现行国家标准《医用电气设备 第1部分:安全通用要求》GB 9706.1—2007 第6.1条的有关规定外,还应符合下列规定:

1 由主供电源直接供电的设备及其可拆卸的带电部件,应在设备主要部件外面设置产地、型号或参考型号的标识;

2 所有电气和电子接线图应设置在医用供应装置内的连接处。电气接线图应标明电压、相数及电气回路数目,电子接线图应标有接线端子数量及电线的识别;

3 专用设备电源插座应设置电源类型、额定电压、额定电流及设备名称标识;

4 为重要供电电路提供电源的电源插座应符合国家现行有关的安装规定,无安装规定时,应单独标识;

5 医用供应装置应按 Ⅰ 类、B 型设备要求设计制造,设备及其内置的 BF 或 CF 类型部件和输出部件的相关标识符号,应符合现行国家标准《医用电气设备 第1部分:安全通用要求》GB 9706.1—2007 附录 D 中表 D2 的规定;

6 连接辅助等电位接地的设备应设置符合现行国家标准《医用电气设备 第1部分:安全通用要求》GB 9706.1—2007 附录 D 中表 D1 符号 9 规定的标识符号;

7 与用于肌电图、脑电图和心电图的病人监护仪相连接的医用供应装置,应设置肌电图机 EMG、脑电图机 EEG、心电图机 ECG 或 EKG 等特别应用标识。

D.1.5 医用供应装置及其部件的内部标记,除应符合现行国家标准《医用电气设备 第1部分:安全通用要求》GB 9706.1—2007 第6.2条的有关规定外,还应符合下列规定:

1 医用气体连接点及管道标识、色标应符合本规范5.2节的有关规定;

2 中性线接点应设置符合现行国家标准《医用电气设备 第1部分:安全通用要求》GB 9706.1—2007 附录 D 中表 D1 符号 8 规定的字母 N 及蓝色色标。

D.1.6 医用供应装置液体管道及终端标识应符合表 D.1.6 的规定。

表 D.1.6 液体管道及终端标识

液 体 名 称	
饮用水 冷	Portable water, cold
饮用水 热	Portable water, warm
冷却水	Cooling water
冷却水 回水	Cooling water, feed-back
软化水	De-mineralized water
蒸馏水	Distilled water
透析浓缩	Dialysing concentrate
透析通透	Dialysing permeate

D.1.7 医用供应装置的输入功率应符合现行国家标准《医用电气设备 第1部分:安全通用要求》GB 9706.1—2007 第7章的规定。

D.1.8 医用供应装置的环境条件应符合现行国家标准《医用电气设备 第1部分:安全通用要求》GB 9706.1—2007 第10章的规定。

D.1.9 医用供应装置对电击危险的防护应符合下列规定:

1 在正常或单一故障下使用不得发生电击危险;

2 内置或安放于医用供应装置的照明设备,应符合现行国家标准《灯具 第1部分:一般要求与试验》GB 7000.1 的有关规定;

3 装置在切断电源后,通过调节孔盖即可触及的电容或电路上的剩余电压不应超过 60V,且剩余能量不应超过 2mJ;

4 外壳与防护罩除应符合现行国家标准《医用电气设备 第1部分:安全通用要求》GB 9706.1—2007 第16章的规定,且在正常操作下所有外部表面直接接触的防护等级应至少为 IP2X 或 IPXXB;在医用气体、麻醉废气排放或液体管道系统的维护过程中

的带电部件的防护等级不应降低;

5 隔离应符合现行国家标准《医用电气设备 第1部分:安全通用要求》GB 9706.1—2007第17章的规定;

6 保护接地、功能接地和电位均衡应符合现行国家标准《医用电气设备 第1部分:安全通用要求》GB 9706.1—2007第18章的规定,医用气体终端不需接地;

7 连续漏电流及病人辅助电流应符合现行国家标准《医用电气设备 第1部分:安全通用要求》GB 9706.1—2007第19章的规定;

8 电介质强度应符合现行国家标准《医用电气设备 第1部分:安全通用要求》GB 9706.1—2007第20章的规定。

D.1.10 医用供应装置机械防护应符合下列规定:

1 机械强度应符合现行国家标准《医用电气设备 第1部分:安全通用要求》GB 9706.1—2007第21章的要求,还应符合下列规定:

1)医用供应装置在抗撞击试验后带电部分不应外露,且医用气体终端仍应符合现行行业标准《医用气体管道系统终端 第1部分:用于压缩医用气体和真空的终端》YY 0801.1、《医用气体管道系统终端 第2部分:用于麻醉气体净化系统的终端》YY 0801.2的要求;

2)医用供应装置及其载荷部件在静态载荷试验后不应产生永久性变形,相对于承重表面倾斜度不应超过10°。

2 运动部件要求应符合现行国家标准《医用电气设备 第1部分:安全通用要求》GB 9706.1—2007第22章的规定;

3 正常使用时的稳定性应符合现行国家标准《医用电气设备 第1部分:安全通用要求》GB 9706.1—2007第24章的规定;

4 应采取防飞溅物措施,并应符合现行国家标准《医用电气设备 第1部分:安全通用要求》GB 9706.1—2007第25章的规定;

5 医用供应装置悬挂物的支承有可能磨损、腐蚀或老化时,应采取备用安全措施;

6 医用供应装置每一音频的噪声峰值不应大于35dB(A);除治疗、诊断或医用供应装置调节产生的噪声外,医用供应装置在额定频率下施加额定电压的1.1倍工作时所产生的噪声不应超过30dB(A);

7 悬挂物的要求应符合现行国家标准《医用电气设备 第1部分:安全通用要求》GB 9706.1—2007第28章的规定。

D.1.11 医用供应装置对辐射危险的防护应符合下列规定:

1 对X射线辐射要求应符合现行国家标准《医用电气设备 第1部分:安全通用要求》GB 9706.1—2007第29章的规定;

2 对电磁兼容性的要求应符合现行国家标准《医用电气设备 第1部分:安全通用要求》GB 9706.1—2007第36章的规定,且医用供应装置在距离0.75m处产生的磁通量峰—峰值不应超过下列数值:

1)用于肌电图设备时,0.1×10^{-6} T;

2)用于脑电图设备时,0.2×10^{-6} T;

3)用于心电图设备时,0.4×10^{-6} T。

D.1.12 医用供应装置中存在可能泄漏的麻醉混合气体时,其点燃危险的防护应符合现行国家标准《医用电气设备 第1部分:安全通用要求》GB 9706.1—2007第39章～第41章的规定。

D.1.13 医用供应装置对超温和其他安全方面危险的防护,应符合下列规定:

1 超温要求除应符合现行国家标准《医用电气设备 第1部分:安全通用要求》GB 9706.1—2007第42章规定外,灯具及其暴露元件温度不应超过现行国家标准《灯具 第1部分:一般要求与试验》GB 7000.1规定的最高温度;

2 医用供应装置应具有足够的强度与刚度以防止失火危害,且在正常或单一故障状态下,可燃材料温度不得升至其燃点,也不

得产生氧化剂;

3 泄漏、受潮、进液、清洗、消毒和灭菌要求,应符合现行国家标准《医用电气设备 第1部分:安全通用要求》GB 9706.1—2007第44章的规定;

4 生物相容性要求应符合现行国家标准《医用电气设备 第1部分:安全通用要求》GB 9706.1—2007第48章的规定;

5 供电电源的中断要求应符合现行国家标准《医用电气设备 第1部分:安全通用要求》GB 9706.1—2007第49章的规定。

D.1.14 医用供应装置对危险输出的防护要求应符合现行国家标准《医用电气设备 第1部分:安全通用要求》GB 9706.1—2007第51章的规定。

D.1.15 医用供应装置非正常运行和故障状态环境试验要求应符合现行国家标准《医用电气设备 第1部分:安全通用要求》GB 9706.1—2007第九篇的规定。

D.1.16 医用供应装置的结构设计应符合下列规定:

1 医用供应装置外壳的最低部位应设通风开口;

2 金属管道与终端组件连接应采用焊接连接;

3 安装后的医用供应装置中的控制阀门应只能使用专用工具操作;

4 元器件组件要求除应符合现行国家标准《医用电气设备 第1部分:安全通用要求》GB 9706.1—2007第56章的规定外,其等电位接地连接导线连接器应固定。

D.1.17 元器件及布线应符合下列规定:

1 医用供应装置的外部不应安装可触及的主控开关或熔断器,不应使用带开关的电源插座;

2 主电源连接器及设备电源输入要求应符合现行国家标准《医用电气设备 第1部分:安全通用要求》GB 9706.1—2007第57.2条的规定;

3 端子及连接部分的接地保护除应符合现行国家标准《医用电气设备 第1部分:安全通用要求》GB 9706.1—2007第58章的规定外,还应符合下列规定:

1)固定电源导线的保护接地端子紧固件,不借助工具应不能放松;

2)保护接地导线的导电能力不应小于横截面2.5mm²铜导线的导电性能,且应各自连接到公共接地;

3)外部连接设备的等电位接地连接点的导线应采用横截面至少4mm²的铜线,且应能与等电位接地连接导线分离;

4)电源电路本身所有保护接地导线应连接至医用供应装置中的公共接地,公共接地的导电能力不应小于横截面16mm²铜线的导电性能,医用气体管道不得作为公共接地导体;

5)无等电位接地的医用供应装置内的公共保护接地本身应设置一个横截面不小于16mm²接地端子,并连接到建筑设施内的等电位接地;

6)生命支持区域内医用气体供应装置上应提供医疗专用接地,且连接导体的导电能力不应小于横截面16mm²铜的导电性能。

4 医用供应装置内部布线、绝缘除应符合现行国家标准《医用电气设备 第1部分:安全通用要求》GB 9706.1—2007第59.1条的有关规定外,还应符合下列规定:

1)医用供应装置中电、气应分隔开,强电和弱电宜分隔开;

2)除普通病房外,每个床位应至少设2个各自从主电源直接供电的电源插座;

3)通讯线与电源电缆或电线管、气体软管设置在一起时,应满足单一故障下的电气安全性能;

4)每种管道维护时不应接触到电气系统中的带电部分;

5)当水平安装时,液体分隔腔应安装在电分隔腔的下方;

6)过电流及过电压保护除应符合现行国家标准《医用电气

设备　第 1 部分:安全通用要求》GB 9706.1—2007 第
59.3 条的规定外,医用供应装置中脉冲继电器还应符合
现行国家标准《家用和类似用途固定式电气装置的开
关　第 1 部分:通用要求》GB 16915.1 和现行国家标准
《医用电气设备　第 1 部分:安全通用要求》GB
9706.1—2007 第 57.10 条的规定。

　　5　正常和单一故障状态下,可能产生火花的电器元件与氧化
性医用气体和麻醉废气排放终端组件的距离应至少为 200mm。

D.1.18　医用供应装置内医用气体管道的环境温度不得超过
50℃,医用气体软管的环境温度不得超过 40℃。

D.1.19　医用供应装置管道泄漏应符合下列规定:

　　1　压缩医用气体管道内承压为额定压力,且真空管道承压
0.4MPa 时,泄漏率不得超过 0.296mL/min 或 0.03kPa・L/min
乘以连接到该管道的终端数量;

　　2　麻醉废气排放管道在最大和最小操作压力条件下,泄漏均
不应超过 2.96mL/min(相当于 0.3kPa・L/min)乘以此管道的终
端数量;

　　3　液体管道内承压为额定压力 1.5 倍的测试气体压力时,泄
漏率不得超过 0.296mL/min 或 0.03kPa・L/min 乘以连接到该
管道的终端数量。

D.1.20　医用气体悬吊供应装置应符合下列规定:

　　1　医用气体悬吊供应装置中的医用气体低压软管组件应符
合现行行业标准《医用气体低压软管组件》YY/T 0799 的有关
规定;

　　2　电缆和医用气体的软管安装在一起时,电缆应设置护套,
并应采取绝缘措施或安装在电线软管内。

D.2　医用供应装置机械强度测试方法

D.2.1　抗撞击试验〔D.1.10〔1〕1)测试〕应符合下列规定:

　　1　应将一个大约装了一半沙、总重为 200N、0.5m 宽的袋子
悬挂起来,并形成 1m 的摆长,在水平偏移量为 0.5m 的地方将其
释放,撞击根据制造商的指导安装的医用供应装置(图 D.2.1)。
抗撞击试验应在医用供应装置的多个部位重复进行。

　　2　仅出现模塑破裂的现象不应为试验失败,可继续进行。

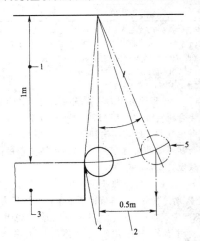

图 D.2.1　抗撞击试验
1—摆长;2—偏移距离;3—已安装的医用供应装置;
4—易损部位(范例);5—重 200N 的沙包

D.2.2　静态载荷试验〔D.1.10〔1〕2)测试〕时,应根据制造商的
参数说明,在医用供应装置上均衡地分配负载。

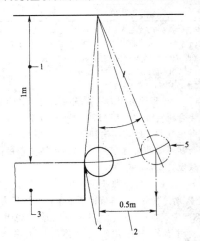

中华人民共和国国家标准

医用气体工程技术规范

GB 50751 - 2012

条　文　说　明

1　总　　则

1.0.1　本条旨在说明制定本规范的目的。

　　当前,我国医院建设处于一个快速发展的时期。在国内医用
气体建设中,长期以来对该部分重视程度不够,投资总体偏少,建
设水平与国际通用做法相比有一定差距。为适应我国医院建设的
需要,规范与提高医疗卫生机构集中供应医用气体工程的建设水
平,本规范在考虑了现阶段国内实际状况与水平的情况下,以医用
气体工程系统建设为出发点,重点规范了工程中的原则性技术指
标和要求、设备或产品的主要技术参量,明确了系统建设中的基本
技术问题,但不涉及具体的设备或产品的标准或结构。

　　医用气体工程的设计、施工、验收等环节应统筹考虑,合理选
择、优化系统,其技术参数与要求均应满足本规范的规定。

1.0.3　本规范规定的医用气体种类与系统对于某一具体的医疗
卫生机构并不一定都是必需的,应根据自身需求确定部分或者全
部建设。在建设过程中,应注意保持系统的统一与完整。如在分
期分段实施时应纳入全系统统一测试检验,系统内的终端组件、医
用器具具有医用气体专用特性的前提下能够通用等。

1.0.4　医用气体工程所使用的设备、材料应有相关的生产许可、
检验、检测证明。若产品属于医疗器械或产品的,还应有医疗器械
生产许可证和产品的注册证并在有效使用期内。

1.0.5　本条说明本规范与国家工程建设的其他规范、法律法规的
关系。这种关系应遵守协调一致、互相补充的原则。由于医用气
体工程涉及设备与产品制造、工程安装施工以及医疗卫生操作流
程等多行业、多专业、多学科内容,因此除本规范外尚应遵守国家
其他有关建设标准规范,以及医疗卫生行业有关的法律、法规、作
业流程、要求等。

2 术 语

本章所列举的术语理论上只在本规范内有效,列出的目的主要是为了防止错误的理解。尽管在确定和解释术语时,尽可能地考虑了其通用性,但仍应注意在本规范以外使用这些术语时,其含义或范围可能与此处定义不同。

2.0.5 器械空气在有些国家的标准中也称之为外科手术用空气(Surgical air)。

2.0.7 按国际通用的对于生命支持系统的提法,牙科空气不属于生命支持系统的内容。

2.0.8 从用词含义角度来说,牙科使用的真空也包含在医用真空之内。但因其使用的特殊性,加之牙科真空不属于生命支持系统,故牙科使用的真空一般作为一个细分的内容另行建设。

2.0.10 常用的医用混合气体有医用二氧化碳/医用氧气、医用氧化亚氮/医用氧气、医用氦气/医用氧气等混合气体。

2.0.12 单一故障状态即是设备或机组中单个部件发生故障,或者单个支路中的设备与部件发生故障的情况。若一个单一故障状态会不可避免地导致另一个单一故障状态时,则两者被认为是一个单一故障状态。部件维修、系统停水、停电也被视为一个单一故障状态。

2.0.17~2.0.19 此处三种专用接头均有相关的专用标准。

2.0.20 医用供应装置是一个范围较大的统称。其中包含有医用气体供应的可称之为医用气体供应装置。

2.0.21 焊接绝热气瓶即俗称的杜瓦罐(钢瓶),符合现行国家标准《焊接绝热气瓶》GB 24159 的规定。

2.0.23 汇流排根据瓶组切换形式的不同可分为手动切换、气动(半自动)切换和自动切换形式,以及单侧供应的汇流模式。主要用于中小型气体供应站以及其他适用场所。

3 基 本 规 定

3.0.1 本规范规定的医用气体、医用混合气体组分的品质均应符合现行《中华人民共和国药典》的要求。

1 表 3.0.1 中,各杂质含量参数按照 ISO 7396、HTM 02-01 以及 NFPA 99C 标准采用相同的规定,其中医用空气的露点系按照 NFPA 99C 的指标制定。

这里补充部分参考数据如下:水含量 575mg/Nm³ 相当于常压露点 −23.1℃,50mg/Nm³ 相当于常压露点 −46℃,780mg/Nm³ 相当于常压露点 −20℃。CO_2 含量 500×10⁻⁶(v/v)相当于 900mg/Nm³。

医用空气颗粒物的含量系采纳 ISO 7396 的规定。为便于对照使用,这里将现行国家标准《压缩空气 第1部分:污染物净化等级》GB/T 13277.1—2008(等同于 ISO 8573-1:2001)中关于颗粒物的规定摘列如下。

7.1 固体颗粒等级

固体颗粒等级见表 2.0 级~5 级的测量方法按照 ISO 8573-4 进行,6 级~7 级的测量方法按照 ISO 8573-8 进行。

表 2 固体颗粒等级

等级	每立方米中最多颗粒数				颗粒尺寸/μm	浓度/(mg/m³)
	颗粒尺寸 d/μm					
	≤0.10	0.10<d≤0.5	0.5<d≤1.0	1.0<d≤5.0		
0	由设备使用者或制造商制定的比等级1更高的严格要求					
1	不规定	100	1	0	不适用	不适用
2	不规定	100000	1000	10		
3	不规定	不规定	10000	500		
4	不规定	不规定	不规定	1000		
5	不规定	不规定	不规定	20000		

续表 2

等级	每立方米中最多颗粒数				颗粒尺寸/μm	浓度/(mg/m³)
	颗粒尺寸 d/μm					
	≤0.10	0.10<d≤0.5	0.5<d≤1.0	1.0<d≤5.0		
6	不适用				≤5	≤5
7	不适用				≤40	≤10

注1:与固体颗粒等级有关的过滤系数(率)β 是指过滤器前颗粒数与过滤器后颗粒数之比,它可以表示为 β=1/P,其中 P 是穿透率,表示过滤后与过滤前颗粒浓度之比,颗粒尺寸等级作为下标。如 β₁₀=75,表示颗粒尺寸在 10μm 以上的颗粒数在过滤前比过滤后多 75 倍。

注2:颗粒浓度是在表1状态下的值。

2 氮气除用于驱动医疗工具外,还可以作为混合成分与医用氧气构成医用合成空气,在 HTM 02-01 标准中有规定作为医疗空气的紧急备用气源。但该用途涉及对呼吸用氮气的医药规定,本规范仅进行器械驱动用途方面的规定,不涉及直接作用于病人的氮气成分规定。

3.0.2、3.0.3 表中参数按照 HTM 02-01 取值,并结合 ISO 7396 的规定修改。表中以及本规范所有医用气体压力均为表压,医用真空、麻醉废气排放的压力均为真空压力,特说明。

表 3.0.2 中将部分医用混合气体的压力参数定义得比 400kPa 气体压力低 50kPa 的原因,是考虑到在供应点混合的需求,当使用钢瓶装医用混合气体时,也可使用 400kPa 的额定压力。

3.0.4 每个医疗卫生机构中,医用气体终端组件的设置数量和方式均有可能不同,应根据医疗工艺需求与医疗专业人员共同确定。附录 A 中的两个表系依据 HTM 02-01 的设置要求数据,以及《Guidelines for Design and Construction of Health Care Facilities》2006(FGI AIA),按照国内医院的具体情况进行了修正,可供各科室设置终端组件时参考。

4 医用气体源与汇

4.1 医用空气供应源

Ⅰ 医疗空气供应源

4.1.1 本条规定的理由为:

1 非医用用途的压缩空气如电机修理、喷漆、轮胎充气、液压箱、消毒系统、空调或门的气动控制,流量波动往往较大而且流量无法预计,如由医用空气供应会影响医疗空气的流量和压力,并增加医疗空气系统故障频率,缩短系统使用寿命,甚至把污染物带进系统中形成对病人的危险。所以无论医疗空气由瓶装或空压机系统供应,均禁止用于非医用的用途,本款为强制性条款。

3 医疗器械工具要求水含量更低,以免造成器械损坏或腐蚀。因此当医疗空气与器械空气共用机组时,应满足器械空气的含水量要求。

实际应用中,无油医疗空气系统也不宜与器械空气共用压缩机,因为一般无油压缩机出口压力达到 1.0MPa 时,压缩机的效率(包括流量)和寿命都会降低。

4.1.2 1 作为一种直接作用于病人的重要的医用气体,医疗空气的供应必须有可靠的保障。本规定使得医疗空气供应源在单台压缩机故障或机组任何单一支路上的元件或部件发生故障时,能连续供气并满足设计流量的需求。因此,医疗空气供应源包括控制系统在内的所有元件、部件均应有冗余,本款为强制性条款。

3 使用含油压缩机对医疗卫生机构管理提出了更为严格的要求,并带来管理维护费用提高,容易导致管道系统污损、末端设备损坏的各种事故。所以在可能的情况下,建议医疗卫生机构使用无油压缩机。

无油压缩机通常包含以下几种:

1)全无油压缩机:喷水螺杆压缩机及轴承永久性轴封无油压缩机,如无油涡旋压缩机、全无油活塞压缩机等;

2)非全无油活塞压缩机:油腔和压缩腔至少应有两道密封,并且开口与大气相通。开口应能直观的检查连接轴及密封件;

3)带油腔的旋转式压缩机:压缩腔和油腔应至少经过一道密封隔离,密封区每边各有一个通风口,靠近油腔的通风口应能自然排污到大气。每个通风口应能直接目视检查密封件的状况;

4)液环压缩机:其水封用的水质应符合厂家规定。

NFPA99-2005 中 5.1.3.5.4.1(1)有规定,压缩腔中任何部位都应无油,HTM 02-01 第7.17中也说明了无油压缩机对空气的处理更有优势。

4 如机组未设置防倒流装置,则系统中的压缩空气会回流至不运行的压缩机中,易造成压缩机的损坏,且不运行的压缩机需要维护时,也会因无法与系统隔离而不能实现在线维修。

5 独立的后冷却器热交换效率高,除水效率也更高。但现在一般的螺杆式空压机每台机器会自己配备后冷却器。储气罐因其冷却功能弱、不稳定而不能作为后冷却器使用。

6 干燥机排气露点温度应保证系统任何季节、任何使用状况下满足医疗空气品质要求(其目的是在使用时不会产生冷凝水)。冷冻式干燥机在流量较低,尤其是在额定流量的20%以下时,干燥机水分离器中冷凝水积聚也变得缓慢而无法及时排除,这时水分离器中的空气仍可能含水量饱和,并被带入系统中造成空气压力露点温度快速上升。而吸附式干燥机是根据吸附粒子的范德华原理吸收空气中的水分,其露点温度不会随用气量变化而产生波动,因此是医院首选的干燥方式。

4.1.3 本条对医疗空气的进气进行规定,吸气的洁净是保证医疗空气洁净的前提条件。条文中的数据主要参考了 NFPA99C 的

规定。

有设备厂家在医疗空气压缩机组中使用了一氧化碳转换为二氧化碳的装置,或安装独立的空气过滤系统,此时可视为对进气品质的提升,在能够保证医疗空气品质的前提下是可以适当放宽进气口位置要求的。

1 进气口位置的选择需考虑进气口周围的空气质量,特别是一氧化碳含量。不要将进气口安装在发动机排气口、燃油、燃气、储藏室通风口、医用真空系统及麻醉排气排放系统的排气口附近,空气中不应有颗粒或异味。

3 如果室内空气经过处理后等同于或优于室外空气质量要求,如经过滤的手术室通风系统的空气等,只要空气质量能够持续保证,则可以将医疗空气进气口安装在室内。

医疗空气供应源与医用真空汇、牙科专用真空汇及麻醉废气排放系统放在同一站房内时,若真空泵排气口泄漏或维护时,可能会导致医疗空气机组的进气受到污染,故应避免。

4 非金属材料如 PVC,在高温或进气管附近发生火灾时,材料本身可能会产生有毒气体,未经防腐处理的金属管道如钢管可能会因为氧化锈蚀而产生金属碎屑。此类材料用于进气管时,有毒气体和金属碎屑可能进入压缩机及管道系统,从而影响医疗空气的品质或增加运行费用等。

医疗空气进气应防止鸟虫、碎片、雨雪及金属碎屑进入进气管道。国外曾有报道飞鸟进入医疗空气进气管道及压缩机系统后造成医疗空气中异味,达不到医疗空气品质标准的事例。

4.1.4 1 空气过滤器安装在减压阀之前系为了防止油污、粉尘等损坏减压阀。

2 本款数据依据 NFPA 99 中 5.1.3.5.8(3)制定。

3 本款为强制性条款。设置活性炭过滤器的目的是为了过滤油蒸汽并消除油异味,可以有效减少对体弱病人的刺激与不利影响,具有非常重要的作用,在系统不使用全无油的压缩机时必须设置。

4 细菌过滤器可有效防止花粉、孢子等致敏源对体弱病人的影响,在有条件时宜考虑设置。

4.1.5 1 干燥机、过滤器、减压装置及储气罐维修时,通过阀门或止回阀隔断气体,防止回流至维修管道回路,不至于中断供气。是保证单一故障状态下能不间断供气的必要手段。

3 当储气罐的自动排水阀损坏时再采用手动排水阀排水,此为安全备用措施。

4.1.6 2 本款规定系为防止两台或两台以上压缩机同时启动时,启动瞬时电流过大可能会造成供电动力柜故障。

4.1.7 本条为强制性条文。本条规定系为防止主电源因故停止供电时,导致机组长时间停止运行影响供气。

医疗空气作为一种重要的医用气体,一般供应生命支持区域作为呼吸机等用途,其供应的间断有可能会导致严重的医疗事故。因此医疗空气供应源的动力供应必须有备用。

Ⅱ 器械空气供应源

4.1.8 本条为强制性条文。非独立设置的器械空气系统在用于工具维修、吹扫、非医疗气动工具、密封门等的驱动用途时,有些情况下流量波动往往较大而且无法预计,从而会影响器械空气的流量和压力,增加系统故障频率,缩短系统使用寿命,甚至把污染物带进系统中,从而影响医疗空气的正常供应。因医疗空气的供应对于病人生命直接相关,故非独立设置的器械空气系统不能用于非医用用途。而且气动医疗器械驱动时,往往对器械空气的流量与压力要求较高,所以非独立设置的器械空气系统也不能用于上述非医用用途。

一般地说来独立设置的器械空气系统允许用于医疗辅助用途,包括手术用气动工具、横梁式吊架、吊塔等设备的驱动压缩空气等。

4.1.9 1 器械空气作为医疗器械的动力用气体,往往用在手术

室等重要的生命支持区域,其供应如有中断或不正常有可能会导致严重的医疗事故,因此器械空气的供应必须有可靠的保障。本规定使得器械空气供应源在单台压缩机故障,或机组任何单一支路上的元件或部件发生故障时均能连续供气。因此,器械空气供应源包括控制系统在内的所有元件、部件均应有冗余。

4.1.10 2 本款数据依据 NFPA 99 中 5.1.3.8.7.2(3)制定。

Ⅲ 牙科空气供应源

4.1.14 牙科供气不属于生命支持系统的一部分,所以对压缩机的备用、故障情况的连续供气等要求都较低。而且牙科用气往往供应量较大,尤其带教学功能的牙科医院,因教学牙椅同时使用率高,宜单独配置压缩机组避免对医疗空气的影响。所以对于一般医院来说,建议牙科气体独立成系统。

4.2 氧气供应源

Ⅰ 一般规定

4.2.5 医用氧气气源应根据供应与需求模式的不同合理选择气源,进行组合。使用液氧类气源时,液氧会有蒸发损耗,若长时间不用可能造成储量不足。而医用分子筛供应源需要一定的启动时间,无法满足随时供应的要求,因此只能使用医用氧气钢瓶作为应急备用气源。

4.2.6 本条规定的数据源自 ISO 7396-1 中 5.3.4 条及 ISO 15001 规定。

4.2.7 由于高压氧气快速流过碳钢管材存在着火灾的危险性较大,根据现行国家标准《深度冷冻法生产氧气及相关气体安全技术规程》GB 16912—2008 中 8.3 款规定以及 NFPA99C 等国外有关标准而制定本条。

4.2.8 本条规定为强制性条文,系为防止主电源因故停止供电时无法连续供应氧气。

医用氧作为一种重要的医用气体,其间断供应有可能会导致严重的医疗事故。因此医用氧气供应源、分子筛制氧机组的动力供应必须设置备用。

4.2.9 医用氧气为助燃性气体,设计时应考虑其排放对周围环境安全的影响。

Ⅱ 医用液氧贮罐供应源

4.2.11 医用液氧贮罐为低温储存容器应确保其安全可靠,因此只具备一种安全泄放设施是不够的,一般应设有两种安全泄放方面的措施。

由于医用液氧会吸收环境中热量而迅速汽化,体积大量增加,从而使密闭的管路段中压力升高产生危险,因此两个阀门之间有凹槽、兜弯、上下翻高的地方,以及切断液氧管段的两个阀门间有可能积存液氧,则该管段必须设置安全泄放装置。

4.2.13 由于目前的接口规格与液氮等液体一样,所以存在误接误装的危险,且国内曾出现过此类事故,因此提出此要求。保护设施可避免污物堵塞或污染充灌口。医用液氧贮罐的充装口应设置在安全、方便位置,以防被撞,同时方便槽罐车进行灌注。

4.2.14 由于医用液氧贮罐、汽化及调压装置的法兰等连接部位,有时会出现泄漏的情况,因此要求设在空气流通场所。建议都设置在室外。

Ⅲ 医用氧焊接绝热气瓶汇流排供应源

4.2.17 由于目前的接口规格与液氮等液体一样,存在误接误装的危险。且曾出现过此类事故,因此提出此要求。

Ⅳ 医用氧气钢瓶汇流排应源

4.2.18 汇流排容量应是每组钢瓶容量均能满足计算流量和运行周期要求。由于医疗卫生机构规模不一样,每班操作人员的人数及更换气瓶的熟练程度也不一样而有所不同。

Ⅴ 医用分子筛制氧机供应源

4.2.21 作为医用气体系统建设方面的标准,本规范对医用分子筛(PSA)制氧在医疗卫生机构内通过医用管道系统集中供应时的

安全措施作出了规定,不涉及 PSA 制氧设备作为医疗设备注册以及 PSA 产品气体在医疗用途等方面的要求。

本部分主要依据《Oxygen concentrator supply systems for use with medical gas pipeline systems》ISO 10083:2006 标准,结合国内医院具体情况制定。该标准定义 PSA 产出气体为"富氧空气"(oxygen-enriched air),氧浓度为 90%~96%,并说明其在医疗应用的范围及许可与否由各国或地区自行确定。

我国药典目前尚未收录 PSA 法产生的氧气条目,现行的管理规定允许 PSA 制氧机在医院内部使用。医用 PSA 制氧及其产品在医院的应用应以其最新规定为准。

4.2.23 由于分子筛制氧机的产品气体与空压机进气品质相关,且分子筛有优先吸附水分、油分及麻醉排放废气的特性,吸附这些成分后会引起吸附性能逐渐降低,因此必须对其进气口作相应规定。

4.2.24 医用 PSA 制氧产品作为在医院现场生产的重要气体,其供应品质宜具有完善的实时监测。设置氧浓度及水分、一氧化碳杂质的在线分析装置,是为了能够及时发现分子筛吸附性能的变化,从而及时采取相应措施。

4.2.27~4.2.29 分子筛制氧机在实际运行中有可能因电源供应、内部故障而影响到气体供应,这几条的规定是保证 PSA 氧气源及其供氧品质稳定的必要保障措施。

4.2.30 医院工作现场一般不具备国家对于气瓶充装规定的安全要求及人员培训、定期检查等条件,为避免医院因气瓶充装带来的危险与危害,同时也减少富氧空气钢瓶与医用氧气钢瓶内残余气体混淆的可能,因此制定本条。

4.3 医用氮气、医用二氧化碳、医用氧化亚氮、 医用混合气体供应源

4.3.1、4.3.2 由于医疗卫生机构的医用氮气、医用二氧化碳、医用氧化亚氮和医用混合气体一般用量不是很大,故一般是采用汇流排形式供应。医用混合气体一般有氮/氧、氦/氧、氧化亚氮/氧、氧/二氧化碳等。

汇流排容量应是每组钢瓶容量均能满足计算流量和运行周期的要求。汇流排容量因医疗卫生机构规模不一样,每班操作人员的人数及更换气瓶的熟练程度也不一样而有所不同。

4.3.3 3 本款规定源自 ISO 7396—1 中 5.3.4 条并依据 ISO 15001 规定。

4 国内现有气瓶的接口规格对于每一种气体不是唯一的,存在着错接的可能。因此应使用专用气瓶,只允许使用与钢印标记一致的介质,不得改装使用。在接口处也有防错接措施以避免事故的发生。

4.3.5 本条为强制性条文。医用气体汇流排所供应的气体对于病人的生命保障非常重要,如果中断可能会造成严重医疗事故直至危及病人生命。因此应该保证在断电或控制系统有问题的情况下,能够持续供应气体。本条是为了保障使用医用气体汇流排的气源能够在意外情况下可靠供气,因此汇流排的结构可能不同于一般用途的产品,在产品设计中应有特殊考虑。

医用二氧化碳、医用氧化亚氮气体供应源汇流排在供气量达到一定程度时会有气体结冰情况出现,如不采取措施会影响气体的正常供应,造成严重后果。所以应充分考虑气体供应量及环境温度的条件,一般应在汇流排机构上进行特殊设计,如安装加热装置等。

4.4 真空汇

Ⅰ 医用真空汇

4.4.1 1 本款为强制性条款。因真空汇内气体的流动是一个汇集过程,随着管路系统内真空度的变化,气体的流动方向具有不确定性。三级、四级生物安全试验室、放射性沾染场所如共用真空

汇极易产生交叉感染或污染,故应禁止这种用法。

3 非三级、四级生物安全试验室与医疗真空汇共用时,教学用真空与医用真空之间各自设独立的阀门及真空除污罐,可在试验教学真空管路出现故障需要停气时不影响医用真空管路的正常供应,反之亦然。

4 本款为强制性条款。医用真空在医疗卫生机构的作用非常重要,如手术中的真空中断有可能会造成严重的医疗事故,因此其应有可靠的供应保障。本规定使得系统在单台真空泵或机组任何单一支路上的元件或部件发生故障时,能连续供应并满足最高计算流量的要求。因此,包括控制系统在内的元件、部件均应有冗余。

4.4.2 3 真空机组设置防倒流装置是为了阻止真空系统内气体回流至不运行的真空泵。

4.4.4 2 为防止鸟虫、碎片、雨雪及金属碎屑可能经排气管道进入真空泵而损坏泵体,应采取保护措施。

4.4.5 每台真空泵设阀门或止回阀,与中央管道系统和其他真空泵隔离开,以便真空泵检修或维护时,机组能连续供应。真空罐应在进、出口侧安装阀门,在储气罐维护时不会影响真空供应。

4.4.7 本条为强制性条文。系为防止医用真空汇主电源因故停止供电时,导致机组长时间停止运行,影响供气。

医用真空在医疗卫生机构中起着重要的作用,尤其手术、ICU 等生命支持区域都需要大流量不间断供应,供应的不善有可能会导致严重的医疗事故。因此医用真空汇的动力供应必须有备用。

4.4.8 目前国内医院使用液环泵较多。液环泵系统耗水量较大,一般需要安装水循环系统,由于部分液环泵的水循环系统易漏水,真空排气中细菌随着水漏出造成站房与环境污染。同时系统中的真空电磁阀、止回阀关闭不严造成密封液体回流等故障现象也较多,真空压力有时不能保证,实际应用中应加以注意。

Ⅱ 牙科专用真空汇

4.4.9 牙科专用真空汇与医用真空汇的要求与配置均不相同,故两者一般不应共用。牙科用汞合金含有 50% 汞,对水及环境会造成严重污染,因此应设置汞合金分离装置。

4.4.10 2 水循环系统既可节省水并减少污水处理量,也可在外部供水短暂停止时通过内部水循环系统维持真空系统持续工作,保护水环泵。

4.4.11 1 本条规定数据源自于 HTM 2022 supplement 中图 4.1~图 4.3(Figure 4.1 – Figure 4.3)。

2 细菌过滤器的阻力有可能影响真空泵的流量及效率,如需安装细菌过滤器,应及时对细菌过滤器进行保养(更换滤芯),以免细菌过滤器阻力过大。

4.5 麻醉或呼吸废气排放系统

4.5.1 麻醉或呼吸废气排放系统的设计有其特殊性,关于流量方面的要求见本规范 9.1.6 条,工程实际中应根据医疗卫生机构麻醉机的使用要求,咨询有经验的医务人员来选择系统的类型、数量、终端位置及安全要求等。

4.5.2 本条为强制性条文。由于麻醉废气中往往含有醚类化合物以及助燃气体氧气,真空泵的润滑油与氧化亚氮及氧气在高温环境下会增加火灾的危险,排放系统的材料若与之发生化学反应会造成不可预料的严重后果。

本条未对一氧化氮废气排放的管材作出要求。一氧化氮性质不稳定,会与空气中的氧气、水发生化学反应后产生硝酸,因此系统应能耐受硝酸的腐蚀。但其用于治疗用途时浓度很低,因而对器材或管道的腐蚀问题不大。当然,使用不锈或含氟塑料的材料是更好的选择。

4.5.4 1 每台麻醉或呼吸废气排放真空泵设阀门或止回阀与管道系统和其他真空泵隔离开,是为了便于真空泵检修与维护。

4.5.8 引射式排放如与医疗空气气源共用,设计时应考虑到有可能对医疗空气供应产生的影响,否则应采用惰性压缩气体、器械空气或其他独立压缩空气系统驱动。

4.6 建筑及构筑物

4.6.3 第 2 款依据和综合以下标准制定:

1)现行国家标准《建筑设计防火规范》GB 50016 中 4.3.5 规定:"液氧贮罐周围 5m 范围内不应有可燃物和设置沥青路面"。

2)在美国消防标准《便携式和固定式容器装、瓶装及罐装压缩气及低温流体的储存、使用、输送标准》NFPA55 中的有关规定:液氧贮存时,贮罐和供应设备的液体接口下方地面应为不燃材料表面,该不燃表面应在以液氧可能泄漏处为中心至少 1.0m 直径范围内;在机动供应设备下方的不燃表面至少等于车辆全长,并在竖轴方向至少 2.5m 的距离;以上区域若有坡度,应该考虑液氧可能溢流到相邻的燃料处;若地面有膨胀缝,填缝材料应采用不燃材料。

4.6.4 目前国内的医院液氧设置现状中,依照医院规模的大小不同,常用的液氧贮罐容积一般有 $3m^3$、$5m^3$、$10m^3$ 等几种,总容量一般不超过 $20m^3$。本条 1~3 条款规定了医疗卫生机构的液氧贮罐与区域外部和围墙直至内部的建筑物的安全间距。

2 本款规定了医疗卫生机构的液氧贮罐与区域围墙的安全间距,规定的外界条件与数值的不同,目的是为了与边界外的建筑物等有一个全局范围内的呼应,从而在总体上符合现行国家标准《建筑设计防火规范》GB 50016 的规定。

3 我国医院多数都设立在人员密集的市区,院内的地域范围往往很有限,而液氧贮罐气源在充罐和泄漏时会在附近区域形成一个富氧区,造成火灾或爆炸危险,因此应对其安全距离制定一个严格的要求。液氧贮罐气源按医疗工艺的需求在一般情况下是医院必备的基础设施。为液氧贮罐制定一个较为详细的安全间距,对于医疗卫生机构满足医疗工艺需求,合理规划医疗环境、高效使用土地有着重要的意义。

医疗卫生机构的用氧属于封闭的、相对安全的使用环境,有别于工厂制氧阶段的储存。本表制定的主要依据为:

1)美国消防标准 2005 年版《便携式和固定式容器装、瓶装及罐装压缩气体及低温流体的储存、使用、输送标准》(Standard for the storage use and handling of compressed gases and cryogenic fluids in portable and stationary containers,cylinders,and tanks)NFPA55 中有关大宗氧气系统的气态或液态氧气系统的最小间距规定。

2)英国压缩气体协会 BCGA 标准 CP19。

3)ISO 7396 – 1:2007。

考虑到国内的具体安装情况及安全管理条件,本表依据上述标准并严格规定了部分条件下安全距离的数值。

4.6.5、4.6.6 本部分是参考现行国家标准《氧气站设计规范》GB 50030—91 中第 2.0.5 条、第 2.0.6 条,现行国家标准《深度冷冻法生产氧气及相关气体安全技术规程》GB 16912—2008 中 4.6.2、4.6.3 而制定的。其中 4.6.6 条是依据 ISO 7396 – 1 5.8 供应系统设置位置的要求,为压缩机或真空泵运行安全而作此规定。

4.6.7 本条为强制性条文。地下室内的通风不易保证,且氧气、医用氧化亚氮、医用二氧化碳、常用医用混合气体的部分组分均比空气重,安装在地下或半地下或医疗建筑内均易因泄漏形成积聚,造成火灾、窒息或毒性危险。医用分子筛制氧机组作为氧气生产设备,在建筑物中也容易因为氧气泄漏积聚而造成火灾危险,故不应与其他建筑功能合用。

4.6.8 由于医用气体储存库会储有不同种医用气体,因此必须按品种放置,并标以明显标志,以免混淆。对一种医用气体,也要分实瓶区、空瓶区放置,并标以明显标志以免给供气带来不利影响。

由于医用气体储存时存在泄漏可能,因此要求应具备良好的通风。气瓶的储存要求避免阳光直射。

4.6.11 国内医用气源站曾多次发生因接地不良引发的事故,尤其高压医用气体汇流排管道及安全放散管道、减压器前后的主管道是医用气体系统发生爆炸最多的地方。多起医用气体系统爆炸事故事后检查发现,通常是没有接地或因年久失修导致接地不良引起,因此医用气体系统应保证接地状况良好。

5 医用气体管道与附件

5.1 一般规定

5.1.3 本条增加了医疗卫生机构重要部门的供气可靠性。

鉴于国内综合性医院普遍床位数较多、规模较大,为了防止普通病房用气对重要部门的干扰,对于重要部门设专用管路可以提高用气安全性,此外从气源单独接管也便于事故状况下供气的应急管理。但当医院规模较小,整个系统的安全使用有良好的保障时,生命支持区域也可以不设单独供应管路。

5.1.10 管道间安全间距无法达到要求时,可用绝缘材料或套管将管道包覆等方法隔离。

5.1.13 这里的其他情况主要指管道埋深不足、地面上载荷较大等情况。

5.1.14 2 医用气体供应主干管道如采用电动或气动阀门,在电气控制或气动控制元件出现故障时可能会产生误动作或无法操作阀门,特别是因误动作关闭阀门时,将会造成停气的危险。

大于 DN25 的阀门如采用快开阀门,由于氧气流量流速较大易发生事故。

非区域阀门应安装在受控区域(如安装在带锁的房间内)或阀门带锁,便于安全管理。此规定是防止无关人员误操作阀门而影响阀门所控制区域的气体供应。

5.1.15 区域阀门主要用于发生火灾等紧急情况时的隔离及维护使用。关闭区域阀门可阻止或延缓火灾蔓延至附近区域,对需要一定时间处理后才能疏散的危重病人起到保护作用。一些特殊区域是否作为生命支持区域对待可根据医院自身情况确定,如有些医院可能认为膀胱镜或腹腔镜使用区域也需要安装区域阀门。如

果一个重要生命支持区域的区域阀控制的病床数超过 10 个时,可根据具体情况考虑将该区域分成多个区域。

区域阀门应尽量安装在可控或易管理的区域,如医院员工经常出入的走廊中容易看见的位置,一旦控制区域内发生紧急情况时,医院员工被疏散走出通道的同时可经过区域阀并将其关闭。如果安装在不可控的公共区域,可能会发生人为地恶意或无意操作而引发事故。区域阀门不应安装在上锁区域如上锁的房间、壁橱内壁等;也不应安装在隐蔽的地方如门背后的墙上,否则在开门或关门时会挡住区域阀门,发生紧急状况时不易找到这些阀门。

保护用的阀门箱应设有带可击碎玻璃或可移动的箱门或箱盖,且阀门箱大小应以方便操作箱内阀门为原则。在发生紧急情况需要关闭区域阀门时,可以直接击碎箱门上的玻璃或移动箱门或箱盖操作阀门。

5.2 管材与附件

5.2.1 本条为强制性条文。医用气体供应与病人的生命息息相关,出于管道寿命和卫生洁净度方面的严格要求,特对管材作此规定。

铜作为医用气体管材,是国际公认的安全优质材料,具有施工容易、焊接质量易于保证,焊接检验工作量小,材料抗腐蚀能力强特别是抗菌能力强的优点。因此目前国际上通用的医用气体标准中,包括医用真空在内的医用气体管道均采用铜管。

但在中国国内,业内也有多年使用不锈钢管的经验。不锈钢管与铜管相比强度、刚度性能更好,材料的抗腐蚀能力也较好。但是在使用中有害残留不易清除,尤其医用气体管道通常口径小壁厚薄,焊接难度大,总体质量不易保证,焊接检验工作量也较大。

目前有色金属行业标准《医用气体和真空用无缝铜管》YS/T 650—2007 规定了针对医用气体的专用铜管材要求,而国内没有针对医用气体使用的不锈钢管材专用标准。鉴于国内医用气体工程的现状,本规范将铜与不锈钢均作为医用气体允许使用的管道材料,但建议医院使用医用气体专用的成品无缝铜管。

镀锌钢管在国内医院的真空系统中曾大量使用,并经长期运行证明了其易泄漏、寿命短、影响真空度等不可靠性,依据国际通用规范的要求本规范不再采纳。

一氧化氮呼吸废气排放因气体成分的原因宜使用不锈钢管道材料。

国内的医院一般为综合性多床位医院,非金属管材在材质质量、防火等方面的实际可控制性差,本规范依据国际通用标准未将非金属管列为医用真空管路的允许用材料,但允许麻醉废气、牙科真空等设计真空压力低于 27kPa 的真空管路使用。在工程实际中这部分管材允许使用优质 PVC 材料等非金属材质。ISO 7396 标准在麻醉废气排放管路的材料中也提及了非金属管材,但没有进一步的详细要求。

5.2.5 1 本款为强制性条款。医用气体管道输送的气体可能直接作用于病人,对管材洁净度与毒性残留的要求很高,油脂和有害残留将会对病人产生严重危害,因此医用气体管材与附件应严格脱脂。

工程实际中一般可使用符合国家现行标准《医用气体和真空用无缝铜管》YS/T 650—2007 标准的专用成品无缝铜管。对于无缝不锈钢管,因其没有专用管材标准,本规范对清洗脱脂的要求系按照国家现行标准《医用气体和真空用无缝铜管》YS/T 650—2007 标准及 BS EN 13348 中规定的数值等同采用,实际中管材的清洗脱脂方法也可参照使用。

4 规定管材的清洗应在交付用户前完成,是因为在工厂集中进行脱脂可以保证脱脂质量并达到生产过程中的环保要求。其脱脂应在指定区域、指定设备、有生产能力及排放资质的企业或场所进行。

5 真空管道脱脂可以有效杜绝施工时与压缩医用气体脱脂

管材混淆使用的情况出现。

5.2.8 由于阀门与管道可能采用不同材质(如黄铜材质阀门与紫铜管道),阀门与管道的焊接往往需要焊剂,焊接后的阀门需要进行清洗处理。而现场焊接无法满足清洗要求,故需在制造工厂或其他专业焊接厂家的特定场所进行,在阀门两端焊接与气体管道相同材质的连接短管,清洗完成后便于阀门现场焊接使用。

5.2.9 本条为强制性条文。医用气体中的化合物成分如麻醉废气中的醚类化合物、氧气等,如与医用气体管道、附件材料发生化学反应,可能会造成火灾、腐蚀、危害病人等不可预料的严重后果,应避免此类问题出现的可能。

5.2.14 医用气体减压装置上的安全阀按照国内现行有关规定,应定期进行校验,因此有必要将减压装置分为含安全放散的、功能完全相同的双路型式。

5.2.16 1 本条规定数据参考 HTM 2-01 中 7.45 条及 9.29 条制定。

5.2.17 本条数据参考 ISO 15001 参数规定及 ISO 7396-1 制定。真空阀门与附件可以不要求脱脂处理。

5.3 颜色和标识

Ⅰ 一 般 规 定

5.3.1 所有医用气体工程系统中必须有耐久、清晰、可识别的标识,所有标识的内容应保持完整,缺一不可。这些规定是安全、正确地输送、供应、使用、检测、维修医用气体的必要保证。设置后的标识肉眼易观察到,检查、维修不受影响,不易受损于环境和外力因素。

5.3.3 表 5.3.3 的规定等效于 ISO 5359—2008,稍有改动。

表中颜色编码系采用《漆膜颜色标准样卡》GSB 05—1426—2001 的规定。因颜色样卡中无黑色、白色的规定编号,使用中按常规黑色、白色作颜色标识。

关于医用分子筛制氧机组的产出气体,由于国内医药管理部门现在还没有明确规定,因此表中未列出。实际应用中,建议依据 ISO 10083—2006 的规定,标识如下:名称:医用富氧空气;中文代号:富氧空气;英文代号:$93\%O_2$;颜色:白色。

标识和颜色规定的耐久性可按下法试验:在环境温度下,用手不太用力地反复摩擦标识和颜色标记,首先用蒸馏水浸湿的抹布擦拭 15s,然后用酒精浸湿后擦拭 15s,再用异丙醇浸湿擦拭 15s。标记仍应清晰可识别。

Ⅱ 颜色和标识的设置规定

5.3.9 在对阀门标识时,一般应标识在阀门主体部位较大或较平坦的面积体位上。应尽量把标识的内容集中在一个面上。第3款注意事项应标识在此标识内容区域中最明显之处或另设独立标识。

5.3.11 在执行本条过程中,应注意色带是连续的且不易脱落,并视实际情况适当增加色带的条数。

6 医用气体供应末端设施

6.0.4 一般情况下,当气体终端组件横排安装于墙面或带式医用气体供应装置上时,便于医用气体系统使用的气体终端组件最佳高度为 1.4m 左右。如果气体终端组件安装在带式医用气体供应装置上时,供应装置可能安装的照明灯或阅读灯的布置不应妨碍医用气体装置或器材的使用。

出于以人为本的考虑,有时把气体终端组件安装在带有装饰面板(壁画)的墙内,此时最边上的气体终端组件至少应该离两边墙体 100mm,离顶部 200mm,离墙体底部 300mm,墙体内深度不宜小于 150mm。墙面上有表明内有医用气体装置的明显标识。

为了使用方便,一些医疗卫生机构可能在医用气体供应装置或病床两侧同时布置气体终端组件。相同气体终端组件应对称布置。

6.0.5 2 当医用气体供应装置向其他医疗设备提供电源时,如果安装开关或保险,误操作时将危及到病人的安全。

6.0.6 真空瓶是用于阻止吸出的液体进入真空管道系统,真空瓶的支架在设计安装中却经常被忽视,由于真空瓶比较重,直接通过与终端二次接头接至终端易损坏气体终端内的阀门部件,极端情况下还可能导致终端插座从安装面板上脱落下来,因此独立支架的作用非常重要。支架布置以便于医护人员操作为原则,一般设在真空气体终端离病人较远一侧。真空瓶支架也可设置在医用供应装置以外的区域,如安装在病床附近、高度为 450mm～600mm 的墙上。图 1、图 2 表示了这种常用的安装示例。

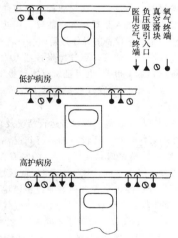

图 1 真空瓶支架的常用安装位置示意(一)

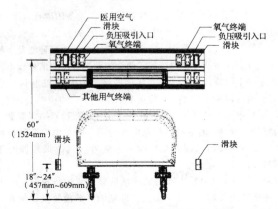

图 2 真空瓶支架的常用安装位置示意(二)

7 医用气体系统监测报警

7.1 医用气体系统报警

7.1.1 安装医用气体系统监测和报警装置有四个不同的目的。四个目的所对应的分别是临床资料信号、操作警报、紧急操作警报和紧急临床警报。

临床资料信号的目的是显示正常状态;操作报警的目的是通知技术人员在一个供应系统中有一个或多个供应源不能继续使用,需采取必要行动;紧急操作警报显示在管道内有异常压力,并通知技术人员立即作出反应;紧急临床警报显示在管道内存在异常压力,通知技术人员和临床人员立即作出反应。

鉴于报警系统实现的多样性与复杂性以及国内的现状,本规范在参考 ISO 7396—1 & CEI/IEC 60601—1—8:2006 和 NFPA99C:2005 标准的情况下,未进一步对具体的报警声光颜色进行规定。实际实施中可按照上述目的进行监测报警系统的设计与建造。

1 就地报警中有些气源设备的故障报警允许共用一个故障显示,如压缩机发生故障时可只用一个表示压缩机故障的报警显示即可,不必具体显示发生故障的部位。

2 声响报警无条件启动是指当某一报警被静音而又发生其他报警等情况出现时,声响报警应能重启。

4 本款指传感器在连线故障或显示自身故障的时候,应该有相应的报警显示,不会造成医护或维修人员错误判断为管道中气体压力故障。在主电源断电后应急电源自动投入运行前往往会有短暂的停电,报警应该能在来电后自行启动,且不会有误报警,也不需要人工复位。

7.1.2 6 气源报警主要目的是在气源设备出现任何故障时,通过气源报警通知相关负责人至现场处理故障。因此,气源报警可以不要求显示每一个气源设备的具体报警内容。这样既可以把每一个本地报警信号分别独立地连接至气源报警器每一个信号点,对每一个本地报警内容重复报警,也可把所有本地报警信号并接到气源报警器的一个信号点,只在气源报警器上显示气源设备发生故障。

7.1.3 1 气源报警用于监测气源设备运行情况及总管的气体压力,为了能 24 小时连续监控气源设备的运行状况,一般气源报警器可在值班室、电话交换室或其他任何 24 小时有人员的地方安装。当气源设备处于以下不同区域时,应将不同区域的气源设备上的本地报警信号分别传送至各自独立的报警模块,便于维修人员判断:1)医院设有多个医疗空气气源、器械空气气源、医用真空汇、麻醉废气排放系统且每套系统位于不同区域;2)气源设备内压缩机或真空泵位于不同区域;3)其他气源设备如汇流排位于不同区域。

2 为了让维护人员也能及时了解气源设备的运行状况,及时处理故障,有时可在负责医用气体维护人员的办公室或机房办公区域设第二个气源报警器。这样也可在一个气源报警器发生故障时保证气源设备能持续被监控。两个气源报警器的信号线不应该通过某一个报警器或接线盒并线后连接至传感器,防止因并线处故障而造成两个报警器都不能正常工作。

有些报警信号可能无法直接连接至气源报警器而需要通过继电器转换后连接,若继电器控制电源与某一个气源报警器控制电源共用时,报警器电源发生故障会影响另一气源报警器的正常报警。

7.1.4 2 和 **3** 款对重要部门的区域报警设置进行规定。一般说来,重症监护及其他重要生命支持区域的区域报警安装位置可按如下原则选择:1)该区域确保 24 小时有员工值班,如护士站等地

方;2)区域报警应安装在易观察、听得到报警信号的位置。不能安装在门后墙上或设备上、其他阻挡物的背后以及办公室内;3)如果不同区域的区域报警器的最佳安装位置在同一个地方,例如,不同科室共用了护士站,这些区域的报警信号可安装在同一报警面板上,并设有监测区域标识。

麻醉室的区域报警安装位置可按如下原则选择:1)区域报警器应靠近麻醉室并 24 小时有员工值班,例如,手术区域的护士站;2)区域报警器应安装在易观察,听得到报警信号的位置。不能安装在门后墙上或设备上、其他阻挡物的背后以及办公室内。

7.1.5 1 当系统所需流量大于正常运行时气源机组的流量,或因设备故障机组输出的流量无法满足系统正常所需流量时,此时备用压缩机、真空泵或麻醉废气泵投入运行,同时启动备用运行报警信号表示没有备用机可使用。真空泵的故障停机报警需要根据真空泵类型的不同区别设定。

3 液环压缩机的高水位报警是为满足压缩机运行要求由厂家设置的报警。对于液环或水冷式压缩机系统,储气罐易积聚液态水,如液态水不及时排除可能会进入后续处理设备(如过滤器、干燥机等),因此需设有液位报警以防止自动排污装置的故障。当液位高于可视玻璃窗口或液位计时,很难辨别储气罐中液位是低于窗口或液位计的最低位置,还是已超过窗口或液位计最高位置。因此可视玻璃窗口或液位计最高位置宜作为液位报警的报警液位。

4 本款规定医疗空气常压露点报警参数源自 NFPA99C,器械空气常压露点报警参数源自 HTM 02-01。

7.2 医用气体计量

7.2.1 制定本条规定的目的,是医用气体系统作为医院生命支持系统,不鼓励以计费为目的在医院内设置气体多级计量装置。

7.3 医用气体系统集中监测与报警

7.3.1 医用气体系统集中监测与报警功能可由医疗卫生机构根据自身建设标准、功能需求等确定是否设置。

7.3.4 软件冗余指采取镜像等技术,将关键数据做备份等方法。

7.3.8 中央监控管理系统兼有 MIS 功能,可为所辖医用气体设备建立档案管理数据,供管理人员使用。

7.4 医用气体传感器

7.4.5 区域报警及其传感器安装位置可按以下情况设置:

因每个手术室、麻醉室都设有一个区域阀门,如果这些房间相对集中,且附近有护士站,则允许在相对集中的手术室或麻醉房间安装一个区域报警器,如脑外科手术室的区域,此时传感器应安装在任何一个区域阀门的气源侧,否则无法监测该区域阀门以外的其他麻醉场所。

如果每个手术室或麻醉室相对分散,每个房间有自己的专职人员且附近没有中心护士站,则每个手术室、麻醉室都需安装独立区域报警器,传感器应安装在每个区域阀门的使用端。

一般推荐每个手术室均安装独立的区域报警器,传感器应安装在每个区域阀门的病人使用侧。其他区域如重症监护室、普通病区等,只需在相对集中区域安装一区域阀及区域报警即可。

8 医用氧舱气体供应

8.1 一般规定

8.1.1 本规范是为符合现行国家标准《医用氧气加压舱》GB/T 19284 和《医用空气加压氧舱》GB/T 12130 的医用氧舱供应气体进行规定,不包括飞行器、船舶、海洋上作业的载人压力容器等。

医用氧舱气体供应一般是一个独立的系统,且不属于生命支持系统的一部分。除医用空气加压氧舱的氧气供应源或液氧供应源在适当情况下可以与医疗卫生机构医用气体系统共用外,其余所有的部分均应独立于集中供应的医用气体系统之外自成体系。考虑到国内一般都把氧舱供气作为医用气体的一部分对待,且氧舱供气也有其独特要求,所以本规范针对目前国内医用氧舱的情况,规定了该类氧舱的气体供应要求。但不涉及氧舱本体及其工艺对相关专业的要求。

9 医用气体系统设计

9.1 一般规定

9.1.6 关于麻醉废气排放流量的有关问题的说明:

按 BS 6834:1987 规定,对于粗真空方式的麻醉废气排放,医生控制使用压降允许 1kPa 时,最大设计流量应能达到 130L/min,压降允许 4kPa 时,最小设计流量应能达到 80L/min。按 ISO 7396—2 规定,对于引射式麻醉废气排放,所需的器械空气医生控制压降允许 1kPa 时,最大设计流量应能达到 80L/min,压降允许 2kPa 时,最小设计流量应能达到 50L/min。

鉴于国内麻醉废气排放系统有关标准均按照 ISO 系列标准规定,因此本规范也按照 ISO 8835—3:2007 进行规定,未采纳英美等国流量更大的数据。但实际使用中应注意到医疗卫生机构自身的麻醉设备对于废气排放的需求,如果尚有大流量的麻醉设备在使用,则在排放系统的设计中要相应加大设计流量。

9.2 气体流量计算与规定

9.2.1 本条公式系采用 HTM 02-01 的计算方法与形式修改而成。附录 B 的数值也是如此,并根据我国医院实际,对国内医院统计数值进行了部分数值的调整。

9.2.3 本表数值源自 HTM 02-01。

9.2.4、9.2.5 这两条规定的数值源自现行国家标准《医用氧气加压舱》GB/T 19284 和《医用空气加压氧舱》GB/T 12130 的规定。

10 医用气体工程施工

10.1 一般规定

10.1.1 医用气体系统是关系到病人生命安全的系统工程,为确保其质量和安全可靠运行,按国家有关部门要求,医用气体施工企业必须具备相关资质,与医疗器械生产经营有关者,还应具备医疗器械行业资质证明。

因为医用气体焊接要求的特殊性,故针对有关焊接能力有具体的要求。如焊工考试应按现行国家标准《现场设备、工业管道焊接工程施工及验收规范》GB 50236 第 5 章规定考试合格,取得有关部门专门证书。

射线照相的检验人员应按现行国家标准《无损检测人员资格鉴定与认证》GB/T 9445 或相关标准进行相应工业门类及级别的培训考核,并持有关考核机构颁发的资格证书。

医用气体工程安装应与土建及各相关专业的施工协调配合。如对有关设备的基础、预埋件、孔径较大的预留孔、沟槽及供水、供电等工程质量,应按设计和相关的施工规范进行检查验收。对与安装工程不协调之处提出修改意见,并通过建设单位与土建施工单位协调解决。

10.1.4 1 用惰性气体(氮气或氩气)保护,可有效消除管道氧化现象,形成清洁的焊缝,并防止管道内氧化颗粒物的生成,确保医用气体供应的安全与洁净。

3 本款为强制性条款。因氮气或氩气等惰性气体的聚集会造成空气含氧量减少,可能造成人员窒息等伤害事故,故现场应保持通风良好,或另行供应专用呼吸气体。

10.1.5 本条为强制性条文。医用氧气或混合气体中的含氧量高时,与油膏反应极易造成火灾危险,故应防止此类事故的发生。

10.2 医用气体管道安装

10.2.3 1 以医用气体铜管加热制作弯管为例,加热温度为 500℃～600℃,制作弯管在工厂进行。其加热温度是可控的,弯管时使用的润滑剂在弯管后能清洗洁净,也可经过热处理消除内应力、提高弯管的强度。而现场管材弯曲则无法控制温度和加热范围,容易造成过热过烧,采用填沙防瘪时又不能用惰性气体保护,容易产生氧化物或生成颗粒,影响医用气体输送的洁净度,使管道内壁粗糙,而且无法进行脱脂处理。所以,医用气体铜管不应在施工现场加热制作弯管。冷弯管材应该使用专用的弯管器弯曲。

不锈钢管工厂加热制作弯管应防止因退火造成晶格结构改变,奥氏体结构改变后会导致材料锈蚀。

10.2.5 采用比母材熔点低的金属材料作钎料,将焊件和钎料加热到高于钎料熔点但低于母材熔化温度,利用液态钎料毛细作用润湿母材,填充接头间隙并与母材相互扩散实现连接焊件的方法称为钎焊。使用熔点高于 450℃ 的钎料进行的钎焊为硬钎焊,与熔点小于 450℃ 的软钎焊相比,硬钎焊具有更高的接头强度。

管道深入管帽或法兰内,连接处形成角焊缝的焊接方式称之为承插焊接。主要用于小口径阀门和管道、管件和管道焊接或者高压管道、管件的焊接。

10.2.13 管段施工完成后,可采用充氮气或洁净空气保护等方法进行保护。

10.2.14 抽样焊缝应纵向切开检查。如果发现焊缝不能用,邻近的接头也要更换。焊接管道应完全插到另一管道或附件的孔肩里。管道及焊缝内部应清洁,无氧化物和特殊化合物,看到一些明显的热磨光痕迹是允许的。本条规定的数值采用了 HTM 02-01 的规定。

10.2.16 检查减压器静压特性的目的,是防止低压管路压力在零流量时压力缓慢升高过多,在使用氧气吸入器时,因超出吸入器强度导致湿化瓶爆裂或其他安全事故。医院曾多次发生过此类事件。

10.2.17 本条为强制性条文。分段、分区测试可确保每段和每个区域管道施工的可靠性,可以保证管道系统以及隐蔽工程的质量,降低了全系统试验的风险,本条对于医用气体管道施工质量非常重要。如不按此执行,则在使用中有可能会出现医用气体泄漏的情况,从而产生浪费、诱发火灾危险甚至中毒事故,故作此规定。

10.2.19 医用气体因使用的要求与气体成本都较高,管道的寿命要求长,氧化亚氮、二氧化氮、氮气等气体泄漏会对人体造成危害。因此在未接入终端状态下应该是不允许漏气的,即要求医用气体系统泄漏性试验平均每小时压降近似为零。

接入终端组件后,管路泄漏率与管路容积、终端组件数量有关。按 ISO 9170-1 要求,终端组件的泄漏不应超过 0.296mL/min(相当于 0.03kPa·L/min)。因此总装后系统泄漏率应为:

$$\Delta p = 1.8 n \cdot t / V \tag{1}$$

式中:Δp——允许压力降;

n——试验系统含终端组件数量;

t——切断气源保持压力时间(h);

V——试验管路所含气体容积(kPa·L)。

本条系为简化规定,对于常见系统进行通用数值计算后得出,并根据当前国内的工程经验进行了调整。对于有条件的单位应该尽量减少泄漏。

10.2.20 原来行业标准推荐用白沙布条靶板检查,在 5min 内靶板上无污物为合格。多年实践证明该方法虽然简单易行,但当有焊渣、焊药等吹出时易伤人,且不易在白纱布条上留下痕迹,无法直接知晓颗粒物的大小。

ISO 7396-1 检测污染物的方法和规定:所有压缩医用气体管路都要进行特殊污染物测试。测试应使用如图 3 的设备,在 150L/min 流量下至少进行 15s。

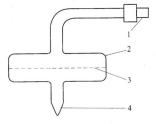

图 3 管路内特殊污染物定性测试设备

1—能更换使用各种专用气体接头的部分;2—可承受 1MPa 压力的过滤网支架;

3—直径 50mm 的滤网,滤网孔径为 50μm;

4—可调节或更换的喷嘴,在吹扫或测试压力下能通过 150L/min 流量的气流

10.3 医用气源站安装及调试

10.3.6 液氧罐装运、吊装、翻转、就位操作时,因重心高、偏心大易滚动,应合理搁置、有效牵动,采取有效的稳固措施防止液氧罐及附件(尤其是底部蒸发器)由于吊装而碰伤损坏。一般液氧罐应充氮气保护运输,在安装管道前放气。放气后应立即密封管口,防止潮湿气体进入罐中。

液氧罐吹扫时应注意各支路、表阀等处的吹扫。预冷中应监视其保温层和真空度,当表面出汗或结霜、真空度下降时,应及时处理,严重时应停止预冷。

11 医用气体系统检验与验收

11.1 一般规定

11.1.1 新建系统的检验与验收包括了系统中的所有设备及其部件,如压缩机组中的压缩机、干燥机、过滤系统、减压装置及管道、管道附件、报警装置等。对于系统的改扩建,相应部分限于拆除、更换、新增或被分离部分的区域,其检验与验收是变更点至使用端的气体供应区域。对未影响管道系统的气源设备或气体报警器更换时,只需要对这些设备或报警器进行功能检验即可。但是当改扩建部分影响到原有系统的整体性能时,还应该对与改扩建相关的部分进行流量、压力方面的测试。

除报警器外,管道上任何连接件的拆除、更新、增加都视为系统改、扩建或维修。气源设备或气体报警器内零配件的拆除、更新或增加视为气源设备或报警器的更换。

11.2 施工方的检验

11.2.3 本检验用于确认不同医用气体管道之间不存在交叉连接或未接通现象,以及终端组件无接错气体的问题存在。交叉错接测试在系统连接终端组件后进行,也可以在连接气源设备后,与气源设备测试同时进行,并测试系统每一个分支管道上连接的终端组件。

11.3 医用气体系统的验收

11.3.3 报警系统的检验可以在管道防交叉错接的检验、标识检测之后进行,在气源设备验证、管道颗粒物检验、运行压力检验、管道流量检验、管道洁净度检验、医用气体浓度检验之前进行。

11.3.7 本条规定的验收参数主要依据 NFPA 99C、HTM 02-01 制定。其中终端的输出流量可以是末端相邻的两个终端组件的数据。

6 医用氧气系统作本测试时,为防止危险应使用医疗空气或氮气进行。本款规定系针对国内医院普遍床位多、同时使用量大而制定,以保证管路系统能够满足实际的需求。

实际测试中可以在系统的每一主要管道支路中,选择管道长度上相对均布的 20% 的终端组件,每一终端均释放表 3.0.2 的平均典型使用流量来实现本测试条件。

11.3.8 检验设备应使用专用分析仪器,如气相色谱分析仪等。

附录 B 医用气体气源流量计算

B.0.1 本附录是供公式 9.2.1 参考使用的数据,系采用 HTM 02-01 的计算方法与型式制作,并按国内医院的特殊情况,根据国内医院统计数值进行了部分数值的调整。有关气体使用量的说明如下:

表 B.0.1 关于氧气流量的有关说明:

1 普通病房氧气流量一般在 5L/min~6L/min。但是如果使用喷雾器或者其他呼吸设备,每台终端设备在 400kPa 条件下应能够提供 10L/min 的流量。

2 手术室流量基于供氧流量 100L/min 的要求。由此手术室和麻醉室每台氧气终端设备应能够通过 100L/min 的流量,但一般不可能几个手术室同时均供氧,流量的增加基于第一个手术室流量 100L/min,另一个手术室流量 10L/min。为得到至每个手术套间的流量,可将手术和麻醉室流量加起来即 110L/min。

3 在恢复中,有可能所有床位被同时占用,因而同时使用系数应为 100%。

4 气动呼吸机:如果能用医疗空气为动力气体,氧气不得被用作其驱动气体。如果必须用氧气作为呼吸机动力气体且呼吸机在 CPAP 模式下运行,设计管线和确定气罐尺寸时要考虑到可能遇到的高流量情况。这些呼吸机要用到更多的氧气,尤其是当调节不当时。如果设置不当可能会超出 120L/min,但是在较低流量下治疗效果更好。为了有一定的灵活性并增加容量,本条考虑了针对 75% 床位采用的变化流量 75L/min。如果 CPAP 通气治疗患者需要大量的床位,应考虑从气源引一条单独的管路。若设计计算有大量 CPAP 机器同时运行,而室内通风故障等原因会导致环境氧气浓度升高的病房应注意,系统安装应考虑氧气浓度高于 23.5% 的报警及处理。

B.0.2 表 B.0.2 关于氮气或器械空气的有关说明:

对于医疗气动工具,如不能知道确切使用量,可以根据每个工具 300L/min~350L/min 的使用量来大约估算,一个工具的使用时间可估算为每周 45min~60min。

B.0.5 表 B.0.5 关于氧化亚氮/氧气混合气的有关说明:

1 所有终端设备应能在很短时间内(正常情况下持续时间为 5s)通过 275L/min 的流量,以提供患者喘息时的吸气,以及 20L/min 的连续流量,正常情况下实际流量不会超过 20L/min。

2 分娩室流量的增加基于第一个床位流量 275L/min,而其余每个床位流量 6L/min,其中 50% 的时间里仅一半产妇在用气(喘息峰值吸气为 275L/min,而每分钟可呼吸量对应 6L/min 流量,而且,分娩妇女不会连续呼吸止痛混合气)。对于有 12 个或 12 个以上 LDRP 室的较大产科,应考虑两个喘息峰值吸气量。

3 氧化亚氮/氧气混合气可用于其他病区作止痛之用。流量的增加基于第一个治疗处 10L/min 流量,而其余治疗处的 1/4 有 25% 的时间是 6L/min 流量。

附录 D 医用供应装置安全性要求

D.1 医用供应装置

D.1.1 本部分规定涉及对产品与设备的有关要求。按有关部门规定,部分医用气体末端设施在国内并不属于医疗设备监管的范畴。鉴于目前国内尚无本部分产品或设备的具体标准,其与建筑设备的界限划定不够明朗,而且需要在施工时再安装,医用气体工程相关的产品标准也尚未形成系统性的支撑体系,因此本规范从建设角度出发,给出工程中该类装置应满足的安全性要求。

本附录的规定不是对医用气体供应装置或器材的产品生产许可证明方面的要求。

本附录等效采用 ISO 11197—2004 的有关规定。个别条款有变动,与医用气体安全性无关的规定请详见 ISO 1197。

医用供应设施的典型例子有:医用供应装置、吊塔、吊梁、吊杆(booms)、动力柱、终端组件等。

医用供应装置包括安装在墙上的横式或竖式,或安装在地面或天花板上的非伸缩柱式供应设备带,其供应装置内所有气体管道应为非低压软管组件,不可伸缩。

图 4~图 6 是医用供应装置的构造示意图。医用供应装置并没有规定型式,其产品的功能和模块可按实际的需求而增减。

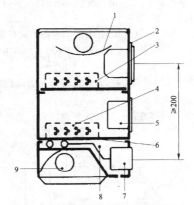

图 4 典型普通病房医用供应装置截面示意

1—照明灯;2—电源插座;3—电源线区域;
4—通信、低压电区域;5—嵌入式设备;6—隔断;
7—气体终端组件;8—气体管道安装区域;9—阅读灯

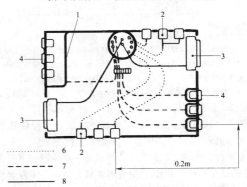

图 5 典型重症监护病房及手术室医用供应装置的截面示意

1—电源插座;2—电源线区域;3—通信、低压电区域;4—嵌入式设备;
5—隔断;6—气体终端组件终端;7—管道安装区域

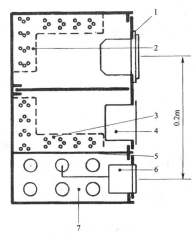

图6 典型的医用悬吊供应装置的截面示意

1—隔断；2—气体终端组件；
3—嵌入式设备、弱电电子设备、通信及低电压区域；
4—电源插座；5—表面测量的中心到中心的安全距离；
6—软管；7—电源线区域

D.1.2 液体终端可由一个带止回阀的节流阀组成，并在阀门输出口插有一个软管，用于饮用水（包括冷水、热水）、冷却水（包括循环冷却水）、软化水、蒸馏水，也可由快速连接插座、插头组成，用于透析浓缩或透析通透。

D.1.4 3 用于专用区域的独立电源回路的多个主电源插座可采相同的数字标识。

4 指对于同一位置但由不同电源提供的各个电源插座应分别有电源的标识。

5 此条文中的"B型（BF、CF）设备"等同于现行国家标准《医用电气设备 第1部分：安全通用要求》GB 9706.1—2007中的"B型（BF、CF）应用部分"。

6 此条文中的"等电位接地"等同于现行国家标准《医用电气设备 第1部分：安全通用要求》GB 9706.1—2007中的术语"电位均衡导线"。

D.1.9 6 为了保护医疗器械，其电源接地与等电位接地均应保证可靠。

D.1.11 2 电磁兼容性部件包括医用供应装置的外围电气部件如护士呼叫器、计算机等。磁通量的测试方法见图7。

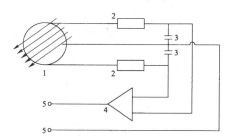

图7 测量磁通量电路示意

1—测试线圈：线圈绕线数=2×159，线圈有效区域=0.01 m²，
线圈平均直径=113 mm，电线直径=0.28mm，在1μT磁通量及50Hz
频率下输出电压=1 mV；2—电阻 $R=10kΩ$；3—电容器 $C=3.2μ$；
4—放大器（放大系数=1000）；5—输出电压（0.1 V相当于1μT）

D.1.13 2 最低燃点可按现行国家标准《可燃液体和气体引燃温度试验方法》GB/T 5332规定，根据正常或单点故障状态下的氧化情况来测定：1）在正常或单一故障状态下，通过对材料的升温来检验是否符合要求。2）如果在正常或单一故障状态下有火花产生，火花能量在材料中分散，此时材料在氧化条件下不应燃烧。根据单一故障最差状态下观察是否发生燃烧来检验是否符合要求。

D.1.16 1 医用供应装置下部的通风用开口，系为防止氧化性医用气体在医用供应装置中积聚。

D.1.17 1 当医用供应装置向其他医疗设备提供电源时，误操作开关或拔去熔断器，都将危及到患者安全，故应禁止。

3 等电位和保护接地设施的防松、防腐措施典型示意图见图8。

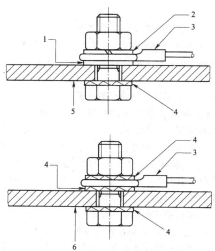

图8 等电位和接地保护设施防松、防腐措施典型示意

1—铜铝垫盘（上表面为铜）；2—弹簧垫圈；3—导线夹头；
4—锁定垫圈；5—医用供应设备截面（铝材）；
6—医用供应设备截面（铁材）

4）具有等效导电性能的医用供应装置的金属材料可作为公共接地。

5）医用供应装置内保护接地接线方法见图9。

4 通信线与电源电缆布置要求见图4～图6。

5 本规定不适用于无负载电压且短路电流RMS值不超过10kA的元件，如内部通信、声响、数据、视频元器件。测试距离应从终端中心至电气元件最近的暴露部分。

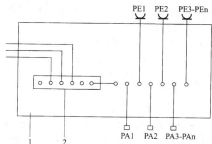

图9 医用供应设备接线典型示意

1—医用供应设备；2—公共接地端子；
PE—主电源插座、插头连接；PA—等电位插座
注：不得有其余的可拆卸式的等电位电桥。

4,5 对于医疗器械，应防止因电磁感应干扰和由电路火花引起的火灾风险。

D.1.18 照明光设备和变压器等会产生较高的温度，因此，在医用供应装置中，发热元器件不能靠近管道，否则需要采用隔断或隔热措施。

中华人民共和国国家标准

水电工程设计防火规范

Code for fire protection design of hydropower projects

GB 50872-2014

主编部门：中 华 人 民 共 和 国 公 安 部
           中 国 电 力 企 业 联 合 会
批准部门：中华人民共和国住房和城乡建设部
施行日期：2 0 1 4 年 8 月 1 日

中华人民共和国住房和城乡建设部公告

第 289 号

住房城乡建设部关于发布国家标准
《水电工程设计防火规范》的公告

现批准《水电工程设计防火规范》为国家标准，编号为 GB 50872—2014，自 2014 年 8 月 1 日起实施。其中，第 3.0.3、5.1.2、5.1.3、5.2.1、6.1.2、6.4.1、7.0.4、8.0.3、8.0.5、9.0.7、10.0.9、11.2.2、11.2.5、11.3.1、11.3.2、12.1.1、12.1.3、12.1.10、12.1.11、12.2.1、12.2.2、12.3.1、12.3.2(1)、13.1.1、13.1.2、13.2.1 条（款）为强制性条文，必须严格执行。

本规范由我部标准定额研究所组织中国计划出版社出版发行。

中华人民共和国住房和城乡建设部
2014 年 1 月 9 日

前　言

本规范是根据原建设部《关于印发〈二○○一～二○○二年度工程建设国家标准制定、修订计划〉的通知》(建标〔2002〕85号)的要求,由水电水利规划设计总院会同有关单位共同编制而成。

本规范编制过程中,编制组进行了深入调查研究,认真总结了实践经验,参考了有关国际标准和国外先进标准,并广泛征求了有关方面的意见,最后经审查定稿。

本规范共分为13章,主要内容包括:总则,术语,生产的火灾危险性分类和耐火等级,厂区规划,厂区建(构)筑物,大坝与通航建筑物,室外电气设备,室内电气设备,电缆,绝缘油和透平油系统,消防给水和灭火设施,防烟排烟、采暖、通风和空气调节,电气。

本规范以黑体字标志的条文为强制性条文,必须严格执行。

本规范由住房城乡建设部负责管理和对强制性条文的解释,由公安部和中国电力企业联合会负责日常管理工作,由水电水利规划设计总院负责具体内容的解释。在本规范执行中,希望各有关单位结合工程实践和科学技术研究,认真总结经验,注意积累资料,如发现需要修改和补充之处,请将意见和资料寄送水电水利规划设计总院(地址:北京市西城区六铺炕北小街2号,邮政编码:100120),以便今后修订时参考。

本规范主编单位、参编单位、主要起草人及主要审查人:

主　编　单　位:水电水利规划设计总院

参　编　单　位:中国水电顾问集团西北勘测设计研究院
　　　　　　　　长江勘测规划设计研究院
　　　　　　　　公安部天津消防研究所

主要起草人:赵忠会　李光华　董　新　金　峰　杨志刚

赵　琨　张　鹏　段　波　李　嵘　吕　康
江宏文　周　强　牛文彬　王润玲　倪照鹏
王宗存　王继琳　姚云龙

主要审查人:冯真秋　黄　瓅　王毅华　王兆成　姚福明
庞秀岚　李德玉　万凤霞　曾镇铃　陈寅其
徐立佳　郭筱蓉　彭淑英　杨　益　刘立成
陈立新　鲁玉凤　吕卫国　林来豫

目　次

1 总　则

1.0.1 为预防水电工程火灾，减少火灾危害，保护人身和财产安全，制定本规范。

1.0.2 本规范适用于新建、改建和扩建的大、中型水电站和抽水蓄能电站工程(以下统称水电工程)的防火设计。

1.0.3 枢纽外的远程控制室、调度机房的防火设计应按现行国家标准《建筑设计防火规范》GB 50016 的有关规定执行。

1.0.4 水电工程防火设计除应符合本规范规定外，尚应符合国家现行有关标准的规定。

2 术　语

2.0.1 水电工程建(构)筑物 hydropower engineering buildings and structures

用于挡水、泄水、进水、调压、通航的建(构)筑物，以及安装发电设备和辅助设备的主副厂房、主变压器场、开关站等。

2.0.2 主厂房 power house

装置水轮发电机组及其辅助设备的主机室及安装间的厂房。

2.0.3 副厂房 auxiliary power house

装置配电、控制操作、通信等设备，为电站的运行、控制、管理服务而设的用房。

2.0.4 升压开关站 boost switching station

接受和分配水轮发电机组发出的电能，经升压后向电网或负荷点供电的高压配电装置的场所。包括主变压器场和开关站。开关站又分屋内和室外两种形式。

2.0.5 地面厂房 ground powerhouse

厂房的主体位于地上，有可开启外窗的厂房。

2.0.6 封闭厂房 enclosed powerhouse

厂房的主体位于地上，但无可开启外窗的厂房。

2.0.7 非地面厂房 underground powerhouse

位于地下或坝内且无外窗的厂房。

2.0.8 进厂交通洞 powerhouse access tunnel

进入非地面厂房的交通隧洞。

2.0.9 消防疏散电梯 fire evacuation elevator

火灾时可供人员安全疏散使用的电梯。

2.0.10 一个设备一次灭火的最大灭火水量 the maximum volume of a device for a fire-fighting

一次灭火时设备本身的自动灭火系统用水量和需要同时开启的消火栓用水量之和。

2.0.11 一个建筑物一次灭火的最大灭火水量 the maximum volume of a structural fire fighting

一次灭火时最大一座建筑物所需的室内、外消火栓消防用水量之和。

3 生产的火灾危险性分类和耐火等级

3.0.1 水电工程生产的火灾危险性分类应符合现行国家标准《建筑设计防火规范》GB 50016 的有关规定。建(构)筑物的火灾危险性类别应符合表 3.0.1 的规定。

表 3.0.1　建(构)筑物的火灾危险性类别

序号	建(构)筑物名称		火灾危险性类别
一	主要生产建(构)筑物		
1	主厂房、副厂房、屋内开关站		丁
2	油浸式变压器室、油浸式电抗器室、油浸式消弧线圈室		丙
3	干式变压器室		丁
4	配电装置室		
		内有单台充油量大于 60kg 的设备	丙
		内有单台充油量小于等于 60kg 的设备	丁
5	母线室、母线廊道(洞)和竖井		丁
6	中央控制室(含照明夹层)		丁
7	继电保护盘室、辅助盘室、机旁盘室、自动和远动装置室、电子计算机房、通信室(楼)		丙
8	室外油浸式主变压器场		丙
9	室外开关站、配电装置构架		丁
10	SF₆封闭式组合电器开关站、SF₆贮气罐室		丁
11	高压、超高压干式电力电缆廊道和竖井		丁
12	电力电缆廊道和竖井		丁
13	动力电缆、控制电缆室、电缆廊道和竖井		丙

序号	建(构)筑物名称	火灾危险性类别
14	蓄电池室及其配套房间	
	防酸隔爆式蓄电池室	丙
	碱性蓄电池、阀控式蓄电池室	丁
15	充放电盘室	丁
16	柴油发电机室及其储油间	丙
17	空气压缩机及其贮气室	丁
18	通风机房、空气调节机房	戊
19	给排水泵室	戊
20	消防水泵室	戊
21	水内冷水轮发电机的水处理室	戊
22	液压启闭机室	丁
23	卷扬启闭机室	戊
24	非地面厂房尾水闸门室	戊
25	非地面厂房通风和安全洞	戊
二	辅助生产建(构)筑物	
1	绝缘油、透平油的油处理室、烘箱室及油罐室	丙
2	独立变压器检修间	丙
3	继电保护和自动装置试验室	丁
4	高压试验室、仪表试验室	丁
5	机械试验室	丁
6	油化验室	丁
7	水化验室	戊
8	电工修理间	丁
9	机械修配厂	丁
10	水工观测仪表室	丁

3.0.2 水电工程建(构)筑物的耐火等级分为一级和二级,建(构)筑物构件的燃烧性能和耐火极限不应低于表 3.0.2 的规定。

表 3.0.2 建(构)筑物构件的燃烧性能和耐火极限(h)

构件名称		耐火等级	
		一级	二级
墙和柱	防火墙	不燃烧体 3.00	不燃烧体 3.00
	柱、承重墙	不燃烧体 3.00	不燃烧体 2.50
	楼梯间和电梯井的墙	不燃烧体 2.00	不燃烧体 2.00
	疏散走道两侧的隔墙	不燃烧体 1.00	不燃烧体 1.00
	非承重外墙	不燃烧体 0.75	不燃烧体 0.50
	房间隔墙	不燃烧体 0.75	不燃烧体 0.50
梁		不燃烧体 2.00	不燃烧体 1.50
楼板		不燃烧体 1.50	不燃烧体 1.00
屋顶承重构件		不燃烧体 1.50	不燃烧体 1.00
疏散楼梯		不燃烧体 1.50	不燃烧体 1.00
吊顶(包括吊顶搁栅)		不燃烧体 0.25	难燃烧体 0.25

注:水电工程厂房的屋顶承重结构采用金属构件,如其距地面净空高度大于或等于 13m 时,屋顶金属承重结构构件可不进行防火保护。

3.0.3 地面厂房中油浸式变压器室、油浸式电抗器室、油浸式消弧线圈室、绝缘油油罐室、透平油油罐室及油处理室、柴油发电机室及其储油间耐火等级应为一级,其他建筑的耐火等级均不应低于二级。厂房外地面绝缘油、透平油油罐室的耐火等级不应低于二级。

非地面厂房及封闭厂房耐火等级应为一级。

3.0.4 水电工程内部装修防火设计应符合现行国家标准《建筑内部装修设计防火规范》GB 50222 的有关规定。

4 厂区规划

4.0.1 在进行水电工程的厂区规划设计时,厂房、开关站和室外油浸式变压器场等布置应满足防火间距及消防车道的要求。

4.0.2 厂区内厂房之间及与厂外建筑之间的防火间距,应符合现行国家标准《建筑设计防火规范》GB 50016 的有关规定。

4.0.3 室外油浸式变压器与厂区建筑物、绝缘油和透平油露天油罐的防火间距不应小于表 4.0.3 的规定。当室外油浸式变压器与厂房的间距不满足本条规定时,可按本规范 7.0.5 条规定执行。

表 4.0.3 室外油浸式变压器与厂区建筑物、绝缘油和透平油露天油罐的防火间距(m)

建筑物、储罐名称	耐火等级	总储油量 V	变压器油量		
			<10t	10t~50t	>50t
主厂房、副厂房、厂房外油罐室	一、二级	—	12	15	20
厂区内办公楼、宿舍楼等非厂房及库房类建筑	一、二级	—	15	20	25
	三级	—	20	25	30
	四级	—	25	30	35
绝缘油、透平油露天油罐		5m³≤V<250m³	18		
		250m³≤V<1000m³	21		

注:1 防火间距应从距建筑物、绝缘油或透平油露天油罐最近的变压器外壁算起。
　　2 水电工程内的油浸式变压器的总储油量可按单台确定。

4.0.4 绝缘油或透平油露天油罐与建(构)筑物、开关站、厂外铁路、厂外公路的防火间距不应小于表 4.0.4 的规定。

表 4.0.4 绝缘油或透平油露天油罐与建(构)筑物、开关站、厂外铁路、厂外公路的防火间距(m)

名称	耐火等级	油罐储量 V	
		5m³≤V<250m³	250m³≤V<1000m³
主、副厂房	一、二级	9	12
厂区内办公楼、宿舍楼等非厂房及库房类建筑	一、二级	12	15
	三级	15	20
	四级	20	25
开关站		15	20
厂外铁路线(中心线)		30	
厂外公路(路边)		15	

注:防火间距应从距建(构)筑物最近的储罐外壁算起。

4.0.5 厂房外地面绝缘油、透平油罐室与厂区建(构)筑物的防火间距不应小于表 4.0.5 的规定。

表 4.0.5 厂房外地面绝缘油、透平油油罐室与厂区建(构)筑物的防火间距(m)

名称	耐火等级	变压器单台油量	油罐形式
			厂房外地面油罐室
主、副厂房	一、二级	—	10
厂区内办公楼、宿舍楼等非厂房及库房类建筑	一、二级	—	10
	三级	—	12
	四级	—	14
室外油浸式变压器场	—	<10t	12
		10t~50t	15
		>50t	20
厂外铁路线(中心线)			20
厂外道路(路边)			10

注:当设有自动灭火系统时,主、副厂房及其他建筑的防火间距可较表中间距减少 2m。

4.0.6 绝缘油和透平油露天油罐与电力架空线的最近水平距离不应小于电杆高度的1.2倍。

4.0.7 绝缘油和透平油露天油罐以及厂房外地面油罐室与厂区内铁路装卸线中心线的距离不应小于10m，与厂区内主要道路路边的距离不应小于5m。

4.0.8 厂区地面建筑物及室外油浸式变压器周围应设置室外消火栓，开关站的室外配电装置区域可不设置室外消火栓。

4.0.9 水电工程消防车配备应符合下列要求：

1 水电工程总装机容量为1500MW～3500MW时，宜配备一辆消防车；总装机容量大于3500MW时，宜配备两辆消防车。

2 距离水电工程指定消防地点15km范围内，有城镇或其他企业消防车可以利用时，消防车设置的数量可以减少。

3 配备消防车的水电工程，应设置相应的消防车库及其附属设施。

4.0.10 厂区内应设置消防车道。消防车应能到达室外油浸式主变压器场、开关站、露天油罐或厂房外地面油罐室以及厂房入口处。对于地面厂房，至少沿一条长边应设置消防车道；对于非地面厂房，当进厂交通洞长度不超过40m时，消防车可只到达进厂交通洞的地面入口处。

4.0.11 厂区消防车道的设置应符合下列要求：

1 厂区消防车道的宽度不应小于4m。当消防车道仅沿地面厂房一条长边设置时，其宽度不应小于6m。

2 当道路上空有障碍物时，其距地面净高不应小于4m。

3 尽头式消防车通道应在适当位置设回车道或面积不小于15m×15m的回车场。

4 消防车道可利用交通道路，但应满足消防车通行与停靠的要求。

5 厂区建(构)筑物

5.1 防火构造

5.1.1 设在主、副厂房及屋内开关站中的丙类生产场所应做局部分隔，并应配置相应的消防设施。

5.1.2 水电工程中丙类生产场所局部分隔应符合下列要求：

1 油浸式变压器室、油浸式电抗器室、油浸式消弧线圈室、绝缘油油罐室、透平油油罐室及油处理室、柴油发电机室及其储油间等场所应采用耐火极限不低于3.00h的防火隔墙和不低于1.50h的楼板与其他部位隔开，防火隔墙上的门应为甲级防火门。柴油发电机室的储油间门应能自动关闭。

2 继电保护盘室、辅助盘室、自动和远动装置室、电子计算机房、通信室等场所应采用耐火极限不低于2.00h的防火隔墙和不低于1.00h的楼板与其他部位隔开，防火隔墙上的门应为甲级防火门。

3 其他丙类生产场所应采用耐火极限不低于2.00h的防火隔墙和不低于1.00h的楼板与其他场所分隔，防火隔墙上的门应为乙级防火门。

5.1.3 水电工程中部分其他类别生产场所局部分隔应符合下列要求：

1 中央控制室应采用耐火极限不低于2.00h的防火隔墙和不低于1.00h的楼板与其他部位隔开。防火隔墙上的门应为甲级防火门，窗应为固定式甲级防火窗。

2 消防控制室、固定灭火装置室应采用耐火极限不低于2.00h的防火隔墙和不低于1.50h的楼板与其他部位隔开。防火隔墙上的门应为乙级防火门。

3 消防水泵房采用耐火极限不低于2.00h的防火隔墙和不低于1.50h的楼板与其他部位隔开。防火隔墙上的门应为甲级防火门。

4 通风空调机房应采用耐火极限不低于1.00h的防火隔墙和不低于0.50h的楼板与其他部位隔开。防火隔墙上的门应为乙级防火门。

5.1.4 当水电工程厂房为地面厂房时，主厂房和建筑高度在24m以下的副厂房的防火分区建筑面积不限。高层副厂房防火分区最大允许建筑面积为4000m²。非地面副厂房及封闭副厂房的防火分区最大允许建筑面积为2000m²。

5.1.5 当出线或通风用的廊(隧)道、竖井出口兼作安全出口时，应采用耐火极限不低于1.00h的墙体与出线、通风管道隔开，出口宽度、高度应满足安全疏散要求。

5.1.6 消防疏散电梯参照消防电梯要求进行设计，底站到顶站时间可根据井道高度确定。其前室或合用前室与主厂房或疏散廊道之间应增设防火隔间。该防火隔间的墙应为实体防火墙，在隔间通往两个相邻区域隔墙上的门应是火灾时能自行关闭的甲级防火门。

5.2 安全疏散

5.2.1 主厂房发电机层的安全出口不应少于两个，且必须有一个直通室外地面。

5.2.2 非地面厂房进厂交通洞的出口可作为直通室外地面的安全出口。厂房通至室外的出线或通风用的廊道、竖井及疏散楼梯出口可作为至室外地面的安全出口。

5.2.3 当地下厂房安装间地面标高低于进厂交通洞洞口地面标高，且高差大于或等于32m，或作为疏散出口的楼梯间的高度超过100m时，可设消防疏散电梯作为安全出口。

5.2.4 地下厂房通往室外的疏散楼梯间，当高度超过100m时，其最下一段楼梯段应与其上楼梯段采取分隔措施。在该段的楼梯间应是防烟楼梯间，该段高度为6m～24m。其上一段不得与其他生产场所相通。

5.2.5 厂房内发电机层标高以下的全厂性操作廊道的安全疏散出口不宜少于两个。

5.2.6 副厂房的安全疏散出口不应少于两个，当满足下列条件时可设置一个安全出口：

1 当地面副厂房每层建筑面积不超过800m²，且同时值班人数不超过15人时；

2 当非地面副厂房和封闭副厂房每层建筑面积不超过500m²，且同时值班人数不超过10人时。

5.2.7 发电机层以下各层，室内最远工作地点到该层最近的安全出口的距离不应超过60m。

5.2.8 副厂房安全疏散距离不限，但高层副厂房及非地面副厂房、封闭副厂房中的丙类场所最远工作地点到安全疏散出口的距离不应超过50m。

5.2.9 建筑高度大于或等于32m且经常有人停留的高层副厂房应设防烟楼梯间。建筑高度大于或等于32m但不经常有人停留的高层副厂房及建筑高度小于32m的高层副厂房应设封闭楼梯间。

经常有人停留的非地面副厂房和封闭副厂房应设防烟楼梯间，不经常有人停留的非地面副厂房和封闭副厂房应设封闭楼梯间。

封闭楼梯间、防烟楼梯间应符合现行国家标准《建筑设计防火规范》GB 50016的有关规定。

5.2.10 建筑高度大于或等于32m并设置电梯的高层副厂房，每个防火分区内宜设一部消防电梯(可与客、货梯兼用)。非地面副厂房和封闭副厂房，当从最低一层地面到最顶层屋面高度超过32m并设置电梯时，每个防火分区宜设一台消防电梯。

消防电梯应符合现行国家标准《建筑设计防火规范》

GB 50016 的有关规定。

5.2.11 安全疏散用的门、走道和楼梯应符合下列要求：

1 门净宽不应小于 0.9m；

2 防火门应向疏散方向开启，并不应通过丙类生产场所进行疏散；

3 走道净宽不应小于 1.2m；

4 主厂房机组段之间的楼梯净宽不应小于 0.9m，其他处楼梯净宽不小于 1.1m，楼梯坡度不宜大于 45°。

5.3 消防设施

5.3.1 主、副厂房及屋内开关站应设置室内消火栓。厂房外独立设置的油罐室，体积不超过 3000m³ 的丁、戊类设备用房（闸门启闭室、闸室、水泵房、水处理室等）、器材库、机修间等，可不设置室内消火栓。

5.3.2 厂房内的桥式起重机司机室应设置手提式灭火器。

6 大坝与通航建筑物

6.1 一般规定

6.1.1 大坝与通航建筑物各部位的火灾危险性类别应按表 6.1.1 的规定确定。

表 6.1.1 大坝与通航建筑物各部位火灾危险性类别

序号	部 位	火灾危险性类别
1	船厢室、船闸室	丙
2	总调度室、控制室、通信室	丙
3	油浸式变压器室	丙
4	干式变压器室	丁
5	卷扬启闭机房	戊
6	油压启闭机房	丁
7	配电装置室、辅助盘室	丁
8	防酸隔爆型铅酸蓄电池室	丙
9	碱性蓄电池、阀控式蓄电池室	丁
10	电梯机房	丙
11	电缆夹层、电缆廊道	丙

6.1.2 油浸式变压器室、船厢室、船闸室、坝体内部、非地面以上或封闭部位的耐火等级应为一级，其余部位耐火等级不应低于二级。

大坝与通航建筑物各部位构件燃烧性能和耐火极限应符合现行国家标准《建筑设计防火规范》GB 50016 的有关规定。

6.1.3 大坝与通航建筑物（不包括船厢室和船闸室）各部位的防火分区应符合下列规定：

1 坝面或地面以上丁、戊类建筑物的防火分区允许建筑面积不限，丙类建筑物防火分区最大允许建筑面积为 4000m²；

2 坝体内部、非地面以上或封闭的部位，其防火分区最大允许建筑面积为 2000m²。

6.1.4 大坝与通航建筑物安全出口及疏散距离应符合下列规定：

1 坝面或地面以上各建筑物安全出口及疏散距离的设置应按本规范第 5.2.6 条及第 5.2.8 条的规定执行；

2 船厢室、闸室、坝体内部、非地面以上或封闭的部位的安全出口及疏散距离的设置应按本规范第 6.2 节～第 6.4 节的规定执行。

6.1.5 大坝与通航建筑物的控制室、调度室、电气盘柜室等部位应设置相应的灭火设施。

6.2 大 坝

6.2.1 坝体内的楼梯间、电梯间应在与大坝电缆廊道连接处设置前室，前室通往电缆廊道和楼梯间的门应为向疏散方向开启的乙级防火门；与大坝一般廊道连接处应设置向疏散方向开启的丙级防火门。

6.2.2 承担疏散功能的大型水电工程坝体内楼梯间、电梯间应按现行国家标准《建筑设计防火规范》GB 50016 的有关规定设置防烟楼梯间及前室。

6.2.3 坝面上建筑物应按本规范第 11.5 节的有关规定设置灭火器材。当坝面上布置有单体体积大于 3000m³ 的丙类建筑物时，应按本规范第 11.3 节的有关规定设置室内、室外消火栓。

6.3 船 闸

6.3.1 不通过油轮（驳）、危险化学品船只的单级船闸，宜在闸室两侧闸墙顶部布置室外消火栓。室外消火栓应对侧交叉布置，同侧室外消火栓的间距不应大于 120m。

室外消火栓一次灭火用水量不应小于 20L/s，火灾延续时间应为 2.00h。

6.3.2 不通过油轮（驳）、危险化学品船只的二级及二级以上的连续船闸，除应在每级闸室两侧闸墙顶部按本规范第 6.3.1 条的要求布置室外消火栓外，还宜根据船闸的规模和级数多少设置一定数量的移动式消防水炮（枪）等辅助灭火工具。

一次灭火用水量应按室外消火栓用水量和移动式消防水炮（枪）用水量叠加计算，不应小于 40L/s，火灾延续时间应为 2.00h。

6.3.3 通过油轮（驳）、危险化学品船只的船闸，消防设计应符合下列要求：

1 船闸应设置固定式或移动式泡沫炮（枪），灭火面积应为设计过闸船只最大舱的面积。泡沫混合液供给强度不应小于 8L/(min·m²)，连续供给时间不应小于 40min。

2 应在闸室两侧闸墙顶部布置室外消火栓，对着火船只周围一定范围内的甲板面及相邻船只冷却，室外消火栓的布置间距及要求应符合本规范第 6.3.1 条的要求，冷却水量应按下式计算：

$$W = 0.06(3BL - F_{max})qt \qquad (6.3.3)$$

式中：W——冷却水量（m³）；

B——最大船宽（m）；

L——最大舱的纵向长度（m）；

F_{max}——最大舱面积（m²）；

q——冷却水供给强度，应按 2.5L/(min·m²) 计算；

t——冷却水供给时间，应按 4.0h 计算。

3 室外消火栓与闸墙距离小于 5m 时，应在每只室外消火栓两侧 3m 范围内靠闸室侧地面设置防火分隔水幕，水幕的水量不应小于 1L/(m·s)，水幕的工作时间应为 1.0h。喷头间距应小于 1m，喷射高度应高出闸墙顶面 2m。

4 单级船闸的钢质闸室门应采用移动式或固定式水炮（枪）、消火栓等设施进行喷水保护；二级或二级以上连续船闸的钢质闸室门应设置正、反两面水幕保护装置。闸室门的喷水及水幕用水量不应小于2L/(m·s),供水时间应为4.0h。

5 闸室门启闭机房推拉洞口应采取措施防止火苗窜入。当采用水幕喷水保护时,水幕喷水强度不应小于2L/(m·s),喷水时间应为1.0h。

6 对不能采用水或泡沫等灭火介质进行灭火的特殊危险品船只,应限制通行或在临时特殊保护措施条件下通行。

6.3.4 闸室两侧闸墙上应分别设置从闸室底直达闸墙顶的疏散爬梯,同侧间距不应大于50m。

6.4 升 船 机

6.4.1 在船厢室上、下闸首两侧沿混凝土塔(筒)体高度方向,每隔6m~10m应各设置一条水平疏散廊道,疏散廊道靠船厢室一端应设置向疏散方向开启的甲级防火门,防火门附近应设置室内消火栓及手提式灭火器。疏散廊道的另一端应设置疏散楼梯通往室外安全区。

每个室内消火栓的用水量应按5L/s计算,一次灭火用水量不应小于20L/s,火灾延续时间为2.00h。灭火器应配置磷酸铵盐干粉灭火器,数量不应少于两具。

6.4.2 高度超过32m的塔(筒)体内应按现行国家标准《建筑设计防火规范》GB 50016的有关规定设置防烟楼梯间及前室。

6.4.3 升船机的船厢上应设置消火栓、固定式水成膜及移动式灭火器等灭火装置,消防用水量应按所配置的灭火装置通过计算确定。

6.4.4 船厢上的灭火装置可直接从船厢取水,当船厢上的灭火装置取水量之和超过船厢水量的1/3时,应采用其他的供水措施。

6.4.5 多级升船机的中间渠道及渡槽两侧均应设置室外消火栓,同侧室外消火栓间距不应大于120m。

每个消火栓的用水量应为10L/s,一次灭火用水量不应小于20L/s,火灾延续时间为2.00h。

7 室外电气设备

7.0.1 油量在2500kg及以上的油浸式变压器之间或油浸式电抗器之间的最小防火间距应符合表7.0.1的规定。

表7.0.1 油浸式变压器之间或油浸式电抗器之间的最小防火间距

电压等级	最小间距(m)
35kV及以下	5
63kV	6
110kV	8
220kV~330kV	10
500kV及以上	12

7.0.2 油量在2500kg及以上的油浸式变压器及油浸式电抗器与其他充油式电气设备之间的防火间距不应小于5m;油量在2500kg以下的油浸式变压器及油浸式电抗器与其他充油式电气设备之间的防火间距不应小于3m。

7.0.3 当油浸式变压器、油浸式电抗器各自之间及与其他充油式电气设备之间的防火间距不能满足本规范第7.0.1条、第7.0.2条要求时,应设置防火隔墙。当防火隔墙高度不能满足要求时,应在防火隔墙顶部加设防火分隔水幕。

单相油浸式变压器之间宜设置防火隔墙或防火分隔水幕。

7.0.4 油浸式变压器的防火隔墙设置应满足下列要求:

1 高度应高于变压器油枕顶部0.3m;

2 长度应超出贮油池(坑)两端各0.5m;

3 当防火隔墙顶部设置防火分隔水幕时,水幕高度应比变压器顶面高出0.5m;

4 防火隔墙的耐火极限不应低于2.00h。

7.0.5 当厂房外墙与室外油浸式变压器外缘的距离小于本规范表4.0.3规定时,厂房外墙应采用耐火极限不低于3.00h的防火隔墙,且厂房外墙与变压器外缘的距离不应小于0.8m。

当厂房外墙与油浸式变压器外缘距离小于5m时,在变压器高度加3m的高度以下、设备两侧外缘各加3m的范围内,厂房外墙不应开设门窗或孔洞,在此范围以外的厂房外墙上的门和固定式窗的耐火极限不应小于0.90h。

7.0.6 单台容量在单相50MVA及以上、3相90MVA及以上的油浸式变压器应设置固定式灭火设施。

单台容量在单相50MVA以下、3相90MVA以下的油浸式变压器应在附近设置移动式灭火器材或室外消火栓。

7.0.7 当发电机母线或设备电缆穿越防火墙时,电缆穿越处的空隙应用不燃材料封堵,不燃材料耐火极限应与防火墙相同。

7.0.8 单台油量在1000kg及以上的油浸式变压器及其他充油电气设备应设置贮油池(坑);当设备为两台及以上时,可设公共事故油池。

7.0.9 贮油池(坑)容积(不含卵石层的缝隙容积)应按贮存单台设备100%的油量确定。当设有固定式水喷雾、细水雾灭火装置时,贮油池(坑)的容积应按单台设备100%的油量与灭火水量之和确定。

当贮油池(坑)设有至公共事故油池的排油管时,贮油池(坑)容积应按单台设备20%的油量确定。排油管的直径不应小于150mm,管口应设防堵、防腐的金属格栅及滤网。

7.0.10 贮油池(坑)上部应设金属格栅,格栅孔净距应不大于40mm,并应在格栅上铺设卵石层,其厚度不宜小于250mm,卵石粒径为50mm~80mm。

7.0.11 公共事故油池的容积应按下列要求确定:

1 当未设置水喷雾、细水雾灭火设施时,公共事故油池容积按最大一台充油设备的全部油量确定。

2 当设有水喷雾、细水雾灭火设施时,公共事故油池容积按最大一台充油设备的全部油量和灭火水量之和确定。当公共事故油池内设有油水分离设施时,容积按最大一台充油设备的100%油量确定。

3 当公共事故油池内设有倒虹吸管油水分离装置时,其容积按计算确定。

7.0.12 公共事故油池应设置排油、排水设施。

7.0.13 升压站、开关站的出入口及主要电气设备附近应按现行国家标准《建筑灭火器配置设计规范》GB 50140的有关规定配备灭火器材。

8 室内电气设备

8.0.1 额定容量为 25MW 及以上的水轮发电机组（含抽水蓄能机组）应设置自动灭火系统。

8.0.2 单台设备油量在 100kg 及以上的油浸式厂用变压器和其他充油电气设备应设置贮油池（坑）或挡油槛。

贮油池（坑）应能贮存单台设备 100% 的油量；当设有将油排至安全场所的设施时，可在防火门内侧设置贮存 20% 油量的挡油槛。

8.0.3 油浸式主变压器应设置在专用的房间、洞室内，专用的房间、洞室应满足下列要求：

1 专用房间、洞室应设向外开启的甲级防火门或耐火极限不低于 3.00h 的防火卷帘，通风口处应设防火阀；

2 专用房间、洞室的大门不得直接开向主厂房或正对进厂交通道；

3 专用房间、洞室外墙开口部位上方应设置宽度不小于 1.0m 的防火挑檐或高度不低于 1.2m 的窗槛墙。

8.0.4 单台容量在单相 50MVA 及以上、3 相 90MVA 及以上的油浸式变压器应设置固定式灭火设施。单台容量在单相 50MVA 以下、3 相 90MVA 以下的油浸式主变压器应在主变压器附近设置移动式灭火器或室内消火栓。

8.0.5 油浸式变压器的事故排油阀应设在房间外安全处。

8.0.6 六氟化硫（SF₆）封闭式组合电器开关站疏散距离不限。当开关站面积超过 250m² 时，应在房间的两端各一个出口。

8.0.7 中央控制室、继电保护盘室、辅助盘室、配电装置室、通信设备室、计算机室等房间应满足下列要求：

1 房间的面积超过 250m² 时应设两个出口，并布置在房间的两端，当房间的长度大于 60m 时宜在房间中部再增加一个出口；

2 当设备房间为双层或多层布置时，楼上各房间应至少有一个通向该层走廊或室外的安全出口；

3 配电装置室的门应为向疏散方向开启的乙级防火门，相邻房间相通的门应为不燃材料的双向弹簧门。

8.0.8 单台机组容量为 300MW 及以上的中央控制室、继电保护室、通信设备室、计算机室等房间宜设置固定式或预制式气体灭火系统。

仅用于观测、值班的中央控制室可只设置移动式灭火器材。

8.0.9 电气设备室之间及对外的管沟、孔、洞等应采用不燃烧材料封堵。

9 电　缆

9.0.1 下列场所或回路宜采用阻燃或耐火电缆：

1 消防（疏散）电梯、应急照明、火灾自动报警、自动灭火装置、防排烟设施、消防水泵等联动系统；

2 双回路供电的断路器/灭磁开关直流操作电源中的一个回路、发电机组紧急停机、进水口快速闸门（或阀门）紧急闭门的直流电源等重要回路；

3 计算机监控、双重化继电保护、保安电源等双回路合用同一通道未隔离时其中一个回路。

9.0.2 电缆室、电缆通（廊、沟）道和穿越各机组段之间架空敷设的动力电缆、控制电缆、通信电缆及光缆等均应分类、分层排列敷设。动力电缆的上下层之间应装设耐火隔板，其耐火极限不应低于 0.50h。

9.0.3 阻燃或耐火电缆可不刷防火涂料，当敷设在电缆井、电缆沟内时，可不采取防火保护措施。

9.0.4 电力电缆中间接头盒的两侧及其邻近区域应采取防火涂料、防火包带等阻燃措施。多个电缆接头并排安装时，应在电缆接头之间增设耐火隔板或填充阻燃材料。

9.0.5 电缆通（廊、沟）道的下列部位应设防火封堵：

1 穿越电气设备房间处；

2 穿越厂房外墙处；

3 电缆通（廊、沟）道的进出口、分支处。

9.0.6 防火分隔的设置应符合下列要求：

1 动力电缆和控制电缆通道每 150m 处、充油电力电缆通（廊）道每 120m 处、电缆沟每 200m 处、电缆室（夹层）每 300m² 处，宜设一个防火分隔；

2 防火分隔应采用耐火极限不低于 1.00h 的不燃材料；

3 设在防火分隔上的门应为丙级防火门。当不设防火门时，在防火分隔两侧各 1m 的电缆区段上，应有防止串火的措施。

9.0.7 电缆竖井应按下列要求进行防火封堵：

1 应在竖井的上、下两端，进出电缆的孔口处及竖井的每一楼层处进行防火封堵；

2 敷设 110kV 及以上电缆的竖井，在同一井道内敷设 2 回路及以上电缆时，不同回路之间应用防火隔板进行分隔；

3 当竖井内设有水喷雾、细水雾等固定式灭火设施时，竖井内的防火封堵可不受上述要求的限制；

4 电缆竖井封堵应采用耐火极限不低于 1.00h 的防火封堵材料。封堵层应能承受巡检人员的荷载。活动人孔可采用承重型防火隔板制作。

9.0.8 电缆穿越楼板、墙体的孔洞和进出控制室、电缆夹层、开关柜、配电盘、控制盘、自动装置盘和保护盘等电缆孔洞，以及靠近充油电气设备的电缆沟道盖板缝隙处，应用耐火极限不低于 1.00h 的不燃材料封堵。

9.0.9 穿越各机组之间架空敷设的电缆，应在每个机组段集中设置手提式干粉灭火器。

电缆室、电缆通（廊）道、电缆竖井的出入口处应设置手提式干粉灭火器，并至少配备两套防毒面具。

10 绝缘油和透平油系统

10.0.1 露天立式油罐之间的防火间距不应小于相邻立式油罐中较大罐直径的0.4倍,且不得小于2m。卧式油罐之间的防火间距不应小于0.8m。

10.0.2 油罐室内部油罐之间的防火间距不宜小于1m。

10.0.3 露天油罐四周应设置不燃烧体防火堤,防火堤的设置应符合现行国家标准《建筑设计防火规范》GB 50016的有关规定。当露天油罐设有防止液体流散的设施时,可不设置防火堤。油罐周围的下水道应是封闭式的,入口处应设水封设施。

10.0.4 厂房外地面油罐室应设专用的事故油池或挡油槛,并应符合下列要求:

    1 事故油池应符合下列规定:

      1)设有事故油池的罐组四周应设导油沟,使溢漏液体能顺利地流出罐组并自流入池内;

      2)事故油池距油罐不应小于30m;

      3)事故油池和导油沟距明火地点不应小于30m;

      4)事故油池应有排水措施;

      5)事故油池的有效容积不应小于最大一个油罐的容积;当设有水喷雾灭火系统时,其有效容积还应加上灭火水量的容积。

    2 挡油槛内的有效容积不应小于最大一个油罐的容积。当设有水喷雾灭火系统时,挡油槛内的有效容积还应加上灭火水量的容积。

10.0.5 露天油罐或厂房外地面油罐室应设置室外消火栓,并应配置砂箱及灭火器等消防器材。当充油油罐总容积超过100m³,或单个充油油罐的容积超过50m³时,应设置水喷雾灭火系统或泡沫灭火系统。

10.0.6 厂房内设置油罐室时,应满足下列防火要求:

    1 油罐室、油处理室应采用耐火极限不低于3.00h的防火隔墙与其他房间分隔;

    2 油罐室的安全疏散出口不宜少于两个,油罐室面积不超过100m²时可设一个;出口的门应为向外开的甲级防火门;

    3 单个油罐室的油罐总容积不应超过200m³,且单个油罐的容积不宜超过100m³;

    4 设置挡油槛或专用的事故集油池,其容积不应小于最大一个油罐的容积,当设有水喷雾灭火系统时,还应加上灭火水量的容积;

    5 油罐的事故排油阀应能在安全地带操作;

    6 厂房内油罐室出入口附近应设置砂箱及灭火器等消防器材;当其单个充油油罐容积超过50m³时,应设置水喷雾灭火系统或泡沫灭火系统。

10.0.7 油处理系统使用的烘箱、滤纸应设在专用的小间内,烘箱的电源开关和插座不应设在该小间内;灯具应采用防爆型;油处理室内应采用防爆电器。

10.0.8 钢制油罐应装设防感应雷接地和防静电接地。防感应雷接地的接地点不应少于两处,两接地点间距离不宜大于30m,接地电阻不宜大于10Ω。防感应雷接地可兼作防静电接地。

10.0.9 绝缘油和透平油管路不应和电缆敷设在同一管沟内。

10.0.10 电缆通道不应穿过油罐室、油处理室。

11 消防给水和灭火设施

11.1 一般规定

11.1.1 在进行水电工程的设计时,应同时设计消防给水系统和灭火设施。

11.1.2 消防水源可采用水库水、下游尾水、地下水、外来水源等。消防给水水源宜与生产、生活用水水源结合。消防给水管道系统宜独立设置。

11.1.3 水电工程同一时间内的火灾次数为一次,消防给水量应按下列两项灭火水量的较大者确定:

    1 一个设备一次灭火的最大灭火水量;

    2 一个建筑物一次灭火的最大灭火水量。

11.1.4 室外消防给水可采用高压或临时高压给水系统或低压给水系统,并应符合下列要求:

    1 室外高压或临时高压给水系统的管道压力应保证当消防用水量达到最大,且水枪在任何建筑物的最高处时水枪的充实水柱不小于10m;

    2 室外临时高压给水系统应保证在消防水泵启动前最不利点室外消火栓的水压不小于0.02MPa;

    3 室外低压给水系统的管道压力应保证灭火时最不利点消火栓的水压不小于0.1MPa。

11.1.5 室内消防给水可采用高压或临时高压给水系统。室内高压或临时高压给水系统应保证灭火时室内最不利点消防设备水量和水压的要求。

11.2 给水设施

11.2.1 给水设施应满足消防给水要求的水量与水压。

11.2.2 由水库直接供水时取水口不应少于两个;从蜗壳或压力钢管取水时,应至少在两个蜗壳或压力钢管上设取水口,且应结合机组或压力钢管检修时的供水措施。每个取水口均应满足消防用水要求。

11.2.3 消防水泵应符合下列要求:

    1 消防水泵应设置备用泵,其工作能力不应小于一台主要水泵的能力。

    2 消防水泵应保证在火警后30s内启动。

    3 一组消防水泵的吸水管不应少于两条。当其中一条关闭时,其余的吸水管应仍能通过全部用水量。消防水泵应采用自灌式吸水,并应在吸水管上设置检修阀门。

    4 当消防给水管道为环状布置时,消防水泵房应有不少于两条的出水管直接与环状消防给水管网连接。当其中一条出水管关闭时,其余的出水管应仍能通过全部用水量。出水管上应设置试验和检查用的压力表和DN65的放水阀门。当存在超压可能时,出水管上应设置防超压设施。

11.2.4 室内临时高压给水系统应在厂房最高部位设置重力自流的消防水箱。消防水箱应储存10min的消防用水量。当室内消防用水量不超过25L/s时,经计算水箱消防储水量超过12m³时,仍可采用12m³;当室内消防用水量超过25L/s时,经计算水箱消防储水量超过18m³时,仍可采用18m³。

11.2.5 消防水池的容量应满足在火灾延续时间内消防给水量的要求,且应符合下列要求:

    1 厂房及用于设备灭火的室内、室外消火栓系统的火灾延续时间应按2.00h计算;水轮发电机水喷雾灭火系统的火灾延续时间应按10min计算;油浸式变压器及其集油坑、电缆室、电缆隧道和电缆竖井等的水喷雾灭火系统的火灾延续时间应按0.40h计算;油罐水喷雾灭火系统的火灾延续时间应按0.50h计算。

    泡沫灭火系统和防火分隔水幕的火灾延续时间应按现行国家标准《高倍数、中倍数泡沫灭火系统设计规范》GB 50196、《低倍数泡沫灭火系统设计规范》GB 50151和《自动喷水灭火系统设计规范》GB 50084的有关规定确定。

2 补水量应经计算确定,且补水管的设计流速不应大于 2.5m/s。

3 消防水池的补水时间不应超过48h。

4 容量大于500m³的消防水池,应分成两个能独立使用的消防水池。

5 供消防车取水的消防水池应设置取水口或取水井,且吸水高度不应大于6m;取水口与建筑物(水泵房除外)的距离不应小于15m,与绝缘油和透平油油罐的距离不应小于40m。

6 供消防车取水的消防水池的保护半径不应大于150m。

7 消防用水与生产、生活用水合并的水池,应采取确保消防用水不作他用的技术措施。

8 严寒和寒冷地区的消防水池应采取防冻保护设施。

11.2.6 消防给水系统应有防止杂质堵塞的措施。易受冰冻的取水口、管段和阀门应有防冻措施。

11.3 室内、室外消防给水

11.3.1 室外消火栓用水量应符合下列要求:

1 建筑物的室外消火栓用水量不应小于表11.3.1的规定;

表 11.3.1 建筑物的室外消火栓用水量(L/s)

耐火等级	建筑物体积 V (m³) 建筑物名称及类别	V ≤1500	1500 <V ≤3000	3000 <V ≤5000	5000 <V ≤20000	20000 <V ≤50000	V >50000
一、二级	主厂房、副厂房、屋内开关站	10	10	10	15	15	20
	厂房外油罐室	15	15	25	25	35	45
	器材库、丁、戊类辅助设备用房	10	10	10	15	15	20

注:室外消火栓用水量应按最大的一座地面建筑物的消防需水量计算。

2 设置自动灭火系统的露天油罐的室外消火栓用水量不应小于15L/s,未设置自动灭火系统的露天油罐的室外消火栓用水量不应小于20L/s;

3 室外油浸式变压器的室外消火栓用水量不应小于10L/s。

11.3.2 室内消火栓用水量应根据同时使用的水枪数量和充实水柱长度经计算确定,不应小于表11.3.2的规定。

表 11.3.2 室内消火栓用水量

建筑物名称		高度 h、体积 V	消火栓用水量 (L/s)	同时使用水枪数 (支)	每根竖管最小流量 (L/s)
主厂房、副厂房、屋内开关站	地面	h≤24m,V≤10000m³	5	2	5
		h≤24m,V>10000m³	10	2	10
		24m<h≤50m	15	3	10
		h>50m	20	4	15
	非地面、封闭	—	20	4	15

11.3.3 室外消火栓应沿厂区道路设置,保护半径不应超过150m,间距应保证设置范围内任何地点均处于两个室外消火栓的保护范围之内。

11.3.4 室内消火栓设置应符合下列要求:

1 室内消火栓的布置应保证有两支水枪的充实水柱同时到达室内任何部位;

2 室内消火栓不应设置在主变压器室、电缆室、电缆廊道或厂内油罐室内,可仅在其出入口附近设置室内消火栓;

3 当发电机层地面至厂房顶的高度大于18m时,可只保证18m及以下部位有两支水枪充实水柱能同时到达;

4 主厂房内消火栓的间距不宜大于30m,并应保证每个机组段不少于一个消火栓;

5 高层副厂房、非地面副厂房和封闭副厂房的消火栓间距不应超过30m,其他副厂房的消火栓间距不应超过50m;

6 对于室内临时高压给水系统,每个室内消火栓处应直接设启动消防水泵的按钮,并应有保护措施;

7 室内消火栓的充实水柱长度应符合现行国家标准《建筑设计防火规范》GB 50016的有关规定。

11.3.5 室外消防给水管道的设置应符合下列要求:

1 室外消防给水管网应布置成环状,当室外消防用水量不超过15L/s时,可布置成枝状;

2 环状管网的输水干管及向环状管网输水的输水管均不应少于两条,当其中一条发生故障时,其余的干管应仍能满足消防用水总量的要求。

11.3.6 室内消防给水管道的设置应符合下列要求:

1 当室内消火栓超过10个且室外消防水量大于15L/s时,室内消防给水管道至少应有两条进水管与室外环状管网连接,并应将室内管道连成环状或将进水管与室外管道连成环状。当环状管网的一条进水管发生事故时,其余的进水管应仍能供应全部用水量。

2 室内消火栓给水管网与自动喷水灭火系统、水喷雾灭火系统的管网宜分开设置;如合用管道,应在报警阀或雨淋阀前分开设置。

3 当室内、室外消防管网分开设置时,室内消防管网宜设消防水泵接合器;接合器的数量应按室内消防用水量计算确定,每个接合器的流量可按10L/s～15L/s计算。

11.3.7 进厂交通洞的消防给水设计应符合下列要求:

1 在厂房入口处40m范围内设置室外消火栓,消火栓的设置应便于消防车取水且不得影响交通;

2 在进厂交通洞两侧设置灭火器,每个设置点不应少于两具,设置间距不应大于100m。

11.4 自动灭火系统的设置

11.4.1 在水轮发电机定子上下端部线圈圆周长度上的设计喷雾强度不应小于10L/(min·m)。

11.4.2 当油浸式变压器设置水喷雾灭火系统时,设计喷雾强度应为20L/(min·m²);保护面积应按扣除底面面积的变压器外表面面积及油枕、冷却器的外表面面积和集油坑的投影面积确定。变压器周围集油坑上应采用水雾保护,设计喷雾强度应为6L/(min·m²)。

11.4.3 当大型电缆室、电缆廊道和电缆竖井设置水喷雾灭火系统时,设计喷雾强度应为13L/(min·m²),分层敷设的电缆的保护面积应按整体包容的最小规则形体的外表面面积确定。

11.4.4 当绝缘油和透平油油罐设置水喷雾灭火系统时,设计喷雾强度应为13L/(min·m²),油罐的保护面积应为储罐顶部和侧面面积之和。

11.4.5 油浸式变压器等电器设备,当采用防护冷却水幕系统隔断时,用水量应按水幕的长度和高度确定,单位长度乘以单位高度上的水量不应小于10L/(min·m²)。

11.4.6 水喷雾系统的喷头、配管与电气设备带电部件的距离应满足电气安全距离的要求,管路系统应接地,并应与全厂接地网连接。

11.4.7 水喷雾灭火系统应设有自动控制、手动控制和应急操作三种控制方式。当响应时间大于60s时,可采用手动控制和应急操作两种控制方式。

11.4.8 消防给水管路不应跨越变压器、配电装置等敞开电气设备上方,且不宜妨碍变压器和电气设备的正常运行、维护。

11.5 建筑灭火器、防毒面具及砂箱的设置

11.5.1 灭火器的设置应符合现行国家标准《建筑灭火器配置设计规范》GB 50140的有关规定。各主要生产场所及设备的火灾类别及危险等级应符合表11.5.1的规定。

表 11.5.1　主要生产场所及设备火灾类别及危险等级

序号	配置场所	火灾类别	危险等级
1	主、副厂房	A	轻
2	进厂交通洞	A、B	轻
3	桥式起重机	B、E	轻
4	油浸式变压器室、油浸式电抗器室、油浸式消弧线圈室	B、E	中
5	干式变压器室	E	轻
6	单台设备充油油量≥60kg 的配电装置室	B、E	中
7	单台设备充油油量≤60kg 的配电装置室	B、E	轻
8	母线室、母线廊道	E	中
9	中央控制室（含照明夹层）、继电保护盘室、自动和远动装置室、电子计算机房、通信室（楼）	E	中
10	室外油浸式变压器	B、E	中
11	室外干式变压器	E	轻
12	室外开关站的配电装置（有含油电气设备）	E	中
13	室外开关站的配电装置（无含油电气设备）	E	轻
14	SF₆封闭式组合电器开关室、SF₆贮气罐室	E	轻
15	干式电缆室、电缆廊道	E	中
16	充油电缆室、电缆廊道	B、E	中
17	蓄电池室	C	轻
18	贮酸室、套间及其通风机室	C	轻
19	充放电盘室	E	轻
20	柴油发电机室及其储油间	B	中
21	空气压缩机及其贮气罐室	E	轻
22	油压启闭机室	B、E	轻
23	卷扬启闭机室	E	轻
24	绝缘油及透平油的油处理室、油再生室及油罐室	B	中
25	绝缘油及透平油的露天油罐	B	中
26	独立油浸式变压器检修间	B	中
27	厂房内调速器油压装置	B、E	中

11.5.2　防毒面具的设置应符合国家现行有关标准的规定，每个设置点处应不少于两具。

11.5.3　砂箱的设置应符合下列要求：

　　1　每个设置点处的砂箱不应少于两个；

　　2　每个砂箱储砂容积不应小于 0.5m³；

　　3　每个设置点处应配备消防铲两把；

　　4　露天设置的砂箱应有防雨措施。

12　防烟排烟、采暖、通风和空气调节

12.1　防烟排烟

12.1.1　经常有人停留的非地面副厂房、封闭副厂房和建筑高度大于 32m 的高层副厂房的下列场所应设置机械加压送风防烟设施：

　　1　不具备自然排烟条件的防烟楼梯间；

　　2　不具备自然排烟条件的消防电梯间前室或合用前室；

　　3　不具备自然排烟条件的消防疏散电梯间前室或合用前室；

　　4　设置自然排烟设施的防烟楼梯间的不具备自然排烟条件的前室。

12.1.2　下列场所宜采用自然排烟：

　　1　具备自然排烟条件的防烟楼梯间及其前室、消防电梯间前室或合用前室；

　　2　建筑高度大于 32m 的高层副厂房中长度大于 20m 且具备自然排烟条件的疏散走道；

　　3　进厂交通洞。

12.1.3　下列场所应设置机械排烟设施：

　　1　非地面厂房、封闭厂房的发电机层及其厂内主变压器搬运道；

　　2　经常有人停留的非地面副厂房、封闭副厂房的疏散走道；

　　3　建筑高度大于 32m 的高层副厂房中长度大于 20m 但不具备自然排烟条件的疏散走道。

12.1.4　防烟楼梯间及其前室、消防电梯间前室或合用前室的防烟系统设计应按现行国家标准《建筑设计防火规范》GB 50016 的有关规定执行。

12.1.5　建筑高度大于 32m 的高层副厂房中长度大于 20m 的疏散走道，其自然排烟口的净面积宜取该走道建筑面积的 2%～5%。

12.1.6　设置机械排烟设施的场所，其排烟量按下列要求确定：

　　1　发电机层的排烟量可按一台机组段的地面面积计算，且不宜小于 120m³/(h·m²)；

　　2　厂内主变压器搬运道的排烟量可按一台机组段长度的搬运道地面面积计算，且不宜小于 120m³/(h·m²)；

　　3　疏散走道的排烟量，当担负一个排烟系统时，应按不小于 60m³/(h·m²)计算；当竖向担负两个或两个以上排烟系统时，应按最大排烟系统不小于 120m³/(h·m²)计算。

12.1.7　当设置机械排烟系统时，应同时设置补风系统。当设置机械补风系统时，补风量不宜小于排烟量的 50%。

12.1.8　机械排烟系统的设置应符合下列要求：

　　1　疏散走道的排烟系统宜竖向布置；

　　2　穿越防火分区的排烟管道应在穿越处设置排烟防火阀。

12.1.9　排烟风机可采用离心或轴流排烟风机。在排烟风机入口总管上应设置与风机联锁的排烟防火阀。当该防火阀关闭时，风机应能停止运转。

　　排烟风机和烟气流经的管道附件，如风阀、柔性接头等，应保证在 280℃的温度下连续有效工作不小于 30min。

12.1.10　加压送风机、排烟风机和排烟补风用送风机应在便于操作的地方设置紧急启动按钮，并应具有明显的标志和防止误操作的保护装置。

12.1.11　防烟与排烟系统的管道、风口及阀门等必须采用不燃材料制作。排烟管道应采取隔热防火措施或与可燃物保持不小于 0.15m 的距离。

12.2　采　　暖

12.2.1　所有工作场所严禁采用明火采暖，防酸隔爆式蓄电池室、

酸室、油罐室、油处理室严禁使用敞开式电热器采暖。

12.2.2 主厂房采用发电机放热风采暖时,发电机放热风口和补风口处应设置防火阀。

12.3 通风和空气调节

12.3.1 空气调节系统的电加热器应符合下列要求:

1 电加热器应与送风机电气联锁,并应设无风断电、超温断电保护装置;

2 电加热器的金属风管应接地;

3 电加热器前后两端各 0.8m 范围内的风管及其绝热层应为不燃材料。

12.3.2 防酸隔爆式蓄电池室、酸室、油罐室、油处理室、厂内油浸式变压器室等房间应符合下列要求:

1 防酸隔爆式蓄电池室、酸室、油罐室、油处理室、厂内油浸式变压器室等房间应设专用的通风、空气调节系统,室内空气不允许再循环;

2 排风应直接排至厂外,地下厂房的排风可排至主排风道,且应符合本规范第12.3.5条的要求;

3 通风、空气调节机房宜单独设置;

4 通风机及其电动机应为防爆型,并应直接连接;当送风机设在单独隔开的通风、空气调节机房内且送风干管上设有止回阀时,送风机及其电动机可采用普通型;

5 通风系统的设备和风管均应采取防静电接地措施(包括法兰跨接),不应采用容易积聚静电的绝缘材料制作;

6 通风管不宜穿过其他房间。如必须穿过时,应采用密实焊接、不燃材料制作的通过式风管。通过式风管穿过房间的防火墙、隔墙和楼板处的空隙,应采用与所通过房间相同耐火等级的防火材料封堵。

12.3.3 通风、空气调节系统的管道布置,竖向不宜超过 5 层。当管道设置防止回流设施或防火阀时,其布置可不受此限。

12.3.4 通风、空气调节系统的风管不宜穿越防火墙、防火隔墙。如必须穿越时,应在穿越处设置防火阀。穿越防火墙、防火隔墙两侧各 2m 范围内的风管、绝热材料应采用不燃材料,穿越处的空隙应采用和墙体耐火极限相同的不燃材料封堵。

当通风道为混凝土或砖砌风道时可不设防火阀,但其侧壁上的孔口宜设防火阀。

12.3.5 当几个排风系统出口合用一个总排风道时,各排风系统在总排风道处应设有防止空气回流的措施。

12.3.6 通风、空气调节系统的风管应采用不燃材料制作;通风、空气调节系统的设备和风管、水管的绝热、消声、加湿材料及其粘结剂宜采用不燃材料,当确有困难时,可采用难燃材料;防酸隔爆式蓄电池室、酸室的风管和柔性接头可采用难燃材料。

13 电 气

13.1 消防供电

13.1.1 消防用电设备的电源应按二级负荷供电。

13.1.2 消防用电设备的供电应在配电线路的最末一级配电装置处设置双电源自动切换装置。当发生火灾时,仍应保证消防用电。消防配电设备应有明显标志。

13.1.3 消防应急照明、疏散指示标志可采用直流电源、EPS 电源或应急灯自带蓄电池作备用电源,其连续供电时间不应少于30min。

13.1.4 消防用电设备的配电线路应穿管保护。当暗敷时应敷设在非燃烧体结构内,保护层厚度不应小于30mm,明敷时必须穿金属管,并采取防火保护措施。当采用耐火电缆时,可不采取防火保护措施。

13.2 消防应急照明、疏散指示标志和灯具

13.2.1 室内主要疏散通道、楼梯间、消防(疏散)电梯、安全出口处和厂房内重要部位,均应设置消防应急照明及疏散指示标志。

13.2.2 在主要通道地面上用于人员疏散的消防应急照明的最低照度不应低于 1.0Lx。

13.2.3 消防应急照明灯宜设在墙面或顶棚上;安全出口的疏散指示标志宜设在顶部;疏散走道及其转角处的疏散指示标志宜设在距地(楼)面高度 1m 以下的墙面上或走道地(楼)面,间距不宜大于 20m。

13.2.4 建筑物内设置的疏散指示标志和应急照明灯具除应符合本规范的规定外,还应符合现行国家标准《消防安全标志》GB 13495 和《消防应急照明和疏散指示系统》GB 17945 的有关规定。

13.3 火灾自动报警系统

13.3.1 大、中型水电工程应设置火灾自动报警系统,宜采用集中报警系统。

13.3.2 火灾报警区域应按防火分区或机组划分。一个报警区域宜由一个或同层相邻的几个防火分区组成,或由一台或几台机组的主厂房、副厂房各层组成,大坝宜设为一个报警区域。船闸、升船机宜按闸首划分报警区域。

13.3.3 下列场所应设置火灾探测器:

1 中央控制室、继电保护盘室、辅助盘室、配电盘室(洞)、配电装置室(洞);

2 计算机房、通信设备室、蓄电池室和办公室;

3 单机容量为 25MW 及以上的立式水轮发电机风罩内;

4 单机容量为 25MW 及以上的贯流式水轮发电机内;

5 设置在室内和地下的油浸式变压器室,设置在屋外装有固定式自动灭火系统的油浸式变压器;

6 设置在室内和地下的 110kV 及以上敞开式开关站;

7 电缆室(夹层)、大型电缆通道(廊道)和大型电缆竖(斜)井;

8 油罐室、油处理室、柴油发电机室;

9 防烟楼梯间前室、消防(疏散)电梯前室及合用前室;

10 电梯机房;

11 主厂房水轮机层、出线层;

12 大坝的启闭机室、油泵房、集中控制室;

13 船闸和升船机的启闭机室、油泵房、集中控制室。

13.3.4 消防控制屏或控制终端宜设在中央控制室内。

13.3.5 应根据水电工程安装部位的特点选用不同类型的火灾探

测器。对油浸式主变压器和水轮发电机,应选用抗工频电磁场的火灾探测器。

13.3.6 火灾自动报警系统应设有主电源和直流备用电源。

13.3.7 火灾自动报警系统应接入水电工程公共接地网,并用专用接地干线引至接地网。专用接地干线应采用截面积不小于25mm²的铜导体。

13.3.8 消防专用电话可与水电工程调度电话合用,功能及布线应满足消防专用电话要求。

13.3.9 消防水泵、防烟和排烟风机的控制设备,当采用总线编码模块控制时,应在中控室设置手动直接控制装置,或所选用的火灾报警控制器应具有满足手动直接控制的功能。

13.3.10 大、中型水电工程应设置火灾应急广播。

中华人民共和国国家标准

水电工程设计防火规范

GB 50872-2014

条 文 说 明

1 总 则

1.0.1 为了说明本规范的制订目的,特作本条规定。本条阐明制订本规范的目的和重要性,强调必须认真贯彻消防工作方针,重视水电工程的防火设计。

《中华人民共和国消防法》规定消防工作实行"预防为主、防消结合"的方针。水电工程是国家重要的基本建设项目之一,能否安全运行是关系到国计民生的大事。为确保工程建成投产后,尽量减少火灾事故的发生,即使万一发生火灾,也要使其损失减少到最小,首先必须在工程设计中贯彻"预防为主、防消结合"的消防工作方针。

1.0.2 根据水电工程的规模和重要性,并考虑我国水电工程建设现状及消防水平作出适用范围的规定。

本规范的适用范围与我国其他现行防火规范,如《建筑设计防火规范》GB 50016 等的要求一致,包括新建、改建和扩建工程。

水电工程的分等标准参照《水电枢纽工程等级划分及设计安全标准》DL 5180—2003 中大(1)型、大(2)型和中型的有关规定。

在水电工程中,增加水力发电厂机组的单机容量(简称"增厂"工程)属改建工程;增加水力发电厂原有厂房中机组的台数(简称"扩机"工程)属扩建工程;不论一期还是二期,凡新建厂房的工程均列为新建工程。在这些工程的设计中都必须执行本规范的规定。

本规范实施后,对已处在不同设计施工阶段的工程,通常按下列要求实施:对正在设计的工程应完全执行本规范要求;对已设计正在施工的工程,如不满足本规范要求,应积极采取补救措施;对已投产的工程,如不满足本规范要求,可结合技术改造采取补救措施。

小型水电工程设计可参照使用本规范。

根据水电工程的具体条件,本规范编制反映了水电行业的主要特点:

(1)水电工程大部分位于河床狭窄的山谷地区,枢纽布置集中、紧凑,工程的消防设计必须随整体枢纽布置一起统筹考虑,如消防车道、防火间距、安全出口等设施。

(2)水电工程一般离城镇较远,在消防设计中通常无法考虑和城镇消防设施的结合。每个工程要有消防自救能力,消防设施的配置要满足扑救可能发生火灾的要求。

(3)水电工程厂房内设备布置比较集中,消防设施标准要因地制宜,立足于国内水电工程消防设计现状,同时适当考虑今后的发展。对机电设备的消防,是以目前国内的设备制造工艺水平为前提,在总结和吸取防火设计经验教训的基础上,保证重点,兼顾一般。

(4)水电工程的水源充足,要充分发挥水消防的优势。

(5)水电工程一般工期较长,当工程分期投入运行时,不仅要有整体消防设计方案,还必须要有分期实施的消防设计方案。

1.0.3 近年来有很多水电站将中央控制室或调度机房设于枢纽区之外的生活区的办公楼中。为明确其设计标准,特注明该类工程的防火设计应按现行国家标准《建筑设计防火规范》GB 50016 的有关规定执行。

1.0.4 本规范是在《水利水电工程设计防火规范》SDJ 278—1990 的基础上,总结其自发布实施以来在应用中存在的问题及近年来水电防火技术的发展和经验而制订的。本规范编制中考虑了与现行有关国家标准、行业标准的一致和协调,并注意向国际上先进国家的规范靠拢,参照了美国的《水电厂防火设计规范》、《美国国家电气法规》、《固定式水喷雾灭火系统规范》,日本的《变电所等的防火对策指针》,前苏联的《电气安装规程》等,在一定程度上体现了规范的先进性。

2 术　语

2.0.1 水电站枢纽一般由挡水建筑物、泄水建筑物、进水建筑物、引水建筑物、平水建筑物、厂房枢纽建筑物等六大部分组成。

挡水建筑物为截断水流、集中落差、形成水库的拦河坝、闸或河床式水电站的水电站厂房等水工建筑物。

泄水建筑物为用以宣泄洪水或放空水库的建筑物，如开敞式河岸溢洪道、溢流坝、泄洪洞及放水底孔等。

进水建筑物为从河道或水库按发电要求引进发电流量的引水道首部建筑物，如有压、无压进水口等。

引水建筑物为向水电站输送发电流量的明渠及其渠系建筑物、压力隧洞、压力管道等建筑物。

平水建筑物，对有压引水式水电站为调压井或调压塔；对无压引水式电站为渠道末端的压力前池。

厂房枢纽建筑物主要是指水电站的主厂房、副厂房、变压器场、高压开关站、交通道路、尾水渠、修理加工车间、库房等建筑物。

对于有通航要求的水电工程，还设有通航建筑物，主要为通航船闸、升船机等建筑物及设施。

2.0.2~2.0.7 水电工程厂房名称具有行业特点，为便于业内外均能理解，特明确其定义。

2.0.8 水电工程中有多种交通洞。"进厂交通洞"专指进入非地面厂房的交通隧道，因为该隧道要承担非地面厂房的安全疏散，故特予以定义。

2.0.9 根据水电工程中地下厂房的情况，参照国内外消防界对使用电梯进行高层建筑安全疏散的研究成果和一些成功使用电梯进行安全疏散的实际案例，本次规范编制规定在水电站地下厂房的安全疏散中可以使用消防疏散电梯。

3　生产的火灾危险性分类和耐火等级

3.0.1 本规范依据现行国家标准《建筑设计防火规范》GB 50016确定的原则，并结合水电的行业特点和具体情况，对水电工程生产场所的火灾危险性类别作出相应规定。

水电工程厂房中大部分生产场所火灾危险性较低，只有少量丙类场所。根据水电工程厂房的实际情况，确定主副厂房为丁类，而局部场所可以按实际情况确定其类别。

考虑到在生产过程中不存在现行国家标准《建筑设计防火规范》GB 50016 中规定的甲类和乙类生产火灾危险性类别场所，本规范中只划分生产场所中丙、丁和戊类三个火灾危险性类别。如有汽油油库、氧气瓶仓库等，则应按现行国家标准《建筑设计防火规范》GB 50016 的规定执行。

关于规范中表 3.0.1 生产场所的火灾危险性类别的说明：

（1）主厂房、副厂房、屋内开关站。厂房是水电工程最主要的生产建筑物，一般包括主厂房、副厂房及屋内开关站。按其生产特点，主厂房、副厂房及屋内开关站没有甲类和乙类生产火灾危险性场所，包含有少量丙类生产火灾危险性场所。例如油浸变压器室、绝缘油及透平油油罐室、油浸式电抗器室等。但这类场所仅占整个厂房很少一部分，并采用防火墙或防火隔墙、楼板和防火门进行了局部分隔，并按要求配备了相应的消防设施。因此在发生火情时，能阻止火灾的蔓延。根据《建筑设计防火规范》GB 50016—2006 第 3.1.1 条的原则，本规范规定水电工程的主厂房、副厂房和屋内开关站的生产火灾危险性类别为丁类。

（2）变压器室。油浸式变压器绝缘油闪点在 130℃ 以上，属于闪点大于 60℃ 的丙类液体，使用这类绝缘油的油浸变压器房间属丙类火灾危险性场所。油浸式电抗器室、油浸式消弧线圈室、独立设置的变压器检修间也属于这种情况。

干式变压器采用难燃绝缘材料，不含绝缘油，其房间属丁类火灾危险性场所。

（3）配电装置室。配电装置室（含发电机电压配电装置及其他高压配电装置）内，按单台设备充油量大于或小于等于 60kg 将其划分为丙类或丁类火灾危险性场所。该规定使本规范与现行国家标准《建筑设计防火规范》GB 50016 和《火力发电厂与变电站设计防火规范》GB 50229 执行的标准一致。

（4）继电保护和自动装置类设备场所。在水电工程内，这类场所主要包括继电保护盘室、辅助盘室、通信室和电子计算机房等。这些场所是水电工程的控制中枢，其安全关系到整个供电系统能否正常运行。该类场所电气线路较多，存在电气火灾的可能性，同时也是电站人员活动较集中处。综合各种因素，将其划分为丙类火灾危险性场所。

（5）SF₆封闭式组合电器开关站和 SF₆贮气罐室。SF₆本身属不可燃气体，在常温下理化性质十分稳定。SF₆绝缘电气设备本体其他部分亦由不燃材料制成，因此划分为丁类火灾危险性场所。

（6）动力电缆和控制电缆场所。水电工程采用的电缆种类多，数量大。从火灾危险性来讲，目前一般采用的电缆，当其单根移开火源后一般不会继续燃烧，但当电缆数量较多时，一旦起火火势仍会蔓延。因此，在电缆室（夹层）和电缆通道（含电缆隧道、竖井）中架空敷设的电缆火灾危险性较大，在本规范中划分为丙类。

当采用阻燃电缆（在其绝缘和保护层材料中添加阻燃剂，着火后具有不易延燃或自燃特性），或在普通电缆上采用了阻止延燃措施时，其火灾危险性等级可以适当降低。

（7）蓄电池室及配套房间。国家水电工程中主要采用防酸隔爆型铅酸蓄电池,这类蓄电池在结构上采取了密封和消氢措施,但在运行中仍可能有少量氢气逸出。故这类蓄电池室划为丙类火灾危险性场所。

碱性蓄电池和阀控式蓄电池室,按其性能划为丁类火灾危险性场所。

与蓄电池室配套布置的酸室、套间及通风机室,一般都设在蓄电池室旁边。这些辅助房间的火灾危险性类别应按相应蓄电池室对待。

3.0.2 对于水电工程建(构)筑物构件的燃烧性能和耐火极限,考虑到建筑主体一般为钢筋混凝土结构,基本符合一级或二级耐火等级要求。三级耐火等级的砖木结构在大中型水电工程中已不再使用。依据现行国家标准《建筑设计防火规范》GB 50016,针对水电工程具体情况,将水电工程建(构)筑物构件的耐火等级规定为一级和二级。

本规范表 3.0.2 系参考《建筑设计防火规范》GB 50016—2006 表 3.2.1,列出了两个耐火等级构件的燃烧性能和耐火极限的具体规定。其中防火墙、柱、楼梯间和电梯井的墙、屋顶承重构件的规定,参考了《建筑设计防火规范》GB 50016—2006 中的数据。

对于高度超过 13m 的屋顶金属承重结构,不再进行防火保护,系参照《建筑设计防火规范》GB 50016—2006 中第 3.2.4 条和水电站厂房的具体情况确定的。

3.0.3 规定地面厂房中油浸式变压器室、油浸式电抗器室、油浸式消弧线圈室、绝缘油或透平油油罐室及油处理室、柴油发电机室及其储油间耐火等级应为一级,是因为这些场所火灾危险性及火灾荷载均较其他丙类场所大,故提高标准。规定非地面厂房及封闭厂房耐火等级应为一级,是因为这些场所人员疏散及火灾扑救难度均较地面厂房大,参考现行国家标准《高层民用建筑设计防火规范》GB 50045 和《人民防空工程设计防火规范》GB 50098 的相关规定,将其耐火等级规定为一级。

厂房外地面绝缘油、透平油油罐室可按储存丙类液体物品的库房考虑,其建筑物耐火等级要求不应低于二级。

3.0.4 近年来水电工程厂房进行内装修的情况越来越多,为使该部分防火设计有所遵循,特作此条规定。

4 厂 区 规 划

4.0.1 水电工程的厂区规划设计中,除了满足枢纽布置要求外,必须同时考虑工程防火设施的总布置。在工程的预可研或可研设计阶段就应确定厂区内的厂房、开关站、室外油浸式变压器场等主要生产建筑物、构筑物的位置,使其满足防火间距、安全出口和消防车道的要求。

4.0.2 厂区内厂房之间及与厂外建筑之间的防火间距主要考虑满足消防扑救和防止火势向相邻建筑物、设备蔓延,同时考虑节约用地,减少工程量等因素,根据现行国家标准《建筑设计防火规范》GB 50016 的要求确定。

4.0.3 油浸式变压器在运行中可能因电气事故产生电弧,有导致燃烧或爆裂的可能。万一发生火灾事故,不但其本身会遭到破坏,而且会蔓延扩大以致全厂停电。本条规定主要根据现行国家标准《建筑设计防火规范》GB 50016 和《火力发电厂与变电站设计防火规范》GB 50229 中室外变压器与建筑物之间的防火间距要求确定。

本条中室外油浸式变压器与绝缘油、透平油露天油罐的防火间距是根据现行国家标准《建筑设计防火规范》GB 50016 中室外变压器对丙类液体储罐的防火间距要求确定的。露天油罐总储量 (V) 按 $5m^3 \leq V < 250m^3$ 和 $250m^3 \leq V < 1000m^3$ 分级。因为绝缘油的闪点约为 130℃,透平油的闪点为 180℃,均高于 120℃。按《建筑设计防火规范》GB 50016—2006 第 4.2.1 条的规定,防火间距可减少 25%。

4.0.4 绝缘油、透平油露天油罐对建筑物、开关站的防火间距主要根据火灾扑救要求确定,但由于绝缘油和透平油不易起火,国内外这方面的火灾案例较少,无实践数据。本条规定主要按照现行国家标准《建筑设计防火规范》GB 50016 的要求确定。

绝缘油、透平油露天油罐与丙、丁、戊类厂房及库房的防火间距,按现行国家标准《建筑设计防火规范》GB 50016 中闪点大于 120℃ 液体储罐的规定,将防火间距折减 25%。

绝缘油、透平油露天油罐与其他建筑的防火间距按现行国家标准《建筑设计防火规范》GB 50016 中丙类固定顶储罐与民用建筑之间的防火间距增加 25% 的规定确定。

绝缘油、透平油露天油罐与开关站的防火间距比对油浸式变压器的防火间距减少了 5%～17%,其理由为开关站内电气设备的充油量较小。如果主变压器与开关站布置在一起,则按本规范第 4.0.3 条执行。

本条所述厂外铁路和厂外公路均指永久性地与国家铁路网、公路网衔接的铁路和公路,其防火间距要求与现行国家标准《建筑设计防火规范》GB 50016 要求相同。

4.0.5 厂房外地面绝缘油、透平油油罐室可按储存丙类液体物品的库房考虑,其对厂房和其他建筑的防火间距根据现行国家标准《建筑设计防火规范》GB 50016 中丙类物品库房对建筑物的防火间距要求确定。但当其本身设有固定式灭火装置时,可以及时扑救初期火灾,防止蔓延,因此在表 4.0.5 "注" 中说明这种情况防火间距可减少 2m。

对厂外铁路和道路的防火间距是按本规范 4.0.4 储罐与厂外铁路和公路的防火间距减少 33% 确定的,其主要理由是考虑到油罐对防止火灾蔓延比露天储罐有利,向室外热辐射强度也比露天储罐小,有利于扑救。

4.0.6 本条规定主要是为防止因电杆倒塌,电缆短路起火而波及油罐,导致油罐火灾。储存丙类液体的储罐,其闪点不低于 60℃,在常温下挥发可燃蒸汽少,蒸汽扩散达到燃烧爆炸范围的可能性更少。根据《建筑设计防火规范》GB 50016—2006 第 11.2.1 条规定:丙类液体储罐与架空电力线的最近水平距离不应小于电杆(塔)高度的1.2倍。水电工程中的绝缘油、透平油罐符合这种情况。

4.0.7 水电工程厂区内,一般在施工期间,为了运输施工人员、大件设备和混凝土料罐等的需要,铺设了临时运输用的铁路线,工程竣工后,通常该运输线就停止使用或拆掉,绝缘油和透平油罐及其地面油罐室一般在工程施工后期,临发电前才存放油品,因此防火间距标准可以适当降低,本条规定根据《石油库设计规范》GB 50074—2002中对丙类桶装油品仓库与油库内铁路机车走行线之间的防火间距要求,确定为不应小于10m。

水电工程厂区内的道路主要是供电站运行人员使用,而且水电工程的值班人员较少,无关的车辆不得进入,因此汽车排气管的飞火影响较小。故绝缘油和透平油罐对厂区主要道路的防火间距根据现行国家标准《建筑设计防火规范》GB 50016中对丙类液体储罐与厂区次要道路的间距要求,确定为不应小于5m。

4.0.8 室外消火栓是水电工程的基本灭火设施。为保证厂区地面建筑物、室外油浸式变压器的灭火需要,要求在其周围设置室外消火栓。

对于开关站的室外配电装置区域,根据现行国家标准《火力发电厂与变电站设计防火规范》GB 50229的规定,可不设置室外消火栓。

4.0.9 水电工程厂房、室外主变压器、开关站、露天油罐或厂房外地面油罐室等部位,虽然都设置了固定或移动式灭火设备,有些场所还设有自动灭火设备,但考虑到这些灭火设备有可能失效或扑救能力不足,仍需借助消防车进行扑救。因此按照不同规模,配备必要数量的消防车,是保证水电站安全运行的基本措施之一。

消防车的配置数量是根据我国已建水电站的实际配置情况,并考虑我国的经济发展水平而定的。

总装机容量为1500MW~3500MW的大中型水力发电厂,宜配备一辆中型水罐消防车,该消防车除配备直流水枪外,还应配备高压喷雾水枪。

装机容量达3500MW以上的水力发电厂,宜配备两辆消防车,可以选用一辆水罐消防车,一辆干粉消防车。

配置了消防车,就必然要设置消防车库,配备消防人员,考虑训练场地等。这不仅增加了工程投资,而且会带来消防队员的管理、训练等一系列问题。特别是现在,水电工程已逐步实现无人值班、少人值守,人员定编十分有限。一个大型水电站定员也不过一百多人,配备一定数量的消防队员存在一定困难。因此,为了降低工程投资,减少管理难度,本条规定"距离水电工程指定消防地点15km范围内,有城镇或其他企业其消防车可以利用时,消防车设置的数量可以减少"。按此规定,有条件的水电站可以考虑借用城市或其他企业的消防力量,或与其他企业合建消防站。

15km是按消防车接警后10min内到达火灾现场考虑的。水电工程一般均为专用道路,现在消防车时速均在90km/h~110km/h。按时速90km/h计算,10min距离为15km。《城市消防站建设标准》(建标152—2011)规定的城市消防站布局,是按接警后5min消防车到达火灾现场确定的。考虑到大中型水电工程一般都处于深山峡谷之中,距离城镇都较远,按照城市消防站的标准不太现实,加之大中型水电工程一般都有较为完备的消防自救能力。因此,按消防车10min内可到达火灾现场考虑是比较合理的。

根据消防扑救的需要和水电站的具体特点,对"设置相应的消防车库及其附属设施"的基本要求如下:

(1)应设置值班室和专用车库,并应配备必要的昼夜值班人员。

(2)通信设备配置火警专用电话、普通电话、专线电话。

(3)消防车库的位置应满足从接警起5min内消防车到达厂区最远点的要求。

4.0.10 水电工程的主厂房、副厂房、室外油浸式主变压器、开关站、露天油罐是消防扑救的重点部位,因此要求消防车应能到达上述部位。对于地面厂房,为了便于消防扑救的展开,要求消防车道至少沿厂房的一条长边布置。

对于非地面厂房,当进厂交通洞长度不超过40m时,消防车到达进厂交通洞的地面入口处可以满足消防扑救要求,因此规定这种情况下消防车可以不到达厂房入口处。

4.0.11 消防车道是按单车道考虑的,其宽度规定为不小于4m。但当消防车道仅沿地面厂房一条长边设置时,规定其宽度不应小于6m,是为了解决会车。消防车道地面至上部障碍物之间的净空要求和回车场面积都是根据目前使用的消防车的外形尺寸确定的。消防车道的路面(含消防车道所经过的管沟、盖板等)荷载要满足消防车满载总重要求。

对于尽头式消防车道,在直线段的两端部设置回车场有困难时,可以根据具体条件在离端头30m之内设回车场。

水电工程厂区行人和车辆较少,为节约用地,消防车道可利用交通道路,但应满足消防车通行与停靠的要求。

5 厂区建(构)筑物

5.1 防火构造

5.1.1 根据水力发电厂的生产特点,主副厂房及屋内开关站内的生产场所火灾危险性类别无甲、乙类,仅有少数为丙类,如油浸式变压器室、绝缘油和透平油油罐室、电缆夹层、油浸式电抗器室等,但是这些场所都以防火隔墙、楼板和防火门做了局部防火分隔,并都按有关要求配备了必要的消防设施,能有效防止火灾的蔓延。

5.1.2 为保证主副厂房及屋内开关站不受丙类场所的影响,本规范对该类厂房中丙类场所的防火分隔要求进行了规定。

油浸式变压器室、油浸式电抗器室、油浸式消弧线圈室、绝缘油油罐室、透平油油罐室及油处理室、柴油发电机室及其储油间等场所均有丙类液体,属于火灾危险性较高、火灾荷载较大的场所,采用的防火分隔标准最高。

按照《电子信息系统机房设计规范》GB 50174—2008第6.3.3条规定:当A级或B级电子信息系统机房位于其他建筑物内时,在主机房与其他部位之间应设置耐火极限不低于2.00h的隔墙,隔墙上的门应采用甲级防火门。大中型水电站的继电保护盘室、自动和远动装置室、电子计算机房、通信室等场所的电子信息系统运行中断将造成较大的经济损失,按照该规范第3.1.2条和第3.1.3条规定应当属于B级电子信息系统机房,本条参照该规范作出相关规定。

"防火隔墙"指分隔丁类、戊类厂房中需要进行防火分隔场所的围护隔墙。

5.1.3 水电工程中若干丁类、戊类场所按照相关规范规定,也应当进行局部分隔。

1 中央控制室虽属于丁类场所,但按照《电子信息系统机房设计规范》GB 50174—2008 第 6.3.3 条规定,应采用耐火极限不低于 2.00h 的隔墙和甲级防火门与其他部位隔开。

近年来有在中央控制室朝向主厂房的隔墙上开观察窗的工程实例,参照门的标准,规定该窗为固定式甲级防火窗。

2 消防控制室、固定灭火装置室虽不属于丙类场所,但按照《建筑设计防火规范》GB 50016--2006 第 7.2.5 条规定,应采用耐火极限不低于 2.00h 的防火墙和不低于 1.50h 的楼板与其他部位隔开。防火隔墙上的门应为乙级防火门。

3 消防水泵房虽属于戊类场所,但按照《建筑设计防火规范》GB 50016--2006 第 7.2.5 条和第 8.6.4 条规定,应采用耐火极限不低于 2.00h 的防火隔墙和不低于 1.50h 的楼板与其他部位隔开。防火隔墙上的门应为甲级防火门。

4 通风空调机房虽属于戊类场所,但按照《建筑设计防火规范》GB 50016--2006 第 7.2.5 条规定,应采用耐火极限不低于 1.00h 的防火隔墙和不低于 0.50h 的楼板与其他部位隔开。防火隔墙上的门应为乙级防火门。

5.1.4 按现行国家标准《建筑设计防火规范》GB 50016 对单层、多层、高层厂房划分的原则,水力发电厂主厂房的发电机层以上均为一层,不论其建筑高度为多少,定为单层厂房;地面副厂房当建筑高度等于或小于 24m 时,定为多层副厂房,大于 24m 时定为高层副厂房。

当副厂房两侧室外不一样高时,以消防车可到达的室外地面到其屋面面层的高度为建筑高度。屋顶上的水箱间、电梯机房、排烟机房和楼梯出口小间等不计入建筑高度。

水电工程的主副厂房的生产火灾危险性类别为丁类,其建筑物耐火等级不低于二级。根据现行国家标准《建筑设计防火规范》GB 50016,本规范规定水电工程的主厂房和建筑高度在 24m 以下的地面副厂房,其防火分区最大允许建筑面积不限。在这种情况下主副厂房之间可以不划分防火分区。

从水力发电厂的运行、检修要求来看,主厂房内也不能以防火墙或其他设施进行防火分隔。为预防主厂房内万一发生火灾时的火势蔓延,一般都按机组段设置了消火栓等消防设备,以便及时扑救。

高层副厂房按现行国家标准《建筑设计防火规范》GB 50016 的规定,其防火分区最大允许建筑面积为 4000m²。

本条规定中的副厂房,系指内有中控室等人员不间断值班场所的端头副厂房。

水电站厂房空间高大,除部分丙类场所外,可燃物很少。生产工艺又要求空间连通,多年来水电站地下厂房设计按照"大空间,局部防火分隔"的思路,将主副厂房(包括主变廊道)划为一个防火分区。经过多年的实践,这种思路是符合水电站消防特点,也是满足生产运行要求的。

5.1.5 出线或通风用的廊道、竖井兼作安全出口时,其通道宽度和高度一方面要保证出线、通风管道的运行可靠和检修方便;另一方面,要保证满足安全疏散要求。为此,出线和通风管道应与通道隔开。

5.1.6 考虑到目前国家还没有消防疏散电梯的标准可资引用和参照,在实际工程中可参照消防电梯做法进行设计,并增设防火隔间以提高安全性。单项设计完成后应经消防专题论证会讨论通过才能付诸使用。

5.2 安 全 疏 散

5.2.1 水电工程的地面厂房一般是通过发电机层与室外地面连通,为保证厂房内运行人员在发生火灾时能安全疏散,在该层要求设置两个对外的安全出口。这样能保证即使当一个出口被烟火堵住时,人员仍然可以从另一个出口安全疏散。

为保证疏散人员和扑救人员的出入顺利,尽量缩短疏散距离,

要求两个安全出口中,有一个必须是从发电机层直接通至室外地面的出口,即不是经过相邻的副厂房等其他部位通至室外。

耐火等级为一级、二级的丁类、戊类单层厂房,按照现行国家标准《建筑设计防火规范》GB 50016 的规定,其安全疏散距离不限。因此,本规范对地面厂房、非地面厂房及封闭厂房的发电机层只要求设置两个安全出口,对其安全疏散距离不作规定。主变洞疏散条件同主厂房发电机层,其安全疏散距离也不作规定。

5.2.2 地下厂房的工程施工比较困难,造价高,为尽量减少工程量,节省工程投资,并保证安全疏散要求,本规范规定允许将进厂交通洞的出口作为直通室外地面的安全出口,厂房出线或通风用的廊道及竖井的出口作为通至室外地面的安全出口,但应符合本规范第 5.1.5 条和第 5.2.11 条的要求。

5.2.3 近年来随着我国水电建设事业的发展,有地下厂房的大中型水电工程越来越多,而且地下厂房距地面的深度也越来越深,这给地下厂房的安全疏散带来新的问题。参照国内外消防界对使用电梯进行高层建筑安全疏散的研究成果和一些成功使用电梯进行安全疏散的实际案例,本次规范编制提出在水电站地下厂房的安全疏散中可以使用消防疏散电梯。

因为地下厂房深度远超过一般高层建筑,故在参照执行消防电梯运行时间方面应根据实际情况确定。

5.2.4 高度超过 100m 的地下厂房疏散楼梯间由于热压作用易成为排烟通道,不利于人员疏散的安全,采用防烟楼梯间比较好。超过 100m 的楼梯间要保持正压存在一定的技术难度,在兼顾了安全和实现可行性两方面的要求后,规定"当高度超过 100m 时,其最下一段楼梯段应与其上楼梯段采取分隔措施。在该段的楼梯间应是防烟楼梯间,该段高度为 6m～24m。其上一段不得与其他生产场所相通。"条文中"生产场所"指厂房及直接通往厂房的廊道。

5.2.5 正常运行时,水电工程厂房内发电机层以下的全厂性操作廊道中工作人员较少,但工作条件较差,管道、电缆等布置交叉多、地面可能有积水,一旦出现事故,运行人员心理状态比较紧张,不能很好地判断疏散方向。所以规定不论其长度多少,均不宜少于两个出口,以便运行人员和救援人员就近出入。

5.2.6 水电工程的副厂房一般设置中央控制室、计算机室、继电保护屏室、通信室、蓄电池室等全厂监控设备和保护设备,是运行人员经常停留的场所,为保证火灾事故时人员的安全疏散,规定其安全出口不应少于两个。

按照现行国家标准《建筑设计防火规范》GB 50016 的规定,丁类、戊类厂房,每层建筑面积不超过 400m² 且同一时间的生产人数不超过 30 人,允许设置一个出口。水利水电工程副厂房运行特点为少人值班,参考过去多年运行经验,本规范规定地面副厂房每层建筑面积不超过 800m²,且每层同一时间的生产人数不超过 15 人时,允许设置一个出口。对非地面副厂房及封闭厂房适当折减,规定每层建筑面积不超过 500m²,且每层同时值班人数不超过 10 人时,可允许设置一个出口。

5.2.7 水力发电厂的发电机层以下各层可看作多层厂房,主要布置辅助生产设备或库房,在正常运行情况下,耐火等级为一级、二级时,最远工作地点到外部出口或楼梯的距离可不限。但考虑到其在发电机层以下疏散条件较差,为保证其安全疏散,对这些层厂房内最远工作地点到本层最近的安全出口疏散距离规定为不应超过 60m。

5.2.8 建筑高度超过 24m 的高层副厂房,按照现行国家标准《建筑设计防火规范》GB 50016 的要求,其安全疏散距离不应超过 50m。建筑高度不超过 24m 的二层及二层以上的多层副厂房,根据现行国家标准《建筑设计防火规范》GB 50016 的要求,其安全疏散距离不限。对于非地面副厂房及封闭副厂房的丙类场所,由于其无自然排烟条件,疏散难度较大,故参照高层副厂房疏散距离要求,规定为不超过 50m。

5.2.9 依据现行国家标准《建筑设计防火规范》GB 50016 的有关规定,将高层副厂房分为:建筑高度大于或等于32m且经常有人停留的高层副厂房和建筑高度大于或等于32m但不经常有人停留的高层副厂房或建筑高度小于32m的高层副厂房两种情况,分别规定其疏散楼梯和消防电梯设置要求。对于非地面副厂房和封闭副厂房,由于其不具备自然排烟条件,人员疏散较地面厂房困难,故规定对于经常有人停留的非地面副厂房和封闭副厂房应设防烟楼梯间;不经常有人停留的非地面副厂房和封闭副厂房应设封闭楼梯间。

"经常有人停留"是指:地面副厂房每层同时工作人数超过15人,非地面副厂房和封闭副厂房每层同时工作人数超过10人。该副厂房主要指内含中控室的中控楼或控制楼等。

5.2.10 设置消防电梯与否与地面副厂房建筑高度挂钩。非地面厂房和封闭厂房的高度为从最低一层地面到最顶层屋面的距离。

5.2.11 本规范的门和楼梯净宽的规定与《建筑设计防火规范》GB 50016—2006 一致,由于水力发电厂和水泵站各层的运行人员较少,运行经验表明,走道净宽采用 1.2m 可满足安全疏散要求。

为保证疏散通道的安全可靠,本条对防火门开启方向和不可通过丙类场所进行疏散予以明确。

对疏散用的楼梯间、楼梯和门的要求,应按现行国家标准《建筑设计防火规范》GB 50016 的规定执行。

5.3 消防设施

5.3.1 主、副厂房及屋内开关站的室内消火栓设置应符合现行国家标准《建筑设计防火规范》GB 50016 的要求。

耐火等级为一级、二级,厂房外独立设置的油罐室,体积不超过 3000m³ 的丁类、戊类设备用房(闸门启闭室、闸室、水泵房、水处理室等)、器材库、机修间等,即使失火也不会造成较大面积的火灾,不会带来较大的经济损失,为节约投资并参照现行国家标准《建筑设计防火规范》GB 50016 的相关条文,本条规定可不设室内消防给水。

5.3.2 桥式起重机位于厂房顶部,在运行过程中可能起火的部位主要是电机或轴承油箱。对这种行走设备,利用厂内自动灭火设施灭火通常比较困难。为及时扑救可能发生的火灾,桥式起重机上要求配备手提式灭火器,可由司机直接灭火。

6 大坝与通航建筑物

6.1 一般规定

6.1.1 本条规定了大坝与通航建筑物各关键部位的火灾危险性类别。对于通过油轮(驳)、危险化学品船只的船厢室、船闸室,其火灾危险性应根据通过船只所载货物的性质确定为甲类或乙类。

6.1.2 本条规定了大坝与通航建筑物各关键部位建(构)筑物的耐火等级及各部位构件的燃烧性能和耐火极限。

6.1.3 船厢室、船闸室由于工艺布置的特殊性,不能按常规建筑物划分防火分区。除船厢室、船闸室外,大坝及通航建筑物其他部位的各建筑物基本上与电站的副厂房、办公楼类似,其防火分区的划分按现行国家标准《建筑设计防火规范》GB 50016 的有关规定,结合大坝与通航建筑物的特点制定了本条规定。

6.1.4 本条文规定了大坝与通航建筑物各部位安全出口及疏散距离的设置原则:坝面或地面以上各建筑物与电站的副厂房、办公楼类似,安全出口及疏散距离的设置按本规范第 5.2.6 条及第 5.2.8 条规定执行。船厢室、闸室、坝体内部、非地面以上或封闭的部位,由于工艺布置的特殊性,其安全出口及疏散距离的设置在本规范第 6.2 节~第 6.4 节均给出了相应的规定。

6.1.5 大坝与通航建筑物的控制室、调度室、电气盘柜室等部位分布较散,为了及时扑灭火灾,上述部位均应设置相应的灭火设施。灭火器的配置按《建筑灭火器配置设计规范》GB 50140—2005 及本规范第 11.5 节的有关规定执行。

6.2 大坝

6.2.1 坝体内的楼梯间、电梯间是大坝内部的垂直交通工具,平时供内部巡检人员上下通行,当大坝内部由于各种原因发生火灾时,还是坝内人员疏散至坝面的逃生通道。由于坝体内的楼梯间、电梯间多为封闭式,不具备自然排烟的条件,一旦大坝内部发生火灾,烟气窜入时容易产生"烟囱效应"。

考虑到大坝内部除电缆廊道内有可燃物外,其他部位如灌浆、排水、观察廊道等均无可燃物或可燃物极少,坝体内电梯、楼梯的总高度虽高,但其仅在与上述廊道相通处设置站点,站点数很少且巡检人员也很少,对于一般水利水电工程,分下列两种情况设防:

(1)坝体内的楼梯间、电梯间与有可能失火的电缆廊道相连处设置前室,作为阻隔烟气的缓冲空间。前室通往电缆廊道和楼梯间的门为乙级防火门,并应向疏散方向开启。

(2)坝体内的楼梯间、电梯间与无火源的一般廊道相连处设一道向疏散方向开启的丙级防火门。

6.2.2 对于承担疏散功能的大型水电工程坝体内楼梯间、电梯间,考虑到有外来人员及外来火源的可能性,为了保证火灾时疏散通道的畅通、疏散人员的绝对安全,本条规定应按现行国家标准《建筑设计防火规范》GB 50016 的有关规定设置防烟楼梯间及前室。

6.2.3 坝面上的建筑物多为分散布置,体积较小,火灾危险性类别为丁类、戊类的单体建筑物,消防设计时按本规范第 11.5 节的有关规定设置灭火器材就可以了;对于大型水电工程,当坝面上布置有单体积大于 3000m³ 的丙类建筑物时,应按本规范第 11.3 节的有关规定设置室内、室外消火栓。

坝面上设置的室外消火栓除为消防车提供消防水源外,还可以连接水带、水枪直接出水扑灭现场火灾。

6.3 船闸

6.3.1 对于不允许或没有油轮(驳)、危险化学品船只通过的单级船闸,消除了油轮(驳)起火、危险化学品爆炸的重大隐患,消防设计可以简化,在立足于闸室内失火船只利用本身携带的灭火设备进行自救外,在能够提供消防水源的情况下,宜考虑在闸墙上设置室外消火栓对闸室内失火的客轮或货轮进行辅助灭火,并冷却相邻的船舱或相邻的船只。室外消火栓布置在闸室两侧闸墙顶部,布置方式采用对侧交叉布置,两只消火栓的水平距离宜按两股充实水柱能同时到达闸室内任意位置着火船只的射程来确定,这样有利于迅速扑灭火灾。

6.3.2 对于不通过油轮(驳)、危险化学品船只的二级及二级以上的连续船闸,考虑到船只进闸时间较长,船只在某一级闸室内失火时不能快速出闸且对其他闸室内的过闸船只有影响,必须尽快将火灾扑灭。所以,除按单级船闸在每级闸室两侧闸墙上设置室外消火栓灭火外,还宜增设移动式辅助灭火工具,加强灭火能力。移动式消防水炮(枪)在火灾发生时可以快速地从专用保管室拿出,在各个闸室之间迅速、方便地移动,可以通过水龙带接闸墙上消火栓或伸入闸室内就地取水,且水柱大、射程远,是比较理想的辅助灭火工具。

移动式消防水枪宜在闸墙两侧成对设置,发生火灾时从闸墙两侧向闸室内着火船只喷水灭火。移动式消防水炮由于出水量大、射程远,每个水炮出水量可达20L/s以上,射程可达50m以上,因此,可以单侧设置。考虑到备用,移动式消防水炮的配置数量不宜少于2个。

6.3.3 本条根据调查研究国内石化系统原油码头工程实例及资料,综合考虑国家现行标准《低倍数泡沫灭火系统设计规范》GB 50151、《高倍数、中倍数泡沫灭火系统设计规范》GB 50196及《装卸油品码头设计防火规范》JTJ 237的相关条款而制订。

新中国成立以来,曾有多次油轮在海面与内河水面航行中起火、爆炸,由于施救条件的困难,扑救工作多以失败而告终,更无灭火现场的记录数据。20世纪70年代公安部5000吨油罐车起火试验,点火后上方温度高达1700℃,火苗20m~30m高,在下风向50m范围内无法站人。从上述情况看,闸室内油轮(驳)失火时,最危险的是上、下闸首的钢质闸室门,在高温环境下闸室门的刚度和强度会降低,从而失去挡水能力,若某一级闸门失控,上一级闸室水将倾泻而下,危及整线船闸设备的安全。所以必须将油轮(驳)火灾及时扑灭在燃烧的闸室内。

根据大量的试验与实际灭火经验,扑灭油类火灾最有效的办法是采用固定式或移动式泡沫炮,并辅以消火栓冷却相邻的船舱或相邻的船只。

对于能用水灭火的危险化学品火灾,可采用消火栓或消防水枪(炮)进行灭火。对不能采用水或泡沫等灭火介质进行灭火的特殊危险品船只,应限制其通行或在临时特殊保护措施条件下通行。

当闸室内油轮失火时,强烈的辐射热使消防人员无法靠近闸墙顶部的消火栓,更无法进行操作,因此当室外消火栓距离闸墙小于5m时,对消火栓应设置水幕保护。参照天津塘沽南疆进口油码头、上海金山石化公司聚乙烯罐与海边原油码头、青岛市黄岛特大型油码头等消防系统的经验,本条规定了消火栓的水幕保护参数与布置要求。

根据试验,钢材在温度为500℃的高温下持续5min时,强度下降50%;在温度为900℃的高温下持续5min时,强度下降80%~90%。当闸室内油轮失火时,强烈的高温会造成钢质闸室门变形损坏,因此当闸室内油轮失火时,在高温环境下对钢质闸室门采取保护措施是非常必要的。根据船闸规模及闸室级数的多少设置相应的闸门冷却保护措施。

船闸闸门上游、左右侧各设有启闭机房,机房内启闭机与机房外钢质闸室门之间有一根推拉连杆来启闭闸室门,推拉连杆穿过机房墙的空洞尺寸较大,为了防止闸室火苗经过此洞窜入启闭机房,应采取措施。单级或规模较小的船闸可利用闸墙上现有消防工具喷水隔火,大型且级数为二级或二级以上连续船闸的闸室门

启闭机房推拉洞口上部应安装水幕喷头,用水幕封闭洞口。

6.3.4 为了便于船上人员疏散逃生,闸室两侧闸墙上应结合系船柱(钩)分别设置从闸室底直达闸墙顶的疏散爬梯。参照现行国家标准《建筑设计防火规范》GB 50016的有关规定及本规范第5.2.8条,同侧疏散爬梯间距不应大于50m。

6.4 升 船 机

6.4.1 承船厢承载船只在船厢室内提升到某一高度发生火灾时,此时承船厢工作人员和船上人员最佳的疏散路线是:通过承船厢两端的云梯快速脱离承船厢,疏散至混凝土塔(筒)体内的水平疏散廊道,再经混凝土塔(筒)体内疏散楼梯或电梯向安全区转移。因此在船厢室上、下闸首处两侧的混凝土塔(筒)体内沿高度方向每隔6m~10m应各设置一条与疏散楼梯或电梯相通的水平疏散廊道,这样可以保证人员安全快速地脱离火灾现场。承船厢与水平疏散廊道的连接,在水平方向尺寸是固定的,只有上下方向尺寸不能固定,故承船厢前后端两侧应设置具有能伸缩、上下旋转功能的疏散云梯,连接方式、长度应与两侧水平廊道疏散口埋件相匹配。

为防止火苗、烟气进入,疏散廊道靠船厢室一端应设置向疏散方向开启的甲级防火门,便于人员疏散及阻火。防火门附近应设置室内消火栓及手提式灭火器供消防人员灭火用。室内消火栓用水量按承船厢停靠高程上部上、下游左、右侧疏散廊道靠船厢室口部4个消火栓同时开启考虑,一次灭火用水量不应小于20L/s。磷酸铵盐干粉灭火器可扑灭A、B、C类火灾及E类电气火灾,比较适用于扑灭承船厢各种类型的火灾。

6.4.2 当塔(筒)体的高度超过32m时,由于垂直疏散线长,"烟囱效应"明显,塔(筒)体内应按现行国家标准《建筑设计防火规范》GB 50016的有关规定设置防烟楼梯间及前室。

6.4.3 升船机的承船厢所承载的船只发生火灾时,除船只本身配备的灭火设备外,承船厢平台上还应设置灭火设备辅助灭火,一般应设带有供水泵的消火栓、固定式水成膜装置(扑灭油类火灾)及移动式灭火器材。固定式水成膜装置用水量很少,可与消火栓成组布置在一起,直接从消火栓的供水管上取水。

消火栓用水标准为20L/s(按4支消火栓共同出水考虑),火灾延续时间为2.0h;固定式水成膜泡沫灭火装置用水标准为2.0L/s,泡沫喷射时间不少于30min。

6.4.4 船厢上的消火栓、消防炮或固定式水成膜等灭火装置的水源从船厢就地取水,可以简化供水系统的设计。但消火栓、消防炮或固定式水成膜等灭火装置在承船厢内的取水量之和不应超过承船厢蓄水量的1/3,因为过多取水将影响船只在承船厢内的平衡。当消防用水量较大、超过承船厢蓄水量的1/3时,应采取另外的供水措施。如:部分灭火设施采用柔性软管接上、下闸首或左、右筒体内供水管、固定部位贮水装置补水等。

6.4.5 多级升船机的二级升船机之间一般由中间渠道或渡槽连接。中间渠道及渡槽两侧应设室外消火栓对所在部位失火船只进行灭火。室外消火栓间距应按两只水枪的充实水柱能同时到达失火船舱着火点布置。

7 室外电气设备

7.0.1 本条在《水利水电工程设计防火规范》SDJ 278—90 第 5.0.1 条内容的基础上作了如下修正：

(1) 将原条文中"油量在 2500kg 以上……"修正为"油量在 2500kg 及以上……"。

(2) 考虑到高压并联电抗器也属于大型油浸设备，因此修正后的条文包含了油量在 2500kg 及以上的油浸式电抗器设备。

(3) 增加了 63kV 油浸式变压器、油浸式电抗器这一级别设备之间最小间距的规定，以便与相关专业的设计规范一致。

(4) 将原条文中电压等级"500kV"改为"500kV 及以上"。

7.0.2 本条规定了油浸式变压器、油浸式电抗器与其他充油式电器设备之间的安全距离，以防止油浸式变压器、油浸式电抗器失火时殃及其他电器设备，或其他电气设备失火时影响油浸式变压器、油浸式电抗器的安全运行。

水电工程中除油浸式变压器、油浸式电抗器设备外，其他充油式电器设备(油罐除外)的油量多在 2500kg 以下，实际工程中扑救这类火灾的实践表明，当油浸式变压器、油浸式电抗器设备油量在 2500kg 及以上，与其他充油式电器设备之间防火间距为 5m 时，可以满足临时扑灭火灾、防止事故扩大的需要。油量在 2500kg 以下的油浸式变压器、油浸式电抗器与充油式电气设备之间的防火间距不应小于 3m，这是参照日本《变电所等的防火对策指针》JEAG—5002 的规定制订的。

7.0.3 当设备防火间距不能满足本规范第 7.0.1 条、第 7.0.2 条规定时，首先应考虑设置防火隔墙，因为它比设置防火水幕更安全。本条规定在防火隔墙顶部设置防火水幕，主要是针对 500kV 变压器的防火隔墙高度太高的情况提出的。因此只有当受到场地布置、地质条件等因素限制不能建高防火墙时，才考虑在防火隔墙顶部加设防火水幕。

单相油浸式变压器目前主要用于 500kV 及以上的大容量变压器，三相并列布置构成变压器组，单相油浸式变压器之间宜设置防火隔墙或防火分隔水幕。

关于防火水幕，其降温灭火的原理是：水幕的水雾滴受热后汽化形成相当于原体积 1680 倍的水蒸气，可使燃烧物质周围空气中的氧含量降低，形成缺氧窒息灭火，同时产生大量的汽化潜热，降低周围环境温度，隔断或减少辐射热。根据日本进行的水幕管隔热试验，当水幕水量为 45L/(min·m)～90L/(min·m) 时，辐射热的透过率为 0.23～0.70，说明具有很好的隔热作用。国内有关单位也做过这方面的试验，公安部上海消防研究所曾就水幕装置对热辐射的衰减做了一个试验，在一个 1.69m² 的油盘中燃烧柴油，距油盘中心 4m 处设一组水幕，水幕喷头的流量为 0.5L/(s·m)，水压为 0.5MPa，用 JG—1 辐射功率计探测测点的辐射热通量，测得使用水幕之后，辐射热衰减了约 70%。另外，我国有关单位对大型变压器灭火试验的实测数据表明：当对起火变压器未采用水幕保护时，相邻变压器套管温升达 23℃；当对起火变压器采用水幕保护时，相邻变压器套管温升仅为 11℃～14℃。由此可见，水幕的作用是比较明显的。

但是防火分隔不仅要减少辐射热、隔断火焰，还要考虑防爆因素，因此应首选防火隔墙，当防火隔墙难以设置或防火隔墙高度不能满足要求时，才考虑在防火隔墙顶部加设防火分隔水幕。

7.0.4 本条是在《水利水电工程设计防火规范》SDJ 278—90 第 5.0.4 条内容的基础上，结合《电力设备典型消防规程》DL 5027—93 第 7.3.3 条规定制订的。

考虑到油浸式变压器的润滑油属可燃物，发生火灾时对周围环境影响较大，为降低火灾发生率，防止火灾蔓延，将本条设定

为强制性条文。

7.0.5 本条文为《水利水电工程设计防火规范》SDJ 278—90 第 5.0.5 条的条文。

为了减少场地的开挖，有些水电站的室外油浸式变压器靠近厂房外墙布置，厂房外墙与油浸式变压器外缘的距离小于本规范表 4.0.3 规定，难以满足防火间距要求。为了防止变压器发生火灾事故时危及厂房的安全，本条规定厂房外墙应采用防火墙，该防火墙与变压器外缘的距离不应小于 0.8m，这是消防人员扑救的最小距离。

7.0.6 本条参考国家现行标准《建筑设计防火规范》GB 50016 和《高压配电装置设计技术规程》DL/T 5352 等规范的有关规定而制订。固定式灭火设施可采用水喷雾、细水雾及泡沫灭火系统。

水喷雾固定式灭火装置喷出的水雾能吸收大量的汽化潜热，起到迅速降温的作用，同时产生的水蒸气能隔绝设备周围的空气，起到窒息的作用。大型油浸式变压器内存有大量的冷却油，其闪点一般都在 120℃ 以上，采用水喷雾灭火系统具有良好的灭火效果。

细水雾灭火系统也是利用水作为灭火介质，采用特殊的喷头在特定的压力工作范围内将水流直接分解(或采用氮气雾化介质将水分解)成细水雾进行灭火的一种固定式灭火系统。其具有经济、有效、适用面广等特点，目前已成为替代气体、常规水喷雾、自动水喷淋和泡沫灭火系统的重要手段。

单台容量在单相 50MVA 以下、3 相 90MVA 以下的油浸式变压器，由于其设备充油量较少，可以不设置固定式灭火设施，应根据变压器布置场所的具体情况和条件，在其附近设置移动式灭火器材，具备水源的地方，还可以布置室外消火栓。

7.0.7 为了防止室内火焰窜至室外、危及室外电器设备的安全，因此当发电机母线或设备电缆穿越防火隔墙时，周围空隙应用耐火极限与防火隔墙相同的不燃材料封堵。

7.0.8 油浸式变压器及其他充油电气设备设置贮油和排油设施是防止火灾事故油火蔓延的有效措施，已为国内外工程广泛采用。根据我国的运行经验并参考国外有关资料，确定事故贮油设施的油量为单台油量在 1000kg 及以上时应设置贮油池(坑)。当设备为两台及以上时，可设置公共事故油池。

7.0.9 根据我国大型变压器油箱的结构特点，钟罩形油箱的法兰面靠近底部，当充油设备起火时，变压器大部分油将流入贮油池(坑)，避免爆炸或火灾的扩大，此时贮油池(坑)的容积应按单台设备 100% 的油量确定。当变压器设有固定式水喷雾、细水雾装置时，贮油池(坑)的容积应按单台设备 100% 的油量与灭火水量之和确定。

当有多台变压器，并设有公共事故油池，贮油池(坑)设有至公共事故油池的排油管时，贮油池(坑)容积应按单台设备 20% 的油量确定，为保证排油顺畅，排油管的直径不应小于 150mm，管口应设防堵、防腐的金属格栅及滤网。

7.0.10 贮油池(坑)内应铺一定规格的卵石层，这样对油类火灾具有良好的阻火冷却作用。参考前苏联、日本等国家的规范及国内的运行经验，卵石厚度不宜小于 250mm，卵石粒径为 50mm～80mm。

7.0.11 当充油设备爆炸起火时，大部分油将流入贮油坑，再流入公共事故油池。因此，公共事故油池容积应按最大一台充油设备的全部油量确定。

7.0.12 公共事故油池应设置排油、排水设施与通气孔等，这是公共事故油池功能的需要。

7.0.13 作为公共消防的必要设施，在升压站、开关站的出入口及主要电气设备附近，应按现行国家标准《建筑灭火器配置设计规范》GB 50140 的有关规定配备适量的灭火器材。

8 室内电气设备

8.0.1 参照中型机组最小容量的规定,并与《水轮发电机基本技术条件》GB/T 7894—2009 相协调,本条规定额定容量为 25MW 及以上的水轮发电机组(含抽水蓄能机组)应设置自动灭火系统。

根据调查统计,国内外水轮发电机除了采用自灭绝缘材料不装设自动灭火系统外,多数均装设自动灭火系统,灭火介质有水喷雾、二氧化碳及卤代烷等,由于卤代烷产品被禁止使用,最新研制的替代品有七氯丙烷、烟烙净及细水雾等。

细水雾系统与常规水喷雾系统相比,除具有相同的表面冷却、窒息、乳化、稀释等功能外,还由于细水雾粒径远小于水喷雾粒径,因此电气绝缘性能更好,可以有效地扑救带电设备火灾。细水雾系统用水量少,仅为常规水喷雾系统的 20%,火灾扑灭后的水渍损失小,灭火性能优于水喷雾系统。

水轮发电机组不论采用哪一种自动灭火系统,均需要经过安全、经济、场地、恢复生产的难易程度等进行综合比较后选择确定。

8.0.2 本条为《水利水电工程设计防火规范》SDJ 278—90 第 6.0.4 条的修改条文。近年来干式变压器、真空断路器、SF₆断路器的制造水平已成熟,价格也下降,可以使厂用电系统基本实现无油化,因此厂用变压器宜采用干式变压器。对于确实需要采用油浸式厂用变压器的场所,应按本条规定设置相应的贮油、排油设施。

8.0.3 主变压器的绝缘油是可燃性液体,主变压器在运行中发生故障时产生电弧作用,急剧分解出大量的高温气体,引起绝缘油燃烧和爆炸。根据国内外事故统计,大型油浸式主变压器事故时有发生。

为了防止变压器油火的扩散,油浸式主变压器应设置在耐火等级为一级的单独房间内,房间的门应为向外开启的甲级防火门(含人行小门),并直通室外或走廊,不应开向其他房间。

为了有利于通风散热,主变压器房间的门可采用耐火极限不低于 3.00h,符合现行国家标准《门和卷帘耐火试验方法》GB/T 7633 的防火卷帘门,平时处于开启状态,发生火灾时由控制系统关闭。防火卷帘门还应在门附近室内外设置现地手动开关,方便人员现场操作。

8.0.4 本条参考国家现行标准《建筑设计防火规范》GB 50016 和《高压配电装置设计技术规程》DL/T 5352 等规范的有关规定而制订。

8.0.5 当油浸式变压器失火时,一般是经值班人员事故鉴别后,以现地手动或远程手动及自控的方式开启事故排油阀,因此为了事故排油阀的安全与人员安全操作的需要,事故排油阀应设在该房间外安全处。

8.0.6 SF₆封闭式组合电器开关站一般设置在主变室的上部,考虑到该部位不方便开设过多的安全出口,能进出该部位的工作人员也很少,因此规定该部位的疏散距离不限。

8.0.7 中央控制室、继电保护盘室、辅助盘室、配电装置室、通信设备室、计算机室等房间都是精密仪器集中的部位,是水电工程运行、调度及控制的关键部门,因此对消防有比较严格的要求。为了保障人员安全疏散以及便于消防作业,根据现行国家标准《建筑设计防火规范》GB 50016 有关厂房安全疏散的条文内容,制订本条有关规定。

配电装置室以外其他场所的门按本规范第 5.1.2 条第 2 款和第 5.1.3 条第 1 款执行。

8.0.8 对于单台机组容量为 300MW 及以上的大型电站的中央控制室、辅助盘室、配电装置室、通信设备室、计算机室等房间,考虑其在电网中的重要位置,宜设置各种管网或预制气体灭火装置,

但不宜使用二氧化碳灭火系统,因为二氧化碳的灭火原理是通过减少空气中的含氧量,使之达不到支持燃烧的氧气浓度来实现灭火,二氧化碳在空气中的浓度达到 15% 时对人体有害,故二氧化碳灭火系统在上述各部位应用时以慎重为好。

8.0.9 使用不燃材料封堵电气设备室之间及与室外相通的墙、板的沟、孔、洞,是为了防止失火时火苗沿这些沟、孔、洞蔓延扩大。

9 电 缆

9.0.1 本条所规定的场所或回路,均为要求在外部火势的作用下一定时间内需维持通电的场所或回路,属于重要的场所或回路,在经济许可的条件下,宜采用阻燃或耐火电缆。

9.0.2 电缆火灾事故是电力系统中多发性的事故,据统计,由于外部火源引起的电缆火灾事故约占总次数的 70%,由于电缆本身引起的火灾事故约占总次数的 30%。因此,在工程设计中对各种场所敷设的电缆采取必要的消防措施,是保证电厂安全运行的重要环节。

由于电缆是线状的,在水电工程中架空敷设比较普遍,在电缆室、电缆通(廊、沟)道和穿越各机组之间架空敷设的电缆回路中,动力电缆发生火灾的几率相对较大,因此,动力电缆、控制电缆、通信电缆及光缆等均应分类、分层排列敷设,在转弯处也应如此。动力电缆的上下层之间,应装设耐火隔板,阻止火灾蔓延扩大。

9.0.3 工程中采用阻燃或耐火电缆时,可不刷防火涂料,但仍应采取其他电缆防火阻燃措施。当阻燃或耐火电缆敷设在电缆井、电缆沟内时,可不采取其他防火保护措施。

9.0.4 电力电缆中间接头盒是整个电缆绝缘的薄弱环节,因此是消防的重点部位,为此规定电力电缆中间接头盒的两侧及其邻近区域应采取防火涂料、防火包带等阻燃措施。

在多个电缆接头并排安装的部位,有可能其中一个电缆接头爆炸会波及其他并排安装的电缆接头,因此要求应在各电缆接头之间增设耐火隔板或填充阻燃材料。

9.0.5 有关资料统计显示,我国水力发电厂、变电所发生的多

起重大火灾事故,都是由于电缆起火后沿着电缆廊道或沟道蔓延扩大造成的。由于水力发电厂的电缆通(廊、沟)道布置比较分散、隐蔽,一般巡回检查较少,发生火情时往往不能及时发现。我国目前在一般电缆通(廊、沟)道中还难以普遍配备有效的火灾自动报警装置和灭火设施,因此在电缆通(廊、沟)道中的关键部位做好防火封堵设施,应作为电缆通(廊、沟)道的基本防火手段。常用的防火封堵设施有防火隔墙、防火包、防火涂料和防火堵料等。

本条规定的应设防火封堵的部位,包括各个电缆集中敷设场所的电缆出入口、跨越各主要生产厂房外墙及分支电缆沟引接处。设计时应根据工程具体情况酌情决定。

9.0.6 本条保留了《水利水电工程设计防火规范》SDJ 278—90第7.0.3条规定的内容。将原条文中防火分隔的耐火极限由不应低于0.75h改为不应低于1.00h。

9.0.7 电缆竖井发生火灾时,因具有"烟囱效应",火势猛烈,延燃迅速,国内水力发电厂、火电站均曾发生过电缆竖井火灾,大面积烧毁电缆的事故。因此,电缆竖井是电缆防火的重要部位之一。为了避免电缆竖井的"烟囱效应",防止火灾蔓延扩大,应对电缆竖井上下两端、进出电缆的孔口处及每一楼层处采用耐火极限不低于1.00h的非燃烧材料进行封堵。

9.0.8 国内外工程的运行实践表明,电缆孔洞的封堵对防止电缆火灾蔓延起到十分重要的作用。在国内外有关规范中均对电缆孔洞的封堵有明确的规定。

火灾事故统计表明,多起火灾事故是由于靠近电缆沟的充油电气设备的事故油火滴通过电缆沟道盖板缝隙滴漏进入电缆沟造成的,故靠近充油电气设备处的电缆沟道盖板缝隙也应用不燃材料封堵。

9.0.9 根据实际电缆火灾的经验教训,为了迅速扑灭火灾,穿越各机组之间架空敷设的电缆应在每个机组段集中设置手提式干粉灭火器。在电缆室、电缆通(廊)道、电缆竖井的出入口处,设置手提式干粉灭火器。

电缆燃烧时释放的黑烟里含有大量有毒的氯化氢气体,所以应配备防毒面具,供消防人员使用。

10 绝缘油和透平油系统

10.0.1 绝缘油和透平油属丙类液体。露天立式油罐之间的防火间距主要考虑满足扑救火灾的需要,按照现行国家标准《建筑设计防火规范》GB 50016丙类液体油罐之间防火间距的要求确定。

10.0.2 在油罐室内部,油罐之间按运行维护及检修要求确定的间距通常能满足防火要求。参照露天油罐的防火间距,对室内油罐的防火间距规定为不宜小于1m。

10.0.3 为防止露天油罐发生火灾时可燃液体的流散,造成火灾蔓延扩大,通常设置防火堤。防火堤的设置应符合现行国家标准《建筑设计防火规范》GB 50016的有关规定。但考虑到水电工程油罐个数不多,总油量较少,而且绝缘油和透平油闪点高、爆炸起火的可能性小,因此从既能保障安全,又能节约投资出发,当采取了有效防止液体流散的设施时,可以不设防火堤,而设置黏土、砖石等非燃烧材料的简易围墙,作为防止液体流散、事故扩大的措施。油罐周围下水道的排水应满足不污染环境的要求。

10.0.4 厂房外地面油罐室应设专用的事故油池或挡油槛。本条根据现行国家标准《石油化工企业设计防火规范》GB 50160的有关规定,对事故油池的设置作出规定。

另外,根据调查,我国水电工程至今未发生过绝缘油和透平油油罐室的火灾事故,在国外这类事故也很罕见。而许多水电工程的事故油池长期积水、积砂甚至破损,不能起到应有的作用;尤其是室外的事故油池,更需及时排除雨水;事故排油阀长期不用,有可能锈蚀破坏。厂房外地面油罐室与周围建筑物有一定的防火间距,火灾蔓延的影响小,如果发生事故,也比较容易及时扑救,而且希望能尽量将火灾事故控制在油罐室内部。因此,规定厂房外地面油罐室也可设置挡油槛。为平时运行方便,在满足挡油槛内有效容积的前提下,其高度不宜过高,应使运行人员跨越方便。挡油槛内油水的排出要保证不污染环境。

10.0.5 露天油罐或厂房外地面油罐室周围均有消防车道,当发生火灾事故时可利用消防车扑救。根据电厂的具体条件,为保证厂区内的安全运行,规定充油油罐总容积超过100m³,或单个充油油罐容积超过50m³时,应设置水喷雾灭火系统或泡沫灭火系统。

10.0.6 国内外绝缘油和透平油油罐室的火灾事故十分罕见,并且油罐室布置在厂房内的实例也很多,故本规范不规定厂房内不宜设置油罐室。但为保证厂房安全,油罐室设置在厂房内时应有防火措施,这些防火措施的规定主要考虑以下因素:

1 在厂房内,主要防火设施是采用防火隔墙分隔。油罐室、油处理室应采用防火隔墙与其他房间分隔,以便当油罐室万一发生火灾时,尽量限制在其内部进行扑救,不要扩散到油罐室外部,危及其他房间和设备的安全。

2 为保证油罐室内工作人员的安全疏散,按照现行国家标准《建筑设计防火规范》GB 50016的要求,规定安全出口个数。

3 原苏联20世纪70年代制订的水力发电厂设计规范规定厂房内储油量不超过200m³,美国20世纪70年代投产的大古力水力发电厂,在安装间下层的油罐室中同时放置了两个140m³的绝缘油罐和两个7.5m³的透平油罐。

本规范规定在采取适当的防火设施时,单个油罐室的总容积不应超过200m³,且单个油罐的容积不宜超过100m³。如果超过时,允许分设两个及以上的独立油罐室。

4 防止可燃液体的流淌是油罐室防火的基本措施。油量较少时可设置挡油槛,油量较多时应设置专用的事故集油池。挡油槛内或集油池的容积不应小于最大一个油罐的容积,如果设置了水喷雾灭火系统,其容积还应计入灭火水量。根据虹吸管型油水分离装置试验,喷雾水与事故时的绝缘油和透平油混合后的油水混合液在排放过程中来不及分离,为保护环境必须将油水混合液先储存在油池中,待分离后才能分别处理。

5 为保证发生火灾的油罐能及时排油,其排油阀应设置在专用的阀室内,并要求在火灾时运行人员仍能安全进入该阀室操作。平时阀室内应干燥,以保证阀门管道不发生锈蚀。

6 油罐室的灭火设施通常根据布置形式和充油油罐容积来确定。

10.0.7 为防止油处理系统发生火灾后引起油处理室内电器设备爆炸,故规定油处理室内的电器应采用防爆型。

10.0.8 根据现行电力行业标准《交流电气装置的接地》DL/T 621—1997 的规定,储存可燃油品的钢罐,可不装设避雷针(线),但应设置防静电和防感应雷接地。水力发电厂钢制油罐的接地装置按上述规范要求设计。

水力发电厂人工接地网均能满足上述要求,可以合用一个接地体。

根据《石油库设计规范》GB 50074—2002 的规定,钢油罐防雷接地沿油罐周长的间距不宜大于 30m,接地电阻不宜大于 10Ω。本条按此规定接地的间距和接地电阻值。

10.0.9 电缆和油管的火灾危险性都比较高,而且又都是线状敷设,一旦发生火灾,极易蔓延,因此不应敷设在同一管沟内。

10.0.10 由于电缆和油罐室、油处理室的火灾危险性都比较高,一旦油罐室或油处理室发生火灾,引燃电缆后极易蔓延,扩大火灾事故。因此电缆通道不应穿过油罐室、油处理室。

11 消防给水和灭火设施

11.1 一般规定

11.1.1 规定"在进行水电工程的设计时,应同时设计消防给水系统和灭火设施",是说明消防给水系统和灭火设施设计的重要性。

11.1.2 根据国内大、中型水电工程消防给水系统的设计实例调查,大部分工程消防水源采用水库水,也有从下游尾水取水的,个别工程采用地下水作为消防水源,故本条作此规定,选择时应根据厂区布置并经技术经济比较后确定。有条件时也可利用天然水源、市政管网或其他企业的水源作为消防用水水源。

水电工程的生产用水和生活用水的技术要求一般均能满足消防用水要求,从降低工程投资考虑,一般宜合用一个水源。

为确保供水安全,消防给水管道宜独立设置,与生产、生活给水管道分开。

11.1.3 本条规定了水电工程消防水量的计算原则。根据现行国家标准《建筑设计防火规范》GB 50016 的相关规定,考虑一般水电工程厂区的面积和运行人员数量,水电工程在同一时间内的火灾次数为一次。水电工程主要消防供水对象为厂房等建筑物和采用水灭火的机电设备,如水轮发电机、变压器、开关站、电缆廊道、油罐等。这些设备有的位于厂房内,有的位于厂房外,有些是随布置条件不同而位于厂房内或厂房外。因此,水电工程的总消防给水量应按设备灭火水量和建筑物灭火水量两项考虑,取其中灭火水量较大者设计。

水轮发电机等机电设备灭火时,除应开启本身设置的自动灭火设施外,还应至少同时开启两支水枪。其目的是当这些设备发生火灾时,用消火栓来阻止火灾蔓延扩大,并为消防人员扑救火灾提

供安全保障。在机电设备未设置自动灭火设施时,消火栓同时起灭火作用。因此,当机电设备灭火时,其消防用水量应包括本身设置的自动灭火设施用水量和不少于两支水枪的消火栓用水量。

建筑物的室内、室外消火栓消防用水量按本规范第11.3.1条和第11.3.2条的要求确定。

一个设备一次灭火的最大灭火水量是指一次灭火时设备本身的自动灭火系统用水量和需要同时开启的消火栓用水量之和。一个建筑物一次灭火的最大灭火水量是指一次灭火时最大一座建筑物所需的室内、室外消火栓消防用水量之和。

11.1.4 为及时扑救地面厂房建筑物及机电设备的火灾,室外可采用高压或临时高压给水系统,以便直接从室外消火栓取水扑救,或直接启动水喷雾系统扑救。

非地面厂房或封闭厂房的主要生产建筑物在地下或坝体内部,地面上仅设置辅助生产建筑物,对于不具备自流高压供水系统的水电工程,可采用低压给水系统。

为保证有效地扑救火灾和防止辐射热对消防人员的伤害,要求高压或临时高压给水系统的管道压力应保证当消防用水量达到最大,水枪布置在保护范围内任何建筑物的最高处时,水枪的充实水柱不应小于10m。

临时高压给水系统在消防水泵因故障不能正常启动时,必须利用消防车泵加压供水。规定消防水泵启动前最不利点室外消火栓的水压不小于 0.02MPa(从该消火栓的地面算起),主要是便于消防车泵的吸水管直接在消火栓上吸水。

低压给水系统的管网平时水压较低,灭火时由消防车加压至水枪所需压力。从室外消火栓通过水龙带往消防车水罐内放水,再由消防车泵从罐内吸水供应火场用水时,若使用两支平均流量约为 5L/s 的水枪,消火栓所需压力约为 10m 水柱。因此,最不利点消火栓的压力不应小于 0.1MPa(从该消火栓的地面算起)。

11.1.5 为及时扑救建筑物室内火灾,室内可采用高压或临时高压水系统。为保证灭火效果,特别是控制和扑灭初期火灾的需要,室内消防给水系统应满足灭火时室内最不利点消防设备水量和水压的要求。

11.2 给 水 设 施

11.2.1 满足消防给水要求的水量与水压是消防给水系统设计的基本要求,是有效扑救火灾的重要保证。据火灾统计资料表明,扑救有效的火灾案例中有 93% 的火场消防给水条件较好,而扑救失利的火灾案例中,有 81.5% 的火场缺乏消防水,以致大火失去控制,造成严重后果。

给水设施系统的完善与否又直接影响火灾扑救效果,不仅要保证水源可靠,还要提高整个消防给水系统的可靠性,合理设计,定期检查维护。

11.2.2 为确保消防供水可靠,由水库直接供水时,要求有不少于两个的取水口。当取水口设在蜗壳或压力钢管上时,要考虑到机组检修和钢管(或引水管)检修时仍能保证消防用水的需要。

11.2.3 为保证不间断地供应火场用水,消防水泵应设有备用泵,以便当主水泵发生故障时,备用泵可及时投入,主水泵为两台及以上时,其故障率只考虑一台。备用泵的流量和扬程应不小于最大一台泵的流量和扬程。

发生火警后,为保证消防水泵及时启动,应采取必要的技术措施,保证消防水箱内水用完之前,消防水泵启动供水保证火场用水不中断。消防水箱的容量较小,一般仅能供应 5min~10min 的消防用水。因此,不论任何情况下,均要求消防水泵在 30s 内启动供水,保证火场不中断用水。

一组(两台或两台以上,包括备用泵)消防水泵应至少有两条吸水管。当其中一条吸水管在检修或损坏时,其余的吸水管仍能通过100%的用水总量。

消防水泵应能及时启动,保证火场消防用水。因此消防水泵

应经常充满水,以保证及时启动供水。故规定应采用自灌式引水方式。若采用自灌式引水有困难时,应有可靠迅速的充水设备。

消防泵房出水管与环状管网连接时,应与环状管网的不同管段连接,确保供水的可靠性。为便于试验和检查消防水泵,应在其出水管上安装压力表和公称直径为 DN65 的放水阀门。由于试验时的水泵出水量小,容易超过管网允许压力而造成事故,因此需要设防超压措施,一般可采取选用流量-扬程曲线平的水泵、出水管上设置安全阀或泄压阀、设回流泄压管等方法。

11.2.4 室内临时高压给水系统应在厂房最高部位设置重力自流的消防水箱,因为重力自流的水箱供水安全可靠。消防水箱是储存扑救初期火灾用水的储水设备,一般应储存 10min 的消防用水量。为节约投资,当水箱的容量经计算很大时,可适当减少。因此规定消防流量不超过 25L/s 时,可采用 12m³;超过 25L/s 时,可采用 18m³。

11.2.5 消防水池的容量按本规范第 11.1.3 条确定的较大一项的最大灭火水量与该火灾延续时间的乘积确定,并考虑一定的安全余量。

1 对各项火灾延续时间确定的主要依据如下:

厂房及用于设备灭火的室内、室外消火栓系统的火灾延续时间是根据国内工厂火灾统计资料,参照现行国家标准《建筑设计防火规范》GB 50016 的要求规定为 2.00h。

大中型水轮发电机均设有自动灭火设施。目前采用水灭火时常用水喷雾灭火和喷孔射水灭火。1982 年曾对这两种灭火方式进行了模拟灭火试验,喷孔射水灭火时间为 30s,水喷雾灭火时间为 3s~5s。在考虑足够的安全系数后,水喷雾灭火延续时间规定为 10min。

油浸式变压器及其集油坑、电缆室、电缆隧道、电缆竖井、绝缘油和透平油油罐如果设置自动灭火设施,常采用水喷雾灭火系统。按照现行国家标准《水喷雾灭火系统设计规范》GB 50219 的规定,油浸式变压器及其集油坑、电缆等电气火灾的持续喷雾时间为 0.40h,液体火灾的持续喷雾时间为 0.50h。因此,本条规定油浸式变压器及其集油坑、电缆室、电缆隧道和电缆竖井火灾延续时间按 0.40h 计算,油罐火灾延续时间按 0.50h 计算。

2 补水管道计算流速不应超过 2.5m/s,取 1m/s~1.5m/s 较合适。

3 消防水池的补水时间主要考虑第二次火灾扑救需要。一般情况下,补水时间不应超过 48h。

4 消防水池容量过大时应分成两个,以便水池检修、清洗时仍能保证消防用水,但两个水池都应具备独立使用的功能,各有水泵吸水管或出水管、补水进水管、泄水管、溢水管等。

5 为保证消防车可靠取水,对于大气压力超过 10m 水柱的地区,消防车取水口的吸水高度不应大于 6m。对于大气压力低于 10m 水柱的地区,允许消防车取水口的吸水高度经计算确定,予以减少。

消防水池取水口不应受到建筑物或油罐火灾的威胁,因此,取水口与建筑物(水泵房除外)的距离不应小于 15m,与绝缘油和透平油油罐的距离不应小于 40m。

6 消防水池要供消防车取水时,根据消防车的保护半径(即一般消防车发挥最大供水能力时的供水距离为 150m)规定消防水池的保护半径不应大于 150m。

7 消防用水与生产、生活用水合并时,为防止消防用水被生产、生活用水所占用,因此要求有可靠的技术措施(例如生产、生活用水的出水管设在消防水面之上)保证消防用水不作他用。

8 严寒和寒冷地区的消防水池应有防冻措施,保证消防车取水和火场用水安全。

11.2.6 水电工程消防用水的水源一般多取自上游水库或下游尾水渠,水中常含有水草和泥沙,可能引起取水口、管道以及喷头等的堵塞,所以必须有防止杂质堵塞的措施,如取水口可装拦污栅、

并用压缩空气清扫,管段上设排污管和吹气口,喷头前装设过滤器等。

易受冰冻的取水口可采用压缩空气吹冰等,在室外的管道尽量深埋,以防冰冻。阀门可尽量设在阀门室内或采用局部保温措施。

11.3 室内、室外消防给水

11.3.1 本条提出室外消火栓用水量的要求。

1 建筑物室外消火栓用水量与建筑物的耐火等级、生产类别、建筑物体积和建筑物的用途有关。根据调查统计资料,有效扑救火灾的最小用水量为 10L/s,有效扑救火灾的平均用水量为 39.15L/s。本规范规定的室外消火栓用水量是参照现行国家标准《建筑设计防火规范》GB 50016 的要求确定的。

由于三级的砖木结构建筑在大、中型水电工程中已不再使用,故本规范中未列出三级建筑物室外消火栓的用水量的规定。

2 露天油罐的室外消防用水量按灭火用水量和冷却用水量之和计算。设置自动灭火系统的露天油罐的室外消火栓,仅用于阻止火灾蔓延扩大、冷却着火油罐和相邻油罐;未设置自动灭火系统的露天油罐的室外消火栓,除用于阻止火灾蔓延扩大、冷却着火油罐的相邻油罐外,还要用于灭火。

(1)根据调研资料,在已建和目前在建的大、中型水电工程中,葛洲坝水电站(装机 2715MW)露天油罐数量最多,容积最大,共设有 70m³ 油罐 7 座、45m³ 油罐 4 座,总容积 670m³。假设一座 70m³ 油罐(直径 4.3m)起火,着火罐相邻三座 70m³ 油罐,经计算室外消火栓冷却着火罐水量为 8.1L/s,室外消火栓冷却相邻三座油罐水量为 7.1L/s,合计 15.2L/s。

调研资料显示,三峡水电站(装机 22400MW)共设有 60m³ 油罐 8 座,总容积 480m³。假设一座 60m³ 油罐(直径 4.1m)起火,着火罐相邻三座 60m³ 油罐,经计算室外消火栓冷却着火罐水量为 7.7L/s,室外消火栓冷却相邻三座油罐水量为 6.8L/s,合计 14.5L/s。

故规定设置自动灭火系统的露天油罐的室外消火栓用水量不应小于 15L/s。

(2)根据本规范第 10.0.5 条规定,露天油罐充油总容积不超过 100m³,且单个充油油罐的容积不超过 50m³ 时,是不需要设置自动灭火系统的。假设一座 50m³ 油罐(直径 3.9m)起火,着火罐相邻一座 50m³ 油罐,经计算室外消火栓扑灭着火罐水量为 17.3L/s,室外消火栓冷却相邻一座油罐水量为 2.1L/s,合计 19.4L/s,故规定未设置自动灭火系统的露天油罐的室外消火栓用水量不应小于 20L/s。

3 室外布置的油浸式变压器达到一定容量时,将设自动灭火设施,变压器四周设置的室外消火栓旨在用于扑救流淌火焰,按照两支水枪计算(每支水枪用水量为 5L/s),室外消火栓用水量为 10L/s。

11.3.2 室内除按要求设置自动灭火设施的场所外,其建筑物的消防主要依靠室内消火栓。建筑物的室内消火栓用水量与建筑物的高度、建筑物的体积、建筑物内可燃物的数量、建筑物的耐火等级和建筑物的用途有关。本规范规定的室内消火栓用水量是参照现行国家标准《建筑设计防火规范》GB 50016 的要求确定的。

非地面及封闭厂房、库房的火灾扑救、防烟排烟及人员疏散较地面明厂房、库房困难,从消防扑救角度考虑,应立足于自救,且应以室内消防给水系统为主。因此本规范对于非地面及封闭厂房的室内消火栓用水量标准适当予以提高。

11.3.3 本条提出室外消火栓的布置要求。

水电工程厂区道路宽度较小,一般只考虑在道路一侧设消火栓。目前国产消防车的供水能力为 180m,火场水枪手需留机动水带长度 10m,水带在地面的铺设系数为 0.9,则消防车实际的供水距离为(180-10)×0.9=153m。室外消火栓是供消防车使用的,

消防车的保护半径即为消火栓的保护半径,故规定室外消火栓的保护半径不应超过150m。

本规范未对室外消火栓的布置间距作出规定,主要是考虑水电工程建筑物周围道路布置千差万别,若规定其布置间距则不尽合理。因此,只规定其间距应保证设置范围内任何地点均处于两个室外消火栓的保护范围之内,以使室外消火栓的布置更合理、灵活,保证灭火使用的可靠性。

11.3.4 本条提出室内消火栓的布置要求。

1 室内消火栓是室内主要灭火设备,应考虑在任何情况下,均可使用消火栓进行灭火。因此,当相邻一个消火栓受到火灾威胁不能使用时,另一个消火栓仍能保护任何部位。为保证建筑物的安全,要求消火栓在设置时,保证相邻消火栓的水枪充实水柱同时到达室内任何部位。

2 电缆室和电缆廊道内一般都是多回路电缆密集敷设,空间小,且电缆燃烧会释放出含有大量有毒气体的黑烟;主变压器室及厂内油罐室火灾时均有爆炸危险,且会释放出含有大量有毒气体的浓烟;故以上场所消防人员火灾时均难以进入,主要依靠水喷雾等自动灭火设施灭火。因此在主变压器室、电缆室、电缆廊道及厂内油罐室内设置室内消火栓对灭火作用不大,故本条规定"室内消火栓不应设置在主要变压器室、电缆室、电缆廊道或厂内油罐室内,可仅在其出入口附近设置室内消火栓",并不要求有两股水柱同时到达以上场所的任何部位。

3 主厂房发电机层高度 $H \geq 18m$ 时,原则上要求水枪充实水柱长度至少为19.6m,如采用喷嘴口径为19mm的水枪,喷嘴水压达 $34.2 mH_2O$,其水枪反作用力为174N,已达到一人所能把持水枪的最大压力。考虑到厂房顶部一般都是钢筋混凝土或钢结构,均为非燃烧体。因此,本规范规定发电机层地面至厂房顶的高度大于18m时,可只保证18m及以下任何部位有两股充实水柱同时到达,对其以上部位主要是加强配置桥式起重机的灭火器。

4 考虑到水电工程机组一般是分期逐台投入运行,且发电机火灾时需就近采用室内消火栓协助灭火,故本款规定应保证每个机组段不少于一个消火栓。

室内消火栓的间距应由计算确定。为了防止布置上的不合理,保证灭火使用的可靠性,规定了消火栓的最大间距要求。主厂房消火栓布置可按以下要求进行:

(1)当主厂房宽度 S 小于消火栓保护半径 R 时,消火栓可单列布置,其间距 $m \leq 0.5R$,如图1所示。

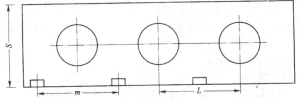

图1　消火栓单列布置图

如果机组段间距 $L < 0.5R$ 时,通常为布置整齐,使用方便,仍采用每个机组段设置一个消火栓。

(2)当主厂房宽度 S 大于消火栓保护半径 R 时,消火栓采取双列布置,每列消火栓间距 $m \leq 0.5R$,两列消火栓沿厂房上下游两侧交叉布置,如图2所示。

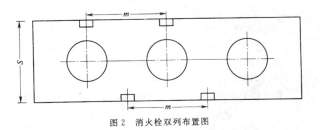

图2　消火栓双列布置图

5 高层副厂房、非地面副厂房和封闭副厂房等火灾危险性大,发生火灾后扑救难度大,故规定高层副厂房、非地面副厂房和封闭副厂房消火栓间距不应超过30m,其他副厂房的消火栓间距不应超过50m。

6 对于室内临时高压给水系统,为及时启动消防水泵,在水箱内的消防用水尚未用完以前,消防水泵应进入正常运转。故本条规定每个室内消火栓处应设直接启动消防水泵的按钮,以便迅速远距离启动。为防止误启动,要求按钮应有保护措施,一般可放在消火栓箱内或带有玻璃的壁龛内。

7 充实水柱长度与实际消防用水量计算有关,故本款提出对充实水柱长度的规定。

11.3.5 本条提出室外消防给水管道的布置要求。

1 环状管网四通八达,供水安全可靠,但当消防用水量较少时,为节约投资,亦可采用枝状管道。因此规定室外消防用水量小于15L/s时,可采用枝状管道。

2 为确保环状给水管道的水源,规定环状管网输水管不应少于两条。当输水管检修时,仍能供应生产、生活和消防用水。为保证消防基本安全,规定当其中一条发生故障时,其余的干管应仍能通过消防用水总量。

11.3.6 本条提出室内消防给水管道的布置要求。

1 环状管网供水安全,当某段损坏时,仍能供应必要的消防用水。室内消火栓超过10个且室外消防水量大于15L/s时,说明建筑物体量大,火灾荷载相对较大,因此应将室内管道连成环状或将进水管与室外管道连成环状。环状管网应有可靠的水源保证,因此规定室内环状管道至少应有两条进水管分别与室外环状管网的不同管段连接。为保证供水安全,进水管应有充分的供水能力,即任一根进水管损坏时,其余进水管应仍能供应全部用水量。

2 为防止消火栓用水影响自动喷水灭火系统、水喷雾灭火系统用水,或者消火栓平日漏水引起自动喷水灭火系统、水喷雾灭火系统的误报警,室内消火栓给水管网与自动喷水灭火系统、水喷雾灭火系统的管网宜分开设置。当分开设置有困难时,为保证不产生相互影响,在报警阀或雨淋阀后的管道应与消火栓给水系统管道分开,即在报警阀或雨淋阀后的管道上不应设置消火栓。

3 当室内消防供水量不足或消防水泵发生故障时,由消防车通过水泵接合器将水送到消防管网,供灭火用。每个水泵接合器一般供一辆消防车向消防管网送水。一般消防车正常运转且能发挥较大效能时的流量为10L/s～15L/s,因此每个水泵接合器的流量亦为10L/s～15L/s。

11.3.7 本条根据《建筑设计防火规范》GB 50016—2006第12章的相关规定,并结合水电工程的特点,对进厂交通洞的消防给水设计作出规定。

1 对于非地面厂房,消防车应到达进厂交通洞地面入口处(交通洞长度不超过40m)或厂房入口处(交通洞长度超过40m),为便于消防车取水,保证消防人员及时进入厂房扑救火灾,规定厂房入口处40m范围内应设置供消防车取水用的室外消火栓,且该消火栓不得影响交通。

2 进厂交通洞是非地面厂房的主要疏散通道,一旦发生火灾,将严重影响人员疏散和消防扑救;但同时进厂交通洞内可燃物少,火灾危险性小,故规定在进厂交通洞两侧设置灭火器。

11.4　自动灭火系统的设置

本节所指的自动灭火系统包括水喷雾灭火系统、气体灭火系统及泡沫灭火系统等。

水喷雾灭火系统适用范围广,可用于扑救固体火灾、闪点高于60℃的液体火灾及电气设备火灾。

气体灭火系统包括 CO_2、三氟甲烷、七氟丙烷、惰性气体等灭

（页面右侧边缘标记）47

火系统。气体灭火系统可用于扑救电气火灾及可熔化的固体火灾等，特别是用于一些比较重要的设备用房，其灭火后火灾残渍少，污染小。气体灭火系统受环境温度和风等因素影响较大，室外电气设备不适合采用。

泡沫灭火系统主要用于扑救可燃液体火灾。

11.4.1 水轮发电机火灾主要是定子线圈端部起火，属于可燃固体火灾。发电机定子线圈的径向宽度和其圆周方向长度之比很小。因此，水轮发电机水喷雾灭火水量采用在线圈单位圆周长度上每分钟所需的水量来表示。

根据国内 1982 年 12 月进行的模拟水轮发电机水喷雾灭火试验成果，规定水轮发电机水喷雾灭火水量不应小于 10L/(min·m)。

11.4.2 本条依据现行国家标准《水喷雾灭火系统设计规范》GB 50219，对油浸式变压器及其集油坑的设计喷雾强度及保护面积作出规定。

11.4.3 本条依据现行国家标准《水喷雾灭火系统设计规范》GB 50219，对大型电缆室、电缆廊道和电缆竖井的设计喷雾强度及保护面积作出规定。

11.4.4 本条依据现行国家标准《水喷雾灭火系统设计规范》GB 50219，对绝缘油和透平油油罐的设计喷雾强度及保护面积作出规定。

11.4.5 防火水幕是一种防火屏蔽措施，其隔热效果在国内 1983 年 12 月进行的大型模拟变压器水喷雾灭火试验中已得到证实。

日本《变电所等的防火对策指针》JEAG—5002 规定每米水幕长度所需供水量按防护对象范围内每米高度不得少于 10L/min。

考虑到电气设备之间防火分隔应有长度和高度要求，因此本规范对防火水幕的水量参照日本标准制订。

11.4.6 按现行电力行业标准《电力设备典型消防规程》DL 5027—93 的要求，水喷雾喷头及管道与高压电气设备带电（裸露）部分最小安全净距如表 1 所示。

表 1　水喷雾喷头及管道与高压电气设备带电（裸露）
部分最小安全净距

电压(kV)	距离(mm)	电压(kV)	距离(mm)
1～10	200	110	1000
15～20	300	220J	1800
35	400	330J	2500
60	650	500J	3800
110J	900		

注：110J、220J、330J、500J 系指中性点直接接地电网。

11.4.7 本条依据现行国家标准《水喷雾灭火系统设计规范》GB 50219，对水喷雾灭火系统的控制要求作出规定。

11.4.8 为防止消防给水管的结露或漏水影响电气设备的安全运行，要求消防给水管路不应跨越变压器等电气设备上方。

变压器等电气设备周围的喷头和管路的布置应考虑在设备检修时易于拆装。

11.5　建筑灭火器、防毒面具及砂箱的设置

11.5.1 灭火器的设置应符合现行国家标准《建筑灭火器配置设计规范》GB 50140 的要求。

为了便于设计人员正确判定灭火器配置场所的火灾种类及危险等级，合理选择与配置灭火器，本条针对水电工程的特点，并结合现行国家标准《建筑灭火器配置设计规范》GB 50140 的相关规定，对灭火器配置场所的火灾类别和危险等级作出了规定。

考虑到水电工程的建筑物（除个别场所外）内可燃物较少、火灾危险性较小，故将大部分生产场所的火灾危险等级规定为轻危险级；而只将可燃物较多、火灾危险性较大、起火后火灾蔓延迅速、扑救较困难的或着火后对电站系统运行影响较大的个别生产场所规定为中危险级，如：油浸式变压器室、油浸式电抗器室、油浸式消弧线圈室、中央控制室（含照明夹层）、继电保护盘室、自动和远动

装置室、电子计算机房、通信室（楼）、室外油浸式变压器、室外开关站的配电装置（有含油电气设备）、电缆室、电缆廊道、柴油发电机室及其储油间、绝缘油及透平油的油处理室、油再生室及油罐室、绝缘油及透平油的露天油罐、独立油浸式变压器检修间、厂房内调速器油压装置等。

11.5.2 电缆燃烧时释放的黑烟里含有大量有毒的氯化氢气体，所以必须配备防毒面具。防毒面具的选用应符合现行国家标准《呼吸防护　自吸过滤式防毒面具》GB 2890 的要求。

11.5.3 油浸式变压器或油罐发生火灾后，油品外溢，火随油流蔓延，易造成较大经济损失。为防止火灾事故扩大，应使着火的油集中在一定范围内，以便于灭火。在火灾初期，用砂子覆盖地面油火灭火效果较佳。除能起到灭火作用外，还可以阻止油火流淌，防止火势蔓延。为保证灭火效果，本条提出了砂箱的设置要求。

12　防烟排烟、采暖、通风和空气调节

12.1　防烟排烟

12.1.1 发生火灾时，防烟楼梯间及其前室或合用前室是生产、运行人员疏散和消防人员进行扑救的重要垂直通道，必须确保能够安全可靠地使用。

经常有人停留的非地面副厂房、封闭副厂房和建筑高度大于 32m 的高层副厂房的防烟楼梯间及其前室或合用前室，由于比较封闭，不具备自然排烟条件，无法利用自然排烟的方法排除火灾烟气，因此在上述场所应设置机械加压送风防烟设施，火灾时对该部位机械加压送风，使其空气压力值为相对正压。这是阻止烟气侵入，控制火势蔓延，保证人员疏散及扑救的最有效方法。

12.1.2 自然排烟是一种经济、简单、易操作的排烟方式，具有可靠性高、管理维护简便等优点。对本条各款规定的具备自然排烟条件的场所宜采用自然排烟方式进行烟控设计。

水电工程进厂交通洞不同于城市交通隧道和公路隧道，一般不允许外来车辆进入，主要为电厂通勤和检修车辆，没有运输易燃易爆及化学危险品的车辆通行，交通流量非常小，车辆性质单一，火灾危险性小。因此，即使进厂交通洞发生火灾，也不会发生大面积的、连续多辆车的火灾。司乘人员对交通路线熟悉，有利于迅速疏散和进行有效扑救，加之交通洞上部顶拱宽敞高大，具有足够的排烟面积，烟气依靠热压作用可以以自然方式迅速排出洞外，达到较好的排烟效果。

综合以上原因，参照国家有关规范对城市交通隧道及公路隧道的要求，规定进厂交通洞宜采用自然排烟。

12.1.3 发生火灾时，会产生大量的烟气和热量。如果不及时有

效地排除,就不能保证生产、运行人员的安全疏散和火灾扑救工作的进行。

1 非地面厂房、封闭厂房因为不具备自然排烟条件,发生火灾时高温烟气极易聚集在主厂房发电机层和主变压器搬运道,而上述场所正是水电工程厂房的主要疏散和火灾扑救通道,故规定在发电机层、主变压器搬运道应设置机械排烟设施。

2、3 经常有人停留的非地面副厂房、封闭副厂房的疏散走道和不具备自然排烟条件的建筑高度大于32m的高层副厂房中长度大于20m的疏散走道,由于不具备自然排烟条件,烟气很快地在疏散走道聚集,影响疏散和火灾扑救。水电工程副厂房性质特殊,布置复杂,有些副厂房正常运行时没有人员逗留,检修时才有少量人员。本着安全和可行的原则,规定只对经常有人停留的非地面副厂房、封闭副厂房(一般指中控楼等)的疏散走道,以及不具备自然排烟条件的建筑高度大于32m的高层副厂房中长度大于20m的疏散走道进行机械排烟。

12.1.4 现行国家标准《建筑设计防火规范》GB 50016 对于防烟楼梯间及其前室、消防电梯间前室或合用前室的防烟系统设计已作出比较详尽的规定。故本条予以提示,指出设计中应执行现行国家标准《建筑设计防火规范》GB 50016 的有关规定。

12.1.5 本条参照《建筑设计防火规范》GB 50016—2006 第9.2.2 条第 4 款,规定了建筑高度大于32m的高层副厂房中长度大于20m的疏散走道的自然排烟口的最小净面积。有条件时,应尽量加大相关开口面积。

12.1.6 本条对设置机械排烟设施场所的排烟量作出规定:

1、2 对于水电工程厂房来说,其空间高大、空旷;火灾荷载通常较小,生产、运行人员较少。与高层民用建筑、人防工程以及建筑中庭类大体积建筑相比具有明显不同的特点。简单套用现行国家标准《建筑设计防火规范》GB 50016、《高层民用建筑设计防火规范》GB 50045、《人民防空工程设计防火规范》GB 50098 的规定进行排烟量的计算是不合适的。

在总结国内已建大中型水利水电工程设计经验的基础上,参照《水力发电厂房采暖通风与空气调节设计规程》DL/T 5165—2002 第9.2.6条,对发电机层和厂内主变压器搬运道的机械排烟量的计算作出了规定。

3 本款是参照《建筑设计防火规范》GB 50016—2006 第9.4.5 条制订的。需要指出的是:疏散走道排烟面积即为走道的地面面积与连通走道的无窗房间或设固定窗的房间面积之和,不包括有开启外窗的房间面积。

12.1.7 通常情况下,机械排烟补风系统可由正常通风或空调的送风系统转换而成,可以不单独设置。但应注意以下几点:通风或空调系统的送风机应与排烟系统同步运行;其通风量应满足排烟补风量要求;如有回风,此时应立即断开;系统阀门(包括防火阀)应与之相适应。

12.1.8 本条对机械排烟系统的设置作出了规定。

1 本款是从便于疏散走道排烟系统的设置、保证防火安全和提高排烟效率等因素综合考虑制订的。目前,国内疏散走道机械排烟系统一般均为竖向布置。但也有每层疏散走道分别设风机排烟,这种做法初投资较大,供电系统复杂,同时烟气的排放还应考虑对周围环境的威胁,故不推荐采用这种方法。

2 排烟系统管道上安装排烟防火阀,在一定时间内能够满足耐火稳定性和完整性的要求,可起到隔烟阻火作用。因此,当排烟系统必须穿越防火分区时,应设置烟气温度超过280℃能自行关闭的防火阀。

穿越防火分区的排烟管道设置排烟防火阀的情况分两种:其一,是机械排烟系统水平方向不是按防火分区设置,或排烟风机和排烟风口不在一个防火分区,管道在穿越防火分区处设置防火阀;第二,是当竖向管道穿越防火分区时,在各防火分区水平支管与垂直风管的连接处设置防火阀。

12.1.10 本条是按现行国家标准《采暖通风与空气调节设计规范》GB 50019 中的有关规定制订的,美国《水电厂防火》NFPA851(2000 年版)对此也有类似的规定。防烟排烟系统及其补风系统的通风机的开关装置应装在便于操作的地方,并应具有明显的标志和防止误操作的保护装置,以便一旦发生火灾时,能够迅速识别并使其立即投入运行。

12.1.11 由于排烟管道所排除的烟气温度较高,为保证火灾时送风、排烟系统安全可靠地运行,规定防烟与排烟系统的风管、风口及阀门等必须采用不燃材料制作。为避免排烟管道引燃附近的可燃物,又规定排烟管道应采用不燃材料隔热,或与可燃物保持不小于 0.15m 的距离。

12.2 采 暖

12.2.1 明火电炉取暖或用以熏烤受潮电气设备,容易引起火灾事故,国内某水电工程厂房曾因此引起火灾。现行行业标准《水利水电工程劳动安全与工业卫生设计规范》DL 5061 也有严禁采用明火取暖方式的规定,故设计中严禁采用明火采暖。

防酸隔爆式蓄电池室、酸室、油罐室及油处理室的空气中含有易燃、易爆危险物质,遇明火可能引起燃烧或爆炸。油罐室和油处理室如果有油泄漏到敞开式电热器(如电炉)上会酿成大火,水电工程厂房曾发生由于油雾泄漏到电炉上而酿成大火的事故。故对这些生产场所规定严禁使用敞开式电热器取暖。

12.2.2 在我国北方地区,水电工程厂房采用发电机放热风采暖的实例很多,本条是对发电机放热风采暖的防火要求。发电机的放热风口和补风口设置防火阀的作用有:

(1)采用气体灭火时,必须设置防火风门,防止灭火剂逸出而失效。

(2)水轮发电机一旦着火,应立即关闭放热风口、补风口,避免助长火势扩大。

(3)如果主厂房失火时,由于发电机放热风,其内部空气处于负压状态,外部火焰可能由补风口窜入发电机内,故需关闭补风口处的防火阀。

12.3 通风和空气调节

12.3.1 本条说明如下:

1 要求电加热器与送风机联锁,是一种保护控制,可避免系统因无风电加热器单独工作导致的火灾。为了进一步提高安全可靠性,还要求设无风断电、超温断电保护装置。例如,用监视风机运行的风压差开关信号及在电加热器后设超温断电信号与风机启停联锁等方式,来保证电加热器的安全运行。

2 连接电加热器的金属风管接地,可避免因漏电造成触电事故。

3 规定电加热器前后两端各 0.8m 范围内的风管及其绝热层应为不燃材料,主要是为了防止电加热器一旦发生火灾,不燃材料能够阻止火势通过风管的蔓延。

12.3.2 本条说明如下:

1 防酸隔爆式蓄电池室、酸室、油罐室、油处理室、厂内油浸式变压器室等房间设置的通风、空调设备应为专用的通风、空调系统,以免油气体、氢气等燃烧或爆炸危险性物质进入其他房间,造成严重的后果。如果其室内的空气循环使用,会使油气体、氢气等危险性物质的浓度逐渐增高,当达到爆炸极限时,遇到火源就会发生燃烧和爆炸事故。故这类生产场所通风、空调系统的空气不允许再循环。

2 厂内油气体、氢气等燃烧或爆炸危险性物质和酸气等腐蚀性物质,一般应直接排至厂外,排风口应设在厂外远离明火和人员通过、停留的安全地点。地下厂房内上述特殊房间的排风,如果直接排至厂外,风管太长,故可排至厂房主排风道,并应设有防止空气回流的措施。

3 如果上述特殊房间的通风、空调系统与其他系统合用机房，一旦通风机、风管发生泄漏或爆炸，就有可能将上述特殊房间内空气中含有的油气体、氢气等燃烧或爆炸危险性物质和酸气等腐蚀性气体送入其他场所，或者影响其他场所通风、空调系统的正常运行。对上述特殊房间的通风、空调系统设置单独的机房是解决以上问题的较好方法。但是，从工程实践来看，有时将轴流通风机直接设置在上述特殊房间的外墙或室外走廊上，也是可行的。故提出通风、空气调节机房宜单独设置，但并不作硬性规定。

4 上述特殊房间内含有油气体、氢气等燃烧或爆炸危险性物质，当通风机停机时这些危险性物质易从风管倒流到通风机内。为防止通风机产生火花而引起燃烧或爆炸事故，故规定通风机及其电动机均应为防爆型。规定通风机及其电动机应直接连接，是因为采用皮带传动会由于摩擦产生静电而发生爆炸。

空气中含有油气体、氢气等燃烧或爆炸危险性物质的房间中的送风机，当其布置在单独隔开的通风、空气调节机房内时，由于所输送的空气比较清洁，如果在送风干管上设有止回阀，可避免这些危险性物质倒流到通风机内，故规定送风机可采用普通型。

5 防止静电引起灾害的最有效办法是防止其积聚，可采用导电性能良好（电阻率小于 $10^6\Omega\cdot cm$）的材料接地。

6 通过式风管穿过房间的防火墙、隔墙和楼板处的空隙应采用与所通过房间相同耐火等级的防火材料封堵，这是为了保证被穿过的围护结构具有规定的耐火极限。

12.3.3 本条参照《建筑设计防火规范》GB 50016—2006 第10.3.1 条的有关内容，对通风和空调系统的风管布置作出规定。

12.3.4 防火墙、防火隔墙是阻止火势蔓延和划分防火区的重要分隔措施，而通风管道是火势蔓延的主要渠道，所以通风管不宜穿过防火墙、防火隔墙。如必须穿过时，为保证防火墙、防火隔墙的作用和阻止火势蔓延扩大，要求风管在穿过处设置防火阀。穿过防火墙两侧各 2m 范围内的风管保温材料应采用不燃材料，穿过处的空隙采用和墙体耐火极限相同的不燃材料封堵。

水电工程采用混凝土或砖砌风道时，因其本身为不燃烧体，有一定耐火极限，故在穿过防火墙、防火隔墙时允许不设防火阀，但其孔口处还是要考虑设防火阀。

12.3.5 本条规定是为了防止开启的排风系统排出的空气进入未开启的排风系统的管道和房间内。

12.3.6 防酸隔爆式蓄电池室、酸室的风管和柔性接头由于接触带有腐蚀性的酸性气体，如果采用不燃材料制作，使用寿命短，既不经济，又需经常更换。当确有困难时，可采用难燃材料，但禁止采用不阻燃性的可燃材料。

13 电 气

13.1 消防供电

13.1.1 本条为《水利水电工程设计防火规范》SDJ 278—90 第11.1.1 条的保留条文。根据消防供电的重要性，本条改为强制性条文。

13.1.2 本条规定了消防用电设备的配电设计。供电回路指从低压配电总盘（包括区域配电盘）至最末一级配电箱（控制箱）之间的全部配电设备，该回路应与其他供电回路严格分开。发生火灾时，为防止火势沿电气线路蔓延扩大和预防触电事故，消防人员在灭火中首先要切断起火部位电源，确保消防设备用电，并尽量保证非失火部位的生产和生活用电。消防用电供电回路应有明显的操作标志，便于在紧急情况下人员正确操作，避免发生误操作，影响扑救火灾。

13.1.3 大、中型水电工程均设有直流电源系统，有些工程还设有EPS电源系统。为保证消防应急照明和疏散指示标志可靠工作，规定采用直流电源、EPS电源或应急灯自带蓄电池作为备用电源，并根据现行国家标准《建筑设计防火规范》GB 50016 及《高层民用建筑设计防火规范》GB 50045 的有关规定，规定了备用电源的连续供电时间。

13.1.4 本条对消防用电设备配电线路的敷设方式等提出了要求。水电工程根据建筑物的规模大小，规划布置有电缆廊道、电缆竖井、电缆桥架、电缆夹层等电缆通路。大量不同功能、不同电压等级的电缆在电缆通路上敷设穿行，因此对电缆线路的防火提出了要求，特别是对用于消防用电设备的配电线路电缆提出了更严格的防火要求。配电线路主要指与火灾自动报警系统有关的给火灾报警控制器、消排烟风机、消防电梯等消防联动设备的供电回路，以及火灾自动报警设备间的报警、信号回路等。

在水电工程设计中，消防用电设备配电线路敷设一般是穿金属管埋设在不燃烧体结构内，规定对穿金属管保护层厚度不应小于30mm，主要是参考火灾实例和试验数据确定的。试验情况表明，30mm厚的保护层，按照标准火灾升温曲线升温，在15min内金属管的温度达 105℃；30min 时达到 210℃；到45min 可达 290℃。试验表明，金属达到这个温度，配电线路温度约比上述温度低 1/3，在此温升范围内能保证继续供电。还有配电线路必须在电缆通道上明敷，规定要采取防火保护措施，如在管套外面涂刷丙烯酸乳胶防火涂料，可以满足火灾时继续供电的防火要求。当采用耐火电缆时，则可不考虑采取防火保护措施。

13.2 消防应急照明、疏散指示标志和灯具

13.2.1 水电工程的厂房布置与通道设计与民用建筑和一般的工业厂房不同，设计比较复杂。当厂内失火后往往烟雾弥漫，能见度很低，给消防作业和人员疏散造成很大的困难，尤其是在地下厂房，情况更加严重。若没有应急照明和明显疏散指示标志引导，很容易迷失方向，造成人员伤亡，所以设置应急照明和疏散指示标志是安全疏散中不可缺少的重要措施。本条规定的厂房内重要部位，是指在火灾发生时仍需要照明的场所，比如电站中控室、计算机室、通信室、船闸控制室、升船机控制室等。

13.2.2 本条中的照明要求是参照《水力发电厂照明设计规范》DL/T 5140—2001 的有关规定制订的，主要通道上的照度不应低于 1.0Lx。

13.2.3 本条中的照明要求是参照《水力发电厂照明设计规范》DL/T 5140—2001 及现行国家标准《高层民用建筑设计防火规

范》GB 50045 的有关规定制订的。为保证事故情况下人员安全疏散,应急照明灯一般都装设在通道的墙面或顶棚上,其具体安装位置还有以下几种:楼梯间内一般设在墙面或休息平台楼板上,楼梯口和安全出口处一般设在门口上方。疏散指示标志按条文规定设置,具体安装位置允许有一定灵活性,可在楼板面以上1m 以内的墙面上选择,这个范围符合一般人行走时目视前方的习惯,容易被发现。但疏散指示标志如设在吊顶上,有被烟气遮挡的可能,设计中应予避免。

13.2.4 本条是对第 13.2.2 条、第 13.2.3 条的补充规定。设计中应根据工程实际情况,参考本条所列规范的有关规定。

13.3 火灾自动报警系统

13.3.1 根据国家有关消防法规的要求,结合目前国内水电工程消防设计经验以及《水利水电工程设计防火规范》SDJ 278—90、《火灾自动报警系统设计规范》GB 50116—98 第 5.1.3 条规定制订本条。

13.3.2 本条参照《火灾自动报警系统设计规范》GB 50116—98 第 5.2.2 条、第 4.1.1 条及大、中型水电工程火灾自动报警系统的设计实例制订。对于中、小型水电工程来说,工程规模不是很大,电气设备布置相对集中,火灾报警探测点较少,可将整个工程设置为一个报警区域,报警范围包括机组段主厂房、副厂房、开关站等建筑物,整个工程可采用区域报警系统结构或集中报警系统结构,报警及联动控制设备集中布置,便于维护管理。对于大型水电工程来说,工程规模很大,电气设备布置较分散,各建筑物之间距离较远,可考虑按电站厂房、开关站、船闸、升船机、进水口、泄洪闸等部位划分报警区域。比如根据电站厂房规模大小将电站厂房按一个或几个机组段组成一个报警区域,每个报警区域控制范围包括机组段的主厂房、上下游副厂房各层等部位。又比如将开关站、船闸、升船机、进水口、泄洪闸划分成不同的报警区域,每个报警区域控制不同的电气设备和建筑区域。这样划分的优点在于能缩小火灾自动报警系统发生故障时的影响范围,提高系统可靠性,便于运行维护管理,并能节省电缆用量,降低系统成本。

13.3.3 根据《火灾自动报警系统设计规范》GB 50116—98 附录 D.2.14～D.2.17 和附录 D.3.7～D.3.8 的规定,对于位于地面和地下的生产厂房和库房有不同的设置火灾探测器的要求。对于地面的生产厂房和库房,要求火灾危险性在丙类及以上时设置火灾探测器;对于地下的生产厂房和库房,要求火灾危险性在丁类及以上时设置火灾探测器。

13.3.4 大、中型水电工程按"无人值班、少人值守"原则设计,仅在中控室有人员值班。根据《火灾自动报警系统设计规范》GB 50116—98 的要求,必须将集中火灾报警控制器、消防联动控制设备等布置在有人员值班的控制室或值班室内。因此,在水电工程中采用中控室兼作消防控制室,将消防控制屏或控制终端设在中控室内,有利于值班人员同时对火灾的监视。

13.3.5 根据现阶段国内水电工程的工作环境,用于水电工程的火灾自动报警装置设备和用于一般的工业建筑环境的火灾报警装置设备比较,需要满足某些特殊的环境技术要求。例如水轮发电机和油浸式主变压器采用的火灾探测器应能够抗电磁场的干扰,蓄电池室、透平油库采用的火灾探测器需要有防爆能力,电缆廊道内采用的火灾探测器应具有防潮功能等。另外,在装有联动设备、自动灭火系统以及用单一火灾探测器不能有效确认火灾的场合,可采用同类或不同类型的火灾探测器的组合设置。所以,对于水电工程火灾报警系统探测设备的选择,应该充分考虑被保护对象的火灾特性、使用环境、安装条件及满足的功能,进行全面综合的设计。

表 2 所列火灾探测器的选择可作为火灾报警系统设计时的参考。

表 2　火灾探测器的选择

建筑物和设备	火灾探测器类型
发电机层大空间	红外对射线型光束感烟探测器、空气管线型差温探测器、感烟探测器
水轮机层及以下层	感温探测器、感烟探测器、红外对射线型光束感烟探测器
发电机风罩内	缆式线型感温探测器、感温探测器、感烟探测器
电缆通道、电缆室、电缆竖井、电缆夹层	缆式线型感温探测器、感烟探测器
GIS 室	红外对射线型光束感烟探测器、感烟探测器
室内、外油浸式变压器室	缆式线型感温探测器、火焰探测器、感温探测器、感烟探测器
中央控制室、继电保护室、机旁盘室、辅助盘室、配电装置室	感烟探测器、感温探测器、复合型感烟感温探测器
计算机室、通信室	感烟探测器、感温探测器、复合型感烟感温探测器
走道、电梯、电梯前室及电梯机房	感烟探测器
船闸、升船机和重要水闸的启闭机室、控制室	感烟探测器、感温探测器、复合型感烟感温探测器
柴油发电机室、室内油罐室及油处理室	防爆型感烟探测器、防爆型感温探测器、防爆型火焰探测器

13.3.6 安装火灾自动报警系统的场所均为重要的部位,火灾自动报警系统及时、准确地报警,可以使火灾损失大为减少,所以要求其有主电源和直流备用电源,确保其供电的切实可靠。

13.3.7 水电工程均设有公共接地网,能满足电力系统设备接地的要求。火灾自动报警系统作为工程电气设备,接入公共接地网,能减少设置专用接地装置的各项设施。

13.3.8 水电工程的通信系统采用单独布线,调度通信系统为直接通话方式,通信调度台一般都布置在中控室内,与消防专用电话要求的快速、直接通话功能相一致,可以满足消防通信的要求。作为消防专用电话的调度电话布线需按火灾自动报警系统的布线要求设置,电话配置需满足《火灾自动报警系统设计规范》GB 50116—98 第 5.6.3 条第 1 款和《水力发电厂火灾自动报警系统设计规范》DL/T 5412—2009 第 7.5.3 条有关规定。

13.3.9 本条依据《火灾自动报警系统设计规范》GB 50116—98 第 5.3.2 条和《水力发电厂火灾自动报警系统设计规范》DL/T 5412—2009 第 7.3.2 条有关规定,并根据水电工程的实际情况确定。

13.3.10 本条依据《火灾自动报警系统设计规范》GB 50116—98 第 5.4 节和《水力发电厂火灾自动报警系统设计规范》DL/T 5412—2009 第 7.4.1 条有关规定,并根据水电工程的实际情况确定。

中华人民共和国国家标准

防火卷帘、防火门、防火窗施工及
验 收 规 范

Code for installation and acceptance of fire resistant shutters,
fire resistant doorsets and fire resistant windows

GB 50877-2014

主编部门：中 华 人 民 共 和 国 公 安 部
批准部门：中华人民共和国住房和城乡建设部
施行日期：２ ０ １ ４ 年 ８ 月 １ 日

中华人民共和国住房和城乡建设部公告

第 291 号

住房城乡建设部关于发布国家标准
《防火卷帘、防火门、防火窗
施工及验收规范》的公告

现批准《防火卷帘、防火门、防火窗施工及验收规范》为国
家标准，编号为 GB 50877—2014，自 2014 年 8 月 1 日起实施。
其中，第 3.0.7、4.1.1、4.2.1、4.3.1、4.4.1、5.1.2、5.2.9、
7.1.1 条为强制性条文，必须严格执行。
本规范由我部标准定额研究所组织中国计划出版社出版
发行。

中华人民共和国住房和城乡建设部
2014 年 1 月 9 日

前　言

本规范是根据原建设部《关于印发〈二○○一～二○○二年度工程建设国家标准制订、修订计划〉的通知》（建标〔2002〕85号）的要求，由辽宁省公安消防总队、公安部天津消防研究所会同有关单位共同编制完成。

在本规范编制过程中，编制组遵照国家有关基本建设方针和"预防为主、防消结合"的消防工作方针，深入调研防火卷帘、防火门、防火窗的生产、设计、施工及运行现状，认真总结工程应用实践经验，积极吸纳消防科技成果，并广泛征求有关科研、设计、生产及消防监督等方面的意见，在上述工作基础上完成规范报批稿，最后报住房城乡建设部审查定稿。

本规范共分8章和5个附录，主要内容包括：总则，术语，基本规定，进场检验，安装，功能调试，验收，使用与维护等。

本规范中以黑体字标志的条文为强制性条文，必须严格执行。

本规范由住房城乡建设部负责管理和对强制性条文的解释，公安部负责日常管理，公安部天津消防研究所负责具体技术内容解释。本规范在执行过程中，如有意见或建议，请寄送公安部天津消防研究所国家标准《防火卷帘、防火门、防火窗施工及验收规范》管理组（地址：天津市南开区卫津南路110号，邮政编码：300381），以便今后修订时参考。

本规范主编单位、参编单位、主要起草人和主要审查人：

主 编 单 位：辽宁省公安消防总队
　　　　　　　公安部天津消防研究所
参 编 单 位：辽宁强盾防火门有限公司
　　　　　　　天津盛达安全科技有限责任公司

主要起草人：马　莉　马　恒　沈　纹　袁国斌　张　磊
　　　　　　东靖飞　倪照鹏　关大巍　王宗存　宋旭东
　　　　　　杨玉琴　李宝利
主要审查人：丁宏军　赵华利　钟　勇　马宏伟　王红兵
　　　　　　叶国祥　朱　磊　翟　毅　陈学平　潘志红
　　　　　　黄青春　张建青　高　普　彭　军　梁慧君

目　次

1 总 则

1.0.1 为保证防火卷帘、防火门、防火窗工程的施工质量和使用功能,减少火灾危害,保护人身和财产安全,制定本规范。

1.0.2 本规范适用于新建、扩建、改建工程中设置的防火卷帘、防火门、防火窗的施工、验收及维护管理。

1.0.3 防火卷帘、防火门、防火窗的施工及验收中采用的工程技术文件、承包合同文件等文件中对施工及验收的要求,不应低于本规范的规定。

1.0.4 防火卷帘、防火门、防火窗工程的施工、验收及维护管理,除应符合本规范外,尚应符合国家现行有关标准的规定。

2 术 语

2.0.1 防火卷帘 fire resistant shutter

在一定时间内,连同框架能满足耐火完整性、隔热性等要求的卷帘。

2.0.2 钢质防火卷帘 steel fire resistant shutter

用钢质材料做帘板、导轨、座板、门楣、箱体等,并配以卷门机和控制箱的防火卷帘。

2.0.3 无机纤维复合防火卷帘 mineral fiber composites fire resistant shutter

用无机纤维材料做帘面(内配不锈钢丝或不锈钢丝绳),用钢质材料做夹板、导轨、座板、门楣、箱体等,并配以卷门机和控制箱的防火卷帘。

2.0.4 防火门 fire resistant doorset

在一定时间内,连同框架能满足耐火完整性、隔热性等要求的门。

2.0.5 防火窗 fire resistant window

在一定时间内,连同框架能满足耐火完整性、隔热性等要求的窗。

2.0.6 固定式防火窗 fixed style fire window

无可开启窗扇的防火窗。

2.0.7 活动式防火窗 automatic-controlled fire window

有可开启窗扇,且装配有窗扇启闭控制装置的防火窗。

2.0.8 温控释放装置 thermal release device

利用动作温度为 73℃±0.5℃ 的感温元件控制防火卷帘或防火窗依靠自重下降或关闭的装置。

3 基 本 规 定

3.0.1 施工现场管理应具有相应的施工技术标准、工艺规程及实施方案、质量管理体系、施工质量控制及检查制度。施工现场质量管理应按本规范附录 A 的要求进行检查并记录。

3.0.2 防火卷帘、防火门、防火窗施工前应具备下列技术资料:

　　1 经批准的施工图、设计说明书、设计变更通知单等设计文件。

　　2 主、配件的产品出厂合格证和符合市场准入制度规定的有效证明文件。

　　3 主、配件使用、维护说明书。

3.0.3 防火卷帘、防火门、防火窗施工应具备下列条件:

　　1 现场施工条件满足连续作业的要求。

　　2 主、配件齐全,其品种、规格、型号符合设计要求。

　　3 施工所需的预埋件和孔洞等基建条件符合设计要求。

　　4 施工现场相关条件与设计相符。

　　5 设计单位向施工单位技术交底。

3.0.4 防火卷帘、防火门、防火窗的分部工程、子分部工程、分项工程的划分,可按本规范附录 B 执行。

3.0.5 防火卷帘、防火门、防火窗施工过程质量控制及验收,应符合本规范第 4 章～第 7 章的规定。

3.0.6 检查、验收合格判定应符合下列规定:

　　1 施工现场质量管理检查结果应全部合格。

　　2 资料核查结果应全部合格。

　　3 施工过程检查结果应全部合格。

　　4 工程验收结果应全部合格。

　　5 工程验收记录应齐全。

　　6 相关文件、记录、资料清单等应齐全。

3.0.7 系统竣工后,必须进行工程验收,验收不合格不得投入使用。

4 进场检验

4.1 一般规定

4.1.1 防火卷帘,防火门,防火窗主、配件进场应进行检验。检验应由施工单位负责,并应由监理单位监督。需要抽样复验时,应由监理工程师抽样,并应送市场准入制度规定的法定检验机构进行复检检验,不合格者不应安装。

4.1.2 防火卷帘,防火门,防火窗主、配件的进场检验,应按本规范附录C 表 C.0.1-1 填写检查记录。检查合格后,应经监理工程师签证再进行安装。

4.2 防火卷帘检验

4.2.1 防火卷帘及与其配套的感烟和感温火灾探测器等应具有出厂合格证和符合市场准入制度规定的有效证明文件,其型号、规格及耐火性能等应符合设计要求。

检查数量:全数检查。

检查方法:核查产品的名称、型号、规格及耐火性能等是否与符合市场准入制度规定的有效证明文件和设计要求相符。

4.2.2 每樘防火卷帘及配套的卷门机、控制器、手动按钮盒、温控释放装置,均应在其明显部位设置永久性标牌,并应标明产品名称、型号、规格、耐火性能及商标、生产单位(制造商)名称、厂址、出厂日期、产品编号或生产批号、执行标准等。

检查数量:全数检查。

检查方法:直观检查。

4.2.3 防火卷帘的钢质帘面及卷门机、控制器等金属零部件的表面不应有裂纹、压坑及明显的凹凸、锤痕、毛刺等缺陷。

检查数量:全数检查。

检查方法:直观检查。

4.2.4 防火卷帘无机纤维复合帘面,不应有撕裂、缺角、挖补、倾斜、跳线、断线、经纬纱密度明显不匀及色差等缺陷。

检查数量:全数检查。

检查方法:直观检查。

4.3 防火门检验

4.3.1 防火门应具有出厂合格证和符合市场准入制度规定的有效证明文件,其型号、规格及耐火性能应符合设计要求。

检查数量:全数检查。

检查方法:核查产品名称、型号、规格及耐火性能是否与符合市场准入制度规定的有效证明文件和设计要求相符。

4.3.2 每樘防火门均应在其明显部位设置永久性标牌,并应标明产品名称、型号、规格、耐火性能及商标、生产单位(制造商)名称和厂址、出厂日期及产品生产批号、执行标准等。

检查数量:全数检查。

检查方法:直观检查。

4.3.3 防火门的门框、门扇及各配件表面应平整、光洁,并应无明显凹痕或机械损伤。

检查数量:全数检查。

检查方法:直观检查。

4.4 防火窗检验

4.4.1 防火窗应具有出厂合格证和符合市场准入制度规定的有效证明文件,其型号、规格及耐火性能应符合设计要求。

检查数量:全数检查。

检查方法:核查产品名称、型号、规格及耐火性能是否与符合市场准入制度规定的有效证明文件和设计要求相符。

4.4.2 每樘防火窗均应在其明显部位设置永久性标牌,并应标明产品名称、型号、规格、生产单位(制造商)名称和地址、产品生产日期或生产编号、出厂日期、执行标准等。

检查数量:全数检查。

检查方法:直观检查。

4.4.3 防火窗表面应平整、光洁,并应无明显凹痕或机械损伤。

检查数量:全数检查。

检查方法:直观检查。

5 安 装

5.1 一般规定

5.1.1 防火卷帘、防火门、防火窗的安装,应符合施工图、设计说明书及设计变更通知单等技术文件的要求。

5.1.2 防火卷帘、防火门、防火窗的安装过程应进行质量控制。每道工序结束后应进行质量检查,检查应由施工单位负责,并应由监理单位监督。隐蔽工程在隐蔽前应由施工单位通知有关单位进行验收。

5.1.3 防火卷帘、防火门、防火窗安装过程的检查,应按本规范附录C 表 C.0.1-2 填写安装过程检查记录,按表 C.0.1-3 填写隐蔽工程验收记录。检查合格后,应经监理工程师签证后再进行调试。

5.2 防火卷帘安装

5.2.1 防火卷帘帘板(面)安装应符合下列规定:

1 钢质防火卷帘相邻帘板串接后应转动灵活,摆动90°不应脱落。

检查数量:全数检查。

检查方法:直观检查;直角尺测量。

2 钢质防火卷帘的帘板装配完毕后应平直,不应有孔洞或缝隙。

检查数量:全数检查。

检查方法:直观检查。

3 钢质防火卷帘帘板两端挡板或防窜机构应装配牢固,卷帘运行时,相邻帘板窜动量不应大于2mm。

检查数量:全数检查。

检查方法:直观检查;直尺或钢卷尺测量。

4 无机纤维复合防火卷帘帘面两端应安装防风钩。

检查数量:全数检查。

检查方法:直观检查。

5 无机纤维复合防火卷帘帘面应通过固定件与卷轴相连。

检查数量:全数检查。

检查方法:直观检查。

5.2.2 导轨安装应符合下列规定:

1 防火卷帘帘板或帘面嵌入导轨的深度应符合表5.2.2的规定。导轨间距大于表5.2.2的规定时,导轨间距每增加1000mm,每端嵌入深度应增加10mm,且卷帘安装后不应变形。

检查数量:全数检查。

检查方法:直观检查;直尺测量,测量点为每根导轨距其底部200mm处,取最小值。

表 5.2.2 帘板或帘面嵌入导轨的深度

导轨间距 B(mm)	每端最小嵌入深度(mm)
B<3000	≥45
3000≤B<5000	≥50
5000≤B<9000	≥60

2 导轨顶部应成圆弧形,其长度应保证卷帘正常运行。

检查数量:全数检查。

检查方法:直观检查。

3 导轨的滑动面应光滑、平直。帘片或帘面、滚轮在导轨内运行时应平稳顺畅,不应有碰撞和冲击现象。

检查数量:全数检查。

检查方法:直观检查;手动试验。

4 单帘面卷帘的两根导轨应互相平行,双帘面卷帘不同帘面的导轨也应互相平行,其平行度误差均不应大于5mm。

检查数量:全数检查。

检查方法:直观检查;钢卷尺测量,测量点为距导轨顶部200mm处、导轨长度的1/2处及距导轨底部200mm处3点,取最大值和最小值之差。

5 卷帘的导轨安装后相对于基础面的垂直度误差不应大于1.5mm/m,全长不应大于20mm。

检查数量:全数检查。

检查方法:直观检查;采用吊线方法,用直尺或钢卷尺测量。

6 卷帘的防烟装置与帘面应均匀紧密贴合,其贴合面长度不应小于导轨长度的80%。

检查数量:全数检查。

检查方法:直观检查;塞尺测量,防火卷帘关闭后用0.1mm的塞尺测量帘板或帘面表面与防烟装置之间的缝隙,塞尺不能穿透防烟装置时,表明帘板或帘面与防烟装置紧密贴合。

7 防火卷帘的导轨应安装在建筑结构上,并应采用预埋螺栓、焊接或膨胀螺栓连接。导轨安装应牢固,固定点间距应为600mm~1000mm。

检查数量:全数检查。

检查方法:直观检查;对照设计图纸检查;钢卷尺测量。

5.2.3 座板安装应符合下列规定:

1 座板与地面应平行,接触应均匀。座板与帘板或帘面之间的连接应牢固。

检查数量:全数检查。

检查方法:直观检查。

2 无机复合防火卷帘的座板应保证帘面下降顺畅,并应保证帘面具有适当悬垂度。

检查数量:全数检查。

检查方法:直观检查。

5.2.4 门楣安装应符合下列规定:

1 门楣安装应牢固,固定点间距为600mm~1000mm。

检查数量:全数检查。

检查方法:直观检查;对照设计、施工文件检查;钢卷尺测量。

2 门楣内的防烟装置与卷帘帘板或帘面表面应均匀紧密贴合,其贴合面长度不应小于门楣长度的80%,非贴合部位的缝隙不应大于2mm。

检查数量:全数检查。

检查方法:直观检查;塞尺测量,防火卷帘关闭后用0.1mm的塞尺测量帘板或帘面表面与防烟装置之间的缝隙,塞尺不能穿透防烟装置时,表明帘板或帘面与防烟装置紧密贴合,非贴合部分采用2.0mm的塞尺测量。

5.2.5 传动装置安装应符合下列规定:

1 卷轴与支架板应牢固地安装在混凝土结构或预埋钢件上。

检查数量:全数检查。

检查方法:直观检查。

2 卷轴在正常使用时的挠度应小于卷轴的1/400。

检查数量:同一工程同类卷轴抽查1件~2件。

检查方法:直观检查;用试块、挠度计检查。

5.2.6 卷门机安装应符合下列规定:

1 卷门机应按产品说明书要求安装,且应牢固可靠。

检查数量:全数检查。

检查方法:直观检查;对照产品说明书检查。

2 卷门机应设有手动拉链和手动速放装置,其安装位置应便于操作,并应有明显标志。手动拉链和手动速放装置不应加锁,且应采用不燃或难燃材料制作。

检查数量:全数检查。

检查方法:直观检查。

5.2.7 防护罩(箱体)安装应符合下列规定:

1 防护罩尺寸的大小应与防火卷帘洞口宽度和卷帘卷起后的尺寸相适应,并应保证卷帘卷满后与防护罩仍保持一定的距离,不应相互碰撞。

检查数量:全数检查。

检查方法:直观检查。

2 防护罩靠近卷门机处,应留有检修口。

检查数量:全数检查。

检查方法:直观检查。

3 防护罩的耐火性能应与防火卷帘相同。

检查数量:全数检查。

检查方法:直观检查;查看防护罩的检查报告。

5.2.8 温控释放装置的安装位置应符合设计和产品说明书的要求。

检查数量:全数检查。

检查方法:直观检查;对照设计图纸和产品说明书检查。

5.2.9 防火卷帘、防护罩等与楼板、梁和墙、柱之间的空隙,应采用防火封堵材料等封堵,封堵部位的耐火极限不应低于防火卷帘的耐火极限。

检查数量:全数检查。

检查方法:直观检查;查看封堵材料的检查报告。

5.2.10 防火卷帘控制器安装应符合下列规定:

1 防火卷帘的控制器和手动按钮盒应分别安装在防火卷帘内外两侧的墙壁上,当卷帘一侧为无人场所时,可安装在一侧墙壁上,且应符合设计要求。控制器和手动按钮盒应安装在便于识别的位置,且应标出上升、下降、停止等功能。

检查数量:全数检查。

检查方法:直观检查。

2 防火卷帘控制器及手动按钮盒的安装应牢固可靠,其底边距地面高度宜为1.3m~1.5m。

检查数量:全数检查。

检查方法:直观检查;尺量检查。

3 防火卷帘控制器的金属件应有接地点,且接地点应有明显的接地标志,连接地线的螺钉不应作其他紧固用。

检查数量:全数检查。

检查方法:直观检查。

5.2.11 与火灾自动报警系统联动的防火卷帘,其火灾探测器和手动按钮盒的安装应符合下列规定:

1 防火卷帘两侧均应安装火灾探测器组和手动按钮盒。当防火卷帘一侧为无人场所时,防火卷帘有人侧应安装火灾探测器组和手动按钮盒。

检查数量:全数检查。

检查方法:直观检查。

2 用于联动防火卷帘的火灾探测器的类型、数量及其间距应符合现行国家标准《火灾自动报警系统设计规范》GB 50116 的有关规定。

检查数量:全数检查。

检查方法:检查设计、施工文件;尺量检查。

5.2.12 用于保护防火卷帘的自动喷水灭火系统的管道、喷头、报警阀等组件的安装,应符合现行国家标准《自动喷水灭火系统施工及验收规范》GB 50261 的有关规定。

检查数量:全数检查。

检查方法:对照设计、施工图纸检查;尺量检查。

5.2.13 防火卷帘电气线路的敷设安装,除应符合设计要求外,尚应符合现行国家标准《建筑设计防火规范》GB 50016 的有关规定。

检查数量:全数检查。

检查方法:对照有关设计、施工文件检查。

5.3 防火门安装

5.3.1 除特殊情况外,防火门应向疏散方向开启,防火门在关闭后应从任何一侧手动开启。

检查数量:全数检查。

检查方法:直观检查。

5.3.2 常闭防火门应安装闭门器等,双扇和多扇防火门应安装顺序器。

检查数量:全数检查。

检查方法:直观检查。

5.3.3 常开防火门,应安装火灾时能自动关闭门扇的控制、信号反馈装置和现场手动控制装置,且应符合产品说明书要求。

检查数量:全数检查。

检查方法:直观检查。

5.3.4 防火门电动控制装置的安装应符合设计和产品说明书要求。

检查数量:全数检查。

检查方法:直观检查;按设计图纸、施工文件检查。

5.3.5 防火插销应安装在双扇门或多扇门相对固定一侧的门扇上。

检查数量:全数检查。

检查方法:直观检查;查看设计图纸。

5.3.6 防火门门框与门扇、门扇与门扇的缝隙处嵌装的防火密封件应牢固、完好。

检查数量:全数检查。

检查方法:直观检查。

5.3.7 设置在变形缝附近的防火门,应安装在楼层数较多的一侧,且门扇开启后不应跨越变形缝。

检查数量:全数检查。

检查方法:直观检查。

5.3.8 钢质防火门门框内应充填水泥砂浆。门框与墙体应用预埋钢件或膨胀螺栓等连接牢固,其固定点间距不宜大于600mm。

检查数量:全数检查。

检查方法:对照设计图纸、施工文件检查;尺量检查。

5.3.9 防火门门扇与门框的搭接尺寸不应小于12mm。

检查数量:全数检查。

检查方法:使门扇处于关闭状态,用工具在门扇与门框相交的左边、右边和上边的中部画线作出标记,用钢板尺测量。

5.3.10 防火门门扇与门框的配合活动间隙应符合下列规定:

1 门扇与门框有合页一侧的配合活动间隙不应大于设计图纸规定的尺寸公差。

2 门扇与门框有锁一侧的配合活动间隙不应大于设计图纸规定的尺寸公差。

3 门扇与上框的配合活动间隙不应大于3mm。

4 双扇、多扇门的门扇之间缝隙不应大于3mm。

5 门扇与下框或地面的活动间隙不应大于9mm。

6 门扇与门框贴合面间隙、门扇与门框有合页一侧、有锁一侧及上框的贴合面间隙,均不应大于3mm。

检查数量:全数检查。

检查方法:使门扇处于关闭状态,用塞尺测量其活动间隙。

5.3.11 防火门安装完成后,其门扇应启闭灵活,并应无反弹、翘角、卡阻和关闭不严现象。

检查数量:全数检查。

检查方法:直观检查;手动试验。

5.3.12 除特殊情况外,防火门门扇的开启力不应大于80N。

检查数量:全数检查。

检查方法:用测力计测试。

5.4 防火窗安装

5.4.1 有密封要求的防火窗,其窗框密封槽内镶嵌的防火密封件应牢固、完好。

检查数量:全数检查。

检查方法:直观检查。

5.4.2 钢质防火窗窗框内应充填水泥砂浆。窗框与墙体应用预埋钢件或膨胀螺栓等连接牢固,其固定点间距不宜大于600mm。

检查数量:全数检查。

检查方法:对照设计图纸、施工文件检查;尺量检查。

5.4.3 活动式防火窗窗扇启闭控制装置的安装应符合设计和产品说明书要求,并应位置明显,便于操作。

检查数量:全数检查。

检查方法:直观检查;手动试验。

5.4.4 活动式防火窗应装配火灾时能控制窗扇自动关闭的温控释放装置。温控释放装置的安装应符合设计和产品说明书要求。

检查数量:全数检查。

检查方法:直观检查;按设计图纸、施工文件检查。

6 功 能 调 试

6.1 一 般 规 定

6.1.1 防火卷帘、防火门、防火窗安装完毕后应进行功能调试,当有火灾自动报警系统时,功能调试应在有关火灾自动报警系统及联动控制设备调试合格后进行。功能调试应由施工单位负责,监理单位监督。

6.1.2 防火卷帘、防火门、防火窗的功能调试应符合下列规定:

1 调试前应具有本规范第 3.0.2 条规定的技术资料和施工过程检查记录及调试必需的其他资料。

2 调试前应根据本规范规定的调试内容和调试方法,制订调试方案,并应经监理单位批准。

3 调试人员应根据批准的调试方案按程序进行调试。

6.1.3 防火卷帘、防火门、防火窗的功能调试应按本规范附录 C 表 C.0.1-4 填写调试过程检查记录。施工单位应在调试合格后向建设单位申请验收。

6.2 防火卷帘调试

6.2.1 防火卷帘控制器应进行通电功能、备用电源、火灾报警功能、故障报警功能、自动控制功能、手动控制功能和自重下降功能调试,并应符合下列要求:

1 通电功能调试时,应将防火卷帘控制器分别与消防控制室的火灾报警控制器或消防联动控制设备、相关的火灾探测器、卷门机等连接并通电,防火卷帘控制器应处于正常工作状态。

检查数量:全数检查。

检查方法:直观检查。

2 备用电源调试时,设有备用电源的防火卷帘,其控制器应有主、备电源转换功能。主、备电源的工作状态应有指示,主、备电源的转换不应使防火卷帘控制器发生误动作。备用电源的电池容量应保证防火卷帘控制器在备用电源供电条件下能正常可靠工作1h,并应提供控制器控制卷门机速放控制装置完成卷帘自重垂降,控制卷帘降至下限位所需的电源。

检查数量:全数检查。

检查方法:切断防火卷帘控制器的主电源,观察电源工作指示灯变化情况和防火卷帘是否发生误动作。再切断卷门机主电源,使用备用电源供电,使防火卷帘控制器工作1h,用备用电源启动速放控制装置,观察防火卷帘动作、运行情况。

3 火灾报警功能调试时,防火卷帘控制器应直接或间接地接收来自火灾探测器组发出的火灾报警信号,并应发出声、光报警信号。

检查数量:全数检查。

检查方法:使火灾探测器组发出火灾报警信号,观察防火卷帘控制器的声、光报警情况。

4 故障报警功能调试时,防火卷帘控制器的电源缺相或相序有误,以及防火卷帘控制器与火灾探测器之间的连接线断线或发生故障,防火卷帘控制器均应发出故障报警信号。

检查数量:全数检查。

检查方法:任意断电源一相或对调电源的任意两相,手动操作防火卷帘控制器按钮,观察防火卷帘动作情况及防火卷帘控制器报警情况。断开火灾探测器与防火卷帘控制器的连接线,观察防火卷帘控制器报警情况。

5 自动控制功能调试时,当防火卷帘控制器接收到火灾报警信号后,应输出控制防火卷帘完成相应动作的信号,并应符合下列要求:

1)控制分隔防火分区的防火卷帘由上限位自动关闭至全闭。

2)防火卷帘控制器接到感烟火灾探测器的报警信号后,控制防火卷帘自动关闭至中位(1.8m)处停止,接到感温火灾探测器的报警信号后,继续关闭至全闭。

3)防火卷帘半降、全降的动作状态信号应反馈到消防控制室。

检查数量:全数检查。

检查方法:分别使火灾探测器组发出半降、全降信号,观察防火卷帘控制器声、光报警和防火卷帘动作、运行情况以及消防控制室防火卷帘动作状态信号显示情况。

6 手动控制功能调试时,手动操作防火卷帘控制器上的按钮和手动按钮盒上的按钮,可控制防火卷帘的上升、下降、停止。

检查数量:全数检查。

检查方法:手动试验。

7 自重下降功能调试时,应将卷门机电源设置于故障状态,防火卷帘应在防火卷帘控制器的控制下,依靠自重下降至全闭。

检查数量:全数检查。

检查方法:切断卷门机电源,按下防火卷帘控制器下降按钮,观察防火卷帘动作、运行情况。

6.2.2 防火卷帘用卷门机的调试应符合下列规定:

1 卷门机手动操作装置(手动拉链)应灵活、可靠,安装位置应便于操作。使用手动操作装置(手动拉链)操作防火卷帘启、闭运行时,不应出现滑行撞击现象。

检查数量:全数检查。

检查方法:直观检查,拉动手动拉链,观察防火卷帘动作、运行情况。

2 卷门机应具有电动启闭和依靠防火卷帘自重恒速下降(手动速放)的功能。启动防火卷帘自重下降(手动速放)的臂力不应大于70N。

检查数量:全数检查。

检查方法:手动试验,拉动手动速放装置,观察防火卷帘动作情况,用弹簧测力计或砝码测量其启动下降臂力。

3 卷门机应设有自动限位装置,当防火卷帘启、闭至上、下限位时,应自动停止,其重复定位误差应小于20mm。

检查数量:全数检查。

检查方法:启动卷门机,运行一定时间后,关闭卷门机,用直尺测量重复定位误差。

6.2.3 防火卷帘运行功能的调试应符合下列规定:

1 防火卷帘装配完成后,帘面在导轨内运行应平稳,不应有脱轨和明显的倾斜现象。双帘面卷帘的两个帘面应同时升降,两个帘面之间的高度差不应大于50mm。

检查数量:全数检查。

检查方法:手动检查;用钢卷尺测量双帘面卷帘的两个帘面之间的高度差。

2 防火卷帘电动启、闭的运行速度应为2m/min～7.5m/min,其自重下降速度不应大于9.5m/min。

检查数量:全数检查。

检查方法:用秒表、钢卷尺测量。

3 防火卷帘启、闭运行的平均噪声不应大于85dB。

检查数量:全数检查。

检查方法:在防火卷帘运行中,用声级计在距卷帘表面的垂直距离1m,距地面的垂直距离1.5m处,水平测量三次,取其平均值。

4 安装在防火卷帘上的温控释放装置动作后,防火卷帘应自动下降至全闭。

检查数量:同一工程同类温控释放装置抽检1个～2个。

检查方法:防火卷帘安装并调试完毕后,切断电源,加热温控释放装置,使其感温元件动作,观察防火卷帘动作情况。试验前,应准备备用的温控释放装置,试验后,应重新安装。

6.3 防火门调试

6.3.1 常闭防火门,从门的任意一侧手动开启,应自动关闭。当装有信号反馈装置时,开、关状态信号应反馈到消防控制室。

　　检查数量:全数检查。

　　检查方法:手动试验。

6.3.2 常开防火门,其任意一侧的火灾探测器报警后,应自动关闭,并应将关闭信号反馈至消防控制室。

　　检查数量:全数检查。

　　检查方法:用专用测试工具,使常开防火门一侧的火灾探测器发出模拟火灾报警信号,观察防火门动作情况及消防控制室信号显示情况。

6.3.3 常开防火门,接到消防控制室手动发出的关闭指令后,应自动关闭,并应将关闭信号反馈至消防控制室。

　　检查数量:全数检查。

　　检查方法:在消防控制室启动防火门关闭功能,观察防火门动作情况及消防控制室信号显示情况。

6.3.4 常开防火门,接到现场手动发出的关闭指令后,应自动关闭,并应将关闭信号反馈至消防控制室。

　　检查数量:全数检查。

　　检查方法:现场手动启动防火门关闭装置,观察防火门动作情况及消防控制室信号显示情况。

6.4 防火窗调试

6.4.1 活动式防火窗,现场手动启动防火窗窗扇启闭控制装置时,活动窗扇应灵活开启,并应完全关闭,同时应无启闭卡阻现象。

　　检查数量:全数检查。

　　检查方法:手动试验。

6.4.2 活动式防火窗,其任意一侧的火灾探测器报警后,应自动关闭,并应将关闭信号反馈至消防控制室。

　　检查数量:全数检查。

　　检查方法:用专用测试工具,使活动式防火窗任一侧的火灾探测器发出模拟火灾报警信号,观察防火窗动作情况及消防控制室信号显示情况。

6.4.3 活动式防火窗,接到消防控制室发出的关闭指令后,应自动关闭,并应将关闭信号反馈至消防控制室。

　　检查数量:全数检查。

　　检查方法:在消防控制室启动防火窗关闭功能,观察防火窗动作情况及消防控制室信号显示情况。

6.4.4 安装在活动式防火窗上的温控释放装置动作后,活动式防火窗应在60s内自动关闭。

　　检查数量:同一工程同类温控释放装置抽检1个~2个。

　　检查方法:活动式防火窗安装并调试完毕后,切断电源,加热温控释放装置,使其热敏感元件动作,观察防火窗动作情况,用秒表测试关闭时间。试验前,应准备备用的温控释放装置,试验后,应重新安装。

7 验 收

7.1 一般规定

7.1.1 防火卷帘、防火门、防火窗调试完毕后,应在施工单位自行检查评定合格的基础上进行工程质量验收。验收应由施工单位提出申请,并应由建设单位组织监理、设计、施工等单位共同实施。

7.1.2 防火卷帘、防火门、防火窗工程质量验收前,施工单位应提供下列文件资料,并应按本规范附录D表D.0.1-1填写资料核查记录:

　　1 工程质量验收申请报告。

　　2 本规范第3.0.1条规定的施工现场质量管理检查记录。

　　3 本规范第3.0.2条规定的技术资料。

　　4 竣工图及相关文件资料。

　　5 施工过程(含进场检验、安装及调试过程)检查记录。

　　6 隐蔽工程验收记录。

7.1.3 防火卷帘、防火门、防火窗工程质量验收前,应根据本规范规定的验收内容和验收方法,制订验收方案,验收人员应根据验收方案按程序进行,并应按本规范附录D表D.0.1-2填写工程质量验收记录。

7.2 防火卷帘验收

7.2.1 防火卷帘的型号、规格、数量、安装位置等应符合设计要求。

　　检查数量:全数检查。

　　检查方法:直观检查。

7.2.2 防火卷帘施工安装质量的验收应符合本规范第5.2节的规定。

7.2.3 防火卷帘系统功能验收应符合本规范第6.2节的规定。

7.3 防火门验收

7.3.1 防火门的型号、规格、数量、安装位置等应符合设计要求。

　　检查数量:全数检查。

　　检查方法:直观检查;对照设计文件查看。

7.3.2 防火门安装质量的验收应符合本规范第5.3节的规定。

7.3.3 防火门控制功能验收应符合本规范第6.3节的规定。

7.4 防火窗验收

7.4.1 防火窗的型号、规格、数量、安装位置等应符合设计要求。

　　检查数量:全数检查。

　　检查方法:直观检查;对照设计文件查看。

7.4.2 防火窗安装质量的验收应符合本规范第5.4节的规定。

7.4.3 活动式防火窗控制功能的验收应符合本规范第6.4节的规定。

8 使用与维护

8.0.1 防火卷帘、防火门、防火窗投入使用时,应具备下列文件资料:

　　1 工程竣工图及主要设备、零配件的产品说明书。

　　2 设备工作流程图及操作规程。

　　3 设备检查、维护管理制度。

　　4 设备检查、维护管理记录。

　　5 操作员名册及相应的工作职责。

8.0.2 使用单位应配备经过消防专业培训并考试合格的专门人员负责防火卷帘、防火门、防火窗的定期检查和维护管理工作。

8.0.3 使用单位应建立防火卷帘、防火门、防火窗的维护管理档案,其中应包括本规范第8.0.1条规定的文件资料,并应有电子备份档案。

8.0.4 防火卷帘、防火门、防火窗及其控制设备应定期检查、维护,并应按本规范附录E表E填写设备检查、使用和管理记录。

8.0.5 每日应对防火卷帘下部、常开式防火门门口处、活动式防火窗窗口处进行一次检查,并应清除妨碍设备启闭的物品。

8.0.6 每季度应对防火卷帘、防火门和活动式防火窗的下列功能进行一次检查:

　　1 手动启动防火卷帘内外两侧控制器或按钮盒上的控制按钮,检查防火卷帘上升、下降、停止功能。

　　2 手动操作防火卷帘手动速放装置,检查防火卷帘依靠自重恒速下降功能。

　　3 手动操作防火卷帘的手动拉链,检查防火卷帘升、降功能,且无滑行撞击现象。

　　4 手动启动常闭式防火门,检查防火门开关功能,且无卡阻现象。

　　5 手动启动活动式防火窗上的控制装置,检查防火窗开关功能且无卡阻现象。

8.0.7 每年应对防火卷帘、防火门、防火窗的下列功能进行一次检查:

　　1 防火卷帘控制器的火灾报警功能、自动控制功能、手动控制功能、故障报警功能、备用电源转换功能。

　　2 常开式防火门火灾报警联动控制功能、消防控制室手动控制功能、现场手动控制功能。

　　3 活动式防火窗火灾报警联动控制功能、消防控制室手动控制功能、现场手动控制功能。

8.0.8 对检查和试验中发现的问题应及时解决,对损坏或不合格的设备、零配件应立即更换,并应恢复正常状态。

附录A 施工现场质量管理检查记录

A.0.1 施工现场质量管理检查记录应由施工单位质量检查员按表A.0.1填写,应由监理工程师进行检查,并应作出检查结论。

表 A.0.1 施工现场质量管理检查记录

工程名称		施工许可证	
建设单位		项目负责人	
设计单位		项目负责人	
监理单位		项目负责人	
施工单位		项目负责人	
序号	项目	内容	
1	现场质量管理制度		
2	质量责任制		
3	操作上岗证书		
4	施工图审查情况		
5	施工组织设计、施工方案及审批		
6	施工技术标准		
7	工程质量检查制度		
8	现场材料、设备管理		
9	其他		
检查结论			
施工单位项目负责人:(签章)	监理工程师:(签章)	建设单位项目负责人:(签章)	
年　月　日	年　月　日	年　月　日	

附录B 防火卷帘、防火门、防火窗工程划分

表 B 防火卷帘、防火门、防火窗分部工程、子分部工程、分项工程划分

分部工程	子分部工程	分项工程
防火卷帘、防火门、防火窗	进场检验	防火卷帘及相关配件等进场检验
		防火门及相关配件等进场检验
		防火窗及相关配件等进场检验
	安装	防火卷帘及相关配件安装
		防火门及相关配件安装
		防火窗及相关配件安装
	调试	防火卷帘功能调试
		防火门功能调试
		防火窗功能调试
	验收	防火卷帘验收
		防火门验收
		防火窗验收

附录 C 防火卷帘、防火门、防火窗 施工过程检查记录

C.0.1 施工过程检查记录应由施工单位质量检查员按表 C.0.1-1～表 C.0.1-4 填写,应由监理工程师进行检查,并应作出检查结论。

表 C.0.1-1 防火卷帘、防火门、防火窗主配件进场检验记录

工程名称	防火卷帘、防火门、防火窗		施工单位	
施工执行规范名称及编号			监理单位	
子分部工程名称		进场检验		
分项工程名称		质量规定	施工单位检查记录	监理单位检查记录
防火卷帘	产品符合市场准入制度规定的有效证明文件	本规范第4.2.1条		
	产品标志	本规范第4.2.2条		
	产品外观	本规范第4.2.3、4.2.4条		
防火门	产品符合市场准入制度规定的有效证明文件	本规范第4.3.1条		
	产品标志	本规范第4.3.2条		
	产品外观	本规范第4.3.3条		
防火窗	产品符合市场准入制度规定的有效证明文件	本规范第4.4.1条		
	产品标志	本规范第4.4.2条		
	产品外观	本规范第4.4.3条		

续表 C.0.1-1

检查结论	
施工单位项目负责人:(签章)	监理工程师:(签章)
年 月 日	年 月 日

注:施工过程用到其他表格时,应作为附件一并归档。

表 C.0.1-2 防火卷帘、防火门、防火窗安装过程检查记录

工程名称		施工单位	
施工执行规范名称及编号		监理单位	
子分部工程名称		装置安装	
分项工程名称		质量规定	施工单位检查记录	监理单位检查记录
防火卷帘安装	帘板(面)安装	本规范第5.2.1条		
	导轨安装	本规范第5.2.2条		
	座板安装	本规范第5.2.3条		
	门楣安装	本规范第5.2.4条		
	传动装置安装	本规范第5.2.5条		
	卷门机安装	本规范第5.2.6条		
	防护罩(箱体)安装	本规范第5.2.7条		
	温控释放装置安装	本规范第5.2.8条		
	防火卷帘封堵	本规范第5.2.9条		
	卷帘控制器安装	本规范第5.2.10条		
	探测器组安装	本规范第5.2.11条		
	保护防火卷帘的自动喷水灭火系统安装	本规范第5.2.12条		

续表 C.0.1-2

分项工程名称		质量规定	施工单位检查记录	监理单位检查记录
防火门安装	防火门开启方向	本规范第5.3.1条		
	闭门器、顺序器	本规范第5.3.2条		
	自动关闭门扇装置	本规范第5.3.3条		
	电动控制装置	本规范第5.3.4条		
	防火插销安装	本规范第5.3.5条		
	防火门密封件安装	本规范第5.3.6条		
	变形缝附近防火门安装	本规范第5.3.7条		
	门框安装	本规范第5.3.8条		
	门扇与门框搭接尺寸	本规范第5.3.9条		
	门扇与门框活动间隙	本规范第5.3.10条		
	门扇启闭状况	本规范第5.3.11条		
	门扇开启力	本规范第5.3.12条		
防火窗安装	防火窗密封件安装	本规范第5.4.1条		
	窗框安装	本规范第5.4.2条		
	手动启闭装置安装	本规范第5.4.3条		
	温控释放装置安装	本规范第5.4.4条		

续表 C.0.1-2

检查结论	
施工单位项目负责人:(签章)	监理工程师(建设单位项目负责人):(签章)
年 月 日	年 月 日

注:施工过程用到其他表格时,应作为附件一并归档。

表 C.0.1-3 防火卷帘、防火门、防火窗隐蔽工程质量验收记录

工程名称		建设单位	
设计单位		施工单位	
监理单位		隐蔽部位	防火卷帘卷轴与卷门机安装
验收项目		质量规定	验收结果
卷轴与支架板安装质量		本规范第5.2.5条第1款	
垂直卷卷轴挠度		本规范第5.2.5条第2款	
卷门机安装质量		本规范第5.2.6条第1款	
卷门机手动装置安装质量		本规范第5.2.6条第2款	
施工过程检查记录			
验收结论			
验收单位	施工单位	监理单位	建设单位
	(公章)	(公章)	(公章)
	项目负责人:(签章)	监理工程师:(签章)	项目负责人:(签章)
	年 月 日	年 月 日	年 月 日

48

48—10

表 C. 0. 1-4　防火卷帘、防火门、防火窗调试过程检查记录

工程名称			施工单位		
施工执行规范名称及编号			监理单位		
子分部工程名称		功能调试			
分项工程名称		质量规定	施工单位检查记录	监理单位检查记录	
防火卷帘	控制器功能调试	本规范第6.2.1条			
	卷门机功能调试	本规范第6.2.2条			
	卷帘运行功能调试	本规范第6.2.3条			
防火门	常闭门启动关闭功能	本规范第6.3.1条			
	常开门联动控制功能	本规范第6.3.2条			
	常开门远程控制功能	本规范第6.3.3条			
	常开门现场控制功能	本规范第6.3.4条			
防火窗	手动控制功能	本规范第6.4.1条			
	联动控制功能	本规范第6.4.2条			
	远程控制功能	本规范第6.4.3条			
	温控释放功能	本规范第6.4.4条			
检查结论					
施工单位项目负责人:(签章)			监理工程师:(签章)		
		年　月　日		年　月　日	

注:施工过程用到其他表格时,应作为附件一并归档。

附录 D　防火卷帘、防火门、防火窗工程验收记录

D. 0. 1　防火卷帘、防火门、防火窗工程质量验收应由建设单位项目负责人组织监理工程师、施工单位项目负责人和设计单位负责人等进行,并应按表 D. 0. 1-1、表 D. 0. 1-2 记录。

表 D. 0. 1-1　防火卷帘、防火门、防火窗工程质量控制资料核查记录

工程名称				
建设单位		设计单位		
监理单位		施工单位		
序号	资料名称	数量	核查结果	核查人
1	经批准的施工图、设计说明书及设计变更通知书			
	竣工图等相关文件			
2	防火卷帘、防火门、防火窗及与其配套的卷门机、控制器、手动按钮盒、感烟和感温探测器、防火闭门器、温控释放装置等的产品出厂合格证和符合市场准入制度规定的有效证明文件			
	成套设备及主要零配件的产品说明书			
3	施工过程检查记录,隐蔽工程验收记录			
核查结论				

续表 D. 0. 1-1

验收单位	设计单位	施工单位	监理单位	建设单位
	(公章)	(公章)	(公章)	(公章)
	项目负责人:(签章)	项目负责人:(签章)	监理工程师:(签章)	项目负责人:(签章)
	年　月　日	年　月　日	年　月　日	年　月　日

表 D. 0. 1-2　防火卷帘、防火门、防火窗工程质量验收记录

工程名称			施工单位	
施工执行规范名称及编号			监理单位	
子分部工程名称		工程质量验收		
分项工程名称	质量规定	验收内容	验收评定结果	
防火卷帘验收	本规范第7.2.1条			
	本规范第7.2.2条			
	本规范第7.2.3条			
防火门验收	本规范第7.3.1条			
	本规范第7.3.2条			
	本规范第7.3.3条			
防火窗验收	本规范第7.4.1条			
	本规范第7.4.2条			
	本规范第7.4.3条			
验收结论				
验收单位	设计单位	施工单位	监理单位	建设单位
	(公章)	(公章)	(公章)	(公章)
	项目负责人:(签章)	项目负责人:(签章)	项目负责人:(签章)	项目负责人:(签章)
	年　月　日	年　月　日	年　月　日	年　月　日

附录 E　防火卷帘、防火门、防火窗检查、使用和管理

表 E　防火卷帘、防火门、防火窗每日(季、年)检查、使用和管理记录

单位名称				检查时间	
设备类别	具体部位	检查项目	问题处理	检查人	负责人
防火卷帘					
防火门					
防火窗					

中华人民共和国国家标准

防火卷帘、防火门、防火窗施工及验收规范

GB 50877-2014

条 文 说 明

48

1 总 则

1.0.1 本条主要说明制定本规范的目的,即为了保证防火卷帘、防火门、防火窗的施工安装质量,统一防火卷帘、防火门、防火窗的施工验收要求,防止和减少火灾危害,保护人身和财产安全。

防火卷帘、防火门、防火窗均为建筑物防火分隔设施,通常设置在防火墙上、疏散出口处或管井开口部位,对防止火灾时烟、火扩散和蔓延,减少火灾损失有着重要作用。随着我国经济建设的快速发展和消防安全工作不断加强,防火卷帘、防火门、防火窗在建筑工程中应用越来越广泛,已成为建筑工程中不可或缺的重要消防设施。

本规范的制订为施工、验收单位提供了一个科学、统一的技术标准,也为消防部门和建设单位提供了监督管理的技术依据。对于保证防火卷帘、防火门、防火窗的工程质量,更好地发挥其防烟阻火功能,防止和减少火灾危害,具有十分重要的意义。

1.0.2 本条规定了本规范的适用范围。特殊场所使用的防火卷帘、防火门、防火窗应考虑使用本规范的适用性。

1.0.3 本条提出工程中采用的无论是工程技术文件还是承包合同等文件对施工及验收的要求,均不得低于本规范的规定,其目的是为了保证防火卷帘、防火门、防火窗的施工安装质量和使用功能。

1.0.4 本条明确了本规范与其他规范的关系。本规范是一本专业技术规范,其内容涉及范围较广。在执行中,除执行本规范外,还应符合国家现行的有关标准、规范的规定,以保证标准、规范的协调一致性。

3 基 本 规 定

3.0.1 根据《建筑工程质量管理条例》的规定,本条对从事防火卷帘、防火门、防火窗工程的施工单位应具备的条件及质量管理应具备的标准、规章制度等提出了较全面的要求,以保证施工队伍的素质。

3.0.2 本条规定了防火卷帘、防火门、防火窗工程施工前应具备的技术资料。这些技术资料,是施工单位的施工依据,也是施工必备的首要条件。符合市场准入制度规定的有效证明文件是指对于已经纳入国家强制性产品认证目录的消防产品,应当提供国家强制性产品认证证书;对于新研制的尚未制定国家标准或行业标准的消防产品,应当提供消防产品技术鉴定证书。另外,两类产品均应提供型式检验报告。

3.0.3 本条规定了防火卷帘、防火门、防火窗工程施工所具备的物资条件。满足这些条件,才能保证施工进度和施工质量。

3.0.4 本条明确了防火卷帘、防火门、防火窗是建筑消防设施中的一个分部工程,并划分了子分部工程和分项工程。这样,为施工过程检查和验收提供了方便。

3.0.5 本条规定了防火卷帘、防火门、防火窗工程施工质量控制的主要方面。一是用于工程的设备和主要配件要进行进场检验;二是要按照批准的施工技术文件和施工技术标准进行施工安装;三是根据施工技术标准控制每道工序的质量;四是强调了相关专业工序之间的中间交接检验;五是施工过程应填写相关的质量记录;六是施工单位、监理单位、建设单位对隐蔽工程在隐蔽前要进行验收;七是监理单位和施工单位对施工过程质量要进行检查;八是工程完工后,施工单位应按相关标准、规范的规定进行调试,调试合格后,施工单位方可向建设单位申请验收。这是防火卷帘、防火门、防火窗工程进行质量控制的全过程。

3.0.6 本条规定了防火卷帘、防火门、防火窗工程检查、验收合格的标准,即施工现场质量检查结果、资料核查结果、施工过程检查结果、工程验收结果应全部合格。

3.0.7 验收是工程质量的最后一道关口,如果不符合要求的工程通过验收,将对工程质量埋下严重的隐患,所以确定本条为强制性条文。

4 进场检验

4.1 一般规定

4.1.1 本条规定了设备和配件进场要进行现场检验,检验不合格不准使用。同时,明确了施工、监理等单位的责任。对于防火卷帘、防火门、防火窗,不仅要对产品外观及市场准入制度要求的相关证明文件进行检查,而且要对产品的名称、型号、规格及耐火性能等是否与市场准入制度规定的有效证明文件和设计要求相符进行核查。如果进场的产品不符合市场准入制度要求,或者产品进场时已经损坏,防火卷帘、防火门、防火窗所起的防火分隔作用就无法实现了。为确保防火卷帘、防火门、防火窗的施工质量,所以,将本条确定为强制性条文。

4.1.2 本条明确了防火卷帘、防火门、防火窗设备及零配件的进场检验由施工单位进行,监理单位负责监督,并规定了施工现场管理需填写的质量检查记录。检查记录是工程质量档案的重要组成部分。

4.2 防火卷帘检验

4.2.1 本条规定了防火卷帘及与其配套的感烟探测器、感温探测器等产品,应有出厂合格证和符合市场准入制度要求的法定检测机构出具的有效证明文件,如质量认证证书及型式检验报告等,并要查看其产品名称、型号、规格、性能与有效证明文件和设计要求是否相符。防火卷帘及与其配套的感烟、感温探测器等产品是否能够达到质量要求和设计要求,是防火卷帘能否满足耐火性能的保障,所以确定本条为强制性条文。

4.2.2 本条规定了在防火卷帘、卷门机、控制器、手动按钮盒、感烟探测器、感温探测器、温控装置的明显部位要设有产品标牌和市场准入制度要求的产品标识,并要查看标牌是否牢固,内容是否清晰。

4.2.3、4.2.4 规定了对防火卷帘等要进行外观检查。因这些设备从生产厂搬运到施工现场,要经过装车、运输、卸车、搬运和储存等环节,有的可能要露天存放。在这期间,可能会因意外原因对这些设备造成损伤。因此,要对其外观进行检查,以确保施工质量。

4.3 防火门检验

4.3.1 本条规定了防火门要有出厂合格证和符合市场准入制度要求的法定检测机构出具的有效证明文件,如质量认证证书及型式检验报告等,并要查看其产品名称、型号、规格、性能与有效证明文件和设计要求是否相符。防火门是否能够达到质量要求和设计要求,是防火门能否满足耐火完整性和隔热性的保障,所以确定本条为强制性条文。

4.3.2 本条规定防火门应在其明显部位设置产品标牌和市场准入制度要求的产品标识,并要查看标牌是否牢固,内容是否清晰。

4.3.3 本条规定了对防火门及其配件要进行外观检查。其原因与第4.2.3条相同。

4.4 防火窗检验

4.4.1 本条规定了防火窗要有出厂合格证和符合市场准入制度要求的法定检测机构出具的有效证明文件,如质量认证证书及型式检验报告等,并要查看其产品名称、型号、规格、性能与有效证明文件和设计要求是否相符。防火窗是否能够达到质量要求和设计要求,是防火窗能否满足耐火完整性和隔热性的保障,所以确定本条为强制性条文。

4.4.2 本条规定了防火窗在其明显部位要设有产品标牌和市场准入制度要求的产品标识,并要查看标牌是否牢固,内容是否清晰。

4.4.3 本条规定了对防火窗及配件要进行外观检查,其原因与第4.2.3条相同。

5 安 装

5.1 一般规定

5.1.1 本条规定施工单位要按照经过批准的设计文件进行施工安装,以保证工程质量。

5.1.2 本条规定了防火卷帘、防火门、防火窗在施工安装过程中需要严格控制其施工质量,如每道工序结束后的检查,隐蔽工程的验收等,并明确了施工、监理等单位在质量控制过程中的责任。

质量控制是必须严格把关的环节,如果每道工序的质量没有保障,防火卷帘、防火门、防火窗也就无法达到功能目标了。尤其是这一环节还涉及隐蔽工程,假如此时没有做好隐蔽工程的验收工作,将为今后的使用埋下极大的隐患。为保证工程施工质量,保证安全功能的实现,所以将本条确定为强制性条文。

5.1.3 本条规定了防火卷帘、防火门、防火窗在施工安装过程中需要填写的质量检查记录,以确保整个安装过程的质量得到有效控制。

5.2 防火卷帘安装

5.2.1 本条规定了防火卷帘帘板和无机防火卷帘帘面的安装要求及检查数量和检验方法。生产防火卷帘的企业,大多是在工厂加工好帘板(或帘面)后,运送到施工现场进行组装。现场装配质量必须符合本条各项要求。对组装好的帘板(或帘面)要全数检查。

5.2.2 本条规定了防火卷帘导轨的安装要求及检查数量和检验方法。导轨是防火卷帘的关键部件,在安装过程中应严格遵守本条各项规定,以保证防火卷帘在导轨中平稳顺畅运行。对于宽度较大的防火卷帘,除执行本规范规定外,还应参照执行制造商的施工安装说明书要求,以保证卷帘安装后不会出现变形,并能正常运行。对导轨安装要全数检查。

5.2.3 本条规定了防火卷帘座板的安装要求及检查数量和检验方法。座板是防火卷帘的重要部件,施工安装时,要保证座板与帘板或帘面连接牢固,并与地面均匀接触。对座板要进行全数检查。

5.2.4 本条规定了防火卷帘门楣的安装要求及检查数量和检查方法。门楣主要起阻火作用,有的还具有防烟功能,严格按照本条的规定进行施工安装,才能有效发挥门楣的作用。

5.2.5 本条规定了防火卷帘传动装置的安装要求及检查数量和检查方法。本条按现行国家标准《防火卷帘》GB 14102的有关规定编写。本条规定防火卷帘卷轴的安装,同一工程同类卷轴抽检1个~2个。主要考虑卷轴一般都是统一加工制作,有代表性的抽检几件,就能说明问题。另外,防火卷帘卷轴的检测需要用试件和仪器,现场全数检测有一定的困难。

5.2.6 本条规定了卷门机的安装要求及检查数量和检查方法。卷门机的安装要牢固可靠,卷门机的手动启闭装置和手动速放装置的安装位置应便于操作,不得加锁,且应为不燃或难燃材料制作。卷门机的安装要全数检查。

5.2.7 本条规定了防火卷帘防护罩(箱体)的安装要求及检查数量和检查方法。防护罩是用于保护卷轴和卷门机的,所用材料的耐火性能要与防火卷帘一致,才能起到防护作用。防护罩靠近卷门机处要留有检修口,以便于维修。

5.2.8 本条规定了防火卷帘温控释放装置的安装要求及检查数量和检查方法。现行国家标准《防火卷帘》GB 14102规定,防火卷帘应设置温控释放装置。火灾状态下,一旦消防联动控制装置发生故障或消防电源断电,温控释放装置动作,防火卷帘就会下降,起到防火分隔的作用。温控释放装置适用于安装在垂直卷的防火卷帘上。但用于疏散通道处的防火卷帘因具有两步降的功能,故不可安装温控释放装置。温控装置的安装位置和安装方法应符合生产厂家的安装说明。所有安装温控释放装置的防火卷帘均应检查。

5.2.9 本条规定了防火卷帘与楼板、梁和墙、柱之间空隙的安装施工方法。一般情况下,防火卷帘多是在梁的侧向或梁的下方安装。当在梁的下方安装时,卷帘上端即箱体的另一侧与梁或顶棚之间会出现缝隙,一旦发生火灾,这些部位将会成为火灾蔓延的通道。所以应采用防火封堵材料将其填充、封堵。此项要全数检查。由于防火卷帘通常是用于防火分区开口部位的分隔,如果防火卷帘与楼板、梁、墙、柱之间存在缝隙,则烟火就会沿该缝隙向相邻防火分区蔓延,为了保持防火分区的有效性,采用防火封堵材料进行填充和封堵是必需的,故确定此条为强制性条文。

5.2.10 本条规定了防火卷帘控制器的安装要求及检查数量和检查方法。有的建设单位为了追求施工现场的整体美观,要求施工单位将防火卷帘控制器安装在顶棚上,将手动控制按钮引至防火卷帘附近的墙上。这样安装造成防火卷帘控制器的功能不能有效发挥,其一是警报声响受到影响,其二是手动、自动转换不便操作。所以,一般情况下,不宜将防火卷帘控制器安装在顶棚上。

防火卷帘控制器及手动控制按钮的安装高度按现行国家标准《火灾自动报警系统设计规范》GB 50116 的有关规定编写。

防火卷帘控制器的接地按现行国家标准《防火卷帘》GB 14102 的有关规定编写。

防火卷帘控制器的安装应逐个检查。

5.2.11 本条规定了防火卷帘两侧火灾探测器组的安装要求及检查数量和检查方法。本条参考了现行国家标准《火灾自动报警系统设计规范》GB 50116 中的有关规定。火灾探测器组一般由感烟、感温两种不同类型的火灾探测器组成。火灾探测器组探测器的数量及其间距应根据防火卷帘宽度和探测器保护半径来确定。火灾探测器组的安装应全数检查。

5.2.12 本条规定了用于保护防火卷帘的自动喷水灭火系统的安装要求及检查数量和检验方法。用于保护防火卷帘的闭式自动喷水灭火系统的管道、喷头、报警阀等组件的安装应符合现行国家标准《自动喷水灭火系统施工及验收规范》GB 50261 中的有关规定要求。此项应全数检查。

5.2.13 防火卷帘电气线路的布线应遵守现行国家标准《建筑电气工程施工质量验收规范》GB 50303 和《火灾自动报警系统设计规范》GB 50116 的有关规定。施工单位应严格按照国家规范进行施工。

5.3 防火门安装

5.3.1 防火门是建筑防火分隔的措施之一,通常安装在防火墙上、楼梯出口处或管井的开口部位,要求能隔烟阻火。为了能充分发挥防火门阻火防烟的作用并便于使用,按照相关规定,明确了防火门的开启方向、方式。

5.3.2～5.3.5 根据使用功能的不同,要求装设能使防火门自行关闭的装置(如闭门器),双扇或多扇防火门还应安装顺序器,常开防火门要增设自动关闭及信号反馈等装置。

5.3.7 为了保证防火分区之间的相互独立,防止烟、火通过变形缝蔓延而造成严重后果,要求建筑变形缝处设置的防火门,应设在楼层较多的一侧,并向楼层较多的一侧开启。

5.3.10 根据现行国家标准《防火门》GB 12955 的规定,防火门在安装过程中,应充分考虑门扇与门框的配合活动间隙及搭接量,以使门扇开启灵活,并防止漏烟透火。

5.4 防火窗安装

5.4.1 防火窗也是建筑物防火分隔的主要措施之一,通常安装在防火墙上,对防止烟、火的扩散和蔓延,减少火灾损失起着重要作用。因此,有密封要求的防火窗,窗框密封槽内的防火密封件要安装到位。

5.4.3 按照相关标准规定,活动式防火窗应安装手动控制装置和自动控制装置,并保证窗扇启闭灵活,在火灾时完全关闭,起到防烟阻火作用。

6 功 能 调 试

6.1 一 般 规 定

6.1.1 本条规定了防火卷帘、防火门、防火窗功能调试的前提条件和与工程相关的火灾自动报警装置及联动控制设备调试的前后顺序。

6.1.2 本条明确了防火卷帘、防火门、防火窗功能调试须遵循的有关规定:应具备本规范第 3 章中要求的技术资料、施工过程检查记录及调试必需的相关资料;要根据调试内容和调试方法制定调试方案,并经监理单位批准;调试人员应根据批准的方案按程序进行调试。

6.1.3 本条明确了防火卷帘、防火门、防火窗功能调试所需填写的质量记录。

6.2 防火卷帘调试

6.2.1 本条明确了对防火卷帘控制器的要求。按国家现行标准《防火卷帘》GB 14102 和《防火卷帘控制器》GA 386 的规定,列出了防火卷帘控制器的基本功能,这些功能在调试开通过程中必须逐一检查,并应全部满足要求。

6.2.3 现行国家标准《防火卷帘》GB 14102—2005 规定,防火卷帘应装配温控释放装置,当释放装置的感温元件周围温度达到 73℃±0.5℃时,释放装置动作,卷帘应依自重下降关闭。这主要是针对发生火灾时火灾自动报警系统发生故障或消防电源断电的情况下,卷帘仍能正常工作所采取的措施。本条规定安装温控释放装置的防火卷帘,同一工程抽检 1 个～2 个。这主要考虑温控释放装置动作后,里面的热敏感元件就作废了,需要将装置拆下来重新更换并安装，做起来比较繁杂。

6.3 防火门调试

6.3.1～6.3.3 明确了对防火门控制功能调试的要求。现行国家标准《火灾自动报警系统设计规范》GB 50116 规定，常开的防火门，当门任一侧的火灾探测器报警后，防火门应自动关闭，并将关闭信号送至消防控制室。如果消防控制室接到火灾报警信号后，向防火门发出关闭指令，防火门也应能自动关闭，并将关闭信号返回消防控制室。在调试过程中，施工单位要按上述要求，认真检查测试。

6.4 防火窗调试

6.4.2、6.4.3 规定了活动式防火窗控制功能调试的要求。现行国家标准《防火窗》GB 16809 规定，活动式防火窗应设有自动关闭装置和手动控制装置。目前，自动关闭装置主要有两种形式，一是与火灾自动报警系统联动。当常开的活动式防火窗任一侧的火灾探测器发出火灾报警信号后，活动式防火窗应能自动关闭，并将关闭信号送至消防控制室；如消防控制室接到火灾报警信号后，向活动式防火窗发出关闭信号，活动式防火窗也应自动关闭，并将关闭信号返回消防控制室。相关规范对防火窗的联动控制尚无要求，本规范参照防火门的联动控制型式编写了有关规定。

6.4.4 本条规定了温控释放装置，即热敏感元件的有关调试要求。

在火灾自动报警系统发生故障或消防电源断电的情况下，当场所温度达到温控释放装置设定的温度时，热敏感元件动作，活动式防火窗自动关闭。对与火灾自动报警系统联动的活动式防火窗的调试，应全数进行。安装温控释放装置的活动式防火窗，本条规定同一工程同类温控释放装置抽检 1 个～2 个，原因与第 6.2.3 条相同。

7 验 收

7.1 一般规定

7.1.1 本条规定了施工单位需先自行进行检查评定，如果一切就绪，再组织相关单位进行工程验收。工程质量验收是施工的最终环节，也是确保工程质量的关键步骤，验收合格方可投入使用，不仅是技术要求，也是法律法规的要求，未经验收或者验收不合格的，一旦投入使用将造成极大的隐患，所以确定本条为强制性条文。

7.1.2 本条规定了防火卷帘、防火门、防火窗工程验收前，施工单位应提供的文件资料和需填写的资料核查记录。

7.1.3 本条规定了防火卷帘、防火门、防火窗工程验收所需填写的质量验收记录。

7.2 防火卷帘验收

7.2.1 本条规定了对工程中防火卷帘及相关部件的型号、规格、数量及安装位置的验收要求。

7.2.2 本条明确了对防火卷帘及相关部件施工安装质量的验收要求。本条主要根据本规范第 5.2 节的规定，对防火卷帘及控制器、卷门机等的施工安装质量进行验收检查，要全数检查。

7.2.3 本条明确了对防火卷帘及相关配件基本功能的验收要求。本条主要根据本规范第 6.2 节的规定，对防火卷帘及控制器、卷门机等的基本功能进行验收检查。所具备的功能要全部测试，且全部符合要求。

尽管施工和监理单位已对工程的设备及相关部件进行了进场检验，对施工安装过程进行了全面检查和调试，但为了确保设备安装可靠，功能运行正常，验收时，还要对所有项目重新进行检查确认，以防出现差错，留下隐患。

7.3 防火门验收

7.3.1 本条规定了对工程中防火门及相关配件的型号、规格、数量、安装位置的验收要求。

7.3.2 本条明确了对防火门及相关配件施工安装质量的验收要求。本条规定对防火门安装质量验收要符合本规范第 5.3 节的规定，即要全数检查防火门及闭门器、顺序器、合页、插销、密封件、自动控制装置等，并应符合其规定。

7.3.3 本条明确了对防火门基本功能的验收要求。本条规定防火门的基本功能验收应符合本规范第 6.3 节的规定，所具备的功能要全部测试，且全部符合要求。

7.4 防火窗验收

7.4.1 本条规定了对工程中防火窗及相关配件的型号、规格、数量、安装位置的验收要求。

7.4.2 本条明确了对防火窗及相关配件施工安装质量的验收要求。按照本规范第 5.4 节的规定，对防火窗及手动控制装置、温控释放装置等的施工安装质量进行验收检查，要全数检查。

7.4.3 本条明确了对防火窗及相关部件基本功能的验收要求。按照本规范第 6.4 节的规定，对防火窗及手动控制装置、温控释放装置等的基本功能进行验收检查，所具备的功能要全部测试，且全部符合要求。

8 使用与维护

8.0.1 本条规定了防火卷帘、防火门、防火窗工程正式启用时应具备的文件资料。这些文件资料对保证设备正常运行和检查维护至关重要。

8.0.2 本条规定了使用单位应配备专门人员负责防火卷帘、防火门、防火窗的定期检查和维护管理工作。防火卷帘、防火门、防火窗设备专业性比较强，联动逻辑关系比较复杂。维护管理人员必须熟悉掌握相关的专业知识和操作技能才能胜任所承担的工作。

8.0.3 本条规定了使用单位应建立防火卷帘、防火门、防火窗工程的技术档案，并应有电子备份档案。使用单位应将防火卷帘、防火门、防火窗工程相关的所有文件、技术资料整理存档。为防止文件资料的遗失和损坏，还应将重要的文件资料做电子备份档案，以便于工程的检查和维护，并为日后查对提供方便。

8.0.4 本条规定了防火卷帘、防火门、防火窗及其控制设备应始终处于正常工作状态。防火卷帘、防火门、防火窗设备正式启用后，使用单位不得随意切断电源，同时，也不能允许设备带病运行。使用单位应及时检查发现设备存在的问题，发现问题及时解决。

中华人民共和国国家标准

抗爆间室结构设计规范

Code for design of blast resistant chamber structures

GB 50907-2013

主编部门：中 国 兵 器 工 业 集 团 公 司
批准部门：中华人民共和国住房和城乡建设部
施行日期：2 0 1 4 年 3 月 1 日

中华人民共和国住房和城乡建设部公告

第 112 号

住房城乡建设部关于发布国家标准
《抗爆间室结构设计规范》的公告

现批准《抗爆间室结构设计规范》为国家标准，编号为
GB 50907—2013，自 2014 年 3 月 1 日起实施。其中，第 3.0.1、
4.0.3 条为强制性条文，必须严格执行。

本规范由我部标准定额研究所组织中国计划出版社出版
发行。

中华人民共和国住房和城乡建设部
2013 年 8 月 8 日

前　　言

　　本规范是根据住房和城乡建设部《关于印发〈2010 年工程建设标准规范制订、修订计划〉的通知》(建标〔2010〕43 号)的要求,由中国五洲工程设计集团有限公司编制完成。

　　在本规范编制过程中,编制组经广泛调查研究,认真总结实践经验,参考有关国外先进标准,并广泛征求意见,最后经审查定稿。

　　本规范共分 9 章和 5 个附录,主要内容包括:总则,术语和符号,基本规定,材料,爆炸对结构的整体作用计算和局部破坏验算,结构内力分析,截面设计计算,构造要求,抗爆门等效静荷载简化计算等。

　　本规范中以黑体字标志的条文为强制性条文,必须严格执行。

　　本规范由住房和城乡建设部负责管理和对强制性条文的解释,由中国五洲工程设计集团有限公司负责具体技术内容的解释。执行过程中如有意见或建议,请寄送中国五洲工程设计集团有限公司(地址:北京市西城区西便门内大街 85 号,邮政编码:100053),以供今后修订时参考。

　　本规范主编单位、主要起草人和主要审查人:

　　主 编 单 位:中国五洲工程设计集团有限公司

　　主要起草人:邵庆良　鲁容海　侯国平　王　健　吴丽波
　　　　　　　　董文学

　　主要审查人:杜修力　王　伟　李云贵　钱新明　段卓平
　　　　　　　　宋春静　张同亿　胡八一　郁永刚　陈　力

目　　次

1 总　则

1.0.1 为了在抗爆间室结构设计中贯彻执行国家的技术经济政策,做到安全、适用、经济,保证质量,制定本规范。

1.0.2 本规范适用于新建、改建、扩建和技术改造工程项目中的钢筋混凝土抗爆间室结构的设计。

1.0.3 抗爆间室结构的设计,除应符合本规范外,尚应符合国家现行有关标准的规定。

2 术语和符号

2.1 术　语

2.1.1 抗爆间室 blast resistant chamber

具有承受本室内因发生爆炸而产生破坏作用的间室,对间室外的人员、设备以及危险品起到保护作用。

2.1.2 抗爆屏院 blast resistant shield yard

当抗爆间室内发生爆炸事故时,为阻止爆炸冲击波或爆炸破片向四周扩散,在抗爆间室泄爆面外设置的屏障。

2.1.3 设计药量 design quantity of explosives

折合成TNT当量的能同时爆炸的危险品药量。

2.1.4 整体破坏 entirety damage

在爆炸荷载等作用下,使结构产生变形、裂缝或倒塌等的破坏。

2.1.5 局部破坏 local damage

在爆炸荷载作用下,爆心垂直投影点一定范围内墙(板)产生的爆炸飞散、爆炸震塌破坏和爆炸破片的穿透破坏。

2.1.6 爆炸飞散 blast fall apart

装药在靠近墙(板)表面爆炸时,在爆炸荷载作用下爆心投影点一定范围内钢筋混凝土墙(板)迎爆面的混凝土被压碎,并向四周飞散形成飞散漏斗坑的破坏现象。

2.1.7 爆炸震塌 blast peeling-off

在爆炸荷载作用下,在爆心投影点墙(板)内产生的应力波传到墙(板)背爆面产生反射拉伸波,当拉应力大于墙(板)混凝土抗拉强度时,墙(板)背爆面崩塌成碎块而掉落或飞出,形成震塌漏斗坑的破坏现象。

2.1.8 穿透破坏 penetration damage

具有外壳的装药爆炸或装药在设备内爆炸时,爆炸破片冲击墙(板),从墙(板)穿出的破碎现象。

2.1.9 延性比 ductility ratio

结构最大位移与结构弹性极限位移的比值。

2.1.10 自振频率 natural vibration frequency

结构作自由振动时的固有振动频率。

2.1.11 轻质易碎屋盖 light fragile roof

由轻质易碎材料构成,当建筑物内部发生爆炸事故时,不仅具有泄压效能,且破碎成小块,减轻对外部影响的屋盖。

2.2 符　号

Q——设计药量(kg);

R_a——爆心与计算墙(板)面的垂直距离(m);

L、H——计算墙(板)的长度和高度(m);

i——作用于墙(板)面上的平均冲量(N·s/mm²);

i_m——作用于抗爆门面上的平均冲量(N·s/mm²);

r_0——等效球形集团装药半径(m);

η——考虑抗爆间室内爆炸冲击波多次反射使能量集聚的能效系数;

Q_0——产生局部破坏的TNT有效装药量(kg);

ω——墙(板)挠曲型自振圆频率(1/s);

Ω——频率系数;

D——墙(板)的圆柱刚度(kg·m);

Ψ——钢筋混凝土墙(板)刚度折减系数,采用0.6;

υ——泊松比,对于钢筋混凝土 $\upsilon = \frac{1}{6}$;

g——重力加速度,$g = 9.81 (m/s^2)$;

E_d——混凝土动弹性模量(kg/m²)。

3 基本规定

3.0.1 抗爆间室(泄爆面除外)在设计药量爆炸荷载作用下,不应产生爆炸飞散、爆炸震塌破坏和爆炸破片的穿透破坏。

3.0.2 抗爆间室设计应符合下列规定:

1 设计药量不大于100kg,且一面或多面墙(或屋盖)应为易碎性泄爆面。

2 抗爆间室泄爆面外应设置Π形和Γ形的抗爆屏院。

3 墙(板)的长边与短边之比不宜大于2。

4 墙(板)的厚度不应大于墙(板)长度及高度的1/6。

5 墙(板)尺寸、爆心距墙(板)距离与设计药量应同时满足下列公式要求:

$$4.0 \geqslant \frac{R_a}{Q^{\frac{1}{3}}} \geqslant 0.45 \qquad (3.0.2-1)$$

$$16 \geqslant \frac{LH}{Q^{\frac{2}{3}}} \geqslant 1.75 \qquad (3.0.2-2)$$

6 墙(板)尺寸、爆心距墙(板)距离与设计药量无法满足本条第5款的要求时,钢筋混凝土墙(板)应配置连续波浪形斜拉系筋,并应在两个边墙(板)的条形基础间设拉梁或在地面下设置整块底板等措施,且应同时满足下列公式的要求:

$$4.0 \geqslant \frac{R_a}{Q^{\frac{1}{3}}} \geqslant 0.15 \qquad (3.0.2-3)$$

$$16 \geqslant \frac{LH}{Q^{\frac{2}{3}}} \geqslant 1.75 \qquad (3.0.2-4)$$

7 当30kg<Q≤50kg时,应分析冲击波漏泄压力对邻室的影响。

8 设置在厂房内的50kg<Q≤100kg的抗爆间室,有关专业

应共同采取保护周围人员、设备和建筑物安全的措施。

3.0.3 设计药量 $Q>100kg$ 的抗爆间室应独立设置,且一面或多面墙(或屋盖)应为易碎性泄爆面,并应符合本规范第3.0.2条第2~8款的要求。

3.0.4 抗爆间室内设计药量的确定应符合下列规定:

1 对于 TNT 炸药,设计药量应为抗爆间室内能同时爆炸的药量。

2 对于非 TNT 炸药的其他种类爆炸品,设计药量应由工艺专业结合危险品性能及状态等确定。

3.0.5 抗爆间室设防等级应符合下列规定:

1 在生产过程中,发生满设计药量的爆炸事故频繁的抗爆间室,应为一级设防。

2 在生产过程中,发生满设计药量的爆炸事故较少的抗爆间室,应为二级设防。

3 在生产过程中,发生爆炸事可能性极少的抗爆间室,应为三级设防。

4 同一抗爆间室的不同墙(板)可根据其不同的使用要求划分为不同的设防等级。

5 抗爆屏院的设防等级应与抗爆间室一致。

6 各类抗爆间室设防等级可按本规范附录 A 确定。

3.0.6 抗爆间室与抗爆屏院允许延性比和设计延性比应按表3.0.6采用。

表 3.0.6　抗爆间室与抗爆屏院允许延性比和设计延性比

结构名称	延性比名称	设防等级		
		一级	二级	三级
抗爆间室	允许延性比 $[\mu]$	1	5	5
	设计延性比 μ	1	1.33	3
抗爆屏院	允许延性比 $[\mu]$	20	20	20
	设计延性比 μ	3.38	5.75	10.5

3.0.7 厂房内抗爆间室屋盖选型应符合下列规定:

1 抗爆间室屋盖宜采用现浇钢筋混凝土屋盖。

2 设计药量 $Q\leqslant 5kg$ 时,宜采用现浇钢筋混凝土屋盖,当已采取消除其对周围危险影响的措施或与之相连的厂房及其他抗爆间室均为现浇钢筋混凝土屋盖时,也可采用轻质易碎屋盖。

3 设计药量 $Q>5kg$ 时,应采用现浇钢筋混凝土屋盖。

3.0.8 抗爆屏院应符合下列规定:

1 抗爆屏院宜采用现浇钢筋混凝土结构。

2 当设计药量 $Q<1kg$ 时,可采用厚度为370mm、强度等级不低于 MU10 的烧结普通砖与 M7.5 砂浆砌筑的 Π 或 Γ 形抗爆屏院,且进深不应小于 3m。

3 当设计药量 $1kg\leqslant Q\leqslant 3kg$ 时,应采用现浇钢筋混凝土 Π 或 Γ 形抗爆屏院,且进深不应小于 3m。

4 当设计药量 $3kg<Q\leqslant 15kg$ 时,应采用现浇钢筋混凝土 Π 或 Γ 形抗爆屏院,且进深不应小于 4m。

5 当设计药量 $15kg<Q\leqslant 30kg$ 时,应采用现浇钢筋混凝土的 Π 形抗爆屏院,且进深不应小于 5m。

6 当设计药量 $30kg<Q\leqslant 50kg$ 时,应采用现浇钢筋混凝土的 Π 形抗爆屏院,且进深不应小于 6m。

7 当设计药量 $50kg<Q\leqslant 65kg$ 时,应采用现浇钢筋混凝土的 Π 形抗爆屏院,且进深不应小于 7m。

8 当设计药量 $65kg<Q\leqslant 80kg$ 时,应采用现浇钢筋混凝土的 Π 形抗爆屏院,且进深不应小于 8m。

9 当设计药量 $80kg<Q\leqslant 100kg$ 时,应采用现浇钢筋混凝土的 Π 形抗爆屏院,且进深不应小于 9m。

10 抗爆屏院墙高不应低于抗爆间室的檐口底面标高。当抗爆屏院进深超过 4m 时,抗爆屏院中墙高度应按进深增加量的1/2增高,边墙应由抗爆间室檐口底面标高逐渐增至抗爆屏院中墙顶面标高。

3.0.9 抗爆间室与主体厂房之间的关系应符合下列规定:

1 抗爆间室与主体厂房间宜设缝,缝宽不应小于 100mm。

2 设计药量 $Q<20kg$ 的现浇钢筋混凝土屋盖的抗爆间室及轻质易碎屋盖的抗爆间室,且主体厂房结构跨度不大于 7.5m 时,抗爆间室与主体厂房之间可不设缝。主体厂房的结构可采用铰接的方式支承于抗爆间室的墙上。

3 设计药量 $Q\geqslant 20kg$ 的现浇钢筋混凝土屋盖抗爆间室,抗爆间室与主体厂房之间应设置防震缝,并应与主体厂房结构脱开。

4 主体厂房结构的支承点,应设置在抗爆间室墙(板)有相邻墙(板)支承的交接处或其靠近部位。

4　材　　料

4.0.1 抗爆间室钢筋混凝土结构构件不应采用冷轧带肋钢筋、冷拉钢筋等经冷加工处理的钢筋。

4.0.2 抗爆间室钢筋混凝土结构钢筋宜采用延性、韧性和焊接性能较好的 HRB400 级和 HRB500 级的热轧钢筋。

4.0.3 抗爆间室钢筋混凝土结构钢筋的抗拉强度实测值与屈服强度实测值的比值不应小于 1.25;钢筋的屈服强度实测值与屈服强度标准值的比值不应大于 1.3,且钢筋在最大拉力下的总伸长率实测值不应小于 9%;钢筋的强度标准值应具有不小于 95% 的保证率。

4.0.4 抗爆间室钢筋混凝土结构混凝土强度等级不宜小于 C30,且不应小于 C25。

4.0.5 在动荷载和静荷载同时作用或动荷载单独作用下,材料强度设计值可按下式计算确定:

$$f_d = \gamma_d f \qquad (4.0.5)$$

式中:f_d——动荷载作用下材料强度设计值(N/mm²);

f——静荷载作用下材料强度设计值(N/mm²);

γ_d——动荷载作用下材料强度综合调整系数,可按表 4.0.5 的规定采用。

表 4.0.5　材料强度综合调整系数 γ_d

材料种类		综合调整系数 γ_d
热轧钢筋	HPB300 级	1.40
	HRB335 级	1.35
	HRB400 级	1.20
	HRB500 级	1.15

续表 4.0.5

材 料 种 类		综合调整系数 γ_d
混凝土	C55 及以下	1.50
	C60～C80	1.40

注:1 表中同一种材料的强度综合调整系数,可适用于受拉、受压、受剪和受扭等不同受力状态;

　　2 对于采用蒸汽养护或掺入早强剂的混凝土,其强度综合调整系数应乘以 0.9 折减系数。

4.0.6 在动荷载和静荷载同时作用或动荷载单独作用下,混凝土的弹性模量可取静荷载作用时的 1.2 倍;钢材的弹性模量可取静荷载作用时的数值。

4.0.7 在动荷载和静荷载同时作用或动荷载单独作用下,各种材料的泊松比均可取静荷载作用时的数值。

5 爆炸对结构的整体作用计算和局部破坏验算

5.1 爆炸对结构的整体作用计算

5.1.1 空气冲击波对抗爆间室墙(板)整体作用的平均冲量,可按下列公式计算:

$$i = 10^{-5} k \frac{(\eta Q)^{\frac{2}{3}}}{LH} U \quad (5.1.1\text{-}1)$$

$$U = k_a \cdot R_a \quad (5.1.1\text{-}2)$$

式中:k——系数,根据所计算墙(板)面的相邻面(相邻的墙、板或地面)数量 N 和爆心位置,按本规范附录 D 计算;

U——角度和距离因子;

k_a——角度和距离的影响系数,根据计算墙(板)面的尺寸及爆心位置,按本规范附录 D 计算。

5.1.2 当 $\frac{R_a}{Q^{\frac{1}{3}}} \leqslant 0.45$ 时,按本规范第 5.1.1 条计算出的平均冲量值应乘以冲量值修正系数。冲量值修正系数的取值应符合下列要求:

1 当 $\frac{R_a}{Q^{\frac{1}{3}}} = 0.45$ 时,冲量值修正系数应取 1.0;

2 当 $\frac{R_a}{Q^{\frac{1}{3}}} = 0.15$ 时,冲量值修正系数应取 1.6;

3 当 $0.45 > \frac{R_a}{Q^{\frac{1}{3}}} > 0.15$ 时,冲量值修正系数应按线性插入法确定。

5.1.3 抗爆间室泄出的空气冲击波对抗爆屏院墙(板)面的平均冲量 i 的计算,应符合下列要求:

1 中墙(板)面平均冲量 i 可按下式计算:

$$i = 2.0 \times 10^{-4} \frac{(\eta_p Q)^{\frac{2}{3}}}{R} \left(1 + \frac{R_d}{R}\right) \quad (5.1.3\text{-}1)$$

2 边墙(板)面平均冲量 i 可按下列公式计算:

$$i = 2.0 \times 10^{-4} \frac{(\eta_p Q)^{\frac{2}{3}}}{R_p} \left(1 + \frac{L_x}{2R_p}\right) \quad (5.1.3\text{-}2)$$

$$R = \sqrt{R_d^2 + \left(\frac{H_x}{2}\right)^2 + \left(\frac{L_x}{4}\right)^2} \quad (5.1.3\text{-}3)$$

$$R_p = \frac{1}{2} \sqrt{(2R_d - S_2)^2 + L_x^2 + H_x^2} \quad (5.1.3\text{-}4)$$

式中:η_p——能效系数,按本规范附录 B 计算;

R_d——等效爆心与抗爆屏院中墙(板)的垂直距离(m);

R——等效爆心与抗爆屏院中墙(板)面代表均布冲量点的距离(m);

R_p——等效爆心与抗爆屏院边墙(板)面中心 P 的距离(m);

L_x——抗爆间室泄爆墙(板)面的宽度(m);

H_x——抗爆间室泄爆墙(板)面的高度(m);

S_2——抗爆屏院的进深(m)。

5.2 爆炸对结构的局部破坏验算

5.2.1 抗爆间室应满足抗爆炸震塌要求,爆心与所计算的墙(板)面的垂直距离应满足下式要求:

$$R_a \geqslant 0.65 Q_0^{\frac{1}{3}} - 1.4h \quad (5.2.1)$$

式中:h——计算墙(板)厚度(m)。

5.2.2 当爆心与所计算的墙(板)面的垂直距离不满足本规范第 5.2.1 条的要求时,应按下列公式进行背爆面的抗爆炸震塌破坏厚度计算:

$$h \geqslant r_z - r_0 - 0.7(R_a - r_0) - \sum \beta_{zi} h_i \quad (5.2.2\text{-}1)$$

$$r_z = K_z Q_0^{\frac{1}{3}} \quad (5.2.2\text{-}2)$$

$$r_0 = 0.053 Q_0^{\frac{1}{3}} \quad (5.2.2\text{-}3)$$

式中:r_z——介质材料的爆炸震塌破坏半径(m);

K_z——介质材料的爆炸震塌屈服系数,按表 5.2.2 规定取用;

h_i——墙(板)迎爆面抗爆炸震塌覆盖防护层的第 i 层厚度(m);

β_{zi}——墙(板)迎爆面抗爆炸震塌覆盖防护层的第 i 层材料折算为钢筋混凝土的抗爆炸震塌材料折算系数,钢板采用 $\beta_{zi}=10$,土层采用 $\beta_{zi}=0.9$,其他材料可按表 5.2.2 介质材料的爆炸震塌屈服系数对比取值。

表 5.2.2 介质材料的爆炸震塌屈服系数 K_z

介质材料	钢筋混凝土	混凝土	块石混凝土	水泥砂浆砌块石	水泥砂浆砌砖
K_z	0.42	0.48	0.56	0.84	0.88

5.2.3 抗爆间室应满足抗爆炸飞散的要求。爆心与所计算的墙(板)面的垂直距离应满足下式要求:

$$R_a \geqslant 0.2 Q_0^{\frac{1}{3}} \quad (5.2.3)$$

5.2.4 当爆心与所计算的墙(板)面的垂直距离不满足本规范第 5.2.3 条的要求时,应按下列公式进行迎爆面抗爆炸飞散破坏的防护层厚度计算:

$$\sum \beta_{fi} h_i \geqslant r_f - r_0 - 0.7(R_a - r_0 - \sum h_i) \quad (5.2.4\text{-}1)$$

$$r_f = K_f Q_0^{\frac{1}{3}} \quad (5.2.4\text{-}2)$$

式中:h_i——墙(板)迎爆面抗爆炸飞散覆盖防护层的第 i 层厚度(m);

β_{fi}——墙(板)迎爆面抗爆炸飞散覆盖防护层的第 i 层材料折算为钢筋混凝土的抗爆炸飞散材料系数,钢板采用 $\beta_{fi}=10$,其他材料可按表 5.2.4 的介质材料的爆炸飞散屈服系数对比取值;

r_f——介质材料的爆炸飞散破坏半径(m);

K_f——介质材料的爆炸飞散屈服系数,按表5.2.4规定取用。

表5.2.4　介质材料的爆炸飞散屈服系数

材料名称	介质材料的飞散屈服系数 K_f	材料名称	介质材料的飞散屈服系数 K_f
钢筋混凝土	0.13	碎石土	0.50
混凝土	0.16	砂土	0.50
块石混凝土	0.18	粉土	0.50
水泥砂浆砌块石	0.2	粉质黏土	0.50
水泥砂浆砌砖	0.25	人工填土	0.60

5.2.5 产生爆炸震塌和爆炸飞散破坏的TNT有效装药量Q_0,应符合下列规定:

1 当装药为球形或各边长度差异不超过20%的长方体形状时,应取其全部药量;

2 当装药为长列圆柱形和长列方柱形,且长列边垂直于墙(板)面时[图5.2.5(a)],有效装药量可按下列公式确定:

1)当$l \geqslant 2.25d$时:

$$Q_0 = \frac{1}{500}\pi r^3 \rho_0 k_1 \qquad (5.2.5\text{-}1)$$

2)当$l < 2.25d$时:

$$Q_0 = \frac{1}{1000}\pi r^2 l \rho_0 k_1 \qquad (5.2.5\text{-}2)$$

3 当装药为长列圆柱形和长列方柱形,且长列边平行于墙(板)面时[图5.2.5(b)],有效装药量可按下列规定确定:

1)当$l < 3.5d$时,取其全部药量;

2)当$l \geqslant 3.5d$时:

$$Q_0 = \frac{7}{1000}\pi r^3 \rho_0 k_1 \qquad (5.2.5\text{-}3)$$

式中:l——长列圆(方)柱形的长度(cm);

d——圆柱形的直径(cm);

r——圆柱形的半径(cm),计算方柱断面时应换算成等量的圆柱断面;

ρ_0——药柱的密度(g/cm^2);

k_1——TNT当量系数。

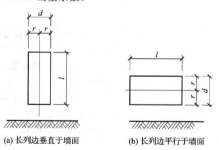

(a) 长列边垂直于墙面　　(b) 长列边平行于墙面

图5.2.5　装药与墙面的位置关系

5.2.6 具有外壳的装药爆炸或装药在设备内爆炸时,墙(板)抗破片的穿透破坏厚度应按下列公式确定:

$$h_c = 0.5 \sqrt[3]{K_c E} \qquad (5.2.6\text{-}1)$$

$$E = \frac{P v^2}{2} \qquad (5.2.6\text{-}2)$$

式中:h_c——局部穿透破坏的厚度(cm);

K_c——介质材料的穿透屈服系数,钢筋混凝土采用2~3,砖石采用10,钢板采用0.01;

E——破片的动能;

P——破片的质量(kg);

v——破片到达墙(板)表面的着速(m/s)。

6　结构内力分析

6.0.1 抗爆间室和抗爆屏院的内力计算,可按瞬时冲量作用下等效单自由度体系的弹塑性阶段动力分析方法,各墙(板)面可单独进行计算。

6.0.2 抗爆间室墙(板)支承条件的确定应符合下列规定:

1 墙面与泄爆面交接边,可为自由边。

2 墙(板)与墙(板)的交接边,相邻两墙(板)的厚度之比为0.6~1.7时,可互为部分固定支承;当相邻两墙(板)的厚度之比小于0.6或大于1.7时,计算薄墙(板)时该边可为固定支承,计算厚墙(板)时该边可为简支支承。

3 墙与基础交接边,可为部分固定支承。

4 轻质易碎屋盖的檐口梁可为边墙的角点支承。

5 靠近墙(板)与墙(板)的交接边开门洞,当门洞高度不大于1/2墙高时,相邻两墙(板)可互为简支支承,当门洞高度大于1/2墙高时,相邻两墙(板)可互为具有上下两角点支承的自由边。

6.0.3 抗爆屏院墙(板)支承条件的确定应符合下列规定:

1 抗爆屏院墙不做条形基础时,其上下边应为自由边。

2 当设置深度大于1/3墙高的条形基础时,墙与基础连接边可为部分固定支承;当设置深度小于0.8m的条形基础时,墙与基础连接边可为自由边;当设置深度为0.8m及小于1/3墙高的条形基础时,墙(板)与基础连接边可为简支支承。

3 抗爆屏院墙与抗爆间室边墙连接边可为简支支承。

4 抗爆屏院墙(板)与墙(板)的交接边,当相邻两墙(板)厚度之比为0.6~1.7时,可互为部分固定支承;当相邻两墙(板)厚度之比小于0.6或大于1.7,计算薄墙(板)时该边可为固定支承,计算厚墙(板)时该边可为简支支承。

6.0.4 墙(板)挠曲型自振圆频率可按下列公式计算:

1 双向墙(板):

$$\omega = \frac{n\Omega}{l_x^2}\sqrt{\frac{D}{\overline{m}}} \qquad (6.0.4\text{-}1)$$

$$n = 0.75 + 0.25\frac{l_f}{l_0} \qquad (6.0.4\text{-}2)$$

$$\overline{m} = \frac{\gamma h}{g} \qquad (6.0.4\text{-}3)$$

$$D = \frac{\psi E_d h^3}{12(1-\nu^2)} \qquad (6.0.4\text{-}4)$$

式中:n——频率折减系数;

l_f——墙(板)简支支承和固定支承边的长度总和(m);

l_0——墙(板)全部支承边(不包括自由边)长度的总和(m);

l_x——墙(板)x向的跨度,按本规范附录C选取(m);

h——墙(板)的厚度(m);

$\overline{m}$——墙(板)的单位面积质量(kg·s^2/m^3);

γ——钢筋混凝土墙(板)容重(kg/m^3);

$\sqrt{\dfrac{D}{\overline{m}}}$——墙(板)的相对刚度(m^2/s)。

2 单向墙(板):

$$\omega = \frac{n\Omega}{l^2}\sqrt{\frac{B}{\overline{m}}} \qquad (6.0.4\text{-}5)$$

$$B = \frac{\psi E_d h^3}{12} \qquad (6.0.4\text{-}6)$$

式中:n——频率折减系数,当一端为部分固定支承时取0.88,当两端为部分固定支承时取0.75,其他情况取1.0;

B——抗弯刚度;

$\overline{m}$——墙(板)的单位长度质量(kg·s^2/m^2);

$\sqrt{\dfrac{B}{m}}$——墙(板)的相对刚度(m^2/s);

l——墙(板)跨度(m)。

6.0.5 墙(板)弯矩可按下列公式计算:

1 双向墙(板):

$$M_x = K_x M \qquad (6.0.5-1)$$
$$M_y = \alpha M_x \qquad (6.0.5-2)$$
$$M_x^0 = \beta M_x \qquad (6.0.5-3)$$
$$M_y^0 = \beta M_y \qquad (6.0.5-4)$$
$$M = 1.0 \times 10^6 \xi C i \omega l_x^2 \qquad (6.0.5-5)$$

式中:M_x——平行于l_x向(简称x向)的墙(板)跨中弯矩(N·m);

M_y——平行于l_y向的墙(板)跨中弯矩(N·m);

M_x^0——x向支座弯矩(N·m);

M_y^0——y向支座弯矩(N·m);

K_x——x向跨中弯矩系数,按本规范附录E采用;

α——y向跨中弯矩与x向跨中弯矩比值,按本规范附录E采用;

β——支座弯矩与跨中弯矩比值,设防等级为一级取2,二级取1.6或1.8,三级取1.4;

l_x——墙(板)x向跨度(m);

C——设防等级系数,按表6.0.5-1规定采用;

ξ——荷载实效修正系数。对于抗爆间室,根据相邻墙面数及有无相对墙面按表6.0.5-2规定采用;对于抗爆屏院ξ取1.0。

表6.0.5-1 设防等级系数C值

结构名称	设 防 等 级		
	一级	二级	三级
抗爆间室	1.00	0.75	0.45
抗爆屏院	0.42	0.31	0.22

表6.0.5-2 荷载实效修正系数ξ值

相邻墙面数	1	2	3	4
有相对墙面	0.9	0.86	0.77	0.68
无相对墙面	1.0	0.95	0.85	0.75

2 单向墙(板):

$$M_0 = K_0 M \qquad (6.0.5-6)$$
$$M_0^0 = K_0^0 M \qquad (6.0.5-7)$$
$$M = 1.0 \times 10^6 C i \omega l^2 \qquad (6.0.5-8)$$

式中:M_0——墙(板)的跨中弯矩(N·m);

M_0^0——墙(板)支座弯矩(N·m);

C——设防等级系数,按表6.0.5-1的规定采用;

ω——墙(板)自振圆频率(1/s),按本规范第6.0.4条计算;

l——墙(板)跨度(m);

K_0——跨中弯矩系数,按本规范附录E采用;

K_0^0——支座弯矩系数,按本规范附录E采用。

6.0.6 墙(板)的支承反力应按下列规定计算:

1 双向墙(板)应按下列公式计算:

1)四边支承和三边支承墙(板):

$$V_{i-j} = K_{V_{i-j}} \frac{M_x}{l_x} \qquad (6.0.6-1)$$

2)带角点支承的两邻边支承墙(板)应按下列公式计算:

y向:
$$V_{i-j} = K_{V_{i-j}} \frac{M_y}{l_y} \qquad (6.0.6-2)$$

x向:
$$V_{i-j} = K_{V_{i-j}} \frac{M_x}{l_x} \qquad (6.0.6-3)$$

角点支承:$V_4 = 3K_{V_4} M_x \qquad (6.0.6-4)$

式中:V_{i-j}——墙(板)$i-j$边支承反力(N/m);

V_4——墙(板)角点支承反力(N);

$K_{V_{i-j}}$——$i-j$边支反力系数,按本规范附录E采用;

K_{V_4}——角点支承反力系数,按本规范附录E采用;

M_x——墙(板)x向的跨中弯矩(N·m/m);

M_y——墙(板)y向的跨中弯矩(N·m/m);

l_x——墙(板)x向的边长(净跨度)(m);

l_y——墙(板)y向的边长(净跨度)(m)。

2 单向墙(板)应按下式计算:

$$V_{i-j} = K_{V_{i-j}} \frac{M_0}{l} \qquad (6.0.6-5)$$

式中:V_{i-j}——墙(板)$i-j$边支承反力(N/m);

M_0——墙(板)跨中弯矩(N·m/m);

l——墙(板)跨度(m);

$K_{V_{i-j}}$——$i-j$边支反力系数,按本规范附录E采用。

6.0.7 泄爆面墙下的基础梁的拉力应按边墙底边总反力的1/4计算。承受静荷载的弯矩可按下式计算:

$$M_c = \frac{1}{12} q l^2 \qquad (6.0.7)$$

式中:M_c——基础梁在静荷载作用下的弯矩(N·m);

q——作用于基础梁上的静荷载(包括槛墙、轻型窗等)(N/m);

l——基础梁计算长度,取梁净跨度乘以1.05的系数(m)。

6.0.8 当在两边墙条形基础间按本规范第8.0.14条设置基础拉梁时,泄爆面墙下的基础梁的拉力应为边墙底边单位长度反力乘以梁的间距的1/2。

6.0.9 设置在两边墙条形基础顶部的基础拉梁仅考虑承受边墙反力作用产生的拉力时,基础拉梁的拉力可按边墙底边单位长度的反力的较大值乘以拉梁的间距取值。

6.0.10 设置在条形基础顶面的底板,应采用与抗爆间室墙(板)相同方法设计。当场地地基承载力特征值大于300kPa时,底板计算时可不考虑爆炸荷载产生的受弯作用。

7 截面设计计算

7.0.1 抗爆间室墙(板)截面设计计算可按单筋截面计算,并应采用对称双筋截面配筋。按双筋截面进行受弯截面验算时,计算受压钢筋面积不宜大于受拉钢筋面积的70%。

7.0.2 对于单独设置的抗爆间室,应按墙(板)所受的弯矩和支承邻墙(板)的支座拉力共同作用,分别计算受弯和受拉钢筋量。

对于两个及以上连排抗爆间室,顶板及中墙应按受弯构件计算;边墙应按墙所受弯矩和支承邻墙(板)的支座拉力共同作用,分别计算受弯和受拉钢筋量。

轻质易碎屋盖抗爆间室檐口梁,可按中心受拉构件计算。

基础梁和基础拉梁按静荷受弯和动荷受拉同时作用,应分别计算所需钢筋量,并按计算钢筋量之和配置。

墙面多于两面且基础埋置深度不小于墙高1/3的抗爆间室,其基础截面计算可不考虑爆炸荷载引起的弯矩,可仅按静载作用的中心受压计算。

7.0.3 当抗爆屏院不设置条形基础或条形基础埋置深度小于0.8m时,墙计算时可不考虑基础对墙的支承作用;抗爆屏院墙(板)计算时应同时计算受弯和受拉作用。

7.0.4 抗爆屏院墙(板)交接处的边柱、梁,可不考虑爆炸荷载作用,按构造要求配置钢筋。

7.0.5 抗爆间室及抗爆屏院的墙(板)估算厚度,应符合下列规定:

1 墙(板)估算厚度可按下式计算:

$$h = 1.3 \times 10^5 \frac{K_0 n \Omega C i}{f} \qquad (7.0.5)$$

式中：h——墙(板)估算厚度(m)；

　　　C——设防等级系数，按本规范表6.0.5-1采用；

　　　f——钢筋设计强度(N/mm^2)；

　　　K_0——构件跨中较大弯矩系数，对于双向墙(板)，按本规范附录E采用，取 x 向和 y 向的弯矩系数 K_x 和 αK_x 二者中之较大者，对于单向墙(板)，按本规范表E.0.4采用；

　　　n——频率折减系数，按本规范第6.0.4条规定采用。

　　2 抗爆屏院各墙(板)厚度可统一取抗爆屏院中墙(板)的厚度。

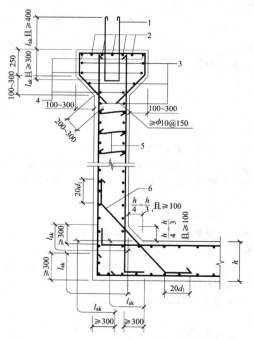

8 构 造 要 求

8.0.1 抗爆间室的墙(板)应采用现浇钢筋混凝土墙(板)，当设计药量不小于1kg时，墙(板)厚不应小于250mm。当设计药量小于1kg时，墙(板)厚不应小于200mm。抗爆屏院墙(板)厚不应小于120mm。

8.0.2 抗爆间室结构构件受力钢筋的混凝土保护层厚度应符合下列要求：

　　1 抗爆间室结构构件受力钢筋混凝土保护层厚度不应小于钢筋的公称直径。

　　2 抗爆间室结构构件受力钢筋的混凝土保护层最小厚度 c，应符合表8.0.2的规定。

表8.0.2　混凝土保护层最小厚度 c(mm)

环境类别		$200 \leqslant h \leqslant 300$	$h > 300$
一		20	20
二	a	20	25
	b	25	35
三	a	30	40
	b	40	50

注：1　混凝土强度等级不大于C25时，表中数值应增加5mm；
　　2　基础中钢筋的保护层厚度不应小于40mm，当无垫层时不应小于70mm。

8.0.3 抗爆间室钢筋混凝土结构构件，其纵向受力钢筋的锚固和连接接头应符合下列要求：

　　1 纵向受拉钢筋的锚固长度 l_{ak} 应按下式计算：

$$l_{ak} = 1.15 l_a \qquad (8.0.3\text{-}1)$$

式中：l_a——受拉钢筋的锚固长度，应按现行国家标准《混凝土结构设计规范》GB 50010的有关规定采用(mm)。

　　2 抗爆间室结构构件纵向受力钢筋的连接宜采用机械连接和焊接。

　　3 当采用绑扎搭接接头时，纵向受拉钢筋搭接接头的搭接长度 l_{lk} 应按下式计算，且不应小于300mm：

$$l_{lk} = \zeta_l l_{ak} \qquad (8.0.3\text{-}2)$$

式中：ζ_l——纵向受拉钢筋搭接长度修正系数，本规范要求绑扎接头面积百分率不大于25%，取值1.2。

　　4 纵向受力钢筋连接接头的位置应设在受力较小处，并应互相错开，在任一搭接长度 l_{lk} 的区段内，有接头的受力钢筋截面面积不应超过总截面面积的百分率为：对于绑扎接头应为25%，对于对机械连接和焊接接头应为50%。

8.0.4 受弯构件与轴心受拉构件一侧的受拉钢筋的最小配筋百分率应按表8.0.4采用。

表8.0.4　受弯构件及轴心受拉构件一侧的
受拉钢筋的最小配筋百分率(%)

钢筋牌号	混凝土强度等级			
	C25	C30、C35	C40~C55	C60~C80
HRB500	0.25	0.25	0.25	0.30
HRB400	0.25	0.25	0.30	0.35
HRB335	0.25	0.30	0.35	0.40

8.0.5 抗爆间室结构构件受力钢筋直径不宜小于14mm，间距不宜大于200mm，最小净距不宜小于50mm。

8.0.6 墙(板)的受压区和受拉区的受力钢筋应用梅花形排列的S形拉结筋互相拉结。S形拉结筋直径及间距宜按表8.0.6的规定采用。

表8.0.6　S形拉结筋直径及间距

抗爆间室墙(板)厚度(mm)	$\leqslant 300$	$\leqslant 500$	> 500
直径(mm)	8	8~10	$\geqslant 10$
间距(mm)		$\leqslant 500 \times 500$	

8.0.7 抗爆间室结构构件的交接处，包括墙、屋面板、基础底板、檐口梁相互交接处，均应加腋，并应采用斜筋加强(图8.0.7)。加腋尺寸应按构件截面高度的1/3~1/4取用，且不应小于100mm；斜筋直径应按主筋最大直径的2/3选用，且不应小于12mm；斜筋间距不宜大于150mm。

图8.0.7　墙(板)交接处和自由边缘加强构造
1—抗爆屏院拉结筋；2、3—附加竖直主筋；4—垂直主筋；5—S形结筋；
6—斜筋；d_1—斜筋直径；l_a—锚固长度；h—墙厚(mm)

8.0.8 抗爆间室钢筋混凝土屋面板檐口处采取加强措施，加厚部分宜设在板的上部(图8.0.8)。加强部位应上下各附加不少于4根直径与同方向受力钢筋相同的加强钢筋。端部宜设置直径不小于14mm，间距不大于200的附加构造钢筋，并应采用直径不小于10mm，间距不大于150的附加箍筋将加强部位钢筋箍住。

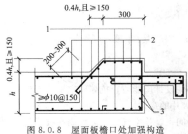

图 8.0.8　屋面板檐口处加强构造

1—附加加强钢筋；2—板内主筋；3—附加构造钢筋；h—墙厚（mm）

8.0.9 抗爆间室墙（板）不宜设置孔洞。生产上必需的门洞及洞孔应控制洞孔尺寸，并应设置在对结构受力和对操作人员危害小的部位。

8.0.10 抗爆间室墙（板）上开门洞处应采取加强措施，加强措施应符合下列规定：

　　1 门洞四角墙内外两侧应各设置 4 根直径与墙内最大受力钢筋直径相同的斜向加强钢筋，并应与洞边成 45°夹角放置，长度应为直径的 80 倍，间距应为 100mm（图 8.0.10）。当门洞紧靠墙边时，紧靠墙一侧的斜向加强钢筋可不设置。

　　2 被门洞切断的垂直钢筋量应补足，并应平均配置于门洞两边，且每边内外侧各不少于 4 根直径与墙内同方向受力钢筋相同的钢筋（图 8.0.10）。当门洞紧靠墙边时，应将被切断的垂直钢筋量全部配置在门洞的另一侧。

　　3 被门洞切断的水平钢筋量应平均配置在门洞上下两端。当门洞底紧靠基础顶面或基础底板时，门洞下端的加强钢筋可不配置（图 8.0.10）。

　　4 门洞四周的加强钢筋伸入支座的长度应满足锚固长度的要求。

　　5 当设计药量 Q 的爆心与门洞所在的墙面的垂直距离 $R_a < 0.45Q^{\frac{1}{3}}$ 时，应采取加厚门洞周边的加固措施。其他情况下，宜采取加厚门洞的加强措施（图 8.0.10）。

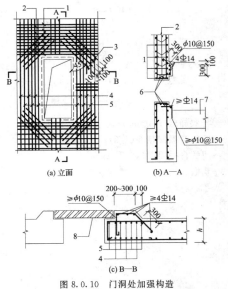

图 8.0.10　门洞处加强构造

1—水平主筋；2—水平补筋；3—附加斜筋；4—垂直补强筋；
5—垂直主筋；6—附加钢筋；7—底板；8—抗爆门；h—墙厚（mm）

8.0.11 抗爆间室檐口梁、基础梁、基础拉梁的截面不应小于 300mm×300mm。当抗爆间室需要设置底板时，其底板的厚度不应小于 250mm。

8.0.12 抗爆间室与抗爆屏院墙连接的 U 形拉结筋应按计算确定，但直径不应小于 8mm，其间距不应大于 150mm（见图 8.0.7）。

8.0.13 当抗爆间室屋盖为轻质易碎屋盖时，墙顶应设置钢筋混凝土女儿墙。女儿墙高度不应小于 500mm，厚度不应小于 150mm。女儿墙配置的钢筋直径不宜小于 12mm，钢筋间距不宜大于 150mm。

8.0.14 抗爆间室基础按不考虑爆炸荷载作用设计时，应符合下列规定：

　　1 当 20kg $<Q\leqslant$ 50kg 且爆心与计算墙面的垂直距离 $R_a\geqslant 0.45Q^{\frac{1}{3}}$ 及 $Q\leqslant$ 20kg 时，条形基础的设置深度应为墙高度的 1/3，且不应小于 1.2m。基础宽度不应小于墙厚度加 250mm，且在顶面以下 500mm 范围内不应小于墙厚度的 2 倍，并应在此范围内每侧配 5 根与墙内水平向主筋直径相同的钢筋加强。

　　2 当 20kg $<Q\leqslant$ 50kg 且 $R_a < 0.45Q^{\frac{1}{3}}$ 时，除应满足本条第 1 款的要求外，边墙条形基础顶面应设置垂直于边墙条形基础的基础拉梁，基础拉梁的间距不应大于 1.5m。

　　3 当 50kg $<Q\leqslant$ 100kg 时，抗爆间室应设置底板，墙体延伸至基础底板下不应小于 500mm，且配筋应同上部墙体（图 8.0.14）。

　　4 当墙高是由于设备高度要求而不是由设计药量所确定时，基础埋置深度可由与设计药量相适应的墙高确定。

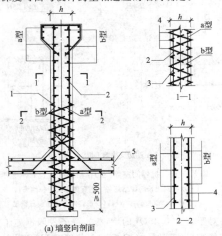

图 8.0.14　抗爆间室墙（板）斜拉结筋位置和构造

1—垂直向斜拉结筋；2—水平向斜拉结筋；3—水平主筋；
4—垂直主筋；5—底板；h—墙厚（mm）

8.0.15 对于 $R_a < 0.45Q^{\frac{1}{3}}$ 的墙（板）宜设置波浪形斜拉结筋。波浪形斜拉结筋的设置应符合下列规定：

　　1 斜拉结筋的直径不应小于 10mm，间距不应大于墙两侧受力钢筋间距离的 0.75 倍。

　　2 在同一配筋平面中斜拉结筋的斜拉部分与受弯钢筋所成夹角 α 不应小于 45°。

　　3 斜拉结筋配置范围及方式应符合下列要求（图 8.0.15）：

　　1）斜拉结筋配置应垂直于支座。

　　2）两边支承单向受弯构件的斜拉结筋应在全跨度范围内连续配置。

　　3）悬臂构件在垂直并靠近于支座处，配置斜拉结筋，在自由边附近，构件全宽度范围内配置平行于支座边的通长的斜拉结筋。

　　4）双向受弯构件在两个方向均应配置斜拉结筋，在长跨方向配置通长的斜拉结筋，在短跨方向靠近支座边配置垂直于支座的斜拉结筋。

　　4 斜拉结筋当采用绑扎接头时，搭接长度不应小于绕过三根受弯钢筋的弯曲段的长度。

　　5 同一连接区段内的斜拉结筋的搭接截面面积百分率不宜大于 50%。

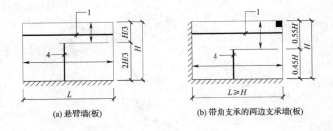

(a)悬臂墙（板）　　　(b)带角支承的两边支承墙（板）

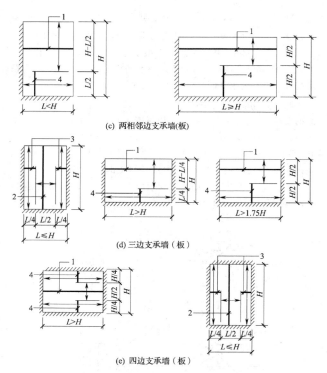

(c) 两相邻边支承墙(板)

(d) 三边支承墙(板)

(e) 四边支承墙(板)

图 8.0.15 抗爆间室墙(板)拉结筋配置位置示意
1—水平向通长斜拉结筋;2—垂直向通长斜拉结筋;
3—水平向非通长斜拉结筋;4—垂直向非通长斜拉结筋

8.0.16 对于 $R_a<0.45Q^{\frac{1}{4}}$ 的墙(板),受条件限制施工配置波浪形斜拉结筋难以实现时,在 $Q\leqslant 50kg$ 的情况下,可采用 S 形拉结筋,但应采取下列加强措施:

1 在全墙范围内纵横受弯钢筋的交点上均应设置 S 形拉结筋,S 形拉结筋直径不应小于 10mm。

2 以爆心在墙面上的垂直投影点为中心,在受弯钢筋外侧应设置钢筋网,钢筋网直径可为受弯主筋直径的 1/2,间距应为 100mm,钢筋网的长度和宽度均应为墙较长方向跨度的 1/2,且不宜小于 2m。

8.0.17 抗爆间室及抗爆屏院宜连续浇筑,不宜设置施工缝。当施工困难必须设置施工缝时,施工缝应设在基础顶面或屋面板下 500mm 处,并应以不少于受弯主筋截面积 1/2 的钢筋加强。

8.0.18 抗爆屏院墙交接处及上下边应设置边框柱、边框梁。当抗爆屏院墙长度或高度大于 6m 时,宜在墙长度或高度中部增加一道边框柱或边框梁。边框柱及边框梁截面尺寸及最小配筋应符合表 8.0.18 的要求。

表 8.0.18 抗爆屏院墙边框柱、边框梁截面尺寸及最小配筋

设计药量(kg)	截面尺寸	全截面主筋	箍筋
$Q\leqslant 10$	300×300	8 Φ 16	ϕ8@150
$10<Q\leqslant 20$	350×350	8 Φ 18	ϕ8@150
$20<Q\leqslant 50$	400×400	12 Φ 18	ϕ10@150
$Q>50$	450×450	12 Φ 20	ϕ10@100

9 抗爆门等效静荷载简化计算

9.0.1 抗爆门设计应能防止抗爆间室爆炸产生的空气冲击波、火焰的泄出及破片的穿透。

9.0.2 抗爆间室爆炸空气冲击波作用在抗爆门上的平均冲量,可按下列公式计算:

1 当 $R\geqslant 20r_0$ 时:

$$i_m = k_m \frac{Q^{\frac{2}{3}}}{R}(1+\cos\alpha) \qquad (9.0.2-1)$$

2 当 $R<20r_0$ 时:

$$i_m = k_m \frac{Q}{R^2}(1+\cos\alpha) \qquad (9.0.2-2)$$

式中:k_m——系数,对于钢筋混凝土屋盖间室取 1.0×10^{-3},对于轻质易碎屋盖间室取 0.6×10^{-3};

R——爆心至门面中心的距离(m);

α——爆心与门面中心的连线和爆心与门所在墙面的垂直线的夹角。

9.0.3 空气冲击波正压作用于抗爆门面上的等效时间,可按下式计算:

$$t = \frac{k_t}{1000}Q^{\frac{1}{8}}R^{\frac{1}{2}} \qquad (9.0.3)$$

式中:t——空气冲击波正压作用于抗爆门面上的等效时间(s);

k_t——系数,对于钢筋混凝土屋盖间室取 2.7,对于轻质易碎屋盖间室取 1.8。

9.0.4 在空气冲击波作用下,对抗爆门产生的等效静载可按下列公式计算:

1 当 $t\leqslant T/2$ 时:

$$q = i_m\omega\varepsilon \qquad (9.0.3-1)$$

$$\varepsilon = \frac{\sin\frac{\omega t}{2}}{\frac{\omega t}{2}} \qquad (9.0.3-2)$$

2 当 $t>T/2$ 时:

$$q = \frac{2i_m}{t} \qquad (9.0.3-3)$$

式中:q——等效静载(N/mm²);

ω——门的自振圆频率(1/s);

T——门的自振周期(s),取 $2\pi/\omega$;

ε——系数。

附录 A　各类抗爆间室的设防等级

A.0.1　炮弹厂抗爆间室设防等级,可按表 A.0.1 查取。

表 A.0.1　炮弹厂抗爆间室设防等级

生产方式或产品种类	间室名称	设防等级	备注
直接压装法	—	一级	不分何种产品
分装压药柱法	压各种药柱	一级	—
分装压药柱法	工程药块钻孔	二级	—
立式螺旋装药法	装药	二级	—
立式螺旋装药法	钻孔	二级	—
立式螺旋装药法	锯药柱	二级	—
卧式螺旋装药法	装药	二级	—
卧式螺旋装药法	钻孔	二级	—
卧式螺旋装药法	锯药柱	二级	—
热塑态螺旋装药法	混药	二级	—
热塑态螺旋装药法	装压药	三级	钝感炸药
点燃剂(引燃剂)信号剂制造	混药	二级	手工操作时,可不设防
点燃剂(引燃剂)信号剂制造	筛选	二级	—
点燃剂(引燃剂)信号剂制造	干燥(烘干)	二级	—
曳光剂、照明剂制造	混药	二级	手工操作时,可不设防
曳光剂、照明剂制造	造粒	二级	手工操作时,可不设防
曳光剂、照明剂制造	过筛	二级	手工操作时,可不设防
曳光剂、照明剂制造	烘干	三级	手工操作时,可不设防
曳光剂、照明剂制造	倒药	二级	手工操作时,可不设防
曳光管制造(包括曳光弹头)	滚光	三级	—
曳光管制造(包括曳光弹头)	筛选	三级	—

续表 A.0.1

生产方式或产品种类	间室名称	设防等级	备注
信号弹制造	星体压药	三级	—
信号弹制造	滚光	三级	—
信号弹制造	筛选	三级	—
炮弹照明炬	压药	三级	—
航弹照明炬	装拆	二级	—
老四〇火箭弹	药柱铣平底	二级	—
新老四〇火箭弹总装	装引信	三级	—
大、中口径炮弹丸装配	装弹底引信	三级	—
各种炮弹装配	火工品暂存	三级	布置在建筑物端部或凸出部分
各种炮弹装配	药柱暂存	不设防	布置在建筑物端部或凸出部分
各种炮弹装配	引信暂存	不设防	布置在建筑物端部或凸出部分
各种炮弹装配	发射药暂存	不设防	布置在建筑物端部或凸出部分

注:1　分装压药柱法压药柱,生产自动化程度较高时,采用自动控制容积称量,可降低设防等级;

　　2　只生产 TNT 药柱(药块)时,可定为二级;

　　3　对于爆炸事故虽多,但殉爆的可能性小的药柱生产,可定为二级。

A.0.2　火工品厂和引信厂抗爆间室设防等级,可按表 A.0.2 查取。

表 A.0.2　火工品厂和引信厂抗爆间室设防等级

生产方式或产品种类	间室名称	设防等级	备注
雷汞干燥	暂存	三级	—
雷汞干燥	抽滤	二级	—
雷汞干燥	分盘预烘	二级	—
雷汞干燥	烘干	二级	—

续表 A.0.2

生产方式或产品种类	间室名称	设防等级	备注
雷汞干燥	晾药	二级	—
雷汞干燥	倒药筛选	二级	—
雷汞干燥	运药	三级	—
雷汞干燥	废品销毁	二级	—
二硝基重氮酚(DDNP)干燥	暂存	三级	—
二硝基重氮酚(DDNP)干燥	抽滤	二级	—
二硝基重氮酚(DDNP)干燥	分盘预烘	二级	—
二硝基重氮酚(DDNP)干燥	烘干	二级	—
二硝基重氮酚(DDNP)干燥	晾药	二级	—
二硝基重氮酚(DDNP)干燥	倒药	二级	—
二硝基重氮酚(DDNP)干燥	运药	三级	—
二硝基重氮酚(DDNP)干燥	废品销毁	二级	—
斯蒂酚酸铅(包括氮化铅)制造	化合操作	二级	—
斯蒂酚酸铅(包括氮化铅)制造	造粒	二级	—
斯蒂酚酸铅(包括氮化铅)制造	抽滤	二级	—
斯蒂酚酸铅(包括氮化铅)制造	分盘预烘	二级	—
斯蒂酚酸铅(包括氮化铅)制造	晾药	二级	—
斯蒂酚酸铅(包括氮化铅)制造	倒药	二级	—
斯蒂酚酸铅(包括氮化铅)制造	运药	三级	—
斯蒂酚酸铅(包括氮化铅)制造	废品销毁	二级	—
击发药(包括针刺药)制造	雷汞运输	三级	—
击发药(包括针刺药)制造	雷示称量	二级	—
击发药(包括针刺药)制造	混药	一级	—
击发药(包括针刺药)制造	成品运输	三级	—
发火药、点火药、传火药制造	混药	一级	—
发火药、点火药、传火药制造	筛选	二级	—

续表 A.0.2

生产方式或产品种类	间室名称	设防等级	备注
各种雷管制造	运炸药	三级	—
各种雷管制造	装炸药	二级	—
各种雷管制造	压炸药	二级	—
各种雷管制造	运起爆药	三级	—
各种雷管制造	压装起爆药	一级	—
各种雷管制造	压合	一级	—
各种雷管制造	清擦内径	二级	—
各种雷管制造	结合缝涂漆	三级	—
各种雷管制造	退模	二级	—
各种雷管制造	加强帽装起爆药	一级	—
各种雷管制造	加强帽压起爆药	一级	—
各种雷管制造	压合装	二级	—
各种雷管制造	转退	一级	—
各种雷管制造	滚光	二级	—
各种雷管制造	筛选	二级	—
火帽(包括枪弹底火)制造	击发药运药	三级	—
火帽(包括枪弹底火)制造	装药	一级	—
火帽(包括枪弹底火)制造	暂存	三级	—
火帽(包括枪弹底火)制造	滚光	二级	—
火帽(包括枪弹底火)制造	筛选	二级	—
导爆索	织制	二级	—
引信	压药柱	一级	—
引信	传爆管压药	一级	—
引信	药饼烘干	三级	—
引信装配	火帽、雷管暂存	三级	布置在建筑物的端部或凸出部分
引信装配	药柱暂存	不设防	布置在建筑物的端部或凸出部分

A.0.3 火药厂抗爆间室设防等级,可按表 A.0.3 查取。

表 A.0.3　火药厂抗爆间室设防等级

生产方式或产品种类	间室名称	设防等级
无烟药	压伸	二级
	硝化甘油	二级

附录 B　间室泄出的空气冲击波对抗爆屏院墙冲量的能效系数 η_p 的计算方法

B.0.1　本附录适用于具有一个及二个泄爆面的抗爆间室外的三面用墙组成下列四种形式的抗爆屏院:底部有泄爆带 Π 形抗爆屏院、无泄爆带 Π 形抗爆屏院、底部有泄爆带 Γ 形抗爆屏院及无泄爆带 Γ 形抗爆屏院(图 B.0.1)。

图 B.0.1　抗爆屏院
1—抗爆间室;2—抗爆屏院

B.0.2　Π 形抗爆屏院墙面承受抗内爆间泄出的空气冲击波冲量作用的能效系数 η_p 应符合下列规定:

1　墙底部有高度为 h_x 的排泄带的抗爆屏院应符合下列规定:

1)当抗爆间室屋盖和一面墙均为泄爆面时(图 B.0.2-1),中墙的能效系数 η_p 可按下列公式计算:

$$\eta_p = \frac{16\sqrt{1+4\lambda^2}}{A+B}\left(\frac{90°}{90°+\arctan\dfrac{R_0}{H}}\right)^2 \quad (B.0.2-1)$$

$$A = 2 + n_L\sqrt{1+4\lambda^2} \quad (B.0.2-2)$$

$$B = 2\sqrt{1+4\lambda^2}\left(\frac{2}{L}+\frac{1}{R_d}\right)h_x \quad (B.0.2-3)$$

$$n_L = \frac{L}{R_d} \quad (B.0.2-4)$$

$$\lambda = \frac{H}{L} \quad (B.0.2-5)$$

式中:H——抗爆间室高度(m);
L——抗爆间室宽度(m);
R_0——实际爆心与抗爆间室中墙的距离(m);
h_x——抗爆屏院排泄带高度(m);
R_d——计算能效系数用的等效爆心 O 与抗爆屏院中墙面的垂直距离(m)。

2)当抗爆间室屋盖和一面墙均为泄爆面时(图 B.0.2-1),边墙能效系数 η_p 可按下列公式计算:

$$\eta_p = \frac{16\sqrt{1+4\lambda^2}}{A_1+B_1}\left(\frac{90°}{90°+\arctan\dfrac{R_0}{H}}\right)^2 \quad (B.0.2-6)$$

$$A_1 = 2 + n_{L1}\sqrt{1+4\lambda^2} \quad (B.0.2-7)$$

$$B_1 = 2\sqrt{1+4\lambda^2}\left(\frac{2}{L}+\frac{1}{R_p}\right)h_x \quad (B.0.2-8)$$

$$R_p = \frac{1}{2}\sqrt{(2R_d-S_2)^2+L^2+(H+h_x)^2} \quad (B.0.2-9)$$

$$n_{L_1} = \frac{L}{R_p} \quad (B.0.2-10)$$

式中:R_p——等效爆心 O 与抗爆屏院边墙面中心 P 的距离(m);
S_2——抗爆屏院进深(m)。

3)当抗爆间室屋盖为非泄爆面而一面墙为泄爆面时(图 B.0.2-2),中墙的能效系数 η_p 可按下式计算:

$$\eta_p = \frac{16\sqrt{1+4\lambda^2}}{A+B}\cdot\frac{90°}{\arctan\dfrac{H}{S_1}} \quad (B.0.2-11)$$

式中:S_1——抗爆间室进深(m)。

4)当抗爆间室屋盖为非泄爆面而一面墙为泄爆面时(图 B.0.2-2),边墙能效系数 η_p 可按下式计算:

$$\eta_p = \frac{16\sqrt{1+4\lambda^2}}{A_1+B_1}\cdot\frac{90°}{\arctan\dfrac{H}{S_1}} \quad (B.0.2-12)$$

2　墙底部无泄爆带的抗爆屏院应按下列规定计算。

1)当抗爆间室屋盖和一面墙均为泄爆面时(图 B.0.2-1),中墙的能效系数 η_p 可按下式计算:

$$\eta_p = \frac{16\sqrt{1+4\lambda^2}}{A}\left(\frac{90°}{90°+\arctan\dfrac{R_0}{H}}\right)^2 \quad (B.0.2-13)$$

2)当抗爆间室屋盖和一面墙均为泄爆面时(图 B.0.2-1),边墙能效系数 η_p 可按下式计算:

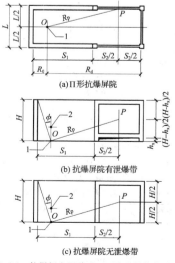

图 B.0.2-1　抗爆间室屋盖及一面墙泄爆等效爆心位置
1—等效爆心;2—实际爆心

$$\eta_p = \frac{16\sqrt{1+4\lambda^2}}{A_1}\left(\frac{90°}{90°+\arctan\dfrac{R_0}{H}}\right)^2 \qquad \text{(B. 0. 2-14)}$$

3）当抗爆间室屋盖为非泄爆面而一面墙为泄爆面时（图 B. 0. 2-2），中墙的能效系数 η_p 可按下式计算：

$$\eta_p = \frac{16\sqrt{1+4\lambda^2}}{A} \cdot \frac{90°}{\arctan\dfrac{H}{S_1}} \qquad \text{(B. 0. 2-15)}$$

4）当抗爆间室屋盖为非泄爆面而一面墙为泄爆面时（图 B. 0. 2-2），边墙能效系数 η_p 按下式计算：

$$\eta_p = \frac{16\sqrt{1+4\lambda^2}}{A_1} \cdot \frac{90°}{\arctan\dfrac{H}{S_1}} \qquad \text{(B. 0. 2-16)}$$

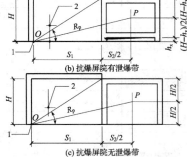

(a) Π形抗爆屏院

(b) 抗爆屏院有泄爆带

(c) 抗爆屏院无泄爆带

图 B. 0. 2-2　抗爆间室一面墙泄爆等效爆心位置

1—等效爆心；2—实际爆心

B. 0. 3　Γ形抗爆屏院墙面承受抗爆间室泄出空气冲击波冲量作用的能效系数 η_p，可按 Π 形抗爆屏院墙面相应的能效系数乘以 0.6 取用。

附录 C　矩形薄板自振圆频率系数 Ω 值

C. 0. 1　四边支承薄板自振圆频率系数 Ω，可按表 C. 0. 1 查取。

表 C. 0. 1　四边支承薄板自振圆频率系数 Ω

板的边界条件	四边固定	三边固定一边简支	两相邻边固定两相邻边简支
简图			
l_x/l_y	Ω		
0.50	24.66	24.22	17.86
0.60	25.98	25.17	19.09
0.70	27.75	26.39	20.61
0.80	30.00	27.92	22.47
0.90	32.79	29.77	24.67
1.00	36.13	31.97	27.22
1.10	40.02	34.52	30.12
1.20	44.46	37.44	33.36
1.30	49.44	40.73	36.95
1.40	54.95	44.38	40.89
1.50	60.99	48.39	45.16
1.60	67.53	52.77	49.76
1.70	74.57	57.50	54.70
1.80	82.11	62.57	60.00
1.90	90.13	67.99	65.55
2.00	98.63	73.75	71.46

续表 C. 0. 1

板的边界条件	两对边简支两对边固定	三边简支一边固定	四边简支
简图			
l_x/l_y	Ω		
0.50	23.83	13.00	12.34
0.60	24.51	14.49	13.42
0.70	25.36	16.30	14.71
0.80	26.38	18.44	16.19
0.90	27.59	20.91	17.86
1.00	29.00	23.71	19.74
1.10	30.61	26.83	21.81
1.20	32.44	30.10	24.08
1.30	34.48	34.06	26.55
1.40	36.75	38.15	29.22
1.50	39.23	42.56	32.08
1.60	41.95	47.29	35.14
1.70	44.88	52.33	38.39
1.80	48.04	57.69	41.85
1.90	51.42	63.36	45.50
2.00	55.02	69.34	49.35

C.0.2 三边支承薄板自振圆频率系数 Ω,可按表C.0.2查取。

表 C.0.2　三边支承薄板自振圆频率系数 Ω

板的边界条件	三边固定	两相邻边固定一边简支	两对边固定一边简支
简图			
l_x/l_y	Ω		
0.50	22.90	16.14	22.72
0.60	23.14	16.45	22.87
0.70	23.43	16.83	23.04
0.80	23.76	17.26	23.24
0.90	24.15	17.77	23.47
1.00	24.60	18.34	23.72
1.10	25.10	18.98	23.99
1.20	25.67	19.69	24.28
1.30	26.30	20.46	24.60
1.40	26.99	21.31	24.93
1.50	27.58	22.23	25.29
1.60	28.59	23.22	25.66
1.70	29.50	24.29	26.06
1.80	30.48	25.43	26.47
1.90	31.54	26.64	26.89
2.00	32.68	27.93	27.34

续表 C.0.2

板的边界条件	两相邻边简支一边固定	两对边简支一边固定	三边简支
简图			
l_x/l_y	Ω		
0.50	15.89	10.80	10.48
0.60	16.09	11.20	10.73
0.70	16.32	11.68	11.03
0.80	16.58	12.23	11.36
0.90	16.87	12.85	11.72
1.00	17.20	13.54	12.12
1.10	17.54	14.31	12.54
1.20	17.92	15.14	12.98
1.30	18.32	16.04	13.45
1.40	18.74	17.01	13.94
1.50	19.18	18.05	14.44
1.60	19.64	19.16	14.96
1.70	20.11	20.34	15.50
1.80	20.61	21.58	16.04
1.90	21.12	22.90	16.60
2.00	21.65	24.29	17.17

C.0.3 两相邻边支承及带角点支承的薄板自振圆频率系数 Ω,可按表C.0.3查取。

表 C.0.3　两相邻边支承及带角点支承的薄板自振圆频率系数 Ω

板的边界条件	两相邻边固定	两相邻边简支	一边固定一边简支
简图			
l_x/l_y	Ω		
0.50	4.70	1.94	2.56
0.60	5.19	2.32	3.15
0.70	5.74	2.71	3.78
0.80	6.36	3.10	4.46
0.90	7.05	3.48	5.18
1.00	7.79	3.87	5.96
1.10	8.60	4.26	6.79
1.20	9.47	4.64	7.67
1.30	10.42	5.03	8.62
1.40	11.42	5.42	9.63
1.50	12.49	5.81	10.70
1.60	13.62	6.19	11.83
1.70	14.82	6.58	13.03
1.80	16.08	7.00	14.30
1.90	17.41	7.35	15.63
2.00	18.81	7.74	17.02

续表 C.0.3

板的边界条件	两相邻边固定带角点支承	一边固定一边简支带角点支承	两相邻边简支带角点支承
简图			
l_x/l_y	Ω		
0.50	6.84	5.87	4.20
0.60	8.39	6.99	5.32
0.70	10.13	8.38	6.47
0.80	11.95	9.87	7.64
0.90	13.74	11.44	8.76
1.00	15.35	12.26	9.77
1.10	16.80	13.52	10.71
1.20	18.08	14.67	11.55
1.30	19.26	15.70	12.32
1.40	20.37	16.62	13.03
1.50	21.46	17.45	13.70
1.60	22.56	18.20	14.35
1.70	23.67	18.89	14.98
1.80	24.80	19.55	15.61
1.90	26.03	20.17	16.22
2.00	27.36	20.76	16.81

C. 0. 4 单向悬臂和两对边支承薄板自振圆频率系数 Ω，可按表 C.0.4 查取。

表 C.0.4 单向悬臂和两对边支承薄板自振圆频率系数 Ω

支承情况	悬臂	两对边简支	两对边一边固定 一边简支	两对边固定
简图				
Ω	3.52	9.87	15.42	22.37

49

附录 D 系数 k、能效系数 η 及角度和距离影响系数 k_α 的计算方法

D. 0. 1 系数 k、能效系数 η 及角度和距离影响系数 k_α 计算，可按表 D.0.1-1～表 D.0.1-3 方法计算。

表 D.0.1-1 系数 k、能效系数 η 及角度和距离影响系数 k_α 计算

相邻面数 N	型式	相邻面和 A 点在计算墙（板）面上位置	Z_1、Z_2、Z_3、k_α 计算 Z_1、k_α
$N=1$	1		$\alpha_{11}=\dfrac{L-l}{H-h}$，$\beta_{11}=\dfrac{L-l}{R_\alpha}$ $\alpha_{12}=\dfrac{L-l}{h}$，$\beta_{12}=\beta_{11}$ $\alpha_{13}=\dfrac{l}{h}$，$\beta_{13}=\dfrac{L}{R_\alpha}$ $\alpha_{14}=\dfrac{l}{H-h}$，$\beta_{14}=\beta_{13}$ 根据 α、β 值查表 D.0.2 和表 D.0.4 得相应的 $Z_{11}\sim Z_{14}$ 及 $k_{\alpha1}\sim k_{\alpha4}$ $Z_1=Z_{11}+Z_{12}+Z_{13}+Z_{14}$；$k_\alpha=k_{\alpha1}+k_{\alpha2}+k_{\alpha3}+k_{\alpha4}$
$N=1$	2		Z_1 和 k_α 计算均同型式 1
$N=2$	3		Z_1 和 k_α 计算均同型式 1
$N=3$	4		$\alpha_{11}=\dfrac{L}{2(H-h)}$，$\beta_{11}=\dfrac{L}{2R_\alpha}$ $\alpha_{12}=\dfrac{L}{2h}$，$\beta_{12}=\beta_{11}$ 根据 α、β 值，查表 D.0.2 和表 D.0.4 得相应的 Z_{11}、Z_{12} 和 $k_{\alpha1}\sim k_{\alpha2}$ $Z_1=2(Z_{11}+Z_{12})$ $k_\alpha=2(k_{\alpha1}+k_{\alpha2})$

相邻面数		相邻面和 A 点在计算墙（板）面上位置	Z_1、Z_2、Z_3、k_a 计算
N	型式		Z_1、k_a
N=3	5		$\alpha_{11}=\dfrac{2(L-l)}{H}$, $\beta_{11}=\dfrac{L-l}{R_a}$ $\alpha_{12}=\dfrac{2l}{H}$, $\beta_{12}=\dfrac{l}{R_a}$ $\Big\}$ 根据 α、β 值，查表 D.0.2 和表 D.0.4 得相应的 Z_{11}、Z_{12} 和 $k_{a1}\sim k_{a2}$ $Z_1=2(Z_{11}+Z_{12})$ $k_a=2(k_{a1}+k_{a2})$
N=4	6		$\alpha_{11}=\dfrac{L}{H}$, $\beta_{11}=\dfrac{L}{2R_a}$, 根据 α、β 值，查表 D.0.2 和表 D.0.4 得相应的 Z_{11} 和 k_{a1} $Z_1=4Z_{11}$ $k_a=4k_{a1}$

表 D.0.1-2　系数 k、能效系数 η 及角度和距离影响系数 k_a 计算

相邻面数		Z_1、Z_2、Z_3、k_a 计算	
N	型式	Z_2	Z_3
N=1	1	$\alpha_{21}=\dfrac{L-l}{H-h}$, $\beta_{21}=\dfrac{L-l}{R_a}$ $\alpha_{22}=\dfrac{L-l}{h}$, $\beta_{22}=\beta_{21}$ $\alpha_{23}=\dfrac{L+l}{h}$, $\beta_{23}=\dfrac{L+l}{R_a}$ $\alpha_{24}=\dfrac{L+l}{H-h}$, $\beta_{24}=\beta_{23}$ $\Big\}$ 根据 α、β 值查表 D.0.2 得相应的 $Z_{21}\sim Z_{24}$ $Z_2=Z_{21}+Z_{22}+Z_{23}+Z_{24}$	$\alpha_{31}=\alpha_{21}$, $\beta_{31}=\dfrac{L-l}{2S-R_a}$ $\alpha_{32}=\alpha_{22}$, $\beta_{32}=\beta_{31}$ $\alpha_{33}=\alpha_{23}$, $\beta_{33}=\dfrac{L+l}{2S-R_a}$ $\alpha_{34}=\alpha_{24}$, $\beta_{34}=\beta_{33}$ $\Big\}$ 根据 α、β 值查表 D.0.2 得相应的 $Z_{31}\sim Z_{34}$ $Z_3=Z_{31}+Z_{32}+Z_{33}+Z_{34}$
	2	$\alpha_{21}=\dfrac{L-l}{H-h}$, $\beta_{21}=\dfrac{L-l}{R_a}$ $\alpha_{22}=\dfrac{L-l}{H+h}$, $\beta_{22}=\beta_{21}$ $\alpha_{23}=\dfrac{l}{H+h}$, $\beta_{23}=\dfrac{l}{R_a}$ $\alpha_{24}=\dfrac{l}{H-h}$, $\beta_{24}=\beta_{23}$ $\Big\}$ 根据 α、β 值查表 D.0.2 得相应的 $Z_{21}\sim Z_{24}$ $Z_2=Z_{21}+Z_{22}+Z_{23}+Z_{24}$	$\alpha_{31}=\alpha_{21}$, $\beta_{31}=\dfrac{L-l}{2S-R_a}$ $\alpha_{32}=\alpha_{22}$, $\beta_{32}=\beta_{31}$ $\alpha_{33}=\alpha_{23}$, $\beta_{33}=\dfrac{l}{2S-R_a}$ $\alpha_{34}=\alpha_{24}$, $\beta_{34}=\beta_{33}$ $\Big\}$ 根据 α、β 值查表 D.0.2 得相应的 $Z_{31}\sim Z_{34}$ $Z_3=Z_{31}+Z_{32}+Z_{33}+Z_{34}$

相邻面数		Z_1、Z_2、Z_3、k_a 计算	
N	型式	Z_2	Z_3
N=2	3	$\alpha_{21}=\dfrac{L-l}{H-h}$, $\beta_{21}=\dfrac{L-l}{R_a}$ $\alpha_{22}=\dfrac{L-l}{H+h}$, $\beta_{22}=\beta_{21}$ $\alpha_{23}=\dfrac{L+l}{H+h}$, $\beta_{23}=\dfrac{L+l}{R_a}$ $\alpha_{24}=\dfrac{L+l}{H-h}$, $\beta_{24}=\beta_{23}$ $\Big\}$ 根据 α、β 值查表 D.0.2 得相应的 $Z_{21}\sim Z_{24}$ $Z_2=Z_{21}+Z_{22}+Z_{23}+Z_{24}$	$\alpha_{31}=\alpha_{21}$, $\beta_{31}=\dfrac{L-l}{2S-R_a}$ $\alpha_{32}=\alpha_{22}$, $\beta_{32}=\beta_{31}$ $\alpha_{33}=\alpha_{23}$, $\beta_{33}=\dfrac{L+l}{2S-R_a}$ $\alpha_{34}=\alpha_{24}$, $\beta_{34}=\beta_{33}$ $\Big\}$ 根据 α、β 值查表 D.0.2 得相应的 $Z_{31}\sim Z_{34}$ $Z_3=Z_{31}+Z_{32}+Z_{33}+Z_{34}$
N=3	4	$\gamma_{21}=\dfrac{H-h}{R_a}$ $\gamma_{22}=\dfrac{H+h}{R_a}$ $\Big\}$ 根据 γ 值，查表 D.0.3 得相应的 Z_{21}、Z_{22} $Z_2=2(Z_{21}+Z_{22})$	$\gamma_{31}=\dfrac{H-h}{2S-R_a}$ $\gamma_{32}=\dfrac{H+h}{2S-R_a}$ $\Big\}$ 根据 γ 值，查表 D.0.3 得相应的 Z_{31}、Z_{32} $Z_3=2(Z_{31}+Z_{32})$
	5	$\gamma_{21}=\dfrac{L-l}{R_a}$ $\gamma_{22}=\dfrac{L+l}{R_a}$ $\Big\}$ 根据 γ 值，查表 D.0.3 得相应的 Z_{21}、Z_{22} $Z_2=2(Z_{21}+Z_{22})$	$\gamma_{31}=\dfrac{L-l}{2S-R_a}$ $\gamma_{32}=\dfrac{L+l}{2S-R_a}$ $\Big\}$ 根据 γ 值，查表 D.0.3 得相应的 Z_{31}、Z_{32} $Z_3=2(Z_{31}+Z_{32})$
N=4	6	$Z_2=\dfrac{1}{2}$	

表 D.0.1-3 系数 k、能效系数 η 及角度和距离影响系数 k_α 计算

相邻面数		k、η 计 算		备 注
N	型式	相对面	k、η 计算式	
$N=1$	1	有	$k=25,\eta=\dfrac{Z_2+Z_3}{Z_1}$	表 D.0.1-1~表 D.0.1-3 中:
		无	$k=25,\eta=\dfrac{Z_2}{Z_1}$	A 点——爆心在计算墙(板)面上的投影点;
	2	有	$k=25,\eta=\dfrac{Z_2+Z_3}{Z_1}$	R_a——A 点与爆心间的距离(m);
		无	$k=25,\eta=\dfrac{Z_2}{Z_1}$	l、h——A 点与相邻面的垂直距离(m);
$N=2$	3	有	$k=42-5(l+h)^{\frac{1}{2}}Q^{-\frac{1}{6}},\eta=\dfrac{Z_2+Z_3}{Z_1}$	S——计算墙(板)面与相对面间的垂直距离(m); L——计算墙(板)面的长度(m); H——计算墙(板)面的高(宽)度(m);
		无	$k=55-10(R_a+l+h)^{\frac{1}{2}}Q^{-\frac{1}{6}},\eta=\dfrac{Z_2}{Z_1}$	Q——设计药量(kg)

续表 D.0.1-3

相邻面数		k、η 计 算		备 注
N	型式	相对面	k、η 计算式	
$N=3$	4	有	$k=42-5h^{\frac{1}{2}}Q^{-\frac{1}{6}},\eta=\dfrac{Z_2+Z_3}{Z_1}$	
		无	$k=55-10(R_a+l+h)^{\frac{1}{2}}Q^{-\frac{1}{6}},\eta=\dfrac{Z_2}{Z_1}$	
	5	有	$k=42-5l^{\frac{1}{2}}Q^{-\frac{1}{6}},\eta=\dfrac{Z_2+Z_3}{Z_1}$	
		无	$k=55-10(R_a+l)^{\frac{1}{2}}Q^{-\frac{1}{6}},\eta=\dfrac{Z_2}{Z_1}$	
$N=4$	6	有	—	
		无	$k=55-10R_a^{\frac{1}{2}}Q^{-\frac{1}{6}},\eta=\dfrac{Z_2}{Z_1}$	

D.0.2 系数 Z_1、Z_2、Z_3 值,可根据 α 和 β 按表 D.0.2 查取。

表 D.0.2 系数 Z_1、Z_2、Z_3 值

α \ β	0.03	0.04	0.05	0.06	0.07	0.08	0.09	0.10	0.11	0.13	0.15	0.17	0.20	0.23	0.27	0.30
								$\times10^{-5}$								
0.030	106	158	213	270	329	392	458	527	598	748	906	1070	1310	1560	1890	2130
0.035	101	156	212	271	333	397	463	532	604	754	910	1070	1320	1560	1890	2130
0.040	96.9	152	210	271	334	399	466	536	608	758	914	1070	1320	1560	1890	2130
0.045	92.3	147	206	268	332	399	467	537	610	760	916	1080	1320	1560	1890	2130
0.050	87.8	142	202	264	329	397	466	537	610	760	916	1080	1320	1560	1890	2120
0.060	79.7	132	191	254	320	389	459	532	605	757	913	1070	1320	1560	1880	2120
0.070	72.6	122	179	242	308	377	449	522	596	749	906	1070	1310	1550	1870	2110
0.080	66.6	113	168	229	295	364	435	509	584	738	895	1050	1300	1540	1860	2100
0.090	61.4	105	158	217	281	349	420	494	569	723	881	1040	1280	1530	1850	2090
0.100	57.0	98.3	148	205	268	335	405	478	552	706	865	1030	1270	1510	1830	2070
0.125	48.2	84.0	128	179	237	299	366	436	509	660	817	977	1220	1470	1790	2030
0.150	41.7	73.1	112	158	211	268	330	397	466	612	766	924	1170	1410	1730	1970
0.200	32.8	57.8	89.3	127	170	219	273	330	392	524	667	816	1050	1290	1610	1850
0.250	26.9	47.6	73.9	105	142	184	230	280	334	452	581	719	939	1170	1480	1720

续表 D.0.2

α \ β	0.03	0.04	0.05	0.06	0.07	0.08	0.09	0.10	0.11	0.13	0.15	0.17	0.20	0.23	0.27	0.30
							$\times 10^{-5}$									
0.300	22.8	40.4	62.8	89.9	122	157	197	241	289	394	511	637	841	1058	1360	1590
0.400	17.4	30.9	48.2	69.1	93.6	122	153	188	226	310	406	512	686	875	1145	1358
0.500	14.1	25.0	39.0	55.9	75.9	98.8	125	153	184	255	335	424	573	737	977	1168
0.600	11.8	20.9	32.7	46.9	63.7	83.0	105	129	155	215	284	360	489	633	845	1017
0.800	8.88	15.8	24.6	35.4	48.1	62.7	79.2	97.5	118	163	216	275	376	490	660	800
1.000	7.11	12.6	19.7	28.4	38.6	50.3	63.5	78.3	94.6	131	174	222	304	398	538	654
1.200	5.92	10.5	16.4	23.6	32.1	41.9	53.0	65.3	78.9	110	145	186	255	334	453	552
1.400	5.07	9.01	14.1	20.2	27.5	35.9	45.4	56.0	67.6	94.1	125	160	219	287	390	476
1.600	4.43	7.87	12.3	17.7	24.0	31.4	39.7	48.9	59.1	82.3	109	140	192	251	342	418
1.800	3.93	6.98	10.9	15.7	21.3	27.8	35.2	43.4	52.4	73.0	96.9	124	170	223	304	372
2.000	3.53	6.26	9.78	14.1	19.1	25.0	31.6	39.0	47.1	65.6	87.0	111	153	201	274	335
2.200	3.19	5.68	8.87	12.8	17.4	22.6	28.6	35.3	42.7	59.4	78.9	101	139	182	248	304
2.400	2.92	5.19	8.10	11.7	15.9	20.7	26.2	32.3	39.0	54.3	72.1	92.3	127	167	227	278
2.600	2.68	4.77	7.45	10.7	14.6	19.0	24.1	29.7	35.9	50.0	66.3	84.9	117	153	209	256
2.800	2.48	4.41	6.89	9.92	13.5	17.6	22.3	27.5	33.2	46.2	61.4	78.6	108	142	194	237

续表 D.0.2

α \ β	0.03	0.04	0.05	0.06	0.07	0.08	0.09	0.10	0.11	0.13	0.15	0.17	0.20	0.23	0.27	0.30
							$\times 10^{-6}$									
3.000	23.1	41.0	64.1	92.2	125	164	207	255	309	430	571	731	1005	1321	1802	2206
3.500	19.6	34.8	54.3	78.2	106	139	176	217	262	365	484	620	853	1121	1531	1874
4.000	16.9	30.1	47.0	67.7	92.1	120	152	187	227	316	419	537	739	971	1325	1623
4.500	14.9	26.5	41.3	59.5	80.9	106	134	165	199	277	368	472	649	853	1165	1428
5.000	13.2	23.5	36.8	52.9	71.9	93.9	119	146	177	247	328	420	578	759	1037	1270
5.500	11.9	21.1	33.0	47.5	64.6	84.4	107	132	159	222	294	377	519	682	932	1142
6.000	10.8	19.2	29.9	43.1	58.6	76.4	96.7	119	144	201	267	342	470	618	844	1035
6.500	9.83	17.5	27.3	39.3	53.4	69.7	88.2	109	132	183	243	312	429	564	771	944
7.000	9.03	16.0	25.1	36.1	49.1	64.0	81.0	99.9	121	168	223	286	394	518	708	867
7.500	8.33	14.8	23.1	33.3	45.3	59.1	74.7	92.2	111	155	206	264	364	478	653	800
8.000	7.73	13.7	21.5	30.9	42.0	54.8	69.3	85.5	103	144	191	245	337	443	606	742
8.500	7.20	12.8	20.0	28.8	39.1	51.0	64.6	79.6	96.2	134	178	228	314	413	564	691
9.000	6.73	12.0	18.7	26.9	36.6	47.7	60.3	74.4	90.0	125	166	213	294	386	527	646
9.500	6.31	11.2	17.5	25.2	34.3	44.8	56.6	69.8	84.4	118	156	200	275	362	494	606
10.00	5.94	10.6	16.5	23.7	32.3	42.1	53.2	65.7	79.4	111	147	188	259	341	465	570

续表 D.0.2

α \ β	0.03	0.04	0.05	0.06	0.07	0.08	0.09	0.10	0.11	0.13	0.15	0.17	0.20	0.23	0.27	0.30
							$\times 10^{-6}$									
12.00	4.77	8.48	13.2	19.1	25.9	33.9	42.8	52.8	63.8	88.9	118	151	208	274	374	458
14.00	3.96	7.05	11.0	15.8	21.5	28.1	35.6	43.8	53.0	73.9	98.1	126	173	227	310	380
16.00	3.37	5.99	9.36	13.5	18.3	23.9	30.2	37.3	45.1	62.8	83.4	107	147	193	264	323
18.00	2.93	5.20	8.12	11.7	15.9	20.7	26.2	32.4	39.1	54.5	72.3	92.6	127	167	229	280
20.00	2.58	4.58	7.15	10.3	14.0	18.3	23.1	28.5	34.4	48.0	63.7	81.5	112	147	201	246
22.00	2.30	4.08	6.37	9.17	12.5	16.3	20.6	25.4	30.7	42.7	56.7	72.6	100	131	179	219
24.00	2.07	3.67	5.74	8.26	11.2	14.7	18.5	22.9	27.6	38.5	51.1	65.4	90.0	118	161	197
26.00	1.88	3.34	5.21	7.50	10.2	13.3	16.8	20.8	25.1	35.0	46.4	59.4	81.7	107	146	179
28.00	1.72	3.05	4.77	6.86	9.34	12.2	15.4	19.0	23.0	32.0	42.5	54.3	74.8	98.2	134	164
30.00	1.58	2.81	4.39	6.32	8.60	11.2	14.2	17.5	21.1	29.5	39.1	50.0	68.8	90.4	123	151
32.00	1.47	2.61	4.07	5.86	7.96	10.4	13.1	16.2	19.6	27.3	36.2	46.3	63.7	83.7	114	140
34.00	1.36	2.43	3.79	5.45	7.41	9.67	12.2	15.1	18.2	25.4	33.7	43.1	59.3	77.9	106	130
36.00	1.28	2.27	3.54	5.09	6.93	9.04	11.4	14.1	17.0	23.7	31.5	40.3	55.4	72.8	99.2	121
38.00	1.20	2.13	3.32	4.78	6.50	8.49	10.7	13.2	16.0	22.3	29.6	37.8	52.0	68.3	93.1	114
40.00	1.13	2.00	3.13	4.50	6.12	7.99	10.1	12.5	15.1	21.0	27.8	35.6	49.0	64.3	87.6	107

续表 D.0.2

α \ β	0.35	0.40	0.50	0.60	0.70	0.80	1.00	1.20	1.50	2.00	3.00	5.00	8.00	10.0	15.0	20.0	30.0
									$\times10^{-3}$								
0.030	25.2	28.9	35.8	42.1	47.8	53.0	62.0	69.3	77.9	87.8	99.2	109	115	117	120	121	122
0.035	25.1	28.8	35.8	42.1	47.8	53.0	62.0	69.3	77.8	87.8	99.2	109	115	117	120	121	122
0.040	25.1	28.8	35.7	42.1	47.8	53.0	61.9	69.3	77.8	87.8	99.2	109	115	117	120	121	122
0.045	25.1	28.8	35.7	42.0	47.8	53.0	61.9	69.2	77.8	87.8	99.2	109	115	117	120	121	122
0.050	25.1	28.8	35.7	42.0	47.8	53.0	61.9	69.2	77.8	87.8	99.2	109	115	117	120	121	122
0.060	25.0	28.7	35.6	42.0	47.7	52.9	61.9	69.2	77.8	87.8	99.2	109	115	117	120	121	122
0.070	24.9	28.6	35.6	41.9	47.6	52.9	61.8	69.2	77.8	87.8	99.2	109	115	117	120	121	122
0.080	24.8	28.5	35.5	41.8	47.6	52.8	61.8	69.1	77.7	87.7	99.2	109	115	117	120	121	122
0.090	24.7	28.4	35.4	41.7	47.5	52.7	61.7	69.1	77.7	87.7	99.1	109	115	117	120	121	122
0.100	24.6	28.3	35.3	41.6	47.4	52.6	61.7	69.0	77.6	87.7	99.1	109	115	117	120	121	122
0.125	24.1	27.9	34.9	41.3	47.1	52.4	61.5	68.8	77.5	87.6	99.0	109	115	117	120	121	122
0.150	23.6	27.4	34.5	40.9	46.8	52.1	61.2	68.6	77.3	87.5	99.0	109	115	117	120	121	122
0.200	22.5	26.3	33.5	40.0	46.0	51.4	60.6	68.1	76.9	87.1	98.7	109	115	117	120	121	122
0.250	21.1	25.0	32.2	38.9	45.0	50.4	59.8	67.5	76.4	86.7	98.5	109	115	117	120	121	122
0.300	19.8	23.6	30.9	37.7	43.8	49.4	58.9	66.7	75.7	86.2	98.1	109	115	117	119	121	122

续表 D.0.2

α \ β	0.35	0.40	0.50	0.60	0.70	0.80	1.00	1.20	1.50	2.00	3.00	5.00	8.00	10.0	15.0	20.0	30.0
									$\times10^{-3}$								
0.400	17.2	20.9	28.1	34.9	41.2	46.9	56.8	64.8	74.1	85.0	97.3	108	114	116	119	121	122
0.500	15.0	18.5	25.4	32.1	38.4	44.2	54.3	62.6	72.3	83.5	96.2	107	114	116	119	121	122
0.600	13.2	16.4	23.0	29.5	35.7	41.5	51.7	60.1	70.1	81.8	95.0	107	113	116	119	120	122
0.800	10.5	13.2	19.0	24.9	30.7	36.3	46.4	55.1	65.5	77.9	92.2	105	112	115	118	120	122
1.000	8.66	11.0	16.0	21.2	26.6	31.8	41.6	50.1	60.8	73.7	89.1	103	111	114	118	119	121
1.200	7.33	9.32	13.7	18.4	23.2	28.1	37.3	45.6	56.2	69.5	85.7	101	110	113	117	119	121
1.400	6.34	8.08	11.9	16.2	20.5	25.0	33.6	41.5	51.9	65.3	82.3	98.3	108	111	116	118	120
1.600	5.57	7.12	10.6	14.4	18.3	22.4	30.4	38.0	48.0	61.4	78.8	95.8	106	110	115	117	120
1.800	4.97	6.35	9.46	12.9	16.5	20.3	27.7	34.9	44.5	57.7	75.5	93.4	105	109	114	117	120
2.000	4.47	5.73	8.54	11.7	15.0	18.5	25.4	32.1	41.4	54.3	72.3	91.0	103	107	113	116	119
2.200	4.07	5.21	7.78	10.7	13.7	16.9	23.4	29.7	38.6	51.2	69.2	88.6	101	106	112	115	119
2.400	3.72	4.77	7.14	9.80	12.6	15.6	21.7	27.6	36.1	48.3	66.2	86.2	100	105	111	115	118
2.600	3.43	4.40	6.59	9.05	11.7	14.5	20.1	25.8	33.8	45.6	63.4	83.8	98.1	103	110	114	118
2.800	3.18	4.08	6.11	8.40	10.9	13.5	18.8	24.1	31.8	43.2	60.7	81.5	96.4	102	109	113	117
3.000	2.96	3.79	5.70	7.84	10.2	12.6	17.6	22.7	30.0	41.0	58.2	79.3	94.7	100	108	112	117

续表 D.0.2

α \ β	0.35	0.40	0.50	0.60	0.70	0.80	1.00	1.20	1.50	2.00	3.00	5.00	8.00	10.0	15.0	20.0	30.0
									$\times10^{-4}$								
3.500	25.1	32.3	48.5	66.9	86.8	108	152	196	261	362	526	740	907	970	1059	1106	1154
4.000	21.8	28.0	42.1	58.1	75.5	93.9	133	172	231	322	478	691	867	936	1035	1087	1141
4.500	19.2	24.6	37.1	51.2	66.6	83.0	117	153	206	290	436	647	829	903	1011	1069	1128
5.000	17.0	21.9	33.0	45.6	59.4	74.1	105	137	185	263	400	606	793	871	987	1050	1115
5.500	15.3	19.7	29.7	41.1	53.5	66.7	94.8	124	168	240	369	569	759	841	964	1032	1103
6.000	13.9	17.9	26.9	37.2	48.5	60.6	86.1	113	153	220	342	535	727	811	941	1014	1090
6.500	12.7	16.3	24.6	34.0	44.3	55.4	78.8	103	141	203	318	505	696	783	919	996	1077
7.000	11.6	15.0	22.6	31.2	40.7	50.9	72.5	95.1	130	188	296	477	667	755	897	978	1065
7.500	10.7	13.8	20.8	28.8	37.6	47.0	67.0	88.0	120	174	277	452	640	730	875	960	1052
8.000	9.96	12.8	19.3	26.8	34.9	43.6	62.2	81.7	112	163	260	428	615	705	855	943	1040
8.500	9.28	11.9	18.0	24.9	32.5	40.6	57.9	76.2	104	152	245	407	591	681	834	926	1028
9.000	8.67	11.1	16.8	23.3	30.4	37.9	54.1	71.2	97.8	143	231	387	568	659	814	909	1015
9.500	8.13	10.5	15.8	21.8	28.5	35.6	50.8	66.8	91.8	134	219	369	547	637	795	893	1003
10.00	7.65	9.83	14.8	20.5	26.8	33.5	47.8	62.9	86.5	127	207	353	526	617	776	877	991
12.00	6.14	7.90	11.9	16.5	21.5	26.8	38.3	50.4	69.4	102	170	297	457	544	707	816	944

α＼β	0.35	0.40	0.50	0.60	0.70	0.80	1.00	1.20	1.50	2.00	3.00	5.00	8.00	10.0	15.0	20.0	30.0
										×10⁻⁴							
14.00	5.10	6.55	9.87	13.6	17.8	22.2	31.6	41.6	57.3	84.8	142	255	401	484	646	759	899
16.00	4.33	5.57	8.38	11.6	15.1	18.8	26.7	35.2	48.4	71.7	121	221	356	434	593	708	857
18.00	3.75	4.82	7.25	10.0	13.0	16.2	23.0	30.3	41.6	61.6	105	194	319	393	546	661	816
20.00	3.30	4.24	6.37	8.78	11.4	14.2	20.2	26.4	36.3	53.7	91.6	173	288	357	504	619	778
22.00	2.94	3.77	5.67	7.81	10.1	12.6	17.9	23.4	32.0	47.3	80.9	154	261	327	468	581	742
24.00	2.64	3.39	5.09	7.01	9.10	11.3	16.0	20.9	28.6	42.1	72.0	139	239	300	435	546	709
26.00	2.40	3.08	4.62	6.36	8.24	10.2	14.4	18.8	25.7	37.8	64.7	126	219	277	407	515	677
28.00	2.19	2.81	4.22	5.80	7.52	9.33	13.1	17.1	23.3	34.2	58.4	114	201	257	381	486	647
30.00	2.02	2.59	3.88	5.33	6.90	8.56	12.0	15.7	21.3	31.1	53.1	104	186	239	358	460	620
32.00	1.87	2.40	3.59	4.93	6.38	7.90	11.1	14.4	19.5	28.5	48.5	95.7	173	223	337	436	594
34.00	1.74	2.23	3.34	4.58	5.92	7.33	10.3	13.3	18.0	26.2	44.5	88.1	161	208	318	414	569
36.00	1.62	2.08	3.11	4.27	5.52	6.83	9.57	12.4	16.7	24.3	41.0	81.4	150	195	301	394	546
38.00	1.52	1.95	2.92	4.00	5.17	6.39	8.95	11.6	15.6	22.5	38.0	75.5	140	183	285	375	525
40.00	1.43	1.84	2.75	3.76	4.86	6.00	8.39	10.8	14.6	21.0	35.3	70.2	131	173	270	358	505

D.0.3 系数 Z_2、Z_3 值，可根据 γ 按表 D.0.3 查取。

表 D.0.3 系数 Z_2，Z_3 值（×10⁻³）

γ	0.04	0.05	0.06	0.07	0.08	0.10	0.15	0.20	0.25	0.30	0.40	0.50	0.60	0.70	0.80
Z_2,Z_3	0.787	1.21	1.71	2.28	2.91	4.32	8.42	12.8	17.1	21.2	28.8	35.8	42.1	47.8	53.0
γ	0.90	1.00	1.25	1.50	2.00	2.50	3.00	4.00	5.00	6.00	8.00	10.0	20.0	30.0	40.0
Z_2,Z_3	57.7	62.0	70.9	77.9	87.8	94.5	99.2	105	109	112	115	117	121	122	123

D.0.4 系数 k_a 值，可根据 α 和 β 按表 D.0.4 查取。

表 D.0.4 系数 k_a 值

α＼β	0.03	0.04	0.05	0.06	0.07	0.08	0.09	0.10	0.11	0.13	0.15	0.17	0.20	0.23	0.27	0.30
								×10⁻³								
0.030	31.8	49.5	69.2	90.6	114	138	165	192	221	283	349	420	532	648	802	921
0.035	29.4	47.3	66.7	87.9	111	135	161	188	217	277	343	412	522	637	790	907
0.040	27.3	45.3	64.3	85.1	108	132	157	184	212	272	336	404	513	627	777	894
0.045	25.5	42.7	61.9	82.4	105	128	153	180	207	266	330	397	504	617	766	881
0.050	23.9	40.3	59.7	79.8	102	125	150	176	203	261	323	389	495	606	754	868
0.060	21.2	36.2	54.3	74.8	95.9	118	142	168	194	251	311	375	478	586	732	843
0.070	19.0	32.9	49.7	69.0	90.5	112	136	160	186	241	300	362	461	567	712	820
0.080	17.3	30.0	45.7	63.9	84.3	107	129	153	178	231	289	349	446	549	692	798
0.090	15.8	27.6	42.3	59.4	78.7	100	122	146	170	222	278	337	432	532	673	777
0.100	14.6	25.6	39.3	55.4	73.7	94.0	116	140	163	214	268	325	418	515	653	757
0.125	12.3	21.6	33.3	47.3	63.4	81.4	101	122	145	194	245	299	386	478	608	711
0.150	10.6	18.7	28.9	41.2	55.4	71.4	89.1	108	129	175	224	275	357	445	569	666
0.200	8.28	14.7	22.8	32.6	44.1	57.1	71.6	87.5	105	143	186	233	310	388	501	590
0.250	6.79	12.0	18.7	26.9	36.4	47.3	59.5	72.9	87.6	120	157	198	266	341	446	527

α＼β	0.03	0.04	0.05	0.06	0.07	0.08	0.09	0.10	0.11	0.13	0.15	0.17	0.20	0.23	0.27	0.30
								×10⁻³								
0.300	5.75	10.2	15.9	22.8	31.0	40.3	50.7	62.3	75.0	103	136	172	232	299	397	476
0.400	4.39	7.79	12.2	17.5	23.7	30.9	39.0	48.0	57.9	80.2	106	135	183	238	319	386
0.500	3.54	6.29	9.82	14.1	19.2	25.0	31.6	38.9	47.0	65.3	86.3	110	151	196	265	322
0.600	2.97	5.27	8.22	11.8	16.1	21.0	26.5	32.7	39.5	54.9	72.7	92.9	127	167	226	275
0.800	2.23	3.97	6.20	8.92	12.1	15.8	20.0	24.7	29.8	41.5	55.1	70.5	96.9	127	173	212
1.000	1.79	3.18	4.96	7.14	9.71	12.7	16.0	19.8	23.9	33.3	44.2	56.6	78.0	103	140	171
1.200	1.49	2.65	4.13	5.95	8.09	10.6	13.4	16.5	19.9	27.8	36.9	47.3	65.1	85.7	117	144
1.400	1.27	2.27	3.54	5.09	6.93	9.05	11.4	14.1	17.1	23.8	31.6	40.5	55.9	73.5	101	123
1.600	1.11	1.98	3.09	4.45	6.05	7.90	10.0	12.3	14.9	20.8	27.6	35.4	48.8	64.3	88.1	108
1.800	0.987	1.75	2.74	3.95	5.37	7.01	8.87	10.9	13.2	18.4	24.5	31.4	43.3	57.1	78.2	96.1
2.000	0.886	1.58	2.46	3.54	4.82	6.29	7.96	9.80	11.9	16.6	22.0	28.2	38.9	51.3	70.3	86.3
2.200	0.803	1.43	2.23	3.21	4.37	5.70	7.21	8.90	10.8	15.0	20.0	25.6	35.3	46.5	63.7	78.3
2.400	0.734	1.30	2.04	2.93	3.99	5.21	6.59	8.13	9.80	13.7	18.2	23.4	32.3	42.5	58.3	71.6
2.600	0.675	1.20	1.87	2.70	3.67	4.79	6.06	7.48	9.05	12.6	16.8	21.5	29.7	39.1	53.6	65.9
2.800	0.624	1.11	1.73	2.50	3.40	4.43	5.61	6.92	8.37	11.7	15.5	19.9	27.5	36.2	49.6	61.0

β\α	0.03	0.04	0.05	0.06	0.07	0.08	0.09	0.10	0.11	0.13	0.15	0.17	0.20	0.23	0.27	0.30
								$\times 10^{-4}$								
3.000	5.80	10.3	16.1	23.2	31.6	41.2	52.1	64.3	77.8	109	144	185	255	337	461	567
3.500	4.92	8.75	13.7	19.7	26.8	35.0	44.2	54.6	66.0	92.1	122	157	217	286	392	482
4.000	4.26	7.57	11.8	17.0	23.2	30.2	38.3	47.2	57.1	79.7	106	136	187	247	339	417
4.500	3.74	6.65	10.4	15.0	20.4	26.6	33.6	41.5	50.2	70.0	93.1	119	165	217	298	366
5.000	3.33	5.92	9.24	13.3	18.1	23.6	29.9	36.9	44.6	62.3	82.8	106	147	193	265	326
5.500	2.99	5.32	8.30	12.0	16.3	21.2	26.9	33.2	40.1	55.9	74.4	95.4	132	174	238	293
6.000	2.71	4.82	7.52	10.8	14.7	19.2	24.3	30.0	36.3	50.7	67.4	86.4	119	157	216	265
6.500	2.47	4.39	6.86	9.88	13.4	17.6	22.2	27.4	33.1	46.2	61.5	78.9	109	144	197	242
7.000	2.27	4.03	6.30	9.07	12.3	16.1	20.4	25.2	30.4	42.5	56.4	72.4	99.9	132	181	222
7.500	2.09	3.72	5.82	8.37	11.4	14.9	18.8	23.2	28.1	39.2	52.1	66.8	92.3	122	167	205
8.000	1.94	3.45	5.39	7.77	10.6	13.8	17.5	21.5	26.0	36.3	48.3	62.0	85.6	113	155	190
8.500	1.81	3.22	5.02	7.23	9.84	12.8	16.3	20.1	24.3	33.8	45.0	57.7	79.7	105	144	177
9.000	1.69	3.01	4.70	6.76	9.20	12.0	15.2	18.8	22.7	31.6	42.1	53.9	74.5	98.2	135	166
9.500	1.59	2.82	4.40	6.34	8.63	11.3	14.3	17.6	21.3	29.7	39.5	50.6	69.9	92.1	126	155
10.00	1.49	2.65	4.14	5.97	8.12	10.6	13.4	16.5	20.0	27.9	37.1	47.6	65.7	86.7	119	146

β\α	0.03	0.04	0.05	0.06	0.07	0.08	0.09	0.10	0.11	0.13	0.15	0.17	0.20	0.23	0.27	0.30
								$\times 10^{-5}$								
12.00	12.0	21.3	33.3	48.0	65.3	85.2	108	133	161	224	298	383	528	697	955	1175
14.00	9.97	17.7	27.7	39.8	54.2	70.8	89.5	110	134	186	248	318	439	578	793	975
16.00	8.48	15.1	23.5	33.9	46.1	60.2	76.2	94.0	114	159	211	270	373	492	675	830
18.00	7.35	13.1	20.4	29.4	40.0	52.2	66.1	81.5	98.6	138	183	234	324	427	585	719
20.00	6.47	11.5	18.0	25.9	35.2	46.0	58.2	71.8	86.8	121	161	206	285	375	515	633
22.00	5.77	10.3	16.0	23.1	31.4	41.0	51.8	64.0	77.4	108	143	184	254	335	459	564
24.00	5.20	9.24	14.4	20.8	28.3	36.9	46.7	57.6	69.7	97.2	129	166	229	301	413	508
26.00	4.72	8.39	13.1	18.9	25.7	33.5	42.4	52.3	63.3	88.3	117	150	208	274	375	461
28.00	4.32	7.68	12.0	17.3	23.5	30.7	38.8	47.9	57.9	80.8	107	138	190	250	343	422
30.00	3.98	7.07	11.0	15.9	21.6	28.3	35.7	44.1	53.3	74.4	98.9	127	175	231	316	388
32.00	3.69	6.55	10.2	14.7	20.0	26.2	33.1	40.8	49.4	68.9	91.6	117	162	214	293	360
34.00	3.43	6.10	9.52	13.7	18.7	24.4	30.8	38.0	46.0	64.1	85.2	109	151	199	272	335
36.00	3.21	5.70	8.90	12.8	17.4	22.8	28.8	35.5	43.0	59.9	79.7	102	141	186	255	313
38.00	3.01	5.35	8.36	12.0	16.4	21.4	27.0	33.3	40.3	56.2	74.8	95.8	132	174	239	293
40.00	2.83	5.04	7.87	11.3	15.4	20.1	25.5	31.4	38.0	53.0	70.4	90.3	125	164	225	276

β\α	0.35	0.40	0.50	0.60	0.70	0.80	1.00	1.20	1.50	2.00	3.00	5.00	8.00	10.0	15.0	20.0	30.0
									$\times 10^{-1}$								
0.030	11.3	13.4	17.7	22.1	26.6	31.1	40.1	48.9	62.1	84.0	127	213	342	428	641	855	1282
0.035	11.1	13.2	17.5	21.9	26.3	30.7	39.6	48.3	61.4	83.1	126	211	338	423	634	845	1268
0.040	10.9	13.0	17.2	21.6	25.9	30.3	39.1	47.8	60.7	82.2	125	209	335	418	627	836	1254
0.045	10.8	12.8	17.0	21.3	25.6	30.0	38.7	47.3	60.1	81.3	123	207	331	414	621	828	1241
0.050	10.6	12.6	16.8	21.1	25.3	29.6	38.3	46.7	59.4	80.4	122	204	328	410	614	819	1228
0.060	10.3	12.3	16.4	20.6	24.8	29.0	37.4	45.8	58.2	78.8	120	200	321	401	602	803	1204
0.070	10.1	12.0	16.0	20.1	24.2	28.4	36.7	44.8	57.0	77.2	117	196	315	394	590	787	1181
0.080	9.81	11.7	15.6	19.7	23.7	27.8	35.9	44.0	56.0	75.8	115	193	309	386	579	773	1159
0.090	9.57	11.4	15.3	19.2	23.2	27.2	35.2	43.1	54.9	74.4	113	189	303	379	569	759	1138
0.100	9.33	11.2	14.9	18.8	22.7	26.7	34.6	42.3	53.9	73.1	111	186	298	373	559	746	1118
0.125	8.79	10.5	14.2	17.9	21.7	25.5	33.1	40.5	51.7	70.1	107	179	286	358	537	716	1073
0.150	8.31	9.98	13.5	17.1	20.7	24.4	31.7	38.9	49.7	67.4	102	172	276	345	517	689	1033
0.200	7.45	9.02	12.3	15.7	19.1	22.5	29.4	36.1	46.2	62.8	95.6	161	257	322	483	643	965
0.250	6.71	8.21	11.3	14.4	17.7	20.9	27.4	33.8	43.3	59.0	89.9	151	242	303	454	605	908
0.300	6.08	7.49	10.4	13.4	16.5	19.6	25.8	31.8	40.9	55.7	85.0	143	229	287	430	573	859

续表 D.0.4

α＼β	0.35	0.40	0.50	0.60	0.70	0.80	1.00	1.20	1.50	2.00	3.00	5.00	8.00	10.0	15.0	20.0	30.0
									$\times 10^{-1}$								
0.400	5.06	6.34	8.98	11.7	14.5	17.4	23.0	28.6	36.8	50.4	77.1	130	208	260	390	520	780
0.500	4.26	5.39	7.85	10.4	12.9	15.6	20.8	26.0	33.6	46.2	70.8	119	192	239	359	479	718
0.600	3.66	4.65	6.87	9.27	11.7	14.1	19.0	23.8	30.9	42.7	65.7	111	178	223	334	445	667
0.800	2.83	3.63	5.43	7.45	9.62	11.8	16.1	20.4	26.7	37.2	57.6	97.5	157	196	294	392	588
1.000	2.30	2.96	4.46	6.17	8.04	10.0	14.0	17.8	23.5	32.9	51.4	87.4	141	176	264	352	528
1.200	1.93	2.49	3.77	5.24	6.86	8.61	12.2	15.7	20.9	29.6	46.5	79.4	128	160	240	321	481
1.400	1.66	2.14	3.26	4.54	5.97	7.51	10.8	14.0	18.8	26.8	42.4	72.8	118	147	221	295	442
1.600	1.46	1.88	2.86	4.00	5.27	6.65	9.61	12.6	17.1	24.5	39.0	67.3	109	136	205	273	410
1.800	1.30	1.67	2.55	3.57	4.71	5.96	8.65	11.4	15.6	22.5	36.1	62.6	102	127	191	255	383
2.000	1.16	1.51	2.30	3.22	4.26	5.39	7.85	10.4	14.3	20.8	33.6	58.6	95.2	119	180	239	359
2.200	1.06	1.37	2.09	2.93	3.88	4.91	7.17	9.51	13.1	19.3	31.4	55.0	89.6	112	169	226	339
2.400	0.967	1.25	1.91	2.68	3.55	4.51	6.60	8.77	12.1	18.0	29.5	51.8	84.7	106	160	214	321
2.600	0.890	1.15	1.76	2.47	3.28	4.16	6.10	8.13	11.3	16.8	27.7	49.0	80.3	101	152	203	304
2.800	0.824	1.07	1.63	2.29	3.04	3.86	5.67	7.56	10.5	15.7	26.2	46.5	76.3	96.0	145	193	290
3.000	0.766	0.992	1.52	2.14	2.83	3.60	5.29	7.07	9.89	14.8	24.8	44.2	72.8	91.5	138	185	277

续表 D.0.4

α＼β	0.35	0.40	0.50	0.60	0.70	0.80	1.00	1.20	1.50	2.00	3.00	5.00	8.00	10.0	15.0	20.0	30.0
									$\times 10^{-2}$								
3.500	6.50	8.42	12.9	18.2	24.1	30.7	45.2	60.5	85.3	128	218	394	652	821	1242	1660	2493
4.000	5.63	7.29	11.2	15.7	20.9	26.6	39.3	52.7	74.5	113	193	354	590	745	1129	1510	2269
4.500	4.95	6.41	9.83	13.9	18.4	23.5	34.7	46.6	65.9	100	173	321	539	682	1035	1386	2084
5.000	4.41	5.71	8.75	12.3	16.4	20.9	31.0	41.6	59.0	90.2	157	294	495	628	956	1281	1928
5.500	3.96	5.13	7.87	11.1	14.8	18.8	27.9	37.4	53.2	81.8	142	270	458	582	888	1192	1795
6.000	3.59	4.65	7.13	10.1	13.4	17.1	25.3	34.0	48.3	74.8	130	249	426	542	830	1114	1679
6.500	3.27	4.24	6.51	9.18	12.2	15.6	23.1	31.1	44.2	68.5	120	231	398	507	778	1046	1577
7.000	3.01	3.89	5.98	8.43	11.2	14.3	21.2	28.6	40.7	63.1	111	215	373	476	732	986	1488
7.500	2.77	3.59	5.52	7.78	10.4	13.2	19.6	26.4	37.6	58.4	103	201	351	449	692	932	1408
8.000	2.57	3.33	5.11	7.21	9.60	12.2	18.2	24.5	34.9	54.2	96.6	189	331	424	655	883	1336
8.500	2.40	3.10	4.76	6.72	8.94	11.4	16.9	22.8	32.5	50.6	90.5	177	313	402	622	840	1272
9.000	2.24	2.90	4.45	6.28	8.36	10.7	15.8	21.3	30.4	47.3	85.0	167	296	381	592	800	1213
9.500	2.10	2.72	4.18	5.89	7.84	9.99	14.8	20.0	28.5	44.4	80.1	158	281	363	564	764	1159
10.00	1.98	2.56	3.93	5.54	7.37	9.40	14.0	18.8	26.8	41.8	75.7	149	267	346	539	731	1110
12.00	1.59	2.06	3.15	4.45	5.92	7.54	11.2	15.1	21.5	33.5	61.4	122	222	290	457	622	949

续表 D.0.4

α＼β	0.35	0.40	0.50	0.60	0.70	0.80	1.00	1.20	1.50	2.00	3.00	5.00	8.00	10.0	15.0	20.0	30.0
									$\times 10^{-2}$								
14.00	1.32	1.71	2.62	3.69	4.91	6.25	9.28	12.5	17.7	27.7	50.9	103	189	247	395	540	828
16.00	1.12	1.45	2.22	3.13	4.17	5.31	7.87	10.5	15.0	23.4	43.0	88.4	163	215	346	476	733
18.00	0.971	1.26	1.93	2.71	3.61	4.59	6.80	9.11	12.9	20.1	37.1	77.1	143	189	307	425	657
20.00	0.855	1.11	1.70	2.39	3.17	4.03	5.97	7.98	11.3	17.6	32.3	68.0	126	168	275	383	594
22.00	0.762	0.986	1.51	2.12	2.82	3.59	5.31	7.08	10.0	15.5	28.6	60.5	113	151	248	347	542
24.00	0.685	0.887	1.36	1.91	2.53	3.22	4.76	6.35	8.97	13.9	25.5	54.1	102	136	226	317	498
26.00	0.622	0.806	1.23	1.73	2.30	2.92	4.31	5.74	8.10	12.5	22.9	48.7	92.8	124	207	291	460
28.00	0.569	0.737	1.13	1.58	2.10	2.67	3.94	5.24	7.37	11.4	20.8	44.1	84.9	114	190	268	426
30.00	0.524	0.678	1.04	1.46	1.93	2.45	3.62	4.81	6.75	10.4	18.9	40.3	78.1	105	175	249	397
32.00	0.485	0.628	0.960	1.35	1.79	2.27	3.34	4.44	6.22	9.55	17.4	36.9	72.1	96.8	163	232	372
34.00	0.452	0.584	0.893	1.25	1.66	2.11	3.10	4.11	5.77	8.83	16.0	34.0	66.9	89.9	151	217	348
36.00	0.422	0.546	0.834	1.17	1.55	1.97	2.90	3.83	5.37	8.20	14.8	31.5	62.3	83.8	142	203	328
38.00	0.396	0.512	0.782	1.10	1.45	1.84	2.71	3.59	5.01	7.65	13.8	29.2	58.1	78.4	133	191	309
40.00	0.373	0.482	0.736	1.03	1.37	1.73	2.55	3.37	4.70	7.16	12.9	27.2	54.2	73.6	125	179	292

附录 E 按极限平衡法计算矩形板的弯矩系数和动反力系数

E.0.1 四边支承板的弯矩系数和动反力系数，可按表 E.0.1 查取。

表 E.0.1 四边支承板的弯矩系数和动反力系数

四边固定

$$M_x = K_x M \qquad V_{1-2} = K_{V_{1-2}} \frac{M_x}{l_x}$$
$$M_y = \alpha M_x \qquad V_{3-4} = V_{1-2}$$
$$M_x^0 = 2M_x \qquad V_{2-3} = K_{V_{2-3}} \frac{M_x}{l_x}$$
$$M_y^0 = 2M_y \qquad V_{4-1} = V_{2-3}$$

$\lambda = \dfrac{l_y}{l_x}$	α	K_x	$K_{V_{1-2}}$	$K_{V_{2-3}}$	备注
1.00	1.00	0.0139	12.00	12.00	
1.05	0.90	0.0153	11.47	10.84	
1.10	0.85	0.0164	11.15	10.19	
1.15	0.75	0.0179	10.79	9.15	
1.20	0.70	0.0190	10.58	8.58	
1.25	0.65	0.0201	10.39	8.04	
1.30	0.60	0.0212	10.23	7.52	
1.35	0.55	0.0223	10.09	7.02	
1.40	0.50	0.0234	9.97	6.53	
1.45	0.50	0.0239	9.92	6.47	
1.50	0.45	0.0250	9.82	6.00	$M = \xi C i \omega l_x^2$
1.55	0.40	0.0261	9.72	5.53	
1.60	0.40	0.0265	9.69	5.49	
1.65	0.35	0.0276	9.61	5.03	
1.70	0.35	0.0280	9.59	5.00	
1.75	0.35	0.0283	9.57	4.98	
1.80	0.35	0.0286	9.55	4.95	
1.85	0.30	0.0297	9.48	4.50	
1.90	0.30	0.0299	9.46	4.48	
1.95	0.25	0.0310	9.40	4.01	
2.00	0.25	0.0313	9.39		

续表 E.0.1

四边固定

$$M_x = K_x M \qquad V_{1-2} = K_{V_{1-2}} \frac{M_x}{l_x}$$
$$M_y = \alpha M_x \qquad V_{3-4} = V_{1-2}$$
$$M_x^0 = 1.6M_x \qquad V_{2-3} = K_{V_{2-3}} \frac{M_x}{l_x}$$
$$M_y^0 = 1.6M_y \qquad V_{4-1} = V_{2-3}$$

$\lambda = \dfrac{l_y}{l_x}$	α	K_x	$K_{V_{1-2}}$	$K_{V_{2-3}}$	备注
1.00	1.00	0.0160	10.40	10.40	
1.05	0.90	0.0177	9.94	9.40	
1.10	0.85	0.0189	9.66	8.83	
1.15	0.75	0.0207	9.35	7.93	
1.20	0.70	0.0219	9.17	7.44	
1.25	0.65	0.0232	9.01	6.97	
1.30	0.60	0.0245	8.87	6.52	
1.35	0.55	0.0258	8.75	6.08	
1.40	0.50	0.0270	8.64	5.66	
1.45	0.50	0.0276	8.60	5.61	
1.50	0.45	0.0288	8.51	5.20	$M = \xi C i \omega l_x^2$
1.55	0.40	0.0301	8.43	4.80	
1.60	0.40	0.0306	8.40	4.76	
1.65	0.35	0.0319	8.33	4.36	
1.70	0.35	0.0323	8.31	4.34	
1.75	0.35	0.0326	8.29	4.31	
1.80	0.35	0.0330	8.27	4.29	
1.85	0.30	0.0342	8.22	3.90	
1.90	0.30	0.0345	8.20	3.88	
1.95	0.25	0.0358	8.15	3.48	
2.00	0.25	0.0361	8.14	3.47	

续表 E.0.1

四边固定

$$M_x = K_x M \qquad V_{1-2} = K_{V_{1-2}} \frac{M_x}{l_x}$$
$$M_y = \alpha M_x \qquad V_{3-4} = V_{1-2}$$
$$M_x^0 = 1.8M_x \qquad V_{2-3} = K_{V_{2-3}} \frac{M_x}{l_x}$$
$$M_y^0 = 1.8M_y \qquad V_{4-1} = V_{2-3}$$

$\lambda = \dfrac{l_y}{l_x}$	α	K_x	$K_{V_{1-2}}$	$K_{V_{2-3}}$	备注
1.00	1.00	0.0149	11.20	11.20	
1.05	0.90	0.0164	10.70	10.12	
1.10	0.85	0.0176	10.41	9.51	
1.15	0.75	0.0192	10.07	8.54	
1.20	0.70	0.0204	9.87	8.01	
1.25	0.65	0.0215	9.70	7.50	
1.30	0.60	0.0227	9.55	7.02	
1.35	0.55	0.0239	9.42	6.55	
1.40	0.50	0.0251	9.30	6.10	
1.45	0.50	0.0256	9.26	6.04	
1.50	0.45	0.0268	9.16	5.60	$M = \xi C i \omega l_x^2$
1.55	0.40	0.0280	9.08	5.17	
1.60	0.40	0.0284	9.05	5.13	
1.65	0.35	0.0296	8.97	4.70	
1.70	0.35	0.0299	8.95	4.67	
1.75	0.35	0.0303	8.93	4.64	
1.80	0.35	0.0306	8.91	4.62	
1.85	0.30	0.0318	8.85	4.20	
1.90	0.30	0.0321	8.83	4.18	
1.95	0.25	0.0332	8.78	3.75	
2.00	0.25	0.0335	8.77	3.73	

续表 E.0.1

四边固定

$$M_x = K_x M \qquad V_{1-2} = K_{V_{1-2}} \frac{M_x}{l_x}$$
$$M_y = \alpha M_x \qquad V_{3-4} = V_{1-2}$$
$$M_x^0 = 1.4M_x \qquad V_{2-3} = K_{V_{2-3}} \frac{M_x}{l_x}$$
$$M_y^0 = 1.4M_y \qquad V_{4-1} = V_{2-3}$$

$\lambda = \dfrac{l_y}{l_x}$	α	K_x	$K_{V_{1-2}}$	$K_{V_{2-3}}$	备注
1.00	1.00	0.0174	9.60	9.60	
1.05	0.90	0.0191	9.17	8.67	
1.10	0.85	0.0205	8.92	8.15	
1.15	0.75	0.0224	8.63	7.32	
1.20	0.70	0.0238	8.46	6.87	
1.25	0.65	0.0251	8.31	6.43	
1.30	0.60	0.0265	8.19	6.02	
1.35	0.55	0.0279	8.07	5.62	
1.40	0.50	0.0293	7.98	5.23	
1.45	0.50	0.0299	7.94	5.18	
1.50	0.45	0.0313	7.85	4.80	$M = \xi C i \omega l_x^2$
1.55	0.40	0.0327	7.78	4.43	
1.60	0.40	0.0331	7.75	4.40	
1.65	0.35	0.0345	7.69	4.03	
1.70	0.35	0.0349	7.67	4.00	
1.75	0.35	0.0353	7.65	3.98	
1.80	0.35	0.0357	7.64	3.96	
1.85	0.30	0.0371	7.58	3.60	
1.90	0.30	0.0374	7.57	3.58	
1.95	0.25	0.0388	7.52	3.21	
2.00	0.25	0.0391	7.51	3.20	

三边固定一边简支

$$M_x = K_x M \qquad V_{1-2} = K_{V_{1-2}} \dfrac{M_x}{l_x}$$
$$M_y = \alpha M_x \qquad V_{2-3} = K_{V_{2-3}} \dfrac{M_x}{l_x}$$
$$M_x^0 = 2M_x \qquad V_{3-4} = K_{V_{3-4}} \dfrac{M_x}{l_x}$$
$$M_y^0 = 2M_y \qquad V_{4-1} = V_{2-3}$$

$\lambda = \dfrac{l_y}{l_x}$	α	K_x	$K_{V_{1-2}}$	$K_{V_{3-4}}$	$K_{V_{2-3}}$	备注
1.00	1.00	0.0173	10.77	6.22	10.93	
1.05	0.90	0.0194	10.17	5.87	9.69	
1.10	0.85	0.0210	9.77	5.64	9.01	
1.15	0.75	0.0234	9.26	5.35	8.01	
1.20	0.70	0.0251	8.97	5.18	7.47	
1.25	0.65	0.0269	8.72	5.04	6.95	
1.30	0.60	0.0287	8.52	4.92	6.46	
1.35	0.55	0.0306	8.34	4.81	6.00	
1.40	0.50	0.0325	8.18	4.73	5.55	
1.45	0.50	0.0333	8.13	4.69	5.48	
1.50	0.45	0.0352	8.00	4.62	5.06	$M = \xi C i \omega l_x^2$
1.55	0.40	0.0372	7.89	4.55	4.64	
1.60	0.40	0.0378	7.85	4.52	4.60	
1.65	0.35	0.0399	7.76	4.48	4.19	
1.70	0.35	0.0405	7.73	4.46	4.16	
1.75	0.35	0.0410	7.71	4.45	4.13	
1.80	0.35	0.0416	7.68	4.44	4.10	
1.85	0.30	0.0436	7.61	4.39	3.71	
1.90	0.30	0.0441	7.59	4.38	3.69	
1.95	0.25	0.0461	7.52	4.34	3.29	
2.00	0.25	0.0466	7.51	4.34	3.28	

三边固定一边简支

$$M_x = K_x M \qquad V_{1-2} = K_{V_{1-2}} \dfrac{M_x}{l_x}$$
$$M_y = \alpha M_x \qquad V_{2-3} = K_{V_{2-3}} \dfrac{M_x}{l_x}$$
$$M_x^0 = 1.6M_x \qquad V_{3-4} = K_{V_{3-4}} \dfrac{M_x}{l_x}$$
$$M_y^0 = 1.6M_y \qquad V_{4-1} = V_{2-3}$$

$\lambda = \dfrac{l_y}{l_x}$	α	K_x	$K_{V_{1-2}}$	$K_{V_{3-4}}$	$K_{V_{2-3}}$	备注
1.00	1.00	0.0195	9.44	5.85	9.56	
1.05	0.90	0.0218	8.92	5.53	8.49	
1.10	0.85	0.0236	8.57	5.32	7.91	
1.15	0.75	0.0262	8.15	5.05	7.04	
1.20	0.70	0.0281	7.90	4.90	6.57	
1.25	0.65	0.0301	7.70	4.77	6.12	
1.30	0.60	0.0321	7.53	4.67	5.69	
1.35	0.55	0.0341	7.38	4.57	5.29	
1.40	0.50	0.0362	7.25	4.49	4.89	
1.45	0.50	0.0370	7.20	4.46	4.84	
1.50	0.45	0.0391	7.09	4.40	4.46	$M = \xi C i \omega l_x^2$
1.55	0.40	0.0413	7.00	4.34	4.10	
1.60	0.40	0.0420	6.97	4.32	4.06	
1.65	0.35	0.0442	6.89	4.27	3.71	
1.70	0.35	0.0448	6.86	4.26	3.68	
1.75	0.35	0.0455	6.84	4.24	3.65	
1.80	0.35	0.0460	6.82	4.23	3.63	
1.85	0.30	0.0482	6.76	4.19	3.29	
1.90	0.30	0.0487	6.74	4.18	3.27	
1.95	0.25	0.0509	6.68	4.15	2.92	
2.00	0.25	0.0514	6.67	4.14	2.90	

三边固定一边简支

$$M_x = K_x M \qquad V_{1-2} = K_{V_{1-2}} \dfrac{M_x}{l_x}$$
$$M_y = \alpha M_x \qquad V_{2-3} = K_{V_{2-3}} \dfrac{M_x}{l_x}$$
$$M_x^0 = 1.8M_x \qquad V_{3-4} = K_{V_{3-4}} \dfrac{M_x}{l_x}$$
$$M_y^0 = 1.8M_y \qquad V_{4-1} = V_{2-3}$$

$\lambda = \dfrac{l_y}{l_x}$	α	K_x	$K_{V_{1-2}}$	$K_{V_{3-4}}$	$K_{V_{2-3}}$	备注
1.00	1.00	0.0183	10.10	6.04	10.25	
1.05	0.90	0.0205	9.54	5.70	9.10	
1.10	0.85	0.0222	9.17	5.48	8.46	
1.15	0.75	0.0247	8.70	5.20	7.53	
1.20	0.70	0.0265	8.44	5.04	7.02	
1.25	0.65	0.0284	8.21	4.91	6.54	
1.30	0.60	0.0303	8.02	4.79	6.08	
1.35	0.55	0.0322	7.86	4.70	5.64	
1.40	0.50	0.0342	7.72	4.61	5.22	
1.45	0.50	0.0351	7.66	4.58	5.16	
1.50	0.45	0.0370	7.55	4.51	4.76	$M = \xi C i \omega l_x^2$
1.55	0.40	0.0391	7.44	4.45	4.37	
1.60	0.40	0.0398	7.41	4.43	4.33	
1.65	0.35	0.0419	7.32	4.38	3.95	
1.70	0.35	0.0425	7.30	4.36	3.92	
1.75	0.35	0.0431	7.28	4.35	3.89	
1.80	0.35	0.0437	7.26	4.34	3.87	
1.85	0.30	0.0458	7.19	4.29	3.50	
1.90	0.30	0.0463	7.17	4.28	3.48	
1.95	0.25	0.0484	7.11	4.25	3.11	
2.00	0.25	0.0488	7.09	4.24	3.09	

三边固定一边简支

$$M_x = K_x M \qquad V_{1-2} = K_{V_{1-2}} \dfrac{M_x}{l_x}$$
$$M_y = \alpha M_x \qquad V_{2-3} = K_{V_{2-3}} \dfrac{M_x}{l_x}$$
$$M_x^0 = 1.4M_x \qquad V_{3-4} = K_{V_{3-4}} \dfrac{M_x}{l_x}$$
$$M_y^0 = 1.4M_y \qquad V_{4-1} = V_{2-3}$$

$\lambda = \dfrac{l_y}{l_x}$	α	K_x	$K_{V_{1-2}}$	$K_{V_{3-4}}$	$K_{V_{2-3}}$	备注
1.00	1.00	0.0208	8.77	5.66	8.87	
1.05	0.90	0.0233	8.29	5.35	7.89	
1.10	0.85	0.0252	7.97	5.15	7.35	
1.15	0.75	0.0279	7.59	4.90	6.55	
1.20	0.70	0.0300	7.37	4.76	6.11	
1.25	0.65	0.0320	7.18	4.64	5.70	
1.30	0.60	0.0341	7.03	4.54	5.31	
1.35	0.55	0.0362	6.89	4.45	4.93	
1.40	0.50	0.0384	6.77	4.37	4.56	
1.45	0.50	0.0393	6.73	4.34	4.51	
1.50	0.45	0.0415	6.63	4.28	4.17	$M = \xi C i \omega l_x^2$
1.55	0.40	0.0437	6.55	4.22	3.83	
1.60	0.40	0.0445	6.52	4.21	3.79	
1.65	0.35	0.0468	6.44	4.16	3.46	
1.70	0.35	0.0474	6.42	4.15	3.44	
1.75	0.35	0.0481	6.40	4.13	3.41	
1.80	0.35	0.0487	6.39	4.12	3.39	
1.85	0.30	0.0509	6.33	4.08	3.07	
1.90	0.30	0.0515	6.31	4.08	3.05	
1.95	0.25	0.0538	6.26	4.04	2.73	
2.00	0.25	0.0543	6.25	4.03	2.71	

49

续表 E.0.1

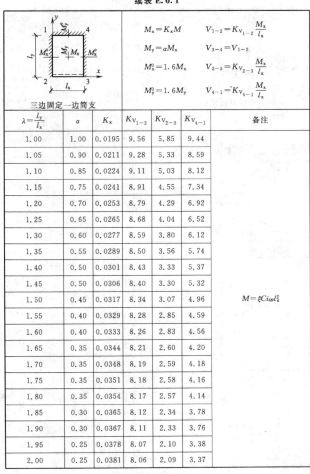

$$M_x = K_x M \qquad V_{1-2} = K_{V_{1-2}} \frac{M_x}{l_x}$$
$$M_y = \alpha M_x \qquad V_{3-4} = V_{1-2}$$
$$M_x^0 = 2M_x \qquad V_{2-3} = K_{V_{2-3}} \frac{M_x}{l_x}$$
$$M_y^0 = 2M_y \qquad V_{4-1} = K_{V_{4-1}} \frac{M_x}{l_x}$$

三边固定一边简支

$\lambda = \frac{l_y}{l_x}$	α	K_x	$K_{V_{1-2}}$	$K_{V_{2-3}}$	$K_{V_{4-1}}$	备注
1.00	1.00	0.0173	10.93	6.22	10.77	
1.05	0.90	0.0187	10.63	5.66	9.81	
1.10	0.85	0.0198	10.45	5.35	9.27	
1.15	0.75	0.0213	10.23	4.85	8.40	
1.20	0.70	0.0223	10.10	4.57	7.92	
1.25	0.65	0.0233	9.98	4.31	7.46	
1.30	0.60	0.0244	9.88	4.05	7.02	
1.35	0.55	0.0254	9.78	3.80	6.58	
1.40	0.50	0.0264	9.70	3.55	6.15	
1.45	0.50	0.0268	9.67	3.53	6.11	
1.50	0.45	0.0278	9.60	3.28	5.69	$M = \xi C i \omega l_x^2$
1.55	0.40	0.0288	9.53	3.04	5.27	
1.60	0.40	0.0291	9.51	3.03	5.24	
1.65	0.35	0.0301	9.45	2.78	4.82	
1.70	0.35	0.0304	9.44	2.77	4.80	
1.75	0.35	0.0307	9.42	2.76	4.78	
1.80	0.35	0.0309	9.41	2.75	4.76	
1.85	0.30	0.0318	9.36	2.51	4.34	
1.90	0.30	0.0321	9.35	2.50	4.33	
1.95	0.25	0.0331	9.31	2.25	3.89	
2.00	0.25	0.0332	9.30	2.24	3.88	

续表 E.0.1

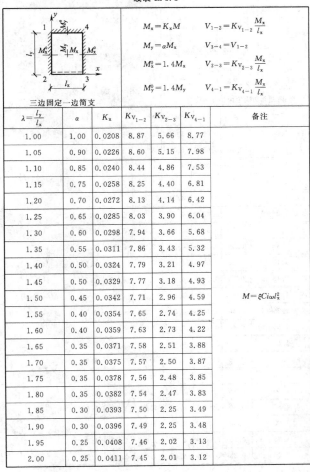

$$M_x = K_x M \qquad V_{1-2} = K_{V_{1-2}} \frac{M_x}{l_x}$$
$$M_y = \alpha M_x \qquad V_{3-4} = V_{1-2}$$
$$M_x^0 = 1.6M_x \qquad V_{2-3} = K_{V_{2-3}} \frac{M_x}{l_x}$$
$$M_y^0 = 1.6M_y \qquad V_{4-1} = K_{V_{4-1}} \frac{M_x}{l_x}$$

三边固定一边简支

$\lambda = \frac{l_y}{l_x}$	α	K_x	$K_{V_{1-2}}$	$K_{V_{2-3}}$	$K_{V_{4-1}}$	备注
1.00	1.00	0.0195	9.56	5.85	9.44	
1.05	0.90	0.0211	9.28	5.33	8.59	
1.10	0.85	0.0224	9.11	5.03	8.12	
1.15	0.75	0.0241	8.91	4.55	7.34	
1.20	0.70	0.0253	8.79	4.29	6.92	
1.25	0.65	0.0265	8.68	4.04	6.52	
1.30	0.60	0.0277	8.59	3.80	6.12	
1.35	0.55	0.0289	8.50	3.56	5.74	
1.40	0.50	0.0301	8.43	3.33	5.37	
1.45	0.50	0.0306	8.40	3.30	5.32	
1.50	0.45	0.0317	8.34	3.07	4.96	$M = \xi C i \omega l_x^2$
1.55	0.40	0.0329	8.28	2.85	4.59	
1.60	0.40	0.0333	8.26	2.83	4.56	
1.65	0.35	0.0344	8.21	2.60	4.20	
1.70	0.35	0.0348	8.19	2.59	4.18	
1.75	0.35	0.0351	8.18	2.58	4.16	
1.80	0.35	0.0354	8.17	2.57	4.14	
1.85	0.30	0.0365	8.12	2.34	3.78	
1.90	0.30	0.0367	8.11	2.33	3.76	
1.95	0.25	0.0378	8.07	2.10	3.38	
2.00	0.25	0.0381	8.06	2.09	3.37	

续表 E.0.1

$$M_x = K_x M \qquad V_{1-2} = K_{V_{1-2}} \frac{M_x}{l_x}$$
$$M_y = \alpha M_x \qquad V_{3-4} = V_{1-2}$$
$$M_x^0 = 1.8M_x \qquad V_{2-3} = K_{V_{2-3}} \frac{M_x}{l_x}$$
$$M_y^0 = 1.8M_y \qquad V_{4-1} = K_{V_{4-1}} \frac{M_x}{l_x}$$

三边固定一边简支

$\lambda = \frac{l_y}{l_x}$	α	K_x	$K_{V_{1-2}}$	$K_{V_{2-3}}$	$K_{V_{4-1}}$	备注
1.00	1.00	0.0183	10.25	6.04	10.10	
1.05	0.90	0.0198	9.96	5.50	9.20	
1.10	0.85	0.0210	9.78	5.20	8.70	
1.15	0.75	0.0226	9.57	4.71	7.87	
1.20	0.70	0.0237	9.44	4.44	7.42	
1.25	0.65	0.0248	9.33	4.18	6.99	
1.30	0.60	0.0259	9.23	3.93	6.57	
1.35	0.55	0.0270	9.14	3.68	6.16	
1.40	0.50	0.0281	9.06	3.44	5.76	
1.45	0.50	0.0286	9.03	3.42	5.71	
1.50	0.45	0.0296	8.97	3.18	5.32	$M = \xi C i \omega l_x^2$
1.55	0.40	0.0307	8.91	2.95	4.93	
1.60	0.40	0.0311	8.89	2.93	4.90	
1.65	0.35	0.0321	8.83	2.70	4.51	
1.70	0.35	0.0324	8.81	2.68	4.49	
1.75	0.35	0.0327	8.80	2.67	4.47	
1.80	0.35	0.0330	8.79	2.66	4.45	
1.85	0.30	0.0340	8.74	2.43	4.06	
1.90	0.30	0.0342	8.73	2.42	4.04	
1.95	0.25	0.0353	8.69	2.17	3.64	
2.00	0.25	0.0355	8.68	2.17	3.63	

续表 E.0.1

$$M_x = K_x M \qquad V_{1-2} = K_{V_{1-2}} \frac{M_x}{l_x}$$
$$M_y = \alpha M_x \qquad V_{3-4} = V_{1-2}$$
$$M_x^0 = 1.4M_x \qquad V_{2-3} = K_{V_{2-3}} \frac{M_x}{l_x}$$
$$M_y^0 = 1.4M_y \qquad V_{4-1} = K_{V_{4-1}} \frac{M_x}{l_x}$$

三边固定一边简支

$\lambda = \frac{l_y}{l_x}$	α	K_x	$K_{V_{1-2}}$	$K_{V_{2-3}}$	$K_{V_{4-1}}$	备注
1.00	1.00	0.0208	8.87	5.66	8.77	
1.05	0.90	0.0226	8.60	5.15	7.98	
1.10	0.85	0.0240	8.44	4.86	7.53	
1.15	0.75	0.0258	8.25	4.40	6.81	
1.20	0.70	0.0272	8.13	4.14	6.42	
1.25	0.65	0.0285	8.03	3.90	6.04	
1.30	0.60	0.0298	7.94	3.66	5.68	
1.35	0.55	0.0311	7.86	3.43	5.32	
1.40	0.50	0.0324	7.79	3.21	4.97	
1.45	0.50	0.0329	7.77	3.18	4.93	
1.50	0.45	0.0342	7.71	2.96	4.59	$M = \xi C i \omega l_x^2$
1.55	0.40	0.0354	7.65	2.74	4.25	
1.60	0.40	0.0359	7.63	2.73	4.22	
1.65	0.35	0.0371	7.58	2.51	3.88	
1.70	0.35	0.0375	7.57	2.50	3.87	
1.75	0.35	0.0378	7.56	2.48	3.85	
1.80	0.35	0.0382	7.54	2.47	3.83	
1.85	0.30	0.0393	7.50	2.25	3.49	
1.90	0.30	0.0396	7.49	2.25	3.48	
1.95	0.25	0.0408	7.46	2.02	3.13	
2.00	0.25	0.0411	7.45	2.01	3.12	

续表 E.0.1

	$M_x = K_x M$		$V_{1-2} = K_{V_{1-2}} \dfrac{M_x}{l_x}$
	$M_y = \alpha M_x$		$V_{2-3} = K_{V_{2-3}} \dfrac{M_x}{l_x}$
	$M_x^0 = 2M_x$		$V_{3-4} = K_{V_{3-4}} \dfrac{M_x}{l_x}$
	$M_y^0 = 2M_y$		$V_{4-1} = K_{V_{4-1}} \dfrac{M_x}{l_x}$

两相邻边固定两相邻边简支

$\lambda = \dfrac{l_y}{l_x}$	α	K_x	$K_{V_{1-2}}$	$K_{V_{3-4}}$	$K_{V_{2-3}}$	$K_{V_{4-1}}$	备注
1.00	1.00	0.0223	5.46	9.46	9.46	5.46	
1.05	0.90	0.0246	5.22	9.04	8.55	4.94	
1.10	0.85	0.0264	5.08	8.80	8.03	4.64	
1.15	0.75	0.0288	4.91	8.51	7.22	4.17	
1.20	0.70	0.0306	4.82	8.34	6.77	3.91	
1.25	0.65	0.0323	4.73	8.20	6.34	3.66	
1.30	0.60	0.0341	4.66	8.07	5.93	3.42	
1.35	0.55	0.0359	4.60	7.96	5.54	3.20	
1.40	0.50	0.0377	4.54	7.86	5.15	2.97	
1.45	0.50	0.0384	4.52	7.83	5.10	2.95	
1.50	0.45	0.0402	4.47	7.74	4.73	2.73	$M = \xi Ci\omega l_x^2$
1.55	0.40	0.0420	4.43	7.67	4.36	2.52	
1.60	0.40	0.0426	4.41	7.65	4.33	2.50	
1.65	0.35	0.0444	4.38	7.58	3.97	2.29	
1.70	0.35	0.0450	4.37	7.56	3.95	2.28	
1.75	0.35	0.0454	4.36	7.55	3.92	2.27	
1.80	0.35	0.0459	4.35	7.53	3.90	2.25	
1.85	0.30	0.0477	4.32	7.48	3.55	2.05	
1.90	0.30	0.0481	4.31	7.47	3.53	2.04	
1.95	0.25	0.0499	4.28	7.42	3.17	1.83	
2.00	0.25	0.0502	4.28	7.41	3.15	1.82	

续表 E.0.1

	$M_x = K_x M$		$V_{1-2} = K_{V_{1-2}} \dfrac{M_x}{l_x}$
	$M_y = \alpha M_x$		$V_{2-3} = K_{V_{2-3}} \dfrac{M_x}{l_x}$
	$M_x^0 = 1.6M_x$		$V_{3-4} = K_{V_{3-4}} \dfrac{M_x}{l_x}$
	$M_y^0 = 1.6M_y$		$V_{4-1} = K_{V_{4-1}} \dfrac{M_x}{l_x}$

两相邻边固定两相邻边简支

$\lambda = \dfrac{l_y}{l_x}$	α	K_x	$K_{V_{1-2}}$	$K_{V_{3-4}}$	$K_{V_{2-3}}$	$K_{V_{4-1}}$	备注
1.00	1.00	0.0244	5.22	8.42	8.42	5.22	
1.05	0.90	0.0269	4.99	8.05	7.61	4.72	
1.10	0.85	0.0288	4.86	7.83	7.15	4.44	
1.15	0.75	0.0315	4.70	7.57	6.42	3.98	
1.20	0.70	0.0334	4.60	7.42	6.03	3.74	
1.25	0.65	0.0354	4.53	7.30	5.64	3.50	
1.30	0.60	0.0373	4.46	7.18	5.28	3.27	
1.35	0.55	0.0392	4.39	7.09	4.93	3.06	
1.40	0.50	0.0412	4.34	7.00	4.59	2.84	
1.45	0.50	0.0420	4.32	6.97	4.54	2.82	
1.50	0.45	0.0440	4.27	6.89	4.21	2.61	$M = \xi Ci\omega l_x^2$
1.55	0.40	0.0459	4.23	6.83	3.89	2.41	
1.60	0.40	0.0466	4.22	6.81	3.86	2.39	
1.65	0.35	0.0486	4.18	6.75	3.53	2.19	
1.70	0.35	0.0491	4.17	6.73	3.51	2.18	
1.75	0.35	0.0497	4.17	6.72	3.49	2.17	
1.80	0.35	0.0502	4.16	6.70	3.48	2.16	
1.85	0.30	0.0521	4.13	6.66	3.16	1.96	
1.90	0.30	0.0526	4.12	6.64	3.14	1.95	
1.95	0.25	0.0545	4.09	6.60	2.82	1.75	
2.00	0.25	0.0549	4.09	6.59	2.81	1.74	

续表 E.0.1

	$M_x = K_x M$		$V_{1-2} = K_{V_{1-2}} \dfrac{M_x}{l_x}$
	$M_y = \alpha M_x$		$V_{2-3} = K_{V_{2-3}} \dfrac{M_x}{l_x}$
	$M_x^0 = 1.8M_x$		$V_{3-4} = K_{V_{3-4}} \dfrac{M_x}{l_x}$
	$M_y^0 = 1.8M_y$		$V_{4-1} = K_{V_{4-1}} \dfrac{M_x}{l_x}$

两相邻边固定两相邻边简支

$\lambda = \dfrac{l_y}{l_x}$	α	K_x	$K_{V_{1-2}}$	$K_{V_{3-4}}$	$K_{V_{2-3}}$	$K_{V_{4-1}}$	备注
1.00	1.00	0.0233	5.35	8.95	8.95	5.35	
1.05	0.90	0.0257	5.11	8.55	8.08	4.83	
1.10	0.85	0.0275	4.97	8.31	7.59	4.54	
1.15	0.75	0.0301	4.81	8.04	6.82	4.08	
1.20	0.70	0.0319	4.71	7.88	6.40	3.82	
1.25	0.65	0.0338	4.63	7.75	5.99	3.58	
1.30	0.60	0.0356	4.56	7.63	5.61	3.35	
1.35	0.55	0.0375	4.50	7.53	5.23	3.13	
1.40	0.50	0.0394	4.44	7.43	4.87	2.91	
1.45	0.50	0.0401	4.42	7.40	4.82	2.88	
1.50	0.45	0.0420	4.37	7.32	4.47	2.67	$M = \xi Ci\omega l_x^2$
1.55	0.40	0.0439	4.33	7.25	4.13	2.47	
1.60	0.40	0.0445	4.32	7.23	4.10	2.45	
1.65	0.35	0.0464	4.28	7.17	3.75	2.24	
1.70	0.35	0.0469	4.27	7.15	3.73	2.23	
1.75	0.35	0.0475	4.26	7.13	3.71	2.22	
1.80	0.35	0.0480	4.25	7.12	3.69	2.21	
1.85	0.30	0.0498	4.22	7.07	3.35	2.00	
1.90	0.30	0.0502	4.22	7.06	3.34	2.00	
1.95	0.25	0.0521	4.19	7.01	2.99	1.79	
2.00	0.25	0.0525	4.18	7.00	2.98	1.78	

续表 E.0.1

	$M_x = K_x M$		$V_{1-2} = K_{V_{1-2}} \dfrac{M_x}{l_x}$
	$M_y = \alpha M_x$		$V_{2-3} = K_{V_{2-3}} \dfrac{M_x}{l_x}$
	$M_x^0 = 1.4M_x$		$V_{3-4} = K_{V_{3-4}} \dfrac{M_x}{l_x}$
	$M_y^0 = 1.4M_y$		$V_{4-1} = K_{V_{4-1}} \dfrac{M_x}{l_x}$

两相邻边固定两相邻边简支

$\lambda = \dfrac{l_y}{l_x}$	α	K_x	$K_{V_{1-2}}$	$K_{V_{3-4}}$	$K_{V_{2-3}}$	$K_{V_{4-1}}$	备注
1.00	1.00	0.0256	5.10	7.90	7.90	5.10	
1.05	0.90	0.0283	4.87	7.55	7.14	4.61	
1.10	0.85	0.0303	4.74	7.34	6.71	4.33	
1.15	0.75	0.0331	4.58	7.10	6.02	3.89	
1.20	0.70	0.0351	4.49	6.96	5.65	3.65	
1.25	0.65	0.0371	4.42	6.84	5.29	3.42	
1.30	0.60	0.0392	4.35	6.74	4.95	3.20	
1.35	0.55	0.0412	4.29	6.64	4.62	2.98	
1.40	0.50	0.0433	4.24	6.56	4.30	2.78	
1.45	0.50	0.0441	4.22	6.53	4.26	2.75	
1.50	0.45	0.0462	4.17	6.46	3.95	2.55	$M = \xi Ci\omega l_x^2$
1.55	0.40	0.0482	4.13	6.40	3.64	2.35	
1.60	0.40	0.0489	4.12	6.38	3.62	2.33	
1.65	0.35	0.0510	4.08	6.33	3.31	2.14	
1.70	0.35	0.0516	4.07	6.31	3.29	2.13	
1.75	0.35	0.0522	4.06	6.30	3.28	2.11	
1.80	0.35	0.0528	4.06	6.28	3.26	2.10	
1.85	0.30	0.0548	4.03	6.24	2.96	1.91	
1.90	0.30	0.0552	4.02	6.23	2.95	1.90	
1.95	0.25	0.0573	4.00	6.19	2.64	1.71	
2.00	0.25	0.0577	3.99	6.18	2.63	1.70	

两对边固定两对边简支

$$M_x = K_x M \qquad V_{1-2} = K_{v_{1-2}}\frac{M_x}{l_x}$$
$$M_y = \alpha M_x \qquad V_{3-4} = V_{1-2}$$
$$M_x^0 = 2M_x \qquad V_{2-3} = K_{v_{2-3}}\frac{M_x}{l_x}$$
$$V_{4-1} = V_{2-3}$$

$\lambda=\dfrac{l_y}{l_x}$	α	K_x	$K_{v_{1-2}}$	$K_{v_{2-3}}$	备注
1.00	1.00	0.0216	10.18	5.55	
1.05	0.90	0.0230	10.01	5.11	
1.10	0.85	0.0240	9.91	4.86	
1.15	0.75	0.0254	9.79	4.44	
1.20	0.70	0.0263	9.71	4.21	
1.25	0.65	0.0272	9.64	3.99	
1.30	0.60	0.0281	9.58	3.77	
1.35	0.55	0.0289	9.52	3.56	
1.40	0.50	0.0298	9.47	3.35	
1.45	0.50	0.0301	9.45	3.33	
1.50	0.45	0.0310	9.41	3.11	$M=\xi Ci\omega l_x^2$
1.55	0.40	0.0318	9.36	2.90	
1.60	0.40	0.0321	9.35	2.89	
1.65	0.35	0.0328	9.31	2.67	
1.70	0.35	0.0331	9.30	2.66	
1.75	0.35	0.0333	9.29	2.65	
1.80	0.35	0.0335	9.28	2.64	
1.85	0.30	0.0342	9.25	2.42	
1.90	0.30	0.0344	9.24	2.41	
1.95	0.25	0.0351	9.21	2.18	
2.00	0.25	0.0353	9.21	2.17	

两对边固定两对边简支

$$M_x = K_x M \qquad V_{1-2} = K_{v_{1-2}}\frac{M_x}{l_x}$$
$$M_y = \alpha M_x \qquad V_{3-4} = V_{1-2}$$
$$M_x^0 = 1.6M_x \qquad V_{2-3} = K_{v_{2-3}}\frac{M_x}{l_x}$$
$$V_{4-1} = V_{2-3}$$

$\lambda=\dfrac{l_y}{l_x}$	α	K_x	$K_{v_{1-2}}$	$K_{v_{2-3}}$	备注
1.00	1.00	0.0238	8.94	5.29	
1.05	0.90	0.0254	8.78	4.86	
1.10	0.85	0.0266	8.67	4.61	
1.15	0.75	0.0282	8.55	4.21	
1.20	0.70	0.0293	8.48	3.99	
1.25	0.65	0.0304	8.41	3.77	
1.30	0.60	0.0315	8.35	3.56	
1.35	0.55	0.0325	8.30	3.36	
1.40	0.50	0.0336	8.25	3.15	
1.45	0.50	0.0340	8.23	3.13	
1.50	0.45	0.0349	8.18	2.93	$M=\xi Ci\omega l_x^2$
1.55	0.40	0.0359	8.14	2.72	
1.60	0.40	0.0363	8.13	2.71	
1.65	0.35	0.0372	8.10	2.50	
1.70	0.35	0.0375	8.09	2.49	
1.75	0.35	0.0378	8.08	2.49	
1.80	0.35	0.0380	8.07	2.48	
1.85	0.30	0.0389	8.04	2.27	
1.90	0.30	0.0391	8.03	2.26	
1.95	0.25	0.0400	8.00	2.04	
2.00	0.25	0.0402	8.00	2.04	

两对边固定两对边简支

$$M_x = K_x M \qquad V_{1-2} = K_{v_{1-2}}\frac{M_x}{l_x}$$
$$M_y = \alpha M_x \qquad V_{3-4} = V_{1-2}$$
$$M_x^0 = 1.8M_x \qquad V_{2-3} = K_{v_{2-3}}\frac{M_x}{l_x}$$
$$V_{4-1} = V_{2-3}$$

$\lambda=\dfrac{l_y}{l_x}$	α	K_x	$K_{v_{1-2}}$	$K_{v_{2-3}}$	备注
1.00	1.00	0.0227	9.56	5.42	
1.05	0.90	0.0242	9.40	4.98	
1.10	0.85	0.0252	9.29	4.74	
1.15	0.75	0.0267	9.17	4.33	
1.20	0.70	0.0277	9.09	4.10	
1.25	0.65	0.0287	9.03	3.89	
1.30	0.60	0.0297	8.97	3.67	
1.35	0.55	0.0306	8.91	3.46	
1.40	0.50	0.0316	8.86	3.25	
1.45	0.50	0.0319	8.84	3.23	
1.50	0.45	0.0328	8.80	3.02	$M=\xi Ci\omega l_x^2$
1.55	0.40	0.0337	8.75	2.81	
1.60	0.40	0.0340	8.74	2.80	
1.65	0.35	0.0349	8.70	2.59	
1.70	0.35	0.0351	8.69	2.58	
1.75	0.35	0.0354	8.68	2.57	
1.80	0.35	0.0356	8.68	2.56	
1.85	0.30	0.0364	8.64	2.34	
1.90	0.30	0.0366	8.64	2.34	
1.95	0.25	0.0374	8.61	2.11	
2.00	0.25	0.0376	8.60	2.11	

两对边固定两对边简支

$$M_x = K_x M \qquad V_{1-2} = K_{v_{1-2}}\frac{M_x}{l_x}$$
$$M_y = \alpha M_x \qquad V_{3-4} = V_{1-2}$$
$$M_x^0 = 1.4M_x \qquad V_{2-3} = K_{v_{2-3}}\frac{M_x}{l_x}$$
$$V_{4-1} = V_{2-3}$$

$\lambda=\dfrac{l_y}{l_x}$	α	K_x	$K_{v_{1-2}}$	$K_{v_{2-3}}$	备注
1.00	1.00	0.0251	8.32	5.15	
1.05	0.90	0.0269	8.16	4.72	
1.10	0.85	0.0282	8.06	4.49	
1.15	0.75	0.0299	7.93	4.09	
1.20	0.70	0.0312	7.86	3.87	
1.25	0.65	0.0324	7.79	3.66	
1.30	0.60	0.0335	7.74	3.45	
1.35	0.55	0.0347	7.68	3.25	
1.40	0.50	0.0358	7.63	3.05	
1.45	0.50	0.0363	7.61	3.03	
1.50	0.45	0.0374	7.57	2.83	$M=\xi Ci\omega l_x^2$
1.55	0.40	0.0385	7.53	2.63	
1.60	0.40	0.0388	7.52	2.62	
1.65	0.35	0.0399	7.49	2.42	
1.70	0.35	0.0402	7.48	2.41	
1.75	0.35	0.0405	7.47	2.40	
1.80	0.35	0.0408	7.46	2.39	
1.85	0.30	0.0418	7.43	2.19	
1.90	0.30	0.0420	7.42	2.18	
1.95	0.25	0.0430	7.39	1.97	
2.00	0.25	0.0432	7.39	1.96	

$$M_x = K_x M \qquad V_{1-2} = K_{v_{1-2}} \frac{M_x}{l_x}$$
$$M_y = \alpha M_x \qquad V_{3-4} = V_{1-2}$$
$$M_y^0 = 2M_y \qquad V_{2-3} = K_{v_{2-3}} \frac{M_x}{l_x}$$
$$V_{4-1} = V_{2-3}$$

两对边固定两对边简支

$\lambda = \dfrac{l_y}{l_x}$	α	K_x	$K_{v_{1-2}}$	$K_{v_{2-3}}$	备注
1.00	1.00	0.0216	5.55	10.18	
1.05	0.90	0.0248	5.19	8.89	
1.10	0.85	0.0273	4.94	8.15	
1.15	0.75	0.0311	4.63	7.07	
1.20	0.70	0.0341	4.42	6.48	
1.25	0.65	0.0371	4.24	5.94	
1.30	0.60	0.0404	4.06	5.46	
1.35	0.55	0.0438	3.91	5.01	
1.40	0.50	0.0473	3.77	4.60	
1.45	0.50	0.0488	3.73	4.53	
1.50	0.45	0.0525	3.63	4.14	$M = \xi Ci\omega l_x^2$
1.55	0.40	0.0564	3.54	3.76	
1.60	0.40	0.5780	3.51	3.72	
1.65	0.35	0.0619	3.44	3.36	
1.70	0.35	0.0632	3.42	3.33	
1.75	0.35	0.0644	3.40	3.30	
1.80	0.35	0.0655	3.38	3.27	
1.85	0.30	0.0697	3.33	2.93	
1.90	0.30	0.0708	3.32	2.91	
1.95	0.25	0.0753	3.27	2.58	
2.00	0.25	0.0763	3.26	2.56	

$$M_x = K_x M \qquad V_{1-2} = K_{v_{1-2}} \frac{M_x}{l_x}$$
$$M_y = \alpha M_x \qquad V_{3-4} = V_{1-2}$$
$$M_y^0 = 1.6M_y \qquad V_{2-3} = K_{v_{2-3}} \frac{M_x}{l_x}$$
$$V_{4-1} = V_{2-3}$$

两对边固定两对边简支

$\lambda = \dfrac{l_y}{l_x}$	α	K_x	$K_{v_{1-2}}$	$K_{v_{2-3}}$	备注
1.00	1.00	0.0238	5.29	8.94	
1.05	0.90	0.0272	4.95	7.83	
1.10	0.85	0.0298	4.73	7.19	
1.15	0.75	0.0338	4.44	6.27	
1.20	0.70	0.0369	4.25	5.76	
1.25	0.65	0.0400	4.08	5.31	
1.30	0.60	0.0433	3.92	4.90	
1.35	0.55	0.0468	3.79	4.51	
1.40	0.50	0.0504	3.68	4.15	
1.45	0.50	0.0519	3.64	4.09	
1.50	0.45	0.0556	3.55	3.75	$M = \xi Ci\omega l_x^2$
1.55	0.40	0.0595	3.48	3.41	
1.60	0.40	0.0608	3.46	3.38	
1.65	0.35	0.0649	3.39	3.06	
1.70	0.35	0.0661	3.38	3.03	
1.75	0.35	0.0673	3.36	3.00	
1.80	0.35	0.0684	3.35	2.98	
1.85	0.30	0.0725	3.30	2.68	
1.90	0.30	0.0735	3.29	2.66	
1.95	0.25	0.0779	3.25	2.36	
2.00	0.25	0.0788	3.24	2.34	

$$M_x = K_x M \qquad V_{1-2} = K_{v_{1-2}} \frac{M_x}{l_x}$$
$$M_y = \alpha M_x \qquad V_{3-4} = V_{1-2}$$
$$M_y^0 = 1.8M_y \qquad V_{2-3} = K_{v_{2-3}} \frac{M_x}{l_x}$$
$$V_{4-1} = V_{2-3}$$

两对边固定两对边简支

$\lambda = \dfrac{l_y}{l_x}$	α	K_x	$K_{v_{1-2}}$	$K_{v_{2-3}}$	备注
1.00	1.00	0.0227	5.42	9.56	
1.05	0.90	0.0259	5.07	8.36	
1.10	0.85	0.0285	4.84	7.67	
1.15	0.75	0.0324	4.53	6.67	
1.20	0.70	0.0354	4.34	6.12	
1.25	0.65	0.0385	4.16	5.62	
1.30	0.60	0.0418	3.99	5.18	
1.35	0.55	0.0452	3.85	4.77	
1.40	0.50	0.0488	3.73	4.37	
1.45	0.50	0.0503	3.68	4.31	
1.50	0.45	0.0540	3.59	3.94	$M = \xi Ci\omega l_x^2$
1.55	0.40	0.0579	3.51	3.59	
1.60	0.40	0.0593	3.48	3.55	
1.65	0.35	0.0634	3.42	3.21	
1.70	0.35	0.0646	3.40	3.18	
1.75	0.35	0.0658	3.38	3.15	
1.80	0.35	0.0669	3.37	3.12	
1.85	0.30	0.0711	3.31	2.81	
1.90	0.30	0.0721	3.30	2.79	
1.95	0.25	0.0765	3.26	2.47	
2.00	0.25	0.0775	3.25	2.45	

$$M_x = K_x M \qquad V_{1-2} = K_{v_{1-2}} \frac{M_x}{l_x}$$
$$M_y = \alpha M_x \qquad V_{3-4} = V_{1-2}$$
$$M_y^0 = 1.4M_y \qquad V_{2-3} = K_{v_{2-3}} \frac{M_x}{l_x}$$
$$V_{4-1} = V_{2-3}$$

两对边固定两对边简支

$\lambda = \dfrac{l_y}{l_x}$	α	K_x	$K_{v_{1-2}}$	$K_{v_{2-3}}$	备注
1.00	1.00	0.0251	5.15	8.32	
1.05	0.90	0.0286	4.83	7.30	
1.10	0.85	0.0313	4.62	6.71	
1.15	0.75	0.0354	4.34	5.86	
1.20	0.70	0.0385	4.16	5.41	
1.25	0.65	0.0417	4.00	4.99	
1.30	0.60	0.0450	3.86	4.62	
1.35	0.55	0.0485	3.74	4.26	
1.40	0.50	0.0521	3.64	3.92	
1.45	0.50	0.0536	3.60	3.86	
1.50	0.45	0.0573	3.52	3.54	$M = \xi Ci\omega l_x^2$
1.55	0.40	0.0612	3.45	3.23	
1.60	0.40	0.0625	3.43	3.20	
1.65	0.35	0.0665	3.37	2.90	
1.70	0.35	0.0677	3.35	2.88	
1.75	0.35	0.0689	3.34	2.85	
1.80	0.35	0.0700	3.33	2.83	
1.85	0.30	0.0740	3.28	2.55	
1.90	0.30	0.0751	3.27	2.53	
1.95	0.25	0.0793	3.23	2.25	
2.00	0.25	0.0802	3.23	2.23	

$M_x = K_x M$ $V_{1-2} = K_{V_{1-2}} \dfrac{M_x}{l_x}$

$M_y = \alpha M_x$ $V_{2-3} = K_{V_{2-3}} \dfrac{M_x}{l_x}$

$M_x^0 = 2M_x$ $V_{3-4} = K_{V_{3-4}} \dfrac{M_x}{l_x}$

$V_{4-1} = V_{2-3}$

一边固定三边简支

$\lambda = \dfrac{l_y}{l_x}$	α	K_x	$K_{V_{1-2}}$	$K_{V_{3-4}}$	$K_{V_{2-3}}$	备注
1.00	1.00	0.0294	4.87	8.44	4.76	
1.05	0.90	0.0318	4.76	8.24	4.35	
1.10	0.85	0.0335	4.69	8.12	4.12	
1.15	0.75	0.0358	4.60	7.97	3.74	
1.20	0.70	0.0375	4.55	7.87	3.53	
1.25	0.65	0.0391	4.50	7.79	3.33	
1.30	0.60	0.0407	4.46	7.72	3.14	
1.35	0.55	0.0423	4.42	7.66	2.95	
1.40	0.50	0.0438	4.39	7.60	2.76	
1.45	0.50	0.0445	4.37	7.58	2.74	
1.50	0.45	0.0460	4.35	7.53	2.55	$M = \xi C i \omega l_x^2$
1.55	0.40	0.0475	4.32	7.48	2.37	
1.60	0.40	0.0480	4.31	7.47	2.36	
1.65	0.35	0.0495	4.29	7.43	2.17	
1.70	0.35	0.0500	4.28	7.41	2.16	
1.75	0.35	0.0504	4.27	7.40	2.15	
1.80	0.35	0.0508	4.27	7.39	2.14	
1.85	0.30	0.0522	4.25	7.36	1.96	
1.90	0.30	0.0526	4.24	7.35	1.95	
1.95	0.25	0.0540	4.23	7.32	1.76	
2.00	0.25	0.0542	4.22	7.31	1.75	

$M_x = K_x M$ $V_{1-2} = K_{V_{1-2}} \dfrac{M_x}{l_x}$

$M_y = \alpha M_x$ $V_{2-3} = K_{V_{2-3}} \dfrac{M_x}{l_x}$

$M_x^0 = 1.6 M_x$ $V_{3-4} = K_{V_{3-4}} \dfrac{M_x}{l_x}$

$V_{4-1} = V_{2-3}$

一边固定三边简支

$\lambda = \dfrac{l_y}{l_x}$	α	K_x	$K_{V_{1-2}}$	$K_{V_{3-4}}$	$K_{V_{2-3}}$	备注
1.00	1.00	0.0311	4.72	7.61	4.63	
1.05	0.90	0.0336	4.60	7.41	4.22	
1.10	0.85	0.0355	4.52	7.29	4.00	
1.15	0.75	0.0381	4.43	7.14	3.62	
1.20	0.70	0.0399	4.38	7.05	3.42	
1.25	0.65	0.0417	4.33	6.98	3.22	
1.30	0.60	0.0435	4.28	6.91	3.03	
1.35	0.55	0.0453	4.25	6.85	2.85	
1.40	0.50	0.0470	4.21	6.79	2.66	
1.45	0.50	0.0478	4.20	6.77	2.64	
1.50	0.45	0.0495	4.17	6.72	2.46	$M = \xi C i \omega l_x^2$
1.55	0.40	0.0512	4.14	6.68	2.28	
1.60	0.40	0.0517	4.13	6.67	2.27	
1.65	0.35	0.0534	4.11	6.63	2.09	
1.70	0.35	0.0539	4.10	6.62	2.08	
1.75	0.35	0.0544	4.10	6.61	2.07	
1.80	0.35	0.0548	4.09	6.60	2.06	
1.85	0.30	0.0564	4.07	6.56	1.88	
1.90	0.30	0.0568	4.07	6.56	1.88	
1.95	0.25	0.0584	4.05	6.53	1.69	
2.00	0.25	0.0588	4.04	6.52	1.68	

$M_x = K_x M$ $V_{1-2} = K_{V_{1-2}} \dfrac{M_x}{l_x}$

$M_y = \alpha M_x$ $V_{2-3} = K_{V_{2-3}} \dfrac{M_x}{l_x}$

$M_x^0 = 1.8 M_x$ $V_{3-4} = K_{V_{3-4}} \dfrac{M_x}{l_x}$

$V_{4-1} = V_{2-3}$

一边固定三边简支

$\lambda = \dfrac{l_y}{l_x}$	α	K_x	$K_{V_{1-2}}$	$K_{V_{3-4}}$	$K_{V_{2-3}}$	备注
1.00	1.00	0.0302	4.80	8.03	4.70	
1.05	0.90	0.0327	4.68	7.83	4.29	
1.10	0.85	0.0344	4.60	7.70	4.06	
1.15	0.75	0.0369	4.52	7.56	3.68	
1.20	0.70	0.0386	4.46	7.47	3.48	
1.25	0.65	0.0404	4.41	7.39	3.28	
1.30	0.60	0.0420	4.37	7.32	3.08	
1.35	0.55	0.0437	4.34	7.25	2.90	
1.40	0.50	0.0454	4.30	7.20	2.71	
1.45	0.50	0.0461	4.29	7.18	2.69	
1.50	0.45	0.0477	4.26	7.13	2.51	$M = \xi C i \omega l_x^2$
1.55	0.40	0.0493	4.23	7.08	2.33	
1.60	0.40	0.0498	4.22	7.07	2.31	
1.65	0.35	0.0514	4.20	7.03	2.13	
1.70	0.35	0.0519	4.19	7.02	2.12	
1.75	0.35	0.0523	4.19	7.01	2.11	
1.80	0.35	0.0527	4.18	7.00	2.10	
1.85	0.30	0.0542	4.16	6.96	1.92	
1.90	0.30	0.0546	4.16	6.96	1.91	
1.95	0.25	0.0561	4.14	6.92	1.72	
2.00	0.25	0.0564	4.13	6.92	1.72	

$M_x = K_x M$ $V_{1-2} = K_{V_{1-2}} \dfrac{M_x}{l_x}$

$M_y = \alpha M_x$ $V_{2-3} = K_{V_{2-3}} \dfrac{M_x}{l_x}$

$M_x^0 = 1.4 M_x$ $V_{3-4} = K_{V_{3-4}} \dfrac{M_x}{l_x}$

$V_{4-1} = V_{2-3}$

一边固定三边简支

$\lambda = \dfrac{l_y}{l_x}$	α	K_x	$K_{V_{1-2}}$	$K_{V_{3-4}}$	$K_{V_{2-3}}$	备注
1.00	1.00	0.0320	4.64	7.19	4.56	
1.05	0.90	0.0347	4.51	6.99	4.16	
1.10	0.85	0.0366	4.43	6.87	3.93	
1.15	0.75	0.0394	4.34	6.73	3.56	
1.20	0.70	0.0413	4.29	6.64	3.36	
1.25	0.65	0.0432	4.24	6.56	3.17	
1.30	0.60	0.0451	4.19	6.50	2.98	
1.35	0.55	0.0470	4.15	6.44	2.79	
1.40	0.50	0.0489	4.12	6.38	2.61	
1.45	0.50	0.0496	4.11	6.36	2.59	
1.50	0.45	0.0515	4.08	6.31	2.41	$M = \xi C i \omega l_x^2$
1.55	0.40	0.0533	4.05	6.27	2.24	
1.60	0.40	0.0539	4.04	6.26	2.22	
1.65	0.35	0.0557	4.02	6.22	2.05	
1.70	0.35	0.0562	4.01	6.21	2.04	
1.75	0.35	0.0567	4.00	6.20	2.03	
1.80	0.35	0.0572	4.00	6.19	2.02	
1.85	0.30	0.0589	3.98	6.16	1.84	
1.90	0.30	0.0593	3.97	6.15	1.84	
1.95	0.25	0.0610	3.95	6.12	1.65	
2.00	0.25	0.0614	3.95	6.12	1.65	

$M_x = K_x M$ $V_{1-2} = K_{v_{1-2}} \dfrac{M_x}{l_x}$

$M_y = \alpha M_x$ $V_{3-4} = V_{1-2}$

$M_y^0 = 2M_y$ $V_{2-3} = K_{v_{2-3}} \dfrac{M_x}{l_x}$

$V_{4-1} = K_{v_{4-1}} \dfrac{M_x}{l_x}$

一边固定三边简支

$\lambda = \dfrac{l_y}{l_x}$	α	K_x	$K_{v_{1-2}}$	$K_{v_{2-3}}$	$K_{v_{4-1}}$	备注
1.00	1.00	0.0294	4.76	8.44	4.88	
1.05	0.90	0.0332	4.48	7.45	4.30	
1.10	0.85	0.0361	4.29	6.90	3.98	
1.15	0.75	0.0405	4.06	6.09	3.51	
1.20	0.70	0.0438	3.92	5.66	3.27	
1.25	0.65	0.0470	3.79	5.26	3.04	
1.30	0.60	0.0504	3.68	4.88	2.82	
1.35	0.55	0.0539	3.59	4.52	2.61	
1.40	0.50	0.0575	3.52	4.17	2.49	
1.45	0.50	0.0590	3.49	4.12	2.38	
1.50	0.45	0.0626	3.43	3.79	2.19	$M = \xi Ci\omega l_x^2$
1.55	0.40	0.0664	3.37	3.47	2.00	
1.60	0.40	0.0677	3.36	3.44	1.99	
1.65	0.35	0.0715	3.31	3.13	1.81	
1.70	0.35	0.0727	3.30	3.10	1.79	
1.75	0.35	0.0738	3.29	3.08	1.78	
1.80	0.35	0.0749	3.27	3.06	1.77	
1.85	0.30	0.0787	3.24	2.76	1.59	
1.90	0.30	0.0797	3.23	2.75	1.58	
1.95	0.25	0.0836	3.20	2.45	1.41	
2.00	0.25	0.0845	3.19	2.43	1.40	

$M_x = K_x M$ $V_{1-2} = K_{v_{1-2}} \dfrac{M_x}{l_x}$

$M_y = \alpha M_x$ $V_{3-4} = V_{1-2}$

$M_y^0 = 1.6M_y$ $V_{2-3} = K_{v_{2-3}} \dfrac{M_x}{l_x}$

$V_{4-1} = K_{v_{4-1}} \dfrac{M_x}{l_x}$

一边固定三边简支

$\lambda = \dfrac{l_y}{l_x}$	α	K_x	$K_{v_{1-2}}$	$K_{v_{2-3}}$	$K_{v_{4-1}}$	备注
1.00	1.00	0.0311	4.63	7.61	4.72	
1.05	0.90	0.0349	4.37	6.74	4.18	
1.10	0.85	0.0379	4.19	6.25	3.88	
1.15	0.75	0.0424	3.97	5.54	3.44	
1.20	0.70	0.0456	3.83	5.16	3.20	
1.25	0.65	0.0489	3.72	4.80	2.98	
1.30	0.60	0.0523	3.63	4.46	2.76	
1.35	0.55	0.0558	3.55	4.13	2.56	
1.40	0.50	0.0594	3.48	3.82	2.37	
1.45	0.50	0.0609	3.46	3.77	2.34	
1.50	0.45	0.0645	3.40	3.48	2.16	$M = \xi Ci\omega l_x^2$
1.55	0.40	0.0682	3.35	3.19	1.98	
1.60	0.40	0.0694	3.33	3.16	1.96	
1.65	0.35	0.0733	3.29	2.88	1.78	
1.70	0.35	0.0744	3.28	2.86	1.77	
1.75	0.35	0.0755	3.27	2.84	1.76	
1.80	0.35	0.0765	3.26	2.82	1.75	
1.85	0.30	0.0803	3.22	2.55	1.58	
1.90	0.30	0.0812	3.22	2.53	1.57	
1.95	0.25	0.0851	3.19	2.26	1.40	
2.00	0.25	0.0859	3.18	2.25	1.39	

$M_x = K_x M$ $V_{1-2} = K_{v_{1-2}} \dfrac{M_x}{l_x}$

$M_y = \alpha M_x$ $V_{3-4} = V_{1-2}$

$M_y^0 = 1.8M_y$ $V_{2-3} = K_{v_{2-3}} \dfrac{M_x}{l_x}$

$V_{4-1} = K_{v_{4-1}} \dfrac{M_x}{l_x}$

一边固定三边简支

$\lambda = \dfrac{l_y}{l_x}$	α	K_x	$K_{v_{1-2}}$	$K_{v_{2-3}}$	$K_{v_{4-1}}$	备注
1.00	1.00	0.0302	4.70	8.03	4.80	
1.05	0.90	0.0341	4.42	7.10	4.24	
1.10	0.85	0.0370	4.24	6.57	3.93	
1.15	0.75	0.0414	4.01	5.82	3.48	
1.20	0.70	0.0446	3.87	5.41	3.23	
1.25	0.65	0.0479	3.75	5.03	3.01	
1.30	0.60	0.0513	3.66	4.67	2.79	
1.35	0.55	0.0548	3.57	4.33	2.59	
1.40	0.50	0.0584	3.50	4.00	2.39	
1.45	0.50	0.0599	3.47	3.95	2.36	
1.50	0.45	0.0635	3.41	3.64	2.17	$M = \xi Ci\omega l_x^2$
1.55	0.40	0.0673	3.36	3.33	1.99	
1.60	0.40	0.0685	3.34	3.30	1.97	
1.65	0.35	0.0724	3.30	3.00	1.80	
1.70	0.35	0.0735	3.29	2.98	1.78	
1.75	0.35	0.0746	3.28	2.96	1.77	
1.80	0.35	0.0757	3.27	2.94	1.76	
1.85	0.30	0.0795	3.23	2.65	1.59	
1.90	0.30	0.0804	3.22	2.64	1.58	
1.95	0.25	0.0844	3.19	2.35	1.41	
2.00	0.25	0.0852	3.19	2.34	1.40	

$M_x = K_x M$ $V_{1-2} = K_{v_{1-2}} \dfrac{M_x}{l_x}$

$M_y = \alpha M_x$ $V_{3-4} = V_{1-2}$

$M_y^0 = 1.4M_y$ $V_{2-3} = K_{v_{2-3}} \dfrac{M_x}{l_x}$

$V_{4-1} = K_{v_{4-1}} \dfrac{M_x}{l_x}$

一边固定三边简支

$\lambda = \dfrac{l_y}{l_x}$	α	K_x	$K_{v_{1-2}}$	$K_{v_{2-3}}$	$K_{v_{4-1}}$	备注
1.00	1.00	0.0320	4.56	7.19	4.64	
1.05	0.90	0.0359	4.31	6.37	4.11	
1.10	0.85	0.0389	4.14	5.92	3.82	
1.15	0.75	0.0434	3.92	5.26	3.39	
1.20	0.70	0.0466	3.80	4.90	3.16	
1.25	0.65	0.0500	3.69	4.56	2.94	
1.30	0.60	0.0534	3.60	4.24	2.74	
1.35	0.55	0.0568	3.53	3.93	2.54	
1.40	0.50	0.0604	3.46	3.64	2.35	
1.45	0.50	0.0619	3.44	3.60	2.32	
1.50	0.45	0.0655	3.38	3.32	2.14	$M = \xi Ci\omega l_x^2$
1.55	0.40	0.0692	3.34	3.04	1.96	
1.60	0.40	0.0704	3.32	3.01	1.95	
1.65	0.35	0.0742	3.28	2.75	1.77	
1.70	0.35	0.0753	3.27	2.73	1.76	
1.75	0.35	0.0764	3.26	2.71	1.75	
1.80	0.35	0.0774	3.25	2.69	1.74	
1.85	0.30	0.0811	3.22	2.43	1.57	
1.90	0.30	0.0820	3.21	2.42	1.56	
1.95	0.25	0.0859	3.18	2.16	1.39	
2.00	0.25	0.0867	3.18	2.15	1.39	

续表 E.0.1

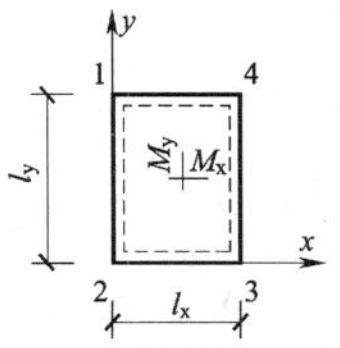

四边简支

$M_x=K_xM$　　$V_{1-2}=K_{V_{1-2}}\frac{M_x}{l_x}$

$M_y=\alpha M_x$　　$V_{3-4}=V_{1-2}$

$V_{2-3}=K_{V_{2-3}}\frac{M_x}{l_x}$

$V_{4-1}=V_{2-3}$

$\lambda=\frac{l_y}{l_x}$	α	K_x	$K_{V_{1-2}}$	$K_{V_{2-3}}$	备注
1.00	1.00	0.0417	4.00	4.00	
1.05	0.90	0.0459	3.82	3.61	
1.10	0.85	0.0491	3.72	3.40	
1.15	0.75	0.0537	3.60	3.05	
1.20	0.70	0.0570	3.53	2.86	
1.25	0.65	0.0603	3.46	2.68	
1.30	0.60	0.0636	3.41	2.51	
1.35	0.55	0.0670	3.36	2.34	
1.40	0.50	0.0703	3.32	2.18	
1.45	0.50	0.0717	3.31	2.16	
1.50	0.45	0.0751	3.27	2.00	$M=\xi Ci\omega l_x^2$
1.55	0.40	0.0784	3.24	1.84	
1.60	0.40	0.0795	3.23	1.83	
1.65	0.35	0.0829	3.20	1.68	
1.70	0.35	0.0839	3.20	1.67	
1.75	0.35	0.0849	3.19	1.66	
1.80	0.35	0.0857	3.18	1.65	
1.85	0.30	0.0890	3.16	1.50	
1.90	0.30	0.0897	3.15	1.49	
1.95	0.25	0.0931	3.13	1.34	
2.00	0.25	0.0938	3.13	1.33	

E.0.2 三边支承板的弯矩系数和动反力系数，可按表 E.0.2 查取。

表 E.0.2 三边支承板的弯矩系数和动反力系数

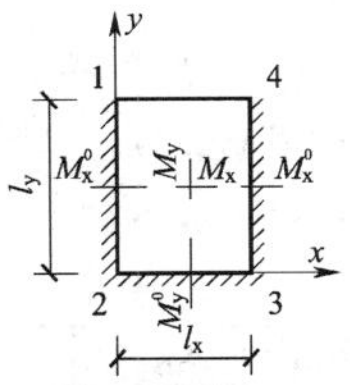

三边固定

$M_x=K_xM$　　$V_{1-2}=K_{V_{1-2}}\frac{M_x}{l_x}$

$M_y=\alpha M_x$　　$V_{3-4}=V_{1-2}$

$M_x^0=2M_x$　　$V_{2-3}=K_{V_{2-3}}\frac{M_x}{l_x}$

$M_y^0=2M_y$

$\lambda=l_y/l_x$	α	K_x	$K_{V_{1-2}}$	$K_{V_{2-3}}$	备注
0.50	0.45	0.0196	10.48	6.78	
0.55	0.45	0.0209	10.28	6.56	
0.60	0.45	0.0221	10.12	6.38	
0.65	0.45	0.0232	10.00	6.23	
0.70	0.45	0.0241	9.90	6.11	
0.75	0.45	0.0250	9.82	6.00	
0.80	0.45	0.0258	9.75	5.91	
0.85	0.45	0.0265	9.69	5.83	
0.90	0.45	0.0272	9.64	5.75	
0.95	0.45	0.0278	9.60	5.69	
1.00	0.45	0.0284	9.56	5.63	$M=\xi Ci\omega l_x^2$
1.10	0.40	0.0299	9.46	5.17	
1.20	0.40	0.0308	9.42	5.10	
1.30	0.35	0.0321	9.35	4.67	
1.40	0.35	0.0327	9.32	4.63	
1.50	0.30	0.0338	9.27	4.22	
1.60	0.30	0.0342	9.25	4.19	
1.70	0.25	0.0352	9.21	3.77	
1.80	0.25	0.0355	9.20	3.75	
1.90	0.25	0.0358	9.19	3.74	
2.00	0.25	0.0361	9.18	3.72	

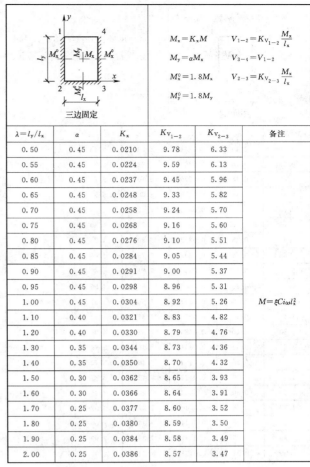

续表 E.0.2

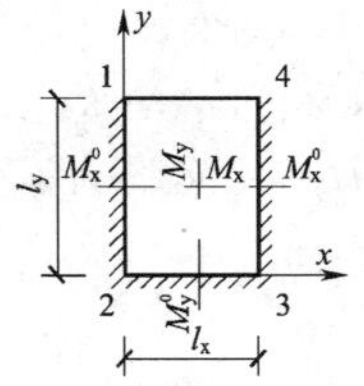

三边固定

$M_x=K_xM$　　$V_{1-2}=K_{V_{1-2}}\frac{M_x}{l_x}$

$M_y=\alpha M_x$　　$V_{3-4}=V_{1-2}$

$M_x^0=1.8M_x$　　$V_{2-3}=K_{V_{2-3}}\frac{M_x}{l_x}$

$M_y^0=1.8M_y$

$\lambda=l_y/l_x$	α	K_x	$K_{V_{1-2}}$	$K_{V_{2-3}}$	备注
0.50	0.45	0.0210	9.78	6.33	
0.55	0.45	0.0224	9.59	6.13	
0.60	0.45	0.0237	9.45	5.96	
0.65	0.45	0.0248	9.33	5.82	
0.70	0.45	0.0258	9.24	5.70	
0.75	0.45	0.0268	9.16	5.60	
0.80	0.45	0.0276	9.10	5.51	
0.85	0.45	0.0284	9.05	5.44	
0.90	0.45	0.0291	9.00	5.37	
0.95	0.45	0.0298	8.96	5.31	
1.00	0.45	0.0304	8.92	5.26	$M=\xi Ci\omega l_x^2$
1.10	0.40	0.0321	8.83	4.82	
1.20	0.40	0.0330	8.79	4.76	
1.30	0.35	0.0344	8.73	4.36	
1.40	0.35	0.0350	8.70	4.32	
1.50	0.30	0.0362	8.65	3.93	
1.60	0.30	0.0366	8.64	3.91	
1.70	0.25	0.0377	8.60	3.52	
1.80	0.25	0.0380	8.59	3.50	
1.90	0.25	0.0384	8.58	3.49	
2.00	0.25	0.0386	8.57	3.47	

续表 E.0.2

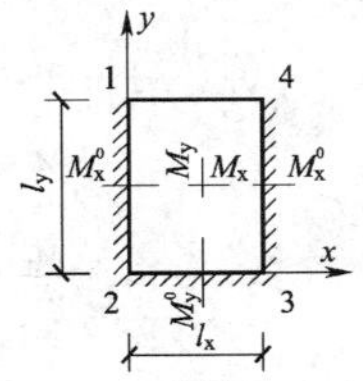

三边固定

$M_x=K_xM$　　$V_{1-2}=K_{V_{1-2}}\frac{M_x}{l_x}$

$M_y=\alpha M_x$　　$V_{3-4}=V_{1-2}$

$M_x^0=1.6M_x$　　$V_{2-3}=K_{V_{2-3}}\frac{M_x}{l_x}$

$M_y^0=1.6M_y$

$\lambda=l_y/l_x$	α	K_x	$K_{V_{1-2}}$	$K_{V_{2-3}}$	备注
0.50	0.45	0.0226	9.08	5.88	
0.55	0.45	0.0241	8.91	5.69	
0.60	0.45	0.0255	8.77	5.53	
0.65	0.45	0.0267	8.67	5.40	
0.70	0.45	0.0278	8.58	5.29	
0.75	0.45	0.0288	8.51	5.20	
0.80	0.45	0.0298	8.45	5.12	
0.85	0.45	0.0306	8.40	5.05	
0.90	0.45	0.0314	8.36	4.99	
0.95	0.45	0.0321	8.32	4.93	
1.00	0.45	0.0327	8.29	4.88	$M=\xi Ci\omega l_x^2$
1.10	0.40	0.0345	8.20	4.48	
1.20	0.40	0.0355	8.16	4.42	
1.30	0.35	0.0370	8.10	4.05	
1.40	0.35	0.0377	8.08	4.01	
1.50	0.30	0.0390	8.04	3.65	
1.60	0.30	0.0395	8.02	3.63	
1.70	0.25	0.0406	7.98	3.27	
1.80	0.25	0.0410	7.97	3.25	
1.90	0.25	0.0413	7.96	3.24	
2.00	0.25	0.0416	7.95	3.23	

$$M_x = K_x M \qquad V_{1-2} = K_{v_{1-2}}\frac{M_x}{l_x}$$
$$M_y = \alpha M_x \qquad V_{3-4} = V_{1-2}$$
$$M_x^0 = 1.4M_x \qquad V_{2-3} = K_{v_{2-3}}\frac{M_x}{l_x}$$
$$M_y^0 = 1.4M_y$$

三边固定

$\lambda = l_y/l_x$	α	K_x	$K_{v_{1-2}}$	$K_{v_{2-3}}$	备注
0.50	0.45	0.0244	8.39	5.43	
0.55	0.45	0.0261	8.22	5.25	
0.60	0.45	0.0276	8.10	5.11	
0.65	0.45	0.0289	8.00	4.99	
0.70	0.45	0.0302	7.92	4.89	
0.75	0.45	0.0313	7.85	4.80	
0.80	0.45	0.0322	7.80	4.73	
0.85	0.45	0.0332	7.75	4.66	
0.90	0.45	0.0340	7.71	4.60	
0.95	0.45	0.0347	7.68	4.55	
1.00	0.45	0.0354	7.65	4.51	$M=\xi Ci\omega l_x^2$
1.10	0.40	0.0374	7.57	4.14	
1.20	0.40	0.0385	7.53	4.08	
1.30	0.35	0.0401	7.48	3.74	
1.40	0.35	0.0408	7.46	3.70	
1.50	0.30	0.0422	7.42	3.37	
1.60	0.30	0.0428	7.40	3.35	
1.70	0.25	0.0440	7.37	3.02	
1.80	0.25	0.0444	7.36	3.00	
1.90	0.25	0.0447	7.35	2.99	
2.00	0.25	0.0451	7.34	2.98	

$$M_x = K_x M \qquad V_{1-2} = K_{v_{1-2}}\frac{M_x}{l_x}$$
$$M_y = \alpha M_x \qquad V_{2-3} = K_{v_{2-3}}\frac{M_x}{l_x}$$
$$M_x^0 = 1.8M_x \qquad V_{3-4} = K_{v_{3-4}}\frac{M_x}{l_x}$$
$$M_y^0 = 1.8M_y$$

两相邻边固定一边简支

$\lambda = l_y/l_x$	α	K_x	$K_{v_{1-2}}$	$K_{v_{2-3}}$	$K_{v_{3-4}}$	备注
0.50	0.45	0.0275	8.32	5.53	4.97	
0.55	0.45	0.0297	8.07	5.31	4.83	
0.60	0.45	0.0318	7.89	5.14	4.72	
0.65	0.45	0.0337	7.75	4.99	4.63	
0.70	0.45	0.0355	7.64	4.87	4.57	
0.75	0.45	0.0370	7.55	4.76	4.51	
0.80	0.45	0.0385	7.47	4.67	4.47	
0.85	0.45	0.0398	7.41	4.59	4.43	
0.90	0.45	0.0411	7.36	4.52	4.40	
0.95	0.45	0.0422	7.31	4.46	4.37	
1.00	0.45	0.0433	7.27	4.41	4.34	$M=\xi Ci\omega l_x^2$
1.10	0.40	0.0463	7.17	4.02	4.28	
1.20	0.40	0.0479	7.12	3.95	4.25	
1.30	0.35	0.0504	7.05	3.60	4.21	
1.40	0.35	0.0516	7.02	3.56	4.20	
1.50	0.30	0.0538	6.97	3.23	4.17	
1.60	0.30	0.0547	6.95	3.20	4.16	
1.70	0.25	0.0566	6.91	2.87	4.13	
1.80	0.25	0.0573	6.90	2.85	4.12	
1.90	0.25	0.0579	6.89	2.84	4.12	
2.00	0.25	0.0584	6.88	2.83	4.11	

$$M_x = K_x M \qquad V_{1-2} = K_{v_{1-2}}\frac{M_x}{l_x}$$
$$M_y = \alpha M_x \qquad V_{2-3} = K_{v_{2-3}}\frac{M_x}{l_x}$$
$$M_x^0 = 2M_x \qquad V_{3-4} = K_{v_{3-4}}\frac{M_x}{l_x}$$
$$M_y^0 = 2M_y$$

两相邻边固定一边简支

$\lambda = l_y/l_x$	α	K_x	$K_{v_{1-2}}$	$K_{v_{2-3}}$	$K_{v_{3-4}}$	备注
0.50	0.45	0.0260	8.84	5.88	5.10	
0.55	0.45	0.0282	8.57	5.65	4.95	
0.60	0.45	0.0302	8.38	5.46	4.83	
0.65	0.45	0.0320	8.22	5.30	4.75	
0.70	0.45	0.0337	8.10	5.17	4.68	
0.75	0.45	0.0352	8.00	5.06	4.62	
0.80	0.45	0.0366	7.92	4.96	4.57	
0.85	0.45	0.0379	7.85	4.87	4.53	
0.90	0.45	0.0391	7.79	4.80	4.50	
0.95	0.45	0.0402	7.74	4.73	4.47	
1.00	0.45	0.0412	7.70	4.67	4.45	$M=\xi Ci\omega l_x^2$
1.10	0.40	0.0441	7.59	4.26	4.38	
1.20	0.40	0.0457	7.54	4.19	4.35	
1.30	0.35	0.0481	7.47	3.82	4.31	
1.40	0.35	0.0492	7.43	3.77	4.29	
1.50	0.30	0.0513	7.38	3.42	4.26	
1.60	0.30	0.0522	7.36	3.39	4.25	
1.70	0.25	0.0540	7.32	3.04	4.22	
1.80	0.25	0.0547	7.30	3.02	4.22	
1.90	0.25	0.0553	7.29	3.01	4.21	
2.00	0.25	0.0558	7.28	2.99	4.20	

$$M_x = K_x M \qquad V_{1-2} = K_{v_{1-2}}\frac{M_x}{l_x}$$
$$M_y = \alpha M_x \qquad V_{2-3} = K_{v_{2-3}}\frac{M_x}{l_x}$$
$$M_x^0 = 1.6M_x \qquad V_{3-4} = K_{v_{3-4}}\frac{M_x}{l_x}$$
$$M_y^0 = 1.6M_y$$

两相邻边固定一边简支

$\lambda = l_y/l_x$	α	K_x	$K_{v_{1-2}}$	$K_{v_{2-3}}$	$K_{v_{3-4}}$	备注
0.50	0.45	0.0291	7.80	5.18	4.84	
0.55	0.45	0.0315	7.57	4.98	4.70	
0.60	0.45	0.0337	7.41	4.81	4.59	
0.65	0.45	0.0357	7.28	4.68	4.51	
0.70	0.45	0.0375	7.18	4.56	4.45	
0.75	0.45	0.0391	7.09	4.46	4.40	
0.80	0.45	0.0406	7.02	4.38	4.36	
0.85	0.45	0.0420	6.97	4.31	4.32	
0.90	0.45	0.0433	6.92	4.24	4.29	
0.95	0.45	0.0445	6.87	4.19	4.26	
1.00	0.45	0.0456	6.84	4.13	4.24	$M=\xi Ci\omega l_x^2$
1.10	0.40	0.0488	6.74	3.77	4.18	
1.20	0.40	0.0504	6.70	3.71	4.15	
1.30	0.35	0.0530	6.63	3.38	4.11	
1.40	0.35	0.0543	6.61	3.34	4.10	
1.50	0.30	0.0565	6.56	3.03	4.07	
1.60	0.30	0.0574	6.54	3.01	4.06	
1.70	0.25	0.0594	6.51	2.70	4.04	
1.80	0.25	0.0601	6.50	2.68	4.03	
1.90	0.25	0.0607	6.49	2.67	4.02	
2.00	0.25	0.0613	6.48	2.66	4.02	

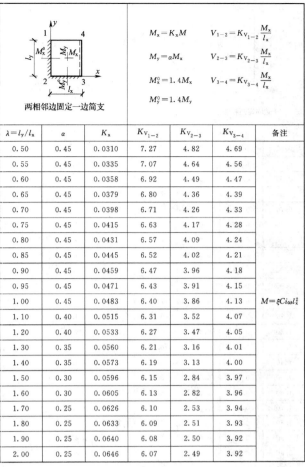

两相邻边固定一边简支

$$M_x = K_x M \qquad V_{1-2} = K_{v_{1-2}} \frac{M_x}{l_x}$$

$$M_y = \alpha M_x \qquad V_{2-3} = K_{v_{2-3}} \frac{M_x}{l_x}$$

$$M_x^0 = 1.4 M_x \qquad V_{3-4} = K_{v_{3-4}} \frac{M_x}{l_x}$$

$$M_y^0 = 1.4 M_y$$

$\lambda = l_y/l_x$	α	K_x	$K_{v_{1-2}}$	$K_{v_{2-3}}$	$K_{v_{3-4}}$	备注
0.50	0.45	0.0310	7.27	4.82	4.69	
0.55	0.45	0.0335	7.07	4.64	4.56	
0.60	0.45	0.0358	6.92	4.49	4.47	
0.65	0.45	0.0379	6.80	4.36	4.39	
0.70	0.45	0.0398	6.71	4.26	4.33	
0.75	0.45	0.0415	6.63	4.17	4.28	
0.80	0.45	0.0431	6.57	4.09	4.24	
0.85	0.45	0.0445	6.52	4.02	4.21	
0.90	0.45	0.0459	6.47	3.96	4.18	
0.95	0.45	0.0471	6.43	3.91	4.15	
1.00	0.45	0.0483	6.40	3.86	4.13	$M = \xi C i \omega l_x^2$
1.10	0.40	0.0515	6.31	3.52	4.07	
1.20	0.40	0.0533	6.27	3.47	4.05	
1.30	0.35	0.0560	6.21	3.16	4.01	
1.40	0.35	0.0573	6.19	3.13	4.00	
1.50	0.30	0.0596	6.15	2.84	3.97	
1.60	0.30	0.0605	6.13	2.82	3.96	
1.70	0.25	0.0626	6.10	2.53	3.94	
1.80	0.25	0.0633	6.09	2.51	3.93	
1.90	0.25	0.0640	6.08	2.50	3.92	
2.00	0.25	0.0646	6.07	2.49	3.92	

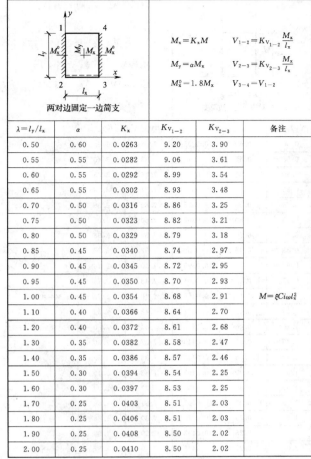

两对边固定一边简支

$$M_x = K_x M \qquad V_{1-2} = K_{v_{1-2}} \frac{M_x}{l_x}$$

$$M_y = \alpha M_x \qquad V_{2-3} = K_{v_{2-3}} \frac{M_x}{l_x}$$

$$M_x^0 = 1.8 M_x \qquad V_{3-4} = V_{1-2}$$

$\lambda = l_y/l_x$	α	K_x	$K_{v_{1-2}}$	$K_{v_{2-3}}$	备注
0.50	0.60	0.0263	9.20	3.90	
0.55	0.55	0.0282	9.06	3.61	
0.60	0.55	0.0292	8.99	3.54	
0.65	0.55	0.0302	8.93	3.48	
0.70	0.50	0.0316	8.86	3.25	
0.75	0.50	0.0323	8.82	3.21	
0.80	0.50	0.0329	8.79	3.18	
0.85	0.45	0.0340	8.74	2.97	
0.90	0.45	0.0345	8.72	2.95	
0.95	0.45	0.0350	8.70	2.93	
1.00	0.45	0.0354	8.68	2.91	$M = \xi C i \omega l_x^2$
1.10	0.40	0.0366	8.64	2.70	
1.20	0.40	0.0372	8.61	2.68	
1.30	0.35	0.0382	8.58	2.47	
1.40	0.35	0.0386	8.57	2.46	
1.50	0.30	0.0394	8.54	2.25	
1.60	0.30	0.0397	8.53	2.25	
1.70	0.25	0.0403	8.51	2.03	
1.80	0.25	0.0406	8.51	2.03	
1.90	0.25	0.0408	8.50	2.02	
2.00	0.25	0.0410	8.50	2.02	

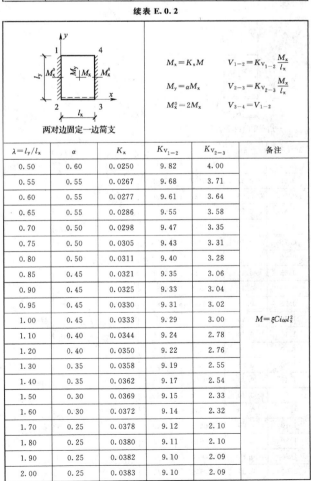

两对边固定一边简支

$$M_x = K_x M \qquad V_{1-2} = K_{v_{1-2}} \frac{M_x}{l_x}$$

$$M_y = \alpha M_x \qquad V_{2-3} = K_{v_{2-3}} \frac{M_x}{l_x}$$

$$M_x^0 = 2 M_x \qquad V_{3-4} = V_{1-2}$$

$\lambda = l_y/l_x$	α	K_x	$K_{v_{1-2}}$	$K_{v_{2-3}}$	备注
0.50	0.60	0.0250	9.82	4.00	
0.55	0.55	0.0267	9.68	3.71	
0.60	0.55	0.0277	9.61	3.64	
0.65	0.55	0.0286	9.55	3.58	
0.70	0.50	0.0298	9.47	3.35	
0.75	0.50	0.0305	9.43	3.31	
0.80	0.50	0.0311	9.40	3.28	
0.85	0.45	0.0321	9.35	3.06	
0.90	0.45	0.0325	9.33	3.04	
0.95	0.45	0.0330	9.31	3.02	
1.00	0.45	0.0333	9.29	3.00	$M = \xi C i \omega l_x^2$
1.10	0.40	0.0344	9.24	2.78	
1.20	0.40	0.0350	9.22	2.76	
1.30	0.35	0.0358	9.19	2.55	
1.40	0.35	0.0362	9.17	2.54	
1.50	0.30	0.0369	9.15	2.33	
1.60	0.30	0.0372	9.14	2.32	
1.70	0.25	0.0378	9.12	2.10	
1.80	0.25	0.0380	9.11	2.10	
1.90	0.25	0.0382	9.10	2.09	
2.00	0.25	0.0383	9.10	2.09	

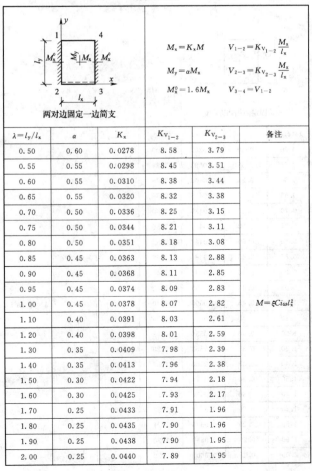

两对边固定一边简支

$$M_x = K_x M \qquad V_{1-2} = K_{v_{1-2}} \frac{M_x}{l_x}$$

$$M_y = \alpha M_x \qquad V_{2-3} = K_{v_{2-3}} \frac{M_x}{l_x}$$

$$M_x^0 = 1.6 M_x \qquad V_{3-4} = V_{1-2}$$

$\lambda = l_y/l_x$	α	K_x	$K_{v_{1-2}}$	$K_{v_{2-3}}$	备注
0.50	0.60	0.0278	8.58	3.79	
0.55	0.55	0.0298	8.45	3.51	
0.60	0.55	0.0310	8.38	3.44	
0.65	0.55	0.0320	8.32	3.38	
0.70	0.50	0.0336	8.25	3.15	
0.75	0.50	0.0344	8.21	3.11	
0.80	0.50	0.0351	8.18	3.08	
0.85	0.45	0.0363	8.13	2.88	
0.90	0.45	0.0368	8.11	2.85	
0.95	0.45	0.0374	8.09	2.83	
1.00	0.45	0.0378	8.07	2.82	$M = \xi C i \omega l_x^2$
1.10	0.40	0.0391	8.03	2.61	
1.20	0.40	0.0398	8.01	2.59	
1.30	0.35	0.0409	7.98	2.39	
1.40	0.35	0.0413	7.96	2.38	
1.50	0.30	0.0422	7.94	2.18	
1.60	0.30	0.0425	7.93	2.17	
1.70	0.25	0.0433	7.91	1.96	
1.80	0.25	0.0435	7.90	1.96	
1.90	0.25	0.0438	7.90	1.95	
2.00	0.25	0.0440	7.89	1.95	

续表 E.0.2

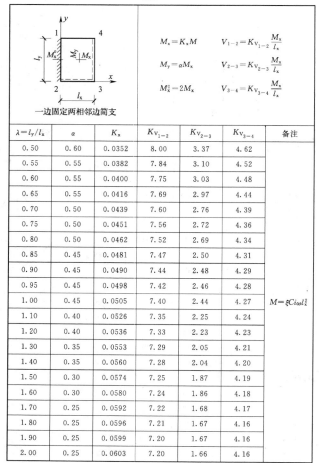

两对边固定一边简支

$M_x = K_x M$ $V_{1-2} = K_{V_{1-2}} \dfrac{M_x}{l_x}$

$M_y = \alpha M_x$ $V_{2-3} = K_{V_{2-3}} \dfrac{M_x}{l_x}$

$M_x^0 = 1.4 M_x$ $V_{3-4} = V_{1-2}$

$\lambda = l_y/l_x$	α	K_x	$K_{V_{1-2}}$	$K_{V_{2-3}}$	备注
0.50	0.60	0.0295	7.96	3.68	
0.55	0.55	0.0317	7.83	3.40	
0.60	0.55	0.0330	7.76	3.33	
0.65	0.55	0.0342	7.71	3.28	
0.70	0.50	0.0358	7.63	3.05	
0.75	0.50	0.0367	7.60	3.01	
0.80	0.50	0.0375	7.57	2.98	
0.85	0.45	0.0389	7.52	2.78	
0.90	0.45	0.0395	7.50	2.76	
0.95	0.45	0.0401	7.48	2.74	
1.00	0.45	0.0406	7.46	2.72	$M = \xi C i \omega l_x^2$
1.10	0.40	0.0421	7.42	2.52	
1.20	0.40	0.0428	7.40	2.50	
1.30	0.35	0.0440	7.37	2.30	
1.40	0.35	0.0445	7.36	2.29	
1.50	0.30	0.0455	7.33	2.10	
1.60	0.30	0.0458	7.32	2.09	
1.70	0.25	0.0467	7.31	1.89	
1.80	0.25	0.0470	7.30	1.88	
1.90	0.25	0.0472	7.29	1.88	
2.00	0.25	0.0475	7.29	1.87	

续表 E.0.2

一边固定两相邻边简支

$M_x = K_x M$ $V_{1-2} = K_{V_{1-2}} \dfrac{M_x}{l_x}$

$M_y = \alpha M_x$ $V_{2-3} = K_{V_{2-3}} \dfrac{M_x}{l_x}$

$M_x^0 = 1.8 M_x$ $V_{3-4} = K_{V_{3-4}} \dfrac{M_x}{l_x}$

$\lambda = l_y/l_x$	α	K_x	$K_{V_{1-2}}$	$K_{V_{2-3}}$	$K_{V_{3-4}}$	备注
0.50	0.60	0.0363	7.59	3.32	4.54	
0.55	0.55	0.0394	7.43	3.05	4.44	
0.60	0.55	0.0413	7.35	2.98	4.39	
0.65	0.55	0.0429	7.28	2.92	4.35	
0.70	0.50	0.0454	7.20	2.71	4.30	
0.75	0.50	0.0467	7.16	2.67	4.28	
0.80	0.50	0.0479	7.12	2.64	4.26	
0.85	0.45	0.0498	7.07	2.45	4.22	
0.90	0.45	0.0508	7.04	2.43	4.21	
0.95	0.45	0.0516	7.02	2.41	4.20	
1.00	0.45	0.0524	7.00	2.39	4.19	$M = \xi C i \omega l_x^2$
1.10	0.40	0.0546	6.95	2.21	4.16	
1.20	0.40	0.0557	6.93	2.19	4.14	
1.30	0.35	0.0575	6.90	2.01	4.12	
1.40	0.35	0.0583	6.88	2.00	4.11	
1.50	0.30	0.0598	6.86	1.83	4.10	
1.60	0.30	0.0604	6.85	1.82	4.09	
1.70	0.25	0.0616	6.83	1.64	4.08	
1.80	0.25	0.0621	6.82	1.64	4.07	
1.90	0.25	0.0624	6.81	1.63	4.07	
2.00	0.25	0.0628	6.81	1.63	4.07	

续表 E.0.2

一边固定两相邻边简支

$M_x = K_x M$ $V_{1-2} = K_{V_{1-2}} \dfrac{M_x}{l_x}$

$M_y = \alpha M_x$ $V_{2-3} = K_{V_{2-3}} \dfrac{M_x}{l_x}$

$M_x^0 = 2 M_x$ $V_{3-4} = K_{V_{3-4}} \dfrac{M_x}{l_x}$

$\lambda = l_y/l_x$	α	K_x	$K_{V_{1-2}}$	$K_{V_{2-3}}$	$K_{V_{3-4}}$	备注
0.50	0.60	0.0352	8.00	3.37	4.62	
0.55	0.55	0.0382	7.84	3.10	4.52	
0.60	0.55	0.0400	7.75	3.03	4.48	
0.65	0.55	0.0416	7.69	2.97	4.44	
0.70	0.50	0.0439	7.60	2.76	4.39	
0.75	0.50	0.0451	7.56	2.72	4.36	
0.80	0.50	0.0462	7.52	2.69	4.34	
0.85	0.45	0.0481	7.47	2.50	4.31	
0.90	0.45	0.0490	7.44	2.48	4.29	
0.95	0.45	0.0498	7.42	2.46	4.28	
1.00	0.45	0.0505	7.40	2.44	4.27	$M = \xi C i \omega l_x^2$
1.10	0.40	0.0526	7.35	2.25	4.24	
1.20	0.40	0.0536	7.33	2.23	4.23	
1.30	0.35	0.0553	7.29	2.05	4.21	
1.40	0.35	0.0560	7.28	2.04	4.20	
1.50	0.30	0.0574	7.25	1.87	4.19	
1.60	0.30	0.0580	7.24	1.86	4.18	
1.70	0.25	0.0592	7.22	1.68	4.17	
1.80	0.25	0.0596	7.21	1.67	4.16	
1.90	0.25	0.0599	7.20	1.67	4.16	
2.00	0.25	0.0603	7.20	1.66	4.16	

续表 E.0.2

一边固定两相邻边简支

$M_x = K_x M$ $V_{1-2} = K_{V_{1-2}} \dfrac{M_x}{l_x}$

$M_y = \alpha M_x$ $V_{2-3} = K_{V_{2-3}} \dfrac{M_x}{l_x}$

$M_x^0 = 1.6 M_x$ $V_{3-4} = K_{V_{3-4}} \dfrac{M_x}{l_x}$

$\lambda = l_y/l_x$	α	K_x	$K_{V_{1-2}}$	$K_{V_{2-3}}$	$K_{V_{3-4}}$	备注
0.50	0.60	0.0374	7.18	3.27	4.45	
0.55	0.55	0.0407	7.02	3.00	4.35	
0.60	0.55	0.0427	6.94	2.93	4.30	
0.65	0.55	0.0445	6.87	2.87	4.26	
0.70	0.50	0.0470	6.79	2.66	4.21	
0.75	0.50	0.0484	6.75	2.62	4.19	
0.80	0.50	0.0497	6.72	2.59	4.17	
0.85	0.45	0.0518	6.66	2.41	4.13	
0.90	0.45	0.0528	6.64	2.38	4.12	
0.95	0.45	0.0537	6.62	2.36	4.11	
1.00	0.45	0.0545	6.60	2.35	4.09	$M = \xi C i \omega l_x^2$
1.10	0.40	0.0569	6.56	2.17	4.07	
1.20	0.40	0.0581	6.53	2.14	4.05	
1.30	0.35	0.0599	6.50	1.97	4.03	
1.40	0.35	0.0608	6.48	1.96	4.02	
1.50	0.30	0.0624	6.46	1.79	4.01	
1.60	0.30	0.0630	6.45	1.78	4.00	
1.70	0.25	0.0643	6.43	1.61	3.99	
1.80	0.25	0.0648	6.42	1.60	3.98	
1.90	0.25	0.0652	6.42	1.60	3.98	
2.00	0.25	0.0656	6.41	1.59	3.98	

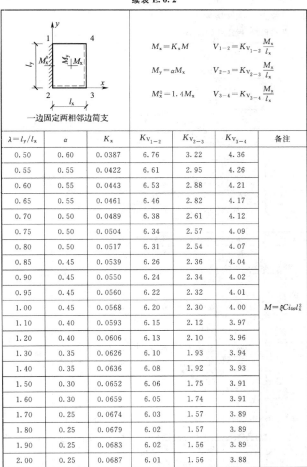

一边固定两相邻边简支

$$M_x = K_x M \qquad V_{1-2} = K_{V_{1-2}} \dfrac{M_x}{l_x}$$
$$M_y = \alpha M_x \qquad V_{2-3} = K_{V_{2-3}} \dfrac{M_x}{l_x}$$
$$M_x^0 = 1.4 M_x \qquad V_{3-4} = K_{V_{3-4}} \dfrac{M_x}{l_x}$$

$\lambda = l_y / l_x$	α	K_x	$K_{V_{1-2}}$	$K_{V_{2-3}}$	$K_{V_{3-4}}$	备注
0.50	0.60	0.0387	6.76	3.22	4.36	
0.55	0.55	0.0422	6.61	2.95	4.26	
0.60	0.55	0.0443	6.53	2.88	4.21	
0.65	0.55	0.0461	6.46	2.82	4.17	
0.70	0.50	0.0489	6.38	2.61	4.12	
0.75	0.50	0.0504	6.34	2.57	4.09	
0.80	0.50	0.0517	6.31	2.54	4.07	
0.85	0.45	0.0539	6.26	2.36	4.04	
0.90	0.45	0.0550	6.24	2.34	4.02	
0.95	0.45	0.0560	6.22	2.32	4.01	
1.00	0.45	0.0568	6.20	2.30	4.00	$M = \xi C_i \omega l_x^2$
1.10	0.40	0.0593	6.15	2.12	3.97	
1.20	0.40	0.0606	6.13	2.10	3.96	
1.30	0.35	0.0626	6.10	1.93	3.94	
1.40	0.35	0.0636	6.08	1.92	3.93	
1.50	0.30	0.0652	6.06	1.75	3.91	
1.60	0.30	0.0659	6.05	1.74	3.91	
1.70	0.25	0.0674	6.03	1.57	3.89	
1.80	0.25	0.0679	6.02	1.57	3.89	
1.90	0.25	0.0683	6.02	1.56	3.89	
2.00	0.25	0.0687	6.01	1.56	3.88	

两对边简支一边固定

$$M_x = K_x M \qquad V_{1-2} = K_{V_{1-2}} \dfrac{M_x}{l_x}$$
$$M_y = \alpha M_x \qquad V_{2-3} = K_{V_{2-3}} \dfrac{M_x}{l_x}$$
$$M_y^0 = 1.8 M_y \qquad V_{3-4} = V_{1-2}$$

$\lambda = l_y / l_x$	α	K_x	$K_{V_{1-2}}$	$K_{V_{2-3}}$	备注
0.50	0.25	0.0492	3.71	3.08	
0.55	0.25	0.0533	3.61	2.96	
0.60	0.30	0.0531	3.61	3.25	
0.65	0.35	0.0533	3.61	3.50	
0.70	0.40	0.0536	3.60	3.73	
0.75	0.45	0.0540	3.59	3.94	
0.80	0.45	0.0568	3.53	3.85	
0.85	0.45	0.0593	3.48	3.76	
0.90	0.45	0.0617	3.44	3.69	
0.95	0.45	0.0640	3.41	3.62	
1.00	0.45	0.0661	3.38	3.56	$M = \xi C_i \omega l_x^2$
1.10	0.40	0.0722	3.30	3.22	
1.20	0.40	0.0755	3.27	3.14	
1.30	0.35	0.0808	3.22	2.84	
1.40	0.35	0.0833	3.20	2.80	
1.50	0.30	0.0880	3.17	2.52	
1.60	0.30	0.0899	3.15	2.50	
1.70	0.25	0.0942	3.13	2.23	
1.80	0.25	0.0957	3.12	2.21	
1.90	0.25	0.0970	3.11	2.19	
2.00	0.25	0.0982	3.11	2.18	

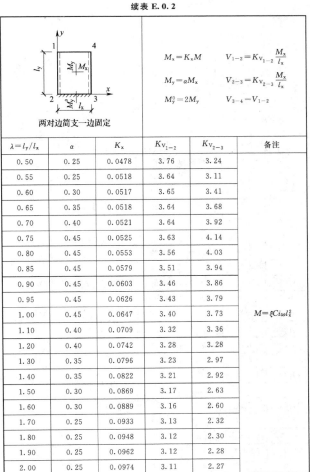

两对边简支一边固定

$$M_x = K_x M \qquad V_{1-2} = K_{V_{1-2}} \dfrac{M_x}{l_x}$$
$$M_y = \alpha M_x \qquad V_{2-3} = K_{V_{2-3}} \dfrac{M_x}{l_x}$$
$$M_y^0 = 2 M_y \qquad V_{3-4} = V_{1-2}$$

$\lambda = l_y / l_x$	α	K_x	$K_{V_{1-2}}$	$K_{V_{2-3}}$	备注
0.50	0.25	0.0478	3.76	3.24	
0.55	0.25	0.0518	3.64	3.11	
0.60	0.30	0.0517	3.65	3.41	
0.65	0.35	0.0518	3.64	3.68	
0.70	0.40	0.0521	3.64	3.92	
0.75	0.45	0.0525	3.63	4.14	
0.80	0.45	0.0553	3.56	4.03	
0.85	0.45	0.0579	3.51	3.94	
0.90	0.45	0.0603	3.46	3.86	
0.95	0.45	0.0626	3.43	3.79	
1.00	0.45	0.0647	3.40	3.73	$M = \xi C_i \omega l_x^2$
1.10	0.40	0.0709	3.32	3.36	
1.20	0.40	0.0742	3.28	3.28	
1.30	0.35	0.0796	3.23	2.97	
1.40	0.35	0.0822	3.21	2.92	
1.50	0.30	0.0869	3.17	2.63	
1.60	0.30	0.0889	3.16	2.60	
1.70	0.25	0.0933	3.13	2.32	
1.80	0.25	0.0948	3.12	2.30	
1.90	0.25	0.0962	3.12	2.28	
2.00	0.25	0.0974	3.11	2.27	

两对边简支一边固定

$$M_x = K_x M \qquad V_{1-2} = K_{V_{1-2}} \dfrac{M_x}{l_x}$$
$$M_y = \alpha M_x \qquad V_{2-3} = K_{V_{2-3}} \dfrac{M_x}{l_x}$$
$$M_y^0 = 1.6 M_y \qquad V_{3-4} = V_{1-2}$$

$\lambda = l_y / l_x$	α	K_x	$K_{V_{1-2}}$	$K_{V_{2-3}}$	备注
0.50	0.25	0.0508	3.67	2.92	
0.55	0.25	0.0549	3.57	2.81	
0.60	0.30	0.0547	3.57	3.08	
0.65	0.35	0.0548	3.57	3.33	
0.70	0.40	0.0552	3.56	3.55	
0.75	0.45	0.0556	3.55	3.75	
0.80	0.45	0.0583	3.50	3.66	
0.85	0.45	0.0609	3.45	3.58	
0.90	0.45	0.0633	3.42	3.51	
0.95	0.45	0.0655	3.38	3.45	
1.00	0.45	0.0676	3.36	3.40	$M = \xi C_i \omega l_x^2$
1.10	0.40	0.0736	3.29	3.07	
1.20	0.40	0.0769	3.25	3.00	
1.30	0.35	0.0821	3.21	2.72	
1.40	0.35	0.0846	3.19	2.68	
1.50	0.30	0.0891	3.16	2.42	
1.60	0.30	0.0910	3.15	2.39	
1.70	0.25	0.0951	3.12	2.13	
1.80	0.25	0.0966	3.11	2.12	
1.90	0.25	0.0979	3.11	2.10	
2.00	0.25	0.0991	3.10	2.09	

49

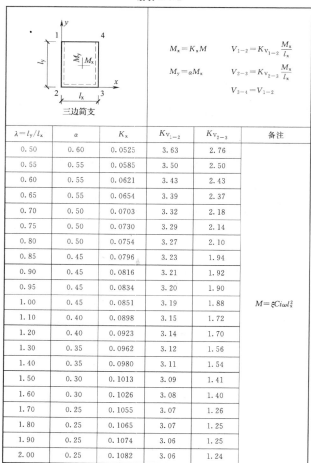
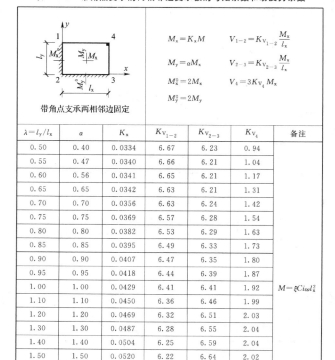
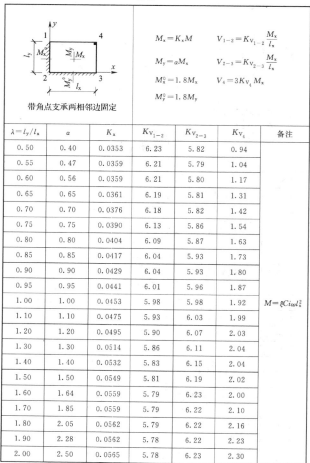

续表 E.0.2

两对边简支一边固定

$$M_x = K_x M \qquad V_{1-2} = K_{V_{1-2}} \frac{M_x}{l_x}$$
$$M_y = \alpha M_x \qquad V_{2-3} = K_{V_{2-3}} \frac{M_x}{l_x}$$
$$M_y^0 = 1.4 M_y \qquad V_{3-4} = V_{1-2}$$

$\lambda = l_y/l_x$	α	K_x	$K_{V_{1-2}}$	$K_{V_{2-3}}$	备注
0.50	0.25	0.0525	3.63	2.76	
0.55	0.25	0.0566	3.53	2.66	
0.60	0.30	0.0564	3.54	2.92	
0.65	0.35	0.0566	3.53	3.15	
0.70	0.40	0.0569	3.53	3.35	
0.75	0.45	0.0573	3.52	3.54	
0.80	0.45	0.0600	3.47	3.46	
0.85	0.45	0.0626	3.43	3.39	
0.90	0.45	0.0649	3.39	3.33	
0.95	0.45	0.0671	3.36	3.27	
1.00	0.45	0.0692	3.34	3.23	$M = \xi C i \omega l_x^2$
1.10	0.40	0.0752	3.27	2.92	
1.20	0.40	0.0783	3.24	2.86	
1.30	0.35	0.0834	3.20	2.59	
1.40	0.35	0.0858	3.18	2.55	
1.50	0.30	0.0903	3.15	2.31	
1.60	0.30	0.0921	3.14	2.28	
1.70	0.25	0.0962	3.12	2.04	
1.80	0.25	0.0976	3.11	2.02	
1.90	0.25	0.0988	3.10	2.01	
2.00	0.25	0.1000	3.10	2.00	

续表 E.0.2

三边简支

$$M_x = K_x M \qquad V_{1-2} = K_{V_{1-2}} \frac{M_x}{l_x}$$
$$M_y = \alpha M_x \qquad V_{2-3} = K_{V_{2-3}} \frac{M_x}{l_x}$$
$$V_{3-4} = V_{1-2}$$

$\lambda = l_y/l_x$	α	K_x	$K_{V_{1-2}}$	$K_{V_{2-3}}$	备注
0.50	0.60	0.0525	3.63	2.76	
0.55	0.55	0.0585	3.50	2.50	
0.60	0.55	0.0621	3.43	2.43	
0.65	0.55	0.0654	3.39	2.37	
0.70	0.50	0.0703	3.32	2.18	
0.75	0.50	0.0730	3.29	2.14	
0.80	0.50	0.0754	3.27	2.10	
0.85	0.45	0.0796	3.23	1.94	
0.90	0.45	0.0816	3.21	1.92	
0.95	0.45	0.0834	3.20	1.90	
1.00	0.45	0.0851	3.19	1.88	$M = \xi C i \omega l_x^2$
1.10	0.40	0.0898	3.15	1.72	
1.20	0.40	0.0923	3.14	1.70	
1.30	0.35	0.0962	3.12	1.56	
1.40	0.35	0.0980	3.11	1.54	
1.50	0.30	0.1013	3.09	1.41	
1.60	0.30	0.1026	3.08	1.40	
1.70	0.25	0.1055	3.07	1.26	
1.80	0.25	0.1065	3.07	1.25	
1.90	0.25	0.1074	3.06	1.25	
2.00	0.25	0.1082	3.06	1.24	

E.0.3 带角点支承的两相邻边支承板的弯矩系数和动反力系数，可按表 E.0.3 查取。

表 E.0.3 带角点支承的两相邻边支承板的弯矩系数和动反力系数

带角点支承两相邻边固定

$$M_x = K_x M \qquad V_{1-2} = K_{V_{1-2}} \frac{M_x}{l_x}$$
$$M_y = \alpha M_x \qquad V_{2-3} = K_{V_{2-3}} \frac{M_x}{l_x}$$
$$M_x^0 = 2 M_x \qquad V_4 = 3 K_{V_4} M_x$$
$$M_y^0 = 2 M_y$$

$\lambda = l_y/l_x$	α	K_x	$K_{V_{1-2}}$	$K_{V_{2-3}}$	K_{V_4}	备注
0.50	0.40	0.0334	6.67	6.23	0.94	
0.55	0.47	0.0340	6.66	6.21	1.04	
0.60	0.56	0.0341	6.65	6.21	1.17	
0.65	0.65	0.0342	6.63	6.21	1.31	
0.70	0.70	0.0356	6.63	6.24	1.42	
0.75	0.75	0.0369	6.57	6.28	1.54	
0.80	0.80	0.0382	6.53	6.29	1.63	
0.85	0.85	0.0395	6.49	6.33	1.73	
0.90	0.90	0.0407	6.47	6.35	1.80	
0.95	0.95	0.0418	6.44	6.39	1.87	
1.00	1.00	0.0429	6.41	6.41	1.92	$M = \xi C i \omega l_x^2$
1.10	1.10	0.0450	6.36	6.46	1.99	
1.20	1.20	0.0469	6.32	6.51	2.03	
1.30	1.30	0.0487	6.28	6.55	2.04	
1.40	1.40	0.0504	6.25	6.59	2.04	
1.50	1.50	0.0520	6.22	6.64	2.02	
1.60	1.64	0.0529	6.21	6.66	2.00	
1.70	1.85	0.0529	6.20	6.66	2.10	
1.80	2.05	0.0532	6.20	6.67	2.16	
1.90	2.28	0.0532	6.20	6.67	2.23	
2.00	2.50	0.0535	6.20	6.68	2.30	

续表 E.0.3

带角点支承两相邻边固定

$$M_x = K_x M \qquad V_{1-2} = K_{V_{1-2}} \frac{M_x}{l_x}$$
$$M_y = \alpha M_x \qquad V_{2-3} = K_{V_{2-3}} \frac{M_x}{l_x}$$
$$M_x^0 = 1.8 M_x \qquad V_4 = 3 K_{V_4} M_x$$
$$M_y^0 = 1.8 M_y$$

$\lambda = l_y/l_x$	α	K_x	$K_{V_{1-2}}$	$K_{V_{2-3}}$	K_{V_4}	备注
0.50	0.40	0.0353	6.23	5.82	0.94	
0.55	0.47	0.0359	6.21	5.79	1.04	
0.60	0.56	0.0359	6.21	5.80	1.17	
0.65	0.65	0.0361	6.19	5.81	1.31	
0.70	0.70	0.0376	6.18	5.82	1.42	
0.75	0.75	0.0390	6.13	5.86	1.54	
0.80	0.80	0.0404	6.09	5.87	1.63	
0.85	0.85	0.0417	6.04	5.93	1.73	
0.90	0.90	0.0429	6.04	5.93	1.80	
0.95	0.95	0.0441	6.01	5.96	1.87	
1.00	1.00	0.0453	5.98	5.98	1.92	$M = \xi C i \omega l_x^2$
1.10	1.10	0.0475	5.93	6.03	1.99	
1.20	1.20	0.0495	5.90	6.07	2.03	
1.30	1.30	0.0514	5.86	6.11	2.04	
1.40	1.40	0.0532	5.83	6.15	2.04	
1.50	1.50	0.0549	5.81	6.19	2.02	
1.60	1.64	0.0559	5.79	6.23	2.00	
1.70	1.85	0.0559	5.79	6.22	2.10	
1.80	2.05	0.0562	5.79	6.22	2.16	
1.90	2.28	0.0562	5.78	6.22	2.23	
2.00	2.50	0.0565	5.78	6.23	2.30	

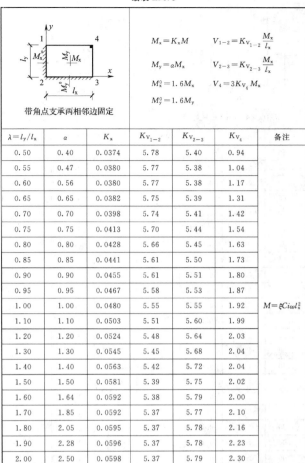

$$M_x = K_x M \qquad V_{1-2} = K_{v_{1-2}} \frac{M_x}{l_x}$$
$$M_y = \alpha M_x \qquad V_{2-3} = K_{v_{2-3}} \frac{M_x}{l_x}$$
$$M_x^0 = 1.6 M_x \qquad V_4 = 3 K_{v_4} M_x$$
$$M_y^0 = 1.6 M_y$$

带角点支承两相邻边固定

$\lambda = l_y/l_x$	α	K_x	$K_{v_{1-2}}$	$K_{v_{2-3}}$	K_{v_4}	备注
0.50	0.40	0.0374	5.78	5.40	0.94	
0.55	0.47	0.0380	5.77	5.38	1.04	
0.60	0.56	0.0380	5.77	5.38	1.17	
0.65	0.65	0.0382	5.75	5.39	1.31	
0.70	0.70	0.0398	5.74	5.41	1.42	
0.75	0.75	0.0413	5.70	5.44	1.54	
0.80	0.80	0.0428	5.66	5.45	1.63	
0.85	0.85	0.0441	5.61	5.50	1.73	
0.90	0.90	0.0455	5.61	5.51	1.80	
0.95	0.95	0.0467	5.58	5.53	1.87	
1.00	1.00	0.0480	5.55	5.55	1.92	$M = \xi C i \omega l_x^2$
1.10	1.10	0.0503	5.51	5.60	1.99	
1.20	1.20	0.0524	5.48	5.64	2.03	
1.30	1.30	0.0545	5.45	5.68	2.04	
1.40	1.40	0.0563	5.42	5.72	2.04	
1.50	1.50	0.0581	5.39	5.75	2.02	
1.60	1.64	0.0592	5.38	5.79	2.00	
1.70	1.85	0.0592	5.37	5.77	2.10	
1.80	2.05	0.0595	5.37	5.78	2.16	
1.90	2.28	0.0596	5.37	5.78	2.23	
2.00	2.50	0.0598	5.37	5.79	2.30	

$$M_x = K_x M \qquad V_{1-2} = K_{v_{1-2}} \frac{M_x}{l_x}$$
$$M_y = \alpha M_x \qquad V_{2-3} = K_{v_{2-3}} \frac{M_x}{l_x}$$
$$M_y^0 = 2 M_x \qquad V_4 = 3 K_{v_4} M_x$$

带角点支承一边固定一边简支

$\lambda = l_y/l_x$	α	K_x	$K_{v_{1-2}}$	$K_{v_{2-3}}$	K_{v_4}	备注
0.50	0.30	0.0537	2.71	6.00	0.59	
0.55	0.35	0.0550	2.70	6.01	0.68	
0.60	0.40	0.0564	2.69	6.01	0.76	
0.65	0.45	0.0580	2.68	6.03	0.85	
0.70	0.50	0.0596	2.67	6.04	0.94	
0.75	0.55	0.0612	2.66	6.05	1.04	
0.80	0.60	0.0628	2.64	6.06	1.12	
0.85	0.65	0.0645	2.63	6.07	1.21	
0.90	0.70	0.0661	2.62	6.08	1.31	
0.95	0.75	0.0677	2.61	6.09	1.41	
1.00	0.80	0.0693	2.61	6.11	1.48	$M = \xi C i \omega l_x^2$
1.10	0.90	0.0724	2.59	6.14	1.57	
1.20	0.95	0.0777	2.56	6.18	1.78	
1.30	1.00	0.0827	2.54	6.22	1.88	
1.40	1.05	0.0875	2.52	6.26	1.96	
1.50	1.10	0.0921	2.50	6.30	2.02	
1.60	1.15	0.0965	2.49	6.34	2.06	
1.70	1.20	0.1007	2.47	6.38	2.08	
1.80	1.25	0.1048	2.46	6.42	2.10	
1.90	1.25	0.1109	2.45	6.47	2.05	
2.00	1.30	0.1145	2.44	6.51	2.05	

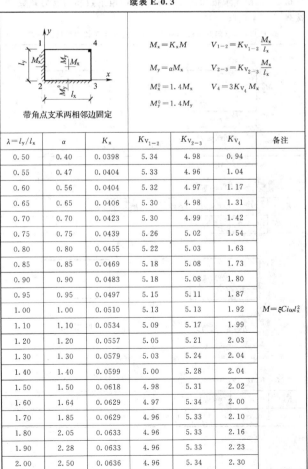

$$M_x = K_x M \qquad V_{1-2} = K_{v_{1-2}} \frac{M_x}{l_x}$$
$$M_y = \alpha M_x \qquad V_{2-3} = K_{v_{2-3}} \frac{M_x}{l_x}$$
$$M_x^0 = 1.4 M_x \qquad V_4 = 3 K_{v_4} M_x$$
$$M_y^0 = 1.4 M_y$$

带角点支承两相邻边固定

$\lambda = l_y/l_x$	α	K_x	$K_{v_{1-2}}$	$K_{v_{2-3}}$	K_{v_4}	备注
0.50	0.40	0.0398	5.34	4.98	0.94	
0.55	0.47	0.0404	5.33	4.96	1.04	
0.60	0.56	0.0404	5.32	4.97	1.17	
0.65	0.65	0.0406	5.30	4.98	1.31	
0.70	0.70	0.0423	5.30	4.99	1.42	
0.75	0.75	0.0439	5.26	5.02	1.54	
0.80	0.80	0.0455	5.22	5.03	1.63	
0.85	0.85	0.0469	5.18	5.08	1.73	
0.90	0.90	0.0483	5.18	5.08	1.80	
0.95	0.95	0.0497	5.15	5.11	1.87	
1.00	1.00	0.0510	5.13	5.13	1.92	$M = \xi C i \omega l_x^2$
1.10	1.10	0.0534	5.09	5.17	1.99	
1.20	1.20	0.0557	5.05	5.21	2.03	
1.30	1.30	0.0579	5.03	5.24	2.04	
1.40	1.40	0.0599	5.00	5.28	2.04	
1.50	1.50	0.0618	4.98	5.31	2.02	
1.60	1.64	0.0629	4.97	5.34	2.00	
1.70	1.85	0.0629	4.96	5.33	2.10	
1.80	2.05	0.0633	4.96	5.33	2.16	
1.90	2.28	0.0633	4.96	5.33	2.23	
2.00	2.50	0.0636	4.96	5.34	2.30	

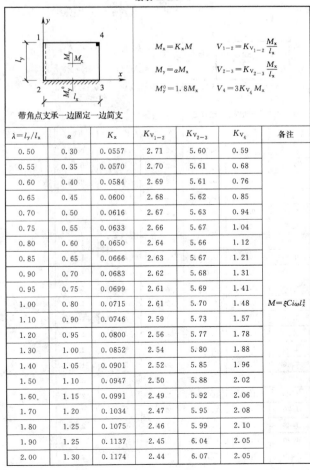

$$M_x = K_x M \qquad V_{1-2} = K_{v_{1-2}} \frac{M_x}{l_x}$$
$$M_y = \alpha M_x \qquad V_{2-3} = K_{v_{2-3}} \frac{M_x}{l_x}$$
$$M_y^0 = 1.8 M_x \qquad V_4 = 3 K_{v_4} M_x$$

带角点支承一边固定一边简支

$\lambda = l_y/l_x$	α	K_x	$K_{v_{1-2}}$	$K_{v_{2-3}}$	K_{v_4}	备注
0.50	0.30	0.0557	2.71	5.60	0.59	
0.55	0.35	0.0570	2.70	5.61	0.68	
0.60	0.40	0.0584	2.69	5.61	0.76	
0.65	0.45	0.0600	2.68	5.62	0.85	
0.70	0.50	0.0616	2.67	5.63	0.94	
0.75	0.55	0.0633	2.66	5.67	1.04	
0.80	0.60	0.0650	2.64	5.66	1.12	
0.85	0.65	0.0666	2.63	5.67	1.21	
0.90	0.70	0.0683	2.62	5.68	1.31	
0.95	0.75	0.0699	2.61	5.69	1.41	
1.00	0.80	0.0715	2.61	5.70	1.48	$M = \xi C i \omega l_x^2$
1.10	0.90	0.0746	2.59	5.73	1.57	
1.20	0.95	0.0800	2.56	5.77	1.78	
1.30	1.00	0.0852	2.54	5.80	1.88	
1.40	1.05	0.0901	2.52	5.85	1.96	
1.50	1.10	0.0947	2.50	5.88	2.02	
1.60	1.15	0.0991	2.49	5.92	2.06	
1.70	1.20	0.1034	2.47	5.95	2.08	
1.80	1.25	0.1075	2.46	5.99	2.10	
1.90	1.25	0.1137	2.45	6.04	2.05	
2.00	1.30	0.1174	2.44	6.07	2.05	

续表 E.0.3

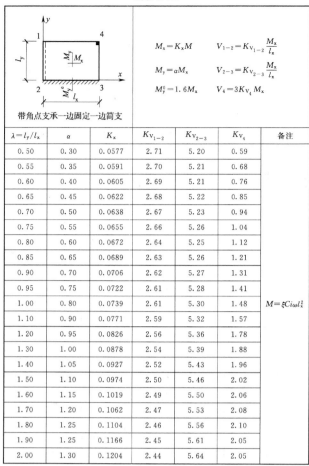

带角点支承一边固定一边简支

$M_x = K_x M$ $V_{1-2} = K_{v_{1-2}} \dfrac{M_x}{l_x}$

$M_y = \alpha M_x$ $V_{2-3} = K_{v_{2-3}} \dfrac{M_x}{l_x}$

$M_y^0 = 1.6 M_x$ $V_4 = 3 K_{v_4} M_x$

$\lambda = l_y/l_x$	α	K_x	$K_{v_{1-2}}$	$K_{v_{2-3}}$	K_{v_4}	备注
0.50	0.30	0.0577	2.71	5.20	0.59	
0.55	0.35	0.0591	2.70	5.21	0.68	
0.60	0.40	0.0605	2.69	5.21	0.76	
0.65	0.45	0.0622	2.68	5.22	0.85	
0.70	0.50	0.0638	2.67	5.23	0.94	
0.75	0.55	0.0655	2.66	5.26	1.04	
0.80	0.60	0.0672	2.64	5.25	1.12	
0.85	0.65	0.0689	2.63	5.26	1.21	
0.90	0.70	0.0706	2.62	5.27	1.31	
0.95	0.75	0.0722	2.61	5.28	1.41	
1.00	0.80	0.0739	2.61	5.30	1.48	$M = \xi C i \omega l_x^2$
1.10	0.90	0.0771	2.59	5.32	1.57	
1.20	0.95	0.0826	2.56	5.36	1.78	
1.30	1.00	0.0878	2.54	5.39	1.88	
1.40	1.05	0.0927	2.52	5.43	1.96	
1.50	1.10	0.0974	2.50	5.46	2.02	
1.60	1.15	0.1019	2.49	5.50	2.06	
1.70	1.20	0.1062	2.47	5.53	2.08	
1.80	1.25	0.1104	2.46	5.56	2.10	
1.90	1.25	0.1166	2.45	5.61	2.05	
2.00	1.30	0.1204	2.44	5.64	2.05	

续表 E.0.3

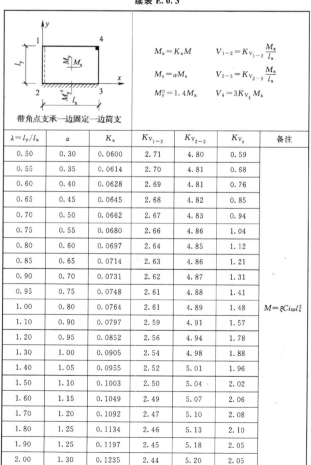

带角点支承一边固定一边简支

$M_x = K_x M$ $V_{1-2} = K_{v_{1-2}} \dfrac{M_x}{l_x}$

$M_y = \alpha M_x$ $V_{2-3} = K_{v_{2-3}} \dfrac{M_x}{l_x}$

$M_y^0 = 1.4 M_x$ $V_4 = 3 K_{v_4} M_x$

$\lambda = l_y/l_x$	α	K_x	$K_{v_{1-2}}$	$K_{v_{2-3}}$	K_{v_4}	备注
0.50	0.30	0.0600	2.71	4.80	0.59	
0.55	0.35	0.0614	2.70	4.81	0.68	
0.60	0.40	0.0628	2.69	4.81	0.76	
0.65	0.45	0.0645	2.68	4.82	0.85	
0.70	0.50	0.0662	2.67	4.83	0.94	
0.75	0.55	0.0680	2.66	4.86	1.04	
0.80	0.60	0.0697	2.64	4.85	1.12	
0.85	0.65	0.0714	2.63	4.86	1.21	
0.90	0.70	0.0731	2.62	4.87	1.31	
0.95	0.75	0.0748	2.61	4.88	1.41	
1.00	0.80	0.0764	2.61	4.89	1.48	$M = \xi C i \omega l_x^2$
1.10	0.90	0.0797	2.59	4.91	1.57	
1.20	0.95	0.0852	2.56	4.94	1.78	
1.30	1.00	0.0905	2.54	4.98	1.88	
1.40	1.05	0.0955	2.52	5.01	1.96	
1.50	1.10	0.1003	2.50	5.04	2.02	
1.60	1.15	0.1049	2.49	5.07	2.06	
1.70	1.20	0.1092	2.47	5.10	2.08	
1.80	1.25	0.1134	2.46	5.13	2.10	
1.90	1.25	0.1197	2.45	5.18	2.05	
2.00	1.30	0.1235	2.44	5.20	2.05	

续表 E.0.3

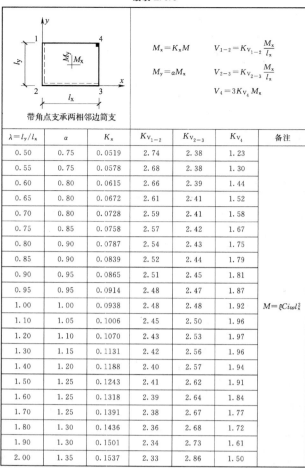

带角点支承两相邻边简支

$M_x = K_x M$ $V_{1-2} = K_{v_{1-2}} \dfrac{M_x}{l_x}$

$M_y = \alpha M_x$ $V_{2-3} = K_{v_{2-3}} \dfrac{M_x}{l_x}$

$V_4 = 3 K_{v_4} M_x$

$\lambda = l_y/l_x$	α	K_x	$K_{v_{1-2}}$	$K_{v_{2-3}}$	K_{v_4}	备注
0.50	0.75	0.0519	2.74	2.38	1.23	
0.55	0.75	0.0578	2.68	2.38	1.30	
0.60	0.80	0.0615	2.66	2.39	1.44	
0.65	0.80	0.0672	2.61	2.41	1.52	
0.70	0.80	0.0728	2.59	2.41	1.58	
0.75	0.85	0.0758	2.57	2.42	1.67	
0.80	0.90	0.0787	2.54	2.43	1.75	
0.85	0.90	0.0839	2.52	2.44	1.79	
0.90	0.95	0.0865	2.51	2.45	1.81	
0.95	0.95	0.0914	2.48	2.47	1.87	
1.00	1.00	0.0938	2.48	2.48	1.92	$M = \xi C i \omega l_x^2$
1.10	1.05	0.1006	2.45	2.50	1.96	
1.20	1.10	0.1070	2.43	2.53	1.97	
1.30	1.15	0.1131	2.42	2.56	1.96	
1.40	1.20	0.1188	2.40	2.57	1.94	
1.50	1.25	0.1243	2.41	2.62	1.91	
1.60	1.25	0.1318	2.39	2.64	1.84	
1.70	1.25	0.1391	2.38	2.67	1.77	
1.80	1.30	0.1436	2.36	2.68	1.72	
1.90	1.30	0.1501	2.34	2.73	1.61	
2.00	1.35	0.1537	2.33	2.86	1.50	

E.0.4 单向支承板和两边支承板的弯矩系数和动反力系数，可按表 E.0.4 查取。

表 E.0.4 单向支承板和两边支承板的弯矩系数和动反力系数

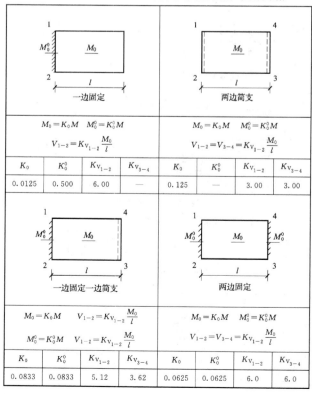

一边固定

$M_0 = K_0 M$ $M_0^0 = K_0^0 M$

$V_{1-2} = K_{v_{1-2}} \dfrac{M_0}{l}$

K_0	K_0^0	$K_{v_{1-2}}$	$K_{v_{3-4}}$
0.0125	0.500	6.00	—

两边简支

$M_0 = K_0 M$ $M_0^0 = K_0^0 M$

$V_{1-2} = V_{3-4} = K_{v_{1-2}} \dfrac{M_0}{l}$

K_0	K_0^0	$K_{v_{1-2}}$	$K_{v_{3-4}}$
0.125	—	3.00	3.00

一边固定一边简支

$M_0 = K_0 M$ $V_{1-2} = K_{v_{1-2}} \dfrac{M_0}{l}$

$M_0^0 = K_0^0 M$ $V_{1-2} = K_{v_{1-2}} \dfrac{M_0}{l}$

K_0	K_0^0	$K_{v_{1-2}}$	$K_{v_{3-4}}$
0.0833	0.0833	5.12	3.62

两边固定

$M_0 = K_0 M$ $M_0^0 = K_0^0 M$

$V_{1-2} = V_{3-4} = K_{v_{1-2}} \dfrac{M_0}{l}$

K_0	K_0^0	$K_{v_{1-2}}$	$K_{v_{3-4}}$
0.0625	0.0625	6.0	6.0

中华人民共和国国家标准

抗爆间室结构设计规范

GB 50907 - 2013

条 文 说 明

1 总 则

1.0.1 本条主要说明制定本规范的目的。抗爆间室在设计中应确保安全,根据生产中发生事故可能性的大小区别对待,充分利用结构的抗爆性能,应用先进技术,做到经济合理并确保安全。抗爆间室设计应具体问题具体分析,在保证安全的基础上,做到经济合理。

1.0.2 本条规定了本规范的适用范围。凡有抗内爆炸要求而设置的抗爆间室,不论是主导工序上的还是次要工序上的,都是重要的。其重要性就在于确保抗爆间室外部操作人员的人身安全,以及从泄爆面泄出的冲击波和飞散物对周围环境的影响减少到最小的限度内。同时还要求发生事故以后一般不做修理,或者虽经修理也能以最快的速度恢复生产。

3 基 本 规 定

3.0.1 本条提出了抗爆间室(不包括抗爆屏院及泄爆面)设计的最低要求。如果达不到本条的要求,一旦发生爆炸事故,抗爆间室将不可修复,并对周围环境及相邻厂房产生严重危害,达不到设计抗爆间室的目的。只要按本规范提出的整体作用计算、局部破坏验算及构造要求进行设计,就能满足本条提出的要求。本条为强制性条文,必须严格执行。

本条中规定的爆炸飞散破坏是指在爆炸荷载作用下钢筋混凝土墙(板)迎爆面的混凝土被压碎,并向四周飞散形成飞散漏斗坑的破坏现象,不包括爆炸破片对墙(板)的冲击所引起的飞散破坏。

本条中规定的爆炸震塌是指在爆炸荷载作用下钢筋混凝土墙(板)背爆面的混凝土崩塌成碎块而掉落或飞出,形成震塌漏斗坑的破坏现象,不包括爆炸破片对墙(板)的冲击所引起的震塌破坏。

本条中规定的穿透破坏是指爆炸产生的破片从钢筋混凝土墙(板)穿出的破坏现象。此处破片主要是指发生爆炸事故时产品外壳及设备所产生的破片。

3.0.2 本条提出了本规范抗爆间室适用的条件。根据试验所确定的抗爆间室墙(板)面上平均冲量计算公式,是从这些测试条件下的冲击波数据总结分析拟合而得到的。

对于爆心到墙面的距离 R_a 与药量的对比距离为 $0.15 \leqslant R_a/Q^{\frac{1}{3}} < 0.45$ 时的情况,参考了美国陆海空三军联合编写的《抗偶然性爆炸效应结构(设计手册)》,对采取设置斜拉结筋、基础设置拉梁及地面下设置整块底板三项措施后放宽适用本条第 5 款的要求。

设置在厂房内的 $50\text{kg} < Q \leqslant 100\text{kg}$ 的抗爆间室,各有关专业共同采取有效措施,主要是为了消除或限制由于爆炸事故引起的振动、位移、倾覆、飞散物以及冲击波漏泄压力对周围人员、设备和建筑物的危害影响。

药量大于 100kg 的抗爆间室,由于试验数据较少,因此提出 $Q > 100\text{kg}$ 的抗爆间室必须单独设置。

3.0.4 确定抗爆间室内爆炸的设计药量,由于牵涉因素很多,如装药位置、形状、密度、数量,传爆及殉爆的可能性,容器模具设备的约束程度和破坏时的能量消耗程度,有无定向爆炸作用等,是一件很困难的工作。工艺专业必须在设计时根据生产工艺分析确定,作为结构设计的依据。

3.0.5 为做到区别对待、经济合理地确保安全,根据发生爆炸事故的概率对抗爆间室划分为不同的设防等级。抗爆间室可使爆炸危害限制在一定范围内,以减少人员伤亡,将从泄爆面泄出的冲击波和飞散物对周围环境的影响减少到最小的限度,以确保安全的要求。

多年生产实践表明,各类抗爆间室由于存药量性质不同、生产运行的方式不同,发生事故的频率也不同。合理的设计,应使事故频率不同的各种抗爆间室,在设计使用年限期间,在经受了可能发生的满设计药量的允许爆炸次数后,最终破坏程度大体相当。因此,在设计抗爆间室时,是以事故频率来划分设防等级的。

考虑到有些抗爆间室边墙或其他墙面要求不高,抗爆间室总体可以划分为二级或三级,但中间墙面(或其他墙面)因设备精度或人员高度集中等原因,可以将此墙面的设防等级予以提高。因此本条规定,必要时同一抗爆间室的不同墙(板)根据不同的使用要求,也可分别划分为不同的设防等级。

抗爆屏院设防等级与抗爆间室相一致,亦划分为三级。

3.0.6 抗爆间室与抗爆屏院按弹塑性阶段设计的允许延性比和设计延性比。试验证明在多次重复爆炸荷载作用下采用延性比 $\mu > 1$ 设计也是可以的。我们根据事故次数的不同情况采用不同的延性比设计是合适的。

抗爆间室与抗爆屏院按弹塑性阶段设计的允许延性比和设计延性比的确定,主要依据是"7101试验"中的钢筋混凝土方形简支薄板弹塑性阶段受力试验。

允许延性比就是多次抗爆结构在规定抗爆次数的最后一次爆炸荷载作用下的最大动变形与弹性变形之比。

抗爆屏院的承载力和裂缝对人员伤亡和设备损毁影响远远小于抗爆间室,其允许延性比应远超过5。经过分析,抗爆屏院采用双筋矩形截面以结构不倒塌为允许极限状态,此时的允许延性比为20。

允许延性比 $[\mu]$ 与满负荷事故爆炸一次所产生的延性比 μ(即设计延性比)的关系式为 $[\mu]=1+n(\mu-1)$,由此可得 $\mu=1+([\mu]-1)/n$,其中 n 为在设计使用年限内发生爆炸事故的次数。一级设防抗爆间室次数不限,二级设防抗爆间室 $n=6\sim12$,三级设防抗爆间室 $n=1\sim2$。

3.0.7 抗爆间室采用轻质易碎屋盖时,一旦发生事故,大部分冲击波和破片将从屋盖泄出。为了尽可能减少对相邻屋盖的影响以及构造上的需要,当与抗爆间室相邻的主厂房的屋盖低于抗爆间室屋盖或与抗爆间室屋盖等高时,宜采用钢筋混凝土屋盖,当采用轻质易碎屋盖时,抗爆间室应采用高出相邻屋面不少于500mm的钢筋混凝土女儿墙与相邻屋盖隔开的措施。当与抗爆间室相邻的主厂房的屋盖高出抗爆间室屋盖时,应采用钢筋混凝土屋盖。

3.0.8 本条提出抗爆屏院的高度要求及抗爆屏院的构造、平面形式和最小进深的要求。抗爆间室泄爆面的外面应设置抗爆屏院,这主要是从安全要求提出来的。抗爆屏院是为了承受抗爆间室内发生爆炸后泄出的空气冲击波和爆炸飞散物所产生的两类破坏作用,一是空气冲击波对抗爆屏院墙面的整体破坏作用,二是飞散物对抗爆屏院墙面造成的倒塌和穿透的局部破坏作用。要求从抗爆屏院泄出的冲击波和飞散物,不致对周围建筑物产生较大的破坏,因此,必须确保在空气冲击波作用下,抗爆屏院不致倒塌或成碎块飞出。当抗爆间室是多室时,抗爆屏院还应阻挡经抗爆间室泄爆面泄出的空气冲击波传至相邻的另一抗爆间室,防止发生殉爆的可能。

砖砌体和配筋砖砌体结构通过试验验证,由于砖石结构整体性差、抵抗重复多次爆炸荷载作用的性能很差。根据试验条件规定,砖砌体和配筋砖砌体结构抗爆屏院仅限于设计药量 $Q<1kg$ 的情况。

3.0.9 本条提出了抗爆间室与相邻主厂房间的关系及构造要求。抗爆间室与相邻主厂房间设缝主要是从生产实践和事故中总结出来的。以往抗爆间室与主厂房之间不设缝,当抗爆间室内爆炸后,发现由于抗爆间室墙体变位,与主体结构连结松动,产生较大裂缝等问题。条文中针对药量较小时爆炸荷载作用下变位不大的特点,确定可不设缝,这是根据一定的实践经验和理论计算而决定的。规定轻质泄压盖及钢筋混凝土屋盖设计药量小于20kg,且主体结构跨度小于7.5m时可不设缝。为使连接部位相对变位控制在较小范围以内,仍要加强两者的连接,加大支承长度,加强锚固等措施。有条件时,抗爆间室与主体厂房间尽量设缝。

4 材 料

4.0.1 冷轧带肋钢筋、冷拉钢筋等冷加工钢筋伸长率低,塑性变形能力差,延性不好,因此本条规定不得采用此类钢筋。

4.0.2 提出抗爆间室钢筋混凝土结构钢筋宜优先采用延性、韧性和焊接性能较好的HRB400级和HRB500级的热轧钢筋,主要是从发展趋势及钢筋性能考虑。

4.0.3 抗爆间室结构,其受力钢筋均应有足够的延性和钢筋伸长率的要求,这是控制钢筋延性的重要性能指标。抗爆间室钢筋混凝土结构钢筋的抗拉强度实测值与屈服强度实测值的比值不应小于1.25,目的是使抗爆结构某些部位出现较大塑性变形后;钢筋在大变形条件下具有必要的强度潜力,保证抗爆结构构件的基本抗爆能力。钢筋的屈服强度实测值与屈服强度标准值的比值不应大于1.3,主要是为了保证抗爆结构各墙(板)具有协调一致抗爆性能,避免因钢筋屈服强度离散性过大而出现局部严重破坏的情况。钢筋在最大拉力下的总伸长率实测值不应小于9%,主要为了保证钢筋具有足够的塑性变形能力。

现行国家标准《钢筋混凝土用钢 第2部分:热轧带肋钢筋》GB 1499.2中牌号带"E"的钢筋符合本条要求。

4.0.5 表4.0.5给出的材料强度综合系数是考虑了一般工业与民用建筑规范中材料分项系数、材料在快速加载作用下的动力强度提高系数和对抗爆结构可靠性分析后,参考现行国家标准《人民防空地下室设计规范》GB 50038确定的。对于设计药量不大于100kg的抗爆间室结构构件达到最大弹性变形时间小于50ms,因此采用现行国家标准《人民防空地下室设计规范》GB 50038最大变形时间为50ms时对应的材料动力强度提高系数是可以的。由于混凝土强度提高系数中考虑了龄期效应的因素,其提高系数为1.2~1.3,故对不应考虑后期强度提高的混凝土蒸气养护和掺入早强剂的混凝土应乘以折减系数。

根据有关单位对钢筋、混凝土试验,材料或构件初始静应力即使高达屈服强度的65%~70%,也不影响动荷载作用下材料动力强度提高的比值。而抗爆间室构件初始静应力远小于屈服强度,因此在动荷载与静荷载同时作用下材料动力强度提高系数可取同一数值。

4.0.6、4.0.7 试验证明,在动荷载和静荷载同时作用或动荷载单独作用下,混凝土的弹性模量可取静荷载作用时的1.2倍;钢材的弹性模量可取静荷载作用时的数值;各种材料的泊松比均可取静荷载作用时的数值。

5 爆炸对结构的整体作用计算和局部破坏验算

5.1 爆炸对结构的整体作用计算

5.1.1、5.1.2 抗爆间室内爆炸,因抗爆墙的存在,使本来可以自由传播于无限空间的冲击波,受到约束而多次反射汇合,加之局部爆炸气体积聚,从而使其对墙面的破坏力远较自由空中同药量爆炸时要大。这种现象的实质是约束面使爆炸能量的集聚效应。建立墙面平均冲量计算式时,可以从能量集聚原理出发,引进能效系数 η 以 $\eta \cdot Q$ 作为爆炸药量,以此来反映受约束空气冲击波的能量集聚效应;以自由空中爆炸墙面各点冲量计算式中的距离角度变量因子之和为 U,作为墙面总冲量的距离角度变量因子;采用一个包含反映受约束能量集聚及泄瀑面等影响的综合影响系数 k。

室内爆炸冲击波受约束多次反射压力增大从而大大增加对结构的破坏力。由于问题的复杂性,在当前严格的理论计算尚未解决前通过试验采取近似的方法。在生产现有需求的药量条件下,试验证明对墙面有效作用持续时间为 $3T/8$ 左右(T 为墙的自振周期),可以用冲量荷载计算对墙(板)的作用。规范计算方法将冲击波多次反射能量集聚效应转化为增加爆炸药量效应,将复杂的冲击波多次反射简化为墙面各点都受到药量增大了的单一波的同步作用,这显然是有误差的,引进能效系数 η 只是一种方法,理论上尚不够严密。这些存在的误差与其他各项因素的误差一起用平均冲量经验系数 k 来修正。采用墙面平均冲量是简化计算不同步荷载的需要。由于冲量作用不同步时间都在毫秒级而结构变形时间较长,不同步荷载在结构上的反应可近似地按同步作用来考虑。经验系数 k 起到上述所有误差综合修正的作用,它的确定来之于试验实测数据,起到使冲量值及其他计算趋于正确的作用。

我们对各种大小及各种可能的药量近百个抗爆间室进行与美国的"抗偶然性爆炸效应结构"比较计算,我们提出的近似计算方法计算的墙面平均冲量值比美国"抗偶然性爆炸效应结构"查出的值均偏大一些,绝大多数的偏差在 10% 以内,最大偏差为 18%。对于工程设计来说两种计算方法的差别在 10% 以内,乃至个别差别在 18% 以内,应该说都是允许的。另外,该计算法经过几十年实践及几十起爆炸事故的检验,证明是切实可行的,也是符合我国国情的。

5.1.3 抗爆间室泄出的空气冲击波对抗爆屏院墙(板)的作用,可视为装药爆炸冲击波在爆心附近(或稍远处)受约束反射后从泄压面泄出而做定向传播的空气冲击波对抗爆屏院墙(板)的作用,故可采用能量集聚原理进行计算。爆炸药量为 $\eta_p Q$,用能效系数 η_p 来反映定向爆炸增大了的破坏效应,从而应用空气冲击波对墙

(板)面冲量的计算式: $i = k \dfrac{(\eta_p Q)^{\frac{2}{3}}}{R}(1 + \cos\alpha)$ 进行冲量计算。

根据"7101试验"结果归纳得出的经验系数 k 为 0.2×10^{-3},式中的能效系数 η_p 见附录 B。

5.2 爆炸对结构的局部破坏验算

5.2.1～5.2.4 为防止出现爆炸飞散和爆炸震塌破坏,必须进行抗爆炸震塌及抗爆炸飞散破坏的防护层厚度验算。

5.2.6 本条以动能为基础的穿透破坏厚度计算公式及其系数均参考前苏联《筑城工事防护断面设计》中的有关公式及系数。

6 结构内力分析

6.0.1 按瞬时冲量作用下等效单自由度体系的弹塑性阶段动力分析法,各墙(板)面单独进行。对于抗爆间室结构来说,由于受墙(板)面的约束,爆炸空气冲击波多次反射作用在结构上的动荷载是十分复杂的。所以,要在设计中作严格的动力分析是比较困难的,故一般均采用近似方法,将它拆成单个构件,每一个构件都按单独的等效体系进行动力分析。对于事故性爆炸荷载作用的结构允许充分发挥其结构材料性能,规定可按照弹塑性阶段动力分析。

6.0.4 试验表明,在爆炸荷载重复多次作用下,抗爆间室结构各墙(板)面的支承条件和刚度均随爆炸药量的增加或爆炸次数的增加而逐次改变,致使墙(板)面自振频率不断降低。为此,在计算自振频率时采用了理想的完全固定支承改变为部分固定支承的频率的折减系数 n 和反映刚度下降的刚度折减系数 ψ(取值 $\psi = 0.6$)。考虑到墙(板)面支承边不全是部分固定支承的情况,对简支和确实是完全固定支承时频率系数不予折减。

6.0.5 结构动力分析的荷载为瞬时冲量,对每面墙(板)面来说,作用时间与相邻面数及有无相对面有关。根据"6909试验",当相邻墙面数 $N \geq 3$ 时全墙面荷载作用时间为墙(板)面自振周期的 3/8 以上。根据对比计算,作用时间为 $3T/8$ 的随时间而直线下降的荷载按瞬时冲量计算将偏大 17%。对于相邻墙面数 $N = 4$ 的情况,试验表明作用时间更长,冲量计算结果偏大,将超过 17%。对于相对面的影响,经过对比计算,情况比较复杂。但为了简化计算,相邻面数及相对面的影响,分别进行计算,最后综合两者计算结果统一采用一个荷载实效修正系数 ξ。设防等级系数 C 值表(本规范表 6.0.5-1 是根据表 3.0.6 的设计延性比采用值按公式 $C = \dfrac{1}{\sqrt{2\mu - 1}}$ 计算而得)。

6.0.10 考虑到一般情况下底板面上的平均冲量在 $20\text{kN} \cdot \text{s/m}^2$ 以下,对于地基承载力不小于 300kPa 的土层,一般能满足对底板的支承。因此规定,当地基土承载力特征值大于 300kPa 时,底板可不考虑作用于板面的爆炸荷载产生的弯矩作用。

7　截面设计计算

7.0.1、7.0.2　为简化计算及方便施工,抗爆间室墙(板)一般可按单筋截面设计,采用对称双筋截面配筋,受压区多配的钢筋可用作支承邻墙(板)的拉力所需的钢筋。

7.0.5　本条提出估算现浇钢筋混凝土抗爆间室及抗爆屏院墙(板)厚的计算方法。抗爆结构的墙(板)的厚度同时要满足本规范第8.0.1条的最小厚度要求。

8　构　造　要　求

8.0.1　本条提出现浇钢筋混凝土抗爆间室及抗爆屏院的最小墙厚的要求。

8.0.2、8.0.3　本条是根据现行国家标准《混凝土结构设计规范》GB 50010及抗内爆炸结构构件特点制订的。

8.0.4　本规范抗爆间室墙(板)为受弯构件,基础拉梁按轴心受拉构件考虑。受弯构件及轴心受拉构件一侧的受拉钢筋的最小配筋百分率,是参考现行国家标准《混凝土结构设计规范》GB 50010非抗震和抗震框架梁的纵向受拉钢筋最小配筋百分率制订的。受弯构件及轴心受拉构件一侧的受拉钢筋的最小配筋百分率取用抗震等级为二级的梁跨中纵向受拉钢筋的最小配筋百分率,即为0.25和$55f_t/f_y$中的较大值,而不按设防等级再作区分。这主要是基于以下两点考虑:一是根据以往的工程实践,各类设防等级的抗爆间室墙(板)及基础拉梁的实际配筋基本上均为计算配筋,而且配筋百分率远远大于非抗爆结构构件的配筋百分率,最小配筋百分率几乎不起控制作用,因此按设防等级区分构件最小配筋百分率意义不大;二是抗爆间室承受的是偶然性爆炸荷载,而且对爆炸荷载的计算具有较高的准确性,因此按抗震等级为二级的梁跨中纵向受拉钢筋的最小配筋百分率取用,要求是适当的。

本条所列受拉钢筋最小配筋百分率是根据公式$55f_t/f_y$计算取整后与0.25的较大值给出,见表1。

8.0.6　双面配筋的钢筋混凝土墙(板),为保证动荷载作用下钢筋与受压区混凝土共同工作,在内、外或上、下层钢筋之间设置一定数量的拉结筋是必要的。为了便于设置S形拉结筋,一般受压区和受拉区钢筋的间距相等,位置相对。

表1　受拉钢筋最小配筋百分率计算

混凝土强度等级	HRB500		HRB400		HRB335	
	计算	取值	计算	取值	计算	取值
C25	0.161	0.25	0.194	0.25	0.233	0.25
C30	0.181		0.218		0.262	0.30
C35	0.199		0.240		0.288	
C40	0.216		0.261	0.30	0.314	0.35
C50	0.239		0.289		0.347	
C55	0.248		0.299		0.359	
C60	0.258		0.312		0.374	
C70	0.271	0.30	0.327	0.35	0.392	0.40
C80	0.281		0.339		0.407	

8.0.7　为了避免抗爆间室中墙与侧墙交接处出现应力集中,必须在中墙与侧墙交接处采取加腋的构造措施。附加斜筋直径为主筋直径的2/3,间距100mm~150mm。同样,对于屋面板与墙及檐口梁与墙的连接处,也按此处理。

8.0.13　当抗爆间室屋盖为轻质易碎屋盖时,设置高度不小于500mm的女儿墙是为了减少泄爆面泄出的冲击波及爆炸破片危害相邻屋面。

8.0.14　有的抗爆间室由于设备高度很高,墙的高度就不得不做高,而设计药量并不大,这样如果基础埋置深度还是按墙高来确定,显然是不合适的。因此,在这种情况下,规范提出基础埋置深度与设计药量相适应的墙高来确定。例如某抗爆间室由于设备的原因需要层高为9m,而设计药量为15kg。而设计药量为15kg的抗爆间室墙高一般为4m~5m,则该9m高的抗爆间室与设计药量相适应的墙高可取4m~5m,相应的基础埋深按墙高的1/3可取1.5m~1.8m。

8.0.15、8.0.16　对于爆心离墙体小于$0.45Q^{\frac{1}{3}}$的墙体,为了加强墙体的整体性,保证动荷载作用下钢筋与受压区混凝土共同工作,提出设置波浪式斜拉结筋,这一构造要求是参考了国外有关设计手册。在实际施工中设置波浪式斜拉结筋是有一定困难的,因此,规范提出在药量小于50kg的情况下,可按要求设置S形拉结筋。

8.0.17　本条提出一次绑扎钢筋连续施工的要求。钢筋混凝土抗爆间室因要承受很大的冲击波荷载,而施工缝又是潜在薄弱面,为了避免反复荷载作用下施工缝薄弱面及裂缝的扩大,影响安全及使用,本条要求抗爆间室墙(板)应连续浇筑,不设施工缝。当不可避免时,规定施工缝应设置在低应力区,即在基础顶面或屋面板下500mm处设置,并用插筋加固。

9 抗爆门等效静荷载简化计算

9.0.1 本条提出了抗爆门设计的最低要求。如果达不到本条的要求,一旦发生爆炸事故将对与抗爆间室相连的厂房产生比较严重的危害。

9.0.2 抗爆间室爆炸空气冲击波作用在抗爆门上的平均冲量计算公式是根据试验结构局部区域冲量的结果而提出的。空中爆炸距离爆心一定距离的冲量计算公式中的系数为 0.2×10^{-3},由于抗爆间室墙面及顶板的约束使冲击波产生反复反射,从而增大了墙面的冲量。本条根据试验结果提出了系数的取值。

中华人民共和国国家标准

消防给水及消火栓系统技术规范

Technical code for fire protection water supply and hydrant systems

GB 50974 - 2014

主编部门：中 华 人 民 共 和 国 公 安 部
批准部门：中华人民共和国住房和城乡建设部
施行日期：2 0 1 4 年 1 0 月 1 日

中华人民共和国住房和城乡建设部公告

第 312 号

关于发布国家标准
《消防给水及消火栓系统技术规范》的公告

现批准《消防给水及消火栓系统技术规范》为国家标准，编号为 GB 50974—2014，自 2014 年 10 月 1 日起实施。其中，第4.1.5、4.1.6、4.3.4、4.3.8、4.3.9、4.3.11(1)、4.4.4、4.4.5、4.4.7、5.1.6(1、2、3)、5.1.8(1、2、3、4)、5.1.9(1、2、3)、5.1.12(1、2)、5.1.13(1、2、3、4)、5.2.4(1)、5.2.5、5.2.6(1、2)、5.3.2(1)、5.3.3(1)、5.4.1、5.4.2、5.5.9(1)、5.5.12、6.1.9(1)、6.2.5(1)、7.1.2、7.2.8、7.3.10、7.4.3、8.3.5、9.2.3、9.3.1、11.0.1(1)、11.0.2、11.0.5、11.0.7(1)、11.0.9、11.0.12、12.1.1、12.4.1(1)、13.2.1条(款)为强制性条文，必须严格执行。

本规范由我部标准定额研究所组织中国计划出版社出版发行。

中华人民共和国住房和城乡建设部
2014 年 1 月 29 日

前　言

本规范是根据原建设部《关于印发〈2006 年工程建设标准规范制订、修订计划(第一批)〉的通知》(建标〔2006〕77 号)的要求,由中国中元国际工程公司会同有关单位共同编制完成。

本规范在编制过程中,编制组遵照国家有关基本建设方针和"预防为主、防消结合"的消防工作方针,服务经济社会发展,进行了广泛的调查研究,总结了我国消防给水及消火栓系统研究、制造、设计和维护管理的科研成果及工程实践经验,广泛征求了有关设计、施工、研究、制造、教学、消防监督等部门和单位的意见,参考了国外先进标准,最后经审查定稿。

本规范共分 14 章和 7 个附录,主要内容包括:总则、术语和符号、基本参数、消防水源、供水设施、给水形式、消火栓系统、管网、消防排水、水力计算、控制与操作、施工、系统调试与验收、维护管理等。

本规范中以黑体字标志的条文为强制性条文,必须严格执行。

本规范由住房和城乡建设部负责管理和对强制性条文的解释,公安部负责日常管理,中国中元国际工程公司负责具体技术内容的解释。请各单位在执行本规范过程中,注意总结经验、积累资料,并及时将意见和有关资料寄送中国中元国际工程公司《消防给水及消火栓系统技术规范》管理组(地址:北京西三环北路 5 号;邮政编码:100089),以供今后修订时参考。

本规范主编单位、参编单位、主要起草人和主要审查人:

主编单位:中国中元国际工程公司
参编单位:公安部天津消防研究所
　　　　　上海市公安消防总队

北京市公安消防总队
辽宁省公安消防总队
山西省公安消防总队
中国建筑设计研究院
四川省建筑设计院
华东建筑设计研究院有限公司
广州市设计院
中国石化工程建设公司
中国建筑西北设计研究院
新疆维吾尔自治区建筑设计研究院
中国建筑东北设计研究院
南华大学
北京利华消防工程公司
广东东方管业有限公司
上海瑞孚管路系统有限公司
北京中科三正电气有限公司
上海上龙阀门厂

主要起草人:黄晓家　马　恒　曾　杰　孙　巍　王宝伟
　　　　　　张　力　张亦静　谷训龙　关大巍　赵力增
　　　　　　赵世明　朱　勇　郝爱玲　方汝清　赵力军
　　　　　　冯旭东　王　研　张洪洲　刘德军　黄　琦
　　　　　　杨　欣　姜　宁　谢水波　吴　雪　林津强
　　　　　　孙青格　季能平　陶松岳
主要审查人:张学魁　赵克伟　倪照鹏　黄德祥　徐　凤
　　　　　　戚晓专　刘国祝　李向东　陈云玉　刘新生
　　　　　　高国瑜　涂正纯　周明潭　韩　玲　黄坚毅
　　　　　　刘　方

目　次

1 总　则

1.0.1 为了合理设计消防给水及消火栓系统，保障施工质量，规范验收和维护管理，减少火灾危害，保护人身和财产安全，制定本规范。

1.0.2 本规范适用于新建、扩建、改建的工业、民用、市政等建设工程的消防给水及消火栓系统的设计、施工、验收和维护管理。

1.0.3 消防给水及消火栓系统的设计、施工、验收和维护管理应遵循国家的有关方针政策，结合工程特点，采取有效的技术措施，做到安全可靠、技术先进、经济适用、保护环境。

1.0.4 工程中采用的消防给水及消火栓系统的组件和设备等应为符合国家现行有关标准和准入制度要求的产品。

1.0.5 消防给水及消火栓系统的设计、施工、验收和维护管理，除应符合本规范外，尚应符合国家现行有关标准的规定。

2　术语和符号

2.1　术　语

2.1.1 消防水源　fire water

向水灭火设施、车载或手抬等移动消防水泵、固定消防水泵等提供消防用水的水源，包括市政给水、消防水池、高位消防水池和天然水源等。

2.1.2 高压消防给水系统　constant high pressure fire protection water supply system

能始终保持满足水灭火设施所需的工作压力和流量，火灾时无须消防水泵直接加压的供水系统。

2.1.3 临时高压消防给水系统　temporary high pressure fire protection water supply system

平时不能满足水灭火设施所需的工作压力和流量，火灾时能自动启动消防水泵以满足水灭火设施所需的工作压力和流量的供水系统。

2.1.4 低压消防给水系统　low pressure fire protection water supply system

能满足车载或手抬移动消防水泵等取水所需的工作压力和流量的供水系统。

2.1.5 消防水池　fire reservoir

人工建造的供固定或移动消防水泵吸水的储水设施。

2.1.6 高位消防水池　gravity fire reservoir

设置在高处直接向水灭火设施重力供水的储水设施。

2.1.7 高位消防水箱　elevated/gravity fire tank

设置在高处直接向水灭火设施重力供应初期火灾消防用水量

的储水设施。

2.1.8 消火栓系统　hydrant systems/standpipe and hose systems

由供水设施、消火栓、配水管网和阀门等组成的系统。

2.1.9 湿式消火栓系统　wet hydrant system/wet standpipe system

平时配水管网内充满水的消火栓系统。

2.1.10 干式消火栓系统　dry hydrant system/ dry standpipe system

平时配水管网内不充水，火灾时向配水管网充水的消火栓系统。

2.1.11 静水压力　static pressure

消防给水系统管网内水在静止时管道某一点的压力，简称静压。

2.1.12 动水压力　residual/running pressure

消防给水系统管网内水在流动时管道某一点的总压力与速度压力之差，简称动压。

2.2　符　号

A——消防水池进水管断面面积；

B_{max}——最大船宽度；

C——海澄—威廉系数；

C_v——流速系数；

c——水击波的传播速度；

c_0——水中声波的传播速度；

d_g——节流管计算内径；

d_k——减压孔板孔口的计算内径；

d_i——管道计算内径；

E——管道材料的弹性模量；

F——着火油船冷却面积；

f_{max}——最大船的最大舱面积；

g——重力加速度；

H——消防水池最低有效水位至最不利点处水灭火设施的几何高差；

H_g——节流管的水头损失；

H_k——减压孔板的水头损失；

i——单位长度管道沿程水头损失；

K——水的体积弹性模量；

k_1——管件和阀门当量长度换算系数；

k_2——安全系数；

k_3——消防水带弯曲折减系数；

L——管道直线段长度；

L_d——消防水带长度；

L_j——节流管长度；

L_{max}——最大船的最大舱纵向长度；

L_p——管件和阀门等当量长度；

L_s——水枪充实水柱长度在平面上的投影长度；

m——建筑同时作用的室内水灭火系统数量；

n——建筑同时作用的室外水灭火系统数量；

n_t——管道粗糙系数；

P——消防给水泵或消防给水系统所需要的设计扬程或设计压力；

P_0——最不利点处水灭火设施所需的设计压力；

P_f——管道沿程水头损失；

P_n——管道某一点处的压力；

P_p——管件和阀门等局部水头损失；

P_t——管道某一点处的总压力；

P_v——管道速度压力；

50—4

Δp——水锤最大压力；

q——管段消防给水设计流量；

q_{f}——火灾时消防水池的补水流量；

q_{1i}——室外第 i 种水灭火设施的设计流量；

q_{2i}——室内第 i 种水灭火设施的设计流量；

R——管道水力半径；

R_0——消火栓保护半径；

Re——管道雷诺数；

S_{k}——水枪充实水柱长度；

T——水的温度；

t_{1i}——室外第 i 种水灭火系统的火灾延续时间；

t_{2i}——室内第 i 种水灭火系统的火灾延续时间；

v——管道内水的平均流速；

V——建筑物消防给水一起火灾灭火用水总量；

V_1——室外消防给水一起火灾灭火用水量；

V_2——室内消防给水一起火灾灭火用水量；

V_{g}——节流管内水的平均流速；

V_{k}——减压孔板后管道内水的平均流速；

y——系数；

λ——水头损失沿程阻力系数；

ρ——水的密度；

μ——水的动力黏滞系数；

ν——水的运动黏滞系数；

ε——当量粗糙度；

ζ_1——减压孔板的局部阻力系数；

ζ_2——节流管中渐缩管与渐扩管的局部阻力系数之和；

δ——管道壁厚。

3 基本参数

3.1 一般规定

3.1.1 工厂、仓库、堆场、储罐区或民用建筑的室外消防用水量，应按同一时间内的火灾起数和一起火灾灭火所需室外消防用水量确定。同一时间内的火灾起数应符合下列规定：

1 工厂、堆场和储罐区等，当占地面积小于等于 100hm^2，且附有居住区人数小于或等于 1.5 万人时，同一时间内的火灾起数应按 1 起确定；当占地面积小于或等于 100hm^2，且附有居住区人数大于 1.5 万人时，同一时间内的火灾起数应按 2 起确定，居住区应计 1 起，工厂、堆场或储罐区应计 1 起；

2 工厂、堆场和储罐区等，当占地面积大于 100hm^2，同一时间内的火灾起数应按 2 起确定，工厂、堆场和储罐区应按需水量最大的两座建筑(或堆场、储罐)各计 1 起；

3 仓库和民用建筑同一时间内的火灾起数应按 1 起确定。

3.1.2 一起火灾灭火所需消防用水的设计流量应由建筑的室外消火栓系统、室内消火栓系统、自动喷水灭火系统、泡沫灭火系统、水喷雾灭火系统、固定消防炮灭火系统、固定冷却水系统等需要同时作用的各种水灭火系统的设计流量组成，并应符合下列规定：

1 应按需要同时作用的各种水灭火系统最大设计流量之和确定；

2 两座及以上建筑合用消防给水系统时，应按其中一座设计流量最大者确定；

3 当消防给水与生活、生产给水合用时，合用系统的给水设计流量应为消防给水设计流量与生活、生产用水最大小时流量之和。计算生活用水最大小时流量时，淋浴用水量宜按 15% 计，浇

洒及洗刷等灭火时能停用的用水量可不计。

3.1.3 自动喷水灭火系统、泡沫灭火系统、水喷雾灭火系统、固定消防炮灭火系统等水灭火系统的消防给水设计流量，应分别按现行国家标准《自动喷水灭火系统设计规范》GB 50084、《泡沫灭火系统设计规范》GB 50151、《水喷雾灭火系统设计规范》GB 50219 和《固定消防炮灭火系统设计规范》GB 50338 等的有关规定执行。

3.1.4 本规范未规定的建筑室内外消火栓设计流量，应根据其火灾危险性、建筑功能性质、耐火等级和建筑体积等相似建筑确定。

3.2 市政消防给水设计流量

3.2.1 市政消防给水设计流量，应根据当地火灾统计资料、火灾扑救用水量统计资料、灭火用水量保证率、建筑的组成和市政给水管网运行合理性等因素综合分析计算确定。

3.2.2 城镇市政消防给水设计流量，应按同一时间内的火灾起数和一起火灾灭火设计流量经计算确定。同一时间内的火灾起数和一起火灾灭火设计流量不应小于表 3.2.2 的规定。

表 3.2.2 城镇同一时间内的火灾起数和一起火灾灭火设计流量

人数(万人)	同一时间内的火灾起数(起)	一起火灾灭火设计流量(L/s)
$N \leqslant 1.0$	1	15
$1.0 < N \leqslant 2.5$	1	20
$2.5 < N \leqslant 5.0$	2	30
$5.0 < N \leqslant 10.0$	2	35
$10.0 < N \leqslant 20.0$	2	45
$20.0 < N \leqslant 30.0$	2	60
$30.0 < N \leqslant 40.0$	2	75
$40.0 < N \leqslant 50.0$	3	75
$50.0 < N \leqslant 70.0$	3	90
$N > 70.0$	3	100

3.2.3 工业园区、商务区、居住区等市政消防给水设计流量，宜根据其规划区域的规模和同一时间的火灾起数，以及规划中的各类建筑室内外同时作用的水灭火系统设计流量之和经计算分析确定。

3.3 建筑物室外消火栓设计流量

3.3.1 建筑物室外消火栓设计流量，应根据建筑物的用途功能、体积、耐火等级、火灾危险性等因素综合分析确定。

3.3.2 建筑物室外消火栓设计流量不应小于表 3.3.2 的规定。

表 3.3.2 建筑物室外消火栓设计流量(L/s)

耐火等级	建筑物名称及类别		建筑体积(m^3)				
			$V \leqslant 1500$	$1500 < V \leqslant 3000$	$3000 < V \leqslant 5000$	$5000 < V \leqslant 20000$	$20000 < V \leqslant 50000$	$V > 50000$
一、二级	工业建筑	厂房	甲、乙	15	15	20	25	30	35
			丙	15	15	20	25	30	40
			丁、戊	15				20	
		仓库	甲、乙	15		25			
			丙	15		25	35	45	
			丁、戊	15				20	
	民用建筑	住宅		15					
		公共建筑	单层及多层	15		25	30	40	
			高层			25	30	40	
	地下建筑(包括地铁)、平战结合的人防工程			15		20	25	30	
三级	工业建筑	乙、丙		15	20	30	40	45	—
		丁、戊		15			20	25	35
	单层及多层民用建筑			15	20	25	30	—	

续表 3.3.2

耐火等级	建筑物名称及类别	建筑体积（m³）					
		V≤1500	1500<V≤3000	3000<V≤5000	5000<V≤20000	20000<V≤50000	V>50000
四级	丁、戊类工业建筑	15	20	25			
	单层及多层民用建筑	15	20	25			

注：1 成组布置的建筑物应按消火栓设计流量较大的相邻两座建筑物的体积之和确定；

2 火车站、码头和机场的中转库房，其室外消火栓设计流量应按相应耐火等级的丙类物品库房确定；

3 国家级文物保护单位的重点砖木、木结构的建筑物室外消火栓设计流量，按三级耐火等级民用建筑物消火栓设计流量确定；

4 当单座建筑的总建筑面积大于500000m²时，建筑物室外消火栓设计流量应按本表规定的最大值增加一倍。

3.3.3 宿舍、公寓等非住宅类居住建筑的室外消火栓设计流量，应按本规范表 3.3.2 中的公共建筑确定。

3.4 构筑物消防给水设计流量

3.4.1 以煤、天然气、石油及其产品等为原料的工艺生产装置的消防给水设计流量，应根据其规模、火灾危险性等因素综合确定，且应为室外消火栓设计流量、泡沫灭火系统和固定冷却水系统等水灭火系统的设计流量之和，并应符合下列规定：

1 石油化工厂工艺生产装置的消防给水设计流量，符合现行国家标准《石油化工企业设计防火规范》GB 50160 的有关规定；

2 石油天然气工程工艺生产装置的消防给水设计流量，应符合现行国家标准《石油天然气工程设计防火规范》GB 50183 的有关规定。

3.4.2 甲、乙、丙类可燃液体储罐的消防给水设计流量应按最大罐组确定，并应按泡沫灭火系统设计流量、固定冷却水系统设计流量与室外消火栓设计流量之和确定，同时应符合下列规定：

1 泡沫灭火系统设计流量应按系统扑救储罐区一起火灾的固定式、半固定式或移动式泡沫混合液量及泡沫液混合比经计算确定，并应符合现行国家标准《泡沫灭火系统设计规范》GB 50151 的有关规定；

2 固定冷却水系统设计流量应按着火罐与邻近罐最大设计流量经计算确定，固定式冷却水系统设计流量应按表 3.4.2-1 或表 3.4.2-2 规定的设计参数经计算确定。

表 3.4.2-1 地上立式储罐冷却水系统的保护范围和喷水强度

项目	储罐型式		保护范围	喷水强度
移动式冷却	着火罐	固定顶罐	罐周全长	0.80L/(s·m)
		浮顶罐、内浮顶罐	罐周全长	0.60L/(s·m)
	邻近罐		罐周半长	0.70L/(s·m)
固定式冷却	着火罐	固定顶罐	罐壁表面积	2.5L/(min·m²)
		浮顶罐、内浮顶罐	罐壁表面积	2.0L/(min·m²)
	邻近罐		不应小于罐壁表面积的1/2	与着火罐相同

注：1 当浮顶、内浮顶罐的浮盘采用易熔材料制作时，内浮顶罐的喷水强度应按固定顶罐计算；

2 当浮顶、内浮顶罐的浮盘为浅盘式时，内浮顶罐应按固定顶罐计算；

3 固定冷却水系统邻近罐应按实际冷却面积计算，但不应小于罐壁表面积的1/2；

4 距着火固定罐壁1.5倍着火罐直径范围内的邻近罐设置冷却水系统，当邻近罐超过3个时，冷却水系统可按3个罐的设计流量计算；

5 除浮盘采用易熔材料制作的储罐外，距着火罐为浮顶、内浮顶罐时，距着火罐壁的净距离大于或等于0.4D的邻近罐可不设冷却水系统，D为着火油罐与相邻油罐两者中较大者的直径，当着火油罐壁的净距离小于0.4D范围内的相邻油罐受火焰辐射热影响比较大的局部应设置冷却水系统，且所有相邻油罐的冷却水系统设计流量之和不小于45L/s；

6 移动式冷却宜以室外消火栓或消防炮。

表 3.4.2-2 卧式储罐、无覆土地下及半地下立式储罐冷却水系统的保护范围和喷水强度

项目	储罐	保护范围	喷水强度
移动式冷却	着火罐	罐壁表面积	0.10L/(s·m²)
	邻近罐	罐壁表面积的一半	0.10L/(s·m²)
固定式冷却	着火罐	罐壁表面积	6.0L/(min·m²)
	邻近罐	罐壁表面积的一半	6.0L/(min·m²)

注：1 当计算出的着火罐冷却水系统设计流量小于15L/s时，应采用15L/s；

2 着火罐直径与长度之和的一半范围内的邻近卧式储罐应进行冷却；着火罐直径1.5倍范围内的邻近地下、半地下立式罐应冷却；

3 当邻近储罐超过4个时，冷却水系统可按4个罐的设计流量计算；

4 当邻近罐采用不燃材料作绝热层时，其冷却水系统喷水强度可按本表减少50%，但设计流量不应小于7.5L/s；

5 无覆土地下、地下卧式罐冷却水系统的保护范围和喷水强度应按本表地上卧式罐确定。

3 当储罐采用固定式冷却水系统时室外消火栓设计流量不应小于表 3.4.2-3 的规定，当采用移动式冷却水系统时室外消火栓设计流量应按表 3.4.2-1 或表 3.4.2-2 规定的设计参数经计算确定，且不应小于15L/s。

表 3.4.2-3 甲、乙、丙类可燃液体地上立式储罐区的室外消火栓设计流量

单罐储存容积（m³）	室外消火栓设计流量（L/s）
W≤5000	15
5000<W≤30000	30
30000<W≤100000	45
W>100000	60

3.4.3 甲、乙、丙类可燃液体地上立式储罐冷却水系统保护范围和喷水强度不应小于本规范表 3.4.2-1 的规定；卧式储罐、无覆土地下及半地下立式储罐冷却水系统保护范围和喷水强度不应小于本规范表 3.4.2-2 的规定；室外消火栓设计流量应按本规范第 3.4.2 条第 3 款的规定确定。

3.4.4 覆土油罐的室外消火栓设计流量应按最大单罐周长和喷水强度计算确定，喷水强度不应小于 0.30L/(s·m)；当计算设计流量小于15L/s时，应采用15L/s。

3.4.5 液化烃罐区的消防给水设计流量应按最大罐组确定，并应按固定冷却水系统设计流量与室外消火栓设计流量之和确定，同时应符合下列规定：

1 固定冷却水系统设计流量应按表 3.4.5-1 规定的设计参数经计算确定；室外消火栓设计流量不应小于表 3.4.5-2 的规定值；

2 当企业设有独立消防站，且单罐容积小于或等于100m³时，可采用室外消火栓等移动式冷却水系统，其罐区消防给水设计流量应按表 3.4.5-1 的规定经计算确定，但不应低于100L/s。

表 3.4.5-1 液化烃储罐固定冷却水系统设计流量

项目	储罐型式		保护范围	喷水强度[L/(min·m²)]
全冷冻式	着火罐	单防罐外壁为钢制	罐壁表面积	2.5
			罐顶表面积	4.0
		双防罐、全防罐外壁为钢筋混凝土结构	—	—
	邻近罐		罐壁表面积的1/2	2.5
全压力式及半冷冻式	着火罐		罐体表面积	9.0
	邻近罐		罐体表面积的1/2	9.0

注：1 固定冷却水系统当采用水喷雾系统冷却时喷水强度应符合本规范要求，且系统设置应符合现行国家标准《水喷雾灭火系统设计规范》GB 50219 的有关规定；

2 全冷冻式液化烃储罐，当双防罐、全防罐外壁为钢筋混凝土结构时，罐顶和罐壁的冷却水量可不计，但管道进出口等局部危险处应设置水喷雾系统冷却，供水强度不应小于20.0L/(min·m²)；

3 距着火罐壁1.5倍着火罐直径范围内的邻近罐应计算冷却水系统，当邻近罐超过3个时，冷却水系统可按3个罐的设计流量计算；

4 当储罐采用固定消防水炮作为固定冷却设施时，其设计流量不宜小于水喷雾系统计算流量的1.3倍。

表 3.4.5-2　液化烃罐区的室外消火栓设计流量

单罐储存容积（m³）	室外消火栓设计流量（L/s）
W≤100	15
100<W≤400	30
400<W≤650	45
650<W≤1000	60
W>1000	80

注：1　罐区的室外消火栓设计流量应按罐组内最大单罐计；

2　当储罐区四周设固定消防水炮作为辅助冷却设施时，辅助冷却水设计流量不应小于室外消火栓设计流量。

3.4.6　沸点低于45℃甲类液体压力球罐的消防给水设计流量，应按本规范第3.4.5条中全压力式储罐的要求经计算确定。

3.4.7　全压力式、半冷冻式和全冷冻式液氨储罐的消防给水设计流量，应按本规范第3.4.5条中全压力式及半冷冻式储罐的要求经计算确定，但喷水强度应按不小于 6.0L/(min·m²) 计算，全冷冻式液氨储罐的冷却水系统设计流量应按全冷冻式液化烃储罐外壁为钢制单防罐的要求计算。

3.4.8　空分站，可燃气体、液化烃的火车和汽车装卸栈台，变电站等室外消火栓设计流量不应小于表3.4.8的规定。当室外变压器采用水喷雾灭火系统全保护时，其室外消火栓给水设计流量可按表3.4.8规定值的50%计算，但不应小于15L/s。

表 3.4.8　空分站，可燃气体、液化烃的火车和汽车装卸栈台，变电站室外消火栓设计流量

名　　称		室外消火栓设计流量（L/s）
空分站产氧气能力（Nm³/h）	3000<Q≤10000	15
	10000<Q≤30000	30
	30000<Q≤50000	45
	Q>50000	60

续表 3.4.8

名　　称		室外消火栓设计流量（L/s）
专用可燃液体、液化烃的火车和汽车装卸栈台		60
变电站单台油浸变压器含油量（t）	5<W≤10	15
	10<W≤50	20
	W>50	30

注：当室外油浸变压器单台功率小于300MV·A，且周围无其他建筑物和生产生活给水时，可不设置室外消火栓。

3.4.9　装卸油品码头的消防给水设计流量，应按着火油船泡沫灭火设计流量、冷却水系统设计流量、隔离水幕系统设计流量和码头室外消火栓设计流量之和确定，并应符合下列规定：

1　泡沫灭火系统设计流量应按系统扑救着火油船一起火灾的泡沫混合液量及泡沫液混合比经计算确定，泡沫混合液供给强度、保护范围和连续供给时间不应小于表3.4.9-1的规定，并应符合现行国家标准《泡沫灭火系统设计规范》GB 50151的有关规定；

表 3.4.9-1　油船泡沫灭火系统混合液量的供给强度、保护范围和连续供给时间

项　目	船型	保护范围	供给强度[L/(min·m²)]	连续供给时间（min）
甲、乙类可燃液体油品码头	着火油船	设计船型最大油仓面积	8.0	40
丙类可燃液体油品码头				30

2　油船冷却水系统设计流量应按火灾时着火油舱冷却水保护范围内的油舱甲板面冷却用水量计算确定，冷却水系统保护范围、喷水强度和火灾延续时间不应小于表3.4.9-2的规定；

表 3.4.9-2　油船冷却水系统的保护范围、喷水强度和火灾延续时间

项目	船型	保护范围	喷水强度[L/(min·m²)]	火灾延续时间（h）
甲、乙类可燃液体油品一级码头	着火油船	着火油舱冷却范围内的油舱甲板面	2.5	6.0 注2
甲、乙类可燃液体油品二、三级码头 丙类可燃液体油品码头				4.0

注：1　当油船发生火灾时，陆上消防设备所提供的冷却油舱甲板面的冷却设计流量不应小于全部冷却水用量的50%；

2　当配备水上消防设施进行监护时，陆上消防设备冷却水供给时间可缩短至4h。

3　着火油船冷却范围应按下式计算：

$$F = 3L_{max}B_{max} - f_{max} \qquad (3.4.9)$$

式中：F——着火油船冷却面积（m²）；

B_{max}——最大船宽（m）；

L_{max}——最大船的最大舱纵向长度（m）；

f_{max}——最大船的最大舱面积（m²）。

4　隔离水幕系统的设计流量应符合下列规定：

1）喷水强度宜为 1.0L/(s·m)～2.0L/(s·m)；

2）保护范围宜为装卸设备的两端各延伸5m，水幕喷射高度宜高于被保护对象1.50m；

3）火灾延续时间不应小于 1.0h，并应满足现行国家标准《自动喷水灭火系统设计规范》GB 50084的有关规定。

5　油品码头的室外消火栓设计流量不应小于表3.4.9-3的规定。

表 3.4.9-3　油品码头的室外消火栓设计流量

名　称	室外消火栓设计流量（L/s）	火灾延续时间（h）
海港油品码头	45	6.0
河港油品码头	30	4.0
码头装卸区	20	2.0

3.4.10　液化石油气船的消防给水设计流量应按着火罐与距着火罐1.5倍着火罐直径范围内罐组的冷却水系统设计流量与室外消火栓设计流量之和确定；着火罐和邻近罐的冷却面积均应取设计船型最大储罐甲板以上部分的表面积，并不应小于储罐总表面积的1/2，着火罐冷却水喷水强度应为 10.0L/(min·m²)，邻近罐冷却水喷水强度应为 5.0L/(min·m²)；室外消火栓设计流量不应小于本规范表3.4.9-3的规定。

3.4.11　液化石油气加气站的消防给水设计流量，应按固定冷却水系统设计流量与室外消火栓设计流量之和确定，固定冷却水系统设计流量应按表3.4.11-1规定的设计参数经计算确定，室外消火栓设计流量不应小于表3.4.11-2的规定；当仅采用移动式冷却系统时，室外消火栓的设计流量应按表3.4.11-1规定的设计参数计算，且不应小于15L/s。

表 3.4.11-1　液化石油气加气站地上储罐冷却系统保护范围和喷水强度

项目	储罐	保护范围	喷水强度
移动式冷却	着火罐	罐壁表面积	0.15L/(s·m²)
	邻近罐	罐壁表面积的1/2	0.15L/(s·m²)
固定式冷却	着火罐	罐壁表面积	9.0L/(min·m²)
	邻近罐	罐壁表面积的1/2	9.0L/(min·m²)

注：着火罐的直径与长度之和0.75倍范围内的邻近地上罐应进行冷却。

表 3.4.11-2　液化石油气加气站室外消火栓设计流量

名　称	室外消火栓设计流量（L/s）
地上储罐加气站	20
埋地储罐加气站	15
加油和液化石油气加气合建站	

3.4.12 易燃、可燃材料露天、半露天堆场，可燃气体罐区的室外消火栓设计流量，不应小于表 3.4.12 的规定。

表 3.4.12 易燃、可燃材料露天、半露天堆场，可燃气体罐区的室外消火栓设计流量

名　　称		总储量或总容积	室外消火栓设计流量(L/s)
粮食(t)	土圆囤	30<W≤500	15
		500<W≤5000	25
		5000<W≤20000	40
		W>20000	45
	席穴囤	30<W≤500	20
		500<W≤5000	35
		W>5000	50
棉、麻、毛、化纤百货(t)		10<W≤500	20
		500<W≤1000	35
		1000<W≤5000	50
稻草、麦秸、芦苇等易燃材料(t)		50<W≤500	20
		500<W≤5000	35
		5000<W≤10000	50
		W>10000	60
木材等可燃材料(m³)		50<V≤1000	20
		1000<V≤5000	30
		5000<V≤10000	45
		V>10000	55
煤和焦炭(t)	露天或半露天堆放	100<W≤5000	15
		W>5000	20
可燃气体储罐或储罐区(m³)		500<V≤10000	15
		10000<V≤50000	20
		50000<V≤100000	25
		100000<V≤200000	30
		V>200000	35

注：1 固定容积的可燃气体储罐的总容积按其几何容积(m³)和设计工作压力(绝对压力，10^5Pa)的乘积计算；
　　2 当稻草、麦秸、芦苇等易燃材料堆垛单垛重量大于5000t或总重量大于50000t时，木材等可燃材料堆垛单垛容量大于5000m³或总容量大于50000m³时，室外消火栓设计流量应按本表规定的最大值增加一倍。

3.4.13 城市交通隧道洞口外室外消火栓设计流量不应小于表 3.4.13 的规定。

表 3.4.13 城市交通隧道洞口外室外消火栓设计流量

名称	类别	长度(m)	室外消火栓设计流量(L/s)
可通行危险化学品等机动车	一、二	L>500	30
	三	L≤500	20
仅限通行非危险化学品等机动车	一、二、三	L≥1000	30
	三	L<1000	20

3.5 室内消火栓设计流量

3.5.1 建筑物室内消火栓设计流量，应根据建筑物的用途功能、体积、高度、耐火等级、火灾危险性等因素综合确定。

3.5.2 建筑物室内消火栓设计流量不应小于表 3.5.2 的规定。

表 3.5.2 建筑物室内消火栓设计流量

建筑物名称		高度h(m)、体积V(m³)、座位数n(个)、火灾危险性		消火栓设计流量(L/s)	同时使用消防水枪数(支)	每根竖管最小流量(L/s)
工业建筑	厂房	h≤24	甲、乙、丁、戊	10	2	10
			丙 V≤5000	10	2	10
			丙 V>5000	20	4	15
		24<h≤50	乙、丁、戊	25	5	15
			丙	30	6	15
		h>50	乙、丁、戊	30	6	15
			丙	40	8	15
	仓库	h≤24	丙 V≤5000	15	3	15
			丙 V>5000	25	5	15
		h>24	丁、戊	30	6	15
			丙	40	8	15

续表 3.5.2

建筑物名称		高度h(m)、体积V(m³)、座位数n(个)、火灾危险性	消火栓设计流量(L/s)	同时使用消防水枪数(支)	每根竖管最小流量(L/s)
民用建筑	单层及多层	科研楼、试验楼 V≤10000	10	2	10
		科研楼、试验楼 V>10000	15	3	10
		车站、码头、机场的候车(船、机)楼和展览建筑(包括博物馆)等 5000<V≤25000	10	2	10
		25000<V≤50000	15	3	10
		V>50000	20	4	15
		剧场、电影院、会堂、礼堂、体育馆等 800<n≤1200	10	2	10
		1200<n≤5000	15	3	10
		5000<n≤10000	20	4	15
		n>10000	30	6	15
		旅馆 5000<V≤10000	10	2	10
		10000<V≤25000	15	3	10
		V>25000	20	4	15
		商店、图书馆、档案馆等 5000<V≤10000	15	3	15
		10000<V≤25000	25	5	15
		V>25000	40	8	15
		病房楼、门诊楼等 5000<V≤25000	10	2	10
		V>25000	15	3	10
		办公楼、教学楼、公寓、宿舍等其他建筑 h>15m或V>10000	15	3	10
		住宅 21<h≤27	5	2	5
	高层	住宅 27<h≤54	10	2	10
		h>54	20	4	10
		二类公共建筑 h≤50	20	4	10
		一类公共建筑 h≤50	30	6	15
		h>50	40	8	15

续表 3.5.2

建筑物名称		高度h(m)、体积V(m³)、座位数n(个)、火灾危险性	消火栓设计流量(L/s)	同时使用消防水枪数(支)	每根竖管最小流量(L/s)
国家级文物保护单位的重点砖木或木结构的古建筑		V≤10000	20	4	10
		V>10000	25	5	15
地下建筑		V≤5000	10	2	10
		5000<V≤10000	20	4	15
		10000<V≤25000	30	6	15
		V>25000	40	8	20
人防工程		展览厅、影院、剧场、礼堂、健身体育场所等 V≤1000	5	1	5
		1000<V≤2500	10	2	10
		V>2500	15	3	10
		商场、餐厅、旅馆、医院等 V≤5000	5	1	5
		5000<V≤10000	10	2	10
		10000<V≤25000	15	3	10
		V>25000	20	4	10
		丙、丁、戊类生产车间、自行车库 V≤2500	5	1	5
		V>2500	10	2	10
		丙、丁、戊类物品库房、图书资料档案库 V≤3000	5	1	5
		V>3000	10	2	10

注：1 丁、戊类高层厂房(仓库)室内消火栓的设计流量可按本表减少10L/s，同时使用消防水枪数量可按本表减少2支；
　　2 消防软管卷盘、轻便消防水龙及多层住宅楼梯间中的干式消防竖管，其消火栓设计流量可不计入室内消防给水设计流量；
　　3 当一座多层建筑有多种使用功能时，室内消火栓设计流量应分别按本表中不同功能计算，且应取最大值。

3.5.3 当建筑物室内设有自动喷水灭火系统、水喷雾灭火系统、泡沫灭火系统或固定消防炮灭火系统等一种及以上自动水灭火系统全保护时，高层建筑当高度不超过50m且室内消火栓设计流量超过20L/s时，其室内消火栓设计流量可按本规范表3.5.2减少

5L/s;多层建筑室内消火栓设计流量可减少50%,但不应小于10L/s。

3.5.4 宿舍、公寓等非住宅类居住建筑的室内消火栓设计流量,当为多层建筑时,应按本规范表3.5.2中的宿舍、公寓确定,当为高层建筑时,应按本规范表3.5.2中的公共建筑确定。

3.5.5 城市交通隧道内室内消火栓设计流量不应小于表3.5.5的规定。

表3.5.5 城市交通隧道内室内消火栓设计流量

用途	类别	长度(m)	设计流量(L/s)
可通行危险化学品等机动车	一、二	L>500	20
	三	L≤500	10
仅限通行非危险化学品等机动车	一、二、三	L≥1000	20
	三	L<1000	10

3.5.6 地铁地下车站室内消火栓设计流量不应小于20L/s,区间隧道不应小于10L/s。

3.6 消防用水量

3.6.1 消防给水一起火灾灭火用水量应按需要同时作用的室内外消防给水用水量之和计算,两座及以上建筑合用时,应取最大者,并应按下列公式计算:

$$V = V_1 + V_2 \qquad (3.6.1-1)$$

$$V_1 = 3.6 \sum_{i=1}^{i=n} q_{1i} t_{1i} \qquad (3.6.1-2)$$

$$V_2 = 3.6 \sum_{i=1}^{i=m} q_{2i} t_{2i} \qquad (3.6.1-3)$$

式中:V——建筑消防给水一起火灾灭火用水总量(m³);

V₁——室外消防给水一起火灾灭火用水量(m³);

V₂——室内消防给水一起火灾灭火用水量(m³);

q_{1i}——室外第 i 种水灭火系统的设计流量(L/s);

t_{1i}——室外第 i 种水灭火系统的火灾延续时间(h);

n——建筑需要同时作用的室外水灭火系统数量;

q_{2i}——室内第 i 种水灭火系统的设计流量(L/s);

t_{2i}——室内第 i 种水灭火系统的火灾延续时间(h);

m——建筑需要同时作用的室内水灭火系统数量。

3.6.2 不同场所消火栓系统和固定冷却水系统的火灾延续时间不应小于表3.6.2的规定。

表3.6.2 不同场所的火灾延续时间

建筑		场所与火灾危险性	火灾延续时间(h)
工业建筑	仓库	甲、乙、丙类仓库	3.0
		丁、戊类仓库	2.0
	厂房	甲、乙、丙类厂房	3.0
		丁、戊类厂房	2.0
建筑物	民用建筑	公共建筑	高层建筑中的商业楼、展览楼、综合楼,建筑高度大于50m的财贸金融楼、图书馆、书库、重要的档案楼、科研楼和高级宾馆等	3.0
			其他公共建筑	2.0
			住宅	
		人防工程	建筑面积小于3000m²	1.0
			建筑面积大于或等于3000m²	2.0
		地下建筑、地铁车站	
构筑物	煤、天然气、石油及其产品的工艺装置	—	3.0
	甲、乙、丙类可燃液体储罐	直径大于20m的固定顶罐和直径大于20m浮盘用易熔材料制作的内浮顶罐	6.0
		其他储罐	4.0
		覆土油罐	

续表3.6.2

建筑	场所与火灾危险性		火灾延续时间(h)
构筑物	液化烃储罐、沸点低于45℃甲类液体、液氨储罐		6.0
	空分站,可燃液体、液化烃的火车和汽车装卸栈台		3.0
	变电站		2.0
	装卸油品码头	甲、乙类可燃液体油品一级码头	6.0
		甲、乙类可燃液体油品二、三级码头	4.0
		丙类可燃液体油品码头	
		海港油品码头	6.0
		河港油品码头	4.0
		码头装卸区	2.0
	装卸液化石油气船码头		6.0
	液化石油气加气站	地上储罐加气站	3.0
		埋地储罐加气站	1.0
		加油和液化石油气加合站	
	易燃、可燃材料露天、半露天堆场,可燃气体罐区	粮食土圆囤、席穴囤	6.0
		棉、麻、毛、化纤百货	
		稻草、麦秸、芦苇等	
		木材等	
		露天或半露天堆放煤和焦炭	3.0
		可燃气体储罐	

3.6.3 自动喷水灭火系统、泡沫灭火系统、水喷雾灭火系统、固定消防炮灭火系统、自动跟踪定位射流灭火系统等水灭火系统的火灾延续时间,应分别按现行国家标准《自动喷水灭火系统设计规范》GB 50084、《泡沫灭火系统设计规范》GB 50151、《水喷雾灭火系统设计规范》GB 50219和《固定消防炮灭火系统设计规范》GB 50338的有关规定执行。

3.6.4 建筑内用于防火分隔的防火分隔水幕和防护冷却水幕的火灾延续时间,不应小于防火分隔水幕或防护冷却火幕设置部位墙体的耐火极限。

3.6.5 城市交通隧道的火灾延续时间不应小于表3.6.5的规定,一类城市交通隧道的火灾延续时间应根据火灾危险性分析确定,确有困难时,可按不小于3.0h计。

表3.6.5 城市交通隧道的火灾延续时间

用途	类别	长度(m)	火灾延续时间(h)
可通行危险化学品等机动车	二	500<L≤1500	3.0
	三	L≤500	2.0
仅限通行非危险化学品等机动车	二	1500<L≤3000	3.0
	三	500<L≤1500	2.0

4 消防水源

4.1 一般规定

4.1.1 在城乡规划区域范围内,市政消防给水应与市政给水管网同步规划、设计与实施。

4.1.2 消防水源水质应满足水灭火设施的功能要求。

4.1.3 消防水源应符合下列规定:

1 市政给水、消防水池、天然水源等可作为消防水源,并宜采用市政给水;

2 雨水清水池、中水清水池、水景和游泳池可作为备用消防水源。

4.1.4 消防给水管道内平时所充水的pH值应为6.0~9.0。

4.1.5 严寒、寒冷等冬季结冰地区的消防水池、水塔和高位消防水池等应采取防冻措施。

4.1.6 雨水清水池、中水清水池、水景和游泳池必须作为消防水源时,应有保证在任何情况下均能满足消防给水系统所需的水量和水质的技术措施。

4.2 市政给水

4.2.1 当市政给水管网连续供水时,消防给水系统可采用市政给水管网直接供水。

4.2.2 用作两路消防供水的市政给水管网应符合下列要求:

1 市政给水厂应至少有两条输水干管向市政给水管网输水;

2 市政给水管网应为环状管网;

3 应至少有两条不同的市政给水干管上不少于两条引入管向消防给水系统供水。

4.3 消防水池

4.3.1 符合下列规定之一时,应设置消防水池:

1 当生产、生活用水量达到最大时,市政给水管网或入户引入管不能满足室内、室外消防给水设计流量;

2 当采用一路消防供水或只有一条入户引入管,且室外消火栓设计流量大于20L/s或建筑高度大于50m时;

3 市政消防给水设计流量小于建筑室内外消防给水设计流量。

4.3.2 消防水池有效容积的计算应符合下列规定:

1 当市政给水管网能保证室外消防给水设计流量时,消防水池的有效容积应满足在火灾延续时间内室内消防用水量的要求;

2 当市政给水管网不能保证室外消防给水设计流量时,消防水池的有效容积应满足火灾延续时间内室内消防用水量和室外消防用水量不足部分之和的要求。

4.3.3 消防水池进水管应根据其有效容积和补水时间确定,补水时间不宜大于48h,但当消防水池有效总容积大于2000m³时,不应大于96h。消防水池进水管管径应经计算确定,且不应小于DN100。

4.3.4 当消防水池采用两路消防供水且在火灾情况下连续补水能满足消防要求时,消防水池的有效容积应根据计算确定,但不应小于100m³,当仅设有消火栓系统时不应小于50m³。

4.3.5 火灾时消防水池连续补水应符合下列规定:

1 消防水池应采用两路消防给水;

2 火灾延续时间内的连续补水流量应按消防水池最不利进水管供水量计算,并可按下式计算:

$$q_f = 3600Av \qquad (4.3.5)$$

式中:q_f——火灾时消防水池的补水流量(m³/h);

A——消防水池进水管断面面积(m²);

v——管道内水的平均流速(m/s)。

3 消防水池进水管管径和流量应根据市政给水管网或其他给水管网的压力、入户引入管管径、消防水池进水管管径,以及火灾时其他用水量等经水力计算确定,当计算条件不具备时,给水管的平均流速不宜大于1.5m/s。

4.3.6 消防水池的总蓄水有效容积大于500m³时,宜设两格能独立使用的消防水池;当大于1000m³时,应设置能独立使用的两座消防水池。每格(或座)消防水池应设置独立的出水管,并应设置满足最低有效水位的连通管,且其管径应能满足消防给水设计流量的要求。

4.3.7 储存室外消防用水的消防水池或供消防车取水的消防水池,应符合下列规定:

1 消防水池应设置取水口(井),且吸水高度不应大于6.0m;

2 取水口(井)与建筑物(水泵房除外)的距离不宜小于15m;

3 取水口(井)与甲、乙、丙类液体储罐等构筑物的距离不宜小于40m;

4 取水口(井)与液化石油气储罐的距离不宜小于60m,当采取防止辐射热保护措施时,可为40m。

4.3.8 消防用水与其他用水共用的水池,应采取确保消防用水量不作他用的技术措施。

4.3.9 消防水池的出水、排水和水位应符合下列规定:

1 消防水池的出水管应保证消防水池的有效容积能被全部利用;

2 消防水池应设置就地水位显示装置,并应在消防控制中心或值班室等地点设置显示消防水池水位的装置,同时应有最高和最低报警水位;

3 消防水池应设置溢流水管和排水设施,并应采用间接排水。

4.3.10 消防水池的通气管和呼吸管等应符合下列规定:

1 消防水池应设置通气管;

2 消防水池通气管、呼吸管和溢流水管等应采取防止虫鼠等进入消防水池的技术措施。

4.3.11 高位消防水池的最低有效水位应能满足其所服务的水灭火设施所需的工作压力和流量,且其有效容积应满足火灾延续时间内所需消防用水量,并应符合下列规定:

1 高位消防水池的有效容积、出水、排水和水位,应符合本规范第4.3.8条和第4.3.9条的规定;

2 高位消防水池的通气管和呼吸管等应符合本规范第4.3.10条的规定;

3 除可一路消防供水的建筑物外,向高位消防水池供水的给水管不应少于两条;

4 当高层民用建筑采用高位消防水池供水的高压消防给水系统时,高位消防水池储存室内消防用水量确有困难,但火灾时补水可靠,其总有效容积不应小于室内消防用水量的50%;

5 高层民用建筑高压消防给水系统的高位消防水池总有效容积大于200m³时,宜设置蓄水有效容积相等且可独立使用的两格;当建筑高度大于100m时应设置独立的两座。每格或座应有一条独立的出水管向消防给水系统供水;

6 高位消防水池设置在建筑物内时,应采用耐火极限不低于2.00h的隔墙和1.50h的楼板与其他部位隔开,并应设甲级防火门;且消防水池及其支承框架与建筑构件应连接牢固。

4.4 天然水源及其他

4.4.1 井水等地下水源可作为消防水源。

4.4.2 井水作为消防水源向消防给水系统直接供水时,其最不利水位应满足水泵吸水要求,其最小出流量和水泵扬程应满足消防要求,且当需要两路消防供水时,水井不应少于两眼,每眼井的深井泵的供电均应采用一级供电负荷。

4.4.3 江、河、湖、海、水库等天然水源的设计枯水流量保证率应根据城乡规模和工业项目的重要性、火灾危险性和经济合理性等综合因素确定,宜为90%～97%。但村镇的室外消防给水水源的设计枯水流量保证率可根据当地水源情况适当降低。

4.4.4 当室外消防水源采用天然水源时,应采取防止冰凌、漂浮物、悬浮物等物质堵塞消防水泵的技术措施,并应采取确保安全取水的措施。

4.4.5 当天然水源等作为消防水源时,应符合下列规定:

1 当地表水作为室外消防水源时,应采取确保消防车、固定和移动消防水泵在枯水位取水的技术措施;当消防车取水时,最大吸水高度不应超过6.0m;

2 当井水作为消防水源时,还应设置探测水井水位的水位测试装置。

4.4.6 天然水源消防车取水口的设置位置和设施,应符合现行国家标准《室外给水设计规范》GB 50013中有关地表水取水的规定,且取水头部宜设置格栅,其栅条间距不宜小于50mm,也可采用过滤管。

4.4.7 设有消防车取水口的天然水源,应设置消防车到达取水口的消防车道和消防车回车场或回车道。

5 供水设施

5.1 消防水泵

5.1.1 消防水泵宜根据可靠性、安装场所、消防水源、消防给水设计流量和扬程等综合因素确定水泵的型式,水泵驱动器宜采用电动机或柴油机直接传动,消防水泵不应采用双电动机或基于柴油机等组成的双动力驱动水泵。

5.1.2 消防水泵机组应由水泵、驱动器和专用控制柜等组成;一组消防水泵可由同一消防给水系统的工作泵和备用泵组成。

5.1.3 消防水泵生产厂商应提供完整的水泵流量扬程性能曲线,并应标示流量、扬程、气蚀余量、功率和效率等参数。

5.1.4 单台消防水泵的最小额定流量不应小于10L/s,最大额定流量不宜大于320L/s。

5.1.5 当消防水泵采用离心泵时,泵的型式宜根据流量、扬程、气蚀余量、功率和效率、转速、噪声,以及安装场所的环境要求等因素综合确定。

5.1.6 消防水泵的选择和应用应符合下列规定:

1 消防水泵的性能应满足消防给水系统所需流量和压力的要求;

2 消防水泵所配驱动器的功率应满足所选水泵流量扬程性能曲线上任何一点运行所需功率的要求;

3 当采用电动机驱动的消防水泵时,应选择电动机干式安装的消防水泵;

4 流量扬程性能曲线应为无驼峰、无拐点的光滑曲线,零流量时的压力不应大于设计工作压力的140%,且宜大于设计工作压力的120%;

5 当出流量为设计流量的150%时,其出口压力不应低于设计工作压力的65%;

6 泵轴的密封方式和材料应满足消防水泵在低流量时运转的要求;

7 消防给水同一泵组的消防水泵型号宜一致,且工作泵不宜超过3台;

8 多台消防水泵并联时,应校核流量叠加对消防水泵出口压力的影响。

5.1.7 消防水泵的主要材质应符合下列规定:

1 水泵外壳宜为球墨铸铁;

2 叶轮宜为青铜或不锈钢。

5.1.8 当采用柴油机消防水泵时应符合下列规定:

1 柴油机消防水泵应采用压缩式点火型柴油机;

2 柴油机的额定功率应校核海拔高度和环境温度对柴油机功率的影响;

3 柴油机消防水泵应具备连续工作的性能,试验运行时间不应小于24h;

4 柴油机消防水泵的蓄电池应保证消防水泵随时自动启泵的要求;

5 柴油机消防水泵的供油箱应根据火灾延续时间确定,且油箱最小有效容积应按1.5L/kW配置,柴油机消防水泵油箱内储存的燃料不应小于50%的储量。

5.1.9 轴流深井泵宜安装于水井、消防水池和其他消防水源上,并应符合下列规定:

1 轴流深井泵安装于水井时,其淹没深度应满足其可靠运行的要求,在水泵出流量为150%设计流量时,其最低淹没深度应是第一个水泵叶轮底部水位线以上不少于3.20m,且海拔高度每增加300m,深井泵的最低淹没深度应至少增加0.30m;

2 轴流深井泵安装在消防水池等消防水源上时,其第一个水泵叶轮底部应低于消防水池的最低有效水位线,且淹没深度应根据水力条件经计算确定,并应满足消防水池等消防水源有效储水量或有效水位能全部被利用的要求;当水泵设计流量大于125L/s时,应根据水泵性能确定淹没深度,并应满足水泵气蚀余量的要求;

3 轴流深井泵的出水管与消防给水管网连接应符合本规范第5.1.13条第3款的规定;

4 轴流深井泵出水管的阀门设置应符合本规范第5.1.13条第5款和第6款的规定;

5 当消防水池最低水位低于离心水泵出水管中心线或水源水位不能保证离心水泵吸水时,可采用轴流深井泵,并应采用湿式深坑的安装方式安装于消防水池等消防水源上;

6 当轴流深井泵的电动机露天设置时,应有防雨功能;

7 其他应符合现行国家标准《室外给水设计规范》GB 50013的有关规定。

5.1.10 消防水泵应设置备用泵,其性能应与工作泵性能一致,但下列建筑除外:

1 建筑高度小于54m的住宅和室外消防给水设计流量小于等于25L/s的建筑;

2 室内消防给水设计流量小于等于10L/s的建筑。

5.1.11 一组消防水泵应在消防水泵房内设置流量和压力测试装置,并应符合下列规定:

1 单台消防水泵的流量不大于20L/s、设计工作压力不大于0.50MPa时,泵组应预留测量用流量计和压力计接口,其他泵组宜设置泵组流量和压力测试装置;

2 消防水泵流量检测装置的计量精度应为0.4级,最大量程的75%应大于最大一台消防水泵设计流量值的175%;

3 消防水泵压力检测装置的计量精度应为0.5级,最大量程的75%应大于最大一台消防水泵设计压力值的165%;

4 每台消防水泵出水管上应设置 DN65 的试水管,并应采取排水措施。

5.1.12 消防水泵吸水应符合下列规定:

　　1 消防水泵应采取自灌式吸水;

　　2 消防水泵从市政管网直接抽水时,应在消防水泵出水管上设置有空气隔断的倒流防止器;

　　3 当吸水口处无吸水井时,吸水口处应设置旋流防止器。

5.1.13 离心式消防水泵吸水管、出水管和阀门等,应符合下列规定:

　　1 一组消防水泵,吸水管不应少于两条,当其中一条损坏或检修时,其余吸水管应仍能通过全部消防给水设计流量;

　　2 消防水泵吸水管布置应避免形成气囊;

　　3 一组消防水泵应设不少于两条的输水干管与消防给水环状管网连接,当其中一条输水管检修时,其余输水管应仍能供应全部消防给水设计流量;

　　4 消防水泵吸水口的淹没深度应满足消防水泵在最低水位运行安全的要求,吸水管喇叭口在消防水池最低有效水位下的淹没深度应根据吸水管喇叭口的水流速度和水力条件确定,但不应小于 600mm,当采用旋流防止器时,淹没深度不应小于 200mm;

　　5 消防水泵的吸水管上应设置明杆闸阀或带自锁装置的蝶阀,但当设置暗杆阀门时应设有开启刻度和标志;当管径超过 DN300 时,宜设置电动阀门;

　　6 消防水泵的出水管上应设止回阀、明杆闸阀;当采用蝶阀时,应带有自锁装置;当管径大于 DN300 时,宜设置电动阀门;

　　7 消防水泵吸水管的直径小于 DN250 时,其流速宜为 1.0m/s~1.2m/s;直径大于 DN250 时,宜为 1.2m/s~1.6m/s;

　　8 消防水泵出水管的直径小于 DN250 时,其流速宜为 1.5m/s~2.0m/s;直径大于 DN250 时,宜为 2.0m/s~2.5m/s;

　　9 吸水井的布置应满足井内水流顺畅、流速均匀、不产生涡漩的要求,并应便于安装施工;

　　10 消防水泵的吸水管、出水管道穿越外墙时,应采用防水套管;当穿越墙体和楼板时,应符合本规范第 12.3.19 条第 5 款的要求;

　　11 消防水泵的吸水管穿越消防水池时,应采用柔性套管;采用刚性防水套管时应在水泵吸水管上设置柔性接头,且管径不应大于 DN150。

5.1.14 当有两路消防供水且允许消防水泵直接吸水时,应符合下列规定:

　　1 每一路消防供水应满足消防给水设计流量和火灾时必须保证的其他用水;

　　2 火灾时室外给水管网的压力从地面算起不应小于 0.10MPa;

　　3 消防水泵扬程应按室外给水管网的最低水压计算,并应以室外给水的最高水压校核消防水泵的工作工况。

5.1.15 消防水泵吸水管可设置管道过滤器,管道过滤器的过水面积应大于管道过水面积的 4 倍,且孔径不宜小于 3mm。

5.1.16 临时高压消防给水系统应采取防止消防水泵低流量空转过热的技术措施。

5.1.17 消防水泵吸水管和出水管上应设置压力表,并应符合下列规定:

　　1 消防水泵出水管压力表的最大量程不应低于其设计工作压力的 2 倍,且不应低于 1.60MPa;

　　2 消防水泵吸水管宜设置真空表、压力表或真空压力表,压力表的最大量程应根据工程具体情况确定,但不应低于 0.70MPa,真空表的最大量程宜为 −0.10MPa;

　　3 压力表的直径不应小于 100mm,应采用直径不小于 6mm 的管道与消防水泵进出口管相接,并应设置关断阀门。

5.2 高位消防水箱

5.2.1 临时高压消防给水系统的高位消防水箱的有效容积应满足初期火灾消防用水量的要求,并应符合下列规定:

　　1 一类高层公共建筑,不应小于 36m³,但当建筑高度大于 100m 时,不应小于 50m³,当建筑高度大于 150m 时,不应小于 100m³;

　　2 多层公共建筑、二类高层公共建筑和一类高层住宅,不应小于 18m³,当一类高层住宅建筑高度超过 100m 时,不应小于 36m³;

　　3 二类高层住宅,不应小于 12m³;

　　4 建筑高度大于 21m 的多层住宅,不应小于 6m³;

　　5 工业建筑室内消防给水设计流量当小于或等于 25L/s 时,不应小于 12m³,大于 25L/s 时,不应小于 18m³;

　　6 总建筑面积大于 10000m² 且小于 30000m² 的商店建筑,不应小于 36m³,总建筑面积大于 30000m² 的商店,不应小于 50m³,当与本条第 1 款规定不一致时应取其较大值。

5.2.2 高位消防水箱的设置位置应高于其所服务的水灭火设施,且最低有效水位应满足水灭火设施最不利点处的静水压力,并应按下列规定确定:

　　1 一类高层公共建筑,不应低于 0.10MPa,但当建筑高度超过 100m 时,不应低于 0.15MPa;

　　2 高层住宅、二类高层公共建筑、多层公共建筑,不应低于 0.07MPa,多层住宅不宜低于 0.07MPa;

　　3 工业建筑不应低于 0.10MPa,当建筑体积小于 20000m³ 时,不宜低于 0.07MPa;

　　4 自动喷水灭火系统等自动水灭火系统应根据喷头灭火需求压力确定,但最小不应小于 0.10MPa;

　　5 当高位消防水箱不能满足本条第 1 款～第 4 款的静压要求时,应设稳压泵。

5.2.3 高位消防水箱可采用热浸锌镀锌钢板、钢筋混凝土、不锈钢板等建造。

5.2.4 高位消防水箱的设置应符合下列规定:

　　1 当高位消防水箱在屋顶露天设置时,水箱的人孔以及进出水管的阀门等应采取锁具或阀门箱等保护措施;

　　2 严寒、寒冷等冬季冰冻地区的消防水箱应设置在消防水箱间内,其他地区宜设置在室内,当必须在屋顶露天设置时,应采取防冻隔热等安全措施;

　　3 高位消防水箱与基础应牢固连接。

5.2.5 高位消防水箱间应通风良好,不应结冰,当必须设置在严寒、寒冷等冬季结冰地区的非采暖房间时,应采取防冻措施,环境温度或水温不应低于 5℃。

5.2.6 高位消防水箱应符合下列规定:

　　1 高位消防水箱的有效容积、出水、排水和水位等,应符合本规范第 4.3.8 条和第 4.3.9 条的规定;

　　2 高位消防水箱的最低有效水位应根据出水管喇叭口和防止旋流器的淹没深度确定,当采用出水管喇叭口时,应符合本规范第 5.1.13 条第 4 款的规定;当采用防止旋流器时应根据产品确定,且不应小于 150mm 的保护高度;

　　3 高位消防水箱的通气管、呼吸管等应符合本规范第 4.3.10 条的规定;

　　4 高位消防水箱外壁与建筑本体结构墙面或其他池壁之间的净距,应满足施工或装配的需要,无管道的侧面,净距不宜小于 0.7m;安装有管道的侧面,净距不宜小于 1.0m,且管道外壁与建筑本体墙面之间的通道宽度不宜小于 0.6m,设有人孔的水箱顶,其顶面与其上面的建筑物本体板底的净空不应小于 0.8m;

　　5 进水管的管径应满足消防水箱 8h 充满水的要求,但管径不应小于 DN32,进水管宜设置液位阀或浮球阀;

6 进水管应在溢流水位以上接入，进水管口的最低点高出溢流边缘的高度应等于进水管管径，但最小不应小于100mm，最大不应大于150mm；

7 当进水管为淹没出流时，应在进水管上设置防止倒流的措施或在管道上设置虹吸破坏孔和真空破坏器，虹吸破坏孔的孔径不宜小于管径的1/5，且不应小于25mm。但当采用生活给水系统补水时，进水管不应淹没出流；

8 溢流管的直径不应小于进水管直径的2倍，且不应小于DN100，溢流管的喇叭口直径不应小于溢流管直径的1.5倍～2.5倍；

9 高位消防水箱出水管管径应满足消防给水设计流量的出水要求，且不应小于DN100；

10 高位消防水箱出水管应位于高位消防水箱最低水位以下，并应设置防止消防用水进入高位消防水箱的止回阀；

11 高位消防水箱的进、出水管应设置带有指示启闭装置的阀门。

5.3 稳 压 泵

5.3.1 稳压泵宜采用离心泵，并宜符合下列规定：

1 宜采用单吸单级或单吸多级离心泵；

2 泵外壳和叶轮等主要部件的材质宜采用不锈钢。

5.3.2 稳压泵的设计流量应符合下列规定：

1 稳压泵的设计流量不应小于消防给水系统管网的正常泄漏量和系统自动启动流量；

2 消防给水系统管网的正常泄漏量应根据管道材质、接口形式等确定，当没有管网泄漏量数据时，稳压泵的设计流量宜按消防给水设计流量的1%～3%计，且不宜小于1L/s；

3 消防给水系统所采用报警阀压力开关等自动启动流量应根据产品确定。

5.3.3 稳压泵的设计压力应符合下列要求：

1 稳压泵的设计压力应满足系统自动启动和管网充满水的要求；

2 稳压泵的设计压力应保持系统自动启泵压力设置点处的压力在准工作状态时大于系统设置自动启泵压力值，且增加值宜为0.07MPa～0.10MPa；

3 稳压泵的设计压力应保持系统最不利点处水灭火设施在准工作状态时的静水压力应大于0.15MPa。

5.3.4 设置稳压泵的临时高压消防给水系统应设置防止稳压泵频繁启停的技术措施，当采用气压水罐时，其调节容积应根据稳压泵启泵次数不大于15次/h计算确定，但有效储水容积不宜小于150L。

5.3.5 稳压泵吸水管应设置明杆闸阀，稳压泵出水管应设置消声止回阀和明杆闸阀。

5.3.6 稳压泵应设置备用泵。

5.4 消防水泵接合器

5.4.1 下列场所的室内消火栓给水系统应设置消防水泵接合器：

1 高层民用建筑；

2 设有消防给水的住宅、超过五层的其他多层民用建筑；

3 超过2层或建筑面积大于10000m²的地下或半地下建筑（室）、室内消火栓设计流量大于10L/s平战结合的人防工程；

4 高层工业建筑和超过四层的多层工业建筑；

5 城市交通隧道。

5.4.2 自动喷水灭火系统、水喷雾灭火系统、泡沫灭火系统和固定消防炮灭火系统等水灭火系统，均应设置消防水泵接合器。

5.4.3 消防水泵接合器的给水流量宜按每个10L/s～15L/s计算。每种水灭火系统的消防水泵接合器设置的数量应按系统设计流量经计算确定，但当计算数量超过3个时，可根据供水可靠性适

当减少。

5.4.4 临时高压消防给水系统向多栋建筑供水时，消防水泵接合器应在每座建筑附近就近设置。

5.4.5 消防水泵接合器的供水范围，应根据当地消防车的供水流量和压力确定。

5.4.6 消防给水为竖向分区供水时，在消防车供水压力范围内的分区，应分别设置水泵接合器；当建筑高度超过消防车供水高度时，消防给水应在设备层等方便操作的地点设置手抬泵或移动泵接力供水的吸水和加压接口。

5.4.7 水泵接合器应设在室外便于消防车使用的地点，且距室外消火栓或消防水池的距离不宜小于15m，并不宜大于40m。

5.4.8 墙壁消防水泵接合器的安装高度距地面宜为0.70m；与墙面上的门、窗、孔、洞的净距离不应小于2.0m，且不应安装在玻璃幕墙下方；地下消防水泵接合器的安装，应使进水口与井盖底面的距离不大于0.40m，且不应小于井盖的半径。

5.4.9 水泵接合器处应设置永久性标志铭牌，并应标明供水系统、供水范围和额定压力。

5.5 消防水泵房

5.5.1 消防水泵房应设置起重设施，并应符合下列规定：

1 消防水泵的重量小于0.5t时，宜设置固定吊钩或移动吊架；

2 消防水泵的重量为0.5t～3t时，宜设置手动起重设备；

3 消防水泵的重量大于3t时，应设置电动起重设备。

5.5.2 消防水泵机组的布置应符合下列规定：

1 相邻两个机组及机组至墙壁间的净距，当电机容量小于22kW时，不宜小于0.60m；当电动机容量不小于22kW，而不大于55kW时，不宜小于0.8m；当电动机容量大于55kW且小于255kW时，不宜小于1.2m；当电动机容量大于255kW时，不宜小于1.5m；

2 当消防水泵就地检修时，应至少在每个机组一侧设消防水泵机组宽度加0.5m的通道，并应保证消防水泵轴和电动机转子在检修时能拆卸；

3 消防水泵房的主要通道宽度不应小于1.2m。

5.5.3 当采用柴油机消防水泵时，机组间的净距宜按本规范第5.5.2条规定值增加0.2m，但不应小于1.2m。

5.5.4 当消防水泵房内设有集中检修场地时，其面积应根据水泵或电动机外形尺寸确定，并应在周围留有宽度不小于0.7m的通道。地下式泵房宜利用空间设集中检修场地。对于装有深井水泵的湿式竖井泵房，还应设堆放水管的场地。

5.5.5 消防水泵房内的架空水管道，不应阻碍通道和跨越电气设备，当必须跨越时，应采取保证通道畅通和保护电气设备的措施。

5.5.6 独立的消防水泵房地面层的地坪至屋盖或天花板等的突出构件底部间的净高，除应按通风采光等条件确定外，应符合下列规定：

1 当采用固定吊钩或移动吊架时，其值不应小于3.0m；

2 当采用单轨起重机时，应保持吊起物底部与吊运所越过物体顶部之间有0.50m以上的净距；

3 当采用桁架式起重机时，除应符合本条第2款的规定外，还应另外增加起重机安装和检修空间的高度。

5.5.7 当采用轴流深井水泵时，水泵房净高应按消防水泵吊装和维修的要求确定，当高度过高时，应根据水泵传动轴长度产品规格选择较短规格的产品。

5.5.8 消防水泵房至少有一个可以搬运最大设备的门。

5.5.9 消防水泵房的设计应根据具体情况设计相应的采暖、通风和排水设施，并应符合下列规定：

1 严寒、寒冷等冬季结冰地区采暖温度不应低于10℃，但当无人值守时不应低于5℃；

2 消防水泵房的通风宜按 6 次/h 设计;

3 消防水泵房应设置排水设施。

5.5.10 消防水泵不宜设在有防振或有安静要求房间的上一层、下一层和毗邻位置,当必须时,应采取下列降噪减振措施:

1 消防水泵应采用低噪声水泵;

2 消防水泵机组应设隔振装置;

3 消防水泵吸水管和出水管上应设隔振装置;

4 消防水泵房内管道支架和管道穿墙和穿楼板处,应采取防止固体传声的措施;

5 在消防水泵房内墙应采取隔声吸音的技术措施。

5.5.11 消防水泵出水管应进行停泵水锤压力计算,并宜按下列公式计算,当计算所得的水锤压力值超过管道试验压力值时,应采取消除停泵水锤的技术措施。停泵水锤消除装置应装设在消防水泵出水总管上,以及消防给水系统管网其他适当的位置:

$$\Delta p = \rho c v \qquad (5.5.11-1)$$

$$c = \frac{c_0}{\sqrt{1 + \dfrac{K}{E}\dfrac{d_i}{\delta}}} \qquad (5.5.11-2)$$

式中:Δp——水锤最大压力(Pa);

ρ——水的密度(kg/m³);

c——水击波的传播速度(m/s);

v——管道中水流速度(m/s);

c_0——水中声波的传播速度,宜取 $c_0 = 1435$m/s(压强 0.10MPa～2.50MPa,水温 10℃);

K——水的体积弹性模量,宜取 $K = 2.1 \times 10^9$Pa;

E——管道的材料弹性模量,钢管 $E = 20.6 \times 10^{10}$Pa,铸铁管 $E = 9.8 \times 10^{10}$Pa,钢丝网骨架塑料(PE)复合管 $E = 6.5 \times 10^{10}$Pa;

d_i——管道的公称直径(mm);

δ——管道壁厚(mm)。

5.5.12 消防水泵房应符合下列规定:

1 独立建造的消防水泵房耐火等级不应低于二级;

2 附设在建筑物内的消防水泵房,不应设置在地下三层及以下,或室内地面与室外出入口地坪高差大于 10m 的地下楼层;

3 附设在建筑物内的消防水泵房,应采用耐火极限不低于 2.0h 的隔墙和 1.50h 的楼板与其他部位隔开,其疏散门应直通安全出口,且开向疏散走道的门应采用甲级防火门。

5.5.13 当采用柴油机消防水泵时宜设置独立消防水泵房,并应设置满足柴油机运行的通风、排烟和阻火设施。

5.5.14 消防水泵房应采取防水淹没的技术措施。

5.5.15 独立消防水泵房的抗震应满足当地地震要求,且宜按本地区抗震设防烈度提高 1 度采取抗震措施,但不宜做提高 1 度抗震计算,并应符合现行国家标准《室外给水排水和燃气热力工程抗震设计规范》GB 50032 的有关规定。

5.5.16 消防水泵和控制柜应采取安全保护措施。

6 给 水 形 式

6.1 一 般 规 定

6.1.1 消防给水系统应根据建筑的用途功能、体积、高度、耐火等级、火灾危险性、重要性、次生灾害、商务连续性、水源条件等因素综合确定其可靠性和供水方式,并应满足水灭火系统所需流量和压力的要求。

6.1.2 城镇消防给水宜采用城镇市政给水管网供应,并应符合下列规定:

1 城镇市政给水管网及输水干管应符合现行国家标准《室外给水设计规范》GB 50013 的有关规定。

2 工业园区、商务区和居住区宜采用两路消防供水。

3 当采用天然水源作为消防水源时,每个天然水源消防取水口宜按一个市政消火栓计算或根据消防车停放数量确定。

4 当市政给水为间歇供水或供水能力不足时,宜建设市政消防水池,且建筑消防水池宜有作为市政消防给水的技术措施。

5 城市避难场所宜设置独立的城市消防水池,且每座容量不宜小于 200m³。

6.1.3 建筑物室外宜采用低压消防给水系统,当采用市政给水管网供水时,应符合下列规定:

1 应采用两路消防供水,除建筑高度超过 54m 的住宅外,室外消火栓设计流量小于等于 20L/s 时可采用一路消防供水;

2 室外消火栓应由市政给水管网直接供水。

6.1.4 工艺装置区、储罐区、堆场等构筑物室外消防给水,应符合下列规定:

1 工艺装置区、储罐区等场所应采用高压或临时高压消防给水系统,但当无泡沫灭火系统、固定冷却水系统和消防炮,室外消防给水设计流量不大于 30L/s,且在城镇消防站保护范围内时,可采用低压消防给水系统;

2 堆场等场所宜采用低压消防给水系统,但当可燃物堆场规模大、堆垛高、易起火、扑救难度大,应采用高压或临时高压消防给水系统。

6.1.5 市政消火栓或消防车从消防水池吸水向建筑供应室外消防给水时,应符合下列规定:

供消防车吸水的室外消防水池的每个取水口宜按一个室外消火栓计算,且其保护半径不应大于 150m。

距建筑外缘 5m～150m 的市政消火栓可计入建筑室外消火栓的数量,但当为消防水泵接合器供水时,距建筑外缘 5m～40m 的市政消火栓可计入建筑室外消火栓的数量。

当市政给水管网为环状时,符合本条上述内容的室外消火栓出流量宜计入建筑室外消火栓设计流量;但当市政给水管网为枝状时,计入建筑的室外消火栓设计流量不宜超过一个市政消火栓的出流量。

6.1.6 当室外采用高压或临时高压消防给水系统时,宜与室内消防给水系统合用。

6.1.7 独立的室外临时高压消防给水系统宜采用稳压泵维持系统的充水和压力。

6.1.8 室内应采用高压或临时高压消防给水系统,且不应与生产生活给水系统合用;但自动喷水灭火系统局部应用系统和仅设有消防软管卷盘或轻便水龙的室内消防给水系统,可与生产生活水系统合用。

6.1.9 室内采用临时高压消防给水系统时,高位消防水箱的设置应符合下列规定:

1 高层民用建筑、总建筑面积大于 10000m² 且层数超过 2 层的公共建筑和其他重要建筑,必须设置高位消防水箱;

2 其他建筑应设置高位消防水箱,但当设置高位消防水箱确有困难,且采用安全可靠的消防给水形式时,可不设高位消防水箱,但应设稳压泵;

3 当市政供水管网的供水能力在满足生产、生活最大小时用水量后,仍能满足初期火灾所需的消防流量和压力时,市政直接供水可替代高位消防水箱。

6.1.10 当室内临时高压消防给水系统仅采用稳压泵稳压,且为室外消火栓设计流量大于20L/s的建筑和建筑高度大于54m的住宅时,消防水泵的供电或备用动力应符合下列要求:

1 消防水泵应按一级负荷要求供电,当不能满足一级负荷要求供电时应采用柴油发电机组作备用动力;

2 工业建筑备用泵宜采用柴油机消防水泵。

6.1.11 建筑群共用临时高压消防给水系统时,应符合下列规定:

1 工矿企业消防供水的最大保护半径不宜超过1200m,且占地面积不宜大于200hm²;

2 居住小区消防供水的最大保护建筑面积不宜超过500000m²;

3 公共建筑宜为同一产权或物业管理单位。

6.1.12 当市政给水管网能满足生产生活和消防给水设计流量,且市政允许消防水泵直接吸水时,临时高压消防给水系统的消防水泵宜直接从市政给水管网吸水,但城镇市政消防设计流量宜大于建筑的室内外消防给水设计流量之和。

6.1.13 当建筑物高度超过100m时,室内消防给水系统应分析比较多种系统的可靠性,采用安全可靠的消防给水形式;当采用常高压消防给水系统,但高位消防水池无法满足上部楼层所需的压力和流量时,上部楼层应采用临时高压消防给水系统,该系统的高位消防水箱的有效容积应按本规范第5.2.1条的规定根据该系统供水高度确定,且不应小于18m³。

6.2 分区供水

6.2.1 符合下列条件时,消防给水系统应分区供水:

1 系统工作压力大于2.40MPa;

2 消火栓栓口处静压大于1.0MPa;

3 自动水灭火系统报警阀处的工作压力大于1.60MPa或喷头处的工作压力大于1.20MPa。

6.2.2 分区供水形式应根据系统压力、建筑特征,经技术经济和安全可靠性等综合因素确定,可采用消防水泵并行或串联、减压水箱和减压阀减压的形式,但当系统的工作压力大于2.40MPa时,应采用消防水泵串联或减压水箱分区供水形式。

6.2.3 采用消防水泵串联分区供水时,宜采用消防水泵转输水箱串联供水方式,并应符合下列规定:

1 当采用消防水泵转输水箱串联时,转输水箱的有效储水容积不应小于60m³,转输水箱可作为高位消防水箱;

2 串联转输水箱的溢流管宜连接到消防水池;

3 当采用消防水泵直接串联时,应采取确保供水可靠性的措施,且消防水泵从低区到高区应能依次顺序启动;

4 当采用消防水泵直接串联时,应校核系统供水压力,并应在串联消防水泵出水管上设置减压型倒流防止器。

6.2.4 采用减压阀减压分区供水时应符合下列规定:

1 消防给水所采用的减压阀性能应安全可靠,并应满足消防给水的要求;

2 减压阀应根据消防给水设计流量和压力选择,且设计流量应在减压阀流量压力特性曲线的有效段内,并校核在150%设计流量时,减压阀的出口动压不应小于设计值的65%;

3 每一供水分区应设不少于两组减压阀组,每组减压阀组宜设置备用减压阀;

4 减压阀仅应设置在单向流动的供水管上,不应设置在有双

向流动的输水干管上;

5 减压阀宜采用比例式减压阀,当超过1.20MPa时,宜采用先导式减压阀;

6 减压阀的阀前阀后压力比值不宜大于3:1,当一级减压阀减压不能满足要求时,可采用减压阀串联减压,但串联减压不应大于两级,第二级减压阀宜采用先导式减压阀,阀前后压力差不宜超过0.40MPa;

7 减压阀后应设置安全阀,安全阀的开启压力应能满足系统安全,且不应影响系统的供水安全性。

6.2.5 采用减压水箱减压分区供水时应符合下列规定:

1 减压水箱的有效容积、出水、排水、水位和设置场所,应符合本规范第4.3.8条、第4.3.9条、第5.2.5条和第5.2.6条第2款的规定;

2 减压水箱的布置和通气管、呼吸管等,应符合本规范第5.2.6条第3款～第11款的规定;

3 减压水箱的有效容积不应小于18m³,且宜分为两格;

4 减压水箱应有两条进、出水管,且每条进、出水管应满足消防给水系统所需消防水量的要求;

5 减压水箱进水管的水位控制应可靠,宜采用水位控制阀;

6 减压水箱进水管应设置防冲击和溢水的技术措施,并宜在进水管上设置紧急关闭阀门,溢流水宜回流到消防水池。

7 消火栓系统

7.1 系统选择

7.1.1 市政消火栓和建筑室外消火栓应采用湿式消火栓系统。

7.1.2 室内环境温度不低于4℃,且不高于70℃的场所,应采用湿式室内消火栓系统。

7.1.3 室内环境温度低于4℃或高于70℃的场所,宜采用干式消火栓系统。

7.1.4 建筑高度不大于27m的多层住宅建筑设置室内湿式消火栓系统确有困难时,可设置干式消防竖管。

7.1.5 严寒、寒冷等冬季结冰地区城市隧道及其他构筑物的消火栓系统,应采取防冻措施,并宜采用干式消火栓系统和干式室外消火栓。

7.1.6 干式消火栓系统的充水时间不应大于5min,并应符合下列规定:

1 在供水干管上宜设干式报警阀、雨淋阀或电磁阀、电动阀等快速启闭装置;当采用电动阀时开启时间不应超过30s;

2 当采用雨淋阀、电磁阀和电动阀时,在消火栓箱处应设置直接开启快速启闭装置的手动按钮;

3 在系统管道的最高处应设置快速排气阀。

7.2 市政消火栓

7.2.1 市政消火栓宜采用地上式室外消火栓;在严寒、寒冷等冬季结冰地区宜采用干式地上式室外消火栓,严寒地区宜增设消防水鹤。当采用地下式室外消火栓,地下消火栓井的直径不宜小于1.5m,当地下式室外消火栓的取水口在冰冻线以上时,应采取保温措施。

7.2.2 市政消火栓宜采用直径DN150的室外消火栓,并应符合

下列要求：

  1 室外地上式消火栓应有一个直径为 150mm 或 100mm 和两个直径为 65mm 的栓口；

  2 室外地下式消火栓应有直径 100mm 和 65mm 的栓口各一个。

7.2.3 市政消火栓宜在道路的一侧设置，并宜靠近十字路口，但当市政道路宽度超过 60m 时，应在道路的两侧交叉错落设置市政消火栓。

7.2.4 市政桥桥头和城市交通隧道出入口等市政公用设施处，应设置市政消火栓。

7.2.5 市政消火栓的保护半径不应超过 150m，间距不应大于 120m。

7.2.6 市政消火栓应布置在消防车易于接近的人行道和绿地等地点，且不应妨碍交通，并应符合下列规定：

  1 市政消火栓距路边不宜小于 0.5m，并不应大于 2.0m；

  2 市政消火栓距建筑外墙或外墙边缘不宜小于 5.0m；

  3 市政消火栓应避免设置在机械易撞击的地点，确有困难时，应采取防撞措施。

7.2.7 市政给水管网的阀门设置应便于市政消火栓的使用和维护，并应符合现行国家标准《室外给水设计规范》GB 50013 的有关规定。

7.2.8 当市政给水管网设有市政消火栓时，其平时运行工作压力不应小于 0.14MPa，火灾时水力最不利市政消火栓的出流量不应小于 15L/s，且供水压力从地面算起不应小于 0.10MPa。

7.2.9 严寒地区在城市主要干道上设置消防水鹤的布置间距宜为 1000m，连接消防水鹤的市政给水管的管径不宜小于 DN200。

7.2.10 火灾时消防水鹤的出流量不宜低于 30L/s，且供水压力从地面算起不应小于 0.10MPa。

7.2.11 地下式市政消火栓应有明显的永久性标志。

7.3 室外消火栓

7.3.1 建筑室外消火栓的布置除应符合本节的规定外，还应符合本规范第 7.2 节的有关规定。

7.3.2 建筑室外消火栓的数量应根据室外消火栓设计流量和保护半径经计算确定，保护半径不应大于 150.0m，每个室外消火栓的出流量宜按 10L/s～15L/s 计算。

7.3.3 室外消火栓宜沿建筑周围均匀布置，且不宜集中布置在建筑一侧；建筑消防扑救面一侧的室外消火栓数量不宜少于 2 个。

7.3.4 人防工程、地下工程等建筑应在出入口附近设置室外消火栓，且距出入口的距离不宜小于 5m，并不宜大于 40m。

7.3.5 停车场的室外消火栓宜沿停车场周边设置，且与最近一排汽车的距离不宜小于 7m，距加油站或油库不宜小于 15m。

7.3.6 甲、乙、丙类液体储罐区和液化烃罐罐区等构筑物的室外消火栓，应设在防火堤或防护墙外，数量应根据每个罐的设计流量经计算确定，但距罐壁 15m 范围内的消火栓，不应计算在该罐可使用的数量内。

7.3.7 工艺装置区等采用高压或临时高压消防给水系统的场所，其周围应设置室外消火栓，数量应根据设计流量经计算确定，且间距不应大于 60.0m。当工艺装置区宽度大于 120.0m 时，宜在该装置区内的路边设置室外消火栓。

7.3.8 当工艺装置区、罐区、堆场、可燃气体和液体码头等构筑物的面积较大或高度较高，室外消火栓的充实水柱无法完全覆盖时，宜在适当部位设置室外固定消防炮。

7.3.9 当工艺装置区、储罐区、堆场等构筑物采用高压或临时高压消防给水系统时，消火栓的设置应符合下列规定：

  1 室外消火栓处宜配置消防水带和消防水枪；

  2 工艺装置休息平台等处需要设置的消火栓的场所应采用室内消火栓，并应符合本规范第 7.4 节的有关规定。

7.3.10 室外消防给水引入管当设有倒流防止器，且火灾时因其水头损失导致室外消火栓不能满足本规范第 7.2.8 条的要求时，应在该倒流防止器前设置一个室外消火栓。

7.4 室内消火栓

7.4.1 室内消火栓的选型应根据使用者、火灾危险性、火灾类型和不同灭火功能等因素综合确定。

7.4.2 室内消火栓的配置应符合下列要求：

  1 应采用 DN65 室内消火栓，并可与消防软管卷盘或轻便水龙设置在同一箱体内；

  2 应配置公称直径 65 有内衬里的消防水带，长度不宜超过 25.0m；消防软管卷盘应配置内径不小于 φ19 的消防软管，其长度宜为 30.0m；轻便水龙应配置公称直径 25 有内衬里的消防水带，长度宜为 30.0m；

  3 宜配置当量喷嘴直径 16mm 或 19mm 的消防水枪，但当消火栓设计流量为 2.5L/s 时宜配置当量喷嘴直径 11mm 或 13mm 的消防水枪；消防软管卷盘和轻便水龙应配置当量喷嘴直径 6mm 的消防水枪。

7.4.3 设置室内消火栓的建筑，包括设备层在内的各层均应设置消火栓。

7.4.4 屋顶设有直升机停机坪的建筑，应在停机坪出入口处或非电器设备机房处设置消火栓，且距停机坪机位边缘的距离不应小于 5.0m。

7.4.5 消防电梯前室应设置室内消火栓，并应计入消火栓使用数量。

7.4.6 室内消火栓的布置应满足同一平面有 2 支消防水枪的 2 股充实水柱同时达到任何部位的要求，但建筑高度小于或等于 24.0m 且体积小于或等于 5000m³ 的多层仓库、建筑高度小于或等于 54m 且每单元设置一部疏散楼梯的住宅，以及本规范表 3.5.2 中规定可采用 1 支消防水枪的场所，可采用 1 支消防水枪的 1 股充实水柱到达室内任何部位。

7.4.7 建筑室内消火栓的设置位置应满足火灾扑救要求，并应符合下列规定：

  1 室内消火栓应设置在楼梯间及其休息平台和前室、走道等明显易于取用，以及便于火灾扑救的位置；

  2 住宅的室内消火栓宜设置在楼梯间及其休息平台；

  3 汽车库内消火栓的设置不应影响汽车的通行和车位的设置，并应确保消火栓的开启；

  4 同一楼梯间及其附近不同层设置的消火栓，其平面位置宜相同；

  5 冷库的室内消火栓应设置在常温穿堂或楼梯间内。

7.4.8 建筑室内消火栓栓口的安装高度应便于消防水龙带的连接和使用，其距地面高度宜为 1.1m；其出水方向应便于消防水带的敷设，并宜与设置消火栓的墙面成 90°角或向下。

7.4.9 设有室内消火栓的建筑应设置带有压力表的试验消火栓，其设置位置应符合下列规定：

  1 多层和高层建筑应在其屋顶设置，严寒、寒冷等冬季结冰地区可设置在顶层出口处或水箱间内等便于操作和防冻的位置；

  2 单层建筑宜设置在水力最不利处，且应靠近出入口。

7.4.10 室内消火栓宜按直线距离计算其布置间距，并应符合下列规定：

  1 消火栓按 2 支消防水枪的 2 股充实水柱布置的建筑物，消火栓的布置间距不应大于 30.0m；

  2 消火栓按 1 支消防水枪的 1 股充实水柱布置的建筑物，消火栓的布置间距不应大于 50.0m。

7.4.11 消防软管卷盘和轻便水龙的用水量可不计入消防用水总量。

7.4.12 室内消火栓栓口压力和消防水枪充实水柱，应符合下列规定：

  1 消火栓栓口动压力不应大于 0.50MPa；当大于 0.70MPa 时必须设置减压装置；

2 高层建筑、厂房、库房和室内净空高度超过 8m 的民用建筑等场所，消火栓栓口动压不应小于 0.35MPa，且消防水枪充实水柱应按 13m 计算；其他场所，消火栓栓口动压不应小于 0.25MPa，且消防水枪充实水柱应按 10m 计算。

7.4.13 建筑高度不大于 27m 的住宅，当设置消火栓时，可采用干式消防竖管，并应符合下列规定：

1 干式消防竖管宜设置在楼梯间休息平台，且仅应配置消火栓栓口；

2 干式消防竖管应设置消防车供水接口；

3 消防车供水接口应设置在首层便于消防车接近和安全的地点；

4 竖管顶端应设置自动排气阀。

7.4.14 住宅户内宜在生活给水管道上预留一个接 DN15 消防软管或轻便水龙的接口。

7.4.15 跃层住宅和商业网点的室内消火栓应至少满足一股充实水柱到达室内任何部位，并宜设置在户门附近。

7.4.16 城市交通隧道室内消火栓系统的设置应符合下列规定：

1 隧道内宜设置独立的消防给水系统；

2 管道内的消防供水压力应保证用水量达到最大时，最低压力不应小于 0.30MPa，但当消火栓栓口处的出水压力超过 0.70MPa 时，应设置减压设施；

3 在隧道出入口处应设置消防水泵接合器和室外消火栓；

4 消火栓的间距不应大于 50m，双向同行车道或单行通行但大于 3 车道时，应双面间隔设置；

5 隧道内允许通行危险化学品的机动车，且隧道长度超过 3000m 时，应配置水雾或泡沫消防水枪。

8 管 网

8.1 一般规定

8.1.1 当市政给水管网设有市政消火栓时，应符合下列规定：

1 设有市政消火栓的市政给水管网宜为环状管网，但当城镇人口小于 2.5 万人时，可为枝状管网；

2 接市政消火栓的环状给水管网的管径不应小于 DN150，枝状管网的管径不宜小于 DN200。当城镇人口小于 2.5 万人时，接市政消火栓的给水管网的管径可适当减少，环状管网时不应小于 DN100，枝状管网时不宜小于 DN150；

3 工业园区、商务区和居住区等区域采用两路消防供水，当其中一条引入管发生故障时，其余引入管在保证满足 70%生产生活给水的最大小时设计流量条件下，应仍能满足本规范规定的消防给水设计流量。

8.1.2 下列消防给水应采用环状给水管网：

1 向两栋或两座及以上建筑供水时；

2 向两种及以上水灭火系统供水时；

3 采用设有高位消防水箱的临时高压消防给水系统时；

4 向两个及以上报警阀控制的自动水灭火系统供水时。

8.1.3 向室外、室内环状消防给水管网供水的输水干管不应少于两条，当其中一条发生故障时，其余的输水干管应仍能满足消防给水设计流量。

8.1.4 室外消防给水管网应符合下列规定：

1 室外消防给水采用两路消防供水时应采用环状管网，但当采用一路消防供水时可采用枝状管网；

2 管道的直径应根据流量、流速和压力要求经计算确定，但不应小于 DN100；

3 消防给水管道应采用阀门分成若干独立段，每段内室外消火栓的数量不宜超过 5 个；

4 管道设计的其他要求应符合现行国家标准《室外给水设计规范》GB 50013 的有关规定。

8.1.5 室内消防给水管网应符合下列规定：

1 室内消火栓系统管网应布置成环状，当室外消火栓设计流量不大于 20L/s，且室内消火栓不超过 10 个时，除本规范第 8.1.2 条情况外，可布置成枝状；

2 当由室外生产生活消防合用系统直接供水时，合用系统除应满足室外消防给水设计流量以及生产和生活最大小时设计流量的要求外，还应满足室内消防给水系统的设计流量和压力要求；

3 室内消防管道管径应根据系统设计流量、流速和压力要求经计算确定；室内消火栓竖管管径应根据竖管最低流量经计算确定，但不应小于 DN100。

8.1.6 室内消火栓环状给水管道检修时应符合下列规定：

1 室内消火栓竖管应保证检修管道时关闭停用的竖管不超过 1 根，当竖管超过 4 根时，可关闭不相邻的 2 根；

2 每根竖管与供水横干管相接处应设置阀门。

8.1.7 室内消火栓给水管网宜与自动喷水等其他水灭火系统的管网分开设置；当合用消防泵时，供水管路沿水流方向应在报警阀前分开设置。

8.1.8 消防给水管道的设计流速不宜大于 2.5m/s，自动水灭火系统管道流速，应符合现行国家标准《自动喷水灭火系统设计规范》GB 50084、《泡沫灭火系统设计规范》GB 50151、《水喷雾灭火系统设计规范》GB 50219 和《固定消防炮灭火系统设计规范》GB 50338 的有关规定，但任何消防管道的给水流速不应大于 7m/s。

8.2 管道设计

8.2.1 消防给水系统中采用的设备、器材、管材管件、阀门和配件等系统组件的产品工作压力等级，应大于消防给水系统的系统工作压力，且应保证系统在可能最大运行压力时安全可靠。

8.2.2 低压消防给水系统的系统工作压力应根据市政给水管网和其他给水管网等的系统工作压力确定，且不应小于 0.60MPa。

8.2.3 高压和临时高压消防给水系统的系统工作压力应根据系统在供水时，可能的最大运行压力确定，并应符合下列规定：

1 高位消防水池、水塔供水的高压消防给水系统的系统工作压力，应为高位消防水池、水塔最大静压；

2 市政给水管网直接供水的高压消防给水系统的系统工作压力，应根据市政给水管网的工作压力确定；

3 采用高位消防水箱稳压的临时高压消防给水系统的系统工作压力，应为消防水泵零流量时的压力与水泵吸水口最大静水压力之和；

4 采用稳压泵稳压的临时高压消防给水系统的系统工作压力，应取消防水泵零流量时的压力、消防水泵吸水口最大静压二者之和与稳压泵维持系统压力时两者其中的较大值。

8.2.4 埋地管道宜采用球墨铸铁管、钢丝网骨架塑料复合管和加强防腐的钢管等管材，室内外架空管道应采用热浸锌镀锌钢管等金属管材，并应按下列因素对管道的综合影响选择管材和设计管道：

1 系统工作压力；

2 覆土深度；

3 土壤的性质；

4 管道的耐腐蚀能力；

5 可能受到土壤、建筑基础、机动车和铁路等其他附加荷载的影响；

6 管道穿越伸缩缝和沉降缝。

8.2.5 埋地管道当系统工作压力不大于 1.20MPa 时,宜采用球墨铸铁管或钢丝网骨架塑料复合管给水管道;当系统工作压力大于 1.20MPa 小于 1.60MPa 时,宜采用钢丝网骨架塑料复合管、加厚钢管和无缝钢管;当系统工作压力大于 1.60MPa 时,宜采用无缝钢管。钢管连接宜采用沟槽连接件(卡箍)和法兰,当采用沟槽连接件连接时,公称直径小于等于 DN250 的沟槽式管接头系统工作压力不应大于 2.50MPa,公称直径大于或等于 DN300 的沟槽式管接头系统工作压力不应大于 1.60MPa。

8.2.6 埋地金属管道的管顶覆土应符合下列规定:

1 管道最小管顶覆土应按地面荷载、埋深荷载和冰冻线对管道的综合影响确定;

2 管道最小管顶覆土不应小于 0.70m;但当在机动车道下时管道最小管顶覆土应经计算确定,并不宜小于 0.90m;

3 管道最小管顶覆土应至少在冰冻线以下 0.30m。

8.2.7 埋地管道采用钢丝网骨架塑料复合管时应符合下列规定:

1 钢丝网骨架塑料复合管的聚乙烯(PE)原材料不应低于 PE80;

2 钢丝网骨架塑料复合管的内环向应力不应低于 8.0MPa;

3 钢丝网骨架塑料复合管的复合层应满足静压稳定性和剥离强度的要求;

4 钢丝网骨架塑料复合管及配套管件的熔体质量流动速率(MFR),应按现行国家标准《热塑性塑料熔体质量流动速率和熔体体积流动速率的测定》GB/T 3682 规定的试验方法进行试验时,加工前后 MFR 变化不应超过 ±20%;

5 管材及连接管件应采用同一品牌产品,连接方式应采用可靠的电熔连接或机械连接;

6 管材耐静压强度应符合现行行业标准《埋地聚乙烯给水管道工程技术规程》CJJ 101 的有关规定和设计要求;

7 钢丝网骨架塑料复合管道最小管顶覆土深度,在人行道下不宜小于 0.80m,在轻型车行道下不应小于 1.0m,且应在冰冻线下 0.30m;在重型汽车道路或铁路、高速公路下应设置保护套管,套管与钢丝网骨架塑料复合管的净距不应小于 100mm;

8 钢丝网骨架塑料复合管道与热力管道间的距离,应在保证聚乙烯管道表面温度不超过 40℃ 的条件下计算确定,但最小净距不应小于 1.50m。

8.2.8 架空管道当系统工作压力小于等于 1.20MPa 时,可采用热浸锌镀锌钢管;当系统工作压力大于 1.20MPa 时,应采用热浸镀锌加厚钢管或热浸镀锌无缝钢管;当系统工作压力大于 1.60MPa 时,应采用热浸镀锌无缝钢管。

8.2.9 架空管道的连接宜采用沟槽连接件(卡箍)、螺纹、法兰、卡压等方式,不宜采用焊接连接。当管径小于或等于 DN50 时,应采用螺纹和卡压连接,当管径大于 DN50 时,应采用沟槽连接件连接、法兰连接,当安装空间较小时应采用沟槽连接件连接。

8.2.10 架空充水管道应设置在环境温度不低于 5℃ 的区域,当环境温度低于 5℃ 时,应采取防冻措施;室外架空管道当温差变化较大时应校核管道系统的膨胀和收缩,并应采取相应的技术措施。

8.2.11 埋地管道的地基、基础、垫层、回填土压实密度等的要求,应根据刚性管或柔性管管材的性质,结合管道埋设处的具体情况,按现行国家标准《给水排水管道工程施工及验收标准》GB 50268 和《给水排水工程管道结构设计规范》GB 50332 的有关规定执行。当埋地管直径不小于 DN100 时,应在管道弯头、三通和堵头等位置设置钢筋混凝土支墩。

8.2.12 消防给水管道不宜穿越建筑基础,当必须穿越时,应采取防护套管等保护措施。

8.2.13 埋地钢管和铸铁管,应根据土壤和地下水腐蚀性等因素确定管外壁防腐措施;海边、空气潮湿等空气中含有腐蚀性介质的场所的架空管道外壁,应采取相应的防腐措施。

8.3 阀门及其他

8.3.1 消防给水系统的阀门选择应符合下列规定:

1 埋地管道的阀门宜采用带启闭刻度的暗杆闸阀,当设置在阀门井内时可采用耐腐蚀的明杆闸阀;

2 室内架空管道的阀门宜采用蝶阀、明杆闸阀或带启闭刻度的暗杆闸阀等;

3 室外架空管道宜采用带启闭刻度的暗杆闸阀或耐腐蚀的明杆闸阀;

4 埋地管道的阀门应采用球墨铸铁阀门,室内架空管道的阀门应采用球墨铸铁或不锈钢阀门,室外架空管道的阀门应采用球墨铸铁阀门或不锈钢阀门。

8.3.2 消防给水系统管道的最高点处宜设置自动排气阀。

8.3.3 消防水泵出水管上的止回阀宜采用水锤消除止回阀,当消防水泵供水高度超过 24m 时,应采用水锤消除器。当消防水泵出水管上设有囊式气压水罐时,可不设水锤消除设施。

8.3.4 减压阀的设置应符合下列规定:

1 减压阀应设置在报警阀组入口前,当连接两个及以上报警阀组时,应设置备用减压阀;

2 减压阀的进口处应设置过滤器,过滤器的孔网直径不宜小于 4 目/cm²～5 目/cm²,过流面积不应小于管道截面积的 4 倍;

3 过滤器和减压阀前后应设压力表,压力表的表盘直径不应小于 100mm,最大量程宜为设计压力的 2 倍;

4 过滤器前和减压阀后应设置控制阀门;

5 减压阀后应设置压力试验排水阀;

6 减压阀应设置流量检测测试接口或流量计;

7 垂直安装的减压阀,水流方向宜向下;

8 比例式减压阀宜垂直安装,可调式减压阀宜水平安装;

9 减压阀和控制阀门宜有保护或锁定调节配件的装置;

10 接减压阀的管段不应有气堵、气阻。

8.3.5 室内消防给水系统由生活、生产给水系统管网直接供水时,应在引入管处设置倒流防止器。当消防给水系统采用有空气隔断的倒流防止器时,该倒流防止器应设置在清洁卫生的场所,其排水口应采取防止被水淹没的技术措施。

8.3.6 在寒冷、严寒地区,室外阀门井应采取防冻措施。

8.3.7 消防给水系统的室内外消火栓、阀门等设置位置,应设置永久性固定标识。

9 消防排水

9.1 一般规定

9.1.1 设有消防给水系统的建设工程宜采取消防排水措施。

9.1.2 排水措施应满足财产和消防设施安全,以及系统调试和日常维护管理等安全和功能的需要。

9.2 消防排水

9.2.1 下列建筑物和场所应采取消防排水措施:

1 消防水泵房;

2 设有消防给水系统的地下室;

3 消防电梯的井底;

4 仓库。

9.2.2 室内消防排水应符合下列规定:

1 室内消防排水宜排入室外雨水管道;

2 当存有少量可燃液体时,排水管道应设置水封,并宜间接排入室外污水管道;

3 地下室的消防排水设施宜与地下室其他地面废水排水设施共用。

9.2.3 消防电梯的井底排水设施应符合下列规定:

1 排水泵集水井的有效容量不应小于 2.00m³;

2 排水泵的排水量不应小于 10L/s。

9.2.4 室内消防排水设施应采取防止倒灌的技术措施。

9.3 测试排水

9.3.1 消防给水系统试验装置处应设置专用排水设施,排水管径应符合下列规定:

1 自动喷水灭火系统等自动水灭火系统末端试水装置处的排水立管管径,应根据末端试水装置的泄流量确定,并不宜小于 DN75;

2 报警阀处的排水立管宜为 DN100;

3 减压阀处的压力试验排水管道直径应根据减压阀流量确定,但不应小于 DN100。

9.3.2 试验排水可回收部分宜排入专用消防水池循环再利用。

10 水力计算

10.1 水力计算

10.1.1 消防给水的设计压力应满足所服务的各种水灭火系统最不利点处水灭火设施的压力要求。

10.1.2 消防给水管道单位长度管道沿程水头损失应根据管材、水力条件等因素选择,可按下列公式计算:

1 消防给水管道或室外塑料管可采用下列公式计算:

$$i = 10^{-6} \frac{\lambda}{d_i} \frac{\rho v^2}{2} \quad (10.1.2-1)$$

$$\frac{1}{\sqrt{\lambda}} = -2.0 \log \left(\frac{2.51}{Re\sqrt{\lambda}} + \frac{\varepsilon}{3.71 d_i} \right) \quad (10.1.2-2)$$

$$Re = \frac{v d_i \rho}{\mu} \quad (10.1.2-3)$$

$$\mu = \rho v \quad (10.1.2-4)$$

$$v = \frac{1.775 \times 10^{-6}}{1 + 0.0337T + 0.000221T^2} \quad (10.1.2-5)$$

式中:i——单位长度管道沿程水头损失(MPa/m);

d_i——管道的内径(m);

v——管道内水的平均流速(m/s);

ρ——水的密度(kg/m³);

λ——沿程损失阻力系数;

ε——当量粗糙度,可按表 10.1.2 取值(m);

Re——雷诺数,无量纲;

μ——水的动力黏滞系数(Pa/s);

v——水的运动黏滞系数(m²/s);

T——水的温度,宜取 10℃。

2 内衬水泥砂浆球墨铸铁管可按下列公式计算:

$$i = 10^{-2} \frac{v^2}{C_v^2 R} \quad (10.1.2-6)$$

$$C_v = \frac{1}{n_t} R^y \quad (10.1.2-7)$$

$0.1 \leqslant R \leqslant 3.0$ 且 $0.011 \leqslant n_t \leqslant 0.040$ 时,

$$y = 2.5\sqrt{n_t} - 0.13 - 0.75\sqrt{R}(\sqrt{n_t} - 0.1) \quad (10.1.2-8)$$

式中:R——水力半径(m);

C_v——流速系数;

n_t——管道粗糙系数,可按表 10.1.2 取值;

y——系数,管道计算时可取 $\frac{1}{6}$。

3 室内外输配水管道可按下式计算:

$$i = 2.9660 \times 10^{-7} \left[\frac{q^{1.852}}{C^{1.852} d_i^{4.87}} \right] \quad (10.1.2-9)$$

式中:C——海澄-威廉系数,可按表 10.1.2 取值;

q——管段消防给水设计流量(L/s)。

表 10.1.2 各种管道水头损失计算参数 ε、n_t、C

管材名称	当量粗糙度 ε(m)	管道粗糙系数 n_t	海澄-威廉系数 C
球墨铸铁管(内衬水泥)	0.0001	0.011~0.012	130
钢管(旧)	0.0005~0.001	0.014~0.018	100
镀锌钢管	0.00015	0.014	120
铜管/不锈钢管	0.00001	—	140
钢丝网骨架 PE 塑料管	0.000010~0.00003	—	140

10.1.3 管道速度压力可按下式计算:

$$P_v = 8.11 \times 10^{-10} \frac{q^2}{d_i^4} \quad (10.1.3)$$

式中：P_v——管道速度压力（MPa）。

10.1.4 管道压力可按下式计算：

$$P_n = P_t - P_v \qquad (10.1.4)$$

式中：P_n——管道某一点处压力（MPa）；

P_t——管道某一点处总压力（MPa）。

10.1.5 管道沿程水头损失宜按下式计算：

$$P_f = iL \qquad (10.1.5)$$

式中：P_f——管道沿程水头损失（MPa）；

L——管道直线段的长度（m）。

10.1.6 管道局部水头损失宜按下式计算。当资料不全时，局部水头损失可按根据管道沿程水头损失的10%～30%估算，消防给水干管和室内消火栓可按10%～20%计，自动喷水等支管较多时可按30%计。

$$P_p = iL_p \qquad (10.1.6)$$

式中：P_p——管件和阀门等局部水头损失（MPa）；

L_p——管件和阀门等当量长度，可按表10.1.6-1取值（m）。

表10.1.6-1 管件和阀门当量长度（m）

管件名称	管件直径DN(mm)											
	25	32	40	50	70	80	100	125	150	200	250	300
45°弯头	0.3	0.3	0.6	0.6	0.9	0.9	1.2	1.5	2.1	2.7	3.3	4.0
90°弯头	0.6	0.9	1.2	1.5	1.8	2.1	3.1	3.7	4.3	5.5	5.5	8.2
三通四通	1.5	1.8	2.4	3.1	3.7	4.6	6.1	7.6	9.2	10.7	15.3	18.3
蝶阀	—	—	—	1.8	2.1	2.1	3.7	2.7	3.1	4.6	5.8	6.4
闸阀	—	—	—	0.3	0.4	0.4	0.6	0.6	0.9	1.2	1.5	1.8
止回阀	1.5	2.1	2.7	3.4	4.3	4.9	6.7	8.3	9.8	13.7	16.8	19.8
异径弯头	32	40	50	70	80	100	125	150	200	—	—	—
	25	32	40	50	70	80	100	125	150	—	—	—
	0.2	0.3	0.4	0.5	0.6	0.8	1.1	1.3	1.6	—	—	—

续表10.1.6-1

管件名称	管件直径DN(mm)											
	25	32	40	50	70	80	100	125	150	200	250	300
U型过滤器	12.3	15.4	18.5	24.5	30.8	36.8	49	61.2	73.5	98	122.5	—
Y型过滤器	11.2	14	16.8	22.4	28	33.6	46.2	57.4	68.6	91	113.4	—

注：1 当异径接头的出口直径不变而入口直径提高Ⅰ级时，其当量长度应增大0.5倍；提高2级或2级以上时，其当量长度应增加1.0倍。

2 表中当量长度是在海澄威廉系数C=120的条件下测得，当选择的管材不同时，当量长度应根据下列系数调整：C=100，k_1=0.713；C=120，k_1=1.0；C=130，k_1=1.16；C=140，k_1=1.33；C=150，k_1=1.51。

3 表中没有提供管件和阀门当量长度时，可按表10.1.6-2提供的参数经计算确定。

表10.1.6-2 各种管件和阀门的当量长度折算系数

管件或阀门名称	折算系数（L_p/d_i）
45°弯头	16
90°弯头	30
三通四通	60
蝶阀	30
闸阀	13
止回阀	70～140
异径弯头	10
U型过滤器	500
Y型过滤器	410

10.1.7 消防水泵或消防给水所需要的设计扬程或设计压力，宜按下式计算：

$$P = k_2(\sum P_f + \sum P_p) + 0.01H + P_0 \qquad (10.1.7)$$

式中：P——消防水泵或消防给水系统所需要的设计扬程或设计压力（MPa）；

k_2——安全系数，可取1.20～1.40；宜根据管道的复杂程度和不可预见发生的管道变更所带来的不确定性；

H——当消防水泵从消防水池吸水时，H为最低有效水位至最不利水灭火设施的几何高差；当消防水泵从市政给水管网直接吸水时，H为火灾时市政给水管网在消防水泵入口处的设计压力值的高程至最不利水灭火设施的几何高差（m）；

P_0——最不利点水灭火设施所需的设计压力（MPa）。

10.1.8 市政给水管网直接向消防给水系统供水时，消防给水入户引入管的工作压力应根据市政供水公司确定值进行复核计算。

10.1.9 消火栓系统管网的水力计算应符合下列规定：

1 室外消火栓系统的管网在水力计算时不应简化，应根据枝状或事故状态下环状管网进行水力计算；

2 室内消火栓系统管网在水力计算时，可简化为枝状管网。

室内消火栓系统的竖管流量应按本规范第8.1.6条第1款规定可关闭竖管数量最大时，剩余一组最不利的竖管确定该组竖管中每根竖管平均分摊室内消火栓设计流量，且不应小于本规范表3.5.2规定的竖管流量。

室内消火栓系统供水横干管的流量应为室内消火栓设计流量。

10.2 消 火 栓

10.2.1 室内消火栓的保护半径可按下式计算：

$$R_0 = k_3 L_d + L_s \qquad (10.2.1)$$

式中：R_0——消火栓保护半径（m）；

k_3——消防水带弯曲折减系数，宜根据消防水带转弯数量取0.8～0.9；

L_d——消防水带长度（m）；

L_s——水枪充实水柱长度在平面上的投影长度。按水枪倾角为45°时计算，取$0.71S_k$（m）；

S_k——水枪充实水柱长度，按本规范第7.4.12条第2款和第7.4.16条第2款的规定取值（m）。

10.3 减 压 计 算

10.3.1 减压孔板应符合下列规定：

1 应设在直径不小于50mm的水平直管段上，前后管段的长度均不宜小于该管段直径的5倍；

2 孔口直径不应小于设置管段直径的30%，且不应小于20mm；

3 应采用不锈钢板材制作。

10.3.2 节流管应符合下列规定：

1 直径宜按上游管段直径的1/2确定；

2 长度不宜小于1m；

3 节流管内水的平均流速不应大于20m/s。

10.3.3 减压孔板的水头损失，应按下列公式计算：

$$H_k = 0.01\zeta_1 \frac{V_k^2}{2g} \qquad (10.3.3\text{-}1)$$

$$\zeta_1 = \left(1.75 \frac{d_i^2}{d_k^2} \cdot \frac{1.1 - \frac{d_k^2}{d_i^2}}{1.175 - \frac{d_k^2}{d_i^2}} - 1 \right)^2 \qquad (10.3.3\text{-}2)$$

式中：H_k——减压孔板的水头损失（MPa）；

V_k——减压孔板后管道内水的平均流速（m/s）；

g——重力加速度（m/s²）；

ζ_1——减压孔板的局部阻力系数，也可按表10.3.3取值；

d_k——减压孔板孔口的计算内径：取值应按减压孔板孔口直径减1mm确定（m）；

d_j——管道的内径(m)。

表 10.3.3 减压孔板局部阻力系数

d_k/d_j	0.3	0.4	0.5	0.6	0.7	0.8
ζ_1	292	83.3	29.5	11.7	4.75	1.83

10.3.4 节流管的水头损失,应按下式计算:

$$H_g = 0.01\zeta_2\frac{V_g^2}{2g} + 0.0000107\frac{V_g^2}{d_g^{1.3}}L_j \quad (10.3.4)$$

式中:H_g——节流管的水头损失(MPa);

ζ_2——节流管中渐缩管与渐扩管的局部阻力系数之和,取值0.7;

V_g——节流管内水的平均流速(m/s);

d_g——节流管的计算内径,取值应按节流管内径减1mm确定(m);

L_j——节流管的长度(m)。

10.3.5 减压阀的水头损失计算应符合下列规定:

1 应根据产品技术参数确定;当无资料时,减压阀阀前后静压与动压差应按不小于0.10MPa计算;

2 减压阀串联减压时,应计算第一级减压阀的水头损失对第二级减压阀出水动压的影响。

11 控制与操作

11.0.1 消防水泵控制柜应设置在消防水泵房或专用消防水泵控制室内,并应符合下列要求:

1 消防水泵控制柜在平时应使消防水泵处于自动启泵状态;

2 当自动水灭火系统为开式系统,且设置自动启动确有困难时,经论证后消防水泵可设置在手动启动状态,并应确保24h有人工值班。

11.0.2 消防水泵不应设置自动停泵的控制功能,停泵应由具有管理权限的工作人员根据火灾扑救情况确定。

11.0.3 消防水泵应确保从接到启泵信号到水泵正常运转的自动启动时间不应大于2min。

11.0.4 消防水泵应由消防水泵出水干管上设置的压力开关、高位消防水箱出水管上的流量开关,或报警阀压力开关等开关信号直接自动启动消防水泵。消防水泵房内的压力开关宜引入消防水泵控制柜内。

11.0.5 消防水泵应能手动启停和自动启动。

11.0.6 稳压泵应由消防给水管网或气压水罐上设置的稳压泵自动启停泵压力开关或压力变送器控制。

11.0.7 消防控制室或值班室,应具有下列控制和显示功能:

1 消防控制柜或控制盘应设置专用线路连接的手动直接启泵按钮;

2 消防控制柜或控制盘应能显示消防水泵和稳压泵的运行状态;

3 消防控制柜或控制盘应能显示消防水池、高位消防水箱等水源的高水位、低水位报警信号,以及正常水位。

11.0.8 消防水泵、稳压泵应设置就地强制启停泵按钮,并应有保护装置。

11.0.9 消防水泵控制柜设置在专用消防水泵控制室时,其防护等级不应低于IP30;与消防水泵设置在同一空间时,其防护等级不应低于IP55。

11.0.10 消防水泵控制柜应采取防止被水淹没的措施。在高温潮湿环境下,消防水泵控制柜内应设置自动防潮除湿的装置。

11.0.11 当消防给水分区供水采用转输消防水泵时,转输泵宜在消防水泵启动后再启动;当消防给水分区供水采用串联消防水泵时,上区消防水泵宜在下区消防水泵启动后再启动。

11.0.12 消防水泵控制柜应设置机械应急启泵功能,并应保证在控制柜内的控制线路发生故障时由有管理权限的人员在紧急时启动消防水泵。机械应急启动时,应确保消防水泵在报警后5.0min内正常工作。

11.0.13 消防水泵控制柜前面板的明显部位应设置紧急时打开柜门的装置。

11.0.14 火灾时消防水泵应工频运行,消防水泵应工频直接启泵;当功率较大时,宜采用星三角和自耦降压变压器启动,不宜采用有源器件启动。

消防水泵准工作状态的自动巡检应采用变频运行,定期人工巡检应工频满负荷运行并出流。

11.0.15 当工频启动消防水泵时,从接通电路到水泵达到额定转速的时间不宜大于表11.0.15的规定值。

表 11.0.15 工频泵启动时间

配用电机功率(kW)	≤132	>132
消防水泵直接启动时间(s)	<30	<55

11.0.16 电动驱动消防水泵自动巡检时,巡检功能应符合下列规定:

1 巡检周期不宜大于7d,且应能按需要任意设定;

2 以低频交流电源逐台驱动消防水泵,使每台消防水泵低速转动的时间不应少于2min;

3 对消防水泵控制柜一次回路中的主要低压器件宜有巡检功能,并应检查器件的动作状态;

4 当有启泵信号时,应立即退出巡检,进入工作状态;

5 发现故障时,应有声光报警,并应有记录和储存功能;

6 自动巡检时,应设置电源自动切换功能的检查。

11.0.17 消防水泵的双电源切换应符合下列规定:

1 双路电源自动切换时间不应大于2s;

2 当一路电源与内燃机动力的切换时间不应大于15s。

11.0.18 消防水泵控制柜应有显示消防水泵工作状态和故障状态的输出端子及远程控制消防水泵启动的输入端子。控制柜应具有自动巡检可调、显示巡检状态和信号等功能,且对话界面应有汉语语言,图标应便于识别和操作。

11.0.19 消火栓按钮不宜作为直接启动消防水泵的开关,但可作为发出报警信号的开关或启动干式消火栓系统的快速启闭装置等。

12 施 工

12.1 一般规定

12.1.1 消防给水及消火栓系统的施工必须由具有相应等级资质的施工队伍承担。

12.1.2 消防给水及消火栓系统分部工程、子分部工程、分项工程,宜按本规范附录 A 划分。

12.1.3 系统施工应按设计要求编制施工方案或施工组织设计。施工现场应具有相应的施工技术标准、施工质量管理体系和工程质量检验制度,并应按本规范附录 B 的要求填写有关记录。

12.1.4 消防给水及消火栓系统施工前应具备下列条件:

1 施工图应经国家相关机构审查审核批准或备案后再施工;

2 平面图、系统图(展开系统原理图)、详图等图纸及说明书、设备表、材料表等技术文件应齐全;

3 设计单位应向施工、建设、监理单位进行技术交底;

4 系统主要设备、组件、管材管件及其他设备、材料,应能保证正常施工;

5 施工现场及施工中使用的水、电、气应满足施工要求。

12.1.5 消防给水及消火栓系统工程的施工,应按批准的工程设计文件和施工技术标准进行施工。

12.1.6 消防给水及消火栓系统工程的施工过程质量控制,应按下列规定进行:

1 应校对审核图纸复核是否同施工现场一致;

2 各工序应按施工技术标准进行质量控制,每道工序完成后,应进行检查,并应检查合格后再进行下道工序;

3 相关各专业工种之间应进行交接检验,并应经监理工程师签证后再进行下道工序;

4 安装工程完工后,施工单位应按相关专业调试规定进行调试;

5 调试完工后,施工单位应向建设单位提供质量控制资料和各类施工过程质量检查记录;

6 施工过程质量检查组织应由监理工程师组织施工单位人员组成;

7 施工过程质量检查记录应按本规范表 C.0.1 的要求填写。

12.1.7 消防给水及消火栓系统质量控制资料应按本规范附录 D 的要求填写。

12.1.8 分部工程质量验收应由建设单位组织施工、监理和设计等单位相关人员进行,并应按本规范附录 E 的要求填写消防给水及消火栓系统工程验收记录。

12.1.9 当建筑物仅设有消防软管卷盘或轻便水龙和 DN25 消火栓时,其施工验收维护管理等应符合现行国家标准《建筑给水排水及采暖工程施工质量验收规范》GB 50242 的有关规定。

12.2 进场检验

12.2.1 消防给水及消火栓系统施工前应对采用的主要设备、系统组件、管材管件及其他设备、材料进行进场检查,并应符合下列要求:

1 主要设备、系统组件、管材管件及其他设备、材料,应符合国家现行相关产品标准的规定,并应具有出厂合格证或质量认证书;

2 消防水泵、消火栓、消防水带、消防水枪、消防软管卷盘或轻便水龙、报警阀组、电动(磁)阀、压力开关、流量开关、消防水泵接合器、沟槽连接件等系统主要设备和组件,应经国家消防产品质量监督检验中心检测合格;

3 稳压泵、气压水罐、消防水箱、自动排气阀、信号阀、止回

阀、安全阀、减压阀、倒流防止器、蝶阀、闸阀、流量计、压力表、水位计等,应经相应国家产品质量监督检验中心检测合格;

4 气压水罐、组合式消防水池、屋顶消防水箱、地下水取水和地表水取水设施,以及其附件等,应符合国家现行相关产品标准的规定。

检查数量:全数检查。

检查方法:检查相关资料。

12.2.2 消防水泵和稳压泵的检验应符合下列要求:

1 消防水泵和稳压泵的流量、压力和电机功率应满足设计要求;

2 消防水泵产品质量应符合现行国家标准《消防泵》GB 6245、《离心泵技术条件(Ⅰ)类》GB/T 16907 或《离心泵技术条件(Ⅱ类)》GB/T 5656 的有关规定;

3 稳压泵产品质量应符合现行国家标准《离心泵技术条件(Ⅱ类)》GB/T 5656 的有关规定;

4 消防水泵和稳压泵的电机功率应满足水泵全性能曲线运行的要求;

5 泵及电机的外观表面不应有碰损,轴心不应有偏心。

检查数量:全数检查。

检查方法:直观检查和查验认证文件。

12.2.3 消火栓的现场检验应符合下列要求:

1 室外消火栓应符合现行国家标准《室外消火栓》GB 4452 的性能和质量要求;

2 室内消火栓应符合现行国家标准《室内消火栓》GB 3445 的性能和质量要求;

3 消防水带应符合现行国家标准《消防水带》GB 6246 的性能和质量要求;

4 消防水枪应符合现行国家标准《消防水枪》GB 8181 的性能和质量要求;

5 消火栓、消防水带、消防水枪的商标、制造厂等标志应齐全;

6 消火栓、消防水带、消防水枪的型号、规格等技术参数应符合设计要求;

7 消火栓外观应无加工缺陷和机械损伤;铸件表面应无结疤、毛刺、裂纹和缩孔等缺陷;铸铁阀体外部应涂红色油漆,内表面应涂防锈漆,手轮应涂黑色油漆;外部漆膜应光滑、平整、色泽一致,应无气泡、流痕、皱纹等缺陷,并应无明显碰、划伤现象;

8 消火栓螺纹密封面应无伤痕、毛刺、缺丝或断丝现象;

9 消火栓的螺纹出水口和快速连接卡扣应无缺陷和机械损伤,并应能满足使用功能的要求;

10 消火栓阀杆升降或开启应平稳、灵活,不应有卡涩和松动现象;

11 旋转型消火栓其内部构造应合理,转动部件应为铜或不锈钢,并应保证旋转可靠、无卡涩和漏水现象;

12 减压稳压消火栓应保证可靠、无堵塞现象;

13 活动部件应转动灵活,材料应耐腐蚀,不应卡涩或脱扣;

14 消火栓固定接口应进行密封性能试验,应以无渗漏、无损伤为合格。试验数量宜从每批中抽查 1%,但不应少于 5 个,应缓慢而均匀地升压 1.6MPa,应保压 2min。当两个及两个以上不合格时,不应使用该批消火栓。当仅有 1 个不合格时,应再抽查 2%,但不应少于 10 个,并应重新进行密封性能试验;当仍有不合格时,亦不应使用该批消火栓;

15 消防水带的织物层应编织得均匀,表面应整洁,应无跳双经、断双经、跳纬及划伤,衬里(或覆盖层)的厚度应均匀,表面应光滑平整、无折皱或其他缺陷;

16 消防水枪的外观质量应符合本条第 4 款的有关规定,消防水枪的进出口口径应满足设计要求;

17 消火栓箱应符合现行国家标准《消火栓箱》GB 14561 的性能和质量要求;

18 消防软管卷盘和轻便水龙应符合现行国家标准《消防软管卷盘》GB 15090 和现行行业标准《轻便消防水龙》GA 180 的性能和质量要求。

外观和一般检查数量：全数检查。

检查方法：直观和尺量检查。

性能检查数量：抽查符合本条第 14 款的规定。

检查方法：直观检查及在专用试验装置上测试，主要测试设备有试压泵、压力表、秒表。

12.2.4 消防炮、洒水喷头、泡沫产生装置、泡沫比例混合装置、泡沫液压力储罐和泡沫喷头等水灭火系统的专用组件的进场检查，应符合现行国家标准《自动喷水灭火系统施工及验收规范》GB 50261、《泡沫灭火系统施工及验收规范》GB 50281 等的有关规定。

12.2.5 管材、管件应进行现场外观检查，并应符合下列要求：

1 镀锌钢管应为内外壁热镀锌钢管，钢管内外表面的镀锌层不应有脱落、锈蚀等现象，球墨铸铁管球墨铸铁内涂水泥层和外涂防腐涂层不应脱落，不应有锈蚀等现象，钢丝网骨架塑料复合管管道壁厚度均匀，内外壁应无划痕，各种管材管件应符合表 12.2.5 所列相应标准；

表 12.2.5　消防给水管材及管件标准

序号	国家现行标准	管材及管件
1	《低压流体输送用焊接钢管》GB/T 3091	低压流体输送用镀锌焊接钢管
2	《输送流体用无缝钢管》GB/T 8163	输送流体用无缝钢管
3	《柔性机械接口灰口铸铁管》GB/T 6483	柔性机械接口铸铁管和管件
4	《水及燃气管道用球墨铸铁管、管件和附件》GB/T 13295	离心铸造球墨铸铁管和管件
5	《流体输送用不锈钢无缝钢管》GB/T 14976	流体输送用不锈钢无缝钢管
6	《自动喷水灭火系统　第 11 部分：沟槽式管接件》GB 5135.11	沟槽式管接件
7	《钢丝网骨架塑料（聚乙烯）复合管》CJ/T 189	钢丝网骨架塑料（PE）复合管

2 表面应无裂纹、缩孔、夹渣、折叠和重皮；

3 管材管件不应有妨碍使用的凹凸不平的缺陷，其尺寸公差应符合本规范表 12.2.5 的规定；

4 螺纹密封面应完整、无损伤、无毛刺；

5 非金属密封垫片应质地柔韧，无老化变质或分层现象，表面应无折损、皱纹等缺陷；

6 法兰密封面应完整光洁，不应有毛刺及径向沟槽；螺纹法兰的螺纹应完整、无损伤；

7 不圆度应符合本规范表 12.2.5 的规定；

8 球墨铸铁管承口的内工作面和插口的外工作面应光滑、轮廓清晰，不应有影响接口密封性的缺陷；

9 钢丝网骨架塑料（PE）复合管内外壁应光滑、无划痕，钢丝骨料与塑料应黏结牢固等。

检查数量：全数检查。

检查方法：直观和尺量检查。

12.2.6 阀门及其附件的现场检验应符合下列要求：

1 阀门的商标、型号、规格等标志应齐全，阀门的型号、规格应符合设计要求；

2 阀门及其附件应配备齐全，不应有加工缺陷和机械损伤；

3 报警阀和水力警铃的现场检验，应符合现行国家标准《自动喷水灭火系统施工及验收规范》GB 50261 的有关规定；

4 闸阀、截止阀、球阀、蝶阀和信号阀等通用阀门，应符合现行国家标准《通用阀门　压力试验》GB/T 13927 和《自动喷水灭火系统　第 6 部分：通用阀门》GB 5135.6 等的有关规定；

5 消防水泵接合器应符合现行国家标准《消防水泵接合器》GB 3446 的性能和质量要求；

6 自动排气阀、减压阀、泄压阀、止回阀等阀门性能，应符合现行国家标准《通用阀门　压力试验》GB/T 13927、《自动喷水灭火系统　第 6 部分：通用阀门》GB 5135.6、《压力释放装置　性能试验规范》GB/T 12242、《减压阀　性能试验方法》GB/T 12245、《安全阀　一般要求》GB/T 12241、《阀门的检验与试验》JB/T 9092 等的有关规定；

7 阀门应有清晰的铭牌、安全操作指示标志、产品说明书和水流方向的永久性标志。

检查数量：全数检查。

检查方法：直观检查及在专用试验装置上测试，主要测试设备有试压泵、压力表、秒表。

12.2.7 消防水泵控制柜的检验应符合下列要求：

1 消防水泵控制柜的控制功能应符合本规范第 11 章和设计要求，并应经国家批准的质量监督检验中心检测合格的产品；

2 控制柜柜体应端正，表面应平整，涂层颜色应均匀一致，应无眩光，应符合现行国家标准《高度进制为 20mm 的面板、架和柜的基本尺寸系列》GB/T 3047.1 的有关规定，且控制柜外表面不应有明显的磕碰伤痕和变形掉漆；

3 控制柜面板应设有电源电压、电流、水泵（启）停状况、巡检状况、火警及故障的声光报警等显示；

4 控制柜导线的颜色应符合现行国家标准《电工成套装置中的导线颜色》GB/T 2681 的有关规定；

5 面板上的按钮、开关、指示灯应易于操作和观察且有功能标示，并应符合现行国家标准《电工成套装置中的导线颜色》GB/T 2681 和《电工成套装置中的指示灯和按钮的颜色》GB/T 2682 的有关规定；

6 控制柜内的电器元件及材料的选用，应符合现行国家标准《控制用电磁继电器可靠性试验通则》GB/T 15510 等的有关规定，并应安装合理，其工作位置应符合产品使用说明书的规定；

7 控制柜应按现行国家标准《电工电子产品基本环境试验　第 2 部分：试验方法　试验 A：低温》GB/T 2423.1 的有关规定进行低温实验检测，检测结果不应产生影响正常工作的故障；

8 控制柜应按现行国家标准《电工电子产品基本环境试验　第 2 部分：试验方法　试验 B：高温》GB/T 2423.2 的有关规定进行高温试验检测，检测结果不应产生影响正常工作的故障；

9 控制柜应按现行行业标准《固定消防给水设备的性能要求和试验方法　第 2 部分：消防自动恒压给水设备》GA 30.2 的有关规定进行湿热试验检测，检测结果不应产生影响工作的故障；

10 控制柜应按现行行业标准《固定消防给水设备的性能要求和试验方法　第 2 部分：消防自动恒压给水设备》GA 30.2 的有关规定进行振动试验检测，检测结果柜体结构及内部零部件应完好无损，并不应产生影响正常工作的故障；

11 控制柜温升值应按现行国家标准《低压成套开关设备和控制设备　第 1 部分：型式试验和部分型式试验成套设备》GB/T 7251.1 的有关规定进行试验检测，检测结果不应产生影响正常工作的故障；

12 控制柜中各带电回路之间及带电间隙和爬电距离，应按现行行业标准《固定消防给水设备的性能要求和试验方法　第 2 部分：消防自动恒压给水设备》GA 30.2 的有关规定进行试验检测，检测结果不应产生影响正常工作的故障；

13 金属柜体上应有接地点，且其标志、线号标记、线径应按现行行业标准《固定消防给水设备的性能要求和试验方法　第 2 部分：消防自动恒压给水设备》GA 30.2 的有关规定检测绝缘电阻；控制柜中带电端子与机壳之间的绝缘电阻应大于 20MΩ，电源接线端子与地之间的绝缘电阻应大于 50MΩ；

14 控制柜的介电强度试验应按现行国家标准《电气控制设备》GB/T 3797 的有关规定进行介电强度测试，测试结果应无击穿、无闪络；

15 在控制柜的明显部位应设置标志牌和控制原理图等；

16 设备型号、规格、数量、标牌、线路图纸及说明书、设备表、材料表等技术文件应齐全，并应符合设计要求。

检查数量:全数检查。

检查方法:直观检查和查验认证文件。

12.2.8 压力开关、流量开关、水位显示与控制开关等仪表的进场检验,应符合下列要求:

1 性能规格应满足设计要求;

2 压力开关应符合现行国家标准《自动喷水灭火系统 第10部分:压力开关》GB 5135.10 的性能和质量要求;

3 水位显示与控制开关应符合现行国家标准《水位测量仪器》GB/T 11828 等的有关规定;

4 流量开关应能在管道流速为 0.1m/s～10m/s 时可靠启动,其他性能宜符合现行国家标准《自动喷水灭火系统 第7部分:水流指示器》GB 5135.7 的有关规定;

5 外观完整不应有损伤。

检查数量:全数检查。

检查方法:直观检查和查验认证文件。

12.3 施 工

12.3.1 消防给水及消火栓系统的安装应符合下列要求:

1 消防水泵、消防水箱、消防水池、消防气压给水设备、消防水泵接合器等供水设施及其附属管道安装前,应清除其内部污垢和杂物;

2 消防供水设施应采取安全可靠的防护措施,其安装位置应便于日常操作和维护管理;

3 管道的安装应采用符合管材的施工工艺,管道安装中断时,其敞口处应封闭。

12.3.2 消防水泵的安装应符合下列要求:

1 消防水泵安装前应校核产品合格证,以及其规格、型号和性能与设计要求应一致,并应根据安装使用说明书安装;

2 消防水泵安装前应复核水泵基础混凝土强度、隔振装置、坐标、标高、尺寸和螺栓孔位置;

3 消防水泵的安装应符合现行国家标准《机械设备安装工程施工及验收通用规范》GB 50231 和《风机、压缩机、泵安装工程施工及验收规范》GB 50275 的有关规定;

4 消防水泵安装前应复核消防水泵之间,以及消防水泵与墙或其他设备之间的间距,并应满足安装、运行和维护管理的要求;

5 消防水泵吸水管上的控制阀应在消防水泵固定于基础上后再进行安装,其直径不应小于消防水泵吸水口直径,且不应采用没有可靠锁定装置的控制阀,控制阀应采用沟槽式或法兰式阀门;

6 当消防水泵和消防水池位于独立的两个基础上且相互为刚性连接时,吸水管上应加设柔性连接管;

7 吸水管水平管段上不应有气囊和漏气现象。变径连接时,应采用偏心异径管件并应采用管顶平接;

8 消防水泵出水管上应安装消声止回阀、控制阀和压力表;系统的总出水管上还应安装压力表和压力开关;安装压力表时应加设缓冲装置。压力表和缓冲装置之间应安装旋塞;压力表量程在没有设计要求时,应为系统工作压力的 2 倍～2.5 倍;

9 消防水泵的隔振装置、进出水管柔性接头的安装应符合设计要求,并应有产品说明和安装使用说明。

检查数量:全数检查。

检查方法:核实设计图、核对产品的性能检验报告、直观检查。

12.3.3 天然水源取水口、地下水井、消防水池和消防水箱安装施工,应符合下列要求:

1 天然水源取水口、地下水井、消防水池和消防水箱的水位、出水量、有效容积、安装位置,应符合设计要求;

2 天然水源取水口、地下水井、消防水池和消防水箱的施工和安装,应符合现行国家标准《给水排水构筑物工程施工及验收规范》GB 50141、《供水管井技术规范》GB 50296 和《建筑给水排水及采暖工程施工质量验收规范》GB 50242 的有关规定;

3 消防水池和消防水箱出水管或水泵吸水管应满足最低有效水位出水不掺气的技术要求;

4 安装时池壁与建筑本体结构墙面或其他池壁之间的净距,应满足施工、装配和检修的需要;

5 钢筋混凝土制作的消防水池和消防水箱的进出水等管道应加设防水套管,钢板等制作的消防水池和消防水箱的进出水等管道宜采用法兰连接,对有振动的管道应加设柔性接头。组合式消防水池或消防水箱的进水管、出水管接头宜采用法兰连接,采用其他连接时应做防锈处理;

6 消防水池、消防水箱的溢流管、泄水管不应与生产或生活用水的排水系统直接相连,应采用间接排水方式。

检查数量:全数检查。

检查方法:核实设计图、直观检查。

12.3.4 气压水罐安装应符合下列要求:

1 气压水罐有效容积、气压、水位及设计压力应符合设计要求;

2 气压水罐安装位置和间距、进水管及出水管方向应符合设计要求;出水管上应设止回阀;

3 气压水罐宜有有效水容积指示器。

检查数量:全数检查。

检查方法:核实设计图、核对产品的性能检验报告、直观检查。

12.3.5 稳压泵的安装应符合下列要求:

1 规格、型号、流量和扬程应符合设计要求,并应有产品合格证和安装使用说明书;

2 稳压泵的安装应符合现行国家标准《机械设备安装工程施工及验收通用规范》GB 50231 和《风机、压缩机、泵安装工程施工及验收规范》GB 50275 的有关规定。

检查数量:全数检查。

检查方法:尺量和直观检查。

12.3.6 消防水泵接合器的安装应符合下列规定:

1 消防水泵接合器的安装,应按接口、本体、连接管、止回阀、安全阀、放空管、控制阀的顺序进行,止回阀的安装方向应使消防用水能从消防水泵接合器进入系统,整体式消防水泵接合器的安装,应按其使用安装说明书进行;

2 消防水泵接合器的设置位置应符合设计要求;

3 消防水泵接合器永久性固定标志应能识别其所对应的消防给水系统或水灭火系统,当有分区时应有分区标识;

4 地下消防水泵接合器应采用铸有"消防水泵接合器"标志的铸铁井盖,并应在其附近设置指示其位置的永久性固定标志;

5 墙壁消防水泵接合器的安装应符合设计要求。设计无要求时,其安装高度距地面宜为 0.7m;与墙面上的门、窗、孔、洞的净距离不应小于 2.0m,且不应安装在玻璃幕墙下方;

6 地下消防水泵接合器的安装,应使进水口与井盖底面的距离不大于 0.4m,且不应小于井盖的半径;

7 消火栓水泵接合器与消防通道之间不应设有妨碍消防车加压供水的障碍物;

8 地下消防水泵接合器井的砌筑应有防水和排水措施。

检查数量:全数检查。

检查方法:核实设计图、核对产品的性能检验报告、直观检查。

12.3.7 市政和室外消火栓的安装应符合下列规定:

1 市政和室外消火栓的选型、规格应符合设计要求;

2 管道和阀门的施工和安装,应符合现行国家标准《给水排水管道工程施工及验收规范》GB 50268、《建筑给水排水及采暖工程施工质量验收规范》GB 50242 的有关规定;

3 地下式消火栓顶部进水口或顶部出水口应正对井口。顶部进水口或顶部出水口与消防井盖底面的距离不应大于 0.4m,井内应有足够的操作空间,并应做好防水措施;

4 地下式室外消火栓应设置永久性固定标志;

5 当室外消火栓安装部位火灾时存在可能落物危险时,上方应采取防坠落物撞击的措施;

6 市政和室外消火栓安装位置应符合设计要求,且不应妨碍交通,在易碰撞的地点应设置防撞设施。

检查数量:按数量抽查 30%,但不应小于 10 个。

检查方法:核实设计图、核对产品的性能检验报告、直观检查。

12.3.8 市政消防水鹤的安装应符合下列规定:

1 市政消防水鹤的选型、规格应符合设计要求;

2 管道和阀门的施工和安装,应符合现行国家标准《给水排水管道工程施工及验收规范》GB 50268、《建筑给水排水及采暖工程施工质量验收规范》GB 50242 的有关规定;

3 市政消防水鹤的安装空间应满足使用要求,并不应妨碍市政道路和人行道的畅通。

检查数量:全数检查。

检查方法:核实设计图、核对产品的性能检验报告、直观检查。

12.3.9 室内消火栓及消防软管卷盘或轻便水龙的安装应符合下列规定:

1 室内消火栓及消防软管卷盘和轻便水龙的选型、规格应符合设计要求;

2 同一建筑物内设置的消火栓、消防软管卷盘和轻便水龙应采用统一规格的栓口、消防水枪和水带及配件;

3 试验用消火栓栓口处应设置压力表;

4 当消火栓设置减压装置时,应检查减压装置符合设计要求,且安装时应有防止砂石等杂物进入栓口的措施;

5 室内消火栓及消防软管卷盘和轻便水龙应设置明显的永久性固定标志,当室内消火栓因美观要求需要隐蔽安装时,应有明显的标志,并应便于开启使用;

6 消火栓栓口出水方向宜向下或与设置消火栓的墙面成90°角,栓口不应安装在门轴侧;

7 消火栓栓口中心距地面应为 1.1m,特殊地点的高度可特殊对待,允许偏差±20mm。

检查数量:按数量抽查 30%,但不应小于 10 个。

检验方法:核实设计图、核对产品的性能检验报告、直观检查。

12.3.10 消火栓箱的安装应符合下列规定:

1 消火栓的启闭阀门设置位置应便于操作使用,阀门的中心距箱侧面应为 140mm,距箱后内表面应为 100mm,允许偏差±5mm;

2 室内消火栓箱的安装应平正、牢固,暗装的消火栓箱不应破坏隔墙的耐火性能;

3 箱体安装的垂直度允许偏差为±3mm;

4 消火栓箱门的开启不应小于 120°;

5 安装消火栓水龙带,水龙带与消防水枪和快速接头绑扎好后,应根据箱内构造将水龙带放置;

6 双向开门消火栓箱应有耐火等级应符合设计要求,当设计没有要求时应至少满足 1h 耐火极限的要求;

7 消火栓箱门上应用红色字体注明"消火栓"字样。

检查数量:按数量抽查 30%,但不应小于 10 个。

检验方法:直观和尺量检查。

12.3.11 当管道采用螺纹、法兰、承插、卡压等方式连接时,应符合下列要求:

1 采用螺纹连接时,热浸镀锌钢管的管件宜采用现行国家标准《可锻铸铁管路连接件》GB 3287、《可锻铸铁管路连接件验收规则》GB 3288、《可锻铸铁管路连接件型式尺寸》GB 3289 的有关规定,热浸镀锌无缝钢管的管件宜采用现行国家标准《锻钢制螺纹管件》GB/T 14626 的有关规定;

2 螺纹连接时螺纹应符合现行国家标准《55°密封管螺纹 第 2 部分:圆锥内螺纹与圆锥外螺纹》GB 7306.2 的有关规定,宜采用密封胶带作为螺纹接口的密封,密封带应在阳螺纹上施加;

3 法兰连接时法兰的密封面形式和压力等级应与消防给水系统技术要求相符合;法兰类型宜根据连接形式采用平焊法兰、对焊法兰和螺纹法兰等,法兰选择应符合现行国家标准《钢制管法兰 类型与参数》GB 9112、《整体钢制管法兰》GB/T 9113、《钢制对焊无缝管件》GB/T 12459 和《管法兰用聚四氟乙烯包覆垫片》GB/T 13404 的有关规定;

4 当热浸镀锌钢管采用法兰连接时应选用螺纹法兰,当必须焊接连接时,法兰焊接应符合现行国家标准《现场设备、工业管道焊接工程施工规范》GB 50236 和《工业金属管道工程施工规范》GB 50235 的有关规定;

5 球墨铸铁管承插连接时,应符合现行国家标准《给水排水管道工程施工及验收规范》GB 50268 的有关规定;

6 钢丝网骨架塑料复合管施工安装除应符合本规范的有关规定外,还应符合现行行业标准《埋地聚乙烯给水管道工程技术规程》CJJ101 的有关规定;

7 管径大于 DN50 的管道不应使用螺纹活接头,在管道变径处应采用单体异径接头。

检查数量:按数量抽查 30%,但不应小于 10 个。

检验方法:直观和尺量检查。

12.3.12 沟槽连接件(卡箍)连接应符合下列规定:

1 沟槽式连接件(管接头)、钢管沟槽深度和钢管壁厚等,应符合现行国家标准《自动喷水灭火系统 第 11 部分:沟槽式管接件》GB 5135.11 的有关规定;

2 有振动的场所和埋地管道应采用柔性接头,其他场所宜采用刚性接头,当采用刚性接头时,每隔 4 个~5 个刚性接头应设置一个挠性接头,埋地连接时螺栓和螺母应采用不锈钢件;

3 沟槽式管件连接时,其管道连接沟槽和开孔应用专用滚槽机和开孔机加工,并应做防腐处理;连接前应检查沟槽和孔洞尺寸,加工质量应符合技术要求;沟槽、孔洞处不应有毛刺、破损性裂纹和脏物;

4 沟槽式管件的凸边应卡进沟槽后再紧固螺栓,两边应同时紧固,紧固时发现橡胶圈起皱应更换新橡胶圈;

5 机械三通连接时,应检查机械三通与孔洞的间隙,各部位应均匀,然后再紧固到位,机械三通开孔间距不应小于 1m,机械四通开孔间距不应小于 2m;机械三通、机械四通连接时支管的直径应满足表 12.3.12 的规定,当主管与支管连接不符合表 12.3.12 时应采用沟槽式三通、四通管件连接;

表 12.3.12 机械三通、机械四通连接时支管直径

主管直径 DN		65	80	100	125	150	200	250	300
支管直径 DN	机械三通	40	40	65	80	100	100	100	100
	机械四通	32	32	50	65	80	100	100	100

6 配水干管(立管)与配水管(水平管)连接,应采用沟槽式管件,不应采用机械三通;

7 埋地的沟槽式管件的螺栓、螺帽应做防腐处理。水泵房内的埋地管道连接应采用挠性接头;

8 采用沟槽连接件连接管道变径和转弯时,宜采用沟槽式异径管件和弯头;当需要采用补芯时,三通上可用一个,四通上不应超过二个;公称直径大于 50mm 的管道不宜采用活接头;

9 沟槽连接件应采用三元乙丙橡胶(EDPM)C 型密封胶圈,弹性应良好,应无破损和变形,安装压紧后 C 型密封胶圈中间应有空隙。

检查数量:按数量抽查 30%,不应少于 10 件。

检验方法:直观和尺量检查。

12.3.13 钢丝网骨架塑料复合管材、管件以及管道附件的连接,应符合下列要求:

1 钢丝网骨架塑料复合管材、管件以及管道附件,应采用同一品牌的产品;管道连接宜采用同种牌号级别,且压力等级相同的管材、管件以及管道附件。不同牌号的管材以及管道附件之间的

连接,应经过试验,并应判定连接质量能得到保证后再连接;

2 连接应采用电熔连接或机械连接,电熔连接宜采用电熔承插连接和电熔鞍形连接;机械连接宜采用锁紧型和非锁紧型承插式连接、法兰连接、钢塑过渡连接;

3 钢丝网骨架塑料复合管给水管道与金属管道或金属管道附件的连接,应采用法兰或钢塑过渡接头连接,与直径小于或等于DN50的镀锌管道或内衬塑镀锌管的连接,宜采用锁紧型承插式连接;

4 管道各种连接应采用相应的专用连接工具;

5 钢丝网骨架塑料复合管材、管件与金属管、管道附件的连接,当采用钢制喷塑或球墨铸铁过渡管件时,其过渡管件的压力等级不应低于管材公称压力;

6 在-5℃以下或大风环境条件下进行热熔或电熔连接操作时,应采取保护措施,或调整连接机具的工艺参数;

7 管材、管件以及管道附件存放处与施工现场温差较大时,连接前应将钢丝网骨架塑料复合管管材、管件以及管道附件在施工现场放置一段时间,并应使管材的温度与施工现场的温度相当;

8 管道连接时,管材切割应采用专用割刀或切管工具,切割断面应平整、光滑、无毛刺,且应垂直于管轴线;

9 管道合拢连接的时间宜为常年平均温度,且宜为第二天上午的8时~10时;

10 管道连接后,应及时检查接头外观质量。

检查数量:按数量抽查30%,不应少于10件。

检验方法:直观检查。

12.3.14 钢丝网骨架塑料复合管材、管件电熔连接,应符合下列要求:

1 电熔连接机具输出电流、电压应稳定,并应符合电熔连接工艺要求;

2 电熔连接机具与电熔管件应正确连通,连接时,通电加热的电压和加热时间应符合电熔连接机具和电熔管件生产企业的规定;

3 电熔连接冷却期间,不应移动连接件或在连接件上施加任何外力;

4 电熔承插连接应符合下列规定:

1)测量管件承口长度,并在管材插入端标出插入长度标记,用专用工具刮除插入段表皮;

2)用洁净棉布擦净管材、管件连接面上的污物;

3)将管材插入管件承口内,直至长度标记位置;

4)通电前,应校直两对应的待连接件,使其在同一轴线上,用整圆工具保持管材插入端的圆度。

5 电熔鞍形连接应符合下列规定:

1)电熔鞍形连接应采用机械装置固定干管连接部位的管段,并确保管道的直线度和圆度;

2)干管连接部位上的污物应使用洁净棉布擦净,并用专用工具刮除干管连接部位表皮;

3)通电前,应将电熔鞍形连接管件用机械装置固定在干管连接部位。

检查数量:按数量抽查30%,不应少于10件。

检验方法:直观检查。

12.3.15 钢丝网骨架塑料复合管管材、管件法兰连接应符合下列要求:

1 钢丝网骨架塑料复合管管端法兰盘(背压松套法兰)连接,应先将法兰盘(背压松套法兰)套入待连接的聚乙烯法兰连接件(跟形管端)的端部,再将法兰连接件(跟形管端)平口端与管道按本规范第12.3.13条第2款电熔连接的要求进行连接;

2 两法兰盘上螺孔应对中,法兰面应相互平行,螺孔与螺栓直径应配套,螺栓长短应一致,螺帽应在同一侧;紧固法兰盘上螺栓时应按对称顺序分次均匀紧固,螺栓拧紧后宜伸出螺帽1丝

扣~3丝扣;

3 法兰垫片材质应符合现行国家标准《钢制管法兰 类型与参数》GB 9112和《整体钢制管法兰》GB/T 9113的有关规定,松套法兰表面宜采用喷塑防腐处理;

4 法兰盘应采用钢质法兰盘且应采用磷化镀铬防腐处理。

检查数量:按数量抽查30%,不应少于10件。

检验方法:直观检查。

12.3.16 钢丝网骨架塑料复合管道钢塑过渡接头连接应符合下列要求:

1 钢塑过渡接头的钢丝网骨架塑料复合管端与聚乙烯管道连接,应符合热熔连接或电熔连接的规定;

2 钢塑过渡接头钢管端与金属管道连接应符合相应的钢管焊接、法兰连接或机械连接的规定;

3 钢塑过渡接头钢管端与钢管采用法兰连接,不得采用焊接连接,当必须焊接时,应采取降温措施;

4 公称外径大于或等于dn110的钢丝网骨架塑料复合管与管径大于或等于DN100的金属管连接时,可采用人字形柔性接口配件,配件两端的密封胶圈应分别与聚乙烯管和金属管相配套;

5 钢丝网骨架塑料复合管和金属管、阀门相连接时,规格尺寸应相互配套。

检查数量:按数量抽查30%,不应少于10件。

检验方法:直观检查。

12.3.17 埋地管道的连接方式和基础支墩应符合下列要求:

1 地震烈度在7度及7度以上时宜采用柔性连接的金属管道或钢丝网骨架塑料复合管等;

2 当采用球墨铸铁管时宜采用承插连接;

3 当采用焊接钢管时宜采用法兰和沟槽连接件连接;

4 当采用钢丝网骨架塑料复合管时应采用电熔连接;

5 埋地管道的施工时除符合本规范的有关规定外,还应符合现行国家标准《给水排水管道工程施工及验收规范》GB 50268的有关规定;

6 埋地消防给水管道的基础和支墩应符合设计要求,当设计对支墩没有要求时,应在管道三通或转弯处设置混凝土支墩。

检查数量:全部检查。

检验方法:直观检查。

12.3.18 架空管道应采用热浸镀锌钢管,并宜采用沟槽连接件、螺纹、法兰和卡压等方式连接;架空管道不应安装使用钢丝网骨架塑料复合管等非金属管道。

检查数量:全部检查。

检验方法:直观检查。

12.3.19 架空管道的安装位置应符合设计要求,并应符合下列规定:

1 架空管道的安装不应影响建筑功能的正常使用,不应影响和妨碍通行以及门窗等开启;

2 当设计无要求时,管道的中心线与梁、柱、楼板等的最小距离应符合表12.3.19的规定;

表12.3.19 管道的中心线与梁、柱、楼板等的最小距离

公称直径(mm)	25	32	40	50	70	80	100	125	150	200
距离(mm)	40	40	50	60	70	80	100	125	150	200

3 消防给水管穿过地下室外墙、构筑物墙壁以及屋面等有防水要求处时,应设防水套管;

4 消防给水管穿过建筑物承重墙或基础时,应预留洞口,洞口高度应保证管顶上部净空不小于建筑物的沉降量,不宜小于0.1m,并应填充不透水的弹性材料;

5 消防给水管穿过墙体或楼板时应加设套管,套管长度不应小于墙体厚度,或应高出楼面或地面50mm;套管与管道的间隙应采用不燃材料填塞,管道的接口不应位于套管内;

6 消防给水管必须穿过伸缩缝及沉降缝时,应采用波纹管和

补偿器等技术措施;

    7 消防给水管可能发生冰冻时,应采取防冻技术措施;

    8 通过及敷设在有腐蚀性气体的房间内时,管外壁应刷防腐漆或缠绕防腐材料。

    检查数量:按数量抽查30%,不应少于10件。

    检验方法:尺量检查。

12.3.20 架空管道的支吊架应符合下列规定:

    1 架空管道支架、吊架、防晃或固定支架的安装应固定牢固,其型式、材质及施工应符合设计要求;

    2 设计的吊架在管道的每一支撑点处应能承受5倍于充满水的管重,且管道系统支撑点应支撑整个消防给水系统;

    3 管道支架的支撑点宜设在建筑物的结构上,其结构在管道悬吊点应能承受充水管道重量另加至少114kg的阀门、法兰和接头等附加荷载,充水管道的参考重量可按表12.3.20-1选取;

表12.3.20-1 充水管道的参考重量

公称直径(mm)	25	32	40	50	70	80	100	125	150	200
保温管道(kg/m)	15	18	19	22	27	32	41	54	66	103
不保温管道(kg/m)	5	7	7	9	13	17	22	33	42	73

    注:1 计算管重量按10kg化整,不足20kg按20kg计算;

        2 表中管重不包括阀门重量。

    4 管道支架或吊架的设置间距不应大于表12.3.20-2的要求;

表12.3.20-2 管道支架或吊架的设置间距

管径(mm)	25	32	40	50	70	80
间距(m)	3.5	4.0	4.5	5.0	6.0	6.0
管径(mm)	100	125	150	200	250	300
间距(m)	6.5	7.0	8.0	9.5	11.0	12.0

    5 当管道穿梁安装时,穿梁处宜作为一个吊架;

    6 下列部位应设置固定支架或防晃支架:

        1)配水管宜在中点设一个防晃支架,但当管径小于DN50时可不设;

        2)配水干管及配水管,配水支管的长度超过15m,每15m长度内应至少设1个防晃支架,但当管径不大于DN40可不设;

        3)管径大于DN50的管道拐弯、三通及四通位置处应设1个防晃支架;

        4)防晃支架的强度,应满足管道、配件及管内水的重量再加50%的水平方向推力时不损坏或不产生永久变形;当管道穿梁安装时,管道再用紧固件固定于混凝土结构上,宜可作为1个防晃支架处理。

    检查数量:按数量抽查30%,不应少于10件。

    检验方法:尺量检查。

12.3.21 架空管道每段管道设置的防晃支架不应少于1个;当管道改变方向时,应增设防晃支架;立管应在其始端和终端设防晃支架或采用管卡固定。

    检查数量:按数量抽查30%,不应少于10件。

    检验方法:直观检查。

12.3.22 埋地钢管应做防腐处理,防腐层材质和结构应符合设计要求,并应按现行国家标准《给水排水管道工程施工及验收规范》GB 50268的有关规定施工;室外埋地球墨铸铁给水管要求外壁应刷沥青漆防腐;埋地管道连接用的螺栓、螺母以及垫片等附件应采用防腐蚀材料,或涂覆沥青涂层等防腐涂层;埋地钢丝网骨架塑料复合管不应做防腐处理。

    检查数量:按数量抽查30%,不应少于10件。

    检验方法:放水试验、观察、核对隐蔽工程记录,必要时局部解剖检查。

12.3.23 地震烈度在7度及7度以上时,架空管道保护应符合下列要求:

    1 地震区的消防给水管道宜采用沟槽连接件的柔性接头或间隙保护系统的安全可靠性;

    2 应用支架将管道牢固地固定在建筑上;

    3 管道应有固定部分和活动部分组成;

    4 当系统管道穿越连接地面以上部分建筑物的地震接缝时,无论管径大小,均应设带柔性配件的管道地震保护装置;

    5 所有穿越墙、楼板、平台以及基础的管道,包括泄水管,水泵接合器连接管及其他辅助管道的周围应留有间隙;

    6 管道周围的间隙,DN25~DN80管径的管道,不应小于25mm,DN100及以上管径的管道,不应小于50mm;间隙内应填充防火柔性材料;

    7 竖向支撑应符合下列规定:

        1)系统管道应有承受横向和纵向水平载荷的支撑;

        2)竖向支撑应牢固且同心,支撑的所有部件和配件应在同一直线上;

        3)对供水主管,竖向支撑的间距不应大于24m;

        4)立管的顶部应采用四个方向的支撑固定;

        5)供水主管上的横向固定支架,其间距不应大于12m。

    检查数量:按数量抽查30%,不应少于10件。

    检验方法:直观检查。

12.3.24 架空管道外应刷红色油漆或涂红色环圈标志,并应注明管道名称和水流方向标识。红色环圈标志,宽度不应小于20mm,间隔不宜大于4m,在一个独立的单元内环圈不宜少于2处。

    检查数量:按数量抽查30%,不应少于10件。

    检验方法:直观检查。

12.3.25 消防给水系统阀门的安装应符合下列要求:

    1 各类阀门型号、规格及公称压力应符合设计要求;

    2 阀门的设置应便于安装维修和操作,且安装空间应能满足阀门完全启闭的要求,并应作出标志;

    3 阀门应有明显的启闭标志;

    4 消防给水系统干管与水灭火系统连接处设置独立阀门,并应保证各系统独立使用。

    检查数量:全部检查。

    检验方法:直观检查。

12.3.26 消防给水系统减压阀的安装应符合下列要求:

    1 安装位置处的减压阀的型号、规格、压力、流量应符合设计要求;

    2 减压阀安装应在供水管网试压、冲洗合格后进行;

    3 减压阀水流方向应与供水管网水流方向一致;

    4 减压阀前应有过滤器;

    5 减压阀前后应安装压力表;

    6 减压阀处应有压力试验用排水设施。

    检查数量:全数检查。

    检验方法:核实设计图、核对产品的性能检验报告、直观检查。

12.3.27 控制柜的安装应符合下列要求:

    1 控制柜的基座其水平度误差不大于±2mm,并应做防腐处理及防水措施;

    2 控制柜与基座应采用不小于φ12mm的螺栓固定,每只柜不应少于4只螺栓;

    3 做控制柜的上下进出线口时,不应破坏控制柜的防护等级。

    检查数量:全部检查。

    检验方法:直观检查。

12.4 试压和冲洗

12.4.1 消防给水及消火栓系统试压和冲洗应符合下列要求:

    1 管网安装完毕后,应对其进行强度试验、冲洗和严密性试验；

    2 强度试验和严密性试验宜用水进行。干式消火栓系统应做水压试验和气压试验；

    3 系统试压完成后，应及时拆除所有临时盲板及试验用的管道，并应与记录核对无误，且应按本规范表 C.0.2 的格式填写记录；

    4 管网冲洗应在试压合格后分段进行。冲洗顺序应先室外，后室内；先地下，后地上；室内部分的冲洗应按供水干管、水平管和立管的顺序进行；

    5 系统试压前应具备下列条件：
       1）埋地管道的位置及管道基础、支墩等经复查应符合设计要求；
       2）试压用的压力表不应少于 2 只；精度不应低于 1.5 级，量程应为试验压力值的 1.5 倍～2 倍；
       3）试压冲洗方案已经批准；
       4）对不能参与试压的设备、仪表、阀门及附件应加以隔离或拆除；加设的临时盲板应具有突出于法兰的边耳，且应做明显标志，并记录临时盲板的数量。

    6 系统试压过程中，当出现泄漏时，应停止试压，并应放空管网中的试验介质，消除缺陷后，应重新再试；

    7 管网冲洗宜用水进行。冲洗前，应对系统的仪表采取保护措施；

    8 冲洗前，应对管道防晃支架、支吊架等进行检查，必要时应采取加固措施；

    9 对不能经受冲洗的设备和冲洗后可能存留脏物、杂物的管段，应进行清理；

    10 冲洗管道直径大于 DN100 时，应对其死角和底部进行振动，但不应损伤管道；

    11 管网冲洗合格后，应按本规范表 C.0.3 的要求填写记录；

    12 水压试验和水冲洗宜采用生活用水进行，不应使用海水或含有腐蚀性化学物质的水。

    检查数量：全数检查。

    检查方法：直观检查。

12.4.2 压力管道水压强度试验的试验压力应符合表 12.4.2 的规定。

    检查数量：全数检查。

    检查方法：直观检查。

表 12.4.2 压力管道水压强度试验的试验压力

管材类型	系统工作压力 P（MPa）	试验压力（MPa）
钢管	≤1.0	1.5P，且不应小于 1.4
	>1.0	P+0.4
球墨铸铁管	≤0.5	2P
	>0.5	P+0.5
钢丝网骨架塑料管	P	1.5P，且不应小于 0.8

12.4.3 水压强度试验的测试点应设在系统管网的最低点。对管网注水时，应将管网内的空气排净，并应缓慢升压，达到试验压力后，稳压 30min 后，管网应无泄漏、无变形，且压力降不应大于 0.05MPa。

    检查数量：全数检查。

    检查方法：直观检查。

12.4.4 水压严密性试验应在水压强度试验和管网冲洗合格后进行。试验压力应为系统工作压力，稳压 24h，应无泄漏。

    检查数量：全数检查。

    检查方法：直观检查。

12.4.5 水压试验时环境温度不宜低于 5℃，当低于 5℃ 时，水压试验应采取防冻措施。

检查数量：全数检查。

检查方法：用温度计检查。

12.4.6 消防给水系统的水源干管、进户管和室内埋地管道应在回填前单独或与系统同时进行水压强度试验和水压严密性试验。

    检查数量：全数检查。

    检查方法：观察和检查水压强度试验和水压严密性试验记录。

12.4.7 气压严密性试验的介质宜采用空气或氮气，试验压力应为 0.28MPa，且稳压 24h，压力降不应大于 0.01MPa。

    检查数量：全数检查。

    检查方法：直观检查。

12.4.8 管网冲洗的水流流速、流量不应小于系统设计的水流流速、流量；管网冲洗宜分区、分段进行；水平管网冲洗时，其排水管位置应低于冲洗管网。

    检查数量：全数检查。

    检查方法：使用流量计和直观检查。

12.4.9 管网冲洗的水流方向应与灭火时管网的水流方向一致。

    检查数量：全数检查。

    检查方法：直观检查。

12.4.10 管网冲洗应连续进行。当出口处水的颜色、透明度与入口处水的颜色、透明度基本一致时，冲洗可结束。

    检查数量：全数检查。

    检查方法：直观检查。

12.4.11 管网冲洗宜设临时专用排水管道，其排放应畅通和安全。排水管道的截面面积不应小于被冲洗管道截面面积的 60%。

    检查数量：全数检查。

    检查方法：直观和尺量、试水检查。

12.4.12 管网的地上管道与地下管道连接前，应在管道连接处加设堵头后，对地下管道进行冲洗。

    检查数量：全数检查。

    检查方法：直观检查。

12.4.13 管网冲洗结束后，应将管网内的水排除干净。

    检查数量：全数检查。

    检查方法：直观检查。

12.4.14 干式消火栓系统管网冲洗结束，管网内水排除干净后，宜采用压缩空气吹干。

    检查数量：全数检查。

    检查方法：直观检查。

13 系统调试与验收

13.1 系统调试

13.1.1 消防给水及消火栓系统调试应在系统施工完成后进行,并应具备下列条件:

1 天然水源取水口、地下水井、消防水池、高位消防水池、高位消防水箱等蓄水和供水设施水位、出水量、已储水量等符合设计要求;

2 消防水泵、稳压泵和稳压设施等处于准工作状态;

3 系统供电正常,若柴油机泵油箱应充满油并能正常工作;

4 消防给水系统管网内已经充满水;

5 湿式消火栓系统管网内已充满水,手动干式、干式消火栓系统管网内的气压符合设计要求;

6 系统自动控制处于准工作状态;

7 减压阀和阀门等处于正常工作位置。

13.1.2 系统调试应包括下列内容:

1 水源调试和测试;

2 消防水泵调试;

3 稳压泵或稳压设施调试;

4 减压阀调试;

5 消火栓调试;

6 自动控制探测器调试;

7 干式消火栓系统的报警阀等快速启闭装置调试,并应包含报警阀的附件电动或电磁阀等阀门的调试;

8 排水设施调试;

9 联锁控制试验。

13.1.3 水源调试和测试应符合下列要求:

1 按设计要求核实高位消防水箱、高位消防水池、消防水池的容积,高位消防水池、高位消防水箱设置高度应符合设计要求;消防储水应有不作他用的技术措施。当有江河湖海、水库和水塘等天然水源作为消防水源时应验证其枯水位、洪水位和常水位的流量符合设计要求。地下水井的常水位、出水量等应符合设计要求;

2 消防水泵直接从市政管网吸水时,应测试市政供水的压力和流量能否满足设计要求的流量;

3 应按设计要求核实消防水泵接合器的数量和供水能力,并应通过消防车车载移动泵供水进行试验验证;

4 应核实地下水井的常水位和设计抽升流量时的水位。

检查数量:全数检查。

检查方法:直观检查和进行通水试验。

13.1.4 消防水泵调试应符合下列要求:

1 以自动直接启动或手动直接启动消防水泵时,消防水泵应在55s内投入正常运行,且应无不良噪声和振动;

2 以备用电源切换方式或备用泵切换启动消防水泵时,消防水泵应分别在1min或2min内投入正常运行;

3 消防水泵安装后应进行现场性能测试,其性能应与生产厂商提供的数据相符,并应满足消防给水设计流量和压力的要求;

4 消防水泵零流量时的压力不应超过设计工作压力的140%;当出流量为设计工作流量的150%时,其出口压力不应低于设计工作压力的65%。

检查数量:全数检查。

检查方法:用秒表检查。

13.1.5 稳压泵应按设计要求进行调试,并应符合下列规定:

1 当达到设计启动压力时,稳压泵应立即启动;当达到系统停泵压力时,稳压泵应自动停止运行;稳压泵启停应达到设计压力要求;

2 能满足系统自动启动要求,且当消防主泵启动时,稳压泵应停止运行;

3 稳压泵在正常工作时每小时的启停次数应符合设计要求,且不应大于15次/h;

4 稳压泵启停时系统压力应平稳,且稳压泵不应频繁启停。

检查数量:全数检查。

检查方法:直观检查。

13.1.6 干式消火栓系统快速启闭装置调试应符合下列要求:

1 干式消火栓系统调试时,开启系统试验阀或按下消火栓按钮,干式消火栓系统快速启闭装置的启动时间、系统启动压力、水流到试验装置出口所需时间,均应符合设计要求;

2 快速启闭装置后的管道容积应符合设计要求,并应满足充水时间的要求;

3 干式报警阀在充气压力下降到设定值时应能及时启动;

4 干式报警阀充气系统在设定低压点时应启动,在设定高压点时应停止充气,当压力低于设定低压点时应报警;

5 干式报警阀当设有加速排气器时,应验证其可靠工作。

检查数量:全数检查。

检查方法:使用压力表、秒表、声强计和直观检查。

13.1.7 减压阀调试应符合下列要求:

1 减压阀的阀前阀后动静压力应满足设计要求;

2 减压阀的出流量应满足设计要求,当流量为设计流量的150%时,阀后动压不应小于额定设计工作压力的65%;

3 减压阀在小流量、设计流量和设计流量的150%时不应出现噪声明显增加;

4 测试减压阀的阀后动静压差应符合设计要求。

检查数量:全数检查。

检查方法:使用压力表、流量计、声强计和直观检查。

13.1.8 消火栓的调试和测试应符合下列规定:

1 试验消火栓动作时,应检测消防水泵是否在本规范规定的时间内自动启动;

2 试验消火栓动作时,应测试其出流量、压力和充实水柱的长度;并应根据消防水泵的性能曲线核实消防水泵供水能力;

3 应检查旋转型消火栓的性能能否满足其性能要求;

4 应采用专用检测工具,测试减压稳压型消火栓的阀后动静压是否满足设计要求。

检查数量:全数检查。

检查方法:使用压力表、流量计和直观检查。

13.1.9 调试过程中,系统排出的水应通过排水设施全部排走,并应符合下列规定:

1 消防电梯排水设施的自动控制和排水能力应进行测试;

2 报警阀排水试验管处和末端试水装置处排水设施的排水能力应进行测试,且在地面不应有积水;

3 试验消火栓处的排水能力应满足试验要求;

4 消防水泵房排水设施的排水能力应进行测试,并应符合设计要求。

检查数量:全数检查。

检查方法:使用压力表、流量计、专用测试工具和直观检查。

13.1.10 控制柜调试和测试应符合下列要求:

1 应首先空载调试控制柜的控制功能,并应对各个控制程序进行试验验证;

2 当空载调试合格后,应加负载调试控制柜的控制功能,并应对各个负载电流的状况进行试验检测和验证;

3 应检查显示功能,并应对电压、电流、故障、声光报警等功能进行试验检测和验证;

4 应调试自动巡检功能,并应对各泵的巡检动作、时间、周期、频率和转速等进行试验检测和验证;

5 应试验消防水泵的各种强制启泵功能。

检查数量:全数检查。

检查方法:使用电压表、电流表、秒表等仪表和直观检查。

13.1.11 联锁试验应符合下列要求,并应按本规范表C.0.4的要求进行记录:

1 干式消火栓系统联锁试验,当打开1个消火栓或模拟1个消火栓的排气量排气时,干式报警阀(电动阀/电磁阀)应及时启动,压力开关应发出信号或联锁启动消防水泵,水力警铃动作应发出机械报警信号;

2 消防给水系统的试验管放水时,管网压力应持续降低,消防水泵出水干管上压力开关应能自动启动消防水泵;消防给水系统的试验管放水或高位消防水箱排水管放水时,高位消防水箱出水管上的流量开关应动作,且应能自动启动消防水泵;

3 自动启动时间应符合设计要求和本规范第11.0.3条的有关规定。

检查数量:全数检查。

检查方法:直观检查。

13.2 系统验收

13.2.1 系统竣工后,必须进行工程验收,验收应由建设单位组织质检、设计、施工、监理参加,验收不合格不应投入使用。

13.2.2 消防给水及消火栓系统工程验收应按本规范附录E的要求填写。

13.2.3 系统验收时,施工单位应提供下列资料:

1 竣工验收申请报告、设计文件、竣工资料;

2 消防给水及消火栓系统的调试报告;

3 工程质量事故处理报告;

4 施工现场质量管理检查记录;

5 消防给水及消火栓系统施工过程质量管理检查记录;

6 消防给水及消火栓系统质量控制检查资料。

13.2.4 水源的检查验收应符合下列要求:

1 应检查室外给水管网的进水管管径及供水能力,并应检查高位消防水箱、高位消防水池和消防水池等的有效容积和水位测量装置等应符合设计要求;

2 当采用地表天然水源作为消防水源时,其水位、水量、水质等应符合设计要求;

3 应根据有效水文资料检查天然水源枯水期最低水位、常水位和洪水位时确保消防用水应符合设计要求;

4 应根据地下水井抽水试验资料确定常水位、最低水位、出水量和水位测量装置等技术参数和装备应符合设计要求。

检查数量:全数检查。

检查方法:对照设计资料直观检查。

13.2.5 消防水泵房的验收应符合下列要求:

1 消防水泵房的建筑防火要求应符合设计要求和现行国家标准《建筑设计防火规范》GB 50016的有关规定;

2 消防水泵房设置的应急照明、安全出口应符合设计要求;

3 消防水泵房的采暖通风、排水和防洪等应符合设计要求;

4 消防水泵房的设备进出和维修安装空间应满足设备要求;

5 消防水泵控制柜的安装位置和防护等级应符合设计要求。

检查数量:全数检查。

检查方法:对照图纸直观检查。

13.2.6 消防水泵验收应符合下列要求:

1 消防水泵运转应平稳,应无不良噪声的振动;

2 工作泵、备用泵、吸水管、出水管及出水管上的泄压阀、水锤消除设施、止回阀、信号阀等的规格、型号、数量,应符合设计要求;吸水管、出水管上的控制阀应锁定在常开位置,并应有明显标记;

3 消防水泵应采用自灌式引水方式,并应保证全部有效储水

被有效利用;

4 分别开启系统中的每一个末端试水装置、试水阀和试验消火栓,水流指示器、压力开关、压力开关(管网)、高位消防水箱流量开关等信号的功能,均应符合设计要求;

5 打开消防水泵出水管上试水阀,当采用主电源启动消防水泵时,消防水泵应启动正常;关掉主电源,主、备电源应能正常切换;备用泵启动和相互切换正常;消防水泵就地和远程启停功能应正常;

6 消防水泵停泵时,水锤消除设施后的压力不应超过水泵出口设计工作压力的1.4倍;

7 消防水泵启动控制应置于自动启动挡;

8 采用固定和移动式流量计和压力表测试消防水泵的性能,水泵性能应满足设计要求。

检查数量:全数检查。

检查方法:直观检查和采用仪表检测。

13.2.7 稳压泵验收应符合下列要求:

1 稳压泵的型号性能等应符合设计要求;

2 稳压泵的控制应符合设计要求,并应有防止稳压泵频繁启动的技术措施;

3 稳压泵在1h内的启停次数应符合设计要求,并不宜大于15次/h;

4 稳压泵供电应正常,自动手动启停应正常;关掉主电源,主、备电源应能正常切换;

5 气压水罐的有效容积以及调节容积应符合设计要求,并应满足稳压泵的启停要求。

检查数量:全数检查。

检查方法:直观检查。

13.2.8 减压阀验收应符合下列要求:

1 减压阀的型号、规格、设计压力和设计流量应符合设计要求;

2 减压阀阀前应有过滤器,过滤器的过滤面积和孔径符合设计要求和本规范第8.3.4条第2款的规定;

3 减压阀阀前阀后动静压力应符合设计要求;

4 减压阀处应有试验用压力排水管道;

5 减压阀在小流量、设计流量和设计流量的150%时不应出现噪声明显增加或管道出现喘振;

6 减压阀的水头损失应小于设计阀后静压和动压差。

检查数量:全数检查。

检查方法:使用压力表、流量计和直观检查。

13.2.9 消防水池、高位消防水池和高位消防水箱验收应符合下列要求:

1 设置位置应符合设计要求;

2 消防水池、高位消防水池和高位消防水箱的有效容积、水位、报警水位等,应符合设计要求;

3 进出水管、溢流管、排水管等应符合设计要求,且溢流管应采用间接排水;

4 管道、阀门和进水浮球阀等应便于检修,人孔和爬梯位置应合理;

5 消防水池吸水井、吸(出)水管喇叭口等设置位置应符合设计要求。

检查数量:全数检查。

检查方法:直观检查。

13.2.10 气压水罐验收应符合下列要求:

1 气压水罐的有效容积、调节容积和稳压泵启泵次数应符合设计要求;

2 气压水罐气侧压力应符合设计要求。

检查数量:全数检查。

检查方法:直观检查。

13.2.11 干式消火栓系统报警阀组的验收应符合下列要求：

　　1 报警阀组的各组件应符合产品标准要求；

　　2 打开系统流量压力检测装置放水阀,测试的流量、压力应符合设计要求；

　　3 水力警铃的设置位置应正确。测试时,水力警铃喷嘴处压力不应小于0.05MPa,且距水力警铃3m远处警铃声声强不应小于70dB；

　　4 打开手动试水阀动作应可靠；

　　5 控制阀均应锁定在常开位置；

　　6 与空气压缩机或火灾自动报警系统的联锁控制,应符合设计要求。

　　检查数量：全数检查。

　　检查方法：直观检查。

13.2.12 管网验收应符合下列要求：

　　1 管道的材质、管径、接头、连接方式及采取的防腐、防冻措施,应符合设计要求,管道标识应符合设计要求；

　　2 管网排水坡度及辅助排水设施,应符合设计要求；

　　3 系统中的试验消火栓、自动排气阀应符合设计要求；

　　4 管网不同部位安装的报警阀组、闸阀、止回阀、电磁阀、信号阀、水流指示器、减压孔板、节流管、减压阀、柔性接头、排水管、排气阀、泄压阀等,均应符合设计要求；

　　5 干式消火栓系统允许的最大充水时间不应大于5min；

　　6 干式消火栓系统报警阀后的管道仅应设置消火栓和有信号显示的阀门；

　　7 架空管道的立管、配水支管、配水管、配水干管设置的支架,应符合本规范第12.3.19条~第12.3.23条的规定；

　　8 室外埋地管道应符合本规范第12.3.17条和第12.3.22条等的规定。

　　检查数量：本条第7款抽查20%,且不应少于5处；本条第1款~第6款、第8款全数抽查。

　　检查方法：直观和尺量检查、秒表测量。

13.2.13 消火栓验收应符合下列要求：

　　1 消火栓的设置场所、位置、规格、型号应符合设计要求和本规范第7.2节~第7.4节的有关规定；

　　2 室内消火栓的安装高度应符合设计要求；

　　3 消火栓的设置位置应符合设计要求和本规范第7章的有关规定,并应符合消防救援和火灾扑救工艺的要求；

　　4 消火栓的减压装置和活动部件应灵活可靠,栓后压力应符合设计要求。

　　检查数量：抽查消火栓数量10%,且总数每个供水分区不应少于10个,合格率应为100%。

　　检查方法：对照图纸尺量检查。

13.2.14 消防水泵接合器数量及进水管位置应符合设计要求,消防水泵接合器应采用消防车车载消防水泵进行充水试验,且供水最不利点的压力、流量应符合设计要求；当有分区供水时应确定消防车的最大供水高度和接力泵的设置位置的合理性。

　　检查数量：全数检查。

　　检查方法：使用流量计、压力表和直观检查。

13.2.15 消防给水系统流量、压力的验收,应通过系统流量、压力检测装置和末端试水装置进行放水试验,系统流量、压力和消火栓充实水柱等应符合设计要求。

　　检查数量：全数检查。

　　检查方法：直观检查。

13.2.16 控制柜的验收应符合下列要求：

　　1 控制柜的规格、型号、数量应符合设计要求；

　　2 控制柜的图纸塑封后应牢固粘贴于柜门内侧；

　　3 控制柜的动作应符合设计要求和本规范第11章的有关规定；

　　4 控制柜的质量应符合产品标准和本规范第12.2.7条的要求；

　　5 主、备用电源自动切换装置的设置应符合设计要求。

　　检查数量：全数检查。

　　检查方法：直观检查。

13.2.17 应进行系统模拟灭火功能试验,且应符合下列要求：

　　1 干式消火栓报警阀动作,水力警铃应鸣响压力开关动作；

　　2 流量开关、压力开关和报警阀压力开关等动作,应能自动启动消防水泵及与其联锁的相关设备,并应有反馈信号显示；

　　3 消防水泵启动后,应有反馈信号显示；

　　4 干式消火栓系统的干式报警阀的加速排气器动作后,应有反馈信号显示；

　　5 其他消防联动控制设备启动后,应有反馈信号显示。

　　检查数量：全数检查。

　　检查方法：直观检查。

13.2.18 系统工程质量验收判定条件应符合下列规定：

　　1 系统工程质量缺陷应按本规范附录F要求划分；

　　2 系统验收合格判定应为A=0,且B≤2,且B+C≤6为合格；

　　3 系统验收不符合本条第2款要求时,应为不合格。

14 维护管理

14.0.1 消防给水及消火栓系统应有管理、检查检测、维护保养的操作规程,并应保证系统处于准工作状态。维护管理应按本规范附录G的要求进行。

14.0.2 维护管理人员应掌握和熟悉消防给水系统的原理、性能和操作规程。

14.0.3 水源的维护管理应符合下列规定：

　　1 每季度应监测市政给水管网的压力和供水能力；

　　2 每年应对天然河湖等地表水消防水源的常水位、枯水位、洪水位,以及枯水位流量或蓄水量等进行一次检测；

　　3 每年应对水井等地下水消防水源的常水位、最低水位、最高水位和出水量等进行一次测定；

　　4 每月应对消防水池、高位消防水池、高位消防水箱等消防水源设施的水位等进行一次检测；消防水池(箱)玻璃水位计两端的角阀在不进行水位观察时应关闭；

　　5 在冬季每天应对消防储水设施进行室内温度和水温检测,当结冰或室内温度低于5℃时,应采取确保不结冰和室温不低于低于5℃的措施。

14.0.4 消防水泵和稳压泵等供水设施的维护管理应符合下列规定：

　　1 每月应手动启动消防水泵运转一次,并应检查供电电源的情况；

　　2 每周应模拟消防水泵自动控制的条件自动启动消防水泵运转一次,且应自动记录自动巡检情况,每月应检测记录；

　　3 每日应对稳压泵的停泵启泵压力和启泵次数等进行检查

和记录运行情况;

4 每日应对柴油机消防水泵的启动电池的电量进行检测,每周应检查储油箱的储油量,每月应手动启动柴油机消防水泵运行一次;

5 每季度应对消防水泵的出流量和压力进行一次试验;

6 每月应对气压水罐的压力和有效容积等进行一次检测。

14.0.5 减压阀的维护管理应符合下列规定:

1 每月应对减压阀组进行一次放水试验,并应检测和记录减压阀前后的压力,当不符合设计值时应采取满足系统要求的调试和维修等措施;

2 每年应对减压阀的流量和压力进行一次试验。

14.0.6 阀门的维护管理应符合下列规定:

1 雨淋阀的附属电磁阀应每月检查并应作启动试验,动作失常时应及时更换;

2 每月应对电动阀和电磁阀的供电和启闭性能进行检测;

3 系统上所有的控制阀门均应采用铅封或锁链固定在开启或规定的状态,每月应对铅封、锁链进行一次检查,当有破坏或损坏时应及时修理更换;

4 每季度应对室外阀门井中,进水管上的控制阀门进行一次检查,并应核实其处于全开启状态;

5 每天应对水源控制阀、报警阀组进行外观检查,并应保证系统处于无故障状态;

6 每季度应对系统所有的末端试水阀和报警阀的放水试验阀进行一次放水试验,并应检查系统启动、报警功能以及出水情况是否正常;

7 在市政供水阀门处于完全开启状态时,每月应对倒流防止器的压差进行检测,并应符合国家现行标准《减压型倒流防止器》GB/T 25178、《低阻力倒流防止器》JB/T 11151 和《双止回阀倒流防止器》CJ/T 160 等的有关规定。

14.0.7 每季度应对消火栓进行一次外观和漏水检查,发现有不正常的消火栓应及时更换。

14.0.8 每季度应对消防水泵接合器的接口及附件进行一次检查,并应保证接口完好、无渗漏、闷盖齐全。

14.0.9 每年应对系统过滤器进行至少一次排渣,并应检查过滤器是否处于完好状态,当堵塞或损坏时应及时检修。

14.0.10 每年应检查消防水池、消防水箱等蓄水设施的结构材料是否完好,发现问题时应及时处理。

14.0.11 建筑的使用性质功能或障碍物的改变,影响到消防给水及消火栓系统功能而需要进行修改时,应重新进行设计。

14.0.12 消火栓、消防水泵接合器、消防水泵房、消防水泵、减压阀、报警阀和阀门等,应有明确的标识。

14.0.13 消防给水及消火栓系统应有产权单位负责管理,并应使系统处于随时满足消防的需求和安全状态。

14.0.14 永久性地表水天然水源消防取水口应有防止水生生物繁殖的管理技术措施。

14.0.15 消防给水及消火栓系统发生故障,需停水进行修理前,应向主管值班人员报告,并应取得维护负责人的同意,同时应临场监督,应在采取防范措施后再动工。

附录 A 消防给水及消火栓系统分部、分项工程划分

表 A 消防给水及消火栓系统分部、分项工程划分

分部工程	序号	子分部工程	分项工程
消防给水及消火栓系统	1	消防水源施工与安装	消防水池、高位消防水池等安装和施工,江河湖海水库(塘)作为室外水源时取水设施的安装和施工,市政给水入户管和地下水井等
	2	供水设施安装与施工	消防水泵、高位消防水箱、稳压泵安装和气压水罐安装、消防水泵接合器安装等取水设施的安装
	3	供水管网	管网施工与安装
	4	水灭火系统	市政消火栓
			室外消火栓
			室内消火栓
			自动喷水系统
			水喷雾系统
			泡沫系统
			固定消防炮灭火系统
			其他系统或组件
	5	系统试压和冲洗	水压试验、气压试验、冲洗
	6	系统调试	水源测试(压力和流量,以及水池水箱的水位显示装置等)、消防水泵调试、稳压泵和气压水罐调试、减压阀调试、报警阀组调试、排水装置调试、联锁试验

附录 B 施工现场质量管理检查记录

表 B 施工现场质量管理检查记录

工程名称			
建设单位		监理单位	
设计单位		项目负责人	
施工单位		施工许可证	

序号	项目	内容
1	现场质量管理制度	
2	质量责任制	
3	主要专业工种人员操作上岗证书	
4	施工图审查情况	
5	施工组织设计、施工方案及审批	
6	施工技术标准	
7	工程质量检验制度	
8	现场材料、设备管理	
9	其他	
10		

结论	施工单位项目负责人: (签章) 年 月 日	监理工程师: (签章) 年 月 日	建设单位项目负责人: (签章) 年 月 日

附录 C 消防给水及消火栓系统施工过程质量检查记录

C.0.1 消防给水及消火栓系统施工过程质量检查记录应由施工单位质量检查员按表 C.0.1 填写,监理工程师应进行检查,并应做出检查结论。

表 C.0.1 消防给水及消火栓系统施工过程质量检查记录

工程名称		施工单位	
施工执行规范名称及编号		监理单位	
子分部工程名称		分项工程名称	
项目	《规范》章节条款	施工单位检查评定记录	监理单位验收记录
结论	施工单位项目负责人: (签章) 年 月 日	监理工程师(建设单位项目负责人): (签章) 年 月 日	

C.0.2 消防给水及消火栓系统试压记录应由施工单位质量检查员填写,监理工程师(建设单位项目负责人)应组织施工单位项目负责人等进行验收,并应按表 C.0.2 填写。

表 C.0.2 消防给水及消火栓系统试压记录

工程名称												
建设单位												
施工单位												
监理单位												

管段号	材质	系统工作压力(MPa)	温度(℃)	强度试验				严密性试验			
				介质	压力(MPa)	时间(min)	结论意见	介质	压力(MPa)	时间(min)	结论意见
参加单位	施工单位项目负责人: (签章) 年 月 日		监理工程师: (签章) 年 月 日			建设单位项目负责人: (签章) 年 月 日						

C.0.3 消防给水及消火栓系统管网冲洗记录应由施工单位质量检查员填写,监理工程师(建设单位项目负责人)应组织施工单位项目负责人等进行验收,并应按表 C.0.3 填写。

表 C.0.3 消防给水及消火栓系统管网冲洗记录

工程名称						
建设单位						
施工单位						
监理单位						

管段号	材质	冲洗				结论意见
		介质	压力(MPa)	流速(m/s)	流量(L/s)	冲洗次数
参加单位	施工单位(项目)负责人: (签章) 年 月 日	监理工程师: (签章) 年 月 日		建设单位(项目)负责人: (签章) 年 月 日		

C.0.4 消防给水及消火栓系统联锁试验记录应由施工单位质量检查员填写,监理工程师(建设单位项目负责人)应组织施工单位项目负责人等进行验收,并应按表 C.0.4 填写。

表 C.0.4 消防给水及消火栓系统联锁试验记录

工程名称					
建设单位					
施工单位					
监理单位					

系统类型	启动信号(部位)	联动组件动作			
		名称	是否开启	要求动作时间	实际动作时间
消防给水					
湿式消火栓系统	末端试水装置(试验消火栓)	消防水泵			
		压力开关(管网)			
		高位消防水箱流量开关			
		稳压泵			
干式消火栓系统	模拟消火栓动作	干式阀等快速启闭装置			
		水力警铃			
		压力开关			
		充水时间			
		压力开关(管网)			
		高位消防水箱流量开关			
		消防水泵			
		稳压泵			
自动喷水灭火系统	现行国家标准《自动喷水灭火系统施工及验收规范》GB 50261				

水喷雾系统	现行国家标准《自动喷水灭火系统施工及验收规范》GB 50261		
泡沫系统	现行国家标准《泡沫灭火系统施工及验收规范》GB 50281		
消防炮系统			
参加单位	施工单位项目负责人：(签章)	监理工程师：(签章)	建设单位项目负责人：(签章)
	年 月 日	年 月 日	年 月 日

附录 E　消防给水及消火栓系统工程验收记录

表 E　消防给水系统及消火栓系统工程验收记录

工程名称		分部工程名称	
施工单位		项目负责人	
监理单位		监理工程师	

序号	检查项目名称	检查内容记录	检查评定结果
1			
2			
3			
4			
5			

综合验收结论	

验收单位	施工单位：(单位印章)	项目负责人：(签章)
		年 月 日
	监理单位：(单位印章)	总监理工程师：(签章)
		年 月 日
	设计单位：(单位印章)	项目负责人：(签章)
		年 月 日
	建设单位：(单位印章)	项目负责人：(签章)
		年 月 日

附录 D　消防给水及消火栓系统工程质量控制资料检查记录

表 D　消防给水及消火栓系统工程质量控制资料检查记录

工程名称		施工单位		
分部工程名称	资料名称	数量	核查意见	核查人
消防给水及消火栓系统	1. 施工图、设计说明书、设计变更通知书和设计审核意见书、竣工图			
	2. 主要设备、组件的国家质量监督检验测试中心的检测报告和产品出厂合格证			
	3. 与系统相关的电源、备用动力、电气设备以及联锁控制设备等验收合格证明			
	4. 施工记录表，系统试压记录表，系统管道冲洗记录表，隐蔽工程验收记录表，系统联锁控制试验记录表，系统调试记录表			
	5. 系统及设备使用说明书			
结论	施工单位项目负责人：(签章)	监理工程师：(签章)	建设单位项目负责人：(签章)	
	年 月 日	年 月 日	年 月 日	

附录 F　消防给水及消火栓系统验收缺陷项目划分

表 F　消防给水及消火栓系统验收缺陷项目划分

缺陷分类	严重缺陷(A)	重缺陷(B)	轻缺陷(C)
包含条款			本规范第 13.2.3 条
	本规范第 13.2.4 条		
		本规范第 13.2.5 条	
	本规范第 13.2.6 条第 2 款和第 7 款	第 13.2.6 条第 1 款、第 3 款～第 6 款、第 8 款	
	本规范第 13.2.7 条第 1 款	本规范第 13.2.7 条除第 2 款～第 5 款	
	本规范第 13.2.8 条第 1 款和第 6 款	本规范第 13.2.8 条除第 2 款～第 5 款	
	本规范第 13.2.9 条第 1 款～第 3 款		本规范第 13.2.9 条第 4 款、第 5 款
		本规范第 13.2.10 条第 1 款	本规范第 13.2.10 条第 2 款
		本规范第 13.2.11 条第 1 款～第 4 款、第 6 款	本规范第 13.2.11 条第 5 款
		本规范第 13.2.12 条	
	本规范第 13.2.13 条第 1 款	本规范第 13.2.13 条第 3 款和第 4 款	本规范第 13.2.13 条第 2 款
		本规范第 13.2.14 条	
	本规范第 13.2.15 条		
	本规范第 13.2.16 条		
	本规范第 13.2.17 条第 2 款和第 3 款	本规范第 13.2.17 条第 4 款和第 5 款	本规范第 13.2.17 条第 1 款

附录G 消防给水及消火栓系统维护管理工作检查项目

表G 消防给水及消火栓系统维护管理工作检查项目

部位		工作内容	周期
水源	市政给水管网	压力和流量	每季
	河湖等地表水源	枯水位、洪水位、枯水位流量或蓄水量	每年
	水井	常水位、最低水位、出流量	每年
	消防水池(箱)、高位消防水箱	水位	每月
	室外消防水池等	温度	冬季每天
供水设施	电源	接通状态、电压	每日
	消防水泵	自动巡检记录	每周
		手动启动试运转	每月
		流量和压力	每季
	稳压泵	启停泵压力、启停次数	每日
	柴油机消防水泵	启动电池、储油量	每日
	气压水罐	检测气压、水位、有效容积	每月
减压阀		放水	每月
		测试流量和压力	每年
阀门	雨林阀的附属电磁阀	每月检查开启	每月
	电动阀或电磁阀	供电、启闭性能检测	每月
	系统所有控制阀门	检查铅封、锁链完好状况	每月
	室外阀门井中控制阀门	检查开启状况	每季

续表G

部位		工作内容	周期
阀门	水源控制阀、报警阀组	外观检查	每天
	末端试水阀、报警阀的试水阀	放水试验、启动性能	每季
	倒流防止器	压差检测	每月
喷头		检查完好状况、清除异物、备用量	每月
消火栓		外观和漏水检查	每季
水泵接合器		检查完好状况	每月
		通水试验	每年
过滤器		排渣、完好状态	每年
储水设备		检查结构材料	每年
系统联锁试验		消火栓和其他水灭火系统等运行功能	每年
消防水泵房、水箱间、报警阀间、减压阀间等供水设备间		检查室温	(冬季)每天

消防给水及消火栓系统技术规范

GB 50974 - 2014

条 文 说 明

1 总 则

1.0.1 本条规定了本规范的编制目的。

建国60年来我国消防给水及消火栓系统设计、施工及验收规范从无到有,至今已建立了完整的体系。特别是改革开放30年来,快速的工业化和城市化使我国工程建设有了巨大地发展,消防给水及消火栓系统伴随着工程建设的大规模开展也快速发展,与此同时与国际交流更加频繁,使我们更加认识消防给水及消火栓系统在工程建设中的重要性,以及安全可靠性与经济性的关系,首先是安全可靠性,其次是经济合理性。

水作为火灾扑救过程中的主要灭火剂,其供应量的多少直接影响着灭火的成效。根据统计,成功扑救火灾的案例中,有93%的火场消防给水条件较好;而扑救火灾不利的案例中,有81.5%的火场缺乏消防用水。例如,1998年5月5日,发生在北京市丰台区玉泉营环岛家具城的火灾,就是因为家具城及其周边地区消防水源严重缺乏,市政消防给水严重不足,消防人员不得不从离火场550m、600m的地方接力供水,从距离火场1400m的地方运水灭火,延误了战机,以至于两万平方米的家具城及其展销家具均化为一片灰烬,直接经济损失达2087余万元。又如2000年1月11日晨,安徽省合肥市城隍庙市场庐阳宫发生特大火灾,火灾过火面积10523m²,庐阳宫及四周126间门面房内的服装、布料、五金和塑料制品等烧损殆尽,1人被烧死,619家经营户受灾,烧毁各类商品损失折款1763万元,庐阳宫主体建筑火烧损失416万元,两项合计,庐阳宫火灾直接经济损失2179万元,这场火灾的主要原因是没有设置室内消防给水设施,以致火灾发生后蔓延迅速,直至造成重大损失。火灾控制和扑救所需的消防用水主要由消防给水系统供应,因此消防给水的供水能力和安全可靠性决定了灭火的成效。同时消防给水的设计要考虑我国经济发展的现状,建筑的特点及现有的技术水平和管理水平,保证其经济合理性。本规范的制订对于减少火灾危害、促进改革开放、保卫我国经济社会建设和公民的生命财产安全是十分必要的。本规范在制订过程中规范组研究了大量文献、发达国家的标准规范,并在全国进行了调研,同时参考公安部天津消防研究所"十一五"国家科技支撑计划专题"城市消防给水系统设置方法"的研究成果。

消防给水是水灭火系统的心脏,只有心脏安全可靠,水灭火系统才能可靠。消防给水系统平时不用,无法使用而检测其可靠性,因此必须从设计、施工、日常维护管理等各个方面加强其安全可靠性的管理。

消火栓是消防队员和建筑物内人员进行灭火的重要消防设施,本规范以人为本,更加重视消火栓的设置位置与消防队员扑救火灾的战术和工艺要求相结合,以满足消防部队第一出动灭火的要求。

1.0.2 本条规定了本规范的适用范围。

本规范适用于新建、扩建及改建的工业、民用、市政等建设工程的消防给水及消火栓系统。

新建建筑是指从无到有的全新建筑,扩建是指在原有建筑轮廓基础上的向外扩建,改建是指建筑变更使用功能和用途,或全面改造,如厂房改为餐厅、住宅改为宾馆、办公改为宾馆或办公改为商场等。

1.0.3 本条规定了采用新技术的原则规定。

本条规定根据工程的特点,为满足工程消防需求和技术进步的要求,在安全可靠、技术先进、经济适用、保护环境的情况下选择新工艺、新技术、新设备、新材料,采用四新的原则是促进消防给水及消火栓系统技术进步,使消防给水及消火栓系统走"科学—技术—应用"的工程技术科学的发展道路,使消防给水及消火栓系统更加具有安全可靠性和经济合理性。四新技术的应用应符合国家有关部门的规定。

1.0.4 本条规定了消防给水及消火栓系统的专用组件、材料和设备等产品的质量要求。

消防给水及消火栓系统平时不用,仅在火灾时使用,其特点是系统的好坏很难在日常使用中确保系统的安全可靠性,这是在建设工程中唯一独特的系统,因为其他的机电系统在建筑使用过程中就能鉴别好坏。尽管本规范给出了消防给水及消火栓系统的设计、施工验收和日常维护管理的规定,但系统还是应从产品质量抓起。如美国统计自动喷水灭火系统失败有3%～5%,英国则有8%左右。因此一方面要加强系统维护管理,另一方面要提高产品质量,消防给水及消火栓系统组件的安全可靠性是系统可靠性的基础,所以要求设计中采用符合现行的国家或行业技术标准的产品,这些产品必须经国家认可的专门认证机构认证以确保产品质量,这也是国际惯例。所以专用组件必须具备符合国家市场准入制度要求的有效证件和产品出厂合格证等。

我国2008年颁布的《消防法》第二十四条规定:消防产品必须符合国家标准;没有国家标准的,必须符合行业标准。禁止生产、销售或者使用不合格的消防产品以及国家明令淘汰的消防产品。依法实行强制性产品认证的消防产品,由具有法定资质的认证机构按照国家标准、行业标准的强制性要求认证合格后,方可生产、销售、使用。实行强制性产品认证的消防产品目录,由国务院产品质量监督部门会同国务院公安部门制定并公布。新研制的尚未制定国家标准、行业标准的消防产品,应当按照国务院产品质量监督部门会同国务院公安部门规定的办法,经技术鉴定符合消防安全要求的,方可生产、销售、使用。依照本条规定经强制性产品认证合格或者技术鉴定合格的消防产品,国务院公安部门消防机构应当予以公布。

我国《产品质量法》第十四条规定:国家根据国际通用的质量

管理标准,推行企业质量体系认证制度。企业根据自愿原则可以向国务院产品质量监督管理部门认可的或者国务院产品质量监督部门授权的部门认可的认证机构申请企业质量体系认证。经认证合格的,由认证机构颁发企业质量体系认证证书。国家参照国际先进的产品标准和技术要求,推行产品质量认证制度。企业根据自愿原则可以向国务院产品质量监督管理部门认可的或者国务院产品质量监督管理部门授权的部门认可的认证机构申请产品质量认证。经认证合格的,由认证机构颁发产品质量认证证书,准许企业在产品或者其包装上使用产品质量认证标志。

消防产品强制性认证产品目录可查询公安部消防产品合格评定中心每年颁布的《强制性认证消防产品目录》。

3 基 本 参 数

3.1 一 般 规 定

3.1.1 本条规定了工厂、仓库等工业建筑和民用建筑室外消防给水用水量的计算方法。

本条工厂、堆场和罐区是现行国家标准《建筑防火设计规范》GB 50016—2006第8.2.2条的有关内容。

3.1.2 本条规定了消防给水设计流量的组成和一起火灾灭火消防给水设计流量的计算方法。

本条规定了建筑消防给水设计流量的组成,通常有室外消火栓设计流量、室内消火栓设计流量以及自动喷水系统的设计流量,有时可能还有水喷雾、泡沫、消防炮等,其设计流量是根据每个保护区同时作用的各种系统设计流量的叠加。如一室外油罐区有室外消火栓、固定冷却系统、泡沫灭火系统等3种水灭火设施,其消防给水的设计流量为这3种灭火设施的设计流量之和。如一民用建筑,有办公、商场、机械车库,其自动喷水的设计流量应根据办公、商场和机械车库3个不同消防对象分别计算,取其中的最大值作为消防给水设计流量的自动喷水子项的设计流量。

3.2 市政消防给水设计流量

3.2.2 本条给出城镇的市政消防给水设计流量,以及同时火灾起数,以确定市政消防给水设计流量。本条是在现行国家标准《建筑防火设计规范》GB 50016—2006的基础上制订。

　1　同一时间内的火灾起数同国家标准《建筑防火设计规范》GB 50016—2006;

　2　一起火灾灭火消防给水设计流量。

城镇的一起火灾灭火消防给水设计流量,按同时使用的水枪数量与每支水枪平均用水量的乘积计算。

我国大多数城市消防队第一出动力量到达火场时,常出 2 支口径 19mm 的水枪扑救建筑火灾,每支水枪的平均出水量为 7.5L/s。因此,室外消防用水量的基础设计流量以 15L/s 为基准进行调整。

美国、日本和前苏联均按城市人口数的增加而相应增加消防用水量。例如,在美国,人口不超过 20 万的城市消防用水量为 44L/s~63L/s,人口超过 30 万的城市消防用水量为 170.3L/s~568L/s;日本也基本如此。本规范根据火场用水量是以水枪数量递增的规律,以 2 支水枪的消防用水量(即 15L/s)作为下限值,以 100L/s 作为消防用水量的上限值,确定了城镇消防用水量。本规范与美国、日本和前苏联的城镇消防用水量比较,见表 1。

表 1 本规范与美国、日本和前苏联的城市消防给水设计流量

消防用水量(L/s) / 人口数(万人)	美国	日本	前苏联	国家标准 GB 50016—2006	本规范
≤0.5	44~63	75	10	—	—
≤1.0	44~63	88	15	10	15
≤2.5	44~63	112	15	15	20
≤5.0	44~63	128	25	25	30
≤10.0	44~63	128	35	35	35
≤20.0	44~63	128	40	45	45
≤30.0	3~568	250~325	55	55	60
≤40.0	170.3~568	250~325	70	65	75
≤50.0	170.3~568	250~325	80	75	90
≤60.0	170.3~568	250~325	85	85	90

续表 1

消防用水量(L/s) / 人口数(万人)	美国	日本	前苏联	国家标准 GB 50016—2006	本规范
≤70.0	170.3~568	3~568	90	90	90
≤80.0	170.3~568	170.3~568	95	95	100
≤100.0	170.3~568	170.3~568	100	100	100

根据我国统计数据,城市灭火的平均灭火用水量为 89L/s。近 10 年特大型火灾消防流量 150L/s~450L/s,大型石油化工厂、液化石油气储罐区等的消防用水量则更大。若采用管网来保证这些建、构筑物的消防用水量有困难时,可采用蓄水池补充或市政给水管网协调供水保证。

3.3 建筑物室外消火栓设计流量

3.3.2 本条规定了工厂、仓库和民用建筑的室外消火栓设计流量。

该条依据国家标准《建筑防火设计规范》GB 50016—2006 和《高层民用建筑防火设计规范》GB 50045—95(2005 年版)等规范的室外消防用水量,根据常用的建筑物室外消防用水量主要依据建筑物的体积、危险类别和耐火等级计算确定,并统一修正。当单座建筑面积大于 500000m² 时,根据火灾实战数据和供水可靠性,室外消火栓设计流量增加 1 倍。

3.4 构筑物消防给水设计流量

3.4.1 本条规定石油化工、石油天然气工程和煤化工工程的消防给水设计流量按现行国家标准《石油化工企业设计防火规范》GB 50160 和《石油天然气工程设计防火规范》GB 50183 等的规定实施。

3.4.2、3.4.3 规定了甲、乙、丙类液体储罐消防给水设计流量的

计算原则,以及固定和移动冷却系统设计参数、室外消火栓设计流量。

移动冷却系统就是室外消火栓系统或消防炮系统,当仅设移动冷却系统其设计流量应根据规范表 3.4.2-1 或表 3.4.2-2 规定的设计参数经计算确定,但不应小于 15L/s。

本条设计参数引用现行国家标准《建筑设计防火规范》GB 50016—2006 第 8.2.4 条、《石油化工企业设计防火规范》GB 50160—2008 第 8.4.5 条及《石油库设计规范》GB 50074—2002 第 12.2.6 条相关内容,对立式储罐强调了室外消火栓用量和移动冷却用水量的区别,统一了名词,同时也符合实际灭火需要,协调相关规范中"甲、乙、丙类可燃液体地上立式储罐的消防用水量"的计算方法,提高本规范的可操作性。

另外为了与现行国家标准《自动喷水灭火系统设计规范》GB 50084 和《水喷雾灭火系统设计规范》GB 50219 等统一,把供给范围改为保护范围,供给强度统一改为喷水强度。

着火储罐的罐壁直接受到火焰威胁,对于地上的钢储罐火灾,一般情况下 5min 内可以使罐壁温度达到 500℃,使钢板强度降低一半,8min~10min 以后钢板会失去支持能力。为控制火灾蔓延、降低火焰辐射热,保证邻近罐的安全,应对着火罐及邻近罐进行冷却。

浮顶罐着火,火势较小,如某石油化工企业发生的两起浮顶罐火灾,其中 10000m³ 轻柴油浮顶着火,15min 后扑灭,而密封圈只着了 3 处,最大处仅为 7m 长,因此不需要考虑对邻近罐冷却。浮盘用易熔材料(铝、玻璃钢等)制作的内浮顶罐消防冷却按固定顶罐考虑。甲、乙、丙类液体储罐火灾危险性较大,火灾的火焰高、辐射热大,还可能出现油品流散。对于原油、重油、渣油、燃料油等,若含水在 0.4%~4% 之间且可产生热波作用时,发生火灾后还易发生沸溢现象。为防止油罐发生火灾,油罐变形、破裂或发生突沸,需要采用大量的水对甲、乙、丙类液体储罐进行冷却,并及时实施扑救工作。

现行国家标准《石油化工企业设计防火规范》GB 50160—2008 第 8.4.5 条、第 8.4.6 条及《建筑设计防火规范》GB 50016—2006 第 8.2.4 条、《石油库设计规范》GB 50074—2007 第 12.2.8 条、第 12.2.10 条相关内容。现行国家标准《建筑设计防火规范》GB 50016—2006 第 8.2.4 条中规定的移动式水枪冷却的供水强度适用于单罐容量较小的储罐,近年来大型石油化工企业相继建成投产,工艺装置、储罐也向大型化发展,要求消防用水量加大,引用现行国家标准《石油化工企业设计防火规范》GB 50160 及《石油库设计规范》GB 50074 的相关条文符合国情;其二,对于固定式冷却,现行国家标准《建筑设计防火规范》GB 50016 规定的冷却水强度以周长计算为 0.5L/(s·m),此时单位罐壁表面积的冷却水强度为:0.5×60÷13=2.3L/(min·m²),条文中取现行国家标准《石油化工企业设计防火规范》GB 50160—2008 中规定的 2.5L/(min·m²)也是合适的;对邻罐计算出的冷却水强度为:0.2×60÷13=0.92L/(min·m²),但用此值冷却系统无法操作,故按实际固定式冷却系统进行校核后,现行国家标准《石油化工企业设计防火规范》GB 50160—2008 规定为 2L/(min·m²)是合理可行的。甲、乙、丙类可燃液体地上储罐室外消火栓用水量的提出主要是调研消防部门的实战案例并参照石化企业安全管理经验确定的,增加了规范的操作性。

卧式罐冷却面积采用现行国家标准《石油化工企业设计防火规范》GB 50160—2008,由于卧式罐单罐罐容较小,以 100m³ 罐为例,其表面积小于 900m²,计算水量小于 15L/s,因卧式罐冷却面积按罐表面积计算是合理的,解决了各规范间的协调性,同时加强了规范的可操作性。

3.4.4 本条引用现行国家标准《石油库设计规范》GB 50074—2007 第 12.2.7 条、第 12.2.8 条及《建筑设计防火规范》GB 50016—2006 第 8.2.4 条相关内容。该水量主要是保护用水量,是指人身掩护和冷却地面及油罐附件的消防用水量。

3.4.5 液化烃在15℃时，蒸气压大于0.10MPa的烃类液体及其他类似的液体，不包括液化天然气。单防罐为带隔热层的单壁储罐或由内罐和外罐组成的储罐，其内罐能适应储存低温冷冻液体的要求，外罐主要是支撑和保护隔热层，并能承受气体吹扫的压力，但不能储存内罐泄漏出的低温冷冻液体；双防罐为由内罐和外罐组成的储罐，其内罐和外罐都能适应储存低温冷冻液体，在正常操作条件下，内罐储存低温冷冻液体，外罐能够储存内罐泄漏出来的冷冻液体，但不能限制内罐泄漏的冷冻液体所产生的气体排放；全防罐为由内罐和外罐组成的储罐，其内罐和外罐都能适应储存低温冷冻液体，内外罐壁之间的间距为1m～2m，罐顶由外罐支撑，在正常操作条件下内罐储存低温冷冻液体，外罐既能储存冷冻液体，又能限制内罐泄漏液体所产生的气体排放。

本条引用现行国家标准《石油化工企业设计防火规范》GB 50160—2008第8.4.5条，天然气凝液也称混合轻烃，是指从天然气中回收的且未经稳定处理的液体烃类混合物的总称，一般包括乙烷、液化石油气和稳定轻烃成分；液化石油气专指以C3、C4或由其为主所组成的混合物。而本规范所涉及的不仅是天然气凝液、液化石油气，还涉及乙烯、乙烷、丙烯等单组分液化烃类，故统称为"液化烃"。液化烃罐室外消火栓用水量根据现行国家标准《石油化工企业设计防火规范》GB 50160—2008 第8.10.5 条及《石油天然气工程设计防火规范》GB 50183—2004 第8.5.6 条确定。

液化烃罐区和天然气凝液罐发生火灾，燃烧猛烈、波及范围广、辐射热大。罐受强火焰辐射热影响，罐温升高，使得其内部压力急剧增大，极易造成严重后果。由于此类火灾在灭火时消防人员很难靠近，为及时冷却液化石油气罐，应在罐体上设置固定冷却设备，提高其自身防护能力。此外，在燃烧区周围亦需用水枪加强保护。因此，液化石油气罐应考虑固定冷却用水量和移动式水枪用水量。

液化烃罐区和天然气凝液罐包括全压力式、半冷冻式、全冷冻式储罐。

(1)消防是冷却作用。液化烃储罐火灾的根本灭火措施是切断气源。在气源无法切断时，要维持其稳定燃烧，同时对储罐进行水冷却，确保罐壁温度不致过高，从而使壁强度不降低，罐内压力也不升高，可使事故不扩大。

(2)国内对液化烃储罐火灾受热喷水保护试验的结论。

1)储罐火灾喷水冷却，对应喷水强度 5.5L/(min·m²)～10L/(min·m²)湿壁热通量比不喷水降低约70%～85%。

2)储罐被火焰包围，喷水冷却干壁强度在6L/(min·m²)时，可以控制壁温不超过100℃。

3)喷水强度取 10L/(min·m²)较为稳妥可靠。

(3)国外有关标准的规定。

国外液化烃储罐固定消防冷却水的设置情况一般为：冷却水供给强度除法国标准规定较低外，其余均在 6L/(min·m²)～10L/(min·m²)。美国某工程公司规定，有辅助水枪供水，其强度可降低到 4.07L/(min·m²)。

关于连续供水时间。美国规定要持续几小时，日本规定至少20min，其他无明确规定。日本之所以规定 20min，是考虑 20min后消防队已到火场，有消防供水可用。对着火邻罐的冷却及冷却范围除法国有所规定外，其他国家多未述及。

(4)单防罐罐顶部的安全阀及进出罐管道易泄漏发生火灾，同时考虑罐顶受到的辐射热较大，参考 API 2510A 标准，冷却水强度取4L/(min·m²)。罐壁冷却主要是为了保护罐外壁在着火时不被破坏，保护隔热材料，使罐内的介质稳定气化，不至于引起更大的破坏。按照单防罐着火的情形，罐壁的消防冷却水供给强度按一般立式罐考虑。

对于双防罐、全防罐由于外部为混凝土结构，一般不需设置固定消防喷水冷却水系统，只是在易发生火灾的安全阀及沿进出罐管道处设置水喷雾系统进行冷却保护。在罐组周围设置消火栓和消防炮，既可用于加强保护管架及罐顶部的阀组，又可根据需要对罐壁进行冷却。

美国《石油化工厂防火手册》曾介绍一例储罐火灾：A 罐装丙烷8000m³，B 罐装丙烷8900m³，C 罐装丁烷4400m³，A 罐超压，顶壁结合处开裂180°，大量蒸气外溢，5s 后遇火点燃。A 罐烧了35.5h后损坏；B、C 罐顶部阀件烧坏，造成气体泄漏燃烧，B 罐切断阀无法关闭烧 6 天，C 罐充 N₂ 并抽料，3 天后关闭切断阀火灭。B、C 罐罐壁损坏较小，隔热层损坏大。该案例中仅由消防车供水冷却即控制了火灾，推算供水量小于 200L/s。

本次修订在根据我国工程实践和有关国家现行标准、国外技术等有关数据综合的基础上给出了固定和移动冷却系统设计参数。

3.4.6 本条参考现行国家标准《石油化工企业设计防火规范》GB 50160—2008第8.10.12 条的规定沸点低于 45℃甲 B 类液体压力球罐的消防给水设计流量的确定原则同液化烃。

3.4.7 本条参考现行国家标准《石油化工企业设计防火规范》GB 50160—2008第8.10.13条的液氨储罐的消防给水设计流量确定原则。

3.4.8 本条规定了空分站，可燃液体、液化烃的火车和汽车装卸栈台，变电站的室外消火栓设计流量。

(1)空分站。空分站主要是指大型氧气站，随着我国重化工业的发展，大型氧气站的规模越来越大，最大机组的氧气产量为50000Nm³/h。随着科学技术、生产技术的发展，低温法空分设备的单机容量已达 10 万 Nm³/h～12 万 Nm³/h。我国的低温法空分设备制造厂家已可生产制氧量 60000Nm³/h 的大型空分设备。常温变压吸附空分设备是利用分子筛对氧、氮组分的选择吸附和分子筛的吸附容量随压力变化而变化的特性，实现空气中氧、氮的分离，并已具备 10000Nm³/h 制氧装置的制造能力(包括吸附剂，程控阀和控制系统的设计制造)。常温变压吸附法制取的氧气纯度为 90%～95%(其余组分主要是氩气)，制取的氮气纯度可达 99.99%。

在石化和煤化工工程中高压氧气用量较大，火灾危险性大，根据我国工程实践和经验，特别是近几年石化和煤化工工程的实践确定空分站的室外消火栓设计流量。

(2)根据现行国家标准《石油化工企业设计防火规范》GB 50160—2008第8.4.3条确定可燃液体、液化烃的火车和汽车装卸栈台的室外消火栓设计流量。

(3)变压器。关于变压器的室外消火栓设计流量，现行国家标准《火力发电厂与变电站设计防火规范》GB 50229规定单机功率 200MW 的火电厂其变压器应设置室外消火栓，其设计流量在设有水喷雾保护时为 10L/s，美国规范规定设置水喷雾时是31.5L/s。国家标准《建筑设计防火规范》GB 50016—2006 第3.4.1条规定了变压器按含油量多少与建筑物的防火距离的 3 个等级，本规范参考现行国家标准《建筑设计防火规范》GB 50016 的等级划分，考虑我国工程实践和实际情况确定了变压器的室外消火栓设计流量，见表2。现行国家标准《火力发电厂与变电站设计防火规范》GB 50229规定不小于 300MW 发电机组的变压器应设置水喷雾灭火系统，小于 300MW 发电机组的变压器可不设置水喷雾灭火系统，变压器灭火主要依靠水喷雾系统，室外消火栓只是辅助，因此规定当室外油浸变压器单台功率小于 300MV·A 时，且周围无其他建筑物和生产生活给水时，可不设置室外消火栓，这样可与现行国家标准《火力发电厂与变电站设计防火规范》GB 50229协调一致。

表2 变电站室外消火栓设计流量

变电站单台油浸变压器含有量(t)	室外消火栓设计流量(L/s)	火灾延续时间(h)
5<W≤10	15	
10<W≤50	20	2
W>50	30	

3.4.9 本条参照交通部行业标准《装卸油品码头防火设计规范》TJT 237—99 第 6.2.6 条、第 6.2.7 条、第 6.2.8 条、第 6.2.10 条及国家标准《石油化工企业设计防火规范》GB 50160—1999 第 7.10.3 条确定。

3.4.10 本条引用交通部行业标准《装卸油品码头防火设计规范》TJT 237—99 第 6.2.6 条、第 6.2.7 条、第 6.2.8 条、第 6.2.10 条。

3.4.11 本条根据国家标准《汽车加油加气站设计与施工规范》GB 50156—2002 第 9.0.5 条进行修改，统一将埋地储罐加气站室外消火栓用水量由 10L/s 提高至 15L/s，是考虑室外消防水枪的出流量为每支 7.5L/s，这样符合实际情况。

3.4.12 本条根据国家标准《建筑设计防火规范》GB 50016—2006 规定了室外可燃材料堆场和可燃气体储或罐（区）等的室外消火栓设计流量。

据统计，可燃材料堆场火灾的消防用水量一般为 50L/s～55L/s，平均用水量为 58.7L/s。本条规定其消防用水量以 15L/s 为基数（最小值），以 5L/s 为递增单位，以 60L/s 为最大值，确定可燃材料堆场的消防用水量。

对于可燃气体储罐，由于储罐的类型较多，消防保护范围也不尽相同，本表中规定的消防用水量系指消火栓的用水量。

随着我国循环经济和可再生能源的大力推行，农作物秸秆被用于发电、甲烷制气、造纸，以及废旧纸的回收利用等，易燃材料单垛体积大，堆场总容量大，有的多达 35 个 7000m³ 的堆垛，一旦起火损失和影响大。近几年山东、河北等地相继发生了易燃材料堆场大火，为此本规范制订了注 2 的技术规定。

3.4.13 城市隧道消防用水量引用国家标准《建筑设计防火规范》GB 50016—2006 第 12.2.2 条的规定值。

3.5 室内消火栓设计流量

3.5.1 本条给出了消防用水量相关的因素。

3.5.2 本条规定了民用和工业、市政等建设工程的室内消火栓设计流量。

根据现行国家标准《建筑设计防火规范》GB 50016—2006 和《高层民用建筑设计防火规范》GB 50045—95（2005 年版）等有关规范的原设计参数，并根据我国近年火灾统计数据，考虑到商店、丙类厂房和仓库等可燃物多火灾荷载大的场所，实战灭火救援用水量较大，经分析研究适当加大了其室内消火栓设计流量。

3.5.5 现行国家标准《建筑设计防火规范》GB 50016—2006 第 12.2.2 条的规定值。

3.6 消防用水量

3.6.1 规定消防给水一起火灾灭火总用水量的计算方法。当为 2 次火灾时，应根据本规范第 3.1.1 条的要求分别计算确定。

一个建筑或构筑物的室外用水同时与室内用水开启使用，消防用水量为二者之和。当一个系统防护多个建筑或构筑物时，需要以各建筑或构筑物为单位分别计算消防用水量，取其中的最大者为消防系统的用水量。注意这不等同于室内最大用水量和室外最大用水量的叠加。

室内一个防护对象或防护区的消防用水量为消火栓用水、自动灭火用水、水幕或冷却分隔用水之和（三者同时开启）。当室内有多个防护对象或防护区时，需要以各防护对象或防护区为单位分别计算消防用水量，取其中的最大者为建筑物的室内消防用水量。注意这不等同于室内消火栓最大用水量、自动灭火最大用水量、防火分隔或冷却最大用水量的叠加。

自动灭火系统包括自动喷水灭火、水喷雾灭火、自动消防水炮灭火等系统，一个防护对象或防护区的自动灭火系统的用水量按其中用水量最大的一个系统确定。

3.6.2 火灾延续时间是水灭火设施达到设计流量的供水时间。以前认为火灾延续时间是为消防车到达火场开始出水时起，至火

灾被基本扑灭止的这段时间，这一般是指室外消火栓的火灾延续时间，随着各种水灭火设施的普及，其概念也在发展，主要为设计流量的供水时间。

火灾延续时间是根据火灾统计资料、国民经济水平以及消防力量等情况综合权衡确定的。根据火灾统计，城市、居住区、工厂、丁戊类仓库的火灾延续时间较短，绝大部分在 2.0h 之内（如在统计数据中，北京市占 95.1%；上海市占 92.9%；沈阳市占 97.2%）。因此，民用建筑、城市、居住区、工厂、丁戊类厂房、仓库的火灾连续时间，本规范采用 2h。

甲、乙、丙类仓库内大多储存着易燃易爆物品或大量可燃物品，其火灾燃烧时间一般均较长，消防用水量较大，且扑救也较困难。因此，甲、乙、丙类仓库、可燃气体储罐的火灾延续时间采用 3.0h；直径小于 20m 的甲、乙、丙类液体储罐火灾延续时间采用 4.0h，而直径大于 20m 的甲、乙、丙类液体储罐和发生火灾后难以扑救的液化石油气罐的火灾延续时间采用 6.0h。易燃、可燃材料的露天堆场起火，有的可延续灭火数天之久。经综合考虑，规定其火灾延续时间为 6.0h。自动喷水灭火设备是扑救中初期火灾效果很好的灭火设备，考虑到二级建筑物的楼板耐火极限为 1.0h，因此火灾延续时间采用 1.0h。如果在 1.0h 内还未扑灭火灾，自动喷水灭火设备将可能因建筑物的倒坍而损坏，失去灭火作用。

据统计，液体储罐发生火灾燃烧时间均较长，长者达数昼夜。显然，按这样长的时间设计消防用水量是不经济的。规范所确定的火灾延续时间主要考虑在灭火组织过程中需要立即投入灭火和冷却的用水量。一般浮顶罐、掩蔽室和半地下固定顶立式罐，其冷却水延续时间按 4.0h 计算；直径超过 20m 的地上固定顶立式罐冷却水延续时间按 6.0h 计算。液化石油气火灾，一般按 6.0h 计算。设计时，应以这一基本要求为基础，根据各种因素综合考虑确定。相关专项标准也宜在此基础上进一步明确。

3.6.4 等效替代原则是消防性能化设计的基本原则，因此当采用防火分隔水幕和防护冷却水幕保护时，应采用等效替代原则，其火灾延续时间与防火墙或分隔墙耐火极限的时间一致。

3.6.5 城市隧道的火灾延续时间引用现行国家标准《建筑设计防火规范》GB 50016—2006 第 12.2.2 条的规定值。

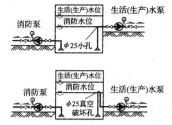

4 消防水源

4.1 一般规定

4.1.1 本条规定了市政消防给水应与市政道路同时实施的原则。

本规范编制过程调研时,发现我国较多的城市市政消火栓欠账,比按国家标准《建筑设计防火规范》GB 50016—2006的规定要少20%～50%,尽管近几年在快速地建设,但仍有一定的差距。目前我国正在快速城市化过程,为保障城市消防供水的安全性,本规范规定市政消防给水要与市政道路同时规划、设计和实施。这源于我国的"三同时"制度。

4.1.2 本条规定了消防水源水质应满足水灭火设施本身,及其灭火、控火、抑制、降温和冷却等功能的要求。室外消防给水其水质可以差一些,如河水、海水、池塘等,并允许一定的颗粒物存在,但室内消防给水如消火栓、自动喷水等对水质要求较严,颗粒物不能堵塞喷头和消火栓水枪等,平时水质不能有腐蚀性,要保护管道。

4.1.3 本条规定了消防水源的来源。消防水源可取自市政给水管网、消防水池、天然水源等,天然水源为河流、海洋、地下水等,也包括游泳池、池塘等,但首先应取之于最方便的市政给水管网。池塘、游泳池等还受其他因素,如季节和维修等的影响,间歇供水的可能性大,为此规定为可作为备用水源。

4.1.5 本条为强制性条文,必须严格执行。我国有很多工程案例水池水箱没有保温而被冻,消防水池、水箱因平时水不流动,且补充水极少,更容易被冻,为防止设备冻坏和水结冰不流动,有些建筑管理者采取放空措施,从而导致国内有火灾案例因水池和高位消防水箱无水导致灭火失败,如东北某汽配城火灾,因此本条强调应采取防冻措施。

防冻措施通常是根据消防水池和水箱、水塔的具体情况,采取保温、采暖或深埋在冰冻线以下等措施,在工业企业有些室外钢结构水池也采用蒸汽余热伴热防冻措施。

4.1.6 本条为强制性条文,必须严格执行。本条规定了一些有可能是间歇性或有其他用途的水池当必须作为消防水池时,应保证其可靠性。如雨水清水池一般仅在雨季充满水,而在非雨季可能没有水,水景池、游泳池在检修和清洗期可能无水,而增加了消防给水系统无水的风险,因此有本条的规定,目的是提高消防给水的可靠性。

4.2 市政给水

4.2.1 因火灾发生是随机的,并没有固定的时间,因此要求市政供水是连续的才能直接向消防给水系统供水。

在本规范编制过程调研中发现有的小城镇或工矿企业为节能或节水而采用间歇式定时供水,在这种情况下有可能发生在非供水时间的火灾,其扑救就会因缺水而造成扑救困难,因此强调直接给水灭火系统供水的市政给水应连续供水。

4.3 消防水池

4.3.3 消防水池的补水时间主要考虑第二次火灾扑救需要,以及火灾时潜在的补水能力。

4.3.4 本条为强制性条文,必须严格执行。本条的目的是保证消防给水的安全可靠。参考发达国家的有关规范,规定了消防水池在火灾时能有效补水的最小有效储水容积,仅设有消火栓系统时不应小于50m³,其他情况消防水池的有效容积不应小于100m³,目的是提高消防给水的靠性。

4.3.6 消防水池容量过大时应分成2个,以便水池检修、清洗时仍能保证消防用水的供给。

4.3.8 本条为强制性条文,必须严格执行。消防用水与生产、生活用水合用时,为防止消防用水被生产、生活用水所占用,因此要求有可靠的技术设施(例如生产、生活用水的出水管设在消防水面之上)保证消防用水不作他用。参见图1。

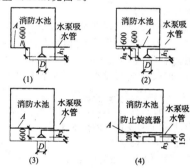

图1 合用水池保证消防水不被动用的技术措施

4.3.9 本条为强制性条文,必须严格执行。消防水池的技术要求。

1 消防水池出水管的设计能满足有效容积被全部利用是提高消防水池有效利用率,减少死水区,实现节地的要求;

消防水池(箱)的有效水深是设计最高水位至消防水池(箱)最低有效水位之间的距离。消防水池(箱)最低有效水位是消防水泵吸水喇叭口或出水管喇叭口以上0.6m水位,当消防水泵吸水管或消防水箱出水管上设置防止旋流器时,最低有效水位为防止旋流器顶部以上0.20m,见图2。

图2 消防水池最低水位

A—消防水池最低水位线;D—吸水管喇叭口直径;
h₁—喇叭口底到吸水井底的距离;h₃—喇叭口底到池底的距离

2 消防水池设置各种水位的目的是保证消防水池不因放空或各种因素漏水而造成有效灭火水源不足的技术措施;

3 消防水池溢流和排水采用间接排水的目的是防止污水倒灌污染消防水池内的水。

4.3.11 本条第1款为强制性条文,必须严格执行。高位消防水池(塔)是常高压消防给水系统的重要代表形式,本节规定了高位消防水池(塔)的有关可靠性的内容。本条各款的内容都是以安全可靠性为原则。

4.4 天然水源及其他

4.4.4 本条为强制性条文,必须严格执行。因天然水源可能有冰凌、漂浮物、悬浮物等易堵塞取水口,为此要求设置格栅或过滤等措施来保证取水口的可靠性。同时应考虑采取措施可能产生的水头损失等对消防水泵造成的吸水影响。

4.4.5 本条为强制性条文,必须严格执行。本条规定了天然水源作为消防水源的技术要求。

1 本款规定了天然地表水源作为室外消防水源供消防车、固定泵和移动泵取水的原则性技术要求,目的是确保消防取水的可靠性;

2 水井安装水位检测装置,以便观察水位是否合理。因地下水的水位经常发生变化,为保证消防供水的可靠性,设置地下水水位检测装置,以便能随着地下水水位的下降,适当调整轴流泵第一叶轮的有效淹没深度。水位测试装置可为固定连续检测,也可设置检测孔,定期人工检测。

4.4.7 本条为强制性条文,必须严格执行。本条规定了消防车取水口处要求的停放消防车场地的一般规定,一般消防车的停放场地应根据消防车的类型确定,当无资料时可按下列技术参数设计,单台车停放面积不应小于15.0m×15.0m,使用大型消防车时,不应小于18.0m×18.0m。

5 供水设施

5.1 消防水泵

5.1.6 本条第1款~第3款为强制性条文,必须严格执行。本条规定了消防水泵选择的技术规定。

1 消防水泵的选择应满足消防给水系统的流量和压力需求,是消防水泵选择的最基本规定;

2 消防水泵在运行时可能在曲线上任何一个点,因此要求电机功率能满足流量扬程性能曲线上任何一个点运行要求;

3 电机湿式安装维修时困难,有时要排空消防水池才能维修,造成消防给水的可靠性降低。电机在水中,电缆漏电会给操作人员和系统带来危险,因此从安全可靠性和可维修性来讲本规范规定采用干式电机安装;

4 消防水泵的运行可能在水泵性能曲线的任何一点,因此要求其流量扬程性能曲线应平缓无驼峰,这样可能避免水泵喘振运行。消防水泵零流量时的压力不应超过额定设计压力的140%是防止系统在小流量运行时压力过高,造成系统管网投资过大,或者系统超压过大。零流量时的压力不宜小于额定压力的120%是因为消防给水系统的控制和防止超压等都是通过压力来实现的,如果消防水泵的性能曲线没有一定的坡度,实现压力和水力控制有一定难度,因此规定了消防水泵零流量时压力的上限和下限。

5.1.8 本条第1款~第4款为强制性条文,必须严格执行。本条规定当临时高压消防给水系统采用柴油机泵时的原则性技术规定。

1 规定柴油机消防水泵配备的柴油机应采用压缩点火型的目的是热备,能随时自动启动,确保消防给水的可靠性;

2 海拔高度越高空气中的绝对氧量减少,而造成内燃机出力减少;进入内燃机的温度高将影响内燃机出力,为此本条规定了不同环境条件下柴油机的出力不同,要满足水泵全性能曲线供水时应根据环境条件适当调整柴油机的功率;

3 在工程实践中,有些柴油机泵运行1h~2h就出现喘振等不良现象,造成不能连续工作,致使不能满足消防灭火需求,为此规定柴油机消防泵的可靠性,且应能连续运行24h的要求;

4 柴油机消防泵是由蓄电池自动启动的,本条规定了柴油机泵的蓄电池的可靠性,要求能随时自动启动柴油机泵。

5.1.9 本条第1款~第3款为强制性条文,必须严格执行。本条规定了轴流深井泵应用的技术条件。

轴流深井泵在我国常称为深井泵,是一种电机干式安装的水泵,在国际上称为轴流泵,因其出水管内含有水泵的轴而得名。有电动驱动,也有柴油机驱动两种型式。可在水井和在消防水池上面安装。

1 深井泵安装在水井时的技术规定;

水井在水泵抽水时而产生漏斗效应,为保证消防水泵在150%的额定出流量时,深井泵的第一个叶轮仍然在水面下,规定轴流深井泵安装于水井时,其淹没深度应满足其可靠运行的要求,在水泵出流量为150%额定流量时其最低淹没深度应是第一个水泵叶轮底部水位线以上不少于3.2m。

海拔高度高,水泵的吸上高度就相应减少,水泵发生气蚀的可能增加,为此规定且海拔高度每增加305m,深井泵的最低淹没深度应至少增加0.3m。

2 本条规定了轴流泵湿式深坑安装的技术条件。轴流深井泵吸水口外缘与深坑周边之间断面的水流速度不应大于0.30m/s,当深坑采用引水渠供水时,引水渠的设计流速不应大于0.70m/s。轴流泵吸水口的淹没深度应根据吸水口直径,水泵吸上高度和流速等水力条件经计算确定,但不应小于0.60m;

3 本款规定了采用湿式深坑安装轴流泵的原则性规定,在工程设计当采用离心水泵不能满足自灌式吸水的技术要求,即消防水池最低水位低于离心水泵出水管中心线或水源水位不能被离心水泵吸水时,消防水泵应采用轴流深井泵,湿式深坑安装方式。

5.1.11 本条规定了消防水泵组应设置流量和压力检测装置的原则性规定。

工程中所安装的消防水泵能否满足该工程的消防需要,要通过检测认定。在某地有一五星级酒店工程,消防水泵从生产厂运到工地,工人按照图纸安装到位,消防验收时发现该泵的流量和压力不能满足该工程的需要,追查的结果是该泵是澳门一项目的消防水泵,因运输问题而错误的发送到该项目。另外随着时间的推移,由于动力原因或者是水泵的叶轮磨损、堵塞等原因使水泵的性能降低而不能满足水消防设施所需的压力和流量,因此消防水泵应定期监测其性能。

当水泵流量小或压力不高时可采用消防水泵试验管试验或临时设施试验,但当水泵流量和压力大时不便采用试验管或临时设置测试,因此规定采用固定仪表测试。

5.1.12 本条第1款和第2款为强制性条文,必须严格执行。为保证消防水泵的及时正确启动,本条对消防水泵的吸水、吸水口,以及从市政给水管网直接吸水作了技术规定。

火灾的发生是不定时的,为保证消防水泵随时启动并可靠供水,消防水泵应经常充满水,以保证及时启动供水,所以消防水泵应自灌吸水。

消防水泵从市政管网直接吸水时为防止消防给水系统的水因背压高而倒灌,系统应设置倒流防止器。倒流防止器因构造原因致使水流紊乱,如果安装在水泵吸水管上,其紊乱的水流进入水泵后会增加水泵的气蚀以及局部真空度,对水泵的寿命和性能有极大的影响,为此本规范规定倒流防止器应安装在水泵出水管上。

当消防水泵从消防水箱吸水时,因消防水箱无法设置吸水井,为减少吸水管的保护高度要求吸水管上设置防止旋流器,以提高消防水箱的储水有效量。

5.1.13 本条第1款~第4款为强制性条文,必须严格执行。本条从可靠性出发规定了消防水泵吸水管和出水管的技术要求。

1 本款是依据可靠性的冗余原则,一组消防水泵吸水管应有100%备用;

2 吸水管若气囊,将导致过水面积减少,减少水的过流量,导致灭火用水量减少;

3 本款是从可靠性的冗余原则出发,一组消防水泵的出水管应有100%备用;

4 火灾时水是最宝贵的,为了能使消防水池内的水能最大限度的有效用于灭火,做出了这些规定;

5 本条的其他款都是对消防水泵能有效可靠工作而做出的相关规定。

5.2 高位消防水箱

5.2.2 本条对高位消防水箱的有效高度或至最不利水灭火设施的静水压力作了技术规定。

国家标准《建筑设计防火规范》TJ 16—74规定屋顶消防水箱压力不能满足最不利消火栓的压力,应设置固定消防水泵,国家标准《高层民用建筑设计防火规范》GBJ 45—82提出临时高压消防给水系统,屋顶消防水箱应满足最不利消火栓和自动喷水等灭火设备的压力0.1MPa要求;国家标准《高层民用建筑设计防火规范》GB 50045—95规定当建筑高度不超过100m时,高层建筑最不利点消火栓静水压力不应低于0.07MPa;当建筑高度超过100m时,高层建筑最不利点消火栓静水压力不应低于0.15MPa。

消防水箱的主要作用是供给建筑初期火灾时的消防用水水量,并保证相应的水压要求。水箱压力的高低对于扑救建筑物顶层及附近几层的火灾关系也很大,压力低可能出不了水或达不到要求的充实水柱,也不能启动自动喷水系统报警阀压力开关,影响灭火效率,为此高位消防水箱应规定其最低有效压力或者高度。

5.2.4 本条第1款为强制性条文,必须严格执行。本条规定了高位消防水箱的设置位置,对于露天设置的高位消防水箱,因可触及的人员较多,为此提出了阀门和人孔的安全措施,通常应采用阀门箱和人孔锁等安全措施。

5.2.5 本条为强制性条文,必须严格执行。规定了高位消防水箱防冻的要求,在东北某大城市有一汽配城因为高位消防水箱没有采暖,冬季把高位消防水箱内的水给放空,恰在冬季该建筑物起火没有水灭火,自动喷水系统没有水扑灭初期火灾,致使火灾进一步蔓延,建筑物整体被烧毁,因此高位消防水箱一则重要,二则既然设置了就应保证其安全可靠性。

5.2.6 本条第1款和第2款为强制性条文,必须严格执行。

5.3 稳 压 泵

5.3.1 本条规定稳压泵的型式和主要部件的材质。

5.3.2 本条第1款为强制性条文,必须严格执行。本条规定了稳压泵设计流量的设计原则和技术规定。

稳压泵的设计流量是根据其功能确定,满足系统维持压力的功能要求,就要使其流量大于系统的泄漏量,否则无法满足。因此规定稳压泵的设计流量应大于系统的管网的漏水量;另外在消防给水系统中,有些报警阀等压力开关等需要一定的流量才能启动,通常稳压泵的流量应大于这一流量。通常室外管网比室内管网漏水量大,大管网比小管网漏水量大,工程中应根据具体情况,经相关计算比较确定,当无数据时,可参考给定值进行初步设计。

5.3.3 本条第1款为强制性条文,必须严格执行。本条规定了稳压泵设计压力的设计原则和技术规定。

稳压泵要满足其设定功能,就需要有一定的压力,压力过大,管网压力等级高带来造价提高,压力过低不能满足其系统充水和启泵功能的要求,因此第1款作了原则性规定,第2款和3款作了相应的技术规定。

5.4 消防水泵接合器

5.4.1、5.4.2 本条为强制性条文,必须严格执行。室内消防给水系统设置消防水泵接合器的目的是便于消防队员现场扑救火灾能充分利用建筑物内已经建成的水消防设施,一则可以充分利用建筑物内的自动水灭火设施,提高灭火效率,减少不必要的消防队员体力消耗;二则不必敷设水龙带,利用室内消火栓管网输送消火栓灭火用水,可以节省大量的时间,另外还可以减少水力阻力提高输水效率,以提高灭火效率;三则是北方寒冷地区冬季可有效减少消防车供水结冰的可能性。消防水泵接合器是水灭火系统的第三供水水源。

5.4.3 消防车能长期正常运转且能发挥消防车较大效能时的流量一般是10L/s～15L/s。因此,每个水泵接合器的流量亦应按10L/s～15L/s计算确定。当计算消防水泵接合器的数量大于3个时,消防车的停放场地可能存在困难,故可根据具体情况适当减少。

5.4.5 对于高层建筑消防水车的接力供水应根据当地消防车的型号确定,应根据当地消防队提供的资料确定消防水泵接合器接力供水的方案。

5.4.6 本条规定了消防车通过消防水泵接合器供水的接力供水措施是采用手抬泵或移动泵。并要求在设计消防给水系统时应考虑手抬泵或移动泵的吸水口和加压水接口。

5.5 消防水泵房

5.5.1 此条是关于泵房内起重设施操作水平的规定。

关于消防水泵房内起重设施的操作水平,一般认为在独立消防水泵房内应设起重设施,目的是方便安装、检修和减轻工人劳

动强度,泵房内起重的操作水平宜适当提高,特别是大型消防水泵房。

目前我国民用建筑内的消防水泵房内设置起重设施的少,但考虑安装和检修宜逐步设置。

5.5.3 柴油机动力驱动的消防水泵因柴油机发热量比较大,在运行期间对人有一定的空间要求,所以在电动泵的基础上加0.2m,并要求不小于1.2m。

5.5.5 此条是消防水泵房内架空水管道布置的规定。

消防给水及给排水等管道有可能漏水,而导致电气设备的停运,因此考虑安全运行的要求,架空水管道不得跨越电气设备。另外为方便操作,架空管道不得妨碍通道交通。

5.5.8 规定设计消防水泵房门的宽度、高度应满足设备进出的要求,特别是大型消防水泵房和柴油机消防水泵,因其设备大而应考虑设备进出的方式。

5.5.9 本条第1款为强制性条文,必须严格执行。本条给出关于消防水泵房采暖、通风和排水设施的技术规定。在严寒和寒冷泵房采暖是为了防止水被冻,而导致消防水泵无法运行,影响灭火。通常水不结冰的工程设计最低温度是5℃,而经常有人的场所最低温度是10℃;综合考虑节能,给出了本条第1款的消防水泵房的室内温度要求。

5.5.10 本条给出了消防水泵房关于设置位置和降噪减振措施的规定。

5.5.11 本条给出了消防水泵停泵水锤的计算方法,以及停泵水锤消除的原则性技术规定。

5.5.12 本条为强制性条文,必须严格执行。本条对消防水泵在火灾时的可靠性和适用性做了规定。

独立建造的消防水泵房一般在工业企业内,对于石油化工厂而言,消防水泵房要远离各种易燃液体储存,并应保证其在火灾和爆炸时消防水泵房的安全,通常应根据火灾的辐射热和爆炸的冲击波计算其最小间距。工程经验值最小为远离储罐外壁15m。

火灾时为便于消防人员及时到达,规定了消防水泵房不应设置在地下三层及以下,或室内地面与室外出入口地坪高差大于10m的地下楼层。

消防水泵是消防给水系统的心脏。在火灾延续时间内人员和水泵机组都需要坚持工作。因此,独立设置的消防水泵房的耐火等级不应低于二级;设在高层建筑物内的消防水泵房应用耐火极限不低于2.00h的隔墙和1.50h的楼板与其他部位隔开。

为保证在火灾延续时间内,人员的进出安全,消防水泵的正常运行,对消防水泵房的出口作了规定。

规定消防水泵房当设在首层时,出口宜直通室外;设在楼层和地下室时,宜直通安全出口,以便于火灾时消防队员安全接近。

5.5.15 地震期间往往伴随火灾,其原因是现代城市各种可燃物较多,特别是可燃气体进楼,一般在地震中管道被扭曲而造成可燃气体泄露,在静电或火花的作用下而发生火灾,如果此时没有水火灾将无法扑救,为此要求独立建造的消防水泵房提高1度采取抗震措施,但抗震计算仍然按规范规定,一般工业企业采用独立建造消防水泵房,石油化工企业更是如此,为此应加强独立消防水泵房的抗震能力。

6 给水形式

6.1 一般规定

6.1.2 本条规定了市政消防给水。

2008年国家颁布的《防灾减灾法》第四十一条规定:城乡规划应当根据地震应急避难的需要,合理确定应急疏散通道和应急避难场所,统筹安排地震应急避难所必需的交通、供水、供电、排污等基础设施建设。因此本条规定城市避难场所宜设置独立的消防水池,且每座容量不宜小于200m³。

6.1.3 本条规定了建筑物室外消防给水的设置原则。

本条第1款规定了建筑物室外消防给水2路供水和1路供水的条件,其判断条件是建筑物室外消火栓设计流量是否大于20L/s。现行国家标准《建筑设计防火规范》GB 50016—2006第8.2.7条第1款室外消防给水管网应布置成环状,当室外消防用水量小于等于15L/s时,可布置成枝状;现行国家标准《高层民用建筑设计防火规范(2005年版)》GB 50045—95第7.3.1条 室外消防给水管道应布置成环状,其进水管不宜少于两条,并宜从两条市政给水管道引入,当其中一条进水管发生故障时,其余进水管应仍能保证全部用水量。

本次修订根据我国城市供水可靠性的提高,把2路供水的标准由原15L/s适当提高到20L/s,我国城市自来水供水可靠性近来已大有提高,调研得出城市供水的保证率大于99%,故适当调整。

但当建筑高度超过50m的住宅室外消火栓设计流量为15L/s,考虑到高层建筑自救原则,为提高供水可靠性,供水还应2路进水。

6.1.4 工艺装置区、储罐区、堆场等构筑物的室外消防给水相当于建筑物的室内消防给水系统,对于火灾蔓延速度快的可燃液体、气体等应采用应高压或临时高压消防给水系统,但当无泡沫灭火系统、固定冷却水系统和消防炮时,储罐区的规模一般比较小,当消防设计流量不大于30L/s,且在城镇消防站保护范围内,其火灾危险性可以控制,因此可采用低压消防给水系统。对于火灾蔓延速度慢的固体可燃物在充分利用城镇消防队扑救时,因此可采用低压消防给水系统,但当可燃物堆垛高、易起火、扑救难度大,且远离城镇消防站时应采用高压或临时高压消防给水系统。

我国火力发电厂的可燃煤在室外堆放,造纸厂的原料、粮库的室外粮食、其他农副产品收购站等有大量的可燃物在室外堆放,码头有大量的物品在室外堆放。造纸厂的原料堆场的可燃秸秆和芦苇等起火次数较多,火电厂可燃煤因蓄热而自燃等。近年我国在推广节能和秸秆发电的生物质能源,各地建设了不少秸秆发电厂,其堆垛高度较高,火灾扑救困难。通常堆垛可燃物可采用低压消防给水系统,主要由消防队来灭火。但当易燃、可燃物堆垛高、易起火、扑救难度大,应采用高压或临时高压消防给水系统,在这种情况下主要考虑自救,因此消防给水系统应采用高压或临时高压消防给水系统,水消防设施可采用消防水炮等灭火设施。

6.1.5 本条规定了当建筑物室外消防给水直接采用市政消火栓或室外消防水池供水的原则性规定。

1 消防水池要供消防车取水时,根据消防车的保护半径(即一般消防车发挥最大供水能力时的供水距离为150m)规定消防水池的保护半径为150m;

2 当建筑物不设消防水泵接合器时,在建筑物外墙5m～150m市政消火栓保护半径范围内可计入建筑物室外消火栓的数量。当建筑物设有消防水泵接合器时,其建筑物外墙5m～40m范围内的市政消火栓可计入建筑物的室外消火栓内。

消火栓周围应留有消防队员的操作场地,故距建筑外墙不宜

小于5.00m。同时,为便于使用,规定了消火栓距被保护建筑物,不宜超过40m,是考虑减少管道水力损失。为节约投资,同时也不影响灭火战斗,规定在上述范围内的市政消火栓可以计入建筑物室外需要设置消火栓的总数内。

3 本条规定了当市政为环状管网时,市政消火栓按实际数量计算,但当市政为枝状管网时仅有1个消火栓计入室外消火栓的数量,主要考虑供水的可靠性。

6.1.8 本条规定了室内消防给水系统的选型,室内消防给水系统,由于水压与生活、生产给水系统有较大差别,消防给水系统中水体长期滞留变质,对生活、生产给水系统也有不利影响,因此要求室内消防给水系统与生活、生产给水系统宜分开设置。但自动喷水局部应用系统和仅设有消防软管卷盘的室内消防给水系统因系统较小,对生产生活给水系统影响小,建设独立的消防给水系统投资大,经济上不合理,故规定可与生产生活给水系统合用,这也是工程原则和国际通用原则。

6.1.9 本条第1款为强制性条文,必须严格执行。本条规定了室内采用临时高压消防给水系统时设置高位消防水箱的原则。

高层民用建筑、总面积大于10000m²且层数超过2层的公共建筑和其他重要建筑因其性质重要,火灾发生将产生巨大的经济和社会影响,近年特大型火灾案例表明屋顶消防水箱的重要作用,为此强调必须设置屋顶消防水箱。高位消防水箱是临时高压给水系统消防水池消防水泵以外的另一个不满足一起火灾灭火用水量的重要消防水源,其目的是增加消防供水的可靠性;且是以最小的成本得到最大的消防安全效益。高层民用建筑强调自救,因此必须设置高位消防水箱,实际是消防给水水源的冗余,是消防给水可靠性的重要体现,并且随着建筑高度的增加,屋顶消防水箱的有效容积逐步增加,见本规范第5.2.1条的有关规定。

日本、美国以及FM公司对于高层建筑等都有关于高位消防水箱的设置要求。规范组在调研中获知有几次火灾是由屋顶消防水箱供水灭火的,如2007年济南雨季洪水,某建筑地下室被淹没,消防水泵不能启动,此间发生火灾,屋顶消防水箱供水扑灭火灾等。

6.1.11 在工业厂区、居住区等建筑群采用一套临时高压消防给水系投向多栋建筑的水灭火系统供水是一种经济合理消防给水方法。工业厂区和同一物业管理的居住小区采用一套临时高压给水系统向多栋建筑供应消防给水,经济合理,但对于不同物业管理单位的建筑可能出现责任不明等不良现象,导致消防管理出现安全漏洞,因此在工程设计中应考虑消防给水管理的合理性,杜绝安全漏洞。

1 根据我国工业企业最大厂区面积的调研,大多数在100hm²内,仅有极小部分的石油化工、钢铁等重化工企业超过,考虑到我国已经进入重化工阶段,企业规模越来越大,占地面积迅速扩大,本次规范从发展和安全可靠性出发,规范确定了工厂消防供水的最大保护半径不宜超过1200m,占地面积不宜大于200hm²;

2 我国目前同一建筑群采用同一消防给水向多栋建筑物供水的项目逐渐增多,但考虑建筑群的分区和分期建设,以及可靠性,在本规范的制订过程中经规范组研究讨论,规定居住小区的最大保护面积不宜大于500000m²;

3 因建筑管理单位不同可能造成消防给水管理的混乱,给消防给水的可靠性带来麻烦,而且已经有不少的项目出现因管理费用和资金、产权等问题,出现一些不和谐的问题,为此本规范规定,管理单位不同时,建筑宜独立设置消防给水系统。

6.1.13 我国城市高层建筑据统计有22万栋,但高度超过100m的高层民用建筑较少,不完全统计既有约为1700栋,在建1254栋,这些建筑消防车扑救火灾已经无能为力,消防队员登临起火地点的时间比较长,为此高层民用建筑确定高层民用建筑火灾扑救应完全立足于自救,自救主要依靠室内消防给水系统,特别是自动喷水灭火系统,但消防水源的可靠性是核心,没有水,火灾是无法

扑救的。为提高这些高层民用建筑物的自救可靠性,本规范规定了建筑高度超过100m的民用建筑应采用可靠的消防给水,消防给水可靠性应经可靠度计算分析比较确定。

6.2 分区供水

6.2.1 本条从产品承压能力、阀门开启、管道承压、施工和系统安全可靠性,以及经济合理性等因素出发规定了消防给水的分区原则,并给出了参数。

6.2.2 本条是消防给水分区方式的原则性规定,分区时应考虑的因素是系统压力、建筑特征,可靠性和技术经济等。

6.2.4 本条规定了减压阀减压分区的技术规定。

减压阀的结构形式导致水中杂质和水质的原因可能会造成故障,如水中杂质堵塞先导式减压阀的针阀和卡瑟活塞式减压阀的阀芯,导致减压阀出现故障,因此减压阀应采用安全可靠的过滤装置。另外减压阀是一个耗能装置,其本身的能耗相当大,为保证火灾时能满足消防给水的要求,对减压阀的能耗和出流量做了明确要求。

6.2.5 本条第1款为强制性条文,必须严格执行。本条规定了减压水箱减压分区的技术规定。

减压水箱减压分区在我国20世纪80年代和90年代中期的超高层建筑曾大量采用,其特点是安全、可靠,但占地面积大,对进水阀的安全可靠性要求高等,本条规定了减压水箱的有关技术要求。

7 消火栓系统

7.1 系 统 选 择

7.1.1 湿式消火栓系统管道是充满有压水的系统,高压或临时高压湿式消火栓系统可用来对火场直接灭火,低压系统能够对消防车供水,通过消防车装备对火场进行扑救。湿式消火栓系统同干式系统相比没有充水时间,能够迅速出水,有利于扑救火灾。在寒冷或严寒地区采用湿式消火栓系统应采取防冻措施,如干式地上式室外消火栓或消防水鹤等。

7.1.2、7.1.3 第7.1.2条为强制性条文,必须严格执行。室内环境温度经常低于4℃的场所会使管内充水出现冰冻的危险,高于70℃的场所会使管内充水汽化加剧,有破坏管道及附件的危险,另外结冰和汽化都会降低管道的供水能力,导致灭火能力的降低或消失,故以此温度作为选择湿式消火栓系统或干式消火栓系统的环境温度条件。

7.1.5 严寒、寒冷等冬季结冰地区城市隧道、桥梁以及其他室外构筑物要求设置消火栓时,在室外极端温度低于4℃时,因系统管道可能结冰,故宜采用干式消火栓系统,当直接接市给水管道时可采用室外干式消火栓。

7.1.6 干式消火栓系统因为其内充满空气,打开消火栓后先要排气,然后才出水,因出水滞后而影响灭火,所以本次规范规定了充水时间。现行国家标准《建筑设计防火规范》GB 50016—2006和《高层民用建筑设计防火规范》GB 50045—95等规范对于干式系统没有充水时间的规定,但现行国家标准《建筑设计防火规范》GB 50016—2006第12.2.2条第3款干式系统充水时间不应大于90s,该参数过小,致使隧道内的干式系统要分成若干子系统,造成

管道系统复杂,投资增加。发达国家的标准有10min和3min的充水规定,本次规范综合考虑确定为5min。

当干式消火栓系统采用干式报警阀时如同干式自动喷水灭火系统,当采用雨淋阀时为半自动系统,采用雨淋阀和干式报警阀的目的是为了接通或切断向消火栓管道系统的供水,并通过压力开关向消防控制室报警。为使干式系统快速充水转换成湿式系统,在系统管道的最高处设置自动快速排气阀。有时干式系统也采用电磁阀和电动阀,电磁阀的启动及时,应采用弹簧非浸泡在水中型式,失电开启型,且应有紧急断电启动按钮;电动阀启动时间长,并与配置电机相关,本条规定启动时间不应超过30s,以提高可靠性。

7.2 市政消火栓

7.2.1 消火栓的设置应方便消防队员使用,地下式消火栓因室外消火栓井口小,特别是冬季消防队员着装较厚,下井操作困难,而且地下式消火栓锈蚀严重,要打开很费力,因此本次规范制订推荐采用地上式室外消火栓,在严寒和寒冷地区采用干式地上式室外消火栓。我国严寒地区开发了消防水鹤,目前在黑龙江、辽宁、吉林和内蒙古等省市自治区推广使用,消防水鹤设置在地面上,产品类似于火车加水器,便于操作,供水量大。

消防水鹤是一种快速加水的消防产品,适用于大、中型城市消防使用,能为迅速扑救特大火灾及时提供水源。消防水鹤能在各种天气条件下,尤其在北方寒冷或严寒地区有效地为消防车补水,其设置数量和保护范围可根据需要确定,但只是市政消火栓的补充。

7.2.2 市政消火栓是城乡消防水源的供水点,除提供其保护范围内灭火用的消防水源外,还要担负消防车加压接力供水对其保护范围外的火灾扑救提供水源支持,故规定市政消火栓宜采用DN150的室外消火栓。

设置消防车固定吸水管除符合水泵吸水管一般要求外,还应注意下列几点:

(1)消防车车载水泵带有排气引水、水环引水装置,固定吸水管不设底阀。但应保证天然消防水源处于设计最低水位时,消防车水泵的吸水高度不大于6.0m。

(2)消防车车载水泵带有吸水管,通过它将固定吸水管与消防车车载水泵进水口连接起来,消防车车载水泵吸水管口径有100mm、125mm和150mm三种,连接型式为螺纹式。固定吸水管直径应根据当地主要消防车车载水泵吸水管口径决定,端部应设置相应的螺纹接口并以螺纹拧盖进行保护,接口距地高度不宜大于450mm。

(3)消防车固定吸水管距路边不宜小于0.5m,也不宜大于2.0m。室外消火栓的出水口(栓口)100mm、150mm为螺纹式连接,是为消防车提供水源,可通过消防车自携的吸水管直接与消防车泵进水口连接,或与消防水罐连接供水。65mm栓口为内扣式连接,是为高压、临时高压系统连接消防水带进行灭火用,或向消防车水罐供水用。

7.2.6 本条规定了市政消火栓的布置原则和技术参数,目的是保护市政消火栓的自身安全,以及使用时的人员安全,且平时不妨碍公共交通等。

为便于消防车从消火栓取水和保证市政消火栓自身和使用时人身安全,规定距路边在0.5m~2m范围内设置,距建筑物外墙不宜小于5m。

地上式市政消火栓被机动车撞坏的事故时有发生,简便易行的防撞措施是在消火栓的两边设置金属防撞桩。

7.2.8 本条为强制性条文,必须严格执行。本条规定了接市政消火栓的给水管网的平时运行压力和火灾时的压力,因火灾时用水量大增,管网水头损失增加,为保证火灾时管网的有效水压,故规定平时管网的运行压力。规范组在调研时获知有的城市水压很

低,不能满足火灾时用水的压力要求,为此本次规范修订时要求平时管网运行压力为0.14MPa,该压力值也是现行行业标准《城镇供水厂运行、维护及安全技术规程》CJJ 58对自来水公司的基本要求。并规定火灾时压力从地面算起不应低于0.10MPa。

7.2.9 本条规定了消防水鹤的间距和市政给水管道的直径,消防水鹤的布置间距是借鉴吉林省地方规范的有关数据,因消防水鹤的出水量为30L/s,为此规定接消防水鹤的市政给水管道的直径不应小于DN200。

7.2.11 本条规定当采用地下式市政消火栓时应有明显的永久性标志,以便于消防队员查找使用。

7.3 室外消火栓

7.3.2 建筑室外消火栓的布置数量应根据室外消火栓设计流量、保护半径和每个室外消火栓的给水量经计算确定。

室外消火栓是供消防车使用的,其用水量应是每辆消防车的用水量。按一辆消防车出2支喷嘴19mm的水枪考虑,当水枪的充实水柱长度为10m~17m时,每支水枪用水量4.6L/s~7.5L/s,2支水枪的用水量9.2L/s~15L/s。故每个室外消火栓的出流量按10L/s~15L/s计算。

如一建筑物室外消火栓设计流量为40L/s,则该建筑物室外消火栓的数量为40/(10~15)=3个~4个室外消火栓,此时如果按保护半径150m布置是2个,但设计应按4个进行布置,这时消火栓的间距可能远小于规范规定的120m。

如一工厂有多栋建筑,其建筑物室外消火栓设计流量为15L/s,则该建筑物室外消火栓的数量为15/(10~15)=1个~1.5个室外消火栓。但该工程占地面积很大,其消火栓布置应仍然要遵循消火栓的保护半径150m和最大间距120m的原则,若按保护半径计算的数量是4个,则应按4个进行布置。

7.3.3 为便于消防车使用室外消火栓供水灭火,同时考虑消防队火灾扑救作业面展开的工艺要求,规定沿建筑周围均匀布置室外消火栓。因高层建筑裙房的原因,高层部分均设有便于消防车操作的扑救面,为利于消防队火灾扑救,规定扑救面一侧室外消火栓不宜少于2个。

7.3.4 人防工程、地下工程等建筑为便于消防队火灾扑救,规定应在出入口附近设置室外消火栓,且距出入口的距离不宜小于5m,也不宜大于40m。这个室外消火栓相当于建筑物消防电梯前室的消火栓,消防队员来时作为首先进攻、火灾侦查和自我保护用的。

7.3.5 我国汽车普及迅速,室外停车场的规模越来越大,考虑到停车场火灾扑救工艺的要求,消防车到达的方便性和接近性,以及室外消火栓不妨碍停车场的交通等因素,规定室外消火栓宜沿停车场周边设置,且与最近一排汽车的距离不宜小于7m,距加油站或油库不宜小于15m。

7.3.6 甲、乙、丙类液体和液化石油气等罐区发生火灾,火场温度高,人员很难接近,同时还有可能发生泄漏和爆炸。因此,要求室外消火栓设置在防火堤或防护墙外的安全地点。距罐壁15m范围内的室外消火栓火灾发生时因辐射热而难以使用,故不应计算在该罐可使用的数量内。

7.3.8 随着我国进入重化工时代,工艺装置、储罐的规模越来越大,目前国内最大的油罐是10万立方米,乙烯工程已经到达80万吨~120万吨,消防水枪已经难以覆盖工艺装置和储罐,为此移动冷却的室外箱式消火栓改为固定消防炮。

7.3.9 本条规定了工艺装置区和储罐区的室外消火栓,相当于建筑物的室内消火栓,当采用高压或临时高压消防给水系统时,工艺装置区和储罐区的室外消火栓为室外箱式消火栓,布置间距根据水带长度和充实水柱有效长度确定。

7.3.10 本条为强制性条文,必须严格执行。倒流防止器的水头损失较大,如减压型倒流防止器在正常设计流量时的水头损失在

0.04MPa~0.10MPa之间,火灾时因流量大增,水头损失会剧增,可能导致使室外消火栓的供水压力不能满足0.10MPa的要求,为此应进行水力计算。为保证消防给水的可靠性,规定从市政给水管网接引的入户引入管在倒流防止器前应设置一个室外消火栓。

7.4 室内消火栓

7.4.1 本条对室内消火栓选型提出性能化的要求。不同火灾危险性、火灾荷载和火灾类型等对消火栓的选择是有影响的。如B类火灾不宜采用直流水枪,火灾荷载大火灾规模可能大,其辐射热大,消火栓充实水柱应长,如室外储罐、堆场等当消火栓水枪充实水柱不能满足时,应采用消防炮等。

7.4.3 本条为强制性条文,必须严格执行。设置消火栓的建筑物应每层均设置。因工程的不确定性,设备层是否有可燃物难以判断,另外设备层设置消火栓对扑救建筑物火灾有利,且增加投资也很有限,故本条规定设备层应设置消火栓。

7.4.4 公共建筑屋顶直升机停机坪目的是消防救援,在直升机停机坪出入口处设置消火栓便于火灾时对于火灾扑救自我保护,考虑到安全因素规定距停机坪距离不小于5m是为了使用安全。

7.4.5 消防电梯前室是消防队员进入室内扑救火灾的进攻桥头堡,为方便消防队员向火场发起进攻或开辟通路,消防电梯前室应设置室内消火栓。消防电梯前室消火栓与室内其他消火栓一样,没有特殊要求,且应作为1股充实水柱与其他室内消火栓一样同等地计入消火栓使用数量。

7.4.6 现行国家标准《建筑设计防火规范》GB 50016—2006条文说明解析根据扑救初期火灾使用水枪数量与灭火效果统计,在火场出1支水枪时的灭火控制率为40%,同时出2支水枪时的灭火控制率可达65%,本次规范制订,规范组最新调查消防部队加强第一出动,第一出动灭火成功率在95%以上,说明我国目前消防部队作战能力有极大的提高,第一出动一般使用水枪数量为2支,为此规定2股水柱同时到达。并规定了小规模建筑可适当放款的要求。

本规范允许室内DN65消火栓设置在楼梯间或楼梯间休息平台,目的是保护消防队员,火灾时楼梯间是半室外安全空间,消防队员在此接消防水龙带和水枪的时候是安全的,另外在楼梯间设置消火栓的位置不变,便于消防队员在火灾时找到。国际上大部分国家允许室内消火栓设置在楼梯间或楼梯间休息平台,美国等国家SN65的消火栓仅设置在楼梯间内,而且不配置水龙带和水枪,目的是给消防队员使用。

设置在楼梯间及其休息平台等安全区域的消火栓仅应与一层视为同一平面。

7.4.7 本条规定了室内消火栓的设置位置。

室内DN65消火栓的设置位置应根据消防队员火灾扑救工艺确定,一般消防队员在接到火警后10min后到达现场,从大量的统计数据看,此时大部分火灾还被封闭在火灾发生的房间内,这也是为什么消防队员第一出动就能扑救95%以上的火灾的原因。如果此时火灾已经蔓延扩散,就像很多灾害性大火一样,如沈阳汽配城火灾、北京玉泉营家具城火灾、洛阳大火等,消防队赶到时,火灾已经蔓延,此时能自己疏散的人员已经疏散,不能疏散的要等待消防队救援,消防队到达后首先救人,其次是进行火灾扑救。此时消防队的火灾扑灭工艺是在一个相对较安全的地点设立水枪阵,向火灾发生地喷水灭火,为了便于补给和消防队员的轮换及安全,消火栓应首先设置在楼梯间或其休息平台。其次消火栓可以设置在走道等便于消防队员接近的地点。

7.4.8 规定室内消火栓栓口距地面高度宜为1.1m,是为了连接水龙带时操作以及取用方便。发达国家规范规定的安装高度为0.9m~1.5m。

为了更好地敷设水带,减少局部水头损失,要求消火栓出水方向宜与设置消火栓的墙面成90°角或向下。

7.4.10 室内消火栓不仅给消防队员使用,也给建筑物内的人员使用,因建筑物内的人员没有自备消防水带,所以消防水带宜按行走距离计算,其原因是消防水带在设计水压下转弯半径可观,如65mm的水带转弯半径为1m,转弯角度100°,因此转弯的数量越多,水带的实际到达距离就短,所以本规范规定要按行走距离计算。

7.4.11 本条规定设置DN25(消防卷盘或轻便水龙)是建筑内员工等非职业消防人员利用消防卷盘或轻便水龙扑灭初起小火,避免蔓延发展成为大火。因考虑到DN25等和DN65的消火栓同时使用达到消火栓设计流量的可能性不大,为此规定DN25(消防卷盘或轻便水龙)用水量可以不计入消防用水总量,只要求室内地面任何部位有一股水流能够到达就可以了。

7.4.12 本条规定了消火栓栓口压力技术参数。

1 室内消火栓一般配置直流水枪,水枪反作用力如果超过200N,一名消防队员难以掌握进行扑救。DN65消火栓口水压如大于0.50MPa,水枪反作用力将超过220N,故本款提出消火栓口动压不应大于0.50MPa,如果栓口压力大于0.70MPa,水枪反作用力将大于350N,两名消防队员也难以掌握进行灭火。因此,消火栓栓口水压若大于0.70MPa必须采取减压措施,一般采用减压阀、减压稳压消火栓、减压孔板等;

2 目前国际上大部分国家仅规定消火栓栓口压力,一般不计算充实水柱长度,本规范制订时考虑国际惯例与我国工程实践相结合,给出相关的参数。日本规定1号消火栓(公称直径50相当于我国DN50)栓口压力为0.17MPa~0.70MPa,2号消火栓(公称直径32)栓口压力为0.25MPa~0.70MPa;美国规定65mm消火栓栓口压力为0.70MPa,25mm消火栓栓口压力为0.45MPa;南非规定消火栓的栓口压力为0.25MPa。

消火栓栓口所需水压按下式计算:

$$H_{xh} = H_g + h_d + H_k \qquad (1)$$

式中:H_{xh}——消火栓栓口的压力(MPa);

H_g——水枪喷嘴处的压力(MPa);

h_d——水带的水头损失(MPa);

H_k——消火栓栓口水头损失,可按0.02MPa计算。

高层建筑、高架库房、厂房和室内净空高度超过8m的民用建筑,配置DN65消火栓、65mm衬胶水带25m长、19mm喷嘴水枪充实水柱按13m时,水枪喷嘴流量5.4L/s,H_g为0.185MPa;水带水头损失h_d为0.046MPa;计算得到消火栓栓口压力H_{xh}为0.251MPa,考虑到其他因素规定消火栓栓口动压不得低于0.35MPa。

室内消火栓出水量不应小于5L/s,充实水柱应为11.5m。当配置条件与上款相同时,计算得到消火栓栓口压力H_{xh}为0.21MPa。故规定其他建筑消火栓栓口动压不得低于0.25MPa。

7.4.13 7层~10层的各类住宅可以根据地区气候、水源等情况设置干式消防竖管或湿式室内消火栓给水系统。干式消防竖管平时无水,火灾发生后由消防车通过首层外墙接口向室内干式消防竖管供水,消防队员用自携水龙带接驳竖管上的消火栓口投入火灾扑救。为尽快供水灭火,干式消防竖管顶端应设自动排气阀。

7.4.14 住宅建筑如果在生活给水管道上预留一个接驳DN15消防软管或轻便水龙的接口,对于住户扑救初起状态火灾减少财产损失是有好处的。

7.4.15 住宅户内跃层或商业网点的一个防火隔间内是两层的建筑均可视为是一层平面。

7.4.16 本条规定了城市交通隧道室内消火栓设置的技术规定。

1 隧道内消防给水应设置独立的高压或临时高压消防给水系统,目的是随时都能取水灭火,因隧道内狭窄,消防车救援困难。如果允许运输石油化工类物品时,应采用水雾或泡沫消防枪,有利于B、C类火灾扑救;

2 规定最低压力不应小于0.30MPa是为保证消防水枪充实

水柱不小于13m,消火栓口出水压力超过0.70MPa时水枪反作用力过大不利于消防队员操作,故应设置减压设施;

3 隧道入口处应设水泵接合器,其数量按3.5.2条规定的设计流量计算确定。为了给水泵接合器供水,应在15m~40m范围内设置相应的室外或市政消火栓;

4 为确保两支水枪的两股充实水柱到达隧道任何部位,规定消火栓的间距不应大于50.0m;

5 允许通行运输石油和化学危险品的隧道内发生火灾类型一般为A、B类混合火灾或A、C类混合火灾,隧道长度超过3000m时,应配置水雾或泡沫消防水枪便于有针对性采取扑救措施。

8 管 网

8.1 一 般 规 定

8.1.2 为实现消防给水的可靠性,本条规定了采用环状给水管网的4种情况。

8.1.4 本条规定了低压室外消防给水管网的设置要求。

1 为确保消防供水的可靠性,本条规定两路消防供水时应采用环状管网,一路消防供水时可采用枝状管网,本规范6.1.3条规定了建筑物室外消防给水采用两路或一路供水;

2 以保证火灾时供应必要的用水量,室外消防给水管道的直径应通过计算决定。当计算出来的管道直径小于DN100时,仍应采用DN100。实践证明,DN100的管道只能勉强供应一辆消防车用水,因此规定最小管径为DN100。

8.1.5 本条规定了室内消防给水管网的设置要求。

1 室内消防给水管网是室内消防给水系统的主要组成部分,采用环状管网供水可靠性高,当其中某段管道损坏时,仍能通过其他管段供应消防用水。室外消火栓设计流量不大于20L/s且室内消火栓不超过10个时,表明建筑物的体量不大、火灾危险性相对较低,此时消防给水管网可以布置成支状。建筑高度大于54m的住宅,超过10层的住宅室内消火栓数量超过10个,因高层建筑的自救原因,也应是环状管网;

2 当室内消防给水由室外消防用水与其他用水合用的管道供给时,要求合用系统的流量在其他用水达到最大小时流量时,应仍能保证供应全部室内外消防用水量,消防用水量按最大秒流量计算;

3 室内消防给水管道的直径应通过计算决定。当计算出来的竖管直径小于100mm时，仍应采用100mm。

8.1.6 环状管网上的阀门布置应保证管网检修时，仍有必要的消防用水。

8.2 管 道 设 计

8.2.1 本条要求消防给水系统中管件、配件等的产品工作压力不应小于管网的系统工作压力，以防火灾时这些部位出现渗漏或损坏，影响消防供水的可靠性。

8.2.2 本条规定了低压给水系统的系统工作压力要求。低压给水系统灭火时所需水压和流量都是由消防车或其他移动式消防水泵加压提供。一般是生产、生活和消防合用给水系统。阀门的最低产品等级是 0.60MPa 或 1.0MPa，而普通管道的压力等级通常是1.2MPa，因此规定低压给水系统的系统工作压力不应低于0.60MPa。

8.2.3 本条规定了高压和临时高压给水系统的系统工作压力要求，并给出了不同情况下系统工作压力的计算方法。

8.2.4 本条规定了消防给水系统的管道材质选择要求。对于埋地管道采用的管材，应具有耐腐蚀和承受相应地面荷载的能力，可采用球墨铸铁管、钢丝网骨架塑料复合管和经可靠防腐处理的钢管等。对于室内外架空管道，应选用耐腐蚀、有一定耐火性能且安装连接方便可靠的管材，可采用热浸镀锌钢管、无缝钢管等。

8.2.5 本条规定了不同系统工作压力下消防给水系统埋地管道的管材和连接方式选择要求。

8.2.6 本条规定了室外金属管道埋地时的管顶覆土深度要求。管顶覆土应考虑埋深荷载以及机动车荷载对管道的影响，在严寒、寒冷地区还应考虑冰冻线的位置，以保证管道防冻。因消防给水管道平时不流动，所以与冰冻线的净距比自来水管线要求大。

8.2.7 本条规定了钢丝网骨架塑料复合管作为埋地消防给水管时的要求，包括对其强度、连接方式、工作压力、覆土深度、与热力管道间距等。钢丝网骨架塑料复合管的复合层应符合以下要求：

静压稳定性：随机取两端长度为 600mm±20mm 的管材，在管端下封口的情况下用电熔管件连接，且在连接组合试样两端距管件端口 150mm 处，沿管材外表面圆周切一宽为 1.5mm±0.5mm，深度至钢丝缠绕层表面的环形槽。试样试验在 20℃，公称压力乘以1.5，时间为 165h 条件下进行，切割环形槽不破裂、不渗漏。

剥离强度：管材按现行国家标准《胶粘剂 T 剥离强度试验方法 挠性材料对挠性材料》GB/T 2791 规定的试验方法进行试验时，剥离强度值大于或等于 100N/cm。

静液压强度：应符合表3和表4的规定。80℃静液压强度165h试验只考虑脆性破坏；在要求的时间（165h）内发生韧性破坏时，则应按表4选择较低的破坏应力和相应的最小破坏时间重新试验。

表3 管材耐静液压强度

序号	项目	环向应力（MPa）		要求
		PE80	PE100	
1	20℃静压强度（100h）	9.0	12.4	不破裂、不渗漏
2	80℃静压强度（165h）	4.6	5.5	不破裂、不渗漏
3	80℃静压强度（1000h）	4.0	5.0	不破裂、不渗漏

表4 80℃时静液压强度（165h）再试验要求

PE80		PE100	
应力（MPa）	最小破坏时间（h）	应用（MPa）	最小破坏时间（h）
4.5	219	5.4	233
4.4	283	5.3	332
4.3	394	5.2	476
4.2	533	5.1	688
4.1	727	5.0	1000
4.0	1000	—	—

8.2.8 本条规定了不同系统工作压力下的室内外架空管道管材的选择要求。

8.2.9 本条规定了室内外架空管道的连接方式，包括沟槽连接、螺纹连接和法兰、卡压连接等。这四种连接方式都不用明火，不会产生施工火灾；且螺纹连接、沟槽连接（卡箍）和卡压占用空间少，法兰连接占用空间大。焊接连接施工要求空间大，不便于维修，且存在产生施工火灾的隐患，为减少施工时火灾，在室内架空管道的连接中不宜使用。

8.2.10 室外架空管道因不同季节和昼夜温差的影响，会发生膨胀和收缩，从而影响室外架空管道的稳定性，因此应校核管道系统的膨胀和收缩长度，并采取相应的安装方式和技术膨胀节等。

8.3 阀门及其他

8.3.2 为了使系统管道充水时不存留空气，保证火灾时消火栓及自动水灭火系统能及时出水，规定在进水管道最高处设置自动排气阀。因管道内的空气阻碍水流量的通过，为提高水流过流能力，应排尽管道内的空气，所以系统要求设置自动排气阀。

8.3.5 本条为强制性条文，必须严格执行。消防给水系统与生产、生活给水系统合用时，在消防给水管网进水管处应设置倒流防止器，以防消防水回流至合用管网，对生产、生活水造成污染。无论是小区、厂区引入管，以及建筑物的引入管当设置有空气隔断的倒流防止器时，因该倒流防止器有开口与大气相通，为保护水源，该倒流防止器应安装在清洁卫生的场所，不应安装在地下阀门井内等能被水淹没的场所。

8.3.6 在调研时发现有不少冬季结冰地区的阀门井内管道冻坏，而消防给水系统因管道内的水平时不流动，更容易冻结，为此规定在结冰地区的阀门井应采用防冻阀门井。

9 消 防 排 水

9.1 一 般 规 定

9.1.1、9.1.2 规定了消防排水的基本原则。

工业、民用及市政等建设工程当设有消防给水系统时，为保护财产和消防设备在火灾时能正常运行等安全需要设置消防排水。因系统调试和日常维护管理的需要应设置消防排水，如实验消火栓处，自动喷水末端试水装置处，报警阀试水装置处等。

9.2 消 防 排 水

9.2.1 本条文规定了火灾时建筑或部位应设置消防排水设施。

仓库火灾除考虑火灾扑灭外，还应考虑储藏物品的水渍损失，另外有些物品具有吸水性，一旦吸收大量的水后，造成荷载增加，对于建筑结构的安全构成威胁，为此从保护物品和减少荷载，仓库地面应考虑排水设施。某市一两层棉花仓库起火后，因无排水设施，造成灭火后因荷载加大，楼板开裂。

9.2.3 本条为强制性条文，必须严格执行。灭火过程中有大量的水流出。以一支水枪流量 5L/s 计算，10min 就有 3t 水流出。一般灭火过程，大多要用两支水枪同时出水。随着灭火时间增加，水流量不断地增大。在起火楼层要控制水的流量和流向，使梯井不进水是不可能的。这么多的水，使之不进入前室或是由前室内部全部排掉，在技术上也不容易实现。因此，在消防电梯井底设排水口非常必要，对此作了明确规定。将流入梯井底部的水直接排向室外，有两种方法：消防电梯不到地下层，有条件的可将井底的水直接排向室外。为防雨季的倒灌，排水管在外墙位置可设单流阀。不能直接将井底的水排出室外时，参考国外做法，井底下部或旁边设容量不小于 2.00m³ 的水池,排水量不小于 10L/s 的水泵,将流入水池的水抽向室外。

消防电梯是火灾已发生就自动降到首层,目的是为消防队赶到时提供快速达到着火地点而设置的消防捷运设施,消防队到达以前建筑物能使用的水枪是最大 2 股水柱,为此消防排水考虑火灾初期的灭火用水量,另外 95% 的火灾是 2 股水柱就能扑灭,鉴于上述两种原因,在考虑投资和经济的因素,规定消防电梯井的排水量不应小于 10L/s。

9.3 测试排水

9.3.1 本条为强制性条文,必须严格执行。本条规定自动喷水末端试水、报警阀排水、减压阀等试验排水的要求。

消防给水系统减压阀因不经常使用,因为渗漏往往经过一段时间后导致阀前后压力差减少,为保证减压阀前后压差与设计基本一致,减压阀应经常试验排水;另外减压阀为测试其性能而排水,故减压阀应设置排水管道。

10 水 力 计 算

10.1 水 力 计 算

10.1.2 本条文给出了消防给水管道的沿程水头损失的计算公式。

我国在 21 世纪以前给水系统水力计算通常采用前苏联舍维列夫公式,随着 2003 年版的国家标准《建筑给水排水设计规范》GB 50015—2003 采用欧美常用的海澄威廉公式,2006 年版国家标准《室外给水设计规范》GB 50013—2006 采用达西等欧美公式后,我国给水排水已经基本不采用前苏联舍维列夫公式,本规范综合我国现行规范,采用达西等水力计算公式。沿程水头损失的计算公式很多,基本是前苏联的舍维列夫公式和欧美公式。

(1)前苏联舍维列夫公式如下:

1)当流速≥1.2m/s,

$$i = 0.00107 \frac{v^2}{D^{1.3}} \tag{2}$$

2)当流速<1.2m/s,

$$i = 0.000912 \frac{v^2}{D^{1.3}} \left(1 + \frac{0.867}{v}\right)^{0.3} \tag{3}$$

式中：i——水力坡度,单位管道的损失(m/m);

v——流速(m/s);

D——管道内径(m)。

(2)欧美公式

1)达西公式。达西公式计算水力坡度,而阻力系数由柯列布鲁克-怀特公式计算。

达西公式:

$$i = \lambda \frac{1}{D} \frac{v^2}{2g} \tag{4}$$

柯列布鲁克-怀特公式:

$$\frac{1}{\sqrt{\lambda}} = -2.0 \log\left(\frac{2.51}{Re\sqrt{\lambda}} + \frac{\varepsilon}{3.71D}\right) \tag{5}$$

式中：i——水力坡度,单位管道的损失(m/m);

λ——阻力系数;

D——管道内径(m);

v——流速(m/s);

g——重力加速度(m/s²);

$Re = vD/\mu$(雷诺数);

μ——在一定温度下的液体的运动黏滞系数(m²/s);

ε——绝对管道粗糙度(m)。

在水力计算时,其他的参数很容易就可以确定,但管道粗糙度 k 的取值尤为关键。球墨铸铁管采用旋转喷涂的工艺,得到一个光滑的、均匀的水泥砂浆内衬。圣戈班穆松桥进行了一系列的试验,已经得出了内衬的粗糙度 k 值。其平均值为 0.03mm,当和绝对光滑的管道 $\varepsilon = 0$ 比较时(计算流速为 1m/s),对应的额外水头损失为 5%～7%。不管怎样,管道的相关表面粗糙度不仅依赖于管道表面的均匀性,而且特别依赖于弯头、三通和其他连接形式的数量,如管线纵剖面的不规则性。经验显示 $\varepsilon = 0.1$ 对于配水管线来说是一个合理的数值。对于每千米只有几个管件的长距离的管线来说,ε 的取值可以稍微地降低(可取系数 0.6～0.8)。当然,ε 的取值还应当包括其他因素的影响,如水质的不同等。圣戈班穆松桥进行 ε 值试验时的部分管道数据见表 5。

表 5 圣戈班穆松桥试验 ε 值

管径 DN	安装年代	估算年龄(年)	ε 值(柯列布鲁克-怀特公式)
150	1941	0	0.025
		12	0.019
		16	0.060

续表 5

管径 DN	安装年代	估算年龄(年)	ε 值(柯列布鲁克-怀特公式)
250	1925	16	0.148
		32	0.135
		39	0.098
300	1928	13	0.160
		29	0.119
		36	0.030
300	1928	13	0.054
		29	0.075
		36	0.075
700	1939	19	0.027
		25	0.046
700	1944	13	0.027
		20	0.046

2)

$$i = 10^{-2} \frac{v^2}{C_v^2 R} \tag{6}$$

该公式是现行国家标准《室外给水设计规范》GB 50013—2006 中给出的。

3)海澄-威廉公式:

$$i = 2.9660 \times 10^{-7} \left(\frac{q^{1.852}}{C^{1.852} d_i^{4.87}}\right) \tag{7}$$

10.1.6 本条文给出了管道局部水头损失的计算公式。管道局部水头损失按局部管道当量长度进行计算。

发达国家给出的管道管件和阀门等管道附件的局部管道当量长度,见表 6。

表6 阀门和管件的同等管道当量长度表(英尺)

配件与阀门	管件与阀门直径(英寸)														
	3/4	1	1 1/4	1 1/2	2	2 1/2	3	3 1/2	4	5	6	8	10	12
45°管道弯头	1	1	1	2	2	3	3	4	5	5	7	9	11	13
90°标准管道弯头	2	2	3	4	5	6	7	8	10	12	14	18	22	27
90°长转折管道弯头	1	2	2	2	3	4	5	5	6	8	9	13	16	18
三通管或者四通管(水流转向90°)	3	5	6	8	10	12	15	17	20	25	30	35	50	60
蝶形阀	—	—	—	6	7	10	—	12	9	10	12	19	21
闸门阀	—	—	—	1	1	1	1	1	2	2	3	4	5	6
旋启式阀门	—	5	7	9	11	14	16	19	22	27	32	45	55	65
球心阀	—	—	—	46	—	70								
角阀	—	—	—	20	—	31								

注:由于旋启式止逆阀在设计方面的差异,需参考表中所给出的管道当量。

表6是基于海澄威廉系数为 $C=120$ 时测试的数据,当海澄威廉系数变化时,其当量长度适当变化,则有 $C=100$,$k_3=0.713$;$C=120$,$k_3=1.0$;$C=130$,$k_3=1.16$;$C=140$,$k_3=1.33$;$C=150$,$k_3=1.51$,例如直径4英寸的侧向三通在 $C=150$ 管道的当量长度为 $20/1.51=13.25$ 英尺。

规范表10.1.6-1中关于U形过滤器和V形过滤器的数据来源《自动喷水灭火系统设计手册》。

表10.1.6-2数据来源于美国出版的《Fluid Flow Handbook》中的有关数据。

10.1.7 本条规定了水泵扬程或系统入口供水压力的计算方法。

本次规范制订考虑水泵扬程有 $1.20\sim1.40$ 的安全系数是基于以下几个原因:一是工程施工时管道的折弯可能增加不少,二是工程设计时其他安全因素的考虑,如管道施工某种原因造成的局部截面缩小等。

10.1.8 本条规定了消防给水系统由市政直接供水时的压力确定原则。

10.1.9 本条规定了消防给水水力计算的原则。

我国以前规范和手册中对消火给水系统没有提供有关室内消火栓系统计算原则,规范组根据工程实践总结提出了室内消火栓系统环状管网简化为枝状管网的计算原则,其原因是国内消火栓系统均存在最小立管流量和转输流量的问题,故采用常规的给水管网的计算方法不合适,因此综合简化为枝状管网。

10.2 消火栓

10.2.1 消火栓的计算涉及栓口压力、充实水柱等有关数据计算,基本数据基本固定,所以目前国际上发达国家基本都简化为栓口压力,见本规范第7.4.12条条文说明,因此规范仅提供消火栓保护半径的计算。

65mm直径的水龙带转弯半径为1m,火灾时从消火栓到起火地点,建筑物可能有很多转弯,造成水龙带无法按直线敷设,而是波浪式敷设,于是水龙带的有效敷设距离会降低,转弯越多,造成的降低越多,因此规定宜根据转弯数量来确定系数,规定可取 $0.8\sim0.9$。

10.3 减压计算

10.3.1 本条规定了对设置减压孔板管道前后直线管段的要求,

减压孔板的最小尺寸和孔板的材质等。要求减压孔板采用不锈钢板制作,按常规确定的孔板厚度 $\phi50mm\sim\phi80mm$ 时 $\delta=3mm$;$\phi100mm\sim\phi150mm$ 时,$\delta=6mm$;$\phi=200mm$ 时,$\delta=9mm$。

10.3.2 本条规定了节流管的有关技术参数,其结构示意图见图3。

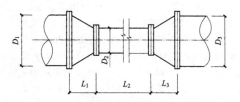

图3 节流管结构示意

技术要求:$L_1=D_1$ $L_3=D_3$

11 控制与操作

11.0.1 本条第1款为强制性条文,必须严格执行。本条规定了临时高压消防给水系统应在消防水泵房内设置控制柜或专用消防水泵控制室,并规定消防水泵控制柜在准工作状态时消防水泵应处于自动启泵状态。在我国大型社会活动工程调研和检查中,往往发现消防水泵处于手动启动状态,消防水泵无法自动启动,特别是对于自动喷水系统等自动水灭火系统,这会造成火灾扑救的延误和失败,为此本规范制订时规定临时高压消防给水系统必须能自动启动消防水泵,控制柜在准工作状态时消防水泵应处于自动启泵状态,目的是提高消防给水的可靠性和灭火的成功率,因此规定消防水泵平时应处于自动启泵状态。

有些自动水灭火系统的开式系统一旦误动作,其经济损失或社会影响很大时,应采用手动控制,但应保证24h人工值班。如剧院的舞台,演出时灯光和焰火较多,火灾自动报警系统误动作发生的概率高,此时可采用人工值班手动启动。

11.0.2 本条为强制性条文,必须严格执行。在以往的工程实践中发现有的工程往往设置自动停泵控制要求,这样可能造成火灾扑救的失败和挫折,因火场消防水源的供给有很多补水措施,并不是设计 $1h\sim6h$ 火灾延续时间的供水后就没有水了,如果突然自动关闭水泵也会给现场火灾扑救的消防队员造成一定的危险,因此不允许消防自动停泵,只有有管理权限的人员根据火灾扑救情况确定消防水泵的停泵。

具有管理权限的概念来自美国等发达国家的规范要求,我国现行国家标准《消防联动控制系统》GB 16806—2006第4.1节提出了消防联动控制分为四级的要求,并由相关人员执行,这一概念与本规范具有管理权限的人员基本一致,只是表述不同。

11.0.3 本条规定了消防水泵的启动时间。国家标准《建筑设计防火规范》GBJ 16—87规定8.2.8条注规定:低压消防给水系统,如不引起生产事故,生产用水可作为消防用水。但生产用水转为消防用水的阀门不应超过两个,开启阀门的时间不应超过5min。这被认为是消防水泵的启泵时间。现行国家标准《建筑设计防火规范》GB 50016—2006第8.6.9条规定消防水泵应保证在火警后30s内启动,这一数据是水泵供电正常的情况下的启动时间。发达国家的规范规定接到火警后5min内启动消防水泵。5min一般指是人工启动,自动启动通常是信号发出到泵达到正常转速后的时间在1min内,这包括最大泵的启动时间55s,但如果工作泵启动到一定转速后因各种原因不能投入,备用泵要启动还需要1min的时间,因此本规范规定自动启泵时间不应大于2min是合理的,因电源的转换时间为2s,因此水泵自动启动的时间应以备用泵的启动时间计。

11.0.4 本条规定了消防水泵自动启动信号的采集原则性技术规定。

国际上发达国家常用的启泵信号是压力和流量,其原因是可靠性高,水流指示器可靠性稍差,误动作概率稍高,我国在工程实践中也经常采用高位消防水箱的水位信号,但因高位消防水箱的水位信号有滞后现象,目前在工程中已经很少采用,但该信号可以作为报警信号。为此本次规范制订时规定采用压力开关和流量开关作为水泵启泵的信号。压力开关一般可采用电接点压力表、压力传感器等。

压力开关通常设置在消防水泵房的主干管道上或报警阀上,流量开关通常设置在高位消防水箱出水管上。

11.0.5 本条为强制性条文,必须严格执行。本条规定了消防水泵应具有手动和自动启动控制的基本功能要求,以确保消防水泵的可靠控制和适应消防水泵灭火和灾后控制,以及维修的要求。

11.0.7 本条第1款为强制性条文,必须严格执行。在消防控制室和值班室设置消防给水的控制和水源信号的目的是提高消防给水的可靠性。

1 为保证消防控制室启泵的可靠性,规定采用硬拉线直接启动消防水泵,以最大可能的减少干扰和风险。而采用弱电信号总线制的方式控制,有可能软件受病毒侵害等危险而导致无法动作;

2 显示消防水泵和稳压泵运行状态是监视其运行,以确保消防给水的可靠性;

3 消防水源是灭火必需的,有些火灾导致成灾主要原因是没有水,如某东北省会城市汽配城屋顶消防水箱没有水而烧毁,北京某家具城消防水池没有水而烧毁,因此规范制订时要求对消防水源的水位进行检测。当水位下降或溢流时能及时采取补水和维修进水阀等。

11.0.8 消防水泵和稳压泵设置就地启停泵按钮是便于维修时控制和应急控制。

11.0.9 本条为强制性条文,必须严格执行。消防水泵房内有压水管道多,一旦因压力过高如水锤等原因而泄漏,当喷泄到消防水泵控制柜时有可能影响控制柜的运行,导致供水可靠性降低,因此要求控制柜的防护等级不应低于IP55,IP55是防尘防射水。当控制柜设置在专用的控制室,根据国家现行标准,控制室不允许有管道穿越,因此消防水泵控制柜的防护等级可适当降低,IP30能满足防尘要求。

11.0.10 消防水泵控制柜在泵房内给水管道漏水或室外雨水等原因而被淹没导致不能启泵供水,降低系统给水可靠性;另外因消防水泵经常不运行,在高温潮湿环境中,空气中的水蒸气在电器元器件上结露,从而影响控制系统的可靠性,因此要求采取防潮的技术措施。

11.0.12 本条为强制性条文,必须严格执行。压力开关、流量开关等弱电信号和硬拉线是通过继电器来自动启动消防泵的,如果

弱电信号因故障或继电器等故障不能自动或手动启动消防泵时,应依靠消防泵房设置的机械应急启动装置启动消防泵。

当消防水泵控制柜内的控制线路发生故障而不能使消防水泵自动启动时,若立即进行排除线路故障的修理会受到人员素质、时间上的限制,所以在消防发生的紧急情况下是不可能进行的。为此本条的规定使得消防水泵只要供电正常的条件下,无论控制线路如何都能强制启动,以保证火灾扑救的及时性。

该机械应急启动装置在操作时必须由被授权的人员来进行,且此时从报警到消防水泵的正常运转的时间不应大于5min,这个时间可包含了管理人员从控制室至消防泵房的时间,以及水泵从启动到正常工作的时间。

11.0.13 消防水泵控制柜出现故障,而管理人员不在将影响火灾扑救,为此规定消防水泵控制柜的前面板的明显部位应设置紧急时打开柜门的钥匙装置,由有管理权限的人员在紧急时使用。

该钥匙装置在柜门的明显位置,且有透明的玻璃能看见钥匙。在紧急情况需要打开柜门时,必须由被授权的人员打碎玻璃,取出钥匙。

11.0.14 消防水泵直接启动可靠,因水泵电机功率大时在平时流量检测等工频运行,启动电流大而影响电网的稳定性,因此要求功率较大的采用星三角或自耦降压变压器启动。有源电器元件可能因电源的原因而增加故障率,因此规定不宜采用。

11.0.15 本条是根据试验数据和工程实践,提出了消防水泵启动时间。

11.0.19 本规范对临时高压消防给水系统的定义是能自动启动消防水泵,因此消火栓箱报警按钮启动消防水泵的必要性降低,另外消火栓箱报警按钮启泵投资大;目前我国居住小区、工厂企业等消防水泵是向多栋建筑给水,消火栓箱报警按钮的报警系统经常因弱电信号的损耗而影响系统的可靠性。因此本条如此规定。

12 施 工

12.1 一 般 规 定

12.1.1 本条为强制性条文,必须严格执行。本条对施工企业的资质要求作出了规定。

改革开放30多年来,消防工程施工企业发展很快,消防工程施工企业由无到有,并专业化发展至今,但我国近年来城市化和重化工的发展,对消防技术要求越来越高,消防工程施工安装必须由专业施工企业施工,并与其施工资质相符合。

施工队伍的素质是确保工程施工质量的关键,强调专业培训、考核合格是资质审查的基本条件,要求从事消防给水和消火栓系统工程施工的技术人员、上岗技术工人必须经过培训,掌握系统的结构、作用原理、关键组件的性能和结构特点、施工程序及施工中应注意的问题等专业知识,以确保系统的安装、调试质量,保证系统正常可靠地运行。

12.1.2 按消防给水系统的特点,对分部、分项工程进行划分。

12.1.3 施工方案和施工组织设计对指导工程施工和提高施工质量,明确质量验收标准很有效,同时监理或建设单位审查利于互相遵守,故提出要求。

按照《建设工程质量管理条例》精神,结合现行国家标准《建筑工程施工质量验收统一标准》GB 50300,抓好施工企业对项目质量的管理,所以施工单位应有技术标准和工程质量检测仪器、设备,实现过程控制。

12.1.4 本条规定了系统施工前应具备的技术、物质条件。

12.1.5 工程质量是由设计、施工、监理和业主等多方面组织管理实施的,施工单位的职责是按图施工,并保证施工质量,为保证工

程质量,强调施工单位无权任意修改设计图纸,应按批准的工程设计文件和施工技术标准施工。

12.1.6 本条较具体规定了系统施工过程质量控制要求。

一是校对复核设计图纸是否同施工现场一致;二是按施工技术标准控制每道工序的质量;三是施工单位每道工序完成后除了自检、专职质量检查员检查外,还强调了工序交接检查,上道工序还应满足下道工序的施工条件和要求;同样相关专业工序之间也应进行中间交接检验,使各工序和各相关专业之间形成一个有机的整体;四是工程完工后应进行调试,调试应按消防给水及消火栓系统的调试规定进行;五是规定了调试后的质量记录和处理过程;六是施工质量检查的组织原则;七是施工过程的记录要求。

12.1.8 对分部工程质量验收的人员加以明确,便于操作。同时提出填写工程验收记录要求。

12.1.9 本条规定了仅设置 DN25 消火栓的施工验收原则。因其系统性差较为简单,为简化程序减少环节规定施工验收,按照现行国家标准《建筑给水排水及采暖工程施工质量验收规范》GB 50242。

12.2 进场检验

12.2.1 本条规定了进场检验的内容,如主要设备、组件、管材管件和材料等。消防给水及消火栓系统的产品涉及消防专用产品、通用产品和市政专用产品 3 类。为保证产品质量,应有产品合格证和产品认证,且要求产品符合国家有关产品标准的规定。

1 本条第 1 款规定了施工前应对消防给水系统采用的主要设备、系统组件、管材管件及其他设备、材料等进行现场检查的基本内容。现场应检查其产品是否与设计选用的规格、型号及生产厂家相符,各种技术资料、出厂合格证、产品认证书等是否齐全;

2 消防水泵、消火栓、消防水带、消防水枪、消防软管卷盘、报警阀组、电动(磁)阀、压力开关、流量开关、消防水泵接合器、沟槽连接件等系统主要设备和组件是消防专用产品,应经国家消防产品质量监督检验中心检测合格;

3 稳压泵、气压水罐、消防水箱、自动排气阀、信号阀、止回阀、安全阀、减压阀、倒流防止器、蝶阀、闸阀、流量计、压力表、水位计等是通用产品,应经相应国家产品质量监督检验中心检测合格;

随着我国对消防给水和消火栓系统可靠性的要求提高,有些通用产品会逐步转化为消防专用产品,因此要求经过消防产品质量认证;

4 气压水罐、组合式消防水池、屋顶消防水箱、地下水取水和地表水取水设施,以及其附件等是市政给水专用设施,符合国家相关产品标准。

12.2.2 消防水泵和稳压泵的进场检验除符合现行国家标准《消防泵》GB 6245 外,还应符合现行国家标准《离心泵技术条件(Ⅰ类)》GB/T 16907 或《离心泵技术条件(Ⅱ类)》GB/T 5656 等技术标准。

12.2.3 本条规定了消火栓箱、消火栓、水龙带、水枪和消防软管卷盘的产品质量检验标准和要求。

12.2.4 本条规定了自动喷水喷头、泡沫喷头、消防炮等专用消防产品的检验应符合现行的国家规范的要求。

12.3 施 工

12.3.1 本条主要对消防水泵、水箱、水池、气压给水设备、水泵接合器等几类供水设施的安装作出了具体的要求和规定。

由于施工现场的复杂性,浮土、麻绳、水泥块、铁块、钢丝等杂物非常容易进入管道和设备中。因此消防给水系统的施工要求更高,更应注意清洁施工,杜绝杂物进入系统。例如 1985 年,某设计研究院曾在某厂做雨淋系统灭火强度试验,试验现场管道发生严

重堵塞,使用了 150t 水冲洗,都冲洗不净。最后只好重新拆装,发现石块、焊渣等物卡在管道拐弯处、变径处,造成水流明显不畅。另一项目发现消防水池充水前根本没有清扫和冲洗,致使消防水泵的吸水口被堵塞。因此本条强调安装中断时敞口处应做临时封闭,以防杂物进入未安装完毕的管道与设备中。

12.3.2 规定了消防水泵的安装技术规则。

1 本条对消防水泵安装前的要求作出了规定。为确保施工单位和建设单位正确选用设计中选用的产品,避免不合格产品进入消防给水系统,设备安装和验收时注意检验产品合格证和安装使用说明书及其产品质量是非常必要的。如某工地安装的水泵是另一工地的配套产品,造成施工返工,延误工期,带来不必要的经济损失;

2 安装前应对基础等技术参数进行校核,避免安装出现问题重新安装;

3 消防水泵是通用机械产品,其安装要求直接采用现行国家标准《机械设备安装工程施工及验收通用规范》GB 50231 和《风机、压缩机、泵安装工程施工及验收规范》GB 50275 的有关规定;

4 安装前校核设备之间及与墙壁等的间距,为安装运行和维修创造条件;

5 吸水管上安装控制阀是便于消防水泵的维修。先固定消防水泵,然后再安装控制阀门,以避免消防水泵承受应力;

6 当消防水泵和消防水池位于独立基础上时,由于沉降不均匀,可能造成消防水泵吸水管受内应力,最终应力加在消防水泵上,将会造成消防水泵损坏。最简单的解决方法是加一段柔性连接管;

7 消防水泵吸水管安装若有倒坡现象则会产生气囊,采用大小头与消防水泵吸水口连接,如果是同心大小头,则在吸水管上部有倒坡现象存在。异径管的大小头上部会存留从水中析出的气体,因此应采用偏心异径管,且要求吸水管的上部保持平接见图 4;

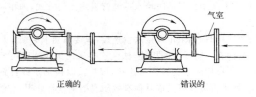

正确的　　　　　　　错误的

图 4　正确和错误的水泵吸水管安装示意

8 压力表的缓冲装置可以是缓冲弯管,或者是微孔缓冲水囊等方式,既可保护压力表,也可使压力表指针稳定;

9 对消防水泵隔振和柔性接头提出性能要求。

12.3.3 本条对天然水源取水口、地下水井、消防水池和消防水箱安装施工作了技术规定。

12.3.4、12.3.5 对消防气压水罐和稳压泵的安装要求作了技术规定。

气压水罐和稳压泵都是消防给水系统的稳压设施,不是供水设施。

稳压泵和气压水罐的安装主要为确保施工单位和建设单位正确选用设计中选用的产品,避免不合格产品进入消防给水系统,设备安装和验收时注意检验产品合格证和安装使用说明书及其产品质量是非常必要的。而且要求稳压泵安装直接采用现行国家标准《机械设备安装工程施工及验收通用规范》GB 50231、《风机、压缩机、泵安装工程施工及验收规范》GB 50275 的有关规定。

12.3.6 本条给出了消防水泵接合器的安装技术要求。

消防水泵接合器是除消防水池、高位消防水箱外的第三个向水灭火设施供水的消防水源,是消防队的消防车车载移动泵供水接口。

1 本款规定了消防水泵接合器的组成和安装程序;

2 规定了消防水泵接合器的位置应符合设计要求;

3、4 消防水泵接合器主要是消防队在火灾发生时向系统补

充水用的。火灾发生后,十万火急,由于没有明显的类别和区域标志,关键时刻找不到或消防车无法靠近消防水泵接合器,不能及时准确补水,造成不必要的损失,这种实际教训是很多的,失去了设置消防水泵接合器的作用;

5 墙壁消防水泵接合器安装位置不宜低于 0.7m 是考虑消防队员将水龙带对接消防水泵接合器口时便于操作提出的,位置过低,不利于紧急情况下的对接。国家标准图集《消防水泵接合器安装》99S203 中,墙壁式消防水泵接合器离地距离为 0.7m,设计中多按此预留孔洞,本次修订将原来规定的 1.1m 改为 0.7m 是为了协调统一;

6 为与现行国家标准《建筑设计防火规范》GB 50016 相关条文适应,消防水泵接合器与门、窗、孔、洞保持不小于 2.0m 的距离。主要从两点考虑:一是火灾发生时消防队员能靠近对接,避免火舌从洞孔处燎伤队员;二是避免消防水龙带被烧坏而失去作用;

7 规定了消防水泵接合器的可到达性,并应在施工中进一步确认;

8 对消防水泵接合器井的排水设施的规定。

12.3.7 本条规定了市政和室外消火栓的安装技术要求。

12.3.8 本条规定了市政消防水鹤的安装技术要求。

12.3.9 本条规定了室内消火栓及消防软管卷盘或轻便水龙的安装技术要求。

消火栓栓口的安装高度,国家标准《建筑设计防火规范》GB 50016—2006 第 8.4.3 条规定室内消火栓应设置在位置明显且易于操作的部位。栓口离地面或操作基面高度宜为 1.1m。国家标准《高层民用建筑设计防火规范》GB 50045—95 规定也是如此。美国等最新规范规定消火栓的安装高度,消火栓口距地面为 0.9m～1.5m 高。消火栓栓口的安装高度主要是便于火灾时快速连接消防水龙带,这个高度是消防队员站立操作的最佳高度。

12.3.10 本条规定了消火栓箱的安装技术要求。

12.3.11 本条给出了消防给水系统管道连接的方式,和相应的技术规定。

法兰连接时,如采用焊接法兰连接,焊接后要求必须重新镀锌或采用其他有效防锈蚀的措施,法兰连接采用螺纹法兰可不要二次镀锌。焊接后重新镀锌再连接,因焊接时破坏了镀锌钢管的镀锌层,如不再镀锌或采取其他有效防腐措施进行处理,必然会造成加速焊接处的腐蚀进程,影响连接强度和寿命。螺纹法兰连接,要求预测对接位置,是因为螺纹紧固后,工程施工经验证明,一旦改变其紧固状态,其密封处,密封性将受到影响,大都在连接后,因密封性能达不到要求而返工。

12.3.12 本条规定了沟槽连接件连接的技术规定。

我国 1998 年成功开发了沟槽式管件,很快在工程中被采用,目前已经在生产、生活给水以及消火栓等系统中广泛应用。沟槽式管件在我国应用已经有十多年的历史,目前是成熟技术,其优点是施工、维修方便,强度密封性能好、占据空间小,美观等。

沟槽式管件连接施工时的技术要求,主要是参考生产厂家提供的技术资料和总结工程施工操作中的经验教训的基础上提出的。沟槽式管件连接施工时,管道的沟槽和开孔应用专用的滚槽机、开孔机进行加工,应按生产厂家提供的数据,检查沟槽和孔口尺寸是否符合要求,并清除加工部位的毛刺和异物,以免影响连接后的密封性能,或造成密封圈损伤等隐患。若加工部位出现破损性裂纹,应切掉重新加工沟槽,以确保管道连接质量。加工沟槽发现管内外镀锌层损伤,如开裂、掉皮等现象,这与管道材质、镀锌质量和滚槽速度有关,发现此类现象可采用冷喷锌罐进行喷锌处理。

机械三通、机械四通连接时,干管和支管的口径应有限制的规定,如不限制开孔尺寸,会影响干管强度,导致管道弯曲变形或离位。

12.3.17 本条规定了埋地消防给水管道的管材和连接方式,以及基础支墩的技术规定。

从日本和我国汶川地震的资料看,灰口铸铁管、混凝土管等抗震性能差,刚性连接的管道抗震性能差,因此强调金属管道采用柔性连接。汶川地震的一些资料表明有一定可伸缩性的塑料管抗震性能良好,因此建议采用钢丝网塑料管。

本条规定当无设计要求时管道三通或转弯处设置混凝土支墩,目的是加强消防给水管道的可靠性,原因是一些工程中出现管道在三通或转弯处脱开或断裂。

12.3.20 本条对管道的支架、吊架、防晃支架安装作了技术性的规定。

本条主要目的是为了确保管网的强度,使其在受外界机械冲撞和自身水力冲击时也不至于损伤。

12.3.23 本条规定了地震烈度在 7 度及 7 度以上时室内管道抗震保护的技术要求。

12.3.24 本条规定了架空消防管道的着色要求。

目的是为了便于识别消防给水系统的供水管道,着红色与消防器材色标规定相一致。在安装消防给水系统的场所,往往是各种用途的管道排在一起,且多而复杂,为便于检查、维护,做出易于辨识的规定是必要的。规定红圈的最小间距和环圈宽度是防止个别工地仅做极少的红圈,达不到标识效果。

12.3.26 本条给出了减压阀安装的技术规定。

本条对可调式减压阀、比例式减压阀的安装程序和安装技术要求作了具体规定。改革开放以来,我国基本建设发展很快,近年来,各种高层、多功能式的建筑愈来愈多,为满足这些建筑对给水系统的需求,给排水领域的新产品开发速度很快,尤其是专用阀门,如减压阀,新型泄压阀和止回阀等。这些新产品开发成功后,很快在工程中得到推广应用。在消防给水及消火栓系统工程中也已采用,纳入规范是适应国内技术发展和工程需要。

本条规定,减压阀安装应在系统供水管网试压、冲洗合格后进行,主要是为防止冲洗时对减压阀内部结构造成损伤、同时避免管道中杂物堵塞阀门,影响其功能。对减压阀在安装前应做的主要技术准备工作提出了要求。其目的是防止把不符合设计要求和自身存在质量隐患的阀门安装在系统中,避免工程返工,消除隐患。

减压阀的性能要求水流方向是不能变的。比例式减压阀,如果水流方向改变了,则把减压变成了升压;可调式减压阀如果水流方向反了,则不能工作,减压阀变成了止回阀,因此安装时,必须严格按减压阀指示的方向安装。并要求在减压阀进水侧安装过滤网,防止管网中杂物进减压阀内,堵塞减压阀先导通路,或者沉积于减压阀内活动件上,影响其动作,造成减压阀失灵。减压阀前后安装控制阀,主要是便于维修和更换减压阀,在维修、更换减压阀时,减少系统排水时间和停水影响范围。

可调式减压阀的导阀,阀门前后压力表均在阀门阀盖一侧,为便于调试、检修和观察压力情况,安装时阀盖应向上。

比例式减压阀的阀芯是柱体活塞式结构,工作时定位密封是靠阀芯外套的橡胶密封圈与阀体密封。垂直安装时,阀芯与阀体密封接触面和受力较均匀,有利于确保其工作性能的可靠性和延长使用寿命。如水平安装,其阀芯与阀体由于重力的原因,易造成下部接触较紧,增加摩擦阻力,影响其减压效果和使用寿命。如水平安装时,单呼吸孔应向下,双呼吸孔应成水平,主要是防止外界杂物堵塞呼吸孔,影响其性能。

安装压力表,主要为了调试时能检查减压阀的减压效果,使用中可随时检查供水压力,减压阀减压后的压力是否符合设计要求,即减压阀工作状态是否正常。

12.3.27 本条给出了控制柜安装的技术规定。

12.4 试压和冲洗

12.4.1 本条第 1 款为强制性条文,必须严格执行。本条给出了消防给水系统和消火栓系统试压和冲洗的一般技术规定。

1 强度试验实际是对系统管网的整体结构、所有接口、管道支吊架、基础支墩等进行的一种超负荷考验。而严密性试验则是对系统管网渗漏程度的测试。实践表明,这两种试验都是必不可少的,也是评定其工程质量和系统功能的重要依据。管网冲洗,是防止系统投入使用后发生堵塞的重要技术措施之一;

2 水压试验简单易行,效果稳定可信。对于干式、干湿式和预作用系统来讲,投入实施运行后,既要长期承受带压气体的作用,火灾期间又要转换成临时高压水系统,由于水与空气或氮气的特性差异很大,所以只做一种介质的试验,不能代表另一种试验的结果;

在冰冻季节期间,对水压试验应慎重处理,这是为了防止水在管网内结冰而引起爆管事故。

3 无遗漏地拆除所有临时盲板,是确保系统能正常投入使用所必须做到的。但当前不少施工单位往往忽视这项工作,结果带来严重后患,故强调必须与原来记录的盲板数量核对无误。按本规范表 C.0.2 填写消防给水系统试压记录表,这是必须具备的交工验收资料内容之一;

4 系统管网的冲洗工作如能按照此合理的程序进行,即可保证已被冲洗合格的管段,不致因对后面管段的冲洗而再次被弄脏或堵塞。室内部分的冲洗顺序,实际上是使冲洗水流方向与系统灭火时水流方向一致,可确保其冲洗的可靠性;

5 如果在试压合格后又发现埋地管道的坐标、标高、坡度及管道基础、支墩不符合设计要求而需要返工,势必造成返修完成后的再次试验,这是应该避免也是可以避免的。在整个试压过程中,管道的改变方向、分出支管部位和末端处所承受的推力约为其正常工作状况时的 1.5 倍,故必须达到设计要求才行;

对试压用压力表的精度、量程和数量的要求,系根据现行国家标准《工业金属管道工程施工规范》GB 50235 的有关规定而定。

首先编制详细周到、切实可行的试压冲洗方案.并经施工单位技术负责人审批,可以避免试压过程中的盲目性和随意性。试压应包括分段试验和系统试验,后者应在系统冲洗合格后进行。系统的冲洗应分段进行,事前的准备工作和事后的收尾工作,都必须有条不紊地进行,以防止任何疏忽大意而留下隐患。对不能参与试压的设备、仪表、阀门及附件应加以隔离或拆除,使其免遭损伤。要求在试压前记录下所加设的临时盲板数量,是为了避免在系统复位时,因遗忘而留下少数临时盲板,从而给系统的冲洗带来麻烦,一旦投入使用,其灭火效果更是无法保证。

6 带压进行修理,既无法保证返修质量,又可能造成部件损坏或发生人身安全事故及造成水害,这在任何管道工程的施工中都是绝对禁止的;

7 水冲洗简单易行、费用低、效果好。系统的仪表若参与冲洗,往往会使其密封性遭到破坏或杂物沉积影响其性能;

8 水冲洗时,冲洗水流速度可高达 3m/s,对管网改变方向、引出分支管部位、管道末端等处,将会产生较大的推力,若支架、吊架的牢固性欠佳,即会使管道产生较大的位移、变形,甚至断裂;

9 若不对这些设备和管段采取有效的方法清洗,系统复位后,该部分所残存的污物便会污染整个管网,并可能在局部造成堵塞,使系统部分或完全丧失灭火功能;

10 冲洗大直径管道时,对死角和底部应进行敲打,目的是震松死角处和管道底部的杂质及沉淀物,使它们在高速水流的冲刷下呈漂浮状态而被带出管道;

11 这是对系统管网的冲洗质量进行复查,检验评定其工程质量,也是工程交工验收所必须具备资料之一,同时应避免冲洗合格后的管道再造成污染;

12 规定采用符合生活用水标准的水进行冲洗,可以保证被冲洗管道的内壁不致遭受污染和腐蚀。

12.4.3 水压试验的测试点选在系统管网的低点,与系统工作状态的压力一致,可客观地验证其承压能力;若设在系统高点,则无形中提高了试验压力值,这样往往会使系统管网局部受损,造成试

压失败。检查判定方法采用目测,简单易行,也是其他国家现行规范常用的方法。

12.4.5 环境温度低于 5℃时有可能结冰,如果没有防冻措施,便有可能在试压过程中发生冰冻,试验介质就会因体积膨胀而造成爆管事故,因此低于 5℃时试压成本高。

12.4.6 参照发达国家规范相关条文改写而成。系统的水源干管、进户管和室内地下管道,均为系统的重要组成部分,其承压能力、严密性均应与系统的地上管网等同,而此项工作常被忽视或遗忘,故需作出明确规定。

12.4.7 本条参照美国等发达国家规范的相关规定。要求系统经历 24h 的气压考验,因漏气而出现的压力下降不超过 0.01MPa,这样才能使系统为保持正常气压而不需要频繁地启动空气压缩机组。

12.4.8 水冲洗是消防给水系统工程施工中一个重要工序,是防止系统堵塞、确保系统灭火效率的措施之一。本规范制订过程中,对水冲洗的方法和技术条件曾多次组织专题研讨、论证。原国家规范规定的水冲洗的水流流速不宜小于 3m/s 及相应流量。据调查,在规范实施中,实际工程基本上没有按此要求操作,其主要原因是现场条件不允许、搞专门的冲洗供水系统难度较大;一般工程均按系统设计流量进行冲洗,按此条件冲洗清出杂物合格后的系统,是能确保系统在应用中供水管网畅通,不发生堵塞。

12.4.9 明确水冲洗的水流方向,有利于确保整个系统的冲洗效果和质量,同时对安排被冲洗管段的顺序也较为方便。

12.4.11 从系统中排出的冲洗用水,应该及时而顺畅地进入临时专用排水管道,而不应造成任何水害。临时专用排水管道可以现场临时安装,也可采用消火栓水龙带作为临时专用排水管道。本条还对排放管道的截面面积有一定要求,这种要求与目前我国工业管道冲洗的相应要求是一致的。

12.4.12 规定了埋地管与地上管连接前的冲洗技术规定。

12.4.13、12.4.14 系统冲洗合格后,及时将存水排净,有利于保护冲洗成果。如系统需经长时间才能投入使用,则应用压缩空气将其管壁吹干,并加以封闭,这样可以避免管内生锈或再次遭受污染。

13 系统调试与验收

13.1 系统调试

13.1.1 只有在系统已按照设计要求全部安装完毕、工序检验合格后,才可能全面、有效地进行各项调试工作。系统调试的基本条件,要求系统的水源、电源、气源、管网、设备等均按设计要求投入运行,这样才能使系统真正进入准工作状态,在此条件下,对系统进行调试所取得的结果,才是真正有代表性和可信度。

13.1.2 系统调试内容是根据系统正常工作条件、关键组件性能、系统性能等来确定的。本条规定系统调试的内容:水源(高位消防水池、消防水池和高位消防水箱,以及水塘、江河湖海等天然水源)的充足可靠与否,直接影响系统灭火功能;消防水泵对临时高压系统来讲,是扑灭火灾时的主要供水设施;稳压泵是维持系统充水和自动启动系统的重要保障措施;减压阀是系统的重要阀门,其可靠性直接影响系统的可靠性;消火栓的减压孔板或减压装置等调试;自动控制的压力开关、流量开关和水位仪开关等探测器的调试;干式消火栓系统的报警阀为系统的关键组成部件,其动作的准确、灵敏与否,直接关系到灭火的成功率应先调试;排水装置是保证系统运行和进行试验时不致产生水害和水渍损失的设施;联动试验实为系统与自控控制探测器的联锁动作试验,它可反映出系统各组成部件之间是否协调和配套。

另外对于天然水源的消防车取水口,宜考虑消防车取水的试验和验证。

13.1.3 本条对水源测试要求作了规定。

1 高位消防水箱、消防水池和高位消防水池为系统常备供水设施,消防水箱始终保持系统投入灭火初期10min的用水量,消防水池或高位消防水池储存系统总的用水量,三者都是十分关键和重要的。对高位消防水箱、高位消防水池还应考虑到它的容积、高度和保证消防储水量的技术措施等,故应做全面核实;

另外当有水塘、江河湖海等为消防水源时应验证水源的枯水位和洪水位、常水位的流量,验证的方式是根据水文资料和统计数据,并宜考虑消防车取水的直接验证,并确定是否满足消防要求。

2 当消防水泵从市政管网吸水时应测试市政给水管网的供水压力和流量,以便确认是否能满足消防和生产、生活的需要;

3 消防水泵接合器是系统在火灾时供水设备发生故障,不能保证供给消防用水时的临时供水设施。特别是在室内消防水泵的电源遭到破坏或被保护建筑物已形成大面积火灾,灭火用水不足时,其作用更显得突出,故必须通过试验来验证消防水泵接合器的供水能力;

4 当采用地下水井作为消防水源时应确认常水位和出水量。

13.1.4 消防水泵启动时间是指从电源接到消防水泵达到额定工况的时间,应为20s~55s之间。通过试验研究,水泵电机功率不大于132kW时启泵时间为30s以内,但通常大于20s,当水泵电机功率大于132kW时启泵时间为55s以内,所以启动消防水泵的时间在20s~55s之间是可行的。而柴油机泵比电动泵延长10s时间。

电源之间的转换时间,国际电工规定的时间为0s、2s和15s等不同的等级,一般涉及生命安全的供电如医院手术和重症护理要求0s转换,消防也是涉及生命安全,但要求没有那样高,适当降低,为此本规范规定为2s转换,所以消防水泵在备用电源切换的情况下也能在60s内自动启动。

要求测试消防水泵的流量和压力性能主要是确认消防水泵能否满足系统要求,提高系统的可靠性。

13.1.5 稳压泵的功能是使系统能保持准工作状态时的正常水

压。稳压泵的额定流量,应当大于系统正常的漏水量,泵的出口压力应当是维护系统所需的压力,故它应随着系统压力变化而自动开启和停车。本条规定是根据稳压泵的启停功能提出的要求,目的是保证系统合理运行,且保护稳压泵。

13.1.6 本条是对干式报警阀调试提出的要求。

干式消火栓系统是采用自动喷水系统干式报警阀或电动阀来实现系统自动控制的,其功能是接通水源、启动水力警铃报警、防止系统管网的水倒流,干式报警阀压力开关直接自动启动消防水泵。按照本条具体规定进行试验,即可有效地验证干式报警阀及其附件的功能是否符合设计和施工规范要求,同时验证干式系统充水时间是否满足本规范规定的5min充水时间。

干式报警阀后管道的容积符合设计要求,并满足充水时间的要求。

干式报警阀是比例阀,其水侧的压力是气侧压力的3倍~5倍,如果系统气侧压力设计不合理可能导致干式报警阀推迟打开,或者打不开,为此调试时应严格验证。

13.1.7 本条规定了减压阀调试的原则性技术要求。

我国已经进入城市化快速车道,为减少占地面积,高层建筑迅速发展,在高层建筑内为节约空间很多场所采用减压阀,但减压阀特别是消防给水系统所用减压阀长期不用,其可靠性必须验证,为此规定了减压阀的试验验收技术规定。

13.1.8 本条规定了消火栓调试和测试的技术规定。

13.1.9 本条规定了消防排水的验收的技术要求。

调查结果表明,在设计、安装和维护管理上,忽视消防给水系统排水装置的情况较为普遍。已投入使用的系统,有的试水装置被封闭在天棚内,根本未与排水装置接通,有的报警阀处的放水阀也未与排水系统相接,因而根本无法开展对系统的常规试验或放空。现作出明确规定,以引起有关部门充分重视。

在消防系统调试验收、日常维护管理中,消防给水系统的试验排水是很重要的,不能因消防系统的试验和调试排水影响建(构)筑物的使用。

13.1.10 本条规定了消防给水系统控制柜的调试和测试技术要求。

13.1.11 本条是对消防给水系统和消火栓系统联动试验的要求。

自动喷水系统的联动试验见现行国家标准《自动喷水灭火系统施工及验收规范》GB 50261的有关规定。消防炮灭火系统见国家相关的规范,泡沫灭火系统见现行国家标准《泡沫灭火系统施工及验收规范》GB 50281,本规范没有规定的均应见相应的国家规范。

1 干式消火栓系统联动试验时,打开试验消火栓排气,干式报警阀应打开,水力警铃发出报警铃声,压力开关动作,启动消防水泵并向消防控制中心发出火警信号;

2 在消防水泵房打开试验排水管,管网压力降低,消防水泵出水干管上低压压力开关动作,自动启动消防水泵;消防给水系统的试验管放水或高位消防水箱排水管放水,高位消防水箱出水管上的流量开关动作自动启动消防水泵。

高位消防水箱出水管上设置的流量开关的动作流量应大于系统管网的泄流量。

通过上述试验,可验证系统的可靠性是否达到设计要求。

13.2 系 统 验 收

13.2.1 本条为强制性条文,必须严格执行。本条对消防给水系统和消火栓系统工程验收及要求作了原则性规定。

竣工验收是消防给水系统和消火栓系统工程交付使用前的一项重要技术工作。制定统一的验收标准,对促进工程质量,提高我国的消防给水系统施工有着积极的意义。为确保系统功能,把好竣工验收关,强调工程竣工后必须进行竣工验收,验收不合格不得投入使用。切实做到投资建设的系统能充分起到扑灭火灾、保护人身和财产安全的作用。消防水源是水消防设施的心脏,如果存在问题,不能及时采取措施,一旦发生火灾,无水灭火、控火,贻误战机,造成损失。所以必须进行检查试验,验收合格后才能投入使用。

13.2.2 本条对消防给水系统和消火栓系统工程施工及验收所需要的各种表格及其使用作了基本规定。

13.2.3 本条规定的系统竣工验收应提供的文件也是系统投入使用后的存档材料,以便今后对系统进行检修、改造时用,并要求有专人负责维护管理。

13.2.4 本条对系统供水水源进行检查验收的要求作了规定。因为消防给水系统灭火不成功的因素中,水源不足、供水中断是主要因素之一,所以这一条对三种水源情况既提出了要求,又要实际检查是否符合设计和施工验收规范中关于水源的规定,特别是利用天然水源作为系统水源时,除水量应符合设计要求外,水质必须无杂质、无腐蚀性,以防堵塞管道、喷头,腐蚀管道等,即水质应符合工业用水的要求。对于个别地方,用露天水池或河水作临时水源时,为防止杂质进入消防水泵和管网,影响喷头布水,需在水源进入消防水泵前的吸水口处,设有自动除渣功能的固液分离装置,而不能用格栅除渣,因格栅被杂质堵塞后,易造成水源中断。如成都某宾馆的消防水池是露天水池,池中有水草等杂质,消防水泵启动后,因水泵吸水量大,杂质很快将格栅堵死,消防水泵因进水量严重不足,而达不到灭火目的。

13.2.5 在消防给水系统工程竣工验收时,有不少系统消防水泵房设在地下室,且出口不便,又未设放水阀和排水措施,一旦安全阀损坏,泵房有被水淹没的危险。另外,对泵进行启动试验时,有些系统未设放水阀,不便于进行维修和试验,有些将试水阀和出水口均放在地下泵房内,无法进行试验,所以本条规定的主要目的是防止以上情况出现。

13.2.6 本条验收的目的是检验消防水泵的动力和自动控制等可靠程度。即通过系统动作信号装置,如压力开关按键等能否启动消防水泵,主、备电源切换及启动是否安全可靠。

13.2.11 本条提出了干式报警阀的验收技术条款。

报警阀组是干式消火栓系统的关键组件,验收中常见的问题是控制阀安装位置不符合设计要求,不便操作,有些控制阀无试水口和试水排水措施,无法检测报警阀处压力、流量及警铃动作情况。对于使用闸阀又无锁定装置,有些闸阀处于半关闭状态,这是很危险的。所以要求使用闸阀时需有锁定装置,否则应使用信号阀代替闸阀。

警铃设置位置,应靠近报警阀,使人们容易听到铃声。距警铃3m处,水力警铃喷嘴处压力不小于0.05MPa时,其警铃声强度应不小于70dB。

13.2.12 系统管网检查验收内容,是针对已安装的消防给水系统通常存在的问题而提出的。如有些系统用的管径、接头不合规定,甚至管网未支撑固定等;有的系统处于有腐蚀气体的环境中而无防腐措施;有的系统冬天最低气温低于4℃也无保温防冻措施,有些系统最末端或竖管最上部没有设排气阀,往往在试水时产生强烈晃动甚至拉坏管网支架,充水调试难以达到要求;有些系统的支架、吊架、防晃支架设置不合理、不牢固,试水时易被损坏;有的系统上接消火栓或接洗手水龙头等。这些问题,看起来不是什么严重问题,但会影响系统控火、灭火功能,严重的可能造成系统在关键时不能发挥作用,形同虚设。本条作出的7款验收内容,主要是防止以上问题发生,而特别强调要进行逐项验收。

13.2.13 本条规定了消火栓验收的技术要求。

如室外消火栓除考虑保护半径150m外,间距120m外,还应考虑火灾扑救的使用方便,且在平时不妨碍交通,并考虑防撞等措施;如室内消火栓的布置不仅是2股或1股水柱同时到达任何地点,还应考虑室内火灾扑救的工艺和进攻路线,尽可能地为消防队员提高便利的火灾扑救条件。如有的消火栓布置在死角,消防队

员不便使用,另外有的消火栓布置得地点影响平时的交通和通行,也是不合理的,因此工程设计时应全面兼顾消防和平时的关系;消火栓最常见的违规问题是布置,特别是进行施工设计时,没有考虑消防作战实际情况,致使不少消火栓在消防作战不能取用,所以验收时必须检查消火栓布置情况。

13.2.14 凡设有消防水泵接合器的地方均应进行充水试验,以防止回阀方向装错。另外,通过试验,检验通过水泵接合器供水的具体技术参数,使末端试水装置测出的流量、压力达到设计要求,以确保系统在发生火灾时,需利用消防水泵接合器供水时,能达到控火、灭火目的。验收时,还应检验消防水泵接合器数量及位置是否正确,使用是否方便。

另外对消防水泵接合器验收时应考虑消防车的最大供水能力,以便在建构筑物的消防应急预案设计时能提供消防救援的合理设计,为预防火灾进一步扩大起着积极的作用。

13.2.15 消防给水系统的流量、压力的验收应采用专用仪表测试流量和压力是否符合要求。

13.2.18 本条是根据我国多年来,消防监督部门、消防工程公司、建设方在实践中总结出的经验,为满足消防监督、消防工程质量验收的需要而制定的。参照建筑工程质量验收标准、产品标准,把工程中不符合相关标准规定的项目,依据对消防给水系统和消火栓系统的主要功能"喷水灭火"影响程度划分为严重缺陷项、重缺陷项、轻缺陷项三类;根据各类缺陷项统计数量,对系统主要功能影响程度,以及国内消防给水系统和消火栓系统施工过程中的实际情况等,综合考虑几方面因素来确定工程合格判定条件。

严重缺陷不合格项不允许出现,重缺陷不合格项允许出现10%,轻缺陷不合格项允许出现20%,据此得到消防给水系统和消火栓系统合格判定条件。

14 维护管理

14.0.1 维护管理是消防给水系统能否正常发挥作用的关键环节。水灭火设施必须在平时的精心维护管理下才能在火灾时发挥良好的作用。我国已有多起特大火灾事故发生在安装有消防给水系统的建筑物内,由于消防给水系统和水消防设施不符合要求或施工安装完毕投入使用后,没有进行日常维护管理和试验,以致发生火灾时,事故扩大,人员伤亡,损失严重。

14.0.2 维护管理人员掌握和熟悉消防给水系统的原理、性能和操作规程,才能确保消防给水系统的运行安全可靠。

14.0.3 消防水源包括市政给水、消防水池、高位消防水池、高位消防水箱、水塘水库以及江河湖海和地下水等,每种水源的性质不同,检测和保证措施不同。水源的水量、水压有无保证,是消防给水系统能否起到应有作用的关键。

由于市政建设的发展,单位建筑的增加,用水量变化等等,市政供水水源的供水能力也会有变化。因此,每年应对水源的供水能力测定一次,以便不能达到要求时,及时采取必要的补救措施。

地下水井因地下水位的变化而影响供水能力,因此应一定的时期内检测地下水井的水位。

天然水源因气候变化等原因而影响其枯水位、常年水位和洪水位,同时其流量也会变化,为此应定期检测,以便保证消防供水。

14.0.4 消防水泵和稳压泵是供给消防用水的关键设备,必须定期进行试运转,保证发生火灾时启动灵活、不卡壳,电源或内燃机驱动正常,自动启动或电源切换及时无故障。

14.0.5 减压阀为消防给水系统中的重要设施,其可靠性将影响系统的正常运行,因其密封又可能存在慢渗水,时间一长可能造成

阀前后压力接近,为此应定期试验。

　　另外因减压阀的重要性,必须定期进行试验,检验其可靠性。

14.0.6　本条规定了阀门的检查和维护管理规定。

14.0.10　消防水池和水箱的维护结构可能因腐蚀或其他原因而损坏,因此应定期检查发现问题及时维修。

14.0.14　天然水源中有很多生物,如螺蛳等贝类水中生物能附着在管道内,影响过水能力,为此强调应采取措施防止水生物的繁殖。

14.0.15　消防给水系统维修期间必须通知值班人员,加强管理以防止维修期间发生火灾。

中华人民共和国国家标准

火炸药生产厂房设计规范

Code for design of propellant and explosive work architecture

GB 51009-2014

主编部门：中 国 兵 器 工 业 集 团 公 司
批准部门：中华人民共和国住房和城乡建设部
施行日期：2 0 1 5 年 5 月 1 日

中华人民共和国住房和城乡建设部公告

第 524 号

住房城乡建设部关于发布国家标准
《火炸药生产厂房设计规范》的公告

　　现批准《火炸药生产厂房设计规范》为国家标准，编号为
GB 51009—2014，自 2015 年 5 月 1 日起实施。其中，第 3.0.3、
3.0.5、3.0.6、3.0.11、4.0.9（1）、6.3.34、7.0.4、8.2.2、
10.3.1（8）、10.3.2（1）、10.7.2、11.2.1、11.2.6 条（款）
为强制性条文，必须严格执行。
　　本规范由我部标准定额研究所组织中国计划出版社出版发行。

中华人民共和国住房和城乡建设部
2014 年 8 月 27 日

前　言

本规范是根据住房城乡建设部《关于印发〈2009年工程建设标准规范制订、修订计划〉的通知》（建标〔2009〕88号）的要求，由中国兵器工业标准化研究所和中国五洲工程设计集团有限公司会同有关单位共同编制完成的。

在本规范编制过程中，编制组进行了广泛深入的调查研究，认真总结了多年来火炸药生产厂房设计实践经验，吸收了近年来在火炸药生产厂房设计中的新材料、新工艺、新方法，并在广泛征求意见的基础上，通过反复讨论、修改和完善，最后经审查定稿。

本规范共分为11章和3个附录，主要技术内容包括：总则，术语，基本规定，工艺布置，建筑，结构，给水、消防与排水，采暖、通风和空气调节，动力，电气，自动控制等。

本规范中以黑体字标志的条文为强制性条文，必须严格执行。

本规范由住房城乡建设部负责管理和对强制性条文的解释，由中国兵器工业集团公司负责日常管理，由中国五洲工程设计集团有限公司负责具体技术内容的解释。在执行过程中如有需要修改与补充的建议，请将有关资料寄送中国五洲工程设计集团有限公司（地址：北京市西城区西便门内大街85号；邮政编码：100053），以便今后修订时参考。

本规范主编单位、参编单位、主要起草人和主要审查人：

主 编 单 位：中国兵器工业标准化研究所
中国五洲工程设计集团有限公司

参 编 单 位：北方工程设计研究院有限公司
山西北方晋东化工有限公司
甘肃银光化学工业集团有限公司
西安惠安化学工业公司
四川五洲华普工程设计有限公司

主要起草人：郑志良　王海玉　雷　进　谷　岩　邵庆良
陶少萍　闫　磊　万玉芳　范光荣　王振江
杨文利　李　明　张　君　刘岩龙　龙义强

主要审查人：赵　雄　李国仲　过士荣　王万禄　张永茂
于　静　王晓东　付兴波　王　伟　侯国平

目　次

1 总 则

1.0.1 为规范火炸药生产厂房工程设计,防止和减少生产安全事故,保障人民生命和财产安全,使工程达到经济合理、安全可靠,制定本规范。

1.0.2 本规范适用于工业火炸药生产厂房的新建、扩建和改建设计。

1.0.3 火炸药生产厂房设计除执行本规范外,尚应符合国家现行有关标准的规定。

2 术 语

2.0.1 火药 propellant

在适当的外界能量引燃下,能自身进行迅速而有规律的燃烧,同时生成大量高温气体的物质。本规范指的是工业火药。

2.0.2 炸药 explosive

在一定的外界能量作用下,能由其自身化学能快速反应发生爆炸,生成大量的热和气体产物的物质。本规范指的是工业炸药。

2.0.3 危险品 hazardous articles

生产过程中的各种火药、炸药、氧化剂的成品和半成品及其燃烧和爆炸危险性的原材料。

2.0.4 危险等级 hazard class

依据危险品和生产工序发生爆炸或燃烧事故的可能性和危害程度,划分为不同危险的级别。

2.0.5 生产厂房 production building

从事生产,布置有工艺设备及生产设施的建筑物。包括为生产配套所需的暂存间和为本厂房生产人员服务的生活辅助间。

2.0.6 整体爆炸 mass explosion

整个危险品的某一部分被引爆后,导致全部危险品的瞬间爆炸。

2.0.7 计算药量 calculating quantity of explosive

能同时爆炸或燃烧的危险品药量。

2.0.8 危险品生产间 hazardous articles production room

厂房内隔出来的从事危险品生产的房间。

2.0.9 设计药量 design quantity of explosive

室内危险品能同时爆炸的折合成 TNT 当量的最大药量。用

于设计抗爆间室、抗爆屏院和防护墙(板)。

2.0.10 卫生特征分级 industrial hygiene classification

根据生产过程接触的药物经皮肤吸收或通过呼吸系统吸入体内引起中毒的危害程度而进行的分级,分为1、2、3三个级别。

2.0.11 防静电地面 anti-electrostatic floor

能有效地泄漏或消散静电荷,防止静电荷积累所采用的地面。

2.0.12 轻质墙 light wall

用强度等级大于 M5 且容重小于或等于 $5kN/m^3 \sim 6kN/m^3$ 的块材砌筑的墙,或由其他类似材料构成的墙。

2.0.13 轻质易碎屋盖 light fragile roof

由轻质易碎材料构成,当建筑物内部发生事故时,不仅具有泄压作用,且破碎成小块,减轻对外部影响的屋盖。

屋面材料(不包括檩条、梁、屋架等)由轻质易碎材料构成的,其单位面积总重量不应大于 $1.5kN/m^2$。

2.0.14 抗爆门 blast resistant door

设置于抗爆间室或其他型间室抗爆结构墙上,具有抵抗爆炸空气冲击波整体作用和破片穿透的门。

2.0.15 塑性透光材料 plasticity bright material

在空气冲击波作用下具有一定塑性,不易破碎或破碎后不致造成人身伤害的透光材料。如塑性玻璃、透明的塑料板、有机玻璃、阳光板等。

2.0.16 抗爆间室 blast resistant chamber

具有承受爆炸破坏作用的间室,当其内部发生爆炸事故时,对间室外结构及设备不造成破坏。

2.0.17 安全疏散距离 emergercy escape distance

由生产厂房内最远工作地点至外部安全出口或安全疏散梯之间的直线或折线(其间有布置物影响疏散时)的距离。

2.0.18 抗爆屏院 blast resistant shield yard

当抗爆间室内发生爆炸事故时,为了控制经泄压面飞出的飞散物和减小空气冲击波对邻近建筑物的破坏作用而在轻型泄压窗(墙)外设置的、具有一定抗爆能力的屏障结构。

2.0.19 电气危险场所 electrical installation in hazardous location

燃烧、爆炸性物质出现或预期可能出现的数量达到足以要求对电气设备的结构、安装和使用采取预防措施的场所。

2.0.20 爆炸性气体环境 explosive gas atmosphere

在大气环境条件下,气体或蒸气的可燃性物质与空气的混合物经点燃后,燃烧将传至全部未燃烧混合物的环境。

2.0.21 可燃性粉尘环境 combustible dust atmosphere

在大气环境条件下,粉尘或纤维状的可燃性物质与空气的混合物点燃后,燃烧将传至全部未燃混合物的环境。

2.0.22 防静电材料 anti-electrostatic material

通过在聚合物内添加导电性物质、抗静电剂等,以降低电阻率、增加电荷泄漏能力的材料的统称。

2.0.23 直接接地 direct-earthing

将金属设备与接地系统直接用导体进行可靠连接。

2.0.24 间接接地 indirect-earthing

将人体、金属设备等通过防静电材料或其制品与接地系统进行可靠地连接。

2.0.25 静电泄漏电阻 electrostatically leakage resistance

物体的被测点与大地之间的总电阻。

3 基 本 规 定

3.0.1 危险品生产工序的危险等级,应划分为下列四级:

1 1.1级:具有整体爆炸的危险品。能产生冲击波、火焰和爆炸碎片危害周围环境。

2 1.2级:具有迸射破片的危险品,但无整体爆炸危险性。产生的冲击波和火焰局限于周边,迸射出的破片或危险品危害大环境。

3 1.3级:具有整体燃烧的危险品。燃烧的火焰、热辐射和飞行的燃烧物质危害周围环境,较少有冲击波或破片。

4 1.4级:危险品无重大危险性,但不排除某些危险品在外界强大引燃、引爆条件下有燃烧爆炸的危险性。

3.0.2 危险品生产工序的危险等级应符合表3.0.2的规定。

表 3.0.2 危险品生产工序的危险等级

序号	危险品名称	危险等级	生产加工工序	技术要求或说明
1	粉状铵油炸药、铵松蜡炸药、铵沥蜡炸药	1.1	混药、筛药、凉药、装药、包装	—
		1.1*	混药、筛药、凉药、装药、包装	无雷管感度炸药,且厂房内计算药量不应大于5t
		1.4	硝酸铵粉碎、干燥	—
2	多孔粒状铵油炸药	1.1*	混药、包装	无雷管感度炸药,且厂房内计算药量不应大于5t
3	膨化硝铵炸药	1.1*	膨化	厂房内计算药量不应大于1.5t
		1.1	混药、凉药、装药、包装	

续表 3.0.2

序号	危险品名称	危险等级	生产加工工序	技术要求或说明
4	粒状黏性炸药	1.1*	混药、包装	无雷管感度炸药,且厂房内计算药量不应大于5t
		1.4	硝酸铵粉碎、干燥	—
5	水胶炸药	1.1	硝酸甲胺制造和浓缩、混药、凉药、装药、包装	—
		1.4	硝酸铵粉碎、筛选	—
6	浆状炸药	1.1	梯恩梯粉碎、炸药熔混、混药、凉药、包装	—
		1.4	硝酸铵粉碎	—
7	胶状、粉状乳化炸药	1.1	乳化、乳胶基质冷却、乳胶基质贮存、敏化(制粉)、敏化后的保温(凉药)、贮存、装药、包装	—
		1.4	硝酸铵粉碎、硝酸钠粉碎	—
8	太乳炸药	1.1	制片、干燥、检验、包装	—
9	黑火药	1.1	三成分混药、筛选、潮药包药、药饼(板)压制、拆袋打片、造粒、除粉分选、光药、混同、包装	—
		1.4	硝酸钾干燥、粉碎	—
10	降雨弹推进剂	1.3	双铅-2推进剂材料准备、预混、捏合、浇注、硫化	—

注:1 无雷管感度的炸药、硝铵膨化工序的危险等级为1.1*。

2 本规范无1.2级危险品。

3.0.3 火炸药生产厂房的危险等级应按厂房内危险品生产工序中最高危险等级确定。

3.0.4 本规范表3.0.2中未列入的火炸药和新研制火炸药的厂房危险等级可按同类型产品的生产工序确定等级,或经试验确定。

3.0.5 火炸药生产厂房应独立建设,不得与有固定操作人员的非危险性生产厂房联建。

3.0.6 1.1级生产厂房内不得布置2条和2条以上生产线。不得设置有人值班的自动控制室。

3.0.7 1.3级生产厂房内宜布置1条生产线。当需要布置2条生产线时,生产线之间应以非危险性工作间隔离或以防火墙隔离。

3.0.8 火炸药生产厂房建筑平面宜为矩形,不应采用封闭的口字形、Π字形。

3.0.9 火炸药生产厂房宜为单层,当有特殊工艺要求加层时,宜采用钢平台。

3.0.10 火炸药生产厂房不应建地下室、半地下室。

3.0.11 火炸药生产厂房的耐火等级不应低于现行国家标准《建筑设计防火规范》GB 50016中规定的二级耐火等级。

4 工 艺 布 置

4.0.1 火炸药生产宜采取先进工艺,对有燃烧、爆炸危险的作业宜采用隔离操作、自动控制等先进技术。厂房内应减少存药量,减少操作人员的数量甚至达到无人操作。

4.0.2 火炸药生产厂房内设备、管道、运输装置和操作岗位的布置应方便操作人员迅速疏散。

4.0.3 火炸药生产厂房内的人员疏散路线,不应布置成需要通过其他危险操作间方能疏散的形式。

4.0.4 火炸药生产厂房内与生产无直接联系的辅助间应和危险生产工作间隔开,并应设直接通向室外的出入口。

4.0.5 厂房内的操作通道宽度应为800mm~1000mm。不常通行的通道宽度不应小于650mm。

4.0.6 厂房内的危险品暂存间宜布置在厂房的端部,也可根据生产工艺流程的需要,沿厂房外墙布置成突出的贮存间。该贮存间不应靠近出入口或生活辅助间。

4.0.7 火炸药生产厂房内各危险品间断生产工序或工段之间宜采取防护隔离措施或分别布置在单独的工作间内。生产中易发生事故的间断工序应分别布置在单独的钢筋混凝土或钢制抗爆间室内,或采用设备装甲、防护板等防护措施。

4.0.8 抗爆间室的设置应符合下列要求:

1 抗爆间室之间或抗爆间室与相邻工作间之间不得有地沟相通。

2 有燃烧、爆炸危险物料的管道不得通过抗爆间室。在未设隔火隔爆措施的情况下不应进出抗爆间室。

3 输送没有燃烧、爆炸危险物料的管道通过或进出抗爆间室时,应在穿墙处采取密封措施。

　　4 抗爆间室的门、操作口、传递口,应满足不传爆的要求。

　　5 抗爆间室门、操作口、传递口的开启应与室内设备动力系统的启停进行联锁。

　　6 抗爆间室泄爆面(对空泄爆除外)外应设置抗爆屏院。

4.0.9 火炸药生产厂房各工序的联建,应符合下列规定:

　　1 铵油炸药热加工法生产中的混药工序应独立设置厂房。

　　2 炸药制造中制药工序与装药、包装工序分别独立设置厂房时,制药厂房计算药量不应超过 1.5t,装药包装厂房计算药量不应超过 2.5t。装药与后工序之间应设置隔墙。

　　3 炸药制造中工艺与设备匹配,制药至成品包装能实现自动化、连续化生产,且具有可靠的防止传爆和殉爆的安全防范措施时,可在一个厂房内联建。计算药量不应超过 2.5t。制药与后工序之间、装药与后工序之间应设置隔墙。

　　4 炸药制造中的无固定操作人员、能自动输送、且能与自动装药机对接的自动机制制管工序可与采用自动装药机的装药工序联建。

　　5 炸药制造中的装药与包装联建时,在装药与包装工序之间应设有大于或等于 250mm 厚的钢筋混凝土防护隔墙;装药间至包装间的输药通道不应与包装间的人工操作位置直接相对。

　　6 水胶炸药制造中的硝酸甲胺制造与浓缩应单独设置厂房。

4.0.10 危险品生产或输送用的设备和装置,应符合下列要求:

　　1 当工作间内有火炸药粉尘或散发易燃液体蒸气时,其中的设备和配套件的结构材质的选用,应符合本工作间介质的安全要求。

　　2 制造炸药的设备在满足产品质量要求的前提下,应选择低转速、低压力、低噪音的设备。当温度、压力等工艺参数超标时,会引起燃烧爆炸的设备应设自动控制和报警装置。

　　3 与物料接触的设备零部件应光滑,其材质应与制造危险品的原材料、半成品、在制品、成品不起化学反应,零部件之间摩擦撞击不应产生火花。

　　4 设备的结构选型,不应有积存物料的死角,应有防止润滑油进入物料和防止物料进入保温夹套、空心轴或其他转动部分的措施。

　　5 有搅拌、碾压等装置的设备,应设有当检修人员进行机内作业时,能防止他人启动设备的安全保障措施。

　　6 在采用连续或半连续工艺的生产中,对具有发生燃烧、爆炸事故可能性的设备应采取防止传爆的安全防范技术措施。

　　7 输送危险品的管道不应埋地敷设。当采用架空敷设时,应便于检查。当两个厂房(工序)之间采用管道或运输装置输送危险品时,应采取防止传爆的措施。

　　8 生产或输送危险品的设备、装置和管道应设有泄漏静电的措施。

　　9 输送易燃、易爆危险品的设备,其不引起传爆的允许药层厚度应通过试验确定。

4.0.11 制造炸药的加热介质宜采用热水或低压蒸汽。

4.0.12 制粉系统风力输送宜采用冷风。

5 建 筑

5.1 一 般 规 定

5.1.1 火炸药生产厂房平面布置应规整,平面布置的柱网、开间、进深应满足使用功能和工艺专业的要求,其定位轴线的尺寸应符合现行国家标准《建筑模数协调标准》GB 50002 的有关规定。

5.1.2 火炸药生产厂房建筑立面应简洁,建筑装饰、造型、构造等应满足安全要求。

5.1.3 火炸药生产厂房建筑层高应结合工艺专业,在满足使用要求、设备高度、通风、采光等条件下降低高度。

5.1.4 火炸药生产厂房的采光设计应符合现行国家标准《建筑采光设计标准》GB 50033 的有关规定。

5.1.5 危险品生产工序应按国家现行有关工业企业设计卫生标准设置卫生设施。危险品生产工序的卫生特征分级应按本规范附录 A 确定。

5.1.6 1.1 级生产厂房内不应设置办公用室和生活辅助用室(含卫生间、更衣室、休息室等),可设置带洗手盆的水冲式厕所(黑火药生产中的 1.1 级厂房除外)。1.3 级生产厂房不应设置办公用室。

5.1.7 1.3 级、1.4 级生产厂房内均可设置生活辅助用室。生活辅助用室应布置在生产厂房较安全的一端,应为单层,且应设置大于或等于 370mm 厚的实心墙与危险性工作区隔开。生活辅助用室的门窗不应直对邻近危险工作间的泄爆、泄压面。

5.1.8 火炸药生产厂房的设计,关于防腐蚀内容应符合现行国家标准《工业建筑防腐蚀设计规范》GB 50046 的有关规定。

5.2 屋面、顶棚

5.2.1 火炸药生产厂房的屋面防水等级不应低于现行国家标准《屋面工程技术规范》GB 50345 规定的防水等级Ⅱ级。

5.2.2 火炸药生产厂房不宜采用架空隔热层屋面。

5.2.3 火炸药生产厂房不宜设置吊顶,当必须设置时,应符合下列要求:

　　1 应符合现行国家标准《建筑设计防火规范》GB 50016 中对二级耐火等级建筑物的有关吊顶的各项规定。

　　2 危险品生产间或危险品贮存间内的吊顶上不应设置人孔、通气孔及其他孔洞。

　　3 吊顶表面应平整、光滑、无缝隙,不应使用易于脱落的材料;吊顶与柱和墙有缝隙处应封堵严实,所有凹角宜抹成圆弧。

　　4 相邻吊顶的工作间的隔墙应砌至屋面板或梁的底部。

5.2.4 经常冲洗或设有消防雨淋的工作间的顶棚应使用耐擦洗的装饰材料,装饰材料颜色应与危险品颜色相区别。

5.3 墙 体

5.3.1 危险品生产间内墙面应抹灰。

5.3.2 有易燃、易爆粉尘的工作间的内墙表面应平整、光滑,所有凹角宜抹成圆弧。

5.3.3 经常冲洗和设有消防雨淋的工作间的内墙面,以及要求经常清扫的生产间的墙裙应全部油漆,墙裙以上的墙面应使用耐擦洗涂料。油漆或涂料的颜色应与危险品的颜色相区别。

5.3.4 采用的墙体保温材料燃烧性能等级应为 A 级。

5.4 地面和楼面

5.4.1 当危险品生产区内的危险品遇火花会引起燃烧爆炸时,应采用不发生火花的地面面层。

5.4.2 当危险品生产区内的危险品对摩擦、撞击作用敏感时,应采用不发生火花的柔性地面面层。

5.4.3 当危险品生产区内的危险品对静电作用敏感时,应采用导(防)静电地面面层。

5.4.4 火炸药生产厂房内不宜设地沟。必须设置时,其盖板应严密,地沟应采取防止可燃气体和粉尘、纤维在地沟内积聚的有效措施,且与相邻厂房连通处应采用防火材料密封。

5.4.5 有易燃、易爆粉尘沉积,需经常冲洗的坑、沟、池等应有完整的符合安全标准的防护栏杆或盖板。

5.4.6 防静电地面的选择和构造要求应符合现行国家标准《导(防)静电地面设计规范》GB 50515 的有关规定。

5.5 门 窗

5.5.1 火炸药生产厂房内的所有门不应设置门槛。危险品生产间的门和疏散用门不应采用吊门、侧拉门或弹簧门。危险品生产间疏散用门应为向疏散方向开启的平开门。

当设置门斗时,应采用外门斗,其门的开启方向应与疏散用门方向一致。

5.5.2 危险品生产间的门不应与其他房间的门直对设置。

5.5.3 危险品生产间的外门口应做防滑坡道(坡度不宜大于1:10),不应设置台阶。

5.5.4 黑火药生产的三成分混合及之后各工序的生产间的门窗,应采用防火处理后的木门窗或其他防静电门窗,门窗配件应采用不发生火花的小五金。

5.5.5 火炸药生产厂房的窗玻璃应采用塑性透光材料。

5.5.6 生产过程中,不允许阳光直射在产品上的厂房或生产间,其向阳面的门窗玻璃应采取防阳光直射的措施。

5.5.7 火炸药生产厂房不宜设置天窗。当必须设置时,应加强窗扇和窗框的联结,窗采光部分应采用塑性透光材料等措施。

5.5.8 安全窗应符合下列规定:

1 窗口宽度不应小于1.0m。

2 窗扇高度不应小于1.5m。

3 窗台距室内地面高度不应大于0.5m。

4 窗扇应向外平开,不应设置中挺。

5 双层安全窗的窗扇应能同时向外开启。

6 应采用破碎时不致造成人身伤害的塑性透光材料。

5.5.9 抗爆门、抗爆传递口、操作口应符合下列规定:

1 当内部发生爆炸时,不应被爆炸碎片穿透,并能防止火焰及空气冲击波泄出。

2 抗爆装甲门宜为单扇平开门,门的开启方向在空气冲击波作用下应能转向关闭状态。

3 抗爆传递口的内、外闸板不应同时开启,应有联锁装置。

5.5.10 抗爆间室朝向室外的一面设轻型窗,窗台高度不应高于室内地面0.4m。

5.5.11 火炸药生产厂房采用金属门窗时应预留接地端子。

5.6 楼 梯

5.6.1 供安全疏散用的室内楼梯应采用封闭楼梯间,封闭楼梯间的门应为开向疏散方向的乙级防火门。

5.6.2 火炸药生产厂房内的平台宜为钢制或钢筋混凝土。梯段宜为钢制,净宽度不宜小于0.9m,坡度不宜大于45°。平台和梯的面层,应与本厂房地面一致。

5.6.3 供安全疏散用的楼梯踏步的最小宽度宜为0.26m,最大高度宜为0.17m。踏步应采用防滑措施。

5.6.4 供安全疏散用的楼梯应直通室外的安全出口。

5.7 安 全 疏 散

5.7.1 火炸药生产厂房安全出口的设置,应符合下列规定:

1 火炸药生产厂房内,每层或每个危险品生产间的安全出口不应少于2个。当每层或每个危险品生产间的面积不超过65m²,且同一时间的生产人数不超过3人时,可只设1个安全出口。

2 非危险品生产间的安全出口数量,可根据各生产间的生产分类按现行国家标准《建筑设计防火规范》GB 50016 的有关规定执行。

5.7.2 从一个危险品生产间穿过另一个危险品生产间到达室外的出口,不应算作安全出口。

5.7.3 火炸药生产厂房底层的外窗应设置为安全窗。二层及二层以上的平台或楼层宜设安全滑梯、滑杆。在安全滑梯、滑杆的底部附近应设置安全出口或疏散隧道。安全窗、滑梯、滑杆不应计入安全出口的数目内。安全滑梯、滑杆应设在面积大于或等于1.5m²的装有不低于1.1m高栏杆的平台的边缘。安全滑梯坡度不应大于45°,在底部宜设有沙坑。

5.7.4 有防护土堤的厂房安全出口,均应布置在防护土堤的开口方向或疏散隧道的附近。

5.7.5 1.1级、1.3级生产厂房的安全疏散距离不应超过15m。当生产厂房内部布置连续作业流水线时,由最远工作地点至外部出口或楼梯的距离可为20m。1.4级生产厂房的安全疏散距离不应超过20m。

5.7.6 火炸药生产厂房内生产设备、管道和运输装置的布置不应影响疏散,操作人员应能迅速疏散;当运输装置通过疏散出口时,宜布置在地下、架空或设置使人能够方便通行的过桥。

6 结 构

6.1 结 构 选 型

6.1.1 1.1级、1.3级和1.4级生产厂房应采用钢筋混凝土框架承重结构或钢筋混凝土柱、梁承重结构。当采取防火措施后满足二级耐火等级的耐火极限要求时,也可采用钢柱、钢梁(包括钢屋架)承重结构。

6.1.2 1.1级、1.3级和1.4级生产厂房符合下列条件之一的小型厂房,可采用符合现行国家标准《砌体结构设计规范》GB 50003 中烧结普通实心砖墙、砖壁柱等承重结构。

1 无人操作的厂房。

2 厂房内人员较少的厂房。

3 危险生产工序全部布置在抗爆间室内,且抗爆间室外不存放危险品的厂房。

4 承重横墙较密,存药量较少又分散的建筑物。

6.1.3 1.1级生产厂房中黑火药生产厂房、炸药制品生产线的梯恩梯球磨机粉碎厂房和轮碾机混药厂房应采用轻质易碎屋盖,其他1.1级危险性生产厂房应采用钢筋混凝土屋盖。

6.1.4 1.4级生产厂房宜采用钢筋混凝土屋盖。

6.1.5 1.3级生产厂房,其屋盖应符合下列要求:

1 存药量较大(大于10t)的1.3级生产厂房,应采用轻质泄压屋盖,屋盖的泄压面积应满足下式的要求:

$$F \geqslant 3P \qquad (6.1.5)$$

式中:F——泄压面积(m²);

P——存药量(t)。

当屋盖泄压面积不满足本规范公式(6.1.5)的要求时,应辅以门、窗面积作为泄压面积。

2 存药量较少的1.3级生产厂房，可用门、窗面积作为泄压面积，当门、窗面积满足公式(6.1.5)的要求时，可采用钢筋混凝土屋盖。

6.1.6 单层及多层的火炸药生产厂房的辅助用房，应采用现浇钢筋混凝土框架结构和钢筋混凝土楼(屋)盖。

6.1.7 火炸药生产厂房的生产间有易燃液体或生产中排出悬浮状态的可燃粉尘，并能与空气形成爆炸性混合物时，其泄压面积的计算尚应符合现行国家标准《建筑设计防火规范》GB 50016的有关规定。

6.1.8 生产过程中有爆炸危险并能将爆炸破坏影响控制在厂房局部范围内的工序(设计药量不超过50kg)，则该工序应置在钢筋混凝土抗爆间室内。生产过程中有爆炸危险并能将爆炸破坏影响控制在厂房内，则该厂房可采用钢筋混凝土抗爆间室。

6.1.9 抗爆间室的墙应采用现浇钢筋混凝土；当设计药量小于或等于1kg时，可采用屋面泄爆的钢板墙结构；当设计药量小于或等于3kg时，可采用屋面泄爆的钢筋混凝土抗爆间室；屋面泄爆的抗爆间室可不设置抗爆屏院。

6.1.10 抗爆间室屋盖选型，应根据生产状态、设计药量、事故频率、修复快慢、经济效果以及对周围危害的影响等因素综合考虑，并应按下列要求确定：

1 抗爆间室屋盖宜采用现浇钢筋混凝土屋盖。

2 设计药量Q≤5kg时，宜采用钢筋混凝土屋盖，当已采取可靠措施消除其对周围危害影响时或与之相连的厂房及其他抗爆间室均为钢筋混凝土屋盖时，也可采用轻质易碎屋盖。

3 设计药量Q>5kg时，应采用钢筋混凝土屋盖。

6.1.11 抗爆间室轻型泄压窗的外侧应设置抗爆屏院。抗爆屏院应符合下列要求：

1 当设计药量Q<1kg时，可采用厚度为370mm的M10烧结普通砖与M7.5砂浆砌筑的配筋砌体抗爆屏院，其最小进深为3m。

2 当设计药量1kg≤Q≤3kg时，应采用现浇钢筋混凝土抗爆屏院，其最小进深为3m；宜采用平面形式Π型的抗爆屏院，可采用平面形式Γ型的抗爆屏院。

3 当设计药量3kg<Q≤15kg时，应采用现浇钢筋混凝土抗爆屏院，其最小进深为4m；宜采用平面形式Π型的抗爆屏院，可采用平面形式Γ型的抗爆屏院。

4 当设计药量15kg<Q≤30kg时，应采用现浇钢筋混凝土抗爆屏院，其最小进深为5m，并应采用平面形式Π型的抗爆屏院。

5 当设计药量30kg<Q≤50kg时，应采用现浇钢筋混凝土抗爆屏院，其最小进深为6m，并应采用平面形式Π型的抗爆屏院。

6 当设计药量50kg<Q≤100kg时，应采用现浇钢筋混凝土抗爆屏院，其进深为6m～9m，并应采用平面形式Π型的抗爆屏院。

6.1.12 抗爆屏院高度不应低于抗爆间室的檐口的底面标高。当屏院进深超过4m时，其中墙高度应按进深增加量的1/2增高，边墙应由抗爆间室檐口底面标高逐渐增至屏院中墙顶面标高。

6.1.13 有腐蚀介质作用的厂房，除满足本规范第6.1.1条至第6.1.9条的规定外，其承重结构及屋盖宜优先采用现浇钢筋混凝土结构。

6.1.14 有腐蚀介质作用的厂房，其腐蚀性介质类别属下列情况之一者，不宜采用钢结构，并不应采用薄壁型钢结构、轻型钢结构、钢与钢筋混凝土组合结构和钢木组合结构：

1 当腐蚀性介质类别属于液态介质时(包括Y类中硝酸、硫酸、醋酸等类别)。

2 当腐蚀性介质类别属于气态介质但对钢材有可能出现中等腐蚀等级时。

3 当腐蚀性介质类别属于固态介质但对钢材有可能出现中等腐蚀等级时。

6.1.15 有腐蚀介质作用的厂房，根据本规范第6.1.3条至第6.1.10条的规定，要求采用轻型易碎墙体和屋盖时，应采取结构表面防腐蚀措施。

腐蚀性介质对建筑材料的腐蚀性等级按现行国家标准《工业建筑防腐蚀设计规范》GB 50046的有关规定执行。

6.1.16 独立于主体结构的室内作业平台应形成自承载体系，平台上部结构不宜与主体结构相连。

6.2 结 构 计 算

6.2.1 除抗爆间室、抗爆屏院外，生产过程具有爆炸、燃烧危险的各级危险等级的厂房，其结构承载力计算，可不考虑爆炸事故荷载作用。

6.2.2 火炸药生产厂房如在抗震设防烈度7度及以上的地区时安全等级宜按二级；在抗震设防烈度7度以下地区，对特别重要的生产厂房安全等级宜按一级，其他厂房安全等级均可按二级。

6.2.3 火炸药生产厂房的抗震设计，当抗震设防烈度为6度及以上时，应按现行国家标准《建筑工程抗震设防分类标准》GB 50223中"标准设防类"(丙类)进行抗震设计。对有些特别重要的生产厂房，宜按"重点设防类(乙类)"进行抗震设计。

6.2.4 承受爆炸事故爆炸荷载作用或爆炸荷载与静荷载同时作用的抗爆间室和防护隔墙，应按抗爆间室有关规范设计计算；但当以静荷载为主时，尚应按静荷载单独作用计算。地震作用与爆炸荷载不应同时考虑。当考虑爆炸动荷载的偶然作用时，可只进行承载力计算，不进行结构变形、裂缝开展和地基变形的验算。

6.2.5 对爆炸荷载作用或爆炸荷载与静荷载同时作用下的结构构件进行承载力计算时，结构构件的重要性系数应取1.0，爆炸荷载的分项系数应取1.0，永久荷载和可变荷载的分项系数应符合现行国家标准《建筑结构荷载规范》GB 50009的有关规定。

6.2.6 在爆炸荷载和静荷载同时作用或爆炸荷载单独作用下，材料强度设计值可按下式计算确定：

$$f_d = \gamma_d f \qquad (6.2.6)$$

式中：f_d——爆炸荷载作用下材料强度设计值(N/mm²)；

f——静荷载作用下材料强度设计值(N/mm²)；

γ_d——爆炸荷载作用下材料强度综合调整系数，可按表6.2.6的规定采用。

表6.2.6 材料强度综合调整系数 γ_d

材料种类		综合调整系数 γ_d
热轧钢筋	HPB300级	1.40
	HRB335级	1.35
	HRB400级	1.20
	HRB500级	1.15
混凝土	C55及以下	1.50
	C60～C80	1.40

注：1 表中同一种材料的强度综合调整系数，可适用于受拉、受压、受剪和受扭等不同受力状态。

2 对于采用蒸汽养护或掺入早强剂的混凝土，其强度综合调整系数应乘以0.85折减系数。

6.2.7 在爆炸荷载和静荷载同时作用或爆炸荷载单独作用下，混凝土的弹性模量可取静荷载作用时的1.2倍；钢材的弹性模量可取静荷载作用时的数值。

6.2.8 在爆炸荷载和静荷载同时作用或爆炸荷载单独作用下，各种材料的泊松比均可取静荷载作用时的数值。

6.2.9 钢筋混凝土抗爆间室的墙体和屋盖(轻质易碎屋盖除外)的计算，应符合下列规定：

1 在设计药量Q≤50kg时，爆炸产生的空气冲击波的整体作用以其作用在墙(板)面上平均冲量表达按弹塑性理论进行计算,以满足具备整体抗爆能力的要求。当设计药量 50kg＜Q≤100kg 时,尚应考虑爆炸引起的振动、位移、倾覆、飞散物及冲击波漏泄压力对周围人员、设备和建筑物的危害影响。

2 设计药量爆炸产生冲击波和破片作用,尚应进行局部破坏验算,以满足不出现爆炸震塌、爆炸飞散和穿透破坏等局部破坏的要求。

3 如抗爆间室采用轻质易碎屋盖时,轻质易碎屋盖本身满足一般静力计算要求即可。

4 抗爆间室宜按弹性或弹塑性理论设计,并根据可能发生爆炸事故的频率,分别采用不同的设计延性比。

6.2.10 抗爆屏院的墙体可按本规范第 6.2.9 条第 1 款、第 4 款的原则计算。

6.2.11 对有腐蚀介质作用的钢筋混凝土承重结构进行承载力计算时,其内力设计值应乘以结构构件腐蚀介质作用系数 γ_s。此时构件承载力应按下式计算:

$$\gamma_s \gamma_0 S \leq R(\cdot) \qquad (6.2.11)$$

式中:γ_s——结构构件腐蚀介质作用系数,$\gamma_s=1.15$;

γ_0——结构构件的重要性系数;

S——内力组合设计值;

$R(\cdot)$——结构构件承载力设计函数。

6.2.12 有腐蚀介质作用的钢筋混凝土结构主要构件的裂缝控制等级及最大裂缝宽度限值不应超过表 6.2.12 的规定值。

表 6.2.12 裂缝控制等级及最大裂缝宽度限值

钢筋混凝土结构	预应力混凝土结构
三级　0.2mm	二级

6.2.13 有腐蚀介质作用的钢筋混凝土超静定结构构件的内力计算,不应考虑塑性内力重力分布。

6.3 结构构造

6.3.1 有易燃、易爆粉尘的厂房宜采用外形平整不易积尘的结构构件和构造。

6.3.2 各级火炸药生产厂房应符合抗震设计规范中相应抗震设防烈度的构造要求,且不应小于 6 度。

6.3.3 各级火炸药生产厂房不应采用独立砖柱,不应采用空斗墙、乱毛石墙、悬墙。承重砖及砖壁柱采用烧结普通实心砖砌筑,填充墙可采用烧结多孔砖砌筑,砖墙的厚度不应小于 240mm。

6.3.4 钢柱、钢梁(包括钢屋架)承重的厂房,结构体系应符合钢结构设计的有关要求,此类厂房围护墙采用砖砌体,且柱、梁(屋架)与墙体、屋盖体系应加强连接。

6.3.5 砌体承重结构的外墙四角及单元内外墙交接处应设置构造柱。屋顶檐口标高处及基础顶应设置闭合圈梁。当檐口高度大于 4m 时,应在门窗洞顶增设圈梁,且圈梁沿墙高间隔小于 4m。

6.3.6 轻质泄压屋盖的泄压部分(不包括框架板、檩条、梁、屋架等)的单位面积总重量不应大于 0.8kN/m²。

6.3.7 轻质易碎屋盖的易碎部分(不包括檩条、梁、屋架等)应采用轻质材料,其单位面积总重量不应大于 1.5kN/m²。当内部发生爆炸事故时,应易于破碎成碎块。

6.3.8 各级火炸药生产厂房,预应力混凝土构件混凝土强度等级不应低于 C35;预制构件混凝土强度等级不应低于 C30;现浇构件混凝土强度等级不应低于 C25。

6.3.9 装配式钢筋混凝土屋盖的板缝,应用强度等级不低于 C20 细石混凝土浇灌密实。

6.3.10 火炸药生产厂房及其邻近的重要建筑物的楼(屋)面板的支承长度应满足下列要求:

1 现浇钢筋混凝土板伸进墙内长度不应小于 180mm。

2 预制钢筋混凝土板的搁置长度:在砖墙上不应小于

120mm,在梁上不应小于 100mm。

6.3.11 火炸药生产厂房结构构件的联结应符合下列要求:

1 大型屋面板、框架板、檩条与梁(屋架)之间应有可靠焊结,每块板应保证三点焊牢。

2 跨度大于或等于 9m 的钢筋混凝土梁(屋架)与柱之间宜采用螺栓联结,螺栓直径不应小于 22mm,支座垫板厚度不应小于 16mm。

6.3.12 厂房主体结构的钢筋混凝土柱,宜采用矩形断面,其最小边长不应小于 350mm。墙与柱拉结应符合现行国家标准《建筑抗震设计规范》GB 50011 的有关规定。

6.3.13 钢筋混凝土构造柱的断面不应小于 240mm×240mm,主筋采用不应少于 4 根直径为 12mm 的钢筋,箍筋直径不应小于 8mm,间距不大于 200mm。构造柱不可单独设置基础,但应伸入室外地面下 500mm,或锚入(室外地面下)浅于 500mm 的基础圈梁内,并应沿全高用钢筋与墙拉结。构造柱应与圈梁连结,构造柱的纵筋穿过圈梁。

6.3.14 钢筋混凝土柱、梁承重的单层厂房和钢筋混凝土框架结构多层房屋,其围护砖墙和圈梁应与钢筋混凝土柱相拉结,内、外墙之间应加强拉结,屋面的挑出檐口板应与梁、柱连成整体。

6.3.15 火炸药生产厂房圈梁的位置应符合下列要求:

1 单层建筑物在屋面梁底标高处沿外墙设置钢筋混凝土闭合圈梁。

2 多层砖承重的建筑物应在屋盖及每层楼板处沿外墙及内墙(间隔小于或等于 12m)设置钢筋混凝土闭合圈梁。

3 钢筋混凝土圈梁的高度不应小于 180mm,配置不少于 4 根直径为 12mm 的钢筋。

4 轻质易碎墙的建筑物在屋面梁底沿外墙设置闭合钢筋带。

5 现浇钢筋混凝土屋盖或楼盖处可不设圈梁,但楼板沿墙体周边应加强配筋并应与相应的构造柱钢筋可靠连接。

6.3.16 火炸药生产厂房山墙顶部宜另外设置钢筋混凝土卧梁,卧梁应与屋盖构件牢固连接。屋面坡度小于或等于 1/10 且板(檩条)底与下部圈梁顶最大高差小于或等于 800mm 时,也可不设卧梁。当不设置卧梁时,板(檩条)底应增设垫块或在板缝内增设钢筋与山墙拉结。

6.3.17 火炸药生产厂房砖墙洞口宽度大于或等于 900mm 时,应采用钢筋混凝土过梁,过梁的支承长度不应小于 240mm;当砖墙洞口宽度小于 900mm 时,可采用平砌式钢筋混凝土过梁。当为轻质墙时,宜采用钢筋混凝土过梁,过梁的支承长度不应小于 300mm。

6.3.18 抗爆间室与主体厂房之间的连接应按下列要求处理:

1 为了减少爆炸事故对相邻主体厂房的影响,抗爆间室与主体厂房之间宜设置防震缝,缝宽不应小于 100mm。

2 设计药量 Q＜20kg 的钢筋混凝土屋盖抗爆间室及轻型屋盖抗爆间室,并且主体结构跨度不大于 7.5m 时,可不设防震缝。主体厂房的结构可采用铰接的方式支承于抗爆间室的墙上。

3 设计药量 Q≥20kg 的钢筋混凝土屋盖抗爆间室应设置防震缝,与主体厂房结构脱开。

4 主体厂房结构的支承点,应设置在抗爆间室墙(板)有相邻墙(板)支承的交接处或其靠近部位。

6.3.19 抗爆间室混凝土强度等级不应低于 C30。

6.3.20 抗爆间室及抗爆屏院的受力钢筋应尽量避免采用接头,必须采用时应用接头等级为 I 级的机械连接或闪光对焊对接连接。接头的位置应相互错开,并应避免最大受力部位,同一连接区段接头百分率不应大于 50%。

6.3.21 抗爆间室及抗爆屏院宜采用双面对称配筋,当采用不对称配筋时,受压钢筋面积不应小于相对应的受拉区钢筋面积的 70%。

6.3.22 抗爆间室及抗爆屏院的墙(板)应尽量避免设置洞孔,当必须设置时应符合下列要求：

　　1 当洞孔最小边长或直径 D 小于 500mm 时，应在洞孔的周围设置加强筋（圆洞应另设环筋），其面积不应小于被洞孔切断的受力钢筋面积，并应将洞孔范围内被切断的钢筋与洞孔边的加强筋扎结。

　　2 当洞的最小边长或直径 D 为 500mm～800mm 时，除在洞边按上述要求设置加固筋外，还应在洞的四角内外两边各设置 2 根直径不小于受力主筋的斜向构造筋（斜筋与洞边呈 45°放置，长度应满足锚固长度的要求）。

　　3 当墙上设置门洞（洞宽小于或等于 900mm）时，门洞边距墙边大于或等于 500mm，被门洞切断的垂直钢筋，应配置在门洞的两侧。当洞口靠近墙边时，应将被切断的全部垂直钢筋补配在洞口的另一侧。因门洞而切断的水平钢筋的一半应设在门洞的顶部。门洞上部转角处在墙内外两边各设置 4 根直径与受力主筋直径相同的斜向构造筋（斜筋与门洞边呈 45°设置，长度应满足锚固长度的要求）。在门框四周的抗爆墙体应局部加厚。

6.3.23 抗爆间室及抗爆屏院墙（板）的受压区和受拉区的受力钢筋，应用 S 形拉结筋互相拉结，拉结筋的直径不应小于 8mm，间距不应大于 600mm。

6.3.24 抗爆间室及抗爆屏院构件应连续浇注，不应设施工缝。当不可避免时，可在基础顶面或屋面板下 500mm 处设置，施工缝处配不少于受力主筋截面积一半的插筋加强。

6.3.25 抗爆间室墙的厚度不应小于 250mm，屋面板厚度不应小于 200mm，檐口梁、地基梁的断面不应小于 300mm×300mm。

6.3.26 轻质易碎屋盖的钢筋混凝土抗爆间室，墙顶应设钢筋混凝土女儿墙，其高度根据药量确定但不应小于 500mm，厚度应进行计算确定，且不应小于 150mm。

6.3.27 当采用有泄爆带的现浇钢筋混凝土抗爆屏院时，屏院梁、柱断面不应小于 250mm×250mm，屏院板厚不应小于 120mm。

6.3.28 有腐蚀介质作用的厂房中，构件混凝土强度等级应满足现行国家标准《工业建筑防腐蚀设计规范》GB 50046 的有关要求。

6.3.29 有腐蚀介质作用的厂房，其现浇钢筋混凝土屋面板厚度不应小于 90mm；楼板（平台板）厚度不应小于 100mm；柱子最小边尺寸不应小于 350mm；跨度大于或等于 6m 的梁的最小宽度不应小于 300mm。

6.3.30 有腐蚀介质作用的厂房，其现浇钢筋混凝土主梁及跨度大于或等于 6m 的次梁伸入承重砖墙的支承长度不应小于 370mm；跨度小于 6m 的次梁伸入承重砖墙的支承长度不应小于 240mm；板伸入承重砖墙的支承长度不应小于 120mm。

6.3.31 有腐蚀介质作用的厂房，其现浇钢筋混凝土板，洞边构造应符合下列要求：

　　1 洞口边长（直径）小于或等于 800mm，且洞边不承受设备荷重时，板底应加设 2 根直径大于或等于 12mm 的附加钢筋。

　　2 洞口边长（直径）大于 800mm 或洞边承受设备荷重时，应加设洞口边梁。

6.3.32 有腐蚀介质作用的厂房，其楼盖、平台等悬臂结构，当挑出长度大于 1.2m 时，不宜设置挑板而采用挑梁方式。

6.3.33 有腐蚀介质作用的厂房，其门窗洞口宽度大于或等于 900mm 时，应采用钢筋混凝土过梁。

6.3.34 有腐蚀介质作用的厂房，其基础材料，应采用毛石混凝土、素混凝土或钢筋混凝土结构，不得采用普通砖和毛石砌体。钢筋混凝土的强度等级不应低于 C30，毛石混凝土和素混凝土的强度等级不应低于 C25。

7 给水、消防与排水

7.0.1 火炸药生产厂房的生产用水应按生产工艺要求确定，生活用水应按现行国家标准《建筑给排水设计规范》GB 50015 的有关规定确定。除本章规定外，火炸药生产厂房的给水、排水设计还应符合现行国家标准《建筑给排水设计规范》GB 50015 的有关规定。

7.0.2 火炸药生产厂房内生产、生活给水系统宜与室内消防给水系统分开设置。室内消火栓给水系统宜与自动喷水灭火系统分开设置。工艺设备内消防供水系统应与生产工序消防雨淋系统联动。

7.0.3 火炸药生产厂房应设置室内消火栓，室内消火栓的设置应符合下列规定：

　　1 厂房高度小于或等于 24m 时，室内消火栓用水量应为 10L/s，同时使用水枪数量应为 2 支。

　　2 室内消火栓的布置应保证每一个防火分区同层有 2 支水枪的充实水柱同时到达任何部位。水枪的充实水柱不应小于 10m。

　　3 室内消火栓应设置在位置明显且易于操作的部位。栓口离地面或操作基面高度宜为 1.1m，其出水方向宜向下或与设置消火栓的墙面方向成 90°角。

　　4 室内消火栓的间距应由计算确定，并不应大于 30m。

　　5 同一建筑物内应采用统一规格的消火栓、水枪和水带。每条水带的长度不应大于 25m。

　　6 除设有消防雨淋系统的厂房外，其他生产厂房的室内消火栓箱内宜设消防软管卷盘，其消防水量不计入室内消防用水总量。

7.0.4 厂房内生产工序消防雨淋系统的设置除执行本章规定外，尚应符合现行国家标准《自动喷水灭火系统设计规范》GB 50084 的有关规定。工艺设备内部的消防雨淋用水量、水压应按设备制造商提供的参数确定。下列工艺设备内部应设置消防给水设施：

　　1 铵油炸药生产的轮碾机、凉药机。

　　2 膨化硝铵炸药生产的轮碾机、粉碎机、混药机、凉药机。

　　3 黑火药生产的三成分球磨机。

　　4 粉状炸药螺旋输送设备。

7.0.5 设置消防雨淋系统的工序应符合表 7.0.5 的规定。消防雨淋系统的设置应符合下列要求：

　　1 雨淋系统喷水强度不应低于 16L/(min·m²)，最不利点的喷头工作压力不应低于 0.05MPa。厂房雨淋系统所需进口水压应按计算确定，但不应小于 0.2MPa。

　　2 雨淋系统宜设感光探测自动控制启动设施，同时还应设置手动控制启动设施。手动控制设施应设在便于操作的地点和靠近疏散出口。

　　3 当火焰有可能通过工作间的门、窗和洞蔓延至相邻工作间时，应在该工作间的门、窗和洞口设置阻火水幕，并应与该工作间的雨淋系统同时动作。当相邻工作间与该工作间设置为同一淋水管网，或同时动作的雨淋系统时，中间隔墙的门、窗和洞口上可不设阻火水幕。

　　4 消防雨淋系统作用时间应按 1h 确定。

　　5 消防雨淋系统应设置试验放水装置。

表 7.0.5 设置雨淋的工序列表

序号	危险品名称	生产加工工序
1	粉状铵油炸药、铵松蜡炸药、铵沥蜡炸药	混药、筛药、凉药、装药、包装
2	膨化硝铵炸药	混药、凉药、装药、包装
3	粉状乳化炸药	制粉出料、装药、包装

续表 7.0.5

序号	危险品名称	生产加工工序
4	浆状炸药	梯恩梯粉碎、炸药熔药、混药、凉药、包装
5	黑火药	三成分混药、筛选、潮药包药、药饼（板）压制、拆装打片、造粒、除粉分选、光药、混同、包装
6	降雨弹推进剂	双铅-2推进剂材料准备、预混、捏合、浇注、硫化

注：设置在抗爆间室内的工序，可不设淋浴系统。

7.0.6 火炸药生产厂房应按现行国家标准《建筑灭火器配置设计规范》GB 50140 的有关规定配备灭火器，涉及危险品的场所应按严重危险级配备灭火器。

7.0.7 火炸药生产厂房的排水设计应遵循清污分流、少排或不排出废水的原则。

7.0.8 在有火药、炸药粉尘散落的工作间内，应使用拖布拖洗地面，并应设置洗拖布用水池，其废水应排至废水处理站。

8 采暖、通风和空气调节

8.1 一般规定

8.1.1 火炸药生产厂房的采暖、通风和空气调节设计除执行本章规定外，尚应符合现行国家标准《建筑设计防火规范》GB 50016 和《采暖通风与空气调节设计规范》GB 50019 的有关规定。

8.1.2 除本章规定外，危险场所的通风、空调设备的选用还应符合本规范对危险场所电气设备的有关规定。

8.1.3 火炸药生产厂房室内空气的温度和相对湿度应符合国家相关的标准和规定。当产品技术条件有特殊要求时，可按产品的技术条件确定。

8.2 采暖

8.2.1 火炸药生产厂房宜采用散热器采暖或热风采暖。散发火炸药粉尘的生产厂房不宜采用热风采暖系统。

8.2.2 散热器采暖系统热媒的选择，应符合下列规定：

　　1 散发火炸药粉尘的生产厂房，其采暖热媒应采用不高于90℃的热水。

　　2 不散发火炸药粉尘的生产厂房，其热媒应采用不高于110℃的热水或压力小于或等于0.05MPa的饱和蒸汽。

8.2.3 散发火炸药粉尘的生产厂房，其散热器采暖系统的设计，应符合下列规定：

　　1 散热器应采用光面管或其他易于擦洗的散热器。

　　2 散热器和采暖管道的外表面应涂以易于识别爆炸危险性粉尘颜色的油漆。

　　3 散热器的外表面与墙内表面的距离不应小于60mm，与地面的距离不宜小于100mm。散热器不应设在壁龛内。

　　4 抗爆间室的散热器，不应设在轻型面。采暖干管不应穿过抗爆间室的墙，抗爆间室内的散热器支管上的阀门，应设在操作走廊内。

　　5 采暖管道不应设在地沟内。当在过门地沟内设置采暖管道时，应对地沟采取密闭措施。

　　6 蒸汽、高温水管道的入口装置和换热装置不应设在危险工作间内。

8.3 通风和空气调节

8.3.1 含有燃烧、爆炸危险性粉尘的火炸药生产厂房，其机械排风系统的设计应符合下列规定：

　　1 排除含有燃烧、爆炸危险性粉尘的局部排风系统，应按每个危险品生产间分别设置。排风管道不宜穿过与本排风系统无关的房间。排尘系统不应与排气系统合为一个系统。对于危险性大的生产设备的局部排风应按每台生产设备单独设置。

　　2 散发燃烧、爆炸危险性粉尘的生产设备或生产岗位的局部排风除尘，宜采用湿法方式处理，且除尘器应置于排风系统的负压段上。

　　3 排风管道不宜设在地沟或吊顶内，也不应利用建筑物的构件作为排风管道。

　　4 排风管道或设备内有可能沉积燃烧、爆炸危险性粉尘时，应设置清扫孔、冲洗接管等清理装置，需要冲洗的风管应设有大于1%的坡度。

8.3.2 散发燃烧、爆炸危险性粉尘的厂房的通风和空气调节系统，应采用直流式，其送风机和空气调节机的出口应装止回阀。黑火药生产厂房内，不应设计机械通风。

8.3.3 散发燃烧、爆炸危险性粉尘的厂房的通风设备及阀门的选型，应符合下列规定：

　　1 进风系统的风管上设置止回阀时，送风机可采用非防爆型。

　　2 排除燃烧、爆炸危险性粉尘的排风系统，送风机及电机应采用防爆型，且电机和风机应直联。

　　3 置于湿式除尘器后的排风机应采用防爆型。

　　4 通风、空气调节风管上的调节阀应采用防爆型。

8.3.4 火炸药生产厂房均应设置单独的通风机室及空气调节机室，该室的门、窗不应与危险工作间相通，且应设置单独的外门。

8.3.5 各抗爆间室之间、抗爆间室与其他工作间及操作走廊之间不应有风管、风口相通。

8.3.6 散发有燃烧、爆炸危险性粉尘的厂房的通风和空气调节系统的风管宜采用圆形风管，并应架空敷设。风管涂漆颜色应与火炸药粉尘的颜色易于分辨。

8.3.7 火炸药生产厂房中通风、空调系统的风管应采用不燃烧材料制作。排除燃烧、爆炸危险性粉尘的风管还应具有防（导）静电性能。风管和设备的保温材料也应采用不燃烧材料。

9 动 力

9.0.1 当采用电热锅炉作为生产热源,且用汽量小于或等于 1t/h,仅为该厂房服务时,电热锅炉可贴邻生产厂房布置,但应布置在厂房较安全的一端,并用防火墙隔离。电热锅炉间应设单独的外开门和窗。

9.0.2 火炸药生产厂房内的换热间、压缩空气间应布置在厂房较安全的一端,并应用防火墙与危险操作间隔离,设置独立朝外开启的门和窗。

9.0.3 压缩空气入口装置不应设在危险品操作间内。

10 电 气

10.1 供电电源及负荷分级

10.1.1 火炸药生产厂房负荷等级宜为三级。当危险品生产中工艺要求不能中断供电时,其供电负荷应为二级。自动控制系统、消防泵房及安防系统应设应急电源。

10.1.2 火炸药生产厂房的供电电源和负荷分级应符合现行国家标准《供配电系统设计规范》GB 50052 的有关规定。

10.2 电气危险场所分类

10.2.1 电气危险场所划分应符合下列规定:

1 F0 类:经常或长期存在能形成爆炸危险的火药、炸药及其粉尘的危险场所。

2 F1 类:在正常运行时可能形成爆炸危险的火药、炸药及其粉尘的危险场所。

3 F2 类:在正常运行时能形成火灾危险,而爆炸危险性极小的火药、炸药、氧化剂及其粉尘的危险场所。

4 各类危险场所均以工作间(或建筑物)为单位。

10.2.2 常用的生产、加工、研制危险品的工作间(或建筑物)电气危险场所分类和防雷类别应符合本规范附录 B 的规定。

10.2.3 与危险场所采用非燃烧体密实墙隔开的非危险场所,当隔墙设门与危险场所相通时,若所设门除有人出入外,其余时间均处于关闭状态,则该工作间的危险场所分类可按表 10.2.3 确定。当门经常处于敞开状态时,该工作间应与相毗邻的危险场所的类别相同。

表 10.2.3 与危险场所相毗邻的场所类别

危险场所类别	用一道门的密实墙隔开的工作间	用两道门的密实墙通过走廊隔开的工作间
F0	F1	无危险
F1	F2	
F2	无危险	

注:1 本条不适用于配电室、电气室、电源室、电加热室、电机室。
　　2 控制室、仪表室位置的确定应符合自动控制部分有关规定。
　　3 密实墙应为非燃烧体的实体墙,墙上除设门外,无其他孔洞。

10.2.4 为各类危险场所服务的排风室应与所服务的场所危险类别相同。

10.2.5 为各类危险场所服务的送风室,当通往危险场所的送风管能阻止危险物质回到送风室时,可划为非危险场所。

10.2.6 在生产过程中,工作间存在两种及以上的火药、炸药及氧化剂等危险物质时,应按危险性较高的物质确定危险场所类别。

10.2.7 危险场所既存在火药、炸药,又存在易燃液体时,除应符合本规范的规定外,尚应符合现行国家标准《爆炸和火灾危险环境电力装置设计规范》GB 50058 的有关规定。

10.3 电 气 设 备

10.3.1 危险场所电气设备应符合下列规定:

1 危险场所电气设计时,宜将正常运行时可能产生火花及高温的电气设备,布置在危险性较小或无危险的工作间。

2 危险场所采用的防爆电气设备,应符合现行国家标准,并由法定单位鉴定合格。

3 危险场所不应安装、使用无线遥控设备和无线通信设备。

4 危险场所电气设备,当有过负载可能时,应符合现行国家标准《通用用电设备配电设计规范》GB 50055 的有关规定。

5 生产时严禁工作人员入内的工作间,其用电设备的控制按钮应安装在工作间外,并应将用电设备的启动与门的关闭联锁。

6 危险场所配线接线盒的选型,应与该危险场所的电气设备防爆等级一致。

7 爆炸性气体环境用电气设备的Ⅱ类电气设备的最高表面温度分组,应符合表 10.3.1-1 的规定。火药、炸药危险场所电气设备最高表面温度的分组宜符合本规范附录 C 的规定。

表 10.3.1-1 爆炸性气体环境用电气设备的Ⅱ类电气设备的最高表面温度分组

温 度 组 别	最高表面温度(℃)
T_1	450
T_2	300
T_3	200
T_4	135
T_5	100
T_6	85

8 火药、炸药危险场所电气设备的最高表面温度应符合表 10.3.1-2 的规定。

表 10.3.1-2 火药、炸药危险场所电气设备的最高表面温度(℃)

温 度 组 别	无过负荷的设备	有过负荷的设备
T_4	135	135
T_5	100	85

注:危险场所电气设备的最高表面温度可标注温度值,或标注最高表面温度组别或两者都标注。

9 电气设备除按危险所选型外,尚应符合安装场所的其他环境条件的要求。

10.3.2 F0 类危险场所电气设备的选择,应符合下列规定:

1 F0 类危险场所内不应安装电气设备,当工艺确有必要安装控制按钮及控制仪表(不含黑火药危险场所)时,控制按钮应采用可燃性粉尘环境用电气设备 DIP A21 或 DIP B21 型(IP65 级),

控制仪表的选型应为本质安全型(IP65级)。

2 采用非防爆电气设备隔墙传动时,应符合下列要求:

1)需要电气设备隔墙传动的工作间,应由生产工艺确定;

2)安装电气设备的工作间,应采用非燃烧体密实墙与危险场所隔开,隔墙上不应设门和窗;

3)传动轴通过隔墙处应采用填料函密封或有同等效果的密封措施;

4)安装电气设备工作间的门,应设在外墙上或通向非危险场所,且门应向室外或非危险场所开启。

3 F0类危险场所电气照明应采用安装在窗外的可燃性粉尘环境用电气设备 DIP A22 或 DIP B22 型(IP54级)灯具,安装灯具的窗户应为双层玻璃的固定窗。门灯及安装在外墙外侧的开关、控制按钮、配电箱选型应与灯具相同。采用干法生产黑火药的F0类危险场所的电气照明应采用可燃性粉尘环境用电气设备 DIP A21 或 DIP B21 型(IP65级)灯具,安装在双层玻璃的固定窗外;亦可采用安装在室外的增安型投光灯。门灯及安装在外墙外侧的开关及控制按钮应采用增安型或可燃性粉尘环境用电气设备(IP65级)。

10.3.3 F1类危险场所电气设备的选择,应符合下列规定:

1 F1类危险场所电气设备应采用可燃性粉尘环境用电气设备 DIP A21 或 DIP B21 型(IP65级)、Ⅱ类B级隔爆型、增安型(仅限于灯具及控制按钮)、本质安全型(IP54级)。

2 门灯及安装在外墙外侧的开关,应采用可燃性粉尘环境用电气设备 DIP A22 或 DIP B22 型(IP54级)。

3 危险场所不宜安装移动设备用的接插装置。当确需设置时,应选择插座与插销带联锁保护装置的产品,满足断电后插销才能插入或拔出的要求。

4 当采用非防爆电气设备隔墙传动时,应符合本规范第10.3.2条第2款的规定。

10.3.4 F2类危险场所电气设备、门灯及开关的选型均应采用可燃性粉尘环境用电气设备 DIP A22 或 DIP B22 型(IP54级)。

10.4 室内电气线路

10.4.1 危险场所电气线路应符合下列规定:

1 火炸药生产厂房低压配电线路的保护应符合现行国家标准《低压配电设计规范》GB 50054 的有关规定。

2 危险场所的插座回路上应设置额定动作电流小于或等于30mA的瞬时切断电路的漏电保护器。

3 各类危险场所电气线路,应采用阻燃型铜芯绝缘导线或阻燃型铜芯金属铠装电缆。电缆沿桥架敷设时,可采用阻燃型铜芯绝缘护套电缆。

4 各类危险场所电力和照明线路的电线和电缆的额定电压不得低于750V。保护线的额定电压应与相线相同,并应在同一护套或钢管内敷设。电话线路的电线及电缆的额定电压不应低于500V。

10.4.2 当危险场所采用电缆时,除照明分支线路外,电缆不应有分支或中间接头。电缆敷设以明敷为宜,在有机械损伤可能的部位应穿钢管保护,也可采用钢制电缆桥架敷设。电缆不宜敷设在电缆沟内,当必须敷设在电缆沟内时,应设防止水或危险物质进入沟内的措施,在过墙处应设隔板,并应对孔洞严密封堵。

10.4.3 当采用电线穿钢管敷设时,应符合下列规定:

1 穿电线敷设的钢管应采用公称口径不小于15mm的镀锌焊接钢管,钢管间应采用螺纹连接,连接螺纹不应少于6扣,在有剧烈振动的场所,应设防松装置。

2 电线穿钢管敷设的线路,进入防爆电气设备时,应装设隔离密封装置。

3 电气线路采用绝缘导线穿钢管敷设时宜明敷。

10.4.4 F0类危险场所电气线路应符合下列规定:

1 F0类危险场所内不应敷设电力及照明线路。在确有必要时,可敷设本工作间使用的控制按钮及检测仪表线路,其电线或电缆的芯线截面应符合表10.4.4的规定。灯具安装在窗外的电气线路,应采用芯线截面大于或等于2.5mm²的铜芯绝缘导线穿镀锌焊接钢管敷设;亦可采用芯线截面大于或等于2.5mm²的铜芯金属铠装电缆敷设。

表 10.4.4 危险场所绝缘电线或电缆的芯线截面选择

危险场所类别	绝缘电线或电缆芯线允许最小截面(mm²)			挠性连接
	电力	照明	控制按钮	
F0	—	—	铜芯1.5	DIP A21、DIP B21(IP65)、隔爆型ⅡB
F1	铜芯2.5	铜芯2.5	铜芯1.5	DIP A21、DIP B21(IP65)、隔爆型ⅡB、增安型
F2	铜芯1.5	铜芯1.5	铜芯1.5	DIP A22、DIP B22(IP54)

2 当采用穿钢管敷设时,接线盒的选型应与防爆设备(检测仪表)的等级一致。当采用铠装电缆时,与设备连接处应采用铠装电缆密封接头。

10.4.5 F1类危险场所电气线路应符合下列的规定:

1 电线或电缆的芯线截面应符合本规范表10.4.4的规定。

2 引至1kV以下的单台鼠笼型感应电动机供电回路,电线或电缆芯线长期允许的载流量不应小于电动机额定电流的1.25倍。

3 采用穿钢管敷设的线路接线盒及铠装电缆密封装置应符合本规范第10.3.1条第6款的规定。

4 移动电缆应采用芯线截面不小于2.5mm²的重型橡套电缆。

10.4.6 F2类危险场所电气线路应符合下列规定:

1 电气线路采用的绝缘导线或电缆,其芯线截面选择应符合本规范表10.4.4的规定。

2 引至1kV以下单台鼠笼型感应电动机供电回路,电线或电缆芯线截面长期允许的载流量不应小于电动机的额定电流。当电动机经常接近满载运行时,导线的载流量应有适当的裕量。

3 移动电缆应采用芯线截面不小于1.5mm²的中型橡套电缆。

10.5 照　明

10.5.1 火炸药生产厂房的电气照明设计除执行本规范外,尚应符合现行国家标准《建筑照明设计标准》GB 50034 的有关规定。

10.5.2 火炸药生产厂房的安全疏散通道和通向室外的安全出口应设置疏散照明,危险工作间应根据生产工艺需要设置安全照明,照明应急时间不应少于30min。

10.6 10kV 及以下变(配)电所和配电室

10.6.1 变电所设计除执行本规范外,尚应符合现行国家标准《10kV及以下变电所设计规范》GB 50053 的有关规定。

10.6.2 车间变电所不应附建于1.1级建筑物。当附建于1.3级、1.4级建筑物时,应符合下列规定:

1 变电所应为户内式。

2 变电所应布置在建筑物较安全的一端,与危险场所相毗邻的隔墙应为非燃烧体密实墙,且隔墙上不应设门、窗。

3 变压器室及高、低压配电室的门和窗应设在外墙上,且门应向外开启。

10.6.3 配电室(含电气室、电加热间、电机间、电源室)可附建于各类危险性建筑物内,可在室内安装非防爆电气设备,但应符合下列要求:

1 配电室与危险场所相毗邻的隔墙应为非燃烧体密实墙,且不应设门、窗与F0类、F1类、F2类危险场所相通。

2 配电室的门、窗应设在建筑物的外墙上,且门应向外开启。配电室的门、窗与干法生产黑火药的F0类危险场所的门、窗之间的距离不宜小于3m。

3 当火炸药生产厂房为多层厂房时,电源引入的配电室宜设在建筑物的一层,且不宜设在有爆炸和火灾危险场所的正上方或正下方。

10.7 防雷和接地

10.7.1 火炸药生产厂房的防雷设计除应执行本规范外,尚应符合现行国家标准《建筑物防雷设计规范》GB 50057 的有关规定。建筑物防雷类别应符合本规范附录B的规定。

10.7.2 各类危险性防雷建筑物应设置防直击雷的外部防雷装置,并应采取防闪电电涌侵入和防闪电感应的措施。

10.7.3 火炸药生产厂房电源引入总配电箱处应装设Ⅰ级试验的电涌保护器,电涌保护器的电压保护水平值应小于或等于2.5kV。当无法确定其每一保护模式的冲击电流值时,应取大于或等于12.5kA。

10.7.4 金属管道、电缆金属外皮等,在进出建筑物处,应与防闪电感应接地装置连接。

10.7.5 火炸药生产厂房内应设置等电位联结。当需要接地的设备多且分散时,应在室内装设构成闭合回路的接地干线,室内接地干线应每隔18m～24m与防闪电感应接地装置连接一次,每个建筑物的连接不应少于2处。

10.7.6 在危险场所内,穿电线的金属管、电缆的金属外皮等,应作为辅助接地线。输送危险物质的金属管道不应作为接地装置。

10.7.7 平行敷设的金属管道、构架和电缆金属外皮等长金属物,其净距小于100mm时,应每隔25m左右用金属线跨接一次;交叉净距小于100mm时,其交叉处也应跨接。

10.7.8 火炸药生产厂房内电气设备的工作接地、保护接地、防闪电感应接地、防静电接地、电子系统接地、屏蔽接地等应共用接地装置,接地电阻值应满足其中最小值。

10.7.9 火炸药生产厂房内低压配电系统接地型式应采用TN—S系统,电源进线在入户处应做重复接地。

10.8 防静电

10.8.1 对危险场所中金属设备外露可导电部分或设备外部可导电部分、金属管道、金属支架、金属门窗等,均应做防静电直接接地。

10.8.2 防静电直接接地装置应与防闪电感应、等电位联结等共用一个接地装置。

10.8.3 最小点火能小于1mJ的敏感火炸药,应独立设置静电接地装置,接地电阻应小于100Ω。

10.8.4 火炸药生产厂房中裸露出地面直接接地的预埋金属管套、地脚螺栓,均应采用防静电材料对金属裸露部分进行缠绕或涂敷。

10.8.5 危险场所中不能或不适宜直接接地的金属设备、装置等,应通过防静电材料间接接地。

10.8.6 直接加工和输送危险品的金属设备上存在小电容量的孤立部件,应与金属设备直接连接。危险场所中,固定或移动设备上由外露静电非导电材料制作的部件,该部件的面积不应大于100cm²。

10.8.7 直接加工和输送危险品的由非静电导电材料制作的设备,设备上小电容量的金属部件应采取间接接地的方式可靠接地。

10.8.8 当危险场所采用导(防)静电地面时,其静电泄漏电阻值应按该工作间的危险品类别确定。导(防)静电地面的制作应符合现行国家标准《导(防)静电地面设计规范》GB 50515 的有关规定。

10.8.9 危险场所不应使用静电非导电材料制作的工装器具。当

必须使用这种工装器具时,应进行处理,使其静电泄漏电阻值符合要求。

10.8.10 危险工作间相对湿度宜控制在60%以上。当工艺有特殊要求时,可按工艺要求确定。

10.9 通 信

10.9.1 火炸药厂房应设置生产调度电话及火警电话,设置数量应满足生产、安全及管理的需要。

10.9.2 火炸药厂房电话设备选择及线路要求,应符合本规范第10.3节、第10.4节的相关规定。

11 自动控制

11.1 一般规定

11.1.1 火炸药生产厂房的自动控制设计除应执行本规范外,尚应符合现行国家标准《自动化仪表工程施工及验收规范》GB 50093、《爆炸和火灾危险环境电力装置设计规范》GB 50058的有关规定。

11.1.2 电气危险场所的分类,应按本规范第10.2节的规定确定。

11.2 检测、控制和联锁装置

11.2.1 在火炸药生产过程中,当工艺参数超过某一界限能引起爆炸、燃烧等危险时,应根据要求,设置反映该参数变化的信号报警系统、自动停机、消防雨淋等安全联锁装置。安全联锁控制系统除应设有自动工作制外,尚应设有手动工作制。

11.2.2 按安全生产条件要求,危险品生产工序宜设置电子监视系统,该系统的配置应符合本规范第11.6节的规定。

11.2.3 对开、停车有顺序要求的生产过程应设有联锁控制装置。

11.2.4 自动控制系统的应急电源应采用UPS供电,其应急时间不应少于30min。

11.2.5 自动控制系统发生停汽、停水有可能引起危险事故的生产过程,应设反映其参数的预警信号或自动联锁控制装置。

11.2.6 自动控制系统中执行机构的型式及调节器正反作用的选择,应使组成的自动控制系统在突然停电或停汽时,能满足安全要求。

11.3 仪表设备及线路

11.3.1 危险场所安装的电动仪表设备,其选型及有关要求应符

合本规范第10.3节的规定。

11.3.2 安装在各类危险场所的检测仪表及电气设备,应有铭牌和防爆标志,并应在铭牌上标明国家授权部门所发给的防爆合格证编号。

11.3.3 防爆仪表和电气设备,除本质安全型外,应有"电源未切断不得打开"的标志。

11.3.4 F1类、F2类危险场所需要安装用电设备专用的控制箱(柜)时,F1类危险场所应采用可燃性粉尘环境用电气设备(IP65级)、Ⅱ类B级隔爆型;F2类危险场所应采用可燃性粉尘环境用电气设备(IP54级)。

11.3.5 危险场所内的自动控制系统、火灾自动报警系统及视频监视报警系统的线路应采用额定电压不低于450V/750V铜芯金属铠装屏蔽电缆。当采用多芯电缆时,其芯线截面不宜小于1.0mm²。当采用铜芯绝缘电线穿镀锌焊接钢管敷设时,其芯线截面的选择应符合本规范表10.4.5的规定。各种线路的敷设方式应符合本规范第10.4节及现行国家标准《自动化仪表工程施工及验收规范》GB 50093的有关规定。

11.3.6 自动控制系统、火灾自动报警系统及视频监视报警系统应采用金属铠装电缆埋地引入建筑物,且电缆的金属外皮、屏蔽层两端及在进入建筑物处应接地。当电缆采用穿钢管敷设时,钢管两端及在进入建筑物处应接地。电缆线路首末端,与电子器件连接处,应设置与电子器件耐压水平相适应的过电压保护(电涌保护)器。

11.3.7 对自动控制系统、火灾自动报警系统、视频监视报警系统,应进行可靠接地。接地要求除应符合本规范第10.7节的相关规定外,尚应符合现行国家标准《自动化仪表工程施工及验收规范》GB 50093、《火灾自动报警系统设计规范》GB 50116和《安全防护工程技术规范》GB 50348的有关规定。

11.4 控 制 室

11.4.1 1.1级和1.1*级的火炸药生产厂房,设置有人值班的控制室时,应嵌入防护屏障外侧或防护屏障外的合适位置。

11.4.2 1.3级和1.4级的火炸药生产厂房内附建控制室时,应符合下列规定:

1 控制室与危险场所的隔墙应为非燃烧体密实墙。

2 隔墙上不应设门窗与危险场所相通。

3 控制室的门应通向室外或非危险场所。

4 与控制室无关的管线不应通过控制室。

11.4.3 危险等级为1.1级和1.1*级火炸药生产厂房内可附建无人值班的控制室,但应符合本规范第11.4.2条的规定。

11.4.4 控制室应远离振动源和具有强电磁干扰的环境。

11.5 火灾自动报警

11.5.1 火炸药生产厂房应根据环境特征设置火灾自动报警系统,该报警系统的设备选型和线路敷设除应符合本规范第10.3节和第10.4节的相关规定外,系统设计尚应符合现行国家标准《火灾自动报警系统设计规范》GB 50116的有关规定。

11.5.2 当不设置火灾自动报警系统时,应设置火灾报警信号(含手动火灾报警按钮及专用火警电话)。火灾报警信号可与生产调度电话兼容。

11.5.3 手动火灾报警按钮宜设置于火炸药厂房主要出入口的外墙上,且从任何位置到最邻近的一个手动火灾报警按钮的距离,不应大于25m。

11.6 视频监视系统

11.6.1 视频监控系统应满足各级危险工序生产操作及安全管理的监控要求,同时应满足先进性、兼容性、可靠性、可扩充性、实用性、经济性和保密性的要求。

11.6.2 火炸药生产厂房应对表11.6.2中所列的危险生产工序设置视频监控系统。

表 11.6.2　设置视频监控系统的区域

序号	危险品名称	生产加工工序
1	粉状铵油炸药	混药*、筛药、凉药、装药、包装
2	多孔粒状铵油炸药	混药*、包装
3	改性铵油炸药	硝酸铵粉碎(改性)、干燥、混药*、凉药、混合、制粉、装药、包装
4	膨化硝铵炸药	膨化、粉碎*、混药*、凉药、装药、包装
5	粒状黏性炸药	混药*、包装
6	水胶炸药	硝酸甲胺制造和浓缩、混药*、凉药、装药、包装
7	浆状炸药	梯恩梯粉碎、炸药熔药、混药*、凉药、包装
8	胶状、粉状乳化炸药	乳化*、乳胶基质冷却、乳胶基质贮存、敏化(制粉)、敏化后的保温(凉药)、贮存、装药、包装
9	太乳炸药	制片、干燥、检验、包装
10	黑火药	三成分混药、筛选、潮药包药、药饼(板)压制、拆袋打片、造粒、除粉分选、光药、混同、包装
11	降雨弹推进剂	双铅-2推进剂材料准备、预混、捏合、浇注、硫化

注:1 机械传动装置应在视频监视区域内。
　2 抗爆间室外的操作工位应在视频监视区域内,宜在操作工位附近设置显示抗爆间室内的设备图像的监视器。
　3 监视黑火药三成分混合生产工序的摄像机应安装在室外。
　4 监视炸药干燥工序的摄像机应安装在干燥间室外。
　5 带"*"的为24h连续监视、记录的关键工序。
　6 未列入本表的危险工序,其视频监视区域参照本表确定。

11.6.3 危险场所的视频监视系统应包括人机视频和仪表装置自动监控和安全联锁。人机视频应能监控危险厂房内(岗位)的定员、定量以及设备和物品的状况,当出现违反规定时,监控人员应能对工作现场发出警告,严重时可实施停止生产或开启应急设施的处置。仪表装置自动监控和安全联锁应能监控危险工序关键设备的主要安全技术参数和应急状况,当出现异常时,监控装置应能及时、有效地自动跟踪控制,遇有应急情况时应能完成安全处置。

11.6.4 危险场所的视频监视系统设计除应符合本规范规定外,尚应符合现行国家标准《视频安防监控系统工程设计规范》GB 50395的有关规定;设备选型、线路选择与敷设、防雷接地、电源配置等除应符合本规范的相关规定外,尚应符合现行国家标准《建筑物电子信息系统防雷技术规范》GB 50343、《安全防护工程技术规范》GB 50348的有关规定。监视区域至监控室的传输线缆应全线埋地敷设,监控室至监控中心的传输线缆宜全线埋地敷设。

11.6.5 视频监控系统中使用的设备应符合国家现行标准的要求,并应经法定机构检验或认证合格。

11.6.6 视频信号应能在监控室显示、记录和控制,并应能向现场发出报警信号。

11.6.7 视频监控系统应采用数字设备,系统监视或回放的图像应实时、清晰、稳定。画面中人员影像高度不应小于原始影像高度的1/5,应能分辨人员数量和关键岗位作业人员的行为,并应符合下列规定:

1 摄像机的水平清晰度:彩色的应在480TVL以上,黑白的应在540TVL以上。

2 摄像机信噪比不宜低于50dB。

11.6.8 画面显示应能任意编程,自动或手动切换,图像丢失时系统应能发出报警信号。

11.6.9 记录图像回放应能按指定设备、通道、时间、报警信息等要素进行快速检索、回放,且应能支持正常、快速和慢速播放,逐帧进退,画面暂停,图像快照,关键帧浏览和缩放显示。

11.6.10 录像设备应具有硬盘状态提示、死机自动回复、录像目录检索和记录、回放报警前5s图像,并应具备防篡改和应急备份措施。

11.6.11 视频记录信息保存时间不应低于90d,记录装置及记录信息不应因受监视区域的燃烧、爆炸等影响而损坏。

11.6.12 视频监控系统宜采用两路独立电源供电,并应自动切换。前端设备宜由监控室集中供电,并应配置1.5倍主电源容量的UPS应急电源,支持系统运行1h以上。

11.6.13 监控室宜与服务于生产的控制室合用,且具有防盗设施和报警装置。监控室应安装防盗门窗,宜采用双工双向有线对讲电话与危险点通信。

续表 A

序号	危险品名称	生产加工工序	卫生特征分级
8	太乳炸药	制片、干燥、检验、包装	2
9	黑火药	三成分混药、筛选、潮药包药、药饼(板)压制、拆袋打片、造粒、除粉分选、光药、混同、包装	2
		硝酸钾干燥、粉碎	2
10	降雨弹推进剂	双铅-2推进剂材料准备、预混、捏合、浇注、硫化	2

附录 A 危险品生产工序的卫生特征分级

表 A 危险品生产工序的卫生特征分级表

序号	危险品名称	生产加工工序	卫生特征分级
1	粉状铵油炸药、铵松蜡炸药、铵沥蜡炸药	混药、筛药、凉药、装药、包装	2
		硝酸铵粉碎、干燥	2
2	多孔粒状铵油炸药	混药、包装	2
3	膨化硝铵炸药	膨化	2
		混药、凉药、装药、包装	2
4	粒状黏性炸药	混药、包装	2
		硝酸铵粉碎、干燥	2
5	水胶炸药	硝酸甲胺制造和浓缩、混药、凉药、装药、包装	2
		硝酸铵粉碎、筛选	2
6	浆状炸药	梯恩梯粉碎、炸药熔药、混药、凉药、包装	1
		硝酸铵粉碎	2
7	胶状、粉状乳化炸药	乳化、乳胶基质冷却、乳胶基质贮存、敏化(制粉)、敏化后的保温(凉药)、贮存、装药、包装	2
		硝酸铵粉碎、硝酸钠粉碎	2

附录 B 火药、炸药危险场所电气类别及防雷类别

表 B 火药、炸药危险场所电气类别及防雷类别表

序号	危险品名称		工作间(或建筑物)名称	危险场所分类	防雷类别
1	粉状铵油炸药、铵松蜡炸药、铵沥蜡炸药		混药、筛药、凉药、装药、包装	F1	一
			硝酸铵粉碎、干燥	F2	二
2	多孔粒状铵油炸药		混药、包装	F1	一
3	膨化硝铵炸药		膨化	F1	一
			混药、凉药、装药、包装	F1	一
4	粒状黏性炸药		混药、包装	F1	一
			硝酸铵粉碎、干燥	F2	二
5	水胶炸药		硝酸甲胺制造和浓缩、混药、凉药、装药、包装	F1	一
			硝酸铵粉碎、筛选	F2	二
6	浆状炸药		梯恩梯粉碎、炸药熔药、混药、凉药、包装	F1	一
			硝酸铵粉碎、筛选	F2	二
7	乳化炸药	粉状	制粉、装药、包装	F1	一
			乳化、乳胶基质冷却	F2	二
			硝酸铵粉碎、硝酸钠粉碎	F2	二
		胶状	乳化、乳胶基质冷却、乳胶基质贮存、敏化、敏化后的保温(凉药)、贮存、装药、包装	F2	二
			硝酸铵粉碎、硝酸钠粉碎	F2	二

续表 B

序号	危险品名称	工作间(或建筑物)名称	危险场所分类	防雷类别
8	太乳炸药	制片、干燥、检验、包装	F1	一
9	黑火药	三成分混药	F0	
		筛选、潮药包药、药饼(板)压制、拆袋打片、造粒、除粉分选、光药、混同、包装	F1	一
		硝酸钾干燥、粉碎	F2	二
10	降雨弹推进剂	双铅-2推进剂材料准备、预混、捏合、浇注、硫化	F2	一

附录C 火药、炸药危险场所电气设备最高表面温度的分组划分

表 C 火药、炸药危险场所电气设备最高表面温度的分组划分表

种类	粉尘名称	电气设备最高表面温度组别
炸药	梯恩梯	T4
	铵油炸药	T4
	水胶炸药	T4
	浆状炸药	T4
	乳化炸药	T4
火药	黑火药	T5
	双铅-2推进剂	T4

中华人民共和国国家标准

火炸药生产厂房设计规范

GB 51009-2014

条 文 说 明

1 总 则

1.0.1 火炸药生产厂房为生产爆炸燃烧危险品的场所,一旦发生事故将造成人员伤亡和财产重大损失,因此,在火炸药生产厂房的设计中必须全面贯彻执行国家的安全法规和标准,以便使新建、扩建或改建的火炸药生产厂房符合安全要求,预防事故发生,保障人民生命和国家财产的安全。

1.0.2 本条规定了本规范的适用范围,明确规定适用于工业火炸药生产厂房的新建、扩建和改建设计,不适用于军用火炸药生产厂房的新建、扩建和改建设计。广义的炸药按用途分为:起爆药、炸药、火药和烟火药,本规范为火炸药,自然不包括起爆药和烟火药,所以也不适用于起爆药、烟火药生产厂房的新建、扩建和改建设计。对在本规范颁布实施前已建成的该类火炸药生产厂房,如有不符合本规范要求的,可根据实际情况,逐步进行安全技术改造。

1.0.3 本规范仅规定工业火炸药生产厂房设计的一些特殊要求。

2 术　语

本章所列术语,仅适用于本规范。

3.0.9　本条对炸药生产厂房的层数提出了原则要求,单层易于人员疏散。

3.0.10　地下室或半地下室不便于疏散。

3.0.11　本规范涉及的危险品均高于防火甲类,因此,火炸药生产厂房的耐火等级不应低于现行国家标准《建筑设计防火规范》GB 50016 中规定的二级耐火等级。

3　基本规定

3.0.1　本条为与国际接轨,为与有关规范统一,引用了国际危险品分类法,并叙述了四级危险品的危害效应。

3.0.2　本条根据本规范所涉及的火炸药生产工序危险程度进行危险等级的划分,并列表。本规范没有1.2级的危险品。

3.0.3　规定了火炸药生产厂房危险等级的确定方法。危险等级越高的生产工序,其工艺和操作方式等越易引发安全事故。生产厂房的危险等级按厂房内危险品生产工序中最高危险等级确定,可以确保厂房内所有生产工序以及设计中涉及的各专业都能够按照最高危险等级要求进行设计,在硬件上预防事故发生。

3.0.5　火药生产厂房和炸药生产厂房应单独建设,不应与其他建筑物联建,特别强调不得与有固定操作人员的非危险性生产厂房以及有人值守的自控室联建。如果联建,一旦发生事故,将造成无关人员一起死伤,让事故扩大,财产损失更大。

3.0.6　本条规定了1.1级炸药生产厂房内不得布置2条及以上的生产线。理由是:一般炸药生产厂房内的危险品存量大,大多在百公斤级以上,在2条生产线之间很难采取隔爆措施,而发生事故的概率成倍增长,人员伤亡和财产损失也成倍增长,一旦发生事故,厂房全毁。本条要求目的是在厂房硬件上不应留有安全隐患。

3.0.7　火药生产厂房一般情况下,也是布置一条生产线为宜,考虑到火药为猛烈燃烧,不产生爆炸的物质,能采取技术措施起到防护作用。为了某些目的,在厂房内可以布置2条火药生产线,采取防火隔离措施将2条生产线隔开。

3.0.8　本条对火炸药生产厂房平面形式提出要求,是考虑有利于人员疏散及避免事故相互影响。

4　工艺布置

4.0.1　对于有燃烧、爆炸危险的作业采用先进工艺、隔离操作、自动监控是从技术上保障安全的基本要求。

工艺设计中坚持减少厂房计算药量和操作人员,是一个极为重要的原则要求,目的在于一旦发生事故,可降低灾害程度和减少人员伤亡。

4.0.2　本条规定在布置工艺设备、管道及操作岗位时,应有利于人员的疏散。传送皮带挡住操作人员的疏散道路和由于工作面太小而造成人员交错等情况,在发生事故时均不利于人员的迅速疏散。

4.0.3　当本危险工作岗位发生事故,穿过相邻的危险生产间进行疏散,一是危险,二是延误时间,三是干扰别人作业,再生事故。

4.0.4　危险性建筑物不可避免地存在火药、炸药粉尘,由于厂房中辅助间(如通风室、配电室、泵房等)内的操作不必和生产厂房随时保持联系,辅助间和生产工作间之间宜设隔墙,隔墙上不用门相通,辅助间的出入口不宜经过危险性生产工作间,而宜直通室外。

4.0.6　厂房内危险品暂存间存药量相对集中,若发生爆炸事故,爆源附近遭受的破坏更加严重,所以危险品暂存间宜布置在厂房的端部,并不宜靠近厂房出入口和生活间,以减少事故损失。

有时因工艺流程的需要,危险品暂存间布置在端部对组织生产不便时,也可以沿外墙布置成凸出的贮存间,减少影响。但贮存间不应靠近人员的出口,以免造成危险品与人流交叉,发生偶然事故造成很多人员的伤亡。

4.0.7　本条要求对间断生产工艺各危险工序进行物理隔离,避免工序之间传爆、殉爆,防止灾害扩大。

4.0.8 对设置的抗爆间室提出的要求，主要为防止引爆或传爆，也是本规范的核心内容。

4.0.9 各工序联建问题：

1 铵油炸药热加工生产中的混药一般采用碾压的方法，由于产品较为敏感，碾压的操作方式易导致事故发生，同时，混药工序药量又较集中，如果与其他工序联建，一旦发生事故，将会发生传爆和殉爆，造成巨大损失，故应独立设置厂房。

2 根据原国防科工委乳化炸药安全生产研讨会议纪要及有关文件精神要求，规定了制药工序与装药、包装工序分别独立设置厂房时的厂房危险品定量。

3 本规范规定，工业炸药制造在一个厂房内联建的条件是：工艺技术与设备匹配；制药至成品包装实现自动化、连续化；有可靠的防止传爆和殉爆的措施。这三个条件缺一不可。

生产线在一个厂房内联建的危险品定量是根据原国防科工委乳化炸药安全生产研讨会议纪要及有关文件要求确定的。

5 民爆规范强调了以手工装药和包装为主。2006 年招远某公司 4.1 事故说明了自动装药机也一样，删去了"以手工装药和包装为主"的条件。爆炸由投料口一直到装药机，未从传送带传爆至包装工序，但墙倒屋塌，17 名包装工序的工人罹难（基本上是完尸）。事故证明，原规定合理，应设钢筋混凝土防护隔墙，厚度应经计算确定，但不应小于 250mm。事故也说明了连续输送无隔爆措施的危害。晾药机（存药量在几百公斤以上）与装药包装厂房联建问题值得商讨，一旦爆炸，危害极大。

4.0.10 本条是对危险品生产或输送用的设备和装置的要求。

5 建 筑

5.1 一般规定

5.1.1 针对火炸药生产厂房工序较多，为避免设计中的随意性，特提出在平面布置中，轴线定位尺寸应符合现行国家标准《建筑模数协调统一标准》GBJ 101 的规定。

5.1.2 本条规定考虑了火炸药生产厂房的特点，立面造型装饰复杂有安全隐患，如发生事故构件飞散易伤人。

5.1.3 本条规定要求在满足工艺、设备、通风、采光等要求下，尽可能地降低厂房高度，以免防护屏障过高。

5.1.4 本条规定要求在厂房内有一定光照度。

5.1.5 本条规定应按现行国家职业卫生标准《工业企业设计卫生标准》GBZ 1 设置卫生设施。为了设计使用的方便，将现行各类危险品生产工序，按现行国家职业卫生标准《工业企业设计卫生标准》GBZ 1 的车间卫生特征分级原则做了分级。主要考虑的原则是：凡生产或使用极易经皮肤吸收引起中毒的物质，定为 1 级，如梯恩梯；其他按情况定为 2 级。

5.1.6 明确规定 1.1 级生产厂房内不得设办公和生活辅助用室，因为 1.1 级有整体爆炸危险，都将波及。考虑方便，容许设水冲式厕所。但黑火药更危险，连水冲式厕所都不能设。1.3 级不应设置办公室，考虑其为猛烈燃烧。

5.1.7 本条规定了生活辅助用室在 1.3 级和 1.4 级生产厂房内设置的规定和要求。原则是远离危险区、与危险区隔离、便于疏散，不受邻近危险生产间的危害。

5.1.8 本条规定因为火炸药生产厂房内常有酸、碱类腐蚀介质，所以防腐蚀应符合现行国家标准《工业建筑防腐蚀设计规范》

GB 50046 的要求。

5.2 屋面、顶棚

5.2.1 本条规定屋面防水要求。

5.2.2 采用架空隔热层屋面：当 1.1 级生产厂房发生事故时会增加破片；当 1.3 级生产厂房发生事故时会影响泄压效果，所以不宜采用。

5.2.3 屋盖选用外形平整、不易积尘的结构构件和构造时，厂房不宜设置吊顶。这主要是由于设置吊顶，不但增加建筑工程量和造价，而且在一定程度上，增加了不安全因素，如二级耐火等级的厂房，吊顶允许采用难燃烧体从而降低了对整个屋盖燃烧性能的要求；吊顶材料在受爆炸振动时，易于脱落，可能造成次生灾害；密闭性能不够理想而可能造成吊顶内积尘等。

规范提出了设置吊顶的几项要求，除吊顶的密闭性满足要求外，第 2 款规定：生产间内不应设人孔，主要是防止粉尘进入吊顶；第 4 款规定：隔墙砌至屋盖基层底部，主要是在一旦发生火灾事故时，防止火势从吊顶内由一个生产单元蔓延至另一个生产单元。

5.2.4 防止冲洗或擦洗损坏顶棚，所以要采用耐擦洗装饰材料。颜色区分便于识别危险粉尘是否存在。装饰材料范围较广，用于顶棚的大多为轻质的，油漆也是一种装饰材料，使用"装饰材料"用语，可以有较多的选择。

5.3 墙 体

5.3.1 有危险性粉尘的工作间内的墙面、顶棚都要抹灰、粉刷。

5.3.2 本条主要是为了防止积尘，易于清扫。

5.3.3 防止冲洗或擦洗损坏墙面，所以要采用耐擦洗油漆或涂料，经济实用。颜色区分便于识别危险粉尘是否存在。装饰材料范围较广，如瓷砖也是装饰材料，但不宜采用。

5.3.4 外墙保温引发火灾的现象时有发生，所以规定采用的墙体保温材料燃烧性能等级应为 A 级。

5.4 地面和楼面

5.4.1 不发生火花地面，主要防止撞击产生火花而引起事故。不发生火花地面种类很多，如不发生火花沥青地面、不发生火花水磨石地面、不发生火花沥青砂浆地面等，应由设计人员根据工艺生产特点选用。

5.4.2 柔性地面，一般指橡胶、沥青地面。以往大多为浮铺，存在很多问题：一是在缝中易积存药物，不易清扫；二是在走动时容易滑动，使人滑倒而发生事故。因此，不应浮铺，应把缝严密粘牢，以保证安全。

5.4.3 近几年来，在一些生产中，静电已成为一个值得特别注意的问题，分析许多事故资料，可以看出，由于静电而引起的事故是很多的。如何把操作人员身体上及产品、工装上所带的静电荷导走是很重要的。将一个生产间的地面做成一个导电体，就可以将人体上的静电荷导走。

5.4.4 火炸药生产厂房内如有地沟，则易沉积易燃易爆气体或粉尘，对安全构成隐患，所以不宜设地沟。必须要设，就要符合本规定的要求。

5.5 门 窗

5.5.1 各级危险生产厂房都有不同程度的危险性，为了在一旦发生事故时，操作人员可以迅速离开，防止堵塞或绊倒，所有门都不应设门槛，也不应采用吊门、侧拉门或弹簧门。疏散用门的开启方向，外门均应外开，室内的门应向疏散方向开启，以利于疏散。

5.5.2 当两个房间的门相对设置时，其中一个危险生产间发生事故时，可能会波及相对着的房间，所以规定了危险生产间的门，不应与其他房间的门相对设置。

5.5.3 危险性工作间的外门口设台阶不仅影响疏散速度，而且易摔倒。所以要求设坡道。

5.5.4 关于危险厂房门窗的小五金,以往设计中曾采用有色金属和黑色金属交替配制,以免摩擦起火。但在实际中,这种小五金不易得到,因而大多采用了普通小五金。这种情况,经过多年的实践发现并没有因此而产生什么事故,所以规范中除对粉尘较大、药的摩擦感度较高的极个别的厂房规定应采用不发火小五金外,对其余的厂房或工序都没有提出采用不发火小五金的要求。

5.5.5 在每次爆炸事故中,受到玻璃碎片伤害的人数较多,因此,厂房中的门窗玻璃对工人的安全是一种威胁。此外,由于玻璃碎片掉进产品而使产品报废,也给国家财产造成了损失,这个问题一直没有得到妥善解决。因此,在火炸药生产厂房中的门窗玻璃应采用塑性透光材料。

采用塑性透光材料的范围,主要是考虑外爆的影响。除火炸药生产厂房的玻璃应采用塑性透光材料外,其附近的建筑物的门窗也应尽量采用塑性透光材料。一次爆炸事故,对玻璃的破坏范围是相当大的。规范中规定采用塑性玻璃的范围仅仅考虑在冲击波作用下,玻璃有可能带速度飞散的范围。在玻璃破碎但不具有速度的范围内,仅仅破碎脱落,对人的伤害极少,因此就不必采用塑性透光材料。

5.5.6 阳光透过一般建筑用玻璃直接照射在产品上时,有可能使产品分解,变质或升温而引起燃烧或爆炸,所以应采用磨砂玻璃或在玻璃上涂刷白色油漆。

5.5.7 在危险生产厂房不宜设置天窗,因天窗突出屋面,增加了厂房的高度,对抗爆不利。此外,天窗构造复杂,在窗扇及构件上易积聚药物,不易清洗。但在某些生产中或在炎热地区,设置天窗又不可避免,在这种情况下,应采用规范中所要求的措施。

天窗窗扇在较高的部位,极易受空气冲击波冲击而破碎掉下,造成伤害或损失,所以规定天窗窗扇的玻璃应采用塑性透光材料,防腐厂房也应采取防腐措施。

5.5.8 此条是对安全窗的要求:第一,安全窗不能太窄,否则人员不易疏散;第二,高度不能太低,以免碰着人的头部;第三,窗台不能太高,以免工人迈不过去。设安全窗的房间,不少有空调要求,需做双层窗。为了开启方便,达到迅速疏散的目的,双层窗应能同时向外开启。

5.5.9 本条规定了对抗爆装甲门、抗爆传递口、操作口的要求,达到不传爆、不伤人的目的。

5.5.10 本条规定了抗爆间室对室外的一面应设轻型窗以及窗台的高度,以利于泄爆。

5.5.11 本条规定是为了便于接地。

5.6 楼　梯

5.6.1 为了防止燃烧时烟雾进入楼梯间,影响疏散,室内楼梯应采用封闭楼梯间,其门应采用乙级防火门,与防火规范一致。

5.6.2 为了与厂房的耐火等级相适应,规定了平台宜为钢制或钢筋混凝土制,梯宜为钢制。梯段坡度的规定,因其兼作疏散用,从安全考虑。

平台的面层,特别是一些小型的钢和钢筋混凝土平台的面层,以往习惯上很少做不发生火的面层。近几年来,有些厂在检修设备过程中,把部件放在平台上时,由于撞击了平台上的药物而发生火花,引起了事故。因此,本规范规定,在这些平台的面层应采取与本厂房或本生产间地面相适应的不发生火花措施。

5.6.3 疏散楼梯踏步不宜太窄,也不能太高。建议的尺寸是人行习惯的抬步尺寸,以免在慌忙中摔倒或滑倒。

5.6.4 疏散楼梯是楼层的安全出口,到达地面后就应到达安全区,所以应设直通室外的安全出口,以便尽快地到达安全地带。

5.7 安　全　疏　散

5.7.1 本条对安全出口的数量作了规定。每层或每个危险生产

间安全出口不应少于2个。对一些特殊情况,当厂房面积较小,例如在一个9m×6m大的房间,且同一时间的生产人数不超过3人时,一个安全出口是可以满足疏散要求的。

5.7.2 当本工作间发生事故,则在本工作间的工作人员要想穿过相邻的生产间进行疏散,有时是不可能的,所以这种穿过相邻危险生产间而通往外部的出口或楼梯的门或门洞,不应作为安全出口。

5.7.3 安全窗是根据危险品生产要求设置的,布置在外墙上,平时和普通窗一样,当发生事故时,这种安全窗可以作为逃生出口,它不同于一般疏散用门,可供众人自由出入。安全窗可以作为辅助安全出口,一般不列入安全出口的数目中。

在二层的厂房,采用安全滑梯、滑杆,一些工厂正在使用,反映也还不错。在滑梯和滑杆中,滑梯比滑杆又更好一些。因为一旦发生事故,操作人员思想紧张,利用滑杆进行疏散,不如滑梯好。但也有一些单位反映滑杆比滑梯好,所以应视具体情况选用。

5.7.4 本规定的目的是便于操作人员迅速跑出危险区。

5.7.5 厂房疏散以安全到达安全出口为前提。安全出口包括直接通向室外的出口和安全疏散楼梯间及外楼梯。规定厂房安全疏散距离,是为了当发生事故时,人员能以极快的速度,用最短的时间跑出,到达安全地带。安全疏散楼梯首层应设直通室外出口。

考虑以往的习惯做法,本规范规定1.1级、1.3级厂房的安全疏散距离不应超过15m;1.4级厂房不应超过20m,并对一些布置上确有困难的1.1级、1.3级厂房,作了放宽但也不应超过20m。

5.7.6 本条指有些建筑平面图上满足了疏散距离,其实由于设备连续布置或有影响疏散的管道、运输装置需绕行,总结一些生产实践和事故经验制订本条,保证疏散通道的通畅。

6　结　　构

6.1　结　构　选　型

6.1.1 危险性建筑物结构设计主要考虑一旦事故发生后,尽量减少对本建筑物和附近建筑物的人员伤亡程度。强调采用钢筋混凝土框架或柱、梁承重结构,主要是考虑钢筋混凝土柱、梁形成的结构体系整体性好、强度大,避免一旦事故发生,维护墙被推倒后,屋盖立即塌落,从而减少对厂房内人员的伤亡和设备的损坏。钢筋混凝土框架结构是指通常的单层或多层现浇钢筋混凝土框架结构,钢筋混凝土柱、梁承重结构是指传统的钢筋混凝土排架结构及框排架结构,一般为单层。

由于钢屋架重量轻、地震效应小,且我国钢材的供应充足及事故后容易恢复,抗震设计规范规定跨度大于24m的厂房应优先采用钢屋架。本规范中提出了当采用防火处理后满足二级耐火等级的耐火极限要求时,可采用钢框架承重结构体系。

6.1.2 1.1级、1.3级和1.4级危险品生产厂房规定了可采用砖墙砖壁柱承重的危险性建筑物,主要考虑:

(1)小型厂房是指跨度小于或等于7.5m、长度小于或等于24.0m、高度小于或等于4.5m的厂房。小型厂房砖墙承重结构的刚性还是比较好。

(2)人员较少或无人操作的厂房,考虑发生事故后,影响较小、复建也快。人员较少是指人员少于3人。

(3)当计算药量分散且较少时,一旦发生事故,横墙较密的砖墙承重结构能够承受。

以上这些情形,可采用砖墙砖壁柱承重结构。

6.1.3 1.1级火炸药生产厂房中黑火药生产厂房应采用轻质易

碎屋盖,因其事故较多,可减轻对周边的危害。其他生产厂房采用钢筋混凝土屋盖,对防外爆有利。

6.1.4 1.4级火炸药生产厂房,采用钢筋混凝土屋盖,对防外爆有利。

6.1.5 对有燃烧转为爆炸可能的1.3级的危险品,本规范对其生产厂房的泄压面积进行了规定。

6.1.6 各级危险品厂房的辅助用房,采用现浇钢筋混凝土框架结构和钢筋混凝土楼(屋)盖,主要是考虑钢筋混凝土框架结构体系整体性好、强度大,避免生产厂房一旦事故发生,辅助用房的维护墙被推倒后,屋盖坍塌的情况发生,从而减少辅助用房内人员伤亡。

6.1.9 抗爆间室,一般情况下应采用钢筋混凝土结构。目前国内广泛采用矩形钢筋混凝土抗爆炸间,使用效果较好。钢筋混凝土系弹塑性材料,具有一定的延性,可经受爆炸荷载的多次反复作用,又具有抵抗破片穿透和爆炸震塌的局部破坏的性能。

抗爆间室的屋盖做成现浇钢筋混凝土的较好,其整体性强,可使抗爆间室的空气冲击波和破片对相邻部分不产生破坏作用;与轻质易碎屋盖相比,在爆炸事故后具有不须修理即可继续使用的优点。所以在一般情况下,抗爆间室宜做成现浇钢筋混凝土屋盖。对于设计药量较小的生产厂房,可以采用屋面泄爆的钢板墙结构。主要是工厂有这方面的需求。现在也有了设计方法,实际应用也较好。

6.1.10 抗爆间室采用轻质易碎屋盖时,一旦发生事故,大部分冲击波和破片将从屋盖泄出,而且药量越大的危害越大。本条主要考虑尽量减小对相邻厂房的破坏影响。

6.1.11、6.1.12 本两条提出抗爆屏院的高度要求及抗爆屏院的构造、平面形式和最小进深的要求。抗爆间室轻型面的外面应设置抗爆屏院,这主要是从安全的角度提出来的。抗爆屏院是为了承受抗爆间室内发生爆炸后泄出的空气冲击波和爆炸飞散物所产生的两类破坏作用,一是空气冲击波对屏院墙面的整体破坏作用,二是飞散物对屏院墙面造成的震塌和穿透的局部破坏作用。要求从屏院泄出的冲击波和飞散物,不致对周围建筑物产生较大的破坏,因此,必须确保在空气冲击波作用下,屏院不致倒塌或成碎块飞出。当抗爆间室是多室时,屏院还应阻挡经抗爆间室轻型窗泄出空气冲击波传至相邻的另一抗爆间室,避免可能发生殉爆。

配筋砖砌体结构通过试验验证,砖石结构整体性差、抵抗重复多次爆炸荷载作用的性能很差。根据试验条件规定,配筋砖砌体结构抗爆屏院仅限于设计药量Q小于1kg的情况。

6.1.13~6.1.15 由于本规范中有腐蚀介质作用的建(构)筑物,除了受到腐蚀介质的影响外,一般都伴有防止可能出现爆炸危险和减轻爆炸事故影响的特殊要求,因此本规范对有腐蚀介质作用的建(构)筑物设计规定的制订原则,基本上按照我国现行国家标准《工业建筑防腐蚀设计规范》GB 50046的规定,并从严要求制订的。

针对上述特殊要求,对有腐蚀介质作用的建筑物结构选型提出优先推荐采用现浇钢筋混凝土结构,这种结构体系容易满足防腐蚀和抗爆影响的要求。

考虑到某些生产厂房必须采用轻质易碎结构,如此类厂房同时有腐蚀影响时,只能在结构表面采取防腐蚀措施。

本规范对有腐蚀性介质作用的建(构)筑物的结构选型,不推荐采用钢结构或钢组合结构,主要考虑如下几点:

(1)规范所涉及的生产厂房一般跨度都不大,基本上不超过18m,从受力观点来讲没必要采用钢结构。

(2)钢结构构件表面不易平整且节点多,容易积聚有爆炸和燃烧危险的粉尘,对防爆不利。

(3)钢铁材料本身受到液态或气态介质的腐蚀,因此对遭受液态介质Y类和S类腐蚀的生产厂房,不应采用钢结构或钢组合结构。

(4)由于生产厂房很难准确地确定生产环境的相对湿度,当环境相对湿度大于或等于75%时,大部分气态介质和固态介质对钢材会出现强腐蚀情况;即使环境相对湿度小于75%时,也有不少气态和固态介质对钢材产生中等腐蚀现象。从保证国防工业生产厂房的耐久性出发不宜采用钢结构和钢组合结构。

6.2 结构计算

6.2.1 这类建筑物虽然存在有爆炸、燃烧危险的可能性,由于经济和技术上的原因,其结构设计均不考虑爆炸事故的爆炸荷载作用,拟以常规方法进行结构承载力计算。但是对这类建(构)筑物的结构设计应重视其可能遭受外部爆炸事故带来的不利影响和建筑物内部局部发生事故的局部破坏影响,这是此类建(构)筑物所独具的特点,有别于一般工业生产厂房。因此,对这类建(构)筑物的结构设计除了在结构选型和结构构造上采取加强结构整体稳定性措施外,在结构计算上尚应根据具体建(构)筑物的重要性和结构破坏后果(危及人的生命、造成经济损失、产生社会影响等)的严重程度,确定其合理的结构安全等级,以保证这类建筑结构具有适当和合理的可靠度。

6.2.2 本条规定火炸药生产厂房如在抗震设防烈度7度及以上的地区时安全等级均可按二级考虑。主要是考虑到特别重要的生产厂房,在抗震设防类别中已按重点设防类考虑,其抗震性能及可靠度已有所提高。而在抗震设防烈度7度以下地区,对特别重要的生产厂房安全等级可按一级考虑,其他按二级考虑。主要是为了保证低地震烈度区及非地震区特别重要的危险性建筑具有适当和合理的可靠度。

6.2.3 本条原则规定了危险品生产厂房的抗震设防类别。根据国家规范、标准的分类原则,结合行业的特点提出划分原则。原则要求对具体建筑做实际分析研究,结合工厂的规模、重要性及其在地震破坏后功能失效对全局的影响大小等因素综合分析判定。

规范规定了危险品建筑物之间的内部安全距离,保证建筑物一旦发生事故受到破坏时,一般不致产生严重次生灾害。因此,在建筑抗震设计中仅将部分特别重要的生产厂房抗震设防类别规定为重点设防类,从而将需要提高设防标准的建筑控制在较小范围内,以达到突出重点的目的。

另外根据行业特点,危险品生产工序在钢筋混凝土抗爆间室内进行的危险品厂房,由于抗爆间室的设计标准能保障在发生事故后可不做修理或虽需修理但能迅速恢复使用,此类建筑不划入重要的生产厂房,抗震设防类别为标准设防类。

6.2.4、6.2.5 抗爆间室承受的爆炸荷载是事故偶然荷载,因此地震作用与爆炸荷载不同时考虑,而且爆炸荷载的分项系数取1.0。抗爆间室的荷载计算及截面设计有更为详细的计算方法和要求,这部分内容详见现行国家标准《抗爆间室结构设计规范》GB 50907的有关规定。

6.2.6 表6.2.6给出的材料强度综合系数是考虑了一般工业与民用建筑规范中材料分项系数、材料在快速加载作用下的动力强度提高系数和对抗爆结构可靠度分析后,参考现行国家标准《人民防空地下室设计规范》GB 50038的有关规定确定的。对于设计药量小于或等于100kg的抗爆间室结构构件达到最大弹性变形时间小于50ms,因此采用现行国家标准《人民防空地下室设计规范》GB 50038最大变形时间为50ms时对应的材料动力强度提高系数是可以的。由于混凝土强度提高系数中考虑了龄期效应的因素,其提高系数为1.2~1.3,故对不应考虑后期强度提高的混凝土蒸汽养护和掺入早强剂的混凝土应乘以折减系数。

根据有关单位对钢筋、混凝土试验,材料或构件初始静应力即使高达屈服强度的65%~70%,也不影响动荷载作用下材料动力强度提高的比值。而抗爆间室构件初始静应力远小于屈服强度,因此在动荷载与静荷载同时作用下材料动力强度提高系数可取同一数值。

6.2.7、6.2.8 试验证明,在爆炸荷载和静荷载同时作用或爆炸荷载单独作用下,混凝土的弹性模量可取静荷载作用时的1.2倍;钢材的弹性模量可取静荷载作用时的数值;各种材料的泊松比均可取静荷载作用时的数值。

6.2.11 现行规范不采取单一的安全系数方法计算,而是采取分项系数的计算表达。因此提高有腐蚀影响的构件承载力,可以通过降低材料的强度设计值来达到,也可以通过提高设计内力来达到,但考虑到应用现行规范、手册方便起见,本规程中采取提高设计内力方法,其承载力设计表达式再增加一个腐蚀介质作用系数 $\gamma_s = 1.15$。

6.2.12 构件的横向裂缝宽度对耐久性有一定的影响,宽度过大将导致钢筋锈蚀。但从现场调查和暴露试验的资料表明,横向裂缝宽度与钢筋锈蚀的关系并不如人们想象的那么紧密。目前普遍认为,在裂缝宽度小于或等于0.2mm情况下,对钢筋锈蚀影响不大。

预应力混凝土构件中的配筋,处于高应力工作状态,而又大都采用高强钢材,对腐蚀比较敏感,如果混凝土裂缝过大预应力混凝土构件的腐蚀程度要比钢筋混凝土构件的严重,所以应从严控制。本规范根据现行国家标准,结合行业的特点,对预应力混凝土构件的裂缝控制等级定为二级。

6.3 结构构造

6.3.1 易燃易爆粉尘是指各种火药、炸药、氧化剂、燃烧剂等粉尘,这些粉尘的聚集不但增加了日常的清扫工作,而且可能引起自燃导致事故。所以构件要外形平整不易积尘,特别是屋盖的选型,首先要考虑采用无檩平板体系,不宜采用有檩体系,更不宜采用易积尘的构件。

6.3.2 本条主要是考虑危险品生产区发生爆炸事故后,不仅产生空气冲击波还有地震波,而提出适当提高非地震设防地区的生产厂房的抗震性能。

6.3.3 墙体不应采用独立砖柱、空斗墙、悬墙、乱毛石墙等,因其自身抗震、抗爆性能差,在地震及爆炸事故中,破坏严重,并且容易发生倒塌。

6.3.4 钢柱、钢梁承重结构具有较好的抗震及抗爆性能,只要在防火方面满足防火规范的要求,就可以用于危险品生产厂房的主体结构。围护墙应采用砖砌体,主要是考虑安全规范确定危险品厂房内部安全距离的依据是以往砖砌体房屋的试验数据。如果围护墙要采用其他材料的围护结构,则必须要有可靠的试验数据或经验数据做支撑对内部安全距离进行修正。而目前还不具备其他围护结构的试验或经验数据,因此,本条提出围护墙应采用砖砌体。

6.3.6 轻质泄压屋盖用于无烟药厂房,当建筑物内部发生事故时,要求屋盖具有泄压效能,而使建筑物主体结构尽可能不遭受破坏。

轻质泄压屋盖一般由承重骨架(包括周边骨架或檩条等)和泄压部分(轻质板、防水层、保温层)两部分组成,为了使发生事故时保留承重骨架,泄压部分能瞬时掀掉,泄压部分应由轻质材料构成,重量越轻越好。

关于泄压部分重量的限值,根据现行国家标准《建筑设计防火规范》GB 50016的规定,作为泄压设备的轻质屋面板的单位质量不宜超过60kg/m²。又根据兵器某厂单基无烟药多次事故资料,当泄压部分在重量不超过1.5kN/m²时可起到泄压作用。当然采用重量更轻的材料作为泄压面积的轻质屋盖可以迅速泄压,从而减少爆炸引起的破坏,鉴于当前材料供应情况和给设计人员更大的材料选择空间,本规范规定泄压屋盖泄压部分重量不应大于0.8kN/m²。

6.3.7 轻质易碎屋盖,用于生产、使用、贮存炸药的厂房、库房。当建筑物内部发生爆炸事故,要求屋盖在空气冲击波作用下易破

碎成碎块,以减少对本建筑物和周围建筑物的影响。

当厂房发生爆炸的瞬间,由于屋面的自重与泄爆能力成反比,即自重大泄压能力差,故屋面也要求轻。因炸药比无烟药威力大,屋面重量的限制也没有轻质泄压屋盖要求高,但为了使整个屋盖起到轻质易碎效果,提出易碎部分重量不应大于1.5kN/m²。

6.3.9 为了增强屋面的整体性,要求预制板板缝用C20细石混凝土填实。

6.3.10 危险品生产厂房及其邻近的重要建筑物,为了防止因板的搁置长度不足导致发生泄爆事故时板与墙拉开,甚至板塌落,本规范根据事故调查,参考现行国家标准《建筑抗震设计规范》GB 50011,规定了板搁置在墙、梁上的支承长度。

6.3.11 根据事故调查和震害分析说明,屋盖构件的整体联结,对提高建筑物抗爆、抗震能力起着很大的作用。

6.3.13 为了提高建筑物抗事故的能力,对有爆炸危险的砖房根据需要采取构造柱的加强措施。本规程根据地震规范的要求,对构造柱的断面、配筋及连接作了规定,但考虑火化工工厂建筑物的墙较厚,将最小断面定为240mm×240mm。

根据现行国家标准《建筑抗震设计规范》GB 50011的规定,构造柱不可单独设置基础,可锚入基础圈梁内。本规范将此沿用。

6.3.15 事故调查及震经验证明,圈梁是增强建筑物整体性,提高抗爆抗震能力的有效措施。本条是针对火炸药生产工厂建筑物的特点并参考现行国家标准《建筑抗震设计规范》GB 50011对圈梁的设置作出的规定。

6.3.16 关于山墙设卧梁的问题。某兵器厂事故的分析及地震害表明,由于山墙与屋盖构件无锚拉,山墙尖处于悬臂状态,当发生爆炸事故时,山墙尖容易产生很大的出平面位移和弯拉应力,致使山墙顶部失稳倒塌。为了保证山墙顶不外闪,本条规定有爆炸危险品厂房当屋面坡度大于1/10且板底与下部圈梁顶间距大于800mm时,应设钢筋混凝土卧梁。

6.3.18 本条提出了抗爆间室与相邻主体厂房的构造要求。抗爆间室与相邻主体厂房之间设缝主要是从生产实践和事故中总结出来的。以往抗爆间室与主厂房之间不设缝,当抗爆间室内爆炸后,发现由于抗爆间室墙体变位,与主体结构连结松动,产生较大裂缝等危害主体结构的问题。条文中针对药量较小时,爆炸荷载作用下变位不大的特点,确定可不设缝,这是根据一定的实践经验和理论计算而决定的。规定轻质易碎屋盖设计药量小于5kg,钢筋混凝土屋盖设计药量小于20kg时,且主体结构跨度小于或等于7.5m时可不设缝。为使连接部位相对变位控制在较小范围以内,仍要加强两者的连接,加大支承长度,加强锚固等措施。有条件时,抗爆间室与主体厂房间尽量设缝。

6.3.20 在抗爆结构中为了提高钢筋混凝土构件的极限强度,要求受力钢筋应尽量避免采用接头。当必须采用接头时,为了保证质量且不减少其延性,规定采用机械连接或闪光对焊,并对接头的位置及同一连接区段接头百分率提出要求。钢筋连接必须遵循有关规范。

6.3.21 承受爆炸荷载的钢筋混凝土结构,考虑其高压反向荷载变化大的特点,本条规定抗爆结构受压区钢筋面积不小于受拉钢筋面积的70%。

6.3.22 抗爆间室墙、板开设洞孔会造成墙、板强度削弱和洞孔周边应力集中,所以原则上规定应尽量避免设置洞孔。但为了生产需要往往要设置观察窗、传递窗、装甲门、排风筒等孔洞,为了使被削弱后的结构构件能得到补偿,本条规定了不同孔洞周边的加强措施。通过抗爆间室试验及事故调查证实采取这些构造措施是可行的。

6.3.23 双面配筋的钢筋混凝土墙(板),为保证动荷载作用下钢筋与受压区混凝土共同工作,在内、外或上、下层钢筋之间设置一定数量的拉结筋是必要的。

6.3.24 钢筋混凝土抗爆间室因要承受很大的冲击波荷载,而施

工缝又是潜在薄弱处,为了避免反复荷载作用下施工缝薄弱面及裂缝的扩大,影响安全及使用,本条要求抗爆间室构件应连续浇筑不设施工缝。当不可避免时,规定施工缝应设置在低应力区,即在基础顶面或屋面板下 500mm 处设置,并用插筋加固。

6.3.26 轻质易碎屋盖的钢筋混凝土抗爆间室,一旦内部发生爆炸事故,大部分冲击波和碎片将从屋盖泄出,为了尽可能地减少对相邻屋盖的影响,规定轻质易碎屋盖的抗爆间室墙顶应设钢筋混凝土女儿墙。女儿墙的高度过去一般均采用 500mm,但事故分析表明,这一数值是最小值,随着间室药量增大,女儿墙的高度也应相应增加。

6.3.31 钢筋混凝土楼板的孔洞处,不仅是最易接触腐蚀介质的部位,而且也是最易产生裂缝,发生变形的部位。为了防止洞口产生过大的裂缝和变形,规定洞口边长(直径)大于 800mm 或洞边承受设备荷重时,应加设洞口边梁,以保证必要的刚性、整体性和抗裂性。

6.3.34 由于侵蚀性液体的渗漏易使基础受到腐蚀。对于砖砌体,由于其耐化学腐蚀性不强,孔隙大,容易吸收腐蚀介质,当介质具有结晶腐蚀时破坏更为严重,再加上砖基础放脚层折太多,容易积聚侵蚀性介质,不易进行表面防护;对于毛石砌体,虽然其毛石一般比较密实,耐腐蚀性能也比较好,但毛石的外形不规整,灰缝大,砌筑时很难使灰缝密实,表面平整,又由于砌体的外表面不平,抹面和涂刷沥青都难保证质量,故规定上述两种砌体均不得采用。毛石混凝土、混凝土、钢筋混凝土有较好的密实性和整体性,强度和抗渗性能也较高,表面平整也易于防护措施的设置,故推荐采用。

7　给水、消防与排水

7.0.2 本条主要从保证消防供水出发作出的规定。各系统应在厂房给水管道入口阀门前分开。设置消防供水或雨淋的设备及生产工序均为粉状炸药生产厂房,具有易发生燃爆事故的特点,为增加消防设施灭火的有效性,避免事故扩大,故要求工艺设备内消防供水系统与生产工序消防雨淋系统联动。

7.0.4 对药量比较集中且在生产过程中易发生燃爆事故的设备,规定工艺设备内部应设置消防给水设施,并作为强制性要求,避免事故扩大。

7.0.5 本条规定了设置雨淋系统的生产工序。

对雨淋系统要求的喷水强度、压力和作用延续时间也作了规定,提出了最低压力的要求。必须指出,雨淋管网应按计算确定厂房给水管道入口处所需的压力,如经计算所需压力低于 0.2MPa 时,应按 0.2MPa 设计;如经计算高于 0.2MPa 时,室外供水压力必须满足计算值要求。

对工作间、生产工序间的门洞有可能导致火灾蔓延的处所提出了应设置阻火水幕,并强调了应与厂房中的雨淋系统同时动作。为了合理地减少消防用水量,对相邻工作间为同时动作的雨淋系统时,其中间的门窗、洞口可不设阻火水幕。雨淋系统设置试验水装置,是为了在不影响生产的情况下,能定期对雨淋系统进行试验和检测,以确保雨淋系统处于正常状态。

7.0.8 用水冲洗地面,用水量很大,带出的有害、有毒物质也多,为加强操作管理,及时清除洒落在地面上的药粒粉尘,改冲洗为拖布拖洗地面,水量减少很多,带出的有害、有毒物质也大为降低。因此尽量不用大量水冲洗地面,并规定在设计中应考虑设置有洗拖布的水池。同时为避免污染环境,规定水池排水应排至废水处理站。

8　采暖、通风和空气调节

8.1　一般规定

8.1.2 同样是防爆设备,如防爆电动机,在不同的电气危险区域,其防护等级要求是不一致的,本条是为了使通风、空调设备的选用与电气对危险场所电气设备的安全要求保持一致而作出的规定。

8.2　采暖

8.2.2 火药、炸药除了对火焰的敏感度较高以外,对温度的敏感度也较高,它与高温物体接触也能引起燃烧、爆炸事故。散发火药、炸药粉尘的生产厂房,粉尘会沉积于采暖管道和散热器表面上,火药、炸药发生燃烧、爆炸危险的可能性的大小与接触物体表面温度的高低成正比。温度愈高,发生燃烧、爆炸危险的可能性愈大;温度愈低,发生燃烧、爆炸危险的可能性愈小,因此对采暖热媒及其温度作了必要的规定。

8.2.3 本条是采暖系统设计的有关规定:

1 在火药、炸药生产厂房内,生产过程中散发的燃烧、爆炸危险性粉尘会沉积于散热器的表面上,因此需要将它经常擦洗干净,以免引起事故。采用光面管散热器或其他易于擦洗的散热器,是为了方便清扫和擦洗。凡是带肋片的散热器或柱形散热器,由于不便擦洗,不应采用。

2 在火药、炸药生产厂房中,为了易于发现散热器和采暖管道表面所积存的燃烧、爆炸危险性粉尘,以便及时擦洗,规定了散热器和采暖管道外表面涂漆的颜色应与燃烧、爆炸危险性粉尘的颜色相区别。

3 规定散热器外表面距墙内表面的距离不应小于 60mm,距地面不宜小于 100mm,散热器不应装在壁龛内,这些规定都是为了留出必要的操作空间,以便能将散热器和采暖管道上积存的燃烧、爆炸危险性粉尘擦洗干净。

4 抗爆间室的轻型面是用轻质材料做成的,它是用作泄压的。不应将散热器安装在轻型面,正是为了当发生爆炸事故时,避免散热器被气浪掀出,以防止事故的扩大。

采暖干管不应穿过抗爆间室的墙,是避免当抗爆间室炸毁时,采暖干管受到破坏而可能引起传爆。

把散热器支管上的阀门装在操作走廊内,是考虑当抗爆间室内发生爆炸,散热器及其管道受到破坏时,能及时将阀门关闭。

5 散发火药、炸药粉尘的厂房内,由于冲洗地面,燃烧、爆炸危险性粉尘会被冲入地沟内,地面冲洗是很频繁的,时间长了,这些危险性粉尘就会被冲入地沟内积存起来,造成隐患,所以采暖管道不应设在地沟内。

6 蒸汽、高温水管道的入口装置和换热装置所使用的热媒压力和温度都比较高,超过了本规范第 8.2.2 条关于采暖热媒及其参数的规定,为了避免发生事故,规定了蒸汽管道、高温水管道的入口装置及换热装置不应设在危险工作间内。

8.3　通风和空气调节

8.3.1 本条是对机械排风系统设计的规定:

1 总结事故的经验和教训,提出了排风系统的布置要符合"小、专、短"的原则。

排除含有燃烧、爆炸危险性粉尘的局部排风系统,应按每个危险品生产间分别设置。主要是考虑到生产的安全和减少事故的蔓延扩大,把危害程度减少到最低限度。

"排风管道不宜穿过与本排风系统无关的房间",是为了避免发生事故时,火焰及冲击波通过风管而扩大到无关的房间。

排气系统主要是指排除沥青、蜡蒸汽的系统,如果排气系统与排尘系统合为一个系统,会使炸药粉尘和沥青、蜡蒸汽一起凝固在风管内壁,不易清除,增加了发生事故的可能性。

对于易发生事故的生产设备,局部排风应按每台生产设备单独设置,主要是考虑防止风管的传爆而引起事故的扩大。如粉状铵梯炸药混药厂房内的每台轮碾机应单独设置排风系统。

2 考虑到往日的爆炸事故,对于含有火药、炸药粉尘的排风系统,推荐采用湿式除尘器除尘。目前常用的湿式除尘器为水浴除尘器,因为水浴除尘器使药粉处于水中,不易发生爆炸。同时将除尘器置于排风机的负压段上,其目的是为使粉尘经过净化后,再进入排风机,减少事故的发生。

3 排风管道不宜设在地沟或吊顶内,也不应利用建筑物构件作排风道,主要是从安全角度出发,减少事故的危害程度。

4 设置风管清扫孔及冲洗接管等也是从安全角度出发,及时将留在风管内的火药、炸药粉尘清理干净。

8.3.2 凡散发燃烧、爆炸危险性粉尘和气体的厂房,原则上规定了这类厂房的通风和空气调节系统只能用直流式,不允许回风。若将其含有火药、炸药粉尘的空气循环使用,会使粉尘浓度逐渐增高,当遇到火花时就会发生燃烧、爆炸,故空气不应再循环。送风机和空气调节机的出口处安装止回阀是防止当风机停止运转时,含有火药、炸药粉尘的空气会倒流入通风机或空气调节机内。

黑火药的摩擦感度和火焰感度都比较高。特别是含有黑火药粉尘的空气在风管内流动时,会产生电压很高的静电火花,引起事故。为安全起见,规定黑火药生产厂房内不应设计机械通风。

8.3.3 本条是对散发燃烧、爆炸危险性粉尘的厂房的通风设备及阀门的选型规定:

1 因进风系统的风机是布置在单独隔开的送风机室内,由于所输送的空气比较清洁,送风机室内的空气质量也比较好,所以规定了当通风系统的风管上设有止回阀时,送风机可采用非防爆型。

2 排除含有火药、炸药粉尘或气体的排风系统,由于系统内外的空气中均含有火药、炸药粉尘或气体,遇火花即可能引起燃烧或爆炸,为此,规定了其排风机及电机均为防爆型。通风机和电机应为直联,因为采用三角胶带传动会由于摩擦产生静电而发生爆炸。

3 经过净化处理后的空气中,仍会含有少量的火药、炸药粉尘,所以置于湿式除尘器后的排风机仍应采用防爆型。

4 散发燃烧、爆炸危险性粉尘的厂房,其通风、空气调节风管上的调节阀采用防爆阀门,是因为防爆阀门在调节风量、转动阀板时不会产生火花。

8.3.4 本条规定是为了当厂房发生事故时,通风机室和空气调节机室内的人员和设备免遭伤害和损坏。

8.3.5 抗爆间室发生的爆炸事故比较多,发生事故时,风管将成为传爆管道。为了避免一个抗爆间室发生爆炸时波及另一个抗爆间室或操作走廊而引起连锁爆炸,因此,规定了抗爆间室之间或抗爆间室与操作走廊之间不允许有风管、风口相连通。

8.3.6 采用圆形风管主要是为了减少火药、炸药粉尘在其外表面的聚集,且便于清洗。规定风管架空敷设是为了一旦风管爆炸时减少对建筑物的危害程度,并便于检修。

风管涂漆颜色应与燃烧、爆炸危险性粉尘易于区分,其目的是在火药、炸药生产厂房中,易于发现风管外表面所积存的燃烧、爆炸危险性粉尘,便于及时清洗。

8.3.7 为了避免火灾通过通风、空调系统的风管进一步扩大,规定了风管及风管和设备的保温材料应采用不燃烧材料制作。规定排除燃烧、爆炸危险性粉尘的风管应有防(导)静电性能,是为了防止静电放电火花可能引起燃烧爆炸危险性粉尘的燃烧爆炸事故。

9 动 力

9.0.1 考虑到有的生产厂仅1个或2个厂房用汽或热水,且用量较少,而生产区又无热源,电热锅炉又较方便,故从经济和安全的角度出发作出本条规定。

9.0.2 本条规定是为了当厂房发生事故时,换热间、压缩空气间内的人员和设备免遭伤害和损坏。

9.0.3 本条规定是为了避免高压气体引起火炸药燃烧、爆炸的危险。

10 电 气

10.1 供电电源及负荷分级

10.1.1 工业火炸药生产时,因突然停电一般不会引起事故,故规定供电负荷为三级。随着科学技术发展,工业火炸药生产工艺采用了自动控制的连续化生产线,如果该类生产线突然停电会影响产品质量,造成一定的经济损失时,供电负荷可高于三级。按照现行国家有关规范规定,消防及安防系统应设应急电源,应急电源的类型可按现行国家标准《供配电系统设计规范》GB 50052 和工厂的具体情况确定。

10.2 电气危险场所分类

10.2.1 为防止由于电气设备和电气线路在运行中产生电火花及高温引起燃烧爆炸事故,根据工业火炸药生产状况,发生事故概率和事故后造成的破坏程度以及工厂多年运行的经验,将电气危险场所划分为三类。电气危险场所划分是根据危险品与电气设备有关的因素确定的:

(1)危险品电火花感度及热感度。

危险场所中电气设备可能产生的电火花及表面发热产生的高温均是引燃和引爆火药、炸药的主要因素,不同的产品对电火花感度及热感度是不一样的,因此分类时应考虑危险品电火花和热感度性能的因素,如黑火药的电火花感度高,危险场所分类就划分得较高。

(2)粉尘的浓度与积聚程度。

火药、炸药以粉尘扩散到空气中,有可能积聚在电气设备上或进入电气设备内部,从而接触到火源,所以危险品粉尘浓度和积聚程度与电气危险场所的分类关系最密切。粉尘浓度大、积聚程度严重、与电气设备点火源接触机会多,发生事故的可能性就大,因此必须考虑。

(3) 危险品的存量。

工作间(或建筑物)存药量大,一旦发生事故后果严重,所以危险品库房划分的类别较生产厂房高。

(4) 危险品的干湿度。

火药、炸药的干湿度不同,其危险性是不同的,如火药和炸药生产过程中,处在水中或酸中时比较安全,电气设备和电气线路引起爆燃事故的可能性较小,安全措施可降低些。

根据电气危险场所分类划分原则,在附录B中将常用危险品工作间列出。但划分危险场所的因素很多,如生产过程中火药,炸药的散露程度、存药量、空气中散发的粉尘浓度及电气设备表面粉尘的积聚程度、干湿程度、空气流通程度等都与生产管理有着密切关系,在设计时应根据生产情况采取合理的安全措施。

电气危险场所的分类与建筑物危险等级不同,前者以工作间为单位,后者以整个建筑物为单位。

10.2.3 考虑正常介质的工作间,特别是配电室、电源室等工作间安装的电气设备及元器件均为非防爆产品,操作时易产生火花,所以配电室等工作间不应采用本条的规定。

10.2.4 此条是借鉴了乌克兰有关规范的规定。

10.2.7 危险场所既有火药、炸药,又有易燃液体及爆炸性气体时,为了保证安全,应根据本规范和现行国家标准《爆炸和火灾危险环境电力装置设计规范》GB 50058中安全措施较高者设防。

10.3　电气设备

10.3.1 近年来我国防爆电气设备品种有所增加,但目前生产的防爆电气设备不完全适合火药、炸药危险场所的使用。火药、炸药危险场所设计时,电气设备及线路尽量布置在爆炸危险场所以外或危险性较小的场所,以保证安全。

本条第7款、第8款,火药、炸药危险场所电气设备的最高表面温度确定,是借鉴了现行国家标准《可燃性粉尘环境用电气设备　第1部分:用外壳和限制表面温度保护的电气设备　第1节:电气设备的技术要求》GB 12476.1、《可燃性粉尘环境用电气设备　第1部分:用外壳和限制表面温度保护的电气设备　第2节:电气设备的选择、安装和维护》GB 12476.2和《爆炸性气体环境用电气设备　第1部分:通用要求》GB 3836.1。

本条第8款电气设备对火药、炸药危险场所电气设备的最高表面温度作了强条规定,原因是:最高表面温度值的确定是以火炸药产品最低引燃温度为基础的,如果超过规定温度值,则有引燃甚至爆炸危险,造成巨大的人身和财产损失。

本条第9款电气设备的安装位置除考虑电气危险场所外,还应考虑防腐、海拔高度等环境因素。

10.3.2 F0类危险场所,由于生产时工作间粉尘比较多,且电火花感度高或存药量大,危险性高,发生事故后果严重,必须采取最安全的措施。工艺要求在该场所必须安装检测仪表(黑火药电火花感度比较高,因此除外)时,其外壳防护等级应能完全阻止火药、炸药粉尘进入仪表内。该内容是借鉴了瑞典国家电气检验局的规定。

由于火药、炸药危险场所专用的防爆电气设备没有解决,因此电动机采用隔墙传动,照明采用可燃性粉尘环境用防爆灯具(IP65)安装在固定窗上,这些措施是为了防止由于电气设备产生火花及高温引起事故。

10.3.3 根据火药、炸药生产过程及产品的特点,F1类危险场所中,粉尘较多的工作间电气设备采用尘密外壳防爆产品比较合适。

目前我国已有等同于国际电工委员会标准生产的可燃性粉尘环境用电气设备可以选用。Ⅱ类B级隔爆型防爆电气设备,已使用几十年而未发生过事故,实践证明是可以采用的。

10.3.4 目前我国已有等同于国际电工委员会标准的现行国家标准《可燃性粉尘环境用电气设备　第1部分:用外壳和限制表面温

度保护的电气设备　第1节:电气设备的技术要求》GB 12476.1的DIP A22或DIP B22(IP54)电气设备(含电动机)适用于F2类危险场所。

10.4　室内电气线路

10.4.1 第2款增加了插座回路上应设置动作电流小于或等于30mA、能瞬时切断电路的剩余电路保护器,是为了避免操作者受到电击,保护人身安全。

10.4.2 危险场所尽量避免将电缆敷设在电缆沟内,因为火药、炸药危险场所经常用水冲洗地面,电缆沟内容易沉积危险物质,又不易清除,容易造成安全隐患。

10.4.4 F0类危险场所除增加敷设控制按钮及检测仪表线路外,不允许安装电气设备,无须敷设电气线路。

10.4.5 对本条第2款和第4款说明如下:

2　鼠笼型感应电动机有一定的过载能力,因此电动机配电线路导线长期允许的载流量应为电动机额定电流的1.25倍。

4　主要考虑移动电缆满足的机械强度,故规定应选用芯线截面大于或等于2.5mm²的铜芯重型橡套电缆。

10.5　照　明

10.5.2 为保证在停电事故情况下,危险场所的操作人员能迅速安全疏散,危险场所应设置疏散照明。生产时,照明突然熄灭有可能会产生危险的工作间,应当设置安全照明。当应急照明作为正常照明的一部分同时使用时,两者的电源、线路及控制开关应分开设置;当应急照明灯具自带蓄电池时,照明控制开关及其线路可共用。

10.6　10kV及以下变(配)电所和配电室

10.6.2 1.1(1.1*)级火炸药生产厂房存药量大,万一发生事故影响供电范围大,故车间变电所不应附建于1.1(1.1*)级建筑物。当附建于1.3级、1.4级建筑物时,采取本规范所列的措施后,可以满足安全供电。

10.7　防雷和接地

10.7.1 各类危险性建筑物的防雷类别见本规范附录B,防雷实施的设计应按现行国家标准《建筑物防雷设计规范》GB 50057的规定进行。

10.7.2 本条规定主要是为了防止闪电电涌沿低压电气线路侵入到危险性建筑物内,造成爆炸火灾事故。

10.7.3、10.7.4 防闪电电涌侵入的措施,适用于各类危险性建筑物。安装电涌保护器,是为了钳制过电压,使过电压限制在设备所能耐受的范围内,因而能保护设备,避免雷电损坏设备。

10.7.5、10.7.6、10.7.9 危险性建筑物的低压供电系统采用TN—S接地型式比较安全。因为该系统中PE线不通过工作电流,不产生电位差。等电位联结使电气装置内的电位差减少或消除,在爆炸和火灾危险场所中电气装置中可有效地避免电火花发生。

10.8　防　静　电

10.8.1 目的是消除危险场所内可能产生的静电。

10.8.2 一般危险场所防静电接地、防雷(一类防雷建筑物的防直击雷除外)、防止高电位引入、工作接地、电气装置内不带电金属部分接地等共用一接地装置,接地装置的电阻值应取其中最小值。

10.8.3 在最小点火能小于1mJ的敏感火炸药的生产过程中,加工、输送的设备直接接触火炸药介质,应防止瞬态高电位、杂散电流等电磁环境效应的影响。静电接地应独立设置,且接地极距其他接地网应大于6m。静电接地电阻为100Ω属于静电良导体,而对于瞬态高电位、杂散电流具有一定阻抗可减缓电流释放速率,减小火花放电能量。静电接地电阻并不是越小越好。

10.8.5 本条也是为了消除静电。

10.8.6、10.8.7 金属设备或管道电容量大体都在 nF 级和 μF 级,而孤立导体通常都在 pF 级,电容量相差 10^{-3} 到 10^{-6} 数量级。在同等条件下,在孤立导体上电压将升高 10^3 到 10^6 数量级,此时在孤立导体上由于电压升高就可能击穿放电,形成放电火花,引发燃烧、爆炸事故。火炸药最小点火能大部分在 μJ 级、mJ 级,按其最小点火能和击穿电压值进行估算得出,孤立导体电容量一般应小于 6pF。为此规定要采取可靠接地。

10.8.8 危险场所中防静电地面、工作台面泄漏电阻值,应根据危险场所危险品类别确定,因为危险品不同,其防静电地面泄漏电阻值也不同。

10.8.10 危险场所中湿度对静电影响很大。美国《兵工安全规范》DARCOM-R385-100 中规定危险场所内相对湿度大于 65%。

11 自 动 控 制

11.1 一 般 规 定

11.1.1、11.1.2 火炸药生产厂房自动控制设计中,所选用的仪表和控制装置一般属于电气设备,因此,危险场所自动控制设计,除应符合本专业技术规定外,对自控专业未作规定的内容,应执行本规范电气专业有关规定,同时还应符合现行国家标准《自动化仪表工程施工及验收规范》GB 50093—2013 中第 10 章"电气防爆和接地"和现行国家标准《爆炸和火灾危险环境电力装置设计规范》GB 50058 中的有关规定。

11.2 检测、控制和联锁装置

11.2.1 自动控制为生产服务,自然应以工艺要求为依据。为防止引发事故,在自动停料、放料、消防雨淋等安全联锁装置启动之前,必须设置预先报警信号,提醒操作人员提前采取措施,不仅能够有效避免财产损失,更能够通过提前采取措施,避免爆炸、燃烧等安全事故的发生。设置手动工作制,可以在安全联锁控制系统自动控制失灵的情况下,及时启动联锁装置,及时调整工艺至安全状态。

11.2.2 为便于安全生产管理和事后分析,规定设置电子监视系统,应符合本规范第 11.6 节的规定。

11.2.3 确保开、停车按顺序进行。

11.2.4 自动控制系统是火炸药生产的中枢,必须确保其正常生产及应急处置的控制联锁功能,必须设置不间断应急电源,且应无扰动切换。应急时间根据实际经验确定为不少于 30min。

11.2.5 为防止自动控制系统突然停汽、停水、停电而引发事故,必须设置预先报警信号,可避免事故发生。

11.2.6 本条是自动控制系统安全设计的基本要求,确保在自动控制系统失灵时执行器的动作是安全的。当突然停汽或停电时阀门关闭,即切断蒸汽或热风,保证温度不升高,不会发生危险事故。

11.3 仪表设备及线路

11.3.1 火炸药生产厂房内安装的自动控制系统的电动仪表、设备及线路,大多为电气设备,其选型应按本规范第 10 章有关规定确定,以确保生产安全。

11.3.2 本条强调了用在危险场所中仪器仪表的质量要求,以确保安全。

11.3.3 防止误操作的安全措施。

11.3.4 F1 类、F2 类危险场所不允许安装非防爆仪表箱、控制箱(柜)等,因此,原规范规定采用正压型控制箱(柜),但实施比较困难。随着技术的进步,我国已生产出可燃性粉尘环境用的电气设备(IP65 级)。应该说明的是:F1 类、F2 类危险场所用的电气设备专用的控制箱(柜)属非标准设备,其控制原理图、箱体布置图、防爆等级等应由设计单位向制造厂家提出要求。

11.3.5 从控制箱到现场仪表的信号线,具有一定的分布电容和电感,储有一定的能量。对于本质安全线路为了限制它们的储能,确保整个回路的安全火花性能,因而本质安全型仪表制造厂对信号线的分布电容和分布电感有一定的限制,一般在其仪表使用说明书提出它们的最大允许值。因此在进行工程设计时,为使线路的分布电容和分布电感不超过仪表说明书中规定的数值,应从本质安全线路的敷设长度上来满足其要求。

11.3.6 本条是为防止高电位引入危险场所而作的规定。

11.4 控 制 室

11.4.1 本条规定是为了人员安全。

11.4.2、11.4.3 危险等级为 1.3 级和 1.4 级的生产厂房设置的控制室或 1.1 级生产厂房内附建的无人值班的控制室,均安装非防爆电气设备仪器及仪表,为防止危险物质进入控制室引起燃爆事故,因此,要求控制室采用密实墙与危险场所隔开,门应通向安全场所。

11.4.4 为保证电子仪器设备正常运行,控制室应布置在无振动源和电磁干扰的环境。

11.5 火灾自动报警

11.5.1、11.5.2 火炸药属于易燃易爆品,一旦发生燃烧或由此引发爆炸事故造成的后果很严重。有条件的时候,最好设置火灾自动报警系统,以便及时采取措施防止酿成重大损失。但目前适用于火炸药危险场所的火灾检测设备还很少,因此,可根据实际情况考虑是否装设。若是装设,既要满足火炸药危险场所的规定,又要按现行国家标准《火灾自动报警系统设计规范》GB 50116 的有关规定进行设计。如若不设置火灾自动报警系统,则手动火灾报警按钮、火灾报警信号及专用火警电话必须装设,设备选型和线路敷设应满足本规范的相关规定。

11.5.3 手动火灾报警按钮宜设置于火炸药厂房主要通道口的外墙上,有利于及时报警,不应大于 25m 的距离是参照现行国家标准《建筑设计防火规范》GB 50116 的规定,但更加严格。

11.6 视频监视系统

11.6.1 本条规定视频监控系统设计的原则要求。

11.6.2 本条依据"工信安函〔2010〕34 号"的要求明确规定了设置视频系统的危险生产工序。

11.6.3 本条规定了视频监视系统应能起到的监控作用和内容。

11.6.4 视频监控系统均由电气设备构成,因此,在视频监控系统设计时,除符合本专业技术规定外,尚应执行本规范电气专业有关规定,按爆炸危险区域电气设备及线路选型、安装,同时应符合有关规范规定。

11.6.5 本条说明了选择视频监控系统的设备、材料的重要原则。为保证视频安防监控系统工作的可靠和稳定,其设备和材料要经过法定机构的检测或认证,使其性能满足有关规范的规定和使用要求。这是确保设计效果的重要措施之一。

11.6.6 本条是对视频信号的要求。

11.6.7 本条中的技术性能指标和图像质量的要求是彩色数字视频监控系统基本指标,显示程度应满足管理要求。

11.6.8 本条是对画面显示的基本要求。

11.6.9 本条是对记录图像回放的要求。

11.6.10 本条是对录像设备的要求。

11.6.11 本条是对视频记录保存和保护的要求。

11.6.12 本条是对视频监视系统的电源要求。

11.6.13 本条是对监控室的要求。

中国工程建设标准化协会标准

钢结构防火涂料
应用技术规范

Technical code for application
of fire resistive coating for
steel structure

CECS 24：90

主编单位：公安部四川消防科学研究所
审查单位：全国工程防火防爆标准技术委员会
批准单位：中国工程建设标准化协会
批准日期：1 9 9 0 年 9 月 1 0 日

前 言

我国自80年代中期起,随着钢结构建筑业的发展而发展起来的钢结构防火涂料,在工程中推广应用,对于贯彻有关的建筑设计防火规范,提高钢结构的耐火极限,减少火灾损失,取得了显著效果。为了统一钢结构防火涂料涂层设计、施工方法和质量标准等应用技术要求,保证应用效果,确保防火安全,特制定本规范。

本规范的编制,遵照国家工程建设的有关方针政策和"预防为主、防消结合"的消防工作方针,调查研究了我国钢结构火灾的特点,总结了防火涂料保护钢结构的实践经验,并吸收国内外先进技术和钢结构防火涂料科研成果,反复征求有关科研设计、生产施工、高等院校、公安消防和建设等单位与专家的意见,经全国工程防火防爆标准技术委员会审查定稿。

现批准《钢结构防火涂料应用技术规范》为中国工程建设标准化协会标准,编号为CECS24：90,并推荐给各工程建设有关单位使用。在使用过程中如发现需要修改和补充之处,请将意见及有关资料寄交四川省都江堰市公安部四川消防科学研究所转全国工程防火防爆标准技术委员会(邮政编码:611830)。

中国工程建设标准化协会
1990年9月10日

目　次

第一章 总 则

第1.0.1条 为贯彻实施国家的有关建筑防火规范,使用防火涂料保护钢结构,提高其耐火极限,做到安全可靠、技术先进、经济合理,特制定本规范。

第1.0.2条 本规范适用于建筑物及构筑物钢结构防火保护涂层的设计、施工和验收。

第1.0.3条 钢结构防火涂料的应用,除遵守本规范外,尚应遵守国家有关防火规范及其他现行规定。

第二章 防火涂料及涂层厚度

第2.0.1条 钢结构防火涂料分为薄涂型和厚涂型两类,其产品均应通过国家检测机构检测合格,方可选用。

第2.0.2条 薄涂型钢结构防火涂料的主要技术性能按附录二的有关方法试验,其技术指标应符合表2.0.2的规定。

薄涂型钢结构防火涂料性能　　表2.0.2

项　目	指　标		
粘结强度(MPa)	≥0.15		
抗弯性	挠曲 L/100,涂层不起层、脱落		
抗振性	挠曲 L/200,涂层不起层、脱落		
耐水性(h)	≥24		
耐冻融循环性(次)	≥1.5		
耐火极限 涂层厚度(mm)	3	5.5	7
耐火时间不低于(h)	0.5	1	1.5

第2.0.3条 厚涂型钢结构防火涂料的主要技术性能按附录二的有关方法试验,其技术指标应符合表2.0.3规定。

厚涂型钢结构防火涂料性能　　表2.0.3

项　目	指　标				
粘结强度(MPa)	≥0.04				
抗压强度(MPa)	≥0.3				
干密度(kg/m³)	≤500				
热导率[W/(m·k)]	≤0.1160(0.1kcal/m·b℃)				
耐水性(h)	≥24				
耐冻融循环性(次)	≥15				
耐火极限 涂层厚度(mm)	15	20	30	40	50
耐火时间不低于(h)	1.0	1.5	2.0	2.5	3.0

第2.0.4条 采用钢结构防火涂料时,应符合下列规定:

一、室内裸露钢结构、轻型屋盖钢结构及有装饰要求的钢结构,当规定其耐火极限在1.5h及以下时,宜选用薄涂型钢结构防火涂料。

二、室内隐蔽钢结构,高层全钢结构及多层厂房钢结构,当规定其耐火极限在1.5h以上时,应选用厚涂型钢结构防火涂料。

三、露天钢结构,应选用适合室外用的钢结构防火涂料。

第2.0.5条 用于保护钢结构的防火涂料应不含石棉,不用苯类溶剂,在施工干燥后应没有刺激性气味;不腐蚀钢材,在预定的使用期内须保持其性能。

第2.0.6条 钢结构防火涂料的涂层厚度,可按下列原则之一确定:

一、按照有关规范对钢结构不同构件耐火极限的要求,根据标准耐火试验数据选定相应的涂层厚度。

二、根据标准耐火试验数据,参照本规范附录三计算确定涂层的厚度。

第2.0.7条 施加给钢结构的涂层质量,应计算在结构荷载内,不得超过允许范围。

第2.0.8条 保护裸露钢结构以及露天钢结构的防火涂层,应规定出外观平整度和颜色装饰要求。

第2.0.9条 钢结构构件的防火喷涂保护方式,宜按图2.0.9选用。

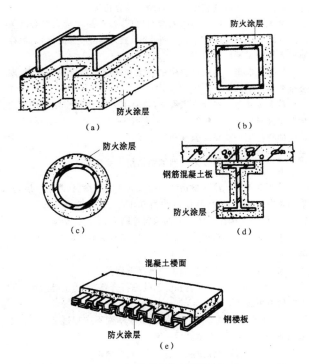

图2.0.9 钢结构防火保护方式
(a)工字型柱的保护; (b)方型柱的保护; (c)管型构件的保护;
(d)工字梁的保护; (e)楼板的保护

第三章 钢结构防火涂料的施工

第一节 一般规定

第3.1.1条 钢结构防火喷涂保护应由经过培训合格的专业施工队施工。施工中的安全技术和劳动保护等要求,应按国家现行有关规定执行。

第3.1.2条 当钢结构安装就位,与其相连的吊杆、马道、管架及其他相关连的构件安装完毕,并经验收合格后,方可进行防火涂料施工。

第3.1.3条 施工前,钢结构表面应除锈,并根据使用要求确定防锈处理。除锈和防锈处理应符合现行《钢结构工程施工与验收规范》中有关规定。

第3.1.4条 钢结构表面的杂物应清除干净,其连接处的缝隙应用防火涂料或其他防火材料填补堵平后方可施工。

第3.1.5条 施工防火涂料应在室内装修之前和不被后继工程所损坏的条件下进行。施工时,对不需做防火保护的部位和其他物件应进行遮蔽保护,刚施工的涂层,应防止脏液污染和机械撞击。

第3.1.6条 施工过程中和涂层干燥固化前,环境温度宜保持在5~38℃,相对湿度不宜大于90%,空气应流通。当风速大于5m/s,或雨天和构件表面有结露时,不宜作业。

第二节 质量要求

第3.2.1条 用于保护钢结构的防火涂料必须有国家检测机构的耐火极限检测报告和理化性能检测报告,必须有防火监督部门核发的生产许可证和生产厂方的产品合格证。

第3.2.2条 钢结构防火涂料出厂时,产品质量应符合有关标准的规定。并应附有涂料品种名称、技术性能、制造批号、贮存期限和使用说明。

第3.2.3条 防火涂料中的底层和面层涂料应相互配套,底层涂料不得锈蚀钢材。

第3.2.4条 在同一工程中,每使用100t薄涂型钢结构防火涂料应抽样检测一次粘结强度;每使用500t厚涂型钢结构防火涂料应抽样检测一次粘结强度和抗压强度。

第三节 薄涂型钢结构防火涂料施工

第3.3.1条 薄涂型钢结构防火涂料的底涂层(或主涂层)宜采用重力式喷枪喷涂,其压力约为0.4MPa。局部修补和小面积施工,可用手工抹涂。面层装饰涂料可刷涂、喷涂或滚涂。

第3.3.2条 双组分装的涂料,应按说明书规定在现场调配;单组分装的涂料也应充分搅拌。喷涂后,不应发生流淌和下坠。

第3.3.3条 底涂层施工应满足下列要求:

一、当钢基材表面除锈和防锈处理符合要求,尘土等杂物清除干净后方可施工。

二、底层一般喷2~3遍,每遍喷涂厚度不应超过2.5mm,必须在前一遍干燥后,再喷涂后一遍。

三、喷涂时应确保涂层完全闭合,轮廓清晰。

四、操作者要携带测厚针检测涂层厚度,并确保喷涂达到设计规定的厚度。

五、当设计要求涂层表面要平整光滑时,应对最后一遍涂层做抹平处理,确保外表面均匀平整。

第3.3.4条 面涂层施工应满足下列要求:

一、当底层厚度符合设计规定,并基本干燥后,方可施工面层。

二、面层一般涂饰1~2次,并应全部覆盖底层。涂料用量为0.5~1kg/m²。

三、面层应颜色均匀,接搓平整。

第四节 厚涂型钢结构防火涂料施工

第3.4.1条 厚涂型钢结构防火涂料宜采用压送式喷涂机喷涂,空气压力为0.4~0.6MPa,喷枪口直径宜为6~10mm。

第3.4.2条 配料时应严格按配合比加料或加稀释剂,并使稠度适宜,边配边用。

第3.4.3条 喷涂施工应分遍完成,每遍喷涂厚度宜为5~10mm,必须在前一遍基本干燥或固化后,再喷涂后一遍。喷涂保护方式、喷涂遍数与涂层厚度应根据施工设计要求确定。

第3.4.4条 施工过程中,操作者应采用测厚针检测涂层厚度,直到符合设计规定厚度,方可停止喷涂。

第3.4.5条 喷涂后的涂层,应剔除乳突,确保均匀平整。

第3.4.6条 当防火涂层出现下列情况之一时,应重喷:

一、涂层干燥固化不好,粘结不牢或粉化、空鼓、脱落时。

二、钢结构的接头、转角处的涂层有明显凹陷时。

三、涂层表面有浮浆或裂缝宽度大于1.0mm时。

四、涂层厚度小于设计规定厚度的85%时,或涂层厚度虽大于设计规定厚度85%,但未达到规定厚度的涂层之连续面积的长度超过1m时。

第四章 工程验收

第4.0.1条 钢结构防火保护工程竣工后,建设单位应组织包括消防监督部门在内的有关单位进行竣工验收。

第4.0.2条 竣工验收时,检测项目与方法如下:

一、用目视法检测涂料品种与颜色,与选用的样品相对比。

二、用目视法检测涂层颜色及漏涂和裂缝情况,用0.75~1kg榔头轻击涂层检测其强度等,用1m直尺检测涂层平整度。

三、按本规范附录四的规定检测涂层厚度。

第4.0.3条 薄涂型钢结构防火涂层应符合下列要求:

一、涂层厚度符合设计要求。

二、无漏涂、脱粉、明显裂缝等。如有个别裂缝,其宽度不大于0.5mm。

三、涂层与钢基材之间和各涂层之间,应粘结牢固,无脱层、空鼓等情况。

四、颜色与外观符合设计规定,轮廓清晰,接搓平整。

第4.0.4条 厚涂型钢结构防火涂层应符合下列要求:

一、涂层厚度符合设计要求。如厚度低于原订标准,但必须大于原订标准的85%,且厚度不足部位的连续面积的长度不大于1m,并在5m范围内不再出现类似情况。

二、涂层应完全闭合,不应露底、漏涂。

三、涂层不宜出现裂缝。如有个别裂缝,其宽度不应大于1mm。

四、涂层与钢基材之间和各涂层之间,应粘结牢固,无空鼓、脱层和松散等情况。

五、涂层表面应无乳突。有外观要求的部位,每线不直度和失圆度允许偏差不应大于8mm。

第4.0.5条 验收钢结构防火工程时，施工单位应具备下列文件：

一、国家质量监督检测机构对所用产品的耐火极限和理化力学性能检测报告。

二、大中型工程中对所用产品抽检的粘结强度、抗压强度等检测报告。

三、工程中所使用的产品的合格证。

四、施工过程中，现场检查记录和重大问题处理意见与结果。

五、工程变更记录和材料代用通知单。

六、隐蔽工程中间验收记录。

七、工程竣工后的现场记录。

附录一 名词解释

名　词	说　明
钢结构防火涂料	施涂于建筑物和构筑物钢结构构件表面，能形成耐火隔热保护层，以提高钢结构耐火极限的涂料。按其涂层厚度及性能特点可分为薄涂型和厚涂型两类
薄涂型钢结构防火涂料(B类)	涂层厚度一般为2～7mm，有一定装饰效果，高温时膨胀增厚，耐火隔热，耐火极限可达0.5～1.5h。又称为钢结构膨胀防火涂料
厚涂型钢结构防火涂料(H类)	涂层厚度一般为8～50mm，呈粒状面，密度较小，热导率低，耐火极限可达0.5～3.0h。又称为钢结构防火隔热涂料
裸露钢结构	建筑物或构筑物竣工后仍然露明的钢结构，如体育馆、工业厂房等的钢结构
隐蔽钢结构	建筑物或构筑物竣工后，已经被围护、装修材料遮蔽、隔离的钢结构，如影剧院、百货楼、礼堂、办公大厦、宾馆等的钢结构
露天钢结构	建筑物或构筑物竣工后，仍露置于大气中，无屋盖防雨防风的钢结构，如石油化工厂、石油钻井平台、液化石油汽贮罐支柱钢结构等

附录二 钢结构防火涂料试验方法

一、钢结构防火涂料耐火极限试验方法：

将待测涂料按产品说明书规定的施工工艺施涂于标准钢构件（例如I_{36b}或I_{40m}工字钢）上，采用国家标准《建筑构件耐火试验方法》(GB 9978—88)，试件平放在卧式炉上，燃烧时三面受火。试件支点内外非受火部分的长度不应超过300mm。按设计荷载加压，进行耐火试验，测定某一防火涂层厚度保护下的钢构件的耐火极限，单位为h。

二、钢结构防火涂料粘结强度试验方法：

参照《合成树脂乳液砂壁状建筑涂料》(GB 9153—88)6.12条粘结强度试验进行。

1. 试件准备：将待测涂料按说明书规定的施工工艺施涂于70mm×70mm×10mm的钢板上（见附图2.1）

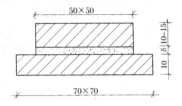

附图2.1 测粘结强度的试件

薄涂型膨胀防火涂料厚度δ为3～4mm，厚涂型防火涂料厚度δ为8～10mm。抹平，放在常温下干燥后将涂层修成50mm×50mm，再用环氧树脂将一块50mm×50mm×(10～15)mm的钢板粘结在涂层上，以便试验时装夹。

2. 试验步骤：将准备好的试件装在试验机上，均匀连续加荷至试件涂层破裂为止。

粘结强度按下式计算：

$$f_b = \frac{F}{A}$$

式中　f_b——粘结强度(MPa)；

　　　F——破坏荷载(N)；

　　　A——涂层与钢板的粘结面积(mm^2)。

每次试验，取5块试件测量，剔除最大和最小值，其结果应取其余3块的算术平均值，精确度为0.01MPa。

三、钢结构防火涂料涂层抗压强度试验方法：

参照GBJ 203—83标准中附录二"砂浆试块的制作、养护及抗压强度取值"方法进行。

将拌好的防火涂料注入70.7mm×70.7mm×70.7mm试模捣实抹平，待基本干燥固化脱模，将涂料试块放置在60±5℃的烘箱中干燥至恒重，然后用压力机测试，按下式计算抗压强度：

$$R = \frac{P}{A}$$

式中　R——抗压强度(MPa)；

　　　P——破坏荷载(N)；

　　　A——受压面积(mm^2)。

每次试验的试件5块，剔除最大和最小值，其结果应取其余3块的算术平均值，精确度为0.01MPa。

四、钢结构防火涂料涂层干密度试验方法：

采用准备做抗压强度的试块，在做抗压强度之前采用直尺和称量法测量试块的体积和质量。干密度按下式计算：

$$R = \frac{G}{V} \times 10^3$$

式中　R——防火涂料涂层干密度(kg/m^3)；

　　　G——试件质量(kg)；

V——试件体积（cm³）。

每次试验，取 5 块试件测量，剔除最大和最小值，其结果应取其余 3 块的算术平均值，精确度为±20kg/m³。

五、钢结构防火涂料涂层热导率的试验方法：

本方法用于测定厚涂型钢结构防火涂料的热导率。参照有关保温隔热材料导热系数测定方法进行。

1. 试件准备：将待测的防火涂料按产品说明书规定的工艺施涂于 200mm×200mm×20mm 或 φ200mm×20mm 的试模内，捣实抹平，基本干燥固化后脱模，放入 60±5℃ 的烘箱内烘干至恒重，一组试样为 2 个。

2. 仪器：稳态法平板导热系数测定仪（型号 DRP—1）。

3. 试验步骤：

(1)试样须在干燥器内放置 24h。

(2)将试样置于测定仪冷热板之间，测量试样厚度，至少测量 4 点，精确到 0.1mm。

(3)热板温度为 35±0.1℃，冷板温度为 25±0.1℃，两板温差 10±0.1℃。

(4)仪器平衡后，计量一定时间内通过试样有效传热面积的热量，在相同的时间间隔内所传导的热量恒定之后，继续测量 2 次。

(5)试验完毕再测量厚度，精确到 0.1mm，取试验前后试样厚度的平均值。

4. 计算式：

$$\lambda = \frac{Q \cdot d}{s \cdot \Delta Z \cdot \Delta t}$$

式中 λ——热导率〔W/(m·K)〕；

Q——恒定时试样的导热量（J）；

s——试样有效传热面积（m²）；

ΔZ——测定时间间隔（h）；

Δt——冷、热板间平均温度差（℃）。

六、钢结构防火涂料涂层抗振性试验方法：

本方法用于测定薄涂型钢结构防火涂料涂层的抗振性能。采用经防锈处理的无缝钢管（钢管长 1300mm，外径 48mm，壁厚 4mm），涂料喷涂厚度为 3～4mm，干燥后，将钢管一端以悬臂方式固定，使另一端初始变位达 $L/200$（见附图 2.2），以突然释放的方式让其自由振动。反复试验 3 次，试验停止后，观察试件上的涂层有无起层和脱落发生。记录变化情况，当起层、脱落的涂层面积超过 1cm² 即为不合格。

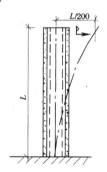

附图 2.2　抗振试件安装和位移

注：厚涂型钢结构防火涂料涂层的抗撞击性能可用一块 400mm×400mm×10mm 的钢板，喷涂 25mm 厚的防火涂层，干燥固化，并养护期满后，用 0.75～1kg 的榔头敲打或用其他钝铁器撞击试件中心部位，观察涂层凹陷情况，是否出现开裂、破碎或脱落现象。

七、钢结构防火涂料涂层抗弯性试验：

本方法用于测定薄涂型钢结构防火涂料涂层的抗弯性能。试件与抗振性试验用的试件相同。试件干燥后，将其两端简支平放在压力机工作台上，在其中部加压至挠度达 $L/100$ 时（L 为支点间距离，长 1000mm），观察试件上的涂层有无起层、脱落发生。

八、钢结构防火涂料涂层耐水性试验方法：

参照《漆膜耐水性测定法》（GB 1733）甲法进行。用 120mm×50mm×10mm 钢板，经防锈处理后，喷涂防火涂料（薄涂型涂料的厚度为 3～4mm，厚涂型涂料的厚度为 8～10mm），放入 60±5℃ 的烘箱内干燥至恒重，取出放入室温下的自来水中浸泡，观察有无起层、脱落等现象发生。

九、钢结构防火涂料涂层耐冻融性试验方法：

本方法参照《建筑涂料耐冻融循环性测定法》（GB 9154—88）进行。

试件与耐水性试验相同。对于室内使用的钢结构防火涂料，将干燥后的试件，放置在 23±2℃ 的室内 18h，取出置于 -18～-20℃ 的低温箱内冷冻 3h，再从低温箱中取出放入 50±2℃ 的烘箱中恒温 3h，为一个循环。如此反复，记录循环次数，观察涂层开裂、起泡、剥落等异常现象。对于室外用的钢结构防火涂料，应将试件放置在 23±2℃ 的室内 18h 改为置于水温为 23±2℃ 的恒温水槽中浸泡 18h，其余条件不变。

附录三　钢结构防火涂料施用厚度计算方法

在设计防火保护涂层和喷涂施工时，根据标准试验得出的某一耐火极限的保护层厚度，确定不同规格钢构件达到相同耐火极限所需的同种防火涂料的保护层厚度，可参照下列经验公式计算：

$$T_1 = \frac{W_2/D_2}{W_1/D_1} \times T_2 \times K$$

式中 T_1——待喷防火涂层厚度（mm）；

T_2——标准试验时的涂层厚度（mm）；

W_1——待喷钢梁重量（kg/m）；

W_2——标准试验时的钢梁重量（kg/m）；

D_1——待喷钢梁防火涂层接触面周长（mm）；

D_2——标准试验时钢梁防火涂层接触面周长（mm）；

K——系数。对钢梁，$K=1$；对相应楼层钢柱的保护层厚度，宜乘以系数 K，设 $K=1.25$。

公式的限定条件为：$W/D \geq 22$，$T \geq 9mm$，耐火极限 $t \geq 1h$。

附录四　钢结构防火涂料涂层厚度测定方法

一、测针与测试图:

测针(厚度测量仪),由针杆和可滑动的圆盘组成,圆盘始终保持与针杆垂直,并在其上装有固定装置,圆盘直径不大于 30mm,以保证完全接触被测试件的表面。如果厚度测量仪不易插入被插材料中,也可使用其他适宜的方法测试。

测试时,将测厚探针(见附图 4.1)垂直插入防火涂层直至钢基材表面上,记录标尺读数。

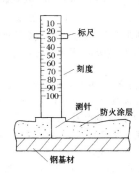

附图 4.1　测厚度示意

二、测点选定:

1. 楼板和防火墙的防火涂层厚度测定,可选两相邻纵、横轴线相交中的面积为一个单元;在其对角线上,按每米长度选一点进行测试。

2. 全钢框架结构的梁和柱的防火涂层厚度测定,在构件长度内每隔 3m 取一截面,按附图 4.2 所示位置测试。

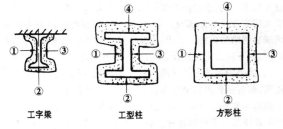

附图 4.2　测点示意

3. 桁架结构,上弦和下弦按第二条的规定每隔 3m 取一截面检测,其他腹杆每根取一截面检测。

三、测量结果:

对于楼板和墙面,在所选择的面积中,至少测出 5 个点;对于梁和柱在所选择的位置中,分别测出 6 个和 8 个点。分别计算出它们的平均值,精确到 0.5mm。

附加说明

本规范主编单位、参加单位和主要起草人名单

主 编 单 位:公安部四川消防科学研究所
参 加 单 位:北京市建筑设计研究院
　　　　　　北京建筑防火材料公司
主要起草人:赵宗冶　孙东远　袁佑民　卿秀英
审 查 单 位:全国工程防火防爆标准技术委员会

中国工程建设标准化协会标准

钢 结 构 防 火 涂 料 应 用 技 术 规 范

CECS 24:90

条 文 说 明

第一章 总 则

第1.0.1条 本条是关于制定本规范的目的和遵循的有关方针政策,从下列几方面加以说明:

一、钢结构耐火性差,火灾教训深刻。80年代以来,我国的钢结构建筑发展较快,如商贸大厦、礼堂、影剧院、宾馆、饭店、图书馆、展览馆、体育馆、电视塔、工业厂房和仓库等大跨度建筑物和超高层建筑物,均广泛采用钢结构。用钢材制作骨架建造房屋,具有强度高、自重轻、吊装方便、施工迅速和节约木材等优点。但是,钢结构耐火性差,怕火烧,未加保护的钢结构在火灾温度作用下,只需15分钟,自身温度就可达540℃以上,钢材的力学性能,诸如屈服点、抗压强度、弹性模量以及载荷能力等,都迅速下降,在纵向压力和横向拉力作用下,钢结构不可避免地扭曲变形,垮塌毁坏。我国一些城市过去建造的钢结构建筑,由于缺乏有效的防火措施,防火设计不完善,留下不少火险隐患,有的发生了火灾。例如1973年5月3日天津市体育馆火灾,由于烟头掉入通风管道引燃甘蔗渣板和木板等可燃物,迅速蔓延,320多名消防指战员赶赴现场扑救,由于可燃材料火势很猛,钢结构耐火能力差,仅烧了19分钟,3500平方米的主馆屋顶拱型钢屋架全部塌落,致使原定次日举行的全国体操表演比赛无法进行,直接经济损失160多万元。又如1960年2月重庆天原化工厂火灾,1969年12月上海文化广场火灾,1973年北京二七机车车辆厂纤维板车间火灾,1979年12月吉林省煤气公司液化气厂火灾,1981年4月长春卷烟厂火灾,1983年12月北京友谊宾馆剧场火灾,1986年1月唐山市棉纺织厂火灾,1986年4月北京高压气瓶厂装罐车间火灾,1987年4月四川江油发电厂俱乐部火灾以及1988年中央党校火灾等,建筑物钢结构均在20分钟内就被烈火吞噬,变成了麻花状的废物。而且,变形后的钢结构是无法修复使用的。

二、建筑物中承重钢结构需做防火保护。国家标准《建筑设计防火规范》(GBJ 16—87)和《高层民用建筑设计防火规范》(GBJ 45—82)中对建筑物的耐火等级及相应的建筑构件应达到的耐火极限,作了具体规定,详见表1.0.1。

建筑构件的耐火极限要求 表1.0.1

规范名称 / 构件名称 / 耐火极限(h) / 耐火等级	高层民用建筑设计防火规范			建筑设计防火规范				
	柱	梁	楼板、屋顶承重构件	支承多层的柱	支承单层的柱	梁	楼板	屋顶承重构件
一级	3.00	2.00	1.50	3.00	2.50	2.00	1.50	1.50
二级	2.50	1.50	1.00	2.50	2.00	1.50	1.00	0.50
三级	—	—	—	2.50	2.00	1.00	0.50	—

当建筑物采用钢结构时,钢构件虽是不燃烧体,但由于耐火极限仅0.25h,必须实施防火保护,提高其耐火极限,符合表1.0.1的有关规定才能满足防火规范要求。

三、防火保护措施与工程应用情况。钢结构的防火保护技术是一项综合性技术,它涉及到化工建材的生产、建筑防火设计和工程施工应用等诸多方面。

随着钢结构建筑的迅速发展,随之而来的防火保护技术问题日趋突出。过去的传统方法是在钢结构表面浇筑混凝土、涂抹水泥砂浆或用不燃板材包覆等。自70年代以来,国外采用防火涂料喷涂保护钢结构,代替了传统措施,技术上大大前进一步。我国从80年代初期起,从国外引进了一些钢结构防火涂料使用,如北京体育馆综合训练馆、北京西苑饭店、北京友谊宾馆、京广中心、北京昆仑饭店、北京香格里拉饭店、上海锦江饭店、深圳发展中心等,分别应用了英国的P20防火涂料、美国50#钢结构膨胀防火涂料和日本的矿纤维喷涂材料等。

自80年代中期起,我国有关单位先后研究开发出厚涂型和薄

涂型的两类钢结构防火涂料,在设计、生产、施工和消防监督部门的通力合作下,分别应用于第十一届亚运会体育馆、北京中国国际贸易中心、京城大厦、中央彩电中心、北京石景山发电厂、北京王府井百货大楼、新北京图书馆、天津大沽化工厂、辽沈战役纪念馆、上海易初摩托车厂、南京华飞公司等上百项国家建设工程,提高了钢结构耐火极限,达到了防火规范要求,有的还经受了实际火灾考验。具体例子是:北京中国国际贸易中心全钢结构建筑采用LG钢结构防火涂料喷涂保护,整个建筑物尚未竣工和投入使用前,1989年3月1日凌晨该建筑物宴会厅内发生火灾,堆放在屋内的1345包玻璃纤维毡保温隔热材料包装纸箱着火,燃烧近三个小时,玻璃纤维被烧融成团块,顶上的现浇混凝土楼板被烧炸裂露出了钢筋,由于钢梁和钢柱上喷涂有25mm厚的LG防火涂层,尽管涂层表面被1000℃左右的高温烧成了釉状,但涂层内部还无明显变化,仍牢固地附着在钢基材上,除掉涂层,防锈漆仍保持鲜红颜色,钢结构安然无恙。假如未经保护的钢结构遭遇到同样大小的火灾,将不可避免地会受到损失,甚至变形垮塌毁坏了。国内外钢结构防火涂料在我国工程中应用,从防火设计、涂料开发与性能指标要求、喷涂施工与竣工验收等方面,积累了宝贵经验,为制定本规范奠定了基础。

四、工程建设急需统一的标准规范。目前,全国还没有一个统一的科学合理的标准规范,大家在贯彻国家有关防火规范并利用防火涂料保护钢结构时,无章可循,或只能参照企业标准执行,在涂料的选用与技术指标要求、耐火极限与涂层厚度的设计、施工技术和工程质量标准等方面,缺乏科学技术依据,甚至出现各行其是的现象。有的凭一些经验选用防火涂料;有的把木结构防火涂料或未经标准检测的防火涂料选用在钢结构上;有的不重视钢结构的防火保护,不按设计要求,随意买防火涂料涂刷;有的施工队未经培训,施工敷衍塞责,不是涂得过薄达不到耐火极限要求,就是涂得太厚浪费了材料,如此等等。为了更好地贯彻有关的防火规范,把采用钢结构防火涂料喷涂保护钢结构的工作做得更好,确保建筑物的安全,亟待制定钢结构防火涂料应用技术规范。

五、本规范的作用与意义。本规范的制定,适应了国家工程建设的急需,为广大工程设计、涂料生产和施工人员提供了科学合理的技术标准,为公安消防监督部门提供了监督管理的技术依据,对于贯彻国家有关的建筑设计防火规范,采用较先进的防火技术提高建筑物钢结构的耐火极限,有效地防止和减少火灾损失,保障生命财产,保卫社会主义建设,具有十分重要的意义。

六、遵循的有关方针政策。制定本规范遵循了国家有关的方针政策,如包括做到安全可靠、技术先进、经济合理等。安全可靠,是对钢结构实施防火保护时应做到的基本要求,防火保护做不到安全可靠就留下了火险隐患。技术先进,一方面是采用喷涂防火涂料保护钢结构,与传统的方法相比技术上是先进的;另一方面,对钢结构实施防火喷涂保护要根据钢结构类型、部位和耐火要求,挑选先进的防火涂料并采用先进的工艺技术施工。经济合理,要求做到安全可靠和技术先进的前提下,尽量节省涂料,避免浪费;在质量相同的情况下,优先选用国货,施工与维修均方便,也可节省外汇。

第1.0.2条 本条规定了本规范的适用范围。工业与民用建筑物和构筑物中应用钢结构作为承重构件,需进行防火保护才能达到有关防火规范的耐火极限要求时,即可按照本规范的规定,进行防火保护涂层的设计、施工和验收。

第1.0.3条 本条表明了本规范与国家有关规范的关系。本规范是《建筑设计防火规范》(GBJ 16—87)和《高层民用建筑设计防火规范》(GBJ 45—82)等国家标准规范的配套性规范,属于工程建设中的一个推荐性标准。在应用防火涂料保护钢结构时,除遵循本规范外,还应遵守防火规范的有关规定。

第二章 防火涂料及涂层厚度

第2.0.1条 根据国内外钢结构防火涂料的构成、特点和应用范围,将其分为薄涂型和厚涂型两类,从而可作出不同的规定,有利于应用。该两类涂料的名词解释见本规范附录一。不论哪一类钢结构防火涂料,其产品都应通过国家指定的检测机构检测合格,才可以选用。按照国家技术监督局指定,防火涂料系由国家防火建材质检中心检测(地址:四川省江堰市,邮编611830)。性能指标不合格的钢结构防火涂料,或未经过标准检测的钢结构防火涂料以及一般饰面型防火涂料,不得选用在钢结构工程上。

第2.0.2条、第2.0.3条 这两条分别规定了薄涂型和厚涂型两类钢结构防火涂料的性能指标。其试验方法见本规范附录二。钢结构防火涂料耐火性能试验按《建筑构件耐火试验方法》(GB 9978)进行,该标准等效采用国际标准ISO 834。理化力学性能试验主要参照采用化工建材或建筑涂料的试验方法标准,其中抗振抗弯性能试验方法是在研究开发防火涂料新品种中,根据工程应用要求建立起来的。各项指标的确定及其试验方法,是吸收国外先进技术和依据近几年我国研究开发出的两类防火涂料10余个品种的实测数据和工程应用要求而规定的,比较科学合理,代表了先进水平(详见表2.0.2和表2.0.3)。本规范规定的各项指标,均达到和略高于国外同类产品的水平。

两类防火涂料在性能上的共同要求是:首先要检测粘结性能,粘结力差,防火涂层会随着时间的推移而龟裂脱落,导致防火性能降低甚至失去防火保护作用。耐水和耐冻融循环两项,用以表明涂层在不同气候条件下使用具有一定的耐久耐候性能。耐火极限的规定,是钢结构防火涂料最重要的性能指标,它与涂层厚度密切相关,对于同种防火涂料在相同条件下做试验,不同的涂层厚度有不同的耐火极限。不同种类的防火涂料,相同的涂层厚度有不同的耐火极限。

两类防火涂料在性能上的不同要求是:薄涂型钢结构防火涂料多用于体育馆和工业厂房裸露钢结构上,钢构件截面积较小,受到振动和挠曲变化机会较多,特规定了涂层的抗振抗弯性能,不得因建筑物受到一定振动和构件发生挠曲变化而脱落与开裂。厚涂型钢结构防火涂料多用于建筑物隐蔽钢结构上,涂层厚,要求干密度要小,不得给建筑物增加过多荷载,同时热导率也随干密度的减小而降低,热导率低,耐火隔热性好,但是干密度太小,涂层强度降低,易损坏。因此,规定了适宜的抗压强度、干密度和热导率等性能指标。此外,对于耐火极限与涂层厚度的规定,由于薄涂型钢结构防火涂层的炭质泡膜,在1000℃高温下,稳定性降低,并会逐渐灰化掉,国内外提供的耐火极限数据均未达到2.0h,涂层厚度不超过7mm。所以,本规范未规定耐火极限2h及其以上的相应涂层厚度。

第2.0.4条 钢结构防火涂料除现有10余个品种在国内推广外,有关单位还在不断研究开发新的品种。面对众多产品,根据几年来的工程实践经验,建筑设计师们可按本条的几点规定去选择采用钢结构防火涂料:

一、由于薄涂型钢结构防火涂料具有涂层较薄,可调配各种颜色满足装饰要求,涂层粘结力强,抗振抗弯性好,耐火极限一般为0.5~1.5h。因此,对于耐火极限要求在1.5h及其以下的室内钢结构,特别是体育场馆、工业厂房中裸露的、有装饰要求的钢结构或轻型屋盖钢结构,宜采用薄涂型钢结构防火涂料。

二、室内隐蔽钢结构,如商贸大厦等超高层全钢结构以及宾馆、医院、礼堂、展览馆等建筑物的钢结构,在建筑物竣工之后,已被其他结构或装修材料遮蔽,防火保护层的外观要求不高,但其耐火极限往往要求在2h及其以上,因此,应采用厚涂型钢结构防火

表2.0.2 薄涂型钢结构防火涂料性能

指标项目	LB(四川,北京)	SG-1(广州)	SB-2(北京)	FCC50(美国)	本规范规定
粘结强度(MPa)	≥0.15	≥0.15	≥0.15		≥0.15
抗弯性能	≥L/50	≥L/50	≥L/100		≥L/100
抗振性能	≥L/100	≥L/100	≥L/200		≥L/200
耐水性能(h)	≥24	≥24	≥24		≥24
耐冻融循环(次)	≥15	≥15	≥15		≥15
耐火性能 涂层厚度(mm)	3 5 6	3 5.5 7	3 5.5 7	4.8	3 5.5 7
耐火性能 耐火极限不低于(h)	0.5 1.0 1.5	1.0 1.5	0.5 1.0 1.5	1.0	0.5 1.0 1.5

表2.0.3 厚涂型钢结构防火涂料性能

指标项目	LG(四川,北京)	STI-A(北京)	SB-1(北京)	SJ-86(北京)	JG276(北京)	P20(英国)	本规范规定
粘结强度(MPa)	≥0.05	≥0.04	≥0.05	≥0.185	≥0.20	0.35~0.42	≥0.04
抗压强度(MPa)	≥0.4	≥0.4	≥0.5	1.9			≥0.3
干密度(kg/m³)	≤450	≤480	≤450			≤400	≤500
热导率(W/m·K)	≤0.09	≤0.09	≤0.09		≤0.1105	≤0.09	≤0.116
耐水性(h)	≥1000		≥1000	≥120			
耐冻融循环(次)	≥15	≥15	≥15	≥15	≥15	≥15	≥24
耐火性能 涂层厚度(mm)	12 15 25 35	12 15 25 35	12 15 25 35	14	36	13 19 25	15 20 30 40 50
耐火性能 耐火极限不低于(h)	1.0 1.5 2	1.0 1.5 2	1.0 1.5 2 3	1.5	4	1.5 2	1.0 1.5 2 2.5 3.0

涂料。

三、露天钢结构，如石油化工厂、石油钻井平台、电缆栈桥及液化石油罐支柱等钢结构，应选用粘结力强、耐水、耐湿热、耐冻融性更好，适合室外用的钢结构防火涂料。必要时还可通过试验确定选择外用装饰作为面层，与钢结构防火涂料配套使用。

第2.0.5条 本条对用于保护钢结构的防火涂料的成分加以限制，摒弃了有害健康的涂料。有的涂料含有石棉和苯类溶剂，会危害健康和污染环境，有的涂料在施工干燥后，仍散放出刺激性气味，有的涂料显酸性或涂层易吸潮，对钢材有腐蚀，如此等等均不在选用之列。防火涂层在预定的使用期限内须保持其耐火与理化力学性能不明显下降。目前对涂料的使用寿命尚可根据涂料的构成及涂层的老化性能数据进行分析评估，或从已在工程中使用的年限与变化情况作出推测判定。

第2.0.6条 本条规定，是确保防火喷涂保护做到"安全可靠"和"经济合理"的条件之一。对于不同规格和不同耐火极限要求的钢结构构件，应喷涂不同的涂层厚度，该施工厚度按下列原则之一确定：

一、当选用的防火涂料产品已经做过不同厚度涂层的耐火试验时，可以根据防火规范对钢结构构件耐火极限的规定，直接选用需要喷涂的涂层厚度。

二、当工程中待保护的钢结构与标准试验钢构件的规格尺寸差距较大，又不能对每种规格的钢构件都喷涂涂料做耐火试验时，可以根据已有试验数据，参照本规范附录三的经验公式进行计算，以确定出待喷涂的涂层厚度。该公式引用了美国 UL 试验室提出的计算公式，我们将该公式中英制单位换算成公制单位，并进行了简化处理，增设系数，从只能计算钢梁的保护层厚度扩大到可以计算钢柱的保护层厚度。美国 UL 换算公式为：

$$T_1 = \frac{W_2/D_2 + 0.6}{W_1/D_1 + 0.6} \times T_2 \qquad (2.0.6\text{-}1)$$

式中 T_1——待喷防火涂层厚度(in)；

T_2——标准耐火试验时涂层厚度(in)；

D_1——待喷钢梁防火涂层接触面周长(in)；

D_2——标准耐火试验时，钢梁防火涂层接触面周长(in)；

W_1——待喷钢梁重量(Ib/ft)；

W_2——标准试验时，钢梁重量(Ib/ft)；

公式使用的限定条件为：$W/D \geq 0.37$，$T \geq 3/8\text{in}$，耐火时间 $h \geq 1$。

将 $1\text{ft}=0.3048\text{m}$，$1\text{in}=25.4\text{mm}$，$1\text{Ib}=0.4538\text{kg}$ 代入(1)式，换算化简，并增设系数，得公制单位的公式：

$$T_1 = \frac{W_2/D_2}{W_1/D_1} \times T_2 \times K \qquad (2.0.6\text{-}2)$$

式中 T_1——待喷防火涂层厚度(mm)；

T_2——标准试验时防火涂层厚度(mm)；

W_1——待喷钢梁重量(kg/m)；

W_2——标准试验时，钢梁重量(kg/m)；

D_1——待喷钢梁防火涂层接触面周长(mm)；

D_2——标准试验时，钢梁防火涂层接触面周长(mm)；

K——系数。对钢梁，$K=1$；对相应楼层钢柱的保护层厚度，宜乘以系数 K，设 $K=1.25$。

公式(2.0.6—2)限定条件为：$W/D \geq 22$，$T \geq 9\text{mm}$，耐火时间 $t \geq 1\text{h}$。

在确定钢结构防火涂料涂层厚度时，根据标准试验得出的某一耐火极限的保护层厚度，便可计算出不同规格钢构件达到相同耐火极限所需的同种防火涂料的保护层厚度。未做过耐火试验，利用本公式计算不出防火涂层厚度。在实际工程中，如北京中国国际贸易中心和京城大厦等超高层全钢结构的防火保护中，应用本公式分别计算了 LG 和 STI-A 钢结构防火涂料的喷涂厚度，京广中心钢结构采用英国的 P20 钢结构防火涂料，其涂层厚度按欧

洲的有关经验公式计算，所得数值与按本公式计算结果基本一致。

对于确定防火涂层厚度，应用本公式进行计算是较方便的。美国 UL 试验室还提出其他一些经验公式，也可用以计算防火涂层厚度。

第2.0.7条 本条规定防火涂层质量要计算在结构荷载内，其目的是确保钢结构的稳定性。对于轻型屋架，采用厚涂型防火涂料保护时，有可能超过允许的荷载规定，而采用薄涂型防火涂料时，增加的荷载一般都在允许范围内。

第2.0.8条 对于裸钢结构以及露天钢结构，设计防火保护涂层时，应规定出涂层的颜色与外观，以便订货和施工时加以保证并以此要求进行验收。

第2.0.9条 本条提供了常用钢结构构件的喷涂保护方式，如本规范图2.0.9所示。由于钢结构类型很多，未全部画出来，其他的结构型式均可参照本条图示进行喷涂保护。从图上可看出，各受火部位的钢结构，均应喷涂，且各个面的保护层应有相同的厚度。

第三章 钢结构防火涂料的施工

第一节 一 般 规 定

第3.1.1条 钢结构防火涂料是一种消防安全材料，施工质量的好坏，直接影响使用效果和消防安全性能。根据国内外的经验明确规定，钢结构防火喷涂保护，应由经过培训合格的专业施工队施工，以确保工程质量。施工中安全技术、劳动保护等也要重视，按国家现行有关规定执行。

第3.1.2条 本条规定了钢结构防火涂料施工的前提，即要在钢结构安装就位，与其相连的吊杆、马道、管架及其他相关连的构件安装完毕，并验收合格之后，才能进行喷涂施工。如若提前施工，既会影响安装与钢结构相连的管道、构件等，又不便于钢结构工程的验收，而且施涂的防火涂层还会被损坏。

第3.1.3条 施工前，钢结构表面的锈迹锈斑应彻底除掉，因为它影响涂层的粘结力；除锈之后要视具体情况进行防锈处理，对大多数钢结构而言，需要涂防锈底漆，所使用的防锈底漆与防火涂料应不发生化学反应。钢结构表面的除锈和防锈处理按《钢结构工程施工与验收规范》(GBJ 205)有关规定执行。有的防火涂料具有一定防锈作用，当钢结构长期处于空调环境，锈蚀速度相当慢，建设单位认为可以不涂防锈漆时，则可以不再做防锈处理。

第3.1.4条 有些钢结构在安装时已经做好了除锈和防锈处理，但到防火涂料喷涂施工时，钢结构表面被尘土、油漆或其他杂物弄脏了，也会影响涂料的粘结力，应当认真清除干净。钢结构连接处常常留下 4～12mm 宽的缝隙，需要采用防火涂料或其他防火材料(如硅酸铝棉、防火堵料等)填补堵平后才能喷涂防火涂料，

否则留下缺陷,成为火灾的薄弱环节,降低了钢结构的耐火极限。

第3.1.5条 既要求施涂防火涂料不要影响和损坏其他工程,又要求施涂的防火涂层不要被其他工程污染与损坏。施工过程中,对不需喷涂的设备、管道、墙面和门窗等,要用塑料布进行遮蔽保护,否则被喷撒的涂料污染难以清洗干净。刚喷涂施工好的涂层强度较低,要注意维护,避免受到其他脏液污染和雨水冲刷,降低其涂层的粘结力,也要避免在施工过程中被其他机械撞击而导致涂层剥落。如果涂层被污染或损坏了,应予以认真修补处理。

第3.1.6条 本条规定了钢结构防火涂料施工的气候条件。在施工过程中和施工之后涂层干燥固化之前,环境温度宜为5～38℃,相对湿度不宜大于90%,空气应当流通。若是温度过低,或湿度太大,或风速在5m/s(四级)以上,或钢结构构件表面有结露时,都不利于防火喷涂施工。特别是水性防火涂料的施工,低温高湿影响涂层干燥甚至不能成膜。风速大,会降低喷射出的涂料的压力,涂层粘结不牢。

第二节 质量要求

第3.2.1条 鉴于近几年推广应用防火涂料较混乱,有的防火涂料尚未做过耐火试验,也未检测理化力学性能,未经许可生产,就不负责任地推广应用到钢结构工程上,施涂很薄一层,甚至不久就龟裂脱落了,达不到防火保护目的,给国家造成了经济损失,也留下了火灾隐患。为此,特作出本条规定:"用于保护钢结构的防火涂料必须有国家检测机构的耐火极限检测报告和理化性能检测报告,必须有防火监督部门核发的生产许可证和生产厂家的产品合格证"。不满足上述规定的防火涂料,不得用于喷涂钢结构。要把好涂料质量关,确保施工符合防火规范的要求,拒绝使用不合格的产品。

第3.2.2条 本条所规定的内容是需方检查验收防火涂料产品的依据。钢结构防火涂料生产厂家发运来的产品如没有品种名称、技术性能、颜色、制造批号、贮存期限和使用说明,不符合产品质量要求,与防火设计选用的涂料不一致时,不得验收存放,防止以假乱真和以次充好等不法行为出现。

第3.2.3条 有的钢结构防火涂料分为底层和面层涂料,要求底层和面层应相互配套,涂层间能牢固地粘结在一起,不出现理化变化,不降低涂层的性能指标。底层涂料不得锈蚀钢材,不会与防锈漆发生反应。如需用建筑装饰涂料作面层时,应通过试验确定适用的涂料,不能随意指定。

第3.2.4条 本条是关于重大钢结构工程在使用防火涂料的过程中进行抽检的规定。对于每个工程使用钢结构防火涂料时都进行全检或抽检是做不到的和不必要的。根据我国工程应用钢结构防火涂料情况和消防监督管理经验,除事先已经提供有全面的检测报告外,对于同一工程在施工过程中,每使用100t薄涂型钢结构防火涂料抽检一次粘结强度,每使500t厚涂型钢结构防火涂料抽检一次粘结强度和抗压强度,既必要也能做到。检验方法按本规范附录二的有关方法进行。

第三节 薄涂型钢结构防火涂料施工

第3.3.1条 本条原则规定了薄涂型钢结构防火涂料的施工工具和施工方法。底层涂料一般都比较粗糙,宜采用重力式(或喷斗式)喷枪,配能自动调压的0.6～0.9m³/min的空气压缩机,喷嘴直径4～6mm,空气压力0.4～0.6MPa;局部修补和小面积施工,不具备喷涂条件时,可用抹灰刀等工具进行手工抹涂。面层装饰涂料,可以刷、喷涂或滚涂,用其中一种或多种方法方便地施工;用于喷底层涂料的喷枪当喷嘴直径可以调到1～3mm时,也可用于喷涂面层涂料。

第3.3.2条 正式喷涂施工前,要对防火涂料产品做必要的调配和搅拌。有的防火涂料是双组分装,需要在施工现场按说明书规定的比例和方法调配;出厂时已经配制好的涂料,不论是面层

或底层涂料,都应当搅拌均匀再用。施工现场一般是用便携式的电动搅拌器搅拌涂料。调配和搅拌好的涂料应稠度适宜,喷涂的涂层不应发生流淌和下坠现象。涂料太稠,喷涂时反弹损失大,涂料太稀易流淌和下坠。

第3.3.3条 本条规定了底涂层施工的操作要求与施工质量。

一、首先检查钢基材表面是否具备施工条件,只有当钢基材除锈和防锈处理符合要求,尘土等杂物清除干净后,才可进行施工。

二、一般喷涂2～3遍,每遍厚度不超过2.5mm,每间隔8～24h喷涂一次,视天气情况而定,必须在前一遍基本干燥后,再喷涂后一遍。每喷1mm厚的涂层耗用湿涂料1.0～1.5kg。

三、喷涂时手握喷斗要稳,喷嘴与钢基材面垂直,喷口到喷面距离为40～60cm,要来回旋转喷涂,注意搭接处颜色一致,厚薄均匀,要防止漏喷、流淌,确保涂层完全闭合,轮廓清晰。

四、喷涂过程中,操作人员要随身携带测厚针(厚度检查器),按本规范附录四附图4.1的方法检测涂层厚度,直到达到规定厚度方可停止喷涂。

五、按本方法喷涂形成的涂层是粒状的,当防火设计要求涂层表面要平整光滑时,待喷完最后一遍应采用抹灰刀或适合的工具做抹平处理,使外表面均匀平整。

第3.3.4条 本条规定了面层涂料施工操作要求与施工质量。

一、由于防火涂层厚度是靠底涂层来保证,面涂层很薄,主要起外观装饰作用,因此,面涂层的施工必须在底涂层经检测符合设计规定厚度,并基本干燥之后,才能进行。

二、面层一般喷涂1～2次,搭接处要注意颜色均匀一致,要全部覆盖住底涂层,用手摸不扎手,感觉光滑。涂料耗量为0.5～1kg/m²。

第四节 厚涂型钢结构防火涂料施工

第3.4.1条 本条根据工程实践经验规定了厚涂型钢结构防火涂料的施工工具和喷涂方法。采用压送式喷涂机具或挤压泵,配能自动调压的0.6～0.9m³/min的空气压缩机,喷枪口直径为6～10mm,空气压力为0.4～0.6MPa。一般来说,要使表面更平整,喷嘴宜小一些,喷压大一些。但喷嘴过小,粒状涂料出不去,空气压力过大,涂料反弹损耗多。

第3.4.2条 厚涂型钢结构防火涂料,不论是双组分还是单组分,均需在施工现场混合或加水及其他稀释剂调配,应严格按本产品说明书规定配制,使稠度适宜。涂料过稠时,在管道中输送流动困难;涂料过稀时,喷出后在基材上易发生流淌或下坠。有的涂料是化学固化干燥,配好的涂料必须在一定时间内使用完,否则会在容器或管道中发生固化而堵塞,务必边配边用。配料和喷涂一定要协调好。

第3.4.3条 本条规定了施工操作要求。喷涂施工是分遍成活,喷涂遍数与涂层厚度根据防火设计而定,通常喷涂2～5遍,每遍喷涂厚度宜为5～10mm,间隔4～24h喷涂一次。必须在前一遍基本干燥后再喷后一遍。喷涂遍数与涂层厚度根据设计要求和具体涂料而定。涂料耗量为每喷涂10mm厚的涂层需用5～10kg湿涂料。喷涂保护方式,是全保护还是部分保护,要按设计规定执行。

第3.4.4条 本条规定操作人员要随身携带测厚针检测喷涂的厚度,直到符合规定的厚度要求,方可停止喷涂。施工时不检测涂层厚度,更容易造成有的部位厚,有的部位薄,最后通不过验收。通过检测,使涂层厚度均匀,并可避免喷涂太厚,浪费材料。

第3.4.5条 为了确保涂层表面均匀平整,对喷涂的涂层要适当维护。涂层有时出现明显的乳突,应该采用抹灰刀等工具剔除乳突。

第3.4.6条 施工单位对喷涂的防火涂层应进行自检,有下列情况之一者,应进行重喷或补喷:

一、由于涂料质量差,或现场调配不当,或施工操作不好,或者气候条件不宜,使得干燥固化不好、粘结不牢或粉化、空鼓、起层脱落的涂层,应该铲除重新喷涂。

二、由于钢结构连接处的缝隙未完全填补平,或喷涂施工不仔细,造成钢结构的接头、转角处的涂层有明显凹陷时,应补喷。

三、在喷涂过程中往往掉落一些涂料在低矮部位的涂层面上形成浮浆,这类浮浆应铲除掉重新喷涂到规定的厚度。有的涂料干燥之后出现裂缝,如果裂缝深度超过1mm,则应针对裂缝补喷,避免出现更大的裂缝而引起涂层脱落或留下火灾时的薄弱环节。

四、依据规范附录四的方法检测涂层厚度,任一部位的厚度少于规定厚度的85%时应继续喷涂。当喷涂厚度大于规定厚度的85%,但不足规定厚度部位的连续面积的长度超过1m时,也要补喷直至达到规定的厚度要求。否则会留下薄弱环节,降低了耐火极限。

钢结构防火涂料施工质量检测记录 表4.0.2

施工单位:_____ 工程名称:_____ 施工部位:_____

		构件编号	实测结果	构件编号	实测结果	构件编号	实测结果	构件编号	实测结果	构件编号	实测结果
实测项目	喷涂厚度(mm)										
	表面质量	平整度			有无空鼓			有无裂纹			
		允差:1m直尺6mm			标准:无100cm³以上空鼓			标准:无0.5mm以上裂纹			
		实测:			实测:			实测:			
综合记录	测点部位			实测:梁根点 柱根点			合格 点				
							合格率 %				

工程负责人:_____ 质量检验:_____ 班组长:_____ 年 月 日

第4.0.5条 本条规定了验收钢结构防火保护工程时,建设单位与施工单位应具备的主要技术文件。其中,耐火试验和理化力学性能试验报告及产品合格证等,施工前已由涂料生产或施工单位提供给了涂料使用单位,工程验收时,涂料使用单位应将该类技术文件资料向验收小组出示或提供。其余各项技术文件,视具体工程而定,凡施工过程中涉及到该项工作内容的,验收时施工单位必须提供有关的文件资料。上述主要文件资料不具备时,不宜验收。

第四章 工程验收

第4.0.1条 本条是根据工程建设需要和钢结构防火保护工程验收经验而规定的。钢结构防火保护施工结束后,建设单位应组织和邀请当地公安消防监督部门、建筑防火设计部门、防火涂料生产与施工等单位的工程技术人员联合进行竣工验收。验收合格,防火保护工程才算正式完工。

第4.0.2条 验收时,检查项目与方法包括:

一、首先要检查运进现场并用于工程上的钢结构防火涂料的品种与颜色是否与防火设计选用及规定的相符。必要时,将样品进行目测对比。

二、用目视法检查涂层的颜色、漏涂和裂缝等;用0.75～1kg的榔头轻击涂层,检查是否粘结牢固,是否有空鼓、脱落等情况,如发出空响声,或成块状脱落,或有明显掉粉现象,表明不合格。

三、对于涂层厚度,要对照防火设计规定的厚度要求,按本规范附录四的方法进行抽检或全检,并做好记录和计算。检测记录格式参照表4.0.2。

第4.0.3条、第4.0.4条 这两条分别规定了薄涂型钢结构防火涂料和厚涂型钢结构防火涂料的防火涂层的质量标准。涂层厚度的合格标准参照美国ASTME605和英国钢铁协会及结构防火协会手册的规定。各条规定均结合了国情,吸收了多种钢结构防火涂料在多项钢结构工程上喷涂施工与竣工验收的经验。由于两类涂料的性能与用途有区别,规定其涂层的质量标准也不一致。经检查各项质量都符合该类涂层的标准时,即为合格,通过验收。如有个别不符,应视缺陷程度,分析原因和责任,视具体情况,责令限期维修处理后再验收。

中国工程建设标准化协会标准

建筑防火封堵应用技术规程

Technical specification for application of fire stopping in buildings

CECS 154：2003

主编单位：公安部天津消防研究所
批准单位：中国工程建设标准化协会
施行日期：2003 年 12 月 1 日

前　言

根据中国工程建设标准化协会(2001)建标协字第 10 号文《关于印发中国工程建设标准化协会 2001 年第一批标准制、修订项目计划的通知》的要求，制定本规程。

建筑物的被动防火措施源于火灾的经验教训，又经过实践检验，对防止火灾在建筑物中蔓延发挥了很好的作用。本规程对由于建筑施工和使用的需要，而在防火分隔构件上或构件与构件之间形成的贯穿孔口、预留的空开口以及建筑缝隙的防火封堵的设计与施工等做了规定。本规程是现行有关国家标准的必要补充和配套。

本规程是在调查研究、总结实践经验、参考和吸取了国内外有关产品的性能和施工方法，并广泛征求意见的基础上制定的。

本规程的主要内容包括：总则，术语，贯穿防火封堵，建筑缝隙防火封堵，施工及验收，共 5 章。

根据国家计委计标[1986]1649 号文《关于请中国工程建设标准化委员会负责组织推荐性工程建设标准试点工作的通知》要求，现批准协会标准《建筑防火封堵应用技术规程》，编号为 CECS 154：2003，推荐给设计、施工和使用单位采用。

本规程第 3.1.1、3.1.2、3.1.5 条，第 3.5.3、3.5.5 条，第 4.1.1、4.1.3、4.1.4 条，建议列入《工程建设标准强制性条文》，其余为推荐性条文。

本规程由中国工程建设标准化协会消防系统委员会 CECS/TC21 归口管理，由公安部天津消防研究所(天津市南开区卫津南路 92 号，邮编：300381)负责解释。在使用中如发现需要修改和补充之处，请将意见和资料径寄解释单位。

主 编 单 位：公安部天津消防研究所
参 编 单 位：3M 中国有限公司、喜利得(中国)有限公司、上海市消防局、大连市消防支队、陕西省消防总队、广电总局设计院、信息产业部北京邮电设计院、北京市建筑设计院
主要起草人：经建生　倪照鹏　杜　霞　张苏新　王　稚
　　　　　　李海峰　张菊良　袁国斌　李根敬　巴　润
　　　　　　张　宜　陈海云　孙东远

中国工程建设标准化协会
2003 年 9 月 25 日

目　次

1 总 则

1.0.1 为防止火灾在建筑内蔓延,保证建筑防火封堵的质量和建筑防火分隔的完整性,保障人身安全和减少火灾损失,制定本规程。

1.0.2 本规程适用于新建、改建或扩建建筑中贯穿孔口、建筑缝隙等防火、防烟封堵的设计和施工。

1.0.3 建筑防火封堵的设计和施工应符合国家有关方针政策及有关工程建设和质量管理法规的规定,做到安全可靠、经济合理、技术先进、便于使用。

1.0.4 建筑防火封堵的设计与施工,除应符合本规程的规定外,尚应符合国家现行有关强制性标准的规定。

防火分隔构件之间或防火分隔构件与其他构件之间的缝隙。如伸缩缝、沉降缝、抗震缝和建筑构件的构造缝隙等。

2.0.10 电缆填充率 cable filling rate
电缆(桥架)穿越贯穿孔口时,电缆线总截面面积与贯穿孔口面积的百分比值。

2.0.11 贯穿防火封堵组件 penetration fire stopping system
由被贯穿物、贯穿物及其支撑体、防火封堵材料及其支撑体,以及填充材料构成的用以维持被贯穿物耐火能力的组合体。

2.0.12 建筑缝隙防火封堵组件 construction joint fire stopping system
由建筑缝隙相邻构件、防火封堵材料及其支撑体,以及填充材料构成的用以维持建筑缝隙防火、防烟能力的组合体。

2 术 语

2.0.1 防火封堵 fire stopping
采用防火封堵材料对空开口、贯穿孔口、建筑缝隙进行密封或填塞,使其在规定的耐火时间内与相应构件协同工作,以阻止热量、火焰和烟气蔓延扩散的一种技术措施。

2.0.2 防火封堵材料 fire stopping material
具有防火、防烟功能,用于密封或填塞空开口、贯穿孔口及其环形间隙和建筑缝隙的材料。

2.0.3 防火分隔构件 fire separating element
按《建筑构件耐火试验方法》GB/T 9978 测试具有一定的耐火极限,并起防火分隔作用的构件。如防火墙、防火分隔墙和楼板等。

2.0.4 贯穿物 service penetration
在建筑物中穿越防火分隔构件、建筑外墙或建筑屋顶等的单一或混合设施。如电缆、电缆桥架、各种管道和导线管等。

2.0.5 被贯穿物 penetrated element
贯穿物所穿越的防火分隔构件、建筑外墙或建筑屋顶等。

2.0.6 贯穿孔口 penetration opening
贯穿物穿越被贯穿物时形成的孔口。

2.0.7 环形间隙 annular space
贯穿物与被贯穿物之间的环形空隙。

2.0.8 空开口 blank opening
因施工或其他原因而在防火分隔构件、建筑外墙或建筑屋顶上留下的无贯穿物穿越的孔口。

2.0.9 建筑缝隙 construction joint

3 贯穿防火封堵

3.1 一般规定

3.1.1 被贯穿物上的贯穿孔口和空开口必须进行防火封堵。

3.1.2 贯穿防火封堵材料应符合现行行业标准《防火封堵材料的性能要求和试验方法》GA 161 的要求,且应按工程设计情况增加材料对环境适应性的测试。
建筑聚氯乙烯排水管道的阻火圈应符合现行行业标准《建筑聚氯乙烯排水管道阻火圈》GA 304 的要求。

3.1.3 贯穿防火封堵材料的选择应综合考虑贯穿物类型和尺寸、贯穿孔口及其环形间隙大小、被贯穿物类型和特性,以及环境温度、湿度条件等因素。

3.1.4 贯穿防火封堵组件的耐火极限应按照现行行业标准《防火封堵材料的性能要求和试验方法》GA 161 进行测试,且不应低于被贯穿物的耐火极限。
当实际工况比 GA 161 规定的耐火试验条件恶劣时,贯穿防火封堵组件的耐火极限应符合下列规定之一:

    1 应按防火封堵组件的耐火极限测试方法进行测试,且测试结果应经国家有关机构评估认定;

    2 应按实际工况进行专门的测试,并测试合格。

3.1.5 所设计的贯穿防火封堵组件在正常使用或发生火灾时,应保持本身结构的稳定性,不出现脱落、移位和开裂等现象。
当防火封堵组件本身的力学稳定性不足时,应采用合适的支撑构件进行加强。支撑构件及其紧固件应具有被贯穿物相应的耐火性能及力学稳定性能。

3.1.6 重要公共建筑、电信建筑、精密电子工业建筑和人员密集、对烟气较敏感场所中的防火封堵,宜采用阻烟效果良好的贯穿防火封堵组件。

3.2 管道贯穿孔口的防火封堵

3.2.1 熔点不小于1000℃且无绝热层的钢管、铸铁管或铜管等金属管道贯穿混凝土楼板或混凝土、砌块墙体时,其防火封堵应符合下列规定:

1 当环形间隙较小时,应采用无机堵料防火灰泥,或有机堵料如防火泥或防火密封胶辅以矿棉填充材料,或防火泡沫等封堵;

2 当环形间隙较大时,应采用防火涂层矿棉板(以下简称矿棉板)、防火板、阻火包、无机堵料防火灰泥或有机堵料如防火发泡砖等封堵;

3 当防火封堵组件达不到相应的绝热性能,且在贯穿孔口附近设有可燃物时,应在贯穿孔口两侧不小于1m的管道长度上采取绝热措施。

3.2.2 熔点不小于1000℃且无绝热层的钢管、铸铁管或铜管等金属管道贯穿轻质防火分隔墙体时,其防火封堵应符合下列规定:

1 当环形间隙较小时,应采用有机堵料如防火泥或防火密封胶辅以矿棉填充材料,或防火泡沫等封堵;

2 当环形间隙较大时,应采用矿棉板、防火板、阻火包或有机堵料如防火发泡砖等封堵;

3 当防火封堵组件达不到相应的绝热性能,且在贯穿孔口附近设有可燃物时,应在贯穿孔口两侧不小于1m的管道长度上采取绝热措施。

3.2.3 熔点不小于1000℃且有绝热层的钢管、铸铁管或铜管等金属管道贯穿混凝土楼板或混凝土、砌块墙体时,其防火封堵应符合下列规定:

1 当绝热层为熔点不小于1000℃的不燃材料,或绝热层在贯穿孔口处中断时,可按本规程第3.2.1条的规定封堵;

2 当绝热层为可燃材料,但在贯穿孔口两侧不小于0.5m的管道长度上采用熔点不小于1000℃的不燃绝热层代替时,可按本规程第3.2.1条的规定封堵;

3 当绝热层为可燃材料时,其贯穿孔口必须采用膨胀型防火封堵材料封堵。当环形间隙较小时,宜采用阻火圈或阻火带,并应同时采用有机堵料如防火密封胶、防火泥、防火泡沫或无机堵料防火灰泥填塞;当环形间隙较大时,宜采用无机堵料防火灰泥辅以阻火圈或阻火带,矿棉板辅以阻火圈或有机堵料如膨胀型防火密封胶,或防火板辅以金属套筒加阻火圈、阻火带或有机堵料如膨胀型防火密封胶封堵。

3.2.4 熔点不小于1000℃且有绝热层的钢管、铸铁管或铜管等金属管道贯穿轻质防火分隔墙体时,其防火封堵应符合下列规定:

1 当绝热层为熔点不小于1000℃的不燃材料或绝热层在贯穿孔口处中断时,可按本规程第3.2.2条的规定封堵;

2 当绝热层为可燃材料,但在贯穿孔口两侧不小于0.5m的管道长度上采用熔点不小于1000℃的不燃绝热层代替时,可按本规程第3.2.2条的规定封堵;

3 当绝热层为可燃材料时,其贯穿孔口必须采用膨胀型防火封堵材料封堵。当环形间隙较小时,宜采用阻火圈或阻火带,并应同时采用有机堵料,如防火密封胶、防火泥、防火泡沫封堵;当环形间隙较大时,宜采用矿棉板辅以阻火圈或有机堵料如膨胀型防火密封胶,或防火板辅以金属套筒加阻火圈、阻火带或有机堵料如膨胀型防火密封胶封堵。

3.2.5 输送不燃液体、气体或粉尘,且熔点小于1000℃的金属管道贯穿混凝土楼板或混凝土、砌块墙体或轻质防火分隔墙体时,其防火封堵应符合下列规定:

1 单根管道的贯穿孔口应采用阻火圈或阻火带封堵,且环形间隙尚应采用无机堵料防火灰泥、有机堵料如防火密封胶等封堵;

2 多根管道的贯穿孔口宜采用矿棉板或防火板封堵,且应对每根管道采用阻火圈或阻火带封堵。管道与矿棉板或防火板之间的缝隙应采用有机堵料如防火泥、防火密封胶或防火填缝胶等封堵;

3 当无绝热层管道贯穿孔口的防火封堵组件达不到相应的绝热性能,且在贯穿孔口附近设有可燃物时,应在贯穿孔口两侧不小于1m的管道长度上采取绝热措施。

3.2.6 输送不燃液体、气体或粉尘的可燃管道贯穿混凝土楼板或混凝土、砌块墙体或轻质防火分隔墙体时,其防火封堵应符合下列规定:

1 当管道公称直径不大于32mm,且环形间隙不大于25mm时,应采用有机堵料如防火泥、防火泡沫或防火密封胶等封堵;

2 当管道公称直径不大于32mm,且环形间隙大于25mm时,应采用有机堵料如防火泡沫,或矿棉板、防火板或有机堵料如防火发泡砖辅以有机堵料如防火泥或防火密封胶等封堵;

3 当管道公称直径大于32mm时,应采用阻火圈或阻火带并辅以有机堵料如防火泥或防火密封胶等封堵。

3.2.7 采暖、通风和空气调节系统管道和防火阀贯穿孔口的防火封堵应符合下列规定:

1 当防火阀安装在混凝土楼板或混凝土、砌块墙体内,且防火阀与防火分隔构件之间的环形间隙不大于50mm时,应采用无机堵料防火灰泥等封堵;当防火阀安装在混凝土楼板上时,也可采用有机堵料如防火密封胶辅以矿棉等封堵;

2 当防火阀安装在混凝土楼板或混凝土、砌块墙体内,且防火阀与防火分隔构件之间的环形间隙大于50mm时,应采用矿棉板或防火板等封堵;

3 当风管为耐火风管,且风管与被贯穿物之间的环形间隙不大于50mm时,应采用有机堵料如防火泥、防火密封胶或无机堵料防火灰泥等封堵;

4 当风管为耐火风管,且风管与被贯穿物之间的环形间隙大于50mm时,应采用矿棉板或防火板等封堵。

3.3 导线管和电缆贯穿孔口的防火封堵

3.3.1 导线管穿越贯穿孔口的防火封堵应符合下列规定:

1 当导线管为塑料管时,应符合本规程第3.2.6条的规定;

2 当导线管为金属管时,应符合本规程第3.2.1、3.2.2或3.2.5条的规定。

3.3.2 单根电缆或电缆束贯穿孔口的防火封堵应符合下列规定:

1 当贯穿孔口直径不大于150mm时,应采用无机堵料防火灰泥、有机堵料如防火泥、防火密封胶、防火泡沫或防火塞等封堵;

2 当贯穿孔口直径大于150mm时,应采用无机堵料防火灰泥,或有机堵料如防火发泡砖、矿棉板或防火板并辅以有机堵料如膨胀型防火密封胶或防火泥等封堵;

3 当电缆束贯穿轻质防火分隔墙体时,其贯穿孔口不宜采用无机堵料防火灰泥封堵。

3.3.3 母线(槽)贯穿孔口的防火封堵应符合下列规定:

1 当贯穿混凝土楼板或混凝土、砌块墙体时,应采用防火板、矿棉板、无机堵料防火灰泥或有机堵料如防火密封胶等封堵;

2 当贯穿轻质防火分隔墙体时,应采用防火板或矿棉板等封堵。

3.3.4 电缆桥架(线槽)的贯穿孔口应采用无机堵料防火灰泥,有机堵料如防火泡沫,或阻火包、矿棉板、防火板或有机堵料如防火发泡砖并辅以有机堵料如防火密封胶或防火泥等封堵。当贯穿轻质防火分隔墙体时,不宜采用无机堵料防火灰泥封堵。

3.3.5 封闭式电缆线槽贯穿孔口的防火封堵应符合下列规定:

1 当电缆线槽为塑料线槽且环形间隙不大于15mm时,应采用有机堵料如防火泥、防火密封胶或防火泡沫等封堵;当电缆线槽为塑料线槽且环形间隙大于15mm时,应采用有机堵料如防火

泡沫,或矿棉板、防火板或有机堵料如防火发泡砖并辅以有机堵料如防火泥或防火密封胶等封堵;

2 当电缆线槽为金属线槽时,应符合本规程第3.2.1和3.2.2条的规定;

3 在贯穿孔口处,所有电缆线槽均应在线槽内部采用有机堵料如防火泥、防火密封胶或防火泡沫等封堵。

3.4 其他贯穿孔口的防火封堵

3.4.1 当多种类型的贯穿物混合穿越被贯穿物时,应分别按相应类型贯穿孔口的防火封堵要求进行封堵。

当混合贯穿物中有直径大于32mm的塑料管时,其贯穿孔口不应采用阻火包封堵。

3.4.2 空开口的防火封堵应符合下列规定:

1 当空开口面积大于0.25m²时,应采用防火板、矿棉板、防火包、有机堵料如防火发泡砖或无机堵料防火灰泥等封堵;

2 当空开口面积小于0.25m²时,应采用有机堵料如防火泡沫、防火泥或无机堵料防火灰泥封堵;

3 轻质防火分隔墙体上的空开口不宜采用无机堵料防火灰泥封堵。

3.5 贯穿防火封堵构造

3.5.1 面积较大的贯穿孔口采用无机堵料防火灰泥封堵时,宜在防火灰泥中配筋。

3.5.2 当采用柔性防火封堵材料且防火封堵组件本身力学稳定性不足时,墙体上贯穿孔口的封堵应在墙体两面分别用钢丝网或不燃板材等进行支撑;楼板上贯穿孔口的封堵应在楼板下侧用钢丝网或不燃板材等进行支撑。钢丝网或不燃板材等与墙体或楼板间应采用具有一定防火性能的紧固件固定。

3.5.3 当采用防火板封堵且防火封堵组件本身力学稳定性不足时,应对防火板采取加固措施。

3.5.4 当采用阻火圈或阻火带时,墙体上贯穿孔口的封堵应在墙的两侧都安装阻火圈或阻火带;楼板上贯穿孔口的封堵,可在楼板下侧安装阻火圈或阻火带。

3.5.5 在楼板上不能承受荷载的贯穿防火封堵组件的周边应采取防护措施。

4 建筑缝隙防火封堵

4.1 一般规定

4.1.1 建筑物内的建筑缝隙必须采用防火封堵材料封堵。

4.1.2 建筑缝隙防火封堵应根据防火分隔构件类型、缝隙位置、缝隙伸缩率、缝隙宽度和深度以及环境温度、湿度条件、防水等具体情况,选用相适应的防火封堵材料。

4.1.3 建筑缝隙防火封堵组件的耐火性能不应低于相邻防火分隔构件的耐火性能,并应按照国家现行有关标准或其他经国家有关机构认可的测试标准测试合格。

4.1.4 建筑缝隙防火封堵组件在正常使用或发生火灾时,应保持本身结构的稳定性,不出现脱落、移位和开裂等现象。

4.2 防火封堵措施

4.2.1 楼板与楼板之间建筑缝隙的防火封堵应符合下列规定:

1 当为静态缝隙且缝宽不大于50mm时,应采用有机堵料如防火密封胶、防火填缝胶或矿棉板等进行封堵;

2 当为动态缝隙或静态缝隙的缝宽大于50mm时,应采用具有伸缩能力的防火封堵材料进行封堵,如有机堵料防火封堵漆或防火填缝胶等辅以矿棉填充材料。

4.2.2 楼板与防火分隔墙体侧面之间建筑缝隙、防火分隔墙体之间建筑缝隙的防火封堵应符合下列规定:

1 当为静态缝隙且缝宽不大于25mm时,应采用有机堵料如防火密封胶、防火填缝胶或矿棉板等进行封堵;

2 当为动态缝隙或静态缝隙缝宽大于25mm时,应采用具有伸缩能力的防火封堵材料进行封堵,如有机堵料防火封堵漆或防火填缝胶等辅以矿棉填充材料。

4.2.3 防火分隔墙体顶端与楼板下侧之间建筑缝隙的防火封堵应符合下列规定:

1 对于混凝土、砌块墙体,当为静态缝隙且缝宽不大于50mm时,应采用有机堵料如防火密封胶、防火填缝胶,或矿棉板等进行封堵;当为动态缝隙或静态缝隙缝宽大于50mm时,应采用具有伸缩能力的防火封堵材料进行封堵,如有机堵料防火封堵漆或防火填缝胶等辅以矿棉填充材料;

2 对于轻质墙体,当为静态缝隙且缝宽不大于25mm时,应采用有机堵料如防火密封胶、防火填缝胶,或矿棉板等进行封堵;当为动态缝隙或静态缝隙缝宽大于25mm时,应采用具有伸缩能力的防火封堵材料进行封堵,如有机堵料防火封堵漆或防火填缝胶等辅以矿棉填充材料。

4.2.4 建筑幕墙与楼板、窗间墙或窗槛墙之间的建筑缝隙,应采用具有伸缩能力的防火封堵材料进行封堵,如有机堵料防火封堵漆或防火填缝胶等。

5 施工及验收

5.1 一般规定

5.1.1 建筑防火封堵施工应按照设计文件、相应产品的技术说明书和操作规程,以及相应产品测试合格的防火封堵组件的构造节点图进行。

5.1.2 施工前,施工单位应做下列准备工作:

1 应对防火封堵材料的适用性、质量和相关的测试报告或证书等逐一进行查验;

2 应按设计和相关产品的技术要求,确认并修整现场条件。当现场条件,如被贯穿物类型和厚度、贯穿孔口尺寸、贯穿物类型和数量等,与设计要求不同时,施工单位应通知设计单位;

3 应根据现场情况准备施工工具和施工人员人身安全保护设施等必要的作业条件。

5.1.3 施工时,应根据现场情况采取防止污染地面或其他构件表面的防护措施。

5.1.4 隐蔽工程中的防火封堵应在封闭前进行中间验收,并填写相应的隐蔽工程施工记录和中间验收记录。

5.1.5 建筑防火封堵竣工验收应按建筑工程施工验收的有关程序进行。

5.2 防火封堵施工

5.2.1 贯穿孔口的防火封堵施工应符合下列要求:

1 安装前,应清除贯穿孔口处贯穿物和被贯穿物表面的杂物、油污等,使之具备与封堵材料紧密粘接的条件;

2 当需对被贯穿物进行绝热处理时,应在安装前进行;

3 当需要辅以矿棉等填充材料时,填充材料应均匀、密实;

4 防火封堵材料在硬化过程中不应受到扰动;

5 当采用无机堵料防火灰泥进行封堵时,应在防火灰泥达到要求的硬化强度后拆模;

6 当采用防火板进行封堵时,宜对防火板的切割边进行钝化处理,避免损伤电缆等被贯穿物;

7 阻火圈或阻火带应安装牢固、不会脱落。在腐蚀性场所宜采用阻火带;

8 当采用防火包或有机堵料如防火发泡砖进行封堵时,应将防火包或防火发泡砖平整地嵌入被贯穿物的空隙及环形间隙中,并宜交叉堆砌;

9 本规程第3.1.6条规定的对烟气较敏感的场所,防火封堵组件的两面不应留有通透的缝隙。

5.2.2 建筑缝隙的防火封堵施工应符合下列要求:

1 当需要辅以矿棉等填充材料时,填充材料应均匀、密实;

2 防火封堵材料在硬化过程中不应受到扰动;

3 建筑缝隙应按照相应产品的安装说明在整个缝隙长度上采用防火封堵材料紧密封堵,安装完毕后防火封堵材料应粘接牢固、不脱落;

4 水平建筑缝隙在封堵后,防火封堵材料不应直接承受荷载。当需承受荷载时,应在其外部安装能够直接承载的不燃板材进行保护。

5.3 验 收

5.3.1 在防火封堵施工完成后,施工单位应组织施工人员自行进行施工质量检查、验收,并应向建设单位提交防火封堵竣工报告、隐蔽工程记录、防火封堵材料的检测报告、施工现场质量查验结果等资料。

建设单位在确认防火封堵具备质量验收条件后,应组织设计、施工和工程监理单位按经公安消防机构核准的设计文件进行验收。

5.3.2 防火封堵竣工后的检查、验收应符合下列要求:

1 防火封堵的施工应符合设计和施工要求;

2 防火封堵材料应按本规程和制造商的安装说明进行施工安装;

3 防火封堵施工的现场验收,宜按各种类型防火封堵组件数量的5%进行抽查,且不宜少于5个;当同一类型防火封堵组件少于5个时,应全部检查;

4 现场外观检查时,贯穿孔口和建筑缝隙的防火封堵材料表面应无明显的缺口、裂缝和脱落现象,并应保证防火封堵组件不脱落。

5 不同类型的防火封堵应符合下列要求:

1)电缆束周边的环形间隙应采用防火封堵材料紧密封堵;

2)对本规程第3.1.6条规定的建筑,其贯穿孔口处电缆之间、管道之间应采用阻烟效果良好的防火封堵材料紧密封堵;

3)防火板或矿棉板安装后应无缺口、裂纹,外观平整美观;防火板或矿棉板周边及与贯穿物之间的环形间隙应采用防火封堵材料密闭;

4)无机堵料防火灰泥安装后,在无表面支撑时,与贯穿孔口内表面和贯穿物表面应粘结密实,外观应平整光洁,无干缩裂缝、混合不均匀现象;

5)防火包或有机堵料防火发泡砖应交错堆砌,且堆砌应密实牢固,无明显缝隙,外观整齐;

6)有机堵料如防火密封胶、防火填缝胶、防火泥或防火封堵漆安装后,与贯穿物、被贯穿物或建筑缝隙表面应粘结密实、牢固,表面应平整、无裂纹、坠落或脱落;

7)阻火圈或阻火带固定应牢固,无松动或脱落,阻火圈或阻火带周边缝隙及与管道之间的环形间隙应采用防火封堵材料填塞密实。

中国工程建设标准化协会标准

建筑防火封堵应用技术规程

CECS 154:2003

条 文 说 明

1 总 则

1.0.1 建筑防火一般包括主动防火和被动防火两种方法。被动防火,目前在我国和其他大多数国家的建筑规范或防火规范中,主要通过控制建筑物耐火等级和装修材料燃烧性能分级、由具有一定耐火极限的墙或楼板分隔起的水平或垂直防火分区、防火隔间来防止建筑物火灾蔓延。这些措施是从火灾教训中得出的,并受到了实践的检验,在建筑物防火保护中发挥了积极作用。

由于建筑物功能和内部操作的需要,许多管线需要贯穿通过建筑的楼板和墙体,如采暖通风和空气调节系统管道、上下水管道、热力管道、电缆和其他管道;还有一些建筑缝隙,如楼板和墙体之间、墙体与墙体之间等。这些贯穿孔口、建筑缝隙可以导致火势和烟气在建筑中蔓延扩大。为了保持防火分隔构件的结构完整性,使构件的防火能力不致削弱,防火分隔构件上的贯穿孔口、空开口、环形间隙以及建筑缝隙应采取行之有效的防火封堵方法进行保护。这对防止烟和火焰在建筑物中蔓延具有重要作用。

另外,目前出现了许多新的建筑材料,它们与传统的建筑材料如水泥、沙浆等相比,在隔声、节能、承载力、建造速度和构造技术方面更为出色,正越来越多地在建筑工程中应用。但它们不属于不燃材料,因而要求涉及建筑贯穿开口和建筑缝隙的设计和施工更加严肃、可靠和规范。

在实际工程中,有些贯穿开口和建筑缝隙并不能完全或正确地封堵,以致封堵材料在明火和高温作用下出现裂缝或完全脱落;还有些封堵材料在日常使用中由于振动而疏松或脱落等。出现这些问题可归于以下几个原因:1)在现行规范中对贯穿开口和建筑缝隙封堵的规定不完整、不系统或没有明确的规定;2)对建筑不同部位的封堵如何要求和最终应达到什么性能,没有规范做出具体规定;3)现行规范的条款限制了一些新技术和新产品的应用;4)人们不了解或不熟悉新产品。例如,现行防火规范只规定管道开口和玻璃幕墙缝隙应进行密封。事实上,除这些部位外还有其他部位也需要封堵;并且,目前市场上除不燃防火封堵材料外,还有一些很好的防火封堵材料,如防火泥、防火密封胶、防火封堵漆、阻火圈、阻火带等。为了有效防止火灾和烟气在建筑物中蔓延,及时增补和修改现行建筑防火规范十分必要。

现行建筑防火规范是通用性规范,只原则规定了什么部位应采取什么措施,不可能规定防火封堵措施的细节,这些内容应由专门的规程做出规定。为此,在分析研究现有防火封堵材料的特性和目前国际上防火封堵现状的基础上,编制了本规程,作为现行国家有关标准的必要补充和支持文件。

在本规程制订过程中,Hilti 公司 Helmut Haselmair,Promat 亚太有限公司 Ian Holt,Johns Manville 公司 Ricardo Gamboa,3M 公司　叶仁生先生给予了许多帮助,在此表示感谢。

1.0.2 本规程适用于新建、改建或扩建建筑工程中,防火分隔间贯穿孔口、建筑缝隙等防火、防烟的封堵设计和施工。

考虑到木结构建筑防火的特殊性,本规程未将木结构建筑防火封堵的技术要求列入。

2 术 语

2.0.2 本条对"防火封堵材料"的规定,与国家公共安全行业标准 GA 161 的规定,术语名称相同,但内容不完全一样。本术语不仅包括密封空开口和贯穿孔口的防火封堵材料,而且包括密封建筑缝隙的防火封堵材料。

3 贯穿防火封堵

3.1 一般规定

3.1.1 有效的被动防火措施,如防火分隔构件等,对抑制火灾、防止火灾蔓延起重要作用。每一贯穿防火分隔构件的贯穿孔口和空开口都应采用防火封堵材料进行封堵,使该构件的防火能力不被削弱。

本章包括的贯穿物有:管道、导线管、单根或成束电缆、母线(槽)、敞开或封闭的电缆桥架(线槽)、采暖通风与空气调节系统管道。

贯穿物的类型不同,采取的防火封堵措施也不同。本章根据不同类的贯穿物并考虑其他情况,分别对防火封堵作了相应的技术规定。

本规程的数据,主要根据我国实际情况,并参照欧洲、美国等国家相关的试验和标准要求进行归纳后提出的。

3.1.2 为了控制防火封堵材料的质量,规定了贯穿防火封堵材料理化性能的检验方法、判定准则、技术条件和各项性能指标等,应按公共安全现行行业标准《防火封堵材料的性能要求和试验方法》GA 161 测试合格。除了 GA 161 中要求测试的理化性能技术指标外,防火封堵材料还应按工程实际情况增加对环境适应性的测试,如膨胀性、伸缩性、隔音性能、化学兼容性、化学稳定性、防腐性能、使用温度范围和材料使用的适用性等。

建筑聚氯乙烯排水管道阻火圈应符合现行国家公共安全行业标准《建筑聚氯乙烯排水管道阻火圈》GA 304 的要求。建筑用的塑料管包括硬聚氯乙烯管 UPVC、聚丙烯管 PP 和高密度聚乙烯管 HDPE 等。除 UPVC 管外,其他塑料管道的阻火圈也可参照《建筑聚氯乙烯排水管道阻火圈》GA 304 的要求执行。

由于老化等原因,大多数有机防火封堵材料都有一定的使用年限。所选用的防火封堵材料应具有良好的耐久性能,应与被贯穿物或贯穿物的使用年限相当。目前国内外还没有防火封堵材料耐久性的测试标准,国外一般由厂家提供有关防火封堵材料耐久性的证明。当选用的防火封堵材料失去应有的防火性能时,应及时更换。

3.1.3 目前防火封堵材料很多,每种材料都有相应的适用范围以及应采取的设计与施工方法。如能正确使用,将能够防止火和烟气在规定的设计时间内通过孔口蔓延。

影响贯穿孔口及其环形间隙、空开口封堵质量的因素很多,如防火封堵材料与贯穿物或被贯穿物之间的粘附性,贯穿物的热传导和物理性质、燃烧性能、数量、尺寸,被贯穿物的结构类型、密度、厚度,贯穿孔口及其环形间隙、空开口的大小、水平或垂直方位,封堵的位置,防火封堵材料的特性如防火防烟性、膨胀性、伸缩性、承载性、抗机械冲击性、隔热性、防水性,防火封堵材料的用量,被贯穿物、贯穿物及其支撑体和防火封堵材料及其支撑体以及填充材料共同工作的能力,环境温度、湿度和腐蚀条件,施工方法和工艺等。

1 贯穿物类型的影响。贯穿物穿过一个防火分隔体时的封堵效果取决于贯穿物的热传导物理性质。如果一个防火封堵组件用于金属管的封堵,该封堵组件可能达到某一特定的耐火极限,而如果此封堵组件用于塑料管或电缆的封堵,则可能完全无效。在一般情况下,用于某一类型金属管道封堵的测试结果,只能用于相似的管件或具有较低热导性的金属管道;用于易燃或受热变软管道封堵的测试结果,不能用于其他管道;纤维增强水泥管道等低导热、非塑性管道封堵的测试结果,不能用于其他管道。

2 贯穿物尺寸的影响。由于贯穿物尺寸影响热传导特性,因而影响封堵效果。大尺寸贯穿物、贯穿孔口封堵的测试结果,可以用于其他条件不变,而尺寸小的贯穿物、贯穿孔口的封堵。

3 被贯穿物结构类型和厚度的影响。封堵材料可按需要用于不同的建筑构件中。建筑结构类型可以是混凝土、砖石或轻质结构等。用于混凝土或砖石类构件的测试结果,一般只能应用于厚度和密度相同或更大的混凝土或砖石构件。

4 孔口方位的影响。垂直和水平位置上的孔口,其封堵组件的测试结果不能相互替代。用于垂直构件的封堵结果,不能不经测试而直接应用于水平方向的构件,反之亦然。

贯穿物周围封堵后,防火封堵材料除应具有防火、防烟性外,还应根据工程实际情况具有伸缩柔韧性,以适应贯穿物与被贯穿物之间的相对变形等。

因此,面对多种防火封堵材料及各种材料的特定使用要求,在实际应用中应根据贯穿物的类型和尺寸、贯穿孔口及其环形间隙大小、被贯穿物结构类型和厚度等选用相适应的防火封堵材料和用量。贯穿防火封堵材料的选用应符合本章各条款的规定,并应通过相关的测试,以及符合防火封堵材料制造商技术说明的要求。

3.1.4 贯穿防火封堵组件系用于维持贯穿物通过防火分隔构件处耐火极限的组合构件。一个贯穿防火封堵组件所采用的防火封堵材料,或者是单一的,或者是由几个防火封堵材料组成的。可由下列防火封堵材料组成:防火发泡砖、防火塞、矿棉板、防火板、阻火包、防火灰泥、阻火圈、阻火带、防火泥、防火泡沫、防火填缝胶、防火密封胶、防火封堵漆等,并根据情况选择填充材料配合使用。

贯穿防火封堵组件的耐火极限不应低于被贯穿物的耐火极限,其耐火性能应按国家公共安全行业标准《防火封堵材料的性能要求和试验方法》GA 161 测试合格。由于影响防火封堵组件耐火极限的因素很多,防火封堵材料可以组合出不同的防火封堵组件,且可以具有不同的耐火极限,因此,设计时应根据贯穿孔口的具体情况,选择相对应的测试合格的防火封堵组件。

实际工程设计中,经常会遇到各种复杂的情况。与 GA 161 中耐火试验安装图相比较,当遇到贯穿物直径更大、管道环形间隙更大、墙体厚度更小以及贯穿物为轻质墙体等情况时,如贯穿物中含有直径大于 40mm 的管道、环形间隙大于 52mm、墙体厚度小于 240mm,以及电缆桥架等贯穿的封堵,则情况要比标准试验复杂。为了相对更安全、合理,贯穿防火封堵组件的耐火极限应以测试数据为基础,并经国家有关机构评估认可,或按照实际安装情况进行专门的测试并合格。GA 161—1997 所规定的测试方法,对于混凝土楼板或混凝土、砌块墙体,其封堵的最大孔口尺寸为 0.5m× 0.5m;对于电缆,能够覆盖的最大电缆填充率为 45%;对于更大孔口尺寸的封堵或更大电缆填充率的孔口,应进行专门测试。

空开口防火封堵组件是贯穿防火封堵组件的特例,其封堵措施应符合本规程第 3.4 节的规定。

目前,国内防火封堵组件耐火性能的实验数据不多,本章中贯穿防火封堵组件和第四章建筑缝隙防火封堵组件试验和评估的基本信息,主要参考国外一些认可的测试列表、评估报告和生产厂商的安装手册等资料。

国际上有关贯穿防火封堵组件耐火性能试验方法的标准有: ASTM E814*Fire Tests of Through - Penetration Fire Stops*、 UL1479*Fire Tests of Through - Penetration Firestops*、EN1366 -3《贯穿封堵的防火测试标准》等。当一种防火封堵组件通过了测试并登记注册,设计和施工时就可采用该防火方式。如果某一种防火封堵组件在注册的列表序列中无法查到,则使用时必须经防火测试机构作出评定。如果难以作出准确的评定,则该防火封堵组件必须进行耐火性能检测。

为便于执行,下面给出有关本章贯穿防火封堵组件试验和评估的一些基本信息:

一、如果某个贯穿封堵组件既用于水平也用于垂直防火分隔构件,则在两个方向上都必须进行相关测试。对非对称的垂直分隔构件,如果权威机构可以确定某一面耐火比较薄弱,则可只对薄弱面进行受火测试。

二、防火分隔构件。

1 混凝土和砌筑体构件:在将试验结果应用于各种类型的砌筑体和混凝土防火分隔构件的封堵时,如果其密度与试样密度的偏差在 ±15% 以内,则试验结果可以适用;如果偏差更大,则应咨询试验机构的意见。对空心混凝土砌块测得的结果,可以用于评估具有相同厚度的实心混凝土构件的防火封堵系统的性能,反之则殆。

2 轻质防火分隔墙体:轻质防火分隔墙体的防火封堵组件应单独进行测试。轻质防火分隔墙防火封堵组件的测试结果,可以用于评估比试样更大或具有同等厚度的混凝土和砌筑体构件,反之则殆。

三、金属管。

铜管周围开口的贯穿封堵组件的测试结果,可以应用各种有相同材料的管道或铁管的封堵组件,只要此管道的外径不大于试样的外径,且墙的厚度大于所测试的厚度。

四、塑料管。

1 在特定试验中获得的数据,不应用于其他具有不同材料、尺寸、管壁厚度的塑料管道中。垂直防火分隔构件贯穿部位的试验数据,不应用于评估水平防火分隔构件贯穿部位的性能,反之亦然。

2 由于塑料管贯穿封堵材料的耐火性能取决于受火情况,因此实际安装时应具有与试验所规定相同的受火情况。

3 只要防火封堵组件的受火情况与试验情况相同,试验结果可应用于比试验时更厚的砌筑体和混凝土构件中。

4 只要防火封堵组件与试验时具有相似的受火情况和尺寸,对于贯穿部位不垂直于构件表面的情况,试验数据仍可适用。

5 塑料管配件不应安装在贯穿孔口处,除非这些配件在贯穿部位作为防火封堵组件的一部分进行耐火试验且满足耐火极限要求。

五、电力电缆和通讯电缆的防火封堵组件。

1 测试时主要应满足下列条件：

1) 测试组件中电缆的导体覆层和绝缘材料应与实际使用情况相同；

2) 标准试验电缆与实际贯穿电缆应具有相似尺寸，或实际贯穿电缆的尺寸在合格试验尺寸范围内(合格试验尺寸范围是指，在试验中对多个电缆进行测试，且由此得到了合格电缆的尺寸范围)；

3) 如果实际贯穿电缆具有托架，则测试的防火封堵组件应与相同或相似的托架共同进行测试。

2 对电缆贯穿封堵组件的评估：

电缆不像其他贯穿物，它是一种混合结构体，包括一个或几个金属内核(常是铜或铝)和一些隔热的外包敷材料，这些材料的相互作用及与贯穿封堵、防火分隔构件的相互作用，对组件的性能会有很大的影响，且难以精确预测。由于各种电缆的组成千变万化，某种或某些试验的评估无法涵盖所有情况，因此，电缆贯穿封堵组件的评估比较复杂。

影响电缆贯穿组件耐火性能的因素包括：导体、绝缘层的材料，导体与绝缘层材料的面积比，电缆直径，管束的尺寸和包扎情况，防火分隔构件的厚度和热力特性，管道横截面上导体的分布，与贯穿封堵的相互作用。

3.1.5 设计的防火封堵组件应考虑被贯穿物、贯穿物及其支撑体、防火封堵材料及其支撑体以及填充材料能够协调工作，并应适应建筑日常使用的环境条件，如建筑的振动、热应力、荷载等作用；应满足火灾时的使用需要，如火灾中的热应力不均匀变化和热风压作用，能保持其稳定性、不发生脱落、位移和开裂等情况。这主要取决于所选用的防火封堵材料能适应日常环境的特性、在火灾中的表现及施工安装的质量。

3.1.6 重要公共建筑和人员密集场所，因其建筑规模大、空间大、人员密集，火灾时的烟和毒气对人员容易造成伤害。电信建筑及精密电子工业建筑中的电子设备一旦被烟熏，往往造成重大经济损失。所以，这些建筑中烟气对人员或设备的影响需仔细考虑，这些建筑或场所的防火封堵除应具有阻火性能外，同时还应具有快速阻止烟气传播的功能。阻火包不适用于对阻烟要求较高的场所。有关重要公共建筑的定义，见国家标准《建筑设计防火规范》GBJ 16—87。

3.2 管道贯穿孔口的防火封堵

本节的贯穿物类型包括：管道，采暖、通风和空气调节系统管道。管道贯穿墙体或楼板的防火封堵示意见图1~图3。

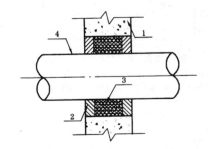

图1 管道贯穿墙体的防火封堵示意
1—混凝土墙 2—防火封堵材料 3—填充材料 4—管道

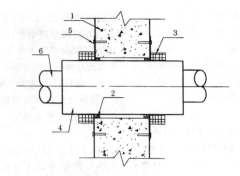

图2 可燃隔热层管道贯穿墙体的防火封堵示意
1—混凝土墙 2—防火封堵材料 3—阻火圈 4—可燃隔热层
5—紧固件 6—管道

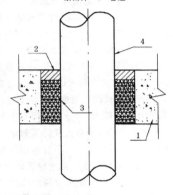

图3 管道贯穿楼板的防火封堵示意
1—混凝土楼板 2—防火封堵材料 3—填充材料 4—管道

本节根据管道的材质熔点和可燃性，将管道分为三类：钢、铸铁、铜、铜合金、镍合金等金属管道(陶瓷、石英玻璃等不燃材料管道可参照执行)；铝或铝合金等金属管道(玻璃纤维增强管可参照执行)；可燃管道。前两种管道与欧盟标准 prEN13501−2 *Fire classification of construction products and building elements — part 2：Classification using data from fire resistance tests, excluding ventilation services* 中第 7.5.7 熔点不小于 1000℃ 的不燃管道和熔点小于 1000℃ 的不燃管道基本一致。以熔点 1000℃ 划分，主要考虑了标准温升曲线和试验炉的条件等因素。

3.2.1~3.2.6 管道穿越被贯穿物时，应根据不同的管道类型、管径，被贯穿物类型(混凝土楼板、混凝土、砌块、轻质防火分隔墙体)，环形间隙大小，贯穿孔口大小等，选用不同的防火封堵措施。一般要求如下：

1 对于较小的环形间隙，可直接采用合适的防火封堵材料封堵(有或无填充材料)；

2 对于较大的环形间隙，可先采用防火板、矿棉板等合适的防火封堵材料缩孔，再按照较小环形间隙的封堵方法进行封堵；

3 被贯穿物类型为轻质防火分隔墙体时，应采用轻质的防火封堵材料，不应采用防火灰泥等密度较大的防火封堵材料；

4 被贯穿物类型为混凝土楼板或混凝土、砌块墙体时，可采用防火灰泥等密度较大的防火封堵材料，并且在某些特定的条件下宜优先选用这种较经济的防火封堵材料；

5 对于熔点较高的金属管道，应考虑隔热层(矿棉、玻璃棉等熔点较高的不燃隔热层除外)对贯穿封堵的影响。当对贯穿部位的隔热层采取规定的措施时，如隔热层在贯穿孔口处中断或在贯穿孔口处的一定长度上采用熔点较高的矿棉、玻璃棉等不燃隔热层代替，可不考虑这些隔热层对贯穿封堵的影响；当可燃隔热层在贯穿孔口处不能去掉时，必须采用膨胀型防火封堵材料封堵，如阻火圈、阻火带或膨胀型防火密封胶，并且当环形间隙较大时，应先采用矿棉板、防火板等缩孔，再采用膨胀型防火封堵材料封堵。膨胀型防火封堵材料的作用主要是，在火灾时封堵可燃隔热层烧损后留下的缝隙；

6 对于熔点较低的金属管道如铝、铝合金或可燃管道，受热后会变软、毁坏，应在贯穿防火分隔墙体两侧或楼板的下侧采用阻火圈或阻火带封住管道的横截面。当环形间隙较小时，可直接采用阻火圈或阻火带并在其周围的环形间隙辅以防火泥等；当环形间隙较大时，宜采用防火板、矿棉板等把环形间隙缩小到一定尺寸后，再采用阻火圈等。当可燃管道的公称直径不大于32mm时，可不采用阻火圈或阻火带，而直接采用防火泥等膨胀型的防火封堵材料封堵，或当环形间隙较大时，可先缩孔，再采用防火泥等膨胀型的防火封堵材料封堵。

金属管具有良好的热传导性，为了防止火灾时贯穿孔口一侧的高温通过金属管点燃另一侧的可燃物，要求不在贯穿孔口附近设置可燃物，除非在管道贯穿孔口两侧采取合适的绝热措施，以满足被贯穿物的耐火绝热性要求。

3.2.7 本条规定，采暖、通风和空气调节系统管道穿越混凝土、砌块类被贯穿物或轻质防火分隔墙体时，管道或防火阀与四周防火分隔构件之间的环形间隙应采取防火封堵，保持防火分隔构件的防火性能。至于采暖、通风和空气调节系统管道本身的防火和防火阀的防火性能及其在建筑内的防火要求，应执行国家有关规范和《风管耐火试验方法》《防火阀耐火试验方法》的规定。

当防火阀安装在混凝土或砌块类被贯穿物中时，根据防火阀与防火分隔构件之间的环形间隙大小，分别采用不同方法进行封堵：如果环形间隙较小，可以直接采用防火灰泥等封堵；如果环形间隙较大，应采用矿棉板或防火板等封堵。不管采用哪种方法，防火阀均应牢固地固定在防火分隔构件上。由于轻质防火分隔墙体存在承重问题，防火阀不应安装在轻质防火分隔墙体内，当安装在轻质防火分隔墙体附近的风管上时，应将防火阀可靠地固定在楼板上。环形间隙以50mm为界，是依据英、美等国相关的试验数据规定的。

风管环形间隙防火封堵措施的防火性能，与风管结构及风管本身的耐火性能分不开。在风管环形间隙防火封堵组件测试时应注意：如果安装在某个风管结构上的封堵组件测试合格，并不意味着该封堵组件适合于不同结构和尺寸的风管。一般而言，通过测试合格的封堵组件适用于实际风管与测试风管相同或比测试风管尺寸小的情况。当实际风管比测试风管大时，可对风管的结构加以修改或在环形间隙处对风管局部增强。

3.3 导线管和电缆贯穿孔口的防火封堵

本节贯穿物的类型包括：导线管、单根或成束电缆、母线（槽）、敞开或封闭的电缆桥架（线槽）。电缆束、电缆桥架穿越贯穿孔口的防火封堵见图4和图5。

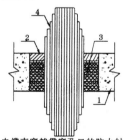

图 4 电缆束穿越贯穿孔口的防火封堵示意
1—混凝土楼板 2—防火封堵材料 3—矿棉填充材料 4—电缆束

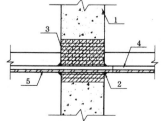

图 5 电缆桥架穿越贯穿孔口的防火封堵示意
1—防火分隔体 2—防火封堵材料如防火泥、防火密封胶等 3—防火封堵材料如防火板、矿棉板、防火灰泥、防火发泡砖等 4—电缆束 5—电缆桥架

导线管穿越贯穿孔口的防火封堵措施，分别与本章第二节无隔热层的熔点较高的钢、铸铁、铜等不燃金属管道、熔点较低的铝和铝合金等不燃金属管道和可燃管道的防火封堵措施相同。

电缆贯穿孔口的防火封堵，应根据不同的贯穿物类型、电缆填充率、被贯穿物类型（混凝土楼板，混凝土、砌块、轻质防火分隔墙体）、环形间隙大小、贯穿孔口大小以及环境条件等，选用不同的防火封堵措施。

为了保证平时电缆类贯穿物的散热性，被贯穿物可以不必封堵严密。当贯穿孔口较小、环形间隙较小时，宜采用可塑性、柔韧性较好，适合封堵小而复杂孔洞的封堵材料，如防火泥或防火密封胶等封堵（有或无背衬材料）。当发生火灾时，堵料能够通过膨胀将缝隙或小孔堵塞严密。当贯穿孔口、环形间隙较大时，一般采用封堵大孔洞效果较好，具有较高机械强度的防火灰泥，或者防火板、矿棉板或阻火包等将孔洞缩到一定尺寸，再配合使用防火泥、防火密封胶等进行封堵。

当被贯穿物类型为轻质防火分隔墙体时，应采用轻质的防火封堵材料，而不宜采用防火灰泥等密度较大的防火封堵材料。

当被贯穿物类型为混凝土楼板或混凝土、砌块墙体时，可采用防火灰泥等密度较大的防火封堵材料，并且在某些特定的条件下宜优先选用这种较经济的防火封堵材料。

在封闭式电缆线槽贯穿孔口处，应在所有电缆线槽内部采用合适的防火封堵材料进行封堵，如防火泥、防火密封胶或防火泡沫等。

3.4 其他贯穿孔口的防火封堵

3.4.1 当多种类型贯穿物汇集在一起混合穿越被贯穿物时，很难用单一的防火封堵材料提供良好的封堵，一般是把几种堵料方法结合在一起作为一个复合系统使用，防火封堵措施的有效性取决于组成复合系统的各个单独组分。混合贯穿物中每一种类型贯穿物应符合本章相应类型贯穿物的贯穿孔口防火封堵要求，并且当贯穿孔口面积较小时，宜采用防火泥、防火密封胶、防火发泡砖，或阻火圈等，当贯穿孔口面积较大时，应采用防火板、矿棉板或阻火包辅以阻火圈、阻火带、防火泥、防火密封胶等。混合穿越贯穿孔口的防火封堵示意见图6。

当混合贯穿物中有直径大于32mm的塑料管时，其贯穿孔口不应采用阻火包进行封堵。

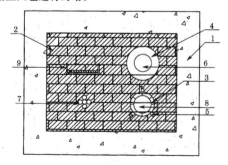

图 6 混合穿越贯穿孔口的防火封堵示意
1—防火分隔构件 2—防火封堵材料 3—阻火圈 4—防火隔热层 5—紧固件 6—金属管 7—电缆 8—塑料管 9—电缆桥架

4 建筑缝隙防火封堵

4.1 一般规定

4.1.1 建筑缝隙按相邻构件是否有相对运动分为静态缝隙和动态缝隙。静态缝隙是指相邻构件无相对位移的缝隙;动态缝隙是指相邻构件有相对位移的缝隙,如伸缩运动或剪切运动所产生的缝隙。

建筑缝隙按所在的建筑部位可分为五类:楼板与楼板之间的建筑缝隙;楼板与防火分隔墙体侧面之间的建筑缝隙;防火分隔墙体顶端与楼板下侧之间的建筑缝隙(墙头缝);防火分隔墙体之间的建筑缝隙(墙间缝);建筑幕墙与楼板、窗间墙或窗槛墙之间的建筑缝隙。如图7所示。

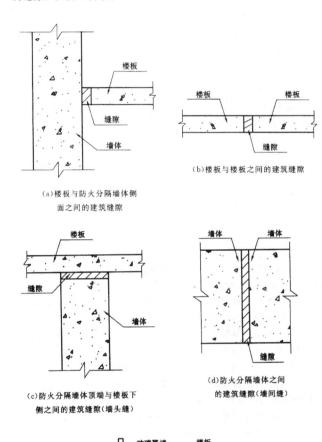

(a)楼板与防火分隔墙体侧面之间的建筑缝隙

(b)楼板与楼板之间的建筑缝隙

(c)防火分隔墙体顶端与楼板下侧之间的建筑缝隙(墙头缝)

(d)防火分隔墙体之间的建筑缝隙(墙间缝)

(e)建筑幕墙与楼板之间的建筑缝隙

图7 建筑缝隙的防火封堵示意

建筑物中的建筑缝隙,有些是建筑构件之间为满足特定的设计功能而需要的缝隙,如协调承载变形、热位移或沉降,降低热传导、噪声或振动,抗震等;有些是建造中因施工质量而在构件之间出现的缝隙。最常见的建筑缝隙是长度至少为宽度10倍的线性缝隙,存在于防火分隔构件之间、防火分隔构件与其他建筑构件之间的缝隙,如墙头缝、楼板与外墙之间的缝隙、楼板与楼板之间的缝隙等。

建筑缝隙防火封堵组件用来维持防火分隔构件不连续处的防火,能够与这些构件共同作用,保持结构的耐火完整性和隔热性。

建筑缝隙防火封堵组件可根据其构造分为:有或没有背衬材料、有或没有覆盖材料、有或没有支撑材料等几种类型。

4.1.2 影响建筑缝隙封堵质量的因素主要有:

1 建筑结构类型:由于建筑结构的粘附性、热传导、热衰减和物理特征的稳定性有显著不同,因此,一个缝隙的密封性能很可能与另一个有很大差别。一般来说,将低密度材料的试验结果应用于高密度材料是可行的,反之则殆。封堵轻质防火分隔构件的缝隙通常比较困难,此类构件的封堵测试结果一般可应用于厚度和密度更大的混凝土楼板和混凝土、砌块墙体。

2 缝隙宽度和深度:缝隙宽度和深度的变化程度对防火封堵有很大影响。封堵的宽度取决于缝隙宽度,因封堵材料应覆盖在缝隙上,其用量及封堵形态随缝隙的宽度而变化。对宽度一定的缝隙,封堵材料的耐火性能随封堵深度而异,封堵深度大,封堵组件的耐火性能就高。

3 缝隙伸缩率:在沉降缝、伸缩缝、抗震缝等功能性缝隙处易发生结构位移、地震位移或热位移,这些缝隙的封堵材料应具有良好的伸缩性能。

建筑缝隙防火封堵材料除具有耐火性能外,还应具有适应环境的特性,如伸缩性、隔音性、化学兼容性、化学稳定性、防腐性、防水性、抗机械冲击性、适用温度范围和使用安全性等。

建筑缝隙的封堵材料可以是有机材料,如防火密封胶、防火封堵漆、防火填缝胶、阻火带等,或者以柔软无机材料为基体,在其上覆盖一层有机材料。有些有机材料对封堵狭窄或复杂且进入十分困难的缝隙十分有用。在封堵较大的缝隙时,需要加一些增加材料和临时挡板。预制板材适合于较宽的缝隙,但需要加一些可以膨胀的固定胶带和涂层。对相邻构件有相对位移的建筑缝隙,应根据伸缩量大小选用具有良好伸缩性的封堵材料以协调两侧构件间的相对运动,并保持密封体的弹性,以避免出现裂缝、裂口或粘合破坏。

由于老化等原因,大多数有机防火封堵材料都有使用年限限制。所选用的防火封堵材料,应具有良好的耐久性能。

4.1.3 为了能起到阻止火焰、烟气蔓延的作用,建筑缝隙防火封堵组件的耐火性能应与相邻防火分隔构件的耐火性能保持一致。

目前我国尚无建筑缝隙防火封堵组件耐火性能的国家或行业标准。建筑缝隙防火封堵组件的耐火性能应按照国家有关机构认可的测试标准测试合格。

国际上,有关建筑缝隙防火封堵组件的耐火性能试验方法标准有:ISO/CD 10295－2 *Fire tests for building elements and components－Resistance testing of service installations－Part 2:Linear gap seals*,EN1366－4 *fire resistance tests for service installations－Part4:Linear joint seals*,UL2079 *Tests for Fire Resistance of Building Joint Systems*,ASTM E1966 *Standard Test Methods for Fire Tests of Joints* 等。此外,试样在测试耐火性能之前,还应按照 ASTM E1399－97（2000） *Standards Test Method for Cyclic Movement and Measuring the Minimum and Maximum Joint Widths of Architectural Joint Systems* 规定的每分钟10次、至少500次的要求做循环测试,模拟建筑物晃动的工况。

有关本章建筑缝隙防火封堵组件的试验和评估,现给出下列一些基本信息:

一、当具有代表性长度的建筑缝隙防火封堵组件满足下列条件时,可将其试验数据用于对其他建筑缝隙防火封堵组件的性能评估:

1 按照标准耐火试验要求对建筑缝隙防火封堵组件进行测试时,该组件应满足与防火分隔构件相同的完整性和隔热性。具有代表性的测试试样应不小于 1m×1m,建筑缝隙受火面长度应大于1m且横断面不应有变化。

2 如果对某一条件范围进行评估,则应进行一系列试验。

3 为了检测建筑缝隙防火封堵组件在火灾状况下的性能,至少应在水平方向对其进行一次试验。

二、如只对一个试样进行了试验,其试验结果可应用于满足下列条件的建筑缝隙防火封堵组件:

防火封堵组件具有与试样相同宽度、相同或更大的封堵填充厚度,并且,相似材料的防火分隔构件具有与防火分隔构件试样相同或更大的厚度。

4.1.4 同第3.1.5条说明。

4.2 防火封堵措施

本节的规定主要参考了国外的有关试验数据。根据不同缝隙宽度和缝隙相邻构件有无相对位移等,给出了可应用的建筑缝隙防火封堵材料。由于不同产品在封堵方法上不可避免存在差异,并且现有试验数据有时很难作出比较,所以对一特定的建筑缝隙,在符合本节基本要求的同时,还应寻求产品制造商的建议,符合产品的技术要求。

本节的基本要求是:建筑缝隙相邻构件有相对位移,或虽无相对位移但缝宽大于规定的尺寸时,应采用合适的具有伸缩能力的防火封堵材料进行封堵;无相对位移且缝宽不大于规定尺寸时,可采用合适的有或无伸缩能力的防火封堵材料进行封堵,并且可根据具体需要采用防火的填充材料、覆盖材料或支撑材料。具有伸缩能力的防火封堵材料有防火封堵漆或防火填充胶等;无伸缩能力的防火封堵材料,有防火密封胶或矿棉板等。支撑材料有镀锌钢托板、钢丝网或其他具有一定强度的不燃板材等。覆盖材料有具有一定强度的不燃板材等。

对相邻构件有相对位移或缝宽较大的建筑缝隙,在选择具有伸缩能力的防火封堵材料时应注意,不同材料的伸缩运动能力各有不同。对伸缩量较大的建筑缝隙,应选择具有较大伸缩运动能力的防火封堵材料,如防火封堵漆等。

5 施工及验收

5.1 一般规定

5.1.1 任何防火封堵材料,如果使用不当都可能造成防火性能下降,甚至不能起应有的作用。所以建筑防火封堵的施工,应按照设计文件、相应产品的技术说明书和操作规程,以及相应产品测试合格的防火封堵组件的构造节点图进行;施工人员应经专业技术培训、考核合格而具备一定的专业技能,以保证建筑防火封堵施工质量。

面对快速发展的材料市场,将会出现新的防火封堵材料和组件。无论是本规程提供的防火封堵材料和防火封堵组件,还是新的材料和组件,生产商都必须提供必要的实验数据、合适的性能指标和操作说明,并达到与本规程相当的技术要求。

常用的防火封堵材料及其封堵构造示意见附件1、2。

5.1.2 施工前应准备好完整的技术文件,包括设计图、封堵材料生产商的技术要求和操作规程、相应产品测试合格的防火封堵组件的构造图、封堵产品的检验报告和出厂合格证等。这些技术文件是施工时的主要技术依据。

在对施工环境进行检查时,应主要核查设计文件中规定的各项要求在实际操作时是否得到满足,例如,实际的建筑结构类型是否与已有的标准试验测试结果相同;所采用的防火封堵组件的耐火极限是否等同于或大于建筑结构的耐火极限;贯穿物的类型和尺寸是否与已有的标准试验测试结果相匹配;贯穿开口的尺寸是否满足已有的标准试验测试结果所规定的技术要求;环形间隙是否满足相应的尺寸要求;现场的环境温度、湿度、腐蚀性等是否满足防火封堵材料的使用要求等。当没有能适合

施工现场的测试合格的经验实例或数据时,应做专门试验,以使该施工现场采用的防火封堵组件的构造与合格的测试试样保持一致。

确认并修整现场条件时,应根据现场情况及时清除贯穿孔口或建筑缝隙内表面的油迹和松散物等,以防止这些附着物降低防火封堵材料的附着力。还应注意检查那些连接在被贯穿物上的附件,如吊夹、吊架、支撑套管等,确保这些附件牢固地连接在被贯穿物上。

设计图纸如确需要改动,应出具经原设计单位同意的变更文件后才能进行施工。

为保证施工顺利进行,应根据现场情况提供必要的作业装备,如施工工具、施工人员的防护手套和安全眼镜,以及其他需要的防护器材等。

5.1.4 隐蔽工程中的防火封堵,应在封闭前经过相应部门中间验收,合格后才能继续进行工程的下道工序。

5.1.5 建筑防火封堵的竣工验收,应按程序进行。一般来说,可根据需要由建设单位会同设计、监理、施工和防火封堵材料制造或供应商等单位以及主管监督部门共同进行,在竣工验收报告上填写验收意见并签名和盖章。

竣工验收后,施工单位宜在施工部位表面粘贴表示施工合格完成的永久性标签,作为鉴定并方便今后对防火封堵组件的维护。标签上应包含以下内容:

(1)警告标志,例如,防火封堵不能破坏,任何变动均应通知管理部门;

(2)承包公司的名称、地址和电话号码等联系方式;

(3)防火封堵产品制造商的名称;

(4)防火封堵组件的测试结果和审查机构名称;

(5)施工公司名称和施工人员签名;

(6)施工完成日期。

5.2 防火封堵施工

防火封堵施工时,首先应清除贯穿物和被贯穿物上的油污、松散物等,使防火封堵材料与贯穿物和被贯穿物紧密粘接。

为了便于某些填充类防火封堵材料的定位和增强防火封堵材料的力学强度,有时需要同时安装支撑或衬垫等。

防火封堵材料的形状和厚度,应根据制造商提供的操作指南和构造图纸进行填塞,并满足相应部位的耐火极限要求。

施工完成后,应将那些不属于防火封堵组件的辅助材料清除,并采用适当方法清理贯穿孔口和环形间隙附近多余的防火封堵材料,使防火封堵组件表面平整、光洁、无裂纹,并填充密实。

管道贯穿孔口使用阻火圈或阻火带时应注意,安装部位应位于墙体两侧或楼板下侧;在多种类型贯穿物混合穿越被贯穿物时,如在矿棉板或防火发泡砖的防火封堵组件中采用阻火圈或阻火带,应按厂商的要求进行安装,保证遇火时不脱落。

5.3 验 收

5.3.1 防火封堵施工完成后,施工单位应组织质量检验人员进行全面检查。当确认施工符合设计、产品制造商的技术要求及本规程的规定后,应出具详细的竣工报告,由施工人员和质检人员签名、单位盖章,连同隐蔽工程记录、防火封堵材料和组件的检测报告、施工现场质量查验结果等资料一起提交建设单位,准备竣工验收。

竣工验收是防火封堵工程交付使用前的一项重要程序。验收应由建设单位会同设计、监理和监督等单位的人员进行,并应在验收结论上签名盖章。

5.3.2 防火封堵验收的主要内容包括施工是否符合本规程和设计要求、是否符合制造商的操作说明,以及施工现场的外观检查等。

现场检查采用抽查方式。按各同类型防火封堵组件数量的5％抽查,且不宜少于5个。当同类型防火封堵组件少于5个时,应全部检查。

对防火封堵进行竣工检查时,如有必要,可进行破坏性试验——从所设置的防火封堵材料上切下一些样品,以确认操作是否正确,是否符合技术要求。采集样品的数量主要取决于贯穿孔口的尺寸、防火封堵产品的厚度和防火封堵组件的数量等。对于较大的项目,需要采用统计采样方法。破坏性检查结束后,应按要求修复被破坏的贯穿孔口或建筑缝隙。

附件1 常见防火封堵材料一览表

常见防火封堵材料一览表

序号	材料名称	一般描述	使用范围	操作
一			无机堵料	
	防火灰泥 fire stopping mortar	以水泥为基料,配以填充料等混合而成。 具有防火、防烟、防水、隔热和抗机械冲击的性能。硬化后无收缩	主要用于混凝土和砌块构件内较大尺寸的贯穿孔口和空开口的防火封堵	根据孔口尺寸大小,可直接填入孔口中,或与一个临时性或永久性的模板一起浇灌注。如果需要,可与其他增强材料,如焊接网、钢筋等配合使用
二			有机堵料	
1	防火密封胶 fire stopping -caulk/mastic	粘稠状胶体材料,能粘结在多种建材表面,在空气中硬化。在高温或火灾环境下,体积膨胀,并表面碳化。 具有防火、防烟和隔热性能	主要适用于较小环形间隙和管道公称直径小于32mm的可燃管道的防火封堵,以及电缆束之间间隙的封堵	应清除孔口周边油污和杂物,放入矿棉等背衬材料,再用挤胶枪或慢刀填入防火密封胶,并用泥刀抹平
2	防火泥 fire stopping putty	以有机材料为主要成分,具有一定可塑性和柔韧性。在空气中不会硬化或龟裂。在高温或火灾环境下,体积膨胀并表面碳化。 具有防火、防烟和隔热性能	主要适用于较小环形间隙和管道公称直径小于32mm的可燃管道的防火封堵,以及电缆束之间间隙的封堵	应清除孔口周边油污和杂物,放入矿棉等背衬材料,可直接用手塞防火泥,无需专用工具

续表

序号	材料名称	一般描述	使用范围	操作
3	防火填缝胶 fire stopping sealant	硅酮类聚合物的胶粘材料,在空气中固化后形成具有一定柔韧性的弹性体,能粘结在多种建材表面。 具有防火、防烟和伸缩性能	主要适用于建筑缝隙、管道贯穿孔口的环形间隙的封堵。尤其适用于有位移的建筑缝隙封堵	应清除孔口周边油污和杂物,放入矿棉等背衬材料,再用挤胶枪或慢刀填入防火填缝胶,并用泥刀抹平
4	防火封堵漆 joint fire stopping-spray	在空气中固化,形成伸缩性能良好的弹性体,能粘结在多种建材表面。 具有防火、防烟和伸缩性能	适用于有位移的各种缝隙封堵。尤其适用于有较大位移的建筑缝隙封堵	应清除缝隙周边油污和杂物,放入矿棉等背衬材料,采用喷涂泵进行喷涂或手工刷涂
5	防火发泡砖、防火塞 fire stopping block	不同形状和尺寸的柔性块状物,可暂时或永久地封闭贯穿孔口或空开口。在高温或火灾环境下、体积膨胀,并表面碳化。 具有防火、防烟和隔热性能	可重复使用,适用于贯穿物经常变更的场所。 防火发泡砖一般是立方体,用于矩形孔口的封堵。 防火塞一般是圆柱或圆锥形的,适用于圆形贯穿口的封堵	可用手操作,无需专用工具,即用即填。对于大型洞口的封堵,一般需要加钢丝网辅助支撑。 防火发泡砖需交错堆砌
6	防火泡沫 fire stopping foam	与空气混合后,在室温下迅速膨胀,对孔口内所有间隙进行封堵。当暴露于高温或火灾环境时,体积继续膨胀,并表面碳化。 具有防火和防烟性能	适用于施工困难且贯穿物复杂情况下贯穿孔口的防火封堵	采用专用混合搅拌泵或手工混合搅拌,将混合后的材料填入贯穿孔口内

续表

序号	材料名称	一般描述	使用范围	操作
三			板材	
1	防火板 fire stopping -board/sheet	硬质不燃板材,材料厚度均匀。板材可分为同质单体、复合体、混合体三种类型。 具有防火、隔热性能和承载能力	主要适用于较大尺寸的贯穿孔口和空开口	切割后,采用具有防火性能的紧固件固定在被贯穿物上
2	防火喷涂矿棉板 mineral wool with fire stopping coating	半硬质产品,厚度均匀,由矿棉材料和一定厚度的防火涂层制成。涂层可在工厂预制或现场涂刷。 具有防火和隔热性能,不具有承载能力	矿棉板可用于较大尺寸的贯穿孔口和空开口的防火封堵	应清除孔口周边及贯穿物上的油污和杂物,将矿棉板按所需尺寸进行剪裁,在孔口周边以及贯穿物上涂以匹配的防火密封胶后进行安装。如果在贯穿物与矿棉板间或矿棉板与孔壁间仍有缝隙,应采用防火密封胶填实
四				
	阻火包 fire stopping -pillow/bag	柔韧的、类似枕头的包状物,可暂时或永久地封闭贯穿孔口或空开口。 具有防火和隔热性能	主要适用于经常变更的暂时性、较大孔口的场所。不适用于对密烟要求较高的场所	施工时应交错堆砌。用于楼板封堵时,应在楼板下侧放置钢丝网进行支撑

续表

序号	材料名称	一般描述	使用范围	操 作
五	阻火圈或阻火带			
1	阻火圈 fire stopping collor	一种预制的防火封堵专用装置。由一个具有防腐性能的钢质壳体及内部一个预制的遇火膨胀的条带组成。火灾时，条带受热膨胀，挤压管道及周边缝隙，填满燃烧后残留的空隙。阻火圈有预埋型和后置型两种。 具有防火和隔热性能	用于公称直径32mm以上可燃管道和铝或铝合金等遇火易变形的不燃管道。 还可用于封堵熔点不小于1000℃金属管道的可燃隔热层	应清除孔口周边油污和杂物，然后用防火密封胶封堵管道环形间隙，并用具有防火性能的紧固件将阻火圈套在管道上，固定在墙壁两侧或楼板下侧
2	阻火带 fire stopping -wrap/strip	一种条带形状的遇火膨胀的防火封堵材料，遇火时性能与阻火圈类似。必须直接设置在防火分隔构件内或采用具有防火性能的专用箍圈固定。 具有防火和隔热性能	用于公称直径32mm以上可燃管道和铝或铝合金等不燃管道。 还可用于封堵熔点不小于1000℃金属管道的可燃隔热层	应清除孔口周边油污和杂物，然后用防火密封胶封堵管道环形间隙，并将阻火带缠绕在管道的周围，放入防火分隔构件内或在其外侧采用具有防火性能的专用箍圈固定

注：表中英文名称仅供参考。

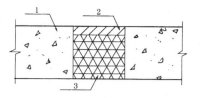

附图3 防火填缝胶构造示意

1—防火分隔构件;2—防火填缝胶;3—矿棉等填充材料

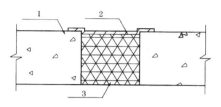

附图4 防火封堵漆构造示意

1—防火分隔构件;2—防火封堵漆;3—矿棉等填充材料

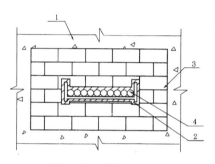

附图5 防火发泡砖构造示意

1—防火分隔构件;2—防火密封胶;3—防火发泡砖;4—电缆桥架等贯穿物

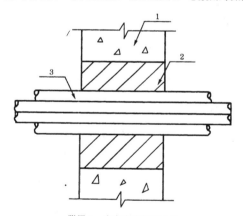

附图6 防火泡沫构造示意

1—防火分隔构件;2—防火泡沫;3—电缆等贯穿物

附件2 常用防火封堵构造示意

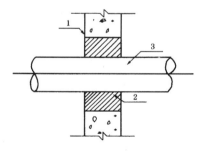

附图1 防火灰泥构造示意

1—防火分隔构件;2—防火灰泥;3—贯穿物

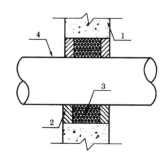

附图2 防火密封胶构造示意

1—防火分隔构件;2—防火密封胶;3—矿棉等填充材料;4—贯穿物

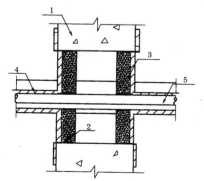

附图7 防火涂层矿棉板构造示意

1—防火分隔构件;2—防火密封胶;3—矿棉填充材料;
4—防火涂层;5—电缆桥架等贯穿物

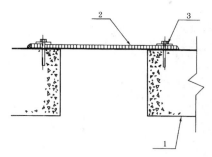

附图 8 防火板构造示意

1—防火分割构件;2—防火板;3—紧固件

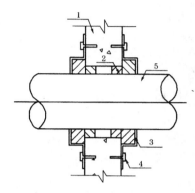

附图 9 防火圈构造示意

1—防火分隔构件;2—防火密封胶等;3—阻火圈;4—紧固件;5—贯穿物

中国工程建设标准化协会标准

合成型泡沫喷雾灭火系统
应用技术规程

Technical specification for application
of synthetic foam spraying fire-extinguishing system

CECS 156：2004

主编单位：浙江省消防协会设备专业委员会
批准单位：中国工程建设标准化协会
施行日期：2004年2月15日

前　　言

根据中国工程建设标准化协会(2003)建标协字第27号文《关于印发中国工程建设标准化协会2003年第一批标准制、修订项目计划的通知》的要求，制订本规程。

合成型泡沫喷雾灭火系统是采用合成泡沫灭火剂，通过气压式喷雾达到灭火剂的目的。该灭火系统由储液罐、合成泡沫灭火剂、氮气启动源、氮气动力源、电磁控制阀、水雾喷头、管网等组成。其特点是：灭火效率高，安全可靠；无水池、专用电源、泵组及排水设施；具有良好的绝缘性能，不污染环境；安装、操作、维护简单。现已广泛应用于油浸电力变压器、燃油锅炉房、燃油发电机房、小型石油库、小型汽车库等场所。

本规程是在依据实验数据，参考国内外相关标准，总结国内工程实践经验，并广泛征求专家和使用单位意见的基础上编制而成的。

根据国家计委计标[1986]1649号文《关于请中国工程建设标准化委员会负责组织推荐性工程建设标准试点工作的通知》，现批准协会标准《合成型泡沫喷雾灭火系统应用技术规程》，编号为CECS156：2004，推荐给工程设计、施工、使用单位采用。

本规程由中国工程建设标准化协会防火防爆专业委员会CECS/TC 14归口管理，由浙江省消防协会设备专业委员会(杭州市文晖路319号，邮编：310014)负责解释。在使用中如发现需要修改或补充之处，请将意见和资料径寄解释单位。

主 编 单 位：浙江省消防协会设备专业委员会
参 编 单 位：公安部四川消防研究所
　　　　　　　杭州安士城消防器材有限公司

上海沪标工程建设有限公司
浙江省电力设计院
主要起草人：蒋朝龙　严晓龙　陶李华　傅卫民
　　　　　　　高志成　魏名选　姜文源　钱　峰

中国工程建设标准化协会
2004年1月10日

目　次

54

1 总 则

1.0.1 为统一合成型泡沫喷雾灭火系统(以下简称灭火系统)设计、施工、验收和维护的技术要求,减少火灾危害,保障人身和财产安全,做到技术先进、经济合理,制定本规程。

1.0.2 本规程适用于新建、扩建、改建工程中的下列场所:
1 油浸电力变压器;
2 燃油锅炉房;
3 燃油发电机房;
4 小型石油库;
5 小型储油罐;
6 小型汽车库;
7 小型修车库;
8 船舶的机舱和发动机舱。

1.0.3 灭火系统的设计和施工安装,应由具备相应资质的单位承担。

1.0.4 灭火系统的设计、施工、验收和维护,除执行本规程外,尚应符合国家现行有关标准的规定。

量(L);
S——保护对象的水平投影面积(m^2);
W——灭火系统合成泡沫灭火剂的供给强度(L/min·m^2);
T——灭火系统合成泡沫灭火剂的连续供给时间(min);
i——管道的单位长度水头损失(kPa/m);
d_i——管道的计算内径(m);
q_g——给水设计流量(m^3/s);
C_h——海澄—威廉系数;
q——单个水雾喷头的流量(L/min);
p——水雾喷头的工作压力(MPa);
K——水雾喷头流量系数;
n——保护对象所需的水雾喷头计算数量。

2 术语、符号

2.1 术 语

2.1.1 合成型泡沫喷雾灭火系统 synthetic foam spraying fire-extinguishing system
由储液罐、合成泡沫灭火剂、启动源、氮气动力源、控制阀、水雾喷头、管网等组成的灭火系统。

2.1.2 储液罐 liquid storage tank
储存合成泡沫灭火剂和气体,并可根据波义尔气体定律工作的储罐。

2.1.3 合成泡沫灭火剂 synthetic foam extinguishing agent
以表面活性剂和适量的添加剂为基料制成的泡沫灭火剂。

2.1.4 启动源 power switch
由氮气瓶和电磁阀组成,能以自动、手动和机械式应急方式启动氮气的动力源。

2.1.5 氮气动力源 nitrogen power device
由氮气瓶组成,以具有一定压力的氮气作为介质,工作时能使灭火系统的压力保持设计工作压力的一种专用动力装置。

2.1.6 控制阀 control valve
能以自动、手动和机械式应急方式启动灭火系统的控制阀。

2.1.7 响应时间 response time
从火灾自动报警系统发出确认火警信号起,至灭火系统水雾喷头喷出合成泡沫灭火剂为止的时间。

2.2 符 号

M——灭火系统扑救一次火灾所需合成泡沫灭火剂的设计用

3 设 计

3.1 一般规定

3.1.1 合成型泡沫喷雾灭火系统扑救一次火灾所需合成泡沫灭火剂的设计用量,应按下式计算:

$$M=S×W×T \qquad (3.1.1)$$

式中 M——灭火系统扑救一次火灾所需合成泡沫灭火剂的设计用量(L);
S——保护对象的水平投影面积(m^2);
W——灭火系统合成泡沫灭火剂的供给强度(L/min·m^2);
T——灭火系统合成泡沫灭火剂的连续供给时间(min)。

3.1.2 灭火系统合成泡沫灭火剂的供给强度和连续供给时间,不应小于表3.1.2的规定。

表3.1.2 合成泡沫灭火剂的供给强度和连续供给时间

保护对象	水雾喷头设置高度(m)	合成泡沫灭火剂供给强度(L/min·m^2)	连续供给时间(min)
油浸电力变压器,燃油锅炉房,燃油发电机房,小型石油库,小型储油罐,小型汽车库,小型修车库,船舶机舱和发动机舱	≤10	4	10

注:当水雾喷头设置高度大于10m时,合成泡沫灭火剂的最小供给强度由试验确定。

3.2 水雾喷头及其布置

3.2.1 灭火系统水雾喷头的保护面积和间距应符合表3.2.1的规定。

表3.2.1 水雾喷头的保护面积和间距

名　称	水雾喷头设置高度(m)	单只水雾喷头最大保护面积(m²)	水雾喷头最大水平距离(m)	工作压力(MPa)
水雾喷头	≤10	12.5	3.6	≥0.35

注:当水雾喷头设置高度大于10m时,单只水雾喷头的最大保护面积和水雾喷头的最大水平距离由试验确定。

3.2.2 灭火系统的水雾喷头布置应符合下列要求:

　1 水雾喷头的布置应根据合成泡沫灭火剂的设计供给强度、保护面积和水雾喷头特性确定;

　2 应使合成泡沫灭火剂直接喷射到保护对象上;

　3 水雾喷头、管道与电气设备带电(裸露)部分的安全净距应符合国家现行有关标准的规定。

3.3 其 它 规 定

3.3.1 灭火系统应设自动、手动和机械式应急操作三种启动方式。在自动控制状态下,灭火系统的响应时间不应大于60s。

3.3.2 灭火系统管道的单位长度沿程水头损失可按下式计算:

$$i = 105C_h^{-1.85}d_j^{-4.87}q_g^{1.85} \qquad (3.3.2)$$

式中　i——管道的单位长度水头损失(kPa/m);

　　　d_j——管道的计算内径(m);

　　　q_g——给水设计流量(m³/s);

　　　C_h——海澄—威廉系数。铜管、不锈钢管取130;普通钢管、铸铁管取100。

3.3.3 单个水雾喷头的流量应按下式计算:

$$q = K\sqrt{10p} \qquad (3.3.3)$$

式中　q——单个水雾喷头的流量(L/min);

　　　p——水雾喷头的工作压力(MPa);

　　　K——水雾喷头流量系数。

3.3.4 保护对象所需的水雾喷头计算数量应按下式确定:

$$n = (S \cdot W)/q \qquad (3.3.4)$$

式中　n——保护对象所需的水雾喷头计算数量;

3.3.5 灭火系统的储液罐、启动源、氮气动力源应安装在专用房内。专用房的室内温度应保持在0℃以上,其消防安全应符合国家现行标准的有关要求。

3.3.6 供液管道管材的选用,湿式部分宜采用不锈钢管,干式部分宜采用热镀锌钢管。

3.3.7 灭火系统选用的合成泡沫灭火剂应符合下列规定:

　1 合成泡沫灭火剂的物理和化学性能应符合表3.3.7的规定。

表3.3.7 合成泡沫灭火剂的物理和化学性能要求

项　目		要　求
抗冻融性能 (不受冻融影响的合成泡沫灭火剂)		无可见分层、非均相或沉淀
pH值		6.0~9.5
沉淀物 (体积%)	老化前	≤0.25,沉淀物能通过180μm筛
	老化后	≤1.0,沉淀物能通过180μm筛
流动性		流量大于标准参比液体
发泡倍数		≥5.0
25%析液时间(min)		≥3.5
灭火时间(min)	汽油火	≤5.0
25%抗烧时间(min)	汽油火	≥10.0

　2 合成泡沫灭火剂的使用寿命应不小于5年。

3.3.8 灭火系统的带电绝缘性能检验,应符合现行国家标准《接

触电流和保护导体电流的测量方法》GB/T 12113的规定。

3.3.9 与灭火系统联动的火灾自动报警系统的设计,应符合现行国家标准《火灾自动报警系统设计规范》GB 50116的有关规定。

4 施　工

4.1 施 工 准 备

4.1.1 灭火系统施工前应具备下列条件:

　1 设备平面布置图、系统图、安装图等施工图及有关技术文件应齐全;

　2 设计单位应向施工单位进行技术交底;

　3 灭火系统的组件、管件及其它设备、材料应能保证正常施工;

　4 施工现场及施工中使用的水、电、气应满足连续施工的要求。

4.1.2 灭火系统施工前,应对灭火系统的组件、管件及其它设备、材料进行现场检查,确认符合设计要求和国家现行有关标准的规定。

4.1.3 管材、管件应进行现场感观检验,并符合下列要求:

　1 表面应无裂纹、缩孔、夹渣、折叠和重皮;

　2 螺纹密封面应完整、无损伤、无毛刺;

　3 热镀锌钢管内外表面的镀锌层不得有脱落、锈蚀等现象;

　4 非金属密封垫片应质地柔韧、无老化变质或分层现象,表面无折损、皱纹等缺陷;

　5 法兰密封面应完整、光洁,不得有毛刺和径向沟槽;螺纹连接处螺纹应完整、无损伤。

4.1.4 水雾喷头应进行现场检验,并符合下列要求:

　1 型号、规格应符合设计要求;

　2 外观应无加工缺陷和机械损伤。

4.2 管 网 安 装

4.2.2 管网安装前应校直管材,并清除内部的杂物。在具有腐蚀

性的场所,安装管道或安装埋地管道前,应按设计要求对管材、管件等进行防腐处理。

检验方法:观察和用水平尺检查。

4.2.2 管网安装应采用螺纹或法兰连接。连接后不得减小过水横断面面积。

检验方法:观察检查。

4.2.3 螺纹连接应符合下列要求:

1 管材螺纹应符合现行国家标准《普通螺纹 基本尺寸(直径1~600mm)》GB/T 196、《普通螺纹 公差与配合(直径1~355mm)》GB 197、《管路旋入端用普通螺纹 尺寸系列》GB 1414的有关规定。

2 管材宜采用机械切割,且切割面不得有飞边、毛刺。

检验方法:观察检查。

3 螺纹连接的密封填料应均匀附着在管道的螺纹部分。拧紧螺纹时,不得将填料挤入管道内。连接后,应将连接处的外部清理干净。

检验方法:观察检查。

4 当管道变径时,宜采用异径接头。在管道弯头处不得采用补芯;当必须采用补芯时,三通上可采用1个,四通上不应超过2个。公称直径大于50mm的管道不宜采用活接头。

检验方法:观察检查。

4.2.4 法兰连接可采用焊接法兰或螺纹法兰。焊接法兰的焊接处应重新镀锌后再连接,焊接连接应符合现行国家标准《工业金属管道工程施工及验收规范》GB 50235、《现场设备、工业管道焊接工程施工及验收规范》GB 50236的有关规定。螺纹法兰连接应预测对接位置,在清除外露密封填料后再紧固、连接。

检验方法:观察检查。

4.2.5 管道支架、吊架、防晃支架的型式、材质、加工尺寸和焊接质量等,应符合设计要求和国家现行有关标准的规定。

4.2.6 管道支架、吊架的安装位置不应妨碍水雾喷头的喷雾效果。

检验方法:观察检查。

4.2.7 竖直安装的干管应在其始端和终端设置防晃支架或采用管卡固定。

检验方法:观察检查。

4.2.8 埋地安装的管道应符合下列规定:

1 埋地安装的管道应符合设计要求。安装前应做好防腐处理,安装时不应损坏防腐层。

2 埋地安装的管道在回填土前应进行隐蔽工程验收。合格后及时回填土,分层夯实,并应按本规程附录C填写隐蔽工程验收记录表。

检验方法:观察检查。

4.2.9 干管应做红色或红色环圈标志。

检验方法:观察检查。

4.2.10 管道在安装中断时,应将管道的敞口封闭。

检验方法:观察检查。

4.3 其它组件安装

4.3.1 水雾喷头安装应在系统试压、冲洗合格后进行。

检验方法:观察检查和检查灭火系统试压、冲洗记录表。

4.3.2 水雾喷头安装时,不得对水雾喷头进行拆装、改动,并严禁为水雾喷头附加任何装饰性涂层。

检验方法:观察检查。

4.3.3 储液罐、氮气动力源的安装位置和高度应符合设计要求。当设计无规定时,储液罐和氮气动力源的操作面应留有宽度不小于0.7m的通道,储液罐和氮气动力源的顶部至楼板或梁底的距离不应小于1.0m。

检验方法:对照图纸、尺量检查。

5 试压和冲洗

5.1 一 般 规 定

5.1.1 合成型泡沫喷雾灭火系统管网安装完毕后,应对其进行水压强度试验、水压严密性试验和冲洗。

检验方法:检查强度试验、严密性试验、冲洗记录表。

5.1.2 强度试验、严密性试验宜采用水介质进行。

5.1.3 灭火系统试压前应具备下列条件:

1 埋地管道和管道的基础、支墩等的位置,经复查应符合设计要求;

检验方法:对照图纸观察、尺量检查。

2 试压采用2只压力表,其精度不应低于1.5级,量程应为试验压力值的1.5~2倍;

检验方法:观察检查。

3 试压冲洗方案已经批准。

5.1.4 灭火系统试压过程中,如出现泄漏应停止试压,并应放空管网中的试验介质,在消除缺陷后,重新再试。

5.1.5 灭火系统试压完成后,应按本规程附录A的格式填写记录。

5.1.6 管网冲洗宜采用水进行。管网冲洗应在试压合格后进行。

检验方法:观察检查。

5.1.7 管网冲洗合格后,应按本规程附录B的格式填写记录。

5.1.8 试验和冲洗均宜采用生活用水,不得采用海水或有腐蚀性化学物质的水。

检验方法:观察检查。

5.1.9 灭火系统的干管、进户管和埋地管应在回填土前进行水压强度试验和水压严密性试验。

5.2 水压试验及冲洗

5.2.1 水压试验时,环境温度不宜低于5℃。当低于5℃时,水压试验应采取防冻措施。

检验方法:观察检查。

5.2.2 水压强度试验压力应采用设计工作压力的2倍;水压强度试验的测试点应设在灭火系统管网的最低点。对管网注水时,应将管网内的空气排净,并慢慢升压。达到试验压力后,稳压30min应无泄漏和变形,且压力降不应大于0.03MPa。

检验方法:观察检查。

5.2.3 水压严密性试验应在水压强度试验和管网冲洗合格后进行。试验压力应采用设计工作压力,稳压24h后应无泄漏。

检验方法:观察检查。

5.2.4 灭火系统管网冲洗应连续进行。当出口处水的颜色、透明度与入口处基本一致时,冲洗方可结束。冲洗时的水流方向应与灭火时合成泡沫灭火剂的流向一致。冲洗结束后,应将管网内的水排除干净。

检验方法:观察检查。

5.2.5 当灭火系统管网不宜采用水冲洗时,应采用氮气进行吹扫。在吹扫过程中,当目测排气中无烟尘时,应在排气口设置贴白布或涂白漆的木制靶板检验。如5min内靶板上无铁锈、尘土、水分及其它杂物,应视为合格。

检验方法:观察检查。

6 调试和验收

6.1 调 试

6.1.1 合成型泡沫喷雾灭火系统的调试,应在灭火系统安装完毕、施工质量合格和相关的火灾自动报警系统调试完成后进行。

6.1.2 调试负责人应由专业技术人员担任,参加调试的人员应职责明确。调试应按照预定的程序进行。

6.1.3 灭火系统应进行冷喷试验,试验时宜采用水代替合成泡沫灭火剂。试喷结束后,应按本规程附录 D 进行记录。

6.1.4 灭火系统与火灾自动报警系统的联动试验,应符合现行国家标准《火灾自动报警系统施工及验收规范》GB 50166 的有关规定。

6.2 验 收

6.2.1 灭火系统竣工后应进行竣工验收,验收不合格不得投入使用。

6.2.2 灭火系统验收时,施工单位应提供下列资料:

　　1 验收申请报告、设计图纸、设计变更通知单、竣工图;

　　2 地下及隐蔽工程验收记录,灭火系统试压、调试和联动试验记录;

　　3 灭火系统所采用消防产品的产品合格证和使用说明书。

6.2.3 灭火系统验收时,应对灭火系统的自动、手动和机械式应急启动功能进行检测。检测内容如下:

　　1 对自动和手动功能,应检测灭火系统的电磁阀和控制阀;

　　检验方法:观察检查。

　　2 对机械式应急启动功能,应检测灭火系统的控制阀。

　　检验方法:观察检查。

6.2.4 灭火系统验收时,如需进行冷喷试验,应按本规程 6.1.3 条的规定执行。

7 维 护 管 理

7.0.1 合成型泡沫喷雾灭火系统应有管理、维护规程,并由专业人员进行日常维护管理。

7.0.2 维护管理工作,可按表 7.0.2 进行。

表 7.0.2 合成型泡沫喷雾灭火系统维护管理工作一览表

部位	工作内容	周期
储液罐	目测巡检完好状况	每月
启动源	目测巡检完好状况,检查铅封完好状况	每月
	检测压力(压力值不应小于 4MPa)	每月
氮气动力源	目测巡检完好状况,检查铅封完好状况	每月
	检测压力(压力值不应小于 8MPa)	每月
控制阀	目测巡检完好状况和开闭状态	每月
水雾喷头	目测巡检完好状况	每月
排放阀	目测巡检完好状况和开闭状态	每月
压力表	目测巡检完好状况	每月
减压阀	目测巡检完好状况	每月
专用房	检查室温	寒冷季节每天

附录 A 合成型泡沫喷雾灭火系统水压试验记录表

　　水压试验记录表由施工单位质量检查员填写,监理工程师(建设单位项目专业技术负责人)组织施工单位项目技术负责人等进行验收,并按表 A 填写。

表 A 合成型泡沫喷雾灭火系统水压试验记录表

工程名称			试验日期	年 月 日	
建设单位					
施工单位					
试验地点					
管道材质			工作压力		MPa
管道规格			允许压力降		MPa
试验结果评定	强度试验		严密性试验		
	压力(MPa)	时间(min)	压力(MPa)	时间(min)	
备注					
施工单位技术负责人			建设单位项目专业技术负责人		
施工单位质量检查员			监理工程师		

附录 B 合成型泡沫喷雾灭火系统 冲洗记录表

冲洗记录表由施工单位质量检查员填写,监理工程师(建设单位项目专业技术负责人)组织施工单位项目技术负责人等进行验收,并按表 B 填写。

表 B 合成型泡沫喷雾灭火系统冲洗记录表

工程名称			冲洗日期		年　月　日	
建设单位						
施工单位						
使用地点						
工作压力		MPa	冲洗压力			MPa
冲洗时间		min	冲洗介质			
冲洗结果						
备注						
施工单位技术负责人			建设单位项目专业技术负责人			
施工单位质量检查员			监理工程师			

附录 C 合成型泡沫喷雾灭火系统 埋地管网隐蔽施工记录表

埋地管网隐蔽施工记录表由施工单位质量检查员填写,监理工程师(建设单位项目专业技术负责人)组织施工单位项目技术负责人等进行验收,并按表 C 填写。

表 C 合成型泡沫喷雾灭火系统埋地管网隐蔽施工记录表

工程名称			施工日期		年　月　日	
建设单位						
施工单位						
使用地点						
管道材质			质量要求			
管道规格			管段总长			m
检测结果						
施工单位技术负责人			建设单位项目专业技术负责人			
施工单位质量检查员			监理工程师			

附录 D 合成型泡沫喷雾灭火系统 试喷记录表

试喷记录表由施工单位质量检查员填写,监理工程师(建设单位项目专业技术负责人)组织施工单位项目技术负责人等进行验收,并按表 D 填写。

表 D 合成型泡沫喷雾灭火系统试喷记录表

工程名称			试喷日期		年　月　日	
建设单位						
施工单位						
使用地点			工作压力			MPa
试喷时间		min	试喷介质			
检测结果						
备注						
施工单位技术负责人			建设单位项目专业技术负责人			
施工单位质量检查员			监理工程师			

中国工程建设标准化协会标准

合成型泡沫喷雾灭火系统 应用技术规程

CECS 156：2004

条 文 说 明

1 总　则

1.0.1 合成型泡沫喷雾灭火系统是通过气压将合成泡沫灭火剂喷射到灭火对象上,使之迅速灭火的一种灭火系统。该系统吸取了水雾灭火和泡沫灭火的特点,借助水雾和泡沫的冷却、窒息、乳化、隔离等综合作用实现迅速灭火。

合成型泡沫喷雾灭火系统具有如下优点:

(1)无需电源;

(2)无需水池和排水设施;

(3)具有良好的绝缘性能,可以扑救带电设备火灾;

(4)合成泡沫灭火剂具有生物降解性,对环境无污染、无毒;

(5)灭火系统安装、操作、维护简单,启动可靠性好。

按本规程设计合成型泡沫喷雾灭火系统时,必须遵循国家基本建设和消防工作的方针。在进行设计时应注意以下三点:

(1)结合建筑物和可燃物的特点,采用消防工程学的方法分析火灾性状。在对保护对象的使用功能和可燃物分析的基础上,研究、分析可燃物燃烧时发热、发烟规律和建筑物内部空间条件对火灾热烟气流动的影响,特别是要对初期阶段的火灾性状做出评估。当前由于消防工程学的方法尚未普及,因此,对火灾性状的分析可以是定性的和概略的。

(2)在认识保护对象初期阶段火灾性状的基础上,做到使所设计的灭火系统安全可靠、技术先进、经济合理。

(3)优化灭火系统集成。包括优化灭火系统与其他防火系统的集成和灭火系统各组件的集成。

1.0.2 根据在新建、扩建、改建工程中油浸电力变压器、燃油锅炉房、燃油发电机房、小型石油库、小型储油罐、小型汽车库、小型修车库、船舶的机舱和发动机舱等采用合成型泡沫喷雾灭火系统的试验和实际使用情况,确定了本规程的适用范围。小型石油库是指油库总容量不大于 $500m^3$ 的石油库。小型汽车库是指停车数不大于 50 辆的汽车库。小型修车库是指修车位不大于 2 个的修车库。

1.0.4 在灭火系统设计、施工及验收时,除应执行本规程外,相关问题还应按现行国家标准《建筑设计防火规范》GBJ16、《汽车库、修车库、停车场设计防火规范》GB50067、《高层民用建筑设计防火规范》GB50045、《小型石油库及汽车加油站设计规范》GB50156、《低倍数泡沫灭火系统设计规范》GB50151、《自动喷水灭火系统施工及验收规范》GB50261、《气体灭火系统施工及验收规范》GB50263、《工业金属管道施工及验收规范》GB50235、《火灾自动报警系统施工验收规范》GB50166 等有关规范执行。

3 设　计

3.1 一般规定

3.1.1 本条对灭火系统合成泡沫灭火剂的设计用量计算作出了规定。

3.1.2 本条规定了灭火系统合成泡沫灭火剂的最小供给强度和连续供给时间。根据实验数据,灭汽油火的供给强度为 $2L/min \cdot m^2$,灭火时间 36s,水雾喷头安装高度为 2.5m。参考新加坡标准 CP52:For Sprinker Systems 1997 及有关建议,为了安全起见,本规程规定合成泡沫灭火剂供给强度为 $4L/min \cdot m^2$,连续供液时间不小于 10min。计算水雾喷头的设置高度为保护对象的顶面与水雾喷头之间的距离。当水雾喷头设置高度大于 10m 时,合成泡沫灭火剂的最小供给强度由试验确定。

3.2 水雾喷头及其布置

3.2.1 本条结合灭火系统的特性制订了水雾喷头的保护面积和间距。当水雾喷头设置高度大于 10m 时,单只水雾喷头最大保护面积和水雾喷头最大水平距离由试验确定。

3.2.2 本条规定了水雾喷头的安装要求。

3.3 其它规定

3.3.1 自动启动并伴有手动和机械式应急启动功能,是自动系统的一般要求。响应时间是参照《水喷雾灭火系统设计规范》GB50219—95,并结合灭火系统的特性制订的。

3.3.2 为了与其它规范相协调,本规程的沿程水头损失计算公式采用《建筑给排水设计规范》GB50015—2003 中的计算公式。

3.3.3 $q=K\sqrt{10p}$ 为通用公式,不同型号的水雾喷头具有不同的 K 值。设计时按生产厂给出的 K 值计算水雾喷头的流量。

3.3.4 本条规定了保护对象确定水雾喷头用量的计算公式,水雾喷头的流量 q 按公式(3.3.3)计算,水雾喷头工作压力的取值按防护目的和水雾喷头特性确定。

3.3.5 专用房是灭火系统的心脏,在火灾情况下应能坚持工作且不受火灾的威胁。规定专用房的室温在 0℃ 以上是为了确保灭火系统能够正常工作。灭火系统的专用房应符合国家现行规范的有关规定。

3.3.7 本条规定了灭火系统所采用的合成泡沫灭火剂的性能。合成泡沫灭火剂的物理和化学性能试验方法参照《泡沫灭火剂通用技术条件》GB15308 的有关规定。

3.3.8 绝缘性能是灭火系统的优点之一。本条规定了灭火系统的带电绝缘性能检测方法。

4 施　　工

4.1 施工准备

4.1.1　本条规定了灭火系统施工前应具备的技术、物质条件,这些都是施工前应具备的基本条件。施工图及其它技术文件应齐全,这是施工前必备的首要条件。技术交底有利于保证施工质量。施工的物质准备充分,场地条件具备,与其它工程协调得好,可以避免发生影响灭火系统质量的问题。

4.1.2　本条规定了施工前应对灭火系统采用的水雾喷头、管件等设备进行现场检查。这样做对确保灭火系统功能至关重要。

4.1.3　本条对灭火系统采用的管材、管件在安装前应进行现场感观检查作出了规定。灭火系统涉及的只是低压,且大多数是热镀锌钢管,故根据灭火系统的基本要求,结合《工业金属管道工程施工及验收规范》GB50235的有关规定,对灭火系统选用的管材、管件提出了一般性的现场检查要求。

4.1.4　本条对水雾喷头在施工现场的检查提出了要求,总的原则是,既能保证灭火系统所采用的水雾喷头的质量,又便于施工单位实施基本检查项目。

4.2 管网安装

4.2.1　本条对管网安装前应对管材进行校直和净化处理作出了规定。

　　管网是灭火系统的重要组成部分。管网安装是整个灭火系统安装工程中工作量最大、较容易出问题和存在隐患的环节。因此,在安装时应采取有效的技术措施,确保安装质量。

　　管道的防腐工作,一般是在管网安装完毕且试压冲洗合格后进行。但在一定的场所,安装前应按设计要求对管道进行防腐处理,确保灭火系统的使用寿命。

4.2.2　管网安装质量好坏直接影响灭火系统功能和使用寿命。对管道连接方法的规定,是从确保管网安装质量,延长使用寿命出发的。本条特别强调了无论采用何种连接方式均不得减小管道的通水面积,以避免增大水阻力和造成堵塞事故,影响灭火效果。

4.2.3　本条对灭火系统连接的要求中,首先强调了确保连接强度和管网密封性能,以及在管道加工时应符合技术要求。施工时必须按程序检验,达到有关标准后方可进行连接,以保证连接质量和减少返工。对采用变径管件和使用密封填料提出的技术要求,其目的是确保管网连接后不增大阻力和造成堵塞。

4.2.4　焊接法兰连接,焊后应重新镀锌再连接。螺纹法兰连接要求预测对接位置,是因为工程施工经验证明,螺纹紧固后一旦改变紧固状态,其密封处的密封性能将受影响,从而在连接后常因密封性达不到要求而返工。

4.2.5～4.2.7　这几条是对管道的支架、吊架、防晃支架安装的一般规定。主要目的是为了确保管网的强度,使其在受外界机械冲撞和自身水力冲击时不致受损伤。安装位置不得妨碍水雾喷头的喷雾而影响灭火效果。

4.2.8　本条规定了管道埋地安装时的要求。当无设计要求时,埋地管道与地面的距离不应小于0.8m。埋地管道在回填土前应进行工程验收,这是施工程序的要求,以避免不必要的返工。合格后及时回填土可使已验收合格的管道免遭不必要的损坏。应填写附录C隐蔽工程验收记录表,为以后检查或更换管道及附件提供便利条件。

4.2.9　本条规定的目的是便于识别灭火系统的管道,着红色与消防器材色标规定一致。

4.2.10　本条规定的主要目的是防止安装时异物自然或人为地进入管道和堵塞管道。

4.3 其它组件安装

4.3.1　本条对水雾喷头安装的前提条件作了规定,其目的一是为了保护水雾喷头,二是为防止异物堵塞水雾喷头。水雾喷头的孔径较小,如灭火系统的管道不冲洗干净,异物容易堵塞水雾喷头,影响灭火效果。

4.3.2　本条对水雾喷头安装时应注意的几个问题提出了要求,目的是防止在安装过程中对水雾喷头造成损伤。安装时应牢固整齐,不得拆卸或损坏水雾喷头上的附件,否则将影响使用。

4.3.3　本条规定了灭火系统储液罐和氮气动力源的安装要求,其目的是为安装、更换、维修储液罐和氮气动力源及灌装合成泡沫灭火剂提供条件。

5 试压和冲洗

5.1 一般规定

5.1.1　强度试验实际上是对灭火系统的整体结构、所有接口、承载管架等进行的一次超负荷考验,而严密性试验则是对灭火系统管网渗漏程度的测试。实践表明,这两种试验都是必不可少的,也是评定其工程质量和灭火系统功能的重要依据。管网冲洗是防止灭火系统投入使用后发生堵塞的重要技术措施之一。

5.1.2　水压试验简单易行,效果稳定可信。在冰冻季节,对水压试验应慎重处理,以防止水在管道内结冰而引起爆管事故。

5.1.3　本条规定了试压的前提条件,目的是避免试压过程中的盲目性和随意性。对试压用压力表的精度、量程和数量的要求,系根据《工业金属管道工程施工及验收规范》GB50235的有关规定而定。

5.1.4　带压进行修理,既无法保证返修质量,又可能造成部件损坏或发生人身安全事故,这是绝对禁止的。

5.1.8　规定采用符合生活用水标准的水进行冲洗,是为了保证被冲洗管道的内壁不致遭受污染和腐蚀。

5.1.9　灭火系统的干管、进户管和埋地管是灭火系统的重要组成部分,此项工作不能被遗忘,故作出了明确规定。

5.2 水压试验及冲洗

5.2.1　环境温度低于5℃时,试压效果不好。如果没有防冻措施,有可能在试压过程中发生冰冻,试验介质因体积膨胀而造成爆管事故。

5.2.2 本条规定了对灭火系统水压强度试验压力值和试验时间的要求,以保证灭火系统在实际灭火过程中能承受最大工作压力。测试点选在灭火系统管道的低点,以客观地验证其承压能力。检查判定方法采用目测,简单易行,也是其它国家现行规范常用的方法。

5.2.3 本条规定了水压严密性试验的压力值和时间。

5.2.4 明确水冲洗的水流方向,有利于确保整个灭火系统的冲洗效果和质量。及时将水排净,有利于保护冲洗效果。

5.2.5 本条规定的吹扫,是不得已而为之的方法,其效果较差。

和机械式应急功能进行检测。检测方法如下:

(1)自动功能检测:由专业人员拆卸启动源(或氮气动力源)上的电磁阀,把电磁阀安放在安全的地方;输入模拟火灾信号,火灾报警控制器联动(输出 DC24V,1.5A)打开控制阀,此时,检测人员应听到电磁阀的吸铁声和看到撞针的冲击;延时后火灾报警控制器联动(输出 DC24V,1.5A)打开控制阀,此时,检测人员能看到控制阀的仪表朝开的方向转动,直到阀门全开才停止。

(2)手动功能检测:由专业人员拆卸启动源(或氮气动力源)上的电磁阀,把电磁阀安放在安全的地方;输入模拟火灾信号,专业人员按动火灾报警控制器上的手动按钮,火灾报警控制器联动(输出 DC24V,1.5A)打开电磁阀,此时,检测人员应听到电磁阀的吸铁声和看到撞针的冲击;延时后火灾报警控制器联动(输出 DC24V,1.5A)打开控制阀,此时,检测人员能看到控制阀的仪表朝开的方向转动,直到阀门全开才停止。

(3)机械式应急功能检测:由专业人员使用专用扳手打开控制阀。由于启动源(或氮气动力源)上的机械式应急启动装置已经在出厂时进行了检测,所以不需要在现场检测。

6 调试和验收

6.1 调 试

6.1.1 本条规定,只有在灭火系统全部安装完毕,检查合格,相关的火灾自动报警系统调试完成后,才能全面、有效地进行各项调试工作。

6.1.2 本条规定了参加调试人员的资格和调试应遵守的原则。这是保证灭火系统调试成功的关键条件之一。

6.1.3 对灭火系统进行冷喷试验时,可用普通的充装氮气瓶代替氮气动力源,装置的启动方式可采用机械式应急启动方式。

6.1.4 本条是验证灭火系统工程是否达到设计要求的规定。调试内容为:合成型泡沫喷雾灭火系统应具有自动、手动和机械式应急启动功能:

(1)输入模拟火灾信号,报警控制器自动打开启动源(或氮气动力源)上的电磁阀,延时后自动打开控制阀。

(2)输入模拟火灾信号,在报警控制器上手动打开启动源(或氮气动力源)上的电磁阀,延时后自动打开控制阀。

(3)在灭火系统专用房内,使用专用扳手人工打开控制阀。

6.2 验 收

6.2.1 本条对灭火系统工程的竣工验收、组织形式及要求作了明确规定。必须强调,竣工验收由建设单位主持,公安消防监督机构参加,以充分发挥其职能作用和监督作用。

6.2.2 本条规定竣工验收时应提供的文件,也是灭火系统投入使用后的技术指导文件。

6.2.3 灭火系统验收时,应对灭火系统进行自动功能、手动功能

7 维护管理

7.0.1~7.0.2 维护管理是灭火系统能否正常发挥作用的关键环节。灭火系统必须平时精心维护管理,才能在火灾时发挥良好的作用。每月对灭火系统的检查,主要是对系统感观检查。每月一次对启动源和氮气动力源的压力进行检测,如发现储存压力低于规定压力值时,应及时充气或调换。寒冷季节,当室外温度低于 0℃时,应每天检查专用房的室温,使室温保持在 0℃以上,以确保灭火系统正常工作。

中国工程建设标准化协会标准

烟雾灭火系统技术规程

Technical specification for smoke
fire extinguishing systems

CECS 169：2004

主编单位：公安部天津消防研究所
批准单位：中国工程建设标准化协会
施行日期：2004 年 8 月 1 日

前　言

根据中国工程建设标准化协会（2002）建标协字第 12 号文《关于印发中国工程建设标准化协会 2002 年第一批标准制修订项目计划的通知》的要求，制定本规程。

烟雾灭火系统是我国自主研究开发的一种自动灭火系统，主要用于扑灭甲、乙、丙类液体储罐的火灾。该系统不消耗水和电，结构简单，安装维护方便，投资少，灭火后对储罐内的液体污染小。这项技术特别适用于缺水、缺电和交通不便地区的储库灭火。近30 多年来，烟雾灭火系统的应用范围已从原油、重油、柴油储罐扩展到航空煤油、汽油和醇、酯、酮类亲水性液体储罐，遍及油田、石化、冶金、铁路、航空、火电、国防等领域的工矿企业。

根据国家计委计标［1986］1649 号文《关于请中国工程建设标准化委员会负责组织推荐性工程建设标准试点工作的通知》的要求，现批准协会标准《烟雾灭火系统技术规程》，编号为 CECS169：2004，推荐给设计、施工和使用单位采用。

本规程第 3.1.2、3.1.3、3.2.1、3.2.4 条，建议列入《工程建设标准强制性条文》，其余为推荐性条文。

本规程由中国工程建设标准化协会消防系统专业委员会 CECS/TC21 归口管理，由公安部天津消防研究所（天津市卫津南路 110 号，邮政编码：300381）负责解释。在使用中如发现需要修改和补充之处，请将意见和资料径寄解释单位。

主编单位：公安部天津消防研究所
参编单位：陕西省公安消防总队
　　　　　　湖南省公安消防总队
　　　　　　江西省公安消防总队

大连市公安消防局
铁道第三勘察设计院
长庆石油勘探局公安处
西安长庆科技工程有限公司
中国石化股份有限公司江西分公司
中国石化股份有限公司湖南分公司
北京国电华北电力工程有限公司
中国石化工程建设公司

主要起草人：张清林　陈　民　秘义行　刘孟焕　石秀芝
　　　　　　孙　平　李根敬　胡晓文　肖必请　王长川
　　　　　　张东明　章龙发　彭晓明　葛　辉　周天林
　　　　　　宋克家　吴文革

中国工程建设标准化协会
2004 年 6 月 5 日

目　次

1 总　则

1.0.1 为了合理地设计、安装和维护烟雾灭火系统,保证工程质量和发挥使用功能,保障人身和财产安全,减少火灾损失,制定本规程。

1.0.2 本规程适用于贮存甲、乙、丙类液体的固定顶和内浮顶储罐工程中设置的烟雾灭火系统的设计、安装、验收和维护管理。

1.0.3 烟雾灭火系统的设计、安装、验收、使用和维护管理,除执行本规程的规定外,尚应符合国家现行有关强制性标准的规定。

2　术语、符号

2.1　术　语

2.1.1 烟雾灭火系统　smoke fire extinguishing system

在发生火灾时,能自动向储罐内喷射灭火烟雾的灭火系统。由烟雾产生器、引燃装置、喷射装置等系统组件组成。

2.1.2 罐外式烟雾灭火系统　outside-tank smoke fire extinguishing system

烟雾产生器安装在储罐外的烟雾灭火系统。简称罐外式系统。

2.1.3 罐内式烟雾灭火系统　inside-tank smoke fire extinguishing system

烟雾产生器等系统组件全部安装在储罐内,并漂浮在液面中部的烟雾灭火系统。简称罐内式系统。

2.1.4 独立系统　single systems

由一套烟雾产生器、引燃装置、喷射装置等组件组成的烟雾灭火系统。

2.1.5 组合系统　assembled systems

由两套或两套以上烟雾产生器、引燃装置、喷射装置等组件组成的烟雾灭火系统。

2.1.6 烟雾产生器　smoke generator

充装烟雾灭火剂并能使之按要求的速率燃烧而产生灭火烟雾的装置。

2.1.7 烟雾灭火剂　smoke agent for fire extinguishing

一种无需空气而能燃烧并产生灭火烟雾的固体混合物。

2.1.8 喷烟时间　smoke discharge time

系统喷射装置连续有效喷射灭火烟雾的时间。

2.1.9 喷烟射程　smoke discharge range

系统喷射装置喷射灭火烟雾的有效半径。

2.1.10 传火时间　fuse transferring time

从感温元件内的导火索被点燃到引燃烟雾产生器内的烟雾灭火剂的时间。

2.2　符　号

m——烟雾灭火剂设计用量(kg);

A——储罐横截面积(m^2);

r——储罐单位面积上烟雾灭火剂用量(kg/m^2);

k——储罐安全补偿系数;

ZWW——罐外式烟雾灭火系统;

ZW——罐内式烟雾灭火系统。

3　系统设计

3.1　一般规定

3.1.1 贮存甲、乙、丙类液体的固定顶储罐,可选用罐外式系统或罐内式系统。当贮存液体的温度过高或液面升降波动过大时,不宜选用罐内式系统。

贮存甲、乙类液体的内浮顶储罐应选用罐外式系统。

3.1.2 储罐所需的烟雾灭火剂设计用量应按下列公式计算:

$$m = A \times r(1+k) \qquad (3.1.2)$$

式中　m——烟雾灭火剂设计用量(kg);

　　　A——储罐横截面积(m^2);

　　　r——储罐单位面积烟雾灭火剂用量(kg/m^2),其取值不应小于表 3.1.2-1 的规定;

　　　k——储罐安全补偿系数,其取值应符合表 3.1.2-2 的规定。

表 3.1.2-1　储罐单位面积所需烟雾灭火剂用量　(kg/m^2)

系统形式	甲、乙类液体		丙类液体
	固定顶储罐	内浮顶储罐	固定顶储罐
罐外式系统	1.00	0.80	0.70
罐内式系统	0.80	—	0.46

注:对浅盘式和浮盘由易熔材料制成的内浮顶储罐,按固定顶储罐处理。

表 3.1.2-2　储罐安全补偿系数

储罐直径 D(m)	安全补偿系数
$D \leqslant 10$	0
$10 < D \leqslant 15$	0.10
$D > 15$	0.20

注:贮存 190℃ 以下馏分小于 10% 的原油的储罐,安全补偿系数可取 0。

3.1.3 系统的选型可参照本规程附录 A 的规定。烟雾产生器的药剂充装量不应小于额定充装量,且不得大于额定充装量的 1.05 倍。

3.1.4 系统的引燃装置应符合下列规定:

1 引燃装置感温元件的公称动作温度应高出储罐最高贮存温度 30℃,且不宜低于 105℃;

2 引燃装置导火索的传火时间不应大于 10s。

3.2 罐外式系统设计

3.2.1 系统设计时,宜采用独立系统。当独立系统不能满足设计要求时,可采用组合系统,但烟雾产生器的数量不应多于 3 台,且应符合下列规定:

1 各烟雾产生器均应具有配套的引燃装置,且各引燃装置中的导火索应相互连接;

2 烟雾产生器的启动最大时间差不应大于 10s。

3.2.2 烟雾产生器平台的设置应符合下列规定:

1 与储罐扶梯和人孔之间的距离不应小于 1.5m,且应避开罐壁焊缝;

2 平台表面应垂直于储罐轴线,且宜高出储罐基础顶面 0.4m;

3 平台应能承受系统喷烟时产生的冲击荷载。

3.2.3 导烟管的设置应符合下列规定:

1 导烟管的公称直径应与烟雾产生器和喷头相匹配,中间不得改变公称直径;

2 导烟管与烟雾产生器之间、横向导烟管与竖向导烟管之间应采用法兰连接,且法兰连接处应设置垫片和密封材料;

3 横向导烟管的轴线与所保护储罐罐壁上沿的距离,不应小于 0.3m;

4 在横向导烟管上应设置支撑杆或拉杆;竖向导烟管固定支架的间距不应大于 3.0m。

3.2.4 喷头的设置应符合下列规定:

1 喷头的设置方向应铅垂向上;

2 独立系统的喷头应设置在储罐中央;

3 组合系统的喷头应均匀设置在储罐中部,上下的间距宜为 0.05m。

3.2.5 导火索保护管的设置应符合下列规定:

1 导火索保护管管段间宜采用活接头连接;

2 在导火索保护管进入储罐罐壁处设置通径 0.1m 的套管,且套管轴线距罐壁上沿不应小于 0.2m;

3 导火索保护管立管固定支架的间距不应大于 3.0m。

3.3 罐内式系统设计

3.3.1 烟雾产生器应设置在储罐中部的漂浮装置上。漂浮装置三翼定位支腿的长度应相等,且三翼定位支腿的脚轮与底部罐壁的距离宜为 0.3m。

3.3.2 设置罐内式系统的储罐,其内壁不应有障碍物,且最高液面距罐顶的高度应大于 1.5m。

对于底部有加热盘管的储罐,应在加热盘管的上方设置平台和托环,且平台和托环的直径宜分别为 2.2m 和 4.2m。

3.3.3 设置罐内式系统的储罐,其人孔直径不宜小于表 3.3.3 的规定。

表 3.3.3　储罐人孔直径(m)

系统型号	人孔直径
ZW12	0.60
ZW16	0.72

4 系统组件

4.1 一般规定

4.1.1 烟雾产生器、烟雾灭火剂、引燃装置、喷射装置、漂浮装置,均应采用经国家质量检测机构检验合格的产品。

4.1.2 系统组件的外表面应进行防腐处理;设置在储罐外的系统组件应涂刷红色油漆。

4.1.3 系统各组件应与所选系统的类型、型号、规格一致。

4.2 烟雾产生器

4.2.1 烟雾产生器的壳体应符合下列规定:

1 宜由中碳钢制成;

2 罐内式系统壳体的设计压力不应小于 1.0MPa,罐外式系统壳体的设计压力不应小于 1.6MPa。水试验压力均应取设计压力的 1.5 倍;

3 内壁应涂刷防锈油漆。

4.2.2 烟雾灭火剂的燃烧速度应控制在 1.1～1.5mm/s 范围内。

4.3 引燃装置

4.3.1 引燃装置感温元件的熔化脱落温度误差应小于 5℃。

4.3.2 导火索的燃烧速度应大于 1.0m/s。

4.3.3 缠绕在筛孔药芯导流筒上的导火索药芯燃烧速度宜为 0.025～0.04m/s,导火索的螺旋缠绕间距宜为 55～60mm。

4.3.4 导火索的保护管应选用热镀锌钢管。

4.4 喷射装置

4.4.1 喷射装置宜由冷轧钢板制成,设计压力不应小于 1.0MPa。

4.4.2 导烟管应采用无缝钢管。导烟管及其连接法兰的公称压力不应小于 1.6MPa。

4.5 漂浮装置

4.5.1 罐内式系统的漂浮装置应由浮漂、三翼定位支腿和脚轮组成,并应符合下列规定:

1 浮漂宜由冷轧钢板制成。浮漂顶面与储罐液面的距离宜为 0.2m;

2 三翼定位支腿的浮筒应由金属材料制成,浮筒间应采用带铜套的铰链连接,其强度和刚度应满足系统运行要求;

3 脚轮宜由铜或铝制成。

4.6 附　件

4.6.1 罐外式系统的保护箱、平台、高度调节装置、固定支架、拉杆或支撑杆等附件,应满足系统强度的要求,且应进行防腐处理。

4.6.2 密封膜宜选用耐油、耐水的聚酯薄膜;密封剂宜选用室温下可固化的粘接剂。

5 系 统 安 装

5.1 一般规定

5.1.1 系统安装应由具有相应资质的安装单位承担。

5.1.2 系统安装前应具备下列条件：

1 设计图纸和有关文件应齐全，并经有关部门审查通过；

2 系统各组件应有出厂合格证书，管道和管件应有材质检验报告。

5.1.3 系统安装前应对各组件进行检查，并应符合下列规定：

1 系统组件、管件、材料和施工设备应能保证正常安装；

2 组件无碰撞变形和机械性损伤，外露的接口螺纹和法兰密封面无损伤；

3 烟雾灭火剂的贮存容器外观完好，防潮密封膜无破损；

4 导火索无破损、折断等影响性能的缺陷；

5 喷头喷孔处的密封膜无破损；

6 烟雾灭火剂重量准确。

5.1.4 系统安装时应满足对易燃易爆场所有关施工作业的安全要求。

5.1.5 系统安装时应采取防潮、防损伤的措施。

5.1.6 烟雾产生器的组装应符合生产安装使用说明书的规定。

5.1.7 Y型导火索保护管的安装应符合下列规定：

1 穿入引火头座中的导火索，应在引火头处探出0.2m剥尽外皮的导火索药芯，并将其固定；

2 紧固螺母时，应防止感温元件转动。

5.1.8 导火索保护管各连接处应做密封处理。

5.1.9 喷头喷孔处密封膜的保护层应在组装完成后拆除，且不得损坏密封膜。

5.2 罐外式系统安装

5.2.1 平台、导烟管和导火索保护管的固定支架、导烟管的拉杆或支撑杆应焊接在储罐上，其位置应符合设计要求。

5.2.2 平台的平面应垂直于储罐轴线，其允许误差不宜大于0.5°。

5.2.3 法兰的连接应符合下列规定：

1 法兰连接面的平行偏差不应大于法兰外径的1.5‰；

2 法兰螺栓孔中心同轴度偏差不应超过孔径的5%；

3 法兰密封面宜采用石棉橡胶密封，其上应涂黄油等涂剂。

5.2.4 导烟管的垂直度或水平度偏差不宜大于2‰。

5.2.5 烟雾产生器的安装应符合下列规定：

1 高度调节装置应放入平台中心孔内，并应将升降螺杆旋至最低位置；

2 将烟雾产生器放置在高度调节装置托板上，按图5.2.5的要求调正位置后定位；

3 在连接烟雾产生器与竖向导烟管法兰时，应拧紧高度调节装置的升降螺杆，并安装烟雾产生器的保护箱。

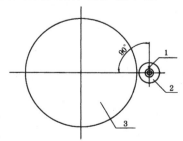

图5.2.5 烟雾产生器安装位置
1—导火索头盖接头；2—烟雾产生器；3—储罐

5.2.6 引燃装置Y型保护管上的两感温元件应处于同一水平面上。

5.3 罐内式系统安装

5.3.1 安装平台和托环时，应保护储罐底部的加热盘管。

5.3.2 浮漂的呼吸阀应向上安装，同时应检查其可靠性。

5.3.3 三翼定位支腿应上下转动灵活。

5.3.4 系统安装完毕后应进行漂浮试验。

6 验 收

6.0.1 施工单位在灭火系统安装完工后，应组织人员自行进行施工质量检查。隐蔽工程在隐蔽前应由施工单位通知建设单位和监理单位进行验收，并按本规程附录B的规定提出隐蔽工程验收报告。

6.0.2 竣工验收前，施工单位应向建设单位提交下列技术文件：

1 系统的竣工验收申请报告；

2 施工记录和隐蔽工程中间验收报告；

3 竣工图和设计变更记录；

4 设计说明书和竣工报告；

5 系统使用维护说明书；

6 系统组件、管道材料及管道附件的检验报告、试验报告和出厂合格证；

7 维护管理人员登记表。

6.0.3 竣工验收时应复核安装系统是否与系统设计图纸一致。

6.0.4 罐外式系统的验收应包括下列内容：

1 喷头数量、型号、规格、安装位置、固定方法和安装质量应符合本规程的规定；

2 导烟管、导火索保护管的材质、密封性、布置、连接方式和支架、法兰安装位置、型号、规格、强度、间距、防腐处理、油漆颜色、其他防护措施和安装质量等应符合本规程的规定；

3 烟雾产生器、引燃装置的装配情况；

4 烟雾产生器的保护箱、平台的固定位置、防腐保护和安装质量等应符合本规程的规定。

6.0.5 罐内式系统的验收应包括下列内容：

1 烟雾产生器、三翼定位支腿、浮漂、感温元件等的型号和规格应符合设计要求；

2 烟雾产生器、漂浮装置的固定、装配应符合本规程的规定；

3 涂漆和标志应符合本规程的有关规定。

6.0.6 竣工验收完成后，应按本规程附录C的规定提出竣工验收报告。

6.0.7 本装置可不进行冷喷试验。

换，并符合下列规定：

1 烟雾灭火剂、导火索等更换时，应对系统组件进行全面检查和必要的维修；

2 更换烟雾灭火剂、导火索等应符合本规程第5章的有关规定；

3 更换下的烟雾灭火剂、导火索应予以妥善处理。

7 维护管理

7.0.1 烟雾灭火系统投入使用后，应制定相应的检查维护制度，并应使系统处于准工作状态。

7.0.2 烟雾灭火系统应由经过专业技术培训、考试合格的人员负责维护管理。

7.0.3 烟雾灭火系统投入运行时，应具备下列技术资料：

1 本规程第6.0.2条规定的技术文件资料；

2 系统竣工验收报告；

3 对专(兼)职维护管理人员的培训记录。

7.0.4 系统运行中，应防止液体淹没横向导烟管和感温元件。

7.0.5 罐外式系统的检查维护应包括下列内容：

1 喷头无异物堵塞，感温元件和支撑杆外观是否完好无损，位置正确；

2 导火索保护管、导烟管和烟雾产生器、保护箱等组件的外观有无变色、脱漆、变形等异样状态发生；

3 液面是否淹没横向导烟管和感温元件。

7.0.6 罐内式系统的检查维护应包括下列内容：

1 系统的喷头无异物堵塞，感温启动组件外观完好无损，位置正确；

2 烟雾产生器、漂浮装置漂浮正常。

7.0.7 当储存需要加热保温液体的储罐采用罐内式烟雾灭火系统时，液体的输入、输出作业，应在加热状态下进行。

7.0.8 应按规定定期对烟雾灭火系统进行检查和维护，并做好记录。当发现问题时应及时处理。

7.0.9 系统运作后，当系统消耗品达到有效使用期限时应及时更

附录A 烟雾灭火系统的基本性能参数

表A 烟雾灭火系统基本性能参数

系统型号	额定充装量 (kg)	系统喷烟射程 (m)	系统喷烟时间 (s)
ZW12	60	7	<35
ZW16	110	9	<35
ZWW5	20	4	<15
ZWW10	60	7	<25
ZWW12	100	9	<30

附录 B 隐蔽工程验收报告表

表 B 隐蔽工程验收报告

开工日期：　年　月　日

工程名称			
系统名称		建设单位	
设计单位		监理单位	
施工单位		验收日期	年　月　日

验收内容	装置编号		
	1	2	3
筛孔导流筒装配、药芯缠绕高度和间距			
灭火剂充装量、压实情况、药面高度			
导火索及其保护管的装配情况			

检查结论：

施工单位项目负责人：
年　月　日

验收结论：

监理工程师：
（建设单位项目负责人）
年　月　日

附录 C 烟雾灭火系统竣工验收报告

表 C-1 罐外式烟雾灭火系统竣工验收报告

开工日期：　年　月　日

工程名称			
系统名称		建设单位	
设计单位		监理单位	
施工单位		验收日期	年　月　日
验收项目		验收结论	
技术资料审查	1.竣工验收申请报告； 2.施工记录和隐蔽工程中间验收报告； 3.竣工图和设计变更记录； 4.竣工报告； 5.设计说明书； 6.系统使用维护说明书； 7.系统组件及附件的检验报告和出厂合格证		
储罐复核	1.直径 2.容积		
验收内容	1.导烟管的型号、规格、安装质量； 2.固定支架的数量、间距和安装质量、拉杆或支撑杆的安装质量； 3.平台和烟雾产生器安装质量； 4.喷头的数量和安装质量； 5.导火索保护管的连接、密封、固定； 6.导火索的相互连接、防潮处理		

验收单位	建设单位	监理单位	施工单位	设计单位
	（公章）	（公章）	（公章）	（公章）
	项目负责人	总监理工程师	项目负责人	项目负责人
	年　月　日	年　月　日	年　月　日	年　月　日

表 C-2 罐内式烟雾灭火系统竣工验收报告

开工日期：　年　月　日

工程名称			
系统名称		建设单位	
设计单位		监理单位	
施工单位		验收日期	年　月　日
验收项目		验收结论	
技术资料审查	1.竣工验收申请报告； 2.施工记录和隐蔽工程验收报告； 3.竣工图和设计变更文字记录； 4.竣工报告； 5.设计说明书； 6.系统使用维护说明书； 7.系统组件的检验报告和出厂合格证		
储罐复核	1.直径 2.容积		
验收内容	1.浮漂上呼吸阀是否可靠； 2.三翼定位支腿上下转动灵活； 3.喷孔处密封膜是否完好； 4.漂浮试验如何		

参加验收单位	建设单位	监理单位	施工单位	设计单位
	（公章）	（公章）	（公章）	（公章）
	项目负责人	总监理工程师	项目负责人	项目负责人
	年　月　日	年　月　日	年　月　日	年　月　日

中国工程建设标准化协会标准

烟雾灭火系统技术规程

CECS 169：2004

条文说明

1 总 则

1.0.1 烟雾灭火系统是我国自主研究开发的一项主要用于贮存甲、乙、丙类液体的固定顶和内浮顶储罐的灭火技术,特别适用于缺水、缺电和交通不便地区的储库灭火。

烟雾灭火系统由烟雾产生器、引燃装置、喷射装置等组成。当储罐爆炸起火,罐内温度达到110℃后,引燃装置的易熔合金感温元件熔化脱落,火焰点燃导火索,导火索传火至烟雾产生器内,继而引燃内部填装的烟雾灭火剂,烟雾灭火剂以等加速度进行燃烧反应,瞬间生成大量含有水蒸气、氮气和二氧化碳以及固体颗粒的灭火烟雾,在烟雾产生器内形成一定内压,经喷头高速喷入着火储罐,并在储罐内迅速形成均匀而浓厚的灭火烟雾层,以窒息、隔离和金属离子的化学抑制作用灭火。

烟雾灭火技术系1959年提出,1964年被国家科委批准纳入中间试验计划,1968年由公安部天津消防研究所完成了罐内式烟雾灭火装置的初步设计和烟雾灭火剂的配方及其加工工艺,并由天津市公安局组织进行了700m³柴油罐灭火表演试验。1972～1973年,在直径12m的固定顶储罐分别成功地进行了9次柴油和6次原油灭火试验。1973年11月,受公安部委托,天津市公安局组织并通过了"1000m³原油、柴油固定顶储罐烟雾灭火系统"技术鉴定。1975～1976年,在2000m³0#柴油固定顶储罐进行了12次成功的灭火试验,1976年11月通过了该项目技术鉴定。1980年,在1000m³航空煤油固定顶储罐进行了8次成功的灭火试验,同年11月通过了该项目技术鉴定。1983年6月通过了"新型烟雾灭火剂和烟雾灭火系统"技术鉴定。1984～1985年,对乙醇、丁醇、200#溶剂汽油、丙烯酸丁酯、甲苯、苯乙烯、醋酸乙烯等进行了灭火试验,并于1985年11月通过了公安部组织的"醇、酯、酮类化工产品储罐烟雾自动灭火应用技术研究"技术鉴定。1990年5月,用ZWW10型罐外式烟雾灭火系统成功地进行了700m³汽油内浮顶储罐灭火试验,同年8月,又用ZWW5型与ZWW10型装置构成的组合系统成功地进行了700m³汽油固定顶储罐灭火试验,1993年7月通过了"700m³内浮顶汽油罐烟雾自动灭火技术研究"技术鉴定。

1974年开始定点批量生产罐内式烟雾灭火系统。早期的罐内式烟雾灭火系统是采用在油罐底板中心焊接滑道架定心,由于这种方式很难保证滑道在使用过程中与液面垂直,且安装时需要在储罐顶部开设较大的安装孔,于是,1981年后改成了环型浮漂,并由三翼定位支腿定心(图1)。

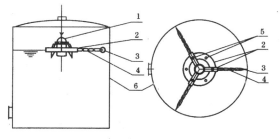

图1 罐内式烟雾灭火系统示意
1—烟雾产生器;2—浮漂;3—脚轮;
4—三翼定位支腿;5—呼吸阀;6—罐壁

由于浮漂直径增大了许多,罐内式烟雾灭火系统靠浮漂就能达到平衡稳定,就不需要安装滑道架了。鉴于罐内式烟雾灭火系统在维护和换药时须清罐,而且不适合安装在油面升降波动大、罐内有障碍物的油罐,因此,80年代开发了罐外式烟雾灭火系统的系列产品(图2)。

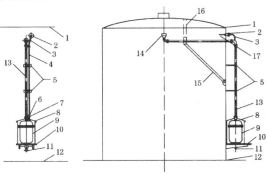

图2 罐外式烟雾灭火系统示意
1—储罐上沿;2—法兰短套管;3—弯管;4—导火索保护管;5—固定支架;6—活接头;7—导火索连接盒;8—保护箱;9—烟雾产生器;10—平台;11—高度调节装置;12—储罐底沿;13—导烟管;14—喷头;15—支撑杆;16—拉杆;17—Y型保护管

罐外式烟雾灭火系统的烟雾产生器固定安装在储罐外,并通过导烟管与罐内的喷头相连接。这种系统对罐内工艺装置无严格要求,对储罐液面波动无要求,现场安装、维护、更换药剂也方便,所以,目前多采用这种系统。罐外式系统早期采用电动启动方式,电源为干电池,探头为电接点温度计,点火部件为电点火管。由于这种启动方式存在误动的可能,并且当储罐内的可燃蒸气浓度在爆炸极限范围时,其误动会引发储罐爆炸火灾,因此,在1989年后改为导火索式引燃装置,从而基本杜绝了系统的误动。

目1968年烟雾灭火系统首先在天津地区试用至今,随着研究的不断深入,烟雾灭火技术已日臻成熟,烟雾灭火系统也基本形成系列。应用范围也从原油、重油、柴油储罐扩展到航空煤油、汽油和醇、酯、酮类水溶性液体储罐,遍及油田、石化、冶金、铁路、航空、火电、国防等领域的工矿企业。长庆、大庆、辽河、华北、克拉玛依、胜利、江汉等国内各大油田,天津、沈阳、北京、乌鲁木齐以及青藏铁路的各机务段油库,浙江、湖南、江西、广西、山东等省区的石油销售公司油库,天津钢丝厂、天津搪瓷厂、广州佛山陶瓷厂、江苏玻璃集团、沈阳石蜡化工厂等工矿企业的小型储罐,以及火力发电厂的点火油罐和一些军用油料库等,由于设置泡沫系统有困难或经济上不合算,都设置了烟雾灭火系统。烟雾灭火系统感应灵敏,不用水、电,灭火迅速,且与泡沫灭火系统比较,可节省消防投资60%以上。同时,烟雾灭火系统自动启动灭火,不需配备专门的消防队伍,可节省大量日常维护管理费用,具有很大的经济效益和社会效益据不完全统计,至1997年已有用户1200多家,应用该灭火系统共3100多套。2000年,仅长庆油田就安装该灭火系统60多套。

近30多年来,烟雾灭火系统在使用过程中,已知的成功扑灭液体储罐火灾案例有四起:1977年10月26日广东佛山市建国陶瓷厂1000m³原油储罐火灾,1981年11月10日天津市搪瓷厂直径为10m的原油储罐火灾,1991年9月10日天津市钢丝厂直径为6.5m原油储罐火灾和1992年8月28日江西万安糖厂直径为7.8m乙醇储罐火灾。但在推广应用中也有失败的教训,例如1989年9月,在对山东省某食品进出口公司某2000m³乙醇储罐安装电启动罐外式烟雾灭火系统时,罐内有100余吨乙醇作业,再加上不懂技术的民工错误操作,致使启动电路闭合而使烟雾灭火系统误动,最终导致储罐爆炸着火。1987年10月中日联合石油灭火试验期间,用罐内式烟雾灭火系统对700m³0#柴油固定顶储罐进行了5次灭火试验,由于未按试验要求操作致使当众的两次表演试验均未灭火。

现行国家标准《石油库设计规范》GB 50074—2002与《原油和天然气工程设计防火规范》GB50183—93及行业标准《铁路内燃机车机务设备设计规范》TB10021—2000对烟雾灭火系统的设置条件进行了规定。本规程的内容与上述标准相衔接,对规范与引

55

导烟雾灭火系统的设计、安装、验收、维护管理必将起到积极作用。

1.0.2 目前,缺水少电的油田以及油库规模较小场所的甲、乙、丙类液体储罐设置烟雾灭火系统的较多。2001 年,《原油和天然气工程设计防火规范》编制组曾先后对长庆、塔里木、大庆、胜利、辽河等油田的烟雾灭火系统使用情况进行过专项调研,长庆油田是调研的重点。长庆油田是特低渗透油田,地跨陕、甘、宁、蒙四省区,地处沟壑纵横、梁峁交错的黄土高原和干旱的荒漠化农牧区;单井产量低、数量多、分布广,所属区域多为山地、坡地,地形破碎,站址选择比较困难;站场规模较小,布置分散,距离远,交通闭塞、油区道路大部分为黄土路,雨天无法通行;供电质量差,可靠性低;干旱时地表水干枯,暴雨时泥洪滚滚,破坏力极大,地表水利用很困难,地下水埋藏很深,且水量较小,一般井深在 500m 左右,产水量 100~350m³/d,开发成本很高。为了使油田开发建设有效益,必须大力压缩地面建设投资。油田大部分站场生产、生活用水要用水罐车从很远的地方拉运。根据长庆油田设计院估算,长庆油田联合站的油罐区若建一套固定式消防冷却供水系统和固定式泡沫灭火系统,站内投资需 360 万元左右,站外深井水源和供水管线的投资约 130 万元左右,合计投资在 490 万元左右。建一座二级消防站投资在 450 万元左右。然而多数厂站远离居民区,站内油罐数量少,容积小于 1000m³,且只有事故时才启油。所以,长庆油田在输油管道和原油储运工程建设中,单罐容量 100~1000m³ 的各类站场,一般不设置泡沫灭火系统和消防冷却水系统,并尽量避免建消防站,而是设置烟雾灭火系统。又如,一些铁路机务段供应内燃机车燃料油的油罐,其容量多在 500~2000m³。以往设置泡沫灭火系统时,必须考虑充足的消防水源、电力供应和消防队员,造成平时大量的人力、物力消耗,加大了工程投资和运营费用。20 世纪 70 年代,天津消防研究所与铁道部共同研制开发了"700m³ 柴油罐烟雾自动灭火装置",经鉴定后,在铁路机务段油库中普遍安装使用。1976~1994 年,每年都有 3~5 个机务段的油库中使用 8~10 台烟雾灭火系统。在一些工矿企业,由于其储罐规模小、数量少,设置烟雾灭火系统可节省大量基建投资,管理维护也很方便。同样,在很多石油公司、工厂企业和军用油料库也都安装了烟雾灭火系统。目前,烟雾灭火系统应用在轻柴油储罐上,最大容量到 5000m³;应用在汽油、航空煤油储罐上,最大容量到 1000m³;应用在乙醇储罐上,最大容量到 800m³;应用在原油上,最大容量到 3000m³。

国家标准《石油库设计规范》、《原油和天然气工程设计防火规范》,以及行业标准《铁路内燃机车机务设备设计规范》等,都规定了各自采用烟雾灭火系统的场所和储罐规模。本规程适用于按上述标准设置的烟雾灭火系统的设计、安装、验收和维护管理。

1.0.3 本规程是一本专用技术标准,在没有发布国家标准前,烟雾灭火系统的设计、安装、使用和维护管理可执行本规程。

3 系统设计

3.1 一般规定

3.1.1 固定顶储罐内的液体表面是自由液面,罐内式系统就是针对固定顶储罐的这种结构特点研制的。罐外式系统的所有组件与液面的升降没有关系。因此,既可用于固定顶储罐,又可用于内浮顶储罐。

储存温度过高会加速罐内式系统烟雾灭火剂的老化失效;储罐进出料流量大时,罐内液面升降速度也大,液面升降波动过大有可能导致某些储罐的液位计量部件与罐内式系统的漂浮装置缠绕,使漂浮装置卡住。不过,目前对烟雾灭火剂的老化失效与环境温度的关系,以及液面升降波动多大为过大,还没有量化指标,本条只是引导性条文。

内浮顶储罐的浮顶又称浮盘,其结构形式较多。现行国家标准《石油库设计规范》GB50074 将其分类为钢制单盘、双盘、浅盘、铝或其它易熔材料制成的浮盘。现行行业标准《石油化工立式圆筒形钢制焊接储罐设计规范》SH3046 分类名称为单盘、隔舱式单盘、双盘、在浮筒上的金属顶等。前者的浅盘即后者所称的单盘,前者的单盘、双盘对应后者的隔舱式单盘、双盘。无论哪种浮盘都不允许施加外来荷载,并且也不利于罐内式系统的安装与维护。按前者的分类名称,目前工程中内浮顶储罐采用钢制浅盘和易熔浮盘的较多,储罐发生火灾时,沉盘、熔盘的可能性大。所以内浮顶储罐设置烟雾灭火系统时,应采用罐外式系统。

3.1.2 本条对各种油品、储罐的烟雾灭火剂设计用量的计算方法进行了规定。

条文中式(3.1.2)是根据多年大量烟雾灭火系统的试验研究总结而得的经验公式。

根据多年的大量试验研究,烟雾灭火系统类别、罐体结构形式及其储存液体的不同,储罐单位面积所需烟雾灭火剂用量也不同。通过直径 0.55m、1.0m、1.5m、2.0m、2.6m、3.0m 的小型试验罐上灭火强度和灭火规律的大量试验表明:储罐高液位时的灭火难度比中、低液位时大。条文中表 3.1.2-1 的数据是根据储罐在高液位条件下的灭火试验数据确定的。再将历年来烟雾灭火系统的主要的应用试验和研究试验归纳如下:

1 烟雾灭火系统应用灭火试验:

在 20 多年对烟雾灭火系统的研究开发中,应用灭火试验已有 100 多次,试验数据见表 1。

表 1 烟雾灭火系统灭火试验一览

试验时间(年)	储罐类别和容积	试验油品	系统类型	灭火剂用量 总量(kg)	灭火剂用量 单位面积用量(kg/m²)	灭火时间(s)	试验次数
1968~1990	700m³ 固定顶罐	0# 柴油	罐内式	33~35	0.46	<20	34
		66# 汽油		36		高液位未灭火	2
1973	1000m³ 固定顶罐	大港原油	罐内式	77	0.68	<20	7
1972~1983	1000m³ 固定顶罐	0# 号柴油	罐内式	55	0.49	<20	14
		66# 汽油	罐内式	55	0.49	5 次高液位未灭火	7
1975~1976	2000m³ 固定顶罐	0# 柴油	罐内式	110	0.55	<20	12
1980	1000m³ 固定顶罐	航空煤油	罐内式	110	0.97	<20	8
1982~1983	1000m³ 固定顶罐	0# 柴油	罐内式	55	0.49	<15	5

续表1

试验时间(年)	储罐类别和容积	试验油品	系统类型	灭火剂用量 总量(kg)	单位面积用量(kg/m²)	灭火时间(s)	试验次数
1984~1985	100m³固定顶罐	乙醇、200#溶剂汽油	罐外式	20	1.00	<10	8
1986~1987	100m³固定顶罐	85#车用汽油	罐外式	23	1.17	<10	10
1986~1990	700m³内浮顶罐	85#车用汽油	罐外式	60	0.80	<10	13
1990	700m³固定顶罐	85#车用汽油	罐外式组合系统	75	1.00	<10	5

2 烟雾灭火系统研究试验:

(1) 柴油储罐灭火试验:

1000m³和2000m³固定顶试验罐,0#柴油,罐内式系统研究试验数据见表2。

表2 1000m³和2000m³柴油罐灭火试验数据

序号	试验日期	储罐容积(m³)	液位高低	罐顶开口(%)	灭火剂量(kg)	点火至喷烟时间(s)	喷烟至灭火时间(s)	灭火后罐内余烟溢出时间(s)
1	1973.7.10	1000	高	15	55	36	13	480
2	1973.7.17		中	22.5	55	115	11	480
3	1973.7.20		低	30	55	65	11	420
4	1973.8.15		中	22.5	55	80	10	360
5	1973.11.5		高	15	55	65	20	390

续表2

序号	试验日期	储罐容积(m³)	液位高低	罐顶开口(%)	灭火剂量(kg)	点火至喷烟时间(s)	喷烟至灭火时间(s)	灭火后罐内余烟溢出时间(s)
6	1975.10.31	2000	低	30	110	114	23	450
7	1975.11.1		低	30	110	120	22	450
8	1975.11.8		低	30	110	139	29	390
9	1976.6.4		高	15	110	50	9	420
10	1976.6.11		高	15	110	106	14	390
11	1976.6.19		高	15	110	105	8	360

(2) 原油罐灭火试验:

1000m³固定顶试验罐,大港原油,罐内式系统研究试验数据见表3。

表3 1000m³原油罐灭火试验数据

序号	试验日期	储罐容积(m³)	液位高低	罐顶开口(%)	灭火剂量(kg)	点火至喷烟时间(s)	喷烟至灭火时间(s)	灭火后罐内余烟时间(s)
1	1973.8.29	1000	低	30	77	97	13	420
2	1973.9.1		中	22.5	77	74	15	510
3	1973.9.7		高	15	77	58	17	660
4	1973.9.18		高	15	77	108	18	570
5	1973.9.26		高	15	77	55	6	330
6	1973.11.4		高	15	77	82	10	270

(3) 乙醇罐灭火试验:

100m³固定顶试验罐,罐顶开设6个对称开口,罐内设有一直径5m随水位升降的燃料浮盘,用ZWW-5型烟雾灭火系统充装20kg烟雾灭火剂,储罐单位面积灭火剂用量为1.02(kg/m²)。灭火试验数据见表4。

表4 100m³乙醇试验罐灭火试验数据

序号	燃料数量(L)	液位高低	罐顶开口(%)	灭火剂量(kg)	点火至喷烟时间(s)	喷烟至灭火时间(s)
1	400	高	20	20	15	4
2	400	高	20	20	27	2
3	400	低	30	20	15	3.2
4	400	低	22.5	20	17.5	3.5
5	400	高	22.5	20	22.5	3.5

(4) 汽油罐灭火试验:

在700m³试验罐顶开设4个排气口和一个中心孔,模拟内浮顶罐的排气口(开口面积为0.88m²,符合我国内浮顶储罐通气口的面积不应小于0.06D的规定)。在假设的内浮顶汽油储罐爆炸起火后,内浮顶未受到破坏、内浮顶遭到部分破坏、内浮顶绝大部分遭到破坏、内浮顶全部破坏而下沉的4种条件下进行灭火试验。其中,内浮顶全部破坏条件下灭火剂试验是采用ZWW-10型(充装灭火剂量为55kg)和ZWW-5型(充装灭火剂量为20kg)两套独立的灭火系统进行试验。表5是内浮顶遭到部分破坏和全部被破坏的试验数据。

表5 700m³汽油罐灭火试验数据

序号	试验日期月.日	储罐液位	通气口和爆开口面积(m²)	灭火剂量(kg)	罐内起火至喷烟时间(s)	喷烟至灭火时间(s)	起火至灭火时间(s)
1	9.28	高	0.88	60	6	5.2	12
2	10.7	高	0.88	60	9	10.5	20
3	10.17	高	0.88	60	9	3	12
4	10.21	中	0.88	60	10	5	15.5
5	6.13	高	5.14	79.6	15	3	18
6	6.19	高	4.84	75	10	4	14
7	6.23	高	4.92	75	13	3	16
8	6.27	高	4.92	75	12	3	15

从表5中试验数据可见:起火至喷烟时间不大于30s;喷烟至灭火时间不大于15s。灭火装置启动较快,能有效地扑灭储罐初期火灾。从采用两套灭火装置进行的灭火试验来看,两套装置的启动时间相差2~3s。

试验结果表明,组合系统能提高扑灭火灾的可靠性,为设计较大储罐消防设施提供了依据。全液面爆炸起火条件下的灭火试验,为拱顶汽油罐的消防设计也提供了数据。

在相同条件下,储罐直径越大,火焰高度越高,单位辐射热也越大,单位面积烟雾灭火剂用量也就越多。表3.1.2-2规定的安全补偿系数是根据灭火试验的推算并适当放大后得出的。例如,直径16m(容量2000m³)与直径12m(容量1000m³)的柴油固定顶储罐,其罐内式系统的储罐单位面积烟雾灭火剂试验用量分别为0.55kg/m²和0.53kg/m²,两者的比值为1.04,为此直径16m的储罐比直径12m的储罐增加安全系数0.10。

3.1.3 本条的规定是为了保证系统灭火的可靠性和安全性。系统设计时应先计算确定被保护储罐的烟雾灭火剂设计用量,然后可按附录A选择系统型号或根据厂家提供的产品进行选型。同时,规定了烟雾产生器的药剂充装量不得小于额定充装量,也不得超过额定充装量过多,这是因为系统的喷烟时间和喷烟射程以及装置的安全可靠程度都与烟雾产生器的药剂充装量有密切关系。

因此,在进行烟雾灭火系统的设计选型时,应综合考虑第3.1.2条和附录A的规定。例如,直径10m的0#柴油(丙类液体)固定顶储罐设置罐外式灭火系统,根据第3.1.2条的规定,烟雾灭火剂设计用量为:

$$m = A \times r(1+k) = 78.5 \times 0.7 \times (1+0) \approx 55 (kg)$$

根据附录A的规定,应选择ZWW10型系统。烟雾灭火剂充装量应为60kg。

3.1.4 目前,烟雾灭火系统的感温元件为易熔合金。感温元件的动作温度过高,烟雾灭火系统启动时间长;动作温度太低,其易熔合金元件容易脱落。故参照国家标准《自动喷水灭火系统设计规范》GB 50084—2001做了此项规定。

对引燃时间的规定是根据系统灭火试验结果做出的。引燃时间越短,系统动作越快,越利于灭火。

3.2 罐外式系统设计

3.2.1 对于甲、乙、丙类液体固定顶、内浮顶储罐,采用独立系统,其设计、安装、检查、维护简便。受烟雾灭火剂充装量和喷烟射程的限制,独立系统可能不满足直径稍大储罐的需要,在这种情况下,允许采用组合系统。不过,按现行国家标准《石油库设计规范》、《原油和天然气工程设计防火规范》以及行业标准《铁路内燃机车机务设备设计规范》规定的烟雾灭火系统设置条件,采用独立系统的喷烟射程满足设计要求是不成问题的,只是烟雾灭火剂充装量可能达不到设计用量。采用组合系统时,当烟雾产生器多于3台时,不易保证系统的引燃时间和喷烟时间。

1 本规定是为了保证一个引燃装置启动后,能使所有烟雾产生器工作,以提高系统启动速度和可靠性。

2 本规定是为了保证组合系统各装置大射程喷烟时间的有效重叠和系统的喷烟时间不超过35s。根据表2的试验数据,当烟雾产生器的启动间隔大于10s时,可能出现大射程喷烟时间间断和喷烟时间大于35s的情况。

3.2.2 烟雾产生器需要设置在平台上,这样可使烟雾灭火系统与所保护的储罐成为一体,可消除热胀冷缩以及罐基沉降的影响。

烟雾产生器避开扶梯、人孔、罐壁焊缝是为了避免烟雾灭火系统影响储罐的使用,同时,也便于系统的维修。

烟雾产生器平台高出储罐基础顶面0.4m,便于烟雾产生器安装,且便于烟雾产生器的通风和防潮。

3.2.3 本条对导烟管的设置做出了规定。

1 导烟管的公称直径是经试验确定的。改变或局部改变公称直径,会影响系统参数。现有各型号的罐外式烟雾灭火系统,其导烟管的公称直径见表6。

表6 导烟管公称直径(mm)

系统型号	导烟管公称直径
ZWW5	80
ZWW10	100
ZWW12	125

2 导烟管与烟雾产生器间,横向导烟管与竖向导烟管间采用法兰连接,便于系统安装,并便于设置密封膜。设置密封薄膜可阻止可燃蒸气和其他异物进入导烟管和烟雾产生器,防止烟雾灭火剂受潮等。

3 本规定的着眼点,一是尽可能降低对储罐的容量和储罐结构的影响;二是降低储罐爆炸着火时可能出现的储罐局部变形对烟雾灭火系统的影响。

导烟管设置示意见图3。

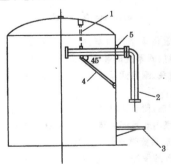

图3 导烟管设置示意图
1—拉杆(内浮顶罐);2—导烟管;3—平台;
4—支撑杆(拱顶罐);5—加强板

4 本规定是为了保证导烟管的稳固性。由于固定顶储罐和内浮顶储罐的内部结构不同,横向导烟管的固定方式也不同。对于固定顶储罐,横向导烟管适宜用支撑杆固定;对于内浮顶储罐,为了不影响浮盘的正常运行,横向导烟管只能设置拉杆固定。竖向导烟管与储罐罐壁的固定支架之间距保持在3.0m是较适宜的,国家标准《低倍数泡沫灭火系统设计规范》GB 50151—92对立管的固定有类似的规定。

3.2.4 本条对喷头的设置做出了规定。

1 喷头铅垂向上设置,不影响储罐储存能力,同时可避免喷头倾斜而影响灭火效果。

2 喷头设置在储罐中央是为了保证储罐内灭火烟雾喷射均匀。

3 组合系统的喷头设置在储罐中部,从储罐的俯视图上看,各喷头处于储罐中部某一圆周的等分点上,要求设计人员在布置喷头的位置时,必须充分考虑储罐内灭火烟雾均匀覆盖燃烧表面。喷头上下保持0.05m的间距,是为了避免喷头喷射的灭火烟雾相互冲击而影响烟雾的均匀分布。

3.2.5 本条对导火索保护管的设置做出了规定。

1 采用活接头连接便于安装与维护。

2 为便于"Y"型导火索保护管和感温元件的安装和检修,储罐内的导火索保护管是由工厂生产的"Y型"标准件,其后端是一块与DN100法兰连接的盲板。安装时,在罐壁上焊一些DN100法兰的短套管,然后将"Y型"导火索保护管插入储罐内,并用螺栓将盲板与法兰紧固。这样,导火索保护管套管中心的高度就是感温元件的安装高度。感温元件的位置越高,越利于系统启动,但储罐爆炸起火时也容易遭到破坏,并且感温元件的位置过高会影响罐壁上沿的环形角钢加强圈。综合考虑几方面因素,规定了导火索保护管套管的中心距储罐上沿的距离应不小于0.2m(见图4)。

另外,为了便于安装操作,根据以往的各罐外式系统的安装经验,建议短套管的法兰面距储罐壁的距离不小于0.1m。

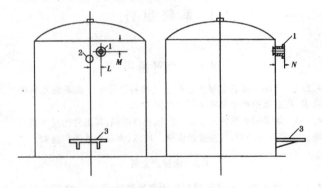

图4 法兰短套管设计尺寸
1—法兰短套管;2—导烟管;3—平台

3 导火索保护立管固定支架间距的规定与第3.2.3条中对导烟管固定支架间距的规定是一致的,两者可共用固定支架。

3.3 罐内式系统设计

3.3.1 罐内式系统的整套装置都安装在储罐内随液面升降的漂浮装置上。漂浮装置由浮漂、三翼定位支腿和脚轮组成。本规定旨在保证烟雾产生器处于储罐的中部、漂浮装置与储罐内壁不发生刚性碰撞和卡住。对于罐壁采用搭接焊接的储罐,其直径随高度的增加而逐渐变小,0.3m的距离可保证储罐高液位时漂浮装置仍能自由浮动。

3.3.2 罐内式系统装置高度约为1.1m引燃装置位于最高点。本条规定最高液面距离罐顶应大于1.5m,是为使引燃装置上方有一定的空间,保证系统启动灵敏且不与罐顶发生碰撞。

设置平台和托环是为防止漂浮装置与加热管碰撞(见图5)。

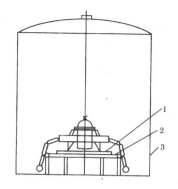

图 5 平台、托环示意
1—平台；2—托环；3—储罐

3.3.3 安装罐内式系统时，各组件通常经储罐人孔进入罐内，再行组装。系统最大的组件是烟雾产生器，烟雾产生器的法兰直径随型号不同而异(见表7)。本规定是为了能使烟雾产生器通过人孔安装到储罐内。

表 7　烟雾产生器法兰直径(m)

系统型号	烟雾产生器法兰直径
ZW12	0.59
ZW16	0.708

4　系统组件

4.1　一般规定

4.1.1 产品应经过国家质量检测机构检验合格。这是最基本的要求，在多数规范中都有类似的规定。

4.1.3 烟雾灭火系统的类型、型号、规格不同，其组件的尺寸也不同。在实际应用中，有误选的实例。所以，本条对此予以强调。

4.2　烟雾产生器

4.2.1 烟雾产生器属于瞬时压力容器装置，平常为常压密封状态。烟雾产生器壳体由筒体和头盖组成，并采用法兰连接。壳体所选用的钢板材料和厚度均经过强度核算。目前，壳体选用中碳钢，它便于加工，且较为安全可靠。

由于烟雾产生器属于瞬时压力容器，因此，应对整个壳体进行水压试验，同时，应采用煤油渗漏检测壳体的焊缝。

经大量冷喷试验得知，罐内式系统壳体的最高工作压力为0.51～0.62MPa，罐外式系统壳体的最高工作压力为1.4MPa。目前，罐内式系统壳体的设计压力取1.0MPa，罐外系统壳体的设计压力取1.6MPa。规定壳体水压试验压力为设计压力的1.5倍，试验时不得有渗漏和宏观变形等缺陷。

在烟雾产生器筒体内壁涂刷防锈油漆的目的是为了避免筒体内壁发生锈蚀。

4.2.2 本条规定了烟雾灭火剂的燃烧速度。灭火剂的燃烧性能是保证有效灭火的关键所在。烟雾灭火剂是由氧化剂、可燃物和发烟物组成的灰色粉末状混合物，点燃后放出大量的灭火气体、水蒸气，并携带出大量的固体小颗粒，形成一种气溶胶物质用于灭

火。根据试验，罐外式烟雾灭火系统灭火剂的燃速控制在1.2～1.4mm/s为宜。烟雾灭火剂的研制综合考虑了以下因素：燃烧反应速度、发烟量、失重百分数、药剂储存时的稳定性，以及系统能够满足的安全条件等。

烟雾灭火剂的燃烧速度测定方法如下：

1　所需仪器和设备：

(1)台秤：一台，精度0.2g；

(2)测速器：

黄铜管：内径28mm，长度100mm；

黄铜柱锤：锤头直径27.5mm，重237g；

铁质凹形底座：内径30.5mm，深12mm。

(3)秒表：2块，精度0.25。

2　试验步骤：

将铜管插入凹形底座上，分三次装入36g(精度0.2g)烟雾灭火剂试样，即先用台秤秤10g装入铜管内，然后缓慢地将柱锤插入铜管，以柱锤的重量压实试样；用同样的操作再装10g试样压实；最后称16g试样装入铜管，用柱锤和锤头旋转磨平药面，使药面距离铜管上端面1mm左右。将铜管向上倾斜30°角放置在通风橱桌上，点燃烟雾灭火剂，并同时启动秒表计时，测定至燃穿烟雾灭火剂底药面的时间。按下式计算燃速：

$$v = l/s \qquad (1)$$

式中　v——燃速(mm/s)；

l——试样高度(mm)；

s——燃烧反应时间(s)。

4.3　引燃装置

4.3.1 为了保证储罐发生火灾时引燃装置能准确启动，感温元件动作温度需要有一定的精度。本条的规定旨在规范感温元件的性能，保证引燃装置可靠、有效地启动。

4.3.2 本条规定了导火索的燃烧速度范围。导火索的燃烧速度过慢或过快都会影响系统的灭火性能，尤其对罐外式系统的影响更为明显。导火索的燃烧速度大于1.0m/s是经过试验验证的。

组合系统的导火索燃烧速度以大于1.5m/s为好，这样可以保证各装置的最大启动时间间隔不大于规定的10s。

4.3.3 为了引燃烟雾灭火剂，并使产生的灭火烟雾导出，需在烟雾产生器内设置筛孔导流筒。在筛孔导流筒外表面贴上新闻纸后，再缠绕剥去外皮的导火索药芯，然后在筛孔导流筒外分次填充烟雾灭火剂。

筛孔导流筒上药芯缠绕间距对系统的喷烟强度、喷烟时间以及药剂初始燃烧面的大小都有一定影响，本条规定的参数是根据试验确定的。

4.3.4 热镀锌钢管防腐性能较好。罐外式系统的导火索保护管与罐内式系统的导火索保护管区别较大，罐内式系统的导火索保护管用Y型管直接连接烟雾产生器，而罐外式系统导火索保护管包括Y型管、弯管、长管，管段之间用活接头连接。

4.4　喷射装置

4.4.1 喷射装置由伞型导流板、喷孔体、喉管、法兰、封底组成。罐外式系统与罐内式系统的喷射装置有所不同，罐外式系统的喷射装置为独立喷头，罐内式系统的喷射装置与烟雾产生器连为一体。

采用冷轧钢板，便于选材和加工，且安全性能较好。

试验表明，罐内式系统烟雾产生器的最高工作压力为0.51～0.62MPa，罐外式系统喷头处的最高工作压力小于1.0MPa。所以，本条规定喷头的设计压力不应小于1.0MPa。

4.4.2 本条是针对罐外式系统而言的，无缝钢管的机械性能较好、摩擦阻力较小。对导烟管及其连接法兰的公称压力要求是根据系统的工作压力确定的。

55

4.5 漂 浮 装 置

4.5.1 漂浮装置的作用是承载烟雾产生器,使之漂浮在储罐液面中部,并能随液面上下平稳漂动。根据多年的试验经验,这种组成是较为合理的。

为了保证漂浮装置的可靠性,在浮漂、浮筒制作完成后应进行气密性试验,试验压力不低于0.1MPa。

1 浮漂由三个扇形浮箱和三个长方形浮箱组成。浮箱用冷轧钢板制作比较方便,且较为可靠。浮箱上设有呼吸阀,浮箱间采用螺栓固定,形成了一个环状整体。

规定浮漂顶面距储罐液面不小于0.2m,主要是保证喷孔与液面的距离。根据试验,喷孔与液面的距离太近,灭火烟雾会对液面产生较大冲击,影响灭火;如距离太远,会影响装置的稳定性。

2 三翼定位支腿的作用是为了保证系统组件在随液面升降的过程中,能始终保持在液面中部。三翼定位支腿每个支腿均由多个浮筒组成。

浮筒间采用铰链,便于制作、安装,且有利于系统的稳定。铰链中间设置铜套可避免因摩擦产生静电或火花。

3 脚轮的主要作用是保证三翼定位支腿碰到罐壁焊缝时能顺利地随液面升降。本条规定脚轮的材质选用铜或铝,是为了避免脚轮与罐壁摩擦产生火花。

4.6 附 件

4.6.1 罐外式系统附件的主要作用是保护、固定烟雾产生器,导烟管和导火索保护管、喷头。保护箱主要用于保护烟雾产生器,一方面防止自然环境的影响,另一方面当系统启动时,避免过热的烟雾产生器对油罐产生影响;平台、托板、高度调节装置主要用于固定、调节烟雾产生器的位置;支架用于固定竖向导烟管,一般设置两个。拉杆用于固定横向导烟管的位置;对于拱顶罐而言,常采用支撑杆固定横向导烟管。

本条主要强调了附件强度和防腐的问题。虽然它们是辅助部件,但是满足相应的强度要求和具有较强的耐腐蚀能力是非常重要的,这是保证系统有效、正常地工作不可缺少的条件。

4.6.2 为了保证整个烟雾灭火系统处于密封状态,喷孔处、导烟管、导火索保护管连接处应用耐油、耐水的聚酯薄膜和环氧树脂粘结剂密封。聚酯薄膜的技术要求见表8。当系统启动喷射灭火烟雾时,聚酯薄膜在灭火烟雾的压力和温度作用下很快打开,使灭火烟雾迅速充满整个储罐内。

表8 密封薄膜的技术要求

项 目	技术要求
厚 度	0.04~0.05mm
熔 点	不低于253℃
密 度	1.35~1.40g/cm³
延 伸 率	50%~130%
耐折性	不小于15000次

5 系 统 安 装

5.1 一 般 规 定

5.1.1 本条对安装队伍的考核和资质等做了规定。

近年来,全国各省专营或兼营消防工程的安装队伍很多,某些安装队伍本身的素质和管理等较差,施工过程中存在不少质量问题。公安消防监督机关和使用单位对此已予以重视,有的地区已制定了相应的管理办法。因此,有必要对安装队伍的资质做统一的规定。

从事烟雾灭火系统工程安装的技术人员、上岗技术工人必须经过培训,掌握系统的结构、工作原理、关键组件的性能和结构特点、施工程序以及安装中应注意的问题等专业知识,确保系统的安装、调试质量,保证系统正常、可靠地运行。

5.1.2 本条是在综合分析国内近年来一些消防工程公司在安装过程中的一些实际做法和经验教训的基础上,参考国家标准《自动喷水灭火系统施工及验收规范》GB 50261第3.0.2条的相关规定而制定的。

1 设计图纸及其他技术文件应齐全是施工的必备条件。

2 本规定旨在保证选用材料的质量,保证系统的安全可靠。

5.1.3 本条规定了组件在安装前应进行现场检查的具体事项和要求。

5.1.4 甲、乙、丙类液体储罐区属易燃易爆场所。系统安装,尤其是动火作业时,要严格遵守相关的管理办法。例如,中国石化集团专门制定的《中国石化销售公司油库安全管理制度》中的"安全管理办法",其中对明火管理进行了详细的规定,从管理范围、用火级别、明火作业的一般要求、用火审批权限、用火安全程序、动火条件、用火人权限、用火监护人的资格和职责、动火主要注意事项等九个方面进行了严格规定。安装烟雾灭火系统时,若需动火作业,应借鉴油库明火作业的有关管理办法。其他作业也必须满足易燃易爆场所施工安全的要求。

5.1.5 烟雾灭火剂、导火索容易受潮,因此,安装应避开雨、雪天气。安装前,尽可能用干燥物擦拭烟雾产生器、导烟管等。

5.1.6 受运输条件影响,目前,烟雾产生器的组装一般在施工现场完成。因生产厂商对其产品的性能比较熟悉,故在安装过程中参照产品安装使用说明书进行有利于保障安装质量。

烟雾产生器的组装通常按下列要求和步骤进行:

1 导火索从包好新闻纸的导流筒杆下300mm(以ZWW10型为例)的任一小孔中穿出,并按照本规程第4.3.3条的规定缠绕导火索(图6)。

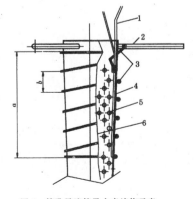

图6 筛孔导流筒导火索缠绕示意
1—导火索;2—定位杆;3—导火索药芯;4—筒壁;5—导流筒;6—新闻纸;
a—导火索缠绕高度;b—导火索缠绕间距

2 将缠绕好导火索的筛孔导流筒放入产生器内,并将上端开口遮严,以防止装药时烟雾灭火剂进入导流筒内。

3 烟雾灭火剂分多次填装到壳体内,依次捣实、压平,烟雾灭火剂距法兰顶面20～40mm,装药时防止弄断导火索。

4 填装完药剂后,在密封垫双面涂抹黄油后放在法兰密封面上,将导流筒上的导火索从头盖的接头孔内穿出,装上头盖,紧固螺栓。

5.1.7 本条规定了Y型导火索保护管的基本安装要求。安装步骤可参照生产厂提供的安装使用说明书。

5.1.9 喷头密封膜对系统密封非常重要,故本条强调了密封膜不得损坏。同时提示,安装后应拆除喷头密封保护层,以保证系统正常运行。

5.2 罐外式系统安装

5.2.1 平台、导烟管与导火索保护管的固定支架、导烟管的拉杆或支撑杆应牢固可靠地焊接在储罐上。

平台、导烟管与导火索保护管的固定支架焊在储罐外壁上;导烟管的支撑杆焊在储罐内壁上;导烟管的拉杆焊在罐顶的钢架上。

在储罐上进行焊接作用时,应满足储罐的有关施工工艺要求。

5.2.2 本条的规定是要求平台平面保持水平,施工时用水平仪测量即可。

5.2.3 本条对连接法兰的连接做出了规定。法兰的连接应保证安装质量,保证导烟管组装完后能够承受灭火烟雾的冲击荷载。偏差过大会影响工程质量,不得用强紧螺栓的方法来消除偏差。对螺栓孔同轴度的要求是为了便于螺栓自由穿入,保证安装质量。

5.2.4 导烟管水平度或垂直度偏差过大对系统受力会产生不利影响,并且影响系统美观。导烟管的测量基准可利用平台平面。

5.2.5 本条对烟雾产生器的安装位置、安装方法做出了规定。第3款的规定是为了防止在安装过程中烟雾产生器的全部重量施加到竖向导烟管上。

5.2.6 规定两个感温元件水平安装,是为了保证每套引燃装置有两个引燃点,增加了系统的可靠性。

5.3 罐内式系统安装

5.3.1 焊接作业时,需要采取一定的保护措施,避免影响到储罐底部的加热盘管。

5.3.2 本条旨在防止反向安装,避免不必要的失误。呼吸阀内设置有弹簧,因此,需要检查呼吸阀是否可靠。

5.3.3 在实际操作中,三翼定位支腿用手能上下转动各浮筒即可。

5.3.4 为确保系统可靠,安装完毕后需在水中进行漂浮试验,以检查系统是否升降平稳。试验时注水深度以2m为宜。

6 验 收

6.0.1 施工单位对施工质量负责,完工后应首先自行组织检查评定,发现问题及时解决,确保施工质量。隐蔽工程在隐蔽前,施工单位应通知建设单位、监理单位进行验收。系统中的隐蔽工程主要包括烟雾产生器的组装;导火索及其保护管的装配。

6.0.2 本条规定了烟雾灭火系统竣工验收前,施工单位应提交的技术资料。完整的技术资料是公安消防监督机构依法对工程建设项目的设计和施工进行有效监督的基础,也是竣工验收时对系统的质量做出合理评价的依据,同时,也便于用户的操作、维护和管理。

6.0.3 因为烟雾灭火系统对储罐有基本的要求,所以验收时应复核安装的系统是否与设计图纸选用的系统一致。

6.0.4 罐外式系统的验收有些部分可检查竣工资料、隐蔽工程验收记录,如第3项的验收主要是查看有关隐蔽工程验收记录即可。有些部分应按规程规定对喷头、导烟管、导火索保护管、固定支架、法兰、烟雾产生器的保护箱、平台等进行认真检查,判断其是否符合本规程的规定。

6.0.5 罐内式系统的验收主要包括烟雾产生器、三翼定位支腿、浮漂、感温元件等的数量、型号、规格、位置与固定安装情况;涂漆和标志;灭火剂的充装量和安装质量的检查非常重要,漂浮试验也不容忽视。验收时,应将现场实际查验与查看竣工资料和隐蔽工程验收记录结合进行。

6.0.6 本条主要依据国内有关标准和实践经验总结制定。烟雾灭火系统的施工记录,是真实反映施工单位安装灭火系统全过程的文字记录材料。施工记录中反映了安装前对灭火系统设备和材料的检查情况,如设备和材料的型号、规格、外观,管道的试验情况、安装情况,安装采用的新工艺、新方法,便于验收人员了解灭火系统的实际状况和检查验收,也利于施工单位总结经验、吸取教训。因此,施工单位除在安装时应指定专人负责,认真填写施工记录外,还要在竣工时,向建设单位提交有关的设计变更方案记录、安装试验记录以及单项工程竣工报告(如隐蔽工程检查验收报告),为施工单位申请验收和日后的检查维护,以及责任认定提供完备的相关文件。

6.0.7 本条是根据储罐和烟雾灭火系统的特点而规定的。只能根据产品质量、安装质量等进行验收,可不进行冷喷试验。

7 维护管理

7.0.1 根据公安部消防局全国消防监督管理工作会议的精神,贯彻"谁主管、谁负责"的原则,应当由使用消防系统设施的单位领导负责制定消防设施的检查管理和使用维护制度,并在日常工作中认真执行,确保消防系统设施时刻处于准备投入使用的良好状态。

7.0.2 维护管理是烟雾灭火系统能否正常发挥作用的关键之一。系统检查管理和使用维护的效果,取决于具体操作人员专业知识和基本技能的掌握水平。本规定借鉴国内、外有关规范的规定和成熟的使用管理经验,要求必对须参加检查管理和使用维护的所有人员进行烟雾灭火系统的全面培训和严格的资格考核,使其具备执行操作的专业素质和基本条件。

7.0.3 本条规定了烟雾灭火系统投入使用时应具备的技术资料,这是保证系统正常使用和检查维护所必需的。检查管理和使用维护人员必须对系统的工作原理、施工安装调试以及验收的情况有全面的了解,掌握系统的性能、构造及检查维护的基本方法和技能,因此,首先应具备必要的技术资料。为了确保系统装置时刻处于投入使用的良好准备状态,必须建立检查管理和使用维护记录。

7.0.4 本条严格规定了系统运行中储罐内液面的上限高度。液体淹没横向导烟管和感温元件,就有可能使喷头喷孔受到堵塞,感温元件无法正常脱落,从而造成系统失灵。

7.0.5 本条的规定是根据罐外式烟雾灭火系统的组件构造、作用原理和使用条件等确定的。罐外式系统的大部分组件设置在储罐外,受自然环境条件的影响较大,导烟管及烟雾产生器、保护箱等组件外观容易出现变色、脱漆、变形等情况。同时,为了避免因为液体淹没横向导烟管或者感温元件而导致系统无法运行,本条也将其纳入检查的内容。

7.0.6 本条的规定是根据罐内式烟雾灭火系统的组件构造、作用原理和使用条件等确定的。本条的规定是确保罐内式烟雾灭火系统正常发挥作用的基本条件,其中任一条件不具备,都会给系统正常发挥作用带来影响,造成系统灭火能力的降低或失效。

7.0.7 采用罐内式烟雾灭火系统的储罐,对需要加热、保温的液体进行输入、输出作业时,由于液体的粘度会使液体与烟雾灭火系统的运动构件发生粘连,造成运动构件因扭曲和失衡而脱离正常运行状态或卡死,不能随液面正常浮动。因此,必须在加热状态下完成液体的输出、输入作业。

7.0.8 系统的检查管理和使用维护记录是一项长期持续的工作,是用来判断系统设施是否时刻处于正常状态的文字依据。同时,也为系统设施的维护管理积累必要的档案资料。对于检查管理和使用维护中发现系统设施的任何异常情况,都必须高度重视,及时处理,做到真正确保系统设施时刻处于准工作状态。

7.0.9 本条的规定是根据烟雾灭火系统的工作原理、组件构造以及易耗件的性质和作用确定的。系统正常运作后,系统组件会发生一定的形态改变,消耗品会有正常损耗,或出现消耗品由于长时间贮存而产生性能降低或失效。为了确保系统正常发挥灭火作用,必须按照本条的规定及时予以重新安装或更换。

中国工程建设标准化协会标准

油浸变压器排油注氮装置
技术规程

Technical specification for oil evacuation and
nitrogen injection equipment of transformer

CECS 187：2005

主编单位：公安部天津消防研究所
批准单位：中国工程建设标准化协会
施行日期：2 0 0 5 年 1 0 月 1 日

前　　言

根据中国工程建设标准化协会(2004)建标协字第 05 号文《关于印发中国工程建设标准化协会 2004 年第一批标准制、修订项目计划的通知》的要求,制定本规程。

排油注氮装置是专门用于油浸变压器防护和灭火的一种新装置,弥补了当前水喷雾灭火系统及其他灭火系统不能预防火灾的不足。油浸变压器排油注氮装置在我国已有 16 年的使用经验,近年来,我国又自行研制了具有防爆、防火、灭火功能的排油注氮装置。经大量试验和检测,该产品已通过鉴定并在国内外使用。

本规程是在总结实践经验,参考和吸收国内外有关资料,并广泛征求意见的基础上制定的。本规程共分五章,内容包括:总则、术语、装置设计、施工及验收和维护管理。

根据国家计委计标〔1986〕1649 号文《关于请中国工程建设准化委员会负责组织推荐性工程建设标准试点工作的通知》的要求,现批准发布协会标准《油浸变压器排油注氮装置技术规程》,编号为 CECS 187：2005,推荐给工程建设设计、施工和使用单位采用。

本规程由中国工程建设标准化协会消防系统专业委员会 CECS/TC21 归口管理,由公安部天津消防研究所(天津市南开区卫津南路 110 号,邮编 300381)负责解释。在使用中如发现需要修改和补充之处,请将意见和资料径寄解释单位。

主 编 单 位：公安部天津消防研究所
参 编 单 位：中国华电集团
　　　　　　中国电力建设工程咨询公司
　　　　　　东北电力设计院

上海市消防局
广东省公安厅消防局
天津市公安消防局
辽宁省公安厅消防局
福建省公安厅消防局
上海电力公司
上海电力设计院有限公司
福建省电力公司
深圳华电电力消防技术有限公司
保定天威电力成套设备有限公司
辽宁省电力设计院

主要起草人：倪照鹏 杨国富 姚　洪 李向东 李筠瑞
　　　　　　刘永红 李　兵 徐志宏 虞利强 王　伟
　　　　　　郭　欢 史小军 张小宏 王宗存 谢志勇
　　　　　　张建国 袁晓明 郑家松 鄢庆锰 陈　可
　　　　　　王延敬 范　会 窦青春

中国工程建设标准化协会
2005 年 8 月 4 日

目　次

56

1 总　则

1.0.1 为防止和减少油浸变压器的火灾危害,保护人身安全和生态环境,避免财产损失,制定本规程。

1.0.2 本规程适用于安装在油浸变压器上的排油注氮装置(以下简称排油注氮装置)的设计、施工、验收及维护管理。

油浸电抗器采用排油注氮装置时,可参照本规程执行。

1.0.3 排油注氮装置工程的设计及施工应做到安全可靠、方便使用和经济合理。

1.0.4 排油注氮装置工程的设计、施工、验收及维护管理,除应执行本规程的规定外,尚应符合国家现行有关标准的规定。

2 术　语

2.0.1 油浸变压器排油注氮装置 oil evacuation and nitrogen injection equipment of transformer

由控制柜、消防柜、断流阀、感温火灾探测器和排油注氮管路组成的,用于油浸变压器的具有防爆、防火和灭火功能的装置。

2.0.2 变压器爆裂 transformer bursting

变压器因严重故障,瞬间产生大量高温、高压可燃气体,使内部压力超过变压器壳体的承载力,而造成壳体爆裂、变压器喷油的现象。

2.0.3 变压器排油注氮 oil evacuation and nitrogen injection of transformer

当变压器内部压力超过压力控制器设定值时,在重瓦斯等信号作用下,瞬时开启快速排油阀排油泄压,且经适当延时自动开启氮气阀,注入氮气,冷却故障点,稀释空气中氧气的过程。

2.0.4 断流阀 shutter

安装在储油柜与气体继电器之间,正常情况下开启,当变压器发生事故而快速排油时,在大流量油流作用下能自动关闭,切断储油柜油流的阀门。

2.0.5 排油连接阀 oil evacuation connection valve

接入和隔离排油注氮装置的蝶阀。它用法兰固定安装在变压器油箱上部的排油管道上。

2.0.6 注氮阀 nitrogen injection valve

接入和隔离排油注氮装置的球阀。它用法兰固定安装在变压器油箱下部的注氮管道上。

2.0.7 消防柜 fire cabinet

由氮气瓶、氮气压力表、氮气控制阀、氧气流量阀、油气隔离组件、检修阀、快速排油阀、操作机构、压力控制器和电加热器等组合而成的消防装置。

3 装置设计

3.1 一般规定

3.1.1 当油浸变压器采用排油注氮装置时,应根据单台油浸变压器的容量、油量、构造及其周围环境等条件进行工程设计。

3.1.2 排油注氮装置的氮气瓶应符合现行国家标准《钢质无缝气瓶》GB 5099 的有关规定,其配置应符合表 3.1.2 的规定。

表 3.1.2　氮气瓶配置

油浸变压器容量(MV·A)	≤50	>50,≤360	>360
单位氮气瓶容积(L)	40	40	63
氮气瓶数量(个)	1	2	2
氮气瓶工作压力(MPa)(20℃)	15±0.5	15±0.5	15±0.5
注氮工作压力(MPa)	0.5～0.8	0.5～0.8	0.5～0.8

3.1.3 排油注氮装置的氮气应选用纯度不低于 99.99% 的工业氮气。

3.1.4 排油注氮装置的供电电源应采用不低于二级负荷供电的电源。

3.2 装置设计

3.2.1 感温火灾探测器应布置在易于接触到火灾热气流的位置,并宜均匀布置在变压器顶部。

3.2.2 排油孔应设置在变压器的端面距变压器油箱顶部 200mm 处,并应配备焊接的排油管,其管径应符合表 3.2.2 的规定。

表 3.2.2　排油管最小直径(mm)

油浸变压器容量(MV·A)	排油管的直径(mm)
≤360	DN100
>360	DN150

3.2.3 注氮孔应均匀对称布置在变压器两侧距变压器油箱底部100mm处,并应配备DN25的焊接注氮管。注氮孔的数量应根据油浸变压器的储油量确定,并应符合表3.2.3的规定。

表3.2.3 注氮孔数量(个)

油浸变压器容量(MV·A)	注氮孔数量(个)
≤50	2
>50,≤360	4
>360	6

3.2.4 消防柜宜靠近变压器布置。

3.2.5 控制柜宜安装在相关控制室内。在无人巡视的场所,应能将信息远传至有人监控的场所。

3.2.6 控制室应能指示排油注氮装置的工作状态和启动排油注氮装置的动作。

3.2.7 消防柜排油管应接至事故油池或储油灌等变压器事故泄油设施。

3.3 装置部件

3.3.1 排油注氮装置的部件应符合国家现行有关标准的规定,并应经国家消防产品质量监督检测中心检验合格。

3.3.2 断流阀的公称直径应与变压器气体继电器的管径一致。

3.3.3 断流阀应具有手动复位装置,且在接点闭合时应能输出声光信号。

3.3.4 火灾探测器宜采用低熔点合金感温探测器,其动作温度应为130±10℃。

3.3.5 对排油管、注氮管及其法兰,当采用钢材时均应经热镀锌处理,焊接应做防锈处理。

3.3.6 消防柜的工作环境温度为-5～+55℃。当不符合规定时,应采取防护措施。

3.4 控制和操作

3.4.1 排油注氮装置应设自动、手动启动两种控制方式。

3.4.2 自动启动控制应在接到2个或2个以上独立信号后方启动。

3.4.3 排油注氮装置启动时,应有反馈信号。

3.4.4 控制箱上应显示主要部件工作状态的反馈信号,并应具有自检功能。

4 施工及验收

4.1 施工准备

4.1.1 排油注氮装置的施工单位,应具有消防设施工程专业承包资质。施工专业人员应具有从业资格证书。

4.1.2 施工前应具备工程设计单位正式提交的、经审查批准的工程施工图和设计说明书,设备安装使用说明书等技术文件。

4.1.3 产品应有出厂检验报告或合格证,施工前应对装箱单进行核对。装置的组件、管件及其他材料应符合设计要求和国家现行有关标准的规定。

4.1.4 排油注氮装置的施工应具备下列条件:
1 设计单位已向施工单位进行技术交底;
2 管材和管件等的规格、型号符合设计要求;
3 与施工有关的基础、预留孔和预埋件符合设计要求;
4 场地设施满足施工要求。

4.2 施工和安装

4.2.1 排油注氮装置的施工应按设计施工图纸和技术文件进行,不得任意更改。当确需改动时,应经原设计单位认可。

4.2.2 管道的施工应按现行国家标准《工业金属管道工程施工及验收规范》GB 50235和《现场设备、工业管道焊接工程施工及验收规范》GB 50236的有关规定执行。

4.2.3 排油管、注氮管的法兰连接应采用耐油密封件。

4.2.4 排油管和注氮管伸向消防柜的水平管道应有2%的上升坡度。

4.2.5 管道施工时应保持内部清洁,不应有氧化皮、焊渣、焊瘤和尘土等杂物存留。当安装中断时,其敞口处应封闭。

4.2.6 电气设备的安装应符合国家现行有关标准的规定。

4.3 管道吹扫和试压

4.3.1 在安装排油连接阀和注氮阀前,应采用高压空气对排油管和注氮管进行吹扫,清除管内的尘土等杂物。

4.3.2 管道的空气吹扫应按现行国家标准《工业金属管道工程施工及验收规范》GB 50235的有关规定执行。吹扫合格后,应按本规程附录A的格式填写"管道吹扫记录表"。

4.3.3 管道安装完毕后,应采用变压器油进行管道试压,并应符合下列规定:
1 排油管试压应在排油连接阀与消防柜的检修阀之间进行,试验压力采用0.15MPa,稳压2h应无泄漏;
2 注氮管道试压应在注氮阀与消防柜的节流阀之间进行,由排气旋塞注入变压器油压,试验压力采用0.15MPa,稳压2h应无泄漏;
3 试验合格后,应按本规程附录B的格式填写"管道试压记录表"。

4.3.4 空气吹扫和试压完成后,应及时拆除所有临时盲板和试验用的管道。

4.4 装置调试

4.4.1 排油注氮装置的调试应在装置安装完毕,以及消防柜、控制柜分别调试完成后进行。

4.4.2 调试前应具备本规程第4.1.2条所规定的技术资料和附录A、附录B规定的记录表以及调试必需的其他资料。

4.4.3 调试人员应由熟悉排油注氮装置原理、性能和操作的专业技术人员担任。调试前施工单位应制定调试程序。参加调试的人员应职责明确,并应按预定的调试程序进行。

4.4.4 调试前应检查排油注氮装置的规格、型号以及施工质量，合格后方可调试。

4.4.5 调试前应将需要临时安装在装置上的仪器、仪表安装完毕，调试时所需的检验设备应准备齐全。

4.4.6 排油注氮装置的调试应符合下列规定：

    1 管道未充油；

    2 调试时，关闭排油连接阀和注氮阀；

    3 氮气控制阀不接入控制回路，以信号灯代替；

    4 输入和输出的信号（如重瓦斯、断路器跳闸信号等）以及压力控制器的超压信号，宜用模拟信号接点代替；

    5 数字化智能型装置调试时，打印机的时钟与电脑的时钟应一致。

4.4.7 调试时自动启动和手动启动应符合本规程第3.4.2～3.4.4条的规定。

4.5 装置验收

4.5.1 竣工验收应由建设主管部门主持，公安消防监督机构和设计、施工等相关单位参加，组成验收组，共同进行验收。

4.5.2 排油注氮装置的验收应包括下列内容：

    1 控制柜、消防柜、断流阀、感温探测器、氮气瓶的规格、型号、数量、安装位置和安装质量；

    2 排油注氮管路和管件的规格、型号、位置、坡向、坡度、连接方式和安装质量；

    3 电源和排油注氮装置的功能。

4.5.3 竣工验收时，应对排油管、注氮管进行检查和试验，对装置的控制与操作应进行检查测试。

4.5.4 竣正验收时，施工、建设单位应提供下列资料：

    1 验收申请报告和公安消防机构的审批文件；

    2 排油注氮装置验收表；

    3 设计变更文件；

    4 管道吹扫记录表和管道试压记录表；

    5 测试报告；

    6 安装使用说明书和产品出厂合格证；

    7 与装置相关的电源、备用动力、电气设备以及联动控制设备等验收合格的证明；

    8 管理、维护人员登记表。

4.5.5 装置验收合格后，应按本规程附录C的格式填写"排油注氮装置验收表"。

5 维护管理

5.1 一般规定

5.1.1 排油注氮装置验收合格后方可投入使用，并应有管理、检测、维护制度。

5.1.2 排油注氮装置投入运行前，运营单位应配备经专门培训合格的人员负责装置的维护、管理、操作和定期检查。

5.1.3 维护管理人员应熟悉排油注氮装置的原理、性能和操作维护规程，并应负责控制柜、消防柜钥匙的保管。

5.1.4 排油注氮装置正式启用时，应具备下列条件：

    1 本规程第4.5.4条所规定的技术资料；

    2 值班员职责规定；

    3 操作规程和流程图；

    4 装置的检查记录表；

    5 已建立排油注氮装置的技术档案；

    6 数字化智能型装置的电脑软件备份。

5.2 定期检查和维护保养

5.2.1 每周应对氮气瓶压力进行一次巡查，应按本规程附录D的格式填写"氮气压力记录表"。

5.2.2 每月应对装置的外观进行检查，应按本规程附录E的格式填写"排油注氮装置月检查记录表"。检查内容和要求应符合下列规定：

    1 对消防柜中所有零部件进行外观检查，表面应无锈蚀，无机械性损伤；

    2 检查排油管、注氮管、法兰和排气旋塞应无渗漏现象；

    3 检查控制柜电源、信号灯和蜂鸣器，应正常工作。

5.2.3 每年（或配合变压器年检时）应对排油注氮装置进行检查及模拟试验，装置应正常工作。应按本规程附录F的格式填写"排油注氮装置年检查记录表"。检查内容及模拟试验情况应符合下列规定：

    1 按规定办理"工作票"；

    2 关闭变压器上的排油连接阀和注氮阀；

    3 检查消防柜、控制柜电源、信号灯和蜂鸣器是否良好；

    4 对UPS电源的蓄电池进行充放电保养，清除蓄电池表面异物，拧紧接头；

    5 检查管道法兰的密封件，当有老化、损坏时应予以更换；

    6 检查管道、支架和固紧件，重新涂刷油漆；

    7 模拟试验装置排油功能和注氮功能的试验：

      1)在消防柜的端子排上，断开"氮气阀"的连接线，以信号灯代替；

      2)在控制柜上试验"手动启动"；

      3)在控制柜上模拟"压力控制器"、"断路器跳闸"、"重瓦斯保护"或其他控制信号，试验"防爆、防火自动启动"；

      4)在控制柜上模拟"感温火灾探测器"、"重瓦斯保护"或其他控制信号，试验"灭火自动启动"；

      5)对数字化智能型装置，模拟"感温火灾探测器"动作时，用监控的计算机试验"远程手动启动"。

    8 检查试验完毕后，所有阀门和接线恢复原状。

5.2.4 对检查和试验中发现的问题应及时解决，对损坏或不合格的部件应立即更换，并应使装置恢复到正常状态。

附录 A 管道吹扫记录表

表 A 管道吹扫记录

工程名称				建设单位			
项目名称				设计单位			
吹扫日期				施工单位			
管道名称	设计参数			吹扫条件			结果
	管径(mm)	材质	介质	压力(MPa)	压力(MPa)	时间(min)	
结论							
参加单位和人员(签字)	建设单位						
	施工单位						
	监理单位						

注:结论栏内填写合格、不合格。

附录 B 管道试压记录表

表 B 管道试压记录

工程名称				建设单位			
项目名称				设计单位			
试压日期				施工单位			
管道名称	设计参数			试压条件			结果
	管径(mm)	介质	压力(MPa)	介质	压力(MPa)	时间(h)	
结论							
参加单位和人员(签字)	建设单位						
	施工单位						
	监理单位						

注:结论栏内填写合格、不合格。

附录 C 排油注氮装置验收表

表 C 排油注氮装置验收

工程名称		建设单位	
项目名称		设计单位	
验收日期		施工单位	
验收序号	验收内容		验收结果
1	工程设计图纸、设计相关文件		
2	管道吹扫记录表、管道试压记录表		
3	装置交付测试报告		
4	装置安装使用说明书		
5	装置出厂检验报告和合格证		
6	装置模拟试验		
7	管理维护人员岗位表		
验收结论:	验收组组长(签字)		年 月 日
参加单位和人员(签字)	工作单位	姓名	职务、职称
	建设主管部门		
	建设单位		
	公安消防机构		
	设计单位		
	施工单位		
	监理单位		

附录 D 氮气压力记录表

表 D 氮气压力记录   年 月 日

变电站名称			变压器编号	
变压器容量(MV·A)			电压等级(kV)	
装置竣工日期			装置投运日期	
序号	时间(月日时分)	气温(℃)	氮气压力(MPa)	检查人(签字)	负责人(签字)

注:每周对氮气瓶的压力进行巡查,并按规定填写。

附录E 排油注氮装置月检查记录表

表E 排油注氮装置月检查记录　　　年　月　日

变电站名称		变压器编号			
变压器容量(MV·A)		电压等级(kV)			
装置竣工日期		装置投运日期			
序号	时间 (月日)	零部件 外观检查	管道、法兰 和排气旋塞 有无渗漏现象	控制柜电源、 信号灯和蜂 鸣器是否正常	检查人 (签字)	负责人 (签字)

注:每月对装置进行巡视检查,并按规定填写。

附录F 排油注氮装置年检查记录表

表F 排油注氮装置年检查记录　　　年　月　日

变电站名称		变压器编号		
变压器容量(MV·A)		电压等级(kV)		
装置竣工日期		装置投运日期		
序号	检查内容	检查 结果	检查人 (签字)	负责人 (签字)
1	按规定办理"工作票"			
2	是否关闭排油安装阀和注氮安装阀			
3	消防柜、控制柜电源、信号灯和蜂鸣器是否良好			
4	对UPS事故电源的蓄电池进行充、放电保养			
5	检查管道法兰的密封件有无老化			
6	检查管道、支架和紧固件,重新涂刷油漆			
7	模拟试验装置的排油功能和注氮功能			
8	在控制柜上试验"手动启动"			
9	试验"防爆、防火自动启动"			
10	试验"灭火自动启动"			
11	检查试验完毕,所有阀门和接线均恢复原状			

注:每年(或配合变压器停电大修时)对装置进行检查及模拟试验,并按规定填写。

中国工程建设标准化协会标准

油浸变压器排油注氮装置
技术规程

CECS 187：2005

条文说明

56

1 总 则

1.0.1 油浸变压器消防的灭火介质和系统型式较多,通常采用水喷雾灭火系统、中低压细水雾灭火系统、合成泡沫灭火系统、室内变压器的气体灭火系统和适用于室内外的油浸变压器排油注氮装置及新型的具有防爆、防火、灭火功能的油浸变压器排油注氮装置(以下简称排油注氮装置)。

除排油注氮装置外的其他灭火系统和装置,都是当变压器发生火灾后才动作的灭火设施,做不到"预防为主",而排油注氮装置是一种"预防为主、防消结合"的消防设施,具有经济、有效、适用的特点,目前已成为替代其他灭火设施的重要手段。

我国于1989年由法国瑟吉公司引进的油浸变压器排油注氮装置,是仅具有扑灭变压器初期火灾功能的2000型灭火装置,经国产化在我国已有16年的运行历史。

5年前,法国瑟吉公司对排油注氮装置进行了技术改进,推出了防爆防火灭火型(3000型)装置,我国也进行了国产化。这种集防爆、防火、灭火功能于一体的新一代产品,已经国家固定灭火系统和耐火构件质量监督检测中心检验,通过了产品鉴定,并在我国推行使用。排油注氮装置已在20多个国家安装了5000多台,技术已经成熟。

排油注氮装置的突出特点如下:

1.以防为主,防消结合。可以有效防止油浸变压器爆裂所产生的火灾,避免重大损失,利于变压器安全运行;

2.不用水或泡沫等灭火介质,免除了消防排水设计和相关设施;

3.属环保产品,该设施不对环境和变压器本身造成任何污染;

4.造价低,运行管理简单、方便。

为了解决排油注氮装置应用过程中有关产品质量、施工质量和管理等问题,保证设计和施工验收有章可循,故制定本规程。本规程为排油注氮装置的应用提供了依据,也为消防监督管理部门的监督和审查提供了依据。

1.0.2 根据排油注氮装置的特点,结合国情,为尽可能减少油浸变压器发生火灾所造成的财产和人身安全损失,本条规定了规程的适用范围。本规程适用于新建、扩建和经技术改造的采用油浸变压器的防爆、防火、灭火工程项目。大型油浸电抗器是重要的电气设备,为保护其安全运行和减少火灾损失,也可采用排油注氮装置。

国家标准《建筑设计防火规范》GBJ 16—87(2001年版)第8.7.4条规定:单台容量在40MV·A及以上的厂矿企业可燃油油浸电力变压器、单台容量在90MV·A及以上的可燃油油浸电厂电力变压器,或单台容量在125MV·A及以上的独立变电所可燃油油浸电力变压器应设置水喷雾灭火系统。当设置在缺水或严寒地区时,应采用水喷雾灭火系统以外的其他灭火系统。国家标准《火力发电厂与变电所设计防火规范》GB 50229—96规定了火力发电厂90MV·A及以上的油浸变压器应设置火灾探测报警系统、水喷雾灭火系统或其他固定灭火装置;独立变电所单台容量为125MV·A及以上的主变压器应设置水喷雾灭火系统、其他灭火装置或合成泡沫喷淋系统。

在编制本规程的过程中,进行了大量的调查研究,发现除国家标准所规定的大型油浸变压器外,尚有数量众多的不同容量的油浸变压器在工业、民用建筑群中应用,且许多容量较小,却处于经济发展的中心位置、商务中心位置和与政治、军事、交通有关的地域,需要重点保护。由于经济和技术的发展,无人值守的变电站也越来越多,常规性的消防系统已难以满足无人值守变电站在技术上的各种要求。

此外,我国是一个水资源缺乏的国家,尤其是华北、西北、东北等三北地区,在选择变电站时,往往因为水资源而形成“以水定所”的局面,而排油注氮装置能够解决消防水源不足的问题。

地下变电站的消防问题也很突出,用水系统、泡沫灭火等涉及到消防排水、清污等诸多问题。

1.0.3 本条规定了排油注氮装置的工程设计和施工原则:安全可靠、方便使用和经济合理。

排油注氮装置的安全可靠主要体现在两大方面:其一,在世界范围内,20多个国家安装使用的5000多台该类装置的运行实践表明,该装置尚未发生过因误动作而造成变压器事故的先例。其二,当变压器内部故障压力升高,将导致变压器箱体爆裂时,该装置能有效地释放压力,防止爆裂,防止火灾发生。

其方便使用的优势更加明显,火灾探测报警与防爆、防火、灭火功能集为一体,施工简便,维护管理方便。而设施的投资则比目前所采用的其他各种灭火介质的消防系统均为低廉,在一般情况下,其投资均在其他灭火系统的50%以下。

1.0.4 排油注氮装置的工程设计、施工、验收及维护管理,目前尚无国家标准作出明确的规定,但与现行国家标准《建筑设计防火规范》GBJ 16和《火力发电厂与变电所设计防火规范》GB 50229等有联系,因此,在执行本规程时,尚应符合现行国家标准的有关规定。

3 装 置 设 计

3.1 一 般 规 定

3.1.1 排油注氮装置的技术是从法国引进的,这项技术在进行试验时是根据单台油浸变压器容量、油量和构造进行的。我国在对该装置国产化的研制中也是针对单台变压器进行的,还没有深入进行组合分配系统的相关试验和研究,该装置目前尚不能设计成为组合分配系统,所以作了本条规定。

3.1.2 当油浸变压器设置排油注氮装置时,按变压器容量来配置不同数量、不同容积的氮气瓶。氮气瓶属压力容器,应符合现行国家标准《钢质无缝气瓶》GB 5099及有关压力容器的规定。注氮流量计算如下:

1.气瓶和氮气基本参数:

氮气瓶A容积 $W_A = 40L$
氮气瓶B容积 $W_B = 63L$
氮气瓶数量 $n = 2$
氮气瓶初始压力 $P_1 = 15MPa$
减压后氮气压力 $P_2 = 0.6MPa$
减压后氮气体积 $W_{A2} = 2W_A P_1/P_2 = 2000(L)$
$W_{B2} = 2W_B P_1/P_2 = 3150(L)$

2.氮调节阀的出口流量:

1)连续注氮时间 $t \geq 31min$

氮气保持减压后的压力和连续注氮时间,注氮调节阀的出口流量为:

$$Q_A \leq W_{A2}/t = 64.51(L/min)$$
$$Q_B \leq W_{B2}/t = 101.61(L/min)$$

2)当保持注氮调节阀的出口流量 $Q' = 64.51L/min$ 时,2个氮气瓶B的连续注氮时间:

$$t' = W_{B2}/Q_A = 48.83(min)$$

3.注氮管中氮气的流速:

注氮管内径 $d = 25mm = 2.5 \times 10^{-2} m$
注氮管中氮气的流速
$$V_A = 4(W_{A2}/t)/\pi d^2 = 2.19(m/s)$$
$$V_B = 4(W_{B2}/t)/\pi d^2 = 3.45(m/s)$$

4.对三种容量等级变压器注氮计算的结果见表1。

表1 三种容量等级变压器注氮计算的结果

变压器容量(MV·A)	≤50	>50,≤360	>360
氮气瓶容积(L)	40	40	63
氮气瓶数量(个)	1	2	2
氮气瓶初始压力(MPa)	15	15	15
减压后氮气压力(MPa)	0.6	0.6	0.6
减压后氮气体积(L)	1000	2000	3150
连续注氮时间(min)	31	31	31
注氮调节阀出口流量(L/min)	32.25	64.51	101.61
注氮管中氮气的流速(m/s)	1.095	2.19	3.45
注氮孔数量(个)	2	4	6
注氮孔流量(L/min)	16.13	16.13	16.94

3.1.3 本条规定了排油注氮装置灭火介质工业纯氮的纯度,以保证排油注氮装置能达到设计要求。

3.1.4 本条规定了排油注氮装置供电电源的等级。

消防安全工程的电源至关重要,供电电源的设计应符合现行国家标准《火力发电厂与变电所设计防火规范》GB 50229的有关规定。

3.2 装 置 设 计

3.2.1 本条规定了火灾探测器的布置。

油浸变压器火灾事故往往随着变压器爆裂，而排油注氮装置是根据变压器的火灾特点而研制的，集火灾探测报警与防爆灭火功能为一体的装置。因此，火灾探测器的安装位置至关重要，一般将火灾探测器布置在变压器的顶部易于接近热气流的位置，尤其在套管附近要布置火灾探测器，以保证排油注氮装置在变压器发生事故时能实现防爆、防火和灭火的功能。

3.2.2 本条规定了排油孔的布置。

排油注氮装置的排油孔应开在变压器端面离顶部200mm处，以利发生事故时能排油。排油管的计算与变压器油量有关。油浸变压器容量与油量的关系见表2、表3。

表2 三(单)相油浸电力变压器总重、油重和外形尺寸

型号	额定电压(kV)			重量(t)		生产厂
	高压	中压	低压	总重量	油重	
SSP-370000/500	525	—	20	293.2	62.5	沈变
SSP-360000/220	242		18	260	46	沈变
SFP-300000/500	550		13.8	283	60	西变
SFP-300000/500	525		15.75	250	57	西变
SSP-300000/500	500		15.75	280	58	沈变
ODFPSZ1-250000/500	525/√3	230/√3	63	223	55.5	沈变
ODFPS-250000/500	500/√3	230/√3	35	184	41.5	西变
ODFPS-250000/500	525/√3	230/√3	20	188.5	51	西变
ODFPSZ-250000/500	550/√3	230/√3	20	205	48	西变
DFP-240000/500	525/3		20	230	30	西变
DFP1-240000/500	550/3	—	20	196	29	沈变
SFP7-240000/220	242		15.75	196.7	29.7	沈变
SFP7-240000/220	242	121	15.75	257.8	44.5	沈变
SFPSZ9-180000/220	220	115	10.5	226.9	50	沈变
SFPSZ9-180000/220	220	121	10.5	213.3	50.2	沈变
OSFPS7-180000/220	220	115	37.5	189.9	49	沈变
OSFPS7-180000/220	220	115	37.5	175	41.8	沈变

续表2

型号	额定电压(kV)			重量(t)		生产厂
	高压	中压	低压	总重量	油重	
SFP7-180000/220	220	—	69	234	54	沈变
OSFPSZ7-150000/220	230	135	34	167.5	56.5	沈变
SFPSZ7-150000/220	220	121	11	203.5	47.6	沈变
SFPS7-150000/220	242	118	13.8	228.3	46.3	沈变
OSFPS7-150000/220	242	118	13.8	228.3	46.3	沈变
SFPZ7-120000/220	220	—	38.5	188	48.9	沈变
OSFPZ7-120000/220	220	121	38.5	149.5	42.8	沈变
SFPSZ9-120000/220	230	121	10.5	170.2	42.6	沈变
SFPSZ8-90000/220GY	220	115	35	151.5	41.7	沈变
SFPS7-90000/220	230	110	38.5	152.7	33.7	沈变
SFSZ8-63000/110	110	38.5	10.5	86.5	19.7	南通友邦
SFS8-63000/110	110	35	10.5	70.5	12.7	南通友邦
SFSZ8-50000/110	110	35	10.5	74.92	18.6	南通友邦
SFS8-50000/110	110	35	10.5	60.92	11.6	南通友邦
SFSZ8-40000/110	110	35	10.5	68.9	17.64	南通友邦
SFS8-40000/110	110	35	10.5	53.4	10.3	南通友邦
SFSZ8-31500/110	110	35	10.5	58.26	15.14	南通友邦
SFS8-31500/110	110	35	10.5	45.2	9.3	南通友邦
SFSZ8-25000/110	110	35	10.5	45.6	10.6	南通友邦
SFS8-25000/110	110	35	10.5	36.6	7.6	南通友邦
SFSZ8-20000/110	110	35	10.5	39.2	9.63	南通友邦
SFS8-20000/110	110	35	10.5	31.2	5.83	南通友邦
SFSZ8-10000/110	110	35	10.5	26.48	7.2	南通友邦
SFS8-10000/110	110	35	10.5	22.48	5.2	南通友邦
SFS8-8000/110	110	35	10.5	21.1	4.55	南通友邦
SZ9-8000/35	35	—	10.5	21.17	6.45	南通友邦
SFSZ8-6300/110	110	38.5	10.5	21.47	6.44	南通友邦
SFS8-6300/110	110	35	10.5	19.47	4.4	南通友邦
SZ9-6300/35	35	—	10.5	16.53	5.13	南通友邦

表3 按统计变压器容量与油量的对应关系

变压器容量(MV·A)	油重(t)	平均计算油重(t)
40~6.3	17.64~4.4	11
360~50	60~11.6	30
370	62.5	62.5

变压器排油管管径计算：

1 变压器排油时油流的设定速度$V \leqslant 12\text{m/s}$。

2 变压器快速排油阀启动到开始注氮时的排油时间$t = 3\text{s}$。

变压器所排油量按变压器的平均总油重的1%考虑，既排油卸压，又不会导致空气进入油箱。

变压器容量不小于360MV·A时 $Q_A = 0.625\text{t}$

变压器容量50~360MV·A时 $Q_B = 0.3\text{t}$

变压器容量小于50MV·A时 $Q_C = 0.11\text{t}$

3 在上述条件下，变压器排油管管径(变压器油密度$\rho = 895\text{kg/m}^3$)：

$d_A = 0.157(\text{m})$，$d_B = 0.109(\text{m})$，$d_C = 0.066(\text{m})$

4 选用变压器排油管管径：

DN150，$d_1 = 150(\text{mm})$；DN100，$d_2 = 100(\text{mm})$

5 变压器标准排油管中前3s的油流速度：

(1)变压器容量不小于360MV·A。

排油管DN150，排油管中的油流速度：

$$V_A = 4Q_A/3\pi\rho d_A^2 = 13.18(\text{m/s})$$

注：取$d_A = d_1 = 150\text{mm}$。

(2)变压器容量50~360MV·A

排油管DN100，排油管中的油流速度：

$$V_B = 4Q_B/3\pi\rho d_B^2 = 14.23(\text{m/s})$$

注：取$d_B = d_2 = 100\text{mm}$。

(3)变压器容量小于50MV·A

排油管DN100，排油管中的油流速度：

$$V_C = 4Q_C/3\pi\rho d_C^2 = 5.22(\text{m/s})$$

注：取$d_C = d_2 = 100\text{mm}$。

所以，排油管选用如下：

当变压器容量不小于360MV·A时，选用排油管DN150；

当变压器容量50~360MV·A时，选用排油管DN100；

当变压器容量小于50MV·A时，选用排油管DN100。

排油管和注氮管的安装需要变压器生产厂配合，安装如图1所示。

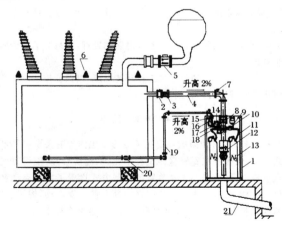

图1 排油注氮装置安装示意

1—消防柜；2—排油连接管；3—波纹管；4—排油管路；5—断流阀；
6—感温式火灾探测器；7—排气旋塞；8—检修阀；9—2号压力控制器；
10—远传压力表；11—高压软管；12—快速操动机构；13—氮气瓶；
14—1号压力控制器；15—油气隔离组件；16—节流阀；17—减压器；
18—氮气阀；19—注氮管路；20—注氮阀；21—导油管

3.2.3 本条对注氮孔布置作出了规定。注氮管开在变压器两侧距底部100mm处，以利于变压器发生事故时氮气由变压器底部进入变压器油内进行搅拌,并阻隔空气的接触,实施防爆、防火和灭火功能。

根据变压器的不同容量,所开注氮孔数不相同是根据注氮时间、注氮流量和氮气容量而确定的,孔径一般均为DN25。

3.2.4 本条规定了消防柜的安装要求。提出消防柜应安装在变压器旁,与排油连接阀的距离不应小于3m,不宜大于8m,主要是为了相互之间不发生干扰,以利于排油注氮和管道尽量缩短,节省投资。

3.2.5 本条规定了控制柜的安装要求。

对于发电厂,控制柜宜安装在主控室内,变电所则可安装在继电保护室内,这些地方有人值守,便于对火灾的监控和消防操作。在无人值守的场所,火灾报警和消防装置的启动信息应能传递到有人监控的场所,以保证安全。

3.2.6 本条是对控制室模拟屏功能的规定。要具有指示装置工作状态和启动装置动作的功能。

3.2.7 排油管的排油接管点的做法,一般接至变压器旁的排油沟内,继而进入变压器事故油池。这种做法比较简易,但浪费变压器油,为了回收事故排放的变压器油,且免除环境污染,因此,有条件时应将排油管接至变压器事故排油管,并设置钢质地下储油罐,储油罐的容积可按变压器总油量的30%设计。

3.3 装置部件

3.3.1 本条是对排油注氮装置部件的规定。排油注氮装置的各种部件都应符合国家现行标准的规定,并应经国家消防产品质量监督检测中心检验合格后方可使用。

3.3.2、3.3.3 断流阀是依靠流量突然变大时自动关闭切断油流的阀门。它能在变压器发生事故、箱体破裂、大量变压器油溢出或排油注氮装置保护启动进行事故快速排油时,自动切断储油柜与箱体间的油流,防止"火上浇油"。

断流阀安装在储油柜与瓦斯继电器之间,用法兰连接。

断流阀动作时,可输出电接点信号。事故处理完毕后,应手动复位,断流阀的安装由变压器生产厂配合。

3.3.4 本条对感温火灾探测器作了规定。感温火灾探测器装有高强度易熔合金探头,在温度为130±10℃时动作,可保证变压器发生事故时发出报警,行使排油注氮装置的防爆、防火、灭火功能。

感温火灾探测器安装在变压器顶部,一般为6～8只。安装在高压套管、有载调压器旁和容易发生火灾的部位。发生事故或火灾时,探测器发出电接点信号。事故处理完毕后,应更换易熔合金探头。

3.3.5 钢材采用热镀锌处理和焊缝防锈处理,都是为了减少腐蚀对装置部件的影响。

3.3.6 本条规定了消防柜的工作环境温度,以保证排油注氮装置能够正常发挥应有的作用。

3.4 控制和操作

3.4.1、3.4.2 这两条的规定主要参考了国内外有关资料和产品型式,旨在使排油注氮装置做到技术先进、经济合理、使用方便和安全可靠。因此,排油注氮装置的控制方式设置了自动启动和手动启动两种方式,且为了防止因误报警而使装置启动,提出了"自动启动控制和手动启动控制要在接到2个或2个以上信号后方能启动"。

3.4.3、3.4.4 为了排油注氮装置的安全、正常运行,在所设置的控制箱上,要显示主要部件是否处于正常状态的反馈信号、事故状态的指示信号、动作状态的指示信号,并且所有信号都能进行自检。

4 施工及验收

4.1 施工准备

4.1.1 本条规定了排油注氮装置的施工单位资质和施工专业人员资格的要求。随着消防事业的发展,消防工程施工单位发展很快,但施工队伍的素质普遍不高。各地区都制定了相应的管理办法,1998年5月施行的《中华人民共和国建筑法》和2000年颁布的《建筑工程质量管理条例》等对建设工程中勘查、设计、施工、监理等单位的从业资质和人员的职业资格都作了规定,本条在这些规定的基础上提出了相应的要求。

为了保证排油注氮装置的施工质量,施工队伍中的施工人员应经专业技术培训,考试合格,具备一定的专业技能。为了保证施工顺利进行,应根据现场情况提供必要的作业装备,如施工工具、施工人员的保护用品和器材等。

4.1.2、4.1.3 施工前应准备完整的技术文件,包括设计图、排油注氮装置的技术要求和操作规程,产品的检验报告和出厂合格证等,这些技术文件是施工时的主要技术依据。

施工前应确认并修整现场条件,核对设备产品装箱单,保证施工顺利进行。设计图纸如果有变动,应出具经原设计单位同意的变更文件后方可施工。

4.1.4 本条是对排油注氮装置施工应具备的基本条件作了规定,以保证装置的施工质量和进度。

设计单位向施工单位技术交底,使施工单位更深刻了解设计意图,尤其是关键部位、施工难度比较大的部位以及施工程序、技术要求、做法、检查标准等都应向施工单位交待清楚,这样才能保证施工质量。

施工前对管材和管件的规格、型号进行查验,确认其符合设计要求,这样才能保证施工进度要求。

场地、道路、电源等也是施工的前提条件,直接影响施工进度,因此应满足要求。此外还需要检查基础、预留孔和预埋件是否符合设计要求。

4.2 施工和安装

4.2.1 施工图和技术文件都应经过有关机构的审核,它是施工的基本技术依据,应坚持按图施工的原则,不得随意更改。当确需更改时,应经原设计单位同意,并出具变更文件。

4.2.2 本条规定了排油注氮装置施工和安装时应执行现行国家标准《工业金属管道工程施工及验收规范》GB 50235和《现场设备、工业管道焊接工程施工及验收规范》GB 50236的规定。

4.2.3 本条规定了排油管、注氮管法兰连接的方式。

4.2.4 为了便于管道充油时管道内残留气体从排气旋塞排出,本条规定了排油管和注氮管伸向消防柜的水平管道应有2%的上升坡度,以防止残留气体进入变压器油箱。

4.2.5 排油注氮装置应保证管道内部清洁,不致造成管道堵塞和污染变压器,对此本条作了规定。

4.2.6 排油注氮装置电气设备的安装没有特殊之处,只要按照设计要求,符合现行国家标准电气装置安装工程施工及验收规范中的相关规定即可,本规程不再另作规定。

4.3 管道吹扫和试压

本节的有关规定是为了保证施工和安装质量,并明确管道的空气吹扫和试压应按现行国家标准《工业金属管道工程施工及验收规范》GB 50235的有关规定执行。此外,对管道试压位置和有关参数作出了规定。

4.4 装置调试

4.4.1 本条对排油注氮装置的调试要求作出了规定。排油注氮装置安装完毕，以及消防柜、控制柜分别调试完成，并在管道未充油前，应对该装置进行调试。施工与调试单位有可能不是同一个单位，即使同一个单位也有可能是不同的专业人员，因此，明确调试前后顺序有利于协调工作，保证调试顺利进行。

4.4.2 本条规定调试前应具备的技术资料。排油注氮装置的调试是保证装置能正常工作的重要步骤。完成该项工作的重要条件是调试所必需的技术资料完整。这样才能使调试人员确认所采用的材料、产品是否符合国家有关标准的要求、是否按照设计要求进行施工、安装质量如何等。便于及时发现存在的问题，保证调试工作的顺利进行。

4.4.3 本条规定了参加调试人员的资格和调试应遵守的原则。排油注氮装置的调试工作是一项专业技术非常强的工作，因此要求调试负责人由专业技术人员承担，即调试人员应熟悉排油注氮装置的原理、性能和操作，以避免调试时发生不应有的事故。另外，要做好调试人员的组织工作，做到职责明确，并应按照预先确定的调试程序进行，这也是保证调试成功的关键因素之一。

4.4.4 本条规定了调试前应对施工完毕的排油注氮装置进行施工质量检查，并及时处理所发现的问题，以保证装置的调试顺利进行。

主要是检查相关产品的规格、型号、数量和外观，合格后方可进行调试。

4.4.5 本条规定了调试前应将需要临时安装在排油注氮装置上的仪器、仪表安装完毕，如压力表等。调试时所需的检验设备应准备齐全。

4.4.6、4.4.7 调试分为机械部分调试和电气部分调试。

机械部分的主要内容为：所有管道是否已安装完毕，螺栓是否紧固，法兰密封良好，无渗漏；检查相应阀的开关状态及信号输出是否对应；操作机构动作是否可靠、灵活；所有过程开关动作到位情况和指示情况；氮气瓶上气压表压力状况及气密性评价；氮气控制阀各组件的装配是否正确等。

电气部分的主要内容为：各装置元件接线是否正确。

火灾探测器、断流阀用耐高温阻燃电缆布线安装，布置是否到位，接线是否正确，交流电源电压状况，电源保护开启动作是否正常，控制回路线间和对地绝缘电阻是否大于 5MΩ，各工作组是否正常等。

鉴于调试工作的专业性，应由熟悉排油注氮装置原理、性能和操作的专业技术人员担任，并按本条的规定执行。

4.5 装置验收

4.5.1 本条规定了排油注氮装置竣工后进行验收时应由有关单位组成验收组。验收应有验收结论，并在验收结论上签字和盖章。

4.5.2 本条规定排油注氮装置验收时，应按本条的内容对装置的施工质量进行检查，并应符合设计要求。

为了使排油注氮装置的验收能够顺利进行，尽管施工时已进行了全面检查并进行了调试，但验收时还应按本条规定的内容对装置的各个组成部分进行检查，以保证装置的施工质量和正常运行，达到设计要求。验收时可参照现行国家标准《气体灭火系统施工及验收规范》GB 50263 的有关规定执行。

4.5.3 排油注氮装置竣工后，应对排油管和注氮管进行检查和试验，同时对装置的控制与操作进行检查测试。

4.5.4 本条规定了验收时，施工建设单位应提供的技术文件。这些文件是验收工作的重要依据。

4.5.5 填报"排油注氮装置验收表"是装置验收工作的一项重要内容，验收合格是排油注氮装置投入使用的前提条件。

5 维护管理

为了确保排油注氮装置对油浸变压器保护的可靠性，制定了本章的规定。对排油注氮装置进行定期检查及维护保养是该装置安全可靠运行的保障。应严格按规定填写"氮气压力记录表"、"排油注氮装置月检查记录表"、"排油注氮装置年检查记录表"等。

需由经过专门培训合格的技术人员负责装置的维护、管理、操作和定期检查。

中国工程建设标准化协会标准

注氮控氧防火系统技术规程

Technical specification for nitrogen
injection/oxygen control fire
prevention system

CECS 189：2005

主编单位：公安部四川消防研究所
　　　　　天津易可大科技有限公司
批准单位：中国工程建设标准化协会
施行日期：2005年11月1日

前　言

根据中国工程建设标准化协会(2004)建标协字第31号文《关于印发中国工程建设标准化协会2004年第二批标准制、修订项目计划的通知》的要求,制定本规程。

注氮控氧防火系统是通过在防护区内控制氧的浓度和氮的供应,有效抑制燃烧、控制火灾发生,形成一个无火患的环境,达到主动防火的目的。采用这种防火系统能有效贯彻执行"预防为主,防消结合"的方针,保护人身和财产安全。

本规程是在总结工程设计、施工和验收经验的基础上,广泛征求国内消防管理、设计、科研等单位的意见,并参考了发达国家的有关标准制定的。本规程共分9章和3个附录,内容包括总则、术语、防护区要求、系统设计、系统组件设置、电气和控制、安装和调试、验收和维护管理。

根据国家计委计标[1986]1649号文《关于请中国工程建设标准化委员会负责组织推荐性工程建设标准试点工作的通知》的要求,现批准发布协会标准《注氮控氧防火系统技术规程》,编号为CECS 189：2005,推荐给工程建设设计、施工、使用单位和消防管理部门采用。

本规程由中国工程建设标准化协会防火防爆专业委员会CECS/TC 14(四川省都江堰市外北街266号 公安部四川消防研究所,邮编611830)归口管理并负责解释。在使用中如发现有需修改和补充之处,请将意见和资料径寄解释单位。

　主 编 单 位：公安部四川消防研究所
　　　　　　　　天津易可大科技有限公司
　参 编 单 位：上海化工设计院

上海邮电设计院
上海增德消防咨询有限公司
上海沪标工程建设咨询有限公司
主要起草人： 萧志福　姜文源　王　炯　李明德　田如漪
　　　　　　　　陶观楚　石　磊

中国工程建设标准化协会
2005 年 9 月 10 日

目　次

1 总　　则

1.0.1 为了贯彻执行"预防为主,防消结合"的方针,合理、正确地应用注氮控氧防火系统,保证工程质量,实现主动防火、保障人身和财产安全,制定本规程。

1.0.2 本规程适用于新建、改建、扩建的工业和民用建筑中注氮控氧防火系统的设计、施工、调试、验收和维护管理。

1.0.3 注氮控氧防火系统适用于下列空间相对密闭的场所:

　　1　有固体、液体、气体可燃物的电气设备场所;

　　2　无人停留的场所(如储油罐、危险品仓库等);

　　3　有人短暂停留的场所(如机房、无人职守间、配电室、电缆夹层间、电缆槽、电缆隧道、仓库、烟草仓库、银行金库、档案馆、珍藏馆、文物馆、通信和电信设备间等);

　　4　低氧环境下无不良后果的场所。

1.0.4 注氮控氧防火系统不适用于下列场所:

　　1　有硝化纤维素、火药、炸药等含能材料,或有钾、钠、镁、钛、锆等活泼金属,或有氢化钾、氢化钠等氢化物制品,或有磷等易自燃物质的场所;

　　2　非相对密闭空间,或有带新风补给的空调系统的场所;

　　3　有明火的场所。

1.0.5 注氮控氧防火系统的设计、施工、调试、验收和维护管理,除执行本规程外,尚应符合国家现行有关标准的要求。

2 术　　语

2.0.1 注氮控氧防火系统 nitrogen injection/oxygen control fire prevention system

　　将空气中的氮、氧分离;排放氧气并向防护区注送氮气,控制防护区内氧浓度,使防护区内的可燃物不致燃烧的防火系统。这种系统由供氮装置(空气压缩机组、气体分离机组)、氧浓度探测器、控制组件(主控制器、紧急报警控制器)和供氮管道等组成。

2.0.2 防护区 protected space

　　注氮控氧防火系统防护的、火不能燃起的相对密闭空间。

2.0.3 供氮装置 nitrogen-injection apparatus

　　能将空气中的氮、氧分离,并向防护区注送氮气的装置。

2.0.4 氧浓度 oxygen concentration

　　在压力为101.3kPa,温度为21℃时,氧气在防护区中的最小气化体积百分比。

3 防护区要求

3.0.1 防护区的容积应符合下列规定:

　　1　无管网系统注氮方式的防护区总容积不宜大于540m³(图C.0.1)。

　　2　有管网系统注氮方式的防护区总容积不宜大于8000m³(图C.0.2)。

3.0.2 防护区应相对密闭,其气密性应符合下列要求:

　　1　防护区的围护结构应采用密度较高的建筑材料砌筑,缝隙应采用不燃烧材料封堵;

　　2　在防护期间,防护区窗户不得开启,其气密性等级不应低于现行国家标准《建筑外窗气密性能分级及检测方法》GB/T 7107规定的Ⅲ级水平;

　　3　门不应频繁开启,当门需经常开启时,应设置门斗等防气体渗透措施;

　　4　防护区的门窗开口部位,四周应采用密封条和透明塑料布等加以密封;

　　5　防护区的楼板、屋顶和围护结构上不应有常开的孔洞。对必须穿越的管道、线槽应有阻断空气对流的措施。四周形成的孔洞应采用具有相同耐火极限的材料封堵严密。

3.0.3 防护区入口处应设置采用注氮防火系统的警示标志。

3.0.4 防护区的门应能自行关闭。

3.0.5 注氮控氧防火系统应在防护区外设置氧浓度上、下限值的提示。当氧浓度达到规定值(本规程第6.2.2条)时应有声光报警和人员不能进入现场的提示。

4 系统设计

4.0.1 注氮控氧防火系统的选型,应根据防护区的容积、气密性能、火灾危险性、人员停留情况等条件确定。

4.0.2 注氮控氧防火系统的设计应符合下列规定:

　　1　供氮装置(空气压缩机组、气体分离机组)应能有效、持续不间断地向防护区供氮;

　　2　氧浓度探测器应能有效地探测防护区的氧浓度;

　　3　控制组件(主控制器、紧急报警控制器)在防护区氧浓度达到上、下限值时,应能自动启闭供氮装置;在达到氧浓度高、低报警值时,系统应有相应的报警;

　　4　达到上述要求的场所,安装了注氮控氧防火系统后,可不设自动灭火系统。

4.0.3 防护区容积不大于540m³时,宜采用无管网系统注氮方式(图C.0.1);防护区容积540~8000m³时,宜采用有管网系统注氮方式(图C.0.2)。

4.0.4 注氮控氧防火系统应有下列组件:供氮装置(空气压缩机组、气体分离机组)、氧浓度探测器、控制组件(主控制器、紧急报警控制器)及供氮管道等。

注:无管网系统注氮方式不设供氮管道。

4.0.5 注氮控氧防火系统供氮装置的主要技术参数可按表4.0.5采用。

表 4.0.5 注氮控氧防火系统单台供氮装置的主要技术参数

序号	氮气供应量(m³/h)	最大防护容积(m³)	装机功率(kW)
1	3	100	1.1
2	6	180	2.2
3	18	540	4
4	30	1800	7.5
5	60	3600	15
6	85	6000	22
7	120	8000	30

注：供氮装置电压可采用 220V AC 或 380V AC。

4kW 以下可采用 220V 或 380V AC；

4kW 以上采用 3 相 380V AC。

4.0.6 供氮装置的供氮浓度不应小于 95.0%，供氮压力不应小于 0.30MPa。

4.0.7 防护区内氧浓度的上、下限值应符合表6.2.2-1、表6.2.2-2 的规定。

5 系统组件设置

5.0.1 供氮装置(空气压缩机组、气体分离机组)的设置应符合下列要求：

　　1 设置供氮装置的地点，其环境应清洁，无有害或腐蚀性气体；

　　2 气体分离机组应设置在防护区内；

　　3 空气压缩机组应设置在防护区外，靠近防护区，距离不宜大于 50m；

　　4 空气压缩机组距建筑物外墙面不宜小于 200mm，长边宜与外墙平行；

　　5 空气压缩机组应正面朝外，以便检修；

　　6 空气压缩机组设置位置的地面应平整，底座应固定；

　　7 空气压缩机组可露天设置，但应有防止阳光直晒的措施(如防雨罩)；也可设置在天棚下，但供气应充足。

5.0.2 注氮控氧系统可不设备用供氮装置；当有特殊要求时，可设一台备用供氮装置。

5.0.3 防护区初次充氮可采用液氮罐或钢瓶，或通过供氮装置注氮。当通过供氮装置注氮时，初次充氮时间应按建筑物的防火要求、防护区的容积确定，但不宜大于 24h。

5.0.4 氧浓度探测器设置位置应远离氮气入口。氧浓度探测器数量应为 2 个，其安装位置距地面应为 1.5～1.6m。

5.0.5 主控制器应设置在室内。带氧浓度显示的紧急报警控制器应设置在防护区外，其位置应便于观察和操作，安装高度距地面应为 1.5～1.6m。

5.0.6 当采用有管网系统时，应采用对称方式布置管道。氮气注

入口数量不应少于 2 个，且应均匀布置。供氮管道终端不应设喷头，终端管径不应小于 20mm。

5.0.7 供氮管道可采用阻燃 PVC—U 管、PVC—C 管、镀锌钢管、不锈钢管、铜管、钢塑复合管等。

6 电气和控制

6.1 电 源

6.1.1 注氮控氧防火系统用电设备应按现行国家标准《供配电系统设计规范》GB 50052 的规定进行设计，应按二级负荷供电。

6.1.2 配电线路应敷设在线槽内。

6.1.3 供氮装置应可自动或手动启闭。

6.2 报警和控制

6.2.1 控制组件(主控制器、紧急报警控制器)应具有声光报警功能。报警装置应设置在防护区门口和消防控制中心内；对不设消防控制中心的工程应连接至值班室。

6.2.2 防护区内氧浓度上、下限值和报警指标应符合表 6.2.2-1、表 6.2.2-2 的要求。

表 6.2.2-1 有人短暂停留场所氧浓度上、下限值和报警指标

项 目	控制/报警点	说 明
氧浓度低报警值	13.0%	氧浓度过低声光报警
氧浓度下限值	14.0%	自动关闭供氮装置
氧浓度上限值	16.0%	自动启动供氮装置
氧浓度高报警值	17.0%	氧浓度过高声光报警

表 6.2.2-2 无人停留场所氧浓度上、下限值和报警指标

项 目	控制/报警点	说 明
氧浓度低报警值	12.0%	氧浓度过低声光报警
氧浓度下限值	12.5%	自动关闭供氮装置
氧浓度上限值	13.5%	自动启动供氮装置
氧浓度高报警值	14.0%	氧浓度过高声光报警

注：本规程中，氧浓度限值均按第 2.0.4 条规定的体积百分比度量。

7 安装和调试

7.1 安装设备

7.1.1 注氮控氧防火系统安装前应具备下列条件：

1 具备防护区设计平面图；

2 设计单位已向施工单位技术交底；

3 防护区气密性已符合设计要求；

4 施工现场供电正常。

7.1.2 注氮控氧防火系统的施工应由通过专业培训的人员承担。

7.1.3 注氮控氧防火系统施工前应对系统组件进行现场检验，并应符合下列要求：

1 供氮装置应有产品质量合格证、安装使用说明书，其型号、规格、数量等应符合设计要求。

2 氧浓度探测器、控制组件（主控制器、紧急报警控制器）的型号、规格和数量等应符合设计要求，并有产品质量合格证和安装使用说明书。

3 氧浓度探测器、控制组件（主控制器、紧急报警控制器）经外观检查无损伤。

7.2 安装

7.2.1 供氮装置（空气压缩机组、气体分离机组）安装应符合下列规定：

1 直立安装；

2 氧气排放至防护区外；

3 氮气通过供氮管道或直接注送至防护区内；

4 空气压缩机组设置场所的环境温度应为$-15\sim40℃$；

5 供氮装置设置部位应无有害或腐蚀性气体。

7.2.2 氧浓度探测器安装应符合下列规定：

1 氧浓度探测器应安装在防护区内。当采用模拟量信号（$4\sim20mA$）时，与主控制器的连接线路不应长于20m；当采用数字信号时，与主控制器的连接线路应小于1000m，当不小于1000m时，应加设中继放大器或采用光缆连接。

2 对采用分体式空调进行温控和空气循环的防护区，其氧浓度探测器安装部位不受限制；对没有空气循环的保护区，其中一个氧浓度探测器的安装位置应远离氮气注入口。

3 氧浓度探测器的型号、规格、数量和安装位置应符合设计要求。

4 氧浓度探测器的安装应符合第5.0.4条的规定。

7.2.3 控制组件（主控制器、紧急报警控制器）安装应符合下列规定：

1 主控制器应安装在室内，并按需要安装在消防控制中心或防护区及其附近区域内；

2 紧急报警控制器应安装在防护区外。当采用模拟量信号（$4\sim20mA$）时，与主控制器的连接线路不应长于20m；当采用数字信号时，与主控制器的连接线路应小于1000m，当不小于1000m时，应加设中继放大器或采用光缆连接。

7.3 调试

7.3.1 注氮控氧防火系统的调试应在安装工作完成后供电正常的条件下进行。调试完成后，应将系统恢复到正常工作状态。

7.3.2 注氮控氧防火系统的调试项目应符合下列要求，并应按附录A的格式记录：

1 供氮装置调试；

2 控制组件（主控制器、紧急报警控制器）调试；

3 联动试验。

7.3.3 注氮控氧防火系统的调试应按下列规定进行：

1 供氮装置启动后，应在60min内达到氮气浓度指标。

注：氮气浓度可从主控制器上观测。

2 在有人短暂停留场所，控制组件（主控制器、紧急报警控制器）的氧浓度上限值应设定在16.0%，氧浓度下限值应设定在14.0%；在无人停留场所，控制组件（主控制器、紧急报警控制器）的氧浓度上限值应设定在13.5%，氧浓度下限值应设定在12.5%。

7.3.4 注氮控氧防火系统联动试验应按下列步骤进行：

1 关闭防护区出入口；

2 启动供氮装置；

3 在有人短暂停留场所控制组件（主控制器、紧急报警控制器）氧浓度显示14.0%或在无人停留场所控制组件氧浓度显示12.5%时，供氮装置应自动关闭；

4 打开防护区出入口；

5 在有人短暂停留场所控制组件（主控制器、紧急报警控制器）氧浓度显示16.0%或在无人停留场所控制组件氧浓度显示13.5%时，供氮装置应自动启动；

6 在有人短暂停留场所控制组件（主控制器、紧急报警控制器）氧浓度显示17.0%时或在无人停留场所控制组件氧浓度显示14.0%时，控制组件（主控制器、紧急报警控制器）报警灯闪烁，蜂鸣器报警，显示器显示"E—H"；

7 用胶袋套在供氮装置氮气出口处取氮气，然后将装有氮气的胶袋套到氧浓度探测器上，在有人短暂停留场所控制组件（主控制器、紧急报警控制器）氧浓度显示13.0%或在无人停留场所控制组件（主控制器、紧急报警控制器）氧浓度显示12.0%时，控制组件（主控制器、紧急报警控制器）的报警灯应闪烁，蜂鸣器报警，显示器显示"E—L"。

8 验 收

8.0.1 注氮控氧防火系统的竣工验收，应由建设单位组织，消防监督、工程监理、设计、施工等单位参加。验收不合格的防护区和注氮控氧防火系统不得投入使用。

8.0.2 注氮控氧防火系统的竣工验收在系统调试后进行。注氮控氧防火系统安装工程竣工验收后，应按本规程附录B的格式填写验收表。

8.0.3 注氮控氧防火系统竣工验收时，建设单位应提供下列资料：

1 批准的竣工验收申请报告、设计图纸、消防监督机构的审批文件、设计变更通知、竣工图纸；

2 注氮控氧防火系统调试记录；

3 供氮装置、氧浓度探测器、控制组件等组件的产品质量合格证或现场检验报告；

4 注氮控氧防火系统维护管理的规章制度。

8.0.4 注氮控氧防火系统的验收应包括下列主要项目：

1 供氮装置（空气压缩机组、气体分离机组）应直立安装，氧气排放口应设在防护区外；

2 供氮装置（空气压缩机组、气体分离机组）设置场所的环境温度应符合要求，并应无有害或腐蚀性气体；

3 供氮装置（空气压缩机组、气体分离机组）的供电电源应稳定可靠；

4 防护区密闭性应符合要求；

5 供氮装置在氧浓度上限时应启动，在氧浓度下限时应关闭；

6 报警应符合要求。

9　维护管理

9.0.1　注氮控氧防火系统的维护管理人员应熟悉注氮控氧防火系统的防火原理、性能、操作和维护管理要求。维护管理人员应经培训合格后上岗。

9.0.2　注氮控氧防火系统的维护管理应符合表 9.0.2 的要求。

表 9.0.2　注氮控氧防火系统维护管理要求

项　目		要　求	执行周期
防护区氧浓度	有人短暂停留场所	检查氧浓度(14.0%~16.0%)	每月一次
	无人停留场所	检查氧浓度(12.5%~13.5%)	每月一次
注氮控氧防火系统		检查有无外观损坏	每月一次
供氮装置		1.检查装置的完好状况; 2.检查进气过滤网; 3.检查、清洗过滤器、排水器(如有); 4.检查压缩机润滑油正确(如有)	每月一次
联动试验	有人短暂停留场所	1.检查13.0%氧浓度时,控制组件(主控制器、紧急报警控制器)声光报警; 2.检查14.0%氧浓度时,供氮装置关闭; 3.检查16.0%氧浓度时,供氮装置启动; 4.检查17.0%氧浓度时,控制组件(主控制器、紧急报警控制器)声光报警	每年一次
	无人停留场所	1.检查12.0%氧浓度时,控制组件(主控制器、紧急报警控制器)声光报警; 2.检查12.5%氧浓度时,供氮装置关闭; 3.检查13.5%氧浓度时,供氮装置启动; 4.检查14.0%氧浓度时,控制组件(主控制器、紧急报警控制器)声光报警	
氧浓度探测器		更换探头及其易损部件	每年一次
过滤器		更换滤芯	每年一次

附录 A　注氮控氧防火系统调试记录表

表 A　注氮控氧防火系统调试记录

NO:　　　　　　　年　月　日

工程名称:

	型号	启动时间	关闭时间	供氮装置出口氮气浓度(%)设计浓度(%)≥95.0 实际浓度(%)结论意见	实际氧浓度过低报警(%)结论意见	实际自动关闭氧浓度(%)结论意见	结论意见
1.供氮装置							
2.控制组件	主控制器 紧急报警控制器						
3.联动试验		启动时间 关闭时间	设计氧浓度过高报警(%)17.0(有人短暂停留场所)14.0(无人停留场所)	实际氧浓度过低报警(%)	设计自动关闭氧浓度(%)14.0(有人短暂停留场所)12.5(无人停留场所)	实际自动关闭氧浓度(%)16.0(有人短暂停留场所)13.5(无人停留场所)	

施工单位盖章:　　　　　　调试人员签字:　　　　　　质检员签字:

附录 B　注氮控氧防火系统验收表

表 B　注氮控氧防火系统验收

分项内容	主要技术要求	分项验收意见		综合验收意见		
		合格	不合格	合格	基本合格	不合格
1.图纸文件	设计任务书、有关批文,系统主要组件合格证或现场检验报告齐全					
2.调试及验收技术资料	调试记录,测试验收单位、人员等资料齐全					
3.功能	型号、规格、数量、功能符合设计要求					
4.安装	符合本规程要求					
5.环境和环境温度	在本规程要求范围内					
6.供氮浓度	符合本规程要求					
7.电源	符合本规程要求					
8.氧浓度探测器(探头)	安装位置离地面1.5~1.6m					
9.主控制器、紧急报警控制器	安装位置离地面1.5~1.6m					
10.密闭性	符合本规程要求					
11.自动关闭(氧浓度下限值设定)	有人短暂停留场所氧浓度14.0% 无人停留场所氧浓度12.5%					
12.自动启动(氧浓度上限值设定)	有人短暂停留场所氧浓度16.0% 无人停留场所氧浓度13.5%					
13.氧浓度过高报警(氧浓度高报警值设定)	有人短暂停留场所氧浓度17.0% 无人停留场所氧浓度14.0%					

续表 B

分项内容	主要技术要求	分项验收意见		综合验收意见		
		合格	不合格	合格	基本合格	不合格
14.氧浓度过低报警(氧浓度低报警值设定)	有人短暂停留场所氧浓度14.0% 无人停留场所氧浓度12.5%					
15.规章、维护管理人员	符合规程要求					

施工单位(签章/日期)	设计单位(签章/日期)	监理单位(签章/日期)	建设单位(签章/日期)

附录 C 注氮方式

C.0.1 无管网系统注氮方式(图 C.0.1)

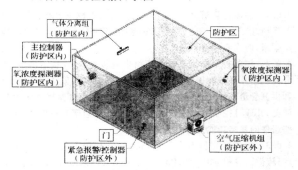

图 C.0.1 无管网系统注氮方式

C.0.2 有管网系统注氮方式(图 C.0.2)

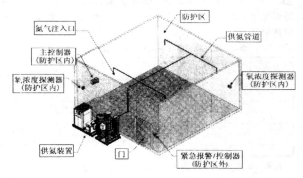

图 C.0.2 有管网系统注氮方式

中国工程建设标准化协会标准

注氮控氧防火系统技术规程

CECS 189 : 2005

条 文 说 明

1 总　则

1.0.1、1.0.2 防火系统与灭火系统是原理、功能完全不同的建筑消防的系统。灭火系统不论是人工操作的消火栓系统或自动动作的喷水灭火系统、水喷雾灭火系统和气体灭火系统,无一例外的都是在火灾发生后,灭火系统才进行扑救,这种方式必然存在火灾损失,同时还伴随有水渍损失和污染损失。而防火系统则是使火灾不能发生,从而将防火从被动、消极状态转化为主动、积极状态。这是防火系统和灭火系统的根本区别。

众所周知,有焰燃烧的必要条件是:可燃物、温度、氧(氧化剂)和未受抑制的链式反应。可燃物是客观存在的,如果控制了氧的浓度,就可控制燃烧、控制火灾发生,问题的要点就在于此。

空气由氧、氮和其他气体组成,其中氧占 20.9%,氮占 78.0%,其他气体如一氧化碳、二氧化碳等约占 1.1%。当空气中的氧浓度由 20.9% 降至 16.0% 时,火就不能燃起,即使有火种投入也会立即熄灭,而这样的氧浓度对人体并不产生有害影响。所以,防火的关键在于降低氧的浓度。

降低氧浓度有许多方法,如向空气中注入高浓度的氮;向空气中提供氮氧混合气体,而氮氧比例符合设定的要求;抽取空气,去除其中氧气后向防护区注送余下的氮气;急剧消耗氧气等。注氮控氧防火系统采用的是第三种方式,这种方式比较经济且有效。

注氮控氧防火系统又称氧浓度控制防火系统、充氮防火系统或供氮防火系统。注氮控氧防火系统由供氮装置(空气压缩机组、气体分离机组)、氧浓度探测器、控制组件(主控制器、紧急报警控制器)和供氮管道等组成。供氮装置用于防火,控制组件用于控制和报警。供氮装置制备氮气,并向防护区内注氮,以降低空气中的氧浓度。氧浓度探测器用于探测防护区的氧浓度,将信号传输到控制组件并显示。一般设定氧浓度的下限为 14.0%,上限为 16.0%。当防护区内的氧浓度降至 14.0% 时,供氮装置会自动关闭,停止向防护区供氮;当氧浓度升至 16.0% 时,供氮装置自动启动,向防护区注氮。当防护区的氧浓度为 14.0%～16.0% 时,火无法燃起,燃烧就不会发生,从而火灾得到防止。

1.0.3 注氮控氧防火系统对人体无害。中国科学院上海生理研究所低氧实验室于 2003 年 5 月 16 日做过一次 24h 人体低氧舱实验。实验报告的主要内容如下:

实验目的:观察人体经受 24h 连续低氧(高度 3200m,气压 68.26kPa,氧浓度 14.0%)的反应。

受试对象:

对象	出生地(省)	年龄(岁)	体重(kg)	身高(cm)
甲	江苏	34	70	170
乙	福建	27	67	175

两名男青年,经体检合格,无任何气质性疾病,身体健康。自愿参加受试实验。

实验过程:受试对象在海平静息检测正常生理指标后进入低氧舱(主舱体积 73m³,使用空间面积 27m²)。舱体以 5m/s 的速度上升至 3200m 高度,舱内温度 22～24℃,湿度 65%～84%,新风量 378～400m³/h。维持该高度 24h(5 月 14 日上午 9:50 至 5 月 15 日上午 9:50)静息生活,正常活动和睡眠休息。在不同时间段进行 8 次有关生理指标的测试和受试对象主诉反应的记录。

实验结果:

一、主诉反应记录:按高山低氧反应症状观察,在 24h 低氧期间未发现受试对象有任何不良反应,活动正常(计算机操作、看书、读报等),三餐饮食正常。

二、生理指标测试:

在 3200m 高度 24h 期间所测生理指标的变化:

受试对象甲:BP(mmHg):102/65～113/68

　　　　　HR(b/min):75～83

　　　　　SaO₂(%):87～90

　　　　　R(b/min):13～16

　　　　　VE_{BIPS}(L/min):7.2～11.5

受试对象乙:BP(mmHg):125/25～138/86

　　　　　HR(b/min):81～98

　　　　　SaO₂(%):88～91

　　　　　R(b/min):14～48

　　　　　VE_{BIPS}(L/min):7.6～11.0

　　经 24h 低氧观察,甲、乙受试对象所测的血压(BP)、心率(HR)、血氧饱和度(SaO₂)、呼吸频率(R)和每分通气量(VE),均未见明显变化。

　　实验小结:在上述条件下,两名青年受试对象均未发生身体不良反应,能承受 24h(3200m 高度、14.0% 氧浓度)连续的低氧实验。

　　根据以上结论,应认为注氮控氧防火系统对人体无害。但是注氮控氧防火系统毕竟是一种新的系统,且实验受试人数有限、时间有限,实验的氧浓度与防火系统控制的氧浓度虽相当但气压不完全相同,在工程应用时有必要留足够的余地,故适用范围暂定为无人停留或有人短暂停留的场所。

3 防护区要求

3.0.2 防护区能否达到氧浓度的设计范围,很大程度取决于防护区的围护结构的气密性能,因此本条对建筑材料、缝隙、窗户、门和孔洞分别作了规定,以有效保证防护区的相对密闭性。

3.0.5 当防护区的氧浓度达到规定的低氧浓度时,在防护区内可不再设置灭火系统。此时,入口处应设有防护区氧浓度的提示。

4 系统设计

4.0.1 注氮控氧防火系统用于防火,在有可燃物或有火灾危险性的场所才需设置。防护区应相对密闭,不密闭的空间氧浓度降低不下来,防火要求达不到。

4.0.2 注氮控氧防火系统主要由供氮装置(空气压缩机组、气体分离机组)、氧浓度探测器、控制组件(主控制器、紧急报警控制器)和供氮管道等组成。供氮装置供氮,氧浓度探测器探测防护区氧浓度,并通过控制组件控制供氮装置的自动启闭和报警,本条对这些组件的基本功能提出了要求。

4.0.3 防护区容积不大于 540m³ 时宜采用无管网系统注氮方式;防护区容积 540～8000m³ 时宜采用管网系统注氮方式。由于气体的渗透性好,因此有管网系统注氮方式不需要设置喷头。

4.0.5 注氮控氧防火系统目前主要由天津易可大科技有限公司生产,有 7 种规格,相应的氮气供应量、最大防护容积、装机功率和外形尺寸见表 1。当防护容积超过时,可增加供氮装置数量来保护防护区。

表 1　注氮控氧防火系统单台供氮装置主要技术参数

序号	氮气供应量 (m³/h)	最大防护容积 (m³)	装机功率 (kW)	外形尺寸 (长_m×宽_m×高_m)
1	3	100	1.1	0.8×0.4×0.93
2	6	180	2.2	0.8×0.4×0.93
3	18	540	4	1.5×0.7×1.5
4	30	1800	7.5	1.5×0.9×1.5
5	60	3600	15	1.5×0.9×1.5
6	85	6000	22	2.2×1.1×2.0
7	120	8000	30	2.2×1.1×2.0

4.0.6 本条规定供氮装置供氮的浓度和压力。

4.0.7 确定在有人短暂停留场所,氧浓度 16.0% 为上限值,氧浓度 14.0% 为下限值。这两个数值都适当留有余地。大于 16.0% 不能达到防火要求,小于 14.0% 不能基本满足人对氧的需求,这两个数值是必要的、恰当的。16.0% 至 14.0% 中间有 2% 的调节余地,使注氮装置既不至于长期连续运转,也不至于启闭过于频繁。在无人停留场所,氧浓度 13.5% 为上限值,氧浓度 12.5% 为下限值。这两个数值也适当留有余地。大于 13.5% 难以可靠地达到无人停留场所的防火要求,小于 12.5% 将使人员严重缺氧。因此,这两个数值也是必要的、恰当的。13.5% 至 12.5% 中间有 1% 的调节余地。因为无人停留场所防护区的人口不会频繁开闭,故供氮装置既不至于长期连续运转,又不至于启闭过于频繁。

5 系统组件设置

5.0.3 对大容积场所,初次充氮时完全依靠供氮装置注氮来使氧浓度下降至设计要求,耗时过长,因此,建议采用液氮或钢瓶注氮方式。

对大容积场所,初次充氮时完全依供氮装置注氮来使所度下降至设计要求,时过长,因此,建议采用液氮工钢瓶注氮方式 **5.0.4** 氧浓度探测器数量至少为1个。考虑到安全因素,要求氧浓度探测器数量为2个,其安装高度应便于观察,也便于操作。

5.0.5 在防护区外设一套紧急报警控制器,目的是为了便于观察和操作。

5.0.6 采用对称方式布置管道,并均匀布置氮气注入口,可使防护区内的氧浓度更快地达到均匀。

6 电气和控制

6.1 电 源

6.1.1 本条规定了防护区用电要求。由于注氮控氧防火系统的供氮装置无备用机组,因此,电源对保证系统正常运行至关重要,应按二级负荷供电考虑。一旦供电出现故障,供氮装置不能启动,则起不了防火作用。此时,应立即采取其他备用防火措施。

6.2 报警和控制

6.2.2 控制组件的报警功能是为了在防护区氧浓度超出设计范围时发出报警信号,其中氧浓度过低报警是为了提醒操作人员不要进入防护区,并及时通知专业人员维修。

7 安装和调试

7.1 安装准备

7.1.1 本条规定了防火系统施工前应具备的技术和物质条件。

平面布置图齐全,这是施工前必备的首要条件。技术交底仔细,以避免施工中引发矛盾,本条规定有利于避免矛盾发生,保证施工质量。施工的物质准备充分、场地条件具备,与其他工程协调好,可以避免发生影响工程质量的问题。

7.1.2 本条强调了专业培训的基本要求。从事防火系统施工安装的技术人员,必须经过培训,掌握系统的工作原理、性能和特点、施工程序和施工中的注意事项等专业知识,以确保系统的安装、调试质量,保证其正常可靠地运行。

7.1.3 本条规定了施工前应对防火系统进行现场检验。

检查供氮装置的型号、规格、数量是否符合设计要求。这样做对确保防火系统功能是至关重要的。

同时也规定了施工前对控制组件和氧浓度探测器进行现场检验。防护区内的氧浓度是通过控制组件和氧浓度探测器控制的,在现场对其型号、规格、设计要求的检查,是为了确保防火系统达到所设计的功能。

7.2 安 装

7.2.1 本条规定了供氮装置的安装要求。

第2款 因供氮装置的压缩机需散热,故整体安装在防护区外。所需的氮气通过管道输送至防护区内,而氧气则直接排在防护区外。

第5款 因供氮装置通过吸入周围的空气产生氮气,故其安装位置不应有任何有害或腐蚀性气体。

7.2.2 本条规定了氧浓度探测器的安装要求。

1 氧浓度探测器和主控制器的连接线路会影响其探测的准确度,规定不同连接方式的最大距离是为了确保氧浓度探测的准确度。

2 当防护区设有分体式空调时,区内的空气可循环,氮和氧的混合会很均匀,所以氧浓度探测器的安装位置不受限制。反之,防护区内没设分体式空调,氮和氧的混合可能不均匀,将其中一个探测器安装在远离氮气出口处,探测结果更有代表性。

7.3 调 试

7.3.1 工序检验合格后,才能全面、有效地进行各项调试工作。作为系统调试的基本条件,要求系统的电源按设计要求投入运行,这样才能使系统进入正常工作状态,在此条件下对系统进行调试所取得的结果,才具有代表性和可信性。

7.3.2 本条规定了系统调试的内容。调试内容是根据系统正常工作条件、性能等确定的。

1 注氮控氧防火系统的供氮装置,其实际指标能否达到规定值,直接影响注氮控氧防火系统的防火功能,应全面核实。

2 控制组件上、下限值的控制和报警设置,直接关系到防护区内的氧浓度是否达到防火设计的要求,应严格核实。

3 联动试验为供氮装置、氧浓度探测器与控制组件的联锁动作试验,可反映注氮控氧防火系统是否能自动保持防护区内的低氧防火设计要求。

7.3.3 本条对注氮控氧防火系统的调试要求作了规定。

1 注氮控氧防火系统能否在启动后的限定时间内,达到其规定的指标并保持稳定是重要的,本款限定在60min内。

2 本款规定了注氮控氧防火系统的氧浓度上限值和下限值。对有人短暂停留场所,在上限值16.0%和下限值14.0%的氧浓度范围内,防护区能达到防火功能要求。对无人停留场所,在上限值13.5%和下限值12.5%的氧浓度范围内,防护区能达到防火功能要求。

7.3.4 本条规定了联动试验的步骤。注氮控氧防火系统应能自动地保持在有人短暂停留场所防护区内的氧浓度为14.0%至16.0%之间,在无人停留场所防护区内的氧浓度为12.5%至13.5%之间,且在有人短暂停留场所防护区内的氧浓度为17.0%和13.0%时报警,在无人停留场所防护区内的氧浓度为14.0%和12.0%时报警。前者是防止防护区丧失防火功能,以及供氮装置因不停地运行而导致损坏等问题;后者则防止工作人员进入氧浓度过低的防护区。这些指标均应全面核实。

8　验　收

8.0.1 本条对注氮控氧防火系统安装工程竣工验收的组织形式和要求作了明确规定。

竣工验收是注氮控氧防火系统交付使用前的一项重要技术工作。为了确保系统功能,把好竣工验收关,必须强调竣工验收由建设单位组织,消防监督、工程监理、设计、施工等单位参加,充分发挥各方面的职能作用和监督作用,切实做到使投资建设的系统能充分起到保护人身和财产安全的作用。

8.0.2 注氮控氧防火系统施工安装完毕后,应对系统的布置和功能等进行检查,以保证投入使用后安全可靠,达到减少火灾危害,保护人身和财产安全的目的。

8.0.3 注氮控氧防火系统竣工验收时,建设和施工单位应提供有关设计、质量验收的记录和文件,以确保施工过程已按设计和标准要求执行。

8.0.4 注氮控氧防火系统所排放的氧应排放到防护区外,以确保防护区内的氧浓度达到设计范围。注氮控氧防火系统安装处的环境,直接影响其功能,应确保环境温度在设计范围内,并无有害或腐蚀性气体存在。

9　维护管理

9.0.1 维护管理是注氮控氧防火系统正常发挥作用的关键环节。必须强调管理、检测、维护制度,以保证系统经常处于正常工作状态,防止火灾发生。注氮控氧防火系统需由对系统作用原理了解和熟悉的人员来操作、管理及维护,以保证系统正常工作。

9.0.2 从注氮控氧防火系统的外观可以观察到系统是否有泄漏等异常现象。

从设在防护区外的紧急报警控制器可观察到防护区内的氧浓度。在有人短暂停留场所氧浓度应控制在14.0%至16.0%的范围内,在无人停留场所氧浓度应控制在12.5%至13.5%的范围内,以确保防护区达到防火的功能。

注氮控氧防火系统应有自动启动、关闭和报警的功能,以确保防护区内的氧浓度在规定的上、下限值范围内,并在氧浓度过高或过低时报警。联动试验是为了保证防护区内保持氧浓度范围。

氧浓度探测器和损耗件(随机附有清单)的使用寿命,在正常情况下是一年,所以应每年更新,以确保其正常工作。

中国工程建设标准化协会标准

建筑钢结构防火技术规范

Technical code for fire
safety of steel structure in buildings

CECS 200：2006

主编单位：同　　济　　大　　学
　　　　　中国钢结构协会防火与防腐分会
批准单位：中 国 工 程 建 设 标 准 化 协 会
施行日期：２ ０ ０ ６ 年 ８ 月 １ 日

前　　言

根据中国工程建设标准化协会(2002)建标协字第 33 号文《关于印发中国工程建设标准化协会 2002 年第二批标准制、修订项目计划的通知》的要求，制定本规范。

本规范是在我国系统科学研究和大量工程实践的基础上，参考国外现行钢结构防火标准，经广泛征求国内相关单位的意见以及英国、新加坡和香港专家的意见后完成编制的。

根据国家计委计标[1986]1649 号文《关于请中国工程建设标准化委员会负责组织推荐性工程建设标准试点工作的通知》的要求，现批准发布协会标准《建筑钢结构防火技术规范》，编号为 CECS 200：2006，推荐给工程建设设计、施工和使用单位采用。

本规范由中国工程建设标准化协会钢结构专业委员会 CECS/TC 1 归口管理，由同济大学土木工程学院(上海市四平路 1239 号，邮编 200092)负责解释。在使用中如发现需要修改或补充之处，请将意见和资料径寄解释单位。

主 编 单 位：同济大学
　　　　　　　中国钢结构协会防火与防腐分会
参 编 单 位：公安部四川消防研究所
　　　　　　　公安部天津消防研究所
　　　　　　　公安部上海消防研究所
　　　　　　　上海市消防局
　　　　　　　福州大学
　　　　　　　中国人民武装警察部队学院
　　　　　　　中国建筑科学研究院
　　　　　　　北京钢铁设计研究院

上海市建筑科学研究院
上海交通大学
华东建筑设计研究院有限公司
Ārup Group Limited(奥雅纳工程顾问公司)
北京城建天宁消防责任公司
上海汇丽涂料有限公司
江苏兰陵集团公司
莱州明发隔热材料有限公司
上海美建钢结构有限公司
上海明珠钢结构有限公司

主要起草人：李国强　倪照鹏　李　风　殷李革　林桂祥
　　　　　　　史　毅　韩林海　叶小琪　屈立军　楼国彪
　　　　　　　蒋首超　郭士雄　赵金城　王军娃　贺军利
　　　　　　　罗明纯　覃文清　袁佑民　杜　咏　顾仁华
　　　　　　　李锦钰　刘承宗　曹　轩　黄珏倩

中国工程建设标准化协会
2006 年 6 月 23 日

目　次

58

1 总　则

1.0.1 为防止和减小建筑钢结构的火灾危害，保护人身和财产安全，经济、合理地进行钢结构抗火设计和采取防火保护措施，制定本规范。

1.0.2 本规范适用于新建、扩建和改建的建筑钢结构和组合结构的抗火设计和防火保护。

1.0.3 本规范是以火灾高温下钢结构的承载能力极限状态为基础，根据概率极限状态设计法的原则制定的。

1.0.4 建筑钢结构的抗火设计和防火保护，除应符合本规范的规定外，尚应符合我国现行有关标准的规定。

2　术语和符号

2.1　术　语

2.1.1　火灾荷载密度　fire load density

单位楼面面积上可燃物的燃烧热值（MJ/m²）。

2.1.2　标准火灾升温　standard fire temperature-time curve

国际标准 ISO 834 给出的，用于建筑构件标准耐火试验的炉内平均温度与时间的关系曲线。

2.1.3　等效曝火时间　equivalent time of fire exposure

在非标准火灾升温条件下，火灾在时间 t 内对构件或结构的作用效应与标准火灾在时间 t_e 内对同一构件或结构（外荷载相同）的作用效应相同，则时间 t_e 称为前者的等效曝火时间。

2.1.4　抗火承载能力极限状态　limit state for fire resistance

在火灾条件下，构件或结构的承载力与外加作用（包括荷载和温度作用）产生的组合效应相等时的状态。

2.1.5　临界温度　critical temperatrue

假设火灾效应沿构件的长度和截面均匀分布，当构件达到抗火承载力极限状态时构件截面上的温度。

2.1.6　荷载比　load level, load ratio

火灾下构件承载力与常温下相应的承载力的比值。

2.1.7　钢管混凝土　concrete-filled steel tube

在圆形或矩形钢管内填灌混凝土而形成，且钢管和混凝土在受荷全过程中共同受力的构件。

2.1.8　组合构件　composite component

截面上由型钢与混凝土两种材料组合而成的构件。例如，钢管混凝土柱、钢-混凝土组合板和钢-混凝土组合梁等。

2.1.9　屋盖承重构件　load bearing roof component

用于承受屋面荷载的主要结构构件。例如，组成屋盖网架、网壳、桁架的构件和屋面梁、支撑等。屋面檩条一般不当作屋盖承重构件，但当檩条同时起屋盖结构系统的支撑作用时，则应当作屋盖承重构件。

2.1.10　自动喷水灭火系统全保护　complete sprinkler system

建筑物内除面积小于 5m² 的卫生间外，均设有自动喷水灭火系统的保护。

2.2　符　号

A——构件的毛截面面积；

A_f——一个翼缘的截面面积；

A_w——梁腹板的截面面积；

B——构件单位长度综合传热系数；

B_n——与梁端部约束情况有关的常数；

c_s——钢材的比热容；

c_i——保护层的比热容；

d_i——保护层厚度；

E——常温下钢材的弹性模量；

E_T——高温下钢材的弹性模量；

f——常温下钢材的设计强度；

f_y——常温下钢材的屈服强度；

f_{yT}——高温下钢材的屈服强度；

f_c——常温下混凝土的抗压强度；

f_{cT}——高温下混凝土的抗压强度；

F——单位长度构件的受火表面积；

F_i——单位长度构件保护层的内表面积；

h——构件的截面高度，楼板厚度；

h_w——梁腹板的高度；

h_d——压型钢板的截面高度；

I——构件的截面惯性矩；

k_r——火灾下钢管混凝土柱的承载力影响系数；

l——构件的长度、跨度；

l_0——构件的计算长度；

M_{fi}——受火构件按等效作用力分析得到的杆端弯矩；

M_p——塑性弯矩；

M_{Ti}——受火构件的杆端温度弯矩；

M_x, M_y——构件的最大弯矩设计值；

N——构件的轴力设计值；

N'_{ExT}, N'_{EyT}——高温下构件的承载力参数；

N_{fi}——受火构件按等效作用力分析得到的轴力；

N_T——受火构件的轴向温度内力；

P——保护层的含水百分比；

q——梁（板）所受的均布荷载或等效均布荷载；

q_r——考虑薄膜效应后楼板的极限承载力；

Q_{tk}——楼面或屋面活荷载的标准值；

$R、R'、R'_x、R'_y$——荷载比；

R_d——高温下结构或构件的设计承载力；

S——结构或构件的荷载组合效应；

S_m——高温下结构或构件的作用组合效应；

t——受火时间或耐火时间；

t'——构件温度达到 100℃ 所需的时间；

t_d——结构或构件的耐火时间；

t_e——等效曝火时间；

t_m——结构或构件的耐火极限；

t_v——延迟时间；

t_w——梁腹板的厚度；

T_0——受火前钢构件的内部温度；

T_1、T_2——受火钢构件两侧或上下翼缘的温度；

T_d——结构或构件的临界温度；

T'_g——实际的室内火灾升温；

$T_g(0)$——火灾发生前的室内平均空气温度；

T_g——对应 t 时刻的室内平均空气温度；

T_s——钢构件温度；

T_m——在耐火极限时间内结构或构件的最高温度；

V——单位长度构件的体积；

W_p——构件的截面塑性模量；

W_x、W_y——构件绕 x 轴和绕 y 轴的毛截面模量；

α_s——钢材的热膨胀系数；

β_m、β_t——等效弯矩系数；

γ_0——结构抗火重要性系数；

γ_R——钢构件的抗力分项系数，抗火设计中钢材强度调整系数；

γ_x、γ_y——截面塑性发展系数；

χ_T——高温下钢材弹性模量折减系数；

η_T——高温下钢材强度折减系数；

υ_s——钢材的泊松比；

λ——构件的长细比；

λ_i——保护材料的导热系数；

λ_s——钢材的导热系数；

ρ_i——保护材料的密度；

ρ_s——钢材的密度；

α_c——对流传热系数；

α_r——辐射传热系数；

φ——常温下轴心受压构件的稳定系数；

φ_b——常温下钢梁的整体稳定系数；

φ'_{bT}——高温下钢梁的整体稳定系数；

Δt——时间增量；

ΔT——构件或结构的温度变化值。

3 钢结构防火要求

3.0.1 单、多层建筑和高层建筑中的各类钢构件、组合构件等的耐火极限不应低于表 3.0.1 和本章的相关规定。当低于规定的要求时，应采取外包覆不燃烧体或其他防火隔热的措施。

表 3.0.1 单、多层和高层建筑构件的耐火极限

耐火极限(h) 构件名称	单、多层建筑				高层建筑	
	一级	二级	三级	四级	一级	二级
承重墙	3.00	2.50	2.00	0.50	2.00	2.00
柱 柱间支撑	3.00	2.50	2.00	0.50	3.00	2.50
梁 桁架	2.00	1.50	1.00	0.50	2.00	1.50
楼板 楼面支撑	1.50	1.00	厂、库房 0.75 / 民用房 0.50	厂、库房 0.50 / 民用房 不要求	1.50	1.00
屋盖承重构件 屋面支撑、系杆	1.50	0.50	厂、库房 0.50 / 民用房 不要求	不要求		
疏散楼梯	1.50	1.00	厂、库房 0.75 / 民用房 0.50	不要求		

注：对造纸车间、变压器装配车间、大型机械装配车间、卷烟生产车间、印刷车间等及类似的车间，当建筑耐火等级较高时，吊车梁体系的耐火极限不应低于表中梁的耐火极限要求。

3.0.2 钢结构公共建筑和用于丙类和丙类以上生产、仓储的钢结构建筑中，宜设置自动喷水灭火系统全保护。

3.0.3 当单层丙类厂房中设有自动喷水灭火系统全保护时，各类构件可不再采取防火保护措施。

3.0.4 丁、戊类厂、库房(使用甲、乙、丙类液体或可燃气体的部位除外)中的构件，可不采取防火保护措施。

3.0.5 当单、多层一般公共建筑和居住建筑中设有自动喷水灭火系统全保护时，各类构件的耐火极限可按表 3.0.1 的相应规定降低 0.5h。

3.0.6 对单、多层一般公共建筑和甲、乙、丙类厂、库房的屋盖承重构件，当设有自动喷水灭火系统全保护，且屋盖承重构件离地(楼)面的高度不小于 6m 时，该屋盖承重构件可不采取其他防火保护措施。

3.0.7 除甲、乙、丙类库房外的厂、库房，建筑中设自动喷水灭火系统全保护时，其柱、梁的耐火极限可按表 3.0.1 的相应的规定降低 0.5h。

3.0.8 当空心承重钢构件中灌注防冻、防腐并能循环的溶液，且建筑中设有自动喷水灭火系统全保护时，其承重结构可不再采取其他防火保护措施。

3.0.9 当多、高层建筑中设有自动喷水灭火系统全保护(包括封闭楼梯间、防烟楼梯间)，且高层建筑的防烟楼梯间及其前室设有正压送风系统时，楼梯间中的钢构件可不采取其他防火保护措施；当多层建筑中的敞开楼梯、敞开楼梯间采用钢结构时，应采取有效的防火保护措施。

3.0.10 对于多功能、大跨度、大空间的建筑，可采用有科学依据的性能化设计方法，模拟实际火灾升温，分析结构的抗火性能，采取合理、有效的防火保护措施，保证结构的抗火安全。

4 材料特性

4.1 钢 材

4.1.1 在高温下,钢材的有关物理参数应按表 4.1.1 采用。

表 4.1.1 高温下钢材的物理参数

参数名称	符 号	数 值	单 位
热膨胀系数	α_s	1.4×10^{-5}	m/(m·℃)
导热系数	λ_s	45	W/(m·℃)
比热容	c_s	600	J/(kg·℃)
密度	ρ_s	7850	kg/m³
泊松比	ν_s	0.3	—

4.1.2 在高温下,普通钢材的弹性模量可按下式计算:

$$E_T = \chi_T E \qquad (4.1.2\text{-}1)$$

$$\chi_T = \begin{cases} \dfrac{7T_s - 4780}{6T_s - 4760}, & 20℃ \leqslant T_s < 600℃ \\ \dfrac{1000 - T_s}{6T_s - 2800}, & 600℃ \leqslant T_s < 1000℃ \end{cases} \qquad (4.1.2\text{-}2)$$

式中 T_s——温度(℃);

E_T——温度为 T_s 时钢材的弹性模量(MPa);

E——常温下钢材的弹性模量(MPa);

χ_T——高温下钢材弹性模量的折减系数,可按表 4.1.2 采用。

表 4.1.2 高温下普通钢材的弹性模量折减系数 χ_T

T_s(℃)	110	120	130	140	150	160	170	180	190	200
χ_T	0.978	0.975	0.972	0.969	0.966	0.963	0.959	0.956	0.953	0.949
T_s(℃)	210	220	230	240	250	260	270	280	290	300
χ_T	0.945	0.941	0.937	0.933	0.929	0.924	0.920	0.915	0.910	0.905

续表 4.1.2

T_s(℃)	310	320	330	340	350	360	370	380	390	400
χ_T	0.899	0.894	0.888	0.882	0.875	0.869	0.861	0.854	0.846	0.838
T_s(℃)	410	420	430	440	450	460	470	480	490	500
χ_T	0.830	0.821	0.811	0.801	0.790	0.779	0.767	0.754	0.741	0.726
T_s(℃)	510	520	530	540	550	560	570	580	590	600
χ_T	0.711	0.694	0.676	0.657	0.636	0.613	0.588	0.561	0.531	0.498
T_s(℃)	610	620	630	640	650	660	670	680	690	700
χ_T	0.453	0.413	0.378	0.346	0.318	0.293	0.270	0.250	0.231	0.214
T_s(℃)	710	720	730	740	750	760	770	780	790	800
χ_T	0.199	0.184	0.171	0.159	0.147	0.136	0.126	0.117	0.108	0.100

4.1.3 在高温下,普通钢材的屈服强度可按下式计算:

$$f_{yT} = \eta_T f_y \qquad (4.1.3\text{-}1)$$

$$\eta_T = \begin{cases} 1.0, & 20℃ \leqslant T_s < 300℃ \\ 1.24 \times 10^{-8} T_s^3 - 2.096 \times 10^{-5} T_s^2 \\ \quad +9.228 \times 10^{-3} T_s - 0.2168, & 300℃ \leqslant T_s < 800℃ \\ 0.5 - T_s/2000, & 800℃ \leqslant T_s < 1000℃ \end{cases} \qquad (4.1.3\text{-}2)$$

$$f_y = \gamma_R f \qquad (4.1.3\text{-}3)$$

式中 f_{yT}——温度为 T_s 时钢材的屈服强度(MPa);

f_y——常温下钢材的屈服强度(MPa);

f——常温下钢材的强度设计值(MPa);

γ_R——钢构件抗力分项系数,取 $\gamma_R = 1.1$;

η_T——高温下钢材强度折减系数,可按表 4.1.3 采用。

表 4.1.3 高温下普通钢材的强度折减系数 η_T

T_s(℃)	310	320	330	340	350	360	370	380	390	400
η_T	0.999	0.996	0.992	0.985	0.977	0.967	0.956	0.944	0.930	0.914
T_s(℃)	410	420	430	440	450	460	470	480	490	500
η_T	0.898	0.880	0.862	0.842	0.821	0.800	0.778	0.755	0.731	0.707
T_s(℃)	510	520	530	540	550	560	570	580	590	600
η_T	0.683	0.658	0.632	0.607	0.581	0.555	0.530	0.504	0.478	0.453
T_s(℃)	610	620	630	640	650	660	670	680	690	700
η_T	0.428	0.403	0.378	0.354	0.331	0.308	0.286	0.265	0.245	0.226
T_s(℃)	710	720	730	740	750	760	770	780	790	800
η_T	0.207	0.190	0.174	0.159	0.145	0.133	0.123	0.113	0.106	0.100

4.1.4 当按第 4.1.2、4.1.3 条确定高温下钢材的特性时,常温下钢材的特性应按现行国家的标准《钢结构设计规范》GB 50017 的规定采用。

4.1.5 在高温下,耐火钢的弹性模量和屈服强度可分别按式 (4.1.2-1) 和式 (4.1.3-1) 确定。其中,弹性模量折减系数 χ_T 和屈服强度折减系数 η_T 可分别按式 (4.1.5-1) 和式 (4.1.5-2) 确定。

$$\chi_T = \begin{cases} 1 - \dfrac{T_s - 20}{2520}, & 20℃ \leqslant T_s < 650℃ \\ 0.75 - \dfrac{7(T_s - 650)}{2500}, & 650℃ \leqslant T_s < 900℃ \\ 0.5 - 0.0005T_s, & 900℃ \leqslant T_s < 1000℃ \end{cases} \qquad (4.1.5\text{-}1)$$

$$\eta_T = \begin{cases} \dfrac{6(T_s - 768)}{5(T_s - 918)}, & 20℃ \leqslant T_s < 700℃ \\ \dfrac{1000 - T_s}{8(T_s - 600)}, & 700℃ \leqslant T_s < 1000℃ \end{cases} \qquad (4.1.5\text{-}2)$$

4.2 混 凝 土

4.2.1 在高温下,普通混凝土的有关物理参数可按下列规定采用:

1 导热系数

硅质骨料混凝土:

$$\lambda_c = 2 - 0.24\frac{T}{120} + 0.012\left(\frac{T}{120}\right)^2, 20℃ \leqslant T < 1200℃ \qquad (4.2.1\text{-}1)$$

式中 λ_c——温度为 T 时混凝土的导热系数[W/(m·℃)];

T——混凝土的温度(℃)。

钙质骨料混凝土:

$$\lambda_c = 1.6 - 0.16\frac{T}{120} + 0.008\left(\frac{T}{120}\right)^2, 20℃ \leqslant T < 1200℃ \qquad (4.2.1\text{-}2)$$

2 比热容

$$c_c = 900 + 80\frac{T}{120} - 4\left(\frac{T}{120}\right)^2, 20℃ \leqslant T < 1200℃ \qquad (4.2.1\text{-}3)$$

式中 c_c——温度为 T 时混凝土的比热容[J/(kg·℃)]。

4.2.2 在高温下,普通混凝土的初始弹性模量可按下式计算:

$$E_{cT} = (0.83 - 0.0011T)E_c, 60℃ \leqslant T < 700℃ \qquad (4.2.2)$$

式中 E_{cT}——温度为 T 时混凝土的初始弹性模量(MPa);

E_c——常温下混凝土的初始弹性模量(MPa)。

4.2.3 在高温下,混凝土的抗压强度可按下式计算:

$$f_{cT} = \eta_{cT} f_c \qquad (4.2.3)$$

式中 f_{cT}——高温下混凝土的抗压强度;

f_c——常温下混凝土的抗压强度;

η_{cT}——高温下混凝土的抗压强度折减系数,可按表 4.2.3 采用。

表 4.2.3 高温下混凝土强度折减系数 η_{cT}

温度 T (℃)	普通混凝土	轻骨料混凝土
20	1.00	1.00
100	0.95	1.00
200	0.90	1.00
300	0.85	1.00
400	0.75	0.88
500	0.60	0.76
600	0.45	0.64
700	0.30	0.52
800	0.15	0.40
900	0.08	0.28
1000	0.04	0.16
1100	0.01	0.04
1200	0	0

4.2.4 当按第4.2.2、4.2.3条确定高温下混凝土的材料特性时，常温下混凝土的特性应按现行国家标准《混凝土结构设计规范》GB 50010的规定采用。

4.2.5 在高温下，其他类型混凝土的特性，应根据有关标准通过高温材性试验确定。

4.3 防火涂料

4.3.1 当钢结构采用防火涂料保护时，可采用膨胀型或非膨胀型防火涂料。

4.3.2 钢结构防火涂料的技术性能除应符合现行国家标准《钢结构防火涂料》GB 14907的规定外，尚应符合下列要求：

1 生产厂应提供非膨胀型防火涂料导热系数（500℃时）、比热容、含水率和密度参数，或提供等效导热系数、比热容和密度参数。非膨胀型防火涂料的等效导热系数可按附录A的规定测定。

2 主要成分为矿物纤维的非膨胀型防火涂料，当采用干式喷涂施工工艺时，应有防止粉尘、纤维飞扬的可靠措施。

4.4 防火板

4.4.1 当钢结构采用防火板保护时，可采用低密度防火板、中密度防火板和高密度防火板。

4.4.2 防火板材应符合下列要求：

1 应为不燃性材料；

2 受火时不炸裂，不产生穿透裂纹；

3 生产厂应提供产品的导热系数（500℃时）或等效导热系数、密度和比热容等参数。防火板的等效导热系数可按附录A的规定测定。

4.5 其他防火隔热材料

4.5.1 钢结构也可采用粘土砖、C20混凝土或金属网抹M5砂浆等其他隔热材料作为防火保护层。

4.5.2 当采用其他防火隔热材料作为钢结构的防火保护层时，生产厂除应提供强度和耐候性参数外，尚应提供导热系数（500℃时）或等效导热系数、密度和比热容等参数。其他防火隔热材料的等效导热系数可参照附录A的规定测定。

5 抗火设计基本规定

5.1 抗火极限状态设计要求

5.1.1 当满足下列条件之一时，应视为钢结构构件达到抗火承载能力极限状态：

1 轴心受力构件截面屈服。

2 受弯构件产生足够的塑性铰而形成可变机构。

3 构件整体丧失稳定。

4 构件达到不适于继续承载的变形。

5.1.2 当满足下列条件之一时，应视为钢结构整体达到抗火承载能力极限状态：

1 结构产生足够的塑性铰形成可变机构。

2 结构整体丧失稳定。

5.1.3 钢结构的抗火设计应满足下列要求之一：

1 在规定的结构耐火极限时间内，结构或构件的承载力 R_d 不应小于各种作用所产生的组合效应 S_m，即：

$$R_d \geq S_m \qquad (5.1.3-1)$$

2 在各种荷载效应组合下，结构或构件的耐火时间 t_d 不应小于规定的结构或构件的耐火极限 t_m，即：

$$t_d \geq t_m \qquad (5.1.3-2)$$

3 结构或构件的临界温度 T_d 不应低于在耐火极限时间内结构或构件的最高温度 T_m，即：

$$T_d \geq T_m \qquad (5.1.3-3)$$

5.2 一般规定

5.2.1 在一般情况下，可仅对结构的各种构件进行抗火计算，使其满足构件抗火设计的要求。

5.2.2 当进行结构某一构件的抗火验算时，可仅考虑该构件的受火升温。

5.2.3 有条件时，可对结构整体进行抗火计算，使其满足结构抗火设计的要求。此时，应进行各构件的抗火验算。

5.2.4 进行结构整体抗火验算时，应考虑可能的最不利火灾状况。

5.2.5 对于跨度大于80m或高度大于100m的建筑结构和特别重要的建筑结构，宜对结构整体进行抗火验算，按最不利的情况进行抗火设计。

5.2.6 对第5.2.5条规定以外的结构，当构件的约束较大时，如在荷载效应组合中不考虑温度作用，则其防火保护层设计厚度应按计算厚度增加30%。

5.2.7 连接节点的防火保护层厚度不得小于被连接构件防火保护层厚度的较大值。

6 温度作用及其效应组合

6.1 室内火灾空气升温

6.1.1 一般工业与民用建筑的室内火灾空气温度可按下式计算：

$$T_g(t) - T_g(0) = 345\lg(8t+1) \quad (6.1.1)$$

式中 $T_g(t)$——对应于 t 时刻的室内平均空气温度（℃）；

$T_g(0)$——火灾发生前的室内平均空气温度，取 20℃；

t——升温时间（min）。

6.1.2 当能准确确定建筑室内有关参数时，可按附录 B 方法计算室内火灾的空气温度，也可按其他轰燃后的火灾模型计算室内火灾的空气温度。

6.1.3 实际的室内火灾升温在任意时刻对结构的影响，可等效为标准火灾升温在等效曝火时刻对结构的影响。本规范以钢构件温度相等为等效原则。当采用附录 B 方法计算室内火灾的空气温度时，等效曝火时间 t_e 可按下式计算：

$$t_e = 9 + (16.434\eta^2 - 4.223\eta + 0.3794)q_T \quad (6.1.3-1)$$

$$\eta = 0.53\frac{\sum A_w\sqrt{h}}{A_T} \quad (6.1.3-2)$$

式中 t_e——等效曝火时间（min）；

η——开口因子（$m^{1/2}$）；

q_T——设计火灾荷载密度（MJ/m²），按附录 C 计算；

A_w——按门窗开口尺寸计算的房间开口面积（m²）；

h——房间门窗洞口高度（m）；

A_T——包括门窗在内的房间六壁面积之和（m²）。

6.2 高大空间火灾空气升温

6.2.1 本规范中，高大空间是指高度不小于 6m，独立空间地（楼）面面积不小于 500m² 的建筑空间。

6.2.2 高大空间建筑火灾中的空气升温过程可按下式确定：

$$T_{(x,z,t)} - T_g(0) = T_z[1 - 0.8\exp(-\beta t) - 0.2\exp(-0.1\beta t)]$$
$$\times \left[\eta + (1-\eta)\exp\left(-\frac{x-b}{\mu}\right)\right] \quad (6.2.2)$$

式中 $T_{(x,z,t)}$——对应于 t 时刻，与火源中心水平距离为 x（m）、与地面垂直距离为 z（m）处的空气温度（℃）；

$T_g(0)$——火灾发生前高大空间内平均空气温度，取 20℃；

T_z——火源中心距地面垂直距离为 z（m）处的最高空气升温（℃），按附录 D 确定；

β——根据火源功率类型和火灾增长类型，按附录 D 确定；

b——火源形状中心至火源最外边缘的距离（m）；

η——与火源中心水平距离为 x（m）的温度衰减系数（无量纲），按附录 D 确定，当 $x<b$ 时，$\eta=1$；

μ——系数，按附录 D 确定。

6.2.3 火源功率设计值 Q_s 应根据建筑物实际可燃物的情况，选取一合理数值。根据火源功率设计值 Q_s，可按表 6.2.3 确定火灾功率类型。

表 6.2.3 火源功率类型

火源类型	Q_s(MW)
小功率火灾	<3.5
中功率火灾	3.5~15
大功率火灾	>15

6.2.4 火灾增长类型可根据可燃物类型按表 6.2.4 确定。

表 6.2.4 火灾增长类型

可燃物类型	火灾增长类型
密实木材	慢速
实木家具，塑料制品，化学纤维填充物	中速
部分聚合物家具，木板垛	快速
大部分聚合物家具，塑料垛，薄板家具	极快速

6.3 钢构件升温计算

6.3.1 火灾下钢构件的升温可按下列增量法计算，其初始温度取 20℃：

$$T_s(t+\Delta t) = \frac{B}{c_s\rho_s}[T_g(t) - T_s(t)]\Delta t + T_s(t) \quad (6.3.1)$$

式中 Δt——时间增量（s），不宜超过 30s；

T_s——钢构件温度（℃）；

T_g——火灾下钢构件周围空气温度（℃）；

B——钢构件单位长度综合传热系数 [W/(m³·℃)]，按第 6.3.2 条计算；

c_s——钢材比热容，按表 4.1.1 取值；

ρ_s——钢材密度，按表 4.1.1 取值。

6.3.2 钢构件单位长度综合传热系数 B 可按下列公式计算：

1 构件无防火保护层时

$$B = (\alpha_c + \alpha_r)\frac{F}{V} \quad (6.3.2-1)$$

$$\alpha_r = \frac{2.041}{T_g - T_s}\left[\left(\frac{T_g+273}{100}\right)^4 - \left(\frac{T_s+273}{100}\right)^4\right] \quad (6.3.2-2)$$

式中 F——构件单位长度的受火表面积（m²/m）；

V——构件单位长度的体积（m³/m）；

α_c——对流传热系数，取 25[W/(m²·℃)]；

α_r——辐射传热系数 [W/(m²·℃)]。

2 构件有非膨胀型保护层时

$$B = \frac{1}{1+\dfrac{c_i\rho_i d_i F_i}{2c_s\rho_s V}} \cdot \frac{\lambda_i}{d_i} \cdot \frac{F_i}{V} \quad (6.3.2-3)$$

式中 c_i——保护材料的比热容 [J/(kg·℃)]；

ρ_i——保护材料的密度（kg/m³）；

d_i——保护层厚度（m）；

λ_i——保护材料 500℃ 时的导热系数或等效导热系数 [W/(m³·℃)]；

F_i——构件单位长度防火保护材料的内表面积（m²/m）。

各类构件的 F_i/V 值可按附录 E 采用。

6.3.3 有非膨胀型防火保护层的构件，当构件温度不超过 600℃ 时，在标准火灾升温条件下其内部温度可按下式近似计算：

$$T_s(t) = (\sqrt{0.044 + 5.0\times10^{-5}B} - 0.2)t + T_s(0)\leqslant 600 \quad (6.3.3)$$

式中 $T_s(0)$——火灾前构件的初始温度，取 20℃；

t——火灾升温时间（s），当为非标准火灾升温时，用第 6.1.3 条确定的等效曝火时间 t_e 代替。

有膨胀型防水保护层的构件，在标准火灾升温条件下，其内部温度应按附录 I 规定的方法确定。

6.3.4 在标准火灾升温条件下，无防火保护层的钢构件和采用不同参数防火被覆构件的升温也可按附录 F 查表确定。

6.3.5 当钢构件的防火被覆中含有水分时，宜考虑钢构件的升温延迟现象。此时钢构件的内部温度可按下式计算：

$$T'_s(t) = T_s(t) \qquad t<t'$$
$$T'_s(t) = 100℃ \qquad t'\leqslant t\leqslant t'+t_v \quad (6.3.4)$$
$$T'_s(t) = T_s(t+t_v) \qquad t>t'+t_v$$

其中

$$t_v = \frac{12P\rho_i d_i^2}{\lambda_i}$$

式中 t_v——延迟时间（s）；

t'——构件温度达到 100℃ 所需的时间（s）；

P——保护层中所含水分的质量百分比（%）；

$T'_s(t)$——考虑延迟现象的影响时，构件在 t 时刻的内部温度；

$T_s(t)$——不考虑延迟现象的影响时，构件在 t 时刻的内部温度，按第 6.3.1、6.3.3 或 6.3.4 条确定。

当有实测数据时，延迟时间 t_v 可采用实测值。

当采用由附录 A 确定的防火被覆的等效导热系数计算钢构

件的升温时,无需考虑防火被覆中水分引起的延迟时间。

6.4 结构内力分析

6.4.1 在进行钢结构抗火计算时,应考虑温度内力和变形的影响。

6.4.2 计算钢结构中某一构件受火升温的温度内力和变形时,可将受火构件的温度效应等效为杆端作用力(图6.4.2),并将该作用力作用在与该杆端对应的结构节点上,然后按常温下的分析方法进行结构分析,得到该构件升温对结构产生的温度内力和变形。其中,受火构件的温度内力可按下式确定:

$$N_T = N_{Te} - N_f \qquad (6.4.2-1)$$

$$M_{Ti} = M_{Te} - M_{fi} \qquad (6.4.2-2)$$

式中
$$N_{Te} = a_s E_T A \left(\frac{T_1 + T_2}{2} - T_0 \right) \qquad (6.4.2-3)$$

$$M_{Te} = \frac{E_T I}{h} a_s (T_2 - T_1) \qquad (6.4.2-4)$$

N_T——受火构件的轴向温度内力(压力);

M_{Ti}——受火构件的杆端温度弯矩(方向与图6.4.2b所示 M_{Te} 方向相反);

N_f——按等效作用力分析得到的受火构件的轴力(受拉为正);

M_{fi}——按等效作用力分析得到的受火构件的杆端弯矩(方向与图6.4.2b所示 M_{Te} 方向一致为正);

T_1、T_2——受火构件两侧或上下翼缘的温度,对于有防火保护层的钢构件取 $T_1 = T_2$;

T_0——受火前构件的温度;

E_T——温度为 $(T_1 + T_2)/2$ 时钢材的弹性模量;

A——受火构件的截面面积;

I——受火构件的截面惯性矩;

h——受火构件的截面高度。

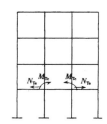

(a)构件的升温 　　　　(b)等效作用力

图6.4.2 结构温度效应等效为杆端作用力

6.4.3 计算框架柱的温度内力时,如仅考虑该柱升温(相邻柱不升温),则该柱的温度内力可根据计算结果折减30%。

6.4.4 钢结构构件抗火验算时,受火构件在外荷载作用下的内力可采用常温下相同荷载所产生的内力乘以折减系数0.9。

6.5 作用效应组合

6.5.1 钢结构抗火验算时,可按偶然设计状况的作用效应组合,采用下列较不利的设计表达式:

$$S_m = \gamma_0 (S_{Gk} + S_{Tk} + \psi_f S_{Qk}) \qquad (6.5.1-1)$$

$$S_m = \gamma_0 (S_{Gk} + S_{Tk} + \psi_q S_{Qk} + 0.4 S_{wk}) \qquad (6.5.1-2)$$

式中 S_m——作用效应组合的设计值;

S_{Gk}——永久荷载标准值的效应;

S_{Tk}——火灾下结构的标准温度作用效应;

S_{Qk}——楼面或屋面活荷载标准值的效应;

S_{wk}——风荷载标准值的效应;

ψ_f——楼面或屋面活荷载的的频遇值系数,按现行国家标准《建筑结构荷载规范》GB 50009的规定取值;

ψ_q——楼面或屋面活荷载的准永久值系数,按现行国家标准《建筑结构荷载规范》GB 50009的规定取值;

γ_0——结构抗火重要性系数,对于耐火等级为一级的建筑取1.15,对其他建筑取1.05。

7 钢结构抗火验算

7.1 抗火设计步骤

7.1.1 钢结构构件抗火设计可采用第7.1.2或7.1.3条规定的步骤进行。

7.1.2 钢结构构件抗火设计方法一的步骤为:

　　1 按第6.5.1条进行荷载效应组合。

　　2 根据构件和荷载类型,按第7.4和7.5节有关条文,确定构件的临界温度 T_d。

　　3 当保护材料为膨胀型时,保护层厚度可按试验方法确定。当保护材料为非膨胀型时,可按下述方法计算所需防火被覆厚度:

　　1)由给定的临界温度 T_d、耐火极限(标准升温时间 t 或等效曝火时间 t_e),按附录G查表确定构件单位长度综合传热系数 B。

　　2)由下式计算保护层厚度:

$$d_i = \frac{-1 + \sqrt{1 + 4k \left(\frac{F_i}{V}\right)^2 \frac{\lambda_i}{B}}}{2k \frac{F_i}{V}} \qquad (7.1.2-1)$$

$$k = \frac{c_i \rho_i}{2c_s \rho_s}$$

　　3)当 $k \leqslant 0.01$ 或不便确定时,可偏于安全地按下式计算保护层厚度:

$$d_i = \frac{\lambda_i}{B} \cdot \frac{F_i}{V} \qquad (7.1.2-2)$$

　　4)当防火保护材料的平衡含水率 P 较大(延迟时间大于5min),可先按式(7.1.2-1)求出初定厚度 d'_i,然后按下式估计延迟时间:

$$t_v = \frac{P \rho_i (d'_i)^2}{5\lambda_i} \qquad (7.1.2-3)$$

以 $(t - t_v)$ 代表 t 重新按附录G查表确定构件单位长度综合传热系数 B 值,再根据式(7.1.2-1)求得最后厚度。

如果防火保护材料的等效导热系数根据附录A确定,则无需考虑防火被覆中水分引起的延迟时间。

以上各式中符号意义同第6.3节。

7.1.3 钢结构构件抗火设计方法二的步骤为:

　　1 设定一定的防火被覆厚度。

　　2 按第6.3节有关条文计算构件在要求的耐火极限下的内部温度。

　　3 按第4.1节有关条文确定高温下钢材的参数,按第6.4节有关条文计算结构构件在外荷载和温度作用下的内力。

　　4 按第5.2节规定进行结构分析(含温度效应分析),并按第6.5节进行荷载效应组合。

　　5 根据构件和受载的类型,按第7.2和7.3节有关条文进行构件耐火承载力极限状态验算。

　　6 当设定的防火被覆厚度不合适时(过小或过大),可调整防火被覆厚度,重复上述1~5步骤。

7.1.4 钢结构整体的抗火验算可按下列步骤进行:

　　1 设定结构所有构件一定的防火被覆厚度。

　　2 确定一定的火灾场景。

　　3 进行火灾温度场分析及结构构件内部温度分析。

　　4 在第6.5.1条规定的荷载作用下,分析结构是否满足第5.1.3条的要求。

　　5 当设定的结构防火被覆厚度不合适时(过小或过大),调整防火被覆厚度,重复上述1~4步骤。

7.2 基本钢构件的抗火承载力验算

7.2.1 高温下,轴心受拉钢构件或轴心受压钢构件的强度应按下式验算:

$$\frac{N}{A_n} \leqslant \eta_T \gamma_R f \qquad (7.2.1)$$

式中 N——火灾下构件的轴向拉力或轴向压力设计值；

A_n——构件的净截面面积；

η_T——高温下钢材的强度折减系数；

γ_R——钢构件的抗力分项系数，近似取 $\gamma_R=1.1$；

f——常温下钢材的强度设计值。

7.2.2 高温下，轴心受压钢构件的稳定性应按下式验算：

$$\frac{N}{\varphi_T A} \leqslant \eta_T \gamma_R f \qquad (7.2.2-1)$$

$$\varphi_T = \alpha_c \varphi \qquad (7.2.2-2)$$

式中 N——火灾时构件的轴向压力设计值；

A——构件的毛截面面积；

φ_T——高温下轴心受压钢构件的稳定系数；

α_c——高温下轴心受压钢构件的稳定验算参数；对于普通结构钢构件，根据构件长细比和构件温度按表7.2.2-1确定，对于耐火钢构件，按表7.2.2-2确定；

φ——常温下轴心受压钢构件的稳定系数，按现行国家标准《钢结构设计规范》GB 50017确定。

表 7.2.2-1 高温下轴心受压普通结构钢构件的稳定验算参数 α_c

$\lambda\sqrt{\frac{f_y}{235}}$	温 度(℃)							
	100	150	200	250	300	350	400	450
≤10	1.000	1.000	1.000	0.999	0.999	0.999	0.999	1.000
50	0.999	0.998	0.997	0.996	0.994	0.994	0.995	0.998
100	0.992	0.985	0.978	0.968	0.957	0.952	0.963	0.984
150	0.986	0.976	0.964	0.949	0.931	0.924	0.940	0.973
200	0.984	0.972	0.958	0.942	0.921	0.914	0.931	0.969
≤250	0.983	0.971	0.956	0.938	0.917	0.909	0.928	0.968

$\lambda\sqrt{\frac{f_y}{235}}$	温 度(℃)						
	500	550	600	650	700	750	800
≤10	1.000	1.001	1.001	1.000	1.000	1.000	1.000
50	1.002	1.004	1.005	0.998	0.997	1.001	1.000
100	1.011	1.036	1.039	0.983	0.978	1.005	1.000
150	1.019	1.064	1.069	0.972	0.964	1.008	1.000
200	1.022	1.075	1.080	0.968	0.959	1.009	1.000
≤250	1.023	1.081	1.086	0.966	0.957	1.009	1.000

注：温度在50℃及以下时 α_c 取1.0，其他温度 α_c 按线性插值确定。

表 7.2.2-2 高温下轴心受压耐火钢构件的稳定验算参数 α_c

$\lambda\sqrt{\frac{f_y}{235}}$	温 度(℃)							
	100	150	200	250	300	350	400	450
≤10	1.000	1.000	1.000	1.000	1.000	1.000	1.000	1.000
50	0.999	0.999	0.999	0.999	0.999	0.999	1.000	1.001
100	0.995	0.993	0.991	0.990	0.991	0.994	0.999	1.007
150	0.992	0.988	0.985	0.983	0.985	0.989	0.997	1.012
200	0.990	0.986	0.982	0.981	0.982	0.987	0.997	1.014
≤250	0.990	0.985	0.982	0.980	0.982	0.986	0.997	1.015

$\lambda\sqrt{\frac{f_y}{235}}$	温 度(℃)						
	500	550	600	650	700	750	800
≤10	1.000	1.001	1.002	1.003	1.004	1.005	1.006
50	1.003	1.005	1.009	1.015	1.019	1.027	1.030
100	1.021	1.042	1.075	1.126	1.165	1.234	1.259
150	1.036	1.075	1.139	1.253	1.352	1.568	1.658
200	1.042	1.088	1.166	1.310	1.445	1.779	1.941
≤250	1.045	1.094	1.179	1.339	1.494	1.897	2.108

注：温度在50℃及以下时 α_c 取1.0，其他温度 α_c 按线性插值确定。

7.2.3 高温下，单轴受弯钢构件的强度应按下式验算：

$$\frac{M}{\gamma W_n} \leqslant \eta_T \gamma_R f \qquad (7.2.3-1)$$

式中 M——火灾时最不利截面处的弯矩设计值；

W_n——最不利截面的净截面模量；

γ——截面塑性发展系数，对于工字型截面 $\gamma_x=1.05$、$\gamma_y=1.2$，对于箱形截面 $\gamma_x=\gamma_y=1.05$，对于圆钢管截面 $\gamma_x=\gamma_y=1.15$。

7.2.4 高温下，单轴受弯钢构件的稳定性应按下式验算：

$$\frac{M}{\varphi'_{bT} W} \leqslant \eta_T \gamma_R f \qquad (7.2.4-1)$$

$$\varphi'_{bT}=\begin{cases} \alpha_b \varphi_b & \alpha_b \varphi_b \leqslant 0.6 \\ 1.07-\dfrac{0.282}{\alpha_b \varphi_b} \leqslant 1.0 & \alpha_b \varphi_b > 0.6 \end{cases} \qquad (7.2.4-2)$$

式中 M——火灾时构件的最大弯矩设计值；

W——按受压纤维确定的构件毛截面模量；

φ'_{bT}——高温下受弯钢构件的稳定系数；

φ_b——常温下受弯钢构件的稳定系数（基于弹性阶段），按现行国家标准《钢结构设计规范》GB 50017有关规定计算，但当所计算的 $\varphi_b>0.6$ 时，φ_b 不作修正；

α_b——高温下受弯钢构件的稳定验算参数，按表7.2.4-1、表7.2.4-2确定。

表 7.2.4-1 高温下受弯普通结构钢构件的稳定验算参数 α_b

温度(℃)	20	100	150	200	250	300	350	400	450	500
α_b	1.000	0.980	0.966	0.949	0.929	0.905	0.896	0.917	0.962	1.027
温度(℃)	550	600	650	700	750	800	850	900	950	1000
α_b	1.094	1.101	0.961	0.950	1.011	1.000	0.870	0.769	0.690	0.625

表 7.2.4-2 高温下受弯耐火钢构件的稳定验算参数 α_b

温度(℃)	20	100	150	200	250	300	350	400	450	500
α_b	1.000	0.988	0.982	0.978	0.977	0.978	0.984	0.996	1.017	1.052
温度(℃)	550	600	650	700	750	800	850	900	950	1000
α_b	1.111	1.214	1.419	1.630	2.256	2.640	2.533	1.200	1.400	1.600

7.2.5 高温下，拉弯或压弯钢构件的强度应按下式验算：

$$\frac{N}{A_n} \pm \frac{M_x}{\gamma_x W_{nx}} \pm \frac{M_y}{\gamma_y W_{ny}} \leqslant \eta_T \gamma_R f \qquad (7.2.5)$$

式中 N——火灾时构件的轴力设计值；

M_x、M_y——火灾时最不利截面处的弯矩设计值，分别对应于强轴 x 轴和弱轴 y 轴；

A_n——最不利截面的净截面面积；

W_{nx}、W_{ny}——分别为对强轴 x 轴和弱轴 y 轴的净截面模量；

γ_x、γ_y——分别为绕强轴弯曲和绕弱轴弯曲的截面塑性发展系数，对于工字型截面 $\gamma_x=1.05$、$\gamma_y=1.2$；对于箱形截面 $\gamma_x=\gamma_y=1.05$；对于圆钢管截面 $\gamma_x=\gamma_y=1.15$。

7.2.6 高温下，压弯钢构件的稳定性应按下式验算：

1 绕强轴 x 轴弯曲：

$$\frac{N}{\varphi_{xT} A}+\frac{\beta_{mx} M_x}{\gamma_x W_x (1-0.8N/N'_{ExT})}+\eta\frac{\beta_{ty} M_y}{\varphi_{byT} W_y} \leqslant \eta_T \gamma_R f \qquad (7.2.6-1)$$

$$N'_{ExT}=\pi^2 E_T A/(1.1\lambda_x^2)，$$

2 绕弱轴 y 轴弯曲：

$$\frac{N}{\varphi_{yT} A}+\frac{\beta_{tx} M_x}{\varphi'_{bxT} W_x}+\frac{\beta_{my} M_y}{\gamma_y W_y (1-0.8N/N'_{EyT})} \leqslant \eta_T \gamma_R f \qquad (7.2.6-2)$$

$$N'_{EyT}=\pi^2 E_T A/(1.1\lambda_y^2)，$$

式中 N——火灾时构件的轴向压力设计值；

M_x、M_y——分别为火灾时所计算构件段范围内对强轴(x)和弱轴(y)的最大弯矩设计值；

A——构件的毛截面面积；

W_x、W_y——分别为对强轴和弱轴的毛截面模量；

N'_{ExT}、N'_{EyT}——分别为高温下绕强轴弯曲和绕弱轴弯曲的参数；

λ_x、λ_y——分别为对强轴和弱轴的长细比；

φ_{xT}、φ_{yT}——高温下轴心受压钢构件的稳定系数，分别对应于强轴失稳和弱轴失稳，按式(7.2.2-2)计算；

φ'_{bxT}、φ'_{byT}——高温下均匀弯曲受弯钢构件的稳定系数，分别对应于强轴失稳和弱轴失稳，按式(7.2.4-2)计算；

γ_x、γ_y——分别为绕强轴弯曲和绕弱轴弯曲的截面塑性发展系数，对于工字型截面 $\gamma_x=1.05$、$\gamma_y=1.2$，对于箱形截面 $\gamma_x=\gamma_y=1.05$，对于圆钢管截面 $\gamma_x=\gamma_y=1.15$；

η——截面影响系数，对于闭口截面 $\eta=0.7$，对于其他截面 $\eta=1.0$；

β_{mx}、β_{my}——弯矩作用平面内的等效弯矩系数，按现行国家标准《钢结构设计规范》GB 50017确定；

β_{tx}、β_{ty}——弯矩作用平面外的等效弯矩系数，按现行国家标准《钢结构设计规范》GB 50017确定。

7.3 钢框架梁、柱的抗火承载力验算

7.3.1 火灾时，按图7.3.1所示钢框架柱的承载能力极限状态，

应按下式验算其高温承载力：

$$\frac{N}{\varphi_T A} \leqslant 0.7 \eta_T \gamma_R f \qquad (7.3.1)$$

式中　N——火灾时框架柱所受的轴力设计值，应考虑温度内力的影响；

A——框架柱的毛截面面积；

φ_T——高温下轴心受压钢构件的稳定系数，按式(7.2.2-2)计算，其中框架柱计算长度取构件高度。

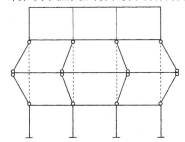

图 7.3.1　梁升温使柱端屈服

7.3.2 火灾时，按图 7.3.2 所示钢框架梁承载能力极限状态，应按下式验算其高温承载力：

$$M_q \leqslant M_{pT} \qquad (7.3.2\text{-}1)$$
$$M_{pT} = W_p \eta_T \gamma_T f \qquad (7.3.2\text{-}2)$$
$$M_q = \frac{B_n}{8} q l^2 \qquad (7.3.2\text{-}3)$$

式中　M_q——梁上荷载产生的最大弯矩设计值，不考虑温度内力；当梁承受的荷载为非均布荷载时，可按简支梁跨间最大弯矩等效的原则，将其等效为均布荷载；

q——火灾时梁承受的均布荷载设计值；

l——梁的跨度；

B_n——与梁端部连接有关的参数，当梁两端铰接时，$B_n = 1$，当梁两端刚接时，$B_n = 0.5$；

M_{pT}——高温下梁截面的塑性弯矩；

W_p——梁截面的塑性截面模量。

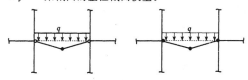

(a)梁端铰接　　　　(b)梁端刚接

图 7.3.2　框架梁的极限状态

7.4　基本钢构件的临界温度

7.4.1 轴心受拉钢构件根据其截面强度荷载比 R，可按表7.4.1-1、表 7.4.1-2 确定构件的临界温度 T_d。其中，R 可按下式计算：

$$R = \frac{N}{A_n f} \qquad (7.4.1)$$

式中　N——火灾时构件的轴向拉力设计值；

A_n——构件的净截面面积；

f——常温下钢材的强度设计值。

表 7.4.1-1　普通结构钢构件根据截面强度荷载比 R 确定的临界温度 T_d(℃)

R	0.30	0.35	0.40	0.45	0.50	0.55	0.60	0.65	0.70	0.75	0.80	0.85	0.90
T_d	676	656	636	617	599	582	564	546	528	510	492	472	452

表 7.4.1-2　耐火钢构件根据截面强度荷载比 R 确定的临界温度 T_d(℃)

R	0.30	0.35	0.40	0.45	0.50	0.55	0.60	0.65	0.70	0.75	0.80	0.85	0.90
T_d	726	713	702	690	677	661	643	622	599	571	537	497	447

7.4.2 轴心受压钢构件的临界温度 T_d 可取以下两个临界温度 T'_d、T''_d 中的较小者：

1 临界温度 T'_d

根据截面强度荷载比 R，可按表 7.4.1-1、表 7.4.1-2 确定 T'_d。其中，R 可按下式计算：

$$R = \frac{N}{A_n f} \qquad (7.4.1\text{-}2)$$

式中　N——火灾时构件所受的轴压力。

2 临界温度 T''_d

根据构件稳定荷载比 R' 以及构件长细比 λ，可按表 7.4.2-1、表 7.4.2-2 确定 T''_d。其中，R' 可按下式计算：

$$R' = \frac{N}{\varphi A f} \qquad (7.4.2\text{-}2)$$

式中　A——构件的毛截面面积；

φ——常温下轴心受压构件的稳定系数。

表 7.4.2-1　轴心受压普通结构钢构件根据构件稳定荷载比 R' 确定的临界温度 T''_d(℃)

R'		0.30	0.35	0.40	0.45	0.50	0.55	0.60
$\lambda\sqrt{\frac{f_y}{235}}$	≤50	676	655	636	618	600	582	565
	100	674	653	636	620	605	589	571
	150	672	652	636	622	608	594	577
	≥200	672	651	636	622	609	596	597
R'		0.65	0.70	0.75	0.80	0.85	0.90	
$\lambda\sqrt{\frac{f_y}{235}}$	≤50	547	529	511	492	472	451	
	100	554	535	515	494	471	444	
	150	560	542	520	496	469	437	
	≥200	562	545	522	497	468	433	

表 7.4.2-2　轴心受压耐火钢构件根据构件稳定荷载比 R' 确定的临界温度 T''_d(℃)

R'		0.30	0.35	0.40	0.45	0.50	0.55	0.60
$\lambda\sqrt{\frac{f_y}{235}}$	≤50	727	714	704	692	679	663	646
	100	745	729	717	706	696	684	670
	150	772	755	739	725	713	703	692
	≥200	788	770	754	738	724	711	701
R'		0.65	0.70	0.75	0.80	0.85	0.90	
$\lambda\sqrt{\frac{f_y}{235}}$	≤50	625	602	573	539	498	448	
	100	653	632	602	566	518	456	
	150	680	664	643	599	542	467	
	≥200	690	676	658	628	556	471	

7.4.3 单轴受弯钢构件的临界温度 T_d 可取以下两个临界温度 T'_d、T''_d 中的较小者：

1 临界温度 T'_d

根据截面强度荷载比 R，可按表 7.4.1-1、表 7.4.1-2 确定 T'_d。其中，R 可按下式计算：

$$R = \frac{M}{\gamma W_n f} \qquad (7.4.3\text{-}1)$$

式中　M——火灾时最不利截面处的弯矩设计值；

W_n——最不利截面的净截面模量；

γ——截面塑性发展系数。

2 临界温度 T''_d

根据构件稳定荷载比 R' 以及常温下受弯构件的稳定系数 φ_b，可按表 7.4.3-1、表 7.4.3-2 确定 T''_d。其中，R' 可按下式计算：

$$R' = \frac{M}{\varphi'_b W f} \qquad (7.4.3\text{-}2)$$

$$\varphi'_b = \begin{cases} \varphi_b & \varphi_b \leqslant 0.6 \\ 1.07 - \dfrac{0.282}{\varphi_b} \leqslant 1.0 & \varphi_b > 0.6 \end{cases} \qquad (7.4.3\text{-}3)$$

式中　M——火灾时构件的最大弯矩设计值；

　　　W——构件的毛截面模量；

　　　φ'_b——常温下受弯构件的稳定系数；

　　　φ_b——常温下受弯钢构件的稳定系数（基于弹性受力阶段），根据现行国家标准《钢结构设计规范》GB 50017 的有关规定计算。

表 7.4.3-1　受弯普通结构钢构件根据构件稳定
荷载比 R' 确定的临界温度 $T''_d(\degree C)$

R'		0.30	0.35	0.40	0.45	0.50	0.55	0.60
φ'_b	≤0.5	669	650	634	621	610	600	586
	0.6	669	650	634	620	608	596	580
	0.7	672	652	635	620	606	591	575
	0.8	674	653	635	619	604	588	571
	0.9	675	654	636	618	602	585	568
	1.0	676	655	636	618	600	583	565
R'		0.65	0.70	0.75	0.80	0.85	0.90	
φ'_b	≤0.5	569	550	528	500	466	423	
	0.6	563	543	522	497	466	423	
	0.7	557	538	517	495	470	441	
	0.8	553	534	515	494	471	446	
	0.9	550	532	513	493	472	449	
	1.0	548	530	511	492	472	450	

表 7.4.3-2　受弯耐火钢构件根据构件稳定
荷载比 R' 确定的临界温度 $T''_d(\degree C)$

R'		0.30	0.35	0.40	0.45	0.50	0.55	0.60
φ'_b	≤0.5	774	758	743	731	719	709	699
	0.6	760	744	730	718	707	697	684
	0.7	749	733	720	709	699	687	673
	0.8	740	726	713	703	692	678	663
	0.9	734	720	708	698	685	671	655
	1.0	729	715	704	693	680	665	647
R'		0.65	0.70	0.75	0.80	0.85	0.90	
φ'_b	≤0.5	687	674	660	639	593	478	
	0.6	670	655	631	595	541	466	
	0.7	657	637	608	571	522	457	
	0.8	645	622	593	557	511	453	
	0.9	635	611	582	547	504	450	
	1.0	627	603	575	541	499	448	

7.4.4　拉弯钢构件根据其截面强度荷载比 R，可按表 7.4.1-1、表 7.4.1-2 确定构件的临界温度 T_d。其中，R 可按下式计算：

$$R = \frac{1}{f}\left[\frac{N}{A_n} \pm \frac{M_x}{\gamma_x W_{nx}} \pm \frac{M_y}{\gamma_y W_{ny}}\right] \qquad (7.4.4)$$

式中　N——火灾时构件的轴向拉力设计值；

　　M_x、M_y——火灾时最不利截面处的弯矩，分别对应于强轴 x 轴和弱轴 y 轴；

　　　A_n——最不利截面的净截面面积；

　　W_{nx}、W_{ny}——分别为对强轴 x 轴和弱轴 y 轴的净截面模量；

　　γ_x、γ_y——分别为绕强轴弯曲和绕弱轴弯曲的截面塑性发展系数。

7.4.5　压弯钢构件的临界温度 T_d 可取以下三个临界量温度 T'_d、T''_{dx}、T''_{dy} 中的较小者：

1　临界温度 T'_d

根据截面强度荷载比 R，可按表 7.4.1-1、表 7.4.1-2 确定 T'_d。其中，R 可按下式计算：

$$R = \frac{1}{f}\left[\frac{N}{A_n} \pm \frac{M_x}{\gamma_x W_{nx}} \pm \frac{M_y}{\gamma_y W_{ny}}\right] \qquad (7.4.5\text{-}1)$$

式中　N——火灾时构件的轴向压力设计值；

　　M_x、M_y——火灾时最不利截面处的弯矩，分别对应于强轴 x 轴和弱轴 y 轴；

　　　A_n——最不利截面的净截面面积；

　　W_{nx}、W_{ny}——分别为对强轴 x 轴和弱轴 y 轴的净截面模量；

　　γ_x、γ_y——分别为绕强轴弯曲和绕弱轴弯曲的截面塑性发展系数。

2　临界温度 T''_{dx}

根据绕强轴 x 轴弯曲的构件稳定荷载比 R'_x 以及长细比 λ_x、参数 e_1、参数 e_2，可按表 7.4.5-1、表 7.4.5-2 确定 T''_{dx}。其中，R'_x、e_1、e_2 分别可按下式计算：

$$R'_x = \frac{1}{f}\left[\frac{N}{\varphi_x A} + \frac{\beta_{mx} M_x}{\gamma_x W_x(1-0.8N/N'_{Ex})} + \eta\frac{\beta_{ty} M_y}{\varphi'_{by} W_y}\right]$$
$$(7.4.5\text{-}2)$$

$$e_1 = \frac{\beta_{mx} M_x}{\gamma_x W_x(1-0.8N/N'_{Ex})} \cdot \frac{\varphi_x A}{N} \qquad (7.4.5\text{-}3)$$

$$e_2 = \frac{\eta\beta_{ty} M_y}{\varphi'_{by} W_y} \cdot \frac{\varphi_x A}{N} \qquad (7.4.5\text{-}4)$$

$N'_{Ex} = \pi^2 EA/(1.1\lambda_x^2)$，$N'_{Ey} = \pi^2 EA/(1.1\lambda_y^2)$。

式中　N——火灾时构件所受的轴向压力设计值；

　　M_x、M_y——分别为火灾时所计算构件段范围内对强轴和弱轴的最大弯矩设计值；

　　　A——构件的毛截面面积；

　　W_x、W_y——分别为对强轴和弱轴的毛截面模量；

　　N'_{Ex}、N'_{Ey}——分别为绕强轴弯曲和绕弱轴弯曲的参数；

　　　E——常温下钢材的弹性模量；

　　λ_x、λ_y——分别为对强轴和弱轴的长细比；

　　　φ_x——常温下轴心受压构件对应于强轴失稳的稳定系数；

　　　φ'_{by}——常温下均匀弯曲受弯构件对应于弱轴失稳的稳定系数，按式 (7.4.3-3) 计算；

　　　γ_x——绕强轴弯曲的截面塑性发展系数；对于工字型截面 $\gamma_x = 1.05$，对于箱形截面 $\gamma_x = 1.05$，对于圆钢管截面 $\gamma_x = 1.15$；

　　　η——截面影响系数，对于闭口截面 $\eta = 0.7$，对于其他截面 $\eta = 1.0$；

　　　β_{mx}——弯矩作用平面内的等效弯矩系数，根据现行国家标准《钢结构设计规范》GB 50017 确定；

　　　β_{ty}——弯矩作用平面外的等效弯矩系数，根据现行国家标准《钢结构设计规范》GB 50017 确定。

3　临界温度 T''_{dy}

根据绕弱轴 y 轴弯曲的构件稳定荷载比 R'_y 以及长细比 λ_y、参数 e_1、参数 e_2，可按表 7.4.5-1、表 7.4.5-2 确定 T''_{dy}（R'_y 对应于 R'_x，λ_y 对应于 λ_x）。其中，R'_y、e_1、e_2 分别可按下式计算：

$$R'_y = \frac{1}{f}\left[\frac{N}{\varphi_y A} + \eta\frac{\beta_{tx} M_x}{\varphi'_{bx} W_x} + \frac{\beta_{my} M_y}{\gamma_y W_y(1-0.8N/N'_{Ey})}\right] \quad (7.4.5\text{-}5)$$

$$e_1 = \frac{\beta_{my} M_y}{\gamma_y W_y(1-0.8N/N'_{Ey})} \cdot \frac{\varphi_y A}{N} \qquad (7.4.5\text{-}6)$$

$$e_2 = \frac{\eta\beta_{tx} M_x}{\varphi'_{bx} W_x} \cdot \frac{\varphi_y A}{N} \qquad (7.4.5\text{-}7)$$

式中　φ_y——常温下轴心受压构件对应于弱轴失稳的稳定系数；

　　　φ'_{bx}——常温下均匀弯曲受弯构件对应于强轴失稳的稳定系数，按式 (7.4.3-3) 计算；

　　　γ_y——绕弱轴弯曲的截面塑性发展系数；对于工字型截面 $\gamma_y = 1.2$，对于箱形截面 $\gamma_y = 1.05$，对于圆钢管截面 $\gamma_y = 1.15$；

　　　β_{my}——弯矩作用平面内的等效弯矩系数，根据现行国家标准《钢结构设计规范》GB 50017 确定；

　　　β_{tx}——弯矩作用平面外的等效弯矩系数，根据现行国家标准《钢结构设计规范》GB 50017 确定。

表 7.4.5-1　压弯普通结构钢构件根据构件稳定荷载比 R'_x（或 R'_y）

确定的临界温度 T''_{dx}（或 T''_{dy}）（℃）

$\lambda_x\sqrt{\frac{f_y}{235}}$ 或 $\lambda_y\sqrt{\frac{f_y}{235}}$	e_2	e_1	荷载比 R'_x（或 R'_y）												
			0.30	0.35	0.40	0.45	0.50	0.55	0.60	0.65	0.70	0.75	0.80	0.85	0.90
≤50	—	—	670	649	630	612	595	577	560	542	524	506	487	467	446
100	≤0.1	≤0.1	667	647	630	614	599	582	565	547	528	508	487	463	438
		0.3	662	642	625	609	594	577	559	541	522	502	481	458	433
		1.0	660	640	623	607	590	573	555	537	519	499	479	457	433
		3.0	665	644	626	609	592	575	557	539	521	502	483	462	440
		≥10	671	650	631	613	596	578	561	543	525	507	488	468	446
	0.3	≤0.1	669	649	631	615	600	583	566	549	530	510	489	466	441
		0.3	665	645	628	612	596	579	562	544	525	505	484	462	437
		1.0	663	643	625	608	592	575	557	539	521	501	481	459	435
		3.0	666	645	627	610	593	575	558	540	522	503	484	463	440
		≥10	671	650	631	613	596	578	561	543	525	507	488	468	446
	1.0	—	668	647	629	612	596	579	561	544	525	506	486	464	441
	≥3.0	—	671	651	632	615	598	581	563	545	527	508	489	468	446

续表 7.4.5-1

$\lambda_x\sqrt{\frac{f_y}{235}}$ 或 $\lambda_y\sqrt{\frac{f_y}{235}}$	e_2	e_1	荷载比 R'_x（或 R'_y）												
			0.30	0.35	0.40	0.45	0.50	0.55	0.60	0.65	0.70	0.75	0.80	0.85	0.90
150	≤0.1	≤0.1	663	643	628	613	600	584	567	550	529	508	484	457	426
		0.3	657	638	622	608	593	576	559	541	521	499	476	449	420
		1.0	656	637	620	605	589	572	554	536	516	496	474	450	423
		3.0	662	642	624	607	591	574	556	538	520	501	480	459	435
		≥10	670	649	630	612	595	578	560	543	524	506	487	467	445
	0.3	≤0.1	666	646	630	616	602	586	569	552	532	511	488	462	432
		0.3	661	642	626	611	597	580	563	545	525	504	481	455	427
		1.0	659	639	622	607	591	574	557	539	519	499	477	454	427
		3.0	663	643	625	608	592	575	557	539	521	502	481	460	436
		≥10	670	649	630	613	595	578	560	543	525	506	487	467	445
	1.0	≤0.1	670	650	633	618	604	588	571	554	535	514	492	467	439
		0.3	668	648	631	615	601	585	568	551	531	511	489	464	437
		1.0	665	645	628	612	597	580	563	545	526	506	484	461	435
		3.0	666	645	628	611	595	578	560	543	524	505	484	463	439
		≥10	670	650	631	613	596	579	561	544	525	507	488	467	445
	3.0	—	670	650	632	616	602	585	568	550	531	512	490	467	441
	≥10	—	672	652	634	618	602	586	569	551	532	513	492	469	445

续表 7.4.5-1

$\lambda_x\sqrt{\frac{f_y}{235}}$ 或 $\lambda_y\sqrt{\frac{f_y}{235}}$	e_2	e_1	荷载比 R'_x（或 R'_y）												
			0.30	0.35	0.40	0.45	0.50	0.55	0.60	0.65	0.70	0.75	0.80	0.85	0.90
≥200	≤0.1	≤0.1	661	642	627	613	600	584	567	550	530	507	482	452	418
		0.3	655	637	621	607	593	576	559	541	520	498	473	444	412
		1.0	654	635	619	604	588	571	554	535	515	495	472	446	419
		3.0	661	641	623	607	591	573	556	538	519	500	479	457	433
		≥10	669	649	630	612	595	578	560	542	524	506	486	466	444
	0.3	≤0.1	664	645	630	616	603	588	571	554	534	512	488	458	423
		0.3	659	640	625	611	597	581	564	546	526	504	480	451	418
		1.0	657	638	622	607	592	575	557	539	519	498	476	450	422
		3.0	662	642	624	608	592	575	558	540	521	501	481	458	434
		≥10	669	649	630	612	595	578	560	543	524	506	487	466	444
	1.0	≤0.1	668	648	633	619	606	592	576	559	540	518	493	464	427
		0.3	665	646	630	616	603	588	572	554	535	513	489	461	426
		1.0	663	643	627	612	599	582	565	547	528	507	484	458	427
		3.0	664	644	627	611	596	579	562	544	525	505	484	461	435
		≥10	670	649	631	613	597	579	562	544	525	507	487	467	444
	≥3.0	≤0.1	667	648	631	615	601	585	568	550	531	511	489	464	436
		3.0	668	649	633	619	606	593	577	559	540	519	494	466	428
		1.0	668	648	632	617	604	589	573	555	536	515	492	464	530
		3.0	669	650	634	620	607	594	578	561	542	520	496	467	428
		≥10	670	650	632	615	599	582	565	547	528	509	489	467	443

表 7.4.5-2 压弯耐火钢构件根据构件稳定荷载比 R'_x（或 R'_y）
确定的临界温度 T''_{dx}（或 T''_{dy}）（℃）

$\lambda_x\sqrt{\frac{f_y}{235}}$ 或 $\lambda_y\sqrt{\frac{f_y}{235}}$	e_2	e_1	荷载比 R'_x（或 R'_y）												
			0.30	0.35	0.40	0.45	0.50	0.55	0.60	0.65	0.70	0.75	0.80	0.85	0.90
≤50	—	—	725	712	702	690	676	660	642	621	596	567	532	490	439
100	≤0.1	≤0.1	740	725	712	702	691	678	663	645	621	590	550	501	439
		0.3	735	721	709	699	687	673	657	637	611	579	538	488	425
		1.0	730	716	705	694	681	666	649	627	600	568	528	479	418
		3.0	727	714	703	691	677	662	644	623	597	566	529	484	428
		≥10	726	713	702	690	676	661	643	622	597	568	533	491	439
	0.3	≤0.1	739	724	712	702	690	677	662	644	620	589	551	504	443
		0.3	735	721	709	699	687	673	657	638	612	581	542	493	432
		1.0	730	717	705	694	681	667	650	629	602	571	532	484	424
		3.0	727	714	703	691	678	663	645	624	598	568	531	485	430
		≥10	726	713	702	690	677	661	643	622	598	569	534	491	439
	1.0	—	726	713	702	691	677	661	644	623	598	569	535	490	435
	≥3.0	—	727	714	703	692	678	663	645	624	600	571	537	494	442

续表 7.4.5-2

$\lambda_x\sqrt{\frac{f_y}{235}}$ 或 $\lambda_y\sqrt{\frac{f_y}{235}}$	e_2	e_1	荷载比 R'_x（或 R'_y）												
			0.30	0.35	0.40	0.45	0.50	0.55	0.60	0.65	0.70	0.75	0.80	0.85	0.90
150	≤0.1	≤0.1	759	742	727	714	704	693	680	665	647	615	569	509	434
		0.3	749	732	718	707	696	684	670	654	629	592	544	486	413
		1.0	737	722	710	699	687	673	657	636	608	573	529	474	407
		3.0	730	716	705	694	680	666	649	627	600	568	529	481	422
		≥10	727	713	703	691	677	662	644	623	598	569	533	490	437
	0.3	≤0.1	757	740	725	713	703	692	679	664	645	615	572	515	443
		0.3	749	732	719	707	697	685	671	654	631	596	552	496	426
		1.0	738	723	710	700	688	674	658	639	612	577	534	482	416
		3.0	730	717	705	694	681	666	650	628	602	570	531	484	425
		≥10	727	714	703	691	678	662	645	624	599	569	534	491	437
	1.0	≤0.1	752	735	722	710	700	688	675	659	639	609	570	518	452
		0.3	748	732	718	707	697	685	670	654	632	600	561	509	444
		1.0	739	724	712	702	690	677	661	643	618	586	545	495	433
		3.0	732	718	707	696	683	669	652	632	606	575	537	490	432
		≥10	728	714	704	692	679	663	646	625	500	571	536	492	439
	3.0	—	730	716	705	694	681	666	649	628	604	575	539	496	442
	≥10	—	733	719	708	698	685	670	654	635	611	582	546	502	447

续表 7.4.5-2

$\lambda_x\sqrt{\frac{f_y}{235}}$ 或 $\lambda_y\sqrt{\frac{f_y}{235}}$	e_2	e_1	荷载比 R'_x（或 R'_y）												
			0.30	0.35	0.40	0.45	0.50	0.55	0.60	0.65	0.70	0.75	0.80	0.85	0.90
≥200	≤0.1	≤0.1	770	753	736	722	710	699	687	674	657	631	580	513	430
		0.3	756	739	724	711	701	689	675	660	638	598	547	484	406
		1.0	741	725	712	701	689	676	660	641	612	575	529	472	402
		3.0	731	717	706	695	682	667	650	629	601	569	529	480	420
		≥10	727	714	703	692	678	663	645	624	599	569	534	490	436
	0.3	≤0.1	769	752	736	722	710	700	688	675	659	635	588	525	443
		0.3	758	741	726	713	702	691	678	663	644	610	562	498	423
		1.0	743	727	714	703	691	678	663	645	618	583	537	481	412
		3.0	733	718	707	696	683	669	652	631	604	572	533	484	423
		≥10	728	714	703	692	678	663	646	625	600	570	534	491	437
	1.0	≤0.1	767	750	734	721	710	700	688	674	659	636	594	536	458
		0.3	760	743	728	716	705	694	682	667	651	623	580	522	446
		1.0	747	731	718	707	696	684	670	654	631	597	556	501	433
		3.0	736	721	709	699	687	673	657	638	612	581	541	492	431
		≥10	729	716	704	693	680	665	648	627	603	573	537	493	438
	≥3.0	≤0.1	736	746	732	719	708	698	686	672	657	634	595	540	463
		3.0	760	744	729	717	706	696	683	669	653	628	589	534	460
		1.0	753	737	723	711	701	690	676	661	643	614	575	522	451
		3.0	742	727	715	704	693	680	666	649	626	595	557	507	444
		≥10	732	719	707	697	684	670	654	634	609	580	544	499	442

58

7.5 钢框架梁、柱的临界温度

7.5.1 钢框架柱的临界温度 T_d 可按表 7.4.2-1、表 7.4.2-2 确定。其构件稳定荷载比 R' 可按下式计算：

$$R' = \frac{N}{0.7\varphi A f} \qquad (7.5.1)$$

7.5.2 钢框架梁的临界温度 T_d 可按表 7.4.1-1、表 7.4.1-2 确定。其截面强度荷载比 R 可按下式计算：

$$R = \frac{M_q}{W_p f} \qquad (7.5.2)$$

8 组合结构抗火验算

8.1 钢管混凝土柱

8.1.1 当圆形截面钢管混凝土柱保护层采用非膨胀型防水涂料时，其厚度可按表 8.1.1 确定。

表 8.1.1 圆形截面钢管混凝土柱非膨胀型防火涂料保护层厚度

圆形截面直径(mm)	耐火极限(h)	保护层厚度 d_i(mm) λ=20	λ=40	λ=60	λ=80
200	1.0	6	8	10	13
	1.5	8	11	13	17
	2.0	10	13	17	21
	2.5	12	16	20	25
	3.0	14	18	23	30
300	1.0	6	7	9	12
	1.5	8	10	13	17
	2.0	9	12	16	20
	2.5	11	14	19	24
	3.0	13	17	22	28
400	1.0	5	7	9	12
	1.5	7	9	12	16
	2.0	9	11	15	19
	2.5	10	14	18	23
	3.0	12	16	21	27
500	1.0	5	7	9	11
	1.5	7	9	12	15
	2.0	8	11	14	19
	2.5	10	13	17	22
	3.0	12	15	20	26
600	1.0	5	6	8	11
	1.5	6	8	11	15
	2.0	8	11	14	18
	2.5	9	13	17	22
	3.0	11	14	19	26

续表 8.1.1

圆形截面直径(mm)	耐火极限(h)	保护层厚度 d_i(mm) λ=20	λ=40	λ=60	λ=80
700	1.0	5	6	8	11
	1.5	6	8	11	15
	2.0	8	10	14	18
	2.5	9	12	16	22
	3.0	11	14	19	25
800	1.0	5	6	8	11
	1.5	6	8	11	14
	2.0	7	10	13	18
	2.5	9	12	16	21
	3.0	10	14	19	25
900	1.0	4	6	8	11
	1.5	6	8	10	14
	2.0	7	10	13	18
	2.5	9	12	16	21
	3.0	10	14	18	25
1000	1.0	4	6	8	10
	1.5	6	8	10	14
	2.0	7	9	13	17
	2.5	8	11	16	21
	3.0	10	13	18	24
1100	1.0	4	6	8	10
	1.5	6	7	10	14
	2.0	7	9	13	17
	2.5	8	11	15	20
	3.0	10	13	18	24
1200	1.0	4	6	8	10
	1.5	5	7	10	14
	2.0	7	9	12	17
	2.5	8	11	15	20
	3.0	9	12	17	24

注：$\lambda = 4L/D$，其中 L 为柱的计算长度，D 为柱截面直径。

8.1.2 当矩形截面钢管混凝土柱保护层采用非膨胀型防火涂料时，其厚度可按表 8.1.2 确定。

表 8.1.2 矩形截面钢管混凝土柱非膨胀型防火涂料保护层厚度

矩形截面短边尺寸(mm)	耐火极限(h)	保护层厚度 d_i(mm) λ=20	λ=40	λ=60	λ=80
200	1.0	9	8	9	10
	1.5	13	12	12	14
	2.0	16	15	16	19
	2.5	20	19	20	23
	3.0	24	24	24	27
300	1.0	7	7	7	8
	1.5	11	10	10	12
	2.0	14	13	13	16
	2.5	17	16	16	19
	3.0	20	19	20	23
400	1.0	7	6	6	7
	1.5	9	9	9	11
	2.0	12	11	12	14
	2.5	15	14	15	17
	3.0	18	16	17	20
500	1.0	6	6	6	7
	1.5	9	8	8	10
	2.0	11	10	11	13
	2.5	14	13	13	16
	3.0	16	15	16	18
600	1.0	6	5	5	6
	1.5	8	7	8	9
	2.0	10	9	10	12
	2.5	13	12	12	14
	3.0	15	14	16	17

矩形截面短边尺寸(mm)	耐火极限(h)	保护层厚度 d_i (mm)			
		$\lambda=20$	$\lambda=40$	$\lambda=60$	$\lambda=80$
700	1.0	5	5	5	6
	1.5	7	7	7	8
	2.0	10	9	9	11
	2.5	12	11	11	13
	3.0	14	13	13	16
800	1.0	5	5	5	6
	1.5	7	6	7	8
	2.0	9	8	9	10
	2.5	11	10	11	13
	3.0	13	12	13	15
900	1.0	5	4	5	5
	1.5	7	6	6	8
	2.0	9	8	8	10
	2.5	10	10	10	12
	3.0	12	11	12	14
1000	1.0	4	4	4	5
	1.5	6	6	6	7
	2.0	8	8	8	9
	2.5	10	9	10	12
	3.0	12	11	11	14
1100	1.0	4	4	4	5
	1.5	6	6	6	7
	2.0	8	7	8	9
	2.5	10	9	9	11
	3.0	10	9	11	13
1200	1.0	4	4	4	5
	1.5	6	5	6	7
	2.0	8	7	7	9
	2.5	9	9	9	11
	3.0	11	10	11	13

注:$\lambda=2\sqrt{3}L/D$ 或 $2\sqrt{3}L/B$,其中 L 为柱的计算长度,D 和 B 分别为柱截面长边和短边尺寸。

8.1.3 当圆形截面钢管混凝土柱保护层采用金属网抹 M5 普通水泥砂浆时,其厚度可按表 8.1.3 确定。

表 8.1.3 圆形截面钢管混凝土柱金属网抹 M5 普通水泥砂浆保护层厚度

圆形截面直径(mm)	耐火极限(h)	保护层厚度 d_i (mm)			
		$\lambda=20$	$\lambda=40$	$\lambda=60$	$\lambda=80$
200	1.0	22	32	43	51
	1.5	30	42	57	68
	2.0	35	51	68	81
	2.5	41	58	78	93
	3.0	46	66	89	106
300	1.0	20	29	41	50
	1.5	26	39	54	67
	2.0	31	46	65	80
	2.5	36	53	74	92
	3.0	41	60	84	104
400	1.0	18	27	39	50
	1.5	24	36	52	66
	2.0	29	44	62	79
	2.5	33	50	72	91
	3.0	37	57	81	103
500	1.0	17	26	38	49
	1.5	22	35	51	66
	2.0	27	42	61	79
	2.5	31	48	70	90
	3.0	35	54	79	102
600	1.0	16	25	37	49
	1.5	21	33	49	65
	2.0	25	40	59	78
	2.5	29	46	68	90
	3.0	33	52	77	102

圆形截面直径(mm)	耐火极限(h)	保护层厚度 d_i (mm)			
		$\lambda=20$	$\lambda=40$	$\lambda=60$	$\lambda=80$
700	1.0	15	24	37	49
	1.5	20	32	48	65
	2.0	24	39	58	78
	2.5	28	44	67	89
	3.0	31	50	76	101
800	1.0	15	24	36	49
	1.5	19	31	48	65
	2.0	23	38	57	77
	2.5	27	43	66	89
	3.0	30	49	74	101
900	1.0	14	23	35	48
	1.5	19	31	47	64
	2.0	22	37	56	77
	2.5	26	42	65	88
	3.0	29	48	73	100
1000	1.0	14	22	35	48
	1.5	18	30	46	64
	2.0	22	36	56	77
	2.5	25	41	64	88
	3.0	28	47	72	100
1100	1.0	13	22	34	48
	1.5	18	29	46	64
	2.0	21	35	55	77
	2.5	24	40	63	88
	3.0	27	46	71	100
1200	1.0	13	22	34	48
	1.5	17	29	45	64
	2.0	20	34	54	76
	2.5	24	40	62	88
	3.0	27	45	71	99

注:$\lambda=4L/D$,其中 L 为柱的计算长度,D 为柱截面直径。

8.1.4 当矩形截面钢管混凝土柱保护层采用金属网抹 M5 普通水泥砂浆时,其厚度可按表 8.1.4 确定。

表 8.1.4 矩形截面钢管混凝土柱金属网抹 M5 普通水泥砂浆保护层厚度

截面直径尺寸(mm)	耐火极限(h)	保护层厚度 d_i (mm)			
		$\lambda=20$	$\lambda=40$	$\lambda=60$	$\lambda=80$
200	1.0	47	49	51	54
	1.5	62	65	68	71
	2.0	78	81	85	88
	2.5	93	97	101	106
	3.0	108	113	118	123
300	1.0	42	44	46	48
	1.5	55	58	60	63
	2.0	69	72	75	79
	2.5	82	86	90	94
	3.0	96	100	105	110
400	1.0	38	40	42	44
	1.5	51	53	56	58
	2.0	63	66	69	73
	2.5	75	79	83	87
	3.0	88	92	96	101
500	1.0	36	38	39	41
	1.5	47	50	52	55
	2.0	59	62	65	68
	2.5	70	74	78	82
	3.0	82	86	90	95
600	1.0	34	36	37	39
	1.5	45	47	50	52
	2.0	56	59	62	65
	2.5	67	70	74	78
	3.0	78	82	86	90
700	1.0	32	34	36	38
	1.5	43	45	47	50
	2.0	53	56	59	62
	2.5	64	67	71	74
	3.0	74	78	82	86

截面直径尺寸 (mm)	耐火极限 (h)	保护层厚度 d_1 (mm)			
		$\lambda=20$	$\lambda=40$	$\lambda=60$	$\lambda=80$
800	1.0	31	33	34	36
	1.5	41	43	46	48
	2.0	51	54	57	60
	2.5	61	64	68	72
	3.0	71	75	79	83
900	1.0	30	32	33	35
	1.5	40	42	44	46
	2.0	49	52	55	58
	2.5	59	62	66	69
	3.0	69	72	76	81
1000	1.0	29	31	32	34
	1.5	38	40	43	45
	2.0	48	50	53	56
	2.5	57	60	64	67
	3.0	67	70	74	78
1100	1.0	28	30	31	33
	1.5	37	39	42	44
	2.0	46	49	52	55
	2.5	56	59	62	65
	3.0	65	68	72	76
1200	1.0	27	29	31	32
	1.5	36	38	41	43
	2.0	45	48	50	53
	2.5	54	57	60	64
	3.0	63	67	70	74

注:$\lambda=2\sqrt{3}L/D$ 或 $2\sqrt{3}L/B$,其中 L 为柱的计算长度,D 和 B 分别为柱截面长边和短边尺寸。

8.1.5 当钢管混凝土柱不采用防火保护措施时,在火灾条件下的荷载比应满足下列要求:

$$R < k_r \tag{8.1.5}$$

式中 R——火灾下钢管混凝土柱的荷载比;
k_r——火灾下钢管混凝土柱承载力影响系数,按表 8.1.5 确定。

表 8.1.5 火灾下钢管混凝土柱承载力系数 k_r

λ	截面直径或宽度 (mm)	圆形截面柱 受火时间(h)						矩形截面柱 受火时间(h)					
		0.5	1.0	1.5	2.0	2.5	3.0	0.5	1.0	1.5	2.0	2.5	3.0
20	300	0.61	0.41	0.37	0.33	0.28	0.24	0.43	0.29	0.21	0.19	0.18	0.17
	600	0.64	0.47	0.45	0.42	0.40	0.38	0.47	0.37	0.33	0.22	0.21	0.20
	900	0.67	0.50	0.49	0.48	0.47	0.46	0.51	0.42	0.40	0.25	0.24	0.23
	1200	0.71	0.52	0.52	0.51	0.51	0.50	0.56	0.45	0.44	0.27	0.26	0.25
40	300	0.47	0.29	0.21	0.14	0.06	0	0.43	0.23	0.16	0.14	0.11	0.08
	600	0.52	0.37	0.33	0.29	0.25	0.21	0.47	0.33	0.19	0.16	0.14	0.11
	900	0.57	0.42	0.40	0.38	0.36	0.34	0.51	0.40	0.22	0.19	0.16	0.14
	1200	0.61	0.45	0.44	0.43	0.42	0.41	0.56	0.44	0.24	0.21	0.18	0.16
60	300	0.32	0.23	0.12	0.01	—	—	0.43	0.16	0.11	0.06	0.02	0
	600	0.40	0.33	0.27	0.21	0.15	0.09	0.47	0.18	0.14	0.09	0.04	0.02
	900	0.43	0.40	0.37	0.34	0.31	0.28	0.51	0.21	0.16	0.11	0.07	0.04
	1200	0.47	0.44	0.42	0.41	0.39	0.38	0.56	0.22	0.17	0.13	0.08	0.06
80	300	0.30	0.16	0.02	—	—	—	0.37	0.12	0.07	0.01	—	—
	600	0.37	0.29	0.21	0.14	0.06	—	0.40	0.15	0.09	0.03	—	—
	900	0.41	0.37	0.33	0.29	0.25	0.21	0.43	0.17	0.11	0.05	0.01	—
	1200	0.43	0.41	0.39	0.37	0.35	0.34	0.46	0.18	0.12	0.07	0.04	—

注:表内中间值可按线性插值确定。

8.1.6 为保证发生火灾时核心混凝土中水蒸气的排放,每个楼层的柱均应设置直径为 20mm 的排气孔。其位置宜在柱与楼板相交处的上方和下方各 100mm 处,并沿柱身反对称布置(图 8.1.6)。

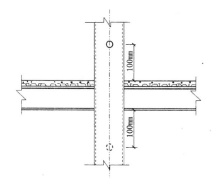

图 8.1.6 排气孔位置

8.2 压型钢板组合楼板

8.2.1 当压型钢板在楼板中仅起模板作用时,可不采取防火保护措施。当压型钢板在楼板中起承重作用时,若压型钢板-混凝土组合楼板满足第 8.2.2～8.2.4 条的规定,可不采取防火保护措施。

8.2.2 压型钢板起承重作用的组合楼板的抗火设计,可根据是否允许在火灾下产生大挠度变形,分别按第 8.2.3 或 8.2.4 条的规定进行。若楼板满足第 8.2.3 或 8.2.4 条的要求,则楼板无需采用其他防火保护措施。否则楼板应采用防火材料保护,或楼板常温下的设计不应考虑压型钢板的组合作用,而另配受拉钢筋。

8.2.3 当不允许楼板产生大挠度变形时,可根据下式计算组合楼板的耐火时间:

$$t_r = 114.06 - 26.8 \times \eta_F \tag{8.2.3-1}$$

$$\eta_F = \frac{M_{max}}{R_{MC}} \tag{8.2.3-2}$$

$$R_{MC} = f_t W \tag{8.2.3-3}$$

式中 t_r——组合楼板耐火时间(min);
η_F——组合板的内力指标;
M_{max}——火灾下单位宽度组合板内由荷载产生的最大正弯矩设计值;
R_{MC}——火灾下单位宽度组合板内素混凝土板的正弯矩承载力;
f_t——常温下混凝土的抗拉强度设计值;
W——单位宽度组合板内低于 700℃部分素混凝土板截面的正弯矩抵抗矩。

压型钢板-混凝土组合板在 ISO834 标准升温条件下,各时刻的 700℃等温线如图 8.2.3 所示,其他时刻的 700℃等温线可以按内插值法得到。

如果按式(8.2.3-1)计算所得 t_r 不小于楼板规定的耐火极限要求,则该楼板无需采用其他防火保护措施。

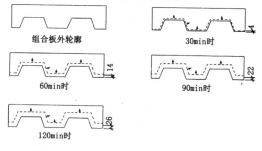

图 8.2.3 ISO834 标准升温条件下 700℃等温线
在组合板内的移动过程(mm)

8.2.4 当允许压型钢板组合楼板产生大挠度变形时可考虑薄膜效应,并按附录 H 的方法计算楼板的极限承载力。若满足下式的要求,则楼板无需采取其他防火保护措施。

$$q_r \geq q \qquad (8.2.4)$$

式中　q_r——考虑薄膜效应的楼板极限承载力;

　　　q——火灾下楼板的面荷载设计值,按第 6.5.1 条确定。

8.3 钢-混凝土组合梁

8.3.1 火灾下组合梁中混凝土楼板内的平均温度可按表 8.3.1 确定。

表 8.3.1　混凝土楼板的平均升温(℃)

混凝土顶板厚度 (mm)	受火时间(min)			
	30	60	90	120
≤50	405	635	805	910
≥100	265	400	510	600

注:1　混凝土顶板厚度指压型钢板肋高以上混凝土板厚度。
　　2　对顶板厚度介于 50~100mm 的混凝土楼板,其升温可通过线性插值得到。

8.3.2 可将组合楼板中的 H 型钢梁分成两部分:一部分为下翼缘与腹板组成的倒 T 型构件;另一部分为上翼缘。两部分在火灾下的温度可分别按第 6.3 节相关规定计算。其中,上翼缘按三面受火考虑,下翼缘与腹板组成的倒 T 型构件按四面受火考虑。

8.3.3 组合梁抗火承载力应按下式验算:

简支梁　　　　$M \leq M_R^+$　　　　(8.3.3-1)

两端固支梁　　$M \leq M_R^+ + M_R^-$　　(8.3.3-2)

式中　M——将梁当作简支梁时,相应荷载产生的跨中最大弯矩设计值,对承受均布荷载的梁,$M = \dfrac{ql^2}{8}$;

　　　M_R^+——高温下组合梁正弯矩作用时的抵抗弯矩值,按第 8.3.4 条计算;

　　　M_R^-——高温下组合梁负弯矩作用时的抵抗弯矩值,按第 8.3.5 条计算。

8.3.4 高温下组合梁正弯矩作用时的抵抗弯矩值可按下式计算:

　　1　塑性中和轴在混凝土板内(图 8.3.4-1),即 $C_1^{Tot} \geq \sum\limits_{i=1}^{3} F_i$ 时:

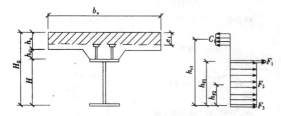

图 8.3.4-1　正弯矩作用时组合梁第一类截面及其应力分布

$$M_R^+ = h_{C1} C_1 - h_{F1} F_1 - h_{F2} F_2 \qquad (8.3.4-1)$$

式中和图中

　　　C_1^{Tot}——混凝土顶板全部受压时的承载力,$C_1^{Tot} = f_{cT} A_{c1}$,其中 A_{c1} 为混凝土板截面积,f_{cT} 为混凝土高温抗压强度,按混凝土顶板平均温度确定;

　　　C_1——混凝土顶板所受压力,$C_1 = \sum\limits_{i=1}^{3} F_i$;

　　　F_1——钢梁上翼缘全部屈服时的承载力,$F_1 = \gamma_R \eta_T f A_{f1}$,其中 A_{f1} 为上翼缘截面面积,η_T 为钢材强度高温折减系数,按钢梁上翼缘温度确定;

　　　F_2——钢梁腹板全部受拉或受压屈服时的承载力,$F_2 = \gamma_R \eta_T f A_w$,$A_w$ 为腹板截面面积,η_T 为钢材强度高温折减系数,按钢梁腹板温度确定;

　　　F_3——下翼缘全部屈服时的承载力,$F_3 = \gamma_R \eta_T f A_{f2}$,其中 A_{f2} 为下翼缘截面面积,η_T 为钢材强度高温折减系数,按钢梁下翼缘温度确定;

　　　H——钢梁截面总高度;

　　　H_0——整个组合梁截面总高度,$H_0 = H + h_u + h_d$;

　　　h_u——混凝土板等效厚度,当组合梁为主梁时,其值取压型钢板肋以上混凝土板厚加肋高度一半;当组合梁为次梁时,仅取压型钢板肋以上的混凝土板厚;

　　　h_d——混凝土肋的等效高度,当组合梁为主梁时,其值取压型钢板肋高度的一半;当组合梁为次梁时,取压型钢板肋的全高;

　　　b_e——混凝土板有效宽度,根据现行国家标准《钢结构设计规范》GB 50017 相关条文确定;

　　　e_1——混凝土顶板受压区高度;

　　　h_{C1}——混凝土顶板受压区中心到钢梁下翼缘中心的距离,$h_{C1} = H_0 - 0.5e_1$;

　　　h_{F1}——上翼缘中心到下翼缘中心的距离;

　　　h_{F2}——腹板中心到下翼缘中心的距离。

　　2　塑性中和轴在钢梁截面内(图 8.3.4-2),即 $C_1^{Tot} < \sum\limits_{i=1}^{3} F_i$ 时:

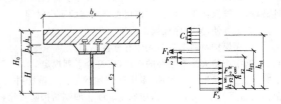

图 8.3.4-2　正弯矩作用时组合梁第二类截面及其应力分布

$$M_R^+ = h_{C1} C_1^{Tot} + h_{F1} F_1 + h_{F2}^{com} F_2^{com} - h_{F2}^{ten} F_2^{ten} \qquad (8.3.4-2)$$

式中　h_{C1}——混凝土顶板受压区中心到钢梁下翼缘中心的距离,$h_{C1} = H_0 - 0.5h_u$;

　　　F_2^{com}——腹板受压区的合力,$F_2^{com} = 0.5(-C_1 - F_1 + F_2 + F_3)$;

　　　h_{F2}^{com}——腹板受压区中心到下翼缘中心的距离,$h_{F2}^{com} = 0.5(e_2 + H)$,其中 e_2 为截面塑性中和轴到下翼缘中心的距离,$e_2 = \dfrac{F_2^{com}}{F_2} H$;

　　　F_2^{ten}——腹板受拉区的合力,$F_2^{ten} = 0.5(C_1 + F_1 + F_2 - F_3)$;

　　　h_{F2}^{ten}——腹板受拉区中心到下翼缘中心的距离,为 $0.5e_2$。

8.3.5 高温下组合梁受负弯矩作用时,可不考虑楼板和钢梁下翼缘的承载作用(图 8.3.5),相应的组合梁抵抗弯矩可按下式计算:

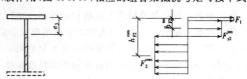

图 8.3.5　负弯矩作用时组合梁截面及其应力分布

$$M_R^- = h_{y2}^{com} F_{y2}^{com} - h_{y2}^{ten} F_{y2}^{ten} \qquad (8.3.5)$$

式中　F_{y2}^{com}——腹板受压区合力,$F_{y2}^{com} = 0.5(F_1 + F_2)$;

　　　F_{y2}^{ten}——腹板受拉区合力,$F_{y2}^{ten} = 0.5(-F_1 + F_2)$;

　　　h_{y2}^{com}——腹板受压区中心到下翼缘中心的距离,当 $F_{y2}^{ten} > 0$ 时 $h_{y2}^{com} = 0.5(H + e_3)$,当 $F_{y2}^{ten} \leq 0$ 时 $h_{y2}^{com} = 0.5H$;

　　　e_3——塑性中和轴到上翼缘中心的距离,当 $F_{y2}^{ten} > 0$ 时 $e_3 = \dfrac{F_{y2}^{ten}}{F_2}$;当 $F_{y2}^{ten} \leq 0$ 时,$e_3 = 0$;

　　　h_{y2}^{ten}——腹板受拉区中心到下翼缘中心的距离,当 $F_{y2}^{ten} > 0$ 时,$h_{y2}^{ten} = 0.5e_3$;当 $F_{y2}^{ten} \leq 0$ 时,$h_{y2}^{ten} = 0$。

9 防火保护措施

9.1 保护措施及其选用原则

9.1.1 钢结构可采用下列防火保护措施:
1 外包混凝土或砌筑砌体。
2 涂敷防火涂料。
3 防火板包覆。
4 复合防火保护,即在钢结构表面涂敷防火涂料或采用柔性毡状隔热材料包覆,再用轻质防火板作饰面板。
5 柔性毡状隔热材料包覆。

9.1.2 钢结构防火保护措施应按照安全可靠、经济实用的原则选用,并应考虑下列条件:
1 在要求的耐火极限内能有效地保护钢构件。
2 防火材料应易于与钢构件结合,并对钢构件不产生有害影响。
3 当钢构件受火产生允许变形时,防火保护材料不应发生结构性破坏,仍能保持原有的保护作用直至规定的耐火时间。
4 施工方便,易于保证施工质量。
5 防火保护材料不应对人体有毒害。

9.1.3 钢结构防火涂料品种的选用,应符合下列规定:
1 高层建筑钢结构和单、多层钢结构的室内隐蔽构件,当规定的耐火极限为1.5h以上时,应选用非膨胀型钢结构防火涂料。
2 室内裸露钢结构、轻型屋盖钢结构和有装饰要求的钢结构,当规定的耐火极限为1.5h以下时,可选用膨胀型钢结构防火涂料。
3 当钢结构耐火极限要求不小于1.5h,以及对室外的钢结构工程,不宜选用膨胀型防火涂料。
4 露天钢结构应选用适合室外用的钢结构防火涂料,且至少应经过一年以上室外钢结构工程的应用验证,涂层性能无明显变化。
5 复层涂料应相互配套,底层涂料应能同普通防锈漆配合使用,或者底层涂料自身具有防锈功能。
6 膨胀型防火涂料的保护层厚度应通过实际构件的耐火试验确定。

9.1.4 防火板的安装应符合下列要求:
1 防火板的包敷必须根据构件形状和所处部位进行包敷构造设计,在满足耐火要求的条件下充分考虑安装的牢固稳定。
2 固定和稳定防火板的龙骨粘结剂应为不燃材料。龙骨材料应便于构件、防火板连接。粘接剂在高温下应仍能保持一定的强度,保证结构稳定和完整。

9.1.5 采用复合防火保护时应符合下列要求:
1 必须根据构件形状和所处部位进行包敷构造设计,在满足耐火要求的条件下充分考虑保护层的牢固稳定。
2 在包敷构造设计时,应充分考虑外层包敷的施工不应对内防火层造成结构性破坏或损伤。

9.1.6 采用柔性毡状隔热材料防火保护时应符合下列要求:
1 仅适用于平时不受机械损伤和不易人为破坏,且不受水湿的部位。
2 包覆构造的外层应设金属保护壳。金属保护壳应固定在支撑构件上,支撑构件应固定在钢构件上。支撑构件应为不燃材料。
3 在材料自重下,毡状材料不应发生体积压缩不均的现象。

9.2 构 造

9.2.1 采用外包混凝土或砌筑砌体的钢结构防火保护构造宜按图9.2.1选用。采用外包混凝土的防火保护宜配构造钢筋。

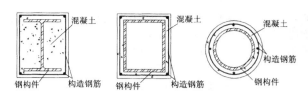

图 9.2.1 采用外包混凝土的防火保护构造

9.2.2 采用防火涂料的钢结构防火保护构造宜按图9.2.2选用。当钢结构采用非膨胀型防火涂料进行防火保护且有下列情形之一时,涂层内应设置与钢构件相连接的钢丝网:
1 承受冲击、振动荷载的构件。
2 涂层厚度不小于30mm的构件。
3 粘结强度不大于0.05MPa的钢结构防火涂料。
4 腹板高度超过500mm的构件。
5 涂层幅面较大且长期暴露在室外。

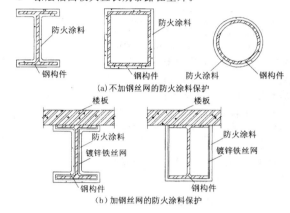

(a) 不加钢丝网的防火涂料保护

(b) 加钢丝网的防火涂料保护

图 9.2.2 采用防火涂料的防火保护构造

9.2.3 采用防火板的钢结构防火保护构造宜按图9.2.3-1、图9.2.3-2选用。

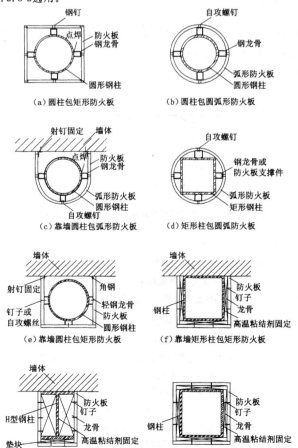

(a) 圆柱包矩形防火板

(b) 圆柱包圆弧形防火板

(c) 靠墙圆柱包弧形防火板

(d) 矩形柱包圆弧形防火板

(e) 靠墙圆柱包矩形防火板

(f) 靠墙矩形柱包矩形防火板

(g) 靠墙H型柱包矩形防火板

(h) 独立矩形柱包矩形防火板

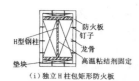

（i）独立H柱包矩形防火板

图 9.2.3-1　钢柱采用防火板的防火保护构造

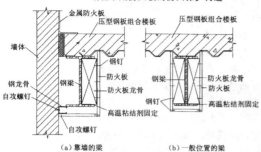

（a）靠墙的梁　　　　　（b）一般位置的梁

图 9.2.3-2　钢梁采用防火板的防火保护构造

9.2.4 采用柔性毡状隔热材料的钢结构防火保护构造宜按图9.2.4选用。

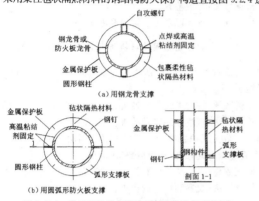

（a）用钢龙骨支撑

（b）用圆弧形防火板支撑

图 9.2.4　采用柔性毡状隔热材料的防火保护构造

9.2.5 钢结构采用复合防火保护的构造宜按图9.2.5-1～图9.2.5-3选用。

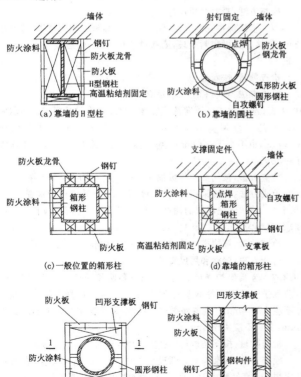

（a）靠墙的H型柱　　　　（b）靠墙的圆柱

（c）一般位置的箱形柱　　　（d）靠墙的箱形柱

（e）一般位置的圆柱

图 9.2.5-1　钢柱采用防火涂料和防火板的复合防火保护构造

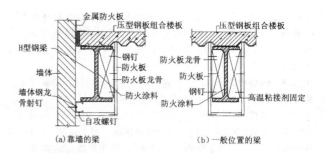

（a）靠墙的梁　　　　　　（b）一般位置的梁

图 9.2.5-2　钢梁采用防火涂料和防火板的复合防火保护构造

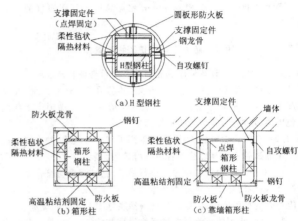

（a）H型钢柱

（b）箱形柱　　　　　　（c）靠墙箱形柱

图 9.2.5-3　钢柱采用柔性毡和防火板的复合防火保护构造

10　防火保护工程施工质量控制及验收

10.1　一般规定

10.1.1 用于保护钢结构的防火材料，应符合现行国家产品标准和设计的要求。

10.1.2 钢结构防火保护工程的施工单位应具备相应的施工资质。施工现场质量管理应有相应的施工技术标准、质量管理体系、质量控制和检验制度。

10.1.3 钢结构防火保护工程的设计修改必须由设计单位出具设计变更通知单，改变防火保护材料或构造时，还必须报经当地消防监督机构批准。

10.1.4 钢结构防火保护分项工程可分成一个或若干个检验批。相同材料、工艺、施工条件的防火保护工程应按防火分区或按楼层划分为一个检验批。

10.1.5 钢结构防火保护工程应按下列规定进行施工质量控制：

1 钢结构防火保护工程所使用的主要材料必须具有中文质量合格证明文件，并具有有检测资质的试验室出具的检测报告。

2 每一个检验批应在施工现场抽取不少于5％构件数（且不少于3个）的防火材料试样，并经监理工程师（建设单位技术负责人）见证取样、送样。

3 每一个检验批防火材料试样的500℃导热系数或等效导热系数平均值不应大于产品合格证书上注明值的5％，最大值不应大于产品合格证书注明值的15％，防火材料试样密度和比热容平均值不应超过产品合格证书上注明值的±10％。

10.1.6 钢结构防火保护工程应在钢结构安装工程检验批和钢结构普通涂料涂装检验批的施工质量验收合格后进行。采用复合构造的钢结构防火保护工程,其防火饰面板的施工应在包裹柔性毡状隔热材料或涂敷防火涂料检验批的施工质量验收合格后进行。

10.1.7 钢结构防火保护工程不应被后继工程所破坏。如有损坏,应进行修补。

10.1.8 钢结构防火保护工程施工前钢材表面除锈及防锈底漆涂装应符合设计要求和国家现行有关标准的规定。
　　检查数量:按构件数抽查10%,且同类构件不应少于3件。
　　检验方法:表面除锈用铲刀检查和用现行国家标准《涂装前钢材表面锈蚀等级和除锈等级》GB/T 8923规定的图片对照观察检查。底漆涂装用干漆膜测厚仪检查,每个构件检测5处。
　　每处的数值为3个相距50mm测点涂层干漆膜厚度的平均值。

10.2　防火涂料保护工程质量控制

10.2.1 涂装时的环境温度和相对湿度应符合涂料产品说明书的要求。当产品说明书无要求时,环境温度宜在5～38℃之间,相对湿度不应大于85%。涂装时构件表面不应有结露;涂料未干前应避免雨淋、水冲等,并应防止机械撞击。

10.2.2 在防火涂料施工前,应对下列项目进行检验,并由具有检测资质的试验室出具检验报告后方可进行涂装。
　　1 对防火涂料的粘结强度进行检验,粘结强度应符合现行协会标准《钢结构防火涂料应用技术规范》CECS 24的规定,检验方法应符合现行国家标准《钢结构防火涂料》GB 14907的规定。
　　2 对膨胀型防火涂料应进行涂层膨胀性能检验,最小膨胀率不应小于5。当涂层厚度不大于3mm时,最小膨胀率不应小于10。膨胀型防火涂料膨胀率的检验方法应符合附录I的规定。

10.2.3 防火涂料涂层各测点平均厚度不应小于设计要求,单测点最小值不应小于设计要求的85%。
　　检查数量:按同类构件数抽查10%,且均不应少于3件。
　　检验方法:用涂层厚度测量仪、测针和钢尺检查。测量方法应符合现行协会标准《钢结构防火涂料应用技术规范》CECS 24的规定和国家标准《钢结构工程施工质量验收规范》GB 50205—2001附录F的要求。

10.2.4 膨胀型防火涂料涂层表面裂纹宽度不应大于0.5mm,且1m长度内均不得多于1条。当涂层厚度不大于3mm时,涂层表面裂纹宽度不应大于0.1mm。非膨胀型防火涂料涂层表面裂纹宽度不应大于1mm,且1m长度内不得多于3条。
　　检查数量:按同类构件数抽查10%,且均不应少于3件。
　　检验方法:观察和用尺量检查。

10.2.5 当防火涂层同时充当防锈涂层时,则还应满足有关防腐、防锈标准的规定。

10.2.6 防火涂料涂装基层不应有油污、灰尘和泥砂等污垢。
　　检查数量:全数检查。
　　检验方法:观察检查。

10.2.7 防火涂料不应有误涂、漏涂,涂层应闭合无脱层、空鼓、明显凹陷、粉化松散和浮浆等外观缺陷,乳凸应剔除。
　　检查数量:全数检查。
　　检验方法:观察检查。

10.3　防火板保护工程质量控制

10.3.1 支撑固定件应固定牢固,现场拉拔强度应符合设计要求。
　　检查数量:按同类构件数抽查10%,且均不应少于3件。
　　检查方法:现场手搬检查;查验进场验收记录、现场拉拔检测报告。

10.3.2 防火板安装必须牢固稳定,封闭良好。
　　检查数量:按同类构件数抽查10%,且均不应少于3件。
　　检查方法:观察检查。

10.3.3 防火板表面应平整、无裂痕、缺损和泛出物。有装饰要求

的防火板表面应洁净、色泽一致、无明显划痕。
　　检查数量:全数检查。
　　检查方法:观察检查。

10.3.4 防火板接缝应严密、顺直。接缝边缘应整齐。
　　检查数量:全数检查。
　　检查方法:观察和用尺量检查。

10.3.5 防火板安装时表面不应有孔洞和凸出物。
　　检查数量:全数检查。
　　检查方法:观察检查。

10.3.6 防火板安装的允许偏差和检查方法:
　　立面垂直度,用2m垂直检测尺检查,其误差不大于4mm。
　　表面平整度,用2m靠尺和塞尺检查,其误差不大于2mm。
　　阴阳角正方,用直角检测尺检查,其误差不大于2mm。
　　接缝高低差,用钢直尺和塞尺检查,其误差不应大于1mm。
　　接缝宽厚,用钢直尺检查,其误差不应大于2mm。

10.3.7 分层包裹时,防火板应分层固定,相互压缝。
　　检查数量:全数检查。
　　检查方法:查验隐蔽工程记录和施工记录。

10.4　柔性毡状隔热材料防火保护工程质量控制

10.4.1 柔性毡状材料的防火保护层厚度大于100mm时,必须分层施工。
　　检查数量:按同类构件数抽查10%,且均不应少于3件。
　　检查方法:观察和用尺量检查。

10.4.2 防火保护层拼缝应严实、规则,同层应错缝,上下层应压缝,表面应做严缝处理,错缝应整齐,表面应平整。
　　检查数量:按同类构件数抽查10%,且均不应少于3件。
　　检查方法:观察和用尺量检查。

10.4.3 支撑件的安装间距应符合要求,位置正确,且安装牢固无松动。其间距应均匀,并垂直于钢构件表面。
　　检查数量:按同类构件数抽查10%,且均不应少于3件。
　　检查方法:观察和用尺量检查,手搬检查。

10.4.4 金属保护壳的环向、纵向和水平接缝必须搭下,成顺水方向;搭接处应做密封处理,膨胀缝应留设正确,搭接尺寸应符合规定。
　　检查数量:按同类构件数抽查10%,且均不应少于3件。
　　检查方法:观察和用尺量检查。

10.4.5 防火保护层厚度及其表观密度应符合设计要求。毡状隔热材料的厚度偏差应不大于10%、不小于5%,且不得大于+10mm,也不小于-10mm。毡状隔热材料表观密度偏差不应大于+10%。
　　检查数量:按同类构件数抽查10%,且均不应少于3件。
　　检查方法:厚度采用针刺、尺量,表观密度采用称量检查。

10.4.6 毡状隔热材料的捆扎应牢固、平整,捆扎间距符合设计要求,且均匀。
　　检查数量:按同类构件数抽查10%,且均不应少于3件。
　　检查方法:观察和用尺量检查。

10.4.7 金属保护壳应无翻边、翘缝和明显凹坑。外观应整齐。金属保护壳圆度公差不应大于10mm。金属保护壳表面平整度偏差不应大于4mm。金属保护壳包柱时,垂直度偏差每米不应大于2mm,全长不应大于5mm。
　　检查数量:按同类构件数抽查10%,且均不应少于3件。
　　检查方法:观察检查。圆度公差用外卡尺、钢尺检查;表面平整度用1m直尺和楔形塞尺检查;垂直度用线坠、直尺检查。

10.5　防火保护工程的验收

10.5.1 钢结构防火保护工程应按检验批进行质量验收。防火保护工程的验收按工程进度分为隐蔽工程验收、施工验收和消防验收。

10.5.2 隐蔽工程验收是对需要隐蔽的防火保护工程进行的检查验收。需进行隐蔽验收的项目有:

 1 吊顶内、夹层内、井道内等隐蔽部位的防火保护工程;

 2 钢结构表面的涂料涂装工程;

 3 复合防火保护基层防火层的施工质量检查;

 4 龙骨、连接固定件的安装;

 5 多层防火板、多层柔性毡状隔热材料施工时,层间质量检查。

10.5.3 隐蔽工程验收由建设单位、监理单位和施工单位参加,共同签署验收意见。

10.5.4 施工验收是防火保护工程完工后,由施工单位向建设单位移交工程的验收。施工验收时施工单位应向建设单位提供下列文件和记录:

 1 防火工程的竣工图和相关设计文件;

 2 材料的隔热性能检测报告、燃烧性能检测报告、含水率及表观密度检测报告;

 3 施工组织设计和施工方案;

 4 产品质量合格证明文件;

 5 抽检产品的导热系数、表观密度、比热容、粘结强度、拉拔强度和膨胀性能的检测报告;

 6 现场施工质量检查记录;

 7 分项工程中间验收记录;

 8 隐蔽工程检验项目检查验收记录;

 9 分项工程检验批质量验收记录;

 10 工程变更记录;

 11 材料代用通知单;

 12 重大质量问题处理意见。

10.5.5 施工验收应由施工单位组织,建设单位、监理单位、设计单位参加并共同签署验收意见。

10.5.6 消防验收是国家消防监督机构依照《消防法》对建筑消防工程进行的验收。消防验收时,建设单位应向地方消防监督机构提交第 10.5.4 条规定的文件。

10.5.7 钢结构的防火保护工程应按防火保护分项工程列入建筑消防工程的施工验收。

10.5.8 工程施工质量的验收,必须采用经计量检定、校准合格的计量器具。

10.5.9 当钢结构采用防火涂料保护时,其验收应符合下列条件:

 1 钢结构防火涂料施工前,除锈和防锈应符合设计要求和国家现行标准的规定;

 2 抽检的钢结构防火涂料主要技术性能,应符合生产厂提供的产品质保书的要求;

 3 钢结构防火涂料涂层的厚度应符合设计要求;

 4 钢结构防火涂料的施工工艺应与其检测时的试验条件一致;

 5 钢结构防火涂料的外观、裂缝等其他要求应符合现行协会标准《钢结构防火涂料应用技术规范》CECS 24 及其他相关国家标准或行业标准的要求。

10.5.10 当钢结构采用防火板保护时,其验收应符合下列条件:

 1 抽检的钢结构防火板试样的技术性能参数,应符合生产厂提供的产品质保书的要求。

 2 钢结构防火板的厚度应符合设计要求;

 3 钢结构防火板的施工工艺应与其检测时的试件条件一致。

10.5.11 当钢结构采用柔性毡状隔热材料保护时,其验收应符合下列条件:

 1 抽检的柔性毡状隔热材料试样的主要技术性能,应符合生产厂提供的产品质保书的要求;

 2 柔性毡状隔热材料的厚度应符合设计要求;

 3 柔性毡状隔热材料的施工工艺应与其检测时的试件条件一致。

10.5.12 建设单位应委托有检验资质的工程质检单位,按照国家现行有关标准和设计要求,对钢结构防火保护工程及其材料进行检测,检测项目应包括下列内容:

 1 施工中抽样产品的性能参数检验。检测施工用材料的高温导热系数、表观密度和比热容是否与施工方提供的产品说明书相符。

 2 施工中抽样产品的强度检验。检测涂覆型防火保护材料的粘结强度,包覆型保护材料的抗折强度。

 3 膨胀型防火涂料的膨胀率的检测。

 4 产品外观质量的检测。

 5 防火保护材料的厚度检测。

附录 A   非膨胀型防火涂料和防火板等效导热系数测试方法

A.0.1 现场施工所采用防火材料的导热系数可按下列步骤进行检测:

 1 预制图 A.0.1-1 所示截面的钢试件,长度 1.0m。

 2 在钢结构防火工程的施工现场,采用现场施工的防火材料对钢试件进行防火保护(图 A.0.1-2),厚度取 20mm。试件两端用相同防火材料封堵。

 3 对钢试件进行标准火灾升温试验,量测 1.5h 时刻试件在图 A.0.1-3 所示测点处的温度。

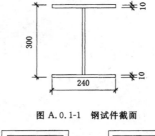

图 A.0.1-1   钢试件截面

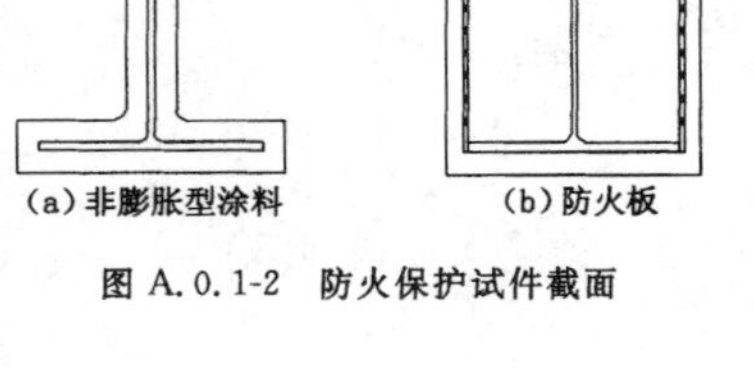

图 A.0.1-2   防火保护试件截面

(a) 非膨胀型涂料   (b) 防火板

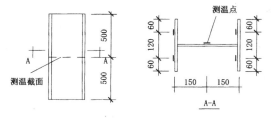

图 A.0.1-3 试件上温度测点布置

4 计算钢试件的预测温度。

对于采用非膨胀型防火涂料保护的试件：

$$T_s = (\sqrt{0.044 + 0.403\lambda_i} - 0.2) \times 5400 + T_{s0} \quad (A.0.1-1)$$

对于采用防火板保护的试件：

$$T_s = (\sqrt{0.044 + 0.286\lambda_i} - 0.2) \times 5400 + T_{s0} \quad (A.0.1-2)$$

式中 T_{s0}——试验前试件的初始温度（℃）；

λ_i——防火材料的导热系数[W/(m·℃)]。

5 如果各测点的最高温度 T_{max} 和平均温度 T_0 满足下列公式：

$$T_{max} \leqslant 1.15 T_s \quad (A.0.1-3)$$

$$T_0 \leqslant T_s \quad (A.0.1-4)$$

则施工所用材料的导热系数与产品标准值相符，否则，不相符。

A.0.2 非膨胀型防火涂料和防火板的等效导热系数，可按下列步骤进行测定：

1 预制图 A.0.1-1 所示截面的钢试件，长度 1.0m。

2 采用待测防火材料对钢试件进行防火保护（图 A.0.1-2），厚度取 20mm。试件两端用相同防火材料封堵。

3 对钢试件进行标准火灾升温试验，量测 1.5h 时刻试件在图 A.0.1-3 所示测点处的温度。

4 计算各测点的平均温度 T_0。

5 计算防火材料的等效导热系数 λ_i[W/(m·℃)]。

对于非膨胀型防火涂料：

$$\lambda_i = 2.481 \left(\frac{T_0 - T_{s0}}{5400} + 0.2 \right)^2 - 0.109 \quad (A.0.2-1)$$

对于防火板：

$$\lambda_i = 3.479 \left(\frac{T_0 - T_{s0}}{5400} + 0.2 \right)^2 - 0.154 \quad (A.0.2-2)$$

附录 B 室内火灾平均温度计算

B.0.1 当能准确确定建筑室内有关参数时，在 t 时刻室内火灾的平均温度 T_g 可按下式迭代计算：

$$T_g = \frac{985488D\eta - 0.2268 \times \left(\frac{T'_g + 273}{100} \right)^4 + 10472\eta + 0.95\alpha T_1}{0.521\eta c_g + 0.95\alpha}$$

$$(B.0.1)$$

式中 T'_g——本次迭代前室内平均温度（℃）；

D——热释放速率系数，按第 B.0.2 条确定；

η——房间的通风系数，按式（6.1.3-2）计算；

α——对流、辐射换热系数之和[W/(m²·℃)]，按第 B.0.3 条确定；

c_g——烟气比热容[J/(kg·℃)]，按表 B.0.4 取值；

T_1——壁面内表面温度（℃），按第 B.0.5 条确定。

B.0.2 热释放速率系数 D 按下式计算：

$$D = \begin{cases} 1 & (t \leqslant 0.8t_0) \\ 1 - \dfrac{t - 0.8t_0}{0.4t_0} & (0.8t_0 < t \leqslant 1.2t_0) \quad (B.0.2-1) \\ 0 & (t > 1.2t_0) \end{cases}$$

$$t_0 = \frac{q_T}{18.4 \times 5.27\eta} \quad (B.0.2-2)$$

式中 t——轰燃后火灾持续时间（min）；

t_0——房间内所有可燃物烧尽时的火灾理论持续时间（min）；

q_T——房间设计火灾荷载密度，按附录 C 取值。

B.0.3 对流、辐射换热系数之和按式（B.0.3）计算：

$$\alpha = \frac{3.175}{T_g - T_1} \left[\left(\frac{T_g + 273}{100} \right)^4 - \left(\frac{T_1 + 273}{100} \right)^4 \right] + 25 \quad (B.0.3)$$

B.0.4 烟气比热容 c_g 按表 B.0.4 取值：

表 B.0.4 烟气比热容 c_g

T(℃)	0	100	200	300	400	500	600
c_g[J/(kg·℃)]	1042	1068	1097	1122	1151	1185	1214
T(℃)	700	800	900	1000	1100	1200	
c_g[J/(kg·℃)]	1239	1264	1290	1306	1323	1340	

B.0.5 壁面内表面温度 T_1 按下列步骤计算：

1 将壁面封墙、楼板厚度（均取 150mm），按厚度为 10mm 划分为 15 个薄层，交界处在时刻 t 时的温度分别为 $T(1,t)$，$T(2,t)$，…，$T(16,t)$，其中 $T(1,t)$ 为房间内表面温度，$T(16,t)$ 为房间外表面温度。

2 将轰燃后的火灾持续时间 t 离散为 Δt，可取 $\Delta t = 60s$。

3 利用初始条件，令所有节点温度 $T(i,0) = 20$℃。

4 在任意时刻 t 节点 i 的导温系数 a 可按下式计算：

$$a = (a_1 + a_2)/2 \quad (B.0.5-1)$$

$$a_1 = \frac{1.16 \times (1.4 - 1.5 \times 10^{-3}T + 6 \times 10^{-7}T^2)}{920 \times (2400 - 0.56T)} \quad (B.0.5-2)$$

$$a_2 = \frac{8.3 - 2.53 \times 10^{-3}T + 1.45 \times 10^{-5}T^2}{3.6 \times 10^{-7}} \quad (B.0.5-3)$$

式中 a_1——混凝土的导温系数（m²/s）；

a_2——加气混凝土的导温系数（m²/s）；

T——计算节点的温度（℃）。

5 按下式计算所有内节点（除内、外表面，$i = 2 \sim 15$）的温度 $T(i,t+\Delta t)$：

$$T(i, t+\Delta t) = \frac{a\Delta t}{0.01^2}[T(i+1,t) + T(i-1,t)]$$

$$+ \left[\left(1 - 2\frac{a\Delta t}{0.01^2} \right) T(i,t) \right] \quad (B.0.5-4)$$

6 在任意时刻 t，外表面节点（$i=16$）的导热系数 λ 按下式计算：

$$\lambda=(\lambda_1+\lambda_2)/2 \qquad (B.0.5\text{-}5)$$

$$\lambda_1=1.16\times(1.4-1.5\times10^{-3}T+6\times10^{-7}T^2) \qquad (B.0.5\text{-}6)$$

$$\lambda_2=1.16\times(0.13-1.9\times10^{-5}T+1.99\times10^{-7}T^2) \qquad (B.0.5\text{-}7)$$

式中 λ_1——混凝土的导热系数[W/(m·K)]；

　　　λ_2——加气混凝土的导热系数[W/(m·K)]；

　　　T——$T(16,t)$、$T(15,t)$ 即外表面和相邻节点的平均温度（℃）。

7 外表面的温度可按下式计算：

$$T(16,t+\Delta t)=\frac{\dfrac{\lambda}{0.01}\cdot T(15,t+\Delta t)+180}{\dfrac{\lambda}{0.01}+9} \qquad (B.0.5\text{-}8)$$

8 在任意时刻 t，内表面节点（$i=1$）的导热系数 λ 可按式（B.0.5-5）～式（B.0.5-7）计算，但式中 T 为 $T(1,t)$、$T(2,t)$，即内表面与相邻节点的平均温度（℃）。

9 内表面的温度可按下式计算：

$$T_1=T(1,t+\Delta t)=\frac{\dfrac{\lambda}{0.01}\cdot T(2,t+\Delta t)+T'_g\alpha}{\dfrac{\lambda}{0.01}+\alpha} \qquad (B.0.5\text{-}9)$$

联立（B.0.5-9）、（B.0.3）、（B.0.1），迭代求解 T_1、T_g、α。一般迭代 10 次即可满足精度要求。

附录 C　火灾荷载密度

C.0.1 设计火灾荷载密度可按下式计算：

$$q_T=\gamma_1\gamma_2\gamma_3q_k \qquad (C.0.1)$$

式中 q_k——标准火灾荷载密度，按第 C.0.2 条确定；

　　　γ_1——结构的重要性系数，按表 C.0.1-1 取值；

　　　γ_2——火灾危险性系数，按表 C.0.1-2 取值；

　　　γ_3——主动防火系数，按表 C.0.1-3 取值。

表 C.0.1-1　结构的重要性系数 γ_1

建筑物使用功能	建筑高度（m）			
	<5	≤20 或地下≤10	≤30 或地下>10	>30
公寓、住宅、办公室、公共机构	0.8	1.1	1.6	2.2
会议室、商店	0.8	0.8	1.1	2.2
工厂	0.6			
车库	0.4			1.6

注：建筑高度指室外地面到顶层檐口高度，不计入屋顶局部凸出物如楼梯间等。

表 C.0.1-2　火灾危险性系数 γ_2

建筑物使用功能	γ_2
公寓、住宅、办公室、公共机构	1.2
会议室、商店、工厂、车库	0.8

表 C.0.1-3　主动防火系数 γ_3

主动防火措施	γ_3	
	$\gamma_1\cdot\gamma_2\leqslant1.6$	$\gamma_1\cdot\gamma_2>1.6$
设置有效的灭火系统	0.60	0.75
其他情况	1.00	1.00

C.0.2 建筑物内的标准火灾荷载密度，宜根据建筑物的使用功能确定可燃物数量，按下式计算：

$$q_k=\frac{\sum M_iH_i}{A_T} \qquad (C.0.2\text{-}1)$$

式中 M_i——第 i 种可燃物质量（kg）；

　　　H_i——第 i 种可燃物热值，按表 C.0.2-1 确定；

　　　A_T——包括窗在内的房间六壁面积之和（m²）。

表 C.0.2-1　可燃材料单位质量发热量 H_i

可燃材料名称	H_i(MJ/kg)	可燃材料名称	H_i(MJ/kg)	可燃材料名称	H_i(MJ/kg)
无烟煤	34	橡胶轮胎	32	聚苯乙烯	40
石油沥青	41	丝绸	19	石油	41
纸及制品	17	稻草	16	泡沫塑料	25
炭	35	木材	19	聚碳酸酯	29
衣服	19	羊毛	23	聚丙烯	43
煤、焦炭	31	合成板	18	聚氨酯	23
软木	19	ABS	36	聚氯乙烯	17
棉花	18	聚丙烯	28	甲醛树脂	15
谷物	17	赛璐珞	19	汽油	44
油脂	41	环氧树脂	34	柴油	41
厨房废料	18	三聚氰胺树脂	18	亚麻籽油	39
皮革	19	苯酚甲醛	21	煤油	41
油毡	20	聚酯	31	焦油	38
泡沫橡胶	37	聚酯纤维	21	苯	40
异戊二烯橡胶	45	聚乙烯	44	甲醇	33
石蜡	47	甲醛泡沫塑料	14	乙醇	27

建筑物内的标准火灾荷载密度也可按下式估计：

$$q_k=\frac{q_0A_f}{A_T} \qquad (C.0.2\text{-}2)$$

式中 q_0——按地板面积确定的火灾荷载密度，按表 C.0.2-2 取值；

　　　A_f——火灾房间地板面积（m²）。

表 C.0.2-2　按地板面积确定的火灾荷载密度 q_0(MJ/m²)

建筑使用功能	火灾荷载密度（MJ/m²）
住宅、公寓	1100
一般办公室	750
医院病房	550
旅馆住室	750
会议室、讲堂、观众席	650
设计室	2200
教室	550
图书室（设书架）	4600
商场	1300

注：1 各类仓库（包括商场等建筑物的中转库、书库）的火灾荷载密度应按实际用途进行估计。

　　2 表中只包括使用可燃物，不包括装修可燃物和可燃建筑构件。当存在装修可燃物和可燃建筑构件时应按实际质量以式（C.0.2-1）估算增加火灾荷载。

附录 D　高大空间建筑火灾升温计算参数 T_z、η、μ、β

表 D　高大空间建筑火灾升温计算参数值

地面面积(m²)	空间高度(m)	z(m)	小功率火灾 T_z	η	μ	β慢速	β中速	β快速	β极快速	中功率火灾 T_z	η	μ	β慢速	β中速	β快速	β极快速	大功率火灾 T_z	η	μ	β慢速	β中速	β快速	β极快速
500	4	4	180	0.60	6.0					330	0.75	4.0					880	0.60	6.0				
		3	145	0.85	0.5	0.002	0.003	0.004	0.005	280	0.75	0.5	0.001	0.002	0.003	0.004	830	0.80	0.5	0.0004	0.0008	0.0018	0.002
		2	140	0.70	0.8					230	0.75	0.5					700	0.80	0.5				
	6	6	170	0.60	5.0					300	0.60	4.0					790	0.80	6.0				
		5	140	0.80	1.0	0.002	0.003	0.004	0.005	280	0.70	1.0	0.001	0.002	0.003	0.004	750	0.85	3.0	0.0004	0.0008	0.0018	0.002
		4	130	0.80	1.0					240	0.75	1.0					680	0.80	2.0				
		3	130	0.80	1.0					240	0.70	1.0					500	1.00	—				
	9	9	160	0.65	5.0					300	0.75	2.0					780	0.55	6.0				
		8	130	0.80	1.0	0.002	0.003	0.004	0.005	260	0.75	1.0	0.001	0.002	0.003	0.004	720	0.70	1.0	0.0004	0.0008	0.0018	0.002
		7	120	0.85	1.0					240	0.75	1.0					620	0.75	1.0				
		6	120	0.85	1.0					240	0.75	1.0					580	0.80	1.0				
	12	12	140	0.70	3.0					300	0.75	2.0					780	0.60	6.0				
		11	120	0.80	2.0	0.002	0.003	0.004	0.005	260	0.75	1.0	0.001	0.002	0.003	0.004	730	0.80	1.0	0.0004	0.0008	0.0018	0.002
		10	120	0.80	1.0					240	0.75	1.0					680	0.80	1.0				
		9	120	0.80	1.0					240	0.75	1.0					660	0.80	0.50				

续表 D

地面面积(m²)	空间高度(m)	z(m)	小功率火灾 T_z	η	μ	β慢速	β中速	β快速	β极快速	中功率火灾 T_z	η	μ	β慢速	β中速	β快速	β极快速	大功率火灾 T_z	η	μ	β慢速	β中速	β快速	β极快速
500	15	15	120	0.80	2.0					280	0.70	1.0					780	0.70	6.0				
		14	110	0.80	2.0	0.001	0.002	0.003	0.004	230	0.75	1.0	0.001	0.002	0.003	0.004	740	0.75	0.5	0.0004	0.0008	0.0018	0.002
		13	110	0.80	2.0					230	0.70	1.0					700	0.75	1.0				
		12	110	0.80	2.0					230	0.70	1.0					680	0.80	1.0				
	20	20	90	0.85	8.0					190	0.75	2.0					640	0.70	6.0				
		19	90	0.85	8.0	0.0005	0.001	0.002	0.003	170	0.85	2.0	0.001	0.002	0.003	0.004	550	0.80	2.0	0.0004	0.0008	0.0018	0.002
		18	90	0.85	8.0					170	0.80	1.0					510	0.85	2.0				
		17	90	0.85	8.0					170	0.80	1.0					500	0.85	2.0				
1000	4	4	180	0.40	5.00					230	0.60	10.0					830	0.40	8.0				
		3	130	0.60	1.00	0.002	0.003	0.004	0.005	190	0.80	2.0	0.001	0.002	0.003	0.004	730	0.60	1.0	0.0004	0.0008	0.0018	0.002
		2	110	0.55	1.00					150	0.80	1.0					580	0.60	2.0				
	6	6	130	0.50	0.35					230	0.70	8.0					700	0.50	7.0				
		5	100	0.65	1.00	0.002	0.003	0.004	0.005	200	0.75	5.0	0.001	0.002	0.003	0.004	620	0.70	2.0	0.0004	0.0008	0.0018	0.002
		4	100	0.60	0.80					140	0.95	1.0					500	0.80	1.0				
		3	100	0.60	0.80					110	1.00	—					400	0.85	2.0				
	9	9	110	0.55	4.50					230	0.60	8.0					660	0.60	8.0				
		8	90	0.70	1.00	0.002	0.003	0.004	0.005	190	0.80	2.0	0.001	0.002	0.003	0.004	580	0.70	4.0	0.0004	0.0008	0.0018	0.002
		7	90	0.70	1.00					160	0.85	2.0					500	0.80	2.0				
		6	90	0.70	1.00					140	0.90	2.0					440	0.85	2.0				

续表 D

地面面积(m²)	空间高度(m)	z(m)	小功率火灾 T_z	η	μ	β慢速	β中速	β快速	β极快速	中功率火灾 T_z	η	μ	β慢速	β中速	β快速	β极快速	大功率火灾 T_z	η	μ	β慢速	β中速	β快速	β极快速
1000	12	12	100	0.60	5.00					210	0.65	7.0					630	0.60	8.0				
		11	85	0.70	1.00	0.002	0.003	0.004	0.005	180	0.80	1.0	0.001	0.002	0.003	0.004	550	0.70	2.0	0.0004	0.0008	0.0018	0.002
		10	80	0.70	1.00					170	0.80	1.0					480	0.80	1.0				
		9	80	0.65	1.00					170	0.80	1.0					460	0.80	1.0				
	15	15	90	0.70	5.00					170	0.75	3.0					610	0.60	6.0				
		14	80	0.75	2.00	0.001	0.002	0.003	0.004	160	0.75	1.0	0.001	0.002	0.003	0.004	550	0.70	2.0	0.0004	0.0008	0.0018	0.002
		13	80	0.75	1.00					150	0.80	0.5					480	0.80	1.0				
		12	80	0.75	1.00					140	0.80	1.0					480	0.80	1.0				
	20	20	80	0.70	4.00					150	0.70	3.0					580	0.60	6.0				
		19	70	0.80	1.00	0.0005	0.001	0.002	0.003	140	0.80	1.0	0.0005	0.001	0.002	0.003	510	0.70	2.0	0.0003	0.0005	0.0015	0.0018
		18	70	0.80	1.00					130	0.80	1.0					480	0.75	1.0				
		17	70	0.80	1.00					130	0.80	1.0					480	0.75	1.0				
3000	4	4	150	0.30	6.0					230	0.30	7.0					660	0.30	8.0				
		3	110	0.40	2.0	0.002	0.003	0.004	0.005	140	0.50	2.5	0.0005	0.001	0.002	0.003	510	0.40	1.0	0.0004	0.0008	0.0018	0.002
		2	90	0.35	1.0												430	0.40	2.0				
	6	6	110	0.40	3.0					180	0.45	5.0					630	0.35	6.0				
		5	100	0.40	1.0	0.002	0.003	0.004	0.005	140	0.55	3.0	0.001	0.002	0.003	0.004	580	0.40	2.5	0.0004	0.0008	0.0018	0.002
		4	100	0.35	1.0					110	0.60	0.8					400	0.50	1.0				
		3	100	0.35	1.0					100	0.55	1.0					300	0.55	2.0				

续表 D

地面面积 (m²)	空间高度 (m)	z (m)	小功率火灾 T_z	η	μ	β 慢速	中速	快速	极快速	中功率火灾 T_z	η	μ	β 慢速	中速	快速	极快速	大功率火灾 T_z	η	μ	β 慢速	中速	快速	极快速
3000	9	9	90	0.45	4.0					140	0.60	6.0					530	0.50	4.0				
		8	80	0.45	1.0					130	0.60	3.0					450	0.55	3.0				
		7	80	0.45	1.0	0.001	0.002	0.003	0.004	110	0.70	1.0	0.001	0.002	0.003	0.004	380	0.60	1.5	0.0004	0.0008	0.0018	0.002
		6	80	0.45	1.0					110	0.70	1.0					330	0.65	2.0				
	12	12	80	0.45	3.0					140	0.60	4.0					480	0.50	6.0				
		11	70	0.55	2.0					130	0.60	3.0					460	0.55	2.0				
		10	60	0.55	2.0	0.001	0.002	0.003	0.004	110	0.65	1.0	0.0005	0.001	0.002	0.003	380	0.60	1.5	0.0004	0.0008	0.0018	0.002
		9	60	0.55	2.0					110	0.65	1.0					380	0.60	1.5				
	15	15	70	0.55	2.0					130	0.55	3.0					450	0.55	4.0				
		14	65	0.55	2.0					110	0.65	1.0					400	0.60	2.5				
		13	60	0.55	2.0	0.001	0.002	0.003	0.004	100	0.65	1.0	0.0005	0.001	0.002	0.003	360	0.60	2.0	0.0004	0.0008	0.0018	0.002
		12	60	0.55	2.0					100	0.65	1.0					360	0.60	2.0				
	20	20	60	0.60	3.0					120	0.60	4.0					350	0.65	6.0				
		19	55	0.55	1.0					110	0.60	3.0					320	0.70	2.0				
		18	55	0.55	1.0	0.0005	0.001	0.0015	0.002	110	0.65	2.0	0.0002	0.0005	0.001	0.002	280	0.75	2.0	0.0003	0.0005	0.0015	0.0018
		17	55	0.55	1.0					110	0.65	2.0					280	0.75	2.0				
6000	4	4	140	0.15	7.0					160	0.20	14.0					560	0.20	10.0				
		3	100	0.25	2.0	0.002	0.003	0.004	0.005	120	0.45	7.0	0.001	0.002	0.003	0.004	490	0.25	6.0	0.0004	0.0008	0.0018	0.002
		2	100	0.25	2.0					100	0.35	1.5					400	0.30	2.0				

续表 D

地面面积 (m²)	空间高度 (m)	z (m)	小功率火灾 T_z	η	μ	β 慢速	中速	快速	极快速	中功率火灾 T_z	η	μ	β 慢速	中速	快速	极快速	大功率火灾 T_z	η	μ	β 慢速	中速	快速	极快速
6000	6	6	100	0.20	6.0					140	0.30	8.0					540	0.26	7.0				
		5	90	0.25	6.0					110	0.40	5.0					490	0.28	4.0				
		4	90	0.20	0.9	0.002	0.003	0.004	0.005	90	0.40	1.0	0.001	0.002	0.003	0.004	360	0.35	1.0	0.0004	0.0008	0.0018	0.002
		3	90	0.20	0.9					70	0.50	1.0					260	0.40	2.0				
	9	9	80	0.40	7.0					120	0.40	6.0					480	0.30	7.0				
		8	70	0.30	3.0					100	0.50	6.0					400	0.36	6.0				
		7	70	0.30	3.0	0.002	0.003	0.004	0.005	90	0.50	1.0	0.001	0.002	0.003	0.004	310	0.45	1.0	0.0004	0.0008	0.0018	0.002
		6	70	0.30	3.0					80	0.50	1.0					280	0.50	0.8				
	12	12	70	0.30	5.0					110	0.40	8.0					410	0.40	7.8				
		11	60	0.35	4.0					100	0.50	3.0					350	0.45	5.0				
		10	60	0.35	4.0	0.001	0.002	0.003	0.004	90	0.50	1.0	0.001	0.002	0.003	0.004	310	0.50	1.0	0.0004	0.0008	0.0018	0.002
		9	60	0.35	4.0					90	0.50	1.0					280	0.55	1.0				
	15	15	60	0.40	3.0					100	0.45	8.0					380	0.40	7.0				
		14	50	0.45	1.5					90	0.50	4.0					330	0.50	2.0				
		13	50	0.45	1.5	0.001	0.002	0.003	0.004	80	0.55	1.5	0.001	0.002	0.003	0.004	280	0.55	1.0	0.0004	0.0008	0.0018	0.002
		12	50	0.45	1.5					80	0.55	1.5					280	0.55	1.0				
	20	20	50	0.40	6.0					80	0.55	6.0					340	0.45	6.0				
		19	45	0.40	4.0					70	0.60	4.0					310	0.45	3.0				
		18	40	0.40	4.0	0.0005	0.001	0.002	0.003	70	0.55	2.0	0.0005	0.001	0.002	0.003	280	0.50	2.0	0.0003	0.0005	0.0015	0.0018
		17	40	0.40	4.0					70	0.55	2.0					280	0.50	2.0				

附录 E 有保护层构件的截面系数

表 E 有保护层构件的截面系数值

截面形状	形状系数 F_i/V	备注
	$\dfrac{2h+4b-2t}{A}$	
	$\dfrac{2h+3b-2t}{A}$	
	$\dfrac{2(h+b)}{A}$	
	$\dfrac{2(h+b)}{A}$	应用限制 $t'\leqslant\dfrac{h}{4}$

续表 E

截面形状	形状系数 F_i/V	备注
	$\dfrac{2(h+b)}{A}$	应用限制 $t'\leqslant\dfrac{h}{4}$
	$\dfrac{2h+b}{A}$	
	$\dfrac{2h+b}{A}$	应用限制 $t'\leqslant\dfrac{h}{4}$
	$\dfrac{a+b}{t(a+b-2t)}$	
	$\dfrac{a+b}{t(a+b-2t)}$	应用限制 $t'\leqslant\dfrac{b}{4}$

续表 E

截面形状	形状系数 F_i/V	备注
	$\dfrac{2h+b}{A}$	
	$\dfrac{2h+b}{A}$	应用限制 $t'\leqslant\dfrac{h}{4}$
	$\dfrac{2h+4b-2t}{A}$	
	$\dfrac{2h+3b-2t}{A}$	
	$\dfrac{2(h+b)}{A}$	

续表 E

截面形状	形状系数 F_i/V	备注
	$\dfrac{a+b/2}{t(a+b-2t)}$	
	$\dfrac{a+b/2}{t(a+b-2t)}$	应用限制 $t'\leqslant\dfrac{b}{4}$
	$\dfrac{d}{t\cdot(d-t)}$	
	$\dfrac{d}{t\cdot(d-t)}$	应用限制 $t'\leqslant\dfrac{d}{4}$
	$\dfrac{d}{t\cdot(d-t)}$	

附录F 标准火灾升温条件下钢构件的升温

F.0.1 标准火灾升温条件下无保护层钢构件的升温见表F.0.1。

表 F.0.1 标准火灾升温条件下无保护层钢构件的升温(℃)

时间(min)	空气温度(℃)	截面形状系数 F/V(m⁻¹)									
		10	20	30	40	50	100	150	200	250	300
0	20	20	20	20	20	20	20	20	20	20	20
5	576	32	44	56	67	78	133	183	229	271	309
10	678	54	86	118	148	178	311	416	496	552	590
15	739	81	138	193	246	295	491	609	669	697	711
20	781	112	197	277	350	416	638	724	752	763	767
25	815	146	261	365	456	533	737	786	798	802	805
30	842	182	327	453	556	636	799	824	830	833	834
35	865	221	396	538	646	721	838	852	856	858	859
40	885	261	464	618	723	787	866	874	877	879	898
45	902	302	531	690	785	835	888	893	896	897	898
50	918	345	595	752	834	871	906	911	913	914	915
55	932	388	655	805	871	898	922	926	928	929	929
60	945	432	711	848	900	919	936	940	941	942	943
65	957	475	762	883	923	936	949	952	954	954	955
70	968	518	807	911	941	951	961	964	965	966	966
75	979	561	846	935	956	963	972	974	976	976	977
80	988	603	880	952	969	975	982	984	986	986	987
85	997	643	908	968	981	985	992	994	995	995	996
90	1006	683	933	981	990	995	1001	1003	1004	1004	1004

注:1 当F/V<10时,构件温度应按截面温度非均匀分布计算。
　　2 当F/V>300时,可认为构件温度等于空气温度。

F.0.2 d_i/λ_i 为 0.01、0.05、0.1、0.2、0.3、0.4、0.5 时标准升温条件下有保护层钢构件的升温见表F.0.2-1~F.0.2-7。

表 F.0.2-1 d_i/λ_i 为 0.01 时标准升温条件下有保护层钢构件的升温(℃)

d_i/λ_i=0.01 (m²·℃/W)		截面形状系数 F_i/V(m⁻¹)											
时间(min)	空气温度(℃)	10	20	30	40	50	100	150	200	250	300	350	400
0	20	20	20	20	20	20	20	20	20	20	20	20	20
5	576	28	37	45	53	61	99	135	168	200	229	257	282
10	678	42	64	85	105	125	217	296	363	418	465	502	533
15	739	59	96	131	166	198	340	448	527	584	625	653	672
20	781	77	131	182	230	274	455	573	647	692	719	736	746
25	815	97	168	234	295	350	555	669	729	760	777	786	792
30	842	118	206	287	359	423	640	740	785	805	815	821	825
35	865	139	245	339	421	492	709	792	824	838	844	848	851
40	885	161	284	391	481	556	764	831	854	863	868	871	873
45	902	184	324	441	537	614	808	861	878	884	888	891	892
50	918	207	363	489	589	667	844	885	897	903	906	908	909
55	932	230	401	535	638	714	872	905	914	919	921	923	924
60	945	253	438	579	682	756	896	922	929	933	935	937	938
65	957	276	475	621	723	793	916	937	943	946	948	950	951
70	968	300	510	659	760	826	933	950	955	958	960	961	962
75	979	323	545	696	793	854	948	962	967	969	971	972	973
80	988	346	578	729	823	880	961	973	977	980	981	982	983
85	997	369	610	761	851	903	973	983	987	989	990	991	993
90	1006	392	640	790	875	923	984	993	996	999	1000	1001	1001

续表 F.0.2-1

d_i/λ_i=0.01 (m²·℃/W)		截面形状系数 F_i/V(m⁻¹)											
时间(min)	空气温度(℃)	10	20	30	40	50	100	150	200	250	300	350	400
95	1014	415	669	817	897	940	994	1002	1005	1007	1008	1009	1010
100	1022	437	697	842	917	956	1003	1010	1013	1015	1016	1017	1018
105	1029	459	724	864	935	970	1011	1018	1021	1023	1024	1025	1025
110	1036	481	749	886	951	983	1019	1026	1028	1030	1031	1032	1032
115	1043	503	773	905	966	995	1027	1033	1036	1037	1038	1039	1039
120	1049	524	796	923	980	1006	1034	1040	1042	1044	1045	1045	1046
125	1055	545	818	940	992	1015	1041	1046	1049	1050	1051	1052	1052
130	1061	565	838	955	1003	1024	1048	1053	1055	1056	1057	1058	1058
135	1067	585	858	969	1014	1033	1054	1059	1061	1062	1063	1063	1064
140	1072	605	876	982	1023	1041	1060	1064	1066	1068	1068	1069	1069
145	1077	624	893	994	1032	1048	1066	1070	1072	1073	1074	1074	1075
150	1082	643	910	1006	1041	1055	1071	1075	1077	1078	1079	1080	1080
155	1087	661	925	1016	1048	1061	1077	1080	1082	1083	1084	1085	1085
160	1092	679	940	1026	1056	1069	1082	1085	1087	1088	1089	1089	1090
165	1097	697	953	1035	1062	1073	1087	1090	1092	1093	1094	1094	1094
170	1101	714	966	1044	1069	1079	1091	1095	1097	1098	1099	1099	1099
175	1106	730	979	1052	1075	1084	1096	1099	1101	1102	1103	1103	1103
180	1110	747	990	1059	1081	1089	1101	1104	1105	1106	1107	1107	1108

表 F.0.2-2 d_i/λ_i 为 0.05 时标准升温条件下有保护层钢构件的升温(℃)

d_i/λ_i=0.05 (m²·℃/W)		截面形状系数 F_i/V(m⁻¹)											
时间(min)	空气温度(℃)	10	20	30	40	50	100	150	200	250	300	350	400
0	20	20	20	20	20	20	20	20	20	20	20	20	20
5	576	24	27	31	35	38	56	73	90	106	122	137	152
10	678	29	39	48	59	72	109	149	186	221	253	283	310
15	739	36	52	67	82	97	166	227	282	332	375	414	448
20	781	43	66	88	109	129	223	304	373	432	481	523	559
25	815	51	80	109	136	163	280	377	456	519	571	612	645
30	842	59	95	131	164	196	336	445	529	594	644	683	712
35	865	67	111	153	193	230	389	507	594	658	705	739	765
40	885	75	127	175	224	263	439	563	651	712	754	784	806
45	902	83	143	198	249	296	486	615	700	757	795	821	839
50	918	92	159	220	277	329	531	661	743	796	829	851	866
55	932	101	175	242	304	360	573	702	781	828	858	876	888
60	945	110	191	265	331	391	612	740	814	856	882	897	907
65	957	119	207	287	358	421	649	774	842	881	903	916	924
70	968	127	223	308	384	451	683	804	867	90Z	921	932	939
75	979	136	239	330	410	479	714	831	890	920	937	946	952
80	988	146	255	351	435	507	744	856	909	936	951	959	964
85	997	155	271	372	459	533	771	878	927	951	963	971	975
90	1006	164	287	393	483	559	796	898	943	964	975	981	985

58

$d_i/\lambda_i=0.05$ (m²·℃/W)		截面形状系数 F_i/V(m⁻¹)											
时间(min)	空气温度(℃)	10	20	30	40	50	100	150	200	250	300	350	400
95	1014	173	303	413	506	584	820	916	957	976	986	991	995
100	1022	182	319	433	529	608	842	933	970	987	995	1000	1004
105	1029	191	334	453	551	632	862	948	982	997	1004	1009	1012
110	1036	200	350	472	572	654	881	962	992	1006	1013	1017	1020
115	1043	210	365	491	593	676	899	974	1002	1015	1021	1025	1027
120	1049	219	380	510	614	696	915	986	1012	1023	1029	1032	1035
125	1055	228	395	528	633	716	930	997	1020	1030	1036	1039	1041
130	1061	237	410	546	653	736	945	1007	1028	1038	1043	1046	1048
135	1067	246	424	563	671	754	958	1016	1036	1044	1049	1052	1054
140	1072	255	439	580	689	772	970	1025	1043	1051	1055	1058	1060
145	1077	264	453	597	707	789	982	1033	1050	1057	1061	1064	1066
150	1082	273	467	614	724	806	993	1041	1056	1063	1067	1069	1071
155	1087	282	481	630	740	822	1003	1048	1062	1069	1072	1075	1077
160	1092	291	495	645	756	837	1013	1055	1068	1074	1078	1080	1082
165	1097	300	508	661	772	852	1022	1061	1074	1083	1085	1087	
170	1101	309	522	676	787	866	1031	1068	1079	1085	1088	1090	1091
175	1106	318	535	690	801	880	1039	1074	1084	1090	1093	1095	1096
180	1110	327	548	705	815	893	1047	1079	1089	1094	1097	1099	1101

表 F.0.2-3 d_i/λ_i 为 0.1 时标准升温条件下有保护层钢构件的升温(℃)

$d_i/\lambda_i=0.1$ (m²·℃/W)		截面形状系数 F_i/V(m⁻¹)											
时间(min)	空气温度(℃)	10	20	30	40	50	100	150	200	250	300	350	400
0	20	20	20	20	20	20	20	20	20	20	20	20	20
5	576	22	24	27	29	31	42	52	63	73	83	92	102
10	678	26	31	36	42	47	73	98	122	145	166	187	207
15	739	29	38	47.	56	65	107	147	184	219	251	281	310
20	781	33	46	59	72	84	143	197	246	291	332	369	403
25	815	38	55	72	88	104	179	247	306	359	407	449	486
30	842	42	64	84	105	125	216	295	364	423	475	519	558
35	865	47	72	97	122	145	251	342	418	482	536	582	621
40	885	51	82	111	139	166	287	386	469	536	592	638	675
45	902	56	91	124	156	187	321	429	516	586	642	686	722
50	918	61	100	138	173	207	355	470	560	631	686	729	763
55	932	66	110	151	190	228	387	509	602	672	726	766	798
60	945	71	119	165	208	248	419	546	640	709	761	800	828
65	957	76	129	178	225	269	451	581	674	743	793	829	855
70	968	81	138	192	242	289	479	614	708	774	821	855	878
75	979	86	148	206	259	309	508	645	738	802	847	878	899
80	988	92	158	219	276	328	536	674	766	828	870	898	918
85	997	97	168	233	293	348	562	702	792	851	890	916	934
90	1006	102	177	246	309	367	588	728	816	873	909	933	949

$d_i/\lambda_i=0.1$ (m²·℃/W)		截面形状系数 F_i/V(m⁻¹)											
时间(min)	空气温度(℃)	10	20	30	40	50	100	150	200	250	300	350	400
95	1014	107	187	259	325	385	613	752	839	892	926	948	962
100	1022	113	197	273	342	404	636	776	859	910	942	961	974
105	1029	118	206	286	358	422	659	797	878	926	956	974	986
110	1036	123	216	299	374	440	681	818	896	942	969	985	996
115	1043	129	226	312	389	458	702	837	913	956	981	996	1005
120	1049	134	235	325	405	475	722	856	928	968	992	1006	1014
125	1055	139	245	338	420	492	742	873	942	980	1002	1015	1023
130	1061	145	255	351	435	510	761	889	956	991	1011	1023	1030
135	1067	150	264	363	450	526	778	904	968	1002	1020	1031	1038
140	1072	156	274	376	465	542	796	919	980	1011	1029	1039	1045
145	1077	161	283	388	479	558	812	933	991	1021	1036	1046	1051
150	1082	166	292	401	494	573	828	946	1001	1029	1044	1052	1058
155	1087	172	302	413	508	588	843	958	1011	1037	1051	1059	1064
160	1092	177	311	425	522	602	858	970	1020	1045	1057	1065	1069
165	1097	183	320	437	535	618	872	981	1029	1052	1064	1071	1075
170	1101	188	330	449	549	632	886	991	1037	1059	1070	1076	1080
175	1106	194	339	460	562	646	899	1001	1045	1065	1075	1081	1085
180	1110	199	348	472	575	660	911	1010	1052	1071	1081	1087	1090

表 F.0.2-4 d_i/λ_i 为 0.2 时标准升温条件下有保护层钢构件的升温(℃)

$d_i/\lambda_i=0.2$ (m²·℃/W)		截面形状系数 F_i/V(m⁻¹)											
时间(min)	空气温度(℃)	10	20	30	40	50	100	150	200	250	300	350	400
0	20	20	20	20	20	20	20	20	20	20	20	20	20
5	576	22	22	24	25	26	32	38	44	50	55	61	67
10	678	26	26	29	32	35	49	64	77	91	104	117	130
15	739	29	30	35	40	45	69	92	114	135	156	176	195
20	781	33	34	41	48	55	89	121	152	181	208	234	259
25	815	38	39	48	57	66	110	151	189	225	259	291	321
30	842	42	44	55	67	78	131	181	227	269	309	345	379
35	865	47	48	62	76	89	153	211	264	312	356	397	434
40	885	51	53	70	86	101	174	240	300	353	402	445	485
45	902	56	58	77	95	113	196	269	335	393	445	491	532
50	918	61	64	85	105	125	217	298	369	431	486	534	576
55	932	66	69	92	115	137	238	326	402	468	525	574	617
60	945	71	74	100	125	149	259	354	434	503	561	611	654
65	957	76	79	108	135	161	280	380	465	536	596	646	689
70	968	81	85	115	145	173	301	407	495	568	628	679	721
75	979	86	90	123	154	185	321	432	523	598	659	709	750
80	988	92	95	131	165	197	341	457	551	627	688	738	778
85	997	97	101	139	175	209	361	481	577	654	715	764	803
90	1006	102	106	147	185	222	380	505	603	680	741	788	826

续表 F.0.2-4

时间(min)	空气温度(℃)	10	20	30	40	50	100	150	200	250	300	350	400
95	1014	107	112	154	195	233	399	528	627	705	765	811	848
100	1022	113	117	162	205	245	418	550	651	728	787	833	868
105	1029	118	123	170	215	257	436	572	673	750	808	853	886
110	1036	123	128	178	225	269	455	592	695	771	829	871	904
115	1043	129	134	186	235	281	472	613	716	792	847	889	919
120	1049	134	140	194	245	292	490	632	736	811	865	905	934
125	1055	139	145	202	255	304	507	652	755	829	882	920	948
130	1061	145	151	210	264	316	524	670	773	846	898	935	961
135	1067	150	156	217	274	327	540	688	791	862	913	948	973
140	1072	156	162	225	284	338	556	705	808	878	927	961	985
145	1077	161	167	233	294	350	572	722	824	893	940	972	995
150	1082	166	173	241	303	361	588	739	839	907	952	984	1005
155	1087	172	179	248	313	372	603	754	854	920	964	994	1015
160	1092	177	184	256	322	383	615	770	868	933	976	1004	1023
165	1097	183	190	264	332	394	632	785	882	945	986	1013	1032
170	1101	188	195	272	341	405	647	799	895	957	996	1022	1040
175	1106	194	201	279	350	415	661	813	908	968	1006	1031	1047
180	1110	199	206	287	360	426	674	826	920	978	1015	1039	1054

$d_i/\lambda_i=0.2$ (m²·℃/W)，截面形状系数 F_i/V(m⁻¹)

续表 F.0.2-5

时间(min)	空气温度(℃)	10	20	30	40	50	100	150	200	250	300	350	400
95	1014	52	83	114	143	171	297	404	494	569	632	686	731
100	1022	54	87	119	150	179	312	423	515	592	656	709	754
105	1029	56	91	125	158	188	327	441	536	614	678	732	776
110	1036	58	95	130	164	197	341	459	556	635	700	753	796
115	1043	60	99	136	171	205	356	477	576	656	720	773	816
120	1049	62	103	142	179	214	370	495	595	676	740	792	834
125	1055	64	107	147	186	223	384	512	614	695	759	811	852
130	1061	66	111	153	193	231	398	529	632	713	777	828	868
135	1067	68	115	158	200	240	411	545	650	731	795	845	884
140	1072	71	118	164	207	248	425	561	667	748	812	861	899
145	1077	73	122	170	214	257	438	577	683	765	828	876	913
150	1082	75	126	175	222	265	452	593	700	781	843	890	927
155	1087	77	130	181	229	274	465	608	715	797	858	904	939
160	1092	79	134	187	236	282	477	623	731	811	872	917	951
165	1097	81	138	192	243	291	490	637	746	826	885	930	963
170	1101	83	142	198	250	299	503	651	760	840	898	942	974
175	1106	85	146	203	257	307	515	665	774	853	911	953	984
180	1110	87	150	209	264	316	527	679	788	866	923	965	994

$d_i/\lambda_i=0.3$ (m²·℃/W)，截面形状系数 F_i/V(m⁻¹)

表 F.0.2-5 d_i/λ_i 为 0.3 时标准升温条件下有保护层钢构件的升温(℃)

时间(min)	空气温度(℃)	10	20	30	40	50	100	150	200	250	300	350	400
0	20	20	20	20	20	20	20	20	20	20	20	20	20
5	576	21	22	23	23	24	28	32	37	41	45	49	53
10	678	22	24	26	28	30	40	50	60	70	79	88	98
15	739	23	27	30	34	37	54	70	86	101	116	131	145
20	781	25	30	35	40	44	68	91	113	134	155	174	194
25	815	27	33	39	46	52	83	112	140	167	193	218	241
30	842	28	36	44	52	60	98	134	168	200	231	260	288
35	865	30	40	49	59	68	113	155	195	233	268	301	332
40	885	32	43	54	65	76	129	177	223	265	304	341	375
45	902	33	46	59	72	85	144	199	250	297	340	380	416
50	918	35	50	65	79	93	160	221	276	327	374	417	456
55	932	37	54	70	86	101	175	242	303	358	407	452	493
60	945	39	57	75	93	110	191	263	328	387	439	486	529
65	957	41	61	81	100	119	206	284	353	415	469	519	562
70	968	43	65	86	107	127	222	305	378	443	500	550	594
75	979	44	68	91	114	136	237	325	403	470	529	580	625
80	988	46	72	97	121	145	252	346	426	496	556	608	654
85	997	48	76	102	128	153	267	365	449	521	583	635	681
90	1006	50	80	108	135	162	283	385	472	545	608	661	706

$d_i/\lambda_i=0.3$ (m²·℃/W)，截面形状系数 F_i/V(m⁻¹)

表 F.0.2-6 d_i/λ_i 为 0.4 时标准升温条件下有保护层钢构件的升温(℃)

时间(min)	空气温度(℃)	10	20	30	40	50	100	150	200	250	300	350	400
0	20	20	20	20	20	20	20	20	20	20	20	20	20
5	576	21	21	22	23	23	26	30	33	36	39	42	45
10	678	22	23	25	26	28	36	43	51	58	66	73	80
15	739	23	25	28	30	33	46	58	71	83	95	106	118
20	781	24	28	31	35	39	57	74	92	108	125	141	156
25	815	25	30	35	40	44	68	91	113	135	155	175	195
30	842	26	32	38	44	50	80	108	135	161	186	210	233
35	865	27	35	42	49	57	92	125	157	187	216	244	270
40	885	29	37	46	55	63	104	142	179	213	246	277	307
45	902	30	40	50	60	69	116	160	201	239	276	310	342
50	918	31	43	54	65	76	128	177	222	265	305	342	377
55	932	33	46	58	70	82	140	194	244	290	333	373	410
60	945	34	48	62	76	89	153	211	265	315	361	403	442
65	957	36	51	66	81	96	165	228	286	339	388	432	473
70	968	37	54	70	87	102	177	245	307	363	414	461	503
75	979	39	57	75	92	109	190	262	328	387	440	488	531
80	988	40	60	79	98	116	202	279	348	410	465	514	559
85	997	42	63	83	103	123	214	295	368	432	489	540	585
90	1006	43	65	87	109	130	226	312	387	454	513	565	611
95	1014	45	68	92	114	136	239	328	406	475	536	589	635

$d_i/\lambda_i=0.4$ (m²·℃/W)，截面形状系数 F_i/V(m⁻¹)

续表 F.0.2-6

$d_i/\lambda_i=0.4$ $(m^2 \cdot ℃/W)$		截面形状系数 $F_i/V(m^{-1})$											
时间 (min)	空气温度(℃)	10	20	30	40	50	100	150	200	250	300	350	400
100	1022	46	71	96	120	143	251	344	425	496	558	611	658
105	1029	48	74	100	126	150	263	360	444	516	579	634	681
110	1036	49	77	105	131	157	275	375	462	536	600	655	702
115	1043	51	80	109	137	164	286	391	480	556	620	676	723
120	1049	52	83	113	143	171	298	406	497	575	640	695	742
125	1055	54	86	118	148	178	310	421	514	593	659	715	761
130	1061	55	89	122	154	184	321	436	531	611	677	733	779
135	1067	57	92	127	160	191	333	450	548	628	695	751	797
140	1072	58	95	131	165	198	344	465	564	645	712	768	814
145	1077	60	98	135	171	205	356	479	580	662	729	784	829
150	1082	62	102	140	177	212	367	493	595	678	745	800	845
155	1087	63	105	144	182	218	378	507	610	694	761	815	859
160	1092	65	108	149	188	225	389	520	625	709	776	830	874
165	1097	66	111	153	193	232	400	534	640	724	791	844	887
170	1101	68	114	157	199	239	411	547	654	738	805	858	900
175	1106	70	117	162	205	246	422	560	668	752	819	871	912
180	1110	71	120	166	210	252	433	573	681	766	832	884	924

续表 F.0.2-7

$d_i/\lambda_i=0.5$ $(m^2 \cdot ℃/W)$		截面形状系数 $F_i/V(m^{-1})$											
时间 (min)	空气温度(℃)	10	20	30	40	50	100	150	200	250	300	350	400
100	1022	41	62	82	101	120	210	291	363	427	484	536	582
105	1029	42	64	85	106	126	221	304	379	445	504	557	604
110	1036	43	66	89	111	132	231	318	395	464	524	577	625
115	1043	45	69	92	115	137	241	331	411	481	543	597	645
120	1049	46	71	96	120	143	251	345	427	499	562	617	665
125	1055	47	74	99	124	149	261	358	443	516	580	635	684
130	1061	49	76	103	129	154	271	371	458	533	598	654	702
135	1067	50	79	107	134	160	281	384	473	549	615	671	720
140	1072	51	81	110	139	166	290	397	488	565	632	689	737
145	1077	52	84	114	143	172	300	410	502	581	648	705	754
150	1082	54	86	118	148	177	310	422	517	597	664	722	770
155	1087	55	89	121	153	183	320	434	531	612	680	737	785
160	1092	56	91	125	157	189	329	447	545	627	695	752	800
165	1097	58	94	128	162	195	339	459	558	641	710	767	815
170	1101	59	96	132	167	200	348	471	572	655	724	782	829
175	1106	60	99	136	171	206	358	483	585	669	739	796	843
180	1110	61	101	139	176	211	367	494	598	683	752	809	856

表 F.0.2-7　d_i/λ_i 为 0.5 时标准升温条件下有保护层钢构件的升温(℃)

$d_i/\lambda_i=0.5$ $(m^2 \cdot ℃/W)$		截面形状系数 $F_i/V(m^{-1})$											
时间 (min)	空气温度(℃)	10	20	30	40	50	100	150	200	250	300	350	400
0	20	20	20	20	20	20	20	20	20	20	20	20	20
5	576	21	21	22	22	23	25	28	30	33	35	38	40
10	678	21	23	24	25	26	33	39	45	51	57	63	69
15	739	22	24	26	28	31	41	51	61	71	81	90	100
20	781	23	26	29	32	35	50	64	78	92	106	119	132
25	815	24	28	32	36	40	59	78	96	114	131	148	164
30	842	25	30	35	40	45	69	92	114	136	157	177	197
35	865	26	32	38	44	50	78	106	132	158	182	206	229
40	885	27	34	41	48	55	88	120	151	180	208	235	260
45	902	28	36	44	52	60	98	134	169	202	233	263	291
50	918	29	38	47	56	65	108	149	187	224	258	291	321
55	932	30	41	51	61	71	118	163	205	245	283	318	351
60	945	32	43	54	65	76	129	178	224	267	307	344	380
65	957	33	45	57	70	82	139	192	242	288	331	371	408
70	968	34	47	61	74	87	149	206	259	309	354	396	435
75	979	35	50	64	78	93	159	221	277	329	377	421	461
80	988	36	52	68	83	98	169	235	295	349	399	445	487
85	997	37	54	71	88	104	180	249	312	369	421	469	512
90	1006	39	57	75	92	109	190	263	329	389	443	492	536
95	1014	40	59	78	97	115	200	277	346	408	464	514	559

附录 G 构件单位长度综合传热系数 B

表 G 构件单位长度综合传热系数 $B[W/(m^3 \cdot ℃)]$

T_d (℃)	30	35	40	45	50	55	60	65	70	75	80	85	90	95	100	105	110	115
200	795	657	557	482	424	378	340	309	282	260	241	224	209	196	184	174	165	156
210	846	699	593	513	451	402	361	328	300	276	256	238	222	208	196	185	175	166
220	898	741	629	544	478	426	383	348	318	293	271	252	235	220	207	196	185	176
230	951	785	665	576	506	450	405	368	336	309	286	266	249	233	219	207	196	186
240	1004	829	703	608	534	475	428	388	355	326	302	281	262	246	231	218	206	196
250	1059	874	740	640	563	501	450	409	373	344	318	295	276	259	243	229	217	206
260	1115	920	779	673	592	526	473	429	392	361	334	310	290	272	255	241	228	216
270	1172	966	818	707	621	553	497	451	412	379	350	326	304	285	268	253	239	227
280	1230	1014	858	742	651	579	521	472	431	397	367	341	318	298	281	265	250	237
290	1289	1062	899	777	682	606	545	494	451	415	384	357	333	312	293	277	262	248
300	1350	1111	940	812	713	634	570	516	472	434	401	373	348	326	306	289	273	259
310	1411	1162	983	848	745	662	595	539	492	453	419	389	363	340	320	301	285	270
320	1474	1213	1026	885	777	690	620	562	513	472	436	405	378	354	333	314	297	281
330	1539	1265	1070	923	810	719	646	586	535	491	454	422	394	369	347	327	309	293
340	1604	1319	1114	961	843	749	673	609	556	511	473	439	409	383	360	340	321	304

续表 G

T_d (℃)	30	35	40	45	50	55	60	65	70	75	80	85	90	95	100	105	110	115
350	1672	1374	1160	1001	877	779	700	634	578	532	491	456	426	398	374	353	334	316
360	1740	1429	1207	1041	912	810	727	658	601	552	510	474	442	414	389	366	346	328
370	1811	1487	1255	1081	947	841	755	684	624	573	529	492	458	429	403	380	359	340
380	1883	1545	1303	1123	984	873	783	709	647	594	549	510	475	445	418	394	372	353
390	1957	1605	1353	1166	1021	906	812	735	671	616	569	528	493	461	433	408	386	365
400	2032	1666	1404	1209	1058	939	842	762	695	638	589	547	510	477	448	422	399	378
410	2110	1728	1456	1253	1097	973	872	789	720	661	610	566	528	494	464	437	413	391
420	2190	1793	1510	1299	1136	1008	903	817	745	684	631	586	546	511	480	452	427	404
430	2272	1859	1564	1345	1177	1043	935	846	771	707	653	606	564	528	496	467	441	418
440	2356	1926	1621	1393	1218	1079	967	874	797	731	675	626	583	546	512	483	456	432
450	2443	1996	1678	1442	1260	1116	1000	904	824	756	697	647	603	564	529	498	471	446
460	2532	2067	1737	1492	1303	1154	1034	934	851	781	720	668	622	582	546	514	486	460
470	2624	2140	1798	1543	1348	1193	1068	965	879	806	744	689	642	600	564	531	501	474
480	2718	2216	1860	1596	1393	1233	1103	997	908	832	768	712	663	620	581	547	517	489
490	2816	2294	1924	J650	1440	1274	1140	1029	937	859	792	734	683	639	599	564	533	504
500	2917	2374	1990	1706	1488	1316	1177	1063	967	886	817	757	705	659	618	582	549	520
510	3022	2457	2058	1763	1537	1359	1215	1097	998	914	843	781	727	679	637	599	566	535
520	3130	2542	2128	1822	1588	1403	1254	1131	1029	943	869	805	749	700	656	617	583	551

续表 G

T_d (℃)	30	35	40	45	50	55	60	65	70	75	80	85	90	95	100	105	110	115
530	3242	2631	2200	1883	1640	1448	1294	1167	1061	972	896	829	772	721	676	636	600	568
540	3359	2722	2275	1945	1693	1495	1335	1204	1095	1002	923	855	795	743	696	655	618	585
550	3480	2817	2352	2010	1749	1543	1377	1242	1129	1033	951	881	819	765	717	674	636	602
560	3606	2916	2432	2077	1806	1592	1421	1281	1164	1065	980	907	844	788	738	694	655	619
570	3737	3018	2515	2146	1864	1643	1466	1321	1199	1097	1010	934	869	811	760	714	674	637
580	3875	3125	2601	2217	1925	1696	1512	1362	1236	1131	1040	962	894	835	782	735	693	656
590	4108	3236	2690	2292	1988	1751	1560	1404	1274	1165	1072	991	921	859	805	757	713	674
600	4169	3351	2783	2368	2053	1807	1609	1448	1314	1200	1104	1021	948	885	828	779	734	694
610	4328	3473	2880	2448	2121	1865	1660	1493	1354	1237	1137	1051	976	911	853	801	755	713
620	4494	3599	2981	2532	2191	1926	1713	1540	1396	1275	1171	1082	1005	937	877	824	776	734
630	4671	3733	3087	2619	2264	1988	1768	1588	1439	1314	1207	1115	1035	965	903	848	799	755
640	4857	3873	3198	2709	2341	2054	1825	1638	1484	1354	1243	1148	1065	993	929	872	822	776
650	5056	4021	3315	2804	2421	2122	1884	1690	1530	1395	1281	1182	1097	1022	956	897	845	798
660	5267	4178	3437	2904	2503	2192	1945	1744	1578	1438	1320	1218	1130	1052	984	923	869	821
670	5494	4345	3567	3008	2590	2266	2009	1800	1628	1483	1360	1255	1163	1083	1013	950	894	844
680	5738	4522	3703	3118	2681	2344	2076	1859	1680	1530	1402	1293	1198	1115	1042	978	920	868
690	6003	4712	3849	3235	2777	2425	2146	1920	1734	1578	1446	1332	1234	1149	1073	1006	947	893
700	6290	4916	4004	3358	2878	2510	2219	1984	1790	1628	1491	1374	1272	1183	1105	1036	974	919

续表 G

T_d (℃)	$t(t_e)$ (min)												
	120	125	130	135	140	145	150	155	160	165	170	175	180
200	149	142	135	129	124	119	114	110	106	102	99	95	92
210	158	150	143	137	131	126	121	117	112	108	105	101	98
220	167	159	152	145	139	134	128	123	119	115	111	107	104
230	176	168	160	153	147	141	136	130	126	121	117	113	109
240	186	177	169	162	155	149	143	137	132	128	123	119	115
250	196	186	178	170	163	156	150	145	139	134	130	125	121
260	205	196	187	179	171	164	158	152	145	141	136	132	127
270	215	205	196	187	179	172	165	159	153	148	143	138	133
280	226	215	205	196	188	180	173	166	160	155	149	144	140
290	236	225	214	205	196	188	181	174	168	162	156	151	146
300	246	234	224	214	205	196	189	182	175	169	163	157	152
310	257	244	233	223	214	205	197	189	182	176	170	164	159
320	267	255	243	232	222	213	205	197	190	183	177	171	165
330	278	265	253	242	231	222	213	205	197	190	184	177	172
340	289	275	263	251	240	231	221	213	205	198	191	184	178
350	300	286	273	261	249	239	229	221	213	205	198	191	185
360	312	297	283	271	259	248	239	229	221	213	205	198	192
370	323	308	294	281	269	258	247	238	229	221	213	206	199

续表 G

T_d (℃)	$t(t_e)$ (min)												
	120	125	130	135	140	145	150	155	160	165	170	175	180
380	335	319	304	291	278	267	256	246	237	229	221	213	206
390	347	330	315	301	288	276	265	255	245	237	228	221	213
400	359	342	326	311	298	286	274	264	254	245	236	228	221
410	371	354	337	322	308	295	284	273	262	253	244	236	228
420	384	365	348	333	319	305	293	282	271	261	252	244	235
430	397	378	360	344	329	315	303	291	280	270	260	251	243
440	410	390	372	355	340	326	313	300	289	279	269	260	251
450	423	402	384	366	351	336	322	310	298	287	277	268	259
460	437	415	396	378	362	347	333	320	308	296	286	276	267
470	450	428	408	390	373	357	343	330	317	305	295	284	275
480	464	442	421	402	384	368	353	340	327	315	304	293	283
490	479	455	434	414	396	379	364	350	337	324	313	302	292
500	493	469	447	427	408	391	375	360	347	334	322	311	300
510	508	483	460	439	420	402	386	371	357	344	331	320	309
520	523	497	474	452	432	414	397	382	367	354	341	329	318
530	539	412	488	466	445	426	409	393	378	364	351	339	327
540	554	527	502	479	458	439	421	404	389	374	361	348	336
550	571	542	516	493	471	451	433	416	400	385	371	358	346

续表 G

T_d (℃)	$t(t_e)$ (min)												
	120	125	130	135	140	145	150	155	160	165	170	175	180
560	587	558	531	507	485	464	445	427	411	396	381	368	355
570	604	574	547	521	498	477	457	439	422	407	392	378	365
580	621	590	562	536	512	490	470	451	434	418	403	389	375
590	639	607	578	551	527	504	483	464	446	429	414	399	386
600	657	624	594	567	541	518	497	477	458	441	425	410	396
610	676	642	611	583	557	533	510	490	471	453	437	421	407
620	695	660	628	599	572	547	524	503	484	466	449	433	418
630	715	678	646	615	588	562	539	517	497	478	461	444	429
640	735	697	664	632	604	578	554	531	510	491	473	456	440
650	756	717	682	650	621	594	569	546	524	504	486	468	452
660	777	737	701	668	638	610	584	560	538	518	499	481	464
670	799	758	721	687	655	627	600	576	553	532	512	494	476
680	821	779	741	706	673	644	616	591	568	546	526	507	489
690	845	801	761	725	692	661	633	607	592	561	540	520	500
700	869	824	783	745	711	680	651	624	599	576	554	534	515

注： 1 t 为标准升温时间或等效曝火时间(min)。

2 T_d 为钢构件的临界温度(℃)。

附录 H 考虑薄膜效应时楼板的极限承载力

H. 0. 1 当钢结构中的楼板为普通现浇楼板或压型钢板组合楼板,且楼板的耐火极限不大于1.5h时,可考虑薄膜效应,按本附录方法进行楼板的抗火设计。

H. 0. 2 考虑薄膜效应进行楼板的抗火设计时,应按下列要求将楼板划分为板块设计单元:

1 板块应为矩形,且长宽比不大于2;

2 板块四周应有梁支撑,且梁满足第7章的抗火设计要求;

3 板块中应布置钢筋网,对于普通现浇楼板可为受力钢筋网,对于压型钢板组合楼板可为温度钢筋网;

4 板块内可有1根以上次梁,且次梁的方向一致;

5 板块内部区域不得有柱(柱可设在板块边界上);

6 板块内开洞尺寸不得大于300mm。

若划分的板块设计单元不符合以上要求,则不得按本附录方法进行楼板的抗火设计。

H. 0. 3 考虑薄膜效应后,板块的极限承载力可按下式计算:

$$q_r = e_T q_f + q_{b,T} \qquad (H.0.3)$$

式中 e_T——高温下,考虑板的薄膜效应后板块承载力的增大系数,按第 H.0.4 条计算;

q_f——板块在常温下的极限承载力,对压型钢板组合楼板按肋以上混凝土板部分并考虑负筋和温度钢筋的作用计算;

$q_{b,T}$——板块中次梁在火灾中的承载力。

H. 0. 4 e_T 可通过图 H.0.4-1~H.0.4-3 查得,其中 μ 为板块短跨方向配筋率与长跨方向配筋率的比值,a 为板块长短跨长的比值。h_0 为楼板的有效厚度,即板厚减去钢筋保护层厚度。w 为板块中心在耐火极限 t 时的最大竖向位移,按式(H.0.5-1)计算。

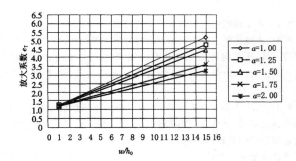

图 H.0.4-1　μ 时=1.0 时放大系数 e_r 与相对位移的关系

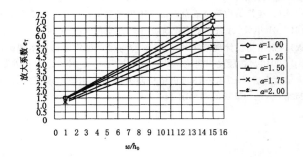

图 H.0.4-2　$\mu=0.5$ 时放大系数 e_r 与相对位移的关系

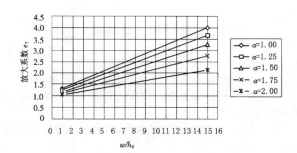

图 H.0.4-3　$\mu=1.5$ 时放大系数 e_r 与相对位移的关系

H. 0. 5 板块中心在 1.5h 时的竖向位移 w,应按下式计算:

$$w = KB\sqrt{\frac{3}{8}(0.025 + \alpha\Delta T)} + \theta\left(\frac{B}{2} - KB\right) \qquad (H.0.5-1)$$

$$\theta = 0.15 - 0.064\lambda \qquad (H.0.5-2)$$

$$\Delta T = \left[\frac{0.6\exp(-\frac{w_2}{w_4}) - 0.1}{H}d + 1\right]$$
$$\cdot\left\{\left[T_0 + \frac{\exp\left[\frac{0.05 + 0.135(t/20) - 0.005(t/20)^2 - d}{0.007 + 0.0145(t/20) - 0.0005(t/20)^2}\right]}{8}\right]\right\} - T_0$$

$$(H.0.5-3)$$

式中 K——与楼板变形有关的系数,取 0.4;

B——板块短跨尺寸(m);

α——钢筋的温度膨胀系数,取 1.4×10^{-5};

λ——普通现浇楼板单位宽度负弯矩钢筋截面面积与板底钢筋截面面积的比值;压型钢板组合楼板负弯矩钢筋截面面积与温度钢筋截面面积的比值;

ΔT——普通现浇楼板板底钢筋在 1.5h 时的升温,按表 H.0.5 确定;压型钢板组合楼板为温度钢筋在 1.5h 的升温;

t——曝火时间(min),取 90min;

T_0——室温(℃);

d——温度钢筋中心到曝火面的距离(m);

H——板厚(m)(图 H.0.5);

w_2、w_4——几何参数(图 H.0.5)(m)。

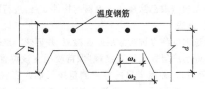

图 H.0.5　压型钢板示意

表 H.0.5 普通现浇混凝土板钢筋在 1.5h 时的温度(℃)

d(mm)		10	20	30	40	50
90min	常规	790	650	540	430	370
	轻质	720	580	460	360	280

注:表中 d 为板底受火面到钢筋中心的距离;常规指常规混凝土,轻质指轻质混凝土。

H. 0. 6 当板块内有次梁时,对与次梁平行的板块边界处的支承梁进行抗火验算宜考虑由于次梁承载力降低而转移到边界梁上的荷载。

附录 I 膨胀型防火涂料检测方法

I.0.1 可按下列方法检测膨胀型防火涂料的隔热性能：

1 选取设计临界温度最低的钢结构构件，制成长度为构件截面高度3倍的试件，共3个；

2 采用与施工现场相同的防火涂料和厚度，在试件上涂敷防火涂料；

3 将所有试件置于试验炉中，按标准火灾升温燃烧至设计耐火极限要求的时间；

4 测量试件跨中截面的升温（每个试件不少于3个测点），取各测点升温的平均值作为该试件的代表值；

5 如果各试件温度的平均值均低于设计的临界温度，且试件的最高温度不高于设计临界温度的1.15倍，则该防火涂料的隔热性能满足要求。

I.0.2 膨胀型防火涂料的膨胀性能，可采用下列试验室检测方法：

1 仪器

不燃性测定仪、涂料膨胀测量容器。

2 制样

对现场取样的防火涂料，按粘接强度的测试方法进行涂覆。达到试验条件后，在已涂覆防火涂料的样件表面刮取约10g左右的防火涂料碎块。

3 试验方法

将刮取的防火涂料碎块粉碎后，放入直径φ45mm的特制容器中，均匀铺满容器底部并压实至2mm刻度线处。然后放入恒温750℃的不燃性测定仪中，试验进行5min。停止试验后取出容器，观查膨胀后的涂料表面是否溢出容器上表面。如溢出，则判定膨胀性能合格；如未溢出，则判定膨胀性能不合格。

注：本试验所需的特制容器直径45mm，距底部2mm处有一刻度线，容器深度10mm或20mm。

I.0.3 膨胀型防火涂料膨胀性能，可采用下列现场检测方法：

1 仪器

测厚仪、喷枪、游标卡尺。

2 试样选取

在现场随机选取已涂覆防火涂料的构件3处，进行膨胀检测。

3 试验方法

光对所选取的测点进行涂层厚度检测，并记录。点燃喷枪，并将火焰尖刚好与涂层表面垂直接触，保持喷枪在该位置持续燃烧15min。熄灭后，将游标卡尺的深度测量尾尺插入膨胀层内并触及构件基层，使游标卡尺主尺尾部与膨胀层表面接触，测量膨胀厚度并记录，计算膨胀率。所有检测点的膨胀率均应满足相应涂料膨胀率的技术指标要求。

中国工程建设标准化协会标准

建筑钢结构防火技术规范

CECS 200：2006

条 文 说 明

1 总 则

1.0.1 本条阐明钢结构防火设计的目的。

1.0.2 本规范除适用于建筑钢结构的抗火设计外，也适用于钢管混凝土柱、压型钢板-混凝土组合楼板和钢-混凝土组合梁等组合结构的抗火设计，但不适用于内置型钢-混凝土组合结构的抗火设计。

1.0.3 火灾下钢结构的破坏，实质上是由于随钢结构温度升高，钢材强度降低，其承载力随之降低，致使结构不足以承受火灾时的荷载效应而失效破坏。因此，钢结构的抗火设计实际上是火灾高温条件下的承载力设计，其设计原理与常温条件下钢结构的承载力设计是一致的。

1.0.4 与本规范有关的现行国家标准、行业标准和协会标准主要有：《建筑结构可靠度设计统一标准》GB 50068、《工程结构可靠度设计统一标准》GB 50153、《建筑结构设计术语和符号标准》GB/T 50083、《建筑结构荷载规范》GB 50009、《建筑设计防火规范》GBJ 16(2001年版)、《高层民用建筑设计防火规范》GB 50045(2001年版)、《钢结构设计规范》GB 50017、《冷弯薄壁型钢结构技术规范》GB 50018、《高层民用建筑钢结构技术规程》JGJ 99、《建筑构件耐火试验方法》GB/T 9978、《钢结构防火涂料应用技术规范》CECS 24和《钢结构防火涂料》GB 14907等。

2 术语和符号

2.1 术语

本规范对涉及结构抗火设计的一些重要术语作了专门规定。

2.2 符号

本规范所用的符号系遵照国家标准《建筑结构设计术语和符号标准》GB/T 50083 的规定，尽量与其他相关标准一致，以适应工程设计人员的习惯。

3 钢结构防火要求

3.0.1 本条中单、多层建筑是指《建筑设计防火规范》GBJ 16(2001 年修订本)适用的建筑，即下列新建、扩建和改建的工业与民用建筑：

1 九层及九层以下的住宅(包括底层设置商业服务网点的住宅)和建筑高度不超过24m的其他民用建筑以及建筑高度超过24m的单层公共建筑；

2 单、多层和高层工业建筑。

本规范不适用于炸药厂(库)、花炮厂(库)、无窗厂房、地下建筑、炼油厂和石油化工厂的生产区。

本条的高层建筑是指《高层民用建筑设计防火规范》GB 50045(2001 年版)适用的建筑，即下列新建、扩建和改建的高层建筑及其裙房：

1 十层和十层以上的居住建筑(包括首层设置商业服务网点的住宅)；

2 建筑高度超过24m的公共建筑。

表 3.0.1 注中所考虑的是，此类车间生产时日产量较高，其材料要求采用抗疲劳，且具有冲击韧性特殊保证的钢材，若吊车梁体系在火灾中损坏，重新订货和加工的周期较长，不利火灾后重建和恢复生产。

表 3.0.1 中建筑物耐火等级系根据国家标准《建筑设计防火规范》GBJ 16(2001 年版)和《高层民用建筑设计防火规范》GB 50045(2001 年版)的规定。为便于应用，表 1~4 归纳了各类建筑物的耐火等级。其中，高层建筑物的分类见表 5，单、多层厂房、库房的火灾危险性分类见表 6 和表 7。

表 1 民用建筑的耐火等级与层数、长度和面积的关系

耐火等级	最多允许层数	防火分区间		备注
		最大允许长度(m)	每层最大允许建筑面积(m²)	
一、二级	按《建筑设计防火规范》(2001 年版)第 1.0.3 条的规定	150	2500	1.体育馆、剧院等的长度和面积可以放宽 2.托儿所、幼儿园的儿童房不应设在四层和四层以上。
三级	5 层	100	1200	1.托儿所、幼儿园的儿童房不应设在三层和三层以上。 2.电影院、剧院、礼堂、食堂不应超过二层 3.医院、疗养院不应超过三层
四级	2 层	60	600	学校、食堂、菜市场、托儿所、幼儿园及医院等不应超过一层

注：1 重要的公共建筑应采用一、二级耐火等级的建筑。商店、学校、食堂、菜市场如采用一、二级耐火等级的建筑有困难时，可采用三级耐火等级的建筑。

2 建筑物的长度，系指建筑物各分段中线长度的总和。如遇不规则的平面而有各种不同量法时，应采用较大值。

3 建筑内设有自动灭火设备时，每层最大允许建筑面积可按本表增加 1 倍；局部设置时，增加的面积可按该局部面积 1 倍计算。

4 防火分区间应采用防火墙分隔，当有困难时，可采用防火卷帘和水幕分隔。

表 2 高层民用建筑耐火等级

耐火等级	部位
一级	一类建筑和一、二类建筑的地下室
二级	二类建筑和附属于高层建筑的裙房

表 3 厂房的耐火等级与层数和楼面面积的关系

生产类别	耐火等级	最多允许层数	防火分区最大允许楼面面积(m²)			
			单层厂房	多层厂房	高层厂房	厂房的地下室和半地下室
甲	一级	除生产必须采用多层外，宜采用单层	4000	3000	—	—
	二级		3000	2000	—	—
乙	一级	不限	5000	4000	2000	—
	二级	6	4000	3000	1500	—

续表 3

生产类别	耐火等级	最多允许层数	防火分区最大允许楼面面积(m²)			
			单层厂房	多层厂房	高层厂房	厂房的地下室和半地下室
丙	一级	不限	不限	6000	3000	500
	二级	不限	8000	4000	2000	500
	三级	2	3000	2000	—	—
丁	一、二级	不限	不限	不限	4000	1000
	三级	3	4000	2000	—	—
	四级	1	1000	—	—	—
戊	一、二级	不限	不限	不限	6000	1000
	三级	3	5000	3000	—	—
	四级	1	1500	—	—	—

注：1 防火分区间应采用防火墙分隔。一、二级耐火等级的单层厂房(甲类厂房除外)如面积超过本表的规定，且设置防火墙有困难时，可用防火水幕带或防火卷帘加水幕分隔。

2 一级耐火等级的多层和二级耐火等级的单、多层纺织厂房(麻纺除外)，其允许楼面面积可按本表规定增加 50%，但上述厂房的原棉开包、清花车间均应设防火墙分隔。

3 一、二级耐火等级的单、多层造纸生产联合厂房，其防火分区最大允许占地面积可按本表的规定增加 1.5 倍。

4 甲、乙、丙类厂房设有自动灭火设备时，防火分区最大允许占地面积可按本表的规定增加 1 倍；丁、戊类厂房装有自动灭火设备时，其占地面积不限。局部设置时，增加面积可按该局部面积的 1 倍计算。

5 一、二级耐火等级的谷物筒仓工作塔，且每层人数不超过 2 人时，最多允许层数可不受本表限制。

6 邮政楼的邮件处理中心可按丙类厂房确定。

表 4 库房的耐火等级与层数和楼面面积的关系

储存物品类型		耐火等级	最多允许层数	最大允许楼面面积(m²)					
				单层库房		多层库房		高层库房	库房地下室和半地下室
				每座库房	防火墙间	每座库房	防火墙间	每座库房	防火墙间	防火墙间
甲	3、4 项	一级	1	180	60	—	—	—	—	—
	1、2、5、6 项	一、二级	1	750	250	—	—	—	—	—

续表4

储存物品类型		耐火等级	最多允许层数	最大允许楼面面积(m²)							
				单层库房		多层库房		高层库房		库房地下室和半地下室	
				每座库房	防火墙间	每座库房	防火墙间	每座库房	防火墙间	防火墙间	
乙	1、3、4项	一、二级	3	2000	500	900	300	—	—	—	
		三级	1	500	250	—	—	—	—	—	
	2、5、6项	一、二级	5	2800	700	1500	500	—	—	—	
		三级	1	900	300	—	—	—	—	—	
丙	1项	一、二级	5	4000	1000	2800	700	—	—	150	
		三级	1	1200	400	—	—	—	—	—	
	2项	一、二级	不限	6000	1500	4800	1200	4000	1000	300	
		三级	3	2100	700	1200	400	—	—	—	
丁		一、二级	不限	不限	3000	不限	1500	4800	1200	500	
		三级	3	3000	1000	1500	50	—	—	—	
		四级	1	3100	700	—	—	—	—	—	
戊		一、二级	不限	不限	不限	不限	2000	6000	1500	1000	
		三级	3	3000	1000	2100	700	—	—	—	
		四级	1	2100	700	—	—	—	—	—	

注：1 高层库房、高架仓库和筒仓的耐火等级不应低于二级；二级耐火等级的筒仓可采用钢板仓。储存特殊贵重物品的库房，其耐火等级宜为一级。

2 独立建造的硝酸铵库房、电石库房、聚乙烯库房、尿素库房、配煤库房以及车站、码头、机场内的中转仓库，其建筑面积可按本表的规定增加1倍，但耐火等级不应低于二级。

3 装有自动灭火设备的库房，其建筑面积可按本表和注2的规定增加1倍。

4 石油库内桶装油品库房面积可按现行国家标准《石油库设计规范》GB 50074执行。

5 煤均化库防火分区最大允许建筑面积可为12000m²，但耐火等级不应低于二级。

表5　高层民用建筑分类

名称		一 类	二 类
居住建筑		高级住宅	十层至十八层的普通住宅
		十九层和十九层以上的普通住宅	
公共建筑		1.医院； 2.高级旅馆； 3.建筑高度超过50m或每层建筑面积超过1000m²的商业楼、展览楼、综合楼、电信楼、财贸金融楼； 4.建筑高度超过50m或每层建筑面积超过1500m²的商住楼； 5.中央级和省级(含计划单列市)广播电视楼； 6.网局级和省级(含计划单列市)电力调度楼； 7.省级(含计划单列市)邮政楼、防灾指挥调度楼； 8.藏书超过100万册的图书馆、书库； 9.重要的办公楼、科研楼、档案楼； 10.建筑高度超过50m的教学楼和普通的旅馆、办公楼、科研楼、档案楼等	1.除一类建筑以外的商业楼、展览楼、综合楼、电信楼、财贸金融楼、商住楼、图书馆、书库； 2.省级以下的邮政楼、防灾指挥调度楼、广播电视楼、电力调度楼； 3.建筑高度不超过50m的教学楼和普通的旅馆、办公楼、科研楼、档案楼等

表6　生产的火灾危险性分类

生产类别	火灾危险性特征
甲	使用或产生下列物质的生产： 1.闪点小于28℃的液体； 2.爆炸下限小于10%的气体； 3.常温下能自行分解或在空气中氧化即能导致迅速自燃或爆炸的物质； 4.常温下受到水或空气中水蒸汽的作用，能产生可燃气体并引起燃烧或爆炸的物质； 5.遇酸、受热、撞击、摩擦、催化以及遇有机物或硫磺等易燃的无机物，极易引起燃烧或爆炸的强氧化剂； 6.受撞击、摩擦或与氧化剂、有机物接触时能引起燃烧或爆炸的物质； 7.在密闭设备内操作温度等于或超过物质本身自燃点的生产

续表6

生产类别	火灾危险性特征
乙	使用或产生下列物质的生产： 1.闪点大于等于28℃，小于60℃的液体； 2.爆炸下限大于等于10%的气体； 3.不属于甲类的氧化剂； 4.不属于甲类的化学易燃危险固体； 5.助燃气体； 6.能与空气形成爆炸性混合物的浮游状态粉尘、纤维，闪点大于等于60℃的液体雾滴
丙	使用或产生下列物质的生产： 1.闪点大于等于60℃的液体； 2.可燃固体
丁	具有下列情况的生产： 1.对非燃烧物进行加工，并在高温或熔化状态下经常产生强辐射热、火花或火焰的生产； 2.利用气体、液体、固体作为燃料，或将气体、液体进行燃烧作其他用的各种生产； 3.常温下使用或加工难燃烧物质的生产
戊	常温下使用或加工非燃烧物质的生产

注：1 在生产过程中，如使用或产生易燃、可燃物质的量较少，不足以构成爆炸或火灾危险时，可以按实际情况确定其火灾危险性的类别。

2 一座厂房内或防火分区内有不同性质的生产时，其分类应按火灾危险性较大的部分确定，但火灾危险性大的部分占本层或本防火分区面积的比例小于5%(丁、戊类生产厂房的油漆工段小于10%)，且发生事故时不足以蔓延到其他部位，或采取防火措施能防止火灾蔓延时，可按火灾危险性较小的部分确定。

3 丁、戊类生产厂房的油漆工段，当采用封闭喷漆工艺时，封闭喷漆空间内保持负压，且油漆工段设置可燃气体浓度报警系统或自动抑爆系统时，油漆工段占其所在防火分区面积的比例不应超过20%。

表7　仓库储存物品的火灾危险性

储存物品分类	火灾危险性的特征
甲	1.闪点小于28℃的液体； 2.爆炸下限小于10%的气体，以及受到水或空气中水蒸汽的作用，能产生爆炸下限小于10%气体的固体物质； 3.常温下能自行分解或在空气中氧化即能导致迅速自燃或爆炸的物质； 4.常温下受到水或空气中水蒸汽的作用能产生可燃气体并引起燃烧或爆炸的物质； 5.遇酸、受热、撞击、摩擦以及遇有机物或硫磺等易燃的无机物，极易引起燃烧爆炸的强氧化剂； 6.受撞击、摩擦或与氧化剂、有机物接触时能引起燃烧或爆炸的物质
乙	1.闪点大于等于28℃，小于60℃的液体； 2.爆炸下限大于等于10%的气体； 3.不属于甲类的氧化剂； 4.不属于甲类的化学易燃危险固体； 5.助燃气体； 6.常温下与空气接触能缓慢氧化，积热不散能引起自燃的物品
丙	1.闪点大于等于60℃的液体； 2.可燃固体
丁	难燃烧物品
戊	非燃烧物品

注：难燃烧物品、非燃烧物品的可燃包装重量超过物品本身重量1/4时，或难燃烧物品、非燃物品采用易燃可燃泡沫塑料包装时，其火灾危险性应为丙类。

钢结构构件的防火保护措施主要有包敷不燃材料和喷涂防火涂料两种。包敷不燃材料包括：在钢结构外包敷防火板，砌砖、砌混凝土砌块，包敷柔性毡状材料等方法使其达到相应的耐火极限。对于建筑中梁、柱等主要承重构件，且耐火极限在1.5h以上的，建议采用包敷不燃材料或采用非膨胀型(即厚型)防火涂料。

3.0.2　自动喷淋不但可以灭火，还可以冷却钢结构，因此有条件时应在钢结构建筑中安装自动喷淋灭火系统。

3.0.3 建筑中设置自动喷水灭火系统后,灭火、控火的成功率相当高,有的国家和地区,近几年来安装的自动喷水灭火系统,灭火成功率达100%。考虑到火灾中自动喷水灭火系统的灭火对钢结构件升温有延迟和控制作用,可将其效应等效为对主要构件(梁、柱)耐火极限要求的降低。本规范中当个别房间采用固定气体灭火系统时,该房间中各构件的耐火极限同样可根据相应条文降低。由于甲、乙类厂、库房和丙类库房的火灾危险性大,火灾荷载也大,即使设了自动喷水灭火系统,其承重构件的耐火极限也不能降低。单层丙类厂房考虑到火灾荷载没有丙类库房大,若设了自动喷水灭火系统全保护时,对各承重构件可不再做其他防火保护;单层、多层、高层丁、戊类厂、库房中火灾荷载小,不容易发生火灾,对其各承重构件可不再做其他防火保护。

3.0.4 由于丁、戊类厂房、库房火灾危险性和火灾荷载都很小,发生火灾的可能性也小,因此,钢结构可不采取防火保护措施。使用甲、乙、丙类液体或可燃气体的部位,火灾危险性较大,其周围的钢结构如梁、柱等应采取防火保护措施。

3.0.5 本条中的一般公共建筑是指除了重要公共建筑以外的其他公共建筑,如人员密度小于 0.5 人/m²,火灾荷载密度小于 1840MJ/m² 的公共建筑。

3.0.6 自动喷水灭火系统保护钢屋架承重构件时,喷头应沿着屋盖承重构件方向布置,且应布置在钢结构的上方,喷头间距宜为 2.2m 左右,系统可独立设置,也可与自动灭火系统合用。

3.0.8 美国堪萨斯州银行大厦和匹兹堡钢铁公司大厦中的承重空心钢构件经过独特处理,在其中灌注了防冻、防腐的溶液,以使火灾时通过溶液循环吸热可保证结构的安全。但这种保护钢结构的方法目前应用很少。

3.0.9 此条中,多层建筑的楼梯间应为封闭楼梯间,高层建筑的楼梯间应为防烟楼梯间。为确保疏散楼梯的安全,除建筑中设自动喷水灭火系统外,楼梯间和前室中也要设置自动喷水灭火系统。多层建筑中敞开楼梯和敞开楼梯间的主要承重钢梁、钢柱和踏步板等,在火灾情况下很容易遭受火和热烟气而破坏。建议钢梁、钢柱防火喷涂后,在楼梯下面用耐火材料砌筑,将钢梁和钢柱包砌在里面,并采取在踏步板上面铺盖大理石和自动喷水保护楼梯等有效的防火措施。

3.0.10 钢结构的抗火性能化设计方法,是指根据建筑的实际情况模拟建筑的实际火灾升温,进而分析钢结构在火灾下的升温和受力情况,再根据规定的耐火极限要求验算结构的承载力,确定结构是否需要保护和如何保护。

对于多功能、大空间钢结构建筑,其火灾特性与标准火灾有较大差异,且这类结构的整体性能对结构抗火更为重要,故建议采用更合理的性能化抗火设计方法。对于其他钢结构建筑,如有条件和充分依据也可采用性能化抗火设计方法。

4 材料特性

4.1 钢 材

4.1.1 高温下钢材的热膨胀系数、导热系数和比热容等随温度不同会有一定的变化,但为应用方便,本规范取用了这些参数在高温下的平均值。

4.1.2、4.1.3 普通结构钢的屈服强度和弹性模量随温度升高而降低,且其屈服阶变得越来越小。在温度超过300℃以后,已无明显的屈服极限和屈服平台,因此,需要指定一个强度作为钢材的名义屈服强度。通常以一定量的塑性残余应变(称为名义应变)所对应的应力作为钢材的名义屈服强度。常温下一般取 0.2% 应变作为名义应变,而在高温下,对于名义应变取值尚无一致的标准。ECCS 规定,当温度超过 400℃时,以 0.5% 应变作为名义应变,当温度低于 400℃时,则在 0.2%(20℃时)和 0.5% 应变之间线性插值确定。钢梁、钢柱抗火试验表明,按上述方法确定的名义应变值过于保守。英国 BS5950:Part8 提供了三个名义应变水平的强度,以适应各类构件的不同要求,即 2% 应变,适用于有防火保护的受弯组合构件;1.5% 应变,适用于受弯钢构件;0.5% 应变,适用于除上述两类以外的构件。欧洲规范 EC3、EC4 则取 2% 应变作为名义应变来确定钢材的名义屈服强度。

随着研究工作的日益广泛,对钢材的高温性能以及钢结构在火灾下的反应有了更深入、更具体的了解,最新的研究成果已倾向于采用较大的名义应变来确定钢材在高温下的名义屈服强度。

同济大学对 16Mn 钢与 SM41 钢进行了较为系统的高温材性试验,量测了 0.2%、0.5%、1.0% 等三个名义应变水平的高温屈服强度。根据以上试验数据,并参考欧洲和英国等国家的规范,确定了本规范中高温下普通结构钢屈服强度和弹性模量的拟合公式。

4.1.5 耐火钢通过在结构钢中加入钼等合金元素,使钢材在高温时析出碳化钼 MO_2C。由于此类化合物比铁原子大,能起到阻止或减弱"滑移"的作用,从而提高钢材高温下的强度。耐火钢不同于普通的耐热钢。耐热钢对钢的高温性能,如高温持久强度、蠕变强度等有严格的要求,而耐火钢只要求在规定的耐火时间(一般不超过3h)内能保持较高的强度水平即可。

耐火钢与普通结构钢在高温下的热膨胀系数、导热系数、比热容等热物理参数差别很小,可直接参照普通结构钢的有关公式计算。

由于目前各钢铁公司生产的耐火钢的高温材性有较大的差别,本规范中高温下耐火钢的弹性模量和屈服强度公式并不一定适用于所有品种,仅当 500~700℃时耐火钢的实测弹性模量折减系数与式(4.1.5-1)计算值的差异不超过±15%,且实测屈服强度折减系数不低于式(4.1.5-2)计算值的10%时,该种耐火钢才可按第 4.1.5 条确定其高温下的弹性模量和屈服强度。

4.2 混 凝 土

4.2.1、4.2.3 参考欧洲规范(EN1994-1-2—Design of Composite Steel and Concrete Structures:Structural Fire Design)制定。

4.2.2 公式(4.2.2)出自过镇海和时旭东著《钢筋混凝土的高温性能及其计算》(清华大学出版社,2003 年)。

4.3 防 火 涂 料

4.3.1 钢结构防火涂料是指施涂于钢结构表面,能形成耐火隔热保护层以提高钢结构耐火性能的一类防火材料,根据高温下钢结构防火涂层遇火变化的情况可分膨胀型和非膨胀型两大类,其分类可依据表 8。

表 8　防火涂料的分类

类型	代号	涂层特性	主要成分
膨胀型	B	遇火膨胀,形成多孔碳化层,涂层厚度一般小于7mm	以有机树脂为基料,掺加发泡剂、阻燃剂、成炭剂等
非膨胀型	H	遇火不膨胀,自身有良好的隔热性,涂层厚度8～50mm	以无机绝热材料(如膨胀蛭石、飘珠、矿物纤维)为主,掺加无机粘结剂等

注:膨胀型防火涂料又称薄型防火涂料,这种涂料具有较好的装饰性。非膨胀型防火涂料又称厚型防火涂料、隔热型防火涂料。

早在 20 世纪 50 年代欧美、日本等国家就广泛采用防火涂料保护钢结构。80 年代初期国内才开始在一些重要钢结构建筑中采用防火涂料对结构进行保护,但均采用进口防火涂料并由国外代理商进行施工。1985 年以后,国内加强了防火涂料研制工作,四川、北京、上海等地先后研制成功了多种钢结构防火涂料,取代进口,应用于国内很多重要工程中,为国家节省了大量外汇和建设费用。

国内钢结构防火涂料生产和应用近几年发展较快,据不完全统计,已有生产、施工、科研单位近百家,年销售量过万吨,钢结构防火工程年施工面积超过百万平方米,已成为一类重要消防安全材料。

为促进钢结构防火涂料产品生产和应用的标准化,国家从1990 年以来先后颁布实施了《钢结构防火涂料应用技术规范》CECS 24:90 和《钢结构防火涂料通用技术条件》GB 14907—1994,这两个标准对促进钢结构防火涂料的开发、应用和质量检测监督发挥了显著作用。

《钢结构防火涂料》GB 14907—2002 在《钢结构防火涂料通用技术条件》GB 14907—1994 的基础上,对室外涂料及超薄型涂料的试验方法和性能要求作出了专门规定,并对原标准内容做了部分调整修订,使标准得到充实和完善。

近几年来国内钢结构防火涂料应用中出现了一些新的情况,原来标准已不能全面反映这些情况。为此,在本规范中对该产品要求和使用条件作了一些补充,规定更加明确、具体。

近几年国外一些厂商生产类似于木结构用饰面型防火涂料,应用于钢结构时涂层厚度只需 2～3mm 即可使钢构件耐火极限达 1～2h。但从防火机理看仍属于膨胀型防火涂料,只不过达到同样耐火极限需要的涂层较薄而已。为了区分,国内将涂层 3mm 及以下,且耐火极限达 1.5h 及以上的膨胀型防火涂料,称为超薄型防火涂料(代号为 CB)。

国内已研制出超薄型钢结构防火涂料,但目前还不到国外先进水平。有的产品如果耐火极限要达到 1.5h 则需采取辅助措施(如裹玻璃布),有的产品则耐水性、抗老化性较差。因此,钢结构如采用超薄型防火涂料进行保护,应特别重视对现场施工涂层的检测。

4.3.2 通常将能适合于建筑物室外或露天工程中长期使用的防火涂料称之为室外用防火涂料,它应满足现行国家标准《钢结构防火涂料》GB 14907 中规定的室外钢结构防火涂料的技术条件。需注意,不能将仅适用于室内钢结构防火保护的涂料用于室外。

防火涂料的导热系数是衡量其隔热性能的一个重要参数,导热系数越小,说明其隔热性能就越好。另外,进行钢结构抗火计算时,防火涂料的导热系数、比热容和表观密度是必要参数。由于一般防火涂料的导热系数随温度变化而有一定的变化,本规范明确规定厂家宜提供火灾中最常遇的 500℃时的导热系数值。以前防火涂料生产厂对其产品的性能参数提供不详尽,影响使用,本规范明确提出了参数要求,以使厂家注意。

如果厂家无条件直接测量防火涂料的导热系数,可按附录 A 提供的方法测量等效导热系数。该系数综合反映了涂层水汽蒸发和导热系数随温度变化等对隔热的影响,故直接采用等效综合导热系数进行钢结构抗火计算更为接近实际。

本规范将主要成分为矿物纤维,掺加水泥和少量添加剂预先

在工厂混合而成的防火材料仍归入非膨胀型防火涂料中。由于此种涂料采用专用喷涂机械按干法喷涂工艺施工,不同于通常非膨胀型涂料按湿法工艺施工,所以有时也称之为防火喷射纤维材料。早在 20 世纪 50 年代日本就采用喷涂石棉作为船舶防火隔热材料,到了 60 年代又广泛用作钢结构建筑的耐火被覆材料。矿棉是岩棉和矿渣棉的统称,日本于 70 年代在高层钢结构建筑中广泛采用干式喷涂施工工艺,用矿棉为原料作为耐火被覆材料。其密度小、施工效率较高,但是干式喷涂时会产生大量粉尘、纤维,不仅对施工人员健康造成损害,也极易造成环境污染。

英国环保部门经过长期调研证实,矿棉粉尘除会导致眼疾、皮肤病及上呼吸道病症外,长期暴露在有这种粉尘环境下的人群癌症发病率偏高,认为如采用矿棉做隔热防火材料特别注意空调系统的设计,避免因空气流动造成棉尘散布于室内。

考虑到矿棉粉尘对人员健康的危害和国际上的发展趋势,本规范对矿棉防火喷涂工艺提出了严格限制。

4.4　防　火　板

4.4.1、4.4.2 根据密度可将防火板分为低密度防火板、中密度防火板和高密度防火板;根据使用厚度可将防火板分为防火薄板和防火厚板二大类,见表 9。常用防火板的主要技术性能参数见表 10。

表 9　防火板分类及性能特点

分类		密度(kg/m³)	厚度(mm)	抗折强度(MPa)	导热系数[W/(m·℃)]
厚度	防火薄板	400～1800	5～20	—	0.16～0.35
	防火厚板	300～500	20～50	—	0.05～0.23
密度	低密度防火板	<450	20～50	0.8～2.0	—
	中密度防火板	450～800	20～30	1.5～10	—
	高密度防火板	>800	9～20	>10	—

表 10　常用防火板主要技术性能参数

防火板类型	外形尺寸(长×宽×厚,mm)	密度(kg/m³)	最高使用温度(℃)	导热系数[W/(m·℃)]	执行标准
纸面石膏板	3600×1200×9～18	800	600	0.19 左右	GB/T 9775
纤维增强水泥板	2800×1200×4～8	1700	600	0.35 左右	JC 412-91
纤维增强硅酸钙板	3000×1200×5～20	1000	600	≤0.28	JC/T 564
蛭石防火板	1000×610×20～65	430	1000	0.11 左右	
硅酸钙防火板	2440×1220×12～50	400	1100	≤0.08	
玻镁平板	2500×1250×10～15	1200～1500	600	≤0.29	JC 688

防火薄板使用厚度大多在 6～15mm 之间,密度在 800～1800kg/m³ 之间,主要用作轻钢龙骨隔墙的面板、吊顶板,以及钢梁、钢柱经非膨胀型防火涂料涂覆后的装饰面板。这类板包括各种短纤维增强的水泥压力板、纤维增强普通硅酸钙防火板以及各种玻璃布增强的无机板(俗称无机玻璃钢、玻镁平板等)。

防火厚板的特点是密度小、导热系数低、耐高温(使用温度可达 1000℃以上),其使用厚度可按耐火极限需要确定,大致在 10～50mm 之间。由于本身具有优良耐火隔热性,可直接用于钢结构防火,提高结构耐火极限。

防火厚板主要有硅酸钙防火板和膨胀蛭石防火板两种。防火厚板在美、英、日等国钢结构防火工程中已大量应用,例如,日本钢结构防火工程中仅硅酸钙防火板已占防火材料总量 10% 左右。但在我国这两种板的生产和应用仅处于起步阶段。以前国内使用的硅酸钙防火板均为国外产品。近几年国内山东莱州明发隔热材料有限公司的 GF 板,属同一类型的硅酸钙防火板,已正式投产。国内膨胀型蛭石防火板早在 20 世纪 80 年代就有生产,但由于规格太小,未在钢结构防火工程中应用。近几年,香港奥依特控股公司先后在沈阳、上海等地投资建厂,已生产出大幅面蛭石防火板(2400×1200×1～60mm³)。

防火厚板表面光滑平整、耐火性能优良,用它作防火材料不需再用防火涂料,可以完全干作业,估计将会和防火涂料一样在国内逐步发展起来。

4.5 其他防火隔热材料

4.5.1、4.5.2 除防火涂料和防火板外,其他防火隔热材料可分为二类,一类为密度较大的硬质板块状材料,另一类为密度较小柔性毡状材料。这些防火隔热材料的分类依据可见表11的规定,其主要技术性能参数可按表12采用。

表11 其他防火隔热材料分类

品 种	性能和使用特点	实 例
硬质板块状材料	密度较大,硬度高,采用砌筑方式施工,外表面用水泥(或石膏)砂浆粉刷	各种粘土砖、加气混凝土砌块等
柔性毡状材料	采用钢丝网将各种矿物棉毡固定于钢材表面,一般外面用防火板封闭	硅酸铝板毡、岩棉毡、玻璃棉毡

表12 其他防火隔热材料主要技术性能参数

材料名称	参考尺寸(mm)	密度(kg/m³)	抗压强度(MPa)	比热容[kJ/(kg·℃)]	导热系数[W/(m·℃)]	执行标准
各种粘土砖	240×115×50	1700	7.0~30	1.0	≤0.43	GB/T 5101
粘土空心砖	240×115×90	1200~1400	5~10	—	≤0.43	GB13544
加气混凝土砌块	600×300×240	400~700	2.5~5	1.0~1.2	0.12~0.25	GB8239
陶粒空心砌块	390×240×190	≤800	≥2.5	—	0.58	GB15229
微孔硅酸钙保温板	500×300×50	200~250	≥0.5	—	≤0.058	GB 1069
水泥蛭石板	500×300×50	≤500	≥0.5	—	≤0.14	JC4429
水泥珍珠岩板	500×300×50	≤400	≥0.5	—	≤0.087	GB 10303

续表12

材料名称	参考尺寸(mm)	密度(kg/m³)	抗压强度(MPa)	比热容[kJ/(kg·℃)]	导热系数[W/(m·℃)]	执行标准
硅酸铝棉毡	1000×500×10~50	≤350	—	0.84	≤0.06	GB 3003
矿渣棉毡	1000×250×50	≤120	—	0.75	≤0.048	GB 11835
岩棉毡	900×900×50	200	—	—	≤0.049	GB 11835
玻璃棉毡	1200×600×50	≤48	—	—	≤0.048	GB 13350
加气混凝土板	—	400~650	2.5~5	1.0~1.2	0.1~0.15	GB 15762
C20混凝土	—	2200~2400	13.4	0.9~0.98	1.0~2.0	
M5砂浆	—	2000	—	—	0.9	

5 抗火设计基本规定

5.1 抗火极限状态设计要求

5.1.1、5.1.2 火灾下结构的功能与正常条件下结构的功能是一致的,均为安全地承受可能的荷载和作用。因此,钢结构抗火承载力极限状态与正常条件下的承载能力极限状态相同,即达到这些极限状态结构就会破坏(或倒塌)而不能继续承载。

5.1.3 火灾下随着结构温度的升高,材料强度下降,结构承载力也下降。当结构承载力 R_d 降至与各种作用组合效应 S_m 相等时,结构达到承载能力极限状态。结构从受火到达到承载能力极限状态所需的时间为结构耐火时间;结构达到承载能力极限状态时的温度称为临界温度。本条所列钢结构抗火设计的三个要求是等价的,满足其中一个要求即可保证结构未达抗火承载能力极限状态而能继续安全承载。

5.2 一般规定

传统的抗火设计是基于构件标准耐火试验进行的。实际上,将构件从结构中孤立出来,施加一定的荷载,然后按一定的升温曲线加温,并测定构件耐火时间的方法,存在很多问题。首先,构件在结构中的受力很难通过试验模拟,实际构件受力各不相同,试验难以概全,而受力的大小对构件耐火时间的影响较大;其次,构件在结构中的端部约束在试验中难以模拟,而端部约束也是影响构件耐火时间的重要因素;再次,构件受火在结构中会产生温度应力,而这一影响在构件试验中也难以准确反映。正是注意到试验的上述缺陷,结构抗火设计方法已开始从基于试验的传统方法转为基于计算的现代方法。

5.2.1、5.2.2 建筑中火灾发生的位置有很大的随机性,如考虑各种可能的火灾位置进行结构抗火设计,计算工作量会较大。研究表明,进行结构某一构件抗火验算时,可仅考虑该构件受火升温,这样的计算结果一般是偏于保守的。

5.2.3~5.2.5 研究结果和对火灾现场的调查表明,在火灾下整体结构中的构件会产生复杂的相互作用,荷载的分配方式和传递路径也会有所改变,这将大大影响整体结构的抗火性能,所以采用常温下分析得到的构件内力进行抗火验算就不甚合理。因此,本规范规定,对于一些特别重要的或比较特殊的以及有条件的结构要进行整体抗火验算。

5.2.6 当构件受到相邻构件的约束较大时,在火灾时随着温度的升高,构件内部将产生很大的温度内力,从而使构件的耐火时间缩短。由于计算结构中构件的温度内力有时比较复杂,故在计算中若不考虑温度内力,可按本条的规定定性地考虑温度内力的影响。

6 温度作用及其效应组合

6.1 室内火灾空气升温

6.1.1 本规范采用的标准升温曲线为国家标准《建筑构件耐火试验方法》(GB/T 9978—1999)规定的升温曲线,也是国际标准 ISO 834 推荐的升温曲线。

6.1.2 标准升温曲线并不一定与实际火灾的升温曲线相同。一次火灾的全过程通常分为初起阶段、全面发展阶段和衰减熄灭阶段。一般来说,火灾的初起阶段不会对建筑结构造成实质性破坏。火灾经过初起阶段一定时间后,房间顶棚下充满烟气,在一定条件下会导致室内绝大部分可燃物起火燃烧,这种现象称为轰燃。轰燃持续时间很短,随后火灾即进入全面发展阶段。轰燃后的火灾对建筑结构会造成不同程度的损伤。研究表明,轰燃后室内温度时间曲线与可燃物种类、数量、分布、房间通风条件和壁面材料的热物理性能等多个因素有关。以轰燃后房间的平均温度-时间关系作为构件的升温曲线进行抗火设计,可以更准确地反映火灾对结构的影响。

附录 B 依据轰燃后房间的热平衡方程计算房间的平均温度。选取影响火灾温度的最重要的两个参数火灾荷载与开口因子作为变量,壁面材料的热工参数取用加气混凝土与普通混凝土的平均值。对一般建筑物来说,这是偏于安全的。理论分析表明,轰燃 30min 以后,壁面材料的热工参数对房间的热平衡影响不大。

附录 B 的适用条件为:(1)可燃物主要为一般可燃物,如木材、纸张、棉花、布匹、衣物等,可混有少量塑料或合成材料;(2)火灾房间可燃物大致均匀分布;(3)火焰高度可达到房间顶棚。

6.1.3 不同的开口因子和火灾荷载,具有不同的温度-时间曲线。如果直接以附录 A 计算曲线作为升温条件计算构件保护层厚度,由于失火房间开口因子和火灾荷载的多变性,只能采用计算机数值解法而不能得到统一的计算公式。使用等效曝火时间 t_e 可把千变万化的火灾时保护层厚度的计算统一到标准升温条件下进行计算,同时也考虑了火灾的实际情况。

当房间内可燃物耗尽时,温度必然下降,所以温度-时间曲线上有一个温度峰值。置于火灾房间内受到保护材料保护的钢构件也必然有一个温度峰值。令这个构件的温度峰值等于构件的临界温度 T_d,解方程(6.3.1)即可得对应的综合传热系数 B。按这个 B 值设计构件保护层厚度,火灾时构件温度最高只能达到给定的临界温度 T_d。如果对两个同样的构件,同样的保护材料及厚度(B 值相等),第一个构件用实际温度曲线升温,第二个构件用标准升温曲线升温,令第二个构件的温度等于第一个构件的最高温度,在标准升温条件下必然有一个特定的升温持续时刻与之对应,该特定持续时间即为等效曝火时间 t_e。计算过程如图 1 所示。

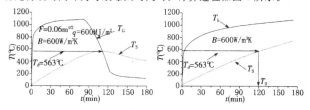

图 1 等效曝火时间计算示意

式(6.1.3-1)是按上述方法计算结果回归而得,平均相对误差为 1.8%。

式(6.1.3-2)中系数 0.53 的取值:在式 6.1.3 中,A_w 是指火灾轰燃后实际通风的面积,h 指实际通风面积的高度。假定火灾轰燃后玻璃窗破碎,实际通风面积为窗洞面积的 0.6 倍,按正方形考虑,其通风面积的高度为 0.78 倍的窗洞高度,$\sqrt{0.78h} = 0.88$

$\sqrt{h}$,$0.6A_w \times 0.88 \sqrt{h} = 0.53A_w \sqrt{h}$。详细内容见屈立军的论文 "The fire resistance requirements derived from engineering calculation for performance-based fire design of steel structures"(Progress in safety science and technology,Vol lV,2004:p1235)。

附录 C 参考了瑞典、加拿大、日本等国规范和欧洲规范(EN1991-1-2:2002)的火灾荷载取值。

6.2 高大空间火灾空气升温

6.2.1 高大空间内火灾与一般室内火灾的根本差别是,一般室内火灾会产生室内可燃物全部燃烧的轰燃现象,室内温度会快速上升;而高大空间内由于空间大,难以产生轰燃,因而室内温度的上升不是十分迅速,烟气的最高温度也可能不是很高。然而,多大的空间就不会产生轰燃与很多因素有关,本条给出的高大空间的下限值是偏于保守的。

6.2.2 本条给出的高大空间火灾中的空气升温计算公式,是采用场模型进行大量参数分析统计得出的,详见李国强、杜咏的论文"实用大空间建筑火灾空气升温经验公式"(消防科学与技术,Vol24,No3,2005)。式中有关参数的物理意义见图 2。

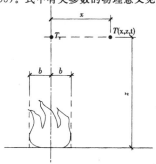

图 2 大空间火灾示意

6.2.3、6.2.4 火源功率设计值 Q_s 是影响高大空间火灾空气升温的一个重要参数,一般情况下应根据建筑物的实际情况确定。当难以确定时,可参考表 13 选取,或按式(1)计算。

表 13 火源功率设计值

建筑类型	火源功率设计值 Q_s(MW)
设有喷淋的商场	3
设有喷淋的办公室、客房	1.5
设有喷淋的公共场所	2.5
设有喷淋的汽车库	1.5
设有喷淋的超市、仓库	4
设有喷淋的中庭	1
无喷淋的办公室、客房	6
无喷淋的汽车库	3
无喷淋的中庭	4
无喷淋的公共场所	8
无喷淋的超市、仓库	20

注:设有快速响应喷头场所的热释放率可按本表值的 60% 取用。

$$Q_s = Q \cdot A \qquad (1)$$

式中 A——可能的火源面积(m^2);

Q——单位面积热释放率,可按建筑类型由表 14 确定。

表 14 单位面积热释放率

建筑用途	Q(kW/m^2)
展览	100
办公	250
商店	500

6.3 钢构件升温计算

6.3.1 式(6.3.1)是以单位长度钢构件为计算对象,同时假定:

(1)保护材料外表面的温度等于构件周围空气的温度;(2)由外部传入的热量全部消耗于提高构件和保护材料的温度,不计其他热损失;(3)钢构件截面温度均匀分布,保护层厚度内温度线性分布。

由传热学有:在微小时间增量 Δt 内,通过保护材料传入构件单位长度内的总热量为:

$$\Delta Q = \frac{\lambda_i}{d_i}[T_g(t) - T_s(t)]F_i\Delta t$$

在 Δt 内,构件环境温度上升为 ΔT_g,单位长度构件吸热为:

$$\Delta Q_1 = c_s\rho_s V[T_s(t+\Delta t) - T_s(t)]$$

保护材料吸热为:

$$\Delta Q_2 = \frac{T_s(t+\Delta t) - T_s(t) + \Delta T_g}{2}c_i\rho_i F_i d_i$$

令 $\Delta Q = \Delta Q_1 + \Delta Q_2$

经整理,并忽略次要项,即得式(6.3.1)。

当梁上部支承钢筋混凝土板,或柱部分靠墙时,式(6.3.1)偏于安全。当构件的截面系数 $F_i/V < 10\text{m}^{-1}$ 时,式(6.3.1)不再适用。利用式(6.3.1)计算钢构件温度时,Δt 不应超过 30s 以免误差过大。

6.3.2 裸露钢构件的温度计算应考虑构件的表面热阻,即构件表面温度小于周围气体温度,所以引入对流和辐射传热系数。对流传热系数 α_c、辐射传热系数 α_r 系根据 EN1991-1-2:2002 取值。

当构件有非膨胀型防火被覆时,B 的精确表达式为:

$$B = \frac{1}{\frac{1}{\alpha_c+\alpha_r} + \left(1 + \frac{c_i\rho_i d_i F_i}{2c_s\rho_s V}\right)\frac{d_i}{\lambda_i}} \cdot \frac{F_i}{V}$$

但一般情况下,$(\alpha_c+\alpha_r) \gg \frac{\lambda_i}{d_i}$,故式(6.3.2-3)的简化是可以接受的。

6.3.3 该公式是根据第6.3.1条规定的方法计算出的结果拟合得到的。

6.3.5 由于高温下水分蒸发吸热,含水的防火保护层会延迟火灾下钢构件的升温,见图3。防火保护层内含水率的大小与保护层材料的特性、环境湿度等因素有关,表15为部分防火隔热材料的平衡含水率,供设计人员在缺乏具体数据时参考。

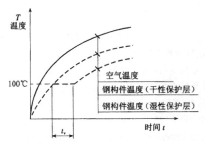

图3 火灾下有湿性保护层钢构件升温的延迟时间

表15 部分防火隔热材料的平衡含水率

材 料	平衡含水率 $P(\%)$
喷涂矿物纤维	1.0
石膏板	20.0
硅酸钙板	3.0~5.0
矿(岩)棉板	2.0
粘土砖、灰砂砖	0.2
珍珠岩和蛭石板	15.0
加气混凝土	2.5
轻骨料混凝土	2.5
普通混凝土	1.5

6.4 结构内力分析

6.4.1~6.4.3 当结构构件温度分布以及高温材料模型可以确定时,宜采用结构分析的方法计算火灾下结构的内力和变形。高温

下的结构分析方法和常温下的结构分析方法相同,只是高温分析中必须考虑材料本构关系的不断改变。

由于火灾一般只发生并局限于建筑物的局部,因此也可以采用子结构分析模型计算火灾下局部结构的内力和变形。子结构包括火灾区域结构部分并适当延伸,其边界条件(包括边界上的作用力)由常温下的结构分析得出并假定在火燃烧过程中保持不变。

进行构件抗火设计时,构件上的内力可由火灾下整体结构分析方法或子结构分析方法得到。

6.4.4 当不进行火灾下整体结构分析或子结构分析时,火灾区域构件由外荷载产生的内力可以按照常温下结构分析的结果进行折减(考虑受火构件弹性模量降低),拆减系数取 0.9 一般偏于保守。非火灾区域构件的内力假定和常温下相同。

6.5 作用效应组合

6.5.1 考虑到火灾属于小概率的偶然事件,因此,在进行作用效应组合时,应取火灾发生时恒荷载、楼面或屋面活荷载和风荷载最可能出现的值。

本条采用了现行国家标准《工程结构可靠度设计统一标准》GB 50153 规定的偶然设计状况作用效应组合设计表达式(源自欧洲规范 EN 1990:2002)。其中:

1 按国家标准《建筑结构可靠度设计统一标准》GB 50068—2001 第 7.0.1 条的规定,偶然作用的代表值 T_k 不乘以分项系数。

2 与偶然作用同时出现的可变作用,根据观察资料和工程经验采用适当的代表值。具体而言,根据 EN 1900:2002 的规定,楼面或屋面活荷载 Q,采用其频遇值 $\psi_f Q_k$ 或准永久值 $\psi_q Q_k$,其中,频遇值系数 ψ_f 和准永久值系数 ψ_q 均按现行国家标准《建筑荷载规范》GB 50009 采用;风荷载采用其频遇值 $\psi_f W_k$,且取 ψ_f = 0.4。

7 钢结构抗火验算

7.1 抗火设计步骤

7.1.1 本节推荐了两种钢结构构件抗火设计方法,这两种方法实质上是等效的。方法一(7.1.2)实质上是按第5.1.3条第三款的设计要求进行钢结构抗火设计,方法二(7.1.3)实质上是按第5.1.3条第一款的设计要求进行钢结构抗火设计。在工程应用中,方法一比方法二简单,但方法一难以反映温度内力对钢构件临界温度的影响(需反复迭代)。因此,当钢构件在火灾中的温度内力占荷载组合效应的比例较小可近似忽略时,宜采用方法一进行抗火设计,较为简便;而当构件中温度内力占荷载组合效应的比例较大时,宜采用方法二进行抗火设计,较为直观。

7.1.2 在方法一中用式(6.3.1)计算钢构件温度时,必须使用计算机。为方便使用,对式(6.3.1)进行计算机迭代计算,将计算结果列表于附录G,设计中可直接查用。当根据临界温度和耐火时间要求查附录G得出综合传热系数 B 后,从式(6.3.2-3)解出保护层厚度 d_i 即得式(7.1.2-1)。由于目前防火材料厂未提供保护材料的 c_i 和 ρ_i,式(7.1.2-1)中 k 值往往不便确定。当 k 值不便确定,或保护材料的吸热能力较小(c_i 和 ρ_i 较小)时,可忽略其影响(偏于安全),令

$$d_i = \lim_{k\to 0}\frac{-1+\sqrt{1+4k(\frac{F_i}{V})^2\lambda_i/B}}{2kF_i/V} = \frac{F_i}{V}\frac{\lambda_i}{B}$$

即得式(7.1.2-2)。

当所选保护材料含有较大水分时,温度上升到 100℃ 水分蒸发,吸收的热量大部分用于蒸发水分,而保护材料的温度基本不升

高。当水分蒸发完后，保护材料温度重新上升。此后，升温曲线与干材料相似，但需看滞后时间 t_v。滞后时间 t_v 即水分蒸发所占用的时间，根据 ECCS 试验结果给出式(7.1.2-3)。详细内容请参见屈立军等著《建筑结构耐火设计》(中国建材工业出版社，1995年)。

7.1.3、7.1.4 实质上是按第 5.1.3 条第一款的设计要求进行钢结构构件和钢结构整体抗火设计。

7.2 基本钢构件的抗火承载力验算

7.2.1~7.2.6 本规范中各种钢构件抗火验算公式的推导采用与常温下现行钢结构规范中相应验算公式相同的原理，但在材料强度弹性模量和稳定系数等方面考虑了温度的影响。给出的构件抗火验算公式与常温下相应验算公式形成一致，便于设计人员掌握与应用。具体推导过程可以参考李国强等的论著："高温下轴心受压钢构件的极限承载力"(建筑结构，1993年第9期)、"钢梁抗火计算与设计的实用方法"(工业建筑，1994年第7期)、"钢柱抗火计算与设计的实用方法"(工业建筑，1995年第2期)、《钢结构抗火计算与设计》(中国建筑工业出版社，1999年)。

考虑到火灾为偶然作用，在进行钢构件抗火承载力验算时，可采用屈服强度计算构件承载力。

7.3 钢框架梁、柱的抗火承载力验算

7.3.1 一般框架柱受火时，相邻框架梁也会受影响而升温膨胀使框架柱受弯。分析表明，框架柱很可能因框架梁的受火温度效应而受弯屈服。为便于框架柱抗火设计，可偏于保守地假设柱端屈服(参见图7.3.1)，而验算火灾下框架柱平面内和平面外整体稳定。注意到柱两端屈服，且弯曲曲率相反，同时忽略框架柱另一方向弯矩的影响，验算式(7.2.6-1)、(7.2.6-2)分别近似为：

平面内稳定　　$\dfrac{N}{\varphi_{xT} A} + \dfrac{\beta_m \gamma_R \eta_T f}{1 - 0.8 \dfrac{N}{N'_{EXT}}} \leq \eta_T \gamma_R f$ 　　(2)

平面外稳定　　$\dfrac{N}{\varphi_{yT} A} + \dfrac{\beta_t \gamma_R f}{\varphi_{bT}} \leq \gamma_R \eta_T f$ 　　(3)

由于框架柱的长细比一般较小，而两端反方向弯矩条件下 β_m 和 β_t 的平均值约为 0.23，加上考虑所忽略的框架柱另一方向弯矩的影响，则式(2)、(3)左端的第二项可近似取为 $0.3 \gamma_R \eta_T f$，框架柱的抗火验算可仅按式(7.3.1)进行。需注意，应分别针对框架柱的两个主轴方向，按式(7.3.1)进行验算。

7.3.2 框架梁上一般有楼板或其他支撑，可防止梁的整体失稳。而且试验和理论研究均发现，对于两端有一定轴向约束的框架梁，在火灾高温下，梁的轴力首先为压力，但随着梁挠曲变形的增大，由于悬链线效应，梁中轴压力将逐渐减少，直至为零，再变为拉力。随着轴向拉力的发展，梁仍然能再承受较高些的温度才会发生强度破坏(见图4)。因此，框架梁抗火设计时，可偏于安全地取梁中温度轴力为零时的状态进行抗火承载力验算。

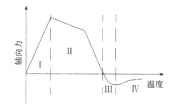

图 4　两端约束钢梁轴力随温度的变化

关于约束钢梁悬链线效应的研究，可参见论文：①T. C. H. Liu 等，"Experimental investigation of behabiour of axially restrained steel beams in fire"，Journal of constructional steel research. 2002. 58：p1211-1230。②Yin Y. Z.，Wang. Y. C，"Analysis of catenary action in steel beams using a simplified hand calculation method，Part 1：theory and validation for uniform tempera-

ture distrbution" Journal of constructional steel resarch，2005. 61：p188-211。③郭士雄、李国强"火灾下约束钢梁的受力性能及抗火设计方法"，建筑结构，35(12)，2005：p59-61。

7.4 基本钢构件的临界温度

7.4.1~7.4.5 本节中各种受力构件的临界温度，均是按7.2节相应构件的抗火承载力验算要求，根据构件达到承载力极限状态时的温度即为临界温度的定义，通过数值计算确定的。

7.5 钢框架梁、柱的临界温度

7.5.1、7.5.2 本节中钢框架梁、柱的临界温度，是按第7.3节相应构件的抗火承载力验算要求，根据临界温度的定义，通过数值计算确定的。

8 组合结构抗火验算

8.1 钢管混凝土柱

8.1.1~8.1.4 当钢管混凝土柱用于高层建筑或工业厂房等结构中时，对其进行合理的抗火设计是非常重要和必要的。在英国、德国、加拿大、韩国、卢森堡和澳大利亚等国家，从60年代开始，研究者们对钢管混凝土柱在火灾下的力学性能进行了大量理论分析和试验研究，例如，Klingsch(1985,1991)，Hass(1991)；Q'Meagher 等(1991)，Falke(1992)，Lie 和 Stringer(1994)，Lie 和 Chabot(1992)，Lie 和 Denham(1993)，Lie 和 Caron(1988)，Lie(1994)，Okada 等(1991)，Kim 等(2000)，Wang(1999)，Kodur(1999)，Kodur 和 Sultan 等(2000)等。考虑到劳动力较为昂贵等因素，一些发达国家常采用在核心混凝土中配置专门考虑抗火的钢筋或钢纤维，或通过降低作用在柱子上的荷载以使构件达到所要求的耐火极限。

我国主要采用在钢管中填充素混凝土的钢管混凝土。由于进行钢管混凝土柱耐火极限试验研究的费用昂贵，所以在这方面的研究工作相对较少，目前尚未制定该类结构抗火设计的规定，这不但制约了该类结构的推广，而且对已建成结构的耐火极限也缺乏必要的科学依据。在已建成的结构中，有的按照钢筋混凝土的要求外包以混凝土，有的则按钢结构的要求涂以防火涂料。这样做虽然也能保证防火要求和结构的安全性，但是大都偏于保守而造成浪费，且缺乏科学性和统一性。因此，深入研究钢管混凝土柱的耐火性能，合理确定其抗火设计方法，具有十分迫切的理论意义和实用价值。

近年来，国内学者对钢管混凝土柱的耐火极限和抗火设计

方法进行了较系统的理论分析和试验研究,共进行了14根圆形截面柱(参见:①钟善桐著.高层钢管混凝土结构.黑龙江科学技术出版社,1999.②韩林海著.钢管混凝土结构-理论与实践.科学出版社,2004.③Han Lin-Hai,Zhao Xiao-Ling,Yang You-Fu and Feng Jiu-Bin. Experimental Study and Calculation of Fire Resistance of Concrete-Filled Hollow Steel Columns. Journal of Structural Engineering, ASCE, 2003, 129(3):346-356.)和11根矩形截面柱(参见:①韩林海著.钢管混凝土结构-理论与实践.科学出版社,2004.②Han Lin-Hai,Yang You-Fu and Xu, Lei. An Experimental Study and Calculations on the Fire Resistance of Concrete-Filled SHS and RHS Columns. Journal of Constructional Steel Research, 2003.59(4):427-452.)耐火极限的试验研究,较为系统地研究了构件长细比、截面尺寸、材料强度、荷载偏心率以及保护层厚度等参数对耐火极限的影响。这些研究成果首先于1999年在我国76层、291.6m高的广东深圳赛格广场大厦圆形截面钢管混凝土柱防火保护设计中应用。与按钢结构设计方法相比,该工程取得了节省约4/5防火涂料用量的经济效益。后来又在浙江杭州瑞丰国际商务大厦和湖北武汉国际证券大厦矩形截面钢管混凝土柱防火保护设计中应用。

研究结果表明,耐火极限、截面尺寸、长细比和火灾荷载比是影响钢管混凝土柱防火保护层厚度的主要参数,其他参数的影响较小。基于试验研究成果及数值计算结果,提出了按ISO-834或GB/T 9978规定的标准升温曲线升温作用下钢管混凝土柱防火保护层厚度的实用计算方法,计算结果与试验和数值计算结果均吻合较好(参见:韩林海、杨有福著.现代钢管混凝土结构技术.中国建筑工业出版社,2004.)。具体表达式如下:

1 保护层为水泥砂浆时

对于圆形截面钢管混凝土柱:

$$d_i = k_{LR}(135 - 1.12\lambda)(1.85t - 0.5t^2 + 0.07t^3)C^{-(0.396 - 0.0045\lambda)} \tag{4}$$

对于矩形截面钢管混凝土柱:

$$d_i = k_{LR}(220.8t + 123.8)C^{-(0.3075 - 3.25 \times 10^{-4}\lambda)} \tag{5}$$

式中 $k_{LR} = \begin{cases} pR+q & (k_r < R < 0.77) \\ 1/(r-sR) & (R \geq 0.77) \\ \omega(R-k_r)/(1-K_r) & (k_r \geq 0.77) \end{cases}$ $(k_r < 0.77)$

$p = 1/(0.77 - k_r)$, $q = k_r/(k_r - 0.77)$;

对于圆形截面钢管混凝土柱,$r = 3.618 - 0.154t$,$s = 3.4 - 0.2t$,$\omega = 2.5t + 2.3$;对于矩形截面钢管混凝土柱,$r = 3.464 - 0.154t$,$s = 3.2 - 0.2t$,$\omega = 5.7t$。

2 保护层为厚涂型钢结构防火涂料时

对于圆形截面钢管混凝土柱:

$$d_i = k_{LR}(19.2t + 9.6)C^{-(0.28 - 0.0019\lambda)} \tag{6}$$

对于矩形截面钢管混凝土柱:

$$d_i = k_{LR}(149.6t + 22)C^{-(0.42 + 0.0017\lambda - 2 \times 10^{-5}\lambda^2)} \tag{7}$$

式中 $k_{LR} = \begin{cases} pR+q & (k_r < R < 0.77) \\ 1/(3.695 - 3.5R) & (R \geq 0.77) \\ \omega(R-k_r)/(1-k_r) & (k_r \geq 0.77) \end{cases}$ $(k_r < 0.77)$

$p = 1/(0.77 - k_r)$, $q = k_r/(k_r - 0.77)$;

对于圆形截面钢管混凝土柱,$\omega = 7.2t$;对于矩形截面钢管混凝土柱,$\omega = 10t$。

式(4)~(7)中,k_{LR}为考虑火灾荷载比(n)影响的系数,k_r为火灾下构件承载力影响系数,参见式(8)和式(9),耐火极限t以h计;截面周长C以mm计。公式(4)~(7)表明,当火灾荷载比小于等于承载力影响系数k_r时,构件不需进行防火保护;当火灾荷载比大于承载力影响系数k_r时,可按式(4)~(7)计算构件所需的防火保护层厚度。

式(4)~(7)的适用范围是:荷载比$R = 0\sim0.95$,Q235~Q420

钢,C30~C80混凝土,截面含钢率$\alpha_s = 0.04\sim0.20$,荷载偏心率$e/r = 0\sim1.5$,构件长细比$\lambda = 10\sim80$;对于圆形截面钢管混凝土,截面周长$C = 628\sim3770$mm,即外直径$D = 200\sim1200$mm;对于矩形截面钢管混凝土,截面高宽比$\beta = 1\sim2$,截面周长$C = 800\sim4800$mm;耐火极限$t \leq 3$h。

$\alpha_s (= A_s/A_c)$为截面含钢率,对于圆形截面钢管混凝土,$A_s = \pi t_s(D - t_s)$,$A_c = \pi(D - 2t_s)^2/4$;对于矩形截面钢管混凝土,$A_s = 2t_s(D + B - 2t_s)$,$A_c = (D - 2t_s)(B - 2t_s)$,$t_s$为钢管管壁厚度。$e$为荷载偏心距,$r$为截面尺寸,对于圆形截面钢管混凝土,$r = D/2$;对于矩形截面钢管混凝土,$r = D/2$或$r = B/2$。$\lambda$为构件长细比,对于圆形截面钢管混凝土柱,$\lambda = 4L/D$;对于矩形截面钢管混凝土柱,$\lambda = 2\sqrt{3}L/D$或$\lambda = 2\sqrt{3}L/B$。对于矩形截面钢管混凝土,$\beta = D/B$。

表8.1.1给出的是荷载比为0.77时按式(4)~(7)计算获得的钢管混凝土柱的防火保护层厚度。保护层采用厚涂型钢结构防火涂料或金属网(例如钢丝网)抹M5普通水泥砂浆,防火保护层性能应符合现行国家标准《钢结构防火涂料》GB 14907和中国工程建设标准化协会标准《钢结构防火涂料应用技术规范》CECS 24:90的有关规定。

8.1.5 研究表明,火灾作用对裸钢管混凝土构件的承载力有较大的影响。影响火灾下承载力系数k_r的因素主要是构件截面周长(C)、长细比(λ)、受火时间(t)(参见:①韩林海著.钢管混凝土结构-理论与实践.科学出版社,2004.②韩林海、杨有福著.现代钢管混凝土结构技术.中国建筑工业出版社,2004)。

为了便于实际应用,通过对工程常用参数情况下的k_r值计算结果进行分析,可以回归出在ISO-834规定的标准火灾曲线作用下钢管混凝土柱k_r的计算公式。具体如下:

1 对于圆形截面钢管混凝土柱:

$$k_r = \begin{cases} \dfrac{1}{1 + a \cdot t_0^{2.5}} & t_0 \leq t_1 \\ \dfrac{1}{b \cdot t_0 + c} & t_1 < t_0 \leq t_2 \\ k \cdot t_0 + d & t_0 > t_2 \end{cases} \tag{8}$$

式中 $a = (-0.13\lambda_0^3 + 0.92\lambda_0^2 - 0.39\lambda_0 + 0.74)(-2.85C_0 + 19.45)$;

$b = C_0^{-0.46}(-1.59\lambda_0^2 + 13.0\lambda_0 - 3.0)$;

$c = 1 + at_1^{2.5} - bt_1$;

$d = \dfrac{1}{b \cdot t_2 + c} - k \cdot t_2$;

$k = (-0.1\lambda_0^2 + 1.36\lambda_0 + 0.04)(0.0034C_0^3 - 0.0465C_0^2 + 0.21C_0 - 0.33)$;

$t_1 = (0.0072C_0^2 - 0.02C_0 + 0.27)(-0.0131\lambda_0^3 + 0.17\lambda_0^2 - 0.72\lambda_0 + 1.49)$;

$t_2 = (0.006C_0^2 - 0.009C_0 + 0.362)(0.007\lambda_0^3 + 0.209\lambda_0^2 - 1.035\lambda_0 + 1.868)$;

$t_0 = t/100$;$C_0 = C/1256$;$\lambda_0 = \lambda/40$。

2 对于矩形截面钢管混凝土柱:

$$k_r = \begin{cases} \dfrac{1}{1 + a \cdot t_0^2} & t_0 \leq t_1 \\ \dfrac{1}{b \cdot t_0^2 + c} & t_1 < t_0 \leq t_2 \\ k \cdot t_0 + d & t_0 > t_2 \end{cases} \tag{9}$$

式中 $a = (0.015\lambda_0^2 - 0.025\lambda_0 + 1.04)(-2.56C_0 + 16.08)$;

$b = (-0.19\lambda_0^3 + 1.48\lambda_0^2 - 0.95\lambda_0 + 0.86)(-0.19C_0^2 + 0.15C_0 + 9.05)$;

$c = 1 + (a - b)t_1^2$;

$d = \dfrac{1}{b \cdot t_2^2 + c} - k \cdot t_2$;

$k = 0.042(\lambda_0^3 - 3.08\lambda_0^2 - 0.21\lambda_0 + 0.23)$;

$$t_1 = 0.38(0.02\lambda_0^3 - 0.13\lambda_0^2 + 0.05\lambda_0 + 0.95);$$
$$t_2 = (0.022C_0^2 - 0.105C_0 + 0.696)(0.03\lambda_0^2 - 0.29\lambda_0 + 1.21);$$
$$t_0 = t/100; \quad C_0 = C/1600; \quad \lambda_0 = \lambda/40.$$

式（8）和（9）的适用范围是：Q235～Q420 钢；C30～C90 混凝土；截面含钢率 $\alpha_s = 0.04 \sim 0.20$；荷载偏心率 $e/r = 0 \sim 1.5$；构件长细比 $\lambda = 10 \sim 80$；受火时间 $t \leqslant 3h$。对于圆形截面钢管混凝土，截面周长 $C = 628 \sim 3770mm$，即外直径 $D = 200 \sim 1200mm$；对于矩形截面钢管混凝土，截面高宽比 $\beta = 1 \sim 2$，截面周长 $C = 800 \sim 4800mm$。

只要给定钢管混凝土构件的横截面尺寸、长细比和受火时间，即可利用式（8）或式（9）方便地计算出构件的承载力影响系数 k_r，进而利用下式确定火灾作用下构件的承载力：
$$N_u(T) = k_r N_u \tag{10}$$
式中，N_u 和 $N_u(T)$ 分别为钢管混凝土柱在常温下和火灾下的极限承载力。

同样，对应一定的设计荷载，利用简化公式（8）或式（9）也可以计算出构件承载力与该设计荷载相等时的火灾持续时间，该时间即为钢管混凝土柱的耐火极限。

8.1.6 当温度超过100℃时，核心混凝土中的自由水和结晶水会产生蒸发现象。为了保证钢管和混凝土之间良好的共同工作以及结构的安全性，应设置排气孔。

8.2 压型钢板组合楼板

8.2.1、8.2.2 压型钢板组合楼板是多、高层建筑钢结构中常用的楼板形式。压型钢板在楼板中可起施工模板作用，同时还可起受力作用。如压型钢板仅起模板作用，此时楼板如同钢筋混凝土楼板，其防火问题一般无需专门考虑。但当压型钢板还同时起受力作用时，由于火灾高温对压型钢板的承载力会有较大影响，则应对这种压型钢板组合楼板进行专门的抗火设计计算。

8.2.3 试验研究发现，压型钢板组合楼板在火灾下，当楼板升温不太高时压型钢板与混凝土楼板的粘结即发生破坏，即压型钢板在火灾下对楼板的承载力实际几乎不起作用。但忽略压型钢板的素混凝土仍有一定的耐火能力。式（8.2.3）给出的耐火时间即为素混凝土板的耐火时间，此时楼板的挠度很小。

本条的依据参见蒋首超和李国强等的论文："高温下压型钢板-混凝土粘结强度的试验"（同济大学学报（自然科学版），2003．Vol.31．No.3）、"钢-混凝土组合楼盖抗火性能的试验研究"（建筑结构学报，2004．Vol25，No.3）、"钢-混凝土组合楼盖抗火性能的数值分析方法"（建筑结构学报，2004．Vol25，No.3）。

8.2.4 通过对一些钢结构建筑火灾后的调查和足尺试验观察发现，在部分支承楼板的钢梁和压型钢板丧失承载力后，楼板在火灾下虽然会产生很大的变形，但楼板依靠板内钢筋网形成的薄膜作用还可继续承受荷载，楼板未发生坍塌。图5和图6分别为台北东方科技园区火灾和英国 Cardington 八层足尺钢结构火灾试验中楼板的变形情况。研究表明，楼板在大变形下产生的薄膜效应，使楼板在火灾下的承载力比基于小挠度破坏准则计算的承载力高出许多。因此，可以在钢结构建筑中通过正确考虑薄膜效应的影响，发挥楼板的抗火潜能，降低结构抗火成本。

图5 台北东方科技园区高层钢结构建筑火灾中楼板的大挠度变形

图6 英国 Cardington 火灾试验中压型钢板楼板的大挠度变形

钢筋混凝土板内薄膜作用的大小与板的边界条件有很大关系。如图7(a)所示，支承于梁柱格栅上的钢筋混凝土楼板，根据高温下支承梁与混凝土板承载力的比值，在竖向均布荷载作用下可能产生两种破坏模式。如果梁的承载力小于混凝土板的承载力，则在竖向荷载作用下梁内首先形成塑性铰[图7(b)]，随着荷载的增加，屈服线将贯穿整个楼板。在这种屈服机制下，混凝土板内不会产生薄膜作用。

当高温下梁的承载力大于楼板的承载力时，则在竖向均布荷载作用下，楼板首先屈服，而梁内不产生塑性铰。此时楼板的极限承载力将取决于单个板块的性能，其屈服形式如图7(c)所示。若楼板周边上的垂直支承变形一直很小，楼板在变形较大的情况下就会产生薄膜作用。

因此，楼板产生薄膜效应的一个重要前提条件就是：火灾下楼板周边有垂直支承且支承的变形一直很小。

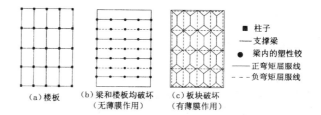

（a）楼板　　　　（b）梁和楼板均破坏　　　　（c）板块破坏
　　　　　　　　　（无薄膜作用）　　　　　　　（有薄膜作用）

■ 柱子
— 支撑梁
● 梁内的塑性铰
—— 正弯矩屈服线
---- 负弯矩屈服线

图7 楼板弯曲破坏的形式

火灾下楼板在产生薄膜效应之前，按屈服线理论发展，直到混凝土开裂。随着温度进一步升高，在楼板弯矩最大的部位钢筋受拉屈服。当温度继续升高时，混凝土开裂部分增多并逐渐贯通形成屈服线（穿过该线的受拉钢筋已经屈服，故称屈服线）。图8为均匀受荷楼板屈服线的形成过程。此时，根据经典的屈服线理论，在板的屈服线处只考虑弯矩和剪力。

在温度作用下，板的热膨胀受到约束可产生受压薄膜力。但当板挠度继续增大时，板有向中心移动的趋势，则无论板块边缘是否有水平约束，板块都会产生受拉薄膜力，见图8(d)、(e)。如果板块的边缘上受到完全的水平约束，钢筋就会像受拉的网一样承受所施加的竖向荷载，从而在板内形成薄膜作用。若无水平约束，则板的周边上将形成受压环，从而在板块的中心区域产生受拉薄膜作用。这与自行车车轮的辐条代表受拉薄膜作用和轮框代表受压环相类似。所以，板在图8所示的屈服线平衡模式之后，随着板中间（椭圆部分）挠度的增加，椭圆内的屈服线随着楼板裂缝的不断增加而渐渐消失，到最后由于椭圆范围内大部分混凝土开裂以及高温下混凝土材料性的下降，可以近似认为椭圆范围内的荷载完全由板内钢筋承受，楼板通过受拉钢筋的悬链作用可继续承担很大的荷载，见图8(f)。

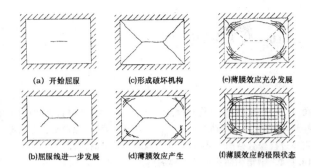

| (a) 开始屈服 | (c) 形成破坏机构 | (e) 薄膜效应充分发展 |
| (b)屈服线进一步发展 | (d)薄膜效应产生 | (f)薄膜效应的极限状态 |

图 8 均匀受荷楼板薄膜效应形成过程

由于压型钢板组合楼板一般会在楼板面层配抗裂温度筋,如同时利用抗裂钢筋网作为楼板抗火薄膜效应的受力钢筋网,则可以降低楼板的防火成本。

为了有效地发挥温度筋的薄膜效应作用,温度筋至楼板顶面的距离不宜小于30mm。

本条的依据可参见下列文献:

①Bailey,C. G., Lennon, T. and Moore, D. B., "The behaviour of full-scale steel framed buidings subjected to compartment fires", the Structural Engineer, Vol. 77, No. 8, April 1999. p15-21;②Wang,Y. C., "Tensile membrane action and fire resistance of steel framed buildings", Proceedings of of the 5th international symposium on fire safety science, Melbourne, Australia, March 1997;③Martin,D. M. and Moore, D. B., "Introduction and background to the research programe and major fire tests at BRE Cardington", National Steel Construction Conference, London, 13-14May 1997, p37-64; ④ Bailey, C. G., Moore, D. B (2002), "The Structural Behaviour of Steel Frames with Composite Floor Slabs Subjected to Fire, Part 1;theory", The Structural Engineer, Vol. 78, No. 11, p19-27;⑤周昊圣. 火灾下钢结构楼板的薄膜作用. 同济大学硕士学位论文. 2004。

8.3 钢-混凝土组合梁

8.3.1～8.3.5 火灾下钢-混凝土组合梁的承载力可像常温下一样,按塑性进行计算,但应考虑火灾升温对混凝土强度和钢材强度的影响。火灾下混凝土板的温度沿楼板厚度方向的分布是不均匀的,但为简化计算,假设楼板内温度均匀分布,并取楼板的平均温度作为楼板的代表温度。

试验发现,火灾中组合梁中钢梁的上翼缘温度较低,接近混凝土顶板的温度,而钢梁的腹板和下翼缘温度一致。

钢框架梁常采用组合梁,由于框架梁梁端的轴向约束产生的悬链线效应,可使火灾下梁中的温度轴向力为零,与图4所示情况类似。如组合梁为独立梁,且梁无轴向约束,则火灾下梁的轴向可自由膨胀,则梁中不会产生温度轴向力。可见,无论组合梁两端是否有轴向约束,进行抗火承载力验算时均可不考虑梁中轴力。

组合梁的抗火验算可按下列步骤进行:

1 对钢梁采用一定的防火保护被覆。

2 按第8.3.1和8.3.2条分别计算混凝土顶板和钢梁在规定耐火极限要求下的温度。

3 按第8.3.3条验算组合梁的抗火承载力。

9 防火保护措施

9.1 保护措施及其选用原则

9.1.1 本节中所指钢结构包含钢结构及组合构件。钢材作承重构件时,虽然具有不燃性,但是在火灾的高温作用下,当温度上升到一定程度时,强度会大幅度下降。当温度达到约500℃时,钢材的强度就只有常温下强度的一半。钢构件在升温过程中会逐渐丧失其承载力,在标准时间-升温曲线的试验条件下,钢构件的耐火极限仅为0.25h。

为了确保人员安全疏散,保证消防人员扑救建筑火灾的需要和便于火灾后的修复,必须保证钢承重构件具有一定的耐火极限。钢结构防火保护的目的就是提高钢构件的耐火极限。

钢结构防火保护方法就其本质可分为两类:第一类是在钢构件外表涂敷、包覆、包裹防火材料,阻止或隔断热量向基材扩散、传播,以延长钢构件的耐火极限;第二类是在钢管内部灌注液体或混凝土等材料,及时从钢基材吸走热量,使钢材温度缓慢上升,延长钢材升温至临界温度的时间。

表16列出了第一类的各种防火保护措施及其特点和适用范围。

表16 钢结构构件防火保护方法的特点和适用范围

方　法	特点和适用范围
外包混凝土砌筑砌体	保护层强度高、耐冲击,占用空间较大,在钢梁和斜撑上施工难度大,适用于易受碰撞、无护面板的钢柱防火保护
涂敷防火涂料	重量轻,施工简便,适用于任何形状、任何部位的构件,技术成熟,应用面广,但对涂敷的基底和环境条件要求严格

续表16

方　法	特点和适用范围
防火板包覆	预制性好,完整性优,性能稳定,表面平整、光洁,装饰性好,施工不受环境条件限制,施工效率高,特别适用于交叉作业和不允许湿法施工的场合
复合防火保护	有良好的隔热性和完整性、装饰性,适用于耐火性能要求高,并有较高装饰要求的钢柱、钢梁
柔性毡状隔热材料包覆	隔热性好,施工简便,造价低,适用于室内不易受机械伤害和不受水湿的部位

近年来出现的钢管混凝土新型构件,在火灾时,钢管的核心混凝土具有吸收钢管表面热量的作用,核心混凝土体积越大,吸热越多,钢管表面和核心混凝土中心温度愈低,因此,提高了钢管混凝土在高温下的耐火极限,其防火保护层厚度比纯钢构件也大为减少。

9.1.2 本条所述确定防火保护方法的原则,是从经济、实用、安全、合理考虑的。设计人员必须立足于保护有效的条件下,针对现场的具体情况,考虑构件的具体承载形式、空间位置和环境因素,选择施工简便、易于保证施工质量的方法。

9.1.3 防火涂料根据膨胀性能分为两种,即膨胀型(薄涂型)和非膨胀型(厚涂型)。

非膨胀型防火涂料是以多孔绝热材料(如蛭石、珍珠岩、矿物纤维等)为骨料和粘结剂配制而成。由于导热系数小,热绝缘良好,厚涂型防火涂料是以物理隔热方式阻止热量向钢基材传递。其粘着性能好,防火隔热性能也有保证。由于非膨胀型(厚涂型)防火涂料基本上用无机物构成,涂层的物理化学性能稳定,其使用寿命长,已应用20余年尚未发现失效的情况,所以应优先选用。但由于该类型涂料涂层厚,需要分层多次涂敷,而且上一层涂料必须待基层涂料干燥固化后涂敷,所以施工作业要求较严格;另外,由于涂层表面外观差,所以适宜于隐蔽部位涂敷。

膨胀型防火涂料是由粘接剂、催化剂、发泡剂、成碳剂和填料等组成，涂层遇火后迅速膨胀，形成致密的蜂窝状碳质泡沫组成隔热层。这类涂料在涂敷时厚度较薄，火灾高温条件下，涂料中添加的有机物质会发生一系列物理化学反应而形成较厚的隔热层。但是涂料中添加的有机物质，会随时间的延长而发生分解、降解、溶出等不可逆反应，使涂料"老化"失效，出现粉化、脱落。但目前尚无直接评价老化速度和寿命标准的量化指标，只能从涂料的综合性能来判断其使用寿命的长短。不过有两点可以确定：一是非膨胀型涂料的寿命比膨胀型涂料长；二是涂料所处的环境条件愈好，其使用寿命愈长。所以本规范对膨胀型涂料的使用范围给予一定限制。

这里应指出，严禁将饰面型防火涂料当作上述两类涂料用于钢构件的防火保护。饰面型防火涂料是用于涂敷木结构等可燃基材的阻燃涂料。

为了提高涂料的耐火能力，现行国家标准《钢结构防火涂料》GB 14907 并不排斥在涂层上包玻璃纤维布或铁丝网等方法，并把它们作为涂层结构的一部分。

9.1.4 防火板保护是钢结构防火保护技术的发展方向。由于防火板保护对环境条件、钢基表面的要求不高，施工为干法作业，装饰效果好，具有抗碰撞、耐冲击、耐磨损等优点，因而有较强的应用优势，今后应用会愈来愈广。

具有其他性能的防火板，是指防火板除具有足够的耐火性能和机械强度外，还具有耐冲击、耐潮湿、隔音、吸音、装饰性、再装饰性、防蛀、耐腐等性能。

9.1.6 采用柔性毡状隔热材料作为防火保护层来保护钢构件，提高其耐火时间，是《高层民用建筑钢结构技术规程》所列的技术措施之一。毡状隔热材料有岩棉、矿棉等。

复合防火保护是指，用防火涂料外包防火板或毡状隔热材料外包防火板两种方法。复合防火保护主要用于需要作隔热包覆或涂敷防火涂料保护，而又有装饰要求的场合。

9.2 构　　造

本节列出了防火保护的构造。参考国内现行施工方法，示例性规定了各种防火保护层的构造要求。

外包混凝土的防火保护构造，其混凝土可以是一般混凝土，也可以是加气混凝土。为了防止在高温下混凝土爆裂，宜加构造钢筋。

10　防火保护工程施工质量控制及验收

10.1　一般规定

10.1.1 钢结构防火保护材料的使用直接关系到结构构件的耐火性能，关系到结构的防火安全。因此，钢结构防火保护材料必须选用经过检验合格的产品，且应注意检验报告的有效性。

10.1.4 钢结构防火保护材料的施工，往往会根据钢结构工程的进展分批分次进行，时间间隔往往不同。另外，若一项工程施工面积较大，应划分为若干批次进行，以确保同一施工单元采用同一批材料进行。若同一个区域（如一个防火区间），采用了不同批次的材料，则亦按不同批次进行检验。

10.1.5 因为防火材料的隔热性能很大程度上取决于材料的导热系数，因此有必要对此值进行质量控制，以保证材料的基本性能符合产品质量要求。但由于每批材料存在差异，因此给出了一个允许范围。

10.2　防火涂料保护工程质量控制

10.2.1 本条是对防火涂料施工环境提出的要求。若温度过低或湿度过大，易出现结露或影响防火涂层干燥成膜。但若防火涂料的产品说明书中提供了产品涂装的环境要求，则应参照产品说明书中的要求进行。

10.2.2 由于膨胀型防火涂料主要依赖于遇火膨胀的特性而达到防火保护的目的，因此，膨胀型防火涂料的发泡是否正常在一定程度上决定了是否可以对钢结构起到防火保护。而且，由于膨胀型防火涂料多由有机材料组成，存在着老化问题。但我国目前尚未对其有效期或使用年限作出明确规定。为保证膨胀防火涂料在涂装时的质量，有必要对其发泡情况作出判断。涂层发泡厚度因与涂层厚度有直接关系，因此提出了膨胀率（膨胀后厚度与膨胀前厚度的比值）要求。

10.5　防火保护工程的验收

10.5.1 建筑施工中，钢结构工程会因工程进度安排或其他因素而需要分批分次地进行。而防火材料，特别是一些在现场混合的钢结构防火涂料，会由于批次不同而产生性能上的差异，因此要求不同批次分别进行验收。

10.5.2、10.5.3 需要隐蔽的钢结构构件，若不在其进行隐蔽之前进行验收检验，将会造成不必要的返工或争议。因此，对那些在施工结束后不易检验部位的钢结构防火保护工程，均应在其施工完成且下一步工序开始前进行验收。

10.5.9 在我国采用防火涂料进行钢结构防火保护的工程较多。由于钢结构防火涂料的性能以及施工工艺各有不同，因此需要施工单位严格按照所使用防火涂料的施工工艺进行涂装。例如，有些防火涂料要求挂钢丝网后才涂装，若不挂网即涂装，将给今后的使用留下隐患，造成钢结构防火涂料脱落。

非膨胀型钢结构防火涂料的主要技术性能参数为导热系数，膨胀型钢结构防火涂料在主要技术性能参数为膨胀率及耐热性指标。

10.5.10 钢结构防火板的主要技术性能参数为导热系数。

中国工程建设协会标准

旋转型喷头自动喷水灭火系统
技 术 规 程

Technical specification for automatic
fire suppression rotary sprinkler systems

CECS 213：2012

主编单位：公安部四川消防研究所
　　　　　广州龙雨消防设备有限公司
批准单位：中国工程建设标准化协会
施行日期：２０１３年１月１日

中国工程建设标准化协会公告

第 120 号

关于发布《旋转型喷头自动喷水灭火系统
技 术 规 程》的公告

根据中国工程建设标准化协会《关于印发〈2011 年第一批工
程建设协会标准制订、修订计划〉的通知》(建标协字〔2011〕45 号)
的要求,由公安部四川消防研究所、广州龙雨消防设备有限公司等
单位修订的《旋转型喷头自动喷水灭火系统技术规程》,经本协会
防火防爆专业委员会组织审查,现批准发布,编号为 CECS 213：
2012,自 2013 年 1 月 1 日起施行。原《旋转型喷头自动喷水灭火
系统技术规程》CECS 213：2006 同时废止。

中国工程建设标准化协会
二〇一二年十月二十五日

前　言

根据中国工程建设标准化协会《关于印发〈2011年第一批工程建设协会标准制订、修订计划〉的通知》（建标协字〔2011〕45号），规程编制组认真总结实践经验，并在广泛征求意见的基础上完成修订本规程工作。

本规程的主要内容包括：总则、术语、旋转型喷头、系统选型、系统设计、施工及验收。

本次修订的主要内容包括：

1. 增加旋转型喷头安装高度达到13m～18m的高大净空场所采用旋转型喷头自动喷水灭火系统的设计基本参数；

2. 调整旋转型喷头流量计算公式；

3. 增加车库、堆垛仓库、商场等场所的喷头布置。

本规程对国家标准《自动喷水灭火系统设计规范》GB 50084和《自动喷水灭火系统施工及验收规范》GB 50261的内容，在旋转型喷头的构造、技术参数、喷头设置间距、与顶板的距离和单个喷头的保护面积等方面做了补充规定。

根据原国家计委计标〔1986〕1649号文《关于请中国工程建设标准化委员会负责组织推荐性工程建设标准试点工作的通知》的要求，推荐给工程建设设计、施工等使用单位采用。

本规程由中国工程建设标准化协会防火防爆专业委员会CECS/TC 14归口管理，由公安部四川消防研究所（四川省成都市金牛区金科南路69号，邮政编码：610036）负责解释。在使用本规程中如发现需要修改或补充之处，请将意见和资料径寄解释单位。

主 编 单 位：公安部四川消防研究所
　　　　　　　广州龙雨消防设备有限公司
参 编 单 位：国家消防装备质量监督检验中心
　　　　　　　北京市公安消防局
　　　　　　　广东省公安厅消防局
　　　　　　　广西壮族自治区公安厅消防局
　　　　　　　广州市公安消防局
　　　　　　　深圳市公安消防局
　　　　　　　南宁市公安消防支队
　　　　　　　天津市滨海新区消防大队
　　　　　　　广西华蓝设计（集团）有限公司
　　　　　　　悉地国际（北京）设计顾问有限公司
　　　　　　　中国市政工程华北设计研究总院
　　　　　　　广州市设计院
　　　　　　　华南理工大学建筑设计研究院
　　　　　　　广东省建筑设计研究院
　　　　　　　华东建筑设计研究院有限公司
　　　　　　　海南省建筑设计院
　　　　　　　华东工程科技股份有限公司
　　　　　　　深圳市华蓝设计有限公司
　　　　　　　碧桂园博意建筑设计院
　　　　　　　深圳市皇城房地产有限公司
　　　　　　　北京华安北海消防安全工程有限公司
主要起草人：肖睿书　王　炯　姜文源　颜日明
　　　　　　　（以下按姓氏笔画排名）
　　　　　　　万　明　万绍杰　王　峰　丰汉军　戎　军
　　　　　　　孙　慧　刘　浏　吕　晖　严　洪　李　丁
　　　　　　　李梅玲　宋振东　吴云珍　麦　超　陈永青
　　　　　　　陈伟军　杨　琦　林　飞　赵克伟　赵力军
　　　　　　　赵永代　赵　宇　娄玺明　徐扬纲　唐植孝

符培勇　梁文逶　黄智鹦　蒋加林　熊国晓
颜汝平　潘仕佳
主要审查人：陈怀德　方玉妹　郑大华　曲申西　李天如
　　　　　　　郑庆煌　张碧阳　蔡昌明　王红玉

59

目　次

59

1 总　　则

1.0.1 为了合理应用旋转型喷头自动喷水灭火系统,保护人身和财产安全,制定本规程。

1.0.2 本规程适用于新建、扩建、改建的民用与工业建筑中采用旋转型喷头自动喷水灭火系统的设计、施工及验收。

1.0.3 设计、施工采用的系统组件,应符合国家现行有关标准的规定,并经国家认定的消防产品质量监督检验机构检验合格。

1.0.4 当设置旋转型喷头自动喷水灭火系统的建筑变更用途时,应校核原有系统的适用性。

1.0.5 旋转型喷头自动喷水灭火系统的设计、施工及验收,除应执行本规程外,尚应符合现行国家标准《自动喷水灭火系统设计规范》GB 50084、《自动喷水灭火系统施工及验收规范》GB 50261等相关标准的规定。

2 术　　语

2.0.1 旋转型喷头　rotary sprinkler

利用水力学环流推动和空气动力学原理,旋转分布大水滴并能形成下压强风的喷头。

2.0.2 闭式旋转型喷头　closed-type rotary sprinkler

包含感应部件且感应部件采用玻璃球温感元件的旋转型喷头。

2.0.3 开式旋转型喷头　opened-type rotary sprinkler

不包含感应部件的旋转型喷头。

2.0.4 快速响应旋转型喷头　rapid response rotary sprinkler

响应时间指数 $RTI < 36(m \cdot s)^{0.5}$ 的闭式旋转型喷头。

2.0.5 标准响应旋转型喷头　standard response rotary sprinkler

响应时间指数 $RTI > 50(m \cdot s)^{0.5}$ 的闭式旋转型喷头。

2.0.6 扩展覆盖面旋转型喷头　extended coverage rotary sprinkler

侧边水平安装能形成立体六面均匀覆盖的旋转型喷头。

3 旋转型喷头

3.1 一般规定

3.1.1 旋转型喷头按喷头有无感应部件可分为下列型式:

　　1　闭式旋转型喷头(有感应部件)(图 A-1)。

　　2　开式旋转型喷头(无感应部件)(图 A-2)。

3.1.2 旋转型喷头按响应时间指数可分为下列型式:

　　1　快速响应旋转型喷头。

　　2　标准响应旋转型喷头。

3.1.3 旋转型喷头按安装方式可分为下列型式:

　　1　下垂旋转型喷头。

　　2　直立旋转型喷头。

　　3　扩展覆盖面旋转型喷头。

3.1.4 旋转型喷头的主要技术参数应符合表 3.1.4 的规定。

表 3.1.4　旋转型喷头主要技术参数

DN (mm)	K	n	$P=0.10$(MPa)		$P=0.25$(MPa)		$P=0.90$(MPa)		最大安装高度(m)
			R (m)	q (L/s)	R (m)	q (L/s)	R (m)	q (L/s)	
15	90	0.46	5.0	1.50	5.5	2.29	5.5	4.12	13
20	142	0.46	6.0	2.37	6.5	3.61	7.0	6.50	15
25	242	0.43	6.5	4.03	7.0	5.98	7.5	10.4	18
32	281	0.42	7.0	4.68	7.5	6.88	7.5	11.8	18
40	310	0.42	7.0	5.17	8.0	7.59	9.0	13.0	18
40	360	0.42	7.0	6.00	8.0	8.82	9.0	15.1	18

注:1　K——喷头流量系数;

　　2　n——幂指数,$n=0.42 \sim 0.46$;

　　3　P——喷头设计工作压力(MPa),按 $0.10 \sim 1.20$ 控制,宜取 $0.10 \sim 0.90$;

　　4　R——喷头保护半径(m);

　　5　q——喷头流量(L/s)。

3.1.5 当旋转型喷头应用在闭式系统场所时,其公称动作温度、喷水强度、作用面积、备用喷头数量和消防排水设施等,应符合现行国家标准《自动喷水灭火系统设计规范》GB 50084 的有关规定。其最大安装高度、喷头选型(含流量系数 K)、喷头最大间距、作用面积内开放的喷头数(含货架内喷头数)、喷头最低工作压力和气压罐容积等,应符合本规程的规定。

3.1.6 旋转型喷头应符合下列规定:

　　1　外表面应无腐蚀、起泡、剥落现象,无明显划痕、裂纹等机械损伤。

　　2　紧固部件无松动、转动灵活。

　　3　密封性能应达到在水压 1.5MPa 的条件下持续 30min 无渗漏的要求。

　　4　进行驱动振幅 0.19mm 的振动试验和冲击加速度 100g 的机械冲击试验后,喷头应无损坏,能可靠使用。

　　5　进行耐低温和耐高温试验后,喷头应无腐蚀和涂覆被破坏现象,能可靠使用。

　　.6　喷头应采用耐腐蚀或经防腐处理的材料。

3.2 喷头布置

3.2.1 旋转型喷头应布置在顶板或吊顶下易于感触到火灾热气流并有利于均匀布水的位置。当喷头附近有障碍物时,其布置应符合现行国家标准《自动喷水灭火系统设计规范》GB 50084 的规定。

3.2.2 直立型、下垂型和扩展覆盖面旋转型喷头的布置,包括一只喷头最大保护面积和同一根配水支管上喷头的间距和相邻配水支管的间距,应根据系统的喷水强度、喷头的流量系数和工作压力确定,并应符合表 3.2.2-1、表 3.2.2-2、表 3.2.2-3 和表 3.2.2-4 的规定。

表 3.2.2-1 同一根配水支管上直立、下垂旋转型喷头的间距

喷头工作压力 P (MPa)	喷头公称直径 DN (mm)	流量系数 K	喷水强度 I [L/(min·m²)]	正方形布置的边长 S (m)	矩形布置长边边长 C (m)	一只喷头最大保护面积 A (m²)	喷头与端墙的最大距离 (m) 正方形布置边长 S/2	喷头与端墙的最大距离 (m) 矩形布置长边 C/2
0.25	15	90	4	5.8	7.0	34	2.9	3.5
0.25	20	142	6	6.0	7.2	36	3.0	3.6
0.25	20	142	8	5.2	6.2	27	2.6	3.1
0.25	25	242	12	5.4	6.6	30	2.7	3.3
0.25	25	242	16	4.7	5.6	22	2.3	2.8
0.25	32	281	18	4.8	5.7	23	2.4	2.8
0.25	32	281	22	4.3	5.1	19	2.1	2.5
0.25	40	310	24	4.3	5.1	19	2.1	2.5
0.25	40	360	40	3.6	4.4	13	1.8	2.2
0.30	40	360	40	3.8	4.5	14	1.9	2.2
0.40	40	360	40	4.0	4.8	16	2.0	2.4
0.50	40	360	40	4.2	5.0	18	2.1	2.5
0.60	40	360	40	4.4	5.2	19	2.1	2.6

注：1 一只喷头最大保护面积 A 与其 P、K 和喷水强度 I 有关；

2 当 $P \neq 0.25$MPa 时，按 $A = 60q/I$（q 以 L/s 计）换算，若 $A > 36$m²，取 36m²；

3 旋转型喷头流量 q 查本规程表 3.1.4，或按公式 (5.3.1) 计算值除以 60 计算；

4 若 $I \leqslant 24$L/(min·m²)，表中 A、C、S 仅为 $P = 0.25$MPa 的特定控制值，设计 $P > 0.25$MPa 时，A、C、S 可相应扩大。下垂型喷头 $I \geqslant 12$L/(min·m²) 时，其 I 值可乘以 67% 调低并通过计算扩大各参数；

5 表中 C 值宜控制在表中 S 的 1.2 倍以内，但当矩形布置设计短边边长 D 小于 S 的 0.7 倍时，设计 C 值可适当加大至表中 S 的 1.3 倍以内；

6 下垂型喷头小部分洒水可兼向上喷至调节螺丝以上 1.5m 的高度。

表 3.2.2-2 $I = 8$L/(min·m²) 对应的工作压力 P

面积 A(m²)	15	20	25	30	40	50	60	70	80
K=90 DN15	0.217	0.349	0.567	0.843	—				
K=142 DN20	—	0.130	0.211	0.313	0.585				
K=242 DN25					0.192	0.322	0.492	0.704	
K=281 DN32					0.136	0.232	0.358	0.516	0.710
K=310 DN40					0.108	0.183	0.283	0.409	0.562
K=360 DN40						0.129	0.198	0.286	0.394

（工作压力 P (MPa)）

注：$A = (40 \sim 80)$m² 时仅用于扩展覆盖面旋转型喷头。

表 3.2.2-3 同一根配水支管上扩展覆盖面旋转型喷头的间距

喷头工作压力 P (MPa)	喷头公称直径 DN (mm)	流量系数 K	喷水强度 I [L/(min·m²)]	扩展间距 B≤ (m)	扩展前冲射程 L≤ (m)	一只喷头保护面积 A≤ (m²)	$(10P)^{0.08}$ 的 α	$(10P)^{0.08}$ 的 β
0.25	15	90	4	4.6	5.5	25	5.1	5.0
	20	142		6.6	6.5	43	6.0	6.1
	25	242		8.4	7.5	63	7.0	7.8
	32	281		9.4	8.5	80	7.9	8.7
0.25	15	90	6	4.2	5.4	23	5.1	5.0
	20	142		5.4	6.5	35	6.0	6.1
	25	242		8.0	7.5	60	7.0	7.8
	32	281		8.0	8.5	68	7.9	8.7
	40	310		8.8	8.5	75	7.9	9.7
0.25	15	90	8	3.0	5.5	17	5.1	5.0
	20	142		4.2	6.5	27	6.0	6.1
	25	242		6.0	7.5	45	7.0	7.8
	32	281		6.0	8.5	51	7.9	8.7
	40	310		6.6	8.5	56	7.9	9.7
	40	360		7.3	9.0	66	7.9	9.7

注：1 扩展覆盖面旋转型喷头简称扩展喷头，计算 $A > 80$m² 取 80m²；

2 扩展前冲射程简称净长，指喷湿前墙（或假想墙）面离喷头下端（调节螺丝）1.2m 以下从喷头下端至前墙面水平距离的净空长度 L(m)。

3 扩展喷头的间距等于一只喷头的保护净宽，指喷湿左右两侧墙（或 1~2 侧假想墙）和后墙（背墙）面离喷头下端 1.2m 以下的净空宽度 B(m)。

4 当 $P \geqslant 0.25$MPa 时，可按 $P = (0.10 \sim 0.90)$MPa 根据表列 α 和 β 调整 L 和 B；并相应调整 A。其他危险级场所 $I > 8$L/(min·m²) 时应另行计算 A 值。

5 扩展喷头离开后墙（背墙或假想墙）的净空水平间距按 $E \leqslant 2$m 控制。

6 卧装扩展喷头小部分洒水可喷向上喷至调节螺丝以上 $\geqslant 1.5$m 的高度。

表 3.2.2-4 $I = (12 \sim 40)$L/(min·m²) 对应 K,A 和理论计算 10P

		面积 A(m²)	10	14	18	22	26	30	40
压力 10P (MPa)	ESFR	K=240 I=12	0.250	0.490	0.810	1.210	1.690	2.250	4.000
		K=360 I=40	1.235	2.420	4.000	5.975	8.346	11.11	—
	旋转喷头	K=242 I=12	0.196	0.428	0.768	1.224	1.806	2.518	4.917
		K=310 I=40	1.835	4.088	7.436	11.99	—	—	—
		K=360 I=40	1.285	2.863	5.209	8.399	12.50	—	—

注：1 ESFR 喷头受其最大间距 3.0 或 3.7(m) 的限制，一只喷头保护面积和压力范围较窄；

2 若旋转型喷头 $I \neq 12$L/(min·m²) 或 $I \neq 40$L/(min·m²)，则可通过计算调整 A 和 P 值；

3 $K = 360$ 旋转喷头可用于下垂、扩展覆盖面和直立型，可代替 $K = 360$ESFR 喷头。

3.2.3 顶板下旋转型喷头的布置应符合下列规定：

1 吊顶下安装的下垂旋转型喷头，其下端（调节螺丝部位）与吊顶下缘的距离不宜小于 100mm，并不宜大于 250mm，鼓形腔体上边与吊顶下缘之间应留有大于或等于 18mm 的旋转空隙。

2 顶板下（无吊顶）安装的下垂旋转型喷头，其上端进水管接口（图 A-1）与顶板下缘的距离不宜大于 1200mm。

3 直立旋转型喷头上端调节螺丝部位与顶板下缘的距离不应小于 75mm，且不宜大于 1200mm。

4 卧装闭式扩展覆盖面旋转型喷头外端调节螺丝部位（图 A-1）中心宜离开顶板下缘 150mm~1200mm。卧装开式喷头应用于暴露冷却防护时，喷头接管与调节螺丝中心线宜高出冷却防护对象外轮廓最高点 500mm，且宜离开对象外轮廓最近点水平距离 1000mm 左右。

3.2.4 无吊顶库、商场（含装设网格、栅板类通透性吊顶）、会议室等场所上空安装旋转型喷头，当上空楼板钢筋混凝土主梁高度满足预埋钢套管的条件并付诸实施时，安装喷头的配水管可穿越主梁套管，并优先采用下垂旋转型喷头；当配水管沿主梁底以下敷设，若喷头调节螺丝离楼（地）面净高不影响竖向空间功能使用时，亦适宜选用下垂旋转型喷头，否则可选用直立旋转型喷头。

3.2.5 机械式立体汽车库、复式汽车库的上方布置喷头，可采用下垂旋转型喷头，喷头上方不需设置集热挡水板；侧边布置喷头应采用扩展覆盖面旋转型喷头。

3.2.6 顶板或吊顶为斜面时，采用下垂旋转型喷头，喷头接管中心线垂直于紧贴斜面安装并平行于斜面的配水管中心线，可按表 3.2.2 的间距数值乘以系数 0.7 后确定标高不一致的喷头水平间距。

4 系 统 选 型

4.1 一般规定

4.1.1 旋转型喷头自动喷水灭火系统按旋转型喷头型式和控制方式可分为下列系统:

　　1 闭式系统(图 A-1)。

　　2 开式系统(图 A-2)。

4.1.2 旋转型喷头自动喷水灭火闭式系统按准工作状态时管道内流体的形式可分为下列系统:

　　1 湿式系统。

　　2 干式系统。

　　3 预作用系统。

4.1.3 湿式系统、干式系统、预作用系统和雨淋系统的适用场所应符合现行国家标准《自动喷水灭火系统设计规范》GB 50084 的规定。

4.1.4 旋转型喷头自动喷水灭火系统可单独设置,也可与普通喷头自动喷水灭火系统共用。当并联或串联时,应满足不同系统的工作压力和流量要求。

4.2 设置场所

4.2.1 旋转型喷头自动喷水灭火系统可用于普通自动喷水灭火系统设置的场所;亦可用于露天设置的单台容量在 40MV·A 及以上的厂矿企业整流机组与动力变压器。

4.2.2 下列场所宜采用旋转型喷头自动喷水灭火系统:

　　1 采用大、中、小流量喷头的场所。

　　2 在井字、十字或其他梁范围内布置喷头有一定难度的车库、仓库等。

　　3 采用早期抑制快速响应(ESFR)或特殊应用控火型(CMSA)喷头的堆垛场所。

　　4 直立型喷头与邻近障碍物的最小水平距离设计布置难以满足规定的场所。

　　5 顶板为水平面或非水平面的轻危险级、中危险级Ⅰ级居室和办公室及其他危险级场所,可采用扩展覆盖面旋转型喷头。要求扩展覆盖面旋转型喷头的两侧 1m 及正前方 2m 范围内,顶板或吊顶下不应有阻挡喷水的障碍物。

　　6 平面尺寸大,喷头安装高度不超过 18m 的高大净空场所等,布置管道有难度,需简化管道布置的场所。

　　7 水质浑浊度小于或等于 20°的水源消防供水系统的场所。

　　8 雨淋系统需减少管段、雨淋阀、减压阀数量的场所。

　　9 无法布置高位消防水箱,若增压稳压设备气压罐的有效容积 V_X 可能达到 18m³ 的自动喷水灭火系统设计有难度的场所。

　　10 堆垛仓库可用下垂旋转型喷头或无集热挡水板的扩展覆盖面旋转型喷头,系统流量(Q_s)可按下垂旋转型喷头流量(Q_{DR})或无集热挡水板的扩展覆盖面旋转型喷头流量(Q_{ER})两者中较大的一个取值,并不宜小于两者合计流量($Q_{DR}+Q_{ER}$)的 60%。

5 系 统 设 计

5.1 一般规定

5.1.1 设置场所火灾危险等级的划分和确定应符合现行国家标准《自动喷水灭火系统设计规范》GB 50084 的规定。

5.1.2 旋转型喷头自动喷水灭火系统的设计原则、系统选型、组件配置、设计基本参数(喷水强度、作用面积、持续喷水时间等)应符合现行国家标准《自动喷水灭火系统设计规范》GB 50084 的规定。

5.1.3 旋转型喷头自动喷水灭火系统的组件除喷头采用旋转型喷头外,其他组件(报警阀组、水流指示器、压力开关、末端试水装置等)的设置要求、设置位置、技术参数均应符合现行国家标准《自动喷水灭火系统设计规范》GB 50084 的规定。

5.2 管 道

5.2.1 水流指示器后或减压孔板后配水管道的工作压力不宜大于 1.20MPa,水流指示器前或减压孔板前配水管的静水压不应大于 1.50MPa;采用 $PN=1.60MPa$ 报警阀前后匹配 $PN \geqslant 1.60MPa$ 输水管道的工作压力不宜大于 1.50MPa,并不应设置其他用水装置。

5.2.2 报警阀出口后的配水管道应采用内外壁热镀锌钢管或符合专用标准的规定,并同时符合本规程第 1.0.3 条规定的复合其他防腐材料的专用钢塑复合压力管,以及铜管、不锈钢管、PVC-C 管和 $DN \leqslant 80$ 的自动喷水灭火系统配水管。当报警阀入口前的管道采用不防腐的钢管时,应在该段管道的末端设过滤器。

5.2.3 管道应采用相应的管件和连接方式,当不锈钢管采用焊接连接时管内外壁均应有惰性气体保护措施。

5.2.4 管道支架应与管材相配套。

5.2.5 管道的直径应经水力计算确定。配水管道的布置,应使配水管道入口的压力均衡。有条件时,水流指示器后或减压孔板后的配水管道宜布置成环状或格栅状。在轻危险级、中危险级的场所中,各配水管入口的压力均不宜大于 1.0MPa。

5.2.6 短立管和末端试水装置的连接管,其管径宜按旋转型喷头 DN15～DN40 相应采用 DN25～DN65。

5.2.7 干式系统、预作用系统的配水管道充水时间、供气管道管径、水平管道坡度和坡向,应符合现行国家标准《自动喷水灭火系统设计规范》GB 50084 的规定。

5.2.8 旋转型喷头自动喷水灭火系统的水泵吸水管上宜设水头损失很小的管道过滤器。

5.3 水 力 计 算

5.3.1 旋转型喷头的流量应按下列公式计算:

$$q = K(10P)^n \qquad (5.3.1)$$

式中:q——旋转型喷头流量(L/min);

　　　K——喷头流量系数;

　　　P——喷头设计工作压力(MPa),取 0.10～0.90;

　　　n——幂指数,$n=0.42$～$0.46<0.50$。

5.3.2 旋转喷头工作压力应按下式计算:

$$10P = (q/K)^{1/n} \qquad (5.3.2)$$

5.3.3 减压孔板的水头损失,应按下列公式计算:

$$H_k = Gv^2 \qquad (5.3.3-1)$$

$$G = 0.05[(1-k)(1.925-k)/(1.175-k)]^2 \qquad (5.3.3-2)$$

$$k = (d_k/d)^2 \qquad (5.3.3-3)$$

式中:H_k——减压孔板的水头损失(10kPa),可按附录 B 采用;

v——减压孔板后管道内水的平均流速(m/s);

G——过渡参数,可按表5.3.3采用;

k——孔板孔径与其所在短管计算内径平方比;

d_k——不锈钢减压孔板的内径(mm),可按附录B表B采用;

d——减压孔板所在短管内径(mm)。

表5.3.3 减压孔板水力参数 k 与 G

k	0.06	0.07	0.08	0.09	0.10	0.11	0.12	0.13	0.14	0.15	0.16
G	34.3	24.9	18.8	14.6	11.7	9.51	7.87	6.61	5.61	4.81	4.17
k	0.17	0.18	0.19	0.20	0.21	0.22	0.23	0.24	0.25	0.26	0.27
G	3.72	3.19	2.82	2.50	2.23	2.00	1.80	1.63	1.48	1.34	1.22
k	0.28	0.29	0.30	0.31	0.32	0.33	0.34	0.35	0.36	0.37	0.38
G	1.12	1.02	0.939	0.863	0.796	0.734	0.679	0.629	0.583	0.451	0.503

注:孔板孔径不宜小于设置管段直径的30%,且不应小于20mm。

5.4 供水与控制

5.4.1 闭式系统用水的水质要求、水源要求、报警阀前环网设置、水泵设备、备用泵要求、吸水方式、吸水管数量和阀门设置,应符合现行国家标准《自动喷水灭火系统设计规范》GB 50084的规定。

5.4.2 当开式系统采用浮动阀芯消防电磁阀代替传统电磁阀或雨淋阀且系统无减压时,旋转型喷头开式系统用水的水质要求可适当放宽限制。

5.4.3 临时高压给水系统设高位消防水箱的要求和消防水箱的供水要求、水箱出水管配置和管径,应符合现行国家标准《自动喷水灭火系统设计规范》GB 50084和其他有关标准的规定。

　　当设有高位消防水箱,且水箱设置高度不满足系统最不利点旋转型喷头的最低工作压力时,应设稳压装置。稳压泵的额定出水量应小于1L/s,气压罐的有效储水容积 V_X 不应小于初期灭火30s的计算值,且不应小于300L,稳压泵的额定出水量宜为(0.56~1.00)L/s,平时运行气压稳压水容积 V_S 宜为(34~60)L~(408~720)L,平时稳压泵运行时间 T_S 宜为1min~12min。

5.4.4 不设消防水箱的建筑,设置气压供水设备的要求及其气压罐有效储水容积 V_X 的确定不应小于系统最不利处2个旋转型喷头在最低工作压力下的5min用水量,最大可不超过3m³。

5.4.5 水泵接合器的设置、数量和技术要求,应符合现行国家标准《自动喷水灭火系统设计规范》GB 50084的规定。

5.4.6 水泵启动方式、灭火系统和阀件控制方式、消防控制室(盘)显示内容和控制项目应符合现行国家标准《自动喷水灭火系统设计规范》GB 50084的规定。

6 施工及验收

6.0.1 下垂旋转型喷头、直立旋转型喷头安装时,旋转型喷头的中轴线应与配水管线垂直;扩展覆盖面旋转型喷头侧边水平安装时,旋转式腔体的圆盘洒水面与水平面的夹角宜为90°。

6.0.2 有闷顶时,下垂旋转型喷头的卡簧(图A-1)不应与闷顶相接触,应留有大于或等于18mm的距离。

6.0.3 施工质量管理、材料、设备管理、供水设施施工安装、管网和系统组件安装、旋转型喷头安装、系统充压和冲洗、系统验收维护管理,均应符合现行国家标准《自动喷水灭火系统施工及验收规范》GB 50261的规定。

附录A 旋转型喷头

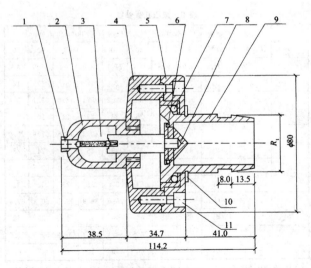

图 A-1 闭式旋转型喷头

1—调节螺丝;2—支架;3—感温管;4—前盖;5—后盖;
6—胶圈;7—滚珠;8—分流器;9—进水管;10—卡簧;11—螺丝

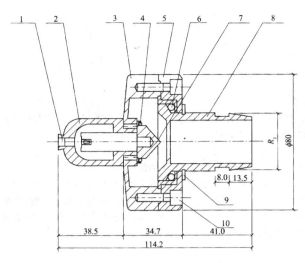

图 A-2　开式旋转型喷头

1—调节螺丝；2—支架；3—前盖；4—胶圈；5—后盖；6—滚珠；

7—分流器；8—进水管；9—卡簧；10—螺丝

中国工程建设协会标准

旋转型喷头自动喷水灭火系统
技术规程

CECS 213：2012

条文说明

附录 B　减压孔板参数

表 B　减压孔板参数

DN/(mm)	Q_N (L·s⁻¹)	参数名称	公称水头损失对应的 H_k(10kPa) 和 d_k(mm)							
			5	10	20	30	40	50	60	70
50	5	H_k	5.5	9.6	22.0	27.1	43.8	—	56.5	73.4
		d_k	28	25	21	20	18	—	17	16
65	7	H_k	5.3	9.7	18.1	32.2	39.1	48.0	59.1	73.4
		d_k	34	30	26	23	22	21	20	19
80	10	H_k	5.1	9.4	18.8	29.5	40.7	48.5	57.9	70.0
		d_k	41	36	31	29	26	25	24	23
100	18	H_k	5.0	9.6	19.9	31.4	40.2	51.9	59.3	67.3
		d_k	55	48	41	37	35	33	32	31
125	27	H_k	4.8	10.4	20.5	29.6	39.9	49.1	60.8	67.4
		d_k	68	58	50	46	43	41	39	38
150	39	H_k	4.7	10.1	20.5	30.1	38.7	50.1	59.9	71.5
		d_k	82	70	60	55	52	49	47	45

注：当设计流量 $Q_D \neq Q_N$ 时，设计孔板水头损失 $H_{kD} = H_k (Q_D/Q_N)^2$。以 DN150、$Q_D = 42L/s$、$d_k = 45mm$ 为例，$H_{kD} = 71.5(42/39)^2 = 82.9(10kPa)$。工程上近似地取 $10kPa = 1m$，方便书写计算书。

1　总　　则

1.0.1～1.0.5　自动喷水灭火系统是现代的主要灭火系统。而自动喷水灭火系统及其技术的发展，其实质是喷头的发展。目前喷头具有下列四个方面的发展趋向：

1　快速响应。缩小喷头响应时间指数，加快喷头动作时间有助于扑灭初期火灾，并缩短灭火时间，减少火灾损失。

2　大水滴。加大水滴直径有助于提高水滴穿透火舌的能力，尽快抵达可燃物表面，达到灭火目的。

3　雾化。采用提高水压、加强水珠撞击，充有压空气等方法使水滴细化、雾化，从而改变了灭火机理，并使灭火对象从固体火灾扩大至可燃液体火灾和电气火灾。

4　低压。在保证喷水强度的前提下减少喷头工作压力，有利于喷淋系统可在既有建筑中推广应用。

旋转型喷头是我国自主开发的新型自动喷水消防产品，具有结构简单、性能稳定、喷洒密度均匀、洒水覆盖面积大、响应快速、灭火效果好的特点。采用旋转型喷头的自动喷水灭火系统，在保证喷水强度的前提下，可以加大喷水布置间距，减少喷头设置数量，从而简化管道系统。

旋转型喷头的发展不同于上述四种情况。它是从通过改变布水方式来达到改善喷头技术的目的。布水方式的变化是早期喷头发展的主要动向。穿孔管布水（即线状布水）是最早的布水方式；溅水盘布水是面状布水，使洒水更加均匀，后来溅水盘几经改进，达到了基本完善的境界；而旋转布水则是布水方式的新突破。旋转型喷头全称旋转型大水滴洒水喷头，是我国自主开发的新型喷头。旋转型喷头由感应部件和布水部件组成。感应部件采用玻璃球,布水部件采用水力自动旋转布水方式。火灾发生时,感温玻璃球受热破碎,分流器在重力作用下(下垂旋转型)或在水力作用下(直立旋转型、扩展覆盖面旋转型)移位,被分流器封闭在管道内的水流进入旋转式腔体,并从旋转型喷头喷出,利用水流的反作用力腔体自动不停地360°旋转,将水甩出。由于取消了溅水盘,因而水滴直径较大。旋转型喷头的出水口呈变断面形式,以保证水流分布在径向和环向均匀。旋转型喷头有快速响应型和标准型两种。快速响应型具有快速响应、水滴直径大、流量大等特点。单个喷头的保护面积较大,从而在保证喷水强度的前提下可加大旋转型喷头的布置间距,在相同的作用面积下,可以减少喷头数量,简化管道。

旋转型喷头向下或与配水管线垂直下倾安装时为下垂型,直立安装时为直立型,侧边水平安装时为扩展覆盖面型。经喷水试验,在压力相同的情况下,DN25喷头流量和保护半径是相同的(见表1)。由于旋转型喷头没有溅水盘或挡板,因此,下垂型、直立型和扩展覆盖面型布水覆盖效果都较好。

表1 DN25喷头流量和保护半径的实测数据

喷头出水压力(MPa)	流量(L/s)	保护半径(m)
0.15	4.80	6.8(>6.5)
0.20	5.43	7.0
0.25	5.98	7.3(>7.0)
0.30	6.47	7.5

旋转型喷头按喷头有无感应部件可分为闭式和开式两种:闭式喷头用于闭式系统,开式喷头用于开式系统。

广州龙雨消防设备有限公司经国家消防装备质量监督检验中心在2006年9月进行了一次试验,试验目的是旋转型喷头距火源水平距离在8.2m时,喷头的响应时间。

1 试验条件:

1)感温试验室尺寸10m×3.8m×5m(长×宽×高),两面有窗,另两面无窗,窗台离地1.3m,窗高0.8m,宽1.0m。有窗的一面墙还有一扇门,门高2.05m,宽1.0m。

2)旋转型喷头安装高度5m,距顶板0.15m,距火源中心水平距离8.2m。喷头公称动作温度68℃,玻璃球直径5mm,产品型号LAS-25标准(非快速响应)型。

试验进行了三次,结果见表2。

表2 喷头响应时间试验结果

检验项目		条件描述	检验结果
启动时间	第一次	火源是2个1A级木垛上、下叠放。用汽油引燃,汽油量490mL	点燃汽油后47s启动
	第二次	火源是1个1A级木垛上、下叠放。用汽油引燃,汽油量490mL	点燃汽油后62s启动
	第三次	火源是1个1A级木垛上、下叠放。用汽油引燃,汽油量490mL	点燃汽油后62s启动

试验结果可见,旋转型喷头在距火源中心较远的情况下,响应时间符合要求。

采用旋转型喷头的自动喷水灭火系统称为"旋转型喷头自动喷水灭火系统"。

旋转型喷头是自动喷水灭火系统洒水喷头中的一种式样,因此旋转型喷头自动喷水灭火系统是自动喷水灭火系统中的一种系统。自动喷水灭火系统的相关工程建设标准,如现行国家标准《自动喷水灭火系统设计规范》GB 50084和《自动喷水灭火系统施工及验收规范》GB 50261,其主要内容都适用于旋转型喷头自动喷水灭火系统。区别只在于旋转型喷头的名称、构造、喷头的主要技术参数和由此连带的喷头布置(喷头安装高度、喷头间距、作用面积内开放喷头数、单个喷头的保护面积、喷头下端面与顶板下缘的距离、无吊顶场所和斜屋面宜选用下垂型及气压罐有效储水容积等)以及这种喷头和系统的适用范围、设置场所。本规程不适用于火药、炸药、弹药、火工品核电站和飞机库等有特殊功能要求的建

筑中采用的旋转型喷头自动喷水灭火系统。鉴于以上情况,本规程重点对旋转型喷头、系统选型作了相应规定,而其他章节基本引用现行国家标准《自动喷水灭火系统设计规范》GB 50084、《自动喷水灭火系统施工及验收规范》GB 50261。

3 旋转型喷头

3.1 一般规定

3.1.1～3.1.3 旋转型喷头是旋转型喷头自动喷水灭火系统的主要部件,与普通自动喷水灭火系统一样,有闭式和开式、快速响应和标准响应之分。表3列出了旋转型喷头图例,方便设计人员采用。

表3 旋转型喷头图例

名 称	图 例	名 称	图 例
下垂旋转型(闭式)	平面 系统	下垂旋转型(开式)	平面 系统
直立旋转型(闭式)	平面 系统	直立旋转型(开式)	平面 系统
扩展覆盖面旋转型(闭式)	平面 系统	扩展覆盖面旋转型(开式)	平面 系统

3.1.4 目前国内生产的旋转型喷头有五种型号:LAS-15～LAS-40,其公称动作温度均相同。五种型号旋转型喷头安装高度、流量、保护半径等略有不同。

3.1.5 大型货架储物仓库,采用ESFR系统流量可能高达432L/s和储水量3110m³。而采用下垂旋转型喷头可相应降至82.7L/s和595m³,即下降19%。

3.2 喷头布置

3.2.2 表3.2.2-1注2是根据国家标准《自动喷水灭火系统设计

规范》GB 50084—2001(2005 年版)条文说明第 7.1.2 图 10 进行确定的。例如：DN20 旋转型喷头 $P=0.60$MPa，$q=5.40$L/s，中 I 危险级 $I=6$L/min·m^2，则 $A=60×5.40/6=54(m^2)$；理论上一只喷头最大保护面积 A 可达到 $54m^2$，但受注 2 约束，应取 $A≤36m^2$。

表 3.2.2-3 注 4 举例：DN40 和 $K=360$ 扩展喷头 $P=0.60$MPa，$q=12.73$L/s，中危险 II 级 $I=8$L/(min·m^2)，则 $A=60×12.73/8=95(m^2)>80(m^2)$；$L=7.9×6^{0.08}=9.1(m)$，$B=9.7×6^{0.08}=11.2(m)$，$L·B=102(m^2)>80(m^2)$，$A$ 值可调整为小于或等于 $80m^2$。若 L 取 9.0m，则设计可取 $B≤8.9$m。

3.2.4 下垂旋转型喷头与普通下垂型喷头运行工况截然不同。旋转型喷头有集热性能优良的铝合金鼓形旋转式腔体，下垂安装时，下半部有两条楔形出水槽，一旦失火，热气流上升，朝下楔形槽迅速吸热并储热于腔体，通过喷头内孔快速传热，温升迅速传到感温玻璃球，使玻璃球高速达到额定温度爆碎，喷头开始进行动态 360°不停地旋转，喷出大水滴水流抛向着火点。无吊顶场所安装下垂旋转型喷头时，其调节螺丝与顶板下缘的距离不宜大于 1200mm，局部喷头超过 1200mm 时可改为直立旋转型喷头；直立喷头朝上调节螺丝与顶板下缘的距离不宜大于 1200mm。

3.2.5 无集热挡水板的下垂旋转型喷头使用于机械式立体汽车库、复式汽车库时，旋转型喷头集热能力较强，扩展覆盖面旋转型喷头安装在侧边的前冲射程（L）、一只喷头的保护净宽（B）等灭火水力参数较优。

3.2.6 消防工程施工队伍反映了按现行国家标准《自动喷水灭火系统设计规范》GB 50084—2001(2005 版)的第 7.1.11 条文和条文说明的图 16 屋脊处设置喷头示意图施工时，难以安装配水管和喷头，并且不利于斜屋面板结构安全的状况；本规程推荐采用下垂旋转型喷头，以保护斜屋面板结构安全。标高完全一致的喷头水平间距不必乘以系数 0.7。

4 系 统 选 型

4.1 一 般 规 定

4.1.1 采用闭式旋转型喷头的自动喷水灭火系统，称为开式系统；采用开式旋转型喷头的自动喷水灭火系统，称为闭式系统。

4.1.2、4.1.3 现行国家标准《自动喷水灭火系统设计规范》GB 50084 中规定，采用闭式洒水喷头的系统除湿式系统、干式系统、预作用系统外，还有重复启闭预作用系统、自动喷水-泡沫联用系统。考虑到重复启闭预作用系统国内没有产品，而自动喷水-泡沫联用系统采用旋转型喷头至今尚无工程实践，因此暂未列入。本条只明确了湿式、干式和预作用三种系统。归纳了西安、柳州、南宁等多项工程简化管网经验。

4.2 设 置 场 所

4.2.2 第 10 款：当大型储物仓库流量 $Q_{DR}≤68.9$L/s 或 $Q_{ER}≤68.9$L/s 时，系统流量可取 $Q_s≤82.7$L/s 而不是 $Q_s≤138$L/s，本条可发挥旋转型喷头较低流量能高效吹熄淋灭大型储物仓库火舌的积极作用。

5 系 统 设 计

5.2 管 道

5.2.1 旋转型喷头应能承受 1.20MPa 的工作压力和 1.50MPa 的静水压力，而配水管道的工作压力可大于喷头的工作压力，尤其是 $PN=1.60$MPa 报警阀后向配水管供水的输配水干管。适当提高工作压力有利于高层建筑中的 $PN=1.60$MPa 报警阀可在底层集中设置；国家建筑标准设计图集《常用小型仪表及特种阀门选用安装》01SS105 中减压阀自动喷水灭火供水方式示意图显示，几个位置较高水压分区的报警阀脱离底层分散安装，就因为采用旧式 $PN=1.20$MPa 报警阀而产生设计质量不够理想的现象。提高输配水干管的工作压力，在技术上不难做到，只要调整管壁厚度就可满足不同压力的要求，旋转型喷头和热镀锌钢加厚管试验压力均为 3.0MPa；此外，旋转型喷头自动喷水灭火系统需配套使用增压稳压设备，其气压罐橡胶隔膜存在伸缩疲劳老化问题，$PN=1.60$MPa 气压罐考虑到延长隔膜寿命因素，限制静水压力≤1.50MPa，适当留有余地。

5.2.2 本条对输配水管道的管材作了规定。

1 不锈钢管过去认为只能用 304、316 和 316L 这 3 种系列的牌号，而实际上采用 4 系列不锈钢管有更大的经济和技术上的优势。

2 钢塑复合压力管的连接方式有扩口式连接、卡压式连接和内胀式连接。

3 美国使用 $DN≤80$（外径 $dn≤90$）PVC-C 消防管道已相当普遍。

5.2.3 不锈钢管的连接方式有卡压式连接、卡箍式连接、锁扩式连接和焊接连接等。卡压式连接包括外卡压式、内插卡压式、环压式、双卡压式（双挤压式）等。卡压式连接是不锈钢管连接的主要形式。对不锈钢管焊接连接是允许的，但管内外壁必须采用惰性气体保护技术，否则焊接处极易碳化腐蚀，使管材和管件使用寿命急剧缩短。

5.2.5 水流指示器后和减压孔板后的配水管道有枝状、环状、格栅状三种布置方式。从供水的可靠性和不同位置旋转型喷头实际出水量均衡性出发，环状和格栅状远远优于枝状管道布置方式，因此予以推荐。

5.3 水 力 计 算

5.3.3 旋转型喷头工作（动水）压力适应范围很宽，必要时只需考虑（减压孔板）减动压问题。表 5.3.3 列出了减压孔板的水力参数 k 和 G。

假设：$DN=100$，$Q=18$L/s，$d_k=31$mm，求 H_k。

解：$d_k/d_i=31/103=0.30097$，查国家标准《自动喷水灭火系统设计规范》GB 50084—2001(2005 年版)附录 D，可算出 $\xi=288.43$，$H_k=288.43×2.16^2/20=67.3(10kPa)$；查本规程附录 B，直接得出结果 67.3(10kPa)。

5.4 供 水 与 控 制

5.4.2 旋转型喷头和浮动阀芯消防电磁阀（可立式水流向上安装）对水质浑浊度要求不高，且旋转型喷头工作压力适用范围很宽，不存在超过 0.30MPa 易发生雾化降低灭火效率问题。本条的规定有利于露天冷却防护对象的系统优化设计。

5.4.3 对临时高压给水系统，按现行国家标准《建筑设计防火规范》GB 50016 和《高层民用建筑设计防火规范》GB 50045 的规定，应设置高位消防水箱。而高位消防水箱的设置有三种情况：

1 有条件设置高位消防水箱，且水箱设置高度能满足系统最不利点旋转型喷头的最低工作压力。

　　2　有条件设置高位消防水箱，但水箱设置高度不满足系统最不利点旋转型喷头的最低工作压力。

　　3　无条件设置高位消防水箱，但可设置气压供水设备。

　　现行国家标准《自动喷水灭火系统设计规范》GB 50084 对第1种和第3种情况作了规定。本规程对第2种和第3种情况作了补充，因为这种情况在工程设计中常遇到，应予明确。

　　5.4.4　旋转型喷头是没有溅水盘的，因此工作压力选择范围较宽，水珠直径大，穿透力强，借助下压强风的作用，吹熄淋灭火舌效果很好。故旋转型喷头自动喷水灭火系统的气压罐有效储水容积可不超过 3m³ 是有安全保障的。

6　施工及验收

　　6.0.1　旋转型喷头安装时，下垂型、直立型应注意垂直于配水管线，以免影响布水均匀性，因此本条作了强调。对于扩展覆盖面喷头，应保证侧边水平安装，有利于布水均匀，并借助下倾产生的强风迅速熄灭前后左右远近距离的窜动升高火舌。

　　6.0.2　旋转型喷头要求布水时旋转，因此旋转腔体不应受阻碍。为此，规定下垂安装时，腔体的突出物不应碰到闷顶面，以保证腔体正常旋转。

59

中国工程建设协会标准

自动消防炮灭火系统技术规程

Technical specification for automatic fire
monitor extinguishing systems

CECS 245：2008

主编单位：公 安 部 四 川 消 防 研 究 所
　　　　　中国科技大学火灾科学国家重点实验室
批准单位：中 国 工 程 建 设 标 准 化 协 会
施行日期：２ ０ ０ ８ 年 ９ 月 １ 日

中国工程建设标准化协会公告

第 26 号

关于发布《自动消防炮灭火系统技术规程》的公告

根据中国工程建设标准化协会[2006]建标协字第 28 号文《关于印发中国工程建设标准化协会 2006 年第二批标准制、修订项目计划的通知》的要求，由公安部四川消防研究所和中国科技大学火灾科学国家重点实验室等单位编制的《自动消防炮灭火系统技术规程》，经防火防爆专业委员会组织审查，现批准发布，编号为 CECS 245：2008，自 2008 年 9 月 1 日起施行。

中国工程建设标准化协会
二〇〇八年六月二十七日

60

前　言

根据中国工程建设标准化协会(2006)建标协字第 28 号文《关于印发中国工程建设标准化协会 2006 年第二批标准制、修订项目计划的通知》的要求,编制本规程。

自动消防炮灭火系统在保留固定消防炮灭火系统基本功能的基础上,实现了在没有人工启动或直接干预的情况下,自动完成火灾探测、火灾报警、火源瞄准、喷射灭火剂灭火。自动消防炮灭火系统适用于保护火灾危险性较高、面积较大和价值较昂贵等重要场所。采用这种系统能迅速、有效地扑灭火灾,确保人身和财产安全。

本规程的编制,遵照国家相关基本建设方针和"预防为主、防消结合"的消防工作方针,在总结我国自动消防炮灭火系统科研和工程应用的基础上,广泛征求国内相关科研、设计、产品生产、消防监督和工程施工等部门的意见,同时参考现行国家标准《固定消防炮灭火系统设计规范》GB 50338 相关标准条文,最后经相关部门共同审查定稿。本规程共分十一章、三个附录。主要内容包括总则、术语和符号、系统选型、系统组件、系统设计、管道和阀门、火灾自动报警联动控制系统、系统施工、系统调试、系统验收和维护管理等。

根据国家计委计标[1986]1649 号文《关于请中国工程建设标准化委员会负责组织推荐性工程建设标准试点工作的通知》的要求,推荐给设计、施工、使用和生产单位与工程技术人员采用。

本规程由中国工程建设标准化协会防火防爆专业委员会 CECS/TC 14 归口管理,中国科技大学火灾科学国家重点实验室(地址:安徽省合肥市金寨路 96 号,邮编:230026)负责解释。在使

用中如发现有需要修改和补充之处,请将意见和资料径寄解释单位,或发邮件到 E-mail:wlb@ustc.edu.cn。

主编单位:公安部四川消防研究所
　　　　　中国科技大学火灾科学国家重点实验室
参编单位:华东建筑设计研究院有限公司
　　　　　上海建筑设计研究院有限公司
　　　　　安徽省公安厅消防局
　　　　　中建国际设计顾问有限公司
　　　　　合肥科大立安安全技术有限责任公司
主要起草人:吴龙标　王　炯　徐　凤　杨　琦　张文华
　　　　　　刘炳海　吴振坤　姜文源　冯小军　王经纬
　　　　　　刘申友　陈升忠　朱　然　王德银

中国工程建设标准化协会
2008 年 6 月 27 日

60

目　次

1 总 则

1.0.1 为了规范自动消防炮灭火系统的设计、施工、验收和维护管理，确保系统质量，减少火灾危害，保护人身和财产安全，制定本规程。

1.0.2 本规程适用于新建、扩建、改建的高大空间建筑物和构筑物内自动消防炮灭火系统的设计、施工、验收和维护管理。其他场所使用该系统时，也可参照本规程。

1.0.3 自动消防炮灭火系统的设计应符合现行国家标准《建筑设计防火规范》GB 50016、《火灾自动报警系统设计规范》GB 50116、《自动喷水灭火系统设计规范》GB 50084的规定。

1.0.4 自动消防炮灭火系统工程除应执行本规程外，尚应符合国家现行的相关规范、标准的规定。

2 术语和符号

2.1 术 语

2.1.1 消防炮 fire monitor

以射流形式喷射灭火剂灭火的装置。当灭火剂为水或泡沫时，喷射流量必须大于16L/s。

2.1.2 自动消防炮灭火系统 automatic fire monitor extinguishing systems

能自动完成火灾探测、火灾报警、火源瞄准和喷射灭火剂灭火的消防炮灭火系统。

2.1.3 轨道式自动消防炮灭火系统 guideway automatic fire monitor extinguishing systems

根据火灾自动报警信号，消防炮沿轨道自动移动至火警区域，实现自动定位和灭火功能的自动消防炮灭火系统。

2.1.4 隐蔽式自动消防炮灭火系统 hide automatic fire monitor extinguishing systems

根据火灾自动报警信号，消防炮自动从隐蔽处移出，实现自动定位和灭火功能的自动消防炮灭火系统。

2.1.5 自动消防水炮灭火系统 automatic fire water monitor extinguishing systems

以水为灭火剂的自动消防炮灭火系统。

2.1.6 自动消防泡沫炮灭火系统 automatic fire foam monitor extinguishing systems

以泡沫为灭火剂的自动消防炮灭火系统。

2.1.7 定位器 localizer

消防炮扫描时，能够接收火灾信号，完成自动瞄准火源，实现自动定位的组件。

2.1.8 定位时间 locating time

从消防炮接收到启动命令至炮口开始喷射灭火剂之间的时间。

2.1.9 自动控制方式 automatic control-mode

系统处于自动状态下，自动消防炮灭火系统自动完成火灾探测和报警，自动启动消防炮瞄准火源和喷射灭火剂的一种运行方式。

2.1.10 消防控制室手动控制方式 manual control-mode on the fire control room

消防控制室值班人员在控制室接到火灾报警信号后，手动远程控制消防炮瞄准火源，启动消防泵和打开电动阀门，进行火灾扑救的一种方式。

2.1.11 现场手动控制方式 manual control-mode on the spot

现场人员发现火灾后，通过设置在自动消防炮附近的手动控制盘按钮，手动控制消防炮瞄准火源、启动消防泵和打开电动阀门，进行火灾扑救的一种方式。

2.1.12 稳高压消防给水系统 fire water supply systems of maintenance-high pressure

系统在准工作状态时，由稳压泵、气压罐等设备将管网系统压力稳定在设计工作压力上的一种给水方式。

2.1.13 灭火面积 extinguishing area

一次火灾中自动消防炮灭火系统灭火保护的计算面积。

2.1.14 冷却面积 cooling area

一次火灾中自动消防炮灭火系统冷却保护的计算面积。

2.1.15 雾状水 mist jet

消防炮出水为雾状水滴，并保证出水量达到扑灭火灾的效果。

2.1.16 雾化角 angle of mist jet

消防炮的雾状出水最大角度。

2.1.17 阀组 valve components

由检修阀、电动阀和水流指示器等构成的组件。

2.1.18 双波段探测器 double wave band fire detector

采用红外CCD和彩色CCD传感器作为探测器件，获取监控现场的红外图像和彩色图像，通过对序列图像的亮度、颜色、纹理、运动等特性进行分析而确认火灾的火焰型火灾探测器。

2.1.19 光截面探测器 light beam image fire detector

采用高强度红外发光点阵作为发射器，以高分辨率红外CCD作为接收器，通过分析发射器光斑图像的强度、形状、纹理等特征的变化来探测火灾烟雾的感烟火灾探测器。

2.2 符 号

D_e——消防炮在额定工作压力时的射程(m)；

D_s——消防炮的设计射程(m)；

d_j——管道内径(m)；

H——水泵扬程(MPa)；

h_1——沿程水头损失(MPa)；

h_2——局部水头损失(MPa)；

Σh——管道沿程和局部的水头损失的累计值(MPa)；

i——管道单位长度的沿程水头损失(MPa/m)；

L——管道长度(m)；

N_s——灭火时同时开启消防炮的数量；

P_e——消防炮的额定工作压力(MPa)；

P_s——消防炮的设计工作压力(MPa)；

Q_e——单门消防炮额定工作压力下的额定流量(L/s)；

Q_s——单门消防炮的设计流量(L/s)；

Q_z——消防炮系统给水设计流量(L/s)；

V——管道内流速(m/s)；

Z——最不利点处消防炮入口与消防水池的最低水位或给水系统入口管水平中心线之间的高程差(m)；

ξ——局部阻力系数。

3 系统选型

3.1 系统选择

3.1.1 自动消防水炮灭火系统可用于一般固体可燃物火灾扑救。

3.1.2 自动消防泡沫炮灭火系统可用于加工、储存、装卸、使用甲(液化烃除外)、乙、丙类液体等场所的火灾扑救和固体可燃物火灾扑救。

3.1.3 自动消防炮灭火系统的选用应符合下列要求:

1 有人员活动的场所,应选用带有雾化功能的自动消防炮灭火系统;

2 高架仓库和狭长场所宜选用轨道式自动消防炮灭火系统;

3 有防爆要求的场所,应采用具有防爆功能的自动消防炮灭火系统;

4 有隐蔽要求的场所,应选用隐蔽式自动消防炮灭火系统。

3.1.4 在大空间建筑物内使用自动消防炮灭火系统时,宜选用双波段探测器、火焰探测器、光截面探测器、红外光束感烟探测器等火灾探测器。

3.1.5 自动消防炮灭火系统宜采用感烟和感焰的复合火灾探测器,也可采用同类型或不同类型火焰探测器组合进行探测。

3.2 设置场所

3.2.1 下列场所宜设置自动消防炮灭火系统:

1 建筑物净空高度大于8m的场所;

2 有爆炸危险性的场所;

3 有大量有毒气体产生的场所;

4 燃烧猛烈,产生强烈热辐射的场所;

5 火灾蔓延面积较大,且损失严重的场所;

6 使用性质重要和火灾危险性大的场所;

7 灭火人员难以接近或接近后难以撤离的场所。

3.2.2 自动消防水炮灭火系统和自动消防泡沫炮灭火系统不得用于扑救下列物品的火灾:

1 遇水发生爆炸或加速燃烧的物品;

2 遇水发生剧烈化学反应或产生有毒有害物质的物品;

3 洒水将导致喷溅或沸溢的液体;

4 带电设备。

4 系统组件

4.1 一般规定

4.1.1 消防炮、泡沫比例混合装置与泡沫液罐、消防泵、火灾探测器等专用系统组件应有出厂合格证和产品使用说明书。

4.1.2 消防炮、泡沫比例混合装置与泡沫液罐、消防泵、火灾探测器等专用系统组件必须采用通过国家消防产品质量监督检验中心检测合格的产品。

4.2 消防炮

4.2.1 消防炮应带定位器。

4.2.2 定位器应采用双波段探测器或火焰探测器,并应有接收现场火焰信息,完成自动瞄准火源的功能。

4.2.3 定位器的探测距离应与消防炮的射程相匹配。

4.2.4 在有腐蚀性的环境或使用有腐蚀性的灭火介质,消防炮应满足防腐蚀要求。

4.2.5 消防炮的流量、压力、射程和定位时间应满足表4.2.5规定。

表4.2.5 消防炮技术参数

消防炮流量(L/s)	额定压力(MPa)	额定射程(m)	定位时间(s)
20	0.8	50	
30	0.9	60	≤120
40	0.9	70	

注:1 当设计压力或设计流量与表中规定不同时,应根据本规程给定的计算公式进行调整和核算消防炮的射程。

2 自动消防泡沫炮的射程按上表的90%计算。

4.3 火灾探测器

4.3.1 双波段探测器应符合表4.3.1规定。

表4.3.1 双波段探测器技术参数

最大探测距离(m)	30	60	80	100
保护角度(水平角/垂直角)	60°/50°	42°/32°	32°/24°	22°/17°

4.3.2 光截面探测器应符合表4.3.2规定。

表4.3.2 光截面探测器技术参数

探测距离(m)	30	60	100
保护角度(水平角/垂直角)	58°/48°	40°/30°	20°/15°

4.4 阀组

4.4.1 阀组应由检修阀、电动阀和水流指示器等组成。

4.4.2 检修阀应有启、闭状态反馈信号。

4.4.3 电动阀应有启、闭状态反馈信号。

4.4.4 水流指示器应反馈消防炮喷水信号。

4.5 泡沫比例混合装置与泡沫液罐

4.5.1 在规定流量范围内,泡沫比例混合装置应满足自动控制泡沫液和水混合比的功能要求。

4.5.2 泡沫液罐宜采用耐腐蚀材料制作;当采用钢质罐时,内壁应做防腐蚀处理。与泡沫液直接接触的内壁或防腐层不应影响泡沫液的性能。

4.5.3 泡沫比例混合装置应符合现行国家标准《低倍数泡沫灭火系统设计规范》GB 50151的相关规定。

4.6 消防泵组

4.6.1 消防泵组宜选用特性曲线平缓的消防水泵。

4.6.2 消防水泵的出口应设压力表。压力表的最大量程不应小于消防泵额定工作压力的1.5倍。

4.6.3 消防水泵的出水管上应设泄压阀,宜设回流管。

4.7 末端试水装置

4.7.1 末端试验装置应由试水阀、压力表以及试水接头组成。

4.7.2 试水接头的出水应采用孔口出流,并排入排水管道。

5 系 统 设 计

5.1 一 般 规 定

5.1.1 消防炮给水系统应独立设置。

5.1.2 比例混合器前给水管道不宜与泡沫混合液的供给管道合用;当合用时,应有保证泡沫混合液不流入给水管道的措施。

5.1.3 泡沫混合液宜采用低倍数泡沫混合液,泡沫液的选择应符合现行国家标准《低倍数泡沫灭火系统设计规范》GB 50151的相关规定。

5.1.4 火灾探测器、消防炮等设备的设置位置应便于安装和维护。

5.1.5 在消防炮给水管网的压力最不利处,应设末端试水装置。

5.1.6 给水管网的最高部位应设置自动排气阀。

5.1.7 消防泵出口与阀组之间的给水管网应充满压力水。当环境温度低于4℃时,给水管网应采取防冻措施。

5.2 火灾探测器的选型与设置

5.2.1 光截面探测器、红外光束感烟探测器的选型和设置应符合下列要求:

 1 应根据探测区域大小选择探测器的种类和型号;

 2 发射器和接收器之间的光路不应被遮挡,发射器和接收器之间的距离不宜超过100m;

 3 相邻两只光截面发射器的水平距离不应大于10m;

 4 相邻两组红外光束感烟探测器的水平距离不应大于14m;

 5 光截面探测器距侧墙的水平距离不应小于0.3m,且不应大于5m;

 6 探测器的光束轴线至顶棚的垂直距离不应小于0.3m。

5.2.2 双波段探测器、火焰探测器的选型和设置应符合下列要求:

 1 应根据探测距离选择探测器的种类和型号;

 2 应根据探测器的保护角度确定设置方法和安装高度;

 3 当双波段探测器、火焰探测器的正下方存在盲区时,应利用其他探测器消除探测盲区;

 4 探测器的安装位置至顶棚的垂直距离不应小于0.5m;

 5 探测器距侧墙的水平距离不应小于0.3m。

5.2.3 探测器的安装位置应避开强红外光区域,避免强光直射探测器镜面。

5.3 消防炮设置

5.3.1 消防炮的布置数量不应少于2门,布置高度应保证消防炮的射流不受阻挡,并应保证2门消防炮的水流能够同时到达被保护区域的任一部位。

5.3.2 现场手动控制盘应设置在消防炮的附近,并能观察到消防炮动作,且靠近出口处或便于疏散的地方。

5.3.3 消防炮的俯仰角和水平回转角应满足使用要求。

5.3.4 在消防炮塔和设有护栏平台上设置的消防炮的俯角均不宜大于50°,在多平台消防炮塔设置的低位消防炮的水平回转角不宜大于220°。

5.3.5 消防炮的固定支架或安装平台应能满足消防炮喷射反作用力的要求,并应保证支架或平台不影响消防炮的旋转动作。

5.4 给 水 系 统

5.4.1 给水系统的水源可由市政管网、企业的生产或消防给水管道供给,也可由消防水池或天然水源供给,并应确保持续喷射时间内的系统用水量。水质应无污染、无腐蚀、无悬浮物。

5.4.2 室外消防给水管道的设置应符合现行国家标准《建筑设计防火规范》GB 50016和《高层民用建筑设计防火规范》GB 50045的相关规定。

5.4.3 给水系统宜采用稳高压消防给水系统或高压消防给水系统。

5.4.4 稳高压消防给水系统应符合下列规定:

 1 应设稳压泵、气压罐,并应与消防泵设在同一泵房内;

 2 稳压泵的流量不宜大于5L/s,其扬程应大于消防泵的扬程。稳压泵给水管的管径不应小于80mm;

 3 气压罐宜采用隔膜式气压稳压装置,其有效调节容积不应小于600L;

 4 给水系统的稳压泵应联动消防泵。稳压泵的关闭和开启应由压力联动装置控制。稳压泵停止压力值和联动消防泵启动压力值的差值应不小于0.07MPa;

5.4.5 消防泵和稳压泵的设置应满足下列规定:

 1 消防泵的流量应满足自动消防炮灭火系统流量的要求,其扬程应满足系统中最不利处消防水炮工作压力的要求;

 2 消防泵和稳压泵均应设置备用泵,备用泵的工作能力不应小于其中最大一台工作泵的工作能力。按二级负荷供电的建筑,宜采用柴油机泵作消防备用泵;

 3 消防泵、稳压泵应采用自灌式吸水方式。采用天然水源时,水泵的吸水口应采取防止杂物堵塞管网的措施;

 4 每组消防泵的吸水管不应少于2根。每组水泵的出水管不应少于2根。消防泵、稳压泵的吸水管段应设控制阀;出水管应设闸阀、止回阀、压力表和直径不小于65mm的试水阀。必要时,应采取控制消防泵出口压力的措施。

5.4.6 消防炮给水系统应布置成环状管网。

5.4.7 采用稳高压消防给水系统的自动消防炮灭火系统,可不设高位消防水箱。

5.4.8 自动消防炮灭火系统采用稳高压消防给水系统或高压消防给水系统时，可不设水泵接合器。

5.4.9 严寒与寒冷地区，易遭受冰冻影响的供水设施，应采取防冻保护措施。

5.5 自动消防水炮灭火系统

5.5.1 消防水炮的设计射程和设计流量应符合下列规定：

1 消防水炮的设计射程应符合消防炮布置的要求。室内布置消防水炮的射程按本规程表4.2.5计算，室外布置消防水炮的射程按本规程表4.2.5射程的90%计算；

2 当设计工作压力与产品的额定工作压力不同时，应在产品规定的工作压力范围内选用；

3 在设计工作压力下，消防水炮的射程可按下式确定：

$$D_s = D_e \sqrt{\frac{P_s}{P_e}} \quad (5.5.1\text{-}1)$$

式中 D_s——消防水炮的设计射程（m）；
D_e——消防水炮在额定工作压力时的射程（m）；
P_s——消防水炮的设计工作压力（MPa）；
P_e——消防水炮的额定工作压力（MPa）。

4 当上述计算的消防水炮设计射程不能满足消防炮布置的要求时，应调整原设计的水炮数量、布置位置、规格型号、消防水炮的设计工作压力等，直至达到要求为止；

5 消防水炮的设计流量可按下式确定：

$$Q_s = Q_e \sqrt{\frac{P_s}{P_e}} \quad (5.5.1\text{-}2)$$

式中 Q_s——消防水炮的设计流量（L/s）；
Q_e——消防水炮的额定流量（L/s）。

5.5.2 室外消防水炮的额定流量不宜小于30 L/s。

5.5.3 消防水炮灭火及冷却用水的连续供给时间应符合下列规定：

1 扑救室内火灾的灭火用水连续供给时间不应小于1.0h；

2 扑救室外火灾的灭火用水连续供给时间不应小于2.0h；

3 甲、乙、丙类液体储罐、液化烃储罐、石化生产装置和甲、乙、丙类液体、油品码头等冷却用水连续供给时间应符合国家现行相关标准的规定。

5.5.4 消防水炮灭火及冷却用水的供给强度应符合下列规定：

1 扑救室内一般固体物质火灾的供给强度应符合国家现行相关标准的规定，其用水量应按2门水炮的水射流同时达到防护区任一部位的要求计算。民用建筑的用水量不应小于40 L/s，工业建筑的用水量不应小于60 L/s；

2 扑救室外火灾的灭火及冷却用水的供给强度应符合国家现行相关标准的规定；

3 甲、乙、丙类液体储罐、液化烃储罐和甲、乙、丙类液体、油品码头等冷却用水的供给强度应符合国家现行相关标准的规定；

4 石化生产装置的冷却用水的供给强度不应小于16 L/(min·m²)。

5.5.5 消防水炮灭火面积及冷却面积的计算应符合下列规定：

1 甲、乙、丙类液体储罐及液化烃储罐冷却面积的计算应符合国家现行相关标准的规定；

2 石化生产装置的冷却面积应符合现行国家标准《石油化工企业设计防火规范》GB 50160的规定；

3 甲、乙、丙类液体、油品码头的冷却面积的计算应符合国家现行相关标准的规定；

4 其他场所的灭火面积及冷却面积应按国家现行相关标准或根据实际情况确定。

5.6 自动消防泡沫炮灭火系统

5.6.1 自动消防泡沫炮灭火系统宜喷洒低倍数泡沫混合液。

5.6.2 消防泡沫炮的设计射程和设计流量应符合下列规定：

1 消防泡沫炮的设计射程应符合消防炮布置的要求。室内布置消防泡沫炮的射程按本规程表4.2.5计算；室外布置消防泡沫炮的射程按本规程表4.2.5的90%计算；

2 当消防泡沫炮的设计工作压力与产品的额定工作压力不同时，应在产品规定的工作压力范围内选用；

3 在设计工作压力下，消防泡沫炮的设计射程按本规程式（5.5.1-1）进行计算确定；

4 当上述计算的消防泡沫炮设计射程不能满足消防泡沫炮布置的要求时，应调整原设计的消防泡沫炮的数量、布置位置或规格型号，直至达到要求为止；

5 在设计工作压力下，消防泡沫炮的流量按本规程式（5.5.1-2）计算确定；

6 自动消防泡沫炮灭火系统持续喷射泡沫的时间不应小于10min。

5.6.3 室外配置的消防泡沫炮其额定流量不宜小于48L/s。

5.6.4 扑救甲、乙、丙类液体储罐区火灾及甲、乙、丙类液体、油品码头火灾等的泡沫混合液的连续供给时间和供给强度应符合国家现行相关标准的规定。

5.6.5 消防泡沫炮灭火面积的计算应符合下列规定：

1 甲、乙、丙类液体储罐区的灭火面积应按实际保护储罐中最大一个储罐横截面积计算。泡沫混合液的供给量应按2门消防泡沫炮计算；

2 甲、乙、丙类液体、油品装卸码头火灾的灭火面积应按油轮设计船型中最大油轮的面积计算；

3 飞机库的灭火面积应符合现行国家标准《飞机库设计防火规范》GB 50284的规定；

4 其他场所的灭火面积应按照国家现行相关标准或根据实际情况确定。

5.6.6 供给消防泡沫炮的水质应符合设计所用泡沫液的要求。

5.6.7 泡沫混合液设计总流量应为系统中需要同时开启的消防泡沫炮设计流量的总和，且不应小于灭火面积与供给强度的乘积。混合比的范围应符合现行国家标准《低倍数泡沫灭火系统设计规范》GB 50151的规定，计算中应取规定范围的平均值。泡沫液设计总量应为计算总量的1.2倍。

5.6.8 泡沫液的储存温度应为0～40℃，且宜储存在通风干燥的房间或敞棚内。

5.6.9 自动消防泡沫炮灭火系统的设计除了满足本规程外，还应满足现行国家标准《低倍数泡沫灭火系统设计规范》GB 50151的要求。

5.7 水 力 计 算

5.7.1 管道内的水流速度宜采用经济流速；铸铁管管内流速不宜大于3 m/s；钢管管内流速不宜大于5m/s。必要时可超过5m/s，但不应大于10m/s。

5.7.2 水炮或泡沫炮系统的给水设计流量应按下式计算：

$$Q_z = \sum N_s \cdot Q_s \quad (5.7.2)$$

式中 Q_z——消防炮系统给水设计流量（L/s）；
N_s——系统中需要同时开启同一类型消防炮的数量；
Q_s——每门消防炮的设计流量（L/s）。

5.7.3 给水或给泡沫混合液管道总水头损失应按下式计算：

$$\sum h = h_1 + h_2 \quad (5.7.3)$$

式中 $\sum h$——水泵出口至最不利处消防炮进口的给水或给泡沫混合液管道水头总损失（MPa）；
h_1——沿程水头损失（MPa）；
h_2——局部水头损失（MPa）。

5.7.4 管道沿程水头损失应按下式计算：

$$h_1 = i \cdot L \quad (5.7.4\text{-}1)$$

式中 i——管道单位长度的沿程水头损失（MPa/m），即管道沿

程阻力系数;

L——计算管道长度(m)。

配水管的管道内流速应按下式计算:

$$V=0.004 \cdot Q/(\pi \cdot d_j^2) \quad (5.7.4-2)$$

式中 V——管道内流速(m/s);

Q——所计算配水管内的流量(L/s);

π——圆周率;

d_j——管道计算内径(m),取值应按管道的内径减 1mm 确定。

当采用镀锌钢管时,每米管道的水头损失应按下式计算:

$$i=0.0000107 \cdot V^2/d_j^{1.3} \quad (5.7.4-3)$$

注:当采用其他类型的管道时,每米管道的水头损失可按管道相关的计算公式计算。

5.7.5 管道的局部水头损失宜采用当量长度法计算,各种管件和阀门的当量长度见本规程附录 A。附录 A 中没有的阀门或材料,可由生产厂家提供其当量长度。

水流指示器的当量长度取 0.02 MPa。

减压孔板的管道局部水头损失按下式计算:

$$h_2=0.01\sum\xi\frac{V_s^2}{2g} \quad (5.7.5)$$

式中 V_s——减压孔板后管道内水的平均流速(m/s);

g——重力加速度;

ξ——局部阻力系数,其取值见本规程附录 B。

5.7.6 水泵扬程或系统入口的供水压力 H 应按下式计算:

$$H=0.01\times Z+\sum h+P_s \quad (5.7.6)$$

式中 H——水泵扬程或系统入口的供水压力(MPa);

P_s——消防炮的设计工作压力(MPa);

Z——最不利处消防炮入口与消防水池最低水位或给水系统入口管水平中心线之间的高程差(m),(1m=0.01 MPa)。当消防水池的最低水位或给水系统入口管水平中心线高于最不利处消防炮入口时,Z 应取负值(m)。

6 管道和阀门

6.0.1 管道应选用内外壁热镀锌钢管、镀锌无缝钢管、不锈钢管或其他通过检测的钢管。

6.0.2 管道的直径应经水力计算确定。配水管道的布置应使配水管入口的压力趋向均衡。

6.0.3 直径等于或大于 100mm 的管道,应采用法兰或卡箍连接。水平管道上法兰间的管道长度不宜大于 20m;立管上法兰间的距离不应跨越 3 个及以上楼层。净空高度大于 8m 的场所,立管上应设置法兰。

6.0.4 水平安装的管道宜有 2‰～5‰ 的坡度,并应坡向泄水阀。

6.0.5 使用泡沫液、泡沫混合液或海水的管道,应设置冲洗接口。

6.0.6 配水管道的工作压力不应大于 1.60MPa,当管道压力超过需要的工作压力时,应在检修阀前设置减压孔板。

6.0.7 控制阀和检修阀应有明显的启、闭标志,启、闭信号应反馈到消防控制室。

7 火灾自动报警联动控制系统

7.1 一般规定

7.1.1 用电设备供电电源的设计应符合现行国家标准《建筑设计防火规范》GB 50016、《供配电系统设计规范》GB 50052 等规范的相关规定。

7.1.2 在有爆炸危险场所的防爆分区,电器设备和线路的设计、选用,管道防静电等措施应符合现行国家标准《爆炸和火灾危险性环境电力装置设计规范》GB 50058 的规定。

7.1.3 电器设备的布置,应满足带电设备安全防护距离的要求,并应符合现行国家标准《电器设备安全设计导则》GB 4064 和现行行业标准《电业安全工作规程》DL 409 等的规定。

7.1.4 电缆敷设应符合现行国家标准《低压配电设计规范》GB 50054 的规定。

7.1.5 防雷设计应符合现行国家标准《建筑物电子信息系统防雷技术规范》GB 50343 的规定。

7.1.6 安装在腐蚀场所的电器设备、线路和管道的防腐性能应满足防腐要求。

7.2 火灾报警装置

7.2.1 火灾报警装置应有自动和手动两种火灾触发装置。

7.2.2 火灾探测器的选择应满足以下要求:

1 应能有效的探测保护区内的早期火灾;

2 应能确认火灾发生的部位;

3 具有火灾智能识别功能;

4 宜采用能提供火灾现场实时图像信号的火焰探测器。

7.2.3 现场手动控制盘安装在墙上时,其底边距地面的高度宜为 1.3～1.5m,且应有明显标志。

7.2.4 火灾警报装置、消防电话、手动报警按钮及其他联动装置的设计与选用应符合现行国家标准《火灾自动报警系统设计规范》GB 50116 的相关规定。

7.3 火灾报警控制器

7.3.1 火灾报警控制器的选型应根据设计要求确定。

7.3.2 火灾报警控制器应符合现行国家标准《火灾自动报警系统设计规范》GB 50116 的相关规定。

7.4 信息处理主机

7.4.1 计算机控制系统应具有下列功能:

1 有防火软件包、控制软件包、监控软件包、图像管理软件包和网络通信软件包等;

2 报警区域现场平面布点电子地图;

3 报警火灾探测器的位置、型号、状态等信息;

4 报警发生时间及显示记录报警现场图像;

5 故障检测;

6 自动拨号;

7 查询记录;

8 网络通讯;

9 消防炮联动控制。

7.5 消防炮控制装置

7.5.1 消防炮控制装置应具有以下控制功能:

1 自动控制;

2 消防控制室手动控制;

3 现场手动控制;

4 应能控制消防炮的俯仰、水平回转和相关阀门的动作;

5 应能控制多台消防炮进行组网工作。

7.5.2 消防炮控制装置的控制功能除应控制消防炮外,还应控制消防泵的启、停,控制喷水状态和电动阀启、闭。

7.5.3 现场手动控制盘具有优先控制功能,应能手动控制消防炮瞄准火源,应能手动控制消防泵启、停,应能手动控制消防炮喷水状态,火警信息应反馈到消防控制室。

7.5.4 消防炮显示装置应具有以下显示功能:

1 显示消防泵、阀门和水流指示器的工作状态;

2 显示消防炮和其他控制设备地址。

7.6 消防控制室

7.6.1 消防控制室的设计除应符合现行国家标准《建筑设计防火规范》GB 50016、《火灾自动报警系统设计规范》GB 50116的相关规定外,还应符合下列要求:

1 能观察任何一门消防炮的动作;

2 应有良好的防火、防尘、防水等措施。

7.6.2 消防控制室平时显示监控图像,火警时应具有优先切换火灾现场画面的功能。

7.6.3 消防控制室的布置应满足以下要求:

1 当消防控制室没有屏幕墙时,操作台的背面距墙不应小于1.0 m;

2 当设有屏幕墙时,屏幕墙背面距墙的净距离不小于1.0m,正面与操作台的距离应保证消防值班人员能清楚地看到屏幕墙上最低排的显示器,且屏幕墙与操作台之间的间隔不小于1.0m;

3 操作台正面距墙距离不应小于1.5 m;

4 操作台和屏幕墙的两侧距墙距离不宜小于1.0 m;当消防控制室受环境影响时,应至少保证一侧距墙的距离不应小于1.0 m。

7.6.4 消防控制室应设置消防专用电话总机,宜设置可向城市消防控制中心直接报警的外线电话。

7.6.5 消防控制室应设架空地板,且架空高度不应小于150mm。

7.7 系统供电

7.7.1 供电系统应设有主电源和备用电源。

7.7.2 主电源应采用消防电源,备用电源可采用UPS电源。当备用电源采用消防系统集中设置的蓄电池时,火灾报警控制器应采用单独的供电回路,并应保证在消防系统处于最大负载状态下,不影响火灾报警控制器的正常工作。

7.7.3 主电源的保护开关不应采用漏电保护开关。

7.7.4 消防炮和阀组的电源应为消防电源。

7.8 布 线

7.8.1 自动消防炮灭火系统的布线应符合现行国家标准《火灾自动报警系统设计规范》GB 50116的要求。

7.8.2 传输、消防控制、通信和报警的线路当采用明敷时,应采用金属管或封闭式金属线槽保护,并应在金属管或金属线槽上采取防火保护措施;当采用暗敷时,宜采用金属管或经阻燃处理的硬质塑料管保护,并应敷设在非燃烧体的结构层内,其保护层厚度不宜小于30mm。

7.8.3 传输视频信号的电缆应使用同轴电缆(SYV-系列),且从探测器到消防控制室的传输电缆中间不应有接头。

7.8.4 当传输距离超过900m或有强电磁场干扰时,宜采用光缆传输;当有防雷要求时,宜采用无金属光缆传输。

8 系 统 施 工

8.1 一 般 规 定

8.1.1 自动消防炮灭火系统施工前应具备下列条件:

1 有完整的工程设计施工图、消防设备联动逻辑说明、设计说明书、设备表、材料表等技术文件;

2 设计单位应向施工、建设、监理单位进行技术交底;

3 系统组件、管件及其他设备、材料的型号、规格、数量应满足施工需要;

4 施工现场及施工中使用的水、电、气应满足施工要求,并能保证连续施工。

8.1.2 自动消防炮灭火系统应按照批准的工程设计文件和施工技术标准进行施工,不得随意变更。当需要变更时,应由原设计单位负责变更,并应经原审核的公安消防机构核准。

8.1.3 自动消防炮灭火系统必须由具有相应资质的专业施工队伍施工。

8.1.4 施工过程中,施工单位应做好设计变更、施工(包括隐蔽工程验收)、检验(包括绝缘电阻、接地电阻)等相关记录。

8.1.5 自动消防炮灭火系统施工前应对系统的组件、管件及其他设备、材料进行检查,并应符合设计要求和国家现行相关标准的规定,外观应无加工缺陷和机械损伤。

8.1.6 消防炮、火灾探测器、火灾报警控制器、信息处理主机、硬盘录像机、消防警报装置、消防电话、消防炮控制装置、现场手动控制盘、消防泵控制盘、泡沫比例混合装置、消防泵组、阀组和电源等专用设备,安装前应进行现场检验,且型号、规格、数量应符合设计要求,外观应无加工缺陷和机械损伤。

8.1.7 自动消防炮灭火系统竣工时,施工单位应完成竣工图及竣工报告。

8.2 火灾自动报警联动控制系统的安装

8.2.1 布线应符合现行国家标准《建筑电气工程施工质量验收规范》GB 50303及《火灾自动报警系统施工及验收规范》GB 50166的规定,并应检查导线的种类、电压等级。

8.2.2 传输线路宜选择不同颜色的绝缘导线或电缆。正极线应为红色,负极线应为蓝色。传输线、消防控制线、通信线和报警线等在同一工程中,相同用途导线的颜色应一致,且导线的接线端应有标号。

8.2.3 导线敷设后,每个回路的导线应用500V兆欧表测量绝缘电阻。弱电系统导线对地、导线之间的绝缘电阻值不应小于20MΩ;强电系统导线对地、导线之间的绝缘电阻值不应小于0.5MΩ。

8.2.4 信息处理主机的安装应符合现行国家标准《火灾自动报警系统施工及验收规范》GB 50166的相关规定。

8.2.5 消防炮控制装置、现场手动控制盘、消防泵控制盘的安装应符合现行国家标准《火灾自动报警系统施工及验收规范》GB 50166中关于火灾报警控制器安装的相关规定。

8.2.6 消防炮解码器应安装在通风干燥处,安装位置距离消防炮位置不应大于10m,并应固定牢固、可靠,且便于维护。

8.2.7 双波段探测器、火焰探测器的安装角度应避免产生探测盲区。双波段探测器、火焰探测器宜采用壁装,也可采用吸顶安装。

8.2.8 双波段探测器的接线应符合产品说明书的要求。双波段探测器当选择壁装时,应符合以下规定:

1 当净空高度 h≤8m 时,距顶棚的垂直高度不应小于0.3m;

2 当净空高度 h>8m 时,距顶棚的垂直高度不应小于0.5m。

8.2.9 光截面探测器、红外光束探测器的安装应符合以下规定：

1 探测器的型号及数量应符合设计要求；

2 发射器和接收器应相对安装在被保护空间的两侧，收发光路上不应有任何阻挡物体，发射器应保证完全位于接收器有效视场中；

3 发射器、接收器可壁装或吸顶安装；

4 每只发射器应接入电源线，每只接收器应接入一根视频同轴电缆和电源线；

5 当安装在平顶棚下面时，探测器的光束轴线至顶棚的距离不宜小于 0.3m。

8.3 管道及阀门安装

8.3.1 当管道采用热镀锌钢管时，材质应符合现行国家标准《输送流体用无缝钢管》GB/T 8163、《低压流体输送用焊接钢管》GB/T 3091 的要求。当使用铜管、不锈钢管等其他管材时，应符合国家现行相应技术标准的要求。

8.3.2 管道连接方式及其附件的安装应符合现行国家标准《自动喷水灭火系统施工及验收规范》GB 50261 相关规定的要求。

8.3.3 管道支架、吊架、防晃支架的安装除应符合现行国家标准《自动喷水灭火系统施工及验收规范》GB 50261 相关规定的要求外，管道支架或吊架之间的距离还应符合表 8.3.3 的规定。

表 8.3.3 管道支架或吊架之间的距离

公称直径(mm)	50	70	80	100	125	150	200	250	300
距离(m)	4.0	5.0	5.0	5.5	6.0	6.0	7.0	8.0	10.0

8.3.4 各阀门的安装应符合现行国家标准《自动喷水灭火系统施工及验收规范》GB 50261 相关阀门安装要求的规定。

8.4 给水系统试压和冲洗

8.4.1 管网安装完毕后，应进行强度试验、严密性试验和冲洗，并应符合现行国家标准《自动喷水灭火系统施工及验收规范》GB 50261 相关规定的要求。

8.4.2 强度试验和严密性试验宜用水进行。强度试验的压力应为设计工作压力加 0.4MPa；严密性试验的压力应为设计工作压力，并应稳压 24h 无泄漏。

8.4.3 管网冲洗的水流流速、流量不应小于设计要求；管网冲洗宜分区、分段进行；当水平管网冲洗时，排水管位置应低于配水支管；当出口处水的颜色、透明度与入口处水的颜色、透明度基本一致时，冲洗可结束。

8.4.4 消防泡沫炮的安装应符合现行国家标准《泡沫灭火系统施工及验收规范》GB 50281 的相关规定。

8.5 消防炮及阀组安装

8.5.1 消防炮、阀组的安装宜在给水管网试压、冲洗合格后进行。

8.5.2 消防炮应安装牢固，并应保证喷水或喷泡沫混合液时射流不受阻挡。

8.5.3 阀组宜安装在距消防炮入口 10m 以内的水平管道上。阀门启、闭应灵活，密封应可靠。

8.5.4 水流指示器应垂直安装在水平管道上，水流指示器的动作方向应与水流方向一致。

8.5.5 消防炮、电动阀和水流指示器检修时，应先关闭检修阀，检修完毕后，应及时打开检修阀。

9 系统调试

9.1 一般规定

9.1.1 自动消防炮灭火系统调试应在系统施工结束后进行。

9.1.2 自动消防炮灭火系统调试应具备下列条件：

1 设备布置平面图、接线图、安装图、系统图和调试必需的技术文件齐备；

2 消防水池已储备设计要求的水量；

3 系统供电正常；

4 稳压设备工作正常；

5 消防炮的供水管网已充水；

6 被联动设备已经完成调试并正常工作。

9.1.3 自动消防炮灭火系统调试应指定调试负责人，调试负责人必须由有资格的专业技术人员担任。所有参加调试人员应分工清楚、职责明确，并应按调试程序进行。

9.1.4 调试结束后应形成调试记录并存档。

9.2 调试前的准备

9.2.1 调试前应编制调试大纲，并应按照大纲实施。

9.2.2 调试前应按设计要求，全数检查设备的型号、规格、数量及备件备品等。

9.2.3 调试前应全数检查自动消防炮灭火系统的施工质量，调试应全数进行，并应有文字记录。

9.2.4 调试前应检查自动消防炮灭火系统的线路，对错线、开路、短路和线间阻抗达不到设计要求的线路应进行检查处理，并应使阻抗达到设计要求。

9.3 火灾自动报警联动控制系统调试

9.3.1 信息处理主机、火灾探测器、火灾报警控制器、火灾警报装置和消防控制设备等应逐个进行单机通电检查。

9.3.2 单机通电运行正常后方可进行火灾自动报警联动控制系统调试。

9.3.3 火灾自动报警联动控制系统通电后，火灾报警联动控制器应按现行国家标准《火灾报警控制器通用技术条件》GB 4717 的相关要求进行下列检查：

1 火灾报警自检功能；

2 消音、复位功能；

3 故障报警功能；

4 火灾优先功能；

5 报警记忆功能。

9.3.4 消防联动控制器的调试应符合现行国家标准《消防联动控制设备通用技术条件》GB 16806 的相关要求。

9.3.5 当主电源断电时应自动转换至备用电源供电，主电源恢复后应自动转换为主电源供电，并应分别显示主、备电源的状态。

9.3.6 当光截面探测器、红外光束探测器的减光值达到 1.0dB～10dB 时，应在 30s 内向火灾报警控制器输出火警信号，报警确认灯应常亮，并应一直保持到手动复位。

9.3.7 双波段探测器、火焰探测器在试验火源作用下，应在 30s 内向火灾报警控制器输出火警信号；报警确认灯应常亮，并应一直保持到手动复位。

9.3.8 应分别用主电源和备用电源检查火灾自动报警联动控制系统的各项控制功能和联动功能。

9.3.9 火灾自动报警联动控制系统应在连续运行 120h 无故障后，填写调试报告。

9.4 消防炮控制装置调试

9.4.1 控制装置各个部件的安装应符合设计要求,且电气测试合格。

9.4.2 手动控制盘应按以下步骤调试:

  1 操作按钮,目测消防炮动作正确;

  2 按消防泵启、停按钮,消防泵动作正确,反馈信号正常;

  3 按电动阀启、闭按钮,电动阀动作正确,反馈信号正常。

9.4.3 现场手动控制盘应按以下步骤全数调试:

  1 操作按钮,目测消防炮动作正确;

  2 按消防泵启、停按钮,消防泵动作正确;

  3 按电动阀启、闭按钮,电动阀动作正确。

9.5 消防炮调试

9.5.1 消防炮调试前,消防水源应储备设计要求的水量,与消防炮配套的火灾自动报警联动控制系统应调试合格,并应处于正常工作状态。

9.5.2 调试内容应包括水源测试、消防泵调试、稳压泵调试、排水设施调试、消防炮调试。

9.5.3 水源测试、消防泵调试、稳压泵调试、排水设施调试应按现行国家标准《自动喷水灭火系统施工及验收规范》GB 50261的相关规定进行。

9.5.4 消防炮调试应全数检查、目测消防炮转动,并应符合下列要求:

  1 消防炮的俯仰、水平回转动作正常;

  2 带有雾化功能的消防炮,雾化角的设置范围、无级转换功能正常;

  3 消防炮的阀组安装位置正确,电气测试正常。

9.5.5 消防泡沫炮的调试尚应符合现行国家标准《泡沫灭火系统施工及验收规范》GB 50281的相关规定。

9.6 自动消防炮灭火系统调试

9.6.1 自动消防炮灭火系统的调试应符合下列要求:

  1 在开始调试前宜使阀组的检修阀和消防泵的出口阀门处于关闭状态,消防泵出水管上的泄压阀处于打开状态;

  2 在保护区内的任意位置上放置试验火源,自动消防炮灭火系统自动完成火灾探测、火灾报警、启动消防泵、启动相应消防炮、消防炮瞄准火源、打开相应电动阀,完成灭火模拟动作;

  3 显示并记录所有控制状态;

  4 检查上述过程是否正确。

9.6.2 自动消防炮灭火系统的灭火试验应符合下列要求:

  1 当现场条件允许,可进行本试验;

  2 系统处于正常工作状态,将试验火源置于消防炮被保护区内的任意位置上;火灾自动报警联动控制系统发现试验火源,发出声光报警信号,开启消防泵,启动相应的消防炮;消防炮开始转动并锁定试验火源,打开电动阀,消防炮开始喷水灭火,水流指示器和电动阀发出相应信号到火灾报警控制器;灭火完成,停消防泵,关电动阀。

10 系统验收

10.0.1 自动消防炮灭火系统竣工后必须进行系统验收,验收不合格不得投入使用。

10.0.2 自动消防炮灭火系统工程验收缺陷项目划分按本规程附录C进行。

10.0.3 自动消防炮灭火系统进行验收时,建设单位应向当地消防验收部门提供下列资料:

  1 竣工验收申请报告;

  2 设计图纸审核意见,设计变更通知单;

  3 施工单位的竣工资料、竣工图,包括调试报告;

  4 设备、材料的检验报告;

  5 工程质量事故处理报告;

  6 施工现场质量管理检查记录,包括隐蔽工程记录;

  7 系统施工过程质量控制检查记录;

  8 检测单位的检测报告;

  9 系统质量控制检查资料。

10.0.4 火灾自动报警联动控制系统的验收应符合现行国家标准《火灾自动报警系统施工及验收规范》GB 50166的相关规定。

10.0.5 火灾探测器验收应符合下列要求:

  1 火灾探测器的设置场所、型号、规格和数量应符合设计要求;

  2 光截面探测器或红外光束感烟探测器的收发光路上不应有阻挡物;

  3 双波段探测器或火焰探测器的保护范围内不应有阻挡物;

  检查数量:火灾探测器按比例抽验,100只(套)以下抽验10只(套);100只(套)以上抽验5%~10%。被抽验的探测器试验均应正常。

  检查方法:对照图纸进行观察、检查;光截面探测器或红外光束感烟探测器用减光片检查;双波段探测器或火焰探测器用试验火源检查。

10.0.6 自动消防炮灭火系统的供水水源、消防水泵房、消防泵、阀组、管网的验收应符合现行国家标准《自动喷水灭火系统施工及验收规范》GB 50261的相关规定。

10.0.7 消防炮验收应符合下列要求:

  1 消防炮的设置位置、型号、规格和数量应符合设计要求;

  2 消防炮安装牢固,消防炮的喷射水流不应受到阻挡;

  3 消防炮的水平方向、垂直方向的旋转不应受到阻碍;

  4 消防炮的射程不应小于设计射程;

  5 消防炮的出水流量不小于设计流量;

  6 控制室手动控制盘和现场手动控制盘控制消防炮应运动自如、灵活可靠、动作准确;

  7 定位器显示的图像清晰、稳定。

  检查数量:全数检查。

  检查方法:对照图纸观察、检查;操作控制盘按钮,目测消防炮的运动。

10.0.8 自动消防炮灭火系统流量、压力的验收应采用流量、压力检测装置进行放水试验,系统的流量、压力应符合设计要求。

10.0.9 自动消防泡沫炮灭火系统的验收尚应符合现行国家标准《泡沫灭火系统施工及验收规范》GB 50281的相关规定。

11 维护管理

11.0.1 自动消防炮灭火系统的管理者应制定管理、检查和维护规章。

11.0.2 维护管理人员应由经过专门培训、考试合格的专业技术人员承担。

11.0.3 自动消防炮灭火系统投入使用时，应具备下列文件资料：
1 全部技术资料和竣工验收报告；
2 操作规章；
3 值班日志、维护和检查记录表。

11.0.4 自动消防炮灭火系统应处于正常工作状态。当发现故障时，应及时维修。

11.0.5 当自动消防炮灭火系统发生故障，需要停水维修时，应经主管值班人员同意，并采取防范措施后进行施工。

11.0.6 严寒或寒冷季节，消防储水设备和管道的任何部位均不得结冰，每天应检查设置消防储水设备和管道的房间，保持室温不低于5℃。

11.0.7 火灾自动报警联动控制系统的定期检查和试验应符合下列要求：
1 每日应检查火灾报警控制器的功能，并填写系统运行和火灾报警控制器的日检登记表；
2 每三个月应进行一次火灾探测器、信息处理主机、火灾警报装置、消防电梯停于首层、消防电话、强制切断非消防电源、应急照明、疏散指示、消防炮控制装置和现场手动控制盘的功能试验，并做好相应的记录；
3 每年应对火灾自动报警联动控制系统做一次全面检查，并做好相应的记录。

11.0.8 自动消防泡沫炮的维护管理尚应符合现行国家标准《泡沫灭火系统施工及验收规范》GB 50281的相关规定。

11.0.9 消防泵组应每月检查一次。检查时，应启动消防泵，检查反馈信号。

11.0.10 管网、阀门应每月检查一次。检查时，水压应满足设计要求。

11.0.11 电动阀应每三个月检查一次。检查时，应关闭检修阀，启、闭电动阀，检查反馈信号。检验完，再打开检修阀。

11.0.12 自动消防炮灭火系统应每半年检查一次。检查时，应关闭稳压设备，排放检修阀到消防炮之间管道的积水后，再关闭检修阀。点燃试验火源，自动消防炮灭火系统应能发出火灾报警信号；消防炮开始扫描，并应准确瞄准火源。消防泵、电动阀动作正常，反馈信号显示正常；其他消防联动设备运行正常，反馈信号显示正常。试验、检查完毕，打开检修阀，使管道充满水，稳压设备工作正常。

11.0.13 举行重大活动前，应对自动消防炮灭火系统做一次全面检查，并做好相应的记录。

附录 A 各种管件和阀门的当量长度

表 A 各种管件和阀门的当量长度（m）

管件名称	管件直径 DN(mm)								
	50	70	80	100	125	150	200	250	300
45°弯头	0.6	0.9	0.9	1.2	1.5	2.1	2.7	3.3	4.0
90°弯头	1.5	1.8	2.1	3.1	3.7	4.3	5.5	5.5	8.2
三通、四通	3.1	3.7	4.6	6.1	7.6	9.2	10.7	15.3	18.3
蝶阀	1.8	2.1	3.1	3.7	2.7	3.1	3.7	5.8	6.4
闸阀	0.3	0.4	0.5	0.6	0.6	0.9	1.2	1.5	1.8
止回阀	3.4	4.3	4.9	6.7	8.3	9.8	13.7	16.8	19.8
异径弯头	70/50	80/70	100/80	125/100	150/125	200/150	—	—	—
	0.5	0.6	0.8	1.1	1.3	1.6	—	—	—
Y型过滤器	22.4	28	33.6	46.2	57.4	68.6	91	113.4	—

附录 B 减压孔板的局部阻力系数

表 B 减压孔板的局部阻力系数

d_k/d_j	0.3	0.4	0.5	0.6	0.7	0.8
ξ	292	83.3	29.5	11.7	4.75	1.83

注：d_k 为减压孔板的孔径(mm)。

附录 C 自动消防炮灭火系统验收缺陷项目划分

C.0.1 自动消防炮灭火系统验收缺陷项目划分应按表 C 进行。

表 C 自动消防炮灭火系统验收缺陷项目

缺项分类	严重缺陷(A)	重缺陷(B)	轻缺陷(C)
包含条款	—	—	10.0.3 条
	10.0.4 条	—	—
	10.0.5 条第 2、3 款	—	10.0.5 条第 1 款
	10.0.6 条	—	—
	10.0.7 条第 2~7 款	—	10.0.7 条第 1 款
	—	10.0.8 条	—

中国工程建设协会标准

自动消防炮灭火系统技术规程

CECS 245：2008

条 文 说 明

---

1 总 则

1.0.1 本条提出制定《自动消防炮灭火系统技术规程》的目的是正确、合理地进行自动消防炮灭火系统的设计、施工、调试、验收和维护，使其在火灾发生时能够快速、有效地扑灭火灾，最大限度地减少火灾损失。

自动消防炮灭火系统是在保留固定消防炮灭火系统基本功能的基础上，增加了不用人员干预的全自动灭火功能和在消防控制室的可视化灭火功能，使得消防炮灭火系统应用范围得到了拓展，消防炮灭火系统的类型得到了增加。自动消防炮灭火系统对火灾的反应速度大大加快，灭火能力大大提高，火灾损失大大降低，因此适合对火灾危险性大、经济价值高、使用功能重要场所的安全保护。自动消防炮灭火系统解决了大空间建筑物的自动灭火问题。自动消防炮灭火系统还可以对人员不便达到或无法达到的场所实行火灾扑救，解决了这类建筑的火灾防治问题。消防炮灭火系统采用自动灭火技术后，使它进入到自动灭火系统的范畴，可以替代其他形式的自动灭火系统，承担起火灾扑救的作用。

自动消防炮灭火系统近年来被大量应用于展览厅、体育馆、大型仓库、工业厂房、飞机库和建筑物的中庭等室内场所。国家在 2003 年 8 月 1 日制定并实施了《固定消防炮灭火系统设计规范》GB 50338，对消防炮的应用给出了相应的规定，但《固定消防炮灭火系统设计规范》GB 50338 中没有涉及到自动消防炮灭火系统，造成了该系统的工程设计、施工验收和消防建审均无章可循，致使一些工程的设计、施工不尽合理和完善，直接影响了自动消防炮灭火系统的使用效果。制定本规程的目的就是要为自动消防炮灭火系统的工程设计、施工验收和维护管理提供技术要求，同时也为消防监督部门的监督和审查工作提供技术依据。

1.0.2 本条规定了《自动消防炮灭火系统技术规程》的适用范围。其他场所指的是建筑面积大，高度低于 8m 的场所。

1.0.3、1.0.4 自动消防炮灭火系统在进行工程设计、施工中，涉及到专业较多，范围较广，本规程只规定了系统特有的技术要求，对于其他专业性较强而且在相关现行国家标准、规范(程)中已作出规定的，本规程不再重复规定，在涉及时应按照相应的规范、标准的规定执行。

2 术语和符号

2.1 术 语

2.1.2 自动消防炮灭火系统是在固定消防炮灭火系统的基础上发展起来的、并在工程中被大量使用的一门技术。中国科学技术大学火灾科学国家重点实验室于1995年开发出"LA100型火灾安全监控系统",采用双波段探测器、光截面探测器,成功的解决了大空间火灾报警这一世界性的难题,采用"LA100型火灾安全监控系统"联动消防炮,在大空间内进行火灾定点扑救,同样成功的解决了大空间内自动喷水灭火这一世界性的难题,关键技术属于国际首创,整体水平处于国际先进地位。该项技术的推广使用,引起国内外同行的关注,带动了消防行业对该项技术的研究。

这里的自动消防炮灭火系统包括以水为灭火剂的自动消防水炮灭火系统和以泡沫混合液为灭火剂的自动消防泡沫炮灭火系统。

2.1.3 轨道式自动消防炮灭火系统是为了解决自动消防炮灭火系统在高架库中使用而发展起来的。在高架库中,货架对消防炮的水流产生严重的遮挡,布置消防炮时会大量增加消防炮的数量,增加了工程造价。把消防炮安装在轨道上,根据火警信号,消防炮自动移至火警发生部位,进行火灾定位和扑救,这样可以在不影响消防保护效果的情况下,大大地节省工程造价,使投资趋于合理。

2.1.4 在有些场所和部位,消防炮安装在明露的状态下,有时会不符合业主方对环境美观的要求(如剧院),或者在明露的消防炮容易受到损坏(如有车辆行驶的部位),这时要求将消防炮安装在隐蔽的地方或不易被损坏的地方。

2.1.15、2.1.16 消防炮的工作压力一般在0.8MPa以上,试验证明,近距离的柱状水流会对人和财产造成一定的威胁,特别在人员密集和存放贵重物品的场所,所以通常使用柱、雾状自动转换的消防炮。而最新的消防炮能喷射柱、开花、雾状水流,这种消防炮在15m以内喷射雾状水流,在15～35m区间喷射开花水流,最远的地方喷射柱状水流。实验证明,雾状水流或开花水流不仅大大的降低了水柱的冲击力,保护了人身和财物的安全,还增加了水流落地时的覆盖面积,有利于火灾的扑救。从柱状水流转变成雾状水流的临界角度称为雾化角,在雾化角度范围内的水流都是雾状水流。雾化角可以根据现场的要求设定。

3 系 统 选 型

3.1 系 统 选 择

3.1.3 本条规定了自动消防水炮灭火系统的使用场所和选型。

1 柱状水流带有一定的压力,近距离喷射柱状水流可能会对人、物产生危害。所以在人员活动频繁和存放贵重物品的场所,推荐使用带有自动调整水流喷射状态的消防炮。对于雾状水流,可根据现场使用要求和产品性能设置雾化角度,使在设置的角度范围内,到达地面的水柱成为雾状水流;

2 在高架仓库和狭长场所设置自动消防水炮灭火系统时,推荐使用轨道自动消防水炮灭火系统,消防炮应根据火灾自动报警联动控制系统提供的火警信号,自动移动至火灾发生的地点进行火灾扑救;

3 在有防爆要求的场所,消防炮等设备应满足防爆要求;

4 由于美观、隐蔽、安全等原因,要求消防炮安装在不被人看见的隐蔽场所,在发生火灾时,消防炮可以依据探测到的火警信号,移动到设定位置进行火灾扑救。

3.1.4 按照现行国家标准《火灾自动报警系统设计规范》GB 50116的规定,点型感烟火灾探测器的最高安装高度为12m,点型感温火灾探测器的最高安装高度为8m。火灾模拟试验表明,在12m以上的大空间建筑场所内,光截面探测器、双波段探测器、火焰探测器、红外光束感烟探测器能够进行有效的火灾探测。吸气式感烟探测器根据使用场所的洁净程度、净空高度和可燃种类进行有选择的选用。

3.1.5 本条根据国家标准《火灾自动报警系统设计规范》GB 50116-98中第7.2.10规定:"装有联动装置、自动灭火系统以及用单一探测器不能有效确认火灾的场合,宜采用感烟探测器、感温探测器、火焰探测器(同类型或不同类型)的组合。"这是因为任何一种探测器对火灾的探测都有它的局限性,易产生误报。设置自动消防炮的场所一般都是比较重要的场所,一旦误报、误喷造成的经济损失重大和社会影响极坏,所以对自动消防炮灭火系统的可靠性要求高。故本规程推荐自动消防炮灭火系统采用复合火灾探测技术,同类型或不同类型火焰探测器组合探测技术。

3.2 设 置 场 所

3.2.1 本条列举了自动消防炮的典型应用场所。

1 国家标准《自动喷水灭火系统设计规范》GB 50084(2005年版)第5.0.1条规定的净空高度大于8m的建筑物可以采用自动消防炮灭火系统,第5.0.1A条规定的场所也可设置自动消防炮灭火系统;

2～4 规定的场所是在发生火灾时,灭火人员接近时会有生命危险,这些场所宜设置自动消防炮灭火系统,以降低在火灾时对人、财产的威胁;

5 火灾蔓延面积较大,且损失严重的场所,又不宜设置其他自动喷水灭火系统的场所,可设置自动消防炮灭火系统;

6 使用性质重要是指人员密集场所或火灾时造成的经济损失和社会影响重大的场所,火灾危险性大的场所是指聚集大量可燃物质的场所;

7 发生火灾时,灭火人员难以接近或接近后难以撤离的场所。

3.2.2 自动消防水炮灭火系统的灭火剂是水,因此凡是不适合用水灭火的物品或场所,自动消防水炮灭火系统也不适用。本规程规定了自动消防炮灭火系统不适用的范围。不能用水灭火的场所包括遇水产生可燃气体或氧气并导致加剧燃烧或会引起爆炸的地方;遇水产生有毒有害物质的对象,如大量储存或使用钾、钠、锂、钙、锶、氯化锂、氧化钠、碳化钙、磷化钙等物质的场所;存放一定量油品的敞口容器,洒水将导致喷溅、沸溢事故的地方。

4 系统组件

4.2 消防炮

4.2.1、4.2.2 定位器是消防炮的重要部件。在消防炮扫描过程中,它能够接收现场的火灾信息并发送至信息处理主机,进行信号处理、识别和判断,完成自动扫描过程。大量的工程实例表明,定位器能够准确提供现场火灾的位置信号,消防炮控制装置就是依赖这个信号,锁定火源位置,并完成对火源的准确定位。

4.2.3 定位器是用来搜索火源和瞄准火源的器件,当定位器的探测距离小于消防炮的射程时,消防炮的最大保护距离等于定位器的探测距离;当定位器的探测距离大于消防炮的射程时,虽然发现了火源,消防炮即使喷水也无法灭火,因此消防炮的最大灭火距离等于消防炮本身的射程。为了保证消防炮的射程,定位器的探测距离应等于消防炮的射程。

4.2.4 在有防腐要求的场所使用的消防炮、供水管网应该满足防腐要求。

4.4 阀组

4.4.2 阀组中的检修阀是在维护管理中使用的阀门,在消防炮、电动阀、水流指示器进行维修时,须先关闭检修阀,待维修完成之后再打开检修阀。为了防止忘记打开检修阀,检修阀应使用带反馈信号的阀门,其反馈信号应在消防控制室的控制台上有显示。

4.4.3 电动阀是控制消防炮喷水的部件,应能远程控制它的启、闭,并应有状态反馈信号,其反馈信号应接到消防控制室,并在控制台上有显示。根据各消防炮生产厂家的实际情况,也可以采用其他形式的电控阀门。

4.4.4 水流指示器是监视消防炮是否出水的部件,其监视信号应送到消防控制室。

4.5 泡沫比例混合装置与泡沫液罐

4.5.1 泡沫比例混合装置种类很多,工程设计选用时应执行现行国家标准《低倍数泡沫灭火系统设计规范》GB 50151的相关规定。在现行国家标准《低倍数泡沫灭火系统设计规范》GB 50151的第4.2.2A 条中规定:所选用的泡沫比例混合器应使泡沫混合液在设计流量范围内的混合比不小于其额定值,也不得大于其额定值的30%、且实际混合比与额定混合比之差不得大于一个百分点。这样规定主要是考虑泡沫液混合比过低导致系统灭火的可靠性下降,混合比过高导致泡沫液不必要的浪费。

4.5.3 自动消防泡沫炮灭火系统使用的泡沫液应根据消防炮生产厂家的产品说明书选用,建议消防炮选用水成膜泡沫液。

水成膜泡沫液含有大量碳氢表面活性剂和氟碳表面活性剂以及有机溶剂,长期储存碳氢表面活性剂和有机溶剂不但对金属有腐蚀作用,而且对许多非金属材料也有很强的溶解、溶胀和渗透作用,若泡沫储罐内壁的材质不能满足要求,会大大缩短其使用年限。

某些材料或防腐涂层对泡沫液的性能有不利影响,尤其是碳钢对水成膜泡沫液的性能影响最大,铁离子会使氟碳表面活性剂变质,所以不得使泡沫液与碳钢直接接触。

4.6 消防泵组

4.6.1 在消防工程中,消防泵宜选择特性曲线平缓的离心泵,消防泵的工作压力和流量在实际工作中变化不大。选择特性曲线陡降的离心泵,随着泵工况的变化,流量和扬程发生相应的变化,流量变小时扬程升高。所以特性曲线陡降的离心泵,既不能满足使用要求,又会损坏供水管网。

4.6.3 本条规定是考虑给水系统发生异常高压时,会对给水管道和系统组件造成损坏。

4.7 末端试水装置

4.7.1 自动消防炮灭火系统设置末端试验装置是为了检查管道是否有水,压力是否满足设计要求。

5 系 统 设 计

5.1 一 般 规 定

5.1.1 本条规定保证了消防炮给水系统的安全、可靠性,其目的是保证消防炮在火灾紧急情况下的正常用水,此外消防炮的给水系统压力要比其他消防给水系统的压力大得多,从保证消防炮的给水压力考虑,也需要单独设置给水系统。

5.1.2 本条规定是考虑在复杂的使用场所同时使用水灭火剂和泡沫灭火剂时,灭火剂的输送宜分开输送,主要防止泡沫液对管道和设备的腐蚀而设置。

5.1.4 大空间建筑物的火灾探测器和消防炮的设备的安装高度高,一般施工安装都有脚手架,但以后维护时,搭脚手架就不那么容易了,这不仅使维护时取得这些材料、设备困难,使维护成本上升,而且搭放脚手架的地方往往也有问题。所以设计时就应考虑到消防炮的安装维修问题,力求少用或不用脚手架。

5.1.5 本条规定了在自动消防炮灭火系统水压最不利点处,应设置末端试验装置,用来检验供水系统的水压是否满足灭火要求。

5.1.6 设置自动排气阀是为了管网系统在充水和使用过程中,排除管道内的空气,保证管网内处处都充满水。排气阀应该设置在其负责区段管道的最高点。

5.1.7 为了使阀组的电动阀打开后消防炮就能喷水,从而提高系统的响应速度,达到快速喷水、早期灭火的目的,以降低火灾造成的损失。现行国家标准《自动喷水灭火系统设计规范》GB 50084中规定湿式系统工作的环境温度不低于4℃,当系统工作在环境温度低于4℃的场所时,应对供水管网采取保护措施,本规程也对"从消防泵出口至阀组之间的管网"作出相同的规定。

5.2 火灾探测器的选型与设置

5.2.1 本条规定了光截面探测器、红外光束感烟探测器设计布置的一般要求。每组红外光束感烟探测器是由一个发射器和一个接收器组成，发射器发射光信号，由接收器接收，形成一条光束。相邻两条红外光束的水平距离不应大于14m。光截面探测器是多个发射器对一个接收器，形成多条光束，相邻两只光截面发射器的水平距离不应大于10m。一个接收器接收发射器数量由接收器的保护角决定。光截面探测器应根据被保护场所几何尺寸结合表1选择合适的产品型号和每个接收器对应发射器的数量。

表1　光截面探测器的主要技术参数

规格型号	发射器			接收器		
	LIAN－GMT030	LIAN－GMT060	LIAN－GMT100	LIAN－GMR030	LIAN－GMR060	LIAN－GMR100
工作电压	DC24V±10%			DC18V～26V(标称值DC24V)		
功耗(W)	≤2.0	≤2.2	≤2.5	≤5.0		
探测距离(m)	30	60	100	30	60	100
保护角度H/V	—	—	—	58°/48°	40°/30°	20°/15°
信号输出	—	—	—	1.0Vp-p PAL复合视频,75Ω/BNC接头		
距离因子K₁/K₂	—	—	—	1.7/1.2	0.9/0.6	0.4/0.3
电源线制	总线制					
信号线制				多线制		

注：表中保护角度H为水平角，V为垂直角。

在建筑物内，平面布置参考如图1、2、3所示。本规程正文部分给出了空间布置的主要尺寸。

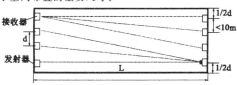

图1　光截面探测器俯视布置图
d—同侧两个相邻发射器之间的宽度；
L——组探测器发射器到接收器之间的距离；

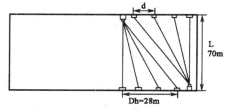

图2　光截面探测器平面布置图
Dh——组探测器中发射器的总宽度

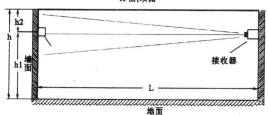

图3　光截面探测器侧视图

5.2.2 本条对双波段探测器、火焰探测器进行了规定。双波段探测器、火焰探测器应根据所选定的火灾探测器所对应的保护角度进行布置。

双波段探测器是由红外CCD和彩色CCD组成，它将采集到的红外图像和彩色图像通过同轴电缆传送至信息处理主机进行分析处理，是一种非接触式的火灾探测技术，它提供的彩色图像同时可以用来对火灾进行人工确认和对消防炮实行可视手动控制，也可以替代保护区域内的监控系统。应根据被保护场所的几何尺寸结合表2选择合适的双波段探测器型号。双波段探测器的布置参考图4。

表2　双波段探测器的主要技术参数

规格	LIAN－DC360	LIAN－DC640	LIAN－DC830	LIAN－DC1020
工作电压	DC18V～DC26V(标称值DC24V)			
功耗(W)	8			
信号输出	两路1.0Vp-p PAL复合视频,75Ω/BNC接头			
安装方式	壁装或吊装			
最大探测距离(m)	30	60	80	100
保护角度(H/V)	60°/50°	42°/32°	32°/24°	22°/17°
尺寸(宽×高×深)(mm)	160×103×165			

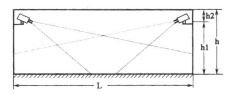

图4　双波段探测器侧视图

5.2.3 红外光束感烟探测器和光截面探测器都是由接收器接收红外发射器发射来的红外信号进行火灾探测的，火焰探测器和双波段探测器的接收器接收火灾的红外信号，而太阳光中含有大量的强红外光信号，这种红外信号对红外火焰探测器构成了干扰，甚至产生误报。因此在设计和安装这些探测器时，应避开阳光、灯光等发射的强红外光区域，避免强光直射探测器引起误报。

5.3 消防炮设置

5.3.1 现行国家标准《固定消防炮灭火系统设计规范》GB 50338规定：消防炮的设置应保证被保护区域的任一部位都有两门消防炮的射流到达，见图5。图5中2区是有两门消防炮的射流到达，图5中1区只有一门消防炮的射流到达，还需要其他消防炮来保护。由表3可见，PSDZ20-LA551消防炮的最大保护半径是50m，一门壁装的消防炮的保护面积近4000m²，一旦某一门消防炮失灵，在4000m²的面积内失去了自动灭火设备进行早期灭火的可能，火灾将会迅速蔓延而造成重大的损失，所以本规程也作了相同规定。

表3　科大立安消防炮的主要技术参数

项目 \ 型号	PSDZ20－LA551	PSDZ20W－LA552	PSDZ30W－LA862
流量(L/s)	20	20	30
最大射程(m)	50	50	65
入口法兰	DN50,PN16	DN50,PN16	DN80,PN16
入口工作压力(MPa)	0.8	0.9	0.9
最大额定压力(MPa)	1.6	1.6	1.6
雾化角度	—	≥90°	≥90°
俯角/仰角	−85°/+60°	−85°/+60°	−85°/+60°
供电电压(VDC)	24	24	24
最大驱动功率(W)	80	130	130
炮身自重(kg)	20	22	25
外形尺寸(长×宽×高)(mm)	930×320×310	570×320×310	570×320×320

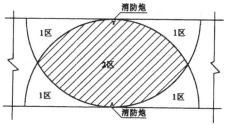

图5　消防炮平面布置示意图

5.3.2 本条规定是考虑到火灾现场有人,为了充分发挥火灾现场人员灭火的积极性,达到早期快速灭火的目的。同时也考虑了现场人员对消防炮的有效操作和安全撤离,体现了以人为本的理念。

5.3.3 消防炮俯仰角和水平回转角直接关系到保护空间的大小。消防炮需要自动调整消防炮的俯仰角和水平回转角,使消防炮的水流能够到达火灾位置。图6为合肥科大立安安全技术有限责任公司生产的型号为PSDZ20-LA551消防炮,在流量为20L/s,工作压力为0.8MPa时的不同仰角状态的射程图,从图上不难看出,工作压力和出流量一定时,在不同俯仰角状态下的射程是不一样的。

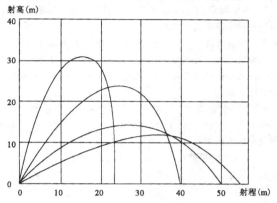

流量 Q＝20L/s　工作压力 0.8MPa
图6　PSDZ20－LA551　消防炮柱状射流时射高-射程图

通过调查,消防炮的水平回转角度一般为0°～355°,在这个范围内可根据设计需要设定水平回转角度。在大量的工程实例中,水平回转角度为0°～180°,这是因为消防炮大多数是靠墙安装的缘故。在工程设计时,设计人员应明确每台消防炮的水平回转角度,以便在工程安装调试阶段设定消防炮的回转角度。回转角度应符合使用的要求,回转角度过大,会增加消防炮的搜寻范围,增加定位时间。

5.3.4 本条对安装在消防炮塔和设有护栏的平台上的消防炮的俯角和回转角作出相应规定,规定的目的是防止俯角过大造成防护栏过低,对安装和维护人员构成潜在的威胁。在室内设置消防炮时,不宜采用在带护栏的平台上安装消防炮。

5.3.5 消防炮在喷水灭火过程中会有一定的反作用力,在设计中应加以考虑。消防炮的反作用力由消防炮生产厂家提供。在工程实例中,消防炮的安装支架和平台栏杆等有可能影响消防炮的喷射,在设计图纸中应给出要求,在安装过程中,应加以注意。设置在室外的消防炮塔应执行现行国家标准《固定消防炮灭火系统设计规范》GB 50338的相关规定。

5.4　给　水　系　统

5.4.1 本条参考现行国家标准《建筑设计防火规范》GB 50016和《高层民用建筑设计防火规范》GB 50045的相关规定,规定了自动消防炮灭火系统的水源和水质要求。

5.4.3 首先,自动消防炮灭火系统可不设高位消防水箱;其次,考虑到大空间建筑物规模大,消防炮至消防泵的距离比较远,火警以后再启动消防泵、打开电动阀到喷射出水的时间太长,丧失了灭火的最好时机。为了确保瞄准火源后能立即喷水,自动消防炮灭火系统推荐使用稳高压消防给水系统或高压消防给水系统。

5.4.4 本条对稳压装置作了规定,稳压装置除应执行本条规定,尚应执行现行中国工程建设标准化协会标准《气压给水设计规范》CECS 76等相关规定。

5.4.5 本条对供水设备进行了规定,是参考了现行国家标准《自动喷水灭火系统设计规范》GB 50084的第10.2.1、10.2.2、10.2.3、10.2.4条规定,是对供水的可靠性作出的规定。稳压泵应按一用一备或二用一备的比例设置备用泵。

5.4.6 本条规定消防炮的给水系统应布置成环状管网,是对给水管网供水的可靠性作出的规定。环状管的布置应符合现行国家标

准《建筑设计防火规范》GB 50016和《高层民用建筑设计防火规范》GB 50045的相关规定。

5.4.7 在实际工程应用中,由于末端消防炮的工作压力在0.8MPa以上,设置高位水箱,一般难以解决最不利点的消防炮对给水压力的要求;每门消防炮的流量在16L/s以上,若每门炮10min灭火时间,其供水量达到9.6 m³,每次灭火要启动2门以上的消防炮,也就是说消防水箱的容积要19.2 m³以上。达到以上要求,实现比较困难,所以本规程建议消防炮的供水系统采用稳高压消防给水系统或高压消防给水系统,不设置高位水箱。

5.4.8 由于自动消防水炮灭火系统在实施灭火过程中用水量比较大,需要设置的水泵接合器数量比较多,且难以满足自动消防炮用水量的需要,故本规程建议消防水池的蓄水量满足消防系统用水量要求时,可不设置水泵接合器。

5.4.9 本条是为了确保严寒与寒冷地区供水管网的可靠性和安全性。

5.5　自动消防水炮灭火系统

5.5.1 工程设计时,按其额定射程初步确定消防炮的布置数量、位置和消防炮的规格型号。再按本规程给出的计算公式计算消防炮的出流量、压力和射程,即为设计流量、设计压力和设计射程。并按本规程第5.3.1条规定,对消防炮的布置数量、位置和消防炮的规格型号进行调整。调整后,再重复上述计算,获得一组新的设计参数。直至符合本规程第5.3.1条的规定为止。在工程设计中,室外布置的消防炮可能受到风向、风力的影响,因此应按设计射程的90%折算并复核和调整。

另外,在工程实际应用中,由于受到动力配套能力、消防炮的安装高度和室内室外环境因素等影响,消防炮的出流量和射程都可能会受到影响,因此工程设计时,应注意消除影响消防炮使用的不利因素。

5.5.2 在工程实际应用中,风向、风力对射程影响很大,甚至超出本规程给出的折算系数,所以本规程给出室外设置消防炮的流量不宜小于30 L/s。

5.5.3～5.5.5 引用现行国家标准《固定消防炮灭火系统设计规范》GB 50338的相关规定。

5.6　自动消防泡沫炮灭火系统

5.6.1 目前在工程实际应用中,消防炮喷射的泡沫液为低倍泡沫液,并推荐使用水成膜泡沫液。

5.6.2 本条规定引用现行国家标准《固定消防炮灭火系统设计规范》GB 50338的相关规定,涉及的射程计算公式和流量计算公式与本规程的第5.5.1条的射程计算公式和流量计算公式表达方式相同,本条中直接引用。

5.6.3 本条规定引用现行国家标准《固定消防炮灭火系统设计规范》GB 50338的相关规定。用于保护室外环境、火势蔓延迅速的区域性火灾场所的泡沫炮,须具备足够的灭火流量和射程,流量过小的消防泡沫炮在室外环境中容易受到风向、风力等因素的影响而降低射程和损失水量,满足不了灭火和冷却的使用要求。

5.6.4 泡沫混合液的连续供给时间和供给强度在现行国家标准《低倍数泡沫灭火系统设计规范》GB 50151、《石油化工企业设计防火规范》GB 50160和现行行业标准《装卸油品码头设计防火规范》JTJ 237都有明确规定。在《低倍数泡沫灭火系统设计规范》GB 50151中规定:

1 当泡沫炮系统作为非水溶性甲、乙、丙类液体固定顶储罐的主要灭火设施时,其泡沫混合液供给强度和连续供给时间不应小于表4的规定。

表4　泡沫混合液最小供给强度与连续供给时间

泡沫液种类	混合液供给强度	连续供给时间（min）	
	L/(min·m²)	甲、乙类液体	丙类液体
蛋白、氟蛋白	8.0	60	45
水成膜、成膜氟蛋白	6.5	60	45

2 当采用泡沫炮系统保护甲、乙、丙类液体槽车装卸站台时，泡沫混合液供给强度和连续供给时间不应小于表5的规定。

表5 泡沫混合液供给强度和连续供给时间

泡沫液种类	供给强度 L/(min·m²)	连续供给时间 (min)	装卸的液体种类
蛋白、氟蛋白	6.5	20	非水溶性液体
水成膜、成膜氟蛋白	5.0	20	
抗溶性泡沫	12	30	水溶性液体

3 当泡沫炮系统保护设有围堰的非水溶性甲、乙、丙类液体流淌火灾场所时，保护面积应按围堰包围的地面面积与其中不燃结构占据的面积之差计算，其泡沫混合液供给强度与连续供给时间不应小于表6的规定。

表6 泡沫混合液最小供给强度与连续供给时间

泡沫液种类	混合液供给强度 L/(min·m²)	连续供给时间(min)	
		甲、乙类液体	丙类液体
蛋白、氟蛋白	6.5	10	30
水成膜、成膜氟蛋白	6.5	30	20

4 当泡沫炮系统保护甲、乙、丙类液体泄漏导致的室外流淌火灾场所时，应根据保护场所的具体情况确定最大流淌面积。泡沫混合液供给强度和连续供给时间不应小于表7的规定。

表7 泡沫混合液供给强度和连续供给时间

泡沫液种类	供给强度 L/(min·m²)	连续供给时间 (min)	装卸的液体种类
蛋白、氟蛋白	6.5	15	非水溶性液体
水成膜、成膜氟蛋白	5.0	15	
抗溶性泡沫	12	15	水溶性液体

5.6.5 本条规定引用现行国家标准《固定消防炮灭火系统设计规范》GB 50338的规定。

5.6.6 淡水是配制各类泡沫混合液的最佳水源。某些泡沫液也适宜于用海水配制混合液。一种泡沫液是否适宜于用海水配制混合液取决于其耐海水(或硬水)的性能。因此，选择水源时，应考虑与所选泡沫液要求的水质是否相适宜。

5.6.8 本条规定是为了防止泡沫液在有效期内，因温度过高或过低而变质导致失效。

5.7 水力计算

5.7.1 在进行水力计算时，管网中的水流宜采用经济流速。本条规定与现行国家标准《自动喷水灭火系统设计规范》GB 50084相统一。设计人员在计算中尽可能采用经济流速，必要时可以超过5m/s，但管网中的流速不得超过10m/s。

5.7.2 初步设计时水的压力和流量按额定值考虑，实际使用的压力不是额定压力时，由于压力变化导致流量也发生变化，它们的关系如本规程式(5.5.1-2)所示，该设计流量即为每门消防炮的实际流量。总的给水设计流量为每门消防炮的设计流量之和。

5.7.3~5.7.6 给出水力计算公式，依据这些公式计算消防泵的扬程，并选定消防泵。这些公式是我国目前广泛采用的计算方法，并保持与现行国家标准《自动喷水灭火系统设计规范》GB 50084的相关内容相统一。

6 管道和阀门

6.0.1 随着新材料、新工艺的出现，本规程提出了几种可供选用的管材。大量的工程实例中，消防炮的工作压力一般都超过0.8MPa，在工程设计中选用管材及其配件时，除满足管网的压力要求外，尚应符合输送介质对管道的要求。

6.0.2 本条规定，管道的规格型号应根据水力计算确定，在设计中不应按照经验来确定管径。

6.0.3 本条引自现行国家标准《自动喷水灭火系统设计规范》GB 50084第8.0.4条规定。规定了管径大于或等于100mm的管道应分段采用法兰或卡箍连接，以便于维修管理，还特别规定了立管的分段问题。

6.0.4 消防管道要求有一定的坡度，充水管道的坡度不宜小于2‰，并坡向泄水管，以便于管道充水时排尽管内的空气和维修时排空管道内的积水。

6.0.5 本条规定了使用泡沫液、泡沫混合液或海水为介质的管道应设置冲洗接口，因为这些介质对管网有较强的腐蚀性，设置冲洗接口，便于使用后对管网进行冲洗。

6.0.6 本条款参照了现行国家标准《自动喷水灭火系统设计规范》GB 50084的8.0.1条规定。减压孔板的设置应符合现行国家标准《自动喷水灭火系统设计规范》GB 50084的相关规定：①设置在直径不小于50mm的水平直管段上，前后管段长度均不宜小于该管段直径的5倍；②孔口直径不应小于设置管段直径的30%，且不应小于20mm；③应采用不锈钢板材制作。不锈钢板材厚度规定：$\phi50\sim80mm$ 时，$\delta=3mm$；$\phi100\sim150mm$ 时，$\delta=6mm$；$\phi200mm$ 时，$\delta=9mm$。

6.0.7 自动消防炮灭火系统的供水管网设置的控制阀和检修阀应该有明显的启闭标志，并且需要保证其状态受到监视，在消防控制室应该能够知道阀门启闭状态，目的是保证所设置的阀门处于开启状态，保证系统正常运行。

7 火灾自动报警联动控制系统

7.2 火灾报警装置

7.2.1 本条引用现行国家标准《火灾自动报警系统设计规范》GB 50116的规定,在进行自动消防炮灭火系统设计时,火灾自动报警联动控制系统的报警装置也应有自动和手动两种火灾触发装置。

7.2.2 本条对用于自动消防炮灭火系统的火灾探测器进行了规定。

火灾的产生经历了初起、发展和熄灭几个阶段。为了减小火灾造成的损失,应早期发现火灾、早期扑灭火灾,力争做到起火不成灾或使火灾造成的损失降低到最低程度,因此提出了探测早期火灾的要求。火灾探测器提供火灾报警信号和火警报到部位是探测器的基本要求,也是联动消防炮的要求。为了杜绝漏报、减少误报,提高火灾报警的可靠性和有效性,火灾探测器应具有智能识别功能。探测火灾产生的气体(如 CO、CO_2 等)和烟雾,虽然在出现明火前就能发现火灾,但是它们的飘浮性不能确定火源的准确位置,因此准确的确定火源位置还要用火焰探测器。好在出现明火以前,火灾的蔓延速度缓慢,造成的损失比较小。对于高灵敏度火焰探测器,能在火焰很小的时候就能发现火灾,所以还是能早期扑灭火灾,有效地控制火灾。自动消防炮灭火系统是全自动的火灾扑救系统,能在没有人工干预的情况下,自动地扑灭火灾。但是如果消防控制室或火灾现场有人,完全可以充分发挥人的主观能动性,人们凭借探测器提供火灾现场实时图像信号,进行远程控制消防炮灭火,这种灭火方式既快捷,又可靠,所以,建议宜采用能够提供火灾现场实时图像信号的火焰探测器。

7.2.3 规定手动报警按钮、现场手动控制盘的安装高度,主要是为了方便操作。

7.2.4 在进行消防工程设计时,火灾警报装置、消防电话、手动报警按钮及其他联动装置是火灾自动报警联动控制系统中不可分割的部分,这些设备的选用与设计应符合现行国家标准《火灾自动报警系统设计规范》GB 50116的规定。

7.4 信息处理主机

7.4.1 对目前自动消防炮灭火系统生产厂家的调研表明,信息处理主机是自动消防炮灭火系统的核心组成部分,是接收火灾信号并进行火灾识别、火警确认、自动扫描定位和发出灭火指令的工业控制计算机,所以本条对其进行了规定。信息处理主机的核心是应用软件,这些软件是自动消防炮灭火系统用来完成各项功能的基本保证。

7.5 消防炮控制装置

7.5.1 本条规定了自动消防炮灭火系统应具备的自动控制功能、消防控制室手动控制功能和现场手动控制功能,其优先级别现场手动控制功能最高,其余依次为消防控制室手动控制功能、自动控制功能。这三种功能是自动消防炮灭火系统可靠、准确、高效灭火所必备的功能。本规程对其进行规定是对自动消防炮灭火系统进行规范化管理的具体体现。

　　1 消防控制室在无人值守的状态下,系统在接收到火警信号后,自动启动消防炮完成自动扫描、火源瞄准和自动灭火等功能。

　　2 系统除了自动功能外,还应有手动控制功能,在消防控制室能够根据屏幕显示,通过摇杆转动消防炮炮口指向火源,手动启动消防泵和电动阀,完成火灾扑救的工作。

　　3 现场工作人员发现火灾,手动操作设置在消防炮附近的现场手动控制盘上的按键,转动消防炮炮口指向火源,启动消防泵和电动阀,完成火灾扑救的工作。

　　4 消防炮控制装置应具有一次启动该保护区域2门消防炮同时进行火灾扑救的功能。

7.5.2 消防炮控制装置应能对消防泵的启停进行手动、自动控制,并能显示消防泵的工作状态;同样对消防炮前的电动阀开、关应具有手动、自动控制功能,并能显示电动阀的工作状态。

7.5.3 本条规定现场手动控制盘应具有优先控制的功能。

7.5.4 本项规定使消防控制室的工作人员知道消防炮及其相关设备的工作状态。

　　1 消防炮的控制装置应能显示消防泵、电动阀、检修阀和水流指示器的工作状态,能够显示消防泵的运行、停止、故障,能够显示阀门打开、关闭的状态;

　　2 能够显示消防炮和其他设备的位置及其地址编码。

7.6 消防控制室

7.6.2 自动消防炮灭火系统在手动控制工作状态下,要求火灾探测器能够提供图像信号。在火灾报警时,火灾现场的图像信号应能强行切换至显示器的当前画面上,消防值班人员根据屏幕图像手动控制消防炮进行火灾扑救。自动消防炮灭火系统采用双波段探测器进行火灾探测时,双波段探测器可以提供火灾现场的实时图像,在消防控制室的显示器上显示现场图像,并按不小于1:8的比例配置显示器和双波段探测器。

7.6.3 本条对消防控制室的布置进行规定。给出的数据主要是考虑消防控制室的管理和维护的方便。需要强调的是第2款,在不少工程中,由于消防控制室的预留面积小,消防控制室操作台离屏幕墙的距离不够,操作台遮挡了值班人员观看屏幕墙上的图像,给消防值班人员的工作带来了不便。在进行消防控制室设备布置时,一定要满足本条的规定。

7.6.4 本条参照现行国家标准《火灾自动报警系统设计规范》GB 50116的相关规定。

7.6.5 本条规定消防控制室应设架空地板,以便进入消防控制室的电线电缆敷设在架空地板下。架空地板可以是防静电地板,也可以是非防静电地板。

7.7 系统供电

7.7.3 主电源不应采用漏电保护开关进行保护,其原因是,漏电与保证装置供电可靠性相比,后者更重要。

7.7.4 消防炮和阀组中的电动阀使用的220V交流电源应为消防电源。该电源可以从消防控制室的UPS电源获得,也可以使用其他消防电源取得。

7.8 布　　线

7.8.3 在自动消防炮灭火系统中,双波段探测器、光截面探测器、定位器等采集到的信号为视频信号,传输视频信号应采用视频同轴电缆,而不应选用传输射频信号的同轴电缆,其传输距离应符合现行行业标准《民用建筑电气设计规范》JGJ/T 16 的相关规定。考虑到同轴电缆的接头会产生阻抗失配,造成视频信号损失,同时电缆中间有接头,会产生接触不良导致的信号损失,甚至开路引起故障,所以本条规定了视频传输电缆中间不应有接头的要求。

7.8.4 随着光缆技术的进步和发展,光缆的可靠性提高,价格下降,用光缆传输视频信号将会得到越来越多的应用。

8 系 统 施 工

8.1 一般规定

8.1.1 本条规定了系统施工前应具备的技术、物质条件。参考了现行国家标准《建筑给水排水及采暖工程施工质量验收规范》GB 50242、《建筑电气工程施工质量验收规范》GB 50303、《自动喷水灭火系统施工及验收规范》GB 50261和《火灾自动报警系统施工与验收规范》GB 50166的相关内容。

8.1.2 为了保证消防工程的工程质量和使用功能达到设计要求，强调施工单位和建设单位应按批准的工程设计文件和施工技术标准施工，无权任意修改设计图纸。过去，有些建设单位或施工单位在施工过程中任意修改已批准的工程设计文件，导致系统的功能达不到原设计要求，或满足不了使用功能，给已建成的工程造成安全隐患。

8.1.4、8.1.5 规定应对进场的材料、设备进行检查验收。抽查的比例应符合现行国家标准《建筑给水排水及采暖工程施工质量验收规范》GB 50242、《建筑电气工程施工质量验收规范》GB 50303的相关规定，并填写好《进场材料抽样检查记录》或《设备开箱检查记录》。

8.1.7 自动消防炮灭火系统竣工时，施工单位应按相关规定整理并完成竣工报告，按合同规定的份数提交给建设单位。

8.2 火灾自动报警联动控制系统的安装

8.2.3 线间、导线对地的绝缘电阻值达不到要求，说明系统存在隐患，即使当时勉强通过，时间长了还会出问题，所以必须逐一检查、排除隐患，使其符合本条规定。

8.2.4、8.2.5 信息处理主机、消防炮控制装置、消防泵控制盘是安装在消防控制室操作台上的设备，现场手动控制盘是安装在消防炮附近的设备。其固定应牢固；配线应整齐，避免交叉，并安装牢靠；电缆和所有配线的端部均应标明编号，并与安装图一致。标识的字迹应清晰不易褪色；端子板的每个接线端接线不得超过2根；电缆和导线的接线端应留有不小于20cm的余量；导线应绑扎成束。

8.2.6 消防炮的解码器设计和安装位置应符合本条规定，且安装位置应该易于进行维护管理、容易被发现。在调查中发现，有些工程的解码器位置远离消防炮，由于时间长久和使用单位、安装单位的人员变动，加上竣工图标识不清，给系统的维护和检修造成了一定的困难，甚至造成系统的局部区域消防炮不能正常工作，因此本规程作此规定。

8.2.7 双波段探测器和火焰探测器是有水平张角和垂直张角的，在工程设计时是按照其张角来布置设备的，不同的型号其张角是不同的，安装时应严格按设计文件的型号安装，并调整好设备的角度，否则会产生盲区。在采购产品时，在保证探测距离的同时，选定的设备张角应不小于设计选定型号所对应的张角。在实际施工过程中，由于现场情况变化，在设计安装位置的前方可能有遮挡物体出现，需要移动设备的安装位置，当出现这种情况时应及时与原设计人员联系。

8.2.9 本条对光截面探测器和红外光束探测器的安装作了规定。

   1 不同型号的光截面探测器和红外光束探测器，其保护距离是不一样的，采购的设备应满足保护距离和张角的要求；

   2 光截面探测器是由多个发射器和接收器组成，接收器张角范围内的发射光束才能被接收器有效地接收，张角以外的发射光束不能被接收器接收，所以在安装结束后应调整接收器的方向，使设计图纸规定的发射器位于其张角范围内；

   3 光截面探测器的发射器接入总线制 DC24V，接收器应接

入总线制 DC24V 和 1 根多线制视频同轴电缆；

   4 相邻光截面探测器光束的间距，同一光截面探测器相邻发射器间距，红外光束探测器相邻两条光束的水平距离应符合设计图纸的规定，且分别不应大于 10m、14m，同时光束上不应有遮挡物。当遮挡物出现在光束上时，应与设计人员联系，对设计进行修改；

   5 对火灾探测器与顶棚的安装距离作出了规定。

8.5 消防炮及阀组安装

8.5.2 消防炮的安装应固定牢固，并保证其射流不受阻挡。需要指出的是，消防炮下端的短立管固定应牢固，短立管应设固定支架，支架应设在消防炮入口法兰 10cm 处。在消防炮下端的固定支架不应妨碍消防炮的旋转和遮挡消防炮的出水，同时该支架还承担着消防炮在喷射时的反作用力。在砖墙上设固定支架时不应使用膨胀螺栓固定。其安装见图 7。

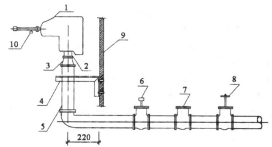

图 7 消防炮及阀组安装图

1—消防炮；2—消防炮入口法兰；3—大小头；4—消防炮支架；
5—消防炮短立管；6—电动阀；7—水流指示器；8—检修阀；
9—消防炮固定的端体（或柱、或钢结构等）；10—消防炮定位器

8.5.3 阀组应安装在水平管上，在对已安装的工程调查中发现，将阀组安装垂直管上，阀组的电动阀关闭不严。阀组的安装应在给水管网试压、冲洗合格后进行。故本规程对阀组的安装位置和安装技术作出了规定。阀组安装顺序应符合图 7 的规定。

8.5.4 安装后的水流指示器桨片应动作灵活，不应与管壁发生碰擦。

8.5.5 检修阀的作用是自动消防炮灭火系统进行检修时关闭水源，在系统维修结束后应及时打开，确保系统正常工作。在工程调查中发现，存在检修阀被关闭的现象。

9 系统调试

9.1 一般规定

9.1.1 只有在系统按照设计要求施工完成、工序检查验收合格后,才能全面、有效地进行各项调试工作。

9.1.2 本条规定了系统调试的基本条件,要求系统的水源、电源、气源均按设计要求投入运行,使自动消防炮灭火系统真正进入准工作状态,这时对系统进行的调试所取得的结果才是有效的、可信的。

9.1.4 调试合格后,应形成相关参加人员签字的文字记录。

9.2 调试前的准备

9.2.1 调试前应编制调试大纲,调试大纲中应包括安全措施。

9.2.2~9.2.4 规定调试前的准备工作内容,按照设计图纸和相关设计变更,全数检查设备的规格、型号、数量等,对系统的施工质量进行检查。对检查中发现的问题逐一处理并对处理结果进行确认。只有这样,才能确保调试顺利进行。

9.3 火灾自动报警联动控制系统调试

9.3.1 本条规定在系统施工结束后,进行系统调试前,应对所有待通电设备的接线是否正确和产品型号是否符合设计要求进行逐一检查,正确无误后逐一通电检查。

9.3.3 本条规定对火灾报警控制器应检查的功能。应用于火灾自动报警联动控制系统的火灾报警控制器必须具备本条规定的功能并按本条规定逐一进行检查。

9.4 消防炮控制装置调试

9.4.1 应全数检查消防炮、现场手动盘的安装位置和高度是否符合设计文件的要求。全数检查消防炮、现场手动盘和阀组的接线是否符合本规程和产品的要求。只有按照设计要求完成施工的工程,并经工序检查验收合格后,才能全面、有效的进行各项调试工作。

9.4.2 消防控制室的手动控制盘的上、下、左、右控制按钮,应能正确地操作消防炮向上、向下、向左、向右移动,其动作应准确无误,反馈信号应正常;消防泵启、停按键应能启动和停止消防泵,且动作应准确无误,反馈信号应正常;电动阀启、闭按键应能开启和关闭电动阀,且动作应准确无误,反馈信号应正常。

9.4.3 现场手动控制盘上的按键应能使消防炮的转动、消防泵启动和停止、电动阀开启和关闭等动作准确无误。

9.5 消防炮调试

9.5.4 本条是对消防炮调试检查的规定。

　　1 消防炮旋转转动灵活无阻碍,水平旋转角、俯角仰角的范围应满足设计要求,消防炮的水流应没有遮挡,最大射程应满足设计要求;

　　2 带有雾化功能的消防炮其雾化角的设置应符合设计和现场要求,雾化水流和柱状水流的转换应符合本规程的相关要求;

　　3 阀组的安装位置、顺序应符合本规程的要求。

9.6 自动消防炮灭火系统调试

9.6.1 本条规定了自动消防炮灭火系统联动调试内容,在现场放置试验火源,分自动、控制室手动和现场手动三种方式进行。

　　在进行本调试之前应确认检修阀是否处于关闭状态。

　　在确认关闭检修阀后,自动消防炮灭火系统处于自动状态下,点燃试验火源,检查探测器是否报警,目测消防炮是否开始扫描并指向火源,观察消防泵是否启动、电动阀是否开启;检查各种反馈信号是否正常。

　　试验火源可以采用长×宽×高=30cm×30cm×10cm或0.1m²的油盆,油盆内倒入2cm高的柴油,并放入少量汽油,将油盆放置在保护区内任一位置的地面上。

9.6.2 在现场允许的条件下可进行本条规定的联动试验,与本规程9.6.1试验的区别是本试验能够直接检查消防炮定位的准确性和灭火的有效性,检查消防炮的最大射程是否符合设计要求。

10 系统验收

10.0.1 本条对自动消防炮灭火系统验收作了明确规定。竣工验收是自动消防炮灭火系统工程交付使用前的一项重要技术工作。自动消防炮灭火系统是一种新型的防火手段,如何验收及验收的评判依据以前没有,对验收工程是否能够达到设计要求,系统投入使用后能否正常使用,验收人员心中无数。随着自动消防炮灭火系统的应用日益广泛,为了确保系统功能的正常发挥,规范竣工验收标准显得越来越重要,为此制定了本章的内容。

10.0.3 本条对自动喷水灭火系统工程施工及验收所需要的各种表格及其使用作了一般性规定。各地消防部门对于验收工作都有具体要求,施工单位、业主应主动取得当地消防部门的指导。

10.0.5 本条规定了火灾探测器的验收内容,验收的比例不得低于本条的规定。

10.0.6 本条规定了系统的供水水源、消防水泵房、消防泵、阀组、管网验收应符合现行国家标准《自动喷水灭火系统施工及验收规范》GB 50261的相关规定。自动喷水灭火系统灭火不成功的因素中,供水中断是主要原因之一,自动消防炮灭火系统也不例外。系统验收时需要检查水质、水源、储水量是否符合设计要求。采用露天水池、河水作水源的,在消防泵吸水口应有防护措施,防止杂物堵塞吸水口引起供水中断。消防泵房的排水设施应安全可靠,防止泵房被淹没的危险;消防泵的启、停是否符合本规程要求,主、备消防泵的相互投入是否安全可靠;气压给水设备在管网压力下降到设计最低压力时应能自动启动,到设定上限时应能停止;阀组中电动阀的动力要可靠,在控制信号下应能开启、关闭,水流指示器应能提供反馈信号;管网系统检查支架的设置能否满足要求,防腐、保温措施是否到位；排水设施是否设置合理，管网坡度及坡向是否合理，排气阀设置是否合理。

10.0.7 本条规定了对消防炮的验收。按设计图纸查对消防炮的设置位置、规格、型号和数量是否符合设计要求，设置位置和安装高度的改变、产品选型的错误都将导致消防炮射程覆盖范围的变化，可能导致不能实现保护区域内任一部位都有2门消防炮的射流到达，严重的甚至出现盲区。消防炮的旋转不应该受到阻挡，支架的设置、建筑物的构件、装修都可能导致消防炮的旋转受到阻碍或消防炮的喷射水流受到遮挡，这种阻挡使得消防炮的旋转角度（水平旋转角度、俯角和仰角）变小，这也导致保护区内产生盲区或被保护区域内任一部位不能有2门消防炮的射流到达。在设计工作压力下，检查消防炮的射程和流量是否符合设计要求。消防炮规格、型号和数量与设计要求不同时，必须取得设计人员的认可，不同型号或不同厂家生产的消防炮，在一定的工作压力下，其射程和流量可能不同，这种不同可能导致保护面积减小而产生盲区。在手动状态下，系统能够在消防控制室启动消防炮指向火源，启动电动阀使消防炮出水灭火，启动消防泵向系统供水；在现场使用现场手动控制盘也同样能够完成以上动作。检查定位器提供的图像质量，模糊的图像不能保证在自动状态或消防控制室手动控制时，能使消防炮发现火源并使其准确指向火源。

10.0.8 流量或压力的减小导致消防炮的最大射程减小，只有流量、压力达到设计要求才能保证灭火效果，因此要检查给水系统的流量、压力是否达到设计要求。当用流量计检查出水量达到设计要求时，检查压力表的读数是否满足要求。若验收不具备上述条件，也可喷水实际测量，检查射程达到设计要求即可。

检查内容：确保供水管网和阀门无损坏；阀门是否处于开启状态；末端试水装置；供水管网供水压力等。

11.0.11 本条规定了电动阀的维护管理，应在规定时间内对电动阀做检查。检查内容为：电动阀的电源情况，电动阀的电机运转，手动启、闭电动阀，反馈信号等是否正常。

11.0.12 本条规定了自动消防炮灭火系统的维护管理，这是对整个系统做全面的检查。检查时应确保检修阀处于关闭状态。检查内容涵盖整个系统的所有部件。检查内容：火灾报警控制器的功能；探测器的报警功能；消防设备的电源；手动、自动状态下消防炮的运动，电动阀的启、闭，消防给水设备的动作等是否正常。

11 维护管理

11.0.1 维护管理是自动消防炮灭火系统能否正常发挥作用的关键之一，平时必须精心维护管理才能保证系统在出现火警时正常发挥作用。

11.0.2 自动消防炮灭火系统的构成比较复杂，对维护管理人员的专业技术水平要求较高，所以承担这项工作的维护管理人员应当经过专业培训，持证上岗。

11.0.3 本条对系统投入使用时，应具有的文件作了常规性规定，以便在维护管理工作中查对相关资料。值班人员在日常管理中应该填写值班日志，在对系统进行维护和检查时应该填写相关表格，对系统的异常状态作出详细的记录并及时解决。

11.0.4 本条规定自动消防炮灭火系统应24h处于连续工作状态。当系统发现故障时应及时通知相关单位进行修复，以保证系统的正常运行。

11.0.5 当自动消防炮灭火系统的故障引起系统局部或全部停止供水进行维修时，应向上一级主管部门提出申请，经批准后进行。同时应当在采取一定安全措施或制定应急预案后进行维修。

11.0.7 本条对火灾自动报警联动控制系统的维护管理作了规定。应按规定的时间和内容对系统进行维护，并作好相应的记录。

11.0.9 本条规定了消防泵组的维护管理，应在规定的时间内对消防泵组进行检查。检查内容一般为：消防泵的电源情况；消防泵控制柜；启动消防泵，检查消防泵的运行情况；消防泵的手动启动、自动投入；消防泵的反馈信号是否正常。

11.0.10 本条规定了自动消防炮灭火系统给水管网、阀门的维护管理。在规定的时间内，全面检查供水管网和供水管网中的阀门。

中国工程建设协会标准

大空间智能型主动喷水
灭火系统技术规程

Technical specification for large-space
intelligent active control sprinkler systems

CECS 263：2009

主编单位：广　州　市　设　计　院
佛山市南海天雨智能灭火装置有限公司
批准单位：中　国　工　程　建　设　标　准　化　协　会
施行日期：２０１０　年　１　月　１　日

中国工程建设标准化协会公告

第 49 号

关于发布《大空间智能型主动喷水
灭火系统技术规程》的公告

根据中国工程建设标准化协会(2004)建标协字第 31 号文《关于印发中国工程建设标准化协会 2004 年第二批标准制、修订项目计划的通知》的要求,由广州市设计院、佛山市南海天雨智能灭火装置有限公司等单位编制的《大空间智能型主动喷水灭火系统技术规程》,经中国工程建设标准化协会防火防爆专业委员会组织审查,现批准发布,编号为 CECS 263：2009,自 2010 年 1 月 1 日起施行。

中国工程建设标准化协会
二〇〇九年十一月三日

前　言

根据中国工程建设标准化协会(2004)建标协字第31号文《关于印发中国工程建设标准化协会2004年第二批标准制、修订项目计划的通知》的要求,制定本规程。在本规程的制订过程中,遵照"预防为主、防消结合"的消防工作方针,总结了近几年来国内外已建成或在建中的会展中心、机场、大型商场等多项大空间建筑消防设计和使用方面的经验教训,结合采用我国自行开发研制的大空间智能型主动灭火装置科研成果,广泛征求科研、设计、生产、消防监督、质检等部门意见,经有关部门共同审查定稿。

本规程共分18章和8个附录。主要内容有:总则,术语和符号,设置场所及适用条件,系统选择和配置,基本设计参数,系统组件,喷头及高空水炮的布置,管道,供水,水力计算,控制系统的操作与控制,电气,施工前准备,系统安装与施工,系统试压和冲洗,系统调试,系统验收,系统维护和管理等。

根据国家计委计标[1986]1649号文《关于请中国工程建设标准化委员会负责组织推荐性工程建设标准试点工作的通知》的要求,推荐给工程建设、设计、施工等使用单位和工程技术人员采用。本规程由中国工程建设标准化协会防火防爆专业委员会(CECS/TC14)归口管理并负责解释。在执行本规程过程中,如有意见和建议,请函至解释单位(四川省都江堰市外北街266号公安部四川消防科研所,邮编:611830)。

主 编 单 位:广州市设计院
佛山市南海天雨智能灭火装置有限公司

参 编 单 位:国家消防装备质量监督检验中心
公安部天津消防研究所
广东省公安厅消防局
辽宁省消防局
广州市公安消防局
深圳市公安消防局
佛山市公安消防局
云南省曲靖市消防支队
上海沪标工程建筑咨询有限公司
中国建筑设计研究院
中国建筑东北设计研究院
中国建筑西北设计研究院
中国建筑西南设计研究院
中国建筑中南设计研究院
中元国际工程设计研究院
中国联合工程公司
机械工业第一设计研究院
总后勤部建筑设计研究院
中国航空工业第三设计研究院
中国核工业第四研究设计院
铁道部第四设计研究院
北京市建筑设计研究院
华东建筑设计研究院
上海建筑设计研究院有限公司
重庆市设计院
广东省建筑设计研究院
江苏省建筑设计研究院有限公司
福建省建筑设计研究院
河南省建筑设计研究院
四川省建筑设计研究院
河北省建筑设计研究院

新疆建筑设计研究院
内蒙古建筑勘察设计研究院有限责任公司
华南理工大学建筑设计研究院
同济大学建筑设计研究院
中建国际(深圳)设计顾问有限公司
佛山市建筑设计院
上海菲茨机电设备有限公司

主要起草人: 赵力军　周名嘉　李顺成　王福恩　经建生
范　桦　陈泽民　万　明　苏志强　林楚国
沈奕辉　朱远辉　肖裔平　陈映雄　严　洪
关大巍　李梅玲　陈庆沅　陈　硕　姜文源
赵　锂　崔长起　陈怀德　孙　钢　涂正纯
黄晓家　周明潭　罗定元　王冠军　李天如
赵　荣　郭旭辉　刘文镔　杨　琦　徐　凤
汤　浩　黄显奎　符培勇　方玉妹　程宏伟
许永敏　方汝清　赵明发　张洪洲　王　峰
姬　仓　归谈纯　郑大华　梁　波　徐丽霞
李　毅　曹章坚　贺家辉　陈钟潮　陈贵青

主要审查人: 郭树林　晁海鸥　王宝伟　张国辉　王　炯
胡晓文　何文辉　谭增生　贾国斌　潘复兴
王　宁　张耀泽　徐建成　王耀堂　唐祝华
潘德琦　史丹梅

中国工程建设标准化协会
2009 年 11 月 3 日

61

目　次

61

1 总　　则

1.0.1 为了正确、合理地对大空间智能型主动喷水灭火系统进行设计、施工和验收，保护人身和财产的安全，制定本规程。

1.0.2 本规程适用于新建、扩建、改建的民用与工业建筑中大空间智能型主动喷水灭火系统的设计、施工和验收。

本规程不适用于火药、炸药、弹药、火工品工厂、核电站及飞机库等特殊功能建筑中大空间智能型主动喷水灭火系统的设计、施工和验收。

1.0.3 大空间智能型主动喷水灭火系统的设计，应做到安全可靠、技术先进、经济合理。

1.0.4 大空间灭火装置应取得国家指定检验机构强制或型式检验合格，并符合消防产品市场准入规则。

1.0.5 当设置大空间智能型主动喷水灭火系统的建筑变更用途时，应校核原有系统的适用性。当不适用时，应按本规程重新设计、施工和验收，或改用其他灭火系统。

1.0.6 大空间智能型主动喷水灭火系统的设计、施工和验收，除执行本规程外，尚应符合国家现行的相关强制性标准的规定。

2　术语和符号

2.1　术　　语

2.1.1 大空间场所　large-space site

大空间场所是指民用和工业建筑物内净空高度大于8m，仓库建筑物内净空高度大于12m的场所。

2.1.2 大空间灭火装置　large-space extinguishing device

大空间智能灭火装置、自动扫描射水灭火装置和自动扫描射水高空水炮灭火装置的统称。

2.1.3 大空间智能型主动喷水灭火系统　large-space intelligent active control sprinkler systems

由大空间灭火装置、信号阀组、水流指示器等组件以及管道、供水设施等组成，能在发生火灾时自动探测着火部位并主动喷水的灭火系统。

2.1.4 大空间智能灭火装置　large-space intelligent auto-sprinkler device

灭火喷水面为一个圆形面，能主动探测着火部位并开启喷头喷水灭火的智能型自动喷水灭火装置，由智能型探测组件、大空间大流量喷头、电磁阀组三部分组成。其中智能型探测组件与大空间大流量喷头及电磁阀组均为独立设置。

2.1.5 标准型大空间智能灭火装置　standard large-space intelligent auto-sprinkler device

安装高度为6m～25m，保护半径≤6m，喷水流量≥5L/s的大空间智能灭火装置。

2.1.6 自动扫描射水灭火装置　automatic-scanning sprinkler device

灭火射水面为一个扇形面的智能型自动扫描射水灭火装置。由智能型探测组件、扫描射水喷头、机械传动装置、电磁阀组四大部分组成。其中智能型探测组件、扫描射水喷头和机械传动装置为一体化设置。

2.1.7 标准型自动扫描射水灭火装置　standard automatic-scanning sprinkler device

安装高度为2.5m～6m，标准保护半径≤6m，喷水流量≥2L/s的智能型自动扫描射水灭火装置。

2.1.8 自动扫描射水高空水炮灭火装置　automatic-scanning elevated fire monitor extinguishing device

灭火射水面为一个矩形面的智能型自动扫描射水高空水炮灭火装置，由智能型探测组件、自动扫描射水高空水炮（简称高空水炮）、机械传动装置、电磁阀组四大部分组成。其中，智能型红外探测组件、自动扫描射水高空水炮和机械传动装置为一体化设置。

2.1.9 标准型自动扫描射水高空水炮灭火装置　standard automatic-scanning elevated fire monitor extinguishing device

安装高度为6m～20m，标准保护半径≤20m，喷水流量≥5L/s的智能型自动扫描射水高空水炮灭火装置。

2.1.10 保护面积　protected area

一个或多个喷头（高空水炮）在标准工作压力下实际覆盖面的面积，这个覆盖面可以是方形、矩形、圆形或任意形状。

2.1.11 配水干管　feed mains

水泵出水口或其他供水水源出口后向配水管供水的管道。

2.1.12 配水管　cross mains

向配水支管供水的管道。

2.1.13 配水支管　branch lines

直接或通过短立管向喷头（高空水炮）供水的管道。

2.1.14 配水管道　system pipes

配水干管、配水管及配水支管的总称。

2.1.15 短立管　sprig-up

连接喷头（高空水炮）与配水支管的立管。

2.1.16 信号阀　signal valve

具有输出启闭状态信号功能的阀门。

2.1.17 智能灭火装置控制器　controller for intelligent extinguishing devices

能显示大空间智能型主动喷水灭火系统的工作状态并能进行联动控制操作的设备。

2.1.18 电源装置　power supply

为大空间智能型主动喷水灭火系统提供不间断电源并具有监控功能的设备。

2.1.19 系统组件　system components

大空间智能型主动喷水灭火系统中使用的阀门、水流指示器、信号阀、节流管、减压孔板、模拟末端试水装置等专用产品的统称。

2.1.20 复位状态　reset state

大空间灭火装置在初始加电或扫描一定时间后等待工作稳定的状态。在该状态下，不进行任何火灾探测，工作指示灯也不闪烁。

2.1.21 监视状态　monitor state

大空间灭火装置经过正常复位状态后所处的状态。在该状态下，工作指示灯有规律地闪烁，对工作环境进行不间断的火灾监视。

2.1.22 自动状态　auto-control state

指电磁阀、消防水泵等系统组件完全受大空间灭火装置控制时的状态。在该状态下，一旦大空间灭火装置完成对火源的判定和定位，电磁阀、消防水泵会立即打开和启动。

2.1.23 手动状态　manu-control state

指电磁阀、消防水泵等系统组件除接受大空间灭火装置控制信号外，还必须接受人工手动控制信号时的状态。在该状态下，大空间灭火装置完成对火源的判定和定位,电磁阀、消防水泵不会立即打开和启动,而只有再接受到人工手动控制信号后才能打开和启动。

2.1.24 准工作状态 condition of prepare operating

大空间智能型主动喷水灭火系统的管网内充满水、各系统组件工作正常、火灾时大空间灭火装置能射水灭火的状态。

2.1.25 智能型探测组件 intelligent detection components

由火焰传感器、中央处理器、放大与滤波电路等组成,火灾时能探测火灾并发出报警及联动控制信号的部件。

2.1.26 模拟末端试水装置 tail imitating testing-device

探测及控制方式与大空间灭火装置相同,喷头为固定式,喷头的流量系数近似于大空间灭火装置上喷头(高空水炮)的流量系数,用于模拟大空间灭火装置的探测启动及检验管网末端最不利点喷头处水压及水流状况的装置。

2.2 符 号

a——喷头与喷头间的纵向间距(m);

b——喷头与喷头间的横向间距(m);

d_g——节流管的计算内径(m);

d_j——管道的计算内径(m);

d_k——减压孔板的孔口直径(m);

DN——管道公称直径(mm);

g——重力加速度;

h——系统管道沿程和局部的水头损失(MPa);

H——水泵扬程或系统入口的供水压力(MPa);

H_g——节流管的水头损失(MPa);

H_k——减压孔板的水头损失(MPa);

i——每米管道的水头损失(MPa);

k——喷头流量系数;

L——节流管的长度(m);

n——最不利点处最大一组同时开启喷头的个数(个);

P——喷头工作压力(MPa);

P_0——最不利点处喷头的工作压力(MPa);

q——喷头流量(L/s);

q_i——最不利点处最大一组同时开启喷头中各喷头节点的流量(L/min);

Q_s——系统设计流量(L/s);

Q_p——管段的设计流量(L/s);

S——喷头的保护面积(m²);

V——管道内水的平均流速(m/s);

V_g——节流管内水的平均流速(m/s);

V_k——减压孔板后管道内水的平均流速(m/s);

Z——最不利点处喷头与消防水池最低水位或系统入口管水平中心线之间的高程差(MPa);

ζ——节流管中渐缩管与渐扩管的局部阻力系数之和;

ξ——减压孔板的局部阻力系数。

3 设置场所及适用条件

3.0.1 设置大空间智能型主动喷水灭火系统场所的环境温度不应低于4℃,且不应高于55℃。

3.0.2 大空间智能型主动喷水灭火系统适用于扑灭大空间场所的A类火灾。

3.0.3 凡按照国家有关消防设计规范的要求应设置自动喷水灭火系统,火灾类别为A类,但由于空间高度较高,采用其他自动喷水灭火系统难以有效探测、扑灭及控制火灾的大空间场所应设置大空间智能型主动喷水灭火系统。

3.0.4 大空间智能型主动喷水灭火系统不适用于以下场所:

1 在正常情况下采用明火生产的场所;

2 火灾类别为B、C、D、E、F类火灾的场所;

3 存在较多遇水发生爆炸或加速燃烧的物品的场所;

4 存在较多遇水发生剧烈化学反应或产生有毒有害物质的物品的场所;

5 存在较多因洒水而导致喷溅或沸溢的液体的场所;

6 存放遇水将受到严重损坏的贵重物品的场所,如档案库、贵重资料库、博物馆珍藏室等;

7 严禁管道漏水的场所;

8 因高空水炮的高压水柱冲击造成重大财产损失的场所;

9 其他不宜采用大空间智能型主动喷水灭火系统的场所。

3.0.5 不同类型智能型灭火装置的适用条件可按表3.0.5的要求执行。

表3.0.5 不同类型智能型灭火装置的适用条件

序号	灭火装置的名称	型号规格	喷头接口直径(mm)	单个喷头标准喷水流量(L/s)	单个喷头标准保护半径(m)	喷头安装高度(m)	设置场所最大净空高度(m)	喷水方式
1	大空间智能灭火装置	标准型	DN40	5	≤6	≥6 ≤25	顶部安装≤25 架空安装不限	着火点及周边圆形区域均匀洒水
2	自动扫描射水灭火装置	标准型	DN20	2	≤6	≥2.5 ≤6	顶部安装≤6 架空安装不限 边墙安装不限 退层平台安装不限	着火点及周边扇形区域扫描射水
3	自动扫描射水高空水炮灭火装置	标准型	DN25	5	≤20	≥6 ≤20	顶部安装≤20 架空安装不限 边墙安装不限 退层平台安装不限	着火点及周边矩形区域扫描射水

4 系统选择和配置

4.1 一般规定

4.1.1 大空间智能型主动喷水灭火系统的选择,应根据设置场所的火灾类别、火灾特点、环境条件、空间高度、保护区域的形状、保护区域内障碍物的情况、建筑美观要求及配置不同灭火装置的大空间智能型主动喷水灭火系统的适用条件来确定。

4.1.2 大空间智能型主动喷水灭火系统设计原则应符合下列规定:

1 智能型探测组件应能有效探测和判定火源。

2 系统设计流量应保证在保护范围内设计同时开放的喷头、高空水炮在规定持续喷水时间内持续喷水。

3 大空间智能型主动喷水灭火系统的持续喷水灭火时间不应低于1h。在这一时间范围内,可根据火灾扑灭情况,人工或自动关闭系统及复位。

4 喷头、水炮喷水时,不应受到障碍物的阻挡。

4.1.3 设置大空间智能型主动灭火系统的场所的火灾危险等级应按现行国家标准《自动喷水灭火系统设计规范》GB 50084 的规定划分。

4.2 系统选择

4.2.1 火灾危险等级为中危险级或轻危险级的场所可采用配置各种类型大空间灭火装置的系统。

4.2.2 火灾危险等级为严重危险级的场所宜采用配置大空间智能灭火装置的系统。

4.2.3 舞台的葡萄架下部、演播室、电影摄影棚的上方宜采用配置大空间智能灭火装置的系统。

4.2.4 边墙式安装时宜采用配置自动扫描射水灭火装置或自动扫描射水高空水炮灭火装置的系统。

4.2.5 灭火后需及时停止喷水的场所,应采用具有重复启闭功能的大空间智能型主动喷水灭火系统。

4.2.6 大空间智能型主动喷水灭火系统的管网宜独立设置。

4.2.7 当大空间智能型主动喷水灭火系统的管网与湿式自动喷水灭火系统的管网合并设置时,必须满足下列条件:

1 系统设计水量、水压和一次灭火用水量应满足两个系统中最大的一个设计水量、水压及一次灭火用水量的要求;

2 应同时满足两个系统的其他设计要求,并能独立运行,互不影响。

4.2.8 当大空间智能型主动喷水灭火系统的管网与消火栓系统的管网合并设置时,必须满足下列条件:

1 系统设计水量、水压及一次灭火用水量应同时满足两个系统总的设计水量、最高水压及一次灭火用水量的要求;

2 应同时满足两个系统的其他设计要求,并能独立运行,互不影响。

4.3 系统的配置

4.3.1 配置大空间智能灭火装置的大空间智能型主动喷水灭火系统应由下列部分或全部组件、配件和设施组成:

1 大空间大流量喷头;

2 智能型探测组件(独立设置);

3 电磁阀;

4 水流指示器;

5 信号阀;

6 模拟末端试水装置;

7 配水支管;

8 配水管;

9 配水干管;

10 手动闸阀;

11 高位水箱或气压稳压装置;

12 试水放水阀;

13 安全泄压阀;

14 止回阀;

15 加压水泵或其他供水设施;

16 压力表;

17 消防水池;

18 水泵控制箱;

19 智能灭火装置控制器;

20 声光报警器;

21 监视模块;

22 电源装置;

23 水泵接合器。

4.3.2 配置自动扫描射水灭火装置的大空间智能型主动喷水灭火系统应由下列部分或全部组件、配件和设施组成:

1 自动扫描射水灭火装置(与智能型探测组件一体式);

2 电磁阀;

3 水流指示器;

4 信号阀;

5 模拟末端试水装置;

6 配水支管;

7 配水管;

8 配水干管;

9 手动闸阀;

10 高位水箱或气压稳压装置;

11 试水放水阀;

12 安全泄压阀;

13 止回阀;

14 加压水泵或其他供水设施;

15 水泵控制箱;

16 消防水池;

17 智能灭火装置控制器;

18 压力表;

19 监视模块;

20 声光报警器;

21 电源装置;

22 水泵接合器。

4.3.3 配置自动扫描射水高空水炮的大空间智能型主动喷水灭火系统应由下列部分或全部组件、配件和设施组成:

1 自动扫描射水高空水炮灭火装置(与智能型探测组件一体式);

2 电磁阀;

3 水流指示器;

4 信号阀;

5 模拟末端试水装置;

6 配水支管;

7 配水管;

8 配水干管;

9 手动闸阀;

10 高位水箱或气压稳压装置;

11 试水放水阀;

12 安全泄压阀;

13 止回阀;

14 加压水泵或其他供水设施;

15 水泵控制箱;

16 压力表；
17 消防水池；
18 智能灭火装置控制器；
19 声光报警器；
20 监视模块；
21 电源装置；
22 水泵接合器。

5 基本设计参数

5.0.1 各种标准型大空间灭火装置的基本设计参数，应符合表 5.0.1-1～表 5.0.1-3 的规定。

1 标准型大空间智能灭火装置的基本设计参数应符合表 5.0.1-1 的规定。

表 5.0.1-1 标准型大空间智能灭火装置的基本设计参数

内　容		设 计 参 数
标准喷水流量(L/s)		5
标准喷水强度(L/min·m²)		2.5
接管口径(mm)		40
喷头及探头最大安装高度(m)		25
喷头及探头最低安装高度(m)		6
标准工作压力(MPa)		0.25
标准圆形保护半径(m)		6
标准圆形保护面积(m²)		113.04
标准矩形保护范围及面积 [a(m)×b(m)＝S(m²)]	轻危险级	8.4×8.4＝70.56
		8×8.8＝70.4
		7×9.6＝67.2
		6×10.4＝62.4
		5×10.8＝54
		4×11.2＝44.8
		3×11.6＝34.8
	中危险级　Ⅰ	7×7＝49
		6×8.2＝49.2
		5×10＝50
		4×11.3＝45.2
		3×11.6＝34.8

续表　5.0.1-1

内　容		设计参数
标准矩形保护范围及面积 [a(m)×b(m)＝S(m²)]	中危险级　Ⅱ	6×6＝36
		5×7.5＝37.5
		4×9.2＝36.8
		3×11.6＝34.8
	严重危险级　Ⅰ	5×5＝25
		4×6.2＝24.8
		3×8.2＝24.6
	Ⅱ	4.2×4.2＝17.64
		3×6.2＝18.6

2 标准型自动扫描射水灭火装置的基本设计参数应符合表 5.0.1-2 的规定。

表 5.0.1-2 标准型自动扫描射水灭火装置的基本设计参数

内　容		设计参数
标准喷水流量(L/s)		2
标准喷水强度 (L/min·m²)	轻危险级	4(扫射角度:90°)
	中危险级Ⅰ级	6(扫射角度:60°)
	中危险级Ⅱ级	8(扫射角度:45°)
接口直径(mm)		20
喷头及探头最大安装高度(m)		6
喷头及探头最低安装高度(m)		2.5
标准工作压力(MPa)		0.15
最大扇形保护角度(度)		360
标准圆形保护半径(m)		6
标准圆形保护面积(m²)		113.04
标准矩形保护范围及面积 [a(m)×b(m)＝S(m²)]		8.4×8.4＝70.56
		8×8.8＝70.4
		7×9.6＝67.2
		6×10.4＝62.4
		5×10.8＝54
		4×11.2＝44.8
		3×11.6＝34.8

3 标准型自动扫描射水高空水炮灭火装置的基本设计参数应符合表 5.0.1-3 的规定。

表 5.0.1-3 标准型自动扫描射水高空水炮灭火装置的基本设计参数

内　容	设计参数
标准喷水流量(L/s)	5
接口直径(mm)	25
喷头及探头最大安装高度(m)	20
喷头及探头最低安装高度(m)	6
标准工作压力(MPa)	0.6
标准圆形保护半径(m)	20
标准圆形保护面积(m²)	1256
标准矩形保护范围及面积 [a(m)×b(m)＝S(m²)]	28.2×28.2＝795.24
	25×31＝775
	20×34＝680
	15×37＝555
	10×38＝380

注：轻危险级、中危险级Ⅰ级、中危险级Ⅱ级保护范围及面积相同。

5.0.2 配置各种标准型灭火装置的大空间智能型主动喷水灭火系统的设计流量应按表 5.0.2-1～表 5.0.2-3 确定。

1 配置标准型大空间智能灭火装置的大空间智能型主动喷水灭火系统的设计流量应符合表 5.0.2-1 的规定。

表 5.0.2-1 标准型系统设计流量

喷头设置方式	列　数	喷头布置(个)	设置同时开启喷头数(个)	系统设计流量(L/s)
1 行布置时	1	1	1	5
	2	2	2	10
	3	3	3	15
	≥4	≥4	4	20
2 行布置时	1	2	2	10
	2	4	4	20
	3	6	6	30
	≥4	≥8	8	40

喷头设置方式	列数	喷头布置(个)	设置同时开启喷头数(个)	系统设计流量(L/s)
3行布置时	1	3	3	15
	2	6	6	30
	3	9	9	45
	≥4	≥12	12	60
4行布置时	1	4	4	20
	2	8	8	40
	3	12	12	60
	≥4	≥16	16	80
超过4行×4列布置		≥16	16	80

注:火灾危险等级为轻或中危险级的设置场所,当一个智能型红外探测组件控制1个喷头时,最大设计流量可按45L/s确定。

 2 配置标准型自动扫瞄射水灭火装置的大空间智能型主动喷水灭火系统的设计流量应符合表5.0.2-2的规定。

表5.0.2-2 标准型系统设计流量

喷头设置方式	列数	喷头布置(个)	设置同时开启喷头数(个)	系统设计流量(L/s)
1行布置时	1	1	1	2
	2	2	2	4
	3	3	3	6
	≥4	≥4	4	8
2行布置时	1	2	2	4
	2	4	4	8
	3	6	6	12
	≥4	≥8	8	16
3行布置时	1	3	3	6
	2	6	6	12
	3	9	9	18
	≥4	≥12	12	24

续表 5.0.2-2

喷头设置方式	列数	喷头布置(个)	设置同时开启喷头数(个)	系统设计流量(L/s)
4行布置时	1	4	4	8
	2	8	8	16
	3	12	12	24
	≥4	≥16	16	32
超过4行×4列布置		≥16	16	32

 3 配置标准型自动扫描射水高空水炮灭火装置的大空间智能型主动喷水灭火系统的设计流量应符合表5.0.2-3的规定。

表5.0.2-3 标准型系统设计流量

喷头设置方式	列数	喷头布置(个)	设置同时开启喷头数(个)	系统设计流量(L/s)
1行布置时	1	1	1	5
	2	2	2	10
	≥3	≥3	3	15
2行布置时	1	2	2	10
	2	4	4	20
	≥3	≥6	6	30
3行布置时	1	3	3	15
	2	6	6	30
	≥3	≥9	9	45
超过3行×3列布置		≥9	9	45

6 系 统 组 件

6.1 喷头及高空水炮

6.1.1 设置大空间智能型主动喷水灭火系统的场所,当喷头或高空水炮为平天花或平梁底吊顶设置时,设置场所地面至天花底或梁底的最大净空高度不应大于表6.1.1的规定。

表6.1.1 采用标准型大空间智能型主动喷水
灭火系统场所的最大净空高度(m)

灭火装置喷头名称	地面至天花板或梁底的最大净空高度(m)
大空间大流量喷头	25
扫描射水喷头	6
高空水炮	20

6.1.2 设置大空间智能型主动喷水灭火系统的场所,当喷头或高空水炮为边墙式或悬空式安装,且喷头及高空水炮以上空间无可燃物时,设置场所的净空高度可不受限制。

6.1.3 各种喷头和高空水炮应下垂式安装。

6.1.4 同一个隔间内宜采用同一种喷头或高空水炮,如需混合采用多种喷头或高空水炮,且合用一组供水设施时,应在供水管路的水流指示器前,将供水管道分开设置,并根据不同喷头的工作压力要求、安装高度及管道水头损失来考虑是否设置减压装置。

6.1.5 大空间智能型主动喷水灭火系统应有备用智能型灭火装置,其数量不应少于总数的1‰,且每种型号均不得少于1只。

6.2 智能型探测组件

6.2.1 大空间智能灭火装置的智能型探测组件与大空间大流量喷头为分体式设置,其安装应符合下列规定:

 1 安装高度应与喷头安装高度相同;

 2 一个智能型探测组件最多可覆盖4个喷头(喷头为矩型布置时)的保护区;

 3 设在舞台上方时每个智能型探测组件控制1个喷头;设在其他场所时一个智能型探测组件可控制1~4个喷头;

 4 一个智能型探测组件控制1个喷头时,智能型探测组件与喷头的水平安装距离不应大于600mm;

 5 一个智能型探测组件控制2~4个喷头时,智能型探测组件距各喷头布置平面的中心位置的水平安装距离不应大于600mm。

6.2.2 自动扫描射水灭火装置和自动扫描射水高空水炮灭火装置的智能型探测组件与扫描射水喷头(高空水炮)为一体设置,智能型探测组件的安装应符合下列规定:

 1 安装高度与喷头(高空水炮)安装高度相同;

 2 一个智能型探测组件的探测区域应覆盖1个喷头(高空水炮)的保护区域;

 3 一个智能型探测组件只控制1个喷头(高空水炮)。

6.2.3 智能型探测组件应平行或低于天花、梁底、屋架底和风管底设置。

6.3 电 磁 阀

6.3.1 大空间智能型主动喷水灭火系统灭火装置配套的电磁阀,应符合下列条件:

 1 阀体应采用不锈钢或铜质材料,内件应采用不生锈、不结垢、耐腐蚀材料;

 2 阀心应采用浮动阀心结构;

 3 复位弹簧应设置于水介质以外;

 4 电磁阀在不通电条件下应处于关闭状态;

 5 电磁阀的开启压力不应大于0.04MPa;

6 电磁阀的公称压力不应小于1.6MPa。

6.3.2 电磁阀宜靠近智能型灭火装置设置。严重危险级场所如舞台等，电磁阀边上宜列设置一个与电磁阀相同口径的手动旁通闸阀，并宜将电磁阀及手动旁通闸阀集中设置于场所附近便于人员直接操作的房间或管井内。

6.3.3 若电磁阀设置在吊顶内，宜设置在便于检查维修的位置，在电磁阀的位置应预留检修孔洞。

6.3.4 各种灭火装置配套的电磁阀的基本参数应符合表6.3.4的规定。

表6.3.4 各种灭火装置配套的电磁阀的基本参数

灭火装置名称	安装方式	安装高度	控制喷头（水炮）数	电磁阀口径（mm）
大空间智能灭火装置	与喷头分设安装	不受限制	控制1个	DN50
			控制2个	DN80
			控制3个	DN100
			控制4个	DN125～150
自动扫描射水灭火装置	与喷头分设安装	不受限制	控制1个	DN40
自动扫描射水高空水炮灭火装置	与水炮分设安装	不受限制	控制1个	DN50

6.4 水流指示器

6.4.1 水流指示器的性能应符合现行国家公共安全行业标准《自动喷水灭火系统 水流指示器的性能要求和试验方法》GA 32 的要求。

6.4.2 每个防火分区或每个楼层均应设置水流指示器。

6.4.3 大空间智能型主动喷水灭火系统与其他自动喷水灭火系统合用一套供水系统时，应独立设置水流指示器，且应在其他自动喷水灭火系统湿式报警阀或雨淋阀前将管道分开。

6.4.4 水流指示器应安装在配水管上、信号阀出口之后。

6.4.5 水流指示器公称压力不小于系统的工作压力。

6.4.6 水流指示器应安装在便于检修的位置。

6.5 信 号 阀

6.5.1 每个防火分区或每个楼层均应设置信号阀。

6.5.2 大空间智能型主动喷水灭火系统与其他自动喷水灭火系统合用一套供水系统时，应独立设置信号阀，且应在其他自动喷水灭火系统湿式报警阀或雨淋阀前将管道分开。

6.5.3 信号阀应安装在配水管上。

6.5.4 信号阀正常情况下应处于开启位置。

6.5.5 信号阀的公称压力不应小于系统工作压力。

6.5.6 信号阀应安装在便于检修的位置，且应安装在水流指示器前。

6.5.7 信号阀的公称直径应与配水管管径相同。

6.6 模拟末端试水装置

6.6.1 每个压力分区的水平管网末端最不利点处应设模拟末端试水装置，但在满足下列条件时，可不设模拟末端试水装置，但应设直径为50mm的试水阀：

1 每个水流指示器控制的保护范围内允许进行试水，且试水不会对建筑、装修及物品造成损坏的场地；

2 试水场地地面有完善排水措施。

6.6.2 模拟末端试水装置应由压力表、试水阀、电磁阀、智能型探测组件、模拟喷头（高空水炮）及排水管组成。

6.6.3 试水装置的智能型探测组件的性能及技术要求应与各种灭火装置配置的智能型探测组件相同，与模拟喷头为分体式安装。

6.6.4 电磁阀的性能及技术要求应与各种灭火装置的电磁阀相同。

6.6.5 模拟喷头（高空水炮）为固定式喷头（高空水炮），模拟喷头（高空水炮）的流量系数应与对应的灭火装置上的喷头（高空水炮）相同。

6.6.6 模拟末端试水装置的出水应采取间接排水方式排入排水管道。

6.6.7 模拟末端试水装置宜安装在卫生间、楼梯间等便于进行操作测试的地方。

6.6.8 模拟末端试水装置应符合表6.6.8规定的技术要求。

表6.6.8 模拟末端试水装置的技术要求

采用的灭火装置名称	模拟末端试水装置				
	压力表	试水阀	电磁阀	智能型探测组件	模拟喷头（高空水炮）的流量系数
标准型大空间智能型灭火装置	精度不应低于1.5级，量程为试验压力的1.5倍	口径：DN50 公称压力≥1.6MPa	口径：DN50 公称压力≥1.6MPa	分体设置	K=190
标准型自动扫描射水灭火装置	精度不应低于1.5级，量程为试验压力的1.5倍	口径：DN40 公称压力≥1.6MPa	口径：DN40 公称压力≥1.6MPa	分体设置	K=97
标准型自动扫描射水高空水炮灭火装置	精度不应低于1.5级，量程为试验压力的1.5倍	口径：DN50 公称压力≥1.6MPa	口径：DN50 公称压力≥1.6MPa	分体设置	K=122

7 喷头及高空水炮的布置

7.1 大空间智能灭火装置喷头的平面布置

7.1.1 标准型大空间智能灭火装置喷头间的布置间距及喷头与边墙间的距离不应超过表7.1.1的规定。

表7.1.1 标准型大空间智能灭火装置喷头间的
布置间距及喷头与边墙间的距离

布置方式	危险等级	喷头间距（m）		喷头与边墙的间距（m）	
		a	b	a/2	b/2
矩形布置或方形布置	轻危险级	8.4	8.4	4.2	4.2
		8.0	8.8	4.0	4.4
		7.0	9.6	3.5	4.8
		6.0	10.4	3.0	5.2
		5.0	10.8	2.5	5.4
		4.0	11.2	2.0	5.6
		3.0	11.6	1.5	5.8
	中危险级 I级	7.0	7.0	3.5	3.5
		6.0	8.2	3.0	4.1
		5.0	10.0	2.5	5.0
		4.0	11.3	1.5	5.65
		3.0	11.6	1.5	5.8
	中危险级 II级	6.0	6.0	3.0	3.0
		5.0	7.5	2.5	3.75
		4.0	9.2	2.0	4.6
		3.0	11.6	1.5	5.8
	严重危险级 I级	5.0	5.0	2.5	2.5
		4.0	6.2	2.0	3.1
		3.0	8.2	1.5	4.1
	严重危险级 II级	4.2	4.2	2.1	2.1
		3.0	6.2	1.5	3.1

7.1.2 标准型大空间智能灭火装置喷头布置间距不宜小于2.5m。

7.1.3 喷头应平行或低于天花、梁底、屋架和风管底设置。

7.2 自动扫描射水灭火装置喷头的平面布置

7.2.1 标准型自动扫描射水灭火装置喷头间的布置间距及喷头与边墙的距离不应超过表7.2.1的规定。

表7.2.1 标准型自动扫描射水灭火装置喷头间的
布置间距及喷头与边墙的距离

布置方式	喷头间距(m)		喷头与边墙的距离(m)	
	a	b	a/2	b/2
矩形布置或方形布置	8.4	8.4	4.2	4.2
	8.0	8.8	4.0	4.4
	7.0	9.6	3.5	4.8
	6.0	10.4	3.0	5.2
	5.0	10.8	2.5	5.4
	4.0	11.2	2.0	5.6
	3.0	11.6	1.5	5.8

7.2.2 标准型自动扫描射水灭火装置喷头间的布置间距不宜小于3m。

7.2.3 喷头应平行或低于天花、梁底、屋架和风管底设置。

7.3 自动扫描射水高空水炮灭火装置水炮的平面布置

7.3.1 标准型自动扫描射水高空水炮灭火装置水炮间的布置间距及水炮与边墙的距离不应超过表7.3.1的规定。

表7.3.1 标准型自动扫描射水高空水炮灭火装置
水炮间布置间距及水炮与边墙的距离

布置方式	水炮间距(m)		水炮与边墙的距离(m)	
	a	b	a/2	b/2
矩形布置或方形布置	28.2	28.2	14.1	14.1
	25.0	31.0	12.5	15.5
	20.0	34.0	10.0	17.0

续表 7.3.1

布置方式	水炮间距(m)		水炮与边墙的距离(m)	
	a	b	a/2	b/2
矩形布置或方形布置	15.0	37.0	7.5	18.5
	10.0	38.0	5.0	19.0

7.3.2 标准型自动扫描射水高空水炮灭火装置水炮间的布置间距不宜小于10m。

7.3.3 高空水炮应平行或低于天花、梁底、屋架和风管底设置。

8 管 道

8.0.1 配水管的工作压力不应大于1.2MPa,并不应设置其他用水设施。

8.0.2 室内管道应采用内外壁热镀锌钢管或符合现行国家、行业标准,并经国家认定的检测机构检测合格的涂覆其他防腐材料的钢管以及铜管、不锈钢管,不得采用普通焊接钢管、铸铁管和各种塑料管。

8.0.3 室外埋地管道应采用内外壁热镀锌钢管或符合现行国家、行业标准的内衬不锈钢热镀锌钢管、涂塑钢管、球墨铸铁管、塑料管和钢塑复合管,不得采用普通焊接钢管、普通铸铁管。

8.0.4 室内管道的直径不宜大于200mm,当管道的直径大于200mm时宜采用环状管双向供水。

8.0.5 室内管道系统镀锌钢管、涂覆钢管的连接,应采用沟槽式连接件(卡箍)或丝扣、法兰连接。室外埋地塑料管道应采用承插、热熔或胶粘方式连接。铜管、不锈钢管应采用配套的支架、吊架。

8.0.6 系统中室内外直径大于或等于100mm的架空安装的管道,应分段采用法兰或沟槽式连接件(卡箍)连接。水平管道上法兰(卡箍)间的管道长度不宜大于20m;立管上法兰(卡箍)间的距离,不应跨越3个及以上楼层。净空高度大于8m的场所内,立管上应采用法兰或沟槽式连接(卡箍)。

8.0.7 管道的直径应根据水力计算的规定计算确定。配水管道的布置应使配水管入口的压力接近均衡。各种配置不同灭火装置系统的配水管水平管道入口处的压力上限值应符合表8.0.7的规定。

表8.0.7 各种配置不同灭火装置系统的配水管
水平管道入口处的压力上限值

灭火装置	型号	喷头处的标准工作压力(MPa)	配水管入口处的压力上限值(MPa)
大空间智能灭火装置	标准型	0.25	0.6
自动扫描射水灭火装置	标准型	0.15	0.5
自动扫描射水高空水炮灭火装置	标准型	0.6	1.0

8.0.8 配水管水平管道入口处的压力超过表8.0.7的限定值时,应设置减压装置,或采取其他减压措施。

8.0.9 室外埋地金属管或金属复合管应考虑采取适当的外防腐措施。

9 供　水

9.1 水　源

9.1.1 水源可由市政生活、消防给水管道供给,也可由消防水池供给。

9.1.2 大空间智能型主动喷水灭火系统的水源,应确保持续喷水时间内系统用水量的要求。

9.1.3 当采用市政自来水直接供水时,应符合下列规定:

　　1 应从两条市政给水管道引入,当其中一条进水管发生故障时,其余进水管应仍能保证全部用水量;

　　2 市政进水管的水量及水压应能满足整个系统的水量及水压要求;

　　3 市政进水管与系统管道的连接处应设置检修阀门及倒流防止器。

9.1.4 当采用屋顶水池、高位水池直接供水时,可不再另设高位水箱,但应符合下列规定:

　　1 有效容量应满足于火灾延续时间内系统用水量的要求;

　　2 应与生活水池分开设置;

　　3 设置高度应能满足整个系统的压力要求;

　　4 补水时间不宜超过 48h。

9.1.5 消防水池应符合下列要求:

　　1 有效容量应满足于火灾延续时间内系统用水量的要求;

　　2 在火灾情况下能保证连续补水时,消防水池的容量可减去火灾延续时间内补充的水量;

　　3 消防水池的补水时间不宜超过 48h;

　　4 消防用水与其他用水共用的水池,应有确保消防用水不作他用的技术设施。

9.1.6 寒冷地区,对消防水池、屋顶水池、高位水池及系统中易受冰冻影响的部分,应采取防冻措施。

9.2 水　泵

9.2.1 当给水水源的水压水量不能同时保证系统的水压及水量要求时,应设置独立的供水泵组。供水泵组可与其他自动喷水灭火系统合用,此时供水泵组的供水能力应按两个系统中最大者选取。

9.2.2 工作主泵及备用泵应按一运一备或二运一备的比例设置。备用泵的供水能力不应低于一台主泵。

9.2.3 系统的供水泵、稳压泵,应采用自灌式吸水方式。

9.2.4 每组供水泵的吸水管不应少于 2 根。

9.2.5 供水泵的吸水管应设控制阀;出水管应设控制阀、止回阀、压力表和直径不小于 65mm 的试水阀。必要时,应安装防止系统超压的安全泄压阀。

9.3 高位水箱或气压稳压装置

9.3.1 非常高压系统应设置高位水箱或气压稳压装置。

9.3.2 高位水箱底的安装高度应大于最高一个灭火装置的安装高度 1m。

9.3.3 高位水箱的容积不应小于 1m³。

9.3.4 高位水箱可以与自动喷水灭火系统或消火栓系统的高位水箱合用,但应满足下列要求:

　　1 当与自动喷水灭火系统合用一套供水系统时,高位水箱出水管可以合用;

　　2 当与自动喷水灭火系统分开设置供水系统时,高位水箱出水管应独立设置;

　　3 消火栓系统的高位水箱出水管应独立设置;

　　4 出水管上应设置止回阀及检修阀。

9.3.5 高位水箱应与生活水箱分开设置。

9.3.6 高位水箱应设补水管、溢流管及放空管。

9.3.7 高位水箱宜采用钢筋混凝土、不锈钢、玻璃钢等耐腐蚀材料建造。

9.3.8 高位水箱应定期清扫,水箱人孔、溢流管处应有防止蚊虫进入的措施。

9.3.9 寒冷地区,可能遭受冰冻的水箱,应采取防冻措施。

9.3.10 水箱出水管的管径不应小于 50mm。

9.3.11 无条件设置高位水箱时或水箱高度不能满足第 9.3.2 条规定时,应设置隔膜式气压稳压装置。稳压泵流量宜为 1 个喷头(水炮)标准喷水流量,压力应保证最不利一个灭火装置处的最低工作压力要求。气压罐的有效调节容积不应小于 150L。

9.4 水泵接合器

9.4.1 系统应设水泵接合器,其数量应按系统的设计流量确定,每个水泵接合器的流量宜按 10L/s～15L/s 计算。

9.4.2 当水泵接合器的供水能力不能满足系统的压力要求时,应采取增压措施。

10 水 力 计 算

10.1 系统的设计流量

10.1.1 大空间智能型主动喷水灭火系统的设计流量应根据喷头(高空水炮)的设置方式,喷头(高空水炮)布置的行数及列数、喷头(高空水炮)的设计同时开启数分别按表 5.0.2-1～表 5.0.2-3 来确定。

10.1.2 系统的设计流量也可按下列公式计算:

$$Q_s = \frac{1}{60} \sum_{i=1}^{n} q_i \qquad (10.1.2)$$

式中： Q_s ——系统设计流量(L/s);

　　　　q_i ——系统中最不利点处最大一组同时开启喷头(高空水炮)中各喷头(高空水炮)节点的流量(L/min);

　　　　n ——系统中最不利点处最大一组同时开启喷头(高空水炮)的个数。

10.2 喷头的设计流量

10.2.1 喷头(高空水炮)在标准工作压力时的标准设计流量可根据表 10.2.1 确定。

表 10.2.1　标准型喷头(高空水炮)在标准工作
压力时的标准设计流量

内　容	喷头形式		
	大空间大流量喷头	扫描射水喷头	高空水炮
标准设计流量(L/s)	5	2	5
标准工作压力(MPa)	0.25	0.15	0.6
配水支管管径(mm)	50	40	50

内　容	喷头形式		
	大空间大流量喷头	扫描射水喷头	高空水炮
短立管管径/喷头(高空水炮)接口管径(mm/mm)	50/40	40/20	50/25

10.2.2 喷头(高空水炮)在其他工作压力下的流量按下式计算:

$$q = 1/60 \cdot K \sqrt{10P} \qquad (10.2.2)$$

式中：q——喷头(高空水炮)流量(L/s)；

P——喷头(高空水炮)工作压力(MPa)；

K——喷头(高空水炮)流量系数(按表10.2.2确定)。

表 10.2.2　标准型喷头(高空水炮)的流量系数

喷头形式	大空间大流量喷头	扫描射水喷头	高空水炮
流量系数 K 值	190	97	122

10.3　管段的设计流量

10.3.1 配水支管的设计流量等同于其所接喷头(高空水炮)的设计流量,可根据表10.2.1或根据公式(10.2.2)计算确定。

10.3.2 配水管及配水干管的设计流量可根据该管段所负荷的喷头(高空水炮)的设置方式、喷头(高空水炮)布置的行数及列数、喷头(高空水炮)的设计同时开启喷头(高空水炮)数按表5.0.2-1~表5.0.2-3确定。

10.3.3 配水管和配水干管管段的设计流量也可根据公式(10.3.3)确定:

$$Q_p = \frac{1}{60} \sum_{i=1}^{n} q_i \qquad (10.3.3)$$

式中：Q_p——管段的设计流量(L/s)；

q_i——与该管段所连接的后续管道中最不利点处最大一组同时开启喷头(高空水炮)中各喷头(高空水炮)节点的流量(L/min)；

n——与该管段所连接的后续管道中最不利点的最大一组同时开启喷头(高空水炮)的个数。

10.3.4 配置大空间智能灭火装置的大空间智能型主动喷水灭火系统的配水管和配水干管管段的管径可根据表10.3.4确定。

表 10.3.4　配置大空间智能灭火装置的大空间智能型
主动喷水灭火系统的配水管和配水干管
管段的设计流量及配管管径

管段负荷的最大同时开启喷头数(个)	管段的设计流量(L/s)	配管公称管径(mm)	配管的根数(根)
1	5	50	1
2	10	80	1
3	15	100	1
4	20	125~150	1
5	25	125~150	1
6	30	150	1
7	35	150	1
8	40	150	1
9~15	45~75	150	2
≥16	80	150	2

10.3.5 配置自动扫描射水灭火装置的大空间智能型主动喷水灭火系统的配水管和配水干管管段的管径可根据表10.3.5确定。

表 10.3.5　配置自动扫描射水灭火装置的大空间智能型
主动喷水灭火系统的配水管和配水干管
管段的设计流量及配管管径

管段负荷的最大同时开启喷头数(个)	管段的设计流量(L/s)	配管公称管径(mm)	配管的根数(根)
1	2	40	1
2	4	50	1

管段负荷的最大同时开启喷头数(个)	管段的设计流量(L/s)	配管公称管径(mm)	配管的根数(根)
3	6	65	1
4	8	80	1
5	10	100	1
6	12	100	1
7	14	100	1
8	16	125~150	1
9	18	125~150	1
10~15	20~30	150	1
≥16	32	150	1

10.3.6 配置自动扫描射水高空水炮灭火装置的大空间智能型主动喷水灭火系统的配水管和配水干管管段的设计流量及配管管径也可根据表10.3.6确定。

表 10.3.6　配置自动扫描射水高空水炮灭火装置的大空间智能型
主动喷水灭火系统的配水管和配水干管
管段的设计流量及配管管径

管段负荷的最大同时开启喷头数(个)	管段的设计流量(L/s)	配管公称管径(mm)	配管的根数(根)
1	5	50	1
2	10	80	1
3	15	100	1
4	20	125~150	1
5	25	150	1
6	30	150	1
7~8	35~40	150	1
≥9	45	150	2

10.4　管道的水力计算

10.4.1 配水支管、配水管、配水干管的管道内平均流速,应按下式计算:

$$V = 0.004 \cdot \frac{Q}{\pi d_i^2} \qquad (10.4.1)$$

式中：V——管道内水的平均流速(m/s)；

Q——管道内的设计流量(L/s)；

d_i——管道的计算内径(m),取值应按管道的内径减1mm确定(管道公称直径根据表10.2.1、表10.3.4~表10.3.6确定)。

10.4.2 采用镀锌钢管时每米管道的水头损失应按下式计算:

$$i = 0.0000107 \cdot \frac{V^2}{d_i^{1.3}} \qquad (10.4.2)$$

式中：i——每米管道的水头损失(MPa/m)；

V——管道内水的平均流速(m/s)；

d_i——管道的计算内径(m),取值应按管道的内径减1mm确定。

10.4.3 当采用其他类型的管道时,每米管道的水头损失可按照其各自有关的设计规范、规程中的计算公式计算。

10.4.4 管道的沿程水头损失应按下式计算:

$$h = iL \qquad (10.4.4)$$

式中：h——沿程水头损失(MPa)；

i——每米管道的水头损失(管道沿程阻力系数)(MPa/m)；

L——管道长度(m)。

10.4.5 管道的局部水头损失宜采用当量长度法计算。各种管件和阀门的当量长度可按附录A执行。当采用新材料和新阀门等能产生局部水头损失的部件时,应根据产品的要求确定管件的当

61

量长度。

10.4.6 水泵扬程或系统入口的供水压力应按下式计算：

$$H = \sum h + P_0 + Z \qquad (10.4.5)$$

式中：H——水泵扬程或系统入口的供水压力（MPa）；

$\sum h$——管道沿程和局部水头损失的累计值（MPa），水流指示器取值 0.02MPa。马鞍型水流指示器的取值由生产厂提供；

P_0——最不利点处喷头的工作压力（MPa）；

Z——最不利点处喷头与消防水池的最低水位或系统入口管水平中心线之间的高程差，当系统入口管或消防水池最低水位高于最不利点处喷头时，Z 应取负值（MPa）。

10.5 减压措施

10.5.1 减压孔板应符合下列规定：

1 应设在直径不小于 50mm 的水平直管段上，前后管段的长度均不宜小于该管段直径的 5 倍；

2 孔口直径不应小于设置管段直径的 30%，且不应小于 20mm；

3 应采用不锈钢板材制作。

10.5.2 节流管应符合下列规定：

1 直径宜按上游管段直径的 1/2 确定；

2 长度不宜小于 1m；

3 节流管内水的平均流速不应大于 20m/s。

10.5.3 减压孔板的水头损失应按下式计算：

$$H_k = \xi \frac{V_k^2}{2g} \qquad (10.5.3\text{-}1)$$

式中：H_k——减压孔板的水头损失（10^{-2}MPa）；

V_k——减压孔板后管道内水的平均流速（m/s）；

ξ——减压孔板的局部阻力系数，取值应按公式（10.5.3-2）计算或表 10.5.3 确定。

$$\xi = \left[1.75 \frac{d_j^2}{d_k^2} \cdot \frac{1.1 - \dfrac{d_k^2}{d_j^2}}{1.175 - \dfrac{d_k^2}{d_j^2}} - 1 \right]^2 \qquad (10.5.3\text{-}2)$$

式中：d_k——减压孔板的孔口直径（m）。

表 10.5.3 减压孔板的局部阻力系数

d_k/d_j	0.3	0.4	0.5	0.6	0.7	0.8
ξ	292	83.3	29.5	11.7	4.75	1.83

10.5.4 节流管的水头损失，应按下式计算：

$$H_g = \zeta \frac{V_g^2}{2g} + 0.00107L \frac{V_g^2}{d_g^{1.3}} \qquad (10.5.4)$$

式中：H_g——节流管的水头损失（10^{-2}MPa）；

ζ——节流管中渐缩管与渐扩管的局部阻力系数之和，取值 0.7；

V_g——节流管内水的平均流速（m/s）；

d_g——节流管的计算内径（m），取值应按节流管内径减 1mm 确定；

L——节流管长度（m）。

10.5.5 减压阀应符合下列规定：

1 应设在电磁阀前的信号阀入口前；

2 减压阀的公称直径应与管道管径相一致；

3 应设置备用减压阀；

4 减压阀节点处的前后应装设压力表。

11 控制系统的操作与控制

11.0.1 大空间智能型主动喷水灭火控制系统应由下列部分或全部部件组成：

1 智能灭火装置控制器；

2 智能型探测组件；

3 电源装置；

4 火灾警报装置；

5 水泵控制箱；

6 其他控制配件。

11.0.2 大空间智能型主动喷水灭火系统可设置专用的智能灭火装置控制器，也可纳入建筑物火灾自动报警及联动控制系统，由建筑物火灾自动报警及联动控制器系统统一控制。当采用专用的智能灭火装置控制器时，应设置与建筑物火灾自动报警及联动控制器联网的监控接口。

11.0.3 大空间智能型主动喷水灭火系统应在开启一个喷头、高空水炮的同时自动启动并报警。

11.0.4 大空间智能型主动喷水灭火系统中的电磁阀有下列控制方式（各种控制方式应能进行相互转换）：

1 由智能型探测组件自动控制；

2 消防控制室手动强制控制并设有防误操作设施；

3 现场人工控制（严禁误喷场所）。

11.0.5 大空间智能型主动喷水灭火系统的消防水泵应同时具备自动控制、消防控制室手动强制控制和水泵房现场控制三种控制方式：

11.0.6 在舞台、演播厅、可兼作演艺用的体育比赛场馆等场所设置的大空间智能型主动喷水灭火系统应增设手动与自动控制的转换装置。当演出及排练时，应将灭火系统转换到手动控制位；在演出及排练结束后，应恢复到自动控制位。

11.0.7 智能灭火装置控制器及电源装置应设置在建筑物消防控制室（中心）或专用的控制值班室内。

11.0.8 消防控制室应能显示智能型探测组件的报警信号；显示信号阀、水流指示器工作状态，显示消防水泵的运行、停止和故障状态；显示消防水池及高位水箱的低水位信号。

11.0.9 大空间智能型主动喷水灭火系统应设火灾警报装置，并应满足下列要求：

1 每个防火分区至少应设一个火灾警报装置，其位置宜设在保护区域内靠近出口处；

2 火灾警报装置应采用声光报警器；

3 在环境噪声大于 60dB 的场所设置火灾警报装置时，其声音警报器的声压级至少应高于背景噪声 15dB。

61

12 电 气

12.1 电源及配电

12.1.1 大空间智能型主动喷水灭火系统的供电电源应采用消防电源。

12.1.2 大空间智能型主动喷水灭火系统的供电电源应设 SPD 电涌保护器。

12.1.3 大空间智能型主动喷水灭火系统供电电源的保护开关不应采用漏电保护开关，但可采用具有漏电报警功能的保护开关。

12.1.4 由电源装置引至智能灭火装置的供电电源宜按楼层或防火分区分回路设置。

12.2 布 线

12.2.1 大空间智能型主动喷水灭火系统的供电、控制和信号传输线路应采用穿金属管或封闭式金属线槽保护方式布线。金属管和封闭式金属线槽应作防火处理和保护接地。

12.2.2 从接线盒、线槽等处引到智能探测组件和电磁阀的线路应加金属软管保护，金属软管的长度不宜超过 0.8m。

12.3 其 他

12.3.1 大空间智能型主动喷水灭火系统的电气设计除满足上述要求外，还应符合现行国家规范《火灾自动报警系统设计规范》GB 50116 的规定。

13 施工前准备

13.1 质量管理

13.1.1 大空间智能型主动喷水灭火系统的分部、分项工程应按本规程附录 B 划分。

13.1.2 大空间智能型主动喷水灭火系统的施工必须由具有相应等级资质的施工队伍承担。

13.1.3 系统施工应按设计要求编制施工方案。施工现场应具有必要的施工技术标准、健全的施工质量管理体系和工程质量检验制度，并应按本规程附录 C 的要求填写有关记录。

13.1.4 大空间智能型主动喷水灭火系统施工前应具备下列条件：

1 平面图、系统图（展开系统原理图）、接线图、施工详图及说明书、设备表、材料表等技术文件应齐全；

2 设计单位应向施工、建设、监理单位进行技术交底；

3 系统组件、管件及其他设备、材料，应能保证正常施工；

4 施工现场及施工中使用的水、电、气应满足施工要求，并应保证连续施工。

13.1.5 大空间智能型主动喷水灭火系统的施工，应按照批准的工程设计文件和施工技术标准进行施工。施工图纸修改应有设计单位的变更通知书。

13.1.6 大空间智能型主动喷水灭火系统工程的施工过程质量控制，应按下列规定进行：

1 各工序的施工应按本规程及设计要求进行质量控制，每道工序完成后，应进行检查，检查合格后方可进行下道工序；

2 相关各专业工种之间应进行交接检验，并经监理工程师签

证后方可进行下道工序；

3 安装工程完工后，施工单位应按相关专业调试规定进行调试；

4 调试完工后，施工单位应向建设单位提供质量控制资料和各类施工过程质量检查记录；

5 施工过程质量检查组织由监理工程师组织施工单位人员组成；

6 施工过程质量检查记录按本规程附录 D 的要求填写。

13.1.7 大空间智能型主动喷水灭火系统质量控制资料按本规程附录 E 的要求填写。

13.1.8 大空间智能型主动喷水灭火系统施工前，应对系统组件、管件及其他设备、材料进行现场检查，检查不合格者不得使用。

13.1.9 分部工程质量验收应由建设单位负责人组织施工单位项目负责人、监理工程师和设计单位项目负责人等进行，并按本规程附录 F 的要求填写大空间智能型主动喷水灭火系统工程验收记录。

13.2 材料、设备管理

13.2.1 大空间智能型主动喷水灭火系统施工前应对采用的系统组件、管件及其他设备、材料进行现场检查，并应符合下列要求：

1 大空间智能型灭火装置、水流指示器、消防水泵、电磁阀、水泵接合器、信号阀等系统主要组件，应经国家消防产品质量监督检验中心强制或型式检测合格；稳压泵、止回阀、手动闸阀、安全泄压阀、沟槽式管接头等，应经相应国家产品质量监督检验中心检测合格。

2 系统组件、管件及其他设备、材料，应符合设计要求和国家现行有关标准的规定，并具有出厂合格证或质量认证书。

13.2.2 管材、管件应进行现场外观检查，并应符合下列要求：

1 表面应无裂纹、缩孔、夹渣、折叠和重皮；

2 螺纹密封面应完整、无损伤、无毛刺；

3 镀锌钢管应为内外壁热镀锌钢管，钢管内外表面的镀锌层不得有脱落、锈蚀等现象；钢管的内外径与壁厚等应符合现行国家标准《低压流体输送用焊接钢管》GB/T 3091 或现行国家标准《输送流体用无缝钢管》GB/T 8163 的规定；

4 外镀锌内涂塑钢管的外表面的镀锌层不得有脱落、锈蚀等现象；钢管的内涂塑层必须光滑、没有伤痕、针孔和沾附异物等妨碍使用的缺陷，钢管的外径与壁厚等应满足《给水涂塑复合钢管》CJ/T 120—2008 的规定；

5 管道外壁应喷有产品标记、生产企业名称、执行标准号等；

6 非金属密封垫片应质地柔韧，无老化变质或分层现象，表面应无折损、皱纹等缺陷；

7 法兰密封面应完整、光洁，不得有毛刺及径向沟槽；螺纹法兰的螺纹应完整、无损伤；

8 沟槽式管接头规格、尺寸、公称压力、材质应符合国家标准要求，橡胶密封圈应无破损及变形。

13.2.3 大空间灭火装置的现场检验应符合下列要求：

1 大空间智能型灭火装置的商标、型号、规格、制造厂及生产年月等标志应齐全，并有产品合格证；

2 型号、规格应符合设计要求；

3 外观应无加工缺陷和机械损伤，无脱漆，手动可转动部件应转动灵活；

4 螺纹密封面应完整、光洁、无损伤、无缺丝和断丝现象。

13.2.4 阀门及其附件的现场检验应符合下列要求：

1 阀门商标、型号、规格、制造厂及生产年月等标志应齐全，并有产品合格证；

2 阀门的型号、规格、数量、材质、公称压力应符合设计要求；

3 阀门及其附件应配备齐全，不得有加工缺陷和机械损伤；

4 电磁阀无电时应处于"常闭"状态，工作电压和电流应符合

设计要求；

　　5　压力开关、水流指示器、自动排气阀、减压阀、止回阀、多功能水泵控制阀、信号阀、安全泄压阀、水泵接合器等及水位、水压、阀门限位等自动监测装置应有清晰的铭牌、安全操作指示标志和产品说明书；水流指示器、水泵接合器、减压阀、止回阀、安全泄压阀、多功能水泵控制阀、尚应有水流方向的永久性标志；安装前应逐个进行主要功能检查；

　　6　比例式减压阀的减压比应符合设计要求。

14　系统安装与施工

14.1　一般规定

14.1.1　大空间智能型主动喷水灭火系统的布线应符合现行国家标准《建筑电气工程施工质量验收规范》GB 50303、《火灾自动报警系统施工及验收规范》GB 50166以及本规程的有关规定。

14.1.2　消防水泵、稳压泵的安装，应符合现行国家标准《机械设备安装工程施工及验收通用规范》GB 50231、《压缩机、风机、泵安装工程施工及验收规范》GB 50275的有关规定。

14.1.3　消防水池、消防水箱的施工和安装应符合现行国家标准《给水排水构筑物工程施工及验收规范》GB 50141、《建筑给水排水及采暖工程施工质量验收规范》GB 50242的有关规定。

14.1.4　供水设施安装时，环境温度不应低于5℃；当环境温度低于5℃时，应采取防冻措施。

14.2　布　线

14.2.1　大空间智能型主动喷水灭火系统的布线，应根据《火灾自动报警系统设计规范》GB 50116以及本规程的规定，对导线的种类、电压等级及穿管、线槽的材质等进行检查。

14.2.2　在管内或线槽内的穿线，应在建筑抹灰及地面工程结束后进行。在穿线前，接头处应将管内或线槽内的积水及杂物清除干净。

14.2.3　不同系统、不同电压等级、不同电流类别的线路，不应穿在同一管内或线槽的同一槽孔内。

14.2.4　同一系统内不同用途的导线应采用不同的颜色；相同用途导线的颜色应一致。

14.2.5　管内或线槽内的导线不应有接头或扭结。导线接头应在接线盒内采用焊接或压接的方式。当采用焊接方式时，不得使用带腐蚀性的助焊剂，焊点不得有尖刺，接头处应采用电工绝缘胶布或其他电工绝缘材料密封。

14.2.6　敷设在多尘或潮湿场所的管路的管口和管子连接处，均应做密封处理。

14.2.7　管路超过下列长度时，应在便于接线处装设接线盒：

　　1　管子长度每超过45m，无弯曲时；

　　2　管子长度每超过30m，有1个弯曲时；

　　3　管子长度每超过20m，有2个弯曲时；

　　4　管子长度每超过12m，有3个弯曲时。

14.2.8　管子入盒时，盒外侧应套锁母，内侧应装护口。在吊顶内敷设时，盒的内外两侧均应套锁母。

14.2.9　在吊顶内敷设各类管路和线槽时，宜采用单独的卡具吊装或支撑物固定。

14.2.10　线槽的直线段应每隔1.0m～1.5m设置吊点或支点，在下列部位也应设置吊点或支点：

　　1　线槽接头处；

　　2　距接线盒0.2m处；

　　3　线槽走向改变或转角处。

14.2.11　吊装线槽的吊杆直径不应小于6mm。

14.2.12　管线经过建筑物的变形缝（包括沉降缝、伸缩缝、抗震缝等）处，应采取补偿措施，导线跨越变形缝的两侧应固定，并留有适当余量。

14.2.13　线管或线槽应可靠接地，管或槽的连接处两端采用卡接固定跨接接地软铜线。

14.2.14　导线敷设后，应用500V的兆欧表测量每根导线对地绝缘电阻，其值不应小于20MΩ。

14.3　管网的安装

14.3.1　管网采用钢管时，其材质应符合现行国家标准《输送流体用无缝钢管》GB/T 8163、《低压流体输送用焊接钢管》GB/T 3091的要求。当使用铜管、不锈钢管等其他管材时，应符合国家现行有关标准的要求。

14.3.2　管道连接后不应减小过水断面面积。热镀锌钢管安装应采用螺纹、沟槽式管件或法兰连接。

14.3.3　管网安装前应校直管道，并清除管道内部的杂物；在具有腐蚀性的场所，安装前应按设计要求对管道、管件等进行防腐处理；安装时应随时清除已安装管道内部的杂物。

14.3.4　沟槽式管件连接应符合下列要求：

　　1　选用的沟槽式管件应符合《沟槽式管接头》CJ/T 156的要求，其材质应为球墨铸铁，并符合现行国家标准《球墨铸铁件》GB/T 1348要求；橡胶密封圈的材质应为三元乙丙胶（EPDN），并符合《金属管道系统快速管接头的性能要求和试验方法》ISO 6182-12的要求。

　　2　沟槽式管件连接时，其管道连接沟槽和开孔应用专用滚槽机和开孔机加工，并应做防腐处理；连接前应检查沟槽和孔洞尺寸，加工质量是否符合技术要求；沟槽、孔洞处不得有毛刺、破损性裂纹和脏物；

　　3　橡胶密封圈应无破损及变形；

　　4　沟槽式安装的内涂塑热镀锌钢管，其标准长度直管及管件宜采用先加工沟槽后涂塑的成品。现场开槽的非标准长度直管、管件，应在管道开槽处的涂层破坏处及管道切口涂敷厂家提供的专用涂敷涂料，以防管道出现脱皮及锈蚀；

　　5　沟槽式管件的凸边应卡进沟槽后再紧固螺栓，两边应同时紧固，紧固时发现橡胶圈起皱应更换新橡胶圈；

　　6　机械三通连接时，应检查机械三通与孔洞的间隙，各部位应均匀,然后再紧固到位;机械三通开孔间距不应小于500mm,机械四通开孔间距不应小于1000mm;机械三通、机械四通连接时支管的口径应满足表14.3.4的规定。

表14.3.4 采用支管接头(机械三通、机械四通)时
支管的最大允许管径(mm)

主管直径 DN		50	65	80	100	125	150	200	250
支管直径 DN	机械三通	25	40	40	65	80	100	100	100
	机械四通	—	32	40	50	65	80	100	100

7 配水干管(立管)与配水管(水平管)连接,应采用沟槽式管件,不应采用机械三通;

8 埋地的沟槽式管件的螺栓、螺帽应做防腐处理。水泵房内的配管及埋地管道连接应采用挠性接头。

14.3.5 螺纹连接应符合下列要求:

1 管子宜采用机械切割,切割面不得有飞边、毛刺;管道螺纹密封面应符合现行国家标准《普通螺纹 基本尺寸》GB/T 196、《普通螺纹 公差》GB/T 197、《普通螺纹 管路系列》GB/T 1414的有关规定。

2 当管道变径时,宜采用异径接头;在管道弯头处不宜采用补芯;当需要采用补芯时,三通上可用1个,四通上不应超过2个;公称直径大于50mm的管道不宜采用活接头。

3 螺纹连接的密封填料应均匀附着在管道的螺纹部分;拧紧螺纹时,不得将填料挤入管内;连接后,应将连接处外部清理干净。

14.3.6 法兰连接可采用焊接法兰或螺纹法兰。热镀锌钢管用法兰连接时,焊接法兰焊接处应重新镀锌后连接。涂塑钢管焊接法兰焊接处应重新涂塑后连接。焊接应符合现行国家标准《工业金属管道工程施工及验收规范》GB 50235、《现场设备、工业管道焊接工程施工及验收规范》GB 50236的有关规定。螺纹法兰连接应预测对接位置,清除外露密封填料并在切口处涂敷防锈涂料后再紧固、连接。

14.3.7 管道的安装位置应符合设计要求。当设计无要求时,管道的中心线与梁、柱、楼板等的最小距离应符合表14.3.7的规定。

表14.3.7 管道的中心线与梁、柱、楼板等的最小距离(mm)

公称直径	25	32	40	50	70	80	100	125	150	200
距离	40	40	50	60	70	80	100	125	150	200

14.3.8 管道支架、吊架、防晃支架的安装应符合下列要求:

1 管道应固定牢固;管道支架或吊架之间的距离不应大于表14.3.8-1的规定。

表14.3.8-1 管道支架或吊架之间的距离

公称直径 (mm)	25	32	40	50	70	80	100	125	150	200	250	300
距离(m)	3.5	4.0	4.5	5.0	6.0	6.0	6.5	7.0	8.0	9.5	11.0	12.0

2 管道支架、吊架、防晃支架的型式、材质、加工尺寸及焊接质量等应符合设计要求和国家现行有关标准的规定;

3 管道支架、吊架的安装位置不应妨碍大空间灭火装置的喷水效果和机械传动;管道支架、吊架与大空间灭火装置之间的距离不宜小于300mm;与末端大空间灭火装置之间的距离不宜大于750mm;

4 短立管应采用支架固定牢固,喷水时不得晃动;

5 配水支管上设置的吊架均不应少于1个,吊架的间距不宜大于3.6m;

6 每段配水管上设置的吊架均不宜少于1个;

7 当管子的公称直径大于或等于50mm时,每段配水支管、配水管及配水干管设置的防晃支架不应少于1个,且防晃支架的间距不宜大于15m;当管道改变方向时,应增设防晃支架;

8 竖直安装的配水干管除中间用管卡固定外,还应在其始端和终端设防晃支架或采用管卡固定,其安装位置距地面或楼面的

距离宜为1.5 m～1.8m。

14.3.9 管道穿过建筑物的变形缝时,应采取抗变形措施。穿过墙体或楼板时应加设套管,套管长度不得小于墙体厚度;穿过楼板的套管其顶部应高出装饰地面20mm;穿过卫生间或厨房楼板的套管,其顶部应高出装饰地面50mm,且套管底部应与楼板底面相平。套管与管道的间隙应采用不燃烧材料填塞密实。穿越地下室外墙时应设防水套管。

14.3.10 管道横向安装宜设不小于0.002～0.005的坡度,且应坡向排水管;当局部区域难以利用排水管将水排净时,应采取相应的排水措施。当喷头数量小于或等于5只时,可在管道低凹处加设堵头;当喷头数量大于5只时,宜装设带阀门的排水管。

14.3.11 配水支管、配水管及配水干管应做红色或红色环圈标志。红色环圈标志,宽度不应小于20mm,间隔不宜大于4m,在一个独立的单元内环圈不应少于2处,并应有与消火栓系统管道及自动喷水灭火系统管道区别的文字等标识。

14.3.12 管网在安装中断时,应将管道的敞口封闭。

14.4 阀门的安装

14.4.1 信号阀应安装在水流指示器前的管道上,与水流指示器之间的距离不应小于300mm。

14.4.2 手动闸阀的规格、型号和安装位置均应符合设计要求;安装方向应正确,阀内应清洁、无堵塞、无渗漏;应有明显的启闭标志;隐蔽处的手动闸阀在明显处应设有指示其位置的标志。

14.4.3 大空间灭火装置前的手动闸阀与装置之间的安装距离不应小于300mm。

14.4.4 排气阀的安装应在系统管网试压和冲洗合格后进行;排气阀应安装在配水干管顶部、配水管的末端,且应确保无渗漏。

14.4.5 止回阀的安装应与水流方向保持一致。

14.4.6 信号阀、电磁阀、水流指示器的引出线应用防水套管锁定。

14.4.7 减压阀的安装应符合下列要求:

1 减压阀的安装应在供水管网试压、冲洗合格后进行;

2 减压阀安装前应检查:其规格型号应与设计相符,阀外控制管路及导向杆各连接件不应有松动,外观应无机械损伤,并应清除阀内异物;

3 减压阀水流方向应与供水管网水流方向一致;

4 应在进水侧安装过滤器,并宜在其前后安装控制阀;

5 可调式减压阀宜水平安装,阀盖应向上;

6 比例式减压阀宜垂直安装。当水平安装时,对于单呼吸孔减压阀,其孔口应向下;对于双呼吸孔减压阀,其孔口应呈水平位置;

7 安装自身不带压力表的减压阀时,应在其前后相邻部位安装压力表。

14.5 水流指示器的安装

14.5.1 水流指示器的安装应在管道试压和冲洗合格后进行,水流指示器的规格、型号应符合设计要求。

14.5.2 水流指示器应使电器元件竖直安装在水平管道上侧,其动作方向和水流方向一致;安装后的水流指示器的浆片、膜片应动作灵活,不应与管壁发生碰擦。

14.6 节流装置和减压孔板的安装

14.6.1 节流装置应安装在公称直径不小于50mm的水平管段上。

14.6.2 减压孔板应安装在管道内水流转弯处下游一侧的直管上,且与转弯处的距离不应小于管子公称直径的2倍。

14.7 模拟末端试水装置的安装

14.7.1 模拟末端试水装置应安装在每一压力分区水平管网末端最不利点处。

14.7.2 模拟末端试水装置的安装位置应便于进行火灾模拟试验,且安装环境应具备良好的排水设施。

14.7.3 模拟末端试水装置的电磁阀应在系统管网试压冲洗合格后安装在靠近模拟喷头的水平管段上;管道的水流方向与电磁阀体上要求的水流方向相一致。

14.7.4 模拟末端试水装置的压力表的安装方向应便于观察。

14.7.5 模拟末端试水装置的手动闸阀的安装位置应便于人工操作。

14.7.6 模拟末端试水装置的模拟喷头的流量系数应与对应压力分区内的大空间灭火装置的流量系数相一致。

14.7.7 模拟末端试水装置的安装现场应设置电源控制开关,平时处于关闭状态,开关宜安装在距地面 2m～2.5m 的高度。

14.8 大空间灭火装置的安装

14.8.1 大空间灭火装置在安装前应通电进行复位状态、监视状态、启动、机械转动、联动控制等功能的模拟检查,不合格者,不得安装。

14.8.2 大空间灭火装置应在系统管网试压冲洗合格后进行安装。

14.8.3 当大空间灭火装置平天花或平梁底吊顶安装时,安装场所地面至天花底或梁底的最大净空高度应满足表 14.8.3 中的规定。

表 14.8.3 标准型大空间灭火装置安装场所的最大净空高度

大空间灭火装置喷头种类	最大净空高度(m)
大空间大流量喷头	25
扫描射水喷头	6
高空水炮	20

14.8.4 大空间灭火装置的智能型探测组件应平行或低于天花、梁底、屋架底和风管底安装。其周围不应有影响探测视角的障碍物。

14.8.5 天花下安装时,天花板的开口不应妨碍大空间灭火装置的转动。

14.8.6 大空间灭火装置的进水管应与地平面保持垂直。

14.8.7 大空间智能灭火装置的智能型探测组件与大空间大流量喷头的安装间距应满足表 14.8.7 中的规定。

表 14.8.7 大空间智能灭火装置智能型探测
组件与喷头的安装间距

智能型探测组件控制方式	安装方式	间距描述	安装间距(mm)
1 个智能型探测组件控制 1 个喷头	与喷头平行	与喷头的水平距离	≤600
1 个智能型探测组件控制 2～4 个喷头	与喷头平行	与各喷头布置平面的中心位置的水平距离	≤600

14.8.8 大空间灭火装置的对外引线金属软管不得妨碍大空间灭火装置的机械转动。

14.8.9 电磁阀应安装在喷头附近的水平配水支管上;管道的水流方向与电磁阀体上要求的水流方向相一致。

14.9 智能灭火装置控制器的安装

14.9.1 壁挂式智能灭火装置控制器在墙上安装时,其底边距地(楼)面高度宜为 1.3m～1.5m,其靠近门轴的侧面距墙不应小于 0.5m,正面操作距离不应小于 1.2m;当安装在轻质墙上时,应采取加固措施。

14.9.2 琴台式、柜式智能灭火装置控制器落地安装时,正面操作距离不应小于 1.5m,其底宜高出地面 0.1m～0.2m,当需要在背面检修时其检修距离不宜小于 1.0m,其中的一个侧面应留有不小于 800mm 的过道。

14.9.3 智能灭火装置控制器应安装牢固,不得倾斜。

14.9.4 智能灭火装置控制器及配线金属管或线槽应做接地保护,接地应牢固,并有明显标志。

14.9.5 进入智能灭火装置控制器的电缆或导线,应符合下列要求:

1 配线整齐,避免交叉,并应固定牢固;

2 电缆芯线和所配导线的端部应标明编号,并与图纸一致,字迹清晰不易退色;

3 端子板的每个接线端,接线不得超过 2 根;

4 电缆芯和导线,应留有适当余量;

5 导线引入线穿线后,金属管或金属线槽与智能灭火装置控制器的接口处应做封堵;

6 智能灭火装置控制器的电源引入线,应直接与消防电源连接,严禁使用电源插头。电源引入线应有明显标志。

14.10 消防控制设备的安装

14.10.1 消防控制设备在安装前,应进行功能检查,不合格者,不得安装。

14.10.2 消防控制设备(箱、盘、柜等)内不同电压等级、不同电流类别的端子,应分开设置;内部的各功能部件,应有不易退色、易于观察、便于理解的标志。

14.10.3 消防控制设备外接导线的端部,应有明显标志,且与设计图纸一致。

14.10.4 消防控制设备的外接导线,当采用金属软管作套管时,其长度不宜大于 2m,且应采用管卡固定,其固定点间距不应大于 0.5m。金属软管与消防控制设备(箱、盘、柜等)应采用锁母固定,并与消防控制设备一起作保护接地。

14.11 电源装置的安装

14.11.1 电源装置的交流输入应直接引自消防电源,不得采用插座供电。

14.11.2 电源装置输出端的中性线(N 极),必须与由接地装置直接引来的接地干线相连接,做重复接地。

14.11.3 电源装置的金属外壳应作保护接地。

14.12 接地装置的安装

14.12.1 大空间主动喷水灭火系统的接地体,应按照现行国家标准《火灾自动报警系统设计规范》GB 50116 的相关规定进行安装。

14.12.2 系统接地线应采用铜芯绝缘导线或电缆,不得利用镀锌扁铁或金属软管。

14.12.3 由消防控制室专用接地板引至接地体的专用接地干线应穿钢管或硬质塑料管埋设至接地体。

14.12.4 接地装置施工完毕后,应及时做隐蔽工程验收。隐蔽工程验收应包括下列内容:

1 检查施工质量;

2 测量接地电阻,并做好记录(专用接地装置接地电阻不应大于 4Ω,共用接地装置不应大于 1Ω)。

14.13 消防水泵的安装

14.13.1 消防水泵、消防水箱、消防水池、消防气压给水设备、消防水泵接合器等供水设施及其附属管道的安装,应清除其内部污垢和杂物。安装中断时,其敞口处应封闭。

14.13.2 消防水泵的规格、型号应符合设计要求,并应有产品合格证和安装使用说明书。

14.13.3 消防水泵的出水管上应安装止回阀、控制阀和压力表,并应安装检查和试水用的放水阀门;系统的总出水管上还应安装压力表,必要时安装防止系统超压的泄压阀;安装压力表时应加设缓冲装置。压力表和缓冲装置之间应安装旋塞;压力表的量程应为工作压力的2～2.5倍。

14.13.4 吸水管及其附件的安装应符合下列要求:

1 吸水管上的控制阀应在消防水泵固定于基础上之后再进行安装,其直径不应小于消防水泵吸水口直径,且不应采用没有可靠锁定装置的蝶阀,蝶阀应采用沟槽式或法兰式蝶阀;

2 当消防水泵和消防水池位于独立的两个基础上且相互为刚性连接时,吸水管上应加设柔性连接管;

3 吸水管水平管段上不应有气囊和漏气现象,变径连接时,应采用偏心异径管件并应采用管顶平接。

14.14 消防水箱安装和消防水池的施工

14.14.1 消防水箱、消防水池的容积、安装位置应符合设计要求。安装时,池(箱)外壁与建筑本体结构墙面或其他池壁之间的净距,应满足施工或装配的需要。无管道的侧面,净距不宜小于0.7m;安装有管道的侧面,净距不宜小于1.0m,且管道外壁与建筑本体墙面之间的通道宽度不宜小于0.6m;设有人孔的池顶,顶板面与上面建筑本体板底的净空不应小于0.8m。

14.14.2 消防水池、消防水箱的溢流管、泄水管不得与生产或生活用水的排水系统直接相连,应采用间接排水方式。

14.14.3 钢筋混凝土消防水池或消防水箱的进水管、出水管应加设防水套管,对有振动的管道尚应加设柔性接头。组合式消防水池或消防水箱的进水管、出水管接头宜采用法兰连接,采用其他连接时应做防锈处理。

14.15 消防气压给水设备和稳压泵的安装

14.15.1 消防气压给水设备的气压罐,其容积、气压、水位及工作压力应符合设计要求。

14.15.2 消防气压给水设备上的安全阀、压力表、泄水管、水位指示器、压力控制仪表等的安装应符合产品使用说明书的要求。

14.15.3 消防气压给水设备安装位置、进水管及出水管方向应符合设计要求;出水管上应设止回阀,安装时其四周应设检修通道,其宽度不宜小于0.7m,消防气压给水设备顶部至楼板或梁底的距离不宜小于0.6m。

14.15.4 稳压泵的规格、型号应符合设计要求,并应有产品合格证和安装使用说明书。

14.15.5 稳压泵的安装,应符合现行国家标准《机械设备安装工程施工及验收通用规范》GB 50231、《压缩机、风机、泵安装工程施工及验收规范》GB 50275的有关规定。

14.16 消防水泵接合器的安装

14.16.1 组装式消防水泵接合器的安装,应按接口、本体、连接管、止回阀、安全阀、放空管、控制阀的顺序进行。止回阀的安装方向应使消防用水能从消防水泵接合器进入系统;整体式消防水泵接合器的安装,应按使用安装说明书进行。

14.16.2 消防水泵接合器的安装应符合下列规定:

1 应安装在便于消防车接近的人行道或非机动车行驶地段,距室外消火栓或消防水池的距离宜为15m～40m;

2 地下消防水泵接合器应采用铸有"消防水泵接合器"标志的铸铁井盖或无机材料井盖,并在附近设置指示其位置的永久性固定标志;

3 大空间智能型主动喷水灭火系统的消防水泵接合器应设置与自动喷水灭火系统、消火栓系统消防水泵接合器区别的永久性固定标志;

4 墙壁消防水泵接合器的安装应符合设计要求。设计无要求时,其安装高度距地面宜为0.7m;与墙面上的门、窗、孔、洞的净距离不应小于2.0m,且不应安装在玻璃幕墙下方。

14.16.3 地下消防水泵接合器的安装,应使进水口与井盖底面的距离不大于0.4m,且不应小于井盖的半径。

14.16.4 地下消防水泵接合器井的砌筑应有防水和排水措施。

15 系统试压和冲洗

15.1 一般规定

15.1.1 管网安装完毕后,应对其进行强度试验、严密性试验和冲洗。

15.1.2 强度试验和严密性试验宜用水进行。

15.1.3 系统试压前应具备下列条件:

1 埋地管道的位置及管道基础、支墩等经复查应符合设计要求;

2 试压用的压力表不应少于2只;精度不应低于1.5级,量程应为试验压力值的1.5倍～2倍;

3 试压冲洗方案已经批准;

4 对不能参与试压的设备、仪表、阀门及附件应加以隔离或拆除;加设的临时盲板应具有突出于法兰的边耳,且应做明显标志,并记录临时盲板的数量及安装位置。

15.1.4 系统试压过程中,当出现泄漏时,应停止试压,并应放空管网中的试验介质;消除缺陷后,重新再试。

15.1.5 系统试压完成后,应及时拆除所有临时盲板及试验用的管道,并应与记录核对无误,且应按本规程附录D中表D.0.2的格式填写记录。

15.1.6 管网冲洗应在试压合格后分段进行。冲洗顺序应先室外,后室内;先地下,后地上;室内部分的冲洗应按配水干管、配水管、配水支管的顺序进行。

15.1.7 管网冲洗宜用水进行。冲洗前,应对系统的仪表采取保护措施。

15.1.8 冲洗前,应对管道支架、吊架进行检查,必要时应采取加固措施。

15.1.9 对不能经受冲洗的设备应加以隔离或拆除,冲洗完毕后应复位;冲洗后可能存留脏物、杂物的管段和设备,应进行清理。

15.1.10 冲洗直径大于100mm的管道时,应对其死角和底部进行敲打,但不得损伤管道。

15.1.11 管网冲洗合格后,应按本规程附录D中表D.0.3的格式填写记录。

15.1.12 水压实验和水冲洗宜采用生活用水进行,不得使用海水或含有腐蚀性化学物质的水。

15.2 水压试验

15.2.1 水压试验时环境温度不宜低于5℃,当低于5℃时,水压试验应采取防冻措施。

15.2.2 当系统设计工作压力小于或等于1.0MPa时,水压强度试验压力应为设计工作压力的1.5倍,并不应低于1.4MPa;当系统设计工作压力大于1.0MPa时,水压强度试验压力应为该工作压力加0.4MPa。

15.2.3 水压强度试验的测试点应设在系统管网的最低点。对管网注水时,应关闭电磁阀,将管网内的空气排净,并应缓慢升压,达到试验压力后,稳压30min,目测管网应无泄漏、无变形,且压力降不应大于0.05MPa。

15.2.4 水压严密性试验应在水压强度试验和管网冲洗合格并在安装好大空间灭火装置的电磁阀(电动阀)后进行。试验压力应为设计工作压力,稳压24h,应无泄漏。

15.2.5 大空间智能型主动喷水灭火系统的水源干管、进户管和室内埋地管道应在回填前单独或与系统一起进行水压强度试验和水压严密性试验。

15.3 冲 洗

15.3.1 管网冲洗宜设置临时专用排水管道,其排放应畅通和安全。排水管道的截面面积不得小于被冲洗管道截面面积的60%。

15.3.2 管网冲洗的水流流速、流量不应小于系统设计的水流流速、流量;管网冲洗宜分区、分段进行;水平管网冲洗时,其排水管位置应低于配水支管。

15.3.3 管网的地上管道与地下管道连接前,应在配水干管底部加设堵头后,对地下管道进行冲洗。

15.3.4 管网冲洗应连续进行。当出口处水的颜色、透明度与入口处水的颜色基本一致时,冲洗方可结束。

15.3.5 管网冲洗的水流方向应与灭火时管网的水流方向一致。

15.3.6 管网冲洗结束后,应将管网内的水排除干净,必要时可采用压缩空气吹干。

16 系统调试

16.1 一般规定

16.1.1 系统调试应在建筑内部装修和系统施工完成后进行。

16.1.2 系统调试应具备下列条件:

  1 由本规程第13.1.4条第1款所列出的文件和图纸齐全;

  2 系统供电正常;

  3 消防水池、消防水箱已储备设计要求的水量;

  4 系统管网内已充满水;阀门均未泄漏;

  5 消防气压给水设备的水位、气压符合设计要求;

  6 大空间智能型主动喷水灭火控制系统处于工作状态。

16.2 调试内容和要求

16.2.1 系统调试应包括下列内容:

  1 水源测试;

  2 消防水泵调试;

  3 稳压泵调试;

  4 水流指示器和信号阀调试;

  5 排水装置调试;

  6 电源装置调试;

  7 大空间智能灭火装置调试;

  8 自动扫描射水灭火装置调试;

  9 自动扫描射水高空水炮灭火装置调试;

  10 智能灭火装置控制器调试。

16.2.2 水源测试应符合下列要求:

  1 当采用地下消防水池作水源时,按设计要求核实消防水池的容积、水质以及消防储水不作它用的技术措施;

  2 当采用市政自来水直接供水时,按设计要求核实市政自来水的水压、水质、进水管数量、各进水管的供水量、是否设置了检修阀门和倒流防止器;

  3 当采用屋顶水箱、高位水池直接供水时,按设计要求核实屋顶水箱、高位水池的储水容积、水质、设置高度、补水时间以及消防储水不作它用的技术措施;

  4 按设计要求核实消防水泵接合器的数量和供水能力,并通过移动式消防水泵做供水试验进行验证。

16.2.3 消防水泵调试应符合下列要求:

  1 消防水泵的供电电源应采用消防电源;

  2 以手动方式启动消防水泵时,消防水泵应在手动按钮按下后20s内投入正常运行;当大空间灭火装置自动启动时,消防水泵应在大空间灭火装置发出报警信号后20s内投入正常运行;

  3 以备用电源切换方式或备用泵切换起动消防水泵时,消防水泵应在20s内投入正常运行。

16.2.4 稳压泵应按设计要求进行调试。当达到设计启动条件时,稳压泵应立即启动;当达到系统设计压力时,稳压泵应自动停止运行;当消防主泵启动时,稳压泵应停止运行。

16.2.5 水流指示器和信号阀调试应符合下列要求:

  1 大空间灭火装置射水灭火时,水流指示器应输出报警信号;

  2 信号阀应准确发出阀门打开或关闭的电信号。

16.2.6 试验过程中,系统排出的水应通过排水设施全部排走,或排回消防水池。

16.2.7 电源装置调试应符合下列要求:

  1 电源装置的容量应符合设计和现行有关国家标准的要求;

  2 电源装置的交流输入和直流备用输入(蓄电池组)应能自动切换;

3 电源装置的交流输入和直流备用输入切换时,不应影响大空间智能灭火装置的工作状态;

4 电源装置的直流备用输入(蓄电池组)充放电功能正常。

16.2.8 大空间智能灭火装置调试应符合下列要求:

1 大空间智能灭火装置的调试应逐个进行;

2 通电后复位状态、监视状态正常;

3 使系统处于手动状态,在大空间智能灭火装置进入监视状态后,在其保护范围内,模拟火灾发生,待火源稳定燃烧后,在规定的时间内,大空间智能灭火装置应发出报警、启动水泵、打开电磁阀等信号。此时使系统变为自动状态,则水泵应立即启动、电磁阀应立即打开、喷头应立即喷水灭火。火源熄灭后,可人工复位大空间智能灭火装置,使其重新处于监视状态;

4 大空间智能灭火装置的大流量喷头在喷水过程中转动均匀、灵活。

16.2.9 自动扫描射水灭火装置调试应符合下列要求:

1 自动扫描射水灭火装置的调试应逐个进行。

2 通电后复位状态、监视状态正常。

3 使系统处于手动状态,在自动扫描射水灭火装置进入监视状态后,在其保护范围内,模拟火灾发生,待火源稳定燃烧后,在规定的时间内,自动扫描射水装置应完成对火源的扫描和定位并发出报警、启动水泵、打开电磁阀等信号。此时使系统变为自动状态,则水泵应立即启动、电磁阀应立即打开、喷头应立即喷水灭火。射出的水帘应直接击中或覆盖火源,且分布均匀,与地平面呈垂直状。火源熄灭后,可人工复位自动扫描射水灭火装置,使其重新处于监视状态。

4 自动扫描射水灭火装置在复位、扫描旋转过程中应转动均匀、灵活。

16.2.10 自动扫描射水高空水炮灭火装置调试应符合下列要求:

1 自动扫描射水高空水炮灭火装置的调试应逐个进行;

2 通电后复位状态、监视状态正常;

3 使系统处于手动状态,在自动扫描射水高空水炮灭火装置进入监视状态后,在其保护范围内,模拟火灾发生,待火源稳定燃烧后,在规定的时间内,自动扫描射水高空水炮装置应完成对火源的扫描和定位并发出报警、启动水泵、打开电磁阀等信号。此时使系统变为自动状态,则水泵应立即启动、电磁阀应立即打开、喷头应立即喷水灭火。射出的水柱应直接击中或覆盖火源。火源熄灭后,可人工复位自动扫描射水高空水炮灭火装置,使其重新处于监视状态;

4 自动扫描射水高空水炮灭火装置在复位、扫描旋转过程中应转动均匀、灵活。

16.2.11 智能灭火装置控制器调试应作下列功能检查并符合相关要求:

1 自检功能;

2 消音复位功能;

3 故障报警功能;

4 报警显示、记忆和打印功能;

5 对大空间灭火装置的状态显示和操作功能;

6 联动控制功能。

16.2.12 大空间灭火装置和智能灭火装置控制器调试完成后,应按本规程附录 D 中表 D.0.4 填写联动试验记录。

16.2.13 大空间主动喷水灭火系统应在安全连续运行 120h 后,按本规程附录 G 中的表 G 填写调试报告。

17 系统验收

17.1 一般规定

17.1.1 系统竣工后,必须进行工程验收,验收不合格不得投入使用。

17.1.2 系统验收时,施工单位应提供下列资料:

1 竣工验收申请报告、设计变更通知书、竣工图;

2 工程质量事故处理报告;

3 施工现场质量管理检查记录;

4 大空间智能型主动喷水灭火系统施工过程质量管理检查记录;

5 大空间智能型主动喷水灭火系统质量控制检查资料。

17.1.3 大空间智能型主动喷水灭火系统工程验收应按本规程附录 F 中的表 F 的要求填写。

17.2 系统供水水源验收

17.2.1 当采用消防水箱或水池供水时,应检查消防水箱和水池的容量、设置位置、设置高度、水质以及消防储水不作它用的技术措施,均应符合设计要求。

17.2.2 当采用市政给水管网供水时,应检查室外给水管网的进水管管径及供水能力。其水量、水质、水压应符合设计要求,并应检查防止污染生活用水的技术措施。

17.3 系统的流量、压力验收

17.3.1 系统流量、压力的验收,应通过系统流量压力检测装置进行放水试验,系统流量、压力应符合设计要求。

17.4 消防泵房验收

17.4.1 消防泵房的建筑防火要求应符合相应的建筑防火设计规范的规定。

17.4.2 消防泵房设置的应急照明、安全出口应符合设计要求。

17.4.3 备用电源、自动切换装置的设置应符合设计要求。

17.4.4 消防水泵的电机驱动电源应采用消防电源。

17.5 消防水泵接合器验收

17.5.1 消防水泵接合器数量及进水管位置应符合设计要求。

17.5.2 消防水泵接合器应进行充水试验,且系统最不利点的压力、流量应符合设计要求。

17.6 消防水泵验收

17.6.1 工作泵、备用泵、吸水管、出水管及出水管上的泄压阀、水锤消除设施、止回阀等的规格、型号、数量应符合设计要求;吸水管、出水管上的控制阀应锁定在常开位置,并有明显标记。

17.6.2 消防水泵应采用自灌式引水或其他可靠的引水措施。

17.6.3 自动状态下,在系统的每一个末端试水装置处模拟火灾发生,消防水泵应自动启动;水流指示器等信号装置的功能均应符合设计要求。

17.6.4 手动状态下,打开消防水泵出水管上试水阀,按下启动开关,当采用主电源启动消防水泵时,消防水泵应启动正常;关掉主电源,主、备电源应能正常切换。

17.6.5 消防水泵停泵时,水锤消除设施后的压力不应超过水泵出口额定压力的 1.3～1.5 倍。

17.6.6 对消防气压给水设备,当系统气压下降到设计最低压力时,通过压力变化信号应启动稳压泵。

17.6.7 消防水泵启动控制应置于自动启动挡。

17.6.8 消防水泵出水管上应安装试验用的放水阀及排水管。

17.7 管网验收

17.7.1 管道的材质、管径、接头、连接方式及采取的防腐、防冻措施,应符合国家现行有关标准及设计要求。

17.7.2 管网排水坡度和辅助排水设施,应符合本规程的规定。

17.7.3 系统中的模拟末端试水装置、试水阀,应符合设计要求。

17.7.4 管网不同部位安装的闸阀、止回阀、电磁阀、信号阀、水流指示器、减压孔板、节流管、减压阀、柔性接头、排水管、排气阀、泄压阀等均应符合设计要求。

17.7.5 系统管网上不应安装其他用途的支管或水龙头。

17.7.6 配水干管、配水管、配水支管、短立管设置的支架、吊架、防晃支架应符合本规程的规定。

17.8 模拟末端试水装置验收

17.8.1 系统中模拟末端试水装置的设置部位应符合本规程的设计要求。

17.8.2 系统中的所有模拟末端试水装置均应作下列功能或参数的检验并应符合设计要求:

1 模拟末端试水装置的模拟火灾探测功能;
2 报警、联动控制信号传输与控制功能;
3 流量、压力参数;
4 排水功能;
5 手动与自动相互转换功能。

17.9 大空间灭火装置验收

17.9.1 大空间灭火装置的规格、型号、安装间距等应符合设计要求。

17.9.2 大空间灭火装置应进行模拟灭火功能试验,且应符合下列要求:

1 参数测量应在模拟水源稳定后进行;
2 喷射和扫射水面应覆盖火源;
3 水流指示器动作,消防控制中心有信号显示;
4 消防水泵启动,消防控制中心有信号显示;
5 其他消防联动控制设备投入运行;
6 智能灭火装置控制器有信号显示。

18 系统维护和管理

18.0.1 大空间主动喷水灭火系统应具有管理、检测、维护规程,并应保证系统处于准工作状态。定期检查和维护管理应按本规程附录 H 的要求进行。

18.0.2 维护管理人员应经过消防专业培训,并应熟悉大空间智能型主动喷水灭火系统的原理、性能和操作维护规程。

18.0.3 维护管理人员每天应对水源控制阀进行外观检查,并应保证控制阀处于无故障状态。

18.0.4 水源的供水能力应每年进行一次测定。

18.0.5 消防水池、消防水箱及消防气压给水设备应每月检查一次,并应检查其消防储备水位及消防气压给水设备的气体压力。同时,应采取措施保证消防用水不作它用,并应每月对该措施进行检查,发现故障应及时进行处理。

18.0.6 消防水池、消防水箱、消防气压给水设备内的水应根据当地环境、气候条件不定期更换。

18.0.7 寒冷季节,消防储水设备的任何部位均不得结冰。

18.0.8 每年应对消防储水设备进行检查,修补缺损和重新油漆。

18.0.9 钢板消防水箱和消防气压给水设备的玻璃水位计,两端的角阀在不进行水位观察时应关闭。

18.0.10 消防水泵或内燃机驱动的消防水泵应每月启动运转一次。当消防水泵为自动控制启动时,应每月模拟自动控制的条件启动运转一次。

18.0.11 电磁阀应每季度检查并应作启动试验,动作失常时应及时更换。

18.0.12 每个季度应对水泵出口处的放水试验阀进行一次供水试验,验证系统的供水能力。

18.0.13 系统上所有的控制阀门均应采用铅封或锁链固定在开启或规定的状态。

每月应对铅封、锁链进行一次检查,当有破坏或损坏时应及时修理更换。

18.0.14 室外阀门井中,进水管上的控制阀门应每个季度检查一次,核实其处于全开启状态。

18.0.15 消防水泵接合器的接口及附件应每月检查一次,并应保证接口完好、无渗漏、闷盖齐全。

18.0.16 每两个月应利用末端试水装置对火灾探测、供水管网、联动控制、水流指示器等进行功能检验。

18.0.17 每月应对大空间灭火装置进行一次外观检查,发现有不正常的应及时更换;当大空间灭火装置上有异物时应及时清除。更换或安装时均应使用专用扳手。

18.0.18 各种不同规格的大空间灭火装置均应有一定数量的备用品,其数量不应小于安装总数的1%,且每种备用大空间灭火装置不应少于1个。

18.0.19 大空间主动喷水灭火系统发生故障,需停水进行修理前,应向主管值班人员报告,取得维护负责人的同意,并临场监督,加强防范措施后方能动工。

18.0.20 建筑物、构筑物的使用性质或贮存物安放位置、堆存高度的改变,影响到系统功能而需要进行修改时,应在修改前报经公安消防监督机构批准后方能对系统作相应的修改。

附录 A 各种管件和阀门的当量长度

表 A 各种管件和阀门的当量长度(m)

管件名称	管件直径 DN(mm)											
	25	32	40	50	70	80	100	125	150	200	250	300
45°弯头	0.3	0.3	0.6	0.9	0.9	1.2	1.5	2.1	2.7	3.3	4.0	—
90°弯头	0.6	0.9	1.2	1.5	1.8	2.1	3.1	3.7	4.3	5.5	5.5	8.2
三通四通	1.5	1.8	2.4	3.1	3.7	4.6	6.1	7.6	9.2	10.7	15.3	18.3
碟阀及信号碟阀	—	—	—	1.8	2.1	3.1	3.7	2.7	3.1	3.7	5.8	6.4
闸阀及信号闸阀	—	—	—	0.3	0.3	0.3	0.6	0.6	0.9	1.2	1.5	1.8
止回阀	1.5	2.1	2.7	3.4	4.3	4.9	6.7	8.3	9.8	13.7	16.8	19.8
异径弯头	32/25	40/32	50/40	70/50	80/70	100/80	125/100	150/125	200/150	—	—	—
	0.2	0.3	0.3	0.5	0.6	0.8	1.1	1.3	1.6	—	—	—
U形过滤器	12.3	15.4	18.5	24.5	30.8	36.8	49	61.2	73.5	98	122.5	—
Y形过滤器	11.2	14	16.8	22.4	28	33.6	46.2	57.4	68.6	91	113.4	—

注:当异径接头的出口直径不变而入口直径提高 1 级时,其当量长度应增加 0.5 倍;提高 2 级或 2 级以上时,其当量长度应增加 1.0 倍。

附录 B 大空间智能型主动喷水灭火系统分部、分项工程划分

大空间智能型主动喷水灭火系统分部、分项工程可按表 B 划分。

表 B 大空间智能型主动喷水灭火系统分部、分项工程划分

分部工程	序号	子分部工程	分项工程
大空间智能型主动喷水灭火系统	1	系统安装与施工	1. 布线 2. 管网的安装 3. 阀门的安装 4. 水流指示器的安装 5. 节流装置和减压孔板的安装 6. 模拟末端试水装置的安装 7. 大空间灭火装置的安装 8. 智能灭火装置控制器的安装 9. 消防控制设备的安装 10. 电源装置的安装 11. 接地装置的安装 12. 消防水泵的安装 13. 消防水箱安装和消防水池的施工 14. 消防气压给水设备和稳压泵的安装 15. 消防水泵接合器的安装
	2	系统试压和冲洗	水压试验、冲洗
	3	系统调试	1. 水源测试 2. 消防水泵调试 3. 稳压泵调试 4. 水流指示器和信号阀调试 5. 排水装置调试 6. 电源装置调试 7. 大空间智能灭火装置调试 8. 自动扫描射水灭火装置调试 9. 自动扫描射水高空水炮灭火装置调试 10. 智能灭火装置控制器调试

附录 C 施工现场质量管理检查记录

施工现场质量管理检查记录应由施工单位质量检察员按表 C 填写,监理工程师进行检查,并作出检查结论。

附录 C 施工现场质量管理检查记录

工程名称			
建设单位		监理单位	
设计单位		项目负责人	
施工单位		施工许可证	
序号	项 目	内 容	
1	现场质量管理制度		
2	质量责任制		
3	主要专业工种人员操作上岗证书		
4	施工图审查情况		
5	施工组织设计、施工方案及审批		
6	施工技术标准		
7	工程质量检验制度		
8	现场材料、设备管理		
9	其他		
10			
结论	施工单位项目负责人: (签章) 年 月 日	监理工程师: (签章) 年 月 日	建设单位项目负责人: (签章) 年 月 日

附录 D 大空间智能型主动喷水灭火系统施工过程质量检查记录

D.0.1 大空间智能型主动喷水灭火系统施工过程质量检查记录应由施工单位质量检查员按表 D.0.1 填写,监理工程师进行检查,并作出检查结论。

表 D.0.1 大空间智能型主动喷水灭火系统施工过程质量检查记录

工程名称		施工单位	
施工执行规范名称及编号		监理单位	
子分部工程名称		分项工程名称	
项 目	《规程》章节条款	施工单位检查评定记录	监理单位验收记录
结论	施工单位项目负责人: (签章) 年 月 日	监理工程师(建设单位项目负责人): (签章) 年 月 日	

D.0.2 大空间智能型主动喷水灭火系统试压记录应由施工单位质量检查员填写,监理工程师(建设单位项目负责人)组织施工单位项目负责人等进行验收,并按表 D.0.2 填写。

表 D.0.2 大空间智能型主动喷水灭火系统试压记录

工程名称				建设单位						
施工单位				监理单位						
管段号	材质	设计工作压力(MPa)	温度(℃)	强度试验				严密性试验		
				介质	压力(MPa)	时间(min)	结论意见	介质	压力(MPa)	时间(min)	结论意见
参加单位	施工单位项目负责人: (签章) 年 月 日			监理工程师: (签章) 年 月 日				建设单位项目负责人: (签章) 年 月 日		

D.0.3 大空间智能型主动喷水灭火系统管网冲洗记录应由施工单位质量检查员填写,监理工程师(建设单位项目负责人)组织施工单位项目负责人等进行验收,并按表 D.0.3 填写。

表 D.0.3 大空间智能型主动喷水灭火系统管网冲洗记录

工程名称				建设单位		
施工单位				监理单位		
管段号	材质	冲洗				结论意见
		介质	压力(MPa)	流速(m/s)	流量(L/s)	冲洗次数	
参加单位	施工单位(项目)负责人: (签章) 年 月 日			监理工程师: (签章) 年 月 日		建设单位(项目)负责人: (签章) 年 月 日

D.0.4 大空间智能型主动喷水灭火系统联动试验记录应由施工单位质量检查员填写,监理工程师(建设单位项目负责人)组织施工单位项目负责人等进行验收,并按表 D.0.4 填写。

表 D.0.4 大空间智能型主动喷水灭火系统联动试验记录

工程名称			建设单位		
施工单位			监理单位		
系统装置类型	装置编号	启动信号(部位)	联动组件动作		
			名称	是否开启	要求动作时间	实际动作时间
模拟末端试水装置		火源信号自动启动	报警信号			
			水流指示器			
			电磁阀			
			水泵			
		手动启动	报警信号			
			水流指示器			
			电磁阀			
			水泵			
大空间智能灭火装置		火源信号自动启动	报警信号			
			大空间大流量喷头			
			水流指示器			
			电磁阀			
			水泵			
		手动启动	报警信号			
			大空间大流量喷头			
			水流指示器			
			电磁阀			
			水泵			

续表 D.0.4

工程名称			建设单位		
施工单位			监理单位		
系统装置类型	装置编号	启动信号(部位)	联动组件动作		
			名称	是否开启	要求动作时间	实际动作时间
自动扫描射水高空水炮灭火装置		火源信号自动启动	报警信号			
			高空水炮灭火装置			
			水流指示器			
			电磁阀			
			水泵			
		手动启动	报警信号			
			高空水炮灭火装置			
			水流指示器			
			电磁阀			
			水泵			
自动扫描射水灭火装置		火源信号自动启动	报警信号			
			扫描射水灭火装置			
			水流指示器			
			电磁阀			
			水泵			
		手动启动	报警信号			
			扫描射水灭火装置			
			水流指示器			
			电磁阀			
			水泵			
参加单位	施工单位项目负责人: (签章) 年 月 日		监理工程师: (签章) 年 月 日		建设单位项目负责人: (签章) 年 月 日

附录 E 大空间智能型主动喷水灭火系统工程质量控制资料检查记录

大空间智能型主动喷水灭火系统工程质量控制资料检查记录应由监理工程师(建设单位项目负责人)组织施工单位项目负责人等进行验收,并按表 E 填写。

表 E 大空间智能型主动喷水灭火系统工程质量控制资料检查记录

工程名称		施工单位		
分部工程名称	资料名称	数量	核查意见	核查人
大空间智能型主动喷水灭火系统	1.施工图、设计说明书、设计变更通知书和设计审核意见书、竣工图			
	2.主要设备、组件的国家质量监督检验测试中心的检测报告和产品出厂合格证			
	3.与系统相关的电源、备用动力、电气设备以及联动控制设备等验收合格证明			
	4.施工记录表、系统试压记录表、系统管道冲洗记录表、隐蔽工程验收记录表、系统联动控制试验记录表、系统调试记录表			
	5.系统及设备使用说明书			
结论	施工单位项目负责人: (签章) 年 月 日	监理工程师: (签章) 年 月 日	建设单位项目负责人: (签章) 年 月 日	

附录 F 大空间智能型主动喷水灭火系统工程验收记录

大空间智能型主动喷水灭火系统工程验收记录应由建设单位填写,综合验收结论由参加验收的各方共同商定并签章。

表 F 大空间智能型主动喷水灭火系统工程验收记录

工程名称		分部工程名称	
施工单位		项目负责人	
监理单位		监理工程师	
序号	检查项目名称	检查内容记录	检查评定结果
1	系统安装与施工		
2	系统试压和冲洗		
3	系统调试		
4			
5			
综合验收结论			
验收单位	施工单位: (单位印章)	项目负责人: (签章) 年 月 日	
	监理单位: (单位印章)	项目负责人: (签章) 年 月 日	
	设计单位: (单位印章)	项目负责人: (签章) 年 月 日	
	建设单位: (单位印章)	项目负责人: (签章) 年 月 日	

附录 G 大空间智能型主动喷水灭火系统调试报告

大空间智能型主动喷水灭火系统调试报告应由监理工程师(建设单位项目负责人)组织施工单位项目负责人等进行验收,并按表 G 填写。

表 G 大空间主动喷水灭火系统调试报告

工程名称		建设单位	
施工单位		监理单位	
	内容	调试结果	
系统调试	1 水源测试内容		
	2 消防水泵调试		
	3 稳压泵调试		
	4 水流指示器和信号阀调试		
	5 排水装置调试		
	6 电源装置调试		
	7 大空间智能灭火装置调试		
	8 自动扫描射水灭火装置调试		
	9 高空水炮灭火装置调试		
	10 智能灭火装置控制器调试		
结论	施工单位项目负责人: (签章) 年 月 日	监理工程师: (签章) 年 月 日	建设单位项目负责人: (签章) 年 月 日

附录 H 大空间智能型主动喷水灭火系统维护管理工作检查项目

大空间智能型主动喷水灭火系统维护管理工作应按表 H 进行。

表 H 大空间智能型主动喷水灭火系统维护管理工作检查项目

部位	工作内容	周期
水源控制阀、报警控制装置	目测巡检完好状况及开闭状态	每日
电源	接通状态、电压	每日
内燃机驱动消防水泵	启动试运转	每月
大空间智能型灭火装置	检查完好状况、清除异物、备用量	每月
系统所有控制阀门	检查铅封、锁链完好状况	每月
电动消防水泵	启动试运转	每月
消防气压给水设备	检测气压、水位	每月
蓄水池、高位水箱	检测水位及消防储备水不被它用的措施	每月
电磁阀	启动试验	每季
水泵接合器	检查完好状况	每月
水流指示器	试验报警	每季
室外阀门井中控制阀门	检查开启状况	每季
试水阀	放水实验,启动性能	每季
水源	测试供水能力	每年
水泵接合器	通水试验	每年
过滤器	排渣、完好状态	每年
储水设备	检查结构材料	每年
系统联动试验	系统运行功能	每年
设置储水设备的房间	检查室温	每天 (寒冷季节)

中国工程建设协会标准

大空间智能型主动喷水
灭火系统技术规程

CECS 263：2009

条文说明

1 总 则

1.0.1 本条提出了制订本规程的目的，即为了正确、合理地设计大空间智能型主动喷水灭火系统，保护人身和财产的安全。大空间智能型主动喷水灭火系统是近年来我国科技人员独自研制开发的一种全新的喷水灭火系统。该系统采用的是自动探测及判定火源、启动系统、定位主动喷水灭火的灭火方式，与传统的采用由感温元件控制的被动灭火方式的闭式自动喷水灭火系统以及手动或人工喷水灭火系统相比，具有以下优点：

1 具有人工智能，可主动探测寻找并早期发现判定火源；

2 可对火源的位置进行定点定位并报警；

3 可主动开启系统定点定位喷水灭火；

4 可迅速扑灭早期火灾；

5 可持续喷水、主动停止喷水并可多次重复启闭；

6 适用空间高度范围广（灭火装置安装高度最高可达25m）；

7 安装方式灵活，不需贴顶安装，不需集热装置；

8 射水型灭火装置（自动扫描射水灭火装置及自动扫描射水高空水炮灭火装置）的射水水量集中，扑灭早期火灾效果好；

9 洒水型灭火装置（大空间智能灭火装置）的喷头洒水水滴颗粒大、对火场穿透能力强、不易雾化等；

10 可对保护区域实施全方位连续监视。

该系统尤其适合于空间高度高、容积大、火场温度升温较慢，难以设置传统闭式自动喷水灭火系统的场所，如：大剧院、音乐厅、会展中心、候机楼、体育馆、宾馆、写字楼的中庭、大卖场、图书馆、科技馆等。

该系统与利用各种探测装置控制自动启动的开式雨淋灭火系

统相比，有以下优点：

1 探测定位范围更小、更准确，可以根据火场火源的蔓延情况分别或成组地开启灭火装置喷水，既可达到雨淋系统的灭火效果，又不必像雨淋系统一样一开一片。在有效扑灭火灾的同时，可减少由水灾造成的损失。

2 在多个（组）喷头（高空水炮）的临界保护区域发生火灾时，只会引起周边几个（组）喷头（高空水炮）同时开启，喷水量不会超过设计流量，不会出现雨淋系统两个或几个区域同时开启导致喷水量成倍增加而超过设计流量的情况。

我国独自开发研制的大空间智能型主动喷水灭火系统及配套产品的出现，改变了我国在消防喷水灭火技术方面，长期以来一直模仿及参照外国系统、技术及配套产品，而缺少技术发明及创新的状况，为我国乃至世界各地大空间场所的消防扑救提供了一个全新而有效的手段。需要指出的是，尽管这一系统是一种先进的系统，但由于出现的时间较短，还未经过大量的灭火实践，尤其是至今尚未发布该系统工程设计的国家规范，世界上也无类似的规范标准可参照，造成该系统的工程设计、消防评审和验收均无章可循。2004年4月，由广州市设计院主编的广东省标准《大空间智能型主动喷水灭火系统设计规范》DBJ 15—34—2004发布实施，广东省标准的发布填补了国内外大空间智能型主动喷水灭火系统设计标准方面的空白，初步解决了大空间智能型主动喷水灭火系统设计依据问题，受到消防部门及设计部门的广泛好评。据不完全统计，广东省标准发布实施以来，全国有几百项工程按照或参照广东省标准进行了工程设计，解决了大量大空间建筑的消防设计问题。但毕竟广东省标准还是一部地方标准，在全国各地引用要事先得到消防部门的批准，且广东省标准的内容还不够完整，未能包括施工验收方面的内容，直接影响到这一系统在全国的设计采用及施工验收。制订本规程的目的，就是为了解决这些问题，为消防监督部门的监督、审查和验收工作提供依据。

本规程编写时，设计部分参考了广东省标准《大空间智能型主动喷水灭火系统设计规范》DBJ 15—34—2004的相关内容，施工验收部分参考了国家标准《自动喷水灭火系统施工及验收规范》GB 50261—2005的相关内容。本规程作为一部完整的大空间智能型主动喷水灭火系统设计施工验收规程，填补了我国乃至世界在自动消防领域的一项空白，有着重要的意义。但由于本规程的编写时间较仓促，而且缺乏较全面的实验数据及大量的工程实验及实际喷水灭火经验，以及一些理论支持，导致还存在一些问题。比如：①系统的设计水量仍然偏大。主动探测、早期发现、主动反应迅速灭火的喷水灭火方式与火灾蔓延一段时间，待火场环境温度升高后引爆喷头的被动喷水灭火方式相比，扑灭火灾的一次用水量应少一些，但减少多少水量为合理，由于无这方面的充足实验数据及理论支持，在喷水量及喷水强度方面仍沿用了《自动喷水灭火系统设计规范》的一些数据；②持续喷水灭火时间仍较长，同样也沿用了现行国家标准《自动喷水灭火系统设计规范》GB 50084的一些数据；③用于仓库的系统如何设计不够具体等等。传统的自动喷水灭火系统出现至今虽然已有一百多年的历史，其相关的设计规范至今还在不断完善之中，尤其是在大空间场所的设计方面，大空间智能型主动喷水灭火系统出现才几年时间，所以要求其设计规程一次就达到尽善尽美是不现实的。整个规程还有待在实际工程中进一步检验、改进及完善。

1.0.2 本条规定了本规程的适用范围及不适用范围。新建、扩建及改建的民用与工业建筑，当设置大空间智能型主动喷水灭火系统时，可按本规程的规定进行设计。但火药、炸药、弹药、火工品工厂、核电站及飞机库等性质上超出常规的特殊建筑，属于本规程的不适用范围。上述各类性质特殊的建筑设计大空间智能型主动喷水灭火系统时，应按其所属行业的规范设计。

1.0.3 本条主要规定了在进行大空间智能型主动喷水灭火系统设计时，要使系统的工程设计达到安全可靠、技术先进，同时又经

61

济合理。

1.0.4 本条规定系统所采用的智能型自动灭火装置应当是经过国家指定检验机构强制或型式检验合格,允许进入市场的产品,不得采用未经检验合格的产品。

1.0.5 本条是针对某些已配置使用大空间智能型主动喷水灭火系统的场所有可能改变使用用途的情况而制订的。当这些场所改变使用用途时,这些场所的火灾类型、物品的堆放方式、平面的布置方式、火灾危险性等都会随之改变,原系统设计配置的灭火装置类型、规格、数量、布置方式以及系统的设计水量、喷水强度和水泵组的规模等,均可能满足不了要求,应校验原系统的适用性。不适用时,应按本规程重新设计或改用其他灭火系统。

1.0.6 大空间智能型主动喷水灭火系统设计涉及的专业较多,范围较广。本规程只规定了大空间智能型主动喷水灭火系统特有的技术要求。对于其他专业性较强而且已在某些相关的国家标准中作出强制性技术规定的技术要求,本规范不再重复规定。相关现行的国家标准有《建筑设计防火规范》GB 50016、《高层民用建筑设计防火规范》GB 50045、《自动喷水灭火系统设计规范》GB 50084、《火灾分类》GB/T 4968、《火灾自动报警系统设计规范》GB 50116等。

2 术语和符号

2.1 术　语

2.1.1~2.1.8、2.1.16、2.1.17 这10条术语是在其他标准中未曾出现的。在具体定义中,根据有关规定,在全面分析的基础上,突出特性,尽量做到定义准确,简明易懂。所谓"智能型"是指产品将红外传感技术、计算机技术、信号处理及判别技术和通信技术有机地结合起来,具有完成全方位监控、探测火灾、定位判定火源、启动系统、定位射水灭火、持续喷水、停水或重复启闭喷水等全过程的控制能力。

所谓"主动喷水灭火系统"既区别于传统的"手动或人工喷水灭火系统",也区别于传统的"自动喷水灭火系统"。其灭火过程不需依赖手工操作,喷头开启也不需依赖周围环境温度的升高,具有主动判定火灾、定位及开启的能力。整个系统从发现火灾、火灾确认、启动系统、射水灭火至灭火后停止射水的全过程都是主动完成的。

2.2 符　号

本节是根据本规程第7章喷头及水炮的布置以及第10章水力计算的要求,本着简化和必要的原则,删除简单的、常规的计算公式与符号,列出了流量、参数等28个有关的符号、名称及量纲。

3 设置场所及适用条件

3.0.1 本条对大空间智能型主动喷水灭火系统的适用环境温度作了限定。

3.0.2 国家消防装备质量监督检验中心的试验结果表明:大空间智能型主动喷水灭火系统适用于扑灭大空间场所的A类火灾。A类火灾是指固体物质火灾。这种物质通常具有有机物性质,一般在燃烧时能产生灼热的余尽。而对于B、C、D、E、F类火灾,该系统理论上也具有一定的灭火、降温及防止火灾扩大蔓延的能力。但由于缺乏这方面的试验,暂无法将该系统对于B、C、D、E、F类的灭火效能作出判定。故本条暂规定该系统只适用于扑灭大空间场所的A类火灾。所谓A、B、C、D、E、F类火灾可按照国家标准《火灾分类》GB 4968—2008确定。

3.0.3 本条对什么场所应设置大空间智能型主动喷水灭火系统进行了规定。凡按照国家有关消防设计规范,如《建筑设计防火规范》GB 50016、《高层民用建筑设计防火规范》GB 50045等规范的要求应设置自动喷水灭火系统,火灾类别为A类,但由于空间高度较高,采用自动喷水灭火系统难以有效探测、扑灭及控制火灾的大空间场所,应设置大空间智能型主动喷水灭火系统。对于部分国家有关消防设计规范并无规定,而消防主管部门、业主或设计方面根据火灾危险性认为应当采用主动喷水灭火系统的大空间场所,如火灾类型为A类,也可采用大空间智能型主动喷水灭火系统。还有一些场所,按有关规范规定应设置自动喷水灭火系统,但由于建筑美观或结构承重的要求无法吊顶设置自动喷水灭火系统喷头及管网时,也可考虑采用大空间智能型主动喷水灭火系统。

A类火灾的大空间场所举例如表1所示。

表1　A类火灾的大空间场所举例

序号	建　筑　类　型	设　置　场　所
1	会展中心、展览馆、交易会等展览建筑	大空间门厅、展厅、中庭等场所
2	商场、超级市场、购物中心、百货大楼、室内商业街等商业建筑	大空间门厅、中庭、室内步行街等场所
3	办公楼、写字楼、综合楼、邮政楼、金融大楼、电信楼、指挥调度楼、广播电视楼(塔)、商务大厦等行政办公建筑	大空间门厅、中庭、会议厅、多功能厅等场所
4	医院、疗养院、康复中心等医院康复建筑	大空间门厅、中庭等场所
5	飞机场、火车站、汽车站、码头等客运站场的旅客候机(车、船)楼	大空间门厅、中庭、旅客候机(车、船)大厅、售票大厅等场所
6	购书中心、书市、图书馆、文化中心、博物馆、档案馆、美术馆、艺术馆、市民中心、科技中心、观光塔、儿童活动中心等文化建筑	大空间门厅、中庭、会议厅、演讲厅、展示厅、阅览室等场所
7	歌剧院、舞剧院、音乐厅、电影院、礼堂、纪念馆、剧团的排演场等演艺排演建筑	大空间门厅、中庭、舞台、观众厅等场所
8	体育比赛场馆、训练场馆等体育建筑	大空间门厅、中庭、看台、比赛训练场地、器材库等场所
9	旅馆、宾馆、酒店、会议中心	大空间门厅、中庭、会议厅、宴会厅等场所
10	生产贮存A类物品的建筑	大空间厂房、仓库等场所
11	其他适合用水灭火的大空间民用与工业建筑	各种大空间场所

3.0.4 本条规定了不适用大空间智能型主动喷水灭火系统的一些场所。

1 大空间智能型主动喷水灭火系统的红外探测组件对明火的探测能力很强,故在正常情况下有明火产生的场所不适合采用这种系统,以防产生误报警及误喷。

2 由于缺少该系统用于扑灭B、C、D、E、F类火灾的灭火效果实验及实际使用方面的经验,暂不将B、C、D、E、F类火灾场所列入该系统的适用场所范围。

　　3、4　如存在较多金属钾、钠、锂、钙、锶、氧化锂、氧化钠、氧化钙、碳化钙、磷化钙等的场所。

　　5　如存放一定量原油、渣油、重油等的敞口容器（罐、槽、池）等。

　　6～8　因水造成的损坏一般有两种情况：一种是水的浸湿破坏，因管道的漏水或管道的直接喷水造成；另一种是水的冲击破坏，因高空水炮及扫描射水喷头射水所产生的水压的冲击造成。

　　9　如空间高度超过了灭火装置的探测保护范围的场所，以及遮挡物较多、灭火装置无法进行有效探火及喷水灭火的场所。

　　3.0.5　本条规定了不同类型智能型灭火装置的适用条件。图1～图9分别为不同类型智能型灭火装置在不同安装条件下的安装及喷（射）水示意图。

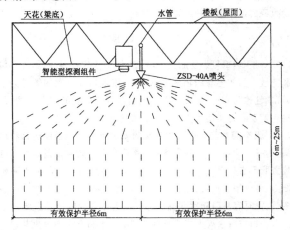

图1　单个标准型（ZSD－40A）大空间智能灭火装置
吊顶式（或悬空式）安装及喷水示意

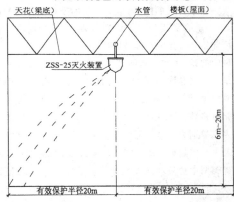

图2　单个标准型（ZSS－25）自动扫描射水高空水炮灭火装置
吊顶式（或悬空式）安装及射水示意

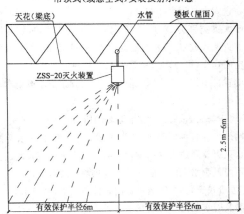

图3　单个标准型（ZSS－20）自动扫描射水灭火装置
吊顶式（或悬空式）安装及射水示意

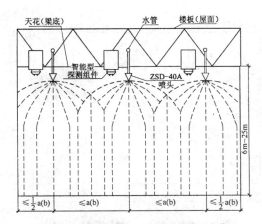

图4　多个标准型（ZSD－40A）大空间智能灭火装置
吊顶式（或悬空式）安装及喷水示意

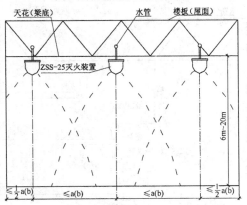

图5　多个标准型（ZSS－25）自动扫描射水高空水炮灭火装置
吊顶式（或悬空式）安装及射水示意

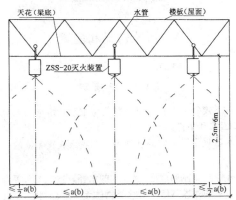

图6　多个标准型（ZSS－20）自动扫描射水灭火装置
吊顶式（或悬空式）安装及射水示意

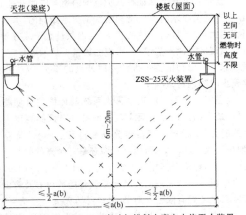

图7　标准型（ZSS－25）自动扫描射水高空水炮灭火装置
边墙式安装及射水示意

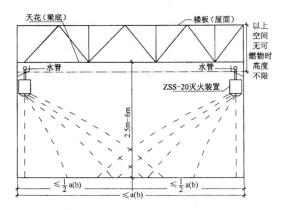

图 8　标准型(ZSS—20)自动扫描射水灭火装置
边墙式安装及射水示意

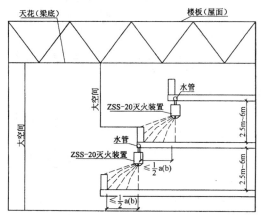

图 9　标准型(ZSS—20)自动扫描射水灭火装置
退层式安装及射水示意

4　系统选择和配置

4.1　一般规定

4.1.1　本条规定了选择大空间智能型主动喷水灭火系统时应考虑的一些因素和条件。

4.1.2　本条规定了大空间智能型主动喷水灭火系统的一些设计原则。

1　有些发热体如灯泡、盛开水的水杯、电炉、烟头等本身不产生明火，如果红外探测组件对这类物体无法进行判定，就会导致误喷。所以要求设计时选用的智能型探测组件不但应具有探测高温物体的能力，还要具备判定是否为明火的能力。

2　系统设计流量要保证在保护范围内所有同时开放的喷头、水炮，在规定持续喷水时间内持续喷水是很难做到的，除非保护范围的面积不大，设计同时开放的喷头、水炮数量大于或等于保护范围内可能出现的同时开启喷头、水炮的数量。故本条规定：系统设计流量应保证在保护范围内设计同时开放的喷头、高空水炮在规定持续喷水时间内持续喷水。

3　大空间智能型主动喷水灭火系统与传统的自动喷水灭火系统比较，最大的区别在于灭火装置本身具有探测判定火源并主动灭火的能力，不必等环境温度升高后再开启喷头，具有早期发现、早期扑灭火灾的能力，可以在火源还是一个点的时候就启动扑灭火灾。所以，理论上其扑灭火灾所需要的水量要少的多，持续喷水时间也要短。从国家消防装备质量监督检验中心及佛山市南海天雨智能灭火装置有限公司对 A 类火灾的灭火实验结果来看，也证实了这一点。实验的结果是：一般从火灾发生到扑灭只需不到 3min 的时间。这一条规定之所以目前仍要求系统的持续喷水灭

火时间不应低于 1h，是基于以下考虑：

　　1)　系统即使短时间内扑灭了明火(表面火灾)后，也应保持一定时间的延续喷水时间以扑灭暗火(深层火灾)，并继续降低火场的温度。

　　2)　有些火灾是在暗火(深层火灾)已燃烧扩散到一定程度才转为可被探测到的明火(表面火灾)的，如堆叠式仓库、高架货架的底部发生火灾时，发现火灾的时间一般较迟，火灾已蔓延到一定范围，扑灭火灾所需的水量就要增加，扑灭火灾所需的时间也较长。

　　3)　为了与传统自动喷水灭火系统合用一套供水系统。

　　4)　暂时缺少对该系统合理持续喷水灭火时间的深入研究及实验结果。

4　在布置喷头、高空水炮时，应避免其喷出的水滴、水柱等在到达火源的过程中受到障碍物的阻挡。

4.2　系统选择

4.2.1　对于内部可燃物品较少、可燃性低、火灾热量较低、外部增援和疏散人员较容易的轻危险级场所，以及内部可燃物数量为中等、可燃性也为中等、火灾初期不会引起剧烈燃烧的中危险场所，可采用配置各种类型大空间灭火装置的系统。

4.2.2　大空间智能灭火装置喷头的喷水范围类似于传统的喷淋喷头，为一个圆形面，水滴为离心抛射后垂直均匀地洒落。所以这种装置既具有扑灭火灾的能力，也具有一定切断及控制火灾蔓延的能力，可以用于火灾类别为 A 类、火灾危险性大、且可燃物品数量多、火灾时容易引起猛烈燃烧并可能迅速蔓延的严重危险级场所。自动扫描射水灭火装置及自动扫描射水高空水炮灭火装置则不同，它们的喷水范围类似于消火栓，一个是扇形面，一个是矩形面，喷水范围较少，喷水水量较集中，对着火范围较小的火灾有迅速发现并集中水量扑灭的能力，但对于切断及控制火灾的蔓延则能力有限，故不适合应用于火灾类别为 A 类、火灾时容易引起猛烈燃烧并可能迅速蔓延的严重危险级场所。

　　应当说明的是，大空间智能型主动喷水灭火系统在一定条件下也可用于大空间仓库，只是由于各种仓库的火灾危险等级不同，货物的堆放高度，堆放方式也不同，本规范暂时很难定出一个统一的标准。能否将该系统用于仓库应根据具体的情况具体分析确定。对于火灾类别为 A 类、仓库危险级为 Ⅰ、Ⅱ、Ⅲ 级的仓库，可考虑采用灭火及控制火灾蔓延能力较强的大空间智能型灭火装置的大空间智能型主动喷水灭火系统。采用时，除了要保证设计喷水强度、作用面积符合《自动喷水灭火系统设计规范》GB 50084 中的规定外，还要保证智能型探测组件的探测及喷头的洒水不会受到堆积货物或高架货架的阻挡而出现探测死角或洒水死角，否则不能在仓库中采用这一装置。

　　对于火灾类别为 A 类、仓库危险等级为 Ⅰ 级，货物为堆叠式放置而非货架式放置、货物放置高度不高，且无探测死角及洒水死角的大空间仓库，可考虑采用灭火能力较强但控制火灾蔓延能力较差的配置自动扫描射水灭火装置或自动扫描射水高空水炮灭火装置的系统。

4.2.3　对于舞台、演播室、电影棚等场所，由于其上方有吊架、幕布、布景、灯具等各种障碍物，所以不适合采用配置射水型的自动扫描射水灭火装置或自动扫描射水高空水炮灭火装置的系统。而适合采用配置洒水型的大空间智能灭火装置的系统。

4.2.4　边墙式安装时，宜选用探测组件与喷头(高空水炮)一体设置且探测及射水范围可控制在半圆形范围内的配置自动扫描射水灭火装置或自动扫描射水高空水炮灭火装置的系统。

4.2.5　有些场所如图书馆、书库、造纸厂的纸库、航空快件仓库等

61

灭火后必须即时停止喷水的场所，可采用具有重复启闭功能的大空间智能型主动喷水灭火系统。应当指出，这时采用的大空间智能型主动喷水灭火系统灭火后，智能型探测组件应能判断明火是否熄灭，并在延迟喷水灭火一段时间后自动关闭系统。之后如再发生火灾（可能由未被扑灭的暗火引起），应可以再次或多次启动系统进行灭火。

4.2.6～4.2.8 在有条件的情况下，大空间智能型主动喷水灭火系统的管网宜独立设置，这样有利于系统管网的布置、设备的选型以及系统的操作控制及检修。如考虑到造价、设置场地限制等因素，将系统管网与自动喷水灭火系统或消火栓系统管网合并设置时，则应分别满足第4.2.7条和第4.2.8条中的规定。

4.3 系统的配置

4.3.1～4.3.3 条列出了配置不同种类的大空间灭火装置时，大空间智能型主动喷水灭火系统主要系统组件或配件。应当指出，建筑机构和功能各种各样，相应的大空间智能型主动喷水灭火系统的结构和组成也是各不相同，不能千篇一律，应灵活设置。有些建筑规模较小，内部布局简单，从主要入口处能观察内部情况，在类似这样场所设置大空间智能灭火系统，建议采用各灭火装置独立工作的模式。此时，系统不设智能灭火装置控制器，报警、联动控制等功能均由智能灭火装置独立完成。以4个装置为例，其系统水路组成示意如图10：

图10中只是给出了这种简单系统水路的基本组成和布局方式。相应地，其电控组成及布局方式如图11所示。为了直观明了，图11中的各部件的布局方式尽量与图10保持一致。

从图11可以看出，该模式下控制线路非常简单，声光报警器由水流指示器提供的无源触点信号与各灭火装置提供的无源触点信号并联后控制（也可将两个无源触点信号分开来分别控制不同的警报装置）；信号阀的状态由其上的无源触点信号控制闪光报警灯或其他类型的指示灯来指示；水泵电机由各灭火装置提供的无源触点信号控制；水泵控制箱能控制主泵，主泵启动失败后启动备用泵；电源装置为整个系统提供交流和直流电源。图12为对应图11的系统图。

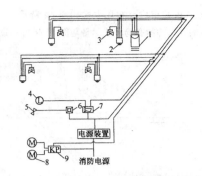

图11 不设智能灭火装置控制器时自动扫描射水灭火装置
（高空水炮）系统电控系统基本组成示意

1—模拟末端试水装置；2—扫描射水喷头（水炮）+智能型探测组件；
3—电磁阀；4—水流指示器；5—信号阀；6—闪光报警灯；
7—声光报警器；8—水泵电机9—水泵控制箱

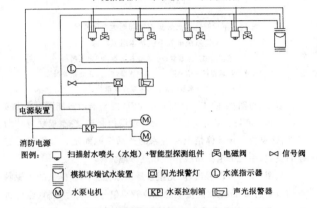

图例：
🔲 扫描射水喷头（水炮）+智能型探测组件　◫ 电磁阀
⬛ 模拟末端试水装置　◪ 闪光报警灯　🔲 水流指示器
Ⓜ 水泵电机　🆀 水泵控制箱　◫ 信号阀　▱ 声光报警器

图12 不设智能灭火装置控制器时自动扫描射水灭火
装置（高空水炮）系统电控系统基本组成示意

实际工程中，可能要增设现场控制箱、扩展端子以及控制模块等辅助配件，此时系统的配线应根据现场具体情况和产品性能作相应改变。

同样，如果采用ZSD－40（A）型大空间智能灭火装置，设计思想与上述采用自动扫描射水灭火装置（高空水炮）时的思路基本相同，主要区别在ZSD控制器和大空间大流量喷头的布局不同。图13表示了配置ZSD－40（A）大空间智能灭火装置的系统水路的基本组成（其中：1个ZSD控制器控制2个大空间大流量喷头，另外3个ZSD控制器各控制1个大空间大流量喷头）。

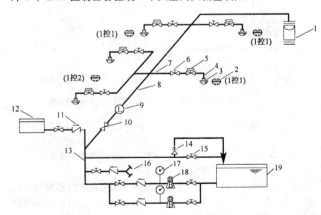

图13 不设智能灭火装置控制器时大空间智能灭火
装置系统水系统基本组成示意

1—模拟末端试水装置；2—ZSD控制器；3—大空间大流量喷头；
4—短立管；5—电磁阀；6—手动闸阀；7—配水支管；
8—配水管；9—水流指示器；10—信号阀；11—逆止阀；
12—高位水箱；13—配水干管；14—安全泄压阀；15—试水放水阀；
16—水泵接合器；17—压力表；18—加压水泵；19—消防水池

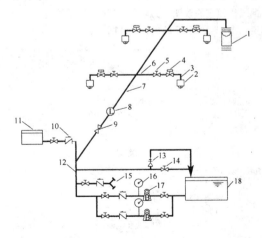

图10 不设智能灭火装置控制器时自动扫描射水灭火装置
（高空水炮）系统水系统基本组成示意

1—模拟末端试水装置；2—扫描射水喷头（水炮）+智能型探测组件；
3—短立管；4—电磁阀；5—手动闸阀；6—配水支管；7—配水管；
8—水流指示器；9—信号阀；10—逆止阀；11—高位水箱；12—配水干管；
13—安全泄压阀；14—试水放水阀；15—水泵接合器；
16—压力表；17—加压水泵；18—消防水池

相应地,其电控组成及布局方式如图14所示。为了直观明了,图14中的各部件的布局方式尽量与图13保持一致。

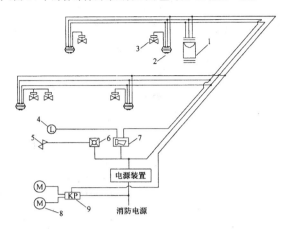

图14 不设智能灭火装置控制器时大空间智能灭火
装置系统电控系统基本组成示意

1—模拟末端试水装置;2—ZSD控制器;3—电磁阀;
4—水流指示器;5—信号阀;6—闪光报警灯;7—声光报警器;
8—水泵电机;9—水泵控制箱

图14与图11的主要区别在于ZSD控制器最多能同时控制4个电磁阀。实际工程中,可能要设置现场控制箱、控制模块等辅助配件,这要依现场具体情况和各家的产品性能而定。如果进行这样的设置,系统的电源布线作做相应考虑。

从图14中可以看出,声光报警器由水流指示器提供的无源触点信号与各ZSD控制器提供的无源触点信号并联后控制(也可将两个无源触点信号分开来分别控制不同的警报装置);信号阀的状态由其上的无源触点信号控制频闪或其他类型的指示灯来指示;水泵电机由各ZSD控制器提供的无源触点信号控制;水泵控制箱能控制主泵,主泵启动失败后启动备用泵;电源装置为整个系统提供交流和直流电源。图15给出了图14所对应的系统图。

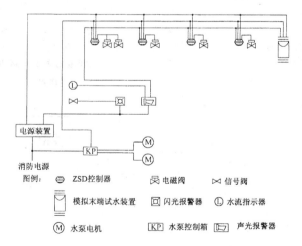

图例: ▣ ZSD控制器　▷ 电磁阀　⋈ 信号阀
▯ 模拟末端试水装置　▨ 闪光报警器　Ⓛ 水流指示器
Ⓜ 水泵电机　KP 水泵控制箱　◱ 声光报警器

图15 不设智能灭火装置控制器时大空间智能灭火装置
系统电控系统基本组成示意

图10～图15所示内容是当系统规模较小、结构相对简单时建议采用的结构和布局形式。而当系统规模较大、结构较为复杂时,这是不能满足实际需要的。现在,火灾自动报警系统已经非常普及,其具有的高度智能化、总线结构等特点使得应用变得简单而实用。一般的建筑内部都设有火灾自动报警系统和消防控制中心或值班中心。特别是一些消防改造工程更是如此。在这样的场所安装大空间主动喷水灭火系统,除了要考虑本系统外,还要兼顾火灾自动报警系统的设置情况。最好两者综合设置,达到资源共享。这种设置能让值班人员在消防控制中心就能对各智能灭火装置的

状态进行监视,有利于系统运行的可靠。既降低了系统造价,也为系统的维护提供了方便。图16表示了这样一种系统的水路实施方案。图中以2层建筑结构为例。实际工程中,可能需要设置减压设施。

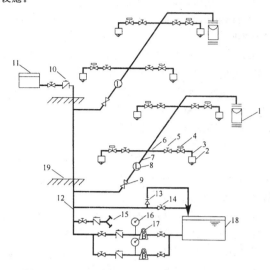

图16 设置智能灭火装置控制器时自动扫描射水灭火装置
(高空水炮)系统水路系统基本组成示意

1—模拟末端试水装置;2—扫描射水喷头(水炮)+智能型探测组件;
3—短立管;4—电磁阀;5—手动闸阀;6—配水支管;7—配水管;
8—水流指示器;9—信号阀;10—逆止阀;11—高位水箱;
12—配水干管;13—安全泄压阀;14—试水放水阀;15—水泵接合器;
16—压力表;17—加压水泵;18—消防水池;19—楼板

相应地,对应图16的电控系统如图17所示。为了直观明了,图17中各部件的布局方式尽量与图16保持一致。从图16、图17可以看出,系统设置了智能灭火装置控制器。智能灭火装置控制器可以由系统专门设置,也可以由建筑物火灾自动报警系统控制器兼做。当采用总线型火灾报警控制器作为智能灭火装置控制器时,要为每个智能灭火装置配置一个监视模块。火灾时,当灭火装置完成探测、扫描和定位后,由监视模块监视智能灭火装置的工作状态并报告给控制中心的火灾报警控制器,由控制器发出进一步的联动控制指令,完成启泵、报警等操作。需要指出的是,这只是一种设计举例,实际工程中,可能要增设现场控制箱、扩展端子以及控制模块等辅助配件,此时应根据现场具体情况和产品性能对系统的配线作相应的改变。另外,报警装置的设置也应符合本规程的规定。图18是图17的电控系统图。

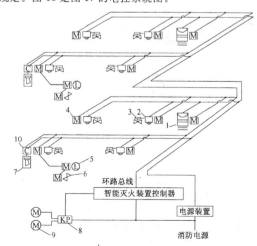

图17 设置智能灭火装置控制器时自动扫描射水灭火装置
(高空水炮)系统电控系统基本组成示意

1—模拟末端试水装置;2—扫描射水喷头(水炮)+智能型探测组件;
3—电磁阀;4—监视模块;5—水流指示器;6—信号阀;7—声光报警器;
8—水泵控制箱;9—水泵电机;10—控制模块

61

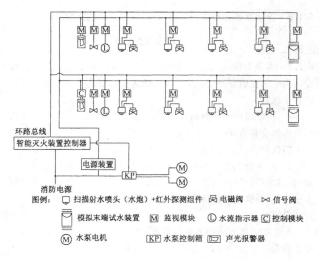

图18 设置智能灭火装置控制器时自动扫描射水灭火装置
（高空水炮）系统电控系统基本组成示意

图例：⊡ 扫描射水喷头（水炮）+红外探测组件 ⋈ 电磁阀 ⋈ 信号阀
⊟ 模拟末端试水装置 Ⓜ 监视模块 Ⓛ 水流指示器 ⊡ 控制模块
Ⓜ 水泵电机 KP 水泵控制箱 ⊟ 声光报警器

关于设置智能灭火装置控制器的大空间智能灭火装置系统的设计思路与图16～图18所表示的设计思路相同。总之，大空间主动喷水灭火系统的设计应紧密结合工程实际并充分考虑生产厂家产品的具体性能，在满足设计规范的基础上，灵活设计、经济合理。

5 基本设计参数

5.0.1 本条规定了各种灭火装置的基本设计参数不应低于表5.0.1-1～表5.0.1-3中规定的数值。

1 标准型大空间智能灭火装置的基本设计参数应符合表5.0.1-1中规定的数值。采用表5.0.1-1时应注意以下几点：

1）表中设置场所的火灾危险等级应根据《自动喷水灭火系统设计规范》GB 50084确定。

2）在一个周围有防火墙分隔的火灾无法蔓延的保护区域，如果该区域的面积不超过一个标准装置的保护半径范围，且不存在探测死角的条件下，可以采用一个标准型灭火装置进行保护。

3）在一个区域的面积超过一个标准装置的保护半径范围，火灾有可能由一个灭火装置的保护区域蔓延至另一个区域而需要设置2个及2个以上的标准灭火装置进行保护时，应按表中标准矩形保护范围及面积一栏中规定的数值布置灭火装置，并考虑火灾的危险等级。

4）按表中规定的尺寸布置标准灭火装置可保证要保护的区域均在标准灭火装置的保护区域内，且区域内的平均喷水强度符合《自动喷水灭火系统设计规范》GB 50084的要求。

2 标准型自动扫描射水灭火装置的基本设计参数应符合表5.0.1-2中规定的数值。采用表5.0.1-2时应注意以下几点：

1）表中设置场所的火灾危险等级应根据《自动喷水灭火系统设计规范》GB 50084确定。

2）对于不同的喷水强度应采用不同的扫射角度，扫射角度

可以由产品供应商根据选用要求调整设定。

3）在一个周围有防火墙分隔的火灾无法蔓延的保护区域，如果该区域的面积不超过一个标准装置的保护半径范围，且不存在喷射及探测死角的条件下，可以采用一个标准型灭火装置进行保护。

4）在一个区域的面积超过一个标准装置的保护区域，火灾有可能由一个灭火装置的保护区域蔓延至另一个区域而需要设置2个及2个以上的标准灭火装置进行保护时，应按表中标准矩形保护范围及面积一栏中规定的数值布置灭火装置，并根据火灾的危险等级选用不同的扫射角度的产品。

5）按表中规定的尺寸布置标准灭火装置可保证要保护的区域均在标准灭火装置的保护区域内，且扫射角度内区域的平均喷水强度符合《自动喷水灭火系统设计规范》GB 50084的要求。

3 标准型自动扫描射水高空水炮的基本设计参数应符合表5.0.1-3中规定的数值。采用表5.0.1-3时应注意以下几点：

1）表中设置场所的火灾危险等级应根据《自动喷水灭火系统设计规范》GB 50084确定。

2）在一个周围有防火墙分隔的火灾无法蔓延的保护区域，如果该区域的面积不超过一个标准装置的保护半径范围，且不存在喷射及探测死角的条件下，可以采用一个标准型灭火装置进行保护。

3）在一个区域的面积超过一个标准装置的保护区域，火灾有可能由一个灭火装置的保护区域蔓延至另一个区域而需要设置2个及2个以上的标准灭火装置进行保护时，应按表中标准矩形保护范围及面积一栏中规定的数值布置灭火装置。

5.0.2 本条规定了配置各种灭火装置的大空间智能型主动喷水灭火系统的设计流量不应低于表5.0.2-1～表5.0.2-3中规定的数值。

1 配置标准型大空间智能灭火装置的大空间智能型主动喷水灭火系统的设计流量应按表5.0.2-1确定。表中的设计同时开启喷头数是根据以下几方面的因素综合考虑确定的：

1）设计同时开启喷头的总的作用面积应大于或等于《自动喷水灭火系统设计规范》GB 50084中规定的作用面积，即轻、中危险级≥160m²，严重危险级≥260m²。

2）火灾发生在2个及2个以上红外探测组件探测范围的共同覆盖区域时所可能引起的同时开启喷头的数量（包括1个探测组件控制1个或2～4个喷头）。比如：1行4列4个喷头，1个探测组件控制2个喷头布置时，临界区发生火灾可能引起的同时开启喷头的数量为4个。又比如：4行4列16个喷头，1个探测组件控制4个喷头布置时，临界区发生火灾可能引起的同时开启喷头的数量为16个。

3）假定火灾会在最大纵向4行到横向4列喷头的保护区域内被扑灭，否则火灾的蔓延区域已太大，即使再要增加开启喷头的数量、提供足够的灭火水量，也很难保证能控制火灾。

2 配置标准型自动扫描射水灭火装置的大空间智能型主动喷水灭火系统的设计流量应按表5.0.2-2确定，表中的设计同时开启喷头数是根据以下几方面的因素综合考虑确定的：

1）设计同时开启喷头的总的作用面积应大于或等于《自动喷水灭火系统设计规范》GB 50084中规定的作用面积，即轻、中危险级≥160m²。

2）火灾发生在2个及2个以上红外探测组件探测范围的共同覆盖区域时所可能引起的同时开启喷头的数量。

3）假定火灾会在最大纵向4行到横向4列喷头的保护区

域内被扑灭，否则火灾的蔓延区域已太大，即使再要增加开启喷头的数量、提供足够的灭火水量，也很难保证能控制火灾。

3 配置标准型自动扫描射水高空水炮灭火装置的大空间智能型主动喷水灭火系统的设计流量应按表5.0.2-3确定。表中的设计同时开启高空水炮数是根据以下几方面的因素综合考虑确定的：

    1）设计同时开启水炮的总的作用面积应大于或等于《自动喷水灭火系统设计规范》GB 50084中规定的作用面积，即轻、中危险级≥160m²。

    2）火灾发生在2个及2个以上红外探测组件探测范围的共同覆盖区域时所可能引起的同时开启高空水炮的数量。

    3）假定火灾会在最大纵向3行到横向3列水炮的保护区域内被扑灭，否则火灾的蔓延区域已太大，即使再要增加开启水炮的数量、提供足够的灭火水量，也很难保证能控制火灾。

6 系统组件

6.1 喷头及高空水炮

6.1.1 本条对几种标准型喷头及高空水炮平天花或平梁底吊顶设置时，设置场所地面至天花底或梁底的最大净空高度进行了限定。应当指出的是，这一高度是根据目前已取得国家指定检验机构检验合格的几种标准型产品的参数确定的，将来如有允许设置高度大于这一高度的产品出现时，这一限定高度可进行相应的修定。

6.1.2 大空间智能型主动喷水灭火系统的喷头及高空水炮与传统的自动喷水灭火系统的闭式喷头的启动原理不同，因不需依靠喷头周围的环境温度来引爆喷头，故不一定非要安装在天花下或集热罩下，也可悬空安装或边墙安装。当采用悬吊式或边墙安装时，如喷头及高空水炮以上的空间无可燃物时，设置场所的净空高度可不受限制。

6.1.3 这类喷头及水炮目前还未有直立式或水平式安装的产品。

6.1.4 同一个隔间内，当空间高度相同且使用功能相同时，宜采用同一种喷头或高空水炮，这样管路系统及操作控制系统比较简单，建筑外观上也比较美观。当同一个隔间内的空间高度不相同或不同部位的使用功能不相同时，可混合采用两种或两种以上的喷头或高空水炮。如两种或两种以上的喷头或高空水炮合用一组供水设施时，应在供水管路的水流指示器前将供水管道分开设置，以便报警系统对不同喷头或高空水炮的保护区进行监控。另外，由于不同喷头及高空水炮的标准工作压力、安装高度、流量以及配水管入口处的水压要求均不同，为保证正常供水，应对不同系统的管路分别设计且应复核是否设置减压装置。

6.1.5 设置系统备用件，利于检修时不影响系统正常工作。

6.2 智能型探测组件

6.2.1 本条对智能型探测组件与大空间大流量喷头为分体式设置的大空间智能型主动喷水灭火系统大空间智能灭火装置的安装进行了规定。

    1 探测组件的安装高度不同时，其探测区域不同，只有当其与喷头的安装高度相同时才能保证探测组件的探测区域完全覆盖喷头的保护区域；

    2 一个探测组件的探测区域是有限的，过大会出现探测死角，且各个探测器探测区域相互覆盖，一旦在共同探测覆盖的区域发生火灾，就会导致多组喷头同时喷水，不必要地加大了系统的设计流量；

    3 在障碍物不多的大空间场所，为了减少探测组件的设置数量和降低工程造价，可以采用一个探测组件控制2～4个喷头的方式，对于舞台等有幕布、布景等障碍物遮挡的场所，应采用1控1的方式设置探测组件，以防出现探测死角；

    4 一个探测组件控制1个喷头时，探测组件应尽量靠近喷头安装，以保证探测区域覆盖喷头保护区域；

    5 一个探测组件控制2～4个喷头时，探测组件应尽量靠近各个喷头布置平面的中心位置安装，以保证探测区域覆盖多个喷头的保护区域。

6.2.2 本条对智能型探测组件与扫描射水喷头（高空水炮）为一体设置的自动扫描射水灭火装置与自动扫描射水高空水炮的安装进行了规定。

6.2.3 智能型探测组件平行或低于天花、梁底、屋架底和风管底安装，可防止火灾信号被遮挡而出现探测死角。

6.3 电 磁 阀

6.3.1 电磁阀是整个系统能否正常运作的关键组件，所以对系统配套的电磁阀有一定的要求：

    1 阀体及内件应采用强度高、耐腐蚀的材料制作，以保证阀门在长期不动作条件下仍能随时开启；

    2 传统的电磁阀有膜片式和活塞式两种，因构造及启闭方式的限制，这两种电磁阀都存在着一些缺陷，如：①阀的先导孔、卸压孔过小，容易被水管剥落的锈块、垢块和水中的杂质、沙粒及自身结垢堵塞，导致电磁阀失灵；②复位弹簧设置在阀盖内，长期浸泡于水中，容易锈蚀，导致电磁阀失灵等。浮动阀芯电磁阀的构造及启闭方式都与传统电磁阀完全不同，彻底地解决了传统电磁阀所存在的缺陷，长期浸泡于水中仍能够正常使用，具备了启闭快、不生锈、不结垢、不堵塞、密封性能好、使用寿命长等优点。

    3 避免复位弹簧因长期浸泡于水中而锈蚀，导致电磁阀失灵。

    4 阀门在不通电条件下应处于关闭状态，以防在突然停电情况阀门开启、喷头误喷。

    5 阀门的开启压力不应太大。

    6 阀门的公称压力应适当大于系统的工作压力。

6.3.2 电磁阀越靠近智能型灭火装置设置，其阀后与灭火装置连接管道的长度就越短，阀门打开后阀后空管充水的时间就越短，越有利于迅速扑灭火灾。但有的情况下由于要满足建筑美观或检修的要求，不允许将大量的电磁阀悬吊于天花上时，也可将电磁阀设置在保护区域外的其他位置，但也宜尽量靠近灭火装置设置，以减少阀后空管的长度，缩短充水时间，降低工程造价。严重危险级场所如舞台等，火灾危险性大、可燃物品数量多、火灾时容易引起猛烈燃烧并可能迅速蔓延，为防止灭火时电磁阀操作控制失灵，保证及时供水，电磁阀边上宜并列设置一个与电磁阀相同口径的手动旁通闸阀,并宜将电磁阀及手动旁通闸阀集中设置于场所附近便于人员直接操作的房间或管井内。以便于管理人员紧急情况下可手动直接开启手动旁通闸阀向喷头供水。

6.3.3 电磁阀也属于会损坏或发生故障的组件,一般不宜设置在人员无法进入的吊顶内,否则不方便维修及更换。如一定要设在吊顶内,则应留有足够让维护人员进行检修及更换工作的孔洞。

6.3.4 一个阀只控制一个喷头,一个探测组件控制 2～4 个喷头时,探测组件应具有同时打开 2～4 个电磁阀的功能。电磁阀前的手动闸阀主要用于检测电磁阀及电磁阀漏水时紧急断水时采用,该阀平时应处于常开状态。

6.4 水流指示器

6.4.1 本条对水流指示器的性能提出了要求。

6.4.2 各个灭火装置本身已带有智能型探测组件,本身已可以报告火灾的发生部位并报警。设置水流指示器的目的是为了增加一套辅助的报警措施,以对火灾的区域及楼层进行报告。此类似于传统自动喷水灭火系统中采用的水流指示器加报警阀的二级报警体制。需要指出的是,大空间智能型主动喷水灭火系统不再设置报警阀就是考虑到其已有了二级报警体制,没有必要再增加一套报警体制,否则工程造价太高,系统也过于复杂,不利于这一系统的推广应用。

6.4.3 本条规定是基于以下考虑:

1 两个系统的启动方式不同。自动喷水灭火系统的水泵是由湿式报警阀延迟器上的压力开关控制自动启动并报警的,而大空间智能型主动喷水灭火系统的水泵是由智能型探测组件控制自动启动并报警的,一个是延时启动,一个是即时启动;

2 喷头的工作压力不同。大空间智能型主动喷水灭火系统的三种标准喷头(高空水炮)的标准工作压力都比自动喷水灭火系统标准的喷头的工作压力要高,合在一起设置,系统压力难以同时满足两个系统各自的要求;

3 两个系统的设计流量不一样。

6.4.4 本条规定的目的是为了避免在检修更换水流指示器时,要关闭整个管道系统,而将关闭的管道系统限制在信号阀的局部区域内。

6.4.5 本条对水流指示器的公称压力作了规定。

6.4.6 水流指示器也会出现故障或损坏,所以宜将其安装在便于检修或更换的位置,如安装在吊顶内,吊顶上应预留检修孔洞。

6.5 信 号 阀

6.5.1 为使系统维修关停的范围不致过大,规定在每个防火分区或每个楼层的水流指示器入口前设置检修阀门。为了防止因该阀门出现误操作而造成配水管道断水,规定该阀门应采用可显示阀门开启状态的信号阀。

6.5.2～6.5.7 对信号阀的安装位置、开启状态、公称压力、公称直径等作了规定。

6.6 模拟末端试水装置

6.6.1 为了检验系统的可靠性,要求在每个系统最不利处水平管网的末端设模拟末端试水装置。模拟末端试水装置测试的内容包括水流指示器、配水管道是否畅通,最不利点处喷头(高空水炮)在正常工作状态下的水压是否足够等。与传统自动喷水灭火系统闭式喷头不同的是,大空间智能灭火装置可以多次重复使用,故在一些允许喷水且地面有完善的排水措施的场所,可以不设末端试水装置而直接利用最不利点处的灭火装置进行喷水报警试验。

6.6.2 本条规定了模拟末端试水装置的组成。图 19 为模拟末端试水装置组成的示意图。

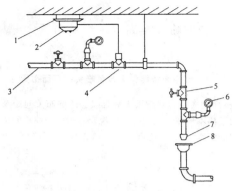

图 19 模拟末端试水装置组成示意图
1—安装底座;2—智能型探测组件;3—最不利点水管;
4—电磁阀;5—截止阀;6—压力表;7—模拟喷头;8—排水漏斗

6.6.3 本条要求分体式安装主要考虑到:

1 一体化设置的自动扫描射水灭火装置及自动扫描射水高空水炮灭火装置的构造复杂,价格较高,仅为了检测用没有必要设置整套完整的装置,以降低建造成本;

2 探测组件如与喷头(高空水炮)为一体式安装,试水用的排水口的设置会比较困难,接高了会遮挡探测组件,接低了喷水会溅到周围。

6.6.4 本条规定了电磁阀应符合的性能及技术要求。

6.6.5 所谓模拟喷头(高空水炮)即流量系数与真的喷头(高空水炮)相同,构造较简单、无转动部件、价格较低的固定式喷头(高空水炮)。

6.6.6 当模拟末端试水装置的出水口直接与管道或软管连接时,将改变试水接头出水口的水量状态,影响测试结果。所以本条规定了模拟末端试水装置的出水应采取间接排水的方式排入排水管道。

6.6.7 模拟末端试水装置宜安装在较隐蔽、有操作测试空间、有排水设施(管道)的地方。

6.6.8 本条对模拟末端试水装置的技术要求作了规定。

61

7 喷头及高空水炮的布置

7.1 大空间智能灭火装置喷头的平面布置

7.1.1 标准型大空间智能灭火装置喷头间的布置间距及喷头与边墙间的距离不应超过表7.1.1的规定。喷头与喷头间以及喷头与边墙间的距离如图20所示。

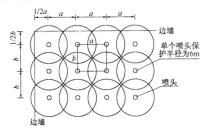

图20 喷头与喷头间以及喷头与边墙间的距离示意

当喷头间或喷头与边墙间的距离刚好处于二行数值之间时可采用内插法求行。

7.1.2 本条规定的目的是防止喷头间的布置间距过小，间距太小会导致出现以下问题：

1 不同的灭火装置的智能型探测组件探测区域重复覆盖，一旦发生火灾会同时引发几个喷头或几组喷头同时开启喷水，出现喷水流量大于总设计流量的情况，从而导致管网压力下降，喷头无法正常工作；

2 工程造价增加；

3 系统的设计流量增加。

7.1.3 本条规定的目的是避免天花、网架、梁、屋架等障碍物对大水滴喷头水平甩出的水滴、扫描射水喷头射出的水帘造成阻挡。各种智能型灭火装置喷头的开启方式与传统的闭式喷头的开启方式不同，不需要利用上升的热气流来启动喷头，故在进行这些喷头的布置时，其设置高度可以灵活掌握，既可贴顶板、天花面，也可架空或沿边墙（喷头上方无可燃物时）设置。

7.2 自动扫描射水灭火装置喷头的平面布置

7.2.1 本条的解释参照7.1.1条的条文解释。

7.2.2 本条的解释参照7.1.2条的条文解释。

7.2.3 本条的解释参照7.1.3条的条文解释。

7.3 自动扫描射水高空水炮灭火装置水炮的平面布置

7.3.1 本条的解释参照7.1.1条的条文解释。

7.3.2 本条的解释参照7.1.2条的条文解释。

7.3.3 本条的解释参照7.1.3条的条文解释。

8 管 道

8.0.1 系统配水管道的工作压力与《自动喷水灭火系统设计规范》GB 50084的规定相同，定为不大于1.2MPa。为保证系统的用水量，规定水流指示器出口后的配水管道上不能设置其他用水设施。

8.0.2 管道的质量好坏，直接影响到管道的使用寿命及系统的正常进行。因此，要求室内管道应采用不易锈蚀、耐高温的管材。

8.0.3 室外埋地管道不受到火场高温的影响，故不要求一定采用金属管道，也可采用塑料管道。应当指出的是，所采用的塑料管材及接口的工作压力应大于或等于系统的工作压力。

8.0.4 室内管道的管径不宜太大，否则管道占用的空间高度较多，高空安装不方便，也不美观。

8.0.5 本条规定对室内外管道的连接方式作了规定。要求系统中的室内外金属管道采用沟槽式管道连接件（卡箍）、丝扣或法兰连接，不允许管段之间采用焊接，以防止管道接口处出现锈蚀，影响管道的使用寿命。

8.0.6 为便于检修，本条对管径大于或等于100mm的室内外金属管道采用什么连接方式作了规定，并对水平、垂直管道中法兰（卡箍）间的管段长度提出了要求。

8.0.7 单凭管道布置来保证每个分区、每个楼层的系统配水管水平管道入口处的压力均衡是难做到的，除非另外增加设置减压稳压措施。表8.0.7给出了各种配置不同灭火装置的系统的配水管水平管道入口处的压力上限值。

8.0.8 配水管水平管道入口处的压力超过表8.0.7的限定值时，宜设置减压装置或采取其他减压节流措施进行减压及节流。

8.0.9 一些埋地金属管道，如热镀锌管、内涂塑镀锌钢管等抗外腐蚀的能力较差，为提高管道的使用寿命，作出此条规定。

9 供 水

9.1 水 源

9.1.1 本条未提及可采用天然水源,主要是基于以下考虑:

1 随着我国国民经济的发展,城市自来水的普及率已非常高,一般都可以直接采用自来水作为水源;

2 消防用水属临时用水,用水量不大,一次使用成本并不高;

3 天然水源水质状况较复杂,难以提出最低的统一水质要求;

4 有些天然水源的水如不经处理直接采用,水中的砂石等杂物会对电磁阀等阀门的关闭造成影响,对水泵、管道也会造成损害。所以,在有条件的地方应优先采用城市自来水作为水源。

9.1.2 无论采用什么水源,水源的贮水量或持续供水量都应能确保火灾延续时间内系统用水量的要求,这是扑灭火灾的最基本保证。

9.1.3 本条对采用市政自来水直接供水时应满足的一些条件进行了规定。

9.1.4 本条对采用屋顶水池、高位水箱直接供水时应满足的一些条件进行了规定。

9.1.5 本条对采用消防水池加压供水时应满足的一些条件进行了规定。

9.1.6 寒冷地区冬天会出现冰冻,这些地区采用这一系统时应对消防水池、屋顶水池、高位水池及系统中容易受到冰冻影响部分,如:露天设置的管道、阀门等采取防冻措施。

9.2 水 泵

9.2.1 本条规定的目的是为了保证系统供水的可靠性。

9.2.2 在电机功率不大的情况下可采用一运一备的配泵方式。电机功率较大时,为了减小水泵的启动电流,可以采用二运一备、分段投入的配泵方式。按一运一备及二运一备方式设置备用泵,比例较合理且便于管理。

9.2.3、9.2.4 规定的目的是为了保证水泵开泵时能够马上吸到水并能投入正常工作。

9.2.5 供水泵的吸水管及出水管上设置控制阀,是为了便于水泵的安装、检修及操作;设置止回阀是为了防止水的倒流;设置压力表是为了检查水泵的供水压力;设置试水阀是为了检测水泵的出水情况;设置安全泄压阀是为了防止系统出现超压。

9.3 高位水箱或气压稳压装置

9.3.1 为保证电磁阀至水泵间的管道平时处于满水状态,规定非常高压系统应设置高位水箱或气压稳压装置。

9.3.2、9.3.3 大空间智能型主动喷水灭火系统与传统的自动喷水灭火系统的启动方式不同,该系统从主动寻找着火点到发信号启动水泵开始灭火所需的时间很短,一般只需几十秒钟。设置高位水箱的目的只是为了保证系统管道电磁阀至水泵出口之间的管段平时处于湿式满水状态,火灾时,减少水流在管道中的流经时间,达到快速灭火的目的。需要指出的是,如果高位水箱、水池的设置高度可满足火灾整个系统的压力要求,且水池的有效容积可满足火灾延续时间内系统用水量的要求时,也可以作为供水水源而直接向系统供水。

9.3.4 建筑物(群)同时设有自动喷水灭火系统或消火栓系统时,可利用这些系统的高位水箱作为补水箱。为防止几种系统在工作及检修时互相影响,本条对水箱出水管及止回阀、检修阀的设置提出了要求。

9.3.5 本条与《建筑给水排水设计规范》GB 50015中的有关条文相对应,目的是为了防止系统中的死水对生活饮用水箱造成二次污染。

9.3.6 水箱应设有:

1 用于补水的补水管;

2 用于溢流排水的溢流管;

3 用于放空水池的放空管。

9.3.7 水箱体采用耐腐蚀的材料建造,可提高水箱的使用寿命,并防止铁锈以及脱落的砂石阻塞管道系统及影响阀门的关闭。

9.3.8 本条规定的目的是保持水箱的清洁、干净,防止水箱成为蚊虫的滋生地。

9.3.10 本条规定的目的是为了缩短系统的充水时间,防止管道受异物阻塞。

9.3.11 在建筑物的屋顶无法设置高位水箱时,应设置气压补压装置,其目的也是为了保证系统电磁阀至水泵之间的管路平时处于满水状态。

9.4 水泵接合器

9.4.1 水泵接合器是用于外部增援供水的措施,当系统供水泵不能正常供水时,由消防车连接水泵接合器向系统的管道供水。

9.4.2 受消防车供水压力的限制,超过一定高度的建筑,通过水泵接合器由消防车向建筑物的较高部位供水将难以实现一步到位。为解决这个问题可以设置接力供水设施。

10 水 力 计 算

10.1 系统的设计流量

10.1.1、10.1.2 系统的设计流量应根据灭火装置的种类,如大空间智能灭火装置、自动扫描射水灭火装置、自动扫描射水高空水炮灭火装置等,喷头(高空水炮)的设置方式(行数及列数)以及喷头(高空水炮)的设计同时开启数分别按表5.0.2-1~表5.0.2-3确定,也可按公式(10.1.2)计算确定。

举例:图21为某单层会展中心工程,每个大空间展厅均设置配置标准型智能灭火装置的大空间智能型主动喷水灭火系统;其中最远一个展厅内共设置6行7列喷头,试求该系统的系统设计流量。

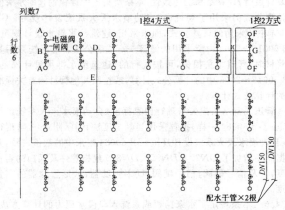

图21 某单层会展中心的大空间智能型主动喷水灭火系统图

解:该系统均采用的是标准型大空间智能灭火装置,查表5.0.2-1得出最不利点处最大一组同时开启喷头的个数为:

4(行)×4(列)=16(个)

故求得:系统设计流量:$Q_s = 16 \times 5 = 80$(L/s)

10.2 喷头的设计流量

10.2.1、10.2.2 标准型喷头(高空水炮)在标准工作压力时的标准设计流量可根据表10.2.1确定,而非标准压力下的流量可以根据喷头(高空水炮)的流量系数按公式(10.2.2)计算得出。

需要指出的是,由于目前还没有这类灭火装置的国家或地方产品统一标准,该系数暂参照南海天雨智能灭火装置有限公司产品的系数,将来有了统一标准后,该系数应以产品的统一标准为准。

10.3 管段的设计流量

10.3.1 连接一个喷头(高空水炮)的配水支管的设计流量就是喷头(高空水炮)的设计流量,可根据表10.2.1或公式(10.2.2)直接确定。

10.3.2~10.3.6 配水管和配水干管管段的设计流量可根据该管段上负荷的灭火装置的种类、最不利点喷头(高空水炮)的设置方式(行数及列数)以及喷头(高空水炮)的设计同时开启数分别按表5.0.2-1~表5.0.2-3确定,也可按公式(10.3.3)计算确定。

配水管和配水干管管段的管径可根据管段的设计流量查表10.3.4~表10.3.6确定。

举例:图21中各管段的设计流量及管径如表2所示。

表2 图21各管段的设计流量及管径

管段编号	布置行数	布置列数	同时开启喷头数	管段设计流量(L/s)	管径(mm)
A—B		1	1	5	50
B—C	2		2	10	80
C—D	2	2	4	20	125

续表2

管段编号	布置行数	布置列数	同时开启喷头数	管段设计流量(L/s)	管径(mm)
D—E	2	4	8	40	150
F—G	1	1	1	5	50
G—H	2	1	2	10	80
H—I	2	3	6	30	100
配水干管	6	7	16	80	150×2根

10.4 管道的水力计算

10.4.1 根据管段的设计流量和表10.2.1、表10.3.4~表10.3.6中查出管段的配管公称管径的内径,按公式(10.4.1)即可计算出管道内的平均流速。需要指出的是,同样公称管径的不同管材,管道的内径是不同的,计算时应注意。

10.4.2~10.4.5 为了保证与自动喷水灭火系统合用一套供水系统及管道时,计算结果的一致性,本条所给出的镀锌钢管的水头损失计算公式仍采用了现行的《自动喷水灭火系统设计规范》GB 50084中所采用的计算公式,而未采用《建筑给水排水设计规范》GB 50015—2003所采用的海澄——威廉公式。当系统采用其他管材时,管道水头损失,可按现行的《建筑给水排水设计规范》GB 50015—2003中的计算公式计算,或按照其他管材的有关标准中的计算公式计算。

管道局部水头损失与现行国家标准《自动喷水灭火系统设计规范》GB 50084一样,推荐采用当量长度法计算,附录A与现行的《自动喷水灭火系统设计规范》GB 50084附录中的数值一致,并根据需要增加了DN200、DN250、DN300规格管件及阀门的当量长度,以及信号碟阀、信号闸阀、U形过滤器、Y形过滤器的当量长度。

10.4.6 本条规定了水泵扬程或系统入口供水压力的计算方法。计算中按照相关的现行标准对水流指示器局部水头损失的取值作

了规定。如采用不符合现行标准的水流指示器,其局部水头损失应以厂家提供的数据为准。

10.5 减压措施

10.5.1~10.5.4 直接引用了现行国家标准《自动喷水灭火系统设计规范》GB 50084中减压措施一节的有关条文及计算方式,以保证减压措施计算结果的一致性。

10.5.5 与自动喷水灭火系统不同,大空间智能型主动喷水灭火系统不设置湿式报警阀,故要求减压阀组应设在电磁阀前的信号阀入口前。

11 控制系统的操作与控制

11.0.1 本条规定了大空间主动喷水灭火控制系统的主要组成部件。随着电子技术特别是计算机技术和信号处理技术的不断进步,智能型灭火装置的体积将更加小巧,而功能则更加强大,系统的组成形式也更加灵活,设计人员会有更多的选择。本条列出的部件,在实际系统中可能只采用其中的一部分,也可能全部采用或增加设置一些其他部件。一些场所,装置数量较少、系统也不复杂,结构简单、系统不再设立智能灭火装置控制器,这种系统的功能结构组成示意如图22:

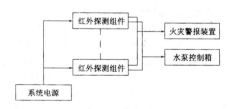

图22 不设立智能灭火装置控制器的控制系统功能结构组成示意

上述系统的工作过程可简述为:

当智能型探测组件探测到火灾后,直接控制火灾警报装置发出警报,同时发出启动水泵信号给水泵控制箱,启动水泵向管网供水。报警、联动控制过程都由智能型探测组件直接进行。另外一些场所,建筑布局较为复杂,装置数量较多,此时,系统中应设立智能灭火装置控制器或与建筑内的火灾报警系统综合配置,这种系

统的功能结构组成示意如图23：

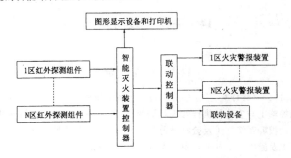

图23 设立智能灭火装置控制器的控制
系统功能结构组成示意

上述系统的工作过程可简述为：

当智能型探测组件探测到火灾发生时，立即向智能灭火装置控制器（或建筑物火灾自动报警及联动控制器）报告，由控制器发出指令，联动控制器启动火灾警报装置和各种联动设备。图形显示器则立即显示火灾发生的部位，打印机则对火灾信息和历史数据进行打印。

11.0.2 火灾自动报警系统目前已经非常普及，其高度智能化、总线结构等特点使得应用变得简单而实用。一般的建筑物都设有火灾自动报警和联动控制系统以及消防控制中心或消防控制室。在这样的场所安装大空间主动喷水灭火系统，除了要考虑本系统外，建议与火灾自动报警和联动控制系统统一考虑，综合设置，达到资源共享。也就是说，利用建筑物火灾自动报警和联动控制器兼作智能灭火装置控制器，统一由消防控制中心的火灾自动报警和联动控制器对各智能灭火装置的状态进行监视和控制，以提高系统运行的可靠性，既降低了系统造价，也为系统的维护提供了方便。当大空间智能型主动喷水灭火系统单独设置智能灭火装置控制器时，大空间智能型主动喷水灭火系统应作为建筑物火灾自动报警系统的一个子系统，由智能灭火装置控制器对大空间智能型主动喷水灭火系统进行监视和控制，同时将火灾报警信号及其他相关信号送至建筑物消防控制中心，火灾自动报警系统控制器报警和显示。大空间智能型主动喷水灭火系统的智能灭火装置控制器与建筑物火灾自动报警系统联网，以保证建筑物消防控制中心对大空间智能型主动喷水灭火系统的统一管理和监控。

11.0.3 大空间智能型主动喷水灭火系统的优势之一就是为了在火灾初期阶段系统就能启动，以有效地扑灭火灾和控制火灾的蔓延。本条的目的是确保系统在开放一只喷头或高空水炮时立即启动并报警，对及时扑救火灾、人员的疏散和人工辅助灭火具有重要意义。

11.0.4 本条对大空间智能型主动喷水灭火系统的电磁阀的控制方式作出了规定。有些严禁误喷场所内设置的场所，如：演出过程中可能产生正常道具用焰火的舞台，演出时，应使电磁阀处于现场人工控制状态，待演出完毕，再转换为自动控制状态。而有些场所，如：存放遇水会产生较严重损失的物品的场所，电磁阀的开启要由智能型探测组件发出的控制信号和人工控制信号的"与"来实现。若上述控制失效，在消防控制室应能进行强制启动，以确保既可防止误喷，又能在火灾发生时启动电磁阀。为防止消防控制室值班人员无意中误触启动按钮，设置防误操作措施。

11.0.5 本条直接引用了现行国家标准《自动喷水灭火系统设计规范》GB 50084相关章节及条文。目的是确保消防水泵的可靠启动。

11.0.6 在这些场所进行演出及排练时，为达到某种演出效果往往要施放烟火，或采用各种特效照明灯光。这些烟火以及光谱波长近似于火焰的灯光，容易引起智能型探测组件的误报警及引起系统误喷。为防止出现这种情况，演出及排练时，应将系统转为手动控制，智能型探测组件此时转为只报警而不自动控制系统的启

动。系统的启动由舞台管理人员或其他消防值班人员根据现场火灾的确认结果进行手动启动。

11.0.7 本条是为了便于监控和管理。

11.0.8 本条参考了现行国家标准《自动喷水灭火系统设计规范》GB 50084相关章节及条文，强调对报警信号、信号阀、水流指示器、消防水泵工作状态、消防水池和水箱的低水位信号的监视，以保证系统的正常工作，保证灭火工作的顺利进行。

11.0.9 本条规定了在建筑中设置火灾警报装置的种类、数量、安装位置及警报声压等级，以便在发生火灾时，能可靠、清晰地发出火灾警报信号，提醒人员进行疏散。

12 电 气

12.1 电源及配电

12.1.1 大空间智能型主动喷水灭火系统是重要的灭火系统，要求系统电源按照相应等级的消防电源设置。

12.1.2 设置SPD电涌保护器是为了防止雷击电磁脉冲损害系统控制设备，防止因雷击造成系统瘫痪或误动作。

12.1.3 大空间智能型主动喷水灭火系统漏电所造成的危害与系统供电可靠性相比，后者更重要。采用具有报警功能的漏电保护开关，既能做到及时掌握系统漏电情况，迅速排除故障，又不影响系统正常供电。

12.1.4 本条是为了方便系统的调试和维护而提出的。

12.2 布 线

12.2.1 现行国家标准《火灾自动报警系统设计规范》GB 50116规定采用穿金属管、经阻燃处理的硬质塑料管或封闭式线槽保护方式布线。考虑到大空间智能型主动喷水灭火系统的供电和信号传输线路的安全和高可靠性要求，减少电磁辐射干扰，本条规定采用穿金属管或封闭式金属线槽保护方式布线。金属管和封闭式金属线槽一般是明敷，故规定作防火保护。要求金属管和封闭式金属线槽要作保护接地（与电气保护接地干线PE相连接）是为了保护人身安全。

12.2.2 本条规定主要是为了防止供电和信号传输线路受到机械损伤。

12.3 其 他

12.3.1 现行国家标准《火灾自动报警系统设计规范》GB 50116是在积累多年实际经验教训的基础上提出的，设置本条是为了充分利用这一成果，少走弯路。

13 施工前准备

13.1 质量管理

13.1.1 按大空间智能型主动喷水灭火系统的特点,对分部、分项工程进行划分。

13.1.3 本条参照《自动喷水灭火系统施工及验收规范》GB 50261—2005第3.1.3条的规定。

13.1.4 本条参照《自动喷水灭火系统施工及验收规范》GB 50261—2005第3.1.4条的规定。在原来条文规定的基础上,特别提出要提供接线图。接线图对系统的施工有很重要的指导意义,施工员能否按照接线图准确接线,直接关系到系统调试的成败。

13.1.5 此条是为了保证施工质量,并为今后的工程维护打好基础。

13.1.6 ～13.1.9 参照《自动喷水灭火系统施工及验收规范》GB 50261—2005第3.1.6条~第3.1.9条的规定。

13.2 材料、设备管理

13.2.1 本条参照《自动喷水灭火系统施工及验收规范》GB 50261—2005第3.2.1条的规定,增加了电磁阀也应经国家消防产品质量监督检验中心强制或型式检测合格的要求。

13.2.2 本条参照《自动喷水灭火系统施工及验收规范》GB 50261—2005第3.2.2条的规定,增加了对外镀锌内涂塑钢管的外观检查要求。

13.2.3 本条参照《自动喷水灭火系统施工及验收规范》GB 50261—2005第3.2.3条的规定。将原条文中对"喷头"的要求改成对"大空间灭火装置"的要求。另外,大空间灭火装置与自动喷水灭火系统喷头相比,不论在密封概念上,还是在具体的工作压力等参数上都有很大不同,在现场对大空间灭火装置进行密封检验是有较大困难的。故本条款未提出进行大空间灭火装置的现场密封性能检验,其密封检验则留在系统调试时进行。

13.2.4 本条参照《自动喷水灭火系统施工及验收规范》GB 50261—2005第3.2.4条和第3.2.5条的规定。

14 系统安装与施工

14.1 一般规定

14.1.1～14.1.3 这几条分别规定了系统布线、消防水泵、消防水池等施工与安装应执行的现行国家标准。与现行国家标准《火灾自动报警系统施工及验收规范》GB 50166 和《自动喷水灭火系统施工及验收规范》GB 50261 等相应条款一致。

14.2 布 线

14.2.1 本条参照《火灾自动报警系统施工及验收规范》GB 50166—92第2.2.2条的规定。大空间主动喷水灭火系统的布线质量对整个系统的可靠性具有非常重要的影响。如果布线质量不过关,不但会造成系统调试的困难,严重时会造成系统无法开通运行。正是基于这一考虑,本规程中明确规定大空间主动喷水灭火系统的导线应穿金属管或穿金属线槽保护,布线时对导线、穿线管或线槽进行接地保护检查是必要的。

14.2.4 不同用途的导线应采用不同颜色,是为了便于接线和系统调试,同时,可有效地防止错接。相同用途的导线颜色应一致的规定是为了工程的统一性和日后维护管理的方便。

14.2.5 本条参照《火灾自动报警系统施工及验收规范》GB 50166—92第2.2.5条的规定。本条是为了确保系统传输导线的可靠性而提出的。管内或线槽内导线的接头或扭结,影响导线的机械强度,也是线路故障的因素之一;规定接线盒内的导线接头采用焊接或压接的方式,当采用焊接方式时,不得使用带腐蚀性的助焊剂,主要是为了保证导线连接的可靠性和使用寿命,焊点的尖刺易造成线路短路现象,给系统埋下故障隐患,应避免。

14.2.13 本条为保证穿线管或金属线槽具有良好的接地和屏蔽性能,同时保证人身安全。

14.2.14 本条参照《火灾自动报警系统施工及验收规范》GB 50166—92第2.2.13条的规定。

14.3 管网的安装

14.3.4 本条参照《自动喷水灭火系统施工及验收规范》GB 50261—2005第5.1.4条的规定,增加了采用沟槽式管件安装内涂塑热镀锌钢管时的技术要求。

14.3.8 本条参照《自动喷水灭火系统施工及验收规范》GB 50261—2005第5.1.8条的规定,同时结合大空间灭火装置的自身特性而提出的。

14.3.9 本条参照《自动喷水灭火系统施工及验收规范》GB 50261—2005第5.1.9条的规定,增加了管道穿过地下室外墙时应设防水套管的内容。

14.3.11 本条参照《自动喷水灭火系统施工及验收规范》GB 50261—2005第5.1.11条的规定。强调应设置与消防栓及自动喷水灭火系统管道相区别的文字等标识,是为了区分管道,便于管理和维护。

14.4 阀门的安装

14.4.2 本条参照《自动喷水灭火系统施工及验收规范》GB 50261—2005第5.4.2条的规定,提出手动闸阀应有明显的启闭标志,是为了方便人工观察和操作,防止在系统处于准工作状态时由于误关闭而造成火灾时不能出水。

14.4.3 本条编制的目的是为了检修及更换的方便。

14.4.5 本条编制的目的是为保证止回阀的正确使用。

14.4.6 为了防止信号阀、电磁阀、水流指示器的引出线进水,影响其性能,编制了本条。

14.5　水流指示器的安装

14.5.1、14.5.2　条文直接引用《自动喷水灭火系统施工及验收规范》GB 50261－2005 中相关条款。

14.6　节流装置和减压孔板的安装

14.6.1、14.6.2　减压孔板和节流装置是使大空间智能型主动喷水灭火系统某一局部水压符合规范要求而采用的较经济的压力调节设施。

14.7　模拟末端试水装置的安装

14.7.1　将模拟末端试水装置安装在系统分区水平管网末端最不利点处，是为了进行以下内容的测试：水流指示器、配水管道是否畅通，最不利点处喷头(水炮)在正常工作状态下的水压是否足够等。

14.7.2　当模拟末端试水装置进行试水时，会有大量的水流出，若安装环境不具备良好的排水设施，会产生水害。

14.7.3　本条与对大空间灭火装置的电磁阀安装要求是一样的。

14.7.4、14.7.5　编制的目的是为了试水的方便。

14.7.6　本条是为了使模拟喷头(高空水炮)试验时的水流状况尽量接近真的喷头(高空水炮)实际喷射时的水流状况。

14.7.7　模拟末端试水装置只在进行试验时才开启。因此，设立电源开关是为了方便操作和管理。平时使模拟末端试水装置电源开关处于关闭状态是防止由于人为因素而造成的误启动。电源开关设置在一定的高度是为了在一定程度上避免闲杂人员的误操作。

14.8　大空间灭火装置的安装

14.8.1　大空间灭火装置的安装场所由于净空较高，一旦在安装完毕后发现问题，近距离的调试相对困难。大空间灭火装置在包装、运输过程中，有可能造成一定程度的损伤。因此，本条规定了大空间灭火装置在安装前应接电进行复位状态、监视状态、启动、机械转动、联动控制等功能的模拟检查，及时发现问题，避免工程上的重复和浪费，不合格者，不得安装。

14.8.2　避免冲洗试压过程对大空间灭火装置造成损害。

14.8.3　这是由大空间灭火装置的应用参数决定的。

14.8.4　本条规定的目的是：

　　1　最大限度地发挥大空间灭火装置红外探测组件的探测性能，减少组件的布置密度，减少工程造价；

　　2　保持红外探测组件的探测区域与大空间大流量喷头射水保护区域的一致性；

　　3　防止火灾信号被遮挡而出现探测死角。

14.8.5　在有天花板的场所安装时，大空间灭火装置(指自动扫描射水灭火装置和自动扫描射水高空水炮灭火装置)安装处的天花板开孔应够大，否则，会阻碍到装置的扫描转动。

14.8.6　本条规定大空间灭火装置的进水管应与地平面保持垂直，是为了便于大空间灭火装置的安装定位，从而保证探测和射水定位的准确性。

14.8.7　本条规定是为了保证大空间智能灭火装置的红外探测组件的探测区域与大空间大流量喷头射水保护区域相一致。

14.8.8　大空间灭火装置的对外引线金属软管，可在不影响性能的情况下避免导线裸露在外面，起到阻火、阻水，防虫及防鼠咬的作用。接地是为了增加抗干扰能力。

14.8.9　本条规定了电磁阀的安装要求，是由电磁阀的性能决定的。

14.9　智能灭火装置控制器的安装

14.9.2　本条参照《火灾自动报警系统设计规范》GB 50116－98

中第 6.2.5.1、6.2.5.3 款和《火灾自动报警系统施工及验收规范》GB 50166－92 第 2.5.1 条的规定。

14.9.3　本条参照《火灾自动报警系统施工及验收规范》GB 50166－92第 2.5.2 条的规定，以保证工程质量。

14.9.4、14.9.5　这两条参照《火灾自动报警系统施工及验收规范》GB 50166－92 第 2.5.3～2.5.5 条，结合系统的具体情况作出规定。

14.10　消防控制设备的安装

14.10.2　本条参照《火灾自动报警系统施工及验收规范》GB 50166－92第 2.6.4 条，设置不易退色、易于观察、便于理解的标志，便于系统安装调试和维修。

14.10.4　本条参照《火灾自动报警系统施工及验收规范》GB 50166－92第 2.6.2 条的规定。

14.11　电源装置的安装

14.11.1　这一规定是为了保证系统的安全运行和供电的可靠性。

14.11.2　电源装置一般配置有 UPS 不间断电源装置，故本条参照《建筑电气工程施工质量施工验收规范》GB 50303－2002 第9.1.4条作出规定。

14.11.3　本条规定是为了保障操作人员的人身安全。

14.12　接地装置的安装

14.12.1　大空间主动喷水灭火系统与火灾自动报警系统相类似，其接地方式和要求是相同的。

14.12.3　本条参照《火灾自动报警系统施工及验收规范》GB 50166－92第 2.7.2 条的规定。

14.12.4　本条参照《火灾自动报警系统施工及验收规范》GB 50166－92第 2.6.4 条，结合大空间主动喷水灭火系统的实际情况，按照火灾自动报警系统的相关规定作出相应规定。

14.13　消防水泵的安装

14.13.3　本条参照《自动喷水灭火系统施工及验收规范》GB 50261－2005第 4.2.4 条的规定。

14.13.4　本条参照《自动喷水灭火系统施工及验收规范》GB 50261－2005第 4.2.3 条的规定。

14.16　消防水泵接合器的安装

14.16.2　本条参照《自动喷水灭火系统施工及验收规范》GB 50261－2005第 4.5.2 条的规定。

15 系统试压和冲洗

15.1 一般规定

15.1.2 本条参照《自动喷水灭火系统施工及验收规范》GB 50261－2005第6.1.2条的规定。由于大空间主动喷水灭火系统目前还没有干式和预作用系统类型,故大空间主动喷水灭火系统的管网在验收时不要求做相应的气压试验。

15.1.9 本条参照《自动喷水灭火系统施工及验收规范》GB 50261－2005第6.1.9条的规定。

15.2 水压试验

15.2.3 本条参照《自动喷水灭火系统施工及验收规范》GB 50261－2005第6.2.2条的规定。

15.2.4 本条参照《自动喷水灭火系统施工及验收规范》GB 50261－2005第6.2.3条的规定。

15.2.5 本条参照《自动喷水灭火系统施工及验收规范》GB 50261－2005第6.2.5条的规定。

16 系统调试

16.1 一般规定

16.1.1 本条要求在建筑内部装修和系统施工完成后进行系统调试。这是为了避免其他施工可能对系统造成干扰或损害。同时,若系统施工还未进行完毕就进行调试,易造成调试工作的断断续续,不利于保证工程质量。

16.1.2 本条列出了系统调试必须具备的基本条件。只有在这些条件具备的情况下,系统才能真正进入准工作状态,其调试结果才具有代表性和可信的。

16.2 调试内容和要求

16.2.1 本条确定了系统调试应包括的内容。这些内容基本上包含了大空间主动喷水灭火系统最主要的部分,其调试的成功与否直接关系到整个系统的成败。可靠、充足的水源是系统能否有效灭火的基本保证;作为临时高压给水系统来讲,消防水泵是主要供水设施,其工作的稳定可靠与否关系到管网压力、水流等能否满足系统需要;水流指示器和信号阀关系到能否实现系统的二级报警,同时也是系统调试顺利进行和日后区域维护的重要部件;排水装置是系统调试过程中和日后系统维护、测试所必需的部件;电源装置的稳定可靠是整个系统能否正常工作的前提;因为现场环境千变万化,大空间灭火装置必须经过现场调试后再正式运行,才能保证其探测和射水性能;智能灭火装置控制器是系统的管理控制中心,必须经过调试才能投入运行。

16.2.2 本条提出了采用不同水源时的相应调试要求:消防供水量及水压满足设计要求是共同的要求;水质好坏对防止火灾时管路出现堵塞非常重要;采取消防储水不作它用的技术措施是为了保证火灾时供水安全;当采用市政自来水直接供水时,核对进水管数量是为了保证进水管路的安全可靠;由于消防用水长期处于不使用状态,出于维护和保障生活用水质量的需要,检修阀门和倒流防止器也是检查的重要内容;当采用屋顶水箱、高位水池直接供水时,其补水时间关系到系统能否再次及时投入使用。

通过移动式消防水泵对消防水泵接合器做供水试验是为了验证火灾时当供水设备发生故障或消防用水不足时临时供水设施的供水能力。

16.2.3 本条对消防水泵调试作出了规定。

1 要求消防水泵的供电电源应采用消防电源是为了保证火灾时消防水泵的供电安全,而这一点对系统灭火的成败是非常关键的。

2 消防泵启动时间是指从电源接通到消防泵达到额定工况的时间。大空间主动喷水灭火系统的主要优点是早期发现、早期灭火。当大空间灭火装置发现火灾并发出报警及联动控制信号后,及时启动水泵供水是能否发挥大空间灭火装置优点的关键。故本条规定,不管由手动启动或由大空间灭火装置自动启动,消防水泵应在信号发出后20s内投入正常运行。这段时间已经考虑了因水泵电机功率太大而需要进行延迟启动的时间,并与国家标准《消防泵》GB 6245－2006中第9.9.10条要求相一致。

16.2.5 本条提出了对水流指示器和信号阀的要求。

16.2.6 本条参照《自动喷水灭火系统施工及验收规范》GB 50261－2005第7.2.6条的规定。

16.2.7 电源装置是大空间主动喷水灭火系统的关键组件之一。其功能好坏直接关系到整个系统能否可靠工作。本条提出了电源装置几个主要的测试内容。其中对电源容量的要求包括两个方面,一方面是指正常情况下要满足整个系统的用电需求,这一指标在系统设计时要对各个功能组件所需电量进行详细计算才能得到。另一方面是指当交直流电源切换后,直流备用输入(蓄电池组)应能满足一定时间内(一般指监视状态下24h)整个系统的用电需求。电源装置交流输入和直流备用输入(蓄电池组)自动切换的功能核实是必要的,这也是保证系统供电正常的举措。由于在切换过程中可能产生干扰,而这一干扰不能对大空间智能灭火装置的工作状态产生任何影响。否则,可能会产生误喷水,造成损失。直流备用输入(蓄电池组)充放电功能正常与否关系到蓄电池组能否长期而稳定地工作,进行充放电功能的检查是必要的。

16.2.8～16.2.10 条文对不同类型的大空间灭火装置的调试内容提出了要求。首先规定,大空间灭火装置的调试应逐个进行。由于大空间灭火装置是机电一体化设备,功能较多,结构也是较为复杂的,在其运输与安装过程中难免出现机械损伤或部分功能的损坏,只有经过逐一调试才能发现问题并及时得以纠正。条文中提出的各种不同状态,都是大空间灭火装置实际运行过程中所经过的。特别指出,条文中所说的模拟火灾发生,指的是模拟火源可以是多种形式。既可以在大空间灭火装置的保护范围内点燃一定的燃烧物(油盘、木垛等),也可以在大空间灭火装置的近处用打火机、蜡烛等进行火源模拟,这样的规定为系统联调带来了一定的方便性。因为现场环境各种各样,有的环境根本不允许进行现场点火试验,即使允许进行点火,也不允许喷水。而有的环境可以进行各种形式的实际灭火试验。因此,为了确保大空间灭火装置功能的完好,同时又照顾到现场实际情况,条文中没有强制规定火源类型以及灭火时间上的限制,并指出了可进行人工复位,防止由于喷水过多而产生不必要的损失。

16.2.11 本条主要是在参考了火灾报警控制器调试时的要求与规定,又考虑到大空间灭火装置的实际运行情况而提出的。其中对大空间灭火装置的操作指的是在消防控制中心就能对大空间灭火装置进行扫描、定位、射水等方面的控制;联动控制指的是对消防水泵、声光报警器、电磁阀等设备的自动和手动控制。

16.2.12　本条提出了大空间灭火装置和智能灭火装置控制器调试完成后,应按本规程附录 D 填写联动试验记录的要求,是工程管理的需要,有利于系统维护。

16.2.13　本条参考了火灾报警系统的验收规定而提出的。之所以规定系统在运行一定的时间以后才能填写验收报告,是为了确实保证系统能连续不间断的运行。

17　系统验收

17.1　一般规定

17.1.1　本条直接引用《自动喷水灭火系统施工及验收规范》GB 50261—2005第8.0.1条的规定。该条的最终目的是使得验收过的工程能真正起到扑救火灾、保护人身和财产安全的作用。

17.2　系统供水水源验收

17.2.1、17.2.2　条文确定了采用不同水源时的验收内容。供水水源的可靠与否,直接关系到系统能否发挥应有的灭火作用。当采用消防水箱或水池供水时,应检查消防水箱和水池的容量、设置位置、设置高度、水质以及消防储水不作它用的技术措施等。当采用市政管网供水时,特别提出要检验系统是否设置了防止生活水源被污染的设施,以确实保障生活水的水质。否则,会产生非常不良的影响。

17.3　系统的流量、压力验收

17.3.1　本条直接引用《自动喷水灭火系统施工及验收规范》GB 50261—2005第8.0.11条的规定。

17.4　消防泵房验收

17.4.1～17.4.3　条文直接引用《自动喷水灭火系统施工及验收规范》GB 50261—2005中相关条款的规定。

17.5　消防水泵接合器验收

17.5.1、17.5.2　条文直接引用《自动喷水灭火系统施工及验收规

范》GB 50261—2005 相关条款的规定。

17.6　消防水泵验收

17.6.1～17.6.5　条文参照《自动喷水灭火系统施工及验收规范》GB 50261—2005 相关条款的规定。

17.7　管网验收

17.7.1～17.7.6　条文参照《自动喷水灭火系统施工及验收规范》GB 50261—2005 第8.0.8条,取消了原条文中对干式和预作用式灭火系统的相关要求,也不涉及报警阀问题。对管道的各种固定支架问题,在原来条文的基础上增加了对短立管的固定要求,这是由于大空间灭火装置的工作压力较高,短立管能否固定安稳,直接关系到大空间灭火装置的射水精度。

17.8　模拟末端试水装置验收

17.8.1　模拟末端试水装置是为了对系统末端的压力、流量等参数进行测量,对系统报警、联动功能进行模拟的重要组件。只有在分区或楼层的最不利点设置模拟末端试水装置,模拟过程应尽量反映系统真实的工作状态和灭火能力。

17.8.2　本条提出了模拟末端试水装置需要模拟的主要功能和参数。虽然与真正的大空间灭火装置有较大区别,但模拟末端试水装置的火灾探测原理、探测所使用的元器件都是相同的,水的压力、流量也相近。因此,在一定程度上,模拟末端试水装置能够较真实地反映大空间灭火装置的工作状态和系统的工作参数。本条确定了几项主要的参数和功能。其中,信号传输与控制功能直接反映了整个系统的报警和控制的可靠性,而手动与自动相互转换功能则说明在两种不同状态下工作的可靠性以及两者的相互转换是否正常。对有些场所而言,这点是非常重要和实用的。对流量、压力等参数的测量,可直接检验系统末端的水压及流量能否满足系统需要,管网是否通畅。

17.9　大空间灭火装置验收

17.9.1　不同型号的大空间灭火装置具有不同的应用特性。系统设计时,设计人员会根据使用场所的具体情况来进行型号选择。应用时不能随意改变型号,如此才能有效发挥大空间灭火装置的性能。本条对此特别加以强调。

17.9.2　本条提出了验收大空间灭火装置时应进行的模拟试验内容和要求。在模拟火源稳定后进行参数测量是为了保证测量的准确性。比如说对启动时间的测量,一般来说,大空间灭火装置会在起火后立即启动扫描,但由于火源还没有达到一定规模,可能不能完成定位。只有经过一定的时间,待火源稳定燃烧且具有一定的规模后才能完成全部动作,此时的测量才有意义;喷射和扫射水面覆盖火源是为了保证有效灭火,同时又能防止火灾的蔓延。虽然大空间灭火装置出厂时已经进行了全面的射水灭火试验,但由于安装及运输过程可能造成射水精度的变化,该项验收也在另一方面对工程施工质量(主要指管道安装的水平、垂直度)进行了考核;其他几项验收主要涉及信号传输及显示、联动控制等方面,对保证系统正常工作有很大意义。

18 系统维护和管理

本章主要参照了《自动喷水灭火系统施工及验收规范》GB 50261—2005"维护管理"一节。增加了对电磁阀和大空间灭火装置的定期检查。检查时应充分考虑安全因素,有条件的场所可进行实际射水。应定期利用末端试水装置对火灾探测、供水管网、联动控制、水流指示器等进行功能检验。这对那些不具备实际射水条件的场所内安装的大空间主动喷水灭火系统的正常运行有重要意义。实践证明,定期、有序、专门的系统维护和管理,不但能及时查出各种安全隐患,保证系统在火灾时能发挥效能,同时也能有效地保证系统各个功能组件的使用寿命。本条的目的就是使得系统维护和管理工作有章可循,维护过程标准而统一。在监督、使用、设计部门的共同努力下,使大空间主动喷水灭火系统这一新兴事物尽快走向完善,更好地保护人民生命和财产的安全。

61

中国工程建设协会标准

惰性气体灭火系统技术规程

Technical specification for inert gas
extinguishing systems

CECS 312：2012

主编单位：公安部天津消防研究所
批准单位：中国工程建设标准化协会
施行日期：2 0 1 2 年 8 月 1 日

中国工程建设标准化协会公告

第 103 号

关于发布《惰性气体灭火系统
技术规程》的公告

根据中国工程建设标准化协会《关于印发〈2009 年工程建设协会标准制订、修订计划（第二批）〉的通知》（建标协字〔2009〕86号）的要求，由公安部天津消防研究所等单位编制的《惰性气体灭火系统技术规程》，经本协会消防系统专业委员会审查，现批准发布，编号为 CECS 312：2012，自 2012 年 8 月 1 日起施行。

中国工程建设标准化协会
二〇一二年四月十三日

62

前　言

根据中国工程建设标准化协会建标协字〔2009〕86号《关于印发〈2009年工程建设协会标准制订、修订计划（第二批）〉的通知》的要求，规程编制组进行了深入调研，总结了我国惰性气体灭火系统研究、生产、设计和使用的科研成果及工程实践经验，参考了国内外相关标准，并在广泛征求意见的基础上，制定本规程。

本规程共分7章3个附录，内容包括：总则，术语和符号，系统设计，系统组件，操作与控制，安全要求，施工及验收、维护管理等。

根据原国家计委标〔1986〕1649号文《关于请中国工程建设标准化委员会负责组织推荐性工程建设标准试点工作的通知》的要求，推荐给工程建设设计、施工及消防管理部门等使用单位采用。

本规程由中国工程建设标准化协会消防系统专业委员会CECS/TC21归口管理，由公安部天津消防研究所负责解释。在使用中如发现需要修改或补充之处，请将意见和资料寄往解释单位（地址：天津市南开区卫津南路110号，邮政编码：300381）。

主 编 单 位：公安部天津消防研究所
参 编 单 位：上海能美西科姆消防设备有限公司
　　　　　　北京美力马消防设备有限公司
　　　　　　天津意安消防设备有限公司
　　　　　　陕西中安消防安全设备有限公司
　　　　　　威盾科技（中国）有限公司
　　　　　　广西壮族自治区公安消防总队
　　　　　　云南省公安消防总队
　　　　　　云南天霄系统集成消防安全技术有限公司

　　　　　　九江中船长安消防设备有限公司
　　　　　　四川威特龙消防设备有限公司
　　　　　　河北工业大学
主要起草人：田　亮　张源雪　宋旭东　刘　欣　郑臻毅
　　　　　　黄晓明　黑中四　王世荣　徐学军　林奋强
　　　　　　郑艳琼　田　野　莫英华　李　伟　吴晋湘
主要审查人：张家清　崔长起　胡劲松　丁宏军　马延波
　　　　　　闫　茹　杜增虎　刘连喜　伍建许

目　次

1 总　　则

1.0.1 为了规范使用惰性气体灭火系统,减少火灾危害,保护人身和财产安全,做到安全可靠、技术先进、经济合理,制定本规程。

1.0.2 本规程适用于新建、扩建、改建工程中设置的氮气、氩气和氮氩混合气体灭火系统的设计、施工、验收及维护管理。

1.0.3 惰性气体灭火系统的设计、施工及验收,应遵循国家的有关方针和政策,积极采用新材料、新技术、新工艺。

1.0.4 氮气、氩气和氮氩混合气体灭火系统的设计、施工、验收及维护管理,除应符合本规程外,尚应符合国家现行有关标准的规定。

2 术语和符号

2.1 术　　语

2.1.1 惰性气体灭火系统　inert gas extinguishing system
灭火介质为惰性气体灭火剂的气体灭火系统。
本规程指氮气(IG-100)、氩气(IG-01)和氮氩混合气体(IG-55)三种灭火系统。

2.1.2 防护区　protected area
满足全淹没灭火系统要求的有限封闭空间。

2.1.3 全淹没灭火系统　total flooding extinguishing system
在规定的时间内,向防护区喷放设计规定用量的灭火剂,并使其均匀地充满整个防护区的灭火系统。

2.1.4 保护对象　protected object
局部应用灭火系统保护的目的物。

2.1.5 局部应用灭火系统　local application extinguishing system
向保护对象以设计喷射率直接喷射灭火剂,并持续一定时间的灭火系统。

2.1.6 组合分配系统　combined distribution system
用一套灭火剂储存装置通过管网的选择分配,保护两个及以上防护区或保护对象的灭火系统。

2.1.7 管网灭火系统　piping extinguishing system
按一定的应用条件进行设计计算,将灭火剂从储存装置经由干管、支管输送至喷放组件实施喷放的灭火系统。

2.1.8 储瓶式管网灭火系统　cylinder-type piping extinguishing system
灭火剂储存容器为高压钢瓶的管网灭火系统。

2.1.9 储罐式管网灭火系统　tank-type piping extinguishing system
灭火剂储存容器为压力罐的管网灭火系统。

2.1.10 预制灭火系统　pre-engineered system
按一定的应用条件,将灭火剂储存装置和喷放组件等预先设计、组装成套且具有联动控制功能的灭火系统。

2.1.11 灭火浓度　extinguishing concentration
在101kPa大气压和规定的温度条件下,扑灭某种火灾所需灭火剂在空气中的最小体积百分比。

2.1.12 惰化浓度　inerting concentration
在101kPa大气压和规定的温度条件下,能抑制空气中任意浓度的易燃气体、可燃液体蒸气的燃烧或爆炸发生所需灭火剂在空气中最小体积百分比。

2.1.13 全淹没灭火系统喷放时间　discharge time of total flooding extinguishing system
从喷头喷出95%灭火剂设计用量所用的时间。

2.1.14 浸渍时间　soaking time
在防护区内维持设计规定的灭火剂浓度,使火灾完全熄灭所需的时间。

2.1.15 泄压口　pressure relief opening
用于泄放防护区内惰性气体喷放时所产生的超压的开口。

2.1.16 中期容器压力　mid-term pressure in container
从喷头喷出50%灭火剂设计用量时容器内压力。

2.1.17 注册数据　registered data
法定机构出具的检验数据。

2.2 符　　号

a_0——当地音速;
A_x——泄压口面积;
C——设计浓度;
D——管道内径;
d——减压孔板孔径;
d_T——喷头等效孔口直径;
F——喷头孔口面积;
H——海拔高度;
j——迭代计算次数;
K_H——海拔高度修正系数;
L——管段计算长度;
L_J——管道附件的当量长度;
L_Y——管段几何长度;
M——灭火剂设计用量;
Ma_e——高程校正后管段末端马赫数;
M_C——灭火剂储存量;
M_D——末期管道内灭火剂剩余量;
M_d——中期管道内灭火剂剩余量;
M_R——末期储存容器内灭火剂剩余量;
n——多变指数;
N——喷头数量;
N_1——安装在计算管段下游的喷头数量;
N_o——喷头规格代号;
P_1——孔板上游侧压力;
P_2——孔板下游侧压力;
P_b——管段首端压力;
P_d——中期管道内灭火剂平均压力;
P'_e——高程校正后喷管段末端压力;
P_e——高程校正前管段末端压力;
P_m——中期容器压力;

P_{oa}——储瓶内储存压力;

P_T——喷头入口压力;

P_x——围护结构的允许压强;

$\overline{P}$——高程校正前管段内平均压力;

Q——管道流量;

Q_0——干管流量;

Q_i——单个喷头的设计流量;

Q_k——减压孔板设计流量;

Q_T——喷头流量;

q_0——在 P_T 压力下,单位孔口面积的喷放率;

S——灭火剂比容;

t——喷射时间;

T——防护区最低环境温度;

T_b——管段首端灭火剂温度;

T_e——高程校正前管段末端灭火剂温度;

$\overline{T}$——高程校正前管段内灭火剂平均温度;

u_b——管段首端灭火剂流速;

u_e——高程校正前管段末端灭火剂流速;

V_g——防护区内柱等建筑结构的总体积;

V_v——防护区容积;

V——防护区净容积;

V_0——储存容器容积;

V_D——管道容积;

γ——流体流向与水平面所成的角;

Δ——管道内壁绝对粗糙度;

δ——相对误差;

ΔP——管段压力损失;

κ——泄压口缩流系数;

λ——摩擦阻力系数;

μ_k——减压孔板流量系数;

μ_T——喷头流量系数;

ρ_{oa}——灭火剂储存密度;

ρ_1——孔板上游侧密度;

ρ_2——孔板下游侧密度;

ρ_b——管段首端灭火剂密度;

ρ_d——中期管道内灭火剂平均密度;

ρ_e——管段末端灭火剂密度;

ρ_g——常态灭火剂密度;

$\overline{\rho}$——管段内灭火剂平均密度;

ρ_x——常态下释放混合物的密度;

τ——压力比;

τ_0——临界压力比;

ψ——压力比函数。

3 系 统 设 计

3.1 一 般 规 定

3.1.1 惰性气体灭火系统适用于扑救下列火灾:

　　1 固体表面火灾;

　　2 液体火灾;

　　3 灭火前能切断气源的气体火灾;

　　4 电气火灾。

3.1.2 惰性气体灭火系统不适用于扑救下列火灾:

　　1 硝酸纤维、硝酸钠等氧化剂及含氧化剂的化学制品火灾;

　　2 钾、钠、镁、钛、锆、铀等活泼金属火灾;

　　3 氢化钾、氢化钠等金属的氢化物火灾;

　　4 过氧化物、联胺等能自行分解的化学物质火灾。

3.1.3 当防护区或保护对象有可燃气体,易燃、可燃液体供应源时,启动灭火系统之前或同时,必须切断气体、液体的供应源。

3.1.4 全淹没灭火系统的防护区应符合下列规定:

　　1 防护区宜以单个封闭空间划分;同一区间的吊顶层和地板下需同时保护时,应合为一个防护区。

　　2 防护区围护结构承受内压的允许压强,不应低于1200Pa。

　　3 防护区围护结构及门窗的耐火极限均不应低于 0.5h,吊顶的耐火极限不应低于 0.25h。

　　4 防护区灭火时应保持密封条件,除泄压口外,其他开口及用于该防护区的通风机和通风管道中的防火阀等在喷放惰性气体灭火剂前,应能自动关闭。

3.1.5 可燃物的设计浓度应按下列规定取值:

　　1 存在可燃气体、蒸气爆炸危险的防护区,应采用惰化设计浓度;其他火灾危险的防护区,应采用灭火设计浓度。

　　2 可燃物的灭火设计浓度不应小于1.3倍灭火浓度,可燃物的惰化设计浓度不应小于1.1倍惰化浓度。

　　3 几种可燃物共存时,设计浓度应按其中最大者确定。

　　4 设计浓度可按附录 A 取值。

3.1.6 全淹没灭火系统喷头类型、数量及其布置应使在防护区内的所有部位都达到设计浓度,并使喷放不引起易燃液体飞溅。喷头的安装,宜贴近防护区顶部,距顶面的距离不宜大于0.5m。

3.1.7 全淹没灭火系统喷放时间不应大于60s。浸渍时间不应小于 10min。

3.1.8 同一防护区,当设计两套或三套管网时,集流管可分别设置,系统启动装置必须共用。各管网上喷头流量均应按同一设计浓度、同一喷放时间进行设计。

3.1.9 防护区应设置泄压口。泄压口宜设在外墙上,且应位于防护区净高的 2/3 以上。

3.1.10 局部应用灭火系统的保护对象应符合下列规定:

　　1 保护对象周围的空气流动速度不应大于厂家注册数据。

　　2 当保护对象为可燃液体时,液面至容器缘口的距离不得小于150mm。

3.1.11 局部应用灭火系统应符合下列规定:

　　1 保护对象计算面积应按被保护对象水平投影面四周外扩1m 计算。

　　2 局部应用灭火系统喷头应根据厂家注册的喷头到被保护层表面距离或喷头射程、保护面积和流量(喷射速率)选择。

　　3 局部应用灭火系统喷头的布置应使计算面积内不留空白,并使喷头喷射角范围内没有遮挡物。

3.1.12 局部应用灭火系统的设计喷射时间不应小于30s;有下列情况之一者,应根据试验结果增加喷射时间:

　　1 对于需要较长的冷却期,以防止复燃的任何危险的情况。

2 对于燃点温度低于沸点温度的液体和可熔化固体的火灾。

3.1.13 两个及两个以上的防护区或保护对象,可采用组合分配系统。一个组合分配系统所保护的防护区和/或保护对象不应超过 8 个。

组合分配系统的灭火剂储存量,应按储存量最多的防护区或保护对象确定。

3.1.14 灭火系统的储存装置在 72h 内不能重新充装恢复工作时,或不能间断保护时,应按该系统储存量的 100% 设置备用量。

3.1.15 管网计算的设计温度,应取 20℃(293.15K)。

3.1.16 管网起点和管网起点压力选取应符合下列规定:

1 储瓶系统设有定值减压装置时,管网起点取减压装置输出端,管网起点压力取减压装置额定输出压力,压力波动范围不得超过 ±2.5%;未设有定值减压装置时,管网起点取容器阀上游端,管网起点压力取中期容器压力。

2 储罐系统设定值减压装置或调压(稳压)装置时,管网起点取定值减压装置或调压(稳压)装置输出端,管网起点压力取减压装置或调压(稳压)装置额定输出压力,压力波动范围不得超过 ±2.5%;未设有定值减压装置或调压(稳压)装置时,管网起点取输出阀上游端,管网起点压力取储存压力。

3.1.17 管道节点压力计算可按本规程第 3.2.8 条执行,也可采用厂家专用方法,但应经相关法定机构确认。

3.1.18 喷头最低工作压力不得小于厂家注册值。

3.1.19 减压孔板的结构形式应符合本规程附录 B 的规定;其孔径计算可按本规程第 3.2.11 条执行;也可采用厂家专用方法,但应经相关法定机构确认。

3.1.20 一个防护区设置的预制灭火系统不宜超过 10 台。当多于 1 台时,必须能同时启动,其动作响应时差不得大于 2s。

3.2 设 计 计 算

3.2.1 全淹没灭火系统灭火剂设计用量应按下列公式计算:

$$M = K_H \times \ln\left(\frac{100}{100-C}\right)\frac{V}{S} \qquad (3.2.1\text{-}1)$$

$$V = V_v - V_g \qquad (3.2.1\text{-}2)$$

当 $-1000 \leqslant H \leqslant 4500$ 时,

$$K_H = 5.4402 \times 10^{-9}H^2 - 1.2048 \times 10^{-4}H + 1 \qquad (3.2.1\text{-}3)$$

$$S = \begin{cases} 0.79968 + 0.00293T & IG\text{-}100 \\ 0.6598 + 0.002416T & IG\text{-}55 \\ 0.56119 + 0.002054T & IG\text{-}01 \end{cases} \qquad (3.2.1\text{-}4)$$

式中:M——灭火剂设计用量(kg);

K_H——海拔高度修正系数;

V——防护区净容积(m^3);

C——设计浓度(%);

S——灭火剂比容(m^3/kg);

T——防护区最低环境温度(℃);

H——海拔高度(m);

V_v——防护区容积(m^3);

V_g——防护区内柱等建筑结构的总体积(m^3)。

3.2.2 局部应用灭火系统灭火剂设计用量应按下式计算:

$$M = t\sum_{i=1}^{N}Q_i \qquad (3.2.2)$$

式中:N——系统喷头数量;

Q_i——单个喷头的设计流量(kg/s),取厂家注册值;

t——喷射时间(s)。

3.2.3 全淹没灭火系统管道流量应按下列规定计算:

1 干管流量应按下式计算:

$$Q_0 = 0.95\frac{M}{t} \qquad (3.2.3)$$

式中:Q_0——干管流量(kg/s)。

2 支管流量应按比例分配。

3.2.4 局部应用系统管道流量应按下式计算:

$$Q = \sum_{i=1}^{N_1}Q_i \qquad (3.2.4)$$

式中:Q——管道流量(kg/s);

N_1——安装在计算管段下游的喷头数量。

3.2.5 管道尺寸可按下列公式计算:

$$L = L_Y + \sum L_J \qquad (3.2.5\text{-}1)$$

$$L_J = f(D) \qquad (3.2.5\text{-}2)$$

$$D \geqslant 65(Q/\bar{\rho})^{0.5} \qquad (3.2.5\text{-}3)$$

$$\bar{\rho} = (\rho_b + \rho_e)/2 \qquad (3.2.5\text{-}4)$$

$$\rho_b = \rho_{oa}(P_b/P_{oa})^{1/n} \qquad (3.2.5\text{-}5)$$

$$\rho_e = \rho_{oa}(P_e/P_{oa})^{1/n} \qquad (3.2.5\text{-}6)$$

$$n = \begin{cases} 1.239 & IG\text{-}100 \\ 1.345 & IG\text{-}55 \\ 1.469 & IG\text{-}01 \end{cases} \qquad (3.2.5\text{-}7)$$

$$V_D = 10^{-6}\frac{\pi \times D^2}{4}L_Y \qquad (3.2.5\text{-}8)$$

式中:L——管段计算长度(m);

L_Y——管段几何长度(m);

L_J——管道附件的当量长度(m),取厂家注册数据;

D——管道内径(mm),取系列值;

$\bar{\rho}$——管段内灭火剂平均密度(kg/m^3);

ρ_b——管段首端灭火剂密度(kg/m^3);

ρ_e——管段末端灭火剂密度(kg/m^3);

P_b——管段首端压力;

P_e——高程校正前管段末端压力;

P_{oa}——储瓶内储存压力(MPa,绝压);

ρ_{oa}——灭火剂储存密度(kg/m^3);

n——多变指数;

V_D——管道容积(m^3)。

3.2.6 灭火剂储存量应按下式计算:

$$M_C = M + M_R + M_D \qquad (3.2.6\text{-}1)$$

$$M_R = V_0 \times \rho_g \qquad (3.2.6\text{-}2)$$

$$M_D = V_D \times \rho_g \qquad (3.2.6\text{-}3)$$

$$\rho_g = \begin{cases} 1.1655 & IG\text{-}100 \\ 1.4124 & IG\text{-}55 \\ 1.6611 & IG\text{-}01 \end{cases} \qquad (3.2.6\text{-}4)$$

式中:M_C——灭火剂储存量(kg);

M_R——末期储存容器内灭火剂剩余量(kg);

M_D——末期管道内灭火剂剩余量(kg);

V_0——储存容器容积(m^3);

ρ_g——常态灭火剂密度(kg/m^3)。

3.2.7 中期容器压力可按下式计算:

$$P_m = P_{oa}\left[1 - \frac{0.475M}{M_C} - \frac{M_d}{M_C}\right]^n \qquad (3.2.7\text{-}1)$$

$$M_d = \rho_d \times V_D \qquad (3.2.7\text{-}2)$$

$$\rho_d = \rho_{oa}(P_d/P_{oa})^{1/n} \qquad (3.2.7\text{-}3)$$

$$\rho_{oa} = \rho_g(10P_{oa}) \qquad (3.2.7\text{-}4)$$

$$P_d = (P_m + P_T)/2 \qquad (3.2.7\text{-}5)$$

$$|P_m(j+1) - P_m(j)|/\min\{P_m(j+1), P_m(j)\} \leqslant 1\% \qquad (3.2.7\text{-}6)$$

式中:P_m——中期容器压力(MPa,绝压);

M_d——中期管道内灭火剂剩余量(kg);

n——多变指数;

ρ_d——中期管道内灭火剂平均密度(kg/m^3);

P_d——中期管道内灭火剂平均压力(MPa,绝压);

P_T——喷头入口压力(MPa);

j——迭代计算次数。

3.2.8 管道节点压力可按下列公式计算:

$$P'_e = P_e - 9.81 \times 10^{-6} \times \bar{\rho} \times L_Y \times \sin\gamma \quad (3.2.8\text{-}1)$$

$$P_e = P_b - \Delta P \quad (3.2.8\text{-}2)$$

当 $Ma_e \leqslant 0.3$ 时,

$$\Delta P = 8 \times 10^9 \lambda \frac{Q^2}{\pi^2 \times \bar{\rho} \times D^5} L \quad (3.2.8\text{-}3)$$

当 $Ma_e > 0.3$ 时,

$$\Delta P = 5 \times 10^{-4} \lambda \times \rho_b \times u_b^2 \times \frac{L}{D} \times \frac{P_b \times \bar{T}}{\bar{P} \times T_b} \quad (3.2.8\text{-}4)$$

$$\lambda = 0.0055 + 0.15(\Delta/D)^{1/3} \quad (3.2.8\text{-}5)$$

$$\bar{P} = (P_b + P_e)/2 \quad (3.2.8\text{-}6)$$

$$\bar{T} = (T_b + T_e)/2 \quad (3.2.8\text{-}7)$$

$$T_e = T_b(P_e/P_b)^{(n-1)/n} \quad (3.2.8\text{-}8)$$

$$\delta = |\Delta P(j) - \Delta P(j+1)|/\min\{\Delta P(j), \Delta P(j+1)\} \leqslant 1\% \quad (3.2.8\text{-}9)$$

$$Ma_e = u_e/a_0 < 1 \quad (3.2.8\text{-}10)$$

$$u_e = 10^6 \frac{4Q}{\pi \times \rho_g \times D^2} \quad (3.2.8\text{-}11)$$

式中:P'_e——高程校正后管段末端压力(MPa);

γ——流体流向与水平面所成的角(°);

ΔP——管段压力损失(MPa);

$\bar{P}$——高程校正前管段内平均压力(MPa);

λ——摩擦阻力系数;

u_b——管段首端灭火剂流速(m/s);

$\bar{T}$——高程校正前管段内灭火剂平均温度(K);

T_b——管段首端灭火剂温度(K);

Δ——管道内壁绝对粗糙度(mm);

T_e——高程校正前管段末端灭火剂温度(K);

δ——相对误差;

Ma_e——高程校正前管段末端马赫数;

u_e——高程校正前管段末端灭火剂流速(m/s);

a_0——当地音速(m/s)。

3.2.9 喷头孔口面积可按下式计算:

$$F = Q_T/q_0 \quad (3.2.9\text{-}1)$$

$$q_0 = f(P_T) \quad (3.2.9\text{-}2)$$

式中:F——喷头孔口面积(mm^2);

Q_T——喷头流量(kg/s);

q_0——在 P_T 压力下,单位孔口面积的喷放率[$kg/(s \cdot mm^2)$]。

3.2.10 喷头规格应按下式确定:

$$N_0 = d_T/0.79375 \quad (3.2.10\text{-}1)$$

$$d_T = [\mu_T \times 4F/(0.98\pi)]^{0.5} \quad (3.2.10\text{-}2)$$

式中:N_0——喷头规格代号,可按附录 C 取值;

d_T——喷头等效孔口直径(mm);

μ_T——喷头流量系数,取厂家注册值。

3.2.11 减压孔板孔径可按下列公式计算:

$$d = 2 \times 10^{1.5} \left(\frac{Q_k}{\psi \times \mu_k \times \pi \times \sqrt{2P_1\rho_1}} \right)^{0.5} \quad (3.2.11\text{-}1)$$

$$\tau = P_2/P_1 \quad (3.2.11\text{-}2)$$

$$\tau_0 = \begin{cases} 0.557 & \text{IG-100} \\ 0.517 & \text{IG-55} \\ 0.538 & \text{IG-01} \end{cases} \quad (3.2.11\text{-}3)$$

当 $\tau \geqslant \tau_0$ 时,

$$\psi = \sqrt{\frac{n}{n-1}\left(\tau^{\frac{2}{n}} - \tau^{\frac{n+1}{n}}\right)} \quad (3.2.11\text{-}4)$$

$$\rho_1 = \rho_{oa}(P_1/P_{oa})^{1/n} \quad (3.2.11\text{-}5)$$

式中:d——减压孔板孔径(mm);

Q_k——减压孔板设计流量(kg/s);

ψ——压力比函数;

μ_k——孔板流量系数,取厂家注册值;

τ——压力比;

P_1——孔板上游侧压力(MPa);

P_2——孔板下游侧压力;

τ_0——临界压力比;

ρ_1——孔板上游侧密度(kg/m^3)。

3.2.12 泄压口面积,可按下列公式计算:

$$A_X = \frac{Q_0}{\kappa \times \rho_g \times \sqrt{2P_X/\rho_X}} \quad (3.2.12\text{-}1)$$

$$\rho_X = \rho_g \times C + 1.204(1 - C) \quad (3.2.12\text{-}2)$$

式中:A_X——泄压口面积(m^2);

κ——泄压口缩流系数;

P_X——围护结构的允许压强(Pa);

ρ_X——常态下泄放混合物的密度(kg/m^3)。

4 系 统 组 件

4.1 储 存 装 置

4.1.1 储存装置组成应符合下列规定:

1 储瓶式管网灭火系统的储存装置应由储瓶、容器阀、连接管、单向阀、安全泄压阀、集流管和检漏装置等组成。

2 储罐式管网灭火系统的储存装置应由储罐、容器阀、安全泄压装置、压力表、压力报警装置和信号阀等组成;低温储存系统还应有制冷装置。

3 预制灭火系统应由储存容器、容器阀、喷头、检漏装置和启动装置等组成。

4.1.2 储存容器应能承受最高环境温度下灭火剂储存压力。储瓶上的安全泄压装置的动作压力,应符合现行国家标准《气体灭火系统及部件》GB 25972 的规定。储罐上的安全泄压装置的动作压力,应符合国家现行《压力容器安全技术监察规程》的规定。

4.1.3 组合分配系统,应在集流管的封闭管段上设置安全泄压装置,其动作压力应符合现行国家标准《气体灭火系统及部件》GB 25972 的规定。

4.1.4 管网灭火系统储存装置的设置应符合下列规定:

1 储存装置宜设在专用的储存容器间内。局部应用灭火系统的储存装置可设置在固定的安全围栏内。

2 储存装置的布置应便于操作、维修及安装,操作面之间的距离不宜小于 1m,且不应小于 1.5 倍储存容器外径尺寸。

4.1.5 专用的储存容器间应符合下列规定:

1 储存容器间宜靠近防护区,其出口应直通室外或疏散走道;

2 储存容器间的耐火等级不应低于二级,楼面承载能力应能满足载荷要求;

3 储存容器间内应设应急照明;

4 储存容器间的室内温度应为0℃～50℃,并应保持干燥和良好通风,避免阳光直接照射;

5 设在地下、半地下或无可开启窗扇的储存容器间应设置氧浓度检测装置,并应设置机械通风换气装置。

4.1.6 固定的安全围栏与保护对象的距离应满足安全操作条件,并应采取防湿、防冻、防火等措施。

4.2 选 择 阀

4.2.1 组合分配系统中,每个防护区或保护对象应设置控制灭火剂流向的选择阀。选择阀的安装位置应便于操作和维护检查,宜集中安装在储存容器间内,并应设有标明防护区或保护对象名称的永久性标志牌。

4.2.2 选择阀的公称直径与公称压力应与连接管道相适宜。

4.2.3 选择阀可采用电动、气动驱动方式,并应有机械应急操作方式。

4.3 管道及其附件

4.3.1 在通向每个防护区或保护对象的灭火系统主管道上,应设置信号反馈装置。

4.3.2 管道及其附件的公称工作压力,不应小于在最高环境温度下所承受的工作压力;公称工作压力和最高环境温度取值应按现行国家标准《气体灭火系统及部件》GB 25972执行。

4.3.3 灭火剂输送管道应采用无缝钢管。其质量应符合现行国家标准《输送流体用无缝钢管》GB/T 8163、《高压锅炉用无缝钢管》GB 5310的规定。管道内外表面应做防腐处理,防腐处理宜采用符合环保要求的方式。

4.3.4 安装在腐蚀性较大环境的管道,宜采用不锈钢管。其质量应符合现行国家标准《流体输送用不锈钢无缝钢管》GB/T 14976的规定。

4.3.5 启动气体输送管道宜采用铜管,其质量应符合现行国家标准《铜及铜合金拉制管》GB/T 1527的规定。

4.3.6 灭火剂输送管道可采用螺纹连接、法兰连接或焊接,并应符合下列规定:

1 公称直径不大于80mm的管道,宜采用螺纹连接。

2 公称直径大于80mm的管道,应采用法兰连接。采用法兰连接时,法兰应符合现行国家标准《对焊钢制管法兰》GB/T 9115的规定,且宜采用高压复合垫片。

3 钢制管道附件应进行内外防腐处理,且处理方式应符合环保要求。

4 使用在腐蚀性较大的环境里,应采用不锈钢的管道附件。

4.3.7 灭火剂输送管道与选择阀采用法兰连接时,法兰的密封面形式和压力等级应与选择阀本身的技术要求相符。

4.3.8 灭火剂输送管道不宜穿越沉降缝、变形缝,当必须穿越时应有可靠的抗沉降和防变形措施。

4.4 喷 头

4.4.1 喷头上应有型号、规格的永久性标志。设置在有粉尘、油雾等防护区的喷头,应设防护措施,且不得影响喷头的流量与喷射距离。

4.4.2 全淹没灭火系统喷头喷射应各向分布均匀。

4.4.3 局部应用灭火系统喷头注册数据应完整。

5 操作与控制

5.0.1 防护区或保护对象应设置与灭火系统联动控制的火灾自动报警系统,其设计应符合现行国家标准《火灾自动报警系统设计规范》GB 50116的规定。

5.0.2 管网灭火系统应设自动控制、手动控制和机械应急操作三种启动方式。设置在防护区内的预制灭火系统应有自动控制和手动控制两种启动方式。

5.0.3 采用自动控制启动方式时,应根据人员安全撤离防护区需要设延迟喷放时间,延迟喷放时间不应大于30s。

5.0.4 自动与手动转换装置和手动控制装置应设在防护区入口处便于操作的地方,安装高度宜为装置中心位置距地面1.5m;机械应急操作装置应设在储存容器间内或防护区入口处便于操作的地方。

5.0.5 自动控制装置应在接收到两个独立的火灾信号后方能启动。组合分配系统的选择阀宜在容器阀开启前或同时打开。

5.0.6 当设有消防控制室时,各防护区或保护对象灭火控制系统的有关信息,应传送给消防控制室。

5.0.7 灭火系统的电源,应符合国家现行有关消防技术标准的规定;当采用气动动力源时,应保证系统操作和控制需要的压力和气量。

6 安 全 要 求

6.0.1 防护区应设置保证人员在30s内能撤出的疏散通道和出口,并应设置应急照明装置和疏散指示标志。

6.0.2 防护区内应设火灾声报警器,必要时可增设闪光报警器。防护区的入口处应设置火灾声、光报警器和灭火剂喷放指示灯,以及防护区采用的相应气体灭火系统的永久性标志牌。报警信号应维持至浸渍时间结束,并能以手动方式消除。

6.0.3 防护区的门应向外开启,并能自动关闭。疏散出口的门,任何情况下必须能从防护区内打开。

6.0.4 灭火后的防护区应通风换气,地下防护区和无窗或设固定窗扇的地上防护区,应设置机械排风装置,排风口宜设在防护区的下部并应直通室外。

6.0.5 凡经过有爆炸危险和变电、配电场所的管网系统,应做防静电接地。

6.0.6 灭火系统组件和灭火剂输送管道与带电设备之间的最小间距应符合表6.0.6的规定。

表6.0.6 灭火系统组件和灭火剂输送管道与带电设备之间的最小间距

带电设备额定电压(kV)	最小间距(cm)
13.8	17.8
46	43.2
115	106.7
345	213.4

6.0.7 设置惰性气体灭火系统的场所应配置专用空气呼吸器或氧气呼吸器。

6.0.8 泄压口泄放混合物应导向对人身无伤害、对财产无损害的安全地带。

附录 A 灭火设计浓度

表 A 灭火设计浓度

可 燃 物	IG-01	IG-100	IG-55
ECOCUT HFN 16LE 冷却液	27.4	—	—
MSA-LPC 442 切削油	56.5	—	—
变压器油	—	35.1	—
美孚 DTE 22 液压油	36.6	—	—
壳牌得力士 46 液压油	—	41.9	—
煤油	—	38.74	—
甲醇	73.7	56.55	—
乙醇	58.5	47.84	—
(89%～91%)蚁酸	35.0	—	—
丙酮	51.4	40.95	—
丁酮(甲基乙基酮)	—	42.64	—
二乙基醚	59.4	52.7	—
正戊烷	55.3	50.5	—
正己烷	55.0	50.9	—
正庚烷	51.7	43.68	48.1
正辛烷	—	43.94	—
正癸烷	—	44.07	—
甲苯	47.1	33.41	—
计算机装置(机房)	49.1	40.3	45.7
电气控制室和配电室			

续表 A

可 燃 物	IG-01	IG-100	IG-55
电缆间	49.1	40.3	45.7
通信机房			
文献、绘画及类似物质储藏室	61.0	40.3	61.0

注:1 该表数据取自 VdS2380—2009。其中,IG-01 依据 VdS 2011 年最新数据做了修改,IG-100 依据日本消防厅消防研究中心测试数据做了补充和修改。

2 表内未列出的物质,应经试验确定其灭火浓度或惰化浓度,然后乘以安全系数得灭火设计浓度或惰化设计浓度。

7 施工及验收、维护管理

7.0.1 惰性气体灭火系统的施工及验收、维护管理应按现行国家标准《气体灭火系统施工及验收规范》GB 50263 执行。

7.0.2 灭火系统气压强度试验取值应符合下列规定:

1 有定值减压(稳压)装置的灭火系统,应取 1.1 倍额定输出压力;

2 无定值减压(稳压)装置的储瓶系统,可按现行国家标准《气体灭火系统施工及验收规范》GB 50263 中 IG541 取值;

3 无定值减压(稳压)装置的储罐系统,应取 1.1 倍储存压力。

附录 B 减压孔板结构

B.0.1 孔板相对于开孔轴线应为旋转对称（图 B）。

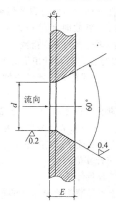

图 B 减压孔板

d—孔口直径；e—孔口形通道的长度；
E—孔板厚度

B.0.2 孔板上游侧端面上连接任意两点的直线与垂直于中心线的平面之间的斜率应小于 1%；孔板上游侧端面表面粗糙度 $R_a \leqslant 10^{-4}d$；在离中心 1.5d 范围内不平度不得大于 0.0003d。

B.0.3 孔板下游侧端面应与孔板上游侧端面平行；其表面粗糙度可较孔板上游侧端面低一级。

B.0.4 孔板上游侧端面开孔直角（90°±3°）入口边缘应锐利、无毛刺和划痕；若直角入口边缘形成圆弧，其圆弧半径不应大于 0.0004d。

B.0.5 孔板开孔圆形通道的长度 e 的尺寸应满足：$e \leqslant 0.02D$（D 为管道内径）。

B.0.6 孔板厚度 E 的尺寸应满足：$e \leqslant E \leqslant 0.1D$，各处测得的 E 值之间的最大偏差不得超过 0.005D；当 $E > 0.02D$ 时，出口处应有一个向下游侧扩散的光滑锥面，其锥角应为 60°，其表面粗糙度为 0.4（图 B）。

B.0.7 孔板下游侧出口边缘和孔板开孔圆形通道下游侧出口边缘应无毛刺、划痕和可见损伤。

B.0.8 孔板孔径 d 的尺寸宜为名义值的（1±0.05%）范围。其表面粗糙度为 0.2（图 B）。

附录 C 等效孔口尺寸

表 C 等效孔口尺寸

喷头规格代号 N_o	等效单孔直径 d(mm)	等效孔口面积 F(mm²)
1	0.79	0.49
1.5	1.19	1.11
2	1.59	1.98
2.5	1.98	3.09
3	2.38	4.45
3.5	2.78	6.06
4	3.18	7.92
4.5	3.57	10.00
5	3.97	12.37
5.5	4.37	14.97
6	4.76	17.81
6.5	5.16	20.90
7	5.56	24.25
7.5	5.95	27.83
8	6.35	31.67
8.5	6.75	35.75
9	7.14	40.08
9.5	7.54	44.66
10	7.94	49.48
11	8.73	59.87
12	9.53	71.26
13	10.32	83.63

续表 C

喷头规格代号 N_o	等效单孔直径 d(mm)	等效孔口面积 F(mm²)
14	11.11	96.99
15	11.91	111.34
16	12.70	126.68
18	14.29	160.33
20	15.88	197.94
22	17.46	239.50
24	19.05	285.03
32	25.40	506.71
48	38.10	1140.09
64	50.80	2026.83

中国工程建设协会标准

惰性气体灭火系统技术规程

CECS 312：2012

条文说明

3 系统设计

3.1 一般规定

3.1.1、3.1.2 这两条内容等效采用了《气体灭火系统——物理性能及系统设计——第1部分：一般要求》ISO 14520-1 和《洁净灭火剂灭火系统》NFPA 2001 标准的技术内容，沿用了我国气体灭火系统国家标准的表述方式。

应该注意：凡纸张、木材、塑料、电器等固体类火灾，本规程都指扑救表面火灾而言，所作的技术规定和给定的技术数据，都是在此前提下给出的；也就是说，本规程的规定不适用于固体深位火灾。

3.1.5、3.1.8 这两条是参照现行国家标准《气体灭火系统设计规范》GB 50370 制定的。

3.1.9 本条参照现行国家标准《二氧化碳灭火系统设计规范》GB 50193 和《气体灭火系统设计规范》GB 50370 制定。"外墙"是指比邻外界大气的墙。

3.1.10～3.1.12 ISO 14520-1—2006 中未提及局部应用灭火系统，NFPA 2001—2008 提及局部应用灭火系统，但原则上。本条是参照 NFPA 2001—2008 和《二氧化碳灭火系统》NFPA 12 制定的。

3.1.13、3.1.14 这两条是参照现行国家标准《气体灭火系统设计规范》GB 50370 制定的。

3.1.15 当做系统设计、管网计算时，需运用一些技术参数。例如与灭火剂有关的气相液相密度、蒸气压力等，与系统有关的单位容积充装量、充压压力、流动特性、喷头特性、阻力损失等，它们无不与温度存在直接或间接的关系。因此，采用同一温度基准是必要

的，国际上大都取 20℃ 为应用计算的基准，本规程中所列公式和数据（除另有指明者外，如设计用量，计算按防护区最低环境温度）也是以该基准温度为条件的。

3.2 设计计算

3.2.1 本条等效采用了 ISO 14520—2006。

3.2.7 试验表明惰性气体的喷放过程为偏离绝热过程的多变过程，管道越长偏离越大，喷放时间越长偏离越大。这里取喷出 0.475M 时得到偏离绝热过程的多变指数 n。

式（3.2.7-1）是以释放 95% 设计用量的 1/2 时的系统状态，按照偏离绝热过程的多变过程计算求得的中期容器压力，压力值为绝对压力。

其中 M_d 是由中期管道密度 ρ_d 计算得到的中期管道内的灭火剂剩余量；严格讲，应按管径和节点分段计算，有条件提倡采用软件计算；但因选择系列喷头使 P_m 实际值不等于计算值，所以只要保证 P_m 实际值不小于计算值即可满足喷放时间要求。

M_c 按照实际储瓶数量计算。

3.2.9 q_0 值是对应于实际喷头流量系数的单位孔口面积的喷射率，也就是流量系数小于 0.98 的喷射率，如果厂家给出了完整的喷射率曲线，也可以省略该步计算。

3.2.10 喷头规格代号 N_0 对应的喷头流量系数为理想状态，即流量系数等于 0.98。

3.2.11 值得注意的是：孔板流量系数 μ_k 值随着孔板上、下游压力 P_1、P_2 取压点位置的不同而变化。从计算考虑，取压点应分别选择孔板上游流体即将出现收缩和下游流体刚刚扩张充满管道内径的位置。μ_k 值也受制造工艺和孔板结构影响，所给出的公式仅限于附录 B 中的同心孔板，对于偏心孔板、圆缺孔板、双斜面孔板等均不适用。此类孔板另有计算公式。

下面用 IG-100 系统（$n=1.239$）实例，介绍惰性气体灭火系统设计的演算过程。

设某机房保护空间 140m³，最低环境温度 20℃，均衡管网结构如图 1 所示。减压孔板前管道（A—0）段长 2m，减压孔板后主管道（1—2）段长 7m；一级支管（2—3）段长 3m；二级支管（3—C）段长 3m。

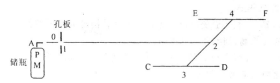

图 1 系统管网示意图

解：

1）计算灭火剂设计用量：

$V=140$m³，$K_H=1$，依据本规程，取 $C=40.3\%$。

$$\rho_g(20℃)=1/S=1/(0.79968+0.00293\times20)$$
$$\approx1.16512(kg/m³)$$

实测得：$\rho_g(20℃)=1.1655(kg/m³)$，实测值较大，取实测值。

$$M=K_H\times\ln\left(\frac{100}{100-C}\right)V\times\rho_g$$
$$=\ln\left(\frac{100}{100-40.3}\right)140\times1.1655\approx84.169(kg)。$$

2）计算管道平均设计流量：

依据本规程，取 $t=60s$。

主干管：$Q_b=0.95M/t=0.95\times84.169/60\approx1.333(kg/s)$；

一级支管：$Q_{2-3}=Q_0/2=1.333/2=0.6665(kg/s)$；

二级支管：$Q_{3-c}=Q_{2-3}/2=0.6665/2=0.33325(kg/s)$。

3）计算管道尺寸：

根据管道平均设计流量，初选管径为：

主干管 A-2：DN40，$D_{A-2}=38$mm；

一级支管：DN25，$D_{2-3}=25mm$；

二级支管：DN20，$D_{3-C}=19mm$。

$L_{A-0}=L_Y+L_J$(弯头)$=2+2.3=5.3$(m)，

$L_{1-2}=L_Y=7m$，

$L_{2-3}=L_Y+L_J$(三通侧)$=3+1.3=4.3$(m)，

$L_{3-C}=L_Y+L_J$(三通侧)$+L_J$(弯头)$=3+1+1.3=5.3$(m)。

主干管：$V_{DA-2}=10^{-6}\dfrac{\pi\times D^2}{4}L_Y$

$=10^{-6}\pi38^2/4\times(2+7)\approx0.001134\times(2+7)$

≈0.0102 (m^3)；

$V_D=0.0102+10^{-6}\pi25^2/4\times(3\times2)$

$+10^{-6}\pi19^2/4\times(3\times4)\approx0.0166(m^3)$。

4）计算灭火剂储存量：

选用 70L(0.07m^3)的存储容器，储存压力表压 15MPa，

储存密度 $\rho_{oa}=10(15+0.1)1.1655\approx175.991(kg/m^3)$，

初算储瓶数 $N=84.169/(175.991\times0.07)\approx6.832$，取整后，

$N=7$（只）。

$V_0=0.07\times7=0.49(m^3)$；

$M_C=M+M_R+M_D=M+\rho_g(V_D+V_0)$

$=84.169+1.1655(0.0166+0.49)\approx84.7594(kg)$。

计入剩余量后的储瓶数 $N_1=M_C/(\rho_{oa}\times0.07)$

$=84.7594/(175.991\times0.07)\approx6.8802$

取整后，$N_1=7$（只），

此时 $M_C=N_1(V_0\times\rho_{oa})=7(175.991\times0.07)$

$=86.2356(kg)$。

5）计算中期容器压力：

依据本规程有：

$P_m(0)=P_{oa}(1-0.475M/M_C)^n$

$=15.1(1-0.475\times84.169/86.2356)^{1.239}$

$\approx6.9791(MPa)$；

取 $P_d(1)=0.756P_m(0)=5.2762$

$\rho_d(1)=\rho_{oa}(5.2762/P_{oa})^{1/n}$

$=175.991(5.2762/15.1)^{1/1.239}$

$\approx75.3221(kg/m^3)$；

$M_d(1)=\rho_d(1)\times V_D=75.3221\times0.0166\approx1.2503(kg)$；

$P_m(1)=P_{oa}(1-0.475\times0.9415/86.2356-M_d/M_c)^n$

$\approx15.1(0.53638-1.2503/86.2356)^{1.239}$

$\approx6.7461(MPa)$。

即 $P_m=6.7461(MPa)$。

6）计算管道（A—0）段节点压力：

$Q=1.333(kg/s)$，$D=38mm$，$\Delta=0.13mm$，$L_{A-0}=5.3m$。

$\lambda=0.0055+0.15(\Delta/D)^{1/3}$

$=0.0055+0.15(0.13/38)^{1/3}\approx0.0281$；

$P_b=P_m=6.7461(MPa)$，

$\rho_b=\rho_{oa}(P_b/P_{oa})^{1/n}=175.9905(6.7461/15.1)^{1/1.239}$

$\approx91.8469(kg/m^3)$，

$\Delta P(1)=8\times10^9\lambda\dfrac{Q^2}{\pi^2\times\bar{\rho}\times D^5}L$

$=8\times10^9\times0.0281\times\dfrac{1.333^2}{\pi^2\times91.8469\times38^5}\times5.3$

$\approx0.0295(MPa)$，

$P_e(1)=P_b-\Delta P(1)=6.7461-0.0295$

$=6.7166(MPa)$，

$\rho_e(1)=\rho_{oa}[P_e(1)/P_{oa}]^{1/n}$

$=175.9905(6.7166/15.1)^{1/1.239}$

$\approx91.5223(kg/m^3)$，

$\bar{\rho}(1)=[\rho_b+\rho_e(1)]/2=(91.8458+91.5223)/2$

$\approx91.6841(kg/m^3)$，

$\Delta P(2)=8\times10^9\lambda\dfrac{Q^2}{\pi^2\times\bar{\rho}\times D^5}L$

$=8\times10^9\times0.0281\times\dfrac{1.333^2}{\pi^2\times91.6841\times38^5}\times5.3$

$\approx0.0295(MPa)$。

按求 $\Delta P(1)$步骤迭代，最后得：

方法1	ΔP	$\delta(\%)$	P_e	ρ_e	Ma
初算	0.0295	—	6.7166	91.5228	0.04
迭代1	0.0295	0.1767	6.7166	91.5223	0.04
迭代2	0.0295	0.0004	6.7166	91.5223	0.04

即 $P_0=6.7166(MPa)$。

7）计算管道（1—2）段、（2—3）段、（3—C）段节点压力：

（1—2）段：$Q=1.333(kg/s)$，$D=38mm$，$\Delta=0.13mm$，$L_{1-2}=7m$，

取 $\tau=0.7$，

$P_b=P_1\tau=6.7166\times0.7\approx4.7016(MPa)$，

按上述步骤得：

方法1	ΔP	$\delta(\%)$	P_e	ρ_e	Ma
初算	0.0521	—	4.6495	68.0141	0.05
迭代1	0.0523	0.4497	4.6493	68.0113	0.05
迭代2	0.0523	0.0020	4.6493	68.0113	0.05

$P_2=4.6493(MPa)$。

（2—3）段：$Q=0.6665(kg/s)$，$D=25mm$，$\Delta=0.13mm$，$L_{2-3}=4.3m$，

按上述步骤得：

方法1	ΔP	$\delta(\%)$	P_e	ρ_e	Ma
初算	0.0734	—	4.5759	67.1438	0.06
迭代1	0.0739	0.6422	4.5754	67.1382	0.06
迭代2	0.0739	0.0041	4.5754	67.1382	0.06

$P_3=4.5754(MPa)$。

（3—C）段：$Q=0.3333(kg/s)$，$D=19mm$，$\Delta=0.13mm$，$L_{3-C}=5.3m$，

按上述步骤得：

方法1	ΔP	$\delta(\%)$	P_e	ρ_e	Ma
初算	0.0975	—	4.4779	65.9807	0.05
迭代1	0.0984	0.8693	4.4770	65.9706	0.05
迭代2	0.0984	0.0076	4.4770	65.9705	0.05

$P_C=4.4770(MPa)$。

注意，本例经验系数 0.756 不通用，应重复步骤 5）～7）迭代计算 P_m。这种迭代，随管道越长、管网结构越复杂，迭代次数越多。为说明迭代计算过程，给出本例迭代计算结果如下：

j	$P_d(j)$	$P_m(j)$	$P_T(j)$	$\Delta=P_m(j+1)-P_m(j)$	$\delta(\%)$
0	—	6.9791			
1	6.9791	6.6873	4.4341	—	—
2	5.2762	6.7461	4.4770	0.0588	0.8787
3	5.6115	6.7342	4.4683	−0.0118	0.1758
4	5.6013	6.7346	4.4683	0.0004	0.0054
5	5.6016	6.7346	—	0	0.0002

由表可见：$P_m=6.7346$

$P_d(1)=0.756\times6.9791\approx5.2762$，$P_m(1)=6.7461$，得：

$\delta\%=(6.7461-6.7346)/6.7346\approx0.17(\%)$

8）计算喷头孔口面积：

喷头入口压力 $P_T=P_C=4.4770(MPa)$，

由厂家注册值得到 $q_0(P_T=4.4770)=0.0017[kg/(s\cdot mm^2)]$，

$F=Q_T/q_0=Q_{3C}/q_0=0.33325/0.0017\approx196.0294(mm^2)$。

9）计算喷头规格：

喷头流量系数 μ_T 取厂家注册值 0.7，

$d_T = [\mu_T 4F/(0.98\pi)]^{0.5}$

$= [0.7 \times 4 \times 196.0294/(0.98 \times \pi)]^{0.5}$

$\approx 13.35555(\text{mm})$，

$N_0 = d_T/0.79375 = 13.35555/0.79375 \approx 16.8259$，

按附录 C，选用规格代号为 $18^\#$ 的喷头 4 只。

10）计算减压孔板孔口直径：

根据本规程，本算例中 IG-100：$\tau_0 = 0.5570$，

取 $\tau = 0.7$，$\mu_k = 0.7$，得：

$$\psi = \sqrt{\frac{n}{n-1}\left(\tau^{\frac{2}{n}} - \tau^{\frac{n+1}{n}}\right)}$$

$$= \sqrt{(1.239/(1.239-1))(0.7^{2/1.239} - 0.7^{(1.239+1)/1.239})}$$

$$\approx 1.0160，$$

$$\rho_1 = \rho_{oa}(P_1/P_{oa})^{1/n} = 175.9905(6.7166/15.1)^{1/1.239}$$

$$\approx 91.5226(\text{kg/m}^3)，$$

$$d = 2 \times 10^{1.5}\left(\frac{Q_k}{\psi \times \mu_k \times \pi \times \sqrt{2P_1\rho_1}}\right)^{0.5}$$

$$= 2 \times 10^{1.5}\left[\frac{1.333}{1.016 \times 0.7 \times \pi \times \sqrt{2 \times 6.7166 \times 91.5226}}\right]^{0.5}$$

$$\approx 8.2499(\text{mm})。$$

以上演示了设计计算过程，并得到一套方案。实际设计时应多做几套方案，进行技术经济比较，从中选出最佳方案。

3.2.12 公式（3.2.12-1）、（3.2.12-2）是参考《二氧化碳灭火系统规范》AS 4214.3—1995 § 4 导出。设防护区内部压力为 P_1，防护区外部压力为 P_2，泄压口面积为 A_X，泄放混合物体积流量为 Q_X，如图 2 所示：

则有薄壁孔口流量公式：

$$Q_X = \kappa A_X \sqrt{2(P_1 - P_2)/\rho_X} = \kappa A_X\sqrt{2P_X/\rho_X}$$

泄压过程中有防护区内气体被置换过程，为使问题简化，根据从泄压口泄放混合物体积流量等于喷入防护区灭火剂体积流量数量关系，有

$$\kappa A_X\sqrt{2P_X/\rho_X} = Q_0/\rho_g$$

$$A_X = \frac{Q_0}{\kappa \cdot \rho_g \sqrt{2P_X/\rho_X}}$$

$$\rho_X = \varepsilon_g \times \rho_g + \varepsilon_{air} \times \rho_{air} \Rightarrow \rho_X = C \times \rho_g + (1-C) \times \rho_{air}$$

取空气密度 $\rho_{air} = 1.204$ 得：

$$\rho_X = C \times \rho_g + 1.204(1-C)$$

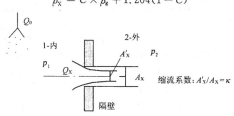

图 2　薄壁孔口

4　系统组件

4.1　储存装置

4.1.1 本条第 1、2、3 款中规定内容为各类储存装置的最基本组成、所需的组件及相关标识的要求。对不同厂家生产的储存装置在配置上会略有不同，但基本组成应满足本条款要求。

4.1.4 本条第 2 款中规定的内容不适合储罐储存装置，储罐储存装置的储存容器外径尺寸一般都会比较大，如果其操作面之间的距离不小于 1.5 倍储存容器外径尺寸对有限的空间是极大的浪费。因此对于储罐储存装置的布置，可参考本条执行。

4.1.5 为保证人员与建筑的安全，本款从安全疏散、应急照明、通风换气、建筑耐火等级、防火门、楼板承载能力、环境温度等几个方面进行了规定。

4.2　选　择　阀

4.2.2 选择阀的公称直径与公称压力应与连接管道相适宜。其中连接管道应为选择阀上游管道。

值得注意的是：采用定值减压装置时，上游管道压力取减压装置输出压力；采用孔板减压时，上游管道压力取孔板上游压力。

4.3　管道及其附件

4.3.1 信号反馈装置在灭火系统管道中，常以采集压力信号或流量信号的形式对系统的工作状态进行监控，并将其转换为电信号输出，输出的信号反馈到报警主机，确认系统启动并做出防护区的安全提示。

4.3.3 当灭火剂输送管道采用输送流体用无缝钢管时，为防止环境对管道的腐蚀采用符合环保要求的表面防腐处理，目前常采用表面镀锌的方法，为满足管道内外表面防腐处理要求，建议采用热镀锌处理。

4.3.6 灭火剂输送管道连接采用的螺纹，指可密封的螺纹，如现行国家标准《55°密封管螺纹》GB/T 7306.2 规定的 R 螺纹，《60°密封管螺纹》GB/T 12716 规定的 NPT 螺纹。

4.3.8 由于建筑物所处的环境与自身条件的变化，如地质、建筑物基础、建筑物载荷的变化均会引起建筑物的沉降与变形，这种沉降与变形在一定程度上会对灭火管道造成损坏，为避免灭火管道的损坏尽量不穿越沉降缝、变形缝，当必须穿越时按规定采取行之有效的可靠措施，解决与补偿管网变形。

4.4　喷　头

4.4.3 喷头注册数据有喷头保护面积和流量。喷头保护面积定义为 20s 内扑灭的液面至沿口距离为 150mm 的油盘火面积。常用喷头有架空型喷头和槽边型喷头。架空型喷头安装在油盘上方，其保护面积 A 是圆形油盘内接正方形面积，是安装高度 H 的函数；其流量 Q_i 也是安装高度 H 的函数，在一定安装高度 H 下，流量小了不能灭火，流量大了会使液体飞溅，所以应给出 $A—H$ 和 $Q—H$ 关系曲线。槽边型喷头安装在油槽侧面，其保护面积 A 是矩形油盘面积，是射程 L 的函数，而射程 L 又是流量 Q_i 的函数，流量小了不能灭火，流量大了也会使液体飞溅，所以应给出 $A—Q$ 关系曲线。没有这些数据便不能做设计。

5 操作与控制

5.0.3 延迟喷放时间是依据防护区的人员及建筑条件来确定的，当防护区建筑的安全疏散通道满足现行国家标准《建筑设计防火规范》GB 50016、《高层民用建筑设计防火规范》GB 50045 要求时，30s 的时间应能满足有人场所的人员疏散要求，对防护区内无人值守的场所延迟喷放时间可依据实际情况缩短。

5.0.5 由于气体灭火系统是一种较为复杂的灭火装置，系统造价较高，系统维护较复杂，为避免系统的误动作本条规定自动控制装置应在接收到两个独立的火灾信号后才能启动。本条规定的两个独立的火灾信号按防护区特点可使用烟温、光温、烟烟、温温等组合，设置为同类型探测器组合时，应采用不同灵敏度等级的探测器组合。

5.0.6 各防护区或保护对象灭火控制系统的火灾报警、系统设备故障、系统运行、系统灭火启动等有关信息，应传送给消防控制室，以保证系统得到有效的管理与维护。

6 安全要求

6.0.4 灭火后，防护区应及时进行通风换气，换气次数可根据防护区性质考虑。

6.0.7 空气呼吸器不必按照防护区配置，可按建筑物（栋）或灭火剂储瓶间或楼层酌情配置，建议不少于两套。

7 施工及验收、维护管理

7.0.1 现行国家标准《气体灭火系统施工及验收规范》GB 50263 基本能满足惰性气体灭火系统的施工及验收、维护管理要求，对没有涵盖的部分在本规程第 7.0.2 条中进行了补充。

7.0.2 现行国家标准《气体灭火系统施工及验收规范》GB 50263 中给出了 IG-541 等系统管道气压强度试验压力取值，这里补充 IG-01、IG-55 和 IG-100 系统管道气压强度试验压力取值。因一般不采用水压强度试验，故只给出气压强度试验压力取值原则。

62

中国工程建设协会标准

三氟甲烷灭火系统技术规程

Technical specification for trifluoromethane extinguishing systems

CECS 359：2014

主编单位：公 安 部 天 津 消 防 研 究 所
　　　　　天津盛达安全科技有限责任公司
批准单位：中 国 工 程 建 设 标 准 化 协 会
施行日期：２０１４ 年 ５ 月 １ 日

中国工程建设标准化协会公告

第 160 号

关于发布《三氟甲烷灭火系统技术规程》的公告

根据中国工程建设标准化协会《关于印发中国工程建设标准化协会 2006 年第二批标准制、修订项目计划的通知》〔（2006）建标协字第 28 号〕的要求，由公安部天津消防研究所和天津盛达安全科技有限责任公司等单位编制的《三氟甲烷灭火系统技术规程》，经本协会消防系统专业委员会组织审查，现批准发布，编号为 CECS 359：2014，自 2014 年 5 月 1 日起施行。

中国工程建设标准化协会
二〇一四年二月十二日

前　言

根据中国工程建设标准化协会《关于印发中国工程建设标准化协会 2006 年第二批标准制、修订项目计划的通知》〔(2006)建标协字第 28 号〕的要求,规程编制组经过广泛调查研究,认真总结实践经验,参考有关国际标准和国外先进标准,并在广泛征求意见的基础上,制定本规程。

本规程共分 7 章和 4 个附录,主要内容包括:总则,术语和符号,系统设计,系统组件,操作与控制,安全要求,施工及验收、维护管理等。

本规程由中国工程建设标准化协会消防系统专业委员会(CECS/TC 21)归口管理,由公安部天津消防研究所负责解释。在使用过程中如发现需要修改和补充之处,请将意见和资料寄往解释单位(地址:天津市南开区卫津南路 110 号,邮政编码:300381,E-mail:gaozhenxi@tfri.com.cn)。

主 编 单 位:公安部天津消防研究所
　　　　　　天津盛达安全科技有限责任公司
参编单位:天津大学
　　　　　　天津市公安消防总队
　　　　　　云南省公安消防总队
　　　　　　广东省公安消防总队
　　　　　　甘肃省公安消防总队
　　　　　　天津市建筑设计院
　　　　　　国安达消防科技(厦门)有限公司
　　　　　　深圳捷星工程实业有限公司
　　　　　　云南天霄系统集成消防安全技术有限公司
　　　　　　广东胜捷消防科技有限公司
　　　　　　广州市番禺振兴消防设备有限公司
主要起草人:田　亮　高振锡　宋旭东　吴洪有　刘洪波
　　　　　　田　野　李丹力　李小松　倪照鹏　何文辉
　　　　　　伍建许　刘国祝　洪伟艺　肖裔平　徐天成
　　　　　　杨海涛　杜增虎
主要审查人:刘跃红　张源雪　董海斌　李　良　唐伟兴
　　　　　　邓文辉　袁纯英　陈雪文　许春元

目　次

1 总 则

1.0.1 为了规范三氟甲烷灭火系统的设计、施工及验收,减少火灾危害,保护人身财产安全,制定本规程。

1.0.2 本规程适用于新建、扩建、改建工程及生产和储存装置中设置的三氟甲烷灭火系统的设计、施工及验收,维护管理。

1.0.3 三氟甲烷灭火系统的设计、施工及验收,除应执行本规程外,尚应符合国家现行有关标准的规定。

2 术语和符号

2.1 术 语

2.1.1 三氟甲烷灭火系统 trifluoromethane extinguishing system

灭火剂为三氟甲烷的气体灭火系统。

2.1.2 防护区 protected area

满足全淹没灭火系统要求的有限封闭空间。

2.1.3 全淹没灭火系统 total flooding extinguishing system

在规定的时间内,向防护区喷放设计用量灭火剂,并使其均匀地充满整个防护区的灭火系统。

2.1.4 保护对象 protected object

局部应用灭火系统保护的目的物。

2.1.5 局部应用灭火系统 local application extinguishing system

以设计流量向保护对象直接喷射灭火剂,并持续一定时间的灭火系统。

2.1.6 组合分配灭火系统 combined distribution extinguishing system

用 1 套灭火剂储存装置通过管网的选择分配,保护 2 个及 2 个以上防护区和/或保护对象的灭火系统。

2.1.7 预制灭火系统 pre-engineered system

按一定的应用条件,将灭火剂储存装置和喷放组件预先设计、组装成套且具有联动控制功能的灭火系统。

2.1.8 灭火浓度 flame extinguishing concentration

在 101kPa 大气压和规定的温度条件下,扑灭某种火灾所需灭火剂在空气与灭火剂混合物中的最小体积百分比。

2.1.9 惰化浓度 inerting concentration

在 101kPa 大气压和规定的温度条件下,能抑制空气中任意浓度的易燃可燃气体或易燃可燃液体蒸气的燃烧发生所需灭火剂在空气与灭火剂混合物中的最小体积百分比。

2.1.10 浸渍时间 soaking time

在防护区内维持设计规定的灭火剂浓度,使火灾完全熄灭所需的时间。

2.1.11 充装密度 filling density

储存容器内灭火剂的质量与容器容积之比。

2.1.12 泄压口 pressure relief opening

灭火剂喷放时,防止防护区内压超过允许压强,泄放压力的开口。

2.1.13 全淹没灭火系统喷放时间 discharge time of total flooding extinguishing system

从喷头喷出 95% 设计用量灭火剂所用的时间。

2.1.14 注册数据 registered data

法定机构出具的检验数据。

2.2 符 号

A_X——泄压口面积;

C——设计浓度;

D——管道内径;

d_T——喷头等效孔口直径;

F——喷头孔口面积;

H——海拔;

K_D——管径系数;

K_H——海拔修正系数;

K_V——淹没系数;

L——管道计算长度;

L_J——管道附件当量长度;

L_Y——管道几何长度;

M——灭火剂设计用量;

M_C——灭火剂储存量;

M_R——管道内灭火剂剩余量;

M_S——储存容器内灭火剂剩余量;

N——系统喷头数量;

N_b——安装在计算管段下游的喷头数量;

N_0——喷头规格代号;

P_b——计算管段首端节点压力;

P'_e——计算管段末端节点压力;

P_e——计算管段末端节点校正前压力;

P_T——喷头入口压力;

P_X——围护结构的允许压强;

Q——管道流量;

Q_0——干管流量;

Q_T——喷头设计流量;

q_0——单位孔口面积的喷放率;

S——灭火剂比容;

T——防护区最低环境温度;

t——喷射时间;

V——防护区净容积;

V_g——防护区内不燃烧体和难燃烧体的总体积;

V_v——防护区容积;

Y_b——计算管段首端节点压力系数;

Y_e——计算管段末端节点校正前压力系数;

Z_b——计算管段首端节点密度系数;

Z_e——计算管段末端节点校正前密度系数;

γ——管道流向与水平面所成的角;

μ_T——喷头流量系数;

ρ_g——灭火剂气体密度;

ρ_i——计算管段内灭火剂密度;

ρ_X——常态下泄放混合物的密度;

κ——泄压口缩流系数。

3 系统设计

3.1 一般规定

3.1.1 三氟甲烷灭火系统适用于扑救下列火灾:

1 电气火灾;

2 可燃固体的表面火灾;

3 液体火灾;

4 灭火前能切断气源的气体火灾。

3.1.2 三氟甲烷灭火系统不适用于扑救下列火灾:

1 硝化纤维、硝酸钠等氧化剂及含氧化剂的化学制品火灾;

2 活泼金属,如钾、钠、镁、钛、锆、铀等火灾;

3 金属的氢化物,如氢化钾、氢化钠等火灾;

4 能自行分解的化学可燃物质,如过氧化物、联胺等火灾;

5 可燃固体的深位火灾。

3.1.3 启动灭火系统之前或同时,必须切断可燃、助燃气体的气源。

3.1.4 防护区应符合下列规定:

1 防护区宜以单个封闭空间划分;同一区间的吊顶层和地板下需同时保护时,应合为一个防护区。

2 防护区围护结构承受内压的允许压强,不宜低于1200Pa。

3 防护区围护结构及门窗的耐火极限均不应低于0.5h,吊顶的耐火极限不应低于0.25h。

4 灭火时防护区应保持密封条件,除泄压口外,其他开口在喷放灭火剂前,应能自动关闭。

5 设置预制灭火系统的防护区的环境温度应为-20℃~50℃。

3.1.5 全淹没灭火系统设计应符合下列规定:

1 存在可燃气体、可燃易燃液体蒸气爆炸危险的防护区,应采用惰化设计浓度;其他火灾危险的防护区,应采用灭火设计浓度。

2 灭火设计浓度取1.3倍灭火浓度,实际应用浓度不应大于1.1倍灭火设计浓度;惰化设计浓度不应小于1.1倍惰化浓度。

3 几种可燃物共存时,设计浓度应按其中最大者确定。

4 灭火浓度和惰化浓度可按本规程附录A取值。

5 全淹没喷头类型、数量及其布置应使防护区内的灭火剂分布均匀,并使喷放不引起易燃液体飞溅。喷头宜贴近防护区顶面,距顶面的距离不宜大于0.5m。

6 喷放时间不应大于10s;木材、纸张、织物等固体表面火灾,浸渍时间宜采用20min;其他火灾浸渍时间不应小于10min。

7 同一防护区,当设计2套及2套以上管网时,集流管可分别设置,系统启动装置必须共用。各管网上喷头流量均应按同一设计浓度、同一喷放时间进行设计。

8 防护区应设置泄压装置,其位置应在防护区净高的2/3以上,并宜设在外墙上。

9 1个防护区设置的预制灭火系统不宜超过4套;当设置2套及2套以上时,必须能同时启动,其动作响应时间差不得大于2s。

3.1.6 保护对象应符合下列规定:

1 保护对象周围的空气流动速度不应大于厂家灭火注册数据。

2 当保护对象为可燃液体时,液面至容器缘口的距离不得小于150mm。

3.1.7 局部应用灭火系统设计应符合下列规定:

1 保护对象计算面积应按被保护表面水平投影面四周外扩1m计算。

2 在喷头和保护对象之间,喷头喷射角范围内不应有遮挡物。

3 局部应用喷头选择应依据厂家注册数据,喷头到被保护对象表面距离、喷头射程、保护面积和设计流量综合确定。

4 喷头布置应遵循计算面积内不留空白的原则。

5 设计喷射时间不应小于1.5倍灭火注册数据;有下列情况之一者,应根据试验结果增加喷射时间:

　　1)对于需要较长的冷却期,以防止复燃危险的情况;

　　2)对于自燃温度低于沸点的液体及熔化固体的火灾。

3.1.8 2个及2个以上的防护区和(或)保护对象,可采用组合分配系统。1个组合分配系统所保护的防护区和(或)保护对象不应超过5个。

组合分配系统的灭火剂储存量,应按储存量最多的防护区或保护对象确定。

3.1.9 灭火系统在72h内不能恢复工作时,或不允许间断保护时,应按该系统储存量的100%设置备用量。

3.1.10 管网布置应符合下列规定:

1 管网布置宜设计为均衡系统,均衡系统的管网布置应符合下列规定:

　　1)各个喷头平均设计流量应相等;

　　2)管网的第1分流点至各喷头的管道等效长度之间的最大差值不应大于10%。

2 管网中不得采用四通管件分流。

3 三通分流应在同一水平面,各管道附件中点之间的距离应大于10倍管道内径[本规程附录B图B]。

4 三通直流流量与支流流量比不应大于85/15。

3.1.11 压力计算应符合下列规定:

1 管网起点应取储瓶内虹吸管的下端,管网起点的计算压力应取3.73MPa。

2 管道节点压力计算可按本规程第3.2.5条执行。

3 喷头入口压力不得小于1.0MPa。

3.2 设 计 计 算

3.2.1 灭火剂设计用量应按下列公式计算：

$$M = \begin{cases} K_H \times K_V \times V & \text{全淹没} \\ t \sum_{i=1}^{N} Q_{T_i} & \text{局部应用} \end{cases} \quad (3.2.1\text{-}1)$$

当 $-1000 \leqslant H \leqslant 4500$ 时，

$$K_H = 5.4402 \times 10^{-9} H^2 - 1.2048 \times 10^{-4} H + 1$$

$$(3.2.1\text{-}2)$$

$$K_V = \left(\frac{C}{1-C}\right)\frac{1}{S} \quad (3.2.1\text{-}3)$$

$$S = 0.3164 + 0.0012T \quad (3.2.1\text{-}4)$$

$$V = V_v - V_g \quad (3.2.1\text{-}5)$$

式中：M——灭火剂设计用量（kg）；

K_H——海拔修正系数；

K_V——淹没系数（kg/m³）；

V——防护区净容积（m³）；

N——系统喷头数量；

Q_T——喷头设计流量（kg/s），取生产厂家注册数据；

H——海拔（m）；

t——喷射时间（s）；

C——设计浓度；

S——灭火剂比容（m³/kg）；

T——防护区最低环境温度（℃）；

V_v——防护区容积（m³）；

V_g——防护区内不燃烧体和难燃烧体的总体积（m³）。

3.2.2 管道流量计算应符合下列规定：

1 全淹没灭火系统支管流量按比例分配，干管流量按下式计算：

$$Q_0 = 0.95M/t \quad (3.2.2\text{-}1)$$

式中：Q_0——干管流量（kg/s）。

2 局部应用灭火系统管道流量应按下式计算：

$$Q = \sum_{i=1}^{N_b} Q_{T_i} \quad (3.2.2\text{-}2)$$

式中：Q——管道流量（kg/s）；

N_b——安装在计算管段下游的喷头数量。

3.2.3 管道尺寸可按下列公式计算：

$$D = K_D \times Q^{0.5} \quad (3.2.3\text{-}1)$$

$$L = L_Y + L_J \quad (3.2.3\text{-}2)$$

$$L_J = f(D) \quad (3.2.3\text{-}3)$$

式中：D——管道内径（mm），取系列值；

K_D——管径系数，取值范围9～21；

L——管道计算长度（m）；

L_Y——管道几何长度（m）；

L_J——管道附件当量长度（m），取厂家注册数据。

3.2.4 灭火剂储存量应按下式计算：

$$M_C = M + M_S + M_R \quad (3.2.4)$$

式中：M_C——灭火剂储存量（kg）；

M_S——储存容器内灭火剂剩余量（kg）；

M_R——管道内灭火剂剩余量（kg）。

3.2.5 管道节点压力可按下列公式计算：

$$P'_e = P_e - 9.81 \times 10^{-6} \rho_i \times L_Y \times \sin\gamma \quad (3.2.5\text{-}1)$$

$$P_e = f_p(Y_e) \quad (\text{按本规程附录C取值}) \quad (3.2.5\text{-}2)$$

$$Y_e = Y_b + \frac{L \times Q^2}{2.424 \times 10^{-8} D^{5.25}} + \frac{0.0432 \times Q^2}{2.424 \times 10^{-8} D^4}(Z_e - Z_b)$$

$$(3.2.5\text{-}3)$$

$$Z_e = f_z(Y_e) \quad (\text{按本规程附录C取值}) \quad (3.2.5\text{-}4)$$

$$\rho_i = f[(P_b + P_e)/2] \quad (\text{按本规程附录C取值}) \quad (3.2.5\text{-}5)$$

式中：P'_e——计算管段末端节点压力（MPa）；

P_e——计算管段末端节点校正前压力（MPa）；

Y_e——计算管段末端节点校正前压力系数（MPa·kg/m³）；

Y_b——计算管段首端节点压力系数（MPa·kg/m³）；

Z_e——计算管段末端节点校正前密度系数；

Z_b——计算管段首端节点密度系数；

P_b——计算管段首端节点压力（MPa）；

ρ_i——计算管段内灭火剂密度（kg/m³）；

γ——管道流向与水平面所成的角（°），取$|\gamma| \leqslant 90°$。

3.2.6 喷头尺寸可按下列公式计算：

$$N_0 = d_T/0.79375 \quad (3.2.6\text{-}1)$$

$$d_T = [4\mu_T \times F/(0.98\pi)]^{0.5} \quad (3.2.6\text{-}2)$$

$$F = Q_T/q_0 \quad (3.2.6\text{-}3)$$

$$q_0 = f(P_T) \quad (3.2.6\text{-}4)$$

式中：F——喷头孔口面积（mm²）；

q_0——在P_T压力下，单位孔口面积的喷放率[kg/(s·mm²)]，按本规程附录C取值；

N_0——喷头规格代号，按本规程附录D取值；

d_T——喷头等效孔口直径（mm）；

μ_T——喷头流量系数，取厂家注册数据；

P_T——喷头入口压力（MPa）。

3.2.7 泄压口面积可按下列公式计算：

$$A_X = \frac{Q_0}{\kappa \times \rho_g \times (2P_X/\rho_X)^{0.5}} \quad (3.2.7\text{-}1)$$

$$\rho_X = 2.9334C + 1.204(1-C) \quad (3.2.7\text{-}2)$$

式中：A_X——泄压口面积（m²）；

κ——泄压口缩流系数，取厂家注册数据；

ρ_g——灭火剂气体密度（kg/m³），取2.9334；

P_X——围护结构的允许压强（Pa）；

ρ_X——常态下泄放混合物的密度（kg/m³）。

4 系统组件

4.1 储存装置

4.1.1 管网灭火系统储存装置应由储存容器、容器阀、高压软管、单向阀、安全泄放装置、集流管和检漏装置等组成。

预制灭火系统应由储存容器、容器阀、检漏装置、安全泄放装置和喷放组件等组成。

4.1.2 储存容器及其组件的公称工作压力不应小于系统最大工作压力;储存容器的充装密度不得大于760kg/m³。储存容器或容器阀上应设安全泄放装置,安全泄放装置的动作压力应符合现行国家标准《气体灭火系统及部件》GB 25972的规定。

4.1.3 储存装置的设置应符合下列规定:

1 储存装置宜设在专用储存容器间内,局部应用灭火系统的储存装置可设置在固定的安全围栏内。

2 同一防护区或保护对象的各储存容器,其规格、尺寸、灭火剂充装量应一致。

3 储存容器上应设耐久的固定标牌,标明每个储存容器的编号、容积、灭火剂名称、充装量和充装日期等。

4 储存装置的布置应便于操作、维修及安装,操作面之间的距离不宜小于1m,且不应小于储存容器外径的1.5倍。

4.1.4 不允许间断保护时,备用量的储存容器应与主用量的储存容器连接在同一系统管网上,并应能切换使用。

4.1.5 在容器阀和集流管之间的管道上应设置单向阀;容器阀与集流管之间应采用高压软管连接。在集流管的封闭管段上应设置安全泄放装置,其泄压动作压力应符合现行国家标准《气体灭火系统及部件》GB 25972的规定。

4.1.6 专用储存容器间应符合下列规定:

1 宜靠近防护区,其出口应直通室外或疏散走道,门应向外开启。

2 耐火等级不应低于二级,楼面承载能力应能满足载荷要求。

3 房间门应采用甲级防火门,并应向外开启,储存容器间内应设应急照明。

4 室内温度应为0℃～50℃,并应保持干燥和良好通风,避免阳光直接照射。

5 设在地下、半地下或无可开启窗扇的储存容器间应设置机械通风换气装置。

4.1.7 固定的安全围栏与保护对象的距离应满足安全操作条件,并应采取防湿、防冻、防火等措施。

4.2 选择阀

4.2.1 组合分配系统中,每个防护区或保护对象应设置控制灭火剂流向的选择阀。当一个防护区设有2个及2个以上选择阀时,应有确保手动启动装置同时开启的措施。

4.2.2 选择阀的安装位置应便于操作和维护检查,宜集中安装在储存容器间内,并应设有标明防护区或保护对象名称的永久性标志牌。

4.2.3 选择阀的公称直径与公称压力应与连接管道相匹配。

4.3 管道及其附件

4.3.1 管道及其附件的公称工作压力,不应小于系统最大工作压力;公称工作压力取值应按现行国家标准《气体灭火系统及部件》GB 25972执行。

4.3.2 灭火剂输送管道应采用无缝钢管。其质量应符合现行国家标准《输送流体用无缝钢管》GB/T 8163或《高压锅炉用无缝钢管》GB 5310的规定。管道内外表面应做防腐处理,防腐处理宜采用符合环保要求的方式。

4.3.3 安装在具有腐蚀性环境中的管道,宜采用不锈钢管。其质量应符合现行国家标准《流体输送用不锈钢无缝钢管》GB/T 14976的规定。

4.3.4 启动气体输送管道宜采用铜管,其质量应符合现行国家标准《铜及铜合金拉制管》GB/T 1527的规定。

4.3.5 灭火剂输送管道可采用螺纹连接、法兰连接,并应符合下列规定:

1 公称直径小于或等于80mm的管道,宜采用螺纹连接。

2 公称直径大于80mm的管道,应采用法兰连接。采用法兰连接时,法兰应符合现行国家标准《对焊钢制管法兰》GB/T 9115等同标准的规定,并宜采用高压复合垫片。

3 钢制管道附件应进行内外防腐处理,防腐处理宜采用符合环保要求的方式。

4 使用在具有腐蚀性环境的,应采用不锈钢管道附件。

4.3.6 灭火剂输送管道与选择阀采用法兰连接时,法兰的密封面形式和压力等级应与选择阀本身的技术要求相符。

4.3.7 灭火剂输送管道不宜穿越沉降缝、变形缝,当必须穿越时,应有可靠的抗沉降和防变形措施。

4.4 喷 头

4.4.1 喷头上应有型号、规格的永久性标志。设置在有粉尘、油雾等防护区的喷头,应设防护措施,且不得影响喷头的喷射。

4.4.2 局部应用灭火系统喷头注册数据应完整。

5 操作与控制

5.0.1 采用气体灭火系统的防护区,应设置火灾自动报警系统,其设计应符合现行国家标准《火灾自动报警系统设计规范》GB 50116的规定。

5.0.2 管网灭火系统应设自动控制、手动控制和机械应急操作三种启动方式。预制灭火系统应设自动控制和手动控制两种启动方式。

5.0.3 灭火系统应根据人员安全撤离防护区的需要,设置0～30s的可控延迟喷放时间;对于平时无人工作的防护区,可设置为无延迟的喷射。

5.0.4 当人员进入防护区时,应能将灭火系统转换为手动控制方式;当人员离开时,应能恢复为自动控制方式。

5.0.5 自动控制装置应在接到两个独立的火灾信号后才能启动。手动控制装置和手动与自动转换装置应设在防护区的疏散出口门外便于操作的地方,安装高度宜为中心点距地面1.5m。机械应急操作装置应设在专用储存容器间内或防护区的疏散出口门外便于操作的地方。

5.0.6 组合分配系统启动时,选择阀应在容器阀开启前或同时打开。

5.0.7 气体灭火系统的操作与控制,应包括对开口封闭装置、通风机械和防火阀等设备的联动操作与控制。

5.0.8 在通向每个防护区或保护对象的灭火系统主管道上,应设置信号反馈装置。

5.0.9 设有消防控制室的场所,各防护区灭火控制系统的有关信息应传送给消防控制室。

5.0.10 灭火系统的电源应符合现行国家标准《火灾自动报警系统设计规范》GB 50116 的规定；采用气动动力源时，应保证系统操作和控制需要的压力和气量。

7　施工及验收、维护管理

7.0.1 三氟甲烷灭火系统的施工及验收应按现行国家标准《气体灭火系统施工及验收规范》GB 50263 的规定执行。维护管理内容应按现行国家标准《气体灭火系统施工及验收规范》GB 50263 中高压二氧化碳灭火系统的要求执行。

7.0.2 灭火系统管道的水压强度试验压力应取 13.7MPa。

7.0.3 当水压强度试验条件不具备时，可采用气压强度试验代替。气压强度试验压力应取 80% 水压强度试验压力。

7.0.4 气密性试验压力应取 2/3 水压强度试验压力。

6　安　全　要　求

6.0.1 防护区应有保证人员在 30s 内疏散完毕的通道和出口。

6.0.2 防护区内的疏散通道及出口，应设应急照明与疏散指示标志。防护区内应设火灾声报警器，必要时，可增设光报警器。防护区的入口处应设火灾声报警器、光报警器和灭火剂喷放指示灯，以及防护区的永久性标志牌。灭火剂喷放指示灯信号，应保持到防护区通风换气后，以手动方式解除。

6.0.3 防护区的门应向疏散方向开启，并能自行关闭；用于疏散的门必须能从防护区内打开。

6.0.4 灭火后的防护区应通风换气，地下防护区和无窗或设固定窗扇的地上防护区，应设置机械通风装置，排气口宜设在防护区的下部并应直通室外。通信机房、电子计算机房等场所的通风换气次数不应小于每小时 5 次。

6.0.5 灭火剂输送管道通过有爆炸危险和变电、配电场所，以及布设在以上场所的金属箱体等，应设防静电接地。

6.0.6 灭火系统的手动控制与应急操作应有防止误操作的警示显示与措施。

6.0.7 设有气体灭火系统的场所，宜配置空气呼吸器。

附录 A　灭火浓度和惰化浓度

表 A　灭火浓度和惰化浓度

可燃物	灭火浓度（%）	惰化浓度（%）
甲烷	—	20.2
丙烷	14.2	20.2
庚烷	12.6	—
丙酮	13.2	—
乙醇	16.1	—
乙酸乙酯	13.4	—
煤油	13.2	—
甲醇	18.2	—
甲苯	12.6	—
A 类表面火灾	12.5	—
机房、通信机房	12.5	—

注：表内未列出的物质，应经试验确定其浓度值。

63

附录B 管道分支结构

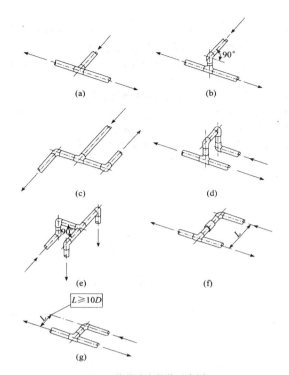

(a)
(b)
(c)
(d)
(e)
(f)
(g)

图B 管道分支结构示意图

注:管道附件中点之间的距离L应大于或等于10倍管道内径(L≥10D);当采用文丘里管时,可小于10倍管道内径(L<10D)。

附录C Y、Z、ρ 和 q_0 值

表C Y、Z、ρ 和 q_0 值

P (MPa)	Y (MPa·kg/m³)	Z	ρ (kg/m³)	q_0 [kg/(s·mm²)]
3.73	0	0	879.9428	0.0780
3.7	26.1335	0.0081	862.3473	0.0772
3.6	109.53	0.0355	806.2172	0.0736
3.5	187.4989	0.0636	753.7469	0.0702
3.4	260.3923	0.0926	704.6650	0.0669
3.3	328.5364	0.1225	658.7181	0.0636
3.2	392.2325	0.1533	615.6699	0.0605
3.1	451.7596	0.1850	575.3008	0.0576
3.0	507.3752	0.2178	537.4070	0.0547
2.9	559.3172	0.2517	501.7998	0.0519
2.8	607.8056	0.2868	468.3052	0.0493
2.7	653.0433	0.3232	436.7627	0.0467
2.6	695.2183	0.3609	407.0254	0.0442
2.5	734.5041	0.4001	378.9583	0.0418
2.4	771.0615	0.4409	352.4387	0.0395
2.3	805.0396	0.4835	327.3546	0.0372
2.2	836.5769	0.5280	303.6046	0.0350
2.1	865.8020	0.5745	281.0970	0.0329
2	892.8349	0.6233	259.7490	0.0308
1.9	917.7879	0.6746	239.4863	0.0288
1.8	940.7661	0.7286	220.2423	0.0268

续表C

P (MPa)	Y (MPa·kg/m³)	Z	ρ (kg/m³)	q_0 [kg/(s·mm²)]
1.7	961.8684	0.7858	201.9573	0.0249
1.6	981.1878	0.8464	184.5778	0.0231
1.5	998.8125	0.9109	168.0563	0.0213
1.4	1014.8262	0.9799	152.3498	0.0195
1.3	1029.3084	1.0540	137.4198	0.0178
1.2	1042.3349	1.1341	123.2313	0.0161
1.1	1053.9783	1.2211	109.7524	0.0145
1.0	1064.3080	1.3164	96.9530	0.0129

注:ρ_r——管段内灭火剂密度(kg/m³);

q_0——单位孔口面积的喷放率[kg/(s·mm²)],其中流量系数为0.98。

附录D 等效孔口尺寸

表D 等效孔口尺寸

喷头规格代号 N_0	等效单孔直径 d(mm)
1	0.79
1.5	1.19
2	1.59
2.5	1.98
3	2.38
3.5	2.78
4	3.18
4.5	3.57
5	3.97
5.5	4.37
6	4.76
6.5	5.16
7	5.56
7.5	5.95
8	6.35
8.5	6.75
9	7.14
9.5	7.54
10	7.94
11	8.73
12	9.53

喷头规格代号 N_0	等效单孔直径 d(mm)
13	10.32
14	11.11
15	11.91
16	12.70
18	14.29
20	15.88
22	17.46
24	19.05
32	25.40
48	38.10
64	50.80

中国工程建设协会标准

三氟甲烷灭火系统技术规程

CECS 359：2014

条 文 说 明

3 系 统 设 计

3.1 一 般 规 定

3.1.1、3.1.2 这两条内容等效采用国际标准《气体灭火系统——物理性能及系统设计——第 1 部分：一般要求》ISO/CD 14520—1：2012 和美国标准《洁净灭火剂灭火系统》NFPA 2001：2008 的技术内涵；并沿用了我国气体灭火系统国家标准的表述方式。

三氟甲烷灭火剂(HFC-23)是无色、几乎无味的气体，其密度大约是空气密度的 2.4 倍。三氟甲烷灭火剂是液态贮存，气态释放，三氟甲烷蒸气压力高，不需要氮气加压可自行喷放，该气体密度小，可适用于楼层很高和管网很大的工程。此外，三氟甲烷灭火系统使用温度范围广，预制灭火系统可在环境温度为 $-20℃\sim$ 50℃使用，可应用于我国北方广大寒冷地区。

三氟甲烷灭火剂是一种化学灭火剂，它能在火焰的高温中分解产生活性游离基，这些游离基参与物质燃烧过程中的化学反应，清除维持燃烧所必须的活性游离基 OH^-、H^+ 等，并生成稳定的分子，从而对燃烧反应起抑制作用，并使燃烧过程中的反应链中断而灭火。也就是说，这类灭火剂对物质燃烧的化学反应过程实际上起着负催化剂的作用。灭火作用主要是化学作用。

三氟甲烷气体灭火系统可以来扑灭电气火灾、可燃固体的表面火灾、可燃液体火灾和可燃气体火灾。三氟甲烷不导电，绝缘性好，特别是用来扑灭通信机房、电气设备、磁带和资料等保护区的火灾更为有利。

应该注意：凡纸张、木材、塑料、电器等固体类火灾，本规程是指扑救表面火灾，所作的技术规定和给定的技术数据，都是在此前提下给出的；也就是说，本规程的规定不适用于固体深位火灾。

国际标准《气体灭火系统——物理性能及系统设计——第 10 部分：三氟甲烷灭火剂》ISO/CD 14520—10：2012 给出的三氟甲烷技术性能见表 1，三氟甲烷的物理性能见表 2，三氟甲烷的毒性指标见表 3。

表 1 三氟甲烷技术性能

性 能	技术指标
纯度	≥99.6%(mol/mol)
酸度	≤3×10⁻⁶质量比
水含量	≤10×10⁻⁶质量比
不挥发残余物	≤0.01%质量比
悬浮物或沉淀物	不可见

表 2 三氟甲烷物理性能

物 理 性 能	数 值
分子量	70
1.013bar 绝对大气压下沸点(℃)	-82.0
凝固点(℃)	-155.2
临界温度(℃)	25.9
临界压力(bar abs)	48.36
临界体积(cm³/mol)	133
临界密度(kg/m³)	525
20℃时蒸气压(bar abs)	41.80
20℃时液体密度(kg/m³)	806.6
20℃时饱和蒸气密度(kg/m³)	263.0
20℃时 1.013bar 时过压蒸气的比容(m³/kg)	0.3409
化学分子式	CHF_3
化学名称	三氟甲烷

表 3　三氟甲烷毒性指标

性　能	指标（%）
ALC	>65
未观察到有害作用浓度（NOAEL）	30
可观察有害作用最低浓度（LOAEL）	>30

注：ALC 是鼠群在暴露 4h 过程中致命的大约浓度。

3.1.3 本条参照现行国家标准《二氧化碳灭火系统设计规范》GB 50193—93（2010 年版）制订。

3.1.4、3.1.5 条文参照美国标准《洁净灭火剂灭火系统》NFPA 2001：2008 和现行国家标准《气体灭火系统设计规范》GB 50370—2005 制订。

三氟甲烷灭火系统较其他气体灭火系统应用环境温度范围广，可在环境温度为－20℃～50℃使用，可应用于我国北方广大寒冷地区，体现了其优越性。但同时需要特别指出，灭火系统设备严禁设置在温度为－20℃以下环境中，因一般压力容器常用的铁素体钢在温度降低到－20℃以下某一温度时，钢的韧性将急剧下降，而且很脆，通常称这一温度为脆性转变温度，压力容器在低于转变温度的条件下使用，容器中如存在因缺陷、残余应力、应力集中等因素引起的较高局部应力，就可能在没有出现明显塑性变形的情况下发生脆性破裂而酿成灾难性事故。

3.1.6、3.1.7 国际标准《气体灭火系统——物理性能及系统设计——第 1 部分：一般要求》ISO/CD 14520—1：2012 中未提及局部应用灭火系统，美国标准《洁净灭火剂灭火系统》NFPA 2001：2008 中提及局部应用灭火系统，但很原则。本条参照 NFPA 2001：2008 和美国标准《二氧化碳灭火系统》NFPA 12：2005 制订。

厂家灭火注册数据是指生产厂家将产品送经市场准入制度要求的法定机构通过注册试验检验合格的数据。本规程多次引用注册数据，是由于不同厂家生产的产品设计参数不同，故只允许生产厂家通过注册试验的数据用于工程设计。

设计喷射时间不应小于 1.5 倍灭火注册数据，是参照美国标准《洁净灭火剂灭火系统》NFPA2001：2008 制订的。目的是使设计喷射的灭火剂用量大于或等于灭火注册数据所使用的灭火剂用量的 1.5 倍，提高设计安全性。如果注册灭火时间为 10s，那么喷射时间为 15s。

3.1.8 本条参照现行国家标准《二氧化碳灭火系统设计规范》GB 50193—93（2010 年版）制订。

3.1.9 本条等效采用现行国家标准《气体灭火系统设计规范》GB 50370—2005。

3.1.10 本条参照现行国家标准《气体灭火系统设计规范》GB 50370—2005 和《干粉灭火系统设计规范》GB 50347—2004 制订。

3.1.11 本条参照现行国家标准《二氧化碳灭火系统设计规范》GB 50193—93（2010 年版）并依据试验制订。

3.2　设计计算

3.2.1、3.2.2 全海没灭火系统计算式等效采用国际标准《气体灭火系统——物理性能及系统设计——第 1 部分：一般要求》ISO/CD 14520—1：2012，局部应用灭火系统计算式等效采用现行国家标准《二氧化碳灭火系统设计规范》GB 50193—93（2010 年版）的规定。

3.2.4 本条参照现行国家标准《二氧化碳灭火系统设计规范》GB 50193—93（2010 年版）制订。

3.2.5 本条为管网系统压力计算。管网系统压力和流量密切相关，它们之间的关系推导可参考如下：

三氟甲烷在灭火系统管道内流动是气液两相流，这是考虑三氟甲烷阻力损失计算方法的基础。根据气液两相流理论，以可压缩流体等熵流动并计入摩擦损失为假设条件去建立管段中的三氟甲烷运动方程式。

为方便起见，在管道中取长度为 dl 的微元管段，可研究在这

微元管段中定常流动的气液流所受的作用力，其中摩擦力与管壁切向应力有关，如图 1 所示。

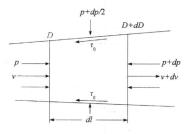

图 1　微元管段

根据动量定理，所选流段（包括微元流段）通过下游断面流出的动量和通过上游断面流入的动量之差等于总流流段上的所有外力的代数和有：

$$\rho \times Q \times (v_2 - v_1) = \sum F \tag{1}$$

式中：ρ——流体密度；
Q——流量；
v_1——流段前断面平均流速；
v_2——流段后断面平均流速；
F——流段上的外力。

将上式分别代入对应量，得：

$$p \times \frac{\pi D^2}{4} - (p + dp) \frac{\pi (D + dD)^2}{4} +$$
$$\left(p + \frac{dp}{2}\right) \pi \left(D + \frac{dD}{2}\right) dl \frac{dD}{2dl} - \tau_0 \pi \left(D + \frac{dD}{2}\right) dl =$$
$$\rho \times v \times \frac{\pi D^2}{4}(v + dv - v) \tag{2}$$

式中：p——断面压力；
D——断面管径；
v——断面流速；
dp——压力变化量；
dD——断面管径变化量；
dv——断面流速变化量；
dl——所选微元流段长度；
ρ——流体密度；
τ_0——管段切向应力。

等式左边为外力代数和，其中：

$p \times \frac{\pi D^2}{4} - (p + dp) \frac{\pi (D + dD)^2}{4}$ 为两端面压力差；

$\left(p + \frac{dp}{2}\right) \pi \left(D + \frac{dD}{2}\right) dl \frac{dD}{2dl}$ 为壁面压力在水平方向上的分力；

$\tau_0 \pi \left(D + \frac{dD}{2}\right) dl$ 为摩擦阻力。

略去二阶以上的无穷小量后可得式如下：

$$v dv + \frac{dp}{\rho} + \frac{4\tau_0}{\rho} \times \frac{dl}{D} = 0 \tag{3}$$

而管段切向应力可用与阻力损失相类似的公式 $\tau_0 = \frac{\lambda}{8} \rho \times v^2$（其中 λ 为沿程阻力系数）代替，这样可得到与外界无热交换而有摩擦存在的气流一元定常运动微分方程如下：

$$v dv + \frac{dp}{\rho} + \lambda \times \frac{v^2}{2} \times \frac{dl}{D} = 0 \tag{4}$$

能量方程是水力学中最常用的方程，它是指单位时间内通过流体各过流断面的总能量保持相等，而实际流体流动过程中，两过流断面间总存在水头损失（指两过流断面平均每单位重量流体所损耗的机械能），便可得实际流体总流能量方程式：

$$z_1 + \frac{p_1}{\rho \times g} + \frac{\alpha_1 \times v_1^2}{2g} = z_2 + \frac{p_2}{\rho \times g} + \frac{\alpha_2 \times v_2^2}{2g} + h_w \tag{5}$$

恒定总流的能量方程与恒定流微小流束的能量方程相比，不同在于总流能量方程中的动能 $\frac{\alpha \times v^2}{2g}$ 项用断面平均动能来表示，其中 α 为动能修正系数。若断面采用平均流速 v 来代替微小流束 u，由于 u 的立方和大于 v 的立方和，故不能直接把动能积分符号内 u 换成 v，而需要乘以一个修正系数 α 来实现等式，在圆管流动中，流动为层流时动能修正系数取 2.0，流动为湍流时可取 1.0。流速分布越均匀，此系数越接近于 1.0。故在微分方程中要考虑 α 对动能的影响，此时上述微分方程可表示如下：

$$\alpha \times v \, dv + \frac{dp}{\rho} + \lambda \times \frac{v^2}{2} \times \frac{dl}{D} = 0 \qquad (6)$$

因为 $v = \frac{4Q}{\pi D^2 \times \rho}$，可得 $dv = \frac{4Q}{\pi D^2}\left(-\frac{1}{\rho^2}\right)d\rho$，将 v 与 dv 代入上式，移项并且积分得：

$$-\int_{p_1}^{p_2} \rho \, dp = \left[-\alpha \int_{\rho_1}^{\rho_2} \frac{d\rho}{\rho} + \frac{\lambda}{2D}\int_{l_1}^{l_2} dl \right]\left(\frac{4Q}{\pi D^2}\right)^2 \qquad (7)$$

令 $Y_e = -\int_{p_1}^{p_2}\rho \, dp$，并将其定义为压力系数，

$Z_e = -\int_{\rho_1}^{\rho_2}\frac{d\rho}{\rho} = \ln\frac{\rho_1}{\rho_2}$，并将其定义为密度系数。

式中：p_1——20℃时的初始喷放压力（MPa）；

p_2——管道内任一点的压力（MPa）；

ρ_1——压力为 p_1 处的三氟甲烷密度（kg/m³）；

ρ_2——压力为 p_2 处的三氟甲烷密度（kg/m³）。

分别将 Y_e、Z_e 代入上式可得：

$$Y_e = \left[\alpha \times Z_e + \frac{\lambda}{2D}\int_{l_1}^{l_2}dl\right] \times \left(\frac{4Q}{\pi D^2}\right)^2 \qquad (8)$$

可令 $L = \int_{l_1}^{l_2}dl$，易知 L 就是管段计算长度，从而，

$$Q^2 = \frac{\pi^2 D^5 \times Y_v}{16\alpha \times D \times Z_e + 8\lambda \times L} \qquad (9)$$

根据希弗林松公式，圆管紊流沿程阻力系数：

$$\lambda = 0.11\left(\frac{k}{D}\right)^{0.25} \qquad (10)$$

式中：k——工业管道当量粗糙度（mm）；

D——管径（mm）。

取 $\alpha = 1.1$，$k = 0.045827$，

$$\lambda = 0.11(0.0458275/D)^{0.25} = 0.050895/D^{0.25} \qquad (11)$$

分别代入 λ 与 α 的取值并考虑变量单位，最终得出管道平均计算流量的计算公式为：

$$Q^2 = \frac{2.424 \times 10^{-8}D^{5.25} \times Y_e}{0.0432D^{1.25} \times Z_e + L} \qquad (12)$$

式中：Q——流量（kg/s）；

D——管径（mm）；

Y_e——压力系数（MPa·kg/m³）；

Z_e——密度系数；

L——管道计算长度（m）。

任一管段末端的节点校正前压力系数设定为 Y_e，管段首端节点的压力系数设定为 Y_b，且同时设定管段首端节点密度系数和末端节点校正前密度系数为 Z_b 和 Z_e。将 $Y = Y_e - Y_b$ 和 $Z = Z_e - Z_b$ 同时代入上式可得：

$$Y_e = Y_b + \frac{L \times Q^2}{2.424 \times 10^{-8}D^{5.25}} + \frac{0.0432 \times Q^2}{2.424 \times 10^{-8}D^4}(Z_e - Z_b) \qquad (13)$$

管道内三氟甲烷压力系数和密度系数的计算：

将上述压力和密度的关系式分别代入公式 $Y_e = -\int_{p_1}^{p_2}\rho \, dp$ 中即可计算各被测点的压力系数。

同理，对于密度系数 $Z_e = -\int_{\rho_1}^{\rho_2}\frac{d\rho}{\rho} = \ln\frac{\rho_1}{\rho_2}$ 的计算，在特定充装密度下，起始喷放压力已知，且此时的初始喷放点密度已知，只

要算出管路中不同点的对应密度，便可得出密度系数值。

3.2.7 本条参照现行协会标准《惰性气体灭火系统技术规程》CECS 312：2012 制订。泄压口缩流系数 κ 随泄压口大小及墙壁厚度不同而改变，一般情况下 κ 取 0.6。

下面用一个实例，介绍三氟甲烷灭火系统设计计算：

有一通信机房，长 11m，宽 5.1m，高 3.6m，海拔 1000m。设计采用三氟甲烷灭火系统进行保护。

（1）确定灭火设计浓度

依据本规程灭火设计浓度取 1.3 倍灭火浓度的规定，按照本规程附录 A，取 $C = 16.25\% = 0.1625$。

（2）计算保护空间实际容积

$$V = 11 \times 5.1 \times 3.6 = 201.96(\text{m}^3)$$

（3）计算灭火剂设计用量

取防护区最低环境温度 $T = 20$℃。

依据本规程的规定，$M = K_H \cdot K_v \cdot V$，其中，

$$K_H = 5.4402 \times 10^{-9}H^2 - 1.2048 \times 10^{-4}H + 1$$
$$= 5.4402 \times 10^{-9} \times (10^3)^2 - 1.2048 \times 10^{-4} \times 10^3 + 1$$
$$= 0.8850$$

$$S = 0.3164 + 0.0012T$$
$$= 0.3164 + 0.0012 \times 20$$
$$= 0.3404(\text{m}^3/\text{kg})$$

$$K_v = \left(\frac{C}{1-C}\right)\frac{1}{S}$$
$$= \frac{0.1625}{1 - 0.1625} \times \frac{1}{0.3404}$$
$$= 0.5700(\text{kg/m}^3)$$

$$M = K_H \times K_v \times V$$
$$= 0.8850 \times 0.5700 \times 201.96$$
$$= 101.9(\text{kg})$$

（4）确定灭火剂喷放时间

依据本规程规定，取 $t = 10\text{s}$。

（5）确定喷头数量及其布置

设定喷头为 2 只；按保护区平面均匀布置喷头。

（6）确定灭火剂储存量及储存容器规格

根据 $M = 101.9\text{kg}$，选用 70L 储存容器 2 只，瓶底余量取 1.4kg/瓶，系统管网均衡布置，管道内灭火剂剩余量为 0。则灭火剂储存量：$M_c = 101.9 + 2 \times 1.4 + 0 = 104.7(\text{kg})$。

每只储存容器内灭火剂储存量为 52.35kg，充装密度 747.9kg/m³。

（7）绘出系统管网计算图（图 2）

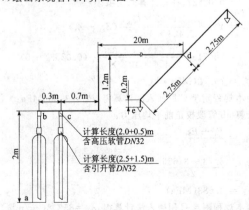

图 2 管网计算图

（8）计算管道流量

主干管：

$$Q_0 = Q_{cd} = 0.95M/t$$
$$= 0.95 \times 101.9/10$$
$$= 9.6805(\text{kg/s})$$

支管：

$$Q_{de} = Q_0/2$$
$$= 9.6805/2$$
$$= 4.840(kg/s)$$

储存容器流量：

$$Q_{ab} = Q_{bc} = \frac{0.95M}{n \times t}$$
$$= \frac{0.95 \times 101.9}{2 \times 10}$$
$$= 4.840(kg/s)$$

(9) 计算管径

取 $K_D = 12$

$D_{cd} = K_D \times Q_0^{0.5} = 12 \times 9.6805^{0.5} = 37.34(mm)$，主干管选择 $DN40$ 管道；

集流管 bc 段选择 $DN40$ 管道；

$D_{de} = K_D \times Q_{de}^{0.5} = 12 \times 4.840^{0.5} = 26.40(mm)$，支管选择 $DN32$ 管道。

(10) 计算管道长度

当量长度取厂家注册值。

a～b 段：计算长度 $L_{ab} = 2.50 + 1.50 + 2.00 + 0.50 = 6.50(m)$；

b～c 段：计算长度 $L_{bc} = 0.30(m)$；

c～d 段：计算长度 $L_{cd} = 0.70 + 1.20 + 20.00 + 2.80 \times 2 = 27.50(m)$；

d～e 段：计算长度 $L_{de} = 3.20 + 2.75 + 2.20 + 0.30 + 0.20 = 8.65(m)$。

(11) 计算管道节点压力

a～b 段：

由本规程附录 C 可查得，$Y_a = 0, Z_a = 0, P_a = 3.73MPa$；

计算校正前 a～b 管段的压力系数 Y_{b1}：

$$Y_{b1} = Y_a + \frac{L_{ab} \times Q_{ab}^2}{2.424 \times 10^{-8} D_{ab}^{5.25}} + \frac{0.0432 \times Q_{ab}^2}{2.424 \times 10^{-8} D_{ab}^4}(Z_{b1} - Z_a)$$

$$= 0 + \frac{6.50 \times 4.840^2}{2.424 \times 10^{-8} \times 32^{5.25}} + \frac{0.0432 \times 4.840^2}{2.424 \times 10^{-8} \times 32^4}(Z_{b1} - 0)$$

$= 78.71 +$ 未定项（因 Z_{b1} 未定），忽略未定项。

以 $Y'_{b1} = 78.71(MPa \cdot kg/m^3)$ 查本规程附录 C 用插入法计算：

$$Z_{b1} = 0.0081 + \frac{78.71 - 26.1335}{109.53 - 26.1335} \times (0.0355 - 0.0081)$$

$= 0.02537$。补充计算未定项。

$$Y_{b1} = Y'_{b1} + \frac{0.0432 \times Q_{ab}^2}{2.424 \times 10^{-8} D_{ab}^4}(Z_{b1} - Z_a)$$

$$= 78.71 + \frac{0.0432 \times 4.840^2}{2.424 \times 10^{-8} \times 32^4}(0.02537 - 0)$$

$$= 79.72(MPa \cdot kg/m^3)$$

由本规程附录 C 用插入法计算得，$P_{b1} = 3.636MPa$；

计算 ab 管段校正前平均压力：

$$P_{ab} = \frac{P_a + P_{b1}}{2}$$
$$= \frac{3.73 + 3.636}{2}$$
$$= 3.683(MPa)$$

由本规程附录 C 用插入法计算得，$\rho_{ab} = 852.8(kg/m^3)$。

计算 b 点节点压力：

$$P_b = P_{b1} - 9.81 \times 10^{-6} \rho_{ab} \times L_{Yab} \times \sin\gamma$$
$$= 3.636 - 9.81 \times 10^{-6} \times 852.8 \times 2$$
$$= 3.619(MPa)$$

b～c 段：

依据 $P_b = 3.619MPa$，由本规程附录 C 用插入法计算得，$Y_b =$

$93.68(MPa \cdot kg/m^3)$，$Z_b = 0.03030$；

计算压力系数 Y_c：

$$Y_c = Y_b + \frac{L_{bc} \times Q_{bc}^2}{2.424 \times 10^{-8} D_{bc}^{5.25}} + \frac{0.0432 \times Q_{bc}^2}{2.424 \times 10^{-8} D_{bc}^4}(Z_c - Z_b)$$

$$= 93.68 + \frac{0.3 \times 4.840^2}{2.424 \times 10^{-8} \times 40^{5.25}} + \frac{0.0432 \times 4.84^2}{2.424 \times 10^{-8} \times 40^4} \times$$
$$(Z_c - 0.03030)$$

$= 94.81 +$ 未定项（因 Z_c 未定），忽略未定项。

以 $Y'_c = 94.81(MPa \cdot kg/m^3)$ 查本规程附录 C 用插入法计算得 $Z_c = 0.03066$。补充计算未定项；

$$Y_c = Y'_c + \frac{0.0432 \times Q_{bc}^2}{2.424 \times 10^{-8} D_{bc}^4}(Z_c - Z_b)$$

$$= 94.81 + \frac{0.0432 \times 4.840^2}{2.424 \times 10^{-8} \times 40^4} \times (0.03066 - 0.03030)$$

$$= 94.82(MPa \cdot kg/m^3)$$

由本规程附录 C 用插入法计算得，$P_c = 3.618(MPa)$。

c～d 段：

计算校正前 cd 管段的压力系数 Y_{d1}：

$$Y_{d1} = Y_c + \frac{L_{cd} \times Q_0^2}{2.424 \times 10^{-8} D_{cd}^{5.25}} + \frac{0.0432 \times Q_0^2}{2.424 \times 10^{-8} D_{cd}^4}(Z_{d1} - Z_c)$$

$$= 94.82 + \frac{27.50 \times 9.6805^2}{2.424 \times 10^{-8} \times 40^{5.25}} + \frac{0.0432 \times 9.6805^2}{2.424 \times 10^{-8} \times 40^4} \times$$
$$(Z_{d1} - 0.03066)$$

$= 507.7 +$ 未定项（因 Z_{d1} 未定），忽略未定项。

以 $Y'_{d1} = 507.7(MPa \cdot kg/m^3)$ 查本规程附录 C 用插入法计算得 $Z_{d1} = 0.2180$。补充计算未定项；

$$Y_{d1} = Y'_{d1} + \frac{0.0432 \times Q_0^2}{2.424 \times 10^{-8} D_{cd}^4}(Z_{d1} - Z_c)$$

$$= 507.7 + \frac{0.0432 \times 9.6805^2}{2.424 \times 10^{-8} \times 40^4} \times (0.2180 - 0.03066)$$

$$= 519.9(MPa \cdot kg/m^3)$$

由本规程附录 C 用插入法计算得，$P_{d1} = 2.976MPa$。

计算 cd 管段校正前平均压力：

$$P_{cd} = \frac{P_c + P_{d1}}{2}$$
$$= \frac{3.618 + 2.976}{2}$$
$$= 3.297(MPa)$$

由本规程附录 C 用插入法计算可查得，$\rho_{cd} = 657.4(kg/m^3)$；

计算 d 点节点压力：

$$P_d = P_{d1} - 9.81 \times 10^{-6} \rho_{cd} \times L_{Ycd} \times \sin\gamma$$
$$= 2.976 - 9.81 \times 10^{-6} \times 657.4 \times 1.2$$
$$= 2.968(MPa)$$

d～e 段：

因 $P_d = 2.968MPa$，由本规程附录 C 用插入法计算得，$Y_d = 524.0(MPa \cdot kg/m^3)$，$Z_d = 0.2286$；

计算压力系数 Y_e：

$$Y_e = Y_d + \frac{L_{de} \times Q_{de}^2}{2.424 \times 10^{-8} D_{de}^{5.25}} + \frac{0.0432 \times Q_{de}^2}{2.424 \times 10^{-8} D_{de}^4}(Z_e - Z_d)$$

$$= 524.0 + \frac{8.65 \times 4.840^2}{2.424 \times 10^{-8} \times 32^{5.25}} + \frac{0.0432 \times 4.840^2}{2.424 \times 10^{-8} \times 32^4} \times$$
$$(Z_e - 0.2286)$$

$= 628.7 +$ 未定项（因 Z_e 未定），忽略未定项。

以 $Y'_e = 628.7(MPa \cdot kg/m^3)$ 查本规程附录 C 用插入法计算得 $Z_e = 0.3036$。补充计算未定项；

$$Y_e = Y'_e + \frac{0.0432 \times Q_{de}^2}{2.424 \times 10^{-8} D_{de}^4}(Z_e - Z_d)$$

$$= 628.7 + \frac{0.0432 \times 4.840^2}{2.424 \times 10^{-8} \times 32^4} \times (0.3036 - 0.2286)$$

$$= 631.7(MPa \cdot kg/m^3)$$

由本规程附录 C 用插入法计算得，$P_e = 2.747\text{MPa}$。

(12)确定喷头规格

由 $P_e = 2.747\text{MPa}$，查本规程附录 C 用插入法计算得，$q_0 = 0.0479[\text{kg}/(\text{s} \cdot \text{mm}^2)]$，取 $\mu_T = 0.76$。

$$F = Q_T/q_0 = 4.840/0.0479 = 101.0 (\text{mm}^2)$$

$$\begin{aligned}
d_T &= [4\mu_T \times F/(0.98\pi)]^{0.5} \\
&= [4 \times 0.76 \times 101.0/(0.98 \times 3.142)]^{0.5} \\
&= 9.99 (\text{mm}^2)
\end{aligned}$$

$$\begin{aligned}
N_0 &= d_T/0.79375 \\
&= 9.97/0.79375 \\
&= 12.59 \approx 13
\end{aligned}$$

设计选用 13# 喷头 2 只。

(13)计算泄压口面积

取 $\kappa = 0.6$，$\rho_g = 2.9334\text{kg}/\text{m}^3$；

$$\begin{aligned}
\rho_x &= 2.9334C + 1.204(1-C) \\
&= 2.9334 \times 16.25\% + 1.204 \times (1 - 16.25\%) \\
&= 1.485
\end{aligned}$$

$$\begin{aligned}
A_x &= \frac{Q_0}{\kappa \times \rho_g \times (2P_x/\rho_x)^{0.5}} \\
&= \frac{9.6805}{0.6 \times 2.9334(2 \times 1200/1.4850)^{0.5}} \\
&= 0.1368 (\text{m}^2)
\end{aligned}$$

表 4　主要计算结果汇总

管段号	管段公称直径（mm）	计算长度（m）	质量流量（kg/s）	压力（MPa）	
				始端	末端
a～b	32	6.50	4.840	3.730	3.619
b～c	40	0.30	4.840	3.619	3.618
c～d	40	27.50	9.6805	3.618	2.968
d～e	32	8.65	4.840	2.968	2.747

4　系统组件

4.1　储存装置

4.1.2　由于三氟甲烷灭火剂饱和蒸气压受温度影响较大，为保证储存容器的安全使用，要求容器应能承受最高环境温度下灭火剂的储存压力，并设置安全泄放装置。

安全泄放装置的动作压力，应由相关的产品标准来规定，本规程没有给出具体的数值，这样可以避免设计规范与产品标准规定出现冲突，造成实际工程施工验收难操作。

4.1.3　要求储存装置设在专用储存容器间内，是考虑它作为一套用于安全设施的保护设备，被保护的都是一些存放重要设备物件的场所，所以它自身的安全可靠是做好安全保护的先决条件，故宜将它设在安全的地方，专用的房间里。

4.1.5　单向阀应设置在容器阀与集流管之间，一方面能够保证检修或更换时系统处于工作状态，另一方面针对组合分配，当一部分储存容器的灭火剂已经释放，未释放的储存容器仍可以保护其余的防护区。如不设单向阀则灭火剂可以直接回流到已经放空的储存容器中。

在集流管的封闭管段上应设置安全泄放装置，主要是从管道的安全使用方面考虑。

4.2　选择阀

4.2.1　组合分配系统是用一套灭火剂储存装置通过选择阀控制灭火剂流向来实现保护多个防护区的灭火系统。因此，每个防护区都应设置选择阀。对于较大防护区，有时需要设置 2 个或 2 个以上选择阀，通过不同的管网输送灭火剂，系统启动释放灭火剂

时，应保证对应的选择阀同时开启。由于选择阀本身都具有自动、手动启动机构，自动启动实现同时动作比较容易，所以本条特别强调手动启动应有同时开启的措施。

4.2.3　为了便于管网的安装和减少管道的局部压力损失，选择阀的公称通径应与连接管道（主管道）相同。

4.3　管道及其附件

4.3.1　本规程对管道及其附件提出公称工作压力要求，现行国家标准《气体灭火系统及部件》GB 25972 按系统定义称为系统工作压力，本规程与现行国家标准《气体灭火系统及部件》GB 25972 的要求一致，其取值按现行国家标准《气体灭火系统及部件》GB 25972 执行。

4.3.2　当灭火剂输送管道采用输送流体用无缝钢管时，对无缝钢管内外表面采用符合环保要求的方式进行防腐处理，防止环境对管道的腐蚀。目前常采用表面镀锌的方法，无缝钢管镀锌应采用热浸镀锌法。对钢制管道附件也可考虑采用内外镀锌等防腐方式。镀层应做到完整、均匀、平滑；镀锌层厚度应符合现行国家标准《低压流体输送用焊接钢管》GB/T 3091—2008 的规定。

4.3.5　灭火剂输送管道连接采用的螺纹，指可密封的螺纹，如现行国家标准《55°密封管螺纹》GB/T 7306.2 规定的 R 螺纹、现行国家标准《60°密封管螺纹》GB/T 12716 规定的 NPT 螺纹。

三氟甲烷灭火系统最大工作压力为 13.7MPa，系统管道属于高压等级，选用的管道、附件压力等级应与之相匹配。

本规程规定公称直径大于 80mm 的管道，应采用法兰连接。未规定采用焊接连接，主要考虑镀锌（或其他防腐层）无缝钢管采用焊接连接时，会损坏焊口部位镀锌层，当采用二次镀锌或有其他技术措施确保焊接后焊口部位恢复防腐层，则不限制采用焊接连接。

4.3.7　由于建筑物所处的环境与自身条件的变化，如地质、建筑物基础、建筑物载荷的变化均会引起建筑物的沉降与变形，这种沉降与变形在一定程度上会对灭火管道造成损坏，为避免灭火管道的损坏尽量不穿越沉降缝、变形缝，当必须穿越时按规定采取行之有效的可靠措施，解决与补偿管网变形。

4.4　喷　头

4.4.1　本条规定设置在有粉尘、油雾等防护区的喷头，应设防护措施，是为了防止喷头被堵塞，这些防护措施应能在喷射灭火剂时被吹掉或吹碎。

4.4.2　局部应用喷头注册数据有喷头保护面积和喷头设计流量。

注册条件为，油盘液面至沿口距离为 150mm，最大灭火时间取 10s。

常用喷头有架空型喷头和槽边型喷头，架空型喷头安装在油槽上方，槽边型喷头安装在油槽侧面。

架空型喷头保护面积 A 为 75% 临界飞溅流量灭火时，圆形油盘内接正方形面积，是安装高度 H 的函数；其设计流量 Q_i 为 90% 临界飞溅流量，也是安装高度 H 的函数。在一定安装高度 H 下，流量小了不能灭火，流量大了会使液体飞溅。所以应给出 A-H 和 Q-H 关系曲线。

槽边型喷头保护面积 A 为喷射宽度 W 与射程 L 确定的矩形油盘面积，是射程 L 的函数；其设计流量 Q_i 为 90% 临界飞溅流量，也是射程 L 的函数。射程 L 又是流量 Q 的函数，流量小了不能灭火，流量大了也会使液体飞溅。所以应给出 A-Q 关系曲线。

5 操作与控制

5.0.1 三氟甲烷灭火系统一般应用在较重要场所,设置火灾自动报警系统可对防护区的火灾危险性进行不间断监控。发生火灾时能及时报警并启动灭火系统和联动控制其他设备。

5.0.2 自动控制有可能失灵,故要求同时应有手动控制,手动控制应不受火灾影响,一般在防护区外或远离保护对象的地方进行。自动和手动控制是通过火灾探测控制器实施启动,当控制器失灵时,要求管网灭火系统应有机械应急操作。

预制灭火系统设置在防护区内,火灾发生时,人员也无法进入防护区进行操作,因此预制灭火系统未规定具有机械应急操作功能。

5.0.3 三氟甲烷灭火剂喷放时,遇火灾高温的分辨物会刺激人员呼吸系统,且灭火剂喷放时的气流响声会造成人员心理恐慌,因此对有人工作场所设置0~30s延迟时间,使人员安全撤离。当防护区建筑的安全疏散通道满足现行国家标准《建筑设计防火规范》GB 50016和《高层民用建筑设计防火规范》GB 50045要求时,30s的时间应能满足有人场所的人员疏散要求。对于无人工作场所,设置为不延时喷放,有利于及早扑灭火灾。对于有人工作的防护区,一般采用手动控制方式较为安全。

5.0.5 由于气体灭火系统是一种较为复杂的灭火装置,系统造价较高,系统维护较复杂,为避免系统的误动作,本条规定自动控制装置应在接收到两个独立的火灾信号后才能启动。本条规定的两个独立的火灾信号按防护区特点可使用烟温、光温、烟烟、温温等组合,设置为同类型探测器组合时,应采用不同灵敏度等级的探测器组合。

5.0.8 信号反馈装置在灭火系统管道中,常以采集压力信号或流量信号的形式对系统的工作状态进行监控,并将其转换为电信号输出,输出的信号反馈到报警主机,确认系统启动并作出防护区的安全提示。

5.0.9 各防护区或保护对象灭火控制系统的火灾报警、系统设备故障、系统运行状态、系统灭火启动等有关信息,应传送给消防控制室,以保证系统得到有效的管理与维护。

5.0.10 要保证系统在正常时处于良好的工作状态,在火灾时能迅速可靠地启动,首先必须保证可靠的动力源。电源应符合现行国家标准《火灾自动报警系统设计规范》GB 50116中的有关规定。当采用气动动力源时,气源除了保证足够的设计压力以外,还必须保证驱动气体的气量。

6 安全要求

6.0.4 灭火后,防护区应及时进行通风换气,换气次数可根据防护区性质考虑。

6.0.7 空气呼吸器不必按防护区配置,可按建筑物(栋)或灭火剂专用储存容器间或楼层酌情配置,建议不少于2套。

7 施工及验收、维护管理

7.0.1~7.0.4 现行国家标准《气体灭火系统施工及验收规范》GB 50263基本能满足三氟甲烷灭火系统的施工及验收、维护管理的要求,对没有涵盖的部分在第7.0.2~7.0.4条中进行了补充。

附录 A　灭火浓度和惰化浓度

　　表 A 取值主要依据国际标准《气体灭火系统——物理性能和系统设计》ISO/CD 14520—10：2012 表 4、表 5 和表 6。

城市消防站建设标准

建标 152 — 2011

主编部门：中 华 人 民 共 和 国 公 安 部
批准部门：中华人民共和国住房和城乡建设部
　　　　　中华人民共和国国家发展和改革委员会
施行日期：2 0 1 1 年 1 0 月 1 日

住房和城乡建设部、国家发展和改革委员会
关于批准发布《城市消防站建设标准》的通知

建标〔2011〕118 号

国务院有关部门，各省、自治区、直辖市住房和城乡建设厅（委）、发展和改革委员会，新疆生产建设兵团建设局、发展和改革委员会：

　　根据住房和城乡建设部《关于印发〈2009 年工程项目建设标准和建设项目评价方法与参数编制项目计划〉的通知》（建标函〔2009〕320 号）要求，由公安部消防局组织修订的《城市消防站建设标准》，经有关部门会审，现批准发布，自 2011 年 10 月 1 日起施行，原《城市消防站建设标准》（建标〔2006〕42 号）同时废止。

　　在城市消防站项目的审批、设计和建设过程中，要严格遵守国家关于严格控制建设标准，进一步降低工程造价的相关要求，认真执行本建设标准，坚决控制工程造价。

　　本建设标准的管理由住房和城乡建设部、国家发展和改革委员会负责，具体解释工作由公安部负责。

中华人民共和国住房和城乡建设部
中华人民共和国国家发展和改革委员会
二〇一一年八月五日

修 订 说 明

《城市消防站建设标准》是根据住房和城乡建设部《关于印发〈2009 年工程项目建设标准和建设项目评价方法与参数编制项目计划〉的通知》（建标函〔2009〕320 号）的要求，由公安部消防局负责修订编制的。

在修订编制过程中，修订编制组严格遵循国家基本建设和消防工作的有关方针、政策，根据我国当前消防工作任务和消防站的实际需要，进行了深入调查研究，收集整理了大量的消防站建设资料，分析、总结了国内外消防站建设经验，充分论证了有关技术指标。经广泛征求有关部门、专家的意见，会同有关部门审查定稿，并经住房和城乡建设部、国家发展和改革委批准发布。

本建设标准共分八章：总则、建设规模与项目构成、规划布局与选址、建筑标准、建设用地、装备标准、人员配备、主要投资估算指标。

在执行本建设标准的过程中，请各单位注意总结经验，积累资料。如发现需要修改和补充之处，请将意见和有关资料寄公安部消防局（地址：北京市西城区广安门南街 70 号，邮政编码：100054），以便今后修订时参考。

主 编 单 位：公安部消防局
参 编 单 位：公安部上海消防研究所
上海市公安消防总队
江苏省公安消防总队
浙江省公安消防总队
湖北省公安消防总队
广东省公安消防总队
贵州省公安消防总队

主要起草人：魏捍东　金京涛　罗永强　王治安　闫文伟
何　宁　刘洪强　熊　伟　刘国峰　毕　赢
常　松　刘伟民　薛　林　王丽晶　施　巍
曹永强　汪永明　王士军　何肇瑜　陶其刚
冯力群　江　平

中华人民共和国公安部
2011 年 7 月 7 日

目　　录

64

第一章　总　　则

第一条　为适应我国经济建设和社会发展的需要,提高城市消防站(以下简称"消防站")工程项目决策和建设的科学管理水平,增强城市抗御火灾和应急救援的能力,根据《中华人民共和国城乡规划法》和《中华人民共和国消防法》等法律规定,制定本建设标准。

第二条　本建设标准是为城市消防站建设项目决策和合理确定建设水平的统一控制标准,是编制消防规划和评估、审批消防站建设项目的重要依据,也是审查消防站建设项目初步设计和对整个建设过程监督检查的尺度。

第三条　本建设标准适用于城市新建和改、扩建的消防站项目,其他消防站的建设可参照执行。对有特殊功能要求的消防站建设,可单独报批。

第四条　消防站的建设应纳入当地国民经济社会发展规划、城乡规划以及消防专项规划,由各级政府负责,并按规划组织实施。

第五条　消防站的建设,应遵循利于执勤战备、安全实用、方便生活等原则。

第六条　消防站的建设,除执行本建设标准外,还应符合国家现行有关标准、规范的要求。

普通消防站、特勤消防站的业务附属用房包括:图书阅览室、会议室、俱乐部、公众消防宣传教育用房、干部备勤室、消防员备勤室、财务室等。

普通消防站、特勤消防站的辅助用房包括:餐厅、厨房、家属探亲用房、浴室、医务室、心理辅导室、晾衣室(场)、贮藏室、盥洗室、理发室、设备用房、油料库等。

战勤保障消防站的业务用房包括:消防车库、通信室、体能训练室、器材储备库、灭火药剂储备库、机修物资储备库、军需物资储备库、医疗药械储备库、车辆检修车间、器材检修车间、呼吸器检修充气室、灭火救援研讨和电脑室、卫勤保障室。

战勤保障消防站的业务附属用房包括:图书阅览室、会议室、俱乐部、干部备勤室、消防员备勤室、财务室等。

战勤保障消防站的辅助用房包括:餐厅、厨房、家属探亲用房、浴室、晾衣室(场)、贮藏室、盥洗室、理发室、设备用房等。

消防站的装备由消防车辆(船艇、直升机)、灭火器材、灭火药剂、抢险救援器材、消防员防护器材、通信器材、训练器材、战勤保障器材,以及营具和公众消防宣传教育设施等组成。

第十一条　水上消防站、航空消防站等专业消防站,其场地、码头、停机坪、房屋建筑等建设标准参照国家有关规定执行,装备的配备应满足所承担任务的需要。

第二章　建设规模与项目构成

第七条　消防站分为普通消防站、特勤消防站和战勤保障消防站三类。

普通消防站分为一级普通消防站和二级普通消防站。

第八条　消防站的设置,应符合下列规定:

一、城市必须设立一级普通消防站。

二、城市建成区内设置一级普通消防站确有困难的区域,经论证可设二级普通消防站。

三、地级以上城市(含)以及经济较发达的县级城市应设特勤消防站和战勤保障消防站。

四、有任务需要的城市可设水上消防站、航空消防站等专业消防站。

第九条　消防站车库的车位数应符合表1的规定。

表1　消防站车库的车位数

消防站类别	普通消防站		特勤消防站、战勤保障消防站
	一级普通消防站	二级普通消防站	
车位数(个)	6～8	3～5	9～12

注:消防站车库的车位数含1个备用车位。

第十条　消防站建设项目由场地、房屋建筑和装备等部分构成。

消防站的场地主要是指室外训练场、道路、绿地、自装卸模块堆放场。

消防站的房屋建筑包括业务用房、业务附属用房和辅助用房。

普通消防站、特勤消防站的业务用房包括:消防车库(码头、停机坪)、通信室、体能训练室、训练塔、执勤器材库、训练器材库、被装营具库、清洗室、烘干室、呼吸器充气室、器材修理间、灭火救援研讨和电脑室。

第三章　规划布局与选址

第十二条　消防站的布局一般应以接到出动指令后5min内消防队可以到达辖区边缘为原则确定。

第十三条　消防站的辖区面积按下列原则确定:

一、普通消防站不宜大于7km²;设在近郊区的普通消防站不应大于15km²。也可针对城市的火灾风险,通过评估方法确定消防站辖区面积。

二、特勤消防站兼有辖区灭火救援任务的,其辖区面积同普通消防站。

三、战勤保障消防站不单独划分辖区面积。

第十四条　消防站的选址应符合下列条件:

一、应设在辖区内适中位置和便于车辆迅速出动的临街地段,其用地应满足业务训练的需要。

二、消防站执勤车辆主出入口两侧宜设置交通信号灯、标志、标线等设施,距医院、学校、幼儿园、托儿所、影剧院、商场、体育场馆、展览馆等公共建筑的主要疏散出口不应小于50m。

三、辖区内有生产、贮存危险化品单位的,消防站应设置在常年主导风向的上风或侧风处,其边界距上述危险部位一般不宜小于200m。

四、消防站车库门应朝向城市道路,后退红线不小于15m。

第十五条　消防站不宜设在综合性建筑物中。特殊情况下,设在综合性建筑物中的消防站应自成一区,并有专用出入口。

64

第四章 建筑标准

第十六条 消防站的建筑面积指标应符合下列规定：

一、一级普通消防站 2700m²～4000m²。

二、二级普通消防站 1800m²～2700m²。

三、特勤消防站 4000m²～5600m²。

四、战勤保障消防站 4600m²～6800m²。

第十七条 消防站使用面积系数按 0.65 计算。普通消防站和特勤消防站各种用房的使用面积指标可参照表 2 确定。战勤保障消防站各种用房的使用面积指标可参照表 3 确定。

表 2　普通消防站和特勤消防站各种用房的使用面积指标(m²)

房屋类别	名　称	消防站类别		
		普通消防站		特勤消防站
		一级普通消防站	二级普通消防站	
业务用房	消防车库	540～720	270～450	810～1080
	通信室	30	30	40
	体能训练室	50～100	40～80	80～120
	训练塔	120	120	210
	执勤器材库	50～120	40～80	100～180
	训练器材库	20～40	20	30～60
	被装营具库	40～60	30～40	40～60
	清洗室、烘干室、呼吸器充气室	40～80	30～50	60～100
	器材修理间	20	10	20
	灭火救援研讨、电脑室	40～60	30～50	40～80

续表 2

房屋类别	名　称	消防站类别		
		普通消防站		特勤消防站
		一级普通消防站	二级普通消防站	
业务附属用房	图书阅览室	20～60	20	40～60
	会议室	40～90	30～60	70～140
	俱乐部	50～110	40～70	90～140
	公众消防宣传教育用房	60～120	40～80	70～140
	干部备勤室	50～100	40～80	80～160
	消防员备勤室	150～240	70～120	240～340
	财务室	18	18	18
辅助用房	餐厅、厨房	90～100	60～80	140～160
	家属探亲用房	60	40	80
	浴室	80～110	70～110	130～150
	医务室	18	18	23
	心理辅导室	18	18	23
	晾衣室(场)	30	20	40～60
	贮藏室	40	30	40～60
	盥洗室	40～55	20～30	40～70
	理发室	10	10	20
	设备用房(配电室、锅炉房、空调机房)	20	20	20
	油料库	20	10	20
	其他	20	20	30～50
合　计		1784～2589	1204～1774	2634～3654

表 3　战勤保障消防站各种用房的使用面积指标(m²)

房屋类别	名　称	使用面积指标
业务用房	消防车库	810～1080
	通信室	40
	体能训练室	60～110
	器材储备库	300～550
	灭火药剂储备库	50～100
	机修物资储备库	50～100
	军需物资储备库	120～180
	医疗药械储备库	50～100
	车辆检修车间	300～400
	器材检修车间	200～300
	呼吸器检修充气室	90～150
	灭火救援研讨、电脑室	40～60
	卫勤保障室	30～50
业务附属用房	图书阅览室	30～60
	会议室	50～100
	俱乐部	60～120
	干部备勤室	60～110
	消防员备勤室	180～280
	财务室	18
辅助用房	餐厅、厨房	110～130
	家属探亲用房	70
	浴室	100～120
	晾衣室(场)	30
	贮藏室	40～50
	盥洗室	40～60
	理发室	20
	设备用房(配电室、锅炉房、空调机房)	20
	其他	30～40
合　计		2998～4448

第十八条 消防站建筑物的耐火等级不应低于二级。

第十九条 消防站建筑物位于抗震设防烈度为 6～9 度地区的，应按乙类建筑进行抗震设计。

第二十条 消防车库应保障车辆停放、出动、维护保养和非常时期执勤战备的需要。

一、车库宜设修理间及检修地沟。修理间应用防火墙、防火门与其他部位隔开，并不宜靠近通信室。

二、消防车库的设计应有车辆充气、充电和废气排除的设施。

三、消防车库内外沟管盖板的承载能力，应按最大吨位消防车的满载轮压进行设计。车库地面和墙面应便于清洗，且地面应有排水设施。库内(外)应有供消防车上水用的市政消火栓。消防车库宜设倒车定位等装置。

第二十一条 消防站内供迅速出动用的通道净宽，单面布房时不应小于 1.4m，双面布房时不应小于 2.0m，楼梯不应小于 1.4m。通道两侧的墙面应平整、无突出物，地面应采用防滑材料，楼梯踏步高度宜为 150mm～160mm，宽度宜为 280mm～300mm，两侧应设扶手，楼梯倾角不应大于 30°。

第二十二条 消防站应设必要的业务训练与体能训练设施。

第二十三条 消防站建筑装修、采暖、通风空调和给排水设施的设置应符合下列规定：

一、消防站外装修应庄重、简洁，宜采用体现消防站特点的装修风格。消防站的内装修应适应消防员生活和训练的需要，并宜采用色彩明快和容易清洗的装修材料。

二、位于采暖地区的消防站应按国家有关规定设置采暖设施，并应优先使用城市热网或集中供暖。最热月平均温度超过 25℃ 地区消防站的备勤室、餐厅和通信室、体能训练室等宜设空调等降温设施。

三、消防站应设置给水、排水系统。

第二十四条 消防站的供电负荷等级不宜低于二级。消防站内应设电视、网络和广播系统；备勤室、车库、通信室、体能训练室、会议室、图书阅览室、餐厅及公共通道等，应设应急照明装置。

消防站主要用房及场地的照度标准应符合国家现行有关标准的规定。

第五章 建设用地

第二十五条 消防站建设用地应包括房屋建筑用地、室外训练场、道路、绿地等。战勤保障消防站还包括自装卸模块堆放场。

第二十六条 配备有消防船艇的消防站应有供消防船艇靠泊的岸线。配备有直升机的消防站应有供直升机起降的停机坪。

第二十七条 各类消防站建设用地面积应符合下列规定：

一、一级普通消防站 3900m²～5600m²。

二、二级普通消防站 2300m²～3800m²。

三、特勤消防站 5600m²～7200m²。

四、战勤保障消防站 6200m²～7900m²。

注：上述指标未包含站内消防车道、绿化用地的面积，各地在确定消防站建设用地总面积时，可按 0.5～0.6 的容积率进行测算。

第二十八条 消防站建设用地紧张且难以达到标准的特大城市，可结合本地实际，集中建设训练场地或训练基地，以保障消防员开展正常的业务训练。

第六章 装备标准

第二十九条 普通消防站装备的配备应适应扑救本辖区内常见火灾和处置一般灾害事故的需要。特勤消防站装备的配备应适应扑救特殊火灾和处置特种灾害事故的需要。战勤保障消防站的装备配备应适应本地区灭火救援战勤保障任务的需要。

第三十条 消防站消防车辆的配备，应符合下列规定：

一、消防站的消防车辆配备数量应符合表 4 的规定。

表 4 消防站配备车辆数量（辆）

消防站类别	普通消防站		特勤消防站、战勤保障消防站
	一级普通消防站	二级普通消防站	
消防车辆数	5～7	2～4	8～11

二、消防站配备的常用消防车辆品种，宜符合表 5 的规定。

表 5 各类消防站常用消防车辆品种配备标准（辆）

品种	消防站类别	普通消防站		特勤消防站	战勤保障消防站
		一级普通消防站	二级普通消防站		
灭火消防车	水罐或泡沫消防车	2	1	3	—
	压缩空气泡沫消防车	△	△		
	泡沫干粉联用消防车	—	—	△	
	干粉消防车	△	△	△	
举高消防车	登高平台消防车	1		1	
	云梯消防车				
	举高喷射消防车	△	△	△	
专勤消防车	抢险救援消防车	1	△	1	—
	排烟消防车或照明消防车	△	△	△	
	化学事故抢险救援或防化洗消消防车		△	1	

续表 5

品种	消防站类别	普通消防站		特勤消防站	战勤保障消防站
		一级普通消防站	二级普通消防站		
专勤消防车	核生化侦检消防车	—	—	△	—
	通信指挥消防车	—	—	△	—
战勤保障消防车	供气消防车	—	—	△	1
	器材消防车	△	△	△	1
	供液消防车	△	△	△	1
	供水消防车	△	△	△	△
	自装卸式消防车（含器材保障、生活保障、供液集装箱）	△	△	△	△
	装备抢修车	—	—	—	1
	饮食保障车	—	—	—	1
	加油车	—	—	—	1
	运兵车	—	—	—	1
	宿营车	—	—	—	△
	卫勤保障车	—	—	—	△
	发电车	—	—	—	△
	淋浴车	—	—	—	△
消防摩托车		△	△	△	—

注：1. 表中带"△"车种由各地区根据实际需要选配；
2. 各地区在配备规定消防车数量的基础上，可根据需要选配消防摩托车。

三、消防站主要消防车辆的技术性能应符合表 6、表 7 的规定。

表 6 普通消防站和特勤消防站主要消防车辆的技术性能

技术性能	消防站类别	普通消防站		特勤消防站
		一级普通消防站	二级普通消防站	
发动机功率（kW）		≥180	≥180	≥210
比功率（kW/t）		≥10	≥10	≥12

续表 6

技术性能	消防站类别	普通消防站				特勤消防站	
		一级普通消防站		二级普通消防站		特勤消防站	
水罐消防车出水性能	出口压力（MPa）	1	1.8	1	1.8	1	1.8
	流量（L/s）	40	20	40	20	60	30
泡沫消防车出泡沫性能（类）		A、B		B		A、B	
登高平台、云梯消防车额定工作高度（m）		≥18		≥18		≥50	
举高喷射消防车额定工作高度（m）		≥16		≥16		≥20	
抢险救援消防车	起吊质量（kg）	≥3000		≥3000		≥5000	
	牵引质量（kg）	≥5000		≥5000		≥7000	

表 7 战勤保障消防站主要消防车辆的技术性能

车辆名称	主要技术性能
供气消防车	可同时充气气瓶数量≥4 只，灌充充气时间<2min
供液消防车	灭火药剂总载量≥4000kg
装备抢修车	额定载员≥5 人，车厢距地面<50cm，厢内净高度≥180cm；车载供气、充电等设备及各类维修工具
饮食保障车	可同时保障150 人以上热食、热水供应
加油车	汽、柴油双金双枪，总载量≥3000kg
运兵车	额定载员≥30 人
宿营车	额定载员≥15 人

第三十一条 普通消防站、特勤消防站的灭火器材配备，不应低于表 8 的规定。

表 8 普通消防站、特勤消防站灭火器材配备标准

名称	消防站类别	普通消防站		特勤消防站
		一级普通消防站	二级普通消防站	
机动消防泵（含手抬泵、浮艇泵）		2 台	2 台	3 台
移动式水带卷盘或水带槽		2 个	2 个	3 个
移动式消防炮（手动炮、遥控炮、自摆炮等）		3 个	2 个	3 个
泡沫比例混合器、泡沫液桶、泡沫枪		2 套	2 套	2 套

续表8

名称 \ 消防站类别	普通消防站		特勤消防站
	一级普通消防站	二级普通消防站	
二节拉梯	3架	2架	3架
三节拉梯	2架	1架	2架
挂钩梯	3架	2架	3架
常压水带	2000m	1200m	2800m
中压水带	500m	500m	1000m
消火栓扳手、水枪、分水器以及接口、包布、护桥、挂钩、墙角保护器等常规器材工具	按所配车辆技术标准要求配备,并按不小于2∶1的备份比备份		

注:分水器和接口等相关附件的公称压力应与水带相匹配。

第三十二条 特勤消防站抢险救援器材品种及数量配备不应低于本建设标准附录一中附表1-1至附表1-9的规定,普通消防站的抢险救援器材品种及数量配备不应低于本建设标准附录一中附表1-10的规定。抢险救援器材的技术性能应符合国家有关标准。

第三十三条 消防站消防员基本防护装备配备品种及数量不应低于本建设标准附录二中附表2-1的规定,消防员特种防护装备配备品种及数量不应低于本建设标准附录二中附表2-2的规定。防护装备的技术性能应符合国家有关标准。

第三十四条 根据灭火救援需要,特勤消防站可视情况配备消防搜救犬,最低配备不少于7头。并建设相应设施,配备相关器材。

第三十五条 消防站通信装备的配备,应符合现行国家标准《消防通信指挥系统设计规范》GB 50313和《消防通信指挥系统施工及验收规范》GB 50401的规定。

第三十六条 消防站应设置单双杠、独木桥、板障、软梯及室内综合训练器等技能、体能训练器材。

第三十七条 消防站的消防水带、灭火剂等易损耗装备,应按照不低于投入执勤配备量1∶1的比例保持库存备用量。

第七章 人员配备

第三十八条 消防站一个班次执勤人员配备,可按所配消防车每台平均定员6人确定,其他人员配备应按有关规定执行。

第三十九条 消防站人员配备数量,应符合表9的规定。

表9 消防站人员配备数量(人)

消防站类别	普通消防站		特勤消防站	战勤保障消防站
	一级普通消防站	二级普通消防站		
人数	30~45	15~25	45~60	40~55

第八章 主要投资估算指标

第四十条 消防站投资估算,应依据国家现行的有关规定,按照消防站的建设规模、建设标准和人员、装备配备标准确定。

第四十一条 在制定消防站建设规划与评估消防站建设项目可行性研究报告时,应结合当地物价、施工技术水平、建设工期等因素确定建筑安装工程投资估算指标。

第四十二条 消防站车辆和各类器材的投资,应根据其配备的标准,按实际价格确定。在评估消防站建设项目可行性研究报告时,可参照表10确定。

表10 消防站车辆和各类器材投资估算指标(万元)

消防站类型		车辆投资	器材投资
普通消防站	一级普通消防站	750~1900	180~350
	二级普通消防站	450~1400	120~200
特勤消防站		1600~3200	600~1100
战勤保障消防站		1500~2600	800~1500

注:1.表中指标是依据本建设标准的配备要求,参照2010年国内外消防车辆和器材的价格编制;

2.表中所确定的投资不含灭火剂的费用和通信器材的投资;

3.通信器材的投资应按现行国家标准《消防通信指挥系统设计规范》GB 50313、《消防通信指挥系统施工及验收规范》GB 50401的有关规定确定;

4.战勤保障消防站的器材投资是指保障类器材的投资,不含应急储备的灭火剂、物资、装备、器材的投资。

附录一 消防站抢险救援器材配备品种与数量

附表1-1 特勤消防站侦检器材配备标准

序号	器材名称	主要用途及要求	配备	备份	备注
1	有毒气体探测仪	探测有毒气体,有机挥发性气体等。具备自动识别、防水、防爆性能	2套	—	—
2	军事毒剂侦检仪	侦检沙林、芥子气、路易氏气、氢氰酸等化学战剂。具备防水和快速感应等性能	*	—	—
3	可燃气体检测仪	可检测事故现场多种易燃易爆气体的浓度	2套	—	—
4	水质分析仪	定性分析水中的化学物质	*	—	—
5	电子气象仪	可检测事故现场风向、风速、温度、湿度、气压等气象参数	1套	—	—
6	无线复合气体探测仪	实时检测现场的有毒有害气体浓度,并将数据通过无线网络传输至主机。终端设置多个可更换的气体传感器探头。具有声光报警和防水、防爆功能	*	—	—
7	生命探测仪	搜索和定位地震及建筑倒塌等现场的被困人员。有音频、视频、雷达等几种	2套	—	优先配备雷达生命探测仪
8	消防用红外热像仪	黑暗、浓烟环境中人员搜救或火源寻找。性能符合《消防用红外热像仪》GA/T 635的要求,有手持式和头盔式两种	2台	—	—
9	漏电探测仪	确定泄漏电源位置,具有声光报警功能	1个	1个	—
10	核放射探测仪	快速寻找并确定α、β、γ射线污染源的位置。具有声光报警、射线强度显示等功能	*	—	—
11	电子酸碱测试仪	测试液体的酸碱度	1套	—	—
12	测温仪	非接触测量物体温度,寻找隐藏火源。测温范围—20℃~450℃	2个	1个	—

序号	器材名称	主要用途及要求	配备	备份	备注
13	移动式生物快速侦检仪	快速检测、识别常见的病毒和细菌，可在 30min 之内提供检测结果	*	—	—
14	激光测距仪	快速准确测量各种距离参数	1个	—	—
15	便携危险化学品检测片	通过检测片的颜色变化探测有毒化学气体或蒸汽。检测片种类包括：强酸、强碱、氯、硫化氢、碘、光气、磷化氢、二氧化硫等	4套	—	—

注：附表 1-1 至附表 1-10 和附表 2-2 中"＊"表示由各地根据实际需要进行配备，本标准不作强行规定。

附表 1-2 特勤消防站警戒器材配备标准

序号	器材名称	主要用途及要求	配备	备份
1	警戒标志杆	灾害事故现场警戒。有发光或反光功能	10根	10根
2	锥型事故标志柱	灾害事故现场道路警戒	10根	10根
3	隔离警示带	灾害事故现场警戒。具有发光或反光功能，每盘长度约250m	20盘	10盘
4	出入口标志牌	灾害事故现场出入口标识。图案、文字、边框均为反光材料，与标志杆配套使用	2组	—
5	危险警示牌	灾害事故现场警戒示。分为有毒、易燃、泄漏、爆炸、危险等五种标志，图案为发光或反光材料，与标志杆配套使用	1套	1套
6	闪光警示灯	灾害事故现场警戒示。频闪型，光线暗时自动闪亮	5个	—
7	手持扩音器	灾害事故现场指挥。功率大于10W，具备警报功能	2个	1个

附表 1-3 特勤消防站救生器材配备标准

序号	器材名称	主要用途及要求	配备	备份	备注
1	躯体固定气囊	固定受伤人员躯体，保护骨折部位免受伤害。全身式，负压原理快速定型，牢固、轻便	2套	—	—
2	肢体固定气囊	固定受伤人员肢体，保护骨折部位免受伤害。分体式，负压原理快速定型，牢固、轻便	2套	—	—

序号	器材名称	主要用途及要求	配备	备份	备注
3	婴儿呼吸袋	提供呼吸保护，救助婴儿脱离灾害事故现场。全密闭式，与全防护型过滤罐配合使用，电驱动送风	*	—	—
4	消防过滤式自救呼吸器	事故现场被救人员呼吸防护。性能符合《消防过滤式自救呼吸器》GA 209 的要求	20具	10具	含滤毒罐
5	救生照明线	能见度较低情况下的照明及疏散导向。具备防水、质轻、抗折、耐拉、耐压、耐高温等性能。每盘长度不小于100m	2盘	—	—
6	折叠式担架	运送事故现场受伤人员。可折叠，承重不小于120kg	2副	1副	—
7	伤员固定抬板	运送事故现场受伤人员。与头部固定器、颈托等配合使用，避免伤员颈椎、胸椎及腰椎再次受伤。担架周边有提手口，可供三人以上同时提、扛、抬，水中不下沉，承重不小于250kg	3块	—	—
8	多功能担架	深井、狭小空间、高空等环境下的人员救助。可水平或垂直吊运，承重不小于120kg	2副	—	—
9	消防救生气垫	救助高处被困人员。性能符合《消防救生气垫》GA 631 的要求	1套	—	—
10	救生缓降器	高处救人和自救。性能符合《救生缓降器》GA 413 的要求	3个	1个	—
11	灭火毯	火场救生和重要物品保护。耐燃氧化纤维材料，防火布夹层织制，在900℃火焰中不熔滴，不燃烧	*	—	—
12	医药急救箱	现场医疗急救。包含常规外伤和化学伤害急救所需的敷料、药品和器械等	1个	1个	—
13	医用简易呼吸器	辅助人员呼吸。包括氧气瓶、供气面罩、人工肺等	*	—	—
14	气动起重气垫	交通事故、建筑倒塌等现场救援。有方形、柱形、球形等类型，依据起重重量，可划分为多种规格	2套	—	方形、柱形气垫每套不少于4种规格，球形气垫每套不少于2种规格

序号	器材名称	主要用途及要求	配备	备份	备注
15	救援支架	高台、悬崖及井下等事故现场救援。金属框架，配有手摇式绞盘，牵引滑轮最大承载力于2.5kN，绳索长度不小于30m	1组	—	—
16	救生抛投器	远距离抛投救生绳或救生圈。气动喷射，投射距离不小于60m	1套	—	—
17	水面漂浮救生绳	水面救援。可漂浮于水面，标识明显，固定间隔处有绳头，不吸水，破断强度不小于18kN	*	—	—
18	机动橡皮舟	水域救援。双尾锥充气船体，材料防老化、防紫外线。船底部有充气舷架，铝合金拼装甲板，具有排水阀门，发动机功率大于18kW，最大承载能力不小于500kg	*	—	—
19	敛尸袋	包裹遇难人员尸体	20个	—	—
20	救生软梯	被困人员营救。长度不小于15m，荷载不小于1000kg	2具	—	—
21	自喷荧光漆	标记救人位置、搜索范围、集结区域等	20罐	—	—
22	电源逆变器	电源转换。可将直流电转化为220V交流电	1台	—	功率应与实战需求相匹配

附表 1-4 特勤消防站破拆器材配备标准

序号	器材名称	主要用途及要求	配备	备份	备注
1	电动剪扩钳	剪切扩张作业。由刀片、液压泵、微型电机、电池构成，最大剪切圆钢直径不小于22mm，最大扩张力不小于135kN，一次充电可连续切断直径16mm钢筋不少于90次	1具	—	—
2	液压破拆工具组	建筑倒塌、交通事故等现场破拆作业。包括机动液压泵、手动液压泵、液压剪切器、液压扩张器、液压撑顶器等，性能符合《液压破拆工具通用技术条件》GB/T 17906 的要求	2套	—	—

序号	器材名称	主要用途及要求	配备	备份	备注
3	液压万向剪切钳	狭小空间破拆作业。钳头可以旋转，体积小、易操作	1具	—	—
4	双轮异向切割锯	双锯片异向转动，能快速切割硬度较高的金属薄片、塑料、电缆等	1具	—	—
5	机动链锯	切割各类木质障碍物	1具	1具	增加锯条备份
6	无齿锯	切割金属和混凝土材料	1具	1具	增加锯片备份
7	气动切割刀	切割车辆外壳、防盗门等薄壁金属及玻璃等，配有不同规格切割刀片	*	—	—
8	重型支撑套具	建筑倒塌现场支撑作业。支撑套具分为液压式、气压式或机械手动式。具有支撑力强、行程高、支撑面大、操作简便等特点	1套	—	—
9	冲击钻	灾害现场破拆作业，冲击速率可调	*	—	—
10	凿岩机	混凝土结构破拆	*	—	—
11	玻璃破碎器	门窗玻璃、玻璃幕墙的手动破拆。也可对砖瓦、薄型金属进行破碎	1台	—	—
12	手持式钢筋速断器	直径 20mm 以下钢筋快速切断。一次充电可连续切断直径16mm钢筋不少于70次	1台	—	—
13	多功能刀具	救援作业。由刀、钳、剪、锯等组成的组合式刀具	5套	—	—
14	混凝土液压破拆工具组	建筑倒塌灾害事故现场破拆作业。由液压机动泵、金刚石链锯、圆盘锯、破碎镐等组成，具有切、割、破碎等功能	1套	—	—
15	液压千斤顶	交通事故、建筑倒塌现场的重载荷顶撑救援。最大起重重量不小于20t	*	—	—
16	便携式汽油金属切割器	金属障碍物破拆。由碳纤维氧气瓶、稳压储油罐组成，汽油为燃料	*	—	—
17	手动破拆工具组	由冲杆、拆锁器、金属切断器、凿子、斧子等部件组成，事故现场手动破拆作业	1套	—	—

64

续附表 1-4

序号	器材名称	主要用途及要求	配备	备份	备注
18	便携式防盗门破拆工具组	主要用于卷帘门、金属防盗门的破拆作业。包括液压泵、开门器、小型扩张器、撬棍等工具。其中门器最大升限不小于150mm，最大挺举力不小于60kN	2套	—	
19	毁锁器	防盗门及汽车锁等快速破拆。主要由特种钻头螺丝、锁芯拔除器、锁芯切断器、换向扳手、专用电钻、锁舌转动器等组成	1套	—	
20	多功能挠钩	事故现场小型障碍清除，火源寻找或灾后清理	1套	1套	
21	绝缘剪断钳	事故现场电线电缆或其他带电体的剪切	2把	—	

附表 1-5　特勤消防站堵漏器材配备标准

序号	器材名称	主要用途及要求	配备	备份	备注
1	内封式堵漏袋	圆形容器、密封沟渠或排水管道的堵漏作业。工作压力不小于0.15MPa	1套	—	每套不少于4种规格
2	外封式堵漏袋	管道、容器、油罐车或油槽车、油桶与储罐罐体外部的堵漏作业。工作压力不小于0.15MPa	1套	—	每套不少于2种规格
3	捆绑式堵漏袋	管道与容器裂缝堵漏作业。袋体径向缠绕，工作压力不小于0.15MPa	1套	—	每套不少于2种规格
4	下水道阻流袋	阻止有害液体流入城市排水系统，材料具有防酸碱性能	2个	—	
5	金属堵漏套管	管道孔、洞、裂缝的密封堵漏。最大封堵压力不小于1.6MPa	1套	—	每套不少于9种规格
6	堵漏枪	密封油罐车、液罐车及储罐裂缝。工作压力不小于0.15MPa，有圆锥形和楔形两种	*	—	每套不少于4种规格
7	阀门堵漏套具	阀门泄漏堵漏作业	*	—	
8	注入式堵漏工具	阀门或法兰盘堵漏作业。无火花材料。配有手动液压泵，泵缸压力≥74MPa	1组	—	含注入式堵漏胶1箱

续附表 1-5

序号	器材名称	主要用途及要求	配备	备份	备注
9	粘贴式堵漏工具	罐体和管道表面点状、线状泄漏的堵漏作业。无火花材料。包括组合工具、快速堵漏胶等	1组	—	
10	电磁式堵漏工具	各种罐体和管道表面点状、线状泄漏的堵漏作业	1组	—	
11	木制堵漏楔	压力容器的点状、线状泄漏或裂纹泄漏的临时封堵	1套	1套	每套不少于28种规格
12	气动吸盘式堵漏器	封堵不规则孔洞。气动、负压式吸盘，可输转作业	*	—	
13	无火花工具	易燃易爆事故现场的手动作业。一般为铜质合金材料	2套	—	配备不低于11种规格
14	强磁堵漏工具	压力管道、阀门、罐体的泄漏封堵	*	—	

附表 1-6　特勤消防站输转器材配备标准

序号	器材名称	主要用途及要求	配备	备份
1	手动隔膜抽吸泵	输转有毒、有害液体。手动驱动，输转流量不小于3t/h，最大吸入颗粒粒径10mm，具有防爆性能	1台	—
2	防爆输转泵	吸附、输转各种液体。一般排液量6t/h，最大吸入颗粒粒径5mm，安全防爆	1台	—
3	黏稠液体抽吸泵	快速抽取有毒有害及黏稠液体，电机驱动，配有接地线，安全防爆	1台	—
4	排污泵	吸排污水	*	—
5	有毒物质密封桶	装载有毒有害物质。防酸碱，耐高温	1个	—
6	围油栏	防止油类及污水蔓延。材质防腐，充气、充水两用型，可在陆地或水面使用	1组	—
7	吸附垫	酸、碱和其他腐蚀性液体的少量吸附	2箱	1箱
8	集污袋	暂存酸、碱及油类液体。材料耐酸碱	2只	—

附表 1-7　特勤消防站洗消器材配备标准

序号	器材名称	主要用途及要求	配备	备份
1	公众洗消站	对从有毒物质污染环境中撤离人员的身体进行喷淋洗消。也可做临时会议室、指挥部、紧急救护场所等。帐篷展开面积30m²以上。配有电动充、排气泵、洗消供水泵、洗消排污泵、洗消水加热器、暖风发生器、温控仪、洗消喷淋器、洗消均混罐、洗消喷枪、移动式高压洗消泵（含喷枪）、洗消废水回收袋等	1套	—
2	单人洗消帐篷	消防员离开污染现场时对特种服装的洗消。配有充气、喷淋、照明等辅助装备	1套	—
3	简易洗消喷淋器	消防员快速洗消装置。设置有多个喷嘴，输水不易破损软管支脚，遇压呈刚性，重量轻，易携带	1套	—
4	强酸、碱洗消器	化学品污染后的身体洗消及装备洗消。利用压缩空气为动力和便携式排水压力喷洒装置，将洗消药液形成雾状喷射，可直接对人体表面进行清洗。适用于化学品灼伤的清洗。容量为5L	1具	—
5	强酸、碱清洗剂	化学品污染后的身体局部洗消及器材洗消。容量为50mL～200mL	5瓶	—
6	生化洗消装置	生化有毒物质洗消	*	—
7	三合一强氧化洗消粉	与水溶解后可对酸、碱物质进行表面洗消	1袋	—
8	三合二洗消剂	对地面、装备进行洗消，不能对精密仪器、电子设备及不耐腐蚀的物体表面洗消	2袋	1袋
9	有机磷降解酶	对被有机磷、有机氯和硫化物污染的人员、服装、装备以及土壤、水源进行洗消降毒，尤其适用于农药泄漏事故现场的洗消。洗消剂本身无毒、无腐蚀、无刺激，降解后产物无毒害，无二次污染	2盒	1盒
10	消毒粉	用于皮肤、服装、装备的局部消毒。可吸附各种液态化学品。主要成分为蒙脱土，不溶于水和有机溶剂，无腐蚀性	2袋	1袋

附表 1-8　特勤消防站照明、排烟器材配备标准

序号	器材名称	主要用途及要求	配备	备份	备注
1	移动式排烟机	灾害现场排烟和送风。有电动、机动、水力驱动等几种	2台	—	
2	坑道小型空气输送机	狭小空间排气送风。可快速实现正负压模式转换，有配套风管	1台	—	
3	移动照明灯组	灾害现场的作业照明。由多个灯头组成，具有升降功能，发电机可选配	1套	—	
4	移动发电机	灾害现场供电。功率≥5kW	2台	—	若移动照明灯组已自带发电机，则可视情不配
5	消防排烟机器人	地铁、隧道及石化装置火灾事故现场排烟、冷却等	*	—	

附表 1-9　特勤消防站其他器材配备标准

序号	器材名称	主要用途及要求	配备	备份	备注
1	大流量移动消防炮	扑救大型油罐、船舶、石化装置等火灾。流量≥100L/s，射程≥70m	*	—	
2	空气充填泵	气瓶内填充空气。可同时充填两个气瓶，充气量应不小于300L/min	1台	—	
3	防化服清洗烘干器	烘干防化服。最高温度40℃，压力为21kPa	1组	—	
4	折叠式救援梯	登高作业。伸展台长度不小于3m，额定承载不小于450kg	1具	—	
5	水幕水带	阻挡稀释易燃易爆和有毒气体或液体蒸气	100m	—	
6	消防灭火机器人	高温、浓烟、强热辐射、爆炸等危险场所的灭火和火情侦察	*	—	
7	高倍数泡沫发生器	灾害现场喷射高倍数泡沫	1个	—	
8	消防移动储水装置	现场的中转供水及缺水地区的临时储水	*	—	水源缺乏地区可增加配备数量
9	多功能消防水枪	火灾扑救，具有直流喷雾无级转换、流量可调、防扭结等功能	10支	5支	又名导流式直流喷雾水枪

序号	器材名称	主要用途及要求	配备	备份	备注
10	直流水枪	火灾扑救,具有直流射水功能	10 支	5 支	
11	移动式细水雾灭火装置	灾害现场灭火或洗消	*	—	
12	消防面罩超声波清洗机	空气呼吸器面罩清洗	1 台	—	
13	灭火救援指挥箱	为指挥员提供辅助决策。内含笔记本电脑、GPS 模块、测温仪等	1 套	—	
14	无线视频传输系统	可对事故现场的音视频信号进行实时采集与远程传输。无线终端应具有防水、防爆、防震功能	*	—	至少包含一个主机并能同时接收多路音视频信号

附表 1-10　普通消防站抢险救援器材配备标准

名称	器材名称	主要用途及要求	配备	备份	备注
侦检	有毒气体探测仪	探测有毒气体、有机挥发性气体等。具备自动识别、防水、防爆性能	1 套	—	
	可燃气体检测仪	可检测事故现场多种易燃易爆气体的浓度	1 套	—	
	消防用红外热像仪	黑暗、浓烟环境中人员搜救或火源寻找。性能符合《消防用红外热像仪》GA/T 635 的要求,有手持式和头盔式两种	1 台	—	
	测温仪	非接触测量物体温度,寻找隐藏火源。测温范围:-20℃~450℃	1 个	1 个	
警戒	各类警示牌	事故现场警戒警示。具有发光或反光功能	1 套	1 套	
	闪光警示灯	灾害事故现场警戒警示。频闪型,光线暗时自动闪亮	2 个	1 个	
	隔离警示带	灾害事故现场警戒。具有发光或反光功能,每盘长度约 250m	10 盘	4 盘	
破拆	液压破拆工具组	建筑倒塌、交通事故等现场破拆作业。包括机动液压泵、手动液压泵、液压剪切器、液压扩张器、液压剪扩器、液压撑顶器等,性能符合《液压破拆工具通用技术条件》GB/T 17906 的要求	2 套	—	

名称	器材名称	主要用途及要求	配备	备份	备注
破拆	机动链锯	切割各类木质障碍物	1 具	1 具	增加锯条备份
	无齿锯	切割金属和混凝土材料	1 具	1 具	增加锯片备份
	手动破拆工具组	由冲杆、拆锁器、金属切割器、凿子、轩子等部件组成,事故现场手动破拆作业	1 套	—	
	多功能挠钩	事故现场小型障碍清除、火源寻找或灾后清理	1 套	1 套	
	绝缘剪断钳	事故现场电线电缆或其他带电体的剪切	2 把	—	
	便携式防盗门破拆工具组	主要用于卷帘门、金属防盗门的破拆作业。包括液压泵、开门器、小型扩张器、撬棍等工具。其中开门器最大升限不小于 150mm,最大挺举力不小于 60kN	2 套	—	
	毁锁器	防盗门及汽车锁等快速破拆。主要由特种钻头螺丝、锁芯拆除器、锁芯切断器、换向扳手、专用电钻、锁舌转动器等组成	1 套	—	
救生	救生缓降器	高处救人和自救。性能符合《救生缓降器》GA 413 的要求	3 个	1 个	
	气动起重气垫	交通事故、建筑倒塌等现场救援。有方形、柱形、球形等类型,依据起重重量,可划分为多种规格	1 套	—	方形、柱形气垫每套不少于 4 种规格,球形气垫每套不少于 2 种规格
	消防过滤式自救呼吸器	事故现场被救人员呼吸防护。性能符合《消防过滤式自救呼吸器》GA 209 的要求	20 具	10 具	含滤毒罐
	多功能担架	深井、狭小空间、高空等环境下的人员救助。可水平及垂直吊运,承重不小于 120kg	1 副	—	
	救援支架	高台、悬崖及井下等事故现场救援。金属框架,配有手摇式绞盘,牵引滑轮最大负载不小于 2.5kN,绳索长度不小于 30m	1 组	—	
	救生抛投器	远距离抛投救生绳或救生圈。气动喷射,投射距离不小于 60m	*	—	

名称	器材名称	主要用途及要求	配备	备份	备注
救生	救生照明线	能见度较低情况下的照明及疏散导向。具有防水、质轻、抗折、耐拉、耐压、耐高温等性能。每盘长度不小于 100m	2 盘	—	
	医药急救箱	现场医疗急救。包含常规外伤和化学伤害急救所需的敷料、药品和器械等	1 个	1 个	
堵漏	木制堵漏楔	压力容器的点状、线状泄漏或裂纹泄漏的临时封堵	1 套	—	每套不少于 28 种规格
	金属堵漏套管	管道孔、洞、裂缝的密封堵漏。最大封堵压力不小于 1.6MPa	1 套	—	每套不少于 9 种规格
	粘贴式堵漏工具	罐体和管道表面点状、线状泄漏的堵漏作业。无火花材料。包括组合工具、快速堵漏胶等	1 组	—	
	注入式堵漏工具	阀门或法兰盘堵漏作业。无火花材料。配有手动液压泵,泵缸压力≥74MPa	1 组	—	含注入式堵漏胶 1 箱
	电磁式堵漏工具	各种罐体和管道表面点状、线状泄漏的堵漏作业	*	—	
	无火花工具	易燃易爆事故现场的手动作业。一般为铜质合金材料	1 套	—	配备不低于 11 种规格
排烟照明	移动式排烟机	灾害现场排烟和送风。有电动、机动、水力驱动等几种	1 台	—	
	移动照明灯组	灾害现场的作业照明。由多个灯头组成,具有升降功能,发电机可选配	1 具	—	
	移动发电机	灾害现场供电。功率≥5kW	1 台	—	若移动照明灯组已自带发电机,则可视情不配
其他	水幕水带	阻挡稀释易燃易爆和有毒气体或液体蒸汽	100m	—	
	空气充填泵	气瓶内填充空气。可同时充填两个气瓶,充气量应不小于 300L/min	*	—	
	多功能消防水枪	火灾扑救,具有直流喷雾无级转换、流量可调、防扭结等功能	6 支	3 支	又名导流式直流喷雾水枪
	直流水枪	火灾扑救,具有直流射水功能	10 支	5 支	
	灭火救援指挥箱	为指挥员提供辅助决策。内含笔记本电脑、GPS 模块、测温仪等	1 套	—	

附录二　消防站消防员基本防护和特种防护装备配备品种与数量

附表 2-1　消防员基本防护装备配备标准

序号	名称	主要用途及性能	普通消防站 一级普通消防站 配备	普通消防站 一级普通消防站 备份比	普通消防站 二级普通消防站 配备	普通消防站 二级普通消防站 备份比	特勤消防站 配备	特勤消防站 备份比	备注
1	消防头盔	用于头部、面部及颈部的安全防护。技术性能符合《消防头盔》GA 44 的要求	2 顶/人	4:1	2 顶/人	4:1	2 顶/人	2:1	—
2	消防员灭火防护服	用于灭火救援时身体防护。技术性能符合《消防员灭火防护服》GA 10 的要求	2 套/人	1:1	2 套/人	1:1	2 套/人	1:1	—
3	消防手套	用于手部及腕部防护。技术性能不低于《消防手套》GA 7 中 1 类消防手套的要求	4 副/人	1:1	4 副/人	1:1	4 副/人	1:1	宜根据需要选择配备 2 类或 3 类消防手套
4	消防安全腰带	登高作业和逃生自救。技术性能符合《消防用防坠落装备》GA 494 的要求	1 根/人	4:1	1 根/人	4:1	1 根/人	4:1	—
5	消防员灭火防护靴	用于小腿部和足部防护。技术性能符合《消防员灭火防护靴》GA 6 的要求	2 双/人	1:1	2 双/人	1:1	2 双/人	1:1	—

序号	名称	主要用途及性能	一级普通消防站 配备	一级普通消防站 备份比	二级普通消防站 配备	二级普通消防站 备份比	特勤消防站 配备	特勤消防站 备份比	备注
6	正压式消防空气呼吸器	缺氧或有毒现场作业时的呼吸防护。技术性能符合《正压式消防空气呼吸器》GA 124的要求	1具/人	5:1	1具/人	5:1	1具/人	4:1	宜根据需要选择配备6.8L、9L或双6.8L气瓶,并选配其他接口。备用气瓶按照正压式空气呼吸器总量1:1备份
7	佩戴式防爆照明灯	消防员单人作业照明	1个/人	5:1	1个/人	5:1	1个/人	5:1	—
8	消防员呼救器	呼救报警。技术性能符合《消防员呼救器》GA 401的要求	1个/人	4:1	1个/人	4:1	1个/人	4:1	配备具有方位灯功能的消防员呼救器,可不配方位灯
9	方位灯	消防员在黑暗或浓烟等环境中的位置标识	1个/人	5:1	1个/人	5:1	1个/人	5:1	
10	消防轻型安全绳	消防员自救和逃生。技术性能符合《消防用防坠落装备》GA 494的要求	1根/人		1根/人		1根/人	4:1	
11	消防腰斧	灭火救援时手动破拆非带电障碍物。技术性能符合《消防腰斧》GA 630的要求	1把/人		1把/人		1把/人	5:1	优先配备多功能消防腰斧
12	消防员灭火防护头套	灭火救援时头面部和颈部防护。技术性能符合《消防灭火防护头套》GA 869的要求	2个/人	4:1	2个/人	4:1	2个/人	4:1	原名阻燃头套

序号	名称	主要用途及性能	一级普通消防站 配备	一级普通消防站 备份比	二级普通消防站 配备	二级普通消防站 备份比	特勤消防站 配备	特勤消防站 备份比	备注
13	防静电内衣	可燃气体、粉尘、蒸汽等易燃易爆场所作业时躯体内层防护	2套/人	—	2套/人	—	3套/人		
14	消防护目镜	抢险救援时眼部防护	1个/人	4:1	1个/人	4:1	1个/人	4:1	
15	抢险救援头盔	抢险救援时头部防护。技术性能符合《消防员抢险救援防护服装》GA 633的要求	1顶/人	4:1	1顶/人	4:1	1顶/人	4:1	
16	抢险救援手套	抢险救援时手部防护。技术性能符合《消防员抢险救援防护服装》GA 633的要求	2副/人	4:1	2副/人	4:1	2副/人	4:1	
17	抢险救援服	抢险救援时身体防护。技术性能符合《消防员抢险救援防护服装》GA 633的要求	2套/人	4:1	2套/人	4:1	2套/人	4:1	
18	抢险救援靴	抢险救援时小腿部及足部防护。技术性能符合《消防员抢险救援防护服装》GA 633的要求	2双/人	4:1	2双/人	4:1	2双/人	2:1	

注:寒冷地区的消防员防护装具应考虑防寒需要。表中"备份比"系指消防员防护装备投入使用数量与备用数量之比。

附表 2-2　消防员特种防护装备配备标准

序号	名称	主要用途及性能	一级普通消防站 配备	一级普通消防站 备份比	二级普通消防站 配备	二级普通消防站 备份比	特勤消防站 配备	特勤消防站 备份比	备注
1	消防员隔热防护服	强热辐射场所的全身防护。技术性能符合《消防员隔热防护服》GA 634的要求	4套/班	4:1	4套/班	4:1	4套/班	2:1	优先配备带有空气呼吸器背囊的消防员隔热防护服
2	消防员避火防护服	进入火焰区域短时间灭火或关阀作业时的全身防护	2套/站	—	2套/站	—	3套/站	—	
3	二级化学防护服	化学灾害现场处置挥发性化学固体、液体时的躯体防护。技术性能符合《消防员化学防护服装》GA 770的要求	6套/站	—	4套/站	—	1套/人	4:1	原名消防防化服或普通消防员化学防护服。应配备相应的训练用服装
4	一级化学防护服	化学灾害现场处置高浓度、强渗透性气体时的全身防护。具有气密性,对强酸强碱的防护时间不低于1h。应符合《消防员化学防护服装》GA 770的要求	2套/站	—	2套/站	—	6套/站	—	原名重型防化服或全密封消防员化学防护服。应配备相应的训练用服装
5	特级化学防护服	化学灾害现场或生化恐怖袭击现场处置生化毒剂时的全身防护。具有气密性,对军用芥子气、沙林、强酸强碱和工业苯的防护时间不低于1h	*	—	*	—	2套/站	—	可替代一级消防员化学防护服。应配备相应的训练用服装

序号	名称	主要用途及性能	一级普通消防站 配备	一级普通消防站 备份比	二级普通消防站 配备	二级普通消防站 备份比	特勤消防站 配备	特勤消防站 备份比	备注
6	核沾染防护服	处置核事故时,防止放射性沾染伤害					*		原名防核防化服。距核设施及相关研究、使用单位较近的消防站宜优先配备
7	防蜂服	防蜂类等昆虫侵袭的专用防护	*	—	*	—	2套/站		有任务需要的普通消防站配备数量不宜低于2套/站
8	防爆服	爆炸场所的排爆作业的专用防护					*		承担排爆任务的消防站配备数量不宜低于2套/站
9	电绝缘装具	高电压场所作业时全身防护。技术性能符合《带电作业用屏蔽服》GB 6568.1的要求	2套/站	—	2套/站	—	3套/站	—	
10	防静电服	可燃气体、粉尘、蒸汽等易燃易爆场所作业时的全身外层防护。技术性能符合《防静电工作服》GB 12014的要求	6套/站	—	4套/站	—	12套/站	—	
11	内置纯棉手套	应急救援时的手部内层防护	6副/站	—	4副/站	—	12套/站	—	
12	消防阻燃毛衣	冬季或低温场所作业时的内层防护	*	—	*	—	1件/人	4:1	

序号	名称	主要用途及性能	普通消防站				特勤消防站		备注
			一级普通消防站		二级普通消防站				
			配备	备份比	配备	备份比	配备	备份比	
13	防高温手套	高温作业时的手部和腕部防护	4副/站	—	4副/站	—	6副/站	—	
14	防化手套	化学灾害事故现场作业时的手部和腕部防护	4副/站	—	4副/站	—	6副/站	—	
15	消防通用安全绳	消防员救援作业。技术性能符合《消防用防坠落装备》GA 494的要求	2根/班	2:1	2根/班	2:1	4根/班	2:1	
16	消防Ⅰ类安全吊带	消防员逃生和自救。技术性能符合《消防用防坠落装备》GA 494的要求	*	—	*	—	4根/班	2:1	
17	消防Ⅱ类安全吊带	消防员救援作业。技术性能符合《消防用防坠落装备》GA 494的要求	2根/班	2:1	2根/班	2:1	4根/班	2:1	宜根据需要选择配备消防Ⅱ类安全吊带和消防Ⅲ类安全吊带中的一种或两种
18	消防Ⅲ类安全吊带	消防员救援作业。技术性能符合《消防用防坠落装备》GA 494的要求	2根/班	2:1	2根/班	2:1	4根/班	2:1	
19	消防防坠落辅助部件	与安全绳和安全吊带、安全腰带配套使用的承载部件。包括:8字环、D形钩、安全钩、上升器、下降器、抓绳器、便携式固定装置和滑轮装置等部件。技术性能符合《消防用防坠落装备》GA 494的要求	2套/班	3:1	2套/班	3:1	3套/班	3:1	宜根据需要选择配备轻型或通用型消防防坠落辅助部件
20	移动供气源	狭小空间和长时间作业时呼吸保护	1套/站	—	1套/站	—	2套/站	—	

序号	名称	主要用途及性能	普通消防站				特勤消防站		备注
			一级普通消防站		二级普通消防站				
			配备	备份比	配备	备份比	配备	备份比	
21	正压式消防氧气呼吸器	高原、地下、隧道以及高层建筑等场所长时间作业时的呼吸保护。技术性能符合《正压式消防氧气呼吸器》GA 632的要求	*	—	*	—	4具/站	2:1	承担高层、地铁、隧道或在高原地区承担灭火救援任务的普通消防站配备数量不宜低于2具/站
22	强制送风呼吸器	开放空间有毒环境中作业时呼吸保护	*	—	*	—	2套/站	—	滤毒罐按照强制送风呼吸器总量1:2备份
23	消防过滤式综合防毒面具	开放空间有毒环境中作业时呼吸保护	*	—	*	—	1套/2人	4:1	滤毒罐按照消防过滤式综合防毒面具总量1:2备份
24	潜水装具	水下救援作业时的专用防护	*	—	*	—	4套/站	—	承担水域救援任务的普通消防站配备数量不宜低于4套/站
25	消防专用救生衣	水上救援作业时的专用保护。具有两种复合浮力配置方式,常态时浮力能保证单人作业,救人时最大浮力可同时承载两个成年人,浮力≥140kg	*	—	*	—	1件/2人	2:1	承担水域应急救援任务的普通消防站配备数量不宜低于1件/2人

序号	名称	主要用途及性能	普通消防站				特勤消防站		备注
			一级普通消防站		二级普通消防站				
			配备	备份比	配备	备份比	配备	备份比	
26	手提式强光照明灯	灭火救援现场作业时的照明。具有防爆性能	3具/班	2:1	3具/班	2:1	3具/班	2:1	
27	消防员降温背心	降低体温防止中暑。使用时间不应低于2h	4件/站	—	4件/站	—	4件/站	—	
28	消防用荧光棒	黑暗或烟雾环境中一次性照明和标识使用	4根/人	—	4根/人	—	4根/人	—	
29	消防员呼救器后场接收装置	接收火场消防员呼救器的无线报警信号,可声光报警。至少能够同时接收8个呼救器的无线报警信号	*	—	*	—	*	—	若配备具有无线报警功能的消防员呼救器,则每站至少应配备1套
30	头骨振动式通信装置	消防员间以及与指挥员间的无线通信,距离不应低于1000m,可配信号中继器	4个/站		4个/站		8个/站		
31	防爆手持电台	消防员间以及与指挥员间的无线通信,距离不应低于1000m	4个/站		4个/站		8个/站		
32	消防员单兵定位装置	实时标定和传输消防员在灾害现场的位置和运动轨迹	*		*		*		每套消防员单兵定位装置至少包含一个主机和多个终端

注:寒冷地区的消防员防护装具应考虑防寒需要。表中"备份比"系指消防员防护装备投入使用数量与备用数量之比。

附　件

城市消防站建设标准

条文说明

第一章 总 则

第一条 本条阐述制定《城市消防站建设标准》的目的。

城市消防站担负着扑救火灾和抢险救援的重要任务,是城市消防基础设施的重要组成部分。为保障城市消防安全,制定符合我国经济与社会发展水平的消防站规划与建设方面的法规,提高消防站工程项目规划、设计和立项审批的水平,加强对消防站建设的科学决策和科学管理,2006 年 5 月由公安部修订,原建设部、国家发展和改革委批准的《城市消防站建设标准(修订)》(以下简称"原《标准》")正式颁布实施。原《标准》实施以来,在推动城市消防站建设方面发挥了积极的作用,部队装备建设发生了日新月异的变化。

随着经济社会的快速发展,各种致灾因素日益增加,消防队伍职能不断拓展,灭火和应急救援任务日趋繁重。2009 年 5 月 1 日,新修订颁布的《消防法》明确规定:"公安消防队、专职消防队按照国家规定承担重大灾害事故和其他以抢救人员生命为主的应急救援工作"。2009 年 10 月,《国务院办公厅关于加强基层应急队伍建设的意见》(国办发〔2009〕59 号)进一步提出了"各县级人民政府要以公安消防队伍及其他优势专业应急救援队伍为依托,建立或确定一专多能的县级综合性应急救援队伍"的要求,除承担消防工作以外,同时承担综合性应急救援任务。随着应急救援职能的不断拓展,原《标准》在一些方面已经不能适应时代发展的需要,消防站建设水平以及车辆装备配备也难以满足日益繁重的灭火和应急救援需要,有必要对原《标准》进行修订。

因此,依据《中华人民共和国城乡规划法》和《中华人民共和国消防法》,在充分调研论证的基础上,对原《标准》进行了部分修改,增设了战勤保障消防站,增加了车辆配备数量,拓展了灭火、抢险救援和防护装备的选配范围,适度调整了消防站个别用房的使用面积,提高了建设投资水平,为保障消防站正常的执勤和生活秩序,满足社会和人民群众消防安全需求提供必要的条件。

第二条 本建设标准是指导城市消防站建设的国家工程项目建设标准,它在技术、经济和管理上对消防站建设项目起宏观控制作用,具有较强的政策性和实用性。本建设标准的作用是指导各地编制消防规划,使消防站建设项目的评估、审批、决策等前期工作有所遵循,为建设实施提供监督检查的尺度。

第三条 本条规定本建设标准的适用范围。本建设标准适用于建设在城乡规划区内、由政府统一投资和管理的各类消防站,或由民间集资兴建、政府统一管理的多种形式的消防站。本建设标准所称的其他消防站,包括企业消防站、民办消防站等。对于一些有特殊功能需求的消防站,如航空消防站、水上消防站、搜救犬消防站、轨道消防站等,可根据消防站的类别、功能、装备、用房需求,单独申请报批。

第四条 《中华人民共和国城乡规划法》第四条规定:"制定和实施城乡规划,应当遵循城乡统筹、合理布局、节约土地、集约发展和先规划后建设的原则,改善生态环境,促进资源、能源节约和综合利用……并符合区域人口发展、国防建设、防灾减灾和公共卫生、公共安全的需要。"《中华人民共和国消防法》第八条也明确规定:"地方各级人民政府应当将包括消防安全布局、消防站、消防供水、消防通信、消防车通道、消防装备等内容的消防规划纳入城乡规划,并负责组织实施。"根据上述要求,本标准规定消防站的建设应纳入当地国民经济社会发展规划、城乡规划以及消防专项规划,由各级政府负责,并按规划组织实施。

第五条 本条规定了消防站建设的基本原则。消防站的类别、功能、消防车辆与人员配备、训练内容都直接影响着消防站的建设标准;同时,消防站是城市重要的防灾减灾基础设施,应保障消防队快速出动的要求,还要考虑方便消防员日常生活和执勤训练,确保安全实用,以更好地完成灭火和应急救援任务。

第六条 本条阐明了本建设标准与其他现行有关标准、定额、指标之间的关系。消防站工程项目的建设涉及的专业较多,如城市规划、城市防灾、工程水文地质、环保卫生、交通、供电供水、城市基础消防设施和消防装备的技术性能等,因此,除执行本建设标准外,尚应符合国家现行的有关标准、规范和定额指标的规定。

第二章 建设规模与项目构成

第七条 城市消防站的正确分类关系到消防站的建设规模、装备水平以及灭火与应急救援的能力。

普通消防站是指主要承担本辖区常见火灾扑救和一般灾害事故抢险救援任务的消防站。特勤消防站是指除承担普通消防站任务外,主要承担特殊火灾扑救和特种灾害事故处置的消防站。战勤保障消防站是指为火灾扑救和抢险救援提供应急保障的消防站。

按照业务类型,消防站分为普通消防站、特勤消防站和战勤保障消防站三类,普通消防站划分为一级普通消防站和二级普通消防站。这种分类方式既符合我国城市消防站发展的需要,也适应消防部队完成各项消防保卫任务和履行抢险救援职责的要求。

第八条 普通消防站是城市扑救火灾和处置灾害事故的主体,在消防保卫实践中发挥着决定性的作用,各地在城市总体规划中,都围绕一级普通消防站的建设进行规划布局。为满足灭火救援的需要,所有城市必须设立一级普通消防站。

部分城市为解决原有消防站布局过疏、辖区面积过大的问题,在建成区内繁华商业区、重点保卫目标等特殊区域设立一级普通消防站确有困难的情况下,要结合总体规划布局,经过认真的调查论证,可设立二级普通消防站。

本建设标准规定地级以上城市都应建设特勤消防站。另外,我国东部及沿海经济发达地区的县级城市,GDP 已达到或超过了部分地级以上城市,城市建设具有一定规模,且有着极其重要的保卫价值,常规的普通消防站已难以满足需要,因此也应建立特勤消防站。

随着灭火和应急救援任务日趋繁重,消防部队在灭火救援中动态保障能力低、持续战斗力不足的问题日益凸显。为破解制约战斗力提升的难题，2007 年以来，公安部消防局先后分三批在全国启动和建成了 112 个战勤保障消防站。截至 2010 年底，全国已投入 3.1 亿元，已建成战勤保障消防站营区面积达到 89 万 m²，新购各类应急保障车 1437 辆，各类应急保障装备 56 万余件，储备灭火药剂总量 4218 吨，储备各类应急物资 7.6 万余件。

战勤保障消防站将部队内部保障资源予以整合，随警出动，第一时间在灭火救援现场展开保障，大大提高了主动保障、集中保障和遂行保障能力，促进了灭火救援战斗力的提升。在沈阳汽配城"4·6"火灾、大连"7·16"输油管道爆炸火灾扑救和四川汶川、青海玉树地震、甘肃舟曲特大泥石流灾害救援中，战勤保障发挥了重要作用。实践证明，大力加强战勤保障消防站建设，不仅有利于优化、整合各类灭火救援保障资源，更有利于提升消防站的灭火救援战斗力。

此外，根据公安部下发的《关于颁发〈公安消防部队总队以下单位编制方案〉的命令》（公政治〔2010〕239 号）文件要求，所有公安消防支队均设立战勤保障大队。故地级以上城市（含）应设战勤保障消防站。

近年来，一些经济较发达的县级城市为适应灭火救援任务的需要，大力加强多种形式消防队伍建设，有的县级消防大队下辖10 余个中队，且战勤保障任务较为艰巨，故经济较发达的县级城市也应设战勤保障消防站。

目前，国内许多城市相继建立了水上消防站和航空消防站，并在火灾扑救和抢险救援中发挥了重要作用。为此，本建设标准增加了有任务需要的城市可设水上消防站和航空消防站等专业消防站的规定。

第九条 消防站所配备的消防车数量是确定其建设规模的主要因素。本建设标准根据消防车辆配备数量的增加，对消防站车库车位数进行了调整。

近年来，各地根据灭火和应急救援任务的需要，购置了大量消防车辆。但由于原《标准》车位数偏少，一些车辆装备购置后，只能搭建临时车库存放。一些消防站消防车辆还露天停放，不仅影响消防员日常生活和执勤训练，而且长期日晒雨淋，导致车辆机件老化、损坏，影响了灭火救援效能的发挥。考虑到我国经济社会发展及消防部队履行应急救援职责的需要，根据消防车辆配备数量（抢险救援消防车必配）的增加，对消防站车库车位数相应进行了调整，以切实提高消防队站的可持续发展能力。

战勤保障消防站车位数依据其应急保障车辆配备数量确定。

第十条 场地、房屋建筑和装备是构成消防站建设项目的基本要素，规划和设计消防站时应充分考虑这些要素。

消防站的场地主要包括消防员进行体能、技能训练的室外场地，消防车行驶道路和回车场地，消防站内绿化用地，以及自装卸模块堆放场地的面积。

根据应急救援任务的需要，适度调整了业务用房、业务附属用房和辅助用房的种类和面积。同时，根据战勤保障任务的需要，增设了战勤保障消防站的业务用房，除常规执勤用房外，还包括器材储备库、灭火药剂储备库、机修物资储备库、军需物资储备库、医疗药械储备库、车辆检修车间、器材检修车间、呼吸器检修充气室、卫勤保障室等。

第十一条 水上和航空消防站的建设与常规消防站不同，其场地、码头、停机坪和房屋建筑等建设标准可参照国家有关规定执行。为水上消防站配备装备时，可结合水域灾害事故的特点，重点配备消防船艇、冲锋舟、浮艇泵、潜水装具等水域救援装备。消防船可配拖消两用船只，吨位可根据需要自行确定，其他救生和灭火的各种辅助器材可根据需要配备。航空消防站的装备配备可参照国内外有关标准，以满足高空、陆（山）地等灭火救援任务的需要，重点考虑救人、侦察、摄像以及特定条件下的灭火行动，其他辅助设备和器材的配备可根据需要确定。

第三章 规划布局与选址

第十二条 本条提出的是消防站布局应当遵循的一般原则，是按照接到出动指令后 5min 内消防队可以到达辖区边缘的要求确定的。

5min 时间是由 15min 消防时间得来的。根据火灾发展过程一般可以分为初起、发展、猛烈、下降和熄灭五个阶段，以一般固体可燃物着火后，在 15min 内，火灾具有燃烧面积不大、火焰不高、辐射热不强、烟和气体流动缓慢、燃烧速度不快等特点，如房屋建筑火灾 15min 内尚属于初起阶段。如果消防队能在火灾发生的 15min 内开展灭火战斗，将有利于控制和扑救火灾，否则火势将迅速蔓延，造成严重的损失。

15min 的消防时间分配为：发现起火 4min、报警和指挥中心处警 2min 30s、接到指令出动 1min、行车到场 4min、开始出水扑救 3min 30s。

从国外一些资料来看，美国、英国的消防部门接到指令出动和行车到场时间大致也在 5min 左右，日本规定为 4min，也基本与我国规定的 5min 原则吻合。

所以，综合考虑我国各城市的实际情况，以消防队从接到出动指令起 5min 内到达辖区最远点为城市普通消防站布局的一般原则，是较为合适的。

第十三条 本条规定了各类消防站的辖区面积。它是根据消防车到达辖区最远点的距离、消防车时速和道路情况综合确定的。根据对北京、上海、沈阳、广州、武汉、重庆等 23 个城市实际测试结果，并考虑我国城市道路的实际状况，按照消防站辖区面积计算公式来确定辖区面积。

消防站辖区面积计算公式：

$$A = 2P^2 = 2 \times (S/\lambda)^2$$

式中：A——消防站辖区面积（km²）；

P——消防站至辖区最远点的直线距离，即消防站保护半径（km）；

S——消防站至辖区边缘最远点的实际距离，即消防车 4min 的最远行驶路程（km）；

λ——道路曲度系数，即两点间实际交通距离与直线距离之比，通常取系数 1.3～1.5。

一、按照公式计算，根据上海、内蒙古的部分城市在不同时段消防车的实际行车测试，并考虑到我国城市道路系统大多数是方格式或自由式的形式，得出消防车平均时速为 30～35km，道路曲度系数取 1.3～1.5，得出消防站辖区在 3.56～6.28km² 之间，即4～7km²。

近年来，虽然我国的道路交通情况有所改善，但同时路上行驶的车辆也相应增加，致使消防车车速难以提高。所以，综合我国目前的实际情况，并考虑消防站的分类，我们确定作为保卫城市消防安全主要力量的一级普通消防站的辖区面积不宜大于 7km²，兼有辖区消防任务的特勤站辖区保护面积同一级普通消防站，同一辖区内一般不再另设一级普通消防站。城市建成区内由于设置一级普通消防站确有困难而建设二级普通消防站的，其辖区面积不宜大于 4km²。

二、城市近郊区是指城市行政管辖的郊区或根据城市规划需要扩大的郊区，近郊区以及城市行政区域内其他因城市建设和发展需要实行规划控制区域的普通消防站辖区面积，基于以下考虑：

1. 根据《城市道路交通规划设计规范》GB 50220 的规定，在城市郊区和市郊接合部的快速路的设计行车速度一般不低于60km/h，综合考虑实际状况，按照 60km/h 的消防车车速计算，道路曲度系数取 1.5，得出辖区面积约为 15km²。

2. 统计分析上海市近两年来 8～10 月的公路网行车平均速度，在综合考虑交通状况下，得出消防车在近郊区的平均行车速度为 55km/h，4min 的最远行驶路程 3.67km，辖区面积应为 15.9km²。

3.经走访上海、贵州、湖北、广西、内蒙古、吉林等 6 个总队的基层单位，认为近郊区消防站的辖区面积应考虑适当放宽，建议将近郊区等消防站的辖区面积确定为 15km² 左右。

综上所述，将近郊区的普通消防站辖区面积确定为不大于 15km²。

三、针对城市的火灾风险，通过风险评估来确定消防站的辖区范围，是当今国内外消防站规划布局的一种新方法。主要考虑如下：

1.英、美、德等发达国家，针对火灾风险的不同，确定不同的消防车行车到场时间，结合规划区内交通道路、行车速度、地形地貌、消防站布局现状以及当地经济发展等因素，通过风险评估，提供优化方案，为确定消防站的数量、位置和辖区范围提供依据。

2.我国在"十五"期间就开始了对城市火灾风险评估和消防应急救援能力的优化方法研究，研究成果已经在厦门、杭州、无锡等地进行了实际应用，并取得了较好的效果。因此，有条件的城市也可针对城市的火灾风险，通过评估方法，合理确定消防站保护面积。

战勤保障消防站主要承担本城市范围内灭火救援的应急保障任务，消防车辆配备和物资储备与保障任务相匹配。为强化战勤保障消防站的保障功能，战勤保障消防站可不单独划分辖区面积。

第十四条 本条规定了消防站的选址条件。

一、主要考虑三个方面的要求。第一，消防站设在辖区内适中位置是为了当辖区最远点发生火灾时，消防队能够迅速赶到现场，及早进行扑救；第二，消防站设在临街地段，是为了保证消防队在接到出动指令后，能够迅速安全地出动；第三，对消防站用地的要求，是为了满足消防站训练场地设置和业务训练有效开展的需要，一般要求为长方形。

二、规定消防站执勤车辆主出入口两侧应设置可控交通信号灯、标志、标线、隔离设施等，提前警示驾驶员，保障快速、安全出警。消防站执勤车辆主出入口距人员密集的公共场所不应小于 50m，主要是为在接警出动和训练时不致影响医院、学校、幼儿园、托儿所等单位的正常活动，避免因发出警引起惊慌造成事故；同时，也是为了防止人流集中时影响消防车迅速安全地出动，贻误灭火救援战机。

三、规定消防站应处于生产、贮存危险化学品单位上风向或侧风向，且距离危险部位不宜小于 200m，主要考虑的是为了保障消防站的安全和消防员的健康。事实上，以前曾发生过因辖区内危险化学品发生事故，从而造成消防队员中毒受伤的情况。

四、根据国家强制性标准《道路车辆外廓尺寸、轴荷及质量限值》GB 1589 的规定，我国汽车、挂车外廓尺寸的最大限值车身最长为 18m，考虑到近年来我国的消防车辆种类和质量都发生了较大的变化，大型消防车车长已达到 15.9m。又通过对上海近 10 年建造的消防站调研，其车库门至道路红线距离均不小于 15m，且实际使用效果较好。因此，将后退红线距离修改为不小于 15m，以保证出车时视线良好，便于消防车迅速出动和回车时有一定的倒车场地，不致影响行人和车辆的交通安全。

第十五条 本条主要考虑消防站作为灭火救援执勤备战单位，日常消防员的执勤、训练、学习、生活都应该相对独立，不受干扰，所以规定消防站不宜设在综合性建筑物中；特殊情况下需要设在综合性建筑物中的消防站，必须自成一区，并有专用的出入口，确保消防站人员、车辆出动的安全、迅速。

第四章 建 筑 标 准

第十六条 本条规定了几种类型、不同级别的消防站建筑面积指标。

消防站的建筑面积和各种用房使用面积的确定，应坚持现实与发展相结合，消防站建设与社会进步相协调、与城市建设发展相同步的原则。确定消防站建筑面积和各种用房使用面积的重点，首先是确保消防站的消防车辆装备、灭火抢险器材、个人防护装备等所需用房面积，以及战勤保障消防站应急装备物资储备用房面积，确保消防员业务技能、体能训练等必要的房屋、设施面积；其次是消防员执勤备战所需的居住、生活等用房面积。

第十七条 本条规定了消防站建筑面积和各种用房使用面积的关系，以及消防站各种用房的使用面积指标。

一、建筑面积和各种用房使用面积的关系。建筑面积和各种用房使用面积两者紧密相连，是消防站建筑的重要控制指标。消防站的建筑面积是根据站内各种用房使用面积计算得出的。消防站属于多层建筑，参照原国家计委《党政机关办公用房建设标准》（计投资〔1999〕2250 号）的有关规定，多层建筑使用面积系数不应低于 60%。通过调研发现，我国已建使用面积系数在 0.7 左右的消防站，楼梯和通道狭窄，影响消防员执勤备战和迅速出动。参照相关国家标准，综合考虑消防站的职能定位和 24h 执勤备战的状况，将消防站的使用面积系数定为 0.65 是合适的。

二、确定消防站各种用房使用面积主要依据。消防站各种用房使用面积的确定，主要参照中央军委 2009 年 11 月修订下发的《中国人民解放军营房建筑面积标准》（〔2009〕9 号）以及原建设部颁发的《办公室建筑设计规范》JGJ 67、《宿舍建筑设计规范》JGJ 36 等有关标准和规范，并综合了近年来各地消防站建设的实践经验，必须满足消防站所配备的各种消防车辆、灭火器材、抢险救援器材以及消防员防护装备的使用或存放需要；必须满足消防站人员执勤备战、生活、学习、技能、体能训练和迅速出动的需要。

三、对普通消防站、特勤消防站各种用房使用面积指标调整说明。

一是调整了消防站车库的面积。消防站车位数上下限进行了调整，故车库面积也应随之调整，相应增加车库的面积。近年来，各地购置的大型特种消防和抢险救援车车身长度变化较大，为满足消防车的停放要求，便于消防员登车出警，结合我国消防车辆发展和灭火救援的实际需要，将每个车库面积确定为 90m²。

二是将原《标准》中"灭火抢险、个人防护器材库"更改为"执勤器材库"，以区别于训练器材库，同时增加了执勤器材库的面积上限。

三是增设了训练器材库。目前，基层消防部队配备了大量的训练器材用于开展日常训练，这些训练器材与执勤装备在安全性、实用性、可靠性等方面有着本质的区别，不能作为执勤器材投入到灭火救援中，因而应与执勤器材装备分开存放。根据常见训练器材的种类和数量，综合确定了不同类型消防站的训练器材库面积。

四是增设了心理辅导室。消防员是一个特殊的社会群体，24h 处于战备值勤状态，长期从事高危险、高强度、高负荷工作，心理压力远远大于普通的社会群体。据调研，不少消防员存在不同程度的心理障碍。许多基层消防站已建立了心理辅导室，并定期开展心理疏导和训练，以缓解官兵的心理压力，培养官兵良好的心理素质。参照中央军委 2009 年 11 月下发的《中国人民解放军营房建筑面积标准》（〔2009〕9 号）的规定，综合确定了不同类型消防站的心理辅导室面积。

五是增设了财务室。目前，根据人员编制的要求，所有基层消防队站设置专职后勤管理人员（司务长）负责消防队的财务、营房、粮秣被装、车辆器材装备等后勤管理工作，消防站均设置了独立的财务室用于日常办公。参照中央军委 2009 年 11 月下发的《中国人民解放军营房建筑面积标准》（〔2009〕9号）的规定，综合确定了不同类型消防站的财务室面积。

四、对战勤保障消防站各种用房使用面积指标的说明。

一是器材储备库的面积。战勤保障消防站的器材储备库，主要用于储备各类灭火救援器材。参照已建成的战勤保障消防站的器材储备库面积，综合确定了器材储备库面积。

二是灭火药剂储备库的面积。战勤保障消防站应存储常用的灭火剂（如各类泡沫、洗消剂等），参照已建成的战勤保障消防站的灭火药剂储备库的面积，结合存储灭火剂的常规容器体积，综合确定灭火药剂储备库的面积。

三是车辆检修车间、器材检修车间和机修物资储备库的面积。车辆检修车间、器材检修车间和机修物资储备库是装备技术保障的重要物质保证。其中，车辆检修车间主要用于维修各类消防车辆，内部应设置固定的吊装、检测、维修设施、设备，且需预留3辆以上消防车的停放空间；器材检修车间主要用于维修各类灭火救援器材；机修物资储备库主要用于储备平时维修和战时抢修所需的各类机修工具和消防车辆、器材的常用、易损零配件，参照已建成的战勤保障消防站的实际数据，综合确定了车辆检修车间、器材检修车间和机修物资储备库的面积。

四是军需物资储备库的面积。战勤保障消防站的军需物资储备库，主要用于储备灭火救援所需的被服、装具、野营器材（如作训服、背囊、帐篷等），根据目前部队所配常用被服、装具、野营器材的体积和存储要求，综合确定了军需物资储备库的面积。

五是呼吸器检修充气室的面积。战勤保障消防站承担着为各消防站呼吸器进行充气、检测和维修的任务，根据呼吸器充气、检测、维修设备和储气瓶的体积，以及呼吸器充气、检测、维修要求，综合确定了呼吸器检测充气室的面积。

六是卫勤保障室和医疗药械储备库的面积。战勤保障消防站具有卫勤保障的职能，因此，应设立供卫勤保障人员工作和备勤的场所以及用于储备常用药品、医疗器械的仓库。参考已建成的战勤保障消防站的实际数据，综合确定了卫勤保障室和医疗药械储备库的面积。

战勤保障消防站业务附属用房和辅助用房的面积，根据人员配备和实际需要确定。

第十八条 根据现行国家标准《建筑设计防火规范》GBJ 16 的有关规定，结合消防站在城市防灾救灾工作中的重要性，确定消防站的耐火等级不低于二级。

第十九条 根据现行国家标准《建筑抗震设计规范》GBJ 50011 和《建筑工程抗震设防分类标准》GB 50223 确定了消防站的抗震设防要求，对适应非常时期的灭火救援工作需要具有重要意义。

在消防站建筑的抗震设计方面，其重点是在强震情况下，应保障消防站内的消防车能正常出动，执行灭火救援任务。对位于抗震设防烈度为6～9度地区的消防站建筑，应按乙类建筑（重点设防类）进行抗震设计。

第二十条 对消防车库车辆停放、出动、维护保养和执勤战备等在建筑设施上作出了相应规定。由于消防站车型大，车库面积小，为避免在倒车过程中发生事故，规定在消防车库内宜设置倒车定位装置。

第二十一条 扑救火灾分秒必争。为了保证消防员出动迅速、安全，本条对消防站的走道和楼梯的净宽及走道两侧墙面、楼梯两侧扶手等作出了相应规定。为避免地面过于光滑而造成出警时人员滑倒受伤，规定楼梯通道的地面应采用防滑材料。此外，楼梯踏步应平缓以利于消防员出动。

第二十二条 根据消防站的功能要求，本条对消防站业务训练与体能训练设施的设置作出了规定，所有消防站均应建训练塔（一般不少于6层）。体能训练设施主要有单杠、双杠、吊环、爬杆（绳）、攀岩、烟热训练室等，根据应急救援职能的拓展，还应增设深井救助训练设施、山岳救助训练设施、危险化学品泄漏事故训练装置、心理拓展训练设施等，建设这些设施的目的在于满足消防员在站内能做到边执勤、边开展各项体能和技能训练的要求，以提高消防

员的业务技能与身体素质。冬季寒冷地区和多雨地区宜设室内训练场，以便于消防员开展训练。

第二十三条 对消防站建筑物内外装修、采暖、通风空调和给水、排水设置标准作出了规定。各地可结合实际需要和经济发展水平选择装修材料，以进一步体现消防站建筑的特色，适应不同地区、气候特点与生活、训练的需要。

第二十四条 本条对消防站的供电负荷等级、应急照明、有线电视、网络、广播系统及有关用房的照明标准作了规定。凡有条件的城市，消防站建筑应尽可能地按两路供电要求设计。为满足消防员灭火救援迅速出动的需要，消防站应设有线电视、网络和广播系统，其公共活动用房和出动通道等部位应设有应急照明，以保证在停电等特殊情况下，消防员在站内任何部位都能安全快速地出动。

第五章 建 设 用 地

第二十五条 本建设标准规定的消防站建设用地指标是房屋建筑用地、室外训练场、道路、绿地面积之和。战勤保障消防站还包括自装卸模块堆放场面积，以满足在室外堆放器材保障、生活保障、供液集装箱的需要。

第二十六条 城市中有河流、湖泊、海域等水上重点保卫对象时，在沿岸靠近辖区消防站部位应设供消防艇停泊的岸线。配备有直升机的消防站应有供直升机起降的停机坪。

第二十七条 按照节约用地、合理布局、满足需要的原则，消防站的主体建筑一般以三层建筑为主，其设计必须满足消防站人员执勤战备、生活、学习与技、体能训练和迅速出动的需要。建筑设计应能体现最快到达车库战斗服挂放处的要求，也可设计滑杆或滑道等快速出动的设施。

训练场地是消防站设施及面积中不可缺少的项目之一，其中训练跑道、篮球场必须满足消防业务训练的特殊需要，同时还要考虑训练时列队观摩、规范操作、器材摆放和准备活动场地以及终点线后的缓冲场地。

本标准所列建设用地不包括站内道路、绿化的用地面积，也没有考虑日照、防火间距等因素。各地可根据当地有关规定和实际情况确定，也可按照0.5～0.6的容积率要求进行测算，最终确定消防站建设用地总面积。

第二十八条 特大城市在建设消防站时，因建设用地困难，达不到本建设标准规定的用地面积要求，无法满足消防人员开展日常训练的需求时，可选择消防站相对集中的区域，立足一个较大的消防站建设训练场地或专门建设用于消防业务训练和模拟实战演练的城市消防训练基地。

64

此外,根据《国务院办公厅关于加强基层应急队伍建设的意见》(国办发〔2009〕59号)文件要求,对于建设在县级城市的消防站,可适当增加消防站训练场地面积,以满足本地综合性应急救援队伍集中训练和培训的需要,更好地承担综合性应急救援任务。

第六章 装 备 标 准

第二十九条 消防站装备配备原则是根据灾害事故发生发展规律、消防队到场时间以及能够有效控制和应对灾害事故的装备实力等因素综合确定的。战勤保障消防站的装备配备应适应本地区灭火和应急救援战勤保障任务的需要。

第三十条 本条规定了各类消防站的车辆配备数量,各类消防站常用消防车辆的配备标准,明确了主要消防车辆的技术性能要求。

消防车的配备数量决定着消防站的建设规模和消防站的灭火救援能力,而消防车的品种决定着消防站的执勤备战功能。本条明确了各类消防站消防车辆配备数量和常用消防车辆品种配备标准,规范了消防车辆的品种,优化和扩展了消防车的配备范围,确定了必配和选配的车辆品种,以便各地结合辖区情况选配相适应的车辆。此外,根据应急救援任务的需要和各地消防站车辆装备配备的现实情况,适当调整了各类消防站消防车辆配备数量,并对各类消防站常用消防车辆的配备品种进行了调整,修改了部分技术性能指标。

第三十一条 本条规定了普通消防站和特勤消防站灭火器材的配备标准。明确了消防梯的配备种类和数量,细化了消防水带的配备数量。相应的调整了机动消防泵、移动式消防炮、消防水带等灭火器材的种类和数量,并增加随车配备的消火栓扳手、水枪、分水器等常规器材工具的备份比。

第三十二条 本条规定了特勤和普通消防站的抢险救援器材配备标准和性能要求。

随着火灾和危险化学品泄漏事故、地震及建筑倒塌事故、交通事故等灭火救援任务的不断增多,消防站配备了大量的灭火和应急救援器材装备,并在实战中发挥了突出作用。此次修订,一是从

应急救援实战需求的角度,参照公安部下发的《县级综合应急救援队装备配备标准》,增加了部分抢险救援器材的种类和数量。二是根据器材装备利用率和实用性调查,调整了部分抢险救援器材的备份数量,删除了个别不实用、不常用的器材。三是参照相关标准,对部分器材装备的性能指标进行了明确,进一步完善了备注内容。

第三十三条 本条规定了消防员防护装备的配备品种和数量。

从保障消防员人身安全和灭火救援实战需要出发,消防员基本防护装备配备必须优先配齐、配强。除基本防护装备外,消防员防护装备还包括特种防护装备,主要用以满足消防员执行特殊火灾扑救和抢险救援、社会救助等特殊任务时个人防护的安全需要。

此次修订重点突出了"以人为本"的理念,强调了消防员个人防护能力和水平。一是将表头中"主要用途"改为"主要用途及性能",并相应增加了一些防护装备的性能要求。二是根据国家已有的行业标准,进一步规范了原《标准》中装备的名称。三是根据应急救援任务的需要,为增强消防员应急救援中的个人防护能力,进一步促进新型、高性能防护装备的应用,增加了相应的防护装备类型。

第三十四条 根据汶川地震、玉树地震以及舟曲泥石流特大灾害事故应急救援中积累的经验,借鉴国际消防部门的通行做法,消防部队采用消防搜救犬和生命探测仪等现代化搜救手段,能以最快的速度搜寻事故现场被困人员,积极抢救被困人员生命。考虑到消防站建设和应急救援任务的需要,本条规定,各地可根据灭火救援需要,在特勤消防站视情况配备消防搜救犬,最低配备不少于7头。

第三十五条 通信装备涉及一个城市消防通信调度指挥的通信能力。为此,公安部主编了国家标准《消防通信指挥系统设计规范》和《消防通信指挥系统施工及验收规范》,具体内容及技术要求可参照两个规范,本标准不再重复。

第三十六条 消防技能、体能训练是消防员训练的重要内容,其训练场地和体能、技能训练器材必不可少,各站可根据实际情况设置和配备。

第三十七条 本条规定了易损耗装备的储备量。消防站常用易损和易耗器材必须有一定数量的备份,否则就无法保证同时扑救两起火灾或重特大火灾的需要。同一城市、同一时间发生几起火灾的概率较高。因此灭火剂、水带等必需的器材,灭火药剂必须有不少于1∶1的储备量,有条件的消防站可适当增加水带、灭火剂的储备,以保障灭火作战的急需。

防站投资的实际数据,根据常用战勤保障装备、器材的平均价格确定。

由于各地区经济发展的不平衡,消防车辆和器材装备的价格国产与进口差异很大,消防站所承担的灭火救援任务又不尽相同,因此,各地可根据以上估算确定其投资。

第七章 人员配备

第三十八条 消防站人员由执勤人员和其他人员组成,执勤人员按各站所配车辆平均每车 6 人计算。实践证明,这种人员配备能够满足整车的灭火救援能力,有效的增加了灭火救援出动车辆数,延长了执勤轮班周期,符合实际灭火救援的需要,起到了减员增效的作用。考虑到执勤人员要有一定量的机动和事、病假人员,所以,一个班次执勤人员以所配车辆平均每车 6 人进行计算。这里所指的一个班次人员编配标准,不仅指现役编制的公安消防队,还包括多种形式消防队伍。如果三班制、四班制的消防站,其人员配备可扩大 3~4 倍。消防站执勤人员之外的其他人员按照公安消防部队编制序列和其他有关规定执行。

第三十九条 为了保证消防站执勤工作的需要,综合考虑灭火和应急救援需要,二级普通消防站 15~25 人,一级普通消防站 30~45 人,特勤消防站 45~60 人。在此基础上,各地可根据情况适当调整,但不得减少执勤人数。

战勤保障消防站的人员配备,根据《关于颁发〈公安消防部队总队以下单位编制方案〉的命令》(公政治〔2010〕239 号)和执行战勤保障任务的需要确定。战勤保障消防站一般下设技术保障、生活保障、卫勤保障、物资保障和社会联勤保障 5 个分队,按照每个分队平均 8~11 人计算,战勤保障消防站编配 40~55 人。

第八章 主要投资估算指标

第四十条 消防站建设投资的确定,取决于建设规模的大小,建设标准的高低,编制人员的数量,车辆、器材配备的数量和性能。由于消防站的建设分布全国各地,影响建设投资的因素较多,诸如地理位置、气候条件、施工水平等。同时,由于各地区经济发展的不平衡,造成物价水平的差异较大,因此在全国范围内制定统一的投资估算标准不能实事求是地反映消防站建设的实际状况。所以,在审核消防站建设投资时,应结合当地的施工、物价和建设年代等因素,按动态管理的原则确定。

第四十一条 由于全国各地区经济发展状况和物价、施工技术水平存在很大差异,建筑安装工程投资估算指标和建设工期指标也存在较大差异。因此,在制定消防站建设规划,评估消防站建设可行性研究报告时,不宜以某个地区的建设安装工程投资估算和施工工期作为参照标准,应结合当地的施工、物价水平和建设年代等因素,按动态管理的原则确定。因此,对消防站建筑工程投资及建设工程指标未作具体明确的规定。消防站建筑安装工程投资指标为消防建筑、安装工程投资,不包括征地费、城市各种配套设施费、土地前期开发费、土地平整费、基础处理费和红线以内的围墙、道路、管线等室外工程及消防训练塔和场地的建设投资。

第四十二条 本条阐述了消防站按标准配备的车辆、装备器材投资估算的参考依据。随着消防站类别的调整、车辆和人员装备的增加,且技术水平的不断提高,消防器材装备的投资明显增加。

通过对全国所有消防站的全面普查,以及对全国 10 个特勤消防站和 14 个普通消防站的实地调研,对投资估算指标进行了调整。

战勤保障消防站的车辆、器材投资,参照已建成的战勤保障消

64

中华人民共和国国家标准

消防词汇 第1部分：通用术语

Fire protection vocabulary-Part 1：General terms

GB/T 5907.1-2014

施行日期：2014 年 12 月 1 日

前　言

GB/T 5907《消防词汇》分为五个部分：
——第 1 部分：通用术语；
——第 2 部分：火灾预防；
——第 3 部分：灭火救援；
——第 4 部分：火灾调查；
——第 5 部分：消防产品。
本部分为 GB/T 5907 的第 1 部分。

本部分按照 GB/T 1.1—2009 给出的规则起草。

本部分整合代替 GB/T 5907—1986《消防基本术语　第一部分》和 GB/T 14107—1993《消防基本术语　第二部分》。本部分与 GB/T 5907—1986 和 GB/T 14107—1993 相比，除编辑性修改外主要技术变化如下：

——对标准的结构重新进行了划分，整合、补充和修改了 GB/T 5907—1986 和 GB/T 14107—1993 中的基本术语和定义；

——GB/T 5907—1986 和 GB/T 14107—1993 其余的术语和定义经筛选、补充和修改后纳入本标准的第 2 部分、第 3 部分和第 5 部分。

本部分起草时参考了 ISO 8421-1：1987《消防词汇　第 1 部分：通用术语和火灾现象》、ISO 8421-7：1987《消防词汇　第 7 部分：爆炸探测和抑爆方法》和 ISO 13943：2008《火灾安全词汇》。

本部分由中华人民共和国公安部提出。

本部分由全国消防标准化技术委员会基础标准分技术委员会（SAC/TC 113/SC 1）归口。

本部分负责起草单位：公安部天津消防研究所。

本部分参加起草单位：中国科学技术大学、安徽省公安消防总队、江苏省公安消防总队。

本部分主要起草人：姚松经、屈励、毕少颖、程晓舫、唐晓亮。

GB/T 5907 于 1986 年 3 月首次发布，本次为第一次修订；GB/T 14107 于 1993 年 1 月首次发布，本次为第一次整合修订。

65

消防词汇 第1部分:通用术语

1 范围

GB/T 5907 的本部分界定了与消防有关的通用术语和定义。

本部分适用于消防管理、消防标准化、消防安全工程、消防科学研究、教学、咨询、出版及其他有关的工作领域。

2 术语和定义

2.1

消防 fire protection;fire

火灾预防(2.16)和灭火救援(2.60)等的统称。

2.2

火 fire

以释放热量并伴有烟或火焰或两者兼有为特征的燃烧(2.21)现象。

2.3

火灾 fire

在时间或空间上失去控制的燃烧(2.21)。

2.4

放火 arson

人蓄意制造火灾(2.3)的行为。

2.5

火灾参数 fire parameter

表示火灾(2.3)特性的物理量。

2.6

火灾分类 fire classification

根据可燃物(2.49)的类型和燃烧(2.21)特性,按标准化的方法对火灾(2.3)进行的分类。

注:GB/T 4968 规定了具体的火灾分类。

2.7

火灾荷载 fire load

某一空间内所有物质(包括装修、装饰材料)的燃烧(2.21)总热值。

2.8

火灾机理 fire mechanism

火灾(2.3)现象的物理和化学规律。

2.9

火灾科学 fire science

研究火灾(2.3)机理、规律、特点、现象和过程等的学科。

2.10

火灾试验 fire test

为了解和探求火灾(2.3)的机理、规律、特点、现象、影响和过程等而开展的科学试验。

2.11

火灾危害 fire hazard

火灾(2.3)所造成的不良后果。

2.12

火灾危险 fire danger

火灾危害(2.11)和火灾风险的统称。

2.13

火灾现象 fire phenomenon

火灾(2.3)在时间和空间上的表现。

2.14

火灾研究 fire research

针对火灾(2.3)机理、规律、特点、现象、影响和过程等的探求。

2.15

火灾隐患 fire potential

可能导致火灾(2.3)发生或火灾危害增大的各类潜在不安全因素。

2.16

火灾预防 fire prevention

防火

采取措施防止火灾(2.3)发生或限制其影响的活动和过程。

2.17

飞火 flying fire

在空中运动着的火星或火团。

2.18

自热 self-heating

材料自行发生温度升高的放热反应。

2.19

热解 pyrolysis

物质由于温度升高而发生无氧化作用的不可逆化学分解。

2.20

热辐射 thermal radiation

以电磁波形式传递的热能。

2.21

燃烧 combustion

可燃物(2.49)与氧化剂作用发生的放热反应,通常伴有火焰(2.41)、发光和(或)烟气(2.26)的现象。

2.22

无焰燃烧 flameless combustion

物质处于固体状态而没有火焰(2.41)的燃烧(2.21)。

2.23

有焰燃烧 flaming

气相燃烧(2.21),并伴有发光现象。

2.24

燃烧产物 product of combustion

由燃烧(2.21)或热解(2.19)作用而产生的全部物质。

2.25

燃烧性能 burning behaviour

在规定条件下,材料或物质的对火反应(2.42)特性和耐火性能(2.51)。

2.26

烟[气] smoke

物质高温分解或燃烧(2.21)时产生的固体和液体微粒、气体,连同夹带和混入的部分空气形成的气流。

2.27

自燃 spontaneous ignition

可燃物(2.49)在没有外部火源的作用时,因受热或自身发热并蓄热所产生的燃烧(2.21)。

2.28

阴燃 smouldering

物质无可见光的缓慢燃烧(2.21),通常产生烟气(2.26)和温度升高的现象。

2.29

闪燃 flash

可燃性(2.54)液体挥发的蒸气与空气混合达到一定浓度或者可燃性(2.54)固体加热到一定温度后,遇明火发生一闪即灭的燃烧(2.21)。

2.30

轰燃 flashover

某一空间内,所有可燃物(2.49)的表面全部卷入燃烧(2.21)的瞬变过程。

2.31

复燃　rekindle

燃烧(2.21)火焰(2.41)熄灭后再度发生有焰燃烧(2.23)的现象。

2.32

闪点　flash point

在规定的试验条件下,可燃性(2.54)液体或固体表面产生的蒸气在试验火焰(2.41)作用下发生闪燃(2.39)的最低温度。

2.33

燃点　fire point

在规定的试验条件下,物质在外部引火源(2.43)作用下表面起火(2.45)并持续燃烧(2.21)一定时间所需的最低温度。

2.34

燃烧热　heat of combustion

在25℃、101kPa时,1mol可燃物(2.49)完全燃烧(2.21)生成稳定的化合物时所放出的热量。

2.35

爆轰　detonation

以冲击波为特征,传播速度大于未反应物质中声速的化学反应。

2.36

爆裂　bursting

物体内部或外部过压使其急剧破裂的现象。

2.37

爆燃　deflagration

以亚音速传播的燃烧(2.21)波。

注:若在气体介质内,爆燃则与火焰(2.41)相同。

2.38

爆炸　explosion

在周围介质中瞬间形成高压的化学反应或状态变化,通常伴有强烈放热、发光和声响。

2.39

抑爆　explosion suppression

自动探测爆炸(2.38)的发生,通过物理化学作用扑灭火焰(2.41),抑制爆炸(2.38)发展的技术。

2.40

惰化　inert

对环境维持燃烧(2.21)或爆炸(2.38)能力的抑制。

注:例如把惰性气体注入封闭空间或有限空间,排斥里面的氧气,防止发生火灾(2.3)。

2.41

火焰　flame

发光的气相燃烧(2.21)区域。

2.42

对火反应　reaction to fire

在规定的试验条件下,材料或制品遇火(2.2)所产生的反应。

2.43

引火源　ignition source

点火源

使物质开始燃烧(2.21)的外部热源(能源)。

2.44

引燃　ignition

点燃

开始燃烧(2.21)。

2.45

起火　ignite(vi)

着火。

注:与是否由外部热源引发无关。

2.46

炭　char(n)

物质在热解(2.19)或不完全燃烧(2.21)过程中形成的含碳残余物。

2.47

炭化　char(v)

物质在热解(2.19)或不完全燃烧(2.21)时生成炭(2.46)的过程。

2.48

炭化长度　char length

在规定的试验条件下,材料在特定方向上发生炭化(2.47)的最大长度。

2.49

可燃物　combustible(n)

可以燃烧(2.21)的物品。

2.50

自燃物　pyrophoric material

与空气接触即能自行燃烧(2.21)的物质。

2.51

耐火性能　fire resistance

建筑构件、配件或结构在一定时间内满足标准耐火试验的稳定性、完整性和(或)隔热性的能力。

2.52

阻燃处理　fire retardant treatment

用以提高材料阻燃性(2.56)的工艺过程。

2.53

易燃性　flammability

在规定的试验条件下,材料发生持续有焰燃烧(2.23)的能力。

2.54

可燃性　combustibility

在规定的试验条件下,材料能够被引燃(2.44)且能持续燃烧(2.21)的特性。

2.55

难燃性　difficult flammability

在规定的试验条件下,材料难以进行有焰燃烧(2.23)的特性。

2.56

阻燃性　flame retardance

材料延迟被引燃或材料抑制、减缓或终止火焰传播的特性。

2.57

自熄性　self-extinguishing ability

在规定的试验条件下,材料在移去引火源(2.43)后终止燃烧(2.21)的特性。

2.58

灭火　fire fighting

扑灭或抑制火灾(2.3)的活动和过程。

2.59

灭火技术　fire fighting technology

为扑灭火灾(2.3)所采用的科学方法、材料、装备、设施等的统称。

2.60

灭火救援　fire fighting and rescue

灭火(2.58)和在火灾(2.3)现场实施以抢救人员生命为主的援救活动。

2.61

灭火时间　fire-extinguishing time

在规定的条件下,从灭火装置施放灭火剂(2.68)开始到火焰

(2.41)完全熄灭所经历的时间。

2.62

消防安全标志　fire safety sign

由表示特定消防安全信息的图形符号、安全色、几何形状(或边框)等构成,必要时辅以文字或方向指示的安全标志。

注:GB 13495 规定了具体的消防安全标志。

2.63

消防设施　fire facility

专门用于**火灾预防(2.16)**、火灾报警、**灭火(2.58)**以及发生火灾时用于人员疏散的火灾自动报警系统、自动灭火系统、消火栓系统、防烟排烟系统以及应急广播和应急照明、防火分隔设施、安全疏散设施等固定消防系统和设备。

2.64

消防产品　fire product

专门用于**火灾预防(2.16)**、**灭火救援(2.60)**和**火灾(2.3)**防护、避难、逃生的产品。

2.65

固定灭火系统　fixed extinguishing system

固定安装于建筑物、构筑物或设施等,由**灭火剂(2.68)**供应源、管路、喷放器件和控制装置等组成的灭火系统。

2.66

局部应用灭火系统　local application extinguishing system

向保护对象以设计喷射率直接喷射**灭火剂(2.68)**,并持续一定时间的灭火系统。

2.67

全淹没灭火系统　total flooding extinguishing system

将**灭火剂(2.68)**(气体、高倍泡沫等)以一定浓度(强度)充满被保护封闭空间而达到灭火目的的**固定灭火系统(2.65)**。

2.68

灭火剂　extinguishing agent

能够有效地破坏**燃烧(2.21)**条件,终止**燃烧(2.21)**的物质。

参 考 文 献

[1] GB/T 4968—2008　火灾分类

[2] GB/T 5332—2007　可燃液体和气体引燃温度试验方法

[3] 中华人民共和国消防法(2008 年发布)

[4] ISO 8421-1:1987　Fire protection—Vocabulary—Part 1:General terms and phenomena of fire

[5] ISO 8421-2:1987　Fire protection—Vocabulary—Part 2:Structural fire protection

[6] ISO 8421-5:1988　Fire protection—Vocabulary—Part 5:Smoke control

[7] ISO 8421-7:1987　Fire protection—Vocabulary—Part 7:Explosion detection and suppression means

[8] ISO 13943:2008　Fire safety—Vocabulary

索　引

汉语拼音索引

英文对应词索引

65

中华人民共和国国家标准

消防安全标志

Fire safety signs

GB 13495 - 92

批准部门：国家技术监督局
施行日期：1993 年 3 月 1 日

目　次

66

本标准参照采用国际标准 ISO 6309—1987《消防——安全标志》。

1 主题内容与适用范围

1.1 本标准规定了与消防有关的安全标志及其标志牌的制作、设置位置。

1.2 本标准的应用领域要尽可能广泛地扩大到需要或者应该的一切场所,以向公众表明下列内容的位置和性质:

a. 火灾报警和手动控制装置;

b. 火灾时疏散途径;

c. 灭火设备;

d. 具有火灾、爆炸危险的地方或物质。

本标准不适用于 GB 4327—84《消防设施图形符号》所覆盖的设计图或地图上用的图形符号。

2 引用标准

GB 2893　安全色

3 消防安全标志

消防安全标志由安全色、边框、以图像为主要特征的图形符号或文字构成的标志,用以表达与消防有关的安全信息。消防安全标志的颜色应符合 GB 2893 中的有关规定。

消防安全标志按照主题内容与适用范围的分类,以表格的形式列出。

3.1 火灾报警和手动控制装置的标志

表 1

编号	标　志	名　称	说　明
3.1.1		消防手动启动器 MANUAL ACTIVATING DEVICE	指示火灾报警系统或固定灭火系统等的手动启动器 ISO 6309 No.1
3.1.2		发声警报器 FIRE ALARM	可单独用来指示发声警报器,也可与 3.1.1 条标志一起使用,指示该手动启动装置是启动发声警报器的 ISO 6309 No.2
3.1.3		火警电话 FIRE TELEPHONE	指示在发生火灾时,可用来报警的电话及电话号码 GB 2894—88 No.4—8

3.2 火灾时疏散途径的标志

表 2

编号	标　志	名　称	说　明
3.2.1		紧急出口 EXIT	指示在发生火灾等紧急情况下,可使用的一切出口。在远离紧急出口的地方,应与 3.5.1 标志联用,以指示到达出口的方向 GB 10001—88 No.4
3.2.2		滑动开门 SLIDE	指示装有滑动门的紧急出口。箭头指示该门的开启方向 ISO 6309 No.6

续表 2

编号	标　志	名　称	说　明
3.2.3		推开 PUSH	本标志置于门上,指示门的开启方向 ISO 6309 No.7
3.2.4		拉开 PULL	本标志置于门上,指示门的开启方向 ISO 6309 No.8
3.2.5		击碎板面 BREAK TO OBTAIN ACCESS	指示:a.必须击碎玻璃板才能拿到钥匙或拿到开门工具。b.必须击开板面才能制造一个出口 ISO 6309 No.9

编号	标志	名称	说明
3.2.6		禁止阻塞 NO OBS-TRUCTING	表示阻塞(疏散途径或通向灭火设备的道路等)会导致危险 ISO 6309 No.5
3.2.7		禁止锁闭 NO LOCKING	表示紧急出口、房门等禁止锁闭

3.3 灭火设备的标志

表 3

编号	标志	名称	说明
3.3.1		灭火设备 FIRE-FIGHTING EQUIPMENT	指示灭火设备集中存放的位置 ISO 6309 No.10

编号	标志	名称	说明
3.3.2		灭火器 FIRE EXTINGUISHER	指示灭火器存放的位置 ISO 7001 ADD1—014
3.3.3		消防水带 FIRE HOSE	指示消防水带、软管卷盘或消火栓箱的位置 ISO 6309 No.12
3.3.4		地下消火栓 FLUSH FIRE HYDRANT	指示地下消火栓的位置

编号	标志	名称	说明
3.3.5		地上消火栓 POST FIRE HYDRANT	指示地上消火栓的位置
3.3.6		消防水泵接合器 SIAMESE CONNECTION	指示消防水泵接合器的位置
3.3.7		消防梯 FIRE LADDER	指示消防梯的位置 ISO 6309 No.13

3.4 具有火灾、爆炸危险的地方或物质的标志

表 4

编号	标志	名称	说明
3.4.1		当心火灾——易燃物质 DANGER OF FIRE—HIGHLY FLAMMABLE MATERIALS	警告人们有易燃物质,要当心火灾 ISO 6309 No.14
3.4.2		当心火灾——氧化物 DANGER OF FIRE—OXIDIZING MATERIALS	警告人们有易氧化的物质,要当心因氧化而着火 ISO 6309 No.15
3.4.3		当心爆炸——爆炸性物质 DANGER OF EXPLOSION—EXPLOSIVE MATERIALS	警告人们有可燃气体、爆炸物或爆炸性混合气体,要当心爆炸

66

続表 4

编号	标 志	名 称	说 明
3.4.4		禁止用水灭火 NO WATERING TO PUT OUT THE FIRE	表示:a.该物质不能用水灭火;b.用水灭火会对灭火者或周围环境产生危险 ISO 6309 No.17
3.4.5		禁止吸烟 NO SMOKING	表示吸烟能引起火灾危险 ISO 6309 No.18
3.4.6		禁止烟火 NO BURNING	表示吸烟或使用明火能引起火灾或爆炸 ISO 6309 No.19

続表 4

编号	标 志	名 称	说 明
3.4.7		禁止放易燃物 NO FLAMMABLE MATERIALS	表示存放易燃物会引起火灾或爆炸 GB 2894—88 No.1—6
3.4.8		禁止带火种 NO MATCHES	表示存放易燃易爆物质,不得携带火种 GB 2894—88 No.1—3
3.4.9		禁止燃放鞭炮 NO FIREWORKS	表示燃放鞭炮、焰火能引起火灾或爆炸

3.5 方向辅助标志

表5

编号	标 志	名 称	说 明
3.5.1		疏散通道方向	与3.2.1标志联用,指示到紧急出口的方向。该标志亦可制成长方形 ISO 6309 No.20
3.5.2		灭火设备或报警装置的方向	与表1和表3中的标志联用,指示灭火设备或报警装置的位置方向。该标志亦可制成长方形 ISO 6309 No.21

3.5.3 方向辅助标志应该与3.1～3.4中的有关标志联用,指示被联用标志所表示意义的方向。表5只列出左向和左下向的方向辅助标志。根据实际需要,还可以制作指示其他方向的方向辅助标志(见图1、图3c)。

3.5.4 在标志远离指示物时,必须联用方向辅助标志。如果标志与其指示物很近,人们一眼即可看到标志的指示物,方向辅助标志可以省略。

3.5.5 方向辅助标志与3.1～3.4中的图形标志联用时,如系指示左向(包括左下、左上)和下向,则放在图形标志的左方;如系指示右向(包括右下、右上),则放在图形标志的右方(见图1、图3c)。

3.5.6 方向辅助标志的颜色应与联用的图形标志的颜色统一(见图1、图2c)。

图1 方向辅助标志使用举例

3.6 文字辅助标志

3.6.1 将3.1～3.4中图形标志的名称用黑体字写出来加上适当的背底色即构成文字辅助标志。

3.6.2 文字辅助标志应该与图形标志或(和)方向辅助标志联用。当图形标志与其指示物很近、表示意义很明显,人们很容易看懂时,文字辅助标志可以省略。

3.6.3 文字辅助标志有横写和竖写两种形式。横写时,其基本形式是矩形边框,可以放在图形标志的下方,也可以放在左方或右方(见图1、图2);竖写时,则放在标志杆的上部(见图3a、图3b)。

3.6.4 横写的文字辅助标志与三角形标志联用时,字的颜色为黑色,与其他标志联用时,字的颜色为白色(见图1、图2);竖写在标志杆上的文字辅助标志,字的颜色为黑色(见图3)。

3.6.5 文字辅助标志的底色应与联用的图形标志统一(见图1、图2)。

3.6.6 当消防安全标志的联用标志既有方向辅助标志,又有文字辅助标志时,一般将二者同放在图形标志的一侧,文字辅助标志放在方向辅助标志之下(见图1)。当方向辅助标志指示的方向为左下、右下及正下时,则把文字辅助标志放在方向辅助标志之上(见图3c)。

3.6.7 在机场、涉外饭店等国际旅客较多的地方,可以采用中英文两种文字辅助标志(见图2c)。

图 2　横写的文字辅助标志

4　消防安全标志杆

消防安全标志杆的颜色应与标志本身相一致(见图3)。

图 3　写在标志杆上的文字辅助标志示意图

5　消防安全标志的几何图形尺寸

消防安全标志的几何图形尺寸以观察距离 D 为基准,计算方法如下:

5.1　正方形

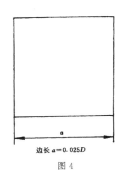

边长 $a=0.025D$

图 4

5.2　三角形

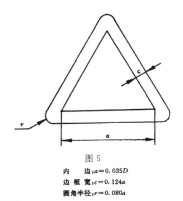

图 5

内　边:$a=0.035D$
边 框 宽:$c=0.124a$
圆角半径:$r=0.080a$

5.3　圆环和斜线

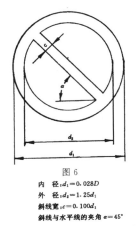

图 6

内　径:$d_2=0.028D$
外　径:$d_1=1.25d_2$
斜线宽:$c=0.100d_1$
斜线与水平线的夹角 $a=45°$

5.4　由图形标志、方向辅助标志和文字辅助标志组成的长方形标志

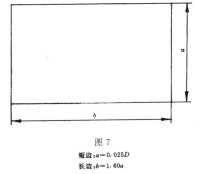

图 7

短边:$a=0.025D$
长边:$b=1.60a$

6　消防安全标志牌的制作

6.1 消防安全标志牌应按本标准的制作图来制作。制作图举例如图8所示。标志和符号的大小、线条粗细应参照本标准所给出的图样成适当比例。

6.2 消防安全标志牌都应自带衬底色。用其边框颜色的对比色将边框周围勾一窄边即为标志的衬底色。没有边框的标志,则用外缘颜色的对比色。除警告标志用黄色勾边外,其他标志用白色。衬底色最少宽2mm,最多宽10mm(见图2、图3)。

6.3 消防安全标志牌应用坚固耐用的材料制作,如金属板、塑料板、木板等。用于室内的消防安全标志牌可以用粘贴力强的不干胶材料制作。对于照明条件差的场合,标志牌可以用荧光材料制作,还可以加上适当照明。

6.4 消防安全标志牌应无毛刺和孔洞,有触电危险场所的标志牌应当使用绝缘材料制作。

6.5 消防安全标志牌必须由被授权的国家固定灭火系统和耐火构件质量监督检测中心检验合格后方可生产、销售。

7 消防安全标志的设置位置

7.1 消防安全标志设置在醒目、与消防安全有关的地方,并使人们看到后有足够的时间注意它所表示的意义。

7.2 消防安全标志不应设置在本身移动后可能遮盖标志的物体上。同样也不应设置在容易被移动的物体遮盖的地方。

7.3 难以确定消防安全标志的设置位置,应征求地方消防监督机构的意见。

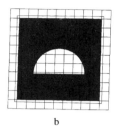

图 8 基本图形(举例)

附录 A
安全标志的尺寸
(参考件)

m

型号	观察距离 D	正方形标志的边长 a 长方形标志的短边 a	圆环标志的内径 d₁	三角形标志的内边 a
1	0<D≤2.5	0.063	0.070	0.088
2	2.5<D≤4.0	0.100	0.110	0.140
3	4.0<D≤6.3	0.160	0.175	0.220
4	6.3<D≤10.0	0.250	0.280	0.350
5	10.0<D≤16.0	0.400	0.450	0.560
6	16.0<D≤25.0	0.630	0.700	0.880
7	25.0<D≤40.0	1.000	1.110	1.400

注:①表中符号参见标准正文 5.1～5.4。
②表中尺寸允许有 3% 误差。

附加说明:
本标准由中华人民共和国公安部提出。
本标准由全国消防标准化技术委员会归口。
本标准由公安部天津消防科学研究所负责起草。
本标准主要起草人韩占先、刘伶凯、姚松经。

本汇编标准规范用词说明

1 为便于在执行本规范条文时区别对待，对要求严格程度不同的用词说明如下：

    1）表示很严格，非这样做不可的：

        正面词采用"必须"，反面词采用"严禁"；

    2）表示严格，在正常情况下均应这样做的：

        正面词采用"应"，反面词采用"不应"或"不得"；

    3）表示允许稍有选择，在条件许可时首先应这样做的：

        正面词采用"宜"，反面词采用"不宜"；

    4）表示有选择，在一定条件下可以这样做的，采用"可"。

2 条文中指明应按其他有关标准执行的写法为："应符合……的规定"或"应按……执行"。